Optik

von
Eugene Hecht

2., durchgesehene Auflage

R. Oldenbourg Verlag München Wien 1999

Autorisierte Übersetzung der englischsprachigen Originalausgabe, erschienen im Verlag
Addison-Wesley Publishing Company, Inc., unter dem Titel
Eugene Hecht: Optics

Copyright © 1974 by Addison-Wesley-Publishing Company, Inc.
All rights reserved.

Deutsche Übersetzung von F. Siemsen.

Die Deutsche Bibliothek - CIP-Einheitsaufnahme

Hecht, Eugene:
Optik / von Eugene Hecht. [Dt. Übers. von F. Siemsen.]. - Autorisierte
Übers., 2., durchges. Aufl. – München ; Wien : Oldenbourg, 1999
   Einheitssacht.: Optics <dt.>
   ISBN 3-486-25186-4

© 1999 R. Oldenbourg Verlag
Rosenheimer Straße 145, D-81671 München
Telefon: (089) 45051-0, Internet: http://www.oldenbourg.de

Das Werk einschließlich aller Abbildungen ist urheberrechtlich geschützt. Jede Verwertung
außerhalb der Grenzen des Urheberrechtsgesetzes ist ohne Zustimmung des Verlages
unzulässig und strafbar. Das gilt insbesondere für Vervielfältigungen, Übersetzungen,
Mikroverfilmungen und die Einspeicherung und Bearbeitung in elektronischen Systemen.

Lektorat: Martin Reck
Herstellung: Rainer Hartl
Umschlagkonzeption: Kraxenberger Kommunikationshaus, München
Gedruckt auf säure- und chlorfreiem Papier
Gesamtherstellung: Druckhaus „Thomas Müntzer" GmbH, Bad Langensalza

INHALT

Vorwort der ersten Auflage	vii
Vorwort der zweiten Auflage	ix
Zur Übersetzung	x

1 Kurzer historischer Abriß — 1
1.1 Vorbemerkungen — 1
1.2 Ursprünge — 1
1.3 Vom 17. Jahrhundert an — 2
1.4 Das 19. Jahrhundert — 5
1.5 Optik des 20. Jahrhunderts — 9

2 Mathematik der Wellenbewegung — 13
2.1 Eindimensionale Wellen — 13
2.2 Harmonische Wellen — 16
2.3 Phase und Phasengeschwindigkeit — 18
2.4 Die komplexe Darstellung — 20
2.5 Ebene Wellen — 22
2.6 Die dreidimensionale Wellendifferentialgleichung — 24
2.7 Kugelwellen — 25
2.8 Zylinderwellen — 28
2.9 Skalare und vektorielle Wellen — 29
Aufgaben — 31

3 Elektromagnetische Theorie, Photonen und Licht — 34
3.1 Grundgleichungen der elektromagnetischen Theorie — 35
3.2 Elektromagnetische Wellen — 41
3.3 Energie und Impuls — 44
3.4 Strahlung — 49
3.5 Licht in der Materie — 59
3.6 Das elektromagnetische Spektrum — 72
Aufgaben — 79

4 Ausbreitung des Lichtes — 83
4.1 Einführung — 83
4.2 Die Gesetze der Reflexion und Brechung — 83
4.3 Der elektromagnetische Ansatz — 97
4.4 Geläufige Aspekte der Wechselwirkung zwischen Licht und Materie — 119
4.5 Die Stokessche Behandlung der Reflexion und Brechung — 125
4.6 Die Photonen und die Gesetze der Reflexion und Brechung — 126
Aufgaben — 127

5 Geometrische Optik — Theorie der achsennahen Strahlen — 135
5.1 Einleitende Bemerkungen — 135
5.2 Linsen — 136
5.3 Blenden — 157
5.4 Spiegel — 161
5.5 Prismen — 172
5.6 Faseroptik — 179
5.7 Optische Systeme — 186
Aufgaben — 215

6 Weitere Themen aus der geometrischen Optik — 224
6.1 Dicke Linsen und Linsensysteme — 224
6.2 Strahlenverlaufsberechnung — 228
6.3 Aberrationen (Abbildungsfehler) — 233
Aufgaben — 253

7 Wellenüberlagerungen — 257

Die Addition von Wellen derselben Frequenz — 258
7.1 Die algebraische Methode — 258
7.2 Die komplexe Methode — 261
7.3 Zeigeraddition — 262
7.4 Stehende Wellen — 263

Die Addition von Wellen verschiedener Frequenzen — 265
7.5 Schwebungen — 265
7.6 Gruppengeschwindigkeit — 267

7.7	Anharmonische periodische Wellen — Fourier-Analyse	269	**11**	**Fourier-Optik**	499
7.8	Nichtperiodische Wellen — Fourier-Integrale	274	11.1	Einleitung	499
			11.2	Fourier-Transformierte	499
7.9	Pulse und Wellenpakete	276	11.3	Optische Anwendungen	511
7.10	Optische Bandbreiten	279		Aufgaben	541
	Aufgaben	282			

8 Polarisation 286

- 8.1 Die Natur des polarisierten Lichts 286
- 8.2 Polarisatoren 293
- 8.3 Dichroismus 295
- 8.4 Doppelbrechung 298
- 8.5 Streuung und Polarisation 309
- 8.6 Polarisation durch Reflexion 313
- 8.7 Phasenverschieber 317
- 8.8 Zirkularpolarisatoren 323
- 8.9 Polarisation von polychromem Licht 324
- 8.10 Optische Aktivität 327
- 8.11 Erzwungene optische Effekte — optische Modulatoren 333
- 8.12 Eine mathematische Beschreibung der Polarisation 340
- Aufgaben 346

9 Interferenz 352

- 9.1 Allgemeine Betrachtungen 353
- 9.2 Interferenzbedingungen 356
- 9.3 Interferometer mit Wellenfrontaufspaltung 358
- 9.4 Interferometer mit Amplitudenaufspaltung 365
- 9.5 Typen und Lokalisierungen von Interferenzstreifen 381
- 9.6 Mehrstrahlinterferenzen 383
- 9.7 Anwendungen von Einfachschicht- und Mehrfachschichtfilmen 393
- 9.8 Anwendungen der Interferometrie 399
- Aufgaben 409

10 Beugung 414

- 10.1 Einleitende Betrachtungen 414
- 10.2 Fraunhofersche Beugung 423
- 10.3 Fresnelbeugung 459
- 10.4 Die skalare Beugungstheorie von Kirchhoff 487
- 10.5 Beugungswellen 490
- Aufgaben 492

12 Grundlagen der Kohärenz-Theorie 545

- 12.1 Einführung 545
- 12.2 Sichtbarkeit 548
- 12.3 Die wechselseitige Kohärenzfunktion und der Kohärenzgrad 552
- 12.4 Kohärenz und die Sterninterferometrie 560
- Aufgaben 565

13 Einige Aspekte der Quantennatur des Lichtes 568

- 13.1 Quantenfelder 568
- 13.2 Schwarzkörperstrahlung — Plancks Quantenhypothese 569
- 13.3 Der photoelektrische Effekt — Einsteins Photonkonzept 571
- 13.4 Teilchen und Wellen 575
- 13.5 Wahrscheinlichkeit und Wellenoptik 577
- 13.6 Fermat, Feynman und Photonen 581
- 13.7 Absorption, Emission und Streuung 583
- Aufgaben 587

14 Verschiedene Themen der zeitgenössischen Optik 590

- 14.1 Bilder — die räumliche Verteilung optischer Information 590
- 14.2 Laser und Laserlicht 610
- 14.3 Holographie 627
- 14.4 Nichtlineare Optik 646
- Aufgaben 652

Anhang 1 656
Anhang 2 659
Tabelle 1 660
Lösungen ausgewählter Aufgaben 665
Bibliographie 697
Verzeichnis der Tabellen 701
Stichwortverzeichnis 702

VORWORT DER ERSTEN AUFLAGE

In der letzten Zeit rückte das Studium der Optik mit einem Wirbel von Aktivitäten, einer bemerkenswerten Reihe von Erfolgen und beeindruckenden Aussichten in den Vordergrund des wissenschaftlichen und technologischen Denkens. Die alte und verehrungswürdige Wissenschaft, die auf der großartigen Struktur der elektromagnetischen Theorie aufgebaut ist, hat niemals ihre allgemeine Anziehung und Anwendbarkeit eingebüßt. Trotzdem befinden wir uns in einer aufregenden theoretischen und technischen Umwandlung. Die Optik bewegt sich in neue Richtungen: das zeigt sich durch eine Vielzahl von Formen und Begriffen, wie das Photonenkonzept, die räumliche Filterung, Faser-Optik, Dünnschichten und selbstverständlich den Laser mit seinen unzähligen theoretischen Folgerungen und praktischen Möglichkeiten.

Die klassischen Abhandlungen von Drude, Sommerfeld, Wood, Rossi, Sears, Ditchburn, Born und Wolf, Jenkins und White, Strong, Towne und v.a. sind von bleibendem Wert und großer Bedeutung. Trotzdem gibt es einen zwingenden Bedarf für eine neue Darstellung für Vordiplomstudenten, die in zeitgemäßer Sprache mit Pikosekunde, Megahertz, Nanometer, Güteschalter, Kohärenzlänge, Frequenzstabilität und Bandweite arbeitet; ein Buch, das zusammen mit den pädagogisch wertvollen klassischen Methoden die neuen großen Entwicklungen, Techniken und Forschungsschwerpunkte enthält.

Wir beginnen unsere Abhandlung mit einem kurzen historischen Rückblick über die Entwicklung der Optik. Die moderne Theorie der Natur des Lichtes wird sich als Höhepunkt einer zweitausendjährigen Forschung zeigen. Trotzdem sollte man innerhalb der Perspektive des dargestellten Wandels bedenken: Wir können zwar die nächste Leitersprosse nicht sehen, aber wir sind sicher noch nicht oben angelangt.

Bei den meisten optischen Phänomenen sind die verschiedenen quantenmechanischen Besonderheiten des Lichts nicht zu erkennen, und die Wellenstruktur ist das hervorstechende Merkmal. Kapitel 2 handelt demgemäß von der mathematischen Beschreibung der Wellenbewegung. Die Wellengleichung wird von einfachen Überlegungen hergeleitet, die keine Kenntnisse von Differentialgleichungen verlangen. Kapitel 3 entwickelt die elektromagnetische Theorie des Lichts von elementaren Ausgangspunkten. An jenem Punkt ist die Grundlage gelegt, und die Reststruktur der klassischen Optik (einschließlich der geometrischen Optik) wird überwiegend im Sinne von Wellenwechselwirkungen formuliert.

Optik ist Physik. Dieses Leitmotiv haben wir in den Stoff eingewoben. Außerdem ist die Optik ein fundamentales Hilfsmittel für physikalische Messungen. Dabei werden die Wechselbeziehungen zwischen Atomprozessen und die damit verknüpften optischen Phänomene überall untersucht, wo es möglich ist. Statt die Optik zu isolieren, haben wir versucht, die bedeutsame Kontinuität, die zwischen den verschiedenen Gebieten der Physik besteht, hervorzuheben.

Wir werden vielfältige Beschreibungen einfacher Experimente einstreuen, die außerhalb von Laboratorien durchgeführt werden können. In vielen Fällen sind die experimentell erhaltenen optischen Effekte photographisch abgedruckt, um zu zeigen, daß teure Ausrüstungen nicht immer nötig sind. Man kann mit wenigen Mikroskopobjektträgern viel erkennen, und wir möchten zum "Sehen" anregen.

Dieses Buch soll als Text für den, oft einzigen, Optikkurs dienen, der den Physikstudenten in Anfangssemestern angeboten wird. Es soll daher ein möglichst breites Spektrum von Studierenden ansprechen; um dies zu erreichen, wurde ein Großteil des Buches so gestaltet, daß es nach einem sorgfältigen Einführungskurs in allgemeiner Physik und Differentialrechnung benutzt werden kann. Schwierige Themen sind ans jeweilige Kapitelende gesetzt. Daher beginnen wir z.B. im Kapitel über Beugung mit der Fraunhoferschen Beugung via der einfachen Fresnel-Huygens-Theorie, und danach schließt sich die schwierigere Fresnelsche Beugung an. Das Kapitel schließt mit einer Diskussion über die Kirchhoff-Methode und Beugungswellen. Der fortgeschrittene Student wird durch einige kompliziertere Techniken angemessen angeregt und gefordert, wie durch die Methode der Fourier-Transformation bei der Beugungs- und Bildtheorie, der Matrizenmethode bei der Polarisation, bei der Durchrechnung von Paraxialstrahlen und bei Mehrschichtenfilmen, um nur einige zu nennen.

Das Buch bringt eine sehr ausführliche Auswahl von Material, das der modernen Optik angepaßt ist, von dem ein Dozent seinen Optikkurs, entsprechend seinen Optionen und den Bedürfnissen seiner Studenten, aufbauen kann. Zum Beispiel braucht ein Elementarkurs nicht notwendigerweise die Kapitel 11, 12 und 13 (Fourier-Optik, Kohärenz und Quantenoptik) einzuschließen. Trotzdem werden angemessene Aspekte dieser Probleme in dem vorhergehenden Text behandelt. Darüberhinaus sind bestimmte Abschnitte angemessen verständlich, so daß sie zum Selbststudium angeboten werden können.

Wir bemühten uns um Klarheit und Konsistenz, wobei wir der Versuchung widerstanden, bei schwierigen oder subtilen Punkten zu gedrängt zu formulieren. Gedanken, für die sich weitere Arbeit lohnt, sind entweder durch Fußnoten gekennzeichnet oder in den Aufgabenteil eingearbeitet und dabei, sofern notwendig, mit Kommentar versehen. Die *vollständigen* Lösungen von ca. $^2/_3$ der Aufgaben erscheinen am Ende des Buches. (Ein *Sternchen* hinter einer Aufgabennummer zeigt das Fehlen der Lösung an.)

Der Student wird ermutigt, sich an die Literatur zu wenden, und viele "lesbare" Artikel sind zitiert, einschließlich jener, die wegen ihrer sorgfältig ausgearbeiteten Bibliographie gewählt wurden. Bücher, die von Interesse sind, werden mit Autor und Titel zitiert — Herausgeber, Erscheinungsjahr usw. werden in einer vollständigen Literaturliste am Ende des Textes angegeben.

Die Autoren sind glücklich, von der großen Hilfe profitiert zu haben, die ihnen ihre Freunde und Kollegen, Professor H. Ahner, Professor D. Albert und Professor M. Garrell zuteil werden ließen. Unser Dank geht auch an Dr. A. Dalisa, Dr. J. De Velis, Dr. S. Jacobs und Dr. M. Scully für ihre hilfreichen Diskussionsbeiträge und Kommentare. Wir stehen in besonderer Schuld bei Dr. Howard A. Robinson, dem Herausgeber der Übersetzungsausgabe von *Soviet Journal of Optical Technology*, der den Text dieses Buches sorgfältig las und wertvolle Vorschläge lieferte. Unser Dank für die Hilfe bei der Vorbereitung des Manuskriptes gilt H. Merkl Villez, M. La Rosa, R. Auerbach, S. Auerbach und besonders Carolyn Eisen Hecht, deren Mitarbeit und Geduld die Arbeit unterstützten.

Zum Schluß möchten wir unseren vielen Studenten danken, die die Frühskripte benutzten, Experimente ausprobierten, Aufgaben lösten, Photos machten und als Medium dienten, in dem das Buch wuchs.

New York   E.H.
September 1973   A.Z.

VORWORT DER ZWEITEN AUFLAGE

Hauptsächlich zwei Erfordernisse führten zur Gestaltung dieser zweiten Auflage: die pädagogischen Erkenntnisse aufzunehmen, die im Unterricht der letzten zwölf Jahre gewonnen wurden, und das Buch auf den neuesten Stand der rasant fortschreitenden optischen Technologie zu bringen. Entsprechend wurden mehrere Abschnitte umgeordnet, einige zusammengefaßt, andere erweitert, und die Darstellung durchgehend verbessert. Bei dieser Arbeit habe ich sowohl eine Anzahl von Schaubildern, Zeichnungen und Photographien als auch ziemlich viel Text hinzugefügt — immer mit der Absicht, die Abhandlung zu beleben und klarzustellen.

Ebensogut wie die sehr vielen kleinen doch wichtigen Verbesserungen, die in dieser zweiten Auflage eingearbeitet sind, wurden auch einige wesentliche Verbesserungen in der Methodik und der Hervorhebung von Wichtigem vorgenommen. Zum Beispiel werden Atomprozesse, die mit der Strahlung und Absorption verknüpft sind, früher und genauer betrachtet. Man kann demzufolge die zentrale Rolle der Streuung in der Optik (z.B. in der Reflexion, Brechung und Dispersion) intuitiver verstehen (Kapitel 3). Das Huygenssche Prinzip, das so nützlich und außerdem so gut entwickelt ist, bekommt dann eine physikalische Bedeutung, die viel überzeugender ist. Dementsprechend sind mehrere originale klassische Herleitungen (diejenigen, die mit der Ausbreitung des Lichts und seiner Wechselwirkung mit materiellen Grenzflächen verknüpft sind) umgeformt und auch zusätzliche aufgenommen worden (z.B. innere Reflexion nach dem Konzept der atomaren Streuung, Abb. 4.35).

Ein Bild ersetzt oft tausend Worte; daher wurden neue Abbildungen zur geometrischen Optik (Kapitel 5 und 6) hinzugefügt, in erster Linie, um ein besseres Verständnis der Strahlenverlaufsbestimmung und der Bildentstehung zu erleichtern. Selbstverständlich wurde die Diskussion über die Faseroptik beträchtlich erweitert, um die bemerkenswerten Entwicklungen des letzten Jahrzehnts mit aufzunehmen. Die Einführung zur Fourierschen Methode (Kapitel 7) ist zum Teil verbessert worden, so daß diese Begriffe natürlicher in der übrigen Darstellung verwendet werden können. Der oft sehr schwierigen Vorstellung von Wellen, die gegenseitig vor- und nacheilen, wird zusätzliche Aufmerksamkeit bezüglich der Polarisation geschenkt (Kapitel 8). Die Auswirkungen der begrenzten Kohärenz einer typischen Lichtquelle werden nun, wenn auch nur kurz, während des Studiums der Interferenz untersucht (Kapitel 9). Unter Verwendung einer neuen Reihe von Wellenfrontschaubildern (z.B. Abbn. 10.6, 10.10, 10.19) wird die Fourier-Komponenten-Darstellung der Beugung für ebene Wellen (Kapitel 10) frühzeitig eingeführt. Die erweiterte und verbesserte Diskussion über die Fourier-Optik (Kapitel 11) enthält nun eine einfachere, bebildertere Darstellung, die die formale mathematische Behandlung ergänzt (es gibt allein in Kapitel 11 fünfundzwanzig neue Schaubilder). Der Stoff soll zunehmend einer immer größer werdenden Leserschaft zugänglich werden. Ein großer Teil der Behandlung der Kohärenztheorie (Kapitel 12) wurde überarbeitet und neu bebildert, um eine einfachere, zugänglichere Darstellung zu liefern. Die Erörterungen über den Laser und die Holographie (Kapitel 14) wurden auch entsprechend erweitert und auf den neuesten Stand gebracht.

Ein Lehrbuch neigt dazu, prinzipielle Begriffe zu isolieren und sich ausschließlich mit jedem von ihnen nacheinander zu beschäftigen: daher gibt es die traditionellen Kapitel über die Interferenz, Beugung, Polarisation usw. Die erste Auflage folgte mehr oder weniger dieser Methode, während sie zur gleichen Zeit die konzeptuellen Beziehungen und die Einheit des Gesamtthemas unterstrich — schließlich ist die Optik das Studium der Wechselwirkung von Licht und Materie. Diese zweite Auflage geht auf subtile Weise ein wenig weiter in Richtung einer ganzheitlichen Methode. Wenn auch auf einfachem Niveau, führt nun der Text, sobald es angebracht ist, viele vereinheitlichende Vorstellungen ein. Das Interferenzkonzept wird z. B. qualitativ lange vor seinem formalen Studium in Kapitel 9 zum Verständnis der Ausbreitungsphänomene verwendet. Neben anderen Vorteilen läßt dieses Verfahren der frühzeitigen Einführung fortgeschrittener Konzepte in vereinfachter Form zu, daß der Student eine integrierende Perspektive entwickelt.

Entsprechend den Leserwünschen habe ich die Stoffmenge, die der Analyse und Lösung von Aufgaben gewidmet ist, beträchtlich vermehrt. Das Buch enthält nun eine Fülle von Aufgaben, etwa das Zweifache der Anzahl der ersten Auflage. Überdies ist ein Teil davon speziell dazu bestimmt, notwendige analytische Fähigkeiten zu entwickeln. Da eine Ausgewogenheit beibehalten wurde, gleichviele "leichte" Aufgaben wie schwere hinzuzufügen, sollten die Übungen den Bedürfnissen des Studenten besser dienen. Dies gilt besonders, da, wie in der ersten Auflage, die vollständige Lösung vieler Aufgaben (diejenigen ohne Sternchen) am Ende des Buches gefunden werden können.

Über die Jahre haben viele Leser mir freundlicherweise ihre Gedanken über das Buch mitgeteilt, und ich nehme diese Gelegenheit wahr, ihnen allen meine Wertschätzung auszudrücken. Insbesondere danke ich den Professoren R.G. Wilson von der Illinois Wesleyan University, B. Gottschalk von der Harvard University, E.W. Jenkins von der University of Arizona, W.M. Becker von der Purdue University, L.R. Wilcox von S.U.N.Y. Stony Brook, R. Talaga von der University of Maryland, R.A. Llewellyn von der University of Central Florida, R. Schiller vom Stevens Institute of Technology, S.P. Almeida vom Virginia Polytechnic Insitute und der State University und J. Higbie von der University of Queensland. Wo immer es möglich war, habe ich Photographien und Anregungen von Studenten mit aufgenommen, und ich möchte sie zur fortgesetzten Mitwirkung ermutigen. Jeder, der Ideen austauschen möchte, sollte sich schriftlich an den Autor c/o Physics Department, Adelphi University, Garden City, N.Y. 11530 wenden.

Ich bedanke mich besonders bei Lorraine Ferrier, die die Erstellung dieser zweiten Auflage überwachte. Sie arbeitete bereitwillig unzählige Stunden und brachte eine seltene Kombination an Geschick, Geduld und Kenntnis auf, die das äußere Erscheinungsbild so musterhaft beeinflußt und gestaltet hat. Zum Schluß bedanke ich mich bei meiner Freundin Carolyn Eisen Hecht dafür, daß sie das ganze Manuskript mehrfach überprüfte.

Freeport, New York   E.H.

Zur Übersetzung

Um die Kosten niedrig zu halten, wurden Formeln und Abbildungen weitgehend aus der amerikanischen Fassung übernommen. Dies erklärt die von der bei uns üblichen Art abweichenden Formen. So sind unter anderem alle Dezimalbrüche mit Punkt geschrieben und nicht mit Komma (also z.B. 2.80 m anstatt 2,80 m).

Einige Ergänzungen — sie sind mit "d.Ü." (d.h. "der Übersetzer") gezeichnet — wurden in der Regel als Fußnote hinzugefügt. Besonderer Dank für wichtige Informationen gebührt Herrn Dr. W. Exner und Herrn Dipl.-Phys. A. Jacobsen, Schott Glaswerke, Mainz, Herrn H. Rehnert, Optisches Institut der TU Berlin, Herrn Dr. K. Siemsen, National Research Council in Ottawa, Kanada, Herrn Benfer und Herrn Priv. Doz. Dr. Büttner, Universität Dortmund.

Eine so umfangreiche Übersetzung erfordert Hilfe. Bei den ersten neun Kapiteln hat Herr P. Witte, Dortmund, assistiert und bei den Kapiteln 11 bis 14 Herr U. Clausen, Koblenz. Kapitel 10 wurde von Dr. E. Mravlag (Durban, Südafrika) übersetzt. Während der Übersetzungsarbeit erreichte uns die zweite amerikanische Auflage. Bei der Integration der Kapitel 11–14 halfen Herr J. Kurzhöfer, Herr R. Seisling, Herr O. Peterle, Herr A. Rolf und Fräulein S. Schmidt.

Unser Team ist dem Verlag, zumal Herrn G. Fuhrmeister und Herrn Dr. E. Hundt dankbar, die stets flexibel und unkonventionell versuchten, die Arbeitsbedingungen zu optimieren.

Dank gebührt den vielen, die die Last der Schreibarbeit getragen haben. Besonders nennen möchte ich hierbei Frau Gerda Bräunlich, die auch organisatorisch half, wo es nötig war.

Dortmund, den 4.4.1988   F. Siemsen

1 KURZER HISTORISCHER ABRISS

1.1 Vorbemerkungen

In den nachfolgenden Kapiteln werden wir eine formale Abhandlung der Optik mit besonderem Nachdruck auf zeitgemäße Aspekte entwickeln. Das Gebiet umfaßt einen großen Teil des Wissens, das sich in ca. dreitausend Jahren der menschlichen Szene angesammelt hat. Bevor wir uns mit den modernen Ansichten über Optik befassen, wollen wir uns kurz auf die Spuren begeben, die uns hierher führten — nicht zuletzt deswegen, um alles einmal in eine Perspektive zu setzen.

Die vollständige Geschichte hat unzählige Erfinder und Charaktere, Helden, Quasihelden und gelegentlich einen Scharlatan oder zwei aufzuweisen. Von unserer heutigen Position aus gesehen, können wir aus dem tausendjährigen Wirrwarr vier Hauptthemen erkennen: die Optik der Reflexion und Brechung und die Wellen- und Quanten-Theorie des Lichts.

1.2 Ursprünge

Die Ursprünge der optischen Technologie stammen aus der Antike. *Exodus* 38:8 (ca. 1200 v. Chr.) berichtet, wie Bezaleel, als er die Lade und den Tempel vorbereitete "die Spiegel der Frauen" zu einem Becken aus Bronze (Zeremonienbecher) umgoß. Die frühen Spiegel waren aus poliertem Kupfer hergestellt, später aus Bronze, danach aus einer Kupfelegierung mit Zinn. Einige Exemplare aus Altägypten sind erhalten geblieben — ein gut erhaltener Spiegel wurde zusammen mit einigen Werkzeugen aus dem Arbeiterviertel nahe der Pyramide des Sesostris II (ca. 1900 v. Chr.) im Niltal ausgegraben. Die griechischen Philosophen Pythagoras, Demokrit, Empedokles, Plato, Aristoteles und andere entwickelten verschiedene Theorien über die Natur des Lichtes (wobei die des letztgenannten der Äther-Theorie des 19. Jahrhunderts ähnlich ist). Die geradlinige Ausbreitung des Lichts war ebenso bekannt wie das Reflexionsgesetz, das Euklid (300 v. Chr.) in seinem Buch *Catoptrics* formulierte. Hero von Alexandria versuchte beide Phänomene damit zu erklären, daß er behauptete, das Licht bewege sich auf dem kürzesten erlaubten Weg zwischen zwei Punkten. Auf das Brennglas (eine Positivlinse) spielte Aristophanes in seiner Komödie *Die Wolken* (424 v. Chr.) an. Das auffällige Abknicken von teilweise in Wasser getauchten Objekten wird in Platos *Staat* erwähnt. Brechung wurde von Cleomedes (50 n. Chr.) und später von Claudius Ptolemaios (130 n. Chr.) von Alexandria erforscht; Ptolemaios stellte tabellarisch ziemlich genau die Messungen der Einfalls- und Brechungswinkel für verschiedene Medien dar. Es ist aus den Aufzeichnungen des Historikers Plinius (23–79 n. Chr.) klar, daß die Römer auch das Brennglas kannten.

Verschiedene Gläser und Kristallkugeln, die wahrscheinlich zum Feuerentzünden benutzt wurden, fand man in römischen Ruinen, und eine plankonvexe Linse wurde in Pompeji entdeckt. Der römische Philosoph Seneca (3 v. Chr. –65 n. Chr.) hob hervor, daß eine mit Wasser gefüllte Glaskugel zur Vergrößerung benutzt werden kann. Und es ist wahrscheinlich, daß einige römische Künstler Vergrößerungsgläser benutzt haben, um sich damit sehr detaillierte Arbeiten zu erleichtern.

Nach der Eroberung des weströmischen Reiches (475 n. Chr.), was grob den Beginn des dunklen Mittelalters markiert, lassen sich für längere Zeit kaum nennenswerte wissenschaftliche Fortschritte in Europa verzeichnen. In den von griechisch-römisch-christlicher Kultur dominierten Mittelmeerländern verbreitete sich rasch die Herrschaft Allahs. Alexandria fiel 642 an die Moslems und am Ende des 7. Jahrhunderts dehnte sich der Islam von Persien über die Südküste des Mittelmeers bis Spanien aus. Das Zentrum der Gelehrsamkeit wechselte in die arabische Welt, wo die wissenschaftlichen und philosophischen Schätze der Vergangenheit übersetzt und bewahrt wurde. Statt die Optik in einem Dornröschenschlaf zu belassen, wurde sie von einem Alhazen (ca. 1000) ausgebaut. Er arbeitete am Reflexionsgesetz, legte den Einfalls- und Reflexionswinkel in dieselbe Ebene, die senkrecht zur Grenzfläche steht, studierte den Kugel- und den Parabolspiegel und gab eine genaue Beschreibung des menschlichen Auges.[1]

Im späten 13. Jahrhundert erwachte Europa allmählich aus seiner intellektuellen Erstarrung. Das Werk Alhazens wurde ins Latein übersetzt und hatte eine große Wirkung auf die Schriften von Robert Grosseteste (1175–1253), Bischof von Lincoln, und auf den polnischen Mathematiker Vitello (oder Witelo), die beide das Studium der Optik wieder in Gang brachten. Ihre Arbeiten wurden dem Franziskaner Roger Bacon (1215–94) bekannt, der bei vielen als der erste Wissenschaftler im heutigen Sinn gilt. Es scheint, daß er den Grundstein dafür legte, Linsen zur Korrektur des Auges zu benutzen und die Möglichkeit andeutete, ein Teleskop aus Linsenkombinationen herzustellen. Bacon hatte auch eine Vorstellung davon, wie Strahlen eine Linse durchqueren. Nach seinem Tod siechte die Optik dahin. Trotzdem zeigen europäische Gemälde um 1350 Mönche mit Augengläsern. Und Alchemisten hatten den Einfall, eine Quecksilberverbindung mit Zinn auf die Rückseite von Glasscheiben zu streichen, um so Spiegel herzustellen. Leonardo da Vinci (1452–1519) beschrieb die *camera obscura*, die später von Giovanni Battista Della Porta (1535–1615) allgemeinverständlich dargestellt wurde. Porta diskutierte Mehrfachspiegel und Kombinationen von Positiv- und Negativlinsen in seiner Schrift *Magia naturalis* (1589).

Diese, zum großen Teil knappe Darstellung der Ereignisse, könnte die erste Epoche der Optik genannt werden. Es war unzweifelhaft ein Beginn — aber im großen und ganzen ein langsamer. Es war mehr eine Zeit des Lernens der Spielregeln als eine Zeit des Gewinnens. Der Sturm von Realisierungen und Aufregungen sollte erst später kommen: im 17. Jahrhundert.

1.3 Vom 17. Jahrhundert an

Es ist nicht sicher, wer wirklich das Linsenfernrohr erfand, doch Quellen im Haager Archiv zeigen, daß am 2. Oktober 1608 der holländische Brillenhersteller Hans Lippershey (1587–1619) sich um ein Patent für dieses Gerät bewarb. Galileo Galilei (1564–1642) hörte in Padua von der Erfindung und baute innerhalb weniger Monate sein eigenes Instrument mit selbstgeschliffenen Linsen. Das Mikroskop wurde zur selben Zeit wahrscheinlich von dem Holländer Zacharias Janssen (1588–1632) erfunden. Francisco Fontana (1580–1656) aus Neapel ersetzte das konkave Okular des Mikroskops durch eine Sammellinse, und Johannes Kepler (1571–1630) nahm einen ähnlichen Austausch im Teleskop vor. 1611 publizierte Kepler seine *Dioptrice*. Er hatte die innere Totalreflexion entdeckt und kam dann zu dem bei kleinen Winkeln näherungsweise geltenden Brechungsgesetz, in welchem Fall der Einfallswinkel proportional zum Transmissionswinkel ist. Er entwickelte dann eine Abhandlung über Optik erster Ordnung für Systeme mit dünnen Linsen und beschrieb die detaillierten Funktionsweisen sowohl des Keplerschen (positives Okular) als auch des Galileischen Fernrohrs (negatives Okular). Willebrord Snell (1591–1626), Professor aus Leyden, entdeckte 1621 empirisch das lang verborgene *Gesetz der Brechung* — dies war einer der großen Augenblicke in der Geschichte der Optik. Er fand dabei genau heraus, wie Lichtstrahlen bei der Durchquerung der Grenzfläche zweier Medien ihre Richtung ändern und öffnete damit die Tür zur modernen Optik. René Descartes (1596–1650) war der erste, der die uns vertraute Formulierung des Brechungsgesetzes mit Sinustermen veröffentlichte. Ihm sollte daher vielleicht genau so viel Ruhm dafür gebühren. Descartes lei-

---

1) Alhazen (Ibn u'l Haitham), 965–1038, schreibt in seinem Werk "De aspectibus", daß beim Sehen keine Strahlen vom Auge ausgehen, sondern die Lichtstrahlen von den Objekten im Auge gebrochen und dann physiologisch verarbeitet werden.

Abbildung 1.1 Johannes Kepler (1571–1630).

tete das Gesetz her, indem er ein Modell benutzte, in dem er das Licht als einen Druck betrachtete, der durch ein elastisches Medium übertragen wird; so wie er es in seiner Schrift *La Dioptrique* (1637) darstellte:

> ... erinnere man sich an die von mir dem Licht zugeschriebene Natur, als ich sagte, daß das Licht nichts anderes ist als eine bestimmte Bewegung oder eine Wirkung, angenommen von einer sehr feinen Substanz, welche die Poren aller Körper ausfüllt ...

Das Universum ist also mit einer Substanz gefüllt. Pierre de Fermat (1601–65) beanstandete Descartes Annahmen und leitete das Reflexionsgesetz von seinem eigenen *Prinzip der kürzesten Zeit* [2]) (1657) neu her. Fermat nahm damit Abschied von Heros Behauptung des kürzesten Weges des Lichtes und behauptete, daß das Licht von einem Punkt zum anderen auf dem Wege mit der kürzesten Zeit fortschreitet, selbst wenn es dabei von dem kürzesten Weg abweicht.

Das Phänomen der Beugung, das heißt die Ablenkung von der geradlinigen Fortpflanzung, die auftritt, wenn Licht an einem Hindernis vorbeiläuft, wurde zuerst von Professor Francesco Maria Grimaldi (1618–63) am Jesuiten-Kolleg in Bologna entdeckt. Er beobachtete

---

2) Genaugenommen lautet sein Integralprinzip, daß die Laufzeit des Lichtes minimal oder maximal sein muß; d.Ü.

Abbildung 1.2 René Descartes (1596–1650).

Lichtstreifen im Schatten eines von einer kleinen Lichtquelle beleuchteten Stabes. Robert Hooke (1635–1703), der Verwalter für Experimente an der Londoner Royal Society war, beobachtete später ebenfalls Beugungseffekte. Er war der erste, der farbige Interferenzmuster eingehend untersuchte, die durch dünne Schichten erzeugt werden (*Micrographia*, 1665), und dabei die richtige Schlußfolgerung zog, daß sie die Folge einer Wechselwirkung zwischen dem reflektierten Licht der oberen und unteren Fläche der Schicht sind. Er hatte die Vorstellung, daß Licht eine schnelle Vibration des Mediums sei, die sich mit sehr großer Geschwindigkeit fortpflanzt. Darüberhinaus "erzeuge jeder Stoß oder jede Schwingung des leuchtenden Körpers eine Sphäre" — dies war der Beginn der Wellentheorie. In dem Todesjahr Galileos wurde Isaac Newton (1642–1727) geboren. Die Richtung der wissenschaftlichen Tätigkeit Newtons zeigt sich deutlich an seiner Arbeit auf dem Gebiet der Optik, die er selbst als *Experimentalphilosophie* bezeichnete. Er wollte auf die direkte Beobachtung aufbauen und alle spekulativen Hypothesen vermeiden. So blieb er lange Zeit ambiva-

Abbildung 1.3 Sir Isaac Newton (1642–1727).

lent gegenüber den Vorstellungen über die wirkliche Natur des Lichts. War Licht korpuskular — ein Strom von Teilchen, wie manche glaubten? Oder war es eine Welle in einem alles durchdringenden Medium, dem Äther? Im Alter von 23 Jahren nahm er seine heute berühmten Dispersionsversuche in Angriff.

> Ich besorgte mir ein dreieckiges Glasprisma, um damit die berühmten Farbphänomenversuche durchzuführen (I procured me a triangular glass prism to try therewith the celebrated phenomena of colours).

Newton schloß, daß das weiße Licht eine Mischung aus einer ganzen Reihe unabhängiger Farben sei. Er behauptete, daß die Lichtkorpuskeln verschiedener Farben den Äther in bestimmte Schwingungen versetze und die Rotwahrnehmung mit der längsten Schwingung, die Violettwahrnehmung mit der kürzesten Schwingung des Äthers korrespondiere. Trotz der eigenartigen Neigung seines Werkes, sowohl die Wellentheorie als auch die Korpuskeltheorie zu erfassen, neigte er doch in seinen späteren Jahren mehr zu der Korpuskeltheorie. Der Hauptgrund zur Ablehnung der damaligen Wellentheorie war vielleicht das offensichtliche Problem, die geradlinige Ausbreitung vom Standpunkt der Wellen zu erklären, die

Abbildung 1.4 Christian Huygens (1629–1659).

sich in allen Richtungen ausbreiten.

Nach einigen allzu begrenzten Experimenten gab Newton es auf, Farbfehler von Linsenfernrohren zu beseitigen: wegen der falschen Schlußfolgerung, daß das Problem nicht zu lösen sei, wandte er sich der Konstruktion von Spiegelfernrohren zu. Sein erstes Spiegelfernrohr vollendete er 1668. Es war nur 15 cm (6 inches) lang und 3.9 cm (1 inch) im Durchmesser, hatte aber eine 30-fache Vergrößerung.

Zur selben Zeit als Newton die Emissionstheorie des Lichts in England vertrat, baute Christian Huygens (1629–95) auf dem Kontinent seine Wellentheorie aus. Im Gegensatz zu Descartes, Hooke und Newton schloß Huygens richtig, daß das Licht beim Eintritt in dichtere

Medien erheblich langsamer wird. Er war in der Lage, die Reflexions- und Brechungsgesetze herzuleiten, und konnte selbst die Doppelbrechung in Kalkspat mit Hilfe seiner Wellentheorie erkklären. Und bei seiner Arbeit mit Kalkspat entdeckte er das Phänomen der *Polarisation*.

> Da es zwei verschiedene Arten von Brechungen gibt, schloß ich, daß es auch zwei verschiedene Lichtwellenarten gibt ...

Licht war also entweder ein Partikelstrom oder eine rasche Wellenbewegung von ätherhafter Materie. Die Anhänger beider Modelle stimmten aber darin überein, daß das Licht sich mit rasender Geschwindigkeit fortpflanzt. In der Tat glaubten viele, daß sich das Licht unendlich schnell ausbreitet, eine Vorstellung, die wenigstens bis auf Aristoteles zurückgeht. Die Tatsache, daß die Geschwindigkeit endlich groß ist, wurde von dem Dänen Ole Christensen Römer (1644–1710) ermittelt. Die Umlaufbahn von Io, Jupiters nächstem Mond, liegt fast in der Ebene der Umlaufbahn des Planeten um die Sonne. Römer untersuchte sorgfältig die Finsternisse von Io, während dieser Mond durch den Schatten hinter Jupiter wanderte. 1676 sagte er voraus, daß Io am 9. November etwa 10 Minuten später aus der Dunkelheit heraustreten wird, als man auf der Grundlage seiner jährlich gemittelten Bewegung erwartete. Io verhielt sich genau nach seinem Zeitplan, ein Phänomen, dessen Ursache Römer richtig mit der endlich großen Lichtgeschwindigkeit erklärte. Er konnte bestimmen, daß das Licht etwa 22 Minuten benötigt, um den Durchmesser der Erdumlaufbahn um die Sonne zu durchlaufen — eine Entfernung von ca. 299 Millionen Kilometer. Huygens und Newton waren neben anderen von der Gültigkeit der Arbeit Römers überzeugt. Unabhängig voneinander berechneten sie annähernd den Erdumlaufbahndurchmesser und bestimmten Werte von c, die äquivalent zu 2.3×10^8 m/s waren. Dennoch blieben andere, insbesondere Hooke, skeptisch. Sie argumentierten, daß jede Geschwindigkeit, die so unglaublich groß ist, in Wirklichkeit unendlich sein müßte. [3]

Das große Gewicht von Newtons Meinung hing während des 18. Jahrhunderts als ein Leichentuch über der Wellentheorie, das die Anhänger fast erstickte. Zu viele waren mit dem bestehenden Dogma zufrieden und zu wenige Nonkonformisten folgten ihrem eigenen experimentellen Wissenschaftsdrang, wie es sie mit Sicherheit Newton hätte tun lassen. Trotz allem war der berühmte Mathematiker Leonhard Euler (1707–83) ein begeisterter Anhänger der Wellentheorie, wenn auch ein unbeachteter. Euler meinte, daß die unerwünscht in einer Linse zu sehenden Farbeffekte deshalb im Auge nicht vorkommen (irrige Annahme), weil die unterschiedlichen Medien die Dispersion zunichte machen. Er regte an, achromatische Linsen in ähnlicher Weise herzustellen. Davon begeistert, führte Samuel Klingenstjerna (1698–1765) Newtons Experimente über Achromnatismus erneut aus und erklärte sie als falsch. Klingenstjerna war mit einem Londoner Optiker, John Dollond (1706–61), in Verbindung, der ähnliche Ergebnisse aufweisen konnte. Schließlich kombinierte Dollond im Jahre 1758 zwei Linsen, die eine aus Kron- und die andere aus Flintglas, zu einem Achromat. Dies war ein Werk von sehr großer praktischer Bedeutung. Dollonds Erfindung war eigentlich schon vorweggenommen durch die unveröffentlichte Arbeit des Privatgelehrten Chester Moor Hall (1703–71) von Moor Hall in Essex.

1.4 Das 19. Jahrhundert

Die Wellentheorie des Lichts wurde in den Händen von Dr. Thomas Young (1773–1829) wiedergeboren, einer der wahrlich großen Geister des Jahrhunderts. Am 12. November 1801, 1. Juli 1802 und am 24. November 1803 pries er vor der Royal Society die Wellentheorie und fügte ein neues fundamentales Konzept, das sogenannte *Interferenzprinzip* hinzu.

> Stimmen zwei Wellenbewegungen verschiedener Ursprünge entweder genau oder fast genau in der Richtung überein, so ist der gemeinsame Effekt eine Zusammensetzung der Bewegungen, die zu jeder einzelnen Welle gehören.

Er war nun imstande, die Farbstreifen dünner Schichten zu erklären und bestimmte die Wellenlängen verschiedener Farben mit Hilfe von Newtons Meßwerten. Trotz seines wiederholten Hinweises, daß sein Konzept nun wirklich seine Ursprünge in Newtons Forschungen habe, wurde er heftig angegriffen. In einer Reihe von Artikeln, die Lord Brougham in der *Edinburgh Review* verfaßte, wurden die Schriften Youngs als "ohne jeglichen Wert" bezeichnet. Unter dem Mantel der Unfehlbarkeit Newtons war die Schulphysik Englands nicht vorbereitet für die Weisheiten Youngs, der nun seinerseits entmutigt wurde.

---

[3] A. Wroblewski, *Am. J. Phys.* **53** (7), Juli 1985, S. 620.

Abbildung 1.5 Augustin Jean Fresnel (1788–1827).

Augustin Jean Fresnel (1788–1827), geboren in Broglie in der Normandie, begann seine brillante Wiederbelebung der Wellentheorie in Frankreich ohne die Bemühungen Youngs, etwa 13 Jahre vorher, zu kennen. Fresnel vereinigte das Wellenkonzept von Huygens und das Interferenzprinzip. Die Art der Fortpflanzung einer Primärwelle wurde angesehen als eine Folge von angeregten elementaren sekundären Kugelwellen, die sich überlagern und interferieren, um so die sich fortpflanzende Primärwelle neu zu bilden, wie sie einen Moment später erscheint. In Fresnels Worten:

> Man darf die Schwingungen einer Lichtwelle in allen ihren Punkten als die Summe der Elementarbewegungen betrachten, die in demselben Moment von den verschiedenen Wirkungen aller Teile der ungehinderten Welle mit Berücksichtigung aller vorhergehenden Positionen zu ihr übertragen wird.

Diese Wellen galten analog zu den Schallwellen in der Luft als longitudinal. Dominique François Jean Arago (1786–1853) war unter den ersten Anhängern der Wellentheorie Fresnels zu finden. Sie befreundeten sich schnell und arbeiteten manchmal zusammen. Unter der Kritik von so berühmten Männern und Vertretern der Emissionshypothese, wie Pierre Simon de Laplace (1749–1827) und Jean-Baptiste Biot (1774–1862), nahm Fresnels Theorie eine mathematische Gestalt an. Er konnte die Beugungsmuster berechnen, die von verschiedenen Hindernissen und Öffnungen entstehen, und zufriedenstellend die geradlinige Ausbreitung in homogenen, isotropen Medien erklären. So zerstreute er den Haupteinwand Newtons gegen die Wellentheorie. Als er schließlich von Youngs Priorität des Interferenzprinzips hörte, schrieb er ihm nichtsdestoweniger etwas enttäuscht, daß er durch die gute Gesellschaft, in der er sich mit ihm befände, getröstet wäre — die beiden großen Männer wurden Verbündete.

Huygens kannte wie Newton das Phänomen der Polarisation in Kalkspat-Kristallen. So schrieb Huygens in seiner *Opticks*:

> Jeder Lichtstrahl hat daher zwei entgegengesetzte Seiten ...

Er entwickelte dieses Konzept der Seitenasymmetrie weiter, obgleich er jede Interpretation vom Standpunkt der hypothetischen Natur des Lichtes vermied. Doch entdeckte Étienne Louis Malus (1775–1812) erst 1808, daß sich diese Zweiseitigkeit des Lichtes auch bei der Reflexion zeigt. Sie war nicht an kristalline Medien gebunden. Fresnel und Arago führten dann eine Reihe von Experimenten durch, um zu bestimmen, wie die Polarisation auf die Interferenz wirkt. Die Ergebnisse waren aber völlig unerklärlich im Rahmen ihres longitudinalen Wellenbildes — dies war wirklich ein schwarzer Tag. Für viele Jahre rangen Young, Arago und Fresnel mit dem Problem, bis schließlich Young vorschlug, die Ätherschwingungen als *transversal* anzunehmen, wie es eine Welle auf einem Seil ist. Die Zweiseitigkeit des Lichtes war nun einfach nur eine Manifestation der zwei orthogonalen Schwingungen des Äthers, transversal zur Strahlrichtung. Fresnel entwickelte nun eine mechanistische Beschreibung der Ätherschwingung, die zu den berühmten Formeln für die Amplitude des reflektierten und transmittierten Lichts führten. Gegen 1825 hatte die Emissions- oder Korpuskulartheorie nur noch einige wenige beharrliche Vertreter.

Die erste erdgebundene Bestimmung der Lichtgeschwindigkeit wurde von Armand Hippolyte Louis Fizeau (1819–96) im Jahre 1849 durchgeführt. Seine Vorrichtung, die von Suresnes bis Montmartre (Vororte von

Paris) reichte, bestand aus einem rotierenden Zahnrad und einem in 8633 m Entfernung stehenden Spiegel. Ein Lichtpuls fiel aus einer Öffnung des Rades auf den Spiegel und wurde reflektiert. Durch Regulierung der Geschwindigkeit des Rades konnte man erreichen, daß das reflektierte Licht entweder durch eine Zahnlücke fiel oder von einem hervorstehenden Zahn abgefangen wurde. Dabei erhielt Fizeau einen Wert der Lichtgeschwindigkeit von 315300 km/s. Sein Kollege Jean Bernard Léon Foucault (1819–68) war gleichfalls mit der Ermittlung der Lichtgeschwindigkeit beschäftigt. 1834 entwickelte Charles Wheatstone (1802–75) eine rotierende Spiegelanordnung, um die Dauer eines elektrischen Funkens zu bestimmen. Arago versuchte damit, auch die Lichtgeschwindigkeit in dichten Medien zu bestimmen, konnte das Problem aber nicht lösen. Foucault führte die Arbeit fort, die später Material für seine Dissertation liefern sollte. Am 6. Mai 1850 konnte er der Akademie der Wissenschaften mitteilen, daß die Lichtgeschwindigkeit im Wasser *geringer* ist als in der Luft. Dieses Ergebnis steht natürlich im direkten Widerspruch zu Newtons Emissionstheorie und war ein harter Schlag für die wenigen letzten Anhänger.

Während all dies in der Optik geschah, trug ganz unabhängig davon die Erforschung der Elektrizität und des Magnetismus auch Früchte. 1845 stellte der Meister der Experimentalphysik, Michael Faraday (1791–1867), eine Wechselbeziehung zwischen Elektromagnetismus und Licht fest. Er fand, daß die Polarisationsrichtung eines Lichtstrahls durch ein starkes Magnetfeld, das auf das Medium wirkt, geändert werden kann. James Clerk Maxwell (1831–79) faßte das damals bekannte empirische Wissen des Fachgebietes in brillanter Weise zusammen und erweiterte es sogar zu einem einzigen Satz mathematischer Gleichungen. Aus dieser bemerkenswert knappen Synthese voll schöner Symmetrie konnte er rein theoretisch zeigen, daß sich ein elektromagnetisches Feld als eine Transversalwelle im Lichtäther ausbreiten kann. Als er aus den Gleichungen die Wellengeschwindigkeit bestimmte, erhielt er einen Ausdruck in Abhängigkeit von den elektrischen und magnetischen Eigenschaften des Mediums ($c = 1/\sqrt{\epsilon_0 \mu_0}$). Nach Einsatz der empirisch bestimmten Werte für diese Größen erhielt er ein numerisches Ergebnis, das dem gemessenen Wert der Lichtgeschwindigkeit entspricht! Die Schlußfolgerung war unvermeidlich — *Licht ist "eine elektromagnetische Störung in Form von Wellen", die sich durch den Äther*

Abbildung 1.6 James Clerk Maxwell (1831–1879).

fortpflanzt. Maxwell starb im Alter von 48, acht Jahre zu früh, um die experimentelle Bestätigung seiner Einsichten zu erleben, und viel zu früh für die Physik. Heinrich Rudolf Hertz (1857–94) bestätigte die Existenz von langwelligen elektromagnetischen Wellen, indem er sie bei einer ausgedehnten Serie von Experimenten, die er 1888 veröffentlichte, erzeugte und nachwies.

Die Annahme der Wellentheorie des Lichtes schien eine gleichzeitige Annahme eines alles durchdringenden Substrats, des Lichtäthers, notwendig zu machen. Falls es Wellen gibt, schien es selbstverständlich, ein Trägermedium anzunehmen. Natürlich wurde ein großer Teil der Forschung zur Ermittlung der Natur des Äthers aufgebracht. Jedoch müßte er einige ziemlich seltsame Eigenschaften besitzen. Er müßte so dünn sein, daß er eine offensichtlich ungestörte Bewegung der Himmelskörper erlaubt. Gleichzeitig müßte er die extrem hochfrequenten Schwingungen des Lichts ($\approx 10^{15}$ Hz) tragen, das mit 300000 km/s wandert. Dies beinhaltet außergewöhnlich starke Rückstellkräfte innerhalb der Äthersubstanz. Die Geschwindigkeit, mit der eine Welle durch ein Medium fortschreitet, hängt von den Eigenschaften des gestörten Substrats und nicht von der Bewegung des Wellenerregers ab. Dies steht im Widerspruch zum Verhalten eines Partikelstromes, dessen Geschwindigkeit bezüglich der Quelle der entscheidende Parameter ist.

Gewisse Aspekte der Natur des Äthers stören, wenn man sich mit der Optik bewegter Körper beschäftigt, und es war dieser Forschungsbereich, der sich übrigens separat in aller Stille entwickelte und schließlich zum nächsten großen Wendepunkt führte. 1725 versuchte James Bradley (1693–1762), Professor für Astronomie in Oxford, den Abstand zu einem Stern durch die Beobachtung seiner Richtungen zu zwei verschiedenen Jahreszeiten zu messen. Die Position der Erde verändert sich beim Kreislauf um die Sonne und liefert somit eine ausgedehnte Grundlinie zur Dreiecksvermessung des Sterns. Zu seiner großen Überraschung fand er, daß die "Fix"-Sterne eine systematische Bewegung zeigen, die mit der Bewegungsrichtung der Erde auf der Umlaufbahn in Verbindung steht, und die nicht, wie man erwartete, von der Stellung der Erde im Raum abhängt. Diese sogenannte *stellare Aberration* ist analog zu der wohlbekannten Situation des fallenden Regentropfens. Ein Regentropfen, der bezüglich eines auf der Erde ruhenden Beobachters senkrecht fällt, erscheint für einen sich bewegenden Beobachter mit einem anderen Einfallswinkel. So könnte ein Teilchen-Modell des Lichtes die stellare Abweichung geschickt erklären. Alternativ dazu bietet die Wellentheorie ebenfalls eine befriedigende Erklärung, sofern man annimmt, daß *der Äther beim Durchlauf der Erde völlig ungestört bleibt*. Übrigens kam Bradley, der von der Richtigkeit seiner Analysen überzeugt war, mit Hilfe der beobachteten Aberrationswerte zu einem verbesserten Wert von c und bestätigte so Römers Theorie der endlichen Lichtgeschwindigkeit.

Als Reaktion auf Spekulationen, ob die Bewegung der Erde durch den Äther eine beobachtbare Differenz zwischen irdischen und außerirdischen Lichtquellen ergibt, nahm Arago sich vor, das Problem experimentell zu untersuchen. Er fand dabei keinen beobachtbaren Unterschied. Das Licht verhielt sich so, als ob die Erde bezüglich des Äthers ruhe. Zur Erklärung dieser Ergebnisse schlug Fresnel schließlich vor, anzunehmen, daß das Licht in Wirklichkeit zum Teil mitgeführt wird, wenn es ein transparentes, sich bewegendes Medium durchquert. Fizeau ließ in einem Experiment Lichtstrahlen durch sich bewegende Wassersäulen laufen, und Sir George Biddell Airy (1801–92) benutzte 1871 ein wassergefülltes Teleskop zur Erforschung der stellaren Aberration. Beide Experimente schienen die Fresnelsche Hypothese der Äthermitführung[4] zu bestätigen. Unter Voraussetzung eines Äthers im *absoluten Ruhezustand* entwickelte Hendrick Antoon Lorentz (1853–1928) eine Theorie, die Fresnels Ideen umfaßte.

1879 schlug Maxwell in einem Brief an D.P. Todd vom U.S. Nautical Almanac Office einen Plan vor, mit dem man die Geschwindigkeit des Sonnensystems relativ zum Lichtäther messen kann. Der Amerikaner Albert Abraham Michelson (1852–1931), zu der Zeit ein Marine-Dozent, nahm die Idee auf. Im Alter von 26 Jahren hatte Michelson bereits einen besonderen Ruf für seine sehr genaue Bestimmung der Lichtgeschwindigkeit. Ein paar Jahre später begann er mit einem Experiment, um den Effekt der Bewegung der Erde durch den Äther zu messen: da die Lichtgeschwindigkeit im Äther konstant ist, und die Erde sich wahrscheinlich relativ zum Äther bewegt (Bahngeschwindigkeit der Erde = 67000 Meilen/h = 29.8 km/s), sollte die Lichtgeschwindigkeit, die in bezug auf die Erde gemessen wird, von der Planetenbewegung beeinflußt sein. Michelsons Arbeiten wurden in Berlin begonnen, man verlegte sie aber wegen Verkehrsschwingungen nach Potsdam, und 1881 veröffentlichte Michelson seine Ergebnisse. Es gab keine feststellbare Bewegung der Erde relativ zum Äther — der Äther ruht nicht. Die Bedeutung dieses überraschenden Ergebnisses wurde etwas gemindert, als Lorentz auf ein Versehen in der Rechnung hinwies. Einige Jahre später wiederholten Michelson, nun Professor für Physik an der Case School of Applied Science in Cleveland (Ohio) und Edward Williams Morley (1838–1923), ein bekannter Professor für Chemie am Western Reserve, gemeinsam die Experimente mit beträchtlich größerer Genauigkeit. Erstaunlicherweise waren ihre Ergebnisse, die im Jahre 1887

---

[4] Fresnel vermutete, daß sich die Lichtgeschwindigkeit im fließenden Medium additiv aus der Lichtgeschwindigkeit im ruhenden Medium und der Strömungsgeschwindigkeit des Mediums zusammensetzt. Er erklärte mit einem komplizierten Mechanismus, daß sich diese beiden Geschwindigkeiten nicht einfach klassisch, sondern in einer komplizierteren Weise addieren. So fand er experimentell die relativistische Additionsformel für Geschwindigkeiten lange vor Einstein; d.Ü.

veröffentlicht wurden, wieder negativ:

> Es scheint von allem Vorhergenden ziemlich sicher, daß die Relativbewegung, falls es zwischen der Erde und dem Lichtäther eine gibt, sehr klein sein muß; klein genug, um die Fresnelsche Erklärung der Aberration zu widerlegen.

Während eine Erklärung der stellaren Aberration im Kontext der Wellentheorie die Existenz einer Relativbewegung zwischen Erde und Äther erfordert, widerlegt das Michelson-Morley-Experiment jene Möglichkeit. Überdies machten die Ergebnisse von Fizeau und Airy die Aufnahme einer teilweisen Mitführung des Lichtes erforderlich, die auf die Bewegung des Mediums zurückzuführen ist.

1.5 Optik des 20. Jahrhunderts

Jules Henri Poincaré (1854–1912) war vielleicht der erste, der die Bedeutung der experimentellen Unfähigkeit begriff, irgendwelche Effekte der Bewegung relativ zum Äther zu beobachten. 1899 begann er seine Ansichten zu veröffentlichen, und im Jahr 1900 schrieb er:

> Existiert unser Äther wirklich? Ich glaube nicht, daß genauere Beobachtungen jemals mehr als *relative* Verschiebungen enthüllen können.

Im Jahre 1905 stellte Albert Einstein (1879–1955) seine *spezielle Relativitätstheorie* vor, in der er ebenfalls ganz unabhängig, die Ätherhypothese ablehnte.

> Die Einführung eines "Lichtäthers" wird sich als überflüssig erweisen, da die Ansicht, die hier entwickelt wird, keinen "absolut ruhenden Raum" erfordert.

Er postulierte darüberhinaus, daß

> sich Licht im leeren Raum immer mit einer bestimmten Geschwindigkeit c ausbreitet, die unabhängig vom Bewegungszustand des strahlenden Körpers ist.

Die Experimente von Fizeau, Airy und Michelson-Morley erklärten sich nun ganz natürlich innerhalb der Einsteinschen relativistischen Kinematik (siehe z.B. *Special Relativity* von French, Kapitel 5). Nachdem den Physikern der Äther genommen war, mußten sie sich einfach daran gewöhnen, daß sich elektromagnetische Wellen durch den freien Raum ausbreiten können — es gab keine Alternative. Man stellte sich nun das Licht als eine sich selbst erhaltende Welle vor, wobei sich die konzeptuelle Betonung vom Äther zum Feld verlagerte. Die elektromagnetische Welle wurde ein eigenes Wesen.

Abbildung 1.7 Albert Einstein (1879–1955). (Photo von Fred Stein.)

Am 19. Oktober 1900 hielt Max Karl Ernst Ludwig Planck (1858–1947) einen Vortrag vor der Deutschen Physikalischen Gesellschaft, in dem er den Beginn noch einer anderen großen Revolution im wissenschaftlichen Denken einleitete — die *Quantenmechanik*, eine Theorie, die submikroskopische Phänomene erfaßt. 1905 schlug Einstein, der auf diese Ideen aufbaute, eine neue Form der Korpuskulartheorie vor, in der er behauptete, daß Licht aus Kugeln oder "Partikeln" aus Energie bestehe. Jedes derartige Quant von Strahlungsenergie oder Photon,[5] wie man es nennt, hat eine Energie, die proportional zu seiner Frequenz ν ist, das heißt $\mathcal{E} = h\nu$, wobei h die Plancksche Konstante ist.

---

[5] Das Wort *Photon* wurde von G.N. Lewis geprägt, *Nature*, Dezember 18, 1926.

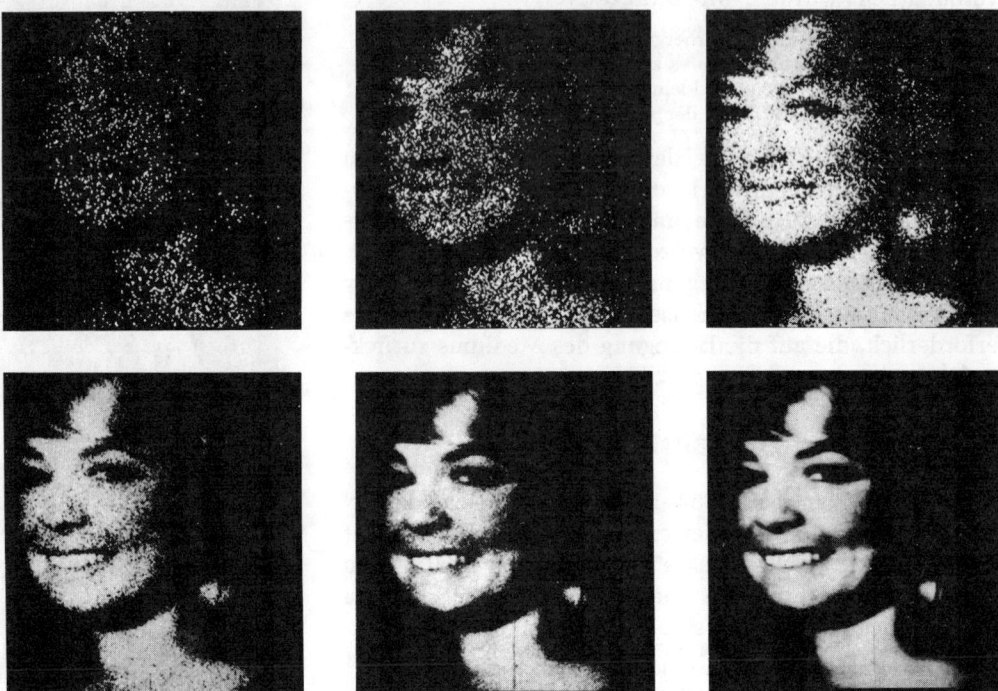

Abbildung 1.8 Diese Bilder, die mit Benutzung von elektronischer Verstärkertechnik hergestellt wurden, sind eine zwingende Veranschaulichung der Körnung, die bei der Wechselwirkung von Licht mit Materie auftritt. Bei äußerst schwacher Beleuchtung erscheint das Muster fast zufällig (jeder Punkt entspricht einem Photon). Nimmt die Lichtmenge aber zu, so wird der Quantencharakter der Prozesse allmählich verdeckt. (Siehe *Advances in Biological and Medical Physics V*, 1957, 211–242.) (Mit freundlicher Genehmigung von Radio Corporation of America.)

Am Ende der zwanziger Jahre hatte die Quantenmechanik durch die Bemühungen solcher Männer wie Bohr, Born, Heisenberg, Schrödinger, De Broglie, Pauli, Dirac und einige andere eine gut verifizierte Struktur erhalten. Es wurde allmählich evident, daß die Teilchen- und Wellenkonzepte, die sich in der makroskopischen Welt so offensichtlich gegenseitig ausschließen, im submikroskopischen Bereich verbunden werden müssen. Die Vorstellung von einem atomaren Teilchen (z.B. Elektronen, Neutronen, usw.) als ein winziges, lokalisierbares Materieklümpchen würde nicht länger ausreichen. Es wurde in der Tat herausgefunden, daß diese "Teilchen" in der gleichen Weise wie Licht Interferenz- und Beugungsmuster erzeugen können. So besitzen Photonen, Protonen, Elektronen, Neutronen usw., also alle gemeinsam, sowohl Partikel- als auch Welleneigenschaften. Nach wie vor war das Problem keineswegs geklärt. "Jeder Physiker denkt, er wüßte, was ein Photon ist", schrieb Einstein. "Ich habe mein ganzes Leben damit verbracht, herauszufinden, was ein Photon ist, und ich weiß es immer noch nicht."

Die Relativität befreite das Licht vom Äther und zeigte die enge Beziehung zwischen Masse und Energie (via $\mathcal{E} = mc^2$). Was fast antithetisch war, wurde nun austauschbar. Die Quantenmechanik wies dann nach, daß ein Teilchen[6] mit einem Impuls p eine zugehörige Wellenlänge λ besitzt, so daß $p = h/\lambda$ ist (gleich ob es eine Ruhemasse hat oder nicht). Das Neutrino, ein neutrales Teilchen mit der Ruhemasse Null, wurde 1930 von Wolfgang Pauli (1900–58) aus theoretischen Gründen postuliert und experimentell später in den fünfziger Jahren bestätigt. Die einfachen Bilder von submikroskopischen Materieflecken wurden unhaltbar, und die Dichotomie von Welle und Teilchen löste sich in einen Dualismus auf.

Die Quantenmechanik behandelt auch die Art und Weise, in der Licht von Atomen absorbiert und emittiert wird. Angenommen wir bringen ein Gas durch Erhitzen oder durch eine elektrische Entladung zum Leuchten. Das abgestrahlte Licht ist charakteristisch für die Struktur der Atome des konstituierenden Gases. Die Spek-

---

[6] Vielleicht könnte es helfen, wenn wir sie *Welltikels* nennen würden. Nebenbei, wie stellen Sie sich in Gedanken das Zusammentreffen eines Elektrons und eines Positrons mit deren folgender Vernichtung und Entstehung von zwei Photonen vor?

troskopie, die sich als ein Zweig der Optik mit Spektralanalyse beschäftigt, entwickelte sich aus den Forschungen Newtons. William Hyde Wollaston (1766–1828) machte 1802 die ersten Beobachtungen der dunklen Linien im Sonnenspektrum. Wegen der spaltförmigen Öffnung, die im allgemeinen in Spektroskopen verwendet wird, bestand das Ergebnis aus engen farbigen Lichtstreifen, den sogenannten *Spektrallinien*. Joseph Fraunhofer (1787–1826) dehnte die Arbeiten auf dem Gebiet unabhängig und beträchtlich aus. Nachdem er zufällig die Doppellinie von Natrium entdeckt hatte, studierte er das Sonnenlicht weiter und machte die ersten Wellenlängenbestimmungen mit Hilfe von Beugungsgittern. Gustav Robert Kirchhoff (1824–87) und Robert Wilhelm Bunsen (1811–99), die gemeinsam in Heidelberg arbeiteten, wiesen nach, daß jede Atomart ihr eigenes Merkmal in einer charakteristischen Anordnung von Spektrallinien hat. Und 1913 gab Niels Henrik David Bohr (1885–1962) seine vorläufige Quantentheorie des Wasserstoffatoms bekannt, die nichtsdestoweniger in der Lage war, die Wellenlängen seines Emissionsspektrums vorherzubestimmen. Man nahm nun an, daß das Licht, das von einem Atom emittiert wird, von seinen äußersten Elektronen herrührt. Ein Atom, das irgendwie Energie absorbiert (z.B. durch Zusammenstöße), wechselt von seiner normalen Konfiguration, den man den Grundzustand nennt, zu dem sogenannten angeregten Zustand. Nach einer begrenzten Zeit fällt es zum Grundzustand zurück, die Elektronen kehren zu ihrem anfänglichen Zustand bezüglich des Kerns zurück, dabei geben sie die überschüssige Energie oft in Form von Licht ab. Dieser Prozeß ist das Gebiet der modernen Quantentheorie, die die kleinsten Details mit unglaublicher Genauigkeit und Schönheit beschreibt.

Das Aufblühen der angewandten Optik in der zweiten Hälfte des 20. Jahrhunderts repräsentiert an sich eine Renaissance. In den fünfziger Jahren begannen einige Forscher die Optik mit mathematischen Techniken und Verständnissen der Kommunikationstheorie zu prägen. So wie die Idee des Impulses eine andere Dimension in der Sicht von Aspekten der Mechanik öffnete, so bietet das Konzept der Raumfrequenz einen wertvollen neuen Weg des Begreifens einer großen Reihe von optischen Phänomenen. Verbunden durch den mathematischen Formalismus der Fourier-Analyse sind die Folgen dieser zeitgemäßen Prägung der Optik weitreichend. Von besonderem Interesse ist die Theorie der Bilderzeugung und Bildauswertung, der Übertragungsfunktionen und die Idee der räumlichen Filterung. Die Erfindung des schnellen Digitalcomputers verbesserte die Herstellung von komplizierten optischen Systemen ganz erheblich. Asphärische Linsen bekamen eine neue praktische Bedeutung, so daß das beugungsbegrenzte Linsensystem, das ein bemerkenswert großes Bildfeld hat, realisierbar wurde. Die Technik des Polierens durch Ionenbeschuß, bei dem ein Atom einzeln abgespalten wird, wurde eingeführt, um dem Bedarf an äußerster Präzision bei der Herstellung von optischen Elementen zu entsprechen. Die Verwendung von Ein- und Mehrfachdünnschichtbelägen (Spiegel, Antireflexbelag usw.) wurde etwas Alltägliches. Die Faser-Optik entwickelte sich zum praktischen Werkzeug, und Dünnschichtlichtleiter wurden erforscht. Ziemlich viel Aufmerksamkeit wurde dem infraroten Ende des Spektrums beigemessen (Überwachungssysteme, Raketensteuerung usw.), und dies stimulierte die Entwicklung von IR-Materialien. Kunststoffe fanden in der Optik allmählich ernstzunehmende Anwendungen (Linsen, Gitterkopien, Fasern, asphärische Linsen usw.). Eine neue Klasse von teilweise glasierten Glas-Keramiken mit äußerst geringer Wärmeausdehnung wurde entwickelt. Ein Wiederaufleben der Konstruktion von astronomischen Observatorien (sowohl irdisch als auch außerirdisch), die das ganze Spektrum erfassen, machte am Ende der sechziger Jahre große Fortschritte.

Der erste Laser wurde 1960 gebaut, und innerhalb eines Jahrzehnts überspannten die Laserstrahlen den Bereich von Infrarot bis Ultraviolett. Die Verfügbarkeit von starken, kohärenten Lichtquellen führte zu der Entdeckung einer Anzahl von neuen optischen Effekten (Erzeugung von Oberschwingungen, Frequenzmischung usw.) und von hier zu einem Panorama wunderbarer neuer Geräte. Die benötigte Technologie für die Produktion von praktikablen optischen Kommunikationssystemen entwickelte sich schnell. Der komplizierte Gebrauch von Kristallen in Geräten, wie z.B. den Generatoren zweiter Harmonischer, den elektro- und akustooptischen Modulatoren und ähnlichen, spornte sehr viel zeitgenössische Forschung über Kristalloptik an. Die Technik der Wellenfrontrekonstruktion, bekannt als Holographie, die großartige dreidimensionale Bilder erzeugt, fand zahlreiche andere Anwendungen (zerstörungsfreie Prüfverfahren, Datenspeicherung, usw.)

Die militärische Ausrichtung vieler Entwicklungsarbeit der sechziger Jahre setzte sich in den Siebzigern fort und wurde sogar in den Achtzigern noch verstärkt. Jenes technologische Interesse an der Optik reicht über das Spektrum von "intelligenten Bomben" und Spionagesatelliten zu "Todesstrahlen" und Infrarotgeräten, die im Dunkeln sehen können. Aber ökonomische Erwägungen verbunden mit dem Bedürfnis, die Lebensqualität zu verbessern, haben, wie nie zuvor, Produkte dieser Forschungsdisziplin auf den Markt gebracht. Heute finden Laser überall Verwendung: sie lesen im Wohnzimmer Videoplatten, schneiden Stahl in Fabriken, setzen die Schrift in Zeitungen, tasten die Schrift von Waren ab und vollbringen Operationen im Krankenhaus. Millionen von optischen Displaysystemen an Uhren, Rechnern und Computern blinken in der ganzen Welt. Die in den letzten hundert Jahren fast ausschließliche Verwendung von elektrischen Signalen für die Bearbeitung und Übertragung von Daten wird nun in großem Tempo durch effizientere Techniken abgelöst. Eine weitreichende Revolution in den Methoden der Verarbeitung und Übertragung von Informationen findet geräuschlos statt, eine Revolution, die unser Leben in den kommenden Jahren stark verändern wird. Tiefgreifende Einsichten kommen langsam. Wie wenig haben wir von dreitausend Jahren zur Nachlese übernommen, obgleich das Tempo sich ständig beschleunigt. Es ist wirklich wunderbar zu beobachten, wie die Antwort sich fein verändert, während die Frage unverändert bleibt — *Was ist Licht?*[7]

---

[7] Für weiteres Lesen zur Geschichte der Optik siehe F. Cajori, *A History of Physics* und V. Ronchi, *The Nature of Light*. Auszüge einer Reihe von Originalschriften können leicht in W.F. Magie, *A Source Book in Physics* und in M.H. Shamos, *Great Experiments in Physics* gefunden werden. Siehe außerdem David C. Lindberg, *Auge und Licht im Mittelalter*, die Entwicklung der Optik von Alkindi bis Kepler; übersetzt von Mathias Althoff; d.Ü.

2 MATHEMATIK DER WELLENBEWEGUNG

Es gibt eine ganze Reihe von scheinbar beziehungslosen physikalischen Prozessen, die im Sinne der Mathematik der Wellenbewegung beschrieben werden können. In diesem Sinn gibt es eine fundamentale Ähnlichkeit zwischen einem auf einem gespannten Bogen laufenden Puls (Abb. 2.1), einer durch Oberflächenspannung hervorgerufenen Kräuselwelle in einer Tasse Tee und dem Licht, das uns von einem fernen Punkt des Universums erreicht. Dieses Kapitel will einige mathematische Techniken entwickeln, die notwendig sind, um Wellenphänomene im allgemeinen zu behandeln. Wir wollen mit einigen ziemlich einfachen Ideen, die die Ausbreitung von Störungen betreffen, beginnen und von diesen zu der dreidimensionalen Wellendifferentialgleichung gelangen. Im ganzen Studium der Optik wendet man ebene, kugelförmige und zylindrische Wellen an. Demgemäß werden wir ihre mathematische Darstellung entwickeln und zeigen, daß sie Lösungen der Wellendifferentialgleichung sind. Dieses Kapitel wird eine vollkommen klassische Behandlung sein; man kann trotzdem zeigen, daß unsere Ergebnisse den Forderungen der speziellen Relativitätstheorie in der Tat gehorchen.

2.1 Eindimensionale Wellen

Wir stellen uns eine Störung ψ vor, die sich in der positiven x-Richtung mit einer konstanten Geschwindigkeit v bewegt. Die spezielle Natur der Störung ist in diesem Moment unwichtig. Sie könnte die vertikale Verschiebung eines Seiles in Abbildung 2.1 oder die elektrische oder magnetische Feldstärke einer elektromagnetischen Welle (oder sogar die quantenmechanische Wahrscheinlichkeitsamplitude einer Materiewelle) sein.

Da die Störung in Bewegung ist, muß sie sowohl eine Funktion des Ortes als auch der Zeit sein und kann daher geschrieben werden als

$$\psi = f(x,t). \qquad (2.1)$$

Man kann die Form der Störung in irgendeinem Zeitpunkt, z.B. $t = 0$, finden, indem man die Zeit bei diesem Wert konstant hält. In diesem Fall repräsentiert

$$\psi(x,t)|_{t=0} = f(x,0) = f(x) \qquad (2.2)$$

die Form der Welle zu jener Zeit. Der Prozeß entspricht dem "Photographieren" des vorbeilaufenden Pulses. Für den Augenblick wollen wir uns auf eine Welle beschränken, die bei der Fortpflanzung durch den Raum ihre Form nicht ändert, Abbildung 2.2 ist eine "Doppelaufnahme" einer solchen Störung, die am Beginn und am Ende eines Zeitintervalls t gemacht wurde. Der Puls hat entlang der x-Achse einen Abstand vt zurückgelegt, bleibt aber sonst unverändert. Wir führen nun ein Koordinatensystem S' ein, das mit dem Puls mit der Geschwindigkeit v wandert. In diesem System ist ψ nicht mehr eine Funktion der Zeit, und wie wir so mit S' entlanglaufen, sehen wir eine bleibende konstante Form mit derselben Funktionsform wie Gleichung (2.2). Die Koordinate ist hier x' statt x, so daß

$$\psi = f(x'). \qquad (2.3)$$

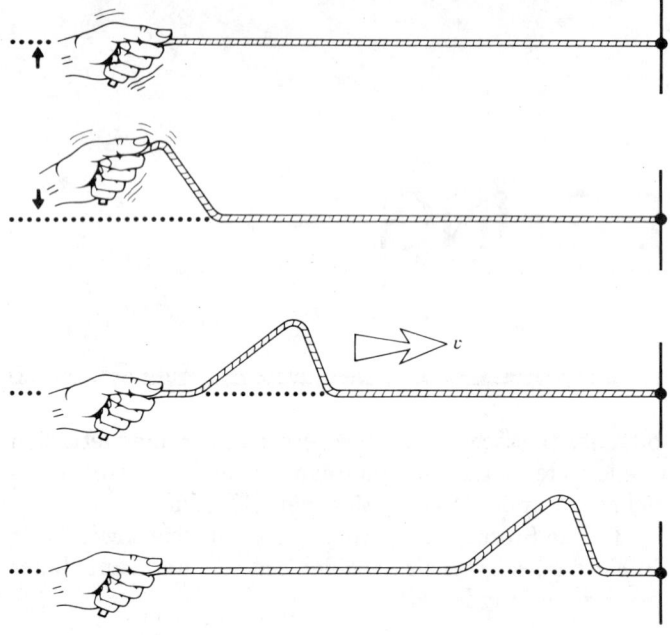

Abbildung 2.1 Eine Welle auf einem Seil.

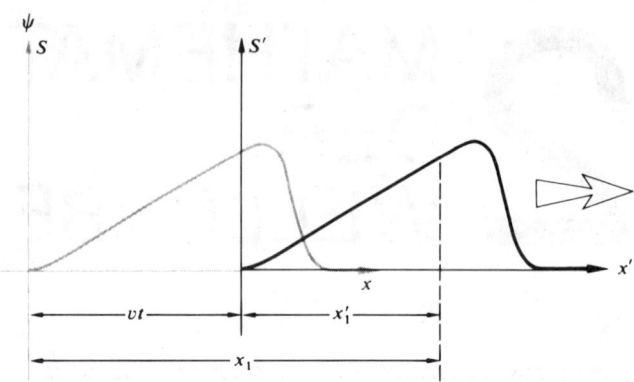

Abbildung 2.2 Sich in Bewegung befindendes Bezugssystem.

Die Störung sieht zu jedem Wert von t in S' gleich aus, wie sie zu $t = 0$ in S aussah, als S und S' einen gemeinsamen Ursprung hatten. Es folgt aus Abbildung 2.2, daß

$$x' = x - vt, \qquad (2.4)$$

so daß ψ in Abhängigkeit der Variablen als

$$\psi(x,t) = f(x - vt) \qquad (2.5)$$

geschrieben werden kann, die mit dem ruhenden S-System verbunden sind.

Dies repräsentiert nun die allgemeinste Form der eindimensionalen **Wellenfunktion**. Genauer, *wir brauchen nur die Form (2.2) zu wählen und dann $(x - vt)$ für x in $f(x)$ zu ersetzen. Der sich ergebende Ausdruck beschreibt eine wandernde Welle, die die gewünschte Form hat.* Daher ist $\psi(x,t) = e^{-a(x-vt)^2}$ eine glockenförmige Welle, die in die positive x-Richtung mit einer Geschwindigkeit v wandert. Falls wir die Form der Gleichung (2.5) durch Untersuchung von ψ nach einer Zunahme der Zeit um Δt und einer entsprechenden Zunahme um $v\Delta t$ in x überprüfen, so finden wir

$$f[(x + v\Delta t) - v(t + \Delta t)] = f(x - vt),$$

und die Form der Welle ist unverändert.

Bewegt sich die Welle in die negative x-Richtung, d.h. nach links, so würde die Gleichung (2.5) ähnlich zu

$$\psi = f(x + vt), \quad \text{mit} \quad v > 0. \qquad (2.6)$$

Wir dürfen folglich schließen, daß ohne Rücksicht auf die Form der Störung, die Variablen x und t in der Funktion als eine Einheit erscheinen müssen, d.h. als eine einzige Variable in der Form $(x \pm vt)$. Gleichung (2.5) wird oft gleichwertig als eine Funktion von $(t - x/v)$ ausgedrückt, da

$$f(x - vt) = F\left(-\frac{x - vt}{v}\right) = F(t - x/v). \qquad (2.7)$$

Übrigens werden der in Abbildung 2.1 dargestellte Puls und die Welle, die durch die Gleichung (2.5) beschrieben ist, als *eindimensional* bezeichnet. Dies gilt deshalb, weil die Wellen über Punkte streichen, die auf einer Linie liegen — man benötigt nur eine Ortsvariable, um sie zu spezifizieren. Die Tatsache, daß in diesem speziellen Fall das Seil zufällig in eine zweite Dimension schwingt, sollte nicht verwirren. Im Gegensatz dazu breitet sich eine zweidimensionale Welle über eine Fläche aus (wie die Kräuselwellen auf einem Teich): sie kann nur durch zwei Raumvariablen beschrieben werden.

Wir wollen die bis hier hergeleiteten Informationen

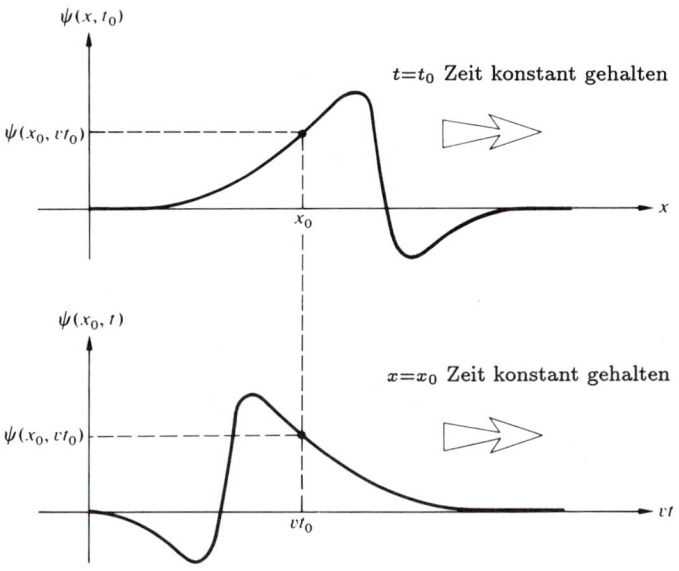

Abbildung 2.3 Variation von ψ mit x und t.

benutzen, um die allgemeine Form der eindimensionalen Wellendifferentialgleichung zu entwickeln. Zu diesem Zweck bilden wir die partielle Ableitung von $\psi(x,t)$ nach x, wobei t konstant gehalten wird. Unter Verwendung von $x' = x \mp vt$ erhalten wir

$$\frac{\partial \psi}{\partial x} = \frac{\partial f}{\partial x'}\frac{\partial x'}{\partial x} = \frac{\partial f}{\partial x'} \quad \text{da} \quad \frac{\partial x'}{\partial x} = 1. \qquad (2.8)$$

Falls wir x konstant halten, ist die partielle Ableitung nach der Zeit

$$\frac{\partial \psi}{\partial t} = \frac{\partial f}{\partial x'}\frac{\partial x'}{\partial t} = \mp v\frac{\partial f}{\partial x'}. \qquad (2.9)$$

Gleichung (2.8) verknüpft mit (2.9) ergibt

$$\frac{\partial \psi}{\partial t} = \mp v\frac{\partial \psi}{\partial x}. \qquad (2.10)$$

Dies besagt, daß die Änderungsraten von ψ, wie man in Abbildung 2.3 sieht, bezüglich t und x bis auf einen konstanten Faktor gleich sind. Da wir von vornherein wissen, daß wir zwei Konstanten benötigen, um eine Welle genau angeben zu können, erwarten wir eine Wellengleichung zweiter Ordnung. Die Bildung der zweiten partiellen Ableitungen der Gleichungen (2.8) und (2.9) liefert

$$\frac{\partial^2 \psi}{\partial x^2} = \frac{\partial^2 f}{\partial x'^2}$$

und

$$\frac{\partial^2 \psi}{\partial t^2} = \frac{\partial}{\partial t}\left(\mp v\frac{\partial f}{\partial x'}\right) = \mp v\frac{\partial}{\partial x'}\left(\frac{\partial f}{\partial t}\right).$$

Da

$$\frac{\partial \psi}{\partial t} = \frac{\partial f}{\partial t},$$

folgt bei Verwendung von Gleichung (2.9), daß

$$\frac{\partial^2 \psi}{\partial t^2} = v^2 \frac{\partial^2 f}{\partial x'^2}.$$

Bei Verbindung dieser Gleichungen erhalten wir

$$\frac{\partial^2 \psi}{\partial x^2} = \frac{1}{v^2}\frac{\partial^2 \psi}{\partial t^2}, \qquad (2.11)$$

welches die eindimensionale **Wellendifferentialgleichung** ist. Man sieht an der Form von Gleichung (2.11), daß, falls zwei verschiedene Wellenfunktionen ψ_1 und ψ_2 verschiedene Lösungen sind, $(\psi_1 + \psi_2)$ auch eine Lösung ist.[1] Folglich ist die allgemeinste Lösung der Wellendifferentialgleichung die Wellenfunktion, die die Form

$$\psi = C_1 f(x - vt) + C_2 g(x + vt) \qquad (2.12)$$

hat, wobei C_1 und C_2 Konstanten sind, und die Funktionen zweimal differenzierbar sind. Dies ist eindeutig eine Summe von zwei Wellen, die sich in entgegengesetzter Richtung entlang der x-Achse mit derselben Geschwindigkeit, aber nicht notwendigerweise mit derselben Form, bewegen. Das Überlagerungsprinzip ist inhärent in dieser Gleichung, und wir werden zu ihm in Kapitel 7 zurückkommen.

Wir begannen mit einem wichtigen Spezialfall, der zwar wichtig, aber eben doch sehr speziell war — die meisten Wellen behalten nämlich bei der Ausbreitung nicht ihre Form. Doch hat uns jene einfache Annahme zu der zentralen Formulierung, der Wellendifferentialgleichung, geführt. Ist eine Funktion eine Lösung jener Gleichung,

---

[1] Da sowohl ψ_1 als auch ψ_2 Lösungen sind, ist

$$\frac{\partial^2 \psi_1}{\partial x^2} = \frac{1}{v^2}\frac{\partial^2 \psi_1}{\partial t^2} \quad \text{und} \quad \frac{\partial^2 \psi_2}{\partial x^2} = \frac{1}{v^2}\frac{\partial^2 \psi_2}{\partial t^2}.$$

Addieren wir diese, so erhalten wir

$$\frac{\partial^2 \psi_1}{\partial x^2} + \frac{\partial^2 \psi_2}{\partial x^2} = \frac{\partial^2}{\partial x^2}(\psi_1+\psi_2) = \frac{1}{v^2}\left[\frac{\partial^2 \psi_1}{\partial t^2} + \frac{\partial^2 \psi_2}{\partial t^2}\right] = \frac{1}{v^2}\frac{\partial^2}{\partial t^2}(\psi_1+\psi_2),$$

so daß $(\psi_1+\psi_2)$ auch eine Lösung der Gleichung (2.11) ist.

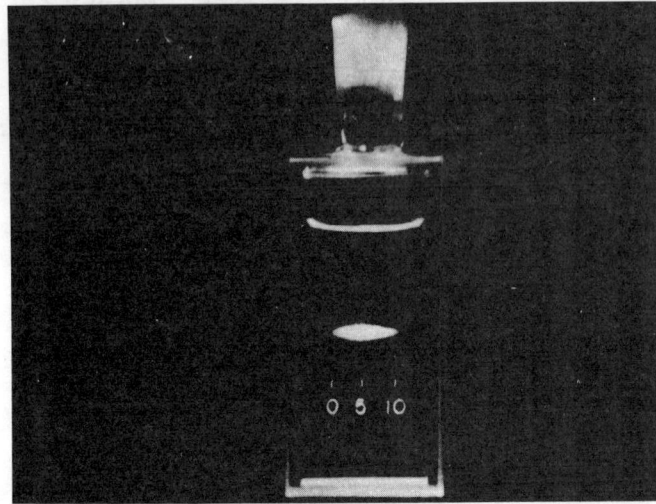

Abbildung 2.4 Ein extrem kurzer Puls von grünem Licht von einem Neodymglaslaser. Der Puls ging durch eine Wasserzelle, deren Wand eine Millimetereinteilung hat. Während der Belichtungszeit von 10 Pikosekunden bewegte sich der Puls etwa 2.2 mm. (Photo mit freundlicher Genehmigung der Bell Laboratories.)

so repräsentiert sie oft eine Welle. Wie wir gesehen haben, ist sie gleichzeitig ein Funktion von $(x \pm vt)$ — genau eine, die zweimal sowohl nach x als auch nach t differenzierbar ist.

2.2 Harmonische Wellen

Bis jetzt haben wir der Wellenfunktion $\psi(x,t)$ noch keine explizite funktionale Abhängigkeit gegeben, d.h. wir haben noch nicht ihre Form genau angegeben. Wir wollen nun die einfachste Wellenform untersuchen, in der die Form der Welle eine Sinus- oder Kosinuskurve ist. Man bezeichnet sie unterschiedlich als Sinuswellen, einfache harmonische Wellen oder kürzer als **harmonische Wellen**. Wir werden in Kapitel 7 sehen, daß jede Wellenform durch Superposition harmonischer Wellen hergestellt werden kann, und deshalb nehmen sie eine besondere Bedeutung an.

Wir wählen als Form der Welle die einfache Funktion

$$\psi(x,t)|_{t=0} = \psi(x) = A \sin kx = f(x), \quad (2.13)$$

bei der k eine positive Konstante, die sogenannte **Wellenzahl** ist; kx hat als Einheit den Radiant (rad). Der Sinus variiert von $+1$ bis -1, so daß der Maximalwert von $\psi(x)$

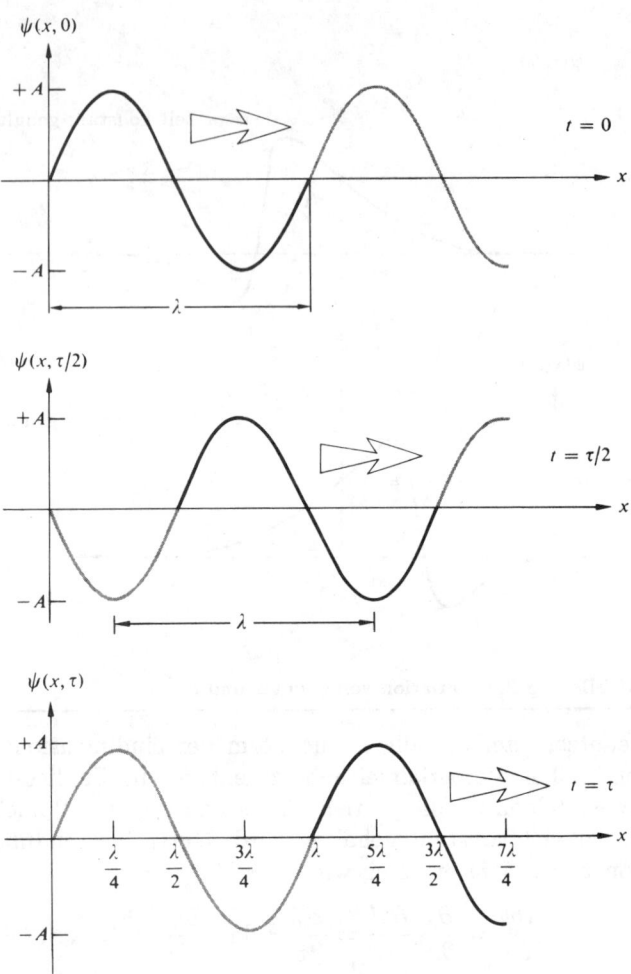

Abbildung 2.5 Eine fortschreitende Welle zu drei verschiedenen Zeiten.

A ist. Diese Maximalstörung nennt man die **Amplitude** der Welle (Abb. 2.5). Um Gleichung (2.13) in eine *fortschreitende Welle*, die sich mit der Geschwindigkeit v in die positive x-Richtung bewegt, umzuformen, brauchen wir bloß x durch $(x - vt)$ zu ersetzen, wodurch

$$\psi(x,t) = A \sin k(x - vt) = F(x - vt) \quad (2.14)$$

wird. Dies ist eindeutig (Aufgabe 2.8) eine Lösung der Wellendifferentialgleichung (2.11). Hält man entweder x oder t fest, führt dies zu einer sinusförmigen Störung, und so ist die Welle in Raum und Zeit periodisch. Die

räumliche Periode bezeichnet man als die **Wellenlänge** und kennzeichnet sie durch λ (Abb. 2.5). Die Einheit von λ ist das Nanometer, wobei 1 nm = 10^{-9} m; das Mikron (1 μm = 10^{-6} m) wird auch oft verwendet, und man findet das ältere Angström (1 Å= 10^{-10} m) noch immer in der Literatur. Eine Zunahme oder Abnahme von x durch den Betrag λ sollte ψ unverändert lassen, d.h.

$$\psi(x,t) = \psi(x \pm \lambda, t). \tag{2.15}$$

Im Fall einer harmonischen Welle ist dies gleichwertig mit einer Änderung des Arguments der Sinusfunktion durch $\pm 2\pi$. Deshalb gilt

$$\sin k(x - vt) = \sin k[(x \pm \lambda) - vt] = \sin[k(x - vt) \pm 2\pi]$$

und folglich

$$|k\lambda| = 2\pi$$

oder, da k und λ positive Zahlen sind,

$$k = 2\pi/\lambda. \tag{2.16}$$

In einer vollkommen analogen Art können wir die **zeitliche Periode** (Schwingungsdauer oder auch Periodendauer) τ untersuchen. Sie ist die Zeit, die eine vollständige Welle benötigt, um an einem ruhenden Beobachter vorbeizulaufen. In diesem Fall ist die zeitliche Periodizität der Welle von Interesse, so daß

$$\psi(x,t) = \psi(x, t \pm \tau) \tag{2.17}$$

und

$$\sin k(x - vt) = \sin k[x - v(t \pm \tau)] \\ = \sin[k(x - vt) \pm 2\pi].$$

Deshalb gilt

$$|kv\tau| = 2\pi.$$

Doch diese Größen sind alle positiv, und so folgt

$$kv\tau = 2\pi \tag{2.18}$$

oder

$$\frac{2\pi}{\lambda} v\tau = 2\pi,$$

folglich ist

$$\tau = \frac{\lambda}{v}. \tag{2.19}$$

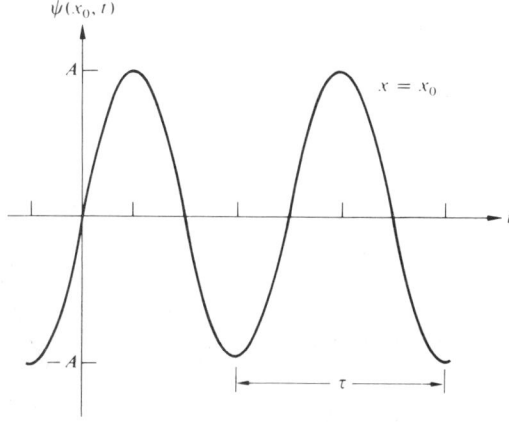

Abbildung 2.6 Eine harmonische Welle.

Die zeitliche Periode ist die Anzahl der Zeiteinheiten pro Wellenlänge (Abb. 2.6), die Inverse von ihr ist die **Frequenz** ν oder die Anzahl Wellen pro Zeiteinheit. Daher ist

$$\nu \equiv \frac{1}{\tau}, \quad \text{(Hertz)}$$

und Gleichung (2.19) wird zu

$$v = \nu\lambda \quad \text{(m/s)}. \tag{2.20}$$

Es gibt zwei andere Größen, die häufig in der Literatur über Wellen benutzt werden: die *Winkelgeschwindigkeit*

$$\omega \equiv \frac{2\pi}{\tau} \quad \text{(rad/s)} \tag{2.21}$$

und die **Raumfrequenz** oder inverse Wellenlänge

$$\chi \equiv \frac{1}{\lambda} \quad (\text{m}^{-1}). \tag{2.22}$$

Die Wellenlänge, zeitliche Periode, Frequenz, Winkelgeschwindigkeit, inverse Wellenlänge und die Wellenzahl beschreiben Betrachtungsweisen der sich wiederholenden Natur einer Welle in Raum und Zeit. Diese Begriffe lassen sich ebenso für Wellen anwenden, die nicht harmonisch sind, solange wie jede Wellenform nach einem regelmäßig sich wiederholenden Muster aufgebaut ist (Abb. 2.7). Wir haben so weit eine Anzahl von Größen definiert, die verschiedene Erscheinungen der Wellenbewegung beschreiben. Es gibt demgemäß eine Anzahl von äquivalenten Formulierungen der fortschreitenden harmonischen

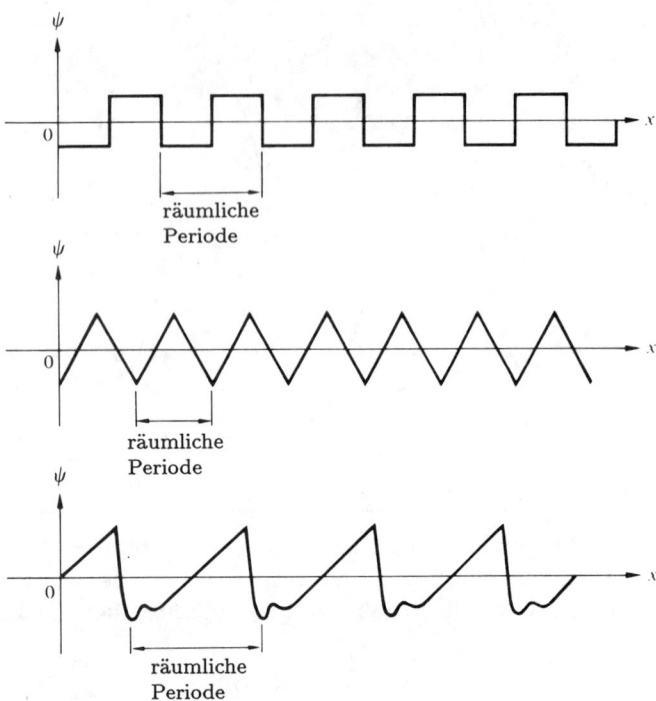

Abbildung 2.7 Unharmonische periodische Wellen.

Den gesamten Ausdruck in der Sinusfunktion nennt man den **Phasenwinkel**[2] φ der Welle, so daß

$$\varphi = (kx - \omega t). \qquad (2.27)$$

Bei $t = x = 0$ wird

$$\psi(x,t)|_{\substack{x=0\\t=0}} = \psi(0,0) = 0,$$

was sicher ein Spezialfall ist. Allgemeiner können wir schreiben

$$\psi(x,t) = A\sin(kx - \omega t + \varepsilon), \qquad (2.28)$$

wobei ε die **Anfangsphase** ist (d.h. der Phasenwinkel für $x = 0$ und $t = 0$; d.Ü.), meist *Phasenkonstante*[3] genannt. Man kann ein physikalisches Gefühl für die Bedeutung von ε gewinnen, wenn wir uns vorstellen, daß wir eine fortschreitende harmonische Welle auf einem gespannten Seil wie in Abbildung 2.8 herstellen. Für die Erzeugung harmonischer Wellen müßte sich die Hand, die das Seil hält, so bewegen, daß ihre vertikale Verschiebung y proportional zu dem Negativen ihrer Beschleunigung wäre, d.h. sie müßte in einfacher harmonischer Bewegung sein (siehe Aufgabe 2.9). Aber bei $t = 0$ und $x = 0$ braucht die Hand sicherlich nicht auf der x-Achse im Begriffe sein, sich nach unten zu bewegen, wie in Abbildung 2.8. Sie könnte natürlich ihre Bewegung mit einer nach oben gerichteten Schwingung beginnen, in welchem Fall, wie in Abbildung 2.9 gezeigt, $\varepsilon = \pi$ ist. In diesem letzten Fall wird

$$\psi(x,t) = y(x,t) = A\sin(kx - \omega t + \pi),$$

was gleichwertig ist mit

$$\psi(x,t) = A\sin(\omega t - kx)$$

oder

$$\psi(x,t) = A\cos\left(\omega t - kx - \frac{\pi}{2}\right).$$

Die Phasenkonstante ist dann gerade der konstante Beitrag zu dem Phasenwinkel, sie entsteht am Erzeuger und ist unabhängig davon, wie weit die Welle im Raum entfernt oder wie lange sie unterwegs ist.

Der Phasenwinkel einer Störung, wie z.B. $\psi(x,t)$ in Gleichung (2.28), ist

$$\varphi(x,t) = (kx - \omega t + \varepsilon), \qquad (2.29)$$

Welle. Einige der meistverbreiteten sind

$$\psi = A\sin k(x \mp vt) \qquad [2.14]$$

$$\psi = A\sin 2\pi\left(\frac{x}{\lambda} \mp \frac{t}{\tau}\right) \qquad (2.23)$$

$$\psi = A\sin 2\pi(\chi x \mp \nu t) \qquad (2.24)$$

$$\psi = A\sin(kx \mp \omega t) \qquad (2.25)$$

$$\psi = A\sin 2\pi\nu\left(\frac{x}{v} \mp t\right) \qquad (2.26)$$

Es sollte beachtet werden, daß diese Wellen alle unendlich ausgedehnt sind, d.h. für jeden festen Wert t variiert x von $-\infty$ bis $+\infty$. Jede Welle hat eine einzige konstante Frequenz und man bezeichnet sie daher als *monochromatisch*.

2.3 Phase und Phasengeschwindigkeit

Wir untersuchen irgendeine harmonische Wellenfunktion, z.B.

$$\psi(x,t) = A\sin(kx - \omega t).$$

---

[2] Phasenwinkel wird oft Phase genannt.
[3] Der mathematisch genaue Sinn wäre Phasenwinkel-Konstante.

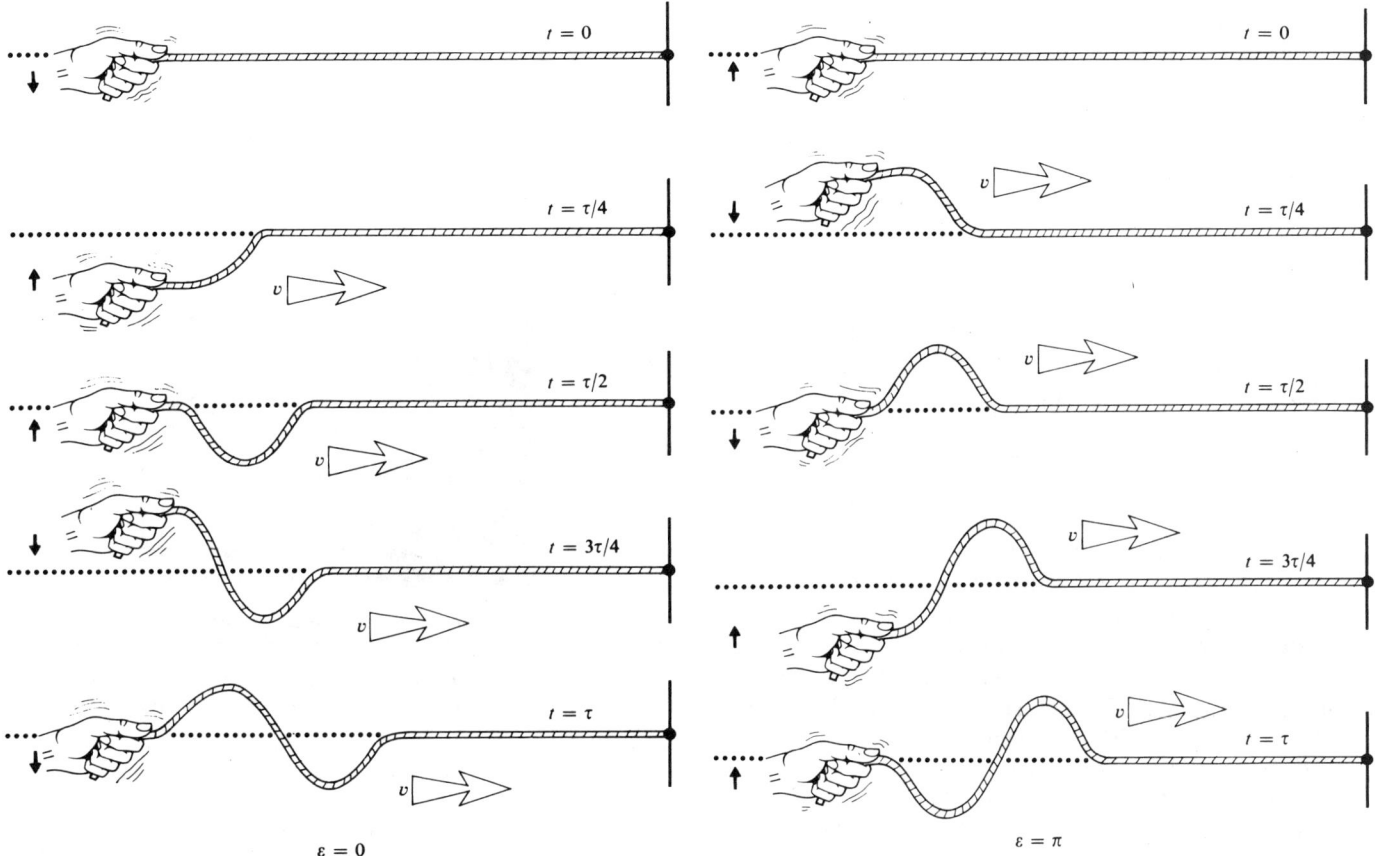

Abbildung 2.8 Man beachte, daß mit $\varepsilon=0$ bei $x=0$ und $t=\tau/4=\pi/2\omega$, $y=A\sin(-\pi/2)=-A$ wird.[4]

Abbildung 2.9 Man beachte, daß mit $\varepsilon=\pi$ bei $x=0$ und $t=\tau/4$, $y=A\sin(\pi/2)=A$ wird.[4]

er ist offensichtlich eine Funktion von x und t. Tatsächlich ist die partielle Ableitung von φ nach t bei Konstanthaltung von x die *Änderungsrate des Phasenwinkels mit der Zeit*

$$\left|\left(\frac{\partial\varphi}{\partial t}\right)_x\right|=\omega. \qquad (2.30)$$

Ähnlich ist die *Änderungsrate des Phasenwinkels mit*

---

[4] Zu den Abbildungen 2.8 und 2.9. Zwischen den Bildern und ihrer mathematischen Beschreibung besteht natürlich ein Widerspruch. Im Bild beginnt realistisch die Sinuskurve in der Hand und wandert dann nach rechts. Dagegen erstreckt sich die Sinuskurve von $-\infty$ bis $+\infty$; d.Ü.

dem Abstand bei Konstanthaltung der Zeit

$$\left|\left(\frac{\partial\varphi}{\partial x}\right)_t\right|=k. \qquad (2.31)$$

Diese zwei Ausdrücke sollten eine Gleichung aus der Theorie der partiellen Ableitungen ins Gedächtnis rufen, nämlich eine, die ziemlich häufig in der Thermodynamik benutzt wird,

$$\left(\frac{\partial x}{\partial t}\right)_\varphi=\frac{-(\partial\varphi/\partial t)_x}{(\partial\varphi/\partial x)_t}. \qquad (2.32)$$

Der linke Term repräsentiert die Geschwindigkeit der Ausbreitung mit der Bedingung eines konstanten Phasenwinkels. Wir gehen für einen Moment zu Abbildung

2.9 zurück und wählen irgendeinen Punkt auf der Wellenform, z.B. ein Wellenmaximum. Während sich die Welle durch den Raum bewegt, bleibt die y-Verschiebung des Punktes konstant. Da die einzige Variable der harmonischen Wellenfunktion der Phasenwinkel ist, muß auch er eine Konstante sein. Das heißt, der Phasenwinkel ist bei einem Wert festgelegt, der die Konstante y liefert, die dem gewählten Punkt entspricht. Der Punkt bewegt sich genau wie die Bedingung des konstanten Phasenwinkels gemeinsam mit der Wellenform mit der Geschwindigkeit v fort.

Wenn man die geeigneten partiellen Ableitungen von φ, wie sie z.B. durch Gleichung (2.29) gegeben sind, in Gleichung (2.32) einsetzt, erhält man

$$\left(\frac{\partial x}{\partial t}\right)_\varphi = \pm\frac{\omega}{k} = \pm v. \qquad (2.33)$$

Dies ist die *Geschwindigkeit*, mit der sich die Wellenform bewegt. Man nennt sie allgemein die *Wellengeschwindigkeit* oder genauer die **Phasengeschwindigkeit**. Die Phasengeschwindigkeit trägt ein positives Vorzeichen, wenn die Welle sich in Richtung von zunehmendem x, und ein negatives Vorzeichen, wenn sie sich in Richtung von abnehmendem x bewegt. Dies entspricht unserer Herleitung von v als Größe der Wellengeschwindigkeit.

Wir wollen die Vorstellung von der Ausbreitung des konstanten Phasenwinkels und ihrer Beziehung zu irgendeiner harmonischen Wellengleichung betrachten, z.B.

$$\psi = A \sin k(x \mp vt),$$

wobei

$$\varphi = k(x - vt) = \text{constant};$$

wenn t zunimmt, muß x auch zunehmen. Selbst wenn $x < 0$ ist, so daß $\varphi < 0$ wird, muß x zunehmen. Hier bewegt sich dann die Bedingung eines konstanten Phasenwinkels in die zunehmende x-Richtung. Aus

$$\varphi = k(x + vt) = \text{constant}$$

folgt: wenn t wächst und x positiv oder negativ ist, muß x kleiner werden (man denke daran -4 ist kleiner als -3). In jedem Fall bewegt sich die konstante Phasenwinkel-Bedingung in die abnehmende x-Richtung. Abbildung 2.10 stellt eine Quelle dar, die zweidimensionale Wellen auf der Oberfläche einer Flüssigkeit erzeugt. Die im wesentlichen sinusförmige Natur der Welle, das

Abbildung 2.10 Kreiswellen. (Photo von E.H.)

Auf und Ab des Mediums, ist im Schaubild zu sehen. Es gibt aber noch einen anderen nützlichen Weg, wie man sich den Vorgang vorstellen kann. *Die Kurven, die alle Punkte mit einer bestimmten Phase verbinden, bilden einen Satz von konzentrischen Kreisen. A sei außerdem in jeder Richtung bei einem bestimmten Abstand von der Quelle konstant. Falls φ über einen Kreis konstant ist, muß ψ auch über jenen Kreis konstant sein.* Mit anderen Worten, alle korrespondierenden Wellentäler fallen auf Kreise, und wir bezeichnen sie als Kreiswellen.

2.4 Die komplexe Darstellung

Wir werden bei der mathematischen Analyse von Wellenphänomenen feststellen, daß die Sinus- und Kosinusfunktionen, die die harmonischen Wellen beschreiben, etwas umständlich für unsere Zwecke sind. Wenn die formulierten Ausdrücke schwieriger werden, werden die trigonometrischen Handhabungen, die erforderlich sind, um mit ihnen fertig zu werden, noch unangenehmer. Die Darstellung der Wellen mit Hilfe komplexer Zahlen bietet eine alternative Beschreibung, mit der mathematisch einfacher zu arbeiten ist. Tatsächlich wird die komplexe Exponentialform der Wellengleichung häufig sowohl in

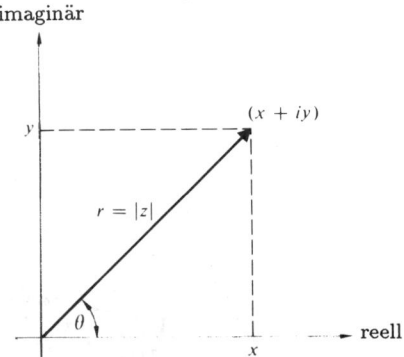

Abbildung 2.11 Argand-Diagramm.

der klassischen Mechanik als auch in der Quantenmechanik und ebenfalls in der Optik benutzt.

Die komplexe Zahl z hat die Form

$$z = x + iy, \tag{2.34}$$

wobei $i = \sqrt{-1}$ ist. Der reelle und der imaginäre Teil von z sind jeweils x und y, wobei sowohl x als auch y selbst reelle Zahlen sind. Dies ist graphisch im Argand-Diagramm der Abbildung 2.11 dargestellt. Mit Polarkoordinaten (r, θ) erhalten wir

$$x = r\cos\theta, \qquad y = r\sin\theta$$

und

$$z = x + iy = r(\cos\theta + i\sin\theta)$$

Die *Eulersche Gleichung*[5]

$$e^{i\theta} = \cos\theta + i\sin\theta$$

erlaubt uns zu schreiben

$$z = re^{i\theta} = r\cos\theta + ir\sin\theta,$$

wobei r die Größe von z und θ der *Phasenwinkel* von z in rad ist. Der Betrag wird oft durch $|z|$ angegeben und als *Modulus* oder *absoluter Betrag* der komplexen Zahl bezeichnet. Man findet das *komplex Konjugierte*, das durch ein Sternchen gekennzeichnet wird, durch den Vorzeichenwechsel aller i, so daß

$$z^* = (x + iy)^* = (x - iy)$$

$$z^* = r(\cos\theta - i\sin\theta)$$

---

[5] Falls Sie Zweifel an dieser Gleichheit haben, bilden Sie das Differential von $z=\cos\theta+i\sin\theta$ mit $r=1$. Dies ergibt $dz=iz\,d\theta$ und die Integration liefert $z=\exp(i\theta)$.

und

$$z^* = re^{-i\theta}.$$

Die Operationen von Addition und Subtraktion sind ziemlich einfach:

$$z_1 \pm z_2 = (x_1 + iy_1) \pm (x_2 + iy_2)$$

und deshalb

$$z_1 \pm z_2 = (x_1 \pm x_2) + i(y_1 \pm y_2).$$

Man beachte, daß dieser Rechenschritt der Komponentenaddition von Vektoren sehr ähnlich ist.

Multiplikation und Division sind am einfachsten in polarer Form

$$z_1 z_2 = r_1 r_2 e^{i(\theta_1 + \theta_2)}$$

und

$$\frac{z_1}{z_2} = \frac{r_1}{r_2} e^{i(\theta_1 - \theta_2)}.$$

Folgende nützliche Regeln werden in den folgenden Berechnungen benutzt. Es folgt direkt von der trigonometrischen Additionsformel, daß

$$e^{z_1 + z_2} = e^{z_1} e^{z_2},$$

wodurch, falls $z_1 = x$ und $z_2 = iy$,

$$e^z = e^{x + iy} = e^x e^{iy}.$$

Der absolute Betrag einer komplexen Größe ist durch

$$|z| \equiv (zz^*)^{1/2}$$

gegeben, so daß

$$|e^z| = e^x.$$

Da $\cos 2\pi = 1$ und $\sin 2\pi = 0$, wird

$$e^{i2\pi} = 1;$$

in gleicher Weise ist

$$e^{i\pi} = e^{-i\pi} = -1 \quad \text{und} \quad e^{\pm i\pi/2} = \pm i.$$

Die Funktion e^z ist periodisch, d.h. sie wiederholt sich alle $i2\pi$

$$e^{z + i2\pi} = e^z e^{i2\pi} = e^z.$$

Jede komplexe Zahl kann als die Summe von einem Realteil $\text{Re}(z)$ und einem Imaginärteil $\text{Im}(z)$ dargestellt werden,

$$z = \text{Re}(z) + i\,\text{Im}(z),$$

so daß
$$\mathrm{Re}(z) = \frac{1}{2}(z+z^*) \quad \text{und} \quad \mathrm{Im}(z) = \frac{1}{2i}(z-z^*).$$

Aus der polaren Form, in der
$$\mathrm{Re}(z) = r\cos\theta \quad \text{und} \quad \mathrm{Im}(z) = r\sin\theta,$$

folgt, daß jeder der beiden Anteile gewählt werden kann, um eine harmonische Welle zu beschreiben. Es ist jedoch üblich, den Realteil zu wählen, wobei eine harmonische Welle beschrieben wird als

$$\psi(x,t) = \mathrm{Re}[Ae^{i(\omega t - kx + \varepsilon)}], \qquad (2.35)$$

was natürlich äquivalent ist zu

$$\psi(x,t) = A\cos(\omega t - kx + \varepsilon).$$

Nunmehr werden wir, wo immer es zweckmäßig ist, die Wellenfunktion schreiben als

$$\psi(x,t) = Ae^{i(\omega t - kx + \varepsilon)} = Ae^{i\varphi} \qquad (2.36)$$

und die komplexe Schreibweise in den geforderten Berechnungen verwenden. Dies geschieht, um die Vorteile der einfachen Handhabung der komplexen Exponentialfunktion auszunutzen. Erst beim Schlußresultat, und nur, wenn wir eine reale Welle darstellen wollen, bilden wir den Realteil. Es ist demgemäß üblich, $\psi(x,t)$ wie in Gleichung (2.36) zu schreiben, in der selbstverständlich der Realteil die reale Welle ist.

2.5 Ebene Wellen

Die ebene Welle ist vielleicht das einfachste Beispiel einer dreidimensionalen Welle. Zu einer bestimmten Zeit sieht sie so aus: alle Flächen gleicher Phase bilden einen Satz von Ebenen, die gewöhnlich senkrecht zur Fortpflanzungsrichtung stehen. Es gibt ganz praktische Gründe für das Studium dieser Art von Wellen; einer von ihnen ist, daß wir durch Verwendung optischer Geräte ohne weiteres Licht herstellen können, das ebenen Wellen gleicht.

Den mathematischen Ausdruck für eine Ebene, die senkrecht zu einem gegebenen Vektor $\boldsymbol{k}$ ist und die durch einen Punkt (x_0, y_0, z_0) geht, kann man leicht herleiten (Abb. 2.12). Die Komponenten des Ortsvektors sind in kartesischen Koordinaten

$$\boldsymbol{r} \equiv [x,y,z].$$

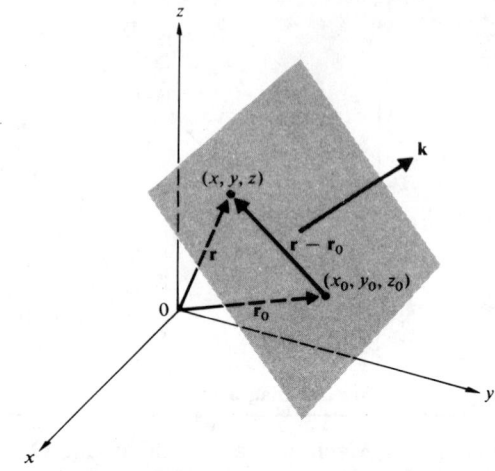

Abbildung 2.12 Eine ebene Welle, die sich in die $\boldsymbol{k}$-Richtung bewegt.

Er beginnt an irgendeinem willkürlichen Ursprung O und endet am Punkt (x,y,z), der für den Augenblick irgendwo im Raum sein kann. Durch Festlegung von

$$(\boldsymbol{r} - \boldsymbol{r}_0) \cdot \boldsymbol{k} = 0 \qquad (2.37)$$

zwingen wir den Vektor $(\boldsymbol{r} - \boldsymbol{r}_0)$ eine Ebene senkrecht zu $\boldsymbol{k}$ zu überstreichen, während sein Endpunkt (x,y,z) alle erlaubten Werte annimmt. Mit

$$\boldsymbol{k} \equiv [k_x, k_y, k_z] \qquad (2.38)$$

kann Gleichung (2.37) in der Form

$$k_x(x-x_0) + k_y(y-y_0) + k_z(z-z_0) = 0 \qquad (2.39)$$

oder

$$k_x x + k_y y + k_z z = a \qquad (2.40)$$

ausgedrückt werden, wobei

$$a = k_x x_0 + k_y y_0 + k_z z_0 = \text{constant}. \qquad (2.41)$$

Die kürzeste Form der Gleichung einer Ebene senkrecht zu $\boldsymbol{k}$ ist dann gerade

$$\boldsymbol{k} \cdot \boldsymbol{r} = \text{constant} = a. \qquad (2.42)$$

Die Ebene ist der Ort aller Punkte, deren Projektion auf die $\boldsymbol{k}$-Richtung (r_k in Abb. 2.14) eine Konstante ist.

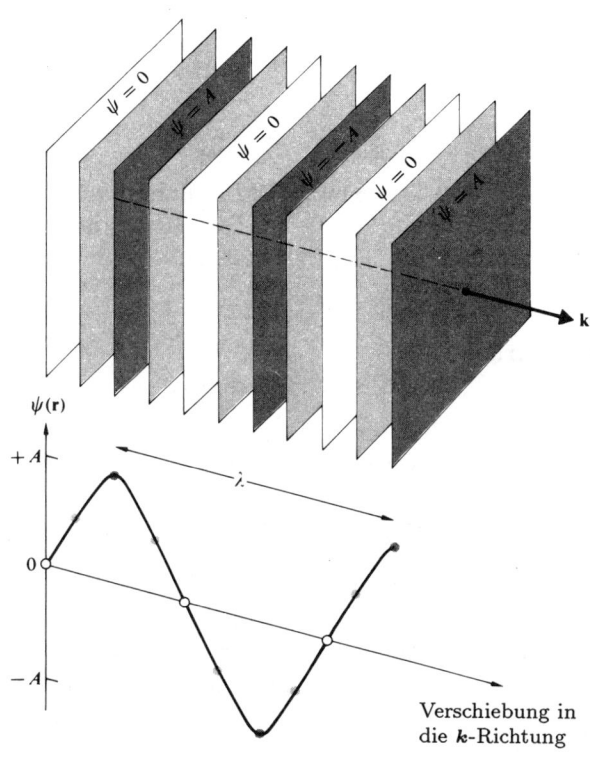

Abbildung 2.13 Wellenfronten für eine harmonische ebene Welle.

Wir können nun eine Reihe von Ebenen konstruieren, über die $\psi(r)$ im Raum sinusförmig variiert, nämlich

$$\psi(r) = A \sin(k \cdot r) \qquad (2.43)$$
$$\psi(r = A \cos(k \cdot r) \qquad (2.44)$$

oder

$$\psi(r) = A e^{ik \cdot r}. \qquad (2.45)$$

Für jeden dieser Ausdrücke ist $\psi(r)$ über jede Ebene, die durch $k \cdot r =$ constant festgelegt ist, konstant. Da wir uns mit harmonischen Funktionen beschäftigen, sollten sie sich im Raum nach einer Verschiebung um λ in der Richtung von k wiederholen. Abbildung 2.13 ist eine schlichte Darstellung dieser Art Ausdrücke. Wir haben nur einige wenige der unendlich vielen Ebenen gezeichnet; jede hat ein anderes $\psi(r)$. Die Ebenen sollten ebenso

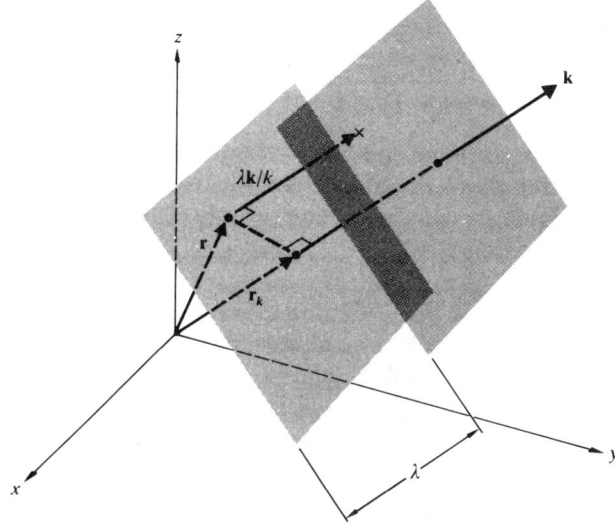

Abbildung 2.14 Ebene Wellen.

mit einer unendlichen räumlichen Ausdehnung gezeichnet sein, da r unbegrenzt ist. Die Störung füllt eindeutig den ganzen Raum.

Die räumlich wiederholende Natur dieser harmonischen Funktion kann ausgedrückt werden durch

$$\psi(r) = \psi\left(r + \frac{\lambda k}{k}\right), \qquad (2.46)$$

worin k der Betrag von k und k/k der Einheitsvektor parallel dazu ist (Abb. 2.14). In exponentieller Schreibweise ist dies äquivalent zu

$$A e^{ik \cdot r} = A e^{ik \cdot (r + \lambda k/k)} = A e^{ik \cdot r} e^{i\lambda k}.$$

Damit dies stimmt, muß

$$e^{i\lambda k} = 1 = e^{i 2\pi}$$

sein, deshalb ist

$$\lambda k = 2\pi$$

und

$$k = \frac{2\pi}{\lambda}.$$

Der Vektor k, dessen Betrag die *Wellenzahl* k (bereits eingeführt) ist, wird der **Wellenvektor** genannt.

In jedem festen Punkt im Raum, in dem r konstant ist, ist der Phasenwinkel und ebenso $\psi(r)$ konstant, kurz, die Ebenen sind feststehend. Um die Dinge in Bewegung zu bringen, muß $\psi(\mathbf{r})$ zeitlich variieren, was wir durch Einführung der Zeitabhängigkeit in analoger Weise zur eindimensionalen Welle erreichen können. Hier ist dann

$$\psi(\mathbf{r},t) = Ae^{i(\mathbf{k}\cdot\mathbf{r}\mp\omega t)}, \qquad (2.47)$$

wobei A, ω und k konstant sind. Während diese Welle in die $\mathbf{k}$-Richtung weiterwandert, können wir ihr in jedem Raum- und Zeitpunkt eine Phase zuordnen. Flächen, die in einem Zeitpunkt alle Punkte mit gleicher Phase verbinden, nennt man **Wellenfronten** oder *Wellenflächen*. Man beachte, daß die Wellenfunktion einen konstanten Wert über die Wellenfront nur haben wird, wenn die Amplitude A einen festen Wert in allen Punkten auf der Wellenfront hat. Im allgemeinen ist dagegen A eine Funktion von $\mathbf{r}$ und nicht überall im Raum und noch nicht einmal auf der Wellenfront konstant. Im letzten Fall nennt man die Welle *inhomogen*; wir werden uns aber erst später mit dieser Wellenart beschäftigen, wenn wir Laserstrahlen und innere Totalreflexion betrachten.

Die Phasengeschwindigkeit einer ebenen Welle, die durch Gleichung (2.47) gegeben ist, ist äquivalent zur Ausbreitungsgeschwindigkeit der Wellenfront. In Abbildung 2.14 hat die skalare Komponente von $\mathbf{r}$ in Richtung von $\mathbf{k}$ den Wert r_k. Die Elongation auf einer Wellenfront ist konstant, so daß wir nach einer Zeit dt, wenn sich die Front längs $\mathbf{k}$ um einen Abstand dr_k weiterbewegt hat,

$$\psi(\mathbf{r},t) = \psi(r_k + dr_k, t+dt) = \psi(r_k,t) \qquad (2.48)$$

haben müssen. In exponentieller Schreibweise lautet dies

$$Ae^{i(\mathbf{k}\cdot\mathbf{r}\mp\omega t)} = Ae^{i(kr_k+kdr_k\mp\omega t\mp\omega dt)} = Ae^{i(kr_k\mp\omega t)};$$

deshalb gilt

$$k\,dr = \pm\omega\,dt,$$

und der Betrag der Wellengeschwindigkeit dr_k/dt ist

$$\frac{dr_k}{dt} = \pm\frac{\omega}{k} = \pm v. \qquad (2.49)$$

Wir hätten dieses Ergebnis auch durch Drehung des Koordinatensystems in Abbildung 2.14 herleiten können, wobei $\mathbf{k}$ parallel zur x-Achse wäre. Für jene Orientierung gilt

$$\psi(\mathbf{r},t) = Ae^{i(kx\mp\omega t)},$$

da $\mathbf{k}\cdot\mathbf{r} = kr_k = kx$. Die Welle ist damit schließlich auf die eindimensionale Störung zurückgeführt worden, die schon in Abschnitt 2.3 diskutiert wurde. Die ebene harmonische Welle wird in kartesischen Koordinaten oft als

$$\psi(x,y,z,t) = Ae^{i(k_x x + k_y y + k_z z \mp \omega t)} \qquad (2.50)$$

oder

$$\psi(x,y,z,t) = Ae^{i[k(\alpha x + \beta y + \gamma z)\mp\omega t]} \qquad (2.51)$$

geschrieben, wobei α, β und γ die Richtungskosinusterme von $\mathbf{k}$ (siehe Aufgabe 2.19) sind. Der Betrag des Wellenvektors ist durch die Komponententerme so gegeben:

$$|\mathbf{k}| = k = (k_x^2 + k_y^2 + k_z^2)^{1/2} \qquad (2.52)$$

und natürlich

$$\alpha^2 + \beta^2 + \gamma^2 = 1. \qquad (2.53)$$

Wir haben die ebenen Wellen mit besonderer Betonung der harmonischen Funktionen untersucht. Die besondere Bedeutung dieser Wellen ist zweifach: 1. physikalisch sinusförmige Wellen können relativ einfach durch einen harmonischen Oszillator erzeugt werden; 2. jede dreidimensionale Welle kann als eine Kombination von ebenen Wellen ausgedrückt werden, von denen jede eine bestimmte Amplitude und Ausbreitungsrichtung hat.

Wir können uns sicher eine Reihe von ebenen Wellen, ähnlich wie jene von Abbildung 2.13 vorstellen, bei denen sich die Elongationen anders als harmonisch verändern. Wir werden im nächsten Abschnitt sehen, daß harmonisch ebene Wellen tatsächlich ein Spezialfall einer allgemeineren Lösung von ebenen Wellen sind.

2.6 Die dreidimensionale Wellendifferentialgleichung

Von allen dreidimensionalen Wellen pflanzt sich nur die ebene Welle (harmonisch oder nicht) mit unveränderter Form fort (solange das Medium dispersionsfrei ist; d.Ü.). Natürlich widerspricht das dem Konzept einer Welle als Fortpflanzung einer Verformung, deren Profil dabei unverändert bleibt. Diese Schwierigkeit kann man überwinden, indem man die Welle als beliebige Lösung einer Wellendifferentialgleichung definiert.[6] Was wir nun benötigen, ist eine dreidimensionale Wellengleichung. Diese sollte ziemlich einfach zu erhalten sein, da wir

---

[6] Für nichtlineare Wellen in dispersiven Medien sind die Differentialgleichungen natürlich komplizierter als die, auf die wir uns im folgenden beschränken. Siehe z.B. V.I. Karpman, *Nichtlineare Wellen in dispersiven Medien*, Braunschweig 1977; d.Ü.

ihre Form durch Verallgemeinerung des eindimensionalen Ausdrucks (2.11) erraten können. In kartesischen Koordinaten müssen die Ortsvariablen x, y und z sicher symmetrisch[7] in der dreidimensionalen Gleichung erscheinen, eine Tatsache, die wir im Auge behalten sollten. Die Wellenfunktion $\psi(x, y, z, t)$, die durch Gleichung (2.51) gegeben ist, ist eine partikuläre Lösung der Differentialgleichung, die wir suchen. In Analogie zur Herleitung von Gleichung (2.11) leiten wir die folgenden partiellen Ableitungen von Gleichung (2.51) her.

$$\frac{\partial^2 \psi}{\partial x^2} = -\alpha^2 k^2 \psi \qquad (2.54)$$

$$\frac{\partial^2 \psi}{\partial y^2} = -\beta^2 k^2 \psi \qquad (2.55)$$

$$\frac{\partial^2 \psi}{\partial z^2} = -\gamma^2 k^2 \psi \qquad (2.56)$$

und

$$\frac{\partial^2 \psi}{\partial t^2} = -\omega^2 \psi. \qquad (2.57)$$

Nach der Addition der drei räumlichen Ableitungen, wobei $\alpha^2 + \beta^2 + \gamma^2 = 1$, erhalten wir

$$\frac{\partial^2 \psi}{\partial x^2} + \frac{\partial^2 \psi}{\partial y^2} + \frac{\partial^2 \psi}{\partial z^2} = k^2 \psi. \qquad (2.58)$$

Verknüpfen wir dies mit der zeitlichen Ableitung (2.57), und erinnern wir uns daran, daß $v = \omega/k$, so gelangen wir zu

$$\frac{\partial^2 \psi}{\partial x^2} + \frac{\partial^2 \psi}{\partial y^2} + \frac{\partial^2 \psi}{\partial z^2} = \frac{1}{v^2}\frac{\partial^2 \psi}{\partial t^2}, \qquad (2.59)$$

der *dreidimensionalen Wellendifferentialgleichung*. Man beachte, daß x, y und z symmetrisch erscheinen, und die Form ist genau, wie man sie von einer Verallgemeinerung der Gleichung (2.11) erwarten darf.

Gleichung (2.59) wird gewöhnlich durch Einführung des *Laplace Operators*

$$\nabla^2 \equiv \frac{\partial^2}{\partial x^2} + \frac{\partial^2}{\partial y^2} + \frac{\partial^2}{\partial z^2} \qquad (2.60)$$

kürzer geschrieben, woraufhin die Gleichung (2.59) einfach zu

$$\nabla^2 \psi = \frac{1}{v^2}\frac{\partial^2 \psi}{\partial t^2} \qquad (2.61)$$

wird. Da wir nun diese äußerst wichtige Gleichung haben, kommen wir kurz zu der ebenen Welle zurück und prüfen nach, wie sie ins Schema paßt. Eine Funktion der Form

$$\psi(x,y,z,t) = Ae^{ik(\alpha x + \beta y + \gamma z \mp vt)} \qquad (2.62)$$

ist äquivalent zu Gleichung (2.51) und ist als solche eine Lösung von Gleichung (2.61). Es kann auch gezeigt werden (Aufgabe 2.22), daß sowohl

$$\psi(x,y,z,t) = f(\alpha x + \beta y + \gamma z - vt) \qquad (2.63)$$

als auch

$$\psi(x,y,z,t) = g(\alpha x + \beta y + \gamma z + vt) \qquad (2.64)$$

ebene Wellen als Lösungen der Wellendifferentialgleichung sind. Die Funktionen f und g, die zweimal differenzierbar sind, sind im übrigen willkürlich und brauchen mit Sicherheit nicht harmonisch zu sein. Eine Linearkombination dieser Lösungen ist auch eine Lösung, und wir können diese in einer leicht veränderten Art als

$$\psi(\boldsymbol{r},t) = C_1 f(\boldsymbol{r} \cdot \boldsymbol{k}/k - vt) + C_2 g(\boldsymbol{r} \cdot \boldsymbol{k}/k + vt) \qquad (2.65)$$

schreiben, wobei C_1 und C_2 Konstanten sind.

Kartesische Koordinaten sind besonders zur Beschreibung ebener Wellen geeignet. Jedoch ist es oft vorteilhafter, existierende Symmetrien in anderen Koordinatensystemen zur Geltung zu bringen.

2.7 Kugelwellen

Man werfe einen Stein in einen Wasserbehälter. Die Oberflächenwellen, die vom Einschlagpunkt ausgehen, breiten sich als zweidimensionale Kreiswellen aus. Wir dehnen diese Vorstellungen auf drei Dimensionen aus und stellen uns eine kleine pulsierende Kugel vor, die von einer Flüssigkeit umgeben ist. Da sich die Quelle ausdehnt und zusammenzieht, erzeugt sie Druckveränderungen, die sich nach außen als kugelförmige Wellen fortpflanzen.

Wir betrachten nun eine idealisierte, punktförmige Lichtquelle. Die Strahlung geht von ihr radial und gleichförmig in alle Richtungen aus. Man nennt die Quelle *isotrop*, und die resultierenden Wellenfronten sind wieder konzentrische Kugeln, die im Durchmesser anwachsen, wenn sie sich in den umgebenden Raum ausbreiten. Die Symmetrie der Wellenfronten legt

---

[7] Es gibt keine Bevorzugung für irgendeine Achse in kartesischen Koordinaten. Wir sollten daher in der Lage sein, die Bezeichnung z.B. von x nach z, y nach x und z nach y zu ändern (Erhaltung der Rechtshändigkeit des Systems), ohne die Wellendifferentialgleichung zu ändern.

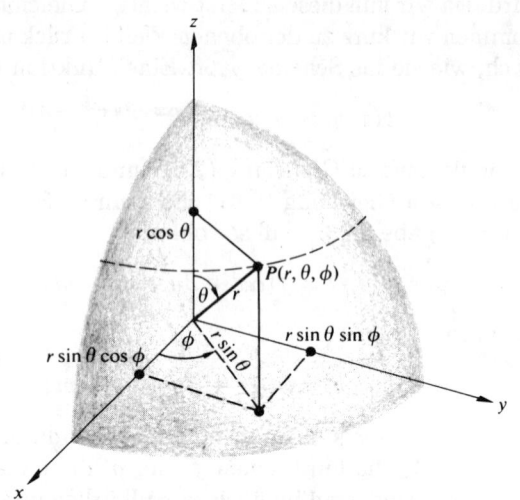

Abbildung 2.15 Die Geometrie von Polarkoordinaten.

nahe, daß es vorteilhafter sein dürfte, sie mathematisch in Abhängigkeit von Polarkoordinaten zu beschreiben (Abb. 2.15). In dieser Darstellung ist der Laplace-Operator

$$\nabla^2 \equiv \frac{1}{r^2} \frac{\partial}{\partial r} \left(r^2 \frac{\partial}{\partial r} \right) + \frac{1}{r^2 \sin\theta} \frac{\partial}{\partial \theta} \left(\sin\theta \frac{\partial}{\partial \theta} \right) \\ + \frac{1}{r^2 \sin^2\theta} \frac{\partial^2}{\partial \phi^2}, \quad (2.66)$$

wobei r, θ, ϕ definiert sind durch

$$x = r \sin\theta \cos\phi, \quad y = r \sin\theta \sin\phi, \quad z = r \cos\theta.$$

Wir erinnern uns, daß wir nach einer Beschreibung von Kugelwellen suchen, die kugelförmig symmetrisch sind, d.h. Wellen, die dadurch charakterisiert sind, daß sie nicht von θ und ϕ abhängen, so daß

$$\psi(\mathbf{r}) = \psi(r, \theta, \phi) = \psi(r). \quad (2.67)$$

Der Laplace-Operator angewandt auf $\psi(r)$ ist dann einfach

$$\nabla^2 \psi(r) = \frac{1}{r^2} \frac{\partial}{\partial r} \left(r^2 \frac{\partial \psi}{\partial r} \right). \quad (2.68)$$

Man kann dieses Ergebnis auch erhalten, ohne mit Gleichung (2.66) vertraut zu sein. Wir beginnen mit der kartesischen Form des Laplace-Operators (2.60), lassen ihn auf die kugelförmige symmetrische Wellenfunktion $\psi(r)$

wirken und formen jeden Term zu Polarkoordinaten um. Untersuchen wir nun die x-Abhängigkeit, so erhalten wir

$$\frac{\partial \psi}{\partial x} = \frac{\partial \psi}{\partial r} \frac{\partial r}{\partial x}$$

und

$$\frac{\partial^2 \psi}{\partial x^2} = \frac{\partial^2 \psi}{\partial r^2} \left(\frac{\partial r}{\partial x} \right)^2 + \frac{\partial \psi}{\partial r} \frac{\partial^2 r}{\partial x^2},$$

da

$$\psi(\mathbf{r}) = \psi(r).$$

Mit

$$x^2 + y^2 + z^2 = r^2$$

erhalten wir

$$\frac{\partial r}{\partial x} = \frac{x}{r}, \quad \frac{\partial^2 r}{\partial x^2} = \frac{1}{r} \frac{\partial}{\partial x}(x) + x \frac{\partial}{\partial x}\left(\frac{1}{r}\right) = \frac{1}{r}\left(1 - \frac{x^2}{r^2}\right)$$

und

$$\frac{\partial^2 \psi}{\partial x^2} = \frac{x^2}{r^2} \frac{\partial^2 \psi}{\partial r^2} + \frac{1}{r}\left(1 - \frac{x^2}{r^2}\right) \frac{\partial \psi}{\partial r}.$$

Nachdem wir nun $\partial^2 \psi / \partial x^2$ haben, bilden wir $\partial \psi / \partial y^2$ und $\partial^2 \psi / \partial z^2$ und erhalten durch Addition

$$\nabla^2 \psi(r) = \frac{\partial^2 \psi}{\partial r^2} + \frac{2}{r} \frac{\partial \psi}{\partial r},$$

was äquivalent zu Gleichung (2.68) ist. Dieses Ergebnis kann in einer etwas anderen Form ausgedrückt werden als

$$\nabla^2 \psi = \frac{1}{r} \frac{\partial^2}{\partial r^2}(r\psi). \quad (2.69)$$

Die Wellendifferentialgleichung (2.61) kann dann geschrieben werden als

$$\frac{1}{r} \frac{\partial^2}{\partial r^2}(r\psi) = \frac{1}{v^2} \frac{\partial^2 \psi}{\partial t^2}. \quad (2.70)$$

Multiplizieren wir beide Seiten mit r, so erhalten wir

$$\frac{\partial^2}{\partial r^2}(r\psi) = \frac{1}{v^2} \frac{\partial^2}{\partial t^2}(r\psi). \quad (2.71)$$

Man beachte, daß dieser Ausdruck nun gerade die eindimensionale Wellendifferentialgleichung (2.11) ist, in der r die Ortsvariable und das Produkt $(r\psi)$ die Wellenfunktion ist. Die Lösung von Gleichung (2.71) ist dann einfach

$$r\psi(r,t) = f(r - vt)$$

oder

$$\psi(r,t) = \frac{f(r - vt)}{r}. \quad (2.72)$$

2.7 Kugelwellen

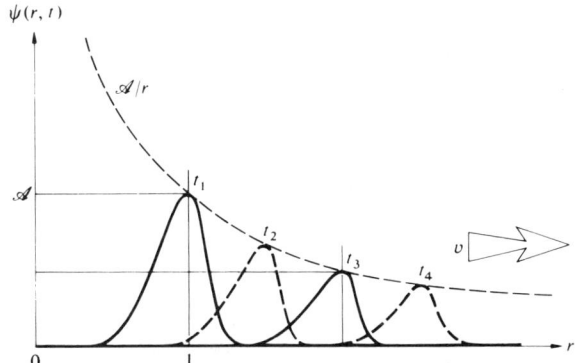

Abbildung 2.16 Eine "Vierfachaufnahme" eines kugelförmigen Pulses.

Dies stellt eine kugelförmige Welle dar, die sich vom Ursprung radial nach außen mit der konstanten Geschwindigkeit v fortpflanzt, und die eine beliebige Form hat, die mit der Funktion f beschrieben wird. Eine andere Lösung ist durch

$$\psi(r,t) = \frac{g(r+vt)}{r}$$

gegeben, und in diesem Fall konvergiert die Welle zum Ursprung hin.[8] Die Tatsache, daß dieser Ausdruck bei $r = 0$ unendlich wird, ist ohne praktisches Interesse.

Ein Spezialfall der allgemeinen Lösung

$$\psi(r,t) = C_1 \frac{f(r-vt)}{r} + C_2 \frac{g(r+vt)}{r} \qquad (2.73)$$

ist die *harmonische Kugelwelle*

$$\psi(r,t) = \left(\frac{\mathscr{A}}{r}\right) \cos k(r \mp vt) \qquad (2.74)$$

oder

$$\psi(r,t) = \left(\frac{\mathscr{A}}{r}\right) e^{ik(r \mp vt)}, \qquad (2.75)$$

wobei die Konstante $\mathscr{A}$ die *Quellstärke* genannt wird. Zu jedem festen Zeitwert repräsentiert dies einen Haufen konzentrischer Kugeln, der den ganzen Raum ausfüllt. Jede Wellenfront oder Fläche konstanter Phase ist durch

$$kr = \text{constant}$$

gegeben.

---

8) Andere kompliziertere Lösungen existieren, wenn die Welle nicht kugelförmig symmetrisch ist. Siehe C.A. Coulson, *Waves* (Kapitel 1).

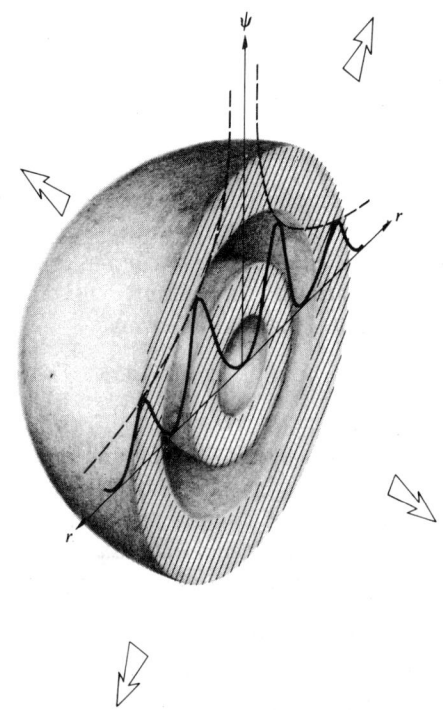

Abbildung 2.17 Kugelförmige Wellenfronten.

Man beachte, daß die Amplitude jeder Kugelwelle eine Funktion von r ist, wobei der Term r^{-1} als (geometrischer; d.Ü.) Dämpfungsfaktor dient. Die Kugelwelle nimmt anders als bei der ebenen Welle in der Amplitude ab. Dadurch verändert sie ihr Profil, während sie sich ausdehnt und vom Ursprung entfernt.[9] Abbildung 2.16 zeigt dies mit einer "Mehrfachaufnahme" eines kugelförmigen Pulses zu vier verschiedenen Zeiten. Der Wellenpuls hat dieselbe räumliche Länge zu jeder Zeit, also auch bei jedem Abstand r, d.h. die Impulsbreite (die Wellenlänge bei harmonischen Wellen; d.Ü.) auf der r-Achse ist konstant. Abbildung (2.17) versucht, das Diagramm von $\psi(r,t)$ in der vorhergehenden Abbildung zu der wirklichen Form, nämlich einer Kugelwelle, in Beziehung zu setzen. Sie zeigt eine Hälfte des kugelförmigen Pulses zu zwei verschiedenen Zeiten, während sich die Welle nach außen ausbreitet. Wir erinnern uns, daß man diese Er-

---

9) Der Dämpfungsfaktor ist eine direkte Folge der Energieerhaltung. In Kapitel 3 werden diese Vorstellungen für den Spezialfall der elektromagnetischen Strahlung diskutiert.

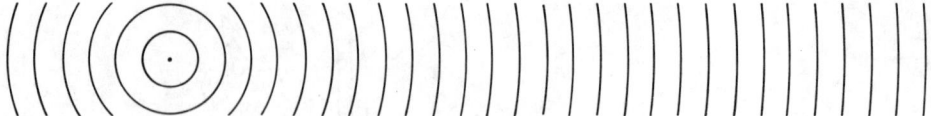

Abbildung 2.18 Das Abflachen einer Kugelwelle mit der Entfernung.

gebnisse wegen der kugelförmigen Symmetrie ungeachtet der Richtung von r erhalten würde. Wir hätten in den Abbildungen 2.16 und 2.17 statt eines Pulses auch eine Welle zeichnen können. In diesem Fall wäre die sinusförmige Elongation durch die Kurven

$$\psi = \mathcal{A}/r \quad \text{und} \quad \psi = -\mathcal{A}/r$$

begrenzt.

Die hinauslaufende Kugelwelle, die von einer punktförmigen Quelle ausgeht, und die nach innen gehende Welle, die zu einem Punkt konvergiert, sind sicher Idealisierungen. In Wirklichkeit enspricht das Licht nur in etwa den Kugelwellen, genauso wie es nur den ebenen Wellen in etwa entspricht.

Da sich eine sphärische Wellenfront nach außen fortpflanzt, wächst ihr Radius. Genügend weit von der Quelle entfernt, gleicht eine kleine Fläche der Wellenfront genau einem Teil einer ebenen Welle (Abb. 2.18).

2.8 Zylinderwellen

Wir wollen nun kurz eine andere idealisierte Wellenform untersuchen, den endlosen Kreiszylinder. Leider ist eine genaue mathematische Abhandlung viel zu schwierig, um sie hier durchzuführen. Wir werden jedoch das Verfahren umreißen, so daß die sich ergebende Wellenfunktion nicht mysteriös wirkt. Der Laplace-Operator, der in Zylinderkoordinaten (Abb. 2.19) auf ψ angewandt wird, ist

$$\nabla^2 \psi = \frac{1}{r}\frac{\partial}{\partial r}\left(r\frac{\partial \psi}{\partial r}\right) + \frac{1}{r^2}\frac{\partial^2 \psi}{\partial \theta^2} + \frac{\partial^2 \psi}{\partial z^2}, \quad (2.76)$$

wobei

$$x = r\cos\theta, \quad y = r\sin\theta, \quad \text{und} \quad z = z.$$

Der einfache Fall von zylindrischer Symmetrie erfordert, daß

$$\psi(\mathbf{r}) = \psi(r, \theta, z) = \psi(r).$$

Die θ-Unabhängigkeit bedeutet, daß eine Ebene, die senkrecht zur z-Achse ist, die Wellenfront in einem

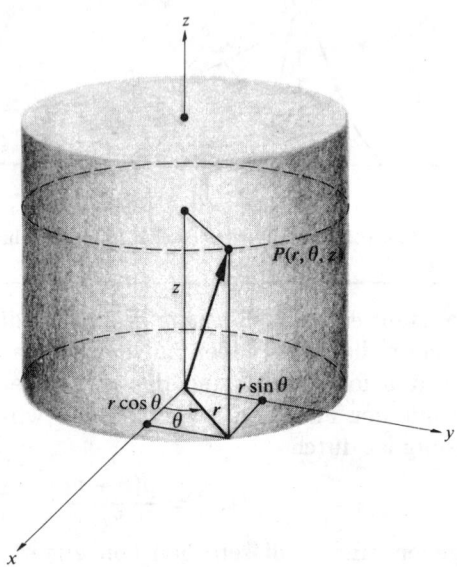

Abbildung 2.19 Die Geometrie von Zylinderkoordinaten.

Kreis durchschneidet, der in r bei verschiedenen Werten von z variieren darf. Außerdem schränkt die z-Unabhängigkeit die Wellenfront zu einem rechts zirkularen Zylinder ein, der auf der z-Achse zentriert ist und eine unendliche Länge hat. Die Wellendifferentialgleichung ist demgemäß

$$\frac{1}{r}\frac{\partial}{\partial r}\left(r\frac{\partial \psi}{\partial r}\right) = \frac{1}{v^2}\frac{\partial^2 \psi}{\partial t^2}. \quad (2.77)$$

Wir suchen nach einem Ausdruck für $\psi(r)$, einer Lösung dieser Gleichung. Nach ein wenig Rechenmanipulation, bei der man die Zeitabhängigkeit ausscheidet, wird die Gleichung (2.77) zur sogenannten Besselschen Gleichung. Die Lösungen der Besselschen Gleichung nähern sich für große Werte von r asymptotisch den einfachen trigonometrischen Formen. Schließlich erhält man, wenn r genügend groß ist

$$\psi(r, t) \approx \frac{\mathcal{A}}{\sqrt{r}} e^{ik(r \mp vt)}$$

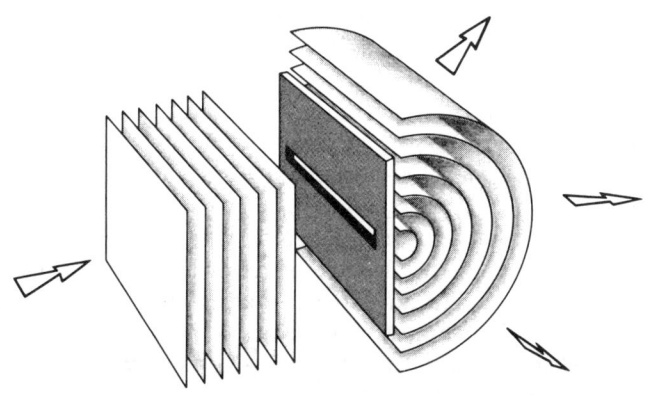

Abbildung 2.20 Zylinderwellen, die aus einem langen engen Spalt hervortreten.

$$\psi(r,t) \approx \frac{A}{\sqrt{r}} \cos k(r \mp vt). \qquad (2.78)$$

Dies stellt eine Schar von koaxialen Kreiszylindern dar, die den ganzen Raum ausfüllen und gegen eine unbegrenzte Linienquelle wandern oder sich von ihr entfernen. Man kann nun keine Lösungen in beliebigen Funktionstermen finden, wie sie sowohl für Kugelwellen (2.73) als auch für ebene Wellen (2.65) existieren.

Eine ebene Welle, die auf die Rückseite eines flachen, undurchsichtigen Schirms auftrifft, der einen langen, dünnen Spalt enthält, führt zur Emission einer Welle, die einer Zylinderwelle gleicht (siehe Abb. 2.20). Diese Technik wurde häufig verwendet, um zylinderförmige Lichtwellen zu erzeugen. Wir wollen aber daran denken, daß die wirkliche Welle, wie immer sie erzeugt wird, der idealisierten mathematischen Darstellung nur ähnelt.

2.9 Skalare und vektorielle Wellen

Es gibt zwei allgemeine Klassifikationen[10] von Wellen, die longitudinalen und die transversalen. Die Unterscheidung zwischen den beiden entsteht aus dem Unterschied

---

[10] Diese so häufig benutzte Klassifikation hat auch ihre Schwächen. So bewegen sich die Tropfen bei einer Wasserwelle auf Kreisbahnen, also sowohl quer als auch längs der Fortpflanzungsrichtung der Welle. Eine alternative Klassifikation der Wellen wäre die in mit und ohne Dispersion (siehe Abschnitt 3.3.1), da sich die dispersionsfreien besonders gut zum Informationstransport eignen; d.Ü.

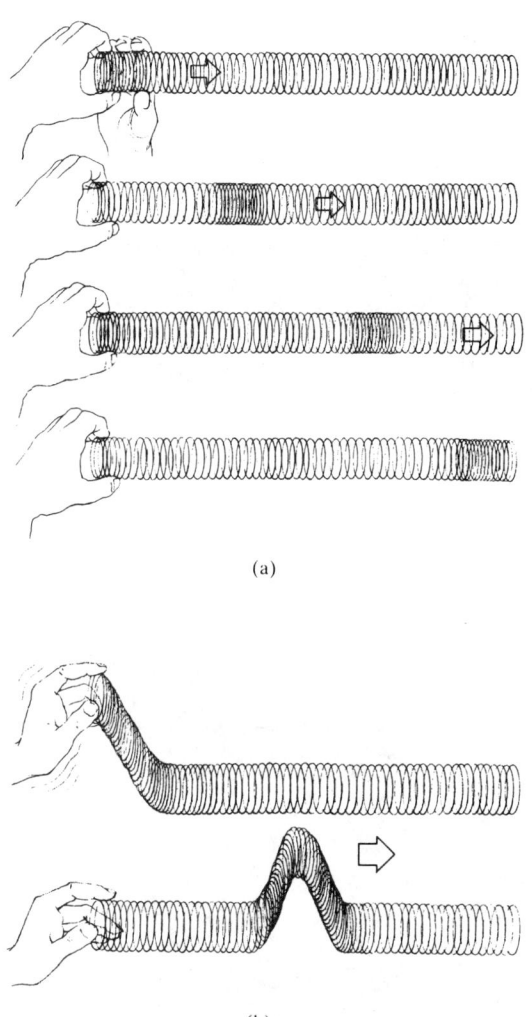

Abbildung 2.21 (a) Eine Longitudinalwelle in einer Feder. (b) Eine Transversalwelle in einer Feder.

zwischen der Richtung, längs der sich die Störung ereignet, und der Richtung k/k, in der sie sich fortpflanzt. Dies kann man sich mit einem elastisch verformbaren materiellen Medium leicht vorstellen (Abb. 2.21). Eine Longitudinalwelle entsteht, wenn die Partikel des Mediums aus ihrer Gleichgewichtsposition in eine Richtung parallel zu k/k verschoben sind. Eine Transversalwelle entsteht, wenn die Störung, in diesem Fall die Verschie-

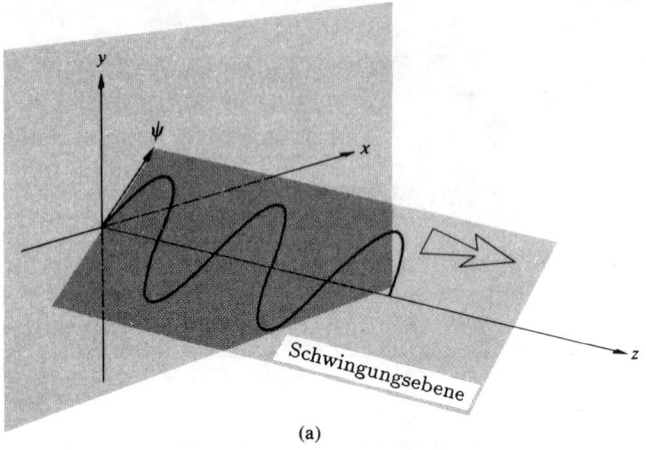

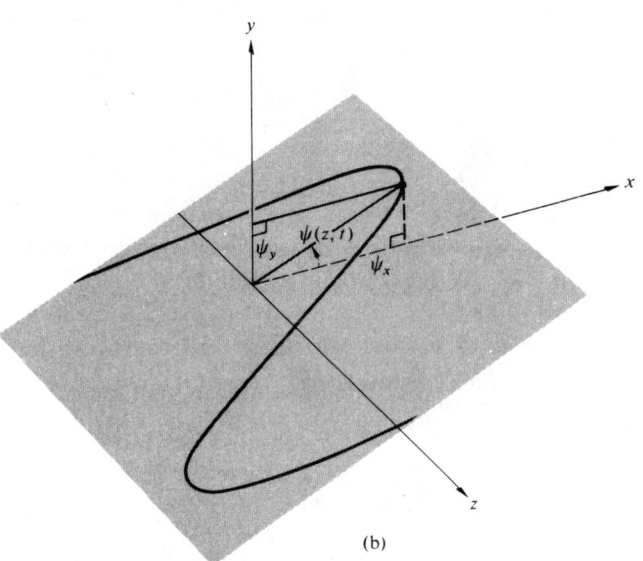

Abbildung 2.22 Linear polarisierte Wellen.

bung des Mediums, senkrecht zur Fortpflanzungsrichtung verläuft. Abbildung 2.22 (a) stellt eine Transversalwelle (wie auf einem gespannten Seil) dar, die sich in z-Richtung bewegt. In diesem Fall ist die Wellenbewegung auf eine räumlich feste Ebene beschränkt, die die **Schwingungsebene** genannt wird, und man bezeichnet demgemäß die Welle als *linear polarisiert*. Um die Welle vollständig zu bestimmen, müssen wir nun die Orientierung der Schwingungsebene, sowie die Fortpflanzungsrichtung genau angeben. Dies ist äquivalent zu einer Zerlegung der Elongation in Komponenten längs zweier gegenseitig senkrechter Achsen, die beide senkrecht zu z (siehe Abb. 2.22 (b)) stehen. Der Winkel, in dem die Schwingungsebene geneigt ist, ist eine Konstante, so daß sich zu jeder Zeit ψ_x und ψ_y von ψ durch einen Faktor unterscheiden, und daher sind sie beide Lösungen der Wellendifferentialgleichung. Hier hat sich nun etwas Wichtiges gezeigt: die Wellenfunktion einer Transversalwelle verhält sich in etwa gleich einer vektoriellen Größe. Die Welle, die sich entlang der z-Achse bewegt, können wir folgendermaßen beschreiben

$$\boldsymbol{\psi}(z,t) = \psi_x(z,t)\hat{\boldsymbol{i}} + \psi_y(z,t)\hat{\boldsymbol{j}}, \qquad (2.79)$$

wobei natürlich $\hat{\boldsymbol{i}}, \hat{\boldsymbol{j}}$ und $\hat{\boldsymbol{k}}$ die Einheitsvektoren der Basis bei kartesischen Koordinaten sind.

Eine skalare, harmonische, ebene Welle ist durch den Ausdruck

$$\psi(\boldsymbol{r},t) = A e^{i(\boldsymbol{k}\cdot\boldsymbol{r} \mp \omega t)} \qquad [2.47]$$

gegeben. Eine *linear polarisierte*, harmonische, ebene Welle ist durch den *Wellenvektor*

$$\boldsymbol{\psi}(\boldsymbol{r},t) = \boldsymbol{A} e^{i(\boldsymbol{k}\cdot\boldsymbol{r} \mp \omega t)} \qquad (2.80)$$

gegeben oder in kartesischen Koordinaten durch

$$\boldsymbol{\psi}(x,y,z,t) = (A_x\hat{\boldsymbol{i}} + A_y\hat{\boldsymbol{j}} + A_z\hat{\boldsymbol{k}})e^{i(k_x x + k_y y + k_z z \mp \omega t)}. \qquad (2.81)$$

Für den letzten Fall, in dem die Schwingungsebene im Raum festliegt, ist auch die Orientierung von $\boldsymbol{A}$ festgelegt. Man erinnere sich, daß sich $\boldsymbol{\psi}$ und $\boldsymbol{A}$ nur durch einen Skalar unterscheiden und als solche parallel zueinander und senkrecht zu $\boldsymbol{k}/k$ sind.

Licht verhält sich wie eine Transversalwelle (im freien Raum, nicht im Hohlleiter), und ein Verständnis seiner vektoriellen Natur ist von großer Bedeutung. Das Phänomen der optischen *Polarisation* kann ohne weiteres mit dem Vektorwellenbild behandelt werden. Für *unpolarisiertes* Licht, bei dem der Wellenvektor die Richtung zufällig und schnell wechselt, sind skalare Annäherungen vorteilhaft, wie man es in der Interferenz- und Beugungstheorie macht.

Aufgaben

2.1 Wie viele "gelbe" Lichtwellen ($\lambda = 580$ nm) passen in einen Raumabstand, der gleich der Dicke eines Stück Papiers (0.008 cm) ist? Wie lang ist der Wellenzug mit derselben Anzahl von Mikrowellen? ($\nu = 10^{10}$ Hz, d.h. 10 GHz und $v = 3 \times 10^8$ m/s).

2.2* Die Lichtgeschwindigkeit beträgt im Vakuum 3×10^8 m/s. Errechnen Sie die Wellenlänge von rotem Licht, die eine Frequenz von 5×10^{14} Hz hat. Vergleichen Sie diese mit der Wellenlänge einer elektromagnetischen Welle mit 60 Hz!

2.3* Man kann in Kristallen Ultraschallwellen mit Wellenlängen erzeugen, die vergleichbar denen des Lichts sind (5×10^{-5} cm), aber niedrigere Frequenzen (6×10^8 Hz) besitzen. Berechnen Sie die entsprechende Geschwindigkeit einer derartigen Welle.

2.4* Fertigen Sie eine Tabelle an, wobei die Spalten mit θ-Werten überschrieben sind, die von $-\pi/2$ bis 2π laufen und in Intervallen von $\pi/4$ eingeteilt sind. Schreiben Sie in jeden Spalt den entsprechenden Wert von $\sin\theta$, darunter den von $\cos\theta$, darunter den von $\sin(\theta - \pi/4)$ usw., mit den Funktionen $\sin(\theta - \pi/2)$, $\sin(\theta - 3\pi/4)$ und $\sin(\theta + \pi/2)$. Zeichnen Sie ein Diagramm von jeder Funktion, das den Effekt der Phasenverschiebung deutlich macht. Eilt $\sin\theta$ dem $\sin(\theta - \pi/2)$ voraus oder hinterher; mit anderen Worten, erreicht eine Funktion einen bestimmten Betrag bei einem kleineren Wert von θ als die andere und eilt somit der anderen voraus (wie $\cos\theta$ $\sin\theta$ vorauseilt)?

2.5* Fertigen Sie eine Tabelle an, deren Spalten mit kx-Werten überschrieben sind, deren x-Werte in Intervallen von $\lambda/4$ von $x = -\pi/2$ bis $x = +\lambda$ laufen, wobei natürlich $k = 2\pi/\lambda$. Schreiben Sie in die Spalte die entsprechenden Werte von $\cos(kx - \pi/4)$ und darunter die von $\cos(kx + 3\pi/4)$. Zeichnen Sie danach die Diagramme der Funktionen $15\cos(kx - \pi/4)$ und $25\cos(kx + 3\pi/4)$.

2.6* Fertigen Sie eine Tabelle an, deren Spalten mit ωt-Werten überschrieben sind, deren t-Werte in Intervallen von $\pi/4$ von $t = -\tau/2$ bis $t = +\tau$ laufen, wobei $\omega = 2\pi/\tau$. Schreiben Sie in jede Spalte die entsprechenden Werte von $\sin(\omega t + \pi/4)$ und die von $\sin(\pi/4 - \omega t)$, und zeichnen Sie dann die Diagramme dieser zwei Funktionen.

2.7 Bestimmen Sie unter Verwendung der Wellenfunktionen

$$\psi_1 = 4\sin 2\pi(0.2x - 3t)$$

und

$$\psi_2 = \frac{\sin(7x + 3.5t)}{2.5}$$

in beiden Fällen (a) die Frequenz, (b) die Wellenlänge, (c) die Schwingungsdauer, (d) die Amplitude, (e) die Phasengeschwindigkeit und (f) die Richtung der Bewegung. Die Zeit ist in Sekunden und x in Metern.

2.8* Zeigen Sie, daß

$$\psi(x,t) = A\sin k(x - vt) \qquad [2.14]$$

eine Lösung der Wellendifferentialgleichung ist!

2.9 Zeigen Sie, daß die Hand, die die Welle erzeugt, in vertikaler, einfacher harmonischer Bewegung sein muß, wenn die Verlagerung des Seils in Abbildung 2.8 durch

$$y(x,t) = A\sin[kx - \omega t + \varepsilon]$$

gegeben ist.

2.10 Schreiben Sie den Ausdruck für eine harmonische Welle mit der Amplitude 10^3 V/m, der Schwingungsdauer 2.2×10^{-15} s und der Geschwindigkeit 3×10^8 m/s. Die Welle pflanzt sich in die negative x-Richtung fort und hat bei $t = 0$ und $x = 0$ einen Wert von 10^3 V/m.

2.11 Stellen Sie sich einen Puls vor, der in Abhängigkeit von seiner Verschiebung in $t = 0$ durch

$$y(x,t)\Big|_{t=0} = \frac{C}{2 + x^2}$$

beschrieben ist, wobei C eine Konstante ist. Zeichnen Sie die Wellenform! Schreiben Sie einen Ausdruck für die Welle, die eine Geschwindigkeit v in die negative x-Richtung hat, als eine Funktion der Zeit! Skizzieren Sie die Form bei $t = 2$ s, wenn $v = 1$ m/s ist.

2.12* Wie groß ist der Betrag der Wellenfunktion $\psi(z,t) = A\cos[k(z + vt) + \pi]$ im Punkt $z = 0$, wenn $t = \tau/2$ und wenn $t = 3\tau/4$?

2.13 Stellt die folgende Funktion

$$\psi(y,t) = (y - vt)A,$$

in der A eine Konstante ist, eine Welle dar? Erklären Sie.

2.14* Verwenden Sie die Gleichung (2.32), um die Geschwindigkeit der Welle zu berechnen, die in SI-Einheiten folgendermaßen dargestellt ist
$$\psi(y,t) = A\cos\pi(3\times 10^6 y + 9\times 10^{14} t).$$

2.15 Bilden Sie einen Ausdruck für die *Form* einer harmonischen Welle, die in die z-Richtung wandert, und deren Betrag in $z = -\lambda/12$ gleich 0.866, in $z = +\lambda/6$ gleich $1/2$ und in $z = \lambda/4$ gleich 0 ist.

2.16* Zeigen Sie, daß der Imaginärteil einer komplexen Zahl z durch $(z - z^*)/2i$ gegeben ist.

2.17* Bestimmen Sie, welche der folgenden Gleichungen wandernde Wellen beschreiben:
$$\psi(y,t) = e^{-(a^2 y^2 + b^2 t^2 - 2abty)}$$
$$\psi(z,t) = A\sin(az^2 - bt^2)$$
$$\psi(x,t) = A\sin 2\pi\left(\frac{x}{a} + \frac{t}{b}\right)^2$$
$$\psi(x,t) = A\cos^2 2\pi(t - x)$$
Zeichnen Sie, wo dies zutrifft, die Wellenform und finden Sie die Geschwindigkeit und die Bewegungsrichtung.

2.18 Gegeben ist die fortschreitende Welle $\psi(x,t) = 5.0\exp(-ax^2 - bt^2 - 2\sqrt{ab}\,xt)$. Bestimmen Sie ihre Fortpflanzungsrichtung. Berechnen Sie einige Werte von ψ, und fertigen Sie eine Skizze der Welle für $t = 0$ an, wobei $a = 25\text{ m}^{-2}$ und $b = 9.0\text{ s}^{-2}$. Wie groß ist die Geschwindigkeit der Welle?

2.19 Verifizieren Sie mit Gleichung (2.50) beginnend, daß
$$\psi(x,y,z,t) = Ae^{i[k(\alpha x + \beta y + \gamma z)\mp\omega t]}$$
und daß
$$\alpha^2 + \beta^2 + \gamma^2 = 1.$$
Zeichnen Sie eine Skizze, die alle damit in Zusammenhang stehenden Größen zeigt.

2.20 Stellen Sie sich eine Lichtwelle vor, die eine Phasengeschwindigkeit von 3×10^8 m/s und eine Frequenz von 6×10^{14} Hz hat. Wie groß ist der kürzeste Abstand zwischen zwei beliebigen Punkten längs der Welle, die eine Phasendifferenz von 30° haben? Welche Phasenverschiebung kommt an einem gegebenen Punkt in 10^{-6} s vor und wieviele Wellen sind in dieser Zeit vorbeigelaufen?

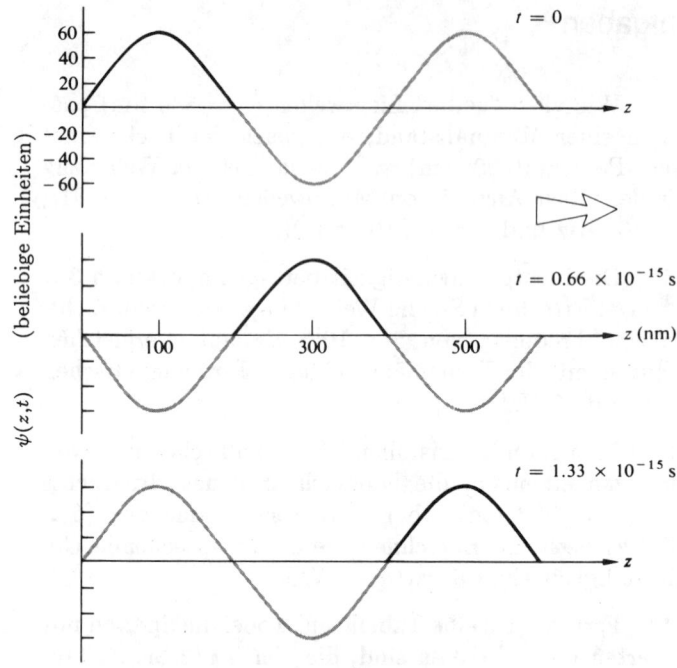

Abbildung 2.23 Eine harmonische Welle.

2.21 Schreiben Sie einen Ausdruck für die in Abbildung 2.23 gezeigte Welle. Finden Sie ihre Wellenlänge, Geschwindigkeit, Frequenz und Periode!

2.22* Zeigen Sie, daß die Gleichungen (2.63) und (2.64), welche ebene Wellen beliebiger Form sind, die dreidimensionale Wellendifferentialgleichung befriedigen!

2.23 Die De Broglie Hypothese besagt, daß jedem Partikel eine Wellenlänge zugeordnet ist, die durch den Quotienten aus der Planckschen Konstanten ($h = 6.6\times 10^{-34}$ Js) und dem Impuls des Partikels gegeben ist. Vergleichen Sie die Wellenlänge eines 6.0 kg schweren Steines, der sich mit einer Geschwindigkeit von 1.0 m/s bewegt, mit der von Licht.

2.24 Schreiben Sie einen Ausdruck in kartesischen Koordinaten für eine harmonische ebene Welle mit der Amplitude A und der Frequenz ω, die sich in die Richtung des Vektors k fortpflanzt, der seinerseits auf einer Geraden liegt, die vom Ursprung bis zum Punkt (4,2,1) geht. *Hinweis:* Bestimmen Sie zuerst k und bilden Sie dann das Skalarprodukt mit r.

2.25* Schreiben Sie einen Ausdruck in kartesischen Koordinaten für eine harmonische ebene Welle mit der Amplitude A und der Frequenz ω, die in die positive x-Richtung wandert.

2.26 Zeigen Sie, daß $\psi(\boldsymbol{k}\cdot\boldsymbol{r},t)$ eine ebene Welle darstellen kann, wobei $\boldsymbol{k}$ senkrecht zur Wellenfront steht. *Hinweis:* Lassen Sie die Ortsvektoren $\boldsymbol{r}_1$ und $\boldsymbol{r}_2$ zu beliebigen zwei Punkten auf der Ebene laufen, und zeigen Sie, daß $\psi(\boldsymbol{r}_1,t) = \psi(\boldsymbol{r}_2,t)$.

2.27* Fertigen Sie eine Tabelle an, bei der die Spalten mit θ-Werten überschrieben sind, die von $-\pi/2$ in Intervallen von $\pi/4$ bis 2π laufen. Schreiben Sie in jede Spalte den entsprechenden Wert von $\sin\theta$ und darunter den von $2\sin\theta$. Addieren Sie danach die beiden Werte für jede Spalte, so daß Sie jeweils den entsprechenden Wert der Funktion $\sin\theta + 2\sin\theta$ erhalten. Zeichnen Sie alle drei Funktionen und stellen Sie ihre relativen Amplituden und Phasen fest.

2.28* Fertigen Sie eine Tabelle an, bei der die Spalten mit θ-Werten überschrieben sind, die in Intervallen von $\pi/4$ von $-\pi/2$ bis 2π laufen. Schreiben Sie in jede Spalte den entsprechenden Wert von $\sin\theta$ und darunter den von $\sin(\theta - \pi/2)$. Addieren Sie anschließend jede Spalte, so daß Sie die entsprechenden Werte der Funktion $\sin\theta + \sin(\theta - \pi/2)$ erhalten. Zeichnen Sie von allen drei Funktionen ein Diagramm und stellen Sie die relativen Amplituden und Phasen fest.

2.29* Zeichnen Sie unter Beachtung der letzten zwei Aufgaben ein Diagramm von $\sin\theta$, $\sin(\theta - 3\pi/4)$ und $\sin\theta + \sin(\theta - 3\pi/4)$. Vergleichen Sie die Amplitude der zusammengefaßten Funktion dieser Aufgabe mit der der vorhergehenden.

2.30* Fertigen Sie eine Tabelle an, in der die Spalten mit kx-Werten überschrieben sind, deren x-Werte in Intervallen von $\lambda/4$ von $x = -\lambda/2$ bis $x = +\lambda$ laufen. Schreiben Sie in jede Spalte die entsprechenden Werte von $\cos kx$ und darunter die von $\cos(kx + \pi)$. Zeichnen Sie anschließend die Diagramme der Funktionen $\cos kx$, $\cos(kx + \pi)$ und $\cos kx + \cos(kx + \pi)$.

3 ELEKTROMAGNETISCHE THEORIE, PHOTONEN UND LICHT

Das Werk von J.C. Maxwell und spätere Entwicklungen seit dem späten 18. Jahrhundert haben die elektromagnetische Natur des Lichtes bewiesen. Wie wir sehen werden, führt die klassische Elektrodynamik unvermeidlich zum Bild des kontinuierlichen Energietransports mittels elektromagnetischer Wellen. Im Gegensatz dazu beschreibt die moderne Auffassung der Quanten-Elektrodynamik begrifflich die elektromagnetischen Wechselwirkungen und den Transport von Energie mit Elementarteilchen, die man *Photonen* nennt, welche lokalisierte Quanten (oder Klümpchen) von Energie sind. Weder sieht man die Quantennatur der Strahlungsenergie immer ohne weiteres sofort, noch hat sie in der Optik immer eine praktische Bedeutung.

Es gibt eine ganze Reihe von Situationen, in denen die Meßgeräte es nicht ermöglichen, einzelne Quanten zu unterscheiden, obwohl dies wünschenswert wäre. Meistens führt das einfallende Lichtstrahlenbündel einen relativ großen Betrag an Energie mit sich, und die Körnigkeit ist verborgen.

Ist die Wellenlänge des Lichtes klein im Vergleich zur Größe des Gerätes, so darf man als erste Näherung die Technik der *geometrischen Optik* benutzen. Eine etwas genauere Behandlung, die bei kleiner Abmessung des Gerätes ebenso anwendbar ist, ist die *Wellenoptik* (physikalische Optik). In der physikalischen Optik ist das dominierende Merkmal des Lichts seine Wellennatur. Man kann sogar den größten Teil herleiten, ohne je genau die Art der Welle anzugeben, mit der man beschäftigt ist. So weit man die Wellenoptik klassisch behandelt, genügt es, das Licht als eine elektromagnetische Welle zu behandeln.

Wir können das Licht als eine andere Manifestation der Materie auffassen. Tatsächlich ist eine der grundlegenden Thesen der Quantenmechanik, daß sowohl Licht als auch materielle Objekte den gleichen Welle-Teilchen-Dualismus zeigen, wie es Erwin C. Schrödinger (1887–1961), einer der Begründer der Quantentheorie, ausdrückte:

> In dem neuen Rahmen der Vorstellungen ist der Unterschied zwischen Partikeln und Wellen verschwunden, weil entdeckt wurde, daß alle Partikel auch Welleneigenschaften besitzen und *umgekehrt*. Keines der beiden Konzepte muß aufgegeben werden, man muß sie verschmelzen. Welcher Aspekt hervortritt hängt nicht von dem physikalischen Objekt ab, sondern von dem Experimentiergerät, das aufgestellt wurde, um es zu untersuchen.[1]

Die quantenmechanische Behandlung verbindet eine Wellengleichung mit einem Teilchen, sei es ein Photon, Elektron, Proton usw. Im Falle materieller Partikel werden die Wellenaspekte über die Feldgleichung eingeführt, die man Schrödinger-Gleichung nennt. Für Photonen erhalten wir eine Darstellung der Wellennatur in Form der klassischen elektromagnetischen Feldgleichung von Maxwell. Als Ausgangspunkt kann man damit eine quantenmechanische Theorie der Photonen und ihrer Wechselwirkung mit Ladungen konstruieren. Die duale Natur des Lichts ist dadurch bewiesen, daß es sich durch den Raum in einer wellenähnlichen Weise fortpflanzt, und es

---

[1] Erwin C. Schrödinger, *Science Theory and Man.*

kann trotzdem partikelähnliches Verhalten während der Emissions- und Absorptionsprozesse zeigen. Elektromagnetische Strahlungsenergie wird in Quanten oder Photonen und nicht kontinuierlich als eine klassische Welle erzeugt und vernichtet. Trotzdem ist die Bewegung der Energie durch eine Linse, ein Loch oder eine Reihe von Schlitzen durch die Welleneigenschaften bestimmt. Wenn wir in der makroskopischen Welt nicht mit dieser Verhaltensweise vertraut sind, liegt es daran, weil sich die Wellenlänge eines Objektes umgekehrt mit seinem Impuls verändert (Kapitel 13). Selbst ein Sandkorn (welches sich kaum bewegt) hat eine Wellenlänge, sie ist aber so klein, daß man sie in keinem vorstellbaren Experiment beobachten kann.[2]

Das Photon hat einige Eigenschaften, die es von allen anderen subatomaren Teilchen unterscheidet. Diese Eigenschaften sind für uns von beachtenswertem Interesse, weil sie dafür verantwortlich sind, daß oft die Quantenaspekte des Lichts völlig verborgen sind. Insbesondere gibt es keine Einschränkungen der Zahl der Photonen, die in einem Gebiet mit demselben Drehimpuls existieren können. Der Grund liegt darin, daß das Paulische Ausschließungsprinzip nur für Teilchen mit dem Eigendrehimpuls gleich $\hbar/2$ gilt, also z.B. für das Elektron, das die chemischen Eigenschaften der Materie bestimmt. Teilchen mit dem Eigendrehimpuls gleich $n\hbar$ ($n = 0, 1, 2, ...$) fallen nicht unter das Paulische Ausschließungsprinzip. Zu ihnen gehören He_4 und die Quanten der Kraftfelder, also das Graviton, das $W^{\pm}$ und Z, die π-Mesonen, die Gluonen und die Photonen. Wenn das Photon, wie das des Lichts oder gar der Radiowelle nur eine sehr geringe Energie hat, so ist ihre Anzahl so riesig, daß man sie als kontinuierlichen Strahl ansehen kann. Innerhalb dieses Modells wirken im Durchschnitt dichte Ströme von Photonen (viele von ihnen könnten im wesentlichen denselben Impuls haben), um genau definierte klassische Felder zu erzeugen. Wir können eine grobe Analogie mit dem Pendlerstrom aufstellen, der durch einen Bahnhof während der Hauptverkehrszeit geht. Jeder Pendler verhält sich individuell sehr wahrscheinlich als ein menschlicher Quant, aber alle haben dieselbe Absicht und folgen ziemlich ähnlichen Bahnkurven. Für einen entfernten kurzsichtigen Beobachter existiert scheinbar ein reibungsloser und kontinuierlicher Strom. Das Verhalten des Stroms en masse ist von Tag zu Tag vorhersehbar, und so ist die genaue Bewegung eines einzelnen Pendlers unwichtig, wenigstens für den Beobachter. Der Energietransport einer großen Zahl von Photonen ist *im Durchschnitt* äquivalent zu der Energie, die von einer klassischen Welle übertragen wird. Aus diesen Gründen ist die Felddarstellung von elektromagnetischen Phänomenen so nützlich gewesen und wird weiterhin so nützlich sein. Es sollte jedoch beachtet werden, daß es im wesentlichen ein beschönigender Ausdruck für die Interferenz von "Wahrscheinlichkeitsamplituden" ist, wenn wir von sich überlagernden elektromagnetischen Wellen sprechen; aber mehr davon in Kapitel 13.

Ganz pragmatisch dürfen wir uns dann das Licht als eine klassische elektromagnetische Welle vorstellen, wobei wir uns der Tatsache bewußt sind, daß es Situationen gibt (am Rande unseres gegenwärtigen Interesses), für die diese Beschreibung leider unzulänglich ist.

3.1 Grundgleichungen der elektromagnetischen Theorie

Wir wollen in diesem Abschnitt einen Überblick und eine Weiterentwicklung der Begriffe vermitteln, die für das Verständnis des elektromagnetischen Wellenkonzeptes notwendig sind.

Wir wissen durch Experimente, daß Ladungen, obwohl sie im Vakuum getrennt sind, eine gegenseitige Wechselwirkung ausüben. Wir erinnern uns an den bekannten elektrostatischen Versuch, in dem eine Holundermarkkugel die Anwesenheit eines geladenen Stabes irgendwie wahrnimmt, ohne ihn tatsächlich zu berühren. Als eine mögliche Erklärung könnten wir vermuten, daß jede Ladung einen Strom von unentdeckten Teilchen (*virtuelle Photonen*) abstrahlt (und absorbiert). Den Austausch dieser Teilchen unter den Ladungen darf man als die Form der Wechselwirkung betrachten. Alternativ können wir den klassischen Ansatz nehmen und uns stattdessen vorstellen, daß jede Ladung durch etwas umgeben ist, das man ein elektrisches Feld nennt. Wir brauchen dann nur vorauszusetzen, daß jede Ladung mit dem elektrischen Feld direkt wechselwirkt, in dem sie sich befindet. Wirkt eine Kraft F_E auf eine Ladung q, so ist das elektrische Feld E an der Stelle der Ladung daher durch

---

[2] Eine genauere Analyse des Unterschiedes zwischen der de Broglie-Wellengleichung im physikalischen Raum und der Schrödinger-Gleichung im Konfigurationsraum findet man in C.F. Weizsäcker "Aufbau der Physik", Hanser-Verlag, 11. Kapitel; d.Ü.

$F_E = qE$ definiert. Außerdem beobachtet man, daß eine sich bewegende Ladung eine andere Kraft F_M erfährt, die proportional zu ihrer Geschwindigkeit v ist. Wir werden daher veranlaßt, noch ein anderes Feld, nämlich die *magnetische Induktion B* zu definieren, so daß $F_M = qv \times B$ ist. Treten beide Kräfte F_E und F_M gleichzeitig auf, so sagt man, daß sich die Ladung durch ein Gebiet bewegt, das sowohl von elektrischen als auch magnetischen Feldern durchflutet ist, woraufhin $F = qE + qv \times B$ wird.

Es gibt noch verschiedene andere Beobachtungen, die man mit diesen Feldern erklären kann. Dabei können wir eine bessere Vorstellung von den physikalischen Eigenschaften erhalten, die man E und B zuschreiben muß. Wie wir sehen werden, erzeugen sowohl elektrische Ladungen als auch *zeitlich variierende magnetische Felder elektrische Felder*. Ebenso erzeugen elektrische Ströme und *zeitlich variierende elektrische Felder magnetische Felder*. Diese gegenseitige Abhängigkeit von E und B ist ein Schlüsselpunkt in der Beschreibung von Licht, und ihre sorgfältige Ausarbeitung ist die Motivation für vieles von dem, was folgen soll.

3.1.1 Faradays Induktionsgesetz

Michael Faraday entwickelte eine Anzahl von bedeutenden Beiträgen zur elektromagnetischen Theorie. Eine der bedeutendsten war seine Entdeckung, daß ein zeitlich variierender magnetischer Fluß, der durch eine geschlossene Leiterschleife geht, zu der Erzeugung eines elektrischen Stromes ringsherum um die Schleife führt. Der Fluß der magnetischen Induktion B (oder *magnetische Flußdichte*) durch eine offene Fläche A, die durch die leitende Schleife begrenzt ist (Abb. 3.1), ist durch

$$\Phi_B = \iint_A B \cdot dS \qquad (3.1)$$

gegeben. Die induzierte *elektromotorische Kraft* oder *EMK*, die sich um die Schleife herum entwickelt, ist dann

$$\text{EMK} = -\frac{d\Phi_B}{dt}. \qquad (3.2)$$

Wir sollten uns jedoch nicht zu sehr mit der Vorstellung von Kabeln und Strom und EMK verwickeln. Unser derzeitiges Interesse betrifft die elektrischen und magnetischen Felder. Tatsächlich existiert die EMK nur als eine Folge der Anwesenheit eines elektrischen Feldes und ist

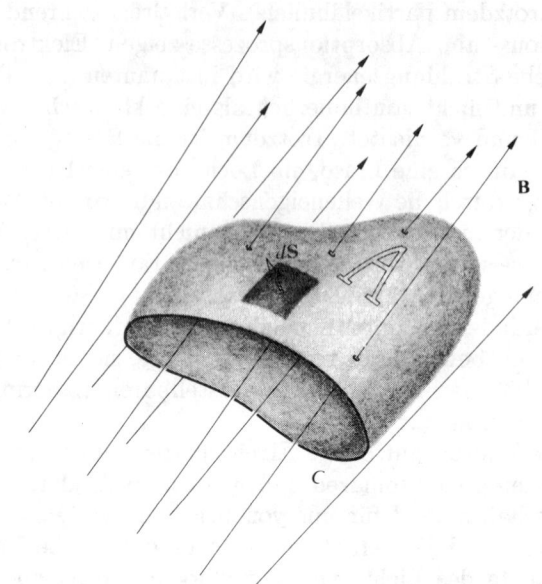

Abbildung 3.1 B-Feld, das durch eine offene Fläche A geht.

durch

$$\text{EMK} = \oint_C E \cdot dl \qquad (3.3)$$

gegeben, ein Integral über die geschlossene Kurve C, die mit der Schleife übereinstimmt. Bei Gleichsetzung der Gleichungen (3.2) und (3.3) und Verwendung der Gleichung (3.1) erhalten wir

$$\oint_C E \cdot dl = -\frac{d}{dt} \iint_A B \cdot dS. \qquad (3.4)$$

Wir begannen diese Erörterung durch Untersuchung einer Leiterschleife und kamen zur Gleichung (3.4); dieser Ausdruck enthält, abgesehen vom Weg C, keine Beziehung zu der physikalischen Schleife. Eigentlich kann der Weg ganz willkürlich gewählt werden und braucht nicht im Leiter oder irgendwo in der Nähe des Leiters zu liegen. Das elektrische Feld in Gleichung (3.4) ensteht nicht direkt aus der Anwesenheit elektrischer Ladungen, sondern vielmehr aus dem zeitlich variierenden magnetischen Feld. Ohne Ladungen, die als Quellen oder Senken wirken, schließen sich die Feldlinien in sich selbst, wobei sie Schleifen bilden (Abb. 3.2). Für den Fall, in dem der Weg im Raum festliegt und unveränderlich in der Form

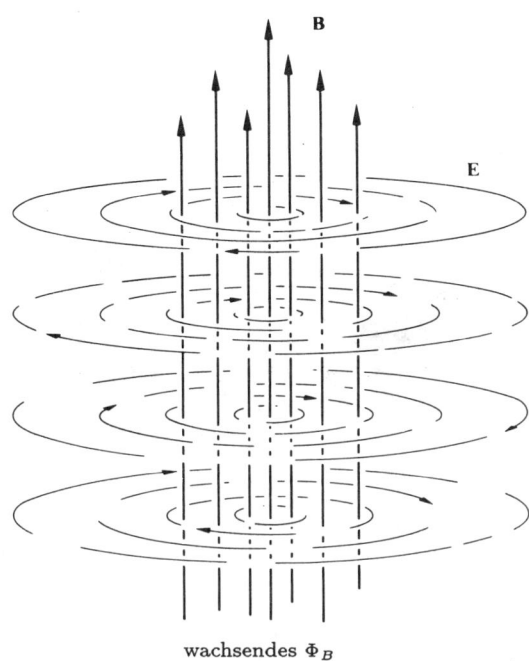

wachsendes Φ_B

Abbildung 3.2 Ein zeitlich variierendes B-Feld. Um jeden Punkt, in dem sich Φ_B ändert, bildet das E-Feld geschlossene Schleifen.

ist, kann das *Induktionsgesetz* umgeschrieben werden zu

$$\oint_C \boldsymbol{E} \cdot d\boldsymbol{l} = - \iint_A \frac{\partial \boldsymbol{B}}{\partial t} \cdot d\boldsymbol{S}. \qquad (3.5)$$

Dies ist an sich ein faszinierender Ausdruck, da er zeigt, daß ein zeitlich variierendes magnetisches Feld ein mit ihm verbundenes elektrisches Feld besitzt.

3.1.2 Der Gaußsche Satz des elektrischen Feldes

Ein anderes fundamentales Gesetz des Elektromagnetismus ist nach dem deutschen Mathematiker Karl Friedrich Gauß (1777–1855) benannt. Es verknüpft den elektrischen Kraftfluß

$$\Phi_E \oint_A \boldsymbol{E} \cdot d\boldsymbol{S}, \qquad (3.6)$$

der durch eine geschlossene Fläche A geht, mit der vollständig eingeschlossenen Ladung. Das mit einem

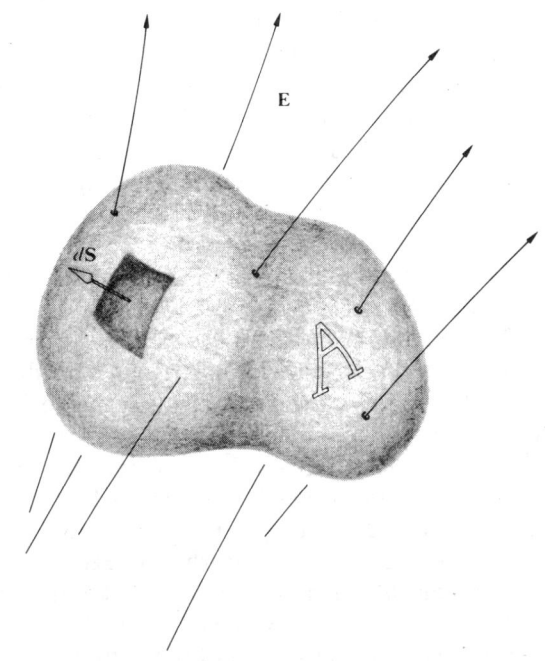

Abbildung 3.3 E-Feld, das durch eine geschlossene Fläche A geht.

Kreis versehene doppelte Integral soll als Gedächtnisstütze dienen, daß die Fläche geschlossen ist. Der Vektor $d\boldsymbol{S}$ zeigt in die Richtung einer *nach außen gerichteten Senkrechten* (Abb. 3.3). Das durch A eingeschlossene Volumen sei V, und in ihm sei die Ladungsverteilung kontinuierlich mit der Dichte ρ, dann lautet der Gaußsche Satz

$$\oint_A \boldsymbol{E} \cdot d\boldsymbol{S} = \frac{1}{\epsilon} \iiint_V \rho dV. \qquad (3.7)$$

Das Integral auf der linken Seite ist die Differenz zwischen dem Betrag des einströmenden und ausströmenden Flusses irgendeiner geschlossenen Fläche A. Ist eine Differenz vorhanden, so ist sie die Folge der Anwesenheit von Quellen und Senken des elektrischen Feldes innerhalb von A. Dann muß das Integral selbstverständlich proportional zur gesamten eingeschlossenen Ladung sein, da die Ladungen die Quellen (+) und Senken (−) des elektrischen Feldes sind.

Die Konstante ϵ nennt man die **absolute Dielektrizitätskonstante** des Mediums. Für den Spezialfall des Vakuums ist die *Dielektrizitätskonstante des freien*

Raumes (Influenzkonstante, elektrische Feldkonstante) durch $\epsilon_0 = 8.8542 \times 10^{-12} \mathrm{C^2 N^{-1} m^{-2}}$ gegeben. Natürlich hat ϵ in der Gleichung (3.7) die Aufgabe, die Einheiten abzugleichen, doch ist der Begriff viel fundamentaler bei der Beschreibung des Kondensators mit parallelen Platten (siehe Abschnitt 3.1.4). Dort ist die absolute Dielektrizitätskonstante die mediumabhängige Proportionalitätskonstante zwischen der Kapazität des Gerätes und seinen geometrischen Eigenschaften. Oft mißt man ϵ dadurch, daß man den zu untersuchenden Stoff in den Kondensator legt. Konzeptuell verkörpert die absolute Dielektrizitätskonstante das elektrische Verhalten des Mediums: sie ist gewissermaßen ein Maß dafür, in welchem Grad der Stoff von dem elektrischen Feld durchdrungen wird, in dem er sich befindet.

Als man begann, dieses Forschungsgebiet zu entwickeln, hatte man in den verschiedenen Bereichen mit unterschiedlichen Einheitssystemen gearbeitet, ein Zustand, der zu einigen offensichtlichen Schwierigkeiten führte. Dies machte die tabellarische Aufstellung von numerischen Werten für ϵ in allen Systemen notwendig, was im besten Fall eine Zeitverschwendung war. Wir erinnern uns, daß dasselbe Problem bezüglich der Dichten durch Verwendung der Dichteverhältnisse vermieden wurde. Daher war es vorteilhaft, nicht die Werte von ϵ zu tabellisieren, sondern eine neue verwandte Größe einzuführen, die unabhängig von den Einheiten des benutzten Systems ist. Dementsprechend definieren wir K_e als ϵ/ϵ_0. Dies ist die Dielektrizitätskonstante (relative Dielektrizitätskonstante), die entsprechend dimensionslos ist. Die absolute Dielektrizitätskonstante eines Stoffes kann in Abhängigkeit von ϵ_0 als

$$\epsilon = K_e \epsilon_0 \qquad (3.8)$$

ausgedrückt werden. Wir interessieren uns für K_e, weil, wie wir noch sehen, die absolute Dielektrizitätskonstante in Dielektrika, wie Glas, Luft, Quarz usw., in Beziehung zur Lichtgeschwindigkeit steht.

3.1.3 Der Gaußsche Satz des magnetischen Feldes

Es gibt kein magnetisches Gegenstück zur elektrischen Ladung, d.h. es sind keine isolierten magnetischen Monopole je gefunden worden, obwohl nach ihnen so-

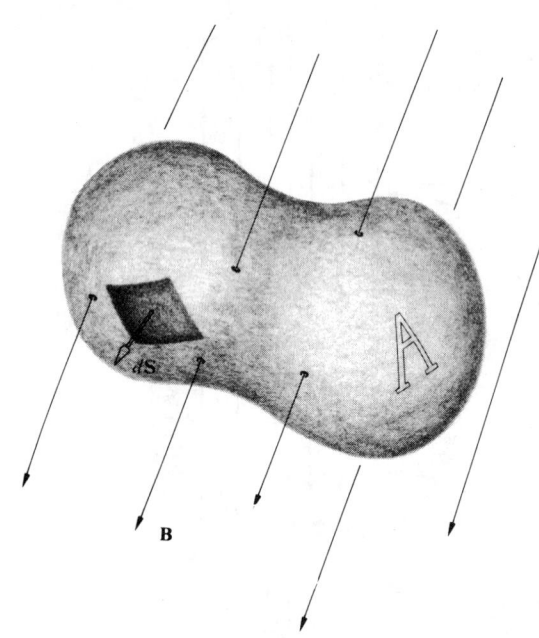

Abbildung 3.4 B-Feld, das durch eine geschlossene Fläche A geht.

gar in Mondbodenproben ausführlich gesucht wurde. Im Gegensatz zum elektrischen Feld divergiert die magnetische Induktion B nicht von oder konvergiert zu irgendeiner magnetischen Ladung (einer Monopol-Quelle oder -Senke). Magnetische Induktionsfelder können in Abhängigkeit von Stromverteilungen beschrieben werden. In der Tat könnten wir uns einen Elementarmagneten als eine kleine Leiterschleife vorstellen, wobei die B-Linien ununterbrochen und geschlossen sind. Jede geschlossene Oberfläche in einem Bereich eines magnetischen Feldes würde folglich eine gleiche Anzahl von B-Linien haben, die in ihr ein- und austreten (Abb. 3.4). Diese Situation ergibt sich aus dem Fehlen jeglicher Monopole innerhalb des eingeschlossenen Volumens. Die magnetische Flußdichte Φ_B, die durch solch eine Oberfläche geht, ist Null, und wir erhalten das magnetische Äquivalent des Gaußschen Satzes des elektrischen Feldes

$$\Phi_B = \oiint_A \boldsymbol{B} \cdot d\boldsymbol{S} = 0. \qquad (3.9)$$

Abbildung 3.6
B-Feld verbunden mit einem zeitlich variierenden E-Feld im Zwischenraum eines Kondensators.

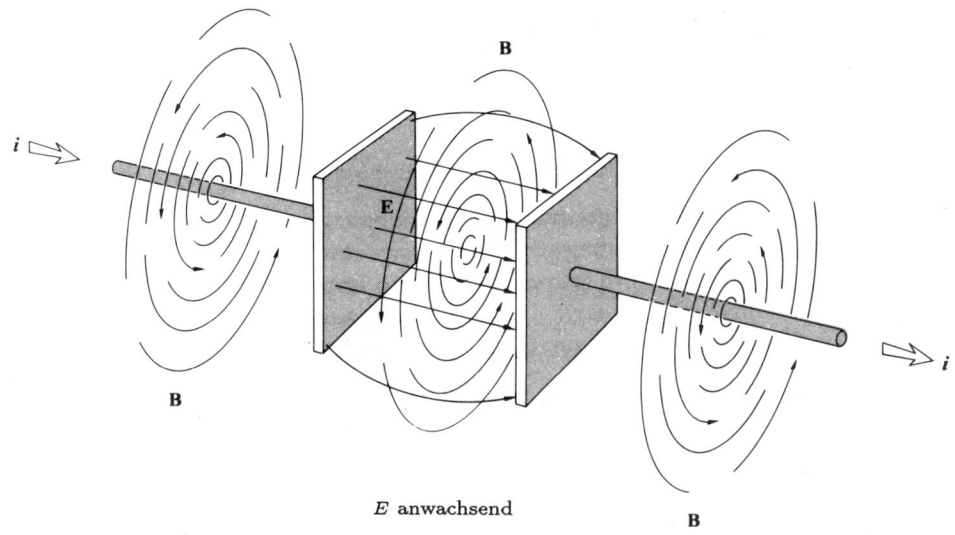

3.1.4 Das Amperesche Gesetz

Eine andere Gleichung, die für uns von großem Interesse sein wird, ist André Marie Ampère (1775–1836) zu verdanken. Bekannt als das *Amperesche Gesetz*, verknüpft es ein Linienintegral von B, das eine geschlossene Kurve C tangiert, mit dem gesamten Strom i, der innerhalb der Grenzen von C fließt:

$$\oint_C \boldsymbol{B} \cdot d\boldsymbol{l} = \mu \iint_A \boldsymbol{J} \cdot d\boldsymbol{S} = \mu i. \qquad (3.10)$$

Die offene Oberfläche A ist durch C begrenzt und J ist der Strom pro Flächeneinheit (Abb. 3.5). Die Größe μ wird die **absolute Permeabilität** des speziellen Mediums genannt. Für ein Vakuum ist $\mu = \mu_0$ (*die Permeabilität des freien Raumes*), die als $4\pi \times 10^{-7}\,\text{N}\,\text{s}^2\,\text{C}^{-2}$ definiert ist. Wie in Gleichung (3.8) gilt

$$\mu = K_m \mu_0, \qquad (3.11)$$

wobei K_m die dimensionslose *Permeabilität* (oder relative Permeabilität) ist.

Gleichung (3.10) ist, obwohl oft adäquat, nicht die ganze Wahrheit. Sich bewegende Ladungen sind nicht die einzige Quelle eines magnetischen Feldes. Dies ist durch die Tatsache nachgewiesen, daß man während des Ladens oder Entladens eines Kondensators ein B-Feld im Bereich zwischen den Platten messen kann (Abb. 3.6). Dieses Feld kann man nicht von dem Feld unterscheiden, das das elektrische Leitungskabel umgibt, obwohl

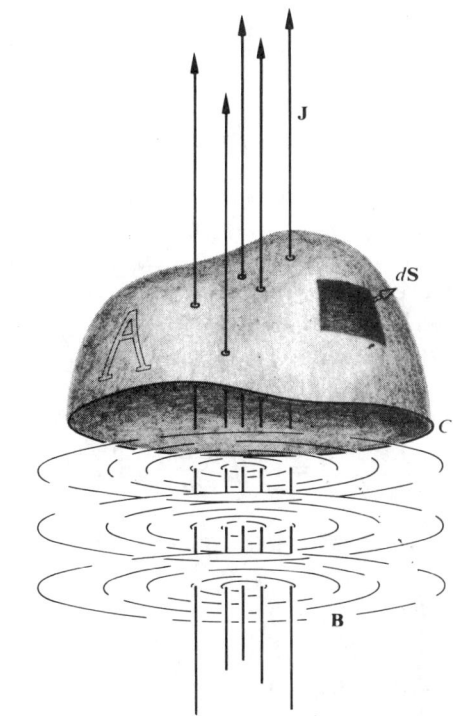

Abbildung 3.5 Stromdichte durch eine offene Fläche A.

kein Strom wirklich den Kondensator durchquert. Wenn A die Fläche der einzelnen Platte und Q die Ladung auf ihr ist, dann gilt
$$E = \frac{Q}{\epsilon A}.$$
Da sich die Ladung verändert, wird das elektrische Feld anders, und
$$\epsilon \frac{\partial E}{\partial t} = \frac{i}{A}$$
ist effektiv eine Stromdichte. James C. Maxwell stellte die Existenz von gerade solch einem Mechanismus als Hypothese auf, den er die *Verschiebungsstromdichte*[3] nannte, die durch
$$\boldsymbol{J}_D \equiv \epsilon \frac{\partial \boldsymbol{E}}{\partial t} \qquad (3.12)$$
definiert ist. Die Neuformulierung des Ampereschen Gesetzes lautet
$$\oint_C \boldsymbol{B} \cdot d\boldsymbol{l} = \mu \iint_A \left(\boldsymbol{J} + \epsilon \frac{\partial \boldsymbol{E}}{\partial t} \right) \cdot d\boldsymbol{S} \qquad (3.13)$$
und war einer der größten Beiträge Maxwells. Es weist darauf hin, daß ein zeitlich variierendes $\boldsymbol{E}$-Feld von einem $\boldsymbol{B}$-Feld begleitet wird (Abb. 3.7), selbst wenn $\boldsymbol{J} = 0$ ist.

3.1.5 Die Maxwell-Gleichungen

Man bezeichnet den Satz von Integralausdrücken der Gleichungen (3.5), (3.7), (3.9) und (3.13) als Maxwell-Gleichungen. Wir erinnern uns, daß sie Verallgemeinerungen der experimentellen Ergebnisse sind. Schon die einfachste Form der Maxwellschen Gleichungen bestimmt das Verhalten der elektrischen und magnetischen Felder im freien Raum, in dem $\epsilon = \epsilon_0$, $\mu = \mu_0$, und in dem sowohl ρ als auch $\boldsymbol{J}$ Null sind. In diesem Fall gilt

$$\oint_C \boldsymbol{E} \cdot d\boldsymbol{l} = - \iint_A \frac{\partial \boldsymbol{B}}{\partial t} \cdot d\boldsymbol{S}, \qquad (3.14)$$

$$\oint_C \boldsymbol{B} \cdot d\boldsymbol{l} = \mu_0 \epsilon_0 \iint_A \frac{\partial \boldsymbol{E}}{\partial t} \cdot d\boldsymbol{S}, \qquad (3.15)$$

$$\oiint_A \boldsymbol{B} \cdot d\boldsymbol{S} = 0, \qquad (3.16)$$

$$\oiint_A \boldsymbol{E} \cdot d\boldsymbol{S} = 0. \qquad (3.17)$$

---

[3] Maxwells eigene Worte und Vorstellungen, die dies betreffen, werden in einem Artikel von A.M. Bork, *Am. J. Phys.* **31**, 854 (1963) untersucht.

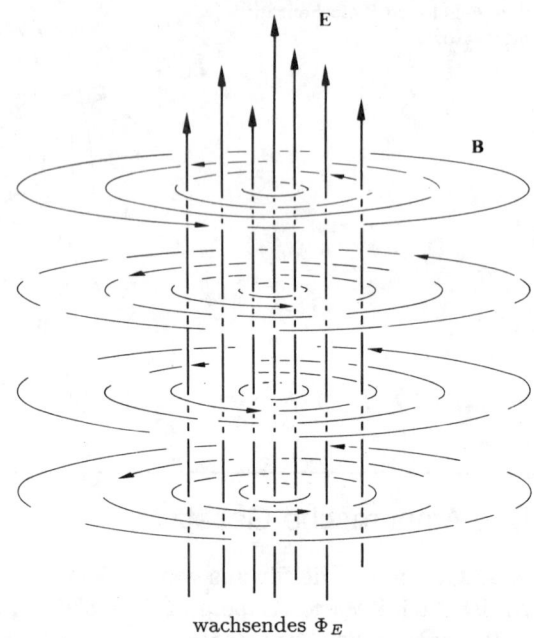

Abbildung 3.7 Ein zeitlich variierendes $\boldsymbol{E}$-Feld. Um jeden Punkt, in dem sich Φ_E verändert, bildet das $\boldsymbol{B}$-Feld geschlossene Schleifen.

Abgesehen von einem Faktor erscheinen die elektrischen und die magnetischen Felder in den Gleichungen mit einer bemerkenswerten Symmetrie. Wie auch immer das $\boldsymbol{E}$-Feld das $\boldsymbol{B}$-Feld beeinflußt, $\boldsymbol{B}$ beeinflußt wiederum $\boldsymbol{E}$. Die mathematische Symmetrie impliziert eine Menge physikalischer Symmetrie.

Die Maxwell-Gleichungen können in einer differentialen Form geschrieben werden, die für unsere Zwecke etwas vorteilhafter ist. Die entsprechende Rechnung ist im Anhang 1 ausgeführt, und die sich ergebenden Gleichungen für den *freien Raum* sind in kartesischen Koordinaten wie folgt:

$$\frac{\partial E_z}{\partial y} - \frac{\partial E_y}{\partial z} = -\frac{\partial B_x}{\partial t}, \quad \text{(i)}$$

$$\frac{\partial E_x}{\partial z} - \frac{\partial E_z}{\partial x} = -\frac{\partial B_y}{\partial t}, \quad \text{(ii)} \qquad (3.18)$$

$$\frac{\partial E_y}{\partial x} - \frac{\partial E_x}{\partial y} = -\frac{\partial B_z}{\partial t}, \quad \text{(iii)}$$

$$\frac{\partial B_z}{\partial y} - \frac{\partial B_y}{\partial z} = \mu_0 \epsilon_0 \frac{\partial E_x}{\partial t}, \quad \text{(i)}$$

$$\frac{\partial B_x}{\partial z} - \frac{\partial B_z}{\partial x} = \mu_0 \epsilon_0 \frac{\partial E_y}{\partial t}, \quad \text{(ii)} \quad (3.19)$$

$$\frac{\partial B_y}{\partial x} - \frac{\partial B_x}{\partial y} = \mu_0 \epsilon_0 \frac{\partial E_z}{\partial t}, \quad \text{(iii)}$$

$$\frac{\partial B_x}{\partial x} + \frac{\partial B_y}{\partial y} + \frac{\partial B_z}{\partial z} = 0, \quad (3.20)$$

$$\frac{\partial E_x}{\partial x} + \frac{\partial E_y}{\partial y} + \frac{\partial E_z}{\partial z} = 0. \quad (3.21)$$

Somit sind wir von der Formulierung der Maxwell-Gleichungen in Integralausdrücken über *endliche Bereiche* zu einer Neuformulierung in Ableitungsausdrücken für *Punkte* im Raum übergegangen.

Wir haben nun alles Notwendige für ein Verständnis des großartigen Prozesses, wodurch elektrische und magnetische Felder untrennbar verbunden sind und sich, gegenseitig erhaltend, in den Raum als ein einzelnes Wesen frei von Ladungen und Strömen, ohne Materie, ohne Äther ausbreiten.

3.2 Elektromagnetische Wellen

Wir haben eine vollständige und mathematisch elegante Herleitung der elektromagnetischen Wellengleichung nach Anhang 1 verwiesen. Wir werden an dieser Stelle einige Zeit mit der gleich wichtigen Aufgabe verbringen, ein mehr intuitives Verständnis für die sich darin befindenden physikalischen Prozesse zu gewinnen. Drei Feststellungen, von denen wir uns ein qualitatives Bild erstellen können, stehen uns sofort zur Verfügung, nämlich die allgemeine Vertikalität der Felder, die Symmetrie der Maxwell-Gleichungen und die wechselseitige Abhängigkeit von E und B in jenen Gleichungen.

Beim Studium der Elektrizität und des Magnetismus wird man bald erkennen, daß es eine Anzahl von Beziehungen gibt, die durch vektorielle Kreuzprodukte oder rechte Hand-Regeln beschrieben werden. Mit anderen Worten, ein Ereignis einer Art erzeugt eine damit verknüpfte, vertikal gerichtete Reaktion. Von unmittelbarem Interesse ist die Tatsache, daß ein zeitlich variierendes E-Feld ein B-Feld erzeugt, das überall senkrecht zu der Richtung steht, in der sich E ändert (Abb. 3.7). Ebenso erzeugt ein zeitlich variierendes B-Feld ein E-Feld, das überall senkrecht zur Richtung steht, in der sich B ändert (Abb. 3.2). Wir dürfen folglich in einer elektromagnetischen Störung die allgemein transversale Natur der E- und B-Felder erwarten.

Wir stellen uns eine Ladung vor, die irgendwie aus der Ruhestellung beschleunigt wird. Ruht die Ladung, so hat sie ein mit ihr verbundenes radiales, gleichförmiges elektrisches Feld, das sich bis ins Unendliche erstreckt. Beim Bewegungsbeginn wird das E-Feld in der Nähe der Ladung verändert, und diese Änderung pflanzt sich mit einer bestimmten endlichen Geschwindigkeit in den Raum fort. Das zeitlich variierende elektrische Feld induziert über die Gleichung (3.15) oder (3.19) ein magnetisches Feld. Die Ladung ist aber beschleunigt, $\partial E/\partial t$ ist nicht konstant, und so ist das induzierte B-Feld zeitabhängig. Das zeitlich variierende B-Feld erzeugt ein E-Feld (3.14) oder (3.18), und der Prozeß setzt sich mit E und B fort, die in der Form eines Pulses zusammengekoppelt sind. Während sich ein Feld verändert, erzeugt es ein neues Feld, das sich ein bißchen weiter ausdehnt, und so pflanzt sich der Puls von einem Punkt zum nächsten durch den Raum weiter fort.

Wir können eine sehr mechanistische, aber anschauliche Analogie zeichnen, wenn wir uns die elektrischen Feldlinien als eine dichte, radiale Verteilung von Fäden vorstellen. Zupft man jedoch daran, so verformt sich jeder einzelne Faden und bildet eine Knickstelle, die von der Quelle nach außen wandert. In jedem Zeitpunkt liefern sie gemeinsam einen dreidimensionalen sich ausweitenden Puls.

Die E- und B-Felder können geeigneter als zwei Aspekte eines einzigen physikalischen Phänomens betrachtet werden, *des elektromagnetischen Feldes*, dessen Quelle eine sich bewegende Ladung ist. Die Störung, die einmal im elektromagnetischen Feld erzeugt worden ist, ist eine ungebundene Welle, die sich außerhalb ihrer Quelle und unabhängig von ihr bewegt. Zu einem einzelnen Wesen zusammengebunden, erneuern sich die zeitlich variierenden elektrischen und magnetischen Felder wechselseitig in einem endlosen Zyklus. Die elektromagnetischen Wellen, die uns von dem relativ nahe gelegenen Zentrum unserer eigenen Milchstraße erreichen, waren 30000 Jahre unterwegs.

Wir haben bis jetzt noch nicht die Fortpflanzungsrichtung der Welle in bezug auf die Feldkomponenten betrachtet. Man beachte jedoch, daß das hohe Maß an

Symmetrie der Maxwellschen Gleichungen für den freien Raum darauf hindeutet, daß sich die Welle in eine Richtung fortpflanzt, die sowohl zu E als auch zu B symmetrisch ist. Das bedeutet, daß eine elektromagnetische Welle nicht rein longitudinal sein kann (d.h. solange wie E und B nicht parallel sind). Wir wollen nun die Vermutungen durch ein wenig Rechnung ersetzen.

Wir zeigen im Anhang 1, daß die Maxwellschen Gleichungen für den freien Raum in die Form von zwei äußerst knappen Vektorausdrücken umgeformt werden können:

$$\nabla^2 E = \epsilon_0 \mu_0 \frac{\partial^2 E}{\partial t^2} \qquad [A1.26]$$

und

$$\nabla^2 B = \epsilon_0 \mu_0 \frac{\partial^2 B}{\partial t^2}. \qquad [A1.27]$$

Der Laplace-Operator[4] ∇^2 wirkt auf jede Komponente von E und B, so daß die zwei Vektorgleichungen jetzt insgesamt sechs Skalargleichungen darstellen. Zwei dieser Ausdrücke sind in kartesischen Koordinaten

$$\frac{\partial^2 E_x}{\partial x^2} + \frac{\partial^2 E_x}{\partial y^2} \frac{\partial^2 E_x}{\partial z^2} = \epsilon_0 \mu_0 \frac{\partial^2 E_x}{\partial t^2} \qquad (3.22)$$

und

$$\frac{\partial^2 E_y}{\partial x^2} + \frac{\partial^2 E_y}{\partial y^2} + \frac{\partial^2 E_y}{\partial z^2} = \epsilon_0 \mu_0 \frac{\partial^2 E_y}{\partial t^2}. \qquad (3.23)$$

Für E_z, B_x, B_y und B_z gibt es die gleichen Ausdrücke. Gleichungen dieser Art, die die räumlichen und zeitlichen Veränderungen einer physikalischen Größe verknüpfen, waren lange vor Maxwells Arbeiten eingehend untersucht worden, und man wußte, daß sie Wellenphänomene beschreiben. Jede einzelne Komponente des elektromagnetischen Feldes ($E_x, E_y, E_z, B_x, B_y, B_z$) gehorcht folglich der skalaren Wellendifferentialgleichung

$$\frac{\partial^2 \psi}{\partial x^2} + \frac{\partial^2 \psi}{\partial y^2} + \frac{\partial^2 \psi}{\partial z^2} = \frac{1}{v^2} \frac{\partial^2 \psi}{\partial t^2}, \qquad [2.59]$$

vorausgesetzt, daß

$$v = 1/\sqrt{\epsilon_0 \mu_0}. \qquad (3.24)$$

Um v herzuleiten, nutzte Maxwell die Ergebnisse der Elektroexperimente aus, die 1856 von Wilhelm Weber

---

[4] In kartesischen Koordinaten ist

$$\nabla^2 E = \hat{i}\nabla^2 E_x + \hat{j}\nabla^2 E_y + \hat{k}\nabla^2 E_z.$$

(1804–91) und Rudolph Kohlrausch (1809–58) durchgeführt wurden. Entsprechend kann man ϵ_0 unmittelbar aus einfachen Messungen am Kondensator bestimmen, während μ_0 bei einem Wert von $4\pi \times 10^{-7}$ m kg/C^2 (in MKS) festgelegt ist. Jedenfalls ist

$$\epsilon_0\mu_0 \approx (8.85 \times 10^{-12} \text{s}^2\text{C}^2/\text{m}^3\text{kg})(4\pi \times 10^{-7}\text{m kg/C}^2)$$

oder

$$\epsilon_0\mu_0 \approx 11.12 \times 10^{-18} \text{ s}^2/\text{m}^2.$$

Und nun der Augenblick der Wahrheit — der vorausgesagte Wert aller elektromagnetischen Wellen wäre dann im freien Raum

$$v = \frac{1}{\sqrt{\epsilon_0\mu_0}} \approx 3 \times 10^8 \text{ m/s}.$$

Dieser theoretische Wert befand sich in bemerkenswerter Übereinstimmung mit der vorher gemessenen Lichtgeschwindigkeit (315300 km/s), die durch Fizeau bestimmt war. Die Ergebnisse der Fizeauschen Experimente, die 1849 mit Hilfe eines rotierenden Zahnrades durchgeführt wurden, waren Maxwell zugänglich und führten ihn dazu, sie zu kommentieren:

> Diese Geschwindigkeit [d.h. ihre theoretische Vorhersage] liegt so nahe an jener von Licht, daß wir anscheinend allen Grund haben zu folgern, daß Licht (eingeschlossen Strahlungswärme und andere Strahlungen) eine elektromagnetische Störung in Form von Wellen ist, die sich durch das elektromagnetische Feld entsprechend den elektromagnetischen Gesetzen fortpflanzt.

Diese brillante Analyse war eine der größten intellektuellen Triumphe aller Zeiten.

Es wurde üblich, die Lichtgeschwindigkeit im Vakuum durch das Symbol c zu kennzeichnen, der gegenwärtig anerkannte Wert von ihr ist

$$c = 2.99792458 \times 10^8 \text{ m/s}. \quad (\pm 0 \text{ m/s per definitionem})[5]$$

Die experimentell verifizierte transversale Natur des Lichtes muß nun innerhalb des Zusammenhangs der elektromagnetischen Theorie erklärt werden. Zu diesem Zweck betrachten wir den ziemlich einfachen Fall einer ebenen Welle, die sich in die positive x-Richtung fortpflanzt. Die elektrische Feldstärke ist eine Lösung der

---

[5] ist nun Basisgröße; *Phys. Bl.* **43**, (1987) Nr. 10; d.Ü.

Gleichung (A 1.26), bei der $\boldsymbol{E}$ über jede der unendlichen Reihe von Ebenen, die senkrecht zur x-Achse stehen, konstant ist. Sie ist deshalb nur eine Funktion von x und t, d.h. $\boldsymbol{E} = \boldsymbol{E}(x,t)$. Wir gehen nun zu den Maxwellschen Gleichungen und insbesondere zu Gleichung (3.21) zurück (die im allgemeinen als "*die Divergenz von $\boldsymbol{E}$ ist gleich Null*" gelesen wird). Da $\boldsymbol{E}$ weder eine Funktion von y noch eine von z ist, reduziert sich die Gleichung zu

$$\frac{\partial E_x}{\partial x} = 0. \quad (3.25)$$

Dieser Ausdruck sagt uns, falls E_x nicht Null ist — d.h., falls es eine Feldkomponente in der Ausbreitungsrichtung gibt — daß E_x nicht mit x variiert. In allen Zeitpunkten ist E_x für alle Werte von x konstant, doch kann diese Möglichkeit daher natürlich nicht einer in die positive x-Richtung wandernden Welle entsprechen. Alternativ folgt aus der Gleichung (3.25), daß bei einer Welle $E_x = 0$ ist: die elektromagnetische Welle hat keine elektrische Feldkomponente in der Ausbreitungsrichtung. Das $\boldsymbol{E}$-Feld, das mit der ebenen Welle verknüpft ist, ist dann ausschließlich *transversal*. Ohne irgendeinen Verlust der Allgemeinheit werden wir uns mit *planpolarisierten* oder *linear polarisierten* Wellen befassen, bei denen die Richtung des schwingenden $\boldsymbol{E}$-Vektors unverändert ist. Daher können wir unsere Koordinatenachsen so ausrichten, daß das elektrische Feld parallel zur y-Achse ist, woraufhin

$$\boldsymbol{E} = \hat{\boldsymbol{j}} E_y(x,t). \quad (3.26)$$

Gehen wir nach Gleichung (3.18) zurück, so folgt, daß

$$\frac{\partial E_y}{\partial x} = -\frac{\partial B_z}{\partial t} \quad (3.27)$$

und daß B_x und B_y konstant und daher jetzt belanglos sind. Das zeitabhängige $\boldsymbol{B}$-Feld kann nur eine Komponente in der z-Richtung haben. Verständlich dann, daß *im freien Raum die ebene, elektromagnetische Welle tatsächlich transversal ist* (Abb. 3.8). Ausgenommen bei senkrechtem Einfall, sind derartige Wellen, die sich in realistischen materiellen Medien ausbreiten, im allgemeinen nicht transversal — eine Komplikation, die sich daraus ergibt, daß das Medium dissipierend wirken könnte und/oder freie Ladungen enthält.

Wir haben die Form der Störung nur durch die Angabe spezifiziert, daß sie eine ebene Welle ist. Unsere

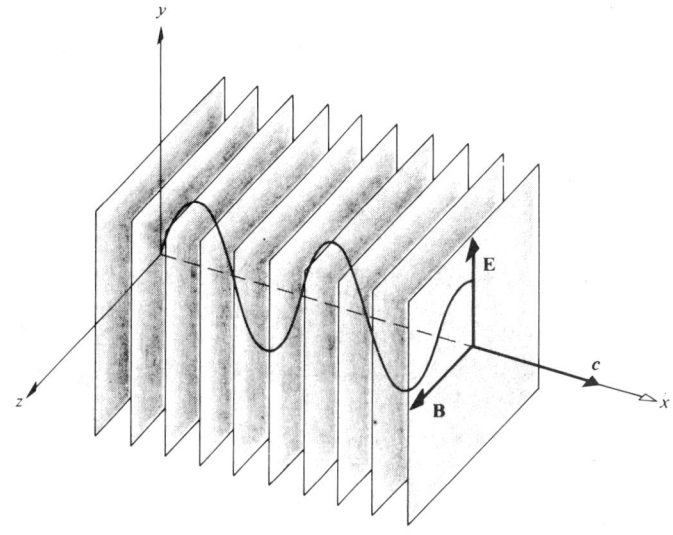

Abbildung 3.8 Die Feldkonfiguration in einer ebenen, harmonischen, elektromagnetischen Welle.

Schlußfolgerungen sind deshalb ganz allgemein, sie treffen gleich gut für Pulse oder periodische Wellen zu. Wir haben schon darauf hingewiesen, daß harmonische Funktionen von besonderem Interesse sind, weil jede beliebige Wellenform in Ausdrücken sinusförmiger Wellen unter Benutzung der Fouriertechnik ausgedrückt werden kann. Darum beschränken wir die Diskussion auf harmonische Wellen und schreiben $E_y(x,t)$ als

$$E_y(x,t) = E_{0y} \cos[\omega(t - x/c) + \varepsilon], \quad (3.28)$$

wobei c die Fortpflanzungsgeschwindigkeit ist. Die zugeordnete magnetische Flußdichte kann man durch direkte Integration der Gleichung (3.27) finden, d.h.

$$B_z = -\int \frac{\partial E_y}{\partial x} dt.$$

Unter Anwendung von Gleichung (3.28) erhalten wir

$$B_z = -\frac{E_{0y}\omega}{c} \int \sin[\omega(t - x/c) + \varepsilon] dt$$

oder

$$B_z(x,t) = \frac{1}{c} E_{0y} \cos[\omega(t - x/c) + \varepsilon]. \quad (3.29)$$

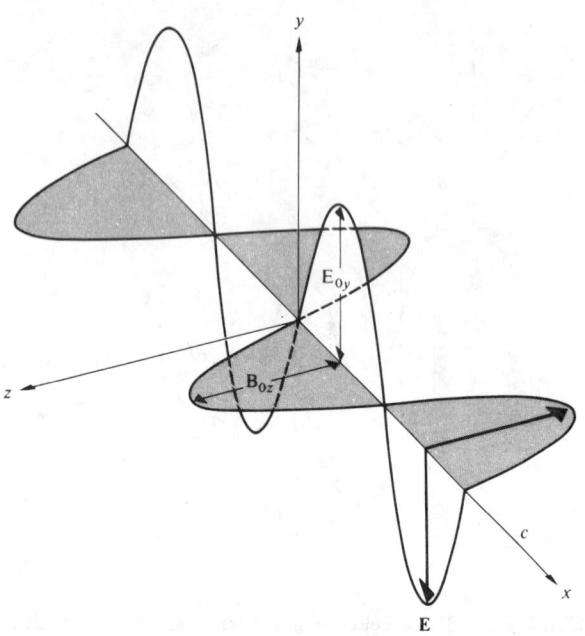

Abbildung 3.9 Orthogonale, harmonische E- und B-Felder.

Die Intergrationskonstante, die ein zeitunabhängiges Feld ausdrückt, ist belanglos. Beim Vergleich dieses Ergebnisses mit Gleichung (3.28) ist es offensichtlich, daß

$$E_y = cB_z. \tag{3.30}$$

Da sich E_y und B_z nur durch einen Faktor unterscheiden und so die gleiche Zeitabhängigkeit besitzen, sind E und B in allen Punkten im Raum phasengleich. Überdies stehen $E = \hat{j}E_y(x,t)$ und $B = \hat{k}B_z(x,t)$ *aufeinander senkrecht*, und ihr Kreuzprodukt $E \times B$ zeigt in die Fortpflanzungsrichtung $\hat{i}$ (Abb. 3.9).

Ebene Wellen sind nicht die einzigen Lösungen der Maxwellschen Gleichungen, obwohl sie sehr wichtig sind. Wie wir in dem vorhergehenden Kapitel erfuhren, erlaubt die Wellendifferentialgleichung viele Lösungen, unter denen sich die Zylinder- und Kugelwellen befinden (Abb. 3.10).

3.3 Energie und Impuls
3.3.1 Die Bestrahlungsstärke

Eine der nützlichsten Eigenschaften der elektromagnetischen Welle ist ihr Transport von Energie. Sogar das

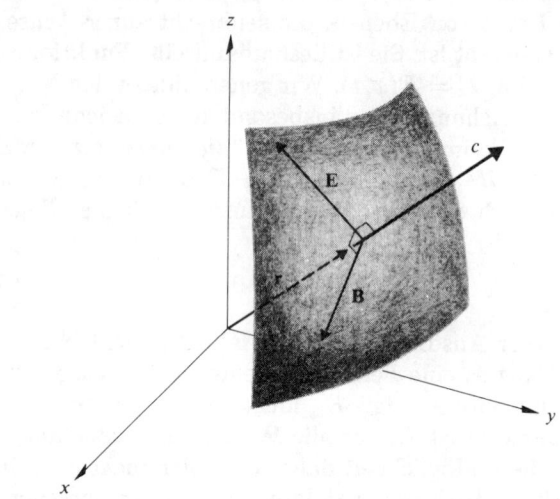

Abbildung 3.10 Teil einer sphärischen Wellenfront, die weit von der Quelle entfernt ist.

Licht vom nächsten Fixstern, das 40 Billionen Kilometer Zur Erde wandert, führt genug Energie mit sich, um Arbeit an den Elektronen in unseren Augen zu leisten. Irgendein elektromagnetisches Feld existiert in einem bestimmten Raumbereich, und es ist deshalb ganz natürlich, die *Strahlungsenergie pro Volumeneinheit*, d.h. die **Energiedichte** u zu betrachten. Für ein elektrisches Feld allein berechnet sich die Energiedichte (z.B. zwischen den Platten eines Kondensators) (Aufgabe 3.3) zu

$$u_E = \frac{\epsilon_0}{2}E^2. \tag{3.31}$$

Ähnlich ist die Energiedichte eines B-Feldes allein (wie sie innerhalb eines Toroids berechnet werden kann)

$$u_B = \frac{1}{2\mu_0}B^2. \tag{3.32}$$

Wir leiteten die Beziehung $E = cB$ speziell für eine ebene Welle her; trotzdem kann man sie ganz allgemein anwenden. Es folgt dann, da $c = 1/\sqrt{\epsilon_0\mu_0}$,

$$u_E = u_B. \tag{3.33}$$

Die Energie, die durch den Raum in Form einer elektromagnetischen Welle strömt, verteilt sich auf die einzelnen elektrischen und magnetischen Felder. Da

$$u = u_E + u_B, \tag{3.34}$$

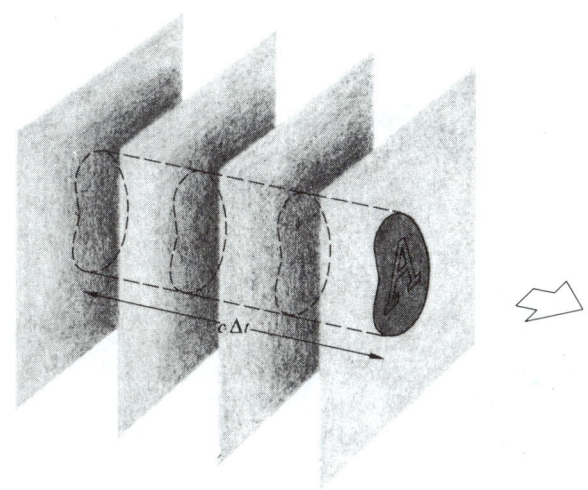

Abbildung 3.11 Der elektromagnetische Energiefluß.

ist offensichtlich

$$u = \epsilon_0 E^2 \tag{3.35}$$

oder äquivalent

$$u = \frac{1}{\mu_0} B^2. \tag{3.36}$$

Um den Fluß der elektromagnetischen Energie darzustellen, soll S den Energietransport pro Zeiteinheit (die Leistung) quer durch eine Einheitsoberfläche symbolisieren. Im MKS-System hätte er dann die Einheiten W/m². Abbildung 3.11 stellt eine elektromagnetische Welle dar, die durch eine Fläche A mit der Geschwindigkeit c wandert. Während eines sehr kleinen Zeitintervalls Δt wird nur die Energie $u(c\,\Delta t\,A)$, die in dem Zylindervolumen enthalten ist, A durchqueren. Deshalb gilt

$$S = \frac{uc\Delta t\,A}{\Delta t\,A} = uc \tag{3.37}$$

oder bei Verwendung der Gleichung (3.35)

$$S = \frac{1}{\mu_0} EB. \tag{3.38}$$

Wir machen nun eine vernünftige Annahme (für isotrope Medien), daß die Energie in die Richtung der Wellenfortpflanzung fließt. Der entsprechende Vektor S ist dann

$$\boldsymbol{S} = \frac{1}{\mu_0} \boldsymbol{E} \times \boldsymbol{B} \tag{3.39}$$

oder

$$\boldsymbol{S} = c^2 \epsilon_0 \boldsymbol{E} \times \boldsymbol{B}. \tag{3.40}$$

Der Betrag von S ist die Leistung pro Einheitsfläche, die eine Fläche durchquert, deren Normale parallel zu S ist. Er wurde nach John Henry Poynting (1852–1914) als der **Poyntingsche Vektor** benannt. Wir wollen nun diese Überlegungen auf den Fall der harmonischen, linear polarisierten, ebenen Welle anwenden, die durch den freien Raum in die Richtung von $\boldsymbol{k}$ wandert:

$$\boldsymbol{E} = \boldsymbol{E}_0 \cos(\boldsymbol{k} \cdot \boldsymbol{r} - \omega t) \tag{3.41}$$

$$\boldsymbol{B} = \boldsymbol{B}_0 \cos(\boldsymbol{k} \cdot \boldsymbol{r} - \omega t). \tag{3.42}$$

Unter Anwendung von Gleichung (3.40) finden wir

$$\boldsymbol{S} = c^2 \epsilon_0 \boldsymbol{E}_0 \times \boldsymbol{B}_0 \cos^2(\boldsymbol{k} \cdot \boldsymbol{r} - \omega t).$$

Man sieht, daß $\boldsymbol{E} \times \boldsymbol{B}$ zwischen den Maxima und Null schwingt. Bei optischen Frequenzen ist S eine extrem schnell veränderliche Funktion der Zeit, und daher ist sein Momentanwert praktisch unmeßbar. Dies legt eine zeitliche Mittelung nahe.

Mit anderen Worten, wir absorbieren die Strahlungsenergie während eines bestimmten endlichen Zeitintervalls, indem wir z.B. eine Photozelle, eine Filmplatte oder die Netzhaut des menschlichen Auges verwenden. Der zeitliche Mittelwert des Betrages des Poyntingschen Vektors, symbolisiert durch $\langle S \rangle$, ist ein Maß für die sehr nützliche Größe, die man die *Bestrahlungsstärke I* nennt.[6] In diesem Fall gilt, da $\langle \cos^2(\boldsymbol{k} \cdot \boldsymbol{r} - \omega t) \rangle = 1/2$ (Aufgabe 3.4),

$$\langle S \rangle = \frac{c^2 \epsilon_0}{2} |\boldsymbol{E}_0 \times \boldsymbol{B}_0| \tag{3.43}$$

oder

$$I \equiv \langle S \rangle = \frac{c\epsilon_0}{2} E_0^2. \tag{3.44}$$

Die Bestrahlungsstärke ist deshalb proportional zu dem Quadrat der Amplitude des elektrischen Feldes. Es gibt zwei weitere Alternativen, um das Gleiche auszudrücken:

$$I = \frac{c}{\mu_0} \langle B^2 \rangle \tag{3.45}$$

---

[6] In der Vergangenheit benutzten die Physiker meist das Wort *Intensität*, wenn sie den *Energiefluß pro Einheitsfläche und pro Zeiteinheit* meinten. Trotzdem ist dieser Ausdruck durch internationale, aber nicht vollständige Übereinstimmung nun in der Optik durch das Wort *Bestrahlungsstärke* ersetzt worden.

und
$$I = \epsilon_0 c \langle E^2 \rangle. \tag{3.46}$$

Innerhalb eines linearen, homogenen, isotropen Dielektrikums wird der Ausdruck für die Bestrahlungsstärke zu
$$I = \epsilon v \langle E^2 \rangle. \tag{3.47}$$

Da E, wie wir gesehen haben, bedeutend wirksamer als B auf Ladungen Kräfte ausübt, werden wir E als das *optische Feld* bezeichnen und Gleichung (3.46) fast ausschließlich verwenden.

Die Zeitrate des Strahlungsenergieflusses ist die Leistung oder der *Strahlungsfluß*, der allgemein in Watt ausgedrückt wird. Teilen wir den Strahlungsfluß, der auf eine Fläche fällt oder von ihr ausgeht, durch den Inhalt dieser Fläche, so erhalten wir die *Strahlungsflußdichte* (W/m²). In dem ersten Fall sprechen wir von der *Bestrahlungsstärke*, in dem letzteren vom *Emissionsvermögen* und in beiden Fällen von der *Flußdichte*. Die Bestrahlungsstärke ist ein Maß für die *Leistungskonzentration*. Ob mit einer Photographie aufgenommen oder mit einem Meßgerät registriert, sie ist die primäre praktische Größe, die der fließenden "Lichtmenge" entspricht.

Es gibt Detektoren, wie die Photovervielfacher, die als *Photonenzähler* dienen. Jedes Quant des elektromagnetischen Feldes, das eine Frequenz ν hat, repräsentiert eine Energie $h\nu$ (Plancksche Konstante $h = 6.625 \times 10^{-34}$ J s). Setzen wir einen monochromatischen Strahl mit der Frequenz ν voraus, so ist die Größe $I/h\nu$ die *Photonendichte*, d.h. die mittlere Photonenzahl, die eine Einheitsfläche (die senkrecht zum Strahl ist) pro Zeiteinheit durchquert. Fällt ein derartiger Strahl auf einen Zähler mit einer Fläche A, dann ist $AI/h\nu$ der einfallende *Photonenfluß*, d.h. die mittlere Photonenzahl, die pro Zeiteinheit ankommt.

Wir sahen früher, daß die Kugelwelle als Lösung der Wellendifferentialgleichung eine Amplitude hat, die sich umgekehrt mit r verändert. Wir wollen nun dieselbe Erscheinungsform innerhalb des Zusammenhangs der Energieerhaltung untersuchen. Wir stellen uns eine isotrope Punktquelle im freien Raum vor, die in alle Richtungen gleichmäßig Energie abstrahlt, d.h. Kugelwellen aussendet. Die Quelle umgeben wir mit zwei konzentrischen sphärischen Flächen mit den Radien r_1 und r_2 (Abb. 3.12). $E_0(r_1)$ und $E_0(r_2)$ sollen die Amplituden der Wellen für die erste beziehungsweise zweite Fläche darstel-

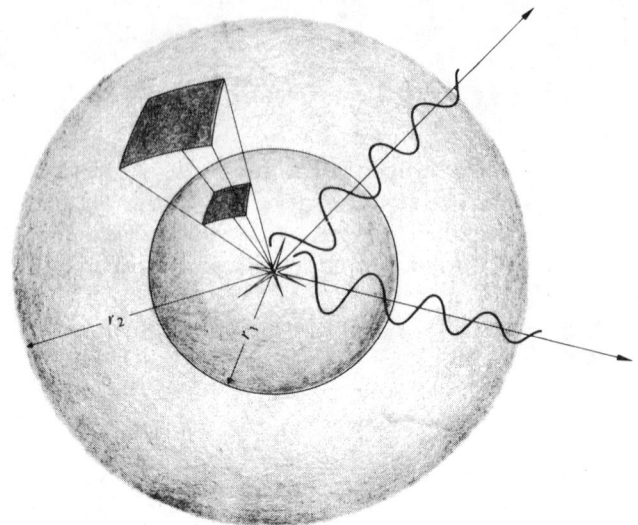

Abbildung 3.12 Die Geometrie des quadratischen Entfernungsgesetzes.

len. Soll die Energie erhalten bleiben, so muß der gesamte Energiebetrag, der durch jede Fläche pro Sekunde fließt, gleich sein, da es keine anderen Quellen oder Senken gibt. Die Multiplikation von I mit dem Flächeninhalt und die Ziehung der Wurzel ergibt
$$r_1 E_0(r_1) = r_2 E_0(r_2).$$

Da r_1 und r_2 beliebig sind, folgt
$$r E_o(r) = \text{konstant},$$

und die Amplitude muß umgekehrt mit r abnehmen. Die Bestrahlungsstärke einer Punktquelle ist proportional zu $1/r^2$. Dies ist das wohlbekannte *quadratische Entfernungsgesetz*, das man bei Verwendung einer Punktquelle und eines Photobelichtungsmessers leicht verifizieren kann. Bei einem Photonenstrahl, der radial von der Quelle ausströmt, ergibt sich dasselbe Ergebnis.

3.3.2 Strahlungsdruck und Impuls

Bereits 1619 behauptete Johannes Kepler, daß der Druck des Sonnenlichtes einen Kometenschweif zurücktreibt, so daß er immer von der Sonne wegzeigt. Jenes Argument fand besonders bei den späteren Befürwortern der Korpuskulartheorie des Lichts Anklang. Schließlich stellten sie sich einen Lichtstrahl als einen Strom von Partikeln vor, und solch ein Strom würde offensichtlich eine Kraft ausüben, während er auf Materie trifft. Einige Zeit sah es so aus, als ob dieser Effekt endlich die Überlegenheit der Korpuskulartheorie über die Wellentheorie begründen könnte, doch es scheiterten alle experimentellen Bemühungen, die Kraft der Strahlung zu entdecken, und das Interesse verschwand langsam.

Ausgerechnet Maxwell griff 1873 dieses Problem wieder auf, indem er theoretisch nachwies, daß Wellen tatsächlich Druck ausüben. "In einem Medium, in dem sich Wellen fortpflanzen", schrieb Maxwell, "gibt es einen Druck in der Richtung senkrecht zu den Wellen, und dieser ist numerisch gleich der Energie in einer Volumeneinheit."

Trifft eine elektromagnetische Welle auf irgendeine materielle Oberfläche, so tritt sie mit den Ladungen in Wechselwirkung, die die massive Materie konstituierten. Unabhängig davon, ob die Welle teilweise absorbiert oder reflektiert wird, übt sie eine Kraft auf jene Ladungen und folglich auf die Oberfläche selbst aus. Zum Beispiel erzeugt im Falle eines guten Leiters das elektrische Feld der Welle Ströme und deren magnetisches Feld Kräfte auf jene Ströme.

Man kann die resultierende Kraft mit Hilfe der klassischen elektromagnetischen Theorie berechnen. Das zweite Newtonsche Gesetz (das behauptet, daß die Kraft gleich der zeitlichen Änderungsrate des Impulses ist) besagt dann, daß *die Welle selbst einen Impuls mit sich führt*. Immer wenn Energie fließt, können wir vernünftigerweise erwarten, daß ein damit verknüpfter Impuls existiert — die zwei Begriffe sind die zusammenhängenden Zeit- und Raumaspekte der Bewegung.

Wie Maxwell zeigte, ist der **Strahlungsdruck** $\mathcal{P}$ gleich der Energiedichte der elektromagnetischen Welle. Nach den Gleichungen (3.31) und (3.32) für ein Vakuum wissen wir, daß

$$u_E = \frac{\epsilon_0}{2} E^2 \quad \text{und} \quad u_B = \frac{1}{2\mu_0} B^2.$$

Da $\mathcal{P} = u = u_E + u_B$,

$$\mathcal{P} = \frac{\epsilon_0}{2} E^2 + \frac{1}{2\mu_0} B^2. \quad (3.48)$$

Alternativ können wir mit Hilfe der Gleichung (3.37) den Druck in Abhängigkeit von der Größe des Poyntingschen Vektors ausdrücken

$$\mathcal{P} = \frac{S}{c}. \quad (3.49)$$

Wir beachten, daß diese Gleichung in den Einheiten Leistung pro Fläche pro Geschwindigkeit erscheint — oder gleichwertig, Kraft multipliziert mit der Geschwindigkeit, geteilt durch die Fläche und Geschwindigkeit, oder einfach Kraft pro Fläche. Dies ist der Momentandruck, der auf eine vollkommen absorbierende Oberfläche von einem senkrecht einfallenden Strahl ausgeübt wird.

Da sich die E- und B-Felder schnell verändern, verändert sich S ebenfalls schnell. So ist es außerordentlich praktisch, den mittleren Strahlungsdruck

$$\langle \mathcal{P} \rangle = \frac{\langle S \rangle}{c} = \frac{I}{c} \quad (3.50)$$

einzuführen, der in Newton pro m² ausgedrückt wird. Derselbe Druck wird auf eine Quelle ausgeübt, die selbst Energie abstrahlt.

Wir gehen nach Abbildung 3.11 zurück. Falls p der Impuls ist, so ist die Kraft, die von dem Strahl auf eine absorbierende Oberfläche ausgeübt wird,

$$A\mathcal{P} = \frac{\Delta p}{\Delta t}. \quad (3.51)$$

Ist p_V der *Impuls pro Volumeneinheit der Strahlung*, so wird in jedem Zeitintervall Δt ein Impuls der Größe $\Delta p = p_V (c \Delta t\, A)$ nach A transportiert, und

$$A\mathcal{P} = \frac{p_V (c \Delta t\, A)}{\Delta t} = A\frac{S}{c}.$$

Folglich ist die Volumendichte des elektromagnetischen Impulses

$$p_V = \frac{S}{c^2}. \quad (3.52)$$

Reflektiert die beleuchtete Oberfläche vollkommen, so kommt der Strahl, der mit der Geschwindigkeit $+c$ eintrat, mit der Geschwindigkeit $-c$ heraus. Dies entspricht der zweifachen Änderung des Impulses bei der Absorption, und folglich ist

$$\langle \mathcal{P} \rangle = 2\frac{\langle S \rangle}{c}.$$

Wird ein bestimmter Energiebetrag $\mathcal{E}$ pro Sekunde transportiert, so wird nach den Gleichungen (3.49) und (3.51) ein korrespondierender Impuls $\mathcal{E}/c$ pro m² pro Sekunde transportiert.

Im Photonenbild stellen wir uns partikelähnliche Quanten vor, von denen jedes eine Energie $\mathcal{E} = h\nu$ hat. Wir können dann erwarten, daß ein Photon einen Impuls $p = \mathcal{E}/c = h/\lambda$ mit sich führt. Sein Impulsvektor ist dann

$$p = \hbar k, \qquad (3.53)$$

wobei k der Ausbreitungsvektor und $\hbar \equiv h/2\pi$ ist. Dies läßt sich alles sehr gut mit der speziellen Relativitätstheorie vereinbaren, die die Ruhemasse m_0, die Energie und den Impuls eines Teilchens durch die Formel

$$\mathcal{E} = [(cp)^2 + (m_0 c^2)^2]^{1/2}$$

verknüpft. Für ein Photon ist $m_0 = 0$ und $\mathcal{E} = cp$.

Diese quantenmechanischen Vorstellungen wurden mit Hilfe des Compton-Effekts experimentell bestätigt, der die Energie und den Impuls festlegt, die bei der Wechselwirkung mit einem einzelnen Röntgenstrahlproton auf ein Elektron übertragen werden.

Die mittlere Flußdichte elektromagnetischer Energie von der Sonne, die senkrecht auf eine Fläche trifft, die sich gerade außerhalb der Erdatmosphäre befindet, beträgt etwa 1400 W/m². Setzt man vollkommene Absorption voraus, so wäre der resultierende Druck 4.7×10^{-6} N/m², zum Vergleich etwa mit dem atmosphärischen Druck von ca. 10^5 N/m². Der Druck der Sonnenstrahlung auf die Erde ist winzig, doch immerhin die Ursache für eine Gesamtkraft auf den Planeten von etwa 10 Tonnen. Sogar an der Oberfläche der Sonne ist der Strahlungsdruck relativ klein (siehe Aufgabe 3.19). Wie man erwartet, ist er innerhalb des glühenden Körpers eines großen leuchtenden Sterns sehr groß, wo er eine bedeutende Rolle als Gegenkraft zur Gravitation des Sterns spielt. Trotz des bescheidenen Betrags der Flußdichte der Sonnenstrahlung kann sie merkliche Wirkungen über längere Zeiten hervorrufen. Hätte man z.B. den Druck des Sonnenlichtes auf das Viking-Raumschiff bei seiner Reise unberücksichtigt gelassen, so hätte es den Mars um etwa 15000 km verfehlt. Rechnungen zeigen, daß es sogar möglich ist, den Druck des Sonnenlichts für den Antrieb eines Raumfahrzeugs innerhalb der inneren Planeten auszunutzen.[7] Vielleicht durchfahren eines Tages Raumschiffe mit gewaltigen reflektierenden Segeln, die

---

[7] Der Fluß von geladenen Teilchen, den man den "Solarwind" nennt, liefert eine 1000 bis 1000000 mal kleinere Antriebskraft als das Sonnenlicht.

Abbildung 3.13 Das sehr kleine sternenähnliche Fünkchen ist eine winzige transparente Glaskugel (2.6×10^{-2} mm), die auf einem nach oben gerichteten 250 mW Laserstrahl in der Luft schwebt. (Photo mit freundlicher Genehmigung der Bell Laboratories.)

von der Solarstrahlung angetrieben werden, den dunklen Ozean unseres Weltraums. Der Druck, der durch das Licht ausgeübt wird, war in Wirklichkeit schon 1901 von dem russischen Experimentator Pyotor Nikolaievich Lebedev (1866–1912) und unabhängig davon von den Amerikanern Ernest Fox Nichols (1869–1924) und Gordon Ferrie Hull (1870–1956) gemessen worden. Ihre Leistungen waren gewaltig, wenn man die zu der Zeit zur Verfügung stehenden Lichtquellen bedenkt. Mit dem Laser kann man heute Licht bis zur Größe eines Punktes fokussieren, der sich der theoretischen Grenze von etwa einer Wellenlänge im Radius nähert. Die resultierende Bestrahlungsstärke und daher der Druck sind sogar mit einem Laser beträchtlich groß, der mit nur wenigen Watt angegeben ist. Es wurde daher zweckmäßig, den Strahlungsdruck für sämtliche Arten von Anwendungen zu betrachten, wie z.B. für das Trennen von Isotopen, die Beschleunigung von Teilchen und sogar das optisch verursachte Schweben von kleinen Objekten (Abb. 3.13).

Licht kann auch den Drehimpuls transportieren, aber dies wird sicherlich nicht mit einer linear polarisierten Welle geschehen. Demgemäß werden wir diese ziemlich wichtige Erörterung auf Kapitel 8 verschieben, wenn wir die Zirkularpolarisation untersuchen.

3.4 Strahlung

Obwohl sich alle Formen elektromagnetischer Strahlung mit derselben Geschwindigkeit im Vakuum ausbreiten, unterscheiden sie sich doch in der Frequenz und Wellenlänge. Wir wir bald sehen, erklärt jener Unterschied die Verschiedenartigkeit der Verhaltensweisen, die man beobachtet, wenn Strahlungsenergie mit Materie in Wechselwirkung tritt. Trotzdem sind sie alle elektromagnetische Wellen. Dementsprechend ist es sinnvoll, nach einem gemeinsamen Erzeugungsmechanismus für alle Strahlungen zu suchen. Wir finden dabei, daß die verschiedenen Arten von Strahlungsenergie scheinbar einen gemeinsamen Ursprung darin haben, daß sie alle irgendwie mit sich *ungleichförmig bewegenden Ladungen* verknüpft sind. Wir haben es natürlich mit Wellen im elektromagnetischen Feld zu tun, und die Ladung ist die Ursache des Feldes; daher überrascht dies nicht.

Eine ruhende Ladung hat ein konstantes E-Feld, aber kein B-Feld, und ruft folglich keine Strahlung hervor — wo käme die Energie sonst her? Eine sich gleichförmig bewegende Ladung hat sowohl ein E- als auch ein B-Feld, sie strahlt aber nicht. Würde man sich mit der Ladung bewegen, so verschwände daraufhin der Strom, B würde verschwinden, und wir wären beim vorhergehenden Fall; gleichförmige Bewegungen existieren eben nur relativ. Das ist vernünftig, da es überhaupt keinen Sinn ergäbe, wenn die Ladung nur deswegen aufhörte zu strahlen, weil sich jemand mit ihrer Geschwindigkeit bewegt. Übrig bleibt nur die sich *ungleichförmig bewegende Ladung* als Ursache der Strahlung. Im Photonenbild wird dies durch die Überzeugung unterstrichen, daß die Wechselwirkungen zwischen Materie und Strahlungsenergie auf den Wechselwirkungen zwischen Photonen und Ladungen beruhen.

Allgemein wissen wir, daß freie Ladungen (diejenigen, die nicht an einem Atom gebunden sind) elektromagnetische Strahlung aussenden, wenn sie beschleunigt werden. Dabei ist es egal, ob die Ladung ihre Geschwindigkeit auf einer geraden Strecke verändert (in einem Li-

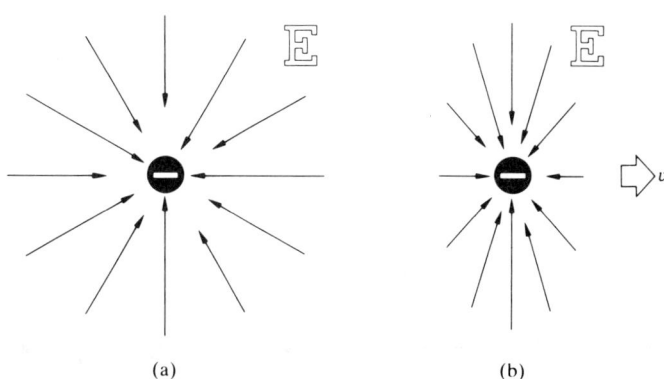

Abbildung 3.14 (a) Elektrisches Feld eines ruhenden Elektrons. (b) Elektrisches Feld eines sich bewegenden Elektrons.

nearbeschleuniger) oder bei konstanter Geschwindigkeit die Richtung ändert (wie z.B. in einem Zyklotron) oder wie in einer Antenne hin und her schwingt — **bewegt sich eine Ladung ungleichförmig, so strahlt sie**. Eine beschleunigte Ladung kann spontan ein Photon absorbieren oder emittieren und eine wachsende Zahl von wichtigen Geräten, die vom freien Elektronenlaser (1977) bis zur Synchrotronstrahlungsquelle reichen, nutzt diesen Mechanismus praktisch aus.

3.4.1 Linear beschleunigte Ladungen

Bei konstanter Geschwindigkeit ist die Ladung mit einem unveränderlichen radialen elektrischen Feld und einem umgebenden kreisförmigen magnetischen Feld verbunden. Obwohl sich das E-Feld in jedem Punkt im Raum von einem Zeitpunkt zum nächsten ändert, kann man seinen Wert zu jeder Zeit bestimmen, indem man davon ausgeht, daß sich die Feldlinien mit der Ladung bewegen. Darum verformt sich das Feld nicht, und es ergibt sich keine Strahlung.

Das elektrische Feld einer ruhenden Ladung kann, wie in Abbildung 3.14, durch eine gleichmäßige, radiale Verteilung von geraden *Feldlinien* oder *Kraftlinien* dargestellt werden. Die Feldlinien einer Ladung, die sich mit einer konstanten Geschwindigkeit v bewegt, sind noch radial und gerade, aber sie sind nicht mehr gleichmäßig verteilt. Die Ungleichmäßigkeit wird bei hohen Geschwindigkeiten evident und ist gewöhnlich vernachlässigbar, wenn $v \ll c$ ist. Im Gegensatz dazu zeigt Abbildung

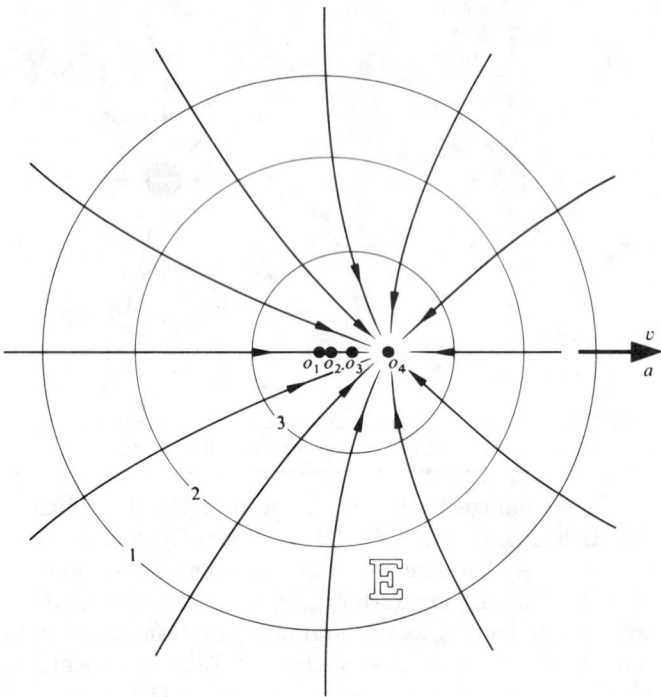

Abbildung 3.15 Elektrisches Feld eines gleichförmig beschleunigten Elektrons.

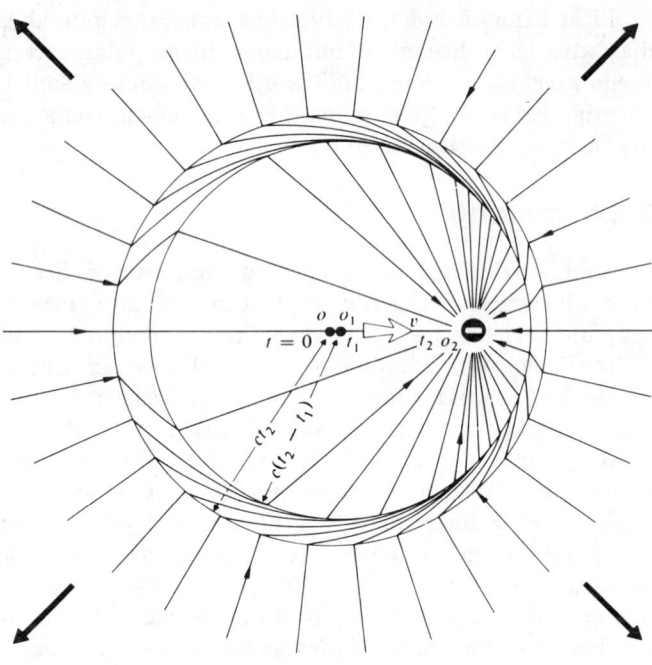

Abbildung 3.16 Eine Knickstelle in den E-Feldlinien.

3.15 die Feldlinien, die mit einem Elektron verknüpft sind, das gleichförmig nach rechts beschleunigt wird. Die Punkte O_1, O_2, O_3 und O_4 sind die Positionen des Elektrons nach gleichen Zeitintervallen. Die Feldlinien sind nun gekrümmt, und dies ist, wir wir sehen werden, ein Unterschied von größter Wichtigkeit. Einen weiteren Unterschied stellt die Abbildung 3.16 dar, die das Feld eines Elektrons zu einem beliebigen Zeitpunkt t_2 darstellt. Vor $t = 0$ ruhte das Teilchen ständig im Punkt O. Die Ladung wurde dann gleichförmig bis zur Zeit t_1 beschleunigt, erreichte eine Geschwindigkeit v, die danach konstant blieb. Wir können erwarten, daß die umliegenden Feldlinien auf irgendeine Weise die Informationen übertragen, daß sich das Elektron beschleunigt hat. Wir haben reichlichen Grund anzunehmen, daß sich diese "Information" mit der Geschwindigkeit c fortpflanzt. Ist zum Beispiel $t_2 = 10^{-8}$ s, so würde kein Punkt, der weiter als 3 m von Null liegt, bemerken, daß sich die Ladung gerade bewegt hat. Alle Linien wären in jenem Bereich genauso gleichmäßig, gerade und in O zentriert, als befände sich

die Ladung noch dort. Zur Zeit t_2 ist das Elektron im Punkt O_2, und es bewegt sich mit einer konstanten Geschwindigkeit v. In der Nähe von O_2 müssen die Feldlinien dann denen von Abbildung 3.14 (b) ähnlich sein. Der Gaußsche Satz fordert, daß die Linien außerhalb der Kugel mit dem Radius ct_2 zu jenen innerhalb der Kugel mit dem Radius $c(t_2 - t_1)$ in Verbindung stehen, da es keine Ladungen zwischen ihnen gibt.

Offensichtlich werden die Feldlinien während des Intervalls, in dem das Teilchen beschleunigt wird, verzerrt, und es erscheint eine Knickstelle. Die genaue Form der Linien innerhalb des Gebietes der Knickstelle ist hier von geringem Interesse. Wichtig ist, daß es nun eine *transversale Komponente* E_T des elektrischen Feldes gibt, die sich nach außen als ein Puls ausbreitet. In jedem Raumpunkt ist das transversale elektrische Feld eine Funktion der Zeit und wird deshalb von einem magnetischen Feld begleitet.

Die radiale Komponente des elektrischen Feldes nimmt mit $1/r^2$ ab, die transversale dagegen mit $1/r$. Bei großen Abständen von der Ladung ist das einzige bedeutsame Feld die E_T-Komponente des Pulses, die demgemäß das *Strahlungsfeld* genannt wird.[8] Man kann für eine positive Ladung, die sich langsam ($v \ll c$) bewegt, zeigen, daß das elektrische, beziehungsweise magnetische Strahlungsfeld proportional zu $r \times (r \times a)$ und $(a \times r)$ ist, wobei a die Beschleunigung ist. Für eine negative Ladung ist dies umgekehrt, wie man in Abbildung 3.17 sieht. Wir beachten, daß die Bestrahlungsstärke eine Funktion von θ ist, und daß $I(0°) = I(180°) = 0$ ist, während $I(90°) = I(270°)$ ein Maximum ist.

Die Energie, die von der Ladung in den umgebenden Raum ausgestrahlt wird, stammt vom Beschleuniger, der an der Ladung Arbeit verrichtet.

3.4.2 Synchrotronstrahlung

Ein freies geladenes Teilchen, das auf irgendeinem gekrümmten Weg läuft, bewegt sich beschleunigt und strahlt daher. Dieses Verhalten liefert einen starken Mechanismus für sowohl natürlich, als auch im Labor erzeugte Strahlungsenergie. Die *Synchrotronstrahlungsquelle*, eines der aufregendsten Forschungsgeräte, die in den Siebzigerjahren entwickelt worden sind, bewirkt genau dies. Schwärme von geladenen Teilchen (in der Regel Elektronen oder Positronen) treten mit einem angelegten magnetischen Feld in Wechselwirkung und werden auf eine große, im wesentlichen kreisförmige Bahn mit einer genau geregelten Geschwindigkeit gelenkt. Die Frequenz der Umläufe bestimmt die Frequenz der Emission (die auch höhere Oberschwingungen enthält); und jene Umlauffrequenz ist mehr oder weniger wie gewünscht kontinuierlich variabel.

Ein geladenes Teilchen, das sich langsam auf einer kreisförmigen Bahn bewegt, strahlt ein reifenförmiges Muster ab, das ähnlich dem der Abbildung 3.17 ist. Die Strahlungsverteilung ist wieder symmetrisch um den Vektor a, der nun die zentripetale Beschleunigung ist. Sie ist nach innen gerichtet und liegt auf dem Radius, der vom Mittelpunkt der kreisförmigen Umlaufbahn zur Ladung verläuft. Je höher die Geschwindigkeit, desto mehr "sieht" ein im Laborsystem ruhender Beobachter die nach rückwärts gerichtete Keule des Strahlungsbil-

---

8) Die Einzelheiten dieser Berechnung unter Verwendung von J.J. Thomsons Methode der Analyse der Knickstelle kann in J.R. Tessman und J.T. Finnell, Jr., "Electric Field of an Accelerating Charge", *Am. J. Phys.* **35**, 523 (1967) gefunden werden. — Es gibt auch von der Fa. Ealing schöne S8-Filme dazu; d.Ü.

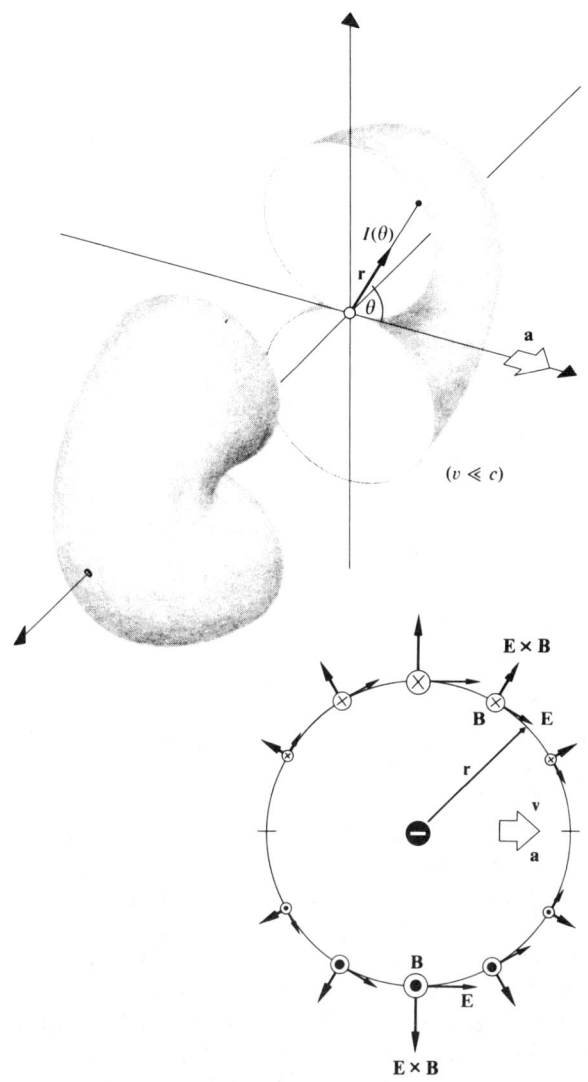

Abbildung 3.17 Das toroidale Strahlungsbild einer linear beschleunigten Ladung (aufgeschnitten, um den Querschnitt zu zeigen).

des zusammenschrumpfen, wohingegen die nach vorne gerichtete Keule in der Bewegungsrichtung länger wird. Bei Geschwindigkeiten, die sich c nähern, strahlt der Teilchenstrom (der gewöhnlich einen Durchmesser in der Größenordnung einer Stecknadel hat) im wesentlichen längs eines schmalen Kegels, der tangential zur Umlaufbahn in der momentanen Richtung von v zeigt (Abb.

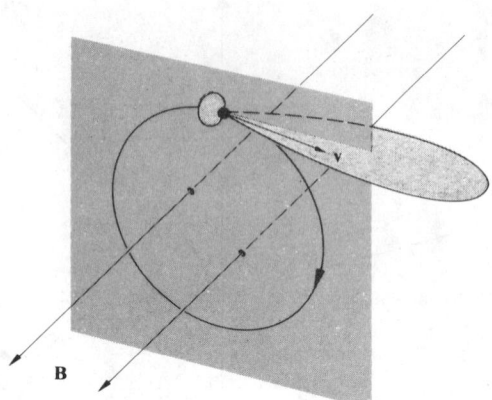

Abbildung 3.18 Strahlungsbild einer kreisenden Ladung.

3.18). Für $v \approx c$ wird die Strahlung sehr stark in der Bewegungsebene polarisiert.

Dieser "Suchscheinwerfer", der oft weniger als ein paar Millimeter im Durchmesser ist, fegt herum, während die Teilchenschwärme die Maschine umkreisen. Dies ist mit einem Scheinwerfer vergleichbar, der sich um einen Zug dreht. Mit jeder Umdrehung blitzt der Strahl für einen Augenblick ($< 1/2$ ns) durch eines der vielen Fenster des Gerätes. Die Folge ist eine äußerst intensive Quelle von schnell pulsierender Strahlung, die über einen sehr großen Frequenzbereich, vom Infraroten über Licht bis zur Röntgenstrahlung, regelbar ist. Um kreisende Elektronen von ihren kreisförmigen Umlaufbahnen ein- und abzulenken (to wiggle), benutzt man spezielle Magnete, mit denen man Ausbrüche von hochfrequenten Röntgenstrahlen beispielloser Intensität erzeugen kann. Diese Strahlenbündel, die einige hunderttausendmal stärker als eine Röntgenemission für eine Zahnaufnahme mit einem Bruchteil eines Watts sind, können leicht ein fingergroßes Loch durch eine 3 mm dicke Bleiplatte brennen.

Obwohl diese Technik bereits 1947 angewandt wurde, um Licht in einem Elektronensynchrotron zu erzeugen, dauerte es einige Jahrzehnte, bis man erkannte, daß der energieraubende Aufwand dafür selbst zu einem der wichtigsten Instrumente zur Erforschung werden könnte (Abb. 3.19).

Um festzustellen, ob es im Weltraum Gebiete mit starken Magnetfeldern gibt, kann man folgendes Experiment machen: Geladene Teilchen, die in diesen Fel-

Abbildung 3.19 Der erste Lichtstrahl von der National Synchrotron Light Source (1982), der aus ihrem Ultraviolettelektronenspeicherring kommt.

dern eingefangen sind, bewegen sich auf kreis- oder spiralförmigen Umlaufbahnen, und falls ihre Geschwindigkeit groß genug sind, emittieren sie Synchrotronstrahlung. Abbildung 3.20 zeigt fünf Photographien des extragalaktischen Krebs-Nebels.[9] Die von dem Nebel aus-

---

[9] Man nimmt an, daß der Krebs-Nebel aus expandierenden Resten besteht, die nach dem Untergangstod eines Sterns übrigblieben. Aus seiner Expansionsgeschwindigkeit berechneten Astronomen, daß die Explosion 1050 stattgefunden haben mußte. Dies wurde später bestätigt, als ein Studium von alten chinesischen Aufzeichnungen (die Chroniken des Peiping Observatoriums) die Erscheinung eines äußerst hellen Sterns enthüllten, der in demselben Bereich des Himmels im Jahre 1054 zu sehen war.

> Im ersten Jahr der Periode Chihha, der fünfte Mond, der Tag Chi-chou [d.h. 4.7. 1054], erschien ein großer Stern ... Nach mehr als einem Jahr wurde er allmählich unsichtbar.

Es gibt wenig Zweifel, daß der Krebs-Nebel ein Überrest jener Supernova ist. In der Mitte des Nebels beobachtet man sowohl mit Radioteleskopen wie auch mit optischen Teleskopen einen Stern, der 30 mal/s aufleuchtet und wieder verlischt. Solche Sterne nennt man Pulsare. Der erste wurde 1967 entdeckt; die früheste Hypothese brachte ihn mit intelligenten außerirdischen Wesen in Zusammenhang. Heute nimmt man an, daß sie schnell rotierende kleine Sterne sind. Mit dem Satz von der Erhaltung der Drehimpulse schließt man auf ihren Radius (etwa 20 km). Daraus folgt, daß die Dichte und damit die Schwerkraft dort so groß sein muß, daß die Atome zerquetscht und ihre Protonen in Neutronen umgewandelt werden (siehe z.B. Orear, *Physik*, Hansa Verlag, 1982, S. 688–696; d.Ü.).

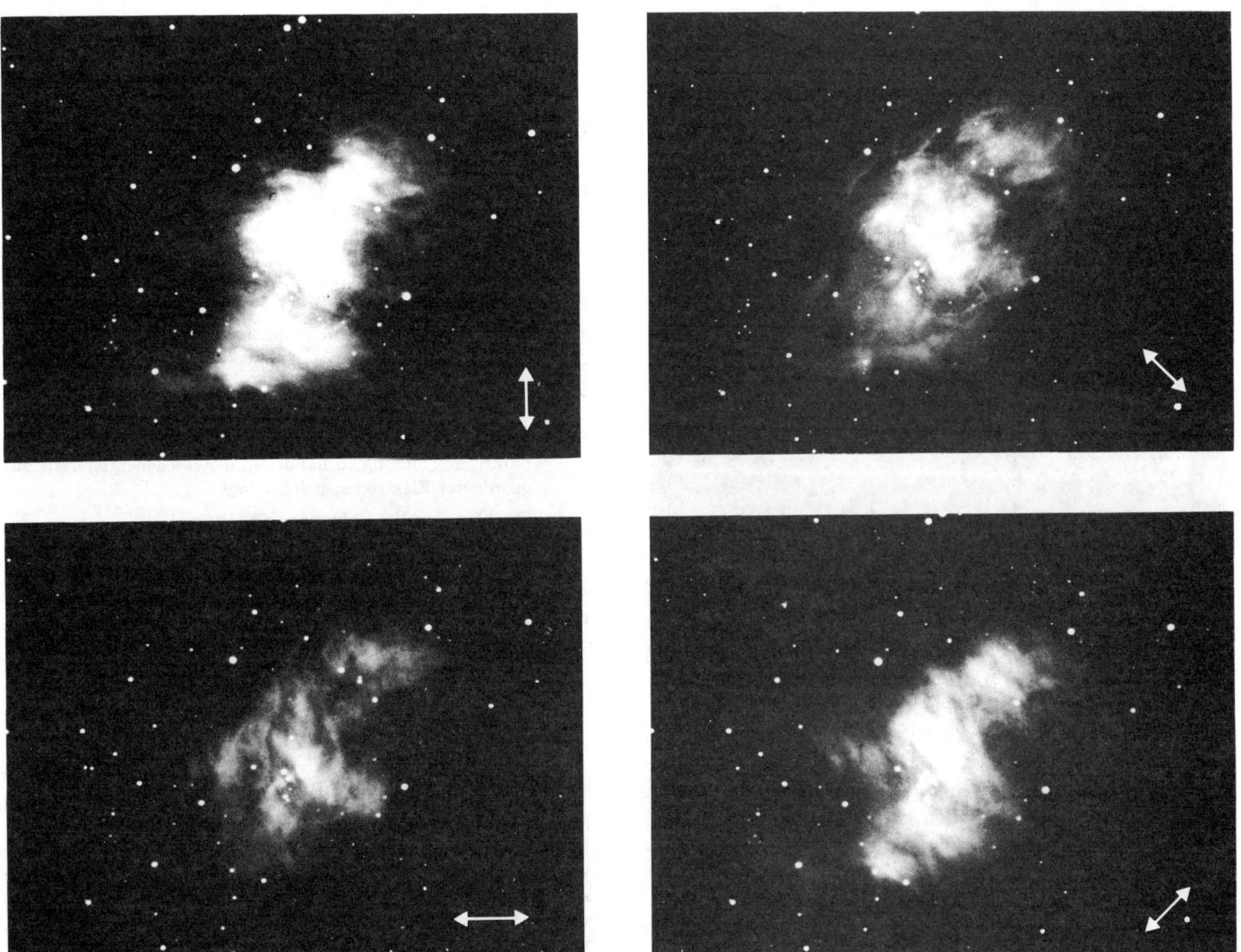

Abbildung 3.20 (a) Synchrotronstrahlung, die vom Krebs-Nebel herrührt. In diesen Photos wurde nur Licht aufgenommen, dessen *E*-Feldrichtung wie markiert ausgerichtet war. (Photos mit freundlicher Genehmigung von Mt. Wilson und Palomar Observatories.)

gehende Strahlung dehnt sich über den Bereich von Radiofrequenzen bis zum äußersten Ultraviolett aus. Wenn wir annehmen, daß die Quelle aus eingefangenen kreisenden Ladungen besteht, so können wir starke Polarisationseffekte erwarten. Diese sind am sichersten in den ersten vier Photographien deutlich, die durch ein Polarisationsfilter aufgenommen wurden. Die Richtung des elektrischen Feldvektors ist in jedem Bild markiert. Da in der Synchrotronstrahlung das emittierende *E*-Feld in der Kreisbahnebene polarisiert ist, können wir schließen, daß jedes Photo einer bestimmten gleichförmigen magnetischen Feldorientierung entspricht, die senkrecht zu den Kreisbahnen und zu *E* steht.

Man nimmt an, daß eine Mehrzahl der niederfre-

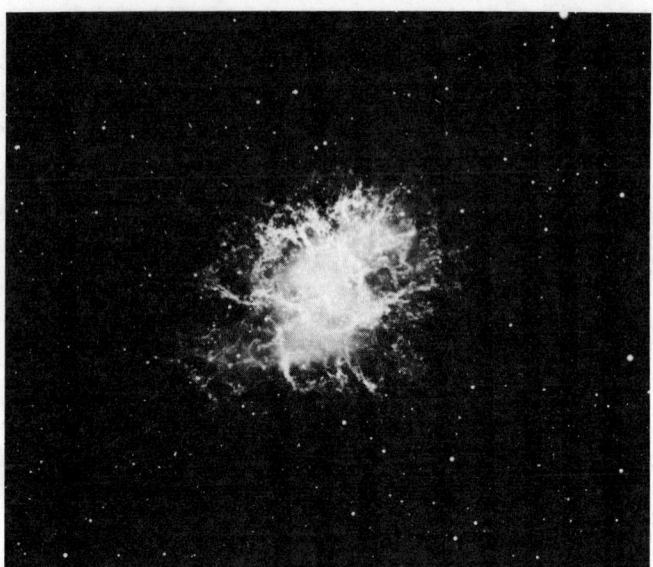

Abbildung 3.20 (b) Der Krebs-Nebel in unpolarisiertem Licht.

quenten Radiowellen, die die Erde aus dem Weltraum erreicht, ihren Ursprung in der Synchrotronstrahlung hat. 1960 benutzten Radioastronomen diese langwelligen Emissionen, um die neue Klasse von Objekten, die man Quasare nennt, zu identifizieren. 1955 wurden die Ausbrüche von polarisierten Radiowellen entdeckt, die von Jupiter ausgingen. Ihre Entstehung wird nun den sich spiralförmig bewegenden Elektronen zugeschrieben, die in Strahlungsgürteln eingefangen sind, die den Planeten umgeben.

3.4.3 Elektrische Dipolstrahlung

Vielleicht der einfachste Mechanismus, den man sich vorstellen kann, bei dem elektromagnetische Wellen entstehen, ist der oszillierende Dipol — zwei Ladungen, eine positiv und die andere negativ, die längs einer geraden Linie hin und her schwingen. Und doch ist diese Anordnung sicher die wichtigste von allen anderen.

Sowohl Licht als auch Ultraviolettstrahlung entstehen hauptsächlich aus der Neuanordnung der äußeren oder schwach gebundenen Elektronen in Atomen und Molekülen. Aus der quantenmechanischen Analyse folgt, daß das elektrische Dipolmoment des Atoms die Haupt-

a) Entstehung

1888 : H. Hertz: beschleunigte Ladungen strahlen elektromagnetische Wellen ab (Dipol).

1944 : Iwanenko/Pomerantschuk sagen eine "magnetische Bremsstrahlung" für Teilchenbeschleuniger voraus

1946 : Floyd Haber: Nachweis der SR am Synchrotron in Schenectady (USA)

b) Eigenschaften
- starke Bündelung, geringe Strahlendivergenzen (<1 mrad)
- periodische kurze Lichtpulse, d.h. breites Frequenzspektrum (IR) $\rightarrow$ sichtbar $\rightarrow$ UV $\rightarrow$ X)
- linear in der Bahnebene polarisiert
- intensiver als alle konventionellen Quellen
- sehr große Leuchtdichte (e^--Paket ∅$=0.1$ mm)

c) "konventionelle" Quellen
- parasitäre Nutzung vorhandener, der Hochenergiephysik zugeordneter Elektronenspeicherringe
- Strahlungsquelle: Bahnmagnete (Dipole)
- Fokussierung durch Quadrupol-, Sextupol-Magnete
- Nachbeschleunigung durch HF-Kavitäten

d) SR-Quelle der neuen Generation
- Wiggler: große Anzahl von gekrümmten Bahnabschnitten dicht hintereinander

  Intensitätsgewinn: Faktor n
- Undulator: Wiggler mit Interferenzverstärkung

  Intensitätsgewinn: Faktor n^2

Anwendung von Synchrotron-Röntgenstrahlung in der Strukturforschung. Synchrotronstrahlung ist die elektromagnetische Abstrahlung eines radial beschleunigten, sich auf relativistischer Geschwindigkeit befindlichen, geladenen Teilchens. Bei entsprechender Energie eines Teilchens umfaßt die Wellenlängenverteilung der "weißen" Synchrotronstrahlung auch Röntgenstrahlung im Energiebereich von 1–100 keV. Die Strukturforschung nutzt u.a. die folgenden Eigenschaften der Synchrotron-Röntgenstrahlung, die sie der Strahlung konventioneller Röntgenquellen überlegen macht: Hohe Intesität, starke Bündelung der Strahlung sowie ihre einzigartige Zeitstruktur bei der Verfolgung zeitlich schnell ablaufender Strukturänderungen, freie Wahl der Wellenlänge zur "Markierung" von Atomen in komplizierten Strukturen durch Resonanzstreuung.

Tabelle 3.1 Synchrotronstrahlung (SR)

quelle dieser Strahlung ist. Die Energieemissionsrate aus einem materiellen System, obschon ein quantenmechanischer Prozeß, kann man sich im Sinne des klassischen,

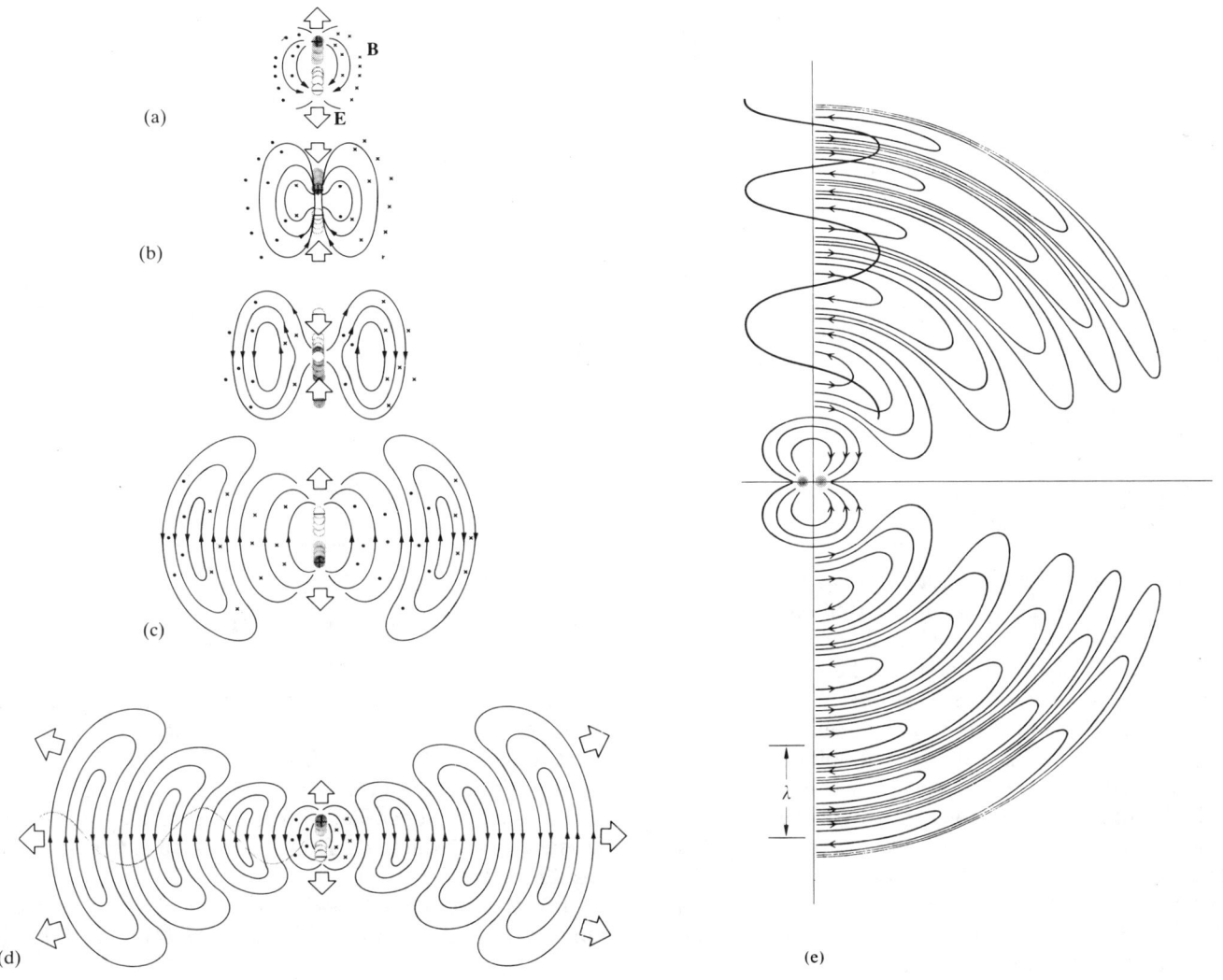

Abbildung 3.21 Das E-Feld eines oszillierenden elektrischen Dipols.

oszillierenden elektrischen Dipols vorstellen. Dieser Mechanismus ist deshalb von erheblicher Bedeutung für das Verständnis der Art und Weise, in der Atome, Moleküle und sogar Atomkerne elektromagnetische Wellen emittieren und absorbieren. Er wird von besonderem Interesse sein, wenn wir die Wechselwirkung von Licht mit Materie untersuchen.

Wir werden wieder einfach die Ergebnisse ausnutzen, die sich aus einer langen und ziemlich komplizierten Herleitung ergeben. Abbildung 3.21 veranschaulicht die elektrische Feldverteilung im Bereich eines elektrischen Dipols. In dieser vereinfachten Form schwingt eine negative Ladung linear in einfacher harmonischer Bewegung um eine gleichgroße, aber positive, ruhende Ladung. Ist die Kreisfrequenz der Schwingung ω, so hat das zeitabhängige Dipolmoment $p(t)$ die skalare Form

$$p = p_0 \cos \omega t. \tag{3.54}$$

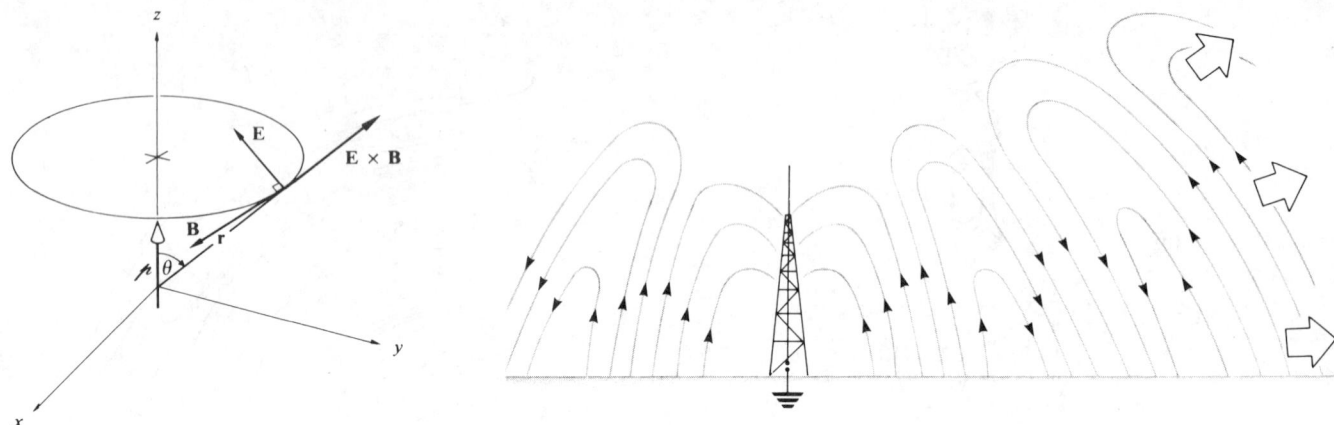

Abbildung 3.22 Feldorientierung für einen oszillierenden elektrischen Dipol.

Abbildung 3.23 Elektromagnetische Wellen, die von einem Sendemast ausgehen.

Wir sollten darauf hinweisen, daß $p(t)$ das Gesamtdipolmoment der oszillierenden Ladungsverteilung im atomaren Maßstab oder sogar einen oszillierenden Strom in einer linearen TV-Antenne darstellen könnte.

Bei $t = 0$ ist $p = p_0 = qd$, wobei d der anfängliche maximale Abstand zwischen den Zentren der zwei Ladungen ist (Abb. 3.21 (a)). Das Dipolmoment ist in Wirklichkeit ein Vektor in der Richtung von $-q$ nach $+q$. Die Abbildung zeigt eine Reihenfolge von Feldlinienbildern, in denen der Abstand der Ladungen und deshalb das Dipolmoment abnehmen, dann nach Null gehen und schließlich die Richtung umkehren. Wenn sich die Ladungen überdecken, muß $p = 0$ sein, und die Feldlinien müssen sich in sich selbst schließen.

Sehr nahe am Atom hat das E-Feld die Form eines statischen elektrischen Dipols. Ein wenig weiter außen, im Bereich, in dem sich die geschlossenen Schleifen bilden, gibt es keine bestimmte Wellenlänge. Die ausführliche Behandlung zeigt, daß sich das elektrische Feld aus fünf verschiedenen Termen zusammensetzt; die Dinge werden offensichtlich kompliziert. Weit entfernt vom Dipol, im Bereich, den man die *Wellen- oder Fernzone* nennt, nimmt das Feld eine besonders einfache Form an. Bis dahin hat sich eine feste Wellenlänge gebildet; E und B sind transversal, stehen aufeinander senkrecht

und sind phasengleich. Es gilt

$$E = \frac{p_0 k^2 \sin\theta}{4\pi\epsilon_0} \frac{\cos(kr - \omega t)}{r} \qquad (3.55)$$

und $B = E/c$, wobei die Felder wie in Abbildung 3.22 orientiert sind. Der Poyntingsche Vektor $\boldsymbol{S} = \boldsymbol{E} \times \boldsymbol{B}/\mu_0$ zeigt immer radial nach außen in die Fernzone. Dort sind die $\boldsymbol{B}$-Feldlinien Kreise, die konzentrisch um die Dipolachse in einer Ebene liegen, die senkrecht zu ihr steht. Dies ist verständlich, da $\boldsymbol{B}$ aus dem zeitlich variierenden Oszillatorstrom entsteht.

Die Bestrahlungsstärke (radial von der Quelle nach außen gestrahlt) folgt aus Gleichung (3.44) und ist durch

$$I(\theta) = \frac{p_0^2 \omega^4}{32\pi^2 c^3 \epsilon_0} \frac{\sin^2\theta}{r^2} \qquad (3.56)$$

gegeben; wieder ein quadratisches Entfernungsgesetz. Die Winkelverteilung der Flußdichte ist toroidal (Abb. 3.17). Die Beschleunigungsachse ist die Symmetrieachse des Strahlungsbildes. Man beachte die Abhängigkeit der Bestrahlungsstärke von ω^4 — je höher die Frequenz, desto stärker die Strahlung; jene Eigenschaft ist für die Betrachtung der Streuung wichtig.

Es ist nicht schwierig, einen Wechselstromgenerator zwischen zwei leitenden Stangen anzubringen und dadurch freie Elektronen in jener "Sendeantenne" hin- und herschwingen zu lassen. Die Abbildung 3.23 zeigt die Verwirklichung der Anordnung — ein recht durchschnittlicher AM-Radiosendemast. Eine Antenne dieser Art arbeitet am leistungsfähigsten, wenn ihre Länge der transmittierten Wellenlänge oder, zweckmäßiger, $1/2\lambda$ entspricht. Die Welle, die abgestrahlt wird, entsteht dann am Dipol synchron mit dem oszillierenden Strom, der sie erzeugt. AM-Radiowellen sind leider mehrere hundert Meter lang. Folglich hat die in der Abbildung gezeigte Antenne die Hälfte des $1/2\lambda$-Dipols in der Erde untergebracht. Das spart zumindest an der Höhe und läßt es zu, daß man den Mast nur $1/4\lambda$ groß bauen muß. Überdies erzeugt diese Ausnutzung der Erde eine sogenannte *Bodenwelle*, die sich nahe an der Oberfläche des Planeten fortpflanzt, wo sich die meisten Menschen mit ihren Rundfunkgeräten aufhalten. Ein Rundfunksender hat im allgemeinen einen Empfangsbereich, der sich etwa zwischen 40 und 150 km bewegt.

3.4.4 Atome und Licht

Die gebundene Ladung, d.h. die Elektronen, die innerhalb der Atome fest angebunden sind, ist für den bedeutendsten Mechanismus der natürlichen Emission und Absorption von Strahlungsenergie — besonders von Licht — verantwortlich. Diese winzigen negativen Teilchen, die den massiven positiven Kern aller Atome umgeben, stellen eine Art ferner, schwach geladener "Wolke" dar. (Mit "Wolke" beschreibt man eine stehende Schrödingerwelle, deren Vibration nach der Quantenmechanik in der Wahrscheinlichkeitsinterpretation verschwindet; d.Ü.). Viel von dem chemischen und optischen Verhalten der Materie ist durch ihre äußeren Elektronen oder Valenzelektronen bestimmt. Der Rest der "Wolke" besteht normalerweise aus "geschlossenen", im wesentlichen nicht reagierenden Schalen, die den Kern umgeben, und fest an ihm gebunden sind. Diese abgeschlossenen oder gefüllten Schalen sind aus bestimmten Anzahlen von Elektronenpaaren zusammengesetzt. Obwohl man nicht genau weiß, was im Atom geschieht, wenn es strahlt, wissen wir mit einiger Sicherheit, daß Licht bei der Neuordnung der äußeren Ladungsverteilung der Elektronenwolke emmitiert wird. Dieser Mechanismus ist schließlich die Quelle des Lichts in der Welt.

Gewöhnlich sind die Elektronen eines Atoms in einer stabilen Konfiguration angeordnet, die ihrer kleinsten Energieverteilung oder ihrem kleinsten *Energiniveau* entspricht. Jedes Elektron befindet sich in dem für ihn kleinstmöglichen Energiezustand, und das Atom als Ganzes ist in seinem sogenannten **Grundzustand** angeordnet. In diesem Zustand wird es wahrscheinlich immer bleiben, falls es ungestört bleibt. Durch Stöße mit Atomen, Elektronen und Photonen kann man das Atom in einen anderen Energiezustand bringen. Nach der Quantenmechanik kann ein Atom mit seinen Elektronen nur in ganz bestimmten Konfigurationen existieren, die nur ganz bestimmten Energiewerten entsprechen. Außer dem Grundzustand gibt es höhere Energieniveaus, die sogenannten *angeregten Zustände*, wobei jeder mit einer bestimmten Wolkenkonfiguration und einer bestimmten streng definierten Energie verknüpft ist. Belegen eines oder mehrere Elektronen ein Niveau, das höher als sein Grundzustandsniveau ist, so bezeichnet man das Atom als angeregt — ein Zustand, der inhärent unstabil und temporär ist.

Bei niedrigen Temperaturen tendieren die Atome dazu, ihre Grundzustände einzunehmen; bei zunehmend höheren Temperaturen werden durch atomare Zusammenstöße immer mehr Atome angeregt. Dieser Mechanismus deutet auf eine Klasse relativ schwacher Anregungen hin — Glimmentladungen, Flammen, Funken usw. — bei denen nur den äußeren einzelnen Valenzelektronen Energie verliehen wird. Wir beschäftigen uns zuerst mit diesen äußeren Elektronenübergängen, die die Emission von Licht und dem nahegelegenen Infrarot und Ultraviolett verursachen.

Wird einem Atom (bzw. dem Valenzelektron) genügend Energie zugeführt, so kann das Atom, ganz gleich was die Ursache dafür ist, dadurch reagieren, daß es plötzlich von einem niedrigeren zu einem höheren Niveau aufsteigt. Das Elektron macht gewöhnlich einen sehr schnellen Übergang, einen *Quantensprung*, von seiner Bahnkonfiguration im Grundzustand zu einem ganz bestimmten angeregten Zustand, zu einer Quantensprosse seiner Energieleiter. In der Regel ist der Energiebetrag, der in dem Prozeß aufgenommen wird, gleich der Differenz der Energie zwischen dem Anfangs- und Endzustand. Da jener Betrag genau festgelegt und definiert ist, ist der Energiebetrag, der von einem Atom absorbiert werden kann, gequantelt (d.h auf genau festgelegte Beträge begrenzt). Dieser atomare Anregungszustand ist ein kurzlebiges Resonanzphänomen. Gewöhnlich fällt das angeregte Atom nach etwa 10^{-8} oder 10^{-9} s spontan auf einen niedrigeren Zustand zurück, der meistens der Grundzustand ist und verliert dabei die Anregungsenergie. Diese Energieumordnung kann durch die Emission von Licht oder (besonders in dichten Stoffen) durch Umwandlung zu thermischer Energie infolge zwischenatomarer Zusammenstöße innerhalb des Mediums erfolgen.

Ist der atomare Übergang von der Lichtemission begleitet (wie in dünnen Gassen; siehe Abschnitt 13.7), so ist die Energie des Photons der gequantelten Energieabnahme des Atoms genau gleich. Das entspricht nach $\Delta \mathcal{E} = h\nu$ einer ganz bestimmten Frequenz, die sowohl mit dem Photon als auch mit dem atomaren Übergang zwischen den zwei speziellen Zuständen verknüpft ist. Diese Frequenz nennt man eine *Resonanzfrequenz*, die eine von vielen ist (wobei jede ihre eigene Auftrittswahrscheinlichkeit hat), bei der das Atom Energie absorbiert und emittiert. Das Atom strahlt ein Energiequant aus, das spontan durch das sich verschiebende Elektron erzeugt wird.

Obwohl das Geschehen während jenes Intervalls von 10^{-8} s noch nicht völlig verstanden ist, kann es hilfreich sein, sich das Elektron in seinem Orbital so vorzustellen, daß es irgendwie seinen Energieübergang nach unten über eine allmählich gedämpfte Schwingungsbewegung bei der bestimmten Resonanzfrequenz macht. Man darf sich dann das ausgestrahlte Licht halbklassisch so vorstellen, daß es in einem kurzen, schwingenden Puls oder Wellenzug emittiert wird, der kürzer als etwa 10^{-8} s dauert — ein Bild, das mit experimenteller Beobachtung übereinstimmt (siehe Abschnitt 7.10, Abb. 7.19). Es ist vorteilhaft, wenn man sich diesen elektromagnetischen Puls mit dem Photon unlösbar verbunden vorstellt. In gewisser Hinsicht ist der Puls eine halbklassische Darstellung der sich manifestierenden Wellennatur des Photons. Die zwei sind aber *nicht* in jeder Hinsicht äquivalent: der elektromagnetische Wellenzug ist eine klassische Erfindung, die man verwenden kann, um die Ausbreitung und räumliche Verteilung von Licht sehr gut beschreiben zu können. Doch ist seine Energie nicht gequantelt und nicht lokalisiert, was ein wesentliches Charakteristikum des Photons ist (siehe Kapitel 13). Wenn wir also von Photonenwellenzügen sprechen, so müssen wir daran denken, daß mehr zu dem Begriff gehört als nur ein klassischer oszillierender Puls einer elektromagnetischen Welle.

Das Emissionsspektrum von einzelnen Atomen oder Niederdruckgasen, deren Atome nicht nennenswert miteinander wechselwirken, besteht aus scharfen "Linien", d.h. ziemlich genau definierten Frequenzen, die für die Atome charakteristisch sind. Es gibt immer eine Frequenzverbreiterung (siehe Abschnitt 7.10) jener Strahlung infolge atomarer Bewegung, Zusammenstöße usw., und so ist sie nie genau monochromatisch (d.h. sie besteht nicht aus nur einer einzelnen Farbe oder Frequenz). Im allgemeinen ist jedoch der atomare Übergang von einem Niveau zum anderen durch die Emission eines genau definierten schmalen Bereichs von Frequenzen charakterisiert. Andererseits verbreitern sich die Spektren von Festkörpern und Flüssigkeiten, in denen nun die Atome miteinander wechselwirken, zu breiten Frequenzbanden. Bringt man zwei Atome nahe aneinander, so hat man als Folge eine leichte Verschiebung ihrer jeweiligen Energieniveaus, da die Atome aufeinander einwirken. Die vielen miteinander wechselwirkenden Atome in einem Festkörper erzeugen eine gewaltige Anzahl solcher verschobener Energieniveaus, die jedes ihrer ursprünglichen Niveaus ausdehnen und sie zu kontinuierlichen Banden verschmieren. Stoffe dieser Art emittieren und absorbieren über breite Frequenzbereiche. Licht, das von einer großen Anzahl von willkürlich orientierten, unabhängigen Atomen emittiert wird, besteht aus Wellenzügen, die in alle Richtungen gehen. Keiner von ihnen hat eine bestimmte, gleichbleibende Phasenbeziehung oder eine gemeinsame Polarisation mit irgendeinem anderen Wellenzug. Dies unterscheidet sich auffällig von den kontinuierlichen, polarisierten, ausgedehnten Wellenzügen, die durch umgedämpfte Stromschwingungen in einer Sendeantenne erzeugt werden (Abb. 3.23). Sogar in diesem Fall hat man jedoch keine wirklich monochromatische Strahlung. Die einfachen harmonischen Funktionen, die nur eine Frequenz enthalten, sind Idealisierungen, manchmal vernünftige, gleichwohl Idealisierungen. Vor dem Einschalten eines sogar fehlerlosen Generators war die Strahlung selbstverständlich Null. Doch eine harmonische Funktion hat keine derartigen Begrenzungen für ihre Zeitabhängigkeit und kann allein nicht eine derartige Welle darstellen. War der Generator für eine genügend lange Zeit im Betrieb, so ist die Welle, die er emittiert, bestenfalls fast monochromatisch oder **quasimonochromatisch**. Für viele Anwendungen kann Laserlicht oder Licht, das durch ein Schmalbandfilter geleitet wurde, angemessen durch eine einzelne harmonische Funktion dargestellt werden. Da es trotzdem nicht möglich ist, monochromatische Strahlung zu erzeugen, kann der Ausdruck nur vage benutzt werden; diesen Punkt muß man sich merken.

3.5 Licht in der Materie

Die Reaktion der Dielektrika oder der nichtleitenden Stoffe auf elektromagnetische Felder ist für uns in der Optik von besonderem Interesse. Wir werden uns natürlich mit durchsichtigen, dielektrischen Medien in der Form von Linsen, Prismen, Platten, Schichten usw. und selbstverständlich mit dem umgebenden Meer von Luft beschäftigen.

Das Hereinführen eines homogenen, isotropen Dielektrikums in einen Bereich des freien Raums ändert in den Maxwellschen Gleichungen ϵ_0 zu ϵ und μ_0 zu μ. Die Phasengeschwindigkeit wird nun im Medium zu

$$v = 1/\sqrt{\epsilon\mu}. \qquad (3.57)$$

Das Zahlenverhältnis der elektromagnetischen Wellengeschwindigkeit im Vakuum zu der in Materie nennt man den **absoluten Brechungsindex** n. Er ist durch

$$n \equiv \frac{c}{v} = \sqrt{\frac{\epsilon\mu}{\epsilon_0\mu_0}} \qquad (3.58)$$

gegeben. In Abhängigkeit von der Dielektrizitätskonstante und der Permeabilität des Mediums wird n zu

$$n = \sqrt{K_e K_m}. \qquad (3.59)$$

Die große Mehrzahl der Substanzen, mit Ausnahme der ferromagnetischen Stoffe, sind nur schwach magnetisch; keine ist wirklich unmagnetisch. Trotzdem weicht K_m im allgemeinen nicht von 1 durch mehr als einige wenige 10^{-4} ab (z.B. ist für Diamant $K_m = 1 - 2.2 \times 10^{-5}$). Setzt man $K_m = 1$ in die Formel für n ein, so ergibt sich ein Ausdruck, den man die *Maxwellsche Relation* nennt, nämlich

$$n = \sqrt{K_e}, \qquad (3.60)$$

in der K_e als die *statische Dielektrizitätskonstante* festgelegt wird. Wie in Tabelle 3.2 gezeigt, scheint diese Beziehung nur für einige einfache Gase richtig zu funktionieren. Die Schwierigkeit entsteht, weil K_e und deshalb n in Wirklichkeit *frequenzabhängig* sind. Die n-Abhängigkeit

Gase bei 0° und 1 atm		
Substanz	$\sqrt{K_e}$	n
Luft	1.000294	1.000293
Helium	1.000034	1.000036
Wasserstoff	1.000131	1.000132
Kohlendioxyd	1.00049	1.00045
Flüssigkeiten bei 20°		
Substanz	$\sqrt{K_e}$	n
Benzol	1.51	1.501
Wasser	8.96	1.333
Äthylalkohol	5.08	1.361
Tetrachlorkohlenstoff	4.63	1.461
Schwefelkohlenstoff	5.04	1.628
Festkörper bei Raumtemperatur		
Substanz	$\sqrt{K_e}$	n
Diamant	4.06	2.419
Bernstein	1.6	1.55
Quarzglas	1.94	1.458
Natriumchlorid	2.37	1.50

Die Werte von K_e entsprechen den niedrigsten möglichen Frequenzen, die manchmal nur 60 Hz sind, wohingegen n bei ungefähr 0.5×10^{15} Hz gemessen wurde. Natrium D-Licht wurde verwendet ($\lambda = 589.29$ nm).

Tabelle 3.2 Maxwellsche Relation.

von der Wellenlänge (oder Farbe) des Lichts ist ein wohlbekannter Effekt, den man *Dispersion* nennt. Tatsächlich benutzte schon Sir Isaac Newton vor über dreihundert Jahren Prismen, um weißes Licht in seine Grundfarben zu zerlegen.

Es gibt zwei zusammenhängende Fragen, die an dieser Stelle entstehen: (1) Welche physikalische Ursache hat die Frequenzabhängigkeit von n? und (2) Durch welchen Mechanismus weicht die Phasengeschwindigkeit im Medium von c ab? Die Antworten auf diese beiden Fragen kann man durch Untersuchung der Wechselwirkung einer einfallenden elektromagnetischen Welle mit der Atomanordnung finden, die ein Dielektrikum bildet. Ein Atom kann auf ankommendes Licht auf zwei verschiedene Arten reagieren, die von der einfallenden Frequenz bzw. äquivalent von der ankommenden Photonenenergie ($\mathcal{E} = h\nu$) abhängen. Im allgemeinen wird das Atom das Licht "streuen", es in eine neue Richtung lenken ohne es in anderer Hinsicht zu ändern. Stimmt andererseits die Energie des Photons mit einem angeregten Zustand überein, so wird das Atom das Licht "absorbieren" und einen Quantensprung zu jenem höheren Energieniveau machen. Ist der Abstand zwischen den Atomen wie bei gewöhnlichen Gasen (bei Drücken von etwa 10^2 Pa und darüber), Festkörpern und Flüssigkeiten klein, so ist es sehr wahrscheinlich, daß diese Anregungsenergie durch Zusammenstöße in willkürliche atomare Bewegungswärmeenergie schnell übertragen wird, bevor ein Photon emittiert werden kann. Dieser häufig vorkommende Prozeß (die Aufnahme eines Photons und seine Umwandlung in thermische Energie) bezeichnete man früher als "Absorption", doch heute bezeichnet der Ausdruck meistens nur den Aufnahmeprozeß unabhängig davon, was anschließend mit der Energie geschieht. Folglich wird der Prozeß nun besser als *dissipierende Absorption* beschrieben.

Im Gegensatz zu diesem Anregungsprozeß tritt die *Grundzustands-* oder **Nichtresonanzstreuung** auf, wenn Strahlungsenergie anderer Frequenzen ankommt — d.h. anderer als die Resonanzfrequenzen (siehe Abschnitt 13.7). Wir stellen uns ein Atom in seinem niedrigsten Zustand vor und nehmen an, daß es mit einem Photon in Wechselwirkung tritt, dessen Energie zu gering ist, um einen Übergang zu irgendeinem höheren, angeregten Zustand hervorzurufen. Ungeachtet dessen darf man annehmen, daß das elektromagnetische Feld des Lichtes die Elektronenwolke in Schwingung versetzt. Es erfolgt kein Atomübergang; das Atom bleibt in seinem Grundzustand, während die Wolke ein ganz klein wenig mit der Frequenz des einfallenden Lichts schwingt. Wenn die Elektronenwolke erst einmal in Bezug auf den positiven Kern zu schwingen beginnt, stellt das System einen oszillierenden Dipol dar und wird mit jener Frequenz sofort strahlen. Das sich ergebende Streulicht besteht aus einem Photon, das in irgendeine Richtung davonfliegt und denselben Energiebetrag wie das einfallende Photon mit sich führt — der Streuvorgang ist elastisch. In Wirklichkeit nehmen wir an, daß das Atom einem kleinen Dipoloszillator ähnelt, ein Modell, das von Hendrik Antoon Lorentz (1878) mit beachtlichem Erfolg verwendet wurde.

Befindet sich ein Atom in einer aktiven Umgebung, so wiederholt sich der Prozeß der Anregung und spontanen Emission sehr schnell. Mit einer Emissionsdauer von etwa 10^{-8} s könnte ein Atom spontan über 10^8 Photonen pro Sekunde emittieren, wenn genügend Energie vorhanden wäre, um es immer wieder erneut anzuregen. Atome tendieren sehr stark dazu, mit Resonanzlicht in Wechselwirkung zu treten (sie haben einen großen *Absorptionsquerschnitt*). Dies bedeutet, daß die Sättigungsbedingung für ein Niederdruckgas, bei der die Atome dauernd emittieren und wiederangeregt werden, bei kleinen Bestrahlungsstärkenwerten ($\approx 10^2$ W/m^2) auftritt. Daher ist es nicht schwierig, Atome zu finden, die Photonen mit einer Rate von 100 Millionen pro Sekunde herausfeuern.

Im allgemeinen dürfen wir uns das Verhalten jedes Atoms in einem Medium, das mit einem gewöhnlichen Lichtstrahl beleuchtet wird, so vorstellen, als wäre es eine "Quelle" einer gewaltigen Anzahl von Photonen (die entweder elastisch oder aufgrund der Resonanz gestreut werden), die in allen Richtungen wegfliegen. Ein Energiestrom dieser Art ähnelt einer klassischen Kugelwelle. Wir stellen uns daher (obwohl es stark vereinfachend ist) ein Atom als eine Punktquelle sphärischer elektromagnetischer Wellenzüge vor — sofern wir Einsteins Mahnung beachten, daß "die herausgehende Strahlung nicht in der Form von Kugelwellen existiert."

Durchflutet man einen Stoff mit Licht, der im Sichtbaren keine Resonanz zeigt, so entsteht keine Resonanzstreuung, und jedes beteiligte Atom wird zu einer winzigen Quelle kugelförmiger Elementarwellen. Als Regel gilt: Je näher die Frequenz des einfallenden Strahls an der atomaren Resonanz liegt, desto stärker ist die Wechselwirkung und desto mehr Energie wird in dichten Stoffen dissipierend absorbiert. Genau dieser Mechanismus der selektiven Absorption (siehe Abschnitt 4.4) läßt uns viele Dinge sichtbar erscheinen. Er ist hauptsächlich für die Farbe unserer Haare, Haut und Kleidung, für die Farbe der Blätter und Äpfel und des Farblacks verantwortlich.

3.5.1 Die Dispersion

Die Maxwellsche Theorie betrachtet die Materie als kontinuierlich und stellt die elektrische und magnetische Reaktion auf angelegte *E*- und *B*-Felder in Abhängigkeit der Konstanten ϵ und μ dar. Folglich sind K_e und K_m auch konstant und n ist deshalb im Gegensatz zur Wirklichkeit frequenzabhängig. Will man die Dispersion, die bekannte Frequenzabhängigkeit des Brechungsindex, theoretisch behandeln, so muß man die atomare Natur der Materie mit einbeziehen und einige frequenzabhängige Aspekte jener Natur verwerten. Nach H.A. Lorentz können wir dann die Beiträge großer Zahlen von Atomen mitteln, um das Verhalten eines isotropen Dielektrikums darzustellen.

Wenn ein dielektrisches Medium einem angelegten elektrischen Feld ausgesetzt ist, deformiert sich die innere Ladungsverteilung unter dessen Einfluß. Dies entspricht der Erzeugung elektrischer Dipolmomente, die ihrerseits zu dem gesamten inneren Feld Beiträge leisten. Einfacher ausgedrückt, das äußere Feld trennt die positiven und negativen Ladungen im Medium (von denen jedes Paar ein Dipol ist), und diese fügen eine zusätzliche Feldkomponente hinzu. Das resultierende Dipolmoment pro Volumeneinheit wird die *elektrische Polarisation* P genannt. Für die meisten Stoffe sind P und E proportional und können zufriedenstellend durch

$$(\epsilon - \epsilon_0)E = P \quad (3.61)$$

verknüpft werden. Die Neuverteilung der Ladung und die sich ergebende Polarisation können über den folgenden Mechanismus auftreten. Es gibt Moleküle, die ein permanentes Dipolmoment als Folge ungleich verteilter, gemeinsamer Valenzelektronen haben. Diese nennt man *polare Moleküle*, von denen das Wassermolekül ein typisches Beispiel ist (Abb. 3.24). Jede Wasserstoff-Sauerstoff-Verbindung ist polarkovalent, bei der das H-Ende positiv bezüglich des O-Endes ist. Die Wärmebewegung hält die Moleküldipole willkürlich ausgerichtet. Mit der Einführung eines elektrischen Feldes richten sich die Dipole aus, und das Dielektrikum erhält eine *ausgerichtete Polarisation*. Im Falle *nichtpolarer Moleküle und Atome* deformiert das angelegte Feld die Elektronenwolke, verschiebt sie relativ zum Kern und erzeugt dadurch ein Dipolmoment. Außer dieser *Elektronenpolarisation* gibt es einen anderen Prozeß, der speziell für Moleküle, wie z.B. dem Ionenkristall NaCl, zutrifft. Bei Anwesenheit eines elektrischen Feldes werden die positiven und negativen Ionen gegenseitig verschoben. Es werden daher Dipolmomente induziert, die zur *Ionen- oder Atompolarisation* führen.

Fällt eine harmonische elektromagnetische Welle auf ein Dielektrikum, so wirken zeitlich variierende Kräfte und/oder Drehmomente auf seine Ladungsstruktur. Sie sind proportional zu der elektrischen Feldkomponente

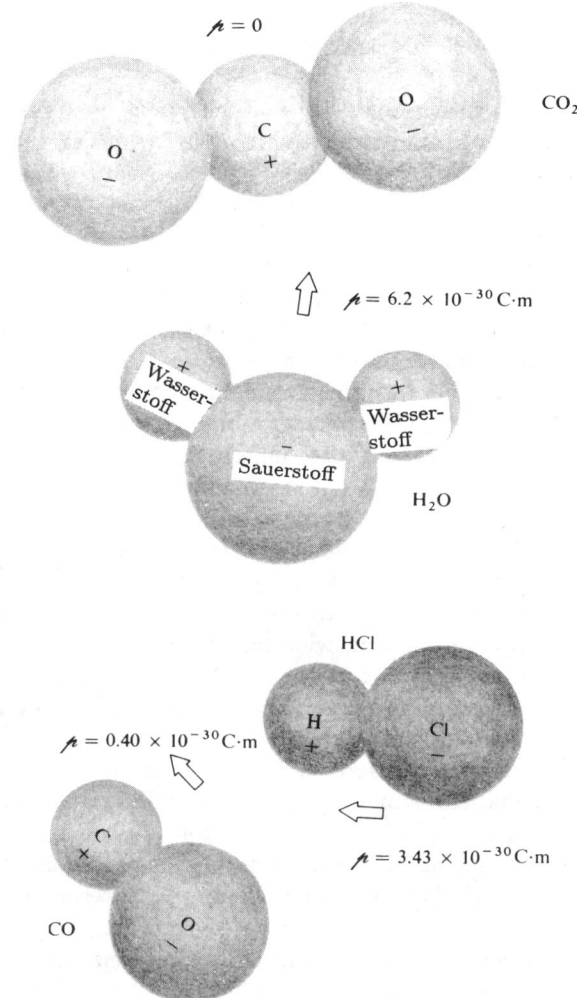

Abbildung 3.24 Verschiedene Moleküle und deren Dipolmomente.

der Welle.[10] In polaren dielektrischen Medien machen die Moleküle schnelle Rotationen und richten sich dabei nach dem $E(t)$-Feld aus. Aber diese Moleküle sind relativ groß und haben beträchtlich große Trägheitsmomente. Bei hohen Antriebsfrequenzen ω können die Polarmoleküle den Feldänderungen nicht folgen. Ihre Beiträge

---

10) Kräfte, die von der magnetischen Komponente des Feldes herrühren, haben die Form $F_M = qv \times B$ im Vergleich zu $F_E = qE$ für die elektrische Komponente; wenn $v \ll c$, folgt aus Gleichung (3.30), daß F_M im allgemeinen vernachlässigbar ist.

für P nehmen ab, und K_e wird merklich kleiner. Die Dielektrizitätskonstante des Wassers ist etwa im Bereich von 80 bis 10^{10} Hz ziemlich konstant, fällt aber danach sehr schnell ab.

Im Gegensatz dazu haben Elektronen eine geringe Trägheit und können weiterhin dem Feld folgen, das zu $K_e(\omega)$ sogar bei optischen Frequenzen (von ungefähr 5×10^{14} Hz) einen Beitrag liefert. Daher ist die n-Abhängigkeit von ω durch das Wechselspiel der verschiedenen elektrischen Polarisationsmechanismen bestimmt, die bei bestimmten Frequenzen einen Beitrag liefern.

Die Elektronenwolke des Atoms ist durch eine elektrische Anziehungskraft an den positiven Kern gebunden. Diese Kraft hält die Elektronen in einer Art Gleichgewichtsanordnung. Wir können ohne weitere Kenntnisse über die Einzelheiten aller inneratomaren Wechselwirkungen erwarten, daß wie in anderen stabilen, mechanischen Systemen, die nicht durch kleine Störungen total zerstört werden, eine Kraft F existieren muß, die das System wieder ins Gleichgewicht bringt. Überdies können wir erwarten, daß für sehr kleine Verschiebungen x aus dem Gleichgewichtszustand (in dem $F = 0$) die Kraft bezüglich x linear ist. Mit anderen Worten, die Kurve des Diagramms $F(x)$ gegen x schneidet die x-Achse im Gleichgewichtspunkt ($x = 0$) und ist auf beiden Seiten fast eine Gerade. So kann man für kleine Verschiebungen annehmen, daß die Rückstellkraft die Form $F = -kx$ hat. Nachdem ein Elektron, das derartig gebunden ist, irgendwie aus der Ruhestellung gebracht worden ist, schwingt es mit einer *Eigen-* oder **Resonanzfrequenz**, die durch $\omega_0 = \sqrt{k/m_e}$ gegeben ist, wobei m_e seine Masse ist. Dies ist die Oszillatorfrequenz des *nichtangetriebenen* Systems.

Ein materielles Medium stellt man sich als eine Ansammlung von sehr vielen polarisierbaren Atomen im Vakuum vor, von denen jedes Atom (im Vergleich zur Wellenlänge des Lichts) klein ist und sich nahe bei seinen Nachbarn befindet. Trifft eine Lichtwelle auf ein derartiges Medium, so darf man sich jedes Atom als einen klassischen, *angetriebenen* Oszillator vorstellen, der von dem zeitlich variierenden elektrischen Feld $E(t)$ der Welle angetrieben wird, das wir hier längs der x-Achse angelegt voraussetzen. Die Abbildung 3.25 (b) ist eine mechanische Darstellung von genau so einem Oszillator, der sich in einem isotropen Medium befindet, wobei die negativ geladene Schale an einem ruhenden positiven Kern durch

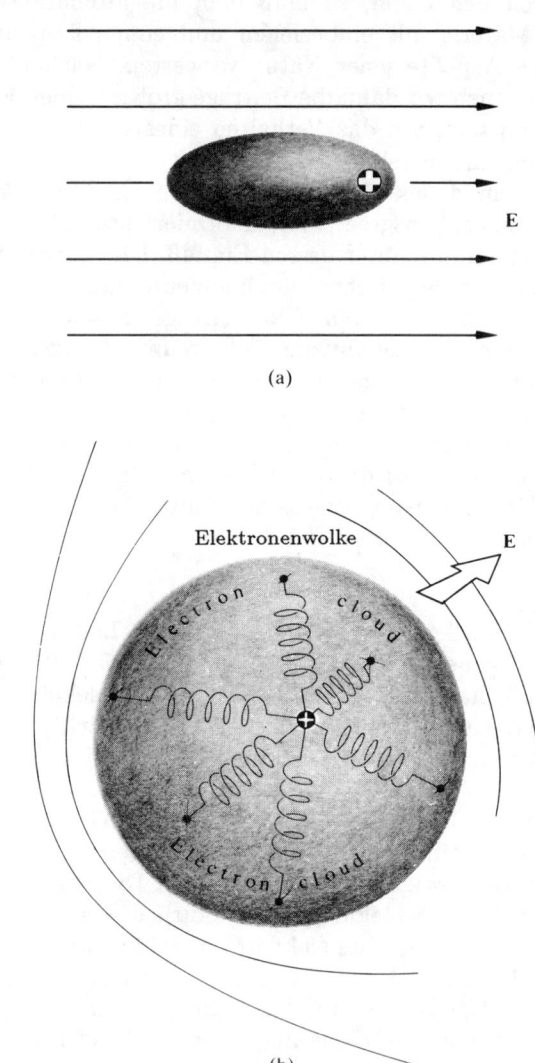

Abbildung 3.25 (a) Deformation einer Elektronenwolke als Reaktion auf ein angelegtes E-Feld. (b) Das mechanische Oszillatormodell für ein isotropes Medium — die Federn sind alle gleich, und der Oszillator kann in allen Richtungen gleich schwingen.

gleiche Federn befestigt ist. Die Kraft F_E, die durch das $E(t)$-Feld einer harmonischen Welle der Frequenz ω auf ein Elektron mit der Ladung q_e wirkt, hat die Form

$$F_E = q_e E(t) = q_e E_0 \cos \omega t. \qquad (3.62)$$

Folglich liefert Newtons zweites Gesetz die Bewegungsgleichung, d.h. die Summe der Kräfte ist gleich der Masse multipliziert mit der Beschleunigung:

$$q_e E_0 \cos \omega t - m_e \omega_0^2 x = m_e \frac{d^2 x}{dt^2}. \quad (3.63)$$

Das erste Glied auf der linken Seite ist die Antriebskraft, das zweite ist die entgegengesetzte Rückstellkraft. Um diesen Ausdruck zu befriedigen, muß x eine Funktion sein, deren zweite Ableitung sich nicht sehr viel von x unterscheidet. Ferner können wir erwarten, daß das Elektron mit derselben Frequenz wie $E(t)$ schwingt, und so "raten" wir die Lösung als

$$x(t) = x_0 \cos \omega t$$

und substituieren sie wieder in die Bewegungsgleichung, um die Amplitude x_0 zu entwickeln. Auf diesem Weg finden wir

$$x(t) = \frac{q_e/m_e}{(\omega_0^2 - \omega^2)} E_0 \cos \omega t \quad (3.64)$$

beziehungsweise

$$x(t) = \frac{q_e/m_e}{(\omega_0^2 - \omega^2)} E(t). \quad (3.65)$$

Dies ist die relative Verschiebung zwischen der negativen Elektronenwolke und dem positiven Kern. Traditionell setzt man q_e positiv und spricht von der Verschiebung des Oszillators. Ohne eine treibende Kraft (ohne einfallende Welle) schwingt der Elektronenoszillator mit seiner Eigen- oder *Resonanzfrequenz* ω_0. Wenn ein Feld vorhanden ist, dessen Frequenz kleiner als ω_0 ist, haben $E(t)$ und $x(t)$ dasselbe Vorzeichen, was bedeutet, daß die Ladung der äußeren Kraft folgen kann, d.h. sie ist mit ihr in Phase. Ist jedoch $\omega > \omega_0$, so liegt die Verschiebung $x(t)$ in der entgegengesetzten Richtung zu der momentanen Kraft $q_e E(t)$ und ist deshalb zu ihr 180° phasenverschoben. Wir erinnern uns, daß wir über schwingende Dipole sprechen, wobei für $\omega_0 > \omega$ die Relativbewegung der positiven Ladung eine Schwingung in der Richtung des Feldes ist. Oberhalb der Resonanz ist die positive Ladung 180° zum Feld phasenverschoben, und man sagt, daß der Dipol um π rad zurückbleibt bzw. nacheilt.

Das Dipolmoment ist gleich der Ladung q_e multipliziert mit ihrer Verschiebung, und falls N beitragende Elektronen pro Volumeneinheit vorhanden sind, ist die elektrische Polarisation oder Dipolmomentendichte

$$P = q_e x N. \quad (3.66)$$

Daraus folgt

$$P = \frac{q_e^2 N E / m_e}{(\omega_0^2 - \omega^2)} \quad (3.67)$$

und aus Gleichung (3.61)

$$\epsilon = \epsilon_0 + \frac{P(t)}{E(t)} = \epsilon_0 + \frac{q_e^2 N / m_e}{(\omega_0^2 - \omega^2)}. \quad (3.68)$$

Unter Ausnutzung der Tatsache, daß $n^2 = K_e = \epsilon/\epsilon_0$ ist, können wir zu einem Ausdruck für n als eine Funktion von ω gelangen, den man **Dispersionsgleichung** nennt:

$$n^2(\omega) = 1 + \frac{N q_e^2}{\epsilon_0 m_e} \left(\frac{1}{\omega_0^2 - \omega^2} \right). \quad (3.69)$$

Wachsen die Frequenzen über die Resonanzfrequenzen, $(\omega_0^2 - \omega^2) < 0$, so sind die Verschiebungen des Oszillators annähernd 180° mit der Antriebskraft außer Phase. Die resultierende elektrische Polarisation ist deshalb ebenso mit dem angelegten elektrischen Feld außer Phase. Folglich sind sowohl die Dielektrizitätskonstante als auch der Brechungsindex kleiner als 1. Fallen die Frequenzen unter die Resonanzfrequenz, $(\omega_0^2 - \omega^2) > 0$, so ist die elektrische Polarisation fast mit dem angelegten elektrischen Feld in Phase. Sowohl die Dielektrizitätskonstante als auch der entsprechende Brechungsindex sind größer als 1. Diese Verhaltensweise, die eigentlich nur einen Teil des Geschehens widerspiegelt, beobachtet man trotzdem im allgemeinen in allen Arten von Stoffen.

In der Regel macht jede Substanz mehrere derartige Übergänge von $n > 1$ zu $n < 1$, wenn die Beleuchtungsfrequenz erhöht wird. Die Folge ist, daß es statt einer einzelnen Frequenz ω_0, bei dem das System in Resonanz gerät, mehrere solcher Frequenzen gibt. Wir wollen die Dinge durch die Annahme verallgemeinern, daß N Moleküle pro Volumeneinheit vorhanden sind, wobei jedes Molekül f_j Oszillatoren hat, die Eigenfrequenz von ω_{0j} besitzen, wobei $j = 1, 2, 3, \ldots$ ist. In diesem Fall gilt

$$n^2(\omega) = 1 + \frac{N q_e^2}{\epsilon_0 m_e} \sum_j \left(\frac{f_j}{\omega_{0j}^2 - \omega^2} \right). \quad (3.70)$$

Dies ist im wesentlichen dasselbe Ergebnis wie jenes, welches aus der quantenmechanischen Abhandlung hervorgeht. Eine Ausnahme besteht darin, daß einige Ausdrücke uminterpretiert werden müssen. Dementsprechend wären dann die Größen ω_{0j} die Eigenfrequenzen, bei denen ein Atom Strahlungsenergie absorbieren oder aussenden kann. Die f_j-Glieder, die die Bedingung erfüllen, daß $\sum_j f_j = 1$ ist, sind Gewichtsfaktoren, die man als *Oszillatorstärken* bezeichnet. Sie geben an, wie stark jede Eigenschwingung vertreten ist. Als Wahrscheinlichkeitsmaß eines Ereignisses eines bestimmten atomaren Übergangs nennt man die f_j-Glieder auch die *Übergangswahrscheinlichkeiten*.

Eine ähnliche Neuinterpretation der f_j-Glieder wird sogar klassisch gefordert, da eine Übereinstimmung mit experimentellen Meßwerten fordert, daß sie kleiner als 1 sein müssen. Dies steht im Gegensatz zu der Definition von f_j, die zu Gleichung (3.30) führte. Man darf sich nun vorstellen, daß ein Molekül viele Schwingungsmoden besitzt, die jedoch alle eine bestimmte Eigenfrequenz und Oszillatorstärke haben.

Gleicht ω einer der Eigenfrequenzen, so ist n im Gegensatz zur tatsächlichen Beobachtung unstetig. Dies ist einfach die Folge der Vernachlässigung des Dämpfungsgliedes, das im Nenner der Summe hätte erscheinen müssen. Übrigens ist die Dämpfung teilweise der Energie zuzuschreiben, die verlorengeht, wenn die angetriebenen Oszillatoren (welche natürlich beschleunigte Ladungen sind) elektromagnetische Energie wieder ausstrahlen. In Festkörpern, Flüssigkeiten und Hochdruckgasen ($\approx 10^3$ atm; 1 atm = 101325 Pa) sind die zwischenatomaren Abstände etwa 10 mal kleiner, als sie im Gas bei Normalbedingungen (Normaltemperatur und Normaldruck) sind. Atome und Moleküle erfahren in dieser relativ dichten Nähe starke gegenseitige Wechselwirkungen und eine sich daraus ergebende "Reibungskraft". Der Effekt ist eine Dämpfung der Oszillatoren und eine Dissipation ihrer Energie in Form von Wärme (Molekularbewegung) innerhalb der Substanz. Den letzteren Prozeß nennt man *Absorption*.

Setzen wir in die Bewegungsgleichung eine Dämpfungskraft (in der Form $m_e \gamma \, dx/dt$) mit ein, die proportional zur Geschwindigkeit ist, so wird die Dispersionsgleichung (3.70) zu

$$n^2(\omega) = 1 + \frac{Nq_e^2}{\epsilon_0 m_e} \sum_j \frac{f_j}{\omega_{0j}^2 - \omega^2 + i\gamma_j \omega}. \qquad (3.71)$$

Während dieser Ausdruck für dünne Medien, wie z.B. Gase, in Ordnung ist, bereitet er für dichte Substanzen eine andere Schwierigkeit, mit der wir fertig werden müssen. Jedes Atom tritt mit dem lokalen elektrischen Feld, in dem es sich befindet, in Wechselwirkung. Doch anders als bei den isolierten Atomen, die wir oben betrachteten, wirken auf jene, die sich in einem dichten Stoff befinden, auch die von ihren Nachbarn aufgebauten, induzierten Felder. Folglich "sieht" ein Atom zusätzlich zu dem angelegten Feld $E(t)$ noch ein anderes Feld,[11] nämlich $P(t)/3\epsilon_0$. Ohne hier ins Detail zu gehen, kann gezeigt werden, daß

$$\frac{n^2-1}{n^2+2} = \frac{Nq_e^2}{3\epsilon_0 m_e} \sum_j \frac{f_j}{\omega_{0j}^2 - \omega^2 + i\gamma_j \omega}. \qquad (3.72)$$

Bis jetzt haben wir ausschließlich Elektronenoszillatoren betrachtet, doch dieselben Ergebnisse wären für Ionen ebenfalls anwendbar, die an feste Atomplätze gebunden sind. In dem Fall würde m_e durch die bedeutend größere Ionenmasse ersetzt. Deshalb beeinflussen die Beiträge aus der Ionenpolarisation n nur in Resonanzbereichen ($\omega_{0j} = \omega$) bedeutsam, während die Elektronenpolarisation über das ganze optische Spektrum bedeutend ist.

Eine Einbeziehung eines komplexen Brechungsindexes wird später in Abschnitt 4.3.5 betrachtet. Im Moment begrenzen wir die Diskussion für den größten Teil auf Situationen, in denen die Absorption vernachlässigbar (d.h. $\omega_{0j}^2 - \omega^2 \gg \gamma_j \omega$), und n reell ist, so daß

$$\frac{n^2-1}{n^2+2} = \frac{Nq_e^2}{3\epsilon_0 m_e} \sum_j \frac{f_j}{\omega_{0j}^2 - \omega^2}. \qquad (3.73)$$

Farblose transparente Gase, Flüssigkeiten und Festkörper haben ihre Eigenfrequenzen außerhalb des sichtbaren Spektralbereichs (das ist der Grund, warum sie eigentlich farblos und transparent sind). Insbesondere haben Gläser im Ultravioletten, also außerhalb des Sichtbaren, Eigenfrequenzen, wo sie undurchlässig werden.[12]

In Fällen, in denen $\omega_{0j}^2 \gg \omega^2$ ist, darf ω^2 in Gleichung (3.73) vernachlässigt werden, was über jenen Frequenzbereich einen im wesentlichen konstanten Brechungsindex liefert. Zum Beispiel kommen die bedeutenden Eigenfrequenzen für Gläser bei Wellenlängen um 100 nm

---

[11] Dieses Ergebnis, das für isotrope Medien zutrifft, ist in fast jedem Lehrbuch über elektromagnetische Theorie hergeleitet.

[12] Feynman hat in seiner Autobiographie "Surely You're joking" Mr. Feynman geschildert, wie er diese Tatsache einmal genutzt hat. Bei dem ersten amerikanischen Atombombentest 1945 rieben sich die Physiker auf Rat von E. Fermi mit Sonnenöl ein, damit ihre Haut von der UV-Strahlung der Bombe keinen "Sonnenbrand" bekäme. Feynman dagegen setzte sich in einen LKW und beobachtete den Feuerball durch eine Windschutzscheibe, die ihn vor der UV-Strahlung schützte; d.Ü.

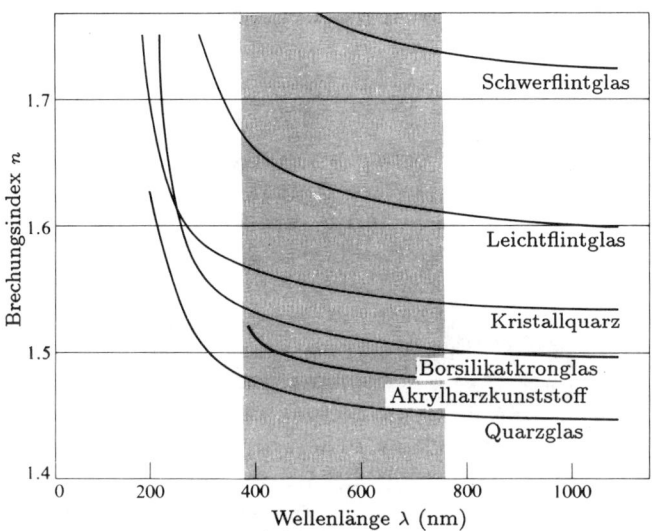

Abbildung 3.26 Die Wellenlängenabhängigkeit des Brechungsindex für verschiedene Materialien.

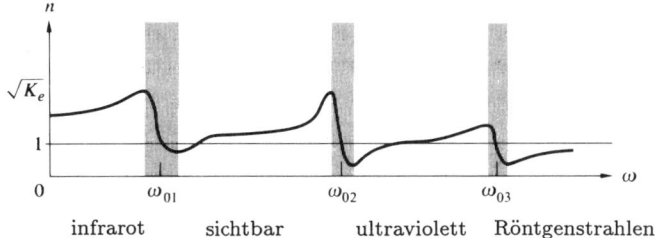

Abbildung 3.27 Brechungsindex gegen Frequenz.

vor. Die Mitte des sichtbaren Bereichs ist etwa 5 mal so groß, und dort ist $\omega_{0j}^2 \gg \omega^2$. Wächst ω gegenüber ω_{0j}, so nimmt $(\omega_{0j}^2 - \omega^2)$ ab, und *n wächst allmählich mit der Frequenz*, wie es in Abbildung 3.26 evident ist. Dies wird **normale Dispersion** genannt. Im ultravioletten Bereich treten die Oszillatoren in Resonanz, da sich ω einer Eigenfrequenz nähert. Ihre Amplituden nehmen merklich zu, und dabei tritt eine Dämpfung und eine starke Absorption von Energie aus der einfallenden Welle auf. Wenn in Gleichung (3.72) $\omega_{0j} = \omega$ ist, so dominiert das Dämpfungsglied. Die Bereiche, die die verschiedenen ω_{0j} in Abbildung 3.27 direkt umgeben, werden *Absorptionsbanden* genannt. Dort ist $dn/d\omega$ negativ und der Prozeß wird als **anomale** (d.h abnorme) **Dispersion** bezeichnet. Geht weißes Licht durch ein Glasprisma, so hat der blaue Bestandteil einen höheren Index als der rote und wird daher durch einen größeren Winkel abgelenkt (siehe Abschnitt 5.5.1). Benutzen wir im Unterschied dazu ein Flüssigkeitsprisma, das eine Farblösung enthält, die eine Absorptionsbande im Sichtbaren hat, so wird das Spektrum merklich geändert (Aufgabe 3.29). Alle Substanzen besitzen irgendwo innerhalb des elektromagnetischen Frequenzspektrums Absorptionsbanden, so daß der Ausdruck *anomale Dispersion*, der ein Überbleibsel aus dem späten 19. Jahrhundert ist, sicherlich eine falsche Bezeichnung ist.

Wie wir gesehen haben, können Atome innerhalb eines Moleküls auch um ihre Gleichgewichtspositionen schwingen. Die Atomkerne haben aber eine relativ große Masse, und so ist die Oszillatoreigenfrequenz im Infraroten klein. Moleküle wie H_2O und CO_2 haben sowohl im Infraroten als auch im Ultravioletten Resonanzen. Würde man während der Herstellung eines Glasstücks Wasser darin einfangen, so hätte man diese molekularen Oszillatoren und somit eine infrarote Absorptionsbande. Die Anwesenheit von Oxiden führt auch zu infraroter Absorption. Abbildung 3.28 zeigt die $n(\omega)$-Kurven für eine Anzahl wichtiger optischer Kristalle, die vom Ultraviolett bis zum Infrarot gehen. Man beachte, wie die Kurven im Ultravioletten ansteigen und im Infraroten abfallen. Bei den noch kleineren Frequenzen der Radiowellen ist das Glas wieder transparent. Zum Vergleich hat ein Stück buntes Glas eine Resonanz im Sichtbaren, aus dem es einen bestimmten Frequenzbereich absorbiert und die Komplementärfarbe durchläßt.

Ist die Antriebsfrequenz größer als alle ω_{0j}-Glieder, so beachten wir als letzten Punkt, daß dann $n^2 < 1$ und $n < 1$ ist. Solch eine Situation kann z.B. eintreten, wenn wir Röntgenstrahlen auf eine Glasplatte senden. Dies ist ein verblüffendes Ergebnis, da es zu $v > c$ führt, was im scheinbaren Widerspruch zur speziellen Relativitätstheorie steht. Der Grund ist folgender: bei Wellen muß man zwischen der sogenannten Phasengeschwindigkeit, der Geschwindigkeit, mit der sich eine sinusförmige Welle, also etwa ein Wellenberg bewegt, und der Gruppengeschwindigkeit, der Geschwindigkeit der ganzen Wellengruppe, unterscheiden. Bei den Wellen auf dem Meer ist z.B. die Phasengeschwindigkeit doppelt so groß wie die Gruppengeschwindigkeit. Aus der Dynamik, wie wir es

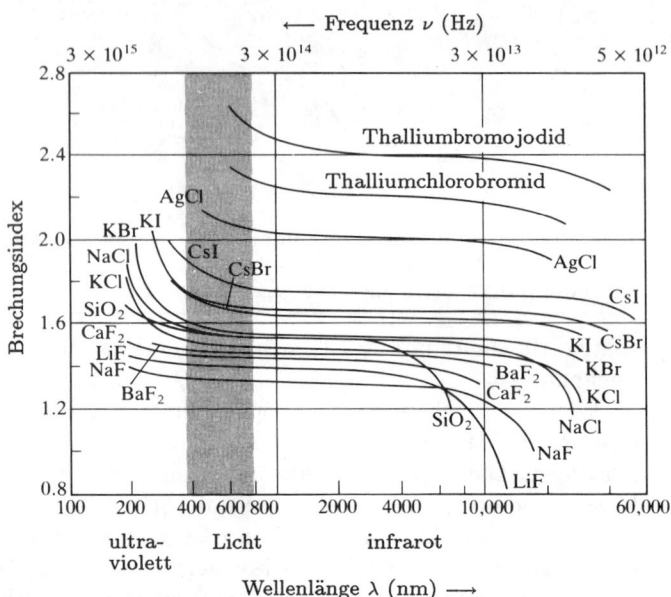

Abbildung 3.28 Brechungsindex gegen Wellenlänge und Frequenz für verschiedene wichtige optische Kristalle. (Nach Werten der Harshaw Chemical Co.)

Abbildung 3.29 Eine Gruppe Halbleiterlinsen, die aus ZnSe, CdTe, GaAs und Ge hergestellt sind. Diese Materialien sind besonders gut im Infrarot (2 μm bis 30 μm) verwendbar, für das sie trotz der Undurchlässigkeit im sichtbaren Bereich des Spektrums äußerst transparent sind. (Photo mit freundlicher Genehmigung der Two-Six Incorporated.)

eben getan haben, folgt die Phasengeschwindigkeit. Der Informationstransport, um den es bei der speziellen Relativitätstheorie geht, erfolgt mit der Gruppengeschwindigkeit, denn die Form der Wellengruppe stellt die Information dar. Das Verhalten der Wellengruppe, also auch ihre Geschwindigkeit, erhält man durch die Überlagerung von sinusförmigen Wellen (Abschnitt 7.6).

Als Teilzusammenfassung gilt dann, daß über den sichtbaren Bereich des Spektrums die Elektronenpolarisation der entscheidende Mechanismus ist, um $n(\omega)$ zu bestimmen. Klassisch stellt man sich vor, daß Elektronenoszillatoren mit der Frequenz der einfallenden Welle schwingen. Ist die Frequenz der Welle deutlich verschieden von der Eigenfrequenz, so sind die Schwingungen gering und es gibt wenig Absorption. Bei Resonanz sind jedoch die Schwingungsamplituden gewachsen, und das Feld verrichtet einen größeren Betrag an Arbeit an den Ladungen. Elektromagnetische Energie, die der Welle entzogen und in mechanische Energie umgewandelt wird, wird dann thermisch innerhalb der Substanz dissipiert; man spricht von einem Absorptionsmaximum oder einer Absorptionsbande: Obwohl der Stoff im wesentlichen bei anderen Frequenzen transparent ist, ist er für einfallende Strahlung ziemlich undurchlässig, die seine Eigenfrequenz hat (Abb. 3.29).

3.5.2 Die Fortpflanzung von Licht durch ein Dielektrikum

Der Prozeß, der bewirkt, daß sich Licht durch ein Medium mit einer anderen Geschwindigkeit als c fortpflanzt, ist ziemlich kompliziert. Dieser Abschnitt ist dazu bestimmt, ihn wenigstens im Rahmen des einfachen Oszillatormodells physikalisch verständlich zu machen.

Wir betrachten eine einfallende oder *primäre* elektromagnetische Welle (im Vakuum), die auf ein Dielektrikum trifft. Wie wir gesehen haben, wird sie das Medium polarisieren und die Elektronenoszillatoren in eine gezwungene Schwingung treiben. Sie werden ihrerseits Energie in Form von elektromagnetischen Elementarwellen derselben Frequenz wie die einfallende Welle wieder ausstrahlen oder *streuen*. In einer Substanz, deren Atome oder Moleküle zu einem gewissen Grad an Regelmäßigkeit geordnet sind, tendieren diese Elementarwellen zur gegenseitigen Interferenz. Das heißt, sie überlagern sich in bestimmten Bereichen, woraufhin sie sich

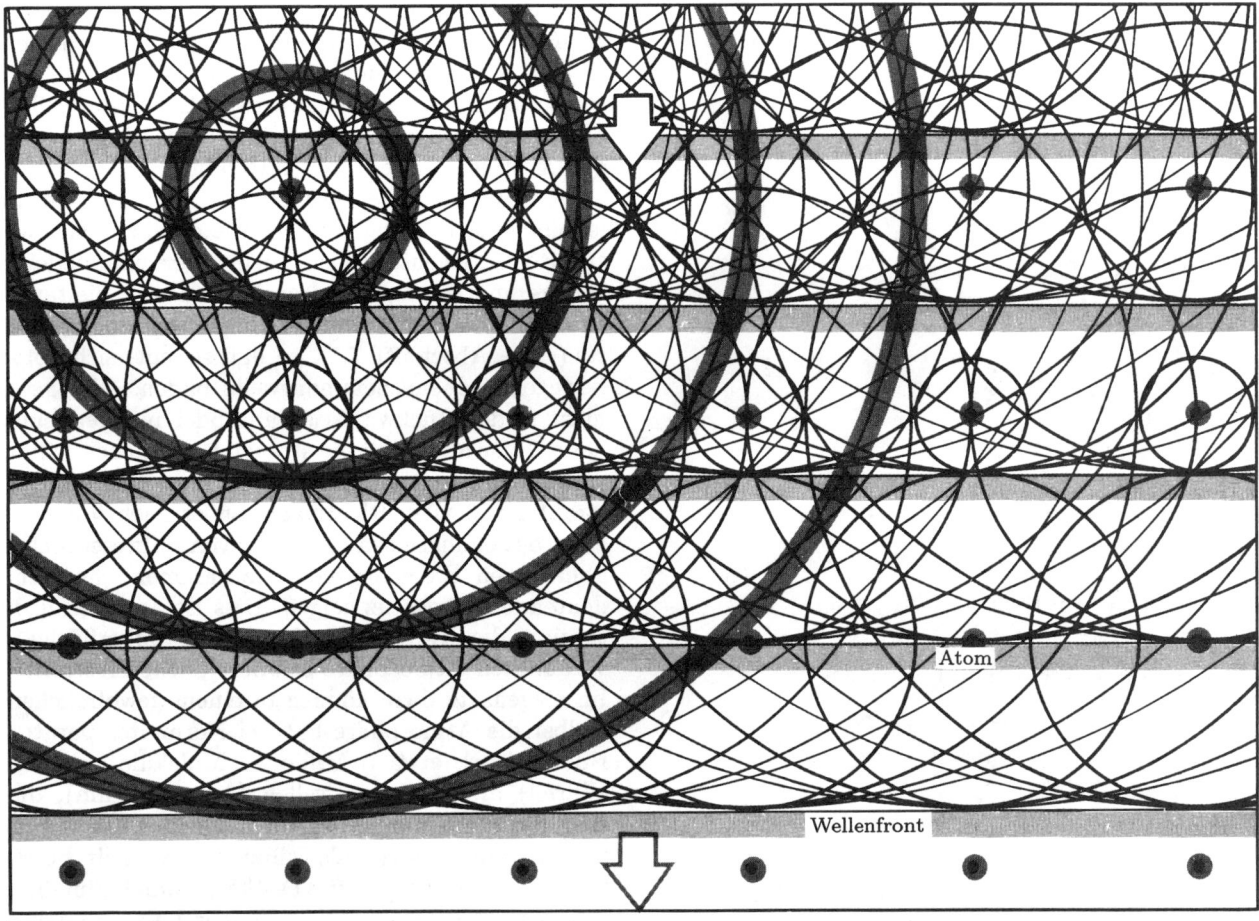

Abbildung 3.30 Eine nach unten wandernde ebene Welle, die auf ein geordnetes Atomsystem trifft. Elementarwellen werden in alle Richtungen gestreut und überlagern sich, so daß sie eine fortschreitende ebene Sekundärwelle bilden, die nach unten wandert.

in unterschiedlichen Graden gegenseitig verstärken oder schwächen.

Die Abbildung 3.30 stellt eine von oben einfallende ebene Welle und die resultierende Anhäufung von gestreuten kugelförmigen Elementarwellen dar. Diese überlagern sich in der Vorwärtsrichtung, um ebene Wellenfronten zu bilden, die wir als *Sekundärwellen* bezeichnen. Die Art und Weise, in der dies eigentlich geschieht, kann man besser in der Abbildung 3.31 erkennen, die eine Zeitenfolge von zwei Molekülen darstellt, die mit einer ankommenden ebenen Welle wechselwirken — eine ununterbrochene Linie stellt ein Wellenmaximum (ein positives E-Feld) dar, und eine gestrichelte Linie entspricht einem Wellenminimum (ein negatives E-Feld). Im Teil (a) der Abbildung trifft die ankommende ebene Wellenfront auf das Molekül A, das nun kugelförmige Elementarwellen streut. Die Phase aller derartiger Elementarwellen (im Vergleich zur einfallenden Welle) werden wir bald untersuchen; für den Augenblick sei sie 180°. Dementsprechend strahlt Molekül A als Reaktion auf die Anregung durch ein Maximum ein Minimum ab. Teil (b) zeigt den Überlagerungsvorgang der gestreuten, kugelförmigen Elementarwelle mit der ebenen Primärwelle, die nicht im gleichen Schritt aber zusammen wandern. Eine andere Elementarwelle tritt außerdem von A heraus. In (c) fällt ein Minimum der primären Wellenfront auf B

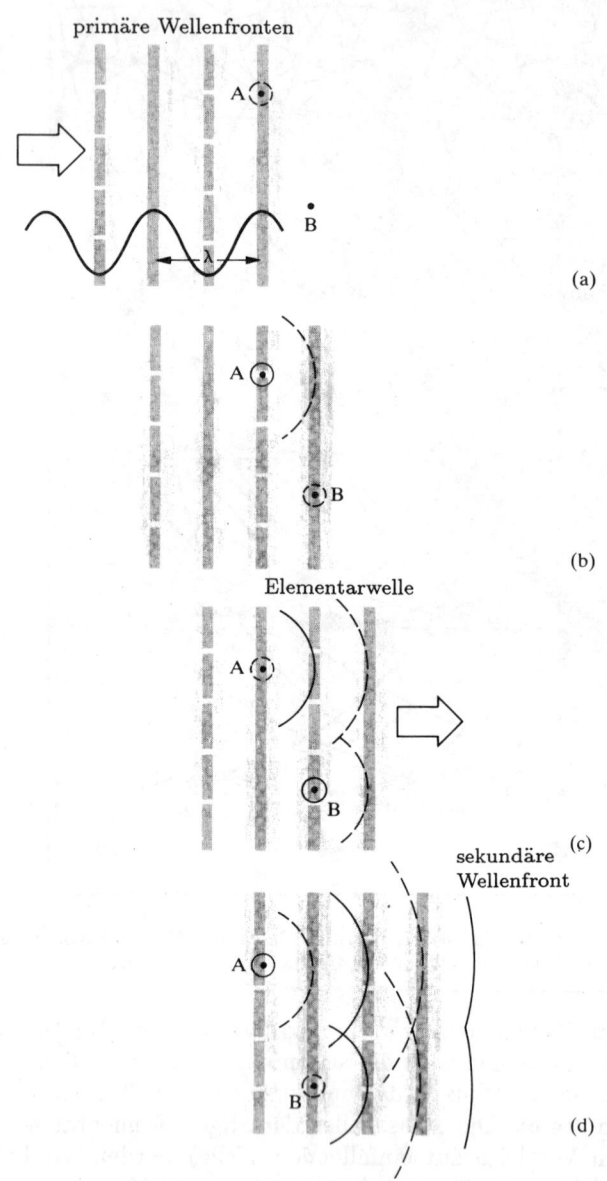

Abbildung 3.31 In der Vorwärtsrichtung kommen die gestreuten Elementarwellen phasengleich auf ebenen Wellenfronten an — Minimum mit Minimum, Maximum mit Maximum.

und strahlt wiederum erneut eine Elementarwelle ab, die auch 180° außer Phase sein muß. In (d) sehen wir den gesamtem Zusammenhang des Schaubilds — alle Elementarwellen bewegen sich mit der Primärwelle vorwärts. *In der Vorwärtsrichtung sind die Elementarwellen von A und B phasengleich* aber mit der Primärwelle außer Phase. Dies gilt für alle derartigen Elementarwellen, unabhängig von der Anzahl der Moleküle, ihren gegenseitigen Abständen oder ihrer Verteilung.

Als eine Folge der Asymmetrie, die durch das Strahlenbündel selbst eingeführt wurde, addieren sich alle gestreuten Elementarwellen zueinander phasengleich; sie steigen und fallen gemeinsam in Punkten, die tangential zu einer Ebene sind und vereinigen sich daher *konstruktiv* (siehe Abschnitt 7.1), so daß sie eine sich vorwärtsbewegende ebene Sekundärwelle bilden. Dies geschieht nicht in der Rückwärtsrichtung oder in irgendeiner anderen Richtung. Sind die streuenden Teilchen willkürlich verteilt und weit auseinander, so setzt sich die Gesamtstrahlung in allen Richtungen außer nach Vorwärts aus einer beziehungslosen Mischung von im wesentlichen unabhängigen Elementarwellen zusammen, die keine bedeutende Interferenz zeigen. Dies ist annähernd die Situation, die etwa 160 km über der Erdoberfläche in der verdünnten Atmosphäre existiert (siehe Abschnitt 8.5). Im Gegensatz dazu können in einem gewöhnlichen Gas (selbst die Atmosphäre hat bei Normaltemperatur und Normaldruck etwa 3 Millionen Moleküle in einem λ^3-Würfel) die Elementarwellen ($\lambda \approx 500$ nm), die von sehr dicht aneinanderliegenden Quellen (≈ 3 nm) gestreut werden, nicht als willkürlich verteilt betrachtet werden. Dasselbe gilt für Festkörper und Flüssigkeiten, in denen die Atome 10 mal enger liegen und in einer viel geordneteren Struktur verteilt sind. Hier interferieren die gestreuten Elementarwellen wieder konstruktiv in der Vorwärtsrichtung — dies ist so weit unabhängig von der Anordnung der Moleküle — doch die destruktive Interferenz, in der sich die Elementarwellen gegenseitig auslöschen (siehe Abschnitt 7.1), überwiegt nun in allen anderen Richtungen. In dichten Medien gibt es im wesentlichen nur eine Streuung in die *Vorwärtsrichtung*; das Strahlenbündel breitet sich durch das Medium in die Vorwärtsrichtung aus.

Allein aus Erfahrungsgründen können wir erwarten, daß sich die Restprimärwelle und die Sekundärwelle zur einzig beobachtbaren Störung innerhalb des Mediums, nämlich zur **Brechungswelle**, zusammensetzen. *Sowohl die primären als auch die sekundären elektromagnetischen Wellen pflanzen sich durch den interatoma-*

ren Raum mit der Geschwindigkeit c fort. Und trotzdem kann das Medium sicherlich einen anderen Brechungsindex als 1 besitzen. Die Brechungswelle kann mit einer Phasengeschwindigkeit erscheinen, die kleiner als, gleich oder sogar größer als c ist. Die Lösung zu diesem offensichtlichen Widerspruch liegt in der Phasenbeziehung zwischen den Sekundär- und Primärwellen.

Nach dem klassischen Modell schwingen die Elektronenoszillatoren nur bei relativ niedrigen Frequenzen fast vollkommen phasengleich mit der antreibenden Kraft, d.h. mit der Primärstörung. Steigt die Frequenz des elektromagnetischen Feldes an, so bleiben die Oszillatoren zurück, und die Phasenverschiebung wächst proportional dazu. Eine eingehende Analyse führt zu dem Faktum, daß die Phasennacheilung bei Resonanz 90° erreicht. Bei Frequenzen, die weit über dem speziellen Eigenwert liegen, wächst sie danach auf fast 180° oder eine halbe Wellenlänge an.

Außer dieser Phasenverzögerung gibt es noch einen anderen Effekt, der betrachtet werden muß. Wenn sich die gestreuten Elementarwellen wieder vereinigen, eilt die resultierende Sekundärwelle[13] hinter dem Oszillator um 90° nach.

Diese beiden Mechanismen bewirken zusammen, daß bei Frequenzen unterhalb der Resonanz die Sekundärwelle der Primärwelle (Abb. 3.33) um einen Betrag zwischen näherungsweise 90° bis 180° nacheilt, während bei Frequenzen oberhalb der Resonanz die Nacheilung von etwa 180° bis 270° reicht. Aber eine Phasennacheilung von $\delta \geq 180°$ ist äquivalent zu einem Phasenvorsprung von $360° - \delta$ [z.B. $\cos(\theta - 270°) = \cos(\theta + 90°)$]. Dies kann man auf der rechten Seite der Abbildung 3.32 (b) sehen.

Innerhalb des transparenten Mediums überlagern sich die Primär- und Sekundärwelle und erzeugen je nach ihren Amplituden und ihrer relativen Phase die resultierende Brechungswelle. Abgesehen von der Tatsache, daß sie infolge der Streuung schwächer ist, wandert die Primärwelle so in den Stoff hinein, als würde sie den freien Raum durchlaufen. Im Unterschied zu dieser Welle

---

13) Dieser Punkt wird klarer, wenn wir im Kapitel 10 die Schlußfolgerungen aus der Fresnel-Huygens-Theorie betrachten. Die meisten Lehrbücher über Elektromagnetismus gehen bei der Behandlung des Strahlungsproblems von einer Schicht schwingender Ladungen aus, in welchem Fall die 90°-Phasennacheilung eine natürliche Folge ist.

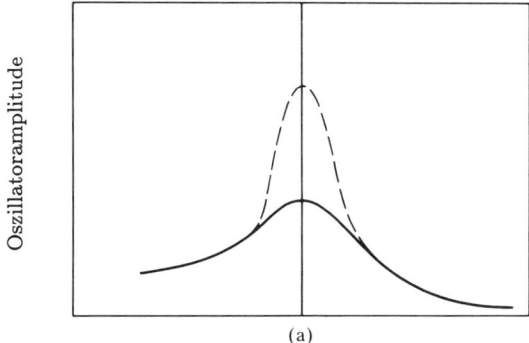

(a)

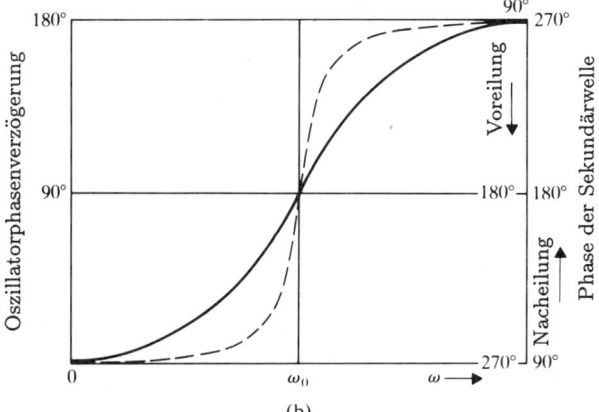

(b)

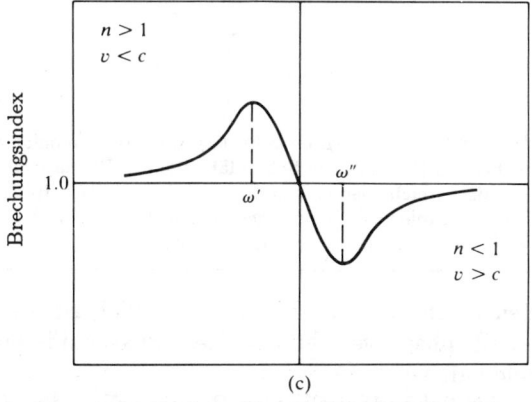

(c)

Abbildung 3.32 Eine schematische Darstellung der (a) Amplituden und (b) Phasenverzögerung gegen die Antriebsfrequenz für einen gedämpften Oszillator. Die gestrichelte Kurve entspricht einer abnehmenden Dämpfung. Der entsprechende Brechungsindex ist in (c) gezeigt.

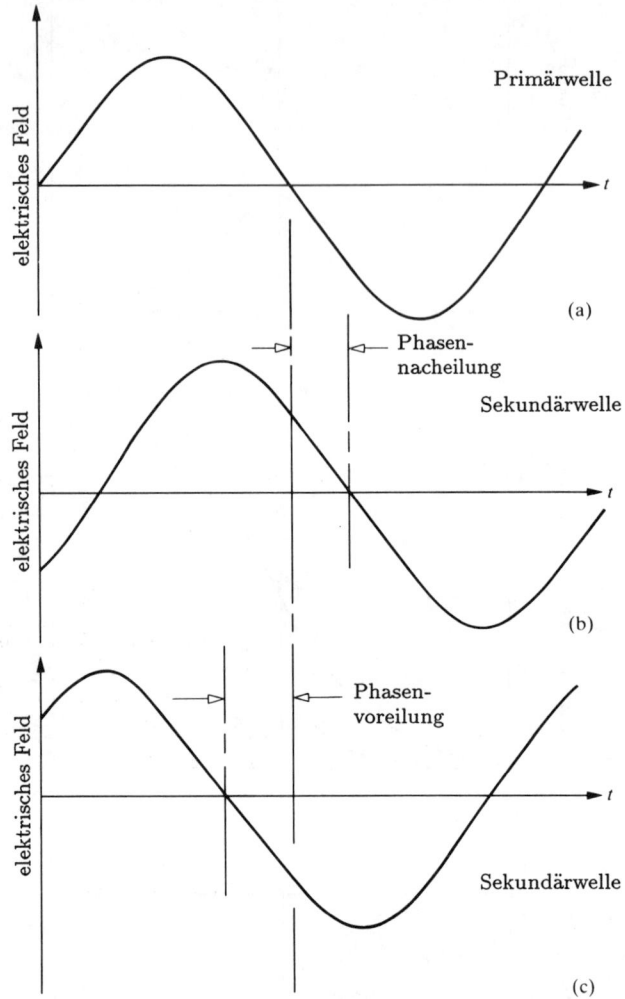

Abbildung 3.33 Eine Primärwelle (a) und zwei mögliche Sekundärwellen. In (b) läuft die Sekundärwelle der Primärwelle hinterher — sie erreicht jeden gegebenen Wert später. In (c) erreicht die Sekundärwelle jeden gegebenen Wert früher als die Primärwelle, d.h. sie eilt der Primärwelle voraus.

im freien Raum, die den Prozeß hervorrief, ist die Brechungswelle phasenverschoben. Diese Phasendifferenz ist entscheidend.

Eilt die Sekundärwelle der Primärwelle nach (oder vor), so muß die Brechungswelle der Primärwelle auch um einen bestimmten Betrag nach- (oder vor-)eilen (Abb. 3.34). Diese qualitative Beziehung wird für den Augenblick unseren Ansprüchen genügen, obwohl wir

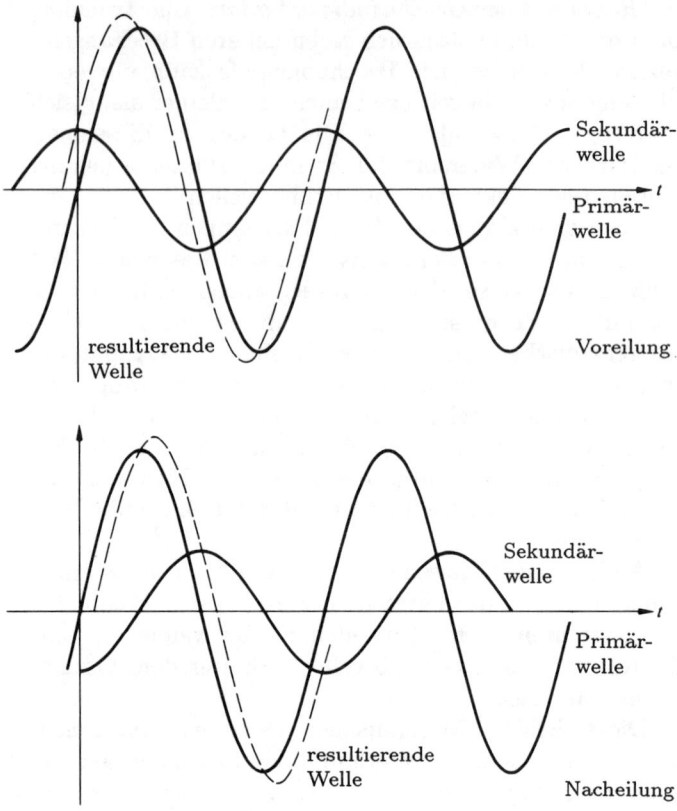

Abbildung 3.34 Eilt die Sekundärwelle der Primärwelle vor, so eilt die resultierende Welle ihr ebenfalls voraus.

festhalten sollten, daß die Phase der resultierenden Welle auch von den Amplituden der wechselwirkenden Wellen abhängt (siehe Gleichung (7.19)). Dementsprechend läuft die Brechungswelle bei Frequenzen unterhalb von ω_0 der Welle im freien Raum hinterher, wohingegen sie bei Frequenzen oberhalb von ω_0 der Welle im freien Raum vorauseilt. In dem besonderen Fall, in dem $\omega = \omega_0$ ist, sind die Sekundär- und Primärwellen um 180° phasenverschoben; die Sekundärwelle arbeitet gegen die Primärwelle, so daß die Brechungswelle merklich in der Amplitude verkleinert ist, obwohl sie in der Phase unbeeinflußt bleibt.

Während die Brechungswelle durch das Medium fortschreitet, wiederholt sich der Streuprozeß immer wieder. Das Licht, das die Substanz durchläuft, wird zunehmend in der Phase verzögert (oder vorgeschoben). Da die Wellengeschwindigkeit gleich der Geschwindigkeit des Zustandes der konstanten Phase ist, sollte eine Veränderung in der Phase einer Veränderung der Geschwindigkeit entsprechen.

Wir wollen nun zeigen, daß dies genau äquivalent zu einer Veränderung der Phasengeschwindigkeit ist. Im freien Raum kann man die *Elongation* (Störung des Mediums) *in irgendeinem Punkt P* als

$$E_P(t) = E_0 \cos \omega t \qquad (3.74)$$

schreiben. Falls P nun von einem Dielektrikum umgeben ist, gibt es eine Gesamtphasenverschiebung ε_P, die entstand als sich die Welle durch das Medium nach P bewegte. Die Anzahl Wellenberge, die auf das Dielektrikum pro Sekunde treffen, muß derjenigen gleich sein, die sich pro Sekunde in ihm ausbreiten. Das heißt, die *Frequenz* muß im Vakuum gleich der im Dielektrikum sein, obgleich sich die Wellenlänge und die Geschwindigkeit unterscheiden können. Wieder, aber diesmal im Medium, ist die Elongation in P

$$E_P(t) = E_0 \cos(\omega t - \varepsilon_P), \qquad (3.75)$$

wobei die Subtraktion von ε_P einer Phasenverzögerung entspricht. Ein Beobachter in P muß eine längere Zeit auf die Ankunft eines bestimmten Wellenberges warten, wenn er sich im Medium statt im Vakuum befindet. Das heißt, wenn man sich zwei parallele Wellen derselben Frequenz vorstellt, eine im Vakuum und eine in der Materie, wird die Vakuumwelle P um die Zeit ε_P/ω vor der andern Welle durchlaufen. Verständlich dann, daß eine Phasenverzögerung von ε_P einer Verringerung an Geschwindigkeit, $v < c$, und $n > 1$ entspricht. Ebenso führt ein Phasenvorsprung zum Anwachsen der Geschwindigkeit, $v > c$, und $n < 1$. Der Streuprozeß ist kontinuierlich, und so baut sich die Gesamtphasenverschiebung auf, während das Licht das Medium durchdringt. Das heißt, ε ist eine Funktion der Länge des durchquerten Dielektrikums; wie es sein muß, wenn v konstant sein soll (siehe Aufgabe 3.30).

Man kann nun ebenfalls die allgemeine Form von $n(\omega)$ verstehen, die in Abbildung 3.32 (c) dargestellt ist. Bei Frequenzen, die weit unterhalb von ω_0 liegen, sind die Amplituden der Oszillatoren und deshalb der Sekundärwellen sehr klein, und die Phasenwinkel sind annähernd 90°. Folglich eilt die Brechungswelle nur wenig nach, und n ist nur wenig größer als 1. Wenn ω zunimmt, haben die Sekundärwellen größere Amplituden und sie laufen im größeren Abstand hinterher. Die Folge ist eine allmählich abnehmende Wellengeschwindigkeit und ein zunehmender Wert von $n > 1$. Obwohl die Amplituden der Sekundärwellen weiter zunehmen, nähern sich ihre relativen Phasen 180°, während ω sich ω_0 nähert. Folglich vermindert sich ihre Fähigkeit, einen weiteren Zuwachs in der resultierenden Phasennacheilung zu verursachen. Ein Wendepunkt ($\omega = \omega'$) ist dort erreicht, wo die Phasennacheilung der Brechungswelle abnimmt und die Geschwindigkeit zunimmt ($dn/d\omega < 0$). Dies setzt sich fort, bis $\omega = \omega_0$, woraufhin die Brechungswelle eine beträchtlich kleinere Amplitude aber eine unveränderte Phase und Geschwindigkeit hat. In jenem Augenblick ist $n = 1$ und $v = c$, und wir befinden uns mehr oder weniger im Zentrum der Absorptionsbande.

Bei Frequenzen, die etwas oberhalb von ω_0 liegen, eilen die Sekundärwellen mit relativ großen Amplituden vor; die Brechungswelle hat einen Phasenvorsprung, und ihre Geschwindigkeit überschreitet c ($n < 1$). Nimmt ω zu, so spielt sich das gesamte Szenario umgekehrt wieder ab (etwas asymmetrisch infolge von frequenzabhängiger Asymmetrie der Oszillatoramplituden und wegen der Streuung). Bei noch höheren Frequenzen eilen die Sekundärwellen, die nun sehr kleine Amplituden haben, mit fast 90° vor. Die resultierende Brechungswelle hat einen sehr geringen Phasenvorsprung, und n nähert sich allmählich 1.

Die genaue Form einer bestimmten $n(\omega)$-Kurve hängt von der speziellen Oszillatordämpfung sowie vom Absorptionsbetrag ab, der seinerseits von der Anzahl der beteiligten Oszillatoren abhängt.

Eine genaue Lösung für das Fortpflanzungsproblem bezeichnet man als den *Oseenschen Auslöschungssatz*. Obwohl der mathematische Formalismus, der integraldifferentiale Gleichungen enthält, hier für eine Behandlung viel zu schwierig ist, sind die Ergebnisse sicherlich von Interesse. Man fand, daß die Elektronenoszillatoren eine elektromagnetische Welle erzeugen, die im wesentlichen zwei Terme hat. Einer löscht genau die Primärwelle innerhalb des Mediums. Die andere und einzig überbleibende Welle pflanzt sich als die Brechungswelle mit einer Geschwindigkeit $v = c/n$ durch das Dielektrikum fort.[14]

In Zukunft werden wir einfach voraussetzen, daß eine

---

[14] Für eine Abhandlung des Oseenschen Auslöschungssatzes siehe *Optik* von Born und Wolf, Abschnitt 2.4.2, Springer Verlag 1965; dies ist eine schwere Lektüre.

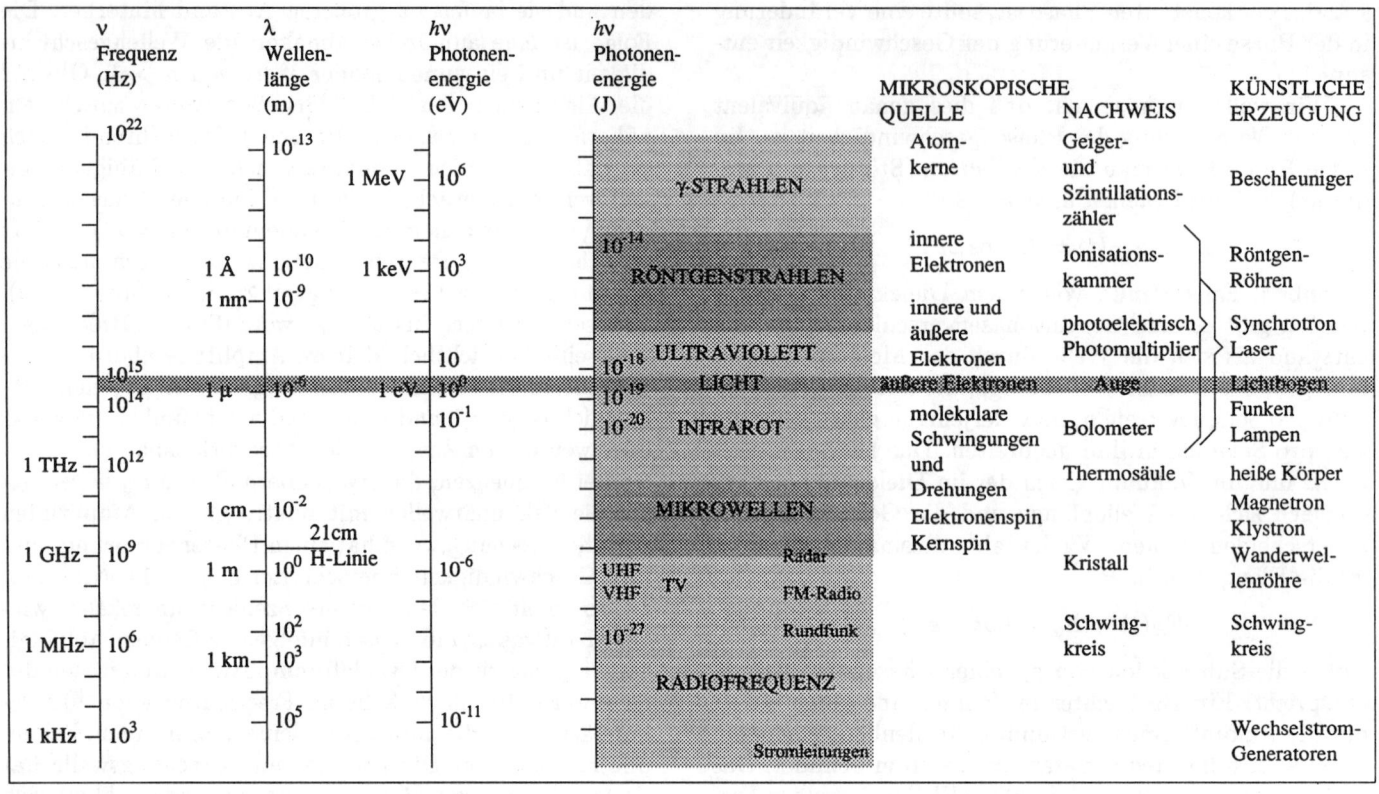

Abbildung 3.35 Das elektromagnetische Photonenspektrum. [Von der drittstärksten bekannten Röntgenquelle im Sternbild des Schwans Cygnus X-3 wurden Photonen mit Energien über 10^{15} eV empfangen. (M. Samorski, W. Stamm: Detection of 2×10^{15} to 2×10^{16} eV Gamma Rays from Cygnus X-3, *astrophys. Journ.* **268**, L 17, 1983). Cygnus X-3 ist als Infrarotstern klassifiziert. Es handelt sich offenbar um einen veränderlichen Doppelstern. Im optischen wie auch im Röntgenbereich wurde eine Periode von 4.8 Stunden festgestellt (C. Grupen, "Neuigkeiten aus der Physik der kosmischen Strahlung", Universität Siegen, S. 1 – 84 –7); d.Ü.].

Lichtwelle, die sich in einem Stoff ausbreitet, mit einer Geschwindigkeit $v \neq c$ wandert.

3.6 Das elektromagnetische Spektrum

Als Maxwell 1867 die erste umfassende Darstellung seiner elektromagnetischen Theorie veröffentlichte, erstreckte sich das ganze bekannte Frequenzband nur vom Infraroten über das Sichtbare bis zum Ultravioletten. Obwohl diesem Bereich das Hauptinteresse der Optik gilt, stellt er nur einen kleinen Teil des an sich unbegrenzten elektromagnetischen Spektrums dar (siehe Abb. 3.35). Im folgenden sind die Hauptkategorien (es gibt in Wirklichkeit einige Überschneidungen) dargestellt, in welchem das Spektrum gewöhnlich aufgeteilt ist.

3.6.1 Radiofrequente Wellen

Acht Jahre nach Maxwells Tod, gelang es Heinrich Hertz, damals Professor für Physik an der technischen Hochschule in Karlsruhe, elektromagnetische Wellen zu erzeugen und nachzuweisen.[15] Sein Sender war im Prinzip eine schwingende Entladung über eine Funkenstrecke (eine Form von schwingendem elektrischen Dipol). Als

---

[15] David Hughes dürfte wohl der Erste gewesen sein, der diese große Leistung durchführte, doch seine Experimente von 1879 blieben unveröffentlicht und unbemerkt für viele Jahre. — In R.W. Pohl, Elektrizitätslehre, Springer Verlag, Berlin 1961, wird auf S. 151 dargestellt, wie A. Galvani 1791 mit einer Elektrisiermaschine Funken erzeugte, von denen Rundfunkwellen ausgingen, die Froschschenkel zucken ließen. Das ist unzweifelhaft der Grundversuch zur drahtlosen Telegraphie; d.Ü.

Empfangsantenne benutzte er eine offene Drahtschleife mit einem Messingknopf an einem Ende und einer feinen Kupferspitze am anderen Ende. Ein kleiner Funken, den man dazwischen sah, stellte den Nachweis einer einfallenden elektromagnetischen Welle dar. Hertz fokussierte die Strahlung, bestimmte ihre Polarisation, reflektierte sie, verursachte Interferenz und Brechung, errichtete stehende Wellen und maß dann sogar ihre Wellenlänge (in der Größenordnung von einem Meter). Wie er es ausdrückte:

> Es gelang mir, verschiedene Strahlen elektrischer Kraft zu erzeugen und mit ihnen die elementaren Experimente durchzuführen, die man gemeinhin mit Licht und Strahlungswärme durchführt .... Wir dürfen sie vielleicht weiterhin als Lichtstrahlen sehr großer Wellenlänge bezeichnen. Die beschriebenen Experimente scheinen mir auf jeden Fall so zu sein, daß sie jeden Zweifel an der Identität von Licht, Strahlungswärme und elektromagnetischer Wellenbewegung beseitigen. (Aus dem Englischen zurückübersetzt.)

Die von Hertz verwendeten Wellen sind nun im *radiofrequenten* Bereich eingeordnet, der sich von wenigen Hz aufwärts bis etwa 10^9 Hz erstreckt (λ geht von vielen Kilometern bis zu etwa 0.3 m). Sie werden im allgemeinen durch eine Zusammenstellung von elektrischen Schwingkreisen ausgesendet. Der 60 Hz-Wechselstrom, der in Hochspannungsleitungen fließt, strahlt z.B. mit einer Wellenlänge von 5×10^6 m. Es gibt keine obere Grenze für die theoretische Wellenlänge; die Schwingungsdauer wäre nur durch das Alter des Weltalls begrenzt. Allerdings sind diese langsam schwingenden Wellen nicht stark. Das obere Ende des Frequenzbandes wird für das Fernsehen und den Rundfunk gebraucht.

Bei 1 MHz (10^6 Hz) hat ein Radiofrequenz-Photon eine Energie von 6.62 10^{-28} J oder 4×10^{-9} eV, eine sehr kleine Größe. Die körnige Natur der Strahlung ist daher im allgemeinen verborgen; man kann nur einen gleichmäßigen Übergang von Energie sehen.

3.6.2 Mikrowellen

Der Mikrowellenbereich erstreckt sich von ungefähr 10^9 Hz bis zu etwa 3×10^{11} Hz. Die entsprechenden Wellenlängen reichen von etwa 30 cm bis 1.0 mm. Strahlung, die in der Lage ist, die Erdatmosphäre zu durchdringen, liegt im Bereich von weniger als 1 cm bis etwa 30 m. Mikrowellen sind deshalb im Raumschiffunkverkehr sowie in der Radioastronomie von Interesse. Insbesondere emittieren neutrale Wasserstoffatome, die über große Raumbereiche verteilt sind, 21 cm (1420 MHz)-Mikrowellen. (siehe Feynmans Vorlesung, Quanten, 12. Kap.; d.Ü.). Sehr viele Informationen über die Struktur unserer eigenen Milchstraße und anderer Galaxien sind dieser speziellen Emission entnommen worden.

Moleküle können Energie durch Veränderung des Bewegungszustandes ihrer einzelnen Atome absorbieren und emittieren — sie können in Schwingung und/oder Rotation versetzt werden. Wieder ist die Energie gequantelt, die mit beiden Bewegungen verknüpft ist, und die Moleküle besitzen außer den Elektronenniveaus Rotations- und Schwingungsenergieniveaus. Nur auf Polarmoleküle wirken Kräfte infolge des E-Feldes einer einfallenden elektromagnetischen Welle, die verursacht, daß sie sich durch Drehung ausrichten. Nur sie können ein Photon absorbieren und durch einen Rotationsübergang zu einem angeregten Zustand gelangen. Schwere Moleküle lassen sich nicht leicht in Schwingung versetzen. Daher können wir erwarten, daß sie niederfrequente Rotationsresonanzen (vom fernen IR, 0.1 mm, bis zur Mikrowelle, 1 cm) besitzen. Wassermoleküle sind z.B. polar (siehe Abb. 3.24). Trifft auf sie eine elektromagnetische Welle, so versuchen sie, mit dem sich verändernden E-Feld ausgerichtet zu bleiben. Dies geschieht besonders heftig bei allen Rotationsresonanzen. Folglich absorbieren Wassermoleküle bei oder nahe bei solchen Frequenzen sehr stark Mikrowellenstrahlung. Der Mikrowellenofen (12.2 cm, 2.45 GHz) ist dafür eine Anwendung. Andererseits können nichtpolare Moleküle, wie z.B. Kohlendioxid, Wasserstoff, Stickstoff, Sauerstoff und Methan keine Rotationsübergänge durch Absorption von Photonen machen.

Heute verwendet man Mikrowellen für die verschiedensten Dinge, von der Übertragung von Telefongesprächen und Fernsehbildern bis zum Aufwärmen von Hamburgern, von Radarfallen und der Einweisung von Flugzeugen bis zur Erforschung der Ursprünge des Universums, Öffnung von Garagetoren und Beobachtung der Erdoberfläche (Abb. 3.36). Sie sind ebenso für die Erforschung der Wellenoptik mit experimentellen Anordnungen nützlich, die auf zweckmäßige Dimensionen vergrößert sind.

Photonen, die sich am unteren Frequenzende des Mikrowellenspektrums befinden, haben wenig Energie

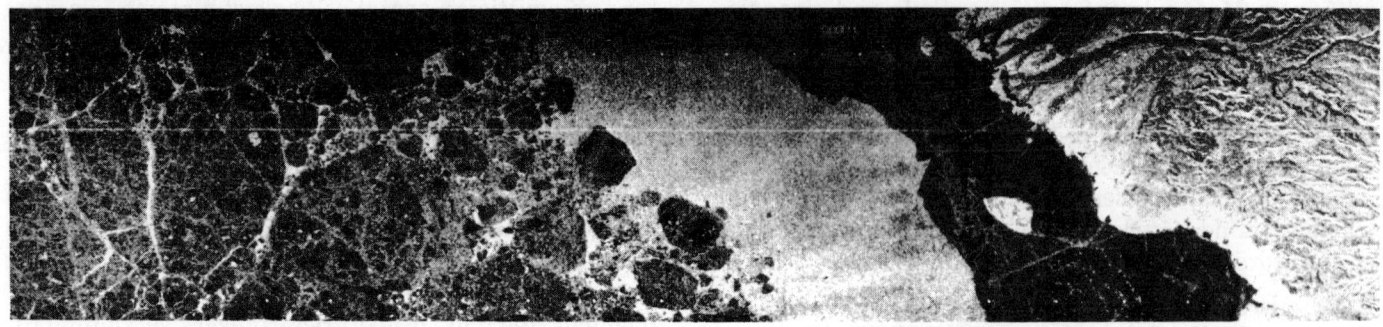

Abbildung 3.36 Eine Photographie einer 28×106 km² großen Fläche nordöstlich von Alaska. Sie wurde vom *Seasat*-Satellit 800 km über der Erde aufgenommen. Das Bild erscheint etwas ungewöhnlich, da dies in Wirklichkeit ein Radar- oder Mikrowellenbild ist. Der faltige graue Bereich auf der rechten Seite ist Kanada. Der kleine helle muschelförmige Fleck ist die Banksinsel, die in einem schwarzen Band eines am Jahresanfang am Ufer festliegenden Eises eingebettet ist. Daran schließt sich die offene See an, die ruhig und grau erscheint. Der dunkelgraue, fleckige Bereich auf der linken Seite ist das polare Packeis. Man sieht keine Wolken, da das Radar vollständig durch sie "sieht".

und man würde erwarten, daß ihre Quellen elektrische Schwingkreise sind.[16] Emissionen dieser Art können jedoch von Atomübergängen herstammen, wenn die beteiligten Energieniveaus einander sehr nahe sind. Der Grundzustand des Zäsiumatoms ist ein gutes Beispiel. Er besteht eigentlich aus einem Paar eng beieinanderliegender Energieniveaus; die Übergänge zwischen ihnen beinhalten eine Energie von nur 4.14×10^{-5} eV. Die sich ergebende Mikrowellenemission hat eine Frequenz von 9.19263177×10^9 Hz. Dies ist die Grundlage für die bekannte Zäsiumuhr, zur Zeit die Norm für Frequenz und Zeit.

3.6.3 Infrarot

Der Infrarotbereich, der sich etwa von 3×10^{11} Hz bis zu etwa 4×10^{14} Hz erstreckt, wurde 1800 zuerst durch den berühmten Astronomen Sir William Herschel (1738–1822) entdeckt. Das Infrarot (IR) wird oft in vier Bereiche unterteilt: das *nahe IR*, d.h. nahe dem Sichtbaren (780–3000 nm), das *mittlere IR* (3000–6000 nm), das *ferne IR* (6000–15000 nm) und das *extreme IR* (15000 nm–1.0 mm). Dies ist wieder eine ungenaue Einteilung, es gibt keine Allgemeingültigkeit in der Nomenklatur. Man kann Strahlungsenergie im langen Wellenextrem durch Verwendung von Mikrowellenoszillatoren oder Strahlungsquellen, d.h. Molekularoszillatoren, erzeugen. Jeder beliebige Stoff strahlt und absorbiert IR durch thermische Bewegung seiner einzelnen Moleküle.

Die Moleküle aller Objekte, deren Temperatur sich über dem absoluten Nullpunkt (−273° C) befindet, strahlen, wenn auch nur schwach, IR aus (siehe Abschnitt 13.2). Andererseits wird Infrarot in einem kontinuierlichen Spektrum von heißen Körpern, wie z.B. von Elektroheizgeräten, glühenden Kohlen und gewöhnlichen Heizungsradiatoren reichlich abgestrahlt. Etwa die Hälfte der elektromagnetischen Energie von der Sonne besteht aus IR, und eine gewöhnliche Glühbirne strahlt viel mehr IR als Licht aus. Wie alle warmblütigen Lebewesen sind wir ebenfalls Infrarotstrahler. Der menschliche Körper strahlt IR ziemlich schwach ab. Der Strahlungsbereich beginnt bei etwa 3000 nm, geht über die Spitze, die in der Nähe von 10000 nm liegt, und verliert sich dort ins extreme Infrarot und ist darüberhinaus vernachlässigbar. Diese Emission wird von den in der Dunkelheit verwendbaren Infrarotfernrohren sowie von einigen gefährlichen wärmesensitiven Schlangen (Grubenotter, Fam. Crota-

---

[16] Um elektromagnetische Wellen einer bestimmten Periodizität zu erzeugen, müßten elektrische Ladungen mit der gleichen Periodizität ihre Geschwindigkeit ändern. Dies kann durch eine Schwingung (Translation) oder durch eine Rotation geschehen. Für Mikrowellen läßt man daher die Elektronen entweder mittels eines oszillierenden elektrischen Feldes schwingen (Klystron) oder mittels der Lorentzkraft in einem magnetischen Feld kreisen (Magnetron); d.Ü.

lidae, und Boaschlange, Fam. Boidae) ausgenutzt, die nachts aktiv sind.

Ein Molekül kann neben der Rotationsbewegung verschiedenartig schwingen, wobei sich seine Atome relativ zueinander in verschiedene Richtungen bewegen. Das Molekül braucht nicht polar zu sein, und sogar ein lineares System, wie z.B. CO_2 hat drei Grundschwingungsarten und eine Anzahl Energieniveaus, von denen jede durch Photonen angeregt werden kann. Die damit verknüpften Schwingungsemissions- und Schwingungsabsorptionsspektren liegen in der Regel im IR-Bereich (1000 nm bis 0.1 mm). Viele Moleküle besitzen sowohl Resonanzen der Schwingung als auch der Drehung im IR und sind gute Absorber, was ein Grund dafür ist, daß man IR häufig irreführend als "Wärmestrahlung" bezeichnet — man braucht nur sein Gesicht ins Sonnenlicht zu halten und fühlt die sich ergebende Entstehung von Wärmeenergie.

Infrarote Strahlungsenergie wird im allgemeinen unter Verwendung eines Gerätes gemessen, das auf die Wärme reagiert, die bei der Absorption von IR durch eine geschwärzte Oberfläche erzeugt wird. Es gibt z.B. Thermo- und Bolometerdetektoren sowie pneumatische (z.B. Golay-Zellen) und pyroelektrische Detektoren. Diese hängen ihrerseits von den temperaturabhängigen Veränderungen der induzierten Spannung, des Widerstandes, des Gasvolumens beziehungsweise der permanenten elektrischen Polarisation ab. Der Detektor kann über eine Abtastvorrichtung mit einer Kathodenstrahlröhre verbunden werden, um ein fernsehähnliches Infrarotmomentbild zu erzeugen (Abb. 3.37). Photographische Filme, die für Teile des IR empfindlich sind, stehen auch zur Verfügung. Es gibt IR-Spionagesatelliten, die nach Raketenabschüssen Ausschau halten, IR-Resourcen-Satelliten, die Getreidekrankheiten suchen und IR-Astronomiesatelliten, die den Weltraum beobachten — von denen einer einen Materiering um den Stern Vega entdeckte (1983); es gibt Raketen, die IR-gelenkt Wärmestrahler aufspüren, IR-Laser und IR-Teleskope, mit denen man in den Himmel späht.

Kleine Unterschiede in den Temperaturen von Objekten und ihren Umgebungen führen zu charakteristischen IR-Emissionen, die auf verschiedenste Weise ausgenutzt werden kann (von der Feststellung eines Gehirntumors oder Brustkrebses bis zur Erkennung eines lauernden Einbrechers). Der CO_2-Laser wird häufig in der

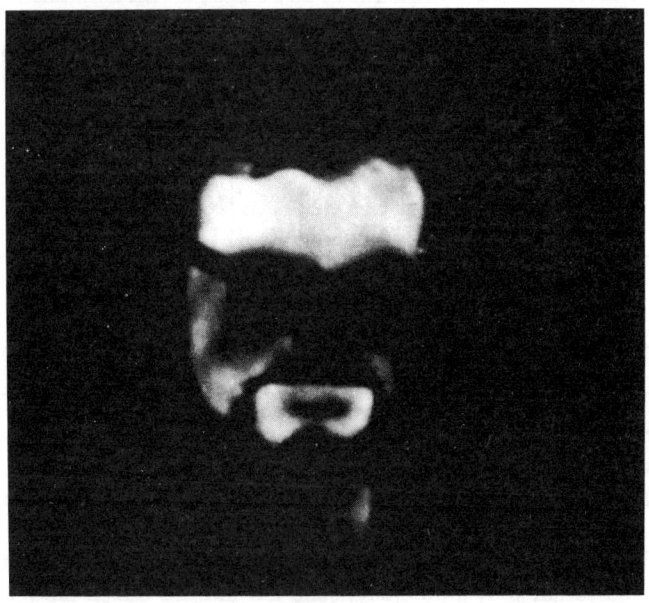

Abbildung 3.37 Wärmebild des Autors. Man beachte den kühlen Bart.

Industrie insbesondere bei dem Präzisionszuschnitt und der Wärmebehandlung verwendet, da er eine geeignete Quelle kontinuierlicher Leistung von 100 W und mehr ist. Seine Emissionen von extremem IR (18.3 μm – 23.0 μm) werden sofort vom menschlichen Gewebe absorbiert und machen den Laserstrahl zu einem wirksamen unblutigen Skalpell, das beim Schnitt kauterisiert (verschweißt).

3.6.4 Licht

Licht entspricht der elektromagnetischen Strahlung im schmalen Frequenzband von etwa 3.84×10^{14} Hz bis ungefähr 7.69×10^{14} Hz (Tabelle 3.2). Es wird im allgemeinen durch eine Umordnung der äußeren Elektronen von Atomen und Molekülen erzeugt (man sollte die Synchrotronstrahlung, die auf einem anderen Mechanismus beruht, nicht vergessen).[17]

In einem glühenden Stoff, einem heiß glühenden Me-

---

[17] Es besteht keine Notwendigkeit, das Licht vom Standpunkt der menschlichen Physiologie zu definieren. Im Gegenteil, es gibt einige Anhaltspunkte, die darauf hinweisen, daß dies keine sehr gute Idee wäre; siehe z.B. T.J. Wang, "Visual Response of the Human Eye to X Radiation", *Am. J. Phys.* **35**, 779 (1967).

Farbe	λ_0 (nm)	ν (THz)*
Rot	780–622	384–482
Orange	622–597	482–503
Gelb	597–577	503–520
Grün	577–492	520–610
Blau	492–455	610–659
Violett	455–390	659–769

* 1 Terahertz (THz) = 10^{12} Hz
1 Nanometer (nm) = 10^{-9} m

Tabelle 3.3 *Angenäherte* Frequenz- und Vakuumwellenlängenbereiche für die verschiedenen Farben.

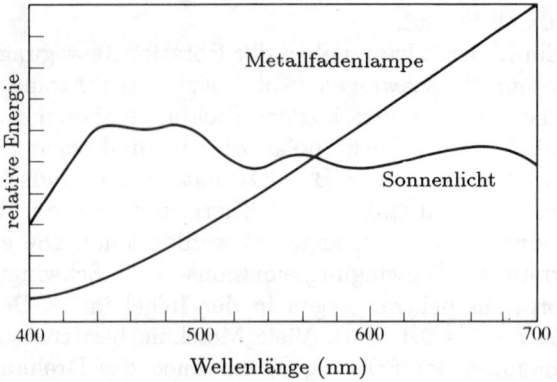

Abbildung 3.38 Ein Vergleich der Diagrammkurve für das Sonnenlicht mit der Kurve für das Licht einer Metallfadenlampe.

tallfaden oder im Sonnenfeuerball werden die Elektronen zufällig beschleunigt und stoßen häufig zusammen. Das sich ergebende breite Emissionsspektrum nennt man *Wärmestrahlung* und sie ist eine Hauptquelle des Lichts. Wenn wir im Unterschied dazu eine Röhre mit einem Gas füllen und eine elektrische Entladung durch sie leiten, werden die Atome darin angeregt und strahlen. Das emittierte Licht ist charakteristisch für die speziellen Energieniveaus jener Atome, und es setzt sich aus einer Serie genau definierter Frequenzbanden oder -linien zusammen. Solch ein Gerät nennt man eine Gasentladungsröhre. Besteht das Gas aus dem Krypton 86-Isotop, so sind die Linien besonders schmal (Kernspin von Null, deshalb keine Hyperfeinstruktur). Die orangerote Linie des Kr 86, dessen Wellenlänge im Vakuum 605.7802105 nm ist, hat eine Breite (bei halber Höhe) von nur 0.00047 nm oder etwa 400 MHz. Dementsprechend war sie die internationale Standardlänge (1650763.73 Wellenlängen sind gleich einem Meter). Die elektromagnetische Strahlung definiert auch als Bezugsnorm sowohl die Geschwindigkeit als auch die Zeit.

Newton faßte **weißes Licht** als Überlagerung aller Farben des sichtbaren Spektrums auf. Er erkannte, daß das Prisma nicht Farben durch Veränderung des weißen Lichtes in verschiedenen Graden erzeugt, wie man Jahrhunderte vorher geglaubt hatte. Stattdessen spaltet das Prisma das Licht in seine Farbbestandteile auf. Der Begriff *Weiß* scheint also von unserer Wahrnehmung des Tageslichtspektrums auf der Erde abzuhängen — einer breiten Frequenzverteilung, die im Violetten schneller als im Roten abfällt (Abb. 3.38). Das sensorische Feld der Großhirnrinde des Menschen, das für das Farbenerkennen verantwortlich ist, nimmt Weiß als eine breite Mischung von Frequenzen wahr, die im allgemeinen in jedem Teil die gleiche Energiemenge besitzt. Jenes Licht meinen wir, wenn wir in Zukunft von "weißem Licht" sprechen — gleich viel von jeder Farbe des Spektrums. Trotzdem erscheinen viele verschiedene Verteilungen mehr oder weniger weiß. Uns erscheint ein Blatt Papier unabhängig davon weiß, ob wir es im Licht einer Glühlampe oder im Freien beim Tageslicht sehen, obwohl jene Farbzusammensetzungen ganz anders sind. Es gibt viele Paare von Farblichtstrahlen (z.B. 656 nm — rot und 492 nm — blau), die die Weißempfindung erzeugen, und das Auge kann nicht immer ein Weiß von dem anderen unterscheiden; es kann das Licht nicht, wie das Ohr den Schall (siehe Abschnitt 7.7), in seine Frequenzen analysieren.

Farben sind die subjektiven physiologischen und psychologischen Reaktionen des Menschen, die hauptsächlich auf die verschiedenen Frequenzbereiche erfolgen, die von etwa 384 THz für Rot über Orange, Gelb, Grün und Blau bis Violett mit etwa 769 THz reichen (Tabelle 3.3). Die Farbe ist an sich keine Eigenschaft des Lichts, sondern eine Manifestation des elektrochemischen Sinneswahrnehmungssystems — Auge, Nerven, Hirn. Wir sollten statt "gelbes Licht" vielmehr präziser "Licht, das man als gelb sieht" sagen. Bemerkenswerterweise kann eine Vielfalt von verschiedenen Frequenzmischungen dieselbe Farbreaktion durch das sensorische Feld für das Farberkennen hervorrufen. Ein rotes Lichtstrahlenbündel (das ein Maximum z.B. bei 690 THz aufweist), das sich mit einem grünen Lichtstrahlenbündel (das ein Maximum z.B. bei 540 THz hat) überlagert, führt zur Wahrnehmung von *gelbem* Licht, obwohl es dort keine Frequenzen gibt, die zur sogenannten gelben Bande gehören. Offensichtlich bildet das sensorische Feld den Mittelwert der Eingabe und "sieht" Gelb (Abschnitt 4.4). Dies ist der Grund, warum ein Farbfernsehbildschirm mit nur drei Leuchtsubstanzen auskommt: Rot, Grün und Blau.

In einer Flut von hellem Sonnenlicht, in dem die Photonenflußdichte 10^{21} Photonen/m^2 s ist, können wir im allgemeinen erwarten, daß die Quantennatur des Energietransports gründlich verdeckt ist. In sehr schwachen Strahlenbündeln wird jedoch die Körnung deutlich, da die Photonen im sichtbaren Bereich ($h\nu \approx 1.6$ eV bis 3.2 eV) energiereich genug sind, um getrennte einzelne Effekte zu erzeugen. Die Forschung am menschlichen Auge zeigt, daß nur zehn und möglicherweise sogar schon *ein* Lichtphoton vom Auge wahrgenommen werden könnte.

3.6.5 Ultraviolett

Im Spektrum grenzt am Licht der ultraviolette Bereich an (ungefähr 8×10^{14} Hz bis etwa 3×10^{17} Hz), der von Johann Wilhelm Ritter (1776–1810) entdeckt wurde. Die Photonenenergien reichen darin von etwa 3.2 eV bis zu 1.2×10^3 eV. Ultraviolettstrahlen (UV-Strahlen) der Sonne haben daher mehr als genug Energie, um die Atome in der oberen Atmosphäre zu ionisieren und schaffen dabei die Ionosphäre. Diese Photonenenergien sind auch in der Größenordnung vieler chemischer Reaktionen; Ultraviolettstrahlen sind also für die Auslösung jener Reaktionen wichtig. Glücklicherweise absorbiert der Sauerstoff in der Atmosphäre bei der Bildung des Ozons (O_3) solares ultraviolettes Licht, das sonst tödlich wäre. Bei Wellenlängen, die kleiner als etwa 290 nm sind, ist UV keimtötend (d.h es tötet Mikroorganismen). Die teilchenartigen Aspekte der Strahlungsenergie treten bei höheren Frequenzen zunehmend in den Vordergrund.

Der Mensch kann Ultraviolett nicht gut sehen, da die Hornhaut besonders die kürzeren Wellenlängen und die Augenlinse oberhalb von 300 nm stark absorbiert. Jemand, dem seine Linse wegen eines grauen Stars entfernt wurde, kann UV ($\lambda > 300$ nm) sehen. Außer Insekten, wie der Honigbiene, können eine ganze Anzahl von anderen Kreaturen visuell auf UV reagieren. Zum Beispiel können Tauben Muster erkennen, die mit UV beleuchtet werden, und sie nutzen diese Fähigkeit aus, um ihren Flug selbst bei Bewölkung mit Hilfe der Sonne zu bestimmen.

Ein Atom emittiert ein UV-Photon, wenn ein Elektron von einem stark angeregten Zustand weit herunterspringt. Das äußere Elektron eines Natriumatoms kann z.B. zu immer höheren Energieniveaus angehoben werden, bis es sich schließlich bei 5.1 eV ganz und gar löst; dann ist das Atom ionisiert. Verbindet sich das Ion später mit einem freien Elektron, so fällt das Elektron mit größter Wahrscheinlichkeit in einer Reihe von Sprüngen schnell auf den Grundzustand, wobei jeder Sprung zu der Emission eines Photons führt. Das Elektron kann jedoch einen großen Sprung zum Grundzustand machen, wobei es ein einzelnes 5.1 eV-UV-Photon abstrahlt. Höherenergetisches UV kann dann erzeugt werden, wenn die inneren festgebundenen Elektronen eines Atoms angeregt werden.

Die einzelnen Valenzelektronen isolierter Atome können eine wichtige Quelle von Farblicht sein. Verbinden sich jedoch genau diese Atome zu Molekülen oder Festkörpern, so paaren sich die Valenzelektronen in dem Enstehungsprozeß der chemischen Bindungen, die den Gegenstand zusammenhalten. Folglich sind die Elektronen oft fester gebunden, und ihre molekular angeregten Zustände liegen im UV höher. Die Moleküle in der Atmosphäre, wie z.B. N_2, O_2, CO_2 und H_2O, besitzen genau diese Art von Elektronenresonanzen im UV (siehe Abschnitt 8.5).

Es gibt heute Filme für die Ultraviolettphotographie, UV-Mikroskope, UV-Himmelsteleskope auf der Erdumlaufbahn, UV-Synchrotronquellen und Ultraviolettlaser (Abb. 3.39).

3.6.6 Röntgenstrahlen

Röntgenstrahlen wurden 1895 mehr oder weniger zufällig durch Wilhelm Conrad Röntgen (1845–1923) entdeckt. Ihr Frequenzbereich reicht von 3×10^{17} Hz bis 5×10^{19} Hz. Röntgenstrahlen haben sehr kurze Wellenlängen; sie sind meistens kleiner als ein Atom. Ihre Photonenenergien (100 eV bis 0.2 MeV) sind groß genug für eine auffällige körnige Art der Wechselwirkung einzelner Röntgenstrahlquanten mit Materie, schon richtige Energiegeschosse. Ein besonders zweckmäßiger Mechanismus zur Erzeugung von Röntgenstrahlen ist die schnelle Ab-

Abbildung 3.39 Eine Ultraviolettphotographie der Venus, die von der *Mariner* 10-Raumsonde aufgenommen wurde.

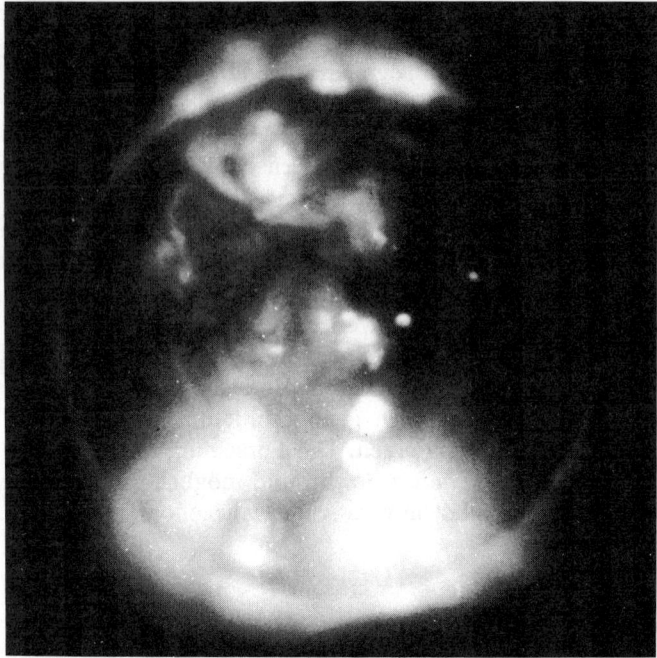

Abbildung 3.40 Ein Röntgenphoto der Sonne, das im März 1970 aufgenommen wurde. Der Rand des Mondes ist in der südöstlichen Ecke sichtbar. (Mit freundlicher Genehmigung von Dr. G. Vaiana und der NASA.)

bremsung von geladenen Hochgeschwindigkeitsteilchen. Die sich ergebende breitfrequente *Bremsstrahlung* (dieses deutsche Wort wird auch in der englischen Sprache verwendet) entsteht, wenn ein energiestarker Elektronenstrahl auf ein materielles Ziel, wie z.B. eine Kupferplatte, gefeuert wird. Zusammenstöße mit den Kupferatomkernen erzeugen Ablenkungen der Elektronen des Strahls, die ihrerseits Röntgenstrahlphotonen abstrahlen.

Die Atome des Targets können außerdem während des Beschusses ionisiert werden. Sollte dies durch die Abtrennung eines inneren Elektrons geschehen, das stark am Kern gebunden ist, so emittiert das Atom Röntgenstrahlen, wenn das Elektron in den Grundzustand zurückkehrt. Die sich ergebenden gequantelten Emissionen sind für das Targetatom charakteristisch und zeigen seine Energieniveaustruktur. Man bezeichnet die Emissionen dementsprechend als charakteristische Strahlung.

Das herkömmliche medizinische Röntgenogramm erzeugt im allgemeinen wenig mehr als ein einfaches Röntgenschattenbild und schon gar keine photographischen Bilder im üblichen Sinn; bisher war es nicht möglich, brauchbare Röntgenstrahllinsen herzustellen. Moderne Fokussierungsmethoden, bei denen Spiegel verwendet werden (siehe Abschnitt 5.4), haben eine neue Ära von Röntgenstrahlabbildungstechniken eingeleitet, die detaillierte Bilder von den verschiedensten Dingen erzeugen, von implodierenden Fusionskügelchen bis zu Röntgenquellen am Himmel, wie die Sonne (Abb. 3.40), entfernte Quasare und schwarze Löcher — Objekte, die Temperaturen von Millionen Grad haben, die vorwiegend im Röntgenbereich emittieren. Röntgenteleskope, die sich auf einer Erdumlaufbahn befinden, haben uns aufregende neue Bilder vom Universum gegeben. Es gibt Röntgenmikroskope, Pikosekundenröntgenschlierenkameras, Beugungsgitter und Interferometer für Röntgenstrahlen, und die Arbeiten an der Holographie mit Röntgenstrahlen dauern noch an. 1984 gelang einer Forschungsgruppe an der Lawrence Livermore National Laboratory die Erzeugung von Laserstrahlen mit einer Wellenlänge von 20.6 nm. Obwohl sie genau genommen im extrem Ultraviolett liegen, sind sie doch nahe genug am Röntgenbereich, so daß man ihn als ersten Röntgenlaser bezeichnen darf.

3.6.7 Gammastrahlen

Diese elektromagnetischen Wellen haben die höchste Energie (10^4 eV bis etwa 10^{19} eV), also die kleinste Wellenlänge. Sie werden durch Übergänge innerhalb des Atomkerns erzeugt. Ein einzelnes Gammastrahlphoton führt so viel Energie mit sich, daß es ohne Schwierigkeit nachgewiesen werden kann. Gleichzeitig ist seine Wellenlänge so klein, daß es nun äußerst schwierig ist, irgendwelche wellenähnliche Eigenschaften zu beobachten.

Wir haben einen vollständigen Zyklus von der wellenähnlichen Reaktion bei der Radiofrequenz bis zu dem teilchenähnlichen Verhalten des Gammastrahls durchlaufen. Irgendwo, nicht weit von dem (logarithmischen) Zentrum des Spektrums, befindet sich das Licht. Wie bei der gesamten elektromagnetischen Strahlung ist seine Energie gequantelt, doch was wir hier im besonderen "sehen", wird davon abhängen, wie wir "sehen".

Aufgaben

3.1 Betrachten Sie die ebene elektromagnetische Welle (in MKS), die durch die Ausdrücke $E_x = 0$, $E_y = 2\cos[2\pi \times 10^{14}(t - x/c) + \pi/2]$ und $E_z = 0$ gegeben ist.
a) Welche Frequenz, Wellenlänge, Bewegungsrichtung, Amplitude, Phasenkonstante und Polarisation hat die Welle?
b) Schreiben Sie einen Ausdruck für die magnetische Flußdichte.

3.2 Schreiben Sie einen Ausdruck für die E- und B-Felder, die eine ebene harmonische Welle bilden, die in die $+z$-Richtung wandert. Die Welle ist linear polarisiert, wobei ihre Schwingungsebene in 45° zur yz-Ebene liegt.

3.3* Berechnen Sie die Energie, die man benötigt, um einen parallelen Plattenkondensator durch Überführung der Ladung von einer Platte zur anderen aufzuladen. Wir nehmen an, daß sich die Energie im Feld zwischen den Platten befindet. Berechnen Sie die Energie pro Einheitsvolumen u_E von jenem Bereich, d.h. Gleichung (3.31). *Hinweis:* da das elektrische Feld beim Ladungsprozeß stärker wird, müssen Sie entweder das Integral bilden oder den mittleren Wert $E/2$ benutzen.

3.4 Das zeitliche Mittel der Funktion $f(t)$, das über ein Intervall T genommen wird, ist durch

$$\langle f(t) \rangle = \frac{1}{T} \int_t^{t+T} f(t')\,dt'$$

gegeben, wobei t' nur eine gebundene Variable ist. Zeigen Sie, wenn $\tau = 2\pi/\omega$ die Periode der harmonischen Funktion ist, daß

$$\langle \sin^2(\boldsymbol{k} \cdot \boldsymbol{r} - \omega t) \rangle = \frac{1}{2},$$

$$\langle \cos^2(\boldsymbol{k} \cdot \boldsymbol{r} - \omega t) \rangle = \frac{1}{2}$$

und

$$\langle \sin(\boldsymbol{k} \cdot \boldsymbol{r} - \omega t)\cos(\boldsymbol{k} \cdot \boldsymbol{r} - \omega t) \rangle = 0$$

ist, wenn $T = \tau$ und $T \gg \tau$.

3.5* Betrachten Sie eine linear polarisierte, ebene, elektromagnetische Welle, die in die $+x$-Richtung im freien Raum wandert und in der xy-Ebene schwingt. Wir nehmen an, daß ihre Frequenz 10 MHz und ihre Amplitude $E_0 = 0.08$ V/m ist.
a) Finden Sie die Periode und die Wellenlänge der Welle.
b) Schreiben Sie einen Ausdruck für $E(t)$ und $B(t)$.
c) Finden Sie die Flußdichte $\langle S \rangle$ der Welle.

3.6 Eine linear polarisierte, harmonische Welle mit einer skalaren Amplitude von 10 V/m breitet sich längs einer Linie in der xy-Ebene in 45° zur x-Achse aus, wobei die xy-Ebene ihre Schwingungsebene ist. Schreiben Sie einen Vektorausdruck, der die Welle beschreibt, wobei wir k_x und k_y als positiv annehmen. Berechnen Sie die Flußdichte für die sich im Vakuum befindende Welle.

3.7 Es sollen von einem Laser UV-Pulse emittiert werden, die jeweils eine Dauer von 2.00 ns und einen Strahlungsdurchmesser von 2.5 mm haben. Jeder Ausbruch soll eine Energie von 6.0 J mit sich führen.
(a) Bestimmen Sie von jedem Wellenzug die Länge im Raum.
(b) Finden Sie die mittlere Energie pro Einheitsvolumen für einen derartigen Puls.

3.8 Ein 1.0 mW-Laser hat einen Strahlungsdurchmesser von 2 mm. Berechnen Sie unter der Voraussetzung, daß die Divergenz des Strahls vernachlässigbar ist, seine Energiedichte in der Nähe des Lasers.

3.9* Ein Schwarm von Heuschrecken, der eine Dichte von 100 Insekten pro m³ hat, fliegt nach Norden mit einer Rate von 6 m/min. Wie groß ist die Flußdichte der Heuschrecken, d.h. wie viele durchqueren eine Fläche von 1 m² pro Sekunde, die senkrecht zu ihrem Flugweg ist?

3.10 Stellen Sie sich vor, daß Sie im Weg einer Antenne ständen, die ebene Wellen der Frequenz 100 MHz und der Flußdichte von 19.88×10^{-2} W/m² abstrahlt. Berechnen Sie die Photonenflußdichte, d.h. die Anzahl der Photonen pro Zeiteinheit und pro Fächeneinheit. Wie viele Photonen findet man im Durchschnitt in 1 m³ dieses Gebietes?

3.11* Wie viele Photonen werden pro Sekunde von einer 100 W gelben Glühbirne emittiert, wenn wir die Wärmeverluste als vernachlässigbar und eine quasimonochromatische Wellenlänge von 550 nm voraussetzen? In Wirklichkeit tritt nur etwa 2.5% der dissipierten Gesamtleistung als sichtbare Strahlung in einer gewöhnlichen 100 W Lampe hervor.

3.12 Durch eine gewöhnliche 3.0 V-Taschenlampe fließen etwa 0.25 A; sie wandelt ungefähr 1.0% der dissipierten Leistung in Licht ($\lambda \approx 550$ nm) um. Der Strahl soll anfänglich eine Querschnittsfläche von 10 cm² haben.
a) Wie viele Photonen werden pro Sekunde emittiert?
b) Wie viele Photonen verteilen sich auf dem Strahl pro Meter?
c) Wie groß ist die Flußdichte des Strahls, wenn er die Lampe verläßt?

3.13* Eine isotrope, quasimonochromatische Punktquelle strahlt mit einer Rate von 100 W. Wie groß ist die Flußdichte in einer Entfernung von 1 m? Wie groß sind die Amplituden der **E**- und **B**-Felder in jenem Punkt?

3.14 Zeigen Sie mit Verwendung von Energiesätzen, daß sich die Amplitude einer Zylinderwelle im umgekehrten Verhältnis zu $\sqrt{r}$ verändern muß! Zeichnen Sie ein Schaubild, das zeigt, was geschieht!

3.15* Wie groß ist der Impuls eines 10^{19} Hz Röntgenstrahlphotons?

3.16 Wir betrachten eine elektromagnetische Welle, die auf ein Elektron trifft. Man kann kinematisch leicht zeigen, daß der mittlere Wert der zeitlichen Änderungsrate des Elektronenimpulses **p** proportional zum mittleren Wert der zeitlichen Änderungsrate der Arbeit W ist, die die Welle am Elektron verrichtet. Insbesondere ist

$$\left\langle \frac{d\boldsymbol{p}}{dt} \right\rangle = \frac{1}{c} \left\langle \frac{dW}{dt} \right\rangle \hat{\imath}.$$

Diese Impulsänderung soll irgendeinem vollkommen absorbierenden Material verliehen werden. Zeigen Sie, daß dementsprechend der Strahlungsdruck durch die Gleichung (3.59) gegeben ist.

3.17* Leiten Sie einen Ausdruck für den Strahlungsdruck her, wenn das senkrecht einfallende Lichtstrahlenbündel totalreflektiert wird. Verallgemeinern Sie dieses Ergebnis für den Fall, daß der Strahl bezüglich der Normalen mit einem Winkel θ schräg einfällt.

3.18 Ein vollständig absorbierender Schirm empfängt 300 W Licht für 100 s. Berechnen Sie den gesamten Impuls, der auf den Schirm übertragen wird!

3.19 Der mittlere Betrag des Poyntingschen Vektors für Sonnenlicht, das gerade an der Erdatmosphäre ankommt (1.5×10^{11} m von der Sonne entfernt) beträgt etwa 1.4 kW/m².
a) Berechnen Sie den mittleren Strahlungsdruck auf einen Metallreflektor, der der Sonne zugekehrt ist.
b) Bestimmen Sie den mittleren Druck an der Sonnenoberfläche, deren Durchmesser 1.4×10^9 m ist.

3.20 Welche durchschnittliche Kraft wird auf die (40 m × 50 m) große, stark reflektierende flache Seite der Wand einer Raumstation ausgeübt, wenn sie beim Umlauf um die Erde der Sonne zugekehrt ist?

3.21 Eine Parabolradarantenne mit einem Durchmesser von 2 m sendet 200 kW-Energiepulse. Ihre Wiederholungsrate soll 500 Pulse pro Sekunde sein, und ein Puls soll jeweils 2 μs dauern. Bestimmen Sie den mittleren Reaktionsdruck auf die Antenne.

3.22 Stellen Sie sich die Notlage eines Astronauten vor, der im freien Raum mit nur einer 10 W Lampe (unerschöpflich mit Energie versorgt) schwebt. Welche Zeit benötigt er unter Ausnutzung der Strahlung als Antrieb, um eine Geschwindigkeit von 10 m/s zu erreichen? Seine Gesamtmasse ist 100 kg.

3.23 Betrachten Sie die sich gleichförmig bewegende Ladung, die in Abbildung 3.14 (b) dargestellt ist. Zeichnen Sie eine Kugel, die sie umgibt, und zeigen Sie mit Hilfe des Poyntingschen Vektors, daß die Ladung nicht strahlt.

3.24* Eine ebene, harmonische, linear polarisierte Lichtwelle hat eine elektrische Feldstärke, die durch

$$E_z = E_0 \cos \pi 10^{15} \left(t - \frac{x}{0.65c}\right)$$

gegeben ist, während sie in einem Stück Glas wandert. Finden Sie
a) die Frequenz des Lichts
b) ihre Wellenlänge
c) den Brechungsindex vom Glas.

3.25 Die Dielektrizitätskonstante von Wasser variiert von 88.00 bei 0° C bis zu 55.33 bei 100° C. Erklären Sie dieses Verhalten. Über denselben Temperaturbereich erstreckt sich der Brechungsindex (λ = 589.3 nm) von etwa 1.33 bis 1.32. Warum ist die Änderung von n so viel kleiner als die entsprechende Änderung von K_e?

3.26 Zeigen Sie, daß für Substanzen mit geringer Dichte, wie z.B. Gase, die eine einzige Resonanzfrequenz ω_0 haben, der Brechungsindex durch

$$n \approx 1 + \frac{Nq_e^2}{2\epsilon_0 m_e(\omega_0^2 - \omega^2)}$$

gegeben ist.

3.27* Im nächsten Kapitel (Gleichung (4.47)) werden wir feststellen, daß eine Substanz dann Strahlungsenergie stark reflektiert, wenn sich ihr Brechungsindex am stärksten vom Medium unterscheidet, in dem es sich befindet.
a) Die Dielektrizitätskonstante von Eis beträgt für Frequenzen im Mikrowellenbereich etwa 1, von Wasser etwa das 80-fache. Warum?
b) Warum läuft ein Radarstrahl leicht durch Eis, wird aber vom dichten Regen stark reflektiert?

3.28 Die Gleichung für einen angetriebenen, gedämpften Oszillator ist

$$m_e \ddot{x} + m_e \gamma \dot{x} + m_e \omega_0^2 x = q_e E(t).$$

a) Erklären Sie die Bedetung von jedem Term.
b) Es sei $E = E_0 e^{i\omega t}$ und $x = x_0 e^{i(\omega t - \alpha)}$, wobei E_0 und x_0 reelle Größen sind. Setzen Sie dies in die obere Gleichung ein, und zeigen Sie, daß

$$x_0 = \frac{q_e E_0}{m_e} \frac{1}{[(\omega_0^2 - \omega^2)^2 + \gamma^2 \omega^2]^{1/2}}.$$

c) Leiten Sie einen Ausdruck für die Phasennacheilung α her, und diskutieren Sie die Variationen von α, wenn ω von $\omega \ll \omega_0$ über $\omega = \omega_0$ bis $\omega \gg \omega_0$ läuft.

3.29 Fuchsin ist ein starker (Anilin) Farbstoff, der in einer Lösung mit Alkohol eine tiefe rote Farbe hat. Er erscheint rot, weil er den grünen Anteil des Spektrums absorbiert. (Wie Sie vielleicht erwarten, reflektieren die Oberflächen der Fuchsinkristalle das grüne Licht ziemlich stark.) Stellen Sie sich vor, sie hätten ein dünnwandiges hohles Prisma, das mit dieser Lösung gefüllt ist. Wie wird das Spektrum aussehen, wenn weißes Licht einfällt? Zufällig wurde die anomale Dispersion 1840 von Fox Talbot zuerst beobachtet, und Le Roux gab dem Effekt 1862 einen Namen. Seine Arbeit wurde prompt vergessen und acht Jahre später von C. Christiansen wiederentdeckt.

3.30 Stellen Sie sich vor, wir hätten eine nichtabsorbierende Glasplatte mit dem Index n und der Dicke Δy, die zwischen einer Quelle S und einem Beobachter P steht.
a) Zeigen Sie, falls die ungehinderte Welle (ohne vorhandene Platte) $E_u = E_0 \exp i\omega(t - y/c)$ lautet, daß der Beobachter mit vorhandener Platte eine Welle

$$E_p = E_0 \exp i\omega[t - (n-1)\Delta y/c - y/c]$$

sieht.
b) Zeigen Sie, daß

$$E_p = E_u + \frac{\omega(n-1)\Delta y}{c} E_u e^{-i\pi/2},$$

falls entweder $n \approx 1$ oder Δy sehr klein ist. Das zweite Glied auf der rechten Seite darf man sich als das Feld vorstellen, das von den Oszillatoren in der Glasplatte stammt.

3.31* Prüfen Sie an der Gleichung (3.70) die Einheiten, um sicher zu gehen, daß sie auf beiden Seiten übereinstimmen.

3.32 Die Resonanzfrequenz liegt für Bleiglas im UV ziemlich nahe am Sichtbaren, wohingegen sie für Quarzglas weit im UV liegt. Verwenden Sie die Dispersionsgleichung, um ein grobes Diagramm von n gegen ω für den sichtbaren Bereich des Spektrums anzufertigen.

3.33 Augustin Louis Cauchy (1789–1857) bestimmte eine empirische Gleichung für $n(\lambda)$ für Substanzen, die im Sichtbaren transparent sind. Sein Ausdruck entspricht der geometrischen Reihe

$$n = C_1 + C_2/\lambda^2 + C_3/\lambda^4 + \cdots,$$

wobei alle C-Werte konstant sind. Was ist die physikalische Bedeutung von C_1 mit Blick auf die Abbildung 3.27?

3.34 Stellen Sie bei der vorherigen Aufgabe fest, daß es zwischen jedem Paar Absorptionsbanden einen Bereich gibt, für den die Cauchy-Gleichung (mit einem neuen Satz Konstanten) geeignet ist. Untersuchen Sie die Abbildung 3.26: was können Sie über die verschiedenen Werte von C_1 sagen, wenn ω über das gesamte Spektrum abnimmt? Bestimmen Sie mit Hilfe der Abbildung 3.27 die annähernden Werte von C_1 und C_2 für Borsilikatkronglas im Sichtbaren, wobei Sie außer die ersten zwei Terme alle anderen wegfallen lassen.

3.35* Kristallquarz hat Brechungsindizes von 1.557 und 1.547 bei Wellenlängen von 410.0 beziehungsweise 550.0 nm. Berechnen Sie C_1 und C_2 bei alleiniger Verwendung der ersten zwei Terme der Cauchy-Gleichung, und bestimmen Sie den Brechungsindex von Quarz bei 610.0 nm.

3.36* 1871 leitete Sellmeier die Gleichung

$$n^2 = 1 + \sum_j \frac{A_j \lambda^2}{\lambda^2 - \lambda_{0j}^2}$$

her, wobei die A_j-Terme Konstanten sind, und alle λ_{0j} die Wellenlängen im Vakuum sind, zu der die Eigenfrequenzen ν_{0j} gehören, so daß $\lambda_{0j}\nu_{0j} = c$. Diese Formulierung ist eine erhebliche, praktische Verbesserung gegenüber der Cauchy-Gleichung. Zeigen Sie, daß für $\lambda \gg \lambda_{0j}$ die Cauchy-Gleichung eine Näherung der Sellmeier-Gleichung ist. *Hinweis:* schreiben Sie den oberen Ausdruck nur mit dem ersten Term der Summe; erweitern Sie ihn nach dem binomischen Satz; ziehen Sie die Wurzel aus n^2 und erweitern Sie nochmals.

3.37* Soll ein Ultraviolettphoton das Sauerstoff- und Wasserstoffatom im Kohlenmonoxidmolekül trennen, so muß es eine Energie von 11 eV dafür liefern. Wie groß ist die Minimalfrequenz der geeigneten Strahlung?

4 AUSBREITUNG DES LICHTES

4.1 Einführung

Wir betrachten nun eine Anzahl von Phänomenen, die mit der Ausbreitung des Lichts und seiner Wechselwirkung mit Materie in Verbindung stehen. Insbesondere werden wir die Eigenarten der Lichtwellen studieren, wenn sie durch verschiedene Substanzen fortschreiten, Grenzflächen durchqueren und dabei reflektiert und gebrochen werden. Meistenteils werden wir uns das Licht als eine klassische elektromagnetische Welle vorstellen, dessen Geschwindigkeit durch ein Medium von den elektrischen und magnetischen Eigenschaften des Stoffes abhängt. Es ist eine verblüffende Tatsache, daß viele fundamentale Wesensmerkmale der Optik auf den Wellenaspekten des Lichtes gegründet sind und doch vollständig unabhängig von der wahren Natur jener Welle sind. Wie wir sehen werden, erklärt dies die Langlebigkeit des *Huygensschen Prinzips*, das seinerzeit zur Beschreibung der mechanischen Ätherwellen und elektromagnetischen Wellen gedient hat und nun nach dreihundert Jahren auf die Quantenoptik anwendbar ist. Wir nehmen für den Augenblick an, daß eine Welle auf die Grenzfläche trifft, die zwei verschiedene Medien trennt (z.B. ein Glasstück in der Luft). Wie wir aus unseren alltäglichen Erfahrungen wissen, wird ein Teil der einfallenden Flußdichte in Form einer *reflektierten Welle* zurückgeleitet, während der Rest durch die Grenze als eine *gebrochene Welle* übertragen wird. Im submikroskopischen Maßstab stellen wir uns eine Ansammlung von Atomen vor, die die einfallende Strahlungsenergie streut. Die Art und Weise, in der sich diese emittierten Lichtwellen überlagern und sich miteinander verbinden, hängt von der räumlichen Verteilung der streuenden Atome ab. Wie wir aus dem vorhergehenden Kapitel wissen, ist der Streuprozeß sowohl für den Brechungsindex als auch für die resultierenden *reflektierten* und *gebrochenen* Wellen verantwortlich. Diese atomistische Beschreibung ist theoretisch völlig zufriedenstellend, obwohl es nicht ganz einfach ist, sie analytisch zu behandeln. Sie sollte jedoch im Auge behalten werden, selbst wenn man makroskopische Verfahren anwendet, wie wir es in der Tat später tun werden.

Wir versuchen nun, die allgemeinen Grundgesetze festzulegen oder wenigstens zu beschreiben, die die Ausbreitung, Reflexion und Brechung des Lichts beherrschen. Im Prinzip ist es möglich, den Strahlungsverlauf der Energie durch ein beliebiges System mittels der Maxwell-Gleichungen und der Rand- und Anfangsbedingungen zu verfolgen. In der Praxis ist dies jedoch oft eine unpraktische, wenn nicht eine unmögliche Aufgabe (siehe Abschnitt 10.1). Und so werden wir einen etwas anderen Weg nehmen, anhalten, wenn angebracht, um zu verifizieren, daß unsere Ergebnisse in Übereinstimmung mit der elektromagnetischen Theorie sind.

4.2 Die Gesetze der Reflexion und Brechung

4.2.1 Das Huygenssche Prinzip

Wir erinnern uns, daß eine Wellenfront eine Fläche ist, auf der die Elongation (die Phase) überall gleich ist. Als

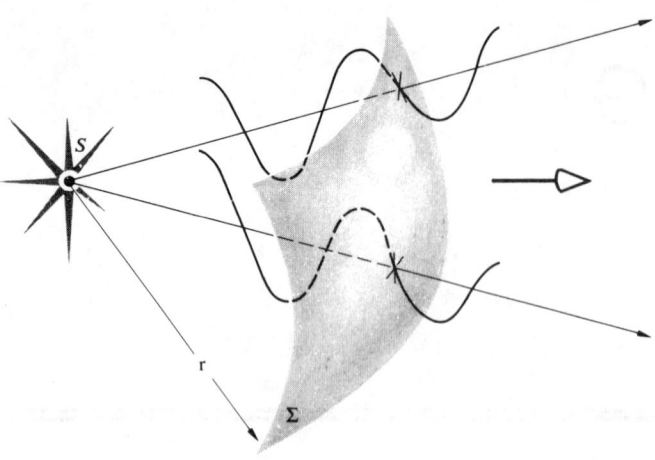

Abbildung 4.1 Ein Ausschnitt einer Kugelwelle.

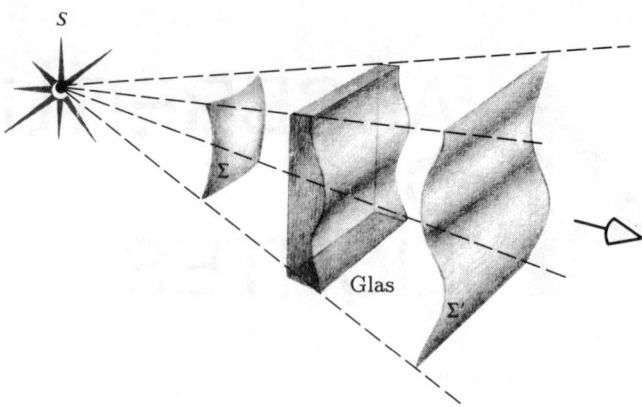

Abbildung 4.2 Verformung eines Teils einer Wellenfront beim Durchgang durch einen Stoff ungleichmäßiger Dicke.

eine Veranschaulichung zeigt Abbildung 4.1 einen kleinen Ausschnitt einer sphärischen Wellenfront Σ, die von einer monochromatischen Punktquelle S in einem homogenen Medium ausgestrahlt wird. Hat die hier dargestellte Wellenfront einen Radius r, so wird er zu einer späteren Zeit t einfach $(r+vt)$ sein, wobei v die Phasengeschwindigkeit der Welle ist. Wir nehmen jedoch stattdessen an, daß das Licht durch eine ungleichförmige Glasplatte wie in Abbildung 4.2 hindurchgeht, so daß die Wellenfront verformt wird. Wie können wir ihre neue Form Σ' bestimmen? Oder, wie wird Σ' zu einem späteren Zeitpunkt aussehen, falls sich das Licht danach ungehindert ausbreiten kann?

Ein einleitender Schritt in Richtung zu einer Lösung dieses Problems erschien 1690 gedruckt mit dem Titel *Traité de la Lumière*, zwölf Jahre früher von dem holländischen Physiker Christiaan Huygens geschrieben. Hier hat er formuliert, was seitdem als das **Huygenssche Prinzip** bekannt geworden ist, daß *jeder Punkt auf einer primären Wellenfront als der Ursprung von kugelförmigen sekundären Elementarwellen dient, so daß die primäre Wellenfront zu einer späteren Zeit die Einhüllende dieser Elementarwellen ist. Ferner schreiten die Wellen mit einer Geschwindigkeit und Frequenz fort, die gleich denen der Primärwelle in jedem Punkt im Raum sind.* Ist das Medium homogen, so dürfen die Elementarwellen mit endlich großen Radien konstruiert werden, wohingegen sie infinitesimale Radien bekommen

müssen, wenn das Medium inhomogen ist. Abbildung 4.3 sollte dies alles klar machen; sie zeigt sowohl eine Ansicht einer Wellenfront Σ als auch eine Anzahl von kugelförmigen, sekundären Elementarwellen, die sich nach einer Zeit t zu einem Radius vt ausgebreitet haben. Von der Einhüllenden aller dieser Wellen wird dann behauptet, daß sie der fortschreitenden Primärwelle Σ' entspricht. Man kann sich den Prozeß leicht vom Standpunkt mechanischer Schwingungen eines elastischen Mediums vorstellen. In der Tat stellte sich Huygens den Prozeß innerhalb des Zusammenhangs eines alles durchdringenden Äthers so vor, wie es aus dieser seiner Erläuterung deutlich wird:

> Wir müssen beim Studium der Ausbreitung dieser Wellen noch berücksichtigen, daß jedes Materieteilchen, in dem sich eine Welle fortbewegt, nicht nur seine Bewegung seinem Nachbarteilchen übermittelt, das auf der geraden Linie liegt, die vom leuchtenden Punkt gezogen wurde, sondern daß es notwendigerweise auch allen anderen Teilchen eine Bewegung gibt, die es berühren, und die sich seiner Bewegung entgegenstellen. Als Folge entsteht um jedes Teilchen eine Welle, von der dieses Teilchen ein Zentrum ist.

Wir können diese Vorstellungen auf zwei verschiedenen Niveaus verwenden: In der Behandlung der Beugungstheorie dient eine mathematische Darstellung der Elementarwellen als die Grundlage für ein wertvolles analytisches Verfahren. Benutzt man es, so ist man in der Lage, das Fortschreiten einer Primärwelle über alle Arten von Öffnungen und Hindernissen hinaus durch eine mathematische Zusammenfassung der Elementarwellenbeiträge durchzurechnen. Im Gegensatz dazu stellt Ab-

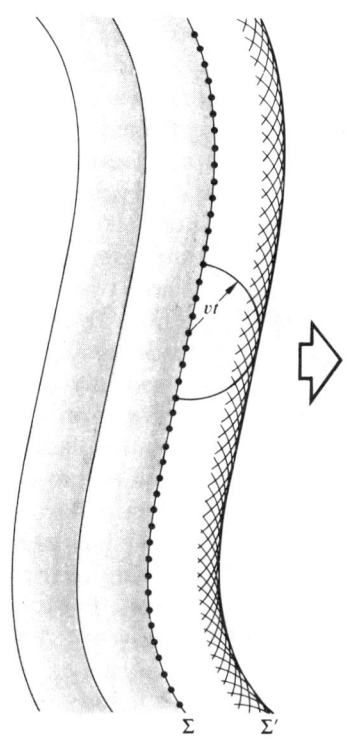

Abbildung 4.3 Die Fortpflanzung einer Wellenfront über das Huygenssche Prinzip.

bildung 4.3 eine graphische Anwendung der wesentlichen Vorstellungen dar, die man ebenfalls das Huygenssche Prinzip nennt. Momentan beschränken wir uns auf die letztere Methode.

Bis jetzt haben wir das Huygenssche Prinzip ohne irgendeine Rechtfertigung oder einen Beweis seiner Gültigkeit dargelegt. Wie wir sehen werden (Kapitel 10), veränderte Fresnel im 19. Jahrhundert erfolgreich das Huygenssche Prinzip etwas. Ein wenig später zeigte Kirchhoff, daß das *Fresnel-Huygens-Prinzip* eine unmittelbare Folge der Wellendifferentialgleichung (2.59) ist, wodurch er es auf eine feste mathematische Grundlage stellte. Daß es eine Notwendigkeit für eine kleine Umformulierung des Prinzips gab, ist aus Abbildung 4.3 einleuchtend, wo wir täuschend nur halbkugelförmige Elementarwellen zeichneten. Hätten wir sie als Kugeln gezeichnet, so erschiene dort eine *rückläufige Welle*, die sich gegen die Quelle bewegen würde — etwas, was nicht beobachtet wird. Da sich Fresnel und Kirchhoff dieser Schwierigkeit theoretisch annahmen, werden wir durch sie nicht gestört sein. Wir werden sie eigentlich nur völlig vernachlässigen, wenn wir das Huygenssche Prinzip anwenden.[1]

Das Huygenssche Prinzip paßt ziemlich genau zu unserer früheren Erörterung der atomaren Streuung von Strahlungsenergie. Jedes Atom, das mit einer einfallenden primären Wellenfront wechselwirkt, kann als eine Punktquelle von gestreuten sekundären Elementarwellen betrachtet werden. Die Dinge sind nicht ganz so klar, wenn wir das Prinzip auf die Ausbreitung von Licht im Vakuum anwenden. Es ist jedoch hilfreich, daran zu denken, daß in jedem Punkt im leeren Raum auf der primären Wellenfront sowohl ein zeitlich variierendes *E*-Feld als auch ein zeitlich variierendes *B*-Feld existieren. Beide erzeugen ihrerseits neue Felder, die von jenem Punkt auslaufen; d.h. jeder Wellenpunkt auf der Wellenfront entspricht einem physikalischen Streuzentrum.

4.2.2 Das Snelliussche Brechungsgesetz und das Reflexionsgesetz

Die Grundgesetze der Reflexion und Brechung können auf verschiedene Art und Weise hergeleitet werden. Die erste Methode, die hier angewendet werden soll, gründet auf dem Huygensschen Prinzip. Wir wollen jedoch im Augenblick gleichermaßen die Methode einüben als auch zu bestimmten Endergebnissen gelangen. Das Huygenssche Prinzip liefert eine äußerst brauchbare und einfache Möglichkeit der Analyse und Vorstellung von einigen komplizierten Ausbreitungsproblemen, wie z.B. von jenen, bei denen anisotrope Medien (Abschnitt 8.4.1) oder Beugungseffekte (Kapitel 10) vorkommen. Daher ist es für uns vorteilhaft, etwas Übung in der Anwendung der Technik zu gewinnen, selbst wenn sie nicht das eleganteste Verfahren zur Herleitung der angestrebten Gesetze ist.

---

1) Die Stärke der Quelle (der Elementarwelle) ist proportional der Amplitude der ankommenden Welle ...; Der Proportionalitätsfaktor ist jedoch in dieser intuitiven Formulierung des Huygensschen Prinzips nicht bekannt. Es muß auch angenommen werden, daß die Kugelwelle nicht nach allen Seiten gleich stark ausgestrahlt wird; in welcher Weise, steht bei Huygens noch nicht fest, lediglich, daß nach rückwärts, also der ankommenden Welle entgegen, nichts, und nach vorne am meisten ausgestrahlt wird. (dtv-Lexikon der Physik, München 1970, Bd. 4, p. 155); d.Ü.

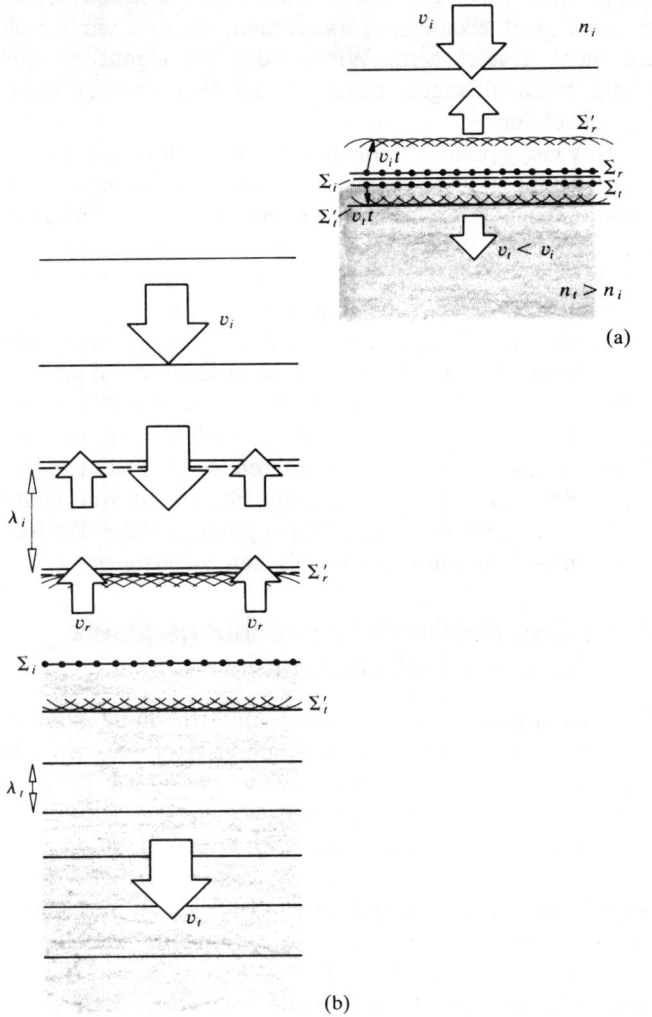

Abbildung 4.4 Eine monochromatische ebene Welle, die nach unten auf ein homogenes, isotropes Medium mit dem Brechungsindex n_t trifft. Σ_i, Σ_r und Σ_t sollten sich eigentlich überdecken.

Die Abbildung 4.4 zeigt eine monochromatische ebene Welle, die senkrecht nach unten auf die glatte Grenzfläche trifft, die zwei homogene transparente Medien trennt. Kommt eine einfallende Welle mit der Grenzfläche in Kontakt, so darf man sie sich in zwei Wellen aufgespalten vorstellen: wir beobachten eine Welle, die nach oben reflektiert wird, und eine, die nach unten durchgelassen wird. Betrachten wir eine einfallende Wellenfront Σ_i, die mit der Grenzfläche zusammenfällt und sich in Σ_r und Σ_t

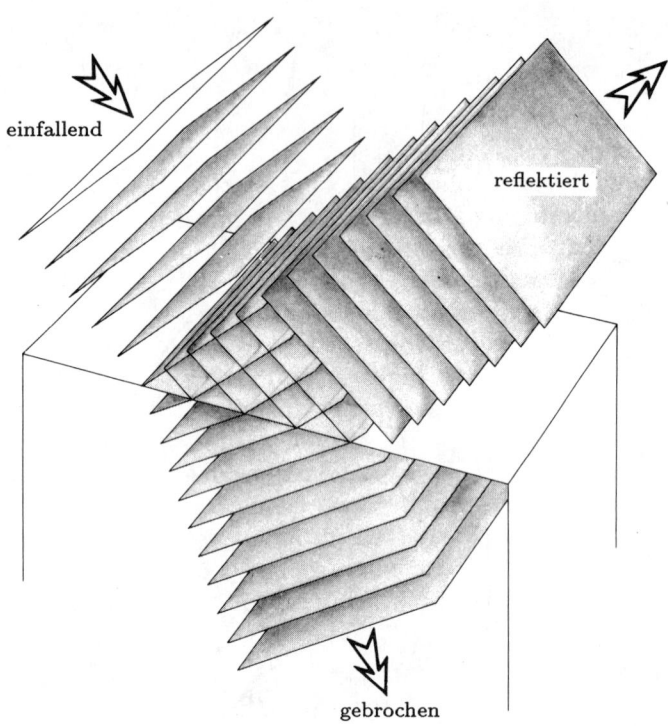

Abbildung 4.5 Reflexion und Brechung von ebenen Wellen.

aufspaltet, die beide ebenso mit der Grenzfläche zusammenfallen, so können wir das Huygenssche Prinzip anwenden. Jeder Punkt auf Σ_r dient als eine Quelle von sekundären Elementarwellen, die mehr oder weniger nach oben ins Einfallsmedium mit einer Geschwindigkeit v_i wandern. Nach einer Zeit t schreitet die Front einen Abstand $v_i t$ weiter und erscheint als Σ_r'. Ebenso dient jeder Punkt auf der sich nach unten bewegenden Front Σ_t als Quelle von Elementarwellen, die sich im wesentlichen mit einer Geschwindigkeit v_t nach unten bewegen. Nach einer Zeit t erscheint die durchgelassene Front in einem Abstand $v_t t$ unten als Σ_t'.

Der Prozeß wiederholt sich mit der Frequenz der einfallenden Welle.[2] Die Medien sollen nach Vorausset-

---

[2] Dies setzt Licht mit einer nicht außerordentlich großen Flußdichte voraus, so daß die Felder nicht enorm stark sind. Mit dieser Annahme verhält sich das Medium linear, wie es meistens der Fall ist. Im Gegensatz dazu können beobachtbare Oberwellen erzeugt werden, wenn man die Felder stark genug macht (Abschnitt 14.4).

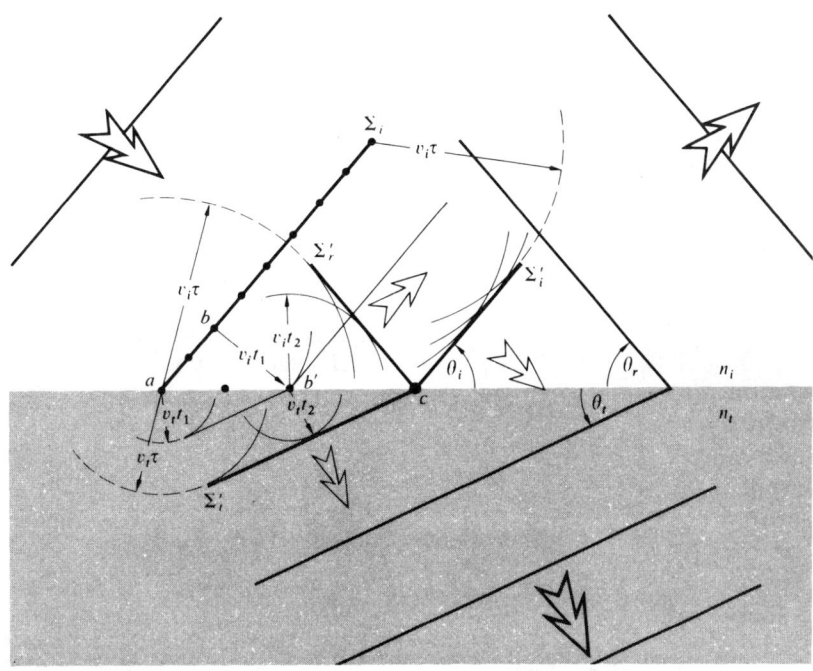

Abbildung 4.6 Reflexion und Brechung an einer Grenzfläche über das Huygenssche Prinzip.

zung linear reagieren, so daß die reflektierten und durchgelassenen Wellen jene gleiche Frequenz (und Periode) wie alle sekundären Elementarwellen besitzen. Unter der Voraussetzung, daß $n_t > n_i$, folgt $c/v_t > c/v_i$.[3] Also ist $v_t < v_i$ und die Wellenlänge (die Abstände zwischen Wellenfronten, die in aufeinanderfolgenden Intervallen von τ gezeichnet werden) sind derart, daß $\lambda_i > \lambda_t$ und $\lambda_i = \lambda_r$, wie in Abbildung 4.4. (b) dargestellt. Die ankommende ebene Welle steht senkrecht zur Grenzfläche, und die Symmetrie erzeugt sowohl die reflektierte als auch die durchgelassene ebene Welle, die ebenfalls senkrecht von der Grenzfläche abwandert.

Wir nehmen nun an, daß die einfallende Welle, wie in der Abbildung 4.5, in einem anderen Winkel ankommt. Wieder überstreicht die Welle die Grenzfläche und spaltet sich in zwei Wellen auf: eine reflektierte und eine gebrochene. Wir wollen den Verlauf einer typischen Front in der Abbildung 4.6 verfolgen und stellen uns vor, daß das Schaubild aus einer Reihe von Einzelbildern zusammengesetzt ist, die in aufeinanderfolgenden Zeitintervallen τ erstellt wurden. Wir beginnen, wenn Σ_i mit der Grenzfläche im Punkt a in Berührung kommt. Von jenem Punkt geht sowohl die reflektierte als auch die durchgelassene Wellenfront aus. So darf man den Punkt a, der auf beiden Fronten liegt, als eine Quelle sowohl für eine nach oben emittierte Elementarwelle, die mit einer Geschwindigkeit v_i wandert, als auch für eine nach unten emittierte Elementarwelle betrachten, die mit einer Geschwindigkeit v_t wandert. Nun betrachten wir den Punkt b auf Σ_i.

Nach einer Zeit t_1 hat sich die Ebene Σ_i um die Strecke $v_i t_1$ im Eintrittsmedium weiterbewegt, so daß dann b dem Punkt b' entspricht. Nach Voraussetzung breitet sich dann eine Elementarwelle von b' sowohl in das Eintrittsmedium als auch in das brechende Medium aus, die zur reflektierten Wellenfront Σ'_r und zur Brechungswellenfront Σ'_t einen Beitrag leisten. Diese Elementarwellen sind hier nach einer Zeit t_2 gezeigt, wobei $\tau = t_1 + t_2$ ist. Der Rest des Schaubildes sollte unmittelbar verständlich sein. Abbildung 4.7 ist eine etwas verein-

---

[3] Index i für *incidence*, t für *transmittance*.

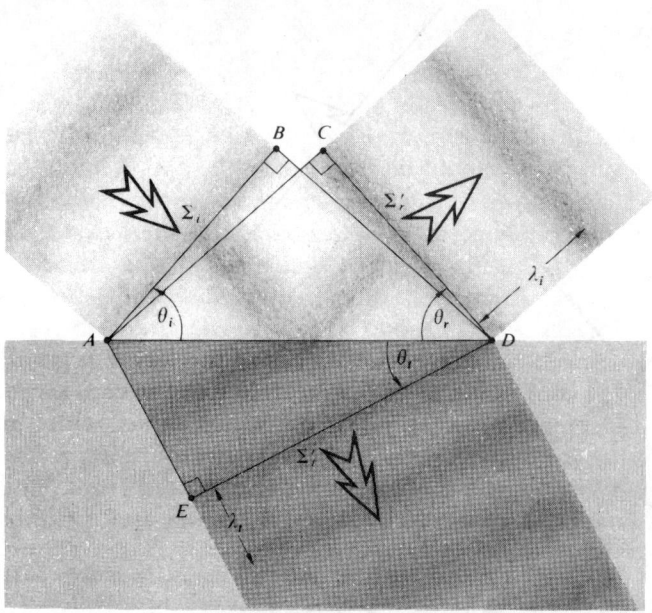

Abbildung 4.7 Reflektierte und transmittierte Wellenfronten in einem bestimmten Zeitpunkt.

fachte Darstellung, in der θ_i, θ_r und θ_t wie zuvor jeweils die *Einfalls-, Reflexions- und Brechungswinkel* sind. Man beachte, daß

$$\frac{\sin\theta_i}{\overline{BD}} = \frac{\sin\theta_r}{\overline{AC}} = \frac{\sin\theta_t}{\overline{AE}} = \frac{1}{\overline{AD}}. \qquad (4.1)$$

Durch den Vergleich mit Abbildung 4.6 sollte es klar sein, daß

$$\overline{BD} = v_i t, \quad \overline{AC} = v_i t, \quad \overline{AE} = v_t t$$

ist, und so erhalten wir durch Substitution in die Gleichung (4.1) und durch Kürzen von t

$$\frac{\sin\theta_i}{v_i} = \frac{\sin\theta_r}{v_i} = \frac{\sin\theta_t}{v_t}. \qquad (4.2)$$

Es folgt dann aus den ersten zwei Gliedern, daß **der Einfallswinkel gleich dem Reflexionswinkel ist**, d.h.

$$\theta_i = \theta_r. \qquad (4.3)$$

Es ist unter der Bezeichnung **Reflexionsgesetz** bekannt und erschien zuerst in dem Buch mit dem Titel *Catoptrics*, von dem man behauptet, daß Euklid es geschrieben habe.

Die ersten und letzten Glieder von Gleichung (4.2) liefern

$$\frac{\sin\theta_i}{\sin\theta_t} = \frac{v_i}{v_t} \qquad (4.4)$$

oder, da $v_i/v_t = n_t/n_i$ ist,

$$n_i \sin\theta_i = n_t \sin\theta_t. \qquad (4.5)$$

Dies ist das sehr wichtige **Brechungsgesetz**, dessen physikalische Folgen, soweit es bekannt ist, achtzehnhundert Jahre studiert worden sind. Auf der Grundlage einiger sehr genauer Beobachtungen versuchte Claudius Ptolemaios von Alexandrien erfolglos, den Ausdruck aufzuspüren. Kepler hatte 1604 in seinem Buch *Im Anschluß an die Optik des Witelo*[4] beinahe Erfolg in der Herleitung des Brechungsgesetzes. Unglücklicherweise war er durch einige falsche Angaben irregeführt, die vorher von Witelo (ca. 1270) zusammengestellt wurden. Die richtige Beziehung scheint unabhängig voneinander durch Snellius[5] an der Universität von Leyden und den französischen Mathematiker Descartes erreicht worden zu sein.[6] Gleichung (4.5) wird allgemein als **Snelliussches Brechungsgesetz** bezeichnet. Man beachte, daß es in die Form

$$\frac{\sin\theta_i}{\sin\theta_t} = n_{ti} \qquad (4.6)$$

umgeschrieben werden kann, wobei $n_{ti} \equiv n_t/n_i$ das Verhältnis der absoluten Brechungsindizes ist. Mit anderen Worten, es ist der *relative Brechungsindex der zwei Medien*. Es ist aus der Abbildung 4.5 evident, in der $n_{ti} < 1$, d.h. $n_t > n_i$ und $v_i > v_t$ ist, daß $\lambda_i > \lambda_t$ ist, während das Gegenteil richtig wäre, wenn $n_{ti} > 1$ ist.

Einen Punkt der obigen Behandlung sollten wir etwas genauer diskutieren. Wir nahmen an, daß jeder Punkt auf der Grenzfläche, wie z.B. c in Abbildung 4.6, mit einem bestimmten Punkt auf der einfallenden, reflektierten und durchgelassenen Welle zusammenfällt.

---

4) Witelo (früher auch unter Vitellio oder Vitello bekannt) (ca. 1220–1275) ist der Urheber eines damals geachteten optischen Werkes, auf das sich Kepler in seiner lat. Originalschrift *Ad Vittellionem paralipomena ...* bezieht und die F. Plehn 1922 ins Deutsche übersetzte; d.Ü.
5) Dies ist die weitverbreitetste Schreibweise, obwohl Snel wahrscheinlich richtiger ist.
6) Für einen detaillierten Entwicklungsgang siehe Max Herzberger, "Optics from Euclid to Huygens", *Appl. Opt.* **5**, 1383 (1966).

Mit anderen Worten, es gibt eine feste Phasenbeziehung zwischen allen Wellen in den Punkten a, b, c usw. Während die einfallende Front die Grenzfläche überstreicht, ist jeder Punkt auf der Wellenfront beim Kontakt mit der Grenzfläche auch ein Punkt sowohl auf einer entsprechenden, reflektierten als auch durchgelassenen Front. Diese Situation bezeichnet man als die *Kontinuität der Wellenfront*. Wir werden sie in einer mathematisch strengeren Abhandlung im Abschnitt 4.3.1 behandeln. Interessanterweise hat Sommerfeld[7] gezeigt, daß die Reflexions- und Brechungsgesetze (unabhängig von der Art der beteiligten Welle) direkt von der Bedingung der Kontinuität der Wellenfront ohne Anwendung des Huygensschen Prinzips hergeleitet werden können. Die Lösung der Aufgabe 4.9 zeigt dies ebenso.

Eine physikalisch viel ansprechendere Betrachtung des gesamten Prozesses ist in der Abbildung 4.8 dargestellt. Hier überstreicht eine elektromagnetische Welle, deren Wellenlänge λ einige tausendmal größer als der Abstand zwischen den Atomen ($d \approx 0.1$ nm) ist, die Grenzfläche. Jedes Atom wird nacheinander zur Schwingung angeregt und streut eine Elementarwelle. Die Neigung der einfallenden Welle bestimmt ihrerseits die Phasenverzögerung zwischen dem Streuvorgang jedes Atoms (siehe für die Einzelheiten den Abschnitt 10.1.3). Die Wellenfront, die von C nach D läuft, setzt sich aus Elementarwellen zusammen, die in Phase ankommen, sich überlagern und konstruktiv interferieren. Da jeder Punkt auf der einfallenden Front (die in Abb. 4.7 von A bis B reicht) dieselbe Phase besitzt, sind die Abstände, falls $\overline{AC} = \overline{BD}$, die durchlaufen werden, und deshalb die Phasen der Elementarwellen, die in C und D ankommen, gleich. Dies trifft für die ganze Wellenfront gleichermaßen zu. Nach den Gesetzen der Geometrie kann dies nur bei einer reflektierten Wellenfront vorkommen, die sich in eine Richtung fortpflanzt, für die $\theta_i = \theta_r$. Dieses Bild von gestreuten, sich interferierenden Elementarwellen ist im Prinzip eine atomare Darstellung des Fresnel-Huygens-Prinzips.

Obwohl theoretisch alle Dipole im Medium ihren Beitrag zur reflektierten Welle leisten, ist der dominierende Effekt eine Folge einer Oberflächenschicht, die nur $1/2\lambda$ dick ist und trotzdem einige tausend Atome in der Tiefe

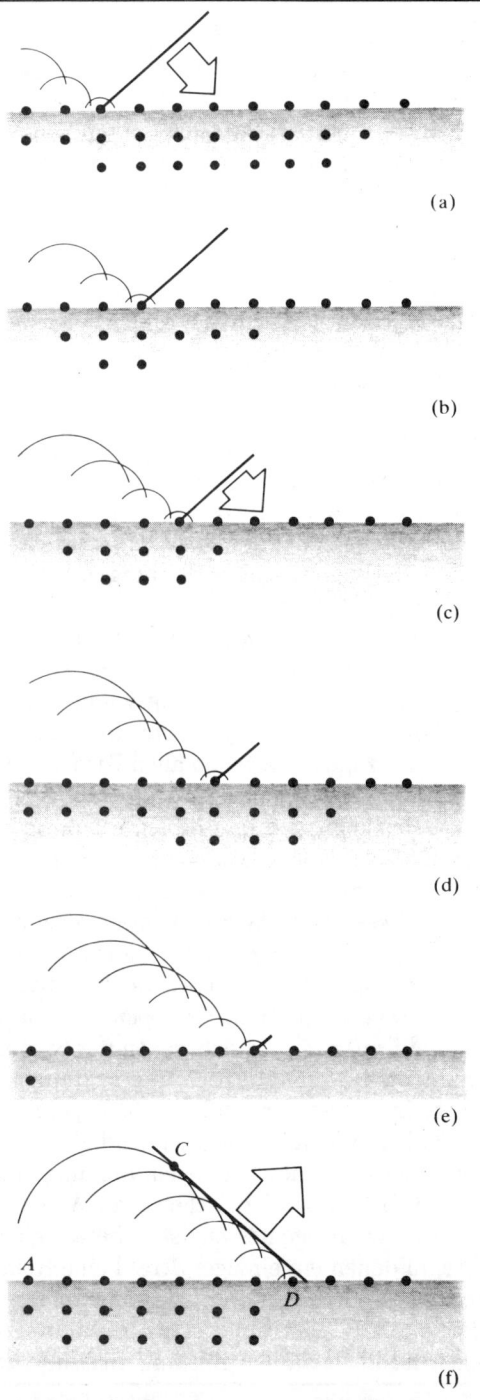

Abbildung 4.8 Die Reflexion einer Welle als Ergebnis der Streuung.

---

[7] A. Sommerfeld, Optik. Siehe auch J.J. Sein, *Am. J. Phys.* **50**, 180 (1982).

enthält. Außerdem gilt die Bedingung, daß nur ein Strahl reflektiert wird, wenn $\lambda \gg d$; dies wäre weder bei Röntgenstrahlen der Fall, bei denen $\lambda \approx d$ ist und als Folge mehrere gestreute Strahlen entstehen, noch bei einem Beugungsgitter, bei dem der Abstand zwischen den Streuzentren wieder mit λ vergleichbar ist und mehrere reflektierte und durchgelassene Strahlen erzeugt werden. Ähnlich läßt sich für den Streuprozeß argumentieren, der die Brechungswelle und das Snelliussche Gesetz zur Folge hat. Dies wird in der Aufgabe 4.11 nachgewiesen.

4.2.3 Lichtstrahlen

Der Begriff Lichtstrahl wird für uns das ganze Optikstudium hindurch von bleibendem Interesse sein. *Ein* **Strahl** *ist eine Linie, die entsprechend der Flußrichtung der Strahlungsenergie im Raum gezogen wird.* An sich ist er eher eine mathematische Erfindung als eine physikalische Größe. In der Praxis kann man sehr schmale *Lichtstrahlenbündel* oder *Lichtbüschel* (wie z.B. einen Laserstrahl) erzeugen, und wir dürfen uns einen Strahl als Ergebnis einer Grenzwertbildung vorstellen. Man denke daran, daß in einem *isotropen Medium*, d.h. in einem Medium, dessen Eigenschaften in allen Richtungen dieselben sind, *Strahlen orthogonale Trajektorien der Wellenfronten sind*. Das heißt, *sie sind Linien, die in jedem Schnittpunkt senkrecht zu den Wellenfronten stehen.* Offensichtlich *ist ein Strahl in solch einem Medium parallel zum Ausbreitungsvektor k*. Wie man wohl vermutet, gilt dies in *anisotropen* Substanzen nicht, deren weitere Betrachtung wir bis später verschieben (siehe Abschnitt 8.4.1). *Innerhalb von homogenen isotropen Stoffen sind Strahlen gerade Linien*, da sie sich wegen der Symmetrie nicht in irgendeine bevorzugte Richtung krümmen können, es gibt dort keine. Ferner muß als ein Ergebnis der Tatsache, daß die Fortpflanzungsgeschwindigkeit in allen Richtungen innerhalb eines gegebenen Mediums identisch ist, der räumliche Abstand zwischen zwei Wellenfronten, der längs des Strahls gemessen ist, überall gleich sein.[8] Punkte, in denen ein einziger Strahl eine Reihe von Wellenfronten durchschneidet, nennt man *korrespondierende Punkte*, wie z.B. A, A' und A'' in Abbildung 4.9. *Offensichtlich ist der zeitliche Abstand zwischen zwei beliebi-*

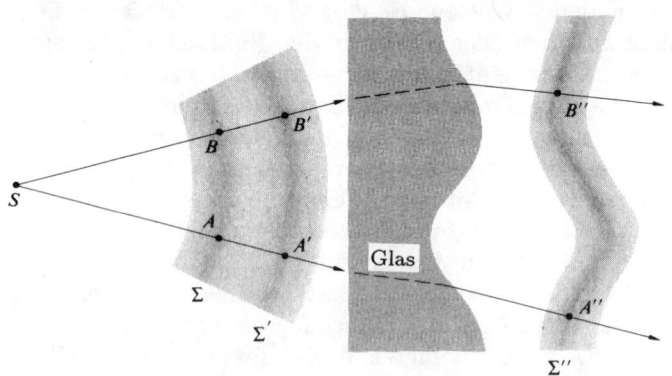

Abbildung 4.9 Wellenfronten und Strahlen.

gen korrespondierenden Punkte auf zwei beliebigen aufeinanderfolgenden Wellenfronten identisch. Mit anderen Worten, falls sich die Wellenfront Σ nach einer Zeit t'' zu Σ'' transformiert, wird der Abstand zwischen korrespondierenden Punkten auf allen Strahlen in jener Zeit t'' durchlaufen sein. Dies ist sogar richtig, wenn die Wellenfronten von einem homogenen isotropen Medium ins andere übergehen. Das heißt, man darf sich vorstellen, daß jeder Punkt auf Σ einen Strahlenweg verfolgt, der ihn nach der Zeit t'' nach Σ'' bringt.

Können wir zu einer Strahlengruppe eine Fläche finden, die zu jedem einzelnen Strahl von ihr orthogonal ist, so sagt man, daß sie eine *Normalkongruenz* bildet. Zum Beispiel sind die Strahlen, die von einer Punktlichtquelle ausgehen, senkrecht zu einer Kugel, die in der Quelle zentriert ist, und bilden folglich eine senkrechte Kongruenz.

Wir können nun kurz eine alternative Technik zum Huygensschen Prinzip betrachten, die uns auch erlaubt, die Lichtfortpflanzung durch verschiedene isotrope Medien zu verfolgen. Die Grundlage für diese Methode ist der *Satz von Malus und Dupin* (1808 von E. Malus entdeckt und 1816 von C. Dupin modifiziert), demzufolge *eine Strahlengruppe ihre senkrechte Kongruenz nach jeder beliebigen Anzahl von Reflexionen und Brechungen bewahrt* (wie in Abbildung 4.9). Wenn wir den Satz von unserem gegenwärtigen günstigen Aussichtspunkt, der Wellentheorie, betrachten, so ist er offensichtlich äquivalent zu der Feststellung, daß die Strahlen während allen Fortpflanzungsprozessen in isotropen Medien orthogonal zu den Wellenfronten bleiben. Wie in Aufgabe 4.12 gezeigt werden soll, kann man den Satz von Malus verwen-

---

[8] Ist der Stoff inhomogen beziehungsweise sind mehrere Medien beteiligt, so ist nun die *optische Weglänge* (siehe Abschnitt 4.2.4) zwischen den zwei Wellenfronten gleich.

4.2 Die Gesetze der Reflexion und Brechung

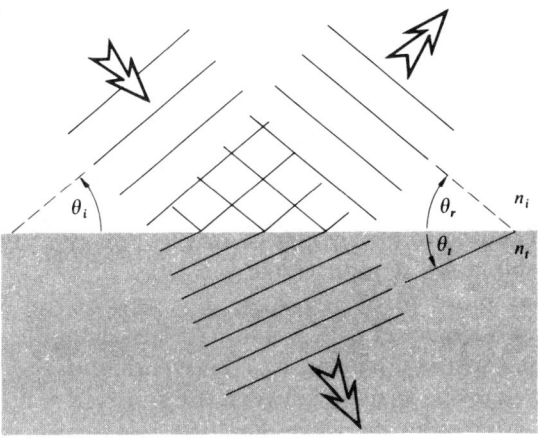

Wellendarstellung

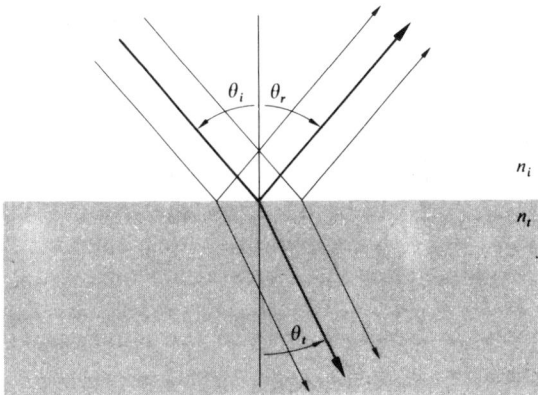

Strahlendarstellung

Abbildung 4.10 Die Wellen- und Strahlendarstellung eines einfallenden, reflektierten und transmittierten Strahlenbündels.

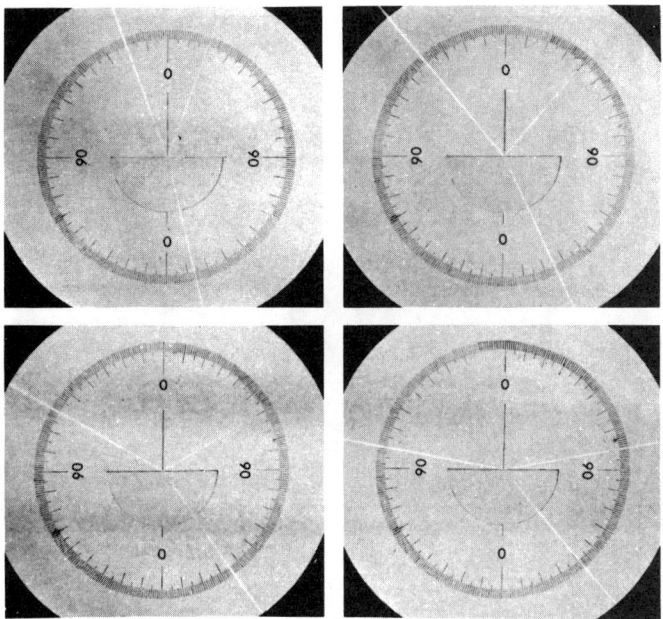

Abbildung 4.11 Brechung bei verschiedenen Einfallswinkeln. (Photos mit freundlicher Genehmigung von *PSSC College Physics*, D.C. Heath & Co., 1968.

den, um sowohl das Reflexionsgesetz als auch das Snelliussche Brechungsgesetz herzuleiten. Es ist oft am vorteilhaftesten, einen Strahlenverlauf durch ein optisches System unter Anwendung des Reflexions- und Brechungsgesetzes zu verfolgen und dann die Wellenfronten zu rekonstruieren. Das letztere kann in Übereinstimmung mit den oberen Betrachtungen gleicher Übertragungszeiten zwischen korrespondierenden Punkten und der Orthogonalität der Strahlen und Wellenfronten durchgeführt werden.

Abbildung 4.10 veranschaulicht die Anordnung paralleler Strahlen, die mit einer ebenen Welle verbunden ist, wobei θ_i, θ_r und θ_t, die genau dieselbe Bedeutung wie zuvor haben, von der Normalen der Grenzfläche bis zum Strahl gemessen werden. Der einfallende Strahl und die Normale bestimmen eine Ebene, die man **Einfallsebene** nennt. Wegen der Symmetrie der Situation müssen wir erwarten, daß sowohl die reflektierten als auch die transmittierten Strahlen von jener Ebene nicht abgelenkt werden. Mit anderen Worten, die entsprechenden Einheitsvektoren der Fortpflanzung $\hat{k}_i$, $\hat{k}_r$ und $\hat{k}_t$ sind koplanar.

Zusammengefaßt sind dann die drei grundlegenden Gesetze der Reflexion und der Brechung:
1. Die einfallenden, reflektierten und gebrochenen Strahlen liegen alle in der Einfallsebene.
2. $\theta_i = \theta_r$. [4.3]
3. $n_i \sin \theta_i = n_t \sin \theta_t$. [4.5]

Diese Gesetze kann man gut mit Verwendung eines schmalen Lichtstrahlenbündels der Abbildung 4.11 veranschaulichen. Hier ist das Eintrittsmedium Luft ($n_i \approx 1.0$) und das brechende Medium Glas ($n_t \approx 1.5$). Folglich

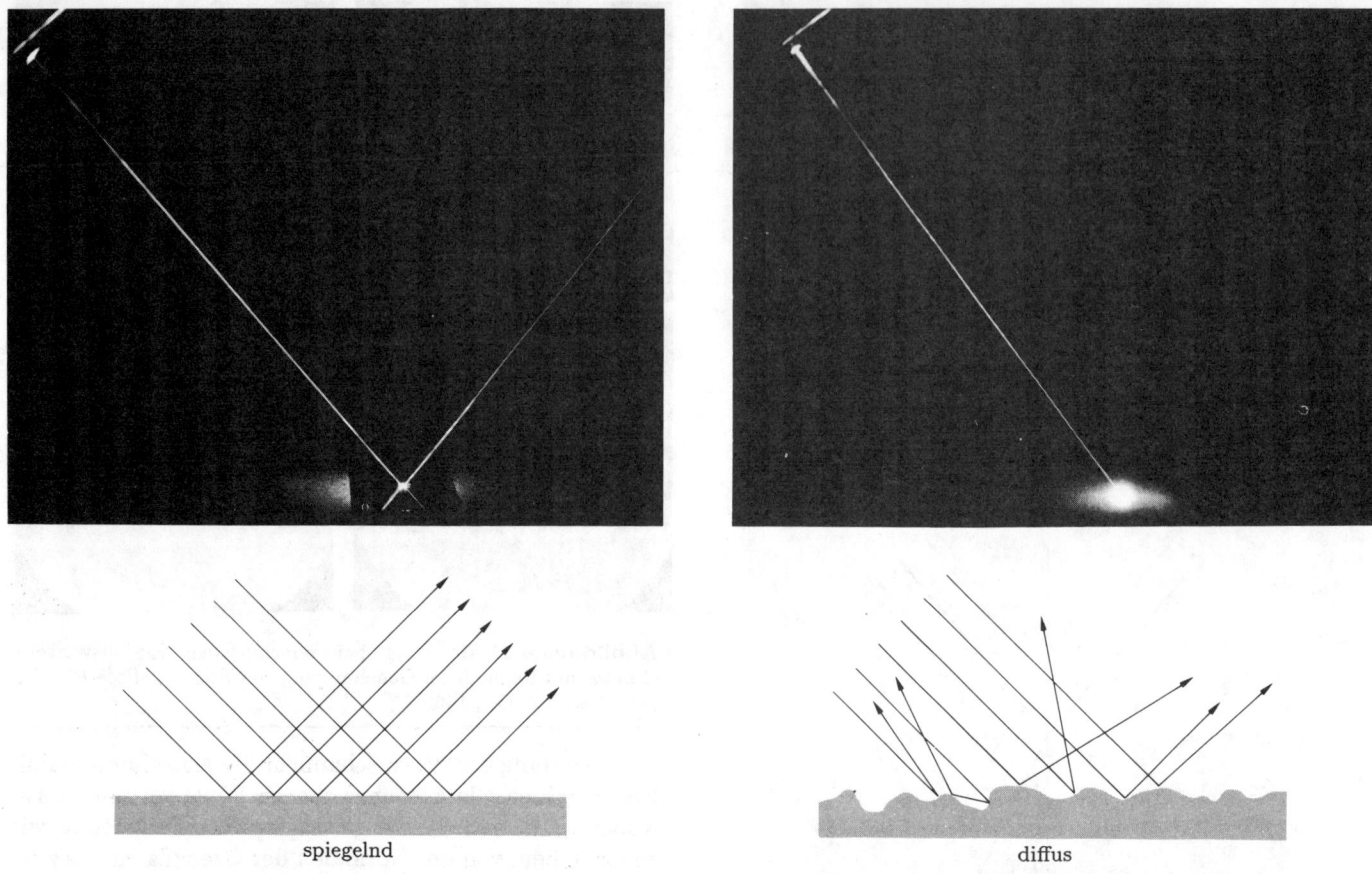

Abbildung 4.12 (a) Spiegelnde Reflexion. (b) Diffuse Reflexion. (Photos mit freundlicher Genehmigung von Donald Dunitz.)

ist $n_i < n_t$, und es folgt aus dem Snelliusschen Gesetz, daß $\sin\theta_i > \sin\theta_t$. Da die Winkel θ_i und θ_t zwischen 0° und 90° variieren, einem Bereich, über den die Sinusfunktion langsam ansteigt, kann man schließen, daß $\theta_i > \theta_t$ ist. *Strahlen, die in ein Medium eintreten, dessen Brechungsindex größer als der des Eintrittsmediums ist, werden zur Normalen hin gebrochen* und umgekehrt. Dies kann man in der Abbildung sehen. Man beachte, daß die untere Fläche kreisförmig geschnitten ist, so daß der Brechungsstrahl innerhalb des Glases immer längs eines Radius' liegt und deshalb in jedem Fall senkrecht zu einer Grenzfläche steht. Falls ein Strahl senkrecht zu einer Grenzfläche steht, ist $\theta_i = 0 = \theta_t$, und er wird beim Durchgang nicht abgelenkt.

Der Eintrittsstrahl ist in jedem Teil der Abbildung 4.11 schmal und scharf begrenzt; der reflektierte Strahl ist ebensogut abgegrenzt. Dementsprechend bezeichnet man den Prozeß als gespiegelte Reflexion. In diesem Fall ist die reflektierende Fläche wie in Abbildung 4.12 (a) glatt, oder genauer, jede Unregelmäßigkeit in ihr ist im Vergleich mit einer Wellenlänge klein.[9] Im Gegensatz dazu tritt die diffuse Reflexion in der Abbildung 4.12 (b) auf, wenn die Fläche relativ uneben ist. Zum Beispiel besteht "nichtreflektierendes" Glas, das verwendet wird, um Bilder abzudecken, in Wirklichkeit aus Glas, dessen

---

[9] Sind die Oberflächenhervorhebungen und -vertiefungen klein im Vergleich zu λ, so interferieren die gestreuten Elementarwellen nach wie vor nur in einer Richtung ($\theta_i = \theta_r$) konstruktiv.

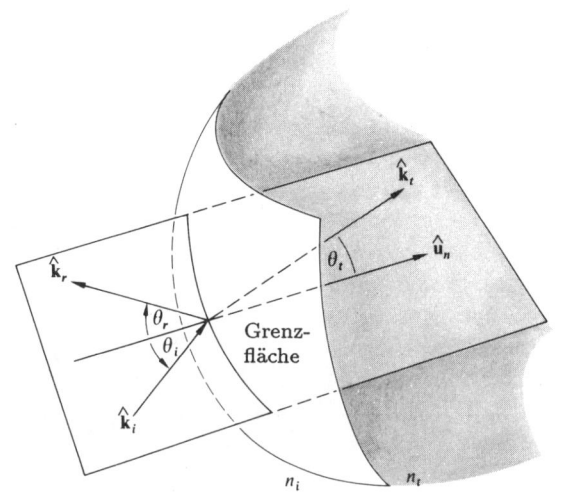

Abbildung 4.13 Die Strahlengeometrie.

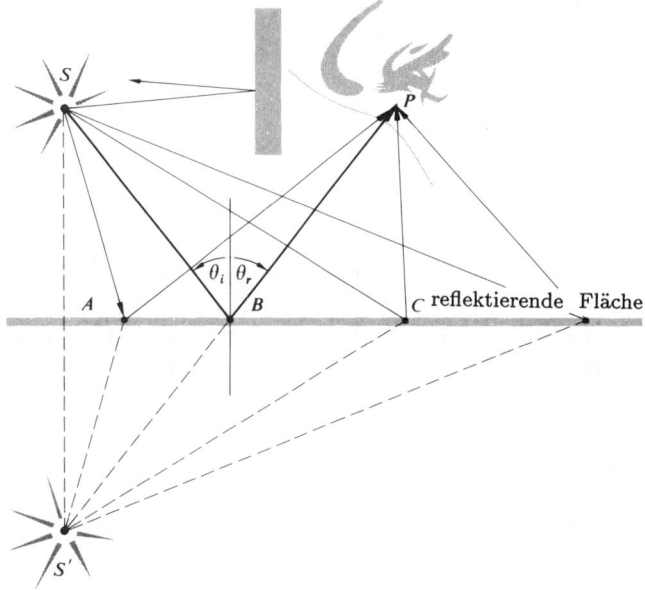

Abbildung 4.14 Kürzester Weg von der Quelle S zu dem Auge des Beobachters in P.

Oberfläche uneben gemacht wurde, so daß es diffus reflektiert. Das Reflexionsgesetz gilt genau über jeden Bereich, der klein genug ist, so daß man ihn als glatt betrachten darf. Diese zwei Reflexionsarten sind Extreme; dazwischen liegt eine ganze Reihe von Verhaltensweisen. Obwohl das Papier dieser Buchseiten absichtlich so hergestellt wurde, daß es diffus streut, reflektiert der Einband des Buches in einer Form, die irgendwo zwischen diffus und spiegelnd liegt.

$\hat{u}_n$ sei ein Einheitsvektor zur Grenzfläche, der in die Richtung vom Eintrittsmedium zum brechenden Medium zeigt (Abb. 4.13). Man kann zeigen (Aufg. 4.13), daß das erste und dritte Grundgesetz in der Form einer *vektoriellen Brechungsgleichung*

$$n_i(\hat{k}_i \times \hat{u}_n) = n_t(\hat{k}_t \times \hat{u}_n) \qquad (4.7)$$

oder alternativ

$$n_t\hat{k}_t - n_i\hat{k}_i = (n_t \cos\theta_t - n_i \cos\theta_i)\hat{u}_n \qquad (4.8)$$

zusammengefaßt werden kann.

4.2.4 Das Fermatsche Prinzip

Die Gesetze der Reflexion und Brechung und sogar die allgemeine Ausbreitungsart des Lichts können noch aus einer ganz anderen und verblüffenden Perspektive betrachtet werden, die uns durch das **Fermatsche Prinzip** geboten wird. Die Vorstellungen, die sich in Kürze entfalten werden, haben einen gewaltigen Einfluß auf die Entwicklung des physikalischen Denkens innerhalb und außerhalb der klassischen Optik gehabt. Abgesehen von seinen Verwicklungen mit der Quantenoptik (Abschnitt 13.6) liefert uns das Fermatsche Prinzip einen einsichtsvollen und höchst nützlichen Weg, das Verhalten des Lichts zu verstehen und vorauszusehen.

Hero von Alexandria, der irgendwann zwischen 150 v. Chr. und 250 n. Chr. lebte, war der erste, der zum Ausdruck brachte, was seitdem das *Variationsprinzip* heißt. In seiner Formulierung des Reflexionsgesetzes stellte er fest, daß *der Weg, der vom Licht tatsächlich genommen wird, um von irgendeinem Punkt S zu einem Punkt P über eine reflektierende Fläche zu gelangen, der kürzeste aller möglichen ist*. Man kann dies leicht in Abbildung 4.14 erkennen, die eine Punktquelle S darstellt, die eine Anzahl von Strahlen emittiert, welche dann nach P "reflektiert" werden. Natürlich wird nur einer dieser Wege eine physikalische Realität besitzen. Wenn wir die Strahlen einfach zeichnen, als gingen sie von S' aus (das Bild von S), so wäre kein Abstand nach P geändert worden, d.h. $SAP = S'AP$, $SBP = S'BP$ usw. Aber offensichtlich ist der geradlinige Weg $S'BP$, der $\theta_i = \theta_r$ entspricht, der kürzeste aller möglichen. Dieselbe Art der Beweisführung (Aufgabe 4.15) macht es deutlich, daß die Punkte S, B und P in der früher definierten Einfallsebene liegen müssen. Über fünfzehnhundert Jahre war Heros einzigartige Beobachtung unerreichbar, bis Fermat 1657 sein gefeiertes *Prinzip der kürzesten möglichen Zeit* darlegte, das sowohl die Reflexion als auch die Brechung umfaßt. Ganz offensichtlich nimmt ein Lichtstrahl, der eine Grenzschicht durchquert, keinen geradlinigen oder *minimalen räumlichen Weg* zwischen einem Punkt im Eintrittsmedium und einem brechenden Medium.

"Ein Lichtstrahl verbindet zwei Punkte des Raumes auf einem Weg, dessen optische Länge kürzer ist als die jedes Nachbarweges. Gleichbedeutend hiermit ist die Formulierung: Der Lichtstrahl nimmt zwischen zwei Punkten denjenigen Weg, zu dessen Zurücklegung er eine kürzere Zeit braucht als auf jedem Nachbarweg. Dies ist der Inhalt des sogenannten FERMATschen Prinzips. Unkorrekt wäre dagegen die Behauptung, daß der Strahl zwei Punkte auf dem Weg kleinster optischer Länge verbinde. Von einem Punkt zu einem anderen des gleichen Mediums ist die gerade Verbindungslinie der kürzeste Lichtweg. Ihn geht auch ein direkter Lichtstrahl. Der Weg eines Strahles, der zuerst an einem entfernten Spiegel reflektiert wird, ist aber länger als der des direkten Strahles und auch länger als alle Wege in dessen Nachbarschaft. Trotzdem ist der Lichtweg des reflektierten Strahles kürzer als alle optischen Wege in seiner eigenen Nachbarschaft. Im homogenen Medium ist das FERMATsche Prinzip evident, da die Gerade die kürzeste Verbindung zweier Punkte ist." (W. Weizel)

Als ein Beispiel der Anwendung des Prinzips für den Fall der Brechung befasse man sich mit Abbildung 4.15, in der wir die Durchlaufzeit t von S nach P bezüglich der Variablen x minimalisieren. Mit anderen Worten, verändert man x, so verlagert sich der Punkt O, wodurch sich der Strahl von S nach P verändert. Die kürzeste Durchlaufzeit stimmt dann voraussichtlich mit dem wirklichen Weg überein. Folglich ist

$$t = \frac{\overline{SO}}{v_i} + \frac{\overline{OP}}{v_t}$$

oder

$$t = \frac{(h^2 + x^2)^{1/2}}{v_i} + \frac{[b^2 + (a-x)^2]^{1/2}}{v_t}.$$

Um $t(x)$ bezüglich der Veränderungen von x zu minima-

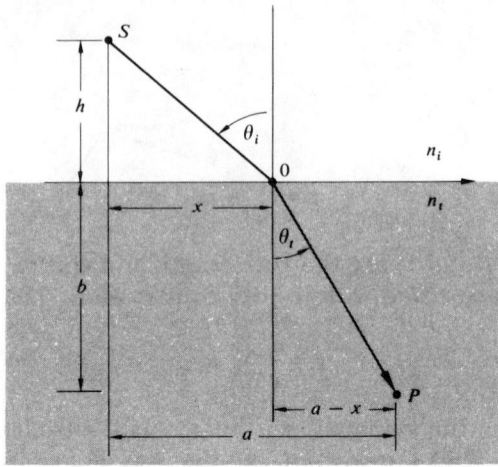

Abbildung 4.15 Das Fermatsche Prinzip angewandt auf die Brechung.

lisieren, setzen wir $dt/dx = 0$, d.h.

$$\frac{dt}{dx} = \frac{x}{v_i(h^2 + x^2)^{1/2}} + \frac{-(a+x)}{v_t[b^2 + (a-x)^2]^{1/2}} = 0.$$

Unter Benutzung des Schaubildes kann dies umgeschrieben werden als

$$\frac{\sin \theta_i}{v_i} = \frac{\sin \theta_t}{v_t},$$

was selbstverständlich nichts Geringeres als das Snelliussche Gesetz (4.4) ist. Infolgedessen muß ein Lichtstrahl, wenn er von S nach P in der kürzest möglichen Zeit fortschreiten soll, das empirische Brechungsgesetz erfüllen.

Angenommen wir hätten einen schichtenförmigen Stoff, der aus m Lagen zusammengesetzt ist, wobei jede wie in Abbildung 4.16 einen unterschiedlichen Brechungsindex hat. Die Durchlaufzeit von S nach P wird dann zu

$$t = \frac{s_1}{v_1} + \frac{s_2}{v_2} + \cdots + \frac{s_m}{v_m}$$

oder

$$t = \sum_{i=1}^{m} s_i/v_i,$$

wobei s_i die Weglänge und v_i die Geschwindigkeit ist, die dem i-ten Beitrag zugeordnet ist. Deshalb gilt

$$t = \frac{1}{c} \sum_{i=1}^{m} n_i s_i, \qquad (4.9)$$

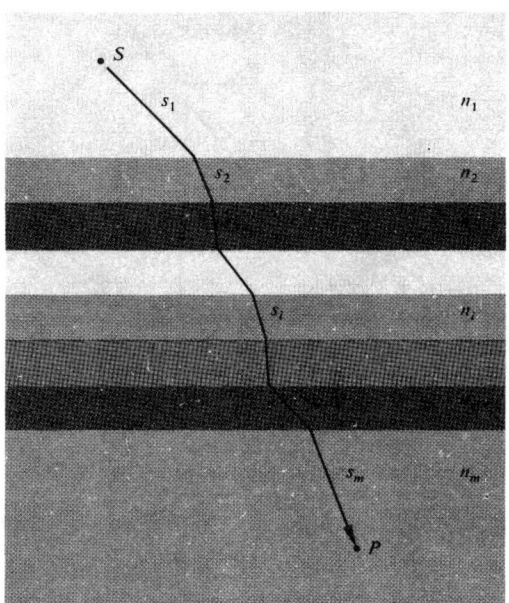

Abbildung 4.16 Ein Strahl, der sich durch einen geschichteten Stoff fortpflanzt.

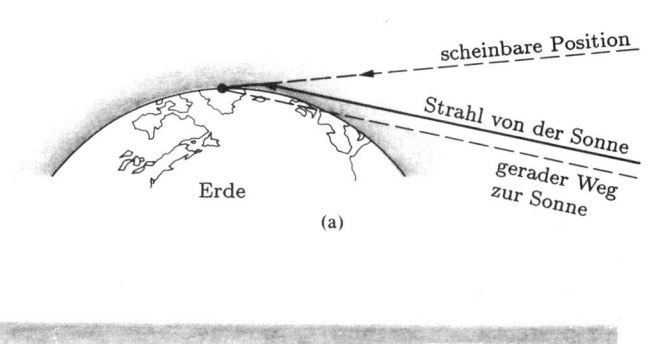

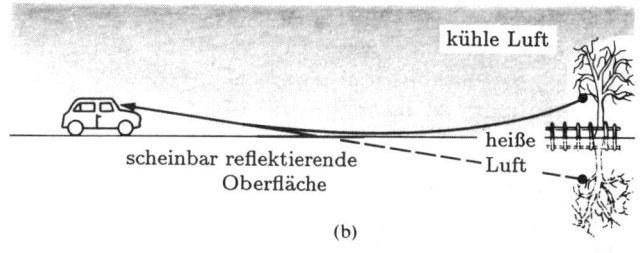

Abbildung 4.17 Die Krümmung von Strahlen durch inhomogene Medien.

in der man die Summe die **optische Weglänge** (OPL) nennt, die ein Strahl durchläuft. Im Unterschied dazu ist die räumliche Weglänge $\sum_{i=1}^{m} s_i$. Für ein inhomogenes Medium, bei dem n eine Funktion des Ortes ist, muß die Summe offensichtlich zu einem Integral geändert werden.

$$(\text{OPL}) = \int_S^P n(s)\, ds. \qquad (4.10)$$

Da $t = (\text{OPL})/c$, können wir das Fermatsche Prinzip auf folgende Weise neu formulieren: *Licht durchläuft im Durchgang von S nach P die Strecke, die die kleinste optische Weglänge hat.*

Durchlaufen Lichtstrahlen von der Sonne die inhomogene Atmosphäre der Erde, wie in Abbildung 4.17 (a) dargestellt, so krümmen sie sich dementsprechend, um die niedrigeren, dichteren Bereiche so rasch wie möglich zu durchlaufen, um so die OPL zu minimalisieren. Ergo kann man die Sonne noch sehen, nachdem sie in Wirklichkeit unter den Horizont gegangen ist. In der gleichen Art scheint eine Straße, die in Abbildung 4.17 (b) im flachen Winkel betrachtet wird, die Umgebung zu reflektieren, als ob sie mit einer Wasserfläche bedeckt wäre. Die Luft nahe der Fahrbahn ist wärmer und weniger dicht als jene, die weiter über ihr ist. Die Strahlen krümmen sich aufwärts, wobei sie den kürzesten optischen Weg nehmen, und erscheinen dabei einem Beobachter, als würden sie an einer verspiegelten Fläche reflektiert. Den Effekt kann man besonders leicht auf geraden asphaltierten Straßen sehen. Die einzige Bedingung ist, daß man zur Straße beinahe im streifenden Einfall schaut, da sich die Strahlen nur allmählich krümmen.

Die ursprüngliche Aussage des Fermatschen *Prinzip der kürzesten Zeit* hat einige schwerwiegende Mängel und benötigt, wie wir sehen werden, Abänderungen. Zu diesem Zweck wollen wir uns erinnern, daß wir für eine Funktion $f(x)$ den speziellen Wert der Variablen x bestimmen können, der bewirkt, daß $f(x)$ einen *stationären* Wert hat, indem wir $df/dx = 0$ setzen und nach x auflösen. Mit einem stationären Wert meinen wir einen Wert, bei dem der Anstieg von $f(x)$ gegen x Null ist, oder äquivalent, bei dem die Funktion ein Maximum ⌒, Minimum ⌣ oder einen Wendepunkt hat, der eine horizontale Tangente besitzt.

Das Fermatsche Prinzip lautet in seiner modernen

Form: *Ein Lichtstrahl muß beim Durchgang von Punkt S nach Punkt P eine optische Weglänge durchlaufen, die stationär in bezug auf Änderungen jenes Weges ist.* Mit anderen Worten, die OPL (optische Weglänge) für die richtige Bahn gleicht mit erster Näherung jener OPL von Wegen, die unmittelbar an ihr angrenzen.[10] Und so gibt es dort viele Bahnen, die der wirklichen benachbart sind, welche beinahe dieselbe Zeit für den Durchlauf des Lichtes benötigen. Dieser letzte Punkt ermöglicht den Anfang des Verständnisses dafür, wie das Licht es fertigbringt, so geschickt in seinen Windungen zu sein. Angenommen wir hätten einen Lichtstrahl, der durch ein homogenes, isotropes Medium fortschreitet, so daß ein Strahl von Punkt S nach P läuft. Atome innerhalb des Stoffes werden durch die einfallende Störung angetrieben und strahlen in alle Richtungen. Ganz allgemein werden Elementarwellen, die in der unmittelbaren Nähe eines stationären Weges entstehen, P über Wege erreichen, die sich nur wenig unterscheiden, und sie verstärken sich deshalb gegenseitig (siehe Abschnitt 7.1). Elementarwellen, die andere Wege nehmen, erreichen P außer Phase und tendieren zur gegenseitigen Auslöschung. Ist dies der Fall, so wird sich die Energie effektiv längs des Strahls von S nach P fortpflanzen, was das Fermatsche Prinzip befriedigt.

Um zu zeigen, daß die OPL (optische Weglänge) für einen Strahl nicht immer ein Minimum zu sein braucht, untersuchen wir die Abbildung 4.18, die einen Ausschnitt eines dreidimensionalen ellipsoidförmigen Hohlspiegels darstellt. Befinden sich die Quelle S und der Beobachter P in den Brennpunkten des Ellipsoids, so ist die Länge SQP unabhängig von der jeweiligen Lage, die Q auf dem Umfang hat, nach Definition konstant. Es ist ebenso eine geometrische Eigenart der Ellipse, daß $\theta_i = \theta_r$ für jeden Ort von Q ist. Alle optischen Wege von S nach P, die über eine Reflexion laufen, sind deshalb genau gleich — keiner ist ein Minimum und die OPL ist eindeutig stationär bezüglich jeder Variation. Strahlen, die S verlassen und den Spiegel treffen, kommen im Brennpunkt P an. Von einem anderen Standpunkt aus betrachtet können wir sagen, daß die von S emittierte Strahlungsenergie von Elektronen in der verspiegelten Fläche derart gestreut wird, daß die Elementarwellen sich mit Be-

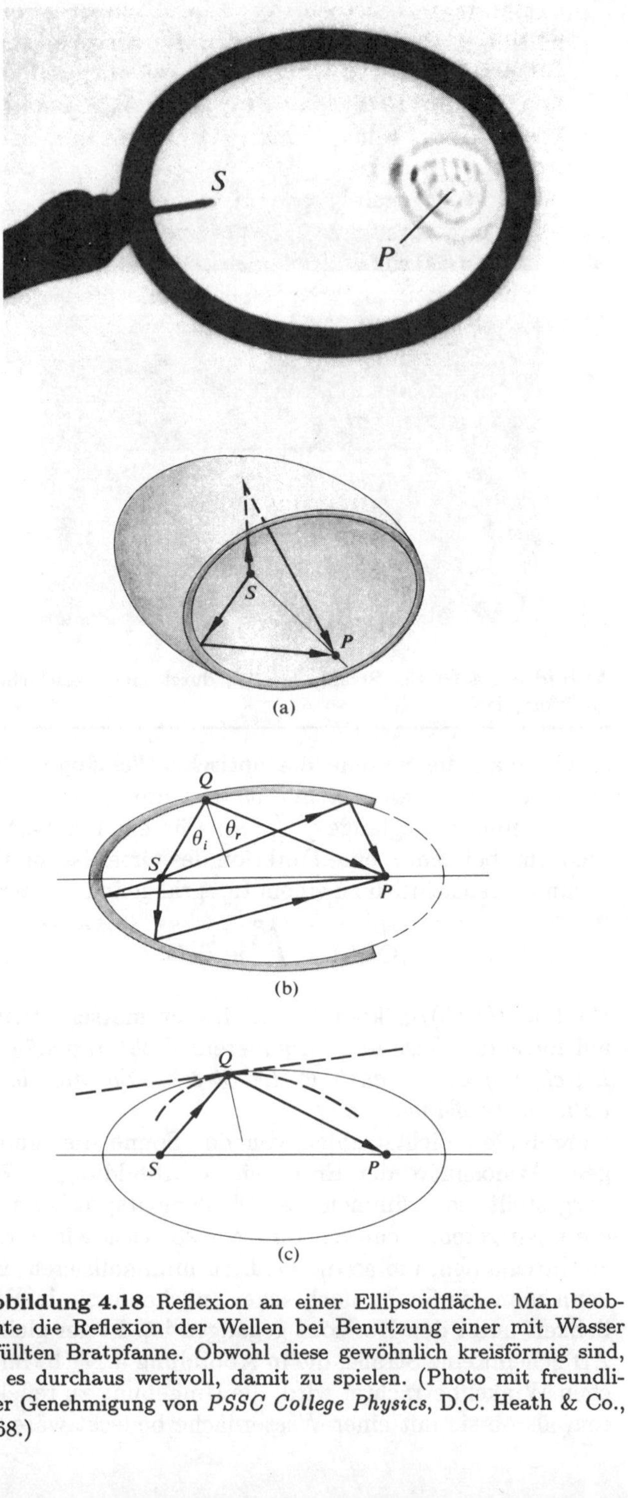

Abbildung 4.18 Reflexion an einer Ellipsoidfläche. Man beobachte die Reflexion der Wellen bei Benutzung einer mit Wasser gefüllten Bratpfanne. Obwohl diese gewöhnlich kreisförmig sind, ist es durchaus wertvoll, damit zu spielen. (Photo mit freundlicher Genehmigung von *PSSC College Physics*, D.C. Heath & Co., 1968.)

---

[10] Die erste Ableitung der OPL verschwindet in ihrer Taylorreihenentwicklung, da der Weg stationär ist.

stimmtheit gegenseitig nur in P verstärken, zu dem sie denselben Abstand gewandert sind, und in dem sie dieselbe Phase besitzen. Auf jeden Fall wäre dann genau derselbe Weg SQP, der von einem Strahl durchlaufen wird, ein relatives Minimum, falls es eine ebene Spiegeltangente zur Ellipse in Q gäbe. Entspräche beim anderen Extrem die verspiegelte Fläche der innerhalb der Ellipse liegenden, gestrichelt gezeichneten Kurve, so würde jener Strahl nun längs SQP eine relative maximale OPL bewältigen. Dies ist richtig, obwohl andere ungenutzte Wege (in denen $\theta_i \neq \theta_r$) eigentlich kürzer wären (d.h. abgesehen von unzulässig gekrümmten Wegen). Deshalb wandern die Strahlen in allen Fällen eine stationäre OPL in Übereinstimmung mit dem neuformulierten Fermatschen Prinzip. Da das Prinzip sich nur über den Weg und nicht über die Richtung längs des Weges äußert, beschreibt ein Strahl, der von P nach S läuft, denselben Weg wie ein Strahl, der von S nach P läuft. Dies ist das sehr nützliche *Umkehrungsprinzip*.

Fermats Werke spornten sehr viele Bemühungen an, Newtons Gesetze der Mechanik durch ähnliche Variationsformulierungen zu ersetzen. Die Arbeit vieler Männer, vor allem Pierre de Maupertuis (1698–1759) und Leonhard Eulers, führte schließlich zur Mechanik von Joseph Louis Lagrange (1736–1813) und von hier zum *Prinzip der kleinsten Wirkung*, das von William Rowan Hamilton (1805–1865) formuliert wurde. Die auffallende Ähnlichkeit zwischen den Prinzipien von Fermat und Hamilton spielte eine bedeutende Rolle in Schrödingers Entwicklung der Quantenmechanik. 1942 zeigte Richard Phillips Feynman (1918–1988), daß die Quantenmechanik auf einer alternativen Weise unter Anwendung einer Variationsmethode gestaltet werden kann. Und so bringt uns die fortgesetzte Entwicklung der Variationsprinzipien über den modernen Formalismus der Quantenoptik zur Optik zurück (siehe Kapitel 13).

Das Fermatsche Prinzip ist nicht so sehr ein Rechenverfahren wie es eine kurzgefaßte Denkweise über die Ausbreitung des Lichts ist. Es ist eine Aussage über den großartigen Entwurf der Dinge ohne jede Sorge für den beitragenden Mechanismus, und als solches wird es Verständnisse für eine Vielzahl von verschiedenen Sachverhalten liefern. (Siehe auch in den beiden Büchern von C.F. von Weizsäcker: "Zum Weltbild der Physik", Stuttgart 1970, S. 158–168 und "Aufbau der Physik", München 1985; d.Ü.)

4.3 Der elektromagnetische Ansatz

Bis jetzt waren wir in der Lage, die Gesetze der Reflexion und Brechung unter Anwendung von drei verschiedenen Ansätzen herzuleiten: dem *Huygensschen Prinzip*, dem *Malusschen Satz* und dem *Fermatschen Prinzip*. Jeder von ihnen hat seinen eigenen Wert. Doch ein anderer und noch überzeugenderer Ansatz wird durch die elektromagnetische Lichttheorie geliefert. Im Gegensatz zu den vorherigen Techniken, die nichts über die einfallenden, reflektierten und transmittierten Strahlungsflußdichten aussagen (d.h. I_i, I_r, bzw. I_t), behandelt die elektromagnetische Theorie sie innerhalb des Rahmens einer weit vollständigeren Beschreibung.

Die Menge des Wissens, die das Fachgebiet der Optik bildet, hat sich über viele Jahrhunderte angesammelt, und wie unsere Kentnisse vom physikalischen Universum umfangreicher werden, müssen die damit verbundenen theoretischen Beschreibungen noch umfassender werden. Dies bringt ganz allgemein eine zunehmende Komplexität mit sich. Und so werden wir uns oft, statt die schwierige mathematische Maschinerie der Quantentheorie des Lichts zu benutzen, der einfacheren Verständnisse früherer Zeiten bedienen (z.B. des Huygensschen und Fermatschen Prinzips usw.). So wollen wir nicht, obwohl wir nun noch eine andere und umfangreichere Darstellung der Reflexion und Brechung entwickeln werden, jene frühzeitigen Methoden beiseite legen. Tatsächlich werden wir während dieses Studiums die einfachste Technik benutzen, die für unseren speziellen Zweck hinreichend genaue Ergebnisse liefert.

4.3.1 Wellen an einer Grenzfläche

Angenommen die einfallende monochromatische Lichtwelle sei eben, so daß sie die Form

$$\boldsymbol{E}_i = \boldsymbol{E}_{0i}\exp[i(\boldsymbol{k}_i \cdot \boldsymbol{r} - \omega_i t)] \quad (4.11)$$

oder einfacher

$$\boldsymbol{E}_i = \boldsymbol{E}_{0i}\cos(\boldsymbol{k}_i \cdot \boldsymbol{r} - \omega_i t) \quad (4.12)$$

hat. Wir wollen annehmen, daß $\boldsymbol{E}_{0i}$ zeitlich konstant ist, d.h. die Welle ist linear oder eben polarisiert. Wir werden im Kapitel 8 herausfinden, daß jede Lichtform durch zwei orthogonale, linear polarisierte Wellen dargestellt werden kann, so daß dies eigentlich keine Einschränkung

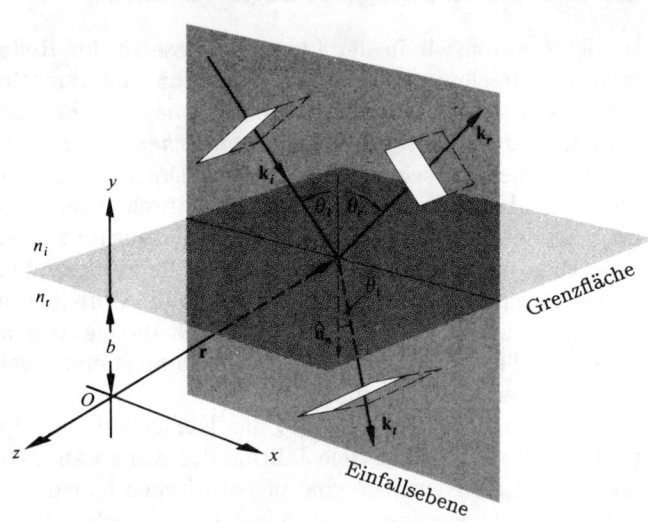

Abbildung 4.19 Ebene Wellen, die auf die Grenzfläche zwischen zwei Dielektrika fallen.

darstellt. Wir beachten, daß genau wie der Zeitnullpunkt $t = 0$ auch der Raumnullpunkt O, in dem $r = 0$ ist, willkürlich ist. Deshalb können wir, ohne Annahmen über deren Richtungen, Frequenzen, Wellenlängen, Phasen oder Amplituden zu machen, die reflektierten Wellen und Brechungswellen als

$$\boldsymbol{E}_r = \boldsymbol{E}_{0r} \cos(\boldsymbol{k}_r \cdot \boldsymbol{r} - \omega_r t + \varepsilon_r) \qquad (4.13)$$

und

$$\boldsymbol{E}_t = \boldsymbol{E}_{0t} \cos(\boldsymbol{k}_t \cdot \boldsymbol{r} - \omega_t t + \varepsilon_t) \qquad (4.14)$$

schreiben. Hier sind ε_r und ε_t Phasenkonstanten bezüglich $\boldsymbol{E}_i$, die eingeführt werden, da der Anfangsort nicht eindeutig ist. Abbildung 4.19 stellt die Wellen in der Nähe einer ebenen Grenzfläche zwischen zwei verlustfreien Dielektrika mit den Brechungsindizes n_i bzw. n_t dar.

Die Gesetze der elektromagnetischen Theorie (Abschnitt 3.1) stellen an die Felder bestimmte Bedingungen, die man als die Grenzbedingungen bezeichnet. Speziell eine von ihnen ist, daß die Komponente der elektrischen Feldstärke $\boldsymbol{E}$, die tangential zur Grenzfläche ist, stetig durch sie verläuft (dasselbe gilt für $\boldsymbol{H}$). Mit anderen Worten, die gesamte tangentiale Komponente von $\boldsymbol{E}$ muß auf der einen Seite gleich der auf der anderen sein

(Aufgabe 4.22). Da $\hat{\boldsymbol{u}}_n$ der Einheitsvektor ist, der senkrecht zur Grenzfläche steht, ist das Kreuzprodukt des elektrischen Feldes mit $\hat{\boldsymbol{u}}_n$ senkrecht zu $\hat{\boldsymbol{u}}_n$ und deshalb tangential zur Grenzfläche. Dies ist unabhängig von der Richtung des elektrischen Feldes innerhalb der Wellenfront. Folglich ist

$$\hat{\boldsymbol{u}}_n \times \boldsymbol{E}_i + \hat{\boldsymbol{u}}_n \times \boldsymbol{E}_r = \hat{\boldsymbol{u}}_n \times \boldsymbol{E}_t \qquad (4.15)$$

oder

$$\begin{aligned}
&\hat{\boldsymbol{u}}_n \times \boldsymbol{E}_{0i} \cos(\boldsymbol{k}_i \cdot \boldsymbol{r} - \omega_i t) \\
&+ \hat{\boldsymbol{u}}_n \times \boldsymbol{E}_{0r} \cos(\boldsymbol{k}_r \cdot \boldsymbol{r} - \omega_r t + \varepsilon_r) \\
&= \hat{\boldsymbol{u}}_n \times \boldsymbol{E}_{0t} \cos(\boldsymbol{k}_t \cdot \boldsymbol{r} - \omega_t \cdot t + \varepsilon_t). \quad (4.16)
\end{aligned}$$

Diese Beziehung muß in jedem Zeitpunkt und in jedem Grenzflächenpunkt ($y = b$) gelten. Folglich müssen $\boldsymbol{E}_i$, $\boldsymbol{E}_r$ und $\boldsymbol{E}_t$ genau dieselbe funktionale Abhängigkeit von den Variablen t und r haben, was bedeutet, daß

$$\begin{aligned}
(\boldsymbol{k}_i \cdot \boldsymbol{r} - \omega_i t)|_{y=b} &= (\boldsymbol{k}_r \cdot \boldsymbol{r} - \omega_r t + \varepsilon_r)|_{y=b} \\
&= (\boldsymbol{k}_t \cdot \boldsymbol{r} - \omega_t t + \varepsilon_t)|_{y=b}.
\end{aligned} \qquad (4.17)$$

So wie die Dinge damit liegen, würden sich die Kosinusterme in Gleichung (4.16) gegenseitig aufheben und einen Ausdruck übriglassen, der unabhängig von t und r ist, wie es in der Tat sein muß. Weil dies für alle Zeitwerte richtig sein muß, müssen die Koeffizienten von t gleich sein, nämlich

$$\omega_i = \omega_r = \omega_t. \qquad (4.18)$$

Wir erinnern uns, daß die Elektronen innerhalb der Medien bei einer (linear) erzwungenen Schwingung die gleiche Frequenz haben wie die einfallende Welle. Ferner gilt

$$\begin{aligned}
(\boldsymbol{k}_i \cdot \boldsymbol{r})|_{y=b} &= (\boldsymbol{k}_r \cdot \boldsymbol{r} + \varepsilon_r)|_{y=b} \\
&= (\boldsymbol{k}_t \cdot \boldsymbol{r} + \varepsilon_t)|_{y=b},
\end{aligned} \qquad (4.19)$$

in der $\boldsymbol{r}$ an der Grenzfläche endet. Man nimmt die Werte von ε_r und ε_t an einem bestimmten Ort O, aber die Beziehung gilt auch für alle anderen Orte. (Z.B. könnte der Nullpunkt derart gewählt sein, daß $\boldsymbol{r}$ senkrecht zu $\boldsymbol{k}_i$ aber nicht zu $\boldsymbol{k}_r$ oder $\boldsymbol{k}_t$ wäre.) Von den ersten zwei Gliedern erhalten wir

Ebenengleichung: $[(\boldsymbol{k}_i - \boldsymbol{k}_r) \cdot \boldsymbol{r}]_{y=b} = \varepsilon_r. \qquad (4.20)$

Erinnern wir uns an Gleichung (2.42), so sagt dieser Ausdruck einfach, daß der Endpunkt von $\boldsymbol{r}$ eine Ebene überstreicht (welche natürlich die Grenzfläche ist), die senkrecht zum Vektor $(\boldsymbol{k}_i - \boldsymbol{k}_r)$ ist. Anders formuliert, $(\boldsymbol{k}_i - \boldsymbol{k}_r)$ ist parallel zu $\hat{\boldsymbol{u}}_n$. Man beachte jedoch, daß $k_i = k_r$ ist, da sich die einfallenden und reflektierten Wellen in demselben Medium befinden. Da $(\boldsymbol{k}_i - \boldsymbol{k}_r)$ keine Komponente in der Grenzflächenebene hat, d.h. $\hat{\boldsymbol{u}}_n \times (\boldsymbol{k}_i - \boldsymbol{k}_r) = 0$, folgt

$$k_i \sin\theta_i = k_r \sin\theta_r;$$

folglich haben wir das Reflexionsgesetz, d.h.

$$\theta_i = \theta_r.$$

Überdies sind alle drei Vektoren $\boldsymbol{k}_i$, $\boldsymbol{k}_r$ und $\hat{\boldsymbol{u}}_n$ in derselben Ebene, der Einfallsebene, da $(\boldsymbol{k}_i - \boldsymbol{k}_r)$ parallel zu $\hat{\boldsymbol{u}}_n$ ist. Von Gleichung (4.19) erhalten wir wieder

$$[(\boldsymbol{k}_i - \boldsymbol{k}_t) \cdot \boldsymbol{r}]_{y=b} = \varepsilon_t, \qquad (4.21)$$

und deshalb ist $(\boldsymbol{k}_i - \boldsymbol{k}_t)$ auch senkrecht zur Grenzfläche. So liegen $\boldsymbol{k}_i$, $\boldsymbol{k}_r$, $\boldsymbol{k}_t$ und $\hat{\boldsymbol{u}}_n$ in einer Ebene. Wie zuvor müssen die tangentialen Komponenten von $\boldsymbol{k}_i$ und $\boldsymbol{k}_t$ gleich sein, und folglich gilt

$$k_i \sin\theta_i = k_t \sin\theta_t. \qquad (4.22)$$

Weil aber $\omega_i = \omega_t$, können wir beide Seiten mit c/ω_i multiplizieren, so daß wir

$$n_i \sin\theta_i = n_t \sin\theta_t$$

erhalten, was selbstverständlich das Snelliussche Gesetz ist. Schließlich ist aus den Gleichungen (4.20) und (4.21) ersichtlich, daß sowohl ε_r als auch ε_t Null wären, wenn wir den Nullpunkt O in die Grenzfläche gewählt hätten. Jene Vereinbarung, obwohl nicht so aufschlußreich, ist mit Sicherheit einfacher, und folglich benutzen wir sie von jetzt an.

4.3.2 Herleitung der Fresnelschen Gleichungen

Wir haben gerade die Beschreibung gefunden, die zwischen den Phasen von $\boldsymbol{E}_i(\boldsymbol{r},t)$, $\boldsymbol{E}_r(\boldsymbol{r},t)$ und $\boldsymbol{E}_t(\boldsymbol{r},t)$ an der Grenzfläche besteht. Es gibt noch eine wechselseitige Abhängigkeit, die von den Amplituden $\boldsymbol{E}_{0i}$, $\boldsymbol{E}_{0r}$ und $\boldsymbol{E}_{0t}$ geteilt wird, und die nun erfaßt werden kann. Zu diesem Zweck nehmen wir an, daß eine ebene, monochromatische Welle auf eine ebene Fläche einfällt, die zwei isotrope Medien trennt. Welche Polarisation die Welle

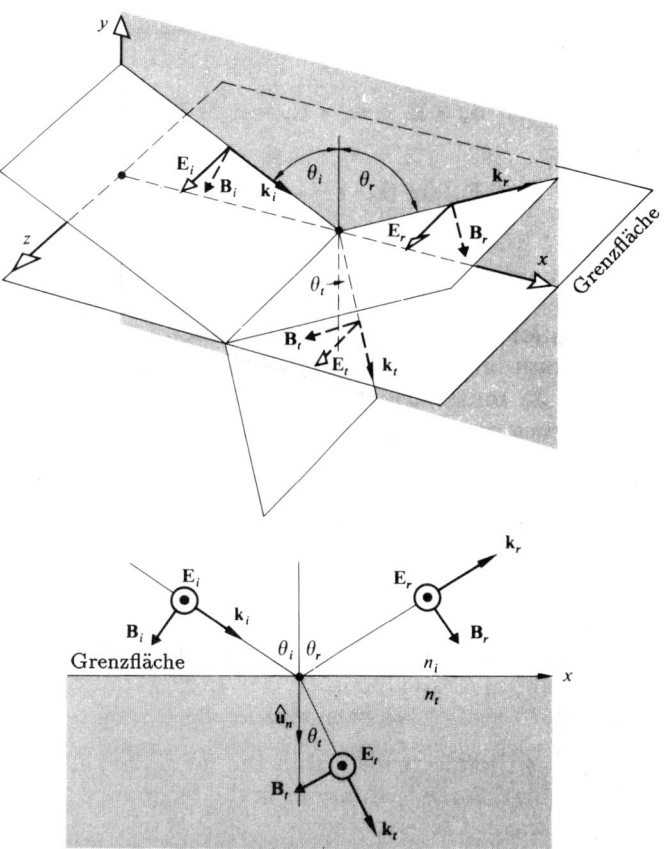

Abbildung 4.20 Eine ankommende Welle, deren $\boldsymbol{E}$-Feld senkrecht zur Einfallsebene steht.

auch immer hat, wir werden ihre $\boldsymbol{E}$- und $\boldsymbol{B}$-Felder in Komponenten zerlegen, die parallel und senkrecht zur Einfallsebene sind, und sie getrennt behandeln.

Fall 1: $\boldsymbol{E}$ senkrecht zur Einfallsebene.

Wir nehmen nun an, daß $\boldsymbol{E}$ senkrecht zur Einfallsebene und $\boldsymbol{B}$ parallel zu ihr ist (Abb. 4.20). Wie wir uns erinnern, ist $E = vB$, so daß

$$\hat{\boldsymbol{k}} \times \boldsymbol{E} = v\boldsymbol{B} \qquad (4.23)$$

und selbstverständlich

$$\hat{\boldsymbol{k}} \cdot \boldsymbol{E} = 0, \qquad (4.24)$$

d.h. $\boldsymbol{E}$, $\boldsymbol{B}$ und der Einheitsausbreitungsvektor $\hat{\boldsymbol{k}}$ bilden ein rechtshändiges System. Nutzen wir wieder die Stetigkeit der tangentialen Komponenten des $\boldsymbol{E}$-Feldes aus, so erhalten wir auf der Grenzfläche zu jeder Zeit und in jedem Punkt

$$\boldsymbol{E}_{0i} + \boldsymbol{E}_{0r} = \boldsymbol{E}_{0t}, \qquad (4.25)$$

wobei sich die Kosinusterme gegenseitig aufheben. Wir sollten der Klarheit wegen beiläufig erwähnen, daß man sich die dargestellten Feldvektoren eigentlich vorstellen soll, daß sie von $y = 0$ (d.h. von der Fläche) verschoben worden sind. Während $\boldsymbol{E}_r$ und $\boldsymbol{E}_t$ wegen der Symmetrie senkrecht zur Einfallsebene stehen müssen, *vermuten wir, daß sie an der Grenzfläche nach außen zeigen*, wenn $\boldsymbol{E}_i$ nach außen zeigt. Die Richtungen der $\boldsymbol{B}$-Felder folgen dann aus Gleichung (4.23).

Wir benötigen noch eine andere Grenzbedingung, um noch eine zusätzliche Gleichung zu bekommen. Das Vorhandensein von materiellen Substanzen, die durch die Welle elektrisch polarisiert werden, hat einen bestimmten Effekt auf die Feldkonfiguration. Obwohl die tangentiale Komponente von $\boldsymbol{E}$ durch die Grenzfläche stetig ist, ist die senkrechte Komponente von $\boldsymbol{E}$ unstetig. Stattdessen ist die senkrechte Komponente des Produktes $\epsilon\boldsymbol{E}$ auf beiden Seiten der Grenzfläche gleich. Ähnlich ist die senkrechte Komponente von $\boldsymbol{B}$ wie die tangentiale Komponente von $\mu^{-1}\boldsymbol{B}$ stetig. Hier erscheint die Auswirkung der zwei Medien über ihre Permeabilitäten μ_i und μ_t. Diese letztere Grenzbedingung wird in der Anwendung leicht sein, insbesondere wenn sie auf die Reflexion an einer Oberfläche eines Leiters angewendet wird.[11] Deshalb fordert die Stetigkeit der tangentialen Komponente von $\boldsymbol{B}/\mu$, daß

$$-\frac{B_i}{\mu_i}\cos\theta_i + \frac{B_r}{\mu_i}\cos\theta_r = -\frac{B_t}{\mu_t}\cos\theta_t, \qquad (4.26)$$

wobei die linke und die rechte Seite jeweils die Gesamtgrößen von $\boldsymbol{B}/\mu$ sind, die parallel zu der Grenzfläche im Eintrittsmedium bzw. im brechenden Medium liegen. Die positive Richtung ist die mit wachsendem x, so daß

---

[11] Entsprechend unserer Absicht, zumindest im Anfangsteil dieser Darlegung nur die $\boldsymbol{E}$- und $\boldsymbol{B}$-Felder zu verwenden, haben wir die üblichen Darstellungen mit $\boldsymbol{H}$-Termen vermieden, wobei

$$\boldsymbol{H} = \mu^{-1}\boldsymbol{B}. \qquad [A1.14]$$

die Komponenten $\boldsymbol{B}_i$ und $\boldsymbol{B}_t$ mit Minuszeichen erscheinen. Von Gleichung (4.23) erhalten wir

$$B_i = E_i/v_i, \qquad (4.27)$$

$$B_r = E_r/v_r \qquad (4.28)$$

und

$$B_t = E_t/v_t. \qquad (4.29)$$

Deshalb kann Gleichung (4.26), da $v_i = v_r$ und $\theta_i = \theta_r$ ist, geschrieben werden als

$$\frac{1}{\mu_i v_i}(E_i - E_r)\cos\theta_i = \frac{1}{\mu_t v_t}E_{0t}\cos\theta_t. \qquad (4.30)$$

Aus den Gleichungen (4.12), (4.13) und (4.14) und der Tatsache, daß die Kosinusterme darin bei $y = 0$ gleich 1 sind, erhalten wir

$$\frac{n_i}{\mu_i}(E_{0i} - E_{0r})\cos\theta_i = \frac{n_t}{\mu_t}E_{0t}\cos\theta_t. \qquad (4.31)$$

Die Verknüpfung mit Gleichung (4.25) liefert

$$\left(\frac{E_{0r}}{E_{0i}}\right)_\perp = \frac{\frac{n_i}{\mu_i}\cos\theta_i - \frac{n_t}{\mu_t}\cos\theta_t}{\frac{n_i}{\mu_i}\cos\theta_i + \frac{n_t}{\mu_t}\cos\theta_t} \qquad (4.32)$$

und

$$\left(\frac{E_{0t}}{E_{0i}}\right)_\perp = \frac{2\frac{n_i}{\mu_i}\cos\theta_i}{\frac{n_i}{\mu_i}\cos\theta_i + \frac{n_t}{\mu_t}\cos\theta_t}. \qquad (4.33)$$

Der Index $\perp$ soll daran erinnern, daß in diesem Fall $\boldsymbol{E}$ senkrecht zur Einfallsebene steht. Diese zwei Ausdrücke, *die vollkommen allgemeine Aussagen sind und für jedes beliebige lineare, isotrope und homogene Medium gelten*, sind zwei der **Fresnelschen Gleichungen**. Sehr häufig hat man es mit Dielektrika zu tun, für die $\mu_i \approx \mu_t \approx \mu_0$ ist; folglich ist die häufigste Form dieser Gleichungen einfach

$$r_\perp \equiv \left(\frac{E_{0r}}{E_{0i}}\right)_\perp = \frac{n_i\cos\theta_i - n_t\cos\theta_t}{n_i\cos\theta_i + n_t\cos\theta_t} \qquad (4.34)$$

und

$$t_\perp \equiv \left(\frac{E_{0t}}{E_{0i}}\right)_\perp = \frac{2n_i\cos\theta_i}{n_i\cos\theta_i + n_t\cos\theta_t}. \qquad (4.35)$$

Hier kennzeichnet $r_\perp$ den **Amplitudenreflexionskoeffizienten**, während $t_\perp$ der **Amplitudendurchlässigkeitskoeffizient** (Amplitudentransmissionskoeffizient) ist.

4.3 Der elektromagnetische Ansatz

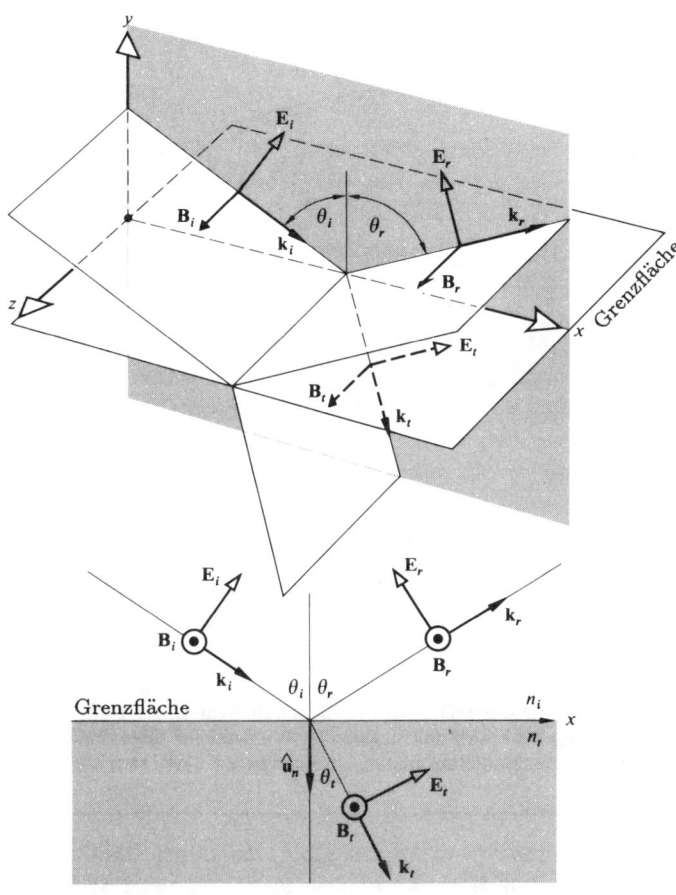

Abbildung 4.21 Eine ankommende Welle, deren E-Feld in der Einfallsebene liegt.

Fall 2: E parallel zur Einfallsebene.

Ein ähnliches Gleichungspaar kann hergeleitet werden, wenn das ankommende E-Feld, wie in Abbildung 4.21 gezeigt, in der Einfallsebene liegt. Die Stetigkeit der tangentialen E-Komponenten auf beiden Seiten der Grenze führt zu

$$E_{0i} \cos\theta_i - E_{0r} \cos\theta_r = E_{0t} \cos\theta_t. \quad (4.36)$$

In genau der gleichen Art wie zuvor liefert die Stetigkeit der tangentialen Komponente von B/μ

$$\frac{1}{\mu_i v_i} E_{0i} + \frac{1}{\mu_r v_r} E_{0r} = \frac{1}{\mu_t v_t} E_{0t}. \quad (4.37)$$

Wegen $\mu_i = \mu_r$ und $\theta_i = \theta_r$ können diese Formeln zusammengefaßt werden, um uns zwei weitere *Fresnelsche Gleichungen* zu liefern:

$$r_\parallel \equiv \left(\frac{E_{0r}}{E_{0i}}\right)_\parallel = \frac{\frac{n_t}{\mu_t}\cos\theta_i - \frac{n_i}{\mu_i}\cos\theta_t}{\frac{n_i}{\mu_i}\cos\theta_t + \frac{n_t}{\mu_t}\cos\theta_i} \quad (4.38)$$

und

$$t_\parallel \equiv \left(\frac{E_{0t}}{E_{0i}}\right)_\parallel = \frac{2\frac{n_i}{\mu_i}\cos\theta_i}{\frac{n_i}{\mu_i}\cos\theta_t + \frac{n_t}{\mu_t}\cos\theta_i}. \quad (4.39)$$

Sind beide Medien, die die Grenzfläche bilden, Dielektrika, so werden die Amplitudenkoeffizienten zu

$$r_\parallel = \frac{n_t \cos\theta_i - n_i \cos\theta_t}{n_i \cos\theta_t + n_t \cos\theta_i} \quad (4.40)$$

und

$$t_\parallel = \frac{2 n_i \cos\theta_i}{n_i \cos\theta_t + n_t \cos\theta_i} \quad (4.41)$$

Eine weitere Schreibvereinfachung kann dadurch erreicht werden, daß wir uns des Snelliusschen Gesetzes bedienen, woraufhin die Fresnelschen Gleichungen für Dielektrika (Aufgabe 4.23) zu

$$r_\perp = -\frac{\sin(\theta_i - \theta_t)}{\sin(\theta_i + \theta_t)} \quad (4.42)$$

$$r_\parallel = +\frac{\tan(\theta_i - \theta_t)}{\tan(\theta_i + \theta_t)} \quad (4.43)$$

$$t_\perp = +\frac{2\sin\theta_t \cos\theta_i}{\sin(\theta_i + \theta_t)} \quad (4.44)$$

$$t_\parallel = +\frac{2\sin\theta_t \cos\theta_i}{\sin(\theta_i + \theta_t)\cos(\theta_i - \theta_t)} \quad (4.45)$$

werden. Doch Vorsicht! Wir erinnern uns, daß die Richtungen (oder genauer die Phasen) der Felder in den Abbildungen 4.20 und 4.21 ziemlich willkürlich ausgewählt wurden. Zum Beispiel hätten wir in Abbildung 4.20 mit Sicherheit voraussetzen können, daß E_r nach innen gerichtet ist, woraufhin B_r ebenfalls hätte umgekehrt werden müssen. Wäre das geschehen, so wäre das Vorzeichen von $r_\perp$ positiv ausgefallen und alle anderen Amplitudenkoeffizienten blieben unverändert. Die Vorzeichen, die in den Gleichungen (4.42) bis (4.45) erscheinen, in diesem Fall + mit Ausnahme des ersten, entsprechen der speziell ausgewählten Schar von Feldrichtung. Das Minuszeichen bedeutet gerade, wie wir sehen werden, daß wir in Abbildung 4.20 die Richtung hinsichtlich E_r nicht richtig vermuteten. Trotzdem sei man sich bewußt, daß die Fachliteratur nicht vereinheitlicht ist, und man jede mögliche Vorzeichenvariation finden kann, die den Titel *Fresnelsche Gleichungen* trägt. Um Verwechslungen zu vermeiden, *muß man die Vorzeichen auf die speziellen Feldrichtungen beziehen, von denen sie abgeleitet wurden.*

4.3.3 Interpretation der Fresnelschen Gleichungen

In diesem Abschnitt werden die physikalischen Bedeutungen der Fresnelschen Gleichungen untersucht. Insbesondere sind wir an der Bestimmung der Teilamplituden und Teilflußdichten interessiert, die reflektiert und gebrochen werden. Zusätzlich werden wir uns für alle möglichen Phasenverschiebungen interessieren, die in dem Prozeß herbeigeführt werden könnten.

i) Amplitudenkoeffizienten

Wir wollen nun kurz die Form der Amplitudenkoeffizienten über den gesamten Bereich der θ_i-Werte untersuchen. Bei fast senkrechtem Einfall ($\theta_i \approx 0$) sind die Tangenten in Gleichung (4.43) im wesentlichen gleich den Sinustermen, in welchem Fall

$$[r_\parallel]_{\theta_i=0} = [-r_\perp]_{\theta_i=0} = \left[\frac{\sin(\theta_i - \theta_t)}{\sin(\theta_i + \theta_t)}\right]_{\theta_i=0}.$$

Wir werden in Kürze zu der physikalischen Bedeutung des Minuszeichens zurückkommen. Nach Umformung der Sinusterme und Anwendung des Snelliusschen Gesetzes wird der Ausdruck zu

$$[r_\parallel]_{\theta_i=0} = [-r_\perp]_{\theta_i=0}$$
$$= \left[\frac{n_t \cos\theta_i - n_i \cos\theta_t}{n_t \cos\theta_i + n_i \cos\theta_t}\right]_{\theta_i=0}, \quad (4.46)$$

der ebenso aus den Gleichungen (4.34) und (4.40) folgt. Am Grenzwert, wenn θ_i gegen 0 geht, nähert sich sowohl $\cos\theta_i$ als auch $\cos\theta_t$ dem Wert 1, und folglich wird

$$[r_\parallel]_{\theta_i=0} = [-r_\perp]_{\theta_i=0} = \frac{n_t - n_i}{n_t + n_i}. \quad (4.47)$$

So ist der Reflexionskoeffizient an einer Luft ($n_i = 1$)-Glas ($n_t = 1.5$)-Grenzfläche bei fast senkrechtem Einfall gleich ±0.2.

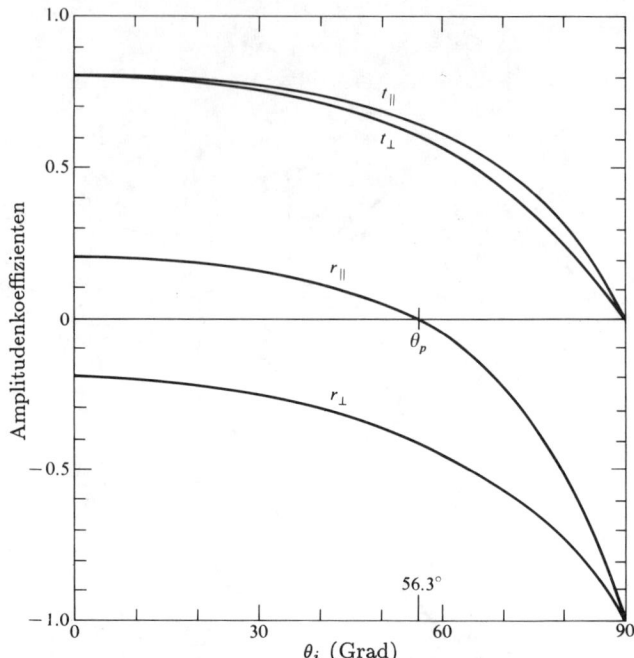

Abbildung 4.22 Die Amplitudenkoeffizienten der Reflexion und Brechung als eine Funktion des Einfallswinkels. Diese entsprechen der äußeren Reflexion $n_t > n_i$ an einer Luft-Glas-Grenzfläche ($n_{ti} = 1.5$).

Wenn $n_t > n_i$ ist, so folgt aus dem Snelliusschen Gesetz, daß $\theta_i > \theta_t$, und so ist $r_\perp$ für alle Werte von θ_i negativ (Abb. 4.22). Im Unterschied dazu beginnt $r_\parallel$ bei $\theta_i = 0$ im Positiven und nimmt allmählich ab, bis $r_\parallel$ gleich Null ist, wenn $(\theta_i + \theta_t) = 90°$, da $\tan(\pi/2)$ unendlich ist. Der spezielle Wert des Einfallswinkels, für den dies zutrifft, ist durch θ_p gekennzeichnet und wird als **Polarisationswinkel** bezeichnet (siehe Abschnitt 8.6.1). Wenn θ_i größer wird als θ_p, so wird $r_\parallel$ ein immer größerer negativer Betrag, bis er −1.0 bei 90° erreicht. Legt man eine Glasscheibe (z.B. einen Mikroskopobjektträger) auf diese Seite und sieht senkrecht nach unten ($\theta_i = 0$), so erscheint der Bereich unter dem Glas deutlich grauer als der Rest des Papiers, da der Objektträger auf beiden Grenzflächen reflektiert. Das Licht, das das Papier erreicht und davon zurückkommt, wird beträchtlich schwächer. Wir halten nun den Objektträger in Augennähe und betrachten wieder die Seite durch ihn, während wir ihn schräg stellen und damit θ_i vergrößern.

Die reflektierte Lichtmenge wird größer, so daß es schwieriger wird, die Seite durch das Glas zu sehen. Wird $\theta_i \approx 90°$, so sieht der Objektträger wie ein perfekter Spiegel aus, wenn die Reflexionskoeffizienten (Abb. 4.22) gegen -1.0 gehen. Sogar eine wirklich nicht spiegelglatte Oberfläche, wie die des Einbandes dieses Buches, wird beim streifenden Einfall spiegelähnlich. Halten Sie das Buch horizontal in der mittleren Augenhöhe, und blicken Sie gegen eine helle Lichtquelle; Sie werden sehen, daß die Quelle ziemlich gut im Einband reflektiert wird. Dies legt nahe, daß sogar Röntgenstrahlen bei streifendem Einfall spiegelähnlich reflektiert werden können (Abb. 5.130); moderne Röntgenstrahlen basieren auf dieser Tatsache.

Bei senkrechtem Einfall führen die Gleichungen (4.35) und (4.41) direkt zu

$$[t_\|]_{\theta_i=0} = [t_\perp]_{\theta_i=0} = \frac{2n_i}{n_i + n_t}. \tag{4.48}$$

Es wird in Aufgabe 4.24 gezeigt, daß der Ausdruck

$$t_\perp + (-r_\perp) = 1 \tag{4.49}$$

für alle θ_i gilt, während

$$t_\| + r_\| = 1 \tag{4.50}$$

nur bei senkrechtem Einfall richtig ist.

Die vorhergehende Diskussion war für den größten Teil auf den Fall der **äußeren Reflexion** beschränkt, d.h. $n_t > n_i$. Ebenso interessant ist die entgegengesetzte Situation der **inneren Reflexion**, in der das Eintrittsmedium das dichtere Medium ($n_i > n_t$) ist. In jedem Fall ist $\theta_t > \theta_i$ und $r_\perp$ ist, wie durch Gleichung (4.42) beschrieben, immer positiv. Wie in Abbildung 4.23 dargestellt, wächst $r_\perp$ von seinem Anfangswert (4.47) bei $\theta_i = 0$ und erreicht $+1$, den man den **Grenzwinkel** θ_c nennt. θ_c ist genau der spezielle Wert des Einfallswinkels, für den $\theta_t = \pi/2$ ist. Ebenso beginnt $r_\|$ negativ (4.47) bei $\theta_i = 0$ und wächst danach und geht bis $+1$ bei $\theta_i = \theta_c$, wie man es den Fresnelschen Gleichungen (4.40) direkt ansehen kann. Wie zuvor durchläuft $r_\|$ die Null beim *Polarisationswinkel* θ_p'. Es ist der Aufgabe 4.34 überlassen zu zeigen, daß die Polarisationswinkel θ_p' und θ_p für die innere und äußere Reflexion an der Grenzfläche zwischen denselben Medien einfach die gegenseitigen Ergänzungswinkel sind. Wir werden zur inneren Reflexion in Abschnitt 4.3.4 zurückkehren, in dem gezeigt wird, daß $r_\perp$ und $r_\|$ komplexe Größen für $\theta_i > \theta_c$ sind.

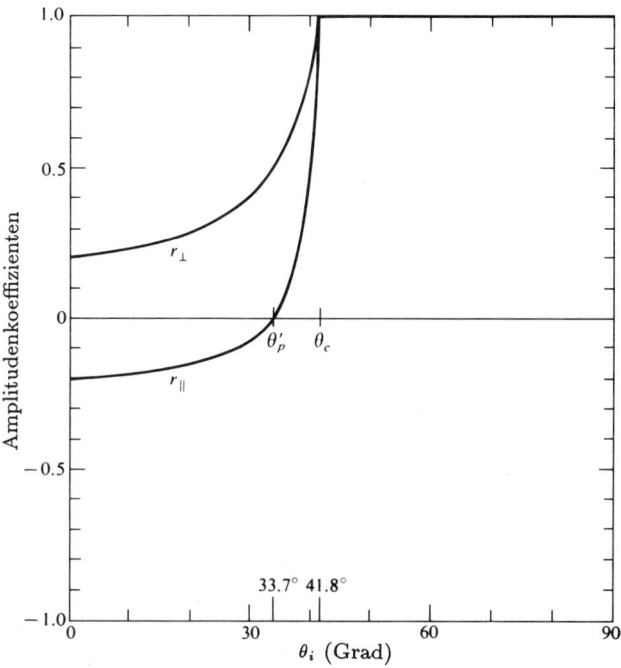

Abbildung 4.23 Die Amplitudenkoeffizienten der Reflexion als eine Funktion des Einfallswinkels. Diese entsprechen der inneren Reflexion $n_t < n_i$ an einer Luft-Glas-Grenzfläche ($n_{ti}=1/1.5$).

ii) Phasenverschiebungen

Aus Gleichung (4.42) folgt, daß $r_\perp$ für alle θ_i negativ ist, wenn $n_t > n_i$. Hätten wir jedoch in Abbildung 4.20 $[\boldsymbol{E}_r]_\perp$ in die entgegengesetzte Richtung gelegt, so hätte die erste Fresnelsche Gleichung (4.42) ein anderes Vorzeichen, wodurch $r_\perp$ positiv würde. Daher ist das Vorzeichen von $r_\perp$ mit den relativen Richtungen von $[\boldsymbol{E}_{0i}]_\perp$ und $[\boldsymbol{E}_{0r}]_\perp$ verknüpft. Wir erinnern uns, daß eine Umkehrung von $[\boldsymbol{E}_{0r}]_\perp$ gleichbedeutend ist mit der Einführung einer Phasenverschiebung $\Delta\varphi_\perp$ von π rad in $(\boldsymbol{E}_r)_\perp$. Folglich werden $[\boldsymbol{E}_i]_\perp$ und $[\boldsymbol{E}_r]_\perp$ an der Grenze antiparallel und deshalb gegenseitig π rad außer Phase sein, wie durch den negativen Wert von $r_\perp$ angezeigt. Bei der Betrachtung von Komponenten, die senkrecht zur Einfallsebene stehen, gibt es keine Unklarheit darüber, ob zwei Felder phasengleich oder π rad außer Phase sind; falls sie parallel sind, sind sie π rad außer Phase. Zusammengefaßt, *die Komponente des elektrischen Feldes, die senkrecht zur Einfallsebene steht, erfährt bei der Re-*

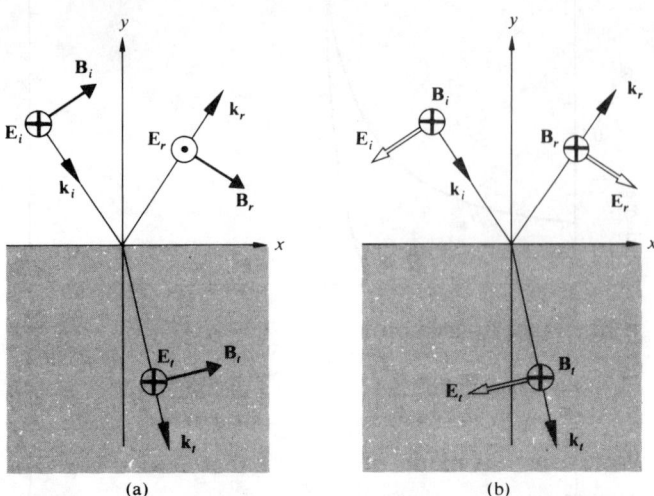

Abbildung 4.24 Feldorientierungen und Phasenverschiebungen.

flexion eine Phasenverschiebung von π rad, wenn das Eintrittsmedium einen kleineren Index als das brechende Medium hat. Ähnlich sind $t_\perp$ und $t_\parallel$ immer positiv und $\Delta\varphi = 0$. Wenn $n_i > n_t$, ergibt sich außerdem bei der Reflexion keine Phasenverschiebung in der senkrechten Komponente, d.h. $\Delta\varphi_\perp = 0$, solange wie $\theta_i < \theta_c$ ist.

Die Dinge werden etwas weniger selbstverständlich, wenn wir es mit $[E_i]_\parallel$, $[E_r]_\parallel$ und $[E_t]_\parallel$ zu tun haben. Es wird nun notwendig, klarer zu definieren, was mit *phasengleich* gemeint ist, da die Feldvektoren koplanar aber im allgemeinen nicht kollinear sind. Die Feldrichtungen wurden in den Abbildungen 4.20 und 4.21 so gewählt, daß man sehen würde, daß E, B und k dieselbe gegenseitige Ausrichtung haben, wenn man gegen irgendeinen Ausbreitungsvektor in die Richtung, aus der das Licht kommt, blicken würde, ganz gleich ob der Strahl einfällt, reflektiert oder gebrochen wurde. Wir können dies als die notwendige Bedingung benutzen, damit zwei E-Felder phasengleich sind. Äquivalent, doch einfacher: *Zwei Felder in der Einfallsebene sind phasengleich, wenn ihre y-Komponenten parallel sind, und phasenverschoben, wenn sie antiparallel sind.* Wenn ein Paar E-Felder außer Phase ist, dann sind auch ihre verknüpften B-Felder phasenverschoben und umgekehrt. Mit dieser Definition brauchen wir nur die Vektoren zu betrachten, die senkrecht zur Einfallsebene stehen, ganz gleich, ob es sich um E- oder B-Felder handelt, um die relative Phase der begleitenden Felder in der Einfallsebene zu bestimmen. Deshalb sind in Abbildung 4.24 (a) E_i und E_t sowie B_i und B_t phasengleich, wohingegen E_i und E_r zusammen mit B_i und B_r außer Phase sind. In gleicher Weise sind in der Abbildung 4.24 (b) E_i, E_r und E_t sowie B_i, B_r und B_t phasengleich.

Der Amplitudenreflexionskoeffizient ist nun für die parallele Komponente durch

$$r_\parallel = \frac{n_t \cos\theta_i - n_i \cos\theta_t}{n_t \cos\theta_i + n_i \cos\theta_t}$$

gegeben, der unter der Bedingung positiv ($\Delta\varphi_\parallel = 0$) ist, daß

$$n_t \cos\theta_i - n_i \cos\theta_t > 0,$$

d.h., daß

$$\sin\theta_i \cos\theta_i - \cos\theta_t \sin\theta_t > 0$$

oder äquivalent

$$\sin(\theta_i - \theta_t)\cos(\theta_i + \theta_t) > 0. \qquad (4.51)$$

Dies gilt für $n_i < n_t$, wenn

$$(\theta_i + \theta_t) < \pi/2 \qquad (4.52)$$

und für $n_i > n_t$, wenn

$$(\theta_i + \theta_t) > \pi/2. \qquad (4.53)$$

Und so sind $[E_{0r}]_\parallel$ und $[E_{0i}]_\parallel$ phasengleich ($\Delta\varphi_\parallel = 0$), wenn $n_i < n_t$, bis oben $\theta_i = \theta_p$ erreicht hat, danach sind sie um π rad außer Phase. Der Übergang ist in Wirklichkeit nicht unstetig, da $[E_{0r}]_\parallel$ bei θ_p gegen Null geht. Im Gegensatz dazu ist $r_\parallel$ für die innere Reflexion nach oben bis θ'_p negativ, was bedeutet, daß $\Delta\varphi_\parallel = 0$. Über θ_c hinaus wird $r_\parallel$ komplex und $\Delta\varphi_\parallel$ wächst allmählich bis π bei $\theta_i = 90°$.

Abbildung 4.25, die diese Schlußfolgerungen zusammenfaßt, wird fortdauernd von uns gebraucht. Die wirkliche funktionale Form von $\Delta\varphi_\parallel$ und $\Delta\varphi_\perp$ für die innere Reflexion im Gebiet, in dem $\theta_i > \theta_c$ ist, kann in der Fachliteratur[12] gefunden werden, doch die Kurven, die hier gezeichnet sind, werden für unsere Zwecke genügen. Abbildung 4.25 (e) ist ein Diagramm der relativen Phasenverschiebung zwischen den parallelen und senkrechten Komponenten, d.h. $\Delta\varphi_\parallel - \Delta\varphi_\perp$. Es ist hier mit aufgenommen, weil wir seine Brauchbarkeit später

---

[12] M. Born, *Optik*, Berlin, 1965.

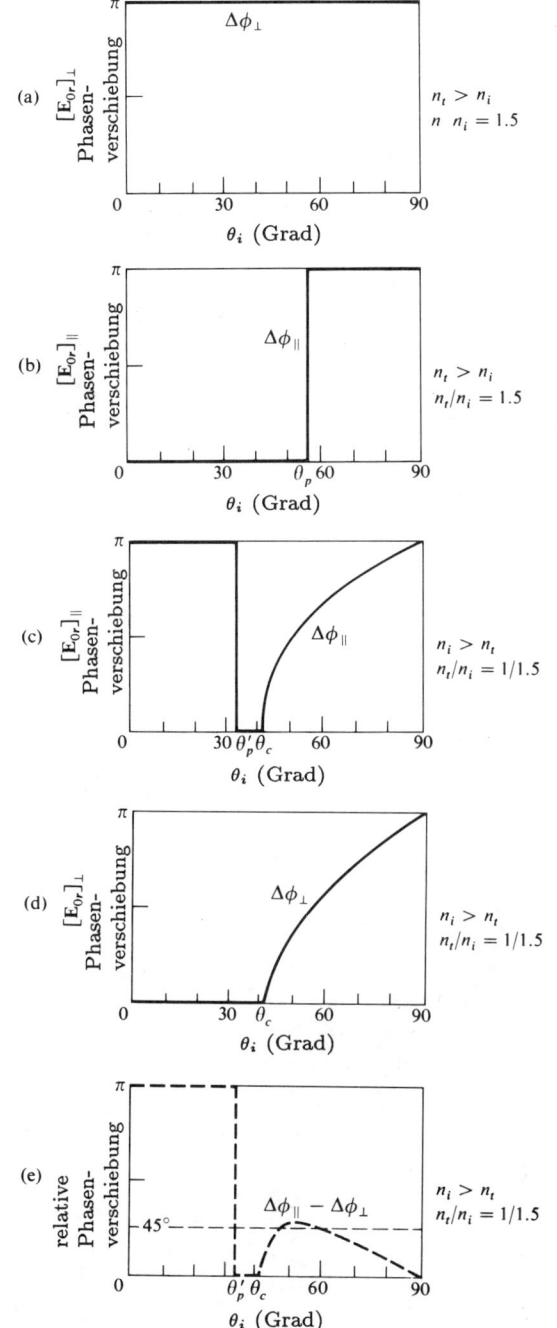

Abbildung 4.25 Phasenverschiebungen für die parallele und senkrechte Komponente des E-Feldes, die der inneren und äußeren Reflexion entsprechen.

erwarten, z.B. wenn wir die Polarisationseffekte betrachten. Viele grundlegende Merkmale dieser Diskussion sind schließlich in den Abbildungen 4.26 und 4.27 veranschaulicht. Dort sind die Amplituden der reflektierten Vektoren in Einklang mit jenen der Abbildungen 4.22 und 4.23 (wir erinnern uns, daß dies für eine Luft-Glas-Grenzfläche gilt), wohingegen die Phasenverschiebungen mit denen der Abbildung 4.25 übereinstimmen.

Man kann eigentlich viele dieser Schlußfolgerungen durch Verwendung der einfachsten Versuchseinrichtungen verifizieren, nämlich mit zwei Linearpolarisatoren, einem Glasstück und einer kleinen Lichtquelle, wie z.B. einer Taschenlampe oder einer "lichtstarken" Lampe. Stellt man einen Polarisator vor die Quelle auf (bei 45° zur Einfallsebene), so kann man leicht die Bedingungen von Abbildung 4.26 nachmachen. Wenn z.B. $\theta_i = \theta_p$ ist (Abb. 4.26 (b)), wird kein Licht durch den zweiten Polarisator gehen, falls seine Transmissionsachse parallel zur Einfallsebene liegt. Im Vergleich dazu wird das reflektierte Strahlenbündel bei fast streifendem Einfall verschwinden, wenn die Achsen der zwei Polarisatoren fast senkrecht zueinander stehen.

iii) Reflexionsgrad und Durchlässigkeit

Man betrachte ein kreisförmiges Lichtstrahlenbündel, das auf eine Fläche wie in der Abbildung 4.28 fällt, so daß es einen beleuchteten Fleck mit der Fläche A gibt. Wir erinnern uns, daß die Leistung pro Einheitsfläche, die eine Fläche im Vakuum durchquert, deren Normale parallel zum Poyntingschen Vektor S steht, durch

$$S = c^2 \epsilon_0 E \times B \qquad [3.40]$$

gegeben ist. Ferner ist die Strahlungsflußdichte (W/m²) oder Bestrahlungsstärke

$$I = \langle S \rangle = \frac{c\epsilon_0}{2} E_0^2. \qquad [3.44]$$

Dies ist die Durchschnittsenergie pro Zeiteinheit, die eine Flächeneinheit senkrecht zu S durchquert (in isotropen Medien ist S parallel zu k). Im vorliegenden Fall (Abb. 4.28) sei I_i, I_r und I_t jeweils die einfallende, reflektierte und durchgelassene Flußdichte. Die Querschnittsflächen des einfallenden, reflektierten und durchgelassenen Strahlenbündels sind $A\cos\theta_i$, $A\cos\theta_r$ beziehungsweise $A\cos\theta_t$. Dementsprechend ist die einfallende

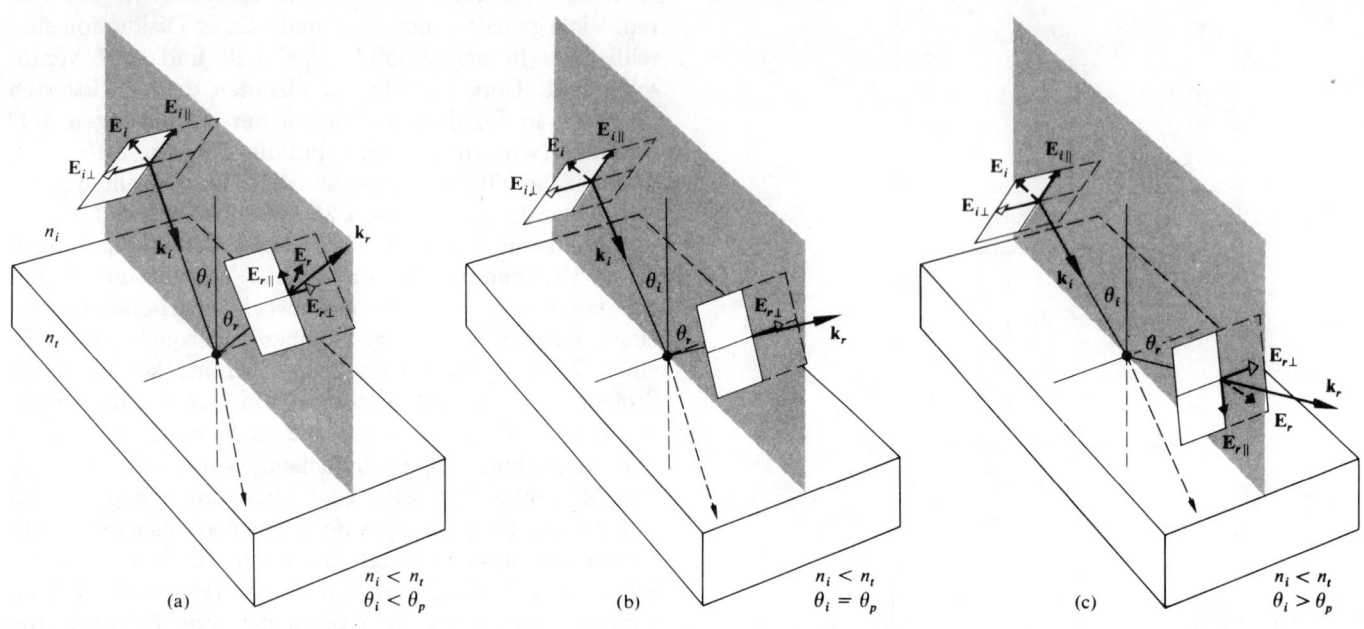

Abbildung 4.26 Das reflektierte E-Feld bei verschiedenen Winkeln und äußerer Reflexion.

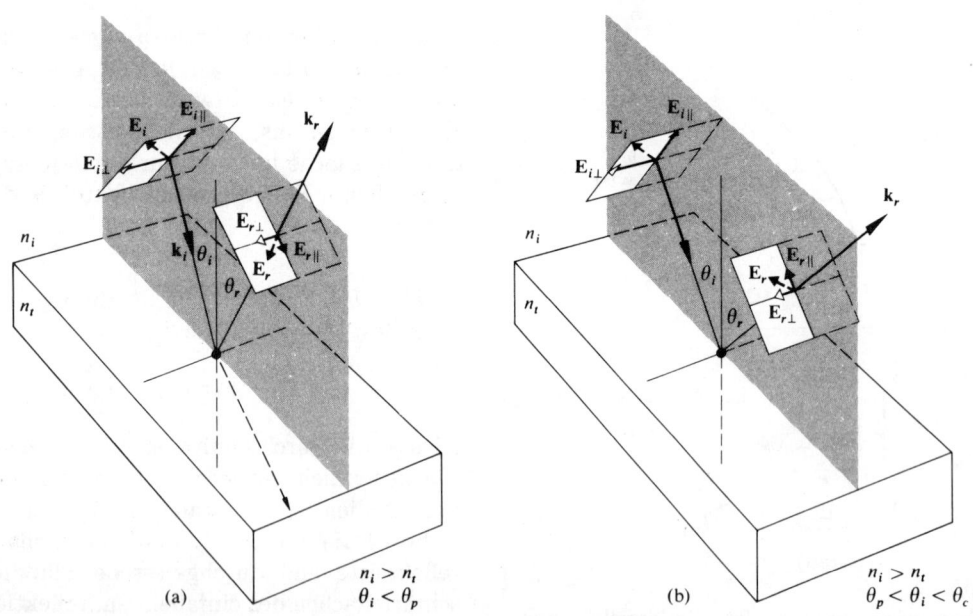

Abbildung 4.27 Das reflektierte E-Feld bei verschiedenen Winkeln und innerer Reflexion.

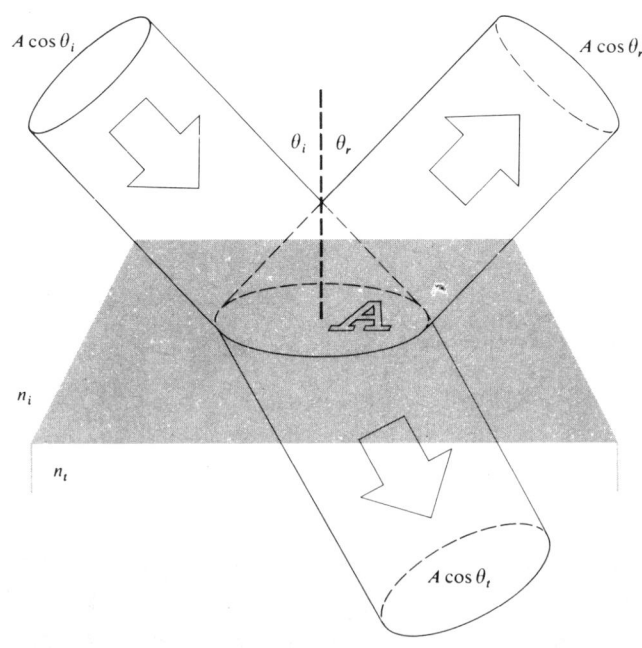

Abbildung 4.28 Reflexion und Brechung eines einfallenden Strahlenbündels.

Leistung gleich $I_i A \cos\theta_i$; dies ist die Energie pro Zeiteinheit, die mit dem einfallenden Strahlenbündel fließt, und daher die Leistung, die auf die Fläche A trifft. Ähnlich ist $I_r A \cos\theta_r$ die Leistung im reflektierten Strahlenbündel und $I_t A \cos\theta_t$ die Leistung, die von A durchgelassen wird. Wir definieren den **Reflexionsgrad** R als den Quotienten aus der reflektierten und einfallenden Leistung:

$$R \equiv \frac{I_r \cos\theta_r}{I_i \cos\theta_i} = \frac{I_r}{I_i}. \qquad (4.54)$$

Ähnlich ist die **Durchlässigkeit** T als der Quotient aus der durchgelassenen un der einfallenden Energie definiert und durch

$$T \equiv \frac{I_t \cos\theta_t}{I_i \cos\theta_i} \qquad (4.55)$$

gegeben. Der Quotient I_r/I_i ist gleich $(v_r \epsilon_r E_{0r}^2/2)/(v_i \epsilon_i E_{0i}^2/2)$, und da sich die einfallenden und reflektierten Wellen in demselben Medium befinden, ist $v_r = v_i$, $\epsilon_r = \epsilon_i$ und

$$R = \left(\frac{E_{0r}}{E_{0i}}\right)^2 = r^2. \qquad (4.56)$$

In derselben Weise (vorausgesetzt $\mu_i = \mu_t = \mu_0$) gilt

$$T = \frac{n_t \cos\theta_t}{n_i \cos\theta_i} \left(\frac{E_{0t}}{E_{0i}}\right)^2 = \left(\frac{n_t \cos\theta_t}{n_i \cos\theta_i}\right) t^2, \qquad (4.57)$$

wobei die Tatsache ausgenutzt wurde, daß $\mu_0 \epsilon_t = 1/v_t^2$ und $\mu_0 v_t \epsilon_t = n_t/c$. Wir beachten, daß bei senkrechtem Einfall (eine Situation von großem praktischen Interesse) $\theta_t = \theta_i = 0$ ist, und die Durchlässigkeit (Gleichung (4.55)) ist dann wie der Reflexionsgrad (Gleichung (4.54)) einfach das Verhältnis der entsprechenden Bestrahlungsstärken. Da $R = r^2$, brauchen wir uns nicht weiter um das Vorzeichen von r in irgendeiner Form zu kümmern. Damit wird die Verwendung des Begriffs Reflexionsgrad vorteilhaft. Man beachte, daß T in der Gleichung (4.57) nicht einfach gleich t^2 ist. Das hat zwei Gründe. Erstens muß das Verhältnis der Brechungsindizes vorkommen, da die Geschwindigkeiten, mit der die Energie in die Grenzfläche und aus ihr heraustransportiert wird, unterschiedlich sind. Mit anderen Worten, I ist nach Gleichung (3.47) proportional zu v. Zweitens sind die Querschnittsflächen der einfallenden und reflektierten Strahlenbündel unterschiedlich, so daß der Energiefluß pro Einheitsfläche entsprechend beeinflußt wird, was durch den Quotient der Kosinusterme zum Ausdruck kommt.

Wir wollen nun einen Ausdruck schreiben, der die Erhaltung der Energie für die Konfiguration darstellt, die in Abbildung 4.28 veranschaulicht ist. Mit anderen Worten, die Gesamtenergie, die in eine Fläche A pro Zeiteinheit fließt, muß gleich der Energie sein, die von ihr pro Zeiteinheit herausfließt;

$$I_i A \cos\theta_i = I_r A \cos\theta_r + I_t A \cos\theta_t. \qquad (4.58)$$

Multipliziert man beide Seiten mit c, so erhält man

$$n_i E_{0i}^2 \cos\theta_i = n_i E_{0r}^2 \cos\theta_i + n_t E_{0t}^2 \cos\theta_t$$

oder

$$1 = \left(\frac{E_{0r}}{E_{0i}}\right)^2 + \left(\frac{n_t \cos\theta_t}{n_i \cos\theta_i}\right)\left(\frac{E_{0t}}{E_{0i}}\right)^2. \qquad (4.59)$$

Aber dies ist einfach

$$R + T = 1, \qquad (4.60)$$

wobei keine Absorption stattfindet. Es ist vorteilhaft, die Komponentenformen zu benutzen, d.h.

$$R_\perp = r_\perp^2 \qquad (4.61)$$
$$R_\parallel = r_\parallel^2 \qquad (4.62)$$

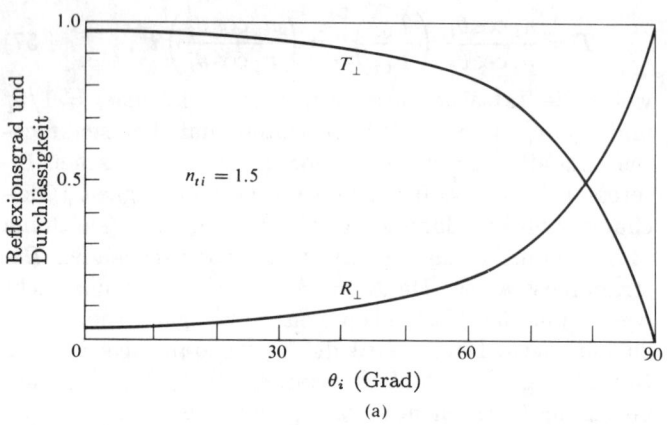
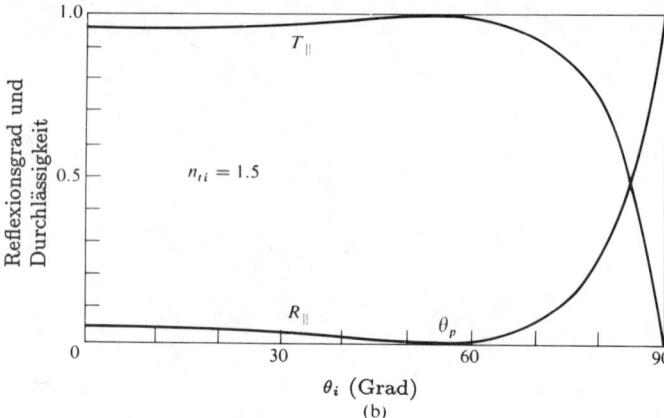

Abbildung 4.29 Reflexionsgrad und Durchlässigkeit gegen den Einfallswinkel.

$$T_\perp = \left(\frac{n_t \cos\theta_t}{n_i \cos\theta_i}\right) t_\perp^2 \tag{4.63}$$

und

$$T_\parallel = \left(\frac{n_t \cos\theta_t}{n_i \cos\theta_i}\right) t_\parallel^2, \tag{4.64}$$

welche in der Abbildung 4.29 veranschaulicht sind. Außerdem kann man zeigen (Aufgabe 4.39), daß

$$R_\parallel + T_\parallel = 1 \tag{4.65}$$

und

$$R_\perp + T_\perp = 1. \tag{4.66}$$

Wenn $\theta_i = 0$ ist, kann man die Einfallsebene nicht definieren, und jeder Unterschied zwischen den parallelen und senkrechten Komponenten von R und T verschwindet. In diesem Fall führen die Gleichungen (4.61) bis (4.64) zusammen mit (4.47) und (4.48) zu

$$R = R_\parallel = R_\perp = \left(\frac{n_t - n_i}{n_t + n_i}\right)^2 \tag{4.67}$$

und

$$T = T_\parallel = T_\perp = \frac{4 n_t n_i}{(n_t + n_i)^2}. \tag{4.68}$$

Deshalb wird 4% vom Licht, das senkrecht auf eine Luft-Glas-Grenzfläche fällt, ob es von innen ($n_i > n_t$) oder von außen ($n_i < n_t$) kommt, zurückgeworfen (Aufgabe 4.40). Dies ist wichtig, wenn man mit komplizierten Linsensystemen arbeitet, die zehn oder zwanzig derartige Luft-Glas-Grenzflächen besitzen. Tatsächlich sieht man, wie das meiste Licht reflektiert wird, wenn

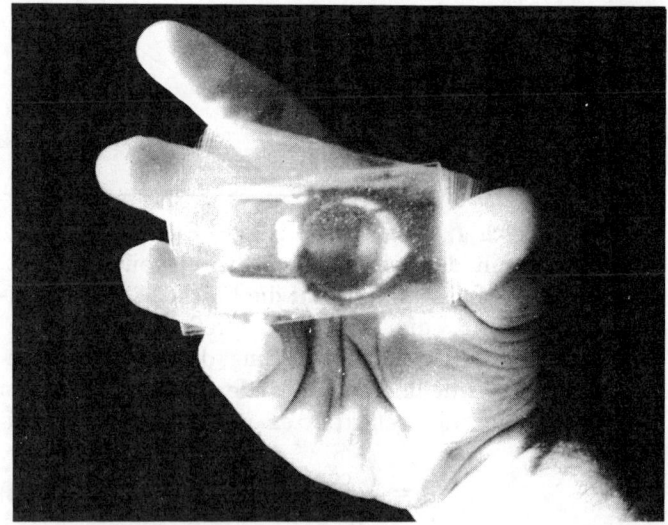

Abbildung 4.30 Bei fast senkrechter Reflexion an einem Stapel Mikroskop-Objektträgern. Man kann das Spiegelbild der Kamera sehen, die das Bild aufnahm. (Photo von E.H.)

man senkrecht in einen Stapel von ca. 50 Mikroskop-Objektträgern schaut (Deckgläser sind viel dünner und leichter in großer Zahl zu handhaben). Der Stapel erscheint einem Spiegel sehr ähnlich (Abb. 4.30). Die Abbildung 4.31 ist ein Diagramm, das die Reflexionsgrade bei senkrechtem Einfall an einer einzelnen Grenzfläche für verschiedene brechende Medien angibt, die sich in

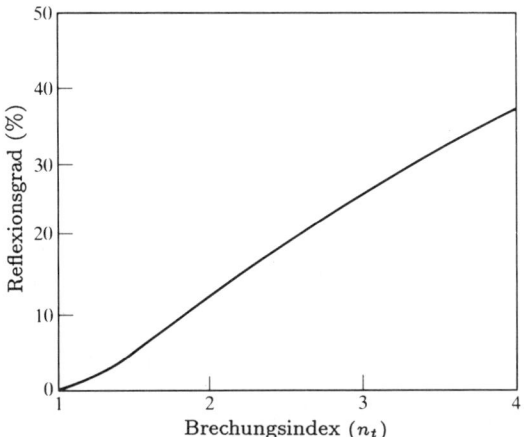

Abbildung 4.31 Der Reflexionsgrad bei senkrechtem Einfall in Luft (n_i=1.0) an einer einzelnen Grenzfläche.

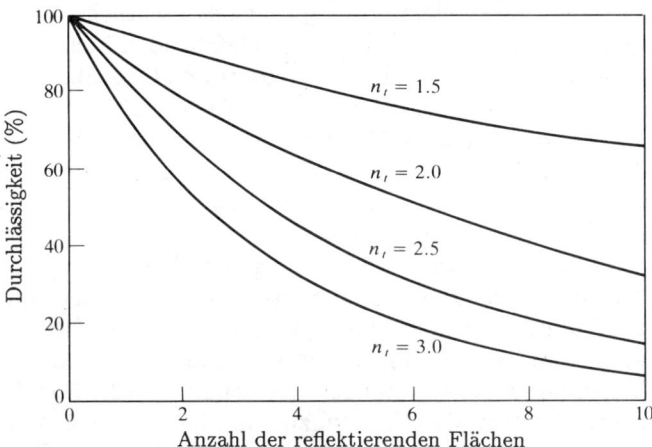

Abbildung 4.32 Die Durchlässigkeit durch eine Anzahl von Flächen bei senkrechtem Einfall in der Luft (n_i=1.0).

4.3.4 Innere Totalreflexion

Im vorhergehenden Abschnitt sahen wir, daß etwas Interessantes im Fall der inneren Reflexion passiert ($n_i > n_t$), wenn θ_i gleich oder größer als θ_c dem sogenannten **Grenzwinkel** ist. Wir wollen nun zu jener Situation für eine etwas nähere Betrachtung der Dinge zurückkehren. Angenommen wir hätten eine Quelle, die sich in einem optisch dichten Medium befindet, und wir ließen θ_i allmählich, wie in Abbildung 4.33 gezeigt, anwachsen. Wir wissen von dem vorhergehenden Abschnitt (Abb. 4.23), daß $r_\parallel$ und $r_\perp$ mit wachsendem θ_i zunehmen, und daß deshalb sowohl $t_\parallel$ als auch $t_\perp$ anwachsen. Außerdem ist $\theta_t > \theta_i$, da

$$\sin \theta_i = \frac{n_t}{n_i} \sin \theta_t,$$

und $n_i > n_t$, in welchem Fall $n_{ti} < 1$ ist. Daher nähert sich der transmittierte Strahl der Berührung mit der Grenzfläche, wenn θ_i größer wird; dabei erscheint immer mehr von der vorhandenen Energie im reflektierten Strahlenbündel. Schließlich ist $\sin \theta_t = 1$, wenn $\theta_t = 90°$ wird, und

$$\sin \theta_c = n_{ti}. \qquad (4.69)$$

Wie früher darauf hingewiesen wurde, *ist der Grenzwinkel jener spezielle Wert von θ_i, für den $\theta_t = 90°$ ist*. Für Einfallswinkel, die größer oder gleich θ_c sind, wird die gesamte ankommende Energie in das Eintrittsmedium zurückgeworfen, in einem Prozeß, den man *innere Totalreflexion* nennt. Es sollte betont werden, daß der Übergang von den Bedingungen, die in Abbildung 4.33 (a) veranschaulicht sind, zu denen von 4.33 (d) ohne irgendeine Unstetigkeit stattfindet. Das heißt, während θ_i größer wird, wird das reflektierte Strahlenbündel immer stärker, während das transmittierte Strahlenbündel schwächer wird, bis das letztere verschwindet, von wo an das erstere die gesamte Energie bei $\theta_r = \theta_c$ davonträgt. Man kann die Abschwächung des transmittierten Strahlenbündels leicht beobachten, wenn θ_i vergrößert wird. Legen Sie mal ein Stück Glas, z.B. einen Objektträger, auf eine bedruckte Seite. Bei $\theta_i \approx 0$ ist θ_t etwa Null, und die Seite erscheint durch das Glas betrachtet hell und deutlich. Wenn man aber den Kopf so bewegt, daß θ_t (der Winkel, bei dem man die Grenzfläche betrachtet) wächst, wird das Gebiet der bedruckten Seite, das durch das Glas bedeckt ist, immer dunkler erscheinen und anzeigen, daß T merklich verringert worden ist.

der Luft befinden. In der Abbildung 4.32 wird die korrespondierende Abhängigkeit der Durchlässigkeit von der Anzahl der Grenzflächen und dem Brechungsindex des Mediums bei senkrechtem Einfall dargestellt. Dies ist natürlich der Grund dafür, warum man nicht durch eine Rolle aus "klarem" Plastikband mit glatter Oberfläche sehen kann, und weshalb die vielen Linsenelemente in einem Periskop mit reflexmindernden Schichten überzogen sein müssen (Abschnitt 9.9.2).

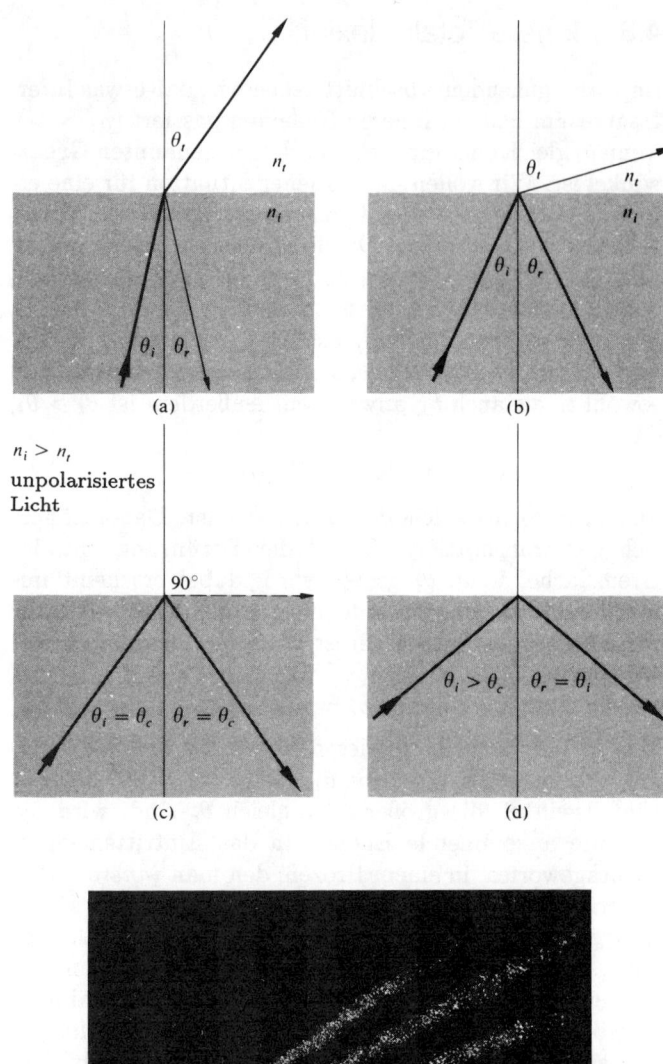

$n_i > n_t$
unpolarisiertes Licht

Abbildung 4.33 Innere Reflexion und der Grenzwinkel. (Photo mit freundlicher Genehmigung des Educational Service, Inc.)

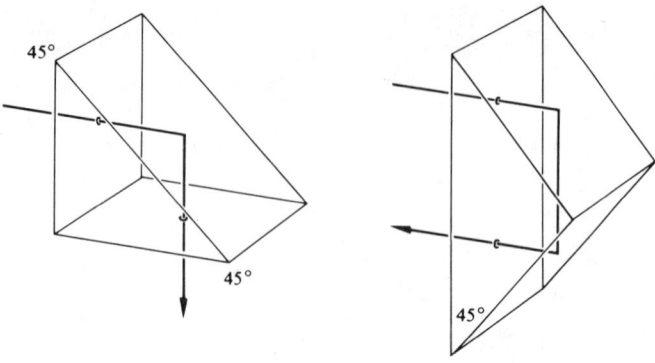

Abbildung 4.34 Innere Totalreflexion.

Der Grenzwinkel für unsere Luft-Glas-Grenzfläche ist etwa 42° (siehe Tabelle 4.1). Auf beide Prismen der Abbildung 4.34 trifft jeweils ein Strahl senkrecht auf die linke Oberfläche. $\theta_i > 42°$ und folglich werden die Strahlen innen totalreflektiert. Dies ist offensichtlich ein geeigneter Weg, um fast 100% des einfallenden Lichtes zu reflektieren, ohne uns über die Absorption Gedanken machen zu müssen, die bei Metalloberflächen auftritt.

Die Abbildung 4.35 zeigt, wie man auf eine andere vorteilhafte Art und Weise die Situation betrachten kann. Wir dürfen uns die Abbildung entweder als eine Konstruktion nach dem Huygensschen Prinzip oder als eine vereinfachte Darstellung der Abstreuung von den atomaren Oszillatoren vorstellen. Wir wissen, daß das Vorhandensein der homogenen isotropen Medien bewirkt, daß sich die Lichtgeschwindigkeit von c nach v_i beziehungsweise v_t verändert (Abschnitt 3.5.2). Dies ist (über das Huygenssche Prinzip) mathematisch äquivalent zur Aussage, daß die resultierende Welle die Überlagerung dieser Elementarwellen ist, die sich mit den entsprechenden Geschwindigkeiten fortpflanzen. In der Abbildung 4.35 (a) führt eine einfallende Welle zu der Emission von Elementarwellen, die nacheinander von den Streuzentren A und B ausgehen. Diese überlagern sich zur Brechungswelle. Die reflektierte Welle, die nach unten zurück ins Eintrittsmedium läuft ($\theta_i = \theta_r$), wurde nicht eingezeichnet. In einer Zeit t wandert die einfallende Wellenfront eine Strecke $v_i t = \overline{CB}$, während die durchgelassene Wellenfront eine Strecke $v_t t = \overline{AD} > \overline{CB}$ weiterläuft. Da die eine Welle von A nach E in der gleichen Zeit wie die andere von C nach B läuft, und da

n_{it}	θ_c (Grad)	θ_c (Radianten)	n_{it}	θ_c (Grad)	θ_c (Radianten)
1.30	50.2849	0.8776	1.50	41.8103	0.7297
1.31	49.7612	0.8685	1.51	41.4718	0.7238
1.32	49.2509	0.8596	1.52	41.1395	0.7180
1.33	48.7535	0.8509	1.53	40.8132	0.7123
1.34	48.2682	0.8424	1.54	40.4927	0.7067
1.35	47.7942	0.8342	1.55	40.1778	0.7012
1.36	47.3321	0.8261	1.56	39.8683	0.6958
1.37	46.8803	0.8182	1.57	39.5642	0.6905
1.38	46.4387	0.8105	1.58	39.2652	0.6853
1.39	46.0070	0.8030	1.59	38.9713	0.6802
1.40	45.5847	0.7956	1.60	38.6822	0.6751
1.41	45.1715	0.7884	1.61	38.3978	0.6702
1.42	44.7670	0.7813	1.62	38.1181	0.6653
1.43	44.3709	0.7744	1.63	37.8428	0.6605
1.44	43.9830	0.7676	1.64	37.5719	0.6558
1.45	43.6028	0.7610	1.65	37.3052	0.6511
1.46	43.2302	0.7545	1.66	37.0427	0.6465
1.47	42.8649	0.7481	1.67	36.7842	0.6420
1.48	42.0566	0.7419	1.68	36.5296	0.6376
1.49	42.1552	0.7357	1.69	36.2789	0.6332

Tabelle 4.1 Grenzwinkel.

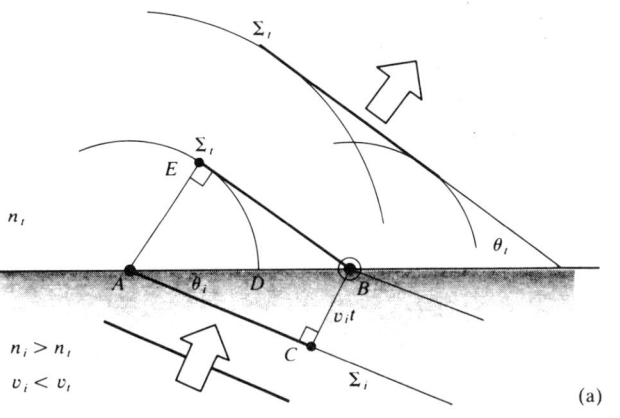

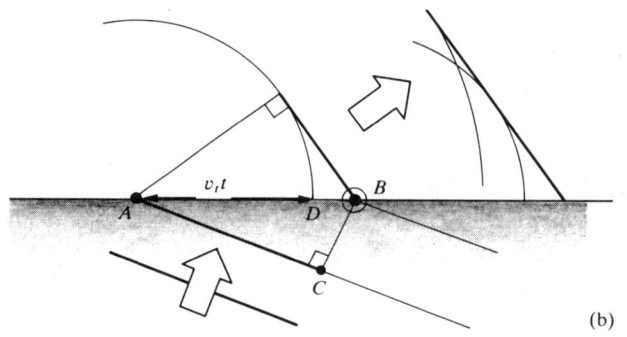

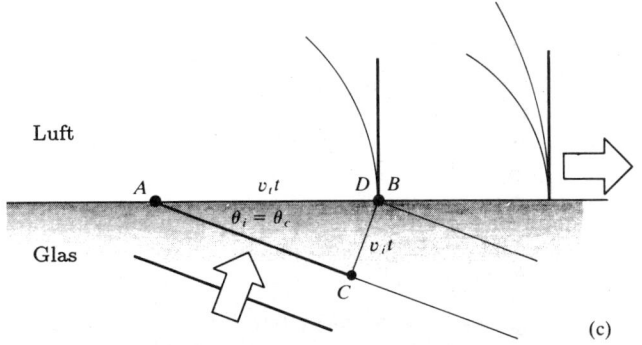

Abbildung 4.35 Eine Untersuchung der Brechungswelle im Prozeß der inneren Totalreflexion aus der Sicht der Streuung. Wir halten hier θ_i und n_i konstant und verringern in den nacheinanderfolgenden Schaubildern n_t, wodurch v_t wächst. Die reflektierte Welle ($\theta_r = \theta_i$) wurde nicht eingezeichnet.

beide die gleiche Frequenz und Periode besitzen, müssen sie in dem Prozeß die Phase mit dem gleichen Betrag ändern. Daher muß die Welle im Punkt E mit jener im Punkt B in Phase sein; beide Punkte müssen auf derselben durchgelassenen Wellenfront liegen.

Je größer v_t im Vergleich zu v_i ist, desto stärker ist die Neigung der durchgelassenen Front (d.h. desto größer ist θ_t). Dies zeigt die Abbildung 4.35 (b), in der n_{ti} kleiner ist, da n_t als kleiner vorausgesetzt wird. Die Folge ist eine höhere Geschwindigkeit v_t, wobei $\overline{AD}$ wächst, und wodurch ein größerer Brechungswinkel entsteht. In der Abbildung 4.35 (c) ist ein Spezialfall erreicht: $\overline{AD} = \overline{AB} = v_t t$, die Elementarwellen überlagern sich *nur längs der Linie der Grenzfläche in Phase* ($\theta_t = 90°$). Aus dem Dreieck ABC entnehmen wir, daß $\sin \theta_i = v_i t / v_t t = n_t / n_i$, was Gleichung (4.69) ergibt. Für die zwei gegebenen Medien (d.h. für den bestimmten Wert n_{ti}) liegt die Richtung, in der sich die gestreuten Elementarwellen im brechenden Medium konstruktiv addieren, entlang der Grenzfläche. Die resultierende Welle ($\theta_t = 90°$) nennt man eine *Oberflächenwelle*.

Setzen wir voraus, daß es dort keine Brechungswelle gibt, so wird es unmöglich, die Randbedingungen nur unter Verwendung der einfallenden und reflektierten Wellen zu befriedigen — die Dinge sind keineswegs so einfach, wie sie scheinen mögen. Außerdem können wir die Gleichungen (4.34) und (4.40) (Aufgabe 4.43) umformulieren, so daß

$$r_\perp = \frac{\cos\theta_i - (n_{ti}^2 - \sin^2\theta_i)^{1/2}}{\cos\theta_i + (n_{ti}^2 - \sin^2\theta_i)^{1/2}} \quad (4.70)$$

und

$$r_\parallel = \frac{n_{ti}^2 \cos\theta_i - (n_{ti}^2 - \sin^2\theta_i)^{1/2}}{n_{ti}^2 \cos\theta_i + (n_{ti}^2 - \sin^2\theta_i)^{1/2}}. \quad (4.71)$$

Da $\sin\theta_c = n_{ti}$, wenn $\theta_i > \theta_c$, ist $\sin\theta_i > n_{ti}$, und sowohl $r_\perp$ als auch $r_\parallel$ werden zu komplexen Größen. Ungeachtet dessen (Aufgabe 4.44) ist $r_\perp r_\perp^* = r_\parallel r_\parallel^* = 1$ und $R = 1$, was bedeutet, daß $I_r = I_i$ und $I_t = 0$ ist. Daher kann die Welle im Durchschnitt keine Energie durch die Grenzfläche übertragen, obwohl es dort eine Brechungswelle geben muß. Wir werden die vollständige und ziemlich lange Berechnung nicht durchführen; sie wird benötigt, um die Ausdrücke für alle reflektierten und transmittierten Felder herzuleiten, wir können jedoch im Folgenden vom Prozeß eine Vorstellung bekommen. Die Wellenfunktion für das transmittierte elektrische Feld ist

$$\boldsymbol{E}_t = \boldsymbol{E}_{0t} \exp i(\boldsymbol{k}_t \cdot \boldsymbol{r} - \omega t),$$

wobei

$$\boldsymbol{k}_t \cdot \boldsymbol{r} = k_{tx}x + k_{ty}y;$$

es gibt keine z-Komponente von $\boldsymbol{k}$. Aber

$$k_{tx} = k_t \sin\theta_t$$

und

$$k_{ty} = k_t \cos\theta_t,$$

wie man an der Abbildung 4.36 sehen kann. Wieder benutzen wir das Snelliussche Gesetz

$$k_t \cos\theta_t = \pm k_t \left(1 - \frac{\sin^2\theta_i}{n_{ti}^2}\right)^{1/2} \quad (4.72)$$

oder, da wir an dem Fall interessiert sind, in dem $\sin\theta_i > n_{ti}$,

$$k_{ty} = \pm ik_t \left(\frac{\sin^2\theta_i}{n_{ti}^2} - 1\right)^{1/2} \equiv \pm i\beta$$

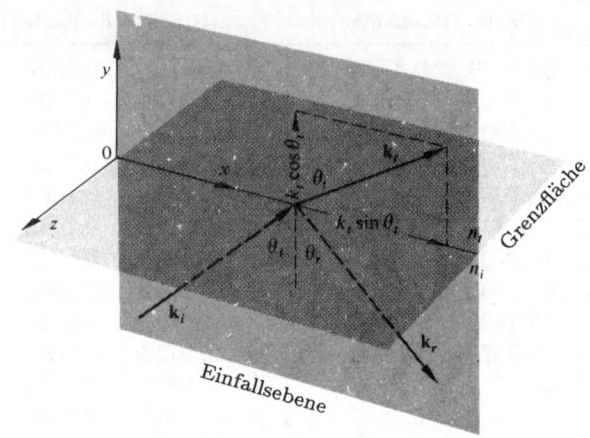

Abbildung 4.36 Fortpflanzungsvektoren für die innere Reflexion.

wohingegen

$$k_{tx} = \frac{k_t}{n_{ti}} \sin\theta_i.$$

Folglich ist

$$\boldsymbol{E}_t = \boldsymbol{E}_{0t} e^{\mp \beta y} e^{i(k_t x \sin\theta_i / n_{ti} - \omega t)}. \quad (4.73)$$

Lassen wir den positiven Exponenten außer acht, der physikalisch unhaltbar ist, so erhalten wir eine Welle, deren Amplitude exponentiell abnimmt, während sie das weniger dichte Medium durchdringt. Die Störung schreitet in die x-Richtung als eine sogenannte *Grenzflächenwelle* oder **abklingende Welle** fort. Man beachte, daß die Wellenfronten oder Oberflächen mit konstanter Phase (parallel zur yz-Ebene) senkrecht zu den Oberflächen mit konstanter Amplitude (parallel zur xz-Ebene) sind, und so ist die Welle *inhomogen* (siehe Abschnitt 2.5). Ihre Amplitude klingt rasch in der y-Richtung ab und wird bei einer Entfernung von nur wenigen Wellenlängen im zweiten Medium vernachlässigbar.

Wenn Sie noch über die Energieerhaltung besorgt sind, würde eine umfassendere Abhandlung zeigen, daß die Energie in Wirklichkeit durch die Grenzfläche hin und her fließt und im Durchschnitt zu einem letztendlichen Fluß von Null führt, der durch die Grenzfläche in das zweite Medium geht. Es bleibt noch ein rätselhafter Punkt übrig: es gibt noch ein wenig Energie, die erklärt werden muß, nämlich die Energie, die mit der abklingenden Welle verknüpft ist, die sich in der Einfallsebene entlang der Grenzfläche bewegt. Da diese Energie unter den vorliegenden Bedingungen (so lange wie $\theta_i \geq \theta_c$) nicht in das weniger dichte Medium hätte eindringen können, müssen wir woanders nach ihrer Quelle suchen. Unter wirklichen Experimentalbedingungen würde das einfallende Strahlenbündel einen begrenzten Querschnitt haben und würde sich daher von einer richtigen ebenen Welle unterscheiden. Diese Abweichung bewirkt (über die Beugung) eine geringfügige Übertragung von Energie durch die Grenzfläche, die sich in der abklingenden Welle manifestiert.

Übrigens ist es aus den Abbildungen 4.25 (c) und (d) klar, daß sich die einfallenden und reflektierten Wellen (mit Ausnahme bei $\theta_i = 90°$) in den Phasen nicht durch π unterscheiden und sich deshalb gegenseitig nicht auslöschen können. Es folgt aus der Stetigkeit der tangentialen Komponente von E, daß es deshalb ein oszillierendes Feld mit der Frequenz ω (d.h. die abklingende Welle) in dem weniger dichten Medium geben muß, das eine Komponente parallel zur Grenzfläche hat.

Das exponentielle Abklingen der *Grenzflächenwelle* ist kürzlich experimentell bei optischen Frequenzen bestätigt worden.[13]

Wir wollen uns ein Lichtstrahlenbündel vorstellen, das innerhalb eines Glasblocks wandert und an einer Grenzfläche nach innen reflektiert wird. Pressen wir ein anderes Glasstück gegen das erste, so können wir vermutlich die Luft-Glas-Grenzschicht verschwinden lassen, und das Strahlenbündel würde sich dann ungestört weiter ausbreiten. Außerdem können wir erwarten, daß dieser Übergang von totaler zu keiner Reflexion allmählich geschieht, während die Luftschicht dünner wird. In genau derselben Art kann man, wenn man ein Trinkglas oder ein Prisma hält, die Rillen seiner Fingerabdrücke in einem Bereich sehen, der wegen der inneren Totalreflexion sonst spiegelähnlich ist. Allgemeiner ausgedrückt, breitet sich die abklingende Welle mit einer beträchtlichen Amplitude durch das dünne Medium in einen in der Nähe befindlichen Bereich aus, der von einem Stoff mit höherem Index ausgefüllt ist, so könnte die Energie nun durch die Lücke in der als **gestörte innere Totalreflexion** (FTIR)[14] bezeichneten Art fließen. Mit an-

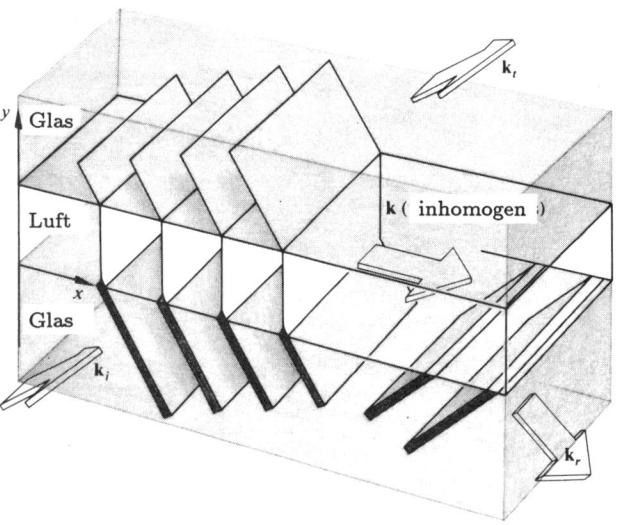

Abbildung 4.37 Gestörte innere Totalreflexion.

deren Worten, wenn die abklingende Welle noch stark genug ist, Elektronen im "störenden" Medium anzutreiben, nachdem sie die Lücke durchquert hat, erzeugen die Elektronen nun ihrerseits eine Welle, die die Feldanordnung wesentlich verändert, wodurch nun Energie fließen kann. Abbildung 4.37 ist eine schematische Darstellung der FTIR, in der die Breite der Linien, die die Wellenfronten darstellen, quer durch die Lücke abnehmen; ein Hinweis, daß sich die Amplitude des Feldes in derselben Weise verhält. Der Prozeß als Ganzes ist dem quantenmechanischen Phänomen der *Durchdringung einer Potentialschwelle* oder des *Tunneleffektes* außergewöhnlich ähnlich, das zahlreiche Anwendungen in der zeitgenössischen Physik findet. (Man kann sich den Tunneleffekt mit einem Seil veranschaulichen. Bewegt man ein Seilende schnell, so wandert ein Wellenberg am Seil entlang. Bewegt man jedoch das Ende langsam, so bewegt sich das ganze Seil fast wie ein starrer Körper. Die Grenzfrequenz zwischen diesen beiden Phänomenen hängt von der Dichte und der Spannung des Seils ab. Der erste Vorgang ist eine fortlaufende Welle, der zweite gibt das Verhalten des Wellenmediums wieder, wie er im Tunnelbereich vorliegt. Knüpft man verschiedene Seile aneinander, so kann bei der gleichen Frequenz auf dem einen Seil eine Welle wandern, die dann durch ein anderes Seil durchtunnelt, um so wieder als Welle auf einem dritten Seil zu erscheinen; d.Ü.)

---

[13] Sehen Sie sich den faszinierenden Artikel "Monomolecular Layers and Light" von K.H. Drexhage, *Sci. Am.* **222**, 108 (1970) an.
[14] FTIR = frustrated total internal reflection.

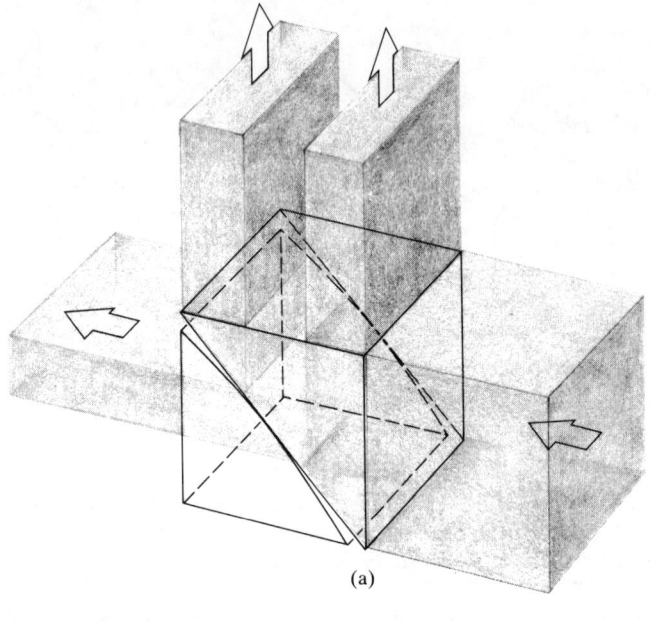

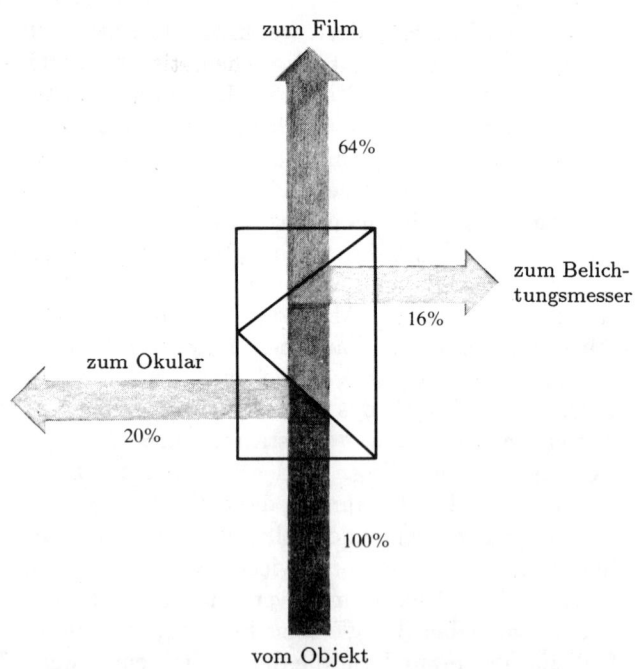

Abbildung 4.38 (a) Ein Strahlenteiler, der die gestörte innere Totalreflexion (FTIR) ausnutzt. (b) Eine typische moderne Anwendung der FTIR: eine konventionelle Strahlenteileranordnung, die verwendet wird, um durch ein Mikroskop zu photographieren. (c) Strahlenteilungswürfel (Photo mit freundlicher Genehmigung von Melles Griot.)

Man kann die FTIR mit der Prismenanordnung der Abbildung 4.38 auf eine Art nachweisen, die fast selbstverständlich ist. Sind die Hypotenusenflächen beider Prismen eben und parallel, so können sie außerdem vermutlich so eingestellt werden, daß sie jeden gewünschten

Bruchteil der einfallenden Flußdichte durchlassen und reflektieren. Geräte, die diesen Zweck erfüllen, nennt man *Strahlenteiler*. Man kann einen *Strahlenteilungswürfel* mit Hilfe einer dünnen transparenten Schicht mit niedrigem Index als ein Präzisionsabstandsstück herstellen. Verlustarme Reflektoren, deren Durchlässigkeit durch störende innere Reflexion geregelt werden kann, sind von beachtlichem Interesse. FTIR kann auch in anderen Bereichen des elektromagnetischen Spektrums beobachtet werden. Mit 3 cm-Mikrowellen kann man besonders leicht arbeiten, weil sich die abklingende Welle etwa 10^5 mal weiter als bei optischen Frequenzen ausdehnt. Man kann die oberen optischen Experimente mit festen Prismen, die aus Paraffin hergestellt sind, oder mit hohlen Prismen aus Akrylkunststoff, gefüllt mit Petroleum oder Motorenöl, nachmachen. Sie haben alle einen Brechungsindex von ungefähr 1.5 für 3 cm-Wellen. Es ist dann einfach, die Abhängigkeit der Feldamplitude von y direkt zu messen.

4.3.5 Die optischen Eigenschaften der Metalle

Das charakteristische Merkmal von leitenden Medien ist die Anwesenheit einer Anzahl von freien elektrischen Ladungen (frei im Sinne von Ungebundenheit, d.h. imstande sein, sich innerhalb des Stoffes überall zu verbreiten). In Metallen sind diese Ladungen selbstverständlich Elektronen, und ihre Bewegung stellt einen elektrischen Strom dar. Der Strom pro Einheitsfläche, der sich aus dem Anlegen eines Feldes E ergibt, ist über Gleichung (A 1.15) mit der Leitfähigkeit σ des Mediums verbunden. Für ein dielektrisches Medium gibt es keine freien Elektronen oder Leitungselektronen, und so ist $\sigma = 0$, wohingegen für Metalle σ nicht Null und endlich groß ist. Im Unterschied dazu hätte ein idealer "perfekter" Leiter eine unbegrenzte Leitfähigkeit. Dies ist äquivalent zu der Aussage, daß die Elektronen, die durch eine harmonische Welle in Schwingung versetzt wurden, einfach dem Wechsel des Feldes folgen. Es gäbe keine Rückstellkraft, keine Eigenfrequenz und keine Absorption, nur Reemission. In Metallen stoßen die Leitungselektronen mit dem thermisch angeregten Gitter oder mit Gitterfehlern zusammen, und dabei wird irreversibel elektromagnetische Energie in Joulsche Wärme umgewandelt. Offensichtlich ist die Absorption von Strahlungsenergie durch einen Stoff eine Funktion seiner Leitfähigkeit.

i) Wellen in einem Metall

Stellt man sich das Medium als ein Kontinuum vor, so führen die Maxwellschen Gleichungen zu

$$\frac{\partial^2 E}{\partial x^2} + \frac{\partial^2 E}{\partial y^2} + \frac{\partial^2 E}{\partial z^2} = \mu\epsilon\frac{\partial^2 E}{\partial t^2} + \mu\sigma\frac{\partial E}{\partial t}, \quad (4.74)$$

was Gleichung (A.1.21) in kartesischen Koordinaten ist. Das letzte Glied, $\mu\sigma\partial E/\partial t$, ist eine zeitliche Ableitung erster Ordnung, wie es die Dämpfungskraft im Oszillatormodell des Abschnittes 3.5.1 ist. Die zeitliche Änderungsrate von E erzeugt eine Spannung, Ströme fließen, und da der Stoff Widerstand leistet, wird Licht in Wärme umgewandelt — ergo Absorption. Es kann gezeigt werden, daß sich dieser Ausdruck zu der ungedämpften Wellengleichung reduziert, wenn die Dielektrizitätskonstante zu einer komplexen Größe umformuliert wird. Dies führt dann zu einem komplexen Brechungsindex, der, wie wir früher sahen (Abschnitt 3.5.1), gleichbedeutend mit der Absorption ist. Wir brauchen dann nur den komplexen Index

$$n_c = n_R - in_I \quad (4.75)$$

(wobei die reellen und imaginären Indizes n_R und n_I reelle Zahlen sind) in die entsprechende Lösung für ein nichtleitendes Medium einzusetzen. Alternativ kann man die Wellengleichung und die entsprechenden Grenzbedingungen ausnutzen, um eine spezielle Lösung zu finden. In beiden Fällen können wir eine einfache sinusförmige, ebene Wellenlösung finden, die innerhalb des Leiters zutrifft. Solch eine Welle, die sich in die y-Richtung fortpflanzt, wird gewöhnlich als

$$E = E_0 \cos(\omega t - ky)$$

oder als eine Funktion von n

$$E = E_0 \cos\omega(t - ny/c)$$

geschrieben, jedoch muß hier der Brechungsindex komplex genommen werden. Folglich wird die Welle, wenn wir sie als ein Exponential schreiben und Gleichung (4.75) benutzen, zu

$$E = E_0 e^{(-\omega n_I y/c)} e^{i\omega(t - n_R y/c)} \quad (4.76)$$

oder

$$E = E_0 e^{-\omega n_I y/c} \cos\omega(t - n_R y/c). \quad (4.77)$$

Die Welle schreitet in die y-Richtung mit einer Geschwindigkeit c/n_R fort, als wäre genau n_R der normale Brechungsindex. Während die Welle im Leiter fortschreitet, wird ihre Amplitude $E_0 \exp(-\omega n_I y/c)$ exponentiell gedämpft. Da die Bestrahlungsstärke proportional zum Quadrat der Amplitude ist, erhalten wir

$$I(y) = I_0 e^{-\alpha y}, \qquad (4.78)$$

wobei $I_0 = I(0)$ ist, d.h. I_0 ist die Bestrahlungsstärke bei $y = 0$ (die Grenzfläche), und $\alpha \equiv 2\omega n_I/c$ wird die *Absorption* oder (sogar besser) der **Dämpfungskoeffizient** genannt. Die Flußdichte wird mit einem Faktor $e^{-1} = 1/2.7 \approx 1/3$ abfallen, nachdem die Welle eine Distanz $y = 1/\alpha$ durchlaufen hat, die man die *Skin-* oder *Eindringtiefe* nennt. Bei einem transparenten Stoff muß die Eindringtiefe groß im Vergleich zu seiner Dicke sein. Die Eindringtiefe ist jedoch für Metalle äußerst klein. Zum Beispiel hat Kupfer bei ultravioletten Wellenlängen ($\lambda \approx 100$ nm) eine winzige Eindringtiefe von etwa 0.6 nm, wohingegen sie, noch immer grob, nur 6 nm im Infraroten ($\lambda \approx 10000$ nm) ist. Dies erklärt die allgemein beobachtete Lichtundurchlässigkeit der Metalle, die trotzdem teilweise transparent werden können, wenn sie in extrem dünne Schichten geformt werden (wie z.B. im Falle eines teildurchlässig verspiegelten Zweiwegespiegels). Der bekannte metallische Glanz von Leitern entspricht einem hohen Reflexionsgrad, der sich wiederum aus der Tatsache ergibt, daß die einfallende Welle nicht wirksam ins Material eindringen kann. Relativ wenige Elektronen im Metall "sehen" die Brechungswelle und deshalb wird wenig Gesamtenergie von ihnen dissipiert, obwohl jedes Elektron stark absorbiert. Stattdessen erscheint die meiste ankommende Energie als reflektierte Welle wieder. Weitaus die meisten Metalle, eingeschlossen die weniger verbreiteten, wie z.B. Natrium, Kalium, Zäsium, Vanadium, Niobium, Gadolinium, Holmium, Yttrium, Skandium, Osmium und viele andere, sehen silbergrau aus, ähnlich wie Aluminium, Zinn oder Stahl. Sie reflektieren fast das gesamte einfallende Licht ungeachtet der Wellenlängen und sind daher im wesentlichen farblos.

Gleichung (4.77) erinnert sicher an Gleichung (4.73) und an die gestörte innere Totalreflexion. In beiden Fällen gibt es einen exponentiellen Abfall der Amplitude. Ferner würde eine vollständige Analyse zeigen, daß die Brechungswellen nicht genau transversal sind, es gibt in beiden Fällen noch eine Feldkomponente in der Fortpflanzungsrichtung.

Die Darstellung des Metalls als ein Kontinuum arbeitet ziemlich gut in dem niederfrequenten Bereich des Infraroten. Doch können wir sicher erwarten, daß wir mit der eigentlich körnigen Natur der Materie rechnen müssen, wenn die Wellenlänge des einfallenden Strahlenbündels abnimmt. Tatsächlich zeigt das Modell eines Kontinuums aus experimentellen Ergebnissen bei optischen Frequenzen große Diskrepanzen. Und so wenden wir uns wieder dem klassischen atomistischen Bild zu, das ursprünglich von Hendrik Lorentz, Paul Karl Ludwig Drude (1863–1906) und anderen formuliert wurde. Diese einfache Methode liefert eine qualitative Übereinstimmung mit den experimentellen Meßwerten, jedoch erfordert die endgültige Behandlung trotzdem die Quantentheorie.

ii) Die Dispersionsgleichung

Wir wollen uns den Leiter als eine Ansammlung von angetriebenen gedämpften Oszillatoren vorstellen. Einige von ihnen entsprechen freien Elektronen und haben deshalb eine Rückstellkraft von Null, wohingegen andere sehr ähnlich jenen in Dielektrika des Abschnitts 3.3.1 am Atom gebunden sind. Die Leitungselektronen sind jedoch maßgeblich für die optischen Eigenschaften der Metalle. Wir erinnern uns, daß die Verschiebung eines schwingenden Elektrons (Abschnitt 3.5.1) durch

$$x(t) = \frac{q_e/m_e}{(\omega_0^2 - \omega^2)} E(t) \qquad [3.65]$$

gegeben ist. Ohne Rückstellkraft, $\omega_0 = 0$, ist das Vorzeichen der Verschiebung umgekehrt zur Antriebskraft $q_e E(t)$ und deshalb 180° mit ihr außer Phase. Dies ist anders als bei transparenten Dielektrika, bei denen die Resonanzfrequenzen oberhalb des Sichtbaren liegen, und die Elektronen phasengleich mit der Antriebskraft (Abb. 4.39) schwingen. Freie Elektronen, die mit dem einfallenden Licht außer Phase schwingen, strahlen Elementarwellen zurück, die dazu tendieren, die ankommende Welle auszulöschen. Die Folge ist, wie wir schon gesehen haben, eine schnell abklingende Brechungswelle.

$E(t)$ sei genau das durchschnittliche Feld, das auf ein Elektron wirkt, das sich innerhalb eines Leiters bewegt. Wir können dann die Dispersionsgleichung eines dünnen

nen kennzeichnend ist. Wir erinnern uns, daß ein Medium, das bei einer bestimmten Frequenz sehr stark absorbiert, nicht wirklich viel von dem einfallenden Licht bei jener Frequenz absorbiert, jedoch vielmehr das Licht *selektiv reflektiert*. Gold und Kupfer sind rotgelb, weil n_I mit der Wellenlänge zunimmt, und die größeren Werte von λ werden stärker reflektiert. Daher sollte z.B. Gold ziemlich lichtundurchlässig für die längeren sichtbaren Wellenlängen sein. Folglich läßt eine Goldfolie, die weniger als etwa 10^{-6} m dick ist, unter weißer Beleuchtung tatsächlich überwiegend grünlichblaues Licht durch.

Wir können eine ungefähre Vorstellung von der Reaktion der Metalle auf Licht erhalten, indem wir einige stark vereinfachende Annahmen machen. Demgemäß vernachlässigen wir den Betrag der gebundenen Elektronen und nehmen außerdem an, daß γ_e für sehr große ω auch vernachlässigbar ist, woraufhin

$$n^2(\omega) = 1 - \frac{Nq_e^2}{\epsilon_0 m_e \omega^2}. \qquad (4.80)$$

Die letztere Annahme basiert auf der Tatsache, daß die Elektronen bei hohen Frequenzen sehr viele Schwingungen zwischen jedem Zusammenstoß machen. Freie Elektronen und positive Ionen dürfen innerhalb eines Metalls als ein Plasma angesehen werden, dessen Dichte bei einer Eigenfrequenz ω_p, der *Plasmafrequenz*, schwingt. Von ihr kann man wiederum zeigen, daß sie gleich $(Nq_e^2/\epsilon_0 m_e)^{1/2}$ ist, und so gilt

$$n^2(\omega) = 1 - (\omega_p/\omega)^2. \qquad (4.81)$$

Die Plasmafrequenz ist ein Grenzwert. Wird die Frequenz kleiner, so wird der Brechungsindex komplex, und die eindringende Welle nimmt exponentiell (4.77) von der Grenzfläche ab; während bei Frequenzen über ω_p n reell, die Absorption klein und der Leiter transparent ist. Beim letzteren Sachverhalt ist n kleiner als 1, wie es für dielektrische Medien bei sehr hohen Frequenzen zutrifft. Folglich können wir erwarten, daß die Metalle für Röntgenstrahlen im allgemeinen ziemlich transparent sind. Tabelle 4.2 führt die Plasmafrequenzen für einige Alkalimetalle auf, die sogar für ultraviolettes Licht transparent sind.

Meistens ist der Brechungsindex für ein Metall komplex, und die auftreffende Welle wird frequenzabhängig absorbiert. Beispielsweise sind die äußeren Visiere an den Apollo-Raumanzügen mit einer sehr dünnen Goldschicht

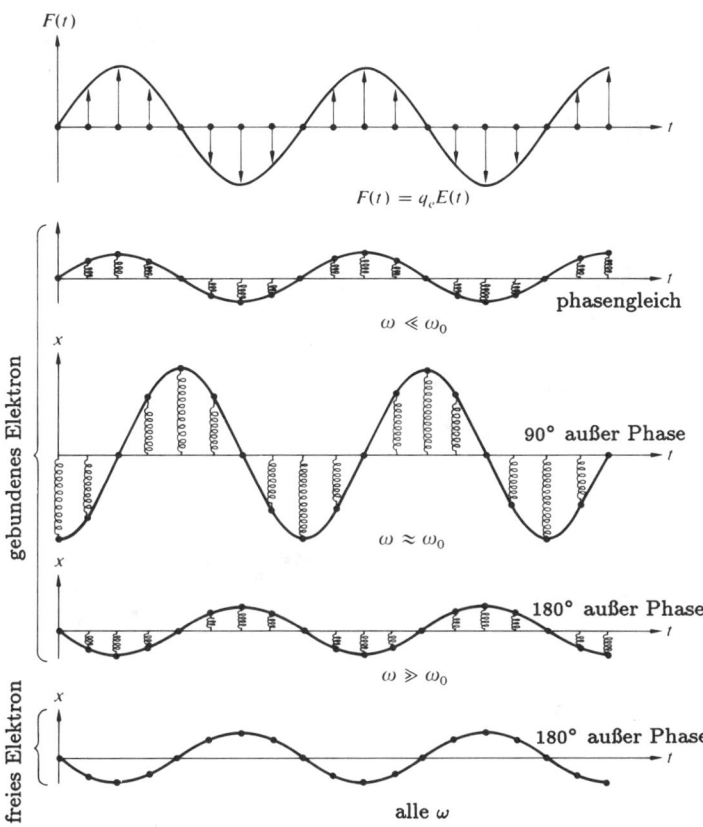

Abbildung 4.39 Schwingungen gebundener und freier Elektronen.

Mediums (3.71) erweitern, so daß sie lautet

$$n^2(\omega) = 1 + \frac{Nq_e^2}{\epsilon_0 m_e}\left[\frac{f_e}{-\omega^2 + i\gamma_e \omega} + \sum_j \frac{f_j}{\omega_{0j}^2 - \omega^2 + i\gamma_j \omega}\right]. \qquad (4.79)$$

Das erste Glied der Klammer ist der Beitrag der freien Elektronen, wobei N die Anzahl von Atomen pro Einheitsvolumen ist. Jedes dieser Atome hat f_e Leitungselektronen, die keine Eigenfrequenz besitzen. Das zweite Glied stammt von den gebundenen Elektronen und ist mit Gleichung (3.71) identisch. Man sollte beachten, daß eine bestimmte Farbe eines Metalls anzeigt, daß die Atome über die gebundenen Elektronen an selektiven Absorptionen teilhaben. Dies geschieht zusätzlich zur allgemeinen Absorption, die für die freien Elektro-

Metall	λ_p (beobachtet) nm	λ_p (berechnet) nm	$\nu_p = c/\lambda_p$ (beobachtet) Hz
Lithium (Li)	155	155	1.94×10^{15}
Natrium (Na)	210	209	1.43×10^{15}
Kalium (K)	315	287	0.95×10^{15}
Rubidium (Rb)	340	322	0.88×10^{15}

Tabelle 4.2 Grenzwellenlängen und Grenzfrequenzen für einige Alkalimetalle.

überzogen (Abb. 4.40). Der Belag reflektiert etwa 70% des einfallenden Lichtes und wird während heller Bedingungen, wie z.B. bei niedriger und vorne stehender Sonne, benutzt. Er wurde entworfen, um die thermische Belastung des Kühlsystems herabzusetzen, indem er die Strahlungsnenergie im Infraroten stark reflektiert, während er im Sichtbaren noch genügend durchläßt. Es sind auch billige metallüberzogene Sonnengläser im Handel erhältlich, die im Prinzip ganz ähnlich sind, es lohnt sich durchaus, sie nur zum Experimentieren zu erwerben.

Die ionosierte obere Erdatmosphäre enthält eine Verteilung von freien Elektronen, die sich sehr ähnlich derjenigen verhält, die innerhalb eines Metalls gebunden ist. Der Brechungsindex eines derartigen Mediums ist für die Frequenzen oberhalb ω_P reell und kleiner als 1. Im Juli 1965 machte das Raumschiff Mariner IV von diesem Effekt Gebrauch, um die Ionosphäre des Planeten Mars aus 216 Millionen Kilometer Entfernung von der Erde aus zu untersuchen.[15]

Wenn wir zwischen zwei weit entfernten irdischen Punkten in Verbindung stehen möchten, könnten wir niederfrequente Wellen von der Erdionosphäre abprallen lassen. Um mit jemandem auf dem Mond zu sprechen, sollten wir stattdessen hochfrequente Signale benutzen, für die die Ionosphäre transparent ist.

iii) Reflexion an einem Metall

Wir stellen uns vor, daß eine ebene Welle aus der Luft auf eine leitende Oberfläche trifft. Die Brechungswelle, die in einem bestimmten Winkel zur Normalen fortschreitet, ist inhomogen. Nimmt jedoch die Leitfähigkeit des Mediums zu, so richten sich die Wellenfronten nach den Flächen

15) R. Von Eshelman, *Sci. Am.* **220**, 78 (1969).

Abbildung 4.40 Edwin Aldrin Jr. im *mare tranquillitatis* auf dem Mond. Der Photograph Neil Armstrong wird in dem goldbeschichteten Visier reflektiert. (Photo mit freundlicher Genehmigung der NASA)

konstanter Amplitude aus, woraufhin k_t und $\hat{u}_n$ fast parallel werden. Mit anderen Worten, in einem guten Leiter pflanzt sich die Brechungswelle in einer Richtung senkrecht zur Grenzfläche ungeachtet von θ_i fort.

Wir wollen nun den Reflexionsgrad $R = I_r/I_i$ für den einfachsten Fall des senkrechten Einfalls auf ein Metall berechnen. Für $n_i = 1$ und $n_t = n_c$ (d.h. gleich dem komplexen Index) erhalten wir aus Gleichung (4.47)

$$R = \left(\frac{n_c - 1}{n_c + 1}\right)\left(\frac{n_c - 1}{n_c + 1}\right)^* \qquad (4.82)$$

und, weil $n_c = n_R - in_I$,

$$R = \frac{(n_R - 1)^2 + n_I^2}{(n_R + 1)^2 + n_I^2}. \qquad (4.83)$$

Wenn die Leitfähigkeit des Stoffes gegen Null geht, erhalten wir ein Dielektrikum, woraufhin der Brechungsindex im Prinzip reell ($n_I = 0$) und der Dämpfungskoeffizient α Null ist. Unter diesen Umständen ist der Index n_t des brechenden Mediums gleich n_R, und der Reflexionsgrad (4.83) wird identisch mit dem der Gleichung

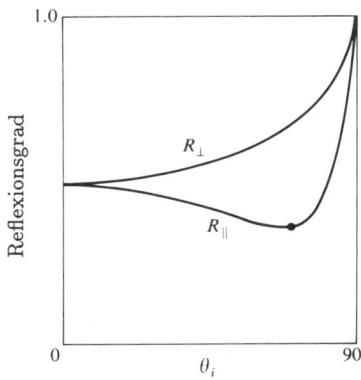

Abbildung 4.41 Typischer Reflexionsgrad für ein weißes, linear polarisiertes Lichtstrahlenbündel, das auf ein absorbierendes Medium fällt.

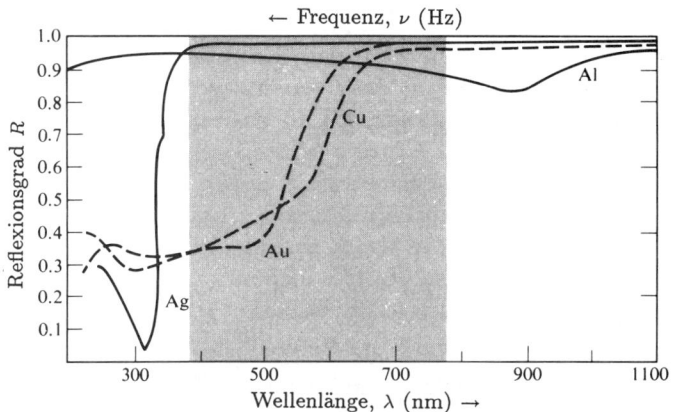

Abbildung 4.42 Reflexionsgrad gegen Wellenlänge für Silber, Gold, Kupfer und Aluminium.

(4.67). Wenn statt dessen n_I groß ist, während n_R vergleichsweise klein ist, wird R wiederum groß (Aufgabe 4.49). In der unerreichbaren Grenze, in der n_c rein imaginär ist, würde 100% der einfallenden Flußdichte reflektiert ($R = 1$). Man beachte, daß der Reflexionsgrad eines Metalles größer als der eines anderen sein kann, obwohl sein n_I kleiner ist. Zum Beispiel sind bei $\lambda_0 = 589.3$ nm die mit festem Natrium verbundenen Parameter ungefähr $n_R = 0.04$, $n_I = 2.4$ und $R = 0.9$; die für massives Zinn sind $n_R = 1.5$, $n_I = 5.3$ und $R = 0.8$; wohingegen die für ein Gallium-Einkristall $n_R = 3.7$, $n_I = 5.4$ und $R = 0.7$ sind.

Die Kurven $R_\parallel$ und $R_\perp$ für schrägen Einfall, die in Abbildung 4.41 gezeigt sind, sind für absorbierende Medien typisch. Obwohl für $\theta_i = 0$ der Wert von R für Gold in weißem Licht etwa 0.5 im Unterschied zu fast 0.9 für Silber ist, haben beide Metalle Reflexionsgrade, die ganz ähnlich in der Form bei $\theta_i = 90°$ gegen 1.0 gehen. Genau wie bei Dielektrika (Abb. 4.29) fällt $R_\parallel$ beim *Haupteinfallswinkel* zu einem Minimum ab, jedoch ist hier jenes Minimum ungleich Null. Abbildung 4.42 veranschaulicht den spektralen Reflexionsgrad bei senkrechtem Einfall für eine Anzahl aufgedampfter Metallschichten unter idealen Bedingungen. Obwohl, wie wir hier sehen, Gold das Licht des grünen Spektralbereichs und darunter recht gut durchläßt, wird Silber, das über den sichtbaren Bereich stark reflektiert, im Ultravioletten bei 316 nm transparent.

Phasenverschiebungen, die aus der Reflexion an einem Metall entstehen, kommen in beiden Feldkomponenten vor (d.h parallel und senkrecht zur Einfallsebene). Sie sind im allgemeinen weder 0 noch π mit einer bemerkenswerten Ausnahme bei $\theta_i = 90°$, in der sich beide Komponenten, genau wie bei einem dielektrischen Medium, in der Phase um 180° bei der Reflexion verschieben.

4.4 Geläufige Aspekte der Wechselwirkung zwischen Licht und Materie

Wir wollen nun einige Phänomene untersuchen, die die alltägliche Welt in einem Wunder von zahllosen Farben malt.

Wie wir früher sahen (Abschnitt 3.6.4) nimmt man Licht, das etwa gleiche Anteile von allen Frequenzen im sichtbaren Bereich des Spektrums enthält, als weiß wahr. Daher darf man sich eine breitflächige weiße Lichtquelle (die entweder natürlich oder künstlich ist) aus Punkten zusammengesetzt vorstellen, von denen jeder einen Lichtstrahlenbündel, der aus allen Frequenzen des Sichtbaren besteht, in mehr oder weniger allen Richtungen aussendet. Eine reflektierende Fläche, die im Prinzip dasselbe bewirkt, erscheint ebenso weiß: ein hochreflektierendes, frequenzunabhängiges, *diffus* streuendes Objekt wird bei weißem Licht als weiß wahrgenommen.

Obwohl Wasser im wesentlichen transparent ist, erscheint Wasserdampf wie Milchglas weiß. Der Grund ist einfach — wenn die Korngöße klein, aber viel größer als die beteiligte Wellenlänge ist, tritt Licht in jedes transparente Teilchen ein und wird einige Male reflektiert und gebrochen und kommt wieder hervor. Es wird dort kein Unterschied zwischen irgendwelchen Frequenzkomponenten gemacht, und so ist das reflektierte Licht, das den Beobachter erreicht, weiß. Dies ist der Mechanismus, der für die weiße Farbe solcher Dinge, wie Zucker, Salz, Papier, Wolken, Körperpuder, Schnee und Lack verantwortlich ist, von denen jedes Korn eigentlich transparent ist. Ähnlich erscheint klares Kunststoffband auf einer dicken Rolle wie ein gewöhnlicher transparenter Stoff, der mit kleinen Luftblasen gefüllt ist (z.B. geschlagenes Eiweiß), undurchsichtig. Obwohl wir uns gewöhnlich vorstellen, daß Papier, Körperpuder, Zucker usw. jeweils aus einer bestimmten undurchsichtigen weißen Substanz besteht, ist es leicht, diese falsche Auffassung zu widerlegen. Man bedecke eine bedruckte Seite mit einigen Teilen dieser Stoffe (ein weißes Blatt Papier, einige Zuckerkörner oder Puder) und beleuchte sie von hinten. Man wird kaum Schwierigkeiten haben, durch sie zu sehen. Für weißen Lack suspendiert man einfach farblose, transparente Teilchen, wie z.B. die Oxide des Zinks, Titans oder Bleis, in einem ebenfalls transparenten Mittel, wie z.B. in Leinöl oder in Akrylen. Es gibt keinerlei Reflexionen an den Korngrenzflächen, wenn die Teilchen und die transparenten Mittel denselben Brechungsindex haben. Die Teilchen werden einfach im Gemisch verschwinden, das selbst klar bleibt. Wenn dagegen die Indizes wesentlich unterschiedlich sind, gibt es sehr viele Reflexionen bei allen Wellenlängen (Aufgabe 4.42): der Lack erscheint weiß und undurchsichtig. (Man sehe sich noch einmal die Gleichung (4.67) an.) Um einen Lack zu tönen, braucht man nur die Teilchen zu färben, so daß sie alle Frequenzen außer den gewünschten Bereich herausabsorbieren.

Wir führen die Logik in die entgegengesetzte Richtung. Verkleinern wir den relativen Index n_{ti} an den Korn- oder Fasergrenzflächen, so reflektieren die Stoffteilchen weniger und vermindern dadurch das weiße Aussehen eines Objektes. Folglich wird ein nasses, weißes Tuch ein gräuliches, transparentes Aussehen haben. Nasser Körperpuder verliert sein glitzerndes Weiß und bekommt wie nasse, weiße Kleidung ein mattes Grau. Und in derselben Weise verliert ein gefärbtes Stück Stoff in einer klaren Flüssigkeit (z.B. Wasser, Schnaps oder Benzol) seinen weißlichen Dunstschleier und wird sehr viel dunkler. Die Farben sind dann wie die eines noch nassen Aquarells satt und kräftig.

Eine diffus reflektierende Oberfläche, die schwach absorbiert (gleichmäßig über das ganze Spektrum), reflektiert ein bißchen weniger als eine weiße Fläche und erscheint daher mattgrau. Je weniger sie reflektiert, desto dunkler ist das Grau, bis sie fast das gesamte Licht absorbiert und schwarz erscheint. Eine Fläche, die vielleicht 70% bis 80% oder mehr, aber spiegelnd reflektiert, erscheint in dem bekannten glänzenden Grau eines typischen Metalls. Metalle besitzen eine gewaltige Anzahl freier Elektronen (Abschnitt 4.3.5 ii)), die das Licht sehr stark unabhängig von der Frequenz streuen: sie sind nicht an Atome gebunden und besitzen keine damit verknüpften Resonanzen. Überdies sind die Amplituden der Schwingungen eine Größenordnung größer als für gebundene Elektronen. Das auffallende Licht kann nicht weiter als ein Bruchteil einer Wellenlänge ins Metall eintreten, bevor es nicht vollständig ausgelöscht ist. Es gibt wenig oder kein Licht, das gebrochen wird; der größte Teil der Energie wird reflektiert, und nur der kleine Rest wird absorbiert. Man beachte, daß der Hauptunterschied zwischen einer grauen Fläche und einer verspiegelten Fläche ein Unterschied zwischen einer diffusen und einer spiegelnden Reflexion ist. Ein Künstler malt ein Bild von einem polierten "weißen" Metall, wie z.B. Silber oder Aluminium, indem er Bilder von Gegenständen im Raum auf einer grauen Fläche "reflektieren" läßt.

Ist die Energieverteilung in einem Lichtstrahlenbündel nicht effektiv gleichmäßig über das Spektrum verteilt, so erscheint das Licht farbig. Die Abbildung 4.43 stellt typische Frequenzverteilungen dar, die man als rotes, grünes und blaues Licht wahrnehmen würde. Diese Kurven zeigen die überwiegend vorkommenden Frequenzbereiche, die immer noch die Reaktionen von Rot, Grün oder Blau hervorrufen. Am Beginn des 19. Jahrhunderts zeigte Thomas Young, daß man eine breite Skala von Farben durch die Mischung von drei Lichtstrahlenbündeln erzeugen kann. Dies setzt voraus, daß ihre Frequenzen weit auseinanderliegen. Erzeugen drei derartige Strahlenbündel zusammen weißes Licht, so nennt man sie die **Grundfarben**. Es gibt weder einen einzigartigen Satz dieser Grundfarben, noch besteht die Bedingung, daß sie quasimonochromatisch sein müssen. Da man sehr viele

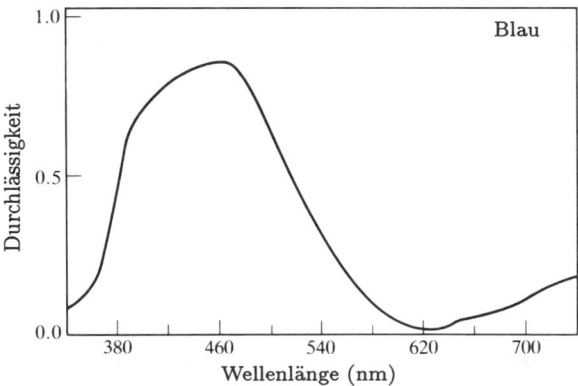

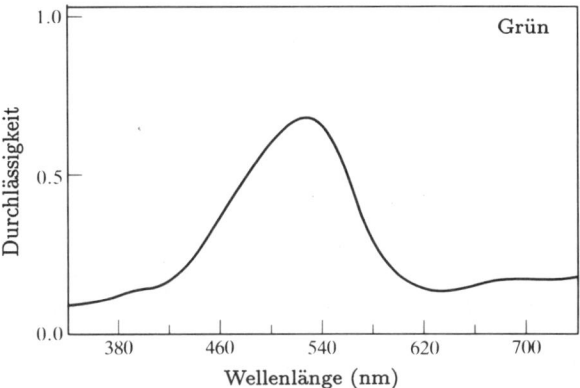

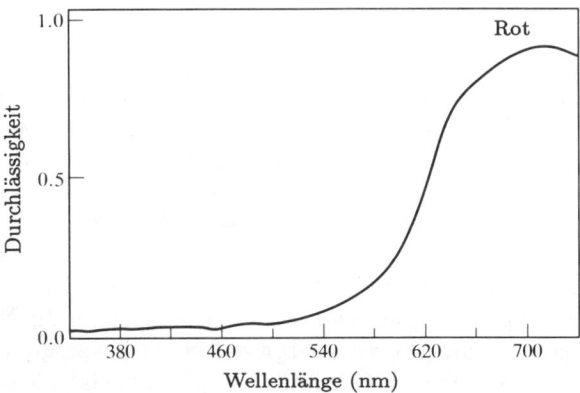

Abbildung 4.43 Reflexionskurven für blaue, grüne und rote Pigmente. Die dargestellten sind typisch, doch gibt es eine große Zahl von möglichen Variationen unter den Farben.

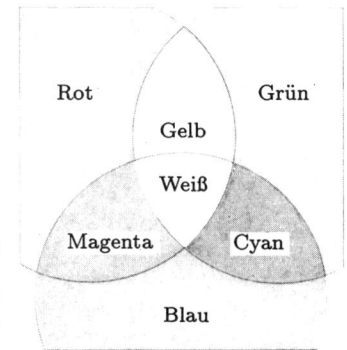

Abbildung 4.44
Drei sich überlagernde farbige Strahlenbündel. Ein Farbfernsehgerät verwendet genau diese Grundfarben — Rot, Grün und Blau.

Farben durch die Mischung von Rot (R), Grün (G) und Blau (B) erzeugen kann, verwendet man sie am häufigsten. Sie stellen die drei Komponenten dar (die von drei Leuchtsubstanzen emittiert werden), die die gesamte Farbskala beim Farbfernsehgerät erzeugen.

Die Abbildung 4.44 faßt die Ergebnisse zusammen, wenn die Strahlenbündel dieser drei Grundfarben in einer Anzahl von verschiedenen Kombinationen überlagert werden: Rot plus Blau sieht man als Magenta (M), ein rötliches Purpur; Blau plus Grün ergibt Cyan (C), ein bläuliches Grün oder Türkis; und vielleicht die größte Überraschung, Rot plus Grün sieht man als Gelb (Y). Die Summe aller drei Grundfarben ist Weiß:

$$R + B + G = W$$
$$M + G = W, \quad \text{da} \quad R + B = M$$
$$C + R = W, \quad \text{da} \quad B + G = C$$
$$Y + B = W, \quad \text{da} \quad R + G = Y.$$

Zwei Farben, die zusammen weiß ergeben, nennt man komplementär; die letzten drei in Symbolen ausgedrückten Aussagen veranschaulichen jene Situation. Wir nehmen nun an, daß wir zwei Strahlenbündel der Farben Magenta und Gelb überlagern:

$$M + Y = (R + B) + (R + G) = W + R;$$

das Ergebnis ist Rosa, eine Mischung aus Rot und Weiß. Dies führt uns zu einem anderen Charakteristikum: wir bezeichnen eine Farbe als **gesättigt**, d.h. als tief und intensiv, wenn sie keinerlei weißes Licht enthält. Wie die Abbildung 4.45 zeigt, ist Rosa ein ungesättigtes Rot — Rot auf einem weißen Hintergrund überlagert.

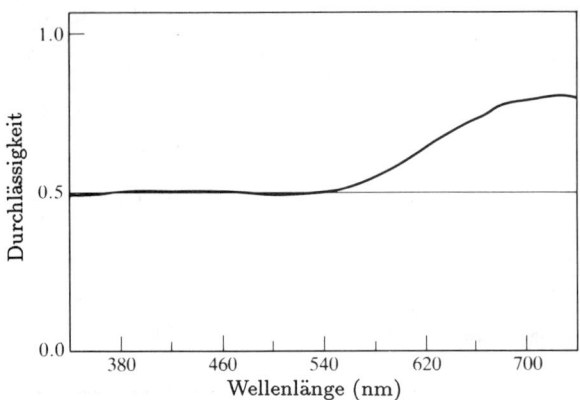

Abbildung 4.45 Spektrale Verteilung der Reflexion eines rosafarbenen Pigments.

Der für den gelblich roten Farbton von Gold und Kupfer verantwortliche Mechanismus ähnelt in gewisser Hinsicht dem Prozeß, der den Himmel blau erscheinen läßt. Kurz (siehe Abschnitt 8.5 für eine weitere Diskussion über Streuung in der Atmosphäre), die Luftmoleküle haben Resonanzen im Ultravioletten und werden deshalb zu größeren Amplitudenschwingungen angetrieben, da die Frequenz des einfallenden Lichtes auf das Ultraviolette hin zunimmt. Folglich entnehmen sie dem Licht effektiv Energie, strahlen (d.h streuen) den blauen Anteil des Sonnenlichtes in alle Richtungen wieder aus und lassen das komplementäre, rote Ende des Spektrums wenig verändert durch. Dies ist analog zur selektiven Reflexion oder der Streuung von gelbrotem Licht, das auf der Oberfläche einer Goldschicht stattfindet, und dem damit verbundenen Durchlaß von blaugrünem Licht. Die charakteristischen Farben der meisten Substanzen haben im Gegensatz dazu ihren Ursprung im Phänomen der *selektiven Absorption*. Wasser hat beispielsweise eine sehr helle grünblaue Färbung infolge seiner Absorption von rotem Licht. Das heißt, die H_2O-Moleküle haben eine breite Resonanz im Infraroten, die sich ein wenig ins Sichtbare erstreckt. Die Absorption ist nicht sehr stark, so daß es keine verstärkte Reflexion von rotem Licht an der Oberfläche gibt. Vielmehr wird es durchgelassen und allmählich herausabsorbiert, bis bei einer Tiefe von etwa 30 m im Seewasser das Rot fast vollständig aus dem Sonnenlicht entfernt ist. Derselbe Prozeß der selektiven Absorption ist verantwortlich für die braune Augenfarbe, für die Farben von Schmetterlingen, von Vögeln und Bienen, von Papiergeld und Spielkarten. Tatsächlich scheint, daß die große Mehrzahl von Objekten in der Natur charakteristische Farben als Folge von Vorzugsabsorptionen mittels Pigmentmolekülen besitzt. Im Gegensatz zu den meisten Atomen und Molekülen, die Resonanzen im Ultravioletten und Infraroten haben, müssen die Pigmentmoleküle offensichtlich Resonanzen im Sichtbaren haben. Jedoch haben sichtbare Photonen Energien von rund 1.6 eV bis 3.2 eV, zu niedrig für eine gewöhnliche Elektronenanregung und zu hoch für eine Anregung über die Molekularschwingung. Ungeachtet dessen gibt es Atome, bei denen die gebundenen Elektronen unvollständige Schalen bilden (z.B. Gold); Änderungen der Konfiguration dieser Schalen schaffen einen Schwingungstyp für eine Anregung mit wenig Energie. Neben diesen Atomen gibt es eine große Gruppe von organischen Farbstoffmolekülen, die offensichtlich auch Resonanzen im Sichtbaren haben. Alle derartige Substanzen, ob sie natürlich oder synthetisch sind, bestehen aus langen Kettenmolekülen, die aus regelmäßig abwechselnden Einzel- oder Doppelbindungen zusammengestellt sind, die man konjugierte Systeme nennt. Das Karotin-Molekül $C_{40}H_{56}$ (Abb. 4.46) ist ein Beispiel für diese Struktur. Die Karotinoide reichen in der Farbe von gelb bis rot; man findet sie in Möhren, Tomaten, Narzissen, im Löwenzahn, in Herbstblättern und Menschen. Die Chlorophylle sind eine andere Gruppe von bekannten natürlichen Farbstoffen, ein Teil der langen Kette ist hier aber um sich selbst gedreht, um einen Ring zu bilden. Jedenfalls enthalten konjugierte Systeme dieser Art eine Anzahl von besonders beweglichen Elektronen, die man π-*Elektronen* nennt. Sie sind nicht an spezielle Atomplätze gebunden; sie können sich aber stattdessen über die relativ großen Ausdehnungen der Molekularketten oder -ringe verteilen. In der Sprache der Quantenmechanik würden wir sagen, daß das Elektronenzustände sind, die eine große Wellenlänge, kleine Frequenz und deshalb geringe Energie besitzen. Die Energie, die erforderlich ist, um ein π-Elektron auf einen angeregten Zustand anzuheben, ist demnach vergleichsweise klein, sie entspricht der Energie des sichtbaren Photons. In Wirklichkeit können wir uns das Molekül als einen Oszillator vorstellen, der eine Resonanzfrequenz im Sichtbaren besitzt.

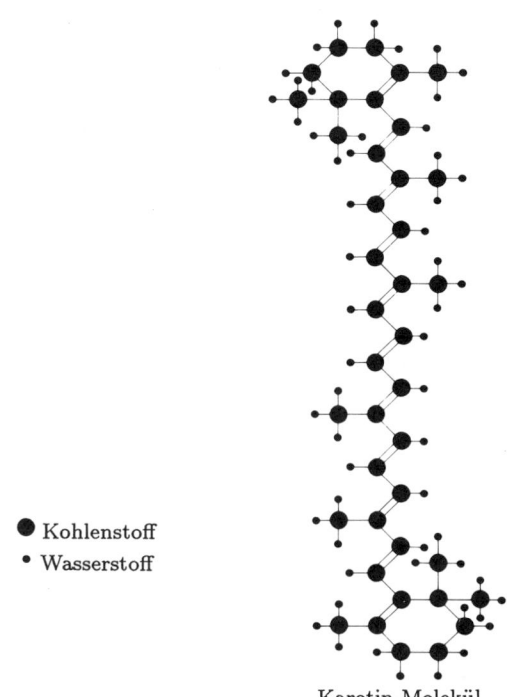

Abbildung 4.46 Das Karotin-Molekül.

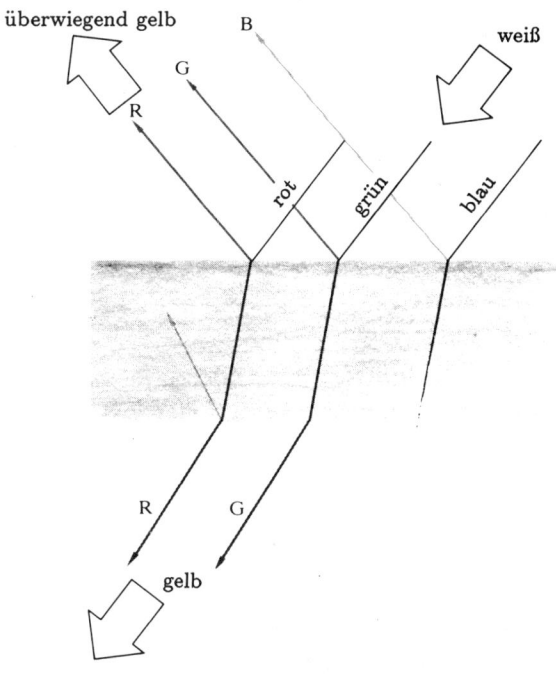

Abbildung 4.47 Gelbes Glas.

Die Energieniveaus eines einzelnen Atoms sind genau definiert, d.h. die Resonanzen sind sehr scharf. Bei Festkörpern und Flüssigkeiten führt jedoch die Nähe der Atome zu einer Verbreiterung der Energieniveaus zu breiten Banden. Mit anderen Worten, die Resonanzen erstrecken sich über einen breiten Bereich der Frequenzen. Folglich können wir erwarten, daß ein Farbstoff nicht nur einen schmalen Teil des Spektrums absorbiert; falls er es tatsächlich täte, würde er die meisten Frequenzen reflektieren und fast weiß erscheinen.

Wir stellen uns eine bunte Glasscheibe vor, die eine Resonanz im blauen Bereich hat, wo sie stark absorbiert. Schaut man bei einer weißen Lichtquelle, die sich aus rotem, grünem und blauem Licht zusammensetzt, durch die Scheibe, so absorbiert das Glas das Blau und läßt Rot und Grün hindurch, was man als Gelb wahrnimmt (Abb. 4.47). Das Glas sieht gelb aus: gelbe Kleidung, Farbe, Tinte, gelbes Färbmittel und Papier absorbieren alle das Blau selektiv. Betrachtet man einen Gegenstand mit einer reinen blauen Farbe durch ein Gelbfilter, das

Gelb durchläßt und Blau absorbiert, so erscheint der Gegenstand schwarz. Hier färbt das Filter das Licht gelb, indem es das Blau entfernt. Wir bezeichnen den Prozeß als *subtraktive* Farbmischung im Gegensatz zur *additiven* Farbmischung, die sich aus der Überlagerung von Lichtstrahlenbündeln ergibt.

Auf die gleiche Weise sind die Fasern eines Probestücks aus weißem Tuch oder Papier im wesentlichen transparent; sind sie aber gefärbt, so verhält sich jede Faser, als wäre sie ein Splitter buntes Glas. Das einfallende Licht dringt in das Papier ein und kommt zum größten Teil als reflektiertes Strahlenbündel erst hervor, nachdem es innerhalb der gefärbten Fasern häufig reflektiert und gebrochen wurde. Dem herauskommenden Farblicht fehlt die Frequenzkomponente, die durch den Farbstoff absorbiert worden ist. Genau deshalb erscheint ein Blatt grün oder eine Banane gelb.

Eine Flasche gewöhnlicher blauer Tinte sieht sowohl im reflektierten als auch im durchgelassenen Licht blau aus. Streichen wir sie jedoch auf ein Deckglas und lassen das Lösungsmittel verdunsten, so passiert etwas Interessantes. Der konzentrierte Farbstoff absorbiert so wirksam, daß er vorwiegend bei der Resonanzfrequenz reflektiert, und so kommen wir zu der Vorstellung zurück, daß ein starker Absorber (großes n_I) ein starker Reflektor ist. So reflektiert konzentrierte bläuliche Tinte das Tiefrot und läßt Blau durch, während rote Tinte Grün reflektiert und Rot durchläßt. Probieren Sie es mit einem Filzstift aus, Sie müssen aber Reflexlicht verwenden und darauf achten, daß die Probe nicht unbedacht von unten mit unerwünschtem Licht überflutet wird. (Streichen Sie die Tinte zu einer dünnen Schicht und legen Sie dann das Deckglas auf ein Stück Papier.)

Man kann die gesamte Farbskala (einschließlich Rot, Grün und Blau) erzeugen, indem man Licht durch verschiedene Kombinationen von Magenta- Cyan- und Gelbfiltern leitet (Abb. 4.48). Sie sind die Grundfarben der subtraktiven Mischung und die Primärfarben des Farbkastens, obwohl man sie häufig irrtümlicherweise als rot, blau und gelb bezeichnet. Sie sind die Grundfarben der Farbstoffe, die man für die Herstellung von Photographien verwendet, und der Druckfarben, die man für deren Druck einsetzt. Mischt man alle subtraktiven Grundfarben zusammen (entweder durch die Mischung der Farben oder durch die Aufstapelung der Filter), so erhält man keine Farbe, kein Licht — also Schwärze. Jede Grundfarbe entfernt einen Bereich des Spektrums, zusammen absorbieren sie es insgesamt.

Breitet sich der Bereich der absorbierten Frequenzen über das Sichtbare aus, so erscheint das Objekt schwarz. Das heißt nicht, daß es überhaupt keine Reflexion gäbe — man kann offensichtlich ein reflektiertes Bild in schwarzem Lackleder sehen, und eine rauhe schwarze Oberfläche reflektiert ebenso, bloß diffus. Wenn Sie noch jene rote und blaue Tinte haben, mischen Sie sie, fügen Sie ein wenig grüne hinzu, und Sie werden schwarz erhalten.

Außer den oberen Prozessen, die speziell mit Reflexion, Brechung und Absorption verknüpft sind, gibt es viele andere farberzeugende Mechanismen, die wir später erforschen werden. Zum Beispiel überzieht sich der Pillendreher (Skarabäus) mit brillanten Farben, die durch Beugungsgitter erzeugt werden, die auf seinen Flügeldecken gewachsen sind; während wellenlängenabhängige Interferenzeffekte zu den Farbmustern beitragen, die auf Ölflecken auf dem Wasser, an Perlmutt, Seifenblasen, Pfauen und Kolibris zu sehen sind.

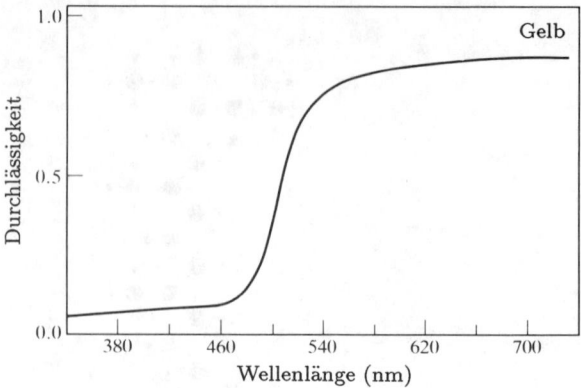

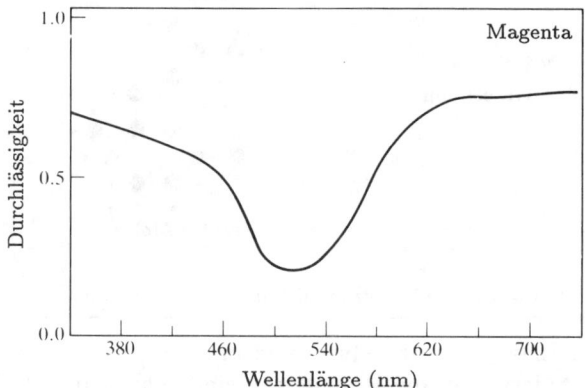

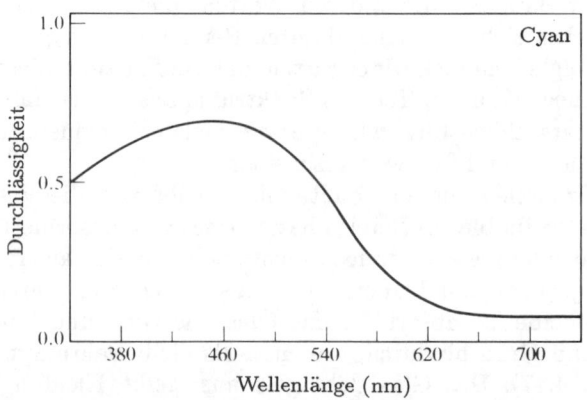

Abbildung 4.48 Durchlässigkeitskurven für Farbfilter.

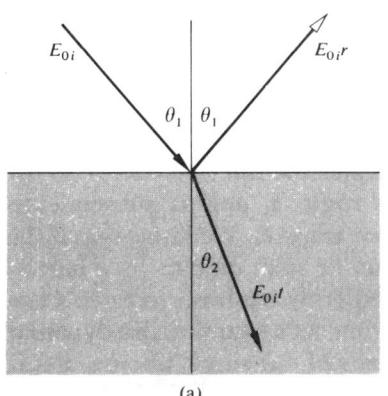 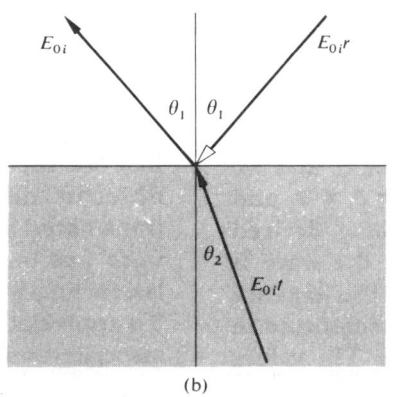 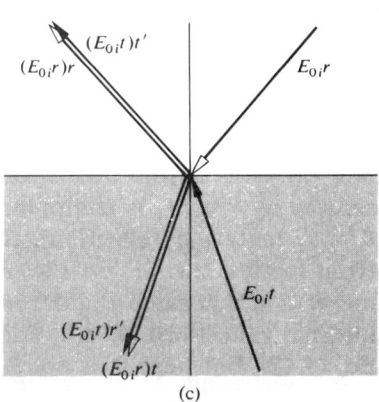

Abbildung 4.49 Reflexion und Brechung über die Stokessche Behandlung.

4.5 Die Stokessche Behandlung der Reflexion und Brechung

Eine elegante und neuartige Betrachtungsweise der Reflexion und Brechung an einer Grenzfläche wurde von dem britischen Physiker Sir George Gabriel Stokes (1819–1903) entwickelt. Da wir in Zukunft häufig von seinen Ergebnissen Gebrauch machen wollen, untersuchen wir nun jene Herleitung. Angenommen wir hätten eine einfallende Welle der Amplitude E_{0i}, die auf eine ebene Grenzfläche trifft, die zwei Dielektrika wie in Abbildung 4.49 (a) trennt. Wie wir früher in diesem Kapitel sahen, gilt $E_{0r} = rE_{0i}$ und $E_{0t} = tE_{0i}$, da E_{0r} und E_{0t} die reflektierte beziehungsweise transmittierte Teilamplitude ist (wobei $n_i = n_1$ und $n_t = n_2$). Wieder werden wir an die Tatsache erinnert, daß das Fermatsche Prinzip zu dem Umkehrungsprinzip führt. Das bedeutet, daß die Situation, die in Abbildung 4.49 (b) dargestellt ist, in der alle Strahlenrichtungen umgekehrt sind, physikalisch auch erlaubt sein muß. Unter der einzigen Bedingung, daß es keine Dissipation von Energie (keine Absorption) gibt, muß ein Wellenverlauf reversibel sein. Äquivalent spricht man in der Ausdrucksweise der modernen Physik von *Zeitumkehrinvarianz*, d.h., wenn sich ein Prozeß ereignet, kann der umgekehrte Prozeß auch vorkommen. Drehen wir einen hypothetischen Film einer Welle, die auf eine Grenzfläche trifft, von ihr reflektiert und durchgelassen wird, so muß das beschriebene Verhalten physikalisch auch realisierbar sein, wenn der Film rückwärts läuft. Wir untersuchen dementsprechend Abbildung 4.49 (c), in der es nun zwei einfallende Wellen der Amplituden $E_{0i}r$ und $E_{0t}t$ gibt. Ein Teil der Welle, deren Amplitude $E_{0t}t$ ist, wird auf der Grenzfläche sowohl reflektiert als auch durchgelassen. Ohne irgendwelche Vermutungen aufzustellen, setzen wir r' als den Amplitudenreflexions- und t' als den Amplitudendurchlässigkeitskoeffizienten für eine Welle, die von unten einfällt (d.h. $n_i = n_2$, $n_t = n_1$). Folglich ist der reflektierte Teil $E_{0i}tr'$, während der durchgelassene $E_{0i}tt'$ ist. Die ankommende Welle, deren Amplitude $E_{0i}r$ ist, spaltet sich ähnlich in Segmente der Amplituden $E_{0i}rr$ und $E_{0i}rt$ auf. Wenn die Konfiguration der Abbildung 4.49 (c) mit jener von Abbildung 4.49 (b) identisch ist, dann ist

$$E_{0i}tt' + E_{0i}rr = E_{0i} \qquad (4.84)$$

und

$$E_{0i}rt + E_{0i}tr' = 0. \qquad (4.85)$$

Folglich ist

$$tt' = 1 - r^2 \qquad (4.86)$$

und

$$r' = -r, \qquad (4.87)$$

wobei man die letzten zwei Gleichungen die Stokesschen Relationen nennt. Eigentlich erfordert diese Erörterung ein bißchen mehr Vorsicht als ihr größtenteils zugestanden wird. Es muß darauf hingewiesen werden, daß die *Amplitudenkoeffizienten Funktionen der Einfallswinkel*

sind, und deshalb könnten die Stokesschen Relationen besser als
$$t(\theta_1)t'(\theta_2) = 1 - r^2(\theta_1) \quad (4.88)$$
und
$$r'(\theta_2) = -r(\theta_1) \quad (4.89)$$
geschrieben werden, wobei $n_1 \sin\theta_1 = n_2 \sin\theta_2$ ist. Die zweite Gleichung zeigt auf Grund des Minuszeichens an, daß *es einen 180°-Phasenunterschied zwischen den Wellen gibt, die innen und außen reflektiert werden.* Es ist äußerst wichtig, sich daran zu erinnern, daß hier θ_1 und θ_2 Winkelpaare sind, die über das Snelliussche Gesetz verbunden sind. Man beachte ebenso, daß wir niemals eine Aussage machten, ob n_1 größer oder kleiner als n_2 war, und so gelten Gleichungen (4.88) und (4.89) in beiden Fällen. Wir wollen für einen Augenblick zu einer der Fresnelschen Gleichungen zurückkehren, z.B.
$$r_\perp = -\frac{\sin(\theta_i - \theta_t)}{\sin(\theta_i + \theta_t)}. \quad [4.42]$$

In Abbildung 4.49 (a) ist $\theta_i = \theta_1$ und $\theta_t = \theta_2$; dort ist auch $n_2 > n_1$; der Strahl kommt von oben und wird außen reflektiert. $\theta_2 (= \theta_t)$ berechnet man mit Hilfe des Snelliusschen Brechungsgesetzes. Fällt andererseits die Welle mit demselben Winkel von unten ein (in diesem Fall innere Reflexion), so ist $\theta_i = \theta_1$. Wir setzen dies wieder in Gleichung (4.42) ein; jedoch ist jetzt θ_t nicht gleich θ_2 wie zuvor. Die Werte von $r_\perp$ für innere und äußere Reflexion sind *bei demselben Einfallswinkel* offensichtlich verschieden. Nun setzen wir in diesem Fall der inneren Reflexion $\theta_i = \theta_2$ voraus. Dann ist $\theta_t = \theta_1$, die Strahlenrichtungen sind umgekehrt zur ersten Situation, und Gleichung (4.42) ergibt
$$r'_\perp(\theta_2) = -\frac{\sin(\theta_2 - \theta_1)}{\sin(\theta_2 + \theta_1)}.$$

Obwohl es vielleicht unnötig ist, weisen wir nochmals daraufhin, daß dies genau das Negative von dem ist, was für $\theta_i = \theta_1$ und äußerer Reflexion ermittelt wurde, d.h.
$$r'_\perp(\theta_2) = -r_\perp(\theta_1). \quad (4.90)$$

Der Gebrauch von gestrichenen und ungestrichenen Symbolen zur Kennzeichnung der Amplitudenkoeffizienten sollte als eine Gedächtnisstütze dienen, daß wir wieder einmal mit Winkeln umgehen, die über das Snelliussche Gesetz verknüpft sind. In derselben Weise führt der Austausch von θ_i und θ_t in Gleichung (4.43) zu
$$r'_\parallel(\theta_2) = -r_\parallel(\theta_1). \quad (4.91)$$

Der 180°-Phasenunterschied zwischen den zwei Komponenten des *E*-Feldes ist in Abbildung 4.25 offensichtlich, wir erinnern uns aber, daß $\theta_t = \theta'_p$ ist, wenn $\theta_i = \theta_p$ und umgekehrt (Aufgabe 4.46). Außerhalb von $\theta_i = \theta_c$ gibt es keine Brechungswelle, Gleichung (4.89) ist nicht anwendbar, und der Phasenunterschied ist, wie wir gesehen haben, nicht mehr 180°.

Es ist üblich, den Schluß zu ziehen, daß sowohl die parallelen als auch die senkrechten Komponenten des außen reflektierten Strahlenbündels die Phase mit π rad ändern, während das innen reflektierte Strahlenbündel überhaupt keine Phasenverschiebung erfährt. Mittlerweile sollte dies, innerhalb der besonderen Vereinbarung, die wir getroffen haben, als falsch erkannt werden (vergleiche die Abbildungen 4.26 (a) und 4.27 (a)).

4.6 Die Photonen und die Gesetze der Reflexion und Brechung

Angenommen Licht bestehe aus einem Strom von Photonen. Wir stellen uns ein solches Photon vor, das die Grenzfläche zwischen zwei dielektrischen Medien unter einem Winkel θ_i trifft und sie danach unter einem Winkel θ_t durchquert. Wir wissen, daß dieses Photon folgsam dem Snelliusschen Gesetz entsprechen würde, selbst wenn es nur eins von Milliarden solcher Quanten in einem schmalen Laserstrahl wäre. Um dieses Verhalten zu begreifen, wollen wir die Dynamik untersuchen, die mit der Odyssee unseres einzelnen Photons verbunden ist. Wir erinnern uns, daß
$$\boldsymbol{p} = \hbar\boldsymbol{k}, \quad [3.53]$$
und folglich sind die einfallenden und transmittierten Impulse $\boldsymbol{p}_i = \hbar\boldsymbol{k}_i$ beziehungsweise $\boldsymbol{p}_t = \hbar\boldsymbol{k}_t$. Wir nehmen an (ohne große Rechtfertigung), daß der Stoff die *x*-Komponente des Impulses in der Nähe der Grenzfläche unverändert läßt, während er die *y*-Komponente beeinflußt. Tatsächlich erfahren wir experimentell, daß der Impuls von einem Lichtstrahl auf ein Medium übertragen werden kann (Abschnitt 3.3.2). Die Aussage über die Erhaltung der Impulskomponente parallel zur Grenzfläche

nimmt die Form
$$p_{ix} = p_{tx} \quad (4.92)$$
oder
$$p_i \sin\theta_i = p_t \sin\theta_t$$
an. Wenn wir die Gleichung (3.53) benutzen, wird dies zu
$$k_i \sin\theta_i = k_t \sin\theta_t$$
und folglich zu
$$\frac{1}{\lambda_i} \sin\theta_i = \frac{1}{\lambda_t} \sin\theta_t.$$

Multiplizieren wir beide Seiten mit c/ν, so erhalten wir
$$n_i \sin\theta_i = n_t \sin\theta_t,$$
was sicher das Snelliussche Gesetz ist. Wird das Photon an der Grenzfläche reflektiert statt durchgelassen, so führt Gleichung (4.92) in genau derselben Weise zu
$$k_i \sin\theta_i = k_r \sin\theta_r,$$
und da $k_i = -k_r$, ist $\theta_i = -\theta_r$. Es ist interessant zu bemerken, daß
$$n_{ti} = \frac{p_t}{p_i}, \quad (4.93)$$
und so ist $p_t > p_i$, wenn $n_{ti} > 1$. Experimente von Foucault zeigten bereits 1850, daß die Fortpflanzungsgeschwindigkeit im brechenden Medium verkleinert wird, wenn $n_{ti} > 1$ ist, obwohl der Impuls hier anscheinend zunimmt.[16]

Man sollte nicht vergessen, daß wir uns mit einer sehr einfachen Darstellung befaßt haben, die viel zu wünschen übrigläßt. Beispielsweise sagt sie nichts über die atomare Struktur der Medien und nichts über die Wahrscheinlichkeit eines Photons aus, das einen bestimmten Weg durchläuft. Obwohl diese Behandlung offensichtlich simpel ist, ist sie pädagogisch ansprechend (siehe Kapitel 13).

---

[16] Dies läßt eine Zunahme der effektiven Masse des Photons vermuten. Siehe F.R. Tangherlini, "On Snell's Law and the Gravitational Deflection of Light", *Am. J. Phys.* **36**, 1001 (1968). Man sehe sich R.A. Houstoun, "Nature of Light", *J. Opt. Soc. Am.* **55**, 1186 (1965) an. — Siehe auch G. Süssmann, "Impuls und Geschwindigkeit des Photons im lichtbrechenden Medium", in "Einheit und Vielheit", Festschrift für Carl Friedrich von Weizsäcker z. 60. Geb., Hrsg. v. E. Scheibe u. G. Süssmann, Göttingen 1973; d.Ü.

Aufgaben

4.1 Berechnen Sie den Brechungswinkel für einen Strahl, der in der Luft auf einen Block Kronglas ($n_g = 1.52$) unter einem Winkel von 30° fällt.

4.2* Ein gelber Lichtstrahl fällt unter 45° von einer Natriumlampe durch die Luft auf die Oberfläche eines Diamanten. Berechnen Sie den Ablenkungswinkel des Strahls bei der Brechung, wenn bei jener Frequenz $n_d = 2.42$ ist.

4.3 Verwenden Sie das Huygenssche Prinzip, um ein Bild der Wellenfront zu konstruieren, das die Form zeigt, die eine Kugelwelle nach der Reflexion an einer ebenen Fläche wie in den Kräuselwellenphotos der Abbildung 4.50 hat. Zeichnen Sie außerdem das Strahlenschaubild.

4.4* Gegeben sei eine Wasser ($N_w = 1.33$)-Glas ($n_g = 1.50$)-Grenzfläche. Berechnen Sie den Brechungswinkel für einen Strahl, der im Wasser mit 45° einfällt. Zeigen Sie, daß $\theta_t = 45°$ ist, wenn man den durchgelassenen Strahl umkehrt, so daß er nun auf die Grenzfläche trifft.

4.5 Ein Strahlenbündel von 12 cm ebenen Mikrowellen trifft die Oberfläche eines Dielektrikums unter 45°. Berechnen Sie (a) die Wellenlänge im brechenden Medium und (b) den Winkel θ_t, wenn $n_{ti} = 4/3$ ist.

4.6* Licht der Wellenlänge 600 nm im Vakuum dringt in einen Glasblock mit $n_g = 1.5$ ein. Berechnen Sie seine Wellenlänge im Glas. In welcher Farbe erscheint es für jemanden, der sich im Glas befindet (siehe Tabelle 3.2)?

4.7 Abbildung 4.51 zeigt ein Strahlenbündel, das in eine Glasscheibe (eine Linse) eindringt und aus ihr herauskommt. Bestimmen Sie aus der Strahlenanordnung die Form der Wellenfronten an verschiedenen Punkten. Zeichnen Sie ein Schaubild im Querschnitt.

4.8 Zeichnen Sie ein Diagramm von θ_i gegen θ_t für eine Luft-Glas-Grenzfläche, wobei $n_{ga} = 1.5$ ist.

4.9 In der Abbildung 4.52 schließen die Wellenfronten im Eintrittsmedium mit den Fronten im brechenden Medium überall auf der Grenzfläche aneinander — eine Vorstellung, die man als *Wellenfrontkontinuität* bezeichnet. Schreiben Sie Ausdrücke für die Anzahl der Wellen pro Einheitslänge längs der Grenzfläche in Abhängigkeit von θ_i und λ_i in dem einen Fall und von θ_t und

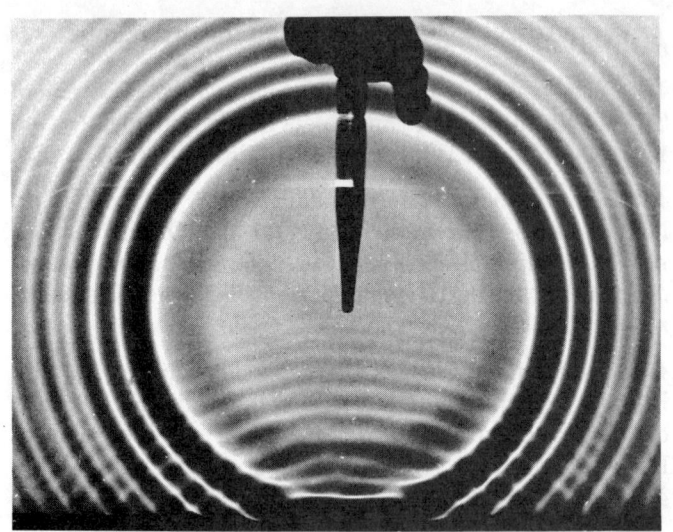

Abbildung 4.50 (Photos mit freundlicher Genehmigung von *Physics*, Boston, D.C. Heath + Co., 1960.)

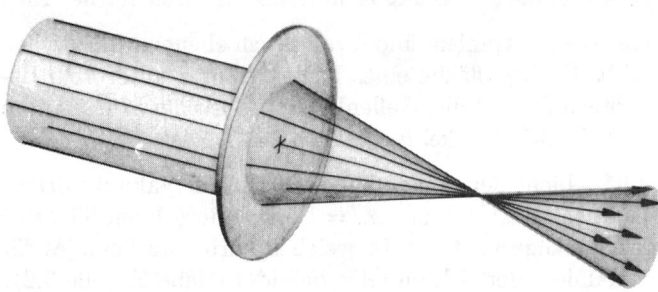

Abbildung 4.51

λ_t in dem anderen. Verwenden Sie diese Gleichung zur Herleitung des Snelliusschen Gesetzes. Sind Sie der Meinung, daß das Snelliussche Gesetz für Schallwellen zutrifft? Erklären Sie.

4.10* Gehen Sie unter Berücksichtigung der vorherigen Aufgabe zur Gleichung (4.19) zurück, und legen Sie den Nullpunkt des Koordinatensystems in die Einfallsebene und auf die Grenzfläche (Abb. 4.20). Zeigen Sie, daß dann jene Gleichung äquivalent ist mit der Gleichsetzung der x-Komponenten der verschiedenen Ausbreitungsvektoren. Zeigen Sie, daß sie auch zur Vorstellung der Wellenfrontkontinuität äquivalent ist.

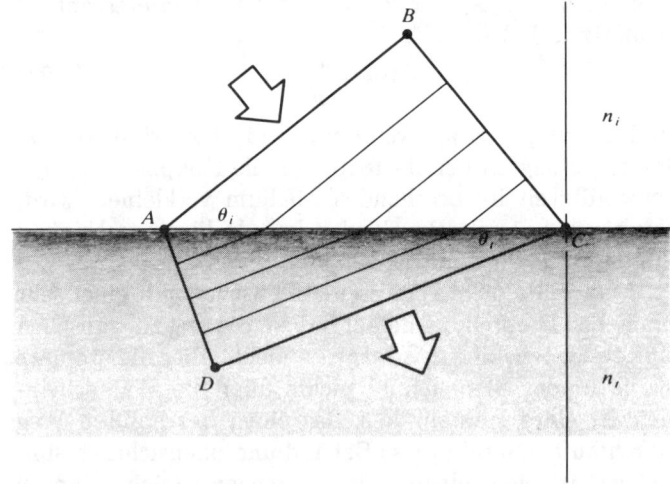

Abbildung 4.52

4.11* Die Abbildung 4.53 zeigt eine Wellenfront, die von $\overline{AB}$ ausgehend die Grenzfläche überstreicht und dabei die Atome antreibt, die ihrerseits Elementarwellen ins brechende Medium ausstrahlen. Da die Brechungswelle mit einer Geschwindigkeit v_t wandert, nehmen wir an, daß sich die Brechungselementarwellen ebenso mit

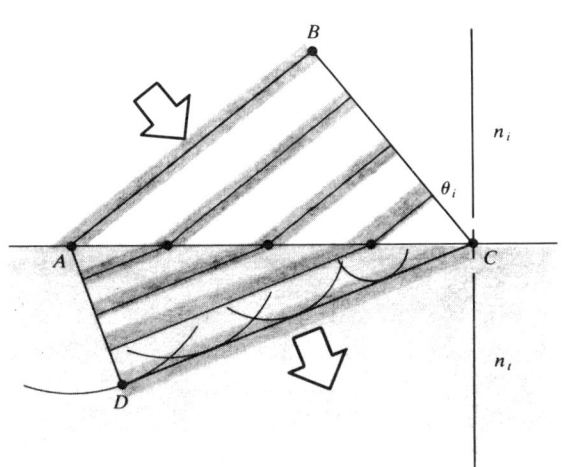

Abbildung 4.53

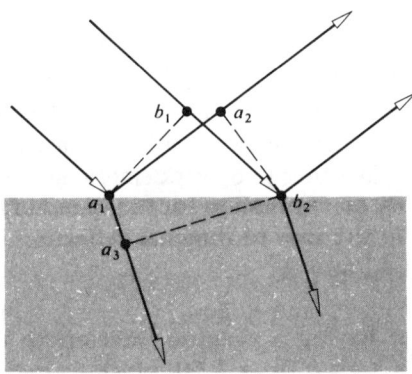

Abbildung 4.54

der Geschwindigkeit v_t fortpflanzen. Diese Elementarwellen überlagern sich dann und interferieren (was im Grunde das Huygenssche Prinzip darstellt) zu der Brechungswelle. Zeigen Sie, daß die Brechungselementarwellen längs $\overline{DC}$ unter der Voraussetzung phasengleich ankommen, daß das Snelliussche Gesetz gültig ist.

4.12 Leiten Sie das Reflexionsgesetz und das Snelliussche Gesetz unter Ausnutzung der Vorstellungen von gleichen Durchlaufzeiten zwischen korrespondierenden Punkten und der Orthogonalität von Strahlen und Wellenfronten her. Das Strahlenschaubild der Abbildung 4.54 sollte hilfreich sein.

Abbildung 4.55

4.13 Beweisen Sie ausgehend vom Snelliusschen Gesetz, daß die vektorielle Brechungsgleichung die Form

$$n_t\hat{\boldsymbol{k}}_t - n_i\hat{\boldsymbol{k}}_i = (n_t\cos\theta_t - n_i\cos\theta_i)\hat{\boldsymbol{u}}_n \qquad [4.8]$$

hat.

4.14 Leiten Sie einen Vektorausdruck her, der äquivalent zum Reflexionsgesetz ist. Lassen Sie wie zuvor die Normale von dem Eintrittsmedium zu dem brechenden Medium gehen, obwohl es in Wirklichkeit keine Rolle spielt.

4.15 Beweisen Sie im Falle der Reflexion an einer ebenen Oberfläche mit Verwendung des Fermatschen Prinzips, daß sich die einfallenden und reflektierten Strahlen eine gemeinsame Ebene, nämlich die Einfallsebene, mit der Normalen $\hat{\boldsymbol{u}}_n$ teilen.

4.16* Leiten Sie das Reflexionsgesetz $\theta_i = \theta_r$ unter Anwendung der Differentialrechnung her, um die Durchlaufszeit, wie durch das Fermatsche Prinzip gefordert, minimal klein zu machen.

4.17* Nach dem Mathematiker Hermann Schwarz gibt es ein einbeschriebenes Dreieck innerhalb eines spitzwinkligen Dreiecks mit einem minimalen Umfang. Erklären Sie mit Verwendung zweier Planspiegel, eines Laserstrahls und des Fermatschen Prinzips, wie man zeigen kann, daß die Scheitelpunkte dieses einbeschriebenen Dreiecks dort liegen, wo die Höhengeraden des spitzwinkligen Dreiecks dessen entsprechende Seiten schneiden.

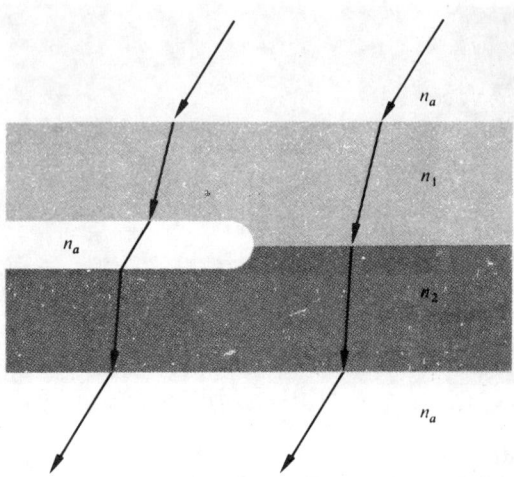

Abbildung 4.56

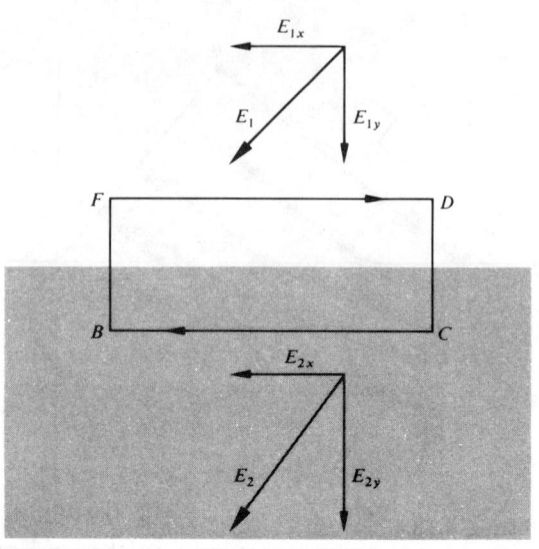

Abbildung 4.57

4.18 Zeigen Sie analytisch, daß ein Strahlenbündel, das in eine ebene transparente Platte wie in Abbildung 4.55 eintritt, parallel zu seiner anfänglichen Richtung herauskommt. Leiten Sie einen Ausdruck für die seitliche Verschiebung des Strahlenbündels her. Übrigens würde die Tatsache, daß die ankommenden und auslaufenden Strahlen parallel sind, sogar für einen Stapel von Platten aus verschiedenen Stoffen richtig sein.

4.19* Zeigen Sie, daß die zwei Strahlen, die in das System in Abbildung 4.56 parallel zueinander eintreten, aus ihm parallel austreten.

4.20 Erörtern Sie die Ergebnisse der Aufgabe 4.18 im Hinblick auf das Fermatsche Prinzip, d.h., wie beeinflußt der relative Index n_{21} die Verhältnisse? Um die seitliche Verschiebung zu sehen, betrachten Sie eine breite Quelle durch ein dickes Stück Glas (≈ 6 mm) oder einen Stapel Deckgläser (vier genügen), die *im Winkel gehalten werden*. Es wird eine deutliche Verschiebung zwischen dem Bereich der Quelle geben, der direkt, und dem, der durch das Glas gesehen wird.

4.21 Angenommen, daß eine Lichtwelle, die in der Einfallsebene linear polarisiert ist, in der Luft mit 30° auf Kronglas ($N_g = 1.52$) trifft. Berechnen Sie die zugehörigen Amplitudenreflexions- und Amplitudendurchlässigkeitskoeffizienten an der Grenzfläche. Vergleichen Sie Ihre Ergebnisse mit Abbildung 4.22.

4.22 Zeigen Sie, daß selbst im nichtstatischen Fall die tangentiale Komponente der elektrischen Feldstärke E quer durch eine Grenzfläche stetig ist. (*Hinweis*: bei Anwendung der Gleichung (3.5) verkleinern sich die Seiten FB und CD in der Abbildung 4.57 derart, daß die eingebundene Fläche gegen Null geht.)

4.23 Leiten Sie die Gleichungen (4.42) bis einschließlich (4.45) für $r_\perp$, $r_\parallel$, $t_\perp$ und $t_\parallel$ her.

4.24 Beweisen Sie, daß

$$t_\perp + (-r_\perp) = 1 \qquad [4.49]$$

für alle θ_i gilt, zuerst aus den Grenzbedingungen und dann aus den Fresnelschen Gleichungen.

4.25* Verifizieren Sie, daß

$$t_\perp + (-r_\perp) = 1 \qquad [4.49]$$

für $\theta_i = 30°$ an einer Kronglas-Luft-Grenzfläche ($n_{ti} = 1.52$) gilt.

4.26* Berechnen Sie den Grenzwinkel, über den hinaus innere Totalreflexion an einer Luft-Glas-($n_g = 1.5$)-Grenzfläche eintritt. Vergleichen Sie dieses Ergebnis mit dem der Aufgabe 4.8.

4.27 Leiten Sie einen Ausdruck für die Geschwindigkeit der abklingenden Welle für den Fall der inneren Reflexion her. Schreiben Sie ihn in Abhängigkeit von c, n_i und θ_i.

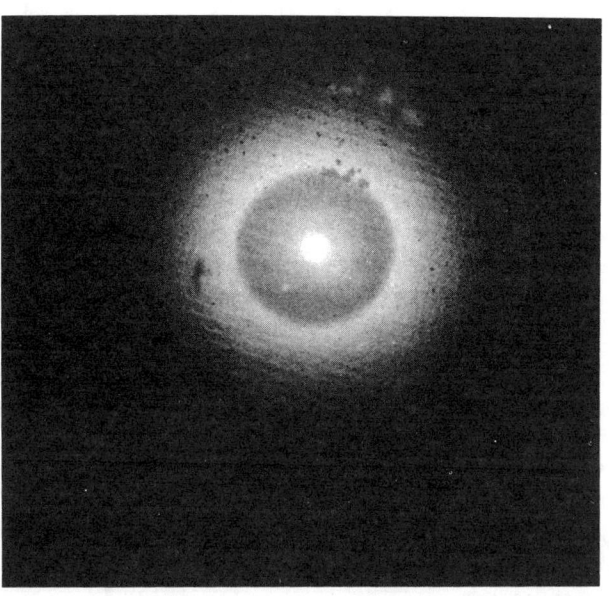
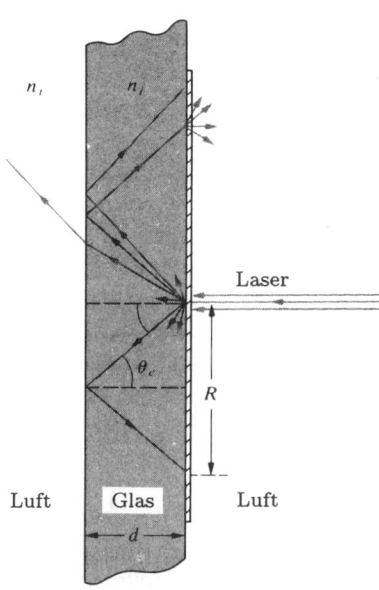

Abbildung 4.58 (Photo und Schaubild mit freundlicher Genehmigung von S. Reich, The Weizman Institute of Science, Israel.)

4.28 Licht, das im Vakuum eine Wellenlänge von 600 nm besitzt und in einem Glasblock ($n_g = 1.50$) wandert, trifft unter 45° auf eine Glas-Luft-Grenzfläche. Es wird dann innen totalreflektiert. Bestimmen Sie den Abstand in der Luft, bei dem die Amplitude der abklingenden Welle auf einen Wert $1/e$ des Maximalwertes an der Grenzfläche gefallen ist.

4.29 Die Abbildung 4.58 zeigt einen Laserstrahl, der auf ein Stück nasses Filterpapier trifft, das sich auf Glas befindet, dessen Brechungsindex bestimmt werden soll — die Photographie zeigt das sich ergebende Lichtmuster. Erklären Sie, was geschehen ist, und leiten Sie einen Ausdruck für n_i her, der von R und d abhängt.

4.30 Stellen Sie sich die gewöhnliche Luftspiegelung vor, die mit einer inhomogenen Luftverteilung verbunden ist, die sich über einer warmen Fahrbahn befindet. Stellen Sie sich stattdessen die Krümmung der Strahlen so vor, als wäre sie ein Problem der inneren Totalreflexion. Finden Sie den Index von Luft direkt über der Fahrbahn, wenn ein Beobachter, an dessen Kopf $n_a = 1.00029$ ist, einen nassen Fleck unter $\theta_i \geq 88.7°$ auf der Fahrbahn sieht.

4,31* Beweisen Sie mit Hilfe der Fresnelschen Formeln, daß Licht, das unter einem Winkel $\theta_p = 1/2\pi - \theta_t$ einfällt, zu einem reflektierten Strahl führt, der polarisiert ist.

4.32 Zeigen Sie, daß $\tan\theta_p = n_t/n_i$ ist, und berechnen Sie den Polarisationswinkel für äußeren Einfall in Luft auf eine Kronglasplatte ($n_g = 1.52$).

4.33* Zeigen Sie, ausgehend von der Gleichung (4.38), daß im allgemeinen für zwei Dielektrika

$$\tan\theta_p = [\epsilon_t(\epsilon_t\mu_i - \epsilon_i\mu_t)/\epsilon_i(\epsilon_t\mu_t - \epsilon_i\mu_i)]^{1/2}.$$

4.34 Zeigen Sie, daß die Polarisationswinkel für innere und äußere Reflexion an einer gegebenen Grenzfläche komplementär sind, d.h $\theta_p + \theta_p' = 90°$ (siehe Aufgabe 4.32).

4.35 Es ist oft vorteilhaft mit dem *Azimutalwinkel* γ zu arbeiten, der als der Winkel zwischen der Schwingungsebene und der Einfallsebene definiert ist. Deshalb gilt für linear polarisiertes Licht

$$\tan\gamma_i = [E_{0i}]_\perp / [E_{0i}]_\parallel \tag{4.94}$$

$$\tan\gamma_t = [E_{0t}]_\perp / [E_{0t}]_\parallel \tag{4.95}$$

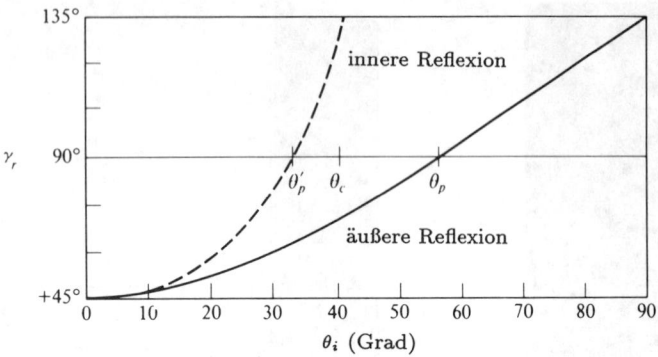

Abbildung 4.59

und

$$\tan \gamma_r = [E_{0r}]_\perp / [E_{0r}]_\parallel. \quad (4.96)$$

Abbildung 4.59 ist ein Diagramm von γ_r gegen θ_i für innere und äußere Reflexion auf einer Luft-Glas-Grenzfläche ($n_g = 1.51$), wobei $\gamma_i = 45°$ ist. Verifizieren Sie einige Punkte auf den Kurven und zeigen Sie außerdem, daß

$$\tan \gamma_r = -\frac{\cos(\theta_i - \theta_t)}{\cos(\theta_i + \theta_t)} \tan \gamma_i. \quad (4.97)$$

4.36* Verwenden Sie die Definitionen der Azimutalwinkel in Aufgabe 4.35, um zu zeigen, daß

$$R = R_\parallel \cos^2 \gamma_i + R_\perp \sin^2 \gamma_i \quad (4.98)$$

und

$$T = T_\parallel \cos^2 \gamma_i + T_\perp \sin^2 \gamma_i. \quad (4.99)$$

4.37 Zeichnen Sie eine Skizze von $R_\perp$ und $R_\parallel$ für $n_i = 1.5$ und $n_t = 1$, d.h. innere Reflexion.

4.38 Zeigen Sie, daß

$$T_\parallel = \frac{\sin 2\theta_i \sin 2\theta_t}{\sin^2(\theta_i + \theta_t) \cos^2(\theta_i - \theta_t)} \quad (4.100)$$

und

$$T_\perp = \frac{\sin 2\theta_i \sin 2\theta_t}{\sin^2(\theta_i + \theta_t)}. \quad (4.101)$$

4.39* Zeigen Sie unter Anwendung der Ergebnisse von Aufgabe 4.38, d.h. Gleichungen (4.100) und (4.101), daß

$$R_\parallel + T_\parallel = 1 \quad [4.65]$$

und

$$R_\perp + T_\perp = 1. \quad [4.66]$$

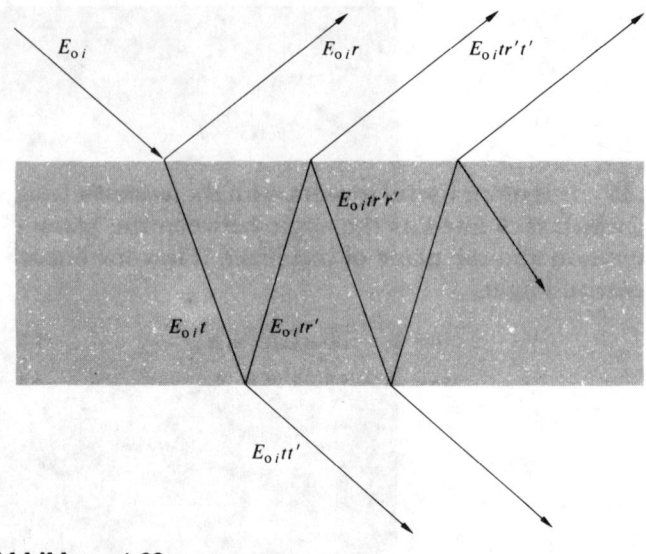

Abbildung 4.60

4.40 Angenommen wir blicken senkrecht durch einen Stapel von N Deckgläsern gegen eine Lichtquelle. Die Quelle, die nur durch ein Dutzend Deckgläser gesehen wird, ist merklich dunkler. Zeigen Sie, daß bei vorausgesetzter vernachlässigbarer Absorption die totale Durchlässigkeit des Stapels durch

$$T_t = (1 - R)^{2N}$$

gegeben ist, und entwickeln Sie T_t für drei Deckgläser in der Luft.

4.41 Unter Benutzung des Ausdrucks

$$I(y) = I_0 e^{-\alpha y} \quad [4.78]$$

für ein absorbierendes Medium definieren wir eine Größe, die man die *Einheitsdurchlässigkeit* T_1 nennt. Bei senkrechtem Einfall (4.55) ist $T = I_t/I_i$, und deshalb ist $T_1 \equiv I(1)/I_0$, wenn $y = 1$ ist. Zeigen Sie, daß

$$T_t = (1 - R)^{2N} (T_1)^d,$$

wenn die Gesamtstärke der Deckgläser in der vorhergehenden Aufgabe d ist, und wenn sie nun eine Durchlässigkeit T_1 pro Einheitslänge haben.

4.42 Zeigen Sie, daß bei senkrechtem Einfall an der Grenze zwischen zwei dielektrischen Medien $R \to 0$ und $T \to 1$ gehen, wenn $n_{ti} \to 1$ geht. Beweisen Sie ferner,

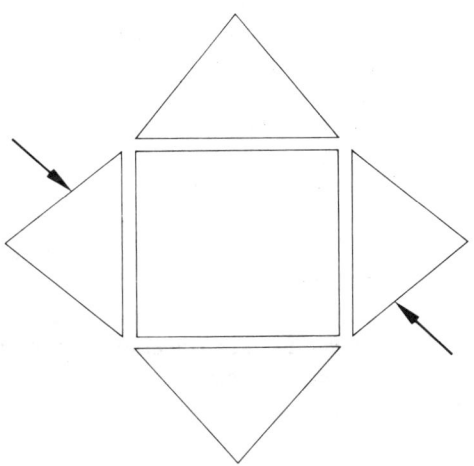

Abbildung 4.61

daß für alle θ_i $R_\parallel \to 0$, $R_\perp \to 0$, $T_\parallel \to 1$ und $T_\perp \to 1$ gehen, wenn $n_{ti} \to 1$ geht. Daher wird immer weniger Energie in der reflektierten Welle mitgeführt, während die zwei Medien ähnlichere Brechungsindizes annehmen. Es sollte klar sein, daß es keine Grenzfläche und keine Reflexion gibt, wenn $n_{ti} = 1$ ist.

4.43* Leiten Sie die Ausdrücke für $r_\perp$ und $r_\parallel$ her, die durch Gleichungen (4.70) und (4.71) gegeben sind.

4.44 Zeigen Sie, daß $r_\parallel$ und $r_\perp$ komplex sind und $r_\perp r_\perp^* = r_\parallel r_\parallel^* = 1$ ist, wenn $\theta_i > \theta_c$ an einer dielektrischen Grenzfläche ist.

4.45 Abbildung 4.60 veranschaulicht einen Strahl, der mehrfach an einer transparenten dielektrischen Platte reflektiert wird (die Amplituden der resultierenden Teilstrahlen sind gezeigt). Wie in Abschnitt 4.5 benutzen wir das gestrichene Koeffizientenzeichen, da die Winkel durch das Snelliussche Gesetz verknüpft sind.
a) Stellen Sie die Kennzeichnung der Amplituden der letzten vier Strahlen fertig.
b) Zeigen Sie unter Anwendung der Fresnelschen Gleichungen, daß

$$t_\parallel t'_\parallel = T_\parallel \quad (4.102)$$

$$t_\perp t'_\perp = T_\perp \quad (4.103)$$

$$r_\parallel^2 = r'^2_\parallel = R_\parallel \quad (4.104)$$

und

$$r_\perp^2 = r'^2_\perp = R_\perp. \quad (4.105)$$

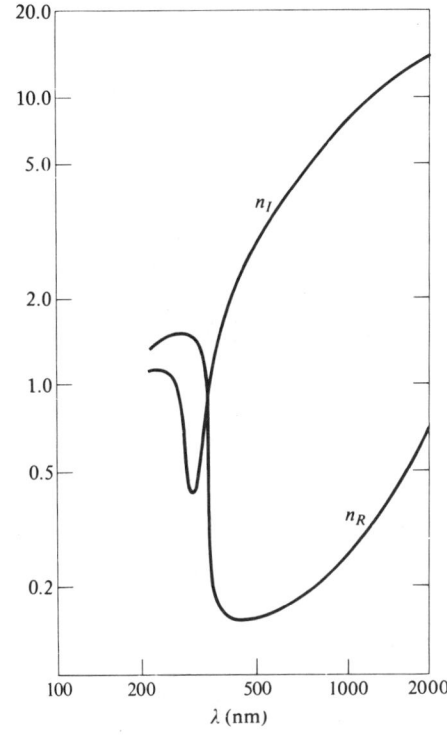

Abbildung 4.62

4.46* Eine Welle, die in der Einfallsebene linear polarisiert ist, trifft auf eine Grenzfläche zwischen zwei dielektrischen Medien. Wenn $n_i > n_t$ und $\theta_i = \theta'_p$ ist, gibt es keine reflektierte Welle, d.h. $r'_\parallel(\theta'_p) = 0$. Beginnen Sie mit Anwendung des Stokesschen Verfahrens ganz von vorne, um zu zeigen, daß $t_\parallel(\theta_p)t'_\parallel(\theta'_p) = 1$, $r_\parallel(\theta_p) = 0$ und $\theta_t = \theta_p$ ist (siehe Aufgabe 4.34). Wie läßt sich dies mit Gleichung (4.102) vergleichen?

4.47 Wenden Sie die Fresnelschen Gleichungen an, um zu zeigen, daß $t_\parallel(\theta_p)t'_\parallel(\theta'_p) = 1$ wie in der vorherigen Aufgabe ist.

4.48 Abbildung 4.61 stellt einen Glaswürfel dar, der von vier Glasprismen umgeben ist, die sehr nahe an den Seitenflächen liegen. Zeichnen Sie die Wege ein, die von den zwei gezeichneten Strahlen genommen werden, und diskutieren Sie eine mögliche Anwendung für diese Vorrichtung.

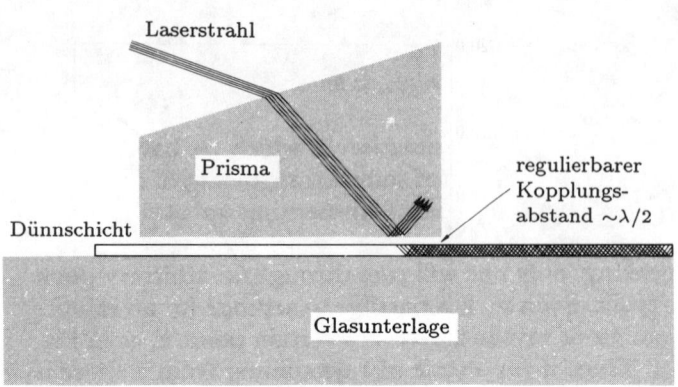

Abbildung 4.63

4.49 Abbildung 4.62 ist ein Diagramm von n_I und N_R gegen λ für ein häufig anzutreffendes Metall. Identifizieren Sie das Metall, indem Sie seine Merkmale mit denen vergleichen, die im Kapitel betrachtet wurden, und erörtern Sie seine optischen Eigenschaften.

4.50 Abbildung 4.63 zeigt eine Prismenkopplungsgliedanordnung, die in den Bell Telephone Laboratories entwickelt wurde. Ihre Aufgabe ist es, einen Laserstrahl in eine dünne (0.0000254 cm) lichtdurchlässige Schicht einzuspeisen, die dann als eine Art Wellenleiter dient. Eine mögliche Anwendung ist die einer Dünnschichtlaserstrahlschaltungsanlage — eine Art von integrierter Optik. Wie funktioniert das Gerät?

5 GEOMETRISCHE OPTIK — THEORIE DER ACHSENNAHEN STRAHLEN

5.1 Einleitende Bemerkungen

Die Oberfläche eines Objektes, das selbst leuchtet oder von außen beleuchtet wird, kann man sich aus einer großen Anzahl von Punktquellen zusammengesetzt vorstellen. Jede von ihnen emittiert Kugelwellen, d.h. Strahlen gehen radial in die Richtung des Energieflusses oder, wenn man will, in die Richtung des Poyntingschen Vektors (Abb. 4.1). In diesem Fall *divergieren* die Strahlen von einer gegebenen Punktquelle S, wohingegen die Strahlen selbstverständlich *konvergieren* würden, wenn die Kugelwelle zu einem Punkt kollabierte. Im allgemeinen hat man es nur mit einem kleinen Teil der Wellenfront zu tun. *Einen Punkt, von dem ein Teil der Kugelwelle divergiert oder zu dem der Wellenausschnitt konvergiert, nennt man einen Brennpunkt des Strahlenbündels.*

Wir stellen uns nun die Situation vor, in der wir eine Punktquelle in der Nähe einer Anordnung von reflektierenden und brechenden Flächen haben, die ein *optisches System* darstellen. Im allgemeinen wird nur einer der unendlichen Zahl von Strahlen, die von S ausströmen, durch einen beliebigen Punkt im Raum laufen. Trotzdem kann man es für eine unbegrenzte Anzahl von Strahlen so einrichten, daß sie an einem bestimmten Punkt P, wie in Abbildung 5.1, ankommen. Daher nennt man das System für diese zwei Punkte *stigmatisch* (punktzentrisch), wenn es für einen Strahlenkegel, der von S kommt, einen korrespondierenden Strahlenkegel gibt, der durch P läuft. Die Energie in dem Kegel (abgesehen von einigen unbeabsichtigten Verlusten infolge von Reflexion, Streuung und Absorption) erreicht P, der dann als ein *scharfes Bild* von S bezeichnet wird. Die Welle könnte, wie man sich vorstellen kann, um P einen begrenzten Lichtfleck oder unscharfen Fleck erzeugen; er wäre noch immer ein Bild von S, aber nicht mehr ein scharfes.

Es folgt aus dem Reversibilitätsprinzip (Abschnitt 4.24), daß eine Punktquelle, die in P liegt, genauso gut in S abgebildet wird, und folglich bezeichnet man die zwei Punkte als *konjugierte Punkte*. In einem *idealen optischen System* wird jeder Punkt eines dreidimensionalen Bereiches scharf (oder stigmatisch) in einen anderen Bereich abgebildet; der erstere Bereich ist der *Gegenstandsraum*, der letztere der *Bildraum*.

Meistens besteht die Aufgabe einer optischen Vorrichtung darin, einen Teil der einfallenden Wellenfront zu sammeln und umzuformen, oft mit der letztendlichen Absicht, ein Bild eines Objektes zu erzeugen. Man beachte, daß den realisierbaren Systemen die Beschränkung eigen ist, nicht das gesamte emittierte Licht sammeln zu können: das System nimmt nur einen Ausschnitt der Wellenfront auf. Folglich gibt es sogar in homogenen Medien immer eine Abweichung von der geradlinigen Ausbreitung — die Wellen werden *gebeugt*. Der erreichbare Schärfegrad im Abbildungsvermögen eines realistischen optischen Systems ist daher **beugungsbegrenzt** (es wird immer einen verschwommenen Punkt geben). Wenn die Wellenlänge der Strahlungsenergie im Vergleich zu den physikalischen Dimensionen des optischen Systems abnimmt, werden die Beugungseffekte weniger bedeutsam.

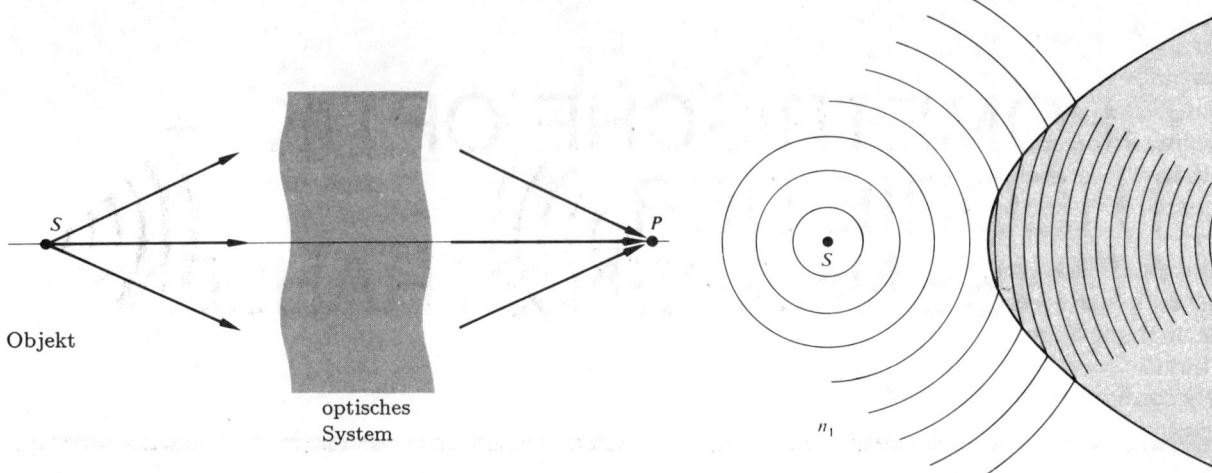

Abbildung 5.1 Konvergierende und divergierende Wellen.

Abbildung 5.2 Umformung einer Kugelwelle an einer brechenden Grenzfläche ($n_1 < n_2$).

An der Grenze dieses Konzeptes, wenn $\lambda \to 0$ geht, gilt die geradlinige Ausbreitung in homogenen Medien, und wir erhalten den idealisierten Bereich der *geometrischen Optik*.[1)] Das Verhalten, das speziell der Wellennatur des Lichtes zuzuschreiben ist (z.B. Interferenz und Beugung), wäre nicht mehr beobachtbar. Es gibt viele Situationen, in denen die große Einfachheit, die aus der Näherung der geometrischen Optik entsteht, die Ungenauigkeiten mehr als ausgleicht. Kurz gesagt, *das Thema behandelt die kontrollierte Manipulation von Wellenfronten (oder Strahlen) durch Einschaltung von reflektierenden und/oder brechenden Körpern, wobei alle Beugungseffekte vernachlässigt werden.*

5.2 Linsen

Zweifellos ist das verbreitetste optische Gerät die Linse und das unabhängig davon, daß wir die Welt durch ein Paar von ihnen sehen. Linsen gehen auf die Brenngläser der Antike zurück, und wer kann wirklich sagen, wann der Mensch zuerst durch die Flüssigkeitslinse spähte, die sich aus einem Tröpfchen Wasser bildete?

---

1) *Die physikalische Optik* (Wellenoptik) befaßt sich mit Situationen, in denen man mit Lichtwellenlängen ungleich Null zu rechnen hat. Analog erhalten wir die *klassische Mechanik*, wenn die de Broglie-Wellenlänge eines materiellen Objektes vernachlässigbar ist; wenn sie es nicht ist, erhalten wir den Bereich der *Quantenmechanik* (siehe Kapitel 13).

Um ein Verständnis dafür zu bekommen, was Linsen bewirken und wie sie arbeiten, wollen wir zuerst untersuchen, was geschieht, wenn Licht auf die gekrümmte Oberfläche eines transparenten Dielektrikums trifft.

5.2.1 Brechung an asphärischen Flächen

Wir stellen uns vor, wir hätten eine Punktquelle S, deren Kugelwellen, wie in Abbildung 5.2, an einer Grenzfläche zwischen zwei transparenten Medien ankommen. Wir möchten gerne die Form bestimmen, die die Grenzfläche haben muß, damit die Welle, die im zweiten Medium wandert, zu einem Punkt P konvergiert, um dort ein scharfes Bild von S zu erzeugen. Im Laufe der Untersuchung werden praktische Gründe für den Wunsch deutlich, eine divergierende Welle in einem Punkt zu fokussieren.

Für alle Teile einer Wellenfront muß die Zeit vom Weggang in S bis zur Konvergenz in P identisch sein, wenn ein scharfes Bild erzeugt werden soll — dies setzte Huygens 1678 stillschweigend voraus. Oder, wie wir im Abschnitt 4.2.3 sahen, "der Abstand zwischen korrespondierenden Punkten wird auf allen Strahlen in derselben Zeit durchlaufen". Dasselbe läßt sich aus der Perspektive des Fermatschen Prinzips anders sagen: laufen sehr viele verschiedene Strahlen von S nach P (d.h. der Punkt A kann in der Abbildung 5.3 überall auf der Grenzfläche

5.2 Linsen

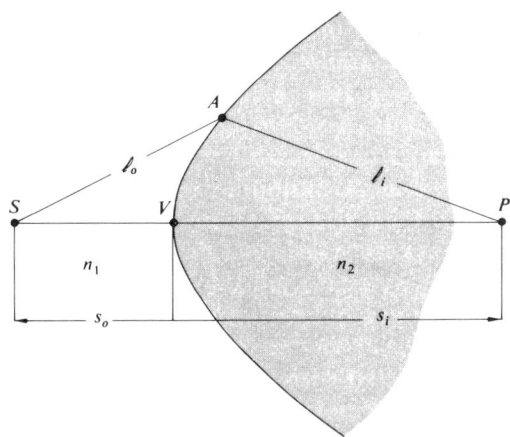

Abbildung 5.3 Das kartesische Oval.

liegen), so muß der Strahl die gleiche optische Weglänge durchlaufen. Liegt daher z.B. S in einem Medium mit dem Index n_1 und P in einem optisch dichteren Medium mit dem Index n_2, so ist

$$\ell_o n_1 + \ell_i n_2 = s_o n_1 + s_i n_2, \qquad (5.1)$$

wobei s_o und s_i die **Objekt-** beziehungsweise die **Bildweite** ist, die vom *Scheitel* oder *Scheitelpunkt* V gemessen wird. Sobald wir s_o und s_i gewählt haben, ist die rechte Seite dieser Gleichung festgelegt, und so ist

$$\ell_o n_1 + \ell_i n_2 = \text{constant}. \qquad (5.2)$$

Dies ist die Gleichung eines *kartesischen Ovals* (Descartesches Oval), dessen Bedeutung in der Optik ausführlich von René Descartes im frühen 16. Jahrhundert studiert wurde (Aufgabe 5.1). Folglich werden S und P zu konjugierten Punkten, wenn die Grenzfläche zwischen zwei Medien die Form eines um die $\overline{SP}$- oder die **optische Achse** gedrehten kartesischen Ovals hat, d.h. eine Punktquelle, die sich an einem der beiden Orte befindet, wird im anderen scharf abgebildet. Die physikalische Erklärung dafür ist einfach: Da $n_2 > n_1$, bewegen sich jene Bereiche der Wellenfront, die im optisch dichteren Medium wandern, langsamer als jene Bereiche, die den "dünneren" Stoff durchqueren. Während die Welle beginnt, den Scheitelpunkt des kartesischen Ovals zu durchlaufen, wird folglich der Abschnitt, der unmittelbar um die optische Achse liegt, von c/n_1 auf c/n_2 verlangsamt. Bereiche derselben Wellenfront, die weiter

von der Achse entfernt sind, befinden sich noch im ersten Medium und wandern mit einer größeren Geschwindigkeit c/n_1. Deshalb krümmen sich die Wellenfronten, und falls die Grenze richtig angeordnet ist (in der Form einer kartesischen Fläche (oder aplanatischen Fläche)), werden die Wellenfronten von divergierenden zu konvergierenden kugelförmigen Ausschnitten umgekehrt.

Wir möchten, abgesehen von der Fokussierung einer Kugelwelle, noch einige andere umformende Operationen unter Verwendung von brechenden Grenzflächen durchführen; einige dieser Operationen sind in der Abbildung 5.4 veranschaulicht. Wir werden sie nur kurz und mehr aus pädagogischen Gründen betrachten. Die Oberflächen in den Abbildungen 5.4 (a) und (b) sind ellipsoidförmig, während (c) und (d) hyperboloidförmig sind. Man beachte, daß in allen Fällen die Strahlen entweder von den Brennpunkten divergieren oder zu ihnen konvergieren. Die Pfeilspitzen wurden weggelassen, um anzudeuten, daß die Strahlen in beiden Richtungen laufen können. Mit anderen Worten, eine einfallende ebene Welle konvergiert zum entferntesten Brennpunkt eines Ellipsoids; ebenso kommt eine Kugelwelle, die von jenem Punkt emittiert wurde, als eine ebene Welle heraus. Führen wir den Punkt S in der Abbildung 5.2 außerdem ins Unendliche hinaus, so würde sich der konvexe Körper allmählich in ein Ellipsoid verwandeln.

Anstatt die Ausdrücke für diese Flächen herzuleiten, wollen wir die oberen Feststellungen nur begründen. Zu diesem Zweck untersuchen wir die Abbildung 5.5, die rückwärtig mit Abbildung 5.4 (a) in Verbindung steht. Die optischen Weglängen, die von irgendeinem Punkt D auf der ebenen Wellenfront Σ zum Brennpunkt F_1 gehen, müssen alle gleich derselben Konstante C sein, d.h.

$$(\overline{F_1 A}) n_2 + (\overline{AD}) n_1 = C$$

oder

$$(\overline{F_1 A}) + (\overline{AD}) n_{12} = C/n_2. \qquad (5.3)$$

Um zu sehen, daß diese Beziehung wirklich durch ein Umdrehungsellipsoid erfüllt ist, erinnern wir uns, daß $(\overline{F_2 A}) = e(\overline{AD})$ ist, wenn Σ zur Leitlinie der Ellipse korrespondiert, wobei e die Exzentrizität ist. So wird die linke Seite der Gleichung (5.3) zu $(\overline{F_1 A}) + (\overline{F_2 A})$, wenn $e = n_{12}$, was für eine Ellipse ganz bestimmt konstant ist. Hier ist die Exzentrizität kleiner als 1 (d.h. $e = n_1/n_2$); Wäre sie aber größer als 1 (d.h. $n_1 > n_2$), so wäre die

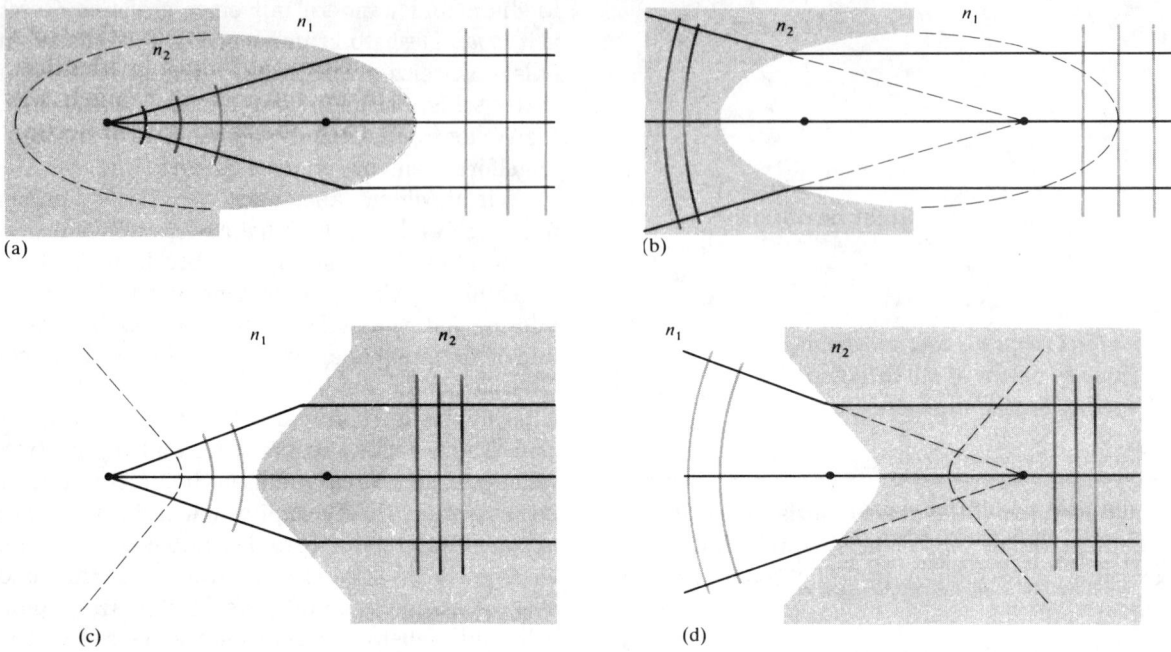

Abbildung 5.4 Ellipsoidförmige und hyperboloidförmige brechende Flächen ($n_2 > n_1$).

Kurve stattdessen eine Hyperbel (vergleiche (a) mit (c) und (b) mit (d) in Abb. 5.4). Bringt all dies Erinnerungen an die analytische Geometrie zurück, so denken Sie vielleicht daran, daß das Fachgebiet von Descartes begründet wurde.

Wir können nun mit dem uns zur Verfügung stehenden Wissen Linsen so konstruieren, daß sowohl die Objekt- als auch die Bildpunkte in demselben Medium liegen, das gewöhnlich aus Luft besteht. Das erste derartige Gerät, das wir betrachten wollen (Abb. 5.6 (a)), ist eine *hyperbolische Bikonvexlinse*, die den Verlauf, der in Abbildung 5.4 (c) gezeichnet ist, verwertet. Eine divergierende Kugelwelle wird eben, nachdem sie die erste hyperbolische Fläche durchquert hat und konvergiert dann sphärisch beim Verlassen der Linse. Wäre alternativ die zweite Fläche eben, so daß wir wie in Abbildung 5.6 (b) eine *hyperbolische Plankonvexlinse* hätten, so träfen die ebenen Wellen die rückseitige Oberfläche innerhalb der Linien senkrecht und kämen unverändert heraus. Eine andere Anordnung, die divergierende Kugelwellen in ebene Wellen umwandelt, ist in Abbildung

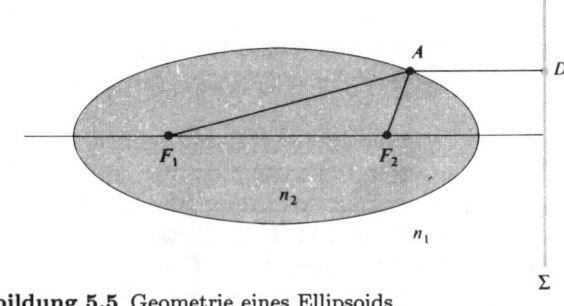

Abbildung 5.5 Geometrie eines Ellipsoids.

5.6 (c) veranschaulicht. Dies ist eine *sphäroelliptische Konvexlinse*, bei der F_1 gleichzeitig im Zentrum der Kugelfläche und im Brennpunkt des Ellipsoids liegt. Strahlen von F_1 treffen die erste Oberfläche senkrecht und werden deshalb von ihr nicht abgelenkt. Wie in Abbildung 5.4 (a) sind die austretenden Wellenfronten eben. Alle bisher untersuchten Linsen sind in ihren Mittelpunkten dicker als an ihren Rändern, und man nennt sie aus diesem Grund *konvex* (von dem lateinischen Wort "convexus", was gewölbt bedeutet). Im Unterschied dazu ist

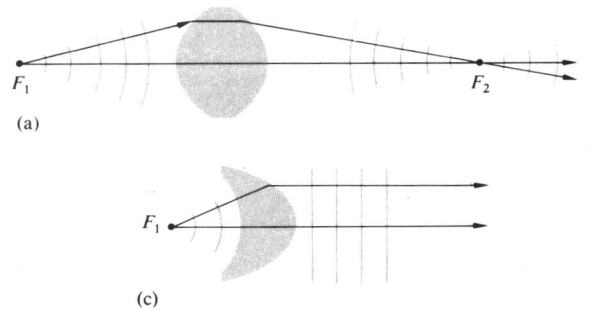
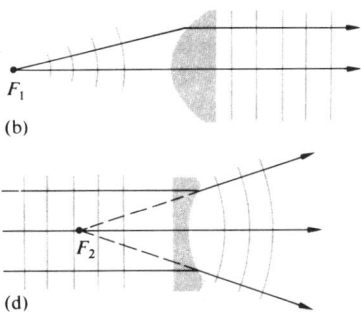

Abbildung 5.6 (a) Eine hyperbolische Bikonvexlinse. (b) Eine hyperbolische Plankonvexlinse. (c) Eine sphäroelliptische Konvexlinse. (d) Eine hyperbolische Plankonkavlinse. (e) Photo mit freundlicher Genehmigung von Melles Griot.

die *hyperbolische Plankonkavlinse* (aus dem Lateinischen "concavus", was hohl bedeutet; es ist leicht zu merken, da es das Wort cave = Höhle enthält) in der Mitte dünner als am Rand, wie es in Abbildung 5.6 (d) offensichtlich der Fall ist. Eine Anzahl von anderen Anordnungen sind möglich, und einige werden in den Aufgaben betrachtet (5.2). Man beachte, daß jede dieser Linsen genauso gut umgekehrt arbeitet, wobei die herauskommenden Wellen stattdessen von rechts eintreten.

Liegt eine Punktquelle auf der optischen Achse im Punkt F_1 der Linse in Abbildung 5.6 (a), so *konvergieren* die Strahlen zum konjugierten Punkt F_2. Ein leuchtendes Bild der Quelle würde auf dem Schirm erscheinen, der in F_2 liegt, ein Bild, das deshalb **reell** genannt wird. Andererseits liegt in Abbilding 5.6 (d) die Punktquelle im Unendlichen und die Strahlen, die aus dem System kommen, sind diesmal *divergierend*. Sie scheinen von einem Punkt F_2 zu kommen, aber kein wirkliches Bild erscheint an jener Stelle auf einem Schirm. Man bezeichnet das Bild hier genau wie das vertraute Bild, das durch einen ebenen Spiegel erzeugt wird, als **virtuell**.

Die zuvor diskutierten optischen Elemente (Linsen und Spiegel), bei denen eine oder beide Oberflächen weder eben noch sphärisch sind, werden als *asphärische Elemente* bezeichnet. Obwohl man deren Arbeitsweise leicht verstehen kann, und sie bestimmte Aufgaben hervorragend gut verrichten, ist es noch immer schwierig, sie mit großer Genauigkeit herzustellen. Wo die Kosten gerechtfertigt sind, die geforderte Präzision keine Grenzen setzt, oder die zu produzierende Menge groß genug ist, werden asphärische Elemente häufig verwendet; sie werden sicherlich zunehmend eine wichtige Rolle spielen. Das erste asphärische Element aus Glas von guter Qualität, das in großen Mengen (viele Millionen) hergestellt wurde, ist eine Linse für die Kodak Disk-Kamera (1982). In letzter Zeit wurde die Produktion von kleinen Mengen beugungsbegrenzter asphärischer Linsen aus gepreßtem Glas bekannt. Heute verwendet man asphärische Linsen oft, um auf elegante Weise Abbildungsfehler in komplizierten optischen Systemen zu korrigieren.

Eine neue Generation von computergesteuerten Maschinen, die asphärische Elemente herstellen, erzeugen diese mit Toleranzen (d.h. mit Abweichungen von der angestrebten Fläche), die besser als 0.5 μm sind. Dies weicht noch immer mit einem Faktor 10 von der allgemein angestrebten Toleranz $\lambda/4$ für optische Bauelemente guter Qualität ab, doch wird dieses Ziel sicher mit der Zeit erreicht. Heute findet man asphärische Elemente, die aus Kunststoff oder Glas hergestellt sind, in allen Instrumentenarten über den gesamten Qualitätsbe-

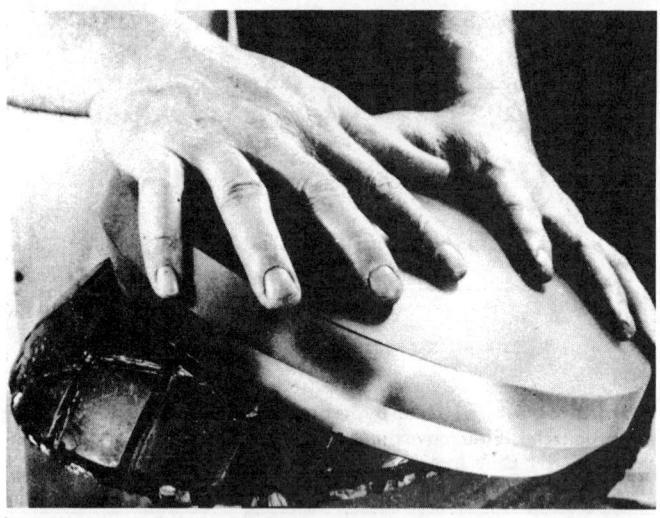

Abbildung 5.7 Eine sphärische Linse wird poliert. (Photo mit freundlicher Genehmigung der Optical Society of America.)

reich verteilt, einschließlich in Teleskopen, Projektoren, Kameras und Geräten für Aufklärungszwecke.

5.2.2 Brechung an Kugelflächen

Wir stellen uns vor, wir hätten zwei Materialstücke, eines mit einer konkaven und das andere mit einer konvexen Kugelfläche, die beide denselben Radius haben. Es ist eine einzigartige Eigenschaft der Kugel, daß derartige Stücke in engem Kontakt ungeachtet ihrer gegenseitigen Orientierung zusammenpassen. Nehmen wir daher zwei annähernd kugelförmige Objekte mit geeigneter Krümmung, eines ein Schleifwerkzeug und das andere eine Glasscheibe, fügen irgendein Schleifmittel dazwischen und bewegen sie danach willkürlich gegeneinander, so können wir erwarten, daß sich alle höheren Stellen auf beiden Objekten abschleifen. Während sie sich abtragen, passen sich beide Stücke sphärisch an (Abb. 5.7). Solche Flächen werden gegenwärtig gemeinhin durch automatische Schleif- und Poliermaschinen in Serie hergestellt. Im Unterschied dazu erfordern asphärische Formen mit hoher Güte eine erheblich aufwendigere Verarbeitung und Wiederverarbeitung, und sie werden dementsprechend normalerweise nur dann benutzt, wenn die begleitenden hohen Kosten gerechtfertigt sind. (Gepreßte asphärische Kunststofflinsen werden in Anwendungen gebräuch-

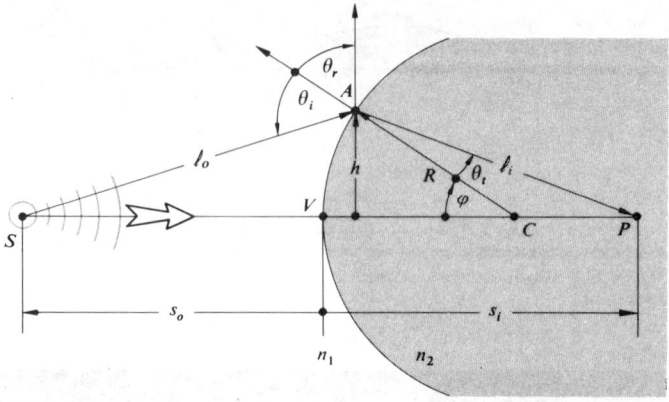

Abbildung 5.8 Brechung an einer sphärischen Grenzfläche.

licher, die keine hohe Präzision erfordern.)

Es sollte deshalb nicht überraschen, daß die meisten Qualitätslinsen, die heute im Gebrauch sind, Kugelflächen besitzen. Es ist hier unsere Absicht, Techniken für die Anwendung derartiger Flächen zu entwickeln, durch die sehr viele Objektpunkte gleichzeitig zufriedenstellend im Licht abgebildet werden können, das sich aus einem großen Frequenzbereich zusammensetzt. Bildfehler, die man als *Aberrationen* bezeichnet, werden auftreten, doch ist es mit der gegenwärtigen Technologie möglich, sphärische Linsensysteme mit hoher Güte zu konstruieren, deren Aberrationen so gut beherrscht werden, daß die Bildtreue nur durch die Beugung begrenzt ist.

Da wir nun wissen, warum und wohin wir gehen, wollen wir fortfahren. Abbildung 5.8 veranschaulicht eine Welle, die von der Punktquelle S auf eine sphärische Grenzfläche trifft, die den Radius R und den Mittelpunkt in C hat. Der Strahl $(\overline{SA})$ wird auf der Grenzfläche zur örtlichen Normalen ($n_2 > n_1$) und deshalb zur optischen Achse hin gebrochen. Angenommen er durchquert die Achse im Punkt P wie alle anderen Strahlen, die mit demselben Winkel θ_i einfallen (Abb. 5.9). Das Fermatsche Prinzip besagt, daß die optische Weglänge (OPL) stationär ist, d.h. ihre Ableitung nach der Ortsvariablen ist Null. Für den betreffenden Strahl gilt

$$(\text{OPL}) = n_1 \ell_o + + n_2 \ell_i. \tag{5.4}$$

Bei Anwendung des Kosinussatzes in den Dreiecken SAC und ACP und zusammen mit der Tatsache, daß $\cos \varphi =$

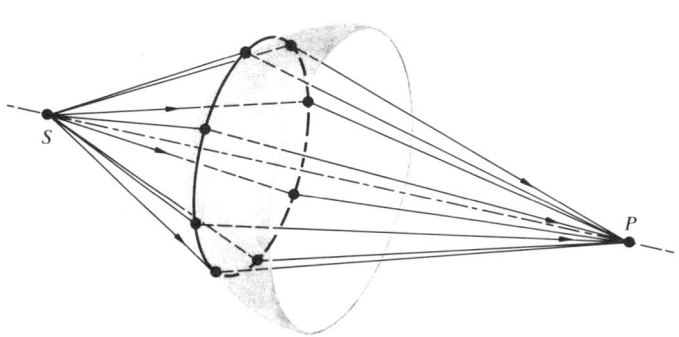

Abbildung 5.9 Strahlen, die mit demselben Winkel einfallen.

$-\cos(180 - \varphi)$, erhalten wir

$$\ell_o = [R^2 + (s_o + R)^2 - 2R(s_o + R)\cos\varphi]^{1/2}$$

und

$$\ell_i = [R^2 + (s_i - R)^2 + 2R(s_i - R)\cos\varphi]^{1/2}.$$

Die OPL kann umgeschrieben werden als

$$(\text{OPL}) = n_1[R^2 + (s_o + R)^2 - 2R(s_o + R)\cos\varphi]^{1/2}$$
$$+ n_2[R^2 + (s_i - R)^2 + 2R(s_i - R)\cos\varphi]^{1/2}$$

Alle Größen im Schaubild, d.h. s_i, s_o, R usw., sind positive Zahlen. Sie bilden die Grundlage einer *Vorzeichenvereinbarung*, die sich allmählich durchsetzt, und zu der wir hin und wieder zurückkehren werden (Tabelle 5.1). Da sich der Punkt A am Ende eines festen Radius' (d.h. $R =$ konstant) bewegt, ist φ die Ortsvariable, und daher erhalten wir durch Festlegung von $d(\text{OPL})/d\varphi = 0$ über das Fermatsche Prinzip

$$\frac{n_1 R(s_o + R)\sin\varphi}{2\ell_o} - \frac{n_2 R(s_i - R)\sin\varphi}{2\ell_i} = 0,$$

aus dem folgt, daß

$$\frac{n_1}{\ell_o} + \frac{n_2}{\ell_i} = \frac{1}{R}\left(\frac{n_2 s_i}{\ell_i} - \frac{n_1 s_o}{\ell_o}\right). \quad (5.5)$$

Dies ist die Beziehung, die unter den Parametern eines Strahles gelten muß, der von S nach P mittels Brechung an der Kugelfläche läuft. Obwohl dieser Ausdruck das Merkmal der Genauigkeit hat, ist er ziemlich kompliziert. Verschiebt man A durch Veränderung von φ zu einem neuen Ort, so schneidet der neue Strahl, wie wir bereits wissen, die optische Achse nicht in P — dies ist

s_o, f_o	+ links von V
x_o	+ links von F_o
s_i, f_i	+ rechts von V
x_i	+ rechts von F_i
R	+ falls C rechts von V ist
y_o, y_i	+ oberhalb der optischen Achse

* Diese Tabelle nimmt die bevorstehende Einführung einiger Größen vorweg, von denen bis jetzt nicht gesprochen wurde.

Tabelle 5.1 Vorzeichenvereinbarung für sphärische brechende Flächen und dünne Linsen* (Lichteintritt von links).

kein kartesisches Oval. Die Näherungen, die benutzt werden, um ℓ_o und ℓ_i darzustellen und dadurch Gleichung (5.5) zu vereinfachen, sind im Folgenden äußerst wichtig. Wir erinnern uns, daß

$$\cos\varphi = 1 - \frac{\varphi^2}{2!} + \frac{\varphi^4}{4!} - \frac{\varphi^6}{6!} + \cdots \quad (5.6)$$

und

$$\sin\varphi = \varphi - \frac{\varphi^3}{3!} + \frac{\varphi^5}{5!} - \frac{\varphi^7}{7!} + \cdots. \quad (5.7)$$

Und so wird $\cos\varphi \approx 1$, wenn wir kleine Werte von φ annehmen; d.h. A liegt nahe bei V. Folglich liefern die Ausdrücke für ℓ_o und ℓ_i $\ell_o \approx s_o$, $\ell_i \approx s_i$, und so wird jene Näherung zu

$$\frac{n_1}{s_o} + \frac{n_2}{s_i} = \frac{n_2 - n_1}{R}. \quad (5.8)$$

Wir hätten diese Herleitung statt mit dem Fermatschen Prinzip mit dem Snelliusschen Gesetz beginnen können (Aufgabe 5.4), wobei kleine Werte von φ zu $\sin\varphi \approx \varphi$ und wieder zu Gleichung (5.8) geführt hätten. Diese Näherung beschreibt den Bereich, den man die *Theorie erster Ordnung* nennt — wir werden die *Theorie dritter Ordnung* ($\sin\varphi \approx \varphi - \varphi^3/3!$) im nächsten Kapitel untersuchen. Strahlen, die in flachen Winkeln bezüglich der optischen Achse ankommen (wobei φ und h angemessen klein sind), nennt man **achsennahe Strahlen** (Paraxialstrahlen). *Der herauskommende Wellenfrontabschnitt, der diesen achsennahen Strahlen entspricht, ist im wesentlichen sphärisch und erzeugt in seinem Zentrum P, das bei s_i liegt, eine "scharfe" Abbildung.* Man beachte, daß Gleichung (5.8) sicherlich über einen kleinen Bereich um die Symmetrieachse, nämlich das *Gaußsche* (achsennahe oder paraxiale) *Gebiet*, unabhängig von dem Ort

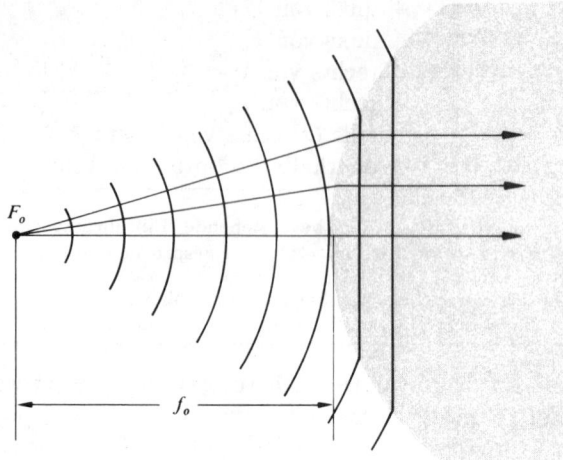

Abbildung 5.10 Ebene Wellen, die sich hinter einer sphärischen Grenzfläche fortpflanzen — der Objektbrennpunkt.

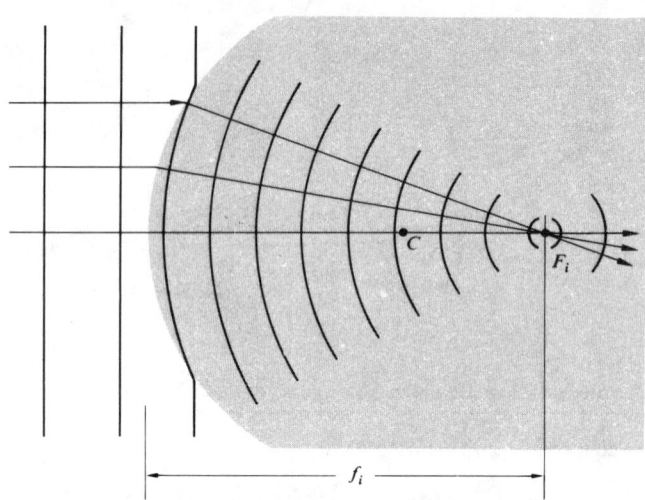

Abbildung 5.11 Die Umformung von ebenen Wellen zu Kugelwellen auf einer sphärischen Grenzfläche — der Bildbrennpunkt.

A ist. 1841 gab Gauß als erster eine systematisch eingehende Erklärung der Erzeugung von Bildern unter der oben angegebenen Näherung, und das Ergebnis nennt man **Gaußsche Dioptrik**. Ist das optische System gut korrigiert, so kommt eine einfallende Kugelwelle in einer Form heraus, die einer Kugelwelle sehr ähnlich ist. Folglich nähert sich das System mit zunehmender Genauigkeit immer mehr der Theorie erster Ordnung. Abweichungen von jener Analyse achsennaher Strahlen liefert ein geeignetes Maß der Qualität eines konkreten optischen Gerätes.

Wird der Punkt F_o in Abbildung 5.10 im Unendlichen ($s_i = \infty$) abgebildet, so erhalten wir

$$\frac{n_1}{s_o} + \frac{n_2}{\infty} = \frac{n_2 - n_1}{R}.$$

Jene spezielle Entfernung des Gegenstandes ist als die *Gegenstandsweite*, die *vordere Brennweite* oder die *Dingbrennweite* (Objektbrennweite) $s_o \equiv f_o$ definiert, so daß

$$f_o = \frac{n_1}{n_2 - n_1} R. \qquad (5.9)$$

Den Punkt F_o nennt man den *vorderen Brennpunkt* oder *Dingbrennpunkt* (Objektbrennpunkt). Ähnlich ist der axiale Punkt F_i der *hintere Brennpunkt* oder *Bildbrennpunkt*, in dem das Bild erzeugt wird, wenn $s_o = \infty$

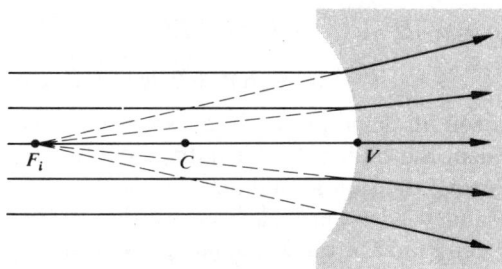

Abbildung 5.12 Ein virtueller Bildpunkt.

ist, d.h.

$$\frac{n_1}{\infty} + \frac{n_2}{s_i} = \frac{n_2 - n_1}{R}.$$

Setzen wir per definitionem die *hintere Brennweite* oder Bildbrennweite f_i mit s_i gleich, so erhalten wir in diesem speziellen Fall (Abb. 5.11)

$$f_i = \frac{n_2}{n_2 - n_1} R. \qquad (5.10)$$

Wir erinnern uns, daß eine Abbildung virtuell ist, wenn die Strahlen von ihr divergieren (Abb. 5.12). Analog ist *ein Objekt virtuell, wenn die Strahlen zu ihm hin konvergieren* (Abb. 5.13). Man beachte, daß das virtuelle Objekt nun auf der rechten Seite des Scheitelpunktes liegt, und deshalb wird s_o als eine negative Größe

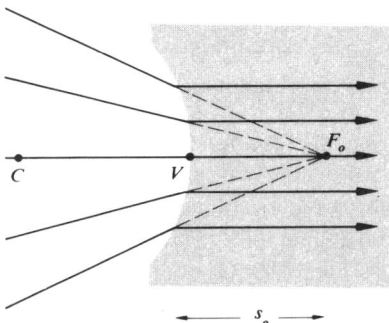

Abbildung 5.13 Ein virtueller Objektpunkt.

genommen. Zudem ist die Oberfläche konkav, und ihr Radius ist, wie durch Gleichung (5.9) gefordert, ebenfalls negativ, da f_o negativ wäre. In derselben Weise ist die virtuelle Bildweite, die links von V erscheint, negativ.

5.2.3 Dünne Linsen

Es gibt viele verschiedene Linsenarten, u. a. Schallwellen- und Mikrowellenlinsen; einige von den letzteren sind aus Glas oder Wachs in leicht erkennbaren Formen hergestellt, während jedoch andere weit raffinierter aussehen (Abb. 5.14). Im traditionellen Verständnis *ist eine Linse ein optisches System, das aus zwei oder mehr brechenden Grenzflächen besteht, wobei wenigstens eine von ihnen gekrümmt ist.* Im allgemeinen sind die nichtebenen Flächen auf einer gemeinsamen Achse zentriert. Diese Flächen sind meistens sphärische Segmente und oft mit dünnen dielektrischen Schichten überzogen, um ihre Durchlässigkeitseigenschaften zu regeln (siehe Abschnitt 9.7). Besteht eine Linse aus einem Element, d.h. aus nur zwei brechenden Flächen, so spricht man von einer *einfachen Linse*. Sind mehr als eine Linse vorhanden, so hat man ein *Linsensystem*. Eine Linse wird auch danach eingeordnet, ob sie *dünn* oder *dick* ist, d.h., ob ihre Dicke effektiv vernachlässigbar ist oder nicht. Wir werden uns zum größten Teil auf *zentrierte Systeme* (für die alle Flächen drehsymmetrisch um eine gemeinsame Achse sind) mit sphärischen Flächen beschränken. Unter diesen Einschränkungen kann die einfache Linse die verschiedenen Formen annehmen, die in Abbildung 5.15 gezeigt sind. Diejenigen Linsen, die man unter den verschiedenen Bezeichnungen *Konvex-, Sammel-* oder *Posi-*

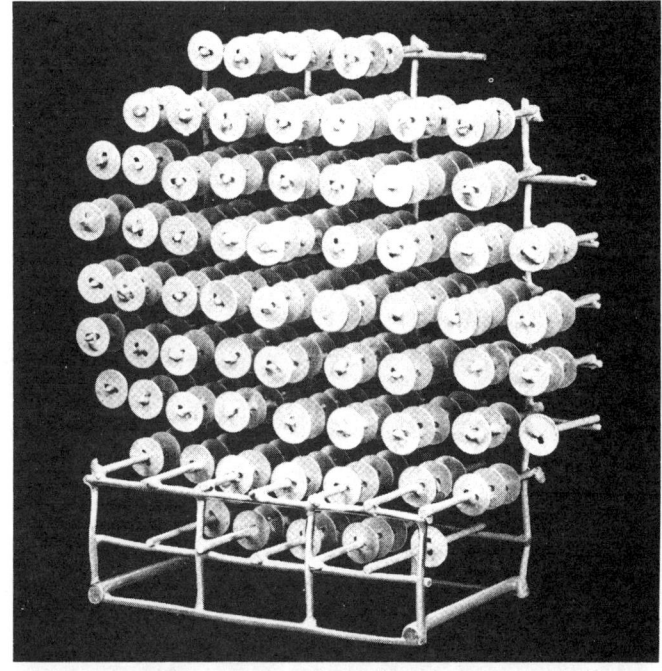

Abbildung 5.14 Eine Linse für Radiowellen im Kurzwellenbereich. Die Scheiben dienen zur Brechung dieser Wellen, ungefähr wie Reihen von Atomen Licht brechen. (Photo mit freundlicher Genehmigung der Optical Society of America.)

tivlinse findet, sind in der Mitte dicker als am Rand und verkleinern den Radius der Wellenfrontkrümmung; die Welle wird also beim Durchlauf durch die Linse konvergenter. Dies setzt natürlich voraus, daß der Brechungsindex der Linse größer ist als diejenigen der Medien, in denen sie sich befindet. *Konkav-, Zerstreuungs-* oder *Negativlinsen* sind andererseits in der Mitte dünner. Sie bewirken, daß jener Teil der Wellenfront voreilt, so daß die Welle beim Austritt divergenter als beim Eintritt ist.

Im weitesten Sinn ist *eine Linse ein lichtbrechendes Gerät, das für die kontrollierte Umformung von Wellenfronten verwendet wird.* Obwohl dies im allgemeinen dadurch geschieht, daß man eine Welle durch wenigstens eine speziell geformte Grenzfläche leitet, die zwei verschiedene homogene Medien trennt, ist es nicht die einzige zur Verfügung stehende Methode. Man kann z.B. auch eine Wellenfront umformen, indem man sie durch ein inhomogenes Medium leitet. Dies geschieht bei einer *Gradientenlinse* (Linse mit abgestuftem Brechungs-

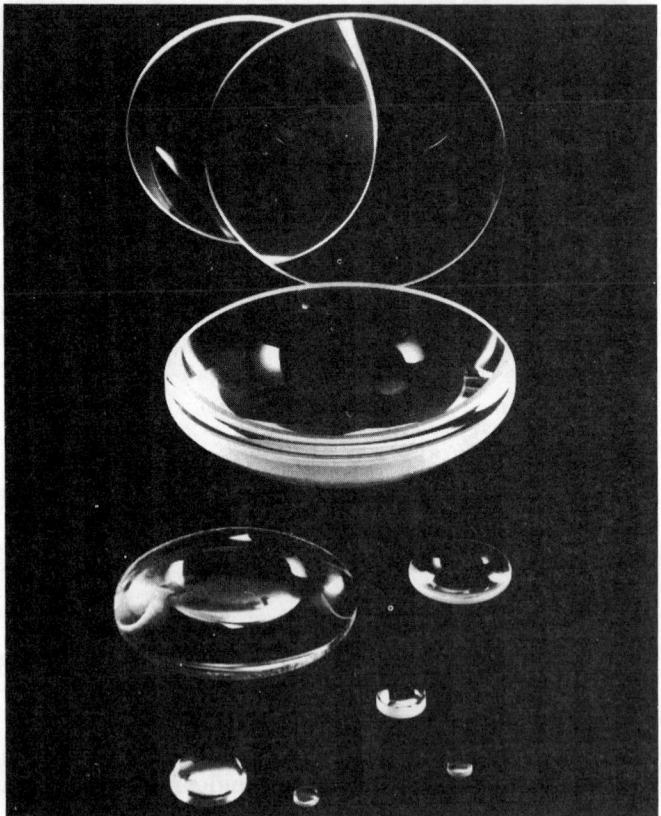

Abbildung 5.15 Querschnitte verschiedener zentrisch sphärischer, einfacher Linsen. (Photo mit freundlicher Genehmigung von Melles Griot.)

	konvex	konkav
	$R_1 > 0$ $R_2 < 0$ bikonvex	$R_1 < 0$ $R_2 > 0$ bikonkav
	$R_1 = \infty$ $R_2 < 0$ plankonvex	$R_1 = \infty$ $R_2 > 0$ plankonkav
	$R_1 > 0$ $R_2 > 0$ meniskus-konvex	$R_1 > 0$ $R_2 > 0$ meniskus-konkav

(a)

(b)

index) oder GRIN-Linse durch die Verwendung eines Mediums, dessen Brechungsindex nach einer vorgeschriebenen Art variiert. Verschiedene Bereiche der Welle breiten sich mit verschiedenen Geschwindigkeiten aus. Dabei ändert die Wellenfront bei der Fortpflanzung ihre Form. Bei den im Handel erhältlichen GRIN-Materialien (erhältlich erst seit 1976) variiert der Brechungsindex radial und nimmt nach außen parabolförmig von der Zentralachse ausgehend ab. Heutzutage stellt man GRIN-Linsen in großen Mengen nur noch in der Form von parallelen, ebenflächigen Stäbchen mit kleinem Durchmesser her. Sie sind bisher häufig für Bildübertragungsgeräte und kompakte Kopierer verwendet worden, wobei sie in größeren Anordnungen zusammengestellt sind. Es gibt noch andere unkonventionelle Linsen, wie z.B. die Holografie- und die Gravitationslinse (bei der die Gravitationskräfte einer Galaxie das Licht ablenken, das in ihrer Nähe vorbeiläuft, und dadurch Mehrfachbilder von entfernten Himmelsobjekten, wie z.B. Quasare, erzeugen). Wir werden den Rest dieses Kapitels den traditionelleren Linsentypen widmen, obwohl wir eigentlich diese Zeilen mit einer GRIN-Linse lesen (Abschnitt 5.7.1.i).

i) Gleichungen für dünne Linsen

Wir kehren für einen Moment zur Erörterung der Brechung an einer einzelnen sphärischen Grenzfläche zurück, wobei die Lagen der konjugierten Punkte S und P durch

$$\frac{n_1}{s_o} + \frac{n_2}{s_i} = \frac{n_2 - n_1}{R} \qquad [5.8]$$

gegeben sind. Wenn s_o für ein festes $(n_2 - n_1)/R$ groß ist, ist s_i relativ klein. Während s_o abnimmt, bewegt sich s_i vom Scheitel weg, d.h. sowohl θ_i als auch θ_t nehmen zu, bis schließlich $s_o = f_o$ und $s_i = \infty$ ist. An jenem Punkt ist $n_1/s_o = (n_2 - n_1)/R$, so daß s_i negativ sein muß, wenn s_o noch kleiner wird, falls Gleichung (5.8) gelten soll. Mit anderen Worten, das Bild wird virtuell (Abb. 5.16). Wir wollen nun die konjugierten Punkte für die Linse mit dem Index n_l lokalisieren, die von einem Medium mit dem Index n_m (wie in Abb. 5.17) umgeben ist, in der wir einfach ein zweites Ende des Linsenstückes von Abbildung 5.16 (c) geschliffen haben. Dies ist sicherlich nicht der allgemeinste Fall, doch der weitverbreitetste, und noch überzeugender, er ist der einfachste.[2] Wir

---

[2] Siehe Jenkins und White, *Fundamentals of Optics*, p. 57, für

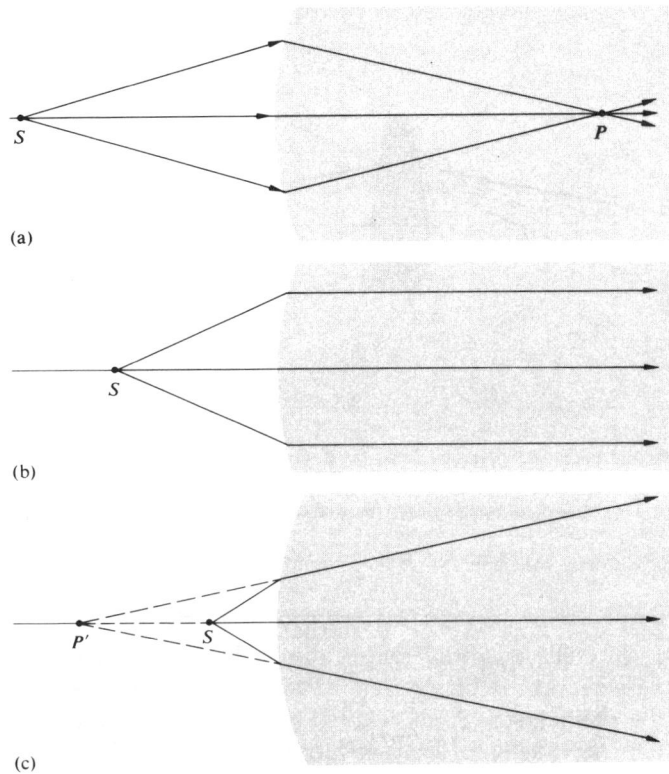

Abbildung 5.16 Brechung an einer sphärischen Grenzfläche.

wissen von Gleichung (5.8), daß sich die achsennahen Strahlen, die von S bei s_{o1} ausgehen, in P' treffen, der einen Abstand von V_1 hat, den wir nun s_{i1} nennen und durch

$$\frac{n_m}{s_{o1}} + \frac{n_l}{s_{i1}} = \frac{n_l - n_m}{R_1} \qquad (5.11)$$

bestimmt ist. Was die zweite Oberfläche betrifft, sie "sieht", daß die Strahlen zu ihr von P' kommen, der als ihr Objektpunkt dient und sich im Abstand s_{o2} befindet. Außerdem befinden sich die Strahlen, die an jener zweiten Oberfläche ankommen, in dem Medium mit dem Index n_l. Daher hat der Objektraum für die zweite Grenzfläche, der P' enthält, einen Index n_l. Man beachte, daß die Strahlen, die von P' zu jener Oberfläche gehen, tatsächlich gerade Linien sind. Berücksichtigen wir, daß

$$|s_{o2}| = |s_{i1}| + d,$$

eine Herleitung, die drei verschiedene Indizes enthält.

und daß s_{o2} links liegt und deshalb nach Tabelle 5.1 positiv ist (d.h. $s_{o2} = |s_{o2}|$), und daß s_{i1} ebenfalls links liegt und deshalb negativ ist (d.h. $-s_{i1} = |s_{i1}|$), so folgt

$$s_{o2} = -s_{i1} + d. \qquad (5.12)$$

Deshalb liefert Gleichung (5.8) bei Anwendung an der zweiten Oberfläche

$$\frac{n_l}{(-s_{i1} + d)} + \frac{n_m}{s_{i2}} = \frac{n_m - n_l}{R_2}. \qquad (5.13)$$

Hier ist $n_l > n_m$ und $R_2 < 0$, so daß die rechte Seite positiv ist. Die Addition der Gleichungen (5.11) und (5.13) ergibt

$$\frac{n_m}{s_{o1}} + \frac{n_m}{s_{i2}} = (n_l - n_m)\left(\frac{1}{R_1} - \frac{1}{R_2}\right) + \frac{n_l d}{(s_{i1} - d)s_{i1}}. \qquad (5.14)$$

Wenn die Linse dünn genug ist ($d \to 0$), ist das letzte Glied auf der rechten Seite effektiv Null. Als eine weitere Vereinfachung nehmen wir an, daß die Linse von Luft umgeben ist ($n_m \approx 1$). Dementsprechend erhalten wir die sehr nützliche **Linsengleichung für dünne Linsen (Linsenschleiferformel):**

$$\frac{1}{s_o} + \frac{1}{s_i} = (n_l - 1)\left(\frac{1}{R_1} - \frac{1}{R_2}\right), \qquad (5.15)$$

wobei wir $s_{o1} = s_o$ und $s_{i2} = s_i$ setzen. Die Punkte V_1 und V_2 vereinigen sich, wenn $d \to 0$ geht, so daß s_o und s_i entweder von den Scheitelpunkten oder dem Linsenmittelpunkt gemessen werden kann.

Genau wie im Fall der einzelnen sphärischen Fläche wird die Bildweite zur Brennweite f_i, wenn man s_o ins Unendliche legt:

$$\lim_{s_o \to \infty} s_i = f_i.$$

Ähnlich ist

$$\lim_{s_i \to \infty} s_o = f_o.$$

Man sieht an der Gleichung (5.15), daß für eine dünne Linse $f_i = f_o$ ist, und folglich lassen wir die unteren Indizes ganz weg. Daher ist

$$\frac{1}{f} = (n_l - 1)\left(\frac{1}{R_1} - \frac{1}{R_2}\right) \qquad (5.16)$$

und

$$\frac{1}{s_o} + \frac{1}{s_i} = \frac{1}{f}, \qquad (5.17)$$

was die berühmte Linsengleichung für dünne Linsen (**Gaußsche Linsenformel**) ist. Als ein Beispiel dafür, wie

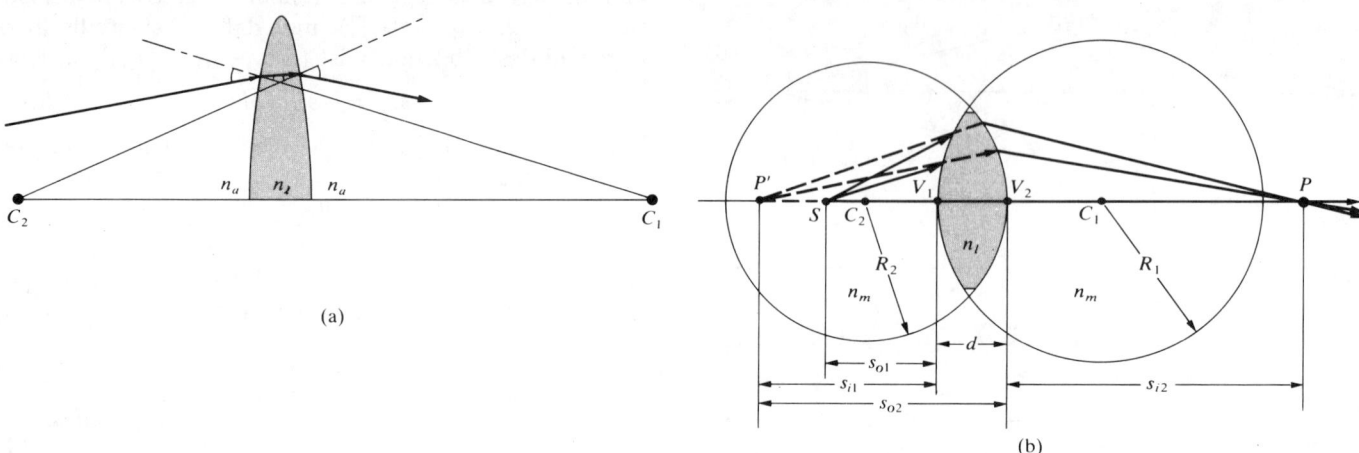

Abbildung 5.17 Eine sphärische Linse. (a) Brechungen an den Grenzflächen. Der Radius, der von C_1 ausgeht, steht senkrecht zur ersten Fläche; beim Eintritt des Strahls in die Linse wird er nach unten zu jener Normalen hin abgelenkt. Der Radius, der von C_2 ausgeht, steht senkrecht zur zweiten Fläche; beim Austritt des Strahls wird er nach unten von jener Normalen weg abgelenkt, da $n_l > n_a$. (b) Die geometrische Darstellung.

diese Ausdrücke angewandt werden können, wollen wir die **Brennweite** einer dünnen plankonvexen Linse in Luft berechnen, die einen Krümmungsradius von 50 mm und einen Brechungsindex von 1.5 hat. Bei Licht, das auf der ebenen Oberfläche ($R_1 = \infty$, $R_2 = -50$) eintritt, ist

$$\frac{1}{f} = (1.5 - 1)\left(\frac{1}{\infty} - \frac{1}{-50}\right),$$

während

$$\frac{1}{f} = (1.5 - 1)\left(\frac{1}{+50} - \frac{1}{\infty}\right)$$

ist, wenn es stattdessen an der gekrümmten Oberfläche ($R_1 = +50$, $R_2 = \infty$) ankommt; in beiden Fällen ist $f = 100$ mm. Wird ein Objekt abwechselnd mit Weiten von 600 mm, 200 mm, 150 mm, 100 mm und 50 mm von der Linse entfernt auf einer der beiden Seiten aufgestellt, so können wir die Bildpunkte mit der Gleichung (5.17) finden. Folglich ist

$$\frac{1}{600} + \frac{1}{s_i} = \frac{1}{100}$$

und $s_i = 120$ mm. Ähnlich sind die anderen Bildweiten jeweils 200 mm, 300 mm, ∞ und -100 mm. Interessanterweise wird $s_i = f$, wenn $s_o = \infty$ ist. Während s_o abnimmt, nimmt s_i im Positiven zu, bis $s_o = f$ ist, und danach ist s_i negativ. Man kann dies qualitativ mit einer einfachen Konvexlinse und einer kleinen elektrischen Lichtquelle ausprobieren — die "lichtstarke" Sorte, die man für Autoscheinwerfer verwendet, ist wahrscheinlich die geeignetste. Steht man so weit, wie man kann, von der Lichtquelle entfernt, so projiziere man ein klares Bild von ihr auf ein weißes Blatt Papier. Man sollte die Lampe ganz klar und nicht nur als ein undeutliches Bild sehen können. Jene Bildweite entspricht in etwa f. Nun gehe man mit der Linse näher an S heran, wobei s_i eingestellt wird, um ein klares Bild zu erzeugen. Es wird sich sicher vergrößern. Wenn $s_o \to f$ geht, kann man jedoch nur auf einem immer weiter entfernten Schirm ein klares Bild vom Glühfaden projizieren. Für $s_o < f$ gibt es bloß dort einen unscharfen Fleck, wo die entfernteste Wand den divergenten Strahlenkegel durchschneidet — das Bild ist virtuell.

ii) Brennpunkte und Brennebenen

Abbildung 5.18 faßt bildlich einige Situationen zusammen, die durch Gleichung (5.16) analytisch beschrieben werden. Befindet sich eine Linse mit dem Brechungsindex n_l in einem Medium mit dem Index n_m, so ist

$$\frac{1}{f} = (n_{lm} - 1)\left(\frac{1}{R_1} - \frac{1}{R_2}\right). \qquad (5.18)$$

Die Brennweiten sind in Abbildung 5.18 (a) und (b)

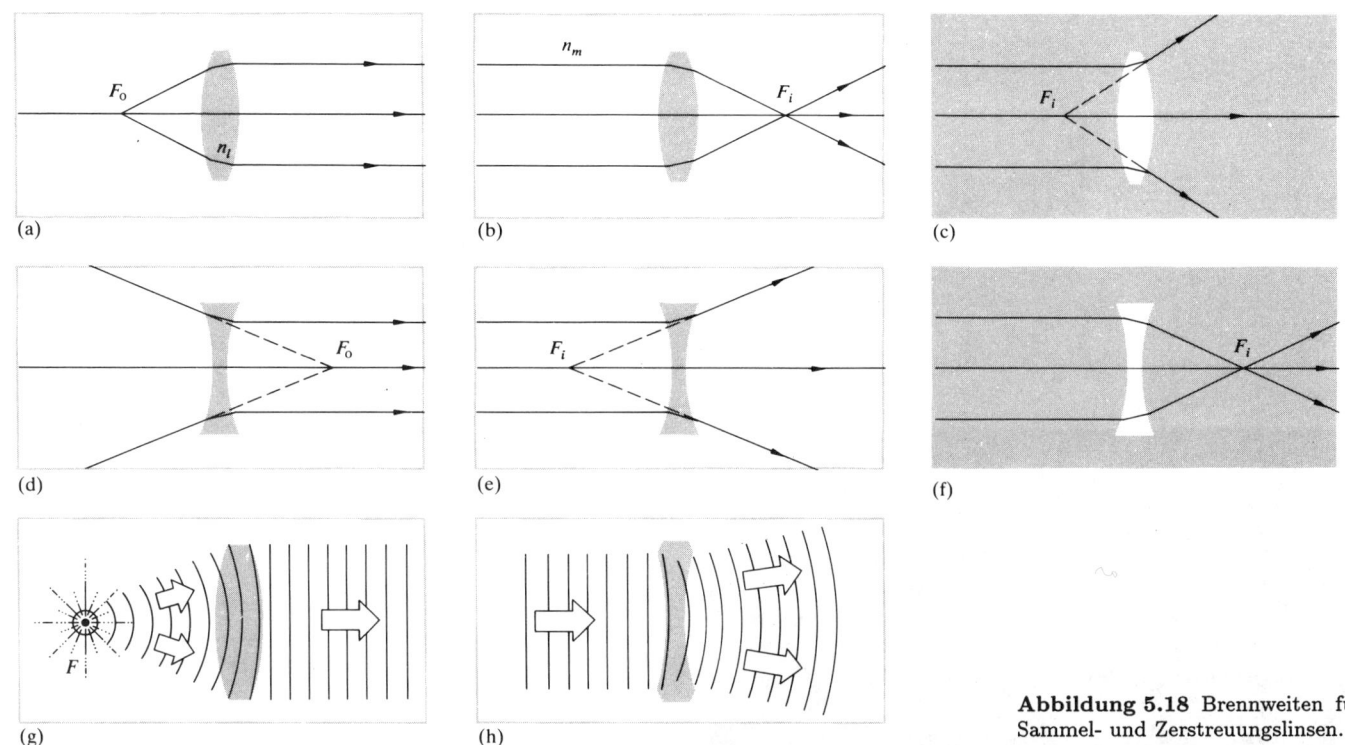

Abbildung 5.18 Brennweiten für Sammel- und Zerstreuungslinsen.

gleich, weil auf beiden Seiten der Linse dasselbe Medium vorhanden ist. Da $n_l > n_m$, folgt $n_{lm} > 1$. In beiden Fällen ist $R_1 > 0$ und $R_2 < 0$, so daß jede Brennweite positiv ist. Wir haben in (a) ein reelles Objekt und in (b) ein reelles Bild. In (c) ist $n_l < n_m$, und folglich ist f negativ. In (d) und (e) ist $n_{lm} > 1$, aber $R_1 < 0$, während $R_2 > 0$ ist, und so ist f wieder negativ; das Objekt ist in einem Fall und das Bild im anderen Fall virtuell. Die letzte Situation zeigt $n_{lm} < 1$, die ein $f > 0$ liefert.

In jedem Fall ist es zweckmäßig, einen Strahl durch die Mitte der Linse zu zeichnen, der nicht abgelenkt wird, da er zu beiden Oberflächen senkrecht steht. Wir nehmen jedoch an, daß ein außeraxialer Paraxialstrahl parallel zu seiner Einfallsrichtung wie in Abbildung 5.19 aus der Linse herauskommt. Wir behaupten, daß alle derartigen Strahlen durch den Punkt gehen, der als der *optische Mittelpunkt O* der Linse definiert ist. Um dies zu prüfen, zeichne man zwei parallele Ebenen, auf jeder Seite eine, die tangential zur Linse sind und durch ein beliebiges Punktepaar A und B gehen. Dies kann man leicht durchführen, indem man A und B so auswählt,

daß die Radien $\overline{AC_1}$ und $\overline{BC_2}$ parallel sind. Es soll gezeigt werden, daß der Paraxialstrahl, der $\overline{AB}$ durchquert, die Linse in derselben Richtung betritt und verläßt. Es ist aus dem Schaubild ersichtlich, daß die Dreiecke $\overline{AOC_1}$ und $\overline{BOC_2}$ im geometrischen Sinn ähnlich sind, und deshalb sind ihre Seiten proportional. Folglich ist $|R_1|/(\overline{OC_2}) = |R_2|/(\overline{OC_1})$, und da die Radien konstant sind, ist der Ort von O unabhängig von A und B konstant. Wie wir früher sahen (Aufgabe 4.19 und Abb. 4.55) wird ein Strahl seitlich verschoben, der ein Medium durchquert, das durch parallele Ebenen begrenzt ist. Es findet jedoch keine Winkelabweichung statt. Diese Verschiebung ist proportional zur Dicke, die für eine dünne Linse vernachlässigbar ist. *Strahlen, die durch O gehen, dürfen demgemäß als gerade Linien gezeichnet werden.* Bei dünnen Linsen ist es üblich, den Punkt O einfach in die Mitte zwischen die Scheitelpunkte zu setzen.

Wir erinnern uns, daß ein Bündel von parallelen Paraxialstrahlen, das auf eine brechende Kugelfläche einfällt, in einem Punkt auf der optischen Achse zu einem Brennpunkt kommt (Abb. 5.11). Wie in Abbildung 5.20 ge-

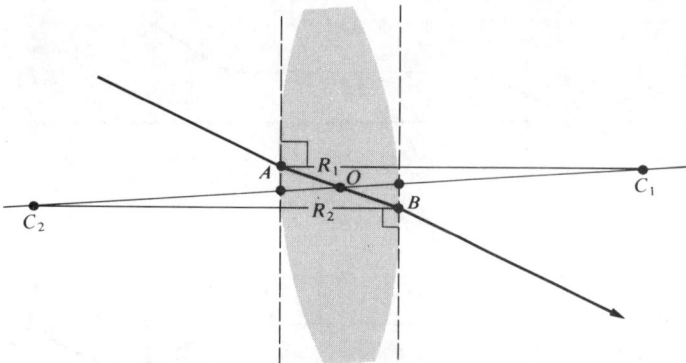

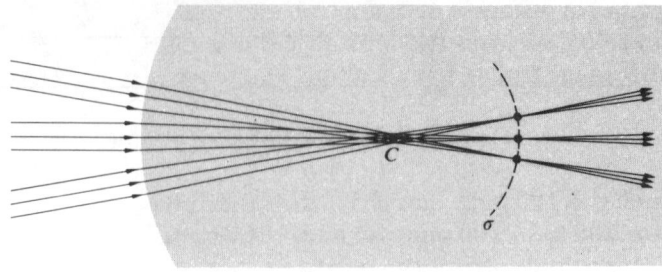

Abbildung 5.20 Fokussierung mehrerer Strahlenbündel.

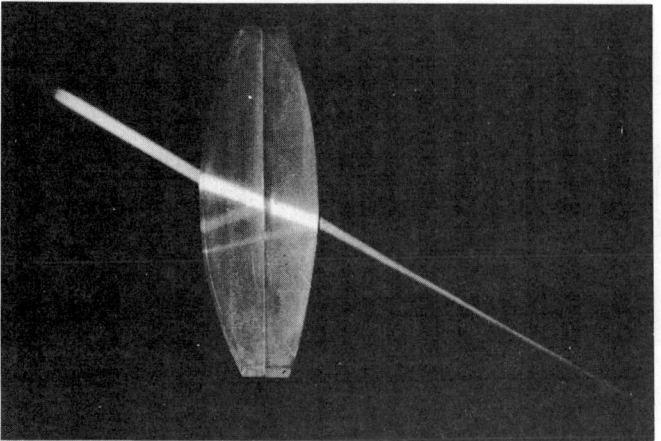

Abbildung 5.19 Der optische Mittelpunkt einer Linse. (Photo von E.H.)

Abbildung 5.21 Die Brennebene einer Linse.

zeigt, bedeutet dies, daß mehrere solcher Bündel, die in schmalen Strahlenbündeln eintreten, auf einem sphärischen Ausschnitt σ gebündelt werden, der auch in C seinen Mittelpunkt hat. Die nicht abgelenkten Strahlen, die senkrecht zur Oberfläche stehen und deshalb durch C gehen, legen die Brennpunkte auf σ fest. Da der Strahlenkegel allerdings schmal sein muß, kann σ zufriedenstellend als eine Ebene dargestellt werden, die senkrecht zur Symmetrieachse steht und den Bildbrennpunkt durchläuft. Man nennt sie die **Brennebene**. Auf dieselbe Weise sammelt eine Linse, wenn wir uns auf die Theorie der achsennahen Strahlen beschränken, alle einfallenden parallelen Strahlenbündel[3] auf eine Fläche, die man die *bildseitige*

oder *hintere Brennebene* (Abb. 5.21) nennt. Hier ist jeder Punkt auf σ durch den nicht abgelenkten Strahl durch O festgelegt. Ähnlich enthält die *objektseitige* oder *vordere Brennebene* den *Objektbrennpunkt* F_o.

iii) Endlich große Abbildungen

Bis jetzt haben wir es mit der mathematischen Abstraktion einer einzelnen Punktquelle zu tun gehabt, nun wollen wir aber voraussetzen, daß es sehr viele derartige Punkte gibt, die verbunden ein kontinuierliches, endlich großes Objekt bilden. Für den Moment stellen wir uns

---

3) Vielleicht ist die früheste literarische Erwähnung der Brennpunkteigenschaften einer Linse die in Aristophanes' Spiel *Die Wolken*, das auf 423 v. Chr. zurückgeht. In ihm plant Strepsiades, ein Brennglas zu benutzen, um die Sonnenstrahlen auf eine Wachs-Schreibtafel zu bündeln und dadurch die Aufzeichnung der Spielschulden herauszuschmelzen.

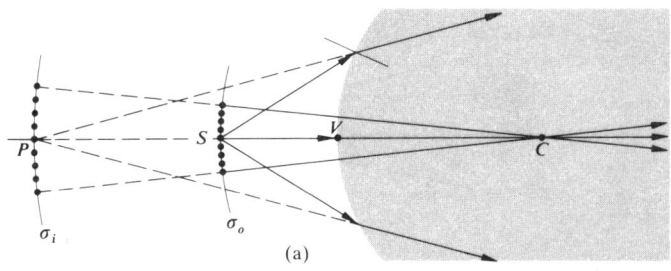

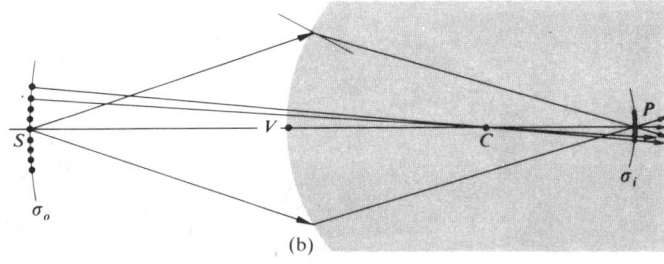

Abbildung 5.22 Endlich große Abbildungen.

vor, daß das Objekt ein Ausschnitt einer Kugel σ_o ist, die wie in Abbildung 5.22 in C ihren Mittelpunkt hat. Liegt σ_o nahe an der sphärischen Grenzfläche, so hat der Punkt S ein virtuelles Bild P ($s_i < 0$ und deshalb links von V). Wenn S weiter entfernt ist, wird sein Bild reell ($s_i > 0$ und deshalb auf der rechten Seite). In beiden Fällen hat jeder Punkt auf σ_o einen konjugierten Punkt auf σ_i, die alle auf einer Gerade liegen, die durch C geht. Innerhalb der Einschränkungen der Theorie der achsennahen Strahlen können diese Flächen als eben betrachtet werden. Deshalb wird ein kleines ebenes Objekt, das senkrecht zur optischen Achse steht, zu einem kleinen ebenen Gebiet abgebildet, das ebenfalls senkrecht zu jener Achse steht. Es sollte beachtet werden, daß der Strahlenkegel von jeder Punktquelle **kollimiert**, d.h. parallel wird, wenn σ_o zum Unendlichen hinausgeführt wird; die Bildpunkte liegen dann auf der Brennebene (Abb. 5.21).

Durch Schneiden und Polieren der rechten Seite des in Abbildung 5.22 dargestellten Linsenstückes können wir eine dünne Linse, genau wie in Abschnitt i) durchgeführt, herstellen. Wieder dient das Bild (σ_i in Abb. 5.22), das durch die erste Oberfläche der Linse erzeugt wird, als das

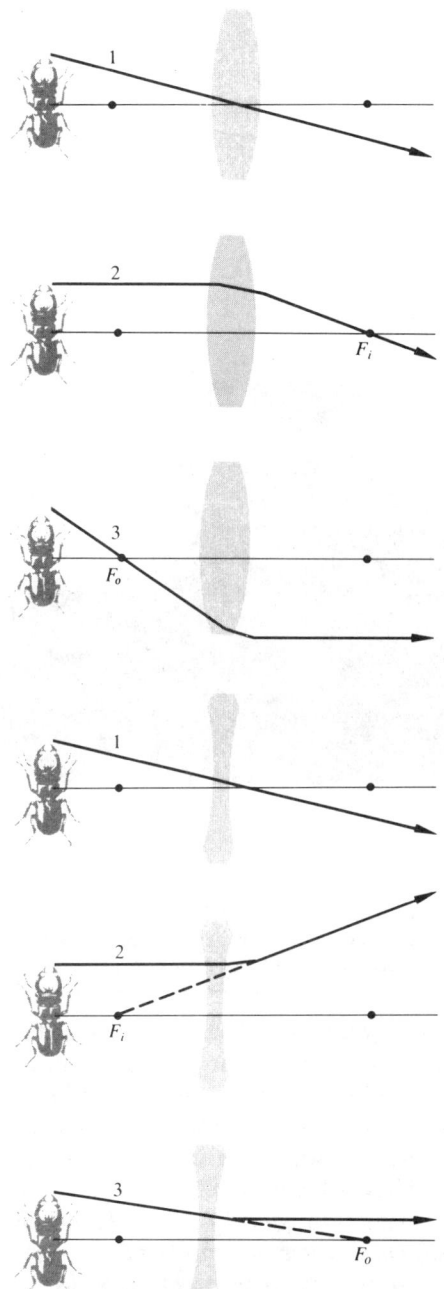

Abbildung 5.23 Der Verlauf einiger wichtiger Strahlen durch eine Positiv- und Negativlinse.

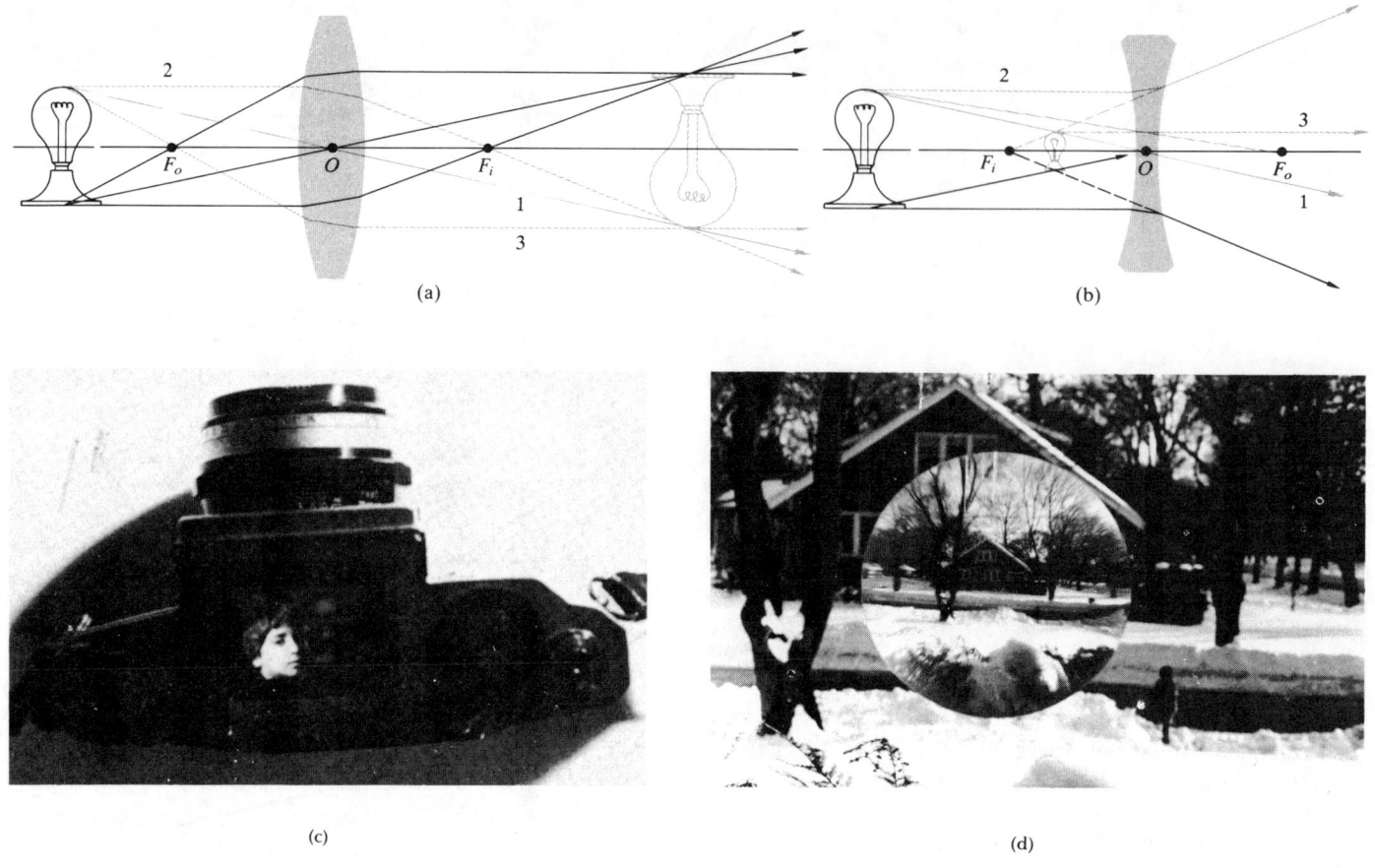

Abbildung 5.24 (a) Ein reelles Objekt und eine Positivlinse. (b) Ein reelles Objekt und eine Negativlinse. (c) Ein reelles Bild, das auf einen Betrachtungsschirm projiziert wird. Dies kann man mit dem Bild vergleichen, das das Auge auf die Netzhaut wirft. (d) Das verkleinerte, aufrechte, virtuelle Bild, das von einer Negativlinse erzeugt wird.

Objekt für die zweite Oberfläche, die ihrerseits ein Endbild erzeugt. Wir nehmen dann an, daß σ_i in Abbildung 5.22 (a) das Objekt für die zweite Oberfläche ist, die nach Voraussetzung einen negativen Radius haben muß. Wir wissen bereits, was danach geschehen wird — die Situation ist identisch zur Abbildung 5.22 (b) mit umgekehrten Strahlenrichtungen. *Das Endbild, das durch eine Linse von einem kleinen ebenen Objekt erzeugt wird, das senkrecht zur optischen Achse steht, ist selbst eine kleine Ebene, die senkrecht zu jener Achse steht.*

Man kann die Lage, Größe und Orientierung eines Bildes, das von einer Linse erzeugt wird, besonders leicht durch grafische Darstellungen des Strahlenverlaufs bestimmen. Um das Bild des Objektes in Abbildung 5.23 zu finden, müssen wir für jeden Objektpunkt den entsprechenden Bildpunkt bestimmen. Da alle Strahlen, die aus einer Punktquelle in einem achsennahen Strahlenkegel herauskommen, den Bildpunkt erreichen, genügen zwei beliebige derartige Strahlen, jenen Punkt festzulegen. Kennt man die Lagen der Brennpunkte, so gibt es drei Strahlen, die man besonders leicht anwenden kann. Zwei von ihnen nutzen die Tatsache, daß ein durch den Brennpunkt laufender Strahl parallel zur optischen Achse herauskommt und umgekehrt; der dritte ist der nicht abgelenkte Strahl, der durch O geht. Die Abbildung 5.24 zeigt, wie beliebige zwei dieser Strahlen das Bild eines

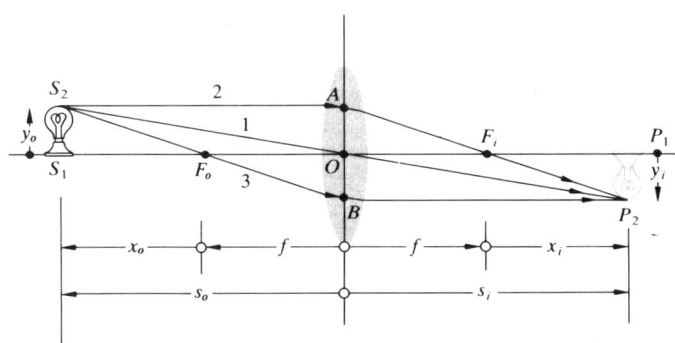

Abbildung 5.25 Objekt- und Bildlage bei einer dünnen Linse.

Punktes auf dem Objekt lokalisieren. Übrigens geht diese Technik auf die Arbeit von Robert Smith (1738) zurück.

Dieses grafische Verfahren läßt sich sogar noch vereinfachen, indem man die dünne Linse durch eine Ebene ersetzt, die durch ihr Zentrum geht (Abb. 5.25). Würden wir jeden ankommenden Strahl ein wenig nach hinten verlängern, so träfe sich jedes Paar auf dieser Ebene. Daher darf man sich vorstellen, daß die gesamte Ablenkung eines Strahls auf einmal auf jener Ebene geschieht. Dies ist äquivalent zum wirklichen Prozeß, der aus zwei getrennten Winkelverstellungen, an jeder Grenzfläche eine, besteht. (Wie wir später sehen werden, ist dies gleichbedeutend mit der Aussage, daß die zwei Hauptebenen einer dünnen Linse zusammenfallen.)

Im Einklang mit der Konvention nimmt man Transversalabstände über der optischen Achse als positiv, wohingegen diejenigen unter der Achse negative Zahlenwerte erhalten. Deshalb ist in Abbildung 5.25 $y_o > 0$ und $y_i < 0$. Hier nennt man das Bild *umgekehrt*, während es *aufrecht* ist, falls $y_i > 0$ und $y_o > 0$ ist. Man beachte, daß die Dreiecke AOF_i und $P_2 P_1 F_i$ ähnlich sind. Ergo

$$\frac{y_o}{|y_i|} = \frac{f}{(s_i - f)}. \qquad (5.19)$$

Ebenfalls sind die Dreiecke $S_2 S_1 O$ und $P_2 P_1 O$ ähnlich, und

$$\frac{y_o}{|y_i|} = \frac{s_o}{s_i}, \qquad (5.20)$$

wobei alle Größen außer y_i positiv sind. Folglich ist

$$\frac{s_o}{s_i} = \frac{f}{(s_i - f)} \qquad (5.21)$$

und

$$\frac{1}{f} = \frac{1}{s_o} + \frac{1}{s_i},$$

welches natürlich die Gaußsche Linsenformel (5.17) ist. Ferner sind die Dreiecke $S_2 S_1 F_o$ und BOF_o ähnlich, und demgemäß ist

$$\frac{f}{(s_o - f)} = \frac{|y_i|}{y_o}. \qquad (5.22)$$

Verwenden wir die Abstände, die von den Brennpunkten gemessen wurden, und verbinden dies mit Gleichung (5.19), so erhalten wir

$$x_o x_i = f^2. \qquad (5.23)$$

Dies ist die **Newtonsche Abbildungsgleichung**; ihre erste Darstellung erschien 1704 in Newtons *Opticks*. Die in die Rechnung eingehenden Vorzeichen von x_o und x_i beziehen sich auf die begleitenden Brennpunkte. Nach Konvention wird x_o links von F_o positiv genommen, während x_i rechts von F_i positiv ist. Sicherlich ist aus Gleichung (5.23) klar, daß x_o und x_i gleiche Vorzeichen haben, und das bedeutet, daß *das Objekt und Bild auf entgegengesetzten Seiten ihrer jeweiligen Brennpunkte liegen müssen*. Es ist für einen Neophyten ("Neubekehrten") eine gute Sache, sich daran zu erinnern, wenn er jene hastigen freihändigen graphischen Darstellungen des Strahlenverlaufs macht, für die er schon verrufen ist.

Der Quotient aus der Transversalausdehnung des Endbildes, das durch irgendein optisches System erzeugt wird, und der korrespondierenden Ausdehnung des Objektes ist als der *Abbildungsmaßstab* (Abbildungsverhältnis) oder die **Transversalvergrößerung**

$$M_T \equiv \frac{y_i}{y_o} \qquad (5.24)$$

definiert. Oder nach Gleichung (5.20)

$$M_T = \frac{-s_i}{s_o}. \qquad (5.25)$$

Daher *bedeutet ein positives M_T zugleich ein aufrechtes Bild; ein negativer Wert sagt uns dagegen, daß das Bild umgekehrt ist* (siehe Tabelle 5.2). Wir erinnern uns, daß sowohl s_i als auch s_o für reelle Objekte und Bilder positiv sind. *Es ist dann verständlich, daß alle derartigen Bilder, die von einer dünnen Einzellinse erzeugt werden, umgekehrt sind*. Der Newtonsche Ausdruck für

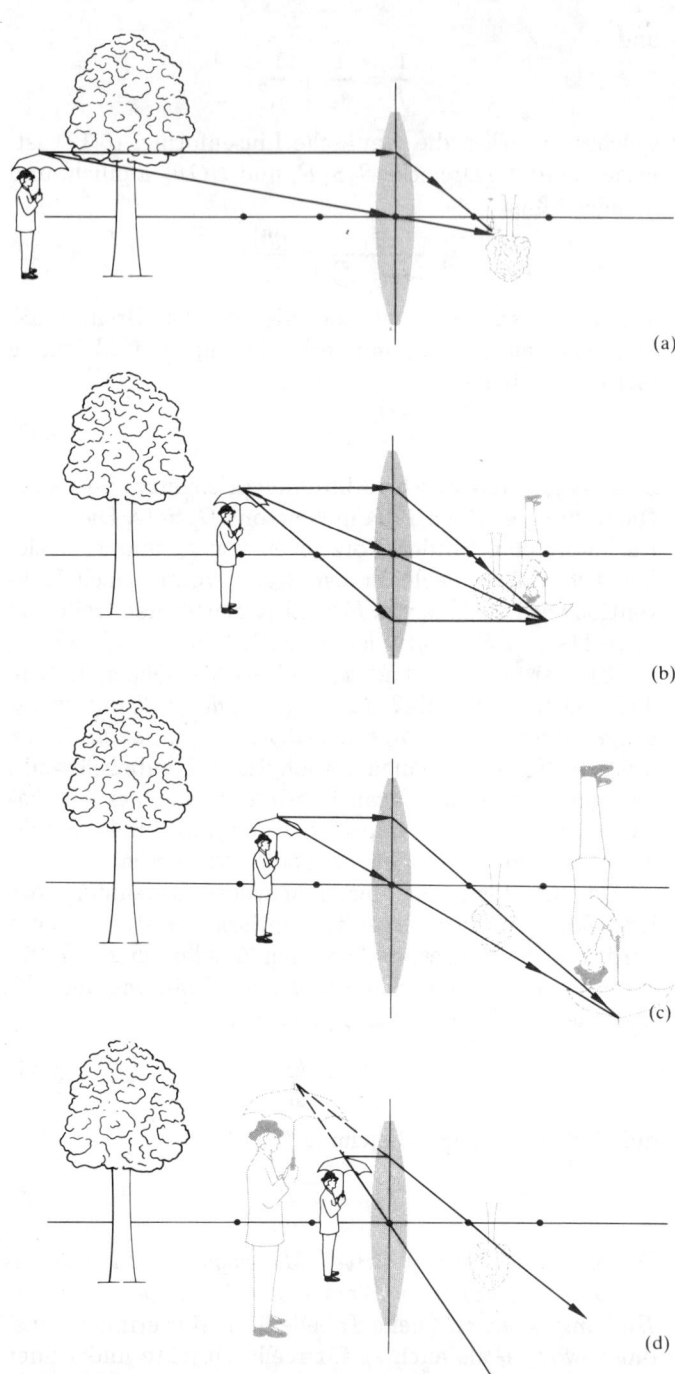

Abbildung 5.26 Der Abbildungsvorgang bei einer dünnen Positivlinse.

Größe	Vorzeichen	
	+	−
s_o	reelles Objekt	virtuelles Objekt
s_i	reelles Bild	virtuelles Bild
f	Sammellinse	Zerstreuungslinse
y_o	aufrechtes Objekt	umgekehrtes Objekt
y_i	aufrechtes Bild	umgekehrtes Bild
M_T	aufrechtes Bild	umgekehrtes Bild

Tabelle 5.2 Bedeutungen, die mit den Vorzeichen verschiedenartiger dünner Linsen- und Kugelflächenparameter verknüpft sind.

die Vergrößerung folgt aus den Gleichungen (5.19) und (5.22) und der Abbildung 5.25, woraus

$$M_T = -\frac{x_i}{f} = -\frac{f}{x_o} \qquad (5.26)$$

wird. Der Ausdruck Vergrößerung ist eine falsche Bezeichnung, da der Betrag von M_T sicher kleiner als 1 sein kann, in welchem Fall das Bild kleiner als das Objekt ist. Wir erhalten $M_T = -1$, wenn die Objekt- und Bildweiten positiv und gleich sind, und das geschieht (5.17) nur, wenn $s_o = s_i = 2f$ ist. Dies stellt sich als die Anordnung heraus (Aufgabe 5.6), in der das Objekt und das Bild so nahe zusammen sind, wie sie nur zusammen sein können (nämlich in einem Abstand von $4f$). Tabelle 5.3 faßt eine Anzahl von Bildkonfigurationen zusammen, die aus der Nebeneinanderstellung einer dünnen Linse und eines reellen Objektes entstehen. Die Abbildung 5.26 illustriert das Verhalten. Wir sehen, daß sich bei der Annäherung des Objektes an die Linse das reelle Bild von ihr entfernt.

Das Bild eines dreidimensionalen Objektes nimmt einen dreidimensionalen Raumbereich ein. Das optische System kann anscheinend sowohl die Transversal- als auch die Längsausdehnung des Bildes beeinflussen. Der *Tiefenmaßstab* (Tiefenverhältnis) oder die *Längsvergrößerung* M_L, die mit der axialen Richtung verknüpft ist, ist definiert als

$$M_L \equiv \frac{dx_i}{dx_o}. \qquad (5.27)$$

Dies ist der Quotient aus einer unendlich kleinen, axialen Länge im Bildbereich und der korrespondierenden Länge im Objektbereich. Die Ableitung der Gleichung (5.23) führt zu

$$M_L = -\frac{f^2}{x_o^2} = -M_T^2 \qquad (5.28)$$

konvex				
Objekt	Abbildung			
Lage	Art	Lage	Ausrichtung	relative Größe
$\infty > s_o > 2f$	reell	$f < s_i < 2f$	umgekehrt	verkleinert
$s_o = 2f$	reell	$s_i = 2f$	umgekehrt	gleich groß
$f < s_o < 2f$	reell	$\infty > s_i > 2f$	umgekehrt	vergrößert
$s_o = f$		$\pm \infty$		
$s_o < f$	virtuell	$|s_i| > s_o$	aufrecht	vergrößert
konkav				
Objekt	Abbildung			
Lage	Art	Lage	Ausrichtung	relative Größe
kann überall sein	virtuell	$|s_i|<|f|$, $s_o > |s_i|$	aufrecht	verkleinert

Tabelle 5.3 Abbildung reeller Objekte, die durch dünne Linsen erzeugt werden.

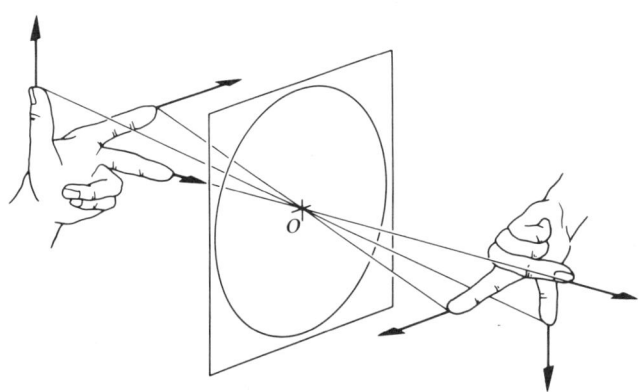

Abbildung 5.28 Bildorientierung bei einer dünnen Linse.

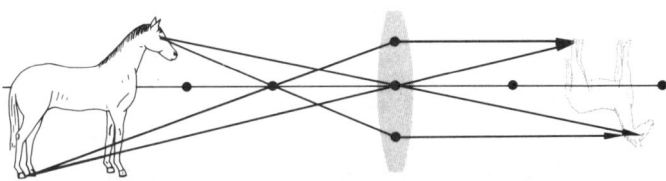

Abbildung 5.27 Die Transversalvergrößerung unterscheidet sich von der Längsvergrößerung.

für eine dünne Linse in einem einzigen Medium (Abb. 5.27). Offensichtlich ist $M_L < 0$, was bedeutet, daß ein positives dx_o einem negativen dx_i entspricht und umgekehrt. Mit anderen Worten, ein gegen die Linse zeigender Finger zeigt in der Abbildung von ihr weg (Abb. 5.28).

Man erzeuge bei Verwendung einer einfachen Konvexlinse das Bild eines Fensters auf einem Blatt Papier. Wir wollen nun eine hübsch bewaldete Landschaft annehmen, von der wir die entfernten Bäume auf dem Schirm abbilden. Nun bewegen wir das Papier von der Linse *weg*, so daß es einen anderen Bereich des Bildraumes durchschneidet. Die Bäume verblassen, während das in der Nähe befindliche Fenster auftaucht.

iv) Kombinationen dünner Linsen

Es ist hier nicht unsere Absicht, die subtilen Kompliziertheiten moderner Linsenkonstruktionen zu beherrschen. Vielmehr wollen wir beginnen, jene Systeme, die bereits zur Verfügung stehen, zu begreifen, anzuwenden und zweckentsprechend anzupassen.

Bei der Konstruktion eines neuen optischen Systems beginnt man im allgemeinen mit der groben Skizzierung einer ungefähren Anordnung bei Verwendung der schnellsten Näherungsberechnungen. Verfeinerungen werden dann hinzugefügt, wenn der Konstrukteur mit den erstaunlichen und genaueren Strahldurchrechnungstechniken fortfährt. Heutzutage werden diese Berechnungen meistens von elektronischen Digitalcomputern ausgeführt. Trotzdem liefert das einfache Konzept dünner Linsen eine höchst brauchbare Grundlage für vorläufige Berechnungen in einem weiten Bereich von Situationen.

Keine Linse ist wirklich im strengen Sinn eine dünne Linse, so daß sie eine Dicke besitzt, die sich der Null nähert. Doch funktionieren viele einfache Linsen für alle praktischen Zwecke auf eine Weise, die äquivalent zu der einer dünnen Linse ist. Brillenlinsen, die übrigens mindestens seit dem 13. Jahrhundert benutzt werden, gehören fast alle in diese Kategorie. Wenn die Krümmungsradien groß sind, und der Linsendurchmesser klein ist, so ist die Dicke normalerweise auch klein. Eine Linse dieser Art hat gewöhnlich eine große Brennweite, zu der die Dicke vergleichsweise klein ist. Viele ältere Teleskopobjektive entsprechen z.B. jener Beschreibung.

Wir wollen nun einige Ausdrücke für Parameter herleiten, die mit Kombinationen dünner Linsen verknüpft sind. Wir behandeln hier die einfachere Methode und

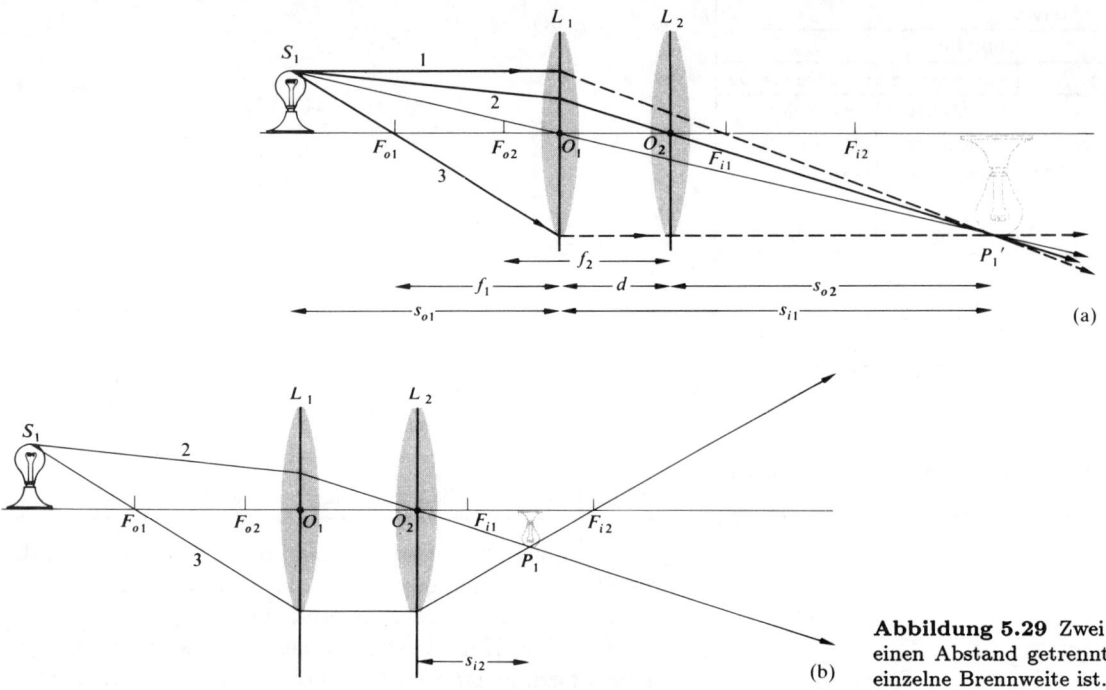

Abbildung 5.29 Zwei dünne Linsen, die durch einen Abstand getrennt sind, der kleiner als jede einzelne Brennweite ist.

überlassen die kompliziertere traditionelle Behandlung demjenigen, der beharrlich genug ist, den Stoff bis ins nächste Kapitel zu verfolgen.

Angenommen wir haben zwei dünne Positivlinsen L_1 und L_2, die durch einen Abstand d getrennt sind, der wie in Abbildung 5.29 kleiner als jede einzelne Brennweite ist. Das sich ergebende Bild kann zeichnerisch wie folgt bestimmt werden. Wir konstruieren zunächst das Bild, das bei Nichtbeachtung des Vorhandenseins von L_2, also ausschließlich durch L_1 erzeugt wird, wobei wir die Strahlen 1 und 3 anwenden. Wie immer gehen diese durch den Objekt- und Bildbrennpunkt der Linse, nämlich F_{o1} und F_{i1}. Das Objekt befindet sich in einer senkrechten Ebene, so daß zwei Strahlen die Spitze des Bildes bestimmen und eine Senkrechte zur optischen Achse das untere Ende findet. Strahl 2 wird dann konstruiert, indem man rückwärts von P_1' durch O_2 läuft. Das Einfügen von L_2 hat keine Auswirkung auf Strahl 2, wohingegen der gebrochene Strahl 3 durch den Bildbrennpunkt F_{i2} der L_2 läuft. Der Schnittpunkt der Strahlen 2 und 3 bestimmt das Bild, welches in diesem Falle reell, verkleinert und umgekehrt ist.

Ein ähnliches Linsenpaar ist in Abbildung 5.30 veranschaulicht, in der der Abstand nun vergrößert wurde. Wieder bestimmen die Strahlen 1 und 3, die durch F_{i1} und F_{o1} gehen, die Lage des Zwischenbildes, das durch L_1 allein erzeugt wird. Wie zuvor wird Strahl 2 rückwärts von O_2 über P_1' nach S_1 gezeichnet. Der Schnittpunkt von Strahl 2 und 3 bestimmt das Endbild, da der letztere Strahl gebrochen durch F_{i2} läuft. Diesmal ist das Bild reell und aufrecht. Man beachte, daß die Größe des Bildes auch zunimmt, wenn die Brennweite von L_2 vergrößert wird, und alles andere konstant bleibt.

Analytisch erhalten wir für L_1

$$\frac{1}{s_{i1}} = \frac{1}{f_1} - \frac{1}{s_{o1}} \tag{5.29}$$

oder

$$s_{i1} = \frac{s_{o1} f_1}{s_{o1} - f_1}. \tag{5.30}$$

Dieser Wert ist positiv und das Zwischenbild ist rechts von L_1, wenn $s_{o1} > f_1$ und $f_1 > 0$ ist. Für L_2 ist

$$s_{o2} = d - s_{i1}, \tag{5.31}$$

und falls $d > s_{i1}$, so ist das Objekt für L_2 reell (wie in Abb. 5.30), während es virtuell ist ($s_{o2} < 0$, wie in Abb.

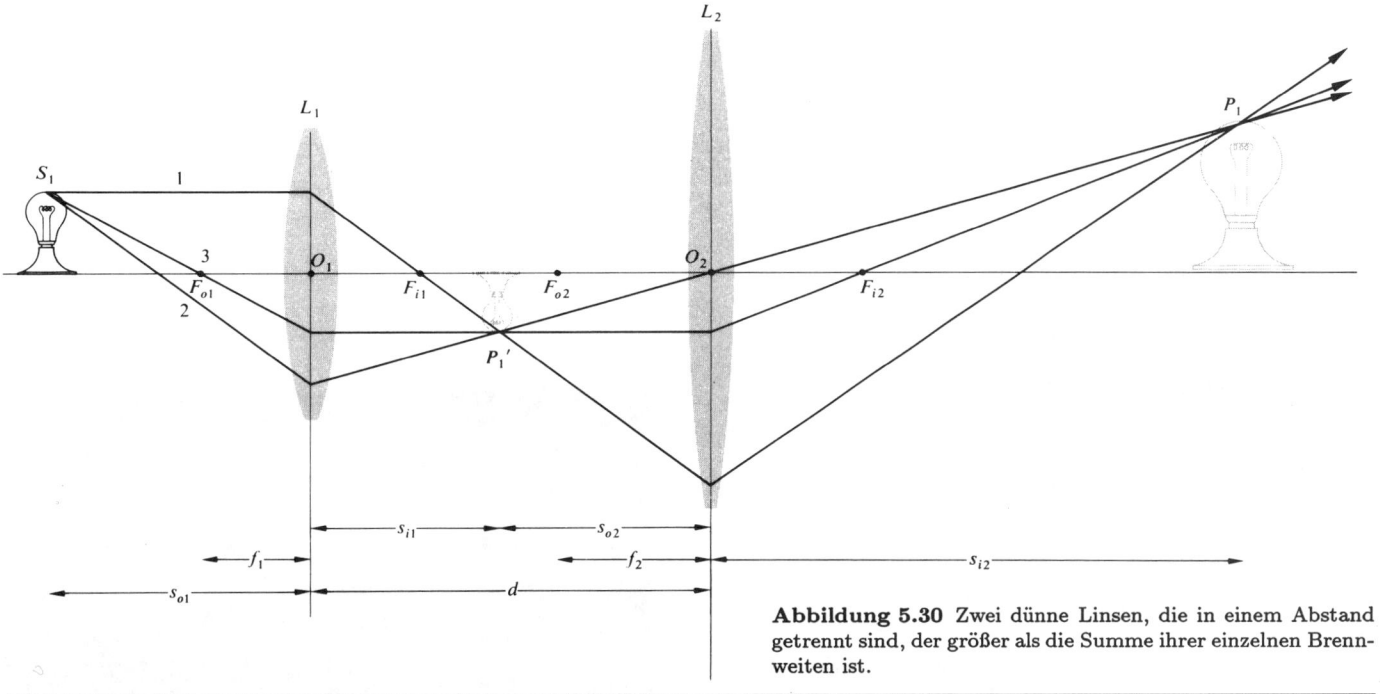

Abbildung 5.30 Zwei dünne Linsen, die in einem Abstand getrennt sind, der größer als die Summe ihrer einzelnen Brennweiten ist.

5.29), wenn $d < s_{i1}$ ist. Im ersteren Beispiel divergieren die Strahlen, die sich L_2 nähern, von P_1', während sie in dem letzteren Fall nach P_1' konvergieren. Ferner gilt

$$\frac{1}{s_{i2}} = \frac{1}{f_2} - \frac{1}{s_{o2}}$$

oder

$$s_{i2} = \frac{s_{o2} f_2}{s_{o2} - f_2}.$$

Mit Gleichung (5.31) wird dies zu

$$s_{i2} = \frac{(d - s_{i1}) f_2}{(d - s_{i1} - f_2)}. \quad (5.32)$$

In derselben Weise könnten wir die Auswirkung jeder Anzahl dünner Linsen berechnen. Es ist oft vorteilhaft, einen einzigen Ausdruck zu haben, zumindest wenn man es mit nur zwei Linsen zu tun hat, und so erhalten wir durch Substitution des s_{i1} aus Gleichung (5.29)

$$s_{i2} = \frac{f_2 d - f_2 s_{o1} f_1/(s_{o1} - f_1)}{d - f_2 - s_{o1} f_1/(s_{o1} - f_1)}. \quad (5.33)$$

Hier sind s_{o1} und s_{i2} die Objekt- und Bildweiten des Linsensystems. Als ein Beispiel wollen wir die Bildweite berechnen, die mit einem Objekt verknüpft ist, das 50 cm von der ersten der zwei Positivlinsen aufgestellt ist. Diese Linsen sind ihrerseits 20 cm auseinander und haben jeweils Brennweiten von 30 cm und 50 cm. Wir erhalten durch Einsetzung der Größen in Gleichung (5.33)

$$s_{i2} = \frac{50(20) - 50(50)(30)/(50 - 30)}{20 - 50 - 50(30)/(50 - 30)} = 26.2 \text{ cm},$$

und das Bild ist reell. Da L_2 das Zwischenbild "vergrößert", das durch L_1 erzeugt wird, ist die gesamte Transversalvergrößerung des Linsensystems das Produkt der einzelnen Vergrößerungen, d.h.

$$M_T = M_{T1} M_{T2}.$$

In der Aufgabe 5.25 soll gezeigt werden, daß

$$M_T = \frac{f_1 s_{i2}}{d(s_{o1} - f_1) - s_{o1} f_1}. \quad (5.34)$$

In dem oberen Beispiel ist

$$M_T = \frac{30(26.2)}{20(50 - 30) - 50(30)} = -0.72,$$

das Bild ist also wie in der Abbildung 5.29 verkleinert und umgekehrt.

Der Abstand von der letzten Fläche eines optischen Systems bis zum zweiten Brennpunkt jenes Systems als Ganzes nennt man die *hintere Brennweite* oder b.f.l.[4]
Ebenso ist der Abstand von Scheitelpunkt der ersten Fläche bis zum ersten Brennpunkt oder dem Objektbrennpunkt die *vordere Brennweite* oder f.f.l.[4] Folglich nähert sich s_{o2} der Größe f_2, wenn wir $s_{i2} \to \infty$ gehen lassen, was uns verbunden mit Gleichung (5.31) sagt, daß $s_{i1} \to d - f_2$ geht. Aus Gleichung (5.29) folgt

$$\frac{1}{s_{o1}}\bigg|_{s_{i2}=\infty} = \frac{1}{f_1} - \frac{1}{(d-f_2)} = \frac{d-(f_1+f_2)}{f_1(d-f_2)}.$$

Aber dieser spezielle Wert von s_{o1} ist die f.f.l:

$$\text{f.f.l.} = \frac{f_1(d-f_2)}{d-(f_1+f_2)}. \qquad (5.35)$$

In derselben Weise lassen wir in Gleichung (5.33) $s_{o1} \to \infty$ gehen, dann geht $(d-f_1) \to s_{o2}$, und da s_{i2} dann die b.f.l. ist, erhalten wir

$$\text{b.f.l.} = \frac{f_2(d-f_1)}{d-(f_1+f_2)}. \qquad (5.36)$$

Um zu sehen, wie sich dies numerisch auswirkt, wollen wir sowohl die b.f.l. als auch die f.f.l. für das System dünner Linsen der Abbildung 5.31 (a) herausfinden, wobei $f_1 = -30$ cm und $f_2 = 120$ cm ist. Dann ist

$$\text{b.f.l.} = \frac{20[10-(-30)]}{10-(-30+20)} = 40 \text{ cm},$$

und wir erhalten für f.f.l. = 15 cm. Wenn übrigens $d = f_1 + f_2$ ist, so kommen die ebenen Wellen, die in das Linsensystem von einer Seite eintreten, als ebene Wellen (Aufgabe 5.27) wie in Fernrohrsystemen heraus.

Geht $d \to 0$, d.h. hat man die Linsen in Berührung gebracht, so ist

$$\text{b.f.l.} = \text{f.f.l.} = \frac{f_2 f_1}{f_2 + f_1}, \qquad (5.37)$$

wie z.B. im Falle mancher zweiteiliger Anchromaten. Die resultierende dünne Linse hat eine *Äquivalentbrennweite* f, so daß

$$\frac{1}{f} = \frac{1}{f_1} + \frac{1}{f_2}. \qquad (5.38)$$

Dies bedeutet, daß

$$\frac{1}{f} = \frac{1}{f_1} + \frac{1}{f_2} + \cdots + \frac{1}{f_N}, \qquad (5.39)$$

wenn es N solcher in Berührung stehender Linsen gibt.

---

[4] b.f.l. = back focal length; f.f.l. = front focal length.

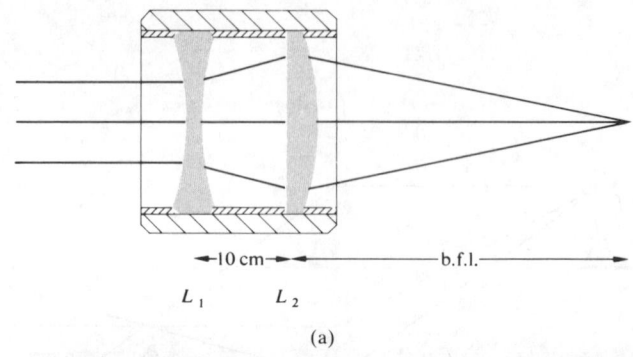

(a)

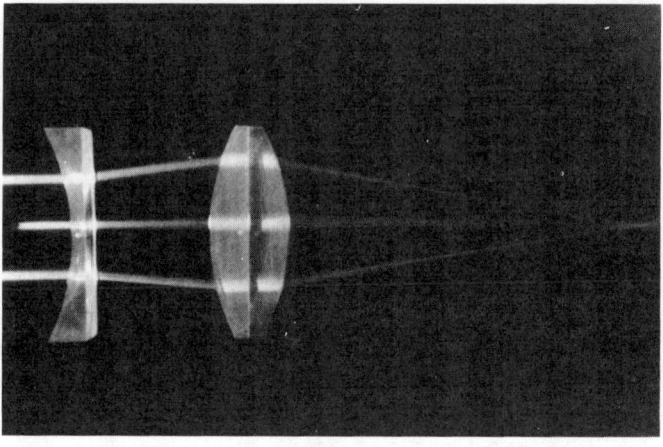

(b)

Abbildung 5.31 Eine Kombination dünner Positiv- und Negativlinsen. (Photo von E.H.)

Viele dieser Schlußfolgerungen können zumindest qualitativ mit einigen einfachen Linsen verifiziert werden. Abbildung 5.29 kann ganz einfach nachgemacht werden, und das Verfahren ist problemlos, während Abbildung 5.30 ein wenig mehr Sorgfalt erfordert. Man stelle zuerst die Brennweiten der beiden Linsen fest, indem man eine entfernte Lichtquelle abbildet. Dann halte man eine der Linsen (L_2) in einem festen Abstand, der *etwas größer als ihre Brennweite ist*, von der Beobachtungsebene, d.h. einem Stück weißem Papier. Nun kommt der Kunstgriff, der einige Mühe verlangt, wenn man keine optische Bank zur Verfügung hat. Man bewege die zweite Linse (L_1) gegen die Lichtquelle und behalte sie einigermaßen zentriert. Versucht man, das in L_2 di-

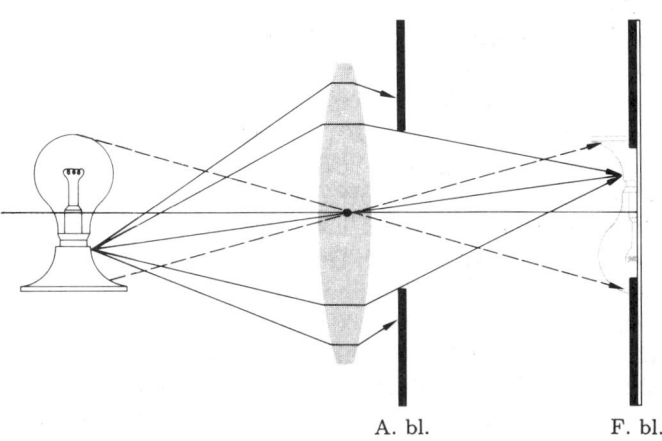

Abbildung 5.32 Apertur- und Feldblende.

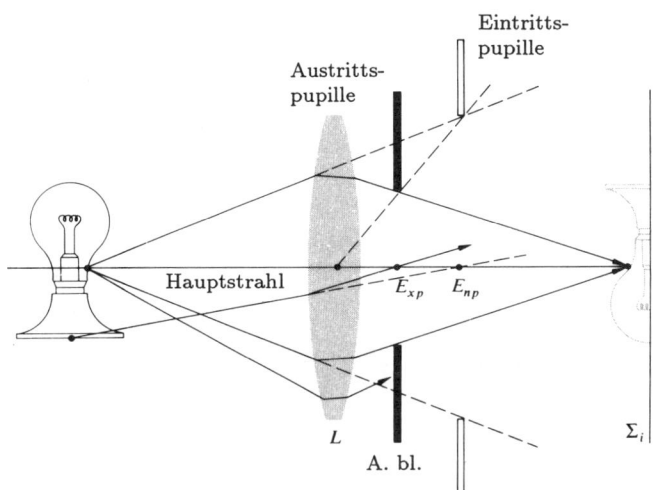

Abbildung 5.33 Eintritts- und Austrittspupille.

rekt eintretende Licht irgendwie nicht durchzulassen, so wird man wahrscheinlich ein verschwommenes Bild seiner Hand sehen, die L_1 festhält. Die Linsen sollten so eingestellt werden, daß das Gebiet auf dem Schirm, das L_1 entspricht, so hell wie möglich ist. Das Bild, das diesem Gebiet von L_1 entspricht (d.h. ihr Bild innerhalb des Bildes), wird klar und aufrecht wie in Abbildung 5.30.

5.3 Blenden
5.3.1 Apertur- und Feldblenden

Den Größen aller Linsen sind naturgemäß Grenzen gesetzt, so daß sie nur einen Bruchteil der Energie auffangen, die von einer Punktquelle emittiert wird. Die physikalische Einschränkung, die sich durch den Rand einer einfachen Linse ergibt, bestimmt deshalb, welche Strahlen das System betreten sollen, um schließlich ein Bild zu erzeugen. In jeder Hinsicht funktioniert der unversperrte oder *freie Durchmesser* der Linse wie eine Öffnung, in die Energie fließt. Jedes optische Element, sei es der Rand einer Linse oder eine gesonderte Blende, das die Lichtmenge bestimmt, die das Bild erreicht, nennt man die **Aperturblende**, abgekürzt A.bl. Die veränderliche Metallblende, die sich normalerweise hinter den ersten paar einfachen Linsen des Linsensystems einer Kamera befindet, ist dementsprechend eine Aperturblende. Offensichtlich bestimmt sie das Lichtauffangvermögen des Objektivs als Ganzes. Wie in Abbildung 5.32 gezeigt, können äußerst schräge Strahlen immer noch in ein System dieser Art hereinkommen. Diese Strahlen werden jedoch im allgemeinen absichtlich eingeschränkt, um die Qualität des Bildes zu regulieren. Das optische Element, das die Größe oder die Winkelweite des Objektes begrenzt, das durch das System abgebildet werden kann, nennt man die Feldblende oder abgekürzt F.bl. — sie bestimmt das Bildfeld des Instrumentes. In einer Kamera ist es der Filmrand, der die Bildebene begrenzt und als Feldblende dient. Während die Aperturblende die Anzahl der Strahlen reguliert (Abb. 5.32), die von einem Objektpunkt kommen und den zugehörigen Bildpunkt erreichen, verdeckt die Feldblende jene Strahlen *im ganzen* oder läßt sie durch. Weder geht die äußerste Spitze noch das untere Ende des Objektes in Abbildung 5.32 durch die Feldblende. Das Öffnen der kreisförmigen Aperturblende würde bewirken, daß das System einen größeren kegelförmigen Energiebüschel aufnimmt und dabei in jedem Bildpunkt die Bestrahlungsstärke vergrößert. Im Unterschied dazu würde das Öffnen der Feldblende zulassen, daß die äußersten Enden des Objektes, die vorher abgedeckt waren, nun abgebildet werden.

5.3.2. Eintritts- und Austrittspupillen

Die *Pupille* ist ein anderer nützlicher Begriff, der zur Feststellung dient, ob ein Strahl das gesamte System durchläuft oder nicht: sie ist einfach ein *Bild der Aper-*

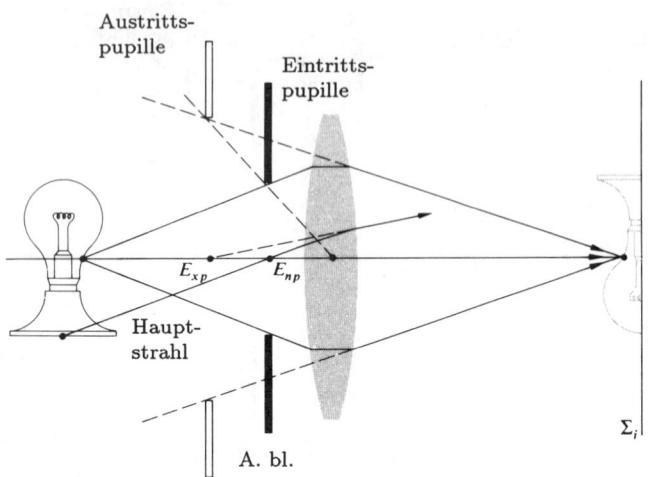

Abbildung 5.34 Eine vordere Aperturblende.

turblende. Die **Eintrittspupille** eines Systems ist das Bild der Aperturblende, wie es von einem Achspunkt auf dem Objekt durch jene Linsen gesehen wird, die der Blende vorausgehen. Befinden sich keine Linsen zwischen dem Objekt und der A.bl., so dient die A.bl. selbst als Eintrittspupille. Um die Sache zu veranschaulichen, untersuchen wir die Abbildung 5.33, die eine Linse mit einer *hinteren Aperturblende* darstellt. Das Bild der Aperturblende erscheint in L virtuell (siehe Tabelle 5.3) und vergrößert. Man kann es finden, indem man einige Strahlen von den Rändern der Aperturblende auf übliche Art ausgehen läßt. Im Unterschied dazu ist die **Austrittspupille** das Bild der A.bl., wie es von einem Achspunkt auf der Bildebene durch die dazwischenliegenden Linsen gesehen wird, falls dort welche sind. In Abbildung 5.33 gibt es keine derartigen Linsen, und so dient die Aperturblende selbst als die Austrittspupille. Dies bedeutet, daß die Eintrittspupille den Lichtkegel bestimmt, der ins optische System eintritt, während der Lichtkegel, der das System verläßt, von der Austrittspupille reguliert wird. Keine Strahlen, die außerhalb eines Lichtkegels fortschreiten, gelangen zur Bildebene.

Möchte man ein Teleskop oder einen Fernrohrvorsatz als ein Kameraobjektiv benutzen, so könnte man eine äußere *vordere Aperturblende* anbringen, um die Menge des einfallenden Lichtes für Belichtungszwecke zu regeln. Abbildung 5.34 stellt eine ähnliche Anordnung dar, in der sich die Lagen der Ein- und Austrittspupillen von

selbst verstehen sollten. Die letzten zwei Schaubilder enthalten einen Strahl, der als der *Hauptstrahl* gekennzeichnet ist. Man definiert ihn als den *Strahl, der von einem außeraxialen Objektpunkt durch den Mittelpunkt der Aperturblende geht.* Der Hauptstrahl betritt das optische System längs einer Geraden, die zum Mittelpunkt E_{np} der Eintrittspupille gerichtet ist und verläßt das System längs einer Geraden, die durch den Mittelpunkt E_{xp} der Austrittspupille geht. Der Hauptstrahl, der mit einem konischen Strahlenbündel verknüpft ist, das von einem Punkt auf dem Objekt ausgeht, verhält sich effektiv wie der mittlere Strahl des Bündels und repräsentiert ihn. Hauptstrahlen sind besonders wichtig, wenn man die Aberrationen einer Linsenkonstruktion korrigieren möchte.

Abbildung 5.35 veranschaulicht eine etwas kompliziertere Situation. Die zwei gezeigten Strahlen sind jene, die gewöhnlich durch ein optisches System gerechnet werden. Einer von ihnen ist der Hauptstrahl, der von einem Berandungspunkt des Objektes kommt, auf den das System akkomodiert werden soll. Den anderen bezeichnet man als einen *Randstrahl*, da er von dem axialen Objektpunkt zum Rand der Eintrittspupille (oder Aperturblende) geht.

In einer Situation, in der unklar ist, welches optische Element eigentliche die Aperturblende ist, muß jedes Teil des Systems von den übriggebliebenen Elementen nach links abgebildet werden. *Das Bild, das den kleinsten Winkel am axialen Objektpunkt einschließt, ist die Eintrittspupille.* Das Element, dessen Bild die Eintrittspupille ist, ist für jenen Objektpunkt dann die Aperturblende des Systems. Aufgabe 5.30 befaßt sich mit dieser Problematik.

Man sieht in Abbildung 5.36, daß der Strahlenkegel, der die Bildebene erreichen kann, schmaler wird, wenn sich der Objektpunkt von der Achse entfernt. Die wirksame Öffnung der Aperturblende, die für das axiale Strahlenbündel der Rand von L_1 war, hat sich für das außerhalb der Achse liegende Bündel wesentlich verkleinert. Die Folge ist eine allmähliche Abschwächung des Bildes in Punkten nahe seiner Umrandung, ein Prozeß, den man *Abschatttung* (Vignettierung) nennt.

Von erheblicher praktischer Bedeutung sind die Lagen und Größen der Pupillen eines optischen Systems. In optischen Geräten für direkte Beobachtung wird das Auge des Beobachters ins Zentrum der Austrittspupille

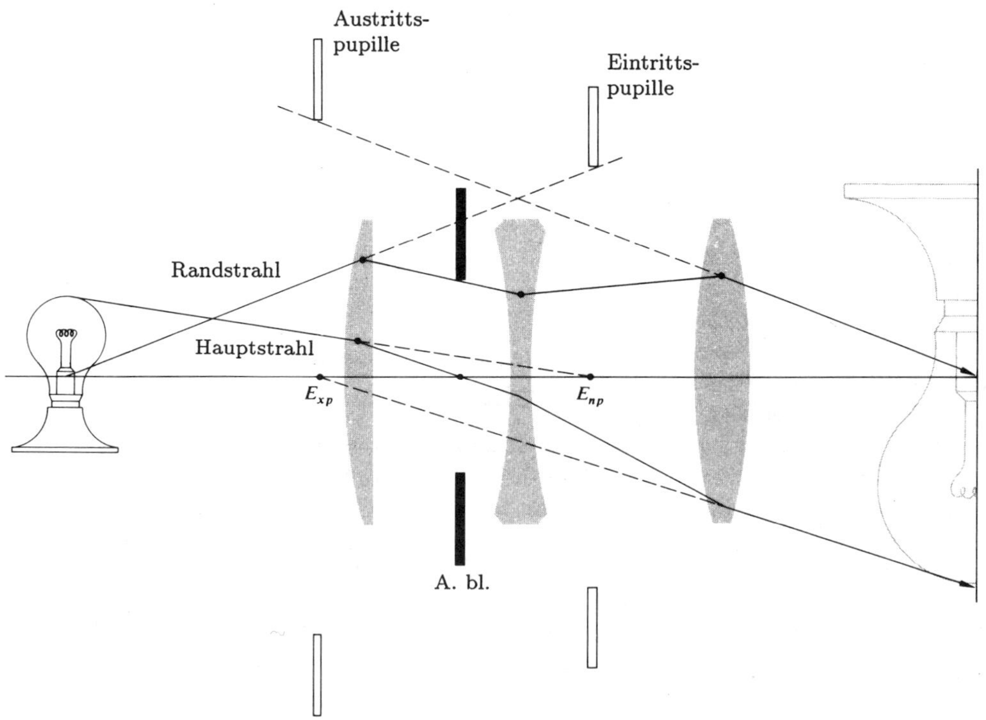

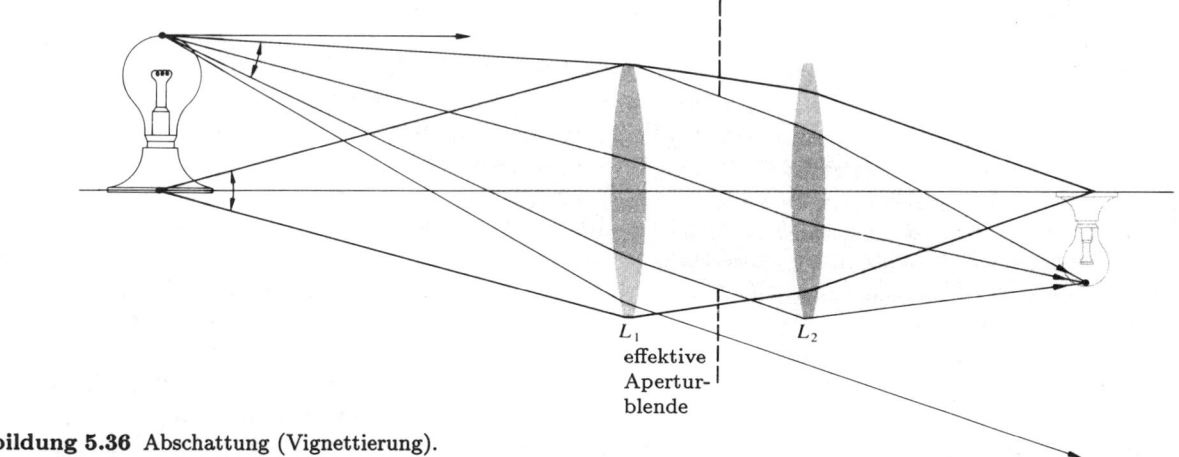

Abbildung 5.35 Pupillen und Blenden für ein System mit drei Linsen.

Abbildung 5.36 Abschattung (Vignettierung).

gebracht. Die Augenpupille selbst variiert je nach der allgemeinen Beleuchtungsstärke von 2 mm bis etwa 8 mm. Daher dürfte ein Teleskop oder Fernglas, das hauptsächlich für die Benutzung am Abend konstruiert wurde, eine Austrittspupille von mindestens 8 mm haben (Sie haben vielleicht den Ausdruck *Nachtglas* schon gehört — es war während des Zweiten Weltkrieges häufig auf Dächern vorzufinden). Im Unterschied dazu reicht eine Tageslichtversion mit einer Austrittspupille von 3 oder 4 mm aus. Je größer die Austrittspupille, desto leichter ist es, das Auge mit dem Gerät richtig abzustimmen. Offensichtlich sollte ein Visierfernrohr für ein schweres Gewehr eine große Austrittspupille haben, die weit genug vom Gesicht entfernt ist, um Verletzungen vom Rückstoß zu vermeiden.

5.3.3. Das Öffnungsverhältnis und die Blendenzahl

Angenomen wir möchten das Licht auffangen, das von einer ausgedehnten Lichtquelle kommt, und erzeugen unter Verwendung einer Linse (oder eines Spiegels) ein Bild von ihr. Die Energiemenge, die durch die Linse (oder den Spiegel) von einem kleinen Bereich einer entfernten Quelle gesammelt wird, ist direkt proportional zur Linsenfläche oder allgemeiner zur Fläche der Eintrittspupille. Eine große *freie Öffnung* wird einen großen Strahlenkegel durchschneiden. Wäre die Quelle ein Laser, der einen sehr schmalen Strahl erzeugt, so braucht dies nicht unbedingt richtig sein. Vernachlässigen wir die Verluste infolge von Reflexionen, Absorptionen usw., so wird die ankommende Energie über einen entsprechenden Bereich des Bildes verteilt. Deshalb ist die Energie pro Einheitsfläche und pro Zeiteinheit, d.h. die Flußdichte oder Bestrahlungsstärke, umgekehrt proportional zur Bildfläche. Die Eintrittspupillenfläche variiert, wenn sie kreisförmig ist, mit dem Quadrat ihres Radius' und ist deshalb proportional zum Quadrat ihres Durchmessers D. Ferner verändert sich die Bildfläche wie das Quadrat ihres Seitenmaßes, was wiederum (Gleichungen (5.24) und (5.26)) proportioanl zu f^2 ist. (Wir erinnern uns, daß wir über ein ausgedehntes Objekt statt einer Punktquelle sprechen. In dem letzteren Fall wäre das Bild unabhängig von f auf eine sehr kleine Fläche beschränkt.) Daher variiert die Flußdichte in der Bildebene wie $(D/f)^2$. Den Quotient D/f nennt man das *Öffnungsverhältnis*, während man sein Inverses die **Blendenzahl** nennt. Der englische Ausdruck für die Blendenzahl lautet f-number ($f/\#$), d.h.

$$f/\# \equiv \frac{f}{D}, \qquad (5.40)$$

wobei $f/\#$ als ein einziges Symbol verstanden werden sollte. Zum Beispiel hat eine Linse mit einer Öffnung von 25 mm und einer Brennweite von 50 mm eine Blendenzahl von 2 und wird daher mit $f/2$ bzw. dem Öffnungsverhältnis 1:2 gekennzeichnet. Die Abbildung 5.37 veranschaulicht dies, indem sie eine dünne Linse hinter

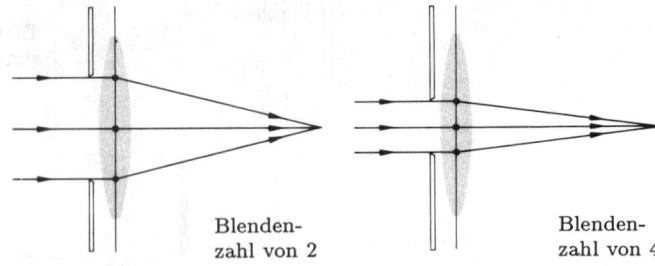

Abbildung 5.37 Das Abblenden einer Linse, um die Blendenzahl zu verändern.

einer veränderlichen Irisblende zeigt, die entweder mit 1:2 oder 1:4 arbeitet. Eine kleinere Blendenzahl bewirkt, daß mehr Licht die Bildebene erreicht.

Kameraobjektive sind gewöhnlich durch ihre Brennweiten und ihre größtmöglichen Öffnungen spezifiziert; z.B. könnten Sie "50 mm, 1:1.4" auf der Fassung eines Objektivs sehen. Da die photographische Belichtungszeit proportional zum Quadrat der *Blendenzahl* ist, nennt man f/D auch die *Lichtstärke* des Objektivs. Man sagt, daß ein 1:1.4-Objektiv doppelt so lichtstark wie ein 1:2-Objektiv ist. Gewöhnlich haben die Objektivblenden Blendenzahlenmarkierungen von 1, 1.4, 2, 2.8, 4, 5.6, 8, 11, 16, 22 usw. Das größte Öffnungsverhältnis entspricht in diesem Fall 1:1, und das ist ein lichtstarkes Objektiv — 1:2 ist typischer. Jede aufeinanderfolgende Blendeneinstellung vergrößert f/D durch einen Faktor $\sqrt{2}$ (innerhalb der numerischen Abrundung). Dies entspricht einer Verkleinerung des Öffnungsverhältnisses um einen Faktor von $1/\sqrt{2}$ und deshalb einer Abnahme der Flußdichte um einen Faktor $1/2$. Daher erreicht die gleiche Lichtmenge den Film, wenn die Kamera für 1:1.4 bei 1/500 Sekunde, 1:2 bei 1/250 Sekunde oder 1:2.8 bei 1/125 Sekunde eingestellt ist.

Das größte Linsenfernrohr (Refraktor) der Welt, das seinen Standort bei der Yerkes Observatory der Universität von Chicago hat, besitzt eine Linse mit einem Durchmesser von 1.016 m und einer Brennweite von 19.202 m hat. Die Blendenzahl ist daher 18.9. die Eintrittspupille und die Brennweite eines Spiegels legen in genau derselben Weise die Blendenzahl des Spiegels fest. Dementsprechend hat der im Durchmesser 5.08 m große Spiegel des Mount Palomar Teleskops, der eine primäre Brennweite von 16.92 m hat, eine Blendenzahl von 3.33.

Bei präzisen Arbeiten, bei der die Reflexions- und Absorptionsverluste in der Linse selbst berücksichtigt werden müssen, ist die *T-Zahl* höchst nützlich. Sie ist eine modifizierte (vergrößerte) Blendenzahl, die eine bestimmte Linse eigentlich haben müßte, wenn sie eine Lichtmenge durchlassen soll, die einem bestimmten Wert von f/D entspricht.

5.4 Spiegel

Spiegelsysteme finden besonders in ultravioletten und infraroten Bereichen des Spektrums zunehmend umfangreichere Verwendungen. Während es relativ einfach ist, eine reflektierende Vorrichtung zu konstruieren, die über eine breite Frequenzbandweite befriedigend funktioniert, kann dasselbe von strahlenbrechenden Systemen nicht gesagt werden. Zum Beispiel ist eine Linse aus Silizium oder Germanium, die für den Infrarotbereich konstruiert wurde, im sichtbaren Bereich vollkommen lichtundurchlässig. Wir werden bei der späteren Betrachtung ihrer Aberrationen sehen, daß Spiegel andere Merkmale haben, die zu ihrer Nützlichkeit beitragen.

Selbst eine geschwärzte Glasscherbe oder eine fein polierte Metalloberfläche können als Spiegel dienen. Früher stellte man Spiegel gewöhnlich durch Beschichtung von Glas mit Silber her; letzteres wurde wegen seines hohen Wirkungsgrades im IR bis ins UV hinein gewählt. In letzter Zeit wurden vakuumbedampfte Beschichtungen von Aluminium auf hochpolierten Schichtträgern der anerkannte Standard für Qualitätsspiegel. Schutzbeschichtungen aus Siliziummonoxid oder Magnesiumfluorid werden oft ebenfalls über das Aluminium gezogen. Bei speziellen Verwendungen (z.B. in Lasern), in denen sogar kleine Verluste aufgrund der Metalloberflächen nicht toleriert werden können, erweisen sich Spiegel als unentbehrlich, die aus dielektrischen Mehrfachschichten (Abschnitt 9.9) erzeugt wurden.

Eine vollständig neue Generation von leichten Präzisionsspiegeln entsteht in der Erwartung ihrer Anwendung in großen erdumkreisenden Teleskopen — das Spezialgebiet ist keineswegs stagnierend.

5.4.1 Ebene Spiegel

Wie bei allen Spiegelformen können auch die ebenen entweder vorderseitig oder rückseitig mit einem Belag

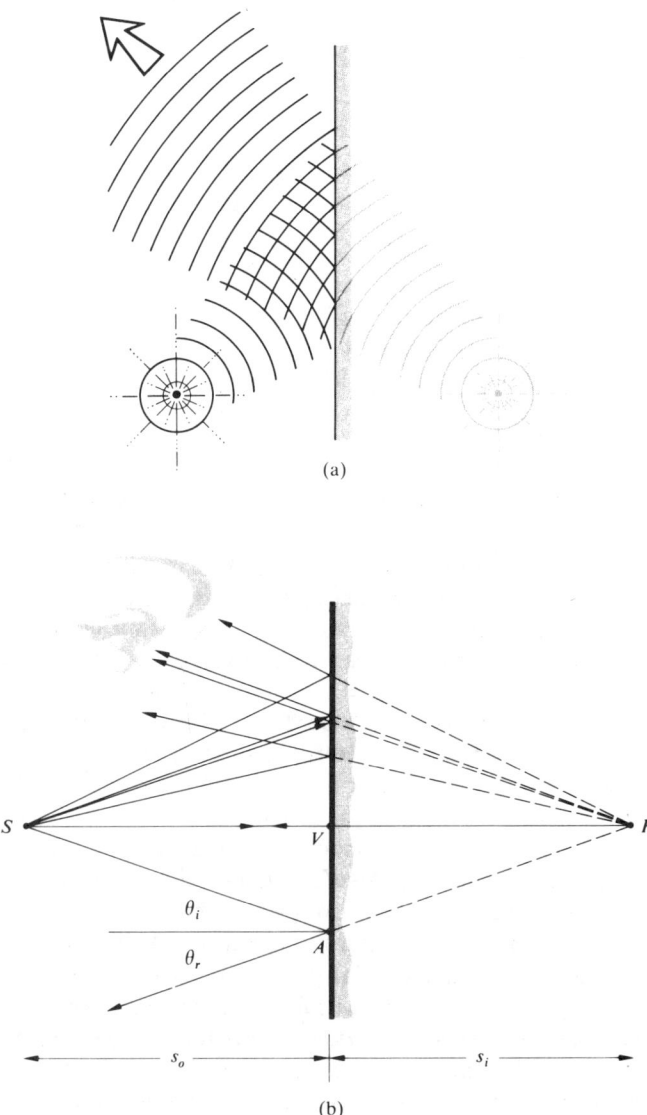

Abbildung 5.38 Ein ebener Spiegel. (a) Die Reflexion von Wellen. (b) Die Reflexion von Strahlen.

versehen sein. Die letztere Art findet man im täglichen Gebrauch am häufigsten, da sie die metallische Spiegelschicht hinter dem Glas vollkommen schützt. Im Gegensatz dazu ist die Mehrzahl von Spiegeln, die für den anspruchsvolleren technischen Gebrauch konstruiert sind, vorderseitig mit einem Belag versehen.

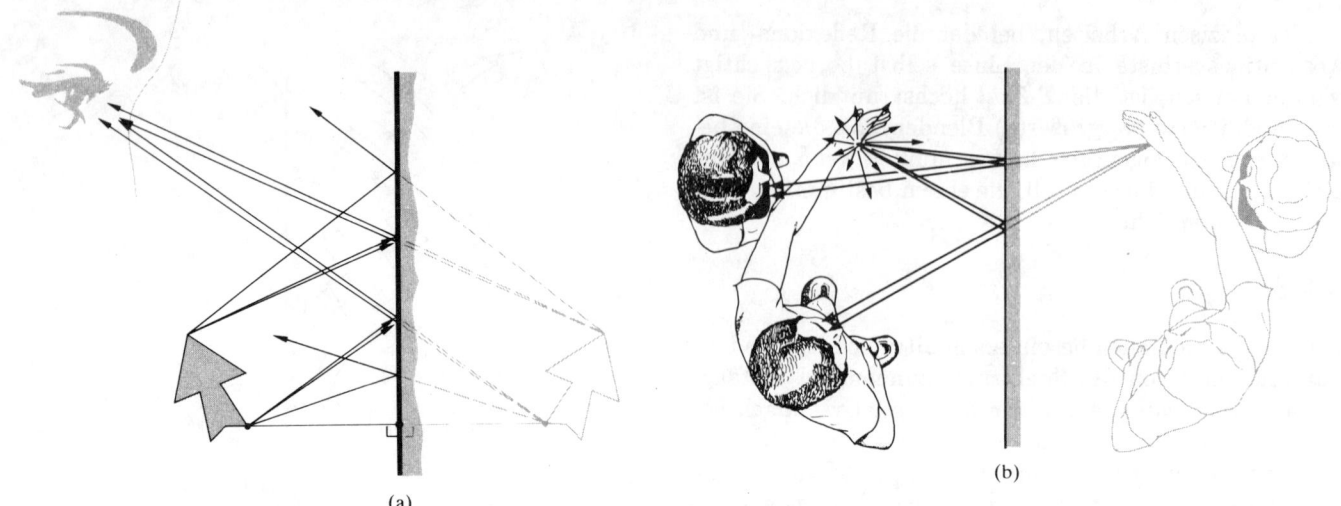

Abbildung 5.39 (a) Das Bild eines ausgedehnten Objekts in einem ebenen Spiegel. (b) Bilder in einem ebenen Spiegel.

Mit Abschnitt 4.2.2 und 4.2.3 kann man die Abbildungseigenschaften eines ebenen Spiegels leicht bestimmen. Bei der Untersuchung der Punktquelle und der Spiegelanordnung der Abbildung 5.38 können wir schnell zeigen, daß $|s_o| = |s_i|$ ist, d.h. das Bild P und Objekt S sind von der Oberfläche abstandsgleich. Das heißt $\theta_i = \theta_r$ nach dem Reflexionsgesetz; $\theta_i + \theta_r$ ist der äußere Winkel des Dreiecks SPA und ist deshalb gleich der Summe der inneren Wechselwinkel, $\angle VSA + \angle VPA$. Aber $\angle VSA = \theta_i$, und deshalb ist $\angle VSA = \angle VPA$. Dies macht die Dreiecke VAS und VPA kongruent, in welchem Fall $|s_o| = |s_i|$ wird. (Man gehe zurück und sehe sich noch einmal die Aufgabe 4.3 und die Abbildung 4.50 bezüglich des Wellenbildes der Reflexion an.)

Wir sind nun mit dem Problem konfrontiert, eine Vorzeichenvereinbarung festzulegen, die für Spiegel anwendbar ist. Was wir auch wählen — und Sie sollten wohl erkennen, daß es eine Wahl gibt — wir müssen nur konsequent dazu stehen, damit alles richtig wird. Ein offensichtliches Dilemma bezüglich der Vereinbarung für Linsen besteht darin, daß nun das virtuelle Bild rechts von der Grenzfläche liegt. Der Beobachter sieht, daß P an einer Stelle hinter dem Spiegel liegt, da sein Auge (oder eine Kamera) die eigentliche Reflexion nicht wahrnehmen kann; es interpoliert nur rückwärts die Strahlen auf gerade Linien: die Strahlen divergiern von P. Kein Licht kann einen Schirm treffen, der sich bei P befindet — das Bild ist mit Sicherheit virtuell. Zweifelsfrei ist

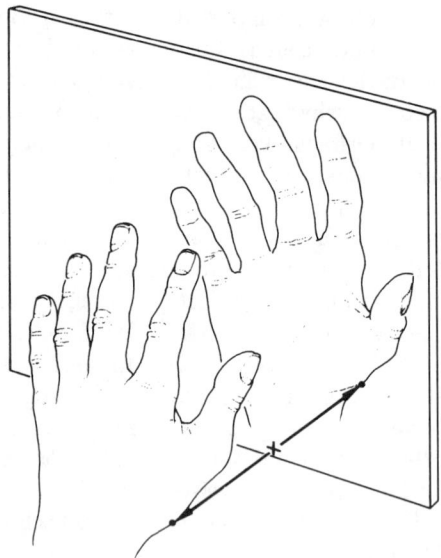

Abbildung 5.40 Spiegelbilder — Umkehrung.

es eine Geschmacksfrage, ob s_i in diesem Fall als positiv oder negativ definiert werden sollte. Da wir die Vorstellung von negativen virtuellen Objekt- und Bildweiten lieber mögen, werden wir s_o und s_i *als negativ definieren, wenn sie rechts vom Scheitelpunkt V liegen*. Dies hat den zusätzlichen Vorteil, daß es eine Spiegelform liefert, die identisch mit der Gaußschen Linsenformel (5.17) ist. Offensichtlich gilt dieselbe Definition der Transversalvergrößerung (5.24), in der nun wie zuvor $M_T = +1$ auf ein *natürlich großes*, virtuelles, aufrechtes Bild hinweist.

Jeder Punkt des ausgedehnten Objektes der Abbildung 5.39, der einen senkrechten Abstand s_i vom Spiegel hat, wird in demselben Abstand hinter dem Spiegel abgebildet. Auf diese Weise wird das gesamte Bild Punkt für Punkt aufgebaut. Dies unterscheidet sich vollkommen von der Art und Weise, in der eine Linse ein Bild festlegt. Das Objekt ist in der Abbildung 5.28 eine linke Hand, und das Bild, das durch die Linse erzeugt wurde, ist wieder eine linke Hand; zwar könnte sie deformiert sein ($M_L \neq M_T$), doch es wäre noch immer eine linke Hand. Die einzige wirkliche Veränderung ist die 180°-Drehung um die optische Achse — ein Effekt, den man als *Reversion* (Seitenumkehrung) bezeichnet. Im Gegensatz dazu ist das Spiegelbild der linken Hand eine rechte Hand (Abb. 5.40). Man findet es, indem man von jedem Punkt ausgehend eine Normale fällt. Solch ein Bild nennt man manchmal *verkehrt*, d.h. beim Blick

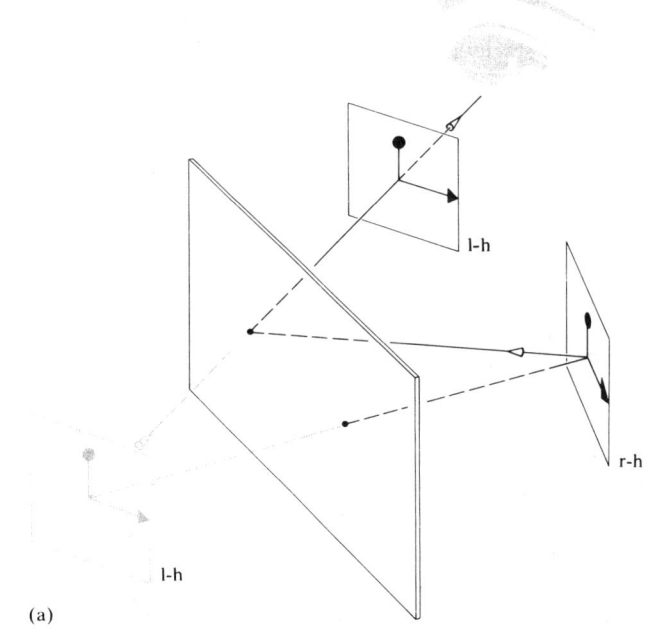

(a)

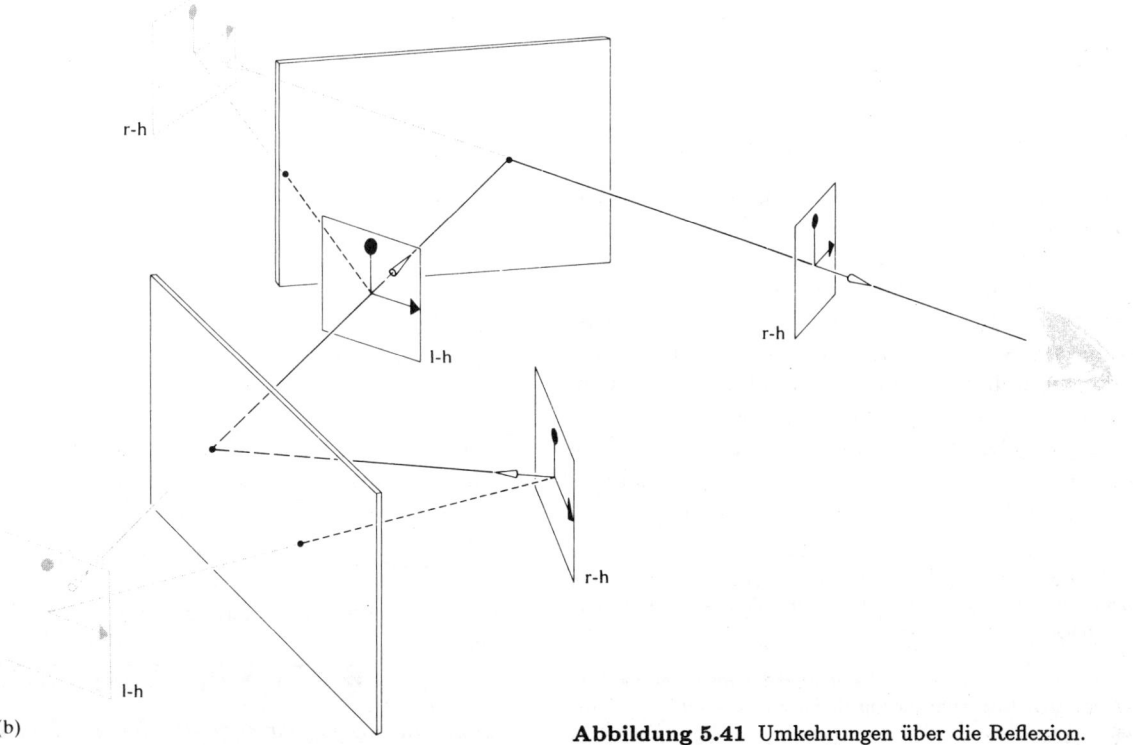

(b)

Abbildung 5.41 Umkehrungen über die Reflexion.

in einen ebenen Spiegel sieht man das Bild verkehrt. Aus Rücksicht auf die alltägliche weitere Bedeutung des Wortes verschwindet sein Gebrauch in der Optik glücklicherweise. Den Prozeß, der ein rechtshändiges Koordinatensystem im Objektraum zu einem linkshändigen im Bildraum umkehrt, nennt man Inversion.[5] Systeme mit mindestens zwei ebenen Spiegeln können benutzt werden, um entweder eine ungerade oder eine gerade Anzahl von Umkehrungen zu erzeugen. Im letzteren Fall erzeugt ein rechtshändiges (r-h)-Objekt ein rechtshändiges Bild (Abb. 5.41), wohingegen im ersten Beispiel das Bild linkshändig (l-h) sein wird.

Es gibt eine Anzahl von praktischen Vorrichtungen, die rotierende Systeme ebener Spiegel verwenden, z.B. Zerhackerscheiben (Chopper, Lichtmodulatoren), Strahlablenkgeräte und Bildumkehrprismen. Oft werden Spiegel benutzt, um kleine Drehungen von bestimmten Laboratoriumsgeräten, z.B. Galvanometern, Torsionspendeln, Stromwaagen usw., zu verstärken und zu messen. Wie man in Abbildung 5.42 sehen kann, wird das reflektierte Strahlenbündel oder das Bild einen Winkel von 2α durchlaufen, wenn sich der Spiegel um einen Winkel α dreht.

5.4.2 Asphärische Spiegel

Gekrümmte Spiegel, die sehr ähnliche Bilder erzeugen wie Linsen oder gekrümmte brechende Flächen, kennt man seit der Zeit der alten Griechen. Euklid, von dem man annimmt, daß er das Buch *Katoptrik* verfaßt hat, diskutiert in ihm sowohl Konkav- als auch Konvexspiegel.[6] Glücklicherweise entwickelten wir bei der Besprechung des Fermatschen Prinzips und dessen Anwendung auf Abbildungen in strahlenbrechenden Systemen die begriffliche Grundlage für die Konstruktion derartiger Spiegel. Wir wollen nun die Form bestimmen, die ein Spiegel haben muß, damit eine einfallende ebene Welle bei Reflexionen in eine konvergierende Kugelwelle (Abb. 5.43) umgeformt wird. Soll die ebene Welle letzt-

---

5) Unter Inversion versteht man die Umkehrung aller Vorzeichen der Koordinaten eines Punktes. Bei einem ebenen Spiegel wird durch die Spiegelung nur das Vorzeichen der Koordinate geändert, die das Lot zum Spiegel ist.

6) *Dioptrik* kennzeichnet die Optik der strahlenbrechenden Elemente, wohingegen *Katoptrik* die Optik der reflektierenden Flächen bezeichnet.

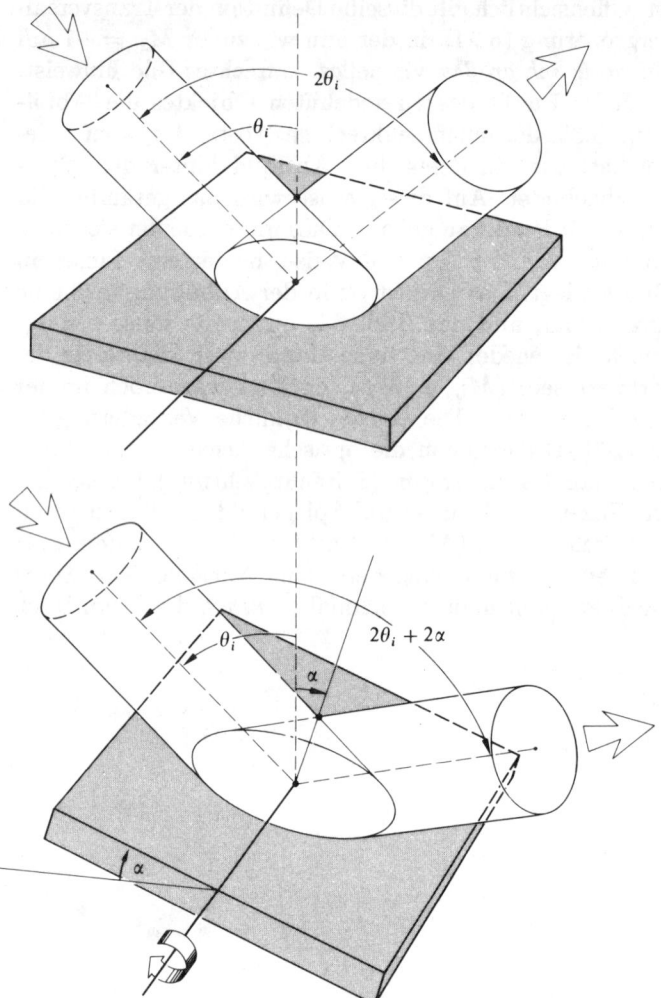

Abbildung 5.42 Drehung eines Spiegels und die begleitende Winkelverschiebung eines Strahlenbündels.

lich in einem Punkt F konvergieren, so müssen die optischen Weglängen für alle Strahlen gleich sein; demgemäß gilt für beliebige Punkte A_1 und A_2

$$\text{OPL} = \overline{W_1 A_1} + \overline{A_1 F} = \overline{W_2 A_2} + \overline{A_2 F}. \qquad (5.41)$$

Da die Ebene Σ parallel zur einfallenden Wellenfront ist, gilt

$$\overline{W_1 A_1} + \overline{A_1 D_1} = \overline{W_2 A_2} + \overline{A_2 D_2}. \qquad (5.42)$$

Gleichung (5.41) ist deshalb für eine Fläche erfüllt, für

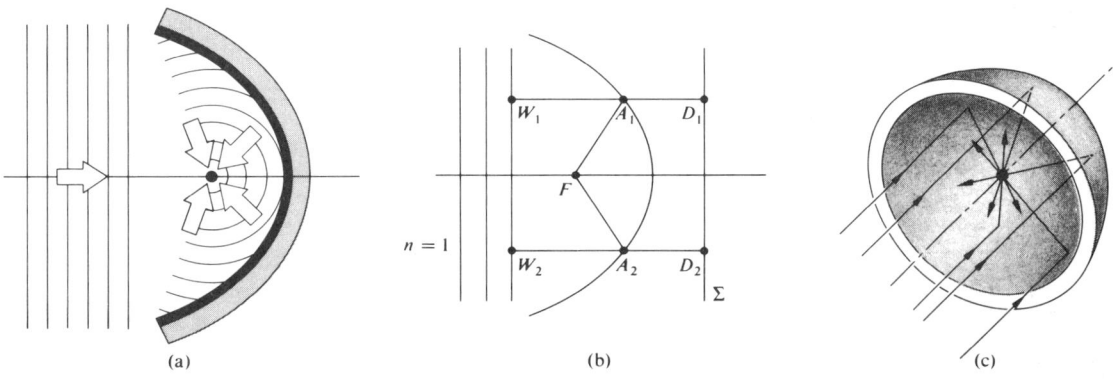

Abbildung 5.43 Ein Parabolspiegel.

die $\overline{A_1F} = \overline{A_1D_1}$ und $\overline{A_2F} = \overline{A_2D_2}$ ist, oder allgemeiner, für eine Fläche, für die $\overline{AF} = \overline{AD}$ für jeden Punkt A auf dem Spiegel ist. Dieselbe Bedingung wurde in Abschnitt 5.2.1 diskutiert, wo wir $\overline{Af} = e(\overline{AD})$ fanden, wobei e die Exzentrizität eines Kegelschnitts ist. Hier ist nun das zweite Medium identisch mit dem ersten, d.h. $n_t = n_i$, und $e = n_{ti} = 1$; mit anderen Worten, die Fläche ist ein Paraboloid, wobei F sein Brennpunkt und Σ seine Leitlinie ist. Die Strahlen könnten genauso gut umgekehrt verlaufen (d.h. ein System mit einer Punktquelle im Brennpunkt eines Paraboloids würde ebene Wellen emittieren). Parabolspiegel reichen in ihren gegenwärtigen Anwendungen von den Taschenlampen- und Autoscheinwerferreflektoren bis zu den riesigen Radioteleskopen (Abb. 5.44), von den Mikrowellenhörnern und akustischen Hohlspiegeln bis zu den optischen Teleskopspiegeln und auf dem Mond stationierten Kommunikationsantennen. Der konvexe Parabolspiegel ist ebenso möglich, ist jedoch weniger weit verbreitet. Wenden wir unsere bisherigen Kenntnisse an, so sollte aus der Abbildung 5.45 klar sein, daß ein auf einen konvexen Spiegel einfallendes paralleles Strahlenbündel ein virtuelles Bild in F erzeugt. Ein reelles Bild entsteht dagegen, wenn der Spiegel konkav ist.

Es gibt einige andere asphärische Spiegel von einigem Interesse, nämlich den Ellipsoid- ($e < 1$) und den Hyperboloidalspiegel ($e > 1$). Beide erzeugen ideale Abbildungen zwischen denjenigen Paaren konjugierter Achspunkte, die sich mit ihren zwei Brennpunkten decken (Abb. 5.46). Wie wir bald sehen werden, verwenden

Abbildung 5.44 Eine Parabolradioantenne. (Photo mit freundlicher Genehmigung des Australian News and Information Bureau.)

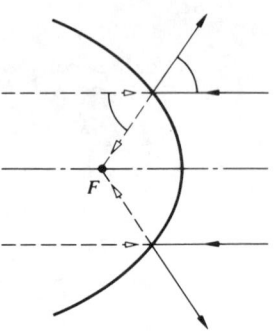

Abbildung 5.45 Reelle und virtuelle Bilder für einen Parabolspiegel.

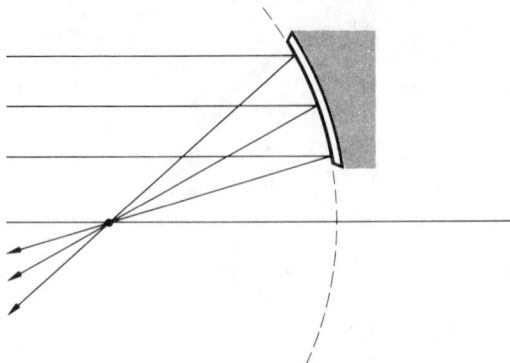

Abbildung 5.47 Ein nichtaxiales Parabolspiegelelement.

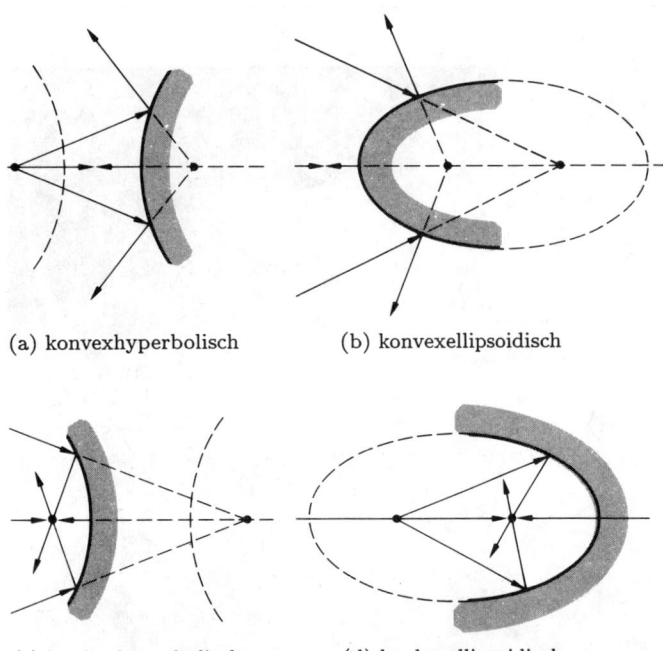

(a) konvexhyperbolisch
(b) konvexellipsoidisch
(c) konkavhyperbolisch
(d) konkavellipsoidisch

Abbildung 5.46 Hyperboloidal- und Ellipsoidspiegel.

die Konfigurationen der Cassegrainschen und Gregoryschen Spiegelteleskope Sekundärspiegel, die konvexhyperbolisch beziehungsweise konkavellipsoidisch sind.

Alle diese Geräte sind im Handel erhältlich. Tatsächlich kann man außer den weitverbreiteteren zentrischen Systemen sogar *nichtaxiale optische Elemente* erwerben. So kann der gebündelte Strahl in Abbildung 5.47 weiter bearbeitet werden, ohne den Spiegel zu versperren. Übrigens gilt diese Geometrie auch in den großen Mikrowellenhörnerantennen, die eine bedeutende Rolle in den modernen Kommunikationswegen spielen.

5.4.3 Kugelspiegel

Wir werden wieder einmal daran erinnert, daß präzise asphärische Flächen erheblich schwieriger herzustellen sind, als sphärische (kugelförmige). Die hohen Kosten entsprechen der längeren Zeit und der Sorgfalt, die mit der Herstellung von asphärischen Flächen hoher Qualität verbunden sind. Angeregt durch diese praktischen Erwägungen wenden wir uns noch einmal der sphärischen Form zu, um zu bestimmen, unter welchen Umständen sie zulänglich funktioniert.

i) Gaußsches (paraxiales) Gebiet

Die wohlbekannte Gleichung für den kreisförmigen Querschnitt einer Kugel (Abb. 5.48 (a)) ist

$$y^2 + (x - R)^2 = R^2, \qquad (5.43)$$

wobei der Mittelpunkt C einen Radius R vom Ursprung O verschoben wurde. Nachdem wir dies als

$$y^2 - 2Rx + x^2 = 0$$

schreiben, können wir die Gleichung nach x auflösen:

$$x = R \pm (R^2 - y^2)^{1/2}. \qquad (5.44)$$

Wir wollen uns mit Werten von x beschäftigen, die klei-

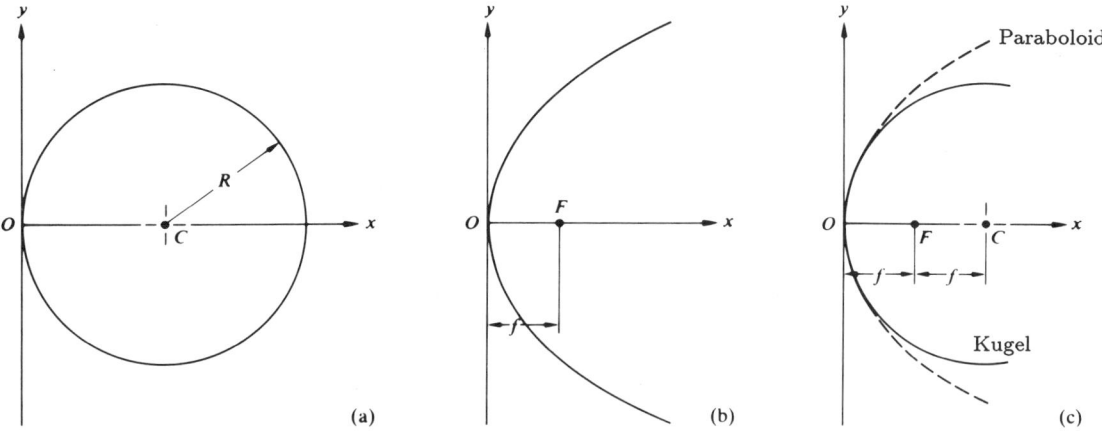

Abbildung 5.48 Vergleich eines Kugelspiegels mit einem Parabolspiegel.

ner als R sind, d.h. wir wollen eine Halbkugel untersuchen, die, entsprechend dem Minuszeichen in Gleichung (5.44), rechts offen ist. Bei der folgenden Entwicklung einer binomischen Reihe nimmt x die Form an

$$x = \frac{y^2}{2R} + \frac{1 y^4}{2^2 2! R^3} + \frac{1 \cdot 3 y^6}{2^3 3! R^5} + \cdots. \quad (5.45)$$

Dieser Ausdruck wird bedeutungsvoll, sobald wir erkennen, daß die Standardgleichung für eine Parabel, die ihren Scheitelpunkt im Nullpunkt und ihren Brennpunkt in einem Abstand f nach rechts hat (Abb. 5.48 (b)), einfach

$$y^2 = 4fx \quad (5.46)$$

ist. So sehen wir beim Vergleich dieser zwei Formeln, daß man den ersten Beitrag der Reihe als parabelförmig betrachten kann, wenn $4f = 2R$ (d.h $f = R/2$) ist, während die übrigen Glieder die Abweichung davon darstellen. Wenn diese Abweichung Δx ist, dann gilt

$$\Delta x = \frac{y^4}{8R^3} + \frac{y^6}{16R^5} + \cdots. \quad (5.47)$$

Offensichtlich ist diese Differenz nur nennenswert, wenn y relativ groß (Abb. 5.48 (c)) im Vergleich zu R ist. *Im Gaußschen Gebiet, d.h. in der unmittelbaren Nähe der optischen Achse kann man diese zwei Formen im wesentlichen nicht unterscheiden.* Sprechen wir daher als eine erste Näherung über die Theorie der achsennahen Strahlen von Kugelspiegeln, so können wir die Schlußfolgerungen wieder aufgreifen, die wir aus unserem Studium der stigmatischen Abbildungen an Paraboloiden zogen. Bei wirklichem Gebrauch wird y jedoch nicht um die optische Achse so begrenzt sein, und Aberrationen treten auf. Zudem erzeugen asphärische Flächen nur scharfe Abbildungen für Paare von Achspunkten — auch diese Flächen liefern Aberrationen.

ii) Die Spiegelformel

Die Paraxialgleichung, die die konjugierten Objekt-Bildpunkt-Paare mit den physikalischen Parametern eines Kugelspiegels verknüpft, kann leicht mit Hilfe der Abbildung 5.49 hergeleitet werden. Zu diesem Zweck beachte man, daß der $\angle SAP$ durch $\overline{CA}$ halbiert ist, da $\theta_i = \theta_r$, und deshalb die Seite $\overline{SP}$ des Dreiecks SAP in Abschnitte aufteilt, die proportional zu den übrigen zwei Seiten sind, d.h.

$$\frac{\overline{SC}}{\overline{SA}} = \frac{\overline{CP}}{\overline{PA}}. \quad (5.48)$$

Des weiteren ist

$$\overline{SC} = s_o - |R| \quad \text{und} \quad \overline{CP} = |R| - s_i,$$

wobei s_o und s_i links liegen und deshalb positiv sind. Wenn wir dieselbe Vorzeichenvereinbarung für R benutzen, wie wir es hielten, als wir uns mit der Brechung befaßten, ist R hier negativ, weil C links von V liegt,

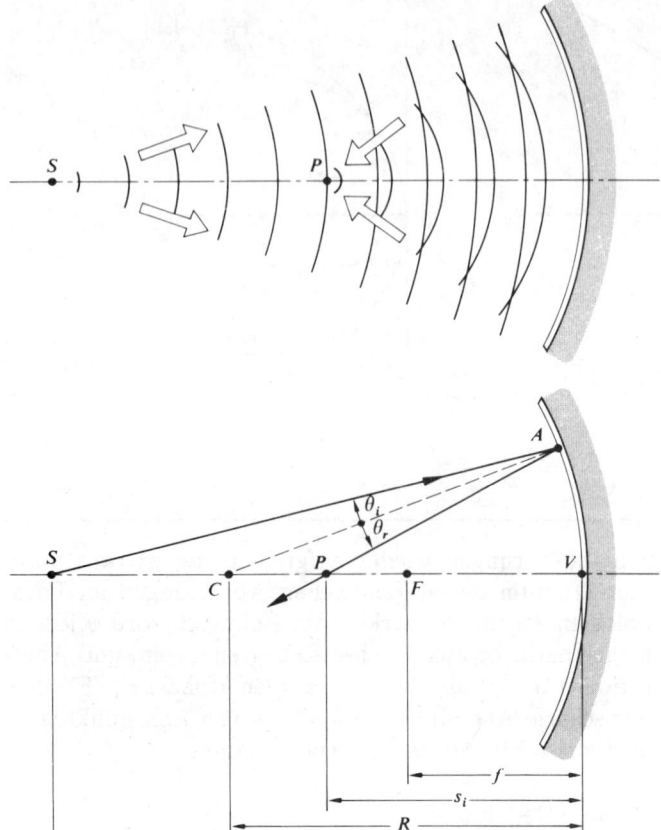

Abbildung 5.49 Ein sphärischer Hohlspiegel.

d.h. die Fläche ist konkav. Deshalb ist $|R| = -R$ und
$$\overline{SC} = s_o + R, \quad \text{während} \quad \overline{CP} = -(s_i + R)$$
ist. Im paraxialen Gebiet ist $\overline{SA} \approx s_o$, $\overline{PA} \approx s_i$, und so wird Gleichung (5.48) zu
$$\frac{s_o + R}{s_o} = -\frac{s_i + R}{s_i}$$
oder zu
$$\frac{1}{s_o} + \frac{1}{s_i} = -\frac{2}{R}, \qquad (5.49)$$
die oft als die **Spiegelformel** bezeichnet wird. Sie ist sowohl für Konkav- bzw. Sammelspiegel ($R < 0$) als auch Konvex- bzw. Zerstreuungsspiegel ($R > 0$) anwendbar. Der Primär- bzw. Objektbrennpunkt ist wieder durch
$$\lim_{s_i \to \infty} s_o = f_o$$

definiert, wohingegen der Sekundär- bzw. Bildbrennpunkt
$$\lim_{s_o \to \infty} s_i = f_i$$
entspricht. Folglich erhalten wir aus Gleichung (5.49)
$$\frac{1}{f_o} + \frac{1}{\infty} = \frac{1}{\infty} + \frac{1}{f_i} = -\frac{2}{R},$$
d.h. $f_o = f_i = -R/2$, wie wir es aus Abbildung 5.48 (c) ersehen. Daher erhalten wir nach Weglassen der Brennweitenindizes
$$\frac{1}{s_o} + \frac{1}{s_i} = \frac{1}{f}. \qquad (5.50)$$
Man beachte, daß f für Konkavspiegel ($R < 0$) positiv und für Konvexspiegel ($R > 0$) negativ ist. Im letzteren Fall wird das Bild hinter dem Spiegel erzeugt und ist virtuell (Abb. 5.50).

iii) Endlich große Abbildungen

Da die übrigen Spiegeleigenschaften denjenigen der Linsen und brechenden Kugelflächen sehr ähnlich sind, brauchen wir sie nur kurz zu erwähnen, ohne die gesamte logische Entwicklung jedes einzelnen Punktes zu wiederholen. Dementsprechend wird innerhalb der Einschränkungen der Theorie der achsennahen Strahlen jedes parallele, außerhalb der Achse verlaufende Strahlenbündel in einem Punkt auf der *Brennebene* gebündelt, die durch F senkrecht zur optischen Achse verläuft. Gleicherweise wird ein endlich großes, ebenes Objekt, das senkrecht zur optischen Achse steht, in einer Ebene (in erster Näherung) abgebildet, die genauso ausgerichtet ist. Wir stellen im Prinzip fest, daß jeder Objektpunkt einen korrespondierenden Bildpunkt in der Ebene hat. Dies gilt sicherlich für einen ebenen Spiegel, aber nur näherungsweise für andere Formen. Sicher kommen die reflektierten Wellen, die von jedem erlaubten Objektpunkt stammen, den Kugelwellen sehr nahe, wenn ein Kugelspiegel in seinem Einsatz entsprechend begrenzt ist. Unter solchen Umständen können gute endlich große Bilder von ausgedehnten Objekten erzeugt werden (Abb. 5.51). Genau wie jeder Bildpunkt, der von einer dünnen Linse erzeugt wird, längs einer geraden Linie liegt, die durch das optische Zentrum O geht, liegt jeder Bildpunkt für einen Kugelspiegel auf einem Strahl, der sowohl durch das Zentrum C der Krümmung als auch durch den Objektpunkt läuft. Wie bei der dünnen Linse (Abb. 5.24) ist

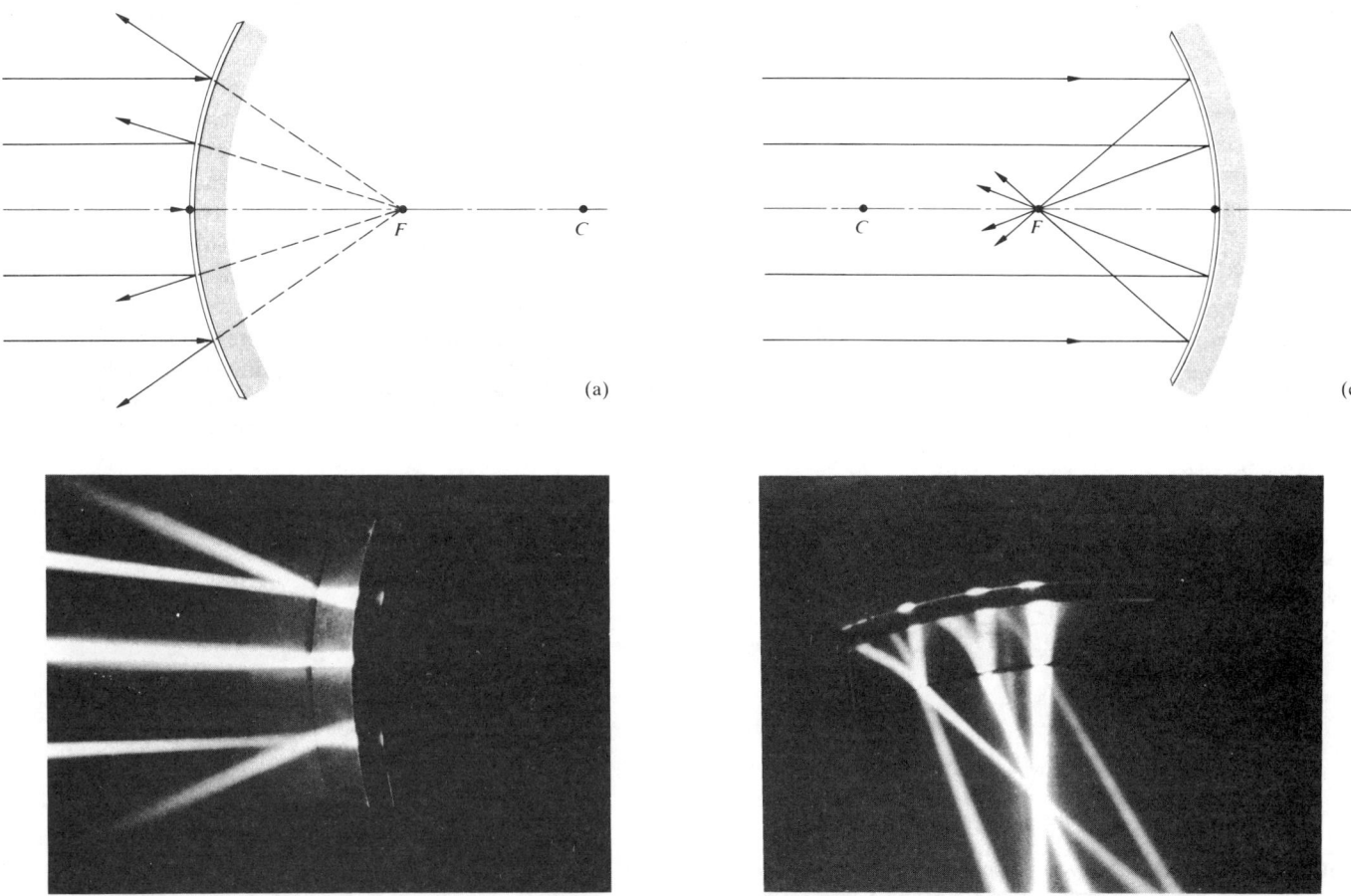

Abbildung 5.50 Strahlenbündelung durch einen Kugelspiegel (Photos von E.H.)

die grafische Ortsbestimmung des Bildes ziemlich einfach. Wieder wird die Spitze des Bildes im Schnittpunkt zweier Strahlen lokalisiert; z.B. eines Strahls, der anfänglich parallel zur Achse verlief und nach der Reflexion durch F geht, und eines anderen, der geradewegs durch C geht (Abb. 5.52). Der Strahl, der von irgendeinem außeraxialen Objektpunkt zum Scheitelpunkt verläuft, bildet bei der Reflexion gleiche Winkel mit der optischen Achse und ist daher auch besonders zur Konstruktion geeignet. Das gilt auch für den Strahl, der zuerst durch den Brennpunkt und nach der Reflexion parallel zur Achse heraustritt.

Die Dreiecke $S_1 S_2 V$ und $P_1 P_2 V$ sind ähnlich, und folglich sind ihre Seiten proportional. Nehmen wir y_i als negativ, wie wir es früher schon taten, da es sich unterhalb der Achse befindet, so wird $y_i/y_o = -s_i/s_o$, was selbstverständlich gleich der *Transversalvergrößerung* M_T und identisch zu Gleichung (5.25) für die Linse ist.

Die einzige Gleichung, die Informationen über die Struktur des optischen Elements enthält (n, R usw.) ist jene für f, und so unterscheidet sie sich verständlicherweise für die dünne Linse und für den Kugelspiegel. Die anderen funktionalen Ausdrücke, die s_i, s_o und f bzw. y_i, y_o und M_T verknüpfen, sind jedoch genau dieselben. Die einzige Abänderung in der früheren Vorzeichenvereinbarung erscheint in Tabelle 5.4, in der s_i links von V nun positiv genommen wird. Die bemerkenswerte Ähnlichkeit

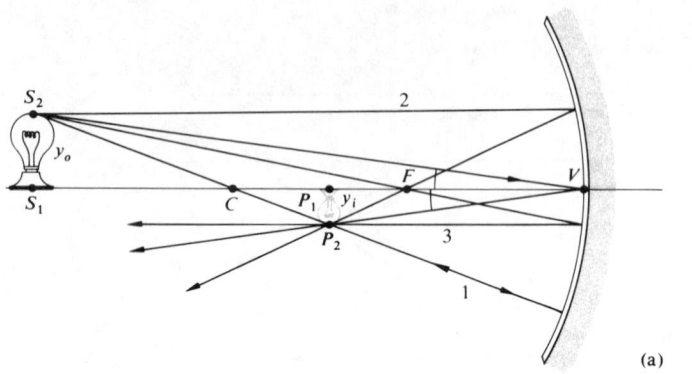

Größe	Vorzeichen	
	+	−
s_o	links von V, reelles Objekt	rechts von V, virtuelles Objekt
s_i	links von V, reelles Bild	rechts von V, virtuelles Bild
f	Konkavspiegel	Konvexspiegel
R	C rechts von V, konvex	C links von V, konkav
y_o	über der Achse, aufrechtes Objekt	unter der Achse, umgekehrtes Objekt
y_i	über der Achse, aufrechtes Bild	unter der Achse, umgekehrtes Bild

Tabelle 5.4 Vorzeichenvereinbarung für Kugelspiegel.

Abbildung 5.51 Endlich große Abbildungen mit Kugelspiegeln.

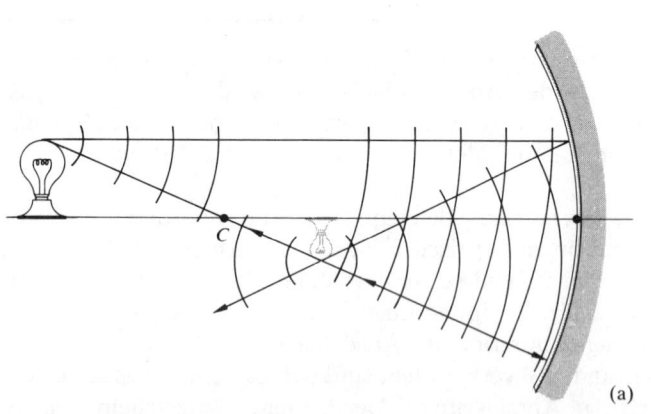

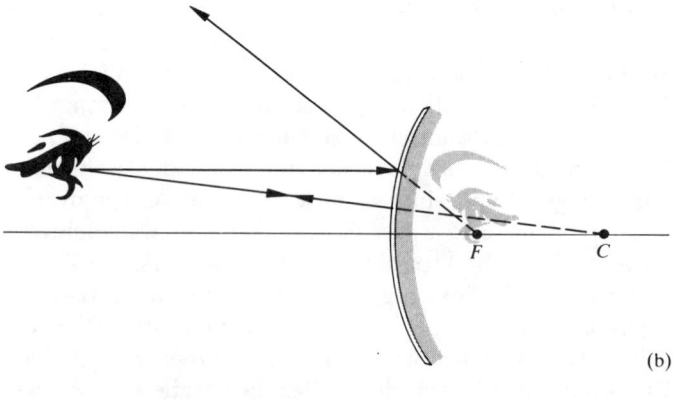

Abbildung 5.52 (a) Reflexion an einem Konkavspiegel. (b) Reflexion an einem Konvexspiegel.

konkav				
Objekt	Abbildung			
Lage	Art	Lage	Ausrichtung	relative Größe
$\infty > s_o > 2f$	reell	$f < s_i < 2f$	umgekehrt	verkleinert
$s_o = 2f$	reell	$s_i = 2f$	umgekehrt	gleich groß
$f < s_o < 2f$	reell	$\infty > s_i > 2f$	umgekehrt	vergrößert
$s_o = f$		$\pm\infty$		
$s_o < f$	virtuell	$|s_i| > s_o$	aufrecht	vergrößert
konvex				
Objekt	Abbildung			
Lage	Art	Lage	Ausrichtung	relative Größe
kann überall sein	virtuell	$|s_i| < |f|$, $s_o > |s_i|$	aufrecht	verkleinert

Tabelle 5.5 Bilder von reellen Objekten, die durch Kugelspiegel erzeugt werden.

zwischen den Eigenschaften eines Konkavspiegels und einer Konvexlinse einerseits und eines Konvexspiegels und einer Konkavlinse andererseits sind evident, wenn man die Tabellen 5.3 und 5.5 vergleicht, die vollkommen gleich sind.

Die Eigenschaften, die in der Tabelle 5.5 zusammengefaßt sind und in der Abbildung 5.53 dargestellt werden, kann man leicht verifizieren. Hat man keinen Kugelspiegel zur Hand, so kann man sich einen einigermaßen einfachen, aber funktionsfähigen, durch sorgfältiges Formen von Aluminiumfolie über einer Kugelform, wie z.B. dem Ende einer Glühbirne, herstellen (in jenem speziellen Fall ist R und deshalb f klein). Ein ziemlich schönes qualitatives Experiment beinhaltet die Untersuchung des Bildes eines kleinen Objekts, das mit einem Konkavspiegel kurzer Brennweite erzeugt wird. Während man das Objekt von einem Abstand größer als $2f = R$ gegen den Spiegel bewegt, wird das Bild allmählich größer, bis es bei $s_o = 2f$ umgekehrt und in natürlicher Größe erscheint. Bringt man es noch näher, so wird das Bild noch größer, bis es den gesamten Spiegel mit einem nicht wiederzuerkennenden, verschwommenen Bild ausfüllt. Während s_o immer kleiner wird, verkleinert sich das nun aufrechte, vergrößerte Bild weiter, bis das Objekt schließlich auf dem Spiegel ruht. Wurden Sie von all dem noch nicht dazu veranlaßt, aufzuspringen und einen Spiegel herzustellen, so könnten Sie vielleicht das Bild untersuchen, das durch einen glänzenden Löffel erzeugt wird — beide Seiten werden interessant sein.

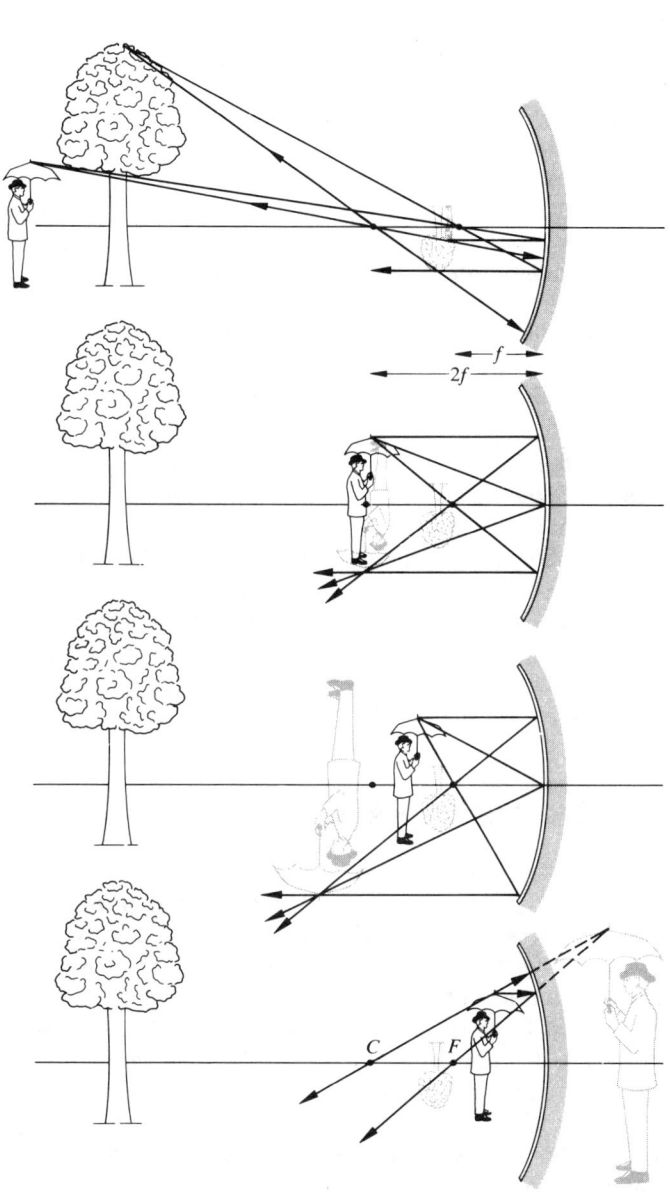

Abbildung 5.53 Der Abbildungsvorgang bei einem sphärischen Hohlspiegel.

5.5 Prismen

Prismen spielen sehr verschiedene Rollen in der Optik; es gibt Prismenkombinationen, die als Strahlenteiler (Abschnitt 4.3.4), Polarisationsvorrichtungen (Abschnitt 8.4.3) und sogar als Interferometer dienen. Trotz dieser Vielfalt verwendet die große Mehrzahl der Anwendungen nur eine von den zwei Hauptprismenfunktionen. Erstens kann ein Prisma wie eine Vielzahl von Spektralanalysatoren als Dispersionsvorrichtung dienen. Das heißt, es kann bis zu einem gewissen Grade die einzelnen Frequenzbestandteile in einem polychromen Lichtstrahlenbündel trennen. Sie erinnern sich vielleicht, daß der Ausdruck *Dispersion* früher mit der Frequenzabhängigkeit des Brechungsindexes $n(\omega)$ für Dielektrika eingeführt wurde (Abschnitt 3.5.1). Das Prisma liefert in der Tat ein höchst brauchbares Mittel, um $n(\omega)$ über einen großen Frequenzbereich und für eine große Vielfalt von Stoffen (eingeschlossen Gase und Flüssigkeiten) zu messen. Seine zweite und verbreiteteste Anwendung findet es bei der Veränderung der Ausrichtung eines Bildes oder der Fortpflanzungsrichtung eines Strahlenbündels. Prismen sind in sehr vielen optischen Instrumenten eingebaut, oft nur, um das System in einen begrenzten Raum zusammenzulegen. Es gibt Inversionsprismen, Reversionsprismen und Prismen, die einen Strahl ohne Inversion oder Reversion (siehe Abschnitt 5.4.1) ablenken, und dies alles ohne Dispersion.

5.5.1 Dispersionsprismen

Heute findet man Prismen in einer großen Vielfalt an Größen und Formen, und sie erfüllen eine ebenso große Mannigfaltigkeit an Funktionen (Abb. 5.54). Wir wollen zuerst die Gruppe betrachten, die man als **Dispersionsprismen** bezeichnet. Ein Strahl, der wie in der Abbildung 5.55 in ein Dispersionsprisma eintritt, wird durch einen Winkel δ, den man den *Ablenkungswinkel* nennt, von seiner ursprünglichen Richtung abgelenkt. Bei der ersten Brechung wird der Strahl durch einen Winkel $(\theta_{i1} - \theta_{t1})$ und bei der zweiten Brechung durch $(\theta_{t2} - \theta_{i2})$ abgelenkt. Die gesamte Ablenkung ist dann

$$\delta = (\theta_{i1} - \theta_{t1}) + (\theta_{t2} - \theta_{i2}).$$

Da das Polygon $ABCD$ zwei rechte Winkel enthält, muß der $\angle BCD$ der Ergänzungswinkel des *Scheitelwinkels* α

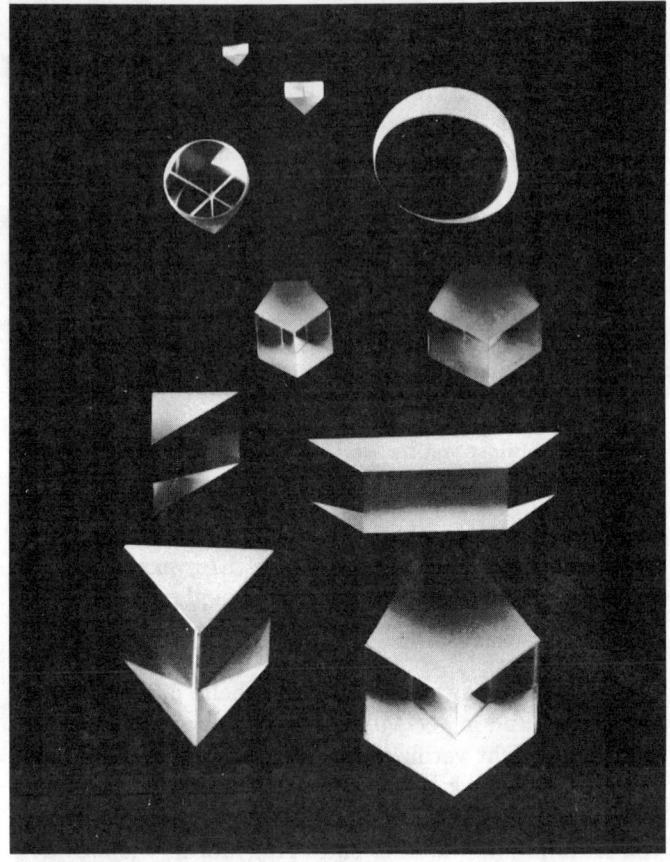

Abbildung 5.54 Verschiedene Prismen. (Photo mit freundlicher Genehmigung von Melles Griot.)

sein. Nun ist der Winkel α als Außenwinkel zu Dreieck BCD auch die Summe der inneren Wechselwinkel, d.h.

$$\alpha = \theta_{t1} + \theta_{i2}. \tag{5.51}$$

Daher ist

$$\delta = \theta_{i1} + \theta_{t2} - \alpha. \tag{5.52}$$

Wir möchten nun gerne δ als eine Funktion sowohl des Einfallswinkels des Strahls (d.h. θ_{i1}) als auch des Prismenwinkels α schreiben; diese setzen wir als bekannt voraus. Es folgt aus dem Snelliusschen Gesetz, daß

$$\theta_{t2} = \sin^{-1}(n \sin \theta_{i2}) = \sin^{-1}[n \sin(\alpha - \theta_{t1})],$$

wenn der Index des Prismas n ist, und das Prisma sich in Luft ($n_a \approx 1$) befindet. Nach Entwicklung dieses Ausdrucks, Ersetzen von $\cos \theta_{t1}$ durch $(1 - \sin^2 \theta_{t1})^{1/2}$ und

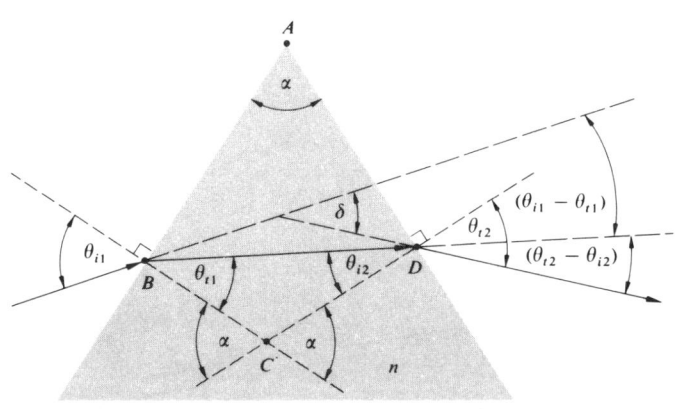

Abbildung 5.55 Geometrie eines Dispersionsprismas.

Anwendung des Snelliusschen Gesetzes erhalten wir

$$\theta_{t2} = \sin^{-1}[(\sin\alpha)(n^2 - \sin^2\theta_{i1})^{1/2} - \sin\theta_{i1}\cos\alpha].$$

Die Ablenkung ist dann

$$\delta = \theta_{i1} + \sin^{-1}[(\sin\alpha)(n^2 - \sin^2\theta_{i1})^{1/2} - \sin\theta_{i1}\cos\alpha] - \alpha. \tag{5.53}$$

Offensichtlich wächst δ mit n, was eine Funktion der Frequenz ist, und so könnten wir die Ablenkung als $\delta(\nu)$ oder $\delta(\lambda)$ kennzeichnen. Für die meisten transparenten Dielektrika von praktischem Interesse nimmt $n(\lambda)$ ab, wenn die Wellenlänge im sichtbaren Bereich zunimmt (man gehe für ein Diagramm $n(\lambda)$ gegen λ für verschiedene Gläser nach Abbildung 3.27 zurück). Es ist dann ersichtlich, daß $\delta(\lambda)$ für rotes Licht kleiner ist als für blaues.

Im frühen 17. Jahrhundert wiesen Berichte von Missionaren aus Asien darauf hin, daß Prismen wegen ihrer Fähigkeit, Farben zu erzeugen, in China wohlbekannt und hochgeschätzt waren.[7] Eine Anzahl von Wis-

---

7) Auszug aus "Beyträge zur Optik", 1791, von J.W. von Goethe: I. Prismatische Erscheinungen im Allgemeinen.
33.
Das Prisma, ein Instrument, welches in den Morgenländern so hoch geachtet wird, daß sich der chinesische Kaiser den ausschließenden Besitz desselben, gleichsam als ein Majestätsrecht, vorbehält, dessen wunderbare Erscheinungen uns in der ersten Jugend auffallen und in jedem Alter Verwunderung erregen, ein Instrument, auf dem beinahe allein die bisher angenommene Farbentheorie beruht, ist der Gegenstand, mit dem wir uns zuerst beschäftigen werden.

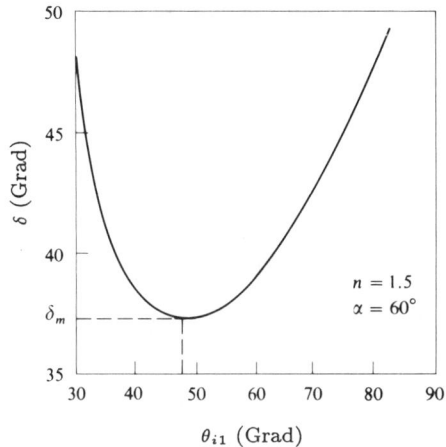

Abbildung 5.56 Ablenkungs- gegen Einfallswinkel.

senschaftlern dieses Zeitalters, insbesondere Marci, Grimaldi und Boyle hatten einige Beobachtungen bei der Benutzung von Prismen gemacht, aber es blieb dem großen Sir Isaac Newton überlassen, die entscheidenden Dispersionsforschungen durchzuführen. Am 6. Februar 1672 überreichte Newton der Royal Society eine berühmte Abhandlung mit dem Titel *A New Theory about Light and Colours* (Eine neue Theorie über Licht und Farben). Er kam zu dem Schluß, daß weißes Licht aus einer Mischung von verschiedenen Farben besteht, und daß der Brechungsprozeß farbabhängig ist.

Nach Gleichung (5.53) ist es evident, daß die Ablenkung, die ein monochromatisches Strahlenbündel beim Durchgang durch ein bestimmtes Prisma erfährt, (d.h. n und α sind fest), nur eine Funktion des Einfallswinkels θ_{i1} an der ersten Fläche ist. Die Abbildung 5.56 stellt ein Diagramm der Ergebnisse der Gleichung (5.53) für die Anwendung auf ein typisches Glasprisma dar. Den kleinsten Wert von δ nennt man die **minimale Ablenkung** δ_m; aus praktischen Gründen ist sie von besonde-

---

34.
Das Prisma ist allgemein bekannt, und es ist kaum nöthig, zu sagen, daß solches ein länglicher, gläserner Körper sei, dessen beide Endflächen aus gleichen, parallelstehenden Triangeln gebildet sind. Parallele Ränder gehen rechtwinklig von den Winkeln beider Endflächen aus, verbinden diese Endflächen und bilden drei gleiche Seiten.

rem Interesse. Sie kann analytisch durch Differenzierung der Gleichung (5.53) und nachfolgender Festlegung von $d\delta/d\theta_{i1} = 0$ bestimmt werden, jedoch wird ein größerer Umweg sicherlich einfacher sein. Die Differenzierung der Gleichung (5.52) und Gleichsetzung mit Null führt zu

$$\frac{d\delta}{d\theta_{i1}} = 1 + \frac{d\theta_{t2}}{d\theta_{i1}} = 0$$

oder $d\theta_{t2}/d\theta_{i1} = -1$. Die Ableitung des Snelliusschen Gesetzes an den Grenzflächen ergibt

$$\cos\theta_{i1} d\theta_{i1} = n\cos\theta_{t1} d\theta_{t1}$$

und

$$\cos\theta_{t2} d\theta_{t2} = n\cos\theta_{i2} d\theta_{i2}.$$

Man beachte ebenso bei der Differenzierung der Gleichung (5.51), daß $d\theta_{t1} = -d\theta_{i2}$, da $d\alpha = 0$. Durch Division der zwei letzten Gleichungen und Substitution für die Differentialquotienten erhalten wir

$$\frac{\cos\theta_{i1}}{\cos\theta_{t2}} = \frac{\cos\theta_{t1}}{\cos\theta_{i2}}.$$

Unter nochmaliger Ausnutzung des Snelliusschen Gesetzes kann dies umgeschrieben werden als

$$\frac{1-\sin^2\theta_{i1}}{1-\sin^2\theta_{t2}} = \frac{n^2-\sin^2\theta_{i1}}{n^2-\sin^2\theta_{t2}}.$$

Dies trifft für den Wert von θ_{i1} zu, für den $d\delta/d\theta_{i1} = 0$ gilt. Da $n \neq 1$, folgt

$$\theta_{i1} = \theta_{t2}$$

und deshalb

$$\theta_{t1} = \theta_{i2}.$$

Dies bedeutet, daß der Strahl, für den die Ablenkung ein Minimum ist, das Prisma symmetrisch durchläuft, d.h. parallel zu seiner Grundfläche. Übrigens gibt es einen hübschen Beweis, warum θ_{i1} gleich θ_{t2} sein muß, der weder so mathematisch noch so langwierig ist wie die Beweisführung, die wir entwickelt haben. Kurz, nehmen wir an, ein Strahl wird minimal abgelenkt und $\theta_{i1} \neq \theta_{t2}$. Kehren wir dann den Strahl um, so wird er denselben Weg zurücklaufen, und so muß δ unverändert sein, d.h. $\delta = \delta_m$. Aber dies bedeutet, daß es zwei verschiedene Einfallswinkel gibt, für die die Ablenkung ein Minimum ist; dies ist, wie wir wissen, nicht richtig — ergo $\theta_{i1} = \theta_{t2}$.

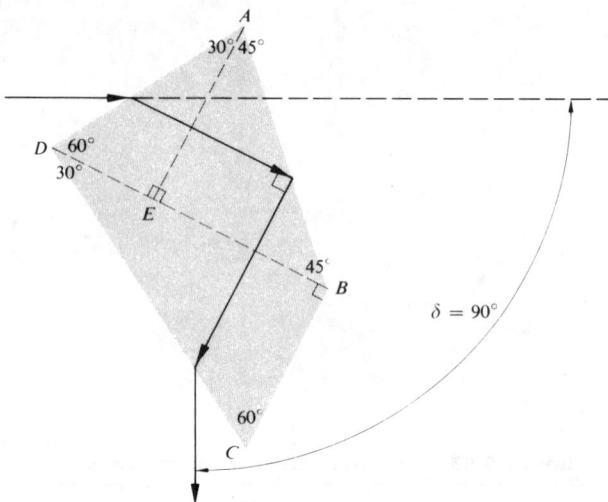

Abbildung 5.57 Das Pellin-Broca-Prisma (ein aus zwei 30°-Prismen und einem totalreflektierenden 90°-Prisma bestehendes Dispersionsprisma).

Für den Fall $\delta = \delta_m$ folgt aus den Gleichungen (5.51) und (5.52), daß $\theta_{i1} = (\delta_m + \alpha)/2$ ist, woraufhin das Snelliussche Gesetz an der ersten Grenzfläche zu

$$n = \frac{\sin[(\delta_m + \alpha)/2]}{\sin\alpha/2} \qquad (5.54)$$

führt. Diese Gleichung bildet die Grundlage für eine der genauesten Techniken zur Bestimmung des Brechungsindexes einer transparenten Substanz. Dazu formt man ein Prisma aus dem in Frage kommenden Stoff, mißt α und $\delta_m(\lambda)$ und berechnet $n(\lambda)$ durch Einsatz der Gleichung (5.54) bei jeder Wellenlänge. Hohle Prismen, deren Seiten aus planparallelem Glas hergestellt sind, können unter hohem Druck mit Flüssigkeiten oder Gasen gefüllt sein; die Glasplatten selbst lenken einen Strahl nicht ab.

Die Abbildungen 5.57 und 5.58 stellen zwei Beispiele von *Dispersionsprismen mit konstanter Ablenkung* dar, die hauptsächlich in der Spektroskopie wichtig sind. Das *Pellin-Broca-Prisma* ist wahrscheinlich das weitverbreitetste der Gruppe. Obgleich es ein einzelner Glasblock ist, kann man es sich aus zwei 30° − 60° − 90°-Prismen und einem 45° − 45° − 90°-Prisma zusammengesetzt vorstellen. Wir nehmen an, daß in der dargestellten Position ein einzelner monochromatischer Strahl der Wellenlänge λ das Teilprisma DAE symmetrisch durchläuft, wonach

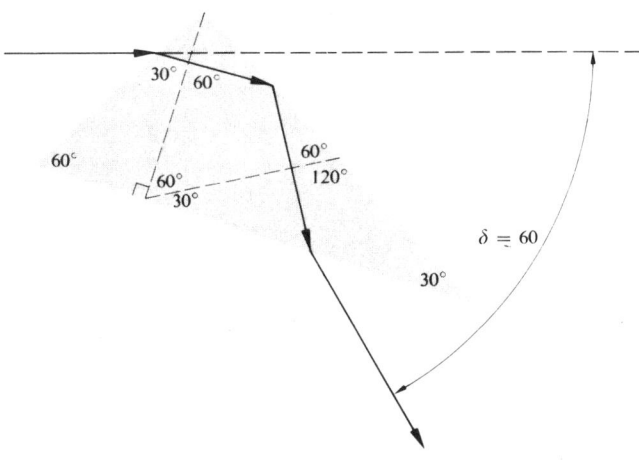

Abbildung 5.58 Das Abbe-Prisma.

er mit 45° von der Fläche AB reflektiert wird. Der Strahl durchläuft dann das Prisma CDB symmetrisch, wobei er eine Gesamtablenkung von 90° erfährt. Tatsächlich darf man sich vorstellen, daß der Strahl durch ein gewöhnliches 60°-Prisma (DAE verbunden mit CDB) bei minimaler Ablenkung läuft. Alle anderen Wellenlängen, die im Strahlenbündel vorhanden sind, kommen unter anderen Winkeln heraus. Wird das Prisma nun leicht um eine Achse gedreht, die senkrecht zur Seite des Buches ist, so hat der ankommende Strahl einen neuen Einfallswinkel. Eine andere Wellenlängenkomponente, z.B. λ_2, erfährt nun eine minimale Ablenkung, die wieder 90° ist — daher der Begriff *konstante Ablenkung*. Mit einem Prisma dieser Art kann man bequem die Lichtquelle und das Betrachtungssystem unter einem festen Winkel (hier 90°) aufstellen und dann das Prisma einfach drehen, um eine bestimmte Wellenlänge zu betrachten. Die Vorrichtung kann so geeicht werden, daß die Drehskala des Prismas die Wellenlänge direkt angibt.

5.5.2 Reflexionsprismen

Im Unterschied zum vorherigen Abschnitt untersuchen wir nun *Reflexionsprismen*, in denen die Dispersion nicht mehr erwünscht ist. Im vorliegenden Fall wird der Strahl derart hineingeführt, daß wenigstens eine innere Reflexion stattfindet, um entweder die Fortpflanzungsrichtung und/oder die Ausrichtung des Bildes zu ändern.

Wir wollen zuerst nachweisen, daß es wirklich möglich ist, solch eine innere Reflexion ohne eine begleitende Dispersion zu erhalten. Mit anderen Worten, ist δ unabhängig von λ? Das Prisma in Abbildung 5.59 soll voraussetzungsgemäß im Profil ein gleichschenkliges Dreieck sein — diese Form kommt jedenfalls ziemlich häufig vor. Der Strahl, der an der ersten Grenzfläche gebrochen wird, wird später von der Fläche FG reflektiert. Wie wir früher sahen (Abschnitt 4.3.4) tritt dies ein, wenn der innere Einfallswinkel größer als der Grenzwinkel θ_c ist, der durch

$$\sin \theta_c = n_{ti} \qquad [4.69]$$

definiert ist. Dies macht es für eine Glas-Luft-Grenzfläche erforderlich, daß θ_i größer als etwa 42° ist. Um irgendwelche Schwierigkeiten bei kleineren Winkeln zu vermeiden, wollen wir weiter voraussetzen, daß die Grundfläche unseres hypothetischen Prismas ebenfalls verspiegelt ist — bestimmte Prismen erfordern tatsächlich verspiegelte Flächen. Der Ablenkungswinkel zwischen den hineingehenden und herauskommenden Strahlen ist

$$\delta = 180° - \measuredangle BED. \qquad (5.55)$$

Von dem Viereck $ABED$ wissen wir, daß

$$\alpha + \measuredangle ADE + \measuredangle BED + \measuredangle ABE = 360°.$$

Überdies gilt an den zwei brechenden Flächen

$$\measuredangle ABE = 90° + \theta_{i1}$$

und

$$\measuredangle ADE = 90° + \theta_{t2}.$$

Durch Substitution des $\measuredangle BED$ in die Gleichung (5.55) erhalten wir

$$\delta = \theta_{i1} + \theta_{t2} + \alpha. \qquad (5.56)$$

Da der Strahl im Punkt C einen gleichen Einfalls- und Reflexionswinkel hat, ist $\measuredangle BCF = \measuredangle DCG$. Daher ist $\measuredangle BFC = \measuredangle DGC$, da das Prisma gleichschenklig ist; die Dreiecke FBC und DGC sind ähnlich. Es folgt, daß $\measuredangle FBC = \measuredangle CDG$ und deshalb schließlich, daß $\theta_{t1} = \theta_{i2}$ ist. Vom Snelliusschen Gesetz wissen wir, daß dies äquivalent zu $\theta_{i1} = \theta_{t2}$ ist, woraufhin die Ablenkung

$$\delta = 2\theta_{i1} + \alpha \qquad (5.57)$$

wird, die sicherlich weder von λ noch von n abhängig ist. Die Reflexion tritt ohne irgendwelche Präferenzfarben auf, und das Prisma nennt man *achromatisch*. Klappen wir das Prisma auseinander, d.h. zeichnen wir sein

5 Geometrische Optik — Theorie der achsennahen Strahlen

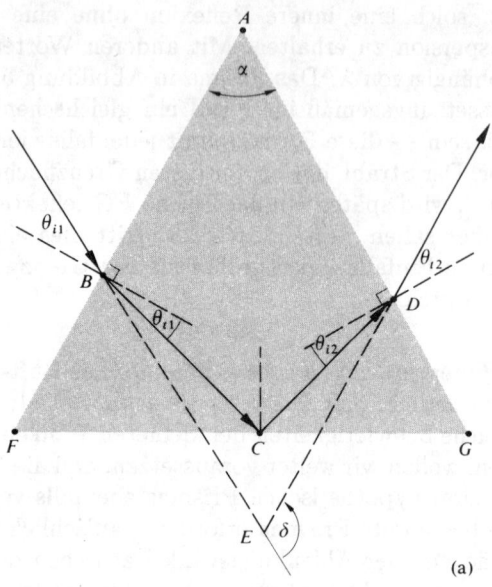

(a)

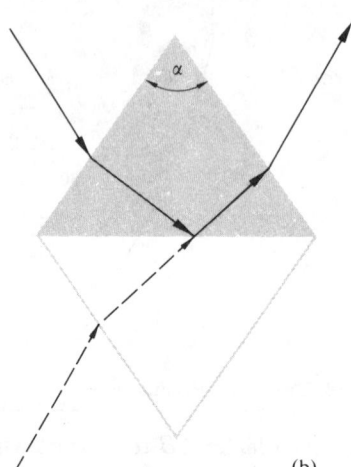

(b)

Abbildung 5.59 Geometrie eines Reflexionsprismas.

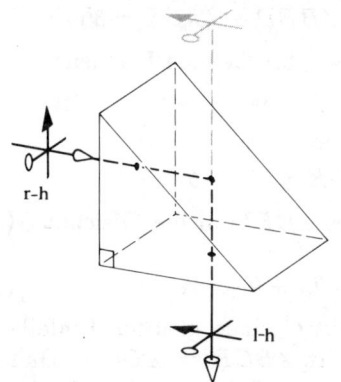

Abbildung 5.60 Das rechtwinklige Prisma.

Abbildung 5.61 Das Porro-Prisma.

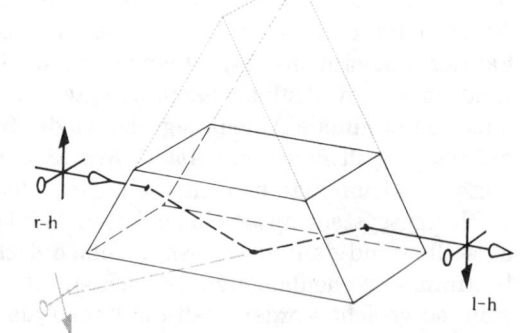

Abbildung 5.62 Das Dove-Prisma (Reversionsprisma, Wendeprisma).

Spiegelbild in die reflektierende Fläche FG wie in Abbildung 5.59 (b), so sehen wir, daß das Prisma gewissermaßen äquivalent zu einem Parallelepiped oder einer dicken ebenen Platte ist. Das Spiegelbild des einfallenden Strahls kommt parallel zu sich selbst ungeachtet der Wellenlänge heraus.

Aus der Vielzahl der weit verwendeten Reflexionsprismen sind in den verschiedenen nächsten Abbildungen ein paar gezeigt. Diese werden oft aus BSC-2- oder C-1-Glas hergestellt (siehe Tabelle 6.2). Zum größten Teil sind die Darstellungen unmittelbar verständlich, und so werden die erläuternden Anmerkungen kurz sein.

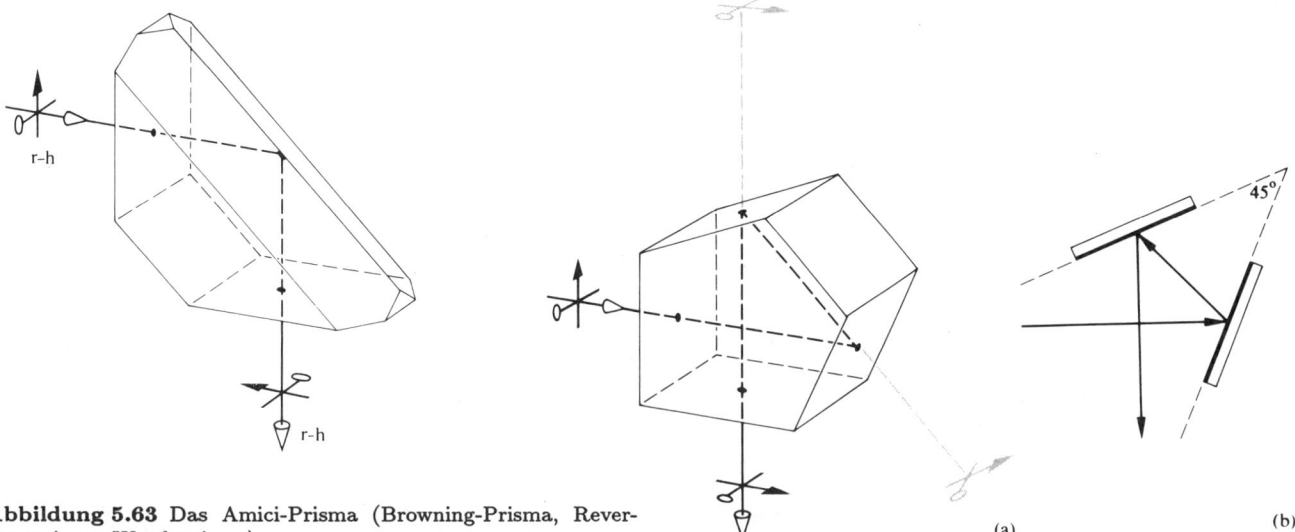

Abbildung 5.63 Das Amici-Prisma (Browning-Prisma, Reversionsprisma, Wendeprisma).

Abbildung 5.64 Das Pentagonprisma (Prandtel-Prisma, Goulier-Prisma) und sein Spiegeläquivalent.

Das *rechtwinklige* Prisma (Abb. 5.60) lenkt die Strahlen, die senkrecht zur Eintrittsfläche einfallen, um 90° ab. Man beachte, daß die Spitze und das untere Ende des Bildes ausgetauscht wurden, d.h. der Pfeil ist umgedreht, während die rechte und linke Seite bestehen blieben. Es ist deshalb ein Inversionssystem, bei dem sich die obere Fläche wie ein ebener Spiegel verhält. (Um dies zu verstehen, stellen wir uns vor, daß der Pfeil und Dauerlutscher Vektoren sind, und bilden das Kreuzprodukt. Die Resultierende Pfeil × Dauerlutscher zeigte ursprünglich in die Fortpflanzungsrichtung, sie wird aber durch das Prisma umgekehrt.)

Das *Porro*-Prisma (Abb. 5.61) ist physikalisch dem vorhergehenden Prisma gleich, wird aber in einer anderen Stellung verwendet. Nach zwei Reflexionen ist der Strahl um 180° abgelenkt. Wenn er daher rechtshändig eintritt, verläßt er das Prisma auch rechtshändig.

Das *Dove*-Prisma (Abb. 5.62) ist eine abgestumpfte Version des rechtwinkligen Prismas (um Größe und Gewicht zu reduzieren), das fast ausschließlich in parallelem Licht benutzt wird. Es hat die interessante Eigenschaft (Aufgabe 5.54), das Bild zweimal so schnell zu drehen wie es selbst um die Längsachse gedreht wird.

Das *Amici*-Prisma (Abb. 5.63) ist im Prinzip ein abgestumpftes rechtwinkliges Prisma mit einer Dacheinheit, die auf die Hypotenusenfläche aufgesetzt wurde. In seiner häufigsten Verwendung hat es den Effekt, das Bild durch die Mitte hindurch zu spalten und den rechten und linken Teil auszutauschen.[8] Diese Prismen sind wegen des 90°-Dachwinkels sehr teuer, der auf ca. 3 oder 4 Bogensekunden stimmen muß. Andernfalls ergibt sich ein störendes Doppelbild. Man verwendet diese Prismen oft in einfachen Teleskopsystemen, um die Reversion zu korrigieren, die durch die Linsen hineingebracht wird.

Das *Pentagonprisma* (Abb. 5.64) lenkt den Strahl um 90° ab, ohne die Ausrichtung des Bildes zu beeinflussen. Man beachte, daß zwei Oberflächen verspiegelt sein müssen. Diese Prismen werden oft als reflektierende Endflächen in kleinen Entfernungsmessern verwendet.

Das *Rhomboidprisma* (Abb. 5.65) versetzt den Sehstrahl, ohne eine Winkelabweichung oder Veränderung in der Ausrichtung des Bildes zu erzeugen.

---

[8] Sie können sehen, wie es eigentlich funktioniert, indem Sie zwei ebene Spiegel im rechten Winkel zueinander aufstellen und direkt in die Kombination sehen. Zwinkern Sie mit Ihrem *rechten* Auge, so zwinkert das Spiegelbild mit seinem *rechten* Auge. Sind Ihre Augen übrigens gleich stark, so sehen Sie zwei Trennlinien (Bilder von der Linie, in der sich die Spiegel treffen), wobei jeweils eine durch die Mitte jeden Auges läuft, mit Ihrer Nase zwischen ihnen. Wenn ein Auge stärker ist, gibt es nur eine Trennlinie durch dieses Auge. Schließen Sie es, so springt die Trennlinie zu dem anderen Auge über. Dies muß man ausprobieren, um es richtig zu verstehen.

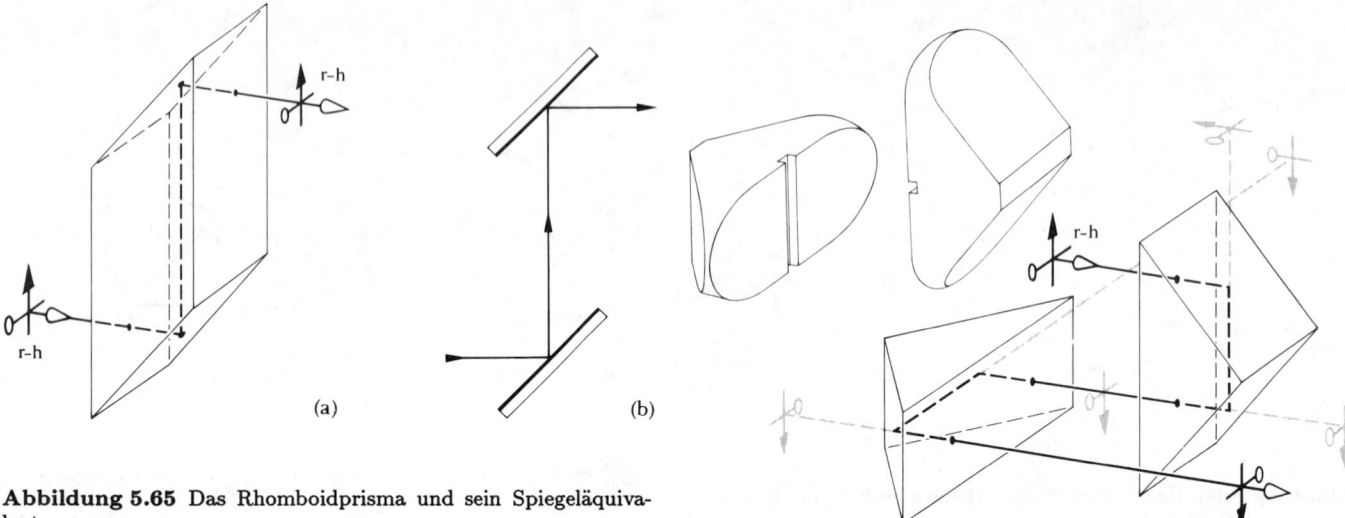

Abbildung 5.65 Das Rhomboidprisma und sein Spiegeläquivalent.

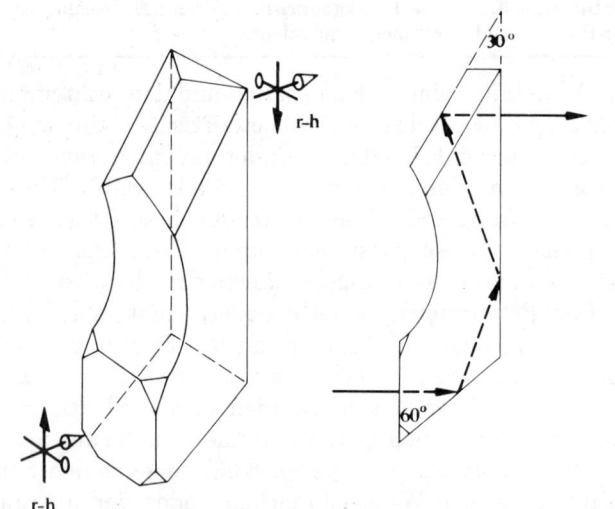

Abbildung 5.66 Das Leman-Prisma (Sprenger-Prisma).

Das *Leman-* oder *Sprenger-Prisma* (Abb. 5.66) hat auch ein 90°-Dach. Hier ist der Sehstrahl versetzt, ohne im Winkel abgelenkt worden zu sein. Das herauskommende Bild ist jedoch seitenrichtig und um 180° gedreht. Das Prisma kann deshalb dazu dienen, Bilder in Teleskopsystemen aufzurichten, z.B. in Zielfernrohren und Ähnlichem.

Abbildung 5.67 Das doppelte Porro-Prisma.

Es gibt sehr viel mehr Reflexionsprismen, die bestimmten Zwecken dienen. Schneidet man z.B. einen Würfel einfach so durch, daß das abgeschnittene Stück drei gegenseitig aufeinander senkrecht stehende Flächen besitzt, so nennt man es ein *Corner-Cube-Prisma*. Es hat eine rückrichtende Eigenschaft, d.h. es reflektiert alle ankommenden Strahlen längs ihrer ursprünglichen Richtungen zurück. Einhundert dieser Prismen befinden sich in einer Anordnung, die 46 cm im Quadrat ist und 384000 Kilometer von hier während des Apollo 11 Fluges auf dem Mond aufgestellt wurde. [9]

Das häufigste Aufrichtesystem besteht, wie in Abbildung 5.67 dargestellt, aus zwei Porro-Prismen. Sie sind relativ leicht herzustellen und sind hier mit gerundeten Ecken gezeigt, die Gewicht und Größe reduzieren. Da es vier Reflexionen gibt, ist das austretende Bild seitenrichtig. Eine schmale Fuge ist häufig in die Hypotenusenfläche eingeschnitten, um Strahlen zu versperren, die bei Glanzwinkeln innen reflektiert werden. Das Auffinden dieser Fugen nach Zerlegung des Familienfernglases birgt allzu oft eine unerklärliche Überraschung.

---

[9] J.E. Foller und E.J. Wampler, "The Lunar Laser Reflector", *Sci. Am.*, März 1970. p. 38.

Abbildung 5.68 Muster eines optischen Wellenleitertyps, die man in den Endflächen von Fasern mit kleinem Durchmesser sieht. (Photo mit freundlicher Genehmigung von Narinder S. Kapany.)

5.6 Faseroptik

In letzter Zeit wurden Techniken entwickelt, mit denen man Licht effizient durch transparente, dielektrische Fasern von einem Punkt im Raum zu einem anderen leiten kann. Setzen wir voraus, daß der Durchmesser der Fasern groß im Vergleich zur Wellenlänge der Strahlungsenergie ist, so ist die inhärente Wellennatur des Fortpflanzungsmechanismus von geringer Bedeutung, und der Prozeß gehorcht den bekannten Gesetzen der geometrischen Optik. Ist der Durchmesser andererseits in der Größenordnung von λ, so gleicht die Übertragung beinahe der Art und Weise, in der Mikrowellen längs Hohlleitern fortschreiten. Einige Fortpflanzungsarten sind in den mikrophotographischen Endansichten der in Abbildung 5.68 gezeigten Fasern deutlich. Hier muß man mit der Wellennatur des Lichtes rechnen, und daher befindet man sich im Bereich der Wellenoptik. Obwohl optische Wellenleiter, insbesondere der Dünnschichtauswahl, von zunehmendem Interesse sind, wird die Diskussion auf den Fall von Fasern mit relativ großen Durchmessern beschränkt.

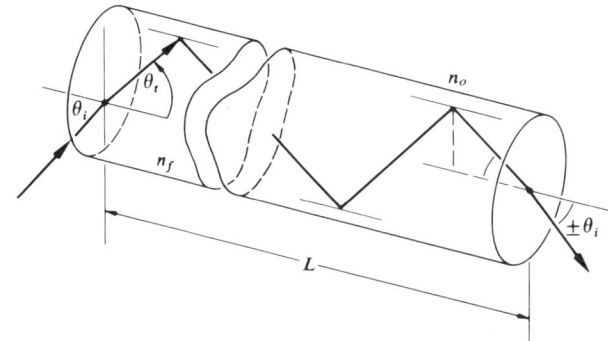

Abbildung 5.69 Strahlen, die innerhalb eines dielektrischen Zylinders reflektiert werden.

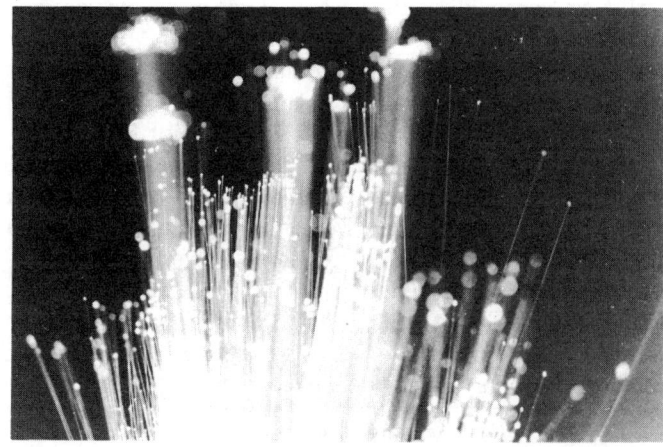

Abbildung 5.70 Licht, das aus den Enden eines losen Glasfaserbündels herauskommt. (Photo von E.H.)

Wir betrachten den geraden Glaszylinder der Abbildung 5.69, der von Luft umgeben ist. Das Licht, das seine Wände von innen trifft, wird unter der Voraussetzung totalreflektiert, daß der Einfallswinkel bei jeder Reflexion größer als $\theta_c = \sin^{-1} n_a/n_f$ ist, wobei n_f der Index des Zylinders oder der Faser ist. Wie wir zeigen werden, könnte ein *Meridionalstrahl*, d.h. *ein Strahl, der in einer Ebene mit der optischen Achse liegt*, einige tausendmal pro Meter reflektiert werden, während er längs einer Faser hin und her springt, bis er am anderen Ende (Abb. 5.70) hervorkommt. Hat die Faser einen Durchmesser D und eine Länge L, so ist die Weglänge, die vom Strahl durchlaufen wurde,

$$\ell = L/\cos\theta_t \qquad (5.58)$$

oder nach dem Snelliusschen Gesetz

$$\ell = n_f L(n_f^2 - \sin^2\theta_i)^{-1/2}. \qquad (5.59)$$

Die Anzahl N der Reflexionen ist dann durch

$$N = \frac{\ell}{D/\sin\theta_t} \pm 1$$

beziehungsweise

$$N = \frac{L\sin\theta_i}{D(n_f^2 - \sin^2\theta_i)^{1/2}} \pm 1 \qquad (5.60)$$

gegeben, die zur nächsten ganzen Zahl abgerundet wird. Die ± 1, die davon abhängt, wo der Strahl die Endfläche trifft, ist vernachlässigbar, wenn N wie in der Praxis groß ist. Wenn daher $D = 50$ μm ist (d.h. 50 Mikron, wobei 1 μm $= 10^{-6}$m; ein Kopfhaar eines Menschen ist ca. 50 μm im Durchmesser), und wenn $n_f = 1.6$ und $\theta_i = 30°$ ist, so ergibt sich für N ungefähr 7000 Reflexionen pro Meter. Fasern sind in Durchmessern von ca. 2 μm bis zu etwa 6 mm erhältlich, werden aber selten in Größen verwendet, die viel kleiner als ungefähr 10 μm sind. Stäbe mit großem Durchmesser werden im allgemeinen *Lichtleiter* genannt. Äußerst dünne Glas- (oder Kunststoff-) Fäden sind ziemlich flexibel, was durch die wohlbekannte Tatsache bestätigt wird, daß Glasfasern sogar zu Stoffen gewebt werden können. [10]

---

10) *Zur Herstellung optischer Glasfasern*
Im wesentlichen werden Glasfasern nach zwei verschiedenen Verfahren hergestellt: dem Ziehverfahren ("Stab-in-Rohr") und der Doppeldüsen-Methode. Bei dem Ziehverfahren werden Vorformen hergestellt (z.B. durch chemischen Niederschlag aus der Dampfphase) und im einfachsten Fall z.B. ein Glasstab mit der höheren Kern-Brechzahl n_K in ein Rohr mit der Mantelbrechzahl n_M hineingesteckt, beide in einem Ofen am einen Ende bis zum Schmelzen erhitzt und zu einem feinen Faden mit dem maßstäblich verkleinerten Brechzahlprofil ausgezogen. Durch geeignete Dotierung der Vorformen lassen sich entweder makroskopisch oder auch durch Diffusion beim Ausziehen bestimmte Brechzahlgradienten herstellen. Die derzeitige Forschung beschäftigt sich neben der Materialauswahl und Dotierung insbesondere mit der Herstellung der Vorformen (Niederschlag aus der Dampfphase; Plasmaaktivierung) und auch Heizungsmethoden. Bei der Doppeldüsen-Methode werden die ummantelten Fasern direkt aus zwei Glasschmelzen I und II gezogen. Durch die Düsenform lassen sich bestimmte Querschnittverhältnisse herstellen. Durch die unterschiedliche Dotierung der Schmelzen lassen sich auch hier bei geeigneter Wahl von Temperatur, Düsenform und Ziehgeschwindigkeit bestimmte Brechzahl-

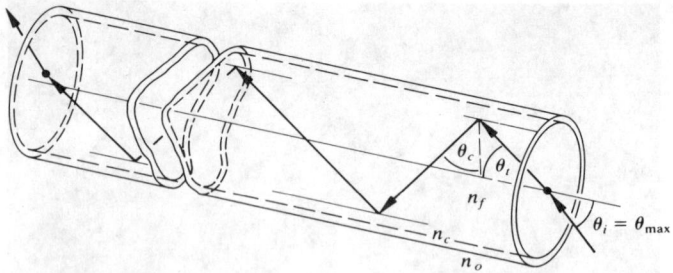

Abbildung 5.71 Strahlen in einer ummantelten optischen Faser.

Die glatte Oberfläche einer einzelnen Faser muß von Feuchtigkeit, Staub, Öl usw. sauber gehalten werden, wenn es keine Lichtverluste (über den Mechanismus der gestörten inneren Totalreflexion) geben soll. Wenn große Zahlen von Fasern in dichter Nähe zusammengepackt sind, könnte ebenso Licht von einer Faser zur anderen übertreten, was man *gestörte Totalreflexion*[11] oder *Kopplung* von Fasern nennt. Aus diesen Gründen ist es nun üblich, jede Faser in einem transparenten Mantel mit einem niedrigen Brechungsindex einzuhüllen, den man **Ummantelung** nennt. Diese Schicht braucht nur dick genug zu sein, um die gewünschte Isolation zu liefern, doch aus anderen Gründen nimmt sie ungefähr $1/10$ der Querschnittsfläche ein. Obwohl in der Literatur die Erwähnungen von einfachen Lichtleitern bis zu 100 Jahre zurückgehen, beginnt die moderne Ära der Faseroptik erst mit der Einführung dieser ummantelten Fasern 1953.

Normalerweise haben Faserkerne einen Index (n_f) von 1.62 und die Ummantelung einen Index (n_c) von 1.52, obwohl eine Reihe von Werten erhältlich sind. Eine ummantelte Faser ist in der Abbildung 5.71 gezeigt. Man beachte, daß es einen Maximalwert θ_{max} von θ_i gibt, für den der innere Strahl im Grenzwinkel θ_c auftrifft. Strahlen, die auf die Eintrittsfläche unter Winkeln einfallen, die größer als θ_{max} sind, treffen die Innenwand unter Winkeln, die kleiner als θ_c sind. Sie werden nur zum Teil

---

gradienten erzeugen. Die Hauptschwierigkeit, insbesondere für die Nachrichtentechnik, liegt in der Einhaltung der erforderlichen extrem hohen Reinheit und Absorptionsfreiheit (H. Rehnert, TU Berlin).

11) Gestörte Totalreflexion der Fasern heißt im Englischen *fiber cross talk*, stammt aus der Nachrichtentechnik und wird direkt mit "übersprechen" übersetzt. Besser und klarer ist jedoch die Übersetzung *Kopplung*. (H. Rehnert, TU Berlin)

bei jedem derartigen Zusammenstoß mit der Grenzfläche zwischen Kern und Mantel reflektiert und treten schnell aus der Faser heraus. Dementspechend definiert $\theta_{\max}$ den Halbwinkel des Eintrittskegels der Faser. Um ihn zu bestimmen, schreiben wir

$$\sin\theta_c = n_c/n_f = \sin(90 - \theta_t).$$

Daher ist
$$n_c/n_f = \cos\theta_t \qquad (5.61)$$
oder
$$n_c/n_f = (1 - \sin^2\theta_t)^{1/2}.$$

Bei Anwendung des Snelliusschen Gesetzes und Umformung der Terme erhalten wir

$$\sin\theta_{\max} = \frac{1}{n_o}(n_f^2 - n_c^2)^{1/2}. \qquad (5.62)$$

Die Größe $n_o \sin\theta_{\max}$ ist als die **numerische Apertur** oder NA definiert. Ihr Quadrat ist ein Maß für das Vermögen des Systems, das Licht zu sammeln. Der Ausdruck NA kommt aus der Mikroskopie, wo der äquivalente Ausdruck die korrespondierenden Fähigkeiten des Objektivs beschreibt. Er sollte eindeutig mit der *Lichtstärke* des Systems in Beziehung stehen, und tatsächlich ist

$$f/\# = \frac{1}{2(\text{NA})}. \qquad (5.63)$$

Deshalb gilt für eine Faser

$$\text{NA} = (n_f^2 - n_c^2)^{1/2}. \qquad (5.64)$$

Die linke Seite der Gleichung (5.62) kann 1 nicht überschreiten, und in Luft ist $n_o = 1.00028 \approx 1$. Das bedeutet, daß der größte Wert von NA gleich 1 ist. In diesem Fall ist der Halbwinkel $\theta_{\max}$ gleich 90°, und die Faser reflektiert das gesamte Licht total, das in ihre Vorderseite eintritt (Aufgabe 5.55). Fasern mit einer großen Auswahl von numerischen Aperturen, die von ca. 0.2 bis 1.0 gehen, sind im Handel erhältlich.

Bündel von freien Fasern, deren Enden (z.B. mit Epoxid) zusammengebunden, geschliffen und poliert sind, bilden flexible Lichtleiter. Ordnet man die Fasern nicht zu einer regelmäßigen Anordnung, so hat man ein *Lichtleitkabel*.[12] In diesem Kabel könnte z.B. die erste Faser in der obersten Reihe der Eintrittsfläche ihren Endpunkt irgendwo im Bündel an der Austrittsfläche haben. Diese *flexiblen Lichtleitkabel* sind aus diesem Grund relativ leicht herzustellen und billig. Hauptsächlich verwendet man sie nur, um das Licht von einem Bereich zum anderen zu leiten. Wenn die Fasern im Gegensatz dazu sorgfältig angeordnet sind, so daß ihre Enden dieselben relativen Positionen in beiden Enden des Bündels einnehmen, so nennt man das Bündel *geordnet*. Solch eine Anordnung kann Bilder übertragen; man bezeichnet sie daher als *flexibles Bildleitkabel*. Übrigens stellt man geordnete Bündel oft dadurch her, daß man Fasern auf eine Rolle wickelt, die dann Bänder ergeben, die danach sorgfältig aufeinander geschichtet werden. Legt man das eine Ende eines derartigen Bündels flach auf eine leuchtende Fläche, so erscheint am anderen Ende ein Bild, das Punkt für Punkt wiedergibt, was unter dem einen Ende liegt (Abb. 5.72). Man kann die Bündel mit einer kleinen Linse versehen, so daß man das zu untersuchende Objekt nicht berühren muß. Heute verwendet man faseroptische Geräte, um alle Arten von schwer zugänglichen Stellen untersuchen zu können, vom Kern eines Atomreaktors oder Flugzeugmotors bis zum Magen oder Fortpflanzungsorgan. Ein Gerät zur Untersuchung von inneren Höhlen des Körpers nennt man *Endoskop*. Diese Kategorie enthält Bronchoskope, Darmspiegel, Magenspiegel usw., von denen alle im allgemeinen kürzer als etwa 200 cm in der Länge sind. Ähnliche Instrumente für industrielle Zwecke sind gewöhnlich zwei- oder dreimal so lang und enthalten oft 5000 bis 50000 Fasern. Dies hängt von der erforderlichen Bildauflösung und dem zulässigen Außendurchmesser ab. Ein zusätzliches Lichtleitkabel, das in dem Instrument eingebaut ist, liefert normalerweise die Beleuchtung.

Nicht alle faseroptischen Anordnungen sind flexibel hergestellt; z.B. verwendet man verschmolzene, unbiegsame, geordnete Faserböden oder *Mosaiken*, um homogenes Flachglas mit geringem Auflösungsvermögen auf Kathodenstrahlröhren, Vidikone (Bildaufnahmeröhren), Bildverstärker usw. zu ersetzen. Mosaiken, die aus buchstäblich Millionen von Fasern mit ihren zusammenverschmolzenen Ummantelungen bestehen, haben mechanische Eigenschaften, die fast identisch zum homogenen Glas sind. Eine Platte verschmolzener, *konischer* Fasern kann ebenso ein Bild entweder vergrößern oder verkleinern. Dies hängt davon ab, ob das Licht in das kleinere oder größere Ende der Faser eintritt. Das zusammenge-

---

[12] Der im Englischen etwas unglücklich benutzte Ausdruck hierfür ist incoherent bundle = inkohärentes Bündel; er sollte dort nicht mit der Kohärenztheorie durcheinandergebracht werden.

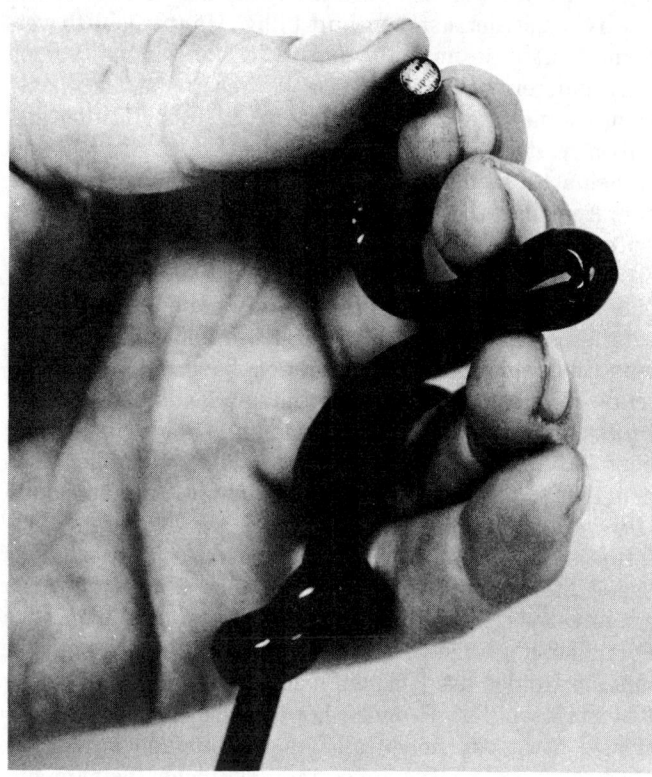

Abbildung 5.72 Ein Bildleitkabel von 10 μm-Glasfasern, das sogar ein Bild überträgt, obwohl es geknotet und scharf geknickt ist. (Photo mit freundlicher Genehmigung der American Cystoscope Makers, Inc.)

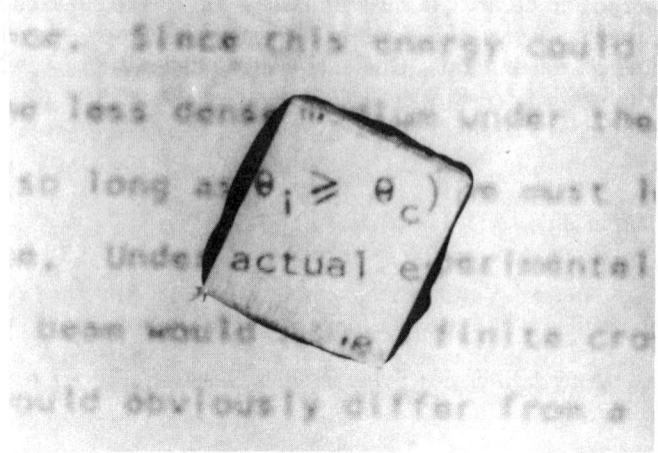

Abbildung 5.73 Ein Stapel Deckgläser, der durch ein Gummiband zusammengehalten wird, dient als Bildleiter. (Photo von E.H.)

setzte Auge eines Insektes, wie das der Hausfliege, ist effektiv ein Bündel konischer faseroptischer Fäden. Die Stäbchen und Zapfen, die die menschliche Netzhaut bilden, können ebenso das Licht über die innere Totalreflexion leiten. Eine andere weit verbreitete Anwendung von Mosaiken für Bildleitungen ist die *Bildfeldebnungslinse*. Liegt das Bild, das durch eine Linsensystem erzeugt wird, auf einer gekrümmten Fläche, so ist es oft wünschenswert, das Bild in eine Ebene umzuformen, so daß es z.B. einer Photoplatte angepaßt ist. Eine der beiden Endflächen eines Mosaiks kann so geschliffen und poliert werden, daß sie der Kontur des Bildes, und die andere, daß sie dem Detektor entspricht. Übrigens gibt es einen natürlich vorkommenden, faserigen Kristall, den man *Ulexit*[13] nennt; er reagiert wie ein faseroptisches Mosaik, wenn er poliert wird. (Hobbyläden verkaufen ihn oft für die Herstellung von Schmuck.)

Falls Sie die Art von Lichtleitung, über die wir sprachen, noch nie gesehen haben, sollten Sie an den Kanten eines Stapels Mikroskopobjektträger herabsehen. Noch besser sind die viel dünneren (0.18 mm) Deckgläser. Abbildung 5.73 zeigt, wie Licht zur oberen Fläche eines Stapels von einigen hundert Deckgläsern, der durch ein Gummiband zusammengehalten wird, transmittiert wird.[14]

Die Faseroptik hat heute drei verschiedene Anwendungsgebiete: sie wird für die direkte Übertragung von Bildern und für Beleuchtungszwecke angewandt, sie dient als der Kern einer neuen Familie von Sensoren, und sie

---

[13] Die Bezeichnung Ulexit stammt vom deutschen Chemiker Ulex (Berlin). Es besteht aus feinsten Fasern in lockeren weißen Knollen ($CaNaB_5O_9 \times 8\,H_2O$), wobei $\rho=1.7$ g/cm^3 und die Härte 1 ist. Wird es entwässert, so erhält man 42% B_2O_3, was auf Borsäure und Borate verarbeitet wird; d.Ü.

[14] Literaturangaben: John E. Midwinter, *Optical Fibers for Transmission*. Wiley, New York 1979. W. Heinlein, *Grundlagen der faseroptischen Übertragungstechnik*, Teubner, Stuttgart 1985. S. Geckler, *Lichtwellenleiter für die optische Nachrichtenübertragung*. Springer, Berlin 1986. H.G. Unger, *Optische Nachrichtentechnik*. Elitera, Berlin 1976 (als Kurzfassung der englischen Ausgabe!)

liefert eine Vielfalt von außergewöhnlichen Wellenleitern für die Fernmeldetechnik. Die Bildübertragung mit Bildleitkabeln über Entfernungen im Meterbereich ist, wie wunderbar und wie nützlich auch immer, relativ unproblematisch und beginnt kaum damit, die Möglichkeiten auszuschöpfen, die die Faseroptik bietet. In den letzten Jahrzehnten hat die Anwendung von Lichtleitern in der Fernmeldetechnik eine Revolution verursacht. In der letzten Zeit sind die faseroptischen Sensoren — d.h. Geräte, die den Druck, den Schall, die Temperatur, Spannung, Strömung, den Pegelstand von Flüssigkeiten, die elektrischen und magnetischen Felder, Rotationen usw. messen — zur neuesten Manifestation der Vielseitigkeit von Fasern geworden.

Die Welt befindet sich im Anfangsstadium einer neuen Ära der optischen Fernmeldetechnik, mit Strahlungsenergie, die den Fasern entlang saust, und so die Elektrizität ersetzt, die über Metalldrähte läuft — nicht um einen Energiestrom, sondern um Informationen zu übertragen. Die viel höheren Frequenzen des Lichts ermöglichen einen unglaublichen Zuwachs an Datenerfassungskapazitäten. Mit hochentwickelten Übertragungstechniken kann man z.B. erreichen, daß ein Kupfertelefonkabel über zwei Dutzend Gespräche simultan überträgt. Dies sollte man mit einer einzelnen Fernsehübertragung vergleichen, die äquivalent zu etwa 1300 simultanen Telefongesprächen ist, wobei diese wiederum ca. 2500 Schreibmaschinenseiten pro Sekunde entsprechen. Sicher ist das Kupfertelefonkabel gegenwärtig für die Fernsehübertragung ganz unbrauchbar. Doch ist es bereits möglich, mehr als 12000 Gespräche simultan über ein *einziges Paar* Fasern zu übertragen — dies entspricht mehr als neun Fernsehkanälen. Jede derartige Faser hat eine Übertragungsrate von etwa 400 Millionen Bits an Informationen pro Sekunde (400 Mb/s). Dies entspricht 6000 gleichzeitigen Gesprächen. Die genannten Zahlen sind nur der Anfang; Raten von 2000 MB/s werden bald überall zur Verfügung stehen. Diese Technologie befindet sich erst in ihrem Anfangsstadium.

Die Kapazitäten, die man bis heute erreicht hat, sind noch weit von der theoretischen Grenze entfernt. Dennoch sind die Leistungen der letzten Zeit beeindruckend. Das neue transatlantische Kabel TAT-8 ist z.B. ein faseroptisches System, das unter Verwendung einiger raffinierter Datenerfassungstechniken dafür konstruiert ist, 40000 Gespräche gleichzeitig über nur zwei Paar Glasfasern zu leiten. TAT-1, ein Kupferkabel, das 1956 installiert wurde, konnte nur 51 Gespräche übertragen, und das letzte der schwer zu bewegenden Kupferversionen, TAT-7 (1983), kann nur etwa 8000 Gespräche übertragen. TAT-8 ist so konstruiert, daß alle 50 km oder mehr Zwischenverstärker eingesetzt sind (um die Signalstärke zu verstärken). Diese sollte man mit dem Kupferkabel TAT-7 vergleichen, das etwa alle 10 km Zwischenverstärker hat, was für weit auseinanderliegende Verbindungen sehr wichtig ist. Einfache Drahtverbindungen benötigen etwa auf jeden Kilometer einen Verstärker; elektrische Koaxialnetzwerke erweitern jene Reichweite auf etwa 2 bis 6 km; sogar Rundfunkübertragungen durch die Atmosphäre benötigen alle 30 bis 50 km eine Verstärkung. Man rechnet damit, daß leistungsstarke Fasersysteme den Verstärkerabstand auf über 150 km erweitern.

Ein sehr entscheidender Faktor für die Abstandsverteilung der Zwischenverstärker sind die Energieverluste infolge der Signalschwächung bei der Fortpflanzung in der Leitung. Das Dezibel (dB) ist die übliche Einheit, die man verwendet, um das Verhältnis von zwei Leistungsniveaus festzulegen. Es liefert eine zweckmäßige Bezeichnung für den Leistungsaustritt P_o in Bezug auf den Leistungseintritt P_i. $dB = -10 \log(P_o/P_i)$, daher ergibt sich für ein Verhältnis von 1:10 ein Wert von 10 dB, für 1:100 20 dB, für 1:1000 30 dB usw. Die Dämpfung α gibt man gewöhnlich in Dezibel pro Kilometer (dB/km) an. Daher ist $-\alpha L/10 = \log(P_o/P_i)$, wobei L die Faserlänge angibt. Nach der Umformung erhalten wir

$$P_o/P_i = 10^{-\alpha L/10}. \qquad (5.65)$$

In der Regel wird eine erneute Verstärkung des Signals notwendig, wenn die Leistung auf einen Faktor von etwa 10^{-5} gefallen ist. Das Material des optischen Glases, das für die im Handel erhältlichen Fasern in der Mitte der sechziger Jahre zur Verfügung stand, hat eine Dämpfung von etwa 1000 dB/km. Nachdem das Licht 1 km durch das Material geleitet wurde, fällt seine Leistung auf einen Faktor 10^{-100}. Man benötigt dann alle 50 m Verstärker (was kaum besser ist, als wenn man durch ein Seil und zwei Blechdosen in Verbindung steht). Bis 1970 hatte man α für Quarzglas (SiO_2) auf 20 dB/km herabgesetzt; dieser Wert wurde 1982 auf einen sehr kleinen Wert von 0.16 dB/km reduziert. Diese gewaltige Abnahme der Dämpfung wurde hauptsächlich dadurch er-

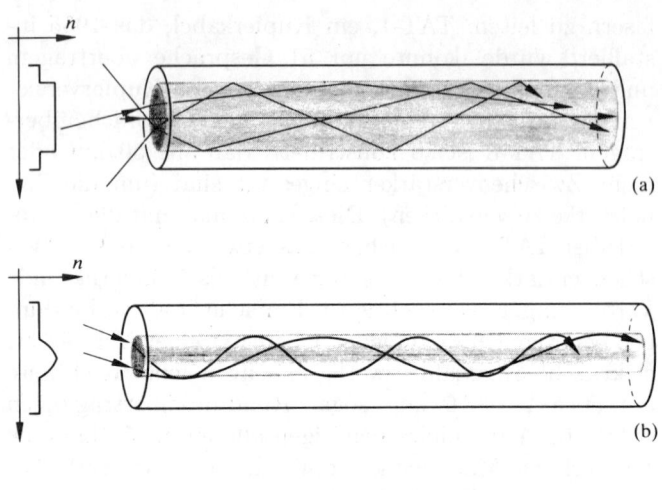

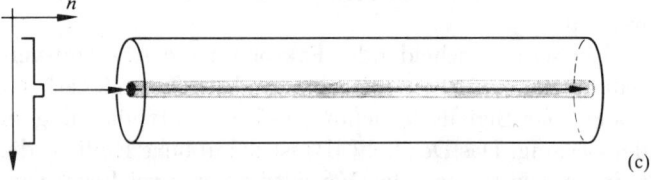

Abbildung 5.74 Die drei wichtigsten faseroptischen Strukturen und deren jeweiliger Verlauf des Brechungsindexprofils.

reicht, daß man Verunreinigungen (besonders die Ionen von Eisen, Nickel und Kupfer) beseitigte und den Anteil an OH-Gruppen verringerte, was zum größten Teil durch eine sorgfältige Beseitigung aller Spuren von Wasser im Glas erreicht wurde.

Die Abbildung 5.74 zeigt die drei wichtigsten faseroptischen Strukturen, die man heute für Kommunikationsnetze verwendet. In (a) ist der Kern relativ groß, und die Brechungsindizes von Kern und Mantel sind überall konstant. Dies ist die sogenannte *Stufenprofilfaser*, die einen homogenen Kern von 50 bis 150 μm oder größer und eine Ummantelung mit einem äußeren Durchmesser von etwa 100 bis 250 μm besitzt. Der älteste der drei Typen, die Stufenprofilfaser, benutzte man überall in den Systemen der ersten Generation (1975–1980). Der verhältnismäßig große innere Kern macht die Faser robust und die Lichteingabe einfach. Die Faser ließ sich auch leicht trennen und verbinden. Sie ist die billigste Faser, aber, wie wir in Kürze sehen werden, auch diejenige mit geringster Effektivität, und sie hat für lange Reichweiten einige schwerwiegende Nachteile.

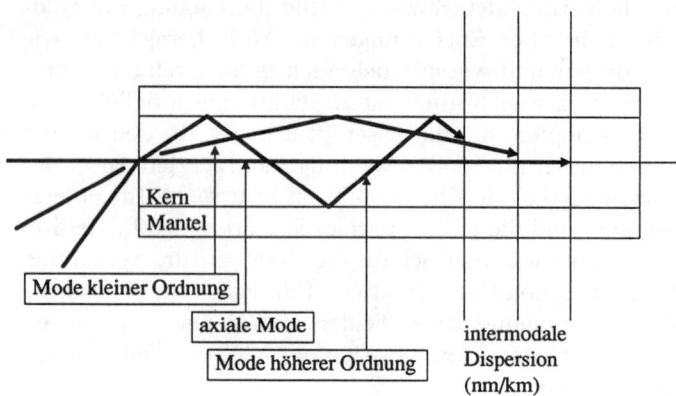

Abbildung 5.75 Intermodale Dispersion in einer Multimode-Stufenprofilfaser.

Je nach der Größe des Eintrittswinkels in die Faser können hunderte, sogar tausende verschiedene Strahlengänge oder Wellenmoden existieren, bei denen sich Energie dem Kern entlang ausbreiten kann (Abb. 5.75). Dies ist dann eine *Multimode-* (Vielwellen-) Faser, in der jede Mode einer etwas anderen Durchlaufzeit entspricht. Strahlen mit größeren Eintrittswinkeln wandern längere Wege; durch die Reflexion von einer Seite zur anderen benötigen sie mehr Zeit, um ans Ende der Faser zu gelangen, als Strahlen, die entlang der Achse wandern. Dies bezeichnet man unglücklicherweise als *intermodale Dispersion* (Dispersion der Moden miteinander), obwohl sie nichts mit einem frequenzabhängigen Brechungsindex zu tun hat. Die zu übermittelnde Information wird normalerweise in eine bestimmte kodierte Form digitalisiert, bevor sie dann als eine Flut von Millionen Pulsen oder Bits pro Sekunde durch die Faser geschickt wird. Die unterschiedlichen Durchlaufzeiten haben den unerwünschten Effekt, daß sie die Form des Lichtpulses verändern, die das Signal darstellt. Was als ein scharf begrenzter rechtwinkliger Puls startete, kann nach einem Weg von einigen wenigen Kilometern in der Faser in eine nichtwiederzuerkennende, verschwommene Form verschmiert werden (Abb. 5.76).

Die gesamte zeitliche Verzögerung zwischen der Ankunft des Axialstrahls und des langsamsten Strahls, des Strahls, der den weitesten Weg zurücklegt, beträgt $\Delta t = t_{max} - t_{min}$. Hier ist mit Blick auf die Abbildung 5.71 die

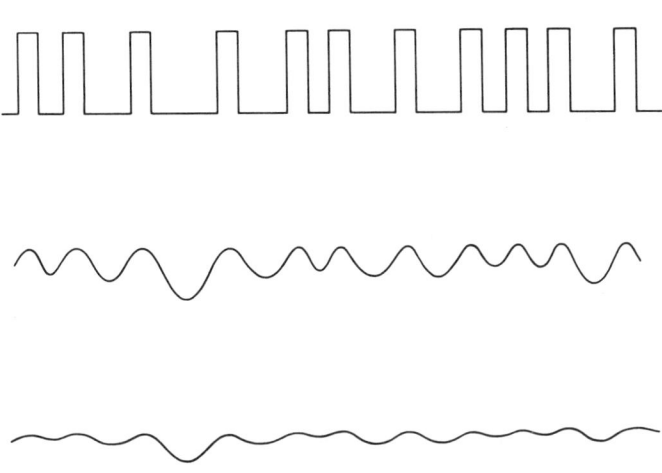

Abbildung 5.76 Rechtwinklige Lichtpulse, die infolge zunehmender Dispersionsbeiträge verschmiert werden. Man beachte, wie die dicht aneinanderliegenden Pulse schneller abgeschwächt werden.

minimale Laufzeit genau die Axiallänge dividiert durch die Geschwindigkeit des Lichts in der Faser:

$$t_{\min} = \frac{L}{v_f} = \frac{L}{c/n_f} = \frac{Ln_f}{c}. \quad (5.66)$$

Der nichtaxiale Weg (ℓ), der durch die Gleichung (5.58) gegeben ist, ist am längsten, wenn der Strahl im Grenzwinkel einfällt, woraufhin die Gleichung (5.61) zutrifft. Die Verbindung beider Gleichungen ergibt $\ell = Ln_f/n_c$, und so wird

$$t_{\max} = \frac{\ell}{v_f} = \frac{Ln_f/n_c}{c/n_f} = \frac{Ln_f^2}{cn_c}. \quad (5.67)$$

Daher folgt, daß wir nach der Subtraktion der Gleichung (5.66) von der Gleichung (5.67)

$$\Delta t = \frac{Ln_f}{c}\left(\frac{n_f}{n_c} - 1\right) \quad (5.68)$$

erhalten. Als ein Beispiel nehmen wir an, daß $n_f = 1.500$ und $n_c = 1.495$ ist. Die Verzögerung $\Delta t/L$ wird dann 37 ns/km. Mit anderen Worten, ein scharf begrenzter Lichtpuls, der ins System eintritt, wird für jeden in der Faser durchlaufenen Kilometer zeitlich etwa über 37 ns verteilt. Ferner wird das Signal, das sich mit einer Geschwindigkeit $v_f = c/n_f = 2.0 \times 10^8$ m/s bewegt, im Raum über eine Länge von 7.3 m/km verbreitert. Damit man das zu übertragende Signal noch lesen kann, müssen wir einen räumlichen Abstand fordern, der mindestens zweimal so breit wie das verbreiterte Signal ist (Abb. 5.77). Wir stellen uns nun einen 1 km langen Wellenleiter vor. In jenem Fall sind die Ausgangspulse 7.3 m lang beim Austritt aus der Faser; sie müssen daher einen Abstand von 14.6 m erhalten. Dies bedeutet, daß die Eingangspulse wenigstens 14.6 m auseinanderliegen; sie müssen zeitlich 74 ns getrennt sein und dürfen so nicht öfter als alle 74 ns erfolgen, was eine Rate von 13.5 Millionen Pulsen pro Sekunde ergibt. Auf diese Weise begrenzt die intermodale Dispersion (die in der Regel 15 bis 30 ns/km beträgt) die Frequenz des Eingangssignals, wobei sie vorschreibt, in welcher Rate die Information durch das System geleitet wird.

Man kann dieses Problem der Verzögerungsdifferenz bis auf ein Hundertstel reduzieren, indem man den Brechungsindex des Kerns allmählich radial nach außen zum Mantel hin verringert (Abb. 5.74 (b)). Statt auf zickzackförmigen Wegen zu laufen, wandern die Strahlen dann spiralförmig um die Zentralachse. Da der Brechungsindex an der Mittelachse größer ist, werden die Strahlen mit kürzeren Wegen durch proportional größere Beträge verlangsamt. Strahlen, die sich in der Nähe des Mantels spiralförmig ausbreiten, bewegen sich schneller auf längeren Wegen. Die Folge ist, daß alle Strahlen mehr oder weniger dazu tendieren, in diesen *Multimode-Gradientenprofilfasern* zusammenzubleiben. Normalerweise hat eine Gradientenprofilfaser einen Kerndurchmesser von etwa 20 μm bis zu 90 μm und eine intermodale Dispersion von nur etwa 2 ns/km. Diese Fasern liegen preislich in der Mitte und werden häufig für mittelgroße Stadt-zu-Stadt-Entfernungen verwendet.

Multimode-Fasern mit Kerndurchmessern von 50 μm oder größer werden oft von *lichtemittierenden Dioden* (LEDs) gespeist. Sie sind vergleichsweise billig und werden gewöhnlich für relativ kurze Abstände bei kleinen Übertragungsraten verwendet. Die Schwierigkeit, die sich mit ihnen ergibt, ist die Emittierung eines ziemlich breiten Frequenzbereichs. Als Folge davon schränkt die *Materialdispersion* oder die *spektrale Zerlegung*, d.h. die Tatsache, daß der Brechungsindex der Faser eine Funktion der Frequenz ist, die Möglichkeiten ein. Jene Schwierigkeit wird im Prinzip durch die Verwendung von spektral reinen Laserstrahlen vermieden. Alternativ kann man die

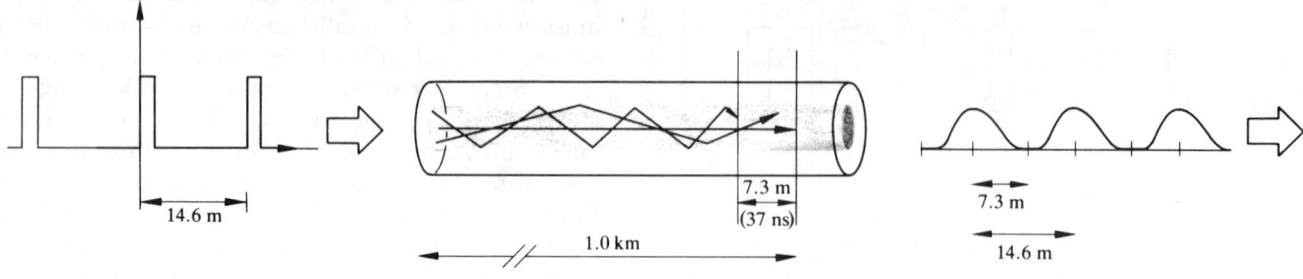

Abbildung 5.77 Die Verbreiterung eines Eingangssignals infolge intermodularer Dispersion.

Fasern mit Wellenlängen in der Nähe von 1.3 μm speisen, bei denen Kieselglas (siehe Abbn. 3.27 und 3.28) eine geringe Dispersion verursacht.[15]

Die letzte und beste Lösung für das Problem der intermodalen Dispersion ergibt sich daraus, daß man den Kern so dünn macht (kleiner als 10 μm), daß er nur eine Mode liefert, bei der die Strahlen parallel zur Zentralachse wandern (Abb. 5.74 (c)). Derartige Monomode- (Einwellen-) Fasern aus hyperreinem Glas (sowohl die Stufenprofil- als auch die jüngeren Gradientenprofilfasern) zeigen die beste Leistung. Mit typischen Kerndurchmessern von 2 μm bis 9 μm eliminieren sie im wesentlichen die intermodale Dispersion. Obwohl sie relativ teuer sind und Laserquellen erfordern, sind die Monomode-Fasern, die mit 1.55 μm gespeist werden (bei der die Dämpfung etwa 0.2 dB/km ist, was nicht weit vom idealen Kieselglas-Wert von 0.1 dB/km liegt), die heute führenden Lichtwellenleiter für weite Strecken. Ein Paar derartiger Fasern dürften eines Tages unsere Wohnungen mit einem großen Kommunikationsnetz und Computeranlagen verbinden, die das Zeitalter des Kupferdrahtes bezaubernd primitiv erscheinen lassen.

---

15) Die Materialdispersion (Abhängigkeit der Brechzahl von der Wellenlänge) und die Wellenleiterdispersion (Abhängigkeit der Modenenergieverteilung von der Wellenlänge) verursachen die sogenannte chromatische Dispersion: die Modenlaufzeit ist damit von der Wellenlänge abhängig, was bei der Nachrichtenübertragung eine Impulsaufweitung und damit eine Signalstörung zur Folge hat. (H. Rehnert, TU Berlin).

5.7 Optische Systeme

Wir haben die Theorie der achsennahen Strahlen nun bis zu einem Punkt entwickelt, wo es möglich ist, die zugrunde liegenden Prinzipien zu verstehen, die in der Mehrzahl der angewandten optischen Systeme maßgeblich sind. Sicherlich sind die Feinheiten, die in der Beherrschung der Aberrationen enthalten sind, extrem wichtig und noch ganz jenseits der Diskussion. Trotzdem könnte man z.B. ein Teleskop (zugegebenermaßen ein nicht sehr gutes) unter Anwendung der Ergebnisse bauen, die schon aus der Theorie erster Ordnung gezogen wurden.

Gibt es einen besseren Ausgangspunkt für den Beginn einer Erörterung über optische Geräte als das verbreitetste optische Instrument — das Auge?

5.7.1 Die Augen

Wir können für unsere Zwecke sofort drei Hauptgruppierungen der Augen unterscheiden; jene, die Strahlungsenergie sammeln und Bilder über ein einzelnes zentriertes Linsensystem erzeugen, jene, die eine Facettenanordnung aus vielen winzigen Linsen ausnutzen (die Kanäle speisen, die optischen Fasern ähneln) und jene elementarsten Augen, die einfach mit einem kleinen Loch ohne Linse arbeiten (Abschnitt 5.7.7). Zusätzlich zu den auf Lichtreize reagierenden Augen besitzt die Klapperschlange "Augen", die auf Temperaturreize reagieren (Infrarot-Detektoren), die man als Gruben bezeichnet und in die letzte Augengruppierung einbeziehen darf.

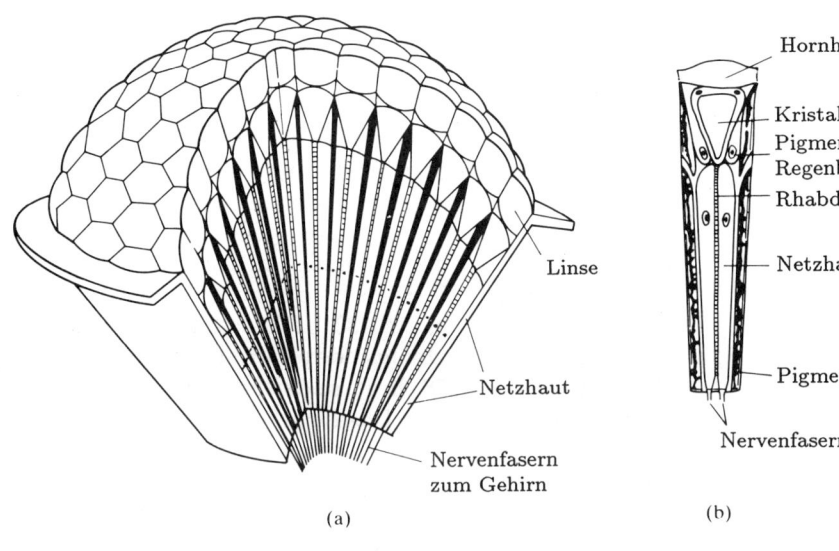

Abbildung 5.78 (a) Das Facettenauge, das sich aus vielen Ommatidia zusammensetzt. (b) Ein Ommatidium (Einzelelement des Facettenauges der Insekten), das kleine einzelne Auge, das jeweils einen kleinen Bereich in einer bestimmten Richtung "sieht". Die Hornhautlinse und der Kristallzapfen leiten das Licht in das Sinnesorgan, den klaren, stäbchenförmigen Rhabdom (Lichtrezeptor bei Mollusken und Arthropoden). Jedes Rhabdom ist von Netzhautzellen umgeben, die über Nervenfasern zum Gehirn führen. (Von Ackermann et al., *Biophysical Science*, ©1962, 1979. Englewood Cliffs, NJ: Prentice-Hall, p. 31. Nach R. Bushman, *Animals Without Backbones*.)

Sehlinsensysteme haben sich in mindestens drei verschiedenen Arten von Organismen unabhängig entwickelt. Einige fortgeschrittene Weichtiere (z.B. der Polyp), bestimmte Spinnen (z.B. die Avicularia — die Vogelspinne) und selbstverständlich die Wirbeltiere (uns mit eingeschlossen) besitzen Augen, die jeweils ein einziges kontinuierliches reelles Bild auf einem lichtempfindlichen Schirm oder einer Netzhaut erzeugen. Zum Vergleich entwickelte sich unabhängig davon das Facettenauge (Abb. 5.78) bei den Gliederfüßern, den Geschöpfen, die durch Gelenke verbundene Körperteile und Gliedmaßen besitzen (d.h. bei den Insekten und den Langusten). Es erzeugt ein mosaikförmiges Bild, das aus vielen Beiträgen von kleinen Bildfeldern zusammengesetzt ist, wobei jedes Bildfeld von jeweils einem winzigen Abschnitt des Auges stammt (so, als sähe man die Welt durch ein dicht gepacktes Bündel aus äußerst feinen Röhren). So wie ein Fernsehbild sich aus intensitätsunterschiedlichen Punkten zusammensetzt, teilt das Facettenauge die betrachtete Umgebung in kleine Ausschnitte auf und führt eine Digitalumsetzung durch. Hier gibt es kein reelles Bild, das auf einer Netzhaut erzeugt wird; die Synthese findet elektrisch im Nervensystem statt. Die Pferdbremse hat über 7000 derartige Einzelelemente und die räuberische Libelle, ein besonders schneller Flieger, hat mit 30000 eine bessere Sicht. Im Vergleich dazu müssen einige Ameisen mit nur etwa 50 auskommen. Je mehr Einzelelemente vorhanden sind, desto mehr Bildpunkte entstehen, und je besser die Auflösung ist, desto schärfer ist das zusammengesetzte Bild. Dies dürften wohl die ältesten Arten mit Augen sein: die Trilobiten (Dreilapper, ausgestorbene Gruppe der Gliederfüßer), die kleinen Seelebewesen, die vor 500 Millionen Jahren lebten, hatten gut entwickelte Facettenaugen. Bemerkenswerterweise ist die Chemie des Bildwahrnehmungsmechanismus, wie verschieden auch immer die Optik arbeitet, bei allen Tieren der Erde ziemlich ähnlich.

i) Struktur des menschlichen Auges

Man darf sich das menschliche Auge als eine Anordnung mit einer Bikonvexlinse vorstellen, die ein reelles Bild auf eine lichtempfindliche Fläche wirft. Diese Vorstellung wurde 1604 in grundlegender Form von Kepler eingeführt. Er schrieb: "Ich behaupte, daß der Sehvorgang dann stattfindet, wenn das Bild der ... äußeren Welt ... auf die konkave Netzhaut ... projiziert wird." Diese Ansicht wurde aber erst allgemein angenommen, nachdem 1625 der deutsche Jesuit Christopher Scheiner (und unabhängig davon etwa 5 Jahre später Descartes) ein interessantes Experiment durchführten. Scheiner entfernte den Überzug auf der Rückseite des Augapfels eines Tieres und konnte beim Spähen durch die fast transparente Netzhaut ein verkleinertes Bild der Umgebung jenseits

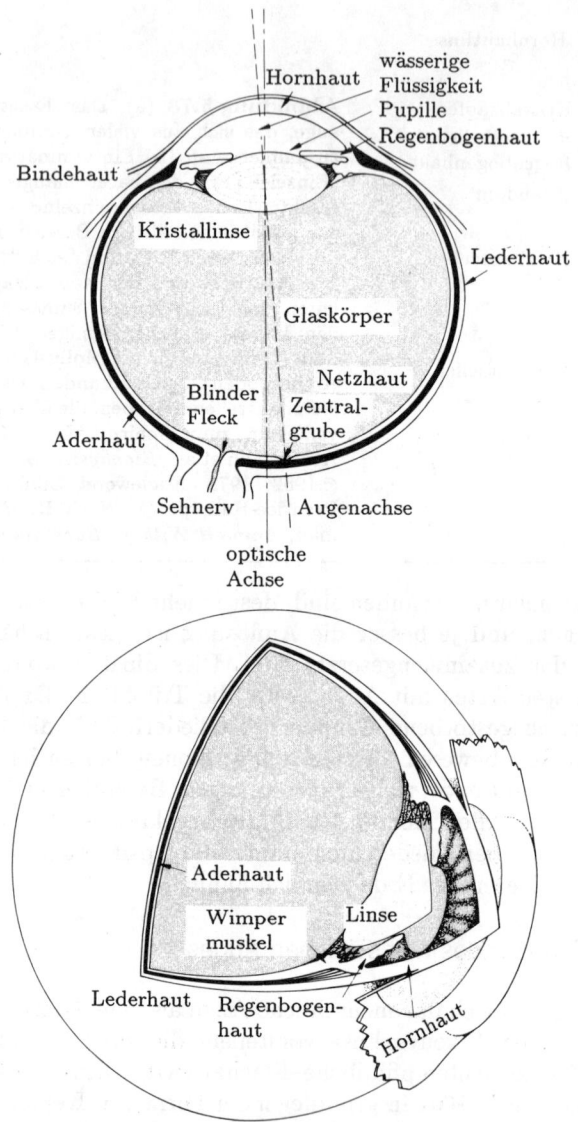

Abbildung 5.79 Das menschliche Auge.

des Auges erkennen. Obwohl das Auge einer einfachen Kamera ähnelt, funktioniert das Sehen (zu dessen System das Auge, der Sehnerv und das sensorische Feld fürs Sehen gehören) viel eher wie eine computergesteuerte Fernsehkamera.

Das Auge (Abb. 5.79) ist eine fast kugelförmige (24 mm tiefe und etwa 22 mm breite) gallertartige Masse, die innerhalb einer widerstandsfähigen Hülle, der *Lederhaut*, eingeschlossen ist. Bis auf den vorderen Teil, der transparenten *Hornhaut*, ist die Lederhaut weiß und lichtundurchlässig. Nach oben, von dem Kugelkörper ausgebuchtet, dient die gekrümmte Fläche der Hornhaut (die wegen der leichten Abflachung sphärische Aberrationen herabsetzt) als das erste und stärkste Konvexelement des Linsensystems. Der gößte Teil der Ablenkung eines Strahlenbündels findet an der Luft-Hornhaut-Grenzfläche statt. Übrigens ist einer der Gründe, warum man unter Wasser ($n_w \approx 1.33$) nicht sehr gut sehen kann, der, daß dieser Brechungsindex zu nah demjenigen der Hornhaut ($n_c \approx 1.376$) liegt, so daß keine genügende Brechung zustande kommt. Das Licht, das aus der Hornhaut kommt, durchläuft eine Kammer, die mit einer klaren wässerigen Flüssigkeit gefüllt ist, die man daher *wässerige Flüssigkeit* ($n_{ah} \approx 1.336$) nennt. Ein Strahl, der an der Luft-Hornhaut-Grenzfläche stark zur optischen Achse hin gebrochen wurde, erfährt an der Hornhaut-wässerigen Flüssigkeit-Grenzfläche nur eine leichte Ablenkung, da deren Brechungsindizes ähnlich sind. In der wässerigen Flüssigkeit befindet sich eine Blende, die man die *Regenbogenhaut* (griech. Iris = Regenbogen) nennt. Sie dient als Aperturblende zur Regulierung der Lichtmenge, die durch das Loch oder die *Pupille* in das Auge eintritt und verleiht dem Auge seine charakteristische blaue, braune, graue, grüne oder nußbraune Farbe. Die Regenbogenhaut, die aus kreisförmigen und radialen Muskeln zusammengesetzt ist, kann sich erweitern und zusammenziehen, so daß sich die Pupille über einen Bereich von etwa 2 mm bei hellem Licht bis ca. 8 mm bei Dunkelheit verändert. Zusätzlich zu dieser Funktion hat sie eine Verbindung zur Scharfeinstellungsreaktion: bei Verrichtung von Arbeit in naher Augenentfernung zieht sie sich zusammen, um die Bildschärfe zu steigern. Direkt hinter der Regenbogenhaut befindet sich die *Kristallinse*. Die etwas irreführende Bezeichnung geht auf die Arbeit von Abû'Alîal Hasan ibn al Haitham, alias Alhazen von Kairo (ca. 1000 n. Chr.), zurück, der das Auge in drei Bereiche aufgeteilt beschrieb, die jeweils wässerig, kristallin bzw. glasig seien. Die Linse, die sowohl die Größe als auch die Form einer kleinen Bohne hat, besteht aus einer kompliziert geschichteten faserigen Masse, die von einem elastischen Häutchen umgeben ist. Ihre Struktur gleicht ein wenig einer transparenten Zwiebel, die sich aus 22000 sehr feinen Schichten zusammensetzt. Sie hat abgesehen von ihrem ununterbrochenen Wachstum einige bemerkenswerte Eigenschaften, die sie von den heute gebräuchlichen künstlichen Linsen unterscheidet. Ihre Laminarstruktur bewirkt, daß die durchlaufenden Strahlen Wege verfolgen, die aus winzigen diskontinuierlichen Abschnitten zusammengesetzt sind. Die Linse ist als Ganzes verformbar; diese Eigenschaft läßt aber im Alter nach. Ihr Brechungsindex variiert außerdem von etwa 1.406 im inneren Kern bis näherungsweise 1.386 an der weniger dichten Rinde, so daß sie ein GRIN-System darstellt (siehe Abschnitt 5.2.3). Die Kristallinse liefert den notwendigen Feineinstellungsmechanismus durch Veränderungen ihrer Form, d.h. sie hat eine variable Brennweite — ein Merkmal, zu dem wir bald zurückkommen werden.

Man darf die brechenden Teile des Auges, die Hornhaut und die Kristallinse, als ein aus zwei Elementen bestehendes Linsensystem betrachten, das etwa 15.6 mm vor der Vorderfläche der Hornhaut einen Objektbrennpunkt und etwa 24.3 mm dahinter einen Bildbrennpunkt auf der Netzhaut hat. Um die Dinge ein wenig zu vereinfachen, nehmen wir an, daß das zusammengesetzte Linsensystem seinen optischen Mittelpunkt 17.1 mm vor der Netzhaut hat, der genau auf den hinteren Rand der Kristallinse fällt.

Hinter der Linse ist eine andere Kammer, die mit einer transparenten gallertartigen Substanz gefüllt ist, die man *Glaskörper* ($n_{vh} \approx 1.337$) nennt. So nebenbei sollte festgehalten werden, daß der Glaskörper mikroskopische Partikel von Zell- oder Gewebstrümmern enthält, die frei umherschwimmen. Ihre Schatten, die mit Beugungsringen umgeben sind, kann man leicht innerhalb der eigenen Augen sehen, wenn man nur gegen eine Lichtquelle blinzelt oder durch ein winziges Loch gegen den Himmel blickt — seltsame kleine amöbenähnliche Objekte (*muscae volitantes* (musca = die Fliege; volitare = umherfliegen, -schwärmen)) werden durch das Blickfeld schwimmen. Übrigens könnte eine merkliche Zunahme in der Wahrnehmung dieser schwimmenden Objekte auf eine Netzhautabsonderung hindeuten. Wenn Sie gerade Ihre Augen untersuchen, sollten Sie nochmals gegen das Licht blinzeln (ein breites diffundierendes Fluoreszenzlicht ist gut geeignet). Schließen Sie Ihre Augenlieder fast vollkommen, so können Sie tatsächlich den nahen kreisförmigen Rand Ihrer eigenen Pupille sehen, hinter dem der grelle Schein des Lichtes ins Schwarze hinein verschwindet. Wenn Sie es nicht glauben, decken Sie einiges Licht

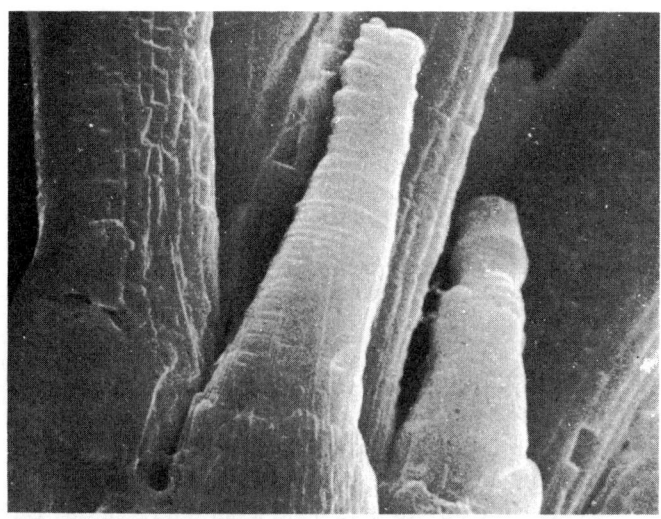

Abbildung 5.80 Eine elektronenmikroskopische Aufnahme der Netzhaut eines Salamanders (Necturus Maculosus). Zwei Sehzapfen erscheinen im Vordergrund und einige Stäbchen hinter ihnen. Photo von E.R. Lewis, Y.Y. Zeevi und F.S. Werblin, *Brain Research* **15**, 559 (1969).

ab und wieder auf; der grelle leuchtende Kreis weitet sich sichtlich aus beziehungsweise zieht sich zusammen. Sie sehen den Schatten, der durch die Regenbogenhaut geworfen wird, von innen! Das Sehen innerer Objekte, wie z.B. in diesem Fall, nennt man entoptische (griech. entos = innen; ops = Auge) Wahrnehmung.

Innerhalb der widerstandsfähigen, verhärteten Wand ist eine innere Hülle, die Aderhaut. Sie ist eine dunkle Schicht, gut versorgt mit Blutgefäßen und reich pigmentiert mit Melanine. Die Aderhaut absorbiert Streulicht wie der schwarze Farbüberzug auf der Innenseite einer Kamera. Eine dünne Schicht (etwa 0.5 mm) aus Lichtrezeptorzellen bedeckt einen großen Teil der inneren Aderhautoberfläche — dies ist die *Netzhaut* oder Retina (lat. rete = Netz). Der fokussierte Lichtstrahl wird über elektrochemische Reaktionen in dieser rötlichen mehrschichtigen Struktur absorbiert. Das menschliche Auge enthält zwei Arten von Lichtrezeptoren, die *Stäbchen* und *Zapfen* (Abb. 5.80). Etwa 125 Millionen von ihnen sind ungleichförmig über die Netzhaut verteilt. Das Ensemble der Stäbchen hat in mancher Beziehung die Eigenschaften eines hochempfindlichen grobkörnigen Schwarzweiß-

Abbildung 5.81 Um die Existenz des blinden Flecks zu verifizieren, schließe man ein Auge und schaue direkt auf das X, das sich in etwa 25 cm Entfernung befindet — die 2 wird verschwinden. Geht man näher heran, so erscheint die 2 wieder, während die 1 verschwindet.

films. Es ist äußerst lichtempfindlich und funktioniert in Licht, das für die Zapfen zu schwach ist, um darauf zu reagieren; trotzdem ist es unfähig, Farben zu unterscheiden und die Bilder, die es überträgt, sind nicht genau abgegrenzt. Im Unterschied dazu kann man sich das Ensemble von 6 oder 7 Millionen Zapfen so vorstellen, als wäre es ein separater aber überdeckter schwachempfindlicher Feinkornfarbfilm. Es funktioniert in hellem Licht, gibt detaillierte, farbige Bilder, ist aber ziemlich unempfindlich bei geringer Lichtmenge.

Man sagt, der normale Wellenlängenbereich des menschlichen Sehens sei ungefähr 390 nm bis 780 nm (Tabelle 3.2). Ungeachtet dessen haben Studien diese Grenzen nach unten bis etwa 310 nm im Ultravioletten und nach oben bis etwa 1050 nm im Infraroten erweitert — tatsächlich haben Menschen berichtet, daß sie Röntgenstrahlen "sehen". Die Ultraviolettdurchlässigkeitsbegrenzung wird im Auge durch die Kristallinse gesetzt, die im UV-Bereich absorbiert. Menschen, denen chirurgisch eine Linse entfernt worden ist, haben eine stark verbesserte UV-Empfindlichkeit.

Die Augenaustrittsfläche des Sehnervs enthält keine Lichtrezeptorzellen und wird dementsprechend als *blinder Fleck* bezeichnet (siehe Abb. 5.81). Der Sehnerv breitet sich über die Rückseite des Augeninneren in Form der Netzhaut aus.

Etwa im Zentrum der Netzhaut ist eine kleine Vertiefung von 2.5 bis 3 mm im Durchmesser, die man den gelben Fleck oder die *Macula lutea* nennt. In seinem Zentrum ist eine winzige stäbchenfreie Zone, die *Zentralgrube*, die etwa 0.3 mm Durchmesser hat. (Zum Vergleich ist das Bild des Vollmondes auf der Netzhaut etwa 0.2 mm im Durchmesser — Aufgabe 5.59.) Hier sind die Zapfen dünner und dichter zusammengedrängt als irgendwo anders in der Netzhaut. Dieser Bereich liefert die schärfsten und detailliertesten Informationen. Aus diesem Grund bewegt sich der Augapfel dauernd, damit das Licht, das von der Objektfläche des primären Interesses kommt, auf die Zentralgrube fällt. Ein Bild wird fortwährend durch diese normalen Augenbewegungen über verschiedene Lichtrezeptorzellen bewegt. Werden derartige Bewegungen eingestellt, so daß das Bild an einem bestimmten Satz Lichtrezeptorzellen ruhen bleibt, würde es zur Ausblendung tendieren. Eine andere Tatsache zeigt die Kompliziertheit des Wahrnehmungssystems: die Stäbchen sind mehrfach mit den Nervenfasern verbunden, wobei eine einzelne derartige Faser von jedem der etwa 100 Stäbchen aktiviert werden kann. Im Gegensatz dazu sind die Zapfen in der Zentralgrube einzeln mit den Nervenfasern verbunden. Die eigentliche Wahrnehmung einer Umgebung wird durch das Auge-Hirn-System in einer ununterbrochenen Analyse des zeitlich variierenden Netzhautbildes konstruiert. Man bedenke nur, wie wenig Schwierigkeiten der blinde Fleck selbst dann bereitet, wenn ein Auge geschlossen ist.

Zwischen der Nervenfaserschicht der Netzhaut und dem Glaskörper befindet sich ein Netz aus großen Netzhautblutgefäßen, das entoptisch beobachtet werden kann. Dies läßt sich z.B. dadurch erreichen, daß man sein Auge schließt und eine *kleine* helle Lichtquelle gegen das Lid hält. Sie werden ein Schattenmuster (Purkinjesche Aderfigur)[16] "sehen", das von den Blutgefäßen auf die lichtempfindliche Netzhautschicht fällt.

ii) Akkommodation

Die Feineinstellung oder *Akkommodation* des menschlichen Auges ist eine Funktion, die von der Kristallinse durchgeführt wird. Die Linse wird durch Ligamente, die mit den *Wimpermuskeln* verbunden sind, hinter der Regenbogenhaut in richtiger Position gehalten. Normalerweise sind diese Muskeln entspannt, und in der Stellung ziehen sie das Netz von feinen Fasern zurück, das den Rand der Linse hält. Dies zieht die verformbare Linse in eine ziemlich flache Form, wobei sich ihre Radien vergrößern, die ihrerseits ihre Brennweite (5.16)

---

[16] Breslauer Physiologe (1778–1869); Purkinjesche Erscheinung: viele buntfarbige Dinge erscheinen in der Dämmerung im anderen Helligkeitsverhältnis als bei Tageslicht; d.Ü.

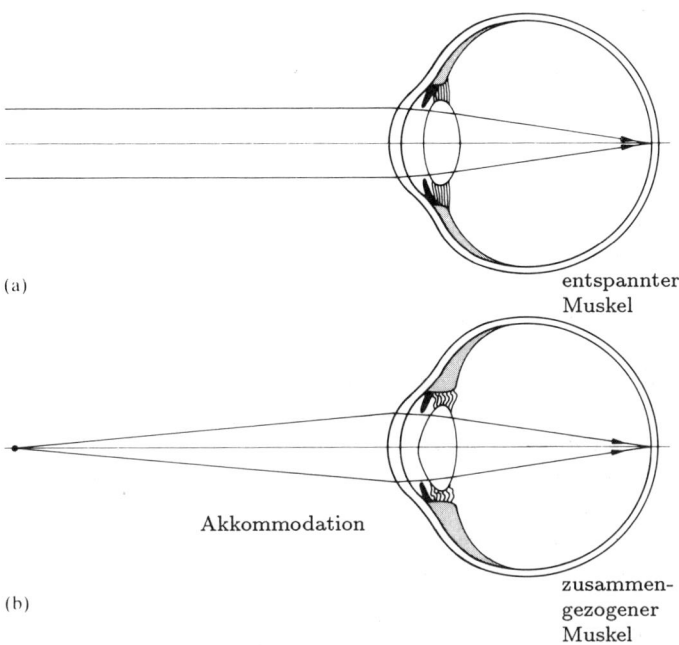

Abbildung 5.82 Akkomodation — Veränderung der Linsenform.

verlängert. Sind die Muskeln vollkommen entspannt, so wird das Licht, das von einem unendlich weit entfernten Objekt kommt, auf der Netzhaut fokussiert (Abb. 5.82). Während sich das Objekt dem Auge nähert, ziehen sich die Wimpermuskeln zusammen und entlasten so die äußere Spannung, die auf den Rand der Linse wirkt, die sich dann unter ihren eigenen elastischen Kräften leicht wölbt. Dabei nimmt die Brennweite ab, so daß s_i konstant bleibt. Da das Objekt noch näher kommt, werden die Wimpermuskeln straffer zusammengezogen, und die Linsenoberflächen nehmen noch kleinere Radien an. Der nächstliegende Punkt, bei dem sich das Auge noch scharf einstellen kann, nennt man den **Nahpunkt**. Bei einem normalen Auge ist er für einen Jugendlichen etwa 7 cm, für einen Erwachsenen etwa 25 cm und für einen Erwachsenen im mittleren Alter etwa 100 cm entfernt. Sehinstrumente werden mit Rücksicht darauf entwickelt, daß sich das Auge nicht unnötig anstrengen muß. Verständlicherweise kann sich das Auge nicht gleichzeitig auf zwei verschiedene Objekte scharf einstellen. Dies wird deutlich, wenn man versucht, die Augen gleichzeitig auf ein Glasstück, durch das man sieht, und die dahintergelegene Umgebung zu fokussieren.

Säugetiere akkommodieren im allgemeinen ihre Augen wie Menschen, indem sie die Linsenkrümmung verändern. Es gibt aber noch andere Möglichkeiten: Fische bewegen im Unterschied dazu nur die Linse zur Netzhaut oder von ihr weg, genau so wie die Kameralinse zur Scharfeinstellung bewegt wird. Einige Weichtiere erreichen das Gleiche, indem sie das ganze Auge zusammenziehen oder ausdehnen und so den relativen Abstand zwischen der Linse und der Netzhaut ändern. Bei Raubvögeln wird die Beibehaltung einer konstanten Scharfeinstellung für ein sich schnell bewegendes Objekt über einen großen Abstandsbereich zur Überlebensfrage. Der Akkommodationsmechanismus verläuft bei ihnen ganz anders: sie akkommodieren ihre Augen, indem sie die Hornhautkrümmung stark verändern.

5.7.2 Die Brille

Brillen wurden wahrscheinlich irgendwann im späten 13. Jahrhundert, möglicherweise in Italien, erfunden. Ein florentinisches Manuskript jener Zeit (1299), das nicht mehr existiert, sprach von "Brillen, die kürzlich für die Sehhilfe alter Menschen erfunden wurden, deren Sehvermögen nachließ". Bikonvexlinsen, die kaum mehr als Variationen von Vergrößerungs- oder Lesegläsern waren, dienten als solche. Polierte Edelsteine wurden zweifelsohne als Lorgnetten (Stielbrillen) lange davor benutzt. Roger Bacon schrieb schon früh (ca. 1267) über Negativlinsen, doch erst fast 200 Jahre später diskutierte Nikolaus von Kues (lat. Nicolas Cusanus) deren Verwendung für Brillen. Einhundert Jahre danach, im späten 16. Jahrhundert, galt sie nicht mehr als eine Neuheit. Amüsanterweise betrachtete man das Tragen einer Brille in der Öffentlichkeit selbst noch im 18. Jahrhundert als unschicklich, und wir sehen bis zu jener Zeit in den Gemälden wenige Brillenträger. 1804 erkannte Wollaston, daß traditionelle (ziemlich flache, bikonvexe und konkave) Brillengläser nur beim Blick durch deren Zentrum ein gutes Sehen verschaffen, worauf er sich eine neue, stark gekrümmte Linse patentieren ließ. Sie war der Vorläufer des heutigen Meniskus (griech. meniskos = die Verkleinerungsform für Mond, d.h. Halbmond), der es dem sich drehenden Augapfel gestattet, vom Zentrum bis zum Rand ohne wesentliche Verzerrungen durch die Linse zu schauen.

Es ist üblich und zweckmäßig in der physiologischen Optik über die **Brechkraft** $\mathcal{D}$ *einer Linse zu sprechen, die einfach der reziproke Wert der Brennweite ist*. Wenn f in Metern angegeben ist, dann ist die Brechkrafteinheit der Kehrwert des Meters bzw. die *Dioptrie* D ($1\,\text{D} = 1\,\text{m}^{-1}$). Hat z.B. eine Sammellinse eine Brennweite von $+1$ m, dann ist ihre Brechkraft $+1$ D; mit einer Brennweite von -2 m (eine Zerstreuungslinse) ist $\mathcal{D} = -1/2$ D; für $f = +10$ cm ist $\mathcal{D} = 10$ D. Da eine dünne Linse mit dem Index n_l in der Luft eine Brennweite hat, die durch

$$\frac{1}{f} = (n_l - 1)\left(\frac{1}{R_1} - \frac{1}{R_2}\right) \qquad [5.16]$$

gegeben ist, ist ihre Brechkraft

$$\mathcal{D} = (n_l - 1)\left(\frac{1}{R_1} - \frac{1}{R_2}\right). \qquad (5.69)$$

Man kann eine Vorstellung von der Richtung bekommen, in der wir uns bewegen, wenn wir uns in losen Begriffen vorstellen, daß jede Oberfläche einer Linse die ankommenden Strahlen ablenkt — je stärker die Ablenkung, desto stärker bricht die Oberfläche. Eine Konvexlinse, die die Strahlen auf beiden Oberflächen stark ablenkt, hat eine kurze Brennweite und eine große Brechkraft. Wir wissen bereits, daß die Brennweite für zwei dünne Linsen, die sich berühren, durch

$$\frac{1}{f} = \frac{1}{f_1} + \frac{1}{f_2} \qquad [5.38]$$

gegeben ist. Dies bedeutet, daß die gemeinsame Brechkraft die Summe der einzelnen Kräfte ist, d.h.

$$\mathcal{D} = \mathcal{D}_1 + \mathcal{D}_2.$$

Daher führt eine Konvexlinse mit $\mathcal{D}_1 = 10$ D, die in Berührung mit einer negativen Linse von $\mathcal{D}_2 = -10$ D steht, zu $\mathcal{D} = 0$; die Kombination verhält sich wie eine parallele Glasplatte. Überdies können wir uns eine Linse, z.B. eine Bikonvexlinse, als aus zwei Plankonvexlinsen zusammengesetzt vorstellen, die sich in engem Kontakt, Rückseite an Rückseite, befinden. Ihre einzelnen Brechkräfte folgen aus Gleichung (5.69). Für die erste Plankonvexlinse ($R_2 = \infty$) folgt

$$\mathcal{D}_1 = \frac{(n_l - 1)}{R_1}, \qquad (5.70)$$

für die zweite

$$\mathcal{D}_2 = \frac{(n_l - 1)}{-R_2}. \qquad (5.71)$$

Diese Ausdrücke sind gleich gut dafür definiert, die *Brechkräfte der jeweiligen Oberflächen* der ursprünglichen Bikonvexlinse zu liefern. Mit anderen Worten, *die Brechkraft jeder dünnen Linse ist gleich der Summe der Brechkräfte ihrer Oberflächen*. Da R_2 für eine Konvexlinse eine negative Zahl ist, sind sowohl $\mathcal{D}_1$ als auch $\mathcal{D}_2$ in jenem Fall positiv. Die so definierte Brechkraft einer Oberfläche ist im allgemeinen nicht gleich dem reziproken Wert ihrer Brennweite. Befindet sich die Linse jedoch in der Luft, so sind beide Werte gleich. Beziehen wir diese Terminologie auf das allgemein benutzte Modell des menschlichen Auges, so stellen wir fest, daß die Brechkraft der *von Luft umgebenen* Kristallinse ungefähr $+19$ Dioptrien ist. Die Hornhaut liefert etwa $+43$ von den gesamten $+58.6$ Dioptrien eines gesunden Auges.

Ein normales Auge ist trotz der mit diesem Wort verbundenen Assoziationen in Wirklichkeit nicht so häufig anzutreffen, wie man es erwarten könnte. Mit dem Ausdruck normal oder seinem Synonym *emmetrop* (normalsichtig) meinen wir ein Auge, das fähig ist, parallele Strahlen im entspannten Zustand auf die Netzhaut zu fokussieren, d.h. ein Auge, dessen zweiter Brennpunkt auf der Netzhaut liegt. Der entfernteste Punkt, der scharf eingestellt werden kann, der *Fernpunkt*, liegt deshalb im Unendlichen. Liegt im Gegensatz dazu der zweite Brennpunkt nicht auf der Netzhaut, so ist das Auge *fehlsichtig* — es leidet z.B. an Weitsichtigkeit (Hyperopie), an Kurzsichtigkeit (Myopie) oder an Astigmatismus. Dies kann entweder durch abnorme Veränderungen im Brechungsmechanismus (Hornhaut, Linse usw.) oder durch Veränderungen der Länge des Augapfels eintreten, wobei sich der Abstand zwischen der Linse und der Netzhaut verändert. Der letztere Fall ist die viel häufigere Ursache. Um die Dinge in die richtige Perspektive zu setzen, wollen wir beachten, daß etwa 25% der jungen Erwachsenen ± 0.5 D oder weniger als Korrektur des Auges benötigen und vielleicht 65% nur ± 1.0 D oder weniger.

i) Kurzsichtigkeit — Negativlinsen

Kurzsichtigkeit ist der Zustand, bei dem die parallelen Strahlen vor der Netzhaut gebündelt werden; die Brechkraft des so gewachsenen Linsensystems ist zu stark für die Axiallänge vom vorderen bis zum hinteren Punkt des Auges. Dies kann in einer Anzahl von Umständen eintreten. Das Auge könnte z.B. länger werden, obwohl seine

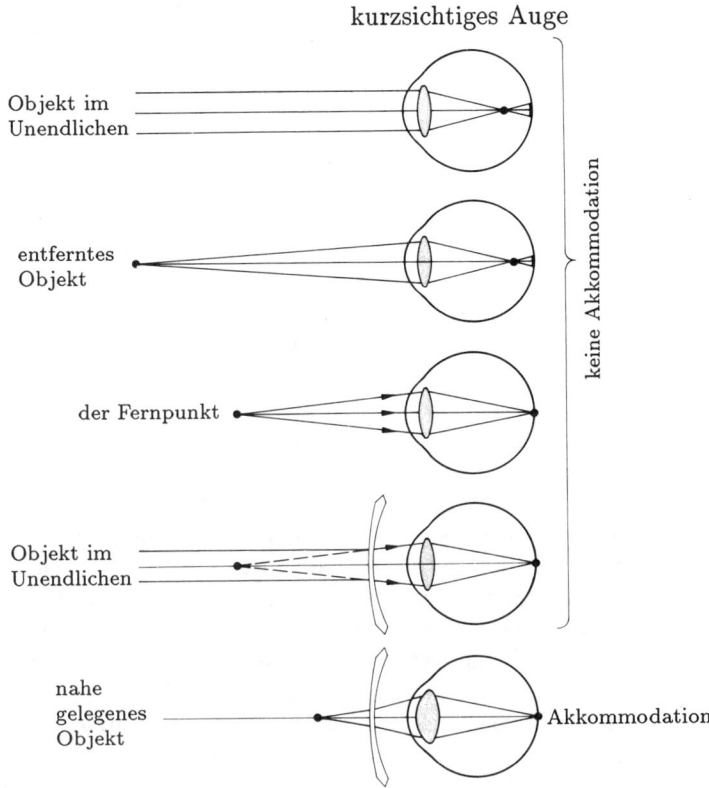

Abbildung 5.83 Korrektur des kurzsichtigen Auges.

Brechkraft normal bleibt, oder die Hornhaut könnte sich stärker krümmen. Es gibt auch eine Form, die aus einem abnormen Brechungsvermögen der optischen Mittel des Auges resultiert. Auf jeden Fall entstehen die Bilder von entfernten Objekten vor der Netzhaut, der Fernpunkt ist näher an der Netzhaut als der unendlich entfernte, und alle Punkte, die weiter als der Fernpunkt liegen, erscheinen unscharf. Deswegen nennt man die Myopie oft *Kurzsichtigkeit* — ein Auge mit diesem Fehler sieht nahegelegene Objekte klar (Abb. 5.83). Um diesen Zustand zu korrigieren, oder wenigstens seine Symptome, setzen wir eine zusätzliche Linse vor das Auge, so daß das kombinierte Linsensystem aus Brillenglas und Auge seinen zweiten Brennpunkt auf der Netzhaut hat. Da das kurzsichtige Auge solche Objekte klar sehen kann, die näher als der Fernpunkt liegen, muß die Brillenlinse Bilder von entfernten Objekten werfen, die jenen relativ nahe liegen. Deshalb setzen wir eine Negativlinse ein, die die

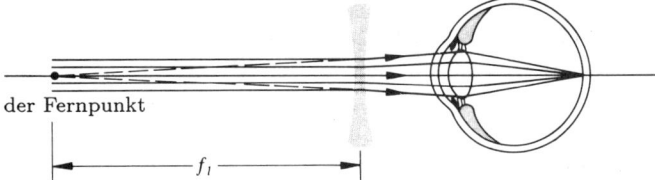

Abbildung 5.84 Der Abstand zum Fernpunkt ist gleich der Brennweite der Korrekturlinse.

Strahlen ein bißchen divergiert. Man sollte der Versuchung widerstehen anzunehmen, daß wir nur die Brechkraft des Systems verringern. In Wirklichkeit wird das Vergrößerungsvermögen der Kombination von Linse und Auge so gebildet, daß sie der des bloßen Auges gleicht. Tragen Sie eine Brille, um die Kurzsichtigkeit zu korrigieren, so nehmen Sie sie ab; die Umgebung wird verschwommen, doch die Größe verändert sich nicht. Versuchen Sie auf einem Stück Papier ein reelles Bild mit Hilfe Ihrer Brille zu erzeugen — es geht nicht.

Angenommen ein Auge habe einen Fernpunkt in 2 m Entfernung. Es wäre wohl alles in Ordnung, wenn die Brillenlinse nun entfernte Objekte scheinbar näher als 2 m heranbringt. Wird das virtuelle Bild eines sich im Unendlichen befindlichen Objektes durch eine Zerstreuungslinse in 2 m Entfernung erzeugt, so sieht das Auge das Objekt mit einer nicht akkommodierten Linse klar. Deshalb erhalten wir bei Anwendung der Näherung für dünne Linsen (Brillengläser sind im allgemeinen dünn, um das Gewicht und die Größe zu verkleinern)

$$\frac{1}{f} = \frac{1}{s_o} + \frac{1}{s_i} = \frac{1}{\infty} + \frac{1}{-2}, \quad [5.17]$$

und $f = -2$ m, während $\mathfrak{D} = -1/2$ D ist. Man beachte, daß der Abstand von der Korrekturlinse bis zum Fernpunkt gleich ihrer Brennweite ist (Abb. 5.84). Das Auge sieht die aufrechten virtuellen Bilder von allen Objekten, die von der Korrekturlinse erzeugt werden; jene Bilder liegen zwischen seinem Fern- und Nahpunkt. Übrigens verschiebt sich der Nahpunkt auch ein wenig. Deshalb nehmen Kurzsichtige oft ihre Brille ab, wenn sie eine Nadel einfädeln oder Kleingedrucktes lesen; sie können dann das Material näher ans Auge bringen, wodurch die Vergrößerung zunimmt.

Die gerade durchgeführte Berechnung vernachlässigt den Abstand zwischen der Korrekturlinse und dem Auge

— in Wirklichkeit trifft sie besser für Kontaktlinsen als für Brillen zu. Der Abstand wird gewöhnlich gleich der Entfernung zwischen dem ersten Brennpunkt des Auges (≈ 16 mm) und der Hornhaut gemacht, damit keine Vergrößerung des Bildes über das des bloßen Auges hinaus eintritt. Viele Menschen haben ungleiche Augen, jedoch liefern beide dieselbe Vergrößerung. Eine Änderung von M_T für ein Auge allein wäre eine Katastrophe. Setzen wir die Korrekturlinse in den ersten Brennpunkt des Auges, so wird das Problem ungeachtet der Brechkraft jener Linse vollkommen vermieden; man sehe sich Gleichung (6.8) an. Um dies zu prüfen, zeichne man nur einen Strahl von der Spitze irgendeines Objektes durch jenen Brennpunkt. Der Strahl tritt ins Auge ein, durchläuft es parallel zur optischen Achse und legt so die Höhe des Bildes fest. Da dieser Strahl jedoch von der Anwesenheit der Brillenlinse unbeeinflußt bleibt, deren Zentrum sich im Brennpunkt befindet, könnte sich der Bildort beim Einsatz einer solchen Linse ändern, nicht aber die Höhe und deshalb nicht M_T (siehe Gl. 5.24).

Es stellt sich nun die Frage: Wie groß muß die entsprechende Brechkraft eines Brillenglases im Abstand d vom Auge sein (d.h. entsprechend jener Brechkraft einer Kontaktlinse mit einer Brennweite f_c, die gleich dem Abstand zum Fernpunkt ist.)? Es reicht für unsere Zwecke, wenn wir uns das Auge näherungsweise als eine Einzellinse vorstellen, und wenn wir den Abstand d von jener Linse bis zur Brille mit dem Abstand Hornhaut-Brillenglas gleichsetzen, der gewöhnlich etwa 16 mm ist. Wir bezeichnen die Brennweite der Korrekturlinse mit f_l und die Brennweite des Auges mit f_e. Die Kombination hat eine Brennweite, die durch die Gleichung (5.36) bestimmt ist, d.h.

$$\text{b.f.l.} = \frac{f_e(d - f_l)}{d - (f_l + f_e)}. \qquad (5.72)$$

Dies ist der Abstand von der Augenlinse bis zur Netzhaut. Ebenso hat die entsprechende Kontaktlinse in Verbindung mit der Augenlinse eine Brennweite, die durch Gleichung (5.38) gegeben ist:

$$\frac{1}{f} = \frac{1}{f_c} + \frac{1}{f_e}, \qquad (5.73)$$

wobei $f = $ b.f.l. Kehren wir die Gleichung (5.72) um, setzen sie mit der Gleichung (5.73) gleich und vereinfachen die Ausdrücke, so erhalten wir $1/f_c = 1/(f_l - d)$ unabhängig vom Auge. In den Ausdrücken der Brechkraft erhalten wir:

$$\mathcal{D}_c = \frac{\mathcal{D}_l}{1 - \mathcal{D}_l d}. \qquad (5.74)$$

Eine Brillenlinse mit der Brechkraft $\mathcal{D}_l$, die sich in einem Abstand d von der Augenlinse befindet, hat die gleiche optische Wirkung wie die einer Kontaktlinse mit der Brechkraft $\mathcal{D}_c$. Da d in Metern gemessen wird und daher ziemlich klein ist, und wenn $\mathcal{D}_l$ nicht groß ist, wie es häufig vorkommt, gilt $\mathcal{D}_c \approx \mathcal{D}_l$. Normalerweise hat der Punkt auf der Nase, auf der die Brille ruht, eine geringe Auswirkung, doch das ist mit Sicherheit nicht immer der Fall — ein falscher d-Wert hat bei vielen Kopfschmerzen zur Folge.

ii) Weitsichtigkeit — Positivlinsen

Weitsichtigkeit (Hyperopie oder Hypermetropie) ist eine andere Fehlsichtigkeit, deren Ursache darin liegt, daß der zweite Brennpunkt des nichtakkommodierten Auges hinter der Netzhaut liegt (Abb. 5.85). Sie ist oft die Folge einer Verkürzung der Axiallänge des Auges — die Linse befindet sich zu nahe an der Netzhaut. Um die Ablenkung der Strahlen zu verstärken, wird eine positive Brillenlinse vor das Auge gesetzt. Das weitsichtige Auge kann und muß sich akkommodieren, um entfernte Objekte deutlich zu sehen. Es ist aber an seiner Grenze angelangt, wenn der Nahpunkt viel weiter entfernt ist als er normalerweise wäre (die normale Entfernung nehmen wir als 25 cm an). Es kann folglich nicht deutlich sehen. Eine korrigierende Sammellinse mit positiver Brechkraft bringt ein nahes Objekt hinter den Nahpunkt, wo das Auge genügend Sehschärfe hat; d.h. die Linse erzeugt ein entferntes virtuelles Bild, das das Auge deutlich sehen kann. Angenommen ein weitsichtiges Auge habe einen Nahpunkt bei 125 cm. Damit ein Objekt in +25 cm Entfernung sein Bild bei $s_i = -125$ cm hat, muß die Brennweite

$$\frac{1}{f} = \frac{1}{(-1.25)} + \frac{1}{0.25} = \frac{1}{0.31}$$

oder $f = 0.31$ m und $\mathcal{D} = +3.2$D sein. Dieses Brillenglas wirft reelle Bilder — versuchen Sie es, falls Sie weitsichtig sind.

Die Abbildung 5.86 zeigt, daß das entspannte Auge mit der Korrekturlinse Objekte im Unendlichen sehen kann. Sie erzeugt dabei eine Abbildung auf ihrer "Brennebene", die dann dem Auge als ein virtuelles Objekt

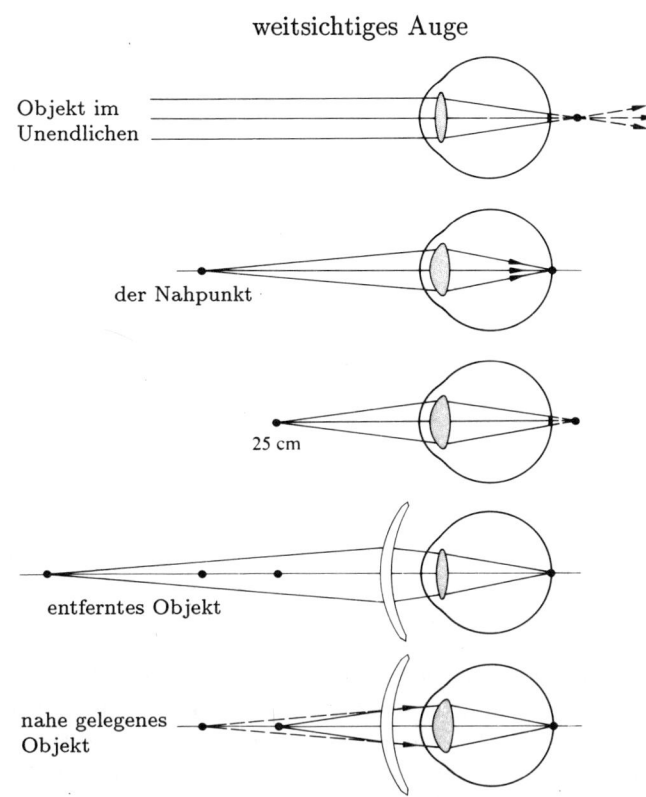

Abbildung 5.85 Korrektur des weitsichtigen Auges.

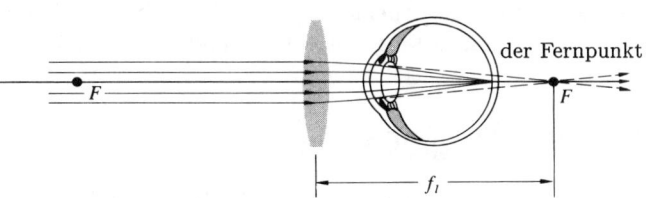

Abbildung 5.86 Wieder ist der Abstand zum Fernpunkt gleich der Brennweite der Korrekturlinse.

dient. Der Brennpunkt (dessen Bild auf der Netzhaut liegt) ist wieder einmal der *Fernpunkt* und liegt im Abstand f_l *hinter* der Linse. Der Weitsichtige kann bequem den Fernpunkt "sehen", und jede Linse mit einer geeigneten Brennweite, die sich irgendwo vor dem Auge befindet, dient jenem Zweck.

Ein sehr sanfter Fingerdruck auf die Augenlider über und unter der Hornhaut verformt vorübergehnd das Auge und verändert Ihr Sehvermögen von der Unschärfe zur Klarsicht und umgekehrt.

iii) Astigmatismus — Anamorphot (Zerrlinse)

Ein anderer und vielleicht der verbreitetste Augenfehler ist der *Astigmatismus*.[17] Er stammt von einer ungleichen Krümmung der Hornhaut. Mit anderen Worten, die Hornhaut ist asymmetrisch. Angenommen wir lassen zwei meridionale Ebenen (Ebenen, die die optische Achse enthalten) derart durch das Auge laufen, daß die (Krümmung oder) Brechkraft auf der einen maximal und auf der anderen minimal ist. Stehen diese Ebenen senkrecht aufeinander, so ist der *Astigmatismus regelmäßig* und korrigierbar; falls nicht, so ist er *unregelmäßig* und nicht leicht zu korrigieren. Regelmäßiger Astigmatismus kann verschiedene Formen annehmen, wobei das Auge in verschiedenen Kombinationen und Graden normal-, kurz- oder weitsichtig auf den zwei zueinander senkrechten meridionalen Ebenen ist. Daher könnten als ein einfaches Beispiel die Spalten eines Schachbrettmusters deutlich abgebildet werden, während die Reihen infolge von Kurzsichtigkeit oder Weitsichtigkeit unscharf sind. Natürlich brauchen diese meridionalen Ebenen nicht horizontal und vertikal zu sein.

Der berühmte Astronom Sir George B. Airy benutzte 1825 eine sphärozylindrische Konkavlinse, um seinen eigenen kurzsichtigen Astigmatismus zu verbessern. Dies war wahrscheinlich das erste Mal, daß ein Astigmatismus korrigiert wurde. Doch nicht vor der Veröffentlichung einer Abhandlung über zylindrische Linsen und Astigmatismus durch den Holländer Franciscus Cornelius Donders (1818–89) im Jahre 1862 wurden Ophthalmologen dazu bewegt, die Methode im größeren Umfang zu übernehmen.

Jedes optische System, das verschiedene Werte von M_T oder $\mathcal{D}$ in den zwei Hauptschnitten hat, bezeichnet man als *anamorphotisch*. Bauen wir daher z.B. das System, das in Abbildung 5.31 veranschaulicht ist, wieder auf, verwenden diesmal aber zylindrische Linsen (Abb. 5.87), so wäre das Bild verzerrt und nur in einer Ebene vergrößert. Dies ist genau die Verzerrungsart, die benötigt wird, um den Astigmatismus zu korrigieren,

---

[17] Stabsichtigkeit, Brechungsfehler des Auges, wodurch Punkte als Linien gesehen werden; d.Ü.

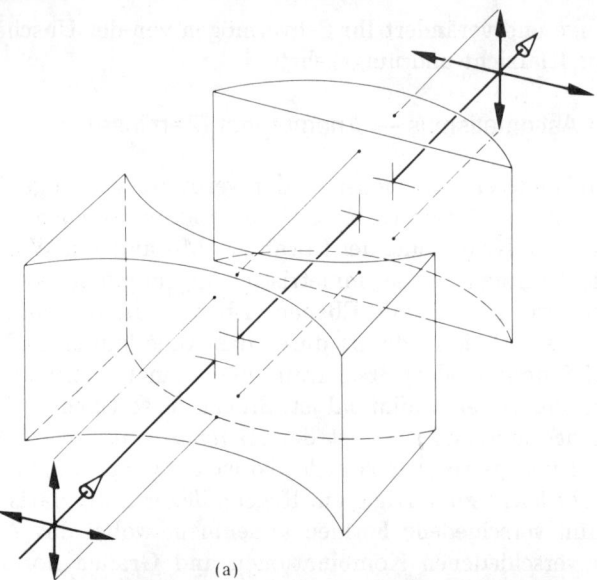

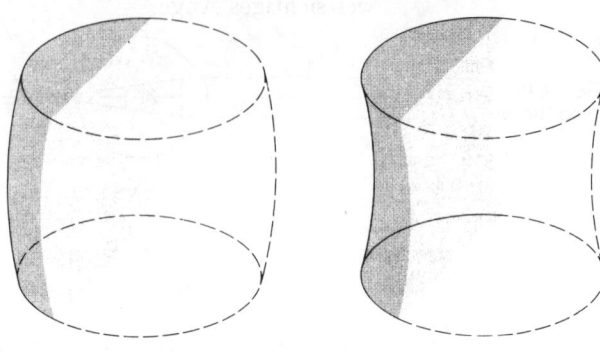

Abbildung 5.88 Torische Flächen.

wenn ein Fehler nur in einem Meridian existiert. Eine geeignete planzylindrische Brillenlinse, entweder positiv oder negativ, würde im Prinzip Normalsichtigkeit wiederherstellen. Erfordern beide zueinander senkrecht stehende Meridiane Korrekturen, so müßte die Linse z.B. *sphärozylindrisch* oder sogar *torisch* wie in Abbildung 5.88 sein.

Wir erwähnen nebenbei, daß Anamorphote in anderen Bereichen auch benutzt werden, wie z.B. in der Herstellung von Breitwandfilmen. Auf diese Art wird ein extra großes horizontales Bildfeld auf ein normales Filmformat zusammengedrängt. Wird der Film durch eine Speziallinse gezeigt, so breitet sich das verzerrte Bild wieder aus. Gelegentlich zeigt ein Fernsehprogramm kurze Auszüge ohne die Speziallinse — Sie haben vielleicht schon das komisch langgestreckte Ergebnis gesehen.

5.7.3 Das Vergrößerungsglas

Ein Beobachter kann ein Objekt für eine detaillierte Untersuchung größer erscheinen lassen, indem er es einfach näher an sein Auge bringt. Während das Objekt immer näher herankommt, vergrößert sich das Netzhautbild und bleibt scharf abgebildet, bis die Kristallinse keine angemessene Akkommodation mehr verschaffen kann. Sollte das Objekt näher als dieser *Nahpunkt* kommen, so wird das Bild unscharf (Abb. 5.89). Man kann eine positive Einzellinse verwenden, um dem Auge zusätzliche Brechkraft zu geben, so daß das Objekt noch näher herangebracht werden kann und trotzdem scharf abgebildet bleibt. Die so benutzte Linse wird verschiedentlich als

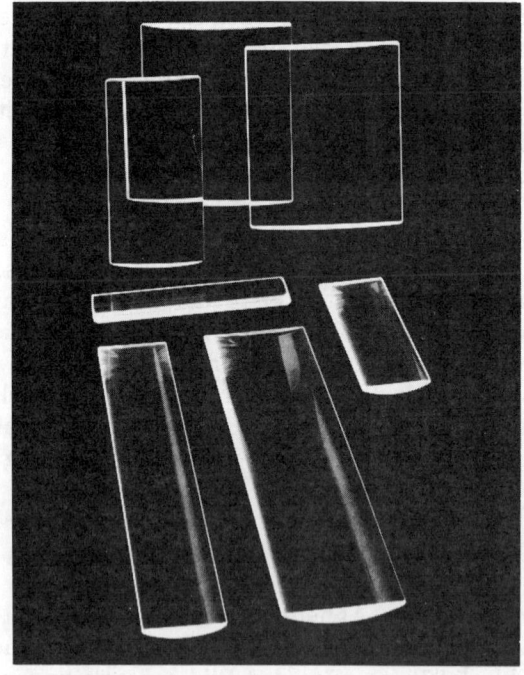

Abbildung 5.87 (a) Ein Anamorphot (optisches System, das eine Verzerrung des Bildes bewirkt, weil die Vergrößerung in zwei rechtwinklig zueinander verlaufenden Richtungen verschieden ist; d.Ü.) (b) Zylinderlinsen (Photo mit freundlicher Genehmigung von Melles Griot.)

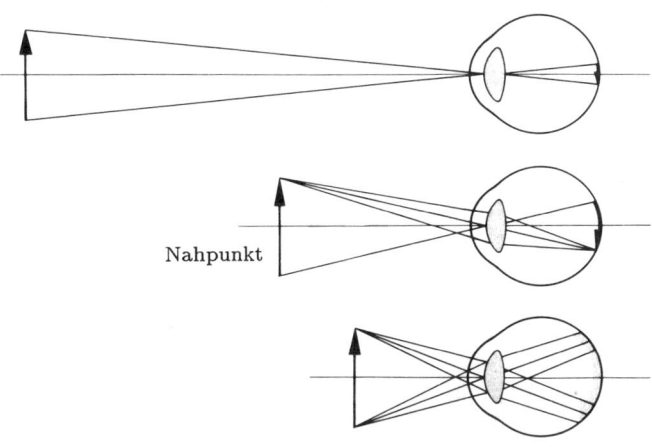

Abbildung 5.89 Abbildungen von Objekten, die sich hinter, in und vor dem Nahpunkt befinden.

---

ein *Vergrößerungsglas*, *Lupe* oder *einfaches Mikroskop*[18] bezeichnet. Jedenfalls soll sie *ein Bild eines nahe gelegenen Objekts liefern, das größer ist als das, was mit dem bloßen Auge gesehen wird*. Geräte dieser Art kennt man schon seit langem. Tatsächlich wurde ein Konvexlinse aus Quarz ($f \approx 10$ cm), die vielleicht als eine Lupe gedient hat, 1885 zwischen den Ruinen des Palastes des Königs Sennacherib (705–681 v. Chr.) von Assyrien ausgegraben.

Offenbar möchte man von der Linse ein vergrößertes, aufrechtes Bild erhalten. Die Strahlen, die ins normalsichtige Auge eintreten, sollten außerdem nicht konvergieren. Nach Tabelle 5.3 sollte man das Objekt innerhalb der Brennweite stellen (d.h. $s_o < f$). Das Ergebnis ist in Abbildung 5.90 dargestellt. Wegen der relativ kleinen Größe der Augenpupille ist sie sicher fast immer die Aperturblende, und stellt wie in der Abbildung 5.33 auch die Austrittspupille dar.

Die *Vergrößerung MP* oder äquivalent das *Winkelverhältnis* M_A eines optischen Instruments ist definiert als *der Quotient aus der Netzhautbildgröße mit Instrument und der Netzhautbildgröße mit bloßem Auge* bei

---

[18] In diesem Sinne benutzte C.F. von Weizsäcker das Wort Mikroskop in dem Aufsatz "Ortsbestimmung eines Elektrons durch ein Mikroskop", *Zschr. für Physik*, **70**, 114, 1931. Das dort beschriebene Gedankenexperiment ist nach M. Jammer eine interessante Variante des 1935 von A. Einstein, B. Podolsky und N. Rosen entdeckten Paradoxons der Quantenmechanik; d.Ü.

---

normalem Betrachtungsabstand. Dieser Abstand d_o geht im allgemeinen bis zum Nahpunkt. Der Quotient aus den Winkeln α_a und α_u (die durch die Hauptstrahlen von der Spitze des Objektes im Falle des optisch unterstützten beziehungsweise bloßen Auges gebildet werden) ist äquivalent zu MP, d.h.

$$\text{MP} = \frac{\alpha_a}{\alpha_u}. \tag{5.75}$$

Behalten wir im Auge, daß wir auf das Gaußsche (paraxiale) Gebiet eingeschränkt sind, so ist $\tan \alpha_a = y_i/L \approx \alpha_a$, $\tan \alpha_u = y_o/d_o \approx \alpha_u$ und

$$\text{MP} = \frac{y_i d_o}{y_o L},$$

wobei sich y_i und y_o über den Achsen befinden und positiv sind. Macht man d_o und L zu positiven Größen, so ergibt sich eine positive Vergrößerung MP, was ganz vernünftig ist. Verwendet man die Gleichungen (5.24) und (5.25) für M_T zusammen mit der Linsengleichung für dünne Linsen, so erhält man

$$\text{MP} = -\frac{s_i d_o}{s_o L} = \left(1 - \frac{s_i}{f}\right) \frac{d_o}{L}.$$

Da die Bildweite negativ ist, wird $s_i = -(L - \ell)$, und folglich

$$\text{MP} = \frac{d_o}{L}[1 + \mathcal{D}(L - \ell)], \tag{5.76}$$

wobei $\mathcal{D}$ natürlich die Brechkraft ($1/f$) der Lupe ist. Es gibt drei Situationen, die von besonderem Interesse sind: (1) Wenn $\ell = f$, dann ist die Vergrößerung $d_o \mathcal{D}$. (2) Wenn ℓ effektiv Null ist, gilt

$$[\text{MP}]_{\ell=0} = d_o \left(\frac{1}{L} + \mathcal{D}\right).$$

In diesem Fall entspricht der größte Wert der Vergrößerung MP dem kleinsten Wert von L, der gleich d_o sein muß, wenn man das Bild scharf sehen möchte. Deshalb ist

$$[\text{MP}]_{\substack{\ell=0 \\ L=d_o}} = d_o \mathcal{D} + 1. \tag{5.77}$$

Nehmen wir $d_o = 0.25$ m für den Normalbeobachter, so erhalten wir

$$[\text{MP}]_{\substack{\ell=0 \\ L=d_o}} = 0.25\mathcal{D} + 1. \tag{5.78}$$

Während L wächst, nimmt die Vergrößerung MP ab, und ebenso nimmt MP ab, wenn ℓ wächst. Wenn das Auge

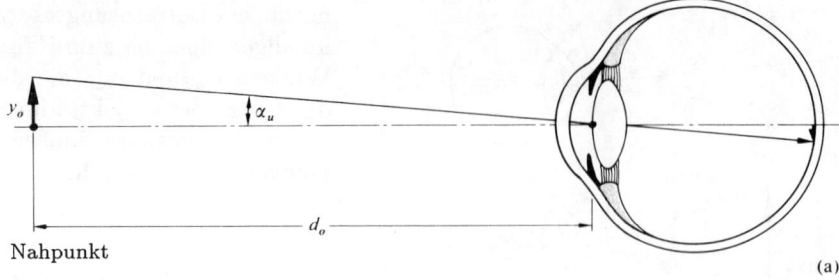

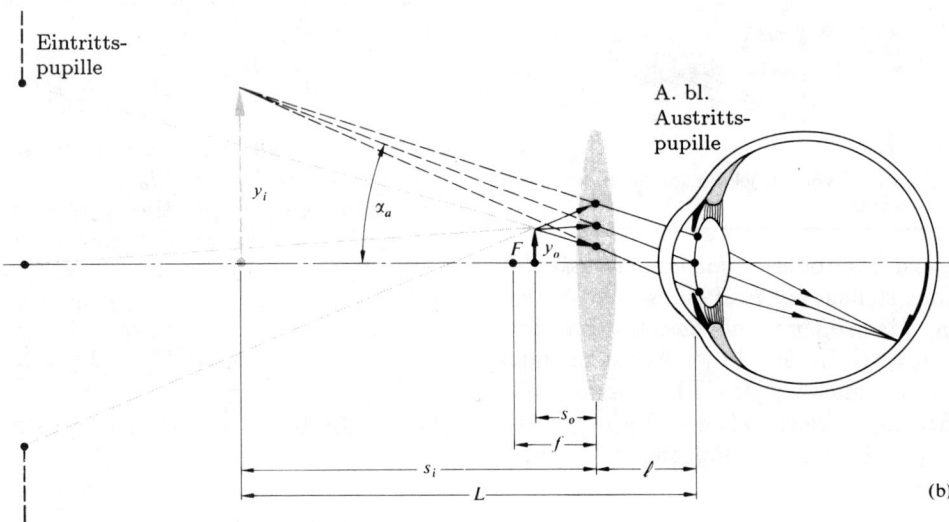

sehr weit von der Linse entfernt ist, wird das Netzhautbild klein sein. (3) Diese letzte Situation ist vielleicht die häufigste. Hier stellen wir das Objekt in den Brennpunkt ($s_o = f$), in welchem Fall das virtuelle Bild im Unendlichen ($L = \infty$) liegt. So folgt aus Gleichung (5.66)

$$[MP]_{L=\infty} = d_o \mathcal{D} \qquad (5.79)$$

für alle anwendbaren Werte von ℓ. Wegen der Parallelität der Strahlen sieht das Auge die Umgebung in einer entspannten, nichtakkommodierten Form, eine höchst wünschenswerte Erscheinungsform. Man beachte, daß $M_T = -s_i/s_o$ bei $s_o \to f$ gegen Unendlich geht, wohingegen im deutlichen Unterschied M_A nur um 1 unter den gleichen Gegebenheiten abnimmt.

Eine Lupe mit einer Brechkraft von 10 Dioptrien hat eine Brennweite ($1/\mathcal{D}$) von 0.1 m und eine Vergrößerung von 2.5, wenn $L = \infty$ ist. Dies ist gewöhnlich als 2.5×

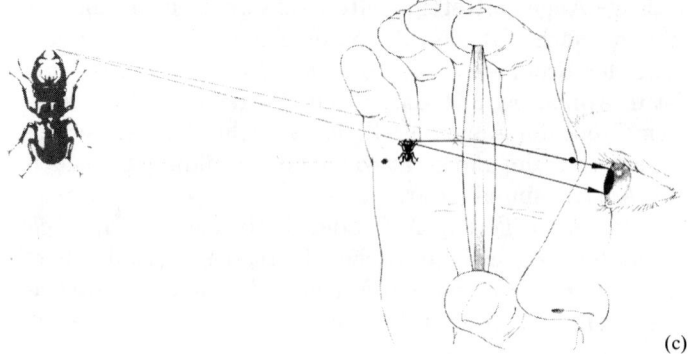

Abbildung 5.90 (a) Ein Objekt wird mit bloßem Auge betrachtet. (b) Der Blick durch ein Vergrößerungsglas. (c) Eine Sammellinse wird als ein Vergrößerungsglas verwendet. Die Objektweite ist kleiner als die Brennweite.

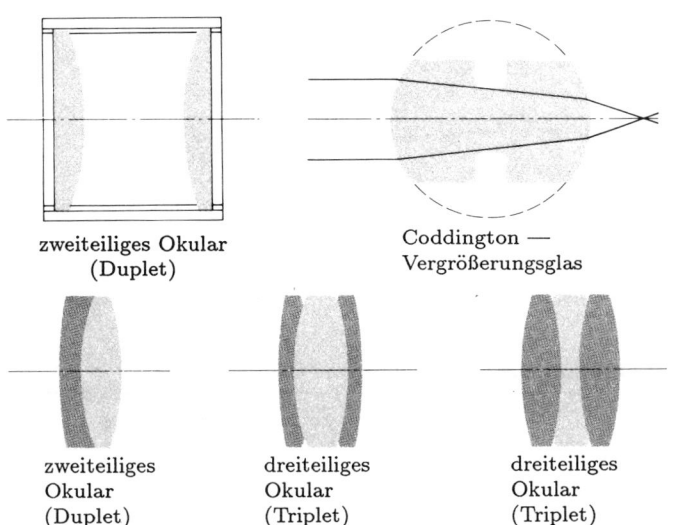

Abbildung 5.91 Vergrößerungsgläser.

gekennzeichnet, was bedeutet, daß das Netzhautbild mit dem Objekt im Brennweitenabstand von der Linse 2.5 mal größer ist, als wäre das Objekt im Nahpunkt des bloßen Auges (wo das größte deutliche Bild möglich ist). Die einfachsten einlinsigen Vergrößerungsgläser sind wegen Aberrationen auf etwa 2× oder 3× begrenzt. Ein großes Blickfeld impliziert eine große Linse, und diese erfordert aus praktischen Gründen meistens ziemlich schwache Krümmungen auf den Oberflächen. Die Radien sind ebenso groß wie f, und deshalb ist die Vergrößerung MP klein. Die Leselupe, die Art, die Sherlock Holmes berühmt machte, ist ein typisches Beispiel. Die Augenlupe des Uhrmachers ist oft eine Einzellinse, die auch etwa 2× oder 3× vergrößert. Abbildung 5.91 zeigt noch einige kompliziertere Vergrößerungsgläser, die konstruiert wurden, um etwa 10× bis 20× zu vergrößern. Die Doppellinse kommt recht häufig in einer Anzahl von Konfigurationen vor. Obwohl sie nicht besonders gut ist, funktioniert sie z.B. in stark vergrößernden Lupen zufriedenstellend. Das Coddington-Vergrößerungsglas ist im Prinzip eine Kugel mit einer eingeschnittenen Kerbe, die eine Öffnung ermöglicht, die kleiner als die Augenpupille ist. Eine klare Murmel (jede kleine Glaskugel ist geeignet) vergrößert auch stark — aber nicht ohne starke Verzerrungen.

Der relative Brechungsindex n_{lm} einer Linse und dem Medium, in dem sie sich befindet, ist wellenlängenabhängig. Da aber die Brennweite einer einfachen Linse mit $n_{lm}(\lambda)$ variiert, bedeutet dies, daß f eine Funktion der Wellenlänge ist, und die Farbkomponenten des weißen Lichts werden in verschiedenen Punkten im Raum fokussiert. Den sich ergebenden Fehler nennt man die *chromatische Aberration* (Farbfehler). Damit das Bild von dieser Verfärbung frei ist, werden die Positiv- und Negativlinsen, die aus verschiedenen Glasarten hergestellt wurden, zu *Achromaten* zusammengesetzt (siehe Abschnitt 6.3.2). Achromatische, verkittete, zweiteilige und dreiteilige Objektive sind vergleichsweise teuer, und man findet sie gewöhnlich in kleinen, sehr genau eingestellten, starken Vergrößerungsgläsern.

5.7.4 Okulare

Eine *Augenlinse* oder ein *Okular* ist ein optisches Gerät für direkte Beobachtung, das im Grunde genommen ein Vergrößerungsglas ist. Es soll nicht ein konkretes Objekt, sondern das Zwischenbild des Objektes betrachten, das von dem vorangehenden Linsensystem erzeugt wurde. Dabei sieht das Auge in das Okular und das Okular sieht in das optische System — sei es ein Beobachtungsfernrohr, zusammengesetztes Mikroskop, Teleskop oder ein Fernglas. Eine Einzellinse könnte diesen Zweck jedoch nur unzulänglich erfüllen. Soll das Netzhautbild zufriedenstellend sein, so darf das Okular im allgemeinen keine beträchtlichen Aberrationen zulassen. Das Okular eines speziellen Instruments könnte jedoch als Teil des vollständigen Systems so konstruiert sein, daß seine Linsen in einem Gesamtschema ausgenutzt werden können, um Aberrationen auszugleichen. Trotzdem werden Standardokulare austauschbar an den meisten Teleskopen und zusammengesetzten Mikroskopen benutzt. Außerdem sind Okulare ziemlich schwierig zu konstruieren, und die übliche und vielleicht erfolgreichste Methode besteht darin, daß man eine der bestehenden Konstruktionen einbaut oder leicht abändert.

Das Okular muß ein virtuelles Bild (von dem Zwischenbild) liefern, das meistens im oder nahe dem Unendlichen liegt, so daß es bequem mit einem normalen, entspannten Auge gesehen werden kann. Außerdem muß es das Zentrum der Austrittspupille oder den *Augenkreis* festlegen, in dem sich das Auge des Beobachters an einer günstig gelegenen Stelle befindet, vorzugsweise wenigstens etwa 10 mm von der letzten Linsenoberfläche ent-

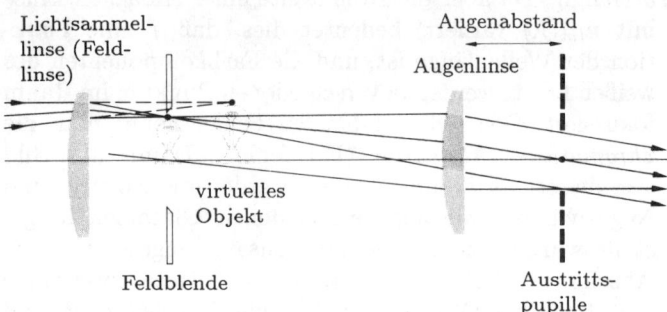

Abbildung 5.92 Das Huygenssche Okular.

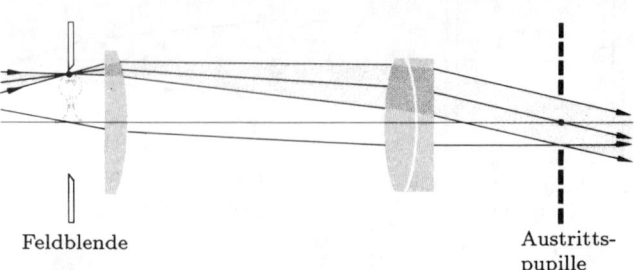

Abbildung 5.94 Das Kellnersche Okular.

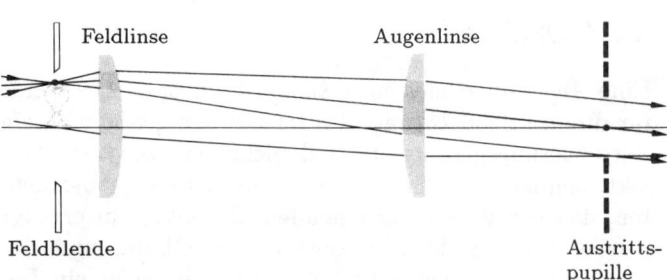

Abbildung 5.93 Das Ramsdensche Okular.

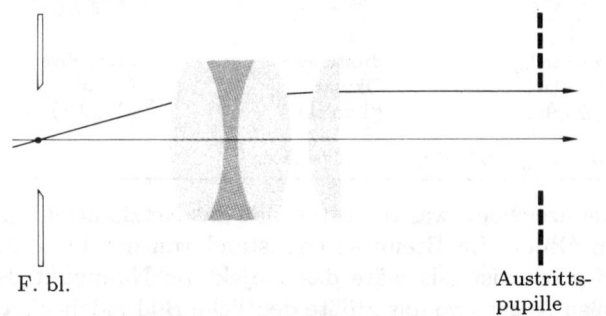

Abbildung 5.95 Das orthoskopische Okular.

fernt. Wie zuvor ist die Okularvergrößerung das Produkt $d_o \mathcal{D}$ oder, wie man häufig schreibt, MP= $(250 \text{ mm})/f$.

Das **Huygenssche Okular**, das über 250 Jahre zurückdatiert, verwendet man heute besonders in der Mikroskopie noch häufig (Abb. 5.92). Die Linse, die unmittelbar am Auge liegt, bezeichnet man als *Augenlinse*, während die erste Linse im Okular die *Lichtsammellinse* genannt wird. Den Abstand von der Augenlinse bis zum Augenkreis nennt man den *Augenabstand*, und für das Huygenssche Okular sind es etwa nur unbequeme 3 mm. Die ankommenden Strahlen, die auf dieses Okular treffen, müssen konvergieren, um ein virtuelles Objekt für die Augenlinse zu erzeugen. Zweifelsfrei kann das Huygenssche Okular nicht als ein gewöhnliches Vergrößerungsglas verwendet werden. Sein derzeitiger Anklang beruht auf seinem geringen Kaufpreis (siehe Abschnitt 6.3.2). Ein anderes altes Zubehör ist das **Ramsdensche Okular** (Abb. 5.93). Diesmal liegt der Brennpunkt vor der Feldlinse und so erscheint dort das Zwischenbild im leichten Zugang. An dieser Stelle würde man eine *Fadenkreuzplatte* (oder *Strichkreuzplatte*) einsetzen, die eine Schar Fadenkreuze, Präzisionsskalen oder winkeleingeteilte Kreisnetze usw. enthält. (Ist dies auf transparenten Platten gedruckt, so nennt man sie oft Strichmarkenplatten.) Da die Fadenkreuzplatte und das Zwischenbild in derselben Ebene liegen, sind beide gleichzeitig scharf abgebildet. Sein etwa 12 mm langer Augenabstand ist ein Vorteil gegenüber dem vorhergehenden Okular. Das Ramsdensche Okular ist relativ populär und ziemlich billig (siehe Aufgabe 6.2). Das **Kellnersche Okular** stellt eine deutliche Zunahme der Bildqualität dar, obwohl der Augenabstand zwischen dem der vorhergehenden zwei Geräte liegt. Das Kellnersche Okular ist im Prinzip ein achromatisiertes Ramsdensches Okular (Abb. 5.94). Es wird am häufigsten in mittelmäßigen Weitwinkelteleskopinstrumenten benutzt. Das **orthoskopische Okular** (Abb. 5.95) hat einen weiten Winkel, eine starke Vergrößerung und einen großen Augenabstand (≈ 20 mm). Das **symmetrische (Plößlsche) Okular** (Abb. 5.96) hat ähnliche Eigenschaften wie das orthoskopische Okular, ist ihm im allgemeinen aber überlegen. Das **Erfle-Okular** (Abb. 5.97) ist wahrscheinlich das häufigste Weitwinkelokular

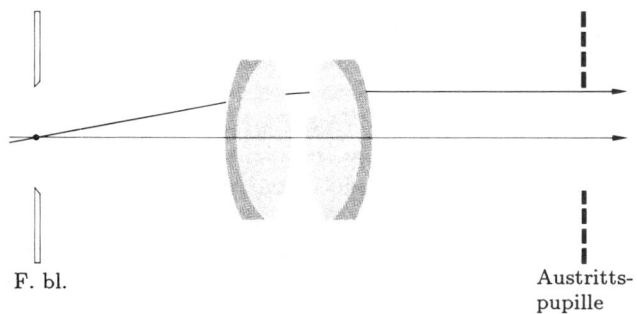

Abbildung 5.96 Das symmetrische (Plößlsche) Okular.

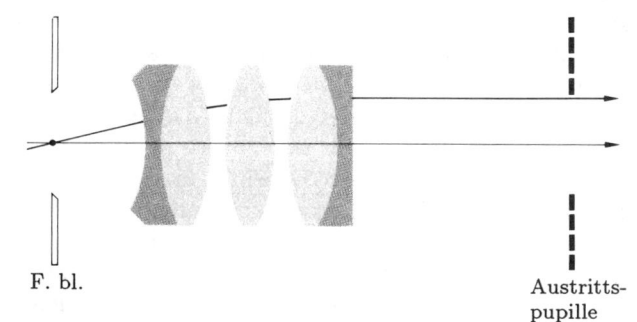

Abbildung 5.97 Das Erfle-Okular.

(etwa ±30°). Es ist für alle Aberrationen gut korrigiert und relativ teuer.[19]

Obwohl es viele andere Okulare gibt, einschließlich solcher mit veränderlicher Vergrößerung und mit asphärischen Flächen, sind die oben erörterten ziemlich repräsentativ. Sie findet man daher gewöhnlich in Teleskopen und Mikroskopen und daher auf langen Listen in Handelskatalogen.

5.7.5 Das zusammengesetzte Mikroskop

Das zusammengesetzte Mikroskop steht auf einer höheren Stufe als das einfache Mikroskop, da es ein größeres Winkelverhältnis (größer als ungefähr 30×) von *nahe gelegenen* Objekten liefert. Seine Erfindung, die sich schon 1590 ereignet haben dürfte, wird allgemein dem holländischen Brillenhersteller Zacharias Janssen aus Middelburg zugeschrieben. Galileo, der seine Erfindung eines zusammengesetzten Mikroskops 1610 bekanntgab, nimmt ei-

---

[19] Detaillierte Konstruktionen für diese und andere Okulare können in dem *Military Standardization Handbook — Optical Design*, MIL-HDBK-141, gefunden werden.

nen knappen zweiten Platz ein. Eine einfache Version, die diesen frühesten Geräten näher steht als dem modernen Laboratoriumsmikroskop, ist in Abbildung 5.98 dargestellt. Das Linsensystem (hier eine Einzellinse), das zum Objekt am nächsten steht, wird als das **Objektiv** bezeichnet. Es erzeugt ein reelles, umgekehrtes und im allgemeinen ein vergrößertes Bild des Objektes. Dieses Bild liegt im Raum auf der Ebene der Feldblende des Okulars. Strahlen, die von jedem Punkt dieses Bildes divergieren, treten wie im vorhergehenden Abschnitt parallel zueinander aus der Augenlinse heraus (die in diesem einfachen Falle das Okular selbst ist). Das Okular vergrößert dieses Zwischenbild noch mehr. Deshalb ist die Vergrößerung des Gesamtsystems das Produkt aus der Transversalvergrößerung M_{To} des Objektivs und des Winkelverhältnisses M_{Ae} des Okulars, d.h.

$$\text{MP} = M_{To} M_{Ae}. \qquad (5.80)$$

Wir erinnern uns, daß $M_T = -x_i/f$ (Gleichung (5.26)). Unter Berücksichtigung dessen konstruieren die meisten Hersteller ihre Mikroskope so, daß der Abstand (der x_i entspricht) von dem zweiten Brennpunkt des Objektivs bis zum ersten Brennpunkt des Okulars mit 160 mm genormt ist. Dieser Abstand, den man die *Tubuslänge* nennt, ist in der Abbildung mit L gekennzeichnet. (Einige Autoren definieren die Tubuslänge als die Bildweite des Objektivs.) Deshalb gilt mit dem Endbild im Unendlichen und einem Abstand von 254 mm bis zum Standardnahpunkt

$$\text{MP} = \left(-\frac{160}{f_o}\right)\left(\frac{254}{f_e}\right), \qquad (5.81)$$

und das Bild ist umgekehrt (MP< 0). Dementsprechend ist in die Fassung eines Objektivs mit einer Brennweite f_o von z.B. 32 mm die Markierung 5× (oder ×5) eingraviert, die anzeigt, daß das Objektiv eine 5-fache Vergrößerung hat. Kombiniert mit einem 10×-Okular ($f_e = 2.54$ cm) wäre dann die Mikroskopvergrößerung 50×.

Um die Abstandsverhältnisse zwischen dem Objektiv, der Feldblende und dem Okular beizubehalten, werden bei der Fokussierung eines Zwischenbildes in der ersten Brennpunktebene des Okulars alle drei Elemente als eine einzige Einheit bewegt.

Das Objektiv dient als Aperturblende und Eintrittspupille. Sein Bild, das durch das Okular erzeugt wird,

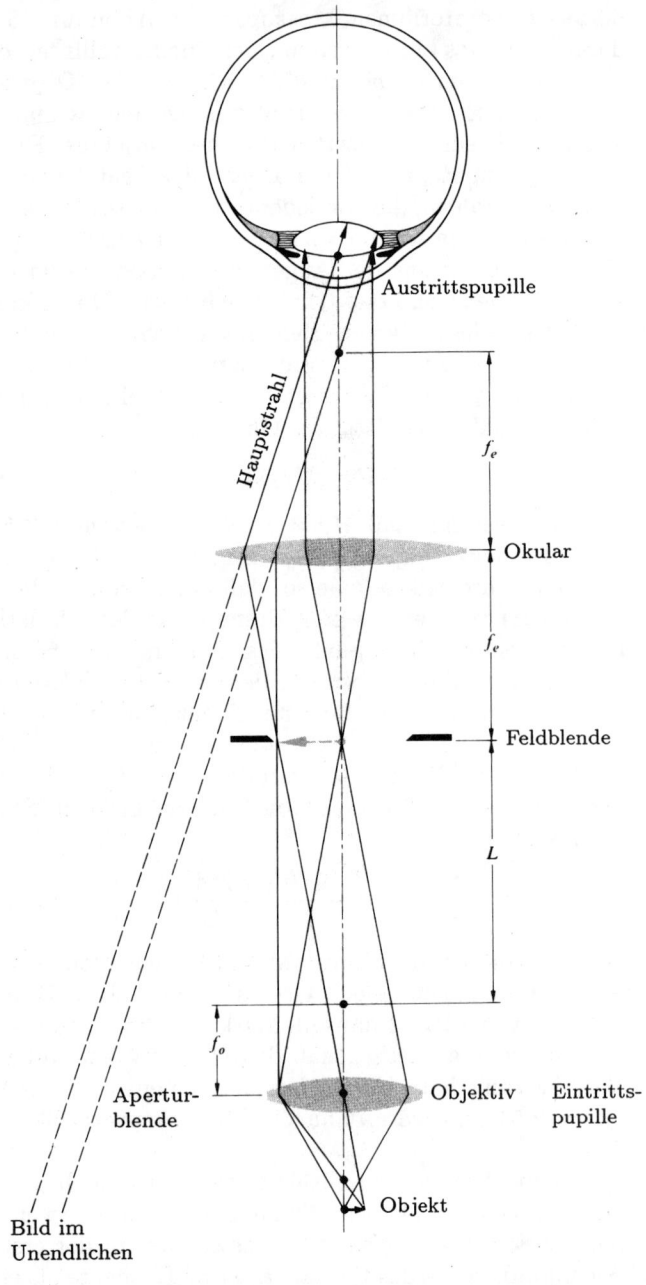

Abbildung 5.98 Ein elementares zusammengesetztes Mikroskop.

ist die Austrittspupille, in der sich das Auge befindet. Die Feldblende, die das Ausmaß des größten Objekts begrenzt, das betrachtet werden kann, ist als Teil des Okulars verarbeitet. Das Bild der Feldblende, das durch die ihr folgenden optischen Elemente erzeugt wird, nennt man die *Austrittsluke*, und das Bild, das durch die ihr vorangehenden Elemente erzeugt wird, nennt man die *Eintrittsluke*. Den Konuswinkel, der im Zentrum der Austrittspupille die Peripherie der Austrittsluke einschließt, nennt man den *Bildfeldwinkel im Bildraum*.

Man kann ein modernes Mikroskopobjektiv grob einer von drei unterschiedlichen Arten zuordnen. Es könnte so konstruiert sein, daß es am besten arbeitet, wenn sich das Objekt unter einem Deckglas befindet; ein anderes dagegen könnte ohne Deckglas auskommen (Metallmikroskop), und in der dritten Gruppe findet man diejenigen, bei denen sich das Objekt in einer Flüssigkeit befindet, die mit dem Objektiv in Kontakt ist. In einigen Fällen ist der Unterschied nicht entscheidend, und es könnte mit oder ohne Deckglas benutzt werden. Vier repräsentative Objektive sind in Abbildung 5.99 dargestellt (siehe Abschnitt 6.3.1). Außerdem ist das (etwa 5×) schwachvergrößernde, verkittete, zweiteilige Mikroskopobjektiv weit verbreitet. (Relativ billige mittlere Achromate — 10× oder 20× — können wegen ihrer kurzen Brennweiten auch zweckmäßig zur räumlichen Filterung von Laserstrahlen benutzt werden.)

Es gibt eine andere wichtige charakteristische Größe, die hier, wenn auch nur kurz, erwähnt werden muß. Die Helligkeit des Bildes ist zum Teil von der Lichtmenge abhängig, die von dem Objektiv aufgefangen wird. Die Blendenzahl ist insbesondere dann ein nützlicher Parameter zur Beschreibung dieser Größe, wenn das Objekt weit entfernt ist (Abschnitt 5.3.3). Jedoch ist die numerische Apertur NA für ein Instrument geeigneter, das mit endlich weit entfernten *konjugierten Punkten* (s_i und s_o sind endlich groß) arbeitet (Abschnitt 5.6). In dem gegenwärtigen Beispiel ist

$$\text{NA} = n_o \sin \theta_{\max}, \tag{5.82}$$

wobei n_o der Brechungsindex des Immersionsmediums (Luft, Öl, Wasser usw.) ist, das an der Objektivlinse angrenzt, und $\theta_{\max}$ ist der halbe Maximalwinkel des kegelförmigen Lichtbüschels, das durch jene Linse aufgenommen wird (Abb. 5.99 (b)). Mit anderen Worten, $\theta_{\max}$ ist der Winkel, der durch den Randstrahl und die Achse

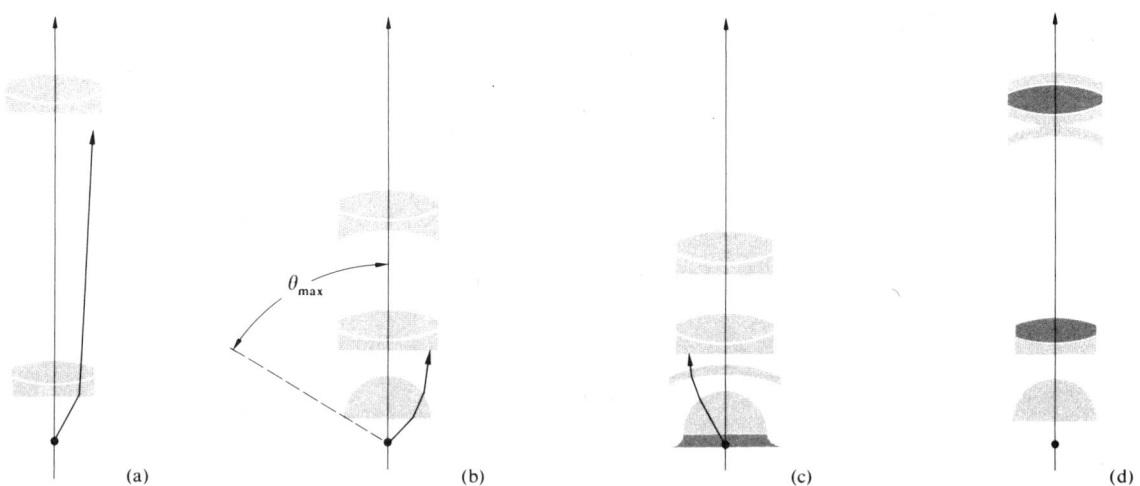

Abbildung 5.99 Mikroskopobjektive: (a) Das Lister Objektiv, 10×, NA=0.25, f=16 mm (zwei verkittete Achromaten). (b) Amici Objektiv, 20×, NA=0.5, f=8 mm bis 40×, NA=0.8, f=4 mm. (c) Ölimmersionsobjektiv, 100×, NA=1.3, f=1.6 mm (siehe Abb. 6.16). (d) Achromat, 55×, NA=0.95, f=3.2 (enthält zwei Fluoritlinsen).

gebildet wird. Die numerische Apertur reicht von ungefähr 0.07 für schwachvergrößernde bis zu etwa 1.4 für starkvergrößernde (100×) Objektive. Befindet sich das Objektiv in der Luft, so kann die NA natürlich nicht größer als 1.0 sein. Die NA ist gewöhnlich die zweite Zahl, die in die Objektiv-Fassung graviert ist. Übrigens führte Ernst Abbe (1840–1905), als er in der Carl Zeiss Mikroskopwerkstatt arbeitete, den Begriff der numerischen Apertur ein. Er erkannte, daß der minimale Transversalabstand zwischen zwei Objektpunkten, die in der Abbildung aufgelöst werden können, d.h. das Auflösungsvermögen, sich direkt mit λ und umgekehrt mit der NA ändert.

5.7.6 Das Teleskop

Es ist keineswegs klar, wer eigentlich das Teleskop erfand. In Wirklichkeit wurde es wahrscheinlich mehrmals erfunden. Erinnern Sie sich, daß im 17. Jahrhundert Brillenlinsen seit etwa 300 Jahren in Gebrauch waren. Während jener langen Zeitspanne scheint die zufällige Nebeneinanderstellung von zwei geeigneten Linsen, die ein Teleskop bilden, fast unvermeidbar. Jedenfalls ist es am wahrscheinlichsten, daß ein holländischer Optiker, möglicherweise sogar der allgegenwärtige Zacharias Janssen, der seinen Ruhm vom Mikroskop hat, zuerst ein Teleskop konstruierte. Er hatte außerdem eine dunkle Ahnung von dem Wert des Gerätes, in das er hineinspähte. Der früheste unstrittige Beweis der Entdeckung datiert auf den 2.10.1608 zurück, als Hans Lippershey den Staatsgeneral von Holland um ein Patent über ein Gerät fürs Sehen in die Ferne bat (was *teleskopos* im Griechischen heißt). Übrigens wurden, wie Sie vielleicht vermuten, seine militärischen Möglichkeiten sofort erkannt. Das Patent wurde deshalb nicht bewilligt. Stattdessen kaufte die Regierung die Rechte für das Instrument und Lippershey erhielt einen Auftrag, die Forschung fortzusetzen. Galileo hörte von dieser Arbeit und fertigte um 1609 ein eigenes Teleskop unter Verwendung zweier Linsen und einer als Tubus dienenden Orgelpfeife. Es dauerte nicht lange, bis er eine Anzahl von stark verbesserten Instrumenten konstruierte und begann, die Welt mit den bevorstehenden astronomischen Entdeckungen, für die er zu Recht so berühmt ist, aus der Fassung zu bringen.

i) Linsenfernrohr (Refraktor)

Ein einfaches *Himmelsfernrohr* ist in der Abbildung 5.100 dargestellt. Seine Hauptaufgabe besteht im Unterschied zum zusammengesetzten Mikroskop, dem es sehr

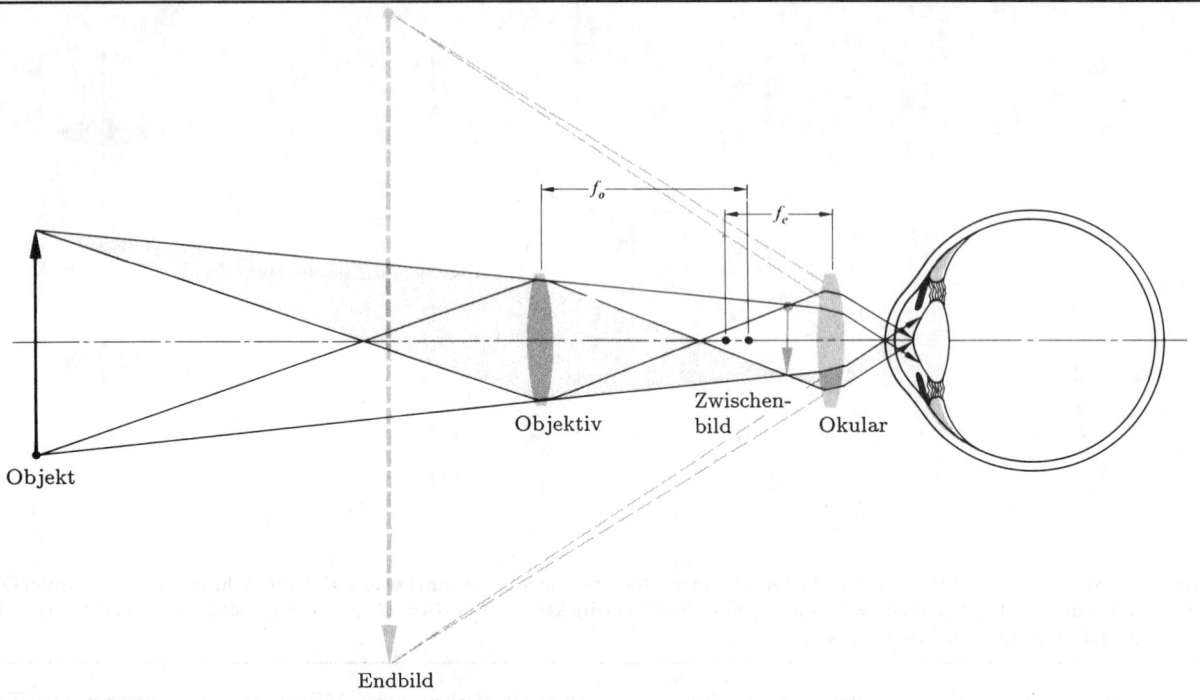

Abbildung 5.100 Das Keplersche Himmelsfernrohr (akkommodierendes Auge).

ähnlich ist, darin, das Netzhautbild eines *weit entfernten* Objektes zu vergrößern. In der Darstellung ist das Objekt endlich weit vom Objektiv entfernt, so daß das reelle Zwischenbild genau hinter seinem zweiten Brennpunkt entsteht. Dieses Bild ist das Objekt für das nächste Linsensystem, d.h. für das Okular. Es folgt aus Tabelle 5.3, daß die Objektweite kleiner als die Brennweite f_e oder ihr gleich sein muß, wenn das Okular ein virtuelles vergrößertes Endbild (innerhalb des Bereichs der normalen Akkommodatin) erzeugen soll. In der Praxis *steht die Lage des Zwischenbildes fest, und nur das Okular wird bewegt, um das Instrument scharf einzustellen.* Man beachte, daß *das Endbild umgekehrt ist*, aber solange wie das Teleskop für astronomische Beobachtungen verwendet wird, ist dies von geringer Bedeutung, zumal das Bild meist photographiert wird.

Bei sehr großen Objektweiten sind die einfallenden Strahlen effektiv parallel — das Zwischenbild liegt im zweiten Brennpunkt des Objektivs. Gewöhnlich ist das Okular so eingebaut, daß sein erster Brennpunkt den zweiten Brennpunkt des Objektivs überdeckt, so daß in diesem Fall die Strahlen, die von einem Punkt auf dem Zwischenbild divergieren, das Okular parallel zueinander verlassen. Ein normalsehendes Auge kann dann die Strahlen in einer entspannten Form fokussieren. Wenn das Auge kurz- oder weitsichtig ist, kann das Okular natürlich hinein- oder herausbewegt werden, so daß die Strahlen ein wenig zum Ausgleich divergieren oder konvergieren. (Liegt bei Ihnen ein Astigmatismus vor, so müssen Sie ihre Brille aufbehalten, falls Sie gebräuchliche optische Geräte für direkte Beobachtungen benutzen.) Wir sahen früher (Abschnitt 5.2.3), daß sowohl die hintere als auch die vordere Brennweite einer Kombination dünner Linsen gegen Unendlich geht, wenn die zwei Linsen durch einen Abstand d voneinander getrennt sind, der gleich der Summe ihrer Brennweiten ist (Abb. 5.101). Das Himmelsfernrohr in dieser Konfiguration mit *unendlich weit entfernten konjugierten Punkten* nennt man *afokal*, d.h. ihm fehlt eine Brennweite. Nebenbei, leuchtet man einen kollimierten (d.h. parallelen bzw. aus ebenen Wellen bestehenden) schmalen Laserstrahl in das hintere Ende eines Teleskops, das auf Unendlich eingestellt ist, so ist der heraustretende Strahl immer noch kollimiert, hat aber einen vergrößerten Querschnitt. Oft

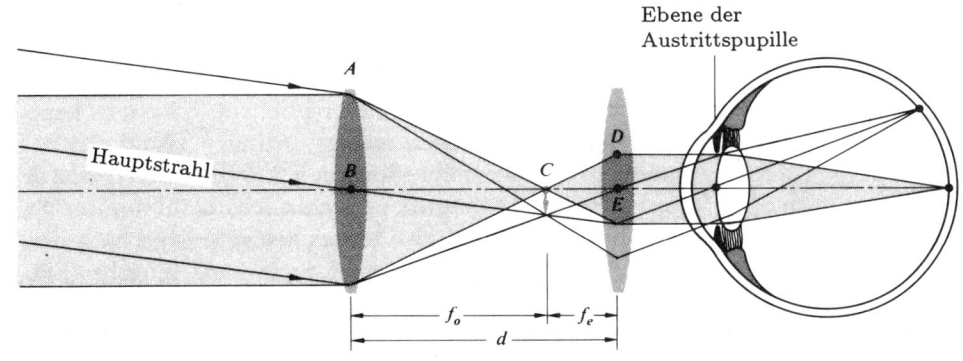

Abbildung 5.101 Himmelsfernrohr — unendlich weit konjugierte Punkte.

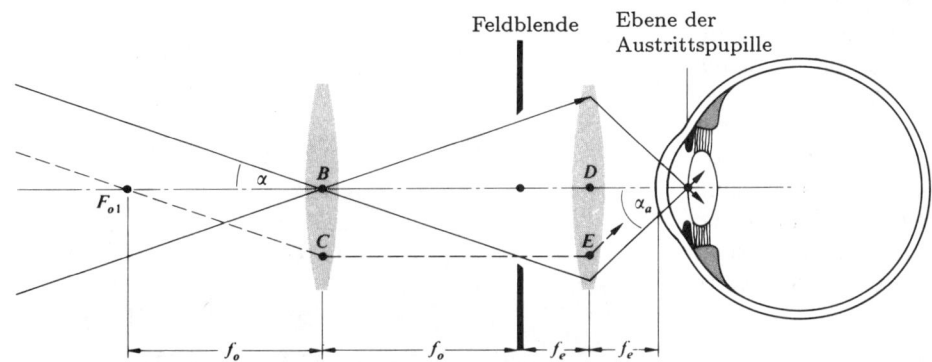

Abbildung 5.102 Die Winkel eines Strahls für ein Teleskop.

möchte man eine breite, quasimonochromatische, ebene Welle erhalten; spezielle Geräte dieser Art sind nun im Handel erhältlich.

Der Rand des Objektivs ist die Aperturblende und umschließt auch die Eintrittspupille; es gibt keine Linsen links von ihr. Wenn das Teleskop direkt auf irgendeine ferne Galaxie eingestellt ist, wird die Sehachse des Auges sehr wahrscheinlich kollinear mit der Zentralachse des Teleskops sein. Die Eintrittspupille des Auges sollte dann im Raum mit der Austrittspupille des Teleskops übereinstimmen. Das Auge ist jedoch nicht unbeweglich. Es bewegt sich hin und her, wandert über das gesamte Blickfeld, das sehr häufig viele interessante Punkte enthält. Das Auge prüft verschiedene Gebiete des Blickfeldes, indem es sich so dreht, daß die Strahlen von einem bestimmten Bereich auf die Zentralgrube des Auges fallen. Die Richtung, die durch den Hauptstrahl festgelegt ist, der durch das Zentrum der Eintrittspupille zur Zentralgrube verläuft, ist die *Hauptziellinie*. Den Achspunkt, der bezüglich des Kopfes fest ist, und durch den die Hauptziellinie unabhängig von der Ausrichtung des Augapfels immer geht, nennt man den *Zielschnittpunkt*.

Soll das Auge das Blickfeld überprüfen, so sollte der Zielschnittpunkt im Zentrum der Austrittspupille des Teleskops liegen. In jenem Fall entspricht die Hauptziellinie immer einem Hauptstrahl, der durch das Zentrum der Austrittspupille geht, wie auch immer das Auge sich bewegen mag.

Angenommen der Rand des sichtbaren Objekts im Objektiv schließt einen Halbwinkel α ein (Abb. 5.102). Dieser Winkel ist im wesentlichen gleich dem Winkel α_u, der am bloßen Auge eingeschlossen würde. Wie in den vorhergehenden Abschnitten ist das Winkelverhältnis

$$\text{MP} = \frac{\alpha_a}{\alpha_u}. \qquad [5.75]$$

Hier sind α_u und α_a Maße des Blickfeldes im Objekt- beziehungsweise Bildraum. Der erste ist der Halbwinkel des wirklichen aufgefangenen Strahlenkegels, während der zweite mit dem scheinbaren Strahlenkegel verbunden ist. Kommt ein Strahl im Objektiv mit einer negativen Neigung an, so tritt er mit einer positiven Neigung ins Auge ein und umgekehrt. Um daher das Vorzeichen des Winkelverhältnisses für aufrechte Bilder positiv zu machen und in Einklang mit dem vorhergehenden Gebrauch

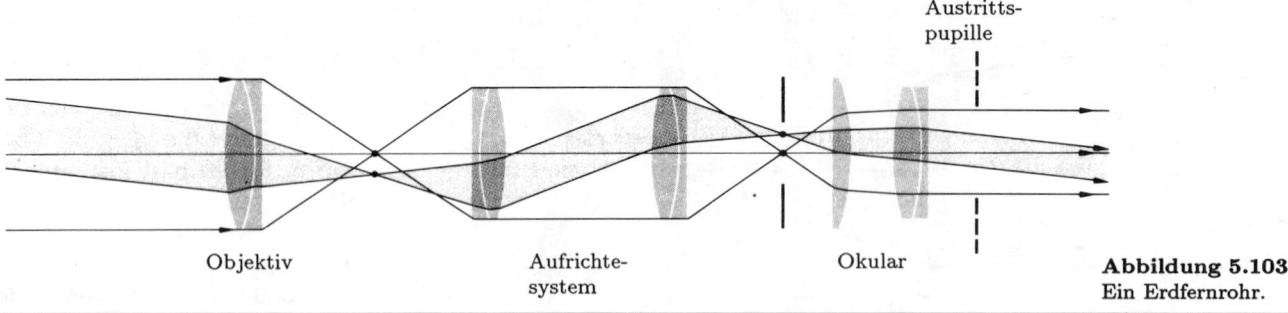

Abbildung 5.103 Ein Erdfernrohr.

zu bringen (Abb. 5.90), muß entweder α_u oder α_a negativ genommen werden — wir wählen den ersteren Winkel, da der Strahl eine negative Neigung hat. Man beachte, daß der Strahl, der durch den ersten Brennpunkt des Objektivs läuft, durch den zweiten Brennpunkt des Okulars läuft, d.h. F_{o1} und F_{e2} sind konjugierte Punkte. In der paraxialen Näherung ist $\alpha \approx \alpha_u \approx \tan \alpha_u$ und $\alpha_a \approx \tan \alpha_a$. Das Bild füllt den Bereich der Feldblende, und so gleicht die Hälfte ihres Ausmaßes dem Abstand $\overline{BC} = \overline{DE}$. Daher liefert der Quotient der Tangenswerte aus den Dreiecken $F_{o1}BC$ und $F_{e2}DE$

$$\mathrm{MP} = -\frac{f_o}{f_e}. \qquad (5.83)$$

Ein anderer zweckmäßiger Ausdruck für das Winkelverhältnis MP ergibt sich aus der Betrachtung der Transversalvergrößerung des Okulars. Da die Austrittspupille das Bild des Objektivs ist (Abb. 5.102), erhalten wir

$$M_{Te} = -\frac{f_e}{x_o} = -\frac{f_e}{f_o}.$$

Wenn D_o außerdem *der Durchmesser des Objektivs* und D_{ep} *der Durchmesser seines Bildes, der Austrittspupille*[20] ist, dann ist $M_{Te} = D_{ep}/D_o$. Diese zwei Ausdrücke für M_{Te} liefern im Vergleich zu Gleichung (5.83)

$$\mathrm{MP} = \frac{D_o}{D_{ep}}. \qquad (5.84)$$

Hier ist D_{ep} übrigens eine negative Größe, da das Bild umgekehrt ist. Man kann relativ leicht ein einfaches Linsenfernrohr bauen. Dazu braucht man nur eine Linse mit langer Brennweite vor eine mit kurzer Brennweite zu halten und darauf zu achten, daß $d = f_o + f_e$ ist. Sehr genau korrigierte teleskopische Instrumente haben aber auch im

---

20) Der Rand des Objektivs ist hier gleichzeitig die Aperturblende, deren Bild die Austrittspupille festlegt (siehe Abschnitt 5.3.2); d.Ü.

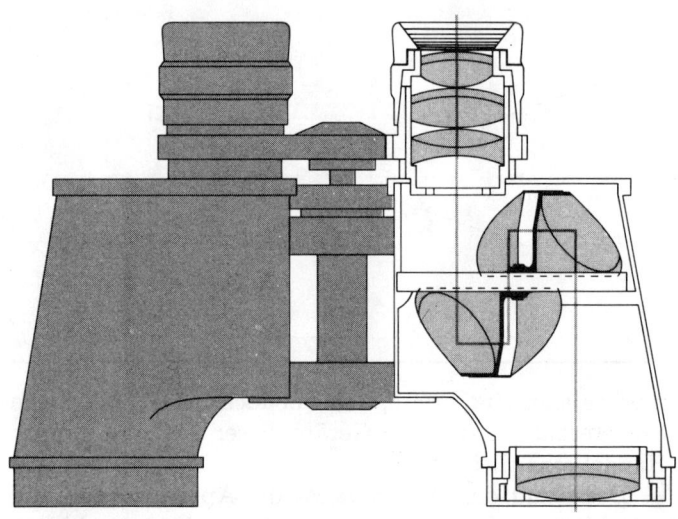

Abbildung 5.104 Ein Fernglas.

allgemeinen viellinsige Objektive, die gewöhnlich zweiteilig oder dreiteilig sind.

Damit ein Teleskop verwendbar ist, wenn die Ausrichtung des Objekts wichtig ist, muß ein Teleskop ein zusätzliches *Aufrichtesystem* enthalten — ein derartiges Teleskop nennt man *Erdfernrohr*. Meistens ist eine einzelne Umkehrlinse oder ein Linsenaufrichtesystem zwischen dem Okular und dem Objektiv eingebaut. Dies hat dann zur Folge, daß das Bild aufrecht ist. Die Abbildung 5.103 zeigt ein Erdfernrohr mit einem verkitteten zweiteiligen Objektiv und einem Kellnerschen Okular. Es benötigt offensichtlich einen langen Ausziehtubus, die malerische Sorte, die einem in den Sinn kommt, wenn man an Schiffe aus Holz und an Kanonenkugeln denkt.

Aus diesem Grund verwenden *Ferngläser* (Doppelfernrohre) im allgemeinen Aufrichteprismen, die dieselbe Aufgabe im kleineren Raum verrichten und auch den Abstand der Objektive vergrößern, wodurch der stereoskopische Effekt verbessert wird. Meistens sind sie doppelte Porro-Prismen wie in Abbildung 5.104. (Man beachte das komplizierte, abgeänderte Erfle-Okular, die große Feldblende und das achromatische, zweiteilige Objektiv.) Üblicherweise tragen Ferngläser einige Zahlenmarkierungen, z.B. 6×30, 7×50 oder 20×50 usw. Die erste Zahl gibt die Vergrößerung an, hier 6×, 7× oder 20×. Die zweite Zahl ist der Durchmesser der Eintrittspupille oder äquivalent die freie Öffnung des Objektivs, die in Millimetern angegeben wird. Es folgt aus Gleichung (5.84), daß die Durchmesser der Austrittspupillen gleich dem Quotienten aus der zweiten und der ersten Zahl ist, in diesem Fall 5, 7.1 und 2.5 (jeweils in Millimetern). Hält man das Instrument von seinem Auge entfernt, so sieht man die helle kreisförmige Austrittspupille von Schwärze umgeben. Um sie zu messen, stelle man das Gerät auf Unendlich ein, richte es gegen den Himmel und beobachte die austretende, genau abgegrenzte, scharfe Lichtscheibe bei Verwendung eines Stück Papiers als Schirm. Man bestimme auch den Augenabstand in dem Zusammenhang.

Das Teleskop ist unter der Voraussetzung afokal, daß $d = f_o + f_e$; dies gilt sogar dann, wenn das Okular negativ ist (d.h. $f_e < 0$). Das Teleskop, das von Galileo gebaut wurde (Abb. 5.105), hatte so eine Zerstreuungslinse als Okular und erzeugte deshalb ein aufrechtes Bild ($f_e < 0$ und MP> 0 in Gl. (5.83)). Als Teleskop ist das System heute hauptsächlich von historischem und pädagogischem Interesse, obschon man noch zwei derartige Teleskope kaufen kann, die nebeneinander montiert ein Galileisches Fernglas bilden. Es ist jedoch zur Ausweitung eines Laserstrahls ganz brauchbar, da es keine inneren Brennpunkte hat, in denen ein Hochleistungsstrahl sonst die umgebende Luft ionisieren würde.

ii) Spiegelteleskope (Reflektoren)

Die Schwierigkeiten der Anfertigung großer Linsen werden noch durch die Anmerkung unterstrichen, daß das größte Linsenfernrohr das 1.02 m große Yerkes Teleskop ($f = 18$ m) ist, das in Williams Bay, Wisconsin, steht. Das Spiegelteleskop auf dem Palomar Mountain, USA, hat dagegen einen Durchmesser von 5.08 m, und die Sowjetunion errichtete ein 6.10 m Spiegelteleskop in Selent-

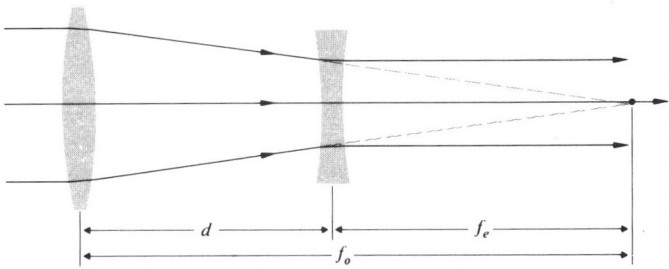

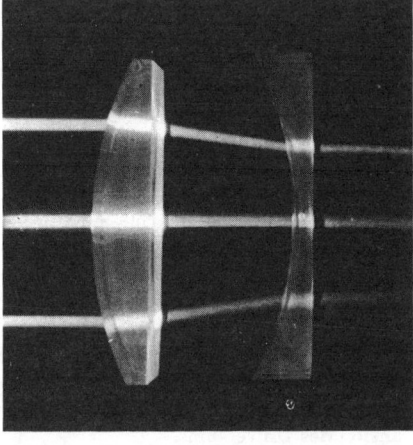

Abbildung 5.105 Das Galileische Fernrohr. Galileos erstes Fernrohr hatte ein plankonvexes Objektiv (5.6 cm im Durchmesser, $f=1.7$ m, $R=93.5$ cm) und ein plankonkaves Okular, von denen er beide selbst schliff. Es vergrößerte 3× im Unterschied zu seinem letzten Teleskop, das eine Vergrößerung von 32× besaß (Photo von E.H.)

schukskaya (siehe Kasten: Auszug aus "Das Himmelsjahr", 1982, S. 38ff, Herausgeber H.U. Keller, Stuttgart; d.Ü.).

Die Probleme sind klar; eine Linse muß transparent und frei von inneren Blasen usw. sein. Ein Oberflächenspiegel braucht diese Eigenschaften nicht zu besitzen, er braucht sogar nicht einmal transparent zu sein. Eine Linse kann nur durch ihren Rand gehalten werden und hängt unter ihrem eigenen Gewicht durch; ein Spiegel kann durch seinen Rand und ebenso an der Rückseite gehalten werden. Außerdem gibt es bei Spiegeln keine chromatischen Aberrationen, da es keine Brechung und deshalb keine Auswirkung auf die Brennweite infolge der Wellenlängenabhängigkeit des Brechungsinde-

Die Wirkung oder Leistung eines Fernrohres ist zweifach: Zum einen wird die Trennschärfe (Auflösung) erhöht, zum anderen wird mehr Licht eingefangen, so daß auch schwächere Sterne erkennbar werden. Ein Beispiel möge das näher erläutern: ein normalsichtiges Auge hat eine Trennschärfe von einer Bogenminute, ein kleines Fernrohr mit 5 cm Öffnung (Objektivdurchmesser) trennt bereits zwei Lichtpunkte, die nur drei Bogensekunden Winkelabstand voneinander aufweisen. Bei dunkeladaptiertem Auge (Pupillendurchmesser 5 mm) sehen wir Sterne bis 6^m, mit unserem 5 cm Teleskop Sterne bis 11^m, also hundertmal lichtschwächere Objekte. Die Leistung eines Fernrohres hängt also von seiner freien Öffnung ab: doppelter Objektivdurchmesser ergibt doppelt so gute Auflösung und vierfachen Lichtgewinn. Verständlich, daß sich die Astronomen stets um Teleskope mit möglichst großen Linsen und Spiegeln bemühten. Neben den Finanzen setzen jedoch technische Probleme eine Obergrenze. Das bisher und wohl für alle Zukunft größte Linsenfernrohr (Refraktor) der Welt steht im Yerkes-Observatorium in Williams Bay nahe Chicago. Sein Objektiv mißt 102 cm im Durchmesser und hat eine Brennweite von 18 m. Mit der Einweihung des Hooker-Reflektors auf dem Mt. Wilson-Observatorium in Kalifornien im Jahre 1917 gelang den Astronomen ein gewaltiger Sprung vorwärts. Mit $2\,1/2$ m Objektivdurchmesser blieb dieses Spiegelteleskop für dreißig Jahre das größte der Welt. Mit ihm wurden die Randpartien des Andromedanebels in Einzelsterne aufgelöst, und Edwin P. Hubble entdeckte damit die Expansion des Universums.

Nach jahrzehntelanger Planungs- und Bauzeit wurde schließlich 1949 das berühmte Hale-Teleskop des Palomar Mountain-Observatoriums mit 508 cm Spiegeldurchmesser in Betrieb genommen. Es war das "größte Teleskop der Welt" schlechthin und wird oft heute noch mit diesem Begriff belegt, obwohl inzwischen das 610 cm Riesenfernrohr der Russen in Selentschukskaja (Kaukasus) fertiggestellt ist. Es ist somit das gegenwärtig größte Teleskop der Welt. Seine Besonderheit: es ist nicht parallaktisch, sondern seine 800 t sind azimutal montiert. Das heißt, die eine Drehachse ist nicht wie sonst üblich parallel zur Erdachse ausgerichtet, sondern steht aus mechanischen Gründen lotrecht.

Aus der Probescheibe für den Guß des 5 m Palomar-Teleskops entstand der 3 m-Reflektor für das Lick-Observatorium auf dem Mount Hamilton bei San José in Kalifornien. Als das 3 m-Spiegelfernrohr 1959 eingeweiht wurde, war es das zweitgrößte Fernrohr der Erde. Die größte Sternwarte der Erde, wenn man die optisch wirksame Gesamtfläche aller Teleskope berücksichtigt, steht auf dem Kitt Peak, einem Berg etwa 60 km westlich der Stadt Tuscon. Hier, in der ausnehmend klaren Luft Arizonas, haben die Amerikaner ihr National-Observatorium errichtet. Das größte Fernrohr des Kitt Peak-National-Observatory ist der 4 m-Mayall-Reflektor, der 1973 in Betrieb ging. Inzwischen wurde ein weiterer 4 m-Spiegel auf dem Cerro Tololo in Chile aufgestellt, um den Südhimmel mit einem gleichwertigen Instrument beobachten zu können.

Ebenfalls zum exklusiven Club der Sternwarten mit 3 m-Teleskopen und größer gehört das Observatorium auf dem Vulkan Mauna Kea auf Hawaii. Im deutschsprachigen Raum war lange der 120 cm-Schmidt-Spiegel ("Himmelskamera") das größte Teleskop. Im Jahre 1960 nahm das 2 m-Universal-Teleskop des Karl Schwarzschild-Observatoriums in Tautenburg bei Jena seine Beobachtungstätigkeit auf. Dieses Teleskop ist auch als Schmidt-Kamera einsetzbar. Mit 134 cm freier Öffnung der Korrektionsplatte ist es das größte Schmidt-Teleskop der Welt.

1969 erhielt das L. Figl-Observatorium auf dem Schöpfl bei Wien sein 1.5 m Spiegel-Teleskop.

Da bei uns in Mitteleuropa jährlich höchstens 40-50 Nächte für astronomische Beobachtungen nutzbar sind, gründete man zuletzt ein deutsch-spanisches Observatorium. Auf dem Calar Alto in über 2000 m Höhe in der Sierra de los Filabres (Südspanien) gibt es nämlich im Schnitt 200 klare Nächte pro Jahr. Das Max-Planck-Institut für Astronomie in Heidelberg hat dort ein 1.23- und ein 2.2 m-Teleskop aufgestellt, die Spanier ein 1.5 m-Teleskop. Im Jahre 1983 soll als Krönung dann ein 3.5 m-Reflektor seine Arbeit aufnehmen.

Die Europäer betreiben ferner auf dem Berg La Silla in Chile eine gemeinsame Südsternwarte, deren größtes Fernrohr ein 3.6 m-Spiegel-Teleskop ist.

xes gibt. Aus diesen und anderen Gründen (z.B. ihrer Kontrastübertragung) überwiegen die Reflektoren in großen Teleskopen.

Der Schotte James Gregory (1638–1675) erfand 1661 das Spiegelteleskop, und es wurde 1668 zum ersten Mal erfolgreich von Newton konstruiert. Erst ein Jahrhundert später wurde es in den Händen von William Herschel ein wichtiges Forschungsinstrument. Abbildung 5.106 stellt ein Anzahl von Reflektoranordnungen dar, wobei jede einen konkaven parabolischen Primärspiegel besitzt. Das 5.08 m große Hale-Teleskop ist so gewaltig, daß eine kleine Einfassung, in der ein Beobachter sitzen kann, im primären Brennpunkt angeordnet ist. In der Newtonschen Version bringt ein ebener Spiegel oder ein Prisma das Strahlenbündel in rechten Winkeln zur Teleskopachse heraus, wo es photographiert, beobachtet, spektralanalysiert oder photoelektrisch bearbeitet werden kann. In der Gregoryschen Anordnung,

Auch bei großen Teleskopen stört die Lufthülle unseres Planeten empfindlich. Deshalb plant die NASA, in Kürze ein 2.4 m-Teleskop in eine Erdumlaufbahn zu schießen. Ohne störende meteorologische Einflüsse wird es das leistungsfähigste Weltraumauge der Menschheit sein.

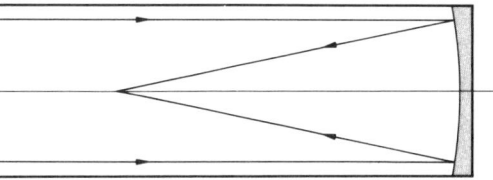

Primärer Brennpunkt (eines Spiegelteleskops mit parabolischem Hauptspiegel) (a)

Die größten Teleskope der Erde		
Observatorium	freie Öffnung	Inbetriebnahme
Selentschukskaja (Kaukasus) UdSSR	610 cm	1977
Palomar Mountain, Pasadena, Kalifornien	508 cm	1949
La Palma, Kanarische Inseln	422 cm	1982
Kitt Peak, National Observatory, Arizona	401 cm	1977
Amerikanische Südsternwarte (AURA) Cerro Tololo, Chile	401 cm	1976
Siding Springs, Coonabaraban, Australien	390 cm	1974
Mauna Kea, Hawaii	381 cm	1979
	360 cm	1980
	320 cm	1980
Europäische Südsternwarte, (ESO), La Silla, Chile	360 cm	1976
Deutsch-Spanisches Observatorium Calar Alto, Südspanien	350 cm	1983
Lick-Observatorium, Mt. Hamilton, Kalifornien	305 cm	1959

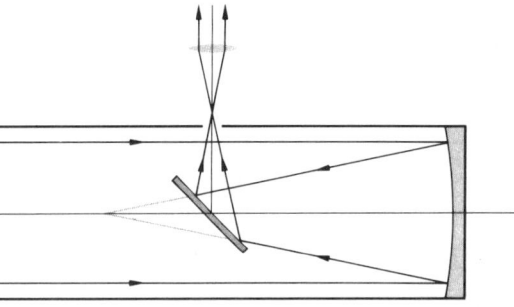

(b) Newtonsches Spiegelteleskop

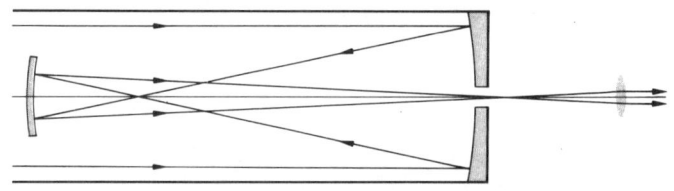

(c) Gregorysches Spiegelteleskop

die nicht besonders beliebt ist, invertiert ein konkaver, sekundärer Ellipsoidspiegel das Bild wieder, indem er das Strahlenbündel durch ein Loch im Primärspiegel in die alte Richtung reflektiert. Das Cassegrainsche System verwendet einen konvex-hyperbolischen Sekundärspiegel, um die Äquivalentbrennweite zu vergrößern (siehe Abb. 5.46). Es arbeitet so, als hätte der Primärspiegel dieselbe Öffnung, aber eine größere Brennweite bzw. einen größeren Krümmungsradius.

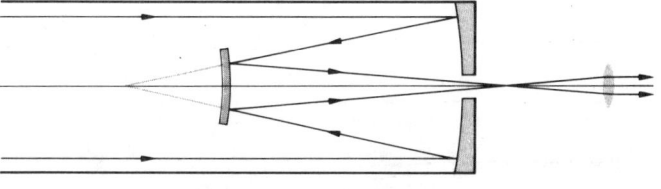

(d) Cassegrainsches Spiegelteleskop

Abbildung 5.106 Spiegelteleskope.

iii) Katadioptrische Teleskope

Eine Kombination aus reflektierenden (*katoptrischen*) und brechenden (*dioptrischen*) Elementen nennt man ein *katadioptrisches* System. Sicherlich ist das klassische *Spiegelteleskop von Schmidt* das bestbekannte, obwohl es nicht das erste ist. Wir müssen es hier behandeln, selbst wenn es auch zu kurz geschieht, da es den Vorläufer eines neuen Ausblicks in die Konstruktion von Spiegelsystemen mit großer Öffnung und erweitertem Gesichtsfeld darstellt. Wie man in Abbildung 5.107 sieht, erzeugen Bündel von parallelen Strahlen, die an einem Kugelspiegel reflektiert werden, auf einer kugelförmigen Bildfläche Bilder (z.B. eines Sternenfeldes), wobei die Bildfläche in der Praxis eine gekrümmte Filmplatte ist. Es gibt allerdings ein Problem mit einer derartigen Anordnung. Wir wissen, daß die Strahlen, die von den äußeren Bereichen des Spiegels reflektiert werden, nicht zu demselben Brennpunkt wie jene kommen, die vom Gaußschen Gebiet des Spiegels stammen, obwohl das System von anderen Aberrationen frei ist (siehe Abschnitt 6.3.1). Mit anderen Worten, der Spiegel ist kugel- und nicht parabelförmig und liefert sphärische Aberrationen (Abb. 5.107 (b)). Falls diese korrigiert werden könnten, wäre das System (wenigstens theoretisch) über ein weites Blickfeld für ideale Abbildungen geeignet. Da es nicht nur eine einzige Zentralachse gibt, existieren in Wirklichkeit keine außeraxialen Punkte. Wir erinnern uns, daß Paraboloide nur scharfe Abbildungen in Achspunkten erzeugen, wobei sich das Bild außerhalb der Achse schnell verschlechtert. An einem Abend im Jahre 1929 zeigte Bernhard Waldemar Schmidt (1879–1935) (bei der Rückreise von einer Expedition zu einer Sonnenfinsternis auf den Philippinen) auf dem indischen Ozean einem Kollegen eine Skizze eines Systems, das er zur Korrektur von sphärischen Abberationen eines Kugelspiegels entworfen hatte. Er würde eine dünne Korrektionsplatte (Schmidt-Platte) aus Glas verwenden, auf deren Oberfläche eine sehr flache Krümmung geschliffen wäre (Abb. 5.107 (c)). Lichtstrahlen, die die äußeren Bereiche durchliefen, würden durch genau den Betrag abgelenkt, der benötigt wird, damit sie auf der Bildkugelfläche scharf fokussiert werden. Die Korrektionsplatte muß einen Fehler beseitigen, ohne nennenswerte Beträge von anderen Aberrationen einzuführen. Das erste System wurde 1930 gebaut, und das berühmte 1.22 m-Schmidt-

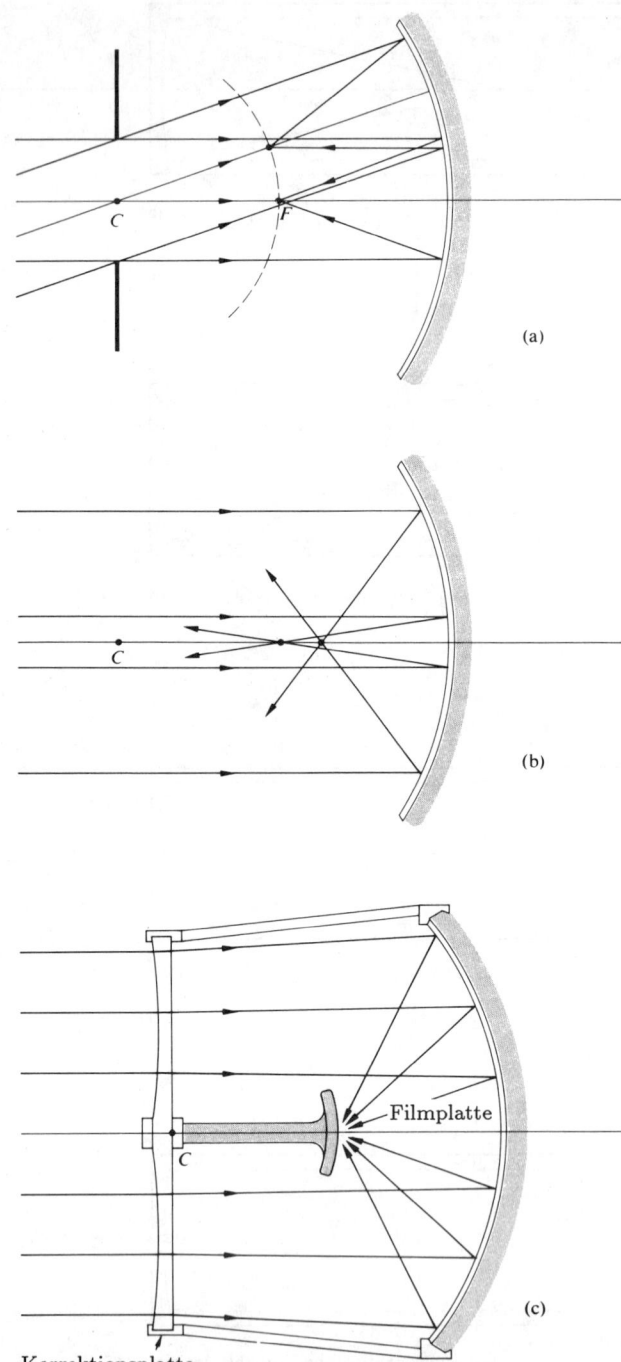

Abbildung 5.107 Das Spiegelsystem von Schmidt.

Spiegelteleskop des Palomar Observatoriums wurde 1949 vollendet. Es ist ein lichtstarkes (1:2.5)-Weitwinkelgerät, ideal zur Besichtigung des nächtlichen Himmels. Eine einzelne Photographie könnte einen Bereich umfassen, die die Größe der Schale des Big Dipper (Schöpflöffel; deutsch: Sternbild des Großen Bären) hat — dies im Vergleich mit etwa 400 Photos beim 5.08 m-Reflektor, die die gleiche Fläche abdecken.

Größere Fortschritte in der Konstruktion katadioptrischer Instrumentation wurden seit der Einführung des ursprünglichen Schmidt-Systems gemacht:[21] Es gibt nun katadioptrische Verfolgungssysteme für Satelliten und Raketen, katadioptrische Kameras für die Meteorologie, katadioptrische, kompakte Teleskope für den Handel, Teleobjektive und Raketenzielanflugsteuerungssysteme. Von diesem Thema existieren zahllose Variationen; einige ersetzen die Korrektionsplatte durch konzentrische Meniskusanordnungen (konzentrisches Bouwers-System, Maksutow-System) andere benutzen massive, dicke Spiegel. Eine äußerst erfolgreiche Methode verwendet eine asphärische Tripletanordnung (Baker).

5.7.7 Die Kamera

Der Prototyp des modernen Photoapparates ist die Lochkamera. Ihre älteste Form war einfach ein dunkler Raum, der ein kleines Loch enthält. Licht, das ins Loch einfällt, wirft ein umgekehrtes Bild der von der Sonne beschienen Umgebung auf einen Innenschirm. Das Prinzip war Aristoteles bekannt, und seine Beobachtungen blieben durch arabische Schüler während Europas' langem Mittelalter erhalten. Alhazen verwendete es, um Sonnenfinsternisse indirekt zu untersuchen; und dies vor 8 Jahrhunderten. Die Notizbücher von Leonardo da Vinci enthalten einige Beschreibungen der Lochkamera, doch die erste detaillierte Abhandlung erschien in der *Magia naturalis* (Haus-, Kunst- und Wunderbuch) von Giovanni della Porta.[22] Er empfahl sie als eine Zeichenhilfe, eine Funktion, für die sie recht bald beliebt wurde. Der berühmte Astronom Johannes Kepler besaß eine tragbare Zeltversion, die er bei der Landvermessung in Österreich benutzte. Am Ende des 17. Jahrhunderts waren kleine Lochkameras, die man in den Händen hielt, alltäglich. Wir bemerken beiläufig, daß das Auge des Nautilus (ein kleiner Tintenfisch) eine offene Lochkamera ist, die sich beim Untertauchen einfach mit Seewasser füllt.

Durch den Austausch des Betrachtungsschirms durch eine lichtempfindliche Oberfläche, wie z.B. eine Filmplatte, wird die Lochkamera zu einer Kamera im modernen Sinn des Wortes. Die allererste dauerhafte Photographie wurde 1826 von Joseph Nicéphore Niépce (1765–1833) hergestellt, der eine Boxkamera mit einer kleinen Sammellinse und einer lichtempfindlichen Zinnplatte verwendete, die eine etwa achtstündige Belichtungszeit benötigte. Das Bild zeigt ein Dächermotiv, das er vom Werkraumfenster seines Gutes in der Nähe von Châlon-sur-Saône (Frankreich) aufnahm. Obwohl das Bild (in seiner unretuschierten Form) unscharf und fleckig ist, kann man das große schräge Dach einer Scheune, ein Taubenhaus und einen entfernten Baum noch erkennen.

Die linsenlose Lochkamera (Abb. 5.108) ist bei weitem das unkomplizierteste Gerät für den Zweck und hat trotzdem einige wertvolle und in der Tat bemerkenswerte Vorteile. Sie kann ein sehr genau abgegrenztes, praktisch unverzerrtes Bild von Objekten über einen äußerst großen Bildfeldwinkel (infolge großer Tiefenschärfe) und über einen großen Distanzbereich (große Tiefenschärfe) erzeugen. Wenn die Eintrittspupille sehr groß ist, ergibt sich kein Bild. Verkleinert man ihren Durchmesser, so entsteht das Bild und wird dabei immer schärfer. Eine weitere Verkleinerung der Lochblende über einen bestimmten Punkt hinaus läßt das Bild wieder unscharf werden. Man findet schnell, daß die Öffnungsgröße für die maximale Schärfe proportional zu ihrem Abstand von der Bildebene ist. (Ein 0.5 mm Lochdurchmesser in 0.25 m Entfernung von der Filmplatte ist geeignet und funktioniert gut.) Die Strahlen werden nicht fokussiert, so daß keine Fehler in jenem Mechanismus für den Abfall der Schärfe verantwortlich sind. Es liegt, wie wir später sehen werden (Abschnitt 10.2.5), in Wirklichkeit ein Beugungsproblem vor. In den meisten Situationen ist die geringe Lichtstärke der Lochkamera (etwa 1:500) ihr größter Nachteil. Dies hat zur Folge, daß die Belichtungszeiten selbst mit den empfindlichsten Filmen im allgemeinen viel zu lang sind. Offensichtlich stellt ein ruhender Gegenstand, wie z.B. ein Gebäude (Abb. 5.109),

---

[21] Zum weitern Studium siehe z.B. J.J. Villa, "Catadioptric Lenses", *Optical Spectra* (März/April 1968), S. 57.

[22] Herausgegeben durch Chr. Peganium, pseud., sonst Rautner, pseud., genannt, Nürnberg 1713 (Halm und Goldmann, Wien 1907).

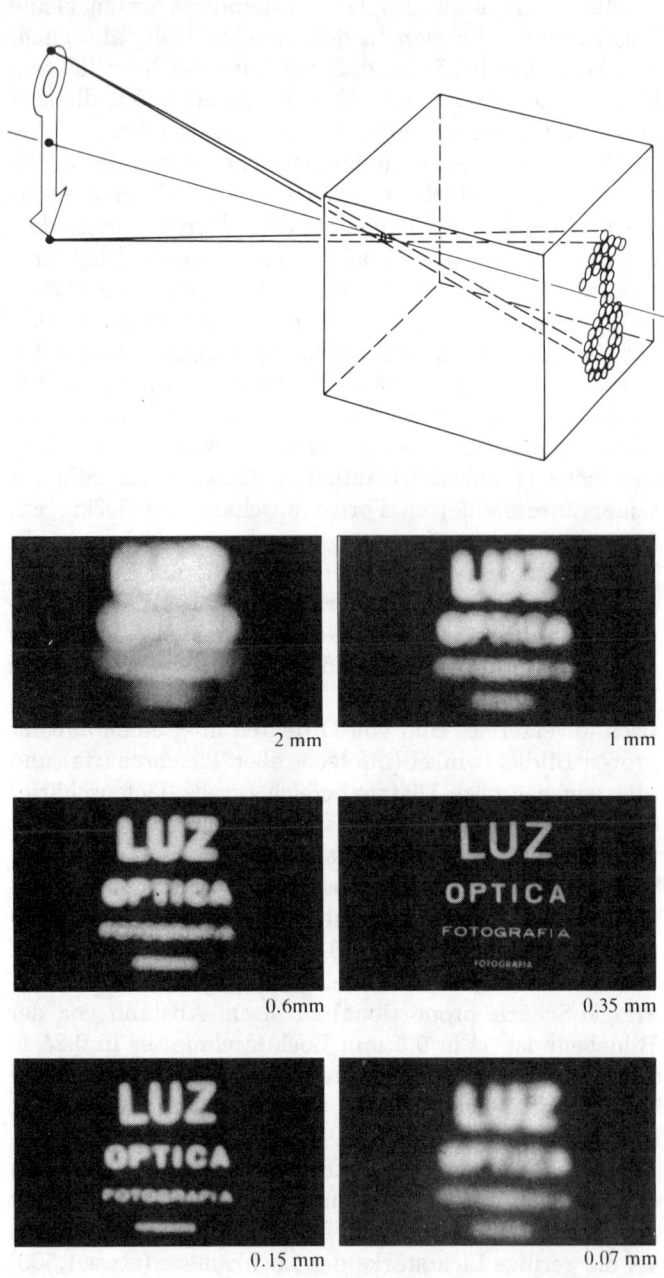

Abbildung 5.109 Lochkameraphoto (Science Building, Adelphi University). Lochkameradurchmesser: 0.5 mm, Abstand der Filmebene ist 25 cm, A.S.A. 3000, Verschlußzeit: 0.25 s. Man beachte die Tiefenschärfe. (Photo von E.H.)

Abbildung 5.108 Die Lochkamera. Man beachte die Veränderung der Bildschärfe, wenn der Lochdurchmesser abnimmt. (Photos mit freundlicher Genehmigung von Dr. N. Joel, UNESCO)

eine Ausnahme dar: hier übertrifft die Lochkamera die normale Linsenkamera.

Abbildung 5.110 stellt die wesentlichen Bestandteile einer beliebten und repräsentativen modernen Kamera dar — die einäugige Reflexkamera oder SLR. Das Licht, das die ersten paar Elemente der Kamera durchläuft, durchquert dann eine Irisblende, die teilweise dazu gebraucht wird, um die Belichtungszeit oder äquivalent die Blendenzahl zu regeln — sie ist effektiv eine verstellbare Aperturblende. Beim Austritt aus der Linse trifft das Licht auf einen beweglichen Spiegel, der mit 45° geneigt ist. Danach geht es durch die Mattscheibe hinauf zu dem Pentagonprisma und kommt aus dem Sucherokular heraus. Der Druck auf den Auslöser bewirkt, daß sich der Verschluß der Blende bis zu einem vorher eingestellten Wert schließt, der Spiegel schwingt aus dem Weg

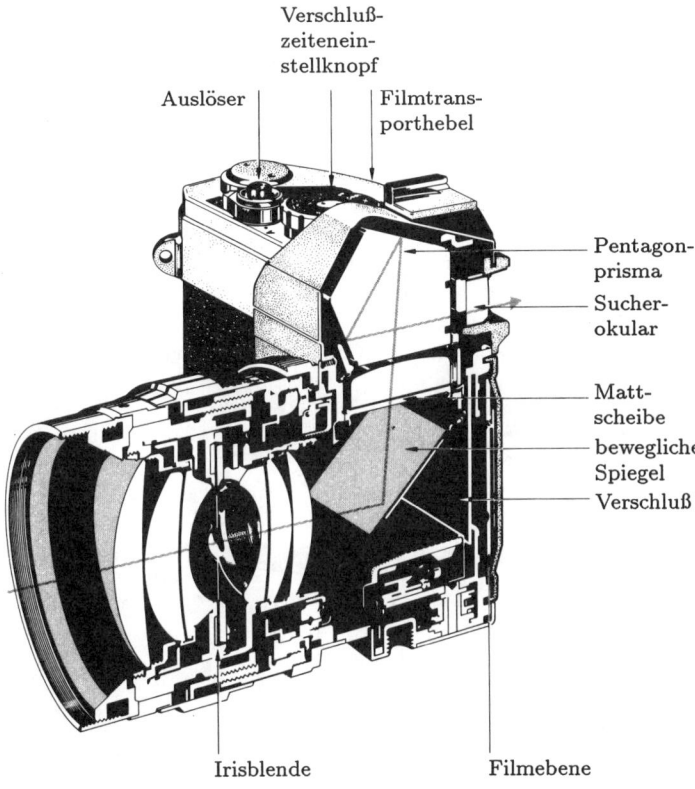

Abbildung 5.110 Die einäugige Spiegelreflexkamera.

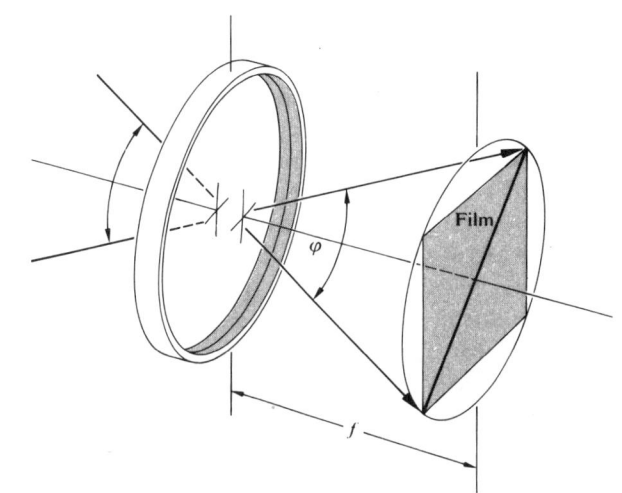

Abbildung 5.111 Bildfeldwinkel bei einem auf unendlich eingestellten Objektiv.

nach oben, der Schlitzverschluß öffnet sich, und der Film wird belichtet. Der Verschluß schließt sich, die Blende öffnet sich maximal, und der Spiegel fällt auf seinen Platz zurück. Heutzutage besitzen die meisten Reflexkameras eine der verschiedenen, einbaubaren Belichtungsmessvorrichtungen, die automatisch mit der Blende und dem Verschluß verbunden sind, doch wurden diese Bauteile der Einfachheit wegen aus dem Schaubild ausgeschlossen.

Um die Kamera scharf einzustellen, wird das gesamte Objektiv gegen die Filmebene oder von ihr weg bewegt. Da ihre Brennweite unveränderlich ist, muß sich auch s_i verändern, wenn sich s_o ändert. Man darf sich etwa vage vorstellen, daß der Bildfeldwinkel mit dem Teil der Umgebung in Verbindung steht, der auf einem Photo enthalten ist. Es ist außerdem erforderlich, daß die gesamte Photofläche einem Bereich befriedigender Bildqualität entspricht. Genauer, der Winkel, der in der Linse durch einen Kreis eingeschlossen wird, der die Filmfläche umfaßt, ist der Bildfeldwinkel φ (Abb. 5.111). Als eine grobe, doch einigermaßen gute Näherung einer normalen Anordnung setzen wir den diagonalen Abstand des Films gleich der Brennweite. So wird $\varphi/2 \approx \tan^{-1} 1/2$, d.h. $\varphi \approx 53°$. Falls das Objekt im Unendlichen liegt, muß s_i anwachsen. Das Objektiv wird dann von der Filmplatte zurückbewegt, damit das Bild scharf eingestellt bleibt, und das Bildfeld, das auf dem Film aufgenommen wird und dessen Rand die Feldblende ist, verkleinert sich. Ein *Standard*-Reflexkameraobjektiv hat eine Brennweite, die etwa zwischen 50 bis 58 mm liegt, und einen Bildfeldwinkel von 40° bis 50°. Bleibt die Filmgröße konstant, während man f verkleinert, so ergibt sich ein größerer Bildfeldwinkel. Dementsprechend reichen *Weitwinkelobjektive* für Reflexkameras von $f \approx 40$ mm bis zu ungefähr 6 mm und φ geht von etwa 50° bis zu bemerkenswerten 220° (das letztere ist ein spezielles, zweckbestimmtes Objektiv, in dem Verzerrungen unvermeidbar sind). Das *Teleobjektiv* hat eine lange Brennweite von etwa 80 mm und darüber. Folglich wird sein Bildfeldwinkel sehr schnell kleiner, bis er bei $f \approx 1000$ mm nur wenige Grade groß ist.

Das Standardphotoobjektiv muß ein großes Öffnungsverhältnis $1/(f/\#)$ haben, um die Belichtungszeiten kurz zu halten. Überdies verlangt man vom Bild, daß es eben und unverzerrt ist, und das Objektiv sollte außerdem

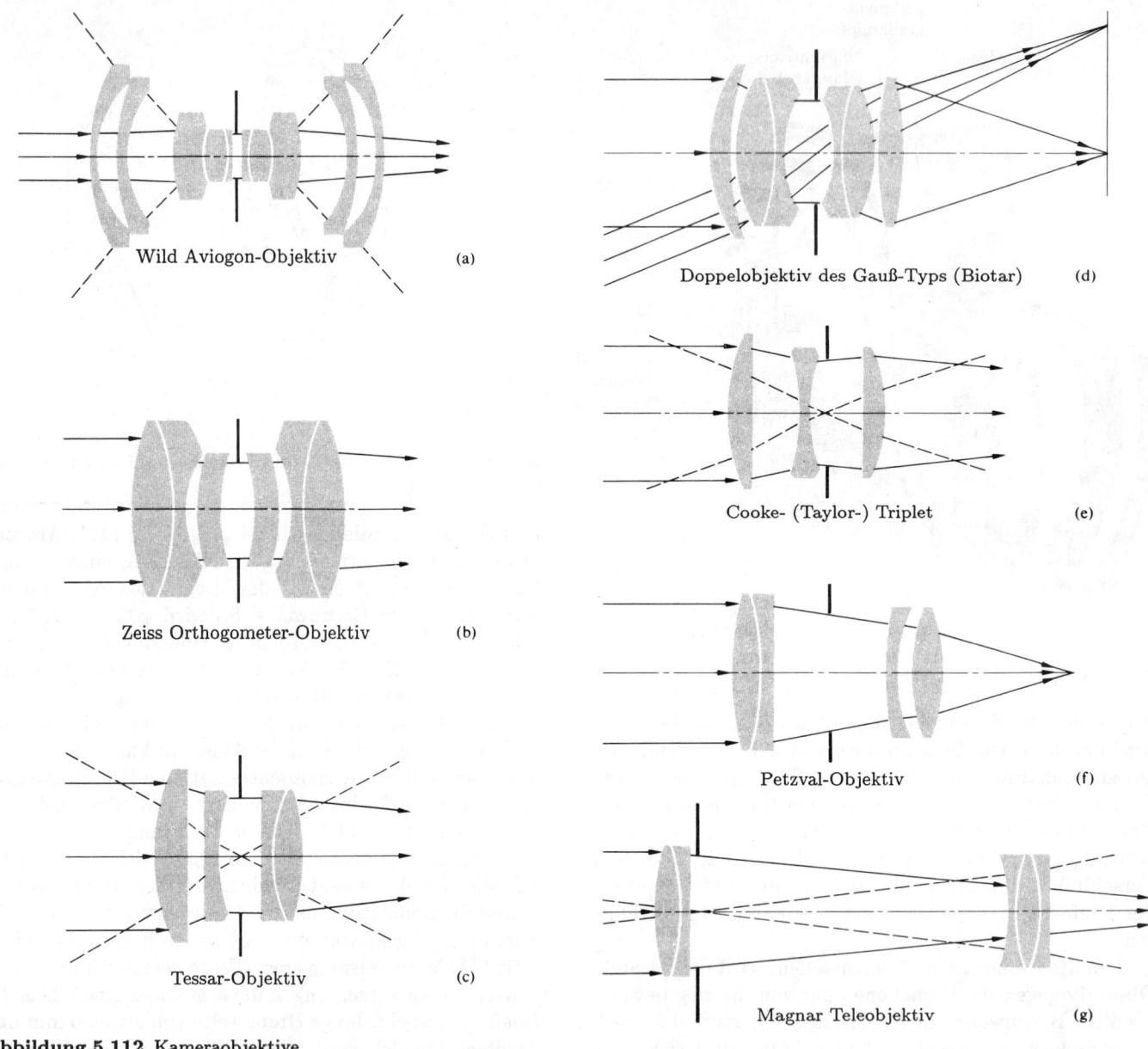

Abbildung 5.112 Kameraobjektive.

einen großen Bildfeldwinkel besitzen. All dies ist keine bescheidene Aufgabe, und es überrascht nicht, daß ein hochwertiges, innovatorisches Photoobjektiv selbst mit unseren phantastischen, mathematischen, elektronischen "Vollidioten mit Spezialbegabung" (sprich Computer) im einzelnen schwierig zu konstruieren bleibt. Die Entwicklung eines modernen Objektivs beginnt noch immer mit einer kreativen Einsicht, die zu einer erfolgversprechenden neuen Form führt. In der Vergangenheit wurden sie mühsam perfektioniert, indem man sich auf die Intui-

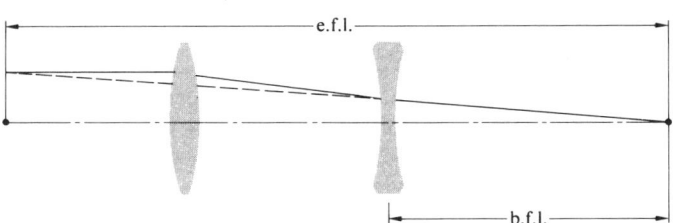

Abbildung 5.113 Ein Teleobjektiv.

tion, Erfahrung und natürlich auf "trial and error" bei einer Folge von Entwicklungsobjektiven verließ. Heute erfüllen zum größten Teil die Computer diese Funktion, ohne daß man zahlreiche Prototypen benötigt. Viele zeitgemäße Photoobjektive sind Variationen von altbekannten, erfolgreichen Formen. Abbildung 5.112 veranschaulicht die allgemeine Konfiguration verschiedener wichtiger Objektive, die in etwa vom Weitwinkel- bis zum Teleobjektiv fortschreiten. Spezielle Beschreibungen der Einzelheiten werden nicht angegeben, da abweichende Variationen sehr zahlreich sind. Das *Aviogon* und das Zeiss *Orthogometer* sind Weitwinkelobjektive, während das *Tessar*-Objektiv und das Doppelobjektiv des Gauß-Typs oft Normalobjektive sind. Das *Cooke-Triplet*, das H. Dennis Taylor von Cooke and Sons 1895 vorstellte, wird immer noch hergestellt (man beachte die Ähnlichkeit zum Tessar-Objektiv). Sogar noch früher, ca. 1840, konstruierte Josef Max Petzval ein damals lichtstarkes Objektiv (Portraitobjektiv) für Voigtländer. Seine modernen Nachkömmlinge sind vielfältig. Im allgemeinen besteht ein Teleobjektiv aus einer positiven, vorderen und einer weit zurückliegenden, negativen, hinteren Linsengruppierung. Häufig gleicht es dem Galileischen Fernrohr, nur daß die Linsen ein wenig verschoben sind, damit das System nicht afokal ist. Sie sind in den längeren Brennweiten gewöhnlich ziemlich groß und schwer, obwohl Kalziumfluoridelemente in beiderlei Hinsicht neuerdings enorm helfen. Wie man in Abbildung 5.113 sehen kann, hat das Teleobjektiv eine große Äquivalentbrennweite e.f.l., d.h. es verhält sich, als wäre es eine positive Linse mit langer Brennweite, die sich im großen Abstand von der Brennebene befindet. Deshalb ist die hintere Brennweite trotz großen Bildes günstigerweise klein, so daß man das Teleobjektiv leicht in ein Standardkameragehäuse schieben kann.

Aufgaben

5.1 Wir wollen ein kartesisches Oval so konstruieren, daß die konjugierten Punkte 11 cm voneinander getrennt sind, wenn sich das Objekt 5 cm vom Scheitelpunkt entfernt befindet. Zeichnen Sie mehrere Punkte auf die gewünschte Fläche, wenn $n_1 = 1$ und $n_2 = 3/2$ ist.

5.2* Die Abbildung 5.114 stellt eine Punktquelle in S und eine gekrümmte Grenzfläche zwischen zwei homogenen Medien ($n_t > n_i$) dar. Zeigen Sie, daß für Strahlen, die im brechenden Medium als ein paralleles Bündel laufen, die Grenzfläche eine Hyperbel mit einer Exzentrizität von $(n_t/n_i) > 1$ sein muß.

5.3 Konstruieren Sie graphisch eine elliptisch-sphärische Negativlinse, die den Verlauf der Strahlen und der Wellenfronten durch die Linse zeigt. Führen Sie das Gleiche für eine oval-sphärische Positivlinse aus.

5.4* Leiten Sie mit Hilfe der Abbildung 5.115, des Snelliusschen Gesetzes und der Tatsache, daß im Gaußschen (paraxialen) Gebiet $\alpha = h/s_o$, $\varphi \approx h/R$ und $\beta \approx h/s_i$ ist, Gleichung (5.8) her.

5.5 Lokalisieren sie das Bild eines Objektes, das 1.2 m vom Scheitelpunkt einer Zigeunerglaskugel ($n = 1.5$) entfernt aufgestellt ist, deren Durchmesser 20 cm ist. Fertigen Sie eine Skizze an (nicht von der Zigeunerin, von den Strahlen).

5.6 Beweisen Sie, daß der Minimalabstand zwischen konjugierten *reellen* Objekt- und Bildpunkten für eine dünne Positivlinse $4f$ ist.

5.7 Eine Bikonkavlinse ($n_l = 1.5$) hat Radien von 20 cm und 10 cm und eine axiale Dicke von 5 cm. Beschreiben Sie das Bild von einem 2.5 cm großen Objekt, das 8 cm vom ersten Scheitelpunkt entfernt liegt.

5.8* Wenden Sie die Linsengleichung für dünne Linsen zur Bestimmung der Lage des Endbildes auf die vorhergehende Aufgabe an.

5.9 Ein Objekt von 2 cm Höhe befindet sich 5 cm rechts von einer dünnen Positivlinse mit der Brennweite von 10 cm. Beschreiben Sie das Ausgangsbild vollständig unter Anwendung *sowohl der Gaußschen Linsenformel als auch der Newtonschen Abbildungsgleichung*.

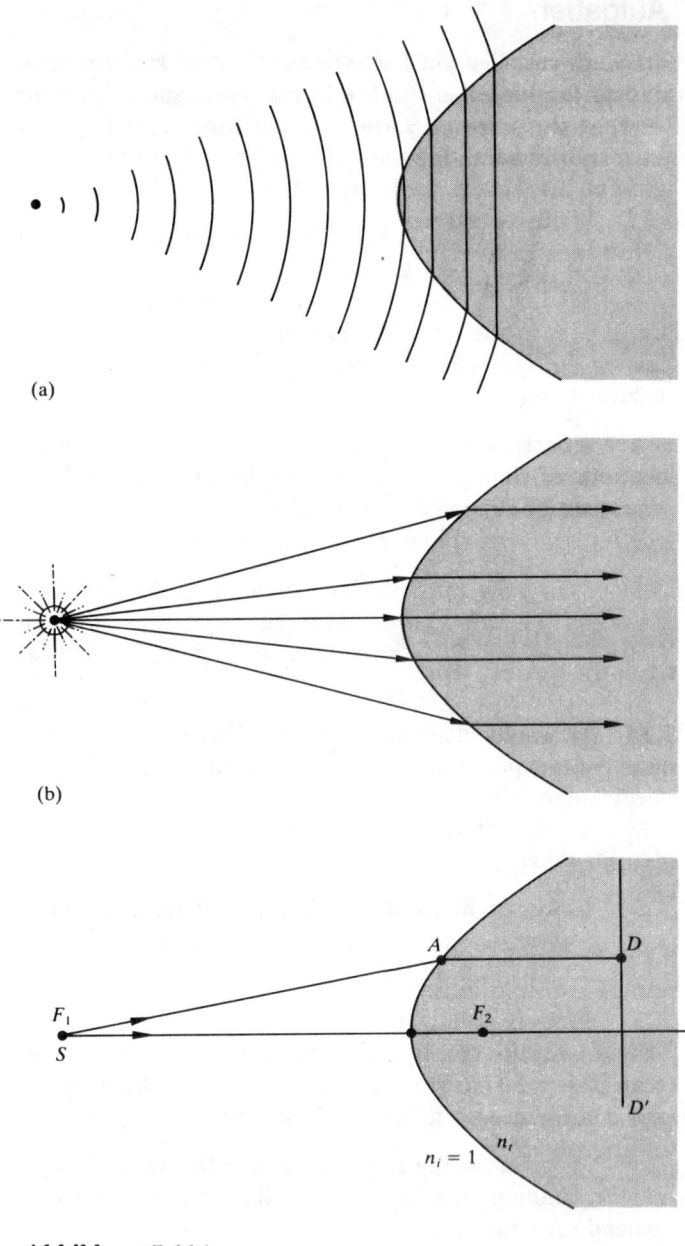

Abbildung 5.114

5.10 Zeichnen Sie ein grobes Diagramm der Gaußschen Linsenformel; tragen Sie also unter Verwendung von Einheitsintervallen f die Werte von s_i gegen s_o längs beider Achsen auf. (Zeichnen Sie beide Kurvensegmente.)

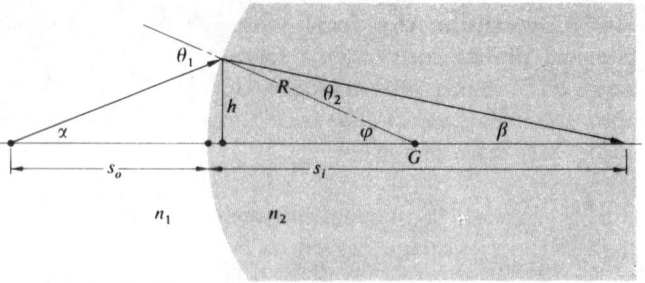

Abbildung 5.115

5.11 Wie groß muß die Brennweite einer dünnen Negativlinse sein, damit sie ein virtuelles Bild 50 cm weit von ihr entfernt von einer Ameise erzeugt, die 100 cm weit weg ist? Die Ameise soll sich rechts von der Linse befinden. Bestimmen Sie die Lage des Bildes und beschreiben Sie es.

5.12* Berechnen Sie die Brennweite einer dünnen Bikonvexlinse ($n_l = 1.5$), die sich in Luft befindet und Radien von 20 cm und 40 cm hat. Bestimmen Sie die Lage des Bildes eines Objektes, das sich 40 cm weit von der Linse entfernt befindet, und beschreiben Sie das Bild.

5.13 Bestimmen Sie die Brennweite einer plankonkaven Linse ($n_l = 1.5$), die einen Krümmungsradius von 10 cm hat. Wie groß ist die Brechkraft in Dioptrien?

5.14* Bestimmen Sie die Brennweite einer dünnen plankonvexen, sphärischen Linse, die sich in der Luft befindet und einen Krümmungsradius von 50.0 mm und einen Brechungsindex von 1.50 hat. Wie, wenn überhaupt, würde sich die Brennweite verändern, falls sich die Linse in einem Wasserbehälter befände?

5.15* Wir möchten ein Objekt 45 cm vor eine Linse stellen, wobei dessen Bild 90 cm hinter der Linse auf einem Schirm erscheint. Wie groß muß die Brennweite der entsprechenden Sammellinse sein?

5.16 Das Pferd in der Abbildung 5.27 soll 2.25 m groß und mit dem Kopf 15.0 m weit von der Ebene der dünnen Linse entfernt sein, deren Brennweite 3.00 m ist.
a) Bestimmen Sie den Abbildungsort der Nase des Pferdes.
b) Beschreiben Sie detailliert die Abbildung — die Art, Ausrichtung und relative Größe des Bildes.
c) Wie groß ist das Bild?

d) Der Schwanz des Pferdes soll sich 17.5 m weit von der Linse entfernt befinden. Wie groß ist der Abstand Nase-Schwanz in der Abbildung des Tieres?

5.17* Eine 6.00 cm große Kerze steht 10 cm weit vor einer dünnen Zerstreuungslinse, deren Brennweite −30 cm ist. Bestimmen Sie die Lage des Bildes, und beschreiben Sie es detailliert. Zeichnen Sie ein entsprechendes Strahlenschaubild.

5.18* Zwei Positivlinsen mit Brennweiten von 0.30 m und 0.50 m sind durch einen Abstand von 0.20 m getrennt. Ein kleiner Frosch sitzt auf der Zentralachse 0.50 m vor der ersten Linse. Bestimmen Sie das resultierende Bild bezüglich der zweiten Linse.

5.19 Das Bild, das von einer gleichkonvexen Linse ($n = 1.50$) von einem Frosch erzeugt wird, der 5.0 cm groß und 0.60 m von einem Schirm entfernt ist, soll eine Höhe von 25 cm haben. Berechnen Sie die erforderlichen Radien der Linse.

5.20 Eine dünne Bikonvexlinse aus Glas ($n = 1.56$), die von Luft umgeben ist, hat eine Brennweite von 10 cm. Sie soll im Wasser ($n = 1.33$) 100 cm hinter einem Guppy (kleiner Fisch) angebracht werden. Wo entsteht das Bild des Guppys?

5.21 Ein selbsthergestelltes Fernsehprojektionssystem verwendet eine große Positivlinse, um das Bild des Schirms auf eine Wand zu projizieren. Das Endbild ist dreifach vergrößert, und, obwohl ziemlich dunkel, ist es gut und klar zu erkennen. Die Linse soll eine Brennweite von 60 cm haben. Wie groß sollte der Abstand zwischen dem Bildschirm und der Wand sein? Warum verwendet man eine große Linse? Wie sollten wir das Fernsehgerät in Bezug auf die Linse aufstellen?

5.22 Schreiben Sie einen Ausdruck für die Brennweite (f_w) einer in Wasser ($n_w = 4/3$) getauchten dünnen Linse in Abhängigkeit von ihrer Brennweite in Luft (f_a).

5.23* Ein geeigneter Weg, um die Brennweite einer Positivlinse zu messen, macht von der folgenden Tatsache Gebrauch. Wenn ein Paar konjugierter Punkte, d.h. ein Objekt- und der entsprechende (reelle) Bildpunkt (S und P), durch einen Abstand $L > 4f$ getrennt sind, dann gibt es zwei Punkte der Linse, die im Abstand d auseinanderliegen und sich auf dasselbe Paar konjugierter Punkte

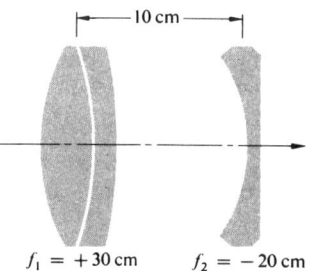

Abbildung 5.116

beziehen. Zeigen Sie, daß
$$f = \frac{L^2 - d^2}{4L}.$$
Dies vermeidet Messungen, die man genau vom Scheitelpunkt vornehmen muß und die im allgemeinen nicht leicht durchzuführen sind.

5.24 Eine gleichkonvexe dünne Linse L_1 ist in engem Kontakt mit einer dünnen Negativlinse L_2 verkittet, so daß die Kombination eine Brennweite von 50 cm in der Luft hat. Bestimmen Sie alle Krümmungsradien, falls ihre Indizes 1.50 bzw. 1.55 sind, und falls die Brennweite von L_2 −50cm ist.

5.25 Verifizieren Sie die Gleichung (5.34), die M_T für eine Kombination dünner Linsen angibt.

5.26 Berechnen Sie die Lage des Bildes und die Vergrößerung eines Objektes, das sich 30 cm von dem vorderen Duplet einer Kombination dünner Linsen der Abbildung 5.116 befindet. Führen Sie die Berechnung durch, indem Sie die Wirkung jeder Linse getrennt herausfinden. Machen Sie eine Skizze von geeigneten Strahlen. Vergleichen Sie Ihren Wert von M_T mit demjenigen, der durch Gleichung (5.34) bestimmt ist.

5.27* Zeichnen Sie den Strahlenverlauf für die Kombination zweier Positivlinsen, die einen Abstand haben, der gleich der Summe ihrer jeweiligen Brennweiten ist. Machen Sie das Gleiche für den Fall, daß eine der Linsen negativ ist.

5.28 Zeichnen Sie die Darstellung des Strahlenverlaufs für ein zusammengesetztes Mikroskop (Abb. 5.98) neu, wobei Sie diesmal das Zwischenbild so behandeln, als wäre es ein reelles Objekt — diese Methode sollte ein wenig leichter sein.

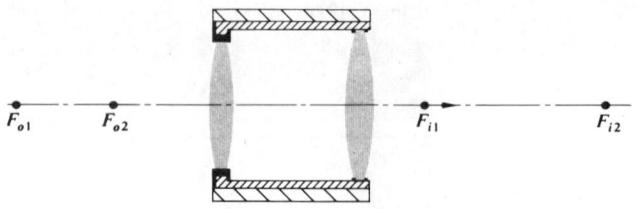

Abbildung 5.117

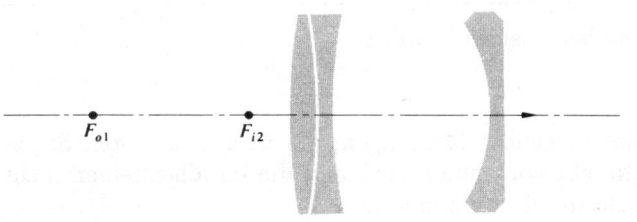

Abbildung 5.118

5.29* Zeichnen Sie das Teleskop der Abbildung 5.101 neu, wobei Sie die Tatsache ausnutzen, daß man sich das Zwischenbild als ein reelles Objekt vorstellen darf (wie in der vorhergehenden Aufgabe).

5.30 Betrachten Sie den Fall zweier dünner Positivlinsen L_1 und L_2, die durch einen Abstand von 5 cm getrennt sind. Ihre Durchmesser sind 6 cm bzw. 4 cm und ihre Brennweiten $f_1 = 9$ cm und $f_2 = 3$ cm. Eine Blende mit einem Loch, das einen Durchmesser von 1 cm hat, soll 2 cm von L_2 entfernt zwischen ihnen eingesetzt werden. Finden Sie (a) die Aperturblende und (b) die Lagen und Größen der Pupillen für einen Achspunkt S, der 12 cm vor (links von) L_1 liegt.

5.31 Fertigen Sie eine Faustskizze an, die angibt, wo sich die Aperturblende und die Eintritts- und Austrittspupille für das Objektiv in Abbildung 5.117 befinden.

5.32 Fertigen sie eine Faustskizze an, die die Aperturblende und die Eintritts- und Austrittspupille für das Objektiv in Abbildung 5.118 unter der Annahme bestimmt, daß der Objektpunkt vor (links von) F_{o1} liegt.

5.33 Zeichnen Sie eine graphische Darstellung des Strahlenverlaufs, die die Bilder einer Punktquelle lokalisiert, die von einem Spiegelpaar unter 90° (Abb. 5.119) erzeugt werden.

Abbildung 5.119

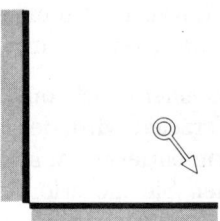

Abbildung 5.120

5.34* Fertigen Sie eine Skizze des Strahlenverlaufs an, die die Lagen der Bilder des in Abbildung 5.120 gezeigten Pfeiles lokalisiert.

5.35 Zeigen Sie, daß Gleichung (5.49), die für die Kugelfläche zutrifft, in gleicher Weise auch für einen ebenen Spiegel anwendbar ist.

5.36 Bestimmen Sie die Lage des Bildes einer Büroklammer, die 100 cm weit von einem konvexen Kugelspiegel entfernt ist, der einen Krümmungsradius von 80 cm hat.

5.37* Beschreiben Sie das Bild, das Sie beim Blick auf eine 1.524 m entfernte 30.5 cm dicke Messingkugel sehen würden.

5.38 Das Bild einer roten Rose wird von einem konkaven Kugelspiegel auf einem Schirm erzeugt, der 100 cm entfernt ist. Bestimmen Sie den Krümmungsradius, wenn die Rose 25 cm vom Spiegel entfernt ist.

5.39 Bestimmen Sie aus der Bildkonfiguration die Form des Spiegels, der an der hinteren Wand in Van Eycks Gemälde *John Arnolfini und seine Frau* (Abb. 5.121) hängt.

Abbildung 5.121 Detail aus *John Arnolfini und seine Frau* von Jan Van Eyck — National Gallery, London.

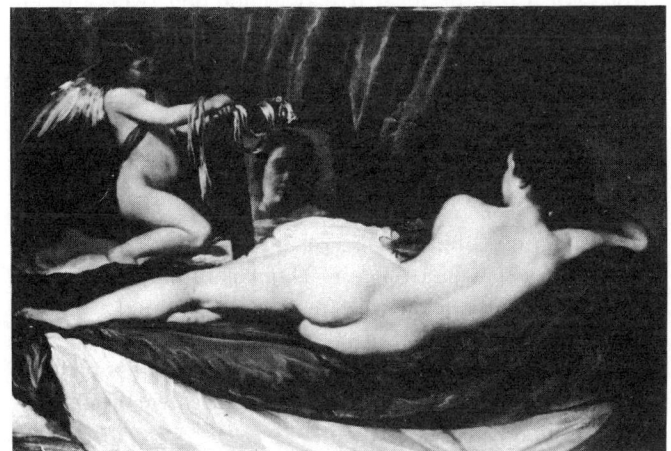

Abbildung 5.122 *Venus und Amor* von Diego Rodriguez de Silva y Velásquez (1599–1660) — National Gallery, London.

Abbildung 5.123 *Der Ausschank in Folies Bergères* von Edouard Manet — Courtauld Institute Galleries, London.

5.40 Betrachtet sich die Venus in Velásquez Gemälde *Venus und Amor* (Abb. 5.122) selbst im Spiegel?

5.41 Das Mädchen in Manets Gemälde *Der Ausschank in Folies Bergères* (Abb. 5.123) steht vor einem großen ebenen Spiegel. Man sieht darin das Spiegelbild ihres Rückens und eines Mannes im Abendanzug, mit dem sie scheinbar redet. Es kommt einem so vor, daß Manet beabsichtigte, das unheimliche Gefühl zu vermitteln, daß der Betrachter dort steht, wo jener Herr sein muß. Was ist von den Gesetzen der geometrischen Optik her falsch?

5.42* Wir möchten für einen Roboter ein Auge konstruieren, wobei wir einen sphärischen Hohlspiegel so verwenden, daß das Bild eines 1.0 m großen Objektes, das 10 m weit entfernt ist, seinen 1.0 cm² großen lichtempfindlichen Detektor (der für Fokussierungszwecke beweglich ist) ausfüllt. Wo sollte dieser Detektor in Bezug auf den Spiegel angebracht sein? Wie groß muß die Brennweite des Spiegels sein? Zeichnen Sie den Strahlenverlauf.

5.43 Man bittet Sie, einen Zahnarztspiegel zu konstruieren, der an das Ende eines Griffes angebracht werden soll, so daß man ihn im Mund eines Überglücklichen verwenden kann. Die Anforderungen sind, (1) daß der Zahnarzt das Bild aufrecht sieht, und (2) daß der Spiegel beim Zahnabstand von 1.5 cm ein Bild erzeugt, das eine doppelte Lebensgröße besitzt.

5.44 Beweisen Sie, daß ein Kugelspiegel mit dem Radius R von einem Objekt im Abstand s_o ein Bild mit der Transversalvergrößerung

$$M_T = \frac{R}{2s_o + R}$$

zur Folge hat.

5.45* Ein Keratometer ist ein Gerät, das man verwendet, um den Krümmungsradius der Hornhaut zu messen, den man zur Anpassung von Kontaktlinsen benötigt. Dabei wird ein beleuchtetes Objekt in einem bekannten Abstand aufgestellt, und man beobachtet das von der Hornhaut reflektierte Bild. Das Gerät erlaubt dem Bedienenden die Messung der Größe des virtuellen Bildes. Angenommen, daß man bei einer Objektweite von 100 mm eine Transversalvergrößerung von 0.037× findet. Wie groß ist der Krümmungsradius?

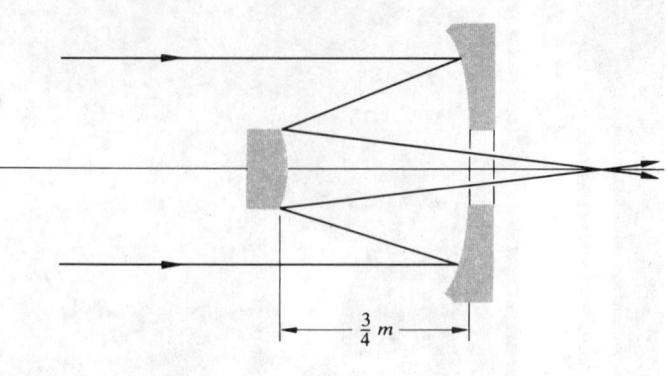

Abbildung 5.124

5.46* Zeigen Sie, daß beim Kugelspiegel die Objekt- und Bildweite durch

$$s_o = f(M_T - 1)/M_T \quad \text{und} \quad s_i = -f(M_T - 1)$$

gegeben ist.

5.47 Schaut man aus einer 25 cm-Entfernung in den Schöpfteil eines Suppenlöffels, so sieht man sein Bild mit einer Transversalvergrößerung von −0.064 reflektiert. Bestimmen Sie den Krümmungsradius des Löffels.

5.48* In einem Vergnügungspark steht ein großer, aufrecht stehender Wölbspiegel einem 10.0 m weit entfernten Planspiegel gegenüber. Ein Mädchen, das mit einer Größe von 1.0 m in der Mitte zwischen den zwei Spiegeln steht, sieht sich im Planspiegel doppelt so groß wie im Wölbspiegel. Mit anderen Worten, das im Planspiegel erscheinende Bild schließt beim Beobachter einen Winkel ein, der doppelt so groß ist wie der Winkel, der durch das Bild des Wölbspiegels entsteht. Wie groß ist die Brennweite des Wölbspiegels?

5.49* Das in Abbildung 5.124 dargestellte Teleskop besteht aus zwei Kugelspiegeln. Der Krümmungsradius ist beim größeren Spiegel (der in der Mitte ein Loch hat) 2.0 m und beim kleineren 60 cm. Wie weit entfernt vom kleineren Spiegel sollte die Filmebene sein, falls das Objekt ein Stern ist? Wie groß ist die Äquivalentbrennweite des Systems?

5.50* Angenommen Sie hätten einen Kugelspiegel mit der Brennweite von 10 cm. In welchem Abstand muß ein

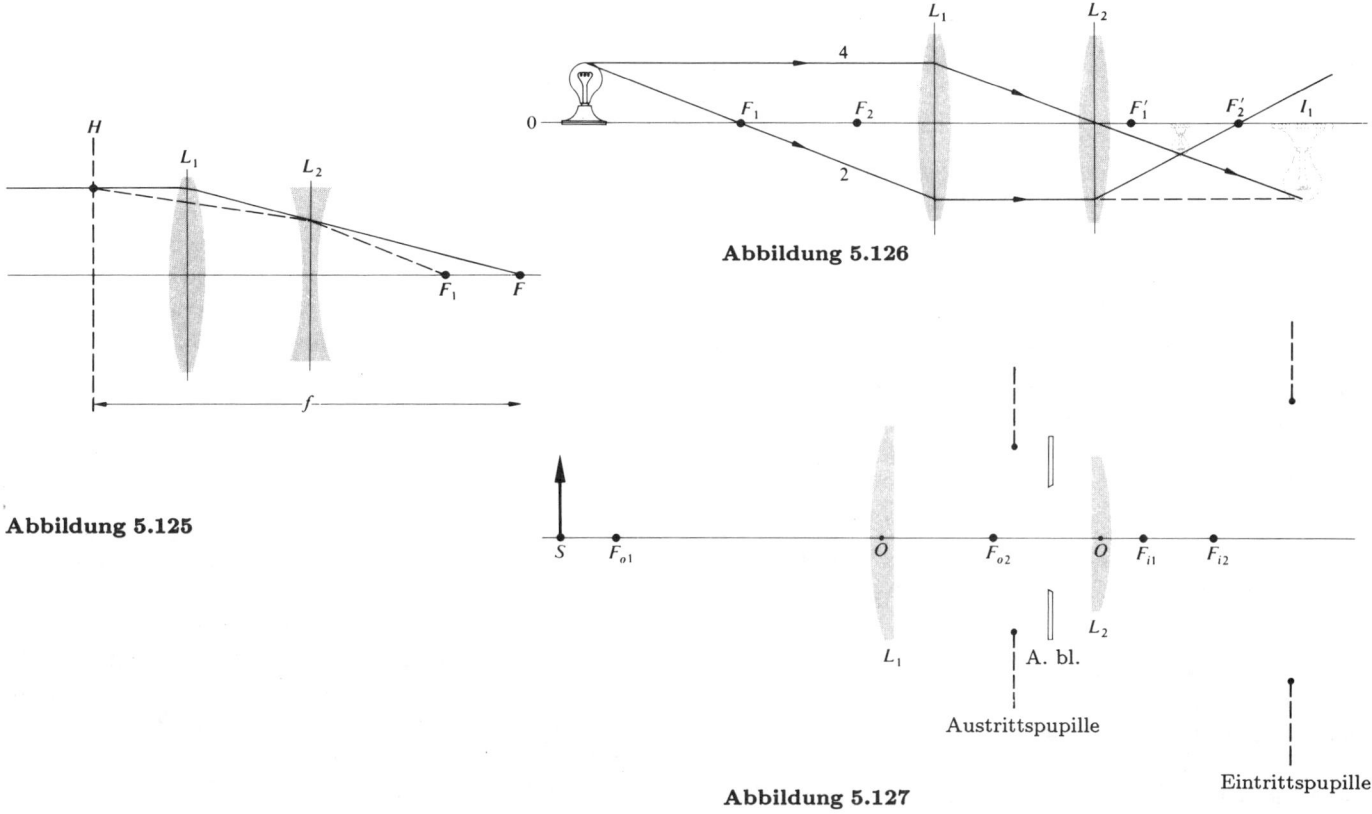

Abbildung 5.125

Abbildung 5.126

Abbildung 5.127

Objekt aufgestellt sein, damit sein Bild aufrecht und ein-einhalbfach vergrößert ist? Wie groß ist der Krümmungsradius des Spiegels? Überprüfen Sie die Ergebnisse mit der Tabelle 5.5.

5.51 Beschreiben Sie das Bild, das sich für ein 7.6 cm großes Objekt ergeben würde, das sich 20 cm von einem Rasierhohlspiegel mit einem Krümmungsradius von −60 cm befindet.

5.52* Die Abbildungen 5.125 und 5.126 sind aus einem Physik-Einführungsbuch entnommen. Was ist bei ihnen verkehrt?

5.53 Die Abbildung 5.127 zeigt ein Linsensystem, ein Objekt und die entsprechenden Pupillen. Stellen Sie graphisch die Lage des Bildes fest.

5.54 Schlagen Sie im Buch bitte zum Dove-Prisma der Abbildung 5.60 zurück, und drehen Sie das Prisma um 90° um eine Achse längs der Strahlrichtung. Skizzieren Sie die neue Anordnung und bestimmen Sie den Winkel, um den das Bild gedreht wird.

5.55 Bestimmen Sie die numerische Apertur einer einzelnen, ummantelten optischen Faser. Der Kern habe einen Index von 1.62 und die Ummantelung einen von 1.52. Wie groß ist der maximale Eintrittswinkel, wenn sich die Faser in Luft befindet? Was würde mit einem Strahl passieren, der z.B. mit 45° einfällt?

5.56 Gegeben sei eine moderne Faser aus Quarzglas mit einer Dämpfung von 0.2 dB/km. Wie weit kann ein Signal in ihr laufen, bis das Leistungsniveau auf die Hälfte gefallen ist?

5.57 Die Anzahl der Moden in einer Stufenfaser ist durch den Ausdruck

$$N_m \simeq \frac{1}{2}(\pi D N A/\lambda_0)^2$$

bestimmt. Es sei eine Faser mit einem Kerndurchmesser

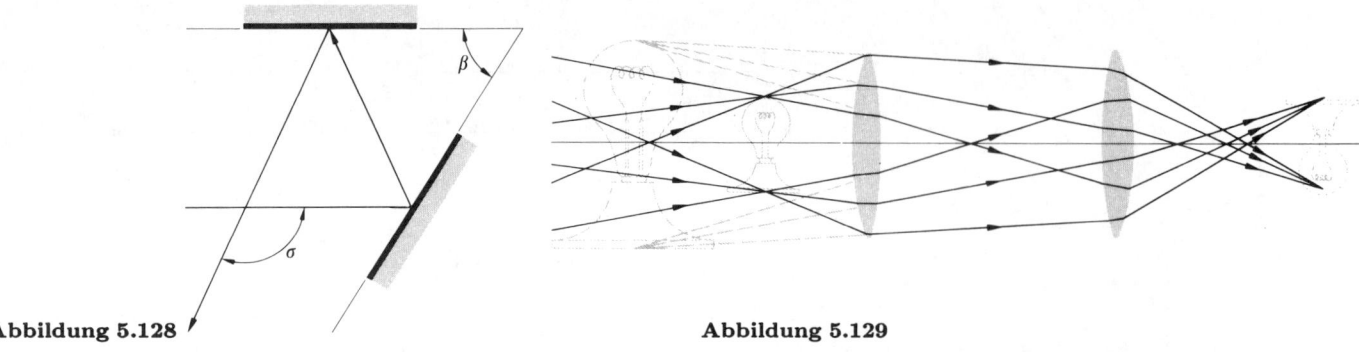

Abbildung 5.128

Abbildung 5.129

von 50 μm und $n_c = 1.482$ und $n_f = 1.500$ gegeben. Bestimmen Sie N_m, wenn die Faser durch eine LED gespeist wird, die eine mittlere Wellenlänge von 0.85 μm emittiert.

5.58* Bestimmen Sie die intermodale Verzögerung (in ns/km) für eine Stufenprofilfaser, deren Mantel einen Brechungsindex von 1.485 und deren Kern einen von 1.500 hat.

5.59 Berechnen Sie mit Hilfe der Information über das Auge (Abschnitt 5.7.2) die ungefähre Größe (in Millimetern) des Mondbildes, das auf die Netzhaut geworfen wird. Der Mond hat einen Durchmesser von 3477 km und ist etwa 384000 km von hier entfernt. Der letzte Wert schwankt natürlich.

5.60* Die Abbildung 5.128 zeigt eine Anordnung, in der der Strahl unabhängig von dem Einfallswinkel durch einen konstanten Winekl α abgelenkt wird, der gleich dem Zweifachen des Winkels β ist, der die ebenen Spiegel einschließt. Beweisen Sie, daß dies wirklich der Fall ist.

5.61 Ein Objekt, das 20 m weit vom Objektiv ($f_o = 4$ m) eines Himmelsfernrohrs entfernt ist, wird 30 cm vom Okular ($f_o = 60$ cm) entfernt abgebildet. Finden Sie die lineare Gesamtvergrößerung des Teleskops.

5.62* Die Abbildung 5.129 stellt angeblich ein Linsenaufrichtsystem dar, das einem alten, nicht mehr erhältlichen Optiktext entnommen wurde. Was ist falsch daran?

5.63* Ein Photo eines Karussells sei bei einer Belichtungszeit von 1/30 s und einer Blendenzahl von 11 genau belichtet, aber verschwommen. Wie muß man die Blende einstellen, wenn die Belichtungszeit auf 1/120 s heraufgesetzt wird, um die Bewegung "anzuhalten"?

5.64 Das Bildfeld eines einfachen, zweilinsigen Himmelsfernrohrs ist durch die Größe der Augenlinse begrenzt. Fertigen Sie eine Strahlenskizze an, die die entstehende Vignettierung (Abschattung) zeigt.

5.65 Eine *Feldlinse* ist in der Regel eine Positivlinse, die in (oder nahe an) der Zwischenbildebene liegt, um diejenigen Strahlen zu sammeln, die sonst die nächste Linse im System verfehlen würden. In Wirklichkeit vergrößert Sie das Bildfeld, ohne das Vergrößerungsvermögen des Systems zu verändern. Zeichnen Sie die Darstellung des Strahlenverlaufs der vorhergehenden Aufgabe neu, um eine Feldlinse mit einzubeziehen. Zeigen sie, daß als eine Folge der Augenabstand etwas kleiner wird.

5.66* Beschreiben Sie vollständig das sich ergebende Bild eines Käfers, der auf dem Scheitelpunkt einer dünnen Positivlinse sitzt. Wie ist dies direkt mit der Art und Weise verknüpft, in der eine Feldlinse (siehe vorhergehende Aufgabe) arbeitet?

5.67* Bei einem Patienten wurde der Nahpunkt in 50 cm Entfernung festgestellt. Das Auge sei annähernd 2.0 cm lang.
a) Wie groß ist die Brechkraft des brechenden Systems, wenn es auf ein im Unendlichen liegendes Objekt fokussiert ist? Wie groß ist sie für eine Fokussierung auf 50 cm?
b) Wie weit muß er das Auge akkommodieren, um ein Objekt im Abstand von 50 cm zu erkennen?
c) Wie groß muß die Brechkraft des Auges sein, um ein Objekt im normalen Abstand von 25 cm zum Nahpunkt klar zu sehen?
d) Welche zusätzliche Brechkraft sollte man dem Auge des Patienten mit einer Korrekturlinse geben?

5.68* Ein Optometriker findet bei einem weitsichtigen Menschen den Nahpunkt in einem Abstand von 125 cm. Welche Brechkraft ist für Kontaktlinsen erforderlich, wenn jener Punkt auf einen angenehmeren Abstand von 25 cm herangeführt werden soll, so daß ein Buch bequem gelesen werden kann? Nutzen Sie die Tatsache aus, daß das Objekt bei der Abbildung im Nahpunkt scharf zu sehen ist.

5.69 Ein Weitsichtiger kann mit +3.2 D-Kontaktlinsen weit entfernte Berge mit entspanntem Auge sehen. Finden Sie Brillengläser, die 17 mm vor der Hornhaut die gleiche optische Wirkung haben. Wo liegt der Fernpunkt in beiden Fällen? Vergleichen Sie.

5.70* Ein Juwelier untersucht mit einer Lupe, die eine Brennweite von 25.4 mm hat, einen Diamanten mit einem Durchmesser von 5.0 mm.
a) Bestimmen Sie das maximale Winkelverhältnis der Lupe?
b) Wie groß erscheint der Stein durch das Vergrößerungsglas?
c) Wie groß ist der durch den Diamanten eingeschlossene Winkel am bloßen Auge, wenn man ihn in den Nahpunkt legt?
d) Welcher Winkel entsteht am Auge, wenn man die Lupe einsetzt?

5.71 Wir möchten ein Mikroskop aus zwei Positivlinsen konstruieren (das man mit entspanntem Auge verwenden kann). Beide Linsen sollen eine Brennweite von 25 mm haben. Angenommen das Objekt liege 27 mm weit vom Objektiv entfernt.
a) Wie weit sollten die Linsen auseinander sein?
b) Welche Transversalvergrößerung können wir erwarten?

5.72* Die Abbildung 5.130 zeigt ein Fokussierungssystem für Röntgenstrahlen im streifenden Einfall, das 1952 von Hans Wolter konstruiert wurde. Wie arbeitet

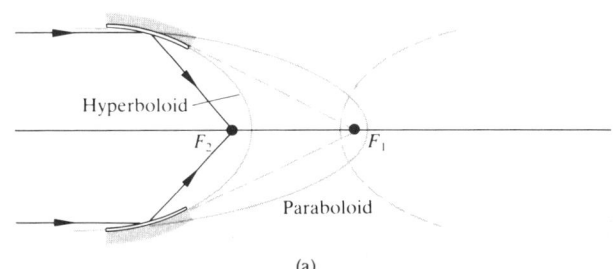

(a)

(b)

Abbildung 5.130
(a) Röntgenstrahlfokussierungssystem.
(b) Röntgenstrahlspiegel. (Photo mit freundlicher Genehmigung des Lawrence Livermore National Laboratory.)

es? Mikroskope mit diesem System werden verwendet, um mit Röntgenstrahlen die Kompression eines Deuteriumkügelchens durch einen Laser für die Kernfusionsforschung zu photographieren. Ähnliche optische Anordnungen für Röntgenstrahlen werden in astronomischen Fernrohren verwendet (Abb. 3.40).

6 WEITERE THEMEN AUS DER GEOMETRISCHEN OPTIK

Das vorhergehende Kapitel handelte zum größten Teil davon, wie die Theorie der achsennahen Strahlen auf Systeme dünner, sphärischer Linsen angewandt wird. Dabei gingen wir offensichtlich von den folgenden zwei dominierenden Näherungen aus: wir betrachteten *dünne* Linsen und setzten die Theorie erster Ordnung als ausreichend für deren Analyse voraus. Man kann keine dieser zwei Annahmen bei der Konstruktion eines optischen Präzisionssystems aufrechterhalten, doch liefern beide zusammengenommen die Grundlage für eine erste grobe Lösung. Dieses Kapitel führt die Dinge ein wenig weiter, indem es dicke Linsen und Aberrationen untersucht; selbst dies ist nur ein Anfang. Das Erscheinen von computerberechneten Linsenkonstruktionen macht eine bestimmte Akzentverschiebung nötig — es besteht keine Notwendigkeit etwa zu tun, was ein Computer besser kann. Überdies fordert der schiere Reichtum an existierendem Material, das über Jahrhunderte entwickelt wurde, ein wenig verständiges, sorgfältiges Ausscheiden, um eine Fülle von Pedanterie zu vermeiden.

6.1 Dicke Linsen und Linsensysteme

Abbildung 6.1 stellt eine dicke Linse dar, d.h. eine Linse, deren Dicke auf keinen Fall vernachlässigbar ist. Wie wir sehen werden, könnte man sie sich im allgemeinen ebenso gut als ein optisches System vorstellen, das sich nun aus mehreren Linsen und nicht bloß aus einer zusammensetzt. Der vordere und hintere Brennpunkt bzw. der Objekt- und der Bildbrennpunkt, F_o und F_i, können be-

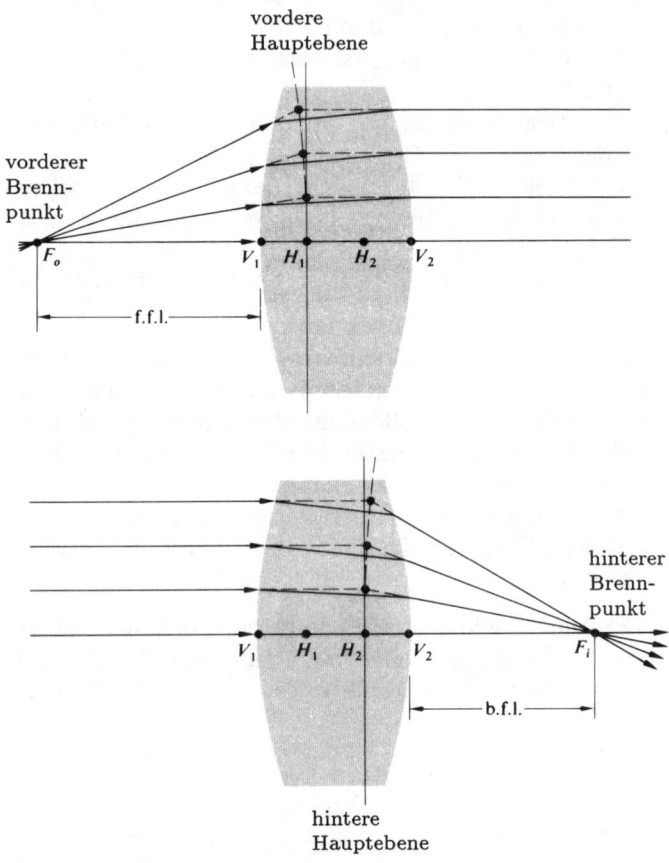

Abbildung 6.1 Eine dicke Linse.

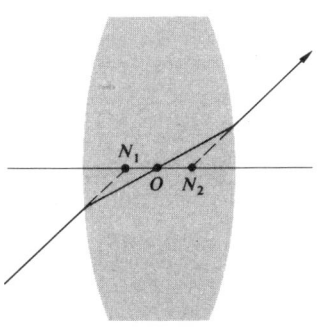

Abbildung 6.2 Knotenpunkte.

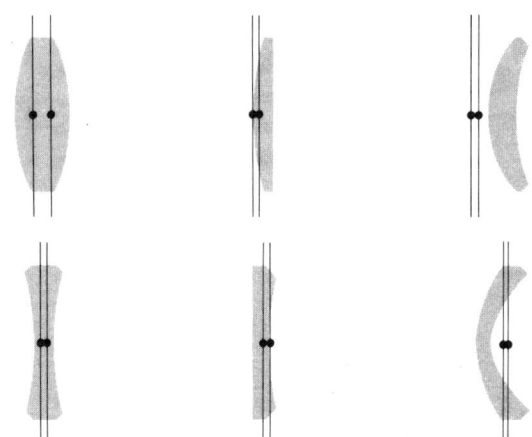

Abbildung 6.3 Durchbiegung von Linsen.

quem von den zwei (äußersten) Scheitelpunkten gemessen werden. In dem Fall erhalten wir die bekannten vorderen und hinteren Brennweiten, die durch f.f.l. und b.f.l. (siehe auch Gln. (5.35) und (5.36)) gekennzeichnet sind. Verlängern wir die einfallenden und austretenden Strahlen, so werden sie sich in Punkten treffen, deren geometrischer Ort eine gekrümmte Fläche bildet, die innerhalb oder außerhalb der Linse liegen könnte. Die Fläche, die sich im Gaußschen (paraxialen oder achsennahen) Gebiet einer Ebene nähert, nennt man die *Hauptebene* (siehe Abschnitt 6.3.1 (ii)). Die Punkte, in denen sich die vorderen und die hinteren Hauptebenen (wie in Abb. 6.1 gezeigt) mit der optischen Achse schneiden, nennt man die *vorderen* beziehungsweise die *hinteren Hauptpunkte* H_1 und H_2. Sie liefern einen Satz sehr brauchbarer Bezugspunkte, von denen man einige Systemparameter mißt. Wir sahen früher (Abb. 5.19), daß ein Strahl, der die Linse durch ihren optischen Mittelpunkt durchläuft, parallel zur Einfallsrichtung austritt. Verlängert man sowohl die ankommenden als auch die herausgehenden Strahlen bis sie die optische Achse durchqueren, so erhält man Punkte, die man (Abb. 6.2) die *Knotenpunkte* N_1 und N_2 nennt. Wenn die Linse auf beiden Seiten von demselben Medium, im allgemeinen Luft, umgeben ist, so fallen die Knoten- und Hauptpunkte zusammen. Die sechs Punkte, zwei Brenn-, zwei Haupt- und zwei Knotenpunkte, bilden die *Kardinalpunkte* des Systems. Wie man in Abbildung 6.3 sieht, können die Hauptebenen vollständig außerhalb des Linsensystems liegen. Hier hat jede Linse, obwohl verschieden geformt, in beiden Gruppen jeweils dieselbe Brechkraft. Man beachte, daß in der symmetrischen Linse die Hauptebenen vernünftigerweise symmetrisch angeordnet sind. Bei der Plankonkav- oder Plankonvexlinse ist eine Hauptebene tangential zur gekrümmten Fläche — wie es von der Definition erwartet werden sollte (angewendet auf den achsennahen Bereich). Zum Vergleich liegen die Hauptpunkte für einen Meniskus sicherlich außerhalb. Man bezeichnet oft diese Formenfolge gleicher Brechkraft als eine durch Beispiele veranschaulichte *Durchbiegung von Linsen*. Es ist eine Faustregel für gewöhnliche Glaslinsen in Luft, daß der Abstand $\overline{H_1H_2}$ etwa gleich einem Drittel der Linsendicke $\overline{V_1V_2}$ ist.

Die dicke Linse kann man genauso wie in Abschnitt 5.2.3 behandeln, in dem wir die Gleichung für dünne Linsen herleiteten. Sie besteht aus zwei brechenden Kugelflächen, die durch einen Abstand d zwischen ihren Scheitelpunkten getrennt sind. Nach ziemlich viel algebraischer Manipulation,[1] in der d nun nicht vernachlässigbar ist, kommt man für die sich in Luft befindliche dicke Linse zu einem sehr interessanten Ergebnis. Der Ausdruck für die konjugierten Punkte kann wieder in der Gaußschen Form

$$\frac{1}{s_o} + \frac{1}{s_i} = \frac{1}{f} \qquad (6.1)$$

geschrieben werden, vorausgesetzt, daß sowohl diese

---

[1] Für die vollständige Herleitung siehe Morgan, *Introduction to Geometrical and Physical Optics*, S. 57.

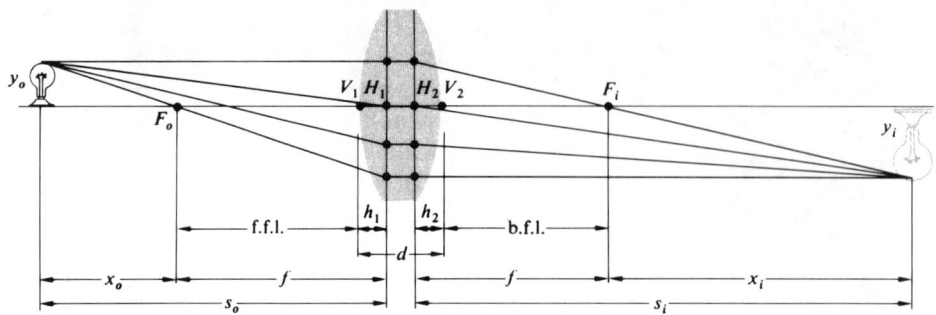

Abbildung 6.4 Geometrie der dicken Linse.

Objekt- als auch Bildweiten von der vorderen beziehungsweise hinteren Hauptebene gemessen werden. Zudem wird die *Äquivalentbrennweite* oder einfach die *Brennweite* f ebenso mit Bezug auf die Hauptebenen berechnet und ist gegeben durch

$$\frac{1}{f} = (n_l - 1) \left[\frac{1}{R_1} - \frac{1}{R_2} + \frac{(n_l - 1)d}{n_l R_1 R_2} \right]. \quad (6.2)$$

Die Hauptebenen befinden sich in Abständen von $\overline{V_1 H_1} = h_1$ und $\overline{V_2 H_2} = h_2$, *die positiv sind, wenn die Ebenen rechts von ihren jeweiligen Scheitelpunkten liegen*. Abbildung 6.4 stellt die Anordnung der verschiedenen Größen dar. Die Werte von h_1 und h_2 sind durch

$$h_1 = -\frac{f(n_l - 1)d}{R_2 n_l} \quad (6.3)$$

und

$$h_2 = -\frac{f(n_l - 1)d}{R_1 n_l} \quad (6.4)$$

gegeben. In derselben Weise gilt die Newtonsche Abbildungsgleichung (5.23), wie es an den ähnlichen Dreiecken in Abbildung 6.4 ersichtlich ist. Daher ist

$$x_i x_o = f^2 \quad (6.5)$$

unter der Bedingung, daß f die gegenwärtige Interpretation erhält. Und von denselben Dreiecken folgt

$$M_T = \frac{y_i}{y_o} = -\frac{x_i}{f} = -\frac{f}{x_o}. \quad (6.6)$$

Offensichtlich formen sich die Gleichungen (6.1), (6.2)

und (6.5) in die Ausdrücke (5.17), (5.16) und (5.23) für dünne Linsen um, wenn $d \to 0$ geht. Als ein numerisches Beispiel wollen wir die Bildweite für ein Objekt finden, das 30 cm weit vom Scheitelpunkt einer Bikonvexlinse entfernt ist, die Radien von 20 cm und 40 cm, eine Dicke von 1 cm und einen Index von 1.5 hat. Aus Gleichung (6.2) ergibt sich für die Brennweite (in Zentimetern)

$$\frac{1}{f} = (1.5 - 1) \left[\frac{1}{20} - \frac{1}{-40} + \frac{(1.5 - 1)1}{1.5(20)(-40)} \right],$$

und so ist $f = 26.8$ cm. Überdies ist

$$h_1 = -\frac{26.8(0.5)1}{-40(1.5)} = +0.22 \text{cm}$$

und

$$h_2 = -\frac{26.8(0.5)1}{20(1.5)} = -0.44 \text{cm},$$

was bedeutet, daß H_1 rechts von V_1 und H_2 links von V_2 liegt. Schließlich ist $s_o = 30 + 0.22$, wodurch

$$\frac{1}{30.2} + \frac{1}{s_i} = \frac{1}{26.8}$$

und $s_i = 238$ cm folgt, was von H_2 gemessen wird.

Die Hauptpunkte sind sich gegenseitig zugeordnet. Mit anderen Worten, da $f = s_o s_i / (s_o + s_i)$, muß s_i Null sein, wenn $s_o = 0$ ist, da f endlich groß ist. Deshalb wird ein Punkt in H_1 in H_2 abgebildet. Außerdem wird ein Objekt, das sich in der vorderen Hauptebene ($x_o = -f$) befindet, in der hinteren Hauptebene ($x_i = -f$) mit der Einheitsvergrößerung ($M_T = 1$) abgebildet. Aus diesem Grund bezeichnet man sie manchmal als *Einheitsebenen*. Also wird jeder Strahl, der gegen einen Punkt auf der

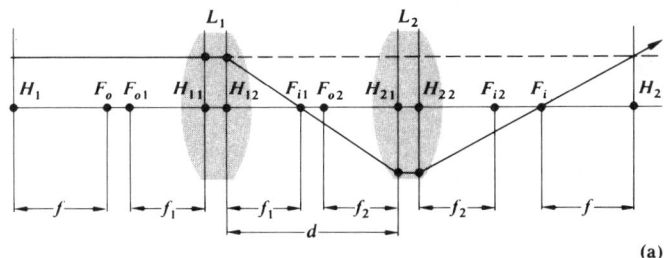

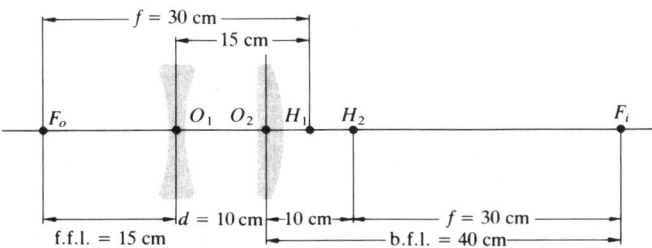

Abbildung 6.6 Ein Linsensystem (dünne Linsen).

oder

$$f = -\frac{f_1}{s_{o2}}\left(\frac{s_{o2}f_2}{s_{o2}-f_2}\right) = \frac{f_1 f_2}{s_{i1}-d+f_2}.$$

Also gilt

$$\frac{1}{f} = \frac{1}{f_1} + \frac{1}{f_2} - \frac{d}{f_1 f_2}. \tag{6.8}$$

Dies ist die Äquivalentbrennweite der Kombination zweier dicker Linsen, wobei alle Abstände von den Hauptebenen gemessen werden. Die Hauptebenen für das Gesamtsystem werden durch Anwendung der Ausdrücke

$$\overline{H_{11}H_1} = \frac{fd}{f_2} \tag{6.9}$$

und

$$\overline{H_{22}H_2} = -\frac{fd}{f_1} \tag{6.10}$$

aufgefunden, die hier nicht hergeleitet werden (siehe Abschnitt 6.2.1). Wir haben in Wirklichkeit eine äquivalente Darstellung der dicken Linsen zum Linsensystem (dünner Linsen) gefunden. Die Punktepaare H_{11}, H_{12} beziehungsweise H_{21}, H_{22} vereinigen sich, wenn die einzelnen Linsen dünn sind, woraufhin d der Mittelpunktsabstand wie in Abschnitt 5.2.3 wird. Gehen wir z.B. zu den dünnen Linsen der Abbildung 5.31 zurück, bei denen $f_1 = -30, f_2 = 20$ und $d = 10$ wie in Abbildung 6.6 ist, so wird

$$\frac{1}{f} = \frac{1}{-30} + \frac{1}{20} - \frac{10}{(-30)(20)}$$

und $f = 30$ cm. Wir fanden früher (Abschnitt 5.2.3 (iv)), daß die hintere Brennweite b.f.l. = 40 cm und die vordere Brennweite f.f.l. = 15 cm ist. Da dies dünne Linsen sind, kann man die Geichungen (6.9) und (6.10) außerdem wie folgt schreiben

$$\overline{O_1 H_1} = \frac{30(10)}{20} = +15 \text{cm}$$

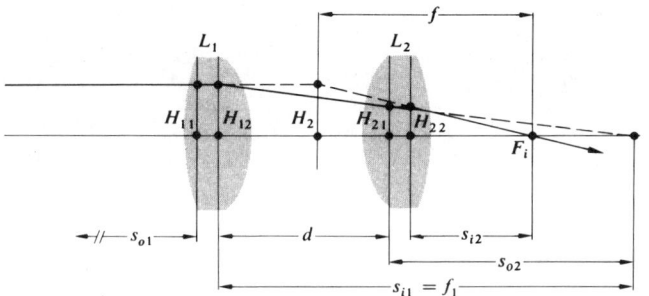

Abbildung 6.5 Ein System dicker Linsen.

vorderen Hauptebene gerichtet ist, aus der Linse austreten, als käme er vom korrespondierenden Punkt der hinteren Hauptebene (der denselben Abstand oberhalb bzw. unterhalb von der Achse hat).

Angenommen wir hätten nun ein Linsensystem, das aus zwei dicken Linsen L_1 und L_2 besteht (Abb. 6.5). s_{o1}, s_{i1}, f_1 bzw. s_{o2}, s_{i2} und f_2 seien die Objekt-, Bild- und Brennweiten der zwei Linsen, die in bezug auf ihre eigenen Hauptebenen gemessen werden. Wir wissen, daß die Transversalvergrößerung das Produkt der Vergrößerung der Einzellinsen ist, d.h.

$$M_T = \left(-\frac{s_{i1}}{s_{o1}}\right)\left(-\frac{s_{i2}}{s_{o2}}\right) = -\frac{s_i}{s_o}, \tag{6.7}$$

wobei s_o und s_i die Objekt- und Bildweiten für die ganze Kombination sind. Wenn s_o unendlich ist, wird $s_o = s_{o1}, s_{i1} = f_1, s_{o2} = -(s_{i1}-d)$ und $s_i = f$. Da

$$\frac{1}{s_{o2}} + \frac{1}{s_{i2}} = \frac{1}{f_2},$$

folgt (Aufgabe 6.1) bei Substitution in Gleichung (6.7), daß

$$-\frac{f_1 s_{i2}}{s_{o2}} = f$$

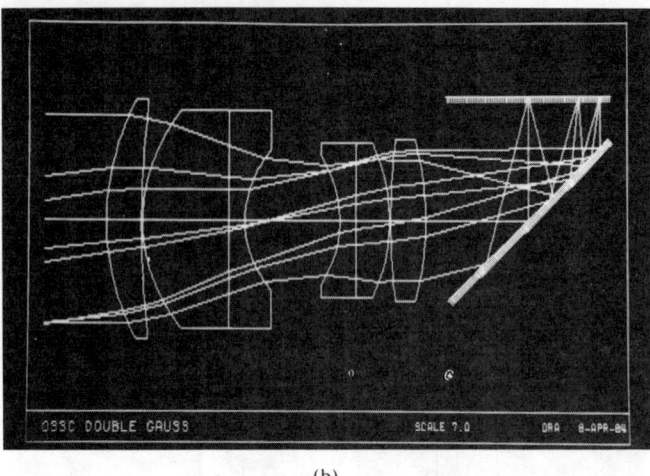

Abbildung 6.7 (a) Computerbildwiedergabe eines Linsensystems. (Photo von E.H.) (b) Computerausgabe. (Photo mit freundlicher Genehmigung der Optical Research Associates.)

und
$$\overline{O_2 H_2} = -\frac{30(10)}{-30} = +10 \text{cm}.$$

Beide Werte sind positiv, und daher liegen die Ebenen rechts von O_1 bzw. O_2. Beide berechneten Werte stimmen mit den im Schaubild dargestellten Ergebnissen überein. Tritt das Licht von rechts ein, so gleicht das System einem Teleobjektiv, das 15 cm weit von der Filmebene entfernt aufgestellt werden muß und noch immer eine Äquivalentbrennweite von 30 cm hat.

Dasselbe Verfahren kann auf drei, vier oder mehr Linsen erweitert werden. Daher ist

$$f = f_1 \left(-\frac{s_{i2}}{s_{o2}}\right)\left(-\frac{s_{i3}}{s_{o3}}\right)\cdots \quad (6.11)$$

Entsprechend darf man sich also vorstellen, daß die ersten zwei Linsen zusammen eine einzelne dicke Linse bilden, deren Hauptpunkte und Brennweite berechnet werden. Sie wiederum wird mit der dritten Linse kombiniert, was danach mit jedem folgenden Element durchgeführt wird.

6.2 Strahlenverlaufsberechnung

Die Strahlenverlaufsberechnung (Strahlendurchrechnung) ist fraglos eines der Hauptwerkzeuge des Konstrukteurs. Hat er ein optisches System auf dem Papier formuliert, kann er mathematisch Strahlen durch das System schicken, um seine Leistung zu beurteilen. Jeder Strahl, paraxial oder nichtparaxial, kann durch das System genau verfolgt werden. Dementsprechend braucht er nur die Brechungsgleichung

$$n_i(\hat{k}_i \times \hat{u}_n) = n_t(\hat{k}_t \times \hat{u}_n) \quad [4.7]$$

an der ersten Fläche anzuwenden, die bestimmt, wo der gebrochene Strahl danach die zweite Fläche trifft; die Gleichung wird wieder angewandt und so fort, das ganze System hindurch. Früher wurden *Meridionalstrahlen* (jene Strahlen, die in der Ebene der optischen Achse liegen) fast ausschließlich durchgerechnet, da nichtmeridionale bzw. *windschiefe Strahlen* (die die Achse nicht schneiden) mathematisch beträchtlich komplizierter zu behandeln sind. Der Unterschied ist von geringer Bedeutung für einen schnellen Elektronikrechner (Abb. 6.7), der einfach ein wenig mehr Zeit benötigt, den Strahlenverlauf zu berechnen. Während es wahrscheinlich 10 bis 15 Minuten für eine ausgebildete Person mit einem Tischrechner dauern würde, die Bahn eines einzigen windschiefen Strahls durch eine einzelne Fläche zu berechnen, dürfte ein Computer etwa ein Tausendstel einer Sekunde für die gleiche Arbeit benötigen, und, genauso wichtig, er würde für die nächste Berechnung mit unverminderter Begeisterung zur Verfügung stehen.

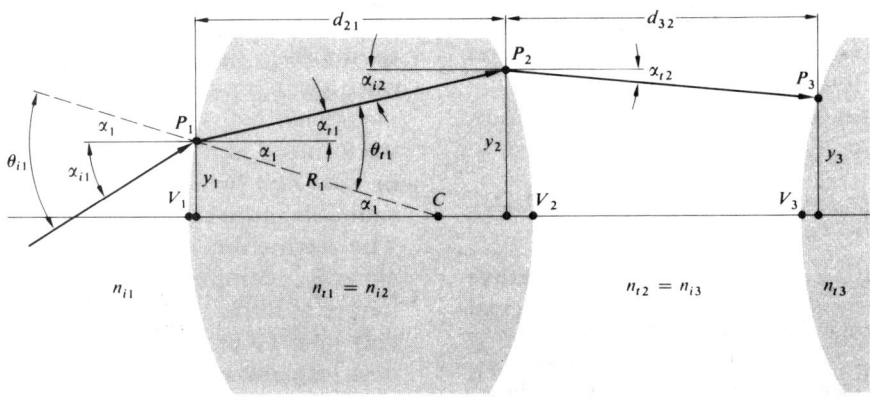

Abbildung 6.8 Strahlengeometrie.

Der einfachste Fall, der zur Darstellung des Strahlendurchrechnungsvorgangs dient, entspricht dem eines paraxialen Meridionalstrahls, der eine dicke sphärische Linse durchläuft. In jenem Fall liefert die Anwendung des Snelliusschen Gesetzes den Punkt P_1 der Abbildung 6.8

$$n_{i1}\theta_{i1} = n_{t1}\theta_{t1}$$

oder

$$n_{i1}(\alpha_{i1} + \alpha_1) = n_{t1}(\alpha_{t1} + \alpha_1).$$

Da $\alpha_1 = y_1/R_1$, wird dies zu

$$n_{i1}(\alpha_{i1} + y_1/R_1) = n_{t1}(\alpha_{t1} + y_1/R_1).$$

Nach der Umstellung der Terme erhalten wir

$$n_{t1}\alpha_{t1} = n_{i1}\alpha_{i1} - \left(\frac{n_{t1} - n_{i1}}{R_1}\right) y_1,$$

wie wir aber in Abschnitt 5.7.2 sahen, ist die Brechkraft einer einzelnen brechenden Fläche

$$\mathcal{D}_1 = \frac{(n_{t1} - n_{i1})}{R_1}.$$

Also folgt

$$n_{t1}\alpha_{t1} = n_{i1}\alpha_{i1} - \mathcal{D}_1 y_1. \qquad (6.12)$$

Dies nennt man oft die *Refraktionsformel*, die zur ersten Grenzfläche gehört. Nachdem der Strahl im Punkt P_1 gebrochen wurde, schreitet er durch das homogene Medium der Linse zum Punkt P_2 fort, der auf der zweiten Grenzfläche liegt. Die Höhe von P_2 kann als

$$y_2 = y_1 + d_{21}\alpha_{t1} \qquad (6.13)$$

ausgedrückt werden, wobei von der Tatsache Gebrauch gemacht wurde, daß $\tan \alpha_{t1} \approx \alpha_{t1}$ ist. Dies nennt man die *Übertragungsformel*. Sie erlaubt uns, den Strahl von P_1 nach P_2 zu verfolgen. Wir erinnern uns, daß die Winkel positiv sind, wenn der Strahl eine positive Steigung hat. Da wir uns mit dem paraxialen Gebiet befassen, ist $d_{21} \approx \overline{V_2 V_1}$, und y_2 kann leicht berechnet werden. Die Gleichungen (6.11) und (6.12) werden dann nacheinander angewendet, um einen Strahlengang durch das ganze System rechnerisch zu bestimmen. Natürlich sind dies Meridionalstrahlen, und wegen der Linsensymmetrie um die optische Achse bleibt ein derartiger Strahl während seines Aufenthaltes in derselben meridionalen Ebene. Der Prozeß ist zweidimensional; es gibt zwei Gleichungen und zwei Unbekannte α_{t1} und y_2. Im Unterschied dazu müßte ein windschiefer Strahl dreidimensional behandelt werden.

6.2.1 Matrixmethoden

Zu Beginn der dreißiger Jahre formulierte T. Smith einen hochinteressanten Weg für die Behandlung der Strahlendurchgangsgleichungen: die einfache lineare Form der Ausdrücke und die sich wiederholende Art und Weise, in denen sie angewendet werden, legte den Gebrauch von Matrizen nahe. Die Brechungs- und Übertragungsprozesse konnten nun mathematisch mit Matrixoperatoren durchgeführt werden. Diese Einsicht wußte man für fast dreißig Jahre nicht überall zu schätzen. Jedoch sahen die frühen sechziger Jahre den Anfang eines Wiederaufflackerns des Interesses, das nun großen Erfolg hat.[2] Wir werden nur einige der hervorstechenden Merkmale der Methode umreißen und überlassen jedem ein detailliertes Studium der angegebenen Bücher.

Wir wollen zuerst die Formeln

$$n_{t1}\alpha_{t1} = n_{i1}\alpha_{i1} - \mathcal{D}_1 y_{i1} \qquad (6.14)$$

und

$$y_{t1} = 0 + y_{i1} \qquad (6.15)$$

schreiben, die keine große Einsicht verschaffen, da wir nur y_1 in Gleichung (6.12) durch das Symbol y_{i1} ersetzten und dann $y_{t1} = y_{i1}$ festlegten. Letzteres hat rein kosmetischen Zweck, wie man gleich sehen wird. In Wirklichkeit sagt die Gleichsetzung einfach, daß die Höhe des Bezugspunktes P_1 über der Achse im Eintrittsmedium (y_{i1}) gleich seiner Höhe im brechenden Medium (y_{t1}) ist. Aber nun kann das Gleichungspaar in die Matrixform

$$\begin{bmatrix} n_{t1}\alpha_{t1} \\ y_{t1} \end{bmatrix} = \begin{bmatrix} 1 & -\mathcal{D}_1 \\ 0 & 1 \end{bmatrix} \begin{bmatrix} n_{i1}\alpha_{i1} \\ y_{i1} \end{bmatrix} \qquad (6.16)$$

umgeformt werden. Dies könnte man gleich gut als

$$\begin{bmatrix} \alpha_{t1} \\ y_{t1} \end{bmatrix} = \begin{bmatrix} n_{i1}/n_{t1} & -\mathcal{D}_1/n_{t1} \\ 0 & 1 \end{bmatrix} \begin{bmatrix} \alpha_{i1} \\ y_{i1} \end{bmatrix} \qquad (6.17)$$

schreiben, so daß die genaue Form der 2 × 1-Spaltenmatrix eigentlich eine Frage des Geschmacks ist. Auf jeden Fall kann man sie sich auf beiden Seiten von P_1 als Strahlen vorstellen, einer vor und der andere nach der Brechung. Dementsprechend können wir, wenn wir r_{t1} und r_{i1} für die zwei Strahlen verwenden,

$$r_{t1} \equiv \begin{bmatrix} n_{t1}\alpha_{t1} \\ y_{t1} \end{bmatrix} \quad \text{und} \quad r_{i1} \equiv \begin{bmatrix} n_{i1}\alpha_{i1} \\ y_{i1} \end{bmatrix} \qquad (6.18)$$

schreiben. Die 2 × 2-Matrix ist die **Brechungsmatrix**, gekennzeichnet als

$$\mathcal{R}_1 \equiv \begin{bmatrix} 1 & -\mathcal{D}_1 \\ 0 & 1 \end{bmatrix}, \qquad (6.19)$$

und so kann Gleichung (6.16) exakt als

$$r_{t1} = \mathcal{R}_1 r_{i1} \qquad (6.20)$$

---

[2] Für weitere Lektüre siehe K. Hallbach, "Matrix Representation of Gaussian Optics", *Am. J. Phys.* **32**, 90 (1964); W. Brouwer, *Matrix Methods in Optical Instrument Design*; E.L. O'Neill, *Introduction to Statistical Optics*; oder A. Nussbaum, *Geometric Optics*.

angegeben werden, die gerade besagt, daß $\mathcal{R}_1$ den Strahl r_{i1} in den Strahl r_{t1} während der Brechung an der ersten Grenzfläche transformiert. Aus Abbildung 6.8 erhalten wir $n_{i2}\alpha_{i2} = n_{t1}\alpha_{t1}$, d.h.

$$n_{i2}\alpha_{i2} = n_{t1}\alpha_{t1} + 0 \qquad (6.21)$$

und

$$y_{i2} = d_{21}\alpha_{t1} + y_{t1}, \qquad (6.22)$$

wobei $n_{i2} = n_{t1}$, $\alpha_{i2} = \alpha_{t1}$ ist, und von Gleichung (6.13) Gebrauch gemacht wurde, mit y_2 als y_{i2} umgeschrieben, um die Dinge ordentlich zu machen. Und so wird

$$\begin{bmatrix} n_{i2}\alpha_{i2} \\ y_{i2} \end{bmatrix} = \begin{bmatrix} 1 & 0 \\ d_{21}/n_{t1} & 1 \end{bmatrix} \begin{bmatrix} n_{t1}\alpha_{t1} \\ y_{t1} \end{bmatrix}. \qquad (6.23)$$

Die **Übertragungsmatrix**

$$\mathcal{T}_{21} \equiv \begin{bmatrix} 1 & 0 \\ d_{21}/n_{t1} & 1 \end{bmatrix} \qquad (6.24)$$

nimmt den gebrochenen Strahl in P_1 (d.h. r_{t1}) und transformiert ihn in den Einfallsstrahl in P_2:

$$r_{i2} \equiv \begin{bmatrix} n_{i2}\alpha_{i2} \\ y_{i2} \end{bmatrix}.$$

Folglich werden die Gleichungen (6.21) und (6.22) einfach zu

$$r_{i2} = \mathcal{T}_{21} r_{t1}. \qquad (6.25)$$

Verwenden wir Gleichung (6.20), so wird dies zu

$$r_{i2} = \mathcal{T}_{21} \mathcal{R}_1 r_{i1}. \qquad (6.26)$$

Die 2 × 2-Matrix, die durch das Produkt der Übertragungs- und Brechungsmatrix $\mathcal{T}_{21}\mathcal{R}_1$ gebildet wird, überträgt den Einfallsstrahl in P_1 in den Einfallsstrahl in P_2. Die Determinante von $\mathcal{T}_{21}$, die durch $|\mathcal{T}_{21}|$ gekennzeichnet ist, ist gleich 1, d.h. $(1)(1) - (0)(d_{21}/n_{t1}) = 1$. In gleicher Weise ist $|\mathcal{R}_1| = 1$, und da die Determinante eines Matrizenproduktes gleich dem Produkt der einzelnen Determinanten ist, gilt $|\mathcal{T}_{21}\mathcal{R}_1| = 1$. Dies erlaubt eine schnelle Überprüfung der Berechnungen. Führen wir das Verfahren durch die zweite Grenzfläche (Abb. 6.8) der Linse durch, die eine Brechungsmatrix $\mathcal{R}_2$ hat, so folgt, daß

$$r_{t2} = \mathcal{R}_2 r_{i2} \qquad (6.27)$$

oder von Gleichung (6.26)

$$r_{t2} = \mathcal{R}_2 \mathcal{T}_{21} \mathcal{R}_1 r_{i1}. \qquad (6.28)$$

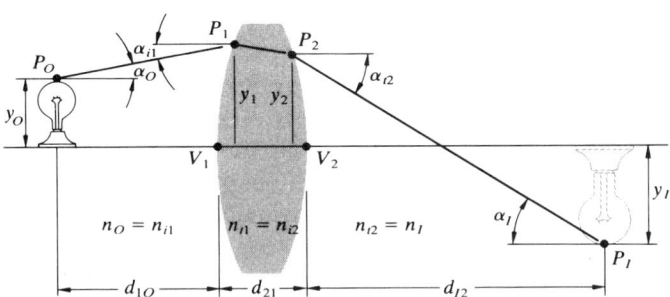

Abbildung 6.9 Abbildungsgeometrie.

Die Klammern sind unter der Voraussetzung überflüssig, daß man bei der Multiplikation der 2×2-Matrizen zuerst $\mathcal{T}_{21}\mathcal{R}_1$ und dann $\mathcal{R}_2\mathcal{T}_{21}\mathcal{R}_1$ berechnet. Die **Systemmatrix** $\mathcal{A}$ ist als

$$\mathcal{A} \equiv \mathcal{R}_2\mathcal{T}_{21}\mathcal{R}_1 \qquad (6.29)$$

definiert und hat die Form

$$\mathcal{A} = \begin{bmatrix} a_{11} & a_{12} \\ a_{21} & a_{22} \end{bmatrix}. \qquad (6.30)$$

Da

$$\mathcal{A} = \begin{bmatrix} 1 & -\mathcal{D}_2 \\ 0 & 1 \end{bmatrix} \begin{bmatrix} 1 & 0 \\ d_{21}/n_{t1} & 1 \end{bmatrix} \begin{bmatrix} 1 & -\mathcal{D}_1 \\ 0 & 1 \end{bmatrix}$$

oder

$$\mathcal{A} = \begin{bmatrix} 1 & -\mathcal{D}_2 \\ 0 & 1 \end{bmatrix} \begin{bmatrix} 1 & -\mathcal{D}_1 \\ d_{21}/n_{t1} & -\mathcal{D}_1 d_{21}/n_{t1} + 1 \end{bmatrix},$$

können wir nun

$$\begin{bmatrix} a_{11} & a_{12} \\ a_{21} & a_{22} \end{bmatrix}$$
$$= \begin{bmatrix} 1 - \mathcal{D}_2 d_{21}/n_{t1} & -\mathcal{D}_1 + (\mathcal{D}_2\mathcal{D}_1 d_{21}/n_{t1}) - \mathcal{D}_2 \\ d_{21}/n_{t1} & -\mathcal{D}_1 d_{21}/n_{t1} + 1 \end{bmatrix} \qquad (6.31)$$

schreiben, und wieder ist $|\mathcal{A}| = 1$ (Aufgabe 6.15). Die Werte von jedem Element in $\mathcal{A}$ sind in Termen der physikalischen Linsenparameter, wie z.B. der Dicke, des Indexes und der Radien (über $\mathcal{D}$), ausgedrückt. Daher sollten die Kardinalpunkte, die zur Linse gehören, und nur durch ihre Form bestimmt sind, von $\mathcal{A}$ ableitbar sein. Die Systemmatrix, in diesem Fall (6.31), transformiert einen Einfallsstrahl an der ersten Fläche zu einem Austrittsstrahl an der zweiten Fläche; als eine Gedächtnisstütze werden wir sie als $\mathcal{A}_{21}$ kennzeichnen.

Das Abbildungskonzept läßt sich unmittelbar einsetzen (Abb. 6.9), nachdem man entsprechende Objekt- und Bildebenen eingeführt hat. Folglich überträgt der erste Operator $\mathcal{T}_{1O}$ den Bezugspunkt P_O vom Objekt nach P_1. Der nächste Operator $\mathcal{A}_{21}$ überträgt dann den Strahl durch die Linse, und eine letzte zusätzliche Übertragungsmatrix $\mathcal{T}_{I2}$ bringt ihn zur Bildebene (d.h. nach P_I). Daher wird der Strahl im Bildpunkt (r_I) durch

$$r_I = \mathcal{T}_{I2}\mathcal{A}_{21}\mathcal{T}_{1O}r_O \qquad (6.32)$$

bestimmt, wobei r_O der Strahl in P_O ist. In der Komponentenschreibweise ist dies

$$\begin{bmatrix} n_I \alpha_I \\ y_I \end{bmatrix} = \begin{bmatrix} 1 & 0 \\ d_{I2}/n_I & 1 \end{bmatrix} \begin{bmatrix} a_{11} & a_{12} \\ a_{21} & a_{22} \end{bmatrix}$$
$$\times \begin{bmatrix} 1 & 0 \\ d_{1O}/n_O & 1 \end{bmatrix} \begin{bmatrix} n_O \alpha_O \\ y_O \end{bmatrix}. \qquad (6.33)$$

Es ist $\mathcal{T}_{1O}r_O = r_{i1}$ und $\mathcal{A}_{21}r_{i1} = r_{t2}$, und folglich ist $\mathcal{T}_{I2}r_{t2} = r_I$. Die Indizes $O, 1, 2, \ldots, I$ korrespondieren zu den Bezugspunkten P_O, P_1, P_2 usw., während die Indizes i und t kennzeichnen, auf welcher Seite des Bezugspunktes wir uns befinden, d.h. ob auf der einfallenden oder gebrochenen. Die Operation mit einer Brechungsmatrix verändert i zu t, nicht aber die Kennzeichnung des Bezugspunktes. Andererseits ändert die Operation mit einer Übertragungsmatrix offensichtlich die letztere Kennzeichnung.

Normalerweise findet man die physikalischen Bedeutungen der Komponenten von $\mathcal{A}$ durch ausführliches Hinschreiben der Gleichung (6.33), jedoch ist die Methode hier zu kompliziert. Stattdessen wollen wir zu Gleichung (6.31) zurückkehren und einige Terme untersuchen, z.B.

$$-a_{12} = \mathcal{D}_1 + \mathcal{D}_2 - \mathcal{D}_2\mathcal{D}_1 d_{21}/n_{t1}.$$

Nehmen wir der Einfachheit halber an, daß sich die Linse in Luft befindet, so wird

$$\mathcal{D}_1 = \frac{n_{t1} - 1}{R_1} \quad \text{und} \quad \mathcal{D}_2 = \frac{n_{t1} - 1}{-R_2}$$

wie in den Gleichungen (5.70) und (5.71). Also ist

$$-a_{12} = (n_{t1} - 1)\left[\frac{1}{R_1} - \frac{1}{R_2} + \frac{(n_{t1} - 1)d_{21}}{R_1 R_2 n_{t1}}\right].$$

Dies ist aber der Ausdruck für die Brennweite einer dicken Linse (6.2); mit anderen Worten

$$a_{12} = -1/f. \qquad (6.34)$$

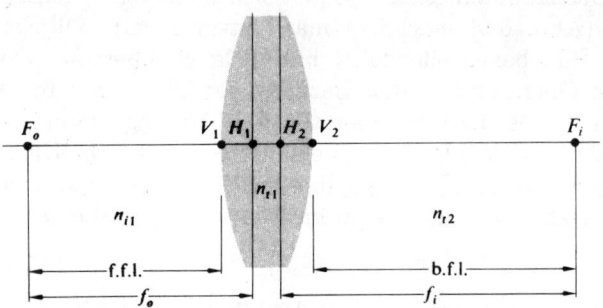

Abbildung 6.10 Hauptebenen und Brennweiten.

Wäre das umgebende Medium auf jeder Seite der Linse verschieden (Abb. 6.10), so würde dies zu

$$a_{12} = -\frac{n_{i1}}{f_o} = -\frac{n_{t2}}{f_i} \qquad (6.35)$$

führen. In gleicher Weise wird es als Aufgabe überlassen zu verifizieren, daß

$$\overline{V_1 H_1} = \frac{n_{i1}(1 - a_{11})}{-a_{12}} \qquad (6.36)$$

und

$$\overline{V_2 H_2} = \frac{n_{t2}(a_{22} - 1)}{-a_{12}} \qquad (6.37)$$

ist, die die Hauptpunkte festlegen.

Als ein Beispiel dafür, wie man die Methode ausnutzen kann, wollen wir sie, wenigstens im Prinzip, auf das in Abbildung 6.11 gezeigte Tessar-Objektiv[3] anwenden. Die Systemmatrix hat die Form

$$\mathscr{A}_{71} = \mathscr{R}_7 \mathscr{T}_{76} \mathscr{R}_6 \mathscr{T}_{65} \mathscr{R}_5 \mathscr{T}_{54} \mathscr{R}_4 \mathscr{T}_{43} \mathscr{R}_3 \mathscr{T}_{32} \mathscr{R}_2 \mathscr{T}_{21} \mathscr{R}_1,$$

wobei

$$\mathscr{T}_{21} = \begin{bmatrix} 1 & 0 \\ \frac{0.357}{1.6116} & 1 \end{bmatrix}, \quad \mathscr{T}_{32} = \begin{bmatrix} 1 & 0 \\ \frac{0.189}{1} & 1 \end{bmatrix},$$

$$\mathscr{T}_{43} = \begin{bmatrix} 1 & 0 \\ \frac{0.081}{1.6053} & 1 \end{bmatrix}$$

---

[3] Wir haben dieses besondere Beispiel in erster Linie gewählt, weil Nussbaums Buch *Geometric Optics* ein einfaches Fortran-Computerprogramm enthält, das speziell für dieses Objektiv geschrieben ist. Es wäre fast albern, die Systemmatrix von Hand zu entwickeln. Da Fortran eine leicht beherrschbare Computersprache ist, lohnt es sich, das Programm zu studieren.

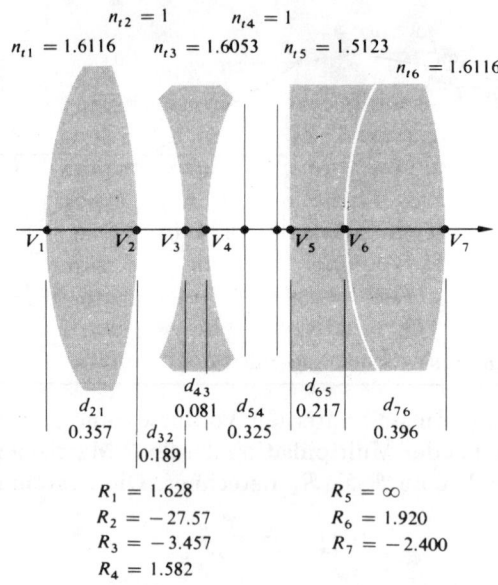

Abbildung 6.11 Ein Tessar-Aufbau.

usw. Außerdem ist

$$\mathscr{R}_1 = \begin{bmatrix} 1 & -\frac{1.6116-1}{1.628} \\ 0 & 1 \end{bmatrix}, \quad \mathscr{R}_2 = \begin{bmatrix} 1 & -\frac{1-1.6116}{-27.57} \\ 0 & 1 \end{bmatrix},$$

$$\mathscr{R}_3 = \begin{bmatrix} 1 & -\frac{1.6053-1}{-3.457} \\ 0 & 1 \end{bmatrix}$$

usw. Man erhält beim Ausmultiplizieren der Matrizen in einer entsetzlich langen, obschon konzeptuell einfachen Rechnung

$$\mathscr{A}_{71} = \begin{bmatrix} 0.848 & -0.198 \\ 1.338 & 0.867 \end{bmatrix},$$

und davon $f = 5.06$, $\overline{V_1 H_1} = 0.77$ und $\overline{V_7 H_2} = -0.67$.

Es ist oft zweckmäßig, ein System dünner Linsen unter Anwendung der Matrixdarstellung zu betrachten, und zu diesem Zweck wollen wir zum Schluß zu Gleichung (6.31) zurückkehren. Sie beschreibt die Systemmatrix für eine Einzellinse. Wenn wir $d_{21} \to 0$ gehen lassen, entspricht sie einer dünnen Linse. Dies ist äquivalent damit, $\mathscr{T}_{21}$ zu einer Einheitsmatrix zu machen; deshalb ist

$$\mathscr{A} = \mathscr{R}_2 \mathscr{R}_1 = \begin{bmatrix} 1 & -(\mathscr{D}_1 + \mathscr{D}_2) \\ 0 & 1 \end{bmatrix}. \qquad (6.38)$$

Wie wir aber in Abschnitt 5.7.2 sahen, ist die Brechkraft

$\mathcal{D}$ einer dünnen Linse die Summe der Brechkräfte ihrer Oberflächen. Also ist

$$\mathcal{A} = \begin{bmatrix} 1 & -\mathcal{D} \\ 0 & 1 \end{bmatrix} = \begin{bmatrix} 1 & -1/f \\ 0 & 1 \end{bmatrix}. \quad (6.39)$$

Außerdem ist die Systemmatrix für zwei dünne Linsen, die in der Luft einen Abstand d haben,

$$\mathcal{A} = \begin{bmatrix} 1 & -1/f_2 \\ 0 & 1 \end{bmatrix} \begin{bmatrix} 1 & 0 \\ d & 1 \end{bmatrix} \begin{bmatrix} 1 & -1/f_1 \\ 0 & 1 \end{bmatrix}$$

oder

$$\mathcal{A} = \begin{bmatrix} 1 - d/f_2 & -1/f_1 + d/f_1 f_2 - 1/f_2 \\ d & -d/f_1 + 1 \end{bmatrix}.$$

Dann ist

$$-a_{12} = \frac{1}{f} = \frac{1}{f_1} + \frac{1}{f_2} - \frac{d}{f_1 f_2},$$

und nach Gleichungen (6.36) und (6.37)

$$\overline{O_1 H_1} = f d/f_2, \quad \overline{O_2 H_2} = -f d/f_1,$$

was einem mittlerweile vertraut vorkommt. Es ist also mit dieser Methode einfach, die Brennweite und die Hauptpunkte für ein Linsensystem zu finden, das aus drei, vier oder mehreren dünnen Linsen zusammengesetzt ist.

6.3 Aberrationen (Abbildungsfehler)

Zwar wissen wir schon, daß die Theorie erster Ordnung nicht mehr als eine gute Näherung ist — eine genaue Strahlendurchrechnung oder sogar Messungen, die an einem Prototypsystem vorgenommen würden, brächten mangelnde Übereinstimmung mit der korrespondierenden achsennahen Beschreibung zum Vorschein. Solche Abweichungen von den idealisierten Bedingungen der Gaußschen Dioptrik[4] nennt man **Aberrationen**. Von ihnen gibt es zwei Haupteinordnungen, nämlich die **chromatischen** (die aus der Tatsache entstehen, daß n eigentlich eine Funktion der Frequenz oder Farbe ist) und die **monochromatischen Aberrationen**. Die letzteren kommen sogar bei Licht vor, das stark monochromatisch ist, und sie fallen ihrerseits in zwei Untergruppen. Es gibt monochromatische Aberrationen, die das Bild verschlechtern, indem sie es verschwommen machen, wie

z.B. *sphärische Aberrationen*, *Koma* und *Astigmatismus*. Außerdem gibt es Aberrationen, die das Bild deformieren, wie z.B. die *Petzval-Bildfeldkrümmung* und die *Verzerrung*.

Wir wissen bereits, daß sphärische Flächen im allgemeinen nur im Gaußschen Gebiet ideale Abbildungen liefern. Was nun bestimmt werden muß, ist die Art und der Umfang der Abweichungen, die sich einfach aus der Verwendung jener Flächen mit endlich großen Öffnungen ergeben. Bei der umsichtigen Handhabung der physikalischen Parameter des Systems (z.B. der Brechkräfte, Formen, Dicken, Glassorten und der Abstände der Linsen sowie der Lagen der Blenden) können diese Aberrationen vermindert werden. In Wirklichkeit hebt man hier die meisten unerwünschten Fehler durch eine leichte Änderung der Form einer Linse oder einer Verschiebung der Lage einer Blende auf (sehr ähnlich dem Abstimmen eines Stromkreises mit kleinen variablen Kondensatoren, Spulen und Potentiometern). Am Ende werden die unerwünschten Deformationen der Wellenfront, die sie beim Durchgang durch eine Fläche erhielt, beim Durchqueren einiger anderer Flächen im weiteren Verlauf des Strahlengangs hoffentlich aufgehoben sein.

Bereits 1950 wurden Programme zur rechnerischen Bestimmung des Verlaufs von Lichtstrahlen für die damals neuen Digitalcomputer entwickelt, und um 1954 war man schon bemüht, eine linsenkonstruierende Software zu entwickeln. Anfang der sechziger Jahre gehörte die Linsenberechnung des Computers zum Handwerkszeug, das die Hersteller weltweit benutzten. Heute gibt es ausgearbeitete Computerprogramme für die "automatische" Durchführung dieser Art von Analyse. Allgemein gesprochen, man gibt dem Computer irgendeinen Gütefaktor (oder eine Gütezahl), wonach er sich ausrichten soll (d.h. man sagt ihm im wesentlichen, wie viel man bereit ist, von jeder Aberration zu tolerieren). Dann gibt man ihm ein grob konstruiertes System (z.B. irgendeinen Tessar-Aufbau), das in erster Näherung den besonderen Forderungen entspricht, und zusammen damit die Parameter, die konstant gehalten werden müssen, wie z.B. eine bestimmte Blendenzahl, die Brennweite oder den Linsendurchmesser, das Bildfeld oder die Vergrößerung. Der Computer wird dann mehrere Strahlen durch das System durchrechnen und die Abbildungsfehler auswerten. Hat man es ihm z.B. überlassen, die Krümmungen und die axialen Abstände der optischen Elemente zu va-

---

[4] Lehre von der optischen Abbildung mit Hilfe des fadenförmigen Raumes (paraxiale Optik); d.Ü.

riieren, so wird er den optimalen Effekt solcher Veränderungen auf den Gütefaktor berechnen, ihn neu berechnen und dann erneut auswerten. Nach vielleicht zwanzig oder mehr Iterationen, die gewöhnlich eine Sache von Minuten sind, hat der Computer den ursprünglichen Aufbau so geändert, daß er nun den eingegebenen Aberrationsgrenzen entspricht. Die endgültige Linsenkonstruktion wird immer noch ein Tessar-Aufbau sein, aber nicht derjenige, mit dem man begann. Das Ergebnis ist, wenn man so will, ein *optimaler Aufbau*, aber wahrscheinlich nicht *das* Optimum. Wir können ziemlich sicher sein, daß man nicht alle Aberrationen in einem wirklichen System, das aus sphärischen Flächen besteht, genau Null machen kann. Außerdem gibt es keinen derzeit bekannten Weg, der bestimmen kann, wie nahe an Null wir eigentlich kommen können. Ein Gütefaktor hat etwas Ähnlichkeit mit einer kraterartigen Fläche im mehrdimensionalen Raum. Der Computer befördert die Konstruktion von einem Kraterloch zum nächsten, bis er eines findet, das tief genug ist, um den Eingaben zu entsprechen. Hier hält er an und übergibt uns vermutlich einen vollkommen zufriedenstellenden Aufbau. Es gibt jedoch keinen Weg, der sagt, ob jene Lösung dem tiefsten Loch entspricht, ohne den Computer immer wieder "hinauszuschicken", um auf total verschiedenen Wegen herumzulaufen. Wir erwähnen dies alles, damit dem Leser vielleicht der gegenwärtige Stand der Kunst bewußt wird. Mit einem Wort, sie ist großartig, aber noch unvollkommen; sie ist "automatisch", aber ein wenig kurzsichtig.

6.3.1 Monochromatische Aberrationen

Die achsennahe Behandlung basierte auf der Voraussetzung, daß $\sin\varphi$ wie in Abbildung 5.8 befriedigend durch φ dargestellt werden kann, d.h. das System war auf den Einsatz in einem extrem engen Bereich um die optische Achse beschränkt. Sollen Strahlen vom Rand der Linse in die Erzeugung eines Bildes einbezogen werden, so ist die Feststellung, daß $\sin\varphi \approx \varphi$ ist, offensichtlich ein wenig unbefriedigend. Wir erinnern uns, daß wir das Snelliussche Gesetz auch gelegentlich einfach als $n_i\theta_i = n_t\theta_t$ schrieben, was auch wieder unangebracht wäre. Jedenfalls erhalten wir als eine verbesserte Näherung die sogenannte *Fehlertheorie dritter Ordnung*, wenn wir die ersten zwei Glieder in der Reihenentwicklung

$$\sin\varphi = \varphi - \frac{\varphi^3}{3!} + \frac{\varphi^5}{5!} - \frac{\varphi^7}{7!} + \cdots \quad [5.7]$$

beibehalten. Abweichungen, die sich dann von der Theorie erster Ordnung ergeben, sind in den fünf *Abbildungsfehlern dritter Ordnung* (sphärische Aberration, Koma, Astigmatismus, Bildfeldkrümmung und Verzerrung) enthalten. Sie wurden zuerst von Ludwig von Seidel (1821–1896) in den fünfziger Jahren des 19. Jahrhunderts im Detail erforscht. Dementsprechend bezeichnet man sie oft als die *Seidelschen Aberrationen*. Außer den ersten zwei Beiträgen enthält die Reihe viele andere Terme, die zwar kleiner, aber noch immer nicht zu unterschätzen sind. Daher gibt es mit größter Sicherheit *Abbildungsfehler höherer Ordnung*. Den Unterschied zwischen den Ergebnissen einer genauen Durchrechnung eines Strahls und den berechneten Abbildungsfehlern dritter Ordnung kann man sich deshalb als die Summe aller beitragenden Abbildungsfehler höherer Ordnung vorstellen. Wir werden die Diskussion ausschließlich auf die Abbildungsfehler dritter Ordnung beschränken.

i) Sphärische Aberrationen

Wir wollen für einen Augenblick zu Abschnitt 5.2.2 zurückkehren, wo wir die konjugierten Punkte für eine einzelne brechende sphärische Grenzfläche berechneten. Wir fanden dort für das Gaußsche Gebiet

$$\frac{n_1}{s_o} + \frac{n_2}{s_i} = \frac{n_2 - n_1}{R}. \quad [5.8]$$

Werden die Näherungen für ℓ_o und ℓ_i ein bißchen verbessert (Aufgabe 6.23), so erhalten wir den Ausdruck dritter Ordnung:

$$\frac{n_1}{s_o} + \frac{n_2}{s_i}$$
$$= \frac{n_2 - n_1}{R} + h^2 \left[\frac{n_1}{2s_o} \left(\frac{1}{s_o} + \frac{1}{R} \right)^2 + \frac{n_2}{2s_i} \left(\frac{1}{R} - \frac{1}{s_i} \right)^2 \right]. \quad (6.40)$$

Das zusätzliche Glied, das sich annähernd wie h^2 ändert, ist eindeutig ein Maß der Abweichung von der Theorie erster Ordnung. Wie in Abbildung 6.12 gezeigt, werden die Strahlen, die die Fläche in größeren Abständen (h) über der Achse treffen, näher zum Scheitelpunkt gebündelt. Kurz, die sphärische Aberration oder SA entspricht für

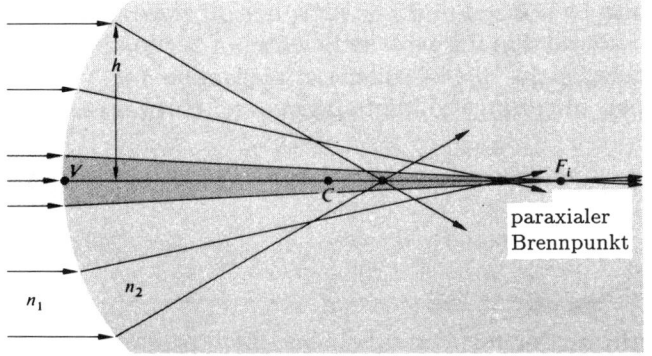

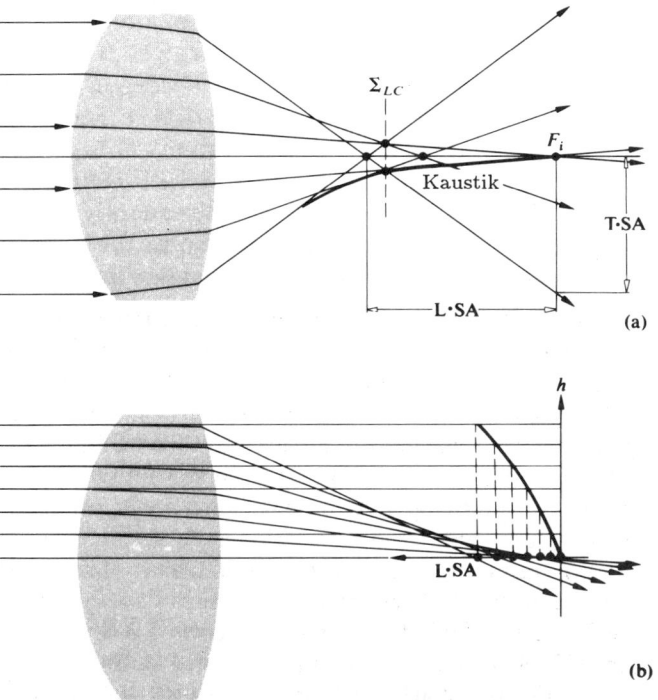

Abbildung 6.12 Sphärische Aberration, die sich aus der Brechung an einer einzelnen Grenzfläche ergibt.

nichtparaxiale Strahlen einer Abhängigkeit der Brennweite von der Blendenöffnung. Ebenso werden die Randstrahlen von einer Sammellinse wie in Abbildung 6.13 zu stark abgelenkt und daher vor den paraxialen Strahlen fokussiert. Den Abstand zwischen dem axialen Schnittpunkt eines Strahls und dem paraxialen Brennpunkt F_i nennt man die **sphärische Längsaberration** oder L·SA[5] jenes Strahls. In diesem Fall ist die SA *positiv*. Im Gegensatz dazu schneiden die Randstrahlen im allgemeinen bei einer Zerstreuungslinse die Achse hinter dem paraxialen Brennpunkt, und wir sagen deshalb, daß ihre sphärische Aberration *negativ* ist.

Wird ein Schirm in F_1 der Abbildung 6.13 aufgestellt, so würde das Bild eines Sternes als ein heller zentraler Fleck auf der Achse erscheinen, der von einem symmetrischen Halo umgeben ist, der durch den Randstrahlenkegel aufgezeichnet wird. Für eine flächenhafte Abbildung würde die SA den Kontrast verringern und die Bildeinzelheiten verschlechtern. Die Höhe über der Achse, bei der ein bestimmter Strahl diesen Schirm trifft, nennt man die **Queraberration**, kurz T·SA.[6] Offensichtlich kann die SA durch Abblenden der Blendenöffnung verkleinert werden — doch verkleinert das ebenso die Lichtmenge, die ins System eintritt. Das unscharfe Bildscheibchen hat seinen kleinsten Durchmesser, wenn der Schirm zur Position Σ_{LC} bewegt wird. Man nennt ihn *Unschärfen-*

Abbildung 6.13 Sphärische Aberration für eine Linse. Die Einhüllende der gebrochenen Strahlen nennt man eine Kaustik. Die Schnittpunkte der Randstrahlen mit der Kaustik legen Σ_{LC} fest.

kreis, und Σ_{LC} ist im allgemeinen die beste Stelle, um das Bild zu beobachten. Zeigt eine Linse eine beträchtliche SA, so muß das System, nachdem die Linse abgeblendet wurde, neu fokussiert werden, weil sich die Position von Σ_{LC} dem Punkt F_i nähert, wenn die Blendenöffnung verkleinert wird. Die Stärke der sphärischen Aberration verändert sich bei gleicher Blendenöffnung und Brennweite sowohl mit der Objektweite als auch mit der Linsenform. Eine Sammellinse bricht die achsennahen Strahlen zu stark. Stellen wir uns jedoch vor, daß die Linse in etwa zwei Prismen gleicht, die mit ihren Grundflächen verbunden sind, so wird offensichtlich *der Einfallsstrahl minimal abgelenkt, wenn er mehr oder weniger einen gleich großen Winkel wie der Austrittsstrahl hat* (Abschnitt 5.5.1). Ein treffendes Beispiel ist in der Abbildung 6.14 dargestellt, in der durch einfaches Herumdrehen der Linse die SA merklich verkleinert wird. Befindet sich das Objekt im Unendlichen, so läßt eine

---

[5] L·SA = longitudinal spherical aberration (Abbildungsfehler auf der optischen Achse).
[6] T·SA = transverse spherical aberration

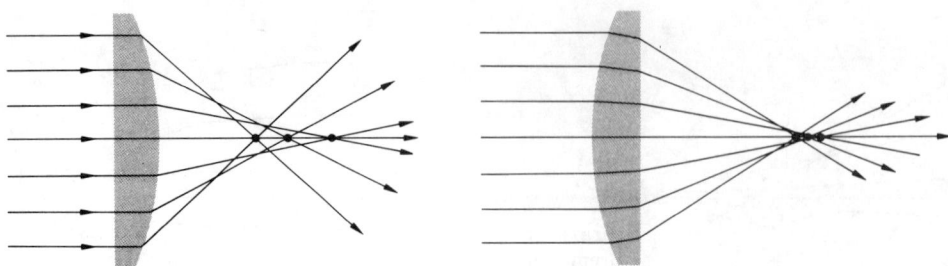

Abbildung 6.14 SA für eine plankonvexe Linse.

einfache Zerstreuungs- oder Sammellinse mit einer fast, doch nicht ganz flachen Rückseite einen minimalen Betrag an sphärischer Aberration zu. Sind die Objekt- und Bildweiten gleich ($s_o = s_i = 2f$), so sollte die Linse gleichkonvex sein, um die SA herabzusetzen. Eine Kombination einer Sammel- und einer Zerstreuungslinse (wie in einem zweiteiligen Achromat) kann auch verwendet werden, um sphärische Aberrationen zu vermindern.

Wir erinnern uns, daß die asphärischen Linsen des Abschnitts 5.2.1 für ein ganz bestimmtes Paar konjugierter Punkte vollständig frei von sphärischen Aberrationen sind. Huygens scheint überdies als erster entdeckt zu haben, daß für sphärische Flächen ebenso zwei derartige Achspunkte existieren. Diese sind in Abbildung 6.15 (a) dargestellt, die Strahlen veranschaulicht, die von P ausgehen und die Fläche verlassen, als kämen sie von P'. Es wird als Aufgabe überlassen, zu zeigen, daß die entsprechenden Orte P und P' in der Abbildung gezeigt sind. Man kann Linsen herstellen, die genau wie die asphärischen Linsen eine SA von Null für das Punktepaar P und P' haben. Man schleift einfach noch eine Fläche mit dem Radius $\overline{PA}$ zentriert in P, so daß ein sammelnder oder streuender Meniskus entsteht. Das Ölimmersionsobjektiv eines Mikroskops verwendet dieses Prinzip zum großen Vorteil. Das zu untersuchende Objekt liegt in P und ist von Öl mit dem Index n_2 umgeben — wie in Abbildung 6.16. P und P' sind für die erste Linse die richtigen konjugierten Punkte, die eine SA von Null ergeben, während P' und P'' diejenigen für den Meniskus sind.

ii) Die Koma

Die **Koma** oder der *Asymmetriefehler* ist ein bildverschlechternder, monochromatischer Abbildungsfehler dritter Ordnung, der mit einem Objektpunkt verbunden ist, der nur einen kurzen Abstand von der Achse hat. Ihre Ursache liegt darin, daß ihre Haupt-"Ebenen" eigentlich nur im achsennahen Bereich als Ebenen betrachtet werden können. Sie sind in Wirklichkeit gekrümmte Hauptflächen (Abb. 6.1). Beim Fehlen von SA bündelt sich ein paralleles Strahlenbündel im Achspunkt F_i, der im Abstand der hinteren Brennweite b.f.l. vom hinteren Scheitelpunkt liegt. Die Äquivalentbrennweiten und deshalb die Transversalvergrößerungen unterscheiden sich jedoch für Strahlen, die außeraxiale Bereiche der Linse durchlaufen. Befindet sich der Bildpunkt auf der optischen Achse, so hat dies praktisch keine Konsequenzen, fällt das Strahlenbündel jedoch schräg ein, und liegt der Bildpunkt außeraxial, so ist die Koma offensichtlich vorhanden. Die Abhängigkeit der M_T von h, der Strahlenhöhe der Linse, ist in Abbildung 6.17 ersichtlich. Die Meridionalstrahlen, die hier die äußersten Enden der Linse durchlaufen, kommen auf der Bildebene näher zur Achse an als die Strahlen, die in der Nähe des *Hauptpunktstrahls* (d.h. des Strahls, der durch die Hauptpunkte geht) liegen. In diesem Fall ist die geringste Vergrößerung mit den Randstrahlen verknüpft, die das kleinste Bild erzeugen würden — man sagt, die Koma sei negativ. Im Gegensatz dazu ist die Koma in Abbildung 6.18 positiv, weil sich die Randstrahlen weiter von der Achse entfernt bündeln. Mehrere windschiefe Strahlen sind von einem außeraxialen Objektpunkt S in Abbildung 6.19 gezeichnet, um die von einem Punkt entstehende geometrische Abbildung mit Asymmetriefehler darzustellen. Man beachte, daß jeder kreisförmige Strahlenkegel, dessen Endpunkte (1-2-3-4-1-2-3-4) einen Ring auf der Linse bilden, in einer von H. Dennis Taylor benannten *Komafigur* (Zerstreuungsfigur bei der Koma) auf Σ_i abgebildet wird. Dieser Fall entspricht der po-

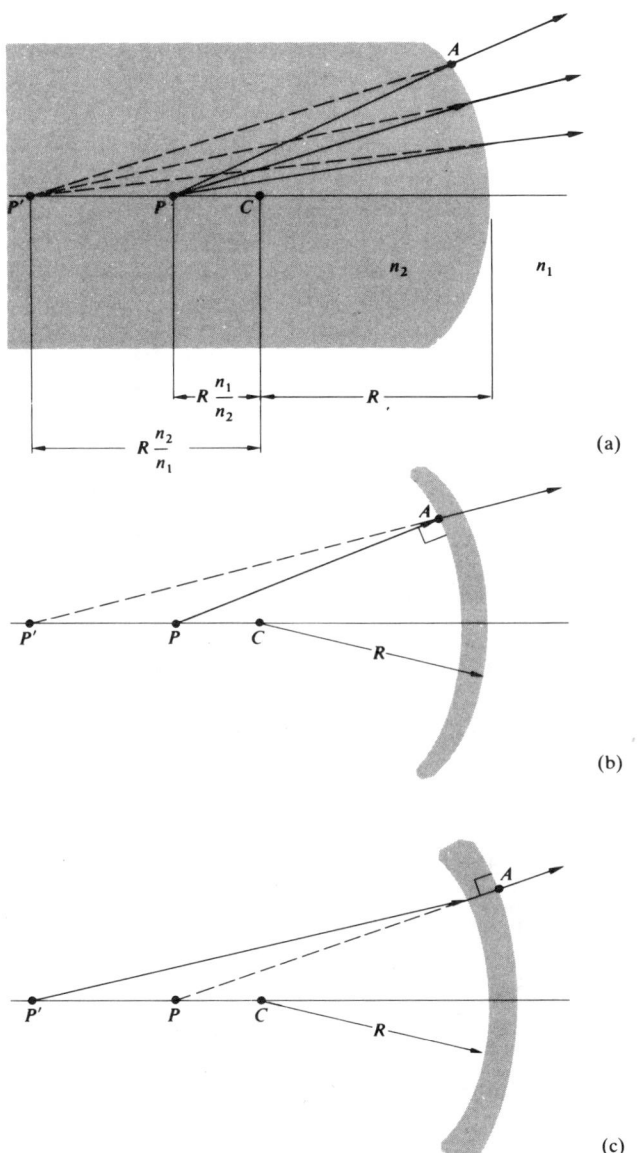

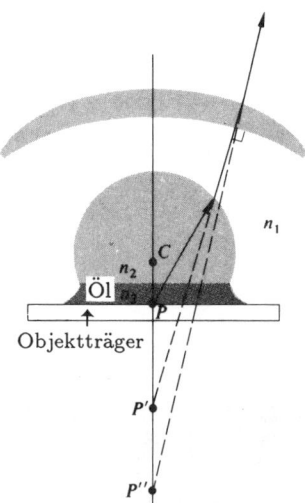

Abbildung 6.16 Ein Ölimmersionsobjektiv eines Mikroskops.

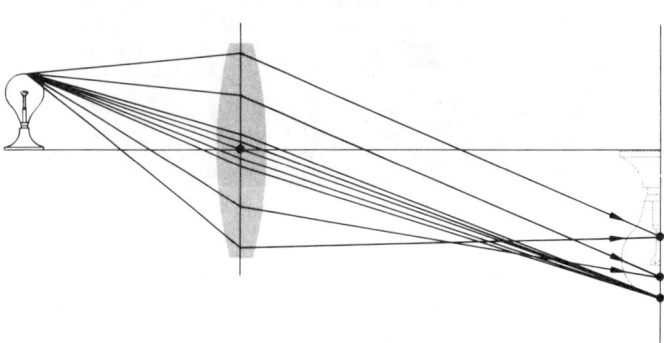

Abbildung 6.17 Negative Koma.

Abbildung 6.15 Korrespondierende Achspunkte, für die die SA Null ist.

sitiven Koma, und so gilt, je größer der Ring auf der Linse, desto größer ist der Abstand seines Komakreises von der Achse. Wenn der äußere Ring die Schnittlinie der Randstrahlen ist, so ist im Bild der Abstand von 0 nach 1 die *meridionale Koma*, während auf Σ_i die Länge von 0 nach 3 als die *sagittale Koma* (Rinnenfehler) bezeichnet wird. Ein wenig mehr als die Hälfte der Energie erscheint im Bild in dem ungefähr dreieckigen Bereich zwischen 0 und 3. Die kometenhafte Erscheinung der Koma, die ihren Namen ihrem kometenhaften Schweif verdankt, stellt man sich oft hauptsächlich wegen seiner asymmetrischen Form als die schlimmste aller Aberrationen vor.

Die Koma ist wie die sphärische Aberration von der Form der Linse abhängig. Deshalb hat ein starker, hohl gekrümmter, sammelnder Meniskus) mit dem Objekt im Unendlichen eine große negative Koma. Die Durchbiegung der Linse, so daß sie plankonvex), dann gleichkonvex ●, wieder plankonvex (und schließlich zum erhaben

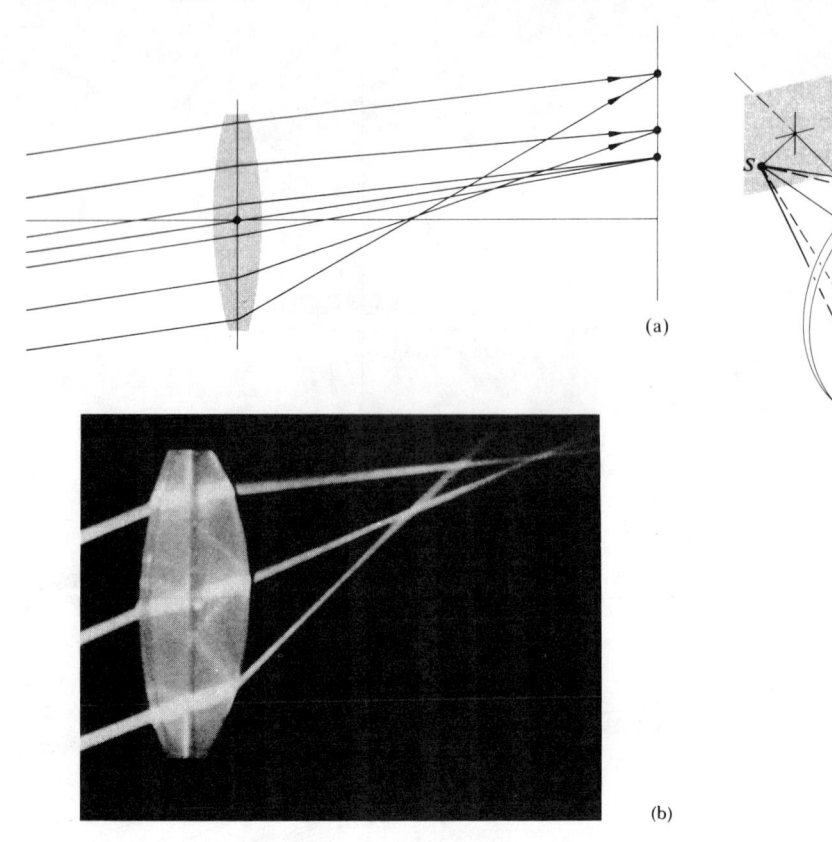

Abbildung 6.18 Positive Koma. (Photo von E.H.)

gekrümmten, sammelnden Meniskus ⊂ wird, verändert die Koma vom Negativen über Null zum Positiven. Bedeutsam ist die Tatsache, daß sie für eine Einzellinse mit einer bestimmten Objektweite genau Null gemacht werden kann. Ihre spezielle Form wäre dann ($s_o = \infty$) fast plankonvex (links erhaben), was beinahe die Form für eine minimale SA ist.

Es ist ganz wichtig zu erkennen, daß *eine Linse, die für im Unendlichen liegende konjugierte Punkte korrigiert ist ($s_o = \infty$), für naheliegende Objekte nicht zufriedenstellend zu funktionieren braucht.* Man sollte daher bei Verwendung von Standardlinsen für ein System, das mit im Endlichen liegenden konjugierten Punkten arbeitet (wie in Abb. 6.20), zwei Linsen kombinieren, die in bezug auf im Unendlichen liegende Punkte korrigiert sind. Mit anderen Worten, da es unwahrscheinlich ist, daß man eine Linse mit der erwünschten Brennweite fer-

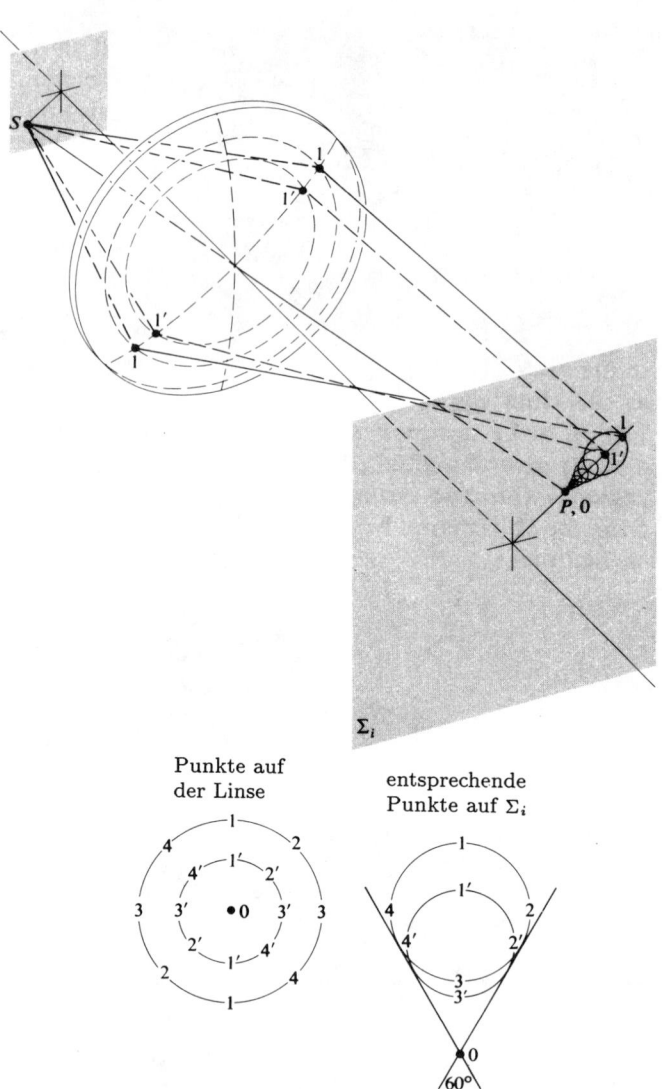

Abbildung 6.19 Die von einem Punkt entstehende geometrische Abbildung mit Asymmetriefehler. Der zentrale Bereich der Linse erzeugt ein punktförmiges Bild im Scheitel des Kegels.

tig erwerben kann, die auch in bezug auf die spezielle Reihe von im Endlichen liegenden konjugierten Punkten korrigiert ist, wird diese Methode, bei der die Linsen mit den Rückseiten aneinanderliegen, zu einer ansprechenden Alternative.

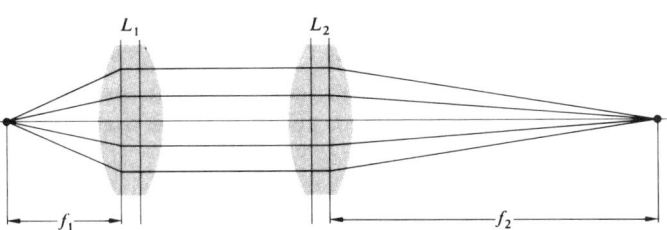

Abbildung 6.20 Eine Kombination von zwei Linsen, die für konjugierte Punkte korrigiert sind, die im Unendlichen liegen. Zusammen liefern sie ein System, das bei weit entfernten konjugierten Punkten funktioniert.

Die Koma kann man mit Hilfe einer Blende, die an der richtigen Stelle angebracht ist, aufheben. Dies entdeckte William Hyde Wollaston (1766–1828) im Jahre 1812. Die Reihenfolge der Liste der Abbildungsfehler dritter Ordnung (sphärische Aberration (SA), Koma, Astigmatismus, Petzval-Bildfeldkrümmung und Verzerrung) ist bedeutsam, weil jeder Fehler von ihnen, ausgenommen SA und Petzval-Krümmung, durch die Lage einer Blende beeinflußt wird, aber nur, wenn eine der vorhergehenden Aberrationen im System auch vorkommt. Daher ist die Koma nicht unabhängig von der Lage der Blende längs der Blendenachse, solange wie die SA vorhanden ist, während die SA vom Ort der Blende unabhängig ist. Dies kann man besser verstehen, wenn man die Darstellung in Abbildung 6.21 untersucht. Mit der Blende in Σ_1 ist Strahl 3 der Hauptstrahl, es gibt eine SA aber keine Koma; d.h. die Strahlenpaare treffen sich auf Strahl 3. Wird die Blende nach Σ_2 versetzt, so ist die Symmetrie zerstört, Strahl 4 wird der Hauptstrahl, und die Strahlen beiderseitig von ihm, wie z.B. 3 und 5, treffen sich oberhalb von ihm, nicht auf ihm — es gibt nun eine positive Koma. Befindet sich die Blende in Σ_3, so schneiden sich die Strahlen 1 und 3 unterhalb des Hauptstrahls 2, und es gibt nun eine negative Koma. Auf diese Weise können kontrollierte Beträge der Aberration in ein Linsensystem hineingebracht werden, um die Koma im System als Ganzes auszulöschen.

Der **optische Sinussatz** ist eine wichtige Beziehung, die selbst dann hier eingeführt werden muß, wenn auch kein Platz für einen formalen Beweis vorhanden ist. Er wurde 1873 unabhängig voneinander von Abbe und Helmholtz entdeckt, obwohl eine andere Form des Satzes

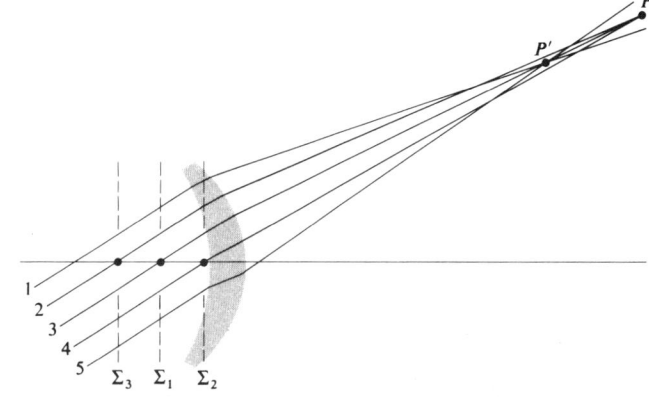

Abbildung 6.21 Verschiedene Lagen der Blende und deren Auswirkungen auf die Koma.

zehn Jahre früher von R. Clausius (berühmt als Thermodynamiker) geliefert wurde. Jedenfalls stellte er fest, daß

$$n_o y_o \sin \alpha_o = n_i y_i \sin \alpha_i \qquad (6.41)$$

unabhängig von der Blendengröße gilt[7] (Abb. 6.9), wobei n_o, y_o, α_o und n_i, y_i, α_i der Brechungsindex, die Höhe und der Neigungswinkel eines Strahls im Objekt- bzw. Bildraum sind. Soll die Koma Null sein, so muß

$$M_T = \frac{y_i}{y_o} \qquad [5.24]$$

für alle Strahlen konstant sein. Angenommen, wir schicken einen Rand- und einen Paraxialstrahl durch das System. Der erstere wird der Gleichung (6.41), der letztere ihrer paraxialen Version entsprechen (in der $\sin \alpha_o = \alpha_{op}$, $\sin \alpha_i = \alpha_{ip}$). Da M_T über die ganze Linse konstant sein soll, setzen wir die Vergrößerungen für die Rand- und Paraxialstrahlen gleich und erhalten

$$\frac{\sin \alpha_o}{\sin \alpha_i} = \frac{\alpha_{op}}{\alpha_{ip}} = \text{constant}, \qquad (6.42)$$

was man die *Sinusbedingung* nennt. Es ist ein notwendiges Kriterium für das Fehlen einer Koma, daß das System die Sinusbedingung erfüllt. Gibt es dort keine SA, so wird die Übereinstimmung mit der Sinusbedingung sowohl notwendig als auch hinreichend für eine Koma von Null sein.

---

[7] Genau genommen gilt der optische Sinussatz für alle Werte von α_o nur in der Sagittalebene (von lat. *sagitta* = Pfeil), die im nächsten Abschnitt diskutiert wird.

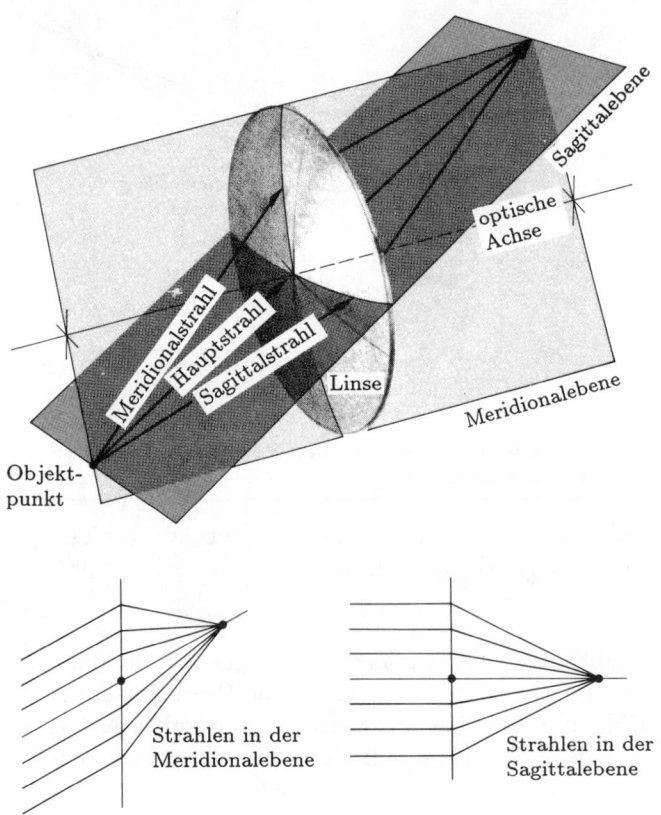

Abbildung 6.22 Die Sagittal- und Meridionalebene.

Man kann die Koma leicht beobachten. Eigentlich hat zweifellos jeder, der Sonnenlicht mit einer einfachen Positivlinse gesammelt hat, die Effekte dieser Aberration gesehen. Eine leichte Neigung der Linse, so daß die fast parallelen Strahlen von der Sonne einen Winkel mit der optischen Achse bilden, bewirkt, daß der Lichtpunkt eines gebündelten Strahls in der charakteristischen Kometengestalt aufleuchtet.

iii) Der Astigmatismus

Befindet sich ein Objektpunkt nicht unmittelbar an der optischen Achse, so trifft der einfallende Strahlenkegel die Linse asymmetrisch und verursacht einen Abbildungsfehler dritter Ordnung, den man **Astigmatismus** nennt. Um seine Beschreibung zu erleichtern, stellen wir uns vor, daß die Meridionalebene (auch *Tangentialebene* genannt) sowohl den Hauptstrahl (d.h. den, der durch den Mittelpunkt der Aperturblende geht) als auch die optische Achse enthält. Die *Sagittalebene* ist dann als die Ebene definiert, die den Hauptstrahl enthält, der außerdem senkrecht zur Meridionalebene steht (Abb. 6.22). Anders als die letztere Ebene, die von einem Ende eines komplizierten Linsensystems zum anderen ungebrochen ist, ändert die Sagittalebene im allgemeinen ihre Neigung, wenn der Hauptstrahl an den verschiedenen Linsen abgelenkt wird. Um also genau zu sein, sollten wir sagen, daß es in Wirklichkeit mehrere Sagittalebenen gibt, zu jedem Bereich innerhalb des Systems gehört eine. Alle windschiefen Strahlen, die vom Objektpunkt ausgehen und in einer Sagittalebene liegen, werden als *Sagittalstrahlen* bezeichnet.

Im Falle eines axialen Objektpunktes ist der Strahlenkegel symmetrisch bezüglich der Kugelflächen einer Linse. Es besteht keine Notwendigkeit, einen Unterschied zwischen Meridional- und Sagittalebenen zu machen. Die Strahlenanordnungen sind in allen Ebenen identisch, die die optische Achse enthalten. Beim Fehlen der sphärischen Aberration sind alle Brennweiten gleich, und folglich kommen alle Strahlen in einem einzigen Brennpunkt an. Im Gegensatz dazu ist die Anordnung eines schrägen, parallelen Strahlenbündels in den Meridional- und Sagittalebenen unterschiedlich. Folglich sind die Brennweiten in diesen Ebenen ebenfalls verschieden. In Wirklichkeit sind hier die Meridionalstrahlen stärker als die Sagittalstrahlen bezüglich der Linse geneigt und haben eine kürzere Brennweite. Es kann unter Anwendung des Fermatschen Prinzips gezeigt werden,[8] daß der *Brennweitenunterschied* von der Brechkraft (im Gegensatz zu der Form oder dem Brechungsindex) der Linse und dem Winkel abhängt, in dem die Strahlen geneigt sind. Diese *astigmatische Differenz*, wie sie oft genannt wird, nimmt mit größerer Neigung der Strahlen, d.h. mit größerer Entfernung des Objektpunktes von der Achse, schnell zu und ist natürlich auf der Achse gleich Null.

Hat man zwei verschiedene Brennweiten, so nimmt das einfallende konische Strahlenbündel nach der Brechung eine stark veränderte Form an (Abb. 6.23). Der Strahlenbündelquerschnitt ist beim Verlassen der Linse ursprünglich kreisförmig, er wird jedoch allmählich elliptisch, wobei die große Ellipsenachse in der Sagittal-

---

[8] Siehe A.W. Barton, *A Text Book on Light*, S.124.

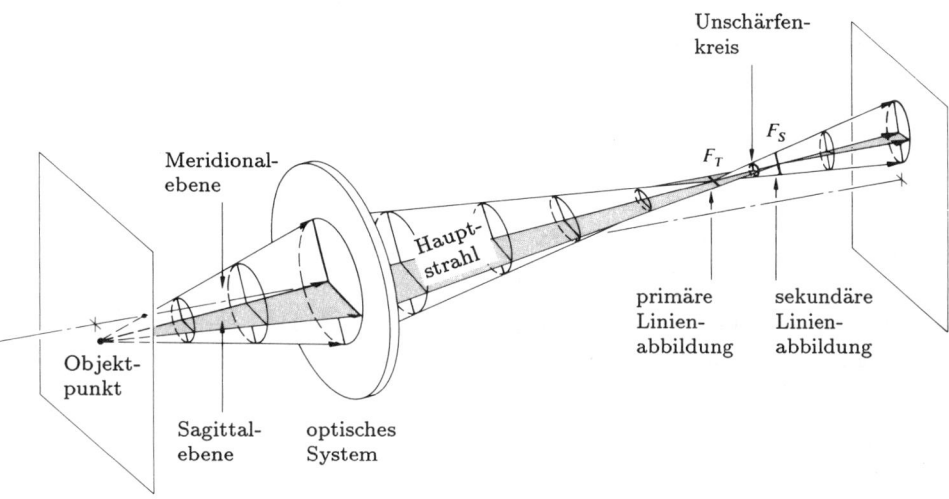

Abbildung 6.23 Astigmatismus.

ebene liegt, bis die Ellipse im *Tangential- oder Meridionalschnitt* F_T zu einer Linie entartet (wenigstens in der Fehlertheorie dritter Ordnung). Alle Strahlen, die vom Objektpunkt kommen, durchlaufen diese Linie, die man die *primäre Linienabbildung* nennt. Jenseits dieses Punktes verbreitert sich der Strahlenbündelquerschnitt schnell, bis er wieder kreisförmig ist. An jener Stelle ist das Bild ein kreisförmiger unscharfer Fleck, den man den *Unschärfenkreis* nennt. Bewegt sich der Strahlenbündelquerschnitt weiter von der Linse weg, so verformt er sich wieder zu einer Linie, die man die *sekundäre Linienabbildung* nennt. Dieses Mal befindet sie sich in der Meridionalebene im Sagittalschnitt F_S. Wir denken daran, daß dies alles das Fehlen von SA und Koma voraussetzt.

Da der Durchmesser des Unschärfenkreises zunimmt, wenn die astigmatische Differenz wächst, d.h. wenn sich das Objekt weiter von der Achse entfernt, verschlechtert sich das Bild und verliert seine Randschärfe. Die sekundäre Linienabbildung ändert ihre Orientierung mit Veränderungen der Objektlage, sie ist jedoch immer zur optischen Achse gerichtet, d.h. sie ist radial angeordnet. Ähnlich ändert sich die primäre Linienabbildung in der Orientierung, doch bleibt sie senkrecht zum Ausgangsbild. Diese Anordnung bewirkt den interessanten Effekt (Abb. 6.24), der entsteht, wenn sich das Objekt aus radialen und tangentialen Elementen zusammensetzt. Die

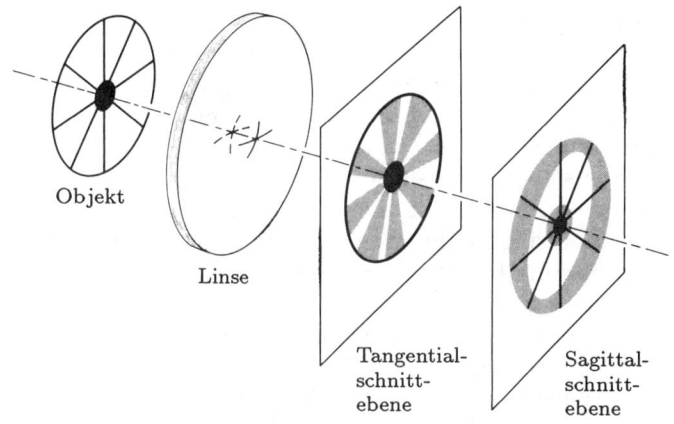

Abbildung 6.24 Abbildungen in der Tangential- und Sagittalschnittebene.

primäre und sekundäre Linienabbildung ist aus transversalen und radialen Strichen zusammengesetzt, die mit zunehmendem Abstand von der Achse an Größe zunehmen. Im letzteren Fall zeigen die Striche wie Pfeile gegen das Bildzentrum — daher die Bezeichnung Sagitta.

Die Existenz der Sagittal- und Tangentialschnitte kann man mit einer ziemlich einfachen Anordnung leicht verfizieren. Wir stellen eine Positivlinse mit kurzer

Brennweite (etwa 10 bis 20 mm) in den Strahl eines He-Ne-Lasers und eine andere positive Testlinse mit einer etwas längeren Brennweite weit genug entfernt, damit der nun divergierende Strahl jene Linse ausfüllt. Ein Stückchen Fliegendraht (oder ein Dia) ist ein geeignetes Objekt, das zwischen die zwei Linsen gestellt wird. Wir richten die Abschirmung so aus, daß die Drähte horizontal (x) und vertikal (y) sind. Dreht man die Testlinse um etwa 45° um die vertikale Achse (mit den x-, y-, z-Achsen fest in der Linse), so sollte der Astigmatismus beobachtbar sein. Die Meridionalebene ist die x-z-Ebene (wobei z die Linsenachse ist und nun in etwa 45° zur Laserachse liegt), während die Sagittalebene der Ebene entspricht, die durch y und von der Laserachse gebildet wird. Wird das Drahtnetz gegen die Testlinse bewegt, so erreicht man einen Punkt, in dem die horizontalen Drähte auf einem Schirm hinter der Linse scharf, die vertikalen Drähte unscharf sind. Dies ist der Ort des Sagittalschnitts. Jeder Objektpunkt wird als eine kurze Linie in der meridionalen (horizontalen) Ebene abgebildet, was die Tatsache erklärt, daß nur die horizontalen Drähte scharf abgebildet werden. Bewegt man das Netz etwas näher zur Linse, so werden die vertikalen Linien scharf und die horizontalen unscharf. Dies ist der Tangentialschnitt. Man versuche bei beiden Schärfen das Netz um die zentrale Laserachse zu drehen.

Anders als beim visuellen Astigmatismus, der aus einer echten Asymmetrie der Oberflächen des optischen Systems entsteht, trifft der Abbildungsfehler dritter Ordnung mit derselben Bezeichnung für sphärisch symmetrische Linsen zu.

Die Spiegel, mit einziger Ausnahme des ebenen Spiegels, lassen so ziemlich die gleichen monochromatischen Aberrationen wie die Linsen zu. Daher ist die außeraxiale Abbildung eines Parabolspiegels infolge des Astigmatismus und der Koma ziemlich schlecht, während er für einen unendlich weit entfernten axialen Objektpunkt frei von sphärischer Aberration ist. Dies beschränkt seine Verwendung auf Geräte mit schmalen Abbildungsbereichen, wie z.B. Scheinwerfer und Himmelsfernrohre. Ein sphärischer Hohlspiegel zeigt SA, Koma und Astigmatismus. Tatsächlich könnte man ein Schaubild genau wie Abbildung 6.23 zeichnen, wobei die Linse durch einen schräg beleuchteten Kugelspiegel ersetzt wird. Übrigens würde solch ein Spiegel beträchtlich weniger SA als eine einfache Konvexlinse mit derselben Brennweite zeigen.

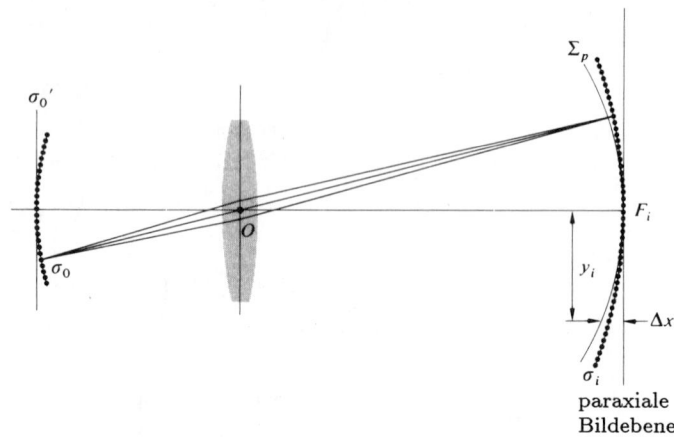

Abbildung 6.25 Bildfeldkrümmung.

iv) Die Bildfeldkrümmung

Angenommen wir hätten ein optisches System, das von allen bisher betrachteten Aberrationen frei ist. Dann läge eine eineindeutige Korrespondenz zwischen den Objekt- und Bildpunkten (d.h. eine stigmatische Abbildung) vor. Wir erwähnten früher (Abschnitt 5.2.3), daß ein ebenes Objekt, das senkrecht zur Achse steht, nur im Gaußschen (paraxialen) Gebiet annähernd als eine Ebene abgebildet wird. Bei endlich großen Blendenöffnungen ist die sich ergebende gewölbte stigmatische Bildfläche ein Anzeichen für einen Abbildungsfehler dritter Ordnung, den man nach dem ungarischen Mathematiker Josef Max Petzval (1807–1891) die **Petzval-Bildfeldkrümmung** nennt. Man kann den Effekt durch Untersuchung der Abbildungen 5.22 und 6.25 sofort verstehen. Ein kugelförmiger Objektausschnitt σ_o wird durch die Linse als ein kugelförmiger Ausschnitt σ_i abgebildet, die beide in O ihr Zentrum haben. Ebnet man σ_o zur Ebene σ_o', so bewegt sich jeder Objektpunkt längs des begleitenden Hauptstrahls gegen die Linse und erzeugt so eine paraboloidische Petzval-Fläche Σ_P. Während sich die Petzval-Fläche für eine Positivlinse *nach innen* gegen die Objektebene wölbt, wölbt sie sich für eine Negativlinse *nach außen*, d.h. von jener Ebene weg. Eine geeignete Kombination von Positiv- und Negativlinsen hebt die Bildfeldkrümmung auf. Ein Bildpunkt in der Höhe y_i, der auf der Petzval-Fläche liegt,

befindet sich in einem Abstand

$$\Delta x = \frac{y_i^2}{2} \sum_{j=1}^{m} \frac{1}{n_j f_j} \qquad (6.43)$$

von der paraxialen Bildebene entfernt, wobei n_j und f_j die Brechungsindizes beziehungsweise die Brennweiten der m dünnen Linsen sind, die das System bilden. Dies bedeutet daß die Petzval-Fläche bei Veränderunen der Positionen und Formen der Linsen oder der Lage der Blende so lange unverändert bleibt, wie die Werte von n_j und f_j fest sind. Man kann im einfachen Fall zweier dünner Linsen ($m = 2$), die irgendeinen beliebigen Abstand haben, Δx unter der Voraussetzung zu Null machen, daß

$$\frac{1}{n_1 f_1} + \frac{1}{n_2 f_2} = 0$$

oder äquivalent daß

$$n_1 f_1 + n_2 f_2 = 0. \qquad (6.44)$$

Dies ist die sogenannte *Petzval-Bedingung*. Für eine Anwendung dieser Bedingung nehmen wir eine Kombination zweier dünner Linsen an, wobei die eine positiv und die andere negativ ist, so daß $f_1 = -f_2$ und $n_1 = n_2$ ist. Da

$$\frac{1}{f} = \frac{1}{f_1} + \frac{1}{f_2} - \frac{d}{f_1 f_2}, \qquad [6.8]$$

$$f = \frac{f_1^2}{d},$$

kann das System die Petzvalbedingung erfüllen, ein geebnetes Feld besitzen und noch immer eine endlich große positive Brennweite haben.

In optischen Geräten für direkte Beobachtung kann ein bestimmter Betrag an Krümmung zugelassen werden, da sich das Auge dafür akkomodieren kann. Zweifelsfrei ist in Photoobjektiven eine Bildfeldkrümmung höchst unerwünscht, da sie das Bild in der Filmebene, die in f_i liegt, außeraxial effektiv schnell unscharf macht. Man kann die nach innen gerichtete Bildfeldkrümmung einer Positivlinse wirksam aufheben, indem man eine negative *Bildfeldebnungslinse* in die Nähe der Brennebene stellt. Dies geschieht häufig in Projektions- und Photoobjektiven, wenn man anders die Petzval-Bedingung nicht erfüllen kann (Abb. 6.26). In dieser Position hat die Bildfeldebnungslinse geringe Auswirkungen auf andere Aberrationen (sehen Sie sich nochmals Abb. 6.7 an).

a) Petzval-Objektiv mit einer Bildfeldebnungslinse

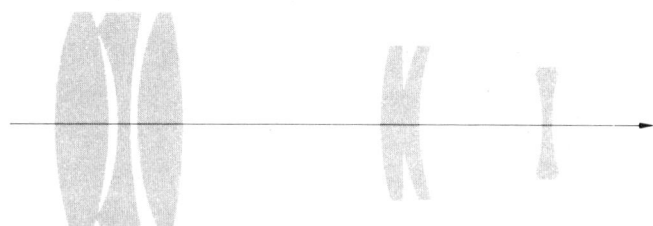

b) 16 mm Projektionsobjektiv

Abbildung 6.26 Die Bildfeldebnungslinse.

Der Astigmatismus ist mit der Bildfeldkrümmung eng verwandt. Beim Vorhandensein der ersten Aberration gibt es *zwei* parabolische Bildflächen, die tangentiale Σ_T und die sagittale Σ_S (wie in Abb. 6.27). Dies sind die geometrischen Orte aller primären, beziehungsweise sekundären Linienabbildungen beim Durchlauf des Objektpunktes über die Objektebene. Bei einer bestimmten Höhe (y_i) liegt ein Punkt auf Σ_T immer dreimal so weit von Σ_P entfernt wie der korrespondierende Punkt auf Σ_S, und beide liegen auf derselben Seite der Petzval-Fläche (Abb. 6.27). Gibt es dort keinen Astigmatismus, so vereinigen sich Σ_S und Σ_T auf Σ_P. Man kann die Formen von Σ_S und Σ_T durch Durchbiegung oder Verlagerung der Linsen oder Bewegung der Blende verändern. Die Konfiguration der Abbildung 6.27 (b) nennt man ein *künstlich geebnetes Bildfeld*. Man setzt gewöhnlich eine Blende vor einen Meniskus einer Boxkamera, um genau diesen Effekt zu erzielen. Die Fläche Σ_{LC} mit der geringsten Unschärfe ist eben, das Bild ist dort annehmbar und verliert seine Schärfe an den Rändern infolge des Astigmatismus. Das heißt, die Unschärfenkreise wachsen mit zunehmendem Abstand von der Bildmitte, obgleich ihre

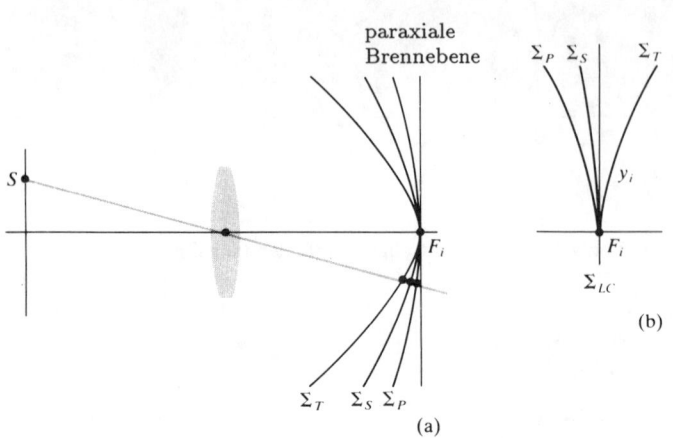

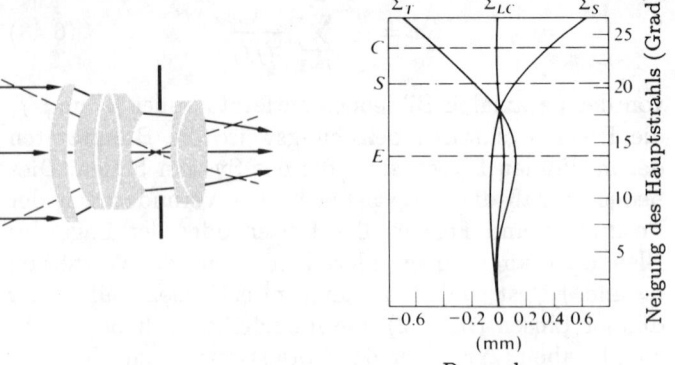

Abbildung 6.27 Die tangentialen, sagittalen und Petzval-Bildflächen.

Abbildung 6.28 Ein typisches Zeiss-Sonnar (Photoobjektiv). Die Markierungen C, S und E kennzeichnen die Grenzen des 35 mm Filmformats (Feldblende), d.h. Ecken, Ränder und Seiten. Die Sonnar-Familie liegt zwischen dem Doppelobjektiv des Gauß-Typs und dem Triplet.

geometrischen Orte Σ_{LC} bilden. Moderne Photobjektive guter Qualität sind im allgemeinen *Anastigmaten*, d.h. sie sind so konstruiert, daß sich Σ_S und Σ_T gegenseitig schneiden und einen zusätzlichen außeraxialen Astigmatismuswinkel von Null liefern. Das Cooke-Triplet, das Tessar-Objektiv, das Orthometer und das Doppelobjektiv des Gauß-Typs (Abb. 5.112) sind jeweils Anastigmaten, wie es das relativ lichtstarke Zeiss-Sonnar ist, dessen Restastigmatismus graphisch in Abbildung 6.28 dargestellt ist. Man beachte das relativ geebnete Feld und den kleinen Betrag an Astigmatismus des größten Teils der Filmebene.

Wir wollen kurz zur Schmidt-Kamera der Abbildung 5.107 zurückkehren, da wir nun in einer besseren Lage sind, ihre Funktion zu verstehen. Mit einer Blende im Zentrum der Kugelspiegelkrümmung fallen alle Hauptstrahlen, die nach Definition durch C gehen, senkrecht auf den Spiegel. Überdies ist jedes Strahlenbündel, das von einem entfernten Objektpunkt kommt, symmetrisch um seinen Hauptstrahl. Dabei dient jeder Hauptstrahl als eine optische Achse: also gibt es keine außeraxialen Punkte und im Prinzip weder eine Koma noch einen Astigmatismus. Statt die Bildfläche zu ebnen, beseitigten die Konstrukteure das Problem der Bildfeldkrümmung dadurch, daß sie die Form der Filmplatte der Krümmung entsprechend anpaßten.

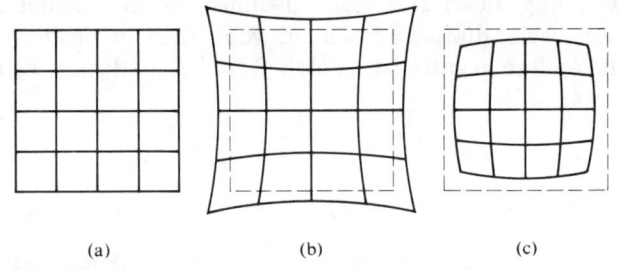

Abbildung 6.29 Verzerrung.

v) Die Verzerrung

Der letzte der fünf monochromatischen Abbildungsfehler dritter Ordnung ist die **Verzerrung**. Ihre Ursache liegt darin, daß die Transversalvergrößerung M_T eine Funktion des außeraxialen Abstandes y_i des Bildes sein kann. Daher dürfte sich jener Abstand von demjenigen unterscheiden, der durch die Theorie achsennaher Strahlen vorausgesagt wird, in der M_T konstant ist. Beim Fehlen aller anderen Abbildungsfehler zeigt sich diese Aberration in einer Deformierung des Bildes als Ganzes, obwohl jeder Punkt scharf abgebildet wird. Folglich verformt sich eine quadratische Anordnung wie in Abbildung 6.29 (b), wenn sie durch ein optisches System verarbeitet wird,

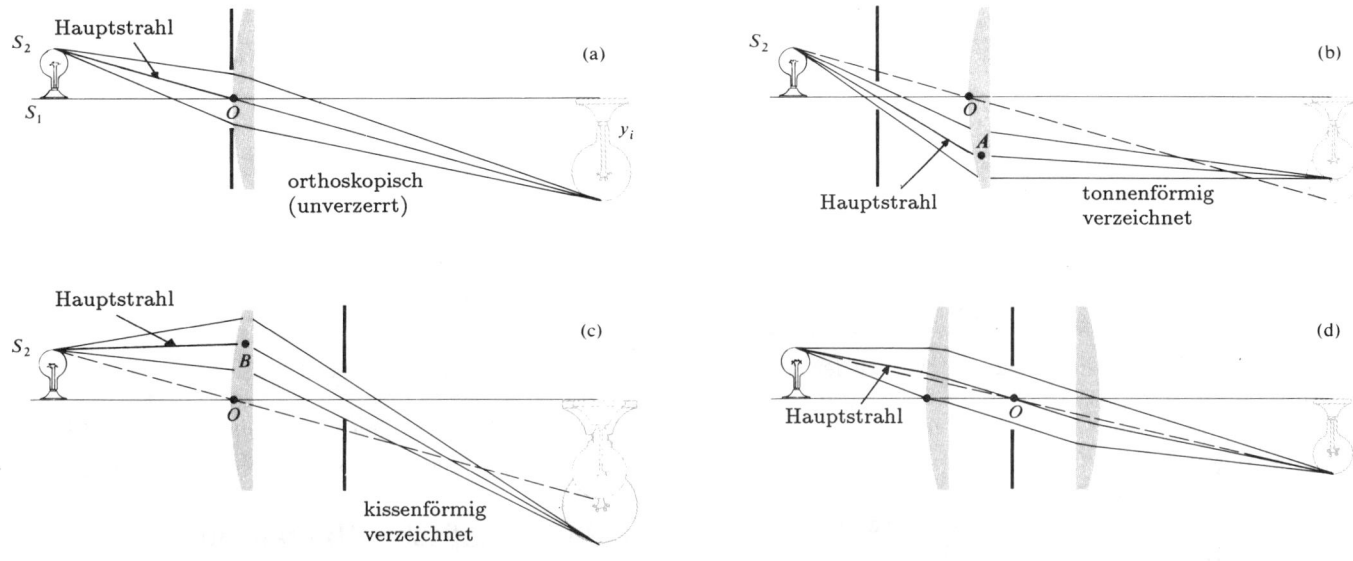

Abbildung 6.30 Die Auswirkung der Blendenlage auf die Verzerrung.

das eine *positive oder kissenförmige Verzeichnung* zuläßt. In diesem Fall wird jeder Bildpunkt radial nach außen vom Mittelpunkt verschoben, wobei sich die entferntesten Punkte um den größten Betrag verschieben, d.h. M_T wächst mit y_i. In gleicher Weise entspricht die *negative oder tonnenförmige Verzeichnung* der Situation, in der M_T mit dem axialen Abstand abnimmt, und sich jeder Punkt auf dem Bild radial nach innen gegen den Mittelpunkt (Abb. 6.29 (c)) verschiebt. Die Verzerrung kann man leicht feststellen; man braucht nur durch eine bildfehlerbehaftete Linse gegen ein Stück liniertes Papier oder Millimeterpapier sehen. Ziemlich dünne Linsen zeigen im wesentlichen keine Verzerrung, wohingegen gewöhnliche positive oder negative dicke einfache Linsen im allgemeinen positive beziehungsweise negative Verzeichnungen liefern. Die Einführung einer Blende ins System dünner Linsen ist unweigerlich von einer Verzerrung, wie in Abbildung 6.30 gezeigt, begleitet. Eine Ausnahme dazu besteht dann, wenn sich die Aperturblende an der Linse befindet, so daß der Hauptstrahl in Wirklichkeit der Hauptpunktstrahl ist (d.h. er geht durch die Hauptpunkte, die sich hier in O vereinigen). Befindet sich die Aperturblende vor einer Positivlinse wie in Abbildung 6.30 (b), so ist die Objektweite, die längs des Hauptstrahls gemessen wird, größer als befände sich die Blende an der Linse ($S_2A > S_2O$). Daher ist x_o größer und (5.26) M_T kleiner — folglich haben wir eine tonnenförmige Verzeichnung. Mit anderen Worten, M_T ist für einen außeraxialen Punkt mit einer vorderen Blende kleiner als ohne Blende. Der Unterschied ist ein Maß für die Aberration, die übrigens ungeachtet der Größe der Aperturblende existiert. In gleicher Weise verkleinert eine hintere Blende (Abb. 6.30 (c)) x_o längs des Hauptstrahls (d.h. $S_2O > S_2B$), wodurch man M_T vergrößert und eine kissenförmige Verzeichnung hineinbringt. *Der Austausch von Objekt und Bild hat daher den Effekt des Vorzeichenwechsels der Verzerrung* für eine bestimmte Linse und Blende. Die zuvor erwähnten Blendenlagen erzeugen den gegenteiligen Effekt, wenn die Linse negativ ist.

Daher sollte man eine Blende in der Mitte zwischen identischen Linsen verwenden: Die von der ersten Linse verursachte Verzerrung hebt dann genau den Betrag der zweiten Linse auf. Diese Methode wird bei der Konstruktion einer Anzahl von Photoobjektiven (Abb. 5.112) vorteilhaft angewendet. Sicherlich sind die Objekt- und Bildweiten gleich, und folglich ist $M_T = 1$, wenn das Linsensystem vollkommen symmetrisch ist und wie in Abbildung 6.30 (d) arbeitet. (Übrigens wären dann die Koma und Farbabweichung ebenfalls identisch Null.) Dies trifft

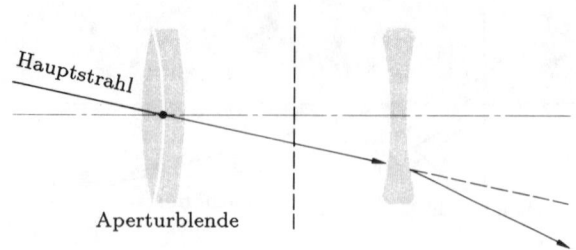

Abbildung 6.31 Verzerrung in einem Linsensystem.

für Reproobjektive zu (die für endlich weit entfernte konjugierte Punkte korrigiert sind), die z.B. benutzt werden, um Daten zu registrieren. Trotzdem macht man das System im allgemeinen annähernd symmetrisch um eine Blende, selbst wenn M_T nicht 1 ist, da so die verschiedenen Aberrationen merklich verringert werden.

Auch in Linsensystemen, wie z.B. in dem Teleskop der Abbildung 6.31, kann die Verzerrung auftreten. Für einen weit entfernten Objektpunkt dient der Rand des positiven Achromaten als die Aperturblende. Die Anordnung ähnelt einer Negativlinse mit einer vorderen Blende, was zu einer positiven bzw. kissenförmigen Verzeichnung führt.

Angenommen ein Hauptstrahl tritt, wie z.B. in Abbildung 6.30 (d), in derselben Richtung in ein optisches System ein wie er austritt. Der Punkt, in dem der Strahl die Achse schneidet, ist der optische Mittelpunkt des Systems; doch gleichzeitig ist er auch der Mittelpunkt der Aperturblende, da dies ein Hauptstrahl ist. Dies ist die Situation, die in Abbildung 6.30 (a) angesprochen wird, in der die Blende aufrecht an der dünnen Linse liegt. In beiden Fällen sind die hinein- und herausgehenden Abschnitte des Hauptstrahls parallel und es gibt eine Verzeichnung Null, d.h. das System ist *orthoskopisch*. Dies bedeutet auch, daß die Ein- und Austrittspupillen den Hauptebenen entsprechen (falls sich das System in einem einzigen Medium befindet — siehe Abb. 6.2). Wir erinnern uns, daß der Hauptstrahl nun der Hauptpunktstrahl ist. *Ein System dünner Linsen ist ohne Verzeichnung, falls sein optischer Mittelpunkt mit dem Mittelpunkt der Aperturblende zusammenfällt.* Übrigens sind in einer Lochkamera diejenigen Strahlen gerade, die die zugehörigen Objekt- und Bildpunkte verbinden; sie laufen durch den Mittelpunkt der Aperturblende. Die ein-

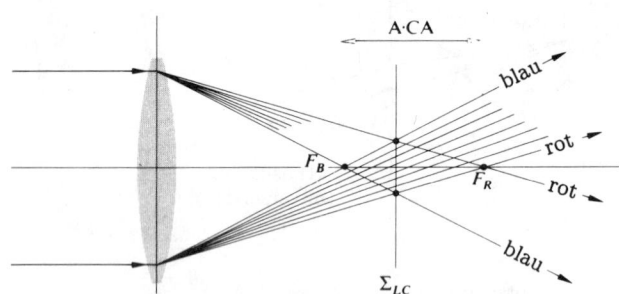

Abbildung 6.32 Farbortsfehler (Farblängsfehler, Farbschnittweitenfehler).

und austretenden Strahlen sind offensichtlich parallel (sie sind ein- und dieselben): es gibt keine Verzerrung.

6.3.2 Chromatische Aberrationen

Die fünf Abbildungsfehler dritter Ordnung oder Seidelschen Aberrationen sind vom Standpunkt des monochromatischen Lichts betrachtet worden. Hätte die Quelle eine breite spektrale Bandbreite, so würden diese Aberrationen zwar entsprechend beeinflußt; doch die Effekte sind unbedeutend, es sei denn, das System ist sehr gut korrigiert. Es gibt jedoch **chromatische Aberrationen**, die speziell in polychromem Licht entstehen, die im Vergleich weit bedeutender sind. Die Gleichung für die Durchrechnung eines Strahls (6.12) ist eine Funktion der Brechungsindizes, die ihrerseits mit der Wellenlänge variieren. Verschieden "farbige" Strahlen durchlaufen ein System entlang verschiedener Wege; dies ist das fundamentale Merkmal der chromatischen Aberration.

Da die Linsengleichung für dünne Linsen

$$\frac{1}{f} = (n_l - 1)\left(\frac{1}{R_1} - \frac{1}{R_2}\right) \qquad [5.16]$$

über $n_l(\lambda)$ wellenlängenabhängig ist, muß sich die Brennweite auch mit λ verändern. Im allgemeinen (Abb. 3.26) nimmt $n_l(\lambda)$ mit der Wellenlänge über den sichtbaren Bereich ab, und daher nimmt $f(\lambda)$ mit λ zu. Die Folge ist in Abbildung 6.32 dargestellt, in der die Farbkomponenten in einem kollimierten weißen Lichtstrahlenbündel in verschiedenen Punkten auf der Achse fokussiert werden. Den axialen Abstand zwischen zwei derartigen Brennpunkten, die einen bestimmten Frequenzbereich (z.B.

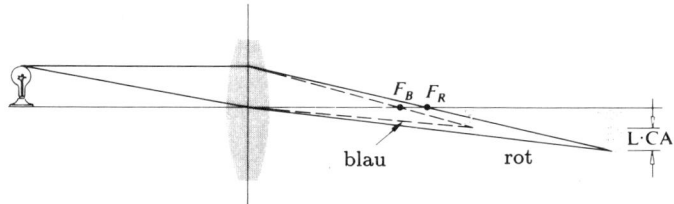

Abbildung 6.33 Farbquerfehler.

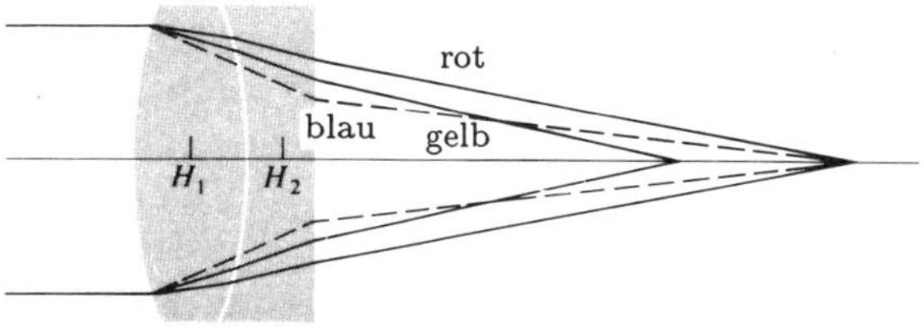

Abbildung 6.34 Ein zweiteiliger Achromat. Der Verlauf der Strahlen wurde übertrieben gezeichnet.

von blau bis rot) umfassen, bezeichnet man als den *Farbortsfehler* (oder *Farblängsfehler*), abgekürzt A·CA.[9)]

Man kann chromatische Aberrationen (CA) mit einer dicken einfachen Sammellinse beobachten. Beleuchtet man sie mit einer polychromen Punktquelle (eine Kerzenflamme ist geeignet), dann wirft die Linse ein reelles Bild, das von einem Halo umgeben ist. Schiebt man die Beobachtungsebene dann näher zur Linse, so wird der Rand des unscharfen Bildes orangerot gefärbt. Bewegt man sie zurück, d.h. von der Linse weg und hinter das beste Bild, so wird der Umriß blauviolett getönt. Die Lage des Unschärfenkreises (d.h. die Ebene Σ_{LC}) entspricht der Stelle, an der das beste Bild erscheint. Man schaue direkt durch die Linse gegen eine Quelle — die Färbung wird weit eindrucksvoller sein.

Das Bild eines außeraxialen Punktes wird von den einzelnen Frequenzkomponenten gebildet, wobei jede in einer anderen Höhe über oder unter der Achse ankommt (Abb. 6.33). Die Frequenzabhängigkeit von f bewirkt ebenso eine Frequenzabhängigkeit der Transversalvergrößerung. Der vertikale Abstand zwischen zwei derartigen Bildpunkten (meistens wird blau und rot verwendet) ist ein Maß für den *Farbquerfehler* L·CA[9)]. Folglich füllt eine chromatisch fehlerbehaftete Linse, die mit weißem Licht bestrahlt wird, ein Raumvolumen mit einem Kontinuum von mehr oder weniger überlappenden Bildern aus, die sich in Größe und Farbe unterscheiden. Da das Auge für den gelbgrünen Anteil des Spektrums am empfindlichsten ist, tendiert man dahin, die Linse für jenen Bereich scharf einzustellen. Mit einer derartigen Anordnung würde man alle anderen farbigen Bilder überlagert und leicht unscharf sehen, wobei sie einen weißlichen Schleier oder einen dunstigen Überzug erzeugen.

Liegt der blaue Brennpunkt F_B links vom roten Brennpunkt F_R, so bezeichnet man wie in Abbildung 6.32 den Farbortsfehler als positiv. Im Gegensatz dazu würde eine Negativlinse einen negativen Farbortsfehler erzeugen, wobei die stärker abgelenkten blauen Strahlen anscheinend rechts vom roten Brennpunkt herkommen. Der physikalische Grund ist der, daß die Linse, ob konvex oder konkav, prismenförmig ist, d.h. sie wird mit zunehmendem radialem Abstand von der Achse entweder dünner oder dicker. Wie wir wissen, werden die Strahlen deshalb zur Achse hin beziehungsweise von ihr weg abgelenkt. In beiden Fällen werden die Strahlen gegen die dickere "Basis" des prismatischen Querschnittes abgelenkt. Der Ablenkungswinkel wächst jedoch mit n und nimmt deshalb mit λ ab. Folglich wird das blaue Licht am stärksten abgelenkt und am nächsten zur Linse fokussiert. Mit anderen Worten, für eine Sammellinse liegt der rote Brennpunkt am weitesten nach rechts, für eine Zerstreuungslinse am weitesten nach links.

i) Zweiteilige Achromaten aus dünnen Linsen

Man kann daher erwarten, daß eine Kombination zweier Linsen, wobei die eine positiv und die andere negativ ist, zur Überlagerung von F_R und F_B führt (Abb. 6.34). Eine derartige Anordnung bezeichnet man für jene zwei speziellen Wellenlängen als *achromatisiert*. Wir möchten nun gerne die Gesamtdispersion (d.h. die farbabhängige Strahlablenkung) wirksam eliminieren, nicht aber die Gesamtablenkung. Sind die zwei Linsen durch einen Abstand d voneinander getrennt, so erhalten wir

$$\frac{1}{f} = \frac{1}{f_1} + \frac{1}{f_2} - \frac{d}{f_1 f_2}. \qquad [6.8]$$

---

9) A·CA = axial chromatic aberration.
L·CA = Lateral chromatic aberration.

Damit wir den zweiten Term der Linsengleichung für dünne Linsen (5.16) nicht beibehalten müssen, kürzen wir die Schreibweise und setzen $1/f = (n_1 - 1)\rho_1$ bzw. $1/f_2 = (n_2 - 1)\rho_2$ für die zwei Linsen.

$$\frac{1}{f} = (n_1-1)\rho_1 + (n_2-1)\rho_2 - d(n_1-1)\rho_1(n_2-1)\rho_2. \quad (6.45)$$

Dieser Ausdruck liefert die Brennweiten f_R und f_B des Duplets für rotes und blaues Licht, wenn die entsprechenden Brechungsindizes eingeführt sind, nämlich n_{1R}, n_{2R}, n_{1B} und n_{2B}. Wenn jedoch f_R gleich f_B sein soll, dann ist

$$1/f_R = 1/f_B$$

und

$$(n_{1R} - 1)\rho_1 + (n_{2R} - 1)\rho_2 - d(n_{1R} - 1)\rho_1(n_{2R} - 1)\rho_2$$
$$= (n_{1B} - 1)\rho_1 + (n_{2B} - 1)\rho_2$$
$$- d(n_{1B} - 1)\rho_1(n_{2B} - 1)\rho_2. \quad (6.46)$$

Ein Fall von besonderer Wichtigkeit entspricht $d = 0$, d.h. die zwei Linsen berühren sich. Die Entwicklung der Gleichung (6.46) mit $d = 0$ führt zu

$$\frac{\rho_1}{\rho_2} = -\frac{n_{2B} - n_{2R}}{n_{1B} - n_{1R}}. \quad (6.47)$$

Man kann günstigerweise die Brennweite f_y des Linsensystems mit dem gelben Licht verknüpfen, die ca. in der Mitte zwischen den blauen und roten Extremen liegt. Für die einzelnen Linsen ist in gelbem Licht $1/f_{1Y} = (n_{1Y} - 1)\rho_1$ und $1/f_{2Y} = (n_{2Y} - 1))\rho_2$. Folglich ist

$$\frac{\rho_1}{\rho_2} = \frac{(n_{2Y} - 1)f_{2Y}}{(n_{1Y} - 1)f_{1Y}}. \quad (6.48)$$

Die Gleichsetzung der Gleichungen (6.47) und (6.48) führt zu

$$\frac{f_{2Y}}{f_{1Y}} = -\frac{(n_{2B} - n_{2R})/(n_{2Y} - 1)}{(n_{1B} - n_{1R})/(n_{1Y} - 1)}. \quad (6.49)$$

Die Größen

$$\frac{n_{2B} - n_{2R}}{n_{2Y} - 1} \quad \text{und} \quad \frac{n_{1B} - n_{1R}}{n_{1Y} - 1}$$

bezeichnet man als die **Zerstreuungsvermögen** der zwei Stoffe, die die Linsen bilden. Ihre reziproken Werte V_2 und V_1 nennt man die *Abbeschen Zahlen*. Je kleiner die Abbesche Zahl, desto größer ist das Zerstreuungsvermögen. Daher ist

$$\frac{f_{2Y}}{f_{1Y}} = -\frac{V_1}{V_2}$$

Bezeichnung	Wellenlänge (Å)	Quelle
C	6562.816 Rot	H
D_1	5895.923 Gelb	Na
D	im Zentrum des Duplets 5892.9	Na
D_2	5889.953 Gelb	Na
D_3 oder d	5875.618 Gelb	He
b_1	5183.618 Grün	Mg
b_2	5172.699 Grün	Mg
c	4957.609 Grün	Fe
F	4861.327 Blau	H
f	4340.465 Violett	H
g	4226.728 Violett	Ca
K	3933.666 Violett	Ca

1Å=0.1 nm.

Tabelle 6.1 Einige starke Fraunhofersche Linien.

beziehungsweise

$$f_{1Y}V_1 + f_{2Y}V_2 = 0. \quad (6.50)$$

Da die Zerstreuungsvermögen positiv sind, sind auch die Abbeschen Zahlen positiv. Dies bedeutet, daß eine der zwei Einzellinsen negativ und die andere positiv sein muß, falls Gleichung (6.50) gelten soll, d.h., falls f_R gleich f_B sein soll.

An dieser Stelle könnten wir sehr wahrscheinlich einen *zweiteiligen Achromaten* konstruieren. Dies werden wir in der Tat auch bald tun; es müssen jedoch zuvor noch ein paar Punkte hinzugefügt werden. Die Bezeichnung der Wellenlänge als rot, gelb und blau ist viel zu ungenau für die praktische Anwendung. Stattdessen bezieht man sich gewöhnlich auf spezielle Spektrallinien, deren Wellenlängen mit großer Genauigkeit bekannt sind. Die *Fraunhoferschen Linien* dienen als die notwendigen Bezugsmarken quer durch das Spektrum. Einige davon sind für den sichtbaren Bereich in der Tabelle 6.1 aufgelistet. Die Linien F, C und d (d.h. D_3) werden am häufigsten (für blau, rot und gelb) verwendet, und man rechnet Paraxialstrahlen im allgemeinen im d-Licht durch. Glashersteller listen gewöhnlich ihre Waren in Abhängigkeit der Abbeschen Zahlen auf — wie in der Abbildung 6.35, die ein Diagramm darstellt, das den Brechungsindex gegen

$$V_d = \frac{n_d - 1}{n_F - n_C} \quad (6.51)$$

aufzeichnet. (Man sehe sich auch Tabelle 6.2 an.) Daher

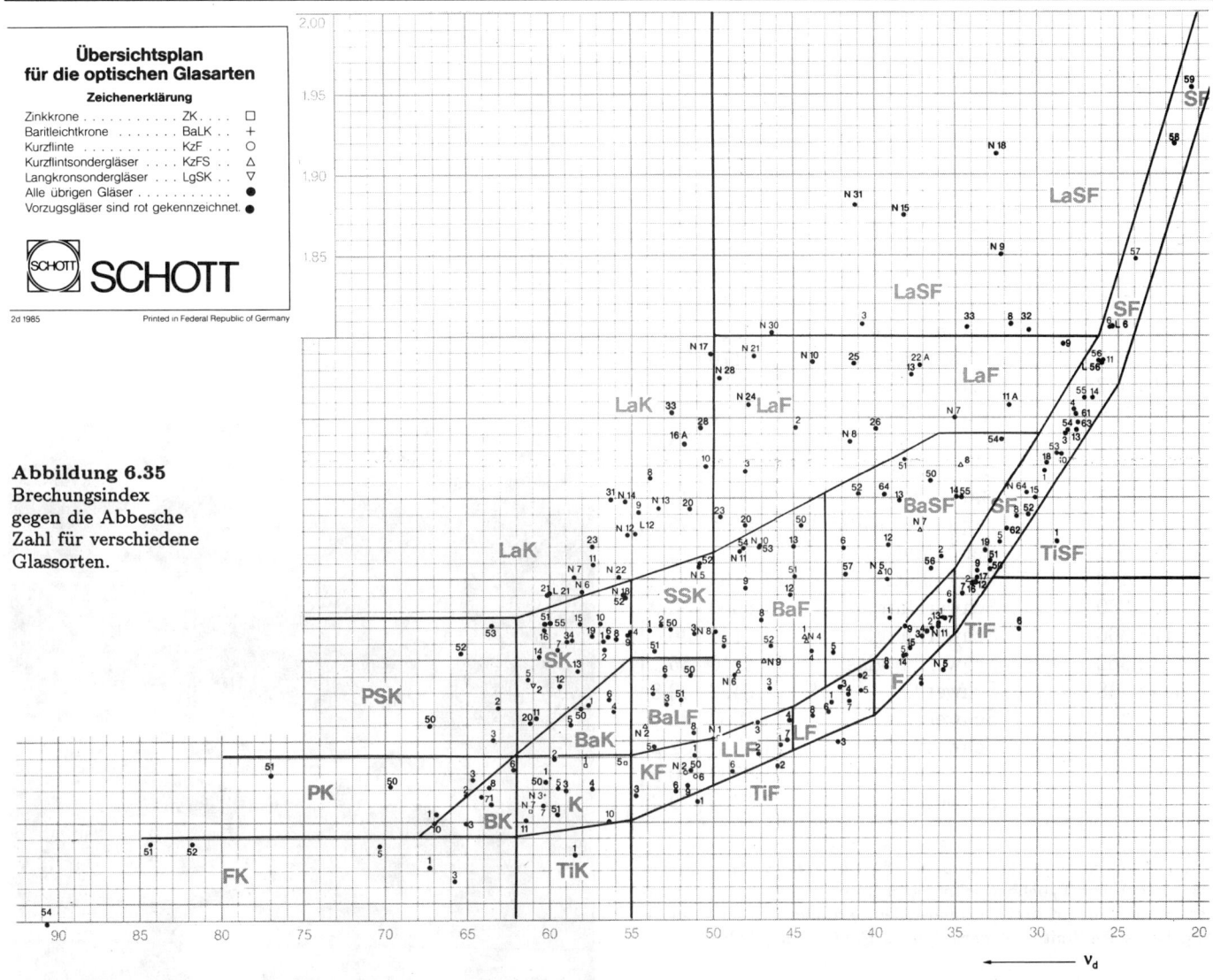

Abbildung 6.35
Brechungsindex gegen die Abbesche Zahl für verschiedene Glassorten.

kann man Gleichung (6.50) besser als

$$f_{1d}V_{1d} + f_{2d}V_{2d} = 0 \qquad (6.52)$$

schreiben, wobei die unteren Zahlenindizes zu den zwei Gläsern gehören, die in dem zweiteiligen Achromaten verwendet werden, und der Buchstabe sich auf die d-Linie bezieht.

Fälschlicherweise schloß übrigens Newton auf Grund der Experimente mit dem damals zur Verfügung stehenden, sehr begrenzten Materialsortiment, daß das Zerstreuungsvermögen für alle Gläser konstant ist. Dies kommt der Aussage gleich (6.52), daß $f_{1d} = -f_{2d}$ ist, in welchem Fall das Duplet eine Brechkraft Null haben würde. Newton verlagerte seine Bemühungen dementsprechend vom Linsenfernrohr zum Spiegelfernrohr, und dies erwies sich langfristig als erfolgreich. Etwa 1733 erfand Herr Chester Moor Hall den Achromaten, der dann aber bis 1758 in Vergessenheit lag, als der Londoner Optiker John Dollond ihn anscheinend wiedererfand und patentierte.

Verschiedene Formen des zweiteiligen Achromaten sind in Abbildung 6.36 gezeigt. Ihre Formen hängen

Typenbezeichnung	Name	n_D	V_D
511 : 635	Borsilikatkronglas	1.5110	63.5
517 : 645	Borsilikatkronglas	1.5170	64.5
513 : 605	Kronglas	1.5125	60.5
518 : 596	Kronglas	1.5180	59.6
523 : 586	Kronglas	1.5230	58.6
529 : 516	Kronflintglas	1.5286	51.6
541 : 599	Barytkron	1.5411	59.9
573 : 574	Barytkron	1.5725	57.4
574 : 577	Barytkron	1.5744	57.7
611 : 588	Schwerkronglas	1.6110	58.8
617 : 550	Schwerkronglas	1.6170	55.0
611 : 572	Schwerkronglas	1.6109	57.2
562 : 510	Barytleichtflintglas	1.5616	51.0
588 : 534	Barytleichtflintglas	1.5880	53.4
584 : 460	Barytflintglas	1.5838	46.0
605 : 436	Barytflintglas	1.6053	43.6
559 : 452	Doppelleichtflintglas	1.5585	45.2
573 : 425	Leichtflintglas	1.5725	42.5
580 : 410	Leichtflintglas	1.5795	41.0
605 : 380	Schwerflintglas	1.6050	38.0
617 : 366	Schwerflintglas	1.6170	36.6
617 : 362	Schwerflintglas	1.6210	36.2
649 : 338	Schwerflint	1.6490	33.8
666 : 324	Schwerflint	1.6660	32.4
673 : 322	Schwerflint	1.6725	32.2
689 : 309	Schwerflint	1.6890	30.9
720 : 293	Schwerflint	1.7200	29.3

Aus T. Calvert, "Optical Components", *Electromechanical Design* (Mai 1971). Die Typenbezeichnung ist durch $(n_D-1):(10V_D)$ gegeben, wobei n_D auf drei Dezimalstellen gerundet ist. Für weitere Angaben siehe Smith, *Modern Optical Engineering*, Abb. 7.5.

Tabelle 6.2 Optisches Glas (eine ähnliche Tabelle mit weiteren Gläsern und Typenbezeichnungen findet sich in *Optisches Glas*, Schott, Mainz).

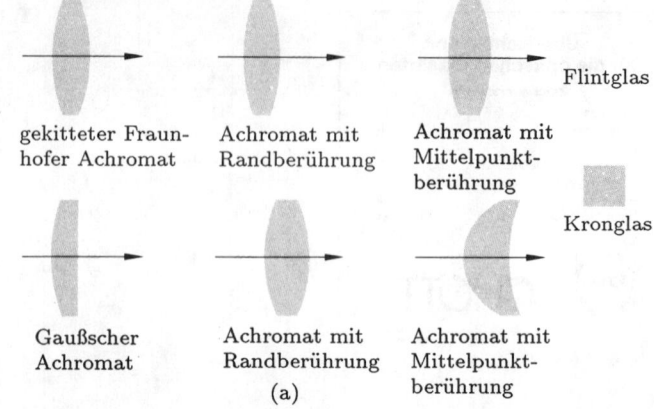

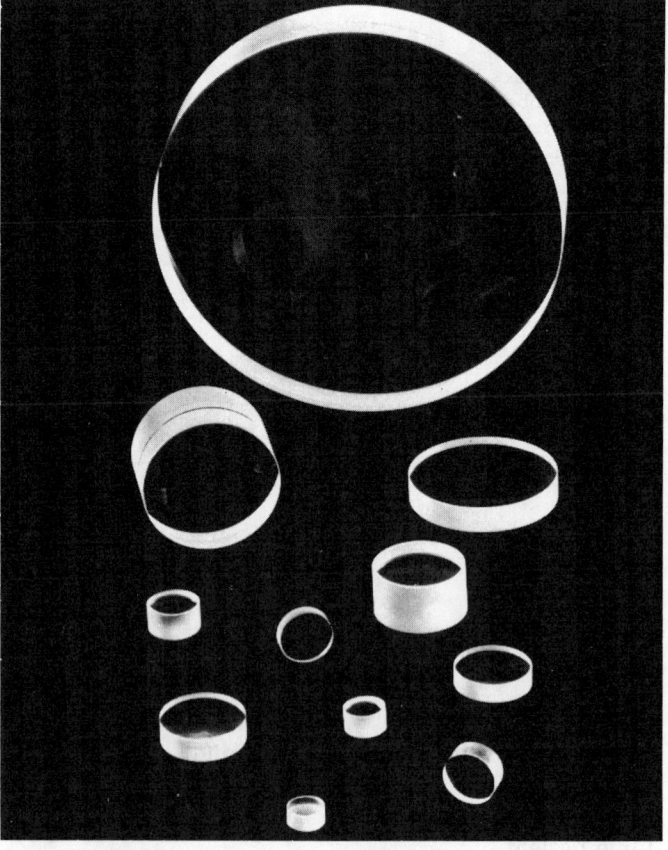

Abbildung 6.36 (a) Zweiteilige Achromaten. (b) Zwei- und dreiteilige Objektive. (Photo mit freundlicher Genehmigung von Melles Griot.)

von den ausgewählten Glassorten sowie von der Wahl der anderen Aberrationen ab, die korrigiert werden sollen. Wenn man übrigens Serienduplets unbekannter Herkunft erwirbt, sollte man kein Duplet kaufen, das absichtlich bestimmte Aberrationen enthält, die zum Fehlerausgleich im ursprünglichen System dienten, von dem es stammt. Das am häufigsten anzutreffende Duplet dürfte der gekittete Fraunhofersche Achromat sein. Er wird aus einer bikonvexen Kronglaslinse[10] hergestellt, die mit einer plankonkaven (oder fast ebenen) Flintglaslinse in Berührung ist. Die Verwendung eines vorderen Elementes aus Kronglas ist wegen seines besseren Abnutzungswiderstandes sehr beliebt. Da die äußere Form in etwa plankonvex ist, können durch die Auswahl der richtigen Gläser sowohl die sphärische Aberration als auch die Koma korrigiert werden. Angenommen wir möchten einen Fraunhoferschen Achromaten mit der Brennweite 50 cm konstruieren. Eine gewisse Vorstellung von der Auswahl der Gläser können wir dadurch bekommen, daß wir die Gleichung (6.52) simultan mit der Gleichung des Linsensystems

$$\frac{1}{f_{1d}} + \frac{1}{f_{2d}} = \frac{1}{f_d}$$

lösen, um

$$\frac{1}{f_{1d}} = \frac{V_{1d}}{f_d(V_{1d} - V_{2d})} \qquad (6.53)$$

und

$$\frac{1}{f_{2d}} = \frac{V_{2d}}{f_d(V_{2d} - V_{1d})} \qquad (6.54)$$

zu erhalten. Um kleine Werte von f_{1d} und f_{2d} zu vermeiden, was stark gekrümmte Oberflächen auf den einzelnen Linsen erforderlich machen würde, sollte die Differenz $V_{1d} - V_{2d}$ daher groß gemacht werden (etwa 20 oder mehr ist zweckmäßig). Aus der Abbildung 6.35 (oder ihrem Äquivalent) wählen wir z.B. BK1 und F2. Diese beiden haben jeweils katalogisierte Indizes von $n_C = 1.50763$, $n_d = 1.51009$, $n_F = 1.51566$ und $n_C = 1.61503$, $n_d = 1.62004$, $n_F = 1.63208$. In gleicher Weise sind ihre Abbeschen Zahlen im allgemeinen ziemlich genau angegeben, und wir brauchen sie nicht zu errechnen. In diesem Fall sind sie $V_{1d} = 63.46$ beziehungsweise $V_{2d} = 36.37$. Die Brennweiten bzw. die Brechkräfte der zwei Linsen sind durch die Gleichungen (6.53) und (6.54) bestimmt:

$$\mathcal{D}_{1d} = \frac{1}{f_{1d}} = \frac{63.46}{0.50(27.09)}$$

und

$$\mathcal{D}_{2d} = \frac{1}{f_{2d}} = \frac{36.37}{0.50(-27.09)}.$$

Folglich ist $\mathcal{D}_{1d} = 4.685$ D und $\mathcal{D}_{2d} = -2.685$ D; die Summe ist gleich 2 D, d.h. wie beabsichtigt 1/0.5. Zur Erleichterung der Herstellung soll die erste Linse, eine Positivlinse, gleichkonvex sein. Folglich sind Ihre Radien R_{11} und R_{12} gleich. Also ist

$$\rho_1 = \frac{1}{R_{11}} - \frac{1}{R_{12}} = \frac{2}{R_{11}}$$

oder äquivalent

$$\frac{2}{R_{11}} = \frac{\mathcal{D}_{1d}}{n_{1d} - 1} = \frac{4.685}{0.51009} = 9.185.$$

Und so ist $R_{11} = -R_{12} = 0.2177$ m. Da wir außerdem annahmen, daß die Linsen in engem Kontakt sind, erhalten wir $R_{12} = R_{21}$, d.h. die zweite Oberfläche der ersten Linse paßt zur ersten Oberfläche der zweiten Linse. Für die zweite Linse gilt

$$\rho_2 = \frac{1}{R_{21}} - \frac{1}{R_{22}} = \frac{\mathcal{D}_{2d}}{n_{2d} - 1}$$

oder

$$\frac{1}{-0.2177} - \frac{1}{R_{22}} = \frac{-2.685}{0.62004}$$

und $R_{22} = -3.819$ m. Zusammengefaßt sind die Radien des Kronglaselements $R_{11} = 21.8$ cm und $R_{12} = -21.8$ cm, während das Flintglaselement Radien von $R_{21} = -21.8$ cm und $R_{22} = -381.9$ cm hat.

Man beachte, daß für eine Kombination dünner Linsen die Hauptebenen zusammenfallen, so daß die Achromatisierung der Brennweite sowohl den Farbortsfehler (A·CA) als auch den Farbquerfehler (L·CA) korrigiert. In einem dicken Duplet können jedoch die verschiedenen Wellenlängen verschiedene Hauptebenen besitzen, obwohl die Brennweiten für Rot und Blau identisch gemacht wurden. Folglich dürften die Brennpunkte nicht zusammenfallen, obwohl die Vergrößerung für alle Wellenlängen gleich ist, d.h. L·CA ist korrigiert, doch A·CA nicht.

In der Analyse oben wurden nur die C- und F-Strahlen zu einem gemeinsamen Brennpunkt gebracht. Die d-Linie wurde eingeführt, um für das Duplet als Ganzes eine Brennweite zu finden. Nicht *alle* Wellenlängen, die einen zweiteiligen Achromaten durchlaufen, können sich in einem gemeinsamen Brennpunkt treffen. Den sich ergebenden Farbrestfehler nennt man *sekundäres Spektrum*. Die Eliminierung des sekundären Spektrums ist besonders schwierig, wenn die Konstruktion auf Gläser beschränkt ist, die heute zur Verfügung stehen. Trotzdem kann ein Fluoritelement (CaF_2), das

---

[10] Traditionell nennt man die Gläser im Bereich $n_d > 1.60, V_d > 50$ und $n_d < 1.60, V_d > 55$ *Krongläser*, während man die anderen als Flintgläser bezeichnet. Man beachte die Buchstabenbezeichnungen der Abb. 6.35.

mit einem geeigneten Glaselement kombiniert ist, ein Duplet bilden, das für drei Wellenlängen achromatisiert ist und ein sehr kleines sekundäres Spektrum hat. Öfter verwendet man Triplets für Farbkorrekturen bei drei oder sogar vier Wellenlängen. Man kann das sekundäre Spektrum eines Fernglases mühelos beobachten, wenn man gegen ein entferntes weißes Objekt blickt. Seine Ränder werden leicht in Tiefrot (Magenta) und Grün umrahmt sein — man versuche, die Scharfeinstellung vor- und zurückzubewegen.

ii) Zweiteilige Achromaten aus getrennten Linsen

Es ist ebenso möglich, die Brennweite eines Duplets zu achromatisieren, das sich aus zwei weit auseinanderliegenden Einzellinsen desselben Glases zusammensetzt. Wir gehen nach Gleichung (6.46) zurück und setzen $n_{1R} = n_{2R} = n_R$ und $n_{1B} = n_{2B} = n_B$. Nach ein wenig algebraischer Manipulation wird sie zu

$$(n_R - n_B)[(\rho_1 + \rho_2) - \rho_1\rho_2 d(n_B + n_R - 2)] = 0$$

beziehungsweise zu

$$d = \frac{1}{(n_B + n_R - 2)}\left(\frac{1}{\rho_1} + \frac{1}{\rho_2}\right).$$

Führen wir wieder die gelbe Bezugsfrequenz wie zuvor ein, nämlich $1/f_{1Y} = (n_{1Y} - 1)\rho_1$ und $1/f_{2Y} = (n_{2Y} - 1)\rho_2$, so kann ρ_1 und ρ_2 ersetzt werden. Also ist

$$d = \frac{(f_{1Y} + f_{2Y})(n_Y - 1)}{n_B + n_R - 2},$$

wobei $n_{1Y} = n_{2Y} = n_Y$. Angenommen $n_Y = (n_B + n_R)/2$, so erhalten wir

$$d = \frac{f_{1Y} + f_{2Y}}{2}$$

oder im d-Licht

$$d = \frac{f_{1d} + f_{2d}}{2}. \qquad (6.55)$$

Dies ist genau die Form, die man für das Huygenssche Okular nimmt (Abschnitt 5.7.4). Da die roten und blauen Brennweiten gleich sind, jedoch die entsprechenden Hauptebenen für das Duplet nicht identisch sein müssen, treffen sich die zwei Strahlen im allgemeinen nicht im selben Brennpunkt. Daher ist der Farbquerfehler des Okulars gut korrigiert, der Farbortsfehler jedoch nicht.

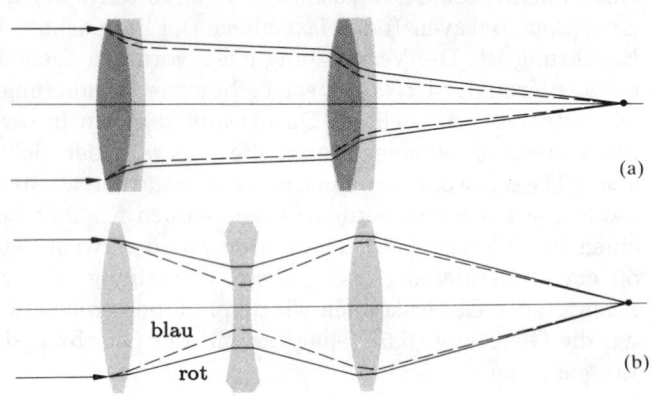

Abbildung 6.37 Achromatisierte Linsensysteme.

Damit ein System von beiden chromatischen Aberrationen frei ist, müssen die roten und blauen Strahlen parallel zueinander herauskommen (kein Farbquerfehler L·CA) und die Achse in demselben Punkt schneiden (kein Farbortsfehler A·CA): sie müssen sich also überdecken. Da dies bei einem dünnen Achromaten effektiv der Fall ist, sollten mehrlinsige Systeme in der Regel aus achromatischen Komponenten bestehen, damit sich die roten und blauen Strahlen nicht trennen (Abb. 6.37). Natürlich gibt es Ausnahmen. Das Taylor-Triplet (Abschnitt 5.7.7) ist eine davon. Die zwei Farbstrahlen, für die es achromatisiert ist, trennen sich innerhalb des Objektivs, werden aber wieder zusammengeführt und kommen zusammen heraus.

6.3.3 Abschließende Bemerkungen

Wegen der Einfachheit in der Herstellung besitzt die große Mehrzahl der optischen Systeme nur Linsen mit Kugelflächen, obwohl es sicherlich torische Gläser und Zylinderlinsen sowie viele andere sphärische Linsen gibt. In der Tat besitzen sehr feine und in der Regel sehr teure Geräte, wie z.B. Meßkammern für große Aufklärungsflughöhen und Zielverfolgungseinrichtungen, mehrere asphärische Linsen. Trotzdem wollen wir die sphärischen Linsen behandeln und mit ihnen ihre inhärenten Aberrationen, mit denen man zufriedenstellend fertig werden muß. Wie wir gesehen haben, muß der Konstrukteur (und sein treuer elektronischer Gefährte) die Systemvariablen (Brechungsindizes, Formen, Abstände,

Blenden usw.) manipulieren, um unangenehme Aberrationen auszugleichen. Dies geschieht bis zu dem jeweiligen Grad und der Reihenfolge, die für das spezielle optische System geeignet sind. Deshalb könnte man in einem normalen Teleskop eine viel stärkere Verzerrung und Bildkrümmung zulassen als in einem guten Photoobjektiv. Ebenso braucht man sich wenig um eine chromatische Aberration zu sorgen, wenn man ausschließlich mit Laserlicht arbeiten möchte, das fast nur eine einzige Frequenz hat. Dieses Kapitel konnte die Probleme nur kurz berühren (mehr, um ihrer bewußt zu werden als sie zu lösen). Daß sie mit größter Sicherheit einer Lösung zugänglich sind, wird z.B. durch die bemerkenswerten Luftaufnahmen der Abbildung 6.38 bestätigt, die ziemlich eindrucksvoll für sich selbst sprechen.

(a)

Aufgaben

6.1* Arbeiten Sie die Details aus, die zu Gleichung (6.8) führen.

6.2 Nach dem militärischen Handbuch (military handbook) MIL-HDBK-141(23.3.5.3) ist das Ramsdensche Okular (Abb. 5.81) aus zwei plankonvexen Linsen mit gleicher Brennweite f' zusammengesetzt, die durch einen Abstand $2f'/3$ voneinander getrennt sind. Bestimmen Sie die Gesamtbrennweite f der Kombination dünner Linsen; finden Sie auch die Hauptebenen und die Lage der Feldblende.

6.3 Schreiben Sie einen Ausdruck für die Dicke d einer Bikonvexlinse, so daß ihre Brennweite unendlich groß ist.

6.4 Angenommen wir hätten einen sammelnden Meniskus mit den Radien 6 und 10, einer Dicke von 3 (jede beliebige Einheit ist möglich, solange Sie konsistent bleiben) und einem Index von 1.5. Bestimmen Sie seine Brennweite und die Lage seiner Hauptpunkte (vergleichen Sie mit der Abb. 6.3).

6.5 Leiten Sie mit Verwendung der Gleichung (6.2) einen Ausdruck für die Brennweite einer homogen transparenten Kugel mit dem Radius R her. Finden Sie die Orte der Hauptpunkte.

(b)

Abbildung 6.38 a, b

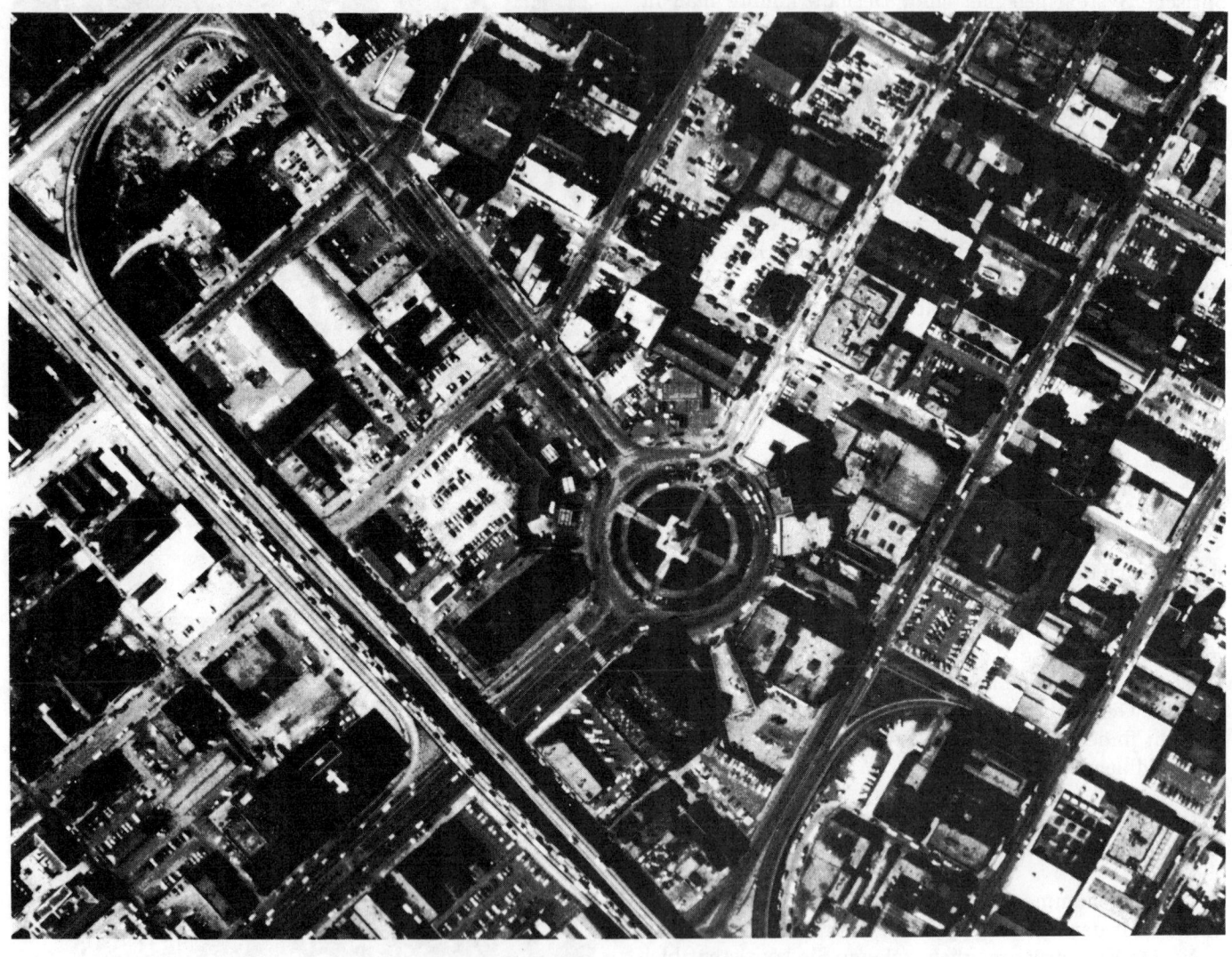

(c)

Abbildung 6.38 (a) New Orleans und der Mississippi, photographiert aus 12500 m Höhe mit der Metritek-21-Kamera von Itek ($f=21$ cm). Das Auflösungsvermögen beträgt am Boden 1 m; Maßstab: 1:59492. (b) Maßstab: 1:10000. (c) Maßstab: 1:2500.

6.6* Eine kugelförmige Flasche aus Glas mit einem Durchmesser von 20 cm soll vernachlässigbar dünne Wände haben und mit Wasser gefüllt sein. Die Flasche liegt an einem sonnigen Tag auf dem Rücksitz eines Wagens. Wie groß ist ihre Brennweite?

6.7* Berechnen Sie unter Beachtung der vorhergehenden zwei Aufgaben die Transversalvergrößerung, die sich ergibt, wenn das Bild einer Blume, die 4.0 m weit vom Mittelpunkt einer festen und durchsichtigen Kunststoffkugel von 0.20 m (und einem Brechungsindex von 1.4) steht, auf eine nahe gelegene Wand geworfen wird. Beschreiben Sie das Bild im Detail.

6.8* Eine dicke Linse aus Glas mit dem Brechungsindex 1.50 hat Radien von +23 cm und +20 cm, so daß beide Scheitelpunkte links von den entsprechenden Krümmungszentren liegen. Gegeben sei eine Dicke von 9.0 cm. Finden Sie die Brennweite der Linse. Zeigen Sie, daß allgemein $R_1 - R_2 = d/3$ für derartige afokale Linsen ohne brechende Wirkung gilt. Zeichnen Sie ein Schaubild, das zeigt, was mit dem axial einfallenden parallelen Strahlenbündel beim Durchgang durch das System geschieht.

6.9 Man fand, daß Sonnenlicht in einem Punkt 29.6 cm hinter der rückseitigen Fläche einer dicken Linse fokussiert werden kann, deren Hauptpunkte bei $H_1 = +0.2$ cm und $H_2 = -0.4$ cm liegen. Bestimmen Sie den Ort des Bildes einer Kerze, die 49.8 cm vor der Linse steht.

6.10* Beweisen Sie, daß bei einer dicken Linse aus Glas der Abstand zwischen den Hauptebenen etwa ein Drittel ihrer Dicke ist. Die einfachste Geometrie ergibt sich für eine plankonvexe Linse, bei der man einen Strahl vom Objektbrennpunkt ausgehend verfolgt. Was können Sie über die Beziehung zwischen der Brennweite und der Dicke für diesen Linsentyp sagen?

6.11 Eine Bikonvexlinse aus Kronglas, die 4.0 cm dick und bei einer Wellenlänge von 900 nm eingesetzt ist, hat einen Brechungsindex von 3/2. Ihre Radien seien 4.0 cm und 15 cm. Bestimmen Sie die Lage der Hauptpunkte und berechnen Sie ihre Brennweite. Wir stellen 1.0 m vor der Vorderfläche der Linse einen Fernsehschirm auf. Wo erscheint das reelle Bild des Fernsehbildes?

6.12* Wir stellen uns zwei identische, dicke Bikonvexlinsen vor, die durch einen Abstand von 20 cm zwischen ihren benachbarten Scheitelpunkten getrennt sind. Berechnen Sie die Äquivalentbrennweite für den Fall, daß alle Krümmungsradien 50, die Brechungsindizes 1.5 und die Dicken der Linsen 5.0 cm sind.

6.13* Ein Linsensystem sei aus zwei dünnen Linsen zusammengesetzt, die durch einen Abstand von 10 cm getrennt sind. Die erste Linse habe eine Brennweite von $+20$ cm und die zweite eine von -20 cm. Bestimmen Sie die Brennweite des Systems und die Lagen der entsprechenden Hauptpunkte. Zeichnen Sie ein Schaubild des Systems.

6.14* Eine plankonvexe Linse mit dem Index 3/2 hat eine Dicke von 1.2 cm und einen Krümmungsradius von 2.5 cm. Bestimmen Sie die Systemmatrix, wenn Licht auf die gekrümmte Fläche fällt.

6.15* Zeigen Sie, daß die Determinante der Systemmatrix in Gleichung (6.31) gleich 1 ist.

6.16 Zeigen Sie, daß die Gleichungen (6.36) und (6.37) jeweils äquivalent zu den Gleichungen (6.3) und (6.4) sind.

6.17 Zeigen Sie, daß die ebene Oberfläche einer plankonkaven oder plankonvexen Linse (rechte Fläche jeweils eben) nichts zur Systemmatrix beiträgt.

6.18 Berechnen Sie die Systemmatrix für eine dicke Bikonvexlinse mit dem Index 1.5, die Radien von 0.5 und 0.25 und eine Dicke von 0.3 hat (in jeder beliebigen Einheit). Überprüfen Sie, daß $|\mathcal{A}| = 1$ ist.

6.19* Die Systemmatrix für eine dicke Bikonvexlinse in der Luft sei durch

$$\begin{bmatrix} 0.6 & -2.6 \\ 0.2 & 0.8 \end{bmatrix}$$

gegeben. Wir wissen, daß der erste Radius 0.5 cm, die Dicke 0.3 cm und der Brechungsindex 1.5 ist. Finden Sie den anderen Radius.

6.20* Eine plankonkave Linse aus Glas befindet sich in der Luft und hat einen Radius von 10.0 cm und eine Dicke von 1.00 cm. Bestimmen Sie die Systemmatrix, und prüfen Sie nach, daß ihre Determinante 1 ist. Bei welchem positiven Winkel (gemessen in Radianten über der Achse) sollte ein Strahl die Linse in einer Höhe von 2.0 cm treffen, wenn er in der gleichen Höhe, aber parallel zur optischen Achse herauskommen soll?

6.21* Bestimmen Sie für die Linse in der vorhergehenden Aufgabe die Brennweite und die Lage der Brennpunkte bezüglich ihrer Scheitelpunkte V_1 und V_2.

6.22 Zeigen Sie bezüglich der Abbildung 6.15, daß alle Strahlen, die in P entstehen, scheinbar von P' kommen, wenn $\overline{P'P} = Rn_2/n_1$ und $\overline{PC} = Rn_1/n_2$ ist.

6.23 Zeigen Sie ausgehend von dem genauen Ausdruck, der durch Gleichung (5.5) gegeben ist, daß sich Gleichung (6.40) statt Gleichung (5.8) ergibt, wenn die Näherungen für ℓ_o und ℓ_i ein wenig verbessert werden.

6.24 Die Abbildung 6.39 soll durch ein Linsensystem abgebildet werden, das nur eine sphärische Aberration liefert. Fertigen Sie eine Skizze vom Bild an.

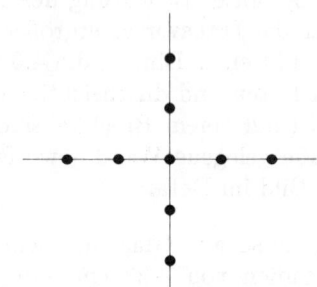

Abbildung 6.39

7 WELLEN-ÜBER-LAGERUNGEN

In den folgenden Kapiteln werden wir die Phänomene der Polarisation, Interferenz und Beugung studieren. Sie alle teilen eine gemeinsame konzeptuelle Grundlage, da sie sich zum größten Teil mit verschiedenen Aspekten desselben Prozesses befassen. Einfacher ausgedrückt: wir wollen eigentlich wissen, was geschieht, wenn sich zwei oder mehrere Lichtwellen in einem bestimmten Raumbereich überdecken. Die genauen Verhältnisse, die diese Überlagerungen beeinflussen, bestimmen natürlich die endgültige Wellenform. Unter anderem sind wir daran interessiert zu erfahren, wie die speziellen Eigenheiten jeder einzelnen Welle (d.h. Amplitude, Phase, Frequenz usw.) die endgültige Form der zusammengesetzten Störung beeinflussen.

Wir erinnern uns, daß jede Feldkomponente einer elektromagnetischen Welle (E_x, E_y, E_z, B_x, B_y und B_z) die skalare dreidimensionale Wellendifferentialgleichung

$$\frac{\partial^2 \psi}{\partial x^2} + \frac{\partial^2 \psi}{\partial y^2} + \frac{\partial^2 \psi}{\partial z^2} = \frac{1}{v^2} \frac{\partial^2 \psi}{\partial t^2} \qquad [2.59]$$

befriedigt. Die *Linearität* ist eine wichtige Eigenschaft dieses Ausdrucks, d.h. $\psi(r,t)$ und ihre Ableitungen erscheinen nur bis zur ersten Potenz. Sind alle $\psi_1(r,t)$, $\psi_2(r,t), \cdots, \psi_n(r,t)$ für sich alleine Lösungen der Gleichung (2.59), so ist folglich *jede lineare Kombination* davon wiederum eine Lösung. Daher erfüllt

$$\psi(r,t) = \sum_{i=1}^{n} C_i \psi_i(r,t) \qquad (7.1)$$

die Wellendifferentialgleichung, wobei die Koeffizienten

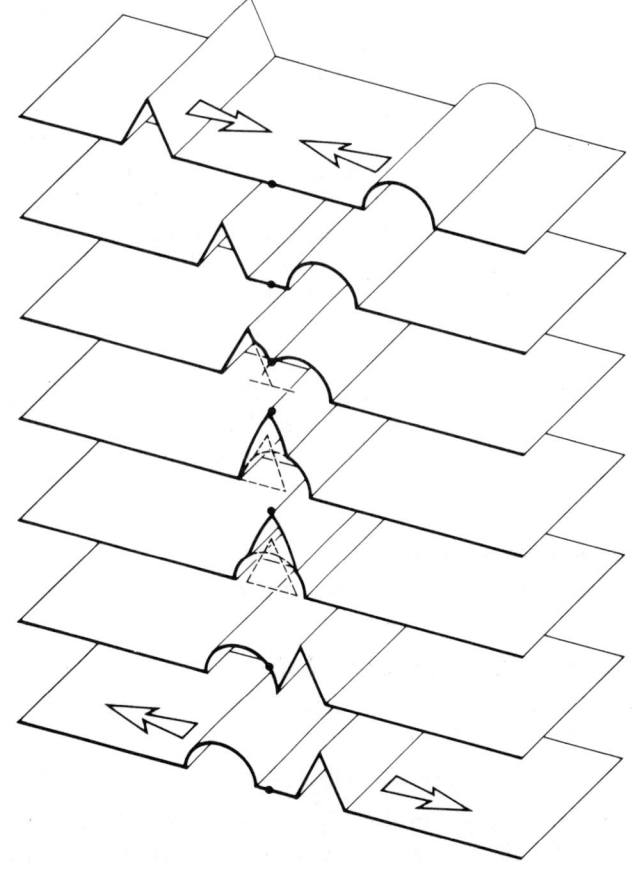

Abbildung 7.1 Die Überlagerung von zwei Wellen.

C_i einfach willkürliche Konstanten sind. Man bezeichnet den Ausdruck als das *Überlagerungsprinzip*. Es besagt, daß die resultierende Welle in jedem Punkt eines Mediums die algebraische Summe der gesonderten einzelnen Wellen ist (Abb. 7.1). Momentan sind wir nur an linearen Systemen interessiert, in denen das Überlagerungsprinzip anwendbar ist. Wir wollen jedoch nicht vergessen, daß Wellen mit großen Amplituden, ob Schallwellen oder Wellen auf einer Schnur, eine nichtlineare Reaktion erzeugen können. Der fokussierte Strahl eines Hochleistungslasers (in dem das elektrische Feld 10^{10} V/cm stark sein kann) kann leicht nichtlineare Effekte erzeugen (siehe Kapitel 14). Mit dem 1928 entdeckten Raman-Effekt begann die Erforschung der nichtlinearen Optik. Im Vergleich dazu hat das elektrische Feld, das mit dem Sonnenlicht verbunden ist, hier auf der Erde eine Amplitude von nur etwa 10 V/cm.

Es gibt viele Beispiele, in denen wir uns nicht um die Vektorbeschaffenheit des Lichts kümmern müssen; vorläufig werden wir uns auf derartige Fälle beschränken. Wenn sich z.B. alle Lichtwellen längs derselben Linie ausbreiten und eine gemeinsame konstante Schwingungsebene teilen, könnte jede Welle in Abhängigkeit von einer elektrischen Feldkomponente beschrieben werden. Sie wären alle jederzeit entweder parallel oder antiparallel und könnten daher als Skalare behandelt werden. Viel mehr wird über diesen Punkt später noch zu sagen sein; im Moment wollen wir die optische Störung als eine Skalarfunktion $E(\mathbf{r}, t)$ darstellen, die eine Lösung der Gleichung (2.59) ist. Dieser Ansatz führt zu einer einfachen Skalartheorie, die vorsichtig angewendet sehr nützlich ist.

Die Addition von Wellen derselben Frequenz

7.1 Die algebraische Methode

Wir erinnern uns, daß wir eine Lösung der Wellendifferentialgleichung in der Form

$$E(x,t) = E_0 \sin[\omega t - (kx + \varepsilon)] \quad (7.2)$$

schreiben können, in der E_0 die Amplitude der harmonischen Welle ist, die sich entlang der positiven x-Achse ausbreitet. Alternativ sei

$$\alpha(x, \varepsilon) = -(kx + \varepsilon), \quad (7.3)$$

so daß

$$E(x,t) = E_0 \sin[\omega t + \alpha(x, \varepsilon)]. \quad (7.4)$$

Angenommen, wir hätten zwei derartige Wellen

$$E_1 = E_{01} \sin(\omega t + \alpha_1) \quad (7.5a)$$

und

$$E_2 = E_{02} \sin(\omega t + \alpha_2), \quad (7.5b)$$

wobei beide dieselbe Frequenz und Geschwindigkeit haben und sich im Raum überdecken. Die resultierende Welle ist die lineare Überlagerung diese Wellen. Daher ist

$$E = E_1 + E_2$$

oder nach Umformung der Gleichungen (7.5a) und (7.5b)

$$E = E_{01}(\sin \omega t \cos \alpha_1 + \cos \omega t \sin \alpha_1)$$
$$+ E_{02}(\sin \omega t \cos \alpha_2 + \cos \omega t \sin \alpha_2).$$

Nach Ausklammerung der zeitabhängigen Terme folgt

$$E = (E_{01} \cos \alpha_1 + E_{02} \cos \alpha_2) \sin \omega t$$
$$+ (E_{01} \sin \alpha_1 + E_{02} \sin \alpha_2) \cos \omega t. \quad (7.6)$$

Da die Ausdrücke in den Klammern zeitlich konstant sind, sei

$$E_0 \cos \alpha = E_{01} \cos \alpha_1 + E_{02} \cos \alpha_2 \quad (7.7)$$

und

$$E_0 \sin \alpha = E_{01} \sin \alpha_1 + E_{02} \sin \alpha_2. \quad (7.8)$$

Dies ist keine triviale Substitution, doch wird sie so lange legitim sein, wie wir sie nach E_0 und α auflösen können. Zu diesem Ende quadrieren und addieren wir die Gleichungen (7.7) und (7.8), so daß wir

$$E_0^2 = E_{01}^2 + E_{02}^2 + 2E_{01}E_{02} \cos(\alpha_2 - \alpha_1) \quad (7.9)$$

erhalten und dividieren Gleichung (7.8) durch (7.7), um

$$\tan \alpha = \frac{E_{01} \sin \alpha_1 + E_{02} \sin \alpha_2}{E_{01} \cos \alpha_1 + E_{02} \cos \alpha_2} \quad (7.10)$$

zu bekommen. Befriedigen die letzten zwei Gleichungen E_0 und α, so sind die Gleichungen (7.7) und (7.8) gültig. Die Gesamtstörung wird dann zu

$$E = E_0 \cos \alpha \sin \omega t + E_0 \sin \alpha \cos \omega t$$

oder

$$E = E_0 \sin(\omega t + \alpha). \quad (7.11)$$

Daher ergibt sich eine Einzelwelle aus der Überlagerung der sinusförmigen Wellen E_1 und E_2. *Die zusammengesetzte Welle (7.11) ist harmonisch und hat dieselbe Frequenz wie die Einzelwellen, obwohl ihre Amplitude und Phase anders sind.* Die Flußdichte einer Lichtwelle ist proportional zu ihrer Amplitude, die mittels Gleichung (3.44) quadriert wird. Daher folgt aus Gleichung (7.9), daß die resultierende Flußdichte nicht einfach die Summe der Teilflußdichten ist — es gibt einen zusätzlichen Beitrag $2E_{01}E_{02}\cos(\alpha_2 - \alpha_1)$, den man den **Interferenzterm** nennt. Der entscheidende Faktor ist der Phasenunterschied $\delta \equiv (\alpha_2 - \alpha_1)$ zwischen den zwei *interferierenden* Wellen E_1 und E_2. Wenn $\delta = 0, \pm 2\pi, \pm 4\pi, \cdots$, so ist die resultierende Amplitude ein Maximum, während $\delta = \pm\pi, \pm 3\pi, \cdots$ ein Minimum liefert (Aufgabe 7.3). Im ersteren Fall sagt man, daß die Wellen in Phase sind; Wellenberg überdeckt Wellenberg. Im letzteren Fall sind die Wellen um 180° phasenverschoben, und Wellental überdeckt Wellenberg — wie in Abbildung 7.2 gezeigt. Man mache sich klar, daß sich der *Phasenunterschied* (Gangunterschied) aus einer Differenz der optischen Weglängen, die von den zwei Wellen durchlaufen werden, sowie aus einem Unterschied der Phasenkonstanten ergeben, d.h.

$$\delta = (kx_1 + \varepsilon_1) - (kx_2 + \varepsilon_2) \quad (7.12)$$

oder

$$\delta = \frac{2\pi}{\lambda}(x_1 - x_2) + (\varepsilon_1 - \varepsilon_2). \quad (7.13)$$

Hier sind x_1 und x_2 die Abstände von den Quellen der zwei Wellen bis zum Beobachtungspunkt und λ ist die Wellenlänge in dem durchfluteten Medium. Waren die Wellen ursprünglich bei ihren jeweiligen Strahlern in Phase, so ist $\varepsilon_1 = \varepsilon_2$ und

$$\delta = \frac{2\pi}{\lambda}(x_1 - x_2). \quad (7.14)$$

Dies würde auch für den Fall zutreffen, bei dem zwei Störungen von derselben Quelle verschiedene Wege liefen, bevor sie im Beobachtungspunkt ankommen. Da $n = c/v = \lambda_0/\lambda$, ist

$$\delta = \frac{2\pi}{\lambda_0}n(x_1 - x_2). \quad (7.15)$$

Die Größe $n(x_1 - x_2)$ nennt man den **optischen Wegunterschied** und stellt ihn durch die Abkürzung OPD[1]

---
1) OPD = optical path difference.

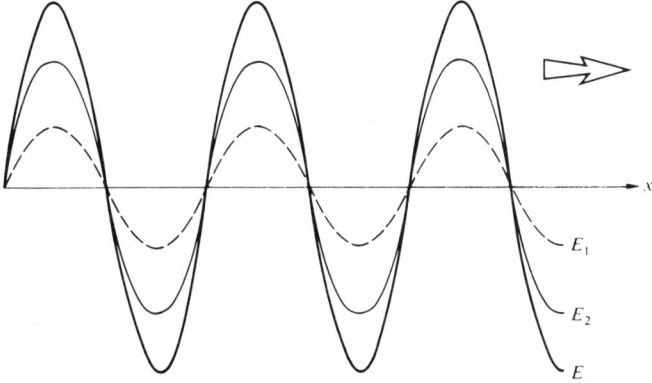

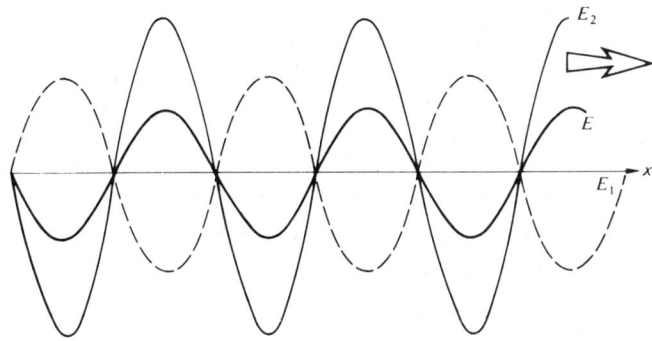

Abbildung 7.2 Die Überlagerung zweier harmonischer Wellen, die oben phasengleich und unten phasenverschoben sind.

oder das Symbol Λ dar. Wir wollen nicht vergessen, daß es in komplizierten Situationen für jede Welle möglich ist, durch eine Anzahl von verschiedenen Dicken verschiedener Medien zu laufen (siehe Aufgabe 7.6). Man beachte auch, daß $\Lambda/\lambda_0 = (x_1 - x_2)/\lambda$ die Anzahl der Wellen im Medium ist, die dem Wegunterschied entspricht. Da jede Wellenlänge mit einer 2π rad-Phasenänderung verknüpft ist, gilt $\delta = 2\pi(x_1 - x_2)/\lambda$ oder kürzer

$$\delta = k_0\Lambda, \quad (7.16)$$

wobei k_0 die Wellenzahl im Vakuum ist, d.h. $2\pi/\lambda_0$.

Wellen, für die $\varepsilon_1 - \varepsilon_2$ unabhängig von ihrem Wert *konstant* ist, bezeichnet man als **kohärent**; eine Situation, die wir voraussetzen werden und die im größten Teil dieser Diskussion gilt.

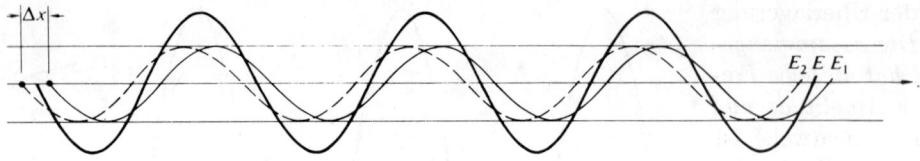

$E = E_1 + E_2$ E_2 eilt E_1 um $k\Delta x$ voraus

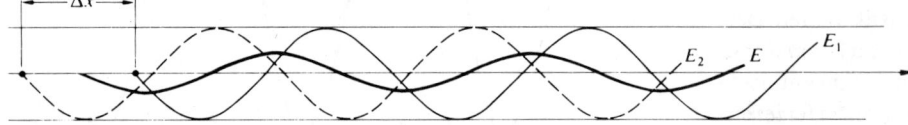

Abbildung 7.3 Wellen, die um $k\Delta x$ phasenverschoben sind.

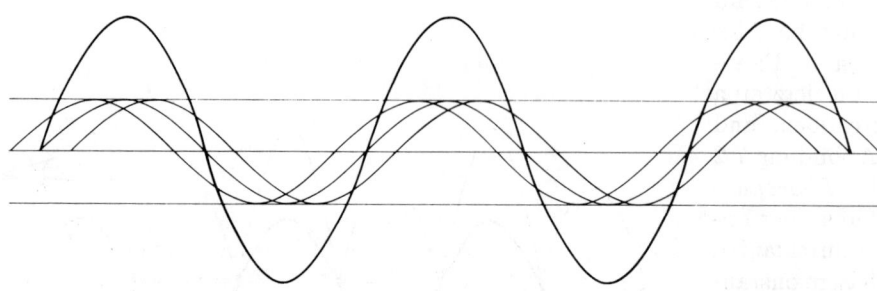

Abbildung 7.4 Die Überlagerung von drei harmonischen Wellen ergibt eine harmonische Welle.

Es gibt nun einen interessanten Spezialfall, nämlich die Überlagerung der Wellen

$$E_1 = E_{01} \sin[\omega t - k(x + \Delta x)]$$

und

$$E_2 = E_{02} \sin(\omega t - kx),$$

wobei insbesondere $E_{01} = E_{02}$ und $\alpha_2 - \alpha_1 = k\Delta x$ ist. In Aufgabe 7.7 soll gezeigt werden, daß in diesem Fall die Gleichungen (7.9), (7.10) und (7.11) zu einer resultierenden Welle

$$E = 2E_{01} \cos\left(\frac{k\Delta x}{2}\right) \sin\left[\omega t - k\left(x + \frac{\Delta x}{2}\right)\right] \quad (7.17)$$

führen. Dies hebt ziemlich deutlich die dominierende Rolle hervor, die der Wegunterschied Δx spielt, besonders wenn die Wellen phasengleich ($\varepsilon_1 = \varepsilon_2$) abgestrahlt werden. Wie wir später sehen werden, gibt es viele praktische Beispiele, wo man genau diese Bedingungen schafft. Ist $\Delta x \ll \lambda$, so hat die Resultierende eine Amplitude, die sehr nahe bei $2E_{02}$ liegt; während sie Null ist, falls $\Delta x = \lambda/2$ ist. Die erstere Situation bezeichnet man als **konstruktive Interferenz** (Verstärkung), die letztere dagegen als **destruktive Interferenz** (Auslöschung), (siehe Abb. 7.3).

Bei wiederholten Anwendungen des Verfahrens, das zur Herleitung der Gleichung (7.11) benutzt wurde, können wir zeigen, daß die *Überlagerung jeder Anzahl von kohärenten harmonischen Wellen, die eine bestimmte Frequenz haben und in dieselbe Richtung wandern, zu einer harmonischen Welle mit derselben Frequenz führt* (Abb. 7.4). Wir haben willkürlich die zwei oberen Wellen mit Sinusfunktionen dargestellt, doch mit Kosinusfunktionen hätten wir das Gleiche erhalten. Im allgemeinen ist dann die Summe von N derartigen Wellen

$$E = \sum_{i=1}^{N} E_{0i} \cos(\alpha_i \pm \omega t)$$

durch

$$E = E_0 \cos(\alpha \pm \omega t) \quad (7.18)$$

gegeben, wobei

$$E_0^2 = \sum_{i=1}^{N} E_{0i}^2 + 2 \sum_{j>i}^{N} \sum_{i=1}^{N} E_{0i} E_{0j} \cos(\alpha_i - \alpha_j) \quad (7.19)$$

und
$$\tan\alpha = \frac{\sum_{i=1}^{N} E_{0i} \sin\alpha_i}{\sum_{i=1}^{N} E_{0i} \cos\alpha_i}. \quad (7.20)$$

Denken Sie einen Augenblick über diese Relationen nach.

Wir betrachten eine Anzahl N atomarer Strahlungsquellen einer gewöhnlichen Lichtquelle (eine Glühbirne, Kerzenflamme oder Entladungslampe). Jedes Atom ist eine unabhängige Quelle von Photonenwellenzügen (Abschnitt 3.4.4), wobei sich jeder zeitlich für ca. 1 bis 10 ns ausdehnt. Mit anderen Worten, die Atome emittieren im allgemeinen Wellenzüge, die nur bis zu 10 ns eine feste Phase besitzen. Danach könnte ein neuer Wellenzug mit einer total willkürlichen Phase emittiert werden, und auch er würde die Phase nur für höchstens 10 ns konstant halten usw. Man darf sich jedes Atom als Strahlungsquelle einer Welle vorstellen, die sich aus einem Photonenstrom zusammensetzt, der seine Phase schnell und zufällig verändert. Auf jeden Fall bleibt die Phase $\alpha_i(t)$ des Lichtes eines Atoms nur höchstens 10 ns bezüglich der Phase $\alpha_j(t)$ des Lichts eines anderen Atoms konstant, bevor sie sich willkürlich verändert: die Atome strahlen nur 10^{-8} s kohärent. Da die Flußdichte proportional zum zeitlichen Mittelwert von E_0^2 ist, der im allgemeinen über ein vergleichsweise langes Zeitintervall gemittelt wird, folgt, daß die Summe der Gleichung (7.19) Terme liefert, die proportional zu $\langle\cos[\alpha_i(t)-\alpha_j(t)]\rangle$ sind, von denen jeder infolge der willkürlich schnellen Phasenveränderungen einen Mittelwert von Null ergibt. Nur die erste Summe bleibt bei der zeitlichen Mittelung bestehen, und ihre Terme sind Konstanten. Emittiert jedes Atom Wellenzüge derselben Amplitude E_{01}, dann ist

$$E_0^2 = NE_{01}^2. \quad (7.21)$$

Die resultierende Flußdichte, die sich aus N Quellen mit willkürlichen, sich schnell verändernden Phasen ergibt, ist durch die Multiplikation von N mit der Flußdichte irgendeiner Quelle gegeben. Mit anderen Worten, *sie ist durch die Summe der einzelnen Flußdichten bestimmt.* Eine Blitzlichtbirne, deren Atome alle willkürlich durcheinander emittieren, sendet Licht, das als Überlagerung dieser im wesentlichen "inkohärenten" Wellenzüge selbst in der Phase schnell und willkürlich variiert. Daher emittieren zwei oder mehr derartige Birnen Licht, das im wesentlichen inkohärent ist (d.h. für Zeitintervalle, die länger als etwa 10 ns sind) und dessen gesamte zusammengefaßte Bestrahlungsstärke einfach gleich der Summe der Bestrahlungsstärken ist, die von jeder einzelnen Birne kommt. Dies gilt ebenso für Kerzenflammen, Glühbirnen und alle Wärmestrahler (im Unterschied zu Laserstrahlquellen). Wir können nicht erwarten, daß wir bei der Überlagerung der Lichtwellen von zwei Leselampen eine Interferenzerscheinung "sehen".

Sind die Quellen beim anderen Extrem im Beobachtungspunkt kohärent und in Phase (d.h. $\alpha_i = \alpha_j$), so wird Gleichung (7.19) zu

$$E_0^2 = \sum_{i=1}^{N} E_{0i}^2 + 2\sum_{j>i}^{N}\sum_{i=1}^{N} E_{0i}E_{0j}$$

oder äquivalent zu

$$E_0^2 = \left(\sum_{i=1}^{N} E_{0i}\right)^2. \quad (7.22)$$

Setzen wir voraus, daß jede Amplitude E_{01} ist, so erhalten wir

$$E_0^2 = (NE_{01})^2 = N^2 E_{01}^2. \quad (7.23)$$

In diesem Fall phasengleicher, kohärenter Quellen haben wir eine Situation, in der die Amplituden zur Bestimmung der Flußdichte zuerst addiert und dann quadriert werden. Die Überlagerungen von kohärenten Wellen bewirkt im allgemeinen, daß die Raumverteilung der Energie, aber nicht der vorhandene Gesamtbetrag geändert wird. Gäbe es Bereiche, in denen die Flußdichte größer als die Summe der einzelnen Flußdichten ist, dann gäbe es Bereiche, in denen sie kleiner als jene Summe ist.

7.2 Die komplexe Methode

Es ist mathematisch oft zweckmäßig, von der komplexen Darstellung der trigonometrischen Funktionen Gebrauch zu machen, wenn man sich mit der Überlagerung von harmonischen Wellen befaßt. Die Welle

$$E_1 = E_{01}\cos(kx \pm \omega t + \varepsilon_1)$$

oder

$$E_1 = E_{01}\cos(\alpha_1 \pm \omega t)$$

kann dann als

$$E_1 = E_{01}e^{i(\alpha_1 \mp \omega t)} \quad (7.24)$$

geschrieben werden, wenn wir uns daran erinnern, daß

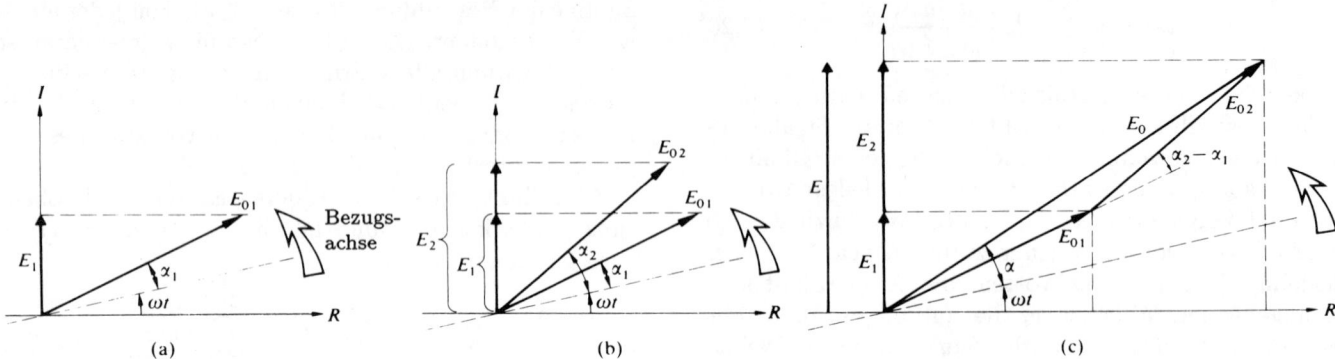

Abbildung 7.5 Zeigeraddition.

wir nur an dem reellen Teil interessiert sind (siehe Abschnitt 2.4). Wir nehmen an, daß sich dort N derartige sich überlagernde Wellen befinden, die dieselbe Frequenz haben und in die *positive x-Richtung* wandern. Die resultierende Welle ist durch

$$E = E_0 e^{i(\alpha+\omega t)}$$

bestimmt, was äquivalent zur Gleichung (7.18) ist, oder bei Summierung der Einzelwellen durch

$$E = \left[\sum_{j=1}^{N} E_{0j} e^{i\alpha_j}\right] e^{+i\omega t}. \qquad (7.25)$$

Die Größe

$$E_0 e^{i\alpha} = \sum_{j=1}^{N} E_{0j} e^{i\alpha_j} \qquad (7.26)$$

nennt man die *komplexe Amplitude* der zusammengesetzten Welle und sie ist einfach die Summe der komplexen Amplituden der Einzelwellen. Da

$$E_0^2 = (E_0 e^{i\alpha})(E_0 e^{i\alpha})^*, \qquad (7.27)$$

können wir immer die resultierende Bestrahlungsstärke aus den Gleichungen (7.26) und (7.27) berechnen. Für $N = 2$ ist zum Beispiel

$$E_0^2 = (E_{01} e^{i\alpha_1} + E_{02} e^{i\alpha_2})(E_{01} e^{-i\alpha_1} + E_{02} e^{-i\alpha_2}),$$

woraus

$$E_0^2 = E_{01}^2 + E_{02}^2 + E_{01} E_{02} [e^{i(\alpha_1-\alpha_2)} + e^{-i(\alpha_1-\alpha_2)}]$$

oder

$$E_0^2 = E_{01}^2 + E_{02}^2 + 2E_{01} E_{02} \cos(\alpha_1 - \alpha_2)$$

wird, was identisch zu Gleichung (7.9) ist.

7.3 Zeigeraddition[2]

Die Summe, die in Gleichung (7.26) beschrieben wird, kann graphisch als eine Addition von Vektoren in der komplexen Ebene dargestellt werden (siehe das Argand-Diagramm der Abbildung 2.11). Im Sprachgebrauch der Elektrotechnik nennt man die komplexe Amplitude einen *Zeiger* und man gibt ihn durch seinen Betrag und seine Phase an. In den USA schreibt man ihn einfach in der Form $E_0 \angle \alpha$, in Deutschland meistens wie einen Vektor. Die Methode der Zeigeraddition, die nun entwickelt werden soll, kann ohne jedes Verständnis ihrer Beziehung zum Formalismus der komplexen Zahlen verwendet werden. Der Einfachheit halber werden wir im folgenden zum größten Teil die Verwendung jener Interpretation umgehen. Wir stellen uns vor, wir hätten eine Störung, die durch

$$E_1 = E_{01} \sin(\omega t + \alpha_1)$$

beschrieben ist. In Abbildung 7.5 (a) stellen wir die Welle durch einen Zeiger der Länge E_{01} dar, der sich mit einer Geschwindigkeit ω gegen den Uhrzeigersinn dreht, so daß

---

[2] Siehe C. v. Rhöneck: "Die Beschreibung von Interferenz- und Beugungsphänomenen mit Zeigerdiagrammen", in *PhU* 1976/3, S. 43; d.Ü.

tel 10) gründen sich auf die Technik der Zeiger-Addition. Überdies ist sie anschaulich, und man bekommt durch sie schnell einen Überblick. Als ein letztes Beispiel wollen wir die Welle untersuchen, die aus der Addition von

$$E_1 = 5\sin\omega t$$
$$E_2 = 10\sin(\omega t + 45°)$$
$$E_3 = \sin(\omega t - 15°)$$
$$E_4 = 10\sin(\omega t + 120°)$$

und

$$E_5 = 8\sin(\omega t + 180°)$$

entsteht, wobei ω in Grad pro Sekunde festgelegt ist. Die entsprechenden Zeiger $5\angle 0°$, $10\angle 45°$, $1\angle -15°$, $10\angle 120°$, und $8\angle 180°$ sind in Abbildung 7.6 eingezeichnet. Jeder Phasenwinkel, ob positiv oder negativ, ist auf die Horizontale bezogen. Man braucht nur $E_0\angle\alpha$ mit einem Meßlineal und einem Winkelmesser abzulesen, um $E = E_0\sin(\omega t + \alpha)$ zu erhalten.

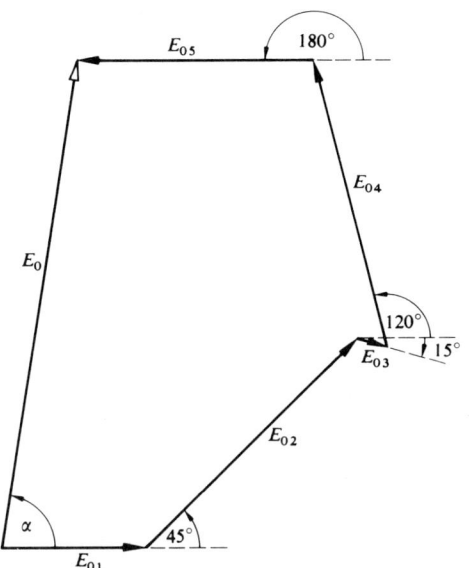

Abbildung 7.6 Die Summe von E_1, E_2, E_3, E_4 und E_5.

seine Projektion auf die vertikale Achse $E_{01}\sin(\omega t + \alpha_1)$ ist. Hätten wir es mit Kosinuswellen zu tun, so projizierten wir den Zeiger auf die horizontale Achse. Die R- und I-Bezeichnungen kennzeichnen die reellen und imaginären Achsen. Ebenso ist eine zweite Welle

$$E_2 = E_{02}\sin(\omega t + \alpha_2)$$

zusammen mit E_1 in Abbildung 7.5 (b) dargestellt. Ihre algebraische Summe $E = E_1 + E_2$ ist die Projektion des resultierenden Zeigers, der durch die Vektoraddition der Einzelzeiger bestimmt ist, auf die I-Achse (Abb. 7.5 (c)). Der Kosinussatz, den man auf das Dreieck mit den Seiten E_{01}, E_{02} und E_0 anwendet, liefert

$$E_0^2 = E_{01}^2 + E_{02}^2 + 2E_{01}E_{02}\cos(\alpha_2 - \alpha_1),$$

wobei die Beziehung $[\pi - (\alpha_2 - \alpha_1)] = -\cos(\alpha_2 - \alpha_1)$ verwendet wurde. Dies ist erwartungsgemäß mit Gleichung (7.9) identisch. Verwendet man dasselbe Schaubild, so ist $\tan\alpha$ durch Gleichung (7.10) ebenfalls gegeben. Normalerweise interessieren wir uns für E_0 statt $E(t)$, und da E_0 von der konstanten Drehung aller Zeiger nicht beeinflußt wird, ist es oft zweckmäßig, $t = 0$ zu setzen und so jene Drehung zu eliminieren.

Einige ziemlich elegante graphische Darstellungen wie die *Schwingungskurve* und die *Cornu-Spirale* (Kapi-

7.4 Stehende Wellen

Wir sahen in Kapitel 2, daß die allgemeine Lösung der Wellendifferentialgleichung aus einer Summe von zwei wandernden Wellen

$$\psi(x,t) = C_1 f(x - vt) + C_2 g(x + vt) \qquad [2.12]$$

besteht. Wir wollen vor allem *zwei harmonische Wellen derselben Frequenz* zur Untersuchung auswählen, *die sich in entgegengesetzten Richtungen ausbreiten*. Eine praktisch bedeutsame Situation entsteht, wenn die einfallende Welle von irgendeinem Spiegel reflektiert wird; eine starre Wand genügt für Schallwellen oder eine leitende Platte für elektromagnetische Wellen. Eine ankommende Welle

$$E_1 = E_{0I}\sin(kx + \omega t + \varepsilon_I), \qquad (7.28)$$

die nach links wandert, soll einen Spiegel bei $x = 0$ treffen und in der Form

$$E_R = E_{0R}\sin(kx - \omega t + \varepsilon_R) \qquad (7.29)$$

nach rechts reflektiert werden. Die zusammengesetzte Welle ist im Bereich rechts vom Spiegel $E = E_I + E_R$. Wir könnten die angegebene Summierung durchführen und zu einer allgemeinen Lösung[3] wie jene des Abschnitts 7.1 kommen. Man kann jedoch einige wertvolle

---

[3] Siehe z.B. J.M. Pearson, *A Theory of Waves*.

physikalische Einsichten gewinnen, indem man eine restriktivere Methode benutzt.

Es ist möglich, die Phasenkonstante ε_I auf Null zu setzen, wenn wir lediglich unsere Uhr zu einer Zeit starten, wenn $E_I = E_{0I}\sin kx$ ist. Es gibt einige Einschränkungen, die durch den physikalischen Aufbau bestimmt sind, und die von der mathematischen Lösung erfüllt werden müsssen. Diese nennt man formal die *Randbedingungen*. Würden wir z.B. über ein Seil sprechen, bei dem ein Ende an einer Wand bei $x = 0$ angebunden wäre, so müßte jener Punkt immer eine Verschiebung von Null haben. Die zwei sich überlagernden Wellen, die einfallende und die reflektierte, müßten sich so addieren, daß sie eine resultierende Welle von Null in $x = 0$ ergeben. Ebenso muß die resultierende elektromagnetische Welle an der Grenzfläche einer perfekt leitenden Platte eine elektrische Feldkomponente von Null parallel zur Oberfläche haben. Angenommen $E_{0I} = E_{0R}$. Die Randbedingungen fordern, daß in $x = 0$ $E = 0$ ist, und da $\varepsilon_I = 0$, folgt aus den Gleichungen (7.28) und (7.29), daß $\varepsilon_R = 0$ ist. Die zusammengesetzte Störung ist dann

$$E = E_{0I}[\sin(kx + \omega t) + \sin(kx - \omega t)].$$

Bei Anwendung der Gleichung

$$\sin\alpha + \sin\beta = 2\sin\frac{1}{2}(\alpha+\beta)\cos\frac{1}{2}(\alpha-\beta)$$

erhalten wir

$$E(x,t) = 2E_{0I}\sin kx \cos\omega t. \qquad (7.30)$$

Dies ist die Gleichung einer **stehenden Welle** als Gegensatz zur wandernden Welle. Ihr Profil bewegt sich nicht durch den Raum; es hat sicherlich nicht die Form $f(x \pm vt)$. In jedem Punkt $x = x'$ ist die Amplitude eine Konstante, die gleich $2E_{0I}\sin kx'$ ist, und $E(x',t)$ ändert sich harmonisch wie $\cos\omega t$. In bestimmten Punkten, nämlich $x = 0, \lambda/2, \lambda, 3\lambda/2, \ldots$ ist die Elongation zu allen Zeiten Null. Sie nennt man **Knoten** oder *Knotenpunkte* (Abb. 7.7). In der Mitte zwischen benachbarten Knoten, d.h. in $x = \lambda/4, 3\lambda/4, 5\lambda/4, \ldots$ hat die Amplitude einen Maximalwert von $\pm 2E_{0I}$; diese Punkte nennt man **Wellenbäuche**. Die Störung $E(x,t)$ ist immer dann für alle Werte von x Null, wenn $\cos\omega t = 0$, d.h., wenn $t = (2m+1)\tau/4$, wobei $m = 0, 1, 2, 3, \ldots$, und τ die Periode der Einzelwellen ist.

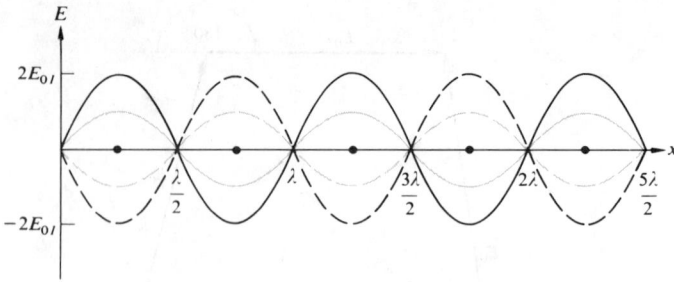

Abbildung 7.7 Eine stehende Welle zu verschiedenen Zeiten.

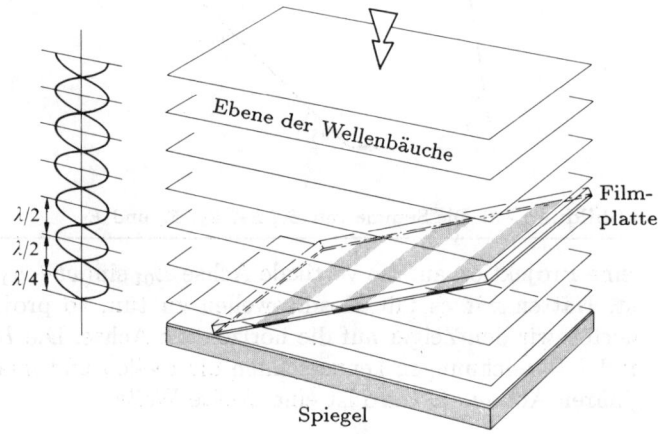

Abbildung 7.8 Wieners Experiment.

Wenn die Reflexion am Spiegel nicht vollkommen ist, wie es oft vorkommt, so hat die zusammengesetzte Welle zusammen mit der stehenden Welle eine wandernde Komponente. Unter solchen Bedingungen gibt es im Gegensatz zur reinen stehenden Welle einen Energietransfer.

Durch die Messung der Abstände zwischen den Knoten stehender Wellen war Hertz in der Lage, die Wellenlänge der Strahlung in seinen historischen Experimenten zu bestimmen (siehe Abschnitt 3.6). Einige Jahre später führte Otto Wiener 1890 zuerst die Existenz von stehenden Lichtwellen vor. Die Anordnung, die er benutzte, ist in Abbildung 7.8 dargestellt. Sie zeigt ein senkrecht einfallendes, paralleles, quasimonochromatisches Lichtstrahlenbündel, das von einem vorderseitig versilberten Spiegel reflektiert wird. Ein dünner, lichtdurchlässiger Photofilm, weniger als $\lambda/20$ dick, war auf eine Glasplatte aufgetragen, die zum Spiegel in einem Winkel von etwa 10^{-3} rad geneigt war. Auf diese Weise durchschnitt die Filmplatte das Bild der stehenden ebenen Welle. Nach Entwicklung der Emulsion fand man, daß sie längs einer Reihe von gleichweit entfernten parallelen Bändern geschwärzt war. Diese Bänder entsprachen den Gebieten, in denen die Photoschicht die Schwingungsbauchebenen durchschnitten hatte. Typisch für stehende Wellen gab es keine Schwärzung der Emulsion auf der Spiegeloberfläche. Es kann gezeigt werden, daß sich die Knoten und Bäuche der magnetischen Feldkomponenten einer elektromagnetischen, stehenden Welle mit denen des elektrischen Feldes abwechseln (Aufgabe 7.10). Ebenso können wir erwarten, daß wegen der Energieerhaltung $B \neq 0$ ist, wenn für alle Werte von x im Zeitpunkt $t = (2m+1)\tau/4$ $E = 0$ ist. In Übereinstimmung mit der Theorie hatte Hertz vorher (1888) die Existenz eines Knotenpunktes des elektrischen Feldes an der Oberfläche seines Reflektors bestimmt. Demgemäß konnte Wiener schließen, daß die geschwärzten Gebiete mit den Wellenbäuchen des E-Feldes verknüpft waren. *Also löst das elektrische Feld den photochemischen Prozeß aus.* In einer sehr ähnlichen Weise zeigten Drude und Nernst, daß das E-Feld für die Fluoreszenz verantwortlich ist. Alle diese Beobachtungen sind völlig verständlich, da die Kraft, die durch die Komponenten des B-Feldes einer elektromagnetischen Welle auf ein Elektron ausgeübt wird, um den Faktor v/c (v = Geschwindigkeit der Ladung, c = Lichtgeschwindigkeit) kleiner ist als die des E-Feldes. *Aus diesen Gründen bezeichnet man das elektrische Feld als die optische Störung oder das Lichtfeld.*

Die Addition von Wellen verschiedener Frequenz

Bis hierher wurde die Analyse auf die Überlagerung von Wellen beschränkt, die alle dieselbe Frequenz haben. Jedoch kann es in Wirklichkeit nie streng monochromatische Wellen geben. Es ist weit realistischer, wie wir sehen werden, von quasimonochromatischem Licht zu sprechen, das aus einem schmalen Bereich von Frequenzen zusammengesetzt ist. Das Studium von derartigem Licht führt uns zu den wichtigen Begriffen der Bandweite und der Kohärenzzeit.

Durch die Möglichkeit der Lichtmodulation (Abschnitt 8.11.3) kann man elektronische und optische Systeme auf eine Weise verbinden, die mit größter Sicherheit weitreichende Auswirkungen auf die gesamte Technologie in den kommenden Jahrzehnten haben wird. Überdies beginnt das Licht mit dem Aufkommen von elektrooptischen Techniken eine neue und bedeutende Rolle als ein Informationsträger zu spielen. Dieser Abschnitt ist der Entwicklung einiger mathematischer Begriffe gewidmet, die benötigt werden, um diesen neuen Schwerpunkt richtig einzuschätzen.

7.5 Schwebungen

Wir betrachten nun die zusammengesetzte Welle, die aus der Überlagerung der Wellen

$$E_1 = E_{01} \cos(k_1 x - \omega_1 t)$$

und

$$E_2 = E_{01} \cos(k_2 x - \omega_2 t)$$

entsteht, die gleiche Amplituden und Phasenkonstanten von Null haben. Die resultierende Welle

$$E = E_{01}[\cos(k_1 x - \omega_1 t) + \cos(k_2 x - \omega_2 t)]$$

kann durch Verwendung der Gleichung

$$\cos \alpha + \cos \beta = 2 \cos \frac{1}{2}(\alpha + \beta) \cos \frac{1}{2}(\alpha - \beta)$$

zu

$$E = 2E_{01} \cos \frac{1}{2}[(k_1 + k_2)x - (\omega_1 + \omega_2)t]$$
$$\times \cos \frac{1}{2}[(k_1 - k_2)x - (\omega_1 - \omega_2)t]$$

umformuliert werden. Wir definieren nun die Größen $\overline{\omega}$ und $\overline{k}$ als die *mittlere Kreisfrequenz* (Winkelfrequenz) beziehungsweise die *mittlere Wellenzahl*. Ähnlich werden die Größen ω_m und k_m als die *Modulationsfrequenz* und die *Modulationswellenzahl* bezeichnet. Dementsprechend definieren wir

$$\overline{\omega} \equiv \frac{1}{2}(\omega_1 + \omega_2) \quad \omega_m \equiv \frac{1}{2}(\omega_1 - \omega_2) \qquad (7.31)$$

und

$$\overline{k} \equiv \frac{1}{2}(k_1 + k_2) \quad k_m \equiv \frac{1}{2}(k_1 - k_2); \qquad (7.32)$$

deshalb ist

$$E = 2E_{01} \cos(k_m x - \omega_m t) \cos(\overline{k} x - \overline{\omega} t). \qquad (7.33)$$

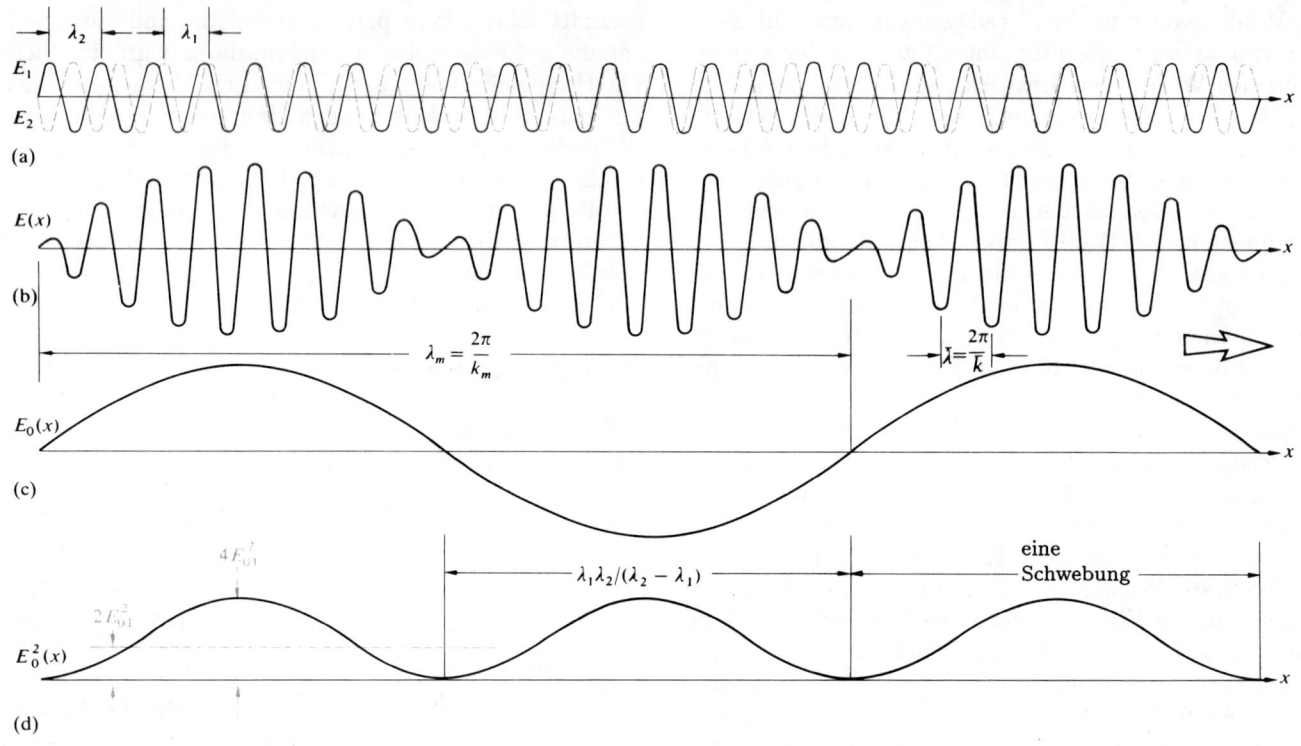

Abbildung 7.9 Die Überlagerung zweier harmonischer Wellen verschiedener Frequenz.

Man kann die Gesamtstörung als eine wandernde Welle der Frequenz $\overline{\omega}$ betrachten, die eine zeitveränderliche oder modulierte Amplitude $E_0(x,t)$ hat, so daß

$$E(x,t) = E_0(x,t)\cos(\overline{k}x - \overline{\omega}t), \qquad (7.34)$$

wobei

$$E_0(x,t) = 2E_{01}\cos(k_m x - \omega_m t). \qquad (7.35)$$

In den Anwendungen, die hier von Interesse sind, werden ω_1 und ω_2 immer ziemlich groß sein. Sind sie außerdem ungefähr gleich, $\omega_1 \approx \omega_2$, dann ist $\overline{\omega} \gg \omega_m$ und $E_0(x,t)$ würde sich langsam verändern, wohingegen $E(x,t)$ schnell oszillieren würde (Abb. 7.9). Die Bestrahlungsstärke ist proportional zu

$$E_0^2(x,t) = 4E_{01}^2\cos^2(k_m x - \omega_m t)$$

oder

$$E_0^2(x,t) = 2E_{01}^2[1 + \cos(2k_m x - 2\omega_m t)].$$

$E_0^2(x,t)$ oszilliert mit einer Frequenz $2\omega_m$ oder $(\omega_1 - \omega_2)$, die man die **Schwebungsfrequenz** nennt, um einen Wert $2E_{01}^2$. Mit anderen Worten, E_0 variiert mit der Modulationsfrequenz, wohingegen E_0^2 zweimal so schnell, nämlich mit der Schwebungsfrequenz variiert.

Lichtschwebungen wurden zuerst 1955 durch Forrester, Gudmundsen und Johnson beobachtet.[4] Um zwei Wellen zu erhalten, die etwas unterschiedliche Frequenzen besitzen, wandten sie den Zeeman-Effekt an. Sind die Atome einer Entladungslampe, in diesem Fall Quecksilber, einem magnetischen Feld ausgesetzt, so spalten sich ihre Energieniveaus auf. Als Folge enthält das emittierte Licht zwei Frequenzkomponenten ν_1 und ν_2, die sich im Verhältnis zur Größe des angelegten Feldes unterscheiden. Werden diese Komponenten auf der Oberfläche

[4] A.T. Forrester, R.A. Gudmundsen und P.O. Johnson, "Photoelectric Mixing of Incoherent Light", *Phys. Rev.* **99**, 1691 (1955).

einer photoelektrischen Mischröhre wieder zusammengeführt, so erzeugt man die Schwebungsfrequenz $\nu_1 - \nu_2$. Das Feld war speziell so eingestellt, daß $\nu_1 - \nu_2 = 10^{10}$ Hz war, was günstigerweise einem 3 cm-Mikrowellensignal entspricht. Der aufgezeichnete photoelektrische Strom hatte dieselbe Form wie die $E_0^2(x)$-Kurve der Abbildung 7.9 (d).

Die Erfindung des Lasers hat inzwischen die Beobachtung von Schwebungen bei Verwendung von Licht erheblich erleichtert. Selbst eine Schwebungsfrequenz von einigen wenigen Hz aus 10^{14} Hz wird in einer lichtelektrischen Zelle als eine Veränderung sichtbar. Die Beobachtung von Schwebungen stellt nun ein besonders empfindliches und ziemlich einfaches Mittel zur Entdeckung kleiner Frequenzunterschiede dar. Eine moderne Version des berühmten Michelson-Morley-Experiments, das die Schwebungen zweier Infrarotlaserstrahlen bildet, wird z.B. in Abschnitt 9.8.3 betrachtet. Der Ringlaser (Abschnitt 9.8.5), der wie ein Gyroskop funktioniert, nutzt zur Messung von Frequenzunterschieden Schwebungen aus, die als Folge der Rotation des Systems hervorgerufen wurden. Der Dopplereffekt, der die Frequenzverschiebung für Licht erklärt, das an einer sich bewegenden Oberfläche reflektiert wird, liefert eine andere Reihe von Schwebungsanwendungen. Streut man Licht an einem Testobjekt, das fest, flüssig oder sogar gasförmig ist, und bildet anschließend die Schwebung der ursprünglichen und reflektierten Wellen, so erhält man ein genaues Maß der Objektgeschwindigkeit. Im atomaren Maßstab erhält das Laserlicht bei der Wechselwirkung mit Schallwellen, die sich in einem Stoff bewegen, gleicherweise eine Phasenverschiebung (dieses Phänomen wird als Brillouin-Streuung bezeichnet). Also ist $2\omega_m$ ein Maß für die Schallgeschwindigkeit im Medium.

7.6 Gruppengeschwindigkeit

Die Welle

$$E(x,t) = E_0(x,t) \cos(\overline{k}x - \overline{\omega}t), \qquad [7.34]$$

die in dem vorhergehenden Abschnitt untersucht wurde, besteht aus einer hochfrequenten ($\overline{\omega}$) *Trägerwelle*, die durch eine Kosinusfunktion *amplitudenmoduliert* ist. Wir nehmen für einen Moment an, daß die Welle in Abbildung 7.9 (b) nicht moduliert ist, d.h. $E_0 =$ konstant. Jede kleine Spitze in der Trägerwelle würde mit der üblichen Phasengeschwindigkeit nach rechts wandern. Mit anderen Worten

$$v = -\frac{(\partial \varphi/\partial t)_x}{(\partial \varphi/\partial x)_t}. \qquad [2.32]$$

Nach Gleichung (7.34) ist die Phase durch $\varphi = (\overline{k}x - \overline{\omega}t)$ gegeben, und folglich ist

$$v = \overline{\omega}/\overline{k}. \qquad (7.36)$$

Offensichtlich ist dies die Phasengeschwindigkeit, ob die Trägerwelle moduliert ist oder nicht. Im ersteren Fall verändern die Spitzen ihre Amplituden periodisch, während sie weiterwandern.

Es gibt offensichtlich noch eine andere Bewegung, die uns interessiert, nämlich die Ausbreitung der Modulationseinhüllenden. Wir kehren zur Abbildung 7.9 (a) zurück und nehmen an, daß die einzelnen Wellen $E_1(x,t)$ und $E_2(x,t)$ mit derselben Geschwindigkeit $v_1 = v_2$ fortschreiten. Wir stellen uns vor, daß die zwei harmonischen Funktionen, die verschiedene Wellenlängen und Frequenzen besitzen, auf getrennte Transparentfolien gezeichnet sind. Wenn diese sich (wie in Abb. 7.9 (a)) überlappen, so ist die Resultierende ein stehendes Schwebungsbild. Werden beide Folien mit derselben Geschwindigkeit nach rechts bewegt, so daß der Eindruck von sich fortpflanzenden Wellen entsteht, so bewegen sich die Schwebungen offensichtlich mit derselben Geschwindigkeit. Die Geschwindigkeit, mit der die Modulationseinhüllende fortschreitet, nennt man die *Gruppengeschwindigkeit* oder symbolisch v_g. In diesem Fall gleicht die Gruppengeschwindigkeit der Phasengeschwindigkeit der Trägerwelle (der mittleren Geschwindigkeit $\overline{\omega}/\overline{k}$). Mit anderen Worten $v_g = v = v_1 = v_2$. Dies trifft speziell für *dispersionsfreie Medien* zu, in denen die Phasengeschwindigkeit unabhängig von der Wellenlänge ist, so daß die zwei Wellen dieselbe Geschwindigkeit haben könnten. Für eine allgemeiner anwendbare Lösung wollen wir den Ausdruck für die Modulationseinhüllende untersuchen:

$$E_0(x,t) = 2E_{01} \cos(k_m x - \omega_m t). \qquad [7.35]$$

Die Geschwindigkeit, mit der sich diese Welle bewegt, ist wieder durch Gleichung (2.32) gegeben, wobei wir nun die Trägerwelle vergessen können. Die Modulation schreitet deshalb mit einer Geschwindigkeit fort, die von der Phase der Einhüllenden $(k_m x - \omega_m t)$ abhängt, und so ist

$$v_g = \frac{\omega_m}{k_m}$$

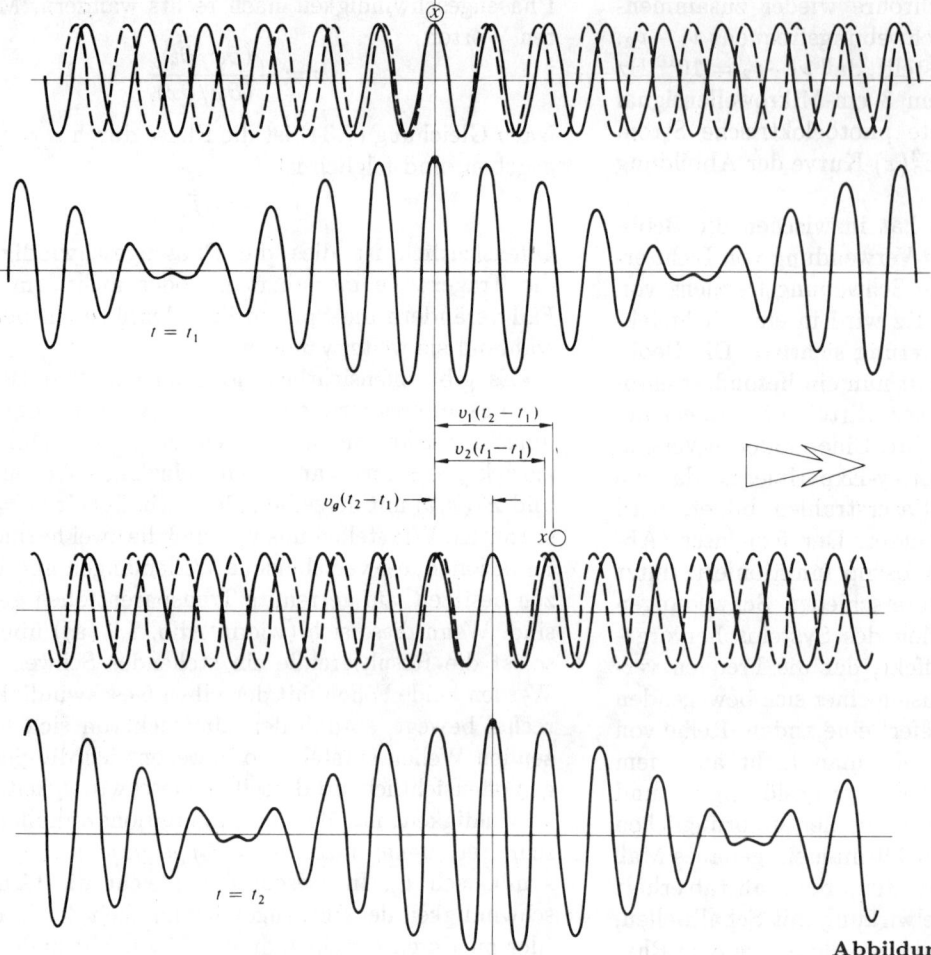

Abbildung 7.10 Gruppen- und Phasengeschwindigkeit.

oder

$$v_g = \frac{\omega_1 - \omega_2}{k_1 - k_2} = \frac{\Delta\omega}{\Delta k}.$$

ω kann selbstverständlich von λ oder äquivalent von k abhängen. Die spezielle Funktion $\omega = \omega(k)$ nennt man die *Dispersionsrelation*. Ist der Frequenzbereich $\Delta\omega$, der um $\overline{\omega}$ zentriert ist, klein, so ist $\Delta\omega/\Delta k$ in etwa gleich der Ableitung der Dispersionsgleichung, d.h.

$$v_g = \frac{d\omega}{dk}. \qquad (7.37)$$

Die Modulation bzw. das Signal breitet sich mit der Geschwindigkeit v_g aus, die größer als, gleich wie oder kleiner als v, der Phasengeschwindigkeit der Trägerwelle,
sein könnte. Gleichung (7.37) ist ganz allgemein und gilt für jede Gruppe von sich überdeckenden Wellen, wenn ihr Frequenzbereich schmal ist.

Da $\omega = kv$, liefert Gleichung (7.37)

$$v_g = v + k\frac{dv}{dk}. \qquad (7.38)$$

Es folgt, daß in dispersionsfreien Medien, in denen v unabhängig von λ ist, $dv/dk = 0$ und $v_g = v$ ist. Speziell im Vakuum ist $\omega = kc$, $v = c$ und $v_g = c$. In dispersiven Medien ($v_1 \neq v_2$ wie in Abb. 7.10), in denen $n(k)$ bekannt ist, ist $\omega = kc/n$, und es ist zweckmäßig, v_g zu

$$v_g = \frac{c}{n} - \frac{kc}{n^2}\frac{dn}{dk}$$

oder
$$v_g = v\left(1 - \frac{k}{n}\frac{dn}{dk}\right) \quad (7.39)$$

umzuformulieren. Für optische Medien nimmt der Brechungsindex in Bereichen normaler Dispersion mit der Frequenz zu ($dn/dk > 0$), und folglich ist $v_g < v$. Offensichtlich sollte man auch einen *Gruppenbrechungsindex*

$$n_g \equiv c/v_g \quad (7.40)$$

definieren, der sorgfältig von n unterschieden werden muß. A.A. Michelson maß 1885 den Wert von n_g in Schwefelkohlenstoff unter Verwendung von weißen Lichtpulsen. Er kam dabei auf einen Wert von 1.758 im Vergleich zu $n = 1.635$.

Wegen der speziellen Relativitätstheorie kann kein Signal schneller als c wandern. Wir haben jedoch bereits gesehen, daß unter bestimmten Umständen (Abschnitt 3.5.1) die Phasengeschwindigkeit c überschreiten kann. Der Widerspruch ist nur scheinbar, weil eine monochromatische Welle keine Information übertragen kann, während sie in der Tat eine Geschwindigkeit haben kann, die c überschreitet. Im Unterschied dazu breitet sich ein Signal in Form einer modulierten Welle mit der Gruppengeschwindigkeit aus, die in normal dispersiven Medien immer kleiner als c ist.[5]

7.7 Anharmonische periodische Wellen — Fourier-Analyse

Abbildung 7.11 stellt eine Welle dar, die aus der Überlagerung zweier harmonischer Funktionen entsteht, die verschiedene Amplituden und Wellenlängen besitzen. Hier hat etwas sehr Seltsames stattgefunden — die zusammengesetzte Welle ist anharmonisch, d.h. sie ist nicht sinusförmig. *Reine sinusförmige* Wellen gibt es in Wirklichkeit nicht. Diese Tatsache betont die praktische Bedeutung von anharmonischen Wellen und ist die Motivation für unser gegenwärtiges Interesse an ihnen. Mit Blick auf Abbildung 7.11 bekommt man das Gefühl,

---

[5] In Bereichen anomaler Dispersion (Abschnitt 3.5.1), in denen $dn/dk<0$ ist, könnte v_g größer als c sein. Hier breitet sich das Signal jedoch mit noch einer anderen Geschwindigkeit aus, die man die *Signalgeschwindigkeit* v_s nennt. Daher gilt $v_s=v_g$, ausgenommen in einer Resonanzabsorptionsbande. In allen Fällen entspricht v_s der Energieübertragungsgeschwindigkeit und überschreitet niemals c. — Siehe R.U. Sexl, H.K Urbantke, *Relativität Gruppen Teilchen*, Wien 1982, S. 21–22; d.Ü.

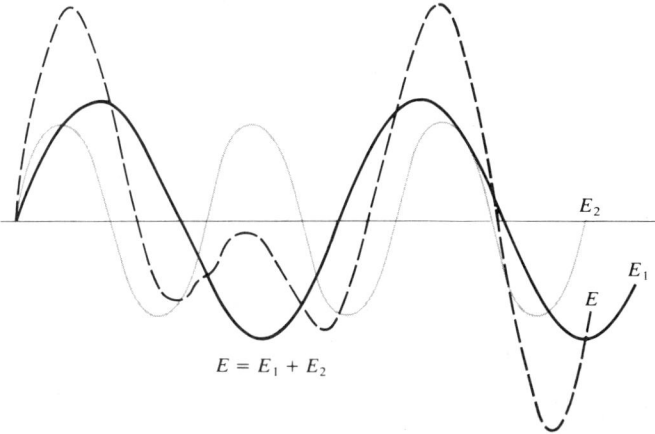

Abbildung 7.11 Die Überlagerung von zwei harmonischen Wellen, die verschiedene Frequenzen besitzen.

daß bei richtiger Wahl sinusförmiger Funktionen mit passenden Amplituden, Wellenlängen und relativen Phasen, jede Wellenform herzustellen sei. Eine geniale mathematische Technik für diesen Vorgang wurde von dem französischen Physiker Jean Baptiste Joseph Baron de Fourier (1768–1830) erfunden. Das Herz dieser Theorie ist der sogenannte *Fourier-Satz: eine Funktion $f(x)$, die eine räumliche Periode λ hat, kann durch eine Summe von harmonischen Funktionen zusammengesetzt werden, deren Wellenlängen ganzzahlige Teiler von λ sind (d.h $\lambda, \lambda/2, \lambda/3$ usw.)*. Diese Darstellung der Fourierschen Reihe hat die mathematische Form

$$\begin{aligned}f(x) = C_0 &+ C_1 \cos\left(\frac{2\pi}{\lambda}x + \varepsilon_1\right) \\ &+ C_2 \cos\left(\frac{2\pi}{\lambda/2}x + \varepsilon_2\right) + \cdots,\end{aligned} \quad (7.41)$$

wobei die C-Werte Konstanten sind, und die Form $f(x)$ natürlich einer wandernden Welle $f(x - vt)$ entsprechen könnte. Man bekommt ein Gefühl für diese Methode, wenn man erkennt, daß C_0 allein offensichtlich die Originalfunktion nur armselig wiedergibt: sie stimmt mit jener nur an den wenigen Punkten überein, an denen sie die $f(x)$-Kurve schneidet. In derselben Weise verbessert man durch Addition des nächsten Terms die Dinge ein wenig, da die Funktion

$$[C_0 + C_1 \cos(2\pi x/\lambda + \varepsilon_1)]$$

so gewählt wird, daß sie die $f(x)$-Kurve noch öfter schneidet. Besteht die zusammengesetzte Funktion (die rechte Seite von Gleichung (7.41)) aus einer unendlichen Anzahl von Termen, die ausgewählt wurden, damit sie die anharmonische Funktion in einer unendlichen Anzahl von Punkten schneiden, so wird die Reihe sehr wahrscheinlich identisch mit $f(x)$.

Es ist gewöhnlich zweckmäßiger, Gleichung (7.41) unter Ausnutzung der trigonometrischen Gleichung

$$C_m \cos(mkx + \varepsilon_m) = A_m \cos mkx + B_m \sin mkx$$

umzuformulieren, wobei $k = 2\pi/\lambda$, λ die Wellenlänge von $f(x)$, $A_m = C_m \cos \varepsilon_m$ und $B_m = -C_m \sin \varepsilon_m$ ist. Deshalb ist

$$f(x) = \frac{A_0}{2} + \sum_{m=1}^{\infty} A_m \cos mkx + \sum_{m=1}^{\infty} B_m \sin mkx. \quad (7.42)$$

Der erste Term wurde als $A_0/2$ geschrieben. Dies geschah wegen der mathematischen Vereinfachung, zu der er später führt. Den Prozeß zur Bestimmung der Koeffizienten A_0, A_m und B_m für eine spezielle periodische Funktion $f(x)$ bezeichnet man als **Fourier-Analyse**. Wir werden nun einen Moment damit verbringen, eine Reihe von Gleichungen für diese Koeffizienten herzuleiten, die künftig angewendet werden können. Zu diesem Zweck integrieren wir beide Seiten von Gleichung (7.42) über irgendein räumliches Intervall, das gleich λ ist, z.B. von 0 bis λ oder $-\lambda/2$ bis $+\lambda/2$ oder allgemeiner von x' bis $x' + \lambda$. Da über jedes derartige Intervall

$$\int_0^\lambda \sin mkx \, dx = \int_0^\lambda \cos mkx \, dx = 0$$

ist, gibt es nur einen Term, der ungleich Null ist und entwickelt wird, nämlich

$$\int_0^\lambda f(x) dx = \int_0^\lambda \frac{A_0}{2} dx = A_0 \frac{\lambda}{2},$$

und daher ist

$$A_0 = \frac{2}{\lambda} \int_0^\lambda f(x) dx. \quad (7.43)$$

Um A_m und B_m zu finden, nutzen wir die *Orthogonalität von sinusförmigen Funktionen* aus (Aufgabe 7.24), d.h. die Tatsache, daß

$$\int_0^\lambda \sin akx \cos bkx \, dx = 0 \quad (7.44)$$

$$\int_0^\lambda \cos akx \cos bkx \, dx = \frac{\lambda}{2} \delta_{ab} \quad (7.45)$$

$$\int_0^\lambda \sin akx \sin bkx \, dx = \frac{\lambda}{2} \delta_{ab}, \quad (7.46)$$

wobei a und b positive ganze Zahlen ungleich Null sind. δ_{ab}, das man das *Kronecker Delta* nennt, ist ein Kurzschriftzeichen, das gleich Null ist, wenn $a \neq b$, und gleich 1 ist, wenn $a = b$ ist. Um A_m zu finden, multiplizieren wir beide Seiten von Gleichung (7.42) mit $\cos \ell kx$, wobei ℓ eine positive ganze Zahl ist, und integrieren sie dann über eine räumliche Periode. Nur ein Term verschwindet nicht, und das ist der einzelne Beitrag in der zweiten Summe, der $\ell = m$ entspricht, in welchem Fall

$$\int_0^\lambda f(x) \cos mkx \, dx = \int_0^\lambda A_m \cos^2 mkx \, dx = \frac{\lambda}{2} A_m.$$

Daher ist

$$A_m = \frac{2}{\lambda} \int_0^\lambda f(x) \cos mkx \, dx. \quad (7.47)$$

Dieser Ausdruck kann benutzt werden, um A_m *für alle Werte von m einschließlich m = 0 zu entwickeln*, wie es bei einem Vergleich der Gleichungen (7.43) und (7.47) ersichtlich ist. In gleicher Weise führt die Multiplikation der Gleichung (7.42) mit $\sin \ell kx$ und die Integration zu

$$B_m = \frac{2}{\lambda} \int_0^\lambda f(x) \sin mkx \, dx. \quad (7.48)$$

Zusammengefaßt kann dann eine periodische Funktion $f(x)$ als eine Fourier-Reihe

$$f(x) = \frac{A_0}{2} + \sum_{m=1}^{\infty} A_m \cos mkx + \sum_{m=1}^{\infty} B_m \sin mkx \quad [7.42]$$

dargestellt werden, wobei die Koeffizienten bei Verwendung von

$$A_m = \frac{2}{\lambda} \int_0^\lambda f(x) \cos mkx \, dx \quad [7.47]$$

und

$$B_m = \frac{2}{\lambda} \int_0^\lambda f(x) \sin mkx \, dx \quad [7.48]$$

berechnet werden können, wenn man $f(x)$ kennt. Wir denken daran, daß man einige mathematischen Spitzfindigkeiten vorfindet, wie die Konvergenz der Reihe und die, die mit der Anzahl der Singularitäten von $f(x)$

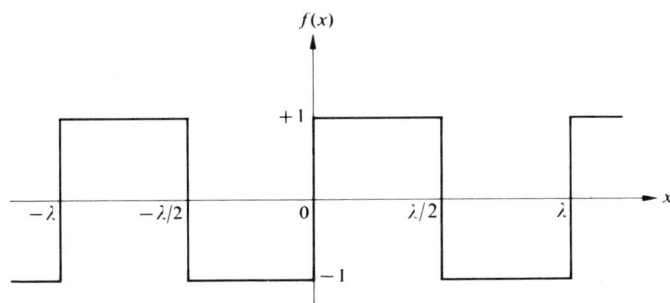

Abbildung 7.12 Eine periodische Rechteckwelle.

verknüpft sind. An diser Stelle brauchen wir uns jedoch nicht darum zu kümmern.

Es gibt bestimmte Symmetriebedingungen, die man kennen sollte, da sie zu einigen mühesparenden Rechnungsabkürzungen führen. Falls eine Funktion $f(x)$ gerade, d.h. falls $f(-x) = f(x)$ ist, oder äquivalent, falls sie symmetrisch um $x = 0$ verläuft, wird daher ihre Fourier-Reihe nur Kosinusterme enthalten ($B_m = 0$ für alle m), welche selbst gerade Funktionen sind. Gleichermaßen haben *ungerade* Funktionen, bei denen $f(-x) = -f(x)$ ist, Reihenentwicklungen, die nur Sinusfunktionen enthalten ($A_m = 0$ für alle m). In beiden Fällen braucht man nicht mühsam beide Koeffizientenreihen zu berechnen. Dies ist besonders hilfreich, wenn der Nullpunkt ($x = 0$) willkürlich ist, und wir ihn so wählen können, daß wir uns das Leben so einfach wie möglich machen. Trotzdem wollen wir daran denken, daß viele gewöhnliche Funktionen weder ungerade noch gerade sind (z.B. e^x).

Als ein Beispiel dieser Technik wollen wir die Fourier-Reihe berechnen, die einer Rechteckwelle entspricht. Wir wählen den Nullpunkt wie in Abbildung 7.12 gezeigt, und so gilt

$$f(x) = \begin{cases} +1 & \text{wenn } 0 < x < \lambda/2 \\ -1 & \text{wenn } \lambda/2 < x < \lambda. \end{cases}$$

Da $f(x)$ ungerade ist, ist $A_m = 0$, während

$$B_m = \frac{2}{\lambda} \int_0^{\lambda/2} (+1) \sin mkx \, dx + \frac{2}{\lambda} \int_{\lambda/2}^{\lambda} (-1) \sin mkx \, dx,$$

und daher ist

$$B_m = \frac{1}{m\pi}[-\cos mkx]_0^{\lambda/2} + \frac{1}{m\pi}[\cos mkx]_{\lambda/2}^{\lambda}.$$

Wir erinnern uns, daß $k = 2\pi/\lambda$ ist, und so wird

$$B_m = \frac{2}{m\pi}(1 - \cos m\pi).$$

Die Fourier-Koeffizienten sind deshalb

$$B_1 = \frac{4}{pi}, \quad B_2 = 0, \quad B_3 = \frac{4}{3\pi},$$

$$B_4 = 0, \quad B_5 = \frac{4}{5\pi}, \ldots,$$

und die gewünschte Reihe ist einfach

$$f(x) = \frac{4}{\pi}\left(\sin kx + \frac{1}{3}\sin 3kx + \frac{1}{5}\sin 5kx + \cdots\right). \tag{7.49}$$

Abbildung 7.13 ist ein Diagramm einiger Teilsummen der Reihe, wobei die Zahl der Terme zunimmt. Wir könnten zum Zeitbereich übergehen, um $f(t)$ zu finden, indem wir lediglich kx in ωt umwandeln. Angenommen wir hätten drei Elektronenoszillatoren, deren Ausgangsspannungen sinusförmig schwanken und sowohl in der Frequenz als auch in der Amplitude regulierbar sind. Sind diese Oszillatoren hintereinander geschaltet, so addieren sich die zeitabhängigen Spannungen (mit den Frequenzen ω, 3ω und 5ω). Das Ergebnis könnten wir auf einem Oszilloskop sehen. Wir können z.B. die Kurve der Abbildung 7.13 (d) so erzeugen. Ähnlich könnten wir auf einem angemessen gestimmten Klavier gleichzeitig drei Tasten mit jeweils genau der richtigen Kraft anschlagen, um einen Akkord oder eine zusammengesetzte Schallwelle zu erzeugen, die Abbildung 7.13 (c) als Form hat. Merkwürdigerweise ist das Ohr-Gehirn-Hörsystem in der Lage, eine einfache zusammengesetzte Welle in ihre harmonischen Bestandteile nach Fourier zu analysieren — vermutlich gibt es Menschen, die sogar jede Note in dem Akkord nennen könnten.

Früher verschoben wir jede detaillierte Betrachtung von anharmonischen, periodischen Funktionen, wie z.B. jene von Abbildung 2.7, und beschränkten unsere Analyse auf rein sinusförmige Wellen. Wir haben nun zwingende Gründe dafür, daß wir so handelten. Von nun an können wir uns diese Art von Störung als eine Überlagerung von harmonischen Einzelwellen verschiedener Frequenzen vorstellen, deren Einzelverhalten getrennt untersucht werden kann. Dementsprechend ist es möglich,

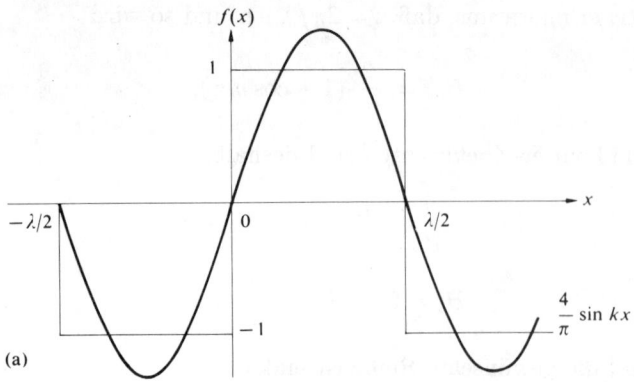

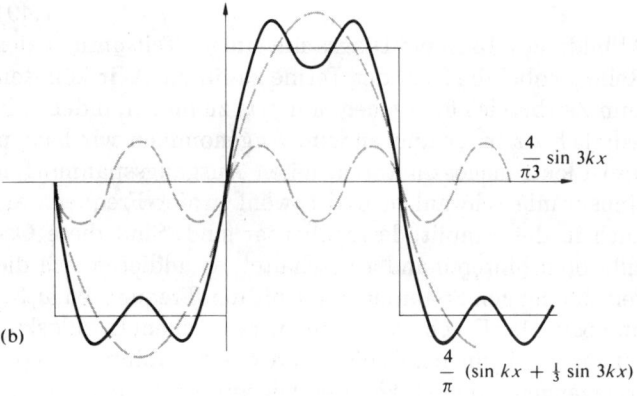

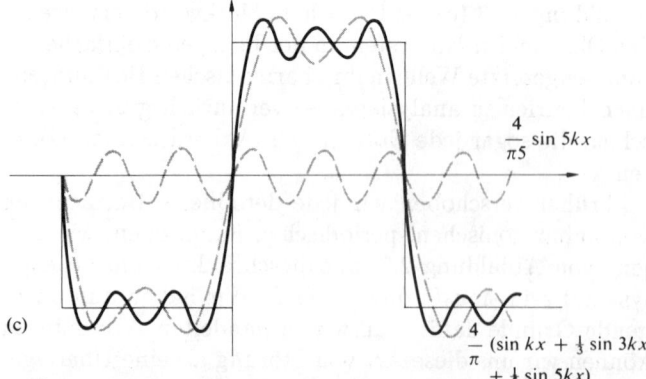

Abbildung 7.13 Zusammensetzung einer periodischen Rechteckwelle. (Photo von E.H.)

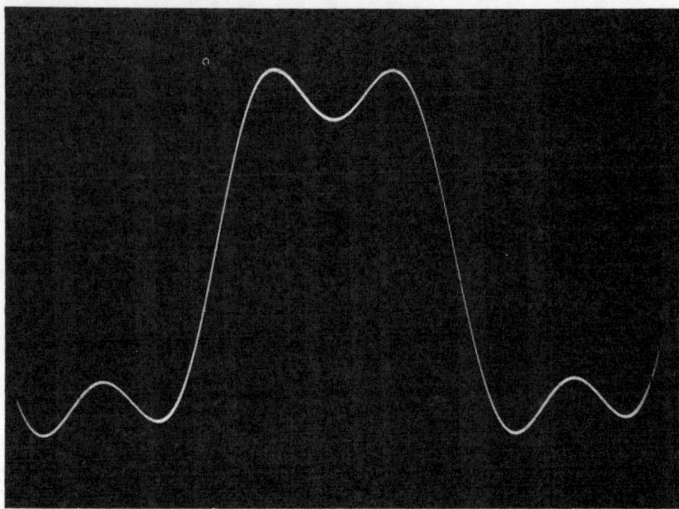

Abbildung 7.13(d)

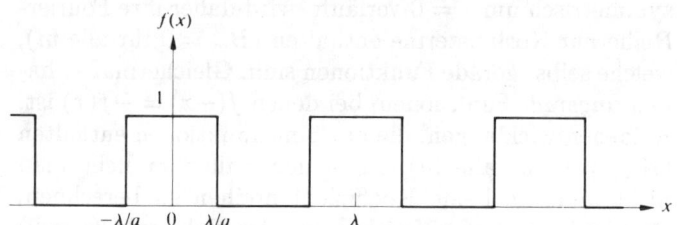

Abbildung 7.14 Eine periodische, anharmonische Welle.

daß wir

$$f(x \pm vt) = \frac{A_0}{2} + \sum_{m=1}^{\infty} A_m \cos mk(x \pm vt)$$
$$+ \sum_{m=1}^{\infty} B_m \sin mk(x \pm vt) \quad (7.50)$$

oder äquivalent

$$f(x \pm vt) = \sum_{m=1}^{\infty} C_m \cos[mk(x \pm vt) + \varepsilon_m] \quad (7.51)$$

für jede derartige *anharmonische, periodische Welle* schreiben.

Als letztes Beispiel wollen wir nun die Rechteckwelle der Abbildung 7.14 in ihre Fourier-Komponenten zerlegen. Wir stellen fest, daß die Funktion mit dem dargestellten Nullpunkt gerade ist, und alle B_m-Terme Null sind. Die entsprechenden Fourier-Koeffizienten (Aufgabe 7.25) sind dann

$$A_0 = \frac{4}{a} \quad \text{und} \quad A_m = \frac{4}{a}\left(\frac{\sin m2\pi/a}{m2\pi/a}\right). \quad (7.52)$$

Anders als die vorhergehende Funktion haben wir nun einen Wert von A_0, der ungleich Null ist. Sie haben vielleicht bemerkt, daß $A_0/2$ in Wirklichkeit der *Mittelwert* von $f(x)$ ist, und da die Kurve vollständig oberhalb der Achse liegt, ist sie eindeutig ungleich Null.

Der Ausdruck $(\sin u)/u$ kommt in der Optik häufig vor, so daß er die spezielle Bezeichnung **sinc** u bekam. Seine Werte sind in der Tabelle 1 aufgeführt. Da der Grenzwert von sinc u für u gegen Null den Wert 1 hat, kann A_m alle Koeffizienten darstellen, wenn wir $m = 0, 1, 2, \ldots$ setzen.

Die von uns verwendete Form ist sehr allgemein, da die Breite des Rechteckmaximums $2(\lambda/a)$, die von a abhängt, jeder Bruchteil der Gesamtwellenlänge sein kann. Die Fourier-Reihe ist dann

$$f(x) = \frac{2}{a} + \sum_{m=1}^{\infty} \frac{4}{a}\left(\frac{\sin m2\pi/a}{m2\pi/a}\right)\cos mkx. \quad (7.53)$$

Würden wir die korrespondierende Zeitfunktion $f(t)$ zusammensetzen, deren Breite des Rechteckmaximums $2(\tau/a)$ ist, so würde derselbe Ausdruck (7.53) zutreffen, wobei kx einfach durch ωt ersetzt würde. Hier ist ω die Winkelfrequenz (oder Kreisfrequenz) der periodischen Funktion $f(t)$, und man nennt sie die **Grundschwingung**. Sie ist die niedrigste Frequenz des Kosinusterms und entsteht, wenn $m = 1$ ist. Frequenzen von $2\omega, 3\omega, 4\omega, \ldots$ usw. nennt man *Oberschwingungen* (oder Harmonische) der Grundschwingung, und sie sind natürlich mit $m = 2, 3, 4$ usw. verknüpft. In gleicher Weise ist $\kappa \equiv 1/\lambda$ die **Raumfrequenz**, da λ die *räumliche Periode* ist, und $k = 2\pi\kappa$ nennt man die **Wellenzahl**. Wieder spricht man bei $2k, 3k, 4k$ usw. von Oberschwingungen (oder Harmonische) der Wellenzahl, wobei diese die räumlichen Wechselfolgen darstellen. Offensichtlich sind die Dimensionen von κ Schwingungen pro Einheitslänge (z.B Schwingungen pro mm oder möglicherweise einfach cm^{-1}), während diejenigen von k Radianten pro Einheitslänge sind.

Bevor wir weitergehen, sollten wir einige Punkte klären, um ein gewöhnlich auftretendes Mißverständnis zu vermeiden, das die Verwendung der Ausdrücke Raumfrequenz und räumliche Periode (oder Wellenlänge) betrifft. Abbildung 7.14 zeigt eine eindimensionale periodische Rechteckwellenfunktion, die sich entlang der x-Achse im Raum ausbreitet. Diese könnte ein Muster sein, das man auf einem Oszilloskopschirm sieht, oder eine ungewöhnliche Welle, die auf einem straff gespannten Seil läuft. In allen Fällen wiederholt sich das Muster über eine Distanz, die man Wellenlänge nennt, und der Kehrwert der Wellenlänge ist die Raumfrequenz. Nun nehmen wir statt dessen an, daß das Muster einer Bestrahlungsstärkenverteilung entspricht, die aus einer Reihe von hellen und dunklen Streifen besteht. Diese Art von Muster kann man z.B. sehen, wenn man durch einen schmalen horizontalen Spalt gegen einen Palisadenzaun sieht, oder noch besser, wenn man seine Augen über eine Linie wandern läßt, die quer über eine Gruppe von abwechselnd klaren und undurchsichtigen Bändern läuft (Abb. 14.2), die mit monochromatischem Licht beleuchtet werden. Wieder hat das Muster eine räumliche Periode und eine Raumfrequenz, die durch die Rate, mit der es sich im Raum wiederholt, bestimmt ist; doch diesmal hat das Licht selbst, unabhängig von einer Raumfrequenz k und einer räumlichen Periode λ, auch eine zeitliche Frequenz und Periode. Das Muster könnte eine Wellenlänge λ von 20 cm und das Licht, das das Muster erzeugt, eine Wellenlänge λ von 500 nm haben. Hier liegt der Ursprung möglicher Mißverständnisse. Leider gibt es nicht genügend Buchstaben, um zwischen der Wellenlänge einer Lichtwelle und der räumlichen Periode eines Lichtstrahls zu unterscheiden. Da aber stets klar ist, was die Wellenlänge des Lichts ist, und andererseits es offensichtlich ist, welche räumliche Struktur ein Lichtstrahl hat, wenn man von der Wellennatur des Lichtes absieht, so sollte ein intelligenter Leser keine Schwierigkeiten haben, wenn wir beides mit dem Buchstaben λ bezeichnen. Analog benutzen wir stets nur ein k, was gleich 2π geteilt durch das entsprechende λ ist.

Wir gehen nun zu der Rechteckfunktion der Abbildung 7.14 zurück und setzen $a = 4$. Mit anderen Worten, wir lassen das Rechteckmaximum $\lambda/2$ breit werden. In diesem Fall wird

$$f(x) = \frac{1}{2} + \frac{2}{\pi}\left(\cos kx - \frac{1}{3}\cos 3kx + \frac{1}{5}\cos 5kx - \cdots\right). \quad (7.54)$$

Ist die graphische Darstellung der Funktion $f(x)$ in

Wirklichkeit so, daß eine horizontale Linie sie in gleich geformte Abschnitte oberhalb und unterhalb der Linie aufteilt, so besteht die Fourier-Reihe lediglich aus ungeraden Oberschwingungen. Sollten wir die Kurve aufzeichnen, die die Teilsumme der Terme bei $m = 9$ darstellt, so würde sie der Rechteckwelle annähernd gleichen. Ist die Breite des Maximums im Unterschied dazu kleiner, so ist die Anzahl der Terme der Reihe größer, die benötigt wird, um dieselbe Ähnlichkeit mit $f(x)$ zu erzeugen. Dies kann man sich durch Untersuchung des Quotienten

$$\frac{A_m}{A_1} = \frac{\sin m2\pi/a}{m\sin 2\pi/a} \qquad (7.55)$$

bewußt machen.

Man beachte, daß für $a = 4$ der neunte Term, d.h. $m = 9$ recht klein ist, $A_9 \approx 10\%$ von A_1. Für ein Maximum, das im Vergleich 100 mal schneller ist, nämlich $a = 400$, ist $A_9 \approx 99\%$ von A_1. Während man die Terme bis zu $m = 4$ benötigt, wenn $a = 4$ ist, um die Kurve von Abbildung 7.13 (b) nachzumachen, braucht man bis zu $m = 8$ Terme, um annähernd die äquivalente Form zu erzeugen, wenn $a = 8$ ist. Das Schmälern des Maximums hat die Einführung von Oberschwingungen höherer Ordnung zur Folge, die ihrerseits kleinere Wellenlängen haben. Wir könnten dann vermuten, daß nicht so sehr die Gesamtzahl der Terme in der Reihe wichtig ist, sondern vielmehr die relativen Ausmaße der kleinsten Merkmale, die wiedergegeben werden, und die korrespondierenden Wellenlängen, die zur Verfügung stehen, von größter Bedeutung sind.[6] Gibt es feine Details in der Form, dann muß die Reihe vergleichsweise einen kurzen Wellenlängen- (oder im Zeitbereich einen kurzen Perioden-) Beitrag enthalten.

Man sollte sich die Negativwerte von A_m in der Gleichung (7.53) und in der Abbildung 7.15 einfach als die Amplituden jener harmonischen Beiträge vorstellen, die in die Synthese hinzugefügt werden müssen, und deren Phasen im Vergleich zu den positiven Termen um 180° verschoben sind. Die Äquivalenz zwischen einer negativen Amplitude und einer π-Rad Phasenverschiebung ist aus der Tatsache ersichtlich, daß $A_m \cos(kx + \pi) = -A_m \cos kx$.

---

[6] Offensichtlich kann man kein Schloß aus Blöcken bauen, die nicht viel kleiner sind als das Schloß.

7.8 Nichtperiodische Wellen — Fourier-Integrale

Wir kehren zu Abbildung 7.14 zurück und stellen uns vor, daß wir die Breite des Rechteckmaximums konstant halten, während λ unbegrenzt anwächst. Nähert sich λ dem Unendlichen, so erscheint die resultierende Funktion nicht mehr periodisch. Wir hätten dann einen einzelnen Rechteckpuls, und die benachbarten Maxima hätten sich ins Unendliche verschoben. Dies legt einen möglichen Weg der Verallgemeinerung der Methode der Fourier-Reihe nahe, um nichtperiodische Funktionen einzubeziehen. Wie wir sehen werden, sind sie in der Physik, vor allem in der Optik und der Quantenmechanik von größtem praktischen Wert.

Um zu sehen, wie dies erreicht werden kann, wollen wir am Anfang $a = 4$ setzen und irgendeinen Wert für λ wählen: jeder Wert ist geeignet, z.B. $\lambda = 1$ cm. Das Maximum hat dann eine Breite von $1/2$ cm, d.h. $2(\lambda/a)$ ist, wie in Abbildung 7.15 (a) veranschaulicht, in $x = 0$ zentriert. Die Bedeutung jeder speziellen Oberschwingung mk der Wellenzahl k kann man durch Untersuchung des Wertes der entsprechenden Fourier-Koeffizienten, in diesem Fall A_m, verstehen. Man darf sich die Koeffizienten als Gewichtsfaktoren vorstellen, die entsprechend die verschiedenen Oberschwingungen hervorheben. Abbildung 7.15 (a) enthält für die vorhergehende Rechteckwelle ein Diagramm einer Anzahl von Werten von A_m (wobei $m = 0, 1, 2, \dots$) gegen mk — solch eine Kurve nennt man das *Raumfrequenzspektrum*. Wir können A_m als eine Funktion $A(mk)$ betrachten, die nur bei Werten von $m = 0, 1, 2, \dots$ ungleich Null sein darf. Hat man die Größe a nun gleich 8 gesetzt, während λ auf 2 cm vergrößert wurde, so bleibt die Breite des Maximums vollständig unbeeinflußt. Die einzige Veränderung ist eine Verdoppelung des Raums zwischen den Maxima. Man kann jedoch eine äußerst interessante Veränderung im Raumspektrum in Abbildung 7.15 (b) feststellen. Die Dichte der Komponenten längs der mk-Achse ist merklich angewachsen. Trotzdem ist $A(mk)$ immer noch Null, wenn $mk = 4\pi, 8\pi, 12\pi, \dots$ ist, da aber nun k statt 2π den Wert π hat, gibt es zwischen diesen Nullpunkten weitere Terme. Schließlich setzen wir $a = 16$, während λ auf 4 cm vergrößert wird. Wieder sind die einzelnen Maxima in der Form unverändert, doch die Terme des Raumfrequenzspektrums sind nun noch dichter gepackt.

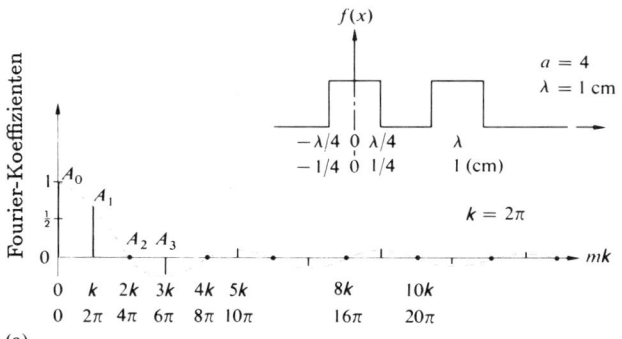

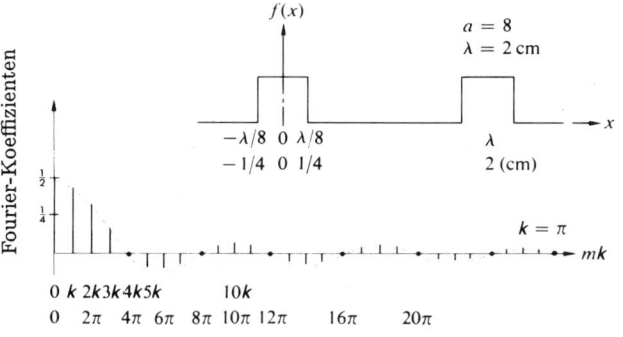

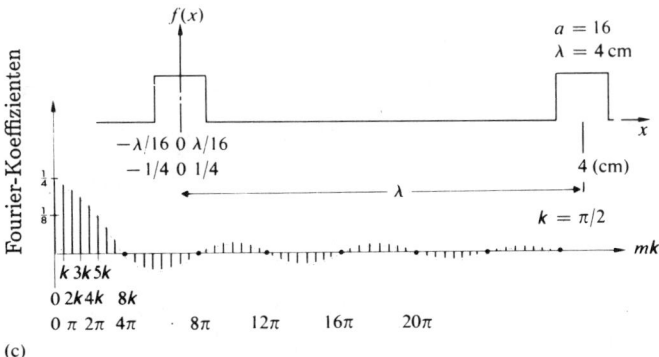

Abbildung 7.15 Der Rechteckimpuls als ein Grenzfall. Die negativen Koeffizienten entsprechen einer Phasenverschiebung von π rad.

In Wirklichkeit wird der Puls im Vergleich zu λ immer kleiner, wodurch man höhere Frequenzen zu seiner Zusammensetzung benötigt. Die Einhüllende der Kurve, die in Abbildung 7.15 (a) kaum erkennbar ist, kann man in Abbildung 7.15 (c) gut erkennen. In Wirklichkeit ist die Einhüllende bis auf einen Maßstabsfaktor in jedem Fall identisch. Sie ist nur durch die Form des ursprünglichen Signals bestimmt und ist für andere Formen ganz anders. Während λ zunimmt, und die Funktion das Aussehen eines einzelnen Rechteckpulses annimmt, können wir schließen, daß der Zwischenraum zwischen jedem $A(mk)$-Beitrag im Spektrum abnimmt. Die diskreten Spektrallinien gehen, während sie in der Amplitude abnehmen, allmählich ineinander über und sind einzeln nicht mehr auflösbar. Mit anderen Worten, während λ im Limes gegen ∞ geht, rücken die Spektrallinien unendlich nahe zusammen. Während k extrem klein wird, muß m folglich äußerst groß werden, falls mk überhaupt einen nennenswerten Betrag erhalten soll. Und so ersetzen wir durch Änderung der Bezeichnung die Oberschwingung mk der Wellenzahl k durch k_m. Obwohl die k_m-Werte aus diskreten Termen bestehen, wird k_m im Limes zu k transformiert, d.h. zu einer kontinuierlichen Verteilung. Die Funktion $A(k_m)$ wird im Limes zur Einhüllenden, die in Abbildung 7.15 gezeigt ist. Es ist nicht mehr sinnvoll von der Grundfrequenz und ihren Oberschwingungen zu sprechen. Der Puls $f(x)$, der zusammengesetzt wird, hat keine erkennbare Grundfrequenz.

Wir erinnern uns, daß ein Integral eigentlich der Limes einer Summe ist, während die Anzahl der Elemente gegen Unendlich geht, und deren Größen gegen Null gehen. So sollte es nicht überraschen, daß die *Fourier-Reihe* durch das sogenannte **Fourier-Integral** ersetzt werden muß, während λ gegen Unendlich geht. Jenes Integral, das wir hier ohne Beweis angeben, ist

$$f(x) = \frac{1}{\pi}\left[\int_0^\infty A(k)\cos kx\,dx + \int_0^\infty B(k)\sin kx\,dk\right], \tag{7.56}$$

vorausgesetzt, daß

$$A(k) = \int_{-\infty}^\infty f(x)\cos kx\,dx$$

und

$$B(k) = \int_{-\infty}^\infty f(x)\sin kx\,dx. \tag{7.57}$$

Die Ähnlichkeit mit der Reihendarstellung sollte auffallen. Die Größen $A(k)$ und $B(k)$ werden als die Amplituden der Sinus- und Kosinusbeiträge im Bereich der Wellenzahl zwischen k und $k + dk$ interpretiert. Man nennt

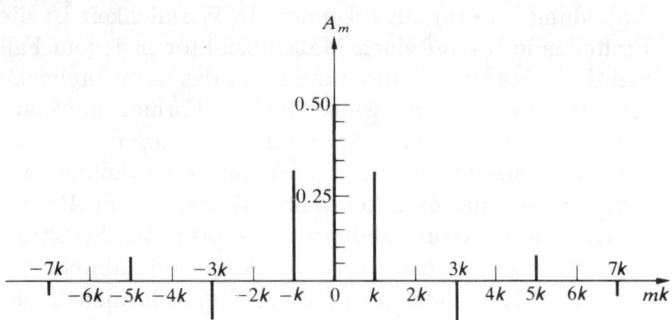

Abbildung 7.16 Ein symmetrisches Frequenzspektrum für die Wellenform der Abbildung 7.15 (a). Man beachte, daß der nullte Term eigentlich $A_0/2$ ist, was in der Tat die Amplitude des $m=0$-Beitrages der Reihe darstellt.

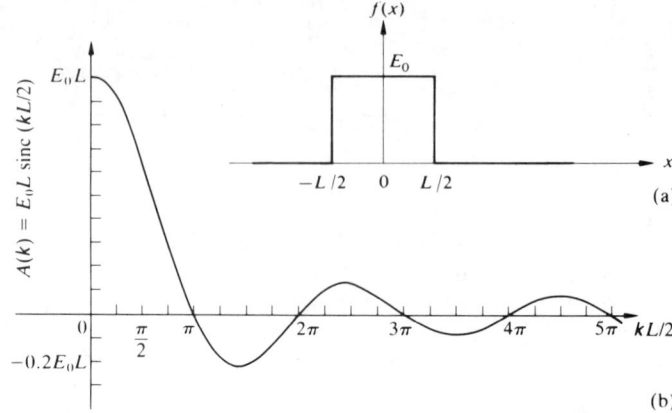

Abbildung 7.17 Der Rechteckpuls und seine Transformierte.

sie im allgemeinen die **Fourier-Kosinus- beziehungsweise Sinustransformierte**. Im vorhergehenden Beispiel eines Rechteckpulses ist sie die Kosinustransformierte $A(k)$, von der man feststellt, daß sie der Einhüllenden der Abbildung 7.15 entspricht.

Eine sorgfältige Untersuchung der Abbildung 7.15 und der Gleichung (7.53) zeigt, daß abgesehen vom Frequenzterm Null die Amplituden der Beiträge zur Synthese mit $(4/a)\operatorname{sinc} m2\pi/a$ variieren: die Einhüllende der Kurve ist eine sinc-Funktion. Wir erinnern uns, daß der erste Term der Reihe $1/2\, A_0$ und nicht A_0 lautet, was eine Art der Darstellung des Frequenzspektrums nahelegt. Da $\cos(mkx) = \cos(-mkx)$, können wir die Amplitude jedes Beitrages außer $m = 0$ halbieren und zweimal zeichnen, einmal mit einem positiven Wert von k und einmal mit einem negativen (Abb. 7.16). Dieser mathematische Trick liefert eine hübsche symmetrische Kurve, die wegen der so allgemein üblichen Darstellung von Frequenzspektren hier eingeführt wird. Wir werden in Kapitel 11 sehen, daß die leistungsstärksten Methoden mit Fourier-Transformierten eine komplexe Darstellung einbeziehen, die automatisch eine symmetrische Verteilung von positiven und negativen Raumfrequenztermen verursacht. Bestimmte optische Phänomene (wie z.B. die Beugung) treten ebenfalls im Raum symmetrisch auf, und man kann eine wunderbare Beziehung zum Raumfrequenzspektrum unter der Voraussetzung konstruieren, daß es positive und negative Frequenzen umfaßt. Die negative Frequenz ist ein nützliches mathematisches Mittel, und dies ist seine verlockende Eigenschaft. Dennoch können alle physikalischen Prozesse ausschließlich mit positiven Frequenzen ausgedrückt werden; wir werden weiterhin genau das im Rest dieses Kapitels machen.

7.9 Pulse und Wellenpakete

Wir wollen nun die Fourierintegraldarstellung des Rechteckpulses der Abbildung 7.17 bestimmen, die durch die Funktion

$$f(x) = \begin{cases} E_0 & \text{wenn } |x| < L/2 \\ 0 & \text{wenn } |x| > L/2 \end{cases}$$

beschrieben ist. Da $f(x)$ eine gerade Funktion ist, wird die Sinustransformierte $B(k)$ Null (7.57), und

$$A(k) = \int_{-\infty}^{\infty} f(x) \cos kx \, dx = \int_{-L/2}^{+L/2} E_0 \cos kx \, dx.$$

Daher ist

$$A(k) = \frac{E_0}{k} \sin kx \Big|_{-L/2}^{+L/2} = \frac{2E_0}{k} \sin kL/2.$$

Und so erhalten wir durch Multiplikation des Zählers und Nenners mit L und Umstellung der Terme

$$A(k) = E_0 L \frac{\sin kL/2}{kL/2}$$

oder äquivalent

$$A(k) = E_0 L \operatorname{sinc}(kL/2). \tag{7.58}$$

Die Fourier-Transformierte des Rechteckpulses ist in Abbildung 7.17 (b) aufgezeichnet; man sollte sie mit der Einhüllenden der Abbildung 7.15 vergleichen. Die Abstände zwischen aufeinanderfolgenden Nullwerten von $A(k)$ werden kleiner, während L zunimmt, und umgekehrt. Wenn $k = 0$ ist, folgt überdies aus Gleichung (7.58), daß $A(0) = E_0 L$ ist. Wir werden einige Zeit mehr in Kapitel 11 damit verbringen, uns die Fouriertransformierte und ihre Anwendungen auf die Optik genauer anzusehen. Entsprechend verschieben wir einige interessante Beobachtungen bis dahin.

Es ist einfach, die Integraldarstellung von $f(x)$ unter Verwendung der Gleichung (7.56) auszuschreiben:

$$f(x) = \frac{1}{\pi} \int_0^\infty E_0 L \operatorname{sinc}(kL/2) \cos kx \, dk. \quad (7.59)$$

In Aufgabe 7.26 soll das Integral berechnet werden.

Wenn wir in der Vergangenheit über monochromatische Wellen sprachen, machten wir darauf aufmerksam, daß sie Idealisierungen sind, die so in Wirklichkeit nicht existieren. Es wird immer irgendeinen Zeitpunkt gegeben haben, in dem der Sender, wie perfekt auch immer, eingeschaltet wurde. Abbildung 7.18 stellt einen idealisierten harmonischen Puls dar, der der Funktion

$$E(x) = \begin{cases} E_0 \cos k_p x & \text{wenn } -L \leq x \leq L \\ 0 & \text{wenn } |x| > L \end{cases}$$

entspricht. Wir zogen es vor, im Raumbereich zu arbeiten, könnten uns aber mit Sicherheit die Störung als eine Funktion der Zeit vorstellen. Wir untersuchen also statt der zeitlichen Form in $x = 0$ die räumliche Form der Welle $E(x - vt)$ in $t = 0$. Die Raumfrequenz k_p ist dem Bereich zugeordnet, in dem der Wellenzug harmonisch ist. Führen wir die Analyse fort, so stellen wir fest, daß $E(x)$ eine gerade Funktion ist, folglich ist $B(k) = 0$ und

$$A(k) = \int_{-L}^{+L} E_0 \cos k_p x \cos kx \, dx.$$

Dies ist identisch mit

$$A(k) = \int_{-L}^{+L} E_0 \frac{1}{2}[\cos(k_p + k)x + \cos(k_p - k)x] dx,$$

was zu

$$A(k) = E_0 L \left[\frac{\sin(k_p + k)L}{(k_p + k)L} + \frac{\sin(k_p - k)L}{(k_p - k)L} \right]$$

integriert wird, oder, wenn man will, zu

$$A(k) = E_0 L[\operatorname{sinc}(k_p + k)L + \operatorname{sinc}(k_p - k)L]. \quad (7.60)$$

Sind viele Wellen im Wellenzug vorhanden ($\lambda_p \ll L$), dann gilt $k_p L \gg 2\pi$. Daher ist $(k_p + k)L \gg 2\pi$ und deshalb ist $\operatorname{sinc}(k_p + k)L$ auf ziemlich kleine Werte gefallen. Wenn $k_p = k$, so hat im Gegensatz dazu die zweite sinc-Funktion in den Klammern ihren Maximalwert von 1. Mit anderen Worten, man darf sich vorstellen, daß die Funktion, die durch die Gleichung (7.60) gegeben ist, ein Maximum in $k = -k_p$ hat (Abb. 7.18 (b)). Da nur positive Werte von k erlaubt sind, leistet nur der Ausläufer jenes linksseitigen Maximums, der in den positiven k-Bereich hinübergeht, einen Beitrag. Wie wir gerade gesehen haben, sind solche Beiträge vernachlässigbar, die weit von $k = -k_p$ entfernt sind; dies trifft insbesondere zu, wenn $L \gg \lambda_p$, und die Maxima sowohl schmal sind als auch weit auseinander liegen. Der positive Ausläufer des linksseitigen Maximums fällt dann außerhalb von $k = -k_p$ sehr schnell ab. Folglich dürfen wir die erste sinc-Funktion in diesem besonderen Fall vernachlässigen und schreiben die Transformierte (Abb. 7.18 (c)) als

$$A(k) = E_0 L \operatorname{sinc}(k_p - k)L. \quad (7.61)$$

Trotz der Tatsache, daß der Wellenzug sehr lang ist, muß er wegen der endlichen Länge aus harmonischen Wellen mit einer kontinuierlichen Reihe von Raumfrequenzen zusammengesetzt werden. Und so kann man sich ihn als die Zusammenstellung eines unendlichen Ensembles von harmonischen Wellen vorstellen. In diesem Zusammenhang spricht man bei solchen Pulsen von *Wellenpaketen* oder *Wellengruppen*. Wie wir erwarten, ist der dominierende Beitrag bei $k = k_p$. Wäre die Analyse im Zeitbereich durchgeführt worden, würden dieselben Ergebnisse dort gelten, wobei die Transformierte um die Winkelfrequenz ω_p zentriert wäre. Während der Wellenzug unendlich lang wird (d.h. $L \to \infty$), schrumpft das Frequenzspektrum zusammen, und die Kurve der Abbildung 7.17 (b) schließt sich zu einer einzigen großen Spitze in k_p (oder ω_p). Dies ist der Grenzfall der idealisierten monochromatischen Welle.

Da wir uns $A(k)$ als die Amplitude der Beiträge zu $E(x)$ im Bereich von k bis $k + dk$ vorstellen dürfen, muß $A^2(k)$ mit der Energie der Welle in jenem Bereich verknüpft sein (Aufgabe 7.27). Wir werden zu diesem Punkt im Kapitel 11 zurückkommen, wenn wir das *Leistungsspektrum* betrachten. Momentan wollen wir lediglich feststellen (Abb. 7.18 (c)), daß die meiste Energie im Raumfrequenzbereich von $k_p - \pi/L$ bis $k_p + \pi/L$ über-

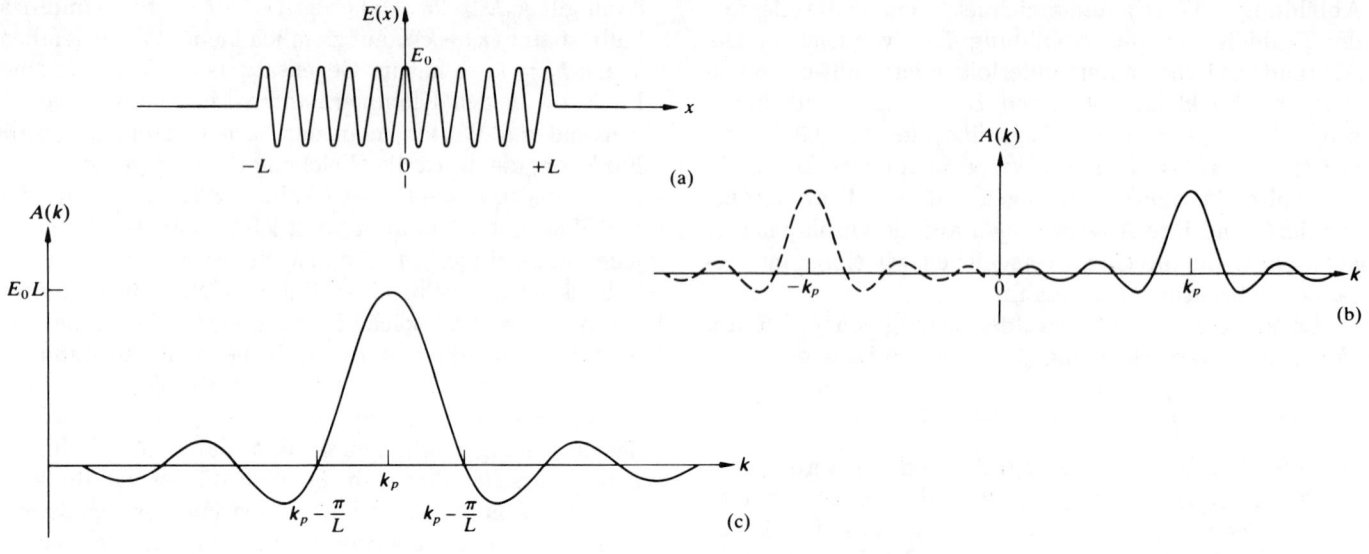

Abbildung 7.18 Ein endlich großer Kosinuswellenzug und seine Transformierte.

tragen wird, der zwischen den Minima auf beiden Seiten der zentralen Spitze liegt. Eine Zunahme der Länge des Wellenzuges bewirkt, daß die Energie der Welle in einem immer enger werdenden k-Bereich um k_p konzentriert wird.

Das Wellenpaket hat im zeitlichen Bereich, d.h. für

$$E(t) = \begin{cases} E_0 \cos \omega_p t & \text{wenn } -T \leq t \leq T \\ 0 & \text{wenn } |t| > T \end{cases}$$

die Transformierte

$$A(\omega) = E_0 T \operatorname{sinc} (\omega_p - \omega)T, \qquad (7.62)$$

wobei ω und k über die Phasengeschwindigkeit verknüpft sind. Das Frequenzspektrum ist abgesehen von der Bezeichnungsänderung von k zu ω und L zu T identisch zu dem der Abbildung 7.18 (c). Für das spezielle Wellenpaket, das untersucht wird, ist der Frequenzbereich (ω oder k), der die Transformierte umfaßt, sicher nicht endlich. Sprechen wir jedoch von der *Breite* der Transformierten ($\Delta\omega$ oder Δk), so legt Abbildung 7.18 (c) vielmehr nahe, daß wir $\Delta k = 2\pi/L$ oder $\Delta\omega = 2\pi/T$ verwenden. Im Unterschied dazu ist die räumliche oder zeitliche Ausdehnung des Pulses ganz unzweideutig $\Delta x = 2L$

beziehungsweise $\Delta t = 2T$. Das Produkt aus der Breite (oder Länge) des Paketes im k-*Raum* und seiner Breite im x-*Raum* ist $\Delta k \, \Delta x = 4\pi$ oder analog $\Delta\omega \, \Delta t = 4\pi$. Man nennt die Größen Δk und $\Delta\omega$ die **Frequenzbandbreiten**. Hätten wir einen anders geformten Puls benutzt, so wäre das Produkt der Bandbreite und Pulslänge sicher etwas anders ausgefallen. Die Mehrdeutigkeit ergibt sich nun daraus, daß wir bis jetzt noch nicht eine der alternativen Möglichkeiten zur Festlegung von $\Delta\omega$ und Δk gewählt haben. Zum Beispiel hätten wir statt der Verwendung der ersten Minima von $A(k)$ (es gibt Transformierte, die keine derartigen Minima haben, wie z.B. die Gaußsche Funktion des Abschnitts 11.2) Δk als die Breite von $A^2(k)$ in einem Punkt festlegen können, in dem die Kurve vielleicht auf $1/e$ ihres Maximalwertes gefallen wäre. Jedenfalls genügt derzeit die Feststellung, daß

$$\Delta\nu \sim 1/\Delta t, \qquad (7.63)$$

d.h. die Frequenzbandbreite liegt in der Größenordnung des reziproken Wertes der zeitlichen Ausdehnung des Pulses (Aufgabe 7.28). Hat das Wellenpaket eine schmale Bandbreite, so dehnt es sich über einen großen Raum-

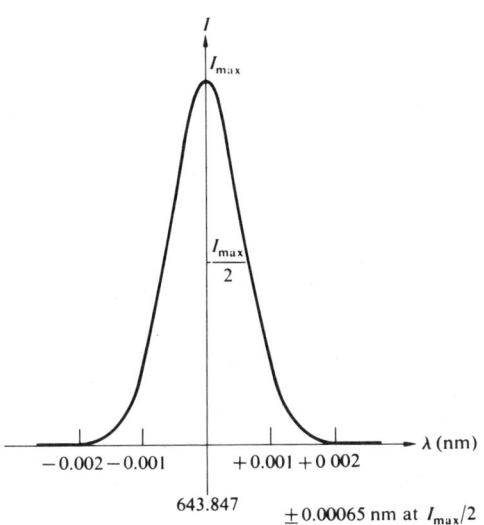

Abbildung 7.19 Die rote Linie von Kadmium ($\bar{\lambda}$=643.847 nm), die von einer Niederdrucklampe erzeugt wird.

und Zeitbereich aus. Dementsprechend kann ein Radio, das für den Empfang einer Bandbreite von $\Delta\nu$ abgestimmt ist, Pulszeitlängen erfassen, die nicht kürzer als $\Delta t \sim 1/\Delta\nu$ sind.

Diese Betrachtungen sind grundlegend in der Quantenmechanik, in der Wellenpakete Elementarteilchen beschreiben, wodurch Gleichung (7.63) direkt zur Heisenbergschen Unbestimmtheitsrelation führt.

7.10 Optische Bandbreiten

Wir stellen uns vor, daß wir Licht einer Natriumlampe untersuchen. Solche Lichtquellen nennt man, wenn auch etwas schlampig, monochromatisch. Wird das Strahlenbündel durch irgendeinen Spektralanalysator geleitet, so sind wir in der Lage, alle ihre verschiedenen Frequenzkomponenten zu beobachten. Charakteristisch dafür ist, daß man eine Anzahl von recht schmalen Frequenzbereichen findet, die die meiste Energie enthalten, und daß diese durch größere Dunkelbereiche getrennt sind. Das Licht tritt in den Spektralapparat durch einen Spalt ein. Dieser beleuchtete Spalt wird abgebildet, wobei zusätzlich das Licht spektral zerlegt wird. Dadurch erhält man mehrere verschiedenfarbige Abbilder des Spaltes, die

man *Spektrallinien* nennt. Andere Analysatoren stellen die Frequenzverteilung auf einem Oszilloskopschirm dar. Jedenfalls sind die einzelnen Spektrallinien niemals unendlich scharf. Sie bestehen immer aus einem Bereich von Frequenzen, wie schmal sie auch immer sind (Abb. 7.19).

Die Elektronensprünge, die für die Lichterzeugung verantwortlich sind, haben eine Dauer in der Ordnung von 10^{-8} s. Da die emittierten Wellenzüge endlich sind, gibt es eine Streuung der Frequenzen, die man heute die *natürliche Linienbreite* nennt (siehe Abschnitt 11.3.4). Da sich die Atome außerdem in zufälliger thermischer Bewegung befinden, wird das Frequenzspektrum durch den Doppler-Effekt verändert. Zusätzlich erfahren die Atome Zusammenstöße, die die Wellenzüge unterbrechen, wodurch die Frequenzverteilung verbreitert wird. Der Gesamteffekt aller dieser Mechanismen ist, daß jede Spektrallinie statt einer einzigen Frequenz eine Bandbreite $\Delta\nu$ hat. Die Zeit, die die Gleichung (7.63) erfüllt, bezeichnet man als die **Kohärenzzeit** (die wir nachfolgend als Δt_c schreiben), und die Länge Δx_c, die durch

$$\Delta x_c = c\, \Delta t_c \qquad (7.64)$$

gegeben ist, als die **Kohärenzlänge**. Wir werden in Kürze sehen, daß die Kohärenzlänge die Länge im Raum angibt, in der die Welle sinusförmig ist, so daß man ihre Phase genau angeben kann. Das entsprechende zeitliche Maß ist die Kohärenzzeit. Diese Begriffe sind außerordentlich wichtig für die Betrachtung der Wechselwirkung von Wellen, und wir werden in der späteren Diskussion der Interferenz zu ihnen zurückkommen.

Da wir den Begriff Photonenwellenzug bereits kennen, können wir nun mit Hilfe von etwas Fourier-Analyse einiges über seine Form herleiten. Dies kann man dadurch erreichen, daß man im Grunde genommen rückwärts von der experimentellen Beobachtung vorgeht, die besagt, daß die Frequenzverteilung einer Spektrallinie, die von einer quasimonochromatischen Quelle (kein Laser) stammt, durch eine glockenförmige Gaußsche Funktion dargestellt werden kann (Abschnitt 2.1). Das heißt, man findet die Bestrahlungsstärke gegen die Frequenz als eine Gaußsche Kurve ist. Die Bestrahlungsstärke ist jedoch proportional zum Quadrat der Amplitude des elektrischen Feldes; und da das Quadrat einer Gaußschen Funktion eine Gaußsche Funktion ist, folgt, daß die Amplitude des Lichtfeldes auch glockenförmig ist.

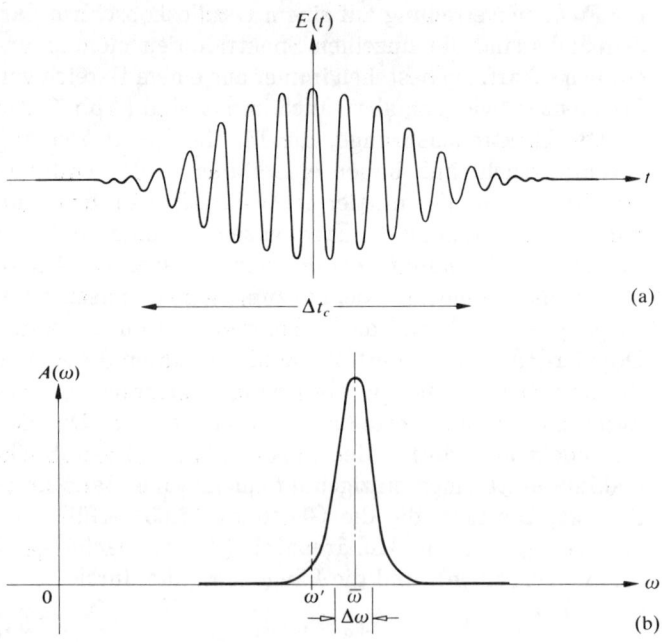

Abbildung 7.20 Ein kosinusförmiger Wellenzug, der durch eine Gaußsche Einhüllende moduliert ist, und seine Gaußsche Transformierte, die auch eine Gaußsche Kurve ist.

Wir nehmen nun an, daß ein einzelner Photonenwellenzug, von denen viele derartige identische Pakete das Strahlenbündel bilden, der Abbildung 7.20 (a) ähnelt, in dem es eine harmonische Funktion darstellt, die durch eine Gaußsche Einhüllende moduliert ist. Seine Fourier-Transformierte $A(\omega)$ ist ebenfalls eine Gaußsche Kurve. Wir stellen uns vor, daß wir nur ein- und dieselbe harmonische Frequenzkomponente betrachten, die zu jedem Photonenwellenzug einen Beitrag leistet, z.B. diejenige, die ω' entspricht. Wir erinnern uns, daß diese Komponente eine unendlich lange sinusförmige Funktion mit konstanter Amplitude ist. Setzen wir voraus, daß jedes Paket die gleiche Form hat, so ist die Amplitude der Fourierkomponente, die mit ω' verknüpft ist, für jedes Paket gleich. In jedem Punkt in einem Photonenstrom haben diese monochromatischen Wellen, die der ω'-Komponente entsprechen, und von denen jeweils eine zu jedem einzelnen Wellenzug gehört, eine willkürliche relative Phasenverteilung, die sich zeitlich mit dem Eintreffen jedes einzelnen Photons schnell verändert. Daher

entsprechen alle derartigen Beiträge zusammengenommen (Abb. 7.21) im Durchschnitt einer harmonischen Welle mit der Frequenz ω', die eine Amplitude $N^{1/2}$ hat, und dies ist der ω'-Teil des letztendlich beobachteten Feldes. Dasselbe gilt für jede andere Frequenz, die zum Wellenzug gehört. Dies bedeutet, daß für jede Frequenz im Lichtfeld des Strahlenbündels derselbe Energiebetrag vorhanden ist wie insgemt in den einzelnen Wellenzügen. Außerdem wissen wir alles über diese Energie-Frequenz-Verteilung; sie stellt eine Gaußsche Kurve dar, so daß die Transformierte des Photonenwellenzuges auch eine Gaußsche Kurve sein muß. Mit anderen Worten, die beobachtete Spektrallinie entspricht dem Leistungsspektrum des Strahlenbündels, aber sie entspricht auch dem Leistungsspektrum eines einzelnen Photonenwellenzuges. Falls die Bestrahlungsstärke eine Gaußsche Kurve darstellt, gilt dies ebenfalls für den Photonenwellenzug. Als eine Folge der Zufälligkeit der Wellenzüge haben die einzelnen harmonischen Komponenten der resultierenden Welle nicht dieselben relativen Phasen, wie sie es in jedem Paket hatten. Daher unterscheidet sich die Form der resultierenden Welle von der der einzelnen Wellenpakete, obwohl die Amplitude jeder Frequenzkomponente, die in der Resultierenden vorhanden ist, einfach das $N^{1/2}$-fache ihrer Amplitude ist, die sie in einem Paket hat. Die beobachtete Spektrallinie entspricht zwar dem Leistungsspektrum des resultierenden Strahlenbündels, doch entspricht sie ebenso dem Leistungsspektrum eines einzelnen Paketes. Gewöhnlich gibt es eine gewaltige Anzahl von sich zufällig überdeckenden Wellengruppen, so daß die Einhüllende der Resultierenden selten Null ist. Ist die Quelle quasimonochromatisch (d.h. ist die Bandbreite im Vergleich zur mittleren Frequenz $\bar{\nu}$ klein), so dürfen wir uns die Resultierende als "fast" sinusförmig vorstellen.

Zusammengefaßt kann dann die zusammengesetzte Welle wie in Abbildung 7.21 dargestellt werden. Wir dürfen uns dann vorstellen, daß sich die Frequenz und Amplitude willkürlich verändern; die erstere über einen Bereich $\Delta \nu$ zentriert um $\bar{\nu}$. Dementsprechend ist die **Frequenzkonstanz**, die als $\Delta\nu/\bar{\nu}$ definiert ist, ein nützliches Maß für die spektrale Reinheit (Einfarbigkeit). Selbst eine Kohärenzzeit, die so kurz wie 10^{-9} s ist, entspricht in etwa einigen Millionen Wellenlängen des schnell schwingenden Trägers ($\bar{\nu}$), so daß alle Amplituden- oder Frequenzveränderungen im Vergleich ganz langsam auftre-

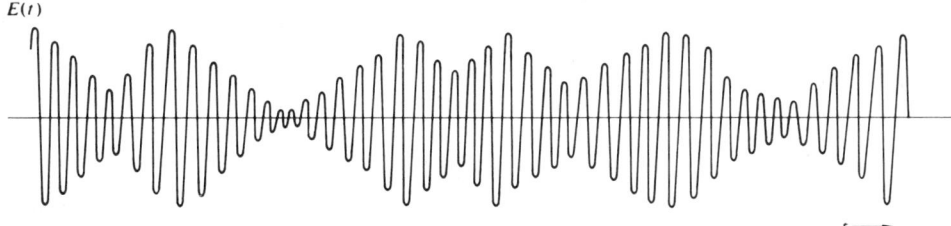

Abbildung 7.21 Eine quasimonochromatische Lichtwelle.

ten. Äquivalent können wir einen zeitlich variierenden Phasenfaktor so einführen, daß die Störung als

$$E(t) = E_0(t)\cos[\varepsilon(t) - 2\pi\overline{\nu}t] \qquad (7.65)$$

geschrieben werden kann, *wobei sich der Abstand zwischen den Wellenbergen mit der Zeit ändert.*

Die mittlere Dauer eines Wellenzuges ist Δt_c, und so müssen zwei Punkte auf der Welle von Abbildung 7.21, die weiter als Δt_c auseinanderliegen, auf verschiedenen, beitragenden Wellenzügen liegen. Diese Punkte würden daher in der Phase völlig beziehungslos zueinander stehen. Mit anderen Worten, bestimmen wir das elektrische Feld der zusammengesetzten Welle, während sie an einem idealisierten Detektor vorbeiläuft, so könnten wir ihre Phase für spätere Zeitpunkte, deren Abstände viel kleiner als Δt_c sind, ziemlich genau voraussagen, aber auf gar keinen Fall für Zeitpunkte, die nach Δt_c kommen. In Kapitel 12 werden wir den *Kohärenzgrad* betrachten, der den Bereich zwischen diesen Extremen abdeckt.

Weißes Licht hat einen Frequenzbereich von 0.4×10^{15} Hz bis etwa 0.7×10^{15} Hz, d.h. eine Bandbreite von ungefähr 0.3×10^{15} Hz. Die Kohärenzzeit ist dann etwa 3×10^{-15} s. Dies entspricht Wellenzügen (7.64), die eine räumliche Ausdehnung von nur wenigen Wellenlängen haben. *Demgemäß darf man sich weißes Licht als eine zufällige Folge von sehr kurzen Pulsen vorstellen.* Möchten wir weißes Licht künstlich zusammensetzen, so müßten wir einen breiten, kontinuierlichen Bereich von harmonischen Einzelwellen überlagern, um die sehr kurzen Wellenpakete zu erzeugen. Umgekehrt können wir weißes Licht durch einen Fourier-Analysator leiten, wie z.B. ein Beugungsgitter oder ein Prisma, und dabei tatsächlich jene Komponenten erzeugen.

Die zur Verfügung stehende Bandbreite ist im sichtbaren Spektrum (≈ 300 THz) so groß, daß sie für den Übertragungstechniker so etwas wie ein "Wunderland" darstellt. Zum Beispiel belegt ein typischer Fernsehkanal einen Bereich von 4 MHz im elektromagnetischen Spektrum ($\Delta\nu$ ist durch die Dauer der Pulse bestimmt, die man benötigt, um den Abtastelektronenstrahl zu regulieren). Deshalb könnte der sichtbare Bereich etwa 75 Millionen Fernsehkanäle übertragen. Unnötig zu erwähnen, daß dies ein Feld aktiver Forschung ist (siehe Abschnitt 8.11).

Übliche Entladungslampen haben relativ große Bandbreiten, die zu Kohärenzlängen in der Größenordnung von nur einigen Millimetern führen. Im Unterschied dazu haben die Spektrallinien, die von Isotopenniederdrucklampen emittiert werden, wie z.B. Hg^{198} ($\lambda_{\text{Luft}} = 546.078$ nm) oder das Kr^{86} ($\lambda_{\text{Luft}} = 605.616$ nm) der internationalen Norm, Bandbreiten von etwa 1000 MHz. Die entsprechenden Kohärenzlängen sind in der Größenordnung von 1 m und die Kohärenzzeiten von etwa 1 ns. Die Frequenzkonstanz ist etwa ein Millionstel — diese Quellen sind quasimonochromatisch.

Der Laser ist bei weitem die spektakulärste aller heutigen Quellen. Man hat unter optimalen Bedingungen, in denen Temperaturveränderungen und Schwingungen sorgfältig unterdrückt wurden, einen Laser tatsächlich in ziemlicher Nähe zu seiner theoretischen Grenze der Frequenzkonstanz betrieben. Eine kurzzeitige Frequenzkonstanz von etwa 8 Teilen pro 10^{14} wurde mit einem He-Ne-kontinuierlichen Gaslaser bei $\lambda_0 = 1153$ nm erreicht.[7] Das entspricht einer bemerkenswert schmalen Bandbreite von etwa 20 Hz. Im allgemeinen kann man Frequenzkonstanzen von mehreren Teilen auf 10^9 leicht erhalten. Es gibt kommerzielle, lieferbare CO_2-Laser, die ein kurzzeitiges ($\approx 10^{-1}$ s) $\Delta/\overline{\nu}$-Verhältnis von 10^{-9} und einen langzeitigen ($\approx 10^3$ s) Wert von 10^{-8} liefern.

---

[7] T.S. Jaseja, A. Javan und C.H. Townes, "Frequency Stability of Helium-Neon Masers and Measurements of Length", *Phys. Rev. Letters* **10**, 165 (1963).

Aufgaben

7.1 Bestimmen Sie die Resultierende der Überlagerung der parallelen Wellen $E_1 = E_{01}\sin(\omega t + \varepsilon_1)$ und $E_2 = E_{02}\sin(\omega t + \varepsilon_2)$, wenn $\omega = 120\pi$, $E_{01} = 6$, $E_{02} = 8$, $\varepsilon_1 = 0$ und $\varepsilon_2 = \pi/2$. Zeichnen Sie jede Funktion und die Resultierende.

7.2* Wir nehmen an, daß wir in Abschnitt 7.1 die Analyse für $E = E_1 + E_2$ mit zwei Kosinusfunktionen $E_1 = E_{01}\cos(\omega t + \alpha_1)$ und $E_2 = E_{02}\cos(\omega t + \alpha_2)$ beginnen. Um uns die Rechnung zu erleichtern, setzen wir $E_{01} = E_{02}$ und $\alpha = 0$. Addieren Sie die zwei Wellen algebraisch und nutzen Sie die bekannte trigonometrische Identität $\cos\theta + \cos\Phi = 2\cos\frac{1}{2}(\theta + \Phi)\cos\frac{1}{2}(\theta + \Phi)$ aus, um zu zeigen, daß $E = E_0\cos(\omega t + \alpha)$, wobei $E_0 = 2E_{01}\cos\alpha_2/2$ und $\alpha = \alpha_2/2$. Zeigen Sie nun, daß dieselben Ergebnisse aus den Gleichungen (7.9) und (7.10) folgen.

7.3* Die zwei Wellen der Gleichung (7.5) seien in Phase. Zeigen Sie, daß dann das Quadrat der resultierenden Amplitude ein Maximum ist, das gleich $(E_{01} + E_{02})^2$ ist. Zeigen Sie, daß ein Minimum gleich $(E_{01} - E_{02})^2$ vorliegt, wenn die Wellen außer Phase sind.

7.4* Zeigen Sie, daß die optische Weglänge, die als die Summe der Produkte aus den verschiedenen Brechungsindizes multipliziert mit der vom Strahl durchlaufenen jeweiligen Mediendicke definiert ist, d.h. $\Sigma_i n_i x_i$, gleich der optischen Weglänge im Vakuum ist, die der Strahl in der gleichen Zeit zurücklegen würde.

7.5 Beantworten Sie folgende Fragen:
a) Wie viele Wellenlängen von $\lambda_0 = 500$ nm sind auf einem 1 m langen Lichtstrahl im Vakuum?
b) Wie viele Wellen sind es dann, wenn eine 5 cm dicke Glasplatte ($n = 1.5$) in den Weg eingefügt wird?
c) Bestimmen Sie den optischen Wegunterschied OPD zwischen den zwei Situationen.
d) Verifizieren Sie, daß Λ/λ_0 der Differenz zwischen den Lösungen zu (a) und (b) entspricht.

7.6* Bestimmen Sie den optischen Wegunterschied für die zwei Wellen A und B, die beide im Vakuum Wellenlängen von 500 nm haben, wie man in Abbildung 7.22 sieht; der Glasbehälter ($n = 1.52$) ist mit Wasser ($n = 1.33$) gefüllt. Finden Sie ihren relativen Phasenun-

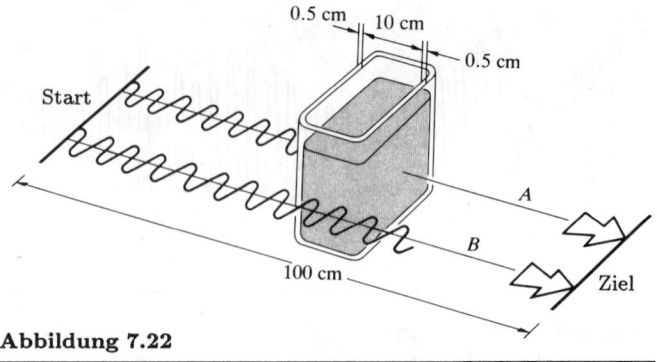

Abbildung 7.22

terschied an der Ziellinie, wenn die Wellen phasengleich starten, und alle oberen Zahlen genau sind.

7.7* Zeigen Sie unter Verwendung der Gleichungen (7.9), (7.10) und (7.11), daß die Resultierende der zwei Wellen
$$E_1 = E_{01}\sin[\omega t - k(x + \Delta x)]$$
und
$$E_2 = E_{01}\sin(\omega t - kx)$$
$$E = 2E_{01}\cos\left(\frac{k\Delta x}{2}\right)\sin\left[\omega t - k\left(x + \frac{\Delta x}{2}\right)\right] \quad [7.17]$$
ist.

7.8 Addieren Sie direkt die zwei Wellen von Aufgabe 7.7, um Gleichung (7.17) zu erhalten.

7.9 Wenden Sie die komplexe Darstellung an, um die Resultierende $E = E_1 + E_2$ zu finden, wobei
$$E_1 = E_0\cos(kx + \omega t) \quad \text{und} \quad E_2 = -E_0\cos(kx - \omega t).$$
Beschreiben Sie die zusammengesetzte Welle.

7.10 Das elektrische Feld einer stehenden elektromagnetischen ebenen Welle ist durch
$$E(x,t) = 2E_0\sin kx\cos\omega t \quad [7.30]$$
gegeben; leiten Sie einen Ausdruck für $B(x,t)$ her. (Sie können sich den Abschnitt 3.2 noch einmal ansehen.) Fertigen Sie eine Skizze der stehenden Welle an.

7.11* Wir betrachten Wieners Experiment (Abb. 7.8) im monochromatischen Licht der Wellenlänge 550 nm. Die Ebene des Films liegt in einem Winkel von $1.0°$ zur reflektierenden Fläche. Bestimmen Sie die Anzahl der hellen Streifen, die pro Zentimeter auf ihr erscheinen.

7.12* Mikrowellen der Frequenz 10^{10} Hz werden direkt auf einen Metallreflektor gestrahlt. Bestimmen Sie bei Vernachlässigung des Brechungsindexes der Luft den Abstand zwischen aufeinanderfolgenden Knoten in dem resultierenden stehenden Wellenmuster.

7.13* Eine stehende Welle sei durch
$$E = 100 \sin \frac{2}{3}\pi x \cos 5\pi t$$
gegeben. Bestimmen Sie zwei Wellen, deren Überlagerung die stehende Welle ergibt.

7.14* Wir stellen uns vor, wir schlagen zwei Stimmgabeln an, eine mit der Frequenz 340 Hz, die andere mit 342 Hz. Was würden wir hören?

7.15 Die Abbildung 7.23 zeigt eine Trägerwelle der Frequenz ω_c, die durch eine Sinuswelle der Frequenz ω_m amplitudenmoduliert wird, d.h.
$$E = E_0(1 + \alpha \cos \omega_m t) \cos \omega_c t.$$
Zeigen Sie, daß dies äquivalent zur Überlagerung von drei Wellen der Frequenzen $\omega_c, \omega_c + \omega_m$ und $\omega_c - \omega_m$ ist. Sind eine Anzahl von Modulationsfrequenzen vorhanden, so schreiben wir E als eine Fourier-Reihe und summieren über alle ω_m-Werte. Die Glieder $\omega_c + \omega_m$ stellen das *obere Seitenband*, die Glieder $\omega_c - \omega_m$ das *untere Seitenband* dar. Welche Bandbreite würden Sie benötigen, um den vollständigen hörbaren Bereich zu übertragen?

7.16 Gegeben sei die Dispersionsrelation $\omega = ak^2$. Berechnen Sie sowohl die Phasen- als auch die Gruppengeschwindigkeit.

7.17 Die Fortpflanzungsgeschwindigkeit (Phasengeschwindigkeit) einer Oberflächenwelle einer Flüssigkeit mit einer Tiefe, die viel größer als λ ist, ist durch
$$v = \sqrt{\frac{g\lambda}{2\pi} + \frac{2\pi \Upsilon}{\rho \lambda}}$$
gegeben, wobei
$$g = \text{Schwerebeschleunigung}$$
$$\lambda = \text{Wellenlänge}$$
$$\rho = \text{Dichte}$$
$$\Upsilon = \text{Oberflächenspannung}.$$
Berechnen Sie die Gruppengeschwindigkeit eines Pulses für den Grenzwert langer Wellen (diese nennt man *Schwerkraftwellen*).

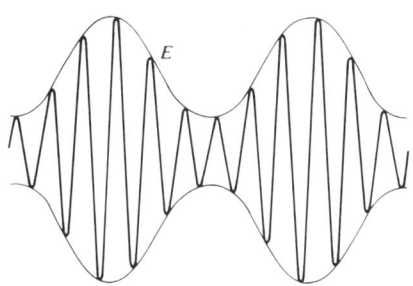

Abbildung 7.23

7.18* Zeigen Sie, daß die Gruppengeschwindigkeit als
$$v_g = v - \lambda \frac{dv}{d\lambda}$$
geschrieben werden kann.

7.19 Zeigen Sie, daß die Gruppengeschwindigkeit als
$$v_g = \frac{c}{n + \omega(dn/d\omega)}$$
geschrieben werden kann.

7.20* Bestimmen Sie die Gruppengeschwindigkeit von Wellen, wenn sich die Phasengeschwindigkeit umgekehrt mit der Wellenlänge verändert.

7.21* Zeigen Sie, daß man die Gruppengeschwindigkeit als
$$v_g = \frac{c}{n} + \frac{\lambda c}{n^2} \frac{dn}{d\lambda}$$
schreiben kann.

7.22 Zeigen Sie unter Verwendung der Dispersionsgleichung
$$n^2(\omega) = 1 + \frac{Nq_e^2}{\epsilon_0 m_e} \sum_j \left(\frac{f_j}{\omega_{0j}^2 - \omega^2} \right), \quad [3.70]$$
daß die Gruppengeschwindigkeit für hochfrequente Wellen (z.B. Röntgenstrahlen) durch
$$v_g = \frac{c}{1 + Nq_e^2/\epsilon_0 m_e \omega^2 2}$$
gegeben ist. Denken Sie daran, daß $\Sigma_j f_j = 1$, da f_j die Gewichtsfaktoren sind. Wie groß ist die Phasengeschwindigkeit? Zeigen Sie, daß $vv_g \approx c^2$.

7.23* Bestimmen Sie analytisch die Resultierende, wenn die beiden Funktionen $E_1 = 2E_0 \cos \omega t$ und $E_2 = 1/2 E_0 \sin 2\omega t$ überlagert werden. Zeichnen Sie E_1, E_2 und $E = E_1 + E_2$. Ist die Resultierende periodisch; wenn ja, wie lautet ihre Periode in Abhängigkeit von ω?

7.24 Zeigen Sie, daß

$$\int_0^\lambda \sin akx \cos bkx \, dx = 0 \qquad [7.44]$$

$$\int_0^\lambda \cos akx \cos bkx \, dx = \frac{\lambda}{2} \delta_{ab} \qquad [7.45]$$

$$\int_0^\lambda \sin akx \sin bkx \, dx = \frac{\lambda}{2} \delta_{ab}, \qquad [7.46]$$

wobei $a \neq 0$, $b \neq 0$, und a und b positive ganze Zahlen sind.

7.25 Berechnen Sie die Komponenten der Fourier-Reihe für die periodische Funktion, die in Abbildung 7.14 gezeigt ist.

7.26 Ändern Sie die obere Grenze von Gleichung (7.59) von ∞ zu a und berechnen Sie das Integral. Erfassen Sie die Lösung in den Ausdrücken des sogenannten Sinusintegrals:

$$\mathrm{Si}(z) = \int_0^z \mathrm{sinc}\, w \, dw,$$

das eine Funktion ist, deren Werte gewöhnlich tabellarisiert sind.

7.27 Schreiben Sie einen Ausdruck für die Transformierte $A(\omega)$ des harmonischen Pulses der Abbildung 7.24. Prüfen Sie nach, daß sinc u 50% (oder 0.5) oder mehr für Werte von u ist, die *etwas* kleiner als $\pi/2$ sind. Zeigen Sie unter Beachtung dessen, daß $\Delta\nu\Delta t \sim 1$ ist, wobei $\Delta\nu$ die Bandbreite der Transformierten bei der Hälfte ihrer halben Amplitude ist. Verifizieren Sie ebenfalls, daß $\Delta\nu\Delta t \sim 1$ bei der Hälfte der maximalen Bestrahlungsstärke ist. Wir wollen hier eine gewisse Vorstellung von der Art der Näherungen erhalten, die in der Diskussion verwendet werden.

7.28 Leiten Sie einen Ausdruck für die Kohärenzlänge (im Vakuum) eines Wellenzuges her, der eine Frequenzbandbreite $\Delta\nu$ hat; geben Sie Ihre Antwort in Abhängigkeit von der *Linienbreite* $\Delta\lambda_0$ und der mittleren Wellenlänge $\overline{\lambda}_0$ des Wellenzuges an.

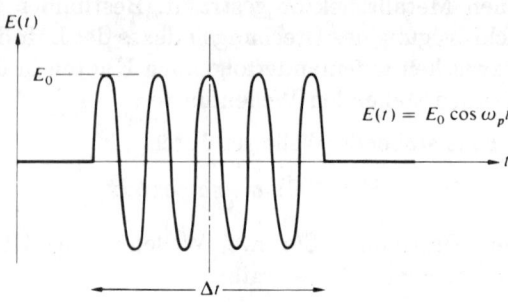

Abbildung 7.24

7.29 Stellen Sie sich ein Photon im sichtbaren Bereich des Spektrums vor, das während eines atomaren Übergangs von etwa 10^{-8} s emittiert wird. Wie lang ist das Wellenpaket? Schätzen Sie die Linienbreite des Paketes ($\overline{\lambda}_0 = 500$ nm) bei Beachtung der Ergebnisse der vorherigen Aufgabe ab (d.h., falls Sie sie bearbeitet haben). Was können Sie über seine Monochromatizität sagen, die man an der Frequenzkonstanz erkennen kann?

7.30 Das erste Experiment,[8] das direkt die Bandbreite eines Lasers maß (in diesem Fall ein kontinuierlicher $Pb_{0.88} Sn_{0.12}$ Te-Diodenlaser), wurde erfolgreich durchgeführt. Der Laser, der bei $\lambda_0 = 10600$ nm arbeitete, wurde mit einem CO_2-Laser überlagert, und es wurden Bandbreiten von nur 54 kHz beobachtet. Berechnen Sie die entsprechende Frequenzkonstanz und Kohärenzlänge für den Blei-Zinn-Tellurid-Laser.

7.31* Eine Magnetfeld-Technik zur Konstanthaltung eines He-Ne-Lasers bis auf zwei Teile in 10^{10} ist kürzlich patentiert worden. Wie groß wäre die Kohärenzlänge eines Lasers bei 632.8 nm mit einer derartigen Frequenzkonstanz?

7.32 Stellen Sie sich vor, wir zerhackten einen kontinuierlichen Laserstrahl (vorausgesetzt monochromatisch bei $\lambda_0 = 632.8$ nm) in Pulse von 0.1 ns Dauer bei Verwendung irgendeines Verschlusses. Berechnen Sie die resultierende Linienbreite $\Delta\lambda$, Bandbreite und Kohärenzlänge. Finden Sie die Bandbreite und Linienbreite, die sich ergeben würde, falls wir mit 10^{15} Hz zerhacken könnten.

---

[8] D. Hinkley und C. Freed, *Phys. Rev. Letters* **23**, 277 (1969).

7.33* Angenommen wir hätten ein Filter, das einen Durchlaßbereich von 1.0 Å hat und um 600 nm zentriert ist, das wir mit Sonnenlicht beleuchten. Berechnen Sie die Kohärenzlänge der herauskommenden Welle.

7.34* Ein Filter läßt Licht mit einer mittleren Wellenlänge von $\bar{\lambda}_0 = 500$ nm durch. Die austretenden Wellenzüge seien etwa $20\bar{\lambda}_0$ lang. Wie groß ist die Frequenzbandbreite des austretenden Lichts?

7.35* Angenommen wir verteilen weißes Licht in Wellenlängenbündel mit Hilfe eines Beugungsgitters und leiten dann einen kleinen, ausgewählten Bereich jenes Spektrums durch einen Spalt. Wegen der Breite des Spaltes tritt ein Band von Wellenlängen heraus, das 1.2 nm breit ist und bei 500 nm zentriert ist. Bestimmen Sie die Frequenzbandbreite und die Kohärenzlänge von diesem Licht.

8 POLARISATION

8.1 Die Natur des polarisierten Lichts

Wir haben bereits dargelegt, daß Licht als eine transversale elektromagnetische Welle betrachtet werden kann. Bisher haben wir nur **linear polarisiertes oder planpolarisiertes Licht** betrachtet, d.h. Licht, bei dem die Orientierung des elektrischen Feldes konstant ist, obwohl sich der Betrag und das Vorzeichen zeitlich verändern (Abb. 3.9). Das elektrische Feld oder die optische Störung liegt deshalb in der sogenannten **Schwingungsebene**. Jene feststehende Ebene enthält sowohl E als auch k, den elektrischen Feldvektor beziehungsweise den Fortpflanzungsvektor, der in der Bewegungsrichtung liegt.

Wir stellen uns nun vor, daß wir zwei harmonische, linear polarisierte Lichtwellen derselben Frequenz haben, die sich durch denselben Raumbereich in dieselbe Richtung bewegen. Sind ihre elektrischen Feldvektoren kollinear, so vereinigen sich einfach die überlagernden Störungen, so daß sie eine resultierende, linear polarisierte Welle bilden. Ihre Amplitude und Phase wird detailliert unter einer Vielfalt von Bedingungen im nächsten Kapitel untersucht, wenn wir das Phänomen der Interferenz betrachten. Stehen im Gegensatz dazu die jeweiligen elektrischen Felder der zwei Lichtwellen senkrecht aufeinander, so kann die resultierende Welle linear polarisiert sein, muß aber nicht.

Dieses Kapitel handelt davon, welchen *Polarisationszustand* das Licht annimmt, wie wir ihn beobachten, erzeugen, ändern und anwenden können.

8.1.1 Lineare Polarisation

Wir können die zwei orthogonalen optischen Störungen, die wir oben betrachteten, in der Form

$$\boldsymbol{E}_x(z,t) = \hat{\boldsymbol{i}} E_{0x} \cos(kz - \omega t) \quad (8.1)$$

und

$$\boldsymbol{E}_y(z,t) = \hat{\boldsymbol{j}} E_{0y} \cos(kz - \omega t + \varepsilon) \quad (8.2)$$

darstellen, wobei ε der relative Phasenunterschied zwischen den Wellen ist, die sich beide in die z-Richtung bewegen. Wir erinnern uns, daß die Addition eines *positiven* ε zu der Phase in der Form $(kz - \omega t)$ bewirkt, daß die Kosinusfunktion in der Gleichung (8.2) denselben Wert wie die Kosinusfunktion in der Gleichung (8.1) erst zu einer späteren Zeit (ε/ω) erreicht. Dementsprechend eilt E_y dem E_x um $\varepsilon > 0$ nach. Ist ε eine negative Größe, so eilt natürlich E_y dem E_x um $\varepsilon < 0$ voraus. Die resultierende optische Welle ist die vektorielle Summe dieser zwei zueinander senkrecht stehenden Wellen:

$$\boldsymbol{E}(z,t) = \boldsymbol{E}_x(z,t) + \boldsymbol{E}_y(z,t). \quad (8.3)$$

Ist $\varepsilon = 0$ oder ein ganzzahliges Vielfaches von $\pm 2\pi$, so bezeichnet man die Wellen als **phasengleich** oder *in Phase*. In diesem Spezialfall wird Gleichung (8.3) zu

$$\boldsymbol{E} = (\hat{\boldsymbol{i}} E_{0x} + \hat{\boldsymbol{j}} E_{0y}) \cos(kz - \omega t). \quad (8.4)$$

Die resultierende Welle hat daher eine feste Amplitude, die gleich $(\hat{\boldsymbol{i}} E_{0x} + \hat{\boldsymbol{j}} E_{0y})$ ist; mit anderen Worten, auch sie ist, wie in Abbildung 8.1 dargestellt, linear polarisiert.

Abbildung 8.1 Linear polarisiertes oder lineares Licht.

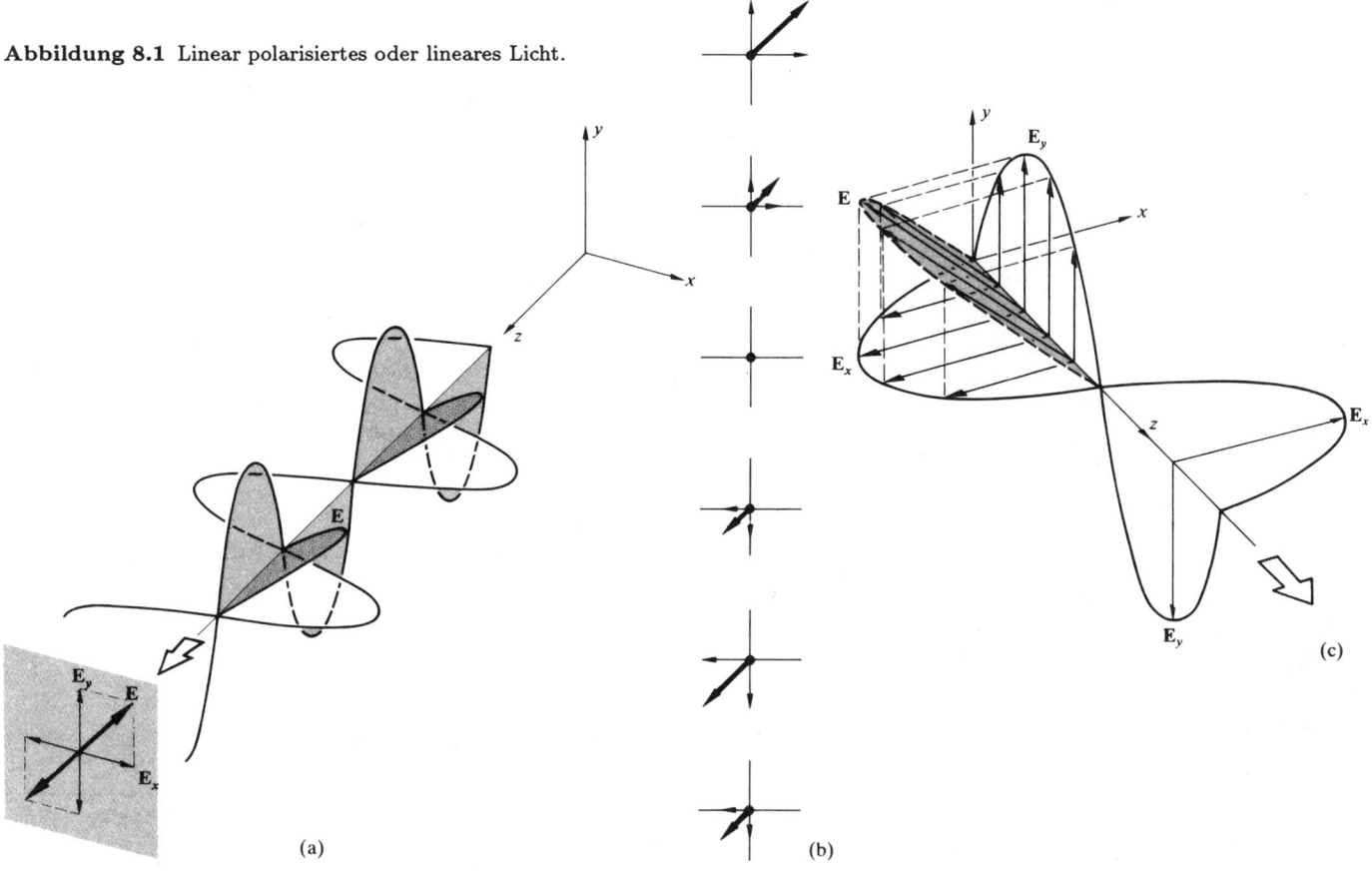

Die Wellen wandern gegen eine Beobachtungsebene, auf der die Felder gemessen werden sollen. Dort sieht man ein einzelnes resultierendes E-Feld zeitlich längs einer geneigten Linie kosinusförmig schwingen (Abb. 8.1 (b)). Das E-Feld macht einen vollständigen Schwingungszyklus, während die Welle längs der z-Achse eine Wellenlänge weiterschreitet.

Wir wollen nun annehmen, daß ε ein ungerades ganzes Vielfaches von $\pm\pi$ ist. Man sagt dann, daß die zwei Wellen 180° außer Phase sind, und

$$\boldsymbol{E} = (\hat{\boldsymbol{i}}E_{0x} - \hat{\boldsymbol{j}}E_{0y})\cos(kz - \omega t). \qquad (8.5)$$

Diese Welle ist wieder linear polarisiert, jedoch wurde die Schwingungsebene gegenüber derjenigen der vorhergehenden Bedingung gedreht, wie in Abbildung 8.2 gezeigt (und nicht unbedingt um 90°).

8.1.2 Zirkulare Polarisation

Ein besonders interessanter Fall liegt vor, wenn beide Einzelwellen gleiche Amplituden haben, d.h. wenn $E_{0x} = E_{0y} = E_0$, und außerdem ihr relativer Phasenunterschied $\varepsilon = -\pi/2 + 2m\pi$ ist, wobei $m = 0, \pm 1, \pm 2, \ldots$. Mit anderen Worten, $\varepsilon = -\pi/2$ oder jeder Wert, der ein ganzzahliges Vielfaches von 2π größer oder kleiner als $-\pi/2$ ist. Dementsprechend ist

$$\boldsymbol{E}_x(z,t) = \hat{\boldsymbol{i}}E_0\cos(kz - \omega t) \qquad (8.6)$$

und

$$\boldsymbol{E}_y(z,t) = \hat{\boldsymbol{j}}E_0\sin(kz - \omega t). \qquad (8.7)$$

Die sich ergebende Welle ist durch

$$\boldsymbol{E} = E_0[\hat{\boldsymbol{i}}\cos(kz - \omega t) + \hat{\boldsymbol{j}}\sin(kz - \omega t)] \qquad (8.8)$$

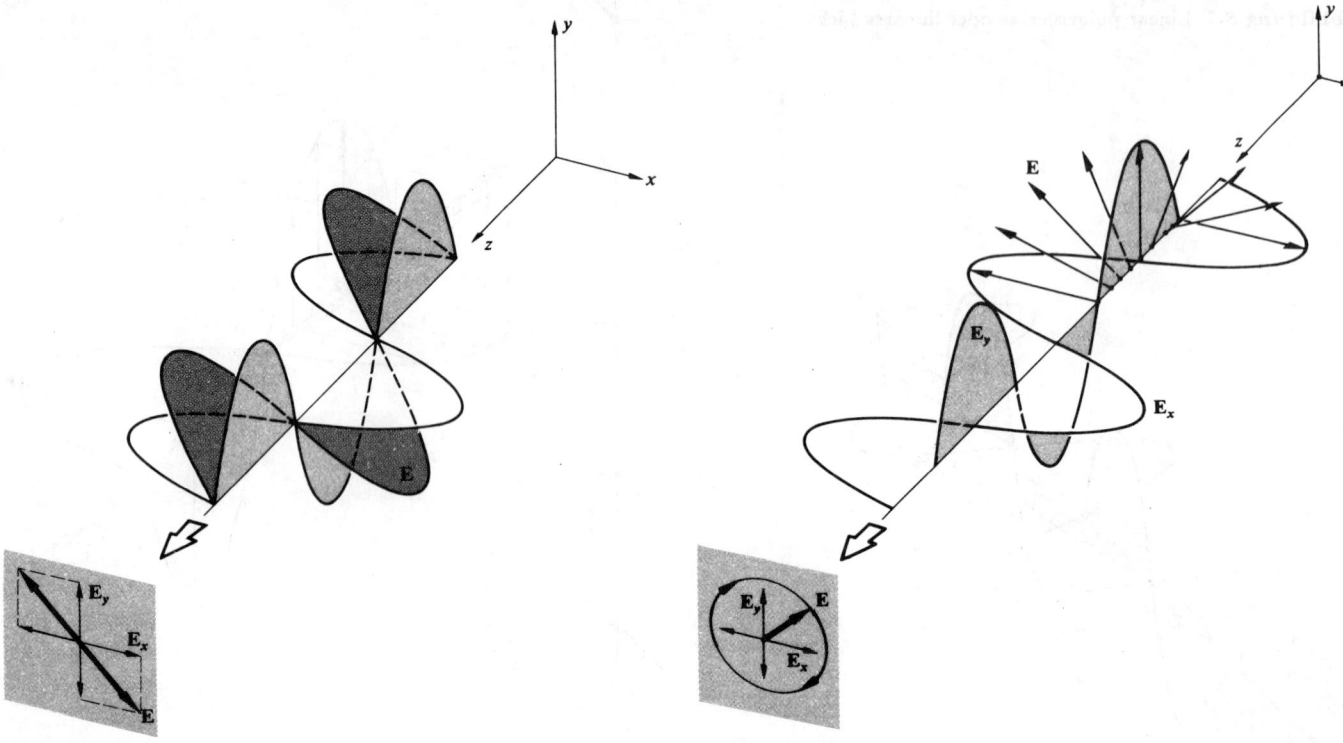

Abbildung 8.2 Lineares Licht.

Abbildung 8.3 Rechts zirkular polarisiertes oder rechts zirkulares Licht.

gegeben (Abb. 8.3). Man beachte, daß die skalare Amplitude von E, d.h. $(E \cdot E)^{1/2} = E_0$, nun eine Konstante ist. Die Richtung von E verändert sich aber mit der Zeit und ist nicht wie zuvor auf eine einzelne Ebene beschränkt. Abbildung 8.4 stellt dar, was in irgendeinem Punkt z_0 auf der Achse passiert. Bei $t = 0$ liegt E in Abbildung 8.4 (a) auf der Bezugsachse, und so ist

$$E_x = \hat{i} E_0 \cos k z_0 \quad \text{und} \quad E_y = \hat{j} E_0 \sin k z_0.$$

Zu einer späteren Zeit $t = k z_0 / \omega$ ist $E_x = \hat{i} E_0$, $E_y = 0$, und E liegt auf der x-Achse. Der resultierende elektrische Feldvektor E dreht sich *nach rechts* mit einer Winkelfrequenz (Kreisfrequenz) ω. So sieht es ein Beobachter, gegen den sich die Welle bewegt (d.h. wenn er zur Quelle zurückschaut). Eine derartige Welle nennt man **rechts zirkular polarisiert** (Abb. 8.5) und bezeichnet sie im allgemeinen einfach als *rechts zirkulares Licht*. Der E-Vektor macht eine vollständige Drehung, während

die Welle um eine Wellenlänge fortschreitet. Wenn im Vergleich dazu $\varepsilon = \pi/2, 5\pi/2, 9\pi/2$ usw., d.h. $\varepsilon = \pi/2 + 2m\pi$, wobei $m = 0, \pm 1, \pm 2, \pm 3, \ldots$, dann ist die Amplitude

$$E = E_0 [\hat{i} \cos(kz - \omega t) - \hat{j} \sin(kz - \omega t)] \quad (8.9)$$

unbeeinflußt, doch E dreht sich nun *nach links*, und die Welle bezeichnet man nun als **links zirkular polarisiert**.

Eine linear polarisierte Welle kann aus zwei gegensätzlich zirkular polarisierten Wellen gleicher Amplitude zusammengesetzt werden. Addieren wir insbesondere die rechts zirkulare Welle der Gleichung (8.8) zu der links zirkularen der Gleichung (8.9), so erhalten wir

$$E = 2 E_0 \hat{i} \cos(kz - \omega t), \quad (8.19)$$

die einen konstanten Amplitudenvektor von $2 E_0 \hat{i}$ hat und deshalb linear polarisiert ist.

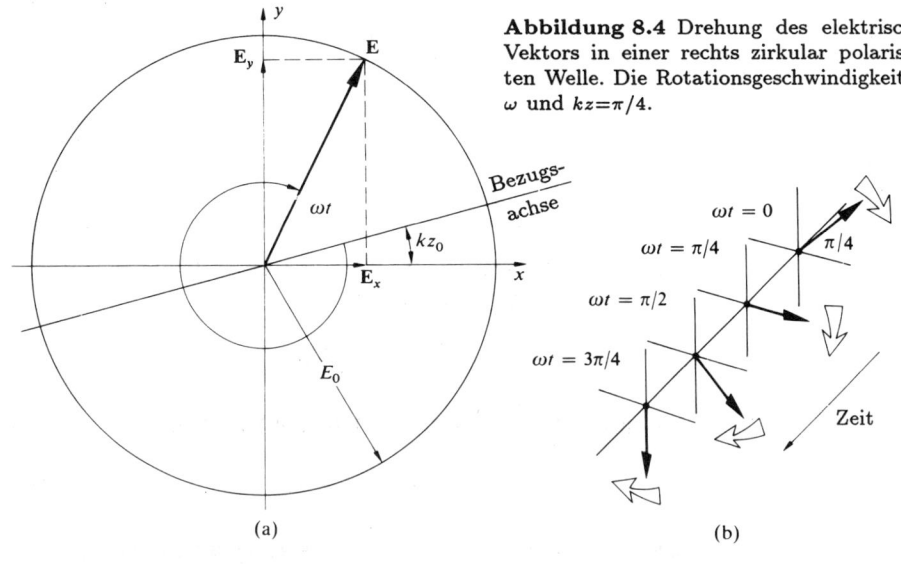

Abbildung 8.4 Drehung des elektrischen Vektors in einer rechts zirkular polarisierten Welle. Die Rotationsgeschwindigkeit ist ω und $kz = \pi/4$.

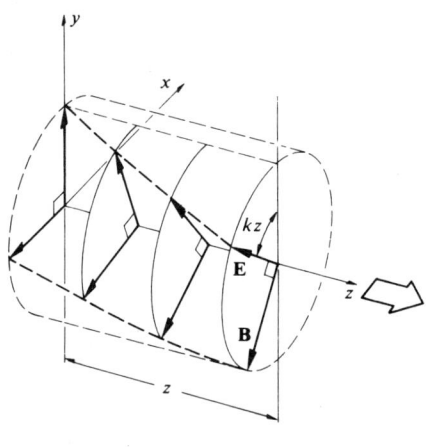

Abbildung 8.5 Rechts zirkulares Licht.

8.1.3 Elliptische Polarisation

Was die mathematische Beschreibung betrifft, darf man sowohl das lineare als auch das zirkulare Licht als Spezialfälle des **elliptisch polarisierten Lichtes** oder kürzer des *elliptischen* Lichtes betrachten. Damit meinen wir Licht, bei dem sich der resultierende elektrische Feldvektor E im allgemeinen sowohl dreht als auch seinen Betrag ändert. In solchen Fällen beschreibt der Endpunkt von E beim Durchlauf der Welle eine Ellipse auf einer feststehenden Ebene, die senkrecht zu k steht. Wir können dies besser sehen, indem wir einen Ausdruck für die Kurve schreiben, die von der Spitze von E durchlaufen wird. Zu diesem Zweck erinnern wir uns, daß

$$E_x = E_{0x} \cos(kz - \omega t) \tag{8.11}$$

und

$$E_y = E_{0y} \cos(kz - \omega t + \varepsilon). \tag{8.12}$$

Die Gleichung der Kurve, nach der wir suchen, sollte weder eine Funktion des Ortes noch der Zeit sein, d.h. wir sollten in der Lage sein, von der $(kz - \omega t)$-Abhängigkeit loszukommen. Die Erweiterung des Ausdrucks für E_y zu

$$E_y/E_{0y} = \cos(kz - \omega t)\cos\varepsilon - \sin(kz - \omega t)\sin\varepsilon$$

und die Kombination mit E_x/E_{0x} ergibt

$$\frac{E_y}{E_{0y}} - \frac{E_x}{E_{0x}}\cos\varepsilon = -\sin(kz - \omega t)\sin\varepsilon. \tag{8.13}$$

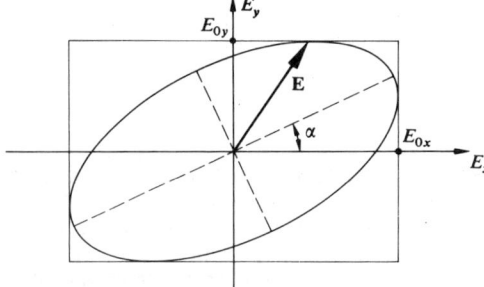

Abbildung 8.6 Elliptisch polarisiertes oder elliptisches Licht.

Aus Gleichung (8.11) folgt, daß

$$\sin(kz - \omega t) = [1 - (E_x/E_{0x})^2]^{1/2},$$

und so führt Gleichung (8.13) zu

$$\left(\frac{E_y}{E_{0y}} - \frac{E_x}{E_{0x}}\cos\varepsilon\right)^2 = \left[1 - \left(\frac{E_x}{E_{0x}}\right)^2\right]\sin^2\varepsilon.$$

Schließlich erhalten wir nach Umordnung der Terme

$$\left(\frac{E_y}{E_{0y}}\right)^2 + \left(\frac{E_x}{E_{0x}}\right)^2 - 2\left(\frac{E_x}{E_{0x}}\right)\left(\frac{E_y}{E_{0y}}\right)\cos\varepsilon = \sin^2\varepsilon. \tag{8.14}$$

Dies ist die Gleichung einer Ellipse, die mit dem

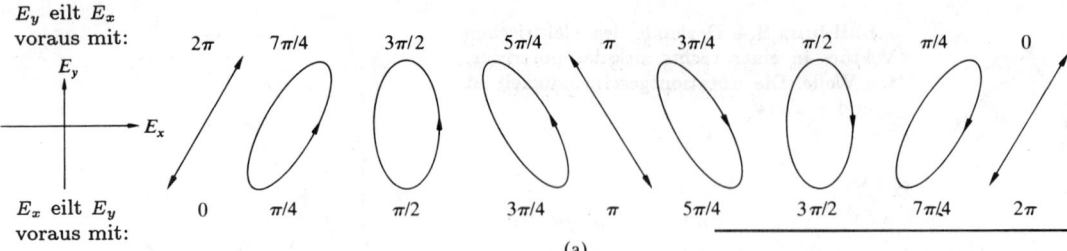

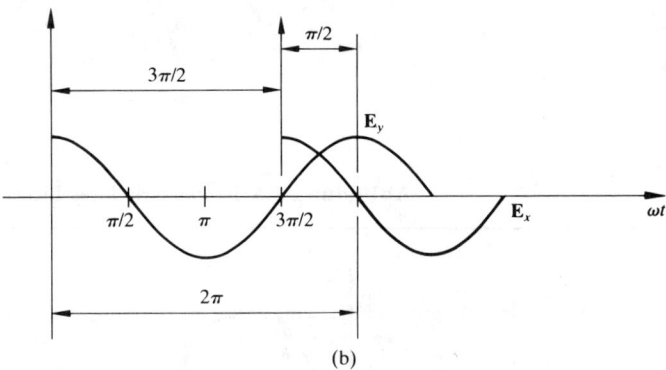

Abbildung 8.7 (a) Verschiedene Polarisationsformen. Das Licht wäre zirkular polarisiert, wenn $\varepsilon = \pi/2$ oder $3\pi/2$, falls $E_{0x}=E_{0y}$. Der Allgemeingültigkeit wegen wurde hier E_{0y} größer als E_{0x} genommen. (b) E_x eilt E_y mit $\pi/2$ voraus (oder E_y eilt E_x nach) oder alternativ E_y eilt E_x mit $3\pi/2$ voraus (oder E_x eilt E_y nach).

(E_x, E_y)-Koordinatensystem einen Winkel α derart bildet, daß

$$\tan 2\alpha = \frac{2 E_{0x} E_{0y} \cos \varepsilon}{E_{0x}^2 - E_{0y}^2}. \qquad (8.15)$$

Gleichung (8.14) wird einfacher, wenn die Hauptachsen der Ellipse nach den Koordinatenachsen ausgerichtet werden, d.h. $\alpha = 0$ oder äquivalent $\varepsilon = \pm \pi/2, \pm 3\pi/2, \pm 5\pi/2, \ldots$, in welchen Fällen wir die bekannte Form

$$\frac{E_y^2}{E_{0y}^2} + \frac{E_x^2}{E_{0x}^2} = 1 \qquad (8.16)$$

erhalten. Falls überdies $E_{0y} = E_{0x} = E_0$ ist, verkürzt sich dies auf

$$E_y^2 + E_x^2 = E_0^2, \qquad (8.17)$$

was in Übereinstimmung mit unserem vorhergehenden Ergebnis ein Kreis ist. Ist ε ein gerades Vielfaches von π, so führt Gleichung (8.14) zu

$$E_y = \frac{E_{0y}}{E_{0x}} E_x \qquad (8.18)$$

und ähnlich für ungerade Vielfache von π zu

$$E_y = -\frac{E_{0y}}{E_{0x}} E_x. \qquad (8.19)$$

Dies sind beides Geraden, die Steigungen von $\pm E_{0y}/E_{0x}$ haben; mit anderen Worten, wir haben linear polarisiertes Licht.

Die Abbildung 8.7 faßt die meisten Schlußfolgerungen zusammen. Das sehr wichtige Schaubild (a) enthält unten die Beschriftung "E_x eilt E_y voraus mit: $0, \pi/4, \pi/2, 3\pi/4, \ldots$", wobei dies die positiven Werte von ε sind, die in Gleichung (8.2) verwendet werden. Der gleiche Satz an Kurven entsteht, wenn "E_y dem E_x mit $2\pi, 7\pi/4, 3\pi/2, 5\pi/4, \ldots$ vorauseilt", und dies geschieht, wenn ε gleich $-2\pi, -7\pi/4, -3\pi/2, -5\pi/4$ usw. ist. Die Abbildung 8.7 (b) zeigt die Äquivalenz der Aussagen "E_x eilt E_y mit $\pi/2$ voraus" und "E_y eilt E_x mit $3\pi/2$ voraus" (wobei die Summe dieser zwei Winkel gleich 2π ist). Diese Betrachtung wird für uns weiterhin von Interesse sein, wenn wir beabsichtigen, die relativen Phasen der zwei orthogonalen Komponenten zu verschieben, die die Lichtwelle bilden.

Wir sind nun in der Lage, eine bestimmte Welle jeweils nach ihrem speziellen **Polarisationszustand** zu bezeichnen. Wir sagen, daß sich linear polarisiertes oder planpolarisiertes Licht in einem $\mathcal{P}$-Zustand, rechts oder links zirkulares Licht sich dagegen in einem $\mathcal{R}$- beziehungsweise $\mathcal{L}$-Zustand befindet. Ebenso entspricht die Bedingung der elliptischen Polarisation einem $\mathcal{E}$-Zustand. Wir haben bereits gesehen, daß ein $\mathcal{P}$-Zustand als eine Überlagerung von $\mathcal{R}$- und $\mathcal{L}$-Zuständen dargestellt werden kann, und dasselbe gilt für einen $\mathcal{E}$-Zustand. In diesem Fall sind, wie man in Abbildung 8.8

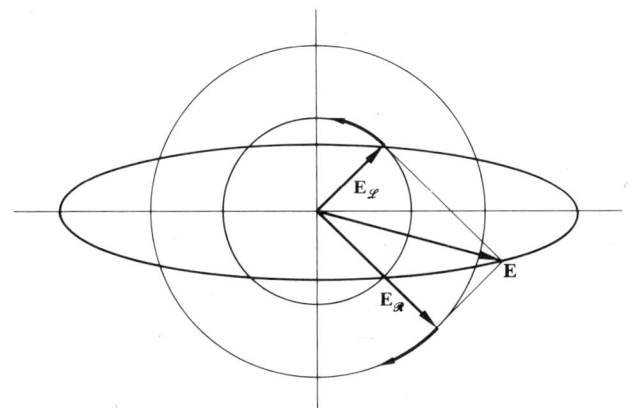

Abbildung 8.8 Elliptisch polarisiertes Licht als Überlagerung von einem $\mathcal{R}$- und $\mathcal{L}$-Zustand.

sieht, die Amplituden der zwei zirkularen Wellen verschieden. (Eine analytische Behandlung überlassen wir als Aufgabe 8.3 dem Leser.)

8.1.4 Natürliches Licht

Eine gewöhnliche Lichtquelle besteht aus einer sehr großen Zahl von zufällig ausgerichteten atomaren Strahlern. Jedes angeregte Atom strahlt einen polarisierten Wellenzug für etwa 10^{-8} s aus. All diese Wellen überlagern sich zu einer Welle, die ihre Eigenschaften entsprechend der Emission ständig ändert. Neue Wellenzüge werden ständig ausgestrahlt, und die Gesamtpolarisation ändert sich in einer vollkommen unvorhersehbaren Art und Weise (siehe Abschnitt 8.9). Finden diese Veränderungen in einem so schnellen Tempo statt, daß sie jeden einzelnen resultierenden Polarisationszustand unerkennbar macht, so bezeichnet man die Welle als **natürliches Licht**. Man nennt sie auch *unpolarisiertes Licht*, aber diese Bezeichnung ist etwas irreführend, da sich das Licht in Wirklichkeit aus einer schnell veränderlichen Folge der verschiedenen Polarisationszustände zusammensetzt.

Wir können natürliches Licht mathematisch in den Ausdrücken zweier beliebiger, *inkohärenter*, orthogonaler, linear polarisierter Wellen mit gleicher Amplitude darstellen (d.h. Wellen, für die sich der relative Phasenunterschied schnell und willkürlich verändert).

Wir wollen nicht vergessen, daß eine idealisierte monochromatische Welle als ein unendlicher Wellenzug dar-gestellt werden muß. Wird diese Welle in zwei orthogonale Komponenten zerlegt, die senkrecht zur Fortpflanzungsrichtung sind, so müssen sie ihrerseits dieselbe Frequenz besitzen, unendlich ausgedehnt und deshalb wechselseitig kohärent sein (d.h. $\varepsilon =$ konstant). Mit anderen Worten, eine perfekt monochromatische, ebene Welle ist immer polarisiert. Gleichungen (8.1) und (8.2) sind in der Tat genau die kartesischen Komponenten einer transversalen ($E_z = 0$) harmonischen, ebenen Welle.

Im allgemeinen ist Licht, ob natürlich oder künstlich im Ursprung, weder vollkommen polarisiert noch unpolarisiert, beides sind Grenzfälle. Der elektrische Feldvektor verändert sich meistens weder völlig unregelmäßig noch völlig regelmäßig, und man bezeichnet solches Licht als *teilweise polarisiert*. Am einfachsten beschreibt man dies Verhalten mit einer Überlagerung von natürlichem und polarisiertem Licht.

8.1.5 Der Drehimpuls und das Photonenbild

Wir haben bereits gesehen, daß eine elektromagnetische Welle, die auf ein Objekt trifft, auf den Körper Energie und einen Impuls überträgt (Abschnitt 3.3). Ist die einfallende ebene Welle überdies zirkular polarisiert, so können wir erwarten, daß die Elektronen innerhalb des Stoffes in zirkulare Bewegungen als Reaktion auf die Kraft versetzt werden, die durch das sich drehende **E**-Feld erzeugt wird.[1] Alternativ könnten wir das Feld als aus zwei orthogonalen $\mathcal{P}$-Zuständen bestehend darstellen, die 90° phasenverschoben sind. Diese lenken das Elektron mit einem Phasenunterschied von $\pi/2$ gleichzeitig in zwei zueinander senkrechte Richtungen. Die resultierende Bewegung ist wieder zirkular. Das Drehmoment, das durch das **B**-Feld ausgeübt wird, bildet über eine Kreisbahn einen Mittelwert von Null, und das **E**-Feld treibt das Elektron mit einer Winkelgeschwindigkeit ω an, die gleich der Frequenz der elektromagnetischen Welle ist. Die Welle überträgt daher einen Drehimpuls auf die Substanz, in der die Elektronen eingebettet und an der sie gebunden sind. Wir können das Problem ziemlich einfach behandeln, ohne tatsächlich in die Einzelheiten der Dynamik zu gehen. Die Leistung, die dem System zugeführt wird, ist die Energie, die pro Zeiteinheit

---

[1] R.F. Feynman et al "Feynman Vorlesungen über Physik — Quantenmechanik", München 1971, S. 17–15; d.Ü.

($d\mathcal{E}/dt$) übertragen wird. Außerdem ist die Leistung, die durch das Drehmoment Γ erzeugt wird, das auf einen rotierenden Körper wirkt, gerade $\omega\Gamma$ (die analog zu vF bei der linearen Bewegung ist), und so gilt

$$\frac{d\mathcal{E}}{dt} = \omega\Gamma. \qquad (8.20)$$

Da das Drehmoment gleich der zeitlichen Änderungsrate des Drehimpulses L ist, erhält man im Durchschnitt

$$\frac{d\mathcal{E}}{dt} = \omega\frac{dL}{dt}. \qquad (8.21)$$

Eine Ladung, die eine Energiemenge $\mathcal{E}$ von der einfallenden zirkularen Welle absorbiert, absorbiert gleichzeitig einen Drehimpulsbetrag L, so daß

$$L = \frac{\mathcal{E}}{\omega}. \qquad (8.22)$$

Ist die einfallende Welle in einem $\mathcal{R}$-Zustand, so dreht sich ihr $\mathbf{E}$-Vektor nach rechts, wenn man gegen die Quelle sieht. Dies ist die Richtung, in der sich eine positive Ladung im absorbierenden Medium drehen würde. Den Drehimpulsvektor läßt man deshalb in die entgegengesetzte Richtung zur Fortpflanzungsrichtung[2] zeigen (wie in Abbildung 8.9 dargestellt).

Nach der quantenmechanischen Beschreibung überträgt eine elektromagnetische Welle Energie in gequantelten Paketen oder Photonen, so daß $\mathcal{E} = h\nu$ ist. Daher ist $\mathcal{E} = \hbar\omega$ ($\hbar \equiv h/2\pi$), und der Eigenspin oder Drehimpuls eines Photons ist entweder $-\hbar$ oder $+\hbar$, wobei die Vorzeichen jeweils die Rechts- oder Linkshändigkeit angeben. Man beachte, daß *der Drehimpuls eines Photons vollständig unabhängig von seiner Energie ist*. Wenn ein Sender zirkular polarisierte Strahlung emittiert, ändert sich sein Drehimpuls um ein ganzzahliges Vielfaches von $\pm\hbar$.[3]

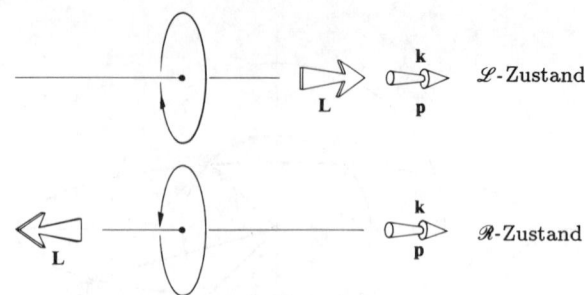

Abbildung 8.9 Drehimpuls eines Photons.

Man kann sich vorstellen, daß die Energie, die von einer einfallenden, monochromatischen, elektromagnetischen Welle zu einem Ziel übertragen wird, in der Form eines Stromes von identischen Photonen transportiert wird. Ganz offensichtlich können wir einen entsprechenden gequantelten Transport des Drehimpulses erwarten. Eine rein links zirkular polarisierte, ebene Welle verleiht dem Ziel einen Drehimpuls, als ob alle einzelnen Photonen im Strahl ihre Spins in die Fortpflanzungsrichtung ausgerichtet hätten. Wechseln wir zum rechts zirkularen Licht, so kehrt man die Spinausrichtung der Photonen sowie das Drehmoment um, das von ihnen auf das Ziel ausgeübt wird. Unter Verwendung eines äußerst empfindlichen Torsionspendels war Richard A. Beth (geb. 1906) 1935 tatsächlich in der Lage, solche Messungen durchzuführen.[4]

Bis jetzt haben wir im Photonenbild keine Schwierigkeit in der Beschreibung von reinem rechts oder links zirkularen Licht gehabt, doch was ist linear oder elliptisch polarisiertes Licht? Klassisch kann Licht, das sich in einem $\mathcal{P}$-Zustand befindet, durch die kohärente Überlagerung von gleichstarkem Licht im $\mathcal{R}$- und $\mathcal{L}$-Zustand (mit einem geeigneten Phasenunterschied) zusammengesetzt werden. Man findet jedes einzelne Photon, dessen Drehimpuls irgendwie gemessen wird, mit einem entweder völlig parallelen oder antiparallelen Spin bezüglich $\mathbf{k}$. Ein Strahlenbündel von linearem Licht tritt mit Materie in Wechselwirkung, als wäre es in diesem Moment aus glei-

---

2) Diese Wahl der Terminologie ist zugegebenermaßen ein wenig ungünstig. Trotzdem ist ihre Verwendung in der Optik ziemlich fest etabliert und sie bleibt bestehen, obwohl sie völlig gegensätzlich zur vernünftigeren Festlegung ist, die in der Elementarteilchenphysik gewählt wurde.

3) Als ein ziemlich wichtiges, doch einfaches Beispiel betrachten wir das Wasserstoffatom. Es ist in ein Proton und Elektron zerlegbar, jedes hat einen Spin von $\hbar/2$. Das Atom hat etwas mehr Energie, wenn die Spins beider Partikel in derselben Richtung liegen. Es ist jedoch möglich, daß in einer sehr langen Zeit von etwa 10^7 Jahren einer der Spins einmal umkippen und zum anderen antiparallel sein wird. Die Änderung des Drehimpulses des Atoms ist dann $\hbar$, und dies wird einem emittierten Photon verliehen, das

den leichten Überschuß an Energie ebenfalls wegträgt. Dies ist der Ursprung der 21 cm-Mikrowellenemission, die so bedeutsam in der Radioastronomie ist.

4) Richard A. Beth, "Mechanical Detection and Measurement of the Angular Momentum of Light", *Phys. Rev.* **50**, 115 (1936).

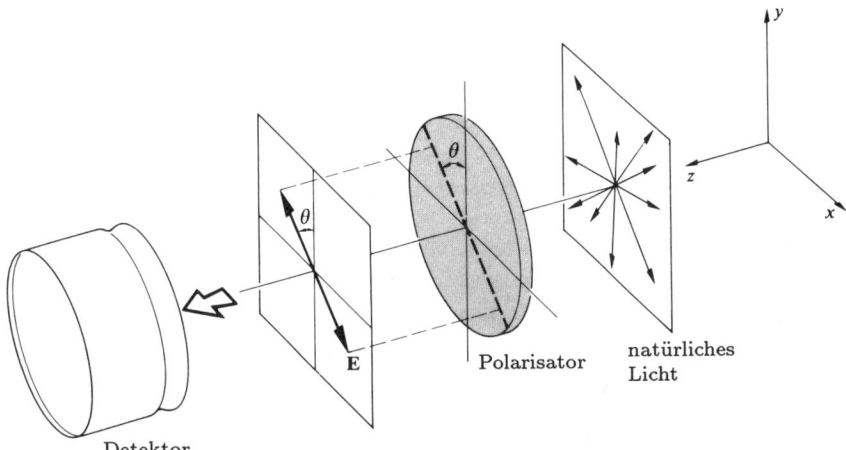

Abbildung 8.10 Ein Linearpolarisator.

cher Anzahl von rechts- oder linksdrehenden Photonen zusammengesetzt. Es gibt noch einen subtilen Punkt, der hier erwähnt werden muß. Wir können nicht sagen, daß das Strahlenbündel aus genau den gleichen Mengen von ganz genau definierten rechts- und linksdrehenden Photonen besteht; die Photonen sind alle identisch. Vielmehr existiert jedes einzelne Photon gleichzeitig in beiden möglichen Spin-Zuständen mit gleicher Wahrscheinlichkeit. Bei der Messung des Drehimpulses des einzelnen Photons würde sich $-\hbar$ ebenso oft wie $+\hbar$ ergeben. Dies ist alles, was wir beobachten können. Wir sind nicht darin eingeweiht, was das Photon vor der Messung macht (falls es *vor* der Messung wirklich existiert). Das Strahlenbündel wird daher insgesamt einem Ziel keinen Gesamtdrehimpuls verleihen.

Nimmt im Unterschied dazu kein Photon dieselbe Wahrscheinlichkeit für beide Spinzustände ein, so mißt man einen Drehimpuls, z.B. $+\hbar$, häufiger als den anderen $-\hbar$. In diesem Fall erhält daher das Ziel einen positiven Gesamtdrehimpuls. Das Ergebnis ist *en Masse* ein elliptisch polarisiertes Licht, d.h. eine Überlagerung von ungleichen Mengen von $\mathcal{R}$- und $\mathcal{L}$-Licht, die eine bestimmte Phasenbeziehung haben.

8.2 Polarisatoren

Da wir nun eine gewisse Vorstellung von polarisiertem Licht haben, soll im nächsten Schritt ein Verständnis für die Anwendung der Techniken entwickelt werden, um polarisiertes Licht zu erzeugen, zu verändern und es allgemein so zu manipulieren, daß es unseren Ansprüchen entspricht. Ein optisches Gerät, dessen Eingabe natürliches Licht und dessen Ausgabe eine bestimmte Form von polarisiertem Licht ist, nennt man einen **Polarisator**. Wir erinnern uns, daß z.B. eine mögliche Darstellung von unpolarisiertem Licht die Überlagerung von zwei inkohärenten, orthogonalen $\mathcal{P}$-Zuständen gleicher Amplitude ist. Ein Instrument, das diese zwei Komponenten trennt, eine abtrennt und die andere durchläßt, nennt man einen *Linearpolarisator*. Je nach der Form der Ausgabe könnten wir auch *Zirkularpolarisatoren* oder Polarisatoren zur Erzeugung von elliptisch polarisiertem Licht haben; alle diese Geräte variieren in der Effektivität bis hinunter zu denen, die man Streu- oder *Teilpolarisatoren* nennt.

Polarisatoren nehmen, wie wir sehen werden, viele verschiedene Formen an. Sie basieren aber alle auf einem von vier fundamentalen physikalischen Mechanismen: *Dichroismus* oder selektive Absorption, *Reflexion*, *Streuung* und *Doppelbrechung*. Es gibt jedoch eine grundlegende Eigenschaft, die sie alle teilen: *es muß eine gewisse Form von Asymmetrie geben, die mit dem Prozeß verknüpft ist*. Dies ist verständlich, da der Polarisator irgendwie einen bestimmten Polarisationszustand auswählt, und alle anderen abtrennen muß. Es könnte daher eine subtile Asymmetrie vorliegen, die mit dem Eintritts- oder Blickwinkel verbunden ist, doch gewöhnlich hat man eine massive Anisotropie im Stoff des Polarisators.

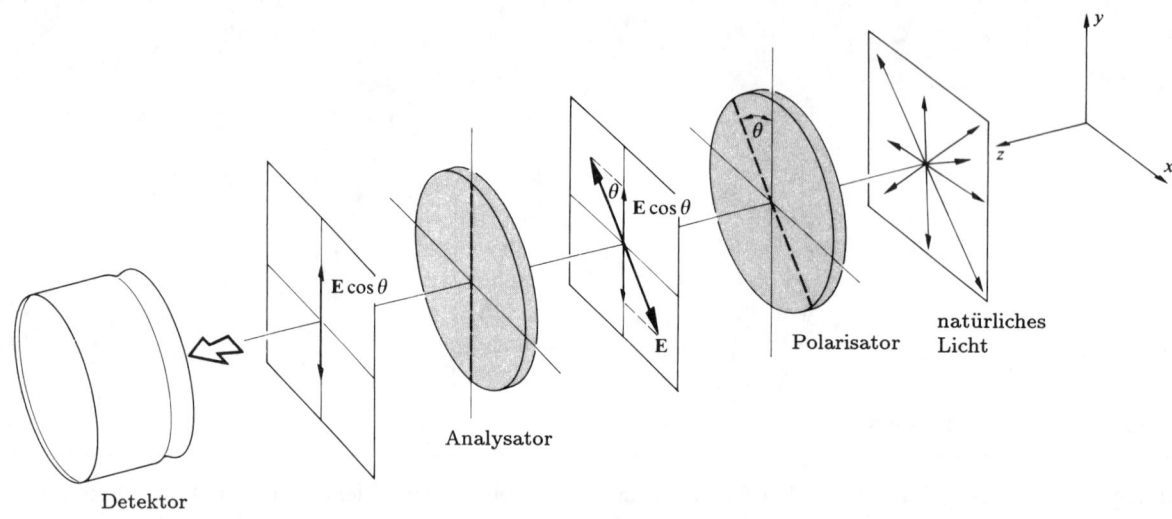

Abbildung 8.11 Ein Linearpolarisator und Analysator — Malussches Gesetz.

8.2.1 Das Malussche Gesetz

Bevor wir weitergehen, muß eine Sache geklärt werden: wie bestimmen wir experimentell, ob ein Gerät ein Linearpolarisator ist oder nicht?

Fällt natürliches Licht auf einen idealen Linearpolarisator wie in Abbildung 8.10, so wird nach Definition nur Licht in einem $\mathcal{P}$-Zustand durchgelassen. Jener $\mathcal{P}$-Zustand ist parallel zu einer bestimmten Richtung ausgerichtet, die wir die **Durchlaßachse** des Polarisators nennen. Mit anderen Worten, nur die Komponente des optischen Feldes, die parallel zur Durchlaßachse ist, durchläuft das Gerät im wesentlichen unbeeinträchtigt. Dreht man den Polarisator in Abbildung 8.10 um die z-Achse, so ist die Anzeige des Detektors (z.B. einer Photozelle) wegen der vollkommenen Symmetrie des unpolarisierten Lichts unverändert. Wir denken daran, daß wegen der sehr hohen Frequenz von Licht unser Detektor aus praktischen Gründen nur die einfallende Bestrahlungsstärke mißt. Da die Bestrahlungsstärke proportional zum Quadrat der Amplitude des elektrischen Feldes ist (Gl. (3.44)), brauchen wir uns nur mit jener Amplitude zu befassen.

Nun nehmen wir an, daß wir einen zweiten identischen, idealen Polarisator oder **Analysator** einfügen, dessen Durchlaßachse vertikal ist (Abb. 8.11). Ist die Amplitude des elektrischen Feldes, die von dem Polarisator durchgelassen wird, E_0, so läuft nur ihre Komponente $E_0 \cos\theta$, die parallel zur Durchlaßachse des Analysators ist, zum Detektor durch (vorausgesetzt keine Absorption). Nach Gleichung (3.44) ist dann die Bestrahlungsstärke, die den Detektor erreicht, durch

$$I(\theta) = \frac{c\epsilon_0}{2} E_0^2 \cos^2\theta \qquad (8.23)$$

gegeben. Die maximale Bestrahlungsstärke $I(0) = c\epsilon_0 E_0^2/2$ tritt auf, wenn der Winkel θ zwischen den Durchlaßachsen des Analysators und Polarisators Null ist. Gleichung (8.23) kann entsprechend zu

$$I(\theta) = I(0) \cos^2\theta \qquad (8.24)$$

umgeschrieben werden. Dies nennt man das **Malussche Gesetz**, das zuerst 1809 von Etienne Malus, Militäringenieur und Hauptmann in der Armee Napoleons, veröffentlicht worden ist.

Man beachte, daß $I(90°) = 0$ ist. Dies ergibt sich daraus, daß das elektrische Feld, das durch den Polarisator gelaufen ist, senkrecht zur Durchlaßachse des Analysators steht (die zwei Geräte, die derart angeordnet sind, bezeichnet man als *gekreuzt*). Das Feld ist deshalb parallel zur sogenannten *Auslöschungsachse* des Analysators

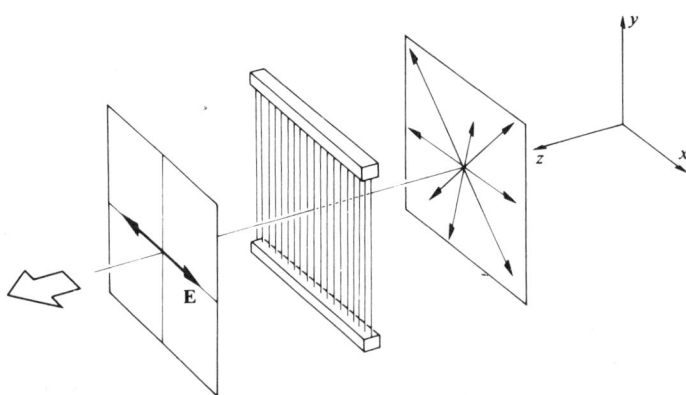

Abbildung 8.12 Ein Drahtgitterpolarisator.

und hat daher offensichtlich keine Komponente längs der Durchlaßachse.

Offensichtlich können wir den Aufbau der Abbildung 8.11 zusammen mit dem Malusschen Gesetz dazu verwenden, um für ein bestimmtes Gerät herauszufinden, ob es wirklich ein Linearpolarisator ist.

8.3 Dichroismus

In seinem umfassendsten Sinn bezeichnet der Ausdruck *Dichroismus* die selektive Absorption von einer der zwei orthogonalen $\mathcal{P}$-Zustandskomponenten eines einfallenden Strahlenbündels. Der dichroitische Polarisator ist physikalisch anisotrop und erzeugt eine starke asymmetrische oder selektive Absorption für eine Feldkomponente, während er für die andere im wesentlichen transparent ist.

8.3.1 Der Drahtgitterpolarisator

Das einfachste Gerät dieser Art ist ein Gitter aus parallelen, leitenden Drähten, wie in Abbildung 8.12 gezeigt. Wir stellen uns vor, daß eine unpolarisierte elektromagnetische Welle von rechts auf das Gitter trifft. Das elektrische Feld kann in die üblichen zwei orthogonalen Komponenten zerlegt werden; in diesem Fall wählt man eine parallel zu den Drähten und die andere senkrecht zu ihnen. Die y-Komponente des Feldes treibt die Leitungselektronen längs der Länge jedes Drahtes und erzeugt so einen Strom. Die Elektronen wiederum geben ihre Energie an die Gitteratome und erwärmen dadurch die Drähte (Joulsche Wärme). Auf diese Weise wird Energie von dem Feld auf das Gitter übertragen. Elektronen, die entlang der y-Achse beschleunigt werden, strahlen außerdem sowohl in die Richtung nach vorne als auch nach hinten. Wie erwartet führt dies dazu, daß die einfallende Welle von der Welle ausgelöscht wird, die in die Richtung nach vorne wieder ausgestrahlt wird, wobei sich wenig oder keine Durchlässigkeit für die y-Komponente des Feldes ergibt. Die Strahlung, die sich in die Richtung nach hinten ausbreitet, erscheint einfach als eine reflektierte Welle. Die Elektronen sind im Gegensatz dazu nicht frei, sich sehr weit in die x-Richtung zu bewegen, und die entsprechende Feldkomponente der Welle bleibt im wesentlichen unverändert, während sich die Welle durch das Gitter fortpflanzt. *Die Durchlaßachse des Gitters steht dementsprechend senkrecht zu den Drähten.* Es ist ein sehr häufig anzutreffender Irrtum, naiv anzunehmen, daß die y-Komponente des Feldes irgendwie durch den Raum zwischen den Drähten schlüpft.

Man kann unsere Schlußfolgerungen leicht bestätigen, indem man Mikrowellen und ein Gitter aus gewöhnlichem elektrischen Draht verwendet. Es ist jedoch nicht so einfach ein Gitter herzustellen, das Licht polarisiert, aber es ist geschafft worden! 1960 konstruierten George R. Bird und Maxfield Parrish Jr.[5] ein Gitter mit unglaublichen 2160 Drähten pro mm. Ihr Kunststück wurde dadurch erreicht, daß sie einen Strom von Gold- (oder manchmal Aluminium-) atomen bei fast streifendem Einfall auf einen Kunststoffbeugungsgitterabdruck aufdampfen (siehe Abschnitt 10.2.7). Das Metall sammelte sich längs der Ränder jedes Sprungs im Gitter an, um dünne mikroskopische "Drähte" zu bilden, deren Weite und Abstand kleiner als eine Wellenlänge waren.

Obwohl der Drahtgitterpolarisator besonders im Infraroten brauchbar ist, erwähnen wir ihn hier mehr aus pädagogischen als aus praktischen Gründen. Das zugrundeliegende Prinzip, auf dem er basiert, wird von anderen, verbreiteteren, dichroitischen Polarisatoren geteilt.

8.3.2 Dichroitische Kristalle

Es gibt bestimmte Stoffe, die von Natur aus wegen einer Anisotropie ihrer jeweiligen Kristallstruktur dichroi-

---

[5] G.R. Bird und M. Parrish Jr., "The Wire Grid as a Near-Infrared Polarizer", *J. Opt. Soc. Am.* **50**, 886 (1960).

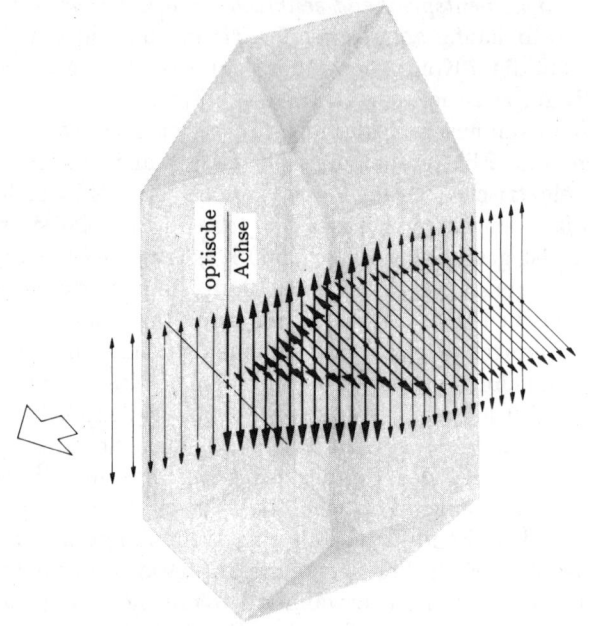

Abbildung 8.13 Ein dichroitischer Kristall. Die natürlich vorkommenden Grate, die im Photo des Turmalinkristalls deutlich sind, entsprechen der optischen Achse. (Photo von E.H.)

tisch sind. Wahrscheinlich der bestbekannte davon ist das natürlich vorkommende Mineral *Turmalin*, ein Halbedelstein, der oft im Schmuck verwendet wird. Übrigens gibt es verschiedene Turmaline, die Borsilikate verschiedener chemischer Zusammensetzungen sind (z.B. $NaFe_3B_3Al_6Si_6O_{27}(OH)_4$). Für diese Substanz gibt es in-

nerhalb des Kristalls eine bestimmte Richtung, die man die Hauptachse oder optische Achse nennt und die durch seinen atomaren Aufbau bestimmt ist. Die elektrische Feldkomponente einer einfallenden Lichtwelle, die senkrecht zur Hauptachse steht, wird durch die Probe stark absorbiert. Je dicker der Kristall, desto vollständiger die Absorption (Abb. 8.13). Eine Platte, die von einem Turmalinkristall parallel zu seiner Hauptachse geschnitten wurde und einige Millimeter dick ist, dient demgemäß als ein Linearpolarisator. In diesem Fall wird die Hauptachse des Kristalls zur Durchlaßachse des Polarisators. Die Brauchbarkeit des Turmalins ist aber dadurch begrenzt, daß seine Kristalle vergleichsweise klein sind. Außerdem wird sogar das durchgelassene Licht um einen bestimmten Betrag absorbiert. Komplizierter wird die Sache dadurch, daß diese unerwünschte Absorption stark wellenlängenabhängig ist, und die Probe erscheint deshalb farbig. Hält man einen Turmalinkristall gegen natürliches weißes Licht, so könnte er grün erscheinen, wenn er senkrecht zur Hauptachse betrachtet wird (er könnte auch in anderen Farben erscheinen), und fast schwarz, wenn er längs jener Achse betrachtet wird, auf der alle *E*-Felder senkrecht stehen (daher der Ausdruck dichroitisch, der zwei Farben bedeutet).

Es gibt einige andere Substanzen, die ähnliche Merkmale zeigen. Ein Kristall des Minerals Hypersthen $(Fe,Mg)_2[Si_2O_6]$, ein Ortho-Pyroxen, könnte unter weißem Licht, das in einer Richtung polarisiert ist, grün und rosa für eine andere Polarisationsrichtung aussehen.

Wir können durch Betrachtung der mikroskopischen Struktur der Probe ein qualitatives Bild von dem Mechanismus erhalten, der den Kristalldichroismus verursacht (Sie können sich den Abschnitt 3.5 noch einmal ansehen). Innerhalb eines Kristalls sind die Atome durch Kräfte kurzer Reichweiten stark zusammengebunden, um ein periodisches Gitter zu bilden. Man darf sich vorstellen, daß die Elektronen, die für die optischen Eigenschaften verantwortlich sind, elastisch an ihren jeweiligen Gleichgewichtspositionen gebunden sind. Elektronen, die mit einem bestimmten Atom verbunden sind, befinden sich unter dem Einfluß der sie umgebenden Nachbaratome, die selbst vielleicht nicht symmetrisch verteilt sind. Als eine Folge sind die elastischen Bindungskräfte auf die Elektronen in verschiedenen Richtungen unterschiedlich. Entsprechend variiert ihre Reaktion auf das harmonische elektrische Feld einer einfallenden elektromagnetischen Welle mit der Richtung von E. Absorbiert der Stoff zusätzlich zu seiner Anisotropie, so müßte eine detaillierte Analyse eine orientierungsabhängige Leitfähigkeit einschließen. Dann sind Ströme vorhanden, und Energie der Welle wird in Joulesche Wärme umgewandelt. Die Abschwächung dürfte zusätzlich zur Richtungsvariation ebenfalls frequenzabhängig sein. Befindet sich das ankommende weiße Licht in einem $\mathcal{P}$-Zustand, so bedeutet dies, daß der Kristall gefärbt erscheint und die Farbe von der Ausrichtung von E abhängt. Substanzen, die zwei oder sogar drei verschiedene Farben zeigen, nennt man dichroitisch beziehungsweise trichroitisch.[6]

8.3.3 Das Polaroidfilter

1928 erfand Edwin Herbert Land, damals ein 19 Jahre alter Student am Harward College, die erste dichroitische Polarisationsfolie, die man im Handel *Polaroid J-Sheet* nennt. Sie enthielt eine synthetische dichroitische Substanz, die man *Herapathit* oder *Chininhydrojodidtrisulfat* nennt.[7] Lands eigene rückblickende Aufzeichnungen seiner frühen Arbeiten sind informativ und hochinteressant zu lesen. Es ist besonders interessant, die manchmal wunderlichen Ursprünge von der nun ohne Zweifel weitest verwendeten Gruppe von Polarisatoren zu verfolgen. Das Folgende ist ein Auszug des Berichts von Land:

> In der Literatur gibt es ein paar relevante Höhepunkte in der Entwicklung von Polarisatoren. Einer davon ist vor allem die Arbeit von William Bird Herapath, ein Arzt in Bristol, England, dessen Schüler, ein Mr. Phelps, herausgefunden hatte, daß sich kleine funkelnde grüne Kristalle in der Reaktionsflüssigkeit bilden, wenn er Jod in den Urin eines Hundes tropfen läßt, der mit Chinin gefüttert worden ist. Phelps ging zu seinem Lehrer, und Herapath tat etwas, was ich [Land] unter den Umständen für seltsam halte; er betrachtete die Kristalle unter dem Mikroskop und bemerkte, daß sie an gewissen Stellen hell waren, an denen sie sich überdeckten, und an anderen dunkel. Klugerweise erkannte er, daß hier ein bemerkenswertes Phänomen vorhanden war, ein neuer polarisierender Stoff [den man nun Herapathit nennt]. Herapaths Arbeit machte Sir David Brewster[8] auf sich aufmerksam, der in jenen glücklichen Tagen am Kaleidoskop arbeitete. ... Brewster, der das Kaleidoskop erfand, schrieb ein Buch darüber, und in jenem Buch erwähnte er, daß er für das Okular gerne Herapathitkristalle verwenden möchte. Als ich damals 1926 und 1927 dieses Buch las, kam ich zufällig auf seine Erwähnung dieser bemerkenswerten Kristalle, und das entzündete mein Interesse an Herapathit.

Lands ursprünglicher Weg zur Erfindung einer neuen Form von Linearpolarisatoren bestand darin, Herapathit in Millionen von submikroskopischen Kristallen zu schleifen, die zum Glück von Natur aus nadelförmig sind. Ihre kleine Größe vermindert das Problem der Lichtstreuung. In seinen frühen Experimenten wurden die Kristalle unter Anwendung von magnetischen und elektrischen Feldern gegenseitig fast parallel ausgerichtet. Später fand er, daß sie sich immer mechanisch ausrichten, wenn eine zähflüssige kolloidale Suspension der Herapathitnadeln durch einen langen engen Schlitz herausgepreßt wird. Die sich ergebende J-Folie war *effektiv* ein großer, flacher, dichroitischer Kristall. Die einzelnen submikroskopischen Kristalle streuen das Licht immer noch ein wenig, und als Folge war die J-Folie etwas trübe. 1938 erfand Land die H-Folie, die nun wahrscheinlich der weitverbreiteste Linearpolarisator ist. Die H-Folie enthält keine dichroitischen Kristalle, sie ist aber stattdessen ein molekulares Gegenstück zum Drahtgitterpolarisator. Eine Schicht aus farblosem Polyvinylalkohol wird erhitzt und in eine bestimmte Richtung gestreckt; ihre langen Kohlenwasserstoffmoleküle richten sich in dem Prozeß aus. Die Folie wird dann in eine Farblösung getaucht, die reich an Jod ist. Das Jod durchdringt den Kunststoff und schließt sich an die geraden, langen, vielgliedrigen Moleküle an, die eine eigene Kette bilden. Die Leitungselektronen, die mit dem Jod verbunden sind, können sich den Ketten entlang bewegen, als ob sie lange dünne Drähte wären. Die E-Komponente einer einfallenden Welle, die parallel zu den Molekülen ist, treibt die Elektronen an, leistet Arbeit an ihnen und wird stark absorbiert. Die Durchlaßachse des Polarisators steht daher senkrecht zu der Richtung, in der die Schicht gestreckt wurde.

Jede einzelne, winzige dichroitische (zweifarbige) Einheit bezeichnet man als einen *Zweifarbträger*. In

---

6) Mehr wird über diese Prozesse später gesagt, wenn wir die Doppelbrechung betrachten. Es genügt nun zu sagen, daß es für Kristalle, die als *einachsig* eingeteilt sind, zwei verschiedene Richtungen gibt, und *absorbierende* Proben dürften daher zwei Farben zeigen. In *zweiachsigen* Kristallen gibt es drei verschiedene Richtungen und möglicherweise drei Farben.

7) E.H. Land, "Some Aspects of the Development of Sheet Polarizers", *J. Opti. Soc. Am.* **41**, 957 (1951).

8) Brewster, der schottische Physiker und Erfinder verfaßte auch "Briefe über die natürliche Magie an Sir Walter Scott", die 1984 als Faksimiledruck der Ausgabe von 1833 mit einem Nachwort von O.P. Krätz erschienen; d.Ü.

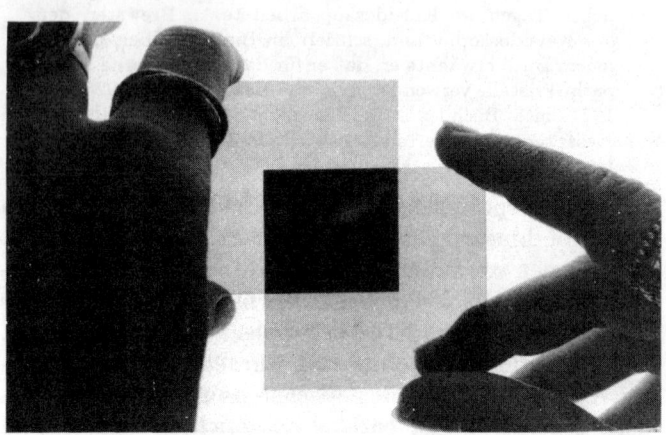

Abbildung 8.14 Ein Paar gekreuzter Polaroidfilter. Jedes Polaroidfilter erscheint grau, da es etwa die Hälfte des einfallenden Lichts absorbiert. (Photo von E.H.)

der H-Folie sind die Zweifarbträger von molekularen Ausmaßen, und so stellt die Streuung kein Problem dar. Die H-Folie ist über das gesamte sichtbare Spektrum ein sehr wirksamer Polarisator, ist aber etwas schwächer im blauen Ende. Betrachtet man helles weißes Licht durch ein Paar gekreuzter H-Polaroidfilterfolien wie in Abbildung 8.14, so ist als Folge dieser Lichtstreuung die *Extinktionsfarbe* ein tiefes Blau. HN-50 wäre die Bezeichnung einer hypothetischen, idealen H-Folie, die eine *neutrale Farbe* (N) hat und 50% des einfallenden Lichts durchläßt, während sie die anderen 50% absorbiert, welche die unerwünschte Polarisationskomponente ist. In der Praxis wird jedoch 4% des ankommenden Lichts an jeder Oberfläche reflektiert (Antireflexionsbeläge werden im allgemeinen nicht verwendet), was 92% übrigläßt. Die Hälfte davon wird voraussichtlich absorbiert, und deshalb könnten wir mit einem HN-46 Polaroidfilter rechnen. Übrigens werden große Mengen von HN-38, HN-32 und HN-22 kommerziell hergestellt, die sich durch die Menge des vorhandenen Jods unterscheiden, und sind ohne weiteres erhältlich (Aufgabe 8.7).

Viele andere Formen von Polaroidfiltern sind entwickelt worden.[9] Die *K-Folie*, die feuchtigkeits- und wärmebeständig ist, hat als Zweifarbträger die geradlinige Kette Kohlenwasserstoffpolyvinyl. Eine Kombination der Bestandteile der H- und K-Folien führt zur *HR-Folie*, ein Polarisator im nahen Infrarot.

Der *Polaroidfiltervektograph* wurde entwickelt, um im Herstellungsprozeß von dreidimensionalen Photographien verarbeitet zu werden. Für den beabsichtigten Zweck zeigte er keinen Nutzen. Man kann ihn jedoch verwenden, um einige zum Nachdenken provozierende Demonstrationen zu erzeugen. Eine Vektographschicht ist eine wasserklare Kunststoffschichtenanordnung aus zwei Polyvinylalkoholfolien, die so angeordnet sind, daß ihre Streckrichtungen rechtwinklig zueinander sind. In dieser Form gibt es keine verfügbaren Leitungselektronen, und die Schicht ist kein Polarisator. Wir stellen uns vor, wir zeichneten mit einer Jodlösung ein X auf der einen Seite der Schicht und ein überdeckendes Y auf der anderen Seite. Bei natürlicher Beleuchtung ist das Licht, das durch das X läuft, in einem $\mathcal{P}$-Zustand, der senkrecht zu dem $\mathcal{P}$-Zustand des Lichtes ist, das von dem Y kommt. Mit anderen Worten, die bemalten Gebiete bilden zwei gekreuzte Polarisatoren. Man sieht beide gegenseitig überlagert. Wird der Vektograph nun durch einen Linearpolarisator betrachtet, der gedreht werden kann, so kann man entweder X, Y oder beide Buchstaben sehen. Offensichtlich können phantasievollere Zeichnungen angefertigt werden (man muß nur diejenige auf der anderen Seite rückwärts zeichnen).

8.4 Doppelbrechung

Viele kristalline Substanzen (d.h. Festkörper, deren Atome in irgendeiner regulären sich wiederholenden Anordnung aufgebaut sind) sind *optisch anisotrop*. Mit anderen Worten, ihre optischen Eigenschaften sind nicht in allen Richtungen innerhalb einer bestimmten Probe dieselben. Die dichroitischen Kristalle des vorhergehenden Abschnitts sind nur eine spezielle Untergruppe. Wir sahen dort, daß die Bindungskräfte der Elektronen anisotrop wären, wenn die Gitteratome der Kristalle nicht vollkommen symmetrisch angeordnet sind. In Abbildung 3.25 (b) stellten wir früher die isotropen Oszillatoren mit Hilfe des einfachen mechanischen Modells einer geladenen Kugelschale dar, die durch identische Federn an einem festen Punkt gebunden sind. Dies war eine passende Darstellung für *optisch isotrope Substanzen* (amorphe feste Stoffe, wie Glas und Kunststoff sind gewöhnlich,

---
[9] Siehe *Polarized Light: Production and Use* von Shurcliff oder die besser lesbare kleinere Ausgabe *Polarized Light* von Shurcliff and Ballard.

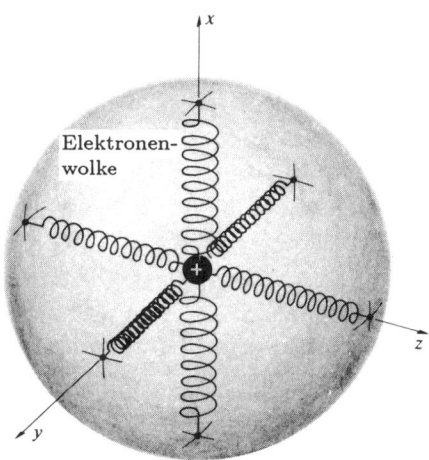

Abbildung 8.15 Ein mechanisches Modell, das eine negativ geladene Hülle darstellt, die an einem positiven Kern durch Paare von Federn gebunden ist, die verschiedene Härten besitzen.

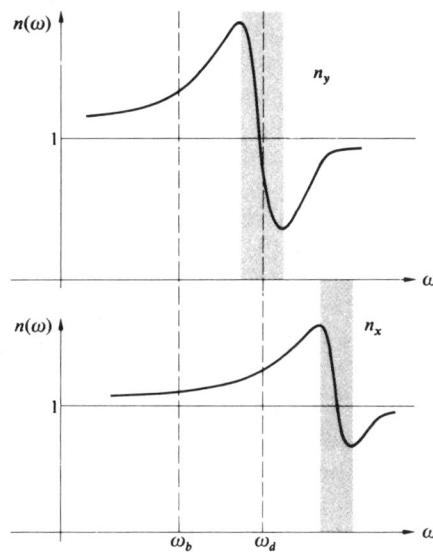

Abbildung 8.16 Brechungsindex gegen Frequenz längs zweier Achsen in einem Kristall. Bereiche, in denen $dn/d\omega<0$ ist, entsprechen den Absorptionsbanden.

aber nicht immer isotrop). Abbildung 8.15 stellt wieder eine geladene Hülle dar, die diesmal an Federn verschiedener Härte gebunden ist, d.h. an Federn mit verschiedenen Federkonstanten. Ein Elektron, das aus der Gleichgewichtslage längs einer Richtung parallel zu einem "Federpaar" verschoben ist, schwingt offensichtlich mit einer anderen Eigenfrequenz als wenn es in eine andere Richtung verschoben worden wäre. Wir wiesen früher darauf hin (Abschnitt 3.5.2), daß sich das Licht durch einen transparenten Stoff durch Anregung der Elektronen innerhalb des Mediums ausbreitet. Die Elektronen werden durch das E-Feld angetrieben, und sie strahlen wieder aus; diese sekundären Elementarwellen vereinigen sich wieder, und die resultierende Brechungswelle bewegt sich weiter fort. Die Geschwindigkeit der Welle und daher der Brechungsindex ist durch die Differenz zwischen der Frequenz des E-Feldes und der Eigenfrequenz des Elektrons bestimmt. *Eine Anisotropie der Bindungskraft zeigt sich deshalb in einer Anisotropie des Brechungsindex.* Soll z.B. Licht im $\mathcal{P}$-Zustand durch ein bestimmtes hypothetisches Kristall laufen, so daß es Elektronen begegnet, die durch Abbildung 8.15 dargestellt werden können, so würde seine Geschwindigkeit durch die Ausrichtung von E bestimmt. Wäre E parallel zu den harten Federn, d.h. in einer Richtung einer starken Bindungskraft (hier längs der x-Achse), so wäre die Eigenfrequenz des Elektrons groß (proportional zur Wurzel der Federkonstante). Befände sich E im Unterschied dazu längs der y-Achse, wo die Bindungskraft schwächer ist, so wäre die Eigenfrequenz etwas geringer. Bei Beachtung unserer früheren Diskussion über Dispersion und der $n(\omega)$-Kurve der Abbildung 3.14 könnten die entsprechenden Brechungsindizes wie jene der Abbildung 8.16 aussehen. Einen Stoff dieser Art, der zwei verschiedene Brechungsindizes zeigt, nennt man **doppelbrechend**.[10] Ist der Kristall derart, daß die Frequenz des einfallenden Lichtes in der Nähe von ω_d in Abbildung 8.16 liegt, so erscheint sie in der Absorptionsbande von $n_y(\omega)$. Ein Kristall, der so beleuchtet wird, absorbiert für eine Polarisationsrichtung (y) stark und ist für die andere (x) transparent. Zweifelsfrei ist ein doppelbrechender Stoff, der einen der orthogonalen $\mathcal{P}$-Zustände absorbiert und den anderen durchläßt, in der Tat *dichroitisch*. Weiterhin nehmen wir an, daß die Kristallsymmetrie derart

---

10) Das Wort *doppelbrechend* heißt im Englischen birefringent und *refringence* pflegte man früher statt des heutigen Ausdruckes *refraction* (Brechung) zu benutzen. Er stammt von dem lateinischen *refractus* über einen etymologischen Weg, der mit *frangere* (brechen) begann.

ist, daß die Bindungskräfte in den y- und z-Richtungen identisch sind, d.h. alle Federn haben dieselbe Eigenfrequenz und absorbieren gleich stark. Die x-Achse definiert nun die Richtung der **optischen Achse**. Da ein Kristall durch eine Anordnung dieser anisotrop ausgerichteten, geladenen Oszillatoren dargestellt werden kann, besitzt *die optische Achse in Wirklichkeit eine Richtung* und ist *nicht bloß eine einzelne Linie*. Das Modell arbeitet für dichroitische Kristalle recht gut, da das Licht bei einer Ausbreitung längs der optischen Achse (E in der yz-Ebene) stark absorbiert würde, wohingegen es linear polarisiert herauskäme, wenn es sich senkrecht zu jener Achse fortbewegte.

Oft liegen die Eigenfrequenzen von doppelbrechenden Kristallen oberhalb des optischen Bereichs, und sie erscheinen farblos. Dies wird durch Abbildung 8.16 dargestellt, in der wir uns nun vorstellen, daß das einfallende Licht Frequenzen im Bereich von ω_b besitzt. Zwei verschiedene Brechungsindizes sind offensichtlich, doch ist die Absorption für beide Polarisationen vernachlässigbar. Gleichung (3.70) zeigt, daß $n(\omega)$ umgekehrt mit der Eigenfrequenz variiert. Dies bedeutet, daß eine große Federkonstante (d.h. starke Bindung) einer geringeren Polarisierbarkeit, einer kleinen Dielektrizitätskonstante und einem kleinen Brechungsindex entspricht.

Wir werden, wenn auch nur bildhaft, einen Linearpolarisator unter Ausnutzung der Doppelbrechung konstruieren, indem wir die zwei orthogonalen $\mathcal{P}$-Zustände verschiedene Wege verfolgen lassen, um sie zu trennen. Aber noch faszinierendere Dinge lassen sich mit doppelbrechenden Kristallen durchführen, wie wir später sehen werden.

8.4.1 Kalkspat

Wir wollen nun einen Moment damit verbringen, die obigen Vorstellungen mit einem konkreten und ziemlich typischen doppelbrechenden Kristall, nämlich dem Kalkspat, in Beziehung zu setzen. Kalkspat oder Kalziumkarbonat ($CaCO_3$) ist eine weitverbreitete, natürlich vorkommende Substanz. Sowohl Marmor als auch Kalkstein bestehen aus vielen kleinen Kalkspatkristallen, die miteinander verbunden sind. Von besonderem Interesse sind die wunderbaren großen Einzelkristalle, die man, obwohl sie seltener werden, insbesondere in Indien, Mexiko und Südafrika finden kann. Kalkspat ist das Material, das

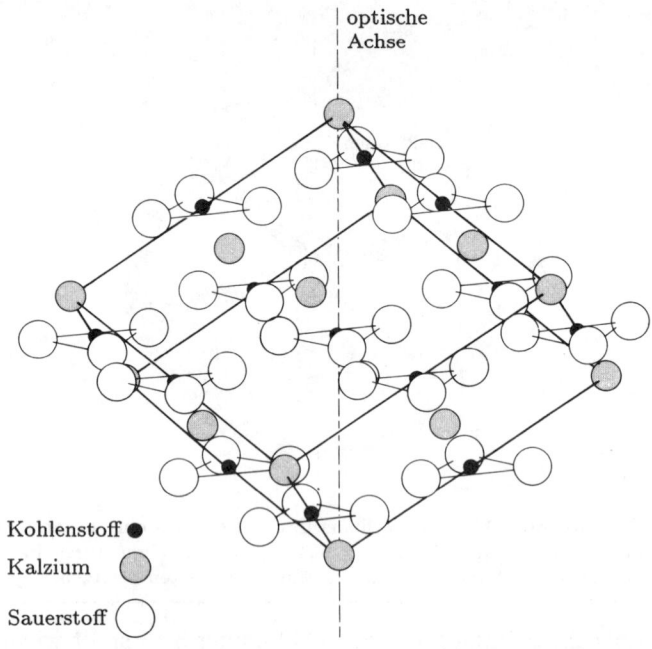

Abbildung 8.17 Anordnung der Atome in Kalkspat.

für die Herstellung von Linearpolarisatoren für Hochleistungslaser am häufigsten verwendet wird.

Abbildung 8.17 zeigt die Verteilung von Kohlenstoff, Kalzium und Sauerstoff innerhalb der Kalkspatstruktur; während Abbildung 8.18 eine Ansicht von oben darstellt, die längs der Achse verläuft, die in Abbildung 8.17 als optische Achse im voraus gekennzeichnet worden ist. Jede CO_3-Gruppe bildet eine dreieckige Anhäufung, deren Ebene senkrecht zur optischen Achse steht. Drehen wir die Abbildung 8.18 um eine Gerade, die senkrecht zu irgendeiner Karbonatgruppe steht und durch ihr Zentrum geht, so würde während jeder Umdrehung genau dieselbe Atomanordnung dreimal erscheinen. Die Richtung, die wir als die optische Achse gekennzeichnet haben, entspricht einer speziellen kristallographischen Ausrichtung, da sie eine Achse mit *3-zähliger Symmetrie* ist. Die starke Doppelbrechung, die Kalkspat zeigt, entsteht daraus, daß sich alle Karbonatgruppen in Ebenen befinden, die senkrecht zur optischen Achse liegen. Das Verhalten ihrer Elektronen oder vielmehr die gegenseitige Wechselwirkung der induzierten Sauerstoffdipole ist wesentlich anders, wenn E entweder in oder senkrecht zu

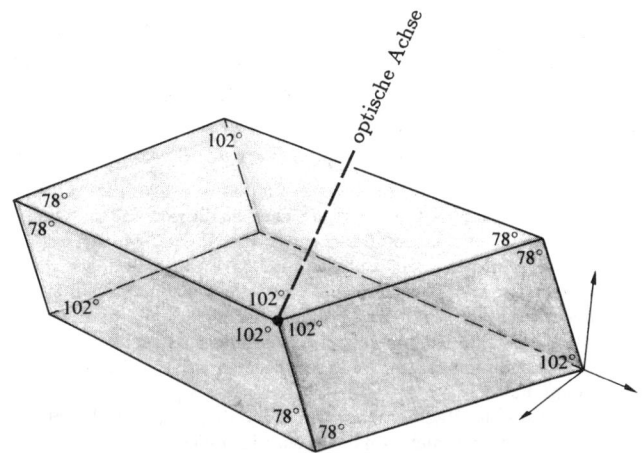

Abbildung 8.19 Spaltform von Kalkspat.

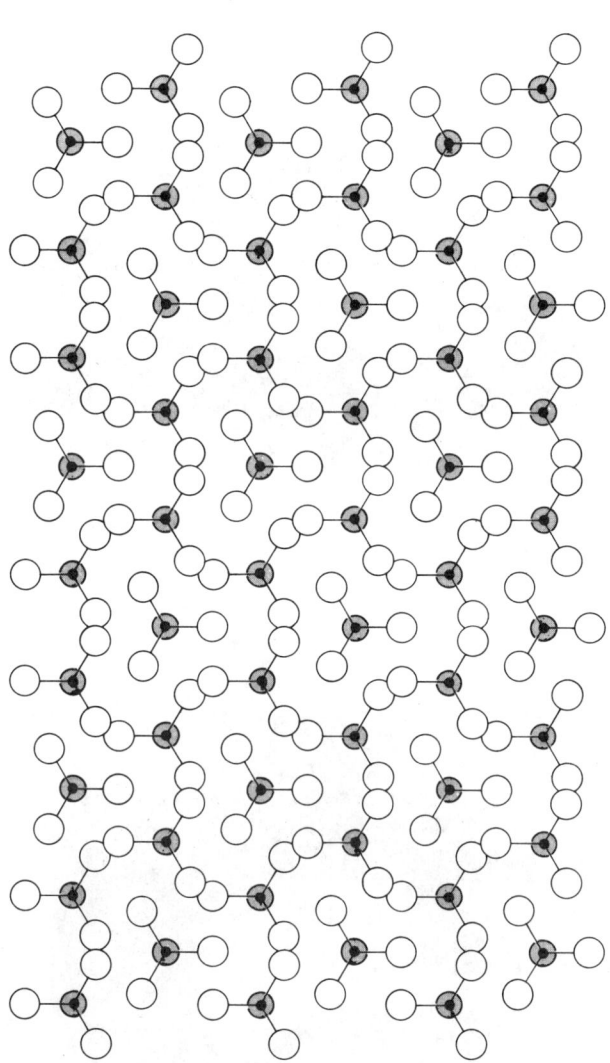

Abbildung 8.18 Atomanordnung des Kalkspats, wobei man entlang der optischen Achse herabsieht.

jenen Ebenen liegt (Aufgabe 8.15); die Asymmetrie ist jedenfalls klar genug.

Kalkspatproben kann man leicht spalten; sie bilden dabei glatte Flächen, die man als *Spaltebenen* bezeichnet. Der Kristall ist im wesentlichen so zusammengesetzt, daß er zwischen bestimmten Ebenen von Atomen auseinanderfällt, in denen die interatomare Bindung relativ schwach ist. Alle Spaltebenen sind im Kalkspat (Abb. 8.18) senkrecht zu drei verschiedenen Richtungen. Während ein Kristall wächst, werden Atome Schicht auf Schicht, demselben Muster folgend, hinzugefügt. Jedoch könnte auf einer Seite mehr Rohmaterial vorhanden sein als auf der anderen, was zu einem Kristall führt, der außen eine komplizierte Form erhält. Die Spaltebenen sind trotzdem von der Atomanordnung abhängig, und wenn man eine Probe so schneidet, daß jede Fläche zu einer Spaltebene wird, so wird ihre Form mit der Grundanordnung ihrer Atome verwandt. Solch ein Exemplar bezeichnet man als eine *Spaltform*. Im Falle des Kalkspats ist sie ein Parallelepiped, bei dem jede Oberfläche ein Parallelogramm ist, und dessen Winkel hier 78°5′ und 101°55′ sind (Abb. 8.19). Man beachte, daß es dort nur zwei *stumpfe Ecken* gibt, in denen die ebenen Oberflächen drei stumpfe Winkel bilden. Eine Gerade, die durch den Eckpunkt einer der stumpfen Ecken läuft und so ausgerichtet ist, daß sie mit jeder Oberfläche (45.5°) und jeder Kante (63.8°) gleiche Winkel bildet, ist eindeutig eine Achse mit 3-zähliger Symmetrie. (Dies wäre ein wenig deutlicher, wenn wir das Parallelepiped so schneiden, daß wir Kanten gleicher Länge erhalten (Kalkspatrhomboeder).) Offensichtlich muß eine solche Gerade der optischen Achse entsprechen. Was auch immer die natürliche Form eines speziellen Kalkspatexemplars ist, man braucht nur eine stumpfe Ecke zu finden, und man hat die optische Achse.

1669 stieß Erasmus Bartholinus (1626–92), Doktor der Medizin und Professor der Mathematik an der Universität von Kopenhagen (und übrigens Römers Schwiegervater) auf ein neues und bemerkenswertes Phänomen im Kalkspat, was er *Doppelbrechung* nannte. Kalkspat war nicht lange zuvor in der Nähe von Eskifjordur auf Island entdeckt worden und wurde damals als *Isländischer Kalkspat* bezeichnet. In den Worten von Bartholinus:[11]

> Von allen Menschen hochgeschätzt ist der Diamant und viele sind der Freuden, die ähnliche Schätze bringen, wie z.B. kostbare Steine und Perlen ... aber derjenige, der andererseits das Wissen ungewöhnlicher Phänomene diesen Freuden vorzieht, wird, so hoffe ich, nicht weniger Spaß an einer neuen Art von Körper haben, nämlich einem transparenten Kristall, der uns kürzlich von Island gebracht wurde, der vielleicht eines der größten Wunder ist, die die Natur erzeugt hat. ...
> Als meine Nachforschungen über diesen Kristall fortschritten, zeigte sich dort ein wundervolles und außergewöhnliches Phänomen: Objekte, die man durch den Kristall sieht, zeigen nicht wie im Falle anderer transparenter Körper ein einzelnes gebrochenes Bild, sondern sie erscheinen doppelt.

Das doppelte Bild, das Bartholinus erwähnt, ist in der Photographie der Abbildung 8.20 ganz deutlich zu sehen. Schicken wir ein schmales Strahlenbündel natürlichen Lichtes in einen Kalkspatkristall senkrecht zur Spaltebene, so wird es aufgespalten, und es treten zwei parallele Strahlenbündel heraus. Um denselben Effekt ganz einfach zu sehen, brauchen wir nur einen schwarzen Punkt auf ein Stück Papier aufzutragen und ihn mit einem Kalkspatparallelepiped zu bedecken. Das Bild besteht nun aus zwei grauen Punkten (schwarz, wo sie sich überdecken). Das Drehen des Kristalls bewirkt, daß ein Punkt ruhen bleibt, während der andere, der Bewegung des Kristalls folgend, sich anscheinend um ihn herum auf einem Kreis bewegt. Der feste Punkt bleibt dabei unverändert näher zu der oberen stumpfen Ecke, und die Strahlen, die ihn abbilden, verhalten sich so, als wären sie nur durch eine Glasplatte gegangen. In Übereinstimmung mit einem Vorschlag, den Bartholinus machte, nennt man sie die **ordentlichen** (*ordinären*) **oder** *o-Strahlen*. Die Strahlen, die von dem anderen Punkt kommen und sich in einer derartig ungewöhnlichen Art verhalten, nennt man die **außerordentlichen** (*extraordinären*) **oder** *e-Strahlen*. Wird der Kristall nun durch einen Analysator untersucht, so wird man finden, daß die ordinären und extraordinären Bilder linear polarisiert sind (Abb. 8.21). Die zwei herauskommenden $\mathcal{P}$-Zustände sind überdies orthogonal.

11) W.F. Magie, *A Source Book in Physics*.

Abbildung 8.20 Doppelbild, das durch ein Kalkspatkristall (keine Spaltform) gebildet wird. (Photo von E.H.)

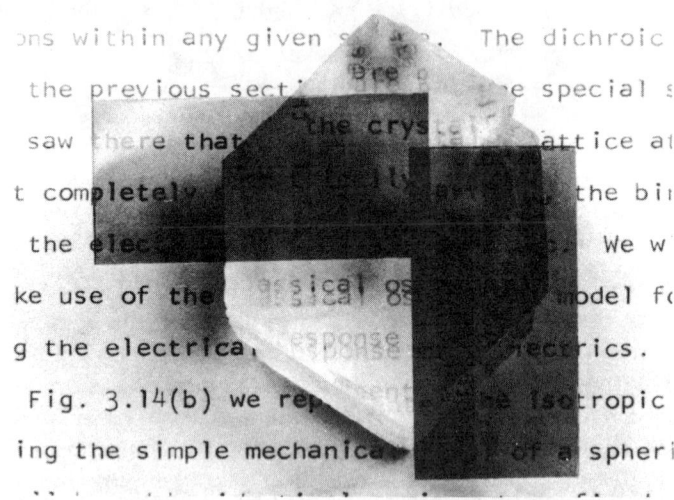

Abbildung 8.21 Ein Kalkspatkristall (stumpfe Ecke unten). Die Durchlaßachsen der zwei Polarisatoren sind parallel zu ihren kurzen Kanten. Das untere, nicht abgelenkte Bild im Doppelbildbereich ist das ordinäre Bild. Man sehe sich das Bild länger an, es läßt sich einiges finden. (Photo von E.H.)

Jede beliebige Zahl von Ebenen kann man durch das Parallelepiped ziehen, die die optische Achse enthalten. Man nennt sie die *Hauptebenen*. Steht die Hauptebene ebenso senkrecht zu einem Paar sich gegenüberlieg-

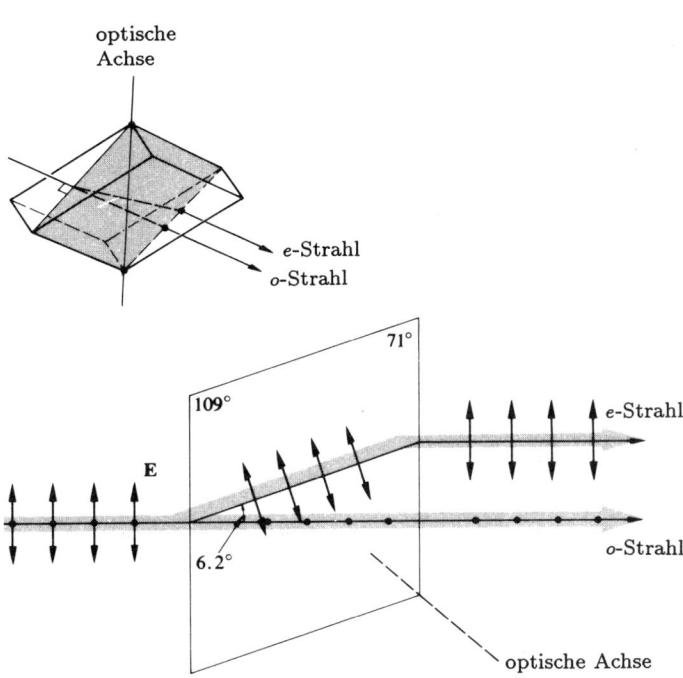

Abbildung 8.22 Ein Lichtstrahl mit zwei orthogonalen Feldkomponenten, der einen Kalkspathauptschnitt durchläuft. (Die obere Zeichnung soll ein Rhomboeder und kein Parallelepiped darstellen; d.Ü.)

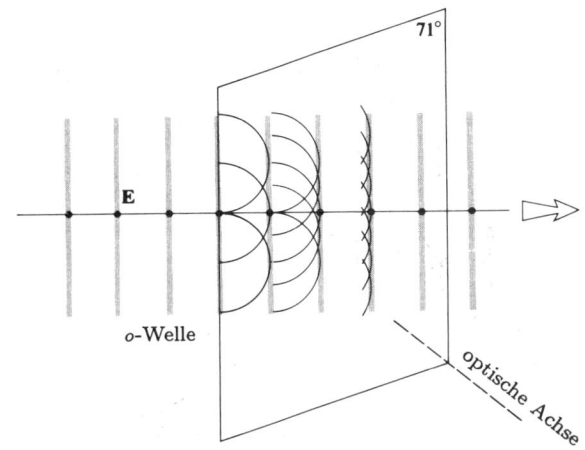

Abbildung 8.23 Eine einfallende ebene Welle, die senkrecht zum Hauptschnitt polarisiert ist.

der Flächen der Spaltform, so bildet sie einen *Hauptschnitt*. Es gibt offensichtlich drei Hauptschnitte, und jeder von ihnen ist ein Parallelogramm, das Winkel von 109° und 71° hat. Abbildung 8.22 ist eine graphische Darstellung eines ursprünglich unpolarisierten Strahlenbündels, das einen Hauptschnitt eines Kalkspatrhomboeders durchläuft. Die kleinen gefüllten Kreispunkte und/oder Pfeile, die längs jedes Strahls gezeichnet sind, zeigen an, daß der *o*-Strahl seinen elektrischen Feldvektor senkrecht zum Hauptschnitt hat, wohingegen das Feld des *e*-Strahls parallel zum Hauptschnitt liegt.

Um die Dinge ein wenig zu vereinfachen, sei E, wie in Abbildung 8.23 dargestellt, in der einfallenden ebenen Welle senkrecht zur optischen Achse linear polarisiert. Die Welle trifft die Oberfläche des Kristalls und versetzt daraufhin die Elektronen in Schwingung, die ihrerseits sekundäre Elementarwellen wieder ausstrahlen. Die Elementarwellen überlagern sich und schließen sich wieder zusammen, um die Brechungswelle zu bilden. Der Prozeß wiederholt sich immer wieder, bis die Welle aus dem Kristall heraustritt. Dies stellt ein überzeugendes physikalisches Argument für die Anwendung des Huygensschen Prinzips dar. Huygens verwendete schon 1690, also lange vor der elektromagnetischen Theorie, seine Konstruktion zur erfolgreichen Erklärung vieler Aspekte der Doppelbrechung im Kalkspat. Es sollte aber deutlich gesagt werden, daß seine Behandlung, obschon von reizvoller Einfachheit, unvollständig ist.[12]

Da das E-Feld senkrecht zu der optischen Achse steht, kann man annehmen, daß jeder Punkt auf der Wellenfront (die ursprünglich der Oberfläche entsprach) als eine Quelle von sphärischen Elementarwellen wirkt, die alle phasengleich sind. So lange wie das *Feld der Elementarwellen überall senkrecht zur optischen Achse ist*, breiten sie sich in dem Kristall in allen Richtungen mit einer Geschwindigkeit $v_\perp$ aus, wie sie es in einem isotropen Medium machen würden. (Wir denken daran, daß die Geschwindigkeit eine Funktion der Frequenz ist.) Da die *o*-Welle kein anomales Verhalten zeigt, scheint diese Annahme vernünftig zu sein. Die Einhüllende der Elementarwellen ist im Prinzip ein Teil einer ebenen Welle, die, ihrerseits als eine Verteilung von sekundären Punktquellen dient. Der Prozeß setzt sich fort, und die Welle bewegt sich gerade durch den Kristall.

---

[12] A. Sommerfeld, *Optik*, Leipzig 1964.

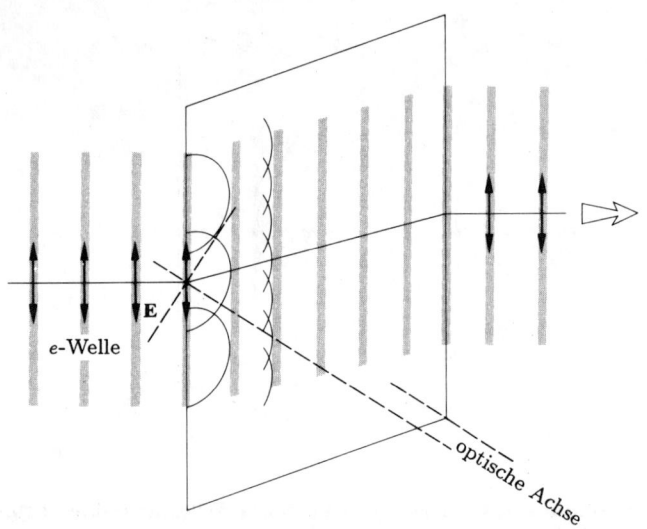

Abbildung 8.24 Eine einfallende ebene Welle, die parallel zum Hauptschnitt polarisiert ist.

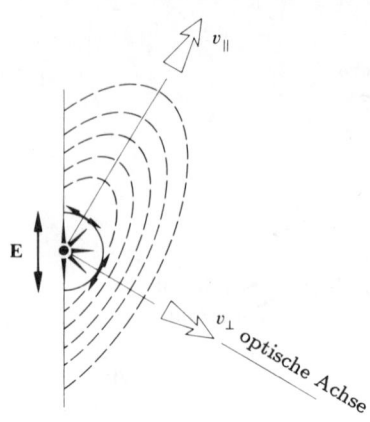

Abbildung 8.25 Elementarwellen innerhalb von Kalkspat.

Im Unterschied dazu betrachten wir die einfallende Welle der Abbildung 8.24, deren E-Feld parallel zum Hauptschnitt ist. Man beachte, daß E nun eine Komponente senkrecht zur optischen Achse sowie eine Komponente parallel zu ihr hat. Da das Medium doppelbrechend ist, breitet sich Licht einer bestimmten Frequenz, das parallel zur optischen Achse polarisiert ist, mit einer Geschwindigkeit $v_\parallel$ aus, wobei $v_\parallel \neq v_\perp$ ist. Insbesondere gilt für Kalkspat und gelbes Natriumlicht ($\lambda = 589$ nm) $1.486 v_\parallel = 1.658 v_\perp = c$. Welche Art von Huygensschen Elementarwellen können wir nun erwarten? Auf die Gefahr hin, zu stark zu vereinfachen, stellen wir jede e-Elementarwelle, wenigstens für den Moment, als eine kleine Kugel dar (Abb. 8.25). Aber $v_\parallel > v_\perp$, so daß sich die Elementarwelle in allen Richtungen senkrecht zur optischen Achse streckt. Wir vermuten daher wie Huygens, daß die sekundären Elementarwellen, die mit der e-Welle verknüpft sind, Rotationsellipsoide um die optische Achse sind. Die Einhüllende aller Ellipsoidelementarwellen ist im Grunde genommen ein Teil einer ebenen Welle, die parallel zur einfallenden Welle ist. Diese ebene Welle wird jedoch offensichtlich beim Durchgang durch den Kristall seitlich verschoben. Das Strahlenbündel bewegt sich in eine Richtung parallel zu den Geraden, die die Ursprünge jeder Elementarwelle mit den Tangentenpunkten der ebenen Einhüllenden verbinden. Man nennt sie die *Strahlenrichtung und sie entspricht der Richtung, in der sich die Energie ausbreitet*. Dies ist ein Beispiel, in dem die Richtung des Strahls nicht senkrecht zur Wellenfront steht.

Ist das einfallende Strahlenbündel nun natürliches Licht, so existieren beide in den Abbildungen 8.23 und 8.24 dargestellten Situationen gleichzeitig, mit der Folge, daß sich das Strahlenbündel in zwei orthogonale, linear polarisierte Strahlenbündel aufspaltet (Abb. 8.22). Man kann tatsächlich die zwei divergierenden Strahlenbündel innerhalb eines Kristalls sehen, indem man einen genau ausgerichteten schmalen Laserstrahl verwendet (E ist weder senkrecht noch parallel zur Hauptebene, was normalerweise der Fall ist). Licht wird von inneren Rissen weggestreut, so daß sein Weg gut sichtbar wird.

Die elektromagnetische Beschreibung des Geschehens ist kompliziert, doch lohnt sich eine Untersuchung an dieser Stelle, selbst wenn sie nur oberflächlich verläuft. Wir erinnern uns an Kapitel 3, daß das einfallende E-Feld das Dielektrikum polarisiert, d.h. es verschiebt die Ladungsverteilung, wodurch elektrische Dipole erzeugt werden. Das Feld wird daher innerhalb des Dielektrikums durch den Einschluß eines induzierten Feldes geändert, und man wird dazu geführt, eine neue Größe, die *elektrische Verschiebung* D einzuführen (siehe Anhang 1). In isotropen Medien ist D mit E durch seine skalare Größe verknüpft, und die zwei sind deshalb hier parallel. In anisotropen Kristallen ist D mit E durch einen Tensor verknüpft, und sie sind meist nicht parallel. Wenden wir nun die Maxwell-Gleichungen auf das Problem einer

Welle an, die sich durch ein derartiges Medium bewegt, so finden wir, daß die Felder D und B innerhalb der Wellenfront schwingen und nicht wie zuvor E und B. Mit anderen Worten, der Wellenvektor k, der senkrecht auf den Flächen konstanter Phase steht, ist nun anstatt zu E zu D senkrecht; D, E und k sind koplanar. Die *Strahlenrichtung* entspricht dann der Richtung des Poyntingschen Vektors $S = c^2 \epsilon_0 E \times B$, die im allgemeinen anders als die von k ist. Wegen der Art und Weise, in der die Atome verteilt sind, sind E und D jedoch kollinear, wenn sie beide entweder parallel oder senkrecht zur optischen Achse liegen.[13] Dies bedeutet, daß die o-Elementarwelle einem isotropen Medium begegnet und daher sphärisch ist, wobei S und k kollinear sind. Im Unterschied dazu sind bei den e-Elementarwellen S und k, oder äquivalent E und D, nur in Richtungen längs der oder senkrecht zur optischen Achse parallel. In allen anderen Punkten auf der Elementarwelle ist D tangential zum Ellipsoid, und darum liegt innerhalb des Kristalls D stets auf der Einhüllenden oder zusammengesetzten ebenen Wellenfront (Abb. 8.26).

8.4.2 Doppelbrechende Kristalle

Kubische Kristalle wie Natriumchlorid, d.h. gewöhnliches Kochsalz, haben ihre Atome in einer relativ einfachen und stark symmetrischen Form angeordnet. (Es gibt *vier* 3-zählige Symmetrieachsen, jede läuft von einer Ecke zu einer gegenüberliegenden Ecke, anders als beim Kalkspat, der nur eine derartige Achse hat.) Licht, das von einer Punktquelle innerhalb eines solchen Kristalls ausgeht, breitet sich gleichmäßig in alle Richtungen als eine Kugelwelle aus. Wie bei amorphen Festkörpern gibt es keine bevorzugten Richtungen in dem Stoff. Es hat einen einzigen Brechungsindex und ist *optisch isotrop* (Abb. 8.27). In dem Fall sind alle Federn im Oszillatormodell identisch.

Kristalle, die zu den *hexagonalen*, *tetragonalen* und *trigonalen* Systemen gehören, haben ihre Atome so ange-

---

[13] Im Oszillatormodell entspricht der allgemeine Fall der Situation, in der E nicht parallel zu irgendeiner Federrichtung ist. Das Feld treibt die Ladung an, doch liegt ihre resultierende Bewegung wegen der Anisotropie der Bindungskräfte nicht in der Richtung von E. Die Ladung wird am weitesten in die Richtung des geringsten Widerstands für eine bestimmte Kraftkomponente verschoben. Das induzierte Feld hat daher nicht dieselbe Ausrichtung wie E.

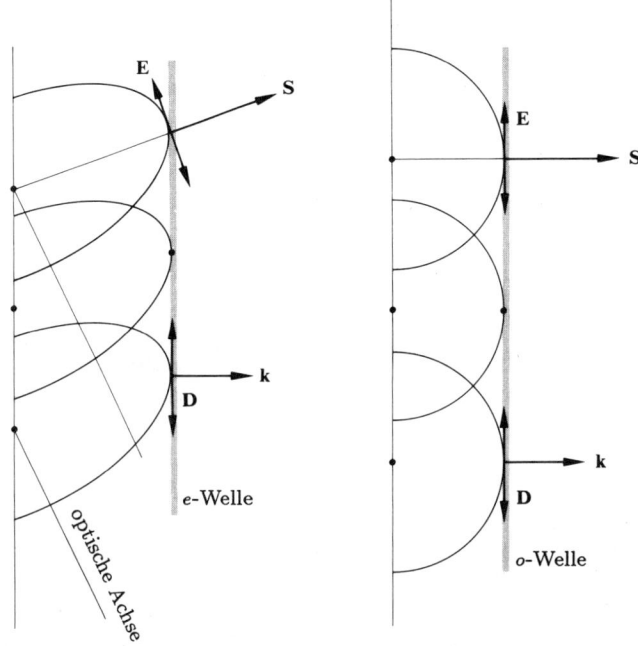

Abbildung 8.26 Ausrichtungen der E-, D-, S- und k-Vektoren.

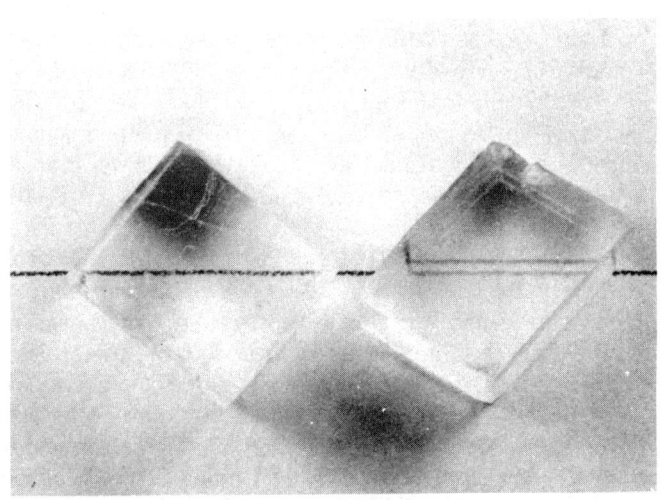

Abbildung 8.27 Bilder in Natriumchlorid- und Kalkspateinkristallen. (Photo von E.H.)

Kristall	n_o	n_e
Turmalin	1.669	1.638
Kalkspat	1.6584	1.4864
Quarz	1.5443	1.5534
Natriumnitrat	1.5854	1.3369
Eis	1.309	1.313
Rutil (TiO_2)	2.616	2.903

Tabelle 8.1 Brechungsindizes einiger einachsiger doppelbrechender Kristalle (λ_0=589.3 mm).

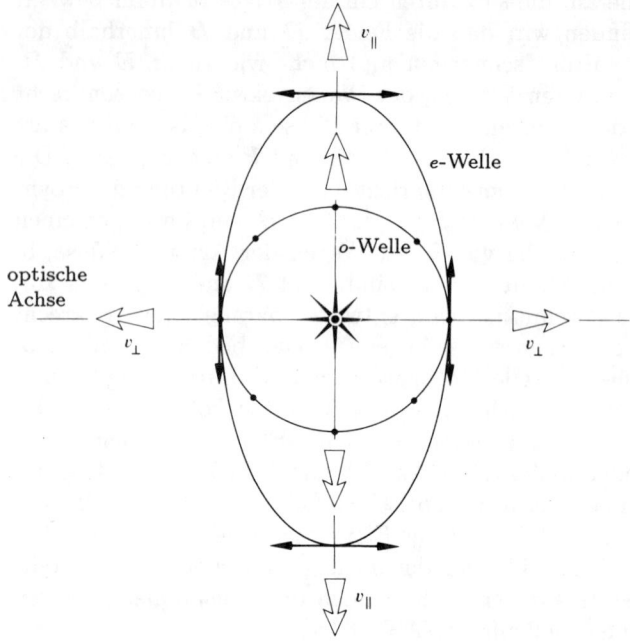

Abbildung 8.28 Elementarwellen in einem optisch einachsig negativen Kristall.

ordnet, daß Licht, das sich in eine bestimmte Hauptrichtung ausbreitet, einer asymmetrischen Struktur begegnet. Solche Substanzen sind optisch anisotrop und doppelbrechend. Bei ihnen entspricht die optische Achse einer Richtung, um die die Atome symmetrisch angeordnet sind. Kristalle wie diese, für die es nur eine solche Richtung gibt, bezeichnet man als *einachsig*. Eine Punktquelle natürlichen Lichts, die sich innerhalb eines dieser Exemplare befindet, verursacht kugelförmige o- und ellipsoidförmige e-Elementarwellen. Die Orientierung des Feldes bezüglich der optischen Achse bestimmt die Geschwindigkeiten, mit der sich diese Elementarwellen ausbreiten. Das **E**-*Feld der o-Welle ist überall senkrecht zur optischen Achse*, und so bewegt es sich mit einer Geschwindigkeit $v_\perp$ in alle Richtungen. Ähnlich hat die e-Welle eine Geschwindigkeit $v_\perp$ nur in der Richtung der optischen Achse (Abb. 8.25), längs der sie immer tangential zur o-Welle ist. Senkrecht zu dieser Richtung *ist* **E** *parallel zur optischen Achse*, und jener Teil der Elementarwelle breitet sich mit einer Geschwindigkeit $v_\parallel$ aus (Abb. 8.28). Einachsige Stoffe haben zwei Hauptbrechungsindizes $n_e \equiv c/v_\parallel$ und $n_o \equiv c/v_\perp$ (Aufgabe 8.22).

Die Differenz $\Delta n = (n_e - n_o)$ ist ein Maß der Doppelbrechung. Im Kalkspat, in dem $v_\parallel > v_\perp$, ist $(n_e - n_o) = -0.172$ und man sagt, er sei optisch *einachsig negativ*. Zum Vergleich gibt es Kristalle, z.B. Quarz (kristallisiertes Siliziumdioxid) und Eis, für die $v_\perp > v_\parallel$ ist. Folglich sind die ellipsoidförmigen e-Elementarwellen innerhalb der sphärischen o-Elementarwellen eingeschlossen (Abb. 8.29) (Quarz ist optisch aktiv und daher in Wirklichkeit ein wenig komplizierter). In dem Fall ist $(n_e - n_o)$ positiv, und man bezeichnet den Kristall als optisch *einachsig positiv*.

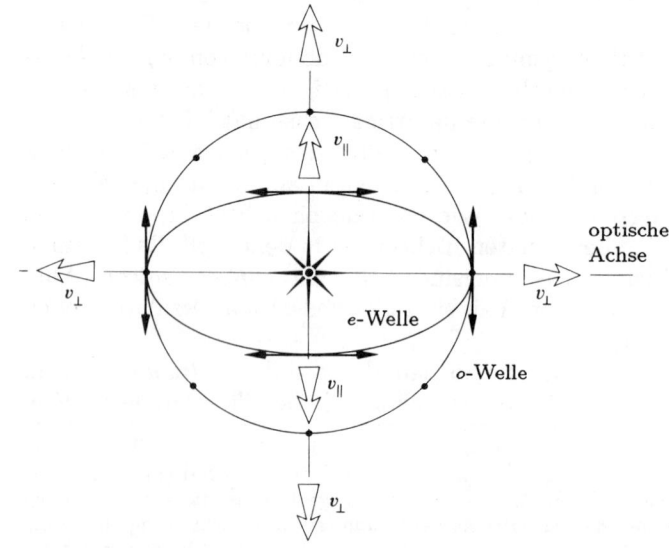

Abbildung 8.29 Elementarwellen in einem optisch einachsig positiven Kristall.

Die übrigen kristallographischen Systeme, nämlich das *orthorhombische*, das *monoklinische* und das *triklinische*, haben zwei optische Achsen, und man bezeichnet sie daher als *zweiachsig*. Derartige Substanzen, z.B. der Glimmer [KH$_2$Al$_3$(SO$_4$)3], haben drei verschiedene Hauptbrechungsindizes. Im Oszillatormodell wäre dann jedes Federpaar unterschiedlich. Die Doppelbrechung der zweiachsigen Kristalle wird als die numerische Differenz zwischen dem größten und kleinsten Index gemessen.

8.4.3 Doppelbrechende Polarisatoren

Man kann sich nun leicht vorstellen, wie man doppelbrechende Linearpolarisatoren herstellt. Viele Methoden zur Trennung der *o*- und *e*-Wellen sind entwickelt worden, alle sind natürlich darauf angewiesen, daß $n_e \neq n_o$ ist.

Der berühmteste doppelbrechende Polarisator wurde 1828 von dem schottischen Physiker William Nicol (1768–1851) eingeführt. Das *Nicol-Prisma* ist heute hauptsächlich von historischem Interesse, es ist schon lange durch andere wirksamere Polarisatoren ersetzt worden. Kurz, das Gerät wird hergestellt, indem man zuerst die Enden eines angemessen langen und schmalen Kalkspatparallelepipeds (von 71° auf 68°; siehe Abb. 8.23) schleift und poliert; nachdem dann das Parallelepiped diagonal durchgeschnitten wurde, werden die zwei Teile poliert und mit Kanadabalsam zusammengekittet (Abb. 8.30). Der Balsamkitt ist transparent und hat einen Index von 1.55, fast in der Mitte zwischen n_e und n_o. Das einfallende Strahlenbündel tritt in das "Prisma" ein, die *o*- und *e*-Strahlen werden gebrochen, sie trennen sich und treffen auf die Balsamschicht. Der Grenzwinkel ist an der Kalkspat-Balsam Grenzfläche für den *o*-Strahl etwa 69° (Aufgabe 8.24). Der *o*-Strahl (der innerhalb eines schmalen Strahlenkegels von maximal etwa 28° bezüglich der Grenzfläche eintritt) wird innen totalreflektiert und danach von einer Schicht schwarzer Farbe auf den Seitenflächen des Parallelepipeds absorbiert. Der *e*-Strahl tritt seitlich verschoben heraus, ist aber ansonsten im wesentlichen, wenigstens im optischen Bereich des Spektrums (Kanadabalsam absorbiert im Ultravioletten).

Der *Glan-Foucault-Polarisator* (Abb. 8.31) ist aus nichts anderem als Kalkspat konstruiert, und von etwa 5000 nm im Infraroten bis ungefähr 230 nm im Ultra-

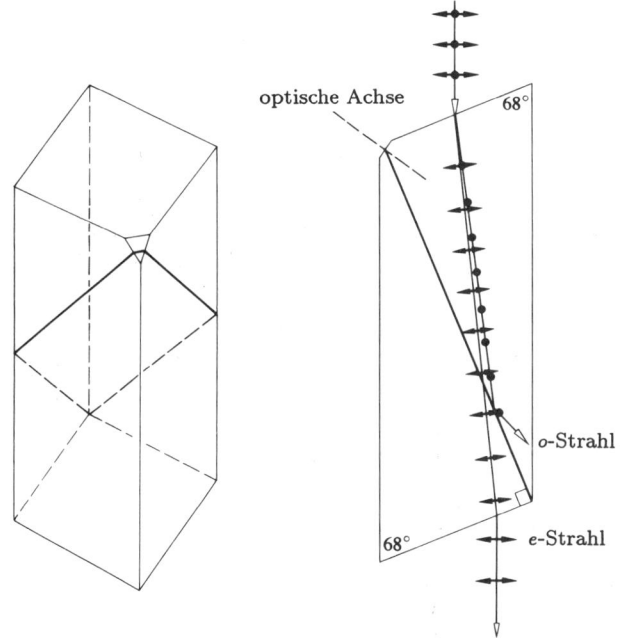

Abbildung 8.30 Das Nicol-Prisma. (Die kleine Abflachung an der stumpfen Ecke bestimmt die optische Achse.) (Photo von E.H.)

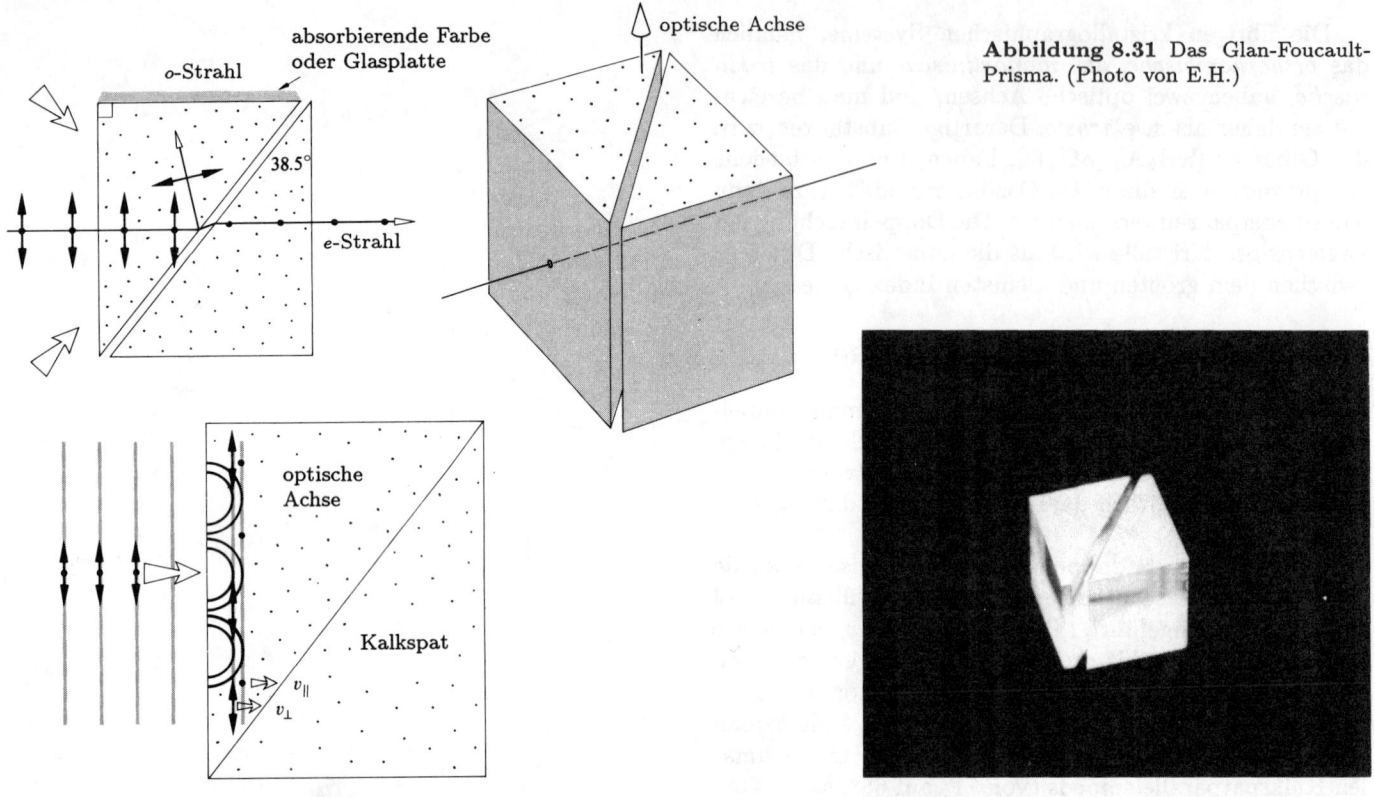

Abbildung 8.31 Das Glan-Foucault-Prisma. (Photo von E.H.)

violetten transparent. Er kann daher über einen breiten Spektralbereich benutzt werden. Der ankommende Strahl trifft die Oberfläche senkrecht, und E kann in zwei Komponenten zerlegt werden, die entweder vollkommen parallel oder senkrecht zur optischen Achse liegen. Die zwei Strahlen durchlaufen ohne irgendeine Ablenkung den ersten Kalkspatabschnitt. (Wir kommen zu diesem Punkt später zurück, wenn wir über Phasenverschieber sprechen.) Ist der Einfallswinkel an der Kalkspat-Luft-Grenzfläche θ, so braucht man die Dinge nur so anzuordnen, daß $n_e < 1/\sin\theta < n_o$, damit der o-Strahl und nicht der e-Strahl totalreflektiert wird. Werden nun die zwei Prismen zusammengekittet (Glycerin oder Erdöl wird im Ultravioletten verwendet), und wird der Grenzflächenwinkel entsprechend geändert, so nennt man das Gerät ein *Glan-Thompson-Prisma*. Sein Blickfeld ist etwa 30° im Vergleich zu etwa 10° für das Glan-Foucault-Prisma. Das letztere hat jedoch den Vorteil, daß es die beträchtlich höheren Leistungsniveaus verarbeiten kann, denen man oft mit Lasern begegnet. Während z.B. die maxi-

male Bestrahlungsstärke für ein *Glan-Thompson-Prisma* etwa 1 W/cm^2 sein könnte (kontinuierlicher Wellenzug im Gegensatz zu einem Wellenpuls), könnte ein typisches Glan-Foucault-Prisma eine obere Grenze von 100 W/cm^2 haben (kontinuierlicher Wellenzug). Der Unterschied ergibt sich natürlich aus der Verschlechterung infolge des Grenzschichtkittes (und der absorbierenden Farbe, falls sie verwendet wird).

Das *Wollaston-Prisma* ist eigentlich ein Polarisationsstrahlenteiler, da es beide orthogonal polarisierten Komponenten durchläßt. Es kann aus Kalkspat oder Quarz in der in Abbildung 8.32 gezeigten Form, hergestellt werden. Man beachte, daß sich die zwei Teilstrahlen an der diagonalen Grenzfläche trennen. Dort wird der e-Strahl zu einem o-Strahl, und sein Index ändert sich dementsprechend. Im Kalkspat ist $n_e < n_o$, und der herauskommende o-Strahl wird zur Normalen hin abgelenkt. Ebenso wird der o-Strahl, dessen Feld ursprünglich senkrecht zur optischen Achse stand, im rechten Abschnitt zu einem e-Strahl. Diesmal wird der e-Strahl im Kalkspat

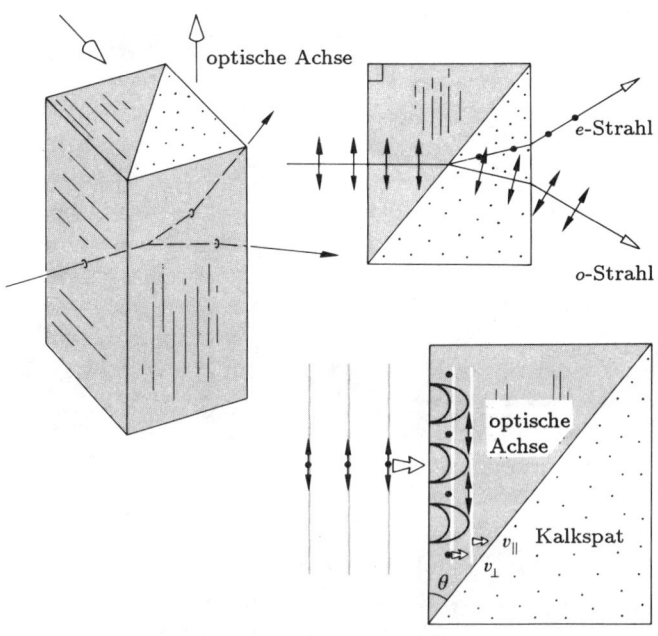

Abbildung 8.32 Das Wollaston-Prisma (Polarisationsdoppelprisma).

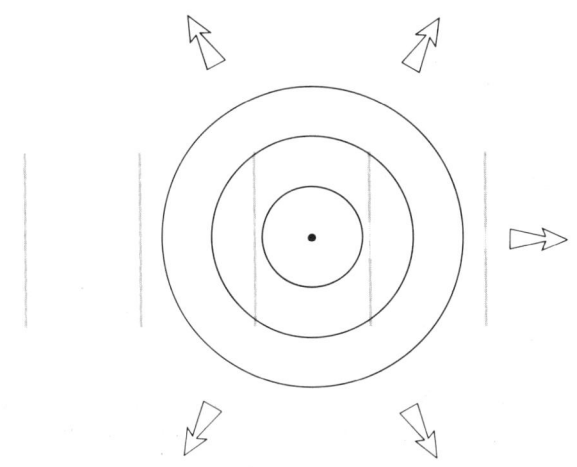

Abbildung 8.33 Streuung einer sphärischen Elementarwelle.

von der Normalen weg zur Grenzfläche hin abgelenkt (siehe Aufgabe 8.25). Der Ablenkungswinkel zwischen den zwei austretenden Strahlen ist durch den Keilwinkel θ des Prismas bestimmt. Prismen, die Ablenkungswinkel von etwa 15° bis ungefähr 45° liefern, sind im Handel erhältlich. Man kann sie gekittet, z.B. mit Rizinusöl oder Glycerin, oder überhaupt nicht gekittet, d.h. angesprengt, erwerben, was von der Frequenz und den Leistungsanforderungen abhängt.

8.5 Streuung und Polarisation
8.5.1 Eine Einführung in die Streuung

Die Wechselwirkung von Licht und Materie ist natürlich besonders wichtig. Wir können eine ganze Reihe von anscheinend beziehungslosen Phänomenen im Sinne von verschiedenen Aspekten derselben sich wiederholenden atomaren Prozesse verstehen, und so kehren wir wieder zum Elektron zurück. Trifft eine elektromagnetische Welle auf ein Atom oder Molekül, so tritt sie mit dem gebundenen Elektron in Wechselwirkung und verleiht dem Atom Energie. Wir können uns den Effekt so vorstellen, als ob der tiefste Energiezustand oder der Grundzustand in Schwingung versetzt wäre. Die Schwingungsfrequenz der Elektronenwolke ist gleich der Antriebsfrequenz ν, d.h. der Frequenz des harmonischen E-Feldes der Lichtwelle. Die Amplitude der Schwingung ist nur groß, wenn ν in der Nähe der Resonanzfrequenz des Atoms ist. Bei Resonanz können wir tatsächlich die einfache Beschreibung des Atoms anwenden, das sich anfangs in seinem Grundzustand befindet; beim Absorbieren eines Photons (das die Resonanzfrequenz hat) geht es zum angeregten Zustand über. In dichten Medien kehren die Atome mit größter Wahrscheinlichkeit zu ihrem Grundzustand zurück, nachdem sie ihre zusätzliche Energie in Form von Wärme dissipiert haben. In dünnen Gasen gehen die Atome im allgemeinen durch die Ausstrahlung eines Photons in den Grundzustand zurück, ein Effekt, den man *Resonanzstrahlung* nennt.

Bei Frequenzen unterhalb oder oberhalb der Resonanz darf man sich die Elektronen, die bezüglich des Kerns schwingen, als oszillierende elektrische Dipole vorstellen. Sie strahlen entsprechend wieder elektromagnetische Energie mit einer Frequenz, die mit der des einfallenden Lichts übereinstimmt. Diese nichtresonante Emission breitet sich im Dipolstrahlungsbild der Abbildung 3.21 aus. *Die Energieentnahme von einer einfallenden Welle und die nachfolgende Wiederausstrahlung eines Teils der Energie nennt man Streuung* (Abb. 8.33). Sie ist für die Reflexion, Brechung und Beugung der eigentlich entscheidende, physikalische Mechanismus; die Streuung ist in der Tat fundamental.

Außer den Elektronenoszillatoren, die im allgemeinen Resonanzen im Ultravioletten haben, gibt es Atomoszillatoren, die der Schwingung der Einzelatome innerhalb eines Moleküls entsprechen. Wegen ihrer großen Massen haben die Atomoszillatoren gewöhnlich Resonanzen im Infraroten. Außerdem haben sie relativ kleine Schwingungsamplituden und sind deswegen hier nicht so interessant.

Nähert sich die Frequenz der Welle einer Eigenfrequenz des Atoms, so nimmt die Amplitude eines Oszillators und deshalb der Energiebetrag zu, der einer einfallenden Welle entnommen wird. Für Gase mit geringerer Dichte, bei denen zwischenatomare Wechselwirkungen vernachlässigbar sind, ist die Absorption unbedeutend, und die wiederausgestrahlte oder gestreute Welle trägt zunehmend Energie fort, während sich die Antriebsfrequenz einer Resonanz nähert. Dies führt zu einigen interessanten Effekten, wenn die Eigenfrequenzen der Atome im Ultravioletten und die einfallende Welle im sichtbaren Bereich liegt. Da in jenem Fall die Frequenz des ankommenden Lichts zunimmt, wird immer mehr Licht gestreut. Als ein Beispiel stellen wir uns vor, wir befänden uns an einem hellen klaren Morgen im Freien. Der Himmel befindet sich in einem strahlenden Blau, und wir sind von blauem Licht umgeben, ja sogar überflutet. Sonnenlicht, das von einer Richtung in die Atmosphäre fällt, wird von den Luftmolekülen in alle Richtungen gestreut. Ohne eine Atmosphäre wäre der Himmel am Tage so schwarz wie die Leere des Weltraums; eine Eigenschaft, die in den Apollo-Mondphotographien gut aufgenommen wurde (Abb. 8.34). Ein Beobachter würde dann nur das Licht sehen, das direkt auf ihn scheint. Mit einer Atmosphäre wird das rote Ende des Spektrums zum größten Teil nicht abgelenkt, während das blaue oder hochfrequente Ende erheblich gestreut wird. Dieses hochfrequente, gestreute Licht erreicht den Beobachter von vielen Richtungen, und der gesamte Himmel erscheint hell und blau (Abb. 8.35). Steht die Sonne sehr niedrig, so laufen ihre Strahlen durch eine ausgedehnte Luftschicht. Das Blau und das Violett werden viel stärker aus dem Strahlenbündel zur Seite gestreut als das Gelb und das Rot, die sich weiter längs der Sichtlinie von der Sonne fortpflanzen, um den bekannten rotglühenden Sonnenuntergang der Erde zu erzeugen.

Abbildung 8.34 Die Halberde, die im schwarzen Mondhimmel hängt. (Photo mit freundlicher Genehmigung der NASA.)

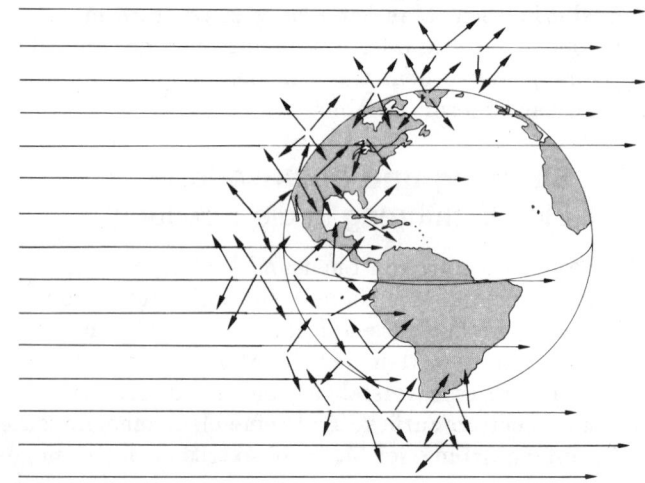

Abbildung 8.35 Streuung von Himmelslicht.

Lord Rayleigh war der erste, der die Abhängigkeit der gestreuten Flußdichte von der Frequenz ausarbeitete. In Übereinstimmung mit Gleichung (3.56), die das Strahlungsbild für einen oszillierenden Dipol beschreibt, ist *die gestreute Flußdichte direkt proportional zur vierten Potenz der Antriebsfrequenz.* Die Streuung von Licht durch Objekte, die im Vergleich zur Wellenlänge klein sind, nennt man **Rayleigh-Streuung**. Die Moleküle von dichten, transparenten Medien, seien sie gasförmig, flüssig oder fest, streuen ebenso, wenn auch nur schwach, überwiegend bläuliches Licht. Der Effekt ist insbesondere in Flüssigkeiten und Festkörpern ziemlich schwach, da die Oszillatoren geordneter sind, und die wiederausgestrahlten Elementarwellen tendieren dazu, sich gegenseitig nur in die Richtung nach vorne zu verstärken und seitliche Streuung zu löschen.[14] Deutlich ist der Effekt bei der bläulichen Magermilch, bei blauen Augen und bei den blau aussehenden Blutadern. Letztere erscheinen blau, weil die Haut über ihnen Rayleigh-Licht streut. Dies wird von keinem anderen Licht überstrahlt, weil das dunkle Blut kaum reflektiert.[15]

Der Rauch, der vom Ende einer Zigarette aufsteigt, ist aus Partikeln zusammengesetzt, die kleiner als die Wellenlänge von Licht sind, und er erscheint entsprechend blau, wenn man ihn gegen einen dunklen Hintergrund sieht. Im Unterschied dazu enthält ausgeatmeter Rauch relativ große Wassertröpfchen und erscheint weiß. Jedes Tröpfchen ist größer als die einzelnen Wellenlängen des Lichts und enthält daher so viele Oszillatoren, daß es in der Lage ist, die normalen Reflexions- und Beugungsprozesse aufrechtzuerhalten. Diese Effekte haben im einfallenden weißen Licht keine bevorzugte Frequenzkomponente. Das Licht, das mehrere Male von einem Tröpfchen reflektiert und gebrochen wird und dann schließlich zum Beobachter zurückkommt, ist deshalb auch weiß. Dies erklärt das Weiß der kleinen Salz- und Zuckerkörnchen, des Nebels, der Wolken, des Papiers, Puders und Mattglases und, bedrohlicher, des typisch fahlen, verunreinigten Stadthimmels.

Partikel, die näherungsweise die Größe einer Wellenlänge haben (wir erinnern uns, daß Atome etwa ei-

---

14) Erinnern Sie sich, daß Sie die zwei Strahlen, die durch einen doppelbrechenden Kalkspatkristall laufen, nur sehen können, wenn die Probe genug Risse enthält, die als Streuzentren wirken.
15) F. Siemsen: "Das Himmelsblau", *phys. did* **8** (1981), 131–136, d.Ü.

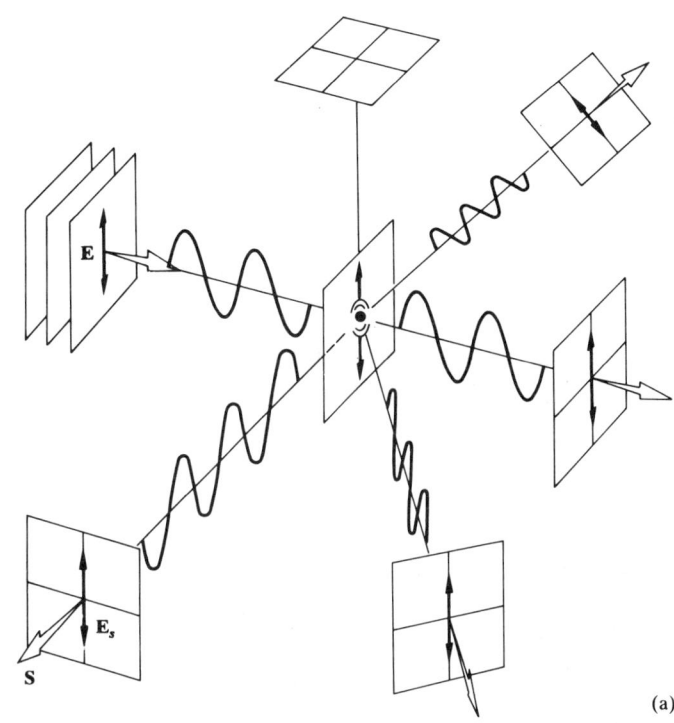

Abbildung 8.36 Streuung von polarisiertem Licht durch ein Molekül.

nen Bruchteil eines Nanometers im Durchmesser sind), streuen Licht in einer charakteristischen Art und Weise. Eine große Verteilung derartig gleich großer Partikel kann verursachen, daß eine ganze Reihe von Farben transmittiert wird. 1883 flog die vulkanische Insel Krakatau, die in der Sunda Straße westlich von Java liegt, in einer verheerenden Feuersbrunst auseinander. Große Mengen von feinem vulkanischen Staub wurden hoch in die Atmosphäre ausgeworfen und trieben über große Gebiete der Erde. Über einige Jahre danach erschienen die Sonne und der Mond wiederholt grün oder blau und Sonnenauf- und Sonnenuntergänge waren seltsam gefärbt.

Gustav Mie (1868–1957) veröffentlichte 1908 eine gründliche Lösung des Streuungsproblems für homogene sphärische Partikel jeder Größe. Obschon seine Lösung kompliziert ist, hat sie großen praktischen Wert, insbesondere wenn man sie bei der Erforschung der kolloidalen und metallischen Suspensionen, der interstellaren Parti-

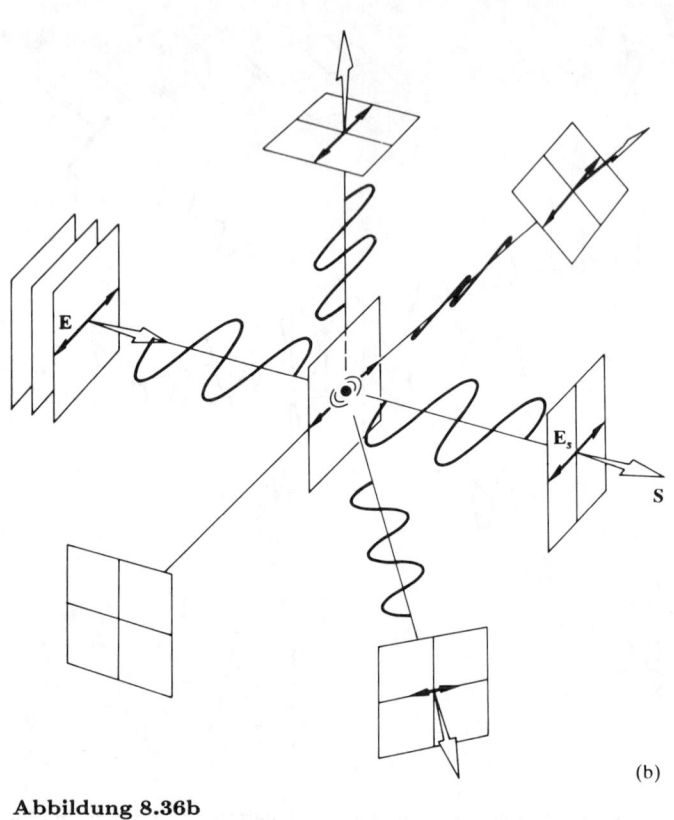

Abbildung 8.36b

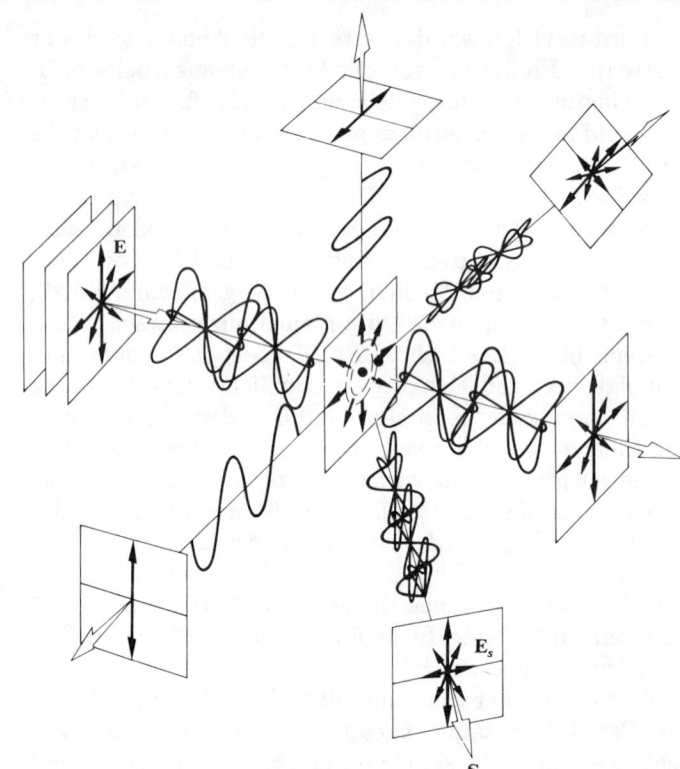

Abbildung 8.37 Streuung von unpolarisiertem Licht durch ein Molekül.

kel, des Nebels, der Wolken und der Sonnenkorona, um nur einige zu nennen, anwendet.

8.5.2 Polarisation durch Streuung

Wir stellen uns vor, wir hätten eine linear polarisierte, ebene Welle, die, wie in Abbildung 8.36 dargestellt, auf ein Luftmolekül fällt. Die Ausrichtung des elektrischen Feldes der Streustrahlung (d.h. E_s) folgt dem Dipol, so daß E_s, der Poytingsche Vektor S und der oszillierende Dipol koplanar sind (Abb. 3.22). Die Schwingungen, die im Atom induziert werden, sind parallel zum E-Feld der ankommenden Lichtwelle und sind so senkrecht zur Fortpflanzungsrichtung. Wir beachten wieder, daß der Dipol nicht in die Richtung seiner Achse strahlt. Ist die einfallende Welle nun unpolarisiert, so kann sie durch zwei orthogonale, inkohärente $\mathcal{P}$-Zustände dargestellt werden, wobei das Streulicht (Abb. 8.37) äquivalent zu einer Überlagerung der Verhältnisse ist, die in den Abbildungen 8.36 (a) und (b) gezeigt sind. Offensichtlich ist das Streulicht in der Richtung nach vorne vollkommen polarisiert; außerhalb jener Achse ist es teilweise polarisiert und wird zunehmend polarisierter, wenn der Winkel zunimmt. Ist die Betrachtungsrichtung senkrecht zum primären Strahl, so ist das Licht vollkommen linear polarisiert.

Man kann diese Schlußfolgerungen leicht verifizieren, wenn man ein Polaroidfilter zur Verfügung hat. Wir bestimmen die Lage der Sonne und untersuchen dann den Bereich des Himmels, der etwa 90° zu den Sonnenstrahlen liegt. Man wird finden, daß jener Teil des Himmels ganz eindeutig senkrecht zu den Strahlen teilweise polarisiert ist (siehe Abb. 8.38). Es ist hauptsächlich wegen der molekularen Anisotropien, der Anwesenheit großer Partikel in der Luft und der Depolarisationseffekte der Mehrfachstreuung nicht vollkommen polarisiert. Den letzteren Zustand kann man durch das Einbringen eines Stücks Wachspapier zwischen gekreuzten Polaroidfiltern veran-

Abbildung 8.38 Ein Paar gekreuzter Polarisatoren. Das obere Polaroidfilter ist deutlich dunkler als das untere, was die Teilpolarisation des Himmelslichtes anzeigt. (Photo von E.H)

Abbildung 8.39 Ein Stück Wachspapier zwischen gekreuzten Polarisatoren. (Photo von E.H.)

schaulichen (Abb. 8.39). Da das Licht sehr vielen Streuungen und Mehrfachreflexionen innerhalb des Wachspapiers unterworfen ist, dürfte ein bestimmter Oszillator

die Überlagerung von vielen im Prinzip nicht in Beziehung stehenden E-Feldern "sehen". Die resultierende Emission ist fast vollkommen entpolarisiert.

Als ein abschließendes Experiment geben wir einige Tropfen Milch in ein Glas Wasser und beleuchten es (senkrecht zu seiner Achse), wobei wir eine helle Taschenlampe verwenden. Die Lösung erscheint im Streulicht bläulich weiß und im direkten Licht gelblich, was anzeigt, daß der maßgebliche Mechanismus die Rayleigh-Streuung ist. Dementsprechend ist das Streulicht, wie erwartet, auch teilweise polarisiert.

Charles Glover Barkla (1877–1944) wies 1906 unter Verwendung weitgehend derselben Ideen die transversale Wellennatur von Röntgenstrahlung nach, indem er zeigte, daß sie in bestimmten Richtungen als eine Folge der Streuung an Materie polarisiert ist.

8.6 Polarisation durch Reflexion

Eine der häufigsten Quellen von polarisiertem Licht ist der überall zu findende Prozeß der Reflexion an dielektrischen Medien. Der grelle Schein, der sich über einer Fensterscheibe, ein Blatt Papier oder eine Glatze ausbreitet, der Glanz auf der Oberfläche eines Telefons, einer Billardkugel oder einer Buchhülle sind im allgemeinen teilweise polarisiert.

Der Effekt wurde zuerst 1808 von Etienne Malus untersucht. Die Pariser Akademie hatte für eine mathematische Theorie der Doppelbrechung einen Preis ausgesetzt, woraufhin Malus dieses Problem untersuchte. Er stand abends am Fenster seines Hauses in der Rue d'Enfer und untersuchte einen Kalkspatkristall. Die Sonne ging unter, und ihr Bild wurde von den Fenstern des Palais du Luxembourg, der nicht weit entfernt war, zu ihm reflektiert. Er hielt den Kristall hoch und sah durch ihn gegen das reflektierte Licht der Sonne. Zu seinem Erstaunen verschwand eines der Doppelbilder, als er den Kalkspat drehte. Nachdem die Sonne untergegangen war, setzte er seine Arbeit bis in die Nacht fort, um seine Beobachtungen mit Kerzenlicht zu verifizieren, das er an Wasser- und Glasoberflächen reflektieren ließ.[16] Die

---

[16] Versuchen Sie es mit einer Kerzenflamme und einem Stück Glas. Halten Sie das Glas für den deutlichsten Effekt unter $\theta_p \approx 56°$. Nahe dem streifenden Einfall sind beide Bilder hell, und keines von beiden verschwindet, wenn Sie den Kristall drehen — Malus sah offensichtlich in einem geeigneten Winkel in den Kalkspatkristall zum Palastfenster.

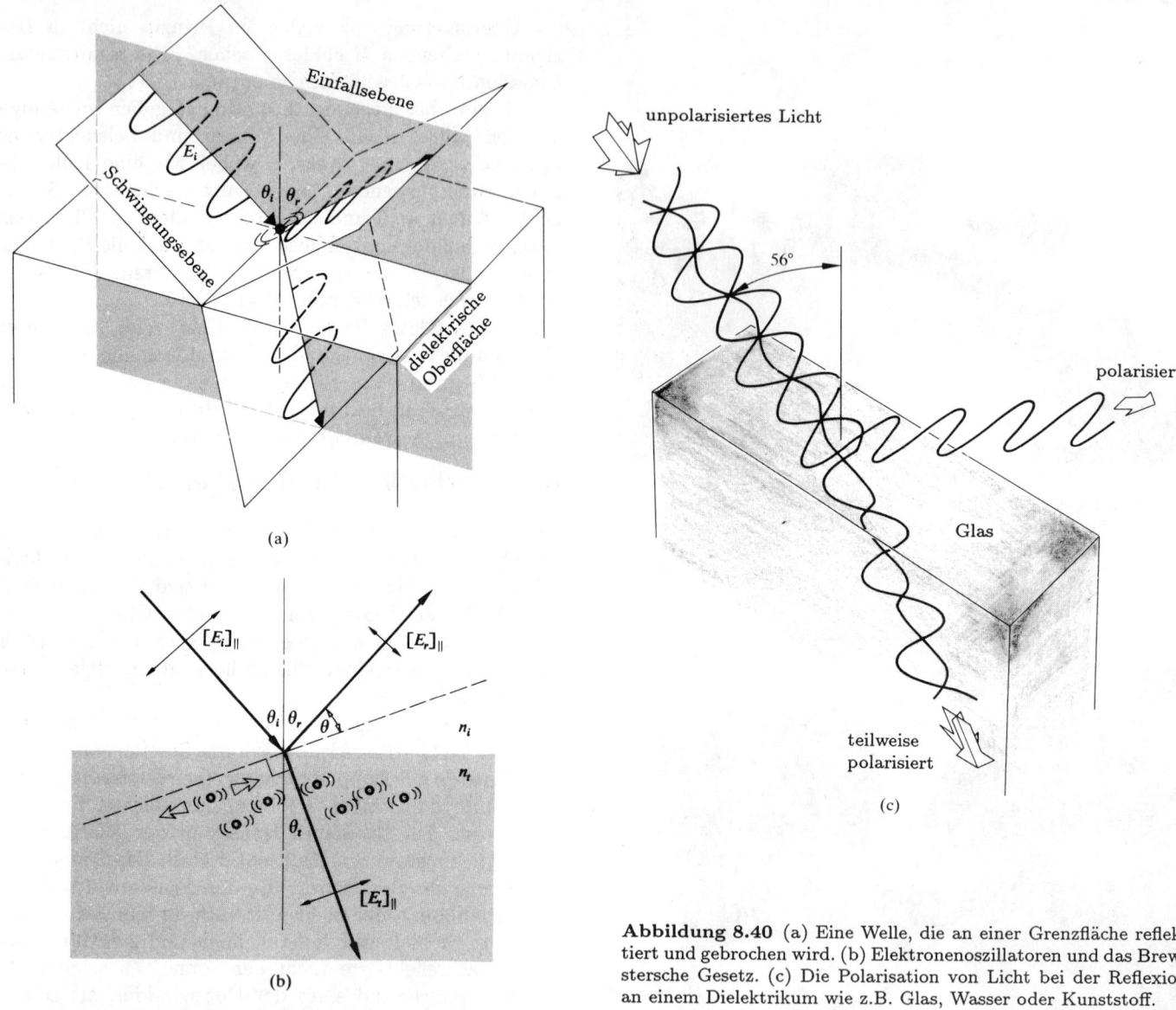

Abbildung 8.40 (a) Eine Welle, die an einer Grenzfläche reflektiert und gebrochen wird. (b) Elektronenoszillatoren und das Brewstersche Gesetz. (c) Die Polarisation von Licht bei der Reflexion an einem Dielektrikum wie z.B. Glas, Wasser oder Kunststoff.

Bedeutung der Doppelbrechung und die wirkliche Natur des polarisierten Lichts wurden dadurch zum ersten Mal klar. Zu jener Zeit existierte keine zufriedenstellende Erklärung der Polarisation innerhalb des Zusammenhangs der Wellennatur. In den folgenden 13 Jahren lieferten schließlich die Arbeiten vieler Männer, vornehmlich von Thomas Young und Augustin Fresnel, die Darstellung von Licht als eine gewisse Art transversaler Schwingung. (Wir wollen nicht vergessen, daß all dies der elektromagnetischen Theorie des Lichts um etwa 40 Jahre vorausgeht.)

Das Elektronenoszillatormodell führt zu einem einfachen Bild des Polarisationsvorgangs bei der Reflexion von Licht. Leider beschreibt es den Vorgang nicht vollständig, da es das Verhalten magnetischer, nichtleitender Stoffe nicht erklärt. Trotzdem stellen wir uns eine ankommende ebene Welle linear polarisiert vor, so daß ihr *E*-Feld senkrecht zur Einfallsebene liegt (Abb. 8.40). Die Welle wird an der Grenzfläche gebrochen und tritt ins Medium unter einem Brechungswinkel θ_t ein. Ihr elektrisches Feld treibt die gebundenen Elektronen in diesem Fall senkrecht zur Einfallsebene an, und sie strahlen ihrerseits wieder. Ein Teil der wieder abgestrahlten Energie erscheint in Form einer reflektierten Welle wieder. Es sollte dann von der Geometrie und dem Dipolstrahlungsbild klar sein, daß sowohl die reflektierten Wellen als auch die Brechungswellen ebenso in $\mathcal{P}$-Zuständen senkrecht zur Einfallsebene liegen müssen.[17] Befindet sich im Gegensatz dazu das ankommende *E*-Feld in der Einfallsebene, so schwingen die Elektronenoszillatoren in der Nähe der Oberfläche unter dem Einfluß der Brechungswelle (siehe die graphische Darstellung der Abbildung 8.40 (b)). Man beachte, daß etwas Interessantes mit der reflektierten Welle geschieht. Ihre Flußdichte ist nun relativ klein, da die reflektierte Strahlungsrichtung einen kleinen Winkel θ mit der Dipolachse bildet. Könnten wir die Dinge so einrichten, daß $\theta = 0$ oder äquivalent $\theta_r + \theta_t = 90°$ ist, so würde die reflektierte Welle total verschwinden. *Unter jenen Bedingungen wird von einer ankommenden unpolarisierten Welle, die aus zwei inkohärenten, orthogonalen $\mathcal{P}$-Zuständen zusammengesetzt ist, nur die Komponente reflektiert, die senkrecht zur Einfallsebene polarisiert und daher parallel zur Oberfläche ist.* Der spezielle Einfallswinkel, für den diese Situation zutrifft, wird durch θ_p gekennzeichnet und als **Polarisationswinkel** oder **Brewsterscher Winkel** bezeichnet, woraufhin $\theta_p + \theta_t = 90°$ wird. Aus dem Snelliusschen Gesetz

$$n_i \sin\theta_p = n_t \sin\theta_t$$

und der Tatsache, daß $\theta_t = 90° - \theta_p$, folgt

$$n_i \sin\theta_p = n_t \cos\theta_p$$

und

$$\tan\theta_p = n_t/n_i. \qquad (8.25)$$

Dies nennt man nach Sir David Brewster (1781–1868),

---

17) Der Reflexionswinkel ist durch das Huygenssche Prinzip, wie in Abschnitt 10.2.7 diskutiert, festgelegt. Dort wird entwickelt, daß sich die gestreuten Elementarwellen im allgemeinen konstruktiv in nur einer Richtung zusammenschließen und einen reflektierten Strahl unter einem Winkel bilden, der gleich dem des Einfallsstrahls ist.

Professor für Physik an der St. Andrews Universität, und natürlich dem Erfinder des Kaleidoskops, das *Brewstersche Gesetz*, das er empirisch entdeckte.

Befindet sich der einfallende Strahl in Luft ($n_i = 1$) und ist das brechende Medium Glas ($n_t \approx 1.5$), so ist der Polarisationswinkel 56°. Trifft ein unpolarisierter Strahl in ähnlicher Weise unter einem Winkel von 53° die Oberfläche eines Teiches ($n_t \approx 1.33$ für H_2O), so wird der reflektierte Strahl mit seinem *E*-Feld senkrecht zur Einfallsebene und damit parallel zur Wasseroberfläche vollkommen polarisiert (Abb. 8.41). Dies legt dann einen praktischen Weg nahe, die Durchlaßachse eines nicht gekennzeichneten Polarisators herauszufinden; man benötigt nur eine Glasscherbe oder einen Teich.

Das Problem, das uns in der Ausnutzung dieses Phänomens zur Konstruktion eines effektvollen Polarisators begegnet, liegt darin, daß das reflektierte Strahlenbündel, obwohl vollkommen polarisiert, schwach ist; wohingegen das durchgelassene Strahlenbündel, obwohl stark, nur teilweise polarisiert ist. Ein Schema, das in Abbildung 8.42 dargestellt ist, nennt man einen *Glasplattensatz* (zur Erzeugung linear polarisierten Lichtes). Er wurde 1812 von Dominique F.J. Arago erfunden. Vorrichtungen dieser Art können im Sichtbaren mit Glasplatten und im Ultravioletten mit Quarz- oder Vycor-Glasplatten hergestellt werden. Man kann leicht eine primitive Anordnung dieser Art mit etwa einem Dutzend Objektträgern aufbauen. (Die wundervollen Farben, die bei Berührung der Objektträger erscheinen, werden im nächsten Kapitel diskutiert.)

8.6.1 Eine Anwendung der Fresnelschen Gleichungen

In Kapitel 4 kamen wir zu den Fresnelschen Gleichungen, die die Effekte einer ankommenden, elektromagnetischen ebenen Welle beschreiben, die auf die Grenzfläche zwischen zwei verschiedenen Dielektrika fällt. Diese Gleichungen verknüpfen die reflektierten und durchgelassenen Feldamplituden über den Einfallswinkel θ_i und den Brechungswinkel θ_t mit der einfallenden Amplitude. Für linear polarisiertes Licht, das sein *E*-Feld parallel zur Einfallsebene hat, definieren wir den *Amplitudenreflexionskoeffizienten* als $r_\parallel \equiv [E_{0r}/E_{0i}]_\parallel$, d.h. als den Quotienten aus der reflektierten und einfallenden elektrischen *Feldamplitude*. Steht das elektrische Feld senkrecht zur

Abbildung 8.41
Licht, das von einer Pfütze reflektiert wird, ist teilweise polarisiert. (a) Betrachtet man die Pfütze durch ein Polaroidfilter, dessen Durchlaßachse parallel zur Erdoberfläche ist, so wird das blendende Licht durchgelassen und ist sichtbar. (b) Steht die Durchlaßachse des Polaroidfilters senkrecht zur Wasseroberfläche, so verschwindet der größte Teil des grellen Scheins. (Photo mit freundlicher Genehmigung von Martin Seymour.)

Einfallsebene, so erhalten wir $r_\perp \equiv [E_{0r}/E_{0i}]_\perp$. Den entsprechenden Bestrahlungsstärkenquotient (die einfallenden und reflektierten Strahlenbündel haben dieselben Querschnittsflächen) nennt man den *Reflexionsgrad*, und da die Bestrahlungsstärke proportional zum Quadrat der Amplitude des Feldes ist, gilt

$$R_\| = r_\|^2 = [E_{0r}/E_{0i}]_\|^2 \quad \text{und} \quad R_\perp = r_\perp^2 = [E_{0r}/E_{0i}]_\perp^2.$$

Das Quadrieren der entsprechenden Fresnelschen Gleichungen liefert

$$R_\| = \frac{\tan^2(\theta_i - \theta_t)}{\tan^2(\theta_i + \theta_t)} \tag{8.26}$$

und

$$R_\perp = \frac{\sin^2(\theta_i - \theta_t)}{\sin^2(\theta_i + \theta_t)}. \tag{8.27}$$

Während $R_\perp$ niemals Null sein kann, wird $R_\|$ in der Tat Null, wenn der Nenner unendlich ist, d.h. wenn $\theta_i + \theta_t = 90°$ wird. Der Reflexionsgrad verschwindet daraufhin für linear polarisiertes Licht mit E parallel zur

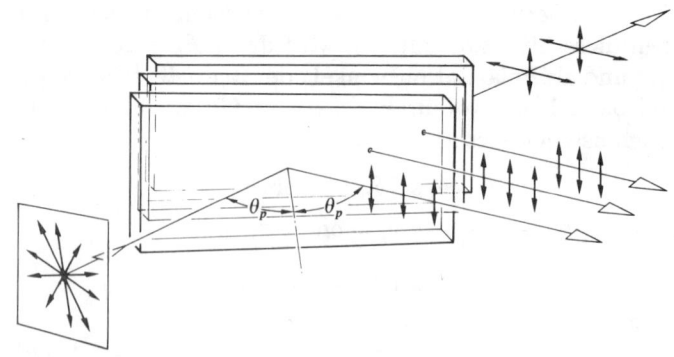

Abbildung 8.42 Glasplattensatz.

Einfallsebene; $E_{r\|} = 0$ und der Strahl wird vollständig durchgelassen. Dies ist natürlich die Kernaussage des Brewsterschen Gesetzes.

Ist das ankommende Licht unpolarisiert, so können wir es nun durch zwei bekannte orthogonale, inkohärente,

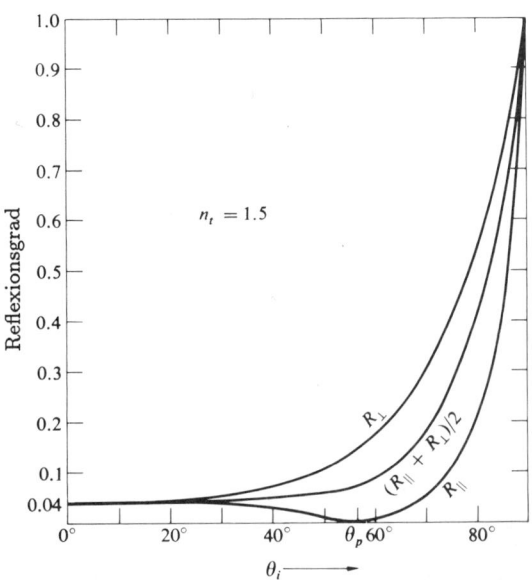

Abbildung 8.43 Reflexionsgrad gegen Einfallswinkel.

amplitudengleiche $\mathcal{P}$-Zustände darstellen. Übrigens bedeutet die Amplitudengleichheit, daß der Betrag an Energie in beiden Polarisationszuständen gleich ist, (d.h. $I_{i\parallel} = I_{i\perp} = I_i/2$), was häufig der Fall ist. Daher ist

$$I_{r\parallel} = I_{r\parallel} I_i / 2 I_{i\parallel} = R_\parallel I_i / 2,$$

und in der gleichen Weise $I_{r\perp} = R_\perp I_i / 2$. Der Reflexionsgrad $R = I_r / I_i$ in natürlichem Licht ist deshalb durch

$$R = \frac{I_{r\parallel} + I_{r\perp}}{I_i} = \frac{1}{2}(R_\parallel + R_\perp) \qquad (8.28)$$

gegeben. Abbildung 8.43 ist ein Diagramm der Gleichungen (8.26), (8.27) und (8.28) für den speziellen Fall, daß $n_i = 1$ und $n_t = 1.5$ ist. Die mittlere Kurve, die dem einfallenden natürlichen Licht entspricht, zeigt, daß nur etwa 7.5% des ankommenden Lichts reflektiert wird, wenn $\theta_i = \theta_p$ ist. Das durchfallende Licht ist dann offensichtlich teilweise polarisiert. Wenn $\theta_i \neq \theta_p$, so sind sowohl die Brechungswellen als auch die reflektierten Wellen teilweise polarisiert.

Es ist häufig ratsam, den Begriff **Polarisationsgrad** V zu verwenden, der im allgemeinen meist als

$$V = \frac{I_p}{I_p + I_u} \qquad (8.29)$$

definiert ist, wobei I_p und I_u die einzelnen Flußdichten des polarisierten und unpolarisierten Lichts sind. Falls z.B. $I_p = 4$ W/m² und $I_u = 6$ W/m², so ist $V = 40\%$, und das Strahlenbündel ist teilweise polarisiert. Mit unpolarisiertem Licht ist $I_p = 0$ und offensichtlich $V = 0$, während im entgegengesetzten Extrem $V = 1$ wird, wenn $I_u = 0$ ist, und das Licht ist vollkommen polarisiert; daher gilt $0 \leq V \leq 1$. Oft hat man es mit teilweise linear polarisiertem, quasimonochromatischem Licht zu tun. Drehen wir einen Analysator im Strahlenbündel, so erhalten wir in jenem Fall eine Ausrichtung, in der die durchgelassene Bestrahlungsstärke ein Maximum (I_max), und senkrecht dazu eine Richtung, in der sie ein Minimum (I_min) ist. $I_p = I_\text{max} - I_\text{min}$, und so gilt

$$V = \frac{I_\text{max} - I_\text{min}}{I_\text{max} + I_\text{min}}. \qquad (8.30)$$

Man beachte, daß V eigentlich eine Eigenschaft des Strahlenbündels ist, das teilweise oder vollkommen polarisiert sein kann, bevor es auf irgendeinen Polarisator trifft.

8.7 Phasenverschieber

Wir wollen nun eine Gruppe von optischen Elementen betrachten, die man **Phasenverschieber** nennt und die dazu dienen, die Polarisation einer einfallenden Welle zu verändern. Im Prinzip ist die Arbeitsweise eines Phasenverschiebers ziemlich einfach. Man verzögert einen der zwei einzelnen, kohärenten $\mathcal{P}$-Zustände irgendwie in der Phase gegenüber dem anderen durch einen voraus festgelegten Betrag. Beim Austritt aus dem Phasenverschieber ist die relative Phase der zwei Komponenten anders als sie ursprünglich war, und daher ist der Polarisationszustand ebenfalls anders. Haben wir erst den Begriff des Phasenverschiebers entwickelt, so werden wir in der Tat in der Lage sein, jeden gegebenen Polarisationszustand in irgendeinen anderen umzuwandeln und dabei auch Zirkularpolarisatoren und Polarisatoren zur Erzeugung von elliptisch polarisiertem Licht herzustellen.

8.7.1 Phasenplättchen und Parallelepipede

Wir erinnern uns, daß eine ebene, monochromatische Welle, die auf einen einachsigen Kristall wie z.B. Kalkspat trifft, im allgemeinen in zwei Strahlen aufgeteilt

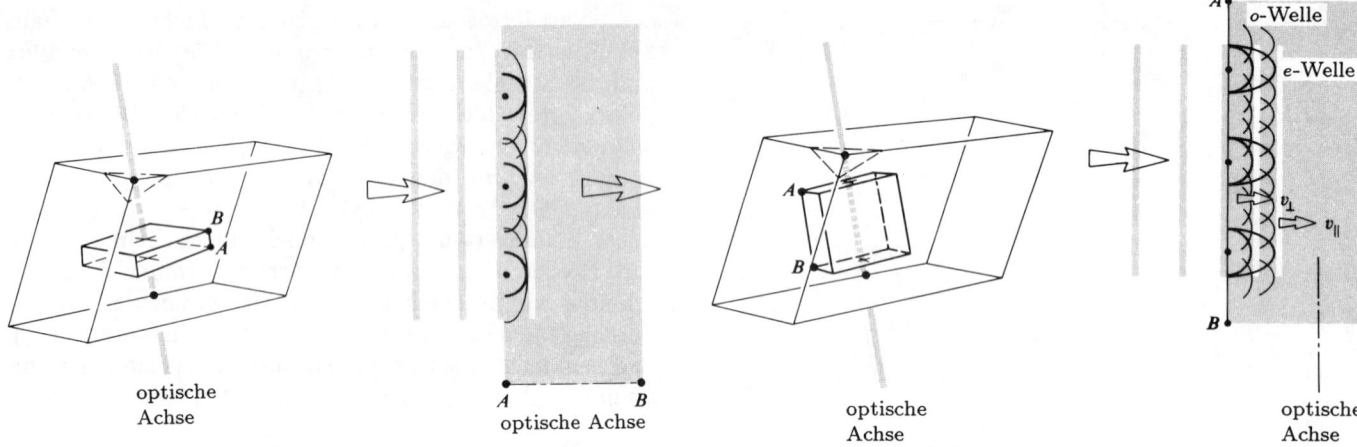

Abbildung 8.44 Ein Kalkspatplättchen, das senkrecht zur optischen Achse geschnitten wurde.

Abbildung 8.45 Ein Kalkspatplättchen, das parallel zur optischen Achse geschnitten wurde.

und als ein ordinärer (ordentlicher) und extraordinärer (außerordentlicher) Strahl heraustritt. Wir können im Unterschied dazu einen Kalkspatkristall so schneiden und polieren, daß seine optische Achse sowohl zur vorderen als auch hinteren Oberfläche senkrecht steht (Abb. 8.44). Eine senkrecht einfallende ebene Welle kann ihr E-Feld nur senkrecht zur optischen Achse haben. Die sekundären sphärischen und ellipsoidförmigen Elementarwellen sind dann in der Richtung der optischen Achse zueinander tangential. Die o- und e-Wellen, die Einhüllende dieser Elementarwellen sind, fallen nun zusammen, und eine einzige, nicht abgelenkte ebene Welle läuft durch den Kristall; es gibt keine relativen Phasenverschiebungen und keine Doppelbilder.[18]

Wir nehmen nun an, daß die Richtung der optischen Achse parallel zur vorderen und hinteren Oberfläche, wie in Abbildung 8.45 gezeigt, angeordnet ist. Hat das E-Feld einer einfallenden monochromatischen, ebenen Welle Komponenten parallel und senkrecht zur optischen Achse, so breiten sich zwei getrennte ebene Wellen durch den Kristall aus. Da $v_\parallel > v_\perp$, ist $n_o > n_e$ und die e-Welle durchläuft das Exemplar schneller als die o-Welle. Nach-

dem sie ein Plättchen der Dicke d durchlaufen haben, ist die resultierende elektromagnetische Welle die Überlagerung der e- und o-Wellen, die nun einen relativen Phasenunterschied von $\Delta\varphi$ haben. Wir denken daran, daß dies harmonische Wellen derselben Frequenz sind, deren E-Felder orthogonal sind. Nun ist der relative optische Wegunterschied durch

$$\Lambda = d(|n_o - n_e|) \qquad (8.31)$$

gegeben, und da $\Delta\varphi = k_0 \Lambda$ ist, gilt

$$\Delta\varphi = \frac{2\pi}{\lambda_0} d(|n_o - n_e|), \qquad (8.32)$$

wobei λ_0 wie immer die Wellenlänge im Vakuum ist (die Form, die den Absolutbetrag der Differenz der Indizes enthält, ist die verbreitetste Darstellung). Der Polarisationszustand des heraustretenden Lichts hängt offensichtlich von den Amplituden der ankommenden orthogonalen Feldkomponenten und natürlich von $\Delta\varphi$ ab.

Das λ-Plättchen

Ist $\Delta\varphi$ gleich 2π, so ist die *relative Phasenverschiebung* eine Wellenlänge groß, die e- und o-Wellen sind wieder phasengleich, und es gibt keine beobachtbare Auswirkung auf die Polarisation des einfallenden monochromatischen Strahlenbündels. Ist die *relative Phasenverschiebung* $\Delta\varphi$, die man auch als den *Phasenverschiebungsgrad*

---

[18] Haben Sie ein Kalkspatrhomboeder zur Verfügung, so stellen Sie die stumpfe Ecke fest und richten den Kristall solange aus, bis Sie durch eine Oberfläche längs der Richtung der optischen Achse sehen. Die zwei Bilder laufen zusammen, bis sie sich vollständig überdecken.

bezeichnet, 360°, so nennt man das Gerät ein λ-*Plättchen*. (Dies bedeutet nicht, daß $d = \lambda$ ist.) Im allgemeinen ändert sich der Betrag $|n_o - n_e|$ in Gleichung (8.32) wenig über den optischen Bereich, so daß sich $\Delta\varphi$ effektiv wie $1/\lambda_0$ verändert. Offensichtlich kann ein λ-*Plättchen* nur in der für eine bestimmte Wellenlänge diskutierten Art und Weise funktionieren, und daher bezeichnet man Phasenverschieber dieser Art als *chromatisch*. Wird ein derartiges Gerät in irgendeiner beliebigen Ausrichtung zwischen gekreuzte Linearpolarisatoren gestellt, so ist das gesamte eintretende Licht, das in diesem Fall weiß sein soll, linear. Nur die Wellenlänge, die Gleichung (8.32) befriedigt, läuft durch den Phasenverschieber unbeeinflußt, um danach im Analysator absorbiert zu werden. Alle anderen Wellenlängen erfahren eine gewisse Phasenverschiebung und treten aus dem Phasenplättchen als verschiedene Formen elliptischen Lichts heraus. Ein gewisser Teil dieses Lichtes wird durch den Analysator weiterlaufen, um schließlich als die Komplementärfarbe zu der ausgelöschten auszutreten. Es ist ein häufig vorkommender Irrtum anzunehmen, daß sich ein λ-Plättchen so verhält, als wäre es bei allen Frequenzen isotrop; offensichtlich verhält es sich nicht so.

Wir erinnern uns, daß im Kalkspat diejenige Welle am schnellsten wandert, deren E-Feldschwingungen parallel zur optischen Achse liegen, d.h. $v_\parallel > v_\perp$. In einem einachsig *negativen* Phasenverschieber bezeichnet man die Richtung der optischen Achse daher als n_f-**Achse** (von engl. fast = schnell), wohingegen man die Richtung senkrecht zu ihr n_s-**Achse** (von engl. slow = langsam) nennt. Bei einachsig *positiven* Kristallen wie Quarz sind diese Hauptachsen umgekehrt, die n_s-Achse entspricht nun der optischen Achse.

Das $\lambda/2$-Plättchen

Ein Phasenplättchen, das einen relativen Phasenunterschied von π rad oder 180° zwischen die o- und e-Wellen einbringt, nennt man ein $\lambda/2$-*Plättchen*. Angenommen, die Schwingungsebene eines ankommenden linearen Lichtstrahlenbündels bildet, wie man in Abbildung 8.46 sieht, einen beliebigen Winkel θ mit der n_f-Achse. In einem optisch negativen Stoff hat die e-Welle eine größere Geschwindigkeit (dasselbe ν) und eine größere Wellenlänge als die o-Welle. Beim Austritt aus dem Plättchen hat man eine relative Phasenverschiebung von $\lambda_0/2$ (d.h. 2π rad/2) mit dem Effekt, daß sich E um 2θ gedreht hat. Gehen wir zurück nach Abbildung 8.7, so sollte klar sein, daß ein $\lambda/2$-Plättchen elliptisch polarisiertes Licht ähnlich umkippt. Außerdem kehrt es die Drehrichtung von zirkular oder elliptisch polarisiertem Licht um, indem es rechts zu links oder umgekehrt ändert.

Während die e- und o-Wellen durch ein Phasenplättchen fortschreiten, nimmt ihr relativer Phasenunterschied $\lambda\varphi$ zu, und der Polarisationszustand der Welle ändert sich daher allmählich von einem Punkt im Plättchen zum nächsten. Abbildung 8.7 kann man sich als eine Auswahl einiger dieser Zustände vorstellen, die in einem Zeitpunkt an verschiedenen Orten gewählt wurden. Wenn die Dicke des Stoffes derart ist, daß

$$d(|n_o - n_e|) = (2m+1)\lambda_0/2,$$

wobei $m = 0, 1, 2, \ldots$, so arbeitet er offensichtlich als ein $\lambda/2$-Plättchen ($\Delta\varphi = \pi, 3\pi, 5\pi$ usw.).

Obwohl man sich das Verhalten von Kalkspat leicht vorstellen kann, wird er für die Herstellung von Phasenplättchen eigentlich nicht häufig verwendet. Er ist ziemlich brüchig und in dünnen Schichten schwer zu handhaben, doch was schlimmer ist, seine Doppelbrechung, der Unterschied zwischen n_e und n_o, ist für die Verwendung ein wenig zu groß. Quarz mit seiner viel kleineren Doppelbrechung wird andererseits oft verwendet, hat aber keine natürlichen Spaltebenen und muß geschnitten, geschliffen und poliert werden und ist daher ziemlich teuer. Meistens verwendet man den zweiachsigen Glimmerkristall. Es gibt verschiedene Formen von Glimmern, die für den Zweck ausgezeichnet sind, z.B. Phlogopit, Biotit oder Muskowit. Die weitverbreiteste Art ist der blaßbraune Muskowit. Er läßt sich sehr leicht in stark flexible, äußerst dünne, großflächige Abschnitte spalten. Außerdem sind seine zwei Hauptachsen genau parallel zu den Spaltebenen. Längs jener Achse sind die Indizes für Natriumlicht etwa 1.599 und 1.594, und obwohl diese Zahlen von einer Probe zur nächsten leicht variieren, ist ihre Differenz ziemlich konstant. Die minimale Dicke eines Glimmer-$\lambda/2$-Plättchens ist etwa 60 Mikron. Kristallquarz, Einkristallmagnesiumfluorid (für den IR-Bereich von 3000 nm bis etwa 6000 nm) und Kadmiumsulfid (für den IR-Bereich von 6000 nm bis etwa 12000 nm) werden ebenfalls für Phasenplättchen häufig verwendet.

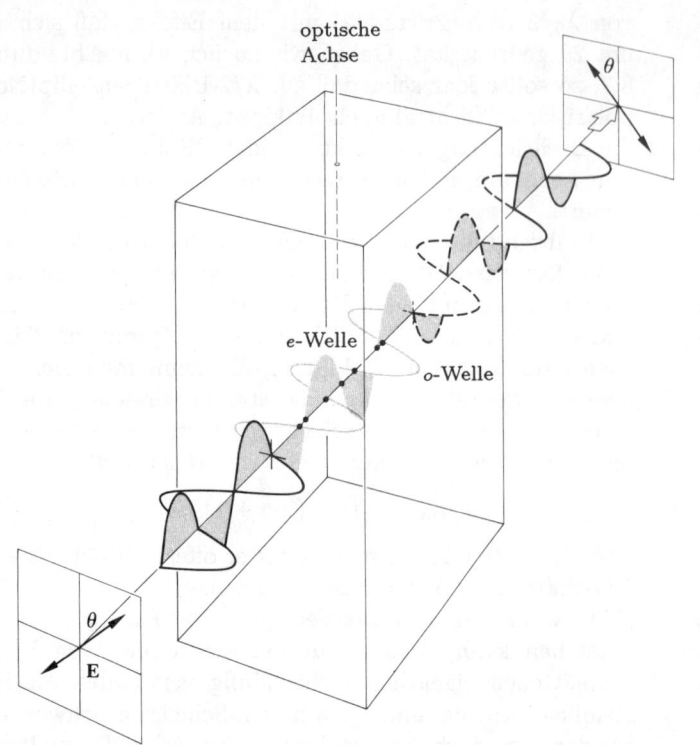
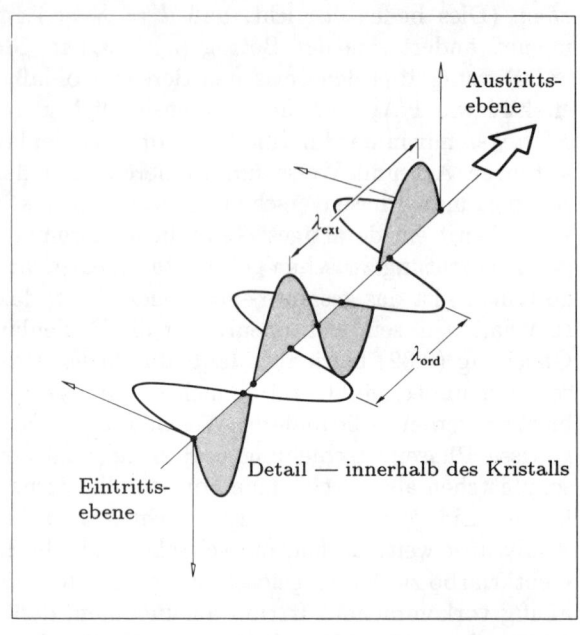

Abbildung 8.46 Ein $\lambda/2$-Plättchen.

Phasenverschieber werden auch aus Polyvinylalkoholfolien hergestellt, die gestreckt werden, um ihre langen organischen Kettenmoleküle auszurichten. Wegen der Anisotropie wirken auf die Elektronen im Stoff nicht dieselben Bindungskräfte längs und senkrecht zu der Richtung dieser Moleküle. Substanzen dieser Art sind deshalb stets doppelbrechend, selbst wenn sie nicht kristallin sind.

Man kann ein ziemlich genaues $\lambda/2$-Plättchen herstellen, indem man nur einen Streifen gewöhnliches (glänzendes) Cellophanband über die Oberfläche eines Objektträgers anbringt. Die n_f-Achse, d.h. die Schwingungsrichtung der schnelleren der zwei Wellen, entspricht der Querrichtung über die Breite des Bandes, während die n_s-Achse längs seiner Länge liegt. Während der Herstellung wird das Cellophan zu Folien geformt, und beim Prozeß richten sich die Moleküle aus, so daß das Band doppelbrechend bleibt. Fügt man sein $\lambda/2$-Plättchen zwischen gekreuzte Linearpolarisatoren, so wird es keinen Effekt zeigen, wenn seine Hauptachsen mit denen der Polarisatoren zusammenfallen. Setzt man es jedoch unter 45° bezüglich des Polarisators ein, so ist das E-Feld, das aus dem Band herauskommt, um 90° gekippt und ist daher parallel zur Durchlaßachse des Analysators. Das Licht läuft nun durch das von dem Band abgedeckte Gebiet, als wäre es ein Loch, das in dem schwarzen Hintergrund der gekreuzten Polarisatoren geschnitten ist (Abb. 8.47). Ein Stück Cellophanverpackung (z.B. von Zigarettenpackungen) funktioniert im allgemeinen ebenfalls wie ein $\lambda/2$-Plättchen. Prüfen Sie, ob Sie die Ausrichtung jeder Hauptachse mit Verwendung des Cellophanphasenverschiebers und gekreuzter Polaroidfilter feststellen können. (Beachten Sie die feinen parallelen Rippen auf der Cellophanfolie.)

Das $\lambda/4$-Plättchen

Das $\lambda/4$-Plättchen ist ein optisches Element, das zwischen den einzelnen orthogonalen o- und e-Komponenten einer Welle eine relative Phasenverschiebung von $\Delta\varphi = \pi/2$ einführt. Es folgt wieder aus Abbildung 8.7, daß eine Phasenverschiebung von 90° linear polarisiertes Licht zu

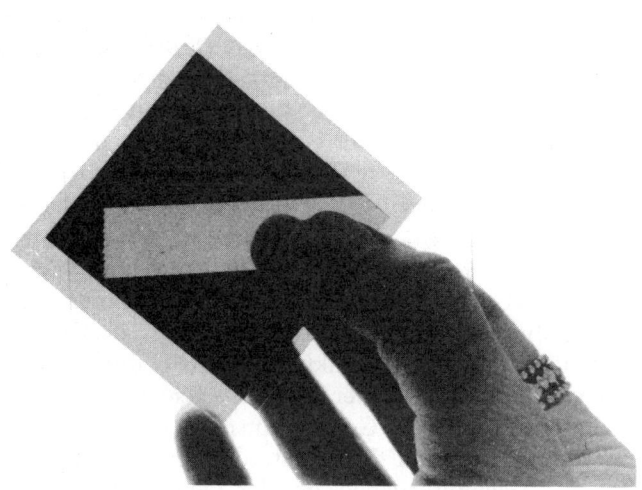

Abbildung 8.47 Eine Hand, die ein Stück Tesafilm hält, das auf einen Objektträger geklebt wurde, der sich zwischen zwei gekreuzten Polaroidfiltern befindet. (Photo von E.H.)

elliptisch polarisiertem Licht verwandelt und umgekehrt. Es sollte klar sein, daß linear polarisiertes Licht, das parallel zu einer der beiden Hauptachsen einfällt, von keiner Art Phasenverschiebungsplättchen beeinflußt wird. Ohne zwei Komponenten kann man keinen *relativen* Phasenunterschied erhalten. Bei *natürlichem* Lichteinfall sind die zwei einzelnen $\mathcal{P}$-Zustände inkohärent, d.h. ihr relativer Phasenunterschied ändert sich willkürlich und schnell. Die Einführung einer zusätzlichen konstanten Phasenverschiebung durch irgendeinen Phasenschieber führt deshalb noch immer zu einem willkürlichen Phasenunterschied und hat daher keinen erkennbaren Effekt. Fällt linear polarisiertes Licht unter 45° zu einer der beiden Hauptachsen auf ein $\lambda/4$-Plättchen, so haben seine o- und e-Komponenten gleiche Amplituden. Unter diesen besonderen Umständen wandelt eine 90°-Phasenverschiebung die Welle in zirkular polarisiertes Licht um. Ebenso tritt ein ankommender, zirkular polarisierter Strahl linear polarisiert heraus.

$\lambda/4$-Plättchen werden gewöhnlich ebenfalls aus Quarz, Glimmer oder organisch polymerem Kunststoff hergestellt. Jedenfalls muß die Dicke des doppelbrechenden Stoffes dem Ausdruck $d(|n_o - n_e|) = (4m+1)\lambda_0/4$ genügen. Man kann ein primitives $\lambda/4$-Plättchen herstellen, indem man Lebensmittelkunststoffolie verwendet, z.B. das dünne elastische Material, das auf Rollen geliefert wird. Wie Cellophan hat es Rippen, die in die lange Richtung laufen, die mit einer Hauptachse zusammenfällt. Überdecken Sie etwa ein halbes Dutzend Schichten und achten Sie darauf, daß die Rippen parallel bleiben. Stellen Sie den Kunststoff in 45° zu den Achsen eines Polarisators ein, und untersuchen Sie ihn durch einen rotierenden Analysator. Fügen Sie immer nur eine Schicht hinzu, bis die Bestrahlungsstärke etwa konstant bleibt, während sich der Analysator dreht; an jenem Punkt hat man zirkular polarisiertes Licht und ein $\lambda/4$-Plättchen. Dies ist in weißem Licht leichter gesagt als getan, doch ist ein Versuch äußerst wertvoll.

Phasenplättchen werden im Handel im allgemeinen mit ihrer *linearen Phasenverschiebung* gekennzeichnet, die z.B. 140 nm für ein $\lambda/4$-Plättchen sein könnte. Dies bedeutet einfach, daß das Gerät eine Phasenverschiebung von 90° nur für grünes Licht der Wellenlänge 560 nm (d.h. 4×140) hat. Die lineare Phasenverschiebung wird gewöhnlich nicht ganz so genau angegeben; so etwas wie 140 ± 20 nm ist realistischer. Durch leichte Schrägstellung eines Phasenplättchens kann man sein angegebenes Phasenverschiebungsvermögen vergrößern oder verkleinern. Wird das Plättchen um seine n_f-Achse gedreht, so nimmt die Phasenverschiebung zu, während eine Drehung um die n_s-Achse den entgegengesetzten Effekt hat. Auf diese Weise kann ein Phasenplättchen zu einer speziellen Frequenz im Bereich um seinen Nennwert einreguliert werden.

Das Fresnelsche Parallelepiped

Wir sahen schon in Kapitel 4, daß der Prozeß der inneren Totalreflexion einen relativen Phasenunterschied zwischen die zwei orthogonalen Feldkomponenten hineinbringt. Mit anderen Worten, die Komponenten, die parallel und senkrecht zur Einfallsebene liegen, wurden relativ zueinander phasengleich verschoben. In Glas ($n = 1.51$) entsteht beim speziellen Einfallswinkel von 54.6° bei innerer Reflexion ein Phasenunterschied von 45° (Abb. 4.25 (e)). Das Fresnelsche Parallelepiped, das in Abbildung 8.48 gezeigt ist, nutzt diesen Effekt aus, indem es den Strahl zweimal innen reflektieren läßt und dadurch seinen Komponenten eine relative Phasenverschiebung von 90° verleiht. Ist die ankommende ebene Welle 45° zur Einfallsebene linear polarisiert, so sind die Feld-

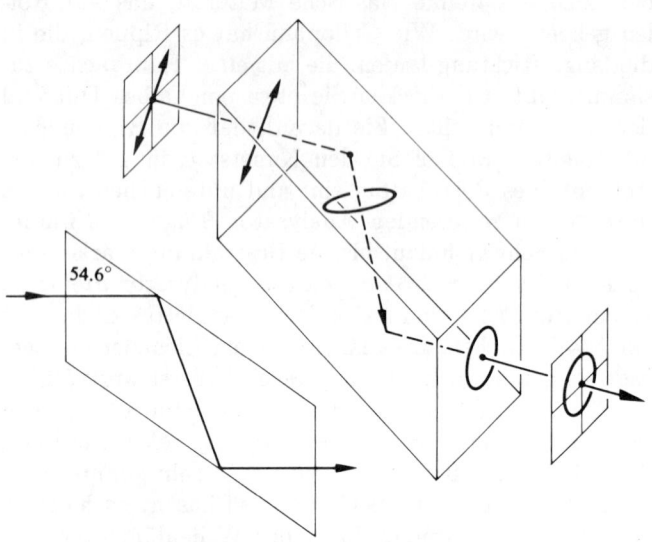

Abbildung 8.48 Das Fresnelsche Parallelepiped.

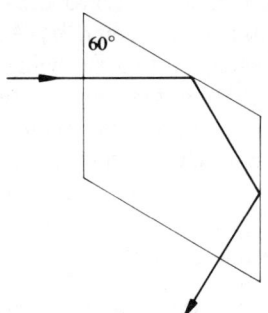

Abbildung 8.49 Das Mooneysche Parallelepiped.

komponenten $[E_i]_\parallel$ und $[E_i]_\perp$ ursprünglich gleich. Nach der ersten Reflexion ist die Welle innerhalb des Glases elliptisch polarisiert. Nach der zweiten Reflexion ist sie zirkular polarisiert. Da die Phasenverschiebung über einen großen Bereich fast unabhängig von der Frequenz ist, ist das Parallelepiped im Grunde genommen ein *achromatischer* 90°-*Phasenverschieber*. Das Mooneysche Parallelepiped ($n = 1.65$), das in Abbildung 8.49 dargestellt ist, ist im Prinzip ähnlich, obwohl seine Funktionsmerkmale in mancher Hinsicht anders sind.

8.7.2 Kompensatoren

Ein Kompensator ist ein optisches Gerät, das die Phase einer Welle regulierbar verschieben kann. Im Unterschied zu einem Phasenplättchen, in dem $\Delta\varphi$ fest ist, kann der relative Phasenunterschied, der von einem Kompensator stammt, kontinuierlich variiert werden. Von den vielen verschiedenen Kompensatorenarten werden wir nur die beiden betrachten, die am meisten verwendet werden. Der Babinet-Kompensator, der in Abbildung 8.50 dargestellt ist, besteht aus zwei unabhängigen Kalkspat-, oder gebräuchlicher, Quarzkeilen, deren optischen Achsen durch die Linien und Punkte in der Abbildung angedeutet sind. Ein Strahl, der vertikal nach unten in einem beliebigen Punkt des Gerätes eintritt, wird eine Dicke d_1 im oberen Keil und d_2 im unteren durchlaufen. Der relative Phasenunterschied, der der Welle von dem ersten Kristall verliehen wird, ist $2\pi d_1(|n_o - n_e|)/\lambda_0$, während der des zweiten Kristalls $2\pi d_2(|n_o - n_e|)/\lambda_0$ ist. Wie im Wollaston-Prisma, das diesem System sehr ähnelt, das aber größere Winkel hat und viel dicker ist, werden die o- und e-Strahlen im oberen Keil zu den e- beziehungsweise o-Strahlen im unteren Keil. Der Kompensator ist dünn (der Keilwinkel ist typischerweise etwa 2.5°), und daher ist der Abstand der Strahlen vernachlässigbar. Der gesamte Phasenunterschied ist dann

$$\Delta\varphi = \frac{2\pi}{\lambda_0}(d_1 - d_2)(|n_o - n_e|). \qquad (8.33)$$

Ist der Kompensator aus Kalkspat hergestellt, so eilt die e-Welle der o-Welle im oberen Teil voraus, und deshalb entspricht $\Delta\varphi$ dem Gesamtwinkel, durch den die e-Komponente der o-Komponente vorauseilt, falls $d_1 > d_2$ ist. Das umgekehrte gilt für einen Quarzkompensator, d.h., falls $d_1 > d_2$, ist $\Delta\varphi$ der Winkel, durch den die o-Welle der e-Welle vorauseilt. Im Zentrum, in dem $d_1 = d_2$ ist, wird der Effekt eines Keils durch den anderen genau ausgelöscht, und $\Delta\varphi = 0$ gilt für alle Wellenlängen. Die Phasenverschiebung ist von Punkt zu Punkt über der Oberfläche verschieden und in schmalen Bereichen konstant, die entlang der Breite des Kompensators laufen, auf denen die Keildicken an sich konstant sind. Tritt Licht durch einen Schlitz ein, der parallel zu einem dieser Bereiche ist, und bewegen wir dann einen der Keile horizontal mit einer Mikrometerschraube, so können wir jedes gewünschte $\Delta\varphi$ erreichen.

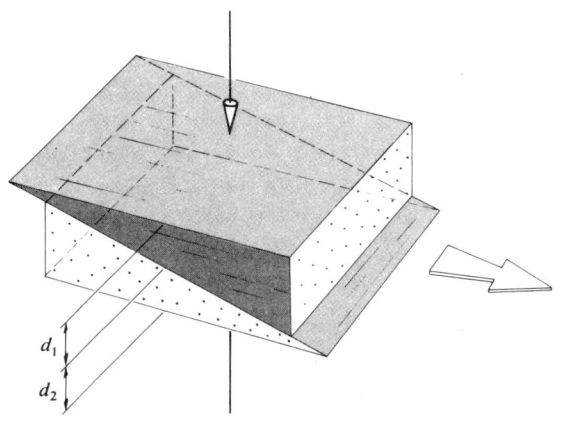

Abbildung 8.50 Der Babinet-Kompensator.

Ist der Babinet-Kompensator mit 45° zwischen gekreuzten Polarisatoren angebracht, so erscheinen quer über die Breite des Kompensators eine Reihe von parallelen, gleich verteilten, dunklen Auslöschungsstreifen. Diese markieren die Stellen, an denen sich das Gerät verhält, als wäre es ein λ-Plättchen. In weißem Licht sind die Streifen mit Ausnahme des schwarzen Zentralbereichs ($\Delta\varphi = 0$) farbig. Man kann die Phasenverschiebung eines unbekannten Plättchens finden, indem man es auf den Kompensator legt und die Streifenverschiebungen untersucht, die es erzeugt.

Der Babinet-Kompensator kann abgeändert werden, um eine gleichmäßige Phasenverschiebung über seine Oberfläche zu erzeugen. Dies erreicht man dadurch, daß man nur den oberen Keil um 180° um die Vertikale dreht, so daß seine dünne Kante auf der dünnen Kante des unteren Keils liegt. Diese Anordnung lenkt jedoch den Strahl leicht ab. Eine andere Variation des Babinet-Kompensators, die den Vorteil hat, eine gleichmäßige Phasenverschiebung über ihre Oberfläche und keine Strahlablenkung zu erzeugen, ist der *Soleil-Kompensator*, der in Abbildung 8.51 gezeigt ist. Er wird im allgemeinen aus Quarz hergestellt (obwohl MgF$_2$ und CdS im Infraroten verwendet worden ist) und besteht aus zwei Keilen und einer planparallelen Platte, deren optische Achsen wie angedeutet ausgerichtet sind. Die Größe d_1 entspricht nun der Gesamtdicke beider Keile, die für jede Justierung der Einstellungsmikrometerschraube konstant ist.

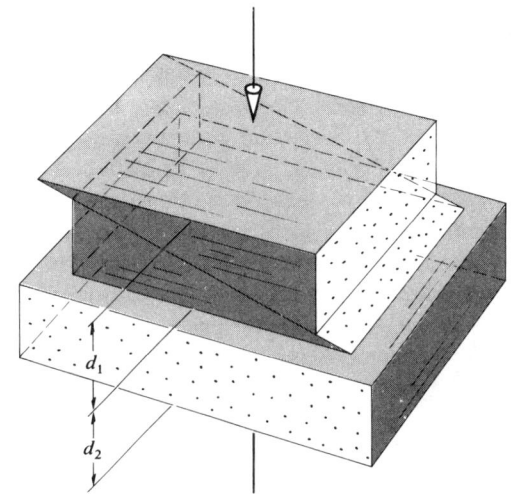

Abbildung 8.51 Der Soleil-Kompensator.

8.8 Zirkularpolarisatoren

Früher kamen wir zu dem Schluß, daß linear polarisiertes Licht, dessen E-Feld 45° zu den Hauptachsen eines $\lambda/4$ Plättchens liegt, aus jenem Plättchen zirkular polarisiert herauskommt. Jede Reihenkombination eines entsprechend ausgerichteten Linearpolarisators und eines 90°-Phasenverschiebers arbeitet daher wie ein **Zirkularpolarisator**. Die beiden Elemente arbeiten vollständig unabhängig. Während eines doppelbrechend sein könnte, könnte das andere ein Reflexionstyp sein. Die Drehrichtung des heraustretenden zirkular polarisierten Lichts hängt davon ab, ob die Durchlaßachse des Linearpolarisators mit +45° oder −45° zur n_f-Achse des Phasenverschiebers liegt. Man kann sowohl den Zirkularzustand $\mathcal{L}$ als auch $\mathcal{R}$ ganz leicht erzeugen. Befindet sich der Linearpolarisator zwischen zwei Phasenverschiebern, wobei einer mit plus und der andere mit minus 45° ausgerichtet ist, so ist die Kombination beidseitig anwendbar. Kurz, sie liefert einen $\mathcal{R}$-Zustand für Licht, das auf einer Seite eintritt, und einen $\mathcal{L}$-Zustand für Licht, das auf der anderen Seite einfällt.

CP-HN ist die Handelsbezeichnung für einen beliebten einteiligen Zirkularpolarisator. Er besteht aus einer Verbindung zweier Schichten, die sich aus einem HN-Polaroidfilter und einem 90°-Phasenverschieber aus gestrecktem Polyvinylalkohol zusammensetzt. Die *Ein-*

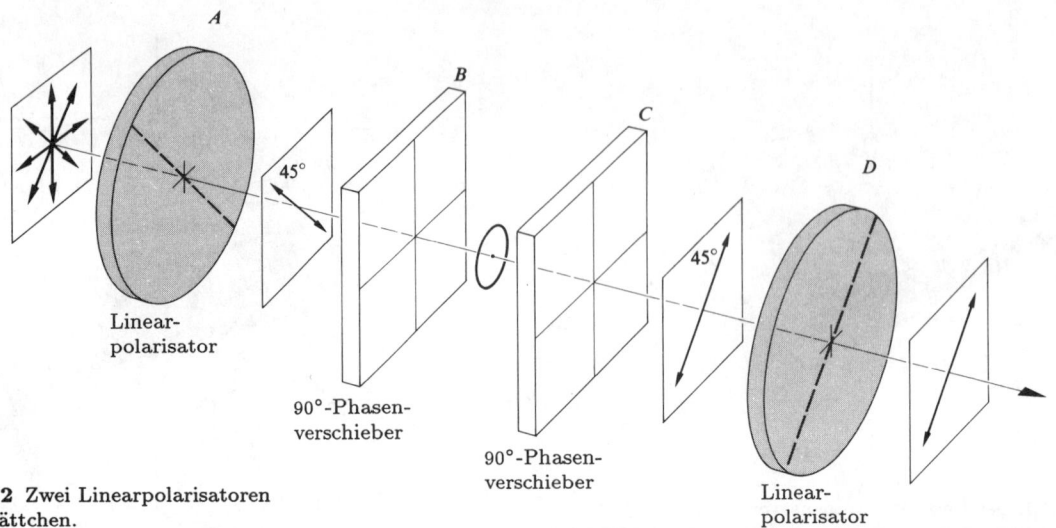

Abbildung 8.52 Zwei Linearpolarisatoren und zwei $\lambda/4$-Plättchen.

gangsseite einer derartigen Anordnung ist offensichtlich die Oberfläche des Linearpolarisators. Fällt das Strahlenbündel auf die *Ausgangsseite*, d.h. auf den Phasenverschieber, so wird es danach durch die H-Folie laufen und kann nur linear polarisiert austreten.

Ein Zirkularpolarisator kann als ein Analysator benutzt werden, um die Drehrichtung einer Welle zu bestimmen, von der man bereits weiß, daß sie zirkular polarisiert ist. Um zu sehen, wie man dies durchführen kann, stellen wir uns vor, wir hätten die vier Elemente, die in Abbildung 8.52 mit A, B, C und D gekennzeichnet sind. Die ersten zwei, A und B, bilden zusammen einen Zirkularpolarisator wie C und D. Die genaue Drehrichtung dieser Polarisatoren ist nun unter der Voraussetzung unwichtig, daß beide gleich sind; was hier gleichbedeutend mit der Aussage ist, daß die n_f-Achsen der Phasenverschieber parallel sind. Linear polarisiertes Licht, das von A kommt, erhält von B eine 90°-Phasenverschiebung, an welchem Punkt es dann zirkular polarisiert ist. Beim Durchgang durch C wird noch eine 90°-Phasenverschiebung hinzugefügt, was wieder zu einer linear polarisierten Welle führt. B und C bilden zusammen ein $\lambda/2$-Plättchen, welches das linear polarisierte Licht von A durch einen räumlichen Winkel von 2θ, in diesem Fall 90°, umkippt. Da die linear polarisierte Welle von C parallel zur Durchlaßachse von D ist, läuft sie durch D und aus dem System heraus. In diesem einfachen Prozeß haben wir eigentlich etwas be-

wiesen, was ziemlich subtil ist. Sind die Zirkularpolarisatoren $A + B$ und $C + D$ beide linksdrehend, so haben wir gezeigt, daß *links zirkular polarisiertes Licht, das in einem linksdrehenden Zirkularpolarisator von der Ausgangsseite aus eintritt, durchgelassen wird*. Es sollte ferner klar sein, daß rechts zirkular polarisiertes Licht einen $\mathcal{P}$-Zustand erzeugt, der senkrecht zur Durchlaßachse von D ist und so absorbiert wird. Das Gegenteil ist ebenso richtig, d.h. *von den zwei zirkular polarisierten Formen läuft nur Licht in einem $\mathcal{R}$-Zustand durch einen rechtsdrehenden Zirkularpolarisator, das von der Austrittsseite hineinging*.

8.9 Polarisation von polychromem Licht
8.9.1 Bandbreite und Kohärenzzeit einer polychromen Welle

Wir erinnern daran, daß von seiner eigentlichen Natur her rein monochromatisches Licht, was natürlich keine physikalische Realität hat, polarisiert sein muß. Die zwei orthogonalen Komponenten solch einer Welle haben dieselbe Frequenz und beide besitzen eine konstante Amplitude. Variierte die Amplitude einer der beiden sinusförmigen Komponenten, so wäre dies äquivalent zum Vorhandensein von anderen zusätzlichen Frequenzen im Fourieranalysierten Spektrum. Überdies haben die zwei Komponenten einen konstanten relativen Phasenunterschied, d.h. sie sind kohärent. Eine monochromatische

Welle ist ein unendlicher Wellenzug, deren Eigenschaften für alle Zeiten festgelegt worden sind; ganz gleich ob sie sich in einem $\mathcal{R}$-, $\mathcal{L}$-, $\mathcal{P}$- oder $\mathcal{E}$-Zustand befindet, die Welle ist vollkommen polarisiert.

Wirkliche Lichtquellen sind polychrom, d.h. sie emittieren Strahlungsenergie, die eine Reihe von Frequenzen hat. Wir wollen nun untersuchen, was im submikroskopischen Maßstab passiert, wobei wir besonders den Polarisationszustand der emittierten Welle betrachten. Wir stellen uns einen Elektronenoszillator vor, der, nachdem er zur Schwingung (möglicherweise durch einen Zusammenstoß) angeregt worden ist, strahlt. Der Oszillator emittiert exakt, entsprechend seiner genauen Bewegung, eine bestimmte Form von polarisiertem Licht. Wie in Abschnitt 7.2.6 stellen wir uns die Strahlungsenergie, die vom Einzelatom stammt, als einen Wellenzug vor, der eine endlich große räumliche Ausdehnung Δx_c hat. Wir stellen uns für den Augenblick vor, daß sein Polarisationszustand im wesentlichen für die Dauer in der Größenordnung der Kohärenzzeit Δt_c (die, wie wir uns erinnern, dem zeitlichen Ausmaß des Wellenzuges entspricht, d.h. $\Delta x_c/c$) konstant ist. Eine typische Quelle besteht im allgemeinen aus einer großen Ansammlung derartiger strahlender Atome. Und diese können wir uns so vorstellen, daß sie mit verschiedenen Phasen bei einer dominierenden Frequenz $\bar{\nu}$ schwingen. Wir nehmen nun an, daß wir das Licht untersuchen, das von einem sehr kleinen Bereich der Quelle kommt, so daß die ausgesendeten Strahlen, die im Beobachtungspunkt ankommen, im wesentlichen parallel sind. Während einer Zeit, die kurz im Vergleich zur mittleren Kohärenzzeit ist, sind die Amplituden und Phasen der Wellenzüge der einzelnen Atome im wesentlichen konstant. Dies bedeutet, falls wir in irgendeine Richtung gegen die Quelle blicken, daß wir wenigstens für einen Moment eine kohärente Überlagerung der Wellen "sehen", die in jener Richtung ausgestrahlt wird. Mit anderen Worten, wir würden eine resultierende Welle "sehen", die einen bestimmten Polarisationszustand hat. Dieser Zustand dauerte nur ein Intervall, das kleiner als die Kohärenzzeit ist, bevor er sich ändert, aber trotzdem würde er einer großen Anzahl von Schwingungen bei der Frequenz $\bar{\nu}$ entsprechen. Ist die Bandbreite $\Delta \nu$ groß, so ist die Kohärenzzeit ($\Delta t_c \sim 1/\Delta \nu$) klein, und jeder Polarisationszustand ist kurzlebig. Offensichtlich *sind die Begriffe Polarisation und Kohärenz in einer fundamentalen Weise verknüpft.*

Wir wollen nun eine Welle betrachten, deren Bandbreite im Vergleich zu ihrer mittleren Frequenz sehr schmal ist, d.h. eine quasimonochromatische Welle. Sie kann durch zwei orthogonale, harmonische $\mathcal{P}$-Zustände wie in den Gleichungen (8.1) und (8.2) dargestellt werden, doch hier sind die Amplituden und Phasenkonstanten Funktionen der Zeit. Überdies entsprechen die Frequenz und die Wellenzahl den mittleren Werten des Spektrums, das in der Welle vorhanden ist, nämlich $\bar{\omega}$ und $\bar{k}$. Daher gilt

$$\boldsymbol{E}_x(t) = \hat{\boldsymbol{i}} E_{0x}(t) \cos[\bar{k}z - \bar{\omega}t + \varepsilon_x(t)] \quad (8.34\text{a})$$

und

$$\boldsymbol{E}_y(t) = \hat{\boldsymbol{j}} E_{0y}(t) \cos[\bar{k}z - \bar{\omega}t + \varepsilon_y(t)]. \quad (8.34\text{b})$$

Der Polarisationszustand und dementsprechend $E_{0x}(t)$, $E_{0y}(t)$, $\varepsilon_x(t)$, $\varepsilon_y(t)$ verändern sich langsam, wobei sie im wesentlichen über eine große Anzahl von Schwingungen konstant bleiben. Wir erinnern uns, daß die schmale Bandbreite eine relativ große Kohärenzzeit impliziert. Beobachten wir die Welle während eines viel längeren Intervalls, so verändern sich irgendwie die Amplituden und Phasenkonstanten entweder unabhängig voneinander oder in einer bestimmten, zueinander in Beziehung stehenden Art und Weise. Sind die Veränderungen vollkommen beziehungslos, so bleibt der Polarisationszustand nur für ein Intervall konstant, das im Vergleich zur Kohärenzzeit klein ist. Mit anderen Worten, die Ellipse, die den Polarisationszustand beschreibt, kann ihre Form, Ausrichtung und Drehrichtung verändern. Da praktisch kein existierender Detektor irgendeinen besonderen Zustand erkennen könnte, der eine so kurze Zeit dauert, würden wir folgern, daß die Welle nicht polarisiert war. Wäre der Quotient $E_{0x}(t)/E_{0y}(t)$ im Gegenteil konstant, obwohl sich beide Glieder verändern, und wäre $\varepsilon = \varepsilon_y(t) - \varepsilon_x(t)$ ebenfalls konstant, so wäre die Welle polarisiert. Hier ist die Notwendigkeit für die Korrelation unter diesen verschiedenen Funktionen offensichtlich. Wir können jedoch tatsächlich diese Bedingungen auf die Welle übertragen, indem wir sie nur durch einen Polarisator leiten, wodurch jeder unerwünschte Bestandteil beseitigt wird. Das Zeitintervall, über das die Welle danach ihren Polarisationszustand beibehält, ist nicht mehr von der Bandbreite abhängig, weil die Komponenten der Welle in entsprechender Korrelation gebracht worden sind. Das Licht könnte polychrom (sogar weiß)

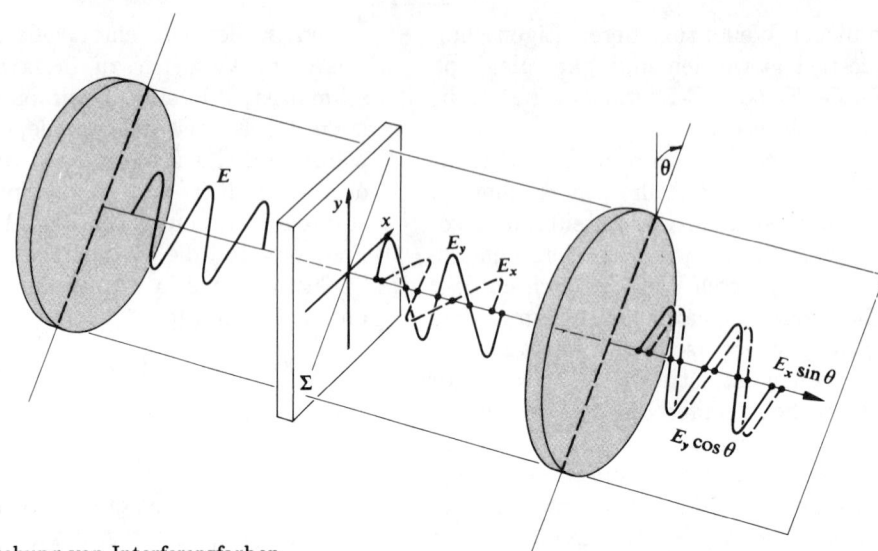

Abbildung 8.53 Die Entstehung von Interferenzfarben.

und trotzdem vollkommen polarisiert sein. Es wird sich sehr ähnlich den idealisierten monochromatischen Wellen verhalten, die in Abschnitt 8.1 behandelt wurden. Zwischen diesen zwei Extremen des vollkommen polarisierten und unpolarisierten Lichts liegt der Zustand der Teilpolarisation. Es kann tatsächlich gezeigt werden, daß jede quasimonochromatische Welle als die Summe einer polarisierten und einer unpolarisierten Welle dargestellt werden kann, wobei die zwei unabhängig sind, und eine von beiden Null sein darf.

8.9.2 Interferenzfarben

Fügen Sie ein zusammengeknülltes Cellophanpapier zwischen zwei Polaroidfilter, die mit weißem Licht beleuchtet werden. Das resultierende Muster ist eine Überfülle von mehrfarbigen Bereichen, die sich im Farbton verändern, während sich ein Polaroidfilter dreht. Diese **Interferenzfarben**, wie sie im allgemeinen genannt werden, entstehen aus der Wellenlängenabhängigkeit der Phasenverschiebung. Die gewöhnlich buntscheckige Natur der Muster ist die Folge von örtlichen Unterschieden der Dicke oder der Doppelbrechung oder von beidem.

Interferenzfarben kommen sehr häufig vor und können in sehr vielen Substanzen leicht beobachtet werden. Den Effekt kann man z.B. bei Verwendung eines mehrschichtigen Glimmerstücks, eines Eissplitters, einer gestreckten Kunststofftüte oder fein zerkleinerter Partikel eines gewöhnlichen Kieselsteins (Quarz) sehen. Um zu verstehen, wie sich dieses Phänomen ergibt, untersuchen wir die Abbildung 8.53. Ein schmales, monochromatisches, linear polarisiertes Lichtstrahlenbündel ist schematisch dargestellt, das durch einen kleinen Bereich einer doppelbrechenden Platte Σ läuft. Über jene Fläche setzen wir die Doppelbrechung und Dicke als konstant voraus. Das durchgelassene Licht ist meistens elliptisch polarisiert. Äquivalent stellen wir uns vor, daß das Licht, das aus Σ kommt, aus zwei orthogonalen, linear polarisierten Wellen besteht (d.h. die x- und y-Komponente des $\boldsymbol{E}$-Feldes), die einen relativen Phasenunterschied $\Delta\varphi$ haben, der durch Gleichung (8.32) bestimmt ist. Nur die Komponenten, die in der Richtung der Durchlaßachse des Analysators liegen, gehen durch ihn hindurch und treffen auf den Beobachter. Nun sind diese Komponenten, die ebenfalls einen Phasenunterschied von $\Delta\varphi$ haben, koplanar und können deshalb miteinander interferieren. Ist $\Delta\varphi = \pi, 3\pi, 5\pi$ usw., so sind sie vollkommen phasengleich und löschen sich gegenseitig aus. Ist $\Delta\varphi = 0, 2\pi, 4\pi$ usw., so sind die Wellen phasengleich und verstärken sich gegenseitig. Wir nehmen weiter an, daß die Phasenverschiebung, die in einem Punkt P_1 auf Σ für blaues Licht ($\lambda_0 = 435$ nm) entsteht, 4π ist. In dem Fall wird Blau stark durchgelassen. Es folgt aus Gleichung (8.32), daß $\lambda_0 \Delta\varphi = 2\pi d(|n_o - n_e|)$ im Prinzip eine Konstante ist, die durch die Dicke und die Doppelbrechung bestimmt ist. Im fraglichen Punkt ist deshalb für alle Wellenlängen $\lambda_0 \Delta\varphi = 1749\pi$. Wechseln wir nun zum einfallenden gelben Licht ($\lambda_0 = 580$ nm), so wird $\Delta\varphi \approx 3\pi$ und das Licht von P_1 würde vollkommen gelöscht. Bei Beleuchtung mit weißem Licht erscheint jener spezielle Punkt auf Σ, als ob er das Gelb vollständig entfernt hätte und alle anderen Farben durchläßt, doch keine so stark wie Blau. Anders ausgedrückt, blaues Licht, das vom Bereich um P_1 austritt, ist parallel zur Durchlaßachse des Analysators linear polarisiert ($\Delta\varphi = 4\pi$). Im Gegensatz dazu ist das gelbe Licht längs der Auslöschungsachse linear polarisiert ($\Delta\varphi = 3\pi$); die anderen Farben sind elliptisch polarisiert. Der Bereich um P_1 verhält sich wie ein $\lambda/2$-Plättchen für Geld und ein λ-Plättchen für Blau. Wird der Analysator nun um 90° gedreht, so würde das Gelb durchgelassen und das Blau ausgelöscht. Nach Definition bezeichnet man zwei Farben als komplementär, wenn ihre Überlagerung weißes Licht ergibt. Daher wird der Analysator bei Drehung um 90° abwechselnd Komplementärfarben durchlassen oder absorbieren. Auf die gleiche Art könnte irgendwoanders auf Σ ein Punkt P_2 sein, in dem $\Delta\varphi = 4\pi$ für Rot ist ($\lambda_0 = 650$ nm). Dann ist $\lambda_0 \Delta\varphi = 2600\pi$, woraufhin das grüne Licht ($\lambda_0 = 520$ nm) eine Phasenverschiebung von 5π erhält und ausgelöscht wird. Variiert das Phasenverschiebungsvermögen des Exemplars von einem Bereich zum anderen, so variiert dann auch die Farbe des Lichts, die durch den Analysator durchgelassen wird.

8.10 Optische Aktivität

Wie es oft der Fall ist, kann die Art und Weise, in der das Licht mit stofflichen Substanzen wechselwirkt, eine Menge wertvoller Informationen über deren Molekularstruktur liefern. Der Prozeß, der als nächstes untersucht wird, hatte und hat weiterhin, obwohl von besonderem Interesse im Studium der Optik, weitreichende Auswirkungen in der Chemie und Biologie.

1811 beobachtete der französische Physiker Dominique F.J. Arago als erster das faszinierende Phänomen, das man nun *optische Aktivität* nennt. Damals entdeckte er, daß die Schwingungsebene eines linear polarisierten Lichtstrahls eine kontinuierliche Drehung erfährt, während er sich entlang der optischen Achse einer Quarzplatte fortpflanzt (Abb. 8.54). Zur etwa gleichen Zeit

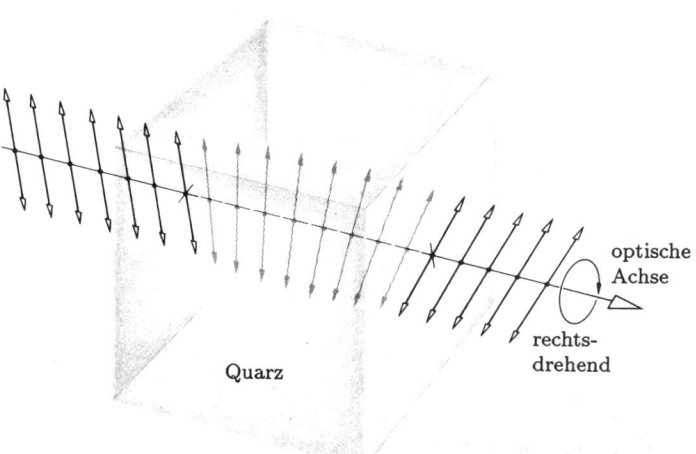

Abbildung 8.54 Die optische Aktivität, die Quarz zeigt.

sah Jean Baptiste Biot (1774–1862) denselben Effekt, während er sowohl die gasförmigen als auch flüssigen Formen verschiedener natürlicher Substanzen wie Terpentin benutzte. Jeder derartige Stoff, der bewirkt, daß das *E*-Feld einer einfallenden, linear polarisierten, ebenen Welle rotiert, nennt man *optisch aktiv*. Überdies muß man, wie Biot herausfand, zwischen rechts- und linkshändiger Drehung unterscheiden. Erscheint beim Blick in die Richtung der Quelle die Schwingungsebene nach rechts gedreht, so bezeichnet man die Substanz als *rechtsdrehend* oder *d-drehend* (engl. dextrorotatory vom Lat. dextro = rechts). Im Unterschied dazu nennt man den Stoff *linksdrehend* oder *l-drehend* (engl. levorotatory vom Lat. levo = links), wenn *E* nach links gedreht erscheint.

1822 erkannte der Astronom Sir F.W. Herschel (1792–1871), daß das *d*- und *l*-drehende Verhalten in Quarz in Wirklichkeit zwei verschiedenen Kristallstrukturen entspricht. Obwohl die Moleküle identisch sind (SiO_2), kann Kristallquarz in Abhängigkeit von der Anordnung jener Moleküle entweder rechts- oder linksdrehend sein. Wie in Abbildung 8.55 gezeigt, sind die äußeren Erscheinungsformen dieser zwei Arten in jeder Hinsicht die gleichen, außer daß eine das Spiegelbild der anderen ist; man sagt, daß sie gegenseitig das *Enantiomorph* sind. Alle transparenten enantiomorphen Substanzen sind optisch aktiv. Außerdem ist weder geschmolzener Quarz noch *Quarzglas*, die beide nicht kristallin sind, optisch aktiv. Offensichtlich ist in Quarz die optische Aktivität mit der

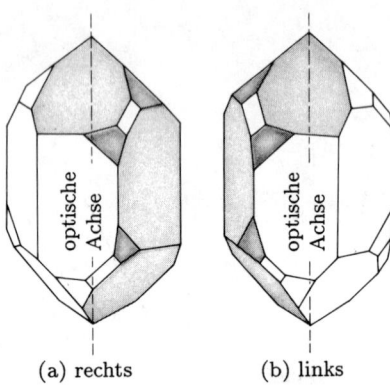

(a) rechts (b) links

Abbildung 8.55 Rechts- und linksdrehender Quarzkristall.

strukturellen Gesamtverteilung der Moleküle verknüpft. Es gibt viele Substanzen, sowohl organische als auch anorganische (z.B. Benzil beziehungsweise $NaBrO_3$), die wie Quarz nur eine optische Aktivität zeigen, wenn sie kristallin sind. Im Unterschied dazu sind viele natürlich vorkommende organische Verbindungen, wie z.B. Zucker, Weinsäure und Terpentin, in Lösungen oder im Flüssigkeitszustand optisch aktiv. Hier ist das *Drehvermögen*, wie es oft bezeichnet wird, ein Merkmal der einzelnen Moleküle. Es gibt auch kompliziertere Substanzen, für die die optische Aktivität sowohl mit den Molekülen als auch mit ihrer Anordnung innerhalb der verschiedenen Kristalle verknüpft ist. Dies ist z.B. durch Rubidiumtartrat bewiesen. Eine d-drehende Lösung jener Verbindung wird l-drehend, wenn sie kristallisiert.

1825 schlug Fresnel eine einfache phänomenologische Beschreibung der optischen Aktivität vor, ohne sich dem eigentlichen Mechanismus, der darin enthalten ist, zu widmen. Da die einfallende linear polarisierte Welle als eine Überlagerung von $\mathscr{R}$- und $\mathscr{L}$-Zuständen dargestellt werden kann, schlug er vor, daß diese zwei Formen von zirkular polarisiertem Licht sich mit verschiedenen Geschwindigkeiten ausbreiten. Ein aktiver Stoff zeigt *zirkulare Doppelbrechung*, d.h. er besitzt zwei Brechungsindizes, einen für den $\mathscr{R}$-Zustand ($n_\mathscr{R}$) und einen für den $\mathscr{L}$-Zustand ($n_\mathscr{L}$). Die zwei zirkular polarisierten Wellen würden beim Durchgang durch eine optisch aktive Probe phasenungleich, und die resultierende linear polarisierte Welle würde gedreht erscheinen. Wir können sehen, wie dies analytisch möglich ist, indem wir zu den Gleichungen (8.8) und (8.9) zurückkehren, die monochromatisches rechts und links zirkular polarisiertes Licht beschreiben, das sich in die z-Richtung fortpflanzt. Wir sahen in Gleichung (8.10), daß die Summe dieser zwei Wellen tatsächlich linear polarisiert ist. Wir ändern nun diese Ausdrücke etwas, um den Faktor 2 in der Amplitude der Gleichung (8.10) zu entfernen, wodurch

$$\boldsymbol{E}_\mathscr{R} = \frac{E_0}{2}\left[\hat{\boldsymbol{i}}\cos(k_\mathscr{R} z - \omega t) + \hat{\boldsymbol{j}}\sin(k_\mathscr{R} z - \omega t)\right] \quad (8.35\text{a})$$

und

$$\boldsymbol{E}_\mathscr{L} = \frac{E_0}{2}\left[\hat{\boldsymbol{i}}\cos(k_\mathscr{L} z - \omega t) + \hat{\boldsymbol{j}}\sin(k_\mathscr{L} z - \omega t)\right] \quad (8.35\text{b})$$

die rechts- und linksdrehenden einzelnen Wellen darstellen. Da ω konstant ist, gilt $k_\mathscr{R} = k_0 n_\mathscr{R}$ und $k_\mathscr{L} = k_0 n_\mathscr{L}$. Die Resultierende ist durch $\boldsymbol{E} = \boldsymbol{E}_\mathscr{R} + \boldsymbol{E}_\mathscr{L}$ gegeben, und nach einiger trigonometrischer Umformung erhalten wir

$$\boldsymbol{E} = E_0 \cos[(k_\mathscr{R} + k_\mathscr{L})z/2 - \omega t]\left[\hat{\boldsymbol{i}}\cos(k_\mathscr{R} - k_\mathscr{L})z/2 + \hat{\boldsymbol{j}}\sin(k_\mathscr{R} - k_\mathscr{L})z/2\right]. \quad (8.36)$$

An der Stelle, an der die Welle ins Medium eintritt ($z = 0$), ist sie längs der x-Achse, wie in Abbildung 8.56 gezeigt, linear polarisiert, d.h.

$$\boldsymbol{E} = E_0 \hat{\boldsymbol{i}} \cos\omega t. \quad (8.37)$$

Wir beachten, daß in jedem Punkt längs des Weges beide Komponenten dieselbe Zeitabhängigkeit haben und deshalb phasengleich sind. Dies bedeutet gerade, daß überall auf der z-Achse die Resultierende linear polarisiert ist (Abb. 8.57), obwohl ihre Orientierung sicher eine Funktion von z ist. Wenn $n_\mathscr{R} > n_\mathscr{L}$ oder äquivalent $k_\mathscr{R} > k_\mathscr{L}$, so wird sich überdies $\boldsymbol{E}$ nach links drehen, wohingegen die Drehung nach rechts läuft, wenn $k_\mathscr{L} > k_\mathscr{R}$ ist (wobei man zur Quelle hinsieht). Üblicherweise definiert man den Winkel β, um den sich $\boldsymbol{E}$ dreht, als positiv, wenn die Welle rechtsdrehend ist. Halten wir uns an diese Vorzeichenvereinbarung, so sollte nach Gleichung (8.36) klar sein, daß das Feld im Punkt z einen Winkel $\beta = -(k_\mathscr{R} - k_\mathscr{L})z/2$ in bezug auf die ursprüngliche Orientierung bildet. Hat das Medium eine Dicke d, so ist der Winkel durch den sich dann die Schwingungsebene dreht

$$\beta = \frac{\pi d}{\lambda_0}(n_\mathscr{L} - n_\mathscr{R}), \quad (8.38)$$

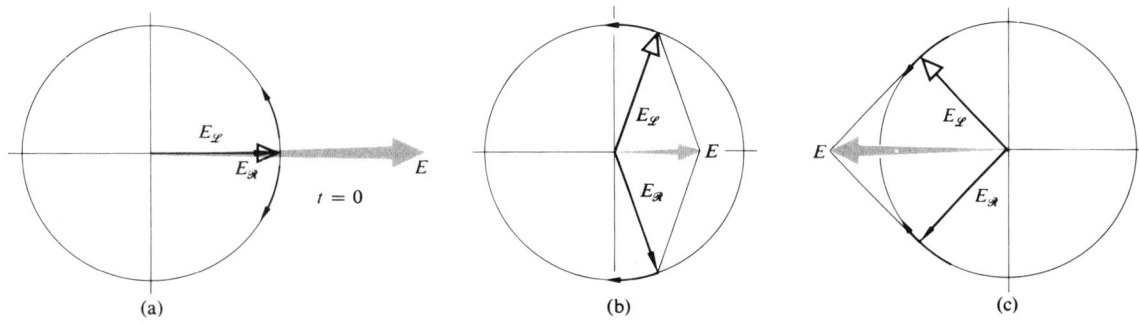

Abbildung 8.56 Die Überlagerung von einem $\mathscr{R}$- und einem $\mathscr{L}$-Zustand in $z=0$.

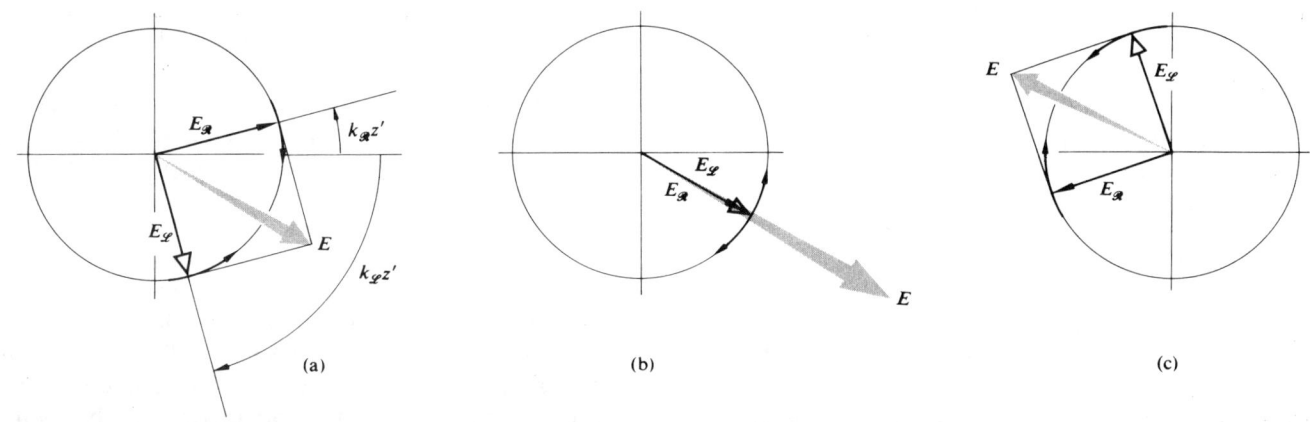

Abbildung 8.57 Die Überlagerung von einem $\mathscr{R}$- und einem $\mathscr{L}$-Zustand in $z=z'\,(k_\mathscr{L}>k_\mathscr{R})$.

wobei $n_\mathscr{L} > n_\mathscr{R}$ eine Rechtsdrehung und $n_\mathscr{R} > n_\mathscr{L}$ eine Linksdrehung ergibt (Abb. 8.58).

Fresnel war übrigens in der Lage, die einzelnen $\mathscr{R}$- und $\mathscr{L}$-Zustände eines linear polarisierten Strahlenbündels mit Verwendung des zusammengesetzten Prismas der Abbildung 8.59 zu trennen. Es besteht aus einer Anzahl von rechts- und linksdrehenden Quarzabschnitten, die, wie dargestellt, in bezug auf die optischen Achsen geschnitten wurden. Der $\mathscr{R}$-Zustand pflanzt sich im ersten Prisma schneller fort als im zweiten und wird deshalb zur Senkrechten der schrägen Grenzfläche hin gebrochen. Das Gegenteil gilt für den $\mathscr{L}$-Zustand, und die zwei zirkular polarisierten Wellen nehmen an jeder Grenzfläche an Winkelabstand zu.

Im Natriumlicht findet man für Quarz das *spezifische Drehvermögen*, das als β/d definiert ist, $21{,}7°/$mm. Daher folgt, daß $|n_\mathscr{L} - n_\mathscr{R}| = 7{,}1 \times 10^{-5}$ für Licht ist, das sich entlang der optischen Achse fortpflanzt. In jener besonderen Richtung verschwindet natürlich die normale Doppelbrechung. Bei einfallendem Licht, das sich senkrecht zur optischen Achse ausbreitet (wie es oft in Polarisationsprismen, Phasenplättchen und Kompensatoren der Fall ist), verhält sich jedoch Quarz wie jeder optisch inaktive, einachsig positive Kristall. Es gibt an-

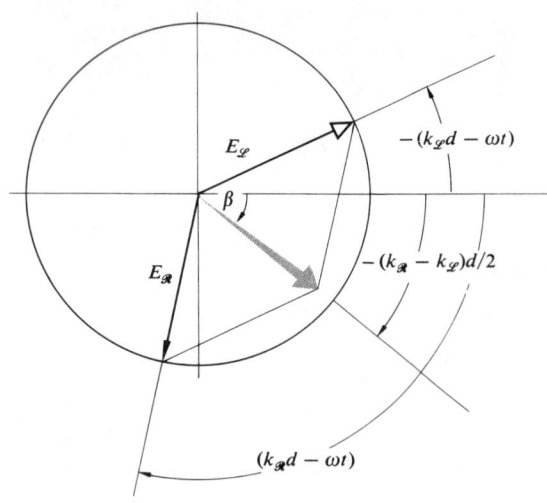

Abbildung 8.58 Die Überlagerung von einem $\mathscr{R}$- und einem $\mathscr{L}$-Zustand in $z=d$ ($k_{\mathscr{L}} > k_{\mathscr{R}}$, $k_{\mathscr{L}} > k_{\mathscr{R}}$, $\lambda_{\mathscr{L}} < \lambda_{\mathscr{R}}$ und $v_{\mathscr{L}} < v_{\mathscr{R}}$).

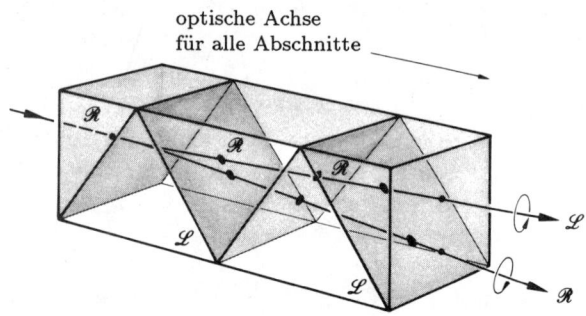

Abbildung 8.59 Fresnelsches zusammengesetztes Prisma.

dere doppelbrechende, optisch aktive Kristalle, sowohl einachsige als auch zweiachsige, wie z.B. den Zinnober, HgS ($n_o = 2.854$, $n_e = 3.201$), der ein Drehvermögen von 32.5°/mm hat. Im Gegensatz dazu ist die Substanz NaClO$_3$ optisch aktiv (3.1°/mm), aber nicht doppelbrechend. Das Drehvermögen von Flüssigkeiten ist im Vergleich so relativ klein, daß es gewöhnlich in Abhängigkeit von 10 cm Weglängen spezifiziert wird; z.B. ist es im Falle von Terpentin (C$_{10}$H$_6$) nur −37°/10 cm (10° C mit $\lambda_0 = 589.3$ nm). Das Drehvermögen von Lösungen variiert mit der Konzentration. Diese Tatsache ist insbesondere zur Bestimmung der Zuckermenge (z.B einer Urinprobe oder eines Zuckersirups) hilfreich.

Man kann die optische Aktivität bei Verwendung von farblosem Maissirup beobachten — die Sorte, die man im Lebensmittelgeschäft erhält. Man braucht nicht viel davon, da β/d etwa 11.8°/1 cm ist. Wir füllen etwa 2.5 cm Sirup in einen Glasbehälter zwischen gekreuzten Polaroidfiltern und beleuchten ihn mit einer Taschenlampe. Die schönen Farben, die bei der Drehung des Analysators erscheinen, ergeben sich daraus, daß β eine Funktion von λ_0 ist, ein Effekt, den man *Rotationsdispersion* nennt. Bei Verwendung eines Filters zur Erzeugung von annähernd monochromatischem Licht kann man ohne weiteres das Drehvermögen des Sirups bestimmen.[19]

Der erste große wissenschaftliche Beitrag, der von Louis Pasteur (1822–95) geleistet wurde, kam 1848 und war mit seiner Promotionsforschungsarbeit verknüpft. Er zeigte, daß die racemische Säure, die eine optisch inaktive Form der Weinsäure ist, eigentlich aus einer Mischung zusammengesetzt ist, die gleiche Mengen von rechts- und linksdrehenden Bestandteilen enthält. Substanzen dieser Art, die dieselben Molekularformeln besitzen, sich aber irgendwie in der Struktur unterscheiden, nennt man *Isomere*. Pasteur war in der Lage, die racemische Säure zu kristallisieren und danach die zwei sich ergebenden verschiedenen Typen von spiegelbildlichen Kristallen (Enantiomorphe) zu trennen. Bei der getrennten Auflösung dieser Typen in Wasser bildeten sie d- und l-drehende Lösungen. Dies beinhaltete die Existenz von Molekülen, die selbst, obschon sie chemisch gleich sind, gegenseitige Spiegelbilder sind; solche Moleküle nennt man heute optische *Raumisomere*. Diese Vorstellungen waren die Grundlage für die Entwicklung der Stereochemie der organischen und anorganischen Verbindungen, in der man sich mit der dreidimensionalen Raumverteilung der Atome innerhalb eines gegebenen Moleküls befaßt.

8.10.1 Ein nützliches Modell

Das Phänomen der optischen Aktivität ist äußerst kompliziert, da es eigentlich eine quantenmechanische Lösung erfordert, obwohl es im Sinne der klassischen elektroma-

---

[19] Ein Gelatinefilter wäre ausgezeichnet, aber ein Stück gefärbtes Cellophan® wird die Aufgabe auch gut erfüllen. Wir erinnern uns noch daran, daß sich das Cellophan als ein Phasenplättchen verhält (siehe Abschnitt 8.7.1). Fügen Sie es daher nicht zwischen die Polaroidfilter, bevor Sie seine Hauptachsen nicht entsprechend ausgerichtet haben.

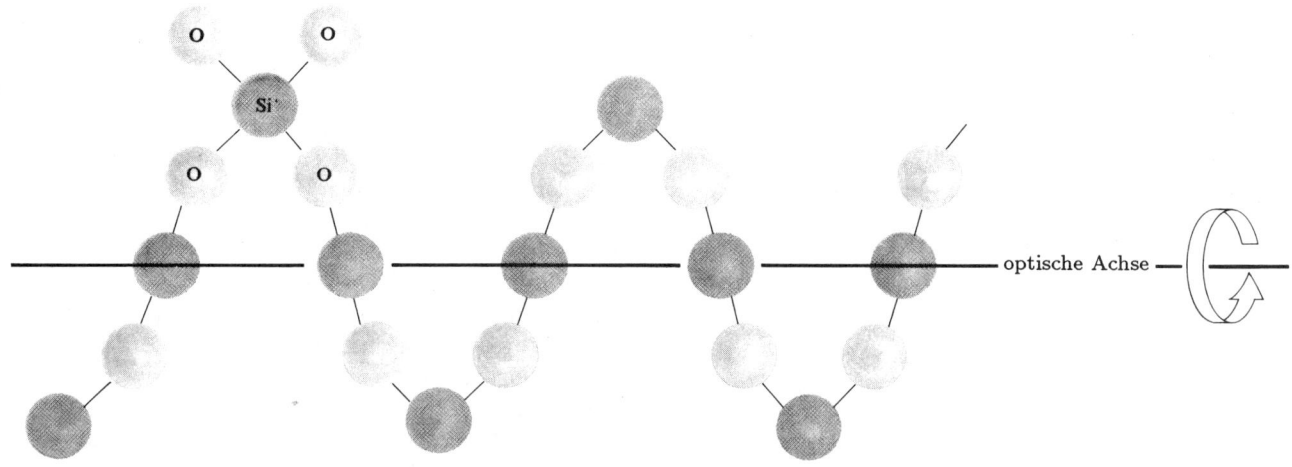

Abbildung 8.60 Rechtsdrehender Quarz.

gnetischen Theorie behandelt werden kann.[20] Trotzdem werden wir ein vereinfachtes Modell betrachten, das eine qualitative, doch plausible Beschreibung des Prozesses liefert. Wir erinnern uns, daß wir ein optisch isotropes Medium durch eine homogene Verteilung von isotropen Elektronenoszillatoren darstellten, die parallel zum E-Feld der einfallenden Welle schwingen. Ein optisch anisotropes Medium war ähnlich als eine Verteilung von anisotropen Oszillatoren dargestellt, die in irgendeinem Winkel zum antreibenden E-Feld schwingen. Wir stellen uns vor, daß die Elektronen in optisch aktiven Substanzen gezwungen sind, sich entlang gewundener Bahnen zu bewegen, die, der Einfachheit wegen, als helixartig (schraubenförmig, manchmal etwas irreführend spiralförmig genannt) angenommen werden. Mit anderen Worten, solch ein Molekül wird oft so dargestellt, als wäre es eine leitende Schraubenlinie. Von den Silizium- und Sauerstoffatomen weiß man, daß sie entweder in rechts- oder linksdrehenden Spiralen um die optische Achse, wie in Abbildung 8.60 gezeigt, angeordnet sind. In der gegenwärtigen Darstellung würde dieser Kristall einer parallelen Anordnung von Schraubenlinien entsprechen. Zum Vergleich wäre eine aktive Zuckerlösung analog einer Verteilung willkürlich ausgerichteter Schraubenlinien, wobei jede dieselbe Drehrichtung hat.[21]

Wir können erwarten, daß die ankommende Welle in Quarz unterschiedlich mit dem Exemplar in Wechselwirkung tritt, je nachdem, ob sie rechts- oder linksdrehende Schraubenlinien "erkennt". Und deshalb erwarten wir verschiedene Brechungsindizes für die $\mathcal{R}$- und $\mathcal{L}$-Komponenten der Welle. Die ausführliche Behandlung des Prozesses, der zur zirkularen Doppelbrechung in Kristallen führt, ist keineswegs einfach, doch zumindest ist die notwendige Asymmetrie offensichtlich. Wie kann dann eine willkürliche Anordnung von Schraubenlinien, die einer Lösung entspricht, eine optische Aktivität erzeugen? Wir wollen ein derartiges Molekül in dieser vereinfachten Darstellung untersuchen; z.B. eines, dessen Achse zufällig parallel zum harmonischen E-Feld der elektromagnetischen Welle ist. Jenes Feld treibt die La-

---

[20] Der Artikel "Optical Activity and Molecular Dissymmetry", von S.F. Mason, *Contemp. Phys.* **9**, 239 (1968) enthält eine umfangreiche Liste von Empfehlungen für weiteren Lesestoff.

[21] Außer diesen festen und flüssigen Zustandsformen gibt es eine dritte Einteilung von Substanzen. Ihre außergewöhnlichen optischen Eigenschaften deuten auf ihre Nützlichkeit. Man nennt sie den *Flüssigkristallzustand*. Flüssigkristalle sind organische Verbindungen, die fließen können und trotzdem ihre charakteristischen Molekülorientierungen beibehalten. In bestimmten *Cholesterinen* haben die Flüssigkristalle eine helixartige Struktur und zeigen daher äußerst große Drehvermögen; in der Größenordnung von 40000°/mm. Das Gewinde der schraubenähnlichen Molekularordnung ist beträchtlich kleiner als das von Quarz.

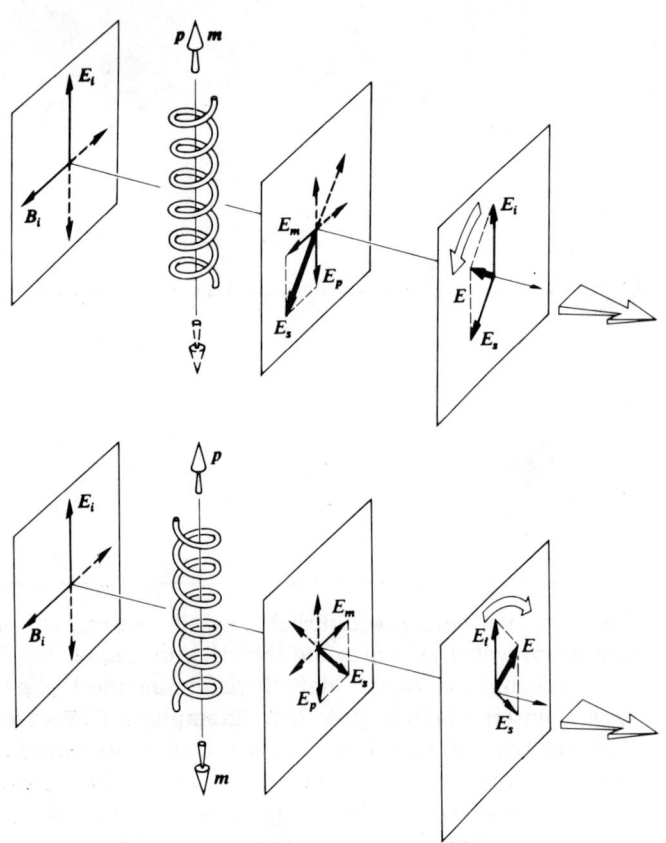

Abbildung 8.61 Die Strahlung von Spiral-Molekülen

dungen längs der Länge des Moleküls auf und ab und erzeugt parallel zur Achse ein zeitlich variierendes elektrisches Dipolmoment $p(t)$. Außerdem haben wir nun einen Strom, der zur spiralförmigen Bewegung der Elektronen gehört. Dieser Strom erzeugt wiederum ein oszillierendes magnetisches Dipolmoment $m(t)$, das ebenso entlang der Schraubenlinienachse liegt (Abb. 8.61). Läge das Molekül im Gegensatz dazu parallel zum B-Feld der Welle, so gäbe es einen zeitlich variierenden Fluß und daher einen induzierten Elektronenstrom, der um das Molekül kreist. Dies würde wieder oszillierende, axiale, elektrische und magnetische Dipolmomente liefern. In beiden Fällen sind $p(t)$ *und* $m(t)$ *zueinander parallel oder antiparallel, was von der Richtung der speziellen Molekularschraubenlinie abhängt*. Zweifelsfrei wurde dem Feld Energie genommen, und beide oszillierende Dipole streuen, d.h.

strahlen wieder elektromagnetische Wellen aus. Das elektrische Feld E_p, das von einem elektrischen Dipol in eine bestimmte Richtung emittiert wurde, steht senkrecht zum elektrischen Feld E_m, das von einem magnetischen Dipol emittiert wurde. Die Summe E_s ist dementsprechend das von einer Schraubenlinie gestreute resultierende Feld, das längs der Fortpflanzungsrichtung nicht parallel zum einfallenden Feld E_i liegt (dasselbe gilt natürlich für die magnetischen Felder). Die Schwingungsebene des resultierenden transmittierten Lichts ($E_s + E_i$) wird daher in eine Richtung gedreht, die durch den Drehungssinn der Schraubenlinie bestimmt ist. Die Größe der Drehung variiert mit der Orientierung jedes Moleküls, doch liegt sie für Schraubenlinien mit gleichem Drehungssinn stets in der gleichen Richtung.

Obgleich diese Diskussion über optisch aktive Moleküle als schraubenförmige Leiter zugegebenermaßen oberflächlich ist, ist es doch wertvoll, die Analogie im Auge zu behalten. Richten wir ein linear polarisiertes 3 cm-Mikrowellenstrahlenbündel auf einen Kasten, der mit einer großen Zahl von identischen schraubenförmigen Kupferleitern gefüllt ist (z.B. 1 cm lang bei 0.2 cm im Durchmesser und gegenseitig isoliert), so wird die Schwingungsebene der transmittierten Welle tatsächlich gedreht.[22]

8.10.2 Optisch aktive biologische Substanzen

Bevor wir zu anderen Dingen übergehen, sollten wir einige der wahrscheinlich faszinierendsten Beobachtungen erwähnen, die mit der optischen Aktivität verknüpft sind, nämlich jene, die auf dem Gebiet der Biologie gemacht werden. Immer wenn im Laboratorium organische Moleküle künstlich hergestellt werden, wird eine gleiche Anzahl von d- und l-Isomeren (d = rechts, l = links) mit dem Effekt erzeugt, daß die Verbindung optisch inaktiv ist. Man kann dann bei vorhandener Existenz erwarten, daß gleiche Mengen von optischen d- und l-Raumisomeren in natürlichen organischen Substanzen gefunden werden. Dies ist keineswegs der Fall. Natürlicher Zucker (Saccharose $C_{12}H_{22}O_{11}$), egal wo er angepflanzt wurde, ob aus Zuckerrohr oder Zuckerrüben gewonnen, ist immer d-drehend. Überdies ist die einfache

---

[22] I. Tinoco und M.P. Freeman, "The Optical Activity of Oriented Copper Helices", *J. Phys. Chem.* **61**, 1196 (1957).

Dextrose (Traubenzucker) oder d-Glucose ($C_6H_{12}O_6$), die, wie ihr Name Dextrose schon sagt, d-drehend ist, das wichtigste Kohlenhydrat im menschlichen Stoffwechsel. Offensichtlich können Lebewesen irgendwie zwischen optischen Isomeren unterscheiden.

Alle Proteine (Eiweiße) sind aus Verbindungen hergestellt, die man *Aminosäuren* nennt. Sie sind ihrerseits Zusammensetzungen aus Kohlenstoff, Wasserstoff, Sauerstoff und Stickstoff. Es gibt ungefähr 20 Aminosäuren, und alle (mit Ausnahme der einfachsten, dem Glycin, das nicht enantiomorph ist) sind im allgemeinen l-drehend. Dies bedeutet, daß die Aminosäuren eines zerlegten Proteinmoleküls l-drehend sind, gleich ob es von einem Ei oder einer Eierpflanze, einem Käfer oder einem Beatle stammt. Eine wichtige Ausnahme ist die Gruppe der Antibiotika, wie z.B. Penizillin, das einige d-drehende Aminosäuren enthält. In der Tat dürfte dies ganz gut die toxische Wirkung erklären, die Penizillin auf Bakterien hat.

Es ist faszinierend über die möglichen Ursprünge des Lebens auf diesem und anderen Planeten nachzudenken. Bestand z.B. das Leben auf der Erde ursprünglich aus beiden Spiegelbildformen? Bis heute sind fünf Aminosäuren in einem Meteoriten gefunden worden, der am 28.9.1969 in Victoria/Australien einschlug. Hinweise auf das Vorkommen von Aminosäuren sind auch in Mondproben beobachtet worden. Die Untersuchung des Meteoriten hat die Existenz von etwa gleichen Mengen der optisch rechts- und linksdrehenden Formen von vier Aminosäuren zum Vorschein gebracht. Dies steht im deutlichen Kontrast zu der überwältigenden Mehrzahl der linksdrehenden Form, die man im irdischen Gestein findet. Die Auswirkungen sind vielfältig und wunderbar.[23]

8.11 Erzwungene optische Effekte — Optische Modulatoren

Es gibt eine Anzahl verschiedener physikalischer Effekte, an denen polarisiertes Licht beteiligt ist, die alle das einzige gemeinsame Merkmal teilen, daß sie irgendwie von außen erzwungen wurden. In diesen Fällen übt man einen äußeren Einfluß auf das optische Medium aus (z.B. durch eine mechanische Kraft, ein magnetisches oder elektrisches Feld), wodurch man die Art und Weise ändert, in der es Licht transmittiert.

8.11.1 Photoelastizität

1816 entdeckte Sir David Brewster, daß normal transparente, isotrope Substanzen durch mechanische Belastung anisotrop gemacht werden können. Das Phänomen bezeichnet man verschiedentlich als *Spannungsdoppelbrechung*, **Photoelastizität** oder *akzidentelle Spannungsdoppelbrechung*. Bei Druck oder Zug nimmt der Stoff die Eigenschaften eines einachsig negativen beziehungsweise einachsig positiven Kristalls an. In beiden Fällen liegt die optische Achse in der Richtung der Belastung, und die erzwungene Doppelbrechung ist proportional zur Belastung. Ist die Belastung über dem Probestück nicht gleichmäßig, so ist weder die Doppelbrechung noch die Phasenverschiebung einer Brechungswelle gleichmäßig (Gl. (8.32)).

Die Photoelastizität dient als die Grundlage einer Technik zur Untersuchung der Beanspruchung sowohl in transparenten als auch lichtundurchlässigen mechanischen Strukturen (Abb. 8.62). Unsachgemäß gekühltes oder unvorsichtig eingerahmtes Glas, ob es als eine Autowindschutzscheibe oder eine Teleskoplinse dient, entwickelt innere Spannungen, die leicht ausfindig gemacht werden können. Eine Information hinsichtlich der Oberflächenspannung auf einem lichtundurchlässigen Objekt kann man durch Verklebung photoelastischer Schichten auf die zu untersuchenden Teile erhalten. Gewöhnlich stellt man dagegen ein transparentes maßstabgetreues Modell des Teils aus einem *spannungsoptisch empfindlichen* Material, wie z.B. Epoxid, Glyptal® (Alkydharze) oder modifizierten Polyesterharzen her. Das Modell wird dann den Kräften ausgesetzt, die das wirkliche Teil bei Verwendung erfahren würde. Da sich die Doppelbrechung von Punkt zu Punkt über die Oberfläche des Modells unterscheidet, bringt ein kompliziertes buntscheckiges Streifenbild bei Einfügung zwischen gekreuzten Polarisatoren die inneren Spannungen zum Vorschein. Untersuchen Sie fast alle Teile aus klarem Kunststoff oder sogar einen Block ungewürzter Gelatine zwischen zwei Polaroidfiltern; versuchen Sie die Teile weiter zu belasten und beobachten Sie dementsprechend die Bildveränderung (Abb. 8.63).

---

[23] Siehe *Physics Today*, Feb. 1971, S. 17 für eine weitere Erörterung und Empfehlungen für weitere Lektüre.

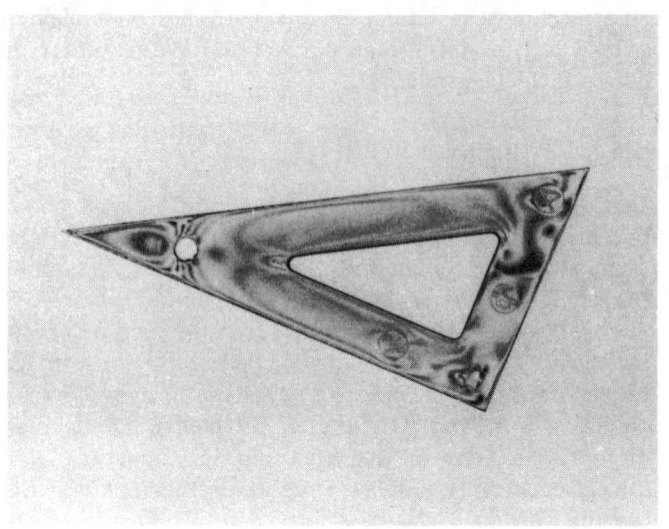 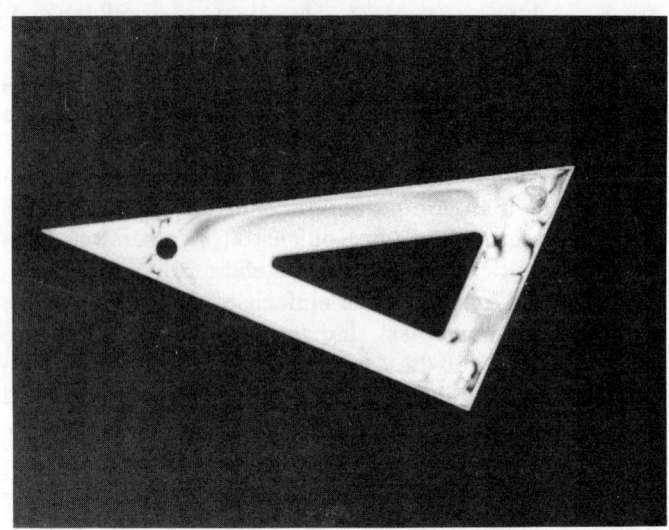

Abbildung 8.62 Ein klares Kunststoffdreieck zwischen Polaroidfiltern. (Photo von E.H.)

 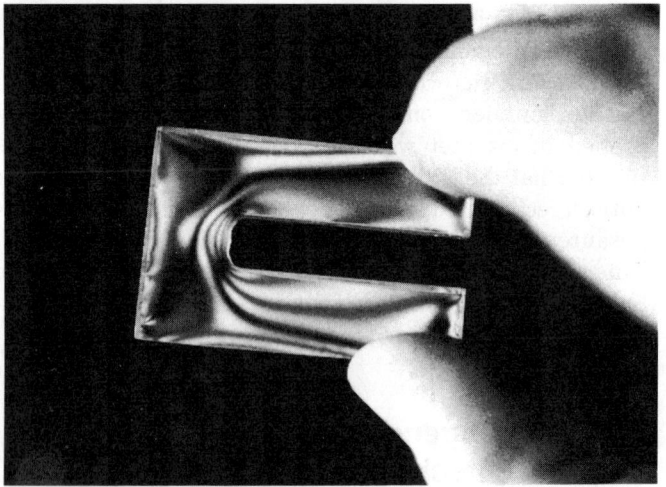

Abbildung 8.63 Ein belastetes Teilchen aus klarem Kunststoff zwischen Polaroidfiltern. (Photo von E.H.)

Die Phasenverschiebung ist in jedem Punkt auf dem Probestück proportional zur *Hauptspannungsdifferenz* $(\sigma_1 - \sigma_2)$, wobei die Sigmas die orthogonalen Hauptspannungen sind. Wäre z.B. das Probestück eine Platte, die einem vertikalen Zug ausgesetzt ist, so wäre σ_1 die maximale Hauptspannung in der vertikalen Richtung, und σ_2 wäre die minimale Hauptspannung, in diesem Fall horizontal Null. In komplizierteren Situationen variieren die Hauptspannungen sowie ihre Differenzen von einem Gebiet zum nächsten. Bei weißer Lichtbeleuchtung bezeichnet man die Orte aller Punkte auf dem Probestück, für die $(\sigma_1 - \sigma_2)$ konstant ist, als *isochrome Gebiete*, und jedes derartige Gebiet entspricht einer bestimmten Farbe. Auf diesen farbigen Mustern ist ein getrenntes System von schwarzen Bändern überlagert. In jedem Punkt, in dem das E-Feld des einfallenden linear polarisierten Lichtes parallel zu einer der beiden örtlichen Hauptspannungsachsen ist, läuft die Welle unbeeinflußt durch das Probestück, unabhängig von der Wellenlänge. Mit gekreuzten Polarisatoren wird jenes Licht durch den Analysator absorbiert, was ein schwarzes Gebiet liefert, das man als ein *Isoklinenband* bezeichnet (Aufgabe 8.35). Die Muster liefern neben einem anschaulich hübschen Bild auch sowohl eine qualitative Karte des Spannungsbildes als auch eine Grundlage für quantitative Berechnungen.

8.11.2 Der Faradayeffekt

1845 entdeckte Michael Faraday, daß die Art und Weise, in der sich das Licht durch ein materielles Medium ausbreitet, durch das Anlegen eines äußeren magnetischen Feldes beeinflußt werden kann. Insbesondere fand er, daß sich die Schwingungsebene von linear polarisiertem Licht, das auf ein Stück Glas fällt, dreht, wenn ein starkes magnetisches Feld in die Fortpflanzungsrichtung angelegt wird. Der **Faradayeffekt** oder der **magnetooptische Effekt** war einer der ersten Hinweise auf die Wechselbeziehung zwischen Elektromagnetismus und Licht. Obwohl er an die *optische Aktivität* erinnert, gibt es, wie wir sehen werden, einen wichtigen Unterschied zwischen diesen zwei Effekten.

Der Winkel β (gemessen in Bogenminuten), um den sich die Schwingungsebene dreht, ist durch den empirisch ermittelten Ausdruck

$$\beta = \mathcal{V} B d \qquad (8.39)$$

gegeben, in dem B die statische magnetische Flußdichte (gewöhnlich in Gauß, $1\,\text{G} = 10^{-4}$ Tesla), d die durchlaufene Länge im Medium (in cm) und $\mathcal{V}$ ein Proportionalitätsfaktor ist, den man *Verdetsche Konstante* nennt. Die Verdetsche Konstante variiert für ein bestimmtes Medium sowohl mit der Frequenz (fällt schnell, wenn ν abnimmt) als auch mit der Temperatur. Sie ist für Gase ungefähr in der Größenordnung von 10^{-5} Bogenminuten Gauß$^{-1}$ cm^{-1} und 10^{-2} Bogenminuten Gauß$^{-1}$ cm^{-1}

Stoff	Temperatur	$\mathcal{V}$ (Bogenminuten Gauß$^{-1}$ cm^{-1})
Leichtflintglas	18	0.0317
Wasser	20	0.0131
NaCl	16	0.0359
Quarz	20	0.0166
NH$_4$Fe(SO$_4$)$_2$.12H$_2$O	26	-0.00058
Luft*	0	6.27×10^{-6}
CO$_2$*	0	9.39×10^{-6}

*für $\lambda = 578$ nm und 760 mm HG = 1 atm = 101325.0 pa. Ausführlichere Listen findet man in den üblichen Handbüchern.

Tabelle 8.2 Die Verdetschen Konstanten für einige ausgewählte Substanzen.

für Festkörper und Flüssigkeiten (siehe Tabelle 8.2). Man kann ein besseres Gefühl für die Bedeutung dieser Zahlen bekommen, wenn man sich z.B. ein 1 cm langes Probestück H$_2$O in dem mäßig starken Feld von 10^4 Gauß vorstellt (das Feld der Erde ist etwa 1/2 Gauß). In diesem speziellen Fall würde sich eine Drehung von $2°11'$ ergeben, da $\mathcal{V} = 0.0131$ ist.

Nach Vereinbarung *entspricht eine positive Verdetsche Konstante einem (diamagnetischen) Stoff, für den der Faradayeffekt linksdrehend ist, wenn sich das Licht parallel zum angelegten B-Feld bewegt, und rechtsdrehend, wenn es sich antiparallel zu B ausbreitet*. Man beachte, daß keine derartige Umkehrung der Drehrichtung bei natürlicher optischer Aktivität auftritt. Wir stellen uns als eine geeignete Gedächtnisstütze vor, daß das B-Feld durch eine Magnetspule erzeugt wird, die um das Probestück gewickelt ist. Die Schwingungsebene dreht sich, wenn $\mathcal{V}$ positiv ist, unabhängig von der Fortpflanzungsrichtung des Strahls längs seiner Achse in dieselbe Richtung wie der Strom der Spule. Den Effekt kann man entsprechend verstärken, indem man das Licht einige Male durch das Probestück hin- und herreflektiert.

Die theoretische Behandlung des Faradayeffektes bezieht die quantenmechanische Dispersionstheorie einschließlich der Auswirkungen von B auf die atomaren oder molekularen Energieniveaus mit ein. Es soll hier genügen, die begrenzte, klassische Argumentation für nichtmagnetische Stoffe nur zu umreißen. Angenommen, das einfallende Licht ist zirkular polarisiert und monochromatisch. Ein elastisch gebundenes Elektron wird durch das sich drehende E-Feld der Welle (der Effekt des

B-Feldes der Welle ist vernachlässigbar) angetrieben und nimmt eine gleichbleibende kreisförmige Umlaufbahn an. Legt man ein starkes, konstantes magnetisches Feld an, das senkrecht zur Umlaufbahnebene ist, so führt dies zu einer Radialkraft F_M auf das Elektron. Diese Kraft kann entweder gegen den Kreismittelpunkt oder von ihm wegzeigen, was von der Drehrichtung des Lichts und der Richtung des konstanten B-Felds abhängt. Die gesamte Radialkraft (F_M plus die elastische Rückstellkraft) kann deshalb, ebenso wie der Radius der Umlaufbahn, zwei verschiedene Werte haben. Folglich gibt es für ein bestimmtes magnetisches Feld jeweils zwei mögliche Werte des elektrischen Dipolmomentes, der Polarisation und der Dielektrizitätskonstanten und schließlich auch zwei Brechungsindizes $n_\mathcal{R}$ und $n_\mathcal{L}$. Die Diskussion kann dann in derselben Art wie die der Fresnelschen Behandlung der optischen Aktivität weitergehen. Wie zuvor spricht man von zwei Normalschwingungen der Ausbreitung von elektromagnetischen Wellen durch das Medium, dem $\mathcal{R}$- und dem $\mathcal{L}$-Zustand.

Für ferromagnetische Substanzen sind die Dinge etwas komplizierter. Im Falle eines magnetischen Stoffes ist β statt zur Komponente des angelegten Gleichstromfeldes proportional zur Magnetisierungskomponente in Richtung der Fortpflanzung.

Es gibt eine Anzahl von praktischen Anwendungen des Faradayeffektes. Er kann ausgenutzt werden, um Mischungen von Kohlenwasserstoffen zu analysieren, da jeder Bestandteil eine magnetische Eigendrehbewegung hat. Wenn er außerdem in spektroskopischen Untersuchungen verwendet wird, liefert er Informationen über die Eigenschaften der Energiezustände über dem Grundniveau. In jüngster Zeit ist der Faradayeffekt noch aufregender und vielversprechender verwendet worden. Seit dem Aufkommen des Lasers in den frühen sechziger Jahren wurde eine gewaltige Anstrengung in einem Versuch aufgeboten, das enorme Potential des Laserlichts als Kommunikationsmittel auszunutzen (siehe Abschnitt 7.2.6). Ein unentbehrlicher Bestandteil jedes derartigen Systems ist der *Modulator*, dessen Funktion es ist, dem Strahlenbündel Informationen aufzuprägen. Solch ein Gerät muß imstande sein, die Lichtwelle irgendwie mit hohen Geschwindigkeiten und in einer kontrollierten Weise zu verändern. Er könnte z.B. die Amplitude, Polarisation, Ausbreitungsrichtung, Phase oder Frequenz der Welle in einer Art ändern, die mit dem Signal verknüpft ist, das übertragen werden soll. Der Faradayeffekt liefert eine mögliche Grundlage für solch einen Modulator. Soll ein Gerät dieser Art leistungsfähig funktionieren, so darf jede Längeneinheit des Mediums so wenig Licht wie möglich absorbieren, während sie den Strahl so stark wie möglich dreht. Eine Anzahl von exotischen ferromagnetischen Stoffen sind zu diesem Zweck untersucht worden. Ein Infrarotmodulator dieser Art wurde von R.C. LeCraw konstruiert. Der Modulator verwendet den synthetischen Magnetkristall Yttrium-Eisengranat (YIG = Yttrium-iron garnet), zu dem ein Anteil Gallium gegeben wurde. YIG hat eine Struktur, die den natürlichen Granatedelsteinen ähnlich ist. Das Gerät ist schematisch in Abbildung 8.64 dargestellt. Ein linear polarisierter Infrarotstrahl tritt von links in den Kristall ein. Ein transversales Gleichstrommagnetfeld sättigt die Magnetisierung des YIG-Kristalls in jener Richtung. Der Gesamtmagnetisierungsvektor (der aus dem konstanten Feld und dem Spulenfeld entsteht) kann in der Richtung variieren, indem er gegen die Achse des Kristalls durch einen Betrag gekippt wird, der proportional zum Modulationsstrom der Spule ist. Da die Faradaydrehung von der axialen Komponente der Magnetisierung abhängt, regelt der Spulenstrom den Wert von β. Der Analysator kehrt dann diese Polarisationsmodulation über das Malussche Gesetz zur Amplitudenmodulation um (Gl. (8.24)). Kurz gesagt, das Signal, das übertragen werden soll, wird über die Spule als eine Modulationsspannung eingeführt, und der herauskommende Laserstrahl überträgt jene Information in Form von Amplitudenschwankungen.

Es gibt übrigens einige andere magnetooptische Effekte. Wir werden nur zwei von ihnen betrachten und uns dabei ziemlich kurz fassen. Sowohl der *Voigt-* als auch der *Cotton-Mouton-Effekt* entstehen, wenn ein konstantes Magnetfeld an ein transparentes Medium senkrecht zur Ausbreitungsrichtung des einfallenden Lichtstrahlenbündels angelegt wird. Der erstere kommt in Dämpfen vor, während sich der viel stärkere zweite Effekt in Flüssigkeiten ergibt. In beiden Fällen wird das Medium ähnlich dem einachsigen Kristall doppelbrechend, dessen optische Achse in der Richtung des Gleichstrommagnetfeldes, d.h. senkrecht zum Lichtstrahlenbündel liegt (Gl. (8.32)). Die zwei Brechungsindizes entsprechen nun den Situationen, in denen die Schwingungsebene der Welle entweder senkrecht oder parallel zum konstanten Magnetfeld ist. Ihre Differenz Δn (d.h. die Doppelbrechung)

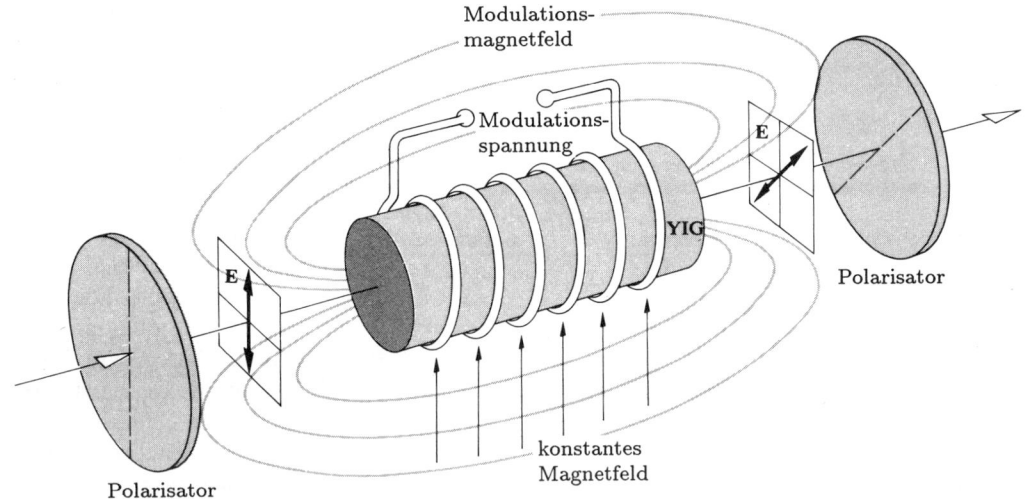

Abbildung 8.64 Ein Faradayeffekt-Modulator.

ist proportional zum Quadrat des angelegten Magnetfeldes. Der magnetooptische Effekt ensteht in Flüssigkeiten aus einer Ausrichtung der optisch und magnetisch anisotropen Moleküle des Mediums auf jenes Feld. Pflanzt sich das ankommende Licht mit irgendeinem Winkel zum statischen Feld aus, der ungleich 0 oder $\pi/2$ ist, so kommen der Faraday- und der Cotton-Mouton-Effekt gleichzeitig vor, wobei der erstere Effekt im allgemeinen viel größer als der zweite ist. Der Cotton-Mouton-Effekt ist das magnetische Analogon des elektrooptischen Kerr-Effektes, der als nächstes betrachtet wird.

8.11.3 Der Kerr- und Pockels-Effekt

Der erste elektrooptische Effekt wurde 1875 von dem schottischen Physiker John Kerr (1824–1907) entdeckt. Er fand, daß eine isotrope transparente Substanz doppelbrechend wird, wenn man sie in ein elektrisches Feld E stellt. Das Medium nimmt die Eigenschaften eines einachsigen Kristalls an, dessen optische Achse der Richtung des angelegten Feldes entspricht. Die zwei Indizes $n_\parallel$ und $n_\perp$ sind mit den zwei Orientierungen der Schwingungsebene der Welle verknüpft, nämlich parallel bzw. senkrecht zum angelegten elektrischen Feld. Ihre Differenz Δn ist die Doppelbrechung und man fand sie als

$$\Delta n = \lambda_0 K E^2, \qquad (8.40)$$

wobei K die *Kerr-Konstante* ist. Ist K wie meistens po-

Substanz		K (in den Einheiten 10^{-7} cm st.Volt^{-2})*
Benzol	C_6H_6	0.6
Schwefelkohlenstoff	CS_2	3.2
Chloroform	$CHCl_3$	−3.5
Wasser	H_2O	4.7
Nitrotuluole	$C_5H_7NO_2$	123
Nitrobenzol	$C_6H_5NO_2$	220

*1 st.Volt $\approx$ 300 Volt

Tabelle 8.3 Kerr-Konstanten für einige ausgewählte Flüssigkeiten.

sitiv, so ist Δn, was man als $n_e - n_o$ betrachten darf, positiv, und die Substanz verhält sich wie ein einachsig negativer Kristall. Die Werte der Kerr-Konstante (Tabelle 8.3) sind gewöhnlich in absoluten elektrostatischen Einheiten aufgeführt, so daß man daran denken muß, E in Gleichung (8.40) in st. Volt pro cm (1 st. Volt $\approx$ 300 V) einzusetzen. Man beachte, daß der *Kerr-Effekt* wie der Cotton-Mouton-Effekt *proportional zum Quadrat des Feldes ist und oft als der quadratische elektrooptische Effekt bezeichnet wird.* Das Phänomen wird in Flüssigkeiten auf eine teilweise Ausrichtung der anisotropen Moleküle durch das E-Feld zurückgeführt. In Festkörpern ist die Situation beträchtlich komplizierter.

Abbildung 8.65 stellt eine Anordnung dar, die man Kerr-Zellen-Verschluß oder optischen Modulator nennt.

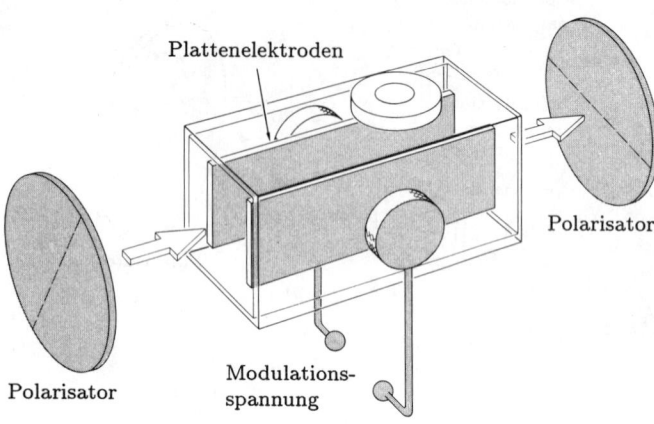

Abbildung 8.65 Eine Kerr-Zelle.

Er besteht aus einer Glaszelle, die zwei Elektroden enthält und mit einer Polarisationsflüssigkeit gefüllt ist. Diese *Kerr-Zelle* oder Lichtsteuerzelle ist zwischen gekreuzten Linearpolarisatoren angebracht, deren Durchlaßachsen sich in ±45° zum angelegten E-Feld befinden. Bei einer Spannung von Null Volt zwischen den Platten wird kein Licht durchgelassen; der Verschluß ist geschlossen. Durch das Anlegen einer Modulationsspannung erzeugt man ein Feld, das bewirkt, daß die Zelle wie ein variables Phasenplättchen arbeitet und daher den Verschluß proportional öffnet. Der große Nutzen solch eines Gerätes liegt darin, daß er effektiv auf Frequenzen reagieren kann, die etwa so hoch wie 10^{10} Hz sind. Kerr-Zellen, die gewöhnlich Nitrobenzol oder Schwefelkohlenstoff enthalten, sind für eine Anzahl von Jahren in einer Vielzahl von Anwendungen benutzt worden. Sie dienen als Verschlüsse in der Hochfrequenzphotographie und als Lichtzerhacker, um sich drehende Zahnrädchen zu ersetzen. Entsprechend wurden sie zur Messung der Lichtgeschwindigkeit eingesetzt. Kerr-Zellen werden häufig als Güteschalter (siehe Kapitel 14) in Impulslasersystemen verwendet.

Haben die Platten, die die Elektroden enthalten, eine effektive Länge von ℓ cm und sind sie durch einen Abstand d getrennt, so ist die Phasenverschiebung durch

$$\Delta\varphi = 2\pi K \ell V^2 / d^2 \qquad (8.41)$$

gegeben, in der V die angelegte Spannung ist. Daher benötigt eine Nitrobenzolzelle, in der $d = 1$ cm und ℓ mehrere cm ist, eine ziemlich große Spannung von etwa 3×10^4 V, um als ein $\lambda/2$-Plättchen zu reagieren. Dies ist eine charakteristische Größe, die man die $\lambda/2$-Spannung $V_{\lambda/2}$ nennt. Ein anderer Nachteil ist, daß Nitrobenzol sowohl giftig als auch explosiv ist. Transparente, feste Substanzen, wie der Mischkristall Kaliumtantalniobat ($KTa_{0.65}Nb_{0.35}O_3$), abgekürzt KTN, oder das Bariumtitanat ($BaTiO_3$), die einen Kerr-Effekt zeigen, sind daher als elektrooptische Modulatoren von Interesse.

Es gibt noch einen anderen wichtigen elektrooptischen Effekt, den man nach dem deutschen Physiker Friedrich Carl Alwin Pockels (1865–1913) den *Pockels-Effekt* nennt. Er wurde von Pockels 1893 ausführlich erforscht. Der Effekt ist linear elektrooptisch, da die induzierte Doppelbrechung proportional zur ersten Potenz des angelegten E-Feldes und daher zur angelegten Spannung ist. Der Pockels-Effekt existiert nur in bestimmten Kristallen, denen ein Symmetriezentrum fehlt, mit anderen Worten in Kristallen, die keinen Zentralpunkt besitzen, durch den jedes Atom in ein identisches Atom gespiegelt werden kann. Es gibt 32 Kristallsymmetrieklassen, und von ihnen dürften 20 den Pockels-Effekt zeigen. Übrigens sind dieselben 20 Sorten auch piezoelektrisch. Daher zeigen viele Kristalle und alle Flüssigkeiten keinen linearen elektrooptischen Effekt.

Die erste brauchbare Pockels-Zelle, die als Verschluß oder Modulator dienen konnte, mußte bis zu den vierziger Jahren auf die Entwicklung von geeigneten Kristallen warten. Das Arbeitsprinzip solch einer Vorrichtung haben wir bereits erörtert. Kurz zusammengefaßt, die Doppelbrechung wird elektronisch durch ein geregelt angelegtes, elektrisches Feld verändert. Die Phasenverschiebung kann wie gewünscht verändert werden, wodurch der Polarisationszustand der einfallenden linear polarisierten Welle geändert wird. Auf diese Weise funktioniert das System wie ein Polarisationsmodulator. Ältere Geräte wurden aus Ammoniumdihydrogenphosphat ($NH_4H_2PO_4$) ADP und Kaliumdihydrogenphosphat (KH_2PO_4) KDP hergestellt; beide werden noch überall verwendet. Eine große Verbesserung lieferte die Einführung der Einkristalle des Kaliumdideuteriumphosphats (KD_2PO_4) KD*P, das dieselbe Phasenverschiebung mit Spannungen liefert, die kleiner als die Hälfte von denen sind, die man für KDP benötigt. Gewaltige Anstrengungen gingen in die Erforschung elektrooptischer Kristalle. Die Entwicklung dieser Materialien fügt

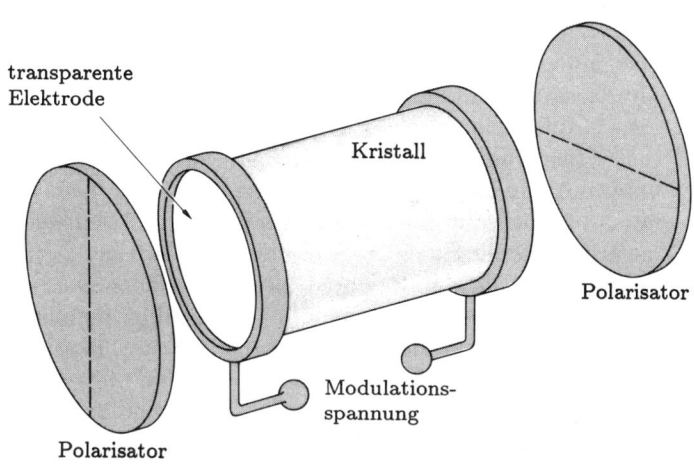

Abbildung 8.66 Eine Pockels-Zelle.

Material	r_{63} (Einheiten in 10^{-12} m/V)	n_o (angenähert)	$V_{\lambda/2}$ in kV
ADP($NH_4H_2PO_4$)	8.5	1.52	9.2
KDP(KH_2PO_4)	10.6	1.51	7.6
KDA(KH_2AsO_4)	~ 13.0	1.57	~ 6.2
KD*P(KD_2PO_4)	~ 23.3	1.52	~ 3.4

Tabelle 8.4 Elektrooptische Konstanten (bei Raumtemperatur, $\lambda_0 = 546.1$ nm).

ständig exotische Namen zu der Fachsprache der neuen Technologie hinzu, wie z.B. Lithiumtantalat, Rubidiumdihydrogenphosphat, Lithiumniobat, Bariumtitanat und Bariumnatriumniobat, um nur einige zu nennen.

Eine Pockels-Zelle ist einfach ein geeigneter, nichtzentrisch symmetrischer, ausgerichteter Einkristall, der sich in einem regelbaren elektrischen Feld befindet. Bezeichnenderweise können derartige Geräte bei ziemlich kleinen Spannungen betrieben werden (etwa 5 bis 10 mal kleiner als eine äquivalente Kerr-Zelle); sie sind direkt proportional zu E, also lineare Bauelemente, und es gibt natürlich keine Probleme mit giftigen Flüssigkeiten. Die Reaktionszeit des KDP ist sehr kurz, typischerweise kleiner als 10 ns, und es kann ein Lichtstrahlenbündel bis zu etwa 25 GHz (d.h. 25×10^9 Hz) modulieren. Es gibt zwei häufig anzutreffende Zellenanordnungen, die man, je nachdem ob das angelegte E-Feld senkrecht bzw. parallel zur Ausbreitungsrichtung ist, als *transversal* oder *longitudinal* bezeichnet. Der longitudinale Typ ist in seiner einfachsten Form in Abbildung 8.66 dargestellt. Da der Strahl die Elektroden durchläuft, sind sie normalerweise aus transparenten Metalloxidschichten (z.B. SnO, InO oder CdO), dünnen Metallschichten, -gittern oder -ringen hergestellt. Der Kristall ist im allgemeinen beim Fehlen einer angelegten Spannung einachsig, und er ist so ausgerichtet, daß seine optische Achse längs der Fortpflanzungsrichtung des Strahls liegt. Für solch eine Anordnung ist die Phasenverschiebung durch

$$\Delta\varphi = 2\pi n_o^3 r_{63} V / \lambda_0 \qquad (8.42)$$

gegeben, wobei r_{63} die *elektrooptische Konstante* in m/V, n_o der *ordentliche* Brechungsindex, V der Potentialunterschied in Volt und λ_0 die Vakuumwellenlänge in Metern ist.[24] Da die Kristalle anisotrop sind, variieren ihre Eigenschaften in verschiedenen Richtungen, und sie müssen durch eine Gruppe von Ausdrücken beschrieben werden, die man gemeinsam als den zweiten Rang des elektrooptischen Tensors r_{ij} bezeichnet. Glücklicherweise brauchen wir uns hier nur mit einer Komponente von ihm, nämlich r_{63} zu beschäftigen, von denen die Werte in Tabelle 8.4 gegeben sind. Die $\lambda/2$-Spannung entspricht einem Wert von $\Delta\varphi = \pi$, in welchem Fall

$$\Delta\varphi = \pi \frac{V}{V_{\lambda/2}} \qquad (8.43)$$

ist, und aus Gleichung (8.42) folgt

$$V_{\lambda/2} = \frac{\lambda_0}{2 n_o^3 r_{63}}. \qquad (8.44)$$

Für KDP ist z.B. $r_{63} = 10.6 \times 10^{-12}$ m/v, $n_o = 1.51$ und wir erhalten $V_{\lambda/2} \approx 7.6 \times 10^3$ V für $\lambda_0 = 546.1$ nm.

Pockels-Zellen sind als extrem schnell arbeitende Verschlüsse, Güteschalter für Laser und Gleichstromlichtmodulatoren bis zu 30 GHz verwendet worden. Sie werden auch im weiten Bereich der elektrooptischen Systeme, z.B. in der Datenverarbeitung und Wiedergabetechnik angewendet.[25]

---

[24] Dieser Ausdruck wird zusammen mit dem entsprechenden für die transversale Zellenanordnung in A. Yariv, *Quantum Electronics* sehr gut hergeleitet. Die Abhandlung ist trotzdem anspruchsvoll und für flüchtiges Lesen nicht zu empfehlen.

[25] Der Leser, der an der Lichtmodulation interessiert ist, sollte D.F. Nelson, "The Modulation of Laser Light", *Scientific American* (June 1968) lesen. Für einige praktische Einzelheiten siehe R.S.

8.12 Eine mathematische Beschreibung der Polarisation

Bisher haben wir polarisiertes Licht vom Standpunkt der elektrischen Feldkomponente der Welle betrachtet. Die allgemeinste Darstellung war natürlich das elliptisch polarisierte Licht. Dort stellten wir uns vor, daß der Endpunkt des Vektors *E* kontinuierlich den Weg einer Ellipse überstreicht, die eine bestimmte Form hat — der Kreis und die Gerade sind Spezialfälle. Die Periode, in der die Ellipse durchlaufen wird, gleicht derjenigen der Lichtwelle, d.h. etwa 10^{-15} s und ist daher für einen Nachweis viel zu kurz. Im Gegensatz dazu sind Messungen in der Praxis im allgemeinen Mittelwerte über verhältnismäßig lange Zeitintervalle. Es wäre vorteilhaft, eine alternative Beschreibung der Polarisation in den Ausdrücken leicht beobachtbarer Größen, nämlich den Bestrahlungsstärken, zu formulieren. Wir werden dies nicht nur aus einer pädagogisch ästhetischen Motivation heraus tun. Der Formalismus, der betrachtet wurde, hat eine weitreichende Bedeutung in anderen Forschungsgebieten, z.B. in der Teilchenphysik (das Photon ist immerhin ein Elementarteilchen) und der Quantenmechanik. Er dient in mancher Beziehung dazu, das klassische und quantenmechanische Bild zu verbinden.

Aber noch herausfordernder sind die beachtlichen praktischen Vorteile unserer gegenwärtigen Behandlung, die dieser alternativen Beschreibung entnommen werden. Wir werden ein elegantes Verfahren entwickeln, um die Effekte von komplizierten Systemen polarisierender Elemente auf den Endzustand einer herauskommenden Welle vorherzusagen. Die Mathematik, die in der komprimierten Form von Matrizen geschrieben ist, erfordert nur die einfachste Handhabung jener Matrizen. Die komplizierte Logik, die mit Phasenverschiebungen, relativen Orientierungen usw. für eine Reihenfolge von Phasenplättchen und Polarisatoren verknüpft ist, ist fast ganz eingebaut. Man braucht nur entsprechende Matrizen aus einer Tabelle auszuwählen und sie in die mathematische Mühle fallen zu lassen.

8.12.1 Die Stokesschen Parameter

Die moderne Darstellung polarisierten Lichts hat 1852 ihre Ursprünge in dem Werk von G.G. Stokes. Er führte vier Größen ein, die nur Funktionen von beobachtbaren Größen der elektromagnetischen Welle sind, und die man nun die **Stokesschen Parameter** nennt.[26] Der Polarisationszustand eines Lichtstrahlenbündels (entweder natürlich, vollkommen oder teilweise polarisiert) kann in Abhängigkeit von diesen Größen beschrieben werden. Wir wollen zuerst die Parameter einsatzfähig definieren und sie dann mit der elektromagnetischen Theorie in Beziehung setzen. Wir stellen uns vor, wir hätten einen Satz von vier Filtern, wobei jeder von ihnen bei *natürlicher* Beleuchtung die Hälfte des einfallenden Lichtes durchläßt und die andere Hälfte abfängt. Es gibt nicht nur eine einzige Wahl; eine Anzahl von äquivalenten Möglichkeiten existieren. Wir nehmen dann an, daß der erste Filter einfach isotrop ist und alle Zustände gleich durchläßt, wohingegen der zweite und dritte Linearpolarisatoren sind, deren Durchlaßachsen horizontal beziehungsweise in +45° (diagonal längs dem ersten und dritten Quadrant) liegen. Der letzte Filter ist ein Zirkularpolarisator, der für $\mathcal{L}$-Zustände lichtundurchlässig ist. Jeder dieser vier Filter wird einzeln in den Weg des zu untersuchenden Strahlenbündels eingesetzt, und die durchgelassenen Bestrahlungsstärken I_0, I_1, I_2, I_3 werden mit einem Meßgerät gemessen, das unempfindlich für Polarisierungen ist (nicht alle sind es). Die einsatzfähigen Definitionen der Stokesschen Parameter sind dann durch die Relationen

$$\mathcal{S}_0 = 2I_0 \qquad (8.45a)$$
$$\mathcal{S}_1 = 2I_1 - 2I_0 \qquad (8.45b)$$
$$\mathcal{S}_2 = 2I_2 - 2I_0 \qquad (8.45c)$$
$$\mathcal{S}_3 = 2I_3 - 2I_0 \qquad (8.45d)$$

gegeben. Man beachte, daß $\mathcal{S}_0$ einfach die einfallende Bestrahlungsstärke ist, wohingegen $\mathcal{S}_1$, $\mathcal{S}_2$ und $\mathcal{S}_3$ genauere Angaben über den Polarisationszustand machen. So spiegelt $\mathcal{S}_1$ eine Tendenz der Polarisation wider, sich

---

Ploss, "A Review of Electro-Optics Materials, Methods and Uses", *Optical Spectra* (Jan./Feb. 1969) oder R. Goldstein, "Pockels Cell Primer", *Laser Focus Magazine* (Feb. 1968), von denen beide nützliche Bibliographien enthalten.

[26] Vieles von dem Material in diesem Abschnitt wird ausführlicher in Shurcliff's *Polarized Light: Production and Use* behandelt, was so etwas wie ein klassisches Werk auf diesem Spezialgebiet ist. Sie könnten sich auch M.J. Walker, "Matrix Calculus and the Stokes Parameters of Polarized Radiation", *Am. J. Phys.* **22**, 179 (1954) ansehen.

mehr entweder einem horizontalen (woraufhin $\mathcal{S}_1 > 0$) oder einem vertikalen $\mathcal{P}$-Zustand (in welchem Fall $\mathcal{S}_1 < 0$ ist) anzunähern. Zeigt das Strahlenbündel keine Vorzugsorientierung bezüglich dieser Achsen ($\mathcal{S}_1 = 0$), so ist es unter $\pm 45°$ elliptisch polarisiert, zirkular polarisiert oder unpolarisiert. Ähnlich läßt $\mathcal{S}_2$ auf eine Tendenz des Lichts schließen, mehr einem $\mathcal{P}$-Zustand zu gleichen, der entweder in der Richtung von $+45°$ (wenn $\mathcal{S}_2 > 0$) oder in der Richtung von $-45°$ (wenn $\mathcal{S}_2 < 0$) oder in keiner der beiden Richtungen ($\mathcal{S}_2 = 0$) liegt. In derselben Art zeigt $\mathcal{S}_3$ eine Tendenz des Strahlenbündels zur rechten Drehrichtung ($\mathcal{S}_3 > 0$), linken Drehrichtung ($\mathcal{S}_3 < 0$) oder zu keiner Drehrichtung ($\mathcal{S}_3 = 0$).

Wir wollen uns nun an die Ausdrücke für quasimonochromatisches Licht erinnern:

$$\boldsymbol{E}_x(t) = \hat{\boldsymbol{i}} E_{0x}(t) \cos[(\bar{k}z - \bar{\omega}t) + \varepsilon_x(t)] \quad [8.34(\text{a})]$$

und

$$\boldsymbol{E}_y(t) = \hat{\boldsymbol{j}} E_{0y}(t) \cos[(\bar{k}z - \bar{\omega}t) + \varepsilon_y(t)] \quad [8.34(\text{b})],$$

wobei $\boldsymbol{E}(t) = \boldsymbol{E}_x(t) + \boldsymbol{E}_y(t)$. Wenden wir sie auf direktem Weg an, so können die Stokesschen Parameter zu

$$\mathcal{S}_0 = \langle E_{0x}^2 \rangle + \langle E_{0y}^2 \rangle \quad (8.46\text{a})$$

$$\mathcal{S}_1 = \langle E_{0x}^2 \rangle - \langle E_{0y}^2 \rangle \quad (8.46\text{b})$$

$$\mathcal{S}_2 = \langle 2 E_{0x} E_{0y} \cos \varepsilon \rangle \quad (8.46\text{c})$$

$$\mathcal{S}_3 = \langle 2 E_{0x} E_{0y} \sin \varepsilon \rangle \quad (8.46\text{d})$$

umgeformt[27] werden. Hier ist $\varepsilon = \varepsilon_y - \varepsilon_x$, und wir ließen die Konstante $\epsilon_0 c/2$ wegfallen, so daß die Parameter nun *proportional* zu den Bestrahlungsstärken sind. Für den hypothetischen Fall des vollkommen monochromatischen Lichts sind $E_{0x}(t)$, $E_{0y}(t)$ und $\varepsilon(t)$ zeitunabhängig, und man braucht nur die $\langle\ \rangle$-Klammern in Gleichung (8.46) wegfallen zu lassen, um die anwendbaren Stokesschen Parameter zu erhalten. Interessanterweise kann man dieselben Ergebnisse durch zeitliche Mittelwertbildung der Gleichung (8.14) erhalten, die die allgemeine Gleichung für elliptisch polarisiertes Licht ist.[28]

Wenn der Strahl unpolarisiert ist, so gilt $\langle E_{0x}^2 \rangle = \langle E_{0y}^2 \rangle$; keiner von beiden Mittelwerten wird Null, da das

---

[27] Für die Einzelheiten siehe E. Hecht "Note on an Operational Definition of the Stokes Parameters", *Am. J. Phys.* **38**, 1156 (1970).

[28] E. Collet, "The Description of Polarization in Classical Physics", *Am. J. Phys.* **36**, 713 (1968).

Amplitudenquadrat immer positiv ist. In jenem Fall ist $\mathcal{S}_0 = \langle E_{0x}^2 \rangle + \langle E_{0y}^2 \rangle$, aber $\mathcal{S}_1 = \mathcal{S}_2 = \mathcal{S}_3 = 0$. Die letzten drei Parameter gehen nach Null, da sowohl $\cos \varepsilon$ als auch $\sin \varepsilon$ unabhängig von den Amplituden den Mittelwert von Null bilden. Es ist sehr oft zweckmäßig, die Stokesschen Parameter durch Division durch den Wert $\mathcal{S}_0$ zu *normieren*. Dies hat zur Folge, daß man einen Einfallsstrahl mit der Einheitsbestrahlungsstärke verwendet. Der Satz Parameter $(\mathcal{S}_0, \mathcal{S}_1, \mathcal{S}_2, \mathcal{S}_3)$ ist dann für *natürliches Licht* in der normierten Darstellung $(1, 0, 0, 0)$. Ist das Licht horizontal polarisiert, so hat es keine vertikale Komponente und die normierten Parameter sind $(1, 1, 0, 0)$. Ähnlich erhalten wir für vertikal polarisiertes Licht $(1, -1, 0, 0)$. Darstellungen einiger anderer Polarisationszustände sind in Tabelle 8.5 aufgeführt (die Parameter sind aus Gründen vertikal aufgeführt, die später erörtert werden). Man beachte, daß für vollkommen polarisiertes Licht aus Gleichung (8.46) folgt, daß

$$\mathcal{S}_0^2 = \mathcal{S}_1^2 + \mathcal{S}_2^2 + \mathcal{S}_3^2. \quad (8.47)$$

Für teilweise polarisiertes Licht kann außerdem gezeigt werden, daß der Polarisationsgrad (8.29) durch

$$V = (\mathcal{S}_1^2 + \mathcal{S}_2^2 + \mathcal{S}_3^2)^{1/2}/\mathcal{S}_0 \quad (8.48)$$

gegeben ist.

Wir stellen uns vor, wir hätten zwei quasimonochromatische Wellen, die durch $(\mathcal{S}_0', \mathcal{S}_1', \mathcal{S}_2', \mathcal{S}_3')$ und $(\mathcal{S}_0'', \mathcal{S}_1'', \mathcal{S}_2'', \mathcal{S}_3'')$ beschrieben sind und sich in einem bestimmten Raumbereich überlagern. Unter der Voraussetzung, daß die Wellen *inkohärent* sind, ist jeder Stokessche Parameter der Resultierenden die Summe der korrespondierenden Einzelwellen (von denen alle proportional zur Bestrahlungsstärke sind). Mit anderen Worten, der Satz von Parametern, der die Resulierende beschreibt ist $(\mathcal{S}_0' + \mathcal{S}_0'', \mathcal{S}_1' + \mathcal{S}_1'', \mathcal{S}_2' + \mathcal{S}_2'', \mathcal{S}_3' + \mathcal{S}_3'')$. Addiert man z.B. einen vertikalen $\mathcal{P}$-Zustand $(1, -1, 0, 0)$ mit der Einheitsflußdichte zu einem inkohärenten $\mathcal{L}$-Zustand (siehe Tabelle 8.5) mit der Flußdichte $(2, 0, 0, -2)$, so erhält man die zusammengesetzte Welle mit den Parametern $(3, -1, 0, -2)$. Sie ist elliptisch polarisiert, hat eine Flußdichte von 3, nähert sich stärker der Vertikalen als der Horizontalen ($\mathcal{S}_1 < 0$), ist linksdrehend ($\mathcal{S}_3 < 0$) und hat einen Polarisationsgrad von $\sqrt{5}/3$.

Für eine bestimmte Welle kann man sich den Satz von Stokesschen Parametern als einen *Vektor* vorstellen,

Polarisations-zustand	Stokessche Vektoren	Jonessche Vektoren
horizontaler $\mathcal{P}$-Zustand	$\begin{bmatrix} 1 \\ 1 \\ 0 \\ 0 \end{bmatrix}$	$\begin{bmatrix} 1 \\ 0 \end{bmatrix}$
vertikaler $\mathcal{P}$-Zustand	$\begin{bmatrix} 1 \\ -1 \\ 0 \\ 0 \end{bmatrix}$	$\begin{bmatrix} 0 \\ 1 \end{bmatrix}$
$\mathcal{P}$-Zustand bei $+45°$	$\begin{bmatrix} 1 \\ 0 \\ 1 \\ 0 \end{bmatrix}$	$\frac{1}{\sqrt{2}}\begin{bmatrix} 1 \\ 1 \end{bmatrix}$
$\mathcal{P}$-Zustand bei $-45°$	$\begin{bmatrix} 1 \\ 0 \\ -1 \\ 0 \end{bmatrix}$	$\frac{1}{\sqrt{2}}\begin{bmatrix} 1 \\ -1 \end{bmatrix}$
$\mathcal{R}$-Zustand	$\begin{bmatrix} 1 \\ 0 \\ 0 \\ 1 \end{bmatrix}$	$\frac{1}{\sqrt{2}}\begin{bmatrix} 1 \\ -i \end{bmatrix}$
$\mathcal{L}$-Zustand	$\begin{bmatrix} 1 \\ 0 \\ 0 \\ -1 \end{bmatrix}$	$\frac{1}{\sqrt{2}}\begin{bmatrix} 1 \\ i \end{bmatrix}$

Tabelle 8.5 Stokessche und Jonessche Vektoren für einige Polarisationszustände.

wobei wir bereits gesehen haben, wie man zwei derartige (inkohärente) *Vektoren* addiert.[29] In der Tat ist er nicht der übliche dreidimensionale Vektor, doch diese Darstellungsweise wird in der Physik zum großen Vorteil beinahe überall verwendet. Genauer, die Parameter $(\mathcal{S}_0, \mathcal{S}_1, \mathcal{S}_2, \mathcal{S}_3)$ werden in der Form angeordnet, die man einen *Spaltenvektor* nennt,

$$\mathcal{S} = \begin{bmatrix} \mathcal{S}_0 \\ \mathcal{S}_1 \\ \mathcal{S}_2 \\ \mathcal{S}_3 \end{bmatrix} \quad (8.49)$$

8.12.2 Die Jonesschen Vektoren

Eine andere Darstellung des polarisierten Lichts, die jene Stokesschen Parameter ergänzt, wurde 1941 von dem amerikanischen Physiker R. Clark Jones erfunden. Die Technik, die er entwickelte, hat die Vorteile, daß sie für kohärente Strahlenbündel anwendbar und gleichzeitig äußerst kurz ist. Doch anders als der vorhergehende Formalismus ist *sie nur für polarisierte Wellen anwendbar*. In dem Fall ist es scheinbar der natürlichste Weg, den Strahl in den Ausdrücken des elektrischen Vektors selbst zu beschreiben. In der Spaltenform geschrieben ist dieser *Jonessche Vektor*

$$\mathbf{E} = \begin{bmatrix} E_x(t) \\ E_y(t) \end{bmatrix}, \quad (8.50)$$

wobei $E_x(t)$ und $E_y(t)$ die momentanen Skalarkomponenten von $\mathbf{E}$ sind. Kennen wir $\mathbf{E}$, so wissen wir alles über den Polarisationszustand. Und falls wir die Phaseninformation nicht verlieren, werden wir in der Lage sein, mit kohärenten Wellen umzugehen. Unter Beachtung dessen schreiben wir Gleichung (8.50) als

$$\mathbf{E} = \begin{bmatrix} E_{0x}e^{i\varphi_x} \\ E_{0y}e^{i\varphi_y} \end{bmatrix}, \quad (8.51)$$

wobei φ_x und φ_y die entsprechenden Phasen sind. Die horizontalen und vertikalen $\mathcal{P}$-Zustände sind daher jeweils durch

$$\mathbf{E}_h = \begin{bmatrix} E_{0x}e^{i\varphi_x} \\ 0 \end{bmatrix} \quad \text{und} \quad \mathbf{E}_v = \begin{bmatrix} 0 \\ E_{0y}e^{i\varphi_y} \end{bmatrix} \quad (8.52)$$

gegeben. Die Summe zweier kohärenter Strahlenbündel wird wie bei den Stokesschen Vektoren durch eine Summe der korrespondierenden Komponenten gebildet. Da $\mathbf{E} = \mathbf{E}_h + \mathbf{E}_v$, ist

$$\mathbf{E} = \begin{bmatrix} E_{0x}e^{i\varphi_x} \\ E_{0x}e^{i\varphi_x} \end{bmatrix}, \quad (8.53)$$

wenn z.B. $E_{0x} = E_{0y}$ und $\varphi_x = \varphi_y$. Nach dem Ausklammern ist $\mathbf{E}$ durch

$$\mathbf{E} = E_{0x}e^{i\varphi_x}\begin{bmatrix} 1 \\ 1 \end{bmatrix} \quad (8.54)$$

---

[29] Die einzelnen Voraussetzungen, die nötig sind, damit eine Objektmenge einen Vektorraum bildet, in dem sie selbst die Vektoren in solch einem Raum sind, werden z.B. in Davis, *Introduction to Vector Analysis* erörtert.

gegeben, was ein $\mathcal{P}$-Zustand unter $+45°$ ist. Dieser Fall trifft zu, da die Amplituden gleich sind und der Phasenunterschied Null ist. Es gibt viele Anwendungen, bei denen es nicht notwendig ist, die genauen Amplituden und Phasen zu kennen. In solchen Fällen können wir die Bestrahlungsstärke auf 1 normieren, wodurch einige Informationen verloren gehen, aber viel einfachere Ausdrücke gewonnen werden. Dies wird erreicht, indem man beide Elemente im Vektor durch dieselbe Skalargröße (reell oder komplex) teilt, so daß die Summe der Komponentenquadrate 1 ist. Zum Beispiel führt die Division beider Ausdrücke der Gleichung (8.53) durch $\sqrt{2}E_{0x}e^{i\varphi_x}$ zu

$$E_{45} = \frac{1}{\sqrt{2}}\begin{bmatrix}1\\1\end{bmatrix}. \qquad (8.55)$$

Ähnlich in normierter Form

$$E_h = \begin{bmatrix}1\\0\end{bmatrix} \quad \text{und} \quad E_v = \begin{bmatrix}0\\1\end{bmatrix}. \qquad (8.56)$$

Bei rechts zirkluarem Licht ist $E_{0x} = E_{0y}$ und die y-Komponente eilt der x-Komponente um $90°$ voraus. Da wir die Form $(kz - \omega t)$ benutzen, müssen wir $-\pi/2$ zu φ_y addieren, und so folgt

$$E_{\mathcal{R}} = \begin{bmatrix}E_{0x}e^{i\varphi_x}\\E_{0x}e^{i(\varphi_x-\pi/2)}\end{bmatrix}.$$

Dividieren wir beide Komponenten durch $E_{0x}e^{i\varphi_x}$, so erhalten wir

$$\begin{bmatrix}1\\e^{-i\pi/2}\end{bmatrix} = \begin{bmatrix}1\\-i\end{bmatrix};$$

also ist der normierte Jonessche Vektor[30]

$$E_{\mathcal{R}} = \frac{1}{\sqrt{2}}\begin{bmatrix}1\\-i\end{bmatrix} \quad \text{und ebenso} \quad E_{\mathcal{L}} = \frac{1}{\sqrt{2}}\begin{bmatrix}1\\i\end{bmatrix}. \qquad (8.57)$$

Die Summe $E_{\mathcal{R}} + E_{\mathcal{L}}$ ist

$$\frac{1}{\sqrt{2}}\begin{bmatrix}1+1\\-i+i\end{bmatrix} = \frac{2}{\sqrt{2}}\begin{bmatrix}1\\0\end{bmatrix}.$$

Dies ist ein horizontaler $\mathcal{P}$-Zustand, der eine Amplitude hat, die zweimal so groß wie jede einzelne Komponente ist; ein Ergebnis, das in Übereinstimmung mit unserer früheren Berechnung der Gleichung (8.10) ist. Den Jonesschen Vektor für elliptisch polarisiertes Licht kann man durch dasselbe Verfahren erhalten, das angewandt wurde, um $E_{\mathcal{R}}$ und $E_{\mathcal{L}}$ zu bekommen, wobei nun E_{0x} nicht gleich E_{0y} ist, und der Phasenunterschied braucht nicht $90°$ zu sein. Um vertikale und horizontale $\mathcal{E}$-Zustände zu bekommen, brauchen wir im Prinzip nur eine der beiden Komponenten mit einem Skalar zu multiplizieren. Dabei wird der Kreis zu einer Ellipse ausgestreckt. Daher beschreibt

$$\frac{1}{\sqrt{5}}\begin{bmatrix}2\\-i\end{bmatrix} \qquad (8.58)$$

eine mögliche Form von horizontalem, rechtsdrehendem, elliptisch polarisiertem Licht.

Zwei Vektoren A und B werden als orthogonal bezeichnet, wenn $A \cdot B = 0$ ist; ebenso sind zwei komplexe Vektoren orthogonal, wenn $A \cdot B^* = 0$ ist. Man bezeichnet Polarisationszustände als *orthogonal*, wenn ihre Jonesschen Vektoren orthogonal sind. Zum Beispiel gilt

$$E_{\mathcal{R}} \cdot E_{\mathcal{L}}^* = \frac{1}{2}[(1)(1)^* + (-i)(i)^*] = 0$$

oder

$$E_h \cdot E_v^* = [(1)(0)^* + (0)(1)^*] = 0,$$

wobei die komplex Konjugierten der reellen Zahlen sie offensichtlich unverändert läßt. Jeder Polarisationszustand hat einen entsprechenden orthogonalen Zustand. Man beachte, daß

$$E_{\mathcal{R}} \cdot E_{\mathcal{R}}^* = E_{\mathcal{L}} \cdot E_{\mathcal{L}}^* = 1$$

und

$$E_{\mathcal{R}} \cdot E_{\mathcal{L}}^* = E_{\mathcal{L}} \cdot E_{\mathcal{R}}^* = 0.$$

Solche Vektoren bilden einen *orthonormierten Satz* wie E_h und E_v. Wie wir gesehen haben, kann jeder Polarisationszustand durch eine Linearkombination der Vektoren einer der beiden orthonormierten Sätze beschrieben werden. Dieselben Vorstellungen sind in der Quantenmechanik von erheblicher Bedeutung, in der man es mit orthonormierten Wellenfunktionen zu tun hat.

8.12.3 Die Jonesschen- und die Mueller-Matrizen

Angenommen wir hätten einen polarisierten einfallenden Strahl, der durch seinen Jonesschen Vektor E_i dargestellt wird. Der Strahl durchläuft ein optisches Element

---

[30] Hätten wir $(\omega t - kz)$ für die Phase verwendet, so wären die Terme in $E_{\mathcal{R}}$ vertauscht. Die jetzige Schreibweise wird, obwohl sie für eine konsequente Beibehaltung etwas größere Schwierigkeiten verursacht hat (z.B. $-\pi/2$ für eine Phasenvoreilung), öfter in modernen Werken verwendet. Man sei daher vorsichtig, wenn man empfohlene Werke zu Rate zieht (z.B. Shurcliff).

und tritt als ein neuer Vektor E_t heraus, der der transmittierten Welle entspricht. Das optische Element hat E_i in E_t transformiert, ein Prozeß, der mathematisch durch Verwendung einer 2×2 Matrix beschrieben werden kann. Wir erinnern uns, daß eine Matrix gerade eine Anordnung von Zahlen ist, die die Additions- und Multiplikationsoperationen vorschreibt. $\mathcal{A}$ soll die Transformationsmatrix des in Frage stehenden optischen Elementes darstellen. Dann gilt

$$E_t = \mathcal{A} E_i, \qquad (8.59)$$

wobei

$$\mathcal{A} = \begin{bmatrix} a_{11} & a_{12} \\ a_{21} & a_{22} \end{bmatrix}, \qquad (8.60)$$

und die Spaltenvektoren werden wie jede andere Matrix behandelt. Als eine Gedächtnisstütze schreiben wir Gleichung (8.59) als

$$\begin{bmatrix} E_{tx} \\ E_{ty} \end{bmatrix} = \begin{bmatrix} a_{11} & a_{12} \\ a_{21} & a_{22} \end{bmatrix} \begin{bmatrix} E_{ix} \\ E_{iy} \end{bmatrix}, \qquad (8.61)$$

was nach Erweiterung

$$E_{tx} = a_{11} E_{ix} + a_{12} E_{iy},$$
$$E_{ty} = a_{21} E_{ix} + a_{22} E_{iy}$$

liefert. Tabelle 8.6 enthält eine Liste von Jonesschen Matrizen für verschiedene Elemente. Um zu verstehen, wie sie benutzt werden, wollen wir einige Anwendungen untersuchen. Angenommen, daß E_i einen $\mathcal{P}$-Zustand unter $+45°$ darstellt, der durch ein $\lambda/4$-Phasenplättchen läuft, dessen n_f-Achse vertikal ist (d.h. in die y-Richtung zeigt). Der Polarisationszustand der heraustretenden Welle wird wie folgt gefunden, wobei wir die konstanten Amplitudenfaktoren aus Bequemlichkeit wegfallen lassen:

$$\begin{bmatrix} 1 & 0 \\ 0 & -i \end{bmatrix} \begin{bmatrix} 1 \\ 1 \end{bmatrix} = \begin{bmatrix} E_{tx} \\ E_{ty} \end{bmatrix},$$

und daher gilt

$$E_t = \begin{bmatrix} 1 \\ -i \end{bmatrix}.$$

Wie wir bereits wissen, ist der Strahl rechtszirkular. Läuft die Welle durch eine Reihe von optischen Elementen, die durch die Matrizen $\mathcal{A}_1, \mathcal{A}_2, \ldots, \mathcal{A}_n$ dargestellt sind, so ist

$$E_t = \mathcal{A}_n \cdots \mathcal{A}_2 \mathcal{A}_1 E_i.$$

Die Matrizen sind nicht kommutativ; sie müssen in der richtigen Reihenfolge angewendet werden. Die Welle, die das erste optische Element der Reihe verläßt, ist $\mathcal{A}_1 E_i$; nachdem sie das zweite Element durchlaufen hat, wird sie zu $\mathcal{A}_2 \mathcal{A}_1 E_i$ usw. Um den Prozeß darzustellen, kehren wir zur oben betrachteten Welle zurück, d.h. zu einem $\mathcal{P}$-Zustand unter $+45°$, doch diesmal lassen wir sie durch zwei $\lambda/4$-Phasenplättchen laufen, die beide ihre n_f-Achsen vertikal haben. Wieder lassen wir die Amplitudenfaktoren weg, und so wird

$$E_t = \begin{bmatrix} 1 & 0 \\ 0 & -i \end{bmatrix} \begin{bmatrix} 1 & 0 \\ 0 & -i \end{bmatrix} \begin{bmatrix} 1 \\ 1 \end{bmatrix},$$

woraufhin

$$E_t = \begin{bmatrix} 1 & 0 \\ 0 & -i \end{bmatrix} \begin{bmatrix} 1 \\ -i \end{bmatrix}$$

wird, und schließlich ist

$$E_t = \begin{bmatrix} 1 \\ -1 \end{bmatrix}.$$

Der transmittierte Strahl ist in einem $\mathcal{P}$-Zustand unter $45°$, der im wesentlichen durch ein $\lambda/2$-Phasenplättchen um $90°$ gekippt worden ist. Wird dieselbe Reihe von optischen Elementen benutzt, um verschiedene Zustände zu untersuchen, so wird es vorteilhaft, das Produkt $\mathcal{A}_n \cdots \mathcal{A}_2 \mathcal{A}_1$ durch eine einzige 2×2-*Systemmatrix* zu ersetzen, die man durch Ausführung der Multiplikation erhält (die Reihenfolge, in der sie berechnet wird, ist $\mathcal{A}_2 \mathcal{A}_1$ dann $\mathcal{A}_3 \mathcal{A}_2 \mathcal{A}_1$ usw.).

1943 erfand Hans Mueller, damals Professor der Physik am Massachusetts Institute of Technology, eine Matrixmethode zur Behandlung der Stokesschen Vektoren. Wir erinnern uns, daß die Stokesschen Vektoren sowohl für polarisiertes als auch teilweise polarisiertes Licht anwendbar sind. Die Muellersche Methode hat auch diese Qualität und dient daher zur Vervollständigung der Jonesschen Methode. Die letztere kann jedoch mit kohärenten Wellen leicht umgehen, während die erstere Methode dies nicht kann. Die Mueller-4×4-Matrizen werden in genau der gleichen Art angewendet wie die Jonesschen Matrizen. Es gibt daher kaum eine Notwendigkeit, die Methode ausführlich zu diskutieren, und einige einfache Beispiele, die durch Tabelle 8.6 ergänzt sind, sollten genügen. Wir stellen uns nun vor, daß wir eine unpolarisierte Welle mit Einheitsbestrahlungsstärke durch einen Horizontallinearpolarisator leiten. Der Stokessche Vektor

Linearoptisches Element	Jonessche Matrix	Mueller-Matrix
Horizontallinear-polarisator ↔	$\begin{bmatrix} 1 & 0 \\ 0 & 0 \end{bmatrix}$	$\dfrac{1}{2}\begin{bmatrix} 1 & 1 & 0 & 0 \\ 1 & 1 & 0 & 0 \\ 0 & 0 & 0 & 0 \\ 0 & 0 & 0 & 0 \end{bmatrix}$
Vertikallinear-polarisator ↕	$\begin{bmatrix} 0 & 0 \\ 0 & 1 \end{bmatrix}$	$\dfrac{1}{2}\begin{bmatrix} 1 & -1 & 0 & 0 \\ -1 & 1 & 0 & 0 \\ 0 & 0 & 0 & 0 \\ 0 & 0 & 0 & 0 \end{bmatrix}$
Linearpolarisator bei +45° ↗	$\dfrac{1}{2}\begin{bmatrix} 1 & 1 \\ 1 & 1 \end{bmatrix}$	$\dfrac{1}{2}\begin{bmatrix} 1 & 0 & 1 & 0 \\ 0 & 0 & 0 & 0 \\ 1 & 0 & 1 & 0 \\ 0 & 0 & 0 & 0 \end{bmatrix}$
Linearpolarisator bei −45° ↘	$\dfrac{1}{2}\begin{bmatrix} 1 & -1 \\ -1 & 1 \end{bmatrix}$	$\dfrac{1}{2}\begin{bmatrix} 1 & 0 & -1 & 0 \\ 0 & 0 & 0 & 0 \\ -1 & 0 & 1 & 0 \\ 0 & 0 & 0 & 0 \end{bmatrix}$
$\lambda/4$-Phasenplättchen vertikale n_f-Achse	$e^{i\pi/4}\begin{bmatrix} 1 & 0 \\ 0 & -i \end{bmatrix}$	$\begin{bmatrix} 1 & 0 & 0 & 0 \\ 1 & 1 & 0 & 0 \\ 0 & 0 & 0 & -1 \\ 0 & 0 & 1 & 0 \end{bmatrix}$
$\lambda/4$-Phasenplättchen horizontale n_f-Achse	$e^{i\pi/4}\begin{bmatrix} 1 & 0 \\ 0 & i \end{bmatrix}$	$\begin{bmatrix} 1 & 0 & 0 & 0 \\ 0 & 1 & 0 & 0 \\ 0 & 0 & 0 & 1 \\ 0 & 0 & -1 & 0 \end{bmatrix}$
Homogener Zirkularpolarisator rechts ↻	$\dfrac{1}{2}\begin{bmatrix} 1 & i \\ -i & 1 \end{bmatrix}$	$\dfrac{1}{2}\begin{bmatrix} 1 & 0 & 0 & 1 \\ 0 & 0 & 0 & 0 \\ 0 & 0 & 0 & 0 \\ 1 & 0 & 0 & 1 \end{bmatrix}$
Homogener Zirkularpolarisator links ↺	$\dfrac{1}{2}\begin{bmatrix} 1 & -i \\ i & 1 \end{bmatrix}$	$\dfrac{1}{2}\begin{bmatrix} 1 & 0 & 0 & -1 \\ 0 & 0 & 0 & 0 \\ 0 & 0 & 0 & 0 \\ -1 & 0 & 0 & 1 \end{bmatrix}$

Tabelle 8.6 Die Jonesschen- und Mueller-Matrizen.

$\mathcal{S}_t$ der heraustretenden Welle ist nun

$$\mathcal{S}_t = \frac{1}{2}\begin{bmatrix} 1 & 1 & 0 & 0 \\ 1 & 1 & 0 & 0 \\ 0 & 0 & 0 & 0 \\ 0 & 0 & 0 & 0 \end{bmatrix}\begin{bmatrix} 1 \\ 0 \\ 0 \\ 0 \end{bmatrix} = \begin{bmatrix} \frac{1}{2} \\ \frac{1}{2} \\ 0 \\ 0 \end{bmatrix}.$$

Die transmittierte Welle hat eine Bestrahlungsstärke von $\frac{1}{2}(\mathcal{S}_0 = \frac{1}{2})$ und ist horizontal linear polarisiert ($\mathcal{S}_1 > 0$). Als ein abschließendes Beispiel nehmen wir an, daß wir eine teilweise elliptisch polarisierte Welle haben, deren Stokessche Parameter z.B. als $(4, 2, 0, 3)$ berechnet worden sind. Ihre Bestrahlungsstärke ist 4; sie ist stärker horizontal als vertikal ($\mathcal{S}_1 > 0$); sie ist rechtsdrehend ($\mathcal{S}_3 > 0$) und hat einen Polarisationsgrad von 90%. Da kein Parameter größer als $\mathcal{S}_0$ sein kann, ist ein Wert von $\mathcal{S}_3 = 3$ ziemlich groß und deutet darauf hin, daß die Ellipse einem Kreis ähnelt. Läßt man die Welle nun ein $\lambda/4$-Phasenplättchen mit einer vertikalen n_f-Achse durchqueren, so ist dann

$$\mathcal{S}_t = \begin{bmatrix} 1 & 0 & 0 & 0 \\ 0 & 1 & 0 & 0 \\ 0 & 0 & 0 & -1 \\ 0 & 0 & 1 & 0 \end{bmatrix}\begin{bmatrix} 4 \\ 2 \\ 0 \\ 3 \end{bmatrix},$$

und daher folgt

$$\mathcal{S}_t = \begin{bmatrix} 4 \\ 2 \\ -3 \\ 0 \end{bmatrix}.$$

Die heraustretende Welle hat dieselbe Bestrahlungsstärke und denselben Polarisationsgrad, ist aber nun teilweise linear polarisiert.

Wir haben nun ein paar der bedeutendsten Aspekte der Matrixmethoden kurz berührt. Das ganze Ausmaß des Themas geht weit über diese einführenden Bemerkungen hinaus.[31]

---

[31] Man kann eine ausführlichere und mathematisch zufriedenstellendere Entwicklung in Ausdrücken erfinden, die man die Kohärenzmatrix nennt. Für eine weitere, aber anspruchsvollere Lektüre siehe O'Neill, *Introduction to Statistical Optics*.

Aufgaben

8.1 Beschreiben Sie vollständig den Polarisationszustand von allen folgenden Wellen:
a) $\boldsymbol{E} = \hat{\boldsymbol{i}} E_0 \cos(kz - \omega t) - \hat{\boldsymbol{j}} E_0 \cos(kz - \omega t)$
b) $\boldsymbol{E} = \hat{\boldsymbol{i}} E_0 \sin 2\pi(z/\lambda - \nu t) - \hat{\boldsymbol{j}} E_0 \sin 2\pi(z/\lambda - \nu t)$
c) $\boldsymbol{E} = \hat{\boldsymbol{i}} E_0 \sin(\omega t - kz) + \hat{\boldsymbol{j}} E_0 \sin(\omega t - kz - \pi/4)$
d) $\boldsymbol{E} = \hat{\boldsymbol{i}} E_0 \cos(\omega t - kz) + \hat{\boldsymbol{j}} E_0 \cos(\omega t - kz + \pi/2)$.

8.2 Betrachten Sie die Welle, die durch den Ausdruck $\boldsymbol{E}(z,t) = [\hat{\boldsymbol{i}} \cos \omega t + \hat{\boldsymbol{j}} \cos(\omega t - \pi/2)] E_0 \sin kz$ gegeben ist. Welche Art von Welle ist es? Zeichnen Sie eine grobe Skizze, die ihre Hauptmerkmale zeigt.

8.3 Zeigen Sie analytisch, daß die Überlagerung von einem $\mathcal{R}$- und einem $\mathcal{L}$-Zustand, die verschiedene Amplituden haben, einen $\mathcal{E}$-Zustand ergibt (Abb. 8.8). Wie groß muß ε sein, um jene Abbildung nachzuzeichnen?

8.4 Schreiben Sie einen Ausdruck für eine Lichtquelle im $\mathcal{P}$-Zustand mit der Winkelfrequenz ω und der Amplitude E_0, die sich entlang der x-Achse bewegt, und deren Schwingungsebene im Winkel von 25° zur xy-Ebene liegt. Die Elongation ist bei $t = 0$ und $x = 0$ Null.

8.5* Schreiben Sie einen Ausdruck für eine Lichtwelle im $\mathcal{P}$-Zustand mit der Winkelfrequenz ω und der Amplitude E_0, die sich entlang einer Geraden in der xy-Ebene mit 45° zur x-Achse ausbreitet, und deren Schwingungsebene der xy-Ebene entspricht. Bei $t = 0$ und $x = 0$ ist das Feld Null.

8.6 Schreiben Sie einen Ausdruck für eine Lichtwelle im $\mathcal{R}$-Zustand mit der Frequenz ω, die sich in die positive x-Richtung ausbreitet, so daß in $t = 0$ und $x = 0$ das E-Feld in die negative z-Richtung zeigt.

8.7 Licht, das ursprünglich natürlich war und eine Flußdichte I_i hatte, soll durch zwei Folien HN-32 laufen, deren Durchlaßachsen parallel sind. Wie groß wird die Flußdichte des heraustretenden Strahlenbündels?

8.8* Wie groß wird die Bestrahlungsstärke des heraustretenden Strahlenbündels sein, wenn der Analysator der vorhergehenden Aufgabe um 30° gedreht wird?

8.9* Angenommen, wir hätten ein Paar gekreuzter Polarisatoren mit vertikaler und horizontaler Durchlaßachse. Das Strahlenbündel, das aus dem ersten Polarisator heraustritt, hat eine Flußdichte I_1; es geht natürlich kein

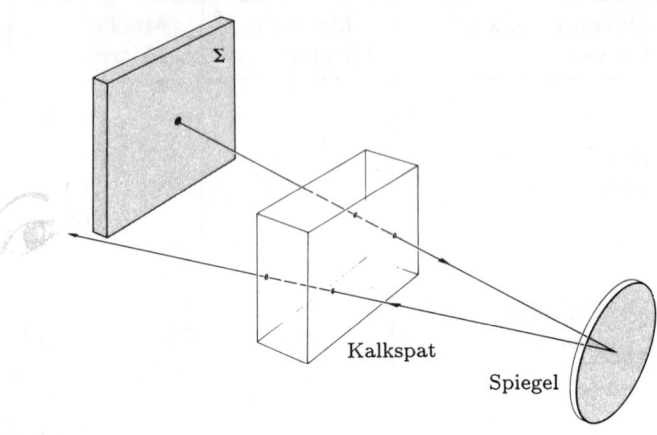

Abbildung 8.67

Licht durch den Analysator, d.h. $I_2 = 0$. Nun fügen wir einen perfekten Linearpolarisator (HN-50) mit seiner Durchlaßachse in 45° zur Vertikalen zwischen die zwei Elemente ein — berechnen Sie I_2. Denken Sie über die Bewegung der Elektronen nach, die in jedem Polarisator strahlen.

8.10* Stellen Sie sich vor, Sie hätten zwei identische ideale Linearpolarisatoren und eine Quelle mit natürlichem Licht. Stellen Sie die Polarisatoren hintereinander auf, wobei die Durchlaßachsen auf 0° beziehungsweise 50° ausgerichtet werden. Stellen Sie nun dazwischen einen dritten Linearpolarisator, dessen Durchlaßachse auf 25° ausgerichtet wird. Das Licht fällt mit 1000 W/m² ein. Wie groß ist der Wert beim Austritt des Lichtes mit oder ohne mittleren Polarisator?

8.11 Angenommen ein idealer Polarisator wird mit einer Kreisfrequenz ω zwischen einem ungefähr gleichen Paar ruhender gekreuzter Polarisatoren gedreht. Zeigen Sie, daß die herauskommende Flußdichte viermal so groß wie die Kreisfrequenz moduliert sein wird. Mit anderen Worten, zeigen Sie, daß

$$I = \frac{I_1}{8}(1 - \cos 4\omega t),$$

wobei I_1 die Flußdichte ist, die aus dem ersten Polarisator heraustritt, und I die Endflußdichte ist.

8.12 Abbildung 8.67 zeigt einen Strahl, der einen Kalkspatkristall bei fast senkrechtem Einfall durchläuft, am

Abbildung 8.68

(a)

(b)

(c)

Abbildung 8.69

Spiegel reflektiert wird und wieder durch den Kristall läuft. Sieht der Beobachter ein Doppelbild von dem Punkt auf Σ?

8.13* Eine Bleistiftmarkierung auf einem Blatt Papier wird mit einem Kalkspatkristall überdeckt. Ist das Licht, das bei Beleuchtung von oben auf das Papier trifft, nicht bereits polarisiert, nachdem es durch den Kristall gelaufen ist? Warum sehen wir dann zwei Bilder? Testen Sie Ihre Lösung durch Polarisierung des Lichtes einer Taschenlampe und anschließender Reflexion an einem Blatt Papier. Versuchen Sie eine Spiegelung an Glas; ist das reflektierte Licht polarisiert?

8.14 Diskutieren Sie im Detail, was Sie in der Abbildung 8.68 sehen. Der Kristall in der Photographie ist Kalkspat, und er hat eine stumpfe Ecke an der oberen linken Seite. Die zwei Polaroidfilter haben ihre Durchlaßachsen parallel zu ihren *kurzen* Seiten.

8.15 Der Kalkspatkristall in Abbildung 8.69 ist in drei verschiedenen Orientierungen gezeigt. Seine stumpfe Ecke ist in (a) links, in (b) unten links und in (c) am unteren Ende. Die Durchlaßachse des Polaroidfilters ist horizontal. Erklären Sie jedes Photo, insbesondere (b).

8.16 Bei der Erörterung des Kalkspats weisen wir darauf hin, daß seine starke Doppelbrechung darauf zurückzuführen ist, daß die Karbonatgruppen in parallelen Ebenen (senkrecht zur optischen Achse) liegen. Zeigen Sie in einer Skizze und erklären Sie, warum die Polarisation durch die Gruppe kleiner sein wird, wenn E senkrecht

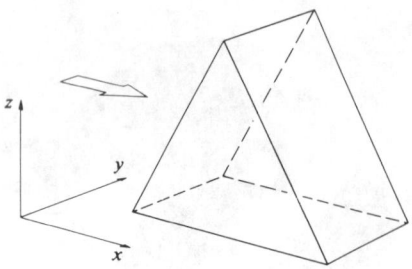

Abbildung 8.70

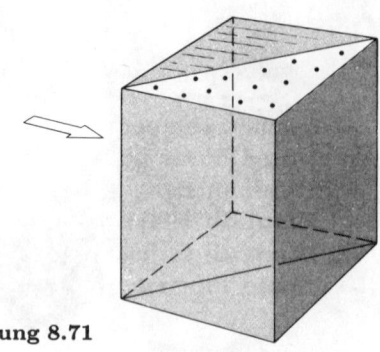

Abbildung 8.71

zur CO_3-Ebene liegt, als wenn E parallel zu ihr ist. Was bedeutet dies bezüglich $v_\perp$ und $v_\parallel$, d.h. bezüglich der Geschwindigkeiten der Welle, wenn E linear polarisiert ist, senkrecht oder parallel zur optischen Achse ist?

8.17* Stellen Sie sich vor, wir hätten einen Mikrowellensender der eine linear polarisierte Welle abstrahlt, dessen E-Feld parallel zur Dipolrichtung ist. Wir möchten so viel Energie wie möglich an der Oberfläche eines Teiches reflektieren, der einen Brechungsindex von 9.0 hat. Finden Sie die erforderliche Feldorientierung des Strahls und seinen Einfallswinkel.

8.18* Ein Strahlenbündel aus natürlichem Licht fällt mit 40° auf eine Luft-Glas-Grenzfläche ($n_{ti} = 1.5$). Berechnen Sie den Polarisationsgrad des reflektierten Lichtes.

8.19* Ein Strahlenbündel aus natürlichem Licht fällt mit 70° auf eine Glasfläche ($n = 1.5$) und wird teilweise reflektiert. Berechnen Sie den Gesamtreflexionsgrad. Vergleichen Sie dies mit einem Einfallswinkel von z.B. 56.3°.

8.20 Ein Strahl gelben Lichts fällt unter 50° auf eine Kalkspatplatte. Die Platte ist so geschnitten, daß die optische Achse parallel zur vorderen Oberfläche und senkrecht zur Einfallsebene ist. Finden Sie den Winkelabstand zwischen den zwei herauskommenden Strahlen.

8.21* Ein Lichtstrahlenbündel fällt senkrecht auf eine Quarzplatte, deren optische Achse senkrecht zum Strahlenbündel steht. Berechnen Sie die Wellenlängen der ordinären und extraordinären Wellen, wenn $\lambda_0 = 589.3$ nm ist. Wie groß sind ihre Frequenzen?

8.22 Ein Lichtstrahlenbündel tritt wie in Abbildung 8.70 dargestellt von links in ein Kalkspatprisma ein. Es gibt drei mögliche Orientierungen der optischen Achse, die von besonderem Interesse sind, und diese entsprechen den x-, y- und z-Richtungen. Stellen Sie sich weiter vor, daß wir drei derartige Prismen haben. Skizzieren Sie in jedem Fall die ein- und austretenden Strahlen, die den Polarisationszustand zeigen. Wie kann man die Skizzen verwenden, um n_o und n_e zu bestimmen?

8.23 Der elektrische Feldvektor eines einfallenden $\mathcal{P}$-Zustandes bildet einen Winkel von $+30°$ mit der horizontalen n_f-Achse eines $\lambda/4$-Phasenplättchens. Beschreiben Sie im Detail den Polarisationszustand der heraustretenden Welle.

8.24 Berechnen Sie den Grenzwinkel eines ordinären (ordentlichen) Strahls, d.h. den Winkel für die innere Totalreflexion an der Kalkspatbalsamschicht eines Nicol-Prismas.

8.25* Zeichnen Sie ein Quarzpolarisationsdoppelprisma, das alle relevanten Strahlen und deren Polarisationszustände zeigt.

8.26 Das in Abbildung 8.71 gezeigte Prisma nennt man einen *Rochon-Prismenpolarisator*. Skizzieren Sie alle relevanten Strahlen unter der Voraussetzung:
a) daß er aus Kalkspat hergestellt ist,
b) daß er aus Quarz hergestellt ist.
c) Warum dürfte solch ein Gerät zweckmäßiger als ein dichroitischer Polarisator sein, wenn er mit Laserlicht hoher Flußdichte arbeitet?
d) Welches nützliche Merkmal des Rochon-Polarisators fehlt im Polarisationsdoppelprisma?

8.27* Stellen Sie zwischen zwei idealen Polaroidfiltern (von denen das erste eine vertikale und das zweite eine horizontale Achse hat) einen Stapel von 10 $\lambda/2$-Plättchen, wobei Sie das erste Plättchen mit seiner n_f-Achse

Abbildung 8.72

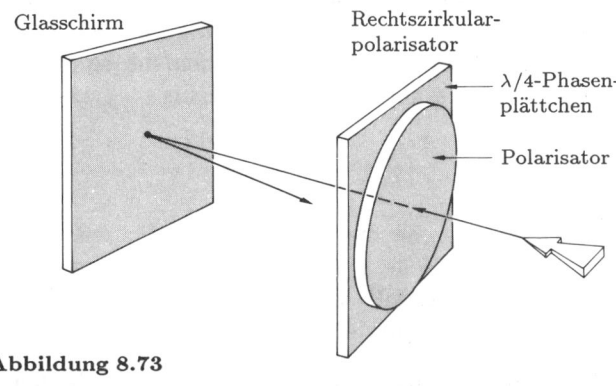

Abbildung 8.73

um $\pi/40$ Rad aus der Vertikalen drehen und jedes folgende um jeweils den gleichen Betrag gegenüber dem hervorgehenden weiterdrehen. Bestimmen Sie das Verhältnis zwischen der heraustretenden und einfallenden Bestrahlungsstärke, wobei Sie die Logik klar darstellen sollen.

8.28* Angenommen Sie hätten nur einen Linearpolarisator und ein $\lambda/4$-Plättchen. Wie könnten Sie beide identifizieren?

8.29* Ein $\mathscr{L}$-Zustand durchläuft ein $\lambda/8$-Phasenplättchen, das eine horizontale n_f-Achse hat. Wie ist der Polarisationszustand der Welle beim Austritt?

8.30* Abbildung 8.72 zeigt zwei Polaroidfilter-Linearpolarisatoren und zwischen ihnen einen Objektträger, an dem ein Stück Cellophanstreifen befestigt ist. Erklären Sie, was Sie sehen.

8.31 Ein Babinet-Kompensator ist unter 45° zwischen gekreuzten Linearpolarisatoren angebracht und wird mit Natriumlicht beleuchtet. Wird eine dünne Glimmerschicht (Brechungsindizes 1.599 und 1.594) auf den Kompensator gelegt, so verschieben sich alle schwarzen Bänder um 1/4 des Abstandes, der sie trennt. Berechnen Sie den Phasenverschiebungsgrad und die Dicke der Schicht.

8.32 Stellen Sie sich vor, wir hätten unpolarisierte Zimmerbeleuchtung, die fast senkrecht auf die Glasoberfläche eines Radarschirmes fällt. Ein Teil davon würde gegen den Beobachter zurückgespiegelt und daher dazu tendieren, die Sichtanzeige zu verdunkeln. Angenommen wir überdecken den Schirm nun mit einem Rechtszirkularpolarisator, wie in Abbildung 8.73 gezeigt. Verfolgen Sie den Strahlenverlauf der einfallenden und reflektierten Strahlenbündel, und deuten Sie ihre Polarisationszustände an. Was geschieht mit dem reflektierten Strahlenbündel?

8.33 Ist es möglich, daß ein Strahlenbündel aus zwei orthogonalen, inkohärenten $\mathscr{P}$-Zuständen besteht und doch kein natürliches Licht ist? Erklären Sie dies. Wie könnten Sie es einrichten, solch ein Strahlenbündel zu erhalten?

8.34* Das spezielle Drehvermögen für Saccharose, die im Wasser bei 20° C ($\lambda = 589.3$ nm) gelöst ist, beträgt +66.45° pro 10 cm Wegstrecke, wobei die Lösung 1 g aktive Substanz (pflanzlicher Zucker) pro 1 cm^3 Lösung enthält. Ein vertikaler $\mathscr{P}$-Zustand (Natriumlicht) tritt an einem Ende einer 1 m langen Röhre ein, die 1000 cm^3 der Lösung enthält, von der 10 g aus Saccharose besteht. Mit welcher Orientierung kommt der $\mathscr{P}$-Zustand heraus?

8.35 Bei der Untersuchung eines gespannten photoelastischen Materials, das sich zwischen gekreuzten Linearpolarisatoren befindet, würde man eine Reihe von farbigen Bändern (Isochromaten), und auf diese überlagert, eine Reihe von dunklen Bändern (Isocline) sehen. Wie könnten wir die Isocline entfernen, so daß nur die Isochromaten übrigbleiben? Erläutern Sie Ihre Lösung. Die richtige Anordnung ist übrigens unabhängig von der Orientierung des photoelastischen Probestücks.

8.36* Betrachten Sie eine Kerr-Zelle, deren Platten durch einen Abstand d getrennt sind. ℓ sei die effektive Länge jener Platten (wegen der Streifenbildung des Feldes etwas anders als die wirkliche Länge). Zeigen Sie, daß

$$\Delta\varphi = 2\pi K \ell V^2 / d^2. \qquad [8.41]$$

8.37 Berechnen Sie die $\lambda/2$-Spannung für eine longitudinale Pockels-Zelle, die aus ADA (Ammoniumhydrogenarsenat) hergestellt ist, bei $\lambda_0 \approx 550$ nm, wobei $r_{63} = 5.5 \times 10^{-12}$ und $n_0 = 1.58$ ist.

8.38 Finden Sie einen Jonesschen Vektor $\boldsymbol{E}_2$, der einen Polarisationszustand orthogonal zu

$$\boldsymbol{E}_1 = \begin{bmatrix} 1 \\ -2i \end{bmatrix}$$

darstellt. Skizzieren Sie beide.

8.39* Wir überlagern zwei inkohärente Lichtstrahlenbündel, die durch $(1,1,0,0)$ und $(3,0,0,3)$ dargestellt werden.
a) Beschreiben Sie detailliert die Polarisationszustände beider Strahlen.
b) Bestimmen Sie die resultierenden Stokesschen Parameter des überlagerten Strahlenbündels, und beschreiben Sie seinen Polarisationszustand.
c) Wie groß ist sein Polarisationsgrad?
d) Welches Licht resultiert aus der Überlagerung der inkohärenten Strahlenbündel $(1,1,0,0)$ und $(1,-1,0,0)$? Erklären Sie.

8.40* Zeigen Sie mathematisch mit Hilfe der Mueller-Matrizen, daß ein Lichtstrahlenbündel aus natürlichem Licht (Einheitsbestrahlungsstärke), das durch einen vertikal ausgerichteten Linearpolarisator geleitet wird, in einen vertikalen $\mathcal{P}$-Zustand umgewandelt wird. Bestimmen Sie seine relative Bestrahlungsstärke und den Polarisationsgrad.

8.41* Zeigen Sie mathematisch mit Hilfe der Mueller-Matrizen, daß ein Lichtstrahlenbündel (Einheitsbestrahlungsstärke), das durch einen Linearpolarisator geleitet wird, dessen Durchlaßachse unter $45°$ liegt, in einen $\mathcal{P}$-Zustand bei $+45°$ umgewandelt wird. Bestimmen Sie seine relative Bestrahlungsstärke und den Polarisationsgrad.

8.42* Zeigen Sie mathematisch mit Hilfe der Mueller-Matrizen, daß ein Lichtstrahlenbündel in einem horizontalen $\mathcal{P}$-Zustand, das durch ein $\lambda/4$-Plättchen geleitet wird, dessen n_f-Achse horizontal liegt, unverändert heraustritt.

8.43* Verifizieren Sie, daß die Matrix

$$\begin{bmatrix} 1 & 0 & 0 & 0 \\ 0 & 0 & 0 & -1 \\ 0 & 0 & 1 & 0 \\ 0 & 1 & 0 & 0 \end{bmatrix}$$

als eine Mueller-Matrix für ein $\lambda/4$-Plättchen dient, dessen n_f-Achse unter $+45°$ liegt. Beleuchten Sie es mit Licht, das unter $45°$ linear polarisiert ist. Was geschieht? Beschreiben Sie das heraustretende Licht, wenn es im horizontalen $\mathcal{P}$-Zustand in das Plättchen eintritt.

8.44 Leiten Sie die Mueller-Matrix für ein $\lambda/4$-Plättchen her, dessen n_f-Achse bei $-45°$ liegt. Prüfen Sie nach, daß diese Matrix die vorhergehende aufhebt, so daß ein Strahl, der durch die zwei Plättchen läuft, unverändert bleibt.

8.45* Leiten Sie ein Strahlenbündel aus horizontal linear polarisiertem Licht durch jedes $\lambda/4$-Plättchen der zwei vorhergehenden Aufgaben, und beschreiben Sie die Zustände des heraustretenden Lichts. Erklären Sie, welche Feldkomponente welcher voreilt, und wie sich die Abbildung 8.7 mit diesen Ergebnissen vergleichen läßt.

8.46 Verwenden Sie Tabelle 8.6, um eine Mueller-Matrix für ein $\lambda/2$-Plättchen herzuleiten, das eine vertikale n_f-Achse hat. Benutzen Sie Ihr Ergebnis, um einen $\mathcal{R}$-Zustand in einen $\mathcal{L}$-Zustand umzuwandeln. Verifizieren Sie, daß dasselbe Phasenplättchen einen $\mathcal{L}$-Zustand in einen $\mathcal{R}$-Zustand umwandelt. Die Vor- oder Nacheilung bezüglich der relativen Phase um $\pi/2$ sollte denselben Effekt haben. Überprüfen Sie dies durch die Herleitung der Matrix für ein $\lambda/2$-Plättchen mit horizontaler n_f-Achse.

8.47 Konstruieren Sie eine mögliche Mueller-Matrix für einen Rechtszirkularpolarisator, der aus einem Linearpolarisator und einem $\lambda/4$-Plättchen hergestellt ist. Ein derartiges Gerät ist offensichtlich eine inhomogene zweiteilige Reihe von optischen Gliedern und unterscheidet sich von einem *homogenen* Zirkularpolarisator der Tabelle 8.6. Prüfen Sie nach, daß Ihre Matrix natürliches Licht zu einem $\mathcal{R}$-Zustand umwandelt. Zeigen Sie, daß sie wie die homogene Matrix $\mathcal{R}$-Zustände durchläßt. Ihre Matrix sollte $\mathcal{L}$-Zustände, die auf die Eingangsseite fallen, in $\mathcal{R}$-Zustände umwandeln, während der homogene Polarisator sie total absorbiert. Verifizieren Sie dies.

8.48* Wird die Pockels-Zelle (Modulator), die in Abbildung 8.66 gezeigt ist, mit Licht der Bestrahlungsstärke I_i beleuchtet, so läßt sie ein Strahlenbündel der Bestrahlungsstärke I_t durch, so daß

$$I_t = I_i \sin^2(\Delta\varphi/2).$$

Fertigen Sie ein Diagramm mit I_t/I_i gegen die angelegte Spannung an. Was bedeutet die Spannung, die der maximalen Durchlässigkeit entspricht? Wie groß ist die kleinste Spannung über Null, die bewirkt, daß I_t für ADP ($\lambda = 546.1$ nm) Null ist? Wie lassen sich die Dinge umordnen, um einen maximalen Wert von I_t/I_i für eine Spannung von Null zu liefern? Welche Bestrahlungsstärke ergibt sich in dieser neuen Anordnung, wenn $V = V_{\lambda/2}$ ist?

8.49 Konstruieren Sie eine Jonessche Matrix für eine isotrope Platte eines absorbierenden Stoffes, der einen Amplitudendurchlässigkeitskoeffizienten t hat. Es dürfte manchmal vorteilhaft sein, sich die Phase genau zu merken, da solch eine Platte, selbst wenn $t = 1$ ist, noch immer ein isotroper Phasenverschieber ist. Wie lautet die Jonessche Matrix für eine Strecke im Vakuum? Wie lautet sie für einen idealen Absorber?

8.50 Konstruieren Sie eine Mueller-Matrix für eine isotrope Platte eines absorbierenden Stoffes, der einen Amplitudendurchlässigkeitskoeffizienten t hat. Welche Mueller-Matrix entpolarisiert jede Welle vollständig, ohne ihre Bestrahlungsstärke zu beeinflussen? (Sie hat kein physikalisches Gegenstück.)

8.51 Schreiben Sie unter Beachtung der Gleichung (8.29) einen Ausdruck für die unpolarisierte Flußdichtenkomponente (I_u) eines teilweise polarisierten Strahlenbündels in den Ausdrücken der Stokesschen Parameter. Um Ihre Ergebnisse zu überprüfen, addieren Sie einen unpolarisierten Stokesschen Vektor der Flußdichte 4 zu einem $\mathcal{R}$-Zustand der Flußdichte 1. Prüfen Sie dann, ob Sie für die resultierende Welle $I_u = 4$ erhalten.

9 INTERFERENZ

Das komplizierte Farbmuster, das über einer Öllache auf nassem Asphalt schimmert, beruht auf einem der häufigeren Interferenzeffekte.[1] Im Makrokosmos können wir Analoges bei der Überlagerung der Oberflächenwellen auf einem Teich untersuchen. Unsere Alltagserfahrung mit solchen Phänomenen erlaubt uns, eine komplizierte Störungs- oder Wellenverteilung (wie z.B. die von Abb. 9.1) zu durchschauen. Es kann Gebiete geben, wo zwei (oder mehr) Wellen sich so überlagern, daß sie sich teilweise oder sogar vollständig auslöschen. In anderen Gebieten des Interferenzmusters wiederum können die resultierenden Wellentäler und -berge sogar größer sein als die Wellen, aus denen sie bestehen. Nach der Überlagerung trennen sich die einzelnen Wellen und sie pflanzen sich völlig unbeeinflußt von ihrer vorangegangenen Begegnung fort.

Phänomene optischer Interferenz lassen sich natürlich nur sehr schwer in einem rein korpuskularen Modell interpretieren (wohl nur durch Abänderung der Logik, siehe z.B. C.F. v. Weizsäcker: Zum Weltbild der Physik, Stuttgart 1970, S. 306, d.Ü.). Die Wellentheorie der elektromagnetischen Natur des Lichtes jedoch ist eine natürliche Grundlage für die Analyse. Man erinnere sich, daß der die Lichtwellen beschreibende Ausdruck eine homogene und lineare partielle Differentialgleichung zwei-

Abbildung 9.1 Wasserwellen von zwei Punktquellen in der Wellenwanne.

---

[1] Die Wasserschicht auf dem Asphalt ermöglicht dem Ölfilm die Form einer glatten, ebenen Oberfläche. Der schwarze Asphalt absorbiert das durch den Film getretene Licht und verhindert so die Rückstrahlung, die sonst die Interferenzstreifen überstrahlen würde.

ter Ordnung ist (3.22). Wie wir gesehen haben, gehorcht sie darum (linear!) dem wichtigen *Superpositionsprinzip*. Entsprechend ist die resultierende elektrische Feldstärke $\boldsymbol{E}$ an einem Raumpunkt, an dem sich zwei oder mehrere Lichtwellen überlagern, gleich der *vektoriellen Summe* der einzelnen Teilwellen. Kurz: *optische Interferenz kann definiert werden als Überlagerung zweier oder mehrerer Lichtwellen, die eine sich von der Summe der einzelnen Bestrahlungsstärken unterscheidende resultierende Bestrahlungsstärke ergibt.*

Aus der Vielfalt optischer Systeme, die Interferenz erzeugen, werden wir für unsere Untersuchungen einige der wichtigsten auswählen. Interferometer werden im Hinblick auf die Diskussion unterteilt in *wellenfront- und amplitudenspaltende*. Im ersten Fall werden Teile der primären Wellenfront entweder direkt als Quellen sekundärer Wellen benutzt, oder aber sie dienen in Verbindung mit optischen Geräten der Erzeugung virtueller Quellen für sekundäre Wellen. Diese sekundären Wellen werden dann zusammengebracht um zu interferieren. Im Fall der Amplituden-Aufspaltung dagegen wird die primäre Welle selbst in zwei Segmente aufgespalten, die verschiedene Wege zurücklegen, bevor sie interferieren.

9.1 Allgemeine Betrachtungen

Wir haben bereits das Problem der Überlagerung zweier skalarer Wellen (Abschnitt 7.1) diskutiert und die entsprechenden Ergebnisse sind hier in vielerlei Hinsicht wieder anwendbar. Aber Licht hat natürlich vektoriellen Charakter; die elektrischen und magnetischen Felder sind Vektor-Felder. Eben dieses Faktum ist Grundvoraussetzung für jede Art intuitiven Verständnisses der Optik. Überflüssig zu sagen, daß es viele Situationen gibt, bei denen das spezielle optische System so ausgelegt ist, daß die vektorielle Natur des Lichtes nur wenig praktische Bedeutung hat. Wir werden daher die Grundgleichungen der Interferenz im Kontext des Vektor-Modells herleiten und danach die Bedingungen angeben, unter denen die skalare Behandlung möglich ist.

In Übereinstimmung mit dem Superpositionsprinzip ist die örtliche elektrische Feldstärke $\boldsymbol{E}$, die sich aus den jeweiligen einzelnen Feldern $\boldsymbol{E}_1$, $\boldsymbol{E}_2$, ... verschiedener beteiligter Quellen ergibt, gegeben durch:

$$\boldsymbol{E} = \boldsymbol{E}_1 + \boldsymbol{E}_2 + \cdots . \tag{9.1}$$

Noch einmal betonen wir, daß die optische Welle, oder das elektrische Feld $\boldsymbol{E}$ sich zeitlich überaus schnell ändert, ungefähr mit 4.3×10^{14} Hz bis 7.5×10^{14} Hz, wodurch das wirkliche Feld in der Praxis nicht meßbar ist. Andererseits kann die Bestrahlungsstärke I direkt gemessen werden, wobei viele verschiedene Sensoren zur Verfügung stehen (z.B. Photozellen, Bolometer, Photoschichten oder das Auge). Wenn wir die Interferenz untersuchen wollen, so sollten wir das Problem also tatsächlich am besten über die Bestrahlungsstärke angehen.

Die nachfolgende Analyse kann zu einem großen Teil durchgeführt werden, ohne sich auf eine besondere Form der Wellenfronten zu beschränken; ihre Ergebnisse sind daher sehr allgemein und vielfältig anwendbar (Aufgabe 9.1). Der Einfachheit halber betrachten wir aber speziell zwei Punktquellen S_1 und S_2 in einem homogenen Medium, die monochromatische Wellen der gleichen Frequenz emittieren. Außerdem soll ihr Abstand a viel größer sein als λ. Der Beobachtungspunkt P liege von den Quellen so weit entfernt, daß die Wellenfronten praktisch eben sind (Abb. 9.2). Momentan betrachten wir nur linear polarisierte Wellen der Form:

$$\boldsymbol{E}_1(\boldsymbol{r},t) = \boldsymbol{E}_{01}\cos(\boldsymbol{k}_1 \cdot \boldsymbol{r} - \omega t + \varepsilon_1) \tag{9.2a}$$

und

$$\boldsymbol{E}_2(\boldsymbol{r},t) = \boldsymbol{E}_{02}\cos(\boldsymbol{k}_2 \cdot \boldsymbol{r} - \omega t + \varepsilon_2). \tag{9.2b}$$

In Kapitel 3 sahen wir, daß die Bestrahlungsstärke in P gegeben ist durch

$$I = \epsilon v \langle \boldsymbol{E}^2 \rangle.$$

Da wir uns auf die relativen Bestrahlungsstärken in nur ein und demselben Medium beschränken, werden wir zunächst einfach die Konstanten vernachlässigen und setzen

$$I = \langle \boldsymbol{E}^2 \rangle.$$

$\langle \boldsymbol{E}^2 \rangle$ oder $\langle \boldsymbol{E} \cdot \boldsymbol{E} \rangle$ ist natürlich der zeitliche Mittelwert des Quadrats der elektrischen Feldstärke. Entsprechend ist

$$\boldsymbol{E}^2 = \boldsymbol{E} \cdot \boldsymbol{E},$$

wobei nun

$$\boldsymbol{E}^2 = (\boldsymbol{E}_1 + \boldsymbol{E}_2) \cdot (\boldsymbol{E}_1 + \boldsymbol{E}_2),$$

also ist

$$\boldsymbol{E}^2 = \boldsymbol{E}_1^2 + \boldsymbol{E}_2^2 + 2\boldsymbol{E}_1 \cdot \boldsymbol{E}_2 \tag{9.3}$$

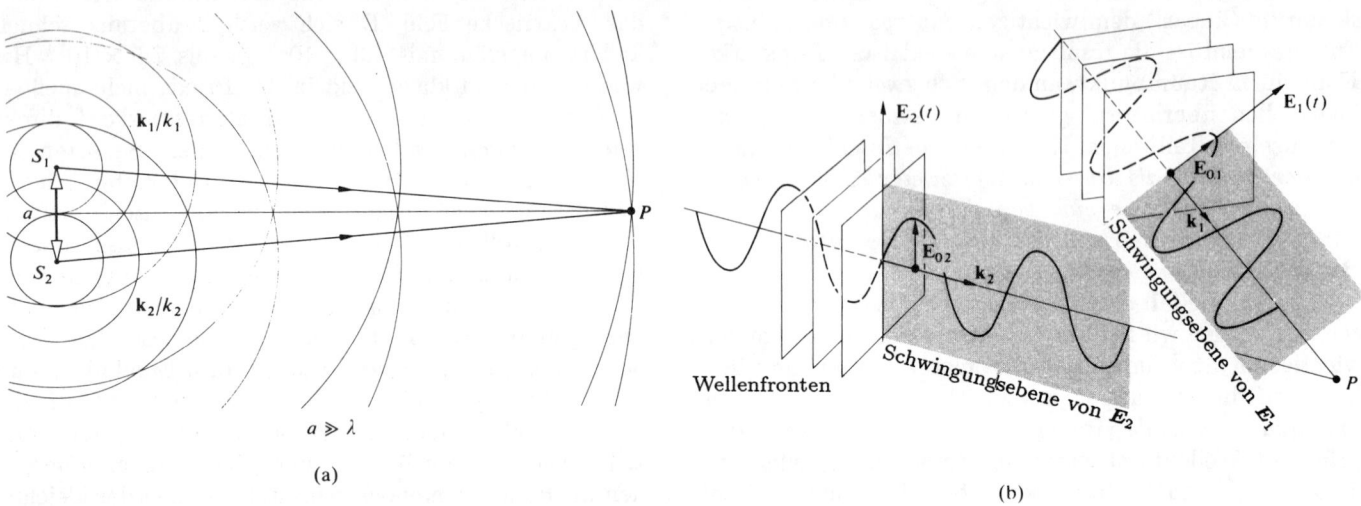

Abbildung 9.2 Sich im Raum überlagernde Wellen zweier Punktquellen.

ist. Wenn man beiderseits das zeitliche Mittel bildet, so lautet die Bestrahlungsstärke

$$I = I_1 + I_2 + I_{12}, \tag{9.4}$$

vorausgesetzt, daß

$$I_1 = \langle \boldsymbol{E}_1^2 \rangle, \tag{9.5}$$

$$I_2 = \langle \boldsymbol{E}_2^2 \rangle \tag{9.6}$$

und

$$I_{12} = 2\langle \boldsymbol{E}_1 \cdot \boldsymbol{E}_2 \rangle. \tag{9.7}$$

Der letzte Ausdruck heißt *Interferenzterm*. Um ihn für unser spezielles Beispiel zu berechnen, bilden wir

$$\boldsymbol{E}_1 \cdot \boldsymbol{E}_2 = \boldsymbol{E}_{01} \cdot \boldsymbol{E}_{02} \cos(\boldsymbol{k}_1 \cdot \boldsymbol{r} - \omega t + \varepsilon_1)$$
$$\times \cos(\boldsymbol{k}_2 \cdot \boldsymbol{r} - \omega t + \varepsilon_2) \tag{9.8}$$

oder gleichbedeutend

$$\boldsymbol{E}_1 \cdot \boldsymbol{E}_2 = \boldsymbol{E}_{01} \cdot \boldsymbol{E}_{02}[\cos(\boldsymbol{k}_1 \cdot \boldsymbol{r} + \varepsilon_1)$$
$$\times \cos\omega t + \sin(\boldsymbol{k}_1 \cdot \boldsymbol{r} + \varepsilon_1)\sin\omega t]$$
$$\times [\cos(\boldsymbol{k}_2 \cdot \boldsymbol{r} + \varepsilon_2)\cos\omega t$$
$$+ \sin(\boldsymbol{k}_2 \cdot \boldsymbol{r} + \varepsilon_2)\sin\omega t]. \tag{9.9}$$

Man erinnere sich, daß für das zeitliche Mittel einer beliebigen Funktion $f(t)$ über einem Intervall T gilt:

$$\langle f(t) \rangle = \frac{1}{T}\int_t^{t+T} f(t')dt'. \tag{9.10}$$

Die Periode τ der harmonischen Funktionen ist $2\pi/\omega$, und für unseren Fall hier ist $T \gg \tau$. Darum dominiert der Koeffizient $1/T$ vor dem Integral. Nach Ausmultiplizieren und Mittelung wird aus Gleichung (9.9)

$$\langle \boldsymbol{E}_1 \cdot \boldsymbol{E}_2 \rangle = \frac{1}{2}\boldsymbol{E}_{01} \cdot \boldsymbol{E}_{02} \cos(\boldsymbol{k}_1 \cdot \boldsymbol{r} + \varepsilon_1 - \boldsymbol{k}_2 \cdot \boldsymbol{r} - \varepsilon_2),$$

wobei $\langle \cos^2 \omega \cdot t \rangle = 1/2$, $\langle \sin^2 \omega \cdot t \rangle = 1/2$ und $\langle \cos\omega \cdot t \cdot \sin\omega \cdot t \rangle = 0$ benutzt wurden. Der Interferenzterm ist dann

$$I_{12} = \boldsymbol{E}_{01} \cdot \boldsymbol{E}_{02} \cos\delta, \tag{9.11}$$

und $\delta = (\boldsymbol{k}_1 \cdot \boldsymbol{r} - \boldsymbol{k}_2 \cdot \boldsymbol{r} + \varepsilon_1 - \varepsilon_2)$ ist die *Phasendifferenz* für gleichzeitigen Weglängen- und Phasenkonstantenunterschied. Man beachte, daß $I_{12} = 0$, entsprechend $I = I_1 + I_2$ ist, falls $\boldsymbol{E}_{01}$ und $\boldsymbol{E}_{02}$ (und daher $\boldsymbol{E}_1$ und $\boldsymbol{E}_2$) senkrecht aufeinander stehen. Die Kombination zweier solcher orthogonaler $\mathcal{P}$-Zustände kann entweder ein $\mathcal{R}$-, $\mathcal{L}$-, $\mathcal{P}$- oder $\mathcal{E}$-Zustand sein, was jedoch ohne Einfluß auf die Verteilung der Flußdichte ist.

Die in den folgenden Betrachtungen bei weitem häufigste Situation entspricht einander parallelen $\boldsymbol{E}_{01}$ und $\boldsymbol{E}_{02}$. In diesem Fall reduziert sich die Bestrahlungsstärke auf den Wert, der bei der skalaren Behandlung im Abschnitt 7.1 gefunden wurde. Unter diesen Bedingungen ist

$$I_{12} = E_{01}E_{02}\cos\delta.$$

Dies kann weitaus bequemer geschrieben werden, wenn man berücksichtigt, daß

$$I_1 = \langle \boldsymbol{E}_1^2 \rangle = \frac{E_{01}^2}{2} \qquad (9.12)$$

und

$$I_2 = \langle \boldsymbol{E}_2^2 \rangle = \frac{E_{02}^2}{2}. \qquad (9.13)$$

Damit wird der Interferenzterm zu

$$I_{12} = 2\sqrt{I_1 I_2} \cos \delta,$$

wobei die Gesamt-Bestrahlungsstärke

$$I = I_1 + I_2 + 2\sqrt{I_1 I_2} \cos \delta \qquad (9.14)$$

ist. An verschiedenen Raumpunkten kann die resultierende Bestrahlungsstärke größer, kleiner oder gleich $I_1 + I_2$ sein, je nach dem Wert von I_{12}, also von δ. Die Bestrahlungsstärke ist maximal, wenn $\cos \delta = 1$ ist, so daß

$$I_{\max} = I_1 + I_2 + 2\sqrt{I_1 I_2} \qquad (9.15)$$

ist, für

$$\delta = 0, \pm 2\pi, \pm 4\pi, \ldots.$$

In diesem Fall ist die Phasendifferenz zwischen den zwei Wellen ein ganzzahliges Vielfaches von 2π. Man sagt, die Wellen sind *in Phase* oder spricht von *vollständiger Verstärkung* (vollständiger konstruktiver Interferenz). Für $0 < \cos \delta < 1$ sind die Wellen *außer Phase* (oder "phasenverschoben") und es ist $I_1 + I_2 < I < I_{\max}$. Dies wird dann als *Verstärkung* (konstruktive Interferenz) bezeichnet. Bei $\delta = \pi/2$, $\cos \delta = 0$ sind die Wellen um 90° phasenverschoben, und es ist $I = I_1 + I_2$. Für $0 > \cos \delta > -1$ haben wir *Abschwächung* (destruktive Interferenz) vorliegen: $I_1 + I_2 > I > I_{\min}$. Das Minimum in der Bestrahlungsstärke ergibt sich, wenn die Wellen um 180° phasenverschoben sind. Dann überlagern sich Wellentäler und Wellenberge, es ist $\cos \delta = -1$ und

$$I_{\min} = I_1 + I_2 - 2\sqrt{I_1 I_2}. \qquad (9.16)$$

Dies tritt natürlich auf, wenn $\delta = \pm \pi, \pm 3\pi, \pm 5\pi, \ldots$ und heißt dann *vollständige Auslöschung* (vollständige destruktive Interferenz).

Ein anderer, etwas spezieller, jedoch sehr wichtiger Fall entsteht, wenn die Amplituden beider Wellen, die P in Abbildung 9.2 erreichen, gleich sind, d.h. für $\boldsymbol{E}_{01} = \boldsymbol{E}_{02}$. Die dann gleichen Bestrahlungsstärke-Beiträge $I_1 = I_2$ aus beiden Quellen bezeichnen wir hier mit I_0. Gleichung (9.14) kann nun geschrieben werden als

$$I = 2I_0(1 + \cos \delta) = 4I_0 \cos^2 \frac{\delta}{2}, \qquad (9.17)$$

woraus folgt, daß $I_{\min} = 0$ und $I_{\max} = 4I_0$.

Gleichung (9.14) gilt ebenfalls für kugelförmige Wellen, die von S_1 und S_2 emittiert werden. Solche Wellen können dargestellt werden als

$$\boldsymbol{E}_1(r_1, t) = \boldsymbol{E}_{01}(r_1) \exp[i(kr_1 - \omega t + \varepsilon_1)] \qquad (9.18a)$$

und

$$\boldsymbol{E}_2(r_2, t) = \boldsymbol{E}_{02}(r_2) \exp[i(kr_2 - \omega t + \varepsilon_2)]. \qquad (9.18b)$$

Dabei sind r_1 und r_2 die Radien der kugelförmigen Wellenfronten, die sich bei P überlagern, d.h. sie geben die Entfernungen zwischen den Quellen und P an. In diesem Fall ist

$$\delta = k(r_1 - r_2) + (\varepsilon_1 - \varepsilon_2). \qquad (9.19)$$

Die Flußdichte in dem Gebiet um S_1 und S_2 wird sich sicherlich von Punkt zu Punkt ändern, da $(r_1 - r_2)$ variiert. Trotzdem erwarten wir auf Grund des Prinzips der Energieerhaltung, daß das räumliche Mittel von I konstant und gleich dem Mittel von $I_1 + I_2$ bleibt. Das räumliche Mittel von I_{12} muß daher Null sein, was durch Gleichung (9.4) belegt wird, da das Mittel des Kosinus-Terms tatsächlich Null ist (dieser Punkt wird in Aufgabe 9.2 weiter diskutiert).

Gleichung (9.6) läßt sich anwenden, wenn sowohl S_1 und S_2 als auch die Größenordnung des Interferenzgebietes klein im Vergleich zu r_1 und r_2 sind. Unter diesen Umständen können $\boldsymbol{E}_{01}$ und $\boldsymbol{E}_{02}$ als nicht ortsabhängig, d.h. als konstant über dem kleinen zu untersuchenden Gebiet angesehen werden. Wenn die Strahlungsquellen von gleicher Stärke sind, gilt $\boldsymbol{E}_{01} = \boldsymbol{E}_{02}$ und $I_1 = I_2 = I_0$, und wir erhalten

$$I = 4I_0 \cos^2 \frac{1}{2}[k(r_1 - r_2) + (\varepsilon_1 - \varepsilon_2)].$$

Die Bestrahlungsstärke ist maximal, wenn

$$\delta = 2\pi m$$

ist, mit $m = 0, \pm 1, \pm 2, \ldots$. Die Minima, $(I = 0)$, entstehen analog, wenn

$$\delta = \pi m'$$

ist, wobei $m' = \pm 1, \pm 3, \pm 5, \ldots$ oder $m' = 2m + 1$. Mit der Gleichung (9.19) können diese zwei Ausdrücke für δ so umschrieben werden, daß die Bestrahlungsstärke maximal für

$$(r_1 - r_2) = [2\pi m + (\varepsilon_2 - \varepsilon_1)]/k \quad (9.20a)$$

und minimal für

$$(r_1 - r_2) = [\pi m' + (\varepsilon_2 - \varepsilon_1)]/k \quad (9.20b)$$

ist. Jede dieser Gleichungen definiert eine Schar von Oberflächen, die jeweils Rotationshyperboloide sind. Die Abstände ihrer jeweiligen Scheitelpunkte sind durch die rechten Seiten der Gleichungen (9.20a) und (9.20b) gegeben. Die Brennpunkte liegen bei S_1 und S_2. Wenn die Wellen am Emitter in Phase sind, ist $\varepsilon_1 - \varepsilon_2 = 0$, und die Gleichungen (9.20a) und (9.20b) vereinfachen sich zu

$$(r_1 - r_2) = 2\pi m/k = m\lambda$$

für maximale Bestrahlungsstärke und zu

$$(r_1 - r_2) = \pi m'/k = \tfrac{1}{2}m'\lambda \quad (9.21b)$$

für minimale Bestrahlungsstärke. Abbildung 9.3 (a) zeigt einige der Oberflächen, auf denen die Bestrahlungsstärke maximal ist. Die dunklen und hellen Zonen, die man auf einem im Interferenzgebiet stehenden Schirm sähe, heißen *Interferenzstreifen* (Abb. 9.3 (b)). Den mittleren hellen Streifen, der von den zwei Quellen gleich weit entfernt ist, bezeichnet man als den sogenannten Interferenzstreifen nullter Ordnung ($m = 0$), an dem sich die $m' = \pm 1$ Minima anschließen, die ihrerseits von den Maxima erster Ordnung ($m = \pm 1$) begrenzt sind, an denen sich die $m' = \pm 3$ Minima anschließen usw.

9.2 Interferenzbedingungen

Wir beachten, daß zur Beobachtung eines Interferenzmusters die zwei Quellen nicht phasengleich sein müssen. Ein etwas verschobenes, doch ansonsten identisches Interferenzmuster entsteht, wenn die anfängliche Phasendifferenz zwischen den Quellen konstant bleibt. Solche Quellen (die phasengleich oder -ungleich sein können, aber zusammen wandern) nennt man **kohärent**.[2] Wie

---

2) Kapitel 10 ist dem Studium der Kohärenz gewidmet. Daher werden wir hier nur jene Aspekte berühren, die unmittelbar anliegen.

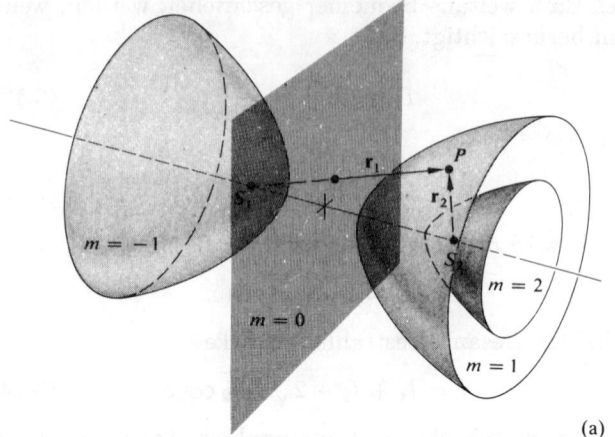

(a)

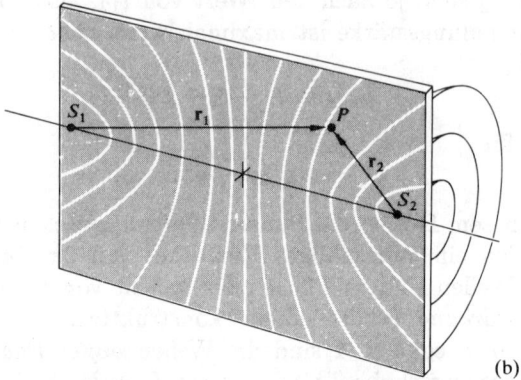

(b)

Abbildung 9.3 Die Maxima der Bestrahlungsstärke zweier Punktquellen liegen auf den Oberflächen von Hyperboloiden. Man beachte, daß m dort positiv ist, wo $r_1 > r_2$.

wir früher feststellten, erzeugen konventionelle quasimonochromatische Quellen wegen der körnigen Natur des Emissionsprozesses Licht, das eine Mischung von Photonenwellenzügen ist. In jedem erhellten Punkt im Raum gibt es ein Feld, das (etwa eine Million Mal) weniger als etwa 10 ns schwingt, bevor es willkürlich die Phase verändert. Dieses Intervall, in dem die Lichtwelle einer Sinuswelle ähnelt, ist ein Maß für die sogenannte **zeitliche Kohärenz**. Das mittlere Zeitintervall, während dem die Lichtwelle in einer vorhersehbaren Weise schwingt, haben wir bereits als die Kohärenzzeit der Strahlung bezeichnet. Je länger die Kohärenzzeit, desto größer ist die zeitliche Kohärenz der Quelle.

Von einem festen Punkt im Raum aus betrachtet erscheinen die vorbeilaufenden Lichtwellen beinahe sinusförmig für eine Anzahl von Schwingungen zwischen plötzlichen Phasenveränderungen. Die entsprechende räumliche Ausdehnung, in der die Lichtwelle in einer regelmäßigen voraussagbaren Weise schwingt, haben wir als die Kohärenzlänge bezeichnet (Gl. (7.64)). Nochmals wiederholt, es ist zweckmäßig, das Lichtstrahlenbündel als eine Ausbreitung von genau abgegrenzten, mehr oder weniger sinusförmigen Wellengruppen mit der mittleren Länge Δx_c darzustellen, deren Phasen zueinander ganz beziehungslos sind. Wir erinnern uns, daß die zeitliche Kohärenz eine Manifestation der spektralen Reinheit ist. Wäre das Licht rein monochromatisch, so wäre die Welle perfekt sinusförmig mit einer unendlichen Kohärenzlänge. Keine realistische Quelle erreicht dies. Sie emittieren jedoch manchmal einen relativ schmalen Bereich von Frequenzen. Zum Beispiel hat eine gewöhnliche Laboratoriumsentladungslampe eine Kohärenzlänge von mehreren Millimetern, wohingegen bestimmte Arten von Lasern Kohärenzlängen von Dutzenden von Kilometern liefern.

Man kann erwarten, daß zwei gewöhnliche Quellen (zwei Glühbirnen oder Kerzenflammen) eine konstante relative Phase für eine Zeit aufrechterhalten, die nicht größer als Δt_c ist, so daß das Interferenzmuster, das sie erzeugen, sich willkürlich im Raum äußerst schnell verschiebt und sich ausgleicht, so daß es praktisch nicht beobachtet werden kann. Bis zur Erfindung des Lasers war es prinzipiell nicht realisierbar, daß zwei einzelne Quellen ein beobachtbares Interferenzmuster liefern. Die Kohärenzzeiten von Lasern können jedoch beträchtlich groß sein (in der Größenordnung von Millisekunden), und man hat Interferenzen mittels unabhängiger Laser elektronisch nachgewiesen (doch bisher nicht mit dem ziemlich langsamen Auge des Menschen). Wie wir sehen werden, löst man das Problem meist so, daß eine Quelle zwei kohärente Sekundärwellen erzeugt.

Will man zwei Strahlen so zur Interferenz bringen, daß sie ein unveränderliches Interferenzmuster erzeugen, so muß man dafür sorgen, daß sie fast genau dieselbe Frequenz haben. Eine signifikante Frequenzdifferenz würde eine rasch veränderliche Phasendifferenz ergeben, die wiederum zur Folge hätte, daß I_{12} sich in der Meßzeit zu Null mittelt! (siehe Abschnitt 7.1). Emittieren jedoch beide Quellen weißes Licht, so interferiert die Komponente Rot mit Rot und Blau mit Blau. Eine große Anzahl ziemlich ähnlicher Muster erzeugt ein Endmuster, das weiß erscheint. Es ist nicht so scharf oder so ausgeprägt wie das Muster einer quasimonochromatischen Quelle, *weißes Licht erzeugt aber dennoch beobachtbare Interferenzerscheinungen.*

Das deutlichste Muster entsteht, wenn die interferierenden Wellen gleiche oder fast gleiche Amplituden haben. Die mittleren Bereiche der dunklen und hellen Interferenzzonen entsprechen dann vollständiger Auslöschung bzw. Verstärkung, wodurch maximaler Kontrast gegeben ist.

Im vorangegangenen Abschnitt hatten wir angenommen, daß die zwei sich überlagernden Lichtwellen linear polarisiert und $\boldsymbol{E}_1$, $\boldsymbol{E}_2$ parallel zueinander sind. Trotzdem sind die Formeln von Abschnitt 9.1 ebenso auf kompliziertere Situationen anwendbar; tatsächlich ist die Betrachtung unabhängig von der Polarisationsform der Wellen gültig. Um dies zu erkennen erinnere man sich, daß jeder beliebige Polarisationszustand aus zwei orthogonalen $\mathcal{P}$-Zuständen zusammengesetzt werden kann. Für natürliches (unpolarisiertes) Licht sind diese $\mathcal{P}$-Zustände wechselseitig inkohärent, aber das stellt keine besondere Schwierigkeit dar.

Angenommen, die Ausbreitungsvektoren aller Wellen liegen in derselben Ebene. Dann lassen sich die orthogonalen $\mathcal{P}$-Zustände, auf die wir jeglichen Polarisationszustand reduzieren, entsprechend ihrer Orientierung zu jener Ebene bezeichnen, d.h. die zu ihr parallelen als $\boldsymbol{E}_\|$, die anderen (zu ihr senkrechten) als $\boldsymbol{E}_\perp$ (Abb. 9.4 (a)). Also kann jede ebene Welle, ob polarisiert oder nicht, in der Form $(\boldsymbol{E}_\| + \boldsymbol{E}_\perp)$ geschrieben werden. Man stelle sich nun vor, daß die Wellen $(\boldsymbol{E}_{\|1} + \boldsymbol{E}_{\perp 1})$ und $(\boldsymbol{E}_{\|2} + \boldsymbol{E}_{\perp 2})$, die von zwei gleichen kohärenten Quellen emittiert werden, sich in irgendeinem Raumgebiet überlagern. Die sich ergebende Flußdichteverteilung bestünde aus zwei unabhängigen sich genau überlagernden Interferenzmustern $\langle(\boldsymbol{E}_{\|1}+\boldsymbol{E}_{\|2})^2\rangle$ und $\langle(\boldsymbol{E}_{\perp 1}+\boldsymbol{E}_{\perp 2})^2\rangle$. Darum sind die Gleichungen, die wir im vorangegangenen Abschnitt nur für lineares Licht hergeleitet haben, ebenso anwendbar auf beliebig polarisiertes und auch natürliches Licht.

Man beachte, daß zwar $\boldsymbol{E}_{\perp 1}$ und $\boldsymbol{E}_{\perp 2}$ stets parallel zueinander sind, aber nicht unbedingt $\boldsymbol{E}_{\|1}$ und $\boldsymbol{E}_{\|2}$, die in der Referenz-Ebene liegen. Sie sind nur parallel, wenn die zwei Strahlen selbst parallel sind (d.h., wenn $\boldsymbol{k}_1 = \boldsymbol{k}_2$). Man darf die inhärente Vektornatur

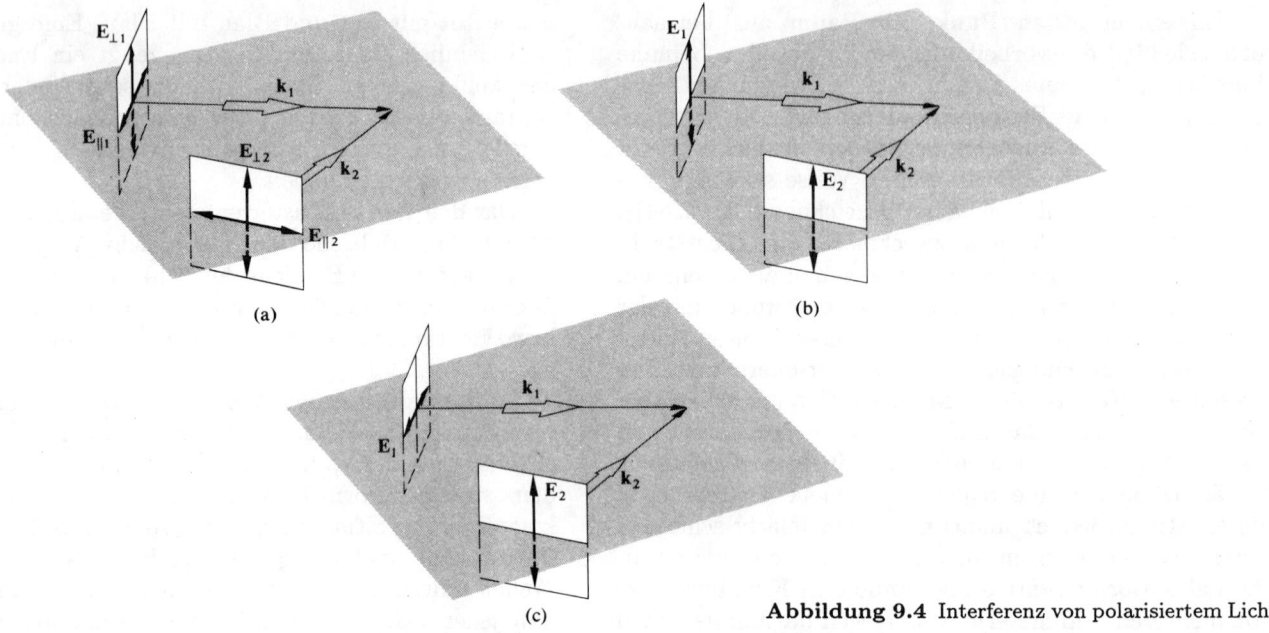

Abbildung 9.4 Interferenz von polarisiertem Licht.

des Interferenzprozesses, wie sie in der inneren Produkt-Darstellung (9.11) von I_{12} offenkundig ist, deshalb nicht unbeachtet lassen. Wie wir sehen werden, gibt es viele praktische Situationen, in denen sich die Strahlenbündel der Parallelität nähern, und für diese Fälle ist die skalare Theorie völlig ausreichend. Trotzdem sind die Abbildungen 9.4 (b) und (c) als eine Mahnung zur Vorsicht mit aufgenommen. Sie zeigen die bevorstehende Überlagerung zweier kohärenter, linear polarisierter Wellen. In der Abbildung 9.4 (b) sind die optischen Vektoren parallel, obwohl es die Strahlen nicht sind, trotzdem ergibt sich eine Interferenz. In Abbildung 9.4 (c) sind die optischen Vektoren zueinander senkrecht, und $I_{12} = 0$. Die Bestrahlungsstärke wäre sogar bei Parallelität der Strahlen Null.

Fresnel und Arago erforschten umfassend die Bedingungen, unter denen die Interferenz von polarisiertem Licht vorkommt, und ihre Schlußfolgerungen fassen einige der oberen Überlegungen zusammen. Die **Fresnel-Arago-Gesetze** lauten wie folgt:

1. Zwei orthogonale, kohärente $\mathcal{P}$-Zustände können *nicht* interferieren, d.h. $I_{12} = 0$. Also können keine Interferenzstreifen entstehen.
2. Zwei parallele, kohärente $\mathcal{P}$-Zustände interferieren in derselben Weise wie natürliches Licht.
3. Die zwei orthogonalen $\mathcal{P}$-Zustandskomponenten des natürlichen Lichts können selbst dann nicht ohne weiteres zu einem beobachtbaren Interferenzmuster interferieren, wenn sie so gedreht werden, daß sie gleich ausgerichtet sind. Dieser letzte Punkt ist verständlich, da diese $\mathcal{P}$-Zustände inkohärent sind.

9.3 Interferometer mit Wellenfrontaufspaltung

Wir gehen kurz nach Abbildung (9.3) zurück, in der die Gleichung

$$(r_1 - r_2) = m\lambda \qquad [9.21a]$$

die Flächen maximaler Bestrahlungsstärke bestimmt. Da für Licht die Wellenlänge λ sehr klein ist, existiert eine große Anzahl von Flächen in der Nähe der beiden Seiten der Ebene $m = 0$, die den kleineren Werten von m entsprechen. Eine Anzahl von geraden parallelen Interferenzstreifen erscheint daher in der Nähe von jener $(m = 0)$-Ebene auf einem Schirm, der senkrecht zu ihr steht, und für diesen Fall gilt die Näherung $r_1 \approx r_2$. Wird danach S_1 und S_2 senkrecht zur Geraden $\overline{S_1 S_2}$ verschoben, so werden die Interferenzstreifen lediglich parallel zu sich selbst verschoben. Zwei schmale Schlitze vergrößern daher die Bestrahlungsstärke und lassen den Zentralbereich des Bildes der Zweipunktquelle ansonsten im wesentlichen unverändert.

Wir stellen uns eine monochromatische, ebene Welle vor, die einen langen schmalen Spalt beleuchtet. Aus jenem Primärspalt kommt eine Zylinderwelle heraus, und wir nehmen an, daß diese Welle ihrerseits auf zwei schmale, eng aneinanderliegende Spalte S_1 und S_2 fällt. Dies ist in einer dreidimensionalen Ansicht in Abbildung 9.5 (a) dargestellt. Ist die Anordnung symmetrisch, so sind die Abschnitte der primären Wellenfront, die an den zwei Spalten ankommen, genau in Phase, und die Spalte bilden zwei kohärente Sekundärwellen. Wir erwarten eine Interferenz, wo sich auch immer die zwei Wellen, die von S_1 und S_2 kommen, überlagern (vorausgesetzt, daß der optische Wegunterschied kleiner als die Kohärenzlänge $c\,\Delta t_c$ ist).

Wir betrachten die Konstruktion, die in Abbildung 9.5 (c) dargestellt ist. In einer realistischen physikalischen Situation wäre der Abstand zu jedem Schirm sehr groß im Vergleich zum Abstand a zwischen den zwei Spalten, und alle Interferenzstreifen wären ziemlich nahe am Zentrum O des Schirms. Den Wegunterschied zwischen den Strahlen längs $\overline{S_1P}$ und $\overline{S_2P}$ kann man bis zu einer guten Näherung durch Fällen einer Senkrechten von S_2 auf $\overline{S_1P}$ erhalten. Dieser Wegunterschied ist durch

$$(\overline{S_1B}) = (\overline{S_1P}) - (\overline{S_2P}) \qquad (9.22)$$

oder

$$(\overline{S_1B}) = r_1 - r_2$$

gegeben. Nach Fortführung dieser Approximation (Aufgabe 9.13) kann man den Wegunterschied als

$$r_1 - r_2 = a\theta \qquad (9.23)$$

ausdrücken, da $\theta \approx \sin\theta$.

Man beachte, daß

$$\theta = \frac{y}{s}, \qquad (9.24)$$

und so gilt

$$r_1 - r_2 = \frac{a}{s}y. \qquad (9.25)$$

Gemäß Abschnitt 9.1 entsteht eine *konstruktive Interferenz*, wenn

$$r_1 - r_2 = m\lambda. \qquad (9.26)$$

Daher erhalten wir aus den letzten zwei Beziehungen

$$y_m = \frac{s}{a}m\lambda. \qquad (9.27)$$

Dies gibt die Position des m-ten hellen Interferenzstreifens auf dem Schirm an, falls wir das Maximum in 0 als den nullten Interferenzstreifen zählen. Die Winkelposition des Interferenzstreifens erhält man durch Substitution des letzten Ausdrucks in die Gleichung (9.24); daher gilt

$$\theta_m = \frac{m\lambda}{a}. \qquad (9.28)$$

Diese Beziehung kann man durch Prüfung der Abbildung 9.5 (c) sofort erhalten. Für die Interferenz m-ter Ordnung sollten m ganze Wellenlängen innerhalb des Abstands $r_1 - r_2$ passen. Deshalb ergibt sich aus dem Dreieck S_1S_2B

$$a\sin\theta_m = m\lambda \qquad (9.29)$$

oder

$$\theta_m = m\lambda/a.$$

Den Abstand der Interferenzstreifen auf dem Schirm kann man sofort von Gleichung (9.27) erhalten. Die Differenz der Positionen zweier aufeinanderfolgender Maxima ist

$$y_{m+1} - y_m = \frac{s}{a}(m+1)\lambda - \frac{s}{a}m\lambda$$

oder

$$\Delta y = \frac{s}{a}\lambda. \qquad (9.30)$$

Da dieses Muster äquivalent zu dem ist, das man für zwei sich überlagernde sphärische Wellen erhält (wenigstens in dem Bereich, in dem $r_1 \approx r_2$ ist), können wir Gleichung (9.17) anwenden. Bei Verwendung des Phasenunterschieds

$$\delta = k(r_1 - r_2)$$

kann man Gleichung (9.17) zu

$$I = 4I_0 \cos^2\frac{k(r_1 - r_2)}{2}$$

umformulieren. Dies setzt natürlich voraus, daß die zwei Strahlen kohärent sind und gleiche Bestrahlungsstärken I_0 haben. Mit

$$r_1 - r_2 = ya/s$$

wird die resultierende Bestrahlungsstärke zu

$$I = 4I_0 \cos^2\frac{ya\pi}{s\lambda}. \qquad (9.31)$$

Abbildung 9.5 Youngscher Doppelspaltversuch. (a) Zylinderwellen überlagern sich im Bereich hinter dem Blendenschirm. (b) Sich überlagernde Wellen zeigen Maxima und Minima. (c) Die Geometrie des Youngschen Doppelspaltversuchs. (d) Eine Weglängendifferenz von einer Wellenlänge entspricht $m=\pm 1$ und dem Maximum erster Ordnung. (e) (Photo mit freundlicher Genehmigung von M. Cagnet, M. Francon und J.C. Thrierr: *Atlas optischer Erscheinungen*, Berlin-Heidelberg-New York: Springer, 1962.) (f) Eine moderne Version des Youngschen Doppelspaltversuchs, die einen Photodetektor (z.B. ein Photoelement oder eine Photodiode wie die RS 305-462) und einen X-Y-Schreiber verwendet. Der Detektor lagert auf einem von einem Motor angetriebenen Führungsschlitten und tastet das Interferenzmuster ab.

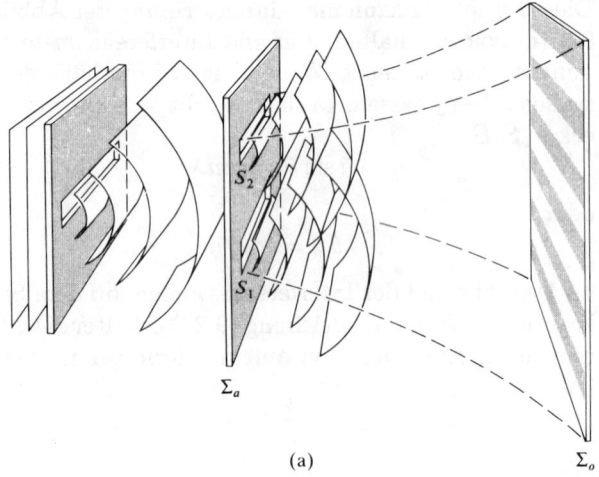

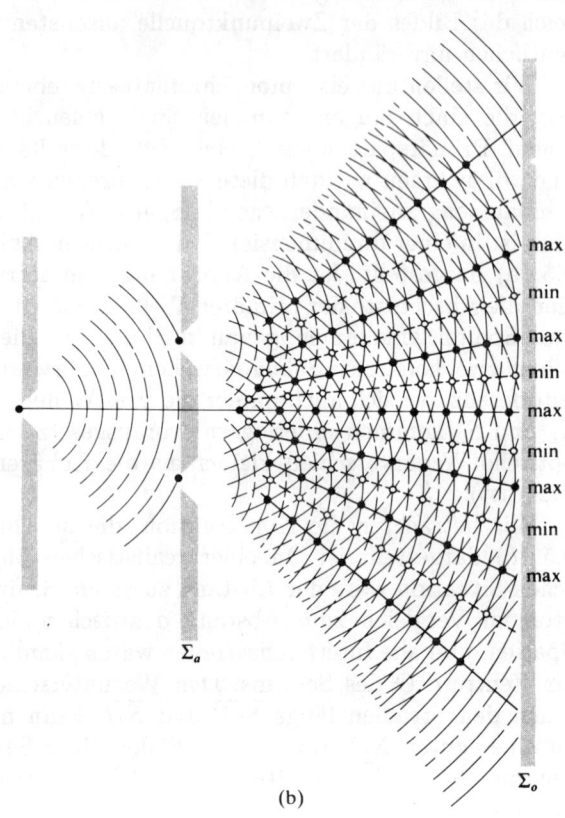

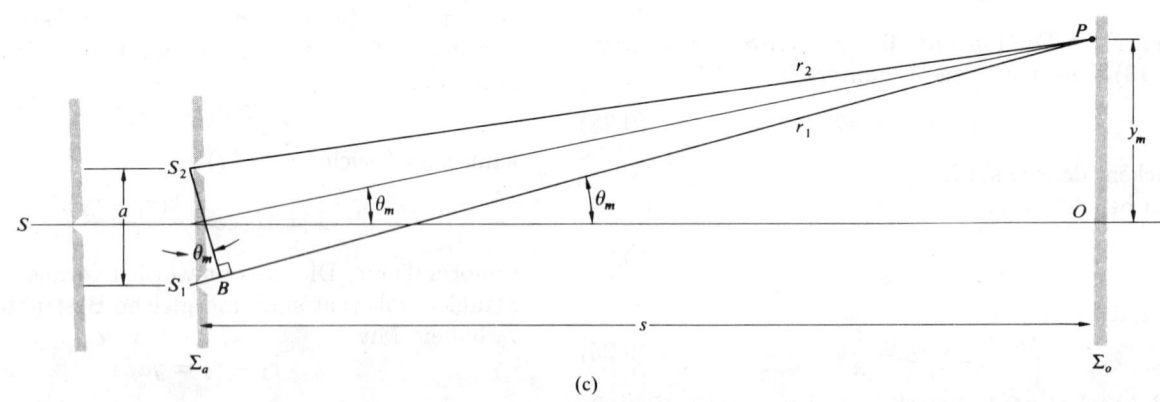

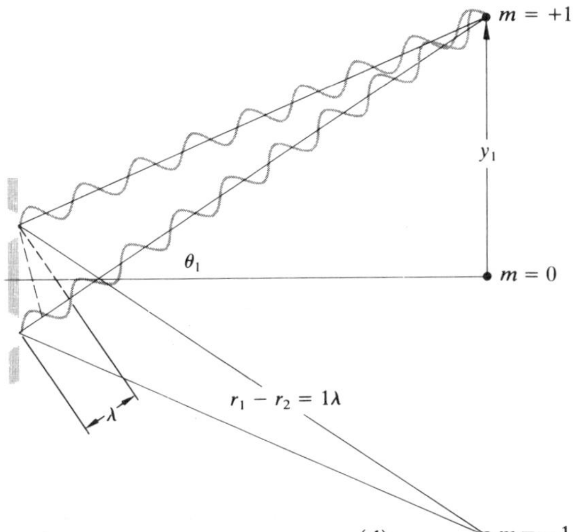

Wie man in der Abbildung 9.6 sieht, sind aufeinanderfolgende Maxima durch Δy der Gleichung (9.30) getrennt. Wir denken daran, daß wir infinitesimal breite Spalte annahmen; daher sind die $\cos^2$-Streifen der Abbildung 9.6 in Wirklichkeit eine unerreichbare Idealisierung.[3] Das wirkliche Muster verliert sich mit zunehmendem Abstand auf beiden Seiten von O wegen des Beugungseffektes.

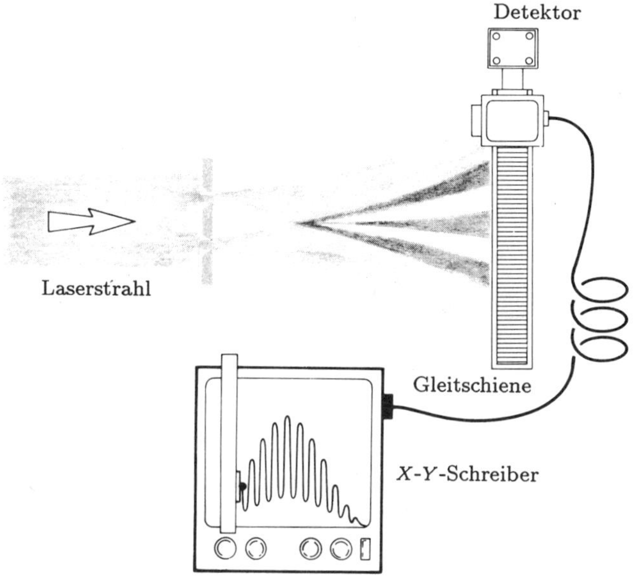

Legt man außerdem P in der Abbildung 9.5 (c) weiter von der Achse entfernt fest, so vergrößert sich $\overline{S_1 B}$ (was kleiner oder gleich $\overline{S_1 S_2}$ ist). Hat die Primärquelle eine kleine Kohärenzlänge, so können identische Paare von Wellengruppen bei der Zunahme des optischen Wegunterschiedes nicht mehr in P genau zusammen an-

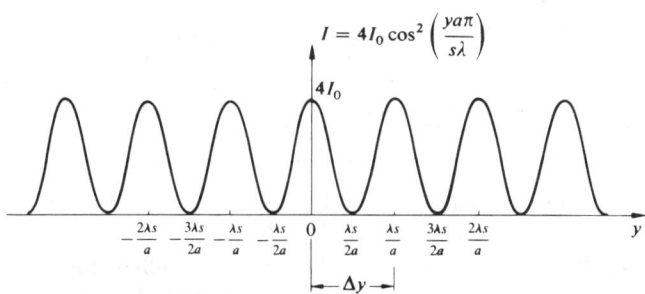

Abbildung 9.6 Idealisierte Diagrammkurve für die Bestrahlungsstärke gegen den Abstand.

---

3) Abwandlungen dieses Musters, die als eine Folge des Anwachsens der Breite der Primärquelle S oder der Spalte der Sekundärquellen entstehen, werden in späteren Kapiteln (10 und 12) betrachtet. Im ersteren Fall wird der Interferenzkontrast für den Kohärenzgrad (Abschnitt 12.1) verwendet. Im letzteren Fall werden Beugungseffekte bedeutsam.

---

kommen — es gibt eine zunehmende Anzahl von Teilen nicht zusammengehöriger Wellengruppen, so daß sich der Kontrast der Interferenzstreifen verschlechtert. Δx_c kann kleiner als $\overline{S_1 B}$ sein. In diesem Fall überlagern sich statt zweier zugehöriger Teile derselben Wellengruppe, die in P ankommen, nur Abschnitte von unterschiedlichen Wel-

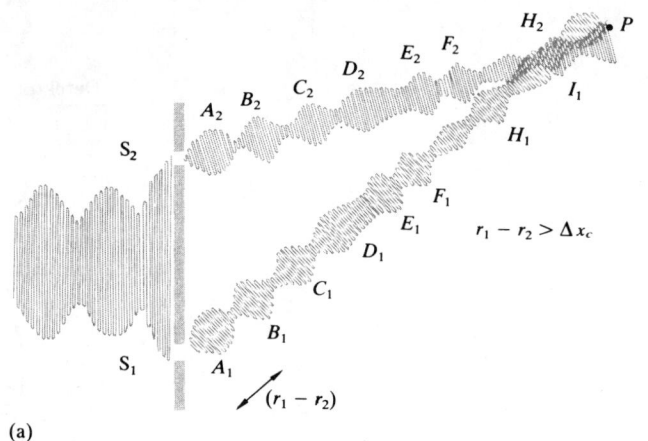

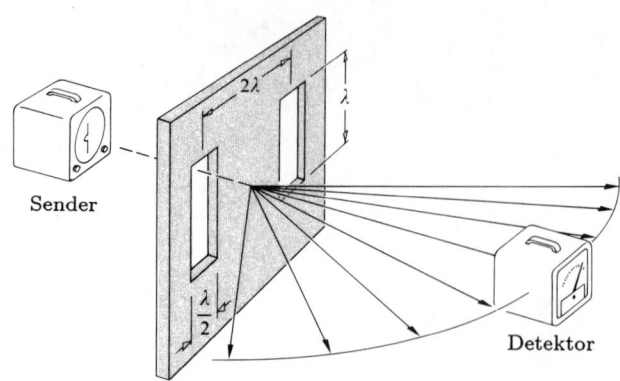

Abbildung 9.8 Ein Mikrowelleninterferometer.

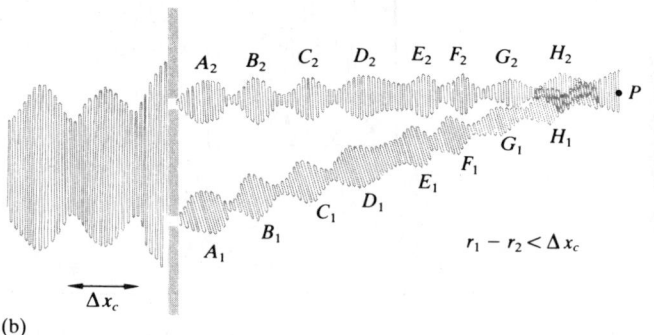

Abbildung 9.7 Eine schematische Darstellung der Erzeugung von Interferenzstreifen durch Licht, das sich aus einer Folge von Wellengruppen mit einer Kohärenzlänge Δx_c zusammensetzt, wenn (a) die Weglängendifferenz Δx_c überschreitet und (b) die Weglängendifferenz kleiner als Δx_c ist.

lengruppen, so daß die Streifen verschwinden. Wie in Abbildung 9.7 (a) gezeigt: ist die Weglängendifferenz größer als die Kohärenzlänge, so kommt die Wellengruppe E_1 von der Quelle S_1 mit der Wellengruppe D_2 von S_2 in P an; es gibt eine Interferenzerscheinung, doch sie existiert nur für eine kurze Zeit, bevor sich das Muster beim Beginn der Überlagerung der Wellengruppe D_1 mit der Wellengruppe C_2 verschiebt, da die relativen Phasen unterschiedlich sind. Wäre die Kohärenzlänge größer oder die Wegdifferenz kleiner, so würde die Wellengruppe D_1 mehr oder weniger mit der Wellengruppe D_2 in Wechselwirkung treten. Für jedes Paar gilt das Gleiche. Die Phasen wären dann in Beziehung zueinander und das Interferenzmuster stabil (Abb. 9.7 (b)). Da eine Quelle weißen Lichtes eine Kohärenzlänge von nur etwa drei Wellenlängen hat, folgt nach der Gleichung (9.27), daß man nur etwa drei Streifen auf beiden Seiten des mittleren Maximums sehen kann.

Bei weißem Licht (oder bei Beleuchtung mit großer Bandbreite) erreichen alle Farbkomponenten $y = 0$ phasengleich, nachdem sie gleiche Wege von jeder Blende gewandert sind. Der Streifen nullter Ordnung ist im wesentlichen weiß, doch alle anderen Maxima höherer Ordnung zeigen eine Streuung von Wellenlängen, da y_m nach der Gleichung (9.27) eine Funktion von λ ist. Daher dürfen wir uns in weißem Licht das m-te Maximum als das Wellenlängenband m-ter Ordnung vorstellen; eine Vorstellung, die direkt zum Beugungsgitter des nächsten Kapitels führt.

Man kann die Interferenzerscheinung unmittelbar visuell beobachten, indem man zwei kleine Löcher in eine dünne Karte sticht. Die Löcher sollten annähernd die Größe des Schriftsymbols einer Periode auf dieser Seite haben und der Abstand zwischen ihren Mittelpunkten sollte etwa drei Radien groß sein. Eine Straßenlampe, ein Autoscheinwerfer oder eine Ampel im Dunkeln, die sich etwa 10 m weit entfernt befinden, dienen als Quelle ebener Wellen. Die Karte sollte direkt vor und *sehr nahe am Auge* sein. Die Interferenzstreifen erscheinen senkrecht zur Mittelpunktsverbindung. Das Muster ist viel leichter zu sehen, wenn man die Spalte benutzt, die in Abschnitt 10.2.2 erörtert werden, doch sollte man es mit den Löchern hier versuchen.

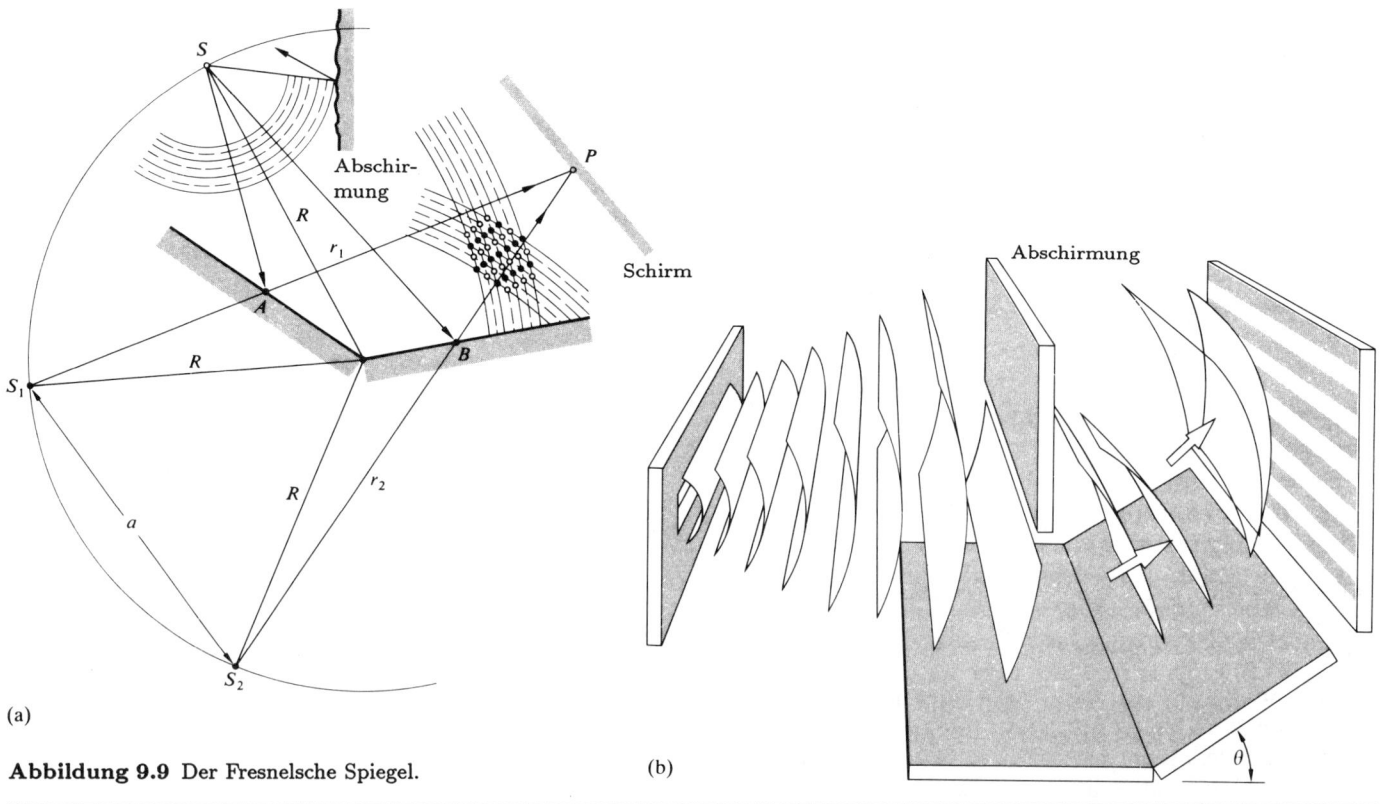

Abbildung 9.9 Der Fresnelsche Spiegel.

Mit Mikrowellen kann man, da ihre Wellenlängen im cm-Bereich liegen, besonders einfach Doppelspaltinterferenzen beobachten. Zwei Spalte (z.B. $\lambda/2$ breit, λ lang und durch 2λ getrennt), die in einem Stück Blech oder einer Folie geschnitten sind, dienen ganz gut als Sekundärquellen (Abb. 9.8).

Die oben diskutierte, interferometrische Anordnung mit entweder punkt- oder spaltförmigen Lichtquellen nennt man den **Youngschen Doppelspaltversuch**. Dieselben physikalischen Überlegungen treffen unmittelbar für eine Anzahl anderer Interferometer mit Wellenfrontaufspaltung zu. Unter ihnen sind der Fresnelsche Spiegel, das Fresnelsche Doppelprisma und der Lloydsche Spiegel am häufigsten anzutreffen.

Der Fresnelsche Spiegel besteht aus zwei ebenen, vorderseitig versilberten Spiegeln, die in einem sehr kleinen Winkel, wie in Abbildung 9.9 dargestellt, zueinander geneigt sind. Ein Teil der zylindrischen Wellenfront, der vom Spalt S kommt, wird von dem ersten Spiegel reflektiert, während ein anderer Teil der Wellenfront von dem zweiten Spiegel reflektiert wird. Ein Interferenzfeld existiert im Raumbereich, in dem sich die zwei reflektierten Wellen überlagern. Die Abbildungen (S_1 und S_2) des Spalts S in den zwei Spiegeln können als getrennte kohärente Quellen betrachtet werden, die in einem Abstand a auseinander liegen. Es folgt aus den Reflexionsgesetzen, wie in Abbildung 9.9 (a) dargestellt, daß $\overline{SA} = \overline{S_1A}$, $\overline{SB} = \overline{S_2B}$, so daß $\overline{SA} + \overline{AP} = r_1$ und $\overline{SB} + \overline{BP} = r_2$ ist. Der optische Weglängenunterschied zwischen den zwei Strahlen ist dann einfach $r_1 - r_2$. Die verschiedenen Maxima treten bei $r_1 - r_2 = m\lambda$ wie beim Youngschen Doppelspalt (Doppelspaltinterferometer) auf. Wieder ist der Abstand der Interferenzstreifen durch

$$\Delta y = \frac{s}{a}\lambda$$

gegeben, wobei s der Abstand zwischen der Ebene der zwei virtuellen Quellen (S_1, S_2) und dem Schirm ist. Die Anordnung in Abbildung 9.9 wurde absichtlich übertrieben, um die Geometrie etwas klarer zu machen. Man be-

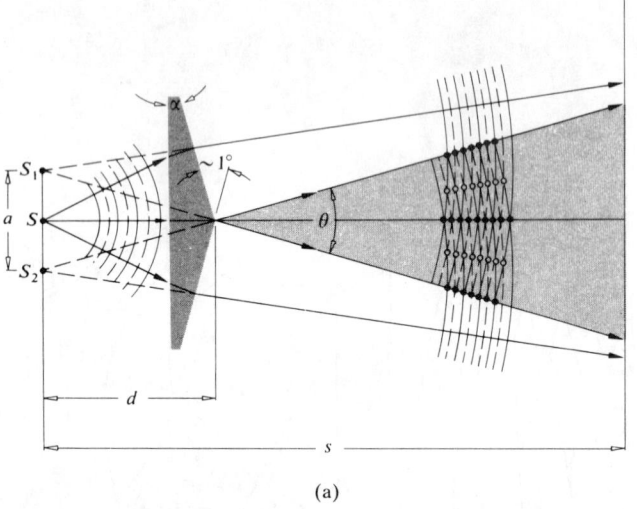
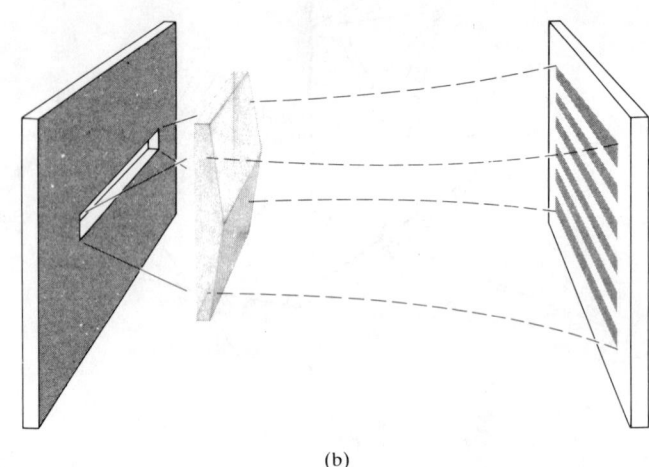

(a) (b)

Abbildung 9.10 Das Fresnelsche Doppelprisma (Biprisma von Fresnel).

achte, daß der Winkel θ zwischen den Spiegeln ziemlich klein sein muß, wenn die elektrischen Feldvektoren für beide Strahlenbündel parallel oder fast parallel sein sollen. E_1 und E_2 sollen die Lichtwellen darstellen, die von den kohärenten virtuellen Quellen S_1 und S_2 emittiert werden. In jedem Zeitpunkt kann im Raumpunkt P jeder dieser Vektoren in Komponenten zerlegt werden, die parallel und senkrecht zur Abbildungsebene sind. Mit k_1 parallel zu $\overline{AP}$ beziehungsweise k_2 zu $\overline{BP}$ sollte es klar sein, daß sich die Komponenten von E_1 und E_2 in der Abbildungsebene nur für kleine θ der Parallelität nähern.

Das Fresnelsche Doppelprisma oder das Biprisma von Fresnel besteht aus zwei dünnen Prismen, die mit ihren Grundflächen, wie in Abbildung 9.10 gezeigt, verbunden sind. Eine einzelne zylindrische Wellenfront trifft auf beide Prismen. Der obere Teil der Wellenfront wird nach unten gebrochen, der untere Abschnitt nach oben. In dem Überlagerungsbereich entsteht Interferenz. Hier existieren wieder zwei virtuelle Quellen S_1 und S_2. Sie sind durch einen Abstand a getrennt, der in Abhängigkeit von dem Prismenwinkel α ausgedrückt werden kann (Aufgabe 9.15), wobei $s \gg a$ ist. Der Ausdruck für den Abstand der Interferenzstreifen ist der gleiche wie zuvor.

Das letzte Interferometer mit Wellenfrontaufspaltung, das wir betrachten wollen, ist der Lloydsche Spie-

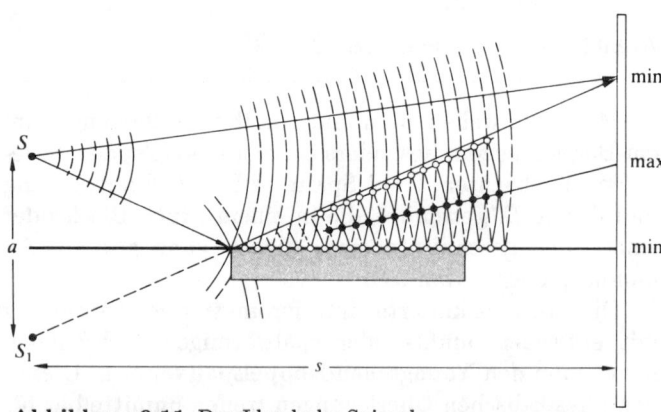

Abbildung 9.11 Der Lloydsche Spiegel.

gel. Er ist in Abbildung 9.11 dargestellt und besteht aus einer flachen Dielektrikum- oder Metallschicht, die als ein Spiegel dient, von dem ein Teil der zylindrischen Wellenfront reflektiert wird, die von dem Spalt S kommt. Ein anderer Teil der Wellenfront wandert direkt vom Spalt zum Schirm. Der Abstand a zwischen den zwei kohärenten Quellen ist nun die Distanz zwischen dem Spalt und seinem Bild S_1 im Spiegel. Der Abstand zwischen den Interferenzstreifen ist wieder durch $(s/a)\lambda$

gegeben. Das kennzeichnende Merkmal dieses Gerätes ist die 180°-Phasenverschiebung des reflektierten Strahlenbündels bei streifendem Einfall ($\theta_i \approx \pi/2$) (wir erinnern uns, daß die Amplitudenreflexionskoeffizienten dann beide gleich -1 sind). Mit einer zusätzlichen Phasenverschiebung von $\pm\pi$ gilt

$$\delta = k(r_1 - r_2) \pm \pi,$$

und die Bestrahlungsstärke wird zu

$$I = 4I_0 \sin^2\left(\frac{\pi a y}{s\lambda}\right).$$

Die Interferenzerscheinungen für den Lloydschen Spiegel und für den Youngschen Doppelspalt ergänzen sich einander; die Maxima eines Bildes existieren bei Werten von y, die den Minima im anderen Bild entsprechen. Die obere Kante des Spiegels ist äquivalent zu $y = 0$ und ist das Zentrum eines dunklen Interferenzstreifens statt eines hellen wie im Youngschen Gerät. Die untere Hälfte des Musters wird durch den Spiegel selbst verdeckt. Wir stellen uns nun vor, was geschehen würde, wenn eine dünne Folie eines transparenten Stoffes in den Weg der Strahlen gestellt wird, die direkt zum Schirm wandern. Die transparente Folie würde bewirken, daß sich die Anzahl der Wellenlängen in jedem direkten Strahl vergrößert. Das gesamte Muster würde sich dementsprechend nach oben bewegen, wohin die reflektierten Strahlen ein wenig weiter laufen müßten, bis sie interferieren. Da die Vorrichtung einfach ist, hat sie über einen sehr weiten Bereich des elektromagnetischen Spektrums Verwendung gefunden. In der Praxis variieren die reflektierenden Flächen von Kristallen für Röntgenstrahlen zu gewöhnlichem Glas für Licht, vom Drahtnetzschirm für Mikrowellen zu einem See oder sogar der Erdionosphäre für Radiowellen.[4]

Alle oben genannten Interferometer können leicht demonstriert werden. Die benötigten Teile, die auf einer einzigen optischen Bank montiert werden, sind in Abbildung 9.12 graphisch dargestellt. Die Lichtquelle sollte stark sein; steht kein Laser zu Verfügung, so kann man auch eine Entladungslampe oder eine Kohlebogenlampe zusammen mit einer Wasserzelle als Kühlung verwenden.

---

[4] Der Einfluß der Begrenzung von Spaltbreiten und Frequenzbandbreiten wird in R.N. Wolfe und F.C. Eisen, "Irradiance Distribution in a Lloyd Mirror Interference Pattern", *J. Opt. Soc. Am.* **38**, 706 (1948) erörtert.

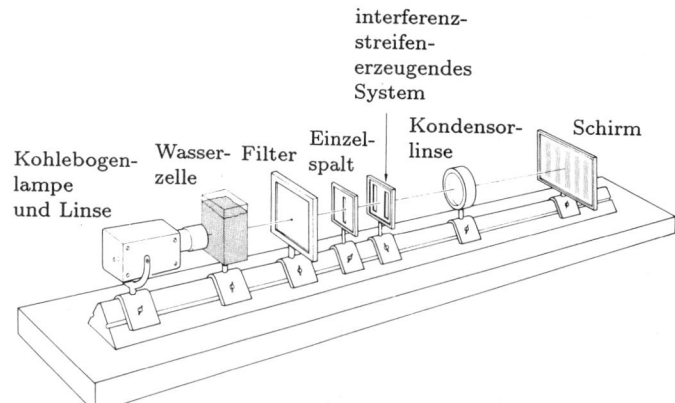

Abbildung 9.12 Aufbau der optischen Bank zum Studium von Wellenfrontaufspaltungsanordnungen mit einer Kohlebogenlampe als Lichtquelle.

Das Licht ist nun nicht monochromatisch, aber die Interferenzstreifen, die farbig sind, können noch beobachtet werden. Eine zufriedenstellende Annäherung an monochromatisches Licht kann man mit einem Filter erhalten, der vor die Bogenlampe gestellt wird. Ein He-Ne-Laser kleiner Leistung ist vielleicht für die Handhabung die bequemste Quelle; bei ihm benötigt man weder Wasserzelle noch Filter.

9.4 Interferometer mit Amplitudenaufspaltung

Angenommen eine Lichtwelle fällt auf einen halbdurchlässigen Spiegel.[5] Ein Teil der Welle wird durchgelassen, und ein Teil wird reflektiert. Sowohl die durchgelassene als auch die reflektierte Welle würden natürlich kleinere Amplituden als die originale Welle haben. Man könnte im übertragenen Sinne sagen, daß die Amplitude "aufgespalten" worden ist. Könnte man die zwei getrennten Wellen irgendwie in einem Detektor wieder zusammenbringen, so würde sich eine Interferenz so lange ergeben, wie die originale Kohärenz zwischen den zwei nicht

---

[5] Ein *halbdurchlässiger Spiegel* ist deswegen teildurchlässig, weil die Metallbeschichtungsdicke kleiner ist als die Wellenlänge des Lichtes in diesem Metall. Man kann durch ihn schauen, und zur gleichen Zeit kann man sein Spiegelbild in ihm sehen. *Strahlenteiler*, wie Vorrichtungen dieser Art genannt werden, können auch aus dünnen gestreckten Kunststoffschichten, die man *dünne Filme* oder *dünne Häutchen* nennt, oder sogar aus unbeschichteten Glasplatten hergestellt werden.

gestört worden ist. Unterscheiden sich die Wellenlängen um einen Abstand, der größer als der des Wellenzuges (d.h. der Kohärenzlänge) ist, so entsprechen die Strahlenteile, die im Detektor vereint werden, anderen Wellenzügen. In diesem Fall existiert keine eindeutige Phasenbeziehung zwischen ihnen, und die Interferenzerscheinung wird dann unbeobachtbar. Wir werden zu diesen Vorstellungen zurückkommen, wenn wir die Kohärenztheorie detaillierter betrachten. Für den Augenblick beschränken wir uns auf jene Fälle, bei denen der Wegunterschied kleiner als die Kohärenzlänge ist.

9.4.1 Dielektrische Schichten — Interferenz mit doppeltem Strahlengang

Interferenzeffekte sind in transparenten Stoffen beobachtbar, bei denen die Dicken über einen sehr weiten Bereich variieren, der sich von Schichten, die kleiner als die Lichtwellenlänge sind (z.B. für grünes Licht ist λ_0 etwa gleich 1/150 der Dicke dieser bedruckten Seite), bis zu Platten erstreckt, die einige Zentimeter dick sind. Man bezeichnet eine Materialschicht für eine gegebene Wellenlänge elektromagnetischer Strahlung als eine *Dünnschicht*, wenn sich ihre Dicke in der Größenordnung jener Wellenlänge befindet. Vor den vierziger Jahren wurden Interferenzphänomene an dünnen dielektrischen Schichten praktisch kaum angewandt, obwohl sie wohlbekannt waren. Die prächtigen Farben, die Ölteppiche und Seifenschichten darbieten, waren zwar ästhetisch und theoretisch anziehend aber praktisch hauptsächlich hübsche Kuriositäten.

In den dreißiger Jahren wurden Vakuumdampfungstechniken entwickelt, um genau kontrollierte Beschichtungen im kommerziellen Umfang herzustellen, und damit flackerte ein Interesse daran wieder auf. Während des zweiten Weltkrieges hatten beide Seiten eine Vielfalt von beschichteten optischen Geräten und bis zu den sechziger Jahren wurden Mehrfachbeschichtungen weitverbreitet verwendet.

Interferenzen gleicher Neigung

Zu Beginn betrachten wir den einfachen Fall einer transparenten parallelen Platte aus dielektrischem Material, die eine Dicke d hat (Abb. 9.13). Angenommen die Schicht absorbiert nicht und die Amplitudenreflexions-

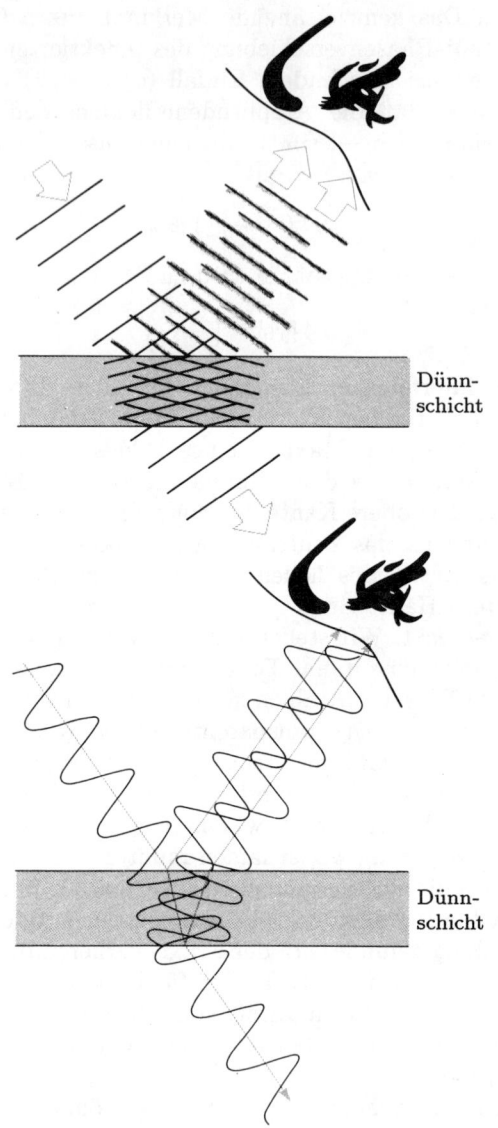

Abbildung 9.13 Die Wellen- und Strahlendarstellungen der Dünnschichtinterferenz. Das Licht, das von der Ober- und Unterfläche der Schicht reflektiert wird, interferiert zu einem Interferenzmuster.

koeffizienten sind an den Grenzflächen so klein, daß nur die ersten zwei reflektierten Strahlen E_{1r} und E_{2r} (beide wurden nur einmal reflektiert) berücksichtigt werden müssen (Abb. 9.14). In der Praxis nehmen die Ampli-

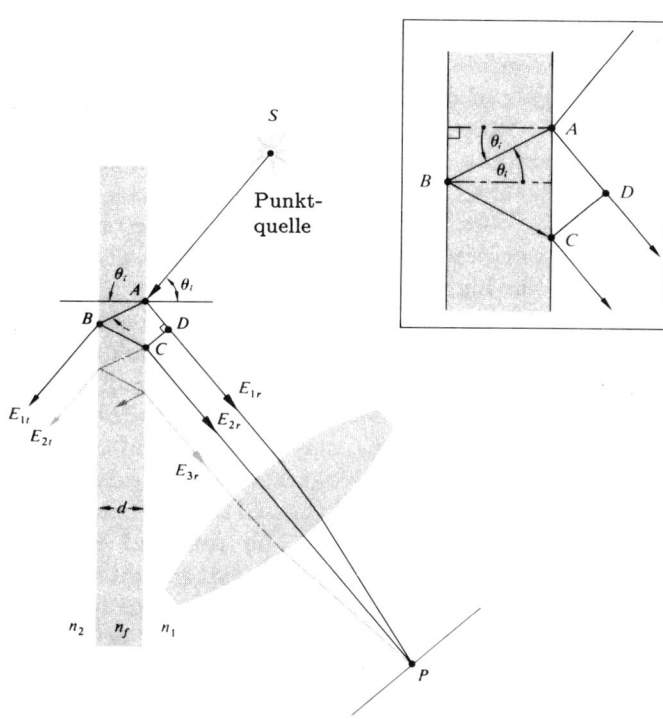

Abbildung 9.14 Interferenzen gleicher Neigung.

tuden reflektierter Strahlen höherer Ordnung (E_{3r} usw.) sehr schnell ab, wie man es für die Luft-Wasser- und Luft-Glas-Grenzfläche zeigen kann (Aufgabe 9.21). Für den Augenblick betrachten wir S als eine monochromatische Punktquelle. Die Schicht dient als ein Gerät mit Amplitudenaufspaltung, so daß man sich vorstellen darf, daß E_{1r} und E_{2r} aus zwei kohärenten virtuellen Quellen kämen, die hinter der Schicht liegen. Die reflektierten Strahlen sind beim Verlassen der Schicht parallel und können in einem Punkt P auf der Brennebene eines Teleskopobjektivs oder auf der Netzhaut des Auges zusammengebracht werden, wenn diese auf Unendlich eingestellt sind. Aus der Abbildung 9.14 ist der optische Weglängenunterschied für die ersten zwei reflektierten Strahlen durch

$$\Lambda = n_f[(\overline{AB}) + (\overline{BC})] - n_1(\overline{AD})$$

bestimmt, und da $(\overline{AB}) = (\overline{BC}) = d/\cos\theta_t$, folgt

$$\Lambda = \frac{2n_f d}{\cos\theta_t} - n_1(\overline{AD}).$$

Um nun einen Ausdruck für $(\overline{AC})$ zu finden, schreiben wir

$$(\overline{AD}) = (\overline{AC})\sin\theta_i.$$

Verwenden wir das Snelliussche Gesetz, so wird dies zu

$$(\overline{AD}) = (\overline{AC})\frac{n_f}{n_1}\sin\theta_t,$$

wobei

$$(\overline{AC}) = 2d\tan\theta_t. \tag{9.32}$$

Der Ausdruck für Λ wird nun zu

$$\Lambda = \frac{2n_f d}{\cos\theta_t}(1 - \sin^2\theta_t)$$

oder schließlich zu

$$\Lambda = 2n_f d\cos\theta_t. \tag{9.33}$$

Der entsprechende Phasenunterschied, der mit dem optischen Weglängenunterschied verknüpft ist, ist dann gerade das Produkt aus der Wellenzahl des freien Raums und Λ, d.h. $k_0\Lambda$. Wird die Schicht in ein einziges Medium gebracht, so kann der Brechungsindex einfach als $n_1 = n_2 = n$ geschrieben werden. n darf natürlich kleiner als n_f sein, wie es im Falle einer Seifenschicht in der Luft ist; oder größer als n_f, wie bei einer Luftschicht zwischen zwei Glasplatten. In beiden Fällen gibt es eine zusätzliche Phasenverschiebung, die aus den Reflexionen entstehen. Wir erinnern uns, daß ungeachtet der Polarisation des ankommenden Lichts die zwei Strahlenbündel (eines innen und eines außen reflektiert) eine *relative Phasenverschiebung* von π Radianten erfahren werden. Dementsprechend ist

$$\delta = k_0\Lambda \pm \pi$$

und ausführlicher

$$\delta = \frac{4\pi n_f}{\lambda_0}d\cos\theta_t \pm \pi \tag{9.34}$$

oder

$$\delta = \frac{4\pi d}{\lambda_0}(n_f^2 - n^2\sin^2\theta_i)^{1/2} \pm \pi. \tag{9.35}$$

Das Vorzeichen der Phasenverschiebung ist bedeutungslos, so daß wir das negative Vorzeichen wählen, um die Gleichungen in der Form einfacher zu machen. Im reflektierten Licht erscheint in P ein Interferenzmaximum (ein heller Fleck), wenn $\delta = 2m\pi$, d.h. ein gerades Vielfaches von π ist. In diesem Fall kann Gleichung (9.34)

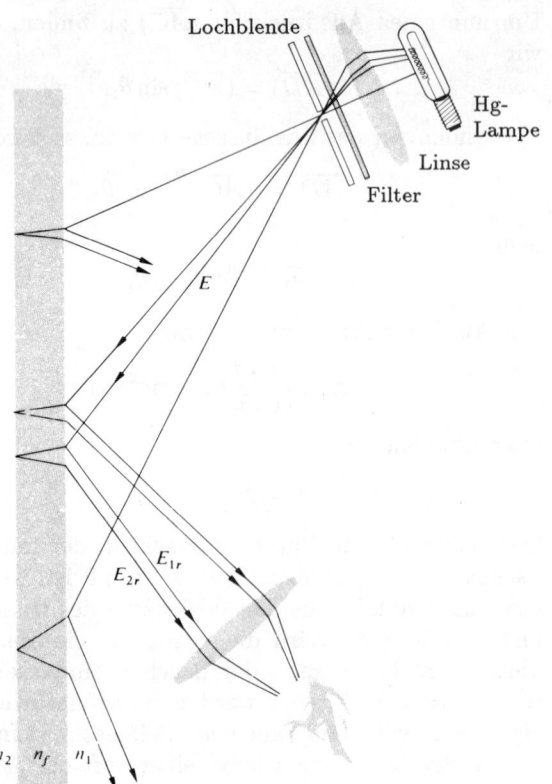

Abbildung 9.15 Interferenzmuster, die auf einem kleinen Teil der Schicht erscheinen.

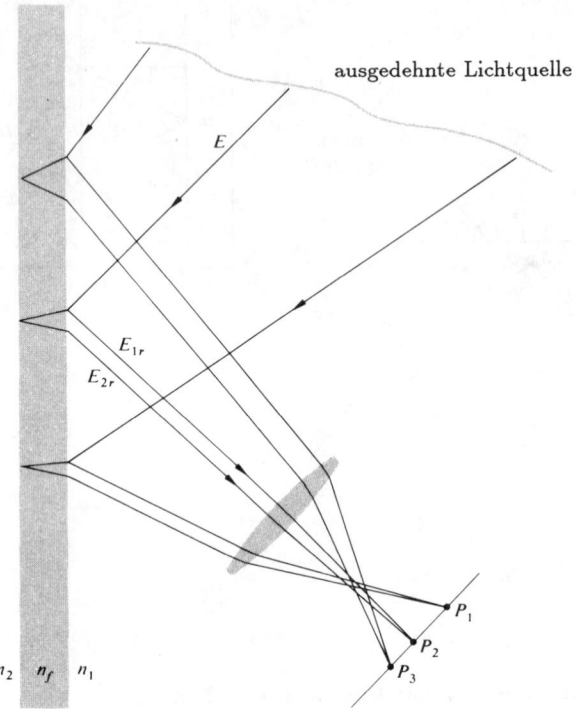

Abbildung 9.16 Interferenzmuster, die auf einem großen Bereich der Schicht erscheinen.

umgeordnet werden, so daß sie

(maxima) $\qquad d\cos\theta_t = (2m+1)\dfrac{\lambda_f}{4}, \qquad$ m=0,1,2,...
$\hfill(9.36)$

liefert; wobei wir davon Gebrauch machten, daß $\lambda_f = \lambda_0/n_f$. Dies entspricht ebenfalls den Minima im durchgelassenen Licht. Interferenzminima im reflektierten Licht (Maxima im durchgelassenen) ergeben sich, wenn $\delta = (2m\pm 1)\pi$, d.h. ein ungerades Vielfaches von π ist. Für solche Fälle liefert Gleichung (9.34)

(minima) $\qquad d\cos\theta_t = 2m\dfrac{\lambda_f}{4}. \hfill(9.37)$

Das Erscheinen von ungeraden und geraden Vielfachen von $\lambda/4$ in den Gleichungen (9.36) und (9.37) ist bedeutsam, wie wir später sehen werden. Es wäre natürlich möglich, daß $n_1 > n_f > n_2$ oder $n_1 < n_f < n_2$ wie bei einer Fluoridschicht ist, die auf einem optischen Glaselement aufgetragen wurde, das sich in Luft befindet. Die Phasenverschiebung von π wäre dann nicht vorhanden, und die oberen Gleichungen wären einfach entsprechend modifiziert.

Hat die Linse, die zur Strahlenfokussierung benutzt wird, eine kleine Blende, so erscheinen die Interferenzen auf einem kleinen Teil der Schicht. Von den Strahlen, die aus der Punktquelle austreten, kann man nur diejenigen sehen, die direkt in die Linse reflektiert werden (Abb. 9.15). Bei einer ausgedehnten Lichtquelle erreicht das Licht die Linse von verschiedenen Richtungen, und das Interferenzbild breitet sich über eine große Fläche der Schicht aus (Abb. 9.16).

Der Winkel θ_i oder äquivalent θ_t, der durch die Lage von P bestimmt ist, regelt seinerseits δ. Die Interferenzmuster, die in Abbildung 9.17 in den Punkten P_1 und

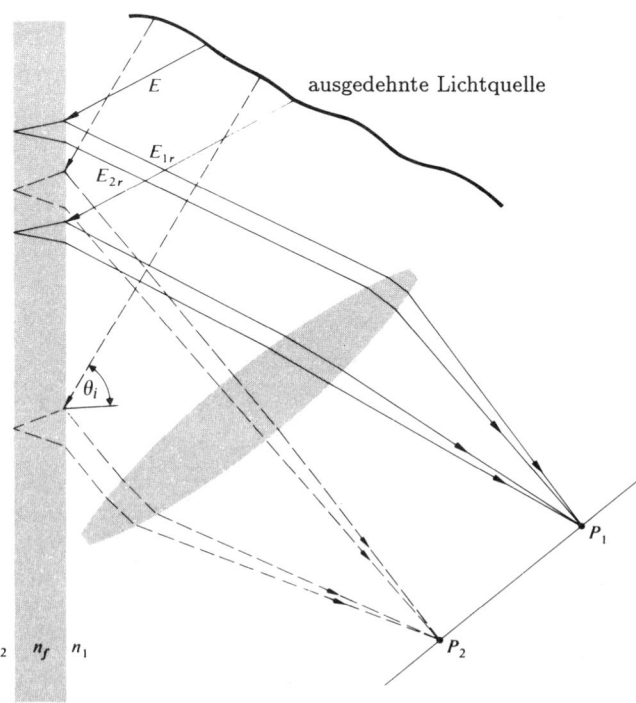

Abbildung 9.17 Alle Strahlen, die denselben Neigungswinkel haben, kommen in demselben Punkt an.

P_2 erscheinen, nennt man dementsprechend **Interferenzen gleicher Neigung** (Aufgabe 9.26 diskutiert einige einfache Methoden, um diese Interferenzmuster zu sehen). Man denke daran, daß jeder Quellenpunkt auf der ausgedehnten Quelle in bezug auf die anderen inkohärent ist.

Man beachte, daß der Abstand $(\overline{AC})$ zwischen E_{1r} und E_{2r} auch wächst, wenn die Schicht dicker wird, da

$$(\overline{AC}) = 2d \tan \theta_t. \qquad [9.32]$$

Falls nur einer der zwei Strahlen in die Augenpupille eintreten kann, so verschwindet das Interferenzmuster. Die größere Linse eines Teleskops kann man dann benutzen, um beide Strahlen einzusammeln und das Muster wieder sichtbar zu machen. Der Abstand kann ebenso durch Verkleinerung von θ_t und daher θ_i verringert werden; d.h. durch Betrachtung der Schicht bei fast senkrechtem Einfall. Die Interferenzen gleicher Neigung, die in dieser Art und Weise für dicke Platten gesehen werden, nennt

man **Haidingersche Ringe**. Mit einer ausgedehnten Lichtquelle bestehen sie aus einer Reihe von konzentrischen, kreisförmigen Bändern, die um die Senkrechte zentriert sind, die vom Auge zur Schicht verläuft (Abb. 9.18). Das Interferenzbild folgt der Bewegung des Beobachters.

Interferenzen gleicher Dicke

Es gibt eine ganze Klasse von Interferenzstreifen, für die die optische Dicke $n_f d$ der dominierende Parameter statt θ_i ist. Man bezeichnet sie als **Interferenzen gleicher Dicke**. Bei weißer Lichtbeleuchtung folgt aus den Variationen der Schichtdicken das Schillern von Seifenblasen, Ölteppichen (ein paar Wellenlängen dick) und sogar oxidierten Metalloberflächen. Interferenzbänder dieser Art sind analog den Schichtlinien konstanter Höhe einer topographischen Landkarte. Jeder Interferenzstreifen ist der Ort aller Punkte auf der Schicht, für die die optische Dicke konstant ist. Im allgemeinen variiert n_f nicht, so daß die Streifen Bereichen konstanter Schichtdicke entsprechen. So können sie in der Bestimmung der Oberflächenbeschaffenheit nützlich sein. Zum Beispiel könnte man eine Oberfläche, die untersucht werden soll, mit einer *optisch ebenen Fläche*[6] in Berührung bringen. Die Luft im Raum zwischen den zwei Flächen erzeugt ein Dünnschichtinterferenzbild. Falls die zu untersuchende Oberfläche eben ist, zeigt eine Reihe gerader, gleichweit getrennter Bänder eine keilförmige Luftschicht an, die gewöhnlich vom Staub herrührt, der sich zwischen den Ebenen befindet. Zwei Glasplatten, die an einem Ende durch einen Streifen Papier getrennt sind, bilden einen geeigneten Keil, mit dem man diese Bänder beobachten kann.

Betrachtet man die Schichtlinien, die sich aus einer ungleichförmigen Schicht ergeben, bei fast senkrechtem Einfall, so bezeichnet man sie als **Fizeausche Streifen** (Abb. 9.19). Für einen dünnen Keil mit kleinem Winkel α kann man den optischen Weglängenunterschied zwischen zwei reflektierten Strahlen durch Gleichung (9.33)

---

[6] Man bezeichnet eine Fläche als optisch eben, wenn sie durch nicht mehr als etwa $\lambda/4$ von einer vollkommenen Ebene abweicht. In der Vergangenheit wurden die besten Ebenen aus klarem Quarzglas hergestellt. Heute sind Materiale aus Glaskeramik (z.B. CERVIT) erhältlich, die extrem kleine Wärmeausdehnungskoeffizienten (etwa 1/6 von Quarz) haben. Einzelne Ebenen mit Abweichungen von $\lambda/200$ und besser können angefertigt werden.

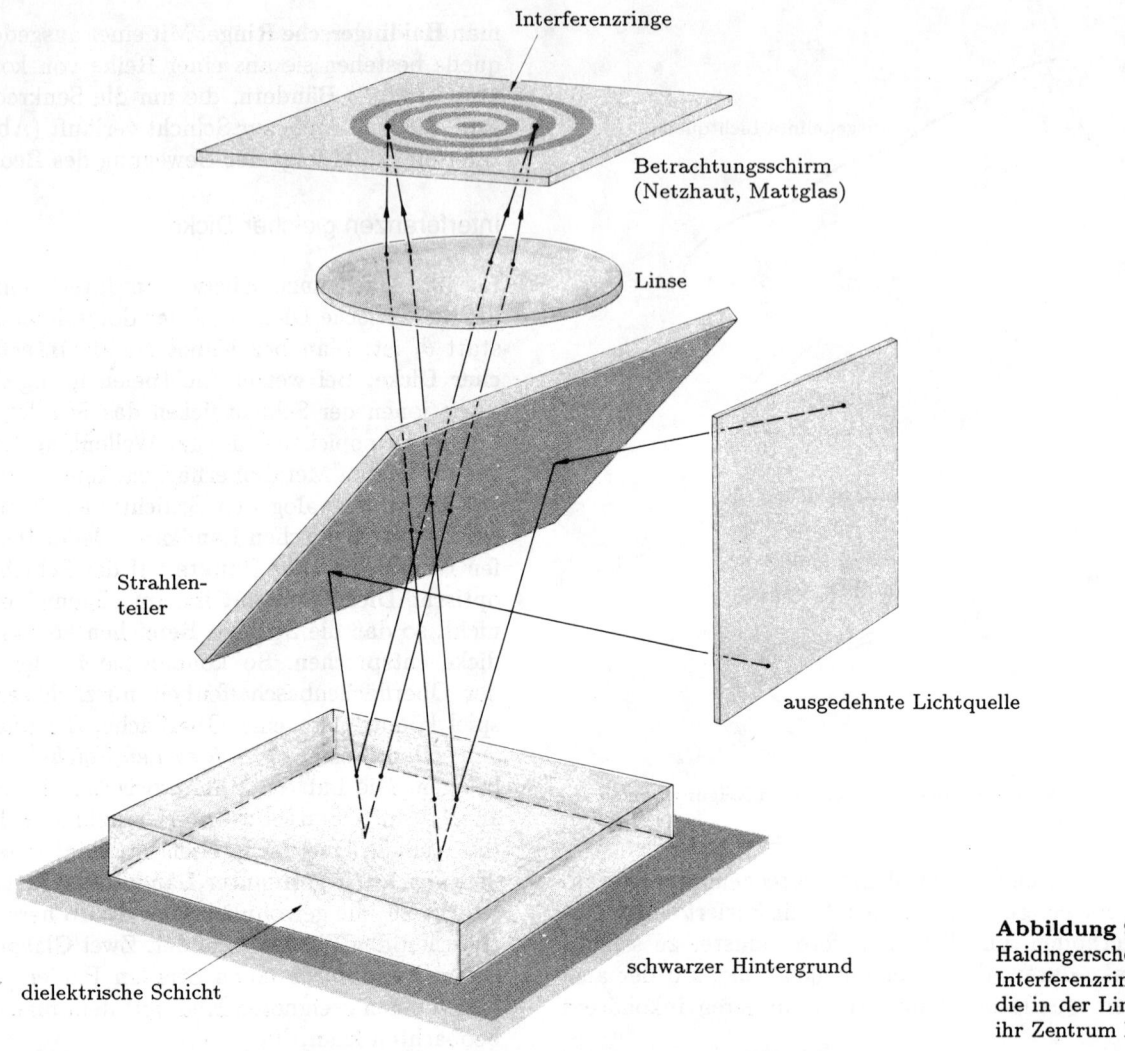

Abbildung 9.18
Haidingersche Interferenzringe, die in der Linsenachse ihr Zentrum haben.

näherungsweise berechnen, wobei d die Dicke an einem bestimmten Punkt ist, d.h.

$$d = x\alpha. \tag{9.38}$$

Für kleinere Werte von θ_i wird die Bedingung für ein Interferenzmaximum zu

$$\left(m + \frac{1}{2}\right)\lambda_0 = 2n_f d_m$$

oder zu

$$\left(m + \frac{1}{2}\right)\lambda_0 = 2\alpha x_m n_f.$$

Da $n_f = \lambda_0/\lambda_f$, darf x_m als

$$x_m = \left(\frac{m + 1/2}{2\alpha}\right)\lambda_f \tag{9.39}$$

geschrieben werden. Maxima treten bei Abständen von der Keilspitze auf, die durch $\lambda_f/4\alpha$, $3\lambda_f/4\alpha$ usw. bestimmt sind, und aufeinanderfolgende Streifen sind durch einen Abstand Δx getrennt, der durch

$$\Delta x = \lambda_f/2\alpha \tag{9.40}$$

bestimmt ist. Man beachte, daß der Unterschied der Schichtdicken zwischen benachbarten Maxima einfach

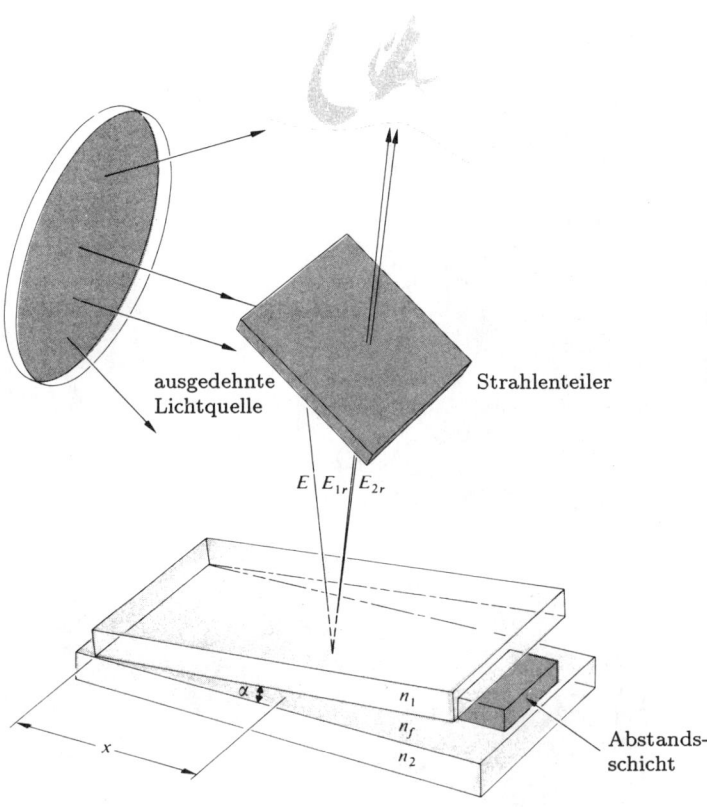

Abbildung 9.19 Interferenzstreifen einer keilförmigen Schicht.

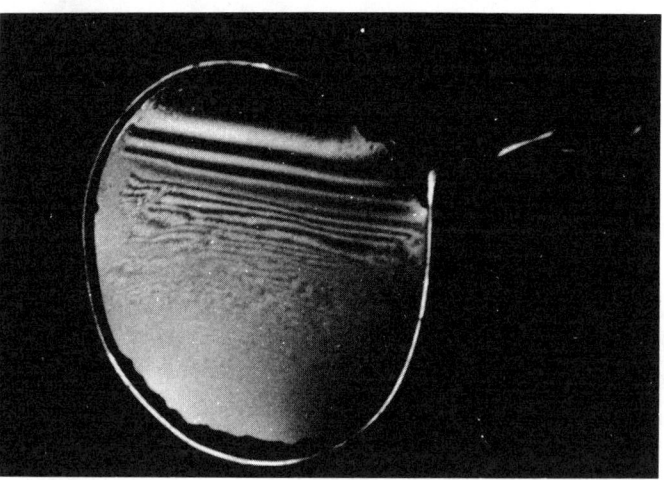

Abbildung 9.20 Eine keilförmige Schicht, die aus flüssigem Spülmittel hergestellt wurde. (Photo E.H.)

$\lambda_f/2$ ist. Da der Strahl, der von der unteren Fläche reflektiert wird, die Schicht zweimal durchläuft ($\theta_i \approx \theta_t \approx 0$), unterscheiden sich benachbarte Maxima in der optischen Weglänge durch λ_f. Man beachte auch, daß die Schichtdicke bei den verschiedenen Maxima durch

$$d_m = \left(m + \frac{1}{2}\right)\frac{\lambda_f}{2} \qquad (9.41)$$

gegeben ist, was ein ungerades Vielfaches einer viertel Wellenlänge ist. Ein zweifacher Durchlauf durch die Schicht liefert eine Phasenverschiebung π, die, wenn sie zu der aus der Reflexion folgenden Verschiebung π addiert wird, die zwei Strahlen wieder phasengleich macht.

Abbildung 9.20 ist eine Photographie einer Seifenhaut, die vertikal gehalten wird, so daß sie sich unter dem Einfluß der Gravitation in eine Keilform absetzt. Beleuchtet man sie mit weißem Licht, so bestehen die Bänder aus verschiedenen Farben. Der schwarze Bereich an der Spitze ist ein Teil, in dem die Schicht kleiner als $\lambda_f/4$ dick ist. Das Zweifache davon plus einer zusätzlichen Verschiebung $\lambda_f/2$ infolge der Reflexion ist kleiner als eine ganze Wellenlänge. Die reflektierten Strahlen sind deshalb außer Phase. Da die Dicke noch weiter abnimmt, nähert sich der Gesamtphasenunterschied dem Wert π. Die Bestrahlungsstärke geht beim Beobachter gegen ein Minimum (Gl. 9.5), und die Schicht erscheint im reflektierten Licht schwarz.[7]

Pressen Sie zwei gutgesäuberte Objektträger zusammen. Die eingeschlossene Luftschicht wird in der Regel nicht gleichmäßig sein. Bei gewöhnlicher Zimmerbeleuchtung sind über der Oberfläche eine Reihe von unregelmäßigen farbigen Bändern (Interferenzstreifen gleicher Dicke) deutlich sichtbar (Abb. 9.21). Die dünnen Objektträger deformieren sich unter Druck, und die Interferenzstreifen bewegen und verändern sich entsprechend. Drückt man zwei Glasstücke an einem Punkt zusammen, wie es durch den Druck mit einem scharfen Bleistift geschehen könnte, so bilden sich um jenen Punkt tatsächlich eine Reihe von konzentrischen, fast kreisförmigen Ringen (Abb. 9.22). Diese Interfe-

---

7) Die relative Phasenverschiebung π ist zwischen innerer und äußerer Reflexion erforderlich, wenn die reflektierte Flußdichte gleichförmig gegen Null gehen soll, während die Schicht dünner wird und schließlich verschwindet.

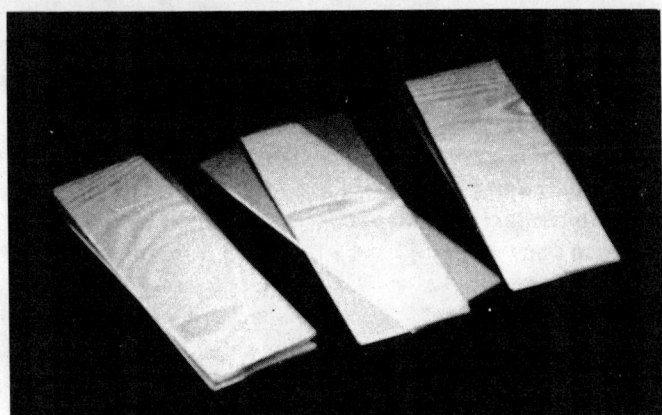

Abbildung 9.21 Interferenzstreifen in einer Luftschicht zwischen zwei Objektträgern. (Photo E.H.)

renzerscheinung, die man als **Newtonsche Ringe**[8] bezeichnet, kann man unter Verwendung der Anordnung von Abbildung 9.23 genauer untersuchen. Hier liegt eine Linse auf einer optischen Ebene und wird bei senkrechtem Einfall mit quasimonochromatischem Licht beleuchtet. Das Maß an Gleichförmigkeit in den konzentrischen Interferenzringen ist ein Maß des Perfektionsgrades der Linsenform. Mit R als dem Krümmungsradius der Konvexlinse ist die Relation zwischen dem Abstand x und der Schichtdicke d durch

$$x^2 = R^2 - (R-d)^2$$

oder einfacher durch

$$x^2 = 2Rd - d^2$$

gegeben. Da $R \gg d$ ist, wird dies zu

$$x^2 = 2Rd.$$

---

[8] Robert Hooke (1635–1703) und Isaac Newton erforschten beide unabhängig voneinander eine ganze Reihe von Dünnschichtphänomenen, von Seifenblasen bis zur Luftschicht zwischen Linsen. Ein Zitat aus Newtons *Optics*:

> Ich nahm zwei Fernrohrobjektive, das eine ein plankonvexes für ein 14 Fuß-Teleskop und das andere ein großes bikonvexes für ein etwa 50 Fuß-T.; hierauf legte ich die andere mit ihrer ebenen Seite nach unten und drückte sie langsam zusammen, um die Farben nacheinander in der Mitte der Kreise hervortreten zu lassen.

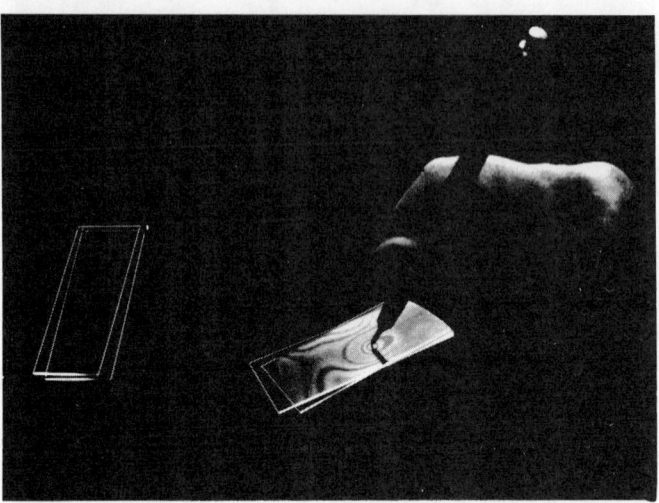

(a)

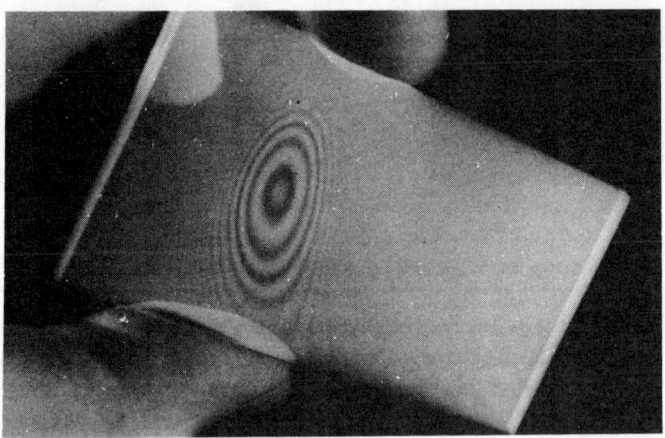

(b)

Abbildung 9.22 Die Newtonschen Ringe mit zwei Objektträgern. (Photos von E.H.)

Wir rechnen wieder näherungsweise, indem wir annehmen, daß wir nur die ersten zwei reflektierten Strahlenbündel E_{1r} und E_{2r} untersuchen müssen. Das Interferenzmaximum m-ter Ordnung tritt in der Dünnschicht auf, wenn ihre Dicke mit der Beziehung

$$2n_f d_m = (m+1/2)\lambda_0$$

übereinstimmt. Der Radius des m-ten hellen Ringes wird

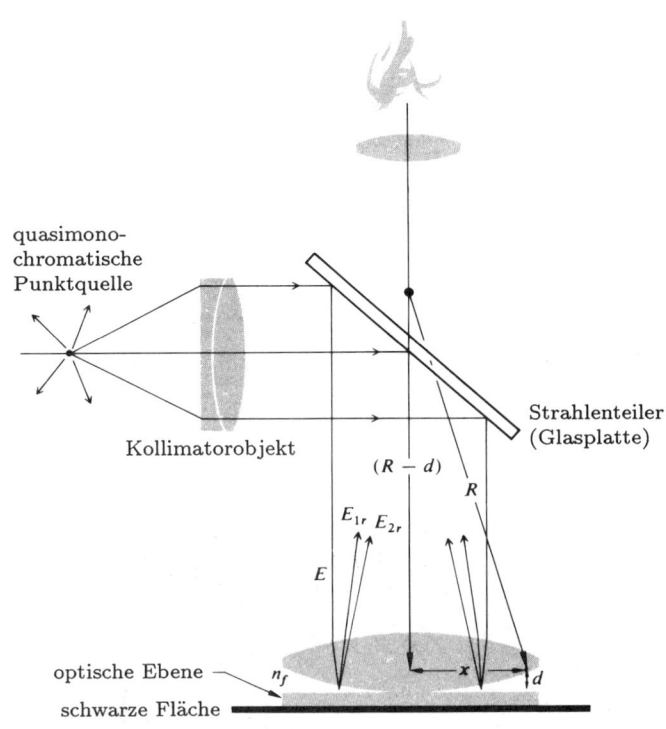

Abbildung 9.23 Ein Standardaufbau, um Newtonsche Ringe zu beobachten.

daher durch Verbindung der letzten zwei Ausdrücke gefunden, die

$$x_m = \left[\left(m + \frac{1}{2}\right)\lambda_f R\right]^{1/2} \quad (9.42)$$

liefert. Ähnlich wird der Radius des m-ten dunklen Ringes zu

$$x_m = (m\lambda_f R)^{1/2}. \quad (9.43)$$

Befinden sich die zwei Glasstücke in guter Berührung (kein Staub), so ist der zentrale Ring in jenem Punkt ($x_0 = 0$) das Minimum nullter Ordnung, ein verständliches Ergebnis, da d in jenem Punkt gegen Null geht. Im durchgelassenen Licht ist das beobachtete Interferenzbild das Komplement des reflektierten, das oben diskutiert wurde, so daß das Zentrum nun hell erscheint.

Die Newtonschen Ringe, die Fizeausche Streifen sind, kann man von dem kreisförmigen Interferenzbild der Haidingerschen Ringe durch die Art unterscheiden, in der die Durchmesser der Ringe mit der Ordnung m variieren. Der zentrale Bereich in dem Haidingerschen Bild entspricht dem Maximalwert von m (Aufgabe 9.25), wohingegen gerade das Gegenteil für die Newtonschen Ringe zutrifft.

Eine Optikerwerkstatt, die sich mit der Herstellung von Linsen beschäftigt, hat eine Reihe von sphärischen Präzisionsprüfplatten oder Meßgeräten. Ein Konstrukteur kann dann die Oberflächengenauigkeit einer neuen Linse in Abhängigkeit von der Anzahl und Regelmäßigkeit der Newtonschen Ringe angeben, die man mit einem besonderen Meßinstrument sehen kann. Wir sollten erwähnen, daß die Verwendung von Prüfplatten in der Herstellung von Qualitätslinsen hochentwickelteren Techniken Platz macht, die Laserinterferometer einbeziehen (Abschnitt 9.8.4).

9.4.2 Spiegel-Interferometer

Es gibt eine große Anzahl von Interferometern mit Amplitudenaufspaltung, die Spiegel- und Strahlenteileranordnungen verwenden. Das bei weitem bestbekannte und historisch wichtigste ist das **Michelson-Interferometer**. Seine Anordnung ist in Abbildung 9.24 dargestellt. Eine ausgedehnte Lichtquelle (die z.B. eine diffus strahlende Mattscheibe sein könnte, die von einer Entladungslampe beleuchtet wird) emittiert eine Welle, von der ein Teil nach rechts wandert. Der Strahlenteiler teilt die Welle in O in zwei Wellen, ein Abschnitt wandert nach rechts und einer nach hinten. Die zwei Wellen werden durch die Spiegel M_1 und M_2 reflektiert und kehren zum Strahlenteiler zurück. Ein Teil der von M_2 kommenden Welle läuft durch den Strahlenteiler nach vorne, und ein Teil der von M_1 kommenden Welle wird vom Strahlenteiler zum Detektor hin abgelenkt. Daher werden die zwei Wellen vereinigt, und man kann eine Interferenz erwarten.

Man beachte, daß der eine Strahl O dreimal durchläuft, wohingegen der andere den Strahlenteiler nur einmal durchquert. Folglich läuft jeder Strahl nur dann durch gleiche Glasdicken, wenn eine *Kompensatorplatte* C in den Zweig (Arm) OM_1 eingesetzt wird. Der Kompensator ist ein genaues Duplikat des Strahlenteilers mit der Ausnahme, daß sich auf dem Strahlenteiler irgendeine mögliche Verspiegelung oder ein Dünnschichtbelag befindet. Er ist mit einem Winkel von 45° eingestellt, so daß O und C zueinander parallel sind. Mit dem Kompen-

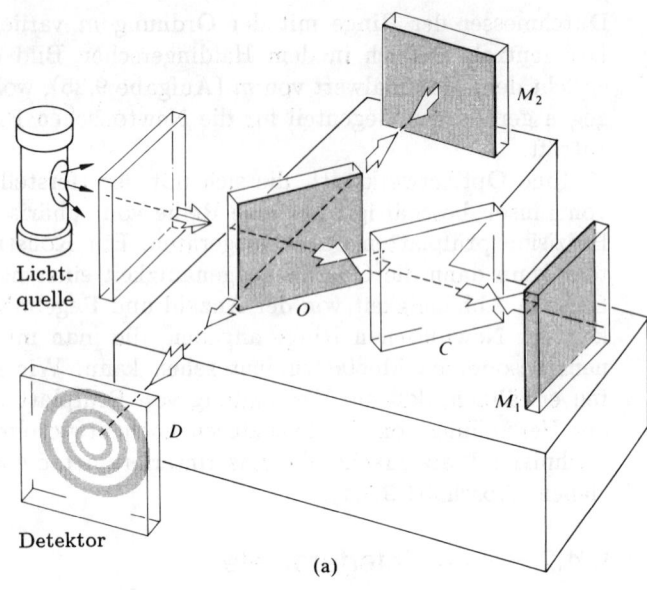

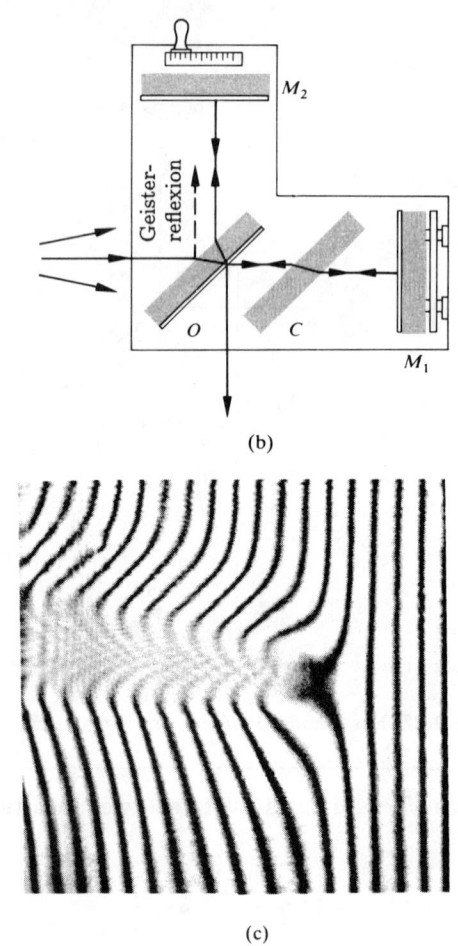

Abbildung 9.24 Das Michelson-Interferometer. (c) Das Interferenzmuster mit der Spitze eines heißen Lötkolbens in einem Arm. (Photo von E.H.)

sator entsteht ein optischer Wegunterschied vom tatsächlichen Wegunterschied. Wegen der Dispersion des Strahlenteilers ist der optische Weg eines Strahls außerdem eine Funktion von λ. Demgemäß darf man das Interferometer für quantitative Arbeit ohne die Kompensatorplatte nur mit einer quasimonochromatischen Lichtquelle verwenden. Der Einsatz eines Kompensators macht den Dispersionseffekt zunichte, so daß nun sogar eine Quelle mit einer sehr großen Bandbreite erkennbare Interferenzstreifen erzeugt.

Um zu verstehen, wie sich Interferenzstreifen bilden, sehen wir uns die in Abbildung 9.25 gezeigte Konstruktion an, in der die physikalischen Bestandteile als mathematische Flächen dargestellt sind. Ein Beobachter an der Stelle des Detektors sieht im Strahlenteiler zusammen mit der Lichtquelle Σ gleichzeitig beide Spiegel M_1 und M_2. Dementsprechend können wir das Interferometer jetzt zeichnen, als ob alle Elemente auf einer geraden Linie lägen. Hier entspricht M_1' dem Bild des Spiegels M_1 im Strahlenteiler und Σ wurde mit O und M_2 in eine Linie herübergeschwenkt. Die Lagen dieser Elemente hängen im Schaubild von ihren relativen Abständen von O ab (z.B. kann M_1' vor oder hinter M_2 liegen, sie können zusammenfallen, und M_1' kann sogar M_2 durchqueren). Die Flächen Σ_1 und Σ_2 sind jeweils die Bilder der Quelle Σ in den Spiegeln M_1 und M_2. Wir betrachten nun einen einzelnen Punkt S auf der Quelle, der Licht in alle Richtungen emittiert; wir verfolgen den Gang eines herauskommenden Strahls. In Wirklichkeit wird eine Welle, die von S kommt, in O gespalten, und ihre Abschnitte werden danach von M_1 und M_2 reflektiert. In unserem schematischen Schaubild stellen wir dies dar, indem wir den Strahl sowohl von M_2 als auch von M_1' reflektieren lassen. Für einen Beobachter in D scheinen die zwei reflektierten Strahlen von den Bildpunkten S_1 und S_2

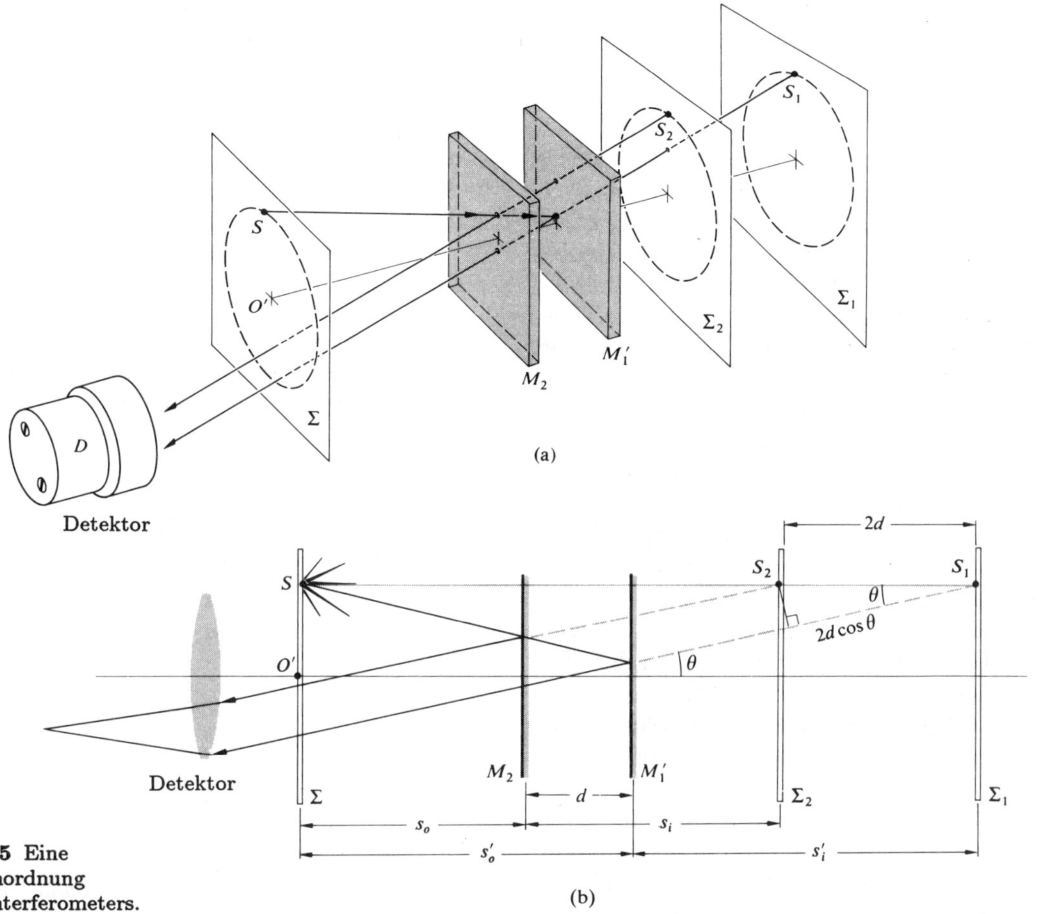

Abbildung 9.25 Eine konzeptuelle Umordnung des Michelson-Interferometers.

zu kommen (man beachte, daß alle in Abbildung 9.25 (a) und (b) gezeigten Strahlen eine gemeinsame Einfallsebene haben). Für alle praktischen Zwecke sind S_1 und S_2 kohärente Punktquellen, und wir können eine Flußdichtenverteilung erwarten, die der Gleichung (9.14) gehorcht. Wie man in der Abbildung sehen kann, ist der optische Wegunterschied für diese Strahlen fast $2d\cos\theta$, was einen Phasenunterschied von $k_0 2d\cos\theta$ darstellt. Es gibt einen zusätzlichen Phasenterm, der daher kommt, daß die Welle, die den Zweig OM_2 durchläuft, im Strahlenteiler innen reflektiert wird, wohingegen die OM_1-Welle in O außen reflektiert wird. Besteht der Strahlenteiler einfach aus einer unbeschichteten Glasplatte, so ist die relative Phasenverschiebung, die sich aus den zwei Reflexionen ergibt (Abschnitt 4.5), π Radianten. Es exi-

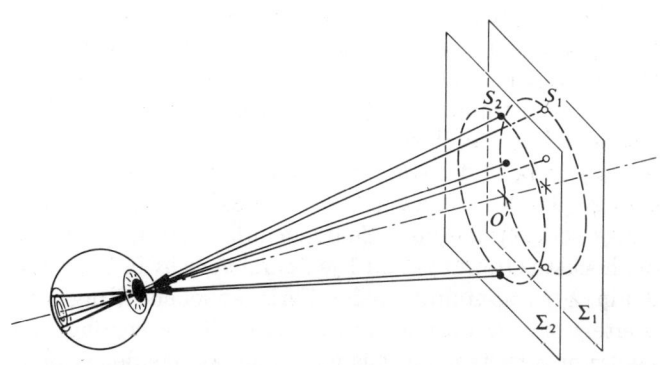

Abbildung 9.26 Bildung von Interferenzringen.

stiert dann eine *destruktive* statt konstruktive Interferenz, falls

$$2d\cos\theta_m = m\lambda_0, \qquad (9.44)$$

wobei m eine ganze Zahl ist. Wenn diese Bedingung für den Punkt S erfüllt ist, so gilt sie dann ebenso für jeden Punkt auf Σ, der auf dem Kreis mit dem Radius $O'S$ liegt, wobei sich O' auf der Achse des Detektors befindet. Wie man in Abbildung 9.26 sieht, wird ein Beobachter ein Interferenzringsystem sehen, das konzentrisch um seine Augenlinsenzentralachse liegt. Wegen der kleinen Augenöffnung kann der Beobachter nicht das ganze Interferenzbild ohne Verwendung einer großen Linse sehen, die sich in der Nähe des Strahlenteilers befindet und das meiste heraustretende Licht sammelt.

Verwenden wir eine Quelle, die eine Anzahl von Frequenzkomponenten enthält (z.B. eine Quecksilber-Entladungslampe), so fordert die θ_m-Abhängigkeit von λ_0 in Gleichung (9.44), daß jede solche Komponente ein eigenes Interferenzstreifensystem erzeugt. Da $2d\cos\theta_m$ kleiner sein muß als die Kohärenzlänge der Quelle, kann man folglich das Laserlicht besonders leicht bei der Demonstration des Interferometers verwenden (siehe Abschnitt 9.5). Diesen Punkt kann man verdeutlichen, indem man die Interferenzstreifen, die durch Laserlicht erzeugt werden, mit denen vergleicht, die durch "weißes" Licht einer gewöhnlichen Wolframfadenlampe oder einer Kerze entstehen. Im letzteren Fall muß der Wegunterschied beinahe Null sein, wenn wir überhaupt irgendwelche Interferenzstreifen sehen wollen, wohingegen im ersteren Beispiel ein Unterschied von 10 cm einen geringen merklichen Effekt hat.

Eine Interferenzerscheinung besteht in quasimonochromatischem Licht charakteristischerweise aus einer großen Anzahl von abwechselnd hellen und dunklen Ringen. Ein bestimmter Ring entspricht einer festen *Ordnungszahl* m. Während M_2 gegen M_1' bewegt wird, nimmt d ab, und $\cos\theta_m$ wächst entsprechend der Gleichung (9.44), wohingegen θ_m deshalb abnimmt. Die Ringe schrumpfen zum Zentrum hin zusammen, wobei die höchste Ordnungszahl 1 jedesmal verschwindet, wenn d um $\lambda_0/2$ abnimmt. Jeder übriggebliebene Ring verbreitert sich, während immer mehr Interferenzringe im Zentrum verschwinden, bis nur einige wenige den gesamten Schirm ausfüllen. Zum Zeitpunkt, wenn $d = 0$ erreicht worden ist, hat sich der mittlere Interferenzring so ausgebreitet, daß er das ganze Bildfeld ausfüllt. Mit einer Phasenverschiebung π, die sich aus der Reflexion am Strahlenteiler ergibt, wird der gesamte Schirm dann zu einem Interferenzminimum (bei Mangel an Perfektion der optischen Elemente kann dies unbeobachtbar werden). Bewegt man M_2 noch weiter, so erscheinen die Interferenzringe im Zentrum wieder und bewegen sich nach außen.

Man beachte, daß ein mittlerer dunkler Interferenzring, für den $\theta_m = 0$ in Gleichung (9.44) ist, durch

$$2d = m_0\lambda_0 \qquad (9.45)$$

dargestellt werden kann. (Denken Sie daran, daß dies ein Spezialfall ist. Der Zentralbereich könnte weder einem Minimum noch einem Maximum entsprechen.) Selbst wenn $d = 10$ cm, was für Laserlicht ziemlich gering ist, und $\lambda_0 = 500$ nm ist, wird m_0 recht groß, nämlich 400000. Bei einem festen Wert von d entsprechen aufeinanderfolgende Ringe den Ausdrücken

$$\begin{aligned}2d\cos\theta_1 &= (m_0-1)\lambda_0\\ 2d\cos\theta_2 &= (m_0-2)\lambda_0\\ &\vdots\\ 2d\cos\theta_p &= (m_0-p)\lambda_0.\end{aligned} \qquad (9.46)$$

Die Winkelstellung irgendeines Ringes, z.B. des p-ten Rings, erhält man durch Kombination der Gleichungen (9.45) und (9.46), die

$$2d(1-\cos\theta_p) = p\lambda_0 \qquad (9.47)$$

liefert. Da $\theta_m \equiv \theta_p$, sind beide genau die Halbwinkel, die durch den speziellen Ring am Detektor eingeschlossen werden, und da $m = m_0 - p$, ist Gleichung (9.47) äquivalent zu Gleichung (9.44). Die neue Form ist etwas vorteilhafter, da (bei Verwendung desselben Beispiels wie oben) mit $d = 10$ cm der sechste dunkle Ring durch die Festlegung angegeben werden kann, daß $p = 6$, oder, in den Ausdrücken der *Ordnungszahl* des p-ten Rings, daß $m = 399994$ ist. Falls θ_p klein ist, erhält man

$$\cos\theta_p = 1 - \frac{\theta_p^2}{2},$$

und Gleichung (9.47) liefert

$$\theta_p = \left(\frac{p\lambda_0}{d}\right)^{1/2} \qquad (9.48)$$

für den Radiuswinkel des p-ten Interferenzringes.

Die Konstruktion der Abbildung 9.25 stellt eine mögliche Anordnung dar, in der wir nur Paare von parallel heraustretenden Strahlen betrachten. Da sich diese Strahlen nicht schneiden, können sie ohne irgendeine Kondensorlinse keine Abbildung erzeugen. In Wirklichkeit stellt meistens das Auge des Beobachters, das auf Unendlich eingestellt ist, diese Linse dar. Die resultierenden *Interferenzen gleicher Neigung* (θ_m = konstant), die im Unendlichen liegen, werden auch manchmal nach dem österreichischen Physiker Wilhelm Karl Haidinger (1795–1871) als *Haidingersche Ringe* bezeichnet. Ein Vergleich der Abbildungen 9.25 (b) und 9.3 (a), die beide zwei kohärente punktförmige Lichtquellen zeigen, legt vielmehr nahe, daß es außer diesen (virtuellen) Interferenzringen im Unendlichen auch (reelle) Ringe geben könnte, die durch konvergierende Strahlen erzeugt werden. Diese Interferenzringe existieren tatsächlich. Beleuchtet man das Interferometer mit einer *breitflächigen Quelle* und schirmt alles Störlicht ab, so kann man sofort in einem verdunkelten Raum das projizierte Streifenbild auf einem Schirm sehen (Abschnitt 9.5). Die Ringe erscheinen im Raum vor dem Interferometer (d.h. dort, wo der Detektor steht), und ihre Größen wachsen mit zunehmendem Abstand vom Strahlenteiler. Wir werden die (reellen) Interferenzringe, die bei einer Beleuchtung mit punktförmigen Lichtquellen entstehen, später betrachten.

Sind die Spiegel des Interferometers zueinander geneigt und bilden einen kleinen Winkel, d.h. sind M_1 und M_2 nicht ganz senkrecht, so beobachtet man *Fizeausche Streifen*. Die resultierende keilförmige Luftschicht zwischen M_2 und M_1' erzeugt eine Interferenzerscheinung von geraden parallelen Interferenzstreifen. Die interferierenden Strahlen scheinen von einem Punkt hinter den Spiegeln zu divergieren. Das Auge müßte sich auf diesen Punkt scharf einstellen, um diese *lokalisierten Interferenzstreifen* zu erkennen. Man kann analytisch[9] zeigen, daß durch entsprechende Einstellung der Orientierung der Spiegel M_1 und M_2 Interferenzstreifen erzeugt werden können, die gerade, kreisförmig, ellipsenförmig, parabolisch oder hyperbolisch sind — dies gilt sowohl für reelle als auch virtuelle Interferenzmuster.

Das Michelson-Interferometer kann man verwenden, um genaue Längenmessungen durchzuführen. Während der bewegliche Spiegel um $\lambda/2$ verschoben wird, bewegt sich jeder Interferenzstreifen zu der Stelle, die vorher von einem benachbarten Streifen belegt war. Bei Verwendung einer mikroskopischen Anordnung braucht man nur die Anzahl N der Streifen oder Teile davon zu zählen, die sich an einem Bezugspunkt vorbeibewegt haben, um den Abstand Δd zu bestimmen, der von dem Spiegel zurückgelegt wurde, d.h.

$$\Delta d = N(\lambda_0/2).$$

Mittlerweile kann man dies natürlich einfach elektronisch durchführen. Michelson benutzte die Methode, um die Anzahl der Wellenlängen der roten Kadmiumlinie zu messen, die dem Standardmeterstab entspricht, der sich in Sèvres in der Nähe von Paris befindet.[10]

Das Michelson-Interferometer kann zusammen mit ein paar Polaroidfiltern verwendet werden, um die Fresnel-Arago-Gesetze zu verifizieren. Setzt man in jedem Zweig des Michelson-Interferometers einen Polarisator ein, so bleibt der optische Weglängenunterschied ziemlich konstant, wohingegen die Vektorfeldrichtungen der zwei Strahlen leicht verändert wird.

Ein *Michelson-Mikrowelleninterferometer* kann man mit Metallfolienspiegeln und einem Drahtnetzstrahlenteiler konstruieren. Befindet sich der Detektor im mittleren Ring, so kann er, wenn einer der Spiegel bewegt wird, leicht Verschiebungen von den Maxima zu den Minima messen und dadurch λ bestimmen. Ein paar Platten Sperrholz, Kunststoff oder Glas, die in einem Zweig eingesetzt werden, verändern den mittleren Ring. Das Abzählen der Anzahl von Ringverschiebungen liefert einen Wert für den Brechungsindex, und von ihm können wir die absolute Dielektrizitätskonstante des Stoffes berechnen.

Das **Mach-Zehnder-Interferometer** ist noch ein anderes Gerät mit Amplitudenaufspaltung. Wie in Abbildung 9.27 gezeigt, besteht es aus zwei Strahlenteilern und zwei totalreflektierenden Spiegeln. Die zwei Wellen wandern innerhalb des Apparates verschiedene Wege. Man kann durch eine leichte Neigung eines der Strahlenteiler eine Differenz zwischen den optischen Wegen einführen. Da

---

[9] Siehe z.B. Valasek, *Optics*, S. 135.

[10] Eine Abhandlung des Verfahrens, das er verwendete, um das direkte Abzählen der 3106327 Streifen zu vermeiden, kann man in Strong, *Concepts of Classical Optics*, S. 238 oder in Williams, *Applications of Interferometry*, S. 51 finden.

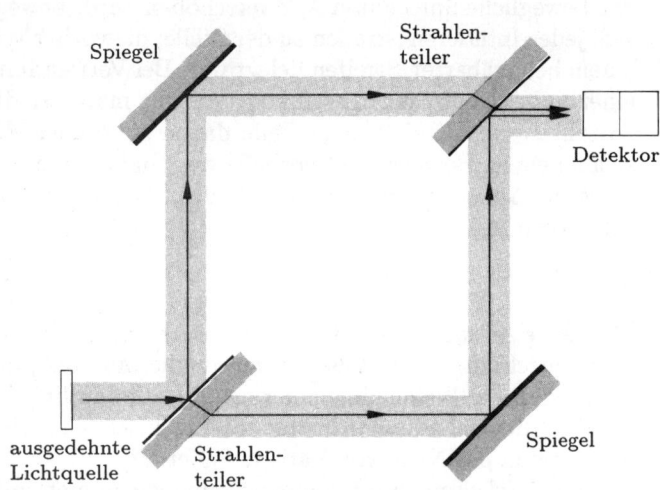

Abbildung 9.27 Das Mach-Zehnder-Interferometer.

Abbildung 9.28 Scylla IV.

die zwei Wege getrennt sind, ist das Interferometer relativ schwer auszurichten. Aus genau demselben Grund findet das Interferometer jedoch unzählige Anwendungen. Es ist sogar in einer veränderten, doch konzeptuell ähnlichen Form verwendet worden, um Elektroneninterferenzstreifen zu erhalten.[11]

Bringt man ein Objekt in einen Strahlengang, so wird der optische Weglängenunterschied variiert, wodurch das Interferenzmuster verändert wird. Häufig verwendet man das Gerät, um die Dichteschwankungen in Gasströmungsbildern innerhalb von Forschungskammern, wie z.B. von Windkanälen, Stoßwellenrohren usw. zu beobachten. Ein Strahl läuft durch die optisch ebenen Fenster der Testkammer, während der andere Strahl entsprechende Kompensatorplatten durchläuft. Der Strahl, der sich innerhalb der Kammer befindet, breitet sich durch Bereiche aus, die einen räumlich variierenden Brechungsindex besitzen. Die resultierenden Verzerrungen in der Wellenfront erzeugen die Interferenzstreifenkonturen. Eine besonders interessante Anwendung ist in Abbildung 9.28 gezeigt, die eine Photographie eines Gerätes zur magnetischen Kompression ist, das man Scylla IV nennt. Es wird verwendet, um kontrollierte thermonukleare Reaktionen in dem Los Alamos Scientific Laboratory zu un-

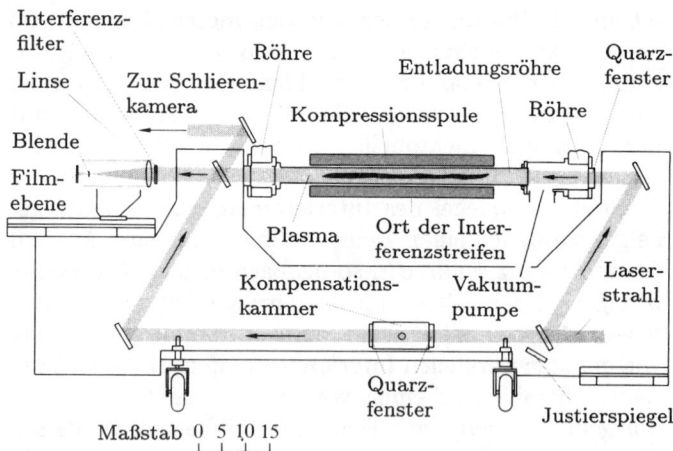

Abbildung 9.29 Die schematische Darstellung von Scylla IV.

tersuchen. In dieser Anwendung hat das Mach-Zehnder-Interferometer, wie in Abbildung 9.29 dargestellt, die Form eines Parallelogramms. Die zwei *Rubinlaserinterferogramme*, zeigen das Hintergrundbild ohne ein Plasma in der Röhre (Abb. 9.30) und die Dichtekonturen innerhalb des Plasmas während einer Reaktion (Abb. 9.31).

Ein anderes Gerät mit Amplitudenaufspaltung, das sich in vieler Hinsicht von dem vorhergehenden Instru-

---

[11] L. Marton, J. Arol Simpson und J.A. Suddeth, *Rev. Sci. Instr.* **25**, 1099, (1954) und *Phys. Rev.* **90**, 490, (1953).

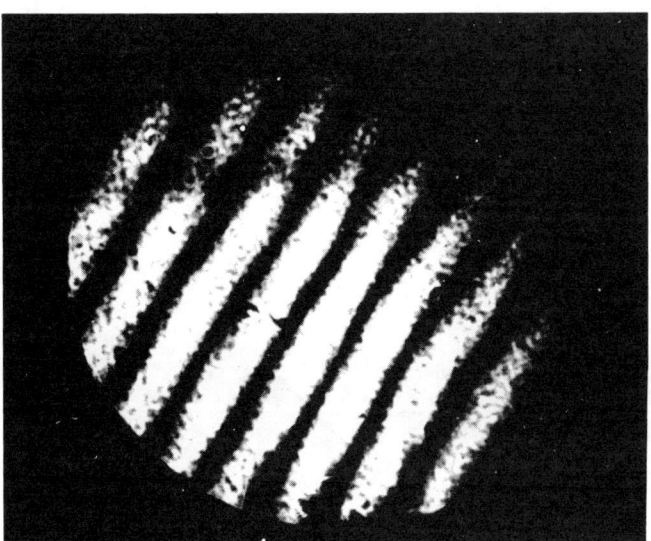

Abbildung 9.30 Interferogramm ohne Plasma.

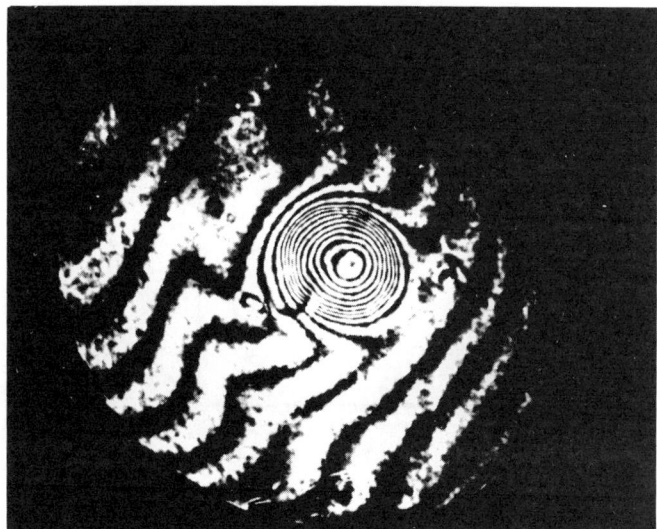

Abbildung 9.31 Interferogramm mit Plasma. (Photos mit freundlicher Genehmigung des Los Alamos Scientific Laboratory.)

ment unterscheidet, bezeichnet man als das **Sagnac-Interferometer**. Es ist leicht justierbar, recht stabil und doch ziemlich schwierig, praktisch zu verwenden. Eine sehr interessante Anwendung wird im letzten Abschnitt dieses Kapitels besprochen, in dem wir seine Verwendung als ein Gyroskop betrachten. Eine Form des Sagnac-Interferometers ist in Abbildung 9.32 (a) und eine andere in Abbildung 9.32 (b) gezeigt; noch andere sind möglich. Man beachte das Hauptmerkmal des Gerätes: die Strahlen durchlaufen zwei identische doch entgegengesetzt gerichtete Wege, und beide Strahlen bilden vor der Vereinigung zur Interferenz geschlossene Schleifen. Eine leichte absichtliche Verschiebung in der Orientierung eines Spiegels erzeugt einen Weglängenunterschied und ein resultierendes Interferenzbild. Da sich die Strahlen überlagern und daher untrennbar sind, kann das Interferometer nicht für alle konventionellen Verwendungen eingesetzt werden. Diese hängen davon ab, daß man nur eine Komponente des zusammengesetzten Strahls verändern kann.

Reelle Interferenzstreifen

Bevor wir die Erzeugung von reellen und virtuellen Interferenzstreifen untersuchen, wollen wir zuerst ein anderes Interferometer mit Amplitudenaufspaltung betrachten:

das in Abbildung 9.33 dargestellte **interferenzstreifenerzeugende System von Pohl**. Es ist einfach eine dünne transparente Schicht, die mit Licht beleuchtet wird, das von einer punktförmigen Quelle kommt. In diesem Fall sind die Interferenzstreifen reell und können demgemäß auf einem Schirm aufgefangen werden, der irgendwo in die Nähe des Interferometers ohne ein Kondensorlinsensystem gestellt wurde. Eine geeignete Lichtquelle ist eine Quecksilberlampe, die mit einem Schirm abgedeckt ist, der ein kleines Loch ($\approx$ 6 mm im Durchmesser) hat. Als eine Dünnschicht verwende man ein Stück gewöhnliches Glimmerplättchen, das an einen dunkelfarbigen Buchumschlag geheftet wurde, der als ein lichtundurchlässiger Hintergrund dient. Die Kohärenzlänge des Lasers erlaubt, dasselbe Experiment mit fast jedem glatten und transparenten Gegenstand durchzuführen. Erweitern Sie den Strahl, indem Sie ihn durch eine Linse leiten (eine Brennweite von 50 bis 100 mm reicht aus), auf einen Durchmesser von etwa 2.5 bis 2.0 cm. Reflektieren Sie dann den Strahl an der Oberfläche einer Glasplatte (z.B. eines Objektträgers), so werden die Interferenzstreifen innerhalb der beleuchteten Scheibe deutlich erscheinen, wo auch immer der Strahl auf einen Schirm trifft.

Das zugrundeliegende physikalische Prinzip, das mit der Beleuchtung durch eine Punktquelle bei allen vier

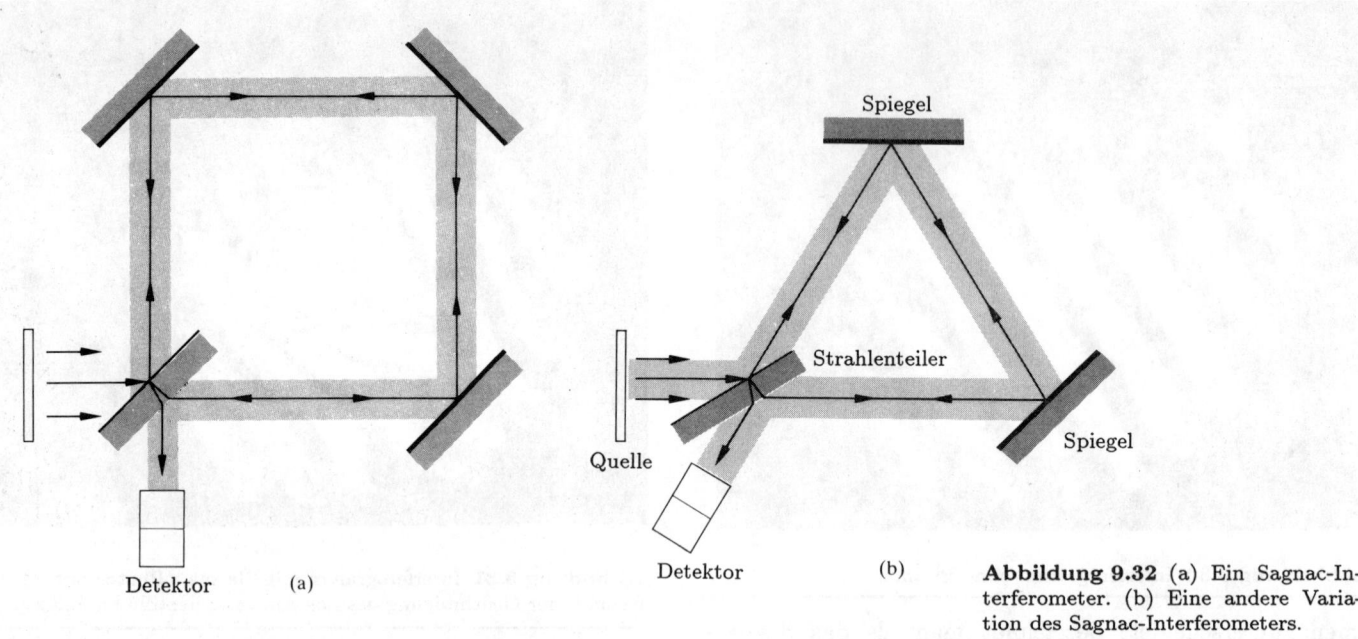

Abbildung 9.32 (a) Ein Sagnac-Interferometer. (b) Eine andere Variation des Sagnac-Interferometers.

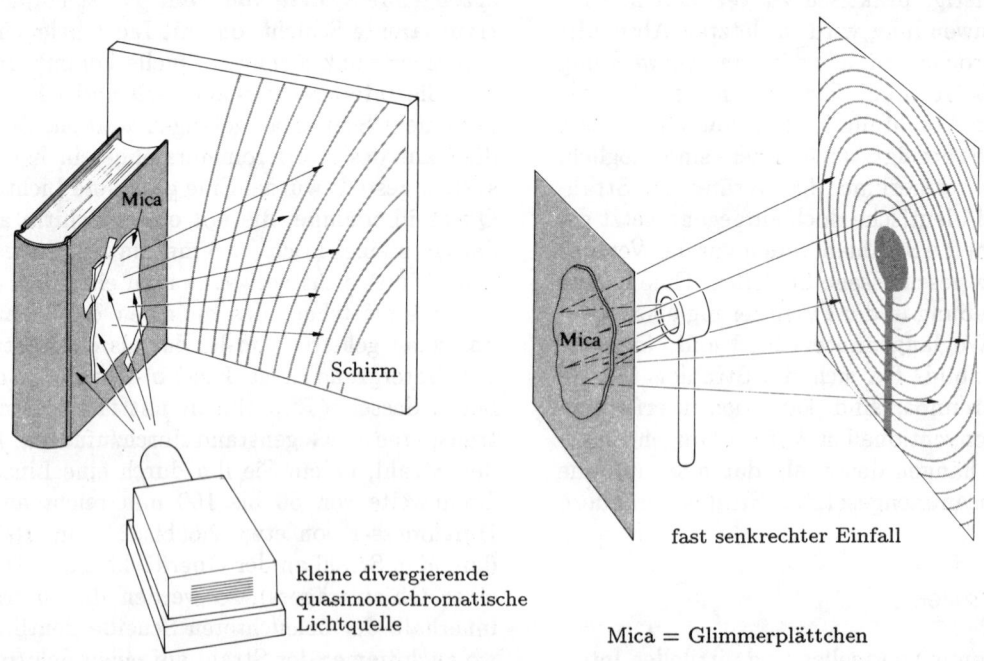

Abbildung 9.33 Das Pohl-Interferometer.

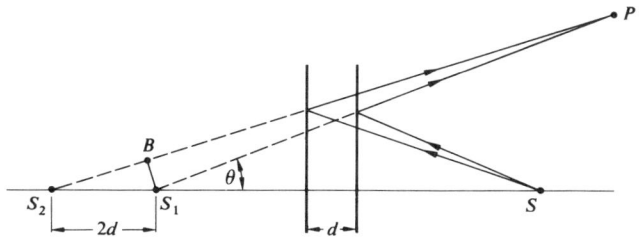

Abbildung 9.34 Beleuchtung von parallelen Flächen mit einer Punktquelle.

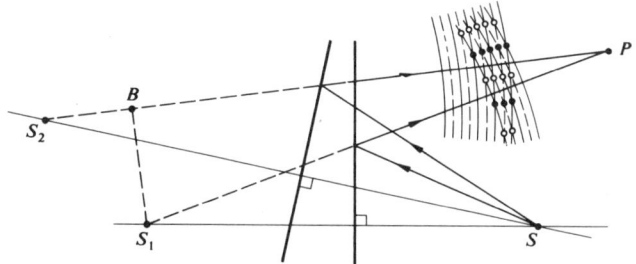

Abbildung 9.35 Beleuchtung von zueinander geneigten Flächen mit einer Punktquelle.

Geräten verbunden ist, kann man mit Hilfe einer Konstruktion verstehen, von der Variationen in den Abbildungen 9.34 und 9.35 dargestellt sind.[12] Die zwei vertikalen Geraden in Abbildung 9.34 oder die zueinander geneigten in Abbildung 9.35 stellen entweder die Positionen der Spiegel oder die zwei Seiten einer dünnen Folie im Pohl-Interferometer dar. Wir wollen nun annehmen, daß es im Punkt P des umgebenden Mediums eine konstruktive Interferenz gibt. Ein Schirm, der in jenem Punkt gestellt wird, würde dieses Maximum sowie ein ganzes Interferenzmuster ohne irgendein Kondensorsystem auffangen. Die kohärenten virtuellen Quellen, die die interferierenden Strahlen emittieren, sind die Spiegelbilder S_1 und S_2 der tatsächlich vorhandenen Punktquelle S. Es sollte beachtet werden, daß diese Art von reellem Interferenzbild sowohl mit dem Michelson- als auch dem Sagnac-Interferometer beobachtet werden kann (Abb. 9.36). Be-

---

[12] Diese Erörterung und ein Teil des Abschnitts 9.6 werden ausführlich in A. Zajac, H. Sadowski und S. Licht "The Real Fringes in the Sagnac and the Michelson Interferometers", *Am. J. Phys.* **29**, 669 (1961) behandelt.

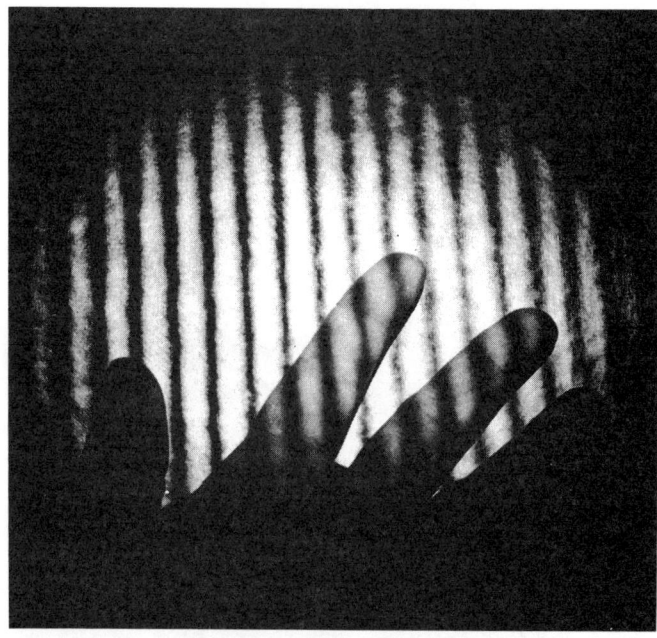

Abbildung 9.36 Reelle Michelson-Interferenzstreifen bei Verwendung von He-Ne-Laserlicht. (Photo von E.H.)

leuchtet man eines der beiden Geräte mit einem erweiterten Laserstrahl, so wird direkt von den heraustretenden Wellen ein reelles Interferenzbild erzeugt. Dies ist eine einfache und schöne Demonstration.

9.5 Typen und Lokalisierungen von Interferenzstreifen

Es ist oft wichtig zu wissen, wo die Interferenzstreifen, die in einem bestimmten interferometrischen System erzeugt werden, lokalisiert werden, d.h. auf welchen Bereich müssen wir unseren Detektor (Auge, Kamera, Teleskop) scharf einstellen. Im allgemeinen ist das Problem der Lokalisierung von Interferenzstreifen charakteristisch für ein bestimmtes Interferometer, d.h. das Problem muß für jedes Gerät gelöst werden.

Interferenzstreifen kann man in zwei Kategorien einteilen. Erstens entweder als *reell oder virtuell* und zweitens entweder als *nichtlokalisiert oder lokalisiert*. Reelle Streifen sind diejenigen, die man auf einem Schirm ohne Verwendung eines zusätzlichen Fokussierungssystems se-

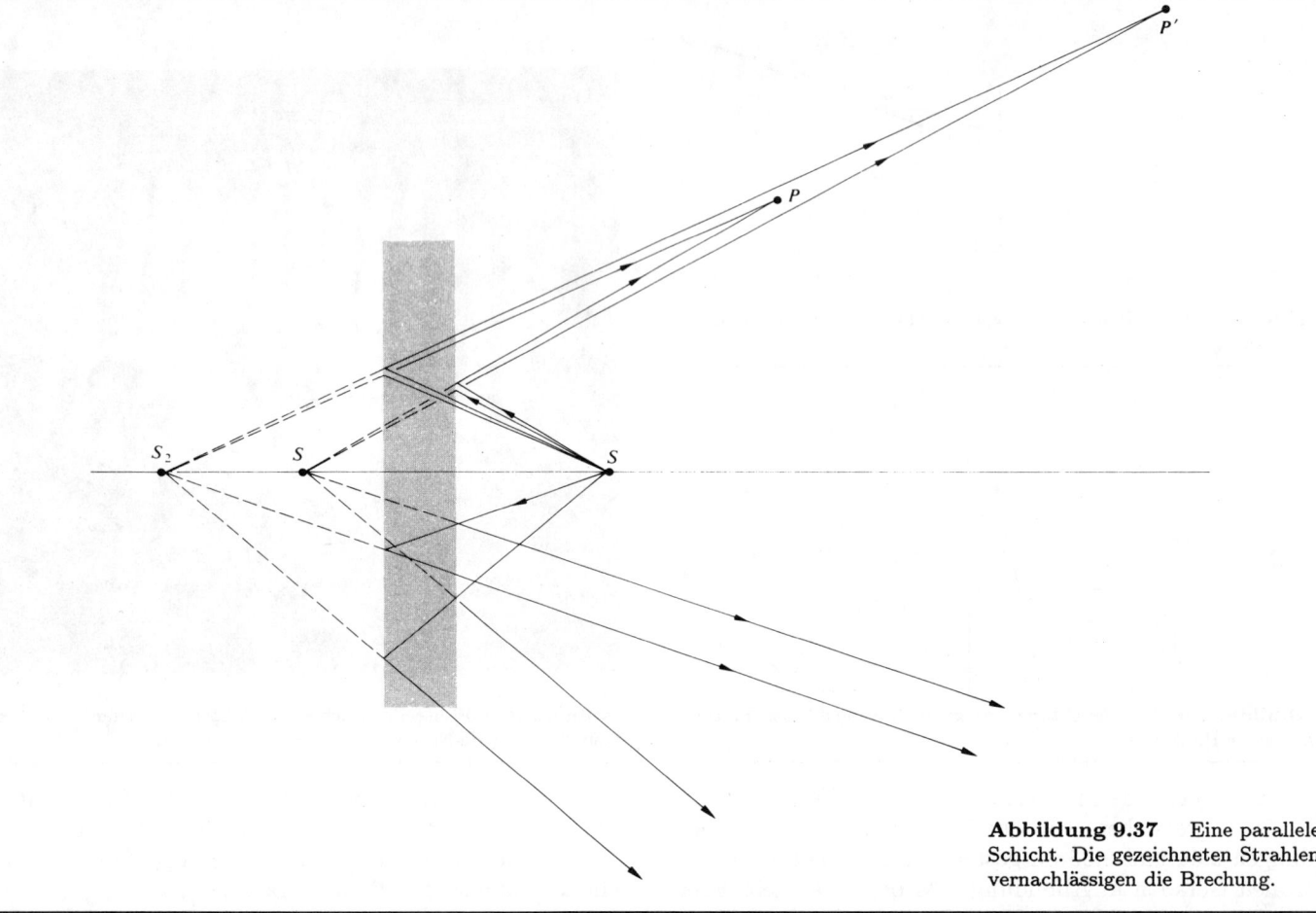

Abbildung 9.37 Eine parallele Schicht. Die gezeichneten Strahlen vernachlässigen die Brechung.

hen kann. Die Strahlen, die diese Streifen bilden, konvergieren von selbst zum Beobachtungspunkt. Virtuelle Streifen können ohne ein Fokussierungssystem nicht auf einen Schirm projiziert werden. In diesem Fall konvergieren die Strahlen offensichtlich nicht.

Nichtlokalisierte Interferenzstreifen sind reell und existieren überall innerhalb eines ausgedehnten (dreidimensionalen) Raumbereichs. Das Interferenzbild ist dann nichtlokalisiert, da es nicht auf einem bestimmten kleinen Bereich begrenzt ist. Der Youngsche Doppelspaltversuch füllt den Raum, wie man in Abbildung 9.5 sieht, hinter den Sekundärquellen mit einer ganzen Reihe von reellen Interferenzstreifen aus. Nichtlokalisierte Interferenzstreifen dieser Art werden im allgemeinen durch kleine Quellen erzeugt, d.h. durch Punkt- oder Linienquellen, seien sie reell oder virtuell. Im Gegensatz dazu kann man lokalisierte Interferenzstreifen nur über eine bestimmte Fläche deutlich erkennen. Das Interferenzbild ist dann lokalisiert, ganz gleich, ob es nahe einer Dünnschicht oder im Unendlichen liegt. Dieser Interferenzstreifentyp ergibt sich stets aus der Verwendung von ausgedehnten Lichtquellen, kann jedoch mit einer Punktquelle ebenso erzeugt werden.

Das Pohl-Interferometer (Abb. 9.33) ist insbesondere zur Veranschaulichung dieser Prinzipien nützlich, da es mit einer Punktquelle sowohl reelle, nichtlokalisierte und virtuelle, lokalisierte Interferenzstreifen erzeugt. Die reellen, nichtlokalisierten Streifen (Abb. 9.37 obere Hälfte) können auf einem Schirm fast überall vor der Glimmerschicht aufgefangen werden.

Man mache sich klar, daß bei nichtkonvergierenden Strahlen die relativ kleine Augenöffnung nur jene Strah-

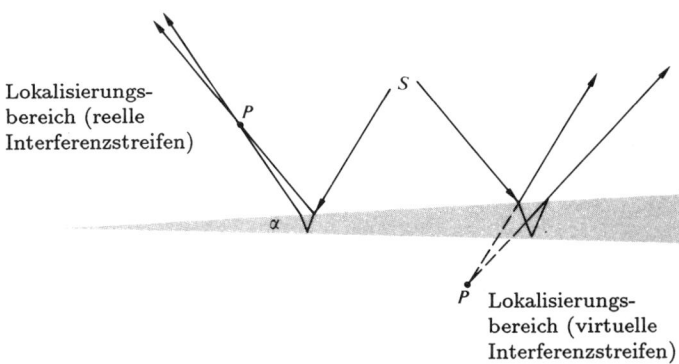

Abbildung 9.38 Interferenzstreifen, die durch eine keilförmige Schicht erzeugt werden.

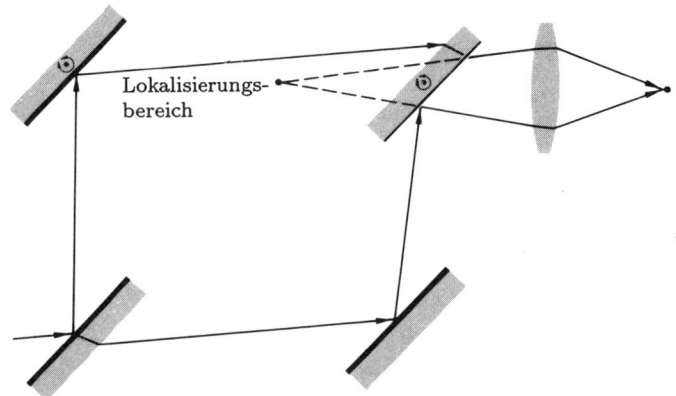

Abbildung 9.39 Interferenzstreifen im Mach-Zehnder-Interferometer.

len auffängt, die fast genau auf sie gerichtet sind. Wegen dieses kleinen Strahlenbündels sieht das Auge bei einer bestimmten Position entweder einen hellen oder dunklen Fleck, aber nicht viel mehr. Um ein ausgedehntes Interferenzbild wahrzunehmen, das durch parallele Strahlen des Typs der unteren Hälfte der Abbildung 9.37 erzeugt wird, muß man zur Sammlung des Lichts, das in anderen Orientierungen eintritt, eine große Linse benutzen. In der Praxis ist die Lichtquelle jedoch gewöhnlich etwas ausgedehnt, und man kann im allgemeinen mit dem auf Unendlich eingestellten Auge beim Blick in die Schicht Streifen sehen. Diese virtuellen Interferenzstreifen sind im Unendlichen lokalisiert und sind äquivalent zu den *Interferenzen gleicher Neigung* des Abschnitts 9.4. Sind die Spiegel M_1 und M_2 im Michelson-Interferometer parallel, so sieht man ebenso die üblichen kreisförmigen, virtuellen Interferenzstreifen gleicher Neigung, die im Unendlichen lokalisiert sind. Wir können uns eine dünne Luftschicht zwischen den Oberflächen der Spiegel M_2 und M'_1 vorstellen, die zur Erzeugung dieser Streifen dient. Wie bei der Anordnung der Abbildung 9.37 für das Pohl-Gerät sind ebenso reelle, nichtlokalisierte Streifen vorhanden.

Die Geometrie des Interferenzbildes, das im reflektierten Licht von einem transparenten Keil mit dem kleinen Winkel α gesehen wird, ist in Abbildung 9.38 dargestellt. Der Ort P des Interferenzstreifens wird durch die Einfallsrichtung des ankommenden Licht festgelegt. Die Newtonschen Ringe besitzen diese gleiche Lokalisierungsart, wie es auch für den Michelson-, Sagnac- und die anderen Interferometer zutrifft, für die das äquivalente Interferenzstreifensystem aus zwei reflektierten Ebenen besteht, die leicht zueinander geneigt sind. Die Keilanordnung des Mach-Zehnder-Interferometers zeichnet sich dadurch aus, daß durch Drehung der Spiegel die resultierenden virtuellen Interferenzstreifen auf jeder Ebene innerhalb des Bereichs, der im allgemeinen von der Meßkammer ausgefüllt ist, lokalisiert werden können (Abb. 9.39).

9.6 Mehrstrahlinterferenzen

Bis jetzt haben wir eine Anzahl von Situationen untersucht, in denen zwei kohärente Strahlen unter Berücksichtigung vieler Bedingungen überlagert werden, um Interferenzerscheinungen zu erzeugen. Es gibt jedoch andere Verhältnisse, in denen eine viel größere Zahl von gegenseitig kohärenten Wellen zur Interferenz gebracht werden. Sind die r-Werte der Amplitudenreflexionskoeffizienten für die in Abbildung 9.14 dargestellte parallele Platte nicht klein, wie es vorher der Fall war, so werden die reflektierten Wellen höherer Ordnung E_{3r}, E_{4r}, ... sogar ziemlich bedeutend. Eine Glasplatte, die auf beiden Seiten leicht verspiegelt ist, so daß sich die r-Werte der 1 nähern, erzeugt eine große Anzahl von innen mehrfach reflektierten Strahlen. Für den Augenblick wollen wir nur Situationen betrachten, in denen die Schicht, die Unterlage und das umgebende Medium transparente Dielektrika sind. Dies vermeidet die komplizierteren Phasenveränderungen, die sich aus metallbeschichteten Oberflächen ergeben.

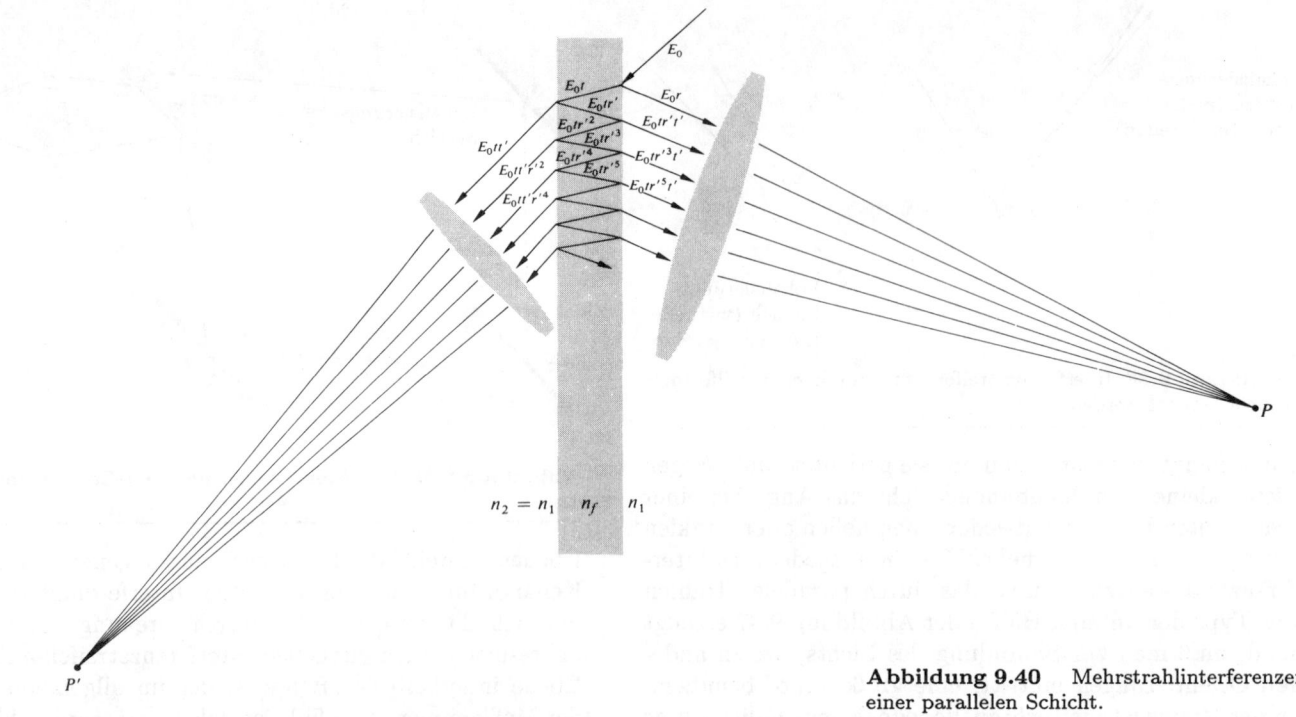

Abbildung 9.40 Mehrstrahlinterferenzen einer parallelen Schicht.

Um die Analyse so einfach wie möglich zu beginnen, sei die Schicht nichtabsorbierend und $n_1 = n_2$. Die Bezeichnung ist in Übereinstimmung mit der von Abschnitt 4.5, d.h. die Amplitudendurchlässigkeitskoeffizienten werden durch t, den Bruchteil einer Wellenamplitude dargestellt, der beim Eintritt in die Schicht durchgelassen wird, und durch t', den Bruchteil der Amplitude, der beim Austritt aus der Schicht durchgelassen wird. Wir erinnern uns, daß die Strahlen eigentlich Geraden sind, die senkrecht zur Wellenfront gezeichnet werden, und daher auch senkrecht zu den optischen Feldern $\boldsymbol{E}_{1r}$, $\boldsymbol{E}_{2r}$ usw. sind. Da die Strahlen fast parallel bleiben, reicht die skalare Theorie dann aus, wenn wir alle möglichen Phasenverschiebungen berücksichtigen. Wie man in Abbildung 9.40 sieht, sind die skalaren Amplituden der reflektierten Wellen $\boldsymbol{E}_{1r}$, $\boldsymbol{E}_{2r}$, $\boldsymbol{E}_{3r}$, ... jeweils $E_0 r$, $E_0 tr't'$, $E_0 tr'^3 t'$, ..., wobei E_0 die Amplitude der anfänglich ankommenden Welle und $r = -r'$ über Gleichung (4.89) ist. Das Minuszeichen zeigt eine Phasenverschiebung an, die wir später betrachten werden. Ähnlich haben die durchgelassenen Wellen $\boldsymbol{E}_{1t}$, $\boldsymbol{E}_{2t}$, $\boldsymbol{E}_{3t}$, ... Amplituden von $E_0 tt'$, $E_0 tr'^2 t'$, $E_0 tr'^4 t'$, ...

Wir betrachten die Reihe von parallelen reflektierten Strahlen. Jeder Strahl hat eine feste Phasenbeziehung zu allen anderen reflektierten Strahlen. Die Phasendifferenzen entstehen aus einer Kombination von optischen Weglängenunterschieden und Phasenverschiebungen, die bei den verschiedenen Reflexionen auftreten. Trotzdem sind die Wellen gegenseitig kohärent, und falls sie gesammelt und durch eine Linse in einem Punkt P gebündelt werden, interferieren sie alle. Der resultierende Bestrahlungsstärkenausdruck hat eine besonders einfache Form für zwei Spezialfälle.

Die optische Weglängendifferenz zwischen benachbarten Strahlen ist durch

$$\Lambda = 2n_f d \cos \theta_t \qquad [9.33]$$

gegeben. Alle Wellen außer der ersten, $\boldsymbol{E}_{1r}$, werden mit einer ungeraden Zahl *innerhalb* der Schicht reflektiert. Es folgt aus Abbildung 4.25, daß bei jeder inneren Reflexion die Feldkomponente, die parallel zur Einfallsebene liegt, ihre Phase in Abhängigkeit vom inneren Einfallswinkel $\theta_i < \theta_c$ entweder mit 0 oder π ändert. Die Feldkomponente, die senkrecht zur Einfallsebene steht, erfährt keine

9.6 Mehrstrahlinterferenzen

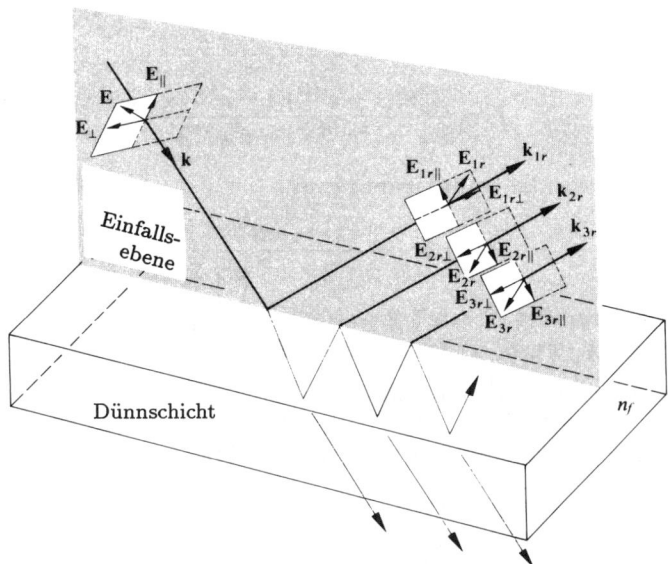

Abbildung 9.41 Phasenverschiebungen, die sich ausschließlich aus (inneren, $\theta_i < \theta'_p$) Reflexionen ergeben.

Phasenänderung bei innerer Reflexion, wenn $\theta_i < \theta_c$ ist. Es ergibt sich dann aus einer ungeraden Anzahl derartiger Reflexionen unter diesen Wellen keine relative Veränderung in der Phase (Abb. 9.41). $\Lambda = m\lambda$ stellt den *ersten Spezialfall* dar. Daher sind die zweiten, dritten, vierten usw. Wellen alle in P phasengleich. Die Welle $\mathbf{E}_{1r}$ ist jedoch wegen ihrer Reflexion an der oberen Fläche der Schicht um 180° in bezug auf alle anderen Wellen außer Phase. Die Phasenverschiebung liegt darin begründet, daß $r = -r'$ ist, und r' nur mit ungeraden Potenzen auftritt. Die Summe der skalaren Amplituden, d.h. die gesamte *reflektierte Amplitude* ist dann im Punkt P

$$E_{0r} = E_0 r - (E_0 t r t' + E t r^3 t' + E_0 t r^5 t' + \cdots)$$

oder

$$E_{0r} = E_0 r - E_0 t r t' (1 + r^2 + r^4 + \cdots),$$

wobei wir gerade r' durch $-r$ ersetzt haben, da $\Lambda = m\lambda$ ist. Die geometrische Reihe in den Klammern konvergiert dann gegen die endliche Summe $1/(1 - r^2)$, wenn $r^2 < 1$ ist, so daß

$$E_{0r} = E_0 r - \frac{E_0 t r t'}{(1 - r^2)}. \qquad (9.49)$$

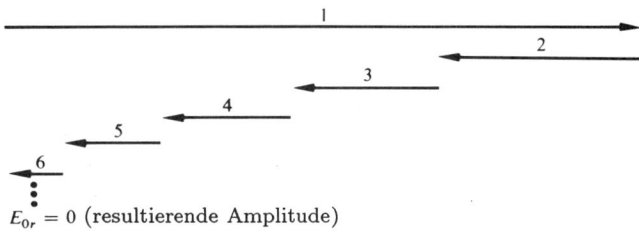

$E_{0r} = 0$ (resultierende Amplitude)

Abbildung 9.42 Zeigerdiagramm.

Es wurde in Abschnitt 4.5 bei der Betrachtung der Stokesschen Behandlung des Umkehrungsprinzips (Gleichung 4.86) gezeigt, daß $tt' = 1 - r^2$ ist, und so folgt, daß

$$E_{0r} = 0.$$

Daher löschen, wenn $\Lambda = n\lambda$, die zweiten, dritten, vierten Wellen usw. genau die erste reflektierte Welle aus, wie man es in Abbildung 9.42 sieht. In diesem Fall wird kein Licht reflektiert; die gesamte ankommende Energie wird durchgelassen. Der *zweite Spezialfall* entsteht, wenn $\Lambda = (m + \frac{1}{2})\lambda$. Nun sind die ersten und zweiten Strahlen phasengleich, wohingegen alle anderen benachbarten Wellen $\lambda/2$ phasenverschoben sind, d.h. die zweite ist zur dritten, die dritte zur vierten usw. phasenverschoben. Die resultierende *skalare Amplitude* ist dann

$$E_{0r} = E_0 r + E_0 t r t' - E_0 t r^3 t' + E_0 t r^5 t' - \cdots$$

oder

$$E_{0r} = E_0 r + E_0 r t t' (1 - r^2 + r^4 - \cdots).$$

Die Reihe in Klammern ist gleich $1/(1 + r^2)$; wodurch

$$E_{0r} = E_0 r \left[1 + \frac{tt'}{(1 + r^2)} \right]$$

folgt. Wieder ist $tt' = 1 - r^2$; daher folgt, wie in Abbildung 9.43 dargestellt,

$$E_{0r} = \frac{2r}{(1 + r^2)} E_0.$$

Da diese besondere Anordnung zur Addition der ersten und zweiten Welle führt, die relativ große Amplituden haben, sollte sie eine große reflektierte Flußdichte liefern. Da die Bestrahlungsstärke über Gleichung (3.44) proportional zu $E_{0r}^2/2$ ist, folgt

$$I_r = \frac{4r^2}{(1 + r^2)^2} \left(\frac{E_0^2}{2} \right). \qquad (9.50)$$

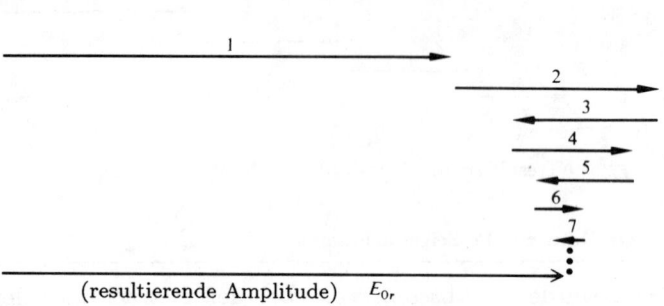

Abbildung 9.43 Zeigerdiagramm.

Daß dies tatsächlich das Maximum $(I_r)_{\max}$ ist, wird später gezeigt.

Wir wollen nun das Problem der Mehrstrahlinterferenzen allgemeiner betrachten, indem wir von der komplexen Darstellung Gebrauch machen. Wieder sei $n_1 = n_2$, wodurch wir die Notwendigkeit vermeiden, verschiedene Reflexions- und Durchlässigkeitskoeffizienten an jeder Grenzfläche einzuführen. Die optischen Felder sind im Punkt P durch

$$E_{1r} = E_0 r e^{i\omega t}$$
$$E_{2r} = E_0 t r' t' e^{i(\omega t - \delta)}$$
$$E_{3r} = E_0 t r'^3 t' e^{i(\omega t - 2\delta)}$$
$$\vdots$$
$$E_{Nr} = E_0 t r'^{(2N-3)} t' e^{i[\omega t - (N-1)\delta]}$$

gegeben, wobei $E_0 e^{i\omega t}$ die einfallende Welle ist.

Die Glieder $\delta, 2\delta, \ldots, (N-1)\delta$ sind die Beiträge zur Phase, die aus einem optischen Weglängenunterschied zwischen benachbarten Strahlen entstehen ($\delta = k_0 \Lambda$). Es gibt einen zusätzlichen Phasenbeitrag, der sich aus dem optischen Weg ergibt, der durchlaufen wurde, um den Punkt P zu erreichen. Dies trifft jedoch für alle Strahlen zu und wurde daher weggelassen. Die relative Phasenverschiebung, die der erste Strahl als Folge der Reflexion erfährt, ist in der Größe r enthalten. Die resultierende, *reflektierte skalare Welle* ist dann

$$E_r = E_{1r} + E_{2r} + E_{3r} + \cdots + E_{Nr}$$

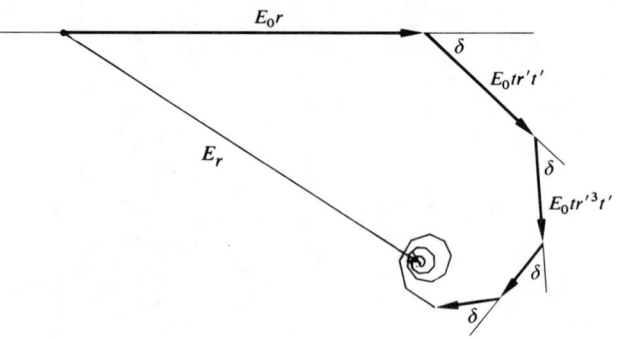

Abbildung 9.44 Zeigerdiagramm.

oder über die Substitution (Abb. 9.44)

$$E_r = E_0 r e^{i\omega t} + E_0 t r' t' e^{i(\omega t - \delta)} + \cdots$$
$$+ E_0 t r'^{(2N-3)} t' \times e^{i[\omega t - (N-1)\delta]}.$$

Dies kann als

$$E_r = E_0 e^{i\omega t} \{ r + r' t t' e^{-i\delta} [1 + (r'^2 e^{-i\delta})$$
$$+ (r'^2 e^{-i\delta})^2 + \cdots + (r'^2 e^{-i\delta})^{N-2}] \}$$

umgeschrieben werden. Wenn $r'^2 e^{-i\delta} < 1$, und wenn sich die Anzahl der Terme in der Reihe dem Unendlichen nähert, so konvergiert die Reihe. Die resultierende Welle wird zu

$$E_r = E_0 e^{i\omega t} \left[r + \frac{r' t t' e^{-i\delta}}{1 - r'^2 \cdot e^{-i\delta}} \right]. \quad (9.51)$$

Im Fall der Absorption von Null wird der Welle keine Energie entzogen, und wir können die Relationen $r = r'$ und $tt' = 1 - r^2$ verwenden, um Gleichung (9.51) als

$$E_r = E_0 e^{i\omega t} \left[\frac{r(1 - e^{-i\delta})}{1 - r^2 e^{-i\delta}} \right]$$

umzuschreiben. Die reflektierte Flußdichte in P ist dann $I_r = E_r E_r^* / 2$, d.h.

$$I_r = \frac{E_0^2 r^2 (1 - e^{-i\delta})(1 - e^{+i\delta})}{2(1 - r^2 e^{-i\delta})(1 - r^2 e^{+i\delta})},$$

was zu

$$I_r = I_i \frac{2r^2 (1 - \cos\delta)}{(1 + r^4) - 2r^2 \cos\delta} \quad (9.52)$$

umgeformt werden kann. Das Symbol $I_i = E_0^2 / 2$ stellt

die einfallende Flußdichte dar, weil natürlich E_0 die Amplitude der einfallenden Welle ist. Ähnlich ergibt sich bei der Addition der Amplituden der durchgelassenen Wellen, die durch

$$E_{1t} = E_0 tt' e^{i\omega t}$$
$$E_{2t} = E_0 tt' r'^2 e^{i(\omega t - \delta)}$$
$$E_{3t} = E_0 tt' r'^4 e^{i(\omega t - 2\delta)}$$
$$\vdots$$
$$E_{Nt} = E_0 tt' r'^{2(N-1)} e^{i[\omega t - (N-1)\delta]}$$

gegeben sind,

$$E_t = E_0 e^{i\omega t} \left[\frac{tt'}{1 - r^2 e^{-i\delta}} \right]. \qquad (9.53)$$

Multiplizieren wir dies mit ihrer konjugiert komplexen Zahl, so erhalten wir (Aufgabe 9.35) die Bestrahlungsstärke des durchgelassenen Strahlenbündels

$$I_t = \frac{I_i (tt')^2}{(1 + r^4) - 2r^2 \cos \delta}. \qquad (9.54)$$

Benutzen wir die trigonometrische Identität $\cos \delta = 1 - 2\sin^2(\delta/2)$, so werden die Gleichungen (9.52) und (9.54) zu

$$I_r = I_i \frac{[2r/(1-r^2)]^2 \sin^2(\delta/2)}{1 + [2r/(1-r^2)]^2 \sin^2(\delta/2)} \qquad (9.55)$$

und zu

$$I_t = I_i \frac{1}{1 + [2r/(1-r^2)]^2 \sin^2(\delta/2)}, \qquad (9.56)$$

wobei keine Energie absorbiert wird, d.h. $tt' + r^2 = 1$. Wird tatsächlich keine einfallende Energie absorbiert, so sollte die Flußdichte der ankommenden Welle genau gleich der Summe der von der Schicht reflektierten plus der gesamten transmittierten Flußdichte sein, die aus der Schicht heraustritt. Es folgt aus den Gleichungen (9.55) und (9.56), daß dies in der Tat der Fall ist, d.h.

$$I_i = I_r + I_t. \qquad (9.57)$$

Dies ist jedoch nicht richtig, wenn die dielektrische Schicht mit einer dünnen Schicht eines teildurchlässigen Metalls überzogen ist. Oberflächenströme, die im Metall induziert werden, dissipieren einen Teil der einfallenden elektromagnetischen Energie (siehe Abschnitt 4.3.5).

Wir betrachten die transmittierten Wellen, wie sie durch Gleichung (9.54) beschrieben sind. Es existiert ein Maximum, wenn der Nenner so klein wie möglich ist, d.h., wenn $\cos \delta = 1$ ist, wobei $\delta = 2\pi m$ und

$$(I_t)_{\max} = I_i.$$

Unter diesen Bedingungen zeigt Gleichung (9.52), daß

$$(I_r)_{\min} = 0$$

ist, wie wir es nach Gleichung (9.57) erwarten. Man sieht wieder an Gleichung (9.54), daß eine minimale transmittierte Flußdichte existiert, wenn der Nenner ein Maximum, d.h., wenn $\cos \delta = -1$ ist. In dem Fall ist $\delta = (2m+1)\pi$ und

$$(I_t)_{\min} = I_i \frac{(1-r^2)^2}{(1+r^2)^2}. \qquad (9.58)$$

Das entsprechende Maximum in der reflektierten Flußdichte ist

$$(I_r)_{\max} = I_i \frac{4r^2}{(1+r^2)^2}. \qquad (9.59)$$

Man beachte, daß das Interferenzbild konstanter Neigung seine Maximalwerte hat, wenn $\delta = (2m+1)\pi$ oder

$$\frac{4\pi n_f}{\lambda_0} d \cos \theta_t = (2m+1)\pi,$$

was das gleiche Ergebnis ist, zu dem wir vorher in Gleichung (9.36) kamen, als wir nur die ersten zwei reflektierten Wellen verwendeten. Man beachte auch, daß Gleichung (9.59) bestätigt, daß Gleichung (9.50) wirklich ein Maximum ist.

Die Form der Gleichungen (9.55) und (9.56) legt nahe, daß wir eine neue Größe einführen, die man den *Finessefaktor* F nennt, so daß

$$F \equiv \left(\frac{2r}{1-r^2} \right)^2 \qquad (9.60)$$

wird, woraufhin diese Gleichungen als

$$\frac{I_r}{I_i} = \frac{F \sin^2(\delta/2)}{1 + F \sin^2(\delta/2)} \qquad (9.61)$$

und

$$\frac{I_t}{I_i} = \frac{1}{1 + F \sin^2(\delta/2)} \qquad (9.62)$$

geschrieben werden können. Den Term

$$[1 + F \sin^2(\delta/2)]^{-1} \equiv \mathcal{A}(\theta)$$

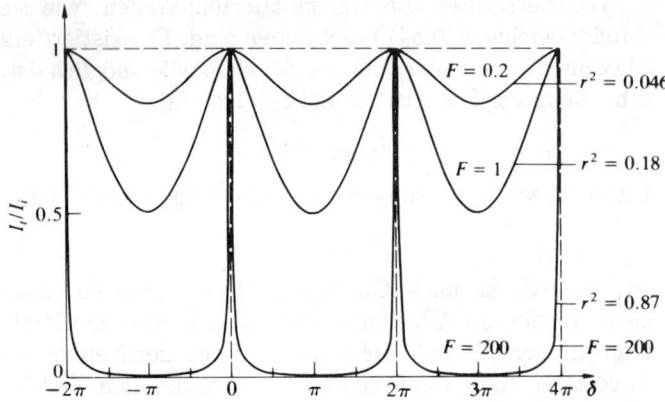

Abbildung 9.45 Die Airy-Funktion.

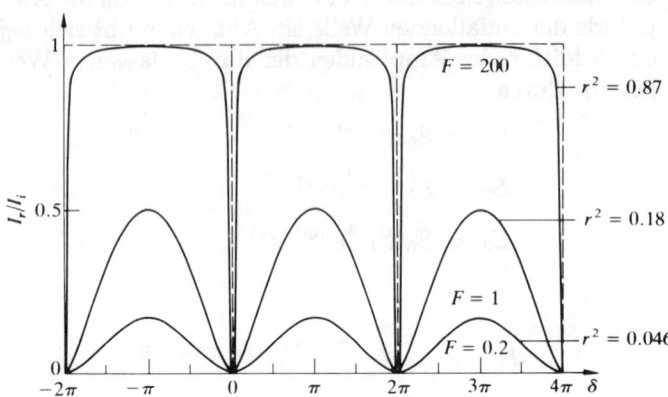

Abbildung 9.46 Eins minus die Airy-Funktion.

nennt man die **Airy-Formel**. Sie stellt die transmittierte Flußdichteverteilung dar und ist in Abbildung 9.45 graphisch dargestellt. Die Komplementärfunktion $[1-\mathcal{A}(\theta)]$, d.h. Gleichung (9.61), ist in Abbildung 9.46 ebenfalls dargestellt. Falls $\delta/2 = m\pi$, so ist die Airy-Funktion für alle Werte von F und daher von r gleich 1. Nähert sich r der 1, so ist die transmittierte Flußdichte sehr klein, ausgenommen innerhalb der scharfen Zacken, die um die Punkte $\delta/2 = m\pi$ zentriert sind. Mehrstrahlinterferenz führte zu einer Umverteilung der Energiedichte im Vergleich zum sinusförmigen Zweistrahlbild (an das die Kurven erinnern, die einem kleinen Reflexionsgrad entsprechen). Dieser Effekt wird näher dargestellt, wenn wir das Beugungsgitter betrachten. Zu dem Zeitpunkt werden wir denselben Spitzeneffekt deutlich sehen, der sich aus der Zunahme der Anzahl von kohärenten Quellen ergibt, die zum Interferenzbild beitragen. Wir erinnern uns, daß die Airyformel in der Tat eine Funktion von θ_t oder θ_i über deren Abhängigkeit von δ ist, wie es aus den Gleichungen (9.34) und (9.35) folgt, ergo die Bezeichnung $\mathcal{A}(\theta)$. Jede Zacke in der Flußdichtenkurve entspricht einem bestimmten δ und daher einem bestimmten θ_i. Für eine planparallele Platte besteht das Interferenzmuster im transmittierten Licht aus einer Reihe von schmalen hellen Ringen auf einem fast vollständig dunklen Hintergrund. Im reflektierten Licht sind die Ringe schmal und dunkel auf einem fast gleichmäßig hellen Hintergrund.

Man kann durch eine Silberbelagbeschichtung der relevanten reflektierenden Flächen, die zur Erzeugung von Mehrstrahlinterferenzen dienen, auch Interferenzstreifen konstanter Dicke scharf und schmal machen. Dieses Verfahren hat eine Anzahl von praktischen Anwendungen, von denen eine in Abschnitt 9.8.2 erörtert wird. Dort betrachten wir die Verwendung von durch Mehrstrahlinterferenzen erzeugten Fizeauschen Streifen, um Oberflächenformen zu untersuchen.

9.6.1 Das Fabry-Perot-Interferometer

Das Mehrstrahlinterferometer, das erstmals von Charles Fabry und Alfred Perot im späten 19. Jahrhundert konstruiert wurde, ist in der modernen Optik wichtig. Sein besonderer Wert ergibt sich daraus, daß es neben seinem Einsatz als Spektralgerät mit extrem hohem Auflösungsvermögen auch als grundlegender Laserresonator dient. Im Prinzip besteht das Gerät aus zwei ebenen, parallelen, hochreflektierenden Flächen, die in einem Abstand d getrennt sind. Dies ist die einfachste Anordnung, aber wie wir sehen werden, benutzt man andere Formen auch oft. In der Praxis bilden zwei halbversilberte oder aluminierte, planparallele Glasplatten die reflektierenden Grenzflächen. Der eingeschlossene Luftspalt variiert im allgemeinen von einigen Millimetern bis zu einigen Zentimetern, wenn der Apparat interferometrisch verwendet wird, und oft bis zu erheblich größeren Längen, wenn er als Laserresonator dient. Läßt sich der Spalt mechanisch durch Bewegung eines Spiegels variieren, so bezeichnet man ihn als Interferometer. Sind die Spiegel unbeweglich, und justiert man sie zur Parallelität, indem man einen Abstandshalter festschraubt (Invar oder Quarz werden

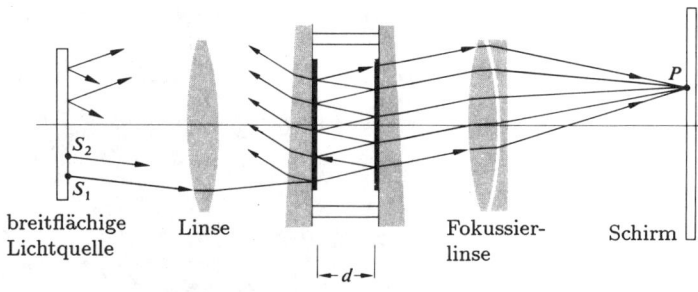

Abbildung 9.47 Das Fabry-Perot-Etalon.

gemeinhin benutzt), so spricht man von einem *Etalon* (obwohl es natürlich im weiteren Sinn noch immer ein Interferometer ist). Sind die zwei Oberflächen einer einzelnen Quarzplatte entsprechend poliert und verspiegelt, so dient sie ebenfalls als ein Etalon; der Zwischenraum muß nicht mit Luft ausgefüllt sein. Die nichtverspiegelten Seiten der Platten sind oft so hergestellt, daß sie eine leichte Keilform haben (ein paar Bogenminuten), um das Interferenzbild zu verkleinern, das aus den Reflexionen an diesen Seiten entsteht. Das Etalon, das in Abbildung 9.47 gezeigt ist, wird von einer breitflächigen Quelle beleuchtet, die ein Quecksilberbogen oder ein Helium-Neon-Laserstrahl sein könnte, der im Durchmesser bis zu mehreren Zentimetern ausgeweitet wurde. Dies kann man ziemlich einfach erreichen, indem man den Strahl in das rückseitige Ende des Teleskops schickt, das auf Unendlich eingestellt ist. Das Licht kann man dann diffus machen, indem man es durch eine Scheibe Mattglas leitet. Nur von einem Strahl, der vom Punkt S_1 der Quelle emittiert wurde, ist der Strahlenverlauf durch das Etalon gezeichnet. Nach dem Eintritt durch die teildurchlässig verspiegelte Platte wird er innerhalb des Spalts mehrfach reflektiert. Die durchgelassenen Strahlen werden von einer Linse gesammelt und zu einem Brennpunkt auf dem Schirm geleitet, wo sie interferieren, und entweder einen hellen oder dunklen Fleck erzeugen. Man betrachte diese besondere Einfallsebene, die alle reflektierten Strahlen enthält. Jeder andere von einem anderen Punkt S_2 emittierte Strahl, der parallel zum ursprünglichen Strahl ist und sich in jener Einfallsebene befindet, erzeugt auf dem Schirm in demselben Punkt P einen Lichtpunkt. Wie wir sehen werden, ist die Diskussion des vorhergehenden Abschnitts wieder anwendbar, so daß die Gleichung

(9.54) die transmittierte Flußdichte I_t bestimmt. Die vielen Wellen, die im Resonator erzeugt werden und entweder von S_1 oder S_2 in P ankommen, sind untereinander kohärent. Aber die Strahlen, die von S_1 herrühren, sind bezüglich denjenigen vollkommen inkohärent, die von S_2 kommen, so daß es keine anhaltende gegenseitige Interferenz gibt. Der Beitrag zur Bestrahlungsstärke I_t ist in P genau die Summe der beiden Bestrahlungsstärken.

Alle Strahlen, die mit einem bestimmten Winkel auf den Spalt fallen, führen zu einem einzigen Interferenzring mit gleichmäßiger Bestrahlungsstärke (Abb. 9.48). Mit einer breitflächigen, diffusen Lichtquelle sind die Interferenzbänder schmale, konzentrische Ringe, die dem Mehrstrahltransmissionsmuster entsprechen.

Das Streifensystem kann man visuell beobachten, indem man direkt in das Etalon hineinsieht, während man das Auge auf Unendlich einstellt. Die Aufgabe der nicht mehr benötigten Fokussierlinse übernimmt das Auge. Bei großen Werten von d sind die Ringe nahe beieinander, und man benötigt ein Teleskop, um das Bild zu vergrößern. Ein relativ billiger Fernrohrvorsatz erfüllt den gleichen Zweck und ermöglicht das Photographieren der Ringe, die im Unendlichen lokalisiert sind. Wie man aus den Betrachtungen des Abschnitts 9.5 erwarten kann, ist es möglich, reelle, nichtlokalisierte Interferenzerscheinungen bei Verwendung einer hellen punktförmigen Quelle zu erzeugen.

Die teilweise transparenten Metallschichten, die man häufig verwendet, um den Reflexionsgrad ($R = r^2$) zu vergrößern, absorbieren einen Bruchteil A der Flußdichte; diesen Teil bezeichnet man als **Absorptionsgrad**. Den Ausdruck
$$tt' + r^2 = 1$$
oder
$$T + R = 1, \qquad [4.60]$$
wobei T die Durchlässigkeit ist, muß man nun zu
$$T + R + A = 1 \qquad (9.63)$$
umschreiben. Durch die Metallschichten wird es noch ein bißchen komplizierter, da eine zusätzliche Phasenverschiebung $\phi(\theta_i)$ eingeführt wird, die entweder von Null oder π abweichen kann. Die Phasendifferenz zwischen zwei nacheinander transmittierten Wellen ist dann
$$\delta = \frac{4\pi n_f}{\lambda_0} d\cos\theta_t + 2\phi. \qquad (9.64)$$

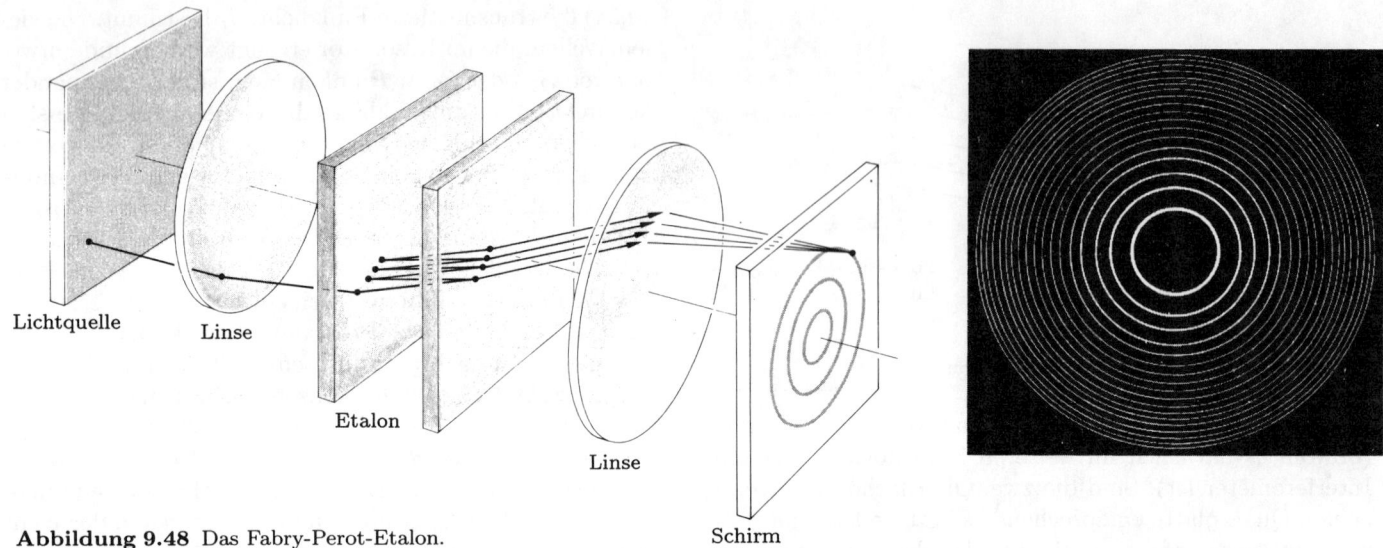

Abbildung 9.48 Das Fabry-Perot-Etalon.

Für die Bedingungen, die wir zur Zeit prüfen, ist θ_i klein und ϕ darf man als konstant ansehen. Im allgemeinen ist d so groß und λ_0 so klein, daß ϕ vernachlässigt werden kann. Wir können nun Gleichung (9.54) als

$$\frac{I_t}{I_i} = \frac{T^2}{1 + R^2 - 2R\cos\delta}$$

oder äquivalent als

$$\frac{I_t}{I_i} = \left(\frac{T}{1-R}\right)^2 \frac{1}{1 + 4R/(1-R)^2 \sin^2(\delta/2)} \quad (9.65)$$

ausdrücken. Bei Verwendung von Gleichung (9.63) und der Definition der Airy-Formel erhalten wir

$$\frac{I_t}{I_i} = \left[1 - \frac{A}{(1-R)}\right]^2 \mathcal{A}(\theta) \quad (9.66)$$

im Vergleich mit der Gleichung für eine Absorption von Null

$$\frac{I_t}{I_i} = \mathcal{A}(\theta). \quad [9.62]$$

Da der absorbierende Teil A nie Null ist, wird das Flußdichtemaximum $(I_t)_{max}$ immer etwas kleiner als I_i sein. (Wir erinnern uns, daß für $(I_t)_{max}$ $\mathcal{A}(\theta) = 1$ ist.) Dementsprechend ist das *Durchlaßmaximum* als $(I_t/I_i)_{max}$ definiert:

$$\frac{(I_t)_{max}}{I_i} = \left[1 - \frac{A}{(1-R)}\right]^2. \quad (9.67)$$

Eine 50 nm dicke Silberschicht würde sich ihrem maximalen Wert von R, z.B. etwa 0.94, nähern, wohingegen T und A die Werte 0.01 beziehungsweise 0.05 haben könnten. In diesem Fall geht das Durchlaßmaximum auf $1/36$ hinunter. Die relative Bestrahlungsstärke der Interferenzerscheinung wird weiterhin durch die Airy-Formel bestimmt, da

$$\frac{I_t}{(I_t)_{max}} = \mathcal{A}(\theta). \quad (9.68)$$

Ein Maß für die Schärfe der Interferenzstreifen, d.h. wie schnell die Bestrahlungsstärke auf beiden Seiten des Maximums abfällt, ist durch die Halbwertsbreite γ gegeben. Wie in Abbildung 9.49 gezeigt, ist γ die Maximumsbreite in Radianten, wenn $I_t = (I_t)_{max}/2$.

Bei der Transmission treten Maxima bei speziellen Werten der Phasendifferenzen $\delta_{max} = 2\pi m$ auf. Dementsprechend fällt die Bestrahlungsstärke immer auf die Hälfte ihres maximalen Wertes, d.h. $\mathcal{A}(\theta) = 1/2$, wenn $\delta = \delta_{max} \pm \delta_{1/2}$. Da

$$\mathcal{A}(\theta) = [1 + F\sin^2(\delta/2)]^{-1},$$

wenn

$$[1 + F\sin^2(\delta_{1/2}/2)]^{-1} = \frac{1}{2},$$

folgt, daß

$$\delta_{1/2} = 2\sin^{-1}(1/\sqrt{F}).$$

Die Fabry-Perot-Spektroskopie

Das Fabry-Perot-Interferometer wird häufig benutzt, um die detaillierten Strukturen der Spektrallinien zu untersuchen. Wir wollen nicht den Versuch machen, eine vollständige Abhandlung der Interferenzspektroskopie zu liefern; wir wollen aber stattdessen die relevante Terminologie definieren und kurz geeignete Ableitungen umreißen.[14]

Wie wir gesehen haben, erzeugt eine hypothetische, rein monochromatische Lichtwelle ein bestimmtes Interferenzringsystem. δ ist jedoch eine Funktion von λ_0, so daß sich zwei überlagernde Ringsysteme ergeben würden, falls die Lichtquelle aus zwei derartigen monochromatischen Komponenten zusammengesetzt wäre. Überlagern sich die einzelnen Ringe teilweise, so kann man nicht eindeutig unterscheiden, wann die zwei Systeme einzeln erkennbar sind, d.h., wann man sie als *aufgelöst* bezeichnen kann. Lord Rayleighs [15] Kriterium für die Auflösung zweier sich überdeckender Spaltbilder gleicher Bestrahlungsstärke ist allgemein anerkannt, wenn auch etwas eigenwillig in der gegenwärtigen Anwendung. Die Verwendung erlaubt jedoch einen Vergleich mit Prismen- oder Gittergeräten. Das wesentliche Merkmal dieses Kriteriums ist, daß die Ringe *gerade noch auflösbar* sind, wenn die zusammengesetzte Bestrahlungsstärke beider Ringe im Zentrum oder Sattelpunkt des resultierenden breiten Ringes das $8/\pi^2$-fache der maximalen Bestrahlungsstärke ist. Dies bedeutet gerade, daß man einen breiten hellen Ring mit einem grauen Zentralbereich sehen würde. Um ein wenig analytischer zu werden, untersuchen wir Abbildung 9.50, wobei wir an die vorhergehende Herleitung der Halbwertsbreite denken. Wir betrachten den Fall, wenn beide einzelnen Ringe gleiche Bestrahlungsstärken ($(I_a)_{\max} = (I_b)_{\max}$) haben. Die Maxima des resultierenden Ringes, die auftreten, wenn $\delta = \delta_a$ und $\delta = \delta_b$ ist, haben gleiche Bestrahlungsstärken

$$(I_t)_{\max} = (I_a)_{\max} + I'. \quad (9.71)$$

Um den Sattelpunkt ist die Bestrahlungsstärke

$$(8/\pi^2)(I_t)_{\max}$$

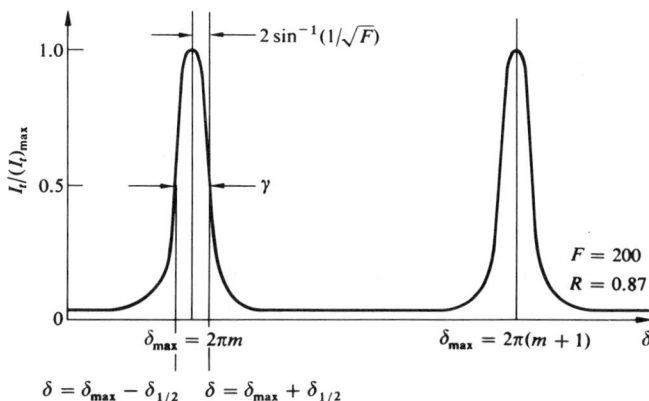

Abbildung 9.49 Fabry-Perot-Interferenzen.

Da F im allgemeinen ziemlich groß ist, ist

$$\sin^{-1}(1/\sqrt{F}) \approx 1/\sqrt{F},$$

und daher wird die Halbwertsbreite $\gamma = 2\delta_{1/2}$ zu

$$\gamma = 4/\sqrt{F}. \quad (9.69)$$

Wir erinnern uns, daß $F = 4R/(1-R)^2$, so daß die Durchlaßmaxima um so schärfer sind, je größer R ist.

Eine andere Größe von besonderem Interesse ist das Verhältnis des Abstands von benachbarten Maxima zur Halbwertsbreite. Man bezeichnet es als die **Finesse** $\mathcal{F} \equiv 2\pi/\gamma$. Mit der Gleichung (9.69) folgt

$$\mathcal{F} = \frac{\pi\sqrt{F}}{2}. \quad (9.70)$$

Im sichtbaren Spektrum ist die Finesse der meisten durchschnittlichen Fabry-Perot-Instrumente etwa 30. Die Abweichung der Spiegel von der Planparallelität setzt $\mathcal{F}$ physikalisch eine Grenze. Nimmt die Finesse zu, so wird die Halbwertsbreite, aber auch das Durchlaßmaximum kleiner. Übrigens ist eine Finesse von etwa 1000 mit gekrümmten Spiegelsystemen erreichbar, die dielektrische Dünnschichtbeläge verwenden.[13]

---

[13] Siehe "Multiple Beam Interferometry" von H.D. Polster, *Appl. Opt.* **8**, 522 (1969). Für eine Diskussion über die Verwendung des Fabry-Perot-Interferometers als ein Optotransistor siehe auch "The Optical Computer", E. Abraham, C. Seaton und S. Smith, *Sci. Am.* (Feb. 1983), p. 85.

[14] Eine vollständigere Abhandlung kann man in M. Born, *Optik* oder W.E. Williams, *Applications of Interferometry* finden, um nur zwei zu nennen.

[15] Das Kriterium wird bezüglich der Beugung im nächsten Kapitel neu betrachtet (siehe Abb. 10.40).

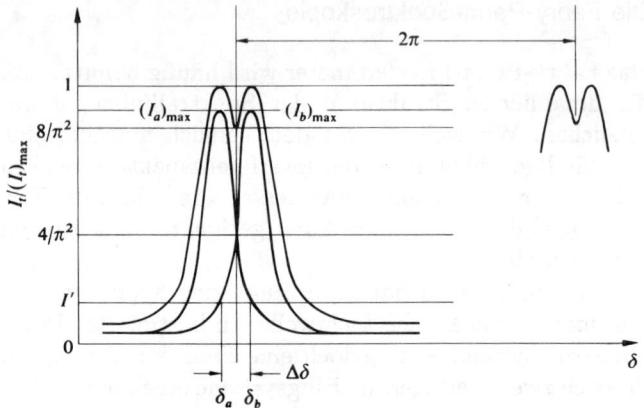

Abbildung 9.50 Sich überlagernde Interferenzstreifen.

die Summe der zwei einzelnen Bestrahlungsstärken, so daß wir mit Berücksichtigung der Gleichung (9.68) erhalten:

$$(8/\pi^2)\frac{(I_t)_{\max}}{(I_a)_{\max}} = [\mathcal{A}(\theta)]_{\delta=\delta_a+\Delta\delta/2} + [\mathcal{A}(\theta)]_{\delta=\delta_b+\Delta\delta/2}. \tag{9.72}$$

Verwenden wir $(I_t)_{\max}$, was durch Gleichung (9.71) gegeben ist, zusammen mit

$$\frac{I'}{(I_a)_{\max}} = [\mathcal{A}(\theta)]_{\delta=\delta_a+\Delta\delta},$$

so kann Gleichung (9.72) nach $\Delta\delta$ aufgelöst werden. Für große Werte von F ist

$$(\Delta\delta) \approx \frac{4.2}{\sqrt{F}}. \tag{9.73}$$

Dies stellt dann den kleinsten Phasenzuwachs $(\Delta\delta)_{\min}$ dar, der zwei auflösbare Ringe trennt. Er kann mit dem äquivalenten Minimalzuwachs der Wellenlänge $(\Delta\lambda_0)_{\min}$ der Frequenz $(\Delta\nu)_{\min}$ oder der Raumfrequenz $(\Delta\kappa)_{\min}$ verknüpft werden. Nach der Gleichung (9.64) erhalten wir für $\delta = 2\pi m$

$$m\lambda_0 = 2n_f d \cos\theta_t + \frac{\phi\lambda_0}{\pi}. \tag{9.74}$$

Lassen wir den Term $\phi\lambda_0/\pi$ weg, der selbstverständlich vernachlässigbar ist, und differenzieren dann, so erhalten wir

$$m(\Delta\lambda_0) + \lambda_0(\Delta m) = 0$$

oder

$$\frac{\lambda_0}{(\Delta\lambda_0)} = -\frac{m}{(\Delta m)}.$$

Wir lassen das Minuszeichen weg, da es nur bedeutet, daß die Ordnungszahl zunimmt, wenn λ_0 abnimmt. Wenn sich δ um 2π verändert, ändert sich m um 1, und so erhalten wir

$$\frac{2\pi}{(\Delta\delta)} = \frac{1}{(\Delta m)}.$$

Daraus folgt nun

$$\frac{\lambda_0}{(\Delta\lambda_0)} = \frac{2\pi m}{(\Delta\delta)}. \tag{9.75}$$

Den Quotienten aus λ_0 und dem kleinsten auflösbaren Weglängenunterschied $(\Delta\lambda_0)_{\min}$ nennt man das **chromatische Auflösungsvermögen** $\mathcal{R}$ eines Spektroskops. Und so gilt bei fast senkrechtem Einfall

$$\mathcal{R} \equiv \frac{\lambda_0}{(\Delta\lambda_0)_{\min}} \approx \mathcal{F}\frac{2n_f d}{\lambda_0} \tag{9.76}$$

oder

$$\mathcal{R} \approx \mathcal{F} m.$$

Für eine Wellenlänge von 500 nm ist $n_f d = 10$ mm, und $R = 90\%$. Das Auflösungsvermögen liegt weit über einer Million, ein Bereich, der erst kürzlich durch die feinsten Beugungsgitter erreicht wurde. Es folgt ebenfalls in diesem Beispiel, daß $(\Delta\lambda_0)_{\min}$ kleiner als $10^{-6}\lambda_0$ ist. Vom Standpunkt der Frequenz ist die *kleinste auflösbare Bandbreite*

$$(\Delta\nu)_{\min} = \frac{c}{\mathcal{F} 2 n_f d}, \tag{9.77}$$

da $|\Delta\nu| = |c\Delta\lambda_0/\lambda_0^2|$.

Mit zunehmender Differenz der Wellenlängen der zwei Komponenten, aus der sich die Quelle zusammensetzt, trennen sich die in Abbildung 9.50 gezeigten überlagerten Maxima. Während der Wellenlängenunterschied weiter wächst, nähert sich der Ring m-ter Ordnung für die eine Wellenlänge λ_0 dem Ring der $(m+1)$-ten Ordnung für die andere Wellenlänge $(\lambda_0 - \Delta\lambda_0)$. Den bestimmten Wellenlängenunterschied $(\Delta\lambda_0)_{\text{fsr}}$,[16)] bei dem eine Überlagerung stattfindet, nennt man den **freien Spektralbereich**. Nach Gleichung (9.75) entspricht eine Änderung von δ um 2π einem $(\Delta\lambda_0)_{\text{fsr}} = \lambda_0/m$ oder bei fast senkrechtem Einfall

$$(\Delta\lambda_0)_{\text{fsr}} \approx \lambda_0^2/2n_f d, \tag{9.78}$$

und ebenso

$$(\Delta\nu)_{\text{fsr}} \approx c/2n_f d. \tag{9.79}$$

---

16) fsr = free spectral range.

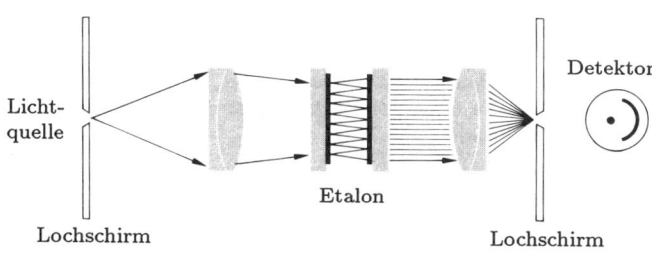

Abbildung 9.51 Abtastung des zentralen Flecks.

Setzen wir das obere Beispiel fort, d.h. $\lambda_0 = 500$ nm und $n_f d = 10$ mm, so wird $(\Delta\lambda_0)_{\text{fsr}} = 0.0125$ nm. Versuchen wir das Auflösungsvermögen nur durch einen Zuwachs von d zu vergrößern, so verkleinert sich selbstverständlich der *freie Spektralbereich* und bringt damit die resultierende Unschärfe durch die Überlagerungen der Ordnungen. Es ist notwendig, daß $(\Delta\lambda_0)_{\text{min}}$ *so klein wie möglich* und $(\Delta\lambda_0)_{\text{fsr}}$ *so groß wie möglich* ist. Aber siehe da

$$\frac{\Delta\lambda_0)_{\text{fsr}}}{(\Delta\lambda_0)_{\text{min}}} = \mathcal{F}. \qquad (9.80)$$

Dieses Ergebnis sollte in Anbetracht der ursprünglichen Definition von $\mathcal{F}$ nicht zu sehr überraschen.

Sowohl die Anwendungen als auch die Konfigurationen des Fabry-Perot-Interferometers sind vielfältig. Etalons wurden mit anderen Etalons wie auch mit Gitter- und Prismenspektroskopen hintereinandergebaut, und dielektrische Mehrschichtenfilme wurden verwendet, um die Metallbeläge von Spiegeln zu ersetzen.

Abtasttechniken sind heute weitverbreitet. Sie nutzen die bessere Linearität der photoelektrischen Detektoren gegenüber den photographischen Platten aus, um zuverlässigere Messungen der Flußdichte zu erhalten. Der Grundaufbau für die *Abtastung des Zentralflecks* ist in Abbildung 9.51 dargestellt. Die Abtastung wird durch die Veränderung von δ erreicht. Dies geschieht durch Variation von n_f oder d statt $\cos\theta_t$. In einigen Anordnungen kann man n_f durch Veränderung des Luftdrucks innerhalb des Etalons fließend variieren. Alternativ genügt ein mechanisch schwingender Einzelspiegel mit einer Verschiebung von $\lambda_0/2$, um den freien Spektralbereich völlig abzutasten, entsprechend $\Delta\delta = 2\pi$. Eine beliebte Technik, die dies verwirklicht, verwendet eine piezoelektrische Spiegelfassung. Dieses Material verändert seine Länge und daher d, wenn eine Spannung angelegt wird. Der Funktionsverlauf der Spannung bestimmt die Spiegelbewegung.

Statt die Bestrahlungsstärke photographisch über einen großen Raumbereich in einem einzelnen Zeitpunkt aufzuzeichnen, hält diese Methode die Bestrahlungsstärke über einen großen Zeitbereich in einem einzelnen Punkt im Raum fest.

Der eigentliche Aufbau des Etalons erfuhr einige bedeutende Veränderungen. Pierre Connes beschrieb 1956 als erster das *Fabry-Perot-Interferometer mit Kugelspiegel*. Seitdem wurden Systeme mit gekrümmten Spiegeln als Laserresonatoren bedeutend und finden außerdem zunehmende Verwendung als Spektralanalysatoren.

9.7 Anwendungen von Einfachschicht- und Mehrfachschichtfilmen

Die Beschichtungen aus dünnen dielektrischen Schichten sind in letzter Zeit vielfältig eingesetzt worden. Beschichtungen für die Beseitigung von unerwünschten Reflexionen an einer Vielzahl von Flächen, vom Schaufensterglas bis zu den Qualitätskameralinsen, sind nun etwas Alltägliches. Nichtabsorbierende Mehrfachschichttrennplatten und *dichroitische* Spiegel (farbselektive Strahlenteiler, die bestimmte Wellenlängen durchlassen und reflektieren) sind im Handel erhältlich. Abbildung 9.52 ist ein in Abschnitte geteiltes Schaubild, das die Verwendung eines *Kaltlichtspiegels* in Verbindung mit einem *Wärmereflexionsfilter* darstellt, die die Infrarotstrahlung zum hinteren Teil des Filmprojektors leiten. Die sehr starke, von der Lichtquelle emittierte unerwünschte infrarote (IR-) Strahlung, wird aus dem Strahlenbündel entfernt, um Wärmeprobleme am Film zu vermeiden. Die obere Hälfte der Abbildung 9.52 ist ein gewöhnlicher, rückseitig versilberter Spiegel, der zum Vergleich gezeigt ist. Solarzellen, die eine der Hauptenergieversorgungssysteme für Raumschiffe sind, und sogar die Helme und Visiere der Astronauten sind mit ähnlichen Wärmeregulierungsbelägen abgeschirmt. Man kann breite und schmale Vielschichtbandfilter herstellen, die nur einen speziellen Spektralbereich durchlassen, um den Bereich vom Infraroten zum Ultravioletten abzudecken. Im Sichtbaren spielen sie z.B. eine wichtige Rolle, um das Bild in Farbfernsehkameras zu zerlegen, wohingegen sie im IR in Raketensteuerungssystemen, CO_2-Lasern und

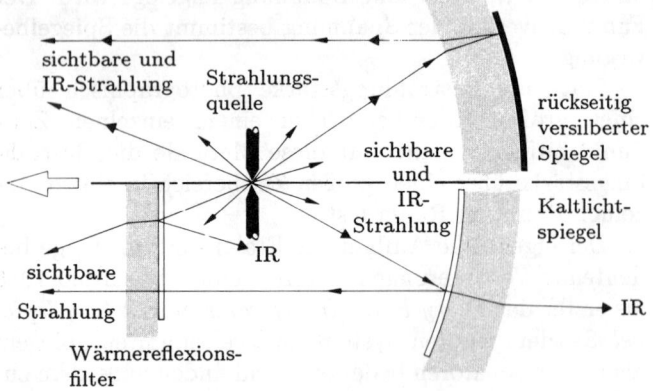

Abbildung 9.52 Eine zusammengesetzte Zeichnung, die oben ein normales und unten ein beschichtetes System zeigt.

Satellithorizontfühlern verwendet werden. Die Anwendungen von Dünnschichtanordnungen sind so vielfältig wie deren Strukturen, die von den einfachsten Einfachbeschichtungen bis zu komplizierten Anordnungen von 100 oder noch mehr Schichten gehen.

Die Behandlung der Mehrschichtfiltertheorie, die hier verwendet wird, befaßt sich mit den *gesamten* elektrischen und magnetischen Feldern und deren Grenzflächenbedingungen in den verschiedenen Bereichen. Dies ist eine viel praktischere Methode für vielschichtige Systeme als die Vielwellentechnik, die wir früher anwendeten.[17]

9.7.1 Mathematische Behandlung

Wir betrachten die in Abbildung 9.53 gezeigte linear polarisierte Welle, die auf eine dünne dielektrische Schicht zwischen zwei halbbegrenzten, transparenten Medien trifft. In der Praxis könnte dies einer dielektrischen Schicht entsprechen, die, ein Bruchteil einer Wellenlänge dick, auf die Oberfläche einer Linse, eines Spiegels oder eines Prismas aufgetragen ist. Einen Punkt muß man sich am Anfang klarmachen: jede Welle E_{rI}, E'_{rII}, E_{tII} usw. stellt die Resultierende aller möglichen Wellen dar, die in jenem Punkt im Medium in jene Richtung wandern. Der Summierungsprozeß ist daher eingebaut. Wie in Ab-

---

[17] Für eine sehr lesenswerte nichtmathematische Diskussion siehe P. Bowmeister und G. Pincus, "Optical Interference Coatings", *Sci. Amer.* **223**, 59 (Dezember 1970).

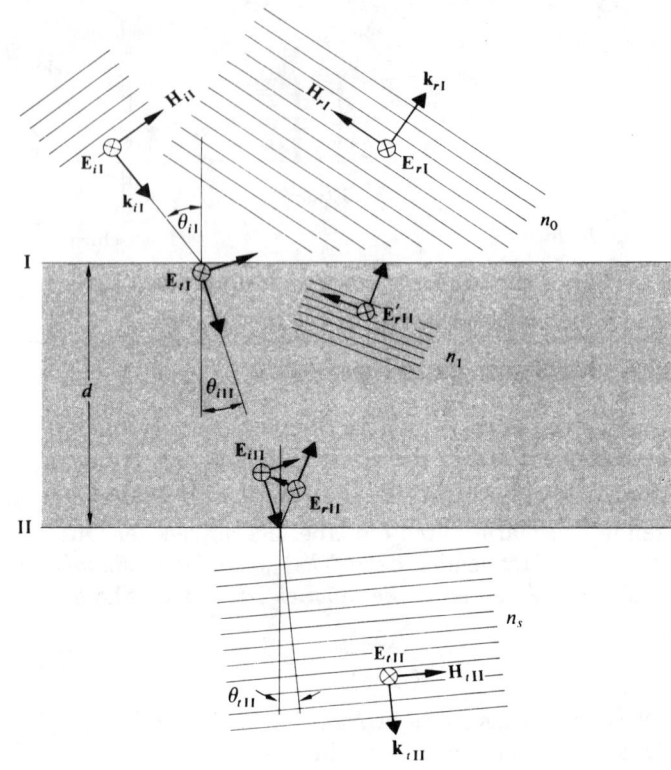

Abbildung 9.53 Felder an den Grenzflächen.

schnitt 4.3.2 erörtert wurde, fordern die Grenzflächenbedingungen, daß die tangentialen Komponenten sowohl der elektrischen (E) als auch der magnetischen ($H = B/\mu$) Felder über die Grenzflächen stetig (d.h. auf beiden Seiten gleich) sind. An der Grenze I gilt

$$E_I = E_{iI} + E_{rI} = E_{tI} + E'_{rII} \tag{9.81}$$

und

$$\begin{aligned} H_I &= \sqrt{\frac{\epsilon_0}{\mu_0}}(E_{iI} - E_{rI})n_0 \cos\theta_{iI} \\ &= \sqrt{\frac{\epsilon_0}{\mu_0}}(E_{tI} - E'_{rII})n_1 \cos\theta_{iII}, \end{aligned} \tag{9.82}$$

wobei die Tatsache ausgenutzt wurde, daß E und H in unmagnetischen Medien über den Brechungsindex und den Einheitsausbreitungsvektor verknüpft sind:

$$H = \sqrt{\frac{\epsilon_0}{\mu_0}} n \hat{k} \times E.$$

An der Grenzfläche II gilt

$$E_{\text{II}} = E_{i\text{II}} + E_{r\text{II}} = E_{t\text{II}} \qquad (9.83)$$

und

$$\begin{aligned} H_{\text{II}} &= \sqrt{\frac{\epsilon_0}{\mu_0}} (E_{i\text{II}} - E_{r\text{II}}) n_1 \cos\theta_{i\text{II}} \\ &= \sqrt{\frac{\epsilon_0}{\mu_0}} E_{t\text{II}} n_s \cos\theta_{t\text{II}}, \end{aligned} \qquad (9.84)$$

die Unterlage hat einen Index n_s. In Übereinstimmung mit Gleichung (9.33) erfährt eine Welle, die die Schicht einmal durchläuft, eine Phasenverschiebung $k_0(2n_1 d \cos\theta_{i\text{II}})/2$, was wir mit $k_0 h$ bezeichnen, so daß

$$E_{i\text{II}} = E_{t\text{I}} e^{-ik_0 h} \qquad (9.85)$$

und

$$E_{r\text{II}} = E'_{r\text{II}} e^{+ik_0 h} \qquad (9.86)$$

wird. Die Gleichungen (9.83) und (9.84) können nun als

$$E_{\text{II}} = E_{t\text{I}} e^{-ik_0 h} + E'_{r\text{II}} e^{+ik_0 h} \qquad (9.87)$$

und

$$H_{\text{II}} = (E_{t\text{I}} e^{-ik_0 h} - E'_{r\text{II}} e^{+ik_0 h}) \sqrt{\frac{\epsilon_0}{\mu_0}} n_1 \cos\theta_{i\text{II}} \qquad (9.88)$$

geschrieben werden. Diese letzten beiden Gleichungen können nach $E_{t\text{I}}$ und $E'_{r\text{II}}$ aufgelöst werden, die nach der Substitution in die Gleichungen (9.81) und (9.82)

$$E_{\text{I}} = E_{\text{II}} \cos k_0 h + H_{\text{II}} (i \sin k_0 h)/\Upsilon_1 \qquad (9.89)$$

und

$$H_{\text{I}} = E_{\text{II}} \Upsilon_1 i \sin k_0 h + H_{\text{II}} \cos k_0 h \qquad (9.90)$$

liefern, wobei

$$\Upsilon_1 \equiv \sqrt{\frac{\epsilon_0}{\mu_0}} n_1 \cos\theta_{i\text{II}}.$$

Die oberen Rechnungen, die für den Fall durchgeführt werden, daß $\boldsymbol{E}$ in der Einfallsebene liegt, führen nun unter der Voraussetzung zu ähnlichen Gleichungen, daß

$$\Upsilon_1 \equiv \sqrt{\frac{\epsilon_0}{\mu_0}} n_1 / \cos\theta_{i\text{II}}.$$

In der Matrixschreibweise nehmen die oberen linearen Relationen die Form

$$\begin{bmatrix} E_{\text{I}} \\ H_{\text{I}} \end{bmatrix} = \begin{bmatrix} \cos k_0 h & (i \sin k_0 h)/\Upsilon_1 \\ \Upsilon_1 i \sin k_0 h & \cos k_0 h \end{bmatrix} \begin{bmatrix} E_{\text{II}} \\ H_{\text{II}} \end{bmatrix} \qquad (9.91)$$

oder

$$\begin{bmatrix} E_{\text{I}} \\ H_{\text{I}} \end{bmatrix} = \mathcal{M}_{\text{I}} \begin{bmatrix} E_{\text{II}} \\ H_{\text{II}} \end{bmatrix} \qquad (9.92)$$

an. Die *charakteristische Matrix* $\mathcal{M}_1$ verknüpft die Felder an den zwei benachbarten Grenzflächen. Es ergeben sich daher für zwei übereinanderliegende Schichten auf der Unterlage drei Grenzflächen. Dann ist

$$\begin{bmatrix} E_{\text{II}} \\ H_{\text{II}} \end{bmatrix} = \mathcal{M}_{\text{II}} \begin{bmatrix} E_{\text{III}} \\ H_{\text{III}} \end{bmatrix}. \qquad (9.93)$$

Multiplizieren wir beide Seiten dieses Ausdrucks mit $\mathcal{M}_\text{I}$, so erhalten wir

$$\begin{bmatrix} E_{\text{I}} \\ H_{\text{I}} \end{bmatrix} = \mathcal{M}_{\text{I}} \mathcal{M}_{\text{II}} \begin{bmatrix} E_{\text{III}} \\ H_{\text{III}} \end{bmatrix}. \qquad (9.94)$$

Allgemein: wenn p die Anzahl der Schichten ist, wobei jede einen bestimmten n- und h-Wert hat, so ist die erste und letzte Grenzfläche durch

$$\begin{bmatrix} E_{\text{I}} \\ H_{\text{I}} \end{bmatrix} = \mathcal{M}_{\text{I}} \mathcal{M}_{\text{II}} \cdots \mathcal{M}_p \begin{bmatrix} E_{(p+1)} \\ H_{(p+1)} \end{bmatrix} \qquad (9.95)$$

verknüpft. Die charakteristische Matrix des gesamten Systems ist die Resultierende des Produkts (in der richtigen Reihenfolge) der einzelnen 2×2 Matrizen, d.h.

$$\mathcal{M} = \mathcal{M}_{\text{I}} \mathcal{M}_{\text{II}} \cdots \mathcal{M}_p = \begin{bmatrix} m_{11} & m_{12} \\ m_{21} & m_{22} \end{bmatrix}. \qquad (9.96)$$

Um zu sehen, wie dies alles zusammenpaßt, wollen wir Ausdrücke für die Amplitudenkoeffizienten der Reflexion und der Durchlässigkeit bei Verwendung des oberen Schemas herleiten. Durch Neuformulierung der Gleichung (9.92) in den Ausdrücken der Grenzflächenbedingungen (9.81), (9.82) und (9.84) und mit der Einführung von

$$\Upsilon_0 = \sqrt{\frac{\epsilon_0}{\mu_0}} n_0 \cos\theta_{i\text{I}}$$

und

$$\Upsilon_s = \sqrt{\frac{\epsilon_0}{\mu_0}} n_s \cos\theta_{t\text{II}},$$

erhalten wir

$$\begin{bmatrix} (E_{i\text{I}} + E_{r\text{I}}) \\ (E_{i\text{I}} - E_{r\text{I}}) \Upsilon_0 \end{bmatrix} = \mathcal{M}_1 \begin{bmatrix} E_{t\text{II}} \\ E_{t\text{II}} \Upsilon_s \end{bmatrix}.$$

Bei der Ausrechnung der Matrizen wird die letzte Gleichung zu

$$1 + r = m_{11} t + m_{12} \Upsilon_s t$$

und
$$(1-r)\Upsilon_0 = m_{21}t + m_{22}\Upsilon_s t,$$
da
$$r = E_{rI}/E_{iI} \quad \text{und} \quad t = E_{tII}/E_{iI}.$$
Folglich ist
$$r = \frac{\Upsilon_0 m_{11} + \Upsilon_0 \Upsilon_s m_{12} - m_{21} - \Upsilon_s m_{22}}{\Upsilon_0 m_{11} + \Upsilon_0 \Upsilon_s m_{12} + m_{21} + \Upsilon_s m_{22}} \quad (9.97)$$
und
$$t = \frac{2\Upsilon_0}{\Upsilon_0 m_{11} + \Upsilon_0 \Upsilon_s m_{12} + m_{21} + \Upsilon_s m_{22}}. \quad (9.98)$$

Um entweder r oder t für irgendeine Konfiguration von Schichten zu finden, brauchen wir nur die charakteristischen Matrizen für jede Schicht zu berechnen, sie zu multiplizieren und dann die resultierenden Matrixelemente in die oberen Gleichungen einzusetzen.

9.7.2 Reflexmindernde Schichten

Wir betrachten nun den äußerst wichtigen Fall des senkrechten Einfalls, d.h.
$$\theta_{iI} = \theta_{iII} = \theta_{iII} = 0,$$
der, außer daß er der einfachste ist, in praktischen Situationen ziemlich oft annähernd anzutreffen ist. Fügen wir an r einen unteren Index, um die Anzahl der vorhandenen Schichten anzugeben, so wird der Reflexionskoeffizient für eine einzelne Schicht zu
$$r_1 = \frac{n_1(n_0 - n_s)\cos k_0 h + i(n_0 n_s - n_1^2)\sin k_0 h}{n_1(n_0 + n_s)\cos k_0 h + i(n_0 n_s + n_1^2)\sin k_0 h}. \quad (9.99)$$
Die Multiplikation von r_1 mit seiner konjugiert komplexen Zahl führt zum Reflexionsgrad
$$R_1 = \frac{n_1^2(n_0 - n_s)^2 \cos^2 k_0 h + (n_0 n_s - n_1^2)^2 \sin^2 k_0 h}{n_1^2(n_0 + n_s)^2 \cos^2 k_0 h + (n_0 n_s + n_1^2)^2 \sin^2 k_0 h}. \quad (9.100)$$
Diese Formel wird besonders einfach, wenn $k_0 h = 1/2\pi$, was äquivalent zur Aussage ist, daß die optische Dicke h der Schicht ein ungerades Vielfaches von $1/4\lambda_0$ ist. In diesem Fall ist $d = 1/4\lambda_f$ und
$$R_1 = \frac{(n_0 n_s - n_1^2)^2}{(n_0 n_s + n_1^2)^2}, \quad (9.101)$$
was bemerkenswerterweise gleich Null ist, wenn
$$n_1^2 = n_0 n_s. \quad (9.102)$$

Im allgemeinen wird d so gewählt, daß h gleich $1/4\lambda_0$ im gelbgrünen Teil des sichtbaren Spektrums ist, für den das Auge am empfindlichsten ist. Der Kryolith ($n = 1.35$), eine Natrium-Aluminium-Fluorid-Verbindung und Magnesium-Fluorid ($n = 1.38$) sind häufig anzutreffende niedrigbrechende Schichten. Da MgF_2 bei weitem das widerstandsfähigste Material ist, wird es am häufigsten verwendet. Auf einer Glasunterlage ($n_s \approx 1.5$) würden diese beiden Schichten Indizes haben, die immer noch etwas zu groß sind, um Gleichung (9.102) zu erfüllen. Trotzdem verkleinert eine einzelne $1/4\lambda_0 MgF_2$-Schicht den Reflexionsgrad von Glas von etwa 4% auf ein wenig mehr als 1% im sichtbaren Spektrum. Es ist heute allgemein üblich, reflexmindernde Schichten auf Linsen optischer Instrumente aufzutragen. Auf Kameralinsen erzeugen solche Schichten sowohl eine Abnahme der Unschärfe, die durch innen gestreutes Licht verursacht wird, als auch eine merkliche Zunahme der Bildhelligkeit. Bei Wellenlängen beider Seiten des zentralen gelbgrünen Bereichs nimmt R zu, und die Linsenoberfläche erscheint im reflektierten Licht blaurot.

Für einen reflexmindernden $1/4\lambda_0$-Doppelschichtbelag ist
$$\mathcal{M} = \mathcal{M}_I \mathcal{M}_{II}$$
oder genauer
$$\mathcal{M} = \begin{bmatrix} 0 & i/\Upsilon_1 \\ i\Upsilon_1 & 0 \end{bmatrix} \begin{bmatrix} 0 & i/\Upsilon_2 \\ i\Upsilon_2 & 0 \end{bmatrix}. \quad (9.103)$$
Bei senkrechtem Einfall wird dies zu
$$\mathcal{M} = \begin{bmatrix} -n_2/n_1 & 0 \\ 0 & -n_1/n_2 \end{bmatrix}. \quad (9.104)$$
Substituieren wir die entsprechenden Matrixelemente in die Gleichung (9.97), so erhalten wir r_2, dessen Quadrat zum Reflexionsgrad
$$R_2 = \left[\frac{n_2^2 n_0 - n_s n_1^2}{n_2^2 n_0 + n_s n_1^2}\right]^2 \quad (9.105)$$
führt. Damit R_2 bei einer bestimmten Wellenlänge genau Null wird, benötigen wir
$$\left(\frac{n_2}{n_1}\right)^2 = \frac{n_s}{n_0}. \quad (9.106)$$
Diese Art von Schicht bezeichnet man als *$\lambda/4$-Doppelschichtbelag mit einzelnem Minimum*. Sind n_1 und n_2 so klein wie möglich, so hat der Reflexionsgrad bei

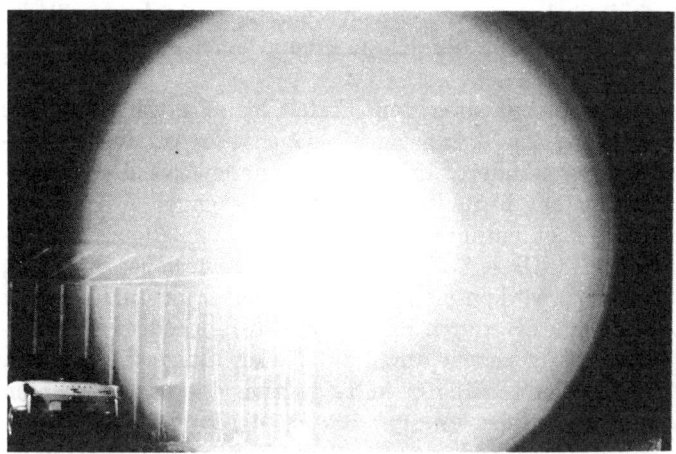

Abbildung 9.54 Hier waren die Linsen mit einer einzelnen MgF$_2$-Schicht überzogen.

Abbildung 9.55 Hier waren die Linsen mit einer Mehrschichtenfilmstruktur überzogen. (Photos mit freundlicher Genehmigung des Optical Coating Laboratory, Inc., Santa Rosa, California.)

der gewählten Frequenz sein einzelnes breitestes Minimum gleich Null. Es sollte von Gleichung (9.106) klar sein, daß $n_2 > n_1$ ist; demgemäß ist es nun allgemein üblich, ein (Glas)-(hochbrechende Schicht)-(niedrigbrechende Schicht)-(Luft)-System mit $gHLa$ zu bezeichnen. Zirkoniumdioxid ($n = 2.1$), Titandioxid ($n = 2.40$) und Zinksulfid ($n = 2.32$) werden gewöhnlich für H-Schichten verwendet, wohingegen Magnesiumfluorid ($n = 1.38$) und Ceriumfluorid ($n = 1.63$) oft als L-Schichten dienen.

Andere Doppel- und Dreifachschichtbelagsysteme können konstruiert werden, um spezielle Forderungen an Spektralempfindlichkeit, Einfallswinkel, Kosten usw. zu erfüllen. Abbildung 9.54 ist eine Aufnahme, die mit einem 15-Element-Zoom-Objektiv photographiert wurde, wobei eine 150 W-Lampe direkt gegen die Kamera gerichtet war. Die Linsen waren mit einer einzelnen Schicht MgF$_2$ überzogen. Für die Abbildung 9.55 wurde ein reflexmindernder Dreifachschichtbelag verwendet. Der verbesserte Kontrast und die Blendlichtverringerung sind offensichtlich.

9.7.3 Periodische Mehrschichtensysteme

Die einfachste Art von periodischem System ist ein *Satz von $\lambda/4$-Schichten*, der aus einer Anzahl von $\lambda/4$-Schichten zusammengesetzt ist. Die in Abbildung 9.56 dargestellte periodische Struktur von abwechselnd hoch- und niedrigbrechenden Stoffen wird durch

$$g(HL)^3 a$$

gekennzeichnet.

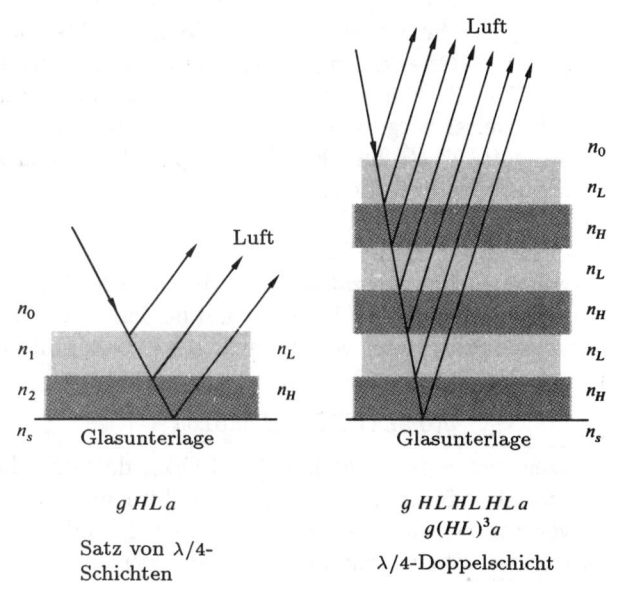

Abbildung 9.56 Eine periodische Struktur von abwechselnd hoch- und niedrigbrechenden Stoffen.

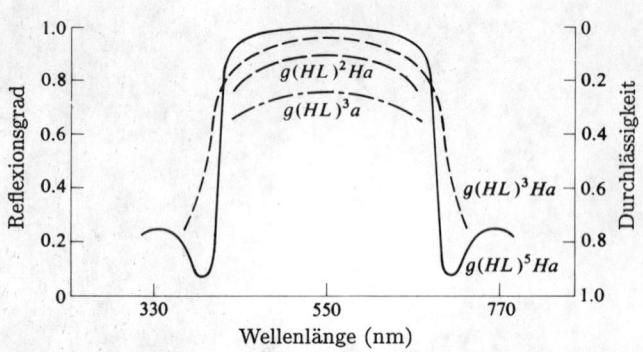

Abbildung 9.57 Der Reflexionsgrad und die Durchlässigkeit für verschiedene periodische Strukturen einiger Mehrfachfilter.

Abbildung 9.57 stellt die allgemeine Form eines Teils des spektralen Reflexionsgrades[18] für einige Mehrfachschichtfilter dar. Die Breite der zentralen Zone mit hohem Reflexionsgrad nimmt mit wachsenden Werten des Indexquotienten n_H/n_L zu, wohingegen ihre Höhe mit der Anzahl der Schichten zunimmt. Man beachte, daß der maximale Reflexionsgrad einer periodischen Struktur, wie z.B. $g(HL)^m a$, durch Hinzufügung einer anderen H-Schicht weiter vergößert werden kann, so daß sie nun die Form $g(HL)^m Ha$ hat. Es können Spiegeloberflächen mit sehr hohem Reflexionsgrad hergestellt werden, die diese Anordnung verwenden.

Man kann das kleine Maximum auf der kurzen Wellenlängenseite der zentralen Zone durch Addition einer niedrigbrechenden $\lambda/8$-Schicht auf beiden Seiten des Mehrfachschichtsystems vermindern, in welchem Fall die ganze Anordnung durch

$$g(0.5L)(HL)^m H(0.5L)a$$

gekennzeichnet wird. Dies hat den Effekt, daß sich die Durchlässigkeit für den kurzwelligen, hochfrequenten Bereich vergrößert, und man nennt die Schicht daher ein *Hochpaßfilter*. Ebenso entspricht die Struktur

$$g(0.5H)L(HL)^m(0.5H)a$$

dem Fall, wenn die H-Schichten am Ende $\lambda_0/8$ dick

---

18) Im physikalischen Sprachgebrauch unterscheidet man häufig die Reflexion (reguläre Reflexion, Erfüllung des Reflexionsgesetzes) von der Remission (diffuse Reflexion, z.B. mit Magnesiumoxid berauchten Flächen). In DIN 5031 wird aber nur von Reflexionsgrad gesprochen, gleichgültig, ob es sich um gerichtete oder ungerichtete Reflexion handelt. dtv Lexikon der Physik, Stuttgart 1971; d.Ü.

sind. Sie hat eine höhere Durchlässigkeit im langwelligen, hochfrequenten Bereich und dient daher als *Tiefpaßfilter* (Sperrfilter).

Bei nichtsenkrechtem Einfall bis zu etwa 30° ist die Wirkung von Dünnschichtbelägen sehr oft nur geringfügig vermindert. Im allgemeinen bewirkt die Vergrößerung des Einfallswinkels, daß die ganze Remissionskurve nach unten zu den kürzeren Wellenlängen verschoben wird. Diese Verhaltensweise wird durch verschiedene, natürlich vorkommende, periodische Strukturen sichtbar gemacht, z.B. durch Pfauen- und Kolibrifedern, Schmetterlingsflügel sowie durch die Rücken einiger Käferarten.

Das letzte Mehrfachfiltersystem, das wir betrachten wollen, ist das *Interferenz-* oder genauer das *Fabry-Perot-Filter*. Falls der Abstand zwischen den Platten eines Etalons in der Größenordnung von λ ist, so liegen die Durchlässigkeitsmaxima in der Wellenlänge weit auseinander. Es ist dann möglich, alle Maxima außer eins zu sperren, indem man Sperrfilter aus gefärbtem Glas oder Gelatine verwendet. Das durchgelassene Licht entspricht dann einem einzelnen Maximum, und das Etalon dient als Schmalbandfilter. Solche Geräte kann man herstellen, indem man eine teildurchlässige Metallschicht auf einen Glasträger aufbringt, an der sich eine MgF_2-Zwischenschicht und ein anderer Metallbelag anschließt.

Die nur aus dielektrischen Schichten bestehenden, im Prinzip nichtabsorbierenden Fabry-Perot-Filter, haben eine analoge Struktur, von denen zwei mögliche Beispiele

$$g\,HLH\,LL\,HLH\,a$$

und

$$g\,HLHL\,HH\,LHLH\,a$$

sind. Die charakteristische Matrix für das erste Filter ist

$$\mathcal{M} = \mathcal{M}_H \mathcal{M}_L \mathcal{M}_H \mathcal{M}_L \mathcal{M}_L \mathcal{M}_H \mathcal{M}_L \mathcal{M}_H,$$

doch nach Gleichung (9.104) folgt

$$\mathcal{M}_L \mathcal{M}_L = \begin{bmatrix} -1 & 0 \\ 0 & -1 \end{bmatrix}$$

oder

$$\mathcal{M}_L \mathcal{M}_L = -\mathcal{I},$$

wobei $\mathcal{I}$ die Einheitsmatrix ist. Der mittlere Doppelschichtbelag, der dem Fabry-Perot-Resonator entspricht, ist eine halbe Wellenlänge dick ($d = 1/2\lambda_f$). Er hat daher keine Auswirkung auf den Reflexionsgrad *bei der speziellen Wellenlänge, die hier betrachtet wird*. Daher nennt man ihn die reflexionsfreie Schicht, und folglich ist

$$\mathcal{M} = -\mathcal{M}_H \mathcal{M}_L \mathcal{M}_H \mathcal{M}_H \mathcal{M}_L \mathcal{M}_H.$$

Die gleichen Bedingungen herrschen wieder im Zentrum vor und führen schließlich zu

$$\mathcal{M} = \begin{bmatrix} 1 & 0 \\ 0 & 1 \end{bmatrix}.$$

Bei der speziellen Frequenz, für die das Filter konstruiert ist, reduziert sich r bei senkrechtem Einfall entsprechend der Gleichung (9.97) zu

$$r = \frac{n_0 - n_s}{n_0 + n_s},$$

dem Wert für die unbeschichtete Unterlage. Insbesondere ist für Glas ($n_s = 1.5$) in der Luft ($n_0 = 1$) die maximale Durchlässigkeit 96% (wir vernachlässigen Reflexionen an der Rückseite der Unterlage sowie Verluste im Sperrfilter als auch in den Schichten selbst).

9.8 Anwendungen der Interferometrie

Es gibt sehr viele physikalische Anwendungen, die die Prinzipien der Interferometrie anwenden. Einige davon haben heute nur noch historische oder pädagogische Bedeutung, wohingegen andere gegenwärtig häufig verwendet werden. Die Erfindung des Lasers und die daraus folgende Verfügbarkeit von hochgradig kohärentem, quasimonochromatischem Licht machte es besonders leicht, neue Interferometerkonfigurationen zu schaffen.

9.8.1 Streulichtinterferenz

Wahrscheinlich die früheste aufgezeichnete Erforschung von Interferenzerscheinungen, die von Streulicht herrühren, kann man in Sir Isaac Newtons *Optiks* (1704, Buch 2, Teil IV) finden. Unser gegenwärtiges Interesse an diesem Phänomen ist zweifach. Erstens liefert es einen äußerst einfachen Weg, um einige schöne farbige Interferenzmuster zu sehen. Zweitens ist es die Grundlage für ein bemerkenswert einfaches und sehr brauchbares Interferometer.

Um die Interferenzerscheinung zu sehen, reibe man leicht eine dünne Schicht Talkumpulver auf die Oberfläche irgendeines normalen, rückseitig versilberten Spiegels (mit Tau wird es ebenso gelingen). Weder die Dicke

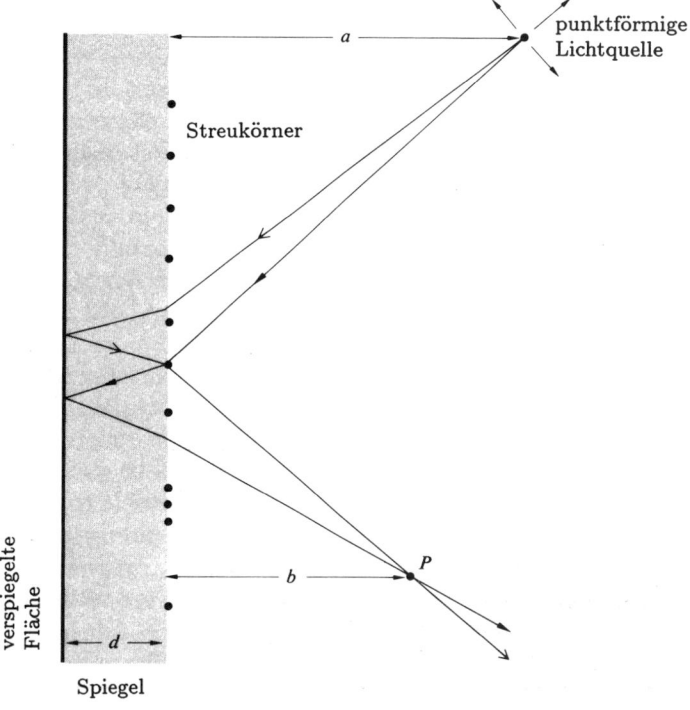

Abbildung 9.58 Interferenz von Streulicht.

noch die Gleichmäßigkeit der Schicht ist besonders wichtig. Die Verwendung einer hellen Punktquelle ist jedoch äußerst wichtig. Eine zufriedenstellende Lichtquelle kann hergestellt werden, indem man ein dickes Stück Pappe, das ein Loch von etwa 6 mm im Durchmesser hat, über eine starke Taschenlampe klebt. Stellen Sie sich am Anfang etwa 90–120 cm vom Spiegel entfernt hin; stehen Sie sehr viel näher, so sind die Interferenzen zu fein und in zu kleinen Abständen verteilt, um sie zu sehen. Halten Sie die Taschenlampe neben Ihre Wange und beleuchten Sie den Spiegel so, daß Sie die hellste Reflexion der Glühbirne in ihm sehen können. Man sieht dann die Streifen klar als eine Anzahl von abwechselnd hellen und dunklen Bändern.

In Abbildung 9.58 sind zwei kohärente Strahlen gezeigt, die die punktförmige Lichtquelle verlassen und im Punkt P ankommen, nachdem sie verschiedene Wege gelaufen sind. Ein Strahl wird vom Spiegel reflektiert und dann durch ein einzelnes transparentes Talkumkorn gegen P gestreut, durchquert darauf die Spiegeloberfläche

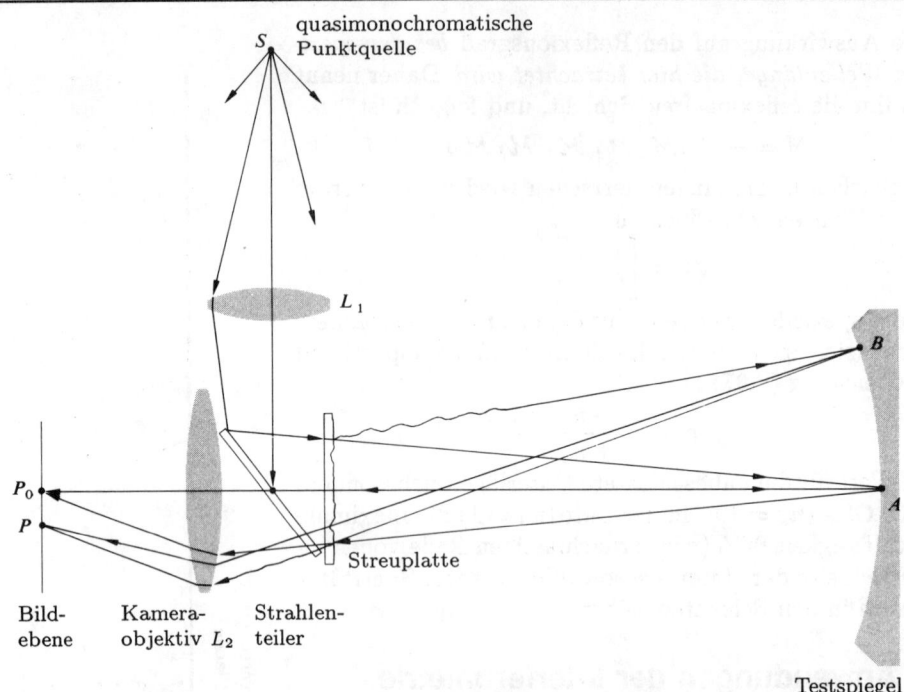

Abbildung 9.59 Streuplattenaufbau. Von R.M. Scott, *Appl. Opt.* **8**, 531 (1969) übernommen und bearbeitet.

und wird von der verspiegelten Fläche nach P hin reflektiert. Der resultierende optische Weglängenunterschied bestimmt die Interferenz in P. Bei senkrechtem Einfall besteht das Interferenzbild aus einer Reihe von konzentrischen Ringen mit den Radien[19]

$$\rho \approx \left[\frac{nm\lambda a^2 b^2}{d(a^2 - b^2)}\right]^{1/2}.$$

Wir betrachten nun ein verwandtes Gerät, das für den Test von optischen Systemen brauchbar ist. Man bezeichnet es als **Streuplatte**, die im allgemeinen aus einer transparenten Platte mit leicht rauher Oberfläche besteht. In einer Anordnung, wie z.B. in Abbildung 9.59, dient sie als ein Element mit Amplitudenaufspaltung. In dieser Anwendung muß es ein Symmetriezentrum haben, d.h. jede Streustelle muß ein Duplikat haben, das symmetrisch um einen Zentralpunkt liegt.

In dem zur Zeit betrachteten System wird eine Punktquelle S aus quasimonochromatischem Licht durch Linse L_1 auf der zu prüfenden Spiegeloberfläche im Punkt A abgebildet. Ein Teil des Lichts, das von der Quelle

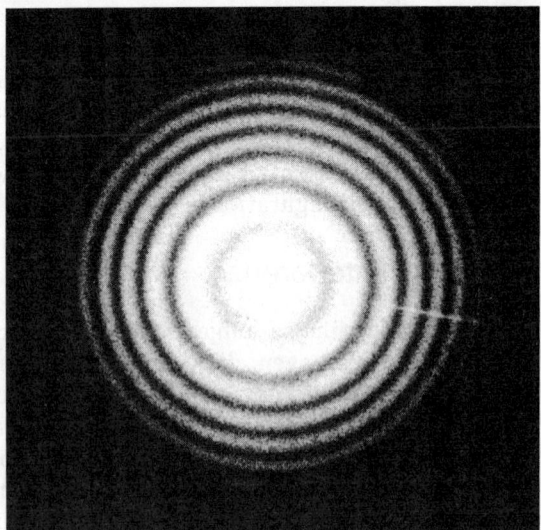

Abbildung 9.60 Interferenzringe im Streulicht.

kommt, wird durch die Streuplatte gestreut und beleuchtet danach die gesamte Oberfläche des Spiegels. Der Spiegel reflektiert seinerseits das Licht zurück zur

[19] Für mehr Einzelheiten siehe A.J. de Witte, "Interference in Scattered Light", *Am. J. Phys.* **35**, 301 (1967).

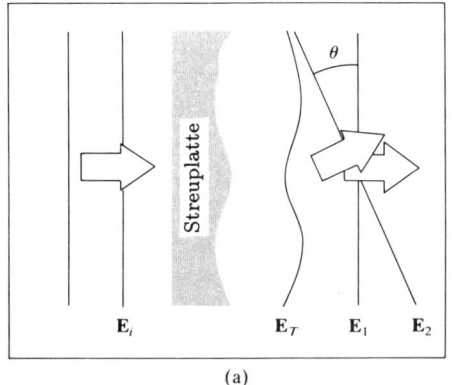 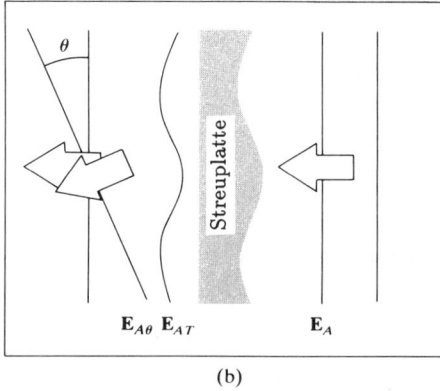 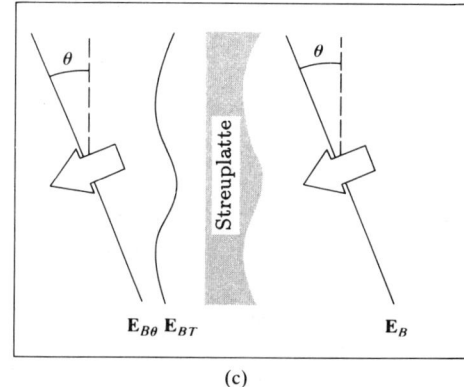

Abbildung 9.61 Wellenfronten, die durch die Streuplatte laufen.

Streuplatte. Diese Welle läuft ebenso wie das Licht, das das Bild der Blende im Punkt A erzeugt, noch einmal durch die Streuplatte und erreicht schließlich die Bildebene (entweder auf einem Schirm oder in einer Kamera). Es wird auf der letzteren Ebene ein Interferenzbild erzeugt. Der Interferenzprozeß, der sich in der Bildung dieses Musters zeigt, tritt deswegen auf, weil jeder Punkt auf der Endbildebene mit Licht ausgeleuchtet wird, das über zwei unterschiedliche Wege ankommt; einer geht von A und der andere von irgendeinem Punkt B aus, der Streulicht reflektiert. So seltsam wie es vielleicht auf den ersten Blick aussieht, es ergeben sich tatsächlich genau abgegrenzte Interferenzringe, wie man es in Abbildung 9.60 sehen kann.

Um den Verlauf des Lichts durch das System ein wenig detaillierter zu untersuchen, betrachten wir das Licht, das anfänglich auf die Streuplatte fällt, und setzen voraus, daß die Welle wie in Abbildung 9.61 eben ist. Nachdem sie durch die Streuplatte gelaufen ist, ist die einfallende ebene Wellenfront E_i in eine transmittierte Wellenfront E_T deformiert. Wir stellen uns diese Welle wiederum in eine Reihe von Fourier-Komponenten zerlegt vor, die aus ebenen Wellen bestehen, d. h.

$$E_T = E_1 + E_2 + \cdots . \quad (9.107)$$

Zwei dieser Komponenten sind in Abbildung 9.61 (a) gezeigt. Wir geben diesen Komponenten nun jeweils eine besondere Bedeutung, nämlich E_1 soll das Licht darstellen, das in Abbildung 9.59 zum Punkt A und E_2 das nach B geht. Die Analyse der Schritte, die folgen, könnten in der gleichen Art fortgesetzt werden. Und so sei der Teil der Wellenfront, der von A zurückkommt, durch die Wellenfront E_a in Abbildung 9.61 (b) dargestellt. Die Streuplatte transformiert sie in eine unregelmäßige Brechungswelle, die in derselben Abbildung durch E_{AT} bezeichnet ist. Dies entspricht wieder einer komplizierten Konfiguration, doch sie kann in Fourier-Komponenten zerlegt werden, die in ähnlicher Weise wie im oberen Fall aus ebenen Wellen bestehen. In Abbildung 9.61 (b) sind zwei dieser Wellenfrontkomponenten gezeichnet worden, eine wandert nach links, und die andere ist um einen Winkel θ abgelenkt. Die letztere Wellenfront, die durch $E_{A\theta}$ gekennzeichnet ist, wird durch die Linse L_2 im Punkt P auf dem Schirm fokussiert (Abb. 9.59).

Die Wellenfront, die von B zur Streuplatte zurückläuft, ist durch E_B in Abbildung 9.61 (c) gekennzeichnet. Beim Durchgang durch die Streuplatte wird sie in die Welle E_{BT} umgeformt. Eine Fourierkomponente dieser Wellenfront, die durch $E_{B\theta}$ gekennzeichnet ist, wird mit dem Winkel θ abgelenkt und daher in denselben Punkt P auf dem Schirm fokussiert.

Einige der Wellen, die in P ankommen, sind so weit kohärent, daß Interferenz auftritt. Um die resultierende Bestrahlungsstärke I_P zu erhalten, addiert man zuerst die Amplituden aller Wellen, die in P ankommen, d. h. man bildet E_P und quadriert danach E_P und bildet den zeitlichen Mittelwert.

In der oberen Diskussion wurden nur zwei Punktquellen auf dem Spiegel berücksichtigt. In Wirklichkeit ist natürlich die ganze Spiegeloberfläche vom Licht beleuchtet, und jeder Punkt von ihr dient als Sekundärquelle der zurückkommenden Wellen. Alle Wellen werden durch die Streuplatte deformiert, und diese kann man wiederum in ebene Wellenkomponenten zerlegen. In jeder Reihe von Wellenkomponenten gibt es eine, die im Winkel θ geneigt ist, und diese werden alle in denselben Punkt P auf dem Schirm fokussiert. Die resultierende Amplitude hat dann die Form

$$E_P = E_{A\theta} + E_{B\theta} + \cdots.$$

Man darf sich das Licht, das die Bildebene erreicht, aus zwei optischen Teilfeldern zusammengesetzt vorstellen, die von besonderem Interesse sind. Ein Feld ergibt sich aus dem Licht, das nur auf seinem Durchgang durch die Platte zum Spiegel gestreut wurde, und das andere Feld aus dem Licht, das nur auf dem Weg zur Bildebene gestreut wurde. Das erstere beleuchtet den ganzen Testspiegel und führt zu einer Abbildung des Spiegels auf dem Schirm. Das letztere Feld, das anfänglich im Bereich um A fokussiert wurde, streut einen diffusen Schleier über den Schirm. Der Punkt A wurde so gewählt, daß die kleine Fläche in seiner Nähe frei von Aberrationen ist. In dem Fall dient die Welle, die von ihm reflektiert wird, als Bezugswelle, mit der man die Wellenfront vergleichen kann, die der gesamten Spiegeloberfläche entspricht. Das Interferenzbild zeigt als eine Reihe von Fizeauschen Streifen jede Abweichung von der idealen Spiegeloberfläche an.[20]

9.8.2 Dünnschichtmessungen durch Mehrstrahlinterferometrie

Wir gehen nach Abbildung 9.32 zurück und nehmen nun an, daß der Keil eine Stufe enthält. Abbildung 9.62 stellt das Interferenzbild dar, das unter diesen Umständen gesehen werden könnte. Falls der Keilwinkel für jede

---

[20] Für eine vertiefende Diskussion der Streuplatte könnte der Leser die recht kurzen Referate von J.M. Burch *Nature* **171**, 889 (1953) und *J. Opt. Soc. Am.* **52**, 600 (1962) nachschlagen. Es sollte J. Strong, *Concepts of Classical Optics*, S. 383 erwähnt werden. Siehe auch R.M. Scott, "Scatter Plate Interferometry", *Appl. Opt.* **8**, 531 (1969) und J.B. Houston, Jr., "How to Make Use a Scatterplate Interferometer", *Optical Spectra* (Juni 1970), S. 32.

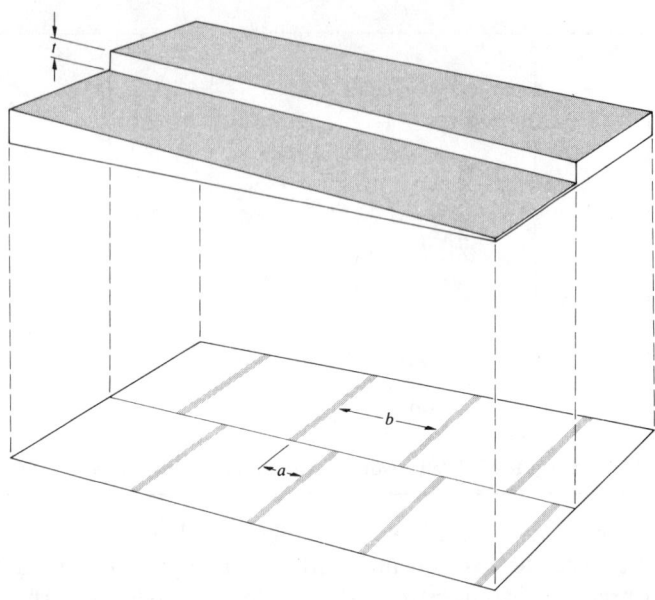

Abbildung 9.62 Interferenzstreifen, die aus einer gestuften, keilförmigen Schicht entstehen.

Oberfläche gleich ist, d.h. falls die oberen Flächen parallel sind, sind die Streifen in gleichen Abständen verteilt.

Wenn der Abstand der Streifen b und die Verschiebung a ist, dann ist die Höhe der Stufe durch

$$t = \frac{a}{b} \frac{\lambda_f}{2}$$

gegeben.

Falls eine Schichtgrenzfläche eine optisch ebene Fläche und die andere eine Kristalloberfläche oder irgendeine andere Fläche ist, die auf Ebenheit untersucht wird, dann sind diese Fizeauschen Streifen Konturen der untersuchten Fläche.

Ein realistisches optisches System zur Messung der Dicke einer Dünnschicht, die auf einer Glasunterlage aufgetragen ist, ist in Abbildung 9.63 dargestellt. Die Schicht, deren Dicke bestimmt werden soll, ist mit einer lichtundurchlässigen Silberschicht von etwa 70 nm Dicke überzogen, die der unteren Fläche in der Höhe genau folgt. Die gegenüberliegenden versilberten Flächen erzeugen scharfe Fizeausche Streifen durch Mehrstrahlinterferenzen. Die obere Platte ist leicht geneigt, um eine Luftschicht in der Form von Abbildung 9.62 zu erzeugen, so daß dieselbe Streifenanordnung nun beobach-

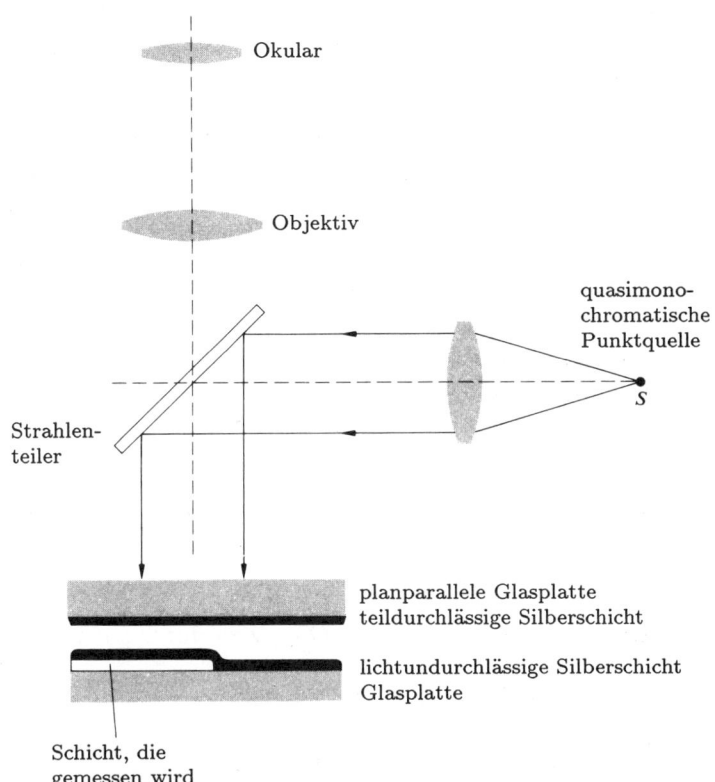

Abbildung 9.63 Gerät zur Messung von Schichtdicken.

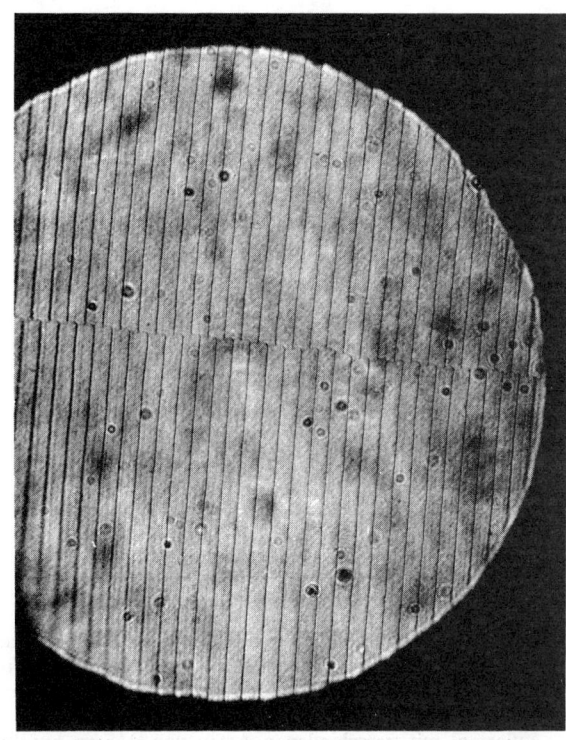

Abbildung 9.64 Interferenzstreifen von einem abgestuften Keil.

tet wird (Abb. 9.64). Schichtdicken von etwa 2.0 nm können aus diese Art und Weise leicht bestimmt werden. Derartige Methoden ergeben eine Tiefenauflösung, die mit der lateralen Auflösung eines Elektronenmikroskops vergleichbar ist. Tolansky, der das von ihm erfundene Mehrfachstrahlverfahren anwandte, maß Höhenveränderungen von 2×10^{-10} m, beinahe die Größe eines einzelnen Atoms.

9.8.3 Das Michelson-Morley-Experiment

Das Michelson-Interferometer fand nach 1881 unzählige Anwendungen, von denen die meisten heute hauptsächlich von historischem Interesse sind. Eine der bedeutendsten von ihnen war seine Verwendung im Michelson-Morley-Experiment.

Während des letzten Jahrhunderts herrschte ein gemeinsamer Glaube unter den Naturwissenschaftlern, daß ein Medium, der *Lichtäther*[21] (engl. luminiferous (lichtleitender) ether) existiert, der die gesamte Materie durchdringt, den gesamten Raum durchflutet, masselos ist, weder ein Festkörper, eine Flüssigkeit noch ein Gas ist. Wie James Maxwell in *Scientific Papers vol. I*, Cambridge 1890, S. 451–455 (übersetzt: *Über phys. Kraftlinien* von James Clerk Maxwell, Hg. von L. Boltzmann, Leipzig 1898, S. 3–9, d.Ü.) schrieb:

> Obgleich die Planeten ihre Kristallsphären losgeworden waren, schwammen sie immer noch in den Wirbeln des Descartes. Die Magnete waren von Ausflüssen und elektrisierte Körper von Atmosphären umgeben, deren Eigenschaften denjenigen gewöhnlicher Ausflüsse und Atmosphären in

---

21) Im Phaidon LVIII schreibt Platon: Es seien nämlich überall rund um die Erde Senkungen großer Zahl, von wechselnder Gestalt und Größe. In diese habe sich das Wasser, der Nebel und die Luft ergossen. Die eigentliche Erde aber, die liege rein im reinen Raum des Alls, in dem die Sterne sind — bekanntlich pflegen ihn die meisten Kenner als Äther anzusprechen. — LIX Was uns das Wasser und das Meer für unsere Bedürfnisse bedeutet, das ist da oben die Luft. Und was für uns die Luft, das ist dem Übermenschen dort der Äther; d.Ü.

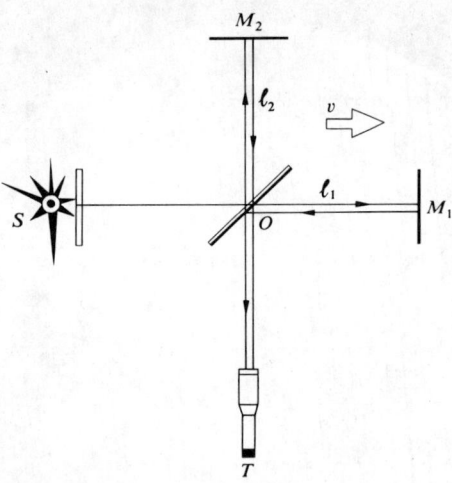

Abbildung 9.65 Das Michelson-Morley-Experiment. — Aufbau.

> keiner Hinsicht gleichen. ... Und was jene betrifft, die Ätherische oder andere Medien einführen, um diese Wirkungen zu erklären, ohne irgendwelchen direkten Beweis für die Existenz solcher Medien, und ohne klar zu verstehen, wie die Medien wirken und die den ganzen Raum drei- oder viermal mit verschiedenen Arten von Äthern anfüllen — je weniger diese Leute von ihren philosophischen Skrupeln wegen der Anerkennung der Fernwirkung sprechen, desto besser ...

Und in der *Encyclopaedia Britannica*:

> Der einzige Äther, der überlebte, ist jener, der von Huygens erfunden wurde, um die Fortpflanzung des Lichtes zu erklären.

Es stand bereits fest, daß Licht eine Welle ist, und so war es nur natürlich, ein Medium zu fordern, in dem sich die Wellenform fortpflanzt. Selbstverständlich hätte die Natur des Äthers zu den irdischen und astronomischen Beobachtungen passen müssen. Zu der Zeit leugnete niemand die Existenz des Äthers; die Diskussion ging um seine physikalischen Eigenschaften. Ruht der Äther im Raum, wodurch man dann ein Bezugssystem erhielte, von dem man die absolute Bewegung aller anderen Objekte messen könnte? Oder wird er von den Planeten mitgeschleppt, während sie sich durch den Raum bewegen? Wäre der Äther stationär, so könnte ein Beobachter auf der Erde einen Ätherwind feststellen, der während der Bewegung der Erde auf ihrer Umlaufbahn über die Erdoberfläche strömt. A.A. Michelson, später zusammen mit E.W. Morley, begann, die Effekte des Ätherwindes unter Verwendung seines Interferometers zu messen, das speziell für diesen Zweck konstruiert worden war. Es war, wie in Abbildung 9.65 dargestellt, so ausgerichtet, daß der Zweig OM_1 parallel zur Erdgeschwindigkeit v im Raum lag. Die grundlegende Beweisführung der Michelson-Morley-Methode, die von rein klassischen Gesetzen der Physik hergeleitet wurde, war wie folgt: wandert der Lichtstrahl nach rechts, so ist seine relative Geschwindigkeit bezüglich des sich bewegenden Interferometers $c-v$, er bewegt sich gegen den Ätherwind, und die Zeit, die er benötigt, um die Länge OM_1 zu durchwandern, ist

$$t_1' = \frac{\ell_1}{c-v}.$$

Beim Rückweg $M_1 O$ wandert der Strahl mit dem Ätherwind, und

$$t_1'' = \frac{\ell_1}{c+v}.$$

Die Gesamtzeit $t_1' + t_1''$ um $OM_1 O$ zu durchlaufen, ist

$$t_1 = \frac{\ell_1}{c-v} + \frac{\ell_1}{c+v},$$

was als

$$t_1 = \frac{2\ell_1}{c}\beta^2$$

geschrieben werden kann, wobei

$$\beta = \frac{1}{\sqrt{1-v^2/c^2}}.$$

Die Laufzeit zum zweiten Spiegel kann man mit Hilfe der Abbildung 9.66 erhalten. Vom rechten Dreieck, in dem t_2' die Laufzeit ist, um OM_2 zurückzulegen, ergibt sich

$$c^2 t_2'^2 = v^2 t_2'^2 + \ell_2^2,$$

aus dem folgt, daß

$$t_2' = \frac{\ell_2}{c}\beta.$$

Doch dies ist auch die Zeit t_2'', die der Lichtstrahl braucht, um von M_2 nach O zurückzukehren, und so ist

$$t_2 = \frac{2\ell_2}{c}\beta,$$

da $t_2 = t_2' + t_2''$. Sogar wenn $\ell_1 = \ell_2 = \ell$, ist $t_1 \neq t_2$ und

$$t_1 - t_2 = \frac{2\ell}{c}(\beta^2 - \beta).$$

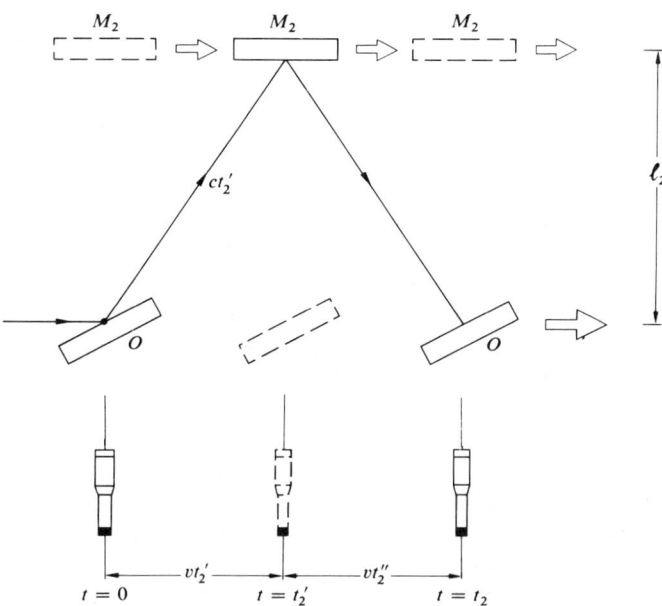

Abbildung 9.66 Das Michelson-Morley-Experiment. (Geometrie des Transversalstrahls.)

Bei Verwendung der binomischen Reihenentwicklung mit $c \gg v$ wird

$$\beta^2 = (1 - v^2/c^2)^{-1} = 1 + v^2/c^2$$

und

$$\beta = (1 - v^2/c^2)^{-1/2}$$

oder

$$\beta = 1 + \frac{1}{2}v^2/c^2.$$

Wir finden mit $\Delta t = t_1 - t_2$

$$\Delta t = \frac{\ell}{c}\left(\frac{v}{c}\right)^2.$$

Ein Zeitunterschied Δt in den zwei Wegen entspricht einem Unterschied in der Anzahl der Wellenlängen, die zwischen OM_1O und OM_2O passen:

$$\Delta N = \Delta t/\tau \quad \text{oder} \quad \Delta N = \nu \Delta t,$$

wobei τ die Periode und ν die Frequenz ist. Dies ist auch die Anzahl der Streifenpaare (d.h. ein Maximum und ein Minimum), die sich an dem Teleskopfadenkreuz vorbeibewegen würden, falls ein Zeitunterschied Δt irgendwie

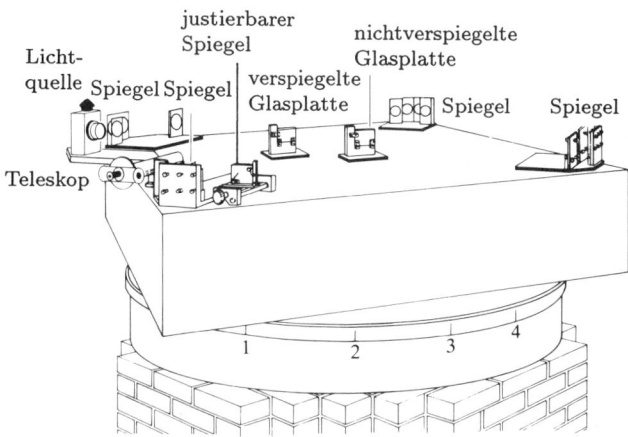

Abbildung 9.67 Das Michelson-Morley-Experiment.

während der Beobachtung hineingebracht worden wäre. Angenommen, die Erde wäre im Raum feststehend und würde sich dann mit einer Geschwindigkeit v in Bewegung setzen, so daß $\Delta N = 1/2$ ist. Wir setzen weiterhin voraus, daß der Beobachter das Fadenkreuz anfänglich in den Mittelpunkt eines hellen Streifens einstellt. Während sich die Erde in Bewegung setzt, würde der helle Streifen vorbeistreichen, und das Fadenkreuz würde sich zum Mittelpunkt des benachbarten dunklen Streifens verschieben. Wir können die Welt natürlich nicht anhalten, wir können aber das Interferometer drehen. Wird das Instrument um 90° gedreht, so kann man den neuen Laufzeitunterschied nur durch Vertauschung der unteren Indizes 1 und 2 erhalten, er ist daher gleich $-\Delta t$. Falls der Beobachter nun das Interferometer um 90° dreht, so würde eine Zeitdifferenz von $2\Delta t$ eingeführt, für den in jenem Beispiel $\Delta N = 1$ ist, und das Fadenkreuz würde auf dem nächsten hellen Streifen liegen.

Michelson und Morley führten dies im Prinzip durch. Ihr Apparat war mehrfachverspiegelt, um die Wellenlänge so groß wie möglich zu machen, $\ell_1 \approx \ell_2 \approx 11.0$ m. Er lagerte auf einem massiven Stein, der auf einem mit Quecksilber gefüllten Trog schwamm (Abb. 9.67). Beide Männer drehten abwechselnd das Gerät, indem einer den Stein langsam schob. Dabei beobachteten sie ununterbrochen das Interferenzbild. Wir nehmen eine Geschwindigkeit an, die gleich der Erdumlaufgeschwindigkeit von etwa 30 km/s ist, und λ_0 sei 550 nm; dann wäre die

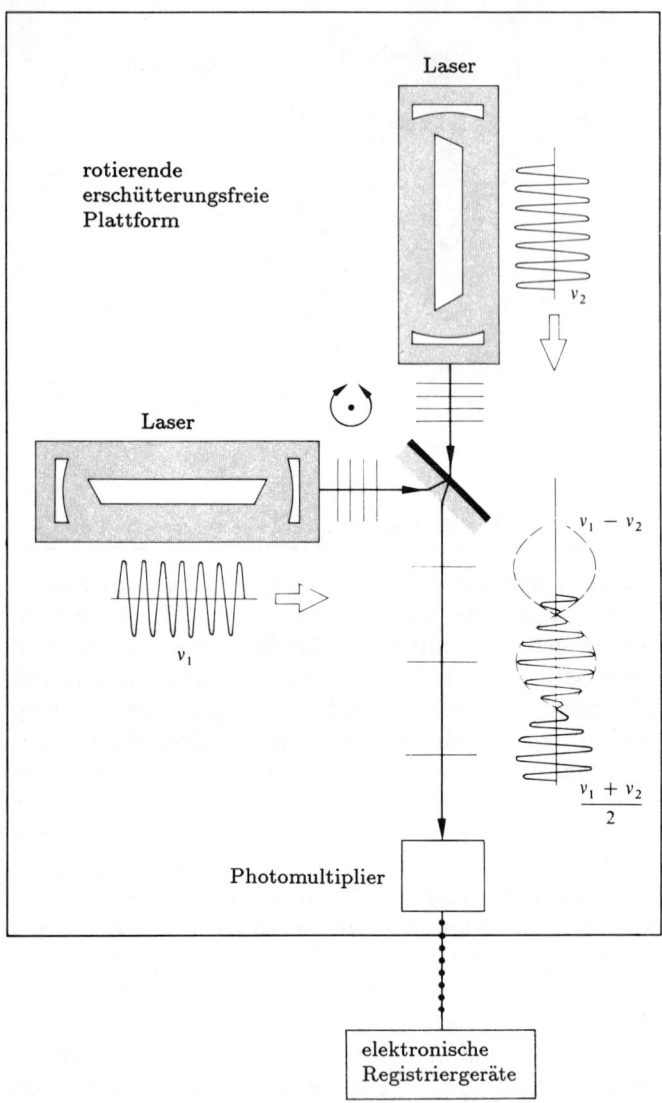

Abbildung 9.68 Eine Variation des Michelson-Morley-Experiments.

Streifenverschiebung bei der Drehung

$$\Delta N = \frac{2\ell}{\lambda}\left(\frac{v}{c}\right)^2$$

oder

$$\Delta N = 0.4.$$

Sie machten Tausende von Beobachtungen zu allen Tages- und Jahreszeiten. Obwohl ihre Meßapparatur selbst eine winzige Verschiebung eines Bruchteils eines Streifens hätte nachweisen können, sahen sie überhaupt keine Verschiebung. Es gab keinen Ätherwind; das war das Vorspiel zur speziellen Relativitätstheorie.

Zehn Jahre später testete Michelson interferometrisch die Möglichkeit, ob der Äther von der Erde mitgeführt würde. Seine Ergebnisse zeigten, daß dies ebenfalls nicht stimmt, und die Äthertheorie war gestorben.

Eine moderne Version des Michelson-Morley-Experiments,[22] die hier in Abbildung 9.68 gezeigt ist, vergleicht die Frequenzen zweier Infrarotlaser. (Wir erinnern uns, daß wir im Abschnitt 7.2.1 die Anwendung von Lasern auf das Problem der Erzeugung von Schwebungen betrachteten.) Der zusammengesetzte Strahl, der den Photomultiplier erreicht und die Resultierende zweier koplanarer Wellen ist, wird durch eine relativ langsame Schwankung *amplitudenmoduliert*. Diese *Schwebungen* haben eine Frequenz, die gleich dem Unterschied zwischen denen der zwei einzelnen Laserstrahlen ist. Die genaue Frequenz der Mode, in der jeder Laser arbeitet, wird durch die Länge des jeweiligen Hohlraumresonators und der Lichtgeschwindigkeit darin bestimmt. Würden beide Laser, die bei etwa 3×10^{14} Hz arbeiten, um 90° gedreht, so würde der *Ätherwind* die Lichtgeschwindigkeit in den Resonanzkörpern und deshalb den Frequenzunterschied zwischen ihnen beeinflussen. Eine relative Änderung von ν um 3 MHz würde man von der Ätherwindhypothese infolge der Bahngeschwindigkeit der Erde erwarten. Es wurde keine Veränderung der Schwebungsfrequenz innerhalb einer Genauigkeit von 3 kHz oder 1/1000 der vorausgesagten entdeckt.

9.8.4 Das Twyman-Green-Interferometer

Das Twyman-Green-Interferometer ist im Prinzip eine Variation des Michelson-Interferometers. Das Gerät hat eine sehr große Bedeutung im Bereich der modernen optischen Prüfung. Kennzeichnende physikalische Merkmale sind (wie in Abb. 9.69 dargestellt) unter anderem eine quasimonochromatische Punktquelle und die Linse L_1, die eine Quelle für *ebene Wellen* liefert, und eine Linse L_2, die es ermöglicht, daß das gesamte Licht

---

[22] T.S. Jaseja, A. Javan, J. Murray und C.H. Townes, "Test of Special Relativity or of the Isotropy of Space by Use of Infrared Masers", *Phys. Rev.* **133**, A 1221 (1964).

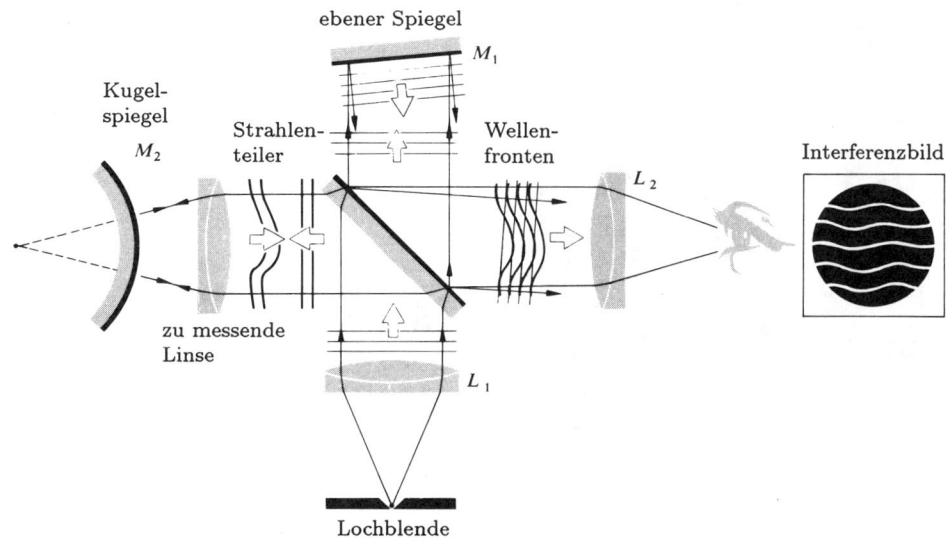

Abbildung 9.69 Das Twyman-Green-Interferometer.

von der Öffnung ins Auge eintritt, so daß man das gesamte Feld, d.h. jeden Teil von M_1 und M_2 sehen kann. Ein kontinuierlicher Laser dient als eine übergeordnete (äußere) Lichtquelle, indem er sowohl den Vorteil der langen Weglängenunterschiede als auch zusätzlich den der kurzen Photobelichtungszeiten liefert. Diese Vorteile führen zur Verminderung von unerwünschten Schwingungseffekten. Lasertypen des Twyman-Green-Interferometers gehören zu den effektivsten Prüfwerkzeugen in der Optik. Das Gerät ist, wie in der Abbildung dargestellt, zur Untersuchung einer Linse aufgebaut. Beim Kugelspiel M_2 fällt der Krümmungsmittelpunkt mit dem Brennpunkt der Linse zusammen. Ist die zu prüfende Linse frei von Aberrationen, so ist das aus der Linse austretende, zum Strahlenteiler zurückkehrende, reflektierte Licht wieder eine ebene Welle. Deformieren jedoch Astigmatismus, Koma oder sphärische Aberration die Wellenfront, so sieht man ein Interferenzbild, das diese Verzerrungen deutlich zeigt, und man kann es photographieren. Wird M_2 durch einen ebenen Spiegel ersetzt, so können eine Anzahl von anderen Elementen, z.B. Prismen, planparallele Glasplatten usw., ebenso gut geprüft werden. Der Optiker, der das Interferenzbild auswertet, kann dann die Oberfläche für ein weiteres Polieren markieren, um hohe oder niedrige Stellen zu korrgieren. In der Herstellung der sehr feinen optischen Systeme, Teleskope, Meßkammern für sehr große Flughöhen usw. kann man sogar das Interferogramm elektronisch analysieren lassen. Computerkontrollierte Plotter können dann automatisch Oberflächenformkarten oder perspektivische dreidimensionale Zeichnungen der verzerrten Wellenfront herstellen, die von der zu messenden Linse erzeugt wird. Diese Verfahren können den ganzen Herstellungsprozeß hindurch verwendet werden, um optische Meßinstrumente höchster Qualität herzustellen. Komplexe Systeme mit Wellenfrontaberrationen in einem Wellenlängenteilbereich folgen aus dem, was man als die *neue Technologie* bezeichnen könnte.[23]

9.8.5 Das rotierende Sagnac-Interferometer

Die Anwendung des Sagnac-Interferometers wurde in letzter Zeit zur Messung der Umlaufgeschwindigkeit eines Systems interessant. Insbesondere wurde der *Ringlaser*, der im Prinzip ein Sagnac-Interferometer ist, das in einem oder mehreren seiner Zweige (Arme) einen Laser enthält, speziell für jenen Zweck konstruiert. Das erste Ringlasergyroskop wurde 1963 eingeführt. Seitdem

---

[23] Siehe R. Berggren, "Analysis of Interferograms", *Optical Spectra*, (Dec. 1970), S. 22.

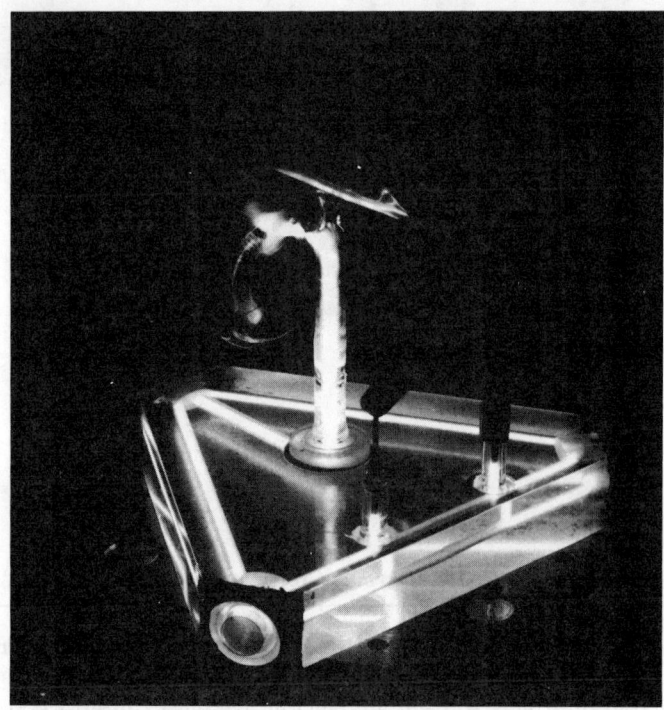

Abbildung 9.70 Ein Ringlasergyroskop. (Photo mit freundlicher Genehmigung von Autonetics, einer Abteilung der North American Rockwell Corp.)

wird an vielen Variationen dieses Gerätes weitergearbeitet (Abb. 9.70). Die ursprünglichen Experimente, die den Impuls zu diesen Bemühungen gaben, stammen von Sagnac 1911. Zu der Zeit drehte er das gesamte Interferometer, die Spiegel, Lichtquelle und den Detektor, um eine senkrechte Achse, die durch das Interferometerzentrum läuft (Abb. 9.71). Wir erinnern uns an Abschnitt 9.4, daß zwei sich überlagernde Strahlen das Interferometer durchlaufen, einer rechtsdrehend, der andere linksdrehend. Als Effekt verkürzt die Rotation den Weg, der von einem Strahl genommen wird, im Vergleich zum anderen. Im Interferometer tritt als Folge eine Streifenverschiebung ein, die proportional zur Winkelgeschwindigkeit ω ist; im Ringlaser ist es ein Frequenzunterschied zwischen den zwei Strahlen, der proportional zu ω ist.

Wir betrachten die in Abbildung 9.71 dargestellte Anordnung. Die Ecke A (und jede andere Ecke) bewegt sich mit einer linearen Geschwindigkeit $v = R\omega$, wobei R die Diagonalhälfte des Quadrats ist. Bei nichtrelativistischer

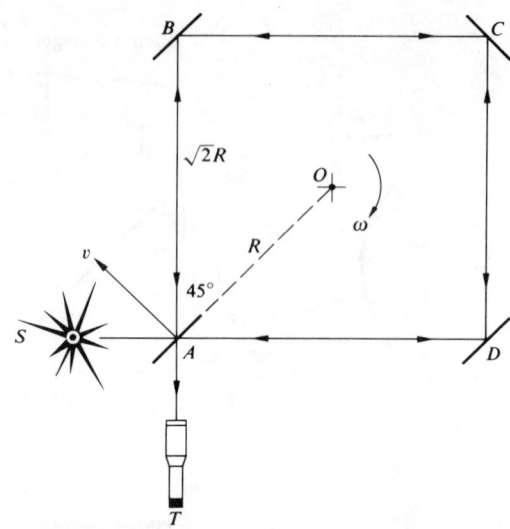

Abbildung 9.71 Das rotierende Sagnac-Interferometer. Ursprünglich war es 1 m × 1 m mit ω=120 Dreh./min.

Argumentation finden wir die Laufzeit des Lichts längs AB als

$$t_{AB} = \frac{R\sqrt{2}}{c - v/\sqrt{2}}$$

oder als

$$t_{AB} = \frac{2R}{\sqrt{2}c - \omega R}.$$

Die Laufzeit des Lichts von A nach D ist

$$t_{AD} = \frac{2R}{\sqrt{2}c + \omega R}.$$

Die Gesamtzeit für den links- und rechtsdrehenden Lauf ist durch

$$t_\circlearrowright = \frac{8R}{\sqrt{2}c + \omega R}$$

beziehungsweise

$$t_\circlearrowleft = \frac{8R}{\sqrt{2}c - \omega R}$$

gegeben. Für $\omega R \ll c$ ist der Unterschied zwischen diesen zwei Intervallen

$$\Delta t = t_\circlearrowleft - t_\circlearrowright$$

oder bei Verwendung der binomischen Reihe

$$\Delta t = \frac{8R^2 \omega}{c^2}.$$

Dies kann man mit dem Ausdruck für die Fläche $A = 2R^2$ des Quadrats, das durch die Lichtstrahlen gebildet wird, als

$$\Delta t = \frac{8R^2\omega}{c^2}$$

ausdrücken. Die Periode des verwendeten monochromatischen Lichts sei $\tau = \lambda/c$; dann ist die Teilverschiebung der Interferenzstreifen, die durch $\Delta N = \Delta t/\tau$ gegeben ist,

$$\Delta N = \frac{4A\omega}{c\lambda},$$

ein Ergebnis, das experimentell verifiziert worden ist. Insbesondere benutzten Michelson und Gale[24] diese Methode, um die Winkelgeschwindigkeit der Erde zu bestimmen.

Die vorhergehende nichtrelativistische Behandlung hat offensichtlich Mängel, da sie Geschwindigkeiten über c zuläßt, was der speziellen Relativitätstheorie widerspricht. Da es sich hier um ein beschleunigtes System handelt, müßte man eigentlich sogar die allgemeine Relativitätstheorie bemühen. In Wirklichkeit liefern alle diese Formalismen dieselben Ergebnisse.

Aufgaben

9.1 Wir gehen nach Abschnitt 9.1 zurück, und es sei

$$\boldsymbol{E}_1(\boldsymbol{r},t) = \boldsymbol{E}_1(\boldsymbol{r})e^{-i\omega t}$$

und

$$\boldsymbol{E}_2(\boldsymbol{r},t) = \boldsymbol{E}_2(\boldsymbol{r})e^{-i\omega t},$$

wobei die Wellenfronten nicht explizit spezifiziert sind, und $\boldsymbol{E}_1$ und $\boldsymbol{E}_2$ komplexe Vektoren sind, die vom Abstand und von der Phasenkonstante abhängen. Zeigen Sie, daß der Interferenzausdruck durch

$$I_{12} = \frac{1}{2}(\boldsymbol{E}_1 \cdot \boldsymbol{E}_2^* + \boldsymbol{E}_1^* \cdot \boldsymbol{E}_2) \qquad (9.108)$$

gegeben ist. Sie müssen Ausdrücke der Form

$$\langle \boldsymbol{E}_1 \cdot \boldsymbol{E}_2 e^{-2i\omega t}\rangle = \frac{\boldsymbol{E}_1 \cdot \boldsymbol{E}_2}{T}\int_t^{t+T} e^{-2\omega t'}dt'$$

für $T \gg t$ entwickeln (sehen Sie sich noch einmal Aufgabe 3.4 an). Zeigen Sie, daß für ebene Wellen die Gleichung (9.108) zu Gleichung (9.11) führt.

[24] Michelson und Gale, *Astrophys. J.* **61**, 140 (1925).

9.2 In Abschnitt 9.1 betrachteten wir die räumliche Verteilung von Energie für zwei Punktquellen. Wir erwähnten, daß für den Fall, in dem der Abstand $a \gg \lambda$ ist, I_{12} räumlich den Mittelwert Null bildet. Warum ist dies richtig? Was geschieht, wenn a viel kleiner als λ ist?

9.3 Erhalten wir im Youngschen Doppelspaltversuch (Abb. 9.5) eine Interferenzerscheinung, wenn wir den Eintrittsspalt S durch eine einzelne Glühbirne mit langem Glühfaden ersetzen? Was würde geschehen, wenn wir die Spalte S_1 und S_2 durch solche Glühfäden ersetzten?

9.4* Zwei 1.0 MHz Radiosendeantennen, die phasengleich abstrahlen, liegen 600 m längs einer Nord-Süd-Geraden voneinander getrennt. Ein Rundfunkempfänger, der sich 2.0 km östlich befindet, ist von beiden Sendeantennen gleichweit entfernt und empfängt ein relativ starkes Signal. Wie weit sollte der Empfänger nach Norden verlegt werden, wenn er ein beinahe gleich starkes Signal erhalten soll?

9.5 Ein erweitertes Strahlenbündel aus rotem Licht, das von einem He-Ne-Laser ($\lambda_0 = 632.8$ nm) kommt, trifft auf einen Schirm, der zwei sehr schmale Spalte enthält, die 0.200 mm weit auseinander liegen. Es entsteht auf einem weißen Schirm, der in 1.00 m Entfernung gehalten wird, ein Interferenzmuster.

a) Wie weit über und unter der mittleren Achse (in Radianten und Millimetern) liegen die ersten Bestrahlungsstärken mit dem Wert Null?
b) Wie weit (in mm) von der Achse ist der 5. helle Streifen entfernt?
c) Vergleichen Sie diese zwei Ergebnisse.

9.6* Ebene Wellen des roten Farbbereichs, die von einem Rubinlaser kommen ($\lambda_0 = 694.3$ nm), treffen in Luft auf zwei parallele Spalte, die sich in einem lichtundurchlässigen Schirm befinden. Auf einer entfernten Wand entsteht ein Interferenzmuster, dessen 4. heller Streifen 1.0° über der mittleren Achse liegt. Berechnen Sie den Abstand zwischen den Spalten.

9.7* Eine 3 × 5 cm große Karte, die zwei Löcher enthält, die einen Durchmesser von 0.08 mm haben und von Mitte zu Mitte 0.10 mm auseinander sind, wird mit parallelen Strahlen des blauen Lichtbereichs, die von einem Argonionenlaser kommen ($\lambda_0 = 487.99$ nm), beleuchtet. Die Interferenzstreifen sollen auf einem Beobachtungsschirm

10 mm weit auseinander liegen. Wie weit entfernt muß der Schirm sein?

9.8* Weißes Licht, das auf zwei lange schmale Spalte fällt, wird auf einem entfernten Schirm beobachtet. Rotes Licht ($\lambda_0 = 780$ nm) im Interferenzstreifen erster Ordnung wird vom violetten Licht im Streifen zweiter Ordnung überlagert. Wie groß ist die Wellenlänge des Violett?

9.9* Wir betrachten den Doppelspaltversuch. Leiten Sie eine Gleichung für den Abstand y'_m her, der von der Zentralachse bis zum m'-ten Bestrahlungsminimum geht, so daß die ersten dunklen Streifen auf beiden Seiten des mittleren Maximums $m' = \pm 1$ entsprechen. Identifizieren und begründen Sie alle Ihre Näherungen.

9.10* Leiten Sie beim Youngschen Doppelspaltversuch einen allgemeinen Ausdruck für die Verschiebung in der vertikalen Lage des m-ten Maximums her, die eine Folge der Anbringung einer dünnen parallelen Glasscheibe mit dem Brechungsindex n und der Dicke d über einen Spalt ist.

9.11* Ebene monochromatische Lichtwellen treffen mit einem Winkel θ_i auf einem Schirm, der zwei schmale Spalte enthält, die durch einen Abstand a getrennt sind. Leiten Sie eine Gleichung für den Winkel her, der von der mittleren Achse gemessen wird und das m-te Maximum bestimmt.

9.12* Sonnenlicht, das auf einen Schirm mit zwei langen und schmalen Spalten fällt, wirft ein Muster auf ein weißes Blatt Papier, das sich 2.0 m dahinter befindet. Wie groß ist der Abstand vom violetten ($\lambda_0 = 400$ nm) Streifen erster Ordnung bis zum roten ($\lambda_0 = 600$ nm) Streifen zweiter Ordnung?

9.13 Untersuchen Sie die Bedingungen, unter denen die Näherungen der Gleichung (9.23) gültig sind, indem Sie
a) den Kosinussatz auf das Dreieck $S_1 S_2 P$ in Abbildung 9.5 (c) anwenden, um
$$\frac{r_2}{r_1} = \left[1 - 2\left(\frac{a}{r_1}\right)\sin\theta + \left(\frac{a}{r_1}\right)^2\right]^{1/2}$$
zu erhalten,
b) dies in eine Maclaurinsche Reihe entwickeln, die
$$r_2 = r_1 - a\sin\theta + \frac{a^2}{2r_1}\cos^2\theta + \cdots$$
ergibt,

c) angesichts der Gleichung (9.17) zeigen, daß $r_1 \gg a^2/\lambda$ sein muß, wenn $(r_1 - r_2)$ gleich $a\sin\theta$ sein soll.

9.14 Ein Strom von Elektronen, von denen jedes eine Energie von 0.5 eV hat, trifft auf ein Paar extrem dünner Spalte, die durch 10^{-2} mm getrennt sind. Wie groß ist der Abstand zwischen benachbarten Minima auf einem Schirm 20 m hinter den Spalten? ($m_e = 9.108 \times 10^{-31}$ kg, 1 eV = 1.602×10^{-19} J).

9.15* Zeigen Sie, daß man a für das Fresnelsche Doppelprisma der Abbildung 9.10 durch $a = 2d(n-1)\alpha$ erhält.

9.16* Im Fresnelschen Spiegel mit $s = 2$ m, $\lambda_0 = 589$ nm fand man den Abstand der Interferenzstreifen als 0.5 mm. Wie groß ist der Neigungswinkel zwischen den Spiegeln, wenn der senkrechte Abstand von der Punktquelle bis zum Schnittpunkt der zwei Spiegel 1 m ist?

9.17* Das Fresnelsche Doppelprisma wird verwendet, um Interferenzstreifen von einer Punktquelle zu erhalten, die 2 m vom Schirm entfernt aufgestellt ist. Das Prisma befindet sich in der Mitte zwischen der Quelle und dem Schirm. Das Licht habe eine Wellenlänge von $\lambda_0 = 500$ nm, und der Brechungsindex des Glases sei $n = 1.5$. Wie groß ist der Prismenwinkel, falls der Abstand der Streifen 0.5 mm ist?

9.18 Wie lautet der allgemeine Ausdruck für den Abstand der Interferenzstreifen eines Fresnelschen Doppelprismas mit dem Index n, das sich in einem Medium mit einem Brechungsindex n' befindet?

9.19 Bei Verwendung des Lloydschen Spiegels wurden Röntgenstrahlinterferenzstreifen beobachtet, bei denen man einen Abstand von 0.0025 cm fand. Die benutzte Wellenlänge war 8.33Å. Der Abstand Quelle-Schirm soll 3 m sein. Wie hoch über der Spiegelebene befindet sich die Punktquelle der Röntgenstrahlen?

9.20 Stellen Sie sich vor, wir hätten eine Antenne am Rande eines Sees, die ein Signal von einem entfernten Radiostern empfängt (Abb. 9.72), der gerade über den Horizont aufsteigt. Schreiben Sie Ausdrücke für δ und für die Winkelposition des Sterns, wenn die Antenne ihr erstes Maximum feststellt.

9.21* Die Glasplatte der Abbildung 9.27 soll sich in Luft befinden. Zeigen Sie, daß die Amplituden von E_{1r}, E_{2r} und E_{3r} jeweils $0.2E_{0i}$, $0.192E_{0i}$ und $0.008E_{0i}$ sind, wobei E_{0i} die einfallende Amplitude ist. Verwenden Sie die

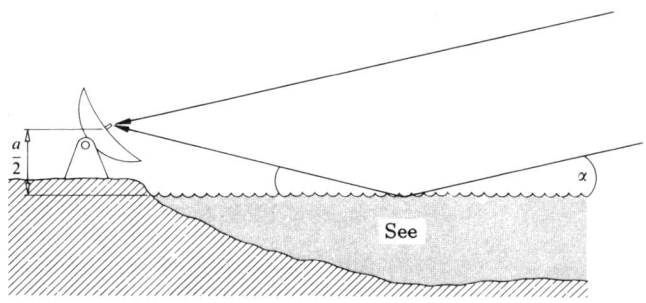

Abbildung 9.72

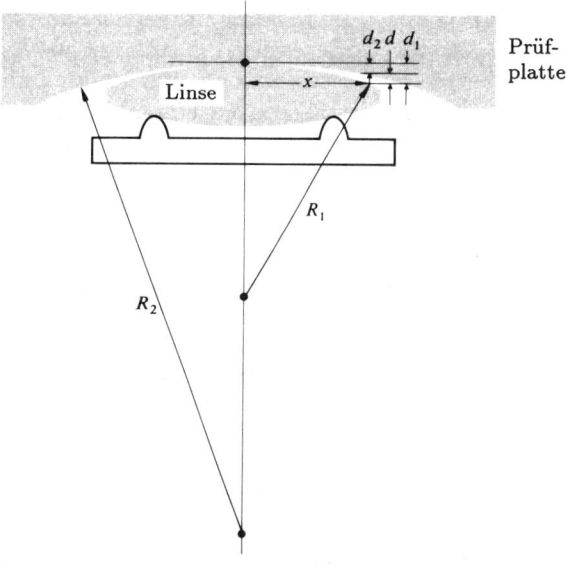

Abbildung 9.73

Amplitudenreflexionskoeffizienten bei senkrechtem Einfall, wobei keine Absorption vorausgesetzt wird. Man kann die Berechnung für eine Wasserschicht in Luft wiederholen.

9.22 Eine Seifenschicht, die von Luft umgeben ist, hat einen Brechungsindex von 1.34. Ein Bereich der Schicht erscheint im senkrecht reflektierten Licht hellrot ($\lambda_0 = 633$ nm). Wie groß ist ihre minimale Dicke dort?

9.23* Eine dünne Schicht Äthylalkohol, die sich auf einer flachen Glasplatte befindet und mit weißem Licht beleuchtet wird, zeigt im reflektierten Licht ein hübsches Farbmuster. Wie dick ist der Bereich der Schicht, der nur grünes Licht (500 nm) stark reflektiert?

9.24* Eine Seifenschicht mit einem Brechungsindex von 1.34 sei in einem Bereich 550.0 nm dick. Bestimmen Sie die Vakuumwellenlängen der Strahlen, die nicht reflektiert werden, wenn die Schicht von oben mit Sonnenlicht beschienen wird.

9.25 Stellen Sie sich das kreisförmige Bild der Haidingerschen Ringe vor, das sich aus einer Schichtdicke von 2 mm und einem Brechungsindex von 1.5 ergibt. Finden Sie die Ordnungszahl m des mittleren Ringes ($\theta_t = 0$) für eine monochromatische Beleuchtung von $\lambda_0 = 600$ nm. Ist er hell oder dunkel?

9.26 Beleuchten Sie einen Objektträger (oder noch besser ein dünnes Deckglas). Farbige Interferenzstreifen kann man leicht mit einer Leuchtstoffröhre oder einer Quecksilberstraßenlampe sehen, die als breitflächige beziehungsweise punktförmige Lichtquellen dienen. Beschreiben Sie die Interferenzstreifen. Drehen Sie nun das Glas. Verändert sich das Bild? Machen Sie die Bedingungen nach, die in den Abbildungen 9.15 und 9.16 gezeigt sind. Versuchen Sie es noch einmal mit einer Lebensmitteleinwickelfolie, die oben über die Tasse gespannt ist.

9.27 Abbildung 9.73 stellt einen Aufbau dar, der für die Prüfung von Linsen verwendet wird. Zeigen Sie, daß
$$d = x^2(R_2 - R_1)/2R_1R_2,$$
wenn d_1 und d_2 im Vergleich mit $2R_1$ beziehungsweise $2R_2$ vernachlässigbar sind. (Erinnern Sie sich an den Sehnen-Halbsehnensatz der ebenen Geometrie, der die Produkte der Abschnitte sich schneidender Sehnen verknüpft.) Beweisen Sie, daß der Radius des m-ten dunklen Interferenzringes dann
$$x_m = [R_1R_2m\lambda_f/(R_2 - R_1)]^{1/2}$$
ist. In welcher Beziehung steht dies zu Gleichung (9.43)?

9.28* Es werden auf einem Film bei quasimonochromatischem Licht der Wellenlänge 550 nm Newtonsche Ringe beobachtet. Der 20. helle Ring habe einen Radius von 1 cm. Wie groß ist der Krümmungsradius der Linse, die einen Teil des interferierenden Systems bildet?

9.29 Interferenzstreifen beobachtet man, wenn ein paralleles Lichtstrahlenbündel der Wellenlänge 500 nm senkrecht auf eine keilförmige Schicht mit dem Brechungsindex 1.5 fällt. Wie groß ist der Keilwinkel, wenn der Streifenabstand 1/3 cm ist?

9.30* Ein 7.618×10^{-15} m dickes Stück Papier soll zwischen dem äußersten Ende zweier Glasplatten als Distanzhalter dienen. Dabei ensteht eine keilförmige Luftschicht. Das Licht mit der Wellenlänge von 500 nm soll direkt von oben kommen. Bestimmen Sie die Anzahl der hellen Interferenzstreifen, die man über den Keil verteilt sieht.

9.31 Ein Michelson-Interferometer wird mit monochromatischem Licht beleuchtet. Einer seiner Spiegel wird dann 2.53×10^{-5} m bewegt. Man beobachtet, daß 92 Streifenpaare (helle und dunkle) während der Bewegung vorbeilaufen. Bestimmen Sie die Wellenlänge des einfallenden Lichts.

9.32* Einer der Spiegel des Michelson-Interferometers wird bewegt, wobei bei diesem Vorgang 1000 Streifenpaare an dem Faden eines Betrachtungsfernrohrs vorbeilaufen. Wie weit wurde der Spiegel bei einer 500 nm-Beleuchtung bewegt?

9.33* Angenommen wir stellen eine Kammer, die 10.0 cm lang ist und flache parallele Fenster hat, in einen Zweig (Arm) eines Michelson-Interferometers, das mit 600 nm-Licht beleuchtet wird. Die Luft, deren Brechungsindex 1.00029 ist, soll aus der Zelle herausgepumpt werden. Wie viele Streifenpaare verschieben sich bei dem Vorgang?

9.34* Eine Form des Jamin-Interferometers ist in Abbildung 9.74 dargestellt. Wie arbeitet es? Zu welcher Verwendung könnte es eingesetzt werden?

9.35 Berechnen Sie ausgehend von Gleichung (9.53) für die durchgelassene Welle die Flußdichte, d.h. Gleichung (9.54).

9.36 Angenommen die Spiegel eines Fabry-Perot-Interferometers hätten einen Amplitudenreflexionskoeffizienten von $r = 0.8944$. Finden Sie
a) den Finessefaktor,
b) die Halbwertsbreite,
c) die Finesse und
d) den Kontrastfaktor, der durch

$$C \equiv \frac{(I_t/I_i)_{\max}}{(I_t/I_i)_{\min}}$$

definiert ist.

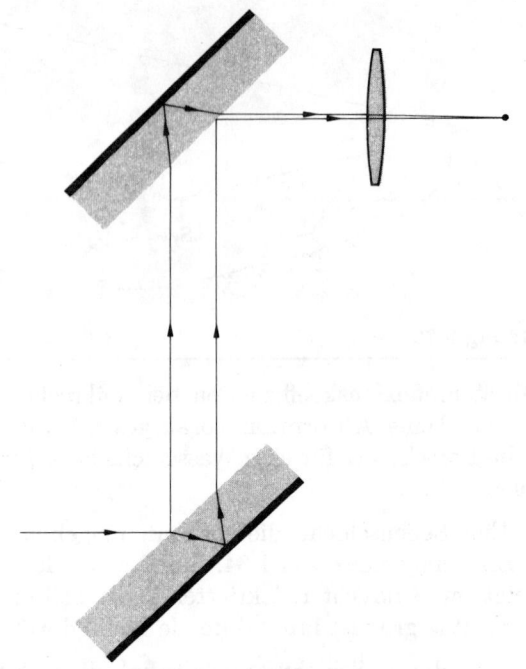

Abbildung 9.74

9.37 Wir wollen einige Einzelheiten in der Herleitung des kleinsten Phasenzuwachses, der zwei auflösbare Fabry-Perot-Interferenzstreifen trennt, hinzufügen, d.h.

$$(\Delta\delta) \approx 4.2/\sqrt{F}. \qquad [9.73]$$

Überzeugen Sie sich, daß

$$[\mathcal{A}(\theta)]_{\delta=\delta_a \pm \Delta\delta/2} = [\mathcal{A}(\theta)]_{\delta=\Delta\delta/2}.$$

Zeigen Sie, daß Gleichung (9.72) als

$$2[\mathcal{A}(\theta)]_{\delta=\Delta\delta/2} = 0.81\{1 + [\mathcal{A}(\theta)]_{\delta=\Delta\delta}\}$$

umgeschrieben werden kann. Falls F groß ist, ist γ klein und $\sin(\Delta\delta) \approx \Delta\delta$. Beweisen Sie, daß dann Gleichung (9.73) daraus folgt.

9.38 Betrachten Sie das Interferenzbild des Michelson-Interferometers, das von zwei Strahlenbündeln mit gleicher Flußdichte entsteht. Berechnen Sie unter Verwendung von Gleichung (9.17) die Halbwertsbreite. Wie groß ist der Abstand δ zwischen benachbarten Maxima? Wie groß ist dann die Finesse?

9.39* Überzeugen Sie sich davon, daß eine Schicht mit der Dicke $\lambda_f/4$ und dem Index n_1 immer den Reflexionsgrad der Unterlage reduziert, auf der sie sich befindet, vorausgesetzt, daß $n_s > n_1 > n_0$. Betrachten Sie den einfachsten Fall des senkrechten Einfalls und $n_0 = 1$. Zeigen Sie, daß dies äquivalent zur Aussage ist, daß sich die Wellen auslöschen, die von den zwei Grenzflächen reflektiert werden.

9.40 Verifizieren Sie, daß der Reflexionsgrad einer Unterlage durch Beschichtung mit einer hochbrechenden $\lambda/4$-Schicht vergrößert werden kann, d.h. $n_1 > n_s$. Zeigen Sie, daß die reflektierten Wellen sich verstärken. Den Satz von $\lambda/4$-Schichten $g(HL)^m Ha$ kann man sich als eine Reihe von derartigen Strukturen vorstellen.

9.41 Bestimmen Sie den Brechungsindex und die Dicke einer Schicht, die so auf eine Glasoberfläche ($n_g = 1.54$) gelegt wird, daß kein senkrecht einfallendes Licht der Wellenlänge 540 nm reflektiert wird.

9.42 Eine Mikroskoplinse aus Glas ($n = 1.55$) ist zur verbesserten Durchlässigkeit von senkrecht einfallendem gelben Licht ($\lambda_0 = 550$ nm) mit einer Magnesiumfluoridschicht überzogen. Wie dick sollte die aufgetragene Schicht auf der Linse mindestens sein?

9.43* Eine Kameralinse mit einem Brechungsindex von 1.55 soll mit einer Kryolithschicht ($n \approx 1.30$) überzogen werden, um die Reflexion von senkrecht einfallendem grünen Licht ($\lambda_0 = 500$ nm) herabzusetzen. Wie dick sollte die Schicht auf der Linse werden?

10 BEUGUNG

10.1 Einleitende Betrachtungen

Ein zwischen eine Punktquelle und eine Bildwand gebrachter, undurchsichtiger Körper wirft einen komplizierten Schatten an diese Wand, ganz anders, als es nach der geometrischen Optik zu erwarten wäre (Abb. 10.1).[1] Die Arbeit von Francesco Grimaldi im siebzehnten Jahrhundert war die erste genaue Untersuchung, die über diese *Abweichung des Lichtes von der geradlinigen Ausbreitung* ausgeführt wurde. Grimaldi nannte sie *"diffractio"*. Dieser Effekt ist allen Wellen gemeinsam, ob es sich nun um eine Schall-, Licht- oder Materiewelle handelt. Er tritt immer dann auf, wenn ein Teil der Wellenfront irgendwie behindert wird. Sobald Licht auf ein Hindernis trifft, ob undurchsichtig oder transparent spielt keine Rolle, und sich dadurch die Amplitude eines Teiles der Wellenfront ändert, tritt Beugung auf.[2] Die verschiedenen Teile der einfallenden Wellenfront interferieren hinter dem Hindernis und erzeugen dadurch die als Beugungsmuster bekannte Verteilung der Energiedichte. Es

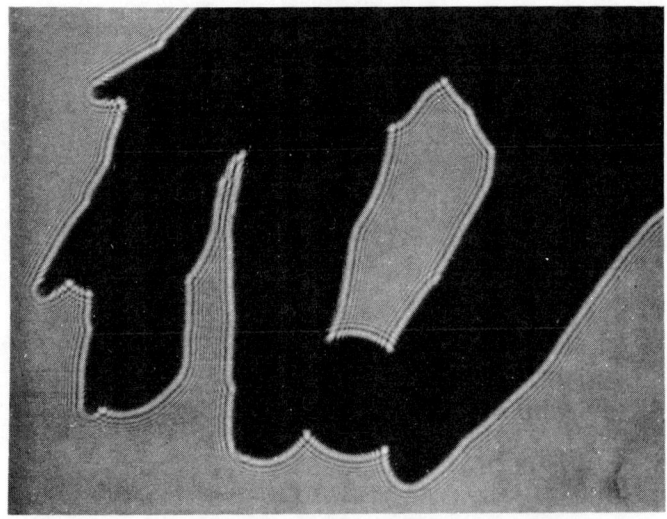

Abbildung 10.1 Der Schatten einer Hand, die ein Geldstück zwischen Daumen und Zeigefinger hält, direkt auf einen 10×13 cm-Polaroid-Film mit 3000 ASA geworfen. Die Beleuchtung bestand aus einem He-Ne-Laser. Es wurden keine Linsen verwendet. (Photo E.H.)

---

1) Der Effekt ist leicht zu beobachten, aber man benötigt dazu eine sehr starke Lichtquelle. Eine Hochleistungslampe, deren Licht durch ein kleines Loch fällt, reicht vollkommen aus. Wenn man sich den Schatten näher ansieht, den ein von so einer "Punktquelle" beleuchteter Bleistift wirft, so sieht man eine ungewöhnlich helle Zone rund um den Rand des Stiftes herum, aber auch ein nur schwach beleuchtetes Band in der Mitte dieser Zone. Betrachten Sie einmal genauer den Schatten, den Ihre Hand im direkten Sonnenlicht wirft.

2) Beugung an transparenten Hindernissen wird nur selten betrachtet. Wer jedoch schon einmal in der Nacht Auto gefahren ist, und dabei einige Regentropfen auf seiner Brille hatte, der ist mit dem Effekt ohne Zweifel vertraut. Andernfalls kann man den Effekt beobachten, wenn man einige Wassertropfen auf eine Glasplatte fallen läßt, diese sehr nahe vor das Auge hält, und durch sie hindurch auf eine Punktquelle blickt. Es werden sich helle und dunkle Streifen zeigen.

gibt keinen wirklichen Unterschied zwischen *Interferenz* und *Beugung*. Es hat sich jedoch eingebürgert von Interferenz zu sprechen, wenn sich nur wenige Wellen überlagern, bei der Überlagerung vieler Wellen hingegen spricht man von Beugung. Dieser Sprachgebrauch ist nicht immer zweckmäßig. So wird im Widerspruch dazu z.B. in einem Kontext von Vielstrahlinterferenz gesprochen, in einem anderen aber von Beugung am Gitter.

Es sollte nebenbei erwähnt werden, daß die Wellentheorie zwar sicherlich die "natürlichste" Betrachtungsweise ist, aber nicht die einzige Möglichkeit, gewisse Beugungsphänomene zu beschreiben. So kann z.B. die Beugung am Gitter (siehe Abschnitt 10.2.7) als ein korpuskularer Quanteneffekt betrachtet werden.[3] Für unsere Zwecke wird jedoch die klassische Wellentheorie, die uns den einfachsten effektiven Formalismus zur Verfügung stellt und daher in diesem Kapitel verwendet wird, bei weitem ausreichend sein.

Wir wollen noch betonen, daß optische Instrumente nur einen Teil der einfallenden Wellenfront verwenden. Beugungseffekte sind dementsprechend von außerordentlich großer Bedeutung für das Verständnis aller Instrumente, die Linsen, Blenden, Spiegel, als Lichtquelle dienende Spalte, usw. enthalten. Könnten alle Verluste in einem Linsensystem beseitigt werden, so wäre die Schärfe der Abbildung immer noch durch die Beugung begrenzt (siehe Aufgabe 10.23).

Betrachten wir zu Beginn noch einmal das Huygenssche Prinzip (siehe Abschnitt 4.2.1). Ihm zufolge kann jeder Punkt einer Wellenfront als Quelle sekundärer, kugelförmiger Elementarwellen angesehen werden. Die Ausbreitung dieser Wellenfront oder irgendeines Teiles von ihr müßte sich dann berechnen lassen. Zu einem jeden Zeitpunkt kann die Wellenfront dann als die Einhüllende aller dieser sekundären Elementarwellen angesehen werden (Abb. 4.3). Dabei wird jedoch der größte Teil jeder solchen Elementarwelle ignoriert, und man verwendet nur jenen Teil, der mit der Einhüllenden zusammenfällt. Durch diese Unzulänglichkeit vermag das Huygenssche Prinzip den Beugungseffekt nicht zu erklären.

Schon die Alltagserfahrung zeigt, daß dies wirklich so ist. Schallwellen (z.B. mit einer Frequenz von 500 Hz und mit $\lambda \approx 68$ cm) gehen leicht auch um große Gegenstände, wie Telegraphenmasten oder Bäume, herum, obwohl diese für die Lichtwellen Hindernisse sind und deutliche Schatten werfen. Aber das Huygenssche Prinzip ließe, da es von der Wellenlänge unabhängig ist, für beide Fälle ein ähnliches Verhalten erwarten. Dieses Problem wurde von Fresnel durch die Hinzunahme des Interferenzkonzeptes gelöst. Dementsprechend besagt das **Fresnel-Huygens-Prinzip** folgendes: *Zu jedem Zeitpunkt sind alle nicht abgeschirmten Punkte einer Wellenfront als Quellen sphärischer Elementarwellen zu betrachten (deren Frequenz mit derjenigen der Primärwelle übereinstimmt). An jedem nachfolgenden Punkt ist die Amplitude des optischen Feldes durch die Überlagerung aller dieser Elementarwellen gegeben (wobei deren Amplituden und relative Phasenlagen zu berücksichtigen sind).*

Wir wollen nun diese Ideen zusammen mit der Abbildung 10.2 und der Illustration (Abb. 10.3) dazu verwenden, einige ganz einfache, qualitative Aussagen abzuleiten. Wenn sich jeder nicht abgeschirmte Punkt der ankommenden ebenen Wellenfront wie eine kohärente Quelle von Elementarwellen verhält, dann ist der maximale Unterschied im optischen Weg, Λ_{max}, zum Punkt P zwischen zwei Elementarwellen gleich $|\overline{AP} - \overline{BP}|$, entsprechend je einem Quellpunkt an den beiden Ecken der Öffnung. Λ_{max} ist nun kleiner als $\overline{AB}$ (bzw. gleich $\overline{AB}$, wenn P auf dem Schirm liegt). Im Falle $\lambda \gg \overline{AB}$ (entsprechend der Abb. 10.3) ist damit $\lambda \gg \Lambda_{max}$ und für jeden beliebigen Punkt P müssen alle Elementarwellen konstruktiv, wenn auch in verschiedenem Grade, interferieren, da sie ja zu Beginn in Phase waren (Abb. 10.2 (c)). Die gegensätzliche Situation tritt für $\lambda \ll \Lambda_{max}$ auf, wie in Abbildung 10.2 (a). Nun ist nur in einem kleinen Bereich unmittelbar hinter der Öffnung $\lambda \gg \Lambda_{max}$, und nur dort werden die Elementarwellen sich verstärken. Außerhalb dieser Zone können einige Elementarwellen auch destruktiv interferieren, d.h. zu einer Abschwächung führen, und es entsteht so etwas wie ein Schatten. Wir sollten nicht vergessen, daß der idealisierte *geometrische* Schatten der Situation $\lambda \to 0$ entspricht.

Abgesehen davon, daß das Fresnel-Huygens-Prinzip bis jetzt noch ziemlich hypothetisch ist, hat es zudem auch einige Mängel, auf die wir aber erst später näher eingehen wollen. Gustav Kirchhoff entwickelte eine strengere Theorie, die auf der Lösung der Wellengleichung basiert. Obwohl ein Zeitgenosse Maxwells, erarbeitete er sein Modell schon vor der Hertzschen Demonstration (und der sich daraus ergebenden Popularisierung) der

---

[3] W. Duane, *Proc. Nat. Acad. Sci.* **9**, 158 (1923).

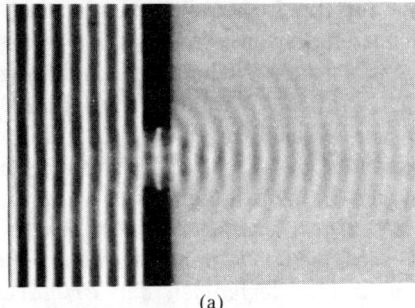

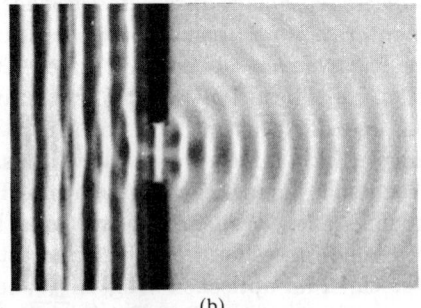

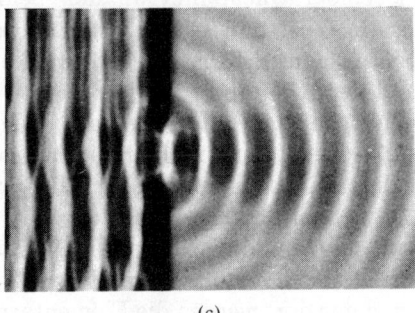

Abbildung 10.2 Beugung an einem Spalt in der Wellenwanne für unterschiedliche Wellenlängen λ. (Photos freundlicherweise überlassen von PSSC, *Physics*, D.C. Heath, Boston 1960.)

Ausbreitung von elektromagnetischen Wellen im Jahre 1887. Dementsprechend benutzte Kirchhoff die ältere Theorie der elastischen Welle im Festkörper. Seine genauere Analyse bestätigte die Annahmen von Fresnel und führte darüberhinaus zu einer noch präziseren, direkt aus der skalaren Wellengleichung folgenden Formulierung des Huygensschen Prinzips. Trotzdem ist auch die Kirchhoffsche Theorie nur eine Näherung; sie gilt für

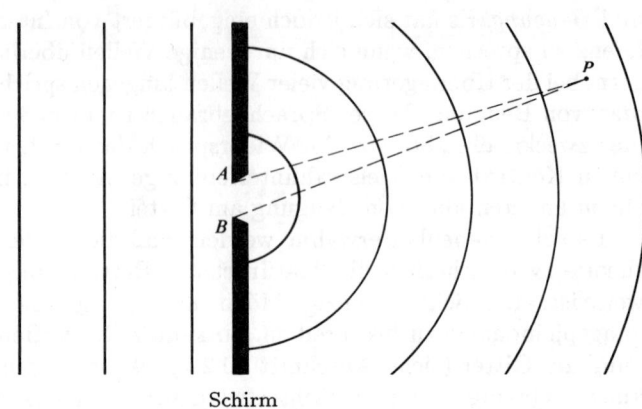

Abbildung 10.3 Beugung an einem engen Spalt in einer Wand.

hinreichend kleine Wellenlängen, d.h. für solche, die klein gegenüber den beugenden Öffnungen sind. Die Schwierigkeit einer exakten Theorie beruht darauf, daß wir eine Lösung zu einer partiellen Differentialgleichung benötigen, die die durch das Hindernis vorgegebenen Randbedingungen erfüllt. Eine mathematisch strenge Lösung ist unter diesen Umständen aber nur in einigen wenigen speziellen Fällen zu finden. Auf jeden Fall leistet uns Kirchhoffs Theorie gute Dienste, obwohl sie von der skalaren Wellengleichung ausgeht, und somit die Tatsache außer Acht läßt, daß Licht ein transversaler Vektor ist.[4] Wir müssen hier betonen, daß die Bestimmung der exakten Lösung für eine konkrete beugende Anordnung zu den unangenehmsten Problemen gehört, die in der Optik auftreten. Die erste solche Lösung wurde, unter Verwendung der elektromagnetischen Theorie des Lichtes, im Jahre 1896 von Arnold Johannes Wilhelm Sommerfeld (1868–1951) veröffentlicht. Allerdings waren seine Annahmen physikalisch ziemlich unrealistisch, da er von einem unendlich dünnen, undurchsichtigen, ideal leitenden und ebenen Schirm ausging. Trotzdem war das Ergebnis ausgesprochen wertvoll, weil es einen Einblick in die grundlegenden Vorgänge bei der Beugung lieferte.

---

[4] Eine vektorielle Formulierung der skalaren Kirchhoffschen Theorie ist bei J.D. Jackson, *Classical Electrodynamics*, p. 283, zu finden. Siehe auch Sommerfeld, *Optics*, p. 325. Allgemein zum Thema Beugung sei noch erwähnt *The Mathematical Theory of Huygens' Principle* von B.B. Baker und E.T. Copson. Keiner dieser Texte ist leicht zu lesen.

Für viele beugende Anordnungen von praktischer Bedeutung fehlen auch heute noch solche strenge Lösungen. Wir werden uns daher gezwungenermaßen auf die Näherungen im Sinne von Fresnel, Huygens und Kirchhoff verlassen müssen. In den vergangenen Jahrzehnten wurden Eigenschaften der Beugungsfelder bequem mit Mikrowellen untersucht, die sich im optischen Bereich vermutlich kaum untersuchen ließen. Die Kirchhoffsche Theorie hat diesen Bewährungsproben erstaunlich gut standgehalten.[5] Für unsere Zwecke wird jedoch in vielen Fällen die einfachere Behandlung mit Hilfe des Fresnel-Huygens-Prinzips durchaus ausreichen.

10.1.1 Undurchsichtige Hindernisse

Beugung kann als ein Phänomen betrachtet werden, das durch die Wechselwirkung einer elektromagnetischen Welle mit einem Hindernis entsteht. Daher sind wir gut beraten, wenn wir uns noch einmal kurz die Vorgänge betrachten, die innerhalb eines undurchsichtigen Hindernisses tatsächlich ablaufen.

Eine Möglichkeit der Beschreibung ist, den Schirm als ein Kontinuum zu betrachten, d.h. seine mikroskopische Struktur völlig zu vernachlässigen. So können wir z.B. für eine nicht absorbierende Metallplatte (d.h. keine Ohmsche Heizung, was unendliche Leitfähigkeit bedeutet) die Maxwellschen Gleichungen für die Metallplatte und das umgebende Medium anschreiben, und anschließend die beiden Lösungen durch geeignete Randbedingungen an der Grenzfläche zur Übereinstimmung bringen. Auf diese Weise können exakte Lösungen für einige sehr einfache Konfigurationen gefunden werden. Die reflektierte und die gebeugte Welle sind dann eine Folge der Stromverteilungen in der Platte.

Wenn wir nun den Schirm in seiner mikroskopischen Struktur berücksichtigen, so stellen wir uns vor, daß die Elektronenhülle eines jeden Atoms durch die einfallende Strahlung in Schwingungen versetzt wird. Für unseren Fall ist das klassische Modell, das von Elektronenoszillatoren ausgeht, die mit der Frequenz der Quelle schwingen und diese daher auch wieder emittieren (siehe Abschnitt 3.5.2), völlig ausreichend. Sowohl die Amplitude als auch die Phase eines Oszillators innerhalb des Schirmes sind durch das ihn umgebende elektrische Feld bestimmt. Dieses Feld seinerseits kommt durch die Überlagerung des Feldes der einfallenden Strahlung mit denen aller anderen schwingenden Elektronen zustande.

Ein großer Schirm ohne Löcher hat, gleichgültig ob er aus schwarzem Papier oder aus Aluminiumfolie besteht, einen offensichtlichen Effekt: hinter ihm gibt es kein elektrisches Feld mehr. Die Elektronen nahe der beleuchteten Seite werden durch das einfallende Licht zu erzwungenen Schwingungen angeregt. Sie emittieren dabei Energie, die schlußendlich entweder "zurückgestrahlt" oder vom Material in Form von Wärme absorbiert wird. Auf jeden Fall aber überlagern sich die Felder der einfallenden Schwingung und die der Elektronenoszillatoren so, daß keinerlei Licht an irgendeinem Punkt hinter dem Schirm auftritt. Dies könnte nun als eine besonders spezielle Art der Überlagerung angesehen werden, aber dem ist nicht so. Wenn nämlich die Primärwelle nicht völlig ausgelöscht würde, dann würde sie tiefer in das Material des Schirmes eindringen und dabei mehr Elektronen zu Schwingungen anregen. Dies würde die Primärwelle aber entsprechend weiter abschwächen, usw., bis sie schließlich verschwände, sofern der Schirm dick genug ist. Sogar ein undurchsichtiges Material wie Silber ist durchsichtig, wenn es nur dünn genug ist. (Man erinnere sich z.B. an den halbdurchlässigen Spiegel, der ja versilbert ist.)

Entfernen wir nun ein kleines Scheibchen in der Mitte des Schirmes, so daß das Licht durch das so entstandene Loch fallen kann. Die Oszillatoren, die diese Scheibe gleichmäßig bedecken, sind mit der Scheibe beseitigt worden, so daß die übrigen Elektronen innerhalb des Schirmes von ihnen nicht mehr beeinflußt werden können. Als ersten näherungsweisen Ansatz können wir nun *annehmen, daß die gegenseitige Beeinflußung der Oszillatoren untereinander im wesentlichen vernachlässigbar ist*, d.h. die Elektronen im Schirm bleiben durch die Entfernung derer auf der Scheibe völlig unberührt. Das Feld hinter dem Schirm wird dann das sein, das es vor der Entfernung der Scheibe war, nämlich Null, abzüglich des Beitrages der Oszillatoren auf dem Scheibchen. Wenn wir vom Vorzeichen absehen, dann wäre das gleich der Situation, in der sowohl die Quelle als auch der Schirm entfernt wurde und nur die Oszillatoren auf dem Scheibchen übrig sind. Mit anderen Worten, in dieser Näherung kommt das Beugungsfeld nur durch die Beiträge einer Anzahl fiktiver Oszillatoren zustande, die gleichmäßig über den

---

[5] C.L. Andrews, *Am. J. Phys.* **19**, 250 (1951); S. Silver, *J. Opt. Soc. Am.* **52**, 131 (1962).

Abbildung 10.4 Photos einer Wellenwanne. In einem Fall wird eine Welle an einem einfachen Spalt gebeugt. Im zweiten Bild wird durch eine Reihe von Punktquellen innerhalb der Öffnung, die in konstantem Abstand zueinander stehen, ein ähnliches Muster erzeugt. (Photos freundlicherweise von PSSC, *Physics*, D.C. Heath, Boston 1960.)

Bereich des Loches verteilt sind. Dies ist, natürlich, die Essenz des Fresnel-Huygens-Prinzips.

Wir können jedoch erwarten, daß die Wechselwirkung zwischen den einzelnen Oszillatoren eine gewisse Reichweite hat, d.h. es beeinflussen sich auch noch Oszillatoren, die voneinander einen kleinen Abstand haben. Weil die Oszillatorfelder mit der Distanz abnehmen, kann diese Reichweite nicht sehr groß sein. In diesem physikalisch realistischeren Bild werden die Elektronen in der Nähe des Randes der Öffnung durch die Entfernung des Scheibchens beeinflußt. Für große Öffnungen gilt nun, daß die Zahl der Oszillatoren auf dem entfernten Scheibchen viel größer als die derjenigen entlang des Randes ist. In solchen Fällen sollte das Fresnel-Huygens-Prinzip gut verwendbar sein, was auch der Fall ist, wenn der Beobachtungspunkt weit entfernt in Vorwärtsrichtung liegt (Abb. 10.4). Für sehr kleine Öffnungen und/oder Beobachtungspunkte, die nahe am Schirm liegen, werden die Randeffekte wichtig, und wir müssen uns auf Schwierigkeiten gefaßt machen. Für einen Punkt innerhalb der Öffnung sind nämlich die Elektronenoszillatoren am Rand wegen ihrer Nähe von größter Bedeutung. Da es aber genau diese sind, die durch die Entfernung des Scheibchens am meisten beeinflußt werden, müssen wir in diesen Fällen mit ausgeprägten Abweichungen vom Fresnel-Huygens-Prinzip rechnen.

10.1.2 Fraunhofer- und Fresnelbeugung

Nehmen wir an, wir hätten einen undurchsichtigen Schirm, Σ, mit einem einzelnen kleinen Loch, das von einer sehr weit entfernten Punktquelle S mit ebenen Wellen beleuchtet wird. Die Beobachtungsebene ist ein weiterer Schirm, σ, sehr nahe bei Σ und parallel dazu. Unter diesen Umständen ist das auf den Schirm σ projizierte Bild der Öffnung trotz leichter Streifenbildung an seinem Rand klar erkennbar. Wenn wir nun den Beobachtungsschirm von Σ wegbewegen, so wird das Bild der Öffnung mehr und mehr durch Strukturen verändert, obwohl es immer noch deutlich erkennbar bleibt. Die Streifen werden deutlicher. Dieses Phänomen ist unter dem Namen **Fresnel-** oder **Nahfeldbeugung** bekannt. Wird nun die Beobachtungsebene σ noch weiter vom Schirm Σ wegbewegt, so ändert sich das Streifenmuster kontinuierlich. Wenn der Abstand zwischen σ und Σ sehr groß geworden ist, so ist das projizierte Muster sehr ausgedehnt und jede Ähnlichkeit mit der Öffnung ist verschwunden. Eine weitere Vergrößerung des Abstandes zwischen den beiden Ebenen ändert dann im wesentlichen nur mehr die Größe des Musters, aber nicht mehr seine Gestalt. Dies ist der Bereich der **Fraunhofer-** oder **Fernfeldbeugung**. Wenn wir an dieser Stelle die Wellenlänge der einfallenden Strahlung genügend verkleinerten, so stellte

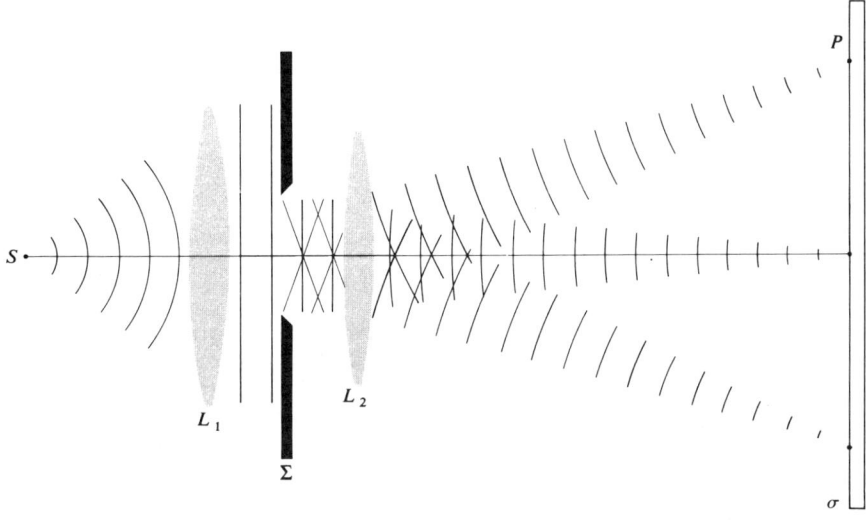

Abbildung 10.5 Fraunhoferbeugung

sich wiederum das Fresnelsche Muster ein. Wenn wir λ noch weiter verkleinern, so daß es sich dem Wert Null nähert, so verschwinden die Streifen und das Bild nimmt die Form der Öffnung an, wie es von der geometrischen Optik verlangt wird. Kehren wir zum früheren Aufbau zurück, und verringern wir jetzt den Abstand der Quelle S vom Schirm Σ. Dann treffen auf Σ sphärische Wellen auf, und das Fresnelsche Beugungsmuster bleibt auch für große Distanzen zwischen Σ und der Beobachtungsebene erhalten.

Wir können die obige Aussage noch anders formulieren, wenn wir eine Punktquelle S und einen Beobachtungspunkt P nehmen, die beide sehr weit vom Schirm Σ entfernt sind, ohne daß sich zwischen ihnen und dem Schirm irgendwelche Linsen befänden (Aufgabe 10.1). *Solange nun sowohl die auf Σ einfallenden als auch die von Σ auslaufenden Wellenfronten über die Ausdehnung der Öffnung (oder des Hindernisses) nahezu eben sind, erhalten wir Fraunhoferbeugung.* (Die Abweichung von einer ebenen Wellenfront darf nur einen kleinen Bruchteil der Wellenlänge betragen.) Anders ausgedrückt bedeutet dies, daß auf Grund der verschiedenen durchlaufenen Weglängen zwischen S und P die *Phase* eines jeden Beitrages in P von ganz entscheidender Bedeutung für die Bestimmung des resultierenden Feldes ist. Darüber hinaus können diese Weglängen als eine lineare Funktion der beiden Variablen der Öffnung angeschrieben werden, wenn die Wellenfronten, die auf das Loch fallen und von

ihm ausgehen, eben sind. *Mathematisch gesehen beruht die "Definition" der Fraunhoferbeugung auf dieser Linearität in den Variablen der Öffnung.* Sind hingegen S oder P oder beide so nahe an Σ, daß die Krümmung der Wellenfronten nicht mehr vernachlässigt werden kann, so erhalten wir Fresnelbeugung.

Jeder Punkt des Loches muß als eine Quelle Huygensscher Elementarwellen gesehen werden, und wir sollten uns ein wenig um ihre relativen Stärken kümmern. Wenn S in der Nähe liegt, im Vergleich zur Größe des Loches, dann wird die Öffnung von einer sphärischen Wellenfront beleuchtet. Die Distanz von S zu den einzelnen Punkten in der Öffnung ist dann verschieden und deswegen ist auch die Stärke des elektrischen Feldes, die ja invers proportional zur Distanz abnimmt, für jeden Punkt in der Öffnung des beugenden Schirms Σ verschieden. Dies ist natürlich nicht der Fall, wenn die einfallenden Wellen eben und homogen sind. Ganz dasselbe gilt auch für die gebeugten Wellen, die sich vom Schirm Σ zum Punkt P ausbreiten. Selbst wenn diese alle mit der gleichen Amplitude ausgestrahlt werden (d.h. wenn die einfallende Welle eben ist), so sind die Wellen, die zu P konvergieren, sphärisch, wenn P nahe bei Σ liegt. Und sie variieren in ihrer Amplitude auf Grund der verschiedenen Abstände zwischen den einzelnen Punkten in der Öffnung und P. Idealerweise, d.h. wenn P im Unendlichen liegt, sind die Wellen, die in P ankommen, eben und wir brauchen uns wegen der verschiedenen Feldstärken keine

Sorgen zu machen. Was natürlich ebenfalls zur Einfachheit des Fraunhoferschen Grenzfalles beiträgt.

Als praktische Faustregel gilt, daß Fraunhoferbeugung dann auftritt, wenn für eine Öffnung oder ein Hindernis mit der größten Weite a

$$R > \frac{a^2}{\lambda}.$$

R ist dabei der kleinere der beiden Abstände $S\Sigma$ oder ΣP (Aufgabe 10.1). Geht R gegen unendlich, so ist klarerweise die endliche Größe der Öffnung bedeutungslos. Zudem rückt jede Vergrößerung von λ die Phänomene weiter in die Nähe des Fraunhoferschen Grenzfalles.

Praktisch läßt sich die Fraunhoferbedingung mit einer Anordnung, wie sie in Abbildung 10.5 dargestellt ist, realisieren. Bei ihr befinden sich sowohl S wie auch P effektiv im Unendlichen. Die Punktquelle S befindet sich im Brennpunkt F_1 der Linse L_1 und die Beobachtungsebene ist die zweite Brennebene der Linse L_2. In der Terminologie der geometrischen Optik würden die Ebene der Quelle und σ als konjugierte Ebenen bezeichnet.

Diese Ideen lassen sich auf jedes Linsensystem, das das Bild einer Lichtquelle oder eines ausgedehnten Objektes liefert, anwenden (Aufgabe 10.5). Das dabei entstehende Bild ist ein Fraunhofersches Beugungsmuster.[6] Auf Grund dieser wichtigen praktischen Überlegungen, und weil die Fraunhoferbeugung das einfachere Phänomen ist, werden wir sie zuerst behandeln, obwohl sie eigentlich nur ein Spezialfall der Fresnelbeugung ist.

10.1.3 Verhalten mehrerer kohärenter Oszillatoren

Eine einfache und doch logische Brücke zwischen Interferenz und Beugung kann uns die Untersuchung der in Abbildung 10.6 gezeigten Anordnung liefern. Die Illustration zeigt eine Anordnung von N kohärenten Punktquellen (oder strahlenden Antennen), die alle bis hin zu ihrer Polarisierung identisch seien. Für jetzt nehmen wir an, daß zwischen den einzelnen Punktquellen keine Phasendifferenzen bestehen, d.h. daß alle Quellen denselben Phasenwinkel haben. Die gezeigten Strahlen sind fast parallel und treffen sich in einem sehr weit entfernten

---

[6] Ohne Hilfslinsen kann man wunderbare Muster mit einem He-Ne-Laser erzeugen, wenn man viel Platz hat.

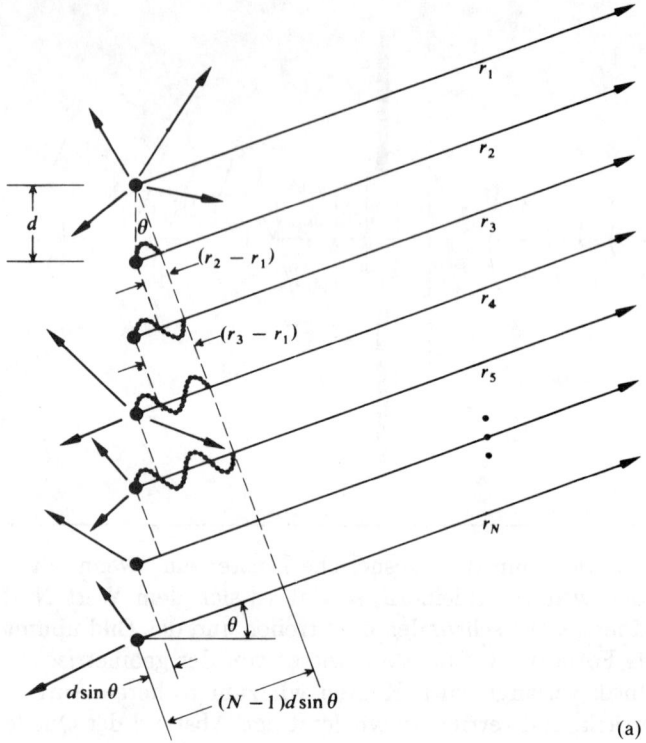

Abbildung 10.6 Eine lineare Anordnung kohärenter Oszillatoren in Phase. (a) Beachte, daß in der gezeigten Anordnung $\delta=\pi$ ist, während für $\theta=0$ der Winkel δ ebenfalls gleich Null wäre. (b) Eine von den vielen Gruppen von Wellenfronten, die von einer Linie kohärenter Punktquellen ausgestrahlt werden.

Punkt P. Ist die räumliche Ausdehnung dieser Anordnung relativ klein, so werden die Amplituden der einzelnen, in P ankommenden Wellen nahezu gleich sein, da sie dieselbe Distanz zurückgelegt haben:

$$E_0(r_1) = E_0(r_2) = \cdots = E_0(r_N) = E_0(r).$$

Die Summe der interferierenden sphärischen Elementarwellen ergeben im Punkt P ein elektrisches Feld, das durch den Realteil der folgenden Gleichung gegeben ist:

$$E = E_0(r)e^{i(kr_1-\omega t)} + E_0(r)e^{i(kr_2-\omega t)} + \cdots \\ \cdots + E_0(r)e^{i(kr_N-\omega t)}. \quad (10.1)$$

Aus Abschnitt 9.1 ist uns bekannt, daß wir in diesem Fall von der Vektornatur des elektrischen Feldes absehen

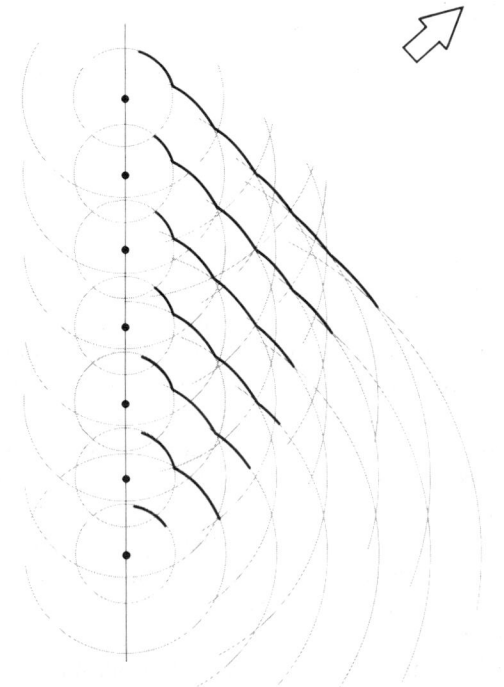

(b)

können. Daher gilt

$$E = E_0(r)e^{-i\omega t}e^{ikr_1}\left\{1 + e^{ik(r_2-r_1)} + e^{ik(r_3-r_1)} + \cdots \right.$$
$$\left. \cdots + e^{ik(r_N-r_1)}\right\}.$$

Der Phasenunterschied zwischen benachbarten Quellen kann mit Hilfe des Ausdruckes $\delta = k_0\Lambda$ berechnet werden. Weil $\Lambda = nd\sin\theta$ für ein Medium mit dem Brechungsindex n, daher gilt $\delta = kd\sin\theta$. Aus Abbildung 10.6 können wir dann ablesen, daß $\delta = k(r_2 - r_1)$, $2\delta = k(r_3 - r_1)$, usw. Daher können wir für das elektrische Feld in P folgenden Ausdruck anschreiben:

$$E = E_0(r)e^{-i\omega t}e^{ikr_1}\left\{1 + e^{i\delta} + e^{(i\delta)^2} + \cdots + (e^{i\delta})^{N-1}\right\}. \quad (10.2)$$

Die geometrische Reihe in der geschwungenen Klammer hat den Wert

$$(e^{iN\delta} - 1)/(e^{i\delta} - 1),$$

was in der Form

$$\frac{e^{iN\delta/2}\{e^{iN\delta/2} - e^{-iN\delta/2}\}}{e^{i\delta/2}\{e^{i\delta/2} - e^{-i\delta/2}\}}$$

oder, dazu äquivalent,

$$e^{i(N-1)\delta/2}\frac{\sin\frac{N\delta}{2}}{\sin\frac{\delta}{2}}$$

angeschrieben werden kann. Für das Feld erhält man damit

$$E = E_0(r)e^{-i\omega t}e^{i\{kr_1+(N-1)\delta/2\}}\frac{\sin(\frac{N\delta}{2})}{\sin(\frac{\delta}{2})}. \quad (10.3)$$

Wenn R der Abstand von der Mitte der Oszillatoranordnung zum Punkt P ist, d.h.

$$R = \frac{1}{2}(N-1)d\sin\theta + r_1,$$

dann wird Gleichung (10.3) zu

$$E = E_0(r)e^{i(kR-\omega t)}\frac{\sin(\frac{N\delta}{2})}{\sin\frac{\delta}{2}}. \quad (10.4)$$

Die Flußdichteverteilung innerhalb des Beugungsmusters, das von den N kohärenten, identischen und sehr weit entfernten Punktquellen in linearer Anordnung herrührt, ist schließlich für ein komplexes Feld proportional zu $EE^*/2$, so daß gilt

$$I = I_0\frac{\sin^2\frac{N\delta}{2}}{\sin^2\frac{\delta}{2}}, \quad (10.5)$$

wobei I_0 diejenige Flußdichte ist, die von einer einzelnen Punktquelle ausgehend in P ankommt (siehe Aufgabe 10.2 für eine graphische Ableitung der Bestrahlungsstärke). Für $N = 0$ ist $I = 0$, für $N - 1$ ist $I = I_0$ und für $N = 2$ ist $I = 4I_0\cos^2(\delta/2)$, wie es nach Gleichung (9.17) auch zu erwarten war. Die funktionale Abhängigkeit von I vom Winkel θ wird deutlicher, wenn wir Gleichung (10.5) in der Form

$$I = I_0\frac{\sin^2 N\frac{kd}{2}\sin\theta}{\sin^2\frac{kd}{2}\sin\theta} \quad (10.6)$$

anschreiben. Der Term im Zähler fluktuiert rasch, während sich die ihn modulierende Funktion, nämlich der Term im Nenner, nur relativ langsam ändert. Die Kombination der beiden Funktionen ergibt eine neue Funktion, die scharfe Hauptmaxima aufweist, die durch eine Reihe kleiner Nebenmaxima voneinander getrennt sind. Von den Punktquellen aus gesehen liegen die Hauptmaxima in den Richtungen θ_m, für die gilt, daß $\delta = 2m\pi$,

Abbildung 10.7 Interferometrisches Radioteleskop der Universität Sidney, Australien. $N=32$, $\lambda=21$ cm, $d=7$ m, Durchmesser 2 m; die Anordnung ist 213.3 m (700 ft) lang und entlang der Ost-West-Linie ausgerichtet. (Photo freundlicherweise überlassen von Prof. W.N. Christiansen.)

wobei $m = 0, \pm 1, \pm 2, \pm 3, \ldots$ ist. Weil nun $\delta = kd\sin\theta$ ist, so gilt

$$d\sin\theta_m = m\lambda. \qquad (10.7)$$

Weil aber $(\sin^2 \frac{N\delta}{2})/(\sin^2 \frac{\delta}{2}) = N^2$ für $\delta = 2m\pi$ ist (nach der Regel von L'Hôpital), ist die Intensität der Hauptmaxima durch den Ausdruck $N^2 I_0$ gegeben. Dies entspricht unseren Erwartungen, weil in diesen Richtungen die einzelnen Oszillatoren in Phase sind. Das ganze System strahlt ein Maximum in die Richtung senkrecht zur Anordnung der Punktquellen ab ($m = 0$, $\theta = 0$ oder π). Wenn θ größer wird, so wird auch δ größer, und I verringert sich bis zum Wert Null, wenn $\frac{N\delta}{2}$ gleich π ist, dem ersten Minimum. Es ist zu beachten, daß für $d < \lambda$ wegen Gleichung (10.7) nur das Maximum nullter Ordnung, d.h. $m = 0$, existiert. *Für eine idealisierte Linie von Elektronenoszillatoren könnten wir nur dieses eine Hauptmaximum erwarten.*

Die Antennenanordnung von Abbildung 10.7 kann auf Grund obiger Überlegungen Wellen nur in einem schmalen Strahl abstrahlen, der zu einem Hauptmaximum gehört und Keule genannt wird. (Da die gezeigten parabolischen Antennen vorwärts reflektieren, ist das Strahlungsmuster nicht mehr zur gemeinsamen Achse der Anordnung symmetrisch.) Nehmen wir nun an, wir könnten in diesem System zwischen jeweils zwei benachbarte Oszillatoren eine konstante Phasenverschiebung einführen. Dann ist

$$\delta = kd\sin\theta + \varepsilon;$$

die verschiedenen Hauptmaxima treten dann in neuen Richtungen auf, für die gilt

$$d\sin\theta_m = m\lambda - \frac{\varepsilon}{k}.$$

Wenn wir uns dann auf das zentrale Hauptmaximum ($m = 0$) konzentrieren, so stellen wir fest, daß die Orientierung dieses Maximums durch die Wahl von ε frei vorgegeben werden kann.

Das Prinzip der Reversibilität der Wellenausbreitung, d.h. daß der Weg einer Welle umgedreht werden kann, sofern keine Absorption vorhanden ist, führt dazu, daß eine Antenne als Sender oder als Empfänger dasselbe Feldmuster besitzt. Daher kann man eine Anordnung, die als Radioteleskop funktioniert, dadurch ausrichten, daß die Signale, die von den einzelnen Antennen kommen, mit einer geeigneten Phasenverschiebung kombiniert werden. Für ein gegebenes ε entspricht dann das Ausgangssignal aller Antennen dem Signal, das aus einer bestimmten Raumrichtung auf die Anordnung trifft.

Abbildung 10.7 ist eine Photographie des ersten Radio-Interferometers, das von W.N. Christiansen entworfen und 1951 in Australien gebaut wurde. Es besteht aus 32 Parabolantennen, deren jede 2 m im Durchmesser hat, und wurde so gebaut, daß die Antennen bei der Wellenlänge einer Wasserstoffemissionslinie ($\lambda = 21$ cm) in Phase betrieben werden können. Die Antennen haben einen Abstand von 7 m zueinander und sind ost-west-orientiert aufgebaut. Dieser Aufbau hat den Vorteil, daß die Erdrotation ausgenützt werden kann, um den ganzen Himmel mit dem Teleskop abzufahren.[7]

Betrachten wir nun Abbildung 10.8 etwas genauer. In dieser Abbildung ist eine idealisierte Linienquelle von Elektronenoszillatoren dargestellt (z.B. die sekundären Quellen des Fresnel-Huygens-Prinzips für einen langen Spalt, dessen Breite viel kleiner als λ ist und der mit ebenen Wellen beleuchtet wird). Jeder Punkt emittiert eine sphärische Elementarwelle, die wir in der Form

$$E = \left(\frac{\mathcal{E}_0}{r}\right)\sin(\omega t - kr)$$

anschreiben können, wobei die Abhängigkeit der Amplitude von $1/r$ explizit angegeben ist. Die Größe $\mathcal{E}_0$ heißt

---

[7] Siehe E. Brookner, "Phased-Array Radars", *Sci. Am.* (Feb. 1985), p.94.

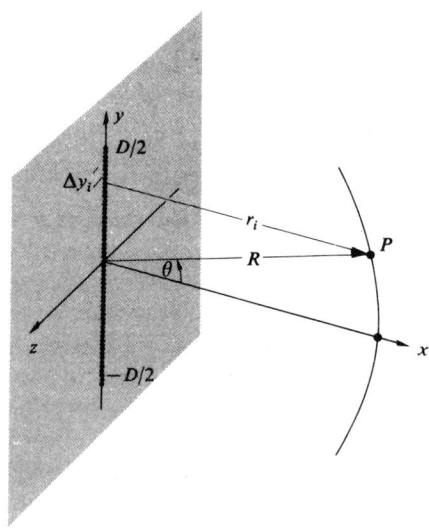

Abbildung 10.8 Eine kohärente Linienquelle.

Quellstärke. Diese Situation unterscheidet sich von der in Abbildung 10.6 gezeigten dadurch, daß hier jede einzelne Quelle sehr schwach ist, die Gesamtzahl, N, aller Quellen sehr, sehr groß, und damit der Abstand zwischen benachbarten Quellen nahezu Null. Ein kleiner, aber endlicher Abschnitt der Anordnung, Δy_i, enthält nun $\Delta y_i (N/D)$ Quellen, wobei D die gesamte Länge des Systems ist. Stellen wir uns nun vor, daß diese gesamte Anordnung in M solche Abschnitte zerlegt ist, d.h. der Index i geht von 1 bis M. Der Beitrag des i-ten Elements zur Feldstärke im Punkt P ist dann

$$E_i = \left(\frac{\mathcal{E}_0}{r_i}\right) \sin(\omega t - kr_i) \left(\frac{N \Delta y_i}{D}\right),$$

vorausgesetzt, daß Δy_i so klein ist, daß der Phasenunterschied zwischen den Oszillatoren, die in Δy_i liegen, vernachlässigbar ist, d.h. ihre Feldstärken addieren sich einfach auf, und r_i kann für alle Quellen konstant gesetzt werden. Im Grenzfall, nämlich für $N \to \infty$ erhalten wir eine kontinuierliche (kohärente) Linienquelle. Diese Beschreibung, die physikalisch auch noch einigermaßen realistisch ist, gestattet außerdem die Verwendung der Integralrechnung für kompliziertere geometrische Formen. Klarerweise muß die Quellstärke der einzelnen Quelle gegen Null gehen, wenn die Zahl aller Quellen gegen unendlich geht und die Quellstärke der gesamten Anordnung konstant bleiben soll. Wir können daher eine konstante Größe $\mathcal{E}_L$ als *Quellstärke pro Längeneinheit* der Anordnung definieren.

$$\mathcal{E}_L = \frac{1}{D} \lim_{N \to \infty} (\mathcal{E}_0 N). \qquad (10.8)$$

Das gesamte Feld aller M Segmente der Quelle in P ist dann

$$E = \sum_{i=1}^{M} \frac{\mathcal{E}_L}{r_i} \sin(\omega t - kr_i) \Delta y_i.$$

Für eine kontinuierliche Linienquelle wird jedes Δy_i infinitesimal klein, M geht gegen unendlich und die Summation geht in ein Integral über,

$$E = \mathcal{E}_L \int_{-D/2}^{+D/2} \frac{\sin(\omega t - kr)}{r} dy, \qquad (10.9)$$

wobei $r = r(y)$. Die Näherungen, die verwendet werden, um aus Gleichung (10.8) die Gleichung (10.9) zu erhalten, müssen notwendig davon abhängen, wo sich der Punkt P in Bezug auf die Quellanordnung befindet. Daher wird davon auch der Unterschied zwischen Fresnel- und Fraunhoferbeugung abhängen. Eine kohärente *optische* Linienquelle existiert nicht als physikalische Realität, sie ist aber recht gut als mathematisches Werkzeug geeignet.

10.2 Fraunhofersche Beugung
10.2.1 Beugung am Einzelspalt

Wir kehren nun zu Abbildung 10.8 zurück, nehmen aber unseren Beobachtungspunkt diesmal sehr weit von der kohärenten Linienquelle entfernt an. Damit ist auch $R \gg D$. Unter diesen Umständen weicht $r(y)$ nie sehr weit von seinem Wert R im Mittelpunkt der Quelle ab, so daß die Größe $(\mathcal{E}_L/R)$ im Punkt P für alle Elemente dy als konstant angenommen werden kann. Aus Gleichung (10.9) folgt dann, daß in P das Feld eines differentiellen Elementes der Quelle, dy, durch

$$dE = \frac{\mathcal{E}_L}{R} \sin(\omega t - kr) dy \qquad (10.10)$$

gegeben ist, wobei $(\mathcal{E}_L/R)dy$ die Amplitude der Welle ist. Es ist nun zu beachten, daß die Phase sehr viel empfindlicher gegenüber einer Variation in $r(y)$ ist, als die Amplitude. Daher müssen eventuelle Näherungen besonders sorgfältig auf ihre Gültigkeit bezüglich der Phase überprüft werden. Um $r(y)$ explizit als Funktion von y anschreiben zu können, wird die Funktion, genau wie in Aufgabe (9.13), in eine Reihe entwickelt.

$$r = R - y\sin\theta + \frac{y^2}{2R}\cos^2\theta + \cdots. \quad (10.11)$$

θ wird von der x-y-Ebene aus gemessen. Der dritte Term in Gleichung (10.11) kann vernachlässigt werden, solange sein Beitrag auch für den Fall $y = \pm D/2$ unbedeutend bleibt, d.h. solange $(\pi D^2/4\lambda R)\cos^2\theta$ vernachlässigbar ist. Dies tritt für alle Winkel θ ein, wenn R groß genug wird. Damit erhalten wir die **Fraunhoferbedingung**, und der Abstand $r(y)$ ist linear in y. Einsetzen in Gleichung (10.10) und Integrieren liefert

$$E = \frac{\mathcal{E}_L}{R}\int_{-D/2}^{+D/2}\sin\{\omega t - k(R - y\sin\theta)\}dy \quad (10.12)$$

und schließlich

$$E = \frac{\mathcal{E}_L D}{R}\frac{\sin\{\frac{kD}{2}\sin\theta\}}{\frac{kD}{2}\sin\theta}\sin(\omega t - kR). \quad (10.13)$$

Um die Gleichung (10.13) zu vereinfachen, setzen wir

$$\beta \equiv \left(\frac{kD}{2}\right)\sin\theta \quad (10.14)$$

und erhalten durch Einsetzen

$$E = \frac{\mathcal{E}_L D}{R}\left(\frac{\sin\beta}{\beta}\right)\sin(\omega t - kR). \quad (10.15)$$

Die am einfachsten zu messende Größe ist die Bestrahlungsstärke oder Intensität $I(\theta) = \langle E^2 \rangle$, wenn wir die Konstanten außer acht lassen.

$$I(\theta) = \frac{1}{2}\left(\frac{\mathcal{E}_L D}{R}\right)^2\left(\frac{\sin\beta}{\beta}\right)^2, \quad (10.16)$$

wobei $\langle \sin^2(\omega t - kR)\rangle = 1/2$. Wenn $\theta = 0$, dann ist $\sin\beta/\beta = 1$ und $I(\theta) = I(0)$. Dies entspricht dem *Hauptmaximum*. *Die Intensität einer idealisierten, kohärenten Linienquelle in der Fraunhoferschen Näherung* ergibt sich somit zu

$$I(\theta) = I(0)\left(\frac{\sin\beta}{\beta}\right)^2, \quad (10.17)$$

oder, wenn wir die *sinc-Funktion* benutzen (siehe Abschnitt 7.9 und Tabelle 1 im Anhang), zu

$$I(\theta) = I(0)\mathrm{sinc}^2\beta.$$

Dieses Ergebnis ist symmetrisch zur y-Achse und ist für alle Winkel gültig, die in irgendeiner Ebene gemessen werden, welche die y-Achse enthält. Es ist zu beachten, daß die Intensität für $D \gg \lambda$ sehr rasch gegen Null geht. Dies kommt daher, daß für sehr große D die Größe $\beta = (\pi D/\lambda)\sin\theta$ sehr groß wird (für Licht bei $D \approx 1$ cm). Die Phase einer Linienquelle ist dann, gemäß Gleichung (10.15), äquivalent zu der einer Punktquelle, die sich im Zentrum der Linie befindet, im Abstand R zum Punkt P. Damit kann eine relativ lange Linienquelle ($D \gg \lambda$) als Punktstrahler betrachtet werden, der vornehmlich in die Vorwärtsrichtung, d.h. $\theta = 0$ strahlt. Seine Emission entspricht daher einer zirkularen Welle in der x-z-Ebene. Im Gegensatz dazu ist β klein, wenn $\lambda \gg D$. Damit gilt $\sin\beta \approx \beta$ und $I(\theta) \approx I(0)$. Die Strahlungsintensität ist dann konstant für *alle* Winkel θ, und die Linienquelle gleicht einer Punktquelle, die sphärische Wellen emittiert.

Wir können nun unsere Aufmerksamkeit der Fraunhoferbeugung an einem einzelnen Spalt oder an einem längeren, schmalen und rechteckigen Loch zuwenden (Abb. 10.9). Eine Öffnung dieser Art hat typisch eine Breite von einigen Hundert Wellenlängen und eine Länge von einigen Zentimetern. Zur Analyse wird der Spalt nun üblicherweise in eine Reihe langer, infinitesimal schmaler Streifen (dz mal ℓ) geteilt, die parallel zur y-Achse liegen, wie in Abbildung 10.10 gezeigt. Wir erkennen sofort, daß jeder Streifen eine lange kohärente Linienquelle darstellt und daher durch einen Punktstrahler auf der z-Achse ersetzt werden kann. Jeder solche Streifen emittiert eine Zirkularwelle in der Ebene $y = 0$, d.h. in der x-z-Ebene. Dies ist verständlich, da die auslaufenden Wellenfronten in Spaltrichtung, bedingt durch die Länge des Spaltes, praktisch nicht behindert werden. Das Problem hat sich also darauf reduziert, jenes Feld in der x-z-Ebene zu finden, das von einer unendlichen Zahl von Punktquellen verursacht wird, die entlang der z-Achse gleichmäßig über die ganze Spaltbreite verteilt sind. Wir brauchen also nur das Integral über alle Beiträge dE aller Elemente dz in der Fraunhofernäherung auszuwerten. Wir stellen dabei jedoch wiederum fest, daß diese Anordnung von Punktquellen äquivalent zu einer kohärenten Linienquelle ist, so daß die komplette Lösung für den Einzel-

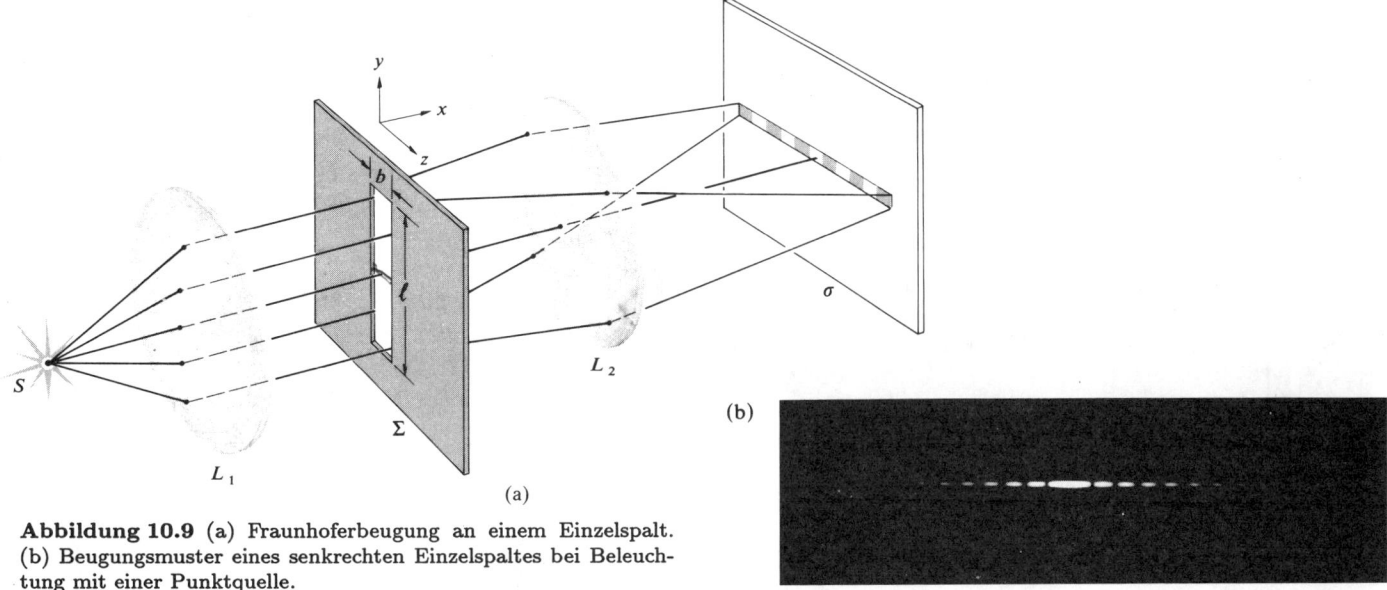

Abbildung 10.9 (a) Fraunhoferbeugung an einem Einzelspalt. (b) Beugungsmuster eines senkrechten Einzelspaltes bei Beleuchtung mit einer Punktquelle.

spalt durch das frühere Ergebnis bereits gegeben ist.

$$I(\theta) = I(0) \left(\frac{\sin\beta}{\beta}\right)^2, \qquad [10.17]$$

vorausgesetzt, daß

$$\beta = \frac{kb}{2}\sin\theta, \qquad (10.18)$$

wobei der Winkel θ in der x-z-Ebene gemessen werden muß (siehe Aufgabe 10.3). Wir möchten darauf hinweisen, daß in diesem Fall die Linienquelle kurz ist, d.h. $D = b$ und β ist klein, und die Nebenmaxima sind beobachtbar, obwohl ihre Intensität rasch gegen Null abfällt. Die Extremwerte der Funktion $I(\theta)$ treten für jene Werte von β auf, für die die Ableitung $dI/d\beta = 0$ ist, das bedeutet

$$\frac{dI}{d\beta} = I(0)\frac{2\sin\beta(\beta\cos\beta - \sin\beta)}{\beta^3} = 0. \qquad (10.19)$$

Die Intensität hat Minima, die gleich Null sind, wenn $\sin\beta = 0$, d.h.

$$\beta = \pm\pi, \pm 2\pi, \pm 3\pi, \ldots. \qquad (10.20)$$

Aus Gleichung (10.19) folgt, daß für

$$\beta\cos\beta - \sin\beta = 0$$
$$\tan\beta = \beta. \qquad (10.21)$$

Diese transzendente Gleichung kann graphisch gelöst werden, siehe Abbildung 10.11. Die Schnittpunkte der beiden Kurven $f_1(\beta) = \tan\beta$ und $f_2(\beta) = \beta$ erfüllen die Gleichung (10.21). Nur ein solcher Extremwert liegt zwischen zwei benachbarten Minima (Gl. (10.20)) und daher muß $I(\theta)$ für diese Werte von β ein Nebenmaximum haben ($\beta = \pm 1.4303\pi, \pm 2.4590\pi, \pm 3.3707\pi, \ldots$).

Mit Hilfe von Abbildung 10.12 können wir uns besonders einfach klarmachen, was geschieht. Wir nehmen an, daß jeder einzelne Punkt in der Öffnung Lichtstrahlen in alle Richtungen der x-z-Ebene aussendet. Das Licht, das sich geradeaus ausbreitet (Abb. 10.12 (a)) ist nicht gebeugt. Alle individuellen Strahlen kommen auf der Beobachtungsebene in Phase an und bilden einen zentralen hellen Fleck. Wenn sich der Schirm nicht wirklich im Unendlichen befindet, so sind die auf ihn auftreffenden Strahlen nicht wirklich parallel. Ist der Schirm aber unendlich weit von der Öffnung entfernt oder, besser noch, befindet sich eine Linse im Strahlengang, dann verhalten sich die Strahlen wie gezeichnet. Abbildung 10.12 (b) zeigt ein spezifisches Strahlenbündel, das sich in Richtung θ_1 ausbreitet. Die Differenz in der Weglänge zwischen dem obersten und dem untersten Strahl, $b\sin\theta_1$, wurde gleich einer Wellenlänge gewählt. Ein Strahl in der Mitte weist dann eine Verschiebung um $\lambda/2$ gegenüber dem obersten Strahl auf, und damit löschen sich diese

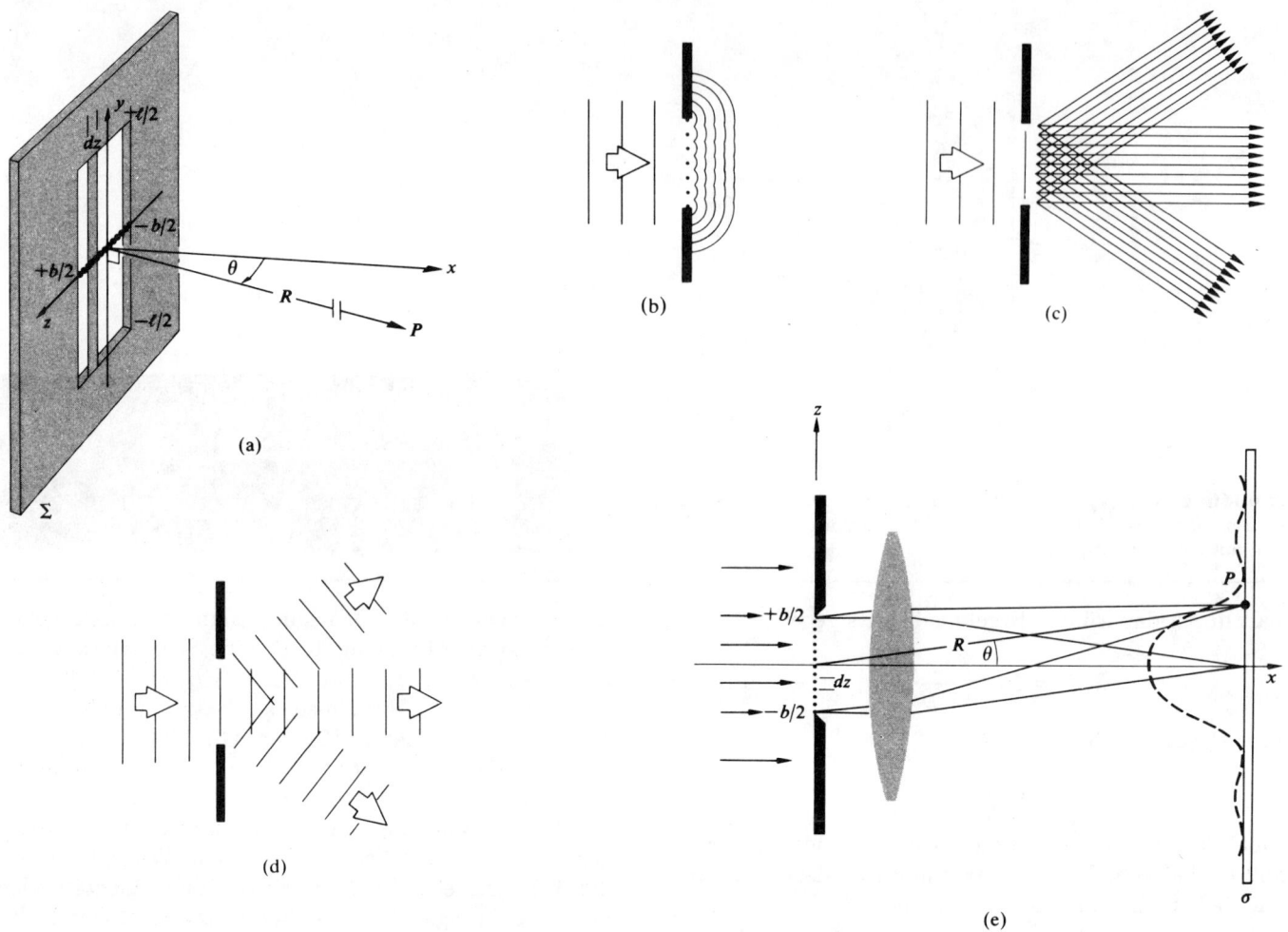

Abbildung 10.10 Zur Geometrie des Einzelspaltes. (a) Der Beobachtungspunkt P auf σ ist praktisch unendlich weit von Σ entfernt. (b) Huygenssche Elementarwellen, die über den Querschnitt der Öffnung emittiert werden. (c) Äquivalente Darstellung, unter Benutzung von Lichtstrahlen. (d) Diese Strahlenbündel entsprechen ebenen Wellen, die man als dreidimensionale Fourierkomponenten betrachten kann. (e) Ein Einzelspalt, der mit ebenen, monochromatischen Wellen beleuchtet wird.

beiden Strahlen aus. Dementsprechend verhält sich ein Strahl gerade unter der Mitte zu einem gerade unter der Oberkante, und so weiter. Über die ganze Öffnung hinweg werden sich Strahlenpaare gegenseitig auslöschen, wodurch sich ein Intensitätsminimum auf dem Beobachtungsschirm ergibt. Die Bestrahlungsstärke hat von dem großen zentralen Maximum zu ihrem ersten Minimum auf beiden Seiten abgenommen, wenn $\sin\theta_1 = \pm\lambda/b$.

Nimmt nun der Winkel weiterhin zu, so können einige Strahlen wieder konstruktiv interferieren und ein Nebenmaximum der Intensität produzieren. Ein weiteres Anwachsen erzeugt ein weiteres Minimum, was in Abbildung 10.12 (c) gezeigt ist. Hier ist $b\sin\theta_2 = 2\lambda$. Nun müssen wir uns die Öffnung in vier Teile zerlegt vorstellen. Strahl für Strahl wird sich das erste Viertel mit dem darunter liegenden zweiten Viertel auslöschen. Und das nächste, dritte Viertel wird das letzte auslöschen. Strahlenpaare an derselben Stelle in benachbarten Vierteln haben einen Phasenunterschied von $\lambda/2$ und löschen sich deswegen aus. Im allgemeinen treten Nullstellen der

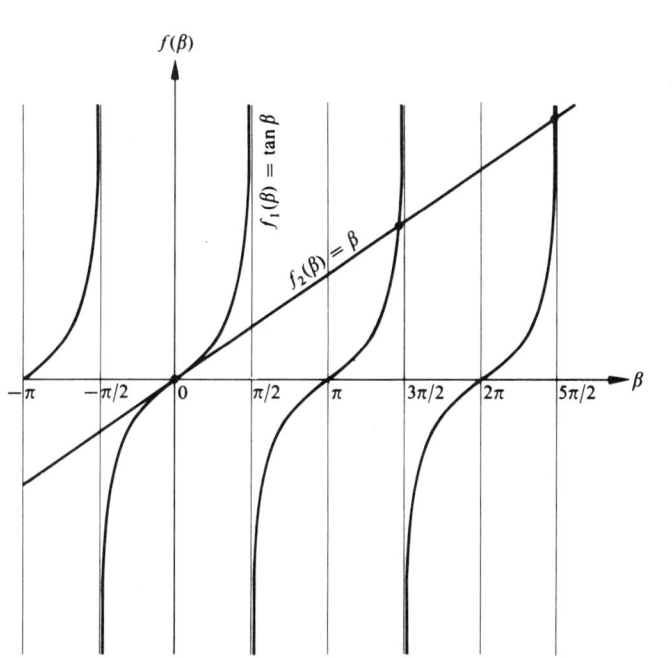

Abbildung 10.11 Graphische Lösung der Gleichung (10.21). Die Schnittpunkte der beiden Kurven $f_1(\beta)$ und $f_2(\beta)$ sind die Lösungen.

Intensität dann auf, wenn

$$b \sin \theta_m = m\lambda,$$

wobei $m = \pm 1, \pm 2, \pm 3, \ldots$ ist. Dies ist äquivalent zu Gleichung (10.20), weil $\beta = m\lambda = (kb/2) \sin \theta_m$ ist.

Wir möchten an dieser Stelle noch darauf hinweisen, daß es eine der Schwächen des Fresnel-Huygens-Prinzips ist, daß die Änderung der Amplitude mit dem Winkel bezogen auf die Oberfläche der sekundären Elementarwellen nicht berücksichtigt wird. Wir werden auf dieses Problem noch zurückkommen, wenn wir den *Schrägheits-* oder *Neigungsfaktor* bei der Fresnelbeugung behandeln, wo dieser Effekt von großer Bedeutung ist. Bei der Fraunhoferbeugung ist der Abstand zwischen der Öffnung und der Beobachtungsebene so groß, daß wir diese Amplitudenänderung nicht berücksichtigen müssen, solange θ klein bleibt.

Abbildung 10.13 zeigt die Flußdichte, wie sie durch die Gleichung (10.17) beschrieben wird. Betrachten wir einen Punkt auf der Kurve, z.B. das dritte Nebenmaxi-

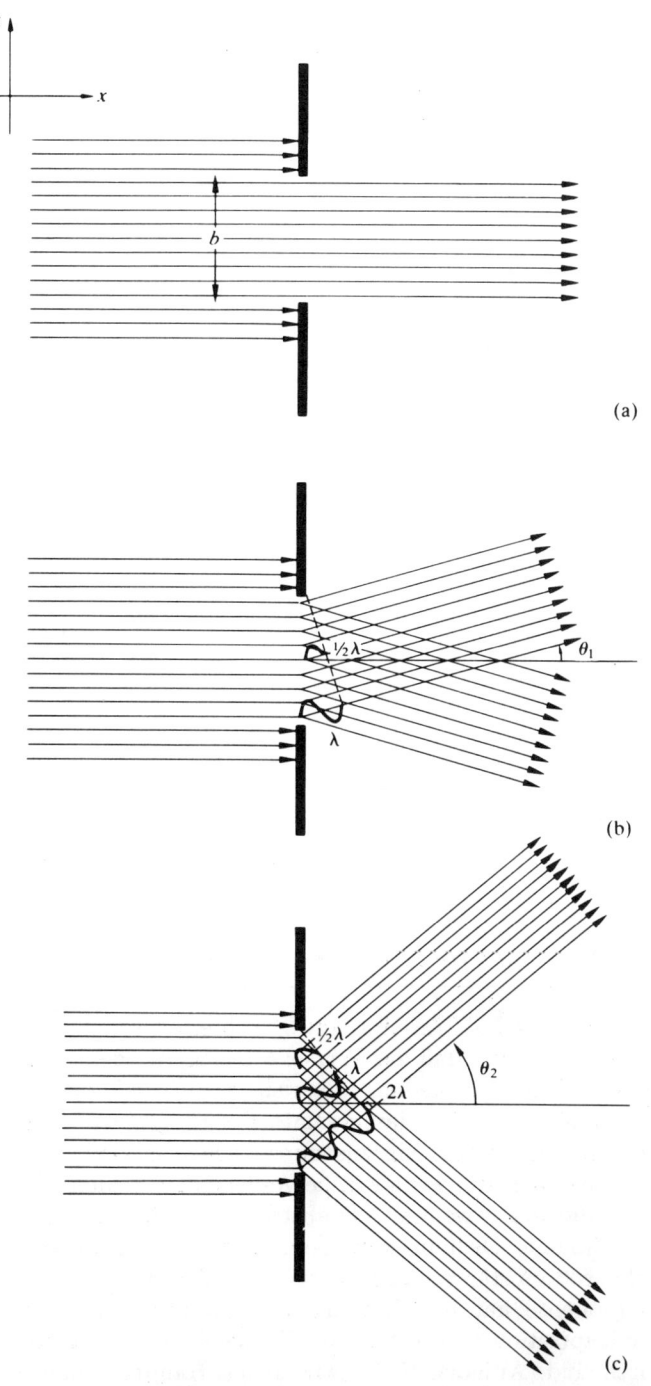

Abbildung 10.12 Die Beugung des Lichtes in verschiedene Richtungen. Wie in Abbildung 10.10 ist die Öffnung ein Einzelspalt.

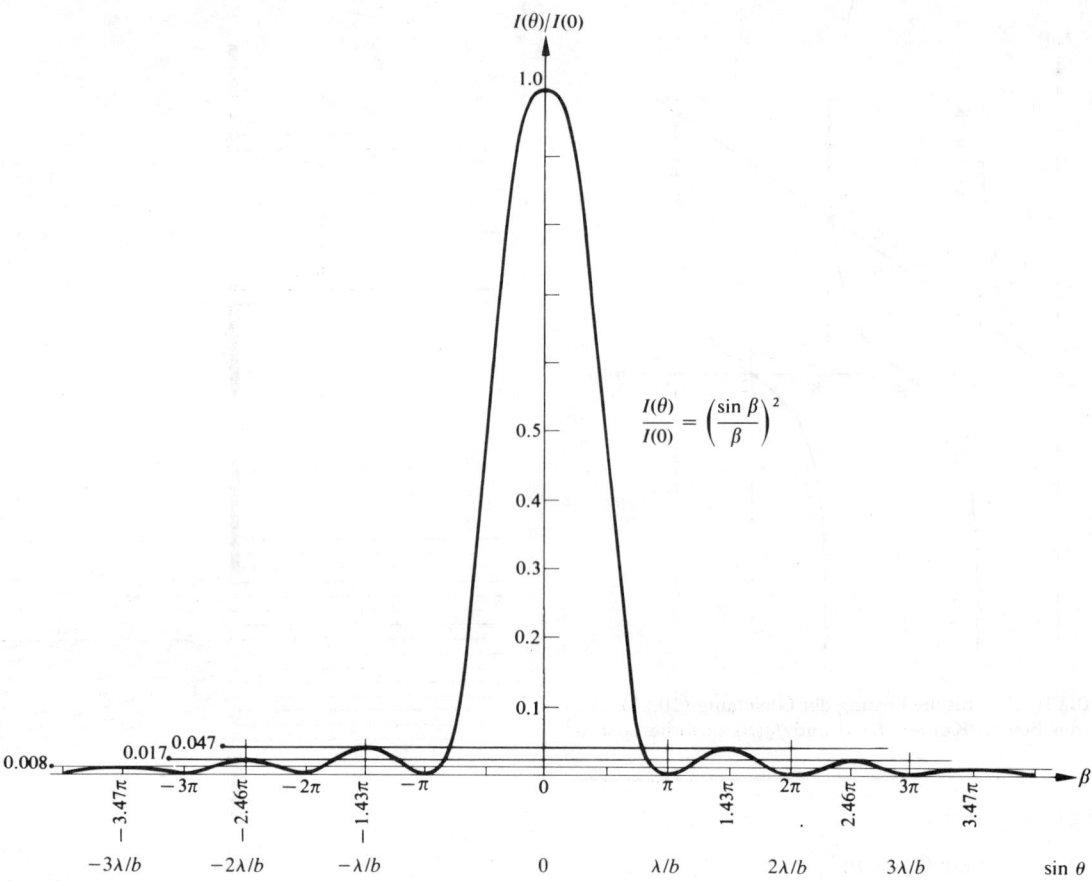

Abbildung 10.13 Das Fraunhofersche Beugungsmuster für Beugung am Einzelspalt.

mum bei $\beta = 3.4707\pi$. Wird die Spaltbreite b vergrößert, so bedeutet dies, daß der Winkel θ kleiner werden muß, wenn β konstant bleiben soll, weil ja $\beta = (\pi b/\lambda)\sin\theta$ ist. Daher wird sich das gesamte Beugungsmuster auf das Hauptmaximum hin zusammenziehen. Derselbe Effekt tritt auch auf, wenn wir die Wellenlänge verkleinern. Wenn die Quelle weißes Licht abstrahlt, so zeigen die Maxima höherer Ordnung die Spektralfarben aufgefächert, wobei rot am stärksten gebeugt wird. Jede einzelne Farbkomponente hat ihre Maxima und Minima bei jenen Winkelpositionen, die für ihre Wellenlänge charakteristisch sind (Aufgabe 10.6). Nur für das Hauptmaximum bei $\theta = 0$ werden sich alle Komponenten so überlagern, daß weißes Licht entsteht.

In Abbildung 10.9 müssen wir uns die Punktquelle S auf einer Senkrechten durch das Zentrum des Beugungsmusters vorstellen. Mit einer solchen Beleuchtung wird durch den Spalt in Σ ein Beugungsmuster in der y-z-Ebene von σ erzeugt, das einer Reihe heller Flecken ähnlich ist, so wie das ausgedehnte Bild von S (Abb. 10.9 (b)). Eine inkohärente Linienquelle anstelle von S, die parallel zum Spalt in der Brennebene des Kollimators L_1 liegt, wird eine Serie von Bändern erzeugen. Jeder Punkt der Linienquelle erzeugt ein eigenes Beugungsmuster, das entlang der y-Achse verschoben ist. Ohne Beugungsschirm wäre das Bild eine Linie parallel zum (nicht vorhandenen) Spalt. Mit dem Schirm werden die Linien verbreitert, so wie das Bild der Punktquelle verbreitert

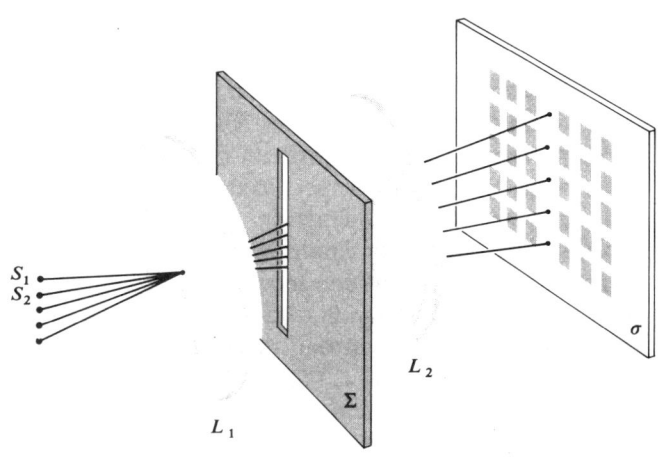

Abbildung 10.14 Beugungsmuster für Beugung am Einzelspalt bei Beleuchtung mit einer zum Spalt parallelen Linienquelle. Siehe auch das erste Photo der Abbildung 10.17.

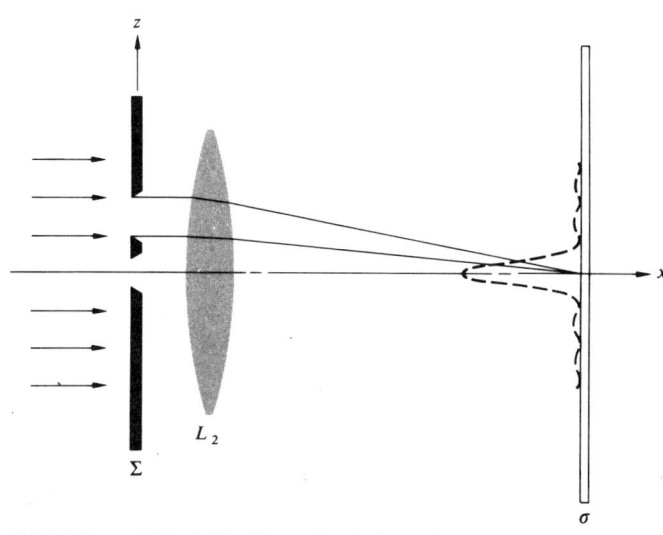

Abbildung 10.15 Die Doppelspalt-Anordnung.

wurde (Abb. 10.14). Wir sollten dabei nicht vergessen, daß es die kleinere Ausdehnung des Spaltes ist, die für die Verbreiterung verantwortlich ist.

Das Beugungsmuster am Einzelspalt kann sehr leicht beobachtet werden, auch wenn man keine spezielle Ausrüstung zur Verfügung hat. Es gibt jede Menge Lichtquellen, die sich dafür eignen, z.B. eine entfernte Straßenlaterne in der Nacht, eine kleine Glühlampe oder das durch einen Spalt im Fensterladen fallende Sonnenlicht. Praktisch ist jede Lichtquelle geeignet, die einem Punkt oder einer Linie gleicht. Am besten eignet sich für unsere Zwecke vielleicht eine jener Glühlampen, die mit einem geraden Glühfaden von etwa 7 cm Länge ausgestattet sind und einer Leuchtstoffröhre ähnlich sehen. Mit etwas Phantasie lassen sich alle möglichen Einzelspaltanordnungen herstellen, z.B. ein Kamm oder eine Gabel, so um ihre Achse rotiert, daß der projizierte Abstand zwischen den Zähnen oder den Zinken klein genug wird, oder auch ein Kratzer in der Tuscheschicht, die auf einen Objektträger eines Mikroskops aufgebracht wurde. Aus einer einfachen Schublehre kann man einen hervorragenden variablen Spalt machen. Dazu wird die Schublehre, einige Hundertstel Millimeter weit geöffnet, parallel zu einer Linienquelle sehr nahe vor das Auge gehalten. Das Auge muß dabei auf Unendlich eingestellt werden, damit es als Linse L_2 dienen kann.

10.2.2 Beugung am Doppelspalt

Es könnte nun scheinen, daß gemäß Abbildung 10.10 das Hauptmaximum immer auf einer Linie mit dem Zentrum der beugenden Öffnung sein muß. Dies ist jedoch im allgemeinen nicht der Fall. Genaugenommen ist das Beugungsbild nämlich um die Achse der Linse L_2 zentriert und hat dieselbe Position und Form, solange sich die Orientierung des Spaltes nicht ändert (unabhängig von dessen Position) und die getroffenen Näherungen gültig bleiben (Abb. 10.15). Alle Wellen, die sich parallel zur Linsenachse ausbreiten, werden im zweiten Brennpunkt fokussiert. In diesem Punkt befindet sich dann das Bild von S und das Zentrum des Beugungsmusters. Nehmen wir nun an, wir hätten zwei lange Spalte der Breite b, deren Zentren sich im Abstand a voneinander befinden (Abb. 10.16). Jeder Spalt für sich würde auf dem Beobachtungsschirm σ das gleiche Beugungsmuster wie ein Einzelspalt erzeugen. Jetzt aber überlagern sich in jedem Punkt der Ebene σ die Beiträge der beiden Spalte, und wenn auch die Amplituden der beiden Beugungsbilder in etwa gleich groß sein müssen, so können sich die Phasen doch wesentlich voneinander unterscheiden. Da die beiden sekundären Quellen in den Spalten von derselben Primärquelle erzeugt werden, sind die entstehenden Elementarwellen kohärent und da-

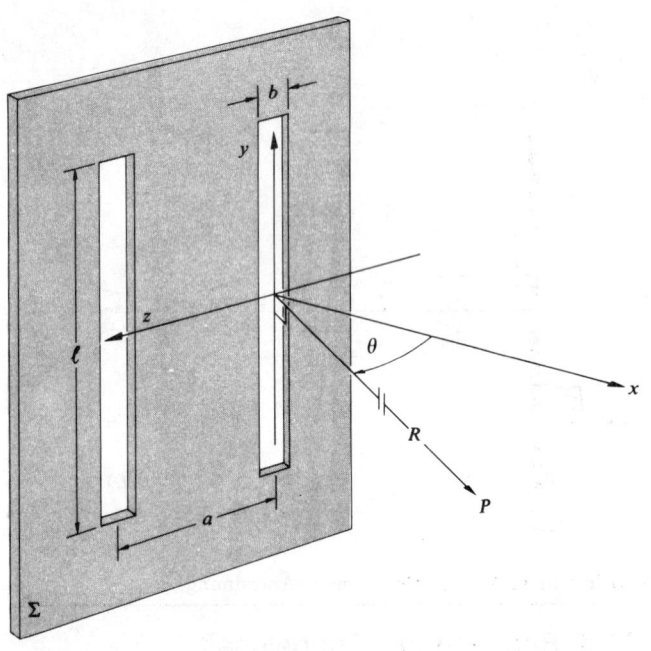

Abbildung 10.16 Zur Geometrie des Doppelspaltes.

Der gesamte Beitrag zum elektrischen Feld, in der Fraunhofernäherung von Gleichung (10.12), ist dann

$$E = C \int_{-b/2}^{+b/2} F(z)\,dz + C \int_{a-b/2}^{a+b/2} F(z)\,dz, \quad (10.22)$$

wobei $F(z) = \sin\{\omega t - k(R - z\sin\theta)\}$ ist. Der Faktor C gibt die als konstant angenommene Amplitude der sekundären Quelle pro Längeneinheit entlang der z-Achse an. Diese Amplitude wird als unabhängig von z angenommen, und wird durch R, den Abstand vom Ursprung nach P, dividiert. Da wir uns nur für die relative Flußdichte auf σ interessieren, ist es nicht notwendig, einen konkreten Wert für C anzugeben. Die Integration der Gleichung (10.22) liefert

$$E = bC\frac{\sin\beta}{\beta}\{\sin(\omega t - kR) + (\omega t - kR + 2\alpha)\}, \quad (10.23)$$

mit $\alpha \equiv (ka/2)\sin\theta$ und, wie schon früher, $\beta \equiv (kb/2)\sin\theta$. Gleichung (10.23) stellt die Summe von zwei Feldern gemäß Gleichung (10.15) dar, eines von jedem Spalt. Der Abstand zwischen dem ersten Spalt und P ist R, so daß der Phasenbeitrag $-kR$ beträgt. Der zweite Spalt hat von P den Abstand $(R - a\sin\theta)$ oder $(R - 2\alpha/k)$, so daß der entsprechende Beitrag zur Phase $(-kR + 2\alpha)$ ist, wie im zweiten Sinus-Term in Gleichung (10.23). Die Größe 2β ist die Phasendifferenz $(k\Lambda)$ zweier fast paralleler Strahlen, die von den Kanten eines Spaltes ausgehend im Punkt P der Ebene σ eintreffen. Die Größe 2α anderseits ist die Phasendifferenz zweier Wellen im Punkte P, von denen die eine von einem Punkt im ersten Spalt ausgeht, während die andere vom entsprechenden Punkt im zweiten Spalt herrührt. Wenn wir Gleichung (10.23) noch etwas vereinfachen,

$$E = 2bC\left(\frac{\sin\beta}{\beta}\right)\cos\alpha\,\sin(\omega t - kR + \alpha),$$

so erhalten wir durch Quadrieren und Mittelung über ein relativ großes Zeitintervall

$$I(\theta) = 4I_0\left(\frac{\sin^2\beta}{\beta^2}\right)\cos^2\alpha. \quad (10.24)$$

In Richtung $\theta = 0$, d.h. $\alpha = \beta = 0$, ist $I = 4I_0$, wobei I_0 der Beitrag jedes einzelnen Spaltes ist. Der Faktor 4 kommt daher, daß die Amplitude des elektrischen Feldes gegenüber nur einem Spalt verdoppelt wird.

her wird Interferenz auftreten. Wenn die primäre ebene Welle auf den Schirm Σ unter einem Winkel θ_i auftrifft (siehe Aufgabe 10.3), dann ergibt sich zwischen den beiden Sekundärquellen ein konstanter Phasenunterschied. Bei senkrechtem Einfall der Primärwelle werden alle Elementarwellen in Phase emittiert. Der an einem beliebigen Beobachtungspunkt auftretende Interferenzstreifen wird durch den Unterschied in den optischen Weglängen bestimmt, die die von den beiden Spalten ausgehenden, sich überlagernden Elementarwellen bis zum Punkt P zurücklegen. Wie wir sehen werden, entsteht die sich daraus ergebende Flußdichteverteilung durch eine Kombination des rasch variablen Interferenzmusters mit dem sich langsam ändernden Beugungsmuster des Einzelspaltes (Abb. 10.17).

Um einen Ausdruck für die optische Störung an einem Punkt der Ebene σ zu erhalten, müssen wir nur die oben durchgeführten Berechnungen für die Beugung am Einzelspalt ein wenig umformulieren. Jede der beiden Öffnungen wird nun in infinitesimale Streifen (dz mal ℓ) geteilt, die sich ihrerseits wie eine unendliche Anzahl von Punktquellen entlang der z-Achse verhalten.

Abbildung 10.17 Fraunhoferbeugungsmuster am Einzel- und am Doppelspalt. Die leichte Schraffierung kommt lediglich durch den Druck zustande. (Photos freundlicherweise überlassen von M. Cagnet, M. Francon und J.C. Thrierr, *Atlas optischer Erscheinungen*. Springer, Berlin-Heidelberg-New York, 1962.)

Wenn in Gleichung (10.24) b sehr klein wird ($kb \ll 1$), dann ist $\sin\beta/\beta \approx 1$ und die Gleichung reduziert sich zum Ausdruck für zwei lange Linienquellen, d.h. die Gleichung für Youngs Experiment, Gleichung (9.17). Wenn anderseits $a = 0$, dann verschmelzen die beiden Spalte zu einem, $\alpha = 0$ und Gleichung (10.24) wird zu $I(\theta) = 4I_0(\sin\beta/\beta)^2$. Dies aber ist Gleichung (10.17) für die Beugung am Einzelspalt, wenn die Quellstärke verdoppelt wäre. Wir können daher den gesamten Ausdruck der Gleichung (10.24) als einen $\cos^2\alpha$-Interferenzterm betrachten, der durch den Beugungsterm, $(\sin\beta/\beta)^2$ moduliert wird. Wenn die beiden Spalte sehr schmal sind (jedoch noch endliche Breite haben), dann wird das Beugungsbild eines jeden Spaltes über einen großen Zentralbereich gleichförmig sein. Innerhalb dieses Bereiches werden Streifen, ähnlich den idealisierten Youngschen Streifen, auftreten. Wenn nun der Winkel solche Werte annimmt, daß

$$\beta = \pm\pi, \pm 2\pi, \pm 3\pi, \ldots,$$

dann ist, bedingt durch die Beugungseffekte, kein Licht für die Interferenz vorhanden. Wird hingegen

$$\alpha = \pm\pi/2, \pm 3\pi/2, \pm 5\pi/2, \ldots,$$

so sind die einzelnen Beiträge zum elektrischen Feld in der Ebene um 180° gegeneinander phasenverschoben. Dadurch löschen sie sich aus und es herrscht Dunkelheit, unabhängig davon, wieviel Licht durch die Beugung geliefert wird.

Die Intensität eines Fraunhoferschen Beugungsmusters bei Beugung am Doppelspalt ist in Abbildung 10.18 dargestellt. Man beachte, daß dies eine Kombination der beiden Abbildungen 9.6 und 10.13 ist. Die Kurve wurde für den speziellen Fall $a = 3b$, d.h. $\alpha = 3\beta$, gezeichnet.

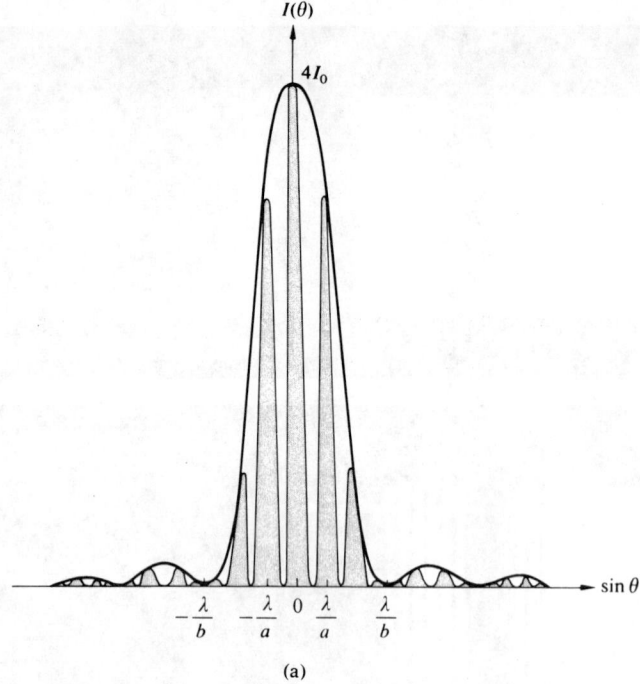

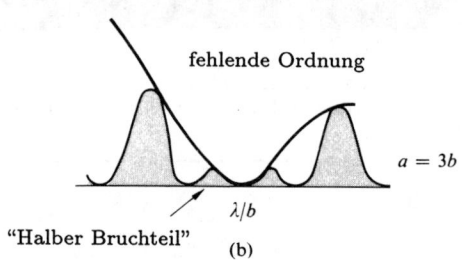

Abbildung 10.18 Beugungsmuster bei Beugung am Doppelspalt; $a=3b$.

Fall steht kein Licht zur Verfügung, das am Interferenzprozess teilnehmen könnte. Es fehlt dann das Maximum und man spricht von einer *fehlenden Ordnung*.

Auch das Beugungsbild der Beugung am Doppelspalt läßt sich leicht beobachten, und es ist recht interessant, dies zu tun. Wie schon für die Beobachtung der Beugung am Einzelspalt, so ist auch hier die beste Lichtquelle eine Glühlampe mit geradem Glühfaden. Als Spalte verwendet man am besten zwei Kratzer, die mit einer Rasierklinge in die Tuscheschicht auf einem Objektträger gekratzt wurden. (Eine kolloidale Suspension von Graphit in Alkohol ist noch besser geeignet, den Objektträger abzudecken, weil sie noch undurchsichtiger ist.) Etwa drei Meter von der Lichtquelle entfernt halte man die beiden Spalte, parallel zur Lichtquelle, vor das Auge, das, auf unendlich akkommodiert, als Linse dient. Die Abhängigkeit des Beugungsmusters von der Wellenlänge kann man beobachten, wenn man eine rote oder blaue Plastikfolie vor die beiden Spalte hält. Was passiert, wenn man erst einen und dann beide Spalte mit einem Objektträger bedeckt? Um zu verifizieren, daß das Beugungsmuster um die Achse der Linse zentriert ist, bewege man zuerst die beiden Spalte langsam in z-Richtung hin und her. Anschließend bewege man das Auge hin und her, wobei die Spalte ruhig gehalten werden.

10.2.3 Beugung an vielen Spalten

Um die Intensitätsfunktion für die Beugung an vielen Spalten zu berechnen, verwenden wir im wesentlichen dieselbe Methode wie im vorigen Abschnitt. Die Grenzen der Integration müssen natürlich entsprechend angepaßt werden. Betrachten wir N lange schmale Spalte der Breite b, deren Zentren den Abstand a voneinander haben, so wie in Abbildung 10.19 dargestellt. Der Ursprung des Koordinatensystems befinde sich im Zentrum dieser Anordnung. Damit ergibt sich für die gesamte optische Störung an einem Punkt des Schirmes

$$E = C \int_{-b/2}^{+b/2} F(z)\,dz + C \int_{a-b/2}^{a+b/2} F(z)\,dz$$
$$+ C \int_{2a-b/2}^{2a+b/2} F(z)\,dz + \cdots + C \int_{(N-1)a-b/2}^{(N-1)a+b/2} F(z)\,dz, \quad (10.25)$$

wobei wie vorher $F(z) = \sin\{\omega t - k(R - z\sin\theta)\}$. Dies

Man kann daraus jedoch allgemein eine ungefähre Vorstellung über das Aussehen des Musters erhalten, da sich für $a = mb$ innerhalb des Zentralbereiches $2m$ helle Streifen befinden, wenn wir auch die "Bruchteile" von Streifen mitzählen (Aufgabe 10.10).[8] Es kann vorkommen, daß ein Interferenzmaximum und ein Beugungsminimum für ein und denselben Wert des Winkels auftreten. In diesem

---
[8] Man beachte, daß m nicht ganzzahlig zu sein braucht. Ist m jedoch ganzzahlig, dann ergeben sich "halbe Streifen" wie in Abbildung 10.18 (b).

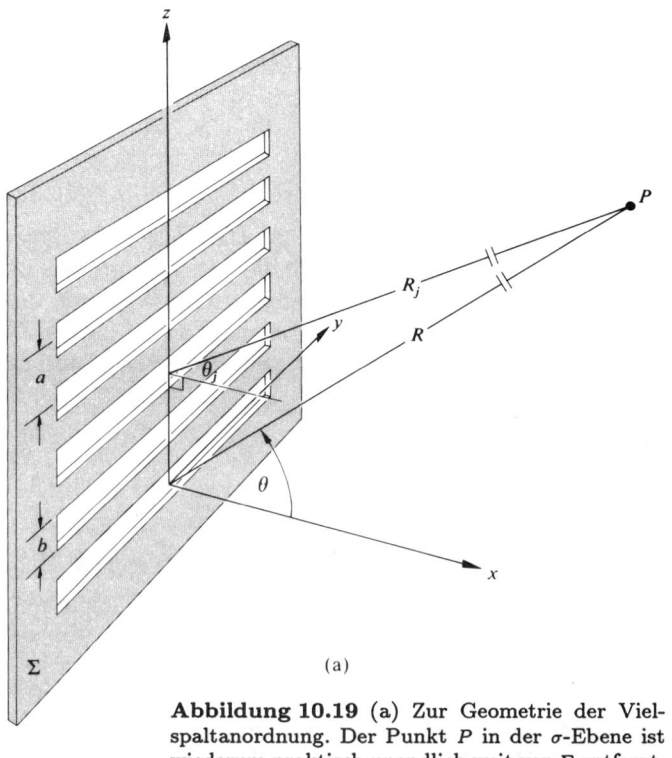

(a)

Abbildung 10.19 (a) Zur Geometrie der Vielspaltanordnung. Der Punkt P in der σ-Ebene ist wiederum praktisch unendlich weit von Σ entfernt.

gilt dann, wenn die Fraunhoferbedingung erfüllt ist, d.h. die gesamte Spaltanordnung muß so ausgeführt sein, daß sich alle Spalte in der Nähe des Ursprungs befinden und die Näherung der Gleichung (10.11), d.i.

$$r = R - z \sin\theta \qquad (10.26)$$

gilt. Der Beitrag des j-ten Spaltes (der erste erhält die Nummer 0) kann durch die Auswertung eines einzigen der Integrale von Gleichung (10.25) errechnet werden,

$$E_j = \frac{C}{k\sin\theta}\{\sin(\omega t - kR)\sin(kz\sin\theta)$$
$$- \cos(\omega t - kR)\cos(kz\sin\theta)\}_{ja-b/2}^{ja+b/2},$$

sofern wir verlangen, daß $\theta_j \approx \theta$. Nach einigen Vereinfachungen ergibt sich daraus

$$E_j = bC\left(\frac{\sin\beta}{\beta}\right)\sin(\omega t - kR + 2\alpha j), \qquad (10.27)$$

wobei wir daran erinnern, daß $\beta = (kb/2)\sin\theta$ und $\alpha = (ka/2)\sin\theta$. Dies ist äquivalent zum Ausdruck für

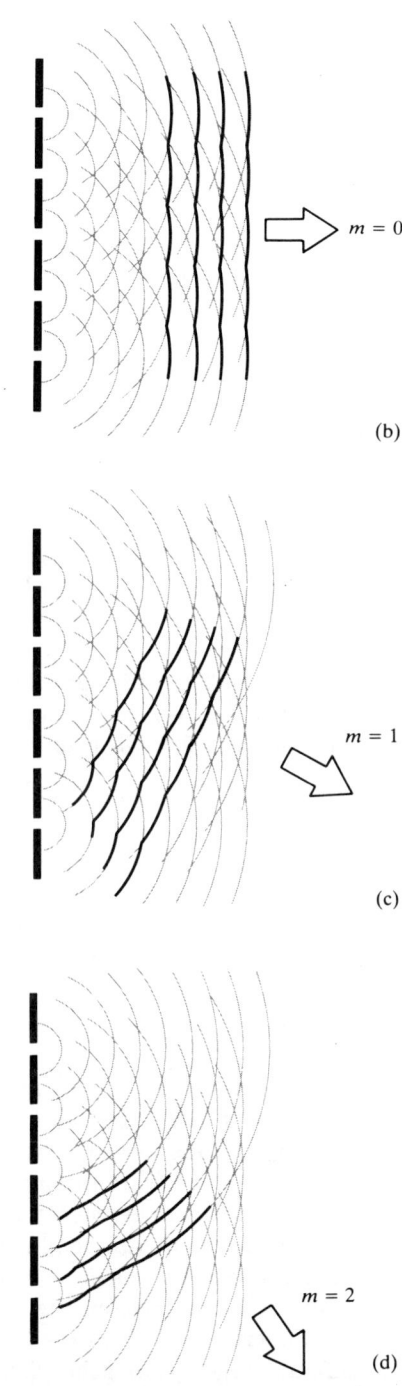

Abbildung 10.19 (b, c, d)

eine Linienquelle, Gleichung (10.15), und natürlich zu dem für die Beugung am Einzelspalt, wenn entsprechend der Gleichung (10.26) und der Abbildung 10.19 $R_j = r - ja\sin\theta$, so daß für den Beitrag zur Phase $-kR + 2\alpha j = -kR_j$ gilt. Die gesamte Störung ergibt sich nach Gleichung (10.25) dann einfach als die Summe aller Beiträge E_j der einzelnen Spalte zu

$$E = \sum_{j=0}^{N-1} E_j$$

oder

$$E = \sum_{j=0}^{N-1} bC\frac{\sin\beta}{\beta}\sin(\omega t - kR + 2\alpha j). \quad (10.28)$$

Dies kann nun seinerseits als der Imaginärteil einer komplexen Exponentialfunktion geschrieben werden.

$$E = \mathrm{Im}\left\{bC\left(\frac{\sin\beta}{\beta}\right)e^{i(\omega t - kR)}\sum_{j=0}^{N-1}\left(e^{i2\alpha}\right)^j\right\}. \quad (10.29)$$

Diese geometrische Reihe haben wir aber schon einmal ausgewertet, nämlich bei der Vereinfachung der Gleichung (10.2). Damit reduziert sich Gleichung (10.29) zu

$$E = bC\frac{\sin\beta}{\beta}\frac{\sin N\alpha}{\sin\alpha}\sin\{\omega t - kR + (N-1)\alpha\}. \quad (10.30)$$

Der Abstand des Zentrums der Spaltanordnung vom Beobachtungspunkt P ist $(R - (N-1)(a/2)\sin\theta)$ und daher hat E in P die Phase einer Welle, die im Zentrum der Quelle emittiert wird. Die Verteilung der Flußdichte ist

$$I(\theta) = I_0\left(\frac{\sin\beta}{\beta}\right)^2\left(\frac{\sin N\alpha}{\sin\alpha}\right)^2. \quad (10.31)$$

Man beachte, daß I_0 jene Intensität ist, die in Richtung $\theta = 0$ von einem einzelnen Spalt abgestrahlt wird. $I(0)$ ergibt sich somit zu $N^2 I_0$. Anders ausgedrückt heißt dies, daß die Wellen, die in P in Vorwärtsrichtung ankommen, alle in Phase sind und sich daher verstärken. Jeder Spalt erzeugt genau das gleiche Beugungsbild. Superponiert man diese, so ergibt sich ein vielfaches Interferenzsystem, das durch das Beugungsmuster, erzeugt an einem Einzelspalt, moduliert wird. Wenn die Spaltbreite jeder einzelnen Öffnung gegen Null geht, dann ergibt Gleichung (10.31) einen Ausdruck für die Intensität einer linearen kohärenten Anordnung von Oszillatoren (Gl.

(10.6)). Wie früher, vgl. Gleichung (10.17), treten die **Hauptmaxima** auf, wenn $\sin N\alpha/\sin\alpha = N$, d.h. wenn

$$\alpha = 0, \pm\pi, \pm 2\pi, \pm 3\pi, \ldots$$

oder, weil $\alpha = (ka/2)\sin\theta$, wenn

$$a\sin\theta_m = m\lambda, \quad (10.32)$$

wobei $m = 0, \pm 1, \pm 2, \pm 3, \ldots$. Dies gilt ganz allgemein, und unter gleichen Umständen werden die Maxima an den gleichen Stellen θ_m erzeugt, unabhängig von der Zahl N, sofern $N > 2$. Minima, sie haben eine Intensität gleich Null, treten immer dann auf, wenn der Ausdruck $(\sin N\alpha/\sin\alpha)^2 = 0$, d.h. wenn

$$\begin{gathered}\alpha = \pm\frac{\pi}{N}, \pm\frac{2\pi}{N}, \pm\frac{3\pi}{N}, \ldots, \\ \ldots \pm\frac{(N-1)\pi}{N}, \pm\frac{(N+1)\pi}{N}, \ldots\end{gathered} \quad (10.33)$$

Zwischen zwei Hauptmaxima (d.h. wenn die Größe α den Bereich π überstreicht) gibt es daher $N - 1$ Minima, die klarerweise von je einem **Nebenmaximum** voneinander getrennt sind. Der die Interferenzeffekte enthaltende Term $\sin^2 N\alpha/\sin^2\alpha$ hat einen Zähler, der sich viel schneller ändert als der Nenner. Die Nebenmaxima befinden sich daher dort, wo $\sin N\alpha$ seine Maxima hat, nämlich bei

$$\alpha = \pm\frac{3\pi}{2N}, \pm\frac{5\pi}{2N}, \pm\frac{7\pi}{2N} \ldots \quad (10.34)$$

In der Abbildung 10.20 können die $N - 2$ *Nebenmaxima* deutlich beobachtet werden. Eine ungefähre Vorstellung der Intensität dieser Maxima können wir gewinnen, wenn wir die Gleichung (10.31) neu anschreiben.

$$I(\theta) = \frac{I(0)}{N^2}\left(\frac{\sin\beta}{\beta}\right)^2\left(\frac{\sin N\alpha}{\sin\alpha}\right)^2. \quad (10.35)$$

Für die Punkte, die uns interessieren, gilt $\sin N\alpha = 1$. Für große N ist α klein und daher ist $\sin^2\alpha \approx \alpha^2$. Für das erste Nebenmaximum ist für die Größe $\alpha = 3\pi/2N$, und daher

$$I(\theta) = I(0)\left(\frac{\sin\beta}{\beta}\right)^2\left(\frac{2}{3\pi}\right)^2, \quad (10.36)$$

und die Intensität ist etwa $1/22$ derer des benachbarten Hauptmaximums (siehe Aufgabe 10.12). Der Term $\sin\beta/\beta$ verändert sich nur wenig für kleine β und daher ist dieser Term in der Nähe des Hauptmaximums nullter Ordnung ungefähr gleich 1, womit $I/I(0) \approx 1/22$. Das

10.2 Fraunhofersche Beugung

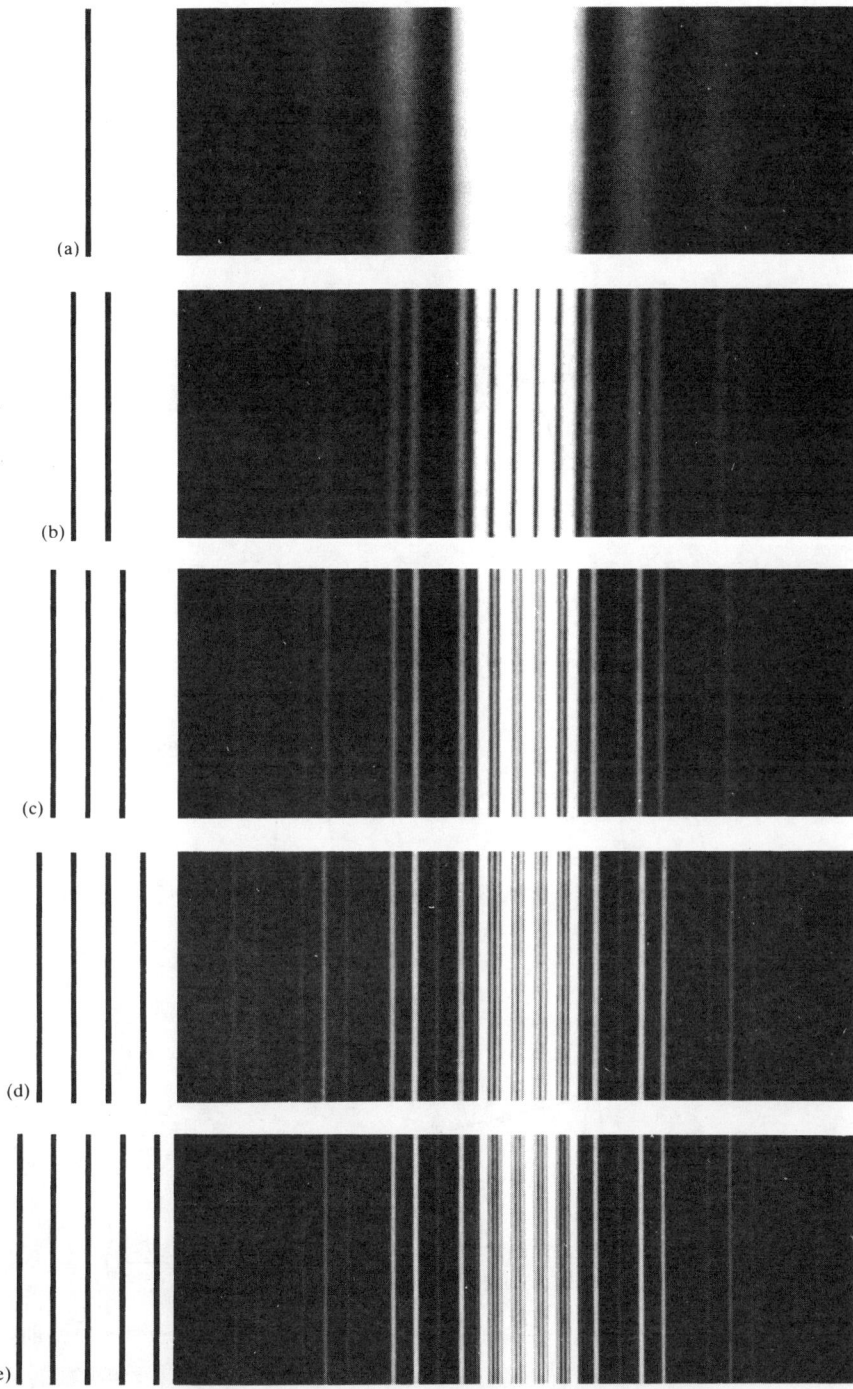

Abbildung 10.20 Beugungsmuster für die links von den Photographien abgebildeten Spaltsysteme.

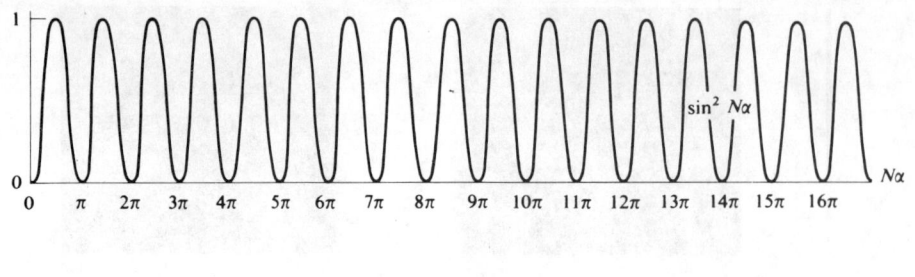
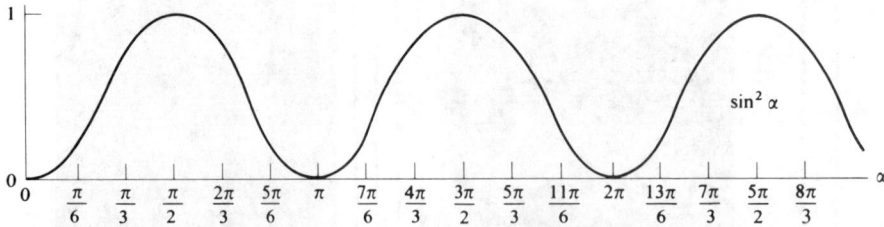
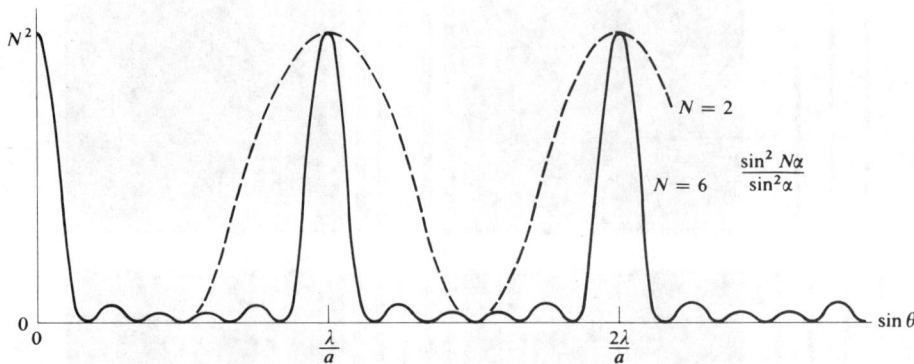
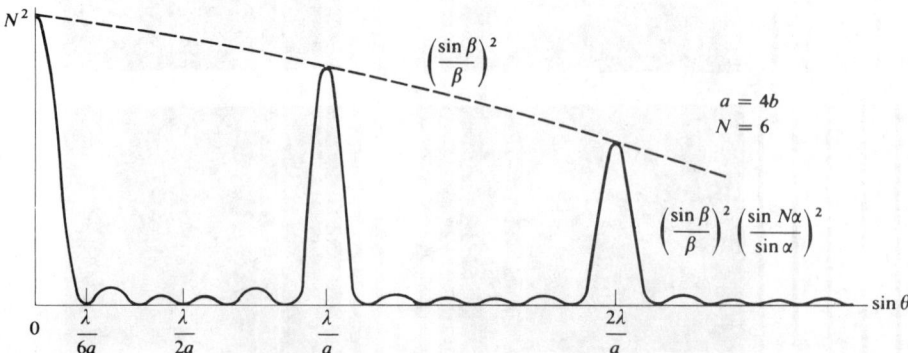

Abbildung 10.21 Beugungsmuster für Beugung an vielen Spalten; die Anzahl der Spalte ist $N=6$ und $a=4b$.

Intensitätsverhältnis für das zweite Nebenmaximum ist etwa 1/62. Dieses Verhältnis nimmt ab, bis α einen Wert erreicht, der der Mitte zwischen zwei Hauptmaxima entspricht. An dieser Stelle ist $\alpha \approx \pi/2$, daher $\sin \alpha \approx 1$, und das Intensitätsverhältnis erreicht seinen niedrigsten Wert, nämlich etwa $1/N^2$. Wenn $\alpha > \pi/2$ wird, so nimmt die Intensität der Nebenmaxima wieder zu.

Es ist den Versuch wert, die Ergebnisse, die in Abbildung 10.20 gezeigt sind, mit der Glühlampe und den selbstgefertigten Spaltsystemen zu reproduzieren. Wahrscheinlich hat man Schwierigkeiten, die Nebenmaxima deutlich zu beobachten. Meist zeigt sich, daß der einzige beobachtbare Unterschied in einer Verbreiterung der dunklen Regionen zwischen zwei hellen Hauptmaxima besteht. Wenn N ansteigt, dann werden, wie in Abbildung 10.20, die Zwischenräume zwischen den Hauptmaxima breiter, und die Nebenmaxima schwächer. Betrachten wir ein Maximum als durch zwei Minima (Intensität gleich Null) begrenzt, so erstreckt sich ein Maximum über den Winkel θ ($\sin \theta \approx \theta$) von etwa $2\lambda/Na$. Wenn nun N ansteigt, dann bleiben die Abstände zwischen den Maxima (λ/a) konstant, aber die Maxima werden schmäler. Daher müssen die dunklen Bereiche breiter werden. Abbildung 10.21 zeigt dies für sechs Spalte und $a = 4b$. Der Interferenzterm in Gleichung (10.35), der die Interferenz am Vielspaltsystem beschreibt, hat die Form $\sin^2 N\alpha / N^2 \sin^2 \alpha$. Für große N kann $(N^2 \sin^2 \alpha)^{-1}$ als die Kurve betrachtet werden, unterhalb der der Term $\sin^2 N\alpha$ rasch variiert. Für kleine α sieht dieser Interferenzterm wie $\text{sinc}^2 N\alpha$ aus.

10.2.4 Beugung an einem rechteckigen Loch

Betrachten wir nun die in Abbildung 10.22 dargestellte Anordnung. Eine monochromatische Welle, die sich in der x-Richtung ausbreitet, trifft auf den undurchsichtigen Beugungsschirm Σ. Wir suchen nun die Flußdichteverteilung im Raum, die im Fernfeld, d.h. in der Fraunhofernäherung, durch diese Anordnung entsteht; oder, was dazu äquivalent ist, diejenige an einem beliebigen, weit entfernten Punkt P. Nach dem Fresnel-Huygens-Prinzip ist ein Flächenelement dS innerhalb dieser Öffnung von sekundären Quellen bedeckt. Da nun dS in seiner Ausdehnung viel kleiner als λ ist, bleiben alle Beiträge der individuellen Quellen zum Feld in P in Phase und addieren sich daher. Dies gilt für alle Win-

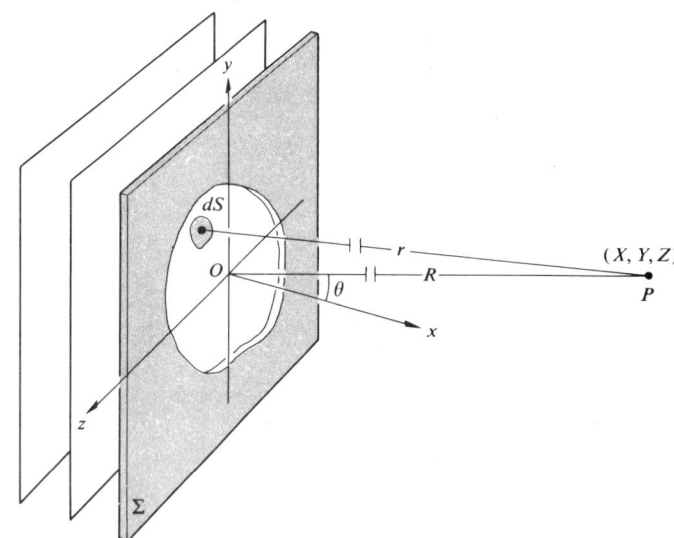

Abbildung 10.22 Fraunhoferbeugung an einer beliebigen Öffnung; r und R sind sehr groß verglichen mit den Dimensionen des Loches.

kel θ, mit anderen Worten, dS emittiert eine sphärische Welle (Aufgabe 10.13). Wenn wir mit $\mathcal{E}_A$ die Quellstärke pro Flächeneinheit bezeichnen und *annehmen, daß diese über die Fläche der Öffnung konstant ist*, dann ist die gesamte optische Störung in P, die von dS verursacht wird, entweder gleich dem Realteil oder gleich dem Imaginärteil von

$$dE = \frac{\mathcal{E}_A}{r} e^{i(\omega t - kr)} dS. \qquad (10.37)$$

Diese Wahl bleibt dem Benutzer der Gleichung (10.37) überlassen, da der einzige Unterschied in einer Phasenverschiebung von $\pi/2$ besteht, d.h. man entweder Sinus- oder Kosinuswellen verwendet. Der Abstand zwischen dS und P ist

$$r = \{X^2 + (Y-y)^2 + (Z-z)^2\}^{1/2} \qquad (10.38)$$

und, wie wir schon gesehen haben, die Fraunhoferbedingung ist erfüllt, wenn dieser Abstand gegen Unendlich geht. Ebenso kann, wie schon vorher im Amplitudenterm, r durch den Abstand $\overline{OP}$, d.h. R, ersetzt werden, solange die Öffnung relativ klein ist. Für die Phase müssen wir jedoch diese Näherung in r noch sorgfältiger

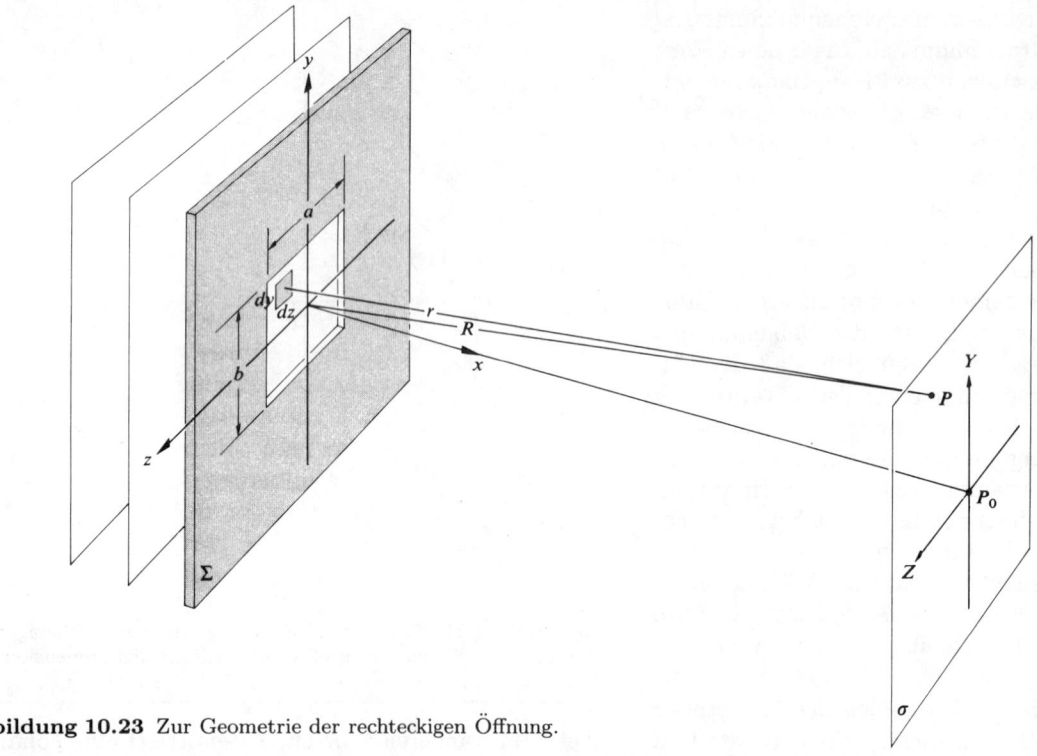

Abbildung 10.23 Zur Geometrie der rechteckigen Öffnung.

behandeln, weil $k = 2\pi/\lambda$ eine große Zahl ist. Zu diesem Zweck entwickeln wir den Ausdruck von Gleichung (10.38) in eine Reihe und erhalten unter Verwendung von

$$R = \{X^2 + Y^2 + Z^2\}^{1/2} \qquad (10.39)$$

die folgende Gleichung

$$r = R\left\{1 + \left(\frac{y^2 + z^2}{R^2} - 2\frac{Yy + Zz}{R^2}\right)\right\}^{1/2}. \qquad (10.40)$$

Im Falle der Fraunhofernäherung ist R sehr groß gegenüber den Dimensionen der Öffnung und daher kann der Term $(y^2 + z^2)/R^2$ sicher vernachlässigt werden. Ebenso kann der Winkel θ trotz einer relativen Größe von Y und Z klein gehalten werden, da P sehr weit von Σ entfernt ist. Dadurch werden alle Schwierigkeiten, die durch die nichtisotrope Emission des Strahlers (den Neigungsfaktor) bedingt sein könnten, automatisch beseitigt. Nun ist

$$r = R\left\{1 - 2\frac{Yy + Zz}{R^2}\right\}^{1/2},$$

woraus sich, wenn wir nur die ersten beiden Terme der Binomialentwicklung berücksichtigen,

$$r = R\left\{1 - \frac{Yy + Zz}{R^2}\right\}$$

ergibt. Damit erhalten wir für die gesamte Störung in P

$$E = \frac{\mathcal{E}_A e^{i(\omega t - kR)}}{R} \iint_{\text{Öffnung}} e^{ik\frac{Yy+Zz}{R}} \, dS. \qquad (10.41)$$

Betrachten wir nun den speziellen, in Abbildung 10.23 dargestellten Fall. Die Gleichung (10.41) kann nun folgendermaßen geschrieben werden:

$$E = \frac{\mathcal{E}_A e^{i(\omega t - kR)}}{R} \int_{-b/2}^{+b/2} e^{ik\frac{Yy}{R}} dy \int_{-a/2}^{+a/2} e^{ik\frac{Zz}{R}} dz,$$

wobei $dS = dy\, dz$. Durch Substitution von $\beta' \equiv kbY/2R$ und $\alpha' \equiv kaZ/2R$ erhalten wir

$$\int_{-b/2}^{+b/2} e^{ik\frac{Yy}{R}} dy = b\frac{e^{i\beta'} - e^{-i\beta'}}{2i\beta'} = b\frac{\sin\beta'}{\beta'}$$

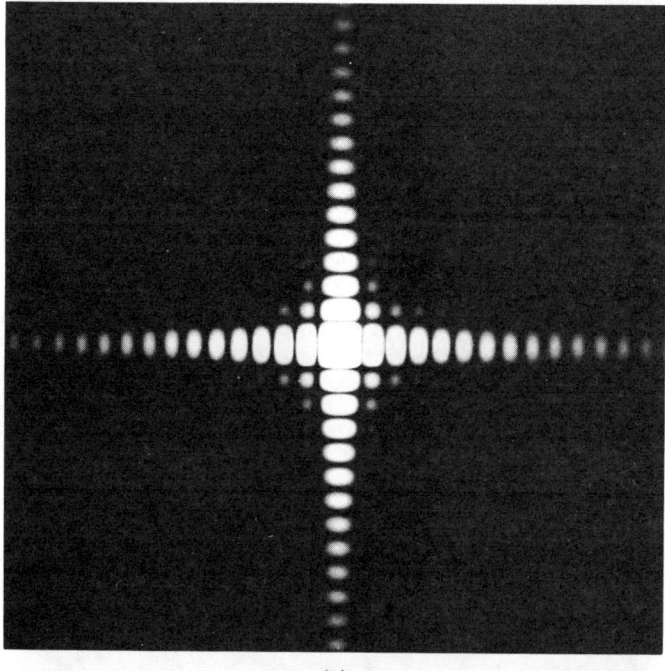

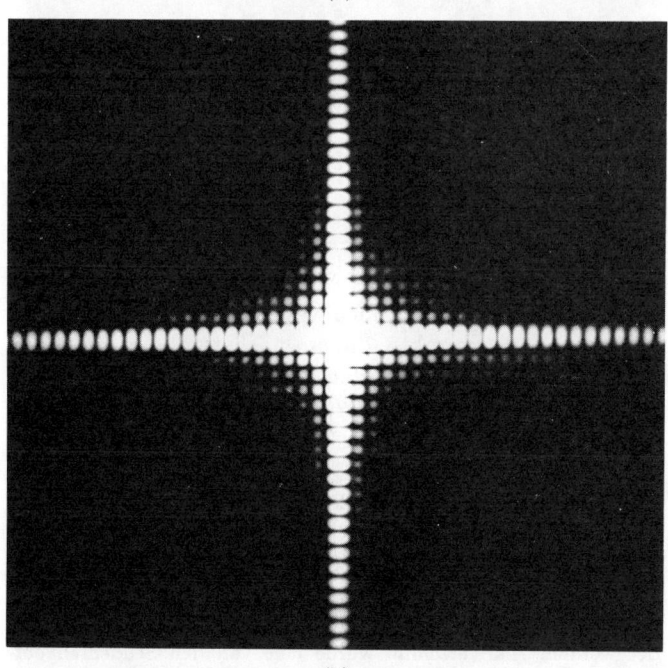

Abbildung 10.24 (a) Fraunhofermuster für eine quadratische Öffnung. (b) Dasselbe Muster länger belichtet, damit auch einige schwache "Terme" gut sichtbar werden. (Photos E.H.)

und entsprechend

$$\int_{-a/2}^{+a/2} e^{ik\frac{Zz}{R}}\, dz = a\,\frac{e^{i\alpha'} - e^{-i\alpha'}}{2i\alpha'} = a\,\frac{\sin\alpha'}{\alpha'}$$

so daß

$$E = \frac{A\mathcal{E}_A e^{i(\omega t - kR)}}{R}\left(\frac{\sin\alpha'}{\alpha'}\right)\left(\frac{\sin\beta'}{\beta'}\right). \tag{10.42}$$

A ist die Fläche der Öffnung. Da nun $I = \langle(\mathrm{Re}\,E)^2\rangle$ gilt demzufolge

$$I(Y, Z) = I(0)\left(\frac{\sin\alpha'}{\alpha'}\right)^2\left(\frac{\sin\beta'}{\beta'}\right)^2. \tag{10.43}$$

$I(0)$ ist die Strahlungsdichte in P_0, d.h. für $Y = Z = 0$ (siehe Abb. 10.24). Wenn Y und Z solche Werte annehmen, daß entweder $\alpha' = 0$ oder $\beta' = 0$, dann entsteht ein Bild mit einer Intensität $I(Y, Z)$, wie es aus Abbildung 10.13 bekannt ist. Wenn α' und β' ungleich Null und ganzzahlige Vielfache von π sind, oder, was dasselbe ist, wenn Y und Z ganzzahlige, von Null verschiedene Vielfache von $\lambda R/b$ bzw. $\lambda R/a$ sind, dann ist $I(Y, Z) = 0$. Somit erhalten wir ein entsprechendes rechteckiges Gitter von Knotenlinien, wie sie in Abbildung 10.25 (a) gezeigt sind. Dabei ist zu beachten, daß sich das Muster *umgekehrt* wie die Abmessungen in der Y- und Z-Richtung verhält. So erzeugt eine horizontale rechteckige Öffnung z.B. ein Muster mit einem vertikalen Rechteck in seiner Mitte.

Entlang der β'-Achse ist $\alpha' = 0$ und die Nebenmaxima befinden sich in der Mitte zwischen zwei Minima, d.h. bei $\beta'_m = \pm 3\pi/2, \pm 5\pi/2, \ldots$. Für jedes solche Nebenmaximum ist $\sin\beta'_m = 1$. Außerdem ist natürlich auch $\sin\alpha'/\alpha' = 1$, weil entlang der β'-Achse $\alpha' = 0$ ist. Die relativen Intensitäten verhalten sich daher näherungsweise wie (siehe Gleichung (10.43))

$$\frac{I}{I(0)} = \frac{1}{\beta'^2_m}. \tag{10.44}$$

Ähnliches gilt entlang der α'-Achse.

$$\frac{I}{I(0)} = \frac{1}{\alpha'^2_m}. \tag{10.45}$$

Dieses Intensitätsverhältnis nimmt sehr stark ab: 1, $1/22$,

Abbildung 10.25 (a) Die Intensitätsverteilung für eine quadratische Öffnung. (b) Die Bestrahlungsstärke, erzeugt durch Fraunhoferbeugung an einer quadratischen Öffnung. (c) Die Verteilung des elektrischen Feldes, wie sie durch Fraunhoferbeugung an einem quadratischen Loch entsteht. (Photos freundlicherweise überlassen von R.G. Wilson, Illinois Wesleyan University.)

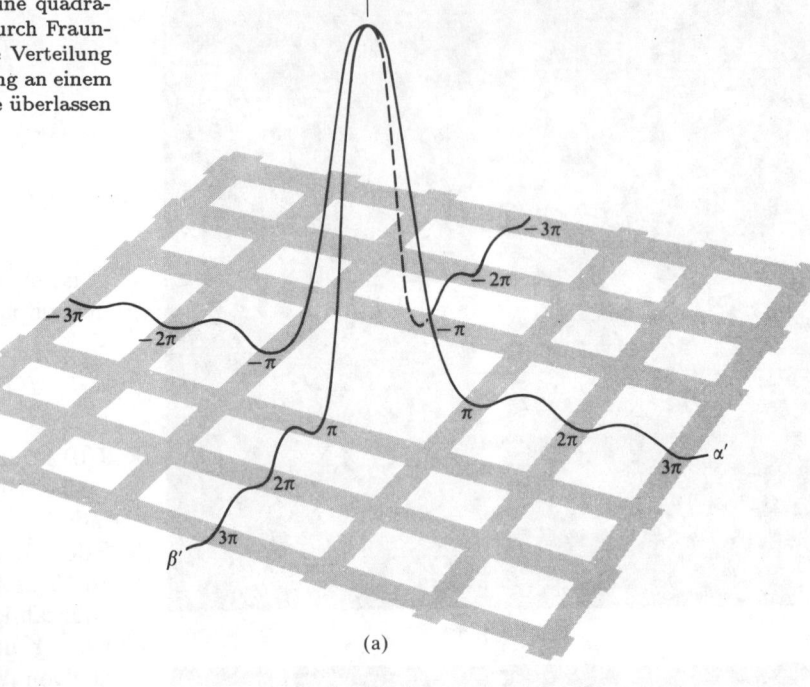

(a)

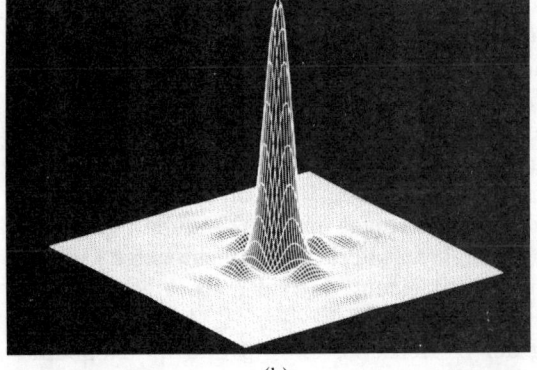

(b)

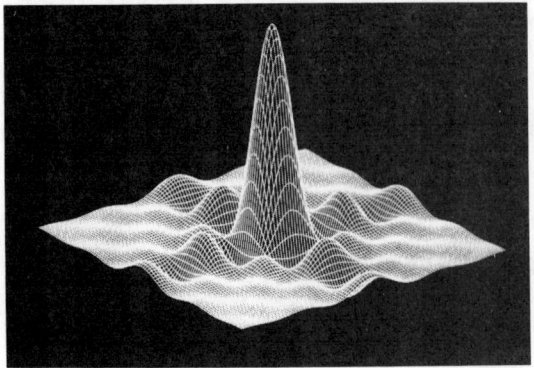

(c)

$1/62$, $1/122$, ... usw.[9] Die Nebenmaxima, die nicht auf einer Achse liegen, sind noch wesentlich kleiner. So haben z.B. die vier Eckpunkte, die am nächsten beim zentralen Maximum liegen und zu den beiden

Koordinaten $\beta'_m = \pm 3\pi/2$ und $\alpha'_m = \pm 3\pi/2$ gehören, eine relative Intensität von $(1/22)^2$.

---

9) Die Photographien der Abbildung 10.24 wurden in einem Praktikum aufgenommen. Ein 1.5 mW He-Ne-Laser wurde als Quelle der ebenen Wellen verwendet. In einem langen, verdunkelten Raum wurde das Beugungsmuster direkt auf einem 10×13 cm-Polaroid-Film mit 3000 ASA erzeugt. Da der Film etwa 10 m von einer kleinen Öffnung entfernt war, mußte keine Hilfslinse verwendet werden. Als Verschluß wurde eine von den Studenten entworfene "Pappdeckel-Guillotine" verwendet. Daher können keine Verschlußzeiten angegeben werden. Jede einäugige Spiegelreflexkamera ohne Optik und mit geöffneter Rückwand erfüllt den gleichen Zweck, nur nicht so vergnüglich.

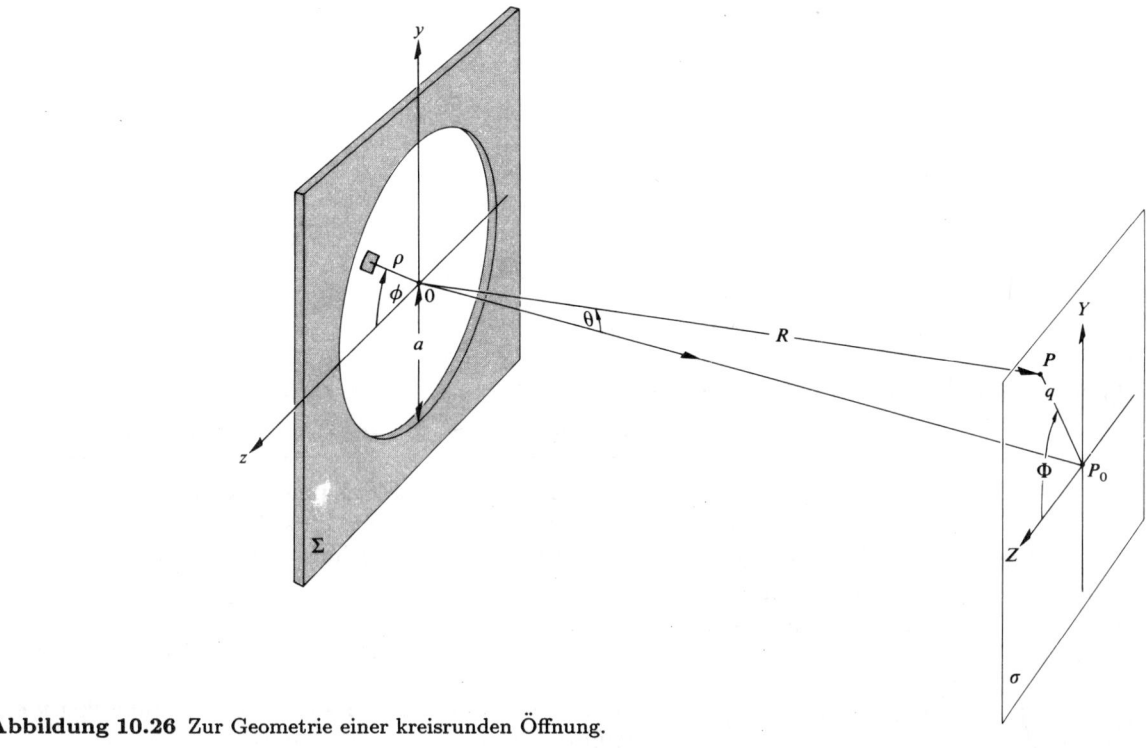

Abbildung 10.26 Zur Geometrie einer kreisrunden Öffnung.

10.2.5 Beugung an einer kreisförmigen Öffnung

Fraunhoferbeugung an kreisförmigen Öffnungen hat allergrößte praktische Bedeutung beim Studium optischer Instrumente. Betrachten wir dazu eine typische Anordnung. Ebene Wellen fallen auf einen Schirm Σ, der eine kreisrunde Öffnung enthält. Das dadurch entstehende Beugungsbild fällt auf einen weit entfernten Beobachtungsschirm σ. Wenn man eine Hilfslinse L_2 verwendet, dann kann auch auf einer Ebene σ, die nahe an der beugenden Öffnung liegt, das Fraunhofersche Beugungsbild beobachtet werden. Wird nun die Linse L_2 genau *in* die Öffnung gesetzt und so bemessen, daß sie die Öffnung exakt ausfüllt, dann bleibt die Form des Beugungsbildes im wesentlichen unverändert. Von der Lichtwelle, die auf Σ trifft, wird auf jeden Fall nur ein kreisförmiges Segment, nämlich jenes, das sich durch die Linse L_2 ausbreitet, verwendet, um in der Brennebene das Bild zu erzeugen. Dasselbe aber passiert ganz offensichtlich im Auge, in einem Teleskop oder in einer Kameraoptik. Das Bild einer fernen Punktquelle, das mit einer ideal aberrationsfreien Sammellinse erzeugt wird, ist daher nie ein Punkt, sondern immer eine Art Beugungsbild. Da wir ja immer nur einen Teil der auftreffenden Wellenfront verwenden, können wir also niemals erhoffen, ein perfektes Bild zu erzeugen.

Wie im letzten Abschnitt gezeigt, kann die optische Störung im Punkt P, die von einer beliebigen Öffnung erzeugt wird, in der Fraunhofernäherung folgendermaßen angesetzt werden:

$$E = \frac{\mathcal{E}_A e^{i(\omega t - kR)}}{R} \iint_{\text{Öffnung}} e^{ik\frac{Yy+Zz}{R}} dS. \quad [10.41]$$

Für eine kreisförmige Öffnung ist es nun auf Grund der Symmetrie sinnvoll, sowohl in der Ebene der Öffnung (Σ), als auch in der Beobachtungsebene (σ) Polarkoordinaten einzuführen (Abb. 10.26). Daher sei

$$z = \rho \cos \phi \qquad y = \rho \sin \phi \quad \text{und}$$
$$Z = q \cos \Phi \qquad Y = q \sin \Phi,$$

so daß das Flächenelement

$$dS = \rho\, d\rho\, d\phi$$

wird. Einsetzen in Gleichung (10.41) ergibt

$$E = \frac{\mathcal{E}_A e^{i(\omega t - kR)}}{R} \int_{\rho=0}^{a} \int_{\phi=0}^{2\pi} e^{i(\frac{k\rho q}{R})\omega s(\phi - \Phi)} \rho\, d\rho\, d\phi. \quad (10.46)$$

Da die beschriebene Anordnung axial symmetrisch ist, muß auch die Lösung von Φ unabhängig sein. Daher können wir die Gleichung (10.46) für $\Phi = 0$ lösen, was die Sache etwas vereinfacht.

Der Teil des Doppelintegrals, der die Variable ϕ betrifft,

$$\int_0^{2\pi} e^{i(k\rho q/R)\cos\phi}\, d\phi$$

tritt in der Physik relativ oft auf. Diese Funktion kann nicht mehr auf eine einfachere Funktion zurückgeführt werden. Und es ist die mit Ausnahme der trigonometrischen, hyperbolischen und exponentiellen Funktionen am häufigsten anzutreffende Funktion. Die Größe

$$J_0(u) = \frac{1}{2\pi} \int_0^{2\pi} e^{iu\cos v}\, dv \quad (10.47)$$

ist unter dem Namen *Bessel-Funktion* (der ersten Art) der nullten Ordnung bekannt. Im allgemeinen ist die Funktion

$$J_m(u) = \frac{i^{-m}}{2\pi} \int_0^{2\pi} e^{i(mv + u\cos v)}\, dv \quad (10.48)$$

die Besselfunktion der Ordnung m. Numerische Werte für $J_0(u)$ und $J_1(u)$ sind in den meisten mathematischen Handbüchern für einen großen Bereich von u zu finden. Genau wie für die Sinus- und Kosinusfunktion gibt es auch für die Besselfunktionen Reihenentwicklungen, und, wenn man es genau betrachtet, dann sind die Besselfunktionen auch nicht exotischer, als die seit der Schulzeit bekannten anderen Funktionen. Wie aus der Abbildung 10.27 zu entnehmen, sind $J_0(u)$ und $J_1(u)$ langsam abnehmende, periodische und recht undramatische Funktionen. Damit läßt sich Gleichung (10.46) nun folgendermaßen anschreiben:

$$E = \frac{\mathcal{E}_A e^{i(\omega t - kR)}}{R} 2\pi \int_0^{a} J_0\left(\frac{k\rho q}{R}\right) \rho\, d\rho. \quad (10.49)$$

Eine weitere allgemeine Eigenschaft der Besselfunktionen

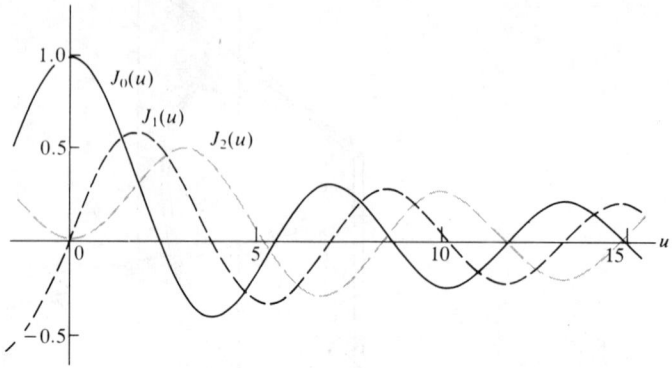

Abbildung 10.27 Die ersten drei Besselfunktionen.

ist die Existenz einer Rekursionsformel, d.h. die Besselfunktion der Ordnung m läßt sich aus der Besselfunktion der Ordnung $m-1$ berechnen. Ist $m = 1$, so folgt daraus ganz einfach

$$\int_0^u u'\, J_0(u')\, du' = u\, J_1(u), \quad (10.50)$$

wobei die Variable u' nur zur Unterscheidung von u eingeführt wurde.

Kehren wir nun zu Gleichung (10.49) zurück. Wenn wir die neue Variable $w = k\rho q/R$ einführen, dann ist $d\rho = (R/kq)\, dw$ und das Integral wird zu

$$\int_{\rho=0}^{\rho=a} J_0\left(\frac{k\rho q}{R}\right) \rho\, d\rho = \left(\frac{R}{kq}\right)^2 \int_{w=0}^{w=kaq/R} J_0(w)\, dw.$$

Unter Benützung von Gleichung (10.50) ergibt sich dann

$$E(t) = \frac{\mathcal{E}_A e^{i(\omega t - kR)}}{R} 2\pi a^2 \frac{R}{kaq} J_1\left(\frac{kaq}{R}\right). \quad (10.51)$$

Die Intensität in P ist $\langle (\mathrm{Re}\, E)^2 \rangle$ oder $EE^*/2$, und daher gilt

$$I = \frac{2\mathcal{E}_A^2 A^2}{R^2} \left\{ \frac{J_1(kaq/R)}{kaq/R} \right\}^2, \quad (10.52)$$

wobei A die Fläche der kreisförmigen Öffnung ist. Um die Intensität im Zentrum des Beugungsbildes (d.h. im Punkt P_0) zu finden, setzen wir $q = 0$. Aus der oben angeführten Rekursionsformel für die Besselfunktionen folgt dann für $m = 1$

$$J_0(u) = \frac{d}{du} J_1(u) + \frac{J_1(u)}{u}. \quad (10.53)$$

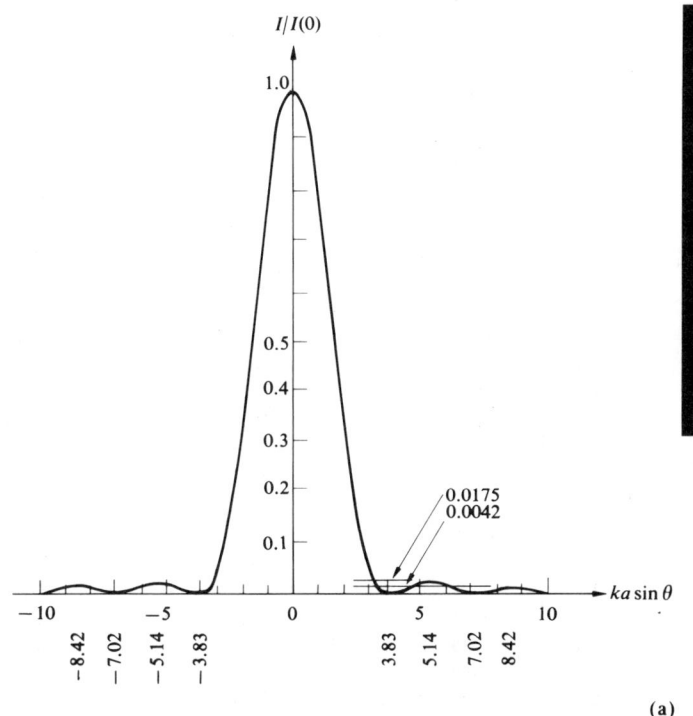
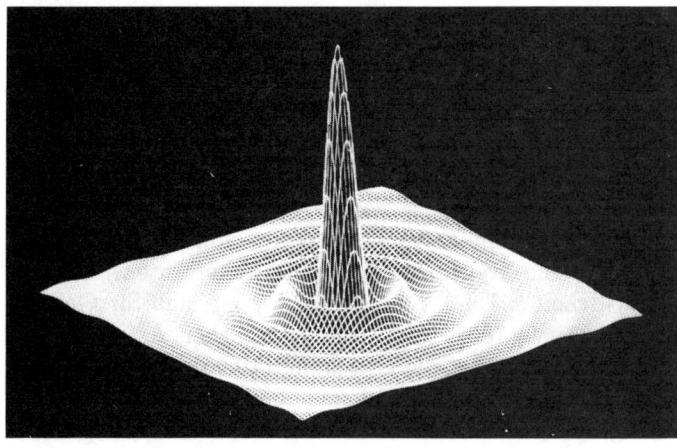
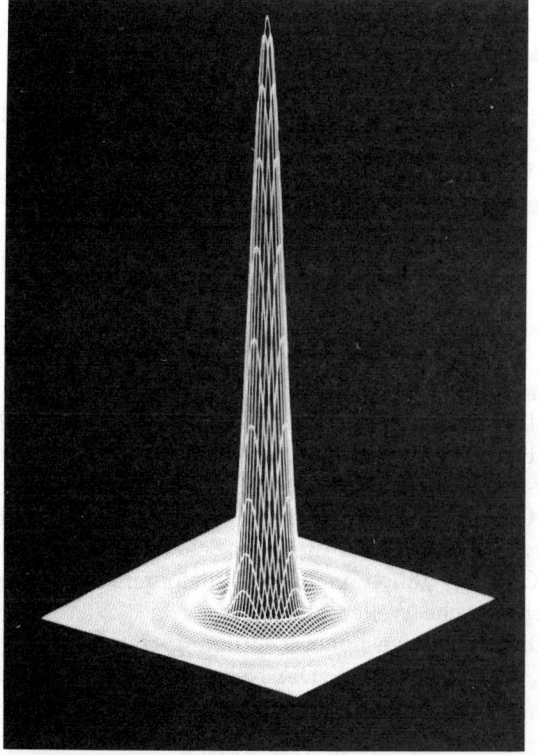

Aus Gleichung (10.47) folgt, daß $J_0(0) = 1$, und aus der Gleichung (10.48), daß $J_1(0) = 0$. Wenn u gegen Null geht, dann ist das Verhältnis von $J_1(u)/u$ dasselbe wie das Verhältnis der Ableitungen von Zähler und Nenner (Regel von L'Hôpital), was bedeutet, daß die rechte Seite von Gleichung (10.53) gleich zweimal diesem Grenzwert wird. Damit gilt

$$\frac{dJ_1(u)}{du} = \frac{1}{2}$$

für $u = 0$. Die Intensität in P_0 ist dann durch folgende Gleichung

$$I(0) = \frac{\mathcal{E}_A^2 A^2}{2R^2} \qquad (10.54)$$

gegeben, welches Ergebnis auch für eine rechteckige Öffnung gilt (Gl. (10.43)). Kann R für das gesamte Beugungsbild als im wesentlichen konstant angenommen werden, dann gilt

$$I = I(0) \left\{ \frac{2J_1(kaq/R)}{kaq/R} \right\}^2. \qquad (10.55)$$

Da nun $\sin\theta = q/R$ ist, können wir die Intensität auch

Abbildung 10.28 (a) Das Airy-Muster. (b) Verteilung des elektrischen Feldes, die durch Fraunhoferbeugung an einer kreisrunden Öffnung entsteht. (c) Intensitätsverteilung, die bei Fraunhoferbeugung an einem kreisrunden Loch entsteht. (Photos freundlicherweise überlassen von R.G. Wilson, Illinois Wesleyan University.)

als eine Funktion von θ anschreiben.

$$I(\theta) = I(0) \left\{ \frac{2J_1(ka\sin\theta)}{ka\sin\theta} \right\}^2. \quad (10.56)$$

Diese Funktion ist in Abbildung 10.28 gezeigt. Auf Grund der axialen Symmetrie muß man sich diese Figur als um die Intensitätsachse rotiert vorstellen. Das große zentrale Maximum erscheint dann, von oben betrachtet, als eine kreisförmige Scheibe hoher Intensität, die **Airy-Scheibe**. Der Name kommt daher, daß Sir George Bidell Airy (1801–1892), ein königlicher Astronom in England, als erster die Gleichung (10.56) abgeleitet hat. Das zentrale Maximum ist umgeben von einem dunklen Ring, der zum ersten Nulldurchgang der Funktion $J_1(u)$ gehört. Aus Tabelle 10.1 ist ersichtlich, daß $J_1(u) = 0$, wenn $u = 3.83$, d.h. in unserem Fall $kaq/R = 3.83$, ist. Der Radius q_1 dieses ersten dunklen Ringes kann als der Radius der Airy-Scheibe angesehen werden. Man erhält ihn aus folgender Gleichung:

$$q_1 = 1.22 \frac{R\lambda}{2a}. \quad (10.57)$$

Für eine auf den Abbildungsschirm σ fokussierte Linse gilt $f \approx R$, und somit

$$q_1 \approx 1.22 \frac{f\lambda}{D}. \quad (10.58)$$

D ist der Durchmesser der Öffnung, d.h. $D = 2a$. (Der *Durchmesser* einer Airy-Scheibe im sichtbaren Licht ist in *grober Abschätzung* gleich der f-Zahl der Linse in Millionstel Meter.) Aus den Abbildungen 10.29 bis 10.31 können wir ersehen, daß sich der Durchmesser der Airy-Scheibe umgekehrt proportional zum Durchmesser der Öffnung verhält. Wenn D sich der Wellenlänge λ nähert, dann werden die Airy-Scheiben sehr groß, und die Öffnung ähnelt mehr und mehr einer Punktquelle, die sphärische Wellen abstrahlt.

Die Nullstellen höherer Ordnung treten für $kaq/R = 7.02$, 10.17, usw. auf. Die Nebenmaxima befinden sich dort, wo u die Bedingung

$$\frac{d}{du}\left\{\frac{J_1(u)}{u}\right\} = 0$$

erfüllt. Dies ist äquivalent zur Bedingung $J_2(u) = 0$. Die Werte dafür können aus den Tabellen ermittelt werden, z.B. $kaq/R = 5.14$, 8.42, 11.6, ... Die Intensität dieser Nebenmaxima fällt von $I/I(0) = 1$ für das Hauptmaximum zu $I/I(0) = 0.0175$, 0.0042, 0.0016, usw. (Aufgabe 10.22).

Was die Linsenformen betrifft, so sind kreisförmige den rechteckigen Öffnungen vorzuziehen, da der Intensitätsverlauf bei den kreisförmigen um das zentrale Maximum breiter ist und weiter nach außen hin schneller abfällt. Wie die auf σ auftreffende Strahlung auf die einzelnen Maxima verteilt ist, ist sicherlich eine interessante Frage, aber für uns hier ist ihre Beantwortung zu aufwendig.[10] Durch Integration der Intensität über ein-

x	$J_1(x)$*	x	$J_1(x)$	x	$J_1(x)$
0.0	0.0000	3.0	0.3391	6.0	−0.2767
0.1	0.0499	3.1	0.3009	6.1	−0.2559
0.2	0.0995	3.2	0.2613	6.2	−0.2329
0.3	0.1483	3.3	0.2207	6.3	−0.2081
0.4	0.1960	3.4	0.1792	6.4	−0.1816
0.5	0.2423	3.5	0.1374	6.5	−0.1538
0.6	0.2867	3.6	0.0955	6.6	−0.1250
0.7	0.3290	3.7	0.0538	6.7	−0.0953
0.8	0.3688	3.8	0.0128	6.8	−0.0652
0.9	0.4059	3.9	−0.0272	6.9	−0.0349
1.0	0.4401	4.0	−0.0660	7.0	−0.0047
1.1	0.4709	4.1	−0.1033	7.1	0.0252
1.2	0.4983	4.2	−0.1386	7.2	0.0543
1.3	0.5220	4.3	−0.1719	7.3	0.0826
1.4	0.5419	4.4	−0.2028	7.4	0.1096
1.5	0.5579	4.5	−0.2311	7.5	0.1352
1.6	0.5699	4.6	−0.2566	7.6	0.1592
1.7	0.5778	4.7	−0.2791	7.7	0.1813
1.8	0.5815	4.8	−0.2985	7.8	0.2014
1.9	0.5812	4.9	−0.3147	7.9	0.2192
2.0	0.5767	5.0	−0.3276	8.0	0.2346
2.1	0.5683	5.1	−0.3371	8.1	0.2476
2.2	0.5560	5.2	−0.3432	8.2	0.2580
2.3	0.5399	5.3	−0.3460	8.3	0.2657
2.4	0.5202	5.4	−0.3453	8.4	0.2708
2.5	0.4971	5.5	−0.3414	8.5	0.2731
2.6	0.4708	5.6	−0.3343	8.6	0.2728
2.7	0.4416	5.7	−0.3241	8.7	0.2697
2.8	0.4097	5.8	−0.3110	8.8	0.2641
2.9	0.3754	5.9	−0.2951	8.9	0.2559

*$J_1(x) = 0$ für $x = 0$; 3.832; 7.016; 10.173; 13.324; ... Auszug aus E. Kreyszig, *Advanced Engineering Mathmathics*, Wiley.

Tabelle 10.1 Werte für die Besselfunktionen.*

---

[10] Für besonders Interessierte sei auf Born und Wolf, *Principles*

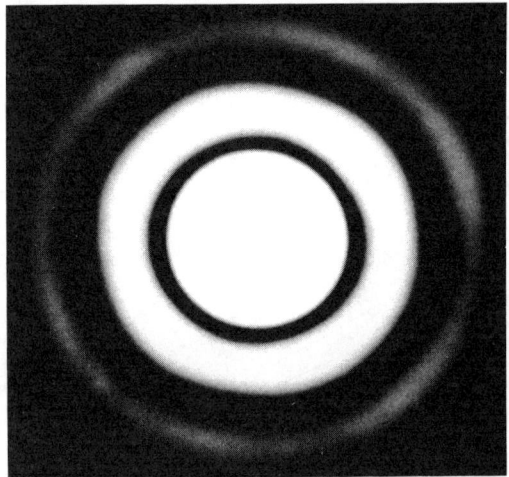

Abbildung 10.29 Airy-Ringe; Durchmesser der Öffnung 0.5 mm. (Photo E.H.)

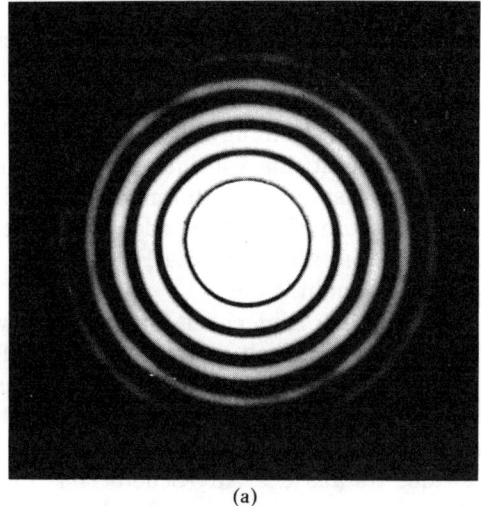

(a)

Abbildung 10.30 Airy-Ringe; Durchmesser der Öffnung 1.0 mm. (Photo E.H.)

zelne Bereiche des Musters läßt sich feststellen, daß etwa 84% des gesamten Lichtes auf die Airy-Scheibe entfällt. Innerhalb des zweiten dunklen Ringes treffen 91% des auf die Ebene σ fallenden Lichtes auf.

of Optics, p. 398, oder den ausgezeichneten einführenden Text von Towne, *Wave Phenomena*, p. 464, verwiesen.

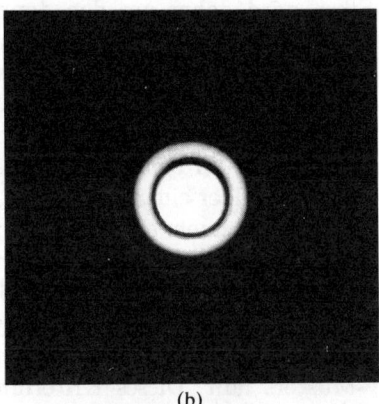

(b)

Abbildung 10.31 Airy-Ringe; Durchmesser der Öffnung 1.5 mm. (a) Lange und (b) kurze Belichtungszeit. (Photos E.H.)

10.2.6 Das Auflösungsvermögen eines abbildenden Systems

Stellen wir uns nun vor, wir hätten irgendein Linsensystem zur Verfügung, das ein Bild eines ausgedehnten Objektes erzeugt. Wenn dieses Objekt selbstleuchtend ist, dann können wir sehr wahrscheinlich annehmen, daß dieses Objekt so strahlt, als ob es aus inkohärenten Punktquellen zusammengesetzt wäre. Auf der anderen Seite wird bei einem Objekt, das in reflektiertem Licht beobachtet wird, das von den verschiedenen Streuzentren herrührende Licht sicherlich Phasenkorrelationen aufweisen. Sind aber die Punktquellen tatsächlich inkohärent, dann erzeugt das Linsensystem ein Bild des Gegenstandes, das aus einer Verteilung sich teilweise überlagernder Airy-Muster besteht, die voneinander unabhängig sind. Unter diesen Umständen stellt im Idealfall, d.h. wenn die Aberration vernachlässigt werden kann, die Verbreiterung der Bildpunkte durch die Beugung die absolute Grenze der Bildqualität dar.

Nehmen wir der Einfachheit halber nur zwei gleich helle, inkohärente und weit entfernte Punktquellen. Zum Beispiel betrachten wir zwei Sterne durch das Objektiv eines Teleskop, dessen Eintrittspupille als beugende Öffnung wirkt. Im vorherigen Abschnitt haben wir gesehen, daß der Radius des Airy-Scheibchens durch $q_1 = 1.22 f\lambda/D$ gegeben ist. Ist nun $\Delta\theta$ das entsprechende Winkelmaß, dann ist $\Delta\theta = 1.22\lambda/D$, weil ja gilt, daß $q_1/f = \sin\Delta\theta \approx \Delta\theta$. Das Airy-Scheibchen für jeden einzelnen Stern wird daher um den doppelten Winkel $\Delta\theta$ bezogen auf den geometrischen Bildpunkt verbreitert sein (siehe Abb. 10.32). Ist nun der Winkelabstand zwischen den beiden Sternen $\Delta\varphi$ und $\Delta\varphi \gg \Delta\theta$, dann werden sich die beiden Beugungsbilder nicht überlappen und damit voll aufgelöst. Wird nun $\Delta\varphi$ kleiner, dann werden sich die beiden Bilder einander nähern, sich überlappen und schließlich zu einem einzigen Bild verschmelzen. Wenn wir Lord Rayleighs Kriterium übernehmen, dann werden zwei Sterne durch das optische System *gerade noch aufgelöst*, wenn das Zentrum des Airy-Scheibchens der einen Quelle in den ersten dunklen Streifen des anderen Airy-Musters fällt. Dieses Kriterium können wir sicherlich noch um einiges verbessern, aber es hat trotz aller Willkürlichkeit in seiner Festlegung den ungeheuren Vorteil, daß es so praktisch und unkompliziert ist.[11] Der *kleinste auflösbare Winkelabstand* oder der *kleinste Winkel, unter dem Objekte noch getrennt gesehen werden*, ist dann

$$(\Delta\varphi)_{\min} = \Delta\theta = 1.22\frac{\lambda}{D}, \qquad (10.59)$$

so wie in der Abbildung 10.33 dargestellt. Ist $\Delta\ell$ der

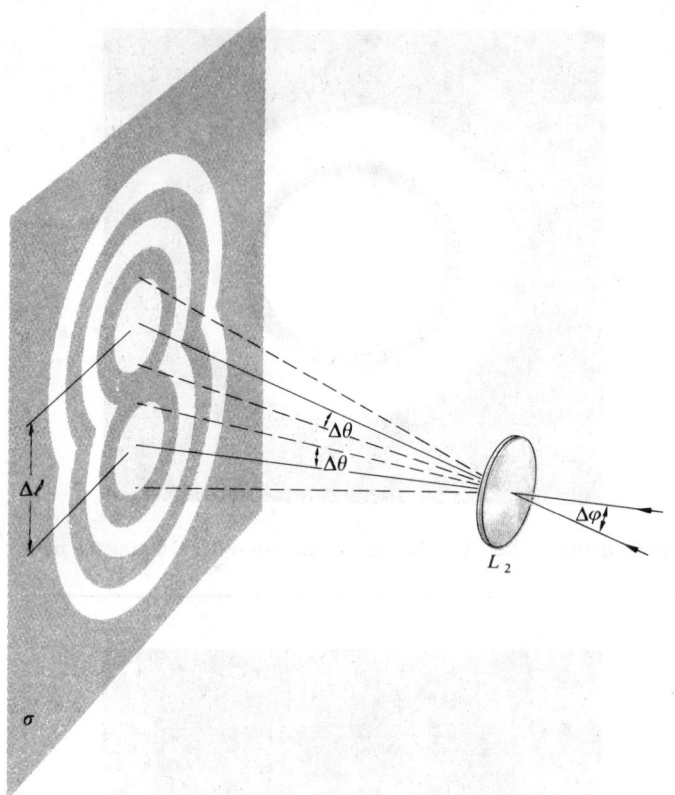

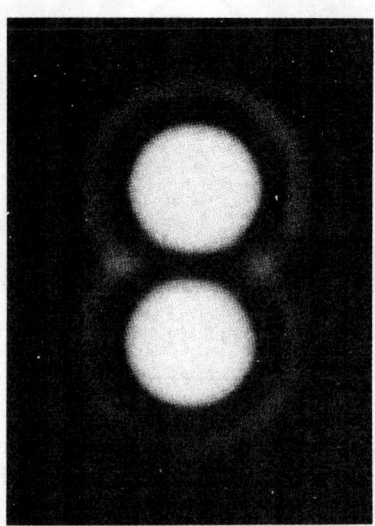

Abbildung 10.32 Beugungsbilder, die sich überlappen; gut aufgelöst.

---

11) Mit Lord Rayleighs eigenen Worten: "Die Regel ist praktisch, weil sie so einfach ist. Sie ist auch genügend genau, wenn man die Tatsache berücksichtigt, daß wir notwendigerweise nicht genau sagen können, was mit *Auflösung* genau gemeint ist." Für eine weitere Diskussion siehe Abschnitt 9.6.1.

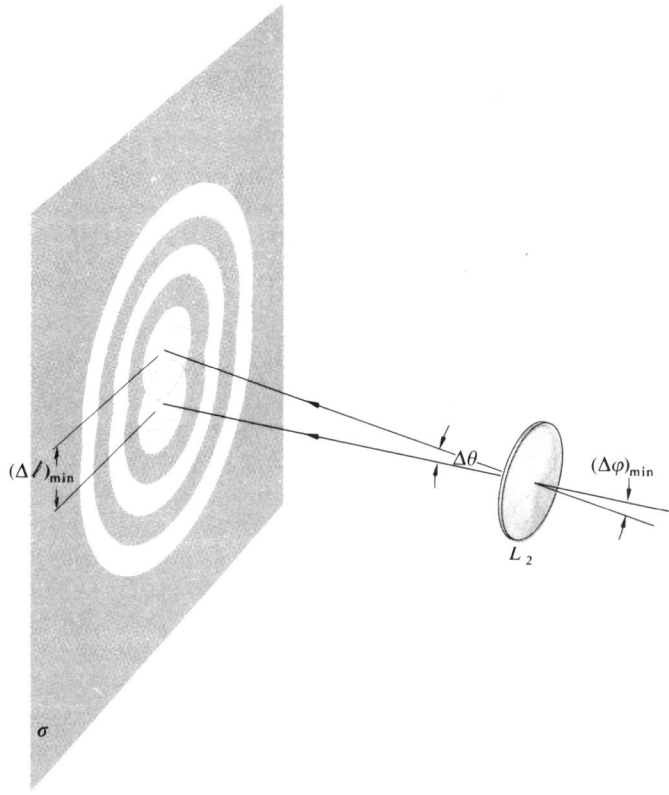

Abstand von Bildzentrum zu Bildzentrum, so gilt für die **Auflösungsgrenze**

$$(\Delta \ell)_{\min} = 1.22 \frac{f\lambda}{D}. \qquad (10.60)$$

Das **Auflösungsvermögen** eines optischen Systems kann dann allgemein entweder als $1/(\Delta\varphi)_{\min}$ oder als $1/(\Delta\ell)_{\min}$ definiert werden.

Wenn der kleinste noch auflösbare Abstand verkleinert werden soll, d.h. die Auflösungsgrenze vergrößert werden soll, dann kann man z.B. die Wellenlänge verkleinern. Wenn man in einem Mikroskop z.B. ultraviolettes anstatt sichtbares Licht verwendet, dann kann man feinere Strukturen erkennen. Das Elektronenmikroskop verwendet z.B. äquivalente Wellenlängen, die um einen Faktor 10^4 bis 10^5 kleiner sind als die sichtbaren Lichtes. Damit kann man Strukturen untersuchen, die bei Verwendung sichtbaren Lichtes völlig durch die Beugungseffekte verschmiert wären. Eine andere Möglichkeit besteht darin, die Auflösung z.B. eines Teleskopes durch Vergrößerung seines Objektives, bzw. seines Primärspiegels, zu vergrößern. Abgesehen davon, daß dann ein größerer Teil des einfallenden Lichtes verwendet wird, ergibt ein größerer Primärspiegel verkleinerte Airy-Scheibchen, und damit kleinere und hellere Bilder. Das 200″-Teleskop von Mt. Palomar hat einen Primärspiegel von 5 m Durchmesser (abgesehen von einer kleinen Abschattung im Zentralbereich). Bei einer Wellenlänge von 550 nm ergibt dies eine Winkelauflösungsgrenze von 0.027 Bogensekunden. Im Gegensatz dazu hat die 80 m-Radioantenne des Observatoriums in Jordrell Bank bei einer Wellenlänge von 21 cm ein Auflösungsvermögen von nur 700 Bogensekunden. Die Eintrittspupille des menschlichen Auges ist bekanntlich variabel. Wenn es hell ist, dann sind 2 mm Durchmesser ein vernünftiger Wert. Bei einer Wellenlänge von ungefähr 550 nm ergibt sich ein Auflösungsvermögen $(\Delta\varphi)_{\min}$ von etwa einer Bogenminute. Mit einer Brennweite von 20 mm entspricht dies einem $(\Delta\ell)_{\min}$ von etwa 6700 nm auf der Retina. Dies ist ungefähr der doppelte durchschnittliche Abstand der Empfängerzellen auf der Netzhaut. Daher sollte das menschliche Auge eigentlich in der Lage sein, zwei Objekte getrennt zu sehen, die bei einer Entfernung von rund 100 Metern im Abstand von 2.5 cm voneinander sind. Wahrscheinlich kann man das aber nicht mehr trennen; ein Teil in 1000 ist eher das, was ein durchschnittliches menschliches Auge leisten kann.

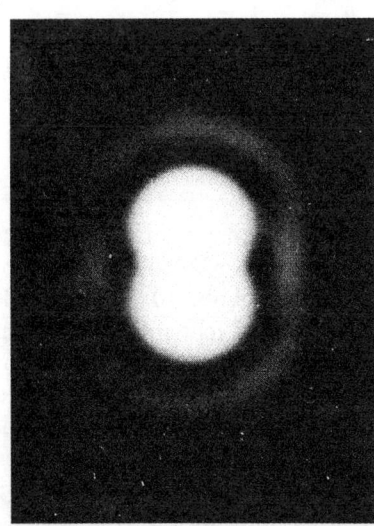

Abbildung 10.33 Beugungsbilder, die sich überlappen; gerade noch aufgelöst.

Wir wollen diesen Abschnitt aber nicht verlassen, ohne zu erwähnen, daß C. Sparrow ein strengeres und besser geeignetes Kriterium für das Auflösungsvermögen vorgeschlagen hat. Wie erwähnt befindet sich nach dem Rayleighschen Kriterium ein zentrales Minimum, oder ein Sattelpunkt, zwischen den benachbarten Maxima. Wird nun der Winkelabstand zwischen den beiden Punktquellen weiter verringert, so wird dieses Minimum kleiner, bis es schließlich verschwindet. Der Winkelabstand, bei dem dieses Minimum nun gerade verschwindet, ist die Auflösungsgrenze nach Sparrow. Demzufolge hat das resultierende Maximum eine breite Spitze im Ursprung, der das Zentrum des Bildes ist. In diesem Punkte ist die zweite Ableitung der Intensitätsfunktion Null, d.h. der Anstieg ändert sich nicht (Abb. 10.40).

Im Gegensatz zum Rayleighschen Kriterium, bei dem die Inkohärenz der Punktquellen stillschweigend angenommen wird, läßt sich das Sparrow-Kriterium auf den Fall kohärenter Quellen verallgemeinern. Außerdem haben astronomische Messungen an gleich hellen Sternen gezeigt, daß dieses letztere Kriterium bei weitem realistischer ist.

10.2.7 Das Beugungsgitter

Eine Anordnung beugender Elemente (Öffnungen oder Hindernisse), die sich regelmäßig wiederholen und dadurch periodische Änderungen der Amplitude oder Phase der auslaufenden Welle, oder auch beider Größen, verursachen, heißt **Beugungsgitter**. Eine der einfachsten solchen Strukturen ist die Vielspaltanordnung aus Abschnitt 10.2.3. Diese Gitter wurden anscheinend vom amerikanischen Astronomen David Rittenhouse ungefähr um das Jahr 1785 erfunden. Joseph von Fraunhofer hat sie einige Jahre später unabhängig von ihm wiederentdeckt, und er hat dann viele wichtige Beiträge sowohl zur Theorie als auch zur Technik der Beugungsgitter geliefert. Die frühesten Gitter waren in Wirklichkeit Vielspaltanordnungen, die üblicherweise aus einer Reihe dünner Drähte oder Fäden bestanden, die über zwei als Distanzhalter fungierende Schrauben gewickelt waren. Eine Wellenfront, die durch so ein Gitter hindurchtritt, "sieht" dann abwechselnd durchsichtige und undurchsichtige Bereiche und erfährt auf diese Weise eine *Amplitudenmodulation*. Daher heißt so ein Gitter auch ein *Transmissions-Amplituden-Gitter*. Eine andere und

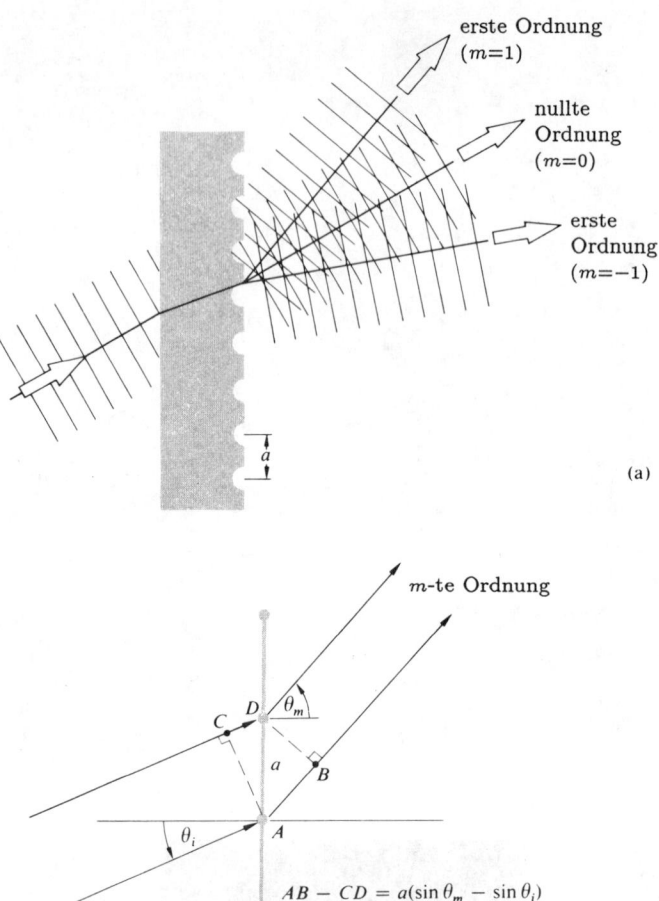

Abbildung 10.34 Ein Transmissionsgitter.

gebräuchlichere Art von Gitter besteht in einer weißen Glasplatte, in deren Oberfläche eine Reihe paralleler Rillen gekratzt wurden (Abb. 10.34 (a)). Jede dieser Rillen streut reflektiertes Licht und alle zusammen wirken wie eine regelmäßige Anordnung paralleler Linienquellen. Ist das Gitter völlig transparent, so daß sich nur eine vernachlässigbare Amplitudenmodulation ergibt, so erhält man durch die regelmäßige Veränderung der optischen Weglänge durch die verschiedene Dicke des Glases eine Phasenmodulation der Wellenfront. So ein Gitter heißt *Transmissions-Phasen-Gitter* (Abb. 10.35). In der Fresnel-Huygens-Darstellung können wir uns kleine Elementarwellen vorstellen, die von der Oberfläche des

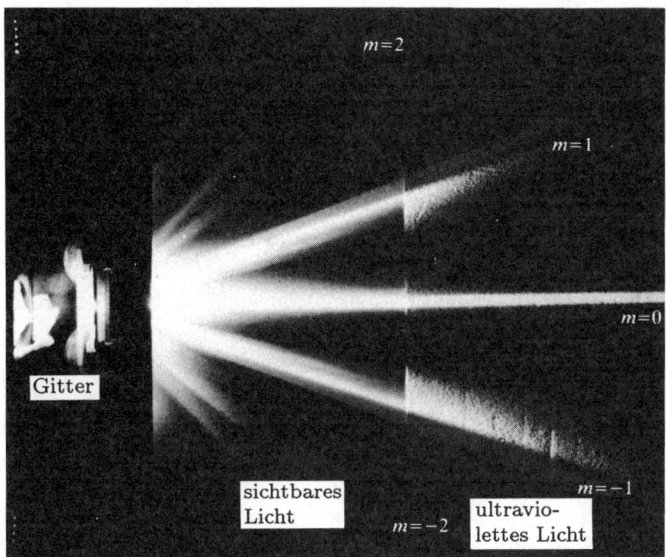

Abbildung 10.35 Licht tritt durch ein Gitter. Die linke Region entstand bei Beleuchtung mit sichtbarem Licht, für die rechte Region wurde UV verwendet. (Photo freundlicherweise überlassen von Klinger Scientific Apparatus Corp.)

Glases mit verschiedenen Phasen ausgehen. Daher wird die auslaufende Wellenfront periodische Variationen ihrer Form und nicht ihrer Amplitude enthalten. Dies ist äquivalent zu einer Wellenfront, die durch ebene Wellen mit vorgegebener Winkelverteilung erzeugt wird.

Wird Licht von der Oberfläche eines solchen Gitters reflektiert, so wird das abwechselnd von einer Rille und der ungestörten Oberfläche ausgehende Licht den Punkt P mit einer vorgegebenen Phasenrelation erreichen. Das dabei nach der Reflexion entstehende Interferenzmuster ist dem sehr ähnlich, das bei einem Transmissionsgitter entsteht. Beugungsgitter, die speziell für diese Verwendungsart erzeugt werden, heißen *Reflexionsgitter* (Reflexions-Phasen-Gitter, siehe Abb. 10.36). Moderne Gitter dieser Art sind normalerweise in die Aluminiumschicht gekratzt, die auf eine für optische Zwecke planparallel geschliffene Glasplatte aufgedampft wurde. Da Aluminium relativ weich ist, ergibt sich dadurch ein wesentlich geringerer Verschleiß am Diamantwerkzeug, das zum Kratzen der Rillen benutzt wird. Zusätzlich hat das Aufdampfen den Vorteil, daß Aluminium ultraviolettes Licht viel besser als Glas reflektiert. Die Herstellung

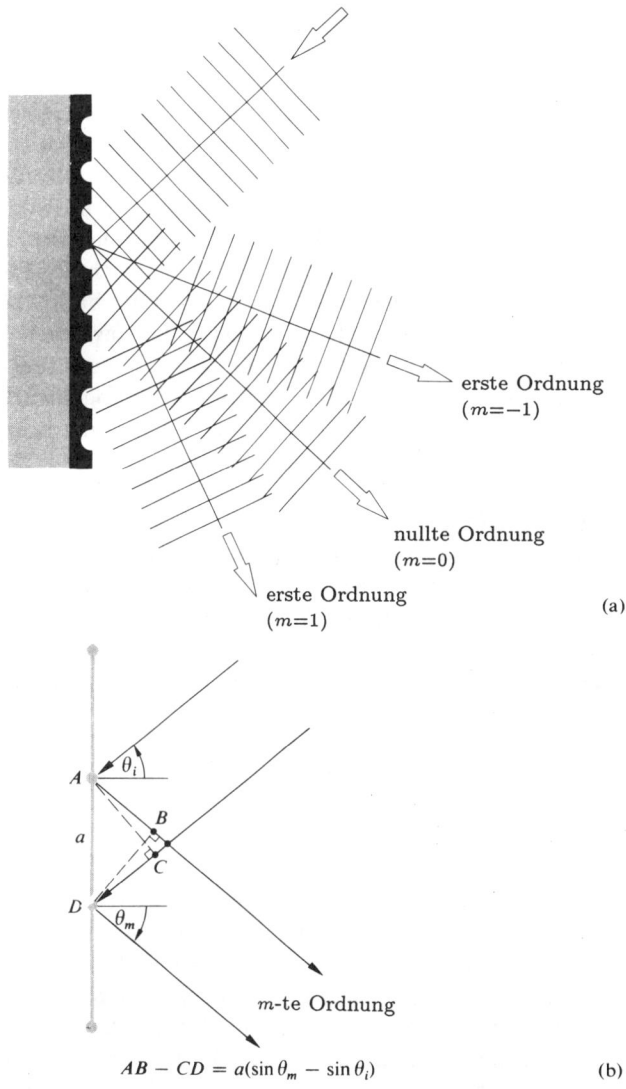

Abbildung 10.36 Ein Reflexionsgitter.

solcher Gitter ist außergewöhnlich schwierig und kostspielig. Deswegen werden auch nur wenige erzeugt. Die meisten heute gebräuchlichen Gitter sind extra gute Plastik*kopien* von hochwertigen Mastergittern.

Wenn wir senkrecht durch ein Transmissionsgitter auf eine sehr weit entfernte Linienquelle schauen, dann dient unser Auge als Sammellinse für das Beugungsbild. Rufen wir uns nun die Berechnungen des Abschnittes 10.2.3 und die Gleichung

$$a \sin \theta_m = m\lambda \qquad [10.32]$$

in Erinnerung. Diese Gleichung heißt die **Gittergleichung** für normalen Einfall des Lichtes. Die Werte m spezifizieren die *Ordnung* der verschiedenen Hauptmaxima. Wenn die Lichtquelle ein breites kontinuierliches Spektrum abstrahlt, wie z.B. ein Wolframglühfaden, dann zeigt die nullte Ordnung ($m = 0$) das nichtabgelenkte Bild ($\theta_0 = 0$) in weißem Licht. Da in Gleichung (10.32) die Wellenlänge enthalten ist, folgt, daß für jeden Wert $m \neq 0$ das Bild der Quelle für jede Wellenlänge (d.h. jede Spektralfarbe) ein wenig verschieden abgelenkt wird (θ_m). Daher wird das weiße Licht in sein Spektrum zerlegt. Die Bereiche, die von den schwachen Nebenmaxima eingenommen werden, erscheinen dementsprechend als dunkle Bänder. Die beiden Hauptmaxima erster Ordnung ($m \pm 1$) erscheinen zu beiden Seiten des Hauptmaximums nullter Ordnung, und es folgen, alternierend mit dunklen Zwischenräumen, die höheren Ordnungen $m = \pm 2, \pm 3$, usw. Man beachte, daß umso weniger Ordnungen sichtbar sind, je kleiner a in Gleichung (10.32) wird.

Es sollte uns nicht überraschen, daß Gleichung (10.32) nichts anderes als Gleichung (9.29) ist, mit der die Position der Maxima in Youngs Doppelspaltversuch beschrieben wird. Die Interferenzmaxima, alle in dieselben Winkel abgelenkt, sind jetzt einfach schärfer. (Genauso, wie die Verwendung vielfacher Strahlen im Fabry-Perot-Etalon die Streifen schärfer macht.) Im Falle des Doppelspaltes werden die beiden Wellen auch dann noch mehr oder weniger in Phase sein, wenn der Beobachtungspunkt etwas außerhalb des exakten Zentrums des Interferenzmaximums liegt. Die Intensität ist immer noch beträchtlich, wenn auch natürlich reduziert. Deswegen sind die hellen Bereiche relativ breit. Im Gegensatz dazu führt bei Vielstrahlsystemen schon eine geringe Verschiebung des Beobachtungspunktes dazu, daß bestimmte Strahlen um $\lambda/2$ phasenverschoben zu anderen ankommen, obwohl die Wellen im Zentrum des Maximums konstruktiv interferieren. Nehmen wir zum Beispiel an, der Punkt P sei etwas abseits von θ_1, so daß $a \sin \theta = 1.010\lambda$ statt 1.000λ. Wellen, die von aufeinanderfolgenden Spalten ausgehen, werden nun um 0.01λ verschoben in P auftreffen. Dies bedeutet, daß sich 50 Spalte vom ersten entfernt die optische Weglänge um $1/2 \lambda$ verändert hat, und daher das Licht vom Spalt 1 von dem vom Spalt 51 im wesentlichen ausgelöscht wird. Dasselbe gilt natürlich auch für die Spaltpaare 2 und 52, 3 und 53, usw. Das Ergebnis ist ein sehr rascher Abfall der Intensität außerhalb der Zentren der Maxima.

Betrachten wir nun den etwas allgemeineren Fall, nämlich daß das Licht schräg auf das Gitter einfällt, so wie es in den Abbildungen 10.34 und 10.36 dargestellt ist. Sowohl für ein Transmissions- als auch für ein Reflexionsgitter wird die Gittergleichung dann zu

$$a(\sin \theta_m - \sin \theta_i) = m\lambda, \qquad (10.61)$$

wobei diese Gleichung immer gilt, unabhängig vom Brechungsindex des Materiales des Transmissionsgitters (Aufgabe 10.37).

Einer der größten Nachteile der bisher besprochenen Gitter und zugleich der Hauptgrund dafür, daß sie als veraltet angesehen werden müssen, ist, daß die vorhandene Lichtenergie auf eine Anzahl Spektralordnungen niedriger Intensität verteilt wird. Für ein Reflexionsgitter wie in Abbildung 10.36 gilt, daß der größte Teil des Lichtes *spiegelnde Reflexion* erleidet, so wie an einem ebenen Spiegel. Aus der Gittergleichung folgt, daß $\theta_m = \theta_i$ für die nullte Ordnung, d.h. für $m = 0$. Dieses Licht wird, zumindest für spektroskopische Zwecke, verschwendet, weil sich für diese Ordnung alle Wellenlängen überlagern (wir erhalten weißes Licht!).

In einem Artikel in der *Encyclopaedia Britannica* im Jahre 1888 hat Lord Rayleigh festgestellt, daß es zumindest theoretisch möglich sei, Licht aus der nicht verwendbaren nullten Ordnung in eine der höheren Ordnungen abzulenken. So motiviert gelang es Robert Williams Wood (1868–1955) im Jahre 1910, ein Gitter herzustellen, dessen Rillen eine vorgegebene Form hatte, so wie in der Abbildung 10.37 gezeigt. Fast alle modernen Gitter sind von dieser Art und zeigen dadurch bevorzugte Reflexion ("**blazed** *grating*"). Die Winkelpositionen der höheren Ordnungen werden von a, α, und, was wichtiger ist, von θ_i bestimmt. Jedoch werden θ_i und θ_m von der Normalen zur Gitteroberfläche gemessen, und nicht von der Normalen zu der Oberfläche der einzelnen Rillen. Auf der anderen Seite ist die Position des Maximums des Beugungsmusters einer einzelnen Rille durch die *spiegelnde Reflexion* des Lichtes an ihrer Oberfläche gegeben, die durch den *Blaze-Winkel* γ bestimmt ist und

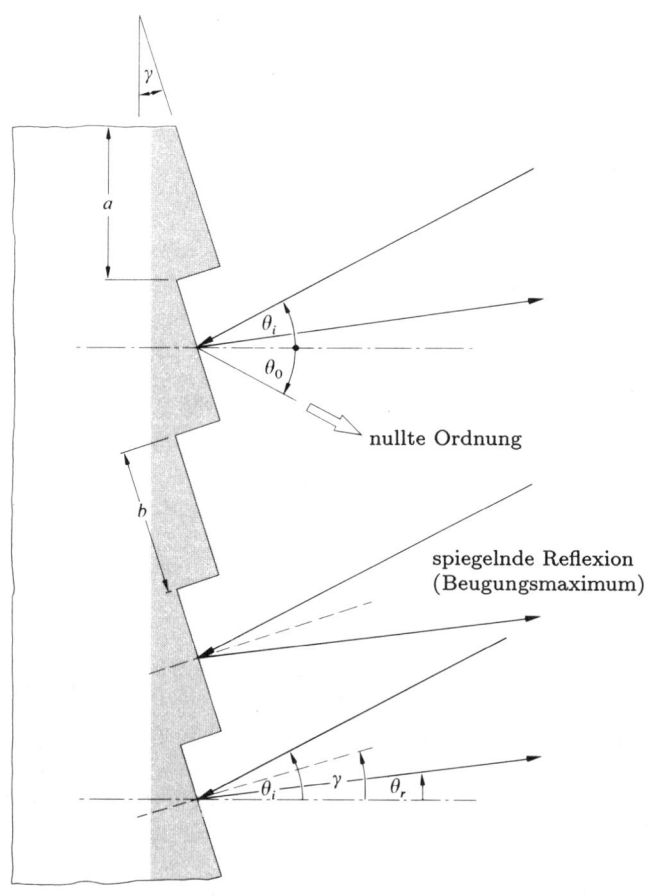

Abbildung 10.37 Teil eines Reflexions-Phasen-Gitters mit bevorzugter Reflexion.

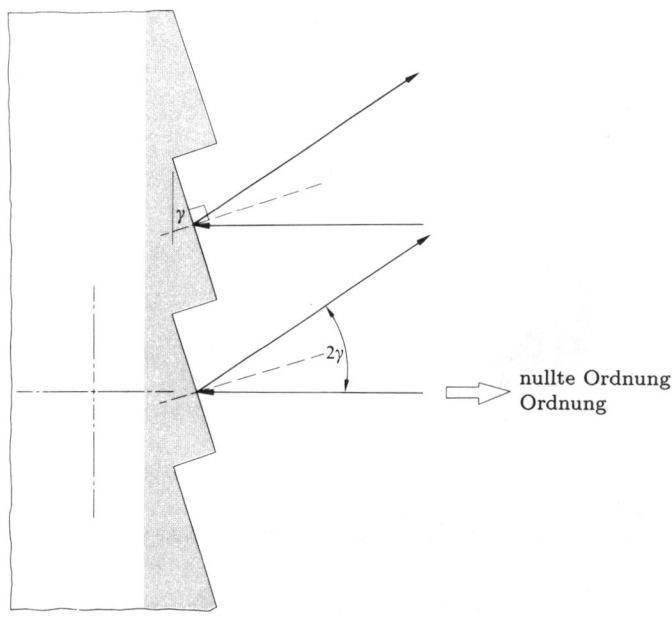

Abbildung 10.38 Reflexionsgitter mit bevorzugter Reflexion.

unabhängig von θ_m verändert werden kann. Diese Situation ist analog zu der der Antennenanordnung aus Abschnitt 10.1.3, bei der die räumliche Position des Interferenzmusters (Gl. 10.6) durch die relative Phase der einzelnen Quellen zueinander bestimmt ist, ohne von der Orientierung der Antennen abzuhängen.

Betrachten wir nun die Situation in Abbildung 10.38, in der eine Welle senkrecht zur Oberfläche eines Reflexionsgitters mit bevorzugter Reflexion einfällt, d.h. $\theta_i = 0$, und deswegen ist dann für $m = 0$ auch $\theta_0 = 0$. Für die *spiegelnde Reflexion* gilt $\theta_i - \theta r = 2\gamma$ (Abb. 10.37), und so ist der größte Teil der gebeugten Strahlung nun um $\theta_r = -2\gamma$ konzentriert. (θ_r ist negativ, weil θ_i und θ_r auf derselben Seite der Normalen zum Gitter liegen.) Damit ergibt sich eine Korrespondenz mit einer der höheren Ordnungen, nämlich mit derjenigen, für die der Winkel $\theta_m = -2\gamma$, d.h. $a\sin(-2\gamma) = m\lambda$ für gewähltes λ und m.

Gitterspektrographie

Der ursprüngliche Anstoß zur Quantenmechanik, die sich in den frühen Zwanzigerjahren entwickelte, kam aus dem Gebiet der Atomphysik. Dort wurden Vorhersagen über die Struktur des Wasserstoffatoms gemacht, die sich in der vom Atom ausgesandten Strahlung manifestiert. Zur Überprüfung dieser Vorhersagen war die Spektroskopie absolut lebensnotwendig und daher benötigte man größere und bessere Gitter. Heute werden Gitterspektrographen von weicher Röntgenstrahlung bis zum Infraroten verwendet und sie erfreuen sich eines kontinuierlichen Interesses. Für die Astrophysiker erbringen diese Geräte, sowohl auf der Erde wie auch in Raumsonden Informationen über die Anfänge des Universums und über so verschiedene Dinge wie Sterntemperaturen, die Rotation der Galaxien oder auch die Rotverschiebung im Spektrum von Quasaren. In der Mitte unseres Jahrhunderts gelang

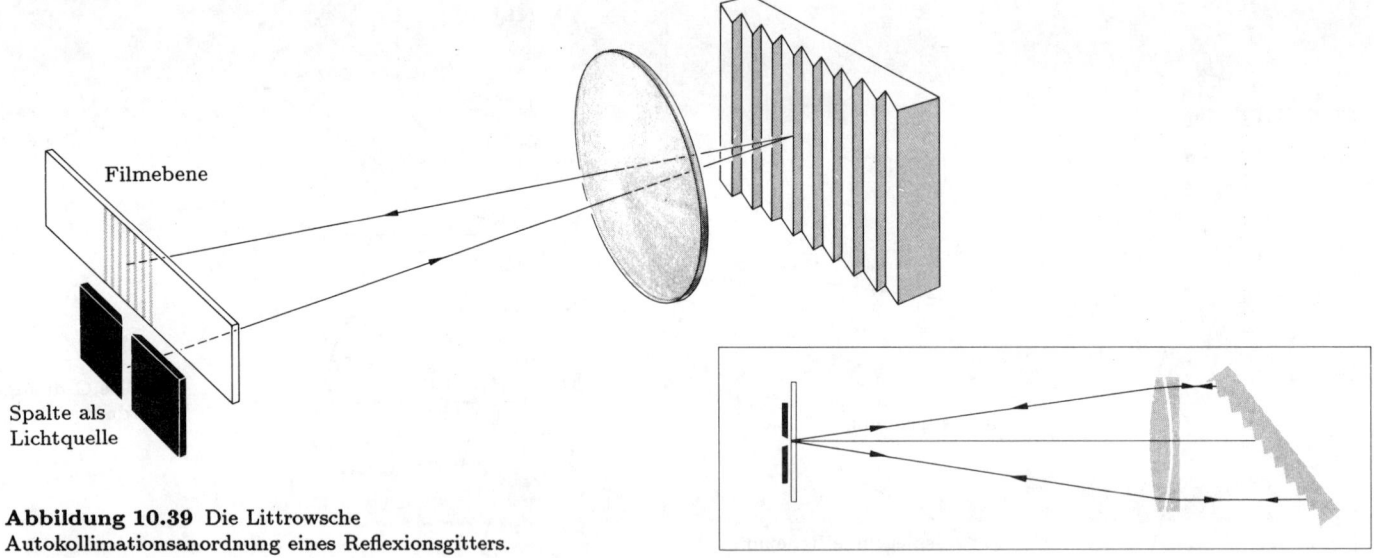

Abbildung 10.39 Die Littrowsche Autokollimationsanordnung eines Reflexionsgitters.

es George R. Harrison und George W. Stroke, die Qualität hochauflösender Gitter in geradezu unwahrscheinlichem Ausmaß zu verbessern. Zur Herstellung ihrer Gitter verwendeten sie eine Maschine, die, interferometrisch gesteuert, die Linien in die Glasplatten einritzte.[12]

Wir wollen nun einige grundlegende Eigenschaften eines Gitterspektrums ein bißchen näher untersuchen. Nehmen wir eine infinitesimal kleine, inkohärente Lichtquelle an. Als effektive Breite einer von dieser Quelle ausgehenden Spektrallinie kann dann der Winkelabstand zwischen den zwei Intensitätsnullpunkten zu beiden Seiten eines Hauptmaximums genommen werden, d.h. $\Delta\alpha = 2\pi/N$ gemäß Gleichung (10.33). Für schiefen Einfall des Lichtes können wir die Größe α neu definieren zu $\alpha = (ka/2)(\sin\theta - \sin\theta_i)$ und damit ist eine kleine Winkeländerung $\Delta\alpha$ durch

$$\Delta\alpha = \frac{ka}{2}\cos\theta(\Delta\theta) = \frac{2\pi}{N} \qquad (10.62)$$

gegeben, wobei der Einfallswinkel konstant bleibt, d.h. $\Delta\theta_i = 0$. Selbst im Falle einer monochromatischen Lichtquelle erhalten wir daher eine *Winkelbreite einer Spektrallinie*, gegeben durch

$$\Delta\theta = \frac{2\lambda}{Na\cos\theta_m}, \qquad (10.63)$$

deren Ursache unser Meßinstrument, d.h. der Gitterspektrograph, ist (die *instrumentelle Verbreiterung*). Eine sehr interessante Tatsache ist, daß sich diese **Winkelbreite** einer Linie invers zur gesamten Breite des Gitters, Na, verhält.

Eine weitere sehr wichtige Größe ist die Differenz in der Winkelposition für eine gegebene Differenz in der Wellenlänge. Diese **Winkeldispersion** ist, wie bei einem Prisma, als

$$\mathcal{D} \equiv \frac{d\theta}{d\lambda} \qquad (10.64)$$

definiert. Durch eine Differentiation der Gittergleichung erhalten wir

$$\mathcal{D} = \frac{m}{a\cos\theta_m}. \qquad (10.65)$$

Dies bedeutet, daß der Winkelabstand zwischen zwei Spektrallinien mit zunehmender Ordnung m zunimmt.

Im allgemeinen werden heute ebene Gitter mit bevorzugter Reflexion verwendet, deren Rillen ein nahezu rechteckiges Profil aufweisen. Wenn Licht auf diese Gitter so einfällt, daß der Fortpflanzungsvektor nahezu senkrecht auf einer der beiden Rillenoberflächen steht, dann spricht man von *Autokollimation*. Unter diesen Umständen liegen dann θ_i und θ_m auf derselben Seite der

---

[12] Wer mehr Details über dieses technische Wunderwerk erfahren möchte, sei auf die folgenden zwei Artikel verwiesen: A.R. Ingalls, *Sci. Amer.* **186**, 45 (1952) und E.W. Palmer und J.F. Verrill, *Contemp. Phys.* **9**, 257 (1968).

Gitternormalen und $\gamma \approx \theta_i \approx -\theta_m$ (siehe Abb. 10.39), wodurch die Winkeldispersion $\mathcal{D}_{\text{auto}}$ von a unabhängig wird:

$$\mathcal{D}_{\text{auto}} = \frac{2\tan\theta_i}{\lambda}. \quad (10.66)$$

Wenn der Unterschied in der Wellenlänge zweier benachbarter Spektrallinien so klein wird, daß sie sich im Beugungsbild überlappen, dann wird das resultierende Maximum zweideutig. Die beiden Linien können dann nicht mehr klar getrennt werden. Das chromatische Auflösungsvermögen $\mathcal{R}$ eines Spektrometers ist definiert als

$$\mathcal{R} \equiv \frac{\lambda}{(\Delta\lambda)_{\min}}, \quad [9.76]$$

wobei $(\Delta\lambda)_{\min}$ der kleinste auflösbare Unterschied zwischen zwei Wellenlängen, die **Auflösungsgrenze**, ist. λ ist die mittlere Wellenlänge zwischen den beiden Linien. Lord Rayleighs Kriterium für die Auflösung zweier Quellen gleicher Intensität verlangt, daß das Hauptmaximum der einen Quelle mit dem ersten Minimum der anderen Quelle zusammenfällt, damit die beiden noch als aufgelöst betrachtet werden können. (Vergleiche die dazu äquivalente Behauptung in Abschnitt 9.6.1.) Wie in Abbildung 10.40 gezeigt, ist der Winkelabstand an der Auflösungsgrenze gleich einer halben Linienbreite, oder gemäß Gleichung (10.63)

$$(\Delta\theta)_{\min} = \frac{\lambda}{Na\cos\theta_m}.$$

Verwenden wir hingegen den Ausdruck für die Winkeldispersion, so erhalten wir

$$(\Delta\theta)_{\min} = \frac{(\Delta\lambda)_{\min} m}{a\cos\theta_m}.$$

Durch Kombinieren dieser beiden Ausdrücke ergibt sich

$$\frac{\lambda}{(\Delta\lambda)_{\min}} = mN \quad (10.67)$$

und damit für das Auflösungsvermögen

$$\mathcal{R} = \frac{Na(\sin\theta_m - \sin\theta_i)}{\lambda}. \quad (10.68)$$

Das Auflösungsvermögen eines Gitters ist also von der Gitterbreite Na, der Wellenlänge λ und vom Einfallswinkel abhängig. Ein 15 cm breites Gitter, das ungefähr 600 Linien pro Millimeter hat, hat insgesamt ungefähr 9×10^4 Linien. In zweiter Ordnung ergibt sich damit ein Auflösungsvermögen von $1{,}8 \times 10^5$. Bei einer

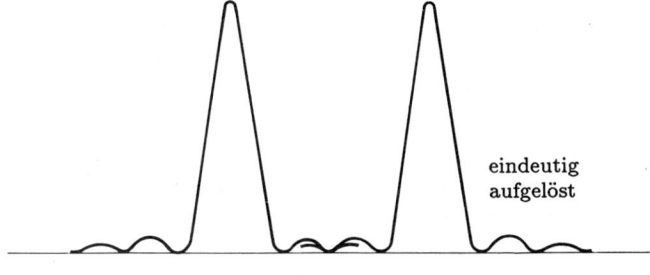
eindeutig aufgelöst

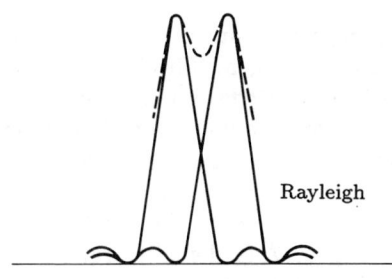
Rayleigh

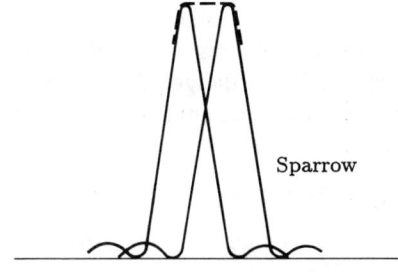
Sparrow

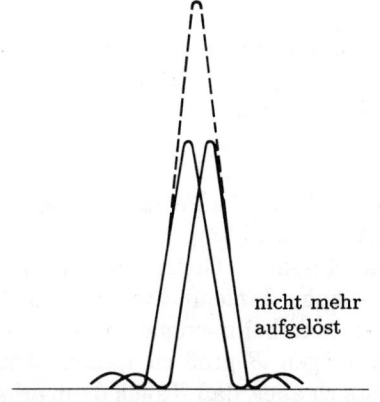
nicht mehr aufgelöst

Abbildung 10.40 Bilder von Punktquellen, die sich überlappen.

Wellenlänge von rund 540 nm sollte dieses Gitter zwei Spektrallinien noch trennen, deren Wellenlängen sich nur um 0.003 nm unterscheiden. Wir müssen aber beachten, daß das Auflösungsvermögen den Wert $2Na/\lambda$ nicht übersteigen kann. Dieser Wert stellt sich für $\theta_i = -\theta_m = 90°$ ein. Den größten Wert für $\mathcal{R}$ erhalten wir, wenn wir das Gitter in der Autokollimationsanordnung verwenden. Dabei wird $\mathcal{R}$ dann

$$\mathcal{R}_{\text{auto}} = \frac{2Na\sin\theta_i}{\lambda}, \qquad (10.69)$$

wobei θ_i und θ_m wiederum beide auf der gleichen Seite der Gitternormalen liegen. Für eines von Harrisons Gittern mit bevorzugter Reflexion, 260 mm breit und in der Autokollimationsanordnung unter 75° verwendet, erhält man ein Auflösungsvermögen von gerade etwas mehr als einer Million, wenn $\lambda = 500$ nm.

Betrachten wir nun noch das Problem sich überlappender Ordnungen. Aus der Gittergleichung geht klar hervor, daß eine Spektrallinie von 600 nm Wellenlänge in der ersten Ordnung genau an der gleichen Stelle θ_m liegt, wie eine Linie von 300 nm in der zweiten Ordnung, oder eine von 200 nm in der dritten. Wenn zwei Spektrallinien der Wellenlängen λ und $(\lambda + \Delta\lambda)$ in den aufeinander folgenden Ordnungen $m+1$ und m gerade zusammenfallen, dann gilt

$$a(\sin\theta_m - \sin\theta_i) = (m+1)\lambda = m(\lambda + \Delta\lambda).$$

Genau diese Wellenlängendifferenz wird **(freier) Spektralbereich** des Gitters genannt,

$$(\Delta\lambda)_{\text{fsr}} = \frac{\lambda}{m}, \qquad (10.70)$$

genauso wie für ein Fabry-Perot-Interferometer. Wenn wir einen Vergleich mit diesem Instrument machen, dessen Auflösungsvermögen

$$\mathcal{R} = \mathcal{F}m \qquad [9.76]$$

war, können wir N als die Feinheit des Beugungsgitters betrachten (Aufgabe 10.38).

Ein hochauflösendes Gitter für die erste Ordnung verlangt eine hohe Liniendichte (bis zu 1200 Linien pro Millimeter), um bei maximalem Spektralbereich das Auflösungsvermögen $\mathcal{R}$ groß zu halten. Aus Gleichung (10.68) ergibt sich aber, daß $\mathcal{R}$ auch dann erhalten bleibt, wenn wir weniger Linien mit größerem Abstand zueinander verwenden, so daß Na konstant bleibt. Allerdings muß man dann zu höheren Ordnungen übergehen, wodurch sich der Spektralbereich, charakterisiert durch die sich überlappenden Ordnungen, verringert. Wird N bei zunehmendem a konstant gehalten, so steigt $\mathcal{R}$ an. Es nimmt aber auch m zu und damit nimmt $(\Delta\lambda)_{\text{fsr}}$ wiederum ab. Die Winkelbreite der Spektrallinien nimmt ab, so daß die Linien schärfer werden. Da sich aber die Winkeldispersion für eine gegebene Ordnung verringert, rücken die Linien im Spektrum näher zusammen.

Bisher haben wir uns nur über eine bestimmte Form des Gitters unterhalten, nämlich über das Liniengitter. Dieses Gitter wurde sehr eingehend untersucht und daher existiert eine riesige Literatur, was die Formen und Anwendungen betrifft.[13]

So unwahrscheinlich es klingt, so lassen sich doch einige für gewöhnlich in jedem Haushalt anzutreffende Gegenstände als grobe Gitter recht gut verwenden. Natürlich ist dazu auch eine kleine Lichtquelle nötig. Die Oberfläche einer Schallplatte eignet sich z.B. recht gut als Reflexionsgitter, wenn das Licht streifend einfällt. Unter denselben Umständen genügt auch ein gewöhnlicher feinzahniger Kamm, um weißes Licht in seine Bestandteile zu zerlegen. Dies geschieht in genau derselben Weise wie bei Benützung eines konventionellen Reflexionsgitters. In einem Brief an einen Freund, datiert vom 12. Mai 1673, stellt James Gregory fest, daß Sonnenlicht, das durch eine Feder fällt, ein farbiges Muster produziert. Er bittet, diese seine Beobachtung an Herrn I. Newton weiterzugeben. Wenn man eine Feder auftreiben kann, dann ergibt sie ein schönes Transmissionsgitter.

Zwei- und dreidimensionale Gitter

Nehmen wir nun an, der Schirm Σ enthalte eine große Zahl (N) von identischen, beugenden Öffnungen (oder Hindernissen), die völlig zufällig über die Oberfläche des Schirmes verteilt sind. Zudem müssen sie auch noch alle gleich orientiert sein. Nun wird Σ mit ebenen Wellen beleuchtet und eine ideale Linse fokussiere die aus dem Schirm austretenden Wellen auf σ (siehe Abb. 10.15). Die einzelnen Öffnungen erzeugen dann identische Fraunhofersche Beugungsmuster, die sich auf dem Schirm σ alle

---

[13] Als Beispiel sei auf die folgenden Arbeiten verwiesen: F. Kneubühl, *Appl. Opt.* **8**, 505 (1969); R.S. Longhurst, *Geometrical and Physical Optics*; und den sehr ausführlichen Artikel von G.W. Stroke in *Encyclopaedia of Physics*, Hg. S. Flügge, p.426.

überlagern. Ist in der Verteilung der Öffnungen keinerlei Regelmäßigkeit zu finden, dann können wir auch eine zufällige Verteilung der Phasen der in einem Punkt P auf σ ankommenden Wellen erwarten. Dabei müssen wir auf den Punkt auf der Achse, P_0, besonders aufpassen. Es gilt nämlich für diesen Punkt, daß alle zur Achse parallelen Strahlen von allen Öffnungen zu diesem Punkt hin den gleichen optischen Weg haben und daher in P_0 konstruktiv interferieren. Betrachten wir aber nun ein beliebig gerichtetes Bündel paralleler Strahlen, die von verschiedenen Öffnungen kommen und nicht zur Achse parallel sind. Diese sind auf einen Punkt P in der Ebene σ fokussiert. Für jeden Strahl ist die Wahrscheinlichkeit gleich groß, mit irgendeiner Phase zwischen 0 und 2π in P einzutreffen. Was wir bestimmen müssen, ist das resultierende elektrische Feld, das sich ergibt, wenn sich N Vektoren gleicher Amplitude, aber regellos verteilter Phase, überlagern. Die Lösung dieses Problems kann nur im Rahmen der Wahrscheinlichkeitstheorie erfolgen und ist für uns hier viel zu aufwendig.[14] Das wichtige Ergebnis ist, daß die Summe einer Zahl von Vektoren gleicher Amplitude und beliebiger Phase nicht einfach Null ist, wie man denken könnte. Die allgemeine Analyse beginnt aus statistischen Gründen mit der Annahme einer großen Zahl verschiedener Schirme, deren jeder N zufällig verteilte Öffnungen aufweist. Diese Schirme werden nacheinander mit monochromatischem Licht beleuchtet. Es sollte uns nun nicht überraschen, wenn die Beugungsmuster zweier verschiedener Lochverteilungen von, sagen wir $N = 100$ Löchern, verschieden sind, auch wenn die Unterschiede verschwindend klein sein mögen. Denn die beiden Verteilungen sind ja tatsächlich verschieden, und je geringer die Zahl N, desto deutlicher die Unterschiede. So können wir denn auch erwarten, daß sich die Ähnlichkeiten dieser Anordnungen bei einer großen Zahl von Schirmen statistisch manifestieren. Was uns zu obigem Ansatz führt.

Wenn wir nun die verschiedenen Intensitätsmuster, die sich ergeben, alle für einen Punkt P auf σ, der *nicht auf der Achse liegt*, mitteln, dann ergibt sich die mittlere Intensität $\langle I_{av} \rangle$ zu N mal der Intensität I_0, die von einer einzigen Öffnung herrührt: $I_{av} = NI_0$. Trotzdem kann die Intensität, die von einer einzelnen Anordnung herrührt, an jedem Punkt von diesem Durchschnittswert recht wesentlich abweichen, wobei die Größe von N überhaupt keine Rolle spielt. In jedem einzelnen Beugungsmuster zeigen sich diese Fluktuationen um den Mittelwert an jedem Punkt als eine meist radiale, faserartige Struktur. Wenn wir diese feinkörnigen Flecken, die immer noch viele Fluktuationen enthalten, über einen kleinen Bereich mitteln, dann erhalten wir für die Intensität den Wert NI_0.

Natürlich ist jedes reale Experiment nicht ideal. Es gibt kein wirklich monochromatisches Licht und auch keine wirklich zufällige Verteilung beugender Elemente, bei der sich diese Elemente nicht überlappen. Wenn wir aber einen Schirm mit N "zufällig" verteilten Löchern mit quasimonochromatischem Licht beleuchten, so können wir trotzdem eine Flußdichteverteilung erwarten, die derjenigen ähnlich ist, die von einem einzigen Loch herrührt, aber gesprenkelt und etwa N mal so hell. Zusätzlich wird im Zentrum ein heller Fleck auftreten, für den die Flußdichte N^2 mal so groß wie die von einer einzelnen Öffnung kommende ist. Wenn z.B. die beugenden Öffnungen rechteckig sind (Abb. 10.41 (a)), dann wird das sich daraus ergebende Beugungsbild (Abb. 10.41 (b)) dem in Abbildung 10.24 gezeigten Beugungsbild eines einzelnen Loches ähnlich sein. Entsprechend werden runde Löcher im Schirm (Abb. 10.41 (c)) Beugungsringe (Abb. 10.41 (d)) produzieren.

Wenn die Zahl der Öffnungen größer wird, dann wird im allgemeinen der zentrale helle Fleck so hell, daß er das andere Muster überstrahlt. Wir möchten noch darauf hinweisen, daß die obigen Überlegungen nur für den Fall gelten, daß alle Löcher im Schirm vollständig kohärent beleuchtet werden. Die Intensitätsverteilung im Beugungsbild wird nämlich durch den Kohärenzgrad bestimmt (Kapitel 12). Die Intensität durchläuft die ganze Skala von Null im Falle völlig inkohärenter Beleuchtung bis zum oben diskutierten Fall vollständig kohärenter Beleuchtung (Aufgabe 10.40).

Ähnliche Effekte werden auch von einer Struktur erzeugt, die ein zweidimensionales *Phasen*gitter genannt werden kann. So kommt zum Beispiel der Halo um Sonne oder Mond, den man recht oft bei trübem Wetter sehen kann, durch die Beugung des Lichtes an zufällig verteil-

---

[14] Eine statistische Behandlung des Problems ist in J.M. Stone, *Radiation and Optics*, p. 146, und A. Sommerfeld, *Optics*, p. 194, gegeben. Man beachte auch "Diffraction Plates for Classroom Demonstrations" von R.B. Hoover, *Am. J. Phys.* **37**, 871 (1969) und T.A. Wiggins, "Hole Gratings for Optics Experiments", *Am. J. Phys.* **53**, 227 (1985).

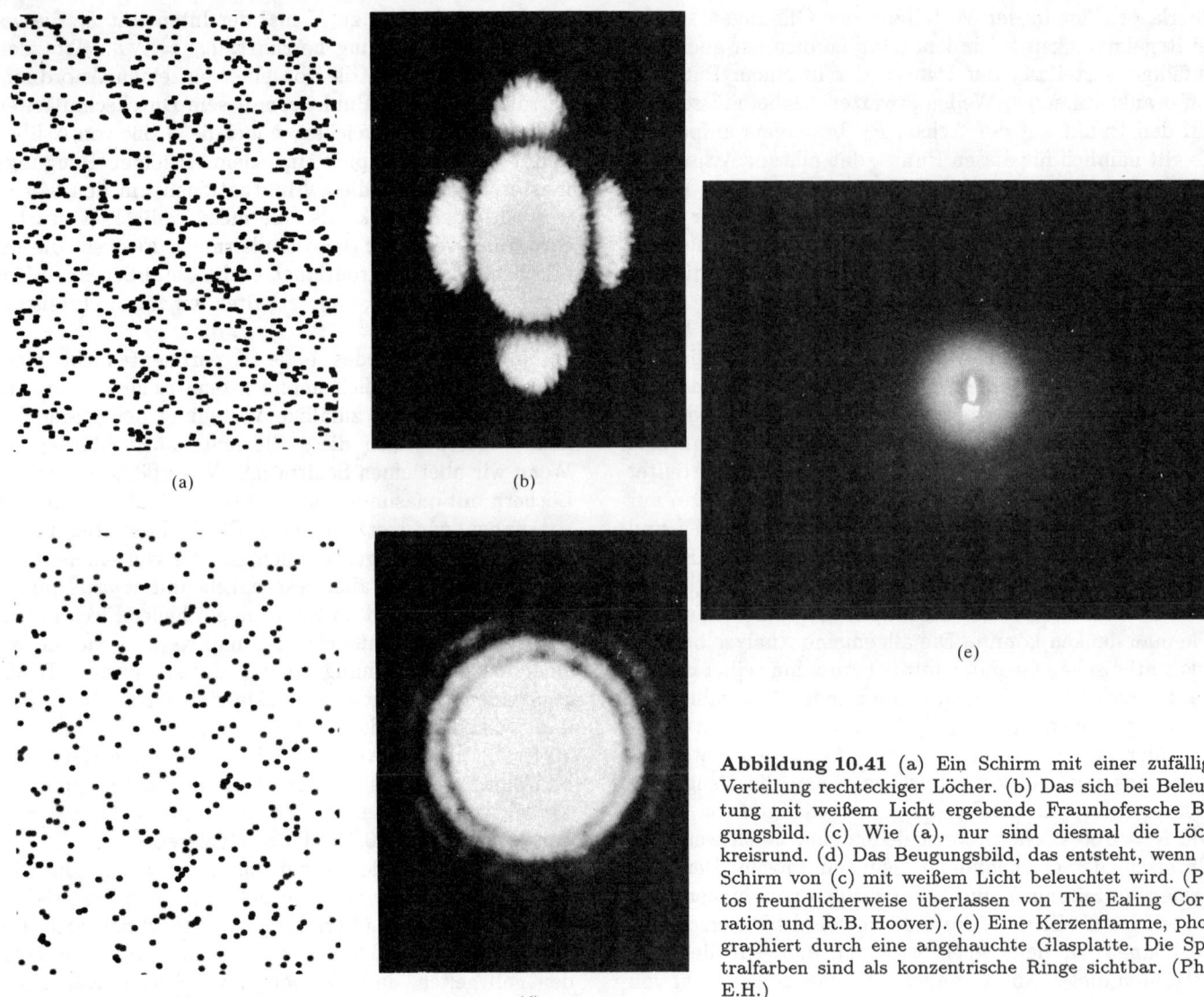

Abbildung 10.41 (a) Ein Schirm mit einer zufälligen Verteilung rechteckiger Löcher. (b) Das sich bei Beleuchtung mit weißem Licht ergebende Fraunhofersche Beugungsbild. (c) Wie (a), nur sind diesmal die Löcher kreisrund. (d) Das Beugungsbild, das entsteht, wenn der Schirm von (c) mit weißem Licht beleuchtet wird. (Photos freundlicherweise überlassen von The Ealing Corporation und R.B. Hoover). (e) Eine Kerzenflamme, photographiert durch eine angehauchte Glasplatte. Die Spektralfarben sind als konzentrische Ringe sichtbar. (Photo E.H.)

ten Wassertröpfchen in den Wolken zustande. Wenn wir diesen Effekt "im Labor" erzeugen wollen, dann müssen wir einen Objektträger mit einer sehr dünnen Schicht von Talkumpuder einreiben und dann anhauchen. Betrachten wir nun durch diesen Objektträger eine Punktquelle, die weißes Licht abstrahlt, so sollten wir ein Muster deutlicher, farbiger und konzentrischer Ringe sehen (Gl. (10.56)), die ein weißes Scheibchen umgeben. Wenn man nur einen hellen Fleck sieht, dann hat man keine passende Verteilung in etwa gleich großer "Wassertröpfchen" erreicht und sollte nochmals mit dem Talkumpuder beginnen. Wunderschön ist auch das farbige, konzentrische Ringsystem, das man durch die Maschen eines gewöhnlichen Nylonstrumpfes sehen kann. Gibt es in der Nähe Quecksilberdampflampen als Straßenbeleuchtung, dann kann man auf diese Weise ohne Probleme die entsprechenden Spektrallinien im sichtbaren Licht sehen. Ansonsten kann man auch eine Leuchtstoffröhre so ab-

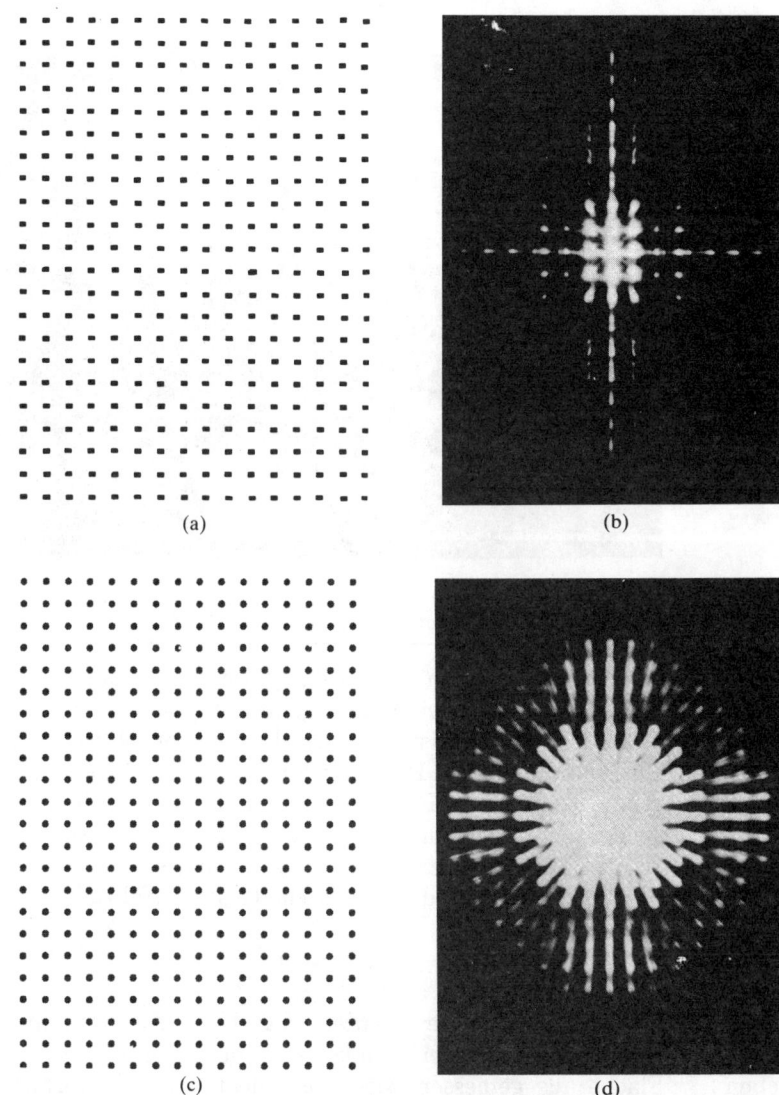

Abbildung 10.42 (a) Ein Schirm mit einer regelmäßigen Anordnung rechteckiger Löcher. (b) Das bei Beleuchtung mit weißem Licht entstehende Fraunhofersche Beugungsbild. (c) Wie (a), jedoch mit runden Löchern. (d) Wie (b), jedoch für den Schirm in (c). (Photos freundlicherweise überlassen von Richard B. Hoover.)

decken, daß nur ein kleiner Teil davon übrig bleibt, der dann eine kleine Lichtquelle darstellt. Die Symmetrie des Beugungsbildes wird immer größer, je mehr Lagen des Strumpfes man verwendet. Interessanterweise war es genau dieser Effekt, allerdings mit Seidentaschentüchern, der Rittenhouse zu seiner Erfindung des Beugungsgitters angeregt hat.

Betrachten wir nun eine *regelmäßige*, zweidimensionale Anordnung beugender Elemente, die durch normal einfallende ebene Wellen beleuchtet wird (Abb. 10.42).

Jedes der kleinen Elemente stellt eine kohärente Quelle dar. Und weil die Anordnung der Quellen regelmäßig ist, stehen die ausgesandten Wellen in festen Phasenrelationen zueinander. Es gibt nun gewisse Richtungen, in denen die Interferenz hauptsächlich additiv ist. Diese Richtungen sind jene, in denen die unterschiedlichen Distanzen der beugenden Elemente vom Punkt P gerade so sind, daß die einzelnen Wellen nahezu in Phase in P eintreffen. Diesen Effekt kann man beobachten, wenn man eine Punktquelle durch ein Stück dünnes *gewo-*

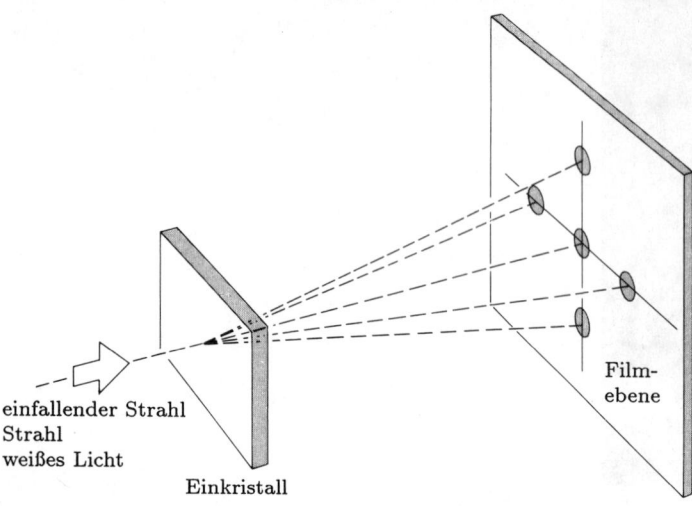

Abbildung 10.43 Zur Entstehung eines Laue-Musters in Transmission.

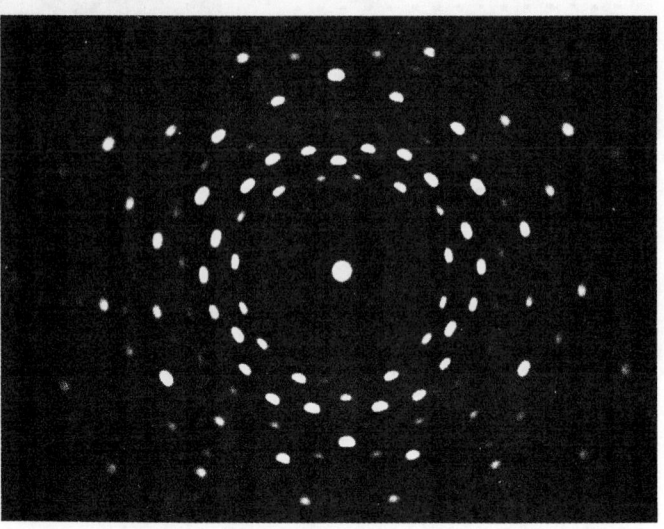

Abbildung 10.44 Röntgenbeugungsmuster für Quarz (SiO$_2$).

benes Tuch (z.B. Nylonvorhangstoff) oder auch durch das feine Drahtmaschengitter eines Teesiebes betrachtet (Abb. 10.91). Das Beugungsbild entspricht der Überlagerung zweier Beugungsmuster in rechtem Winkel zueinander. Im Zentrum des Bildes kann die gitterartige Struktur noch recht gut gesehen werden.

Auch ein *dreidimensionales Gitter* bedarf zu seiner Beschreibung keiner neuen Konzepte mehr. Eine regelmäßige räumliche Anordnung von Streuzentren wird ganz sicher bevorzugte Richtungen für die Interferenzmaxima aufweisen. Max von Laue (1879–1960) hatte 1912 die geniale Idee, einen Kristall, dessen Atome ja konstante Abstände von einander haben, als dreidimensionales Gitter zu verwenden. In sichtbarem Licht ergeben sich dabei allerdings einige Schwierigkeiten. Denn gemäß der Gittergleichung (10.61) ist klar, daß für Wellenlängen viel größer als die Gitterkonstante nur die nullte Ordnung des Beugungsbildes aufscheinen kann, d.h. $\theta_i = \theta_0$ und damit spiegelnde Reflexion. Da nun der Atomabstand in einem Kristall nur einige hundert Angström (1Å= 0.1 nm) beträgt, kann sichtbares Licht nur in die spektroskopisch unnütze nullte Ordnung gebeugt werden.

Die Beseitigung dieser Schwierigkeit gelang von Laue durch die Verwendung von Röntgenstrahlen, deren Wellenlänge vergleichbar mit den Atomabständen im Kristall ist (Abb. 10.43). Ein enger Röntgenstrahl, der das breite Frequenzspektrum einer Röntgenröhre enthält, wird auf einen dünnen Einkristall gerichtet. Die Photoplatte zeigt ein Fraunhofersches Beugungsbild (Abb. 10.44), das aus genau lokalisierten Punkten besteht. Diese Punkte konstruktiver Interferenz erscheinen immer dort, wo der Winkel zwischen dem Röntgenstrahl und einer Gruppe von Kristallebenen das Braggsche Gesetz erfüllt.

$$2d\sin\theta = m\lambda. \qquad (10.71)$$

Dabei muß beachtet werden, daß beim Arbeiten mit Röntgenstrahlen der Winkel θ üblicherweise von der Fläche aus gemessen wird, und nicht von der Normalen aus. Jede Gruppe von Kristallebenen beugt eine bestimmte Wellenlänge in eine bestimmte Richtung. Abbildung 10.45 zeigt das analoge Verhalten in einer Wellenwanne sehr eindrucksvoll.

Es wäre natürlich auch der umgekehrte Weg möglich gewesen. Anstatt einer Verkleinerung der Wellenlänge in den Röntgenbereich hätten wir diese ganze Situation auch um den Faktor von etwa einer Milliarde vergrößern können. Auf diese Weise bekommt man ein räumliches Gitter, das aus kleinen Metallkugeln besteht, und zur Beugung von Mikrowellen verwendet werden kann.

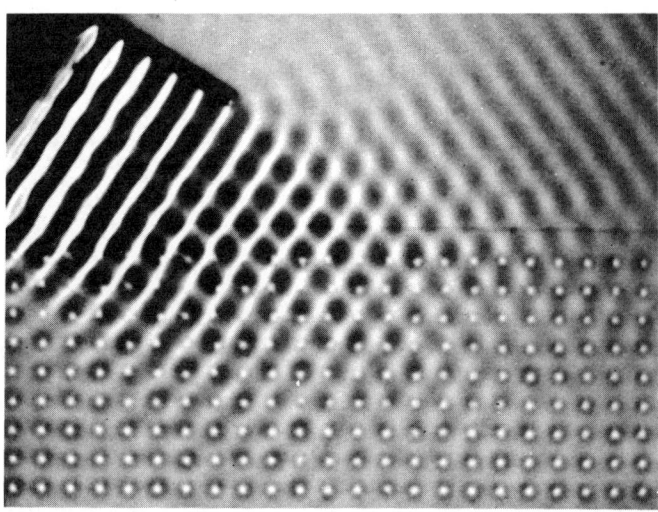

Abbildung 10.45 Wasserwellen in einer Wellenwanne, die an einer regelmäßigen Anordnung von Stiften reflektiert werden. (Photo freundlicherweise überlassen von PSSC, *Physics*, D.C. Heath, Boston, 1960.)

10.3 Fresnelbeugung
10.3.1 Die freie Ausbreitung einer sphärischen Welle

In der Fraunhofernäherung ist das beugende Element relativ klein und der Beobachtungspunkt sehr weit entfernt, sozusagen im Unendlichen. Unter diesen Umständen brauchten wir uns um eine ganze Reihe von Eigenheiten des Fresnel-Huygens-Prinzips nicht zu kümmern, die im Prinzip recht problematisch sind. Nun aber wollen wir uns mit dem Nahfeldbereich befassen, das ist jener Bereich, der bis zu den beugenden Elementen hinreicht. Dabei sind die in den vorherigen Abschnitten getroffenen Näherungen nicht mehr angemessen, weswegen wir das Fresnel-Huygens-Prinzip noch einmal genauer untersuchen müssen. Gemäß diesem Prinzip wird jeder Punkt einer Wellenfront zu jeder Zeit als kontinuierliche Quelle kleiner sekundärer Elementarwellen betrachtet. Wenn sich nun jede dieser Elementarwellen gleichmäßig ausbreitet, dann entsteht zu der sich nach vorne ausbreitenden Wellenfront auch eine, die sich nach hinten, d.h. in Richtung Quelle, ausbreitet. Da von so einer Welle experimentell keine Spur zu finden

ist, muß das Abstrahlungsverhalten der Sekundärquellen verändert werden. Um diese "Gerichtetheit" der sekundären Quellen zu beschreiben, wird eine Funktion $K(\theta)$ eingeführt, der *Schrägheits-* oder *Neigungsfaktor*. Fresnel selbst erkannte bereits die Notwendigkeit einer solchen Größe, aber er hat sich nicht weiter damit befaßt und über ihre Form nur spekuliert.[15]

Es blieb dem analytischer veranlagten Kirchhoff überlassen, einen konkreten Ausdruck für diese Funktion anzugeben. Dieser Ausdruck ist, wie wir im Abschnitt 10.4 sehen werden, gleich

$$K(\theta) = \frac{1}{2}(1 + \cos\theta). \quad (10.72)$$

Wie in Abbildung 10.46 gezeigt, ist θ der Winkel zwischen der Normalen und der primären Wellenfront k. Diese Funktion hat als Maximum den Wert $K(0) = 1$, und räumt außerdem mit den rückwärtslaufenden Wellen auf, da $K(\pi) = 0$

Untersuchen wir jetzt die freie Ausbreitung einer monochromatischen sphärischen Welle, die von einer *Punktquelle S* ausgeht. Ist das Fresnel-Huygens-Prinzip korrekt, dann sollten wir durch Aufaddieren aller im Punkt P ankommenden sekundären Elementarwellen die ungestörte primäre Wellenfront erhalten können. Wenn wir dies nun durchführen, so werden wir nicht nur neue Einsichten in die Probleme dieses Prinzips erhalten, sondern auch eine neue Methode erarbeiten, die sich im Folgenden als sehr nützlich erweisen wird. Schauen wir uns die Konstruktion in Abbildung 10.47 an. Die sphärische Wellenfront entspricht der Primärwelle zu einem beliebigen Zeitpunkt t' nach ihrem Start in S, der Quelle, zur Zeit $t = 0$. Diese Störung, die den Radius ρ hat, kann durch jeden mathematischen Ausdruck beschrieben werden, der eine harmonische sphärische Welle beschreibt,

---

[15] Es ist vielleicht interessant, Fresnels eigene Worte darüber zu lesen. Dabei dürfen wir aber nicht vergessen, daß Fresnel Licht als eine elastische Welle im Äther betrachtete.

"Da der Impuls, der jedem Teil der primitiven Welle mitgeteilt wird, in Richtung der Normalen liegt, sollte die Bewegung, die durch jede von ihnen dem Äther aufgeprägt zu werden scheint, in dieser Richtung intensiver sein, als in jeder anderen. Und die davon ausgehenden Strahlen wären dann, wenn man sie alleine betrachtet, weniger und weniger intensiv, je mehr sie von dieser Richtung abweichen.

Die Untersuchung des Gesetzes, gemäß dem sich ihre Intensität um jedes Zentrum herum ändert, ist sicherlich eine schwierige Sache; ..."

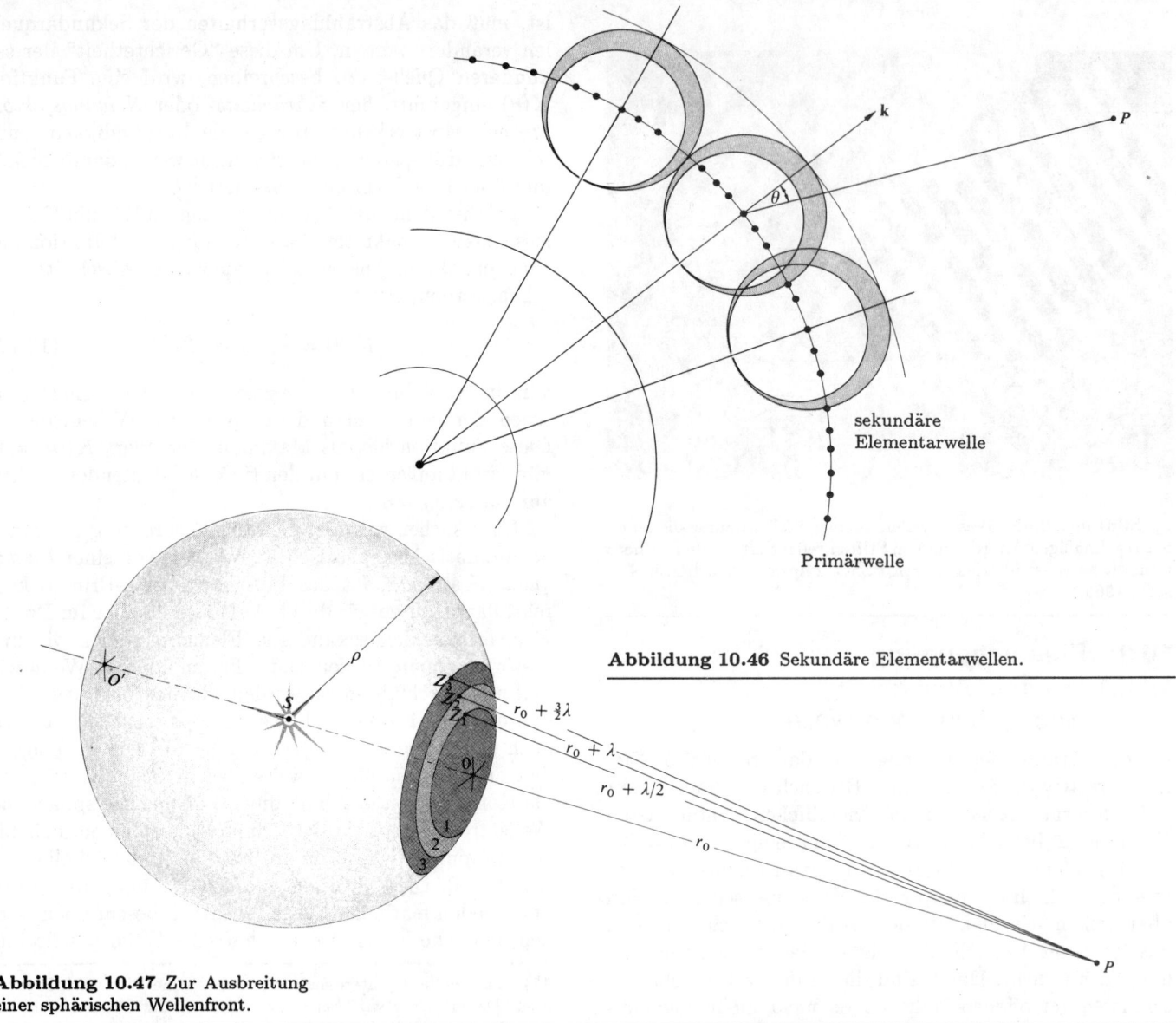

Abbildung 10.46 Sekundäre Elementarwellen.

Abbildung 10.47 Zur Ausbreitung einer sphärischen Wellenfront.

also z.B. durch

$$E = \frac{\mathcal{E}_0}{\rho} \cos(\omega t' - k\rho). \qquad (10.73)$$

Wie dargestellt, haben wir diese Wellenfront in eine Reihe ringförmiger Zonen eingeteilt. Die Grenzen dieser Ringe entsprechen den Schnittlinien der Wellenfront mit konzentrischen Kugeln, deren Radien $r_0 + \lambda/2$, $r_0 + \lambda$, $r_0 + 3\lambda/2$, usw., sind. Ihr Mittelpunkt liegt in P. Dies

sind die **Fresnelzonen (Halbperiodenzonen)**. Wir müssen beachten, daß sich für jede sekundäre Punktquelle in einer Zone eine weitere in der benachbarten Zone befindet, deren Abstand von P gerade um $\lambda/2$ größer ist. Da nun jede Zone zwar klein ist, aber eine endliche Ausdehnung hat, können wir ein ringförmiges Flächenelement dS wie in Abbildung 10.48 definieren. Alle Punktquellen innerhalb von dS sind kohärent und *wir nehmen an*,

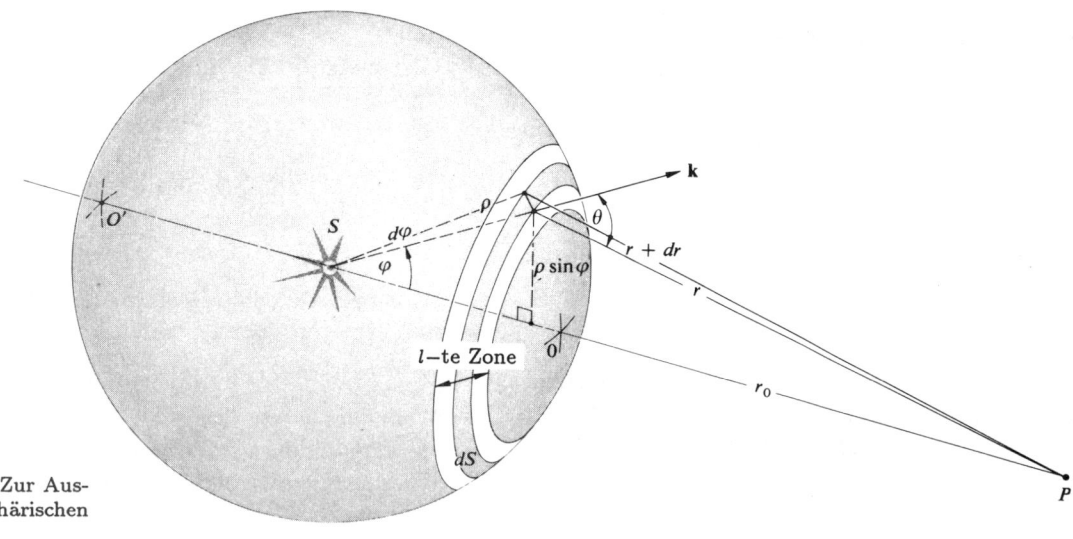

Abbildung 10.48 Zur Ausbreitung einer sphärischen Wellenfront.

daß alle in Phase mit der Primärwelle von Gleichung (10.73) emittieren. Diese Elementarwellen pflanzen sich über eine Distanz r fort und erreichen den Punkt P zur Zeit t, alle in der gleichen Phase $\omega t - k(\rho + r)$. Die Amplitude der Primärwelle im Abstand ρ von der Quelle S ist $\mathcal{E}_0/\rho$, und wir nehmen an, daß die Quellstärke pro Flächeneinheit $\mathcal{E}_A$ der Sekundärquellen proportional zu $\mathcal{E}_0/\rho$ ist, d.h. $\mathcal{E}_A = Q\mathcal{E}_0/\rho$. Der gesamte Beitrag der sekundären Quellen auf dS zur optischen Störung in P ist daher

$$dE = K\frac{\mathcal{E}_A}{r}\cos\{\omega t - k(\rho + r)\}dS. \quad (10.74)$$

Der Neigungsfaktor kann sich nur langsam ändern und daher können wir ihn innerhalb einer Fresnelzone als konstant betrachten. Um nun dS als eine Funktion von r zu erhalten, wollen wir es zuerst in Polarkoordinaten anschreiben.

$$dS = \rho\, d\varphi\, 2\pi(\rho \sin\varphi).$$

Unter Benützung des Kosinus-Satzes erhalten wir

$$r^2 = \rho^2 + (\rho + r_0)^2 - 2\rho(\rho + r_0)\cos\varphi,$$

was nach einmaliger Differentiation bei konstantem r_0 und

$$2r\, dr = 2\rho(\rho + r_0)\sin\varphi\, d\varphi$$

ergibt. Setzen wir nun für $d\varphi$ seinen Wert ein, so erhalten wir für die Fläche des Elementes dS

$$dS = 2\pi\frac{\rho}{(\rho + r_0)}r\, dr. \quad (10.75)$$

Damit ergibt sich für den in P eintreffenden Beitrag der l-ten Zone zur Gesamtstörung

$$E_l = K_l \cdot 2\pi\frac{\mathcal{E}_A\rho_0}{(\rho + r_0)}\int_{r_{l-1}}^{r_l}\cos\{\omega t - k(\rho + r_0)\}\,dr$$

und nach Integration

$$E_l = \frac{-K_l\mathcal{E}_A\rho\lambda}{(\rho + r_0)}\{\sin(\omega t - kr - k\rho)\}_{r=r_{l-1}}^{r=r_l}.$$

Führen wir nun ein, daß $r_{l-1} = r_0 + (l-1)/2$ und $r_l = r_0 = l\lambda/2$, dann reduziert sich obiger Ausdruck (siehe Aufgabe 10.42) zu

$$E_l = (-1)^{l+1}\frac{2K_l\mathcal{E}_A\rho\lambda}{(\rho + r_0)}\sin\{\omega t - k(\rho + r_0)\}. \quad (10.76)$$

Wir können feststellen, daß die Amplitude von E_l zwischen positiven und negativen Werten hin und her pendelt, je nachdem l gerade oder ungerade ist. Dies bedeutet, daß die Beiträge benachbarter Zonen um 180° zueinander phasenverschoben sind und daher dazu neigen, sich auszulöschen. Hier spielt nun der Neigungsfaktor seine wichtige Rolle. Wenn l zunimmt, dann nimmt θ zu und K nimmt infolgedessen ab. Die Beiträge benachbarter Zonen löschen sich daher nicht ganz aus. Eine interessante Tatsache liegt darin, daß E_l/K_l von jedweden Positionsvariablen unabhängig ist. Obwohl die Flächen benachbarter Zonen nahezu gleich sind, so wird doch mit zunehmendem l eine kleine Zunahme auftreten. Dies bedeutet, daß die Zahl der emittierenden Quellen zunimmt.

Zugleich nimmt aber die mittlere Distanz jeder Zone von P zu, so daß E_l/K_l gerade konstant bleibt (Aufgabe 10.43).

Die Summe der Beiträge aller m Zonen zur optischen Störung in P ist

$$E = E_1 + E_2 + E_3 + \cdots + E_m,$$

was auf Grund der alternierenden Vorzeichen wie folgt geschrieben werden kann:

$$E = |E_1| - |E_2| + |E_3| - \cdots \pm |E_m|. \qquad (10.77)$$

Wenn m ungerade ist, dann läßt sich diese Reihe auf zwei Arten umschreiben. Entweder

$$E = \frac{|E_1|}{2} + \left(\frac{|E_1|}{2} - E_2 + \frac{|E_3|}{2}\right) + \left(\frac{|E_3|}{2} - E_4 + \frac{|E_5|}{2}\right) + \cdots$$
$$+ \left(\frac{|E_{m-2}|}{2} - |E_{m-1}| + \frac{|E_m|}{2}\right) + \frac{|E_m|}{2}$$
$$(10.78)$$

oder

$$E = |E_1| - \frac{|E_2|}{2} - \left(\frac{|E_2|}{2} - |E_3| - \frac{|E_4|}{2}\right)$$
$$- \left(\frac{|E_4|}{2} - |E_5| - \frac{|E_6|}{2}\right) - \cdots$$
$$- \left(\frac{|E_{m-3}|}{2} - |E_{m-2}| - \frac{|E_{m-1}|}{2}\right) - \frac{|E_{m-1}|}{2} + |E_m|.$$
$$(10.79)$$

Nun gibt es zwei Möglichkeiten: entweder ist der Wert $|E_l|$ größer als das arithmetische Mittel seiner beiden Nachbarwerte $|E_{l-1}|$ und $|E_{l+1}|$, oder er ist kleiner als dieser Mittelwert. Im Grunde läuft dies auf eine Frage nach der Veränderungsrate von $K(\theta)$ mit θ hinaus. Wenn

$$|E_l| > (|E_{l-1}| + |E_{l+1}|)/2,$$

so gilt, daß jeder der eingeklammerten Terme der obigen Reihen negativ ist. Aus Gleichung (10.78) folgt dann, daß

$$E < \frac{|E_1|}{2} + \frac{|E_m|}{2} \qquad (10.80)$$

und aus (10.79), daß

$$E > |E_1| - \frac{|E_2|}{2} - \frac{|E_{m-1}|}{2} + |E_m|. \qquad (10.81)$$

Da sich der Neigungsfaktor von 1 nach Null über eine sehr große Anzahl von Zonen verändert, können wir seine Variation für zwei benachbarte Zonen vernachlässigen, so daß $|E_1| \approx |E_2|$ usw. bis zu $|E_{m-1}| \approx |E_m|$. Damit wird Gleichung (10.81) in derselben Näherung zu

$$E > \frac{|E_1|}{2} + \frac{|E_m|}{2} \qquad (10.82)$$

und wir können aus den beiden Gleichungen (10.80) und (10.82) auf

$$E \approx \frac{|E_1|}{2} + \frac{|E_m|}{2} \qquad (10.83)$$

schließen. Dasselbe Resultat hätten wir für den anderen Fall erhalten, nämlich wenn

$$|E_l| < (|E_{l-1}| + |E_{l+1}|)/2.$$

Wenn der letzte Term der Reihe in Gleichung (10.77), $|E_m|$, zu einem geraden m gehört, dann führen ähnliche Überlegungen (Aufgabe 10.44) zu dem folgenden Ergebnis:

$$E \approx \frac{|E_1|}{2} - \frac{|E_m|}{2}. \qquad (10.84)$$

Fresnel seinerseits vermutete, daß der Neigungsfaktor eine solche Form hätte, daß die letzte Zone, die einen Beitrag leistet, bei $\theta = 90°$ läge, d.h.

$$K(\theta) = 0 \quad \text{für} \quad \frac{\pi}{2} \leq |\theta| \leq \pi.$$

Unter dieser Annahme erhält man anstelle der Gleichungen (10.83) und (10.84)

$$E \approx \frac{|E_1|}{2}, \qquad (10.85)$$

wobei $|E_m| = 0$, da $K_m(\pi/2) = 0$. Verwenden wir im Gegensatz dazu Kirchhoffs korrekten Neigungsfaktor, dann teilen wir die *gesamte* Kugel in Zonen, so daß die letzte, m-te Zone rund um O' (Abb. 10.48) liegt. Wenn θ nun gegen π geht, so wird $K_m(\theta) = 0$ und damit $|E_m| = 0$, was wiederum zu $E \approx |E_1|/2$ führt. *Die gesamte optische Störung, die durch eine ungestörte Wellenfront in P produziert wird, ist genau halb so groß wie der Beitrag, der von der ersten Zone herrührt.*

Würde sich die Primärwelle einfach von S nach P ausbreiten, so könnte sie in P durch

$$E = \frac{\mathcal{E}_0}{\rho + r_0} \cos\{\omega t - k(\rho + r_0)\} \qquad (10.86)$$

beschrieben werden. Anderseits erhalten wir für die aus den Sekundärwellen synthetisierte Wellenfront, siehe Gleichungen (10.76) und (10.85),

$$E = \frac{K_1 \mathcal{E}_A \rho \lambda}{\rho + r_0} \sin\{\omega t - k(\rho + r_0)\}. \qquad (10.87)$$

Diese beiden Ausdrücke müssen jedoch exakt gleich sein, da sie dasselbe Phänomen beschreiben, und deswegen werden wir die Konstanten in Gleichung (10.87) so interpretieren, daß dies der Fall ist. Wie dies zu erreichen ist, soll nun etwas breiter ausgeführt werden. Wir möchten, daß K in Vorwärtsrichtung gleich 1 ist, d.h. $K_1 = 1$ und nicht $1/\lambda$. Daher muß Q gleich $1/\lambda$ sein. In diesem Fall ist $\mathcal{E}_A \rho \lambda = \mathcal{E}_0$, was dimensionsmäßig richtig ist. Wenn wir bedenken, daß $\mathcal{E}_A$ die Quellstärke der sekundären Elementarwellen pro Flächeneinheit ist, die über eine primäre Wellenfront vom Radius ρ verteilt sind, und $\mathcal{E}_0/\rho$ die Amplitude dieser Primärwelle $E_0(\rho)$, dann ist $\mathcal{E}_A = E_0(\rho)/\lambda$. Ein weiteres Problem besteht noch, nämlich die Phasendifferenz von $\pi/2$ zwischen den Gleichungen (10.86) und (10.87). Diese Schwierigkeit kann dadurch beseitigt werden, daß wir annehmen, daß die Sekundärquellen nicht in Phase mit der Primärquelle strahlen, sondern um eine Viertelwellenlänge dazu verschoben (siehe Abschnitt 3.5.2).

Obwohl wir die anfängliche Form des Fresnel-Huygens-Prinzips modifizieren mußten, sollten wir die eher praktischen Gründe für seine Verwendung doch nicht vergessen: (1) Dieses Prinzip ist eine Näherung der Kirchhoffschen Theorie und als solche keine bloße Erfindung, und (2) es liefert auf sehr einfache Weise viele Ergebnisse, die einer experimentellen Prüfung gut standhalten, z.B. die Resultate in der Fraunhoferschen Näherung.

10.3.2 Die Vibrationskurve

Wir wollen nun eine graphische Methode zur qualitativen Analyse einer ganzen Reihe von Beugungsproblemen entwickeln. Diese Probleme entstehen vornehmlich, wenn die beugende Anordnung kreissymmetrisch ist.

Stellen wir uns vor, daß die erste (oder polare) Fresnelzone der Abbildung 10.47 in N Unterzonen eingeteilt wird, durch Schnitte mit in P zentrierten Kugeln der Radien

$$r_0 + \lambda/2N \; r_0 + \lambda/N, \; r_0 + 3\lambda/2N, \; \ldots \; r_0 + \lambda/2.$$

Jede dieser Unterzonen liefert einen Beitrag zur Welle in P, die Summe aller Beiträge ist natürlich E_1. Da der Phasenunterschied über die ganze Zone, von O bis zu ihrem Rand, gleich π rad (das entspricht $\lambda/2$) ist, so ist der Beitrag jeder Unterzone in seiner Phase um π/N

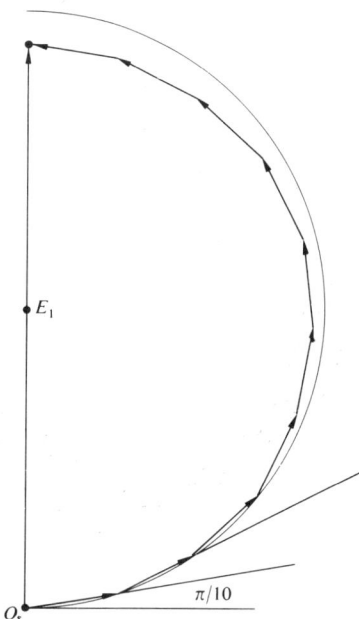

Abbildung 10.49 Addition der Phasenvektoren.

rad gegenüber demjenigen der Nachbarzonen verschoben. Abbildung 10.49 zeigt die Addition dieser Phasenvektoren, wobei wir der Bequemlichkeit halber $N = 10$ gewählt haben. Die Kette der Phasenvektoren weicht ein wenig von einem Kreis ab, da der Neigungsfaktor die jeweils nächste Amplitude ein wenig verkleinert. Wenn nun N gegen unendlich geht, dann wird die Vektorenkette zum Segment einer kontinuierlichen Spirale, der **Vibrationskurve**. Für jede Fresnelzone vollführt diese Spirale einen *halben Kreis* nach innen, während sich die Phase um den Winkel π ändert. Wie aus der Abbildung 10.50 entnommen werden kann, entsprechen die Punkte O_s, Z_{s1}, $Z_{s2}, Z_{s3}, \ldots$, O'_s auf der Spirale den Punkten $O, Z_1, Z_2, Z_3, \ldots$, O' auf der Wellenfront (Abb. 10.47). Jeder der Punkte Z_1 bis Z_m liegt auf der Peripherie einer Zone und so ist jeder der Punkte $Z_{s1}, Z_{s2}, \ldots, Z_sm$ vom vorhergehenden durch eine halbe Windung der Spirale getrennt. Wie wir später noch sehen werden (Gl. (10.91)), ist der Radius einer jeden Zone zur Wurzel aus ihrer Nummer m proportional. Daher ist der Radius der 100. Zone nur 10 mal so groß wie der der ersten. Anfänglich wächst θ daher schnell, während der Winkel später nur mehr langsam zunimmt. Ebenso nimmt $K(\theta)$ nur während der

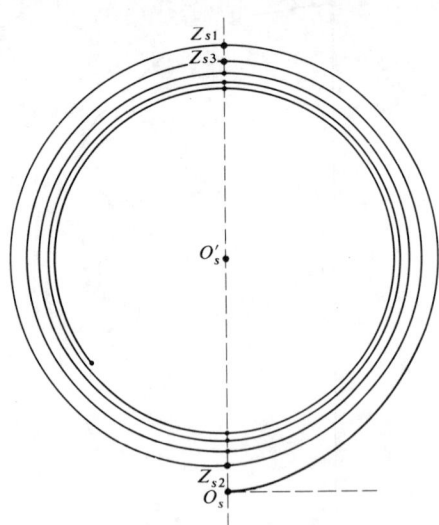

Abbildung 10.50 Die Vibrationskurve.

ersten paar Zonen rasch ab. Daraus ergibt sich, daß die Spirale enger und enger wird, während sie sich nach innen dreht. Jede der folgenden Umdrehungen unterscheidet sich weniger von einem Kreis als die vorhergehende.

Wir dürfen nun nicht vergessen, daß die Vibrationskurve aus einer unendlichen Anzahl von Phasenvektoren besteht, die um einen kleinen Phasenwinkel gegeneinander verschoben sind. Die relative Phase zwischen zwei Störungen, die von verschiedenen Punkten (z.B. O und A) der Wellenfront kommend in P eintreffen, kann wie in Abbildung 10.51 dargestellt werden. Der mit β bezeichnete Winkel zwischen den beiden Tangenten, die in O_s und A_s an die Kurve gelegt wurden, ist die gesuchte Phasendifferenz. Wenn A an der Grenze der Kugelkalotte auf der Wellenfront liegt, so ist die Resultierende des ganzen Bereiches $\overline{O_s A_s}$ unter einem Winkel δ.

Die gesamte in P ankommende Störung, die von der ungestörten Wellenfront herrührt, ist die Summe der Beiträge aller Zonen zwischen O und O'. Die Länge des Vektors von O_s nach O'_s ist daher gleich der Amplitude dieser Störung. Wie erwartet ist diese Amplitude $O_s O'_s$ gerade halb so groß wie der Beitrag der ersten Zone $O_s Z_{s1}$. $\overline{O_s O'_s}$ hat eine Phasenverschiebung von 90° bezogen auf die in P eintreffende Welle, die von O aus-

geht, während eine Elementarwelle, die in Phase mit der Primärwelle abgestrahlt wird, auch in Phase mit dieser in P eintrifft. Dies bedeutet, daß $\overline{O_s O'_s}$ um 90° gegen die unbehinderte Primärwelle phasenverschoben ist. Wie wir aber schon festgestellt haben, ist dies eines der Probleme der Fresnelschen Formulierung.

10.3.3 Kreisförmige Öffnungen
i) Sphärische Wellen

Fresnels Methode kann, wenn sie auf eine Punktquelle angewandt wird, als halbquantitative Methode zur Untersuchung der Beugung an kreisrunden Öffnungen benützt werden. Betrachten wir eine monochromatische Welle, die wie in Abbildung 10.52 auf einen Schirm fällt, der ein kreisrundes Loch hat. Wir wollen zuerst die Strahlungsintensität beobachten, und zwar verwenden wir dazu einen winzigen Sensor im Punkt P. Am Anfang lassen wir diesen Sensor auf der Symmetrieachse, aber später wollen wir ihn auch durch den Raum bewegen, um punktweise eine Intensitätskarte des Bereiches rechts von Σ zu erhalten.

Nehmen wir nun an, der Sensor in P "sieht" eine ganze Zahl, m, von Zonen, die das Loch gerade ausfüllen. (In Wirklichkeit kann der Sensor natürlich nur Intensitäten sehen; die Zonen haben ja keine Realität.) Wenn m gerade ist, dann gilt

$$E = (|E_1| - |E_2|) + (|E_3| - |E_4|) + \cdots + (|E_{m-1}| - |E_m|).$$

Weil $K_m \neq 0$, und weil die benachbarten Zonen ungefähr gleich groß sind, gilt

$$E \approx 0.$$

Damit ist natürlich auch $I \approx 0$. Wenn anderseits m ungerade ist, dann ist

$$E = |E_1| - (|E_2| - |E_3|) - (|E_4| - |E_5|) - \cdots$$
$$\cdots - (|E_{m-1}| - |E_m|)$$

und

$$E \approx |E_1|,$$

was, grob gesprochen, doppelt so groß ist, wie die Amplitude der ungehinderten Primärwelle. Dies ist an sich ein höchst erstaunliches Ergebnis. Denn dadurch, daß wir ein Hindernis in den Lichtweg gestellt und den größten Teil der einfallenden Strahlung ausgeblendet haben, konnten

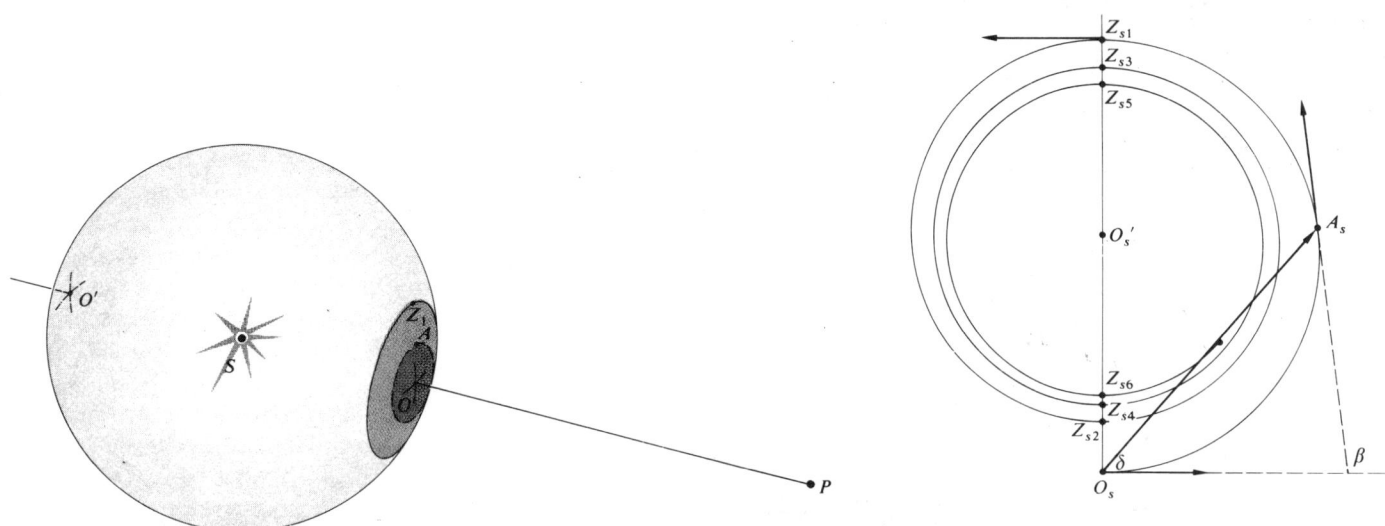

Abbildung 10.51 Eine Wellenfront mit der ihr zugehörigen Vibrationskurve.

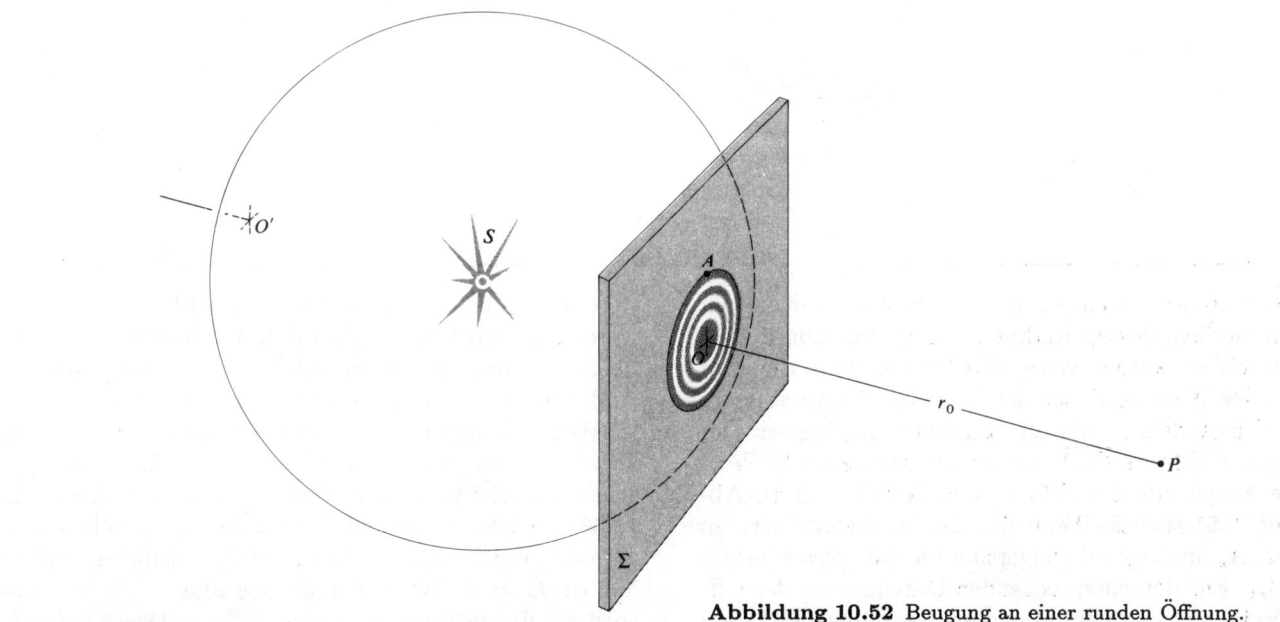

Abbildung 10.52 Beugung an einer runden Öffnung.

wir die Intensität in P um den Faktor 4 vergrößern. Der Energieerhaltungssatz verlangt nun klarerweise, daß anderswo die Intensität abgenommen hat. Und wir können ein Muster kreisförmiger, konzentrischer Ringe erwarten,

weil unser Aufbau völlig symmetrisch ist. Ist m keine ganze Zahl, d.h. es erscheint ein Bruchteil einer Zone in der Öffnung, dann wird die Intensität irgendwo zwischen Null und ihrem Maximalwert liegen.

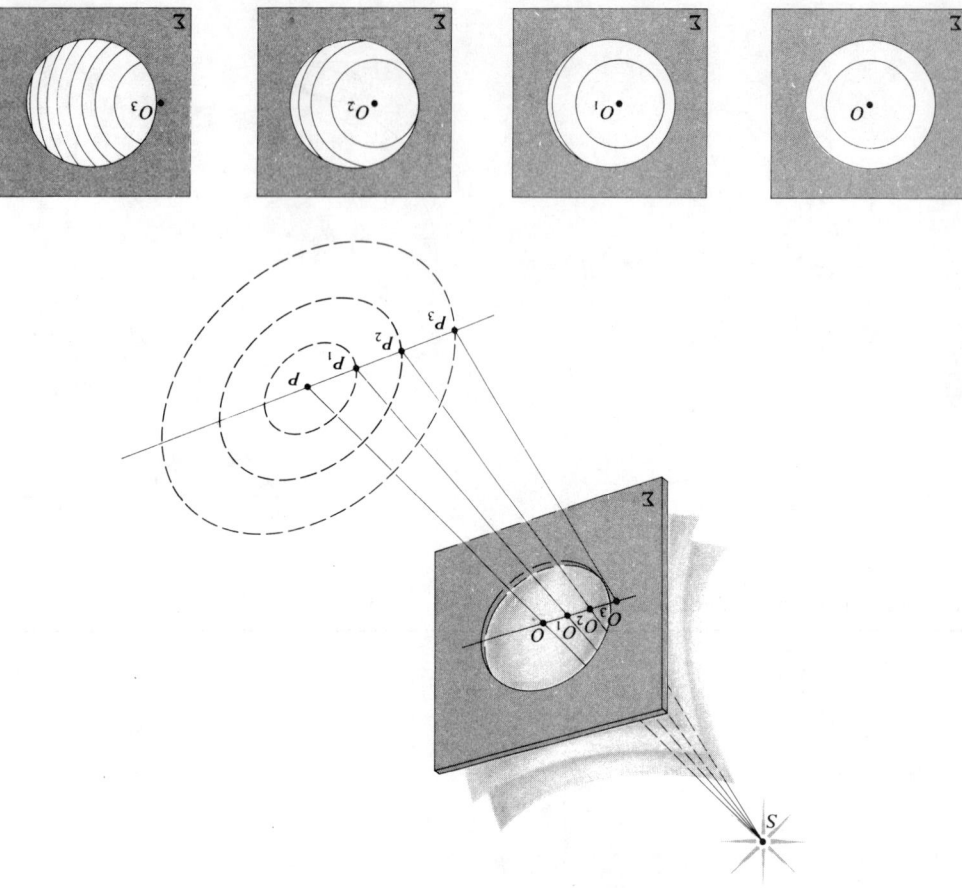

Abbildung 10.53 Fresnelzonen in einer kreisrunden Öffnung.

Etwas klarer können wir dies sehen, wenn wir uns ein Loch vorstellen, dessen Radius von Null weg kontinuierlich vergrößert werden kann. Wir können dann die Amplitude der Welle in P aus der Vibrationskurve ablesen, wobei A irgendein Punkt am Rande des Loches sei. Der Betrag des Vektors $\overline{O_s A_s}$ ist immer der gesuchte Wert für die Amplitude des Feldes in P. Kehren wir zu Abbildung 10.51 zurück. Wenn sich das Loch vergrößert, so wandert A_s im Gegenuhrzeigersinn um die Spirale herum nach Z_{s1}. Für den entsprechenden Durchmesser der Öffnung ergibt sich dann ein Maximum der Intensität. Wenn wir nun die zweite Zone zulassen, so nimmt die Intensität in P ab, bis A_s den Punkt Z_{s2} erreicht, wo sie beinahe Null ist. Damit wird P zu einem dunklen Punkt. Wächst das Loch nun weiter an, so oszilliert $O_s A_s$ von nahezu Null durch eine Reihe von Maxima, die langsam kleiner werden. Schließlich, wenn das Loch schon recht groß geworden ist, wird die Welle durch den Schirm nicht mehr behindert, und A_s nähert sich O'_s, so daß keine weiteren Änderungen in der Amplitude bemerkbar sind.

Wenn wir nun den Rest des Musters aufzeichnen wollen, dann bewegen wir den Sensor auf einer Achse, die senkrecht zur Symmetrieachse steht, so wie in Abbildung 10.53 gezeichnet. Ist der Sensor in P, so nehmen wir an, daß zwei Zonen das Loch gerade ausfüllen, und daher ist $E \approx 0$. Wenn der Sensor nun in P_1 ist, dann wird am linken Rand die zweite Zone teilweise verdeckt, aber dafür zeigt sich am rechten Rand die dritte bereits. Dies bedeutet, daß E nicht mehr Null ist. Von P_2 aus ist die zweite Zone größtenteils verdeckt, aber die dritte gut sichtbar. Und da die erste und die dritte Zone in Phase sind, wird ein Sensor, der irgendwo auf dem ge-

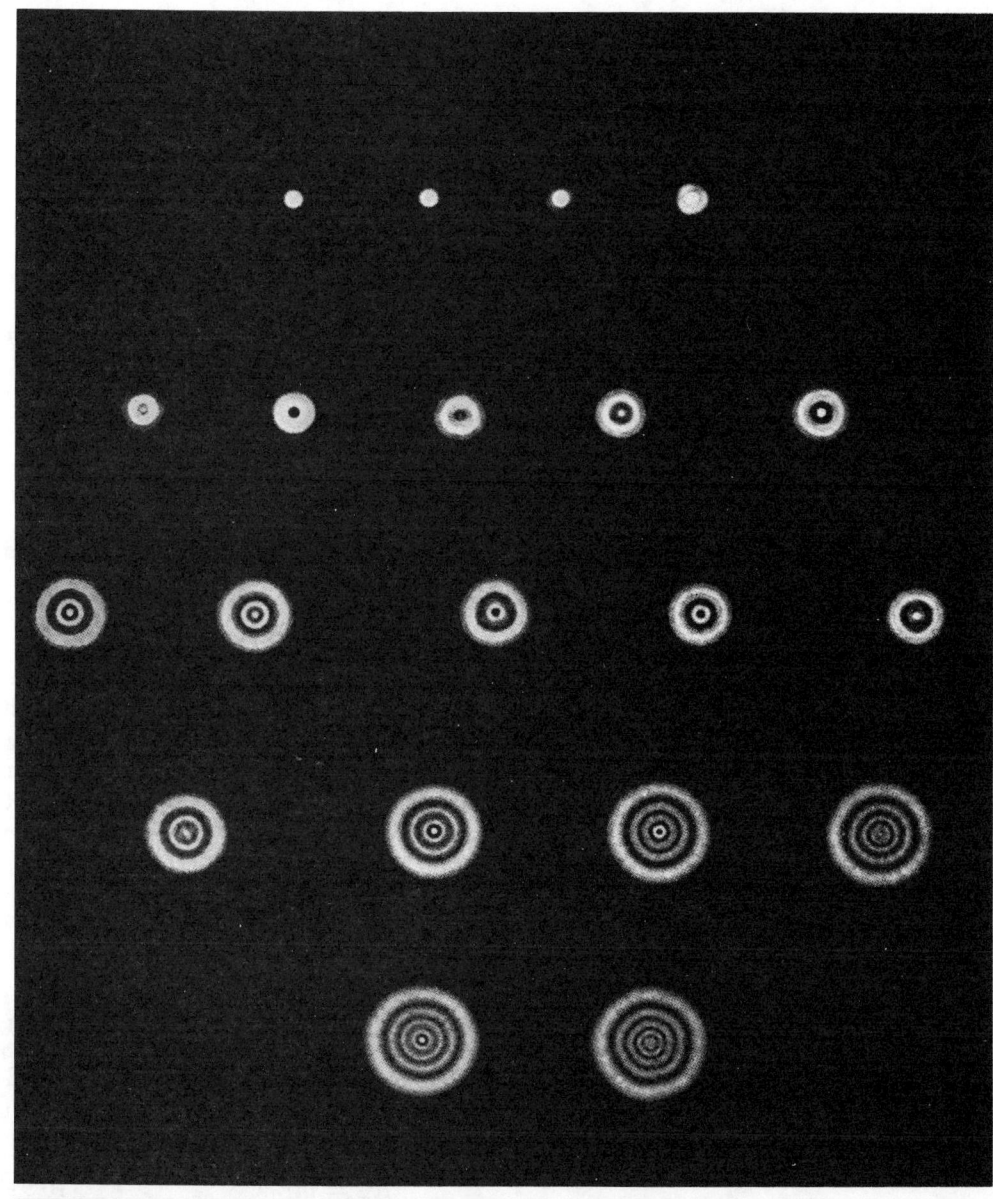

Abbildung 10.54 Beugungsmuster für kreisförmige Löcher, deren Durchmesser von links oben nach rechts unten zunimmt.

strichelten Kreis durch P_2 sitzt, Helligkeit registrieren. Während sich der Sensor auf der Achse durch die verschiedenen Punkte P radial nach außen bewegt, wird er eine Reihe relativer Maxima und Minima finden, entsprechend den teilweise erscheinenden und verschwindenden Zonen. Abbildung 10.54 zeigt die Beugungsmuster für eine Reihe von Löchern, deren Durchmesser von links oben nach rechts unten von 1 mm bis 4 mm zunimmt, so wie sie auf einem Schirm erscheinen, der 1 m von den Löchern entfernt aufgestellt ist. Wenn wir links oben beginnen, dann sind die Löcher der ersten Reihe so klein, daß nur ein Teil der ersten Zone erscheint. Das sechste Loch zeigt die ersten beiden Zonen vollständig und hat daher eine dunkle Mitte. Beim neunten Loch werden die ersten drei Zonen aufgedeckt, wodurch sich wiederum eine helle Mitte ergibt. Es ist zu beachten, daß sogar innerhalb des geometrischen Schattens in P_3 (Abb. 10.53) ein Teil der ersten Zone sichtbar bleibt. Auf der rechten Seite erscheinen nun kleine Bruchteile einer Reihe von Zonen. Jedes dieser Elemente ist nur ein kleiner Bruchteil einer Zone und als solcher vernachlässigbar. Aber die Summe der Beiträge dieser Bruchteile ist doch noch endlich. Erst wenn wir unseren Sensor so weit in den Schattenbereich bewegt haben, daß die erste Zone vollständig verdeckt ist, werden diese Beiträge in ihrer Summe vernachlässigbar und die Intensität geht gegen Null, d.h. es herrscht dann Dunkelheit.

Wir können uns ein besseres Gefühl für die wirkliche Größenordnung dieser Dinge erwerben, wenn wir die Zahl der Zonen für eine gegebene Lochgröße berechnen. Die Fläche einer Zone (Aufgabe 10.43) ist durch

$$A = \frac{\pi r_0 \rho \lambda}{(\rho + r_0)} \qquad (10.88)$$

gegeben. Hat die Öffnung den Radius R, so ist die Zahl der Zonen in dieser Öffnung, in guter Näherung

$$\frac{\pi R^2}{A} = \frac{(\rho + r_0)R^2}{\rho r_0 \lambda}. \qquad (10.89)$$

Wenn z.B. der Schirm Σ etwa 1 m vor einer Punktquelle angebracht wird ($\rho \approx 1$ m) und sich der Beobachtungsschirm ebenfalls 1 m vor dem Loch befindet ($r_0 \approx 1$ m), dann enthält ein Loch von $R = 1$ mm bei Beleuchtung mit Licht von $\lambda = 500$ nm 4 Zonen, während man durch ein Loch mit 1 cm Radius bereits 400 Zonen "sieht". Werden sowohl ρ als auch r_0 soweit vergrößert, daß nur mehr ein kleiner Teil einer Zone in der Öffnung erscheint, dann erhalten wir Fraunhoferbeugung. Dies ist im wesentlichen nur eine andere Formulierung der Fraunhoferbedingung aus Abschnitt 10.1.2 (siehe auch Aufgabe 10.1.).

Aus Gleichung (10.89) geht hervor, daß die Zahl der Zonen, die die Öffnung gerade ausfüllt, vom Abstand r_0 zwischen P und O abhängt. Wenn sich P entlang der Symmetrieachse bewegt, so wird diese Zahl von gerade zu ungerade und wieder zu gerade, usw., wechseln. Als Ergebnis wird die Intensität in P durch eine Reihe von Minima und Maxima laufen. Es erscheint klar, daß dies bei der Fraunhoferbeugung nicht auftreten kann, da dort,

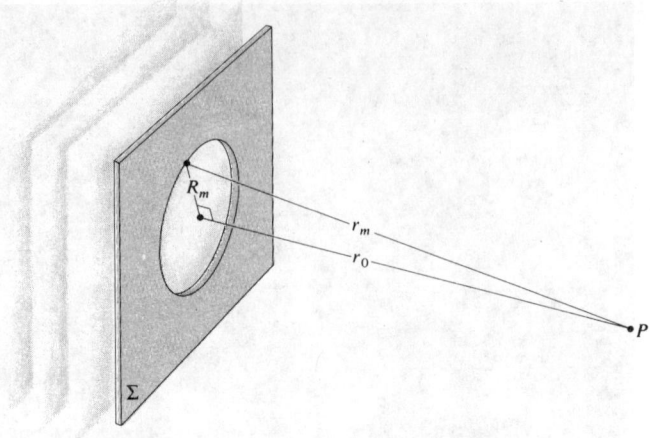

Abbildung 10.55 Ebene Wellen fallen auf ein kreisrundes Loch.

per definitionem, nie mehr als ein kleiner Bruchteil einer Zone in der Öffnung Platz hat.[16]

ii) Ebene Wellen

Nehmen wir nun an, daß jetzt die Punktquelle soweit von Σ entfernt aufgestellt wird, daß das auf die beugende Öffnung fallende Licht als ebene Welle betrachtet werden kann ($\rho \to \infty$). Unter Verweis auf die Abbildung 10.55 wollen wir nun einen Ausdruck für den Radius R_m der m-ten Zone ableiten. Da $r_m = r_0 + m\lambda/2$, gilt

$$R_m^2 = \left(r_0 + \frac{m\lambda}{2}\right)^2 - r_0^2,$$

und daher

$$R_m^2 = m r_0 \lambda + \frac{m^2 \lambda^2}{4}. \qquad (10.90)$$

Unter fast allen Bedingungen ist der zweite Term in Gleichung (10.90) vernachlässigbar, sofern m nicht extrem groß wird. Es folgt

$$R_m^2 = m r_0 \lambda \qquad (10.91)$$

und *die Radien der Zonen sind proportional zur Wurzel ihrer Nummer*. Wenn wir einen kollimierten He-Ne-Laser ($\lambda_0 = 6328$Å) verwenden, dann ist der Radius der ersten Zone $R_1 = 1$ mm, wenn wir in einem Abstand von 1.58 m beobachten. Unter diesen speziellen Umständen ist Glei-

---

[16] D.S. Bruch, "Fresnel Diffraction by a Circular Aperture", *Am. J. Phys.* **53**, 255 (1985).

chung (10.91) anwendbar, solange $m \ll 10^7$ ist, und es gilt $R_m = \sqrt{m}$ in Millimetern. Abbildung 10.53 muß nun leicht geändert werden, insofern die Linien $\overline{O_1P_1}$, $\overline{O_2P_2}$ und $\overline{O_3P_3}$ jetzt in rechten Winkeln zum Schirm Σ stehen.

10.3.4 Kreisförmige Hindernisse

Im Jahre 1818 nahm Fresnel an einem Wettbewerb teil, der von der Académie Française ausgeschrieben worden war. Seine Arbeit über die Theorie der Beugung wurde schließlich mit dem ersten Preis und dem Titel *Mémoire Couronné* ausgezeichnet. Zuvor jedoch wurde diese Arbeit zum auslösenden Faktor für eine recht interessante Geschichte. Das Preiskomitee bestand damals aus sehr berühmten Leuten, nämlich Pierre Laplace, Jean B. Biot, Siméon D. Poisson, Dominique F. Arago und Joseph L. Gay-Lussac. Poisson, der ein eifriger Verfechter der Partikelnatur des Lichtes war und sich daher sehr gegen eine Wellenbeschreibung wehrte, zog aus der Fresnelschen Theorie eine anscheinend völlig unhaltbare Schlußfolgerung. Er zeigte, daß man gemäß dieser Theorie im Zentrum des Schattens eines kreisförmigen Hindernisses einen hellen Fleck sehen sollte; ein Ergebnis, das die Absurdität der Fresnelschen Behandlung dieses ganzen Problemkreises klar zum Ausdruck brachte, wie er sich sicher war. Wir können zum selben Ergebnis kommen, wenn wir uns, in etwas vereinfachter Form, folgendes überlegen. Erinnern wir uns, daß die ungestörte Welle in P eine Störung der Amplitude $E \approx |E_1|/2$ erzeugt (Gl. (10.85)). Wenn nun ein Hindernis genau die erste Zone abdeckt, so daß deren Beitrag, $|E_1|$, entfällt, dann ist $E \approx -|E_1|/2$. Daher ist es möglich, daß sich an einem Punkt auf der Achse die Intensität nicht ändert, wenn wir ein entsprechendes Hindernis in den Strahlengang einbringen oder entfernen. Diese überraschende Vorhersage, von Poisson abgeleitet, um der Wellentheorie endgültig den Garaus zu machen, wurde jedoch von Arago fast sofort verifiziert; der helle Fleck existierte tatsächlich. Das Erheiterndste an dieser Geschichte ist aber, daß Poissons Fleck, wie er heute genannt wird, schon fast hundert Jahre früher beobachtet worden war. Im Jahre 1723 fand nämlich Maraldi diesen Fleck, jedoch blieb seine Arbeit lange unbeachtet.[17]

---

[17] J.E. Harvey and J.L. Forgham, "The Spot of Arago: New Relevance for an Old Phenomenon", *Am. J. Phys.* **52**, 243 (1984).

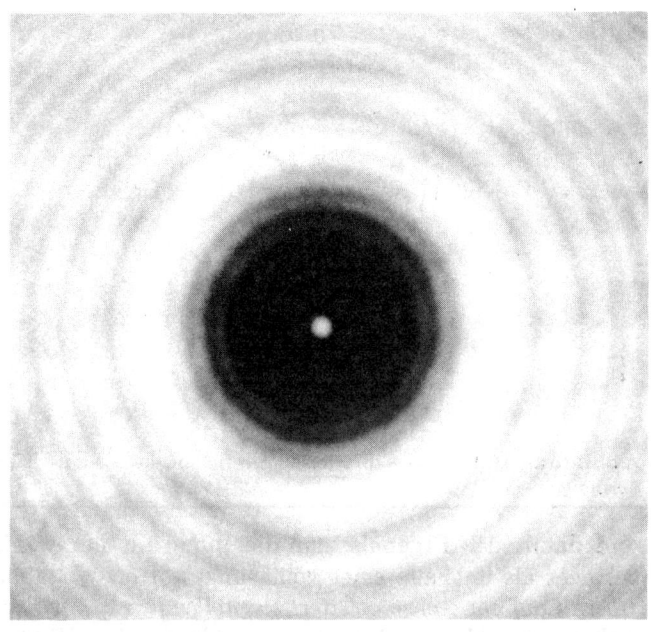

Abbildung 10.56 Schatten eines Kugellagers von 3.2 mm Durchmesser. Das Kugellager war auf einem Objektträger aufgeklebt und wurde mit einem He-Ne-Laser beleuchtet. Die schwachen äußeren, nicht konzentrischen Streifen rühren vom Objektträger und einer Linse im Strahlengang her. (Photo E.H.)

Wir wollen dieses Problem nun etwas genauer behandeln, da, wie man in der Abbildung 10.56 sehen kann, der Schatten ziemlich strukturiert ist. Wenn das undurchsichtige Hindernis, eine Scheibe oder eine Kugel, die ersten ℓ Zonen abdeckt, dann gilt

$$E = |E_{\ell+1}| - |E_{\ell+2}| + \ldots + |E_m|.$$

(Wir sollten hier beachten, daß das Vorzeichen nur insofern von Bedeutung ist, als es anzeigt, daß der Beitrag jeder zweiten Zone abgezogen wird.) Im Gegensatz zum früheren Problem der kreisförmigen Öffnung geht E_m nun gegen Null, weil K_m gegen Null geht. Die obige Reihe muß genauso wie die Reihe für die ungestörte Welle (Gleichungen (10.78) und (10.79)) ausgewertet werden. Wenn wir dies tun, so erhalten wir

$$E \approx \frac{|E_{\ell+1}|}{2}, \qquad (10.92)$$

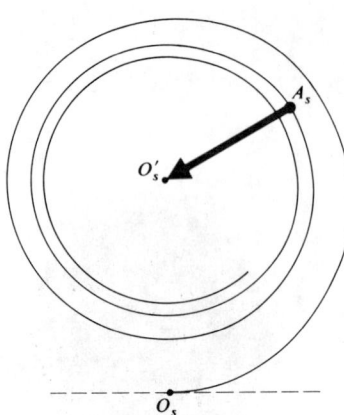

Abbildung 10.57 Die Vibrationskurve für ein kreisrundes Hindernis.

Das undurchsichtige Hindernis erzeugt ein Bild von S in P und würde dementsprechend auch ein grobes Bild eines jeden Punktes einer ausgedehnten Quelle erzeugen. R.W. Pohl hat gezeigt, daß ein kleines Scheibchen als primitive Sammellinse verwendet werden kann.

Das Beugungsmuster kann recht einfach beobachtet werden. Aber man benötigt dazu einen Feldstecher oder ein Fernrohr. Man klebe ein kleines Kugellager, 3 bis 6 mm im Durchmesser, auf einen Objektträger, damit man es festklemmen kann. Dieses Kugellager wird nun mit einer punktförmigen Lichtquelle aus einigen Metern Entfernung beleuchtet. Wird aus 3 oder 4 Meter Entfernung beobachtet, dann sollte das Kugellager die Lichtquelle völlig verdecken. Weil r_0 so groß ist, benötigt man ein Fernglas oder Fernrohr, um das Beugungsbild zu vergrößern. Das Ringsystem ist ziemlich klar, wenn das Fernglas ruhig genug gehalten wird (notfalls verwende man ein Stativ).

und damit das Ergebnis, daß die Intensität nur wenig geringer als im Falle einer völlig ungestörten Welle ist. *Überall auf der Achse existiert ein heller Fleck, mit Ausnahme eines kleinen Bereiches direkt hinter dem Hindernis.* Die Elementarwellen, die sich jenseits des Umfanges des Scheibchens ausbreiten, treffen sich in Phase auf der zentralen Achse und produzieren dort Poissons Fleck. Wenn P sich auf das Scheibchen zu bewegt, dann wird θ größer, d.h. $|K_{\ell+1}| \to 0$, und damit fällt die Intensität langsam gegen Null ab. Ist die Scheibe groß, dann ist die $(\ell+1)$-ste Zone sehr schmal, und Unregelmäßigkeiten der Oberfläche des Hindernisses können die Ausbildung von Poissons Fleck stören bzw. verhindern. Damit der Fleck gut beobachtet werden kann, müssen die Hindernisse kreisrund und glatt sein.

Sei nun A ein Punkt auf dem Rand der Scheibe oder Kugel und A_s der entsprechende Punkt auf der Vibrationskurve (Abb. 10.57). Wenn der Punkt P fix bleibt und die Scheibe größer wird, dann läuft A_s entlang der Spirale im Gegenuhrzeigersinn in Richtung O'_s und die Amplitude $A_s O'_s$ nimmt langsam ab. Dasselbe passiert, wenn sich der Punkt P einer Scheibe nähert, deren Radius konstant gehalten wird.

Wenn wir uns abseits der Achse befinden, dann werden, analog zu Abbildung 10.53, die dort verdeckten Zonen und -teile sichtbar und umgekehrt. Dementsprechend wird sich rund um den zentralen Fleck eine ganze Reihe von hellen und dunklen Ringen ausbilden.

10.3.5 Die Fresnelsche Zonenplatte

In unseren bisherigen Überlegungen haben wir die Tatsache verwendet, daß sich benachbarte Fresnelzonen beinahe auslöschen. Daraus ergibt sich allerdings eine andere Vermutung, nämlich daß sich im Punkte P die Intensität um ein Vielfaches steigern läßt, wenn es gelingt, jede zweite Fresnelzone auszublenden. Es ist dabei natürlich gleichgültig, ob wir die geraden oder die ungeraden Zonen ausblenden. Ein Schirm, der das Licht jeder zweiten Zone entweder in seiner Phase oder in seiner Amplitude verändert, heißt **Zonenplatte**.[18]

Nehmen wir einmal an, wir bauen eine Zonenplatte, bei der nur die ersten 20 ungeraden Zonen Licht durchlassen. Die entsprechenden Zonen mit gerader Nummer werden ausgeblendet oder abgeblockt. Dann gilt

$$E = E_1 + E_3 + E_5 + \ldots + E_{39},$$

und alle diese Terme sind ungefähr gleich groß. Für eine unbehinderte Wellenfront wäre die Amplitude in P gleich $E_1/2$, während für die Zonenplatte $E \approx 20 E_1$ gilt. Die Intensität wurde also um einen Faktor von etwa 1600 (!)

---

[18] Lord Rayleigh scheint die Zonenplatte erfunden zu haben, wie aus folgender Eintragung in sein Notizbuch vom 11. April 1871 hervorgeht: "Das Experiment des Abdeckens der ungeraden Huygensschen Zonen zur Verstärkung des Lichtes im Zentrum war sehr erfolgreich..."

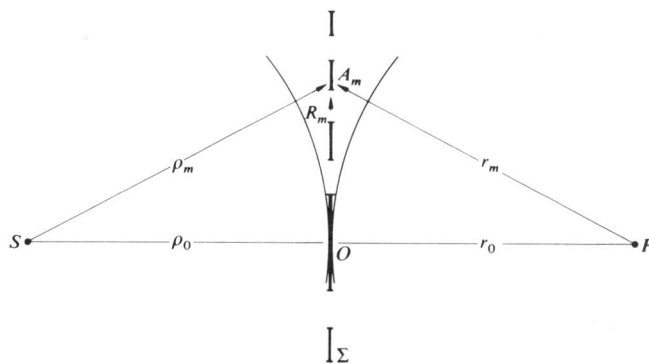

Abbildung 10.59 Zur Geometrie der Zonenplatte.

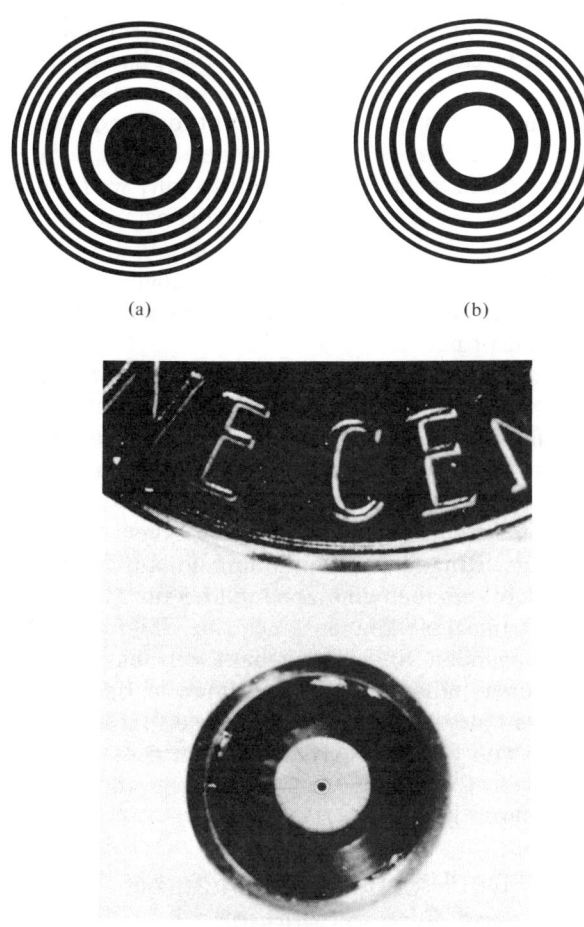

Abbildung 10.58 (a) und (b) Zwei Zonenplatten. (c) Eine Zonenplatte, die zur Fokussierung von α-Teilchen verwendet wird. Die α-Teilchen kommen von einer Quelle 1 cm vor der Platte und werden auf eine Filmebene 5 cm hinter der Platte abgebildet. Die Platte hat 2.5 mm Durchmesser und enthält 100 Zonen. Die schmalste ist 5.3 μm breit. (Photo freundlicherweise überlassen von Lawrence Livermore Laboratory.)

vergrößert. Natürlich hätten wir das gleiche Ergebnis erhalten, wenn wir anstelle der Zonen mit ungerader, jene mit gerader Nummer verwendet hätten.

Um die Radien der Zonen, wie in Abbildung 10.58, zu berechnen, müssen wir uns die Abbildung 10.59 betrachten. Der äußere Rand der m-ten Zone ist mit dem Punkt A_m bezeichnet. Im Punkt P ist nun, per definitionem, eine Welle, die den Weg $S - A_m - P$ zurückgelegt hat, um $m\lambda/2$ gegenüber einer anderen phasenverschoben, die den Weg $S - O - P$ zurückgelegt hat.

$$(\rho_m + r_m) - (\rho_0 + r_0) = m\lambda/2 \qquad (10.93)$$

Klarerweise ist nun

$$\rho_m = \sqrt{R_m^2 + \rho_0^2}$$

und

$$r_m = \sqrt{R_m^2 + r_0^2}.$$

Wenn wir beide Ausdrücke in eine Binomialreihe entwickeln und, da R_m recht klein ist, nur die ersten beiden Terme behalten, so ergibt sich

$$\rho_m = \rho_0 + \frac{R_m^2}{2\rho_0} \quad \text{und} \quad r_m = r_0 + \frac{R_m^2}{2r_0}.$$

Substituieren wir diese beiden Ausdrücke in Gleichung (10.93), so erhalten wir

$$\left(\frac{1}{\rho_0} + \frac{1}{r_0}\right) = \frac{m\lambda}{R_m^2}. \qquad (10.94)$$

Wenn wir die Zonenplatte mit ebenen Wellen beleuchten ($\rho_0 \to \infty$), so reduziert sich Gleichung (10.94) zu

$$R_m^2 = mr_0\lambda, \qquad [10.91]$$

was eine Näherung des in Gleichung (10.90) angegebenen exakten Ausdruckes ist. Gleichung (10.94) hat genau die Form der Gleichung für eine dünne Linse. Dies ist kein Zufall, denn S wird ja mit Hilfe von konvergierendem

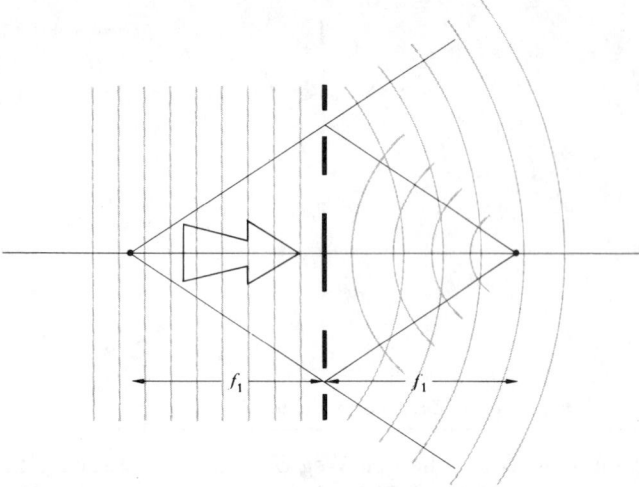

Abbildung 10.60 Die Brennpunkte einer Zonenplatte.

gebeugtem Licht tatsächlich in P abgebildet. Dementsprechend ist die *primäre Brennweite*

$$f_1 = \frac{R_m^2}{m\lambda}. \qquad (10.95)$$

Hier ist anzumerken, daß eine Zonenplatte starke chromatische Aberration zeigt, wie aus obiger Gleichung hervorgeht. Die Punkte S und P heißen konjugierte Brennpunkte. Wenn ein kollimierter Strahl einfällt, dann heißt der Bildabstand *Brennweite erster Ordnung* (Abb. 10.60) und entspricht seinerseits einem Hauptmaximum der Intensität. Zusätzlich zu diesem realen Bild wird noch ein imaginäres Bild mit divergierendem Licht erzeugt, und zwar im Abstand f_1 vor dem Schirm Σ. Im Abstand f_1 von Σ wird jeder Ring auf der Platte von genau einer Fresnelzone der Wellenfront ausgefüllt. Bewegen wir einen Sensor entlang der S-P-Achse in Richtung Σ, so wird er kleine Intensitätsmaxima und -minima registrieren, bis wir zum Abstand $f_1/3$ von Σ kommen. Am *Brennpunkt dritter Ordnung* befindet sich ein ausgesprochenes Intensitätsmaximum. Ganz anders als bei einer Linse (und eigentlich in noch größerem Gegensatz zu einer einfachen, undurchsichtigen Scheibe) gibt es zusätzliche Brennpunkte bei den Abständen $f_1/5$, $f_1/7$, usw.

Einer Anregung von Lord Rayleigh folgend baute R.W. Wood eine Zonenplatte mit Phasenumkehr. Anstatt das Licht jeder zweiten Zone auszublenden, hat er die Dicke jeder zweiten Zone so vergrößert, daß das hindurchfallende Licht um 180° phasenverschoben wurde. Ist nun die ganze Platte transparent, so sollte sich eine Verdoppelung der Amplitude, und damit eine Vergößerung der Intensität um den Faktor 4, ergeben. In der Praxis gelingt dies nicht so gut, weil die Phase innerhalb einer Zone nicht wirklich konstant ist. Idealerweise sollte die Verzögerung, und damit die Phasenverschiebung, langsam über die Zone zunehmen, um dann beim Übergang in die nächste Zone um den Wert π zurückzuspringen.[19]

Heute werden Zonenplatten üblicherweise hergestellt, indem man das Muster in vergrößertem Maßstab zeichnet und anschließend das Ganze photographisch verkleinert. Zonenplatten mit vielen Hunderten von Zonen können gemacht werden, indem man Newtonsche Ringe in kollimiertem, quasimonochromatischem Licht photographiert. Ringe aus Aluminiumfolie, auf Pappendeckel aufgeklebt, ergeben eine Zonenplatte für Mikrowellen.

Zonenplatten können auch aus Metallringen mit selbsttragenden Speichen gebaut werden. Diese Konstruktionen haben dann in den durchsichtigen Bereichen keinerlei Material. Zonenplatten dieser Art haben sich im Bereich von UV bis zur weichen Röntgenstrahlung sehr gut bewährt, einem Bereich, in dem gewöhnliches Glas undurchsichtig ist.

10.3.6 Die Fresnelschen Integrale und Fresnelbeugung an einem rechteckigen Loch

Wir wollen uns nun mit einer Klasse von Phänomenen innerhalb des Bereiches der Fresnelbeugung befassen, die sich von den bisher untersuchten Konfigurationen dadurch unterscheiden, daß sie nicht mehr die einfache Symmetrie des Kreises haben. Betrachten wir die Abbildung 10.61. dS ist ein Flächenelement, das an einem beliebigen Punkt A mit den Koordinaten (y, z) liegt. Der Ursprung O ist der Fußpunkt des von S gefällten Lotes auf Σ. Die Punktquelle S sei monochromatisch. Der Beitrag zur optischen Störung in P, den die Sekundärquel-

---

[19] Siehe Ditchburn, *Light*, 2. Auflage, p. 232; M. Sussman, "Elementary Diffraction Theory of Zone Plates", *Am. J. Phys.* **28**, 394 (1960); Ora E. Myers, Jr., "Studies of Transmission Zone Plates", *Am. J. Phys.* **19**, 359 (1951) und J. Higbie, "Fresnel Zone Plates: Anomalous Foci", *Am. J. Phys.* **44**, 929 (1976).

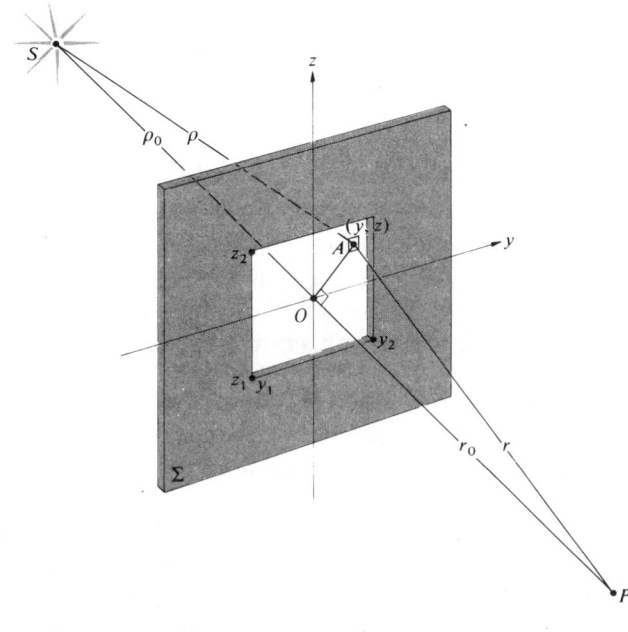

Abbildung 10.61 Fresnelbeugung an einem rechteckigen Loch.

len in dS liefern, hat die in Gleichung (10.74) angegebene Form. Unter Verwendung der in einem früheren Abschnitt erhaltenen Ergebnisse über die sich frei ausbreitende Welle ($\mathcal{E}_A\rho\lambda = \mathcal{E}_0$) kann diese Gleichung in folgender Form umgeschrieben werden:

$$dE_p = \frac{K(\theta)\mathcal{E}_0}{\rho r \lambda} \cos\{k(\rho + r) - \omega t\}\, dS. \quad (10.96)$$

Dabei wurde das Vorzeichen gegenüber Gleichung (10.74) verändert, damit wir die gleichen Vorzeichen wie üblich verwenden. *Wenn die Abmessungen der Öffnung klein* gegen r_0 und ρ_0 sind, kann $K(\theta) = 1$ gesetzt werden, und für den Amplitudenkoeffizienten gilt dann $1/\rho r = 1/\rho_0 r_0$. Wie üblich, müssen wir bei der Einführung von Näherungen in die Phase etwas sorgfältiger vorgehen. Unter Verwendung des Satzes von Pythagoras für die Dreiecke SOA und POA erhalten wir

$$\rho = \sqrt{\rho_0^2 + y^2 + z^2}$$

und

$$r = \sqrt{r_0^2 + y^2 + z^2}.$$

Eine Binomialentwicklung dieser beiden Ausdrücke liefert

$$\rho + r \approx \rho_0 + r_0 + (y^2 + z^2)\frac{\rho_0 + r_0}{2\rho_0 r_0}. \quad (10.97)$$

Es ist bemerkenswert, daß dies eine bessere Näherung als die bei der Fraunhoferbeugung verwendete (Gl. (10.40)) ist, wo der quadratische Term der Öffnungsvariablen einfach vernachlässigt wurde. Die Störung in P in komplexer Notierung ist nun

$$E_p = \frac{\mathcal{E}_0 e^{-i\omega t}}{\rho_0 r_0 \lambda} \int_{y_1}^{y_2} \int_{z_1}^{z_2} e^{ik(\rho+r)}\, dy\, dz. \quad (10.98)$$

Folgen wir der üblichen Ableitung durch Einführung der dimensionslosen Variablen u und v

$$u \equiv y\sqrt{\frac{2(\rho_0 + r_0)}{\lambda \rho_0 r_0}} \quad \text{und} \quad v \equiv z\sqrt{\frac{2(\rho_0 + r_0)}{\lambda \rho_0 r_0}}, \quad (10.99)$$

so ergibt sich durch Substitution der Gleichung (10.97) in (10.98) unter Verwendung der oben eingeführten neuen Variablen

$$E_p = \frac{\mathcal{E}_0}{2(\rho_0 + r_0)} e^{i\{k(\rho+r_0)-\omega t\}} \int_{u_1}^{u_2} e^{i\pi u^2/2}\, du \int_{v_1}^{v_2} e^{i\pi v^2/2}\, dv. \quad (10.100)$$

Der Ausdruck vor dem Integral repräsentiert den Beitrag der ungestörten Welle in P dividiert durch 2. Wir wollen ihn $E_u/2$ nennen. Das Integral selbst kann unter der Verwendung der Funktionen $\mathcal{C}(w)$ und $\mathscr{S}(w)$ ausgewertet werden, wobei w entweder für u oder für v steht. Diese beiden Funktionen, **Fresnelsche Integrale** genannt, sind folgendermaßen definiert:

$$\mathcal{C}(w) \equiv \int_0^w \cos\frac{\pi w'^2}{2}\, dw' \quad \text{und}$$
$$\mathscr{S}(w) \equiv \int_0^w \sin\frac{\pi w'^2}{2}\, dw'. \quad (10.101)$$

Beide Funktionen wurden sehr ausgiebig untersucht. Ihre Zahlenwerte sind in allen mathematischen Tafelwerken tabelliert. Für uns sind sie von Interesse, weil

$$\int_0^w e^{i\frac{\pi w'^2}{2}}\, dw' = \mathcal{C}(w) + i\mathscr{S}(w)$$

ist. Das Integral auf der linken Seite hat die Form der Integrale in Gleichung (10.100). Damit können wir für die Störung in P

$$E_p = \frac{E_u}{2}\{\mathcal{C}(u) + i\mathscr{S}(u)\}_{u_1}^{u_2}\{\mathcal{C}(v) + i\mathscr{S}(v)\}_{v_1}^{v_2} \quad (10.102)$$

schreiben. Die Auswertung erfolgt mit Hilfe der tabellierten Werte für $\mathcal{C}(u_1)$, $\mathcal{C}(u_2)$, $\mathcal{S}(u_1)$ usw. Der mathematische Aufwand wird ziemlich groß, wenn wir die Störung an allen Punkten der Beobachtungsebene berechnen wollen und die Position der Öffnung dabei konstant lassen. Anstelle dessen halten wir die Achse S-O-P fest und verschieben das Loch um kleine Beträge in der Σ-Ebene. Dies bedeutet, daß sich der Ursprung O gegenüber einer fest gedachten Öffnung verschiebt, was bewirkt, daß das Beugungsmuster über den Punkt P geführt wird. Für jede neue Position von O ergeben sich neue relative Begrenzungswerte y_1, y_2, z_1 und z_2. Diese liefern neue Werte u_1, u_2, v_1 und v_2, die ihrerseits gemäß Gleichung (10.102) einen neuen Wert für E_p bestimmen. Der auf diese Weise eingeführte Fehler ist vernachlässigbar, solange die Verschiebungen der Öffnung viel kleiner als ρ_0 sind. Daher ist diese Methode besonders gut geeignet, wenn der Schirm Σ mit ebenen Wellen beleuchtet wird. Ist E_0 die Amplitude der auf Σ auftreffenden ebenen Wellen, so wird Gleichung (10.96) einfach zu

$$dE_p = \frac{E_0 K(\theta)}{r\lambda} \cos(kr - \omega t)\, dS,$$

wobei, wie vorher, $\mathcal{E}_A = E_0/\lambda$ ist. Mit

$$u = y\sqrt{\frac{2}{\lambda r_0}} \quad \text{und} \quad v = z\sqrt{\frac{2}{\lambda r_0}} \qquad (10.103)$$

ergibt sich für E_p dieselbe Form wie Gleichung (10.102). Dabei wurde sowohl der Zähler als auch der Nenner der Gleichungen (10.99) durch ρ_0 dividiert und anschließend der Grenzwert für $\rho_0 \to \infty$ gebildet. E_u ist wieder die Störung der unbehinderten Welle in P. Da E_u komplex ist, ist die Intensität in P durch $E_p E_p^*/2$ gegeben. Daher gilt

$$I_p = \frac{I_0}{4}\{[\mathcal{C}(u_2) - \mathcal{C}(u_1)]^2 + [\mathcal{S}(u_2) - \mathcal{S}(u_1)]^2\} \times$$
$$\times \{[\mathcal{C}(v_2) - \mathcal{C}(v_1)]^2 + [\mathcal{S}(v_2) - \mathcal{S}(v_1)]^2\},$$
$$(10.104)$$

wobei I_0 die Intensität der ungestörten Welle in P ist.

Als einfaches Beispiel stellen wir uns nun ein kleines quadratisches Loch von 2 mm Seitenlänge vor. Der Schirm werde mit ebenen Wellen von 500 nm Wellenlänge beleuchtet. Wenn nun P vom Schirm 4 m entfernt und genau gegenüber von O im Zentrum der Öffnung liegt, dann ist $u_1 = v_1 = -1.0$ und $u_2 = v_2 = +1.0$.

Die Fresnelintegrale sind beide ungerade Funktionen, d.h.

$$\mathcal{C}(w) = -\mathcal{C}(-w) \quad \text{und} \quad \mathcal{S}(w) = -\mathcal{S}(-w);$$

und daher gilt

$$I_p = I_0/4\{[2\mathcal{C}(1)]^2 + [2\mathcal{S}(1)]^2\}^2.$$

Der numerische Wert für I_p kann leicht nachgeschlagen werden. Um die Strahlungsintensität außerhalb der Achse zu finden, z.B. 0.1 mm links vom Zentrum, verschieben wir die Öffnung relativ zur O-P-Achse um 0.1 mm nach links. Damit ergibt sich $u_1 = v_1 = -0.9$ und $u_2 = v_2 = 1.1$. Die resultierende Intensität tritt dann ebenfalls 0.1 mm rechts vom Zentrum auf. Weil unsere Öffnung quadratisch ist, werden wir dieselbe Intensität auch 0.1 mm ober- und unterhalb des Zentrums finden (Abb. 10.62).

Wir können nun den Fall der freien Ausbreitung der Primärwelle als Grenzfall wiedergewinnen, wenn wir die Dimensionen der betrachteten Öffnung gegen Unendlich gehen lassen. Es gilt dann für die Fresnelschen Integrale $\mathcal{C}(\infty) = \mathcal{S}(\infty) = 1/2$ und $\mathcal{C}(-\infty) = \mathcal{S}(-\infty) = -1/2$. Damit erhalten wir für die Intensität in P, gegenüber dem Zentrum der Öffnung

$$I_p = I_0,$$

was natürlich völlig richtig ist. Es ist aber eigentlich doch recht erstaunlich, daß wir dieses Ergebnis erhalten, wenn wir bedenken, daß alle Näherungen, die bei der Ableitung der Gleichung für die Intensität verwendet wurden, zusammenbrechen, wenn die Länge $\overline{OA}$ groß wird. Wir müssen uns aber nur klar machen, daß auch "kleine" Öffnungen, für die die Näherungen noch gelten, groß genug sein können, um im Bereich des Lochzentrums keine wesentliche Behinderung der Wellenfront mehr zu bewirken, wodurch keinerlei Beugungserscheinungen mehr auftreten. Wenn z.B. $\rho_0 = r_0 = 1$ m, so wird ein Loch, das von P aus unter dem Winkel von 1 oder 2 Grad gesehen wird, einem Wert von $|u|$ und $|v|$ von etwa 25 bis 50 entsprechen. $\mathcal{C}$ und $\mathcal{S}$ sind für diese Werte ihrer Argumente schon sehr nahe bei ihrem Grenzwert von 1/2. Wenn wir nun die Öffnung noch weiter vergrößern, bis zu dem Punkt, an dem die Näherungen zusammenbrechen, so wird sich an dem Ergebnis nicht mehr sehr viel ändern. Dies impliziert, daß wir uns um eine genaue Beschränkung der Öffnungen nicht kümmern müssen, so-

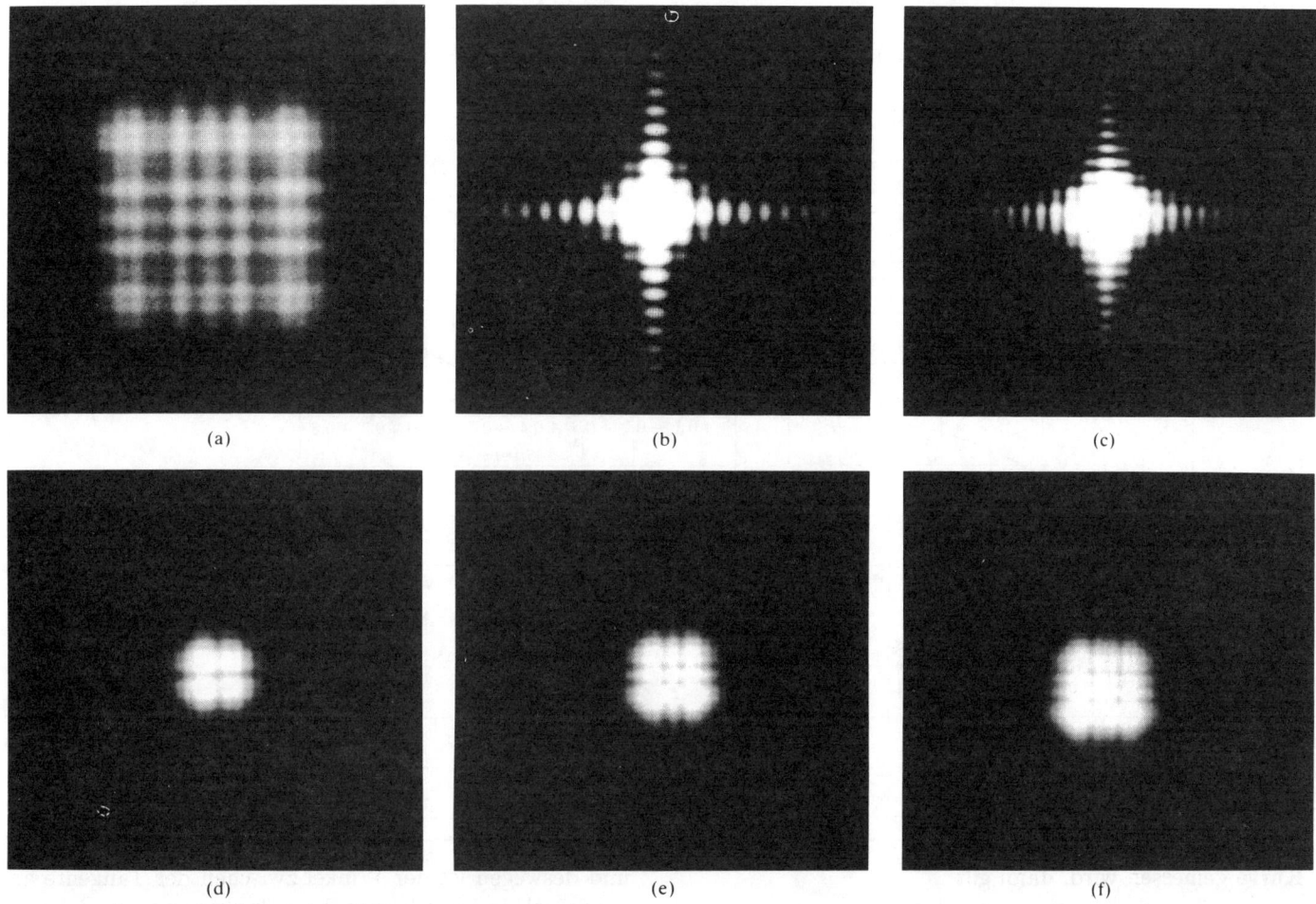

Abbildung 10.62 (a) Ein typisches Fresnelbeugungsmuster für eine quadratische Öffnung. (b)–(f) Eine Reihe von Fresnelschen Beugungsmustern für verschiedene, größer werdende, quadratische Öffnungen unter gleichen Bedingungen. Beachte, daß sich das Muster bei Vergrösserung der Öffnung von einem ausgedehnten Muster (ähnlich einem Fraunhofermuster) in ein ziemlich genau lokalisiertes verändert. (Photos E.H.)

lange ρ_0 und r_0 sehr viel größer als λ sind. Genaugenommen müssen die Beiträge der Wellenfrontbereiche weit von O entfernt klein sein. Dies beruht auf dem Neigungsfaktor und darauf, daß die Amplituden der sekundären Elementarwellen umgekehrt proportional zu r sind.

10.3.7 Die Cornu-Spirale

Marie Alfred Cornu (1841–1902), Professor an der École Polytechnique in Paris, entwarf eine elegante geometrische Darstellung der Fresnelschen Integrale, die zur schon behandelten Vibrationskurve verwandt ist, genannt die *Cornu-Spirale*.

Die Abbildung 10.63 zeigt die Funktion $B(w) \equiv C(w) + i\mathcal{S}(w)$, für alle Werte w von Null bis $\pm\infty$. Diese Funktion wird in der komplexen Ebene dargestellt. Dies bedeutet, daß $C(w)$ auf der (realen) x-Achse und $\mathcal{S}(w)$ auf der (imaginären) y-Achse aufgetragen wird. Der entsprechende numerische Wert wird aus der Tabelle 10.2 entnommen. Ist $d\ell$ ein Bogenelement, das entlang der

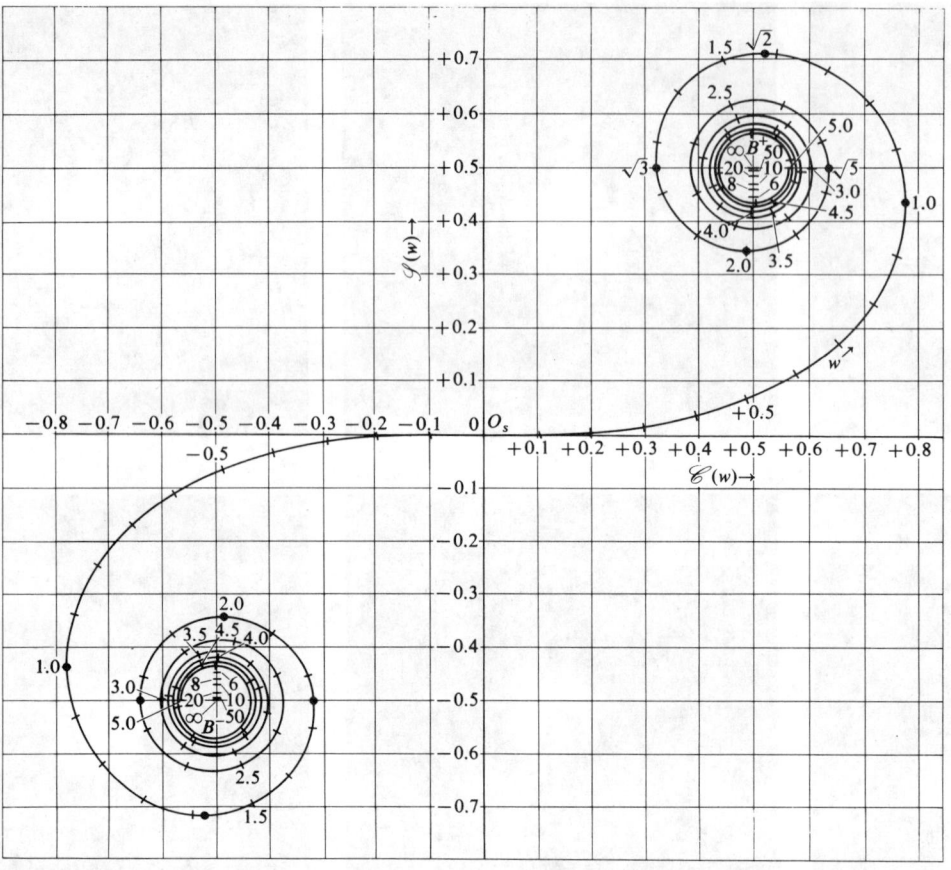

Abbildung 10.63
Die Cornu-Spirale.

Kurve gemessen wird, dann gilt
$$d\ell^2 = d\mathcal{C}^2 + d\mathcal{S}^2.$$

Aus den Definitionen der Gleichung (10.101) folgt
$$d\ell^2 = \left\{\cos^2\frac{\pi w^2}{2} + \sin^2\frac{\pi w^2}{2}\right\} dw^2$$
und damit
$$d\ell = dw$$

Die Werte von w entsprechen der Bogenlänge und sind in Abbildung 10.63 entlang der Spirale eingetragen. Wenn w gegen $\pm\infty$ geht, dann dreht sich die Kurve im Gegenuhrzeigersinn nach innen gegen ihre Grenzwerte $B^+ = +(1+i)/2$ und $B^- = -(1+i)/2$ hin. Der Anstieg der Spirale ist
$$\frac{d\mathcal{S}}{d\mathcal{C}} = \frac{\sin(\pi w^2/2)}{\cos(\pi w^2/2)} = \tan\frac{\pi w^2}{2}, \qquad (10.105)$$

und deswegen ist der Winkel zwischen der Tangente an die Spirale in irgendeinem ihrer Punkte und der $\mathcal{C}$-Achse gleich $\beta = \pi w^2/2$.

Die Cornu-Spirale kann sowohl als bequemes Werkzeug für quantitative Untersuchungen als auch als Hilfe für ein qualitatives Verständnis von Beugungsmustern verwendet werden, ganz ähnlich der bereits besprochenen Vibrationskurve (siehe Abschnitt 10.3.2.).

Als Beispiel für die quantitative Verwendung der Spirale betrachte man nochmals das Problem der Beugung an einer 2 mm großen quadratischen Öffnung aus dem vorigen Abschnitt ($\lambda = 500$ nm, $r_0 = 4$ m, Beleuchtung mit ebenen Wellen). Wir möchten die Intensität in P genau gegenüber dem Zentrum der Öffnung finden. Dabei ist in diesem Fall $u_1 = -1.0$ und $u_2 = 1.0$. Die Variable u wird entlang der Kurve gemessen, d.h. w wird durch u ersetzt. Zwei Punkte werden auf der Spirale von

w	$\mathcal{C}(w)$	$\mathcal{S}(w)$	w	$\mathcal{C}(w)$	$\mathcal{S}(w)$
0.00	0.0000	0.0000	4.50	0.5261	0.4342
0.10	0.1000	0.0005	4.60	0.5673	0.5162
0.20	0.1999	0.0042	4.70	0.4914	0.5672
0.30	0.2994	0.0141	4.80	0.4338	0.4968
0.40	0.3975	0.0334	4.90	0.5002	0.4350
0.50	0.4923	0.0647	5.00	0.5637	0.4992
0.60	0.5811	0.1105	5.05	0.5450	0.5442
0.70	0.6597	0.1721	5.10	0.4998	0.5624
0.80	0.7230	0.2493	5.15	0.4553	0.5427
0.90	0.7648	0.3398	5.20	0.4389	0.4969
1.00	0.7799	0.4383	5.25	0.4610	0.4536
1.10	0.7638	0.5365	5.30	0.5078	0.4405
1.20	0.7154	0.6234	5.35	0.5490	0.4662
1.30	0.6386	0.6863	5.40	0.5573	0.5140
1.40	0.5431	0.7135	5.45	0.5269	0.5519
1.50	0.4453	0.6975	5.50	0.4784	0.5537
1.60	0.3655	0.6389	5.55	0.4456	0.5181
1.70	0.3238	0.5492	5.60	0.4517	0.4700
1.80	0.3336	0.4508	5.65	0.4926	0.4441
1.90	0.3944	0.3734	5.70	0.5385	0.4595
2.00	0.4882	0.3434	5.75	0.5551	0.5049
2.10	0.5815	0.3743	5.80	0.5298	0.5461
2.20	0.6363	0.4557	5.85	0.4819	0.5513
2.30	0.6266	0.5531	5.90	0.4486	0.5163
2.40	0.5550	0.6197	5.95	0.4566	0.4688
2.50	0.4574	0.6192	6.00	0.4995	0.4470
2.60	0.3890	0.5500	6.05	0.5424	0.4689
2.70	0.3925	0.4529	6.10	0.5495	0.5165
2.80	0.4675	0.3915	6.15	0.5146	0.5496
2.90	0.5624	0.4101	6.20	0.4676	0.5398
3.00	0.6058	0.4963	6.25	0.4493	0.4954
3.10	0.5616	0.5818	6.30	0.4760	0.4555
3.20	0.4664	0.5933	6.35	0.5240	0.4560
3.30	0.4058	0.5192	6.40	0.5496	0.4965
3.40	0.4385	0.4296	6.45	0.5292	0.5398
3.50	0.5326	0.4152	6.50	0.4816	0.5454
3.60	0.5880	0.4923	6.55	0.4520	0.5078
3.70	0.5420	0.5750	6.60	0.4690	0.4631
3.80	0.4481	0.5656	6.65	0.5161	0.4549
3.90	0.4223	0.4752	6.70	0.5467	0.4915
4.00	0.4984	0.4204	6.75	0.5302	0.5362
4.10	0.5738	0.4758	6.80	0.4831	0.5436
4.20	0.5418	0.5633	6.85	0.4539	0.5060
4.30	0.4494	0.5540	6.90	0.4732	0.4624
4.40	0.4383	0.4622	6.95	0.5207	0.4591

Tabelle 10.2 Die Fresnelschen Integrale.

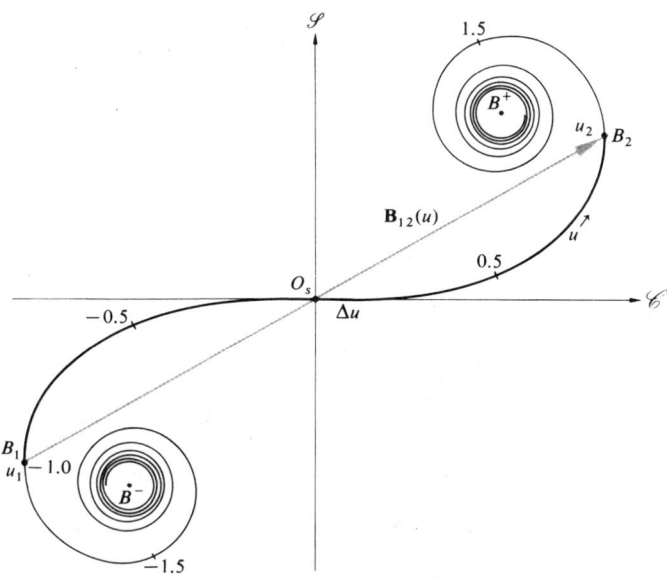

Abbildung 10.64
Zur Verwendung der Cornu-Spirale.

O_s aus eingezeichnet, im Abstand u_1 und u_2 vom Ursprung. (Diese Punkte liegen symmetrisch zu O_s, weil P genau gegenüber der Öffnung liegt.) Bezeichnen wir diese beiden Punkte mit $B_1(u)$ und $B_2(u)$, wie in Abbildung 10.64. Der Vektor $\boldsymbol{B}_{12}(u)$, von $B_1(u)$ nach $B_2(u)$ gezeichnet, ist gleich der komplexen Zahl $B_2(u) - B_1(u)$,

$$\boldsymbol{B}_{12}(u) = [\mathcal{C}(u) + i\mathcal{S}(u)]_{u_1}^{u_2},$$

und ist identisch mit dem ersten Term im Ausdruck für E_p der Gleichung (10.102). Ähnliches gilt für $v_1 = -1.0$ und $v_2 = 1.0$, für die $B_2(v) - B_1(v)$ durch

$$\boldsymbol{B}_{12}(v) = [\mathcal{C}(v) + i\mathcal{S}(v)]_{v_1}^{v_2}$$

gegeben ist, was gleich dem zweiten Term des Ausdruckes für E_p (Gl. (10.102)) ist. Der Betrag der beiden komplexen Zahlen ist gerade die Länge des Vektors $\boldsymbol{B}_{12}(u)$, die aus der Kurve direkt mit einem Lineal abgelesen werden kann, wobei eine der beiden Achsen als Skala verwendet wird. Die Intensität ist dann einfach

$$I_p = \frac{I_0}{4}|\boldsymbol{B}_{12}(u)|^2|\boldsymbol{B}_{12}(v)|^2, \qquad (10.106)$$

und das Problem ist gelöst. Es ist zu beachten, daß die Bogenlängen auf der Spirale, d.h. $\Delta u = u_2 - u_1$ und

$\Delta v = v_2 - v_1$, proportional zu den Abmessungen der Öffnung in y- und z-Richtung sind. *Die Bogenlängen sind daher unabhängig von der Position des Punktes P in der Beobachtungsebene.* Anderseits sind die Sehnen der Bögen, $B_{12}(u)$ und $B_{12}(v)$, natürlich nicht konstant, sondern hängen von dem Ort von P in der Beobachtungsebene ab.

Behalten wir den Punkt genau im Zentrum gegenüber der Öffnung, aber nehmen wir nun ein Loch, dessen Größe variabel ist. Wird das quadratische Loch größer, so werden auch die Längen der beiden Variablen Δu und Δv entsprechend größer. Die Endpunkte B_1 und B_2 jedes der beiden Bögen laufen entlang der Spirale im Gegenuhrzeigersinn in Richtung auf ihre jeweiligen Grenzwerte B^- und B^+. Die Vektoren $B_{12}(u)$ und $B_{12}(v)$, die in unserem Fall auf Grund der Symmetrie identisch sind, werden dabei eine Serie von relativen Maxima und Minima durchlaufen. Daher wird sich der Zentralpunkt des Beugungsmusters von relativ hell zu relativ dunkel und wieder zurück verändern. Die Intensitätsverteilung wechselt von einem wunderschönen, aber recht komplexen Muster zum nächsten (Abb. 10.62). Für jede konkrete Größe des Loches kann das Beugungsmuster außerhalb des Zentrums durch eine Neupositionierung von P errechnet werden. Dazu ist es hilfreich, wenn wir uns die Bogenlängen als ein Stück Schnur vorstellen, das für Δu und Δv von gleicher Länge ist. Zu Beginn stellen wir uns vor, daß das Schnurstück so auf der Kurve liegt, daß sich O_s in seiner Mitte befindet. Verschiebt sich nun der Punkt P, z.B. nach links entlang der y-Achse (Abb. 10.61), so wird y_1, und damit u_1, weniger negativ, während y_2 und u_2 positiver werden. Dies bedeutet, daß die Δu-Schnur die Spirale hinaufrutscht, wodurch sich der Betrag des Vektors $|B_{12}(u)| = B_{12}(u)$ ändert. Dementsprechend ändert sich auch die Intensität im Punkt P (Gl. (10.106)). Erreicht P den Rand des geometrischen Schattens, dann ist $y_1 = u_1 = 0$, und unsere Schnur beginnt in O_s. Wandert P in den Bereich des geometrischen Schattens, so wächst u_1 in positiver Richtung und die Schnur befindet sich völlig im Bereich der oberen Hälfte der Cornu-Spirale. Wachsen u_1 und u_2 noch weiter, so windet sich die Δu-Schnur immer enger um den B^+- Grenzwert. Dadurch nähern sich die beiden Endpunkte B_1 und B_2 einander und $B_{12}(u)$ wird kleiner und kleiner. Dies bedeutet, daß auch die Intensität I_p im Bereich des geometrischen Schattens immer kleiner

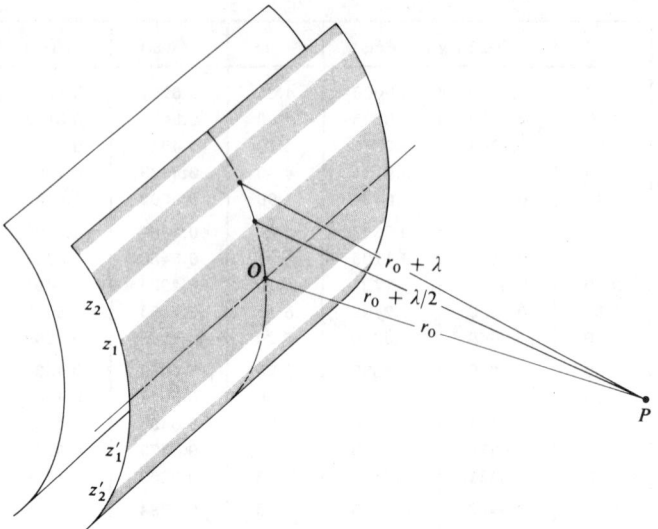

Abbildung 10.65 Fresnelzonen auf einer zylindrischen Wellenfront.

wird, je weiter P in diesen Bereich eindringt (worauf im nächsten Abschnitt noch näher eingegangen werden soll). Derselbe Prozess findet statt, wenn sich P in z-Richtung verschiebt. Δv bleibt konstant, aber $B_{12}(v)$ ändert sich.

Wird die Öffnung voll aufgemacht, so daß die Welle unbehindert bleibt, so gilt $u_1 = v_1 = -\infty$, d.h. $B_1(u) = B_1(v) = B^-$, und entsprechend $B_2(u) = B_2(v) = B^+$. Die Linie $\overline{B^- B^+}$ schließt mit der $\mathcal{C}$-Achse einen Winkel von 45° ein und hat eine Länge von $\sqrt{2}$. Als Folge davon gilt für die Vektoren $B_{12}(u)$ und $B_{12}(v)$, daß sie eine Länge von $\sqrt{2}$ und eine Phase von $\pi/4$ haben, $B_{12}(u) = B_{12}(v) = \sqrt{2}e^{i\pi/4}$. Aus Gleichung (10.103) folgt dann

$$E_p = E_u e^{i\pi/2}, \qquad (10.107)$$

und wir erhalten, abgesehen von einer Phasendiskrepanz von $\pi/2$, genau die aus Abschnitt 10.3.1 bekannte Amplitude der ungestörten Welle.[20] Schließlich erhalten wir unter Verwendung von Gleichung (10.106), daß I_p gleich I_0 ist.

Wir können uns ein leichter verständliches Bild davon machen, was die Cornu-Spirale repräsentiert, wenn wir die Abbildung 10.65 betrachten. In dieser Abbildung ist eine zylindrische Wellenfront dargestellt, die sich von

---

[20] Die Herkunft dieser Phasendifferenz wird von der Kirchhoffschen Theorie in Abschnitt 10.4 geklärt werden.

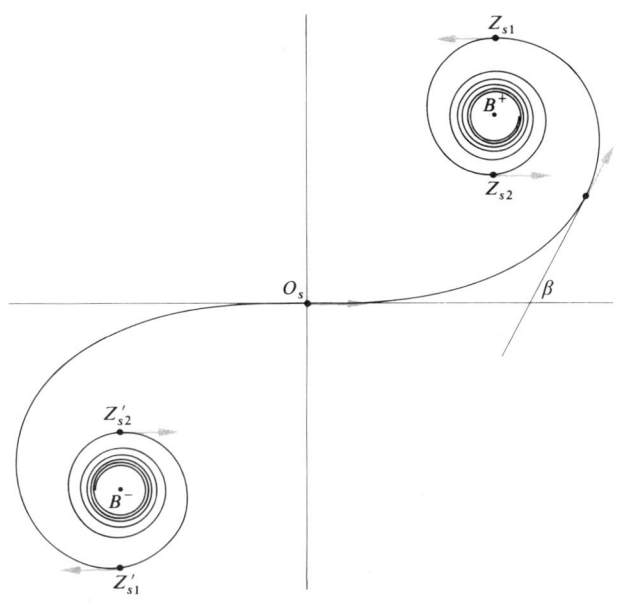

Abbildung 10.66 Die zur zylindrischen Wellenfront gehörige Cornu-Spirale.

einer kohärenten Linienquelle ausbreitet. Die Methode, die wir jetzt verwenden werden, ist die gleiche, wie wir sie bei der Ableitung der Vibrationskurve verwendet haben. Der Leser sei daher für eine ausführlichere Diskussion auf den Abschnitt 10.3.2 zurückverwiesen. Hier genügt es zu sagen, daß die Wellenfront in *streifenförmige Fresnelzonen* eingeteilt wird. Dies geschieht durch Schnitt der Wellenfront mit einer Familie koaxialer Zylinder mit den Radien $r_0 + \lambda/2$, $r_0 + \lambda$, $r_0 + 3\lambda/2$ usw., deren Achse durch P geht und parallel zur Linienquelle liegt. *Die Beiträge dieser Streifenzonen sind proportional zu ihren Flächen, die rasch abnehmen.* Dies steht im Gegensatz zu einer kugelförmigen Wellenfront, bei der die Radien der Zonen so zunehmen, daß ihre Flächen nahezu konstant bleiben. Ähnlich wie früher wird nun jede dieser Streifenzonen in N Unterzonen eingeteilt, die eine relative Phasendifferenz von π/N zueinander haben. Die Vektorsumme der Amplitudenbeiträge aller Zonen oberhalb der Zentralachse ergibt einen spiralförmigen Polygonzug. Im Grenzfall, d.h. für $N \to \infty$, und wenn die Beiträge der Zonen unterhalb der Zentralachse mit berücksichtigt werden, erhält man eine glatte Cornu-Spirale. Dies ist im Grunde auch nicht sehr überraschend, weil eine kohärente Linienquelle eine unendliche Anzahl sich überlappender Beugungsmuster von Punktquellen erzeugt.

In Abbildung 10.66 sind einige Tangenteneinheitsvektoren an verschiedenen Positionen entlang der Spirale eingezeichnet. Der Vektor in O_s entspricht dem Beitrag auf der zentralen Achse der Wellenfront, die durch O geht. Die Punkte, die zu den Grenzen der Streifenzonen gehören, können auf der Spirale lokalisiert werden, da an diesen Positionen die relative Phase β ein ganzzahliges Vielfaches von π ist. So ist z.B. der Punkt Z_{s1} auf der Spirale (Abb. 10.66), der zu Z_1 auf der Wellenfront gehört (Abb. 10.65), per definitionem um 180° zu O_s phasenverschoben. Daher muß Z_{s1} am höchsten Punkt der Spirale liegen, weil dort $w = \sqrt{2}$ und damit $\beta = \pi w^2/2 = \pi$.

Für die nun folgende Behandlung der Effekte von Hindernissen ist es nützlich, wenn wir uns vorstellen, daß diese Streifenzonen teilweise oder ganz ausgeblendet würden. Denn wir können natürlich auch entsprechende Zonenplatten anfertigen, die diesen Effekt vorteilhaft ausnützen. (Solche Zonenplatten sind denn auch tatsächlich in Verwendung.)

10.3.8 Fresnelsche Beugung an einem Spalt

Wir können das Problem der Fresnelbeugung an einem Spalt als eine Erweiterung des eben behandelten Problems der Beugung an einer rechteckigen Öffnung betrachten. Dazu müssen wir das Rechteck nur in der y-Richtung verlängern, so daß y_1 und y_2 sehr weit von O entfernt sind, wie in Abbildung 10.67 dargestellt. Wenn sich nun der Beobachtungspunkt parallel zur y-Achse verschiebt, so gilt, daß $u_1 \approx -\infty$ und $u_2 \approx +\infty$ und damit $\boldsymbol{B}_{12}(u) \approx \sqrt{2}\, e^{i\pi/4}$, solange die beiden vertikalen Ränder des Spaltes praktisch im Unendlichen liegen. Aus Gleichung (10.106) ergibt sich dann bei Beleuchtung entweder mit ebenen Wellen oder mit einer Punktquelle

$$I_p = \frac{I_0}{2}|\boldsymbol{B}_{12}(v)|^2 \qquad (10.108)$$

und das Beugungsmuster ist nicht mehr von y abhängig. Die Werte z_1 und z_2, die die Spaltbreite festlegen, bestimmen auch den wichtigen Parameter $\Delta v = v_2 - v_1$, der seinerseits $\boldsymbol{B}_{12}(v)$ festlegt. Stellen wir uns jetzt noch einmal vor, ein Stück Schnur der Länge Δv läge auf der Spirale symmetrisch zu O. Dies müßte für den Punkt P genau gegenüber von O der Fall sein, da für diesen Punkt

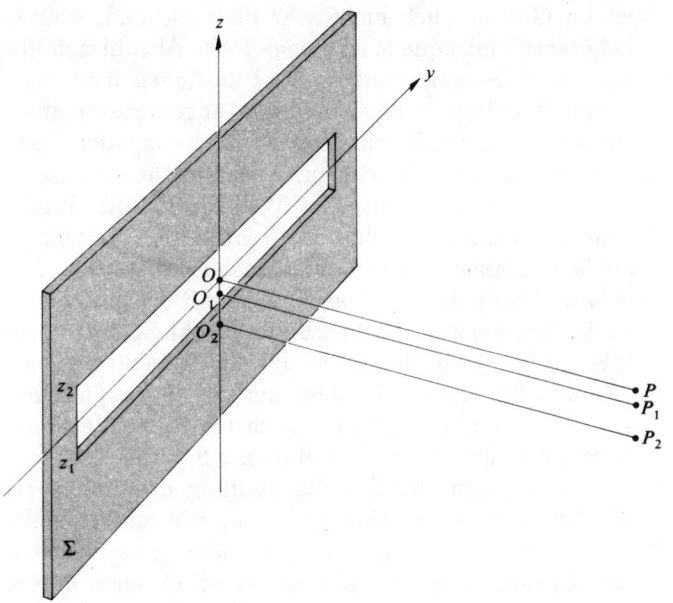

Abbildung 10.67 Zur Geometrie der Fresnelbeugung am Einzelspalt.

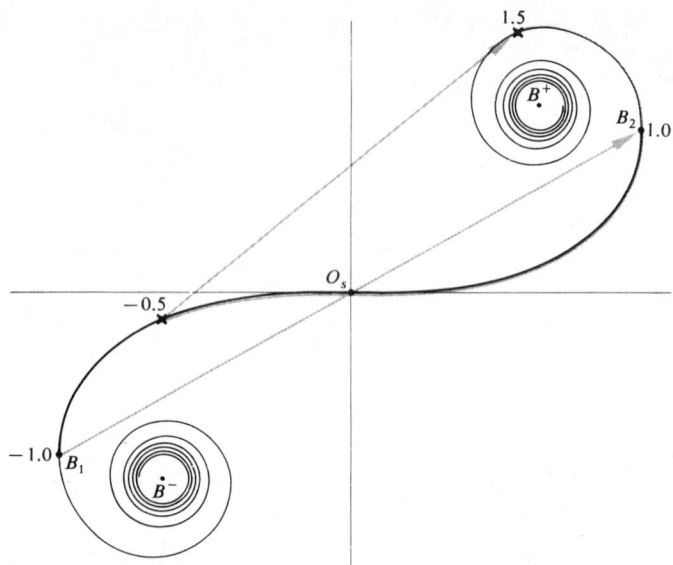

Abbildung 10.68 Cornu-Spirale für den Einzelspalt.

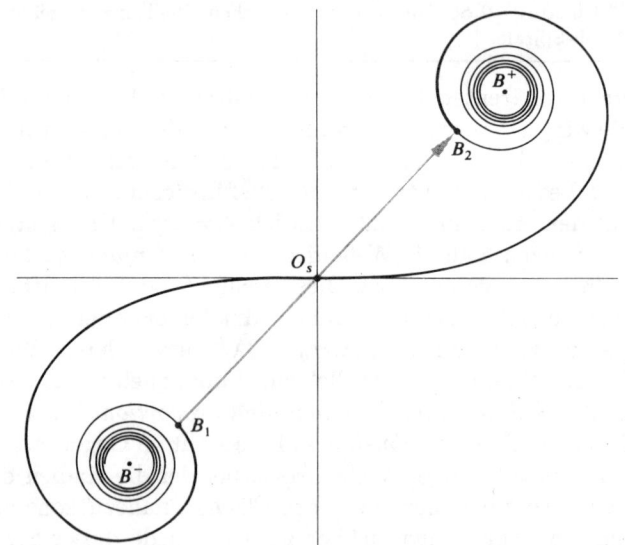

Abbildung 10.69 Ein Intensitätsminimum im Beugungsmuster für den Einzelspalt.

der Spalt symmetrisch erscheint (Abb. 10.68). Um einen Zahlenwert für I_p zu erhalten, müßte nun nur die Länge von $B_{12}(v)$ abgemessen und in die Gleichung (10.108) eingesetzt werden. Im Punkt P_1 ist z_1 eine kleinere negative Zahl, während z_2 und damit v_2 größer geworden sind. Der Bogen Δv (die Schnur) hat sich die Spirale hinauf verschoben und die Sehnenlänge wird kürzer (Abb. 10.68). Wenn der Beobachtungspunkt in den geometrischen Schatten wandert, dann wird sich die Schnur um den Punkt B^+ aufrollen und die Intensität durchläuft eine Kette von relativen Maxima und Minima. Ist Δv sehr klein, dann ist unser imaginäres Stück Schnur sehr kurz, und die Sehne $B_{12}(v)$ nimmt nur dann wesentlich ab, wenn der Krümmungsradius der Spirale selbst sehr klein wird. Dies ist in der Umgebung der Extrempunkte B^+ und B^- der Fall, d.h. für Beobachtungspunkte weit draußen im Bereich des geometrischen Schattens. Daher werden wir auch jenseits der Kanten des Spaltes Licht vorfinden, solange die Spaltbreite klein ist. Wir sollten nicht unerwähnt lassen, daß in diesem Fall, d.h. für Δv klein, das zentrale Maximum sehr breit wird. Wird Δv sehr viel kleiner als 1, dann ist $r_0\lambda$ sehr viel größer als die Spaltbreite und damit ist die Fraunhoferbedingung erfüllt. Dieser Übergang von Gleichung (10.108) zu Gleichung (10.17) wird um vieles plausibler, wenn wir bedenken, daß für große Werte des Argumentes w die Fresnel-

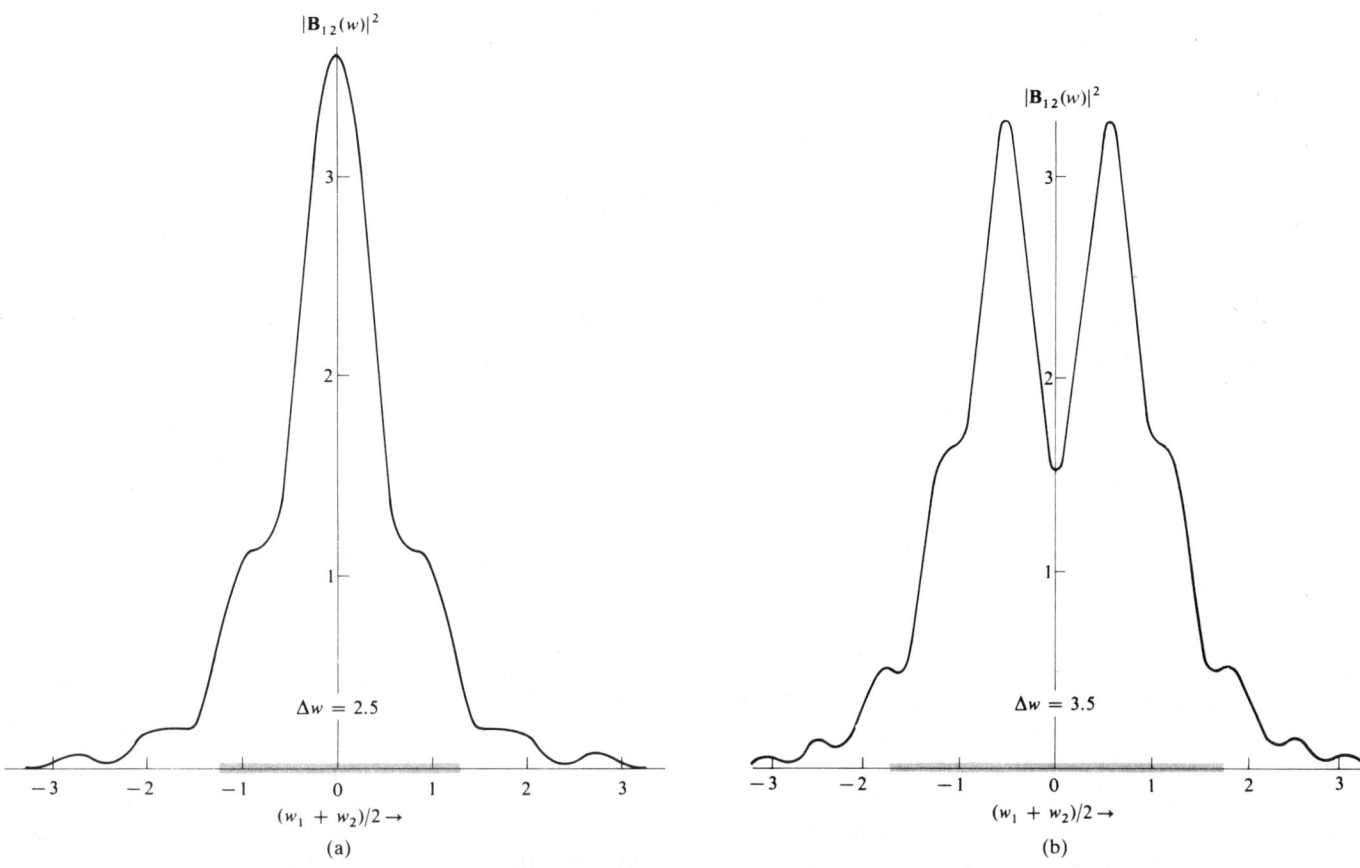

Abbildung 10.70 $|B_{12}(w)|^2$ gegen $(w_1+w_2)/2$ für (a) Δw=2.5 und (b) Δw=3.5.

schen Integrale durch trigonometrische Funktionen dargestellt werden können (siehe Aufgabe 10.46).

Wird anderseits der Spalt breiter, so wird Δv größer, bis sich für einen Punkt in festem Abstand r_0 gegenüber dem Spaltzentrum die in Abbildung 10.69 dargestellte Situation ergibt. Wandert der Punkt P nun senkrecht entweder hinauf oder hinunter, so rutscht Δv auf der Spirale entweder hinauf oder hinunter. In beiden Fällen jedoch vergrößert sich die Sehnenlänge, so daß sich im Zentrum des Beugungsbildes ein relatives Minimum befinden muß. Jetzt erscheinen daher Streifen innerhalb des geometrischen Bildes des Spaltes, was ganz im Gegensatz zum Beugungsbild eines Spaltes bei Fraunhoferbeugung steht.

In Abbildung 10.70 sind zwei Kurven gezeichnet, in denen die Abhängigkeit von $|B_{12}(w)|^2$ von $(w_1+w_2)/2$ dargestellt ist. Diese Größe ist der Wert von w im Zentrum der Bogenlänge Δw. w steht dabei entweder für u oder für v. Eine Familie solcher Kurven für einen Wertebereich von Δw von 1 bis 10 würde den Bereich abdecken, der uns hier interessiert. Diese Kurven können berechnet werden, indem wir zuerst ein Δw wählen und dann die $|B_{12}(w)|$-Werte bestimmen, die sich ergeben, wenn Δw die Spirale entlang läuft. Für einen langen Spalt gilt

$$I_p = \frac{I_0}{2}|B_{12}(v)|^2, \quad (10.108)$$

und da Δz, die Spaltbreite, dem Δv entspricht, ist jede der beiden Kurven in Abbildung 10.70 *proportional zur Intensitätsverteilung* für einen vorgegebenen Spalt. So kann z.B. Abbildung 10.70 (a) als Darstellung von $|B_{12}(v)|^2$ gegen $(v_1+v_2)/2$ für $\Delta v = 2.5$ gesehen werden. Die Abszisse entspricht $(z_1 + z_2)/2$, d.h. der Verschiebung des Beobachtungspunktes bezüglich des Spaltzentrums. In Abbildung 10.70 (b) ist $\Delta w = 3.5$, was bedeutet, daß für einen Spalt, dessen Breite einem Δv von 3.5 entspricht, innerhalb des geometrischen Bildes Streifen auftreten werden, wie wir das eigentlich erwarten durften (Aufgabe 10.45). Diese Kurven der Abbildung 10.70 hätten natürlich auch explizit in Δy oder Δz dargestellt werden können. Dies würde sie jedoch ohne Notwendigkeit auf eine einzige konkrete Konfiguration, d.h. einen Satz von Konfigurationsparametern (ρ_0, r_0 und λ), beschränken.

Wird der Spalt weiter verbreitert, so wird Δv größer, bis es den Wert 10 erreicht und dann überschreitet. Dabei erscheint eine zunehmende Anzahl von Streifen innerhalb des geometrischen Bildes und das Beugungsbild wird mehr und mehr auf dieses geometrische Bild begrenzt.

Dieselben Argumente lassen sich natürlich auch auf rechteckige Öffnungen anwenden. Auch für diese können die Kurven der Abbildung 10.70 verwendet werden.

Wenn wir Fresnelbeugung am Spalt wirklich beobachten wollen, so müssen wir eine Hand mit ausgestrecktem Arm vor uns halten und einen langen schmalen Spalt zwischen zwei Fingern öffnen. Einen ähnlichen Spalt, mit der anderen Hand gemacht, halten wir nahe vor unser Auge. Wenn wir nun den ferneren Spalt mit einer *hellen* Lichtquelle (z.B. dem hellen Himmel oder einer größeren Lampe) beleuchten und ihn durch den näheren Spalt beobachten, so wird der fernere Spalt nach dem Einbringen des näheren verbreitert erscheinen. Einige Streifen sollten klar erkennbar sein.

10.3.9 Beugung an einem halbunendlichen undurchsichtigen Schirm

Wir machen nun aus unserem Schirm Σ einen halbunendlichen, undurchsichtigen und ebenen Schirm, indem wir einfach die obere Hälfte des Schirmes entfernen, so wie in Abbildung 10.71. Mathematisch läßt sich dies ganz einfach dadurch bewerkstelligen, daß wir y_1, y_2 und z_2 gegen Unendlich gehen lassen. Unter Bezugnahme auf

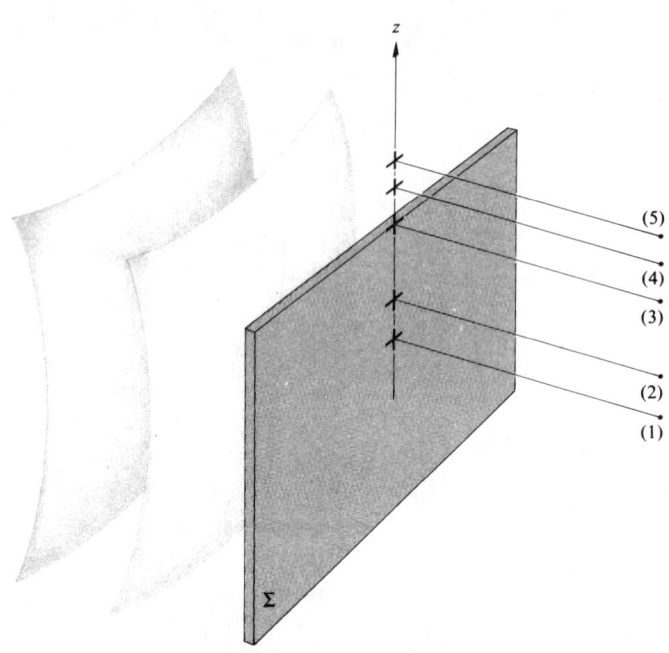

Abbildung 10.71 Zur Geometrie des halbunendlichen, undurchsichtigen Schirms.

die ursprünglichen Annahmen wollen wir unsere Untersuchungen auf den Fall beschränken, daß der Beobachtungspunkt nicht weit vom Rand des Schirmes entfernt ist. Da nun $u_2 = v_2 = \infty$ und $u_1 = -\infty$ ist, liefert eine der Gleichungen (10.104) oder (10.108)

$$I_p = \frac{I_0}{2} \left\{ \left[\frac{1}{2} - \mathcal{C}(v_1)\right]^2 + \left[\frac{1}{2} - \mathcal{S}(v_1)\right]^2 \right\}. \quad (10.109)$$

Wenn sich der Punkt P direkt gegenüber der Kante des Schirmes befindet, ist $v_1 = 0$ und damit ist $\mathcal{C}(0) = \mathcal{S}(0) = 0$ und $I_p = I_0/4$. Dies war auch zu erwarten, da ja die halbe Wellenfront ausgeblendet wird. Die Amplitude in P wird halbiert und daher sinkt die Intensität auf $1/4$. In den Abbildungen 10.71 und 10.72 ist dieser Punkt mit (3) bezeichnet. Wenn wir nun P in den geometrischen Schatten verschieben, nach (2) und dann weiter nach (1), so werden die entsprechenden Sehnenlängen kontinuierlich abnehmen (Aufgabe 10.46). In diesem Bereich existieren keinerlei Intensitätsschwankungen, die Strahlungsintensität nimmt nur rasch ab. Für jeden Punkt oberhalb der Schirmkante (3) wird diese unterhalb des

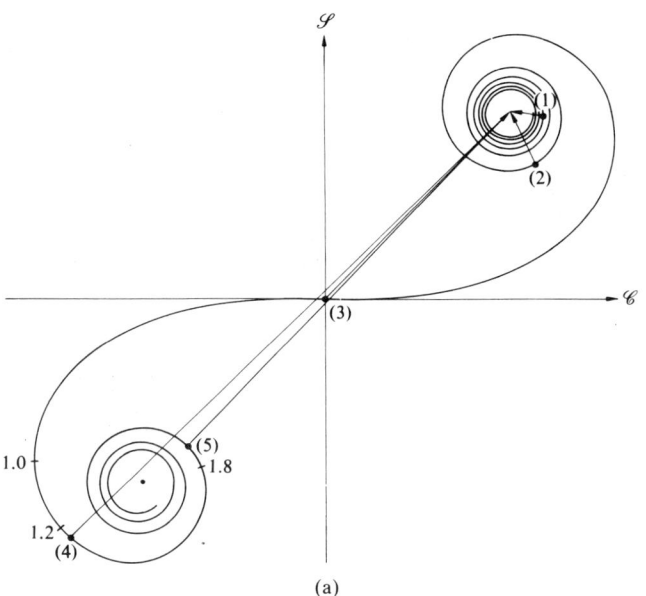

Beobachtungspunktes liegen, so daß $z_1 < 0$ und infolgedessen auch $v_1 < 0$. Für v_1 ungefähr gleich -1.2 erreicht die Sehne ihre größte Länge und die Intensität daher ihren größten Wert. Für Punkte weiter oberhalb des Schirmes oszilliert I_p um den Grenzwert I_0, wobei die Oszillationsamplitude langsam abnimmt. Mit empfindlichen elektronischen Geräten lassen sich viele Hundert solcher Streifen beobachten.[21] Es erscheint selbstverständlich, daß sich ein Beugungsbild wie in Abbildung 10.73 in der Nähe der Kanten eines breiten *Spaltes* ($\Delta v > 10$) als Grenzfall ergibt. Die Intensitätsverteilung der geometrischen Optik kann man ja nur für $\lambda = 0$ erwarten. Tatsächlich beobachtet man für kleinere Wellenlängen, daß das Streifenmuster näher an die Kante heranrückt und zunehmend feiner wird.

Dieses Muster der Beugung an einer geraden Kante kann beobachtet werden, wenn man irgendeinen Spalt, der mit gestrecktem Arm vor eine größere Lampe gehalten wird, als Lichtquelle verwendet. Das undurchsichtige Hindernis mit gerader Kante (z.B. eine Rasierklinge oder einen geschwärzten Objektträger) halten wir nahe vors Auge. Wenn die Kante am Spalt vorbeiwandert, wobei die beiden parallel sein müssen, so zeigt sich eine Reihe von Streifen.

10.3.10 Beugung an einem schmalen Hindernis

Erinnern wir uns kurz an die Diskussion über die Verhältnisse bei der Beugung an einem Spalt. Wir wollen nun den dazu komplementären Fall betrachten, nämlich daß der *Spalt* undurchsichtig ist und der Schirm durchsichtig. Dies können wir z.B. mit einem Stück Draht realisieren. An einem Punkt direkt gegenüber dem Zentrum des Drahtes werden die Beiträge von zwei getrennten Bereichen eintreffen, die sich von y_1 bis $-\infty$ und von y_2 bis $+\infty$ erstrecken. Denen entsprechen auf der Cornu-Spirale die beiden Bögen von u_1 bis B^- und von u_2 bis B^+. Die Amplitude der Störung in einem Punkt P der Beobachtungsebene ist die *Vektorsumme* der beiden Vektoren $\overline{B^- u_1}$ und $\overline{u_2 B^+}$, wie in der Abbildung 10.74 gezeigt. Genau wie im Falle einer undurchsichtigen Scheibe existiert auf Grund der Symmetrie immer ein heller Bereich ent-

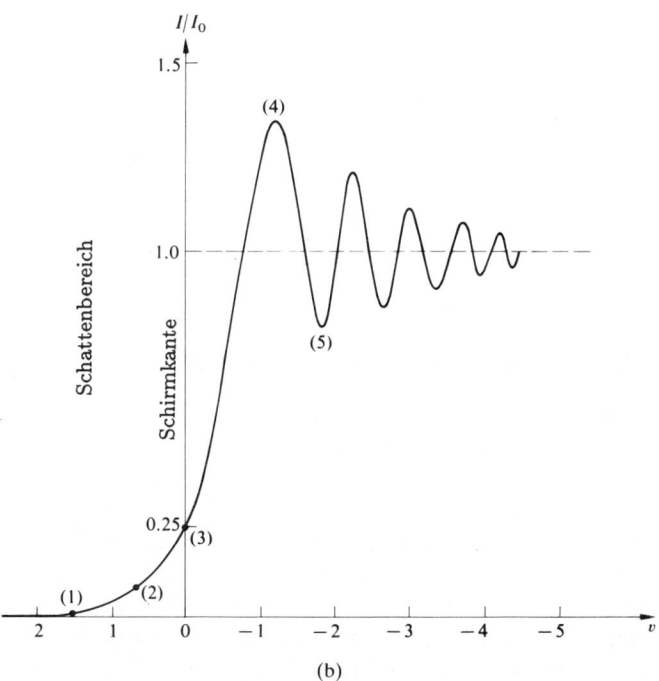

Abbildung 10.72 (a) Die Cornu-Spirale für den halbunendlichen Schirm. (b) Die zugehörige Intensitätsverteilung.

[21] J.D. Barrett und F.S. Harris Jr., *J. Opt. Soc. Amer.* **52**, 637 (1962).

Abbildung 10.73 Das Streifenmuster für einen halbunendlichen Schirm.

lang der zentralen Achse. Dies geht aus der Spirale hervor. Wenn P auf der Achse liegt, dann ist $\overline{B^-u_1} = \overline{u_2B^+}$ und ihre Summe kann nie Null sein. Der Bogen Δu auf der Spirale repräsentiert den verdeckten Bereich, der mit der Dicke des Drahtes zunimmt. Für dicke Drähte nähert sich u_1 dem Wert B^- und u_2 dem Wert B^+, wodurch die Vektoren kürzer werden und die Intensität auf der Achse des Schattens abfällt. Dies ist in Abbildung 10.75 klar erkennbar. Diese Abbildung zeigt die Beugungsmuster, die von einem Stück einer dünnen Mine eines Druckbleistiftes (a) und einem Stück Draht von 3 mm Durchmesser (b) erzeugt werden.

Stellen wir uns nun wieder vor, wir hätten einen kleinen Intensitätssensor im Punkt P auf der Beobachtungsebene (oder auf der Photoplatte). Wenn sich nun P von der zentralen Achse weg nach rechts bewegt, so wird y_1, und damit u_1 negativer, während y_2 und u_2, die beide positiv sind, kleiner werden. Der abgedeckte Bereich Δu gleitet auf der Spirale nach unten. Befindet sich der Sensor an der rechten Kante des geometrischen Schattens, so ist $y_2 = u_2 = 0$, d.h. u_2 liegt in O_s. Dabei ist zu beachten, daß der Sensor eine allmähliche Abnahme der Intensität mit u_2 registriert, wenn der Draht dünn ist, d.h. Δu klein ist. Ist anderseits der Draht dick, so ist Δu, aber auch u_1 und u_2 groß. Rutscht nun Δu über die Spirale nach unten, so werden die beiden Vektoren eine Reihe von vollständigen Umdrehungen ausführen, wobei sich die Phasenrelation kontinuierlich verändert. Die dabei zusätzlich entstehenden Extrema innerhalb des geometrischen Schattens sind in der Abbildung 10.75 (b) gut sichtbar. Es stellt sich heraus, daß der Abstand der Streifen innerhalb des geometrischen Schattens invers proportional zur Breite des Hindernisses ist, gerade so, als ob das Beugungsmuster von der Interferenz zweier Wellen herrührte, die von den Kanten des Hindernisses reflektiert werden (Youngs Experiment).

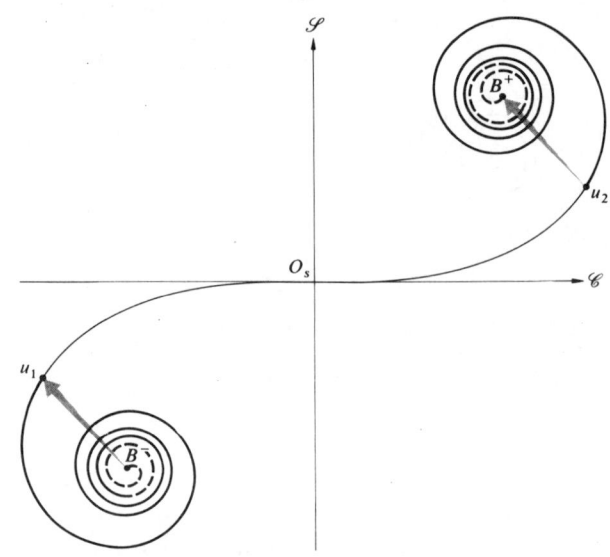

Abbildung 10.74 Die Cornu-Spirale für ein schmales Hindernis.

10.3.11 Das Prinzip von Babinet

Zwei beugende Schirme heißen *komplementär*, wenn die durchsichtigen Bereiche des einen Schirmes genau den undurchsichtigen Bereichen des anderen entsprechen, und umgekehrt. Wenn zwei solche Schirme übereinander gelegt werden, dann ist das Ergebnis klarerweise völlig undurchsichtig. Σ_1 und Σ_2 seien zwei komplementäre Schirme. E_1 und E_2 seien die Beträge der optischen Störung in einem Punkt P, wenn sich Σ_1 bzw. Σ_2 im Strahlengang befindet. Der gesamte Beitrag jedes der beiden Schirme läßt sich durch Integration über die Fläche der entsprechenden "Öffnungen" erhalten. Das **Prinzip von Babinet** besagt nun, daß die Störung in P bei gleichzeitiger Anwesenheit beider *Öffnungen* iden-

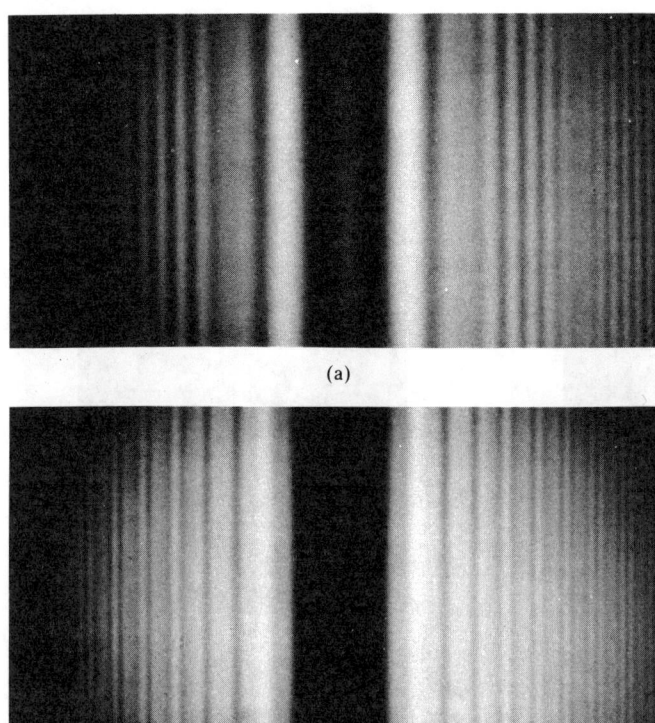

(a)

(b)

Abbildung 10.75 (a) Das mit einer Druckbleistiftmine erzeugte Schattenmuster. (b) Das mit einem 3 mm-Draht erzeugte Schattenmuster. (Photos E.H.)

tisch mit der ungestörten Welle ist.

$$E_1 + E_2 = E_0. \qquad (10.110)$$

Dies ist auch plausibel, da bei gleichzeitiger Anwesenheit zweier komplementärer "Öffnungen" die gesamte Ebene durchsichtig ist, d.h. die Integrationsgrenzen gegen unendlich gehen, und damit die einfallende Welle nicht mehr behindert wird. Betrachten wir genau die Abbildungen 10.69 und 10.74, in denen die Cornu-Spirale für einen Spalt und für ein schmales Hindernis dargestellt sind. Wenn die beiden Anordnungen komplementär sind, dann ist das Prinzip von Babinet gut durch die Abbildung 10.76 illustriert. Der Vektor $(\overrightarrow{B^-B_1} + \overrightarrow{B_2B^+})$, der durch das schmale Hindernis bestimmt wird, wird zum Vektor $\overrightarrow{B_1B_2}$ addiert, der vom Spalt herrührt. Das Ergebnis ist der ungestörte Vektor $\overrightarrow{B^-B^+}$. Das Prinzip

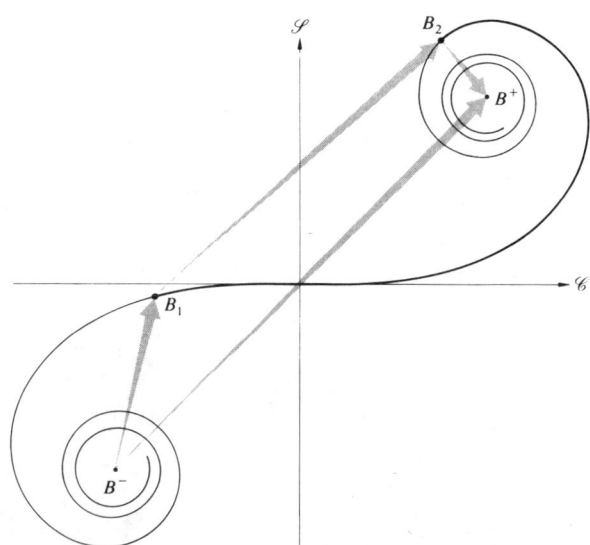

Abbildung 10.76 Die Cornu-Spirale zur Illustration des Prinzips von Babinet.

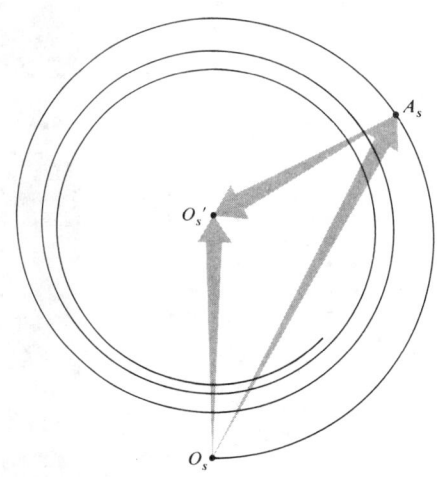

Abbildung 10.77 Die Vibrationskurve zur Illustration des Prinzips von Babinet.

von Babinet impliziert, daß im Falle $E_0 = 0$ (gemäß Gl. (10.110)) $E_1 = -E_2$. Das bedeutet, daß die beiden Störungen gleich groß sind, aber ihre Phasen sich um 180° unterscheiden. Für zwei komplementäre Schirme sehen wir daher ein und dieselbe Intensitätsverteilung,

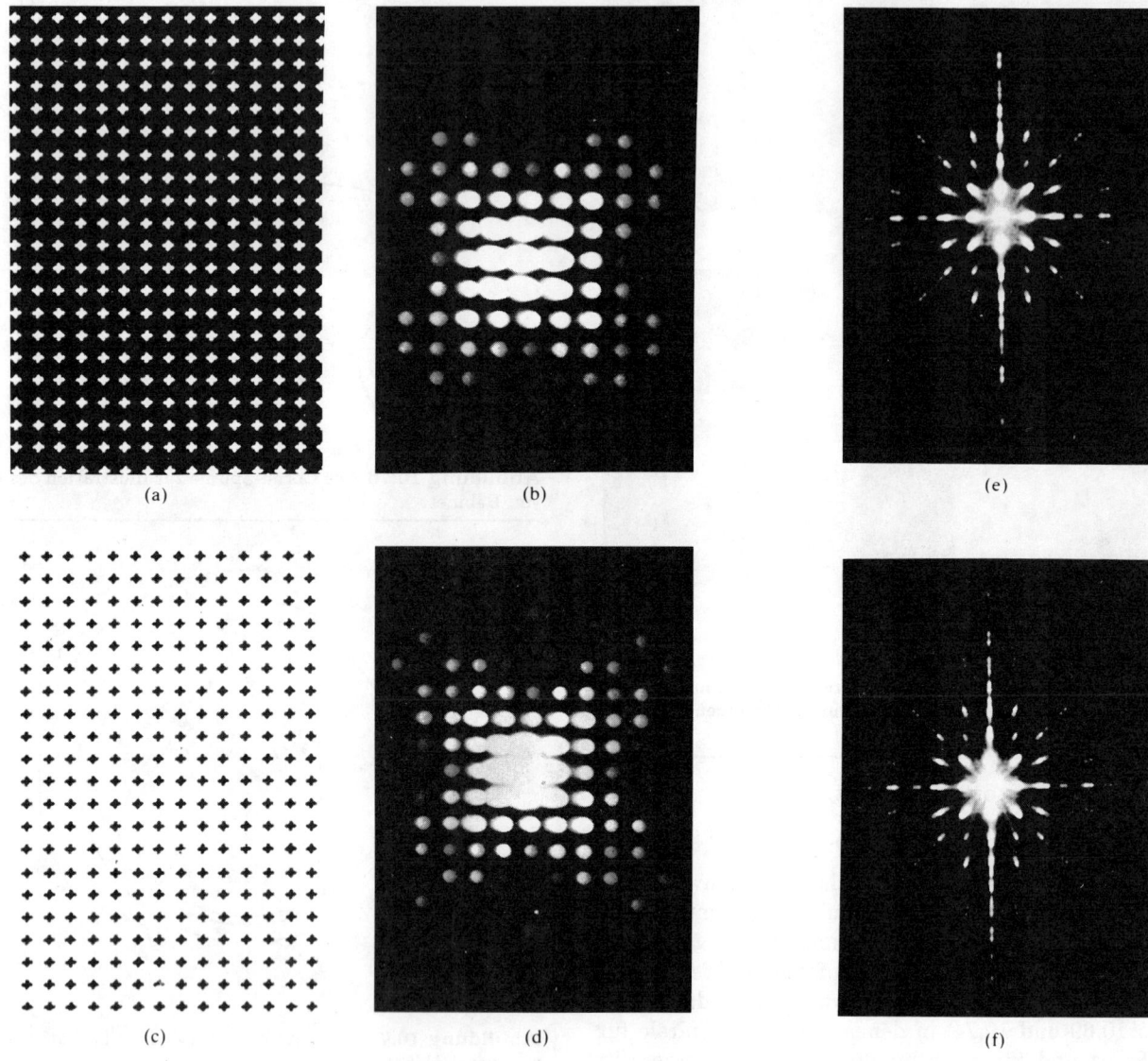

Abbildung 10.78 Fraunhofersche Beugungsmuster in weißem Licht. (a) und (c) Komplementäre Schirme mit einer regelmäßigen Anordnung von Löchern und Hindernissen in der Form abgerundeter Plus-Zeichen. (b) und (d) Die Beugungsmuster dieser beiden Schirme bei Beleuchtung mit weißem Licht. (e) und (f) Die Beugungsmuster einer regelmäßigen Anordnung rechteckiger Löcher bzw. Hindernisse. (Photos freundlicherweise überlassen von The Ealing Corporation und R.B. Hoover.)

gleichgültig welcher der beiden Schirme sich im Strahlengang befindet; was an sich ein interessantes Ergebnis ist.

Es ist nun einleuchtend, daß dieses Prinzip nicht exakt gelten kann, weil wir für die unbehinderte Welle einer Punktquelle nirgends einen Punkt mit $E_0 = 0$ finden, d.h. $E_0 \neq 0$ an jeder Stelle im Raum. Wenn wir jedoch eine Quelle durch eine ideale Linse im Punkt P_0 abbilden (siehe Abb. 10.9), ohne daß sich einer der beiden Schirme Σ_1 oder Σ_2 im Strahlengang befindet, so ergibt sich ein großer Bereich außerhalb der nächsten Umgebung von P_0, in dem die Amplitude $E_1 + E_2 = E_0 = 0$ (außerhalb des Airy-Scheibchens; siehe Abb. 10.9). Wie wir sehen, gilt es also eigentlich nur für den Fall der Fraunhoferbeugung, daß komplementäre Schirme identische Intensitätsverteilungen erzeugen, d.h. daß $E_1 = -E_2$ (wobei natürlich der Punkt P_0 ausgeschlossen werden muß). Nichtsdestoweniger gilt Gleichung (10.110) auch für den Fall der Fresnelbeugung, obwohl unter diesen Umständen die Intensitäten keiner einfachen Relation mehr gehorchen. Als Beispiel sei auf die Beugung am Spalt und an einem schmalen Hindernis verwiesen (Abb. 10.76). Oder auf den Fall eines kreisförmigen Loches und einer Scheibe, Abbildungen 10.52 und 10.58, und deren Illustration in Abbildung 10.77. Wir sehen, daß Gleichung (10.110) eindeutig anwendbar ist, obwohl es sich sicherlich nicht um identische Beugungsmuster handelt.

Von seiner besten Seite zeigt sich das Prinzip von Babinet jedoch, wenn wir es auf die Fraunhoferbeugung anwenden. Abbildung 10.78 zeigt dies sehr schön. Die Beugungsmuster sind praktisch identisch.

10.4 Die skalare Beugungstheorie von Kirchhoff

Bisher haben wir eine ganze Reihe von beugenden Anordnungen mit Hilfe des sehr einfachen Fresnel-Huygensschen Prinzips recht zufriedenstellend beschrieben. Dennoch, die fiktiven Punktquellen, die die Oberflächen der beugenden Öffnungen bedeckten und die Grundlage unserer Analysen bildeten, waren nur postuliert worden, anstatt daß dieses Bild von fundamentalen Prinzipien abgeleitet worden wäre. Wenn wir nun das ganze Problem so wie Kirchhoff behandeln, dann werden wir sehen, daß sich diese Ergebnisse wirklich aus der *skalaren* Wellengleichung ableiten lassen.

Da die nun folgende Diskussion sehr formal und außerdem recht aufwendig ist, wurden einige Teile davon in den Anhang verlegt (siehe Anhang 2). Dort können wir es riskieren, leichte Lesbarkeit zugunsten der mathematischen Strenge zu opfern und das Problem bei aller gebotenen Kürze dennoch ausführlich und korrekt zu behandeln.

Bisher haben wir, wenn wir uns mit einer Verteilung monochromatischer Punktquellen beschäftigten, die resultierende optische Störung an einem Punkt P, d.h. E_p, durch Superposition der individuellen Wellen berechnet. Es gibt jedoch noch einen zweiten, davon völlig unabhängigen Weg, diese Störung zu berechnen. Dieser stützt sich auf die Potentialtheorie. Dabei ist man primär nicht mehr an den Quellen selbst interessiert, sondern an der skalaren optischen Störung und ihren Ableitungen auf einer beliebigen geschlossenen Oberfläche, die den Punkt P umschließt. Wenn wir dabei annehmen, daß wir die einzelnen Frequenzen durch Fourier-Analyse auftrennen können, dann müssen wir uns immer nur um eine dieser Frequenzen kümmern. Die monochromatische optische Störung E ist eine Lösung der Differentialgleichung für eine Welle

$$\nabla^2 E = \frac{1}{c^2} \frac{\partial^2 E}{\partial t^2}. \qquad (10.111)$$

Ohne daß wir die räumliche Natur dieser Welle genau spezifizieren müssen, kann sie wie folgt angeschrieben werden:

$$E = \mathcal{E} e^{-ikct}. \qquad (10.112)$$

Hier repräsentiert $\mathcal{E}$ den komplexen räumlichen Anteil der Störung. Durch Einsetzen in die Wellengleichung erhalten wir

$$\nabla^2 \mathcal{E} + k^2 \mathcal{E} = 0. \qquad (10.113)$$

Diese Gleichung, die unter dem Namen *Helmholtz-Gleichung* bekannt ist, wird im Anhang 2 mit Hilfe des Greenschen Theorems gelöst. Die optische Störung in P, ausgedrückt durch diejenige auf einer beliebigen geschlossenen Fläche S um P, und ihre Ableitungen, ist danach gegeben durch

$$\mathcal{E}_p = \frac{1}{4\pi} \left\{ \iint_S \left(\frac{e^{ikr}}{r} \right) \vec{\nabla} \mathcal{E} \, d\boldsymbol{S} - \iint_S \mathcal{E} \vec{\nabla} \left(\frac{e^{ikr}}{r} \right) d\boldsymbol{S} \right\}. \qquad (10.114)$$

Bekannt als *Kirchhoffsches Integraltheorem* wird Gleichung (10.114) durch die in Abbildung 10.79 dargestellte Geometrie veranschaulicht.

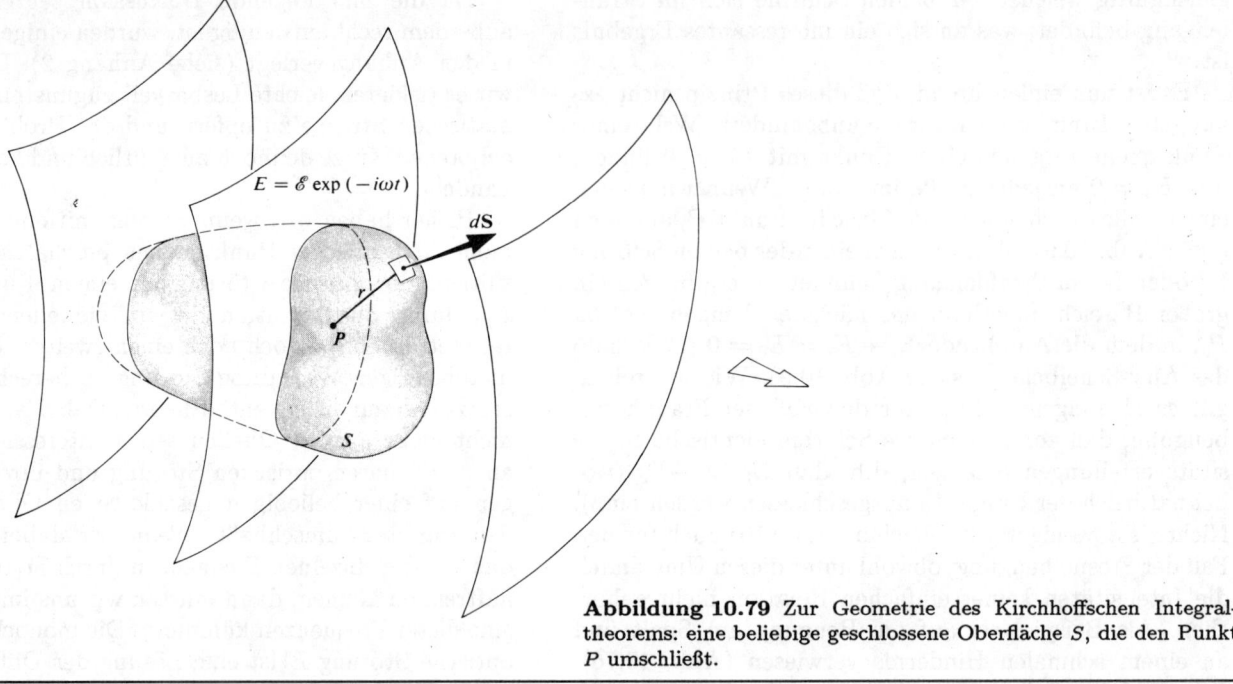

Abbildung 10.79 Zur Geometrie des Kirchhoffschen Integraltheorems: eine beliebige geschlossene Oberfläche S, die den Punkt P umschließt.

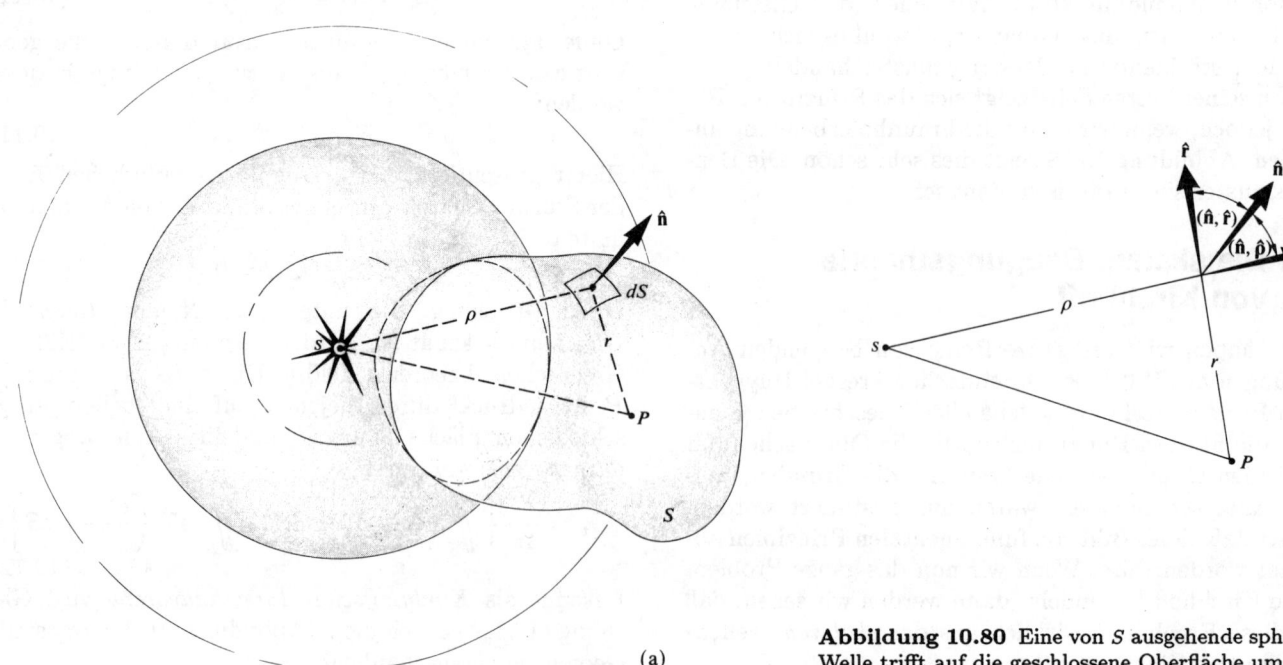

Abbildung 10.80 Eine von S ausgehende sphärische Welle trifft auf die geschlossene Oberfläche um P.

Wir wollen nun dieses Theorem auf eine ungestörte sphärische Welle anwenden, die von einer Punktquelle S ausgeht, und zwar zu dem spezifischen Zeitpunkt, der in Abbildung 10.80 dargestellt ist. Die Störung hat dann die Form

$$E(\rho, t) = \frac{\mathcal{E}_0}{\rho} e^{i(k\rho - \omega t)} \qquad (10.115)$$

mit

$$\mathcal{E}(\rho) = \frac{\mathcal{E}_0}{\rho} e^{ik\rho}. \qquad (10.116)$$

Wenn wir dies in Gleichung (10.114) substituieren, so erhalten wir

$$\mathcal{E} = \frac{1}{4\pi} \left\{ \oiint_S \frac{e^{ikr}}{r} \frac{\partial}{\partial \rho} \left(\frac{\mathcal{E}_0}{\rho} e^{ik\rho} \right) \cos(\hat{n}\hat{\rho}) \, dS \right.$$
$$\left. - \oiint_s \frac{\mathcal{E}_0}{\rho} e^{ik\rho} \frac{\partial}{\partial r} \left(\frac{e^{ikr}}{r} \right) \cos(\hat{n}\hat{r}) \, dS \right\},$$

wobei $d\mathbf{S} = \hat{n} \, dS$. $\hat{n}$, $\hat{r}$ und $\hat{\rho}$ sind Einheitsvektoren,

$$\vec{\nabla} \left(\frac{e^{ikr}}{r} \right) = \hat{r} \frac{\partial}{\partial r} \left(\frac{e^{ikr}}{r} \right)$$

und

$$\vec{\nabla} \mathcal{E}(\rho) = \hat{\rho} \frac{\partial \mathcal{E}}{\partial \rho}.$$

Die Differentiationen unter dem Integral ergeben

$$\frac{\partial}{\partial \rho} \left(\frac{e^{ik\rho}}{\rho} \right) = e^{ik\rho} \left(\frac{ik}{\rho} - \frac{1}{\rho^2} \right)$$

und

$$\frac{\partial}{\partial r} \left(\frac{e^{ik\rho}}{r} \right) = e^{ikr} \left(\frac{ik}{r} - \frac{1}{r^2} \right).$$

Sind nun $\rho \gg \lambda$ und $r \gg \lambda$, so können die $(1/\rho^2)$- und $(1/r^2)$-Terme vernachlässigt werden. Diese Näherung gilt gut für das optische Spektrum, ist aber logischerweise nicht unbedingt für den Mikrowellenbereich gültig. Wenn wir Obiges einsetzen, so gilt

$$\mathcal{E}_p = -\frac{\mathcal{E}_0 i}{\lambda} \oiint_S \frac{e^{ik(\rho + r)}}{\rho^N} \left\{ \frac{\cos(\hat{n}, \hat{r}) - \cos(\hat{n}, \hat{\rho})}{2} \right\} dS. \qquad (10.117)$$

Diese Gleichung ist die *Fresnel-Kirchhoffsche Beugungsformel*.

Wir betrachten nun noch einmal in aller Ruhe Gleichung (10.96). In dieser Gleichung wird die optische Störung, die von einem Flächenelement dS ausgeht, nach der Fresnel-Huygens-Theorie beschrieben. Wenn wir dieses Ergebnis mit Gleichung (10.117) vergleichen, so sehen wir, daß die Winkelabhängigkeit in letzterer Gleichung durch den Faktor

$$\frac{1}{2} \left\{ \cos(\hat{n}, \hat{r}) - \cos(\hat{n}, \hat{\rho}) \right\}$$

gegeben ist. Wir nennen diesen Faktor den Neigungsfaktor $K(\theta)$ und werden später noch zu zeigen haben, daß er äquivalent zu dem in Gleichung (10.72) angeführten Ausdruck ist. Es ist zu beachten, daß k überall durch $-k$ ersetzt werden kann, da wir ja sicherlich in Gleichung (10.115) die Phase mit negativem Vorzeichen, also $(\omega t - k\rho)$, hätten wählen können.

Wenn wir nun beide Seiten der Gleichung (10.117) mit $e^{-i\omega t}$ multiplizieren, so erhalten wir für den Ausdruck unter dem Integral, d.h. für das differentielle Beitragselement,

$$dE_p = \frac{K(\theta)\mathcal{E}_0}{\rho \lambda r} \cos[k(\rho + r) - \omega t - \pi/2] \, dS. \qquad (10.118)$$

Dies ist der Beitrag, der von einem Flächenelement der Größe dS in einem Abstand r von P herrührt. Der $\pi/2$-Term in der Phase kommt daher, daß $-i = e^{-i\pi/2}$. Damit ergibt sich aus der Kirchhoffschen Formulierung dasselbe Gesamtergebnis wie vorher (Gl. (10.96)), mit dem einzigen Unterschied, daß die korrekte, um $\pi/2$ verschobene Phase enthalten ist, die bei der Fresnel-Huygensschen Behandlung nicht erklärt werden konnte.

Was uns nun noch zu tun bleibt, ist sicherzustellen, *daß die Oberfläche S so gewählt werden kann, daß sie dem unbehinderten Teil der Wellenfront entspricht, wie dies bei der Fresnel-Huygensschen Theorie der Fall war*. Für den Fall einer sich von S aus frei ausbreitenden sphärischen Welle konstruieren wir den doppelt zusammenhängenden Bereich, der in Abbildung 10.81 dargestellt ist. Die Oberfläche S_2 umgibt die kleine kugelförmige Fläche S_1 völlig. Für $\rho = 0$ hat die Störung $E(\rho, t)$ eine Singularität und daher ist, korrekterweise, dieser Punkt vom Volumen V zwischen S_1 und S_2 ausgeschlossen. Das Integral muß nun die beiden Oberflächen S_1 und S_2 enthalten. Jedoch kann S_2 ins Unendliche verlegt werden, wenn wir verlangen, daß der entsprechende Radius gegen Unendlich geht. Dann verschwindet der Beitrag dieser Fläche zum Oberflächenintegral. (Dies gilt für jede Form einer einfallenden Störung, sofern deren Amplitude mindestens so schnell wie die einer sphärischen Welle mit

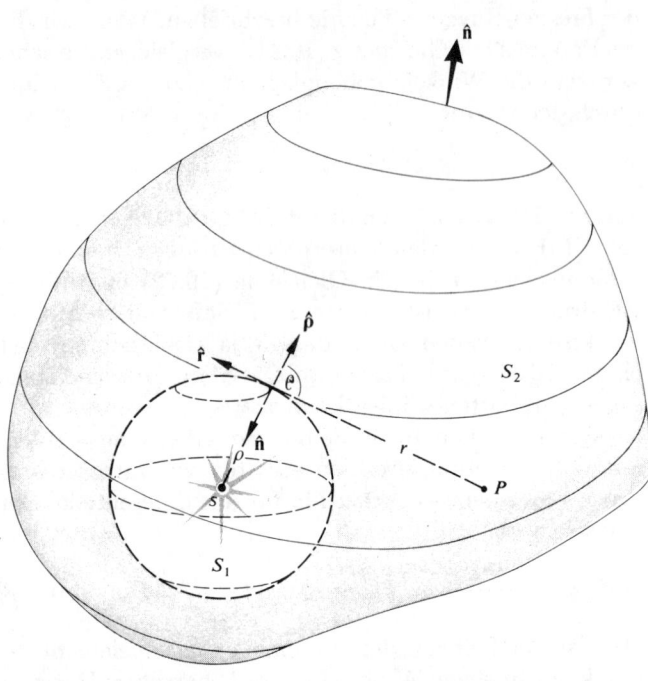

Abbildung 10.81 Ein doppelt zusammenhängender Bereich, der den Punkt S umgibt.

dem Radius abnimmt.) Die allein noch übrigbleibende Fläche ist eine Kugel mit dem Mittelpunkt in der Punktquelle. Da nun auf der Oberfläche S_1, $\hat{n}$ und $\hat{\rho}$ überall antiparallel sind, können wir aus Abbildung 10.80 (b) ablesen, daß die Winkel $(\hat{n}, \hat{r})$ und $(\hat{n}, \hat{\rho})$ gleich π bzw. 180° sind. Daher ergibt sich für den Neigungsfaktor der Ausdruck

$$K(\theta) = \frac{\cos\theta + 1}{2},$$

was Gleichung (10.72) ist. Ebenso ist es einleuchtend, daß, da sich der Mittelpunkt der Integrationsoberfläche S_1 in S befindet, diese Oberfläche tatsächlich einer sphärischen Welle zu einem bestimmten Zeitpunkt entspricht. *Damit ist klar, daß das Fresnel-Huygens-Prinzip direkt auf die skalare Wellengleichung zurückgeführt werden kann.*

Wir werden uns nun nicht weiter mit der Kirchhoffschen Theorie auseinandersetzen. Wir wollen nur noch kurz auf die Anwendung dieser Theorie auf beugende Schirme hinweisen. Im allgemeinen ist die Integrationsoberfläche, die P umschließt, der gesamte Schirm Σ plus einer Halbkugel mit unendlichem Radius. Damit ergeben sich drei verschiedene Bereiche, die getrennt betrachtet werden müssen. Die unendliche Halbkugel liefert keinen Beitrag. Ferner wird angenommen, daß direkt hinter den undurchsichtigen Schirmbereichen keinerlei Störung auftritt. Daher liefert auch dieser zweite Bereich keinen Beitrag. Die in P auftretende Störung wird daher lediglich durch die Beiträge bestimmt, die von der Öffnung (den Öffnungen) im Schirm hervorgerufen wird. Gleichung (10.117) muß daher nur über diesen Bereich, oder diese Bereiche, integriert werden.

Mit diesen Überlegungen konnten wir die guten Ergebnisse, die wir bei Verwendung des Fresnel-Huygens-Prinzips erhielten, auch theoretisch rechtfertigen. Das Prinzip liefert sehr brauchbare Lösungen, wenn wir die beiden wesentlichen Beschränkungen, $\rho \gg \lambda$ und $r \gg \lambda$, genau beachten.

10.5 Beugungswellen

In Abschnitt 10.1.1 haben wir uns eine Betrachtungsweise zu eigen gemacht, gemäß der die gebeugte Welle von einer Verteilung fiktiver sekundärer Emitter herrührt. Diese Sekundärquellen sind über den ungestörten Teil der primären Wellenfront verteilt. Dies ist das Fresnel-Huygens-Prinzip. Wir können die Situation aber auch noch anders betrachten, was ebenfalls sehr interessant ist und seine Vorteile hat. Nehmen wir an, daß die einfallende Welle die Elektronen auf der Rückseite des beugenden Schirmes Σ in Schwingungen versetzt, so daß sie nun ihrerseits strahlen. Wir können einen doppelten Effekt voraussehen. Erst einmal werden alle Oszillatoren, die sich weit vom Rand des Loches (der Löcher) entfernt befinden, in Richtung Quelle strahlen. Die ankommende Welle wird dadurch in allen Punkten ausgelöscht, abgesehen von denen, die sich innerhalb der Projektionen der Löcher befinden. Wenn wir dies etwas anders ausdrücken, so können wir feststellen, daß wir in der Beobachtungsebene ein geometrisch korrektes Bild der Öffnungen erhielten, wenn dies der einzige Mechanismus wäre, der einen Beitrag zum Beugungsbild liefert. Es gibt jedoch noch einen zweiten Beitrag, der von den Oszillatoren stammt, die sich in der Nähe der Ränder der Öffnungen befinden. Ein Teil der von diesen Oszillatoren abgestrahlten Energie pflanzt sich in Vorwärtsrichtung fort. Die Überlagerung dieser gestreuten Welle (der *Beugungswelle*) mit dem ungestörten Teil der Primärwelle (der geometrischen Welle) ergibt das Beugungsbild.

Einen ziemlich überzeugenden Grund für diese Betrachtungsweise finden wir, wenn wir folgende Situation genauer untersuchen. Ein kleines Loch beliebiger Form wird in ein Blatt Papier gerissen (ungefähr ½ cm im Durchmesser). Durch dieses Loch, das am ausgestreckten Arm gehalten wird, betrachten wir eine einige Meter entfernte Glühlampe. Die Kanten des Loches werden immer hell beleuchtet erscheinen, selbst dann, wenn sich das Auge im Schattenbereich befindet. Die Photographie einer Wellenwanne (Abb. 10.82) illustriert denselben Prozess. Jede der beiden Kanten scheint ein Zentrum einer kreisförmigen Störung zu sein, die sich über den jeweiligen Rand der Öffnung hinaus ausbreitet. In diesem Fall gibt es keine Elektronen, die als Oszillatoren wirken. Daher sind diese Ideen ganz allgemein anwendbar; sie gelten auch für elastische Wellen.

Diese Formulierung der Beugung als ein Interferenzphänomen zwischen einer geometrischen und einer an einer Kante gestreuten Welle ist physikalisch vielleicht sogar anziehender als die fiktiven Emitter des Fresnel-Huygens-Prinzips. Auf jeden Fall ist dies keine neue Idee. Sie wurde nämlich schon von dem fast allgegenwärtigen Thomas Young formuliert, noch bevor Fresnel seine gefeierte Arbeit über die Beugung schrieb. Jedoch brachte Fresnels strahlender Erfolg Young unglücklicherweise schließlich soweit, seine eigenen Ideen zu verwerfen. Dies tat er denn auch "offiziell" in einem Brief an Fresnel im Jahre 1818. Unterstützt durch Kirchhoffs Arbeit wurde die Fresnelsche Betrachtungsweise als die allein richtige akzeptiert und hielt sich lange Zeit (u.a. bis zum Abschnitt 10.4). Erst das Jahr 1888 brachte ein Wiederaufleben der Youngschen Ideen. In diesem Jahre zeigte Gian Antonio Maggi, daß Kirchhoffs Formalismus zumindest für eine Punktquelle äquivalent zu einer Beschreibung des Problems in zwei Termen war. Einer dieser beiden Terme war eine geometrische Welle. Der andere stellte ein Integral dar, dessen physikalische Bedeutung damals leider nicht eruiert werden konnte. In seiner Doktorarbeit zeigte dann Eugen Maey (1893), daß ein modifizierter Kirchhoff-Formalismus für eine Halbebene tatsächlich eine Kantenwelle liefert. Erst Arnold Sommerfelds strenge Lösung des Problems der Halbebene (siehe Abschnitt 10.1) zeigte eindeutig, daß sich wirk-

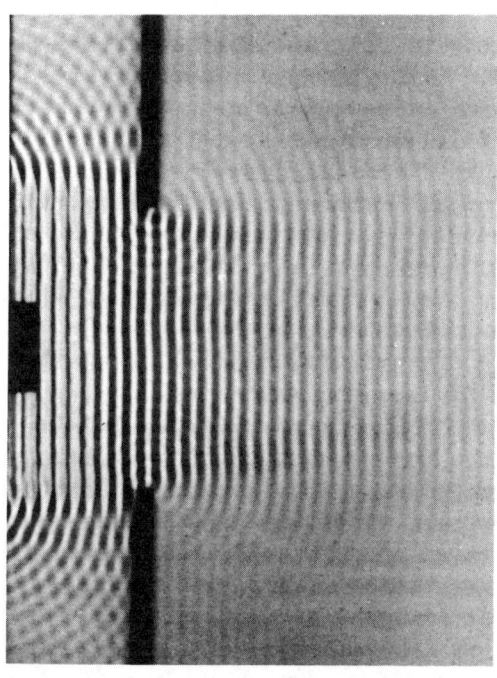

Abbildung 10.82 Wellen, die durch einen Spalt treten, in einer Wellenwanne. (Photo freundlicherweise überlassen von PSSC *Physics*, D.C. Heath, Boston, 1960.)

lich eine zylindrische Welle von der Schirmkante weg ausbreitet. Diese Welle breitet sich sowohl in den Schattenbereich als auch in den beleuchteten Bereich hinein aus. In letzterem überlagert sich die Beugungswelle mit der geometrischen Welle in schöner Übereinstimmung mit Youngs Theorie. Adalbert (Wojciech) Rubinowicz konnte 1917 nachweisen, daß sich die Kirchhoffsche Formel für eine ebene oder eine sphärische Welle in die zwei gesuchten Teilwellen zerlegen läßt und bestätigte damit die grundsätzliche Richtigkeit der Youngschen Ideen. Er hat dann später auch zeigen können, daß diese Beugungswelle in erster Näherung durch eine Reflexion der Primärwelle an den Rändern der Öffnungen entsteht. Friedrich Kottler wies 1923 darauf hin, daß die beiden Lösungen von Maggi und Rubinowicz äquivalent sind, so daß man nun von der Young-Maggi-Rubinowicz-Theorie spricht. Und vor etlichen Jahren (1962) haben Kenro

Miyamoto und Emil Wolf diese Theorie der Beugung für beliebige einfallende Wellen erweitert.[22]

Eine sehr nützliche moderne Formulierung des Problems geht auf Joseph B. Keller zurück. Er entwickelte eine geometrische Beugungstheorie, die mit dem Youngschen Bild der Kantenwelle eng verwandt ist. Entsprechend den üblichen Strahlen der geometrischen Optik fordert Keller auch hypothetische gebeugte Strahlen. Um die sich ergebenden Felder zu berechnen, werden Regeln verwendet, denen die gebeugten Strahlen gehorchen und die zu den Gesetzen der Brechung und Reflexion analog sind.

Aufgaben

10.1 Eine Punktquelle ist im Abstand R senkrecht vom Zentrum eines kreisrunden Loches (Radius a) in einem undurchsichtigen Schirm aufgestellt. Ist die Distanz von der Peripherie des Loches $R + \ell$, so zeigen Sie, daß bei Beobachtung auf einem weit entfernten Schirm Fraunhoferbeugung auftritt, wenn

$$\lambda R \gg a^2/2.$$

Was ist der kleinste brauchbare Wert für R, wenn das Loch einen Radius von 1 mm hat, $\ell \leq \lambda/10$ und $\lambda = 500$ nm?

10.2 Unter Verwendung der Abbildung 10.83 ist die Intensitätsverteilungsgleichung für N kohärente Oszillatoren, Gleichung 10.5, abzuleiten.

10.3* In Abschnitt 10.1.3 wird von der Einführung einer inhärenten Phasenverschiebung zwischen den einzelnen Oszillatoren einer linearen Anordnung gesprochen. Es ist zu zeigen, daß unter diesen Umständen Gleichung (10.18) die Form

$$\beta = \frac{kb}{2}(\sin \theta - \sin \theta_i)$$

annimmt, wenn die ebene Primärwelle unter dem Winkel θ_i einfällt.

10.4 Berechnen Sie den Winkelabstand benachbarter Keulen oder Hauptmaxima und die Breite des zentralen Maximums für das Vielfach-Antennensystem in Abbildung 10.7.

---
[22] Eine ziemlich komplette Bibliographie findet sich im Artikel von A. Rubinowicz in *Progress in Optics* Bd. 4, p. 199.

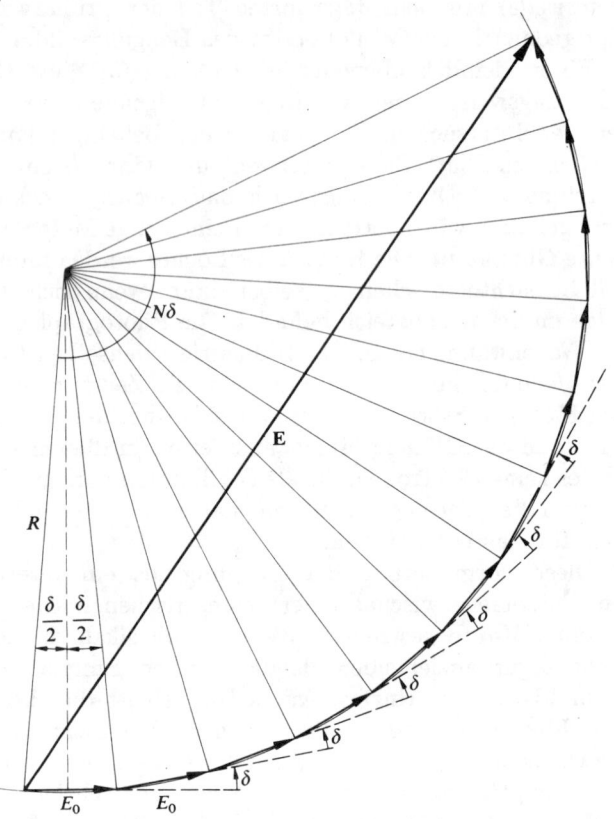

Abbildung 10.83

10.5 Untersuchen Sie den Aufbau, der in Abbildung 10.5 dargestellt ist, um zu bestimmen, was im Bildraum der Linsen passiert. Mit anderen Worten, lokalisieren Sie die Austrittspupille und setzen Sie sie in Beziehung zum Beugungsprozess. Es ist zu zeigen, daß die beiden in Abbildung 10.84 gezeigten Anordnungen zu der von Abbildung 10.5 äquivalent sind, und daher Fraunhoferbeugung hervorrufen. Beschreibe zumindest noch eine weitere solche Anordnung.

10.6 Der Winkelabstand zwischen dem zentralen Hauptmaximum und dem ersten Minimum des Fraunhoferschen Beugungsmusters für einen Einzelspalt heißt *halbe Winkelbreite*. Schreiben Sie eine Gleichung dafür an. Es ist ein Ausdruck für die entsprechende *halbe Li-*

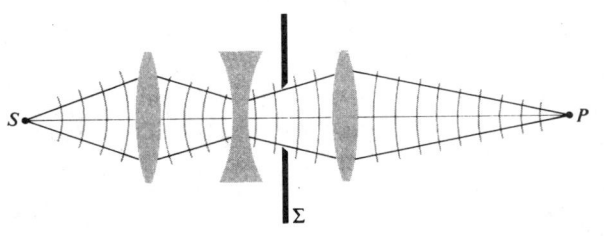

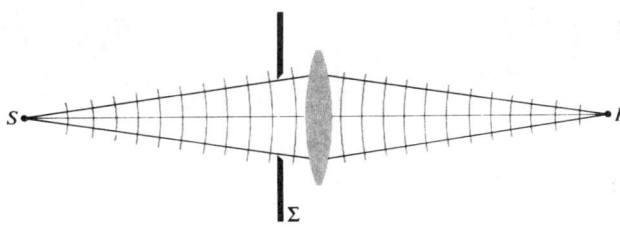

Abbildung 10.84

nienbreite zu finden, wenn sich (a) keine Linse im Strahlengang befindet und der Abstand zum Beobachtungsschirm L ist, und sich (b) eine Linse der Brennweite f_2 sehr nahe an der Öffnung befindet. Beachten Sie, daß die halbe Linienbreite ebenso der Abstand zweier aufeinanderfolgender Minima ist.

10.7* Ein Einzelspalt in einem undurchsichtigen Schirm (in Luft) mit einer Spaltbreite von 0.10 mm wird mit ebenen Wellen eines Krypton-Lasers ($\lambda_0 = 461.9$ nm) beleuchtet. Ist das auf einem 1 m entfernten Beobachtungsschirm entstehende Beugungsmuster ein Fernfeldmuster? Berechnen Sie die Winkelbreite des zentralen Maximums.

10.8* Ein schmaler Einzelspalt in einem undurchsichtigen Schirm (in Luft) wird von einem infraroten He-Ne-Laser ($\lambda_0 = 1152.2$ nm) beleuchtet. Das Zentrum des zehnten dunklen Streifens im Fraunhoferbeugungsmuster liegt 6.2° abseits der zentralen Achse. Wie breit ist der Spalt? Unter welchem Winkel würde dieses zehnte Minimum erscheinen, wenn die gesamte Apparatur in Wasser ($n_w = 1.33$) getaucht würde, anstatt sich in Luft ($n_a = 1.00029$) zu befinden?

10.9 Ein kollimierter Mikrowellenstrahl trifft auf einen Metallschirm, der einen langen, 20 cm breiten Spalt enthält. Ein Detektor, der sich parallel zum Schirm im Fernfeldbereich bewegt, registriert das erste Minimum der Intensität unter einem Winkel von 36.87° oberhalb der zentralen Achse. Wie groß ist die Wellenlänge der Mikrowellen?

10.10 Es ist zu zeigen, daß für ein Fraunhofersches Beugungsmuster bei Beugung am Doppelspalt die Zahl der hellen Streifen (oder ihrer Teile) innerhalb des zentralen Beugungsmaximums gleich $2m$ ist, wenn $a = mb$.

10.11* Zwei lange, 0.10 mm breite Spalte in einem undurchsichtigen Schirm, die 0.20 mm voneinander entfernt sind, werden mit Licht von 500 nm Wellenlänge beleuchtet. Ist das Beugungsmuster auf einem 2.5 m entfernten Schirm ein Fraunhofer- oder ein Fresnelmuster? Wie viele Youngsche Streifen können innerhalb des zentralen hellen Bandes beobachtet werden?

10.12 Wie groß ist die relative Intensität der Nebenmaxima eines Fraunhoferbeugungsmusters bei Beugung an einem Dreifachspalt? Zeichnen Sie ein Bild der Intensität für $a = 2b$, zuerst für einen Doppelspalt und dann für einen Dreifachspalt.

10.13* Was geschieht, wenn wir — ausgehend vom Ausdruck für die Intensität bei Beugung am Einzelspalt — den Spalt solange verkleinern, bis nur mehr ein infinitesimales Element übrig bleibt? Es ist zu zeigen, daß dieses Element dann gleichförmig in alle Richtungen strahlt.

10.14* Es ist zu zeigen, daß die Fraunhoferschen Beugungsmuster zentralsymmetrisch, d.h.

$$I(Y, Z) = I(-Y, -Z),$$

und unabhängig von der Form der Öffnung sind, solange keine Phasenänderungen innerhalb des Lochbereiches auftreten. (*Hinweis*: Beginnen Sie mit Gleichung (10.41).) Wir werden später feststellen (siehe Kapitel 11), daß die obige Einschränkung dasselbe bedeutet, wie die Feststellung, daß die Öffnungsfunktion real sein muß.

10.15 Diskutieren Sie, unter Verwendung des Ergebnisses der vorigen Aufgabe, die Symmetrie, die ein Fraunhoferbeugungsbild aufwiese, das an einer Öffnung entstanden wäre, die zu einer Achse symmetrisch ist. (Die Öffnung wird mit ebenen, senkrecht einfallenden und quasimonochromatischen Wellen beleuchtet.)

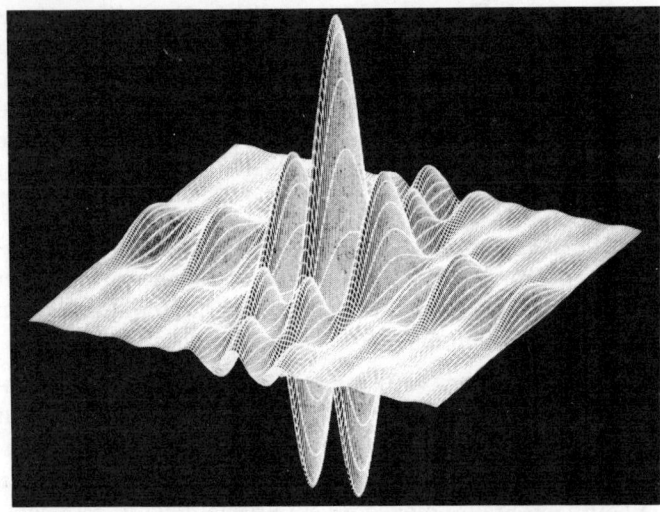
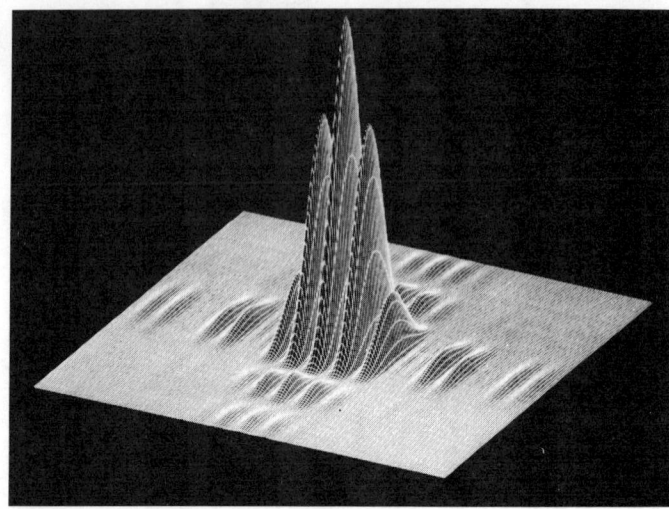

Abbildung 10.86 (Photos freundlicherweise überlassen von R.G. Wilson, Illinois Wesleyan University.)

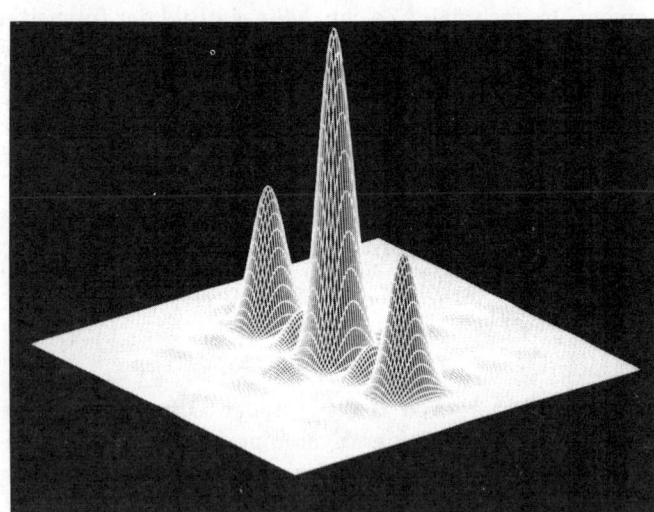

Abbildung 10.85 (Photo freundlicherweise überlassen von R.G. Wilson, Illinois Wesleyan University.)

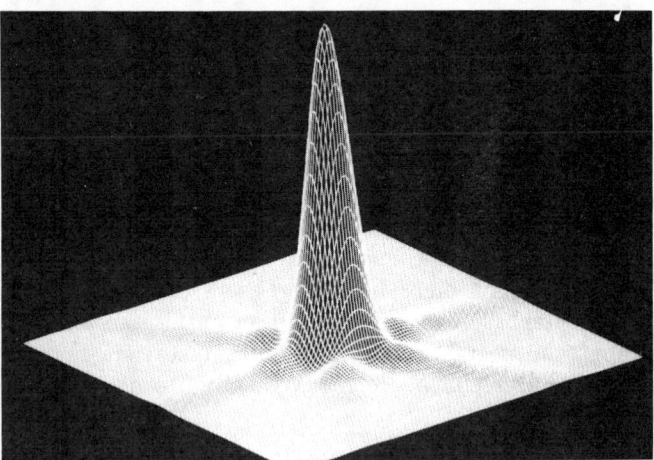

Abbildung 10.87 (Photo freundlicherweise überlassen von R.G. Wilson, Illinois Wesleyan University.)

10.16 Auf Grund von Symmetrieüberlegungen ist eine ungefähre Skizze des Fraunhoferbeugungsmusters zu zeichnen, das bei Beugung an einem gleichseitigen Dreieck und an einer Öffnung in Form eines Plus-Zeichens entsteht.

10.17 Abbildung 10.85 zeigt die Intensitätsverteilung im Fernfeld eines Schirmes, der eine Ansammlung von länglichen, rechteckigen Löchern aufweist. Beschreiben Sie die Konfiguration dieser Löcher, die so eine Verteilung produziert, und erklären Sie die Gründe dafür im Detail.

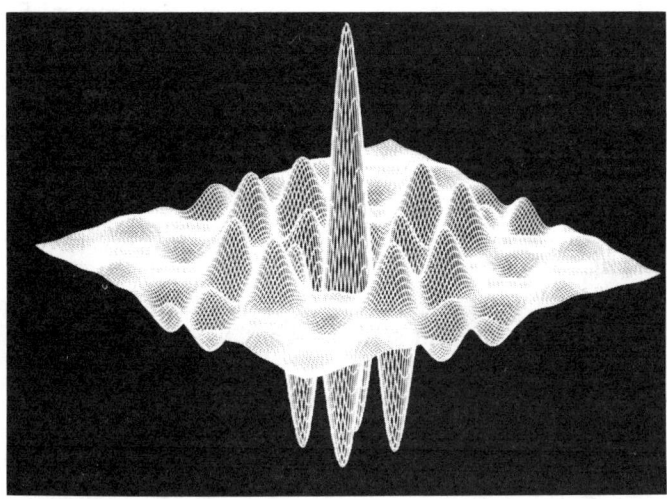
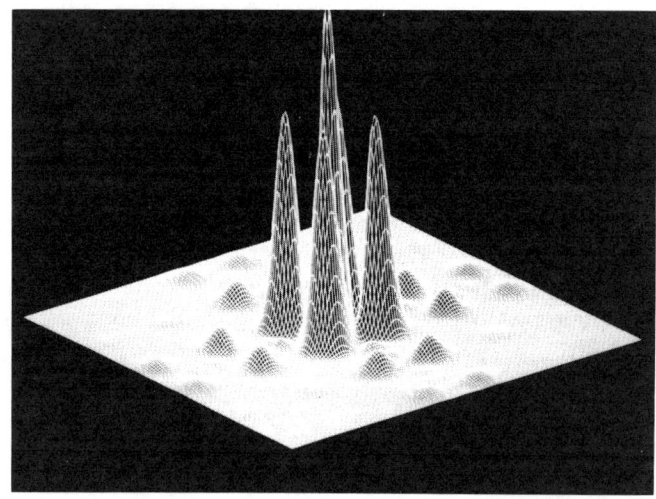

Abbildung 10.88 (Photos freundlicherweise überlassen von R.G. Wilson, Illinois Wesleyan University.)

10.18 In den Abbildungen 10.86 (a) und 10.86 (b) ist die Verteilung des elektrischen Feldes bzw. der Strahlungsintensität dargestellt, die im Fernfeld eines Schirmes mit einer Anordnung länglicher, rechteckiger Löcher beobachtet werden kann. Beschreiben Sie mit detaillierter Begründung die Konfiguration der Löcher, die solch ein Fraunhoferbeugungsmuster hervorruft.

10.19 Abbildung 10.87 zeigt die mit Hilfe eines Computers erzeugte Intensitätsverteilung eines Fraunhoferbeugungsmusters. Beschreiben Sie mit detaillierter Begründung die Öffnung, die so ein Muster hervorrufen würde.

10.20 In den Abbildungen 10.88 (a) und 10.88 (b) sind die Verteilungen des elektrischen Feldes bzw. der Strahlungsintensität im Fernfeld eines undurchsichtigen Schirms mit einem Loch dargestellt. Beschreiben Sie das Loch, das diese Verteilungen verursacht, und begründen Sie dies im Detail.

10.21 Unter Bezugnahme auf die fünf vorhergehenden Aufgaben identifizieren Sie Abbildung 10.89, und erklären Sie, was sie darstellt und durch welche Öffnung sie hervorgerufen wurde.

10.22* Die maximale Intensität I_1 des ersten "Ringes" eines Airy-Musters, das im Fernfeld eines kreisrunden Loches beobachtet werden kann, gehorcht der folgenden

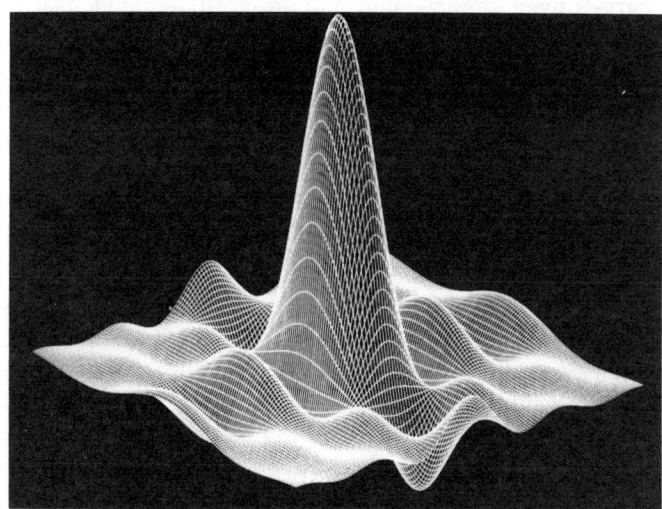

Abbildung 10.89 (Photo freundlicherweise überlassen von R.G. Wilson, Illinois Wesleyan University.)

Bedingung:

$$\frac{I_1}{I(0)} = 0.0175.$$

Verifizieren Sie die obige Behauptung. (*Hinweis*: Es gilt

die folgende Formel:

$$J_1(u) = \frac{u}{2}\left\{1 - \frac{1}{1!2!}\left(\frac{u}{2}\right)^2 + \frac{1}{2!3!}\left(\frac{u}{2}\right)^4 - \frac{1}{3!4!}\left(\frac{u}{2}\right)^6 + \cdots\right\}.$$

10.23 Es ist unmöglich, mit einer Linse Licht auf einen perfekten Punkt zu fokussieren, weil immer Beugung auftritt. Die minimale Größe des Lichtpunktes, den man mit einer Linse erhalten kann, ist abzuschätzen. Diskutieren Sie die Relationen zwischen der Brennweite der Linse, dem Durchmesser der Linse und der Größe des Lichtpunktes. Die f-Zahl der Linse ist mit 0.8 oder 0.9 anzunehmen, was bei den besten verfügbaren Linsen gerade zutrifft.

Abbildung 10.90

10.24 Abbildung 10.90 zeigt verschiedene Lochblenden. Skizzieren Sie die Fraunhoferschen Beugungsmuster für eine jede von ihnen. Es ist dabei zu beachten, daß kreisförmige Bereiche Ringsysteme erzeugen, die den Airy-Ringen ähnlich sind, und ihren Mittelpunkt im Ursprung haben.

10.25* Nehmen wir an, wir hätten einen Laser, der einen beugungsbegrenzten Strahl mit einem Durchmesser von etwa 2 mm aussendet ($\lambda_0 = 632.84$ nm). Wie groß wäre der Durchmesser des beleuchteten Fleckes auf der Mondoberfläche, wenn diese 376000 km vom Laser entfernt ist? (Die Effekte der Erdatmosphäre sind zu vernachlässigen.)

10.26* Blickt man durch ein Loch in einer Karte knapp vor dem Auge (Durchmesser = 0.75 mm), so bemerkt man eine Abnahme der Schärfe des Bildes. Berechnen Sie die Winkelauflösungsgrenze unter der Annahme, daß sie nur durch die Beugung bestimmt ist. Vergleichen Sie das Ergebnis mit dem Wert 1.7×10^{-4} rad, der für eine Pupille mit 4 mm Durchmesser gilt.

10.27 Der neoimpressionistische Maler Georges Seurat war ein Anhänger der pointillistischen Schule. Seine Gemälde bestehen aus einer sehr großen Anzahl von nahe beieinander liegenden kleinen Punkten reiner Farbe (sie haben ungefähr 2.5 mm Durchmesser). Die Illusion der Farbmischung wird durch das Auge des Betrachters erzeugt. Wie weit muß man von so einem Bild entfernt sein, damit die Farbpunkte miteinander verschwimmen?

10.28* Das Mount-Palomar-Teleskop hat einen Objektivspiegel von 508 cm Durchmesser. Bestimmen Sie seine Winkelauflösungsgrenze bei einer Wellenlänge von 550 nm, in Radians, in Bogengraden und in Bogensekunden. Wie weit müssen zwei Objekte auf dem Mond voneinander entfernt sein, um mit dem Teleskop noch getrennt gesehen werden zu können? Der Abstand zwischen Erde und Mond ist 3.844×10^8 m; λ_0 sei zu 550 nm angenommen. Die Pupille habe einen Durchmesser von 4 mm.

10.29* Ein Transmissionsgitter, dessen Linien 3×10^{-6} m voneinander entfernt sind, wird mit einem dünnen Strahl roten Rubin-Laser-Lichtes ($\lambda_0 = 649.3$ nm) beleuchtet. Punkte gebeugten Lichtes erscheinen auf einem 2 m entfernten Schirm zu beiden Seiten des nichtabgelenkten Strahles. Wie weit sind die beiden nächsten Punkte von der zentralen Achse entfernt?

10.30* Ein Beugungsgitter, dessen Spalte 0.6×10^{-3} cm voneinander entfernt sind, wird mit Licht von 500 nm Wellenlänge beleuchtet. Unter welchem Winkel erscheint das Maximum dritter Ordnung?

10.31* Ein Beugungsgitter erzeugt ein Spektrum zweiter Ordnung in gelbem Licht ($\lambda_0 = 550$ nm) unter 25°. Wie groß ist der Abstand zwischen den Linien des Gitters?

10.32 Weißes Licht fällt senkrecht auf ein Beugungsgitter mit 1000 Linien pro Zentimeter. Unter welchem Winkel tritt rotes Licht ($\lambda_0 = 650$ nm) im Spektrum erster Ordnung aus?

10.33* Das Licht einer Natriumdampflampe hat zwei starke gelbe Komponenten mit den Wellenlängen 588.9953 und 589.5923 nm. Wie weit sind diese beiden Linien im Spektrum erster Ordnung von einander entfernt, wenn dieses Spektrum von einem Gitter mit 10000 Linien pro Zentimeter erzeugt und auf einem 1.00 m entfernten Schirm beobachtet wird?

10.34* Sonnenlicht fällt auf ein Transmissionsgitter mit 5000 Linien pro Zentimeter. Werden sich die Spektren zweiter und dritter Ordnung überlappen? Für Rot nehme man eine Wellenlänge von 780 nm und für Violett eine von 390 nm an.

10.35 Licht mit einer Frequenz von 4.0×10^{14} Hz fällt auf ein Gitter mit 10000 Linien pro Zentimeter. Bis zu welcher Ordnung können Spektren mit dieser Anordnung beobachtet werden? Warum?

10.36* Ein Gitterspektrometer emittiere Licht von 500 nm Wellenlänge im Vakuum unter einem Winkel von 20.0°. Im Vergleich dazu wird Licht derselben Wellenlänge nach der Landung auf dem Planeten Mongo nur um 18.0° abgelenkt. Welchen Brechungsindex hat die Atmosphäre des Planeten Mongo?

10.37 Es soll nachgewiesen werden, daß die Gleichung

$$a(\sin\theta_m - \sin\theta_i) = m\lambda \qquad [10.61]$$

unabhängig vom Brechungsindex ist, wenn sie auf ein Transmissionsgitter angewendet wird.

10.38 Ein hochauflösendes Gitter mit einer Breite von 260 mm und 300 Linien pro mm, das unter 75° in Autokollimation verwendet wird, hat ein Auflösungsvermögen von etwa 10^6 für eine Wellenlänge von $\lambda = 500$ nm. Wie groß ist sein Spektralbereich? Wie verhalten sich diese Werte für $\mathcal{R}$ und $(\Delta\lambda)_{\text{fsr}}$ zu denen eines Fabry-Perot-Etalons, der einen Luftspalt von 1 cm Breite und eine Feinheit von 25 hat?

10.39 Wie groß muß die Gesamtzahl der Linien eines Gitters sein, das das Natrium-Doublett ($\lambda_1 = 5890.0$ Å und $\lambda_2 = 5895.9$ Å) in der dritten Ordnung gerade noch trennen kann?

10.40* Man stelle sich einen undurchsichtigen Schirm vor, der 30 völlig regellos verteilte kreisrunde Löcher aufweist. Die Beleuchtung sei von solcher Art, daß jedes Loch von einer eigenen ebenen Welle kohärent beleuchtet wird. Diese Wellen sind untereinander jedoch vollkommen inkohärent. Was für ein Beugungsmuster entsteht im Fernfeld?

10.41 Stellen wir uns vor, wir würden eine 20 m entfernte Punktquelle durch ein Stück eines quadratisch gewobenen Stoffes betrachten ($\lambda_0 = 600$ nm). Wenn die hellen Punkte in der quadratischen Anordnung rund um die Punktquelle (Abb. 10.91) von ihren nächsten Nachbarn 12 cm entfernt erscheinen, wie weit sind dann die Fäden im Tuch voneinander entfernt?

10.42* Führen Sie die notwendigen mathematischen Schritte durch, um Gleichung (10.76) zu erhalten.

10.43 Unter Benützung der Abbildung 10.48 ist die Fläche der l-ten Zone durch Integration des Ausdruckes $dS = 2\pi\rho^2 \sin\varphi\, d\varphi$ für diese Zone zu berechnen.

$$A_l = \frac{\lambda\pi\rho}{\rho + r_0}\left\{r_0 + \frac{(2l-1)\lambda}{4}\right\}.$$

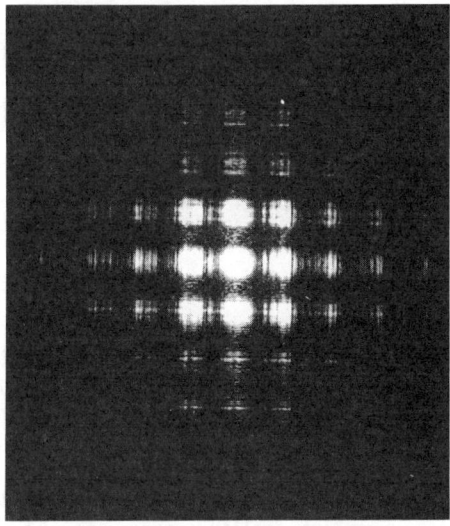

Abbildung 10.91 (Photo von E.H.)

Zeigen Sie, daß der mittlere Abstand dieser Zone von P durch

$$r_l = r_0 + \frac{(2l-l)\lambda}{4}$$

gegeben ist, so daß A_l/r_l konstant bleibt.

10.44* Die Gleichung (10.84) ist abzuleiten.

10.45 Verwenden Sie die Cornu-Spirale, um eine Skizze von $|B_{12}(w)|^2$ gegen $(w_1 + w_2)/2$ für $\Delta w = 5.5$ zu erhalten. Dieses Ergebnis ist mit denjenigen der Abbildung 10.70 zu vergleichen.

10.46 Die Fresnelschen Integrale haben für große Werte von w die folgenden assymptotischen Formen:

$$\mathcal{C}(w) \approx \frac{1}{2} + \frac{1}{\pi w}\sin\frac{\pi w^2}{2}$$

und

$$\mathcal{S}(w) \approx \frac{1}{2} - \frac{1}{\pi w}\cos\frac{\pi w^2}{2}.$$

Zeigen Sie unter Verwendung dieser Tatsache, daß die Intensität im Schatten eines halbunendlichen, undurchsichtigen Schirmes proportional zum inversen Quadrat des Abstandes von der Schirmkante abfällt, wenn z_1, und damit v_1 groß wird.

10.47 Was könnte man erwarten, in der Beobachtungsebene zu sehen, wenn der halbunendliche Schirm Σ in Abbildung 10.71 halbdurchsichtig wäre?

Abbildung 10.92

10.48 Ebene Wellen von einem kollimierten He-Ne-Laserstrahl ($\lambda_0 = 632.8$ nm) fallen auf einen Stahlstab mit 2.5 mm Durchmesser. Zeichnen Sie eine Skizze des Beugungsmusters, das auf einem Schirm, 3.16 m vom Stab entfernt, beobachtet werden kann.

10.49 Es ist eine ungefähre Skizze der Intensitätsfunktion für ein Fresnelsches Beugungsmuster bei Beugung an einem Doppelspalt anzufertigen. Wie würde das von der Cornu-Spirale abgeleitete Bild in P_0 aussehen?

10.50* Zeichnen Sie die ungefähre Skizze eines möglichen Fresnelbeugungsmusters für jede der beiden in Abbildung 10.92 dargestellten Öffnungen.

10.51* Wie würde das Fresnelsche Beugungsmuster aussehen, wenn angenommen wird, daß der Spalt in Abbildung 10.67 sehr breit ist?

10.52* Kollimiertes Licht eines Krypton-Lasers ($\lambda_0 = 568.19$ nm) fällt senkrecht auf ein kreisrundes Loch. Wird dieses Loch auf der Achse aus 1.00 m Entfernung betrachtet, so wird es durch die erste Halbperiodenzone ausgefüllt. Wie groß ist das Loch?

10.53* Ebene Wellen treffen auf einen Schirm mit einem kleinen kreisrunden Loch. An einem Punkt P auf der Achse wird gerade die Hälfte der ersten Halbperiodenzone sichtbar. Wie groß ist die Intensität in P im Verhältnis zur ungestörten Intensität ohne den Schirm?

10.54* Der kollimierte Strahl eines Rubin-Lasers ($\lambda_0 = 694.3$ nm) fällt mit einer Intensität von 10 W/m^2 senkrecht auf einen undurchsichtigen Schirm, der ein quadratisches Loch mit 5 mm Seitenlänge hat. Berechnen Sie die Intensität im Punkt P auf der zentralen Achse, wenn sich P in einer Entfernung von 250 cm vom Loch befindet.

10.55* Ein langer schmaler Spalt (0.10 mm breit) wird von einer Punktquelle, die 0.9 m entfernt ist, mit Licht von 500 nm Wellenlänge beleuchtet. Berechnen Sie die Intensität 2.0 m vom Spalt entfernt, wenn die Verbindungslinie zwischen Quelle und Beobachtungspunkt senkrecht zum Spalt ist und durch seinen Mittelpunkt geht. Das Ergebnis ist als Bruchteil der ungestörten Intensität anzugeben.

11 FOURIER-OPTIK

11.1 Einleitung

Im folgenden werden wir die in Kapitel 7 begonnene Diskussion der Fourierschen Methoden noch ausweiten. Unsere Absicht ist nicht eine komplette Abhandlung, sondern vielmehr eine solide Einführung in die Grundlagen. Die Fourier-Analyse ist ein leistungsfähiges mathematisches Verfahren und bietet überdies eine wunderbare Möglichkeit, optische Vorgänge in der Terminologie räumlicher Frequenzen zu behandeln.[1] Neues analytisches Spielzeug zu entdecken ist immer reizvoll, aber noch wertvoller ist vielleicht das andere: über einen weiten Bereich physikalischer Probleme nachzudenken — wir hoffen, wir werden beides tun.[2]

Das Hauptanliegen hierbei ist, ein Verständnis dafür zu entwickeln, wie optische Systeme das Licht zu Bildern verarbeiten. Zum Schluß wollen wir alles über Amplituden und Phasen derjenigen Lichtwellen wissen, welche die Bildebene erreichen. Die Fourierschen Methoden sind für diese Aufgabe besonders geeignet, weshalb wir die an früherer Stelle begonnene Behandlung der Fourier-Transformierten erst einmal ausweiten. Einige Transformierte sind bei der Analyse besonders nützlich und werden daher als erste betrachtet. Darunter ist die Delta-Funktion, die später benutzt wird, um eine punktförmige Lichtquelle darzustellen. Wie ein optisches System auf eine Lichtquelle aus mehreren (durch solche Delta-Funktionen repräsentierten) Punktquellen reagiert, wird in Abschnitt 11.3.1 untersucht. Die Beziehung zwischen der Fourier-Analyse und der Fraunhoferschen Beugung ergibt sich mit den Betrachtungen des ganzen Kapitels, wird jedoch in Abschnitt 11.3.3 besonders beachtet. Am Ende des Kapitels kehren wir zum Problem der Bildberechnung, beziehungsweise Bildauswertung zurück. Dieses Mal aber von einem anderen, allerdings damit verbundenen Standpunkt aus: Das Objekt wird nicht als aus Punktquellen bestehend behandelt, sondern als eine Streuung ebener Wellen.

11.2 Fourier-Transformierte
11.2.1 Eindimensionale Transformierte

Wir sahen in Abschnitt 7.8, daß eine eindimensionale Funktion irgendeiner Raumvariablen $f(x)$ ausgedrückt werden kann als Linearkombination unendlich vieler harmonischer Beiträge:

$$f(x) = \frac{1}{\pi}\left[\int_0^\infty A(k)\cos kx\, dk + \int_0^\infty B(k)\sin kx\, dk\right]. \quad [7.56]$$

Die Gewichtungsfaktoren $A(k)$ und $B(k)$, die die Bedeutsamkeit der Beiträge verschiedener Raumfrequen-

---

[1] Siehe Kapitel 14 als eine nichtmathematische Darstellung
[2] Als generelle Literaturhinweise für dieses Kapitel seien genannt R.C. Jennison, *Fourier Transforms and Convolutions for the Experimentalist*; N.F. Barber, *Experimental Correlograms and Fourier Transforms*; A. Papoulis, *Systems and Transforms with Applications in Optics*; J.W. Goodman, *Introduction to Fourier Optics*; *Linear Systems, Fourier Transforms, and Optics*, J. Gaskill; und die ausgezeichnete Buchreihe *Images and Information*, B.W. Jones, et al.

zen (k) festlegen, sind die *Fourierschen Kosinus- und Sinus-Transformierten von $f(x)$*, gegeben durch

$$A(k) = \int_{-\infty}^{+\infty} f(x') \cos kx' \, dx'$$

beziehungsweise

$$B(k) = \int_{-\infty}^{+\infty} f(x') \sin kx' \, dx'. \qquad [7.57]$$

Dabei ist die Größe x' eine Hilfsvariable über die integriert wird, so daß weder $A(k)$ noch $B(k)$ explizite Funktionen von x' sind; die Wahl der bezeichnenden Hilfsvariablen ist belanglos. Die Sinus- und Kosinus-Transformierten können wie folgt in einem komplexen exponentiellen Ausdruck zusammengefaßt werden:

$$f(x) = \frac{1}{\pi} \int_0^{\infty} \cos kx \int_{-\infty}^{+\infty} f(x') \cos kx' \, dx' \, dk$$
$$+ \frac{1}{\pi} \int_0^{\infty} \sin kx \int_{-\infty}^{+\infty} f(x') \sin kx' \, dx' \, dk.$$

Weil aber gilt $\cos k(x'-x) = \cos kx \cos kx' + \sin kx \sin kx'$ kann dies umgeschrieben werden zu

$$f(x) = \frac{1}{\pi} \int_0^{\infty} \left[\int_{-\infty}^{+\infty} f(x') \cos k(x'-x) dx' \right] dk. \quad (11.1)$$

Die Größe in eckigen Klammern ist eine gerade Funktion von k und daher führt ein Ändern der Grenzen des äußeren Integrals zu

$$f(x) = \frac{1}{2\pi} \int_{-\infty}^{+\infty} \left[\int_{-\infty}^{+\infty} f(x') \cos k(x'-x) dx' \right] dk. \quad (11.2)$$

Auf der Suche nach einer exponentiellen Darstellung erinnern wir uns an den Eulerschen Satz. Man beachte hierzu, daß

$$\frac{i}{2\pi} \int_{-\infty}^{+\infty} \left[\int_{-\infty}^{+\infty} f(x') \sin k(x'-x) dx' \right] dk = 0,$$

weil der Faktor in der eckigen Klammer eine ungerade Funktion von k ist. Addition der beiden letzten Zeilen ergibt

$$f(x) = \frac{1}{2\pi} \int_{-\infty}^{+\infty} \left[\int_{-\infty}^{+\infty} f(x') e^{ikx'} dx' \right] e^{-ikx} dk. \quad (11.3)$$

Also können wir schreiben

$$f(x) = \frac{1}{2\pi} \int_{-\infty}^{+\infty} F(k) e^{-ikx} dk, \qquad (11.4)$$

vorausgesetzt, daß

$$F(k) = \int_{-\infty}^{+\infty} f(x) e^{ikx} dx, \qquad (11.5)$$

wobei für Gleichung (11.5) $x' = x$ gesetzt wurde. Die Funktion $F(k)$ wird die **Fourier-Transformierte** von $f(x)$ genannt, was symbolisch durch

$$F(k) = \mathcal{F}\{f(x)\} \qquad (11.6)$$

ausgedrückt wird. Tatsächlich findet man in der Literatur mehrere sich geringfügig unterscheidende Möglichkeiten der Definition der Fourier-Transformierten. So können z.B. die Vorzeichen der Exponenten vertauscht werden oder der Faktor $1/2\pi$ könnte symmetrisch auf $f(x)$ und $F(k)$ verteilt werden, indem beide den Faktor $1/\sqrt{2\pi}$ bekommen. Man beachte, daß $A(k)$ der Realteil und $B(k)$ der Imaginärteil von $F(k)$ ist, das heißt

$$F(k) = A(k) + iB(k). \qquad (11.7a)$$

Wie wir in Abschnitt 2.4 gesehen haben, kann eine komplexe Größe wie diese auch mit reellwertiger Amplitude $|F(k)|$ und einer reellwertigen Phase $\phi(k)$ geschrieben werden:

$$F(k) = |F(k)| e^{i\phi(k)}. \qquad (11.7b)$$

$|F(k)|$ ist das *Amplituden-*, $\phi(k)$ *das Phasenspektrum*. Manchmal kann diese Form sehr nützlich sein (siehe Gleichung (11.96)).

Weil eben $F(k)$ die Transformierte von $f(x)$ ist, wird $f(x)$ selbst die **inverse Fourier-Transformierte** von $F(k)$ genannt, oder symbolisch

$$f(x) = \mathcal{F}^{-1}\{F(k)\} = \mathcal{F}^{-1}\{\mathcal{F}\{f(x)\}\}. \qquad (11.8)$$

Oft werden $f(x)$ und $F(k)$ als ein Fourier-Transformiertenpaar bezeichnet. Es ist möglich, die Transformierte und ihre Inverse in einer noch symmetrischeren Form zu bilden, mittels der Raumfrequenz $\kappa = 1/\lambda = k/2\pi$. Wie die Transformierte und ihre Inverse auch ausgedrückt werden: nie wird die Transformierte der inversen Transformierten exakt entsprechen, wegen des Minuszeichens im Exponenten. Deshalb ist auch (Aufgabe 11.10) in der Formulierung mittels Raumfrequenz κ

$$\mathcal{F}\{F(k)\} = 2\pi f(-x),$$

während

$$\mathcal{F}^{-1}\{F(k)\} = f(x)$$

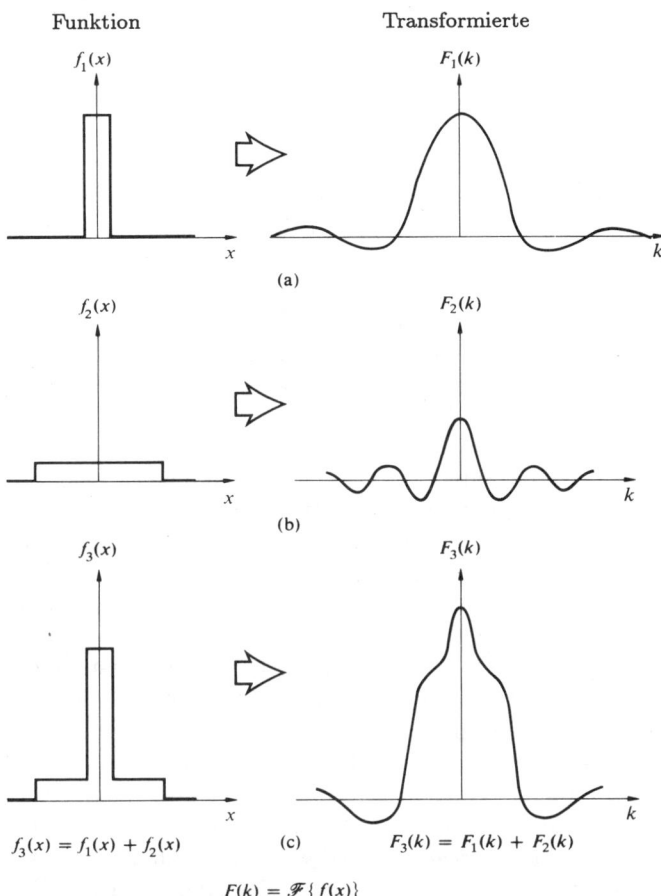

Abbildung 11.1 Eine zusammengesetzte Funktion und ihre Fourier-Transformierte.

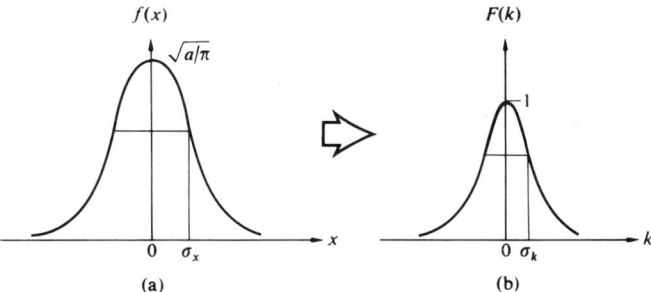

Abbildung 11.2 Eine Gaußsche Kurve und ihre Fourier-Transformierte.

ist. Die Unterschiedlichkeit der beiden rechten Gleichungshälften ist aber meist unbedeutend, besonders für gerade Funktionen, wo $f(x) = f(-x)$ gilt. Deshalb können wir ein gutes Stück Gemeinsamkeit zwischen Funktionen und ihren Transformierten erwarten.

Wäre f eine Funktion der Zeit statt des Raumes, so hätten wir lediglich x durch t und dann die räumliche Kreisfrequenz k durch ω, die zeitliche Kreisfrequenz zu ersetzen, und wir bekämen das passende Transformiertenpaar in der Zeit, d.h.

$$f(t) = \frac{1}{2\pi} \int_{-\infty}^{+\infty} F(\omega) e^{-i\omega t} d\omega \qquad (11.9)$$

und

$$F(\omega) = \int_{-\infty}^{+\infty} f(t) e^{i\omega t} dt. \qquad (11.10)$$

Es sollte erwähnt werden, daß wenn man $f(x)$ als Summe von Teilfunktionen schreiben kann, ihre Transformierte (11.5) offenbar die Summe der zu den einzelnen Teilfunktionen gehörenden Transformierten ist. Für komplizierte Funktionen, die aus wohlbekannten Teilfunktionen aufgebaut werden können, bietet dies eine sehr bequeme Möglichkeit, die Transformierte zu ermitteln. Abbildung 11.1 veranschaulicht dieses Verfahren recht gut.

i) Die Transformierte der Gaußschen Funktion

Als ein Beispiel der Fourierschen Methode wollen wir eine Untersuchung der Gaußschen Wahrscheinlichkeitsfunktion

$$f(x) = Ce^{-ax^2}, \qquad (11.11)$$

durchführen, wobei $C = \sqrt{a/\pi}$ gilt und a eine Konstante ist. Wenn man möchte, kann man sich $f(x)$ als Form eines Lichtpulses zum Zeitpunkt $t = 0$ vorstellen. Diese wohlbekannte glockenförmige Kurve (Abb. 11.2 (a)) findet man in der Optik sehr häufig, etwa bei der Darstellung einzelner Photonen als Wellenpaket, bei der Intensitätsverteilung eines Laserstrahls über seinem Querschnitt, wenn jener sich in der TEM$_{00}$-Mode befindet und bei der statistischen Behandlung von Temperaturlicht in der Kohärenztheorie. Die zugehörige Fourier-

Transformierte $\mathcal{F}\{f(x)\}$ bekommt man durch Berechnen von

$$F(k) = \int_{-\infty}^{+\infty} (Ce^{-ax^2})e^{ikx}dx.$$

Durch quadratische Ergänzung wird der Exponent, $-ax^2 + ikx$, zu $-(x\sqrt{a} - ik/2\sqrt{a})^2 - k^2/4a$. Dies liefert, wenn man zusätzlich $x\sqrt{a} - ik/2\sqrt{a}$ vereinfachend durch β ersetzt,

$$F(k) = \frac{C}{\sqrt{a}} e^{-k^2/4a} \int_{-\infty}^{+\infty} e^{-\beta^2} d\beta.$$

Das bestimmte Integral findet man in Tabellen und hat den Wert $\sqrt{\pi}$; daher ist

$$F(k) = e^{-k^2/4a}, \quad (11.12)$$

was wieder eine Gaußsche Funktion ist (Abb. 11.2 (b)), diesmal mit k als Variable. Die Standardabweichung ist als derjenige Bereich der Variablen (x oder k) definiert, über dem die Funktion von ihrem Maximalwert aus um den Faktor $e^{-1/2} = 0.607$ abfällt. Also sind die Standardabweichungen beider Kurven $\sigma_x = 1/\sqrt{2a}$ bzw. $\sigma_k = \sqrt{2a}$ und es ist $\sigma_x \sigma_k = 1$. Wächst a, so wird $f(x)$ enger während umgekehrt $F(k)$ breiter wird. Mit anderen Worten: je kleiner die Länge des Lichtpulses, desto breiter die Bandweite der Raumfrequenz.

11.2.2 Zweidimensionale Transformierte

Bisher war die Diskussion auf eindimensionale Funktionen beschränkt, doch die Optik beinhaltet im allgemeinen zweidimensionale Signale: z.B. das (elektromagnetische, d.Ü.) Feld in einem Blendenquerschnitt, oder die Verteilung der Lichtstromdichte über eine Bildebene. Das Fourier-Transformiertenpaar kann leicht verallgemeinert werden, wonach für zwei Dimensionen gilt:

$$f(x,y) = \frac{1}{(2\pi)^2} \iint_{-\infty}^{+\infty} F(k_x, k_y) e^{-i(k_x x + k_y y)} dk_x \, dk_y$$
(11.13)

und

$$F(k_x, k_y) = \iint_{-\infty}^{+\infty} f(x,y) e^{i(k_x x + k_y y)} dx \, dy. \quad (11.14)$$

Die Größen k_x und k_y sind die räumlichen Kreisfrequenzen in Richtung der zwei Achsen. Nehmen wir an, wir sehen auf das Bild eines schachbrettartig gekachelten, schwarz-weißen Bodens, bei dem die Kachelkanten parallel zur x- und y-Richtung verlaufen. Hätte der Boden eine unendliche Ausdehnung, so könnte die Verteilung reflektierten Lichtes mathematisch durch zweidimensionale Fourier-Reihen erfolgen. Bei einer Kantenlänge ℓ ist die räumliche Periode in Richtung beider Achsen 2ℓ und die zugehörigen räumlichen Grundfrequenzen sind π/ℓ. Diese wären, zusammen mit zugehörigen harmonischen Wellen, sicherlich nötig, um eine die Szenerie beschreibende Funktion zu bilden. Bei endlicher Ausdehnung des Kachelmusters ist die Funktion nicht mehr wirklich periodisch und Fourier-Reihen müssen durch das Fourier-Integral ersetzt werden. Tatsächlich sagt Gleichung (11.13) aus, daß $f(x,y)$ aus einer Linearkombination elementarer Funktionen der Form $\exp[-i(k_x x + k_y y)]$ gebildet werden kann, wobei Amplitude und Phase jeder elementaren Funktion durch einen komplexen Faktor $F \cdot (k_x, k_y)$ angepaßt werden. Die Transformierte gibt einfach an, wie stark und mit welcher Phase jede elementare Komponente an der Rezeptur teilhat. In drei Dimensionen haben die elementaren Funktionen die Form $\exp[-i(k_x x + k_y y + k_z z)]$, kurz $\exp(-i\boldsymbol{k} \cdot \boldsymbol{r})$, d.h. jede von ihnen entspricht einer ebenen Fläche. Ist f ferner eine Wellenfunktion, d.h. irgendeine dreidimensionale Welle $f(\boldsymbol{r},t)$, so bekommen die elementaren Beiträge die Gestalt $\exp[-i(\boldsymbol{k} \cdot \boldsymbol{r} - \omega t)]$, d.h. sie sind dann ebene Wellen. Mit anderen Worten: *die Welle kann aus einer Linearkombination ebener Wellen verschiedener Ausbreitungszahl und verschiedener Ausbreitungsrichtung zusammengesetzt werden*. In ähnlicher Weise sind auch im Zweidimensionalen die elementaren Funktionen verschieden "gerichtet". Das heißt: für jedes Wertepaar von k_x und k_y bleiben der Exponent oder die Phase der elementaren Funktionen auf Linien

$$k_x x + k_y y = \text{constant} = A$$

oder

$$y = -\frac{k_x}{k_y} x + \frac{A}{k_y}. \quad (11.15)$$

konstant. Dies ist der Situation analog, bei der die xy-Ebene von einer Reihe zu ihr senkrechter Ebenen entlang den durch Gleichung (11.15) für verschiedene Werte von A gegebenen Geraden geschnitten wird. Ein zu den schneidenden Ebenen senkrechter Vektor, nennen wir ihn $\boldsymbol{k}_\alpha$, hätte Komponenten k_x und k_y. Abbildung 11.3 zeigt einige dieser Linien, bei denen (für gegebenes k_x

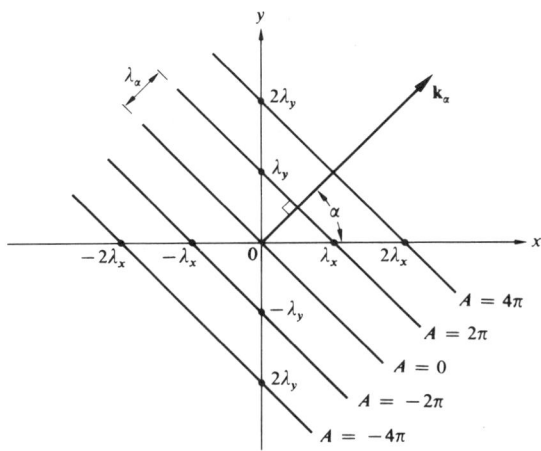

Abbildung 11.3 Geometrie zu Gleichung (11.15).

und k_y) $A = 0, \pm 2\pi, \pm 4\pi$ usw. ist. Die Steigung ist jeweils $-k_x/k_y$ bzw. $-\lambda_y/\lambda_x$; die y-Achsenabschnitte sind $A/k_y = A\lambda_y/2\pi$. Die Orientierung der Linien konstanter Phase ist

$$\alpha = \tan^{-1}\frac{k_y}{k_x} = \tan^{-1}\frac{\lambda_x}{\lambda_y}. \qquad (11.16)$$

Die Wellenlänge, oder räumliche Periode λ_α, in Richtung von $\boldsymbol{k}_\alpha$ erhält man aus den ähnlichen Dreiecken der Abbildung, wobei $\lambda_x/\lambda_y = \lambda_x/\sqrt{\lambda_x^2 + \lambda_y^2}$ und

$$\lambda_\alpha = \frac{1}{\sqrt{\lambda_x^{-2} + \lambda_y^{-2}}}. \qquad (11.17)$$

Die räumliche Kreisfrequenz $k_\alpha = 2\pi/\lambda_\alpha$ ist dann

$$k_\alpha = \sqrt{k_x^2 + k_y^2} \qquad (11.18)$$

wie erwartet. Dies alles bedeutet lediglich, daß man grundsätzlich beim Bilden einer zweidimensionalen Funktion f neben den Termen der räumlichen Frequenzen k_x, k_y auch harmonische Terme berücksichtigen muß und daß diese anders orientiert sind als die x- und y-Achse.

Kehren wir für einen Moment zu Abbildung 10.10 zurück, die eine Blende zeigt und die an ihr gebeugte Welle in verschiedenen Interpretationen darstellt. Eine dieser Möglichkeiten, sich die komplizierte austretende Wellenfront vorzustellen, ist die Betrachtung als Überlagerung ebener Wellen, die in ganz unterschiedliche Richtungen herauslaufen. Dies sind die Komponenten der Fourier-Transformierten, die mit bestimmten Werten räumlicher Kreisfrequenz jeweils in bestimmte Richtungen austreten. Der Term zur Raumfrequenz Null entspricht der nicht abgelenkten, in axialer Richtung weiterlaufenden ebenen Welle. Den Termen jeweils höherer Raumfrequenzen entsprechen ebene Wellen, die in einem um so größeren Winkel zur optischen Achse davonlaufen (Abschnitt 14.1.1). Diese Fourier-Komponenten bilden zusammen das durch die Blende gebeugte elektromagnetische Feld.

i) Transformierte der Zylinderfunktion

Die Zylinderfunktion

$$f(x,y) = \begin{cases} 1 & \sqrt{x^2 + y^2} \leq a \\ 0 & \sqrt{x^2 + y^2} > a \end{cases} \qquad (11.19)$$

(Abb. 11.4 (a)) liefert ein wichtiges praktisches Beispiel für die Anwendung Fourierscher Methoden auf zwei Dimensionen. Die Mathematik wird nicht besonders einfach sein, aber die Anstrengung ist gerechtfertigt durch die Bedeutung, die die Rechnung für die Theorie der Beugung an kreisförmigen Blenden und Linsen hat. Die offensichtliche Kreissymmetrie legt Polarkoordinaten nahe, d.h. wir setzen

$$\begin{aligned} k_x &= k_\alpha \cos\alpha \\ k_y &= k_\alpha \sin\alpha \\ x &= r\cos\theta \\ y &= r\sin\theta \end{aligned} \qquad (11.20)$$

wobei $dx\,dy = r\,dr\,d\theta$. Die Transformierte $\mathcal{F}\{f(x)\}$ lautet dann

$$F(k_\alpha, \alpha) = \int_{r=0}^{a}\left[\int_{\theta=0}^{2\pi} e^{ik_\alpha r\cos(\theta-\alpha)}d\theta\right] r\,dr. \qquad (11.21)$$

Wie $f(x,y)$, so muß auch seine Transformierte kreissymmetrisch sein. Das beinhaltet, daß $F(k_\alpha, \alpha)$ unabhängig von α ist. Das Integral kann daher vereinfacht werden, indem wir α einen konstanten Wert annehmen lassen. Wählen wir $\alpha = 0$, so ist

$$F(k_\alpha) = \int_0^a\left[\int_0^{2\pi} e^{ik_\alpha r\cos\theta}d\theta\right] r\,dr. \qquad (11.22)$$

Aus Gleichung (10.47) folgt, daß

$$F(k_\alpha) = 2\pi\int_0^a J_0(k_\alpha r)r\,dr, \qquad (11.23)$$

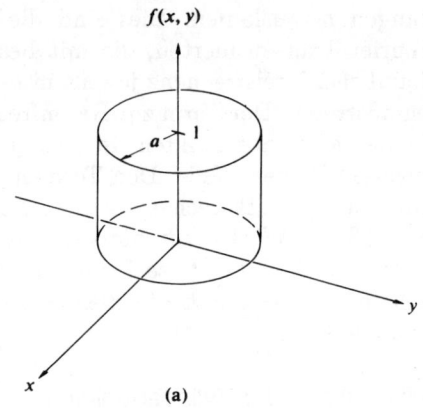

(a)

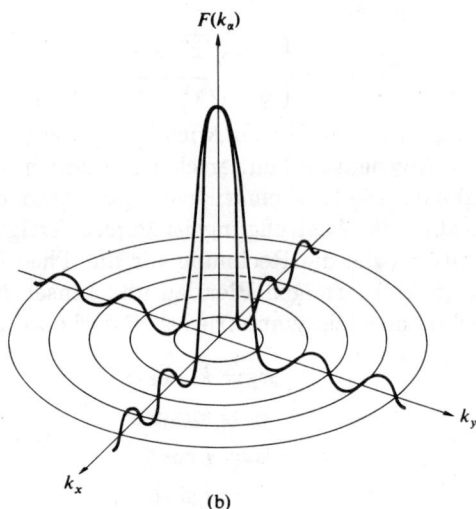

(b)

Abbildung 11.4 Die Zylinderfunktion und ihre Transformierte.

wobei $J_0(k_\alpha r)$ eine Bessel-Funktion der Ordnung Null ist. Wir wechseln die Variable, indem wir

$$k_\alpha r = w$$

setzen, so daß

$$dr = k_\alpha^{-1} dw.$$

Das Integral wird dann zu

$$\frac{1}{k_\alpha^2} \int_{w=0}^{k_\alpha a} J_0(w) w \, dw. \quad (11.24)$$

Mit Gleichung (10.50) nimmt die Transformierte die

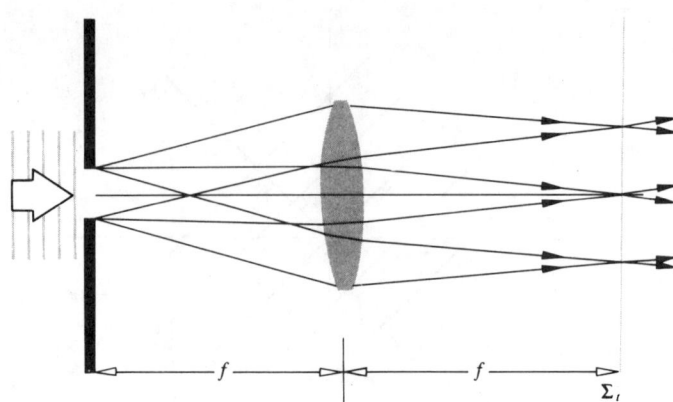

Abbildung 11.5 Ein Dia befindet sich in der Ebene des vorderen (oder objektseitigen) Brennpunktes einer Sammellinse. Dann konvergiert das vom Dia gebeugte Licht zu einem Fernfeld-Beugungsmuster in der Ebene des hinteren (oder bildseitigen) Brennpunktes.

Form einer Bessel-Funktion erster Ordnung an (siehe Abb. 10.27), d.h.

$$F(k_\alpha) = \frac{2\pi}{k_\alpha^2} k_\alpha a J_1(k_\alpha a)$$

oder

$$F(k_\alpha) = 2\pi a^2 \left[\frac{J_1(k_\alpha a)}{k_\alpha a} \right]. \quad (11.25)$$

Wie wir noch sehen werden, ist die Ähnlichkeit zwischen diesem Ausdruck (Abb. 11.4.(b)) und der Formel für das elektrische Feld im Fraunhoferschen Beugungsmuster einer kreisförmigen Blende (10.51) nicht zufällig.

ii) Die Linse als ein Fourier-Transformator

Abbildung 11.5 zeigt ein von parallelem Licht beleuchtetes Dia in der vorderen Brennebene einer Sammellinse. Von diesem Objekt werden wiederum ebene Wellen in unterschiedliche Richtungen gestreut und von der Linse gesammelt; Bündel paralleler Strahlen werden jeweils in der hinteren Brennebene der Linse gebündelt. Würden wir dort, in der sogenannten **Ebene Σ_t der Transformierten**, einen Schirm aufstellen, so könnten wir auf ihm das Fernfeld-Beugungsmuster sehen (dies ist im wesentlichen die Struktur von Abbildung 10.10 (e)). Mit anderen Worten, die elektrische Feldverteilung über der

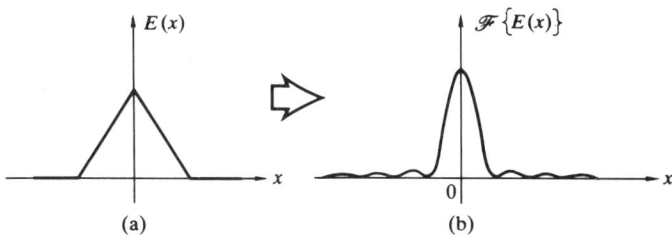

Abbildung 11.6 Die Transformierte einer Dreiecksfunktion ist eine sinc²-Funktion.

Objektmaske, die sogenannte *Blendenöffnungsfunktion*, wird durch die Linse in das Fernfeld-Beugungsmuster transformiert. Bemerkenswerterweise entspricht das E-Feld dieses Fraunhoferschen Beugungsmusters genau der Fourier-Transformierten der Blendenöffnungsfunktion — eine Tatsache, die wir in Abschnitt 11.3.3 strenger nachweisen wollen. Hier liegt der Gegenstand in der vorderen Brennebene und all die verschieden gebeugten Wellen behalten ihre Phasenbeziehung bei, da sie praktisch gleiche optische Weglängen bis zur Ebene der Transformierten zurücklegen. Das sieht etwas anders aus, wenn der Gegenstand aus der vorderen Brennebene herausgeschoben wird. Dann tritt nämlich eine Phasenverzerrung auf. Da wir uns im allgemeinen nur für die Bestrahlungsstärke interessieren, ist diese Phasenverzerrung aber von geringer Bedeutung, weil die Phaseninformation in der Bestrahlungsstärke herausgemittelt, die Phasenverzerrung dann also gar nicht zu beobachten ist.

Das E-Feld über einer kreisförmigen Öffnung in einer undurchsichtigen Blende wird der Zylinderfunktion von Abbildung 11.4 (a) ähneln. Nach dem eingangs Gesagten ist dann das Beugungsfeld, die Fourier-Transformierte, räumlich wie eine Bessel-Funktion verteilt und es sieht der Abbildung 11.4 (b) sehr ähnlich. Entsprechendes gilt für ein als Objekt dienendes Dia, dessen Schwärzungsgrad nur in einer Raumrichtung variiert, so daß sein Amplitudenprofil dreieckig ist (Abb. 11.6 (a)). Man erhält ein Beugungsbild mit elektrischer Amplitudenverteilung wie in Abbildung 11.6 (b) — die Fourier-Transformierte der Dreiecksfunktion ist eine sinc²-Funktion.[3]

---

[3] sinc $x=(\sin x/x)$ ist eine nützliche, leider wenig bekannte Abkürzung, d.Ü.

11.2.3 Die Diracsche Delta-Funktion

Es gibt viele physikalische Phänomene, die während sehr kurzer Zeitspannen, aber mit großer Intensität auftreten und man ist häufig an der Reaktion irgendeines Systems auf einen solchen Reiz interessiert. Zum Beispiel: Wie wird ein mechanisches Element wie eine Billardkugel auf einen Hammerschlag reagieren? Oder: Wie wird sich ein besonderer Stromkreis auf einen kurzen Stromstoß hin verhalten? Ganz ähnlich können wir irgendeinen räumlich statt zeitlich scharf begrenzten Lichtpuls als einen Reiz ansehen. Eine helle, sehr kleine Lichtquelle vor einem dunklen Hintergrund ist im wesentlichen ein zweidimensionaler Lichtpuls, der räumlich sehr genau lokalisiert ist — ein Lichtstachel. Eine bequeme, idealisierte mathematische Darstellung dieser Art kürzester Lichtreize ist die **Diracsche Delta-"Funktion"** $\delta(x)$. Das ist eine Größe, die überall Null ist mit Ausnahme des Ursprungs, wo sie so gegen unendlich geht, daß (11.27) gilt. Also:

$$\delta(x) = \begin{cases} 0 & x \neq 0 \\ \infty & x = 0 \end{cases} \quad (11.26)$$

mit der Zusatzbedingung

$$\int_{-\infty}^{+\infty} \delta(x)\,dx = 1. \quad (11.27)$$

Dies ist keine Funktion im herkömmlichen mathematischen Sinn. Wegen ihrer so einzigartigen Struktur blieb sie noch lange nach ihrer Wiedereinführung und Bekanntmachung durch P.A.M. Dirac im Jahre 1930 Gegenstand beträchtlicher Kontroversen. Doch fanden die Physiker, pragmatisch wie sie gelegentlich sind, sie äußerst hilfreich und so wurde sie bald ein gebräuchliches Hilfsmittel trotz ihrer scheinbar mangelnden strengen Rechtfertigung. Die exakte mathematische Theorie der Delta-Funktion wurde ungefähr zwanzig Jahre später, in den frühen 50er Jahren unseres Jahrhunderts, hauptsächlich durch Laurent Schwartz entwickelt.

Die vielleicht wichtigste Anwendung von $\delta(x)$ ist die Berechnung des Integrals

$$\int_{-\infty}^{+\infty} \delta(x) f(x)\,dx.$$

Hierbei ist $f(x)$ eine beliebige stetige Funktion. Über einem winzigen Intervall um den Ursprung, das von $x = -\gamma$ bis $+\gamma$ läuft, gilt $f(x) \approx f(0) \approx$ const, falls

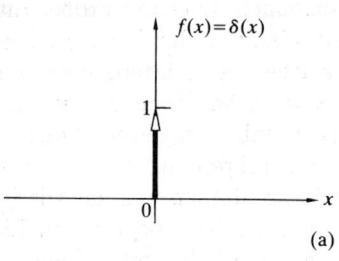

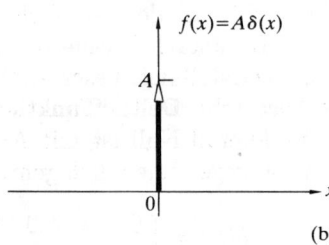

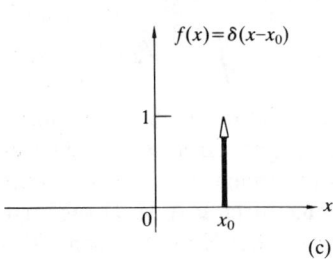

Abbildung 11.7 Die Höhe des die Delta-Funktion darstellenden Pfeiles entspricht der Fläche unter der Funktionskurve.

die Funktion in $x = 0$ stetig ist. Zwischen $x = -\infty$ und $x = -\gamma$ sowie zwischen $x = +\gamma$ und $x = +\infty$ ist das Integral Null, einfach deshalb, weil die δ-Funktion dort Null ist. Also ist das Integral gleich

$$f(0) \int_{-\gamma}^{+\gamma} \delta(x)\, dx.$$

Weil $\delta(x) = 0$ für alle x außer für Null gilt, kann das Intervall verschwindend klein sein, d.h. $\gamma \to 0$, und immer noch gilt

$$\int_{-\gamma}^{+\gamma} \delta(x)\, dx = 1$$

wegen Gleichung (11.27). Nun haben wir das exakte Ergebnis, daß

$$\int_{-\infty}^{+\infty} \delta(x) f(x)\, dx = f(0). \tag{11.28}$$

Dies wird oft als die **siebende Eigenschaft** der δ-Funktion bezeichnet, weil sie nur den einen Wert von $f(x)$ bei $x = 0$ von allen anderen möglichen Werten trennt. Entsprechend gilt bei Verschiebung des Ursprungs um den Betrag x_0

$$\delta(x - x_0) = \begin{cases} 0 & x \neq x_0 \\ \infty & x = x_0 \end{cases} \tag{11.29}$$

und der "Peak" liegt dann bei $x = x_0$ statt bei $x = 0$, wie in Abbildung 11.7 gezeigt. Die entsprechende siebende Eigenschaft erkennt man, wenn man $x - x_0 = x'$ setzt. Mit $f(x' + x_0) = g(x')$ ist dann

$$\int_{-\infty}^{+\infty} \delta(x - x_0) f(x)\, dx = \int_{-\infty}^{+\infty} \delta(x') g(x')\, dx' = g(0)$$

und wegen $g(0) = f(x_0)$

$$\int_{-\infty}^{+\infty} \delta(x - x_0) f(x)\, dx = f(x_0). \tag{11.30}$$

Der für uns zweckmäßigere Weg ist, die Wirkung von $\delta(x)$ auf irgendeine andere Funktion $f(x)$ zu definieren und nicht das Ringen um eine mathematisch exakte Definition von $\delta(x)$ für jeden Wert von x. In diesem Sinne ist Gleichung (11.28) eigentlich die Definition einer Gesamtoperation, die der Funktion $f(x)$ eine Zahl $f(0)$ zuordnet. Nebenbei bemerkt nennt man eine Operation, die dies leistet, ein *Funktional*.

Man kann verschiedene Pulsfolgen bilden, bei denen mit jedem Folgenglied die Pulsbreite ab-, die Pulshöhe aber gleichzeitig zunimmt, derart daß jeder beliebige Puls der Folge eine Einheitsfläche einschließt. Eine Folge von Rechteckpulsen der Höhe a/L und Breite L/a mit $a = 1, 2, 3\ldots$ würde dem genügen; ebenso eine Folge Gaußscher Kurven (11.11),

$$\delta_a(x) = \sqrt{\frac{a}{\pi}} e^{-ax^2} \tag{11.31}$$

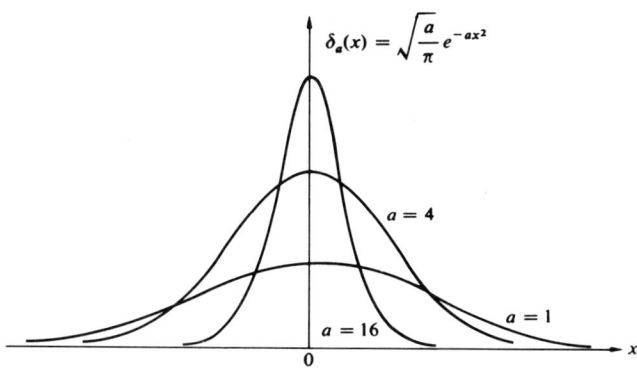

Abbildung 11.8 Eine Folge Gaußscher Kurven.

wie in Abbildung 11.8 oder eine Folge von sinc-Funktionen[4]

$$\delta_a(x) = \frac{a}{\pi} \text{sinc}\,(ax). \qquad (11.32)$$

Man bezeichnet solche Folgen der Siebungseigenschaft immer näher kommender peakförmiger Funktionen als *Delta-Folgen*. Für sie gilt

$$\lim_{a \to \infty} \int_{-\infty}^{+\infty} \delta_a(x) f(x)\, dx = f(0). \qquad (11.33)$$

Häufig ist es hilfreich — obwohl eigentlich nicht ganz richtig — sich $\delta(x)$ als die Konvergenzgrenze solcher Folgen für $a \to \infty$ vorzustellen. Die Ausweitung dieser Gedanken auf zwei Dimensionen geschieht durch die Definition

$$\delta(x, y) = \begin{cases} \infty & x = y = 0 \\ 0 & \text{sonst} \end{cases}, \qquad (11.34)$$

wobei

$$\iint_{-\infty}^{+\infty} \delta(x, y)\, dx\, dy = 1. \qquad (11.35)$$

Die Siebungseigenschaft lautet nun

$$\iint_{-\infty}^{+\infty} f(x, y) \delta(x - x_0) \delta(y - y_0)\, dx\, dy = f(x_0, y_0). \qquad (11.36)$$

Eine andere Darstellung der δ-Funktion folgt aus Gleichung (11.3), dem Fourier-Integral, das umformuliert werden kann zu

$$f(x) = \int_{-\infty}^{+\infty} \left[\frac{1}{2\pi} \int_{-\infty}^{+\infty} e^{-ik(x-x')} dk \right] f(x')\, dx',$$

---

[4] sinc $x = (\sin x / x)$; d.Ü.

so daß

$$f(x) = \int_{-\infty}^{+\infty} \delta(x - x') f(x')\, dx', \qquad (11.37)$$

vorausgesetzt, daß

$$\delta(x - x') = \frac{1}{2\pi} \int_{-\infty}^{+\infty} e^{-ik(x-x')} dk. \qquad (11.38)$$

Gleichung (11.37) ist identisch mit Gleichung (11.30), da nach Gleichung (11.29) gilt $\delta(x - x') = \delta(x' - x)$ gilt. Das (divergente) Integral von Gleichung (11.38) ist überall Null außer bei $x = x'$. Selbstverständlich ist mit $x' = 0$, $\delta(x) = \delta(-x)$ und

$$\delta(x) = \frac{1}{2\pi} \int_{-\infty}^{+\infty} e^{-ikx} dk = \frac{1}{2\pi} \int_{-\infty}^{+\infty} e^{ikx} dk, \qquad (11.39)$$

was unter Berücksichtigung von (11.4) bedeutet, daß die Delta-Funktion als inverse Fourier-Transformierte von 1 gelten kann, d.h. $\delta(x) = \mathcal{F}^{-1}\{1\}$ und somit $\mathcal{F}\{\delta(x)\} = 1$. Wir können uns dazu einen Rechteckpuls vorstellen, der schmäler aber höher wird, während umgekehrt seine Transformierte immer breiter wird, bis schließlich der Puls eine infinitesimale, die Transformierte aber eine unendliche Breite hat, d.h. eine Konstante ist.

i) Punktverschiebungen und Phasenverschiebungen

Wird die δ-Spitze von $x = 0$ nach x_0 verschoben, so ändert sich bei ihrer Transformierten die Phase, nicht aber die Amplitude: sie bleibt eins. Um dies einzusehen berechne man

$$\mathcal{F}\{\delta(x - x_0)\} = \int_{-\infty}^{+\infty} \delta(x - x_0) e^{ikx} dx.$$

Wegen der siebenden Eigenschaft (11.30) wird daraus

$$\mathcal{F}\{\delta(x - x_0)\} = e^{ikx_0}. \qquad (11.40)$$

Wir sollten dies mit Gleichung (11.76) vergleichen. Das bedeutet aber gerade, daß nur die Phase beeinflußt wird, die Amplitude jedoch eins bleibt wie schon bei $x_0 = 0$. Das ganze Verfahren erscheint vielleicht etwas naheliegender, wenn wir zu zeitlichen Aussagen wechseln und an einen unendlich schmalen Lichtpuls (etwa einen Funken) denken, der bei $t = 0$ auftritt. Dabei wird eine unendliche Reihe von Frequenzkomponenten erzeugt, die anfänglich, d.h. im Augenblick der Entstehung ($t = 0$), alle in Phase sind. Andererseits gilt, wenn wir annehmen

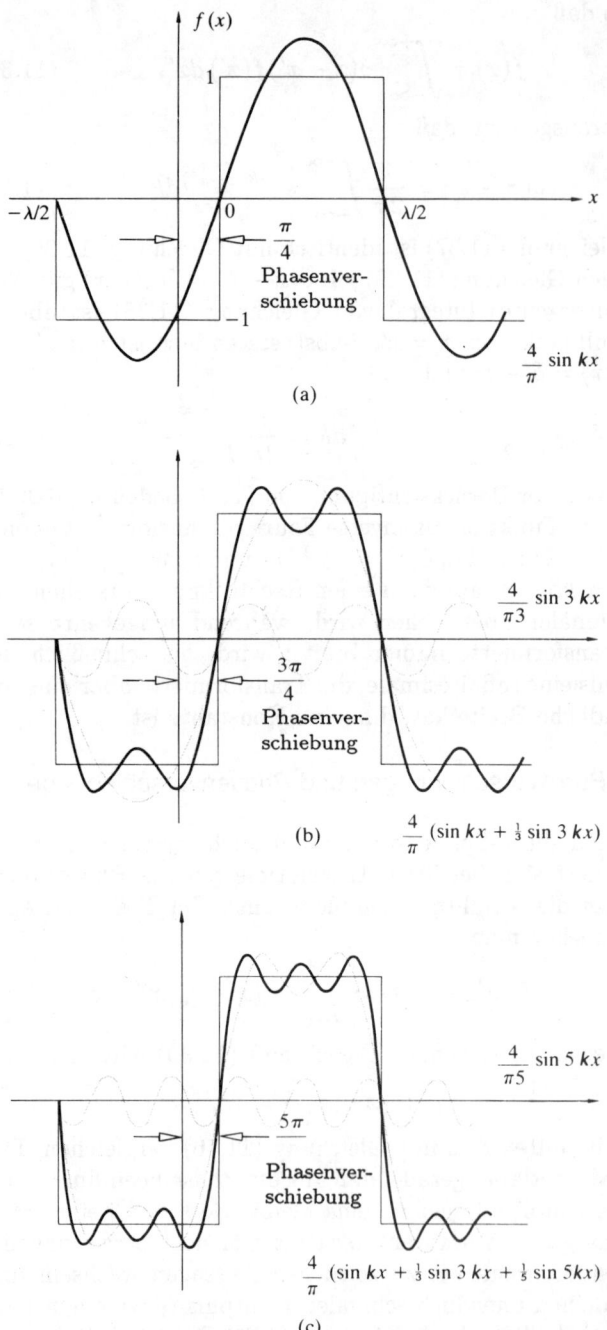

Abbildung 11.9 Eine verschobene Rechteckwelle, zusammen mit entsprechenden Phasenverschiebungen zugehöriger Komponentenwellen.

der Lichtpuls ereignet sich zur Zeit t_0: wiederum wird jede Frequenz erzeugt, aber diesmal sind alle harmonischen Komponenten bei $t = t_0$ in Phase. Schließen wir nun zurück, so müssen bei $t = 0$ alle Konstituenten unterschiedliche Phase gehabt haben, in Abhängigkeit von ihrer jeweiligen Frequenz. Außerdem wissen wir, daß alle diese Komponenten sich derart überlagern, daß sie außer bei $t = t_0$ Null sind, so daß eine frequenzabhängige Phasenverschiebung sehr vernünftig ist. Im Bereich räumlicher (statt zeitlicher; d.Ü.) Aussagen drückt Gleichung (11.40) diese Phasenverschiebung aus. Man beachte, daß sie sich mit k, der räumlichen Frequenz ändert.

All dies ist universell anwendbar und wir sehen, *die Fourier-Transformierte einer in Raum (oder Zeit) verschobenen Funktion ist die Transformierte der nicht verschobenen Funktion, multipliziert mit einem in der Phase linearen Exponentialfaktor* (Aufgabe 11.14). Diese Eigenschaft der Transformierten wird bald von besonderem Interesse sein, wenn wir das Bild mehrerer Punktquellen betrachten, die sich nur durch ihre Orte unterscheiden. Das Verschieben kann man sich graphisch mit Hilfe der Abbildungen 11.9 und 7.13 veranschaulichen. Um die Rechteckwelle um $\pi/4$ nach rechts zu verschieben, muß die Grundwelle um ein Achtel der Wellenlänge (sagen wir 1.0 mm) phasenverschoben werden und ebenso jede Komponente um die gleiche Strecke (das heißt 1.0 mm). Diese 1.0 mm machen bei jeder zu verschiebenden Komponente — entsprechend der Komponentenfrequenz — einen anderen Bruchteil der Wellenlänge aus; damit ist die Phasenverschiebung jeder Komponente eine andere. In unserem Beispiel wird jede Komponente um $m\pi/4$ phasenverschoben.

ii) Sinus- und Kosinusfunktionen

Wir sahen oben (Abb. 11.1), daß die Transformierte einer Funktion, die als Summe von Einzelfunktionen geschrieben werden kann, einfach die Summe der Transformierten der Komponentenfunktionen ist. Angenommen, wir haben eine Schar von Deltafunktionen, die wie die Zähne eines Kamms verteilt sind, d.h.

$$f(x) = \sum_j \delta(x - x_j). \qquad (11.41)$$

Falls die Anzahl der Einzelterme unendlich ist, nennt man eine solche periodische Funktion oft auch "Kamm"-

Funktion[5] $comb(x)$. In jedem Fall ist die Transformierte einfach eine Summe solcher Terme wie in Gleichung (11.40):

$$\mathcal{F}\{f(x)\} = \sum_j e^{ikx_j}. \qquad (11.42)$$

Für zwei δ-Funktionen, eine bei $x_0 = d/2$ und eine bei $x_0 = -d/2$, gilt insbesondere

$$f(x) = \delta[x - (+d/2)] + \delta[x - (-d/2)]$$

und

$$\mathcal{F}\{f(x)\} = e^{ikd/2} + e^{-ikd/2}.$$

Das heißt aber einfach

$$\mathcal{F}\{f(x)\} = 2\cos(kd/2), \qquad (11.43)$$

wie in Abbildung 11.10. Also ist die Transformierte der Summe dieser beiden symmetrischen δ-Funktionen eine Kosinusfunktion und umgekehrt. Die zusammengesetzte Funktion und ebenso $F(k) = \mathcal{F}\{f(x)\}$ sind reell und gerade. Dies sollte Sie an Youngs Versuch (Seite 360) mit unendlich schmalen Spalten erinnern — wir werden später darauf zurückkommen. Wenn die Phase einer der δ-Funktionen wie in Abbildung 11.7 verändert wurde, ist die zusammengesetzte Funktion asymmetrisch; sie ist ungerade und es gilt

$$f(x) = \delta[x - (+d/2)] - \delta[x - (-\delta/2)],$$

sowie

$$\mathcal{F}\{f(x)\} = e^{ikd/2} - e^{-ikd/2} = 2i\sin(kd/2). \qquad (11.44)$$

Die reelle Sinustransformierte (11.7) ist dann

$$B(k) = 2\sin(kd/2), \qquad (11.45)$$

ebenfalls eine ungerade Funktion.

Dies wirft einen interessanten Sachverhalt auf. Erinnern wir uns, daß es zwei alternative Möglichkeiten gibt, die komplexe Transformierte zu betrachten: man kann sie als Summe eines Real- und eines Imaginärteils sehen, entsprechend Gleichung (11.7a); oder man sieht sie als Produkt aus einem Amplituden- und einem Phasen-Term, entsprechend Gleichung (11.7b). Nun ist es so, daß Kosinus- und Sinusfunktion besondere Eigenschaften haben; der Kosinus ist rein reell, der Sinus rein imaginär. Die meisten anderen Funktionen, selbst harmonische,

---
[5] vom Englischen comb = Kamm; d.Ü.

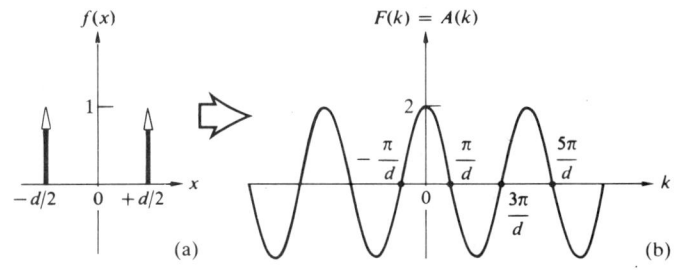

Abbildung 11.10 Zwei Delta-Funktionen und der Kosinus als ihre Transformierte.

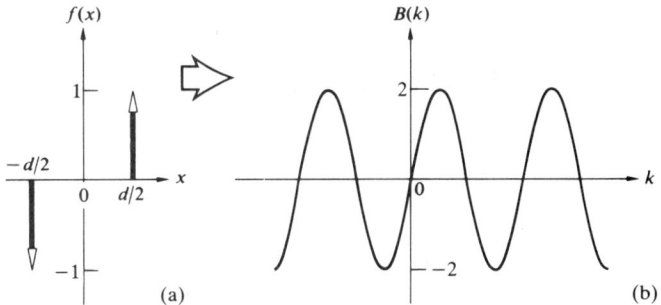

Abbildung 11.11 Zwei Delta-Funktionen und der Sinus als ihre Transformierte.

sind gewöhnlich eine Mischung reeller und imaginärer Anteile. Verschiebt man zum Beispiel eine Kosinusfunktion auch nur ein wenig, so ist sie charakteristischerweise weder ungerade noch gerade und hat sowohl einen Real- als auch einen Imaginärteil. Sie kann dann aber als kosinusförmiges Amplitudenspektrum ausgedrückt werden, das entsprechend phasenverschoben wurde (Abb. 11.12). Beachten Sie, daß wenn man eine Kosinusfunktion durch Verschiebung um $1/4\lambda$ in eine Sinusfunktion überführt, der Phasenunterschied zwischen den beiden deltaförmigen Komponentenfunktionen wiederum π rad ist.

Abbildung 11.13 zeigt eine Übersicht verschiedener Transformierter, meist von harmonischen Funktionen. Achten Sie darauf, wie die Funktionen beziehungsweise Transformierten in (a) und (b) zusammen die Funktion in (d), beziehungsweise deren Transformierte bilden. Für jeden der paarweise vorliegenden δ-Pulse im Frequenzspektrum einer harmonischen Funktion gilt die

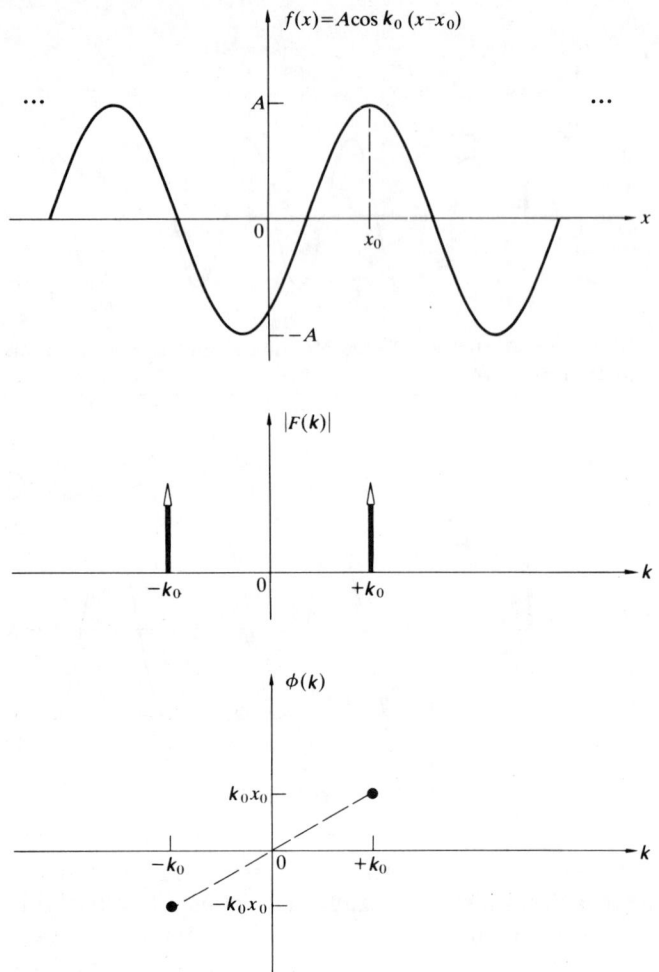

Abbildung 11.12 Die Spektren einer verschobenen Kosinus-Funktion.

Regel: er liegt auf der k-Achse, mit einem Ursprungsabstand, welcher der räumlichen Grund-Kreisfrequenz von $f(x)$ entspricht. Weil jede gutartige periodische Funktion als Fouriersche Reihe ausgedrückt werden kann, läßt sie sich auch als Anordnung von Paaren von Deltafunktionen darstellen. Jedem Paar entsprechen ein eigener "Gewichtungsfaktor" und ein Ursprungsabstand auf der k-Achse, welcher der räumlichen Grund-Kreisfrequenz des jeweiligen harmonischen Beitrags entspricht — *das Frequenzspektrum jeder periodischen Funktion ist diskret.*

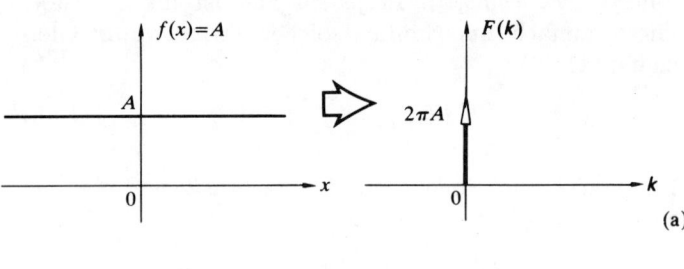

(a)

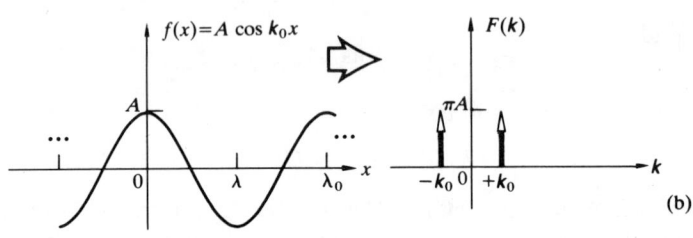

(b)

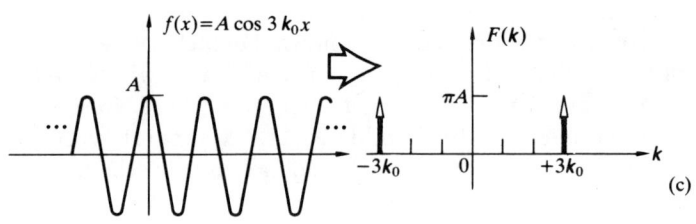

(c)

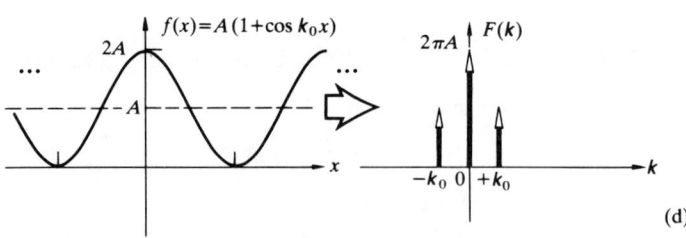

(d)

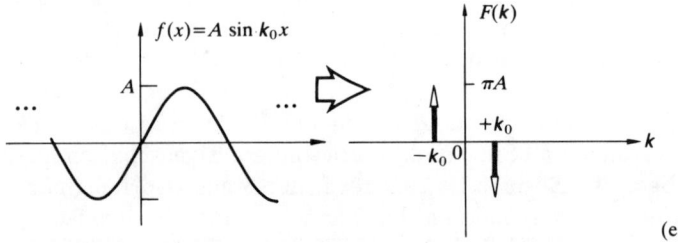

(e)

Abbildung 11.13 Einige Funktionen und ihre Transformierten.

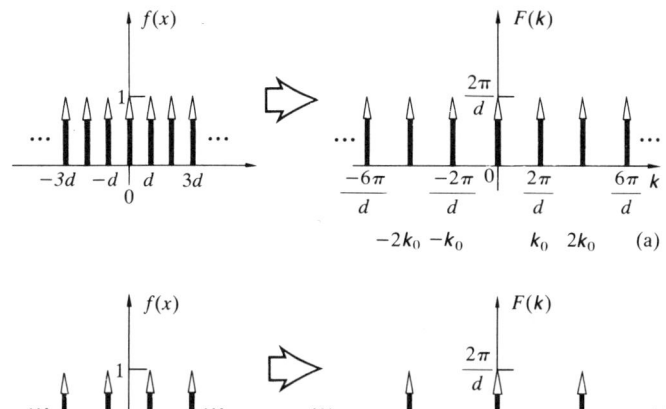

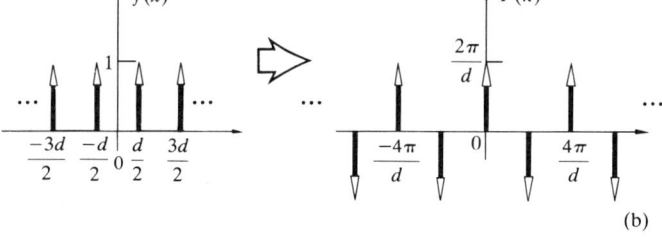

Abbildung 11.14 (a) Die "Kamm"-Funktion $comb(x)$ und ihre Transfomierte. (b) Eine verschobene "Kamm"-Funktion und ihre Transfomierte.

Eine der bemerkenswertesten periodischen Funktionen ist $comb(x)$: wie Abbildung 11.14 zeigt, ist ihre Transformierte wieder eine comb-Funktion.

11.3 Optische Anwendungen
11.3.1 Lineare Systeme

Das System Fourierscher Methoden erweist sich als besonders elegant im Hinblick auf die Beschreibung der Bildentstehung. Entsprechend wird größtenteils die von uns einzuschlagende Richtung sein, jedoch sind einige Abstecher unvermeidlich, um die nötige Mathematik zu entwickeln.

Ein Schlüsselpunkt der Analyse ist der Begriff des **linearen Systems**, das wiederum definiert wird durch seine Eingangs-Ausgangs-Relation. Angenommen also, aus einem durch irgendein optisches System tretenden Eingangssignal $f(y, z)$ resultiert ein Ausgangssignal $g(Y, Z)$. Das System ist linear wenn:
1. aus Multiplikation von $f(y, z)$ mit einer Konstanten a ein Ausgangssignal $ag(Y, Z)$ resultiert.
2. Aus Eingangssignalen, die eine Linearkombination $af_1(y, z) + bf_2(y, z)$ zweier (oder mehrerer) Funktionen sind, ein Ausgangssignal der gleichen Form $ag_1(Y, Z) + bg_2(Y, Z)$ resultiert, wobei $f_1(y, z)$ das $g_1(Y, Z)$, entsprechend $f_2(y, z)$ das $g_2(Y, Z)$ ergibt.

Ferner ist ein lineares System *rauminvariant*, wenn es *stationär* ist, d.h. wenn es so wirkt, daß aus einer Ortsveränderung des Eingangssignals lediglich eine Ortsveränderung des Ausgangssignals resultiert, nicht aber der Funktionsform. Dahinter steckt größtenteils der Gedanke, daß man das Ausgangssignal, das von einem optischen System erzeugt wird, als eine lineare Überlagerung aller derjenigen Ausgangssignale betrachten kann, die auf die Gesamtheit aller Objektpunkte zurückzuführen sind. Tatsächlich können Ein- und Ausgangssignal, wenn wir die Wirkung des linearen Systems symbolisch als $\mathcal{L}\{\ \}$ ausdrücken, geschrieben werden als

$$g(Y, Z) = \mathcal{L}\{f(y, z)\}. \qquad (11.46)$$

Unter Verwendung der siebenden Eigenschaft der δ-Funktion (11.36) wird daraus

$$g(Y, Z) = \mathcal{L}\left\{\iint_{-\infty}^{+\infty} f(y', z')\delta(y' - y)\delta(z' - z)\, dy'\, dz'\right\}.$$

Das Integral drückt $f(y, z)$ als eine Linearkombination elementarer Deltafunktionen aus, von denen jede durch eine Zahl $f(y', z')$ gewichtet ist. Wie aus den Linearitätsbedingungen folgt, ist dies äquivalent dazu, daß der Operator des Systems auf jede der elementaren Funktionen wirkt; also

$$g(Y, Z) = \iint_{-\infty}^{+\infty} f(y', z')\mathcal{L}\{\delta(y' - y)\delta(z' - z)\}\, dy'\, dz'.$$

$$(11.47)$$

Die Größe $\mathcal{L}\{\delta(y' - y)\delta(z' - z)\}$ ist die Wirkung des Systems (11.46) auf eine im Punkt (y', z') des Eingangsbereichs lokalisierte Deltafunktion — sie heißt **Impulsverhalten**. Offenbar kann, wenn das Impulsverhalten eines Systems bekannt ist, mittels Gleichung (11.47) das Ausgangssignal aus dem Eingangssignal direkt hergeleitet werden. Strahlen die elementaren Lichtquellen kohärent, so sind Ein- und Ausgangssignale elektrische Felder, strahlen sie inkohärent, so sind sie Lichtstromdichten.

Man betrachte die selbstleuchtende und inkohärente Lichtquelle in Abbildung 11.15. Wir können uns vorstellen, daß jeder Punkt der Objektebene Σ_0 Licht emittiert, das vom optischen System verarbeitet wird und so austritt, daß es einen Punkt auf der Brenn- oder Bildebene Σ_i erzeugt. Zusätzlich *nehmen wir an, daß*

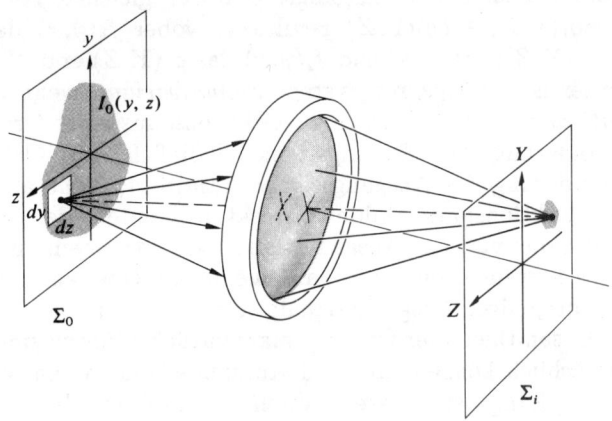

Abbildung 11.15 Bilderzeugung an einem Linsensystem.

die Vergrößerung zwischen Objekt- und Bildebene Eins beträgt. Das Bild hat dann Originalgröße und ist aufrecht, was uns die Betrachtungen für den Augenblick erleichtert. Bedenken wir kurz: bei einer Vergrößerung (M_T) über Eins wären andernfalls das Bild größer als der abzubildende Gegenstand, alle strukturellen Einzelheiten größer und breiter, die Raumfrequenzen der an der Bildentstehung beteiligten harmonischen Beiträge folglich niedriger als die des Gegenstandes. Beispielsweise bekäme ein Dia mit einer sinusartig wechselnden Schwarz-Weiß-Linierung (ein sinusartiges Amplitudengitter) dann ein Bild mit größerem gegenseitigen Abstand der Maxima, also mit niedrigerer Raumfrequenz. Nebenbei würde die Bestrahlungsstärke des Bildes mit M_T^2 abnehmen, weil die Bildfläche um einen Faktor M_T^2 zunähme.

Ist $I_0(y,z)$ die Strahlungsverteilung auf der Objektebene, so emittiert ein bei (y,z) liegendes Flächenelement $dy\, dz$ einen Strahlungsfluß vom Betrag $I_0(y,z)dy\,dz$. Wegen Beugung (und möglichen Auftretens von Abbildungsfehlern) ist dieses Licht jedoch nicht wirklich in einem Punkt fokussiert, sondern als eine Art verschwommener Lichtfleck über ein begrenztes Gebiet verschmiert. Die Streuung des Strahlungsflusses wird mathematisch durch eine Funktion $\mathcal{S}(y,z;Y,Z)$ beschrieben, derart daß die am Bildpunkt von $dy\,dz$ ankommende Strahlungsflußdichte

$$dI_i(Y,Z) = \mathcal{S}(y,z;Y,Z)I_0(y,z)\,dy\,dz \qquad (11.48)$$

ist. Dies ist der Lichtfleck bei (Y,Z) auf der Bildebene und $\mathcal{S}(y,z;Y,Z)$ heißt die **Punktverwaschungsfunktion**. Mit anderen Worten: ist die Strahlungsmenge I_0 über dem Element $dy\,dz$ der Objektebene gerade 1 W/m², so ist $\mathcal{S}(y,z;Y,Z)dy\,dz$ die Kurve der resultierenden Strahlungsverteilung in der Bildebene. Wegen der Inkohärenz der Lichtquelle sind die Beiträge jedes ihrer Elemente zur Strahlungsflußdichte additiv, und so gilt

$$I_i(Y,Z) = \iint_{-\infty}^{+\infty} I_0(y,z)\mathcal{S}(y,z;Y,Z)\,dy\,dz. \qquad (11.49)$$

In einem "fehlerfreien", allein durch die Beugung eingeschränkten optischen System, das keine Abbildungsfehler hat, entspräche $\mathcal{S}(y,z;Y,Z)$ in seiner Form dem Beugungsmuster einer bei (y,z) befindlichen Punktquelle. Wenn wir das Eingangssignal mit einem bei (y_0,z_0) konzentrierten δ-Puls gleichsetzen, dann ist ganz offensichtlich $I_0(y,z) = A\delta(y-y_0)\delta(z-z_0)$. Hier beinhaltet die Konstante A vom Betrag Eins die nötigen Einheiten (d.h. Strahlungsmenge mal Fläche). So ist

$$I_i(Y,Z) = A\iint_{-\infty}^{+\infty} \delta(y-y_0)\delta(x-x_0)\mathcal{S}(y,z;Y,Z)\,dy\,dz$$

und wegen der siebenden Eigenschaft

$$I_i(Y,Z) = A\mathcal{S}(y_0,z_0;Y,Z).$$

Die Punktverwaschungsfunktion hat genau die gleiche Form wie die Funktion, die das durch einen δ-Eingangspuls erzeugte Bild beschreibt. Sie ist das Impulsverhalten des Systems (vergleiche Gleichungen (11.47) und (11.49)) unabhängig davon, ob dieses optische Fehler hat oder nicht. In einem gut korrigierten System ist $\mathcal{S}$, abgesehen von einer multiplikativen Konstante, die Airysche Funktion für die Strahlungsverteilung (10.56) um den Gaußschen Bildpunkt (Abb. 11.16).

Ist das System rauminvariant, so kann eine Eingangs-Punktquelle auf der Objektebene bewegt werden, ohne daß sich — bis auf den Ort ihres Bildes — etwas ändert. Man kann genauso gut sagen, daß die Verwaschungsfunktion für jeden beliebigen Punkt (y,z) dieselbe ist. In der Praxis jedoch ändert sich die Verwaschungsfunktion, aber auch dann läßt sich die Bildebene in kleine Bereiche unterteilen, in denen $\mathcal{S}$ näherungsweise ungeändert bleibt. Also kann das System, wenn Objekt (und folglich sein Bild) nur klein genug sind, als rauminvariant betrachtet werden. Wir können uns für jeden Gaußschen

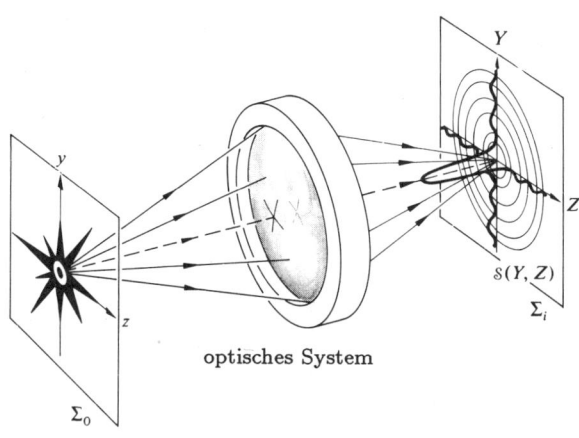

Abbildung 11.16 Die Punktverwaschungsfunktion: Die von einem optischen System mit einer punktförmigen Lichtquelle erzeugte Strahlungsverteilung.

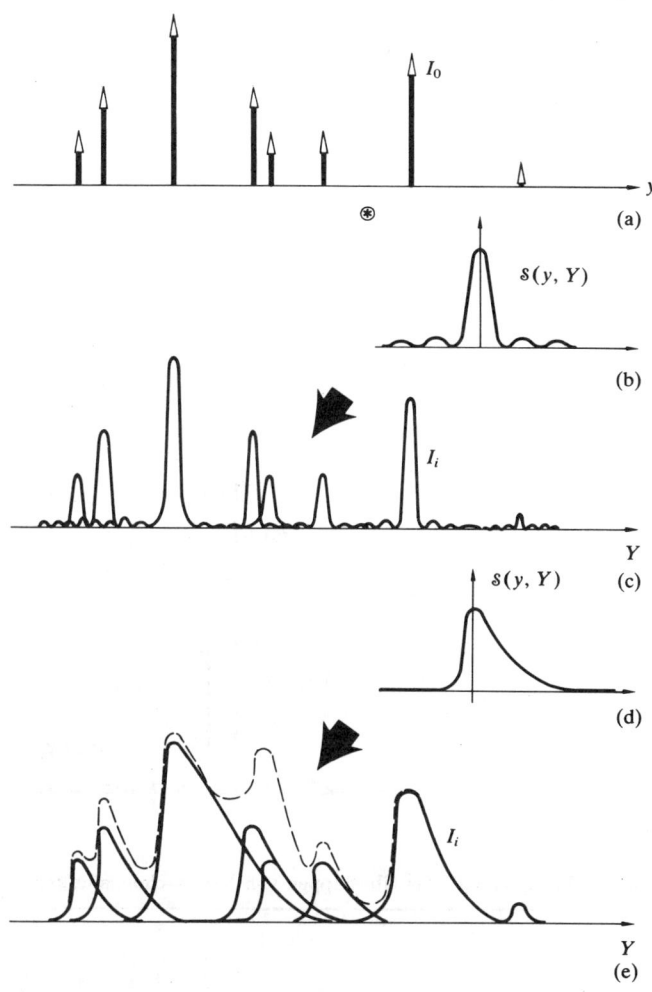

Abbildung 11.17 Hier ist (a) zuerst mit (b) gefaltet, um (c) zu erzeugen, und dann mit (d), um (e) zu liefern. Das resultierende Muster ist die Summe all der verwaschenen Einzelbeiträge und entspricht der gestrichelten Kurve in (e).

Bildpunkt auf Σ_i eine Verwaschungsfunktion vorstellen, die zwar jeweils durch einen Faktor $I_0(y,z)$ gewichtet wird, aber trotzdem von derselben Grundform ist wie alle anderen. Da die Vergrößerung Eins gewählt wurde haben die Koordinaten jedes beliebigen Objekt- und zugehörigen Bildpunktes den gleichen Betrag.

Würden wir uns mit kohärentem Licht befassen, so müßten wir noch untersuchen, wie das System auf einen δ-Puls als Eingangssignal wirkt, der diesmal die Gesamtamplitude des Feldes darstellt (und nicht einen ihrer Einzelbeiträge, d.Ü.). Wieder würde das resultierende Bild durch eine Verwaschungsfunktion beschrieben, die diesmal allerdings eine *Amplituden*-Verwaschungsfunktion wäre. Für eine beugungsbegrenzte kreisförmige Blendenöffnung sähe die Amplitudenverwaschungsfunktion wie Abbildung 10.28 (b) aus. Schließlich müßten wir uns noch mit der Interferenz der wechselwirkenden kohärenten Felder beschäftigen, die in der Bildebene auftritt. Bei inkohärenten Gegenstandspunkten tritt in der Bildebene dagegen einfach eine Summation sich überlappender Strahlungsverteilungen auf, wie es in einer Dimension in Abbildung 11.17 dargestellt ist. Zu jedem der (inkohärent; d.Ü.) strahlenden Punkte, mit seiner jeweiligen Lichtintensität, gehört ein entsprechend starker δ-Puls. In der Bildebene sind all diese Punkte gemäß der Verwaschungsfunktion verschmiert.

Die Summe all der sich überlappenden Einzelbeiträge ergibt die Strahlungsverteilung des Bildes.

In welcher Weise hängt $\mathcal{S}(y,z;Y,Z)$ von den Ortsvariablen des Objektes und des Bildes ab? Die Koordinaten (y,z) bestimmen lediglich den Ort der Verwaschungsfunktion bzw. ihres Mittelpunktes (auf Σ_i; d.Ü.). Also hängt der Wert von $\mathcal{S}(y,z;Y,Z)$ irgendwo auf Σ_i lediglich ab vom jeweiligen Abstand zum Gaußschen Bild-

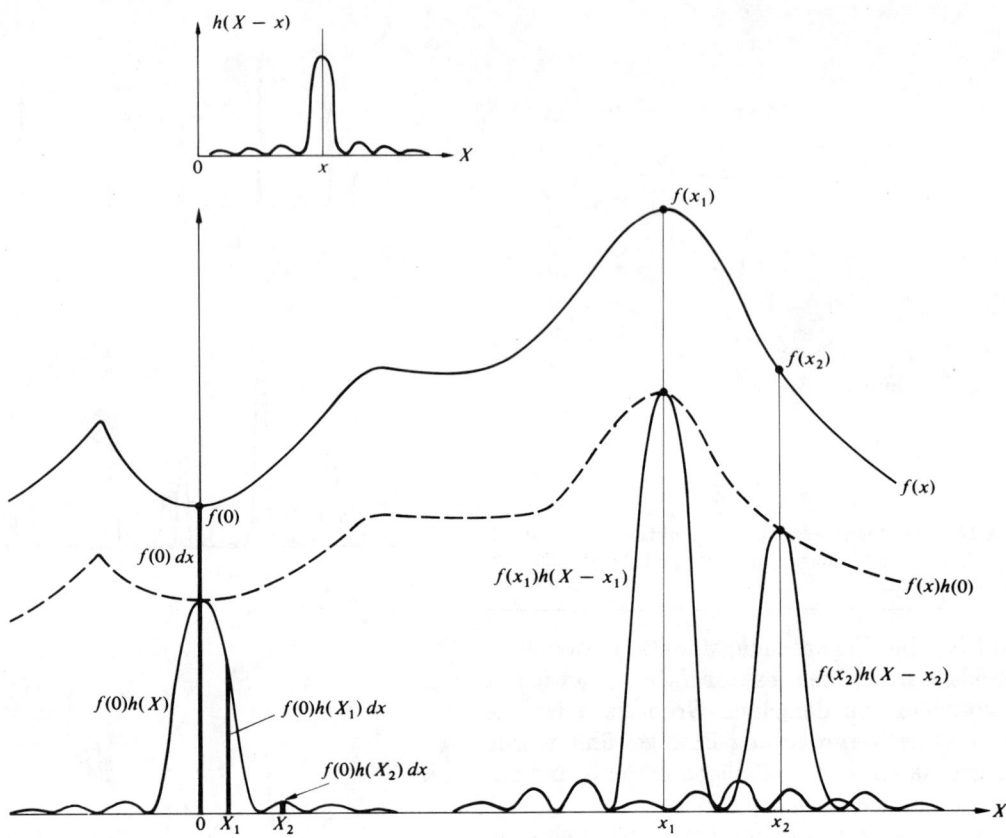

Abbildung 11.19 Das Überlappen von Verwaschungsfunktionen unterschiedlicher Intensität.

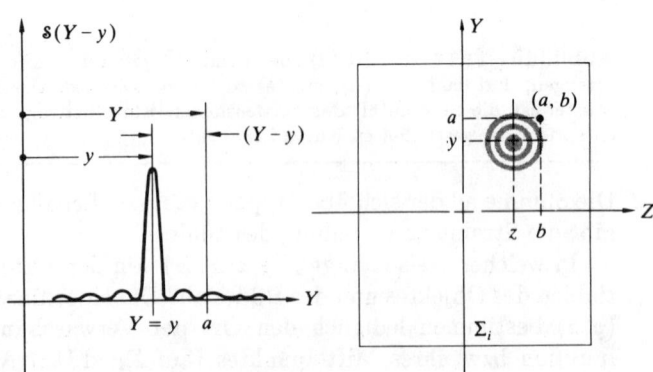

Abbildung 11.18 Die Punktverwaschungsfunktion.

punkt ($Y = y$, $Z = z$) als ihrem Mittelpunkt (Abb. 11.18). Mit anderen Worten gilt

$$\mathcal{S}(y, z; Y, Z) = \mathcal{S}(Y - y, Z - z). \quad (11.50)$$

Liegt der Gegenstandspunkt auf der Mittelachse ($y = 0$, $z = 0$), so auch der Gaußsche Bildpunkt und die Verwaschungsfunktion ist dann einfach $\mathcal{S}(Y, Z)$, wie in Abbildung 11.16. dargestellt ist. Im Falle von Rauminvarianz und Inkohärenz gilt:

$$I_i(Y, Z) = \iint_{-\infty}^{+\infty} I_0(y, z) \mathcal{S}(Y - y, Z - z) \, dy \, dz. \quad (11.51)$$

11.3.2 Das Faltungsintegral

Abbildung 11.17 zeigt die eindimensionale Darstellung zu einer Anordnung mehrerer δ-Funktionen von Punktquellen, die zusammen das Objekt bilden. Das zugehörige Bild erhält man im wesentlichen dadurch, daß man jedem Punkt auf der Bildebene Σ_i eine passend gewichtete Punktverwaschungsfunktion "zuordnet" und dann für jeden Punkt auf Y alle Einzelbeiträge aufaddiert. Man ordnet jedem Punkt einer Funktion eine passende Funktion zu (die durch erstere "gewichtet" wird) und nennt dies **Faltung** der beteiligten Funktionen. Abbildung 11.17 ist nun die Darstellung der Faltung von $I_0(y)$ mit $\mathcal{S}(y,Y)$ oder auch umgekehrt.

Dieses Verfahren kann auch in zwei Dimensionen durchgeführt werden, was mathematisch durch das *Faltungs-Integral*, Gleichung (11.51), ausgedrückt wird. Der entsprechende eindimensionale Ausdruck beschreibt die Faltung zweier Funktionen $f(x)$ und $h(x)$,

$$g(X) = \int_{-\infty}^{+\infty} f(x)h(X-x)\,dx, \qquad (11.52)$$

und ist vielleicht etwas einfacher vorstellbar. In Abbildung 11.17 war eine der beiden Funktionen eine Gruppe von δ-Pulsen und die Faltungsoperation war sehr einfach zu veranschaulichen. Trotzdem können wir uns jede Funktion zusammengestellt aus einem "dicht gepackten" Kontinuum von δ-Pulsen vorstellen und sie in fast der gleichen Weise behandeln. Untersuchen wir nun in einigen Details genau, wie das Integral der Gleichung 11.52 mathematisch die Faltung durchführt. Die wesentlichen Züge des Verfahrens sind in Abbildung 11.19 dargestellt. Das resultierende Signal $g(X_1)$ an irgendeinem Punkt X_1 des Bildbereichs ist eine lineare Superposition aller in X_1 existierenden und sich überlagernden einzelnen Beiträge. Mit anderen Worten: jedes Element dx der Lichtquelle liefert ein Signal eigener Stärke $f(x)dx$, das dann durch das System in einem Bereich um den Gaußschen Bildpunkt $(X = x)$ verschmiert wird. Das Ausgangssignal in X_1 ist dann $dg(X_1) = f(x)h(X_1 - x)dx$. Das Integral summiert all diese von den Elementen der Lichtquelle herrührenden Beiträge in X_1 auf. Selbstverständlich tragen die von einem gegebenen Punkt auf Σ_i weiter entfernten Elemente der Lichtquelle weniger bei, weil die Verwaschungsfunktion allgemein mit dem (gegenseitigen) Abstand abnimmt. Daher können wir uns $f(x)$ als eine eindimensionale Strahlungsverteilung vorstellen, so wie eine Serie vertikaler Bänder in Abbildung 11.20. Hat die eindimensionale **Linienverwaschungsfunktion**, $h(X-x)$, die Gestalt von Abbildung 11.20 (d), so

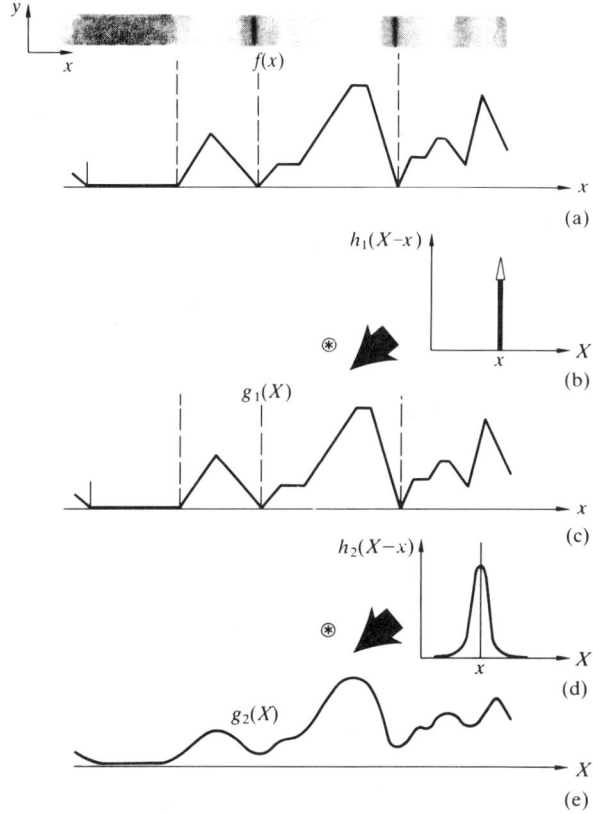

Abbildung 11.20 Ein Gegenstand, die Verwaschungsfunktion und das resultierende Bild.

ist das resultierende Bild einfach eine etwas verwaschene Version des Eingangssignals (Abb. 11.20 (e)).

Die Faltung ist eine ziemlich subtile Sache und bedeutet ein auf den ersten Blick sicherlich nicht ganz verständliches Verfahren. Nähern wir uns der Sache daher jetzt aus einem etwas anderen Blickpunkt, indem wir die Faltung etwas mehr als mathematischen Begriff untersuchen. Wir kennen dann zwei Interpretationsmöglichkeiten, die — wie wir zeigen werden — äquivalent sind.

Angenommen, die Funktion $h(x)$ habe die in Abbildung 11.21 (a) dargestellte Form. Abbildung 11.21 (b) zeigt dann $h(-x)$ und (c) die verschobene Kurve $h(X-x)$. Abbildung 11.21 (d) gebe die Form von $f(x)$ vor. Die Faltung von $f(x)$ und $h(x)$ ist $g(X)$, entsprechend Gleichung (11.52). Dies wird häufig verkürzend geschrie-

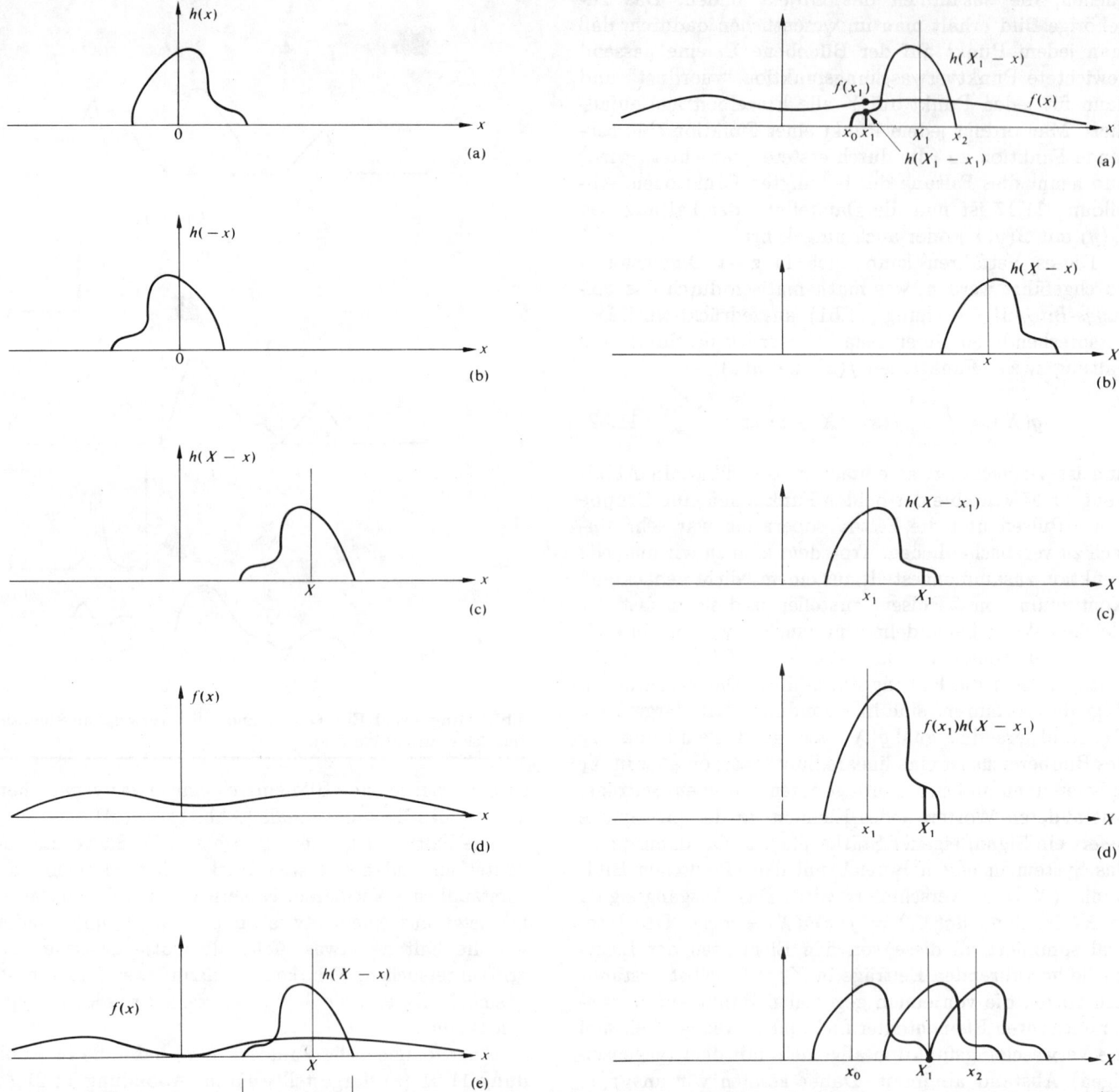

Abbildung 11.21 Die Geometrie des Faltungsprozesses in der Gegenstandsebene.

Abbildung 11.22 Die Geometrie des Faltungsprozesses in der Bildebene.

ben als $f(x) \circledast h(x)$. Das Integral sagt lediglich aus, daß die Fläche unter der Produktfunktion $f(x)h(X-x)$ für alle x den Wert $g(X)$ hat. Offensichtlich ist das Produkt nur über dem Bereich d von Null verschieden, über dem auch $h(X-x)$ ungleich Null ist, d.h. dort, wo sich beide Kurven überdecken (Abb. 11.21 (e)). An einem bestimmten Punkt X_1 im Bildbereich ist die Fläche unter der Produktfunktion $f(x)h(X_1-x)$ gleich $g(X_1)$. Diese gänzlich formale Interpretation läßt sich mit der vorangegangenen, physikalisch gefälligeren Sicht in Verbindung bringen, die das Integral in Begriffen sich überdeckender Punktbeiträge betrachtet, wie es bereits Abbildung 11.19 zeigte. Man erinnere sich daran, daß wir an der entsprechenden Stelle sagten, jedes Element der Lichtquelle werde auf der Bildebene als verschmierter Fleck — in der Form der Verwaschungsfunktion — abgebildet. Folgen wir wieder dem formalen Weg und berechnen wir die Produktfläche von Abbildung 11.21 (e) für X_1, d.h. berechnen wir $g(X_1)$. Ein Differential dx in irgendeinem Punkt des Überdeckungsbereichs (Abb. 11.22 (a)), nennen wir ihn x_1, liefert den Beitrag $f(x_1)h(X_1-x_1)\,dx$ zur Fläche. Dasselbe Differential erbringt auch aus der Sicht sich überdeckender Verwaschungsfunktionen den gleichen Beitrag. Um dies zu erkennen, untersuchen wir die Abbildungen 11.22 (b) und (c), die *nun für den Bildbereich dargestellt* sind. Letztere zeigt die Verwaschungsfunktion mit dem "Mittelpunkt" in $X = x_1$. Ein Element dx der Lichtquelle, in diesem Fall in x_1 auf dem Gegenstand befindlich, erzeugt ein verschmiertes Signal, das proportional zu $f(x_1)h(X-x_1)$ ist wie in (d). Dabei ist $f(x_1)$ lediglich ein Zahlenwert. Der Teil dieses Signals, der auf X_1 entfällt ist $f(x_1)h(X_1-x_1)dx$, was in der Tat identisch ist mit dem Beitrag, den bei Abbildung 11.22 (a) dx in x_1 erbringt. Gleichermaßen hat jedes (in irgendeinem $x = x'$ befindliche) Differential der Produktfläche von Abbildung 11.22 (a) sein Gegenstück in einer Kurve wie in (d), deren "Mittelpunkt" aber ein neuer Punkt $(X = x')$ ist. Punkte jenseits von x_2 liefern keinen Beitrag, weil sie nicht in der Überlappungszone von (a) liegen und, was äquivalent dazu ist, weil sie zu weit von X_1 entfernt sind, um von dem verwaschenen Fleck erfaßt zu werden, wie es (e) zeigt.

Sind die zu faltenden Funktionen einfach genug, so kann $g(X)$ ganz grob ohne jede Rechnung bestimmt werden. Die Faltung zweier identischer Rechteckpulse ist in den Abbildungen 11.23 und 11.24 entsprechend beider

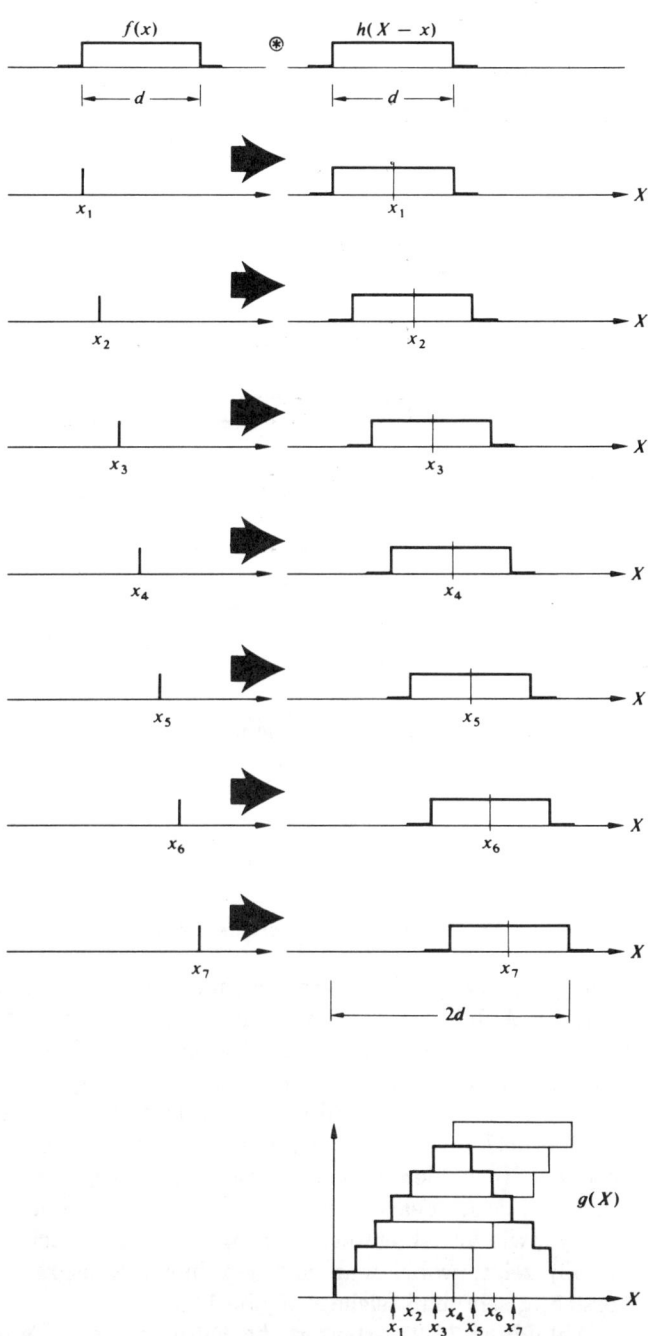

Abbildung 11.23 Faltung zweier Rechteckpulse. Die Tatsache, daß wir $f(x)$ als eine endliche Anzahl von Deltafunktionen darstellten (hier 7) ist der Grund für die Stufen in $g(X)$.

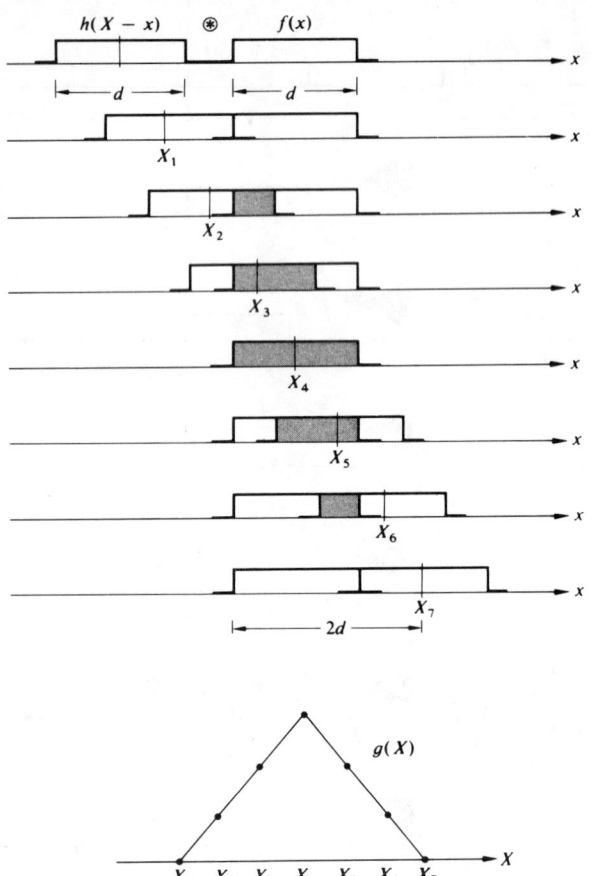

Abbildung 11.24 Faltung zweier Rechteckpulse.

Überdeckungszone gleich $I_i(Y,Z)$ in (Y,Z); (siehe Aufgabe 11.16).

i) Der Faltungssatz

Angenommen, wir haben zwei Funktionen $f(x)$ und $h(x)$ mit den Fourier-Transformierten $\mathcal{F}\{f(x)\} = F(k)$ bzw. $\mathcal{F}\{h(x)\} = H(k)$. Der **Faltungssatz** besagt, daß bei $g = f \circledast h$ gilt:

$$\mathcal{F}\{g\} = \mathcal{F}\{f \circledast h\} = \mathcal{F}\{f\} \cdot \mathcal{F}\{h\} \quad (11.53)$$

oder

$$G(k) = F(k)H(k) \quad (11.54)$$

wobei $\mathcal{F}\{g\} = G(k)$. Der Beweis ist sehr einfach:

$$\mathcal{F}\{f \circledast h\} = \int_{-\infty}^{+\infty} g(X)e^{ikX}dX$$

$$= \int_{-\infty}^{+\infty} e^{ikX}\left[\int_{-\infty}^{+\infty} f(x)h(X-x)\,dx\right]dX.$$

Also ist

$$G(k) = \int_{-\infty}^{+\infty}\left[\int_{-\infty}^{+\infty} h(X-x)e^{ikX}dX\right]f(x)\,dx.$$

Setzen wir $w = X - x$ im inneren Integral, so ist $dX = dw$ und

$$G(k) = \int_{-\infty}^{+\infty} f(x)e^{ikx}dx \int_{-\infty}^{+\infty} h(w)e^{ikw}dw.$$

Daher ist

$$G(k) = F(k)H(k),$$

womit der Faltungssatz bewiesen ist. Als ein Anwendungsbeispiel hierzu betrachte man Abbildung 11.26. Da die Faltung $(f \circledast h)$ zweier gleicher Rechteckpulse ein dreieckiger Puls (g) ist, muß das Produkt ihrer Fourier-Transformierten (Abb. 7.17) die Transformierte von g sein, d.h.

$$\mathcal{F}\{g\} = [d\,\text{sinc}\,(kd/2)]^2. \quad (11.55)^{6)}$$

oben besprochener Interpretationsmöglichkeiten dargestellt. In Abbildung 11.23 werden alle Impulse mit der Intensität $f(x)$ zu je einem Rechteckpuls auseinandergezogen und die Rechteckpulse dann (mit entsprechendem "Versatz"; d.Ü.) addiert. In Abbildung 11.24 ist die Überdeckungszone für veränderliches h gegen X aufgetragen. In beiden Fällen ist ein dreieckiger Puls das Ergebnis. Man beachte übrigens, daß gilt $(f \circledast h) = (h \circledast f)$, wie Variablenwechsel $(x' = X - x)$ in Gleichung (11.52) zeigt, wobei man mit den Integrationsgrenzen vorsichtig sein muß (siehe Aufgabe 11.15).

Abbildung 11.25 erläutert die Faltung zweier Funktionen $I_0(y,z)$ und $\mathcal{S}(y,z)$ in zwei Dimensionen, wie es Gleichung (11.51) aussagt. Hier ist das Volumen unter der Produkt-"Kurve" $I_0(y,z) \cdot \mathcal{S}(Y-y, Z-z)$, d.h. die

Als zusätzliches Beispiel falte man einen Rechteckpuls mit den beiden δ-Funktionen von Abbildung 11.11. Die Transformierte des daraus resultierenden Doppelpulses (Abb. 11.27) ist wiederum das Produkt der einzelnen Transformierten.

---

6) sinc $x = \sin x / x$.

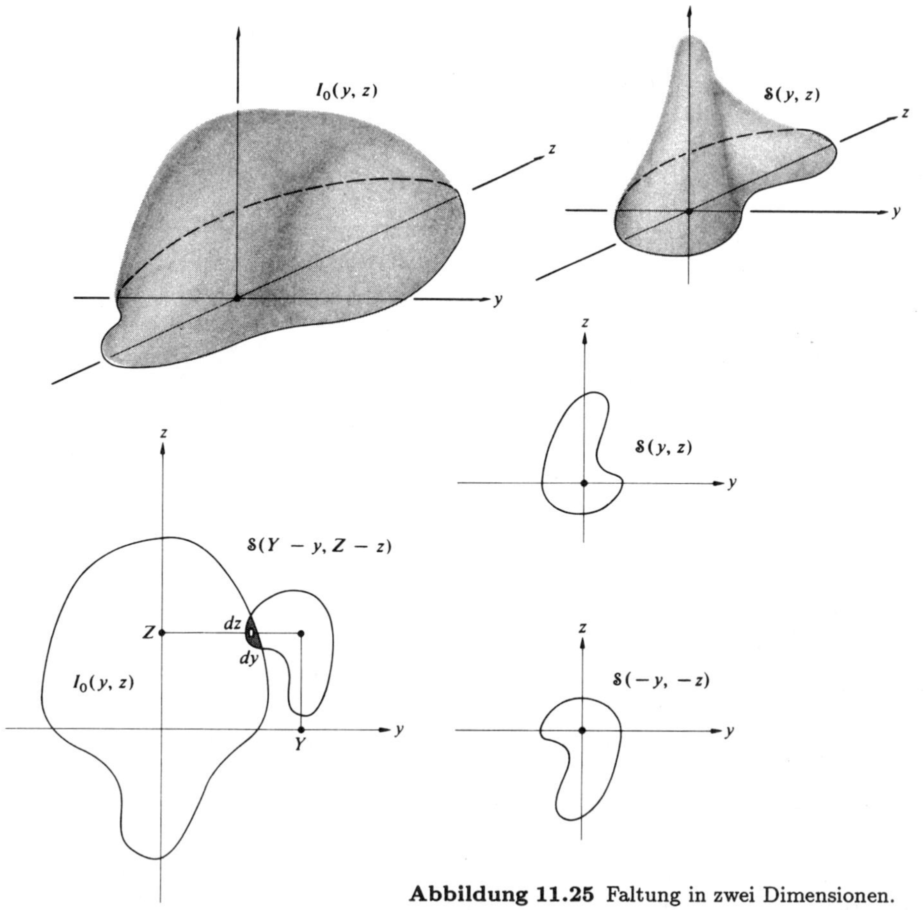

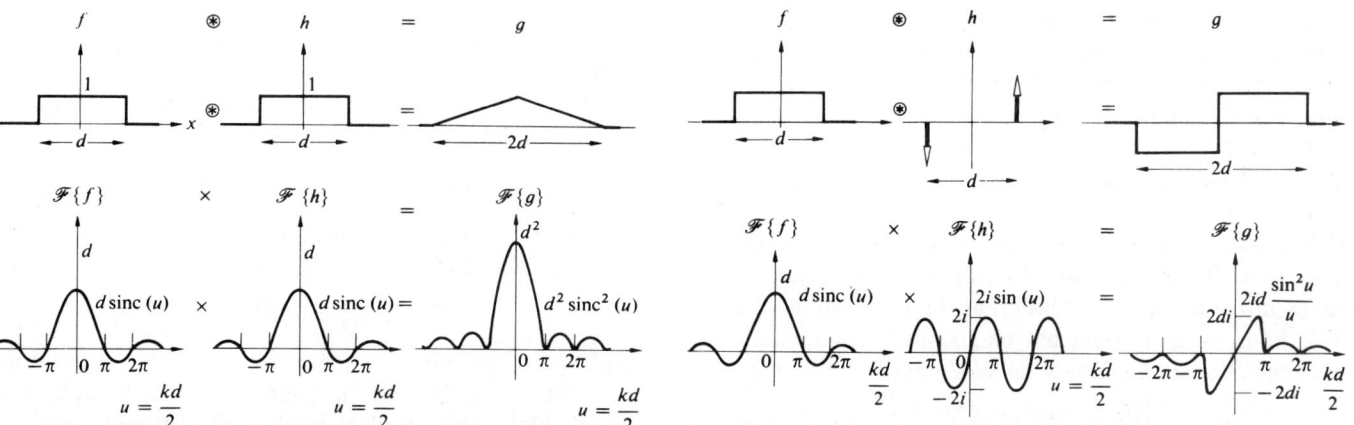

Abbildung 11.25 Faltung in zwei Dimensionen.

Abbildung 11.26 Eine Erläuterung des Faltungssatzes.

Abbildung 11.27 Eine Erläuterung des Faltungssatzes.

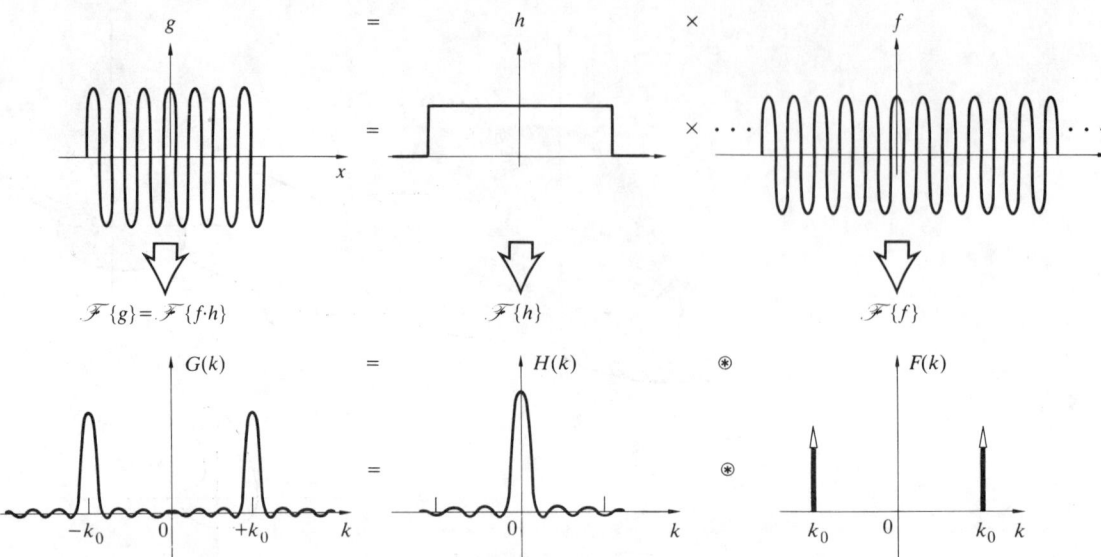

Abbildung 11.28 Ein Beispiel des Frequenz-Faltungssatzes.

Das Gegenstück von Gleichung (11.53) im Bereich der Raumfrequenz k, der *Frequenz-Faltungssatz*, lautet

$$\mathcal{F}\{f \cdot h\} = \frac{1}{2\pi}\mathcal{F}\{f\} \circledast \mathcal{F}\{h\}, \qquad (11.56)$$

d.h. die Transformierte des Produkts ist die Faltung der Transformierten.

Abbildung 11.28 drückt diesen Sachverhalt sehr schön aus. Dort wird eine endlos lange Kosinus-Funktion $f(x)$ mit einem Rechteckpuls $h(x)$ multipliziert, der sie zu einem endlichen oszillierenden Wellenzug $g(x)$ verkürzt. Die Transformierte von $f(x)$ ist ein Paar von Deltafunktionen, die Transformierte des Rechteckpulses eine sinc-Funktion[6] und die Faltung dieser beiden ist die Transformierte von $g(x)$. Vergleichen Sie dieses Ergebnis mit dem von Gleichung (7.60).

ii) Transformierte des Gaußschen Wellenpakets

Ein weiteres Beispiel der Nützlichkeit des Faltungssatzes ist die Berechnung der Fourier-Transformierten eines Lichtpulses mit der in Abbildung 11.19 gezeigten Form. Wir können dazu zunächst einmal feststellen, daß eine eindimensionale harmonische Welle die Form

$$E(x,t) = E_0 e^{-i(k_0 x - \omega t)}$$

hat und man deshalb nur die Amplitude zu modulieren braucht, um einen Puls der gewünschten Form zu erhalten. Nehmen wir die Form der Welle als nicht zeitabhängig an, so können wir stattdessen schreiben

$$E(x,0) = f(x)e^{-ik_0 x}.$$

Um $\mathcal{F}\{f(x)e^{-ik_0 x}\}$ zu bestimmen, berechnen wir nun

$$\int_{-\infty}^{+\infty} f(x)e^{-ik_0 x}e^{ikx}dx. \qquad (11.57)$$

Für $k' = k - k_0$ erhalten wir

$$F(k') = \int_{-\infty}^{+\infty} f(x)e^{ik'x}dx = F(k - k_0). \qquad (11.58)$$

Mit anderen Worten: wenn $F(k) = \mathcal{F}\{f(x)\}$ ist, so gilt $F(k - k_0) = \mathcal{F}\{f(x)e^{-ik_0 x}\}$. Speziell für den Fall einer Gaußschen Envelope wie in Abbildung 11.29 ist mit $f(x) = \sqrt{a/\pi}\, e^{-ax^2}$ (Gl. (11.11))

$$E(x,0) = \sqrt{a/\pi}\, e^{-ax^2} e^{-ik_0 x}. \qquad (11.59)$$

Aus der vorangegangenen Diskussion und Gleichung (11.12) folgt, daß

$$\mathcal{F}\{E(x,0)\} = e^{-(k-k_0)^2/4a}. \qquad (11.60)$$

Auf ganz andere Art kann die Transformierte auch aus Gleichung (11.56) bestimmt werden. $E(x,0)$ wird dabei als Produkt der beiden Funktionen $f(x) = \sqrt{a/\pi}\exp(-ax^2)$ und $h(x) = \exp(-ik_0 x)$ betrachtet. Eine Möglichkeit $\mathcal{F}\{h\}$ zu berechnen, ist in Gleichung

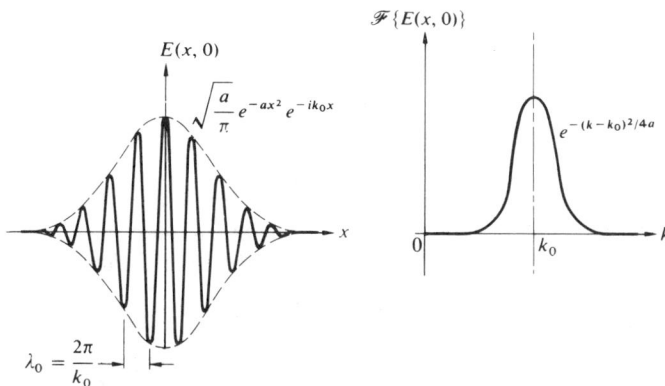

Abbildung 11.29 Eine Gaußsche Wellengruppe und ihre Transformierte.

(11.57) $f(x) = 1$ zu setzen. Das ergibt die Transformierte der Einsfunktion für $k - k_0$ anstelle von k. Es ist $\mathcal{F}\{1\} = 2\pi\delta(k)$ (siehe Aufgabe 11.4); analog gilt $\mathcal{F}\{e^{-ik_0 x}\} = 2\pi\delta(k-k_0)$. Also ist $\mathcal{F}\{E(x,0)\}$ das $1/2\pi$-fache der Faltung von $2\pi\delta(k-k_0)$ und der um die Ordinate gelegten Gaußschen Kurve $e^{-k^2/4a}$. Das Resultat[7] ist wieder eine Gaußsche Kurve um k_0, nämlich $e^{-(k-k_0)^2/4a}$.

11.3.3 Fouriersche Methoden der Beugungstheorie
i) Fraunhofersche Beugung

Die Theorie der Fourier-Transformierten ermöglicht einen besonders schönen Einblick in den Mechanismus der Fraunhoferschen Beugung. Gehen wir also zurück zu Gleichung (10.41), die wir umformulieren in

$$E(Y,Z) = \frac{\mathcal{E}_A e^{i(\omega t - kR)}}{R} \iint_{\text{Blende}} e^{ik(Yy+Zz)/R}\, dy\, dz.$$
(11.61)

Diese Formel bezieht sich auf Abbildung 10.22, die eine beliebige Blendenöffnung in der yz-Ebene zeigt, auf die eine monochromatische ebene Welle fällt. Die Größe R ist der Abstand zwischen Blendenmittelpunkt und dem ausgangsseitigen Punkt, an dem das Feld den Wert $E(Y,Z)$ hat. $\mathcal{E}_A$ gibt die Ausgangsfeldstärke je Einheitsfläche der Blendenöffnung an. Wir sprechen von elektrischen Feldern, die selbstverständlich zeitabhängig sind; daher der Term $\exp i(\omega t - kR)$, der lediglich die Phasenbeziehung zwischen der effektiven Störung im Punkt (Y,Z) und im Blendenmittelpunkt angibt. Der Faktor $1/R$ entspricht der Abnahme der Feldamplitude mit wachsendem Blendenabstand. Der Phasenterm vor dem Integral ist momentan von geringem Interesse, da wir die Amplitudenbeziehungen innerhalb des Feldes suchen, es uns aber nicht so sehr auf die genaue Phase in irgendeinem ausgangsseitigen Punkt ankommt. Wenn wir uns auf ein kleines zusammenhängendes Gebiet solcher Punkte beschränken, in dem R im wesentlichen konstant ist, so kann folglich unter obiger Zielsetzung alles vor dem Integral stehende bis auf $\mathcal{E}_A$ in einer einzigen Konstante zusammengefaßt werden. Bisher haben wir innerhalb der Blendenöffnung stets einen einheitlichen Wert von $\mathcal{E}_A$ angenommen; das muß aber nicht immer richtig sein. Wenn die Blendenöffnung mit einem welligen und unreinen Glas versehen wäre, so könnten sowohl Amplitude als auch Phase der von jedem Flächenelement $dy\, dz$ der Öffnung ausgehenden Lichtwellen verschieden sein. Es träten uneinheitliche Absorption und ortsabhängige optische Weglängen durch das Glas auf, die beide sicherlich das Beugungsfeld bzw. die gesuchten Amplitudenbeziehungen beeinflussen. Die Schwankungen von $\mathcal{E}_A$ und der multiplikativen Konstante können zu einer einzigen komplexen Größe

$$\mathcal{A}(y,z) = \mathcal{A}_0(y,z) e^{i\phi(y,z)}$$
(11.62)

zusammengefaßt werden, die als **Blendenöffnungsfunktion** bezeichnet wird. Die Amplitudenverteilung innerhalb der Öffnung wird durch $\mathcal{A}_0(y,z)$ beschrieben, während $\exp[i\phi(y,z)]$ die Phasenunterschiede von Punkt zu Punkt angibt. Dementsprechend ist $\mathcal{A}(y,z)\, dy\, dz$ proportional zur Amplitude der vom differentiellen Ober-

---

[7] Wir hätten diese Herleitung richtiger mit dem Realteil von $\exp(-ik_0 x)$ beginnen sollen, da die Transformierte der komplexen Exponentialfunktion sich von der Transformierten von $\cos k_0 x$ unterscheidet und die Übernahme des Realteils zum Schluß nicht genügt. Diese Art von Schwierigkeit begegnet einem immer, wenn man Produkte komplexer Exponentialfunktionen bildet. Das Endergebnis (11.60) sollte richtigerweise zusätzlich einen Term $\exp[-(k+k_0)^2/4a]$ und einen Faktor $1/2$ aufweisen. Dieser Zusatzterm ist jedoch für gewöhnlich vernachlässigbar gegenüber (11.60). Hätten wir schließlich mit $\exp(+ik_0 x)$ in Gleichung (11.59) begonnen, so wäre nur der vernachlässigbare Term herausgekommen! Eine derartige Darstellung des Sinus oder Kosinus mittels der komplexen Exponentialfunktion ist *strenggenommen falsch*, obwohl sie allgemein üblich und zweckdienlich ist. Man sollte diesen groben, verkürzenden Kunstgriff nur mit größter Vorsicht einsetzen!

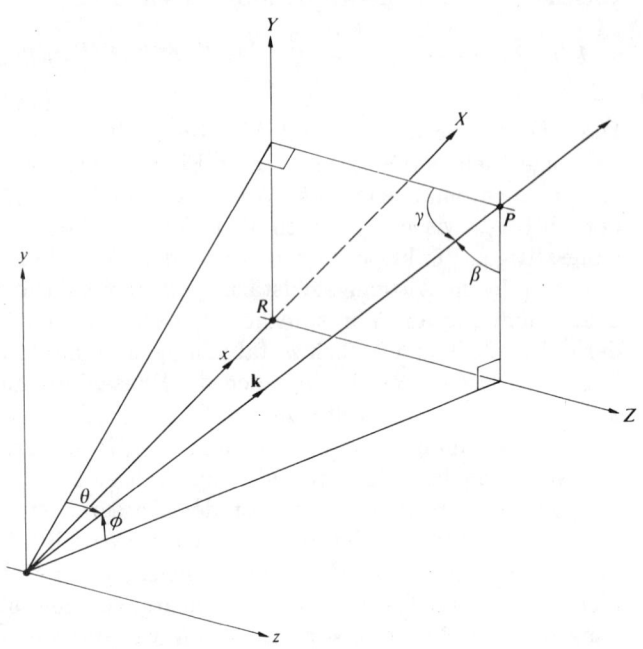

Abbildung 11.30 Etwas Geometrie.

flächenelement $dy\,dz$ des Glases ausgehenden gebeugten Lichtwelle. Wir können all das in einer verallgemeinernden Formulierung von Gleichung (11.61) festhalten

$$E(Y,Z) = \iint_{-\infty}^{+\infty} \mathcal{A}(y,z) e^{ik(Yy+Zz)/R} \, dy\, dz. \quad (11.63)$$

Die Integrationsgrenzen können auf $\pm\infty$ ausgedehnt werden, weil die Blendenöffnungsfunktion nur innerhalb der Öffnung von Null verschieden ist.

Es ist vielleicht hilfreich, sich $dE(Y,Z)$ an einem bestimmten Punkt P als eine in Richtung von $\mathbf{k}$ laufende ebene Welle wie in Abbildung 11.30 zu veranschaulichen, deren Amplitude durch $\mathcal{A}(y,z)\,dy\,dz$ bestimmt ist. Um die Ähnlichkeit zwischen Gleichung (11.63) und (11.14) zu unterstreichen definieren wir nun die *Raumfrequenzen* k_Y und k_Z als

$$k_Y \equiv kY/R = k\sin\phi = k\cos\beta \quad (11.64)$$

und

$$k_Z \equiv kZ/R = k\sin\theta = k\cos\gamma. \quad (11.65)$$

Jedem Punkt in der Bildebene entspricht eine Raumfre-

quenz. Das Beugungsfeld kann nun als

$$E(k_Y, k_Z) = \iint_{-\infty}^{+\infty} \mathcal{A}(y,z) e^{i(k_Y y + k_Z z)} \, dy\, dz \quad (11.66)$$

ausgedrückt werden, womit wir beim entscheidenden Punkt sind: *die Feldstärken- oder Amplitudenverteilung im Fraunhoferschen Beugungsmuster ist die Fourier-Transformierte der Verteilung innerhalb der Blendenöffnung (d.h. die Fourier-Transformierte der Blendenöffnungsfunktion).* Symbolisch schreibt man dafür:

$$E(k_Y, k_Z) = \mathcal{F}\{\mathcal{A}(y,z)\}. \quad (11.67)$$

Die Feldstärken- oder Amplitudenverteilung in der Bildebene ist das Raumfrequenzspektrum der Blendenöffnungsfunktion. Die inverse Fourier-Transformierte ist dann

$$\mathcal{A}(y,z) = \frac{1}{(2\pi)^2} \iint_{-\infty}^{+\infty} E(k_Y, k_Z) e^{-i(k_Y y + k_Z z)} dk_Y\, dk_Z, \quad (11.68)$$

d.h.

$$\mathcal{A}(y,z) = \mathcal{F}^{-1}\{E(k_Y, k_Z)\}. \quad (11.69)$$

Wie wir immer wieder gesehen haben, ist die Transformierte umso weiter aufgefächert, je schärfer das Signal ist — dasselbe gilt auch bei zwei Dimensionen. Je enger die Beugungsblende, desto größer die Divergenz des gebeugten Strahls, oder — was das gleiche ist — desto größer ist die Bandbreite der Raumfrequenzen.

Der Einzelspalt

Zur Erläuterung des Verfahrens diene uns der in y-Richtung orientierte längliche Spalt von Abbildung 10.10, der von einer ebenen Welle beleuchtet wird. Vorausgesetzt, es liegen keine Phasen- oder Amplitudenunterschiede innerhalb der Blendenöffnung vor, so hat $\mathcal{A}(y,z)$ die Form eines Rechteckpulses (Abb. 7.17):

$$\mathcal{A}(y,z) = \begin{cases} \mathcal{A}_0 & \text{für } |z| \leq b/2 \\ 0 & \text{für } |z| > b/2, \end{cases}$$

wobei $\mathcal{A}_0$ nicht mehr eine Funktion von y und z ist. Vereinfacht als eindimensionales Problem gilt

$$E(k_Z) = \mathcal{F}\{\mathcal{A}(z)\} = \mathcal{A}_0 \int_{z=-b/2}^{+b/2} e^{ik_Z z} dz$$
$$= \mathcal{A}_0 b \operatorname{sinc} k_Z b/2.$$

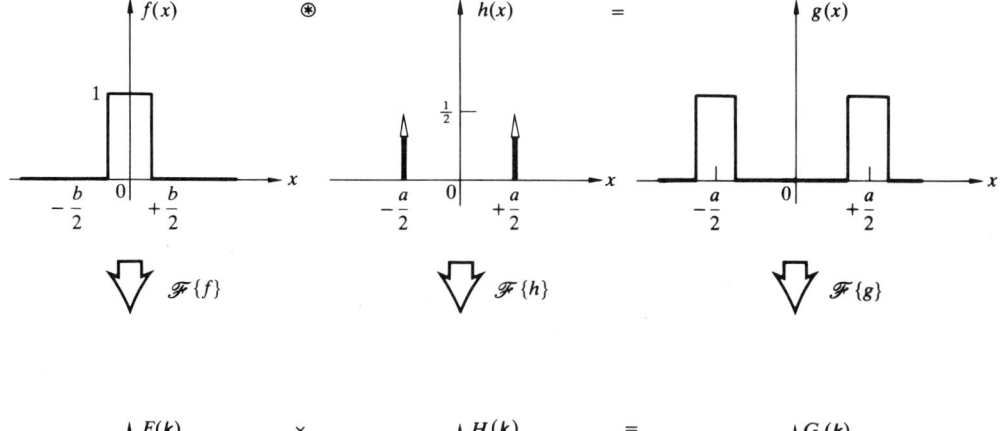

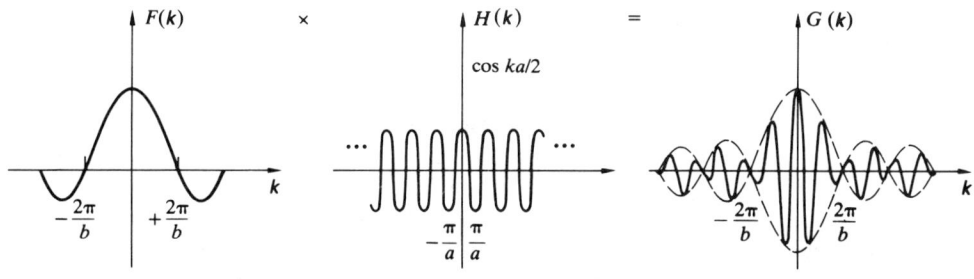

Abbildung 11.31 Eine Erläuterung des Faltungssatzes.

Mit $k_Z = k\sin\theta$ ist dies aber genau die in Abschnitt 10.2.1 hergeleitete Form. Das Beugungsmuster im Fernfeld eines rechteckigen Spalts (Abschnitt 10.2.4) ist aber ein zweidimensionales Gegenstück des Schlitzes. Wiederum ist $\mathcal{A}(y,z)$ gleich $\mathcal{A}_0$ in der Blendenöffnung (Abb. 10.23). Es gilt

$$E(k_Y, k_Z) = \mathcal{F}\{\mathcal{A}(y,z)\}$$
$$= \int_{y=-b/2}^{+b/2}\int_{z=-a/2}^{+a/2} \mathcal{A}_0 e^{i(k_Y y + k_Z z)}\, dy\, dz.$$

Daher

$$E(k_Y, k_Z) = \mathcal{A}_0 ba\, \mathrm{sinc}\frac{bkY}{2R}\, \mathrm{sinc}\frac{akZ}{2R},$$

genau wie in Gleichung (10.42), wo $b \cdot a$ die Fläche des Loches ist.

Youngs Experiment: Der Doppelspalt

Als wir uns das erste Mal mit Youngs Experiment befassten (Abschnitt 9.3), nahmen wir die Spalte als unendlich schmal an. Die Blendenöffnungsfunktion bestand dann aus zwei symmetrischen δ-Pulsen und die zugehörige idealisierte Amplitudenverteilung des Beugungsbildes war deren Fourier-Transformierte, nämlich eine Kosinus-Funktion. Quadriert ergibt dies die vertraute $\cos^2$-Strahlungsverteilung von Abbildung 9.6. Realistischer ist es, die endliche Ausgedehntheit jeder Blendenöffnung zu berücksichtigen; reale Beugungsbilder sind nämlich nie so einfach wie bei obiger Idealisierung. Abbildung 11.31 zeigt den Fall wirklich flächiger Spaltöffnungen. Die Blendenöffnungsfunktion $g(x)$ erhält man, indem man die Deltafunktions-Spitzen $h(x)$, die die Spaltpositionen angeben, mit dem Rechteckpuls $f(x)$ faltet, welcher zur vorliegenden Spaltform passt. Das Produkt der Transformierten ist die abgebildete amplitudenmodulierte Kosinus-Funktion, welche dem Faltungssatz zufolge das Beugungsfeld in der Bildebene beschreibt. Durch Quadrieren erhält man die in Abbildung 10.17 vorweggenommene Doppelspalt-Strahlungsverteilung. Die Kurven der eindimensionalen Transformierten sind in Abhängigkeit von k aufgetragen; das ist aber äquivalent dazu, sie mittels Gleichung (11.64) gegen die Variablen des Bildraumes aufzutragen. (Die gleiche Begründung, angewandt auf kreisförmige

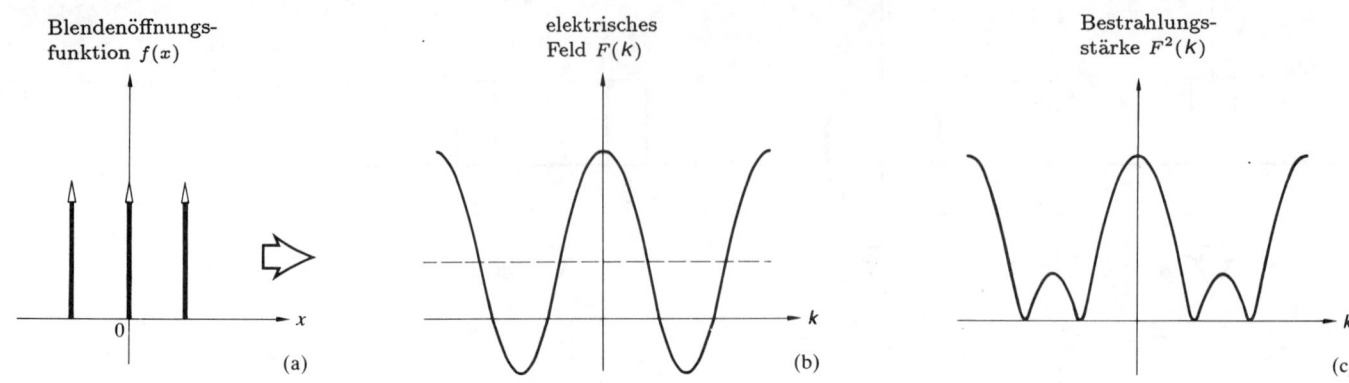

Abbildung 11.32 Die Fourier-Transfomierte von drei gleichen δ-Funktionen, die je einem Spalt entsprechen.

Blendenöffnungen, liefert das Interferenzstreifenmuster von Abb. 12.2.)

Drei Spalte

Aus Abbildung 11.13 (d) können wir herauslesen, daß die Transformierte einer Anordnung dreier δ-Funktionen im Diagramm eine Kosinus-Funktion liefert, die angehoben ist um einen Betrag, der proportional ist zum Nullfrequenz-Term, d.h. zur δ-Spitze im Ursprung. Wenn diese δ-Amplitude doppelt so groß ist wie die beiden anderen, dann liegt die Kosinus-Kurve ganz über Null. Nehmen wir nun an, wir haben drei gleichmäßig ausgeleuchtete parallele Spalte, die in der Idealisierung wieder eindimensional sein sollen. Die Blendenöffnungsfunktion entspricht der Abbildung 11.32 (a), in der die mittlere δ-Funktion nur noch die halbe ursprüngliche Größe hat. Entsprechend fällt die Kosinus-Transformierte um ein Viertel ihrer Höhe, wie es Abbildung 11.32 (b) zeigt. Dies entspricht der Amplitude des elektrischen Beugungsfeldes und das Quadrat davon, Abbildung 11.32 (c), ist die Strahlungsverteilung beim Dreifachspalt.

ii) Apodisation

Der Ausdruck **Apodisation** ist abgeleitet von griechischen α, "wegnehmen", und $\pi o \delta o \sigma o$, "Fuß".[8] Er bezieht sich auf den Vorgang der Unterdrückung der Maxima höherer Ordnung (Nebenmaxima), oder auch "Füße" eines Beugungsmusters. Im Falle einer kreisrunden Blende (Abschnitt 10.2.5) ist das Beugungsmuster ein zentraler Fleck, umgeben von konzentrischen Ringen. Der erste Ring hat im Vergleich 1.75% der Lichtstromdichte des Hauptmaximums — das ist wenig, kann aber dennoch störend sein. Ungefähr 16% des auf die Bildebene treffenden Lichtes sind auf das Ringsystem verteilt. Das Auftreten dieser Nebenmaxima kann das Auflösungsvermögen optischer Systeme so stark herabsetzen, daß man korrigierend zur Apodisation greifen muß. Häufig ist das in Astronomie und Spektroskopie der Fall. Zum Beispiel gehört Sirius (im Sternbild *Canis Major* — Großer Hund), der uns als der hellste Stern am Himmel erscheint, zu einem Doppelsternsystem. Er wird von einem weißen Zwergstern geringer Helligkeit begleitet, da unter dem Einfluß der gegenseitigen Massenanziehung beide Sterne den gemeinsamen Schwerpunkt umkreisen. Wegen des ungeheuren Helligkeitsunterschieds (10^4 zu 1) bleibt bei der Beobachtung mit dem Teleskop der lichtschwache Begleiter durch die Nebenmaxima im Beugungsmuster des Hauptsterns i.a. völlig verborgen.

Apodisation läßt sich auf verschiedene Weise durchführen, z.B. durch Verändern von Form oder Durchlässigkeitseigenschaften der Blende.[9] Wir wissen bereits aus Gleichung (11.66), daß die Feldstärken- oder Amplitudenverteilung des Beugungsfeldes die Transformierte

---

[8] siehe: Antipose (d.Ü.)

[9] Als ausführliche Abhandlung dieses Themas ist zu empfehlen: P. Jacquinot B. Roizen-Dossier, "Apodization", *Progress in Optics*, Vol. III.

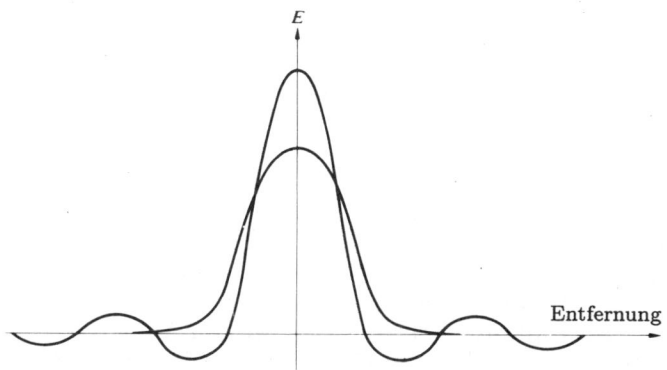

Abbildung 11.33 Eine Airysche Beugungskurve im Vergleich zu einer Gaußschen Kurve.

von $\mathcal{A}(y,z)$ ist. Also könnten wir eine Änderung der Nebenmaxima dadurch bewirken, daß wir $\mathcal{A}_0(y,z)$ oder $\phi(y,z)$ verändern. Der vielleicht einfachste Weg ist die ausschließliche Beeinflussung von $\mathcal{A}_0(y,z)$. Physikalisch läßt sich dies erreichen, indem man die Blendenöffnung mit einer passend beschichteten ebenen Glasplatte abdeckt (oder die Linse selbst derartig beschichtet). Nehmen wir an, die Beschichtung in der yz-Ebene wird zum Rand der Kreisblende hin allseitig zunehmend undurchsichtig. Die Feldstärken oder Amplituden werden dementsprechend von der Achse weg abnehmen und nahe dem Blendenrand schließlich vernachlässigbar sein. Man stelle sich insbesondere vor, daß die Amplitudenabnahme einer Gaußschen Kurve entspricht. Dann sind $\mathcal{A}_0(y,z)$ und seine Transformierte $E(Y,Z)$ Gaußsche Funktionen und folglich verschwindet das Ringsystem. Obwohl das Hauptmaximum verbreitert wurde, sind die Nebenmaxima tatsächlich unterdrückt (Abb. 11.33).

Eine eher heuristische, aber gefällige Erklärung des Apodisationsvorgangs berücksichtigt, daß die Beiträge höherer Raumfrequenzen lediglich der Detailverschärfung der zusammenzusetzenden Funktion dienen. Wie wir früher bei eindimensionalen Betrachtungen gesehen haben (Abb. 7.13) ergänzen die hohen Frequenzen die Ecken des Rechteckpulses. Genauso erfordern wegen $\mathcal{A}(y,z) = \mathcal{F}^{-1}\{E(k_Y, k_Z)\}$ Blendenöffnungen mit ausgeprägten Ecken deutlich wahrnehmbare Beiträge hoher Raumfrequenzen zum Beugungsfeld. Daraus folgt,

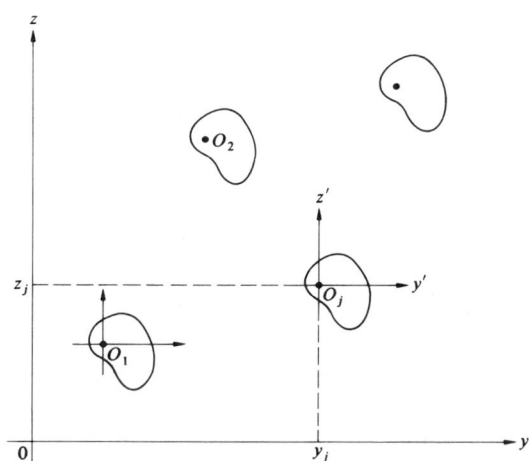

Abbildung 11.34 Anordnung mehrerer Öffnungen.

daß man mit allmählichem Abschwächen von $\mathcal{A}_0(y,z)$ eine Verringerung dieser hohen Frequenzen erreicht, was sich umgekehrt in einem Unterdrücken der Nebenmaxima zeigt.

Apodisation ist ein Aspekt der viel umfassenderen Technik *räumlicher Filterung*, die ausführlich, jedoch nicht mathematisch, in Kapitel 14 erörtert wird.

iii) Der Reihensatz [10]

Stellen wir uns vor, wir haben einen Schirm mit N gleichen Löchern wie in Abbildung 11.34. In jeder Öffnung legen wir an gleicher Stelle einen Punkt $O_1, O_2, \ldots, O_N$ fest bei (y_1, z_1), bzw. $(y_2, z_2), \ldots, (y_N, z_N)$. Jeder dieser Punkte legt den Ursprung eines lokalen Koordinatensystems (y', z') fest. Also hat ein Punkt mit den Koordinaten (y', z') im lokalen Bezugssystem dann im gemeinschaftlichen (y,z)-System die Koordinaten $(y_j + y', z_j + z')$. Bei kohärenter monochromatischer Beleuchtung wird das Fraunhofersche Beugungsfeld $E(Y,Z)$ an irgendeinem Punkt P der Bildebene die Überlagerung der

---

[10] Anmerkung des Übersetzers: im Original "Array-Theorem", wobei array = Anordnung, Reihe, Feld. Wir haben im Text keine einheitliche Übersetzung gewählt, sondern vielmehr in Anpassung an die wechselnden Sachbezüge — Loch*anordnung*, *Reihe* von Funktionen, oder Wechselwirkungs*feld* — flexibel formuliert.

von den einzelnen Löchern herrührenden jeweiligen Felder in P sein, d.h.

$$E(Y, Z) = \sum_{j=1}^{N} \iint_{-\infty}^{+\infty} \mathcal{A}_I(y', z') e^{ik[Y(y_j+y')+Z(z_j+z')]/R} \, dy' \, dz' \tag{11.70}$$

oder

$$E(Y, Z) = \iint_{-\infty}^{+\infty} \mathcal{A}_I(y', z') e^{ik(Yy'+Zz')/R} \, dy' \, dz' \sum_{j=1}^{N} e^{ik(Yy_j+Zz_j)/R}, \tag{11.71}$$

wobei $\mathcal{A}_I(y', z')$ die auf die jeweilige Öffnung anzuwendende einzelne Blendenöffnungsfunktion ist. Dies kann mittels Gleichung (11.64) und Gleichung (11.65) umgeformt werden zu

$$E(k_Y, k_Z) = \iint_{-\infty}^{+\infty} \mathcal{A}_I(y', z') e^{i(k_Y y' + k_Z z')} \, dy' \, dz'$$
$$\times \sum_{j=1}^{N} e^{i(k_Y y_j)} e^{i(k_Z z_j)}. \tag{11.72}$$

Man beachte, daß das Integral die Fourier-Transformierte der einzelnen Blendenöffnungsfunktion ist, während die Summe die Transformierte (11.42) einer Reihe von Deltafunktionen darstellt.

$$A_\delta = \sum_j \delta(y - y_j) \delta(z - z_j). \tag{11.73}$$

Weil schließlich $E(k_Y, k_Z)$ seinerseits die Transformierte $\mathcal{F}\{\mathcal{A}(y, z)\}$ der Gesamt-Blendenöffnungsfunktion für das Gesamtfeld ist, haben wir

$$\mathcal{F}\{\mathcal{A}(y, z)\} = \mathcal{F}\{\mathcal{A}_I(y', z')\} \cdot \mathcal{F}\{A_\delta\}. \tag{11.74}$$

Dies ist eine der Aussagen des **Reihensatzes**; sie lautet verbalisiert: *die Feldstärken- oder Amplitudenverteilung im Fraunhoferschen Beugungsmuster ist bei einer Anordnung gleichgerichteter identischer Öffnungen gleich der Fourier-Transformierten einer einzelnen Blendenöffnungsfunktion, multipliziert mit dem Beugungsmuster, das sich bei der gleichen Anordnung allerdings punktförmiger Löcher ergäbe. (Die "einzelne Fourier-Transformierte" bedeutet die jeweilige Feldstärke- oder Amplitudenverteilung; das hypothetische Beugungsmuster einer Punktanordnung ist die Transformierte von A_δ.)*

Dies kann man auch aus einem etwas anderen Blickpunkt sehen. Die Gesamt-Blendenöffnungsfunktion kann durch Faltung der einzelnen Blendenöffnungsfunktion mit einer passenden Reihe von Deltafunktionen gebildet werden, die in je einem der Koordinatenursprünge (y_1, z_1), (y_2, z_2) usw. liegen. Also

$$\mathcal{A}(y, z) = \mathcal{A}_I(y', z') \circledast A_\delta. \tag{11.75}$$

Mit Hilfe des Faltungssatzes (11.53) folgt daraus unmittelbar der Reihensatz.

Als einfaches Beispiel stellen wir uns Youngs Experiment vor. Wir haben zwei Schlitze in y-Richtung mit der Breite b und dem gegenseitigen Abstand a. Die einzelne Blendenöffnungsfunktion jedes Schlitzes ist eine Stufenfunktion:

$$\mathcal{A}_I(z') = \begin{cases} \mathcal{A}_{I0} & \text{für } |z'| \leq b/2 \\ 0 & \text{für } |z'| > b/2, \end{cases}$$

und daher

$$\mathcal{F}\{\mathcal{A}_I(z')\} = \mathcal{A}_{I0} b \, \text{sinc}\, k_Z b/2.$$

Mit den Schlitzkoordinaten $z = \pm a/2$ ist

$$A_\delta = \delta(z - a/2) + \delta(z + a/2)$$

und mit Gleichung (11.43)

$$\mathcal{F}\{A_\delta\} = 2 \cos k_Z a/2.$$

Also gilt

$$E(k_Z) = 2\mathcal{A}_{I0} b \, \text{sinc} \left(\frac{k_Z b}{2} \right) \cos \left(\frac{k_Z a}{2} \right),$$

was dieselbe Folgerung ist, zu der wir bereits früher gelangten (Abb. 11.31). Das Beugungsmuster ist eine Reihe von $\cos^2$-Interferenzstreifen, die moduliert sind mit einer sinc^2-Beugungsenvelope[11].

11.3.4 Spektren und Korrelation

i) Parsevalsche Gleichung

Angenommen, $f(x)$ sei ein Puls endlicher Ausdehnung und $F(k)$ seine Fourier-Transformierte (11.5). Denken wir zurück an Abschnitt 7.8, so erkennen wir die Funktion $F(k)$ als die Amplitude des Raumfrequenzspektrums von $f(x)$. Und $F(k)\, dk$ bedeutet dann auch die

---

[11] sinc $x = \sin x / x$.

Amplitude derjenigen Beiträge, die dem Frequenzbereich zwischen k und $k+dk$ entsprechen. Daher sieht es so aus, als ob $|F(k)|$ als spektrale Amplitudendichte oder Spektraldichtefunktion dienen kann und ihr Quadrat $|F(k)|^2$ der Energie pro Einheitsintervall der Raumfrequenz proportional sei. Ähnliches finden wir, wenn wir die Funktionen der Zeit statt des Ortes x betrachten: bedeutet $f(t)$ ein abgestrahltes elektrisches Feld, so ist $|f(t)|^2$ dem Strahlungsfluß oder der Strahlungsleistung proportional und die gesamte emittierte Energie ist proportional zu $\int_0^\infty |f(t)|^2 dt$. Da $F(\omega) = \mathcal{F}\{f(t)\}$, scheint es so, als müsse $|F(\omega)|^2$ ein Maß der abgestrahlten Energie je Einheitsintervall der zeitlichen Frequenz sein. Um etwas präziser zu werden berechnen wir $\int_{-\infty}^{+\infty} |f(t)|^2 dt$ anhand der passenden Fourier-Transformierten. Wegen $|f(t)|^2 = f(t)f^*(t) = f(t) \cdot [\mathcal{F}^{-1}\{F(\omega)\}]^*$ ist

$$\int_{-\infty}^{+\infty} |f(t)|^2 dt = \int_{-\infty}^{+\infty} f(t) \left[\frac{1}{2\pi} \int_{-\infty}^{+\infty} F^*(\omega) e^{+i\omega t} d\omega \right] dt.$$

Vertauschen wir die Integrationsreihenfolge, so erhalten wir

$$\int_{-\infty}^{+\infty} |f(t)|^2 dt = \frac{1}{2\pi} \int_{-\infty}^{+\infty} F^*(\omega) \left[\int_{-\infty}^{+\infty} f(t) e^{i\omega t} dt \right] d\omega$$

und somit

$$\int_{-\infty}^{+\infty} |f(t)|^2 dt = \frac{1}{2\pi} \int_{-\infty}^{+\infty} |F(\omega)|^2 d\omega, \qquad (11.76)$$

wobei $|F(\omega)|^2 = F^*(\omega)F(\omega)$ ist. Dies ist die *Parsevalsche Gleichung*. Wie erwartet, ist die Gesamtenergie proportional zur Fläche unter der $|F(\omega)|^2$-Kurve und folglich wird $|F(\omega)|^2$ gelegentlich als **Leistungsspektrum** oder *spektrale Energieverteilung* bezeichnet. Die entsprechende Formel für den Bereich räumlicher Aussagen, mit dem wir diesen Abschnitt ursprünglich begonnen haben, lautet

$$\int_{-\infty}^{+\infty} |f(x)|^2 dx = \frac{1}{2\pi} \int_{-\infty}^{+\infty} |F(k)|^2 dk. \qquad (11.77)$$

ii) Das Lorentzsche Profil

Als Anwendungsbeispiel für diese Gedanken betrachten wir die gedämpfte harmonische Welle $f(t)$ der Abbildung 11.35 an der Stelle $x = 0$. Es ist

$$f(t) = \begin{cases} 0 & \text{von } t = -\infty \text{ bis } t = 0 \\ f_0 e^{-t/2\tau} \cos \omega_0 t & \text{von } t = 0 \text{ bis } t = +\infty. \end{cases}$$

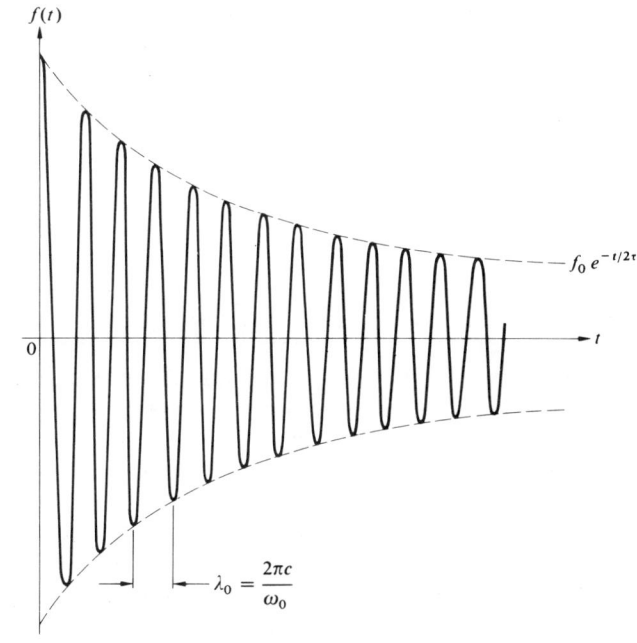

Abbildung 11.35 Eine gedämpfte harmonische Welle.

Der negative Exponent von e tritt ganz allgemein immer dann auf, wenn die Änderungsrate einer Größe von ihrem momentanen Wert abhängt. In unserem Fall setzen wir voraus, daß $(e^{-t/\tau})^{1/2}$ die Zeitabhängigkeit der Strahlungsleistung eines Atoms beschreibt. Dabei ist τ die Zeitkonstante der Oszillation und $\tau^{-1} = \gamma$ die Dämpfungskonstante. Die Transformierte von $f(t)$ ist

$$F(\omega) = \int_0^\infty (f_0 e^{-t/2\tau} \cos \omega_0 t) e^{i\omega t} dt. \qquad (11.78)$$

Die Berechnung dieses Integrals ergibt sich auf verwickelte Weise aus der jeweiligen Problematik. Letztlich läßt sich aber immer herauslesen, daß

$$F(\omega) = \frac{f_0}{2} \left[\frac{1}{2\tau} - i(\omega + \omega_0) \right]^{-1} + \frac{f_0}{2} \left[\frac{1}{2\tau} - i(\omega - \omega_0) \right]^{-1}.$$

Beschreibt $f(t)$ das Strahlungsfeld eines Atoms, so ist τ die *Lebensdauer* des angeregten Zustandes (von rund 1.0 ns bis 10 ns). Bilden wir nun das Leistungsspektrum $F(\omega)F^*(\omega)$, dann zeigen sich zwei Maxima um $\pm\omega_0$ herum; sie liegen folglich um $2\omega_0$ auseinander. Für den optischen Frequenzbereich ist $\omega_0 \gg \gamma$; beide Maxima sind dann schmal und liegen weit auseinander ohne

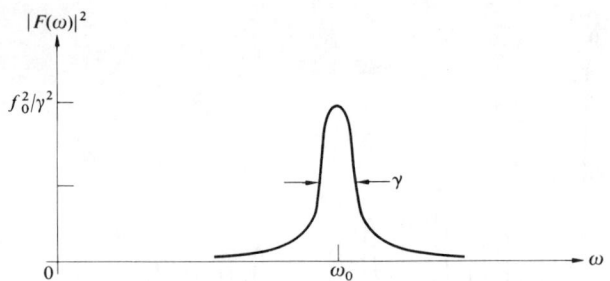

Abbildung 11.36 Das Resonanz- oder Lorentzprofil.

nennenswerte Überlappung. Die Form dieser Maxima ist durch die Form der Modulationsenvelope in Abbildung 11.35, d.h. eine Exponentialfunktion mit negativem Exponenten bestimmt. Die Lage der Maxima ist festgelegt durch die Frequenz der modulierten Kosinus-Welle, und die Existenz genau zweier Maxima ist eine Folge des Frequenzspektrums der Kosinus-Funktion in obiger symmetrischer Frequenzdarstellung (Abschnitt 7.8). Um das beobachtbare Spektrum von $F(\omega)F^*(\omega)$ zu bestimmen, brauchen wir lediglich den positiven Frequenzterm zu berücksichtigen,

$$|F(\omega)|^2 = \frac{f_0^2}{\gamma^2} \frac{\gamma^2/4}{(\omega - \omega_0)^2 + \gamma^2/4}, \quad (11.79)$$

mit einem Maximum von f_0^2/γ^2 bei $\omega = \omega_0$, wie es Abbildung 11.36 zeigt. Der halbe Spitzenwert $|F(\omega)|^2 = f_0^2/2\gamma^2$ wird bei den "Halbwertspunkten" $(\omega - \omega_0) = \pm \gamma/2$ erreicht. Die Breite der Spektrallinie zwischen diesen beiden Punkten ist γ. Die durch Gleichung (11.79) beschriebene Kurve ist das *Resonanz- oder Lorentzprofil*. Die aus der begrenzten Dauer des angeregten Zustandes entstehende Frequenz-Bandbreite heißt die *natürliche Linienbreite*.

Wenn das strahlende Atom eine Kollision erleidet, kann es Energie verlieren und dadurch die Emissionsdauer weiter verkürzen. In diesem Prozeß nimmt die Frequenz-Bandbreite zu, was man als *Lorentz-Verbreiterung* bezeichnet. Auch hier wieder weist das Spektrum ein Lorentzprofil auf. Wegen der ungeordneten thermischen Bewegung der Atome in einem Gas wird dort die Frequenz-Bandbreite durch den Doppler-Effekt weiter vergrößert. *Doppler-Verbreiterung*, wie man dies nennt, liefert ein Gaußsches Spektrum (Abschnitt 7.10). Die Gaußsche Kurve fällt in unmittelbarer Umgebung von ω_0 langsamer, nach außen zu aber schneller als das Lorentz-Profil. Mathematisch können diese Effekte durch Faltung der Gaußschen und Lorentz-Funktionen miteinander kombiniert werden, um ein einzelnes Spektrum zu erhalten. In einer Niederdruck-Gasentladungsröhre ist das Gaußsche Profil der bei weitem breitere und i.a. dominierende Anteil.

iii) Autokorrelation und Kreuz-Korrelation

Kehren wir zurück zur Herleitung der Parsevalschen Gleichung und folgen wir ihr diesmal für ein etwas anderes Argument: wir wollen nun $\int_{-\infty}^{+\infty} f(t+\tau)f^*(t)\,dt$ berechnen anstelle von $\int_{-\infty}^{+\infty} f(t)f^*(t)\,dt$ früher. Wir argumentieren entsprechend: Wenn $F(\omega) = \mathcal{F}\{f(t)\}$, dann ist

$$\int_{-\infty}^{+\infty} f(t+\tau)f^*(t)\,dt = \int_{-\infty}^{+\infty} f(t+\tau) \times \left[\frac{1}{2\pi}\int_{-\infty}^{+\infty} F^*(\omega)e^{+i\omega t}\,d\omega\right]dt. \quad (11.80)$$

Mit geänderter Integrationsreihenfolge ist dies

$$\frac{1}{2\pi}\int_{-\infty}^{+\infty} F^*(\omega)\left[\int_{-\infty}^{+\infty} f(t+\tau)e^{i\omega t}\,dt\right]d\omega$$

$$= \frac{1}{2\pi}\int_{-\infty}^{+\infty} F^*(\omega)\mathcal{F}\{f(t+\tau)\}\,d\omega.$$

Um die Transformierte im letzten Integral zu bestimmen beachte man, daß nach Variablenwechsel bei Gleichung (11.9) gilt

$$f(t+\tau) = \frac{1}{2\pi}\int_{-\infty}^{+\infty} F(\omega)e^{-i\omega(t+\tau)}\,d\omega.$$

Daher ist

$$f(t+\tau) = \mathcal{F}^{-1}\{F(\omega)e^{-i\omega\tau}\},$$

bzw. $\mathcal{F}\{f(t+\tau)\} = F(\omega)e^{-i\omega\tau}$, wobei Gleichung (11.80) nunmehr lautet

$$\int_{-\infty}^{+\infty} f(t+\tau)f^*(t)\,dt = \frac{1}{2\pi}\int_{-\infty}^{+\infty} F^*(\omega)F(\omega)e^{-i\omega\tau}\,d\omega \quad (11.81)$$

und beide Seiten Funktionen des Parameters τ sind. Die linke Seite dieser Formel heißt die **Autokorrelation** von

$f(t)$ und wird kurz mit $c_{ff}(\tau)$ bezeichnet:

$$c_{ff}(\tau) \equiv \int_{-\infty}^{+\infty} f(t+\tau)f^*(t)\,dt. \qquad (11.82)$$

Häufig schreibt man dafür symbolisch $f(t) \odot f^*(t)$. Bei beidseitigem Übergang zur jeweiligen Transformierten wird aus Gleichung (11.81)

$$\mathcal{F}\{c_{ff}(\tau)\} = |F(\omega)|^2. \qquad (11.83)$$

Dies ist eine Version des *Wiener-Khintchine-Satzes*. Er erlaubt die Bestimmung des Spektrums durch die Autokorrelation der erzeugenden Funktion. Die Definition von $c_{ff}(\tau)$ eignet sich nur für Funktionen mit begrenzter Energie. Andernfalls ist eine geringfügige Änderung erforderlich. Die Definition läßt sich durch Variablenwechsel (t anstelle von $t + \tau$) umformulieren zu:

$$c_{ff}(\tau) = \int_{-\infty}^{+\infty} f(t)f^*(t-\tau)\,dt. \qquad (11.84)$$

Ähnlich ist die **Kreuz-Korrelation** der Funktionen $f(t)$ und $h(t)$ definiert als

$$c_{fh}(\tau) = \int_{-\infty}^{+\infty} f^*(t)h(t+\tau)\,dt. \qquad (11.85)$$

Die Korrelationsanalyse ist hauptsächlich ein Mittel, zwei Signale im Hinblick auf den Grad der Ähnlichkeit unter ihnen zu vergleichen. Bei der Autokorrelation wird die ursprüngliche Funktion zeitlich um einen Betrag τ verschoben, das Produkt aus verschobener und nicht verschobener Funktion gebildet und die (dem Überlappungsgrad entsprechende) Fläche unter dieser Produktkurve mittels des Integrals berechnet. Die Autokorrelations-Funktion $c_{ff}(\tau)$ liefert nun das Ergebnis dieser Flächenberechnung nicht nur für einen, sondern für alle Werte von τ. Ein praktischer Grund für ein derartiges Verfahren wäre z.B. das Herausheben eines Signals aus einem Hintergrundrauschen.

Um die Sache Schritt für Schritt verstehen zu lernen, nehmen wir uns die Autokorrelation einer einfachen Funktion, beispielsweise die der in Abbildung 11.37 gezeigten Funktion $A\sin(\omega t + \varepsilon)$. In jeder der Abbildungen (a) bis (d) ist die Funktion um einen anderen Wert von τ verschoben und die jeweilige Produktkurve $f(t) \cdot (t+\tau)$ dargestellt. Die Fläche unter der Produktkurve ist in (e) berechnet und aufgetragen. Beachten Sie, daß der Wert von ε bei diesem Verfahren keine Rolle spielt. Das Endergebnis für die Fläche in Abhängigkeit von der Verschiebung τ ist $c_{ff}(\tau) = \frac{1}{2}A^2 \cos \omega \tau$. Diese Funktion hat die gleiche Frequenz wie $f(t)$, denn während einer Periode von $c_{ff}(\tau)$ wächst τ von 0 bis 2π an. Hätten wir folglich ein Verfahren um die Autokorrelation zu bilden, so könnten wir aus dieser sowohl auf die ursprüngliche Amplitude A als auch auf die Kreisfrequenz ω zurückschließen.

Angenommen, die Funktionen sind reellwertig, so können wir schreiben

$$c_{fh}(\tau) = \int_{-\infty}^{+\infty} f(t)h(t+\tau)\,dt, \qquad (11.86)$$

was offensichtlich dem Ausdruck für die Faltung von $f(t)$ und $h(t)$ ähnelt. Gleichung (11.86) wird symbolisch oft als $c_{fh}(\tau) = f(t) \odot h(t)$ geschrieben. Wenn entweder $f(t)$ oder $h(t)$ eine gerade Funktion ist, so gilt tatsächlich $f(t) \circledast h(t) = f(t) \odot h(t)$[12], wie wir nun per Beispiel sehen werden. Man erinnere sich daran, daß die Faltung eine der Funktionen spiegelt und dann die Überdeckungsfläche, d.h. die Fläche unter der Produktkurve aufsummiert (Abb. 11.21). Im Gegensatz dazu addiert die Korrelation die Überlappung auf, ohne eine der Funktionen zu spiegeln. Wenn aber die beim einen Verfahren zu spiegelnde Funktion gerade ist [$f(t) = f(-t)$], so ändert sie sich beim Spiegeln (oder Klappen um ihre Symmetrieachse) nicht und die zwei Integranden sind identisch. Dazu braucht nur die eine Funktion gerade sein, da die Faltung kommutativ ist: $f(t) \circledast h(t) = h(t) \circledast f(t)$. Die Autokorrelation eines Rechteckpulses ist deshalb gleich der Faltung des Pulses mit sich selbst, die nach Abbildung 11.24 ein dreieckiges Signal liefert. Dieselbe Schlußfolgerung ergibt sich aus Gleichung (11.83) und Abbildung 11.26. Die Transformierte eines Rechteckpulses ist eine sinc-Funktion,[13] so daß sich das Leistungsspektrum wie $\text{sinc}^2 u$ verhält. Die inverse Transformierte von $|F(\omega)|^2$, d.h. $\mathcal{F}^{-1}\{\text{sinc}^2 u\}$, ist $c_{ff}(\tau)$, die wir wiederum als dreieckigen Puls erkannt haben (Abb. 11.38).

Es ist klar, daß eine Funktion über einem Integrationsbereich von $-\infty$ bis $+\infty$ eine unbegrenzte Energie (11.76) haben kann, aber dennoch eine begrenzte *Durch-*

---

[12] $\circledast$ = Faltung, $\odot$ = Korrelation; d.Ü.
[13] $\text{sinc}\ x = \sin x / x$

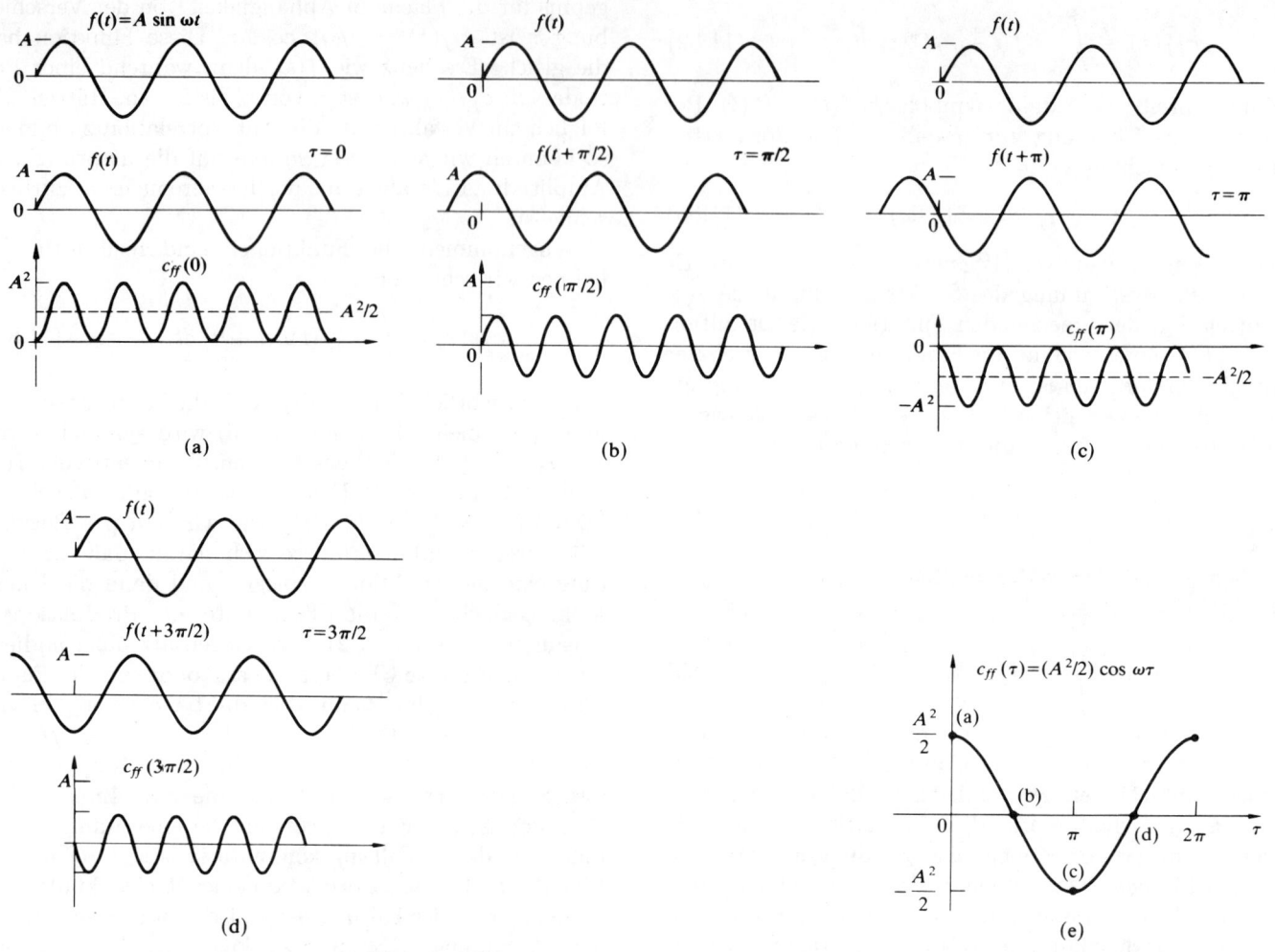

Abbildung 11.37 Die Autokorrelation einer Sinusfunktion.

schnittsleistung, zu schreiben als

$$\lim_{T \to \infty} \frac{1}{2T} \int_{-T}^{+T} |f(t)|^2 \, dt.$$

Dementsprechend wird man Korrelationen definieren, bei denen durch das Integrationsintervall $2T$ dividiert wird. Dann lautet die entsprechende Kreuz-Korrelation:

$$C_{fh}(\tau) \equiv \lim_{T \to \infty} \frac{1}{2T} \int_{-T}^{+T} f(t) h(t+\tau) \, dt. \qquad (11.87)$$

Die "analoge" Autokorrelation z.B. einer konstanten Funktion $f(t) = A$ ist

$$C_{ff}(\tau) = \lim_{T \to \infty} \frac{1}{2T} \int_{-T}^{+T} (A)(A) \, dt = A^2$$

und das Leistungsspektrum als die Transformierte der Autokorrelation lautet in diesem Fall:

$$\mathcal{F}\{C_{ff}(\tau)\} = A^2 2\pi \delta(\omega),$$

was einem einzelnen Impuls im Ursprung ($\omega = 0$) entspricht, der gelegentlich als ein dc-(= Gleichlicht) Term

Abbildung 11.38
Das Quadrat der Fourier-Transformierten eines Rechteckpulses $f(x)$ (also $|F(k)|^2$) ist gleich der Fourier-Transformierten der Autokorrelation von $f(x)$.

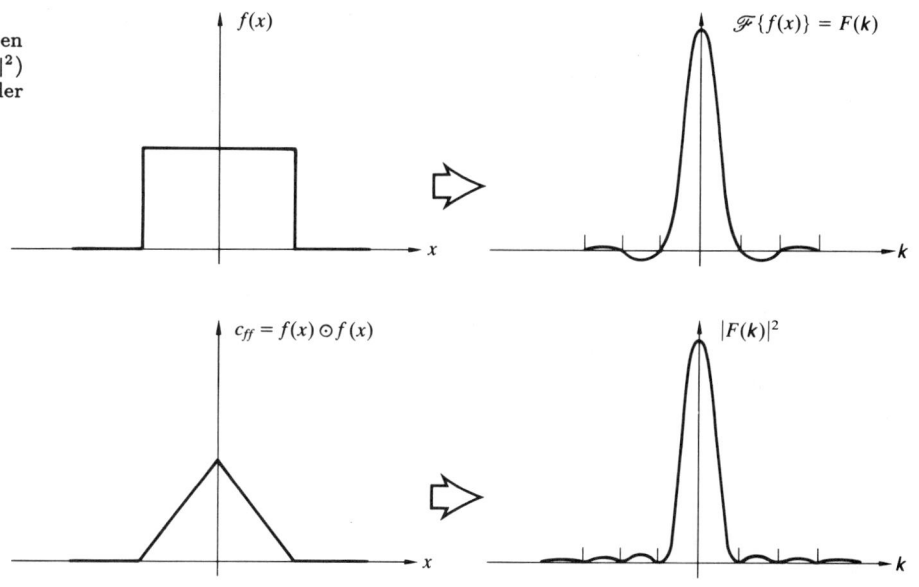

bezeichnet wird. Man beachte, daß $C_{fh}(\tau)$ als zeitliches Mittel eines Produktes zweier Funktionen angesehen werden kann, von denen die eine gegenüber der anderen um das Intervall τ verschoben ist. Im nächsten Kapitel werden Ausdrücke der Form $\langle f^*(t)h(t+\tau)\rangle$ als Kohärenzfunktionen elektrischer Felder auftauchen. Sie sind auch sehr hilfreich bei der Analyse von optischen Rauschproblemen, z.B. dem Rauschen aufgrund der Filmkörnigkeit.

Es ist klar, daß wir eine Funktion aus ihrer Transformierten rekonstruieren können, aber sobald die Transformierte wie in Gleichung (11.83) quadriert wird, verlieren wir die Information über die Vorzeichen der Beiträge aller Frequenzen, d.h. über die Phasenunterschiede der Frequenzen. Genauso enthält die Autokorrelation einer Funktion keine Phaseninformation, d.h. sie ist nicht eindeutig. Um dies besser zu verstehen, stellen wir uns einige harmonische Funktionen verschiedener Amplitude und Frequenz vor. Verändert man ihre Phasenunterschiede, so ändert sich die resultierende Funktion f, wie auch ihre Transformierte, aber immer muß der Energiebetrag bei jeder Frequenz gleich bleiben. Also bleibt die Autokorrelation ungeachtet des veränderlichen resultierenden Funktionsprofils gleich. Es bleibt zu zeigen, daß als Bestätigung des Verlustes an Phaseninformation gilt: für $f(t) = A\sin(\omega t + \varepsilon)$ ist $C_{ff}(\tau) = (A^2/2)\cos\omega\tau$.

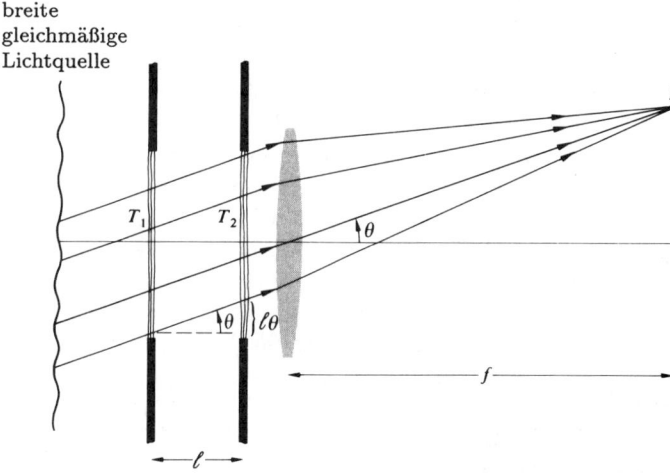

Abbildung 11.39 Optisches Korrelieren zweier Funktionen.

Abbildung 11.39 zeigt eine Möglichkeit des optischen Korrelierens zweier zweidimensionaler räumlicher Funktionen. Jedes dieser Signale wird beschrieben als eine Änderung der Lichtdurchlässigkeit eines Diapositivs (T_1 bzw. T_2) von Punkt zu Punkt. Für vergleichsweise einfache Signale können anstelle der Dias undurchsichtige Schirme mit passenden Löchern verwandt werden (z.B.

für Rechteckpulse).[14] Die Strahlungsmenge in irgendeinem Punkt P des Bildes rührt von einem fokussierten Bündel paralleler Strahlen her, das beide Diapositive durchquert hat. Die Koordinaten von P, $(\theta f, \varphi f)$, sind durch die Orientierung des Strahlenbündels festgelegt, d.h. durch die Winkel θ und φ. Sind beide Dias gleich, so wird ein Strahl, der den ersten Film an irgendeinem Punkt (x, y) der Durchlässigkeit $g(x, y)$ durchquert, den zweiten Film an einem zugehörigen Punkt $(x+X, y+Y)$ der Durchlässigkeit $g(x+X, y+Y)$ durchqueren. Die Koordinatenunterschiede lauten $X = \ell\theta$ und $Y = \ell\varphi$, wobei ℓ der Abstand beider Dias ist. Die Strahlungsmenge in P ist daher proportional zur Autokorrelation von $g(x, y)$, d.h. zu

$$c_{ff}(X, Y) = \iint_{-\infty}^{+\infty} g(x,y) g(x+X, y+Y)\, dx\, dy. \quad (11.88)$$

Die gesamte Verteilung der Lichtstromdichte wird *Korrelogramm* genannt. Im Falle unterschiedlicher Diapositive ist das Bild selbstverständlich mit Hilfe der Kreuz-Korrelation beider Funktionen zu beschreiben. Wird eines der beiden Dias 180° um die optische Achse gedreht, so ist entsprechend die Faltung (in zwei Dimensionen, siehe Abb. 11.25) anstelle der Korrelation anzuwenden.

Bevor wir zu Neuem kommen, wollen wir sichergehen, daß wir ein gutes Gespür für die Wirkungsweise der Korrelationsfunktionen entwickelt haben. Dazu gehen wir von einem ungeordneten, dem Rauschen vergleichbaren Signal aus, wie in Abbildung 11.40 (a), (z.B. einer unregelmäßig veränderlichen Lichtintensität in einem Raumpunkt, einer Spannung oder einem elektrischen Feld, die sich ebenso unregelmäßig ändern). Die Autokorrelation von $f(t)$ vergleicht letzten Endes die Funktion mit ihrem Wert zu irgendeinem zweiten Zeitpunkt, also mit $f(t+\tau)$. Für $\tau = 0$ z.B. läuft das Integral $C_{ff}(\tau)$ entlang dem zeitlichen Signal, wobei es alle Produkte $f(t) \cdot f(t + \tau)$ aufaddiert und mittelt; in unserem Fall ($\tau = 0$) ist einfach $C_{ff}(\tau) = f^2(t)$. Da $f^2(t)$ für jedes t positiv ist, ergibt $C_{ff}(0)$ einen vergleichsweise großen Wert. Wenn man andererseits das Rauschen mit seinem um den Betrag $+\tau_1$ verschobenen Abbild vergleicht, so hat $C_{ff}(\tau_1)$ einen etwas kleineren Wert. Es gibt dann nämlich Zeitpunkte, zu denen $f(t) \cdot f(t + \tau_1)$ positiv, und solche zu denen es negativ ist, so daß der Wert des Integrals eben

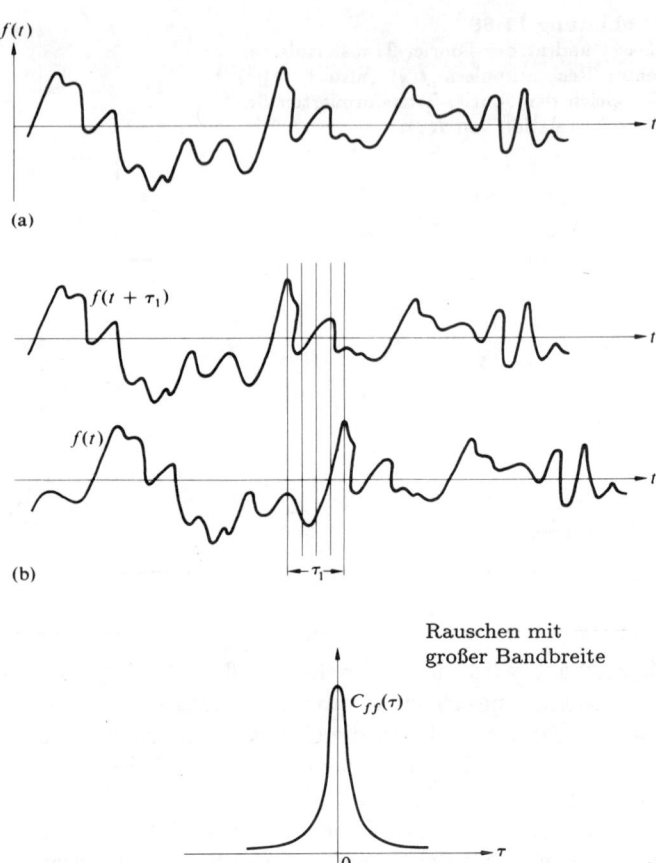

Abbildung 11.40 Ein Signal $f(t)$ und seine Autokorrelation.

abnimmt (Abb. 11.40 (b)). Mit anderen Worten: durch die Verschiebung des Signals gegen sich selbst haben wir die Ähnlichkeit an einander zugeordneten Punkten verringert, die zuvor ($\tau = 0$) überall hundertprozentig war. Mit zunehmendem τ verschwindet jede Korrelation sehr schnell, wie es Abbildung 11.40 (c) zeigt. Aufgrund der Tatsache, daß Autokorrelation und Leistungsspektrum ein Fourier-Transformiertenpaar bilden (11.83) können wir annehmen, daß die Autokorrelation um so schmäler ist, je größer die Bandbreite der Frequenzen ist. Folglich führt bei Rauschen großer Frequenzbandbreite selbst eine geringe Verschiebung zu einer bedeutenden Verringerung jeglicher Ähnlichkeit zwischen $f(t)$ und $f(t + \tau)$. Darüber hinaus läßt sich unmittelbar einsehen, daß falls das Signal aus einer unregelmäßigen Verteilung gleich-

---

[14] Siehe L.S.G. Kovasznay and A. Arman, *Rev. Sci. Instr.* **28**, 793 (1958) und D. McLachlan, Jr., *J. Opt. Soc. Am.* **52**, 454 (1962).

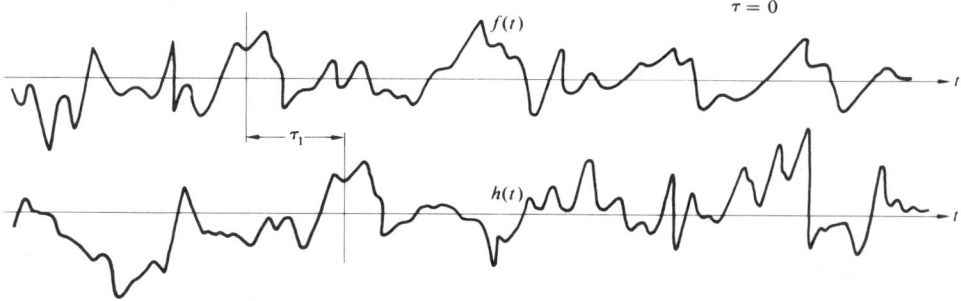

Abbildung 11.41 Die Kreuz-Korrelation von $f(t)$ und $h(t)$.

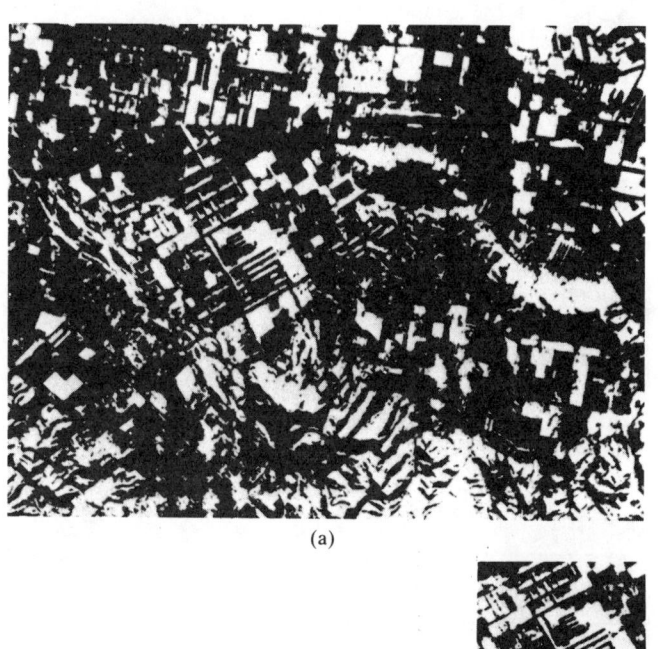

(a)

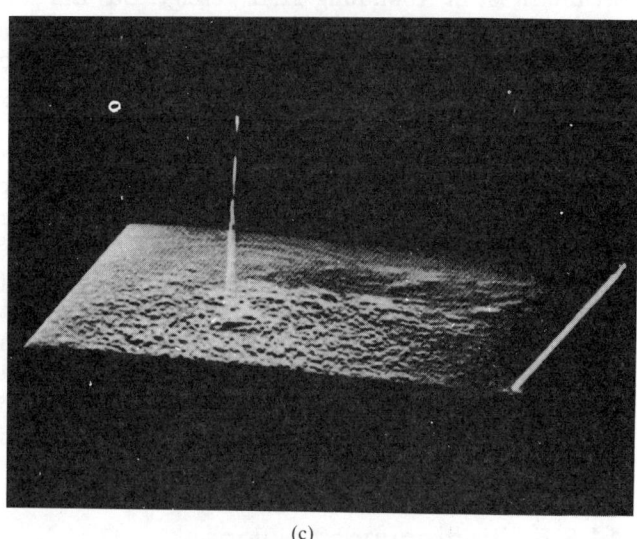

(c)

(b)

Abbildung 11.42 Ein Beispiel optischer Strukturerkennung. (a) Eingangssignal, (b) Vergleichsdaten, (c) Korrelationsmuster. (Genehmigter Abdruck aus der Novemberausgabe 1980 von *Electro-Optical Systems Design*. David Casasent.)

artiger Rechteckpulse besteht, die früher angesprochene Ähnlichkeit genau für eine der jeweiligen Pulsdauer entsprechende Zeitspanne vorliegt. Je länger die Pulse dauern, desto langsamer schwindet mit zunehmendem τ die Korrelation. Das ist aber äquivalent zu der Aussage, eine Verringerung der Bandbreite des Signals verbreitere $C_{ff}(\tau)$. Das alles steht in Übereinstimmung mit unserer früheren Beobachtung, wonach die Autokorrelation keinerlei Phaseninformation enthält; letzterer entspräche in unserem Fall die zeitliche Abfolge der unregelmäßigen Rechteckpulse. Es ist klar, daß $C_{ff}(\tau)$ durch diese zeitliche Reihenfolge und Abstände der Pulse untereinander nicht beeinflußt wird.

In fast der gleichen Weise ist die Kreuz-Korrelation ein Maß für die Ähnlichkeit zweier verschiedener Wellenformen $f(t)$ und $h(t)$ als Funktion der gegenseitigen zeitlichen Verschiebung τ. Anders als bei der Autokorrelation kommt $\tau = 0$ hier keine besondere Bedeutung zu. Auch hier mittelt man für jeden Wert von τ das Produkt $f(t)h(t+\tau)$ um $C_{fh}(\tau)$ entsprechend Gleichung (11.87) zu erhalten. Für die Funktionen von Abbildung 11.41 hat $C_{fh}(\tau)$ ein Maximum bei $\tau = \tau_1$.

Seit den 60er Jahren sind große Anstrengungen bei der Entwicklung optischer Prozessoren unternommen worden, die Bilddaten schnell analysieren sollen. Die möglichen Anwendungen reichen vom Vergleich von Fingerabdrücken bis zum Absuchen von Dokumenten nach bestimmten Wörtern oder Sätzen, vom Projizieren von Luftaufklärungsphotos bis zur Entwicklung von geländeorientierten Raketenleitsystemen. Ein Beispiel dieser Art von *optischer Strukturerkennung* mittels Korrelationstechniken ist in Abbildung 11.42 gezeigt. Das Eingangssignal $f(x, y)$ in (a) ist eine Luftaufnahme irgendeines Gebietes, die auf bestimmte Einzelheiten (Photo (b)) hin abgesucht werden soll; der Einzelheit entspricht das isolierte Vergleichssignal $h(x, y)$. Natürlich läßt sich der gewählte enge Ausschnitt leicht mit dem Auge überblicken; denken wir also besser an eine wirklichkeitsnähere Suchaufgabe mit einem Eingangssignal aus wenigen hundert Metern Luftaufnahmen. Das Ergebnis optischen Korrelierens beider Signale ist in Bild (c) dargestellt. Dabei zeigt uns das Auftreten eines deutlichen Korrelations-Maximums (d.h. des deutlich erkennbaren Licht-"Bündels"), daß die gesuchte Einzelheit sich tatsächlich im Eingangssignal wiederfindet; darüber hinaus zeigt das Maximum uns die Lage der gesuchten Einzelheit.

11.3.5 Übertragungsfunktionen
i) Eine Einführung in die Begriffsbildung

Bis vor kurzem war die herkömmliche Methode für die Bestimmung der Qualität von optischen Elementen oder Systemen die Berechnung ihrer Auflösungsgrenzen. Man hielt das System für umso besser, je größer die Auflösung war. Diesem Ansatz zufolge richtet man etwa das jeweilige optische System auf eine spezielle Testtafel, die z.B. aus einer Reihe paralleler, abwechselnd heller und dunkler rechteckiger Balken besteht. Wir sahen bereits, daß jeder Gegenstandspunkt als ein Lichtfleck abgebildet wird, den — wie in Abbildung 11.18 — die Punktverwaschungsfunktion $S(Y, Z)$ beschreibt. Bei inkohärenter Beleuchtung überdecken sich all diese elementaren "Figuren" der Lichtstromdichte und addieren sich linear zum resultierenden Bild. Das eindimensionale Gegenstück ist die *Linienverwaschungsfunktion*

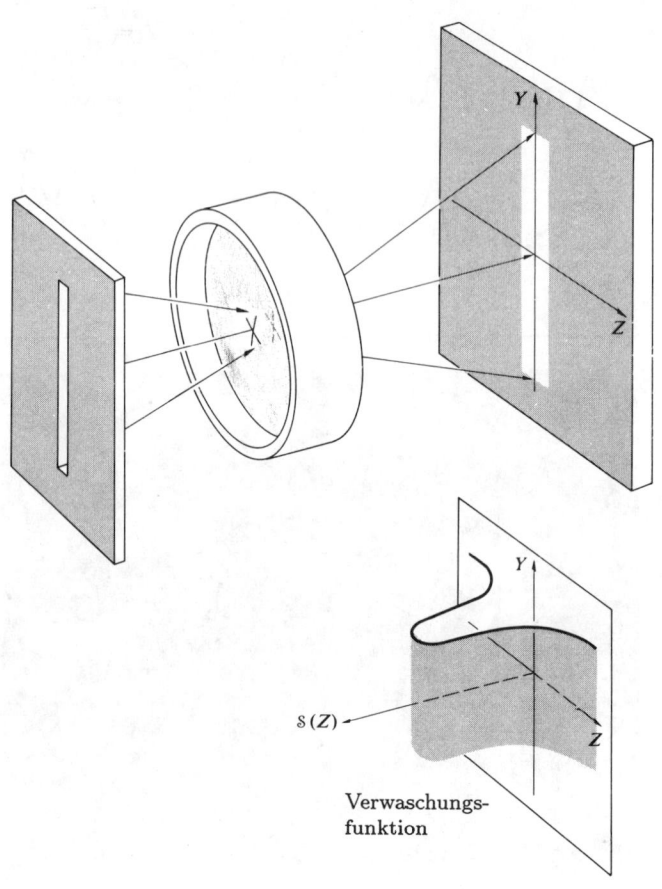

Abbildung 11.43 Die Linienverwaschungsfunktion.

$S(Z)$, die der Verteilung der Lichtstromdichte über dem Bild einer idealisiert eindimensionalen Linienquelle entspricht (Abb. 11.43). Weil selbst ein hypothetisches vollkommenes System aufgrund von Beugungseffekten seine Auflösungsgrenze hat, ist das Bild einer Testtafel (Abb. 11.44) immer etwas verschwommen (siehe Abb. 11.20). Bei Verringerung der Balkenbreite auf der Testtafel wird daher eine Grenze erreicht, ab der die feine Linienanordnung (ähnlich einer *Ronchi-Liniatur*) nicht mehr zu unterscheiden ist — dies ist dann die Auflösungsgrenze des Systems. Wir können sie als eine Raumfrequenzgrenze ansehen, bei der jedes hell/dunkle Linienpaar auf dem Gegenstand gerade noch eine Periode bildet; (ein gebräuchliches Maß der Grenze ist *Linienpaare pro*

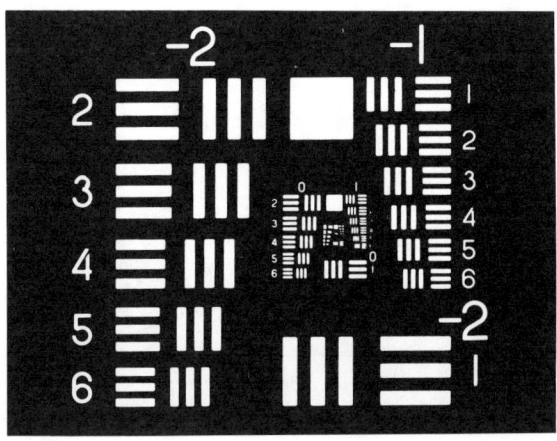

Abbildung 11.44 Linientesttafel zur Bestimmung des Auflösungsvermögens.

mm). Eine einfache Analogie, die die Schwächen dieses Ansatzes unterstreicht, bestünde darin, die Qualität eines HiFi-Gerätes einfach nach seiner oberen Frequenzgrenze zu beurteilen. Es ist klar, daß es hilfreicher wäre, einen Qualitätsmaßstab zu haben, der auf den gesamten wiedergegebenen Frequenzbereich anwendbar ist. Die Unzulänglichkeiten des hier beschriebenen Gütekriteriums wurde ganz deutlich mit der Einführung von Detektoren wie Plumbikon, Superorthikon und Vidikon. Dies sind Röhren mit einem relativ groben Abtastraster, wodurch die Auflösungsgrenze der Linsen-Röhren-Systeme auf ziemlich niedrige Raumfrequenzen festgelegt ist. Folglich wäre es vernünftig, die solchen Detektoren "vorgeschalteten" optischen Geräte so zu konstruieren, daß sie innerhalb dieses begrenzten Frequenzbereichs den meisten Kontrast bieten. Es wäre eindeutig unnötig und — wie wir sehen werden — sogar nachteilig, ein Linsensystem für einen Detektor abzulehnen, nur weil es für sich genommen eine hohe Auflösungsgrenze hat. Hilfreicher wäre es ganz offensichtlich, eine Gütezahl zu haben, die auf den gesamten Bereich der jeweiligen Betriebsfrequenzen anwendbar wäre.

Wir betrachteten den Gegenstand bereits als eine Anordnung von Punktquellen, die vom optischen System jeweils entsprechend der Punktverwaschungsfunktion abgebildet werden, wobei ihr jeweiliger Bildfleck dann im Sinne der Faltung zum Gesamtbild beiträgt (d.h. örtlich werden alle Einzelbeiträge sich überlappender Bildflecke

aufaddiert, d.Ü.). Nun gehen wir die Aufgabe der Bildanalyse unter einem anderen, damit jedoch in Zusammenhang stehenden Gesichtspunkt an. Betrachten wir den Gegenstand als Quelle eines Eingangslichtstrahls, der aus ebenen Wellen bestehen soll. Letztere verlassen den Gegenstand — gemäß Gleichungen 11.64 und 11.65 — jeweils in bestimmten Richtungen, die der Raumfrequenz der jeweiligen ebenen Welle entsprechen. Wie verändert das System Amplitude und Phase jeder ebenen Welle, während es letztere vom Gegenstand zum Bild überträgt?

Ein bei der Berechnung der Leistungsfähigkeit eines Systems äußerst hilfreicher Parameter ist der **Kontrast** oder die **Modulation**, definiert als

$$\text{Modulation} \equiv \frac{I_{\max} - I_{\min}}{I_{\max} + I_{\min}}. \quad (11.89)$$

Nehmen wir als einfaches Beispiel an, das Eigensignal sei eine kosinusförmige Strahlungsverteilung, die durch ein inkohärent beleuchtetes Dia entsteht (Abb. 11.45). In diesem Fall ist auch das Ausgangssignal eine — allerdings etwas veränderte — Kosinusfunktion. Kontrast bzw. Modulation entsprechen dem Schwankungsbereich der Funktionswerte um deren Mittelwert, dividiert durch diesen Mittelwert; das ist ein Maß dafür, wie deutlich diese Schwankungen vor dem Gleichlicht-Untergrund (d.h. der "Grundhelligkeit", d.Ü.) voneinander zu unterscheiden sind. Die Modulation des Eingangssignals hat den Maximalwert 1.0, der Modulationswert des Ausgangssignals ist jedoch nur 0.17. Dies ist nur das Verhalten unseres hypothetischen Systems gegenüber im wesentlichen einer einzigen Eingangs-Raumfrequenz; es wäre gut zu wissen, wie es sich gegenüber allen übrigen möglichen Eingangsfrequenzen verhält. Hier war der Vergleich der Eingangs- und Ausgangs-Modulationswerte einfach, da ersterer 1.0 war. Im allgemeinen hat er aber einen anderen Wert, so daß wir *den Quotienten aus Bildmodulation und Objektmodulation für alle Raumfrequenzen* als die **Modulationsübertragungsfunktion** oder MTF definieren (MTF für das englische "modulation transfer function").

Abbildung 11.46 ist eine Darstellung der MTF für zwei hypothetische Linsen. Bei Raumfrequenz Null (Gleichlicht (offene Blende statt Testbalken; d.Ü.)) beginnen beide Funktionen mit dem Wert 1.0; beide werden jeweils an einer *Grenz-(Raum-)Frequenz* (Linien-

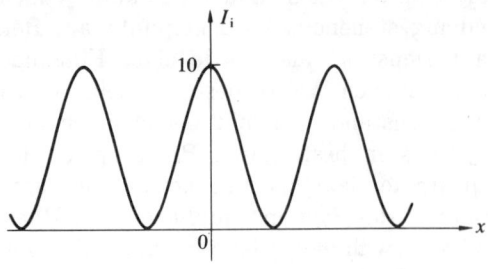

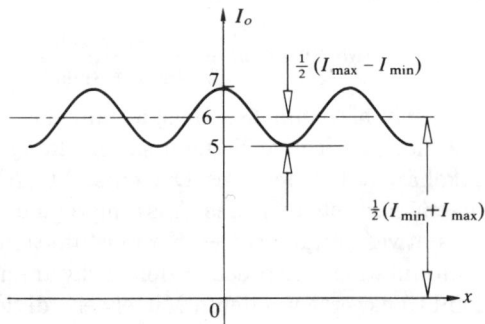

Abbildung 11.45 Strahlungsverteilung an Eingangs- und Ausgangsseite eines optischen Systems.

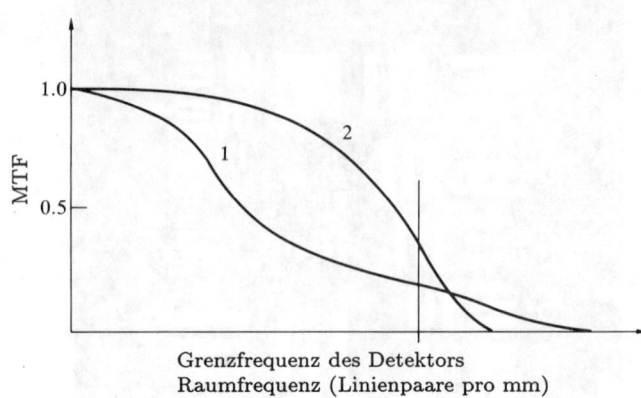

Abbildung 11.46 Bildmodulation für die Linsen 1 und 2 als Funktion der Raumfrequenz.

paare pro mm der Linientesttafel) Null, ab der sie die Gegenstandsdetails nicht mehr auflösen können. Wären beides beugungsbegrenzte Linsen, so hinge diese Frequenzgrenze allein von der Beugung, letzlich also der Größenordnung der Blende ab. Ob nun beugungsbegrenzte Linse oder nicht: wir nehmen an, eine der beiden Linsen solle mit einem Detektor gekoppelt werden, dessen Grenzfrequenz im Diagramm markiert ist. Ungeachtet der höheren Auflösungsgrenze von Linse 1 würde Linse 2 sicherlich die größere Leistungsfähigkeit ermöglichen, wenn sie mit dem Detektor gekoppelt wird.

Es sollte darauf hingewiesen werden, daß eine Testtafel mit rechteckigen Balken eine Serie von Rechteckpulsen als Eingangssignal liefert und der Bildkontrast wirklich eine Superposition von Kontrastschwankungen ist, die jeweils von den beteiligten Fourier-Komponenten herrühren. Tatsächlich ist einer der zentralen Punkte der nachfolgenden Erörterung, daß *optische Elemente, die*

wie lineare Operatoren funktionieren, ein sinusförmiges Eingangssignal in ein unverzerrtes Ausgangssignal transformieren. Es gilt dennoch die Regel, daß eingangs- und ausgangsseitige Strahlungsverteilung nicht gleich sind. Zum Beispiel beeinflußt die Vergrößerung des Systems die ausgangsseitige Raumfrequenz (im weiteren wird die Vergrößerung als Eins angenommen). Beugung und optische Fehler reduzieren die Amplitude (den Kontrast) der Sinuswelle. Schließlich bewirken asymmetrische Abbildungsfehler (Komas) und schlechtes Zentrieren der optischen Elemente eine Verschiebung der gesamten ausgangsseitigen Sinuswelle, wie sie der Einführung einer Phasenverschiebung entspricht. Dieser letzte Punkt, den wir in Abbildung 11.12 betrachteten, läßt sich (zumindest bis zu einer analytischen Erörterung) besser verstehen, wenn man ein Diagramm wie in Abbildung 11.47 hinzunimmt.

Bei symmetrischer Verwaschungsfunktion ist die abgebildete Strahlungsverteilung eine nicht verschobene Sinuswelle, während eine asymmetrische Verwaschungsfunktion die Ausgangswelle wie in Abbildung 11.48 deutlich verschieben wird. In beiden Fällen *ist ungeachtet der Form der Verwaschungsfunktion die Bildwelle harmonisch, wenn die Gegenstandswelle harmonisch ist.* Betrachtet man eine Gegenstandswelle als aus Fourier-Komponenten zusammengesetzt, so ist folglich das wichtigste Merkmal des jeweiligen Umwandlungsprozesses, in welcher Weise diese einzelnen harmonischen Komponenten durch das optische System in die entsprechenden har-

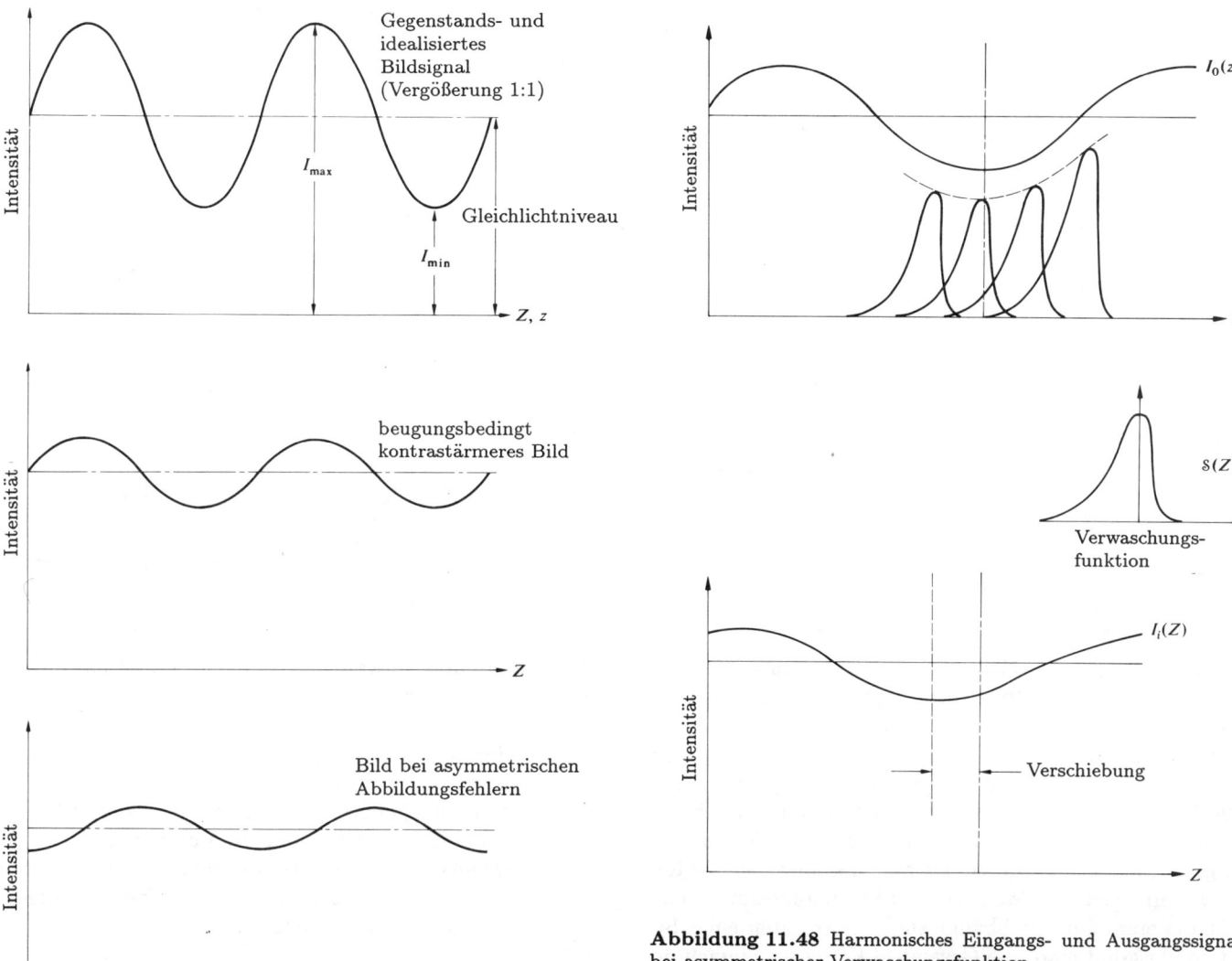

Abbildung 11.47 Harmonisches Eingangs- und resultierendes Ausgangssignal.

Abbildung 11.48 Harmonisches Eingangs- und Ausgangssignal bei asymmetrischer Verwaschungsfunktion.

monischen Komponenten des Bildes umgewandelt werden. Die Funktion, die darüber Auskunft gibt, heißt **optische Überlagerungsfunktion** OTF (für das englische "optical transfer function"). Sie ist eine von der Raumfrequenz abhängige komplexe Größe, deren Absolutbetrag die *Modulationsübertragungsfunktion* MTF und deren Phase (wie der Name schon sagt) die **Phasenübertragungsfunktion** PTF ist (MTF und PTF für das englische "modulation transfer function" bzw. "phase transfer function"). Die MTF ist ein Maß für die vom Eingangsspektrum zum Ausgangsspektrum auftretende Kontrastverringerung. Die PTF gibt die relative Phasenverschiebung an. In zentrierten optischen Systemen treten Phasenverschiebungen nur außeraxial auf und oft ist die PTF von geringerem Interesse als die MTF. Trotzdem muß man bei der Anwendung der Transferfunktion vorsich-

Abbildung 11.49
Es ergeben sich: das Spektrum in der Bildebene als Produkt aus Spektrum in der Gegenstandsebene und OTF, die Strahlungsverteilung in der Bildebene als Faltung der Strahlungsverteilung in der Gegenstandsebene und der Punktverwaschungsfunktion — dies jeweils bei inkohärenter Beleuchtung.

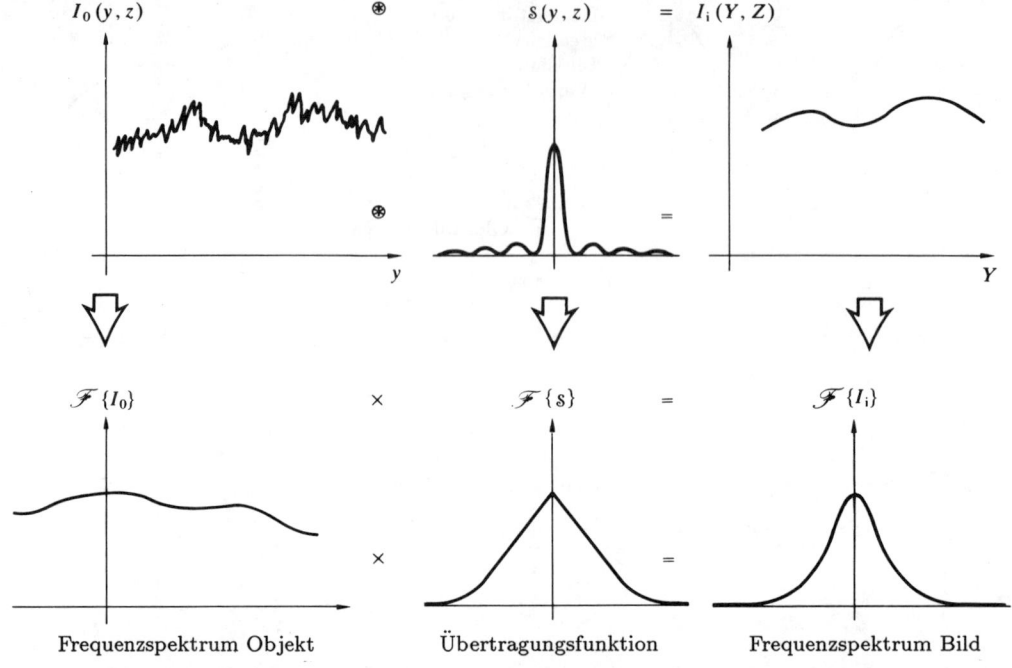

tig sein; es gibt nämlich Situationen in denen die PTF eine entscheidende Rolle spielt. Tatsächlich ist die MTF zu einer weitverbreiteten Methode geworden, die Leistungsfähigkeit aller möglichen optischen Elemente, Systeme oder den Einfluß bestimmter Bedingungen anzugeben — von Linsen über Magnetband und Filme bis zu Teleskopen, der Atmosphäre und dem Auge, um nur einige zu nennen. Ferner hat diese Methode den Vorteil, daß dann, wenn die Modulationsübertragungsfunktionen für die einzelnen unabhängigen Komponenten eines Systems bekannt sind, die Gesamt-MTF häufig einfach deren Produkt ist. Auf hintereinander angeordnete Linsen ist dies nicht anwendbar, da die Abbildungsfehler einer Linse diejenigen einer hinter ihr liegenden Linse kompensieren können, die Komponenten also nicht unabhängig sind. Wenn wir einen Gegenstand photographieren, dessen Kontrastwert für 30 Linienpaare pro mm 0.3 ist, dazu eine Objektivlinse benutzen, die bei Scharfeinstellung den MTF-Wert 0.5 für 30 Paare/mm hat und einen Film[15] wie Tri-X mit einem MTF-Wert von 0.4 bei 30 Paaren/mm verwenden, ist die Bildmodulation also $0.3 \times 0.5 \times 0.4 = 0.06$.

ii) Eine formellere Erörterung

Wie wir in Gleichung (11.51) sahen, kann das Bild (unter den Voraussetzungen der Rauminvarianz und Inkohärenz) ausgedrückt werden als die Faltung von Strahlungsverteilung I_0 in der Gegenstandsebene einerseits mit der Punktverwaschungsfunktion andererseits.

$$I_i(Y, Z) = I_0(y, z) \circledast \mathcal{S}(y, z). \qquad (11.90)$$

Die entsprechende Aussage im Bereich der Raumfrequenzen erhält man mittels der Fourier-Transformierten:

$$\mathcal{F}\{I_i(Y, Z)\} = \mathcal{F}\{I_0(y, z)\} \cdot \mathcal{F}\{\mathcal{S}(y, z)\}, \qquad (11.91)$$

wobei der Faltungssatz (11.53) benutzt wurde. Gleichung (11.91) besagt, daß *das Frequenzspektrum der Strahlungsverteilung in der Bildebene gleich ist dem Produkt aus Frequenzspektrum der Strahlungsverteilung in der*

---

[15] Nebenbei bemerkt ist die Vorstellung von einem Film als rauschfreiem linearen System ziemlich zweifelhaft. Zur weiteren Lektüre siehe J.B. De Velis and G.B. Parrent Jr., "Transfer Function for Cascaded Optical Systems", *J. Opt. Soc. Am.* **57**, 1486 (1967).

Gegenstandsebene und der Transformierten der Verwaschungsfunktion (Abb. 11.49). Also ändert (Multiplikation mit) $\mathcal{F}\{\mathcal{S}(y,z)\}$ das Frequenzspektrum des Gegenstandes in das des Bildes um. Diese Transformation ist aber gerade der Inhalt der OTF (Optische Übertragungsfunktion/optical transfer function) und man definiert tatsächlich die **nicht normierte OTF** als

$$\mathcal{T}(k_Y, k_Z) \equiv \mathcal{F}\{\mathcal{S}(y,z)\}. \tag{11.92}$$

Der Absolutbetrag von $\mathcal{T}(k_Y, k_Z)$ bestimmt die Amplitudenänderung der verschiedenen Frequenzkomponenten des Gegenstandsspektrums, während die Phase von $\mathcal{T}(k_Y, k_Z)$ verständlicherweise die passende Phasenänderung dieser Komponenten beschreibt; beides zusammengenommen führt zu $\mathcal{F}\{I_i(Y,Z)\}$. Man beachte, daß auf der rechten Seite von Gleichung (11.90) $\mathcal{S}(y,z)$ die einzige Größe ist, die vom eigentlichen optischen System abhängt. Daher überrascht es auch nicht, daß die Verwaschungsfunktion das räumliche Gegenstück der das Systemverhalten zusammenfassenden optischen Übertragungsfunktion ist.

Prüfen wir nun die früher gemachte Aussage, daß optische Elemente, die wie lineare Operatoren funktionieren, ein harmonisches Eingangssignal in ein etwas verändertes harmonisches Ausgangssignal transformieren. Dazu nehmen wir an, es sei

$$I_0(z) = 1 + a\cos(k_Z z + \varepsilon), \tag{11.93}$$

womit wir der Einfachheit halber eine eindimensionale Verteilung verwenden. Die 1 ist ein Gleichlicht-Vorniveau, welches gewährleistet, daß die Lichtintensität keine physikalisch unsinnigen negativen Werte annimmt. Da $f \circledast h = h \circledast f$ ist, können wir statt Gleichung (11.90) eindimensional auch so sagen:

$$I_i(Z) = \mathcal{S}(z) \circledast I_0(z)$$

und analog zu (11.52) deshalb

$$I_i(Z) = \int_{-\infty}^{+\infty} \mathcal{S}(z) \cdot I_0(Z-z)\,dz$$
$$= \int_{-\infty}^{+\infty} \{1 + a\cos[k_Z(Z-z) + \varepsilon]\}\mathcal{S}(z)\,dz,$$

so daß in dieser Funktionenreihenfolge die sich als am günstigsten erweisende Argumentverteilung $\mathcal{S}(z)$, $I_0(Z-z)$ auftritt. Indem wir den Kosinus auseinanderziehen, erhalten wir:

$$I_i(Z) = \int_{-\infty}^{+\infty} \mathcal{S}(z)\,dz + a\cos(k_Z Z + \varepsilon)\int_{-\infty}^{+\infty}\cos k_Z z \mathcal{S}(z)\,dz$$
$$+ a\sin(k_Z Z + \varepsilon)\int_{-\infty}^{+\infty}\sin k_Z z \mathcal{S}(z)\,dz.$$

Bei Vergleich mit Gleichung (7.57) erkennen wir das zweite und das dritte Integral als die Fouriersche Kosinus- bzw. Sinustransformierte von $\mathcal{S}(z)$, d.h. als $\mathcal{F}_c\{\mathcal{S}(z)\}$ und $\mathcal{F}_s\{\mathcal{S}(z)\}$. Also

$$I_i(z) = \int_{-\infty}^{+\infty}\mathcal{S}(z)\,dz + \mathcal{F}_c\{\mathcal{S}(z)\}a\cos(k_Z Z + \varepsilon)$$
$$+ \mathcal{F}_s\{\mathcal{S}(z)\}a\sin(k_Z Z + \varepsilon). \tag{11.94}$$

Man erinnere sich, daß die von uns so oft benutzte komplexe Transformierte so definiert wurde, daß

$$\mathcal{F}\{f(z)\} = \mathcal{F}_c\{f(z)\} + i\mathcal{F}_s\{f(z)\} \tag{11.95}$$

oder

$$F(k_Z) = A(k_Z) + iB(k_Z). \qquad [11.7]$$

Außerdem gilt

$$\mathcal{F}\{f(z)\} = |F(k_Z)|e^{i\varphi(k_Z)} = |F(k_Z)|[\cos\varphi + i\sin\varphi],$$

wobei

$$|F(k_Z)| = [A^2(k_Z) + B^2(k_Z)]^{1/2} \tag{11.96}$$

und

$$\varphi(k) = \tan^{-1}\frac{B(k_Z)}{A(k_Z)} \tag{11.97}$$

gelten. Wir wenden dies ganz genau so auf die OTF an und schreiben sie als

$$\mathcal{F}\{\mathcal{S}(z)\} \equiv \mathcal{T}(k_Z) = \mathcal{M}(k_Z)e^{i\Phi(k_Z)}, \tag{11.98}$$

wobei $\mathcal{M}(k_Z)$ und $\Phi(k_Z)$ die nicht normierte MTF bzw., die PTF sind. Als letztes bleibt noch zu zeigen, daß Gleichung (11.94) umformuliert werden kann als

$$I_i(Z) = \int_{-\infty}^{+\infty}\mathcal{S}(z)dz + a\mathcal{M}(k_Z)\cos[k_Z Z + \varepsilon - \Phi(k_Z)]. \tag{11.99}$$

Man beachte, daß die Form dieser Funktion die gleiche ist wie beim Eingangssignal $I_0(z)$ in Gleichung (11.93), das

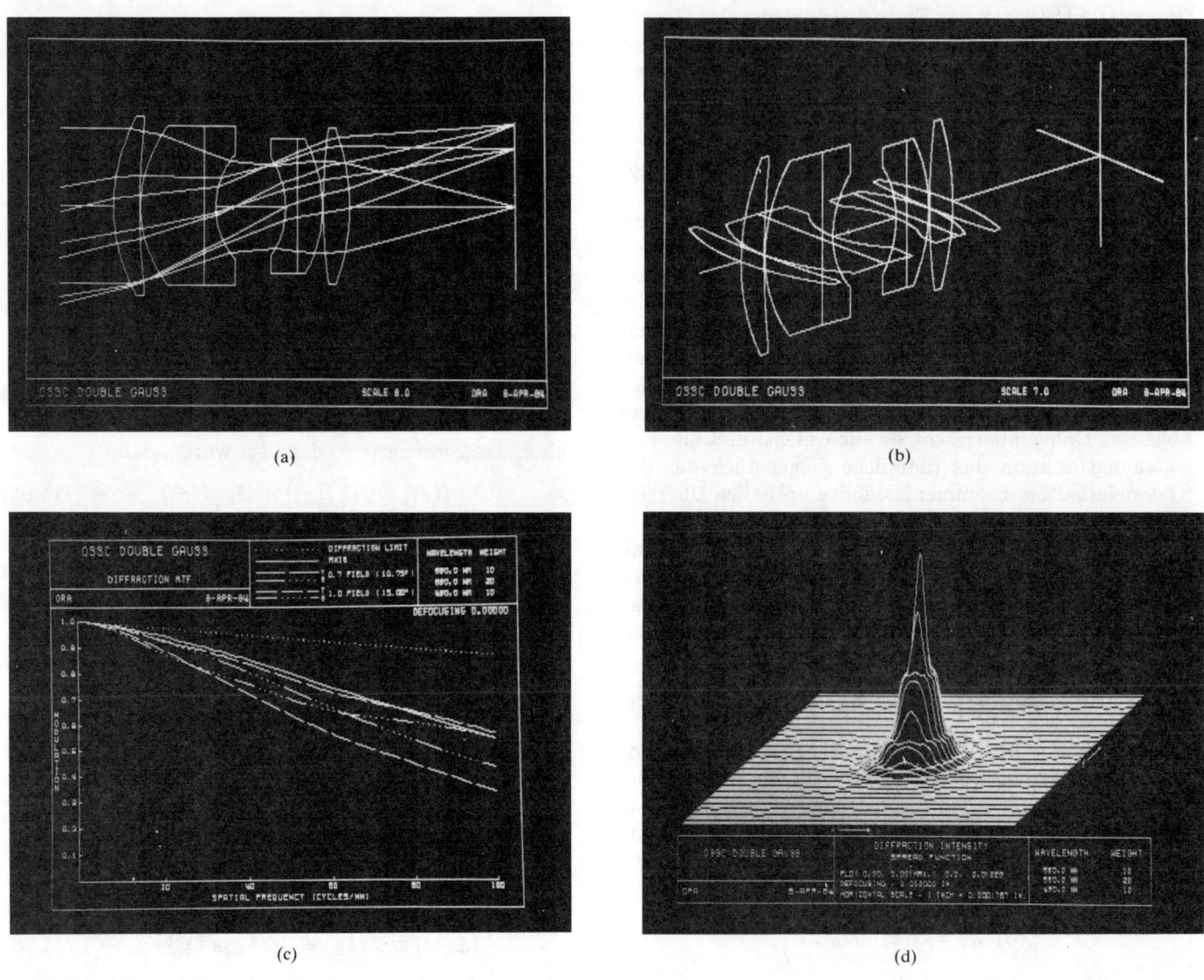

Abbildung 11.50 Ein Beispiel mittels moderner Computertechnik gewonnener Linsen-Konstruktionshinweise. (Photos freundlicherweise überlassen von Optical Research Associates.)

zu berechnen wir uns vorgenommen haben. Für den Fall, daß die Linienverwaschungsfunktion symmetrisch — d.h. gerade — ist, gilt $\mathcal{F}_s\{\mathcal{S}(z)\} = 0$, $\mathcal{M}(k_Z) = \mathcal{F}_c\{\mathcal{S}(z)\}$ und $\Phi(k_Z) = 0$; wie im vorigen Abschnitt bereits angesprochen wurde, tritt in diesem Fall keine Phasenverschiebung auf. Ist die Verwaschungsfunktion aber asymmetrisch (ungerade), so ist $\mathcal{F}_s\{\mathcal{S}(z)\}$ von Null verschieden, wie die PTF.

Es ist heute allgemein üblich, *normierte Übertragungsfunktionen* zu definieren, indem man $\mathcal{T}(k_Z)$ durch $\mathcal{T}(0) = \int_{-\infty}^{+\infty} \mathcal{S}(z)dz$ teilt, d.h. durch den Wert, den die nicht normierte optische Übertragungsfunktion für die Raumfrequenz $k_Z = 0$ hat. Die normierte Verwaschungsfunktion lautet

$$\mathcal{S}_n(z) = \frac{\mathcal{S}(z)}{\int_{-\infty}^{+\infty} \mathcal{S}(z)dz}, \qquad (11.100)$$

und die **normierte OTF**

$$T(k_Z) \equiv \frac{\mathcal{F}\{\mathcal{S}(z)\}}{\int_{-\infty}^{+\infty} \mathcal{S}(z)dz} = \mathcal{F}\{\mathcal{S}_n(z)\}, \qquad (11.101)$$

oder für zwei Dimensionen

$$T(k_Y, k_Z) = M(k_Y, k_Z) e^{i\Phi(k_Y, k_Z)}, \qquad (11.102)$$

wobei $M(k_Y, k_Z) \equiv \mathcal{M}(k_Y, k_Z)/\mathcal{T}(0,0)$. $I_i(Z)$ in Gleichung (11.99) wäre dann proportional zu

$$1 + aM(k_Z)\cos[k_Z Z + \varepsilon - \Phi(k_Z)].$$

Der Bildkontrast (11.89) ist nun $aM(k_Z)$ und der Gegenstandskontrast (11.93) ist a; ihr Verhältnis entspricht — wie erwartet — der normierten MTF = $M(k_Z)$.

Unsere Abhandlung soll nur eine Einleitung sein, eher mit dem Ziel nachdrücklicher Grundlegung, nicht aber formeller Vollständigkeit. Es gäbe eine Vielzahl weiterer Zusammenhänge zu entwickeln, wie z.B. die Beziehung zwischen Auto-Korrelation der Pupillenfunktion und OTF, sowie — davon ausgehend — die Methoden der Berechnung und Messung der Übertragungsfunktionen (Abb. 11.50). Diesbezüglich verweisen wie den Leser auf die Fachliteratur.[16]

---

[16] Siehe die Artikelreihe "The Evolution of the Transfer Function" von F. Abbott mit Beginn März 1970 in *Optical Spectra*, die Artikel "Physical Optics Notebook" von G.B. Parrent, Jr. und B.J. Thompson ab Dezember 1964 im *S.P.I.E. Journal* Vol. 3 oder "Image Structure and Transfer" von K. Sayanagi, 1967, erhältlich beim Institute of Optics, University of Rochester. Verschiedene Bücher sind im Hinblick auf Anwendungs- oder Praxisbezug empfehlenswert: z.B. *Modern Optics* von E. Brown, *Modern Optical Engineering* von W. Smitz und *Applied Optics* von L. Levi. In all diesen Büchern passe man bei den Vorzeichenvereinbarungen zu den Transformierten auf.

Aufgaben

11.1 Bestimmen Sie die Fourier-Transformierte der Funktion

$$E(x) = \begin{cases} E_0 \sin k_p x, & |x| < L \\ 0, & |x| > L. \end{cases}$$

Fertigen Sie eine Skizze von $\mathcal{F}\{E(x)\}$ an. Diskutieren Sie deren Beziehung zu Abbildung 11.11.

11.2* Bestimmen Sie die Fourier-Transformierte zu

$$f(x) = \begin{cases} \sin^2 k_p x, & |x| < L \\ 0, & |x| > L. \end{cases}$$

Fertigen Sie eine Skizze an.

11.3 Bestimmen Sie die Fourier-Transformierte von

$$f(t) = \begin{cases} \cos^2 \omega_p t, & |t| < T \\ 0, & |t| > T. \end{cases}$$

Fertigen Sie eine Skizze von $F(\omega)$ an, zeichnen Sie anschließend auf, welcher Form Sie sich bei $T \to \pm\infty$ nähert.

11.4* Zeigen Sie, daß gilt $\mathcal{F}\{1\} = 2\pi\delta(k)$.

11.5* Bestimmen Sie die Fourier-Transformierte der Funktion $f(x) = A \cos k_0 x$.

11.6 Es gelte $\mathcal{F}\{f(x)\} = F(k)$ und $\mathcal{F}\{h(x)\} = H(k)$. Bestimmen Sie $\mathcal{F}\{af(x) + bh(x)\}$, wenn a und b Konstante sind.

11.7* Abbildung 11.51 zeigt zwei periodische Funktionen $f(x)$ und $h(x)$, deren Summe wir hier mit $g(x)$ bezeichnen. Skizzieren Sie $g(x)$ und erstellen Sie Diagramme der reellen und imaginären Frequenzspektren sowie der Amplitudenspektren jeder der drei Funktionen.

11.8 Berechnen Sie die Fourier-Transformierte des in Abbildung 11.52 dargestellten Dreieckpulses. Skizzieren Sie die berechnete Transformierte und bezeichnen Sie alle charakteristischen Kurvenpunkte.

11.9* Es sei $\mathcal{F}\{f(x)\} = F(k)$. Bestimmen Sie die Fourier-Transformierte von $f(x/a)$, wobei $1/a$ ein konstanter Maßstabsfaktor sei. Zeigen Sie: die Transformierte von $f(-x)$ ist $F(-k)$.

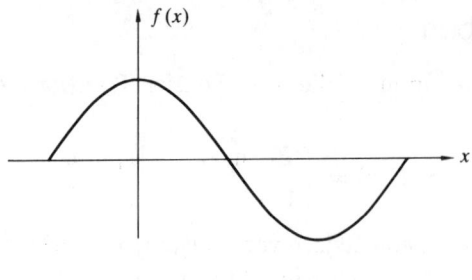

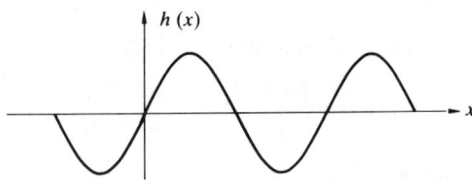

Abbildung 11.51

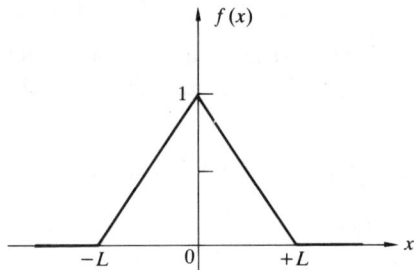

Abbildung 11.52

11.10* Zeigen Sie, daß die Fourier-Transfomierte der Transformierten, also $\mathcal{F}\{F(k)\}$, gleich $2\pi f(-x)$ ist, und daß dies von der inversen Transformierten verschieden ist, die $f(x)$ beträgt. Diese Aufgabe wurde von Herrn D. Chapman vorgeschlagen, als er Student der University of Ottawa war.

11.11* Die Rechteckfunktion wird oft definiert als

$$\operatorname{rect}\left|\frac{x-x_0}{a}\right| = \begin{cases} 0, & |(x-x_0)/a| > \frac{1}{2} \\ \frac{1}{2}, & |(x-x_0)/a| = \frac{1}{2} \\ 1, & |(x-x_0)/a| < \frac{1}{2} \end{cases}$$

so daß die Stellen, an denen sie unstetig ist ("Sprungstellen"), den Funktionswert $1/2$ bekommen (Abb. 11.53).

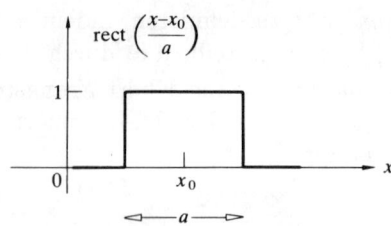

Abbildung 11.53

Bestimmen Sie die Fourier-Transformierte von

$$f(x) = \operatorname{rect}\left|\frac{x-x_0}{a}\right|.$$

Beachten Sie, daß dies ein Rechteckpuls wie in Abbildung 11.1 (b) ist, lediglich um eine Strecke x_0 gegen den Ursprung verschoben.

11.12* Zeigen Sie in Kenntnis der beiden letzten Aufgaben, daß gilt $\mathcal{F}\{(1/2\pi)\operatorname{sinc}(x/2)\} = \operatorname{rect}(k)$. Gehen Sie davon aus, daß $\mathcal{F}\{\operatorname{rect}(x)\} = \operatorname{sinc}(1/2k)$ ist, was Gleichung (7.58) mit $L=a$ und $a=1$ gleichkommt.

11.13* Mittels Gleichung (11.38) ist zu zeigen, daß gilt $\mathcal{F}^{-1}\{F\{f(x)\}\} = f(x)$.

11.14* Zeigen Sie, daß der Unterschied zwischen einem $\mathcal{F}\{f(x)\}$ und $\mathcal{F}\{f(x-x_0)\}$ nur in einem linearen Phasenfaktor besteht.

11.15 Beweisen Sie $f \circledast h = h \circledast f$ zuerst direkt und danach mit Hilfe des Faltungssatzes.

11.16* Angenommen wir haben zwei Funktionen $f(x,y)$ und $h(x,y)$, die jeweils in einem quadratischen Bereich der xy-Ebene den konstanten Betrag 1, überall sonst aber den Wert 0 haben (Abb. 11.54). Erstellen Sie ein Diagramm von $g(X,0)$, wenn $g(X,Y)$ die Faltungsfunktion ist.

11.17 Weisen Sie nach, daß vorgenannte Faltungsfunktion Null ist für $|X| \geq d+\ell$, wenn h als eine Verwaschungsfunktion betrachtet wird.

11.18* Wenden Sie das in Abbildung 11.23 veranschaulichte Verfahren an, um die Faltung der beiden in Abbildung 11.55 dargestellten Funktionen zu bestimmen.

11.19 Es sei $f(x) \circledast h(x) = g(X)$. Zeigen Sie: wenn man eine der Funktionen um einen Betrag x_0 verschiebt, so erhält man $f(x-x_0) \circledast h(x) = g(X-x_0)$.

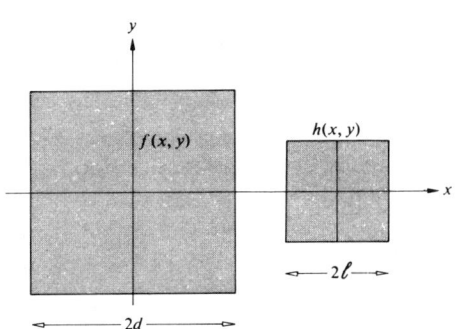

Abbildung 11.54

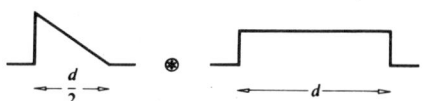

Abbildung 11.55

11.20* Weisen Sie rechnerisch nach, daß die Faltung jeder Funktion $f(x)$ mit einer Deltafunktion $\delta(x)$ die ursprüngliche Funktion $f(X)$ liefert. Dabei darf benutzt werden, daß $\delta(x)$ eine gerade Funktion ist.

11.21 Beweisen Sie, daß $\delta(x - x_0) \circledast f(x) = f(X - x_0)$ ist und diskutieren Sie die Bedeutung dieses Ergebnisses. Skizzieren Sie zwei geeignete Funktionen und falten Sie diese miteinander. Sorgen Sie dafür, daß $f(x)$ asymmetrisch ist.

11.22* Zeigen Sie, daß $\mathcal{F}\{f(x)\cos k_0 x\} = [F(k - k_0) + F(k + k_0)]/2$ und daß $\mathcal{F}\{f(x)\sin k_0 x\} = [F(k - k_0) - F(k + k_0)]/2i$ gilt.

11.23* Abbildung 11.56 zeigt zwei Funktionen. Falten Sie graphisch beide Funktionen miteinander und zeichnen Sie die resultierende Funktion auf.

11.24 Gegeben sei die Funktion
$$f(x) = \text{rect}\left|\frac{x - a}{a}\right| + \text{rect}\left|\frac{x + a}{a}\right|.$$
Bestimmen Sie die zugehörige Fourier-Transformierte. (Vergleiche Aufgabe 11.11.)

11.25 Gegeben sei die Funktion $f(x) = \delta(x+3) + \delta(x-2) + \delta(x-5)$. Falten Sie $f(x)$ mit einer beliebigen Funktion $h(x)$.

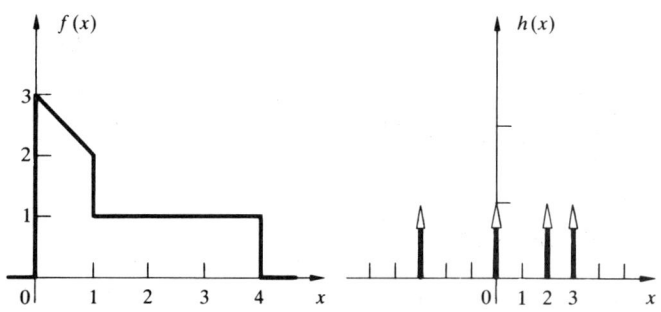

Abbildung 11.56

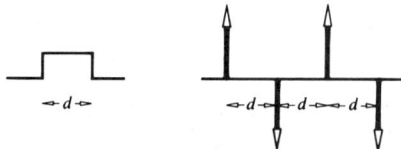

Abbildung 11.57

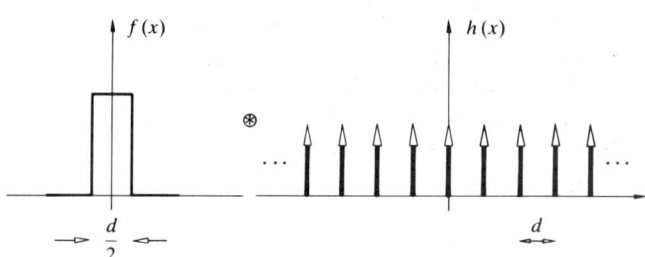

Abbildung 11.58

11.26* Skizzieren Sie die Funktion, die sich bei der Faltung der zwei in Abbildung 11.57 dargestellten Funktionen ergibt.

11.27* Abbildung 11.58 zeigt eine *Rechteck*-Funktion (definiert entsprechend Aufgabe 11.11) und eine periodische "Kamm"-Funktion $comb(x)$. Falten Sie beide miteinander und nennen Sie das Ergebnis $g(x)$. Tragen Sie nun jede dieser Funktionen gegen die Raumfrequenz $k/2\pi = 1/\lambda$ auf. Prüfen Sie Ihre Ergebnisse mit dem Faltungssatz. Drücken Sie alle Kurvenpunkte auf der x-Achse durch d aus — wie die Nullwerte der Transformierten von $f(x)$.

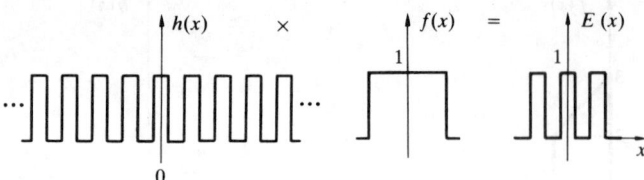

Abbildung 11.59

11.28 Abbildung 11.59 zeigt einen eindimensionalen Ausschnitt des elektrischen Feldes in der Ebene einer gitterförmigen Blende aus mehreren undurchsichtigen Balken. Interpretieren wir sie als das Produkt aus einer periodischen Rechteckwelle $h(x)$ und einer Einheits-Rechteckfunktion $f(x)$. Skizzieren Sie das resultierende elektrische Feld im Fraunhofer-Gebiet.

11.29 Zeigen Sie (für senkrecht einfallende ebene Wellen), daß bei einer zentralsymmetrischen Blendenöffnung, d.h. bei gerader Blendenöffnungsfunktion, das Fraunhofersche Beugungsfeld ebenfalls punktsymmetrisch ist.

11.30 Angenommen eine bestimmte Blendenöffnung liefere ein Fraunhofersches Beugungsmuster $E(Y, Z)$. Zeigen Sie, daß bei einer Veränderung der Blendenabmessungen gilt: ändert sich die Blendenöffnungsfunktion $\mathcal{A}(y, z)$ zu $\mathcal{A}(\alpha y, \beta z)$, so ist das veränderte Beugungsfeld gegeben durch

$$E'(Y, Z) = \frac{1}{\alpha\beta} E\left(\frac{Y}{\alpha}, \frac{Z}{\beta}\right).$$

11.31 Zeigen Sie, daß im Falle von $f(t) = A\sin(\omega t + \varepsilon)$ für die Autokorrelation gilt $C_{ff}(\tau) = (A^2/2)\cos\omega\tau$, was dem Verlust der Phaseninformation bei der Autokorrelation entspricht.

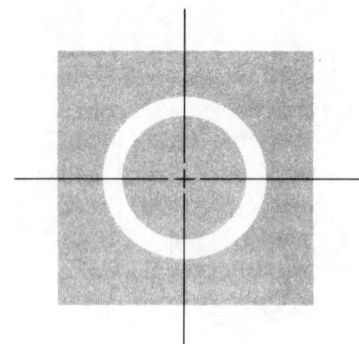

Abbildung 11.60

11.32 Angenommen wir haben einen einzelnen Spalt in y-Richtung mit der Breite b und die Blendenöffnungsfunktion sei über b konstant mit einem Wert $\mathcal{A}_0$. Welches Beugungsfeld ergibt sich, wenn wir den Spalt mit einer Kosinus-Amplitudenmaske abdecken, d.h. wenn wir die Blendenöffnungsfunktion kosinusförmig von $\mathcal{A}_0$ in der Mitte auf 0 in $\pm b/2$ abfallen lassen?

11.33* Zeigen Sie, daß $f(x) \odot g(x) = f(x) \circledast g(-x)$ gilt. Gehen Sie dazu von der Integralschreibweise von Korrelation, Gleichung (11.86), und Faltung, Gleichung (11.52), aus.

11.34* Abbildung 11.60 zeigt einen durchsichtigen Ring in einer ansonsten undurchsichtigen Maske. Tragen Sie in einer groben Skizze die zugehörige Autokorrelations-Funktion gegen den variablen Ringmittenabstand l auf.

11.35* Interpretieren wir die Funktion in Abbildung 11.35 als Produkt aus streng kosinusförmiger Welleninformation und exponentieller Hüllkurve. Verwenden Sie den Frequenzfaltungssatz zur Berechnung der Fourier-Transformierten dieser Produktfunktion.

12 GRUNDLAGEN DER KOHÄRENZTHEORIE

In der Diskussion von Phänomenen, bei denen die Superposition von Wellen wesentlich ist, haben wir uns bisher auf entweder rein kohärente oder rein inkohärente sich überlagernde Wellen beschränkt. Dies geschah hauptsächlich aus einer mathematischen Bequemlichkeit, weil ziemlich oft gerade die extremen physikalischen Situationen am leichtesten analytisch zu behandeln sind. Tatsächlich sind diese zwei Grenzfälle eher begriffliche Idealisierungen als wirkliche physikalische Realitäten. Zwischen diesen beiden Extremen gibt es einen Bereich, der heutzutage von beträchtlichem Interesse ist — das Gebiet der *Teilkohärenz*. Die Notwendigkeit der dahingehenden Theorieausweitung besteht allerdings schon länger, mindestens seit Mitte der sechziger Jahre des 19. Jahrhunderts, als Emile Verdet zeigte, daß eine gemeinhin als inkohärent angesehene Lichtquelle wie die Sonne beobachtbare Interferenzstreifen erzeugen kann, wenn sie die dicht beieinanderliegenden ($\lesssim 0.05$ mm) Blendenöffnungen des Youngschen Experiments (Abschnitt 9.3) beleuchtet.

Das theoretische Interesse am Studium der Teilkohärenz aber ruhte, bis es in den dreißiger Jahren dieses Jahrhunderts durch P.H. van Cittert und später von Fritz Zernike wieder angeregt wurde. Und als die Technologie von den traditionellen Lichtquellen, die im wesentlichen optisches Frequenz-Rauschen erzeugen, schließlich zum Laser fortschritt, gab das dem Gebiet der Teilkohärenz einen neuen Anstoß. Darüber hinaus machte die jüngste Einführung der Einzelphoton-Detektoren es möglich, verwandte Vorgänge zu untersuchen, die mit dem korpuskularen Aspekt des "optischen" Feldes zusammenhängen.

Die optische Kohärenztheorie ist gegenwärtig ein Gebiet reger Forschung. Darum werden wir, obwohl viele der erregenden Themen weit über dem Niveau dieses Buches liegen, hier dennoch einige der Grundideen vorstellen.

12.1 Einführung

Weiter oben (Abschnitt 7.10) entwickelten wir das äußerst nützliche Bild des quasimonochromatischen Lichtes als Folge endlicher Wellenzüge ohne gegenseitige Phasenbeziehung (Abb. 7.21). Derartigem Licht entspricht eine nahezu sinusförmige Welle, obwohl die Frequenz (im Vergleich zur Schwingungsfrequenz von 10^{15} Hz) langsam um einen Mittelwert schwankt. Darüber hinaus schwankt auch die Amplitude, aber ebenfalls vergleichsweise langsam. Ein einzelner Wellenzug existiert durchschnittlich für die als *Kohärenzzeit* Δt_c bezeichnete Zeitspanne; sie ist der Kehrwert der Frequenzbandbreite $\Delta \nu$.

Oft ist es bequem, wenn auch etwas künstlich, unter Kohärenzeffekten *zeitliche* und *räumliche* zu unterscheiden. *"Zeitlich" bezieht sich dabei direkt auf die endliche Kohärenzzeit Δt_c, und damit auf die begrenzte Frequenzbandbreite $\Delta \nu = 1/\Delta t_c$ des Senders; "räumlich" bezieht sich auf dessen begrenzte räumliche Ausdehnung.*

Für den (wie gesagt idealisierten) Grenzfall monochromatischen Lichts wäre $\Delta \nu$ natürlich Null und Δt_c unendlich, aber dies ist natürlich unerreichbar. Trotzdem verhalten sich reale Lichtquellen im wesentlichen wie monochromatische, sofern man Zeitspannen deutlich unterhalb Δt_c betrachtet. Letztlich entspricht die Kohärenzzeit in etwa der *Zeitspanne, für die wir zu vorgegebenen Raumpunkten die dortige Phase der Lichtwelle noch hinreichend genau voraussagen können.* Eben das entspricht dem Begriff der **zeitlichen Kohärenz**: für großes Δt_c hat die Welle einen hohen zeitlichen Kohärenzgrad und umgekehrt.

Man kann diesen Zusammenhang auch unter etwas anderem Aspekt betrachten. Stellen wir uns dazu eine quasimonochromatische Punktquelle und zwei verschiedene Punkte vor, die alle auf einer Geraden liegen. Wenn die Kohärenzlänge $c \cdot \Delta t_c$ viel größer ist als der Abstand r_{12} zwischen P_1 und P_2, kann ein einziger Wellenzug gut den ganzen Abstand erfassen. Die Phase bei P_1 wäre dann mit derjenigen bei P_2 hochgradig korreliert. Ist der Abstand r_{12} in Ausbreitungsrichtung des Lichts jedoch deutlich größer als die Kohärenzlänge, so wird er stattdessen von einer Folge von Wellenzügen überbrückt, die untereinander keine Phasenbeziehung haben. In diesem Fall sind die Phasen in einem P_1 und P_2 jederzeit unabhängig voneinander. Im Englischen bezeichnet man den Grad der Phasenkorrelation zweier in Ausbreitungsrichtung liegender Punkte gelegentlich auch als *longitudinale Kohärenz*.[1] Obiger Kohärenzzusammenhang ergibt sich aus der begrenzten Frequenzbandbreite $\Delta \nu$ des Senders — oder auch der endlichen Kohärenzzeit Δt_c —, unabhängig davon, ob wir ihn nun über Kohärenzzeit (Δt_c) oder Kohärenzlänge ($c \cdot \Delta t_c$) beschreiben.

Von derartigen Kohärenzeffekten unterscheidet man wie gesagt die Effekte **räumlicher Kohärenz** eben dann, wenn es um Phänomene geht, die von der endlichen Ausdehnung gewöhnlicher Lichtquellen herrühren. Gehen wir dazu von einer breitflächigen klassischen Quelle monochromatischen Lichtes aus. Zwei Punktstrahler auf ihr, deren Abstand groß ist im Vergleich zu λ, verhalten sich vermutlich sehr unterschiedlich. Das heißt, zwischen den Phasen der beiden emittierten Wellen besteht keine Korrelation. Ausgedehnte Sender dieser Art werden i.a. als inkohärent bezeichnet, aber diese Beschreibung ist etwas irreführend, wie wir gleich sehen werden. Für gewöhnlich interessiert man sich nicht so sehr für die Vorgänge auf der Lichtquelle selbst, sondern vielmehr für die Effekte in einem entfernten Bereich des Strahlungsfeldes. Die eigentliche Frage lautet nämlich: Wie hängen die Beschaffenheit des Senders und die Geometrie der jeweiligen Versuchsanordnung mit der resultierenden Phasenkorrelation zusammen, die zwischen zwei *neben*einander (nicht *hinter*einander) befindlichen Punkten des Lichtfeldes auftritt? Dies erinnert an Youngs Experiment, in dem eine monochromatische Primärlichtquelle S zwei Löcher eines undurchsichtigen Schirms beleuchtet. Diese wiederum dienen als Sekundärlichtquellen, S_1 und S_2, die ein Interferenzmuster auf einer entfernten Beobachtungsplatte Σ_0 (Abb. 9.5) erzeugen. Wir wissen bereits, daß im Falle einer idealisierten Punktquelle S die von irgendeinem Blendenpaar S_1, S_2 auf Σ_a ausgehenden Elementarwellen eine konstante Phasenbeziehung beibehalten; sie sind exakt korreliert und daher kohärent. Es ergibt sich ein genau abgegrenztes Muster unveränderlicher Interferenzstreifen und das Feld ist räumlich kohärent. Das andere Extrem tritt ein, wenn die Blendenöffnungen von getrennten thermischen Strahlern (sogar geringer Frequenzbandbreite $\Delta \nu$) beleuchtet werden: es besteht keine Korrelation, mit den derzeitigen Detektoren sind keine Interferenzstreifen zu beobachten und die Lichtwellen bei S_1 und S_2 werden als inkohärent bezeichnet. Die Erzeugung eines Interferenzmusters ist also anscheinend ein sehr bequemes Maß der Kohärenz.

Wir können einige wichtige Einsichten in den Prozeß gewinnen, indem wir an die allgemeinen Überlegungen von Abschnitt 9.1 und Gleichung (9.7) zurückdenken. Betrachten wir zwei skalare Wellen $E_1(t)$ und $E_2(t)$, die aufeinander zulaufen und sich wie in der Abbildung 9.2 im Punkte P überlappen. Wenn das Licht monochromatisch ist und beide Strahlen die gleiche Frequenz haben, wird das resultierende Interferenzmuster von ihrer relativen Phase im Punkte P abhängen. Falls die Wellen in Phase sind, ist $E_1(t)E_2(t)$ für alle t positiv, weil die Felder zusammen steigen und fallen. Deshalb ist auch $I_{12} = 2\langle E_1(t)E_2(t)\rangle$ positiv und die resultierende Bestrahlungsstärke I übersteigt $I_1 + I_2$. Ähnliches erhält man, wenn die Lichtwellen um π phasenverschoben sind, die eine ist positiv wenn die andere negativ ist. Daraus folgt ein negativer Interferenzterm I_{12} und damit ist I kleiner als $I_1 + I_2$. In diesen beiden Fällen oszilliert das Produkt der beiden Felder sicherlich, aber nichts desto weniger ist es entweder immer positiv oder negativ, wor-

---

[1] nicht im Deutschen, wo man in diesem Zusammenhang auch nur von zeitlicher Kohärenz spricht; d.Ü.

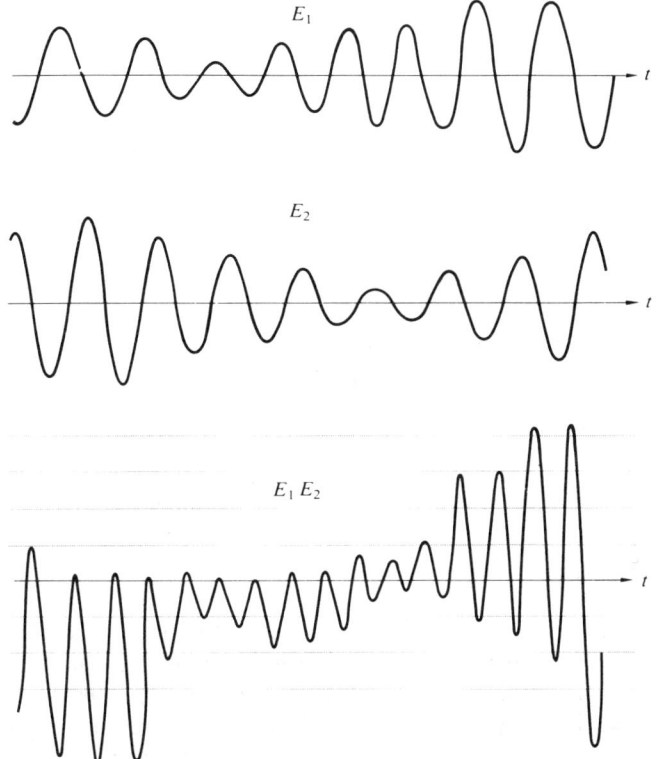

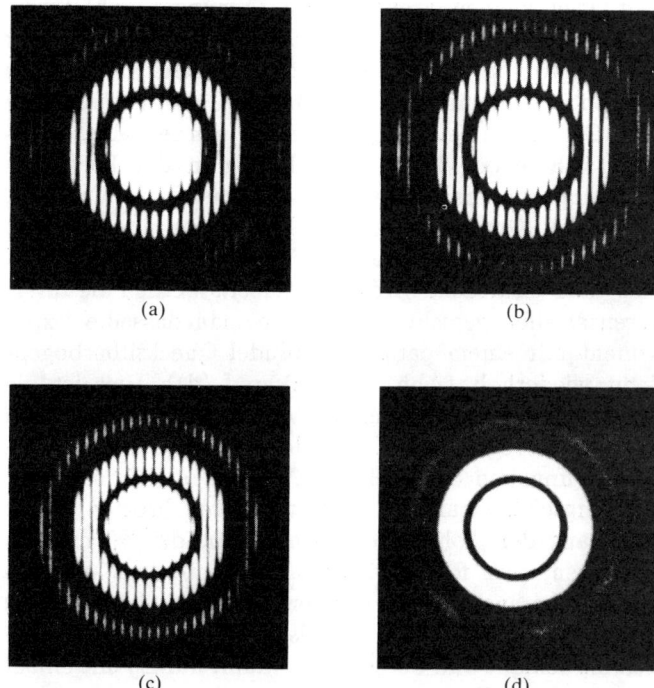

Abbildung 12.1 Zwei sich überlappende E-Felder und ihr Produkt als Funktion der Zeit. Je mehr die E-Felder unkorreliert sind, desto näher wird das gemittelte Produkt bei Null liegen.

Abbildung 12.2 Zweistrahl-Interferenz an einem Paar kreisförmiger Blenden. (a) He-Ne-Laser beleuchtet die Blendenöffnungen. (b) Noch einmal Laserlicht, aber diesmal bedeckt eine 0.5 mm dicke Glasplatte eine der Öffnungen. (c) Interferenzstreifen bei Beleuchtung durch paralleles Bündel Quecksilberbogenlicht. (d) Die Interferenzstreifen verschwinden, sobald bei Quecksilberbogenlicht die Glasplatte eingefügt wird (aus B.J. Thompson, *J. Soc. Photo. Inst. Engr.* **4**, 7 (1965)).

aus sich für das zeitliche Mittel ein Wert ungleich Null ergibt.

Nun betrachten wir den realistischeren Fall, in dem die beiden Lichtwellen quasimonochromatisch sind, ähnlich der Welle in Abbildung 7.21, die eine endliche Kohärenzlänge hat. Wenn wir wieder das Produkt $E_1(t)E_2(t)$ berechnen, sehen wir in Abbildung 12.1 (c), daß es mit der Zeit zwischen positiven und negativen Werten variiert. Dementsprechend ist der Interferenzterm $\langle E_1(t)E_2(t)\rangle$, gemittelt über einen relativ langen Zeitraum gegenüber der Periodendauer der Wellen, sehr klein, wenn nicht sogar Null: $I \approx I_1 + I_2$. Mit anderen Worten, falls die beiden Lichtwellen nicht korreliert sind, gibt es keine konstante Phasenbeziehung zwischen den Wellen. Sie sind nicht ganz kohärent und erzeugen daher nicht das ideale kontrastreiche Interferenzmuster,

das wir in Kapitel 9 betrachtet haben. Wir sollten uns hier an die Gleichung (11.87) erinnern, die die Kreuz-Korrelation von zwei Funktionen mit $\tau = 0$ ausdrückt. In der Tat, wenn P im Raum verschoben wird (z.B. entlang der Beobachtungsebene im Youngschen Experiment), wobei eine relative Zeitverschiebung τ zwischen den beiden Lichtwellen eingeführt wird, erhält man für den Interferenzterm $\langle E_1(t)E_2(t+\tau)\rangle$, also die Kreuz-Korrelation. Kohärenz bedeutet Korrelation, ein Punkt, der in Abschnitt 12.3 formal behandelt wird.

Youngs Experiment läßt sich ebenso dazu verwenden, mit einer Lichtquelle endlicher Frequenzbandbreite Effekte zeitlicher Kohärenz zu demonstrieren. Abbildung 12.2 (a) zeigt das Interferenzstreifenmuster, das man mit zwei kleinen kreisförmigen Öffnungen erhält, die von einem He-Ne-Laser beleuchtet werden. Bevor aber das Photo von Abbildung 12.2 (b) gemacht wurde, ist ein optisch ebenes, 0.5 mm dickes Glasstück vor eine der Öffnungen (z.B. S_1) gebracht worden. Dabei ergibt sich jedoch keine Veränderung in der Form des Beugungsmusters (abgesehen von einer Verschiebung), denn die Kohärenzlänge des Laserlichts überschreitet bei weitem die optische Weglängendifferenz, die durch das Glas verursacht wird. Andererseits werden die Interferenzstreifen verschwinden, wenn man dasselbe Experiment mit einem parallelen Bündel Quecksilberbogenlicht wiederholt (Abb. 12.2 (c) und (d)). Hier ist die Kohärenzlänge kurz genug im Vergleich zur zusätzlichen optischen Weglängendifferenz des Glases, so daß von den zwei Öffnungen unkorrelierte Wellenzüge auf der Beobachtungsebene ankommen. Mit anderen Worten: greift man aus den kohärenten Lichtwellen, die S_1 und S_2 verlassen, zwei folglich ebenso kohärente einzelne Wellenzüge heraus, so wird der von S_1 ausgehende im Glas so lange verzögert, bis er vollständig hinter den anderen zurückfällt und bei beider Ankunft auf Σ_0 mit einem ganz anderen Wellenzug von S_2 interferiert.

Sowohl bei zeitlicher als auch bei räumlicher Kohärenz haben wir es eigentlich nur mit einem einzigen Phänomen zu tun, nämlich mit der Korrelation zwischen Lichtwellen. Das heißt, wir sind im allgemeinen an der Bestimmung von Effekten interessiert, die von relativen Fluktuationen zwischen den Signalen (Phasen) an zwei Punkten der Raum-Zeit herrühren. Zugegebenermaßen scheint der Begriff der zeitlichen Kohärenz einen Effekt anzudeuten, der ausschließlich zeitlicher Natur ist. Jedoch bezieht er sich auf die endliche Ausdehnung eines Wellenzugs in der Zeit und ebenso im Raum; im Englischen ist gelegentlich sogar der Begriff *longitudinal spatial coherence* statt *temporal coherence* (zeitliche Kohärenz) zu finden, also etwa räumliche Longitudinalkohärenz. Dennoch hängt sie eigentlich von der zeitlichen Phasenkonstanz ab, und so werden wir auch weiterhin die Bezeichnung zeitliche Kohärenz verwenden. Räumliche Kohärenz, oder vielleicht präziser *räumliche Transversalkohärenz* (lateral spatial coherence), wie bei der ausgedehnten Lichtquelle, ist vielleicht einfacher zu verstehen, weil sie so eng mit dem Konzept der Wellenfront verbunden ist. Wenn sich also zu bestimmter Zeit zwei Punkte nebeneinander auf derselben Wellenfront befinden, so bezeichnet man die Felder an jenen Punkten als räumlich kohärent (siehe Abschnitt 12.3.1).

12.2 Sichtbarkeit

Die Qualität der mit einem Interferometer hergestellten Streifenmuster kann quantitativ mit der **Sichtbarkeit** $\mathcal{V}$ beschrieben werden, die zuerst von Michelson formuliert wurde als:

$$\mathcal{V}(r) \equiv \frac{I_{\max} - I_{\min}}{I_{\max} + I_{\min}}. \qquad (12.1)$$

Natürlich ist dies mit der Modulation von Gleichung (11.89) identisch. Hier sind $I_{\max}$ und $I_{\min}$ Intensitäten, die einem Maximum und angrenzenden Minimum im Beugungsmuster entsprechen. Wenn wir Youngs Experiment aufbauen, können wir den Abstand der Blendenöffnungen oder die Größe der monochromatischen Primärlichtquelle verändern, die daraufhin erfolgende Änderung von $\mathcal{V}$ messen und dann all dies auf das Kohärenzkonzept beziehen. Ein rechnerischer Ausdruck für die Verteilung der Lichtstromdichte I kann mit Hilfe von Abbildung 12.3 [2]) hergeleitet werden. Wir benutzen dort eine Linse L, um die Interferenzstreifen besser zu lokalisieren, d.h. um die an den endlichen Öffnungen gebeugten Lichtkegel sich auf der Ebene Σ_0 vollständiger überlagern zu lassen. Eine auf der Mittelachse liegende Punktquelle S' würde das gewöhnliche Beugungsmuster erzeugen, das wir aus Abschnitt 9.3 kennen:

$$I = 4I_0 \cos^2\left(\frac{Ya\pi}{s\lambda}\right). \qquad (12.2)$$

In ähnlicher Weise würde eine punktförmige Lichtquelle, die über oder unter S' auf einer Senkrechten zu der Linie $\overline{S_1S_2}$ liegt, dasselbe Muster paralleler Interferenzstreifen erzeugen, allerdings leicht verschoben entlang der Streifenrichtung. Ersetzt man S' durch eine inkohärente Linienquelle senkrecht zur Zeichenebene, so erhöht dies daher letztlich nur die verfügbare Lichtmenge. Das ist etwas, das wir vermutlich schon kannten. Im Gegensatz dazu erzeugt eine Punktquelle S'', die außerhalb der Achse der angenommenen Linienquelle liegt, ein Muster, dessen Zentrum P'' ist, der Bildpunkt, den S'' ohne den Schirm in Σ_0 erzeugen würde. Eine von S'' ausgehende

---

[2]) Diese Darstellung folgt teilweise derjenigen, die Towne in Kapitel 11 von *Wave Phenomena* gibt. Als abweichende Versionen vergleiche man Klein, *Optics*, Abschnitt 6.3 oder Aufgabe 12.3.

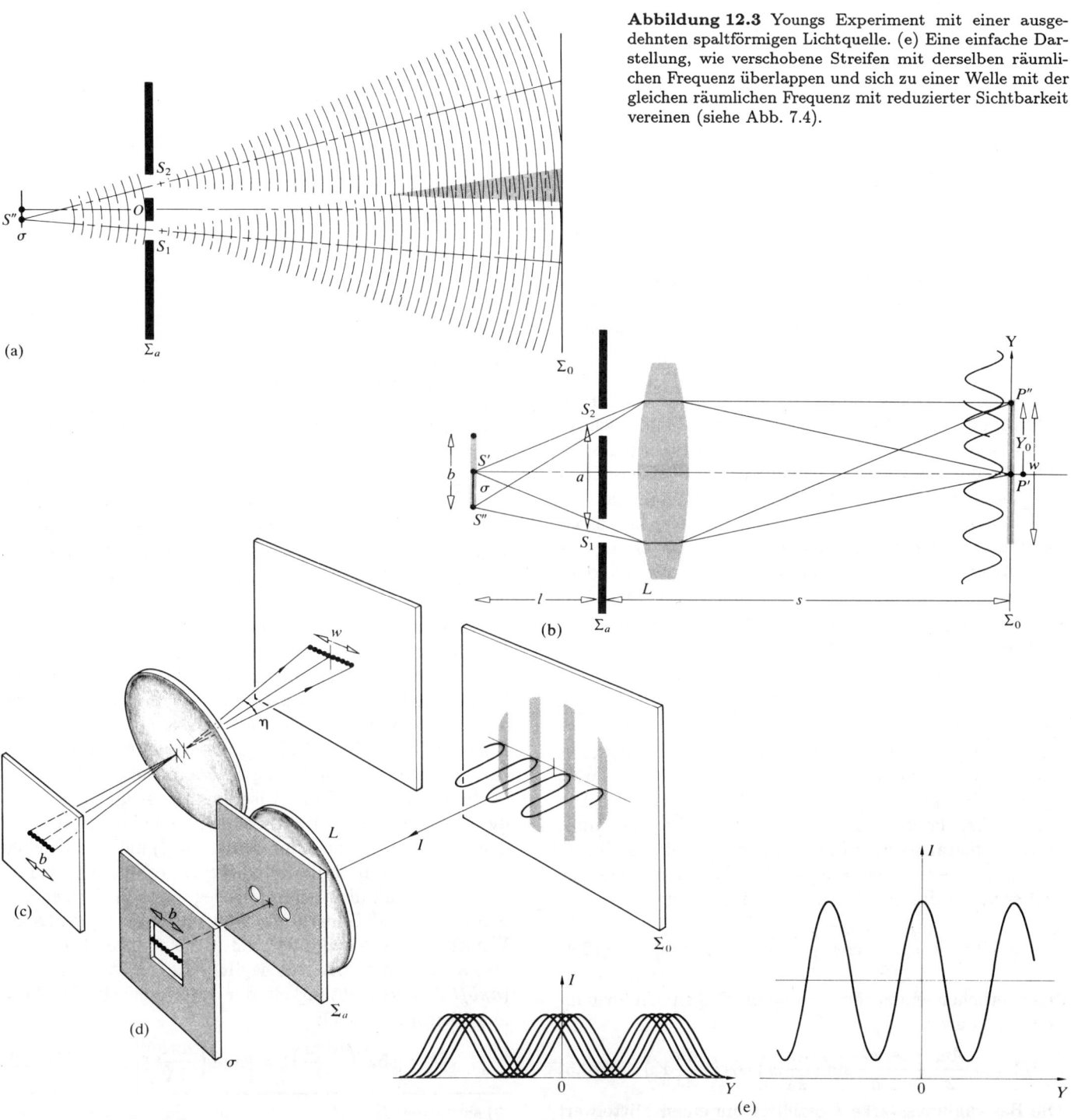

Abbildung 12.3 Youngs Experiment mit einer ausgedehnten spaltförmigen Lichtquelle. (e) Eine einfache Darstellung, wie verschobene Streifen mit derselben räumlichen Frequenz überlappen und sich zu einer Welle mit der gleichen räumlichen Frequenz mit reduzierter Sichtbarkeit vereinen (siehe Abb. 7.4).

kugelförmige Elementarwelle wird in P'' gesammelt; also legen alle Strahlen von S'' nach P'' gleichlange optische Wege zurück und daher ist die Interferenz konstruktiv, d.h. das zentrale Maximum erscheint bei P''. Der Wegunterschied $\overline{S_1P''} - \overline{S_2P''}$ erklärt die Verschiebung $\overline{P'P''}$. Folglich erzeugt S'' genau das gleiche Muster wie S', aber ihm gegenüber um den Betrag $\overline{P'P''}$ verschoben. Da diese Quellenpunkte inkohärent sind, addieren sich ihre Bestrahlungsstärken (Intensitäten) auf Σ_0 statt ihrer Feldamplituden (Abb. 12.3 (e)).

Das Interferenzstreifenmuster, das bei zur Zeichenebene senkrechter rechteckiger Blendenöffnung der Breite b von einer breitflächigen Lichtquelle erzeugt wird, kann bestimmt werden, indem man die Bestrahlungsstärke einer inkohärenten kontinuierlichen Linienquelle parallel zu $\overline{S_1S_2}$ sucht. Beachten Sie, daß in Abbildung 12.3 (b) die Variable Y_0 den Ort irgendeines Punktes auf dem Bild der Quelle beschreibt, wenn der Blendenschirm fehlt. Wird Σ_a vor die Linse gesetzt, so trägt jedes infinitesimale Element der Linienquelle ein Streifensystem bei, dessen Mittelpunkt der jeweilige Bildpunkt im Abstand Y_0 vom Ursprung 0 auf Σ_0 ist. Darüber hinaus ist der Beitrag dI dieses Liniensystems zur Verteilung der Lichtstromdichte proportional dem Linienelement, oder bequemer, proportional zu dessen Bild dY_0 auf Σ_0. Also ist, Gleichung (9.31) benutzend, der von dY_0 herrührende Beitrag zur gesamten Bestrahlungsstärke

$$dI = A\, dY_0 \cos^2\left[\frac{a\pi}{s\lambda}(Y - Y_0)\right], \qquad (12.3)$$

wobei A eine passende Konstante ist. In Analogie zu Gleichung (12.2) ist dies der Ausdruck für ein vollständiges Beugungsmuster sehr geringer Bestrahlungsstärke, dessen Mittelpunkt Y_0 ist, erzeugt von kleinen Stücken der Quelle, deren Bild mit dY_0 bei Y_0 übereinstimmt. Durch Integration über die Ausdehnung w des Bildes einer Linienquelle, integrieren wir letztlich über die Quelle und erhalten das vollständige Streifenmuster

$$I(Y) = A \int_{-w/2}^{+w/2} \cos^2\left[\frac{a\pi}{s\lambda}(Y - Y_0)\right] dY_0. \qquad (12.4)$$

Nach etlichen einfachen trigonometrischen Umformungen wird daraus

$$I(Y) = \frac{Aw}{2} + \frac{A}{2}\frac{s\lambda}{a\pi}\sin\left(\frac{a\pi}{s\lambda}w\right)\cos\left(2\frac{a\pi}{s\lambda}Y\right). \qquad (12.5)$$

Die Bestrahlungsstärke I oszilliert um einen Mittelwert vom Betrag $\bar{I} = Aw/2$, der mit w ansteigt, und w wiederum mit der Breite des Spaltes der Quelle. Folglich ist

$$\frac{I(Y)}{\bar{I}} = 1 + \left(\frac{\sin a\pi w/s\lambda}{a\pi w/s\lambda}\right)\cos\left(2\frac{a\pi}{s\lambda}Y\right) \qquad (12.6)$$

oder

$$\frac{I(Y)}{\bar{I}} = 1 + \operatorname{sinc}\left(\frac{a\pi w}{s\lambda}\right)\cos\left(2\frac{a\pi}{s\lambda}Y\right). \qquad (12.7)$$

Daraus ergeben sich die Extrema der relativen Bestrahlungsstärke $I/\bar{I}$ zu

$$\frac{I_{\max}}{\bar{I}} = 1 + \left|\operatorname{sinc}\left(\frac{a\pi w}{s\lambda}\right)\right| \qquad (12.8)$$

und

$$\frac{I_{\min}}{\bar{I}} = 1 - \left|\operatorname{sinc}\left(\frac{a\pi w}{s\lambda}\right)\right|. \qquad (12.9)$$

Wird w sehr klein gegenüber der Interferenzstreifenbreite ($s\lambda/a$), so nähert sich die sinc-Funktion[3]) (Seite 660) dem Wert 1, $I_{\max}/\bar{I}$ damit dem Wert 2 und $I_{\min}/\bar{I}$ der Null (siehe Abb. 12.4). Mit zunehmendem w weicht $I_{\min}$ mehr und mehr von Null ab und die Interferenzstreifen verlieren an Kontrast, bis sie schließlich bei $w = s\lambda/a$ völlig verschwinden. Zwischen den Argumenten π und 2π (d.h. $w = s\lambda/a$ und $w = 2s\lambda$) ist die sinc-Funktion negativ. Wenn der Schlitz einer spaltförmigen Primärlichtquelle auf mehr als $w = s\lambda/a$ geöffnet wird, erscheinen die Interferenzstreifen wieder, aber so als ob sie in der Phase verschoben wären, d.h. vorher gab es bei $Y = 0$ ein Maximum, nun ist dort ein Minimum.

In Wirklichkeit ist das an den Blendenöffnungen gebeugte Licht derart lokalisiert (Abschnitt 10.2), daß das Streifensystem nicht für beliebig großes y seine Einförmigkeit beibehält. Das Muster von Abbildung 12.4 (a) wird eher wie Abbildung 12.5 aussehen.

In der Regel sind die Ausdehnung der Quelle (b) und die Abstände der Spalte (a) ist sehr klein im Vergleich zu dem Abstand zwischen den Schirmen (l) und (s). Folglich können wir dafür einige vereinfachende Näherungen machen. Während die oberen Überlegungen in Termen von w und s ausgedrückt waren, folgt mit Hilfe des zentralen Winkels η aus Abbildung 12.3 (c), $b \approx l\eta$ und $w \approx s\eta$, also auch $w/s \approx b/l$. Daher gilt $(a\pi\omega/s\lambda) \approx (a\pi\eta/\lambda) \approx (a\pi b/l\lambda)$. Die Sichtbarkeit der Interferenzstreifen folgt aus Gleichung (12.1):

$$\mathcal{V} = \left|\operatorname{sinc}\left(\frac{a\pi w}{s\lambda}\right)\right| = \left|\operatorname{sinc}\left(\frac{a\pi b}{l\lambda}\right)\right|, \qquad (12.10)$$

---

[3]) sinc $x = \sin x/x$

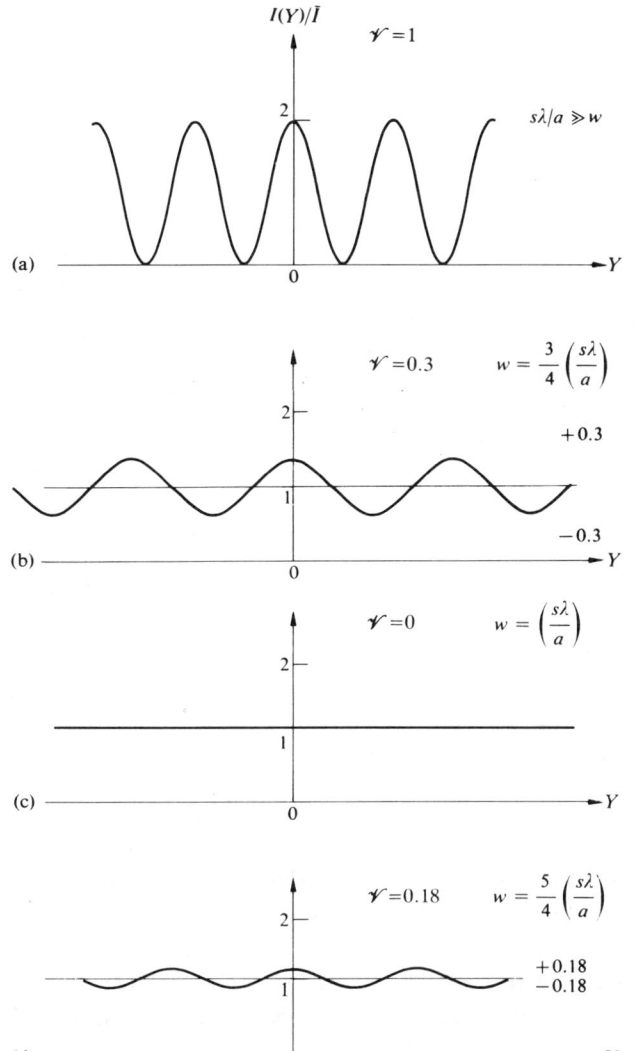

Abbildung 12.4 Interferenzstreifen bei verschieden langer spaltförmiger Lichtquelle. Hier ist w die Breite des Bildes von dem Spalt und $s\lambda/a$ ist der Abstand zwischen den Spitzen der Streifen.

was in Abbildung 12.6 dargestellt ist. Man beachte, daß $\mathcal{V}$ eine Funktion sowohl der Quellenbreite (wegen w) als auch des Spaltabstandes a ist. Wenn man einen dieser Parameter konstant hält und den anderen verändert, so beeinflußt dies $\mathcal{V}$ in genau derselben Weise. Beachten Sie, daß die Sichtbarkeit in den beiden Abbildungen 12.4

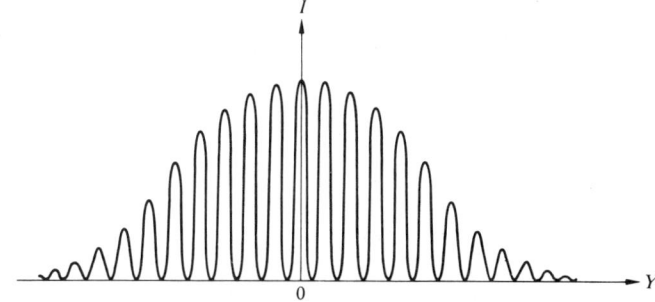

Abbildung 12.5 Zweistrahl-Interferenzstreifen, die den Beugungseffekt zeigen.

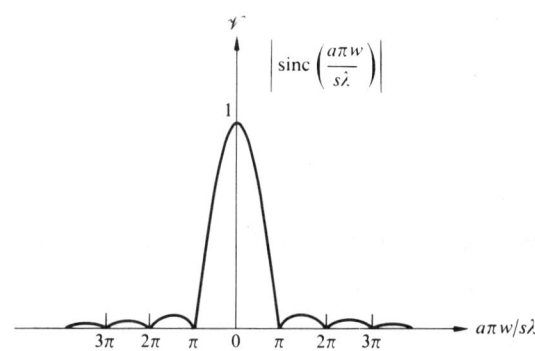

Abbildung 12.6 Die Sichtbarkeit, wie sie durch Gleichung (12.10) gegeben ist.

(a) und 12.5 gleich Eins sind, weil $I_{\min} = 0$. Es ist klar, daß die Sichtbarkeit des Streifensystems in der Beobachtungsebene zusammenhängt mit der konkreten Lichtverteilung auf der Blendenscheibe Σ_a. Wenn die ursprüngliche Quelle wirklich nur ein Punkt wäre, würde $b = 0$ und die Sichtbarkeit perfekt sein. Je näher $(a\pi b/l\lambda)$ dieser Idealisierung kommt, desto größer ist der Wert von $\mathcal{V}$ und desto klarer sind die Streifen. Wir können uns $\mathcal{V}$ als ein Maß für den Kohärenzgrad des Lichtes der Primärlichtquelle denken, wie es über den Blendenschirm verteilt ist. Behalten Sie im Auge, daß wir die sinc-Funktion[4] vorher in Verbindung gerade mit dem Beugungsmuster einer rechteckigen Blendenöffnung (10.17) kennengelernt haben.

---

[4] sinc $x = \sin x / x$

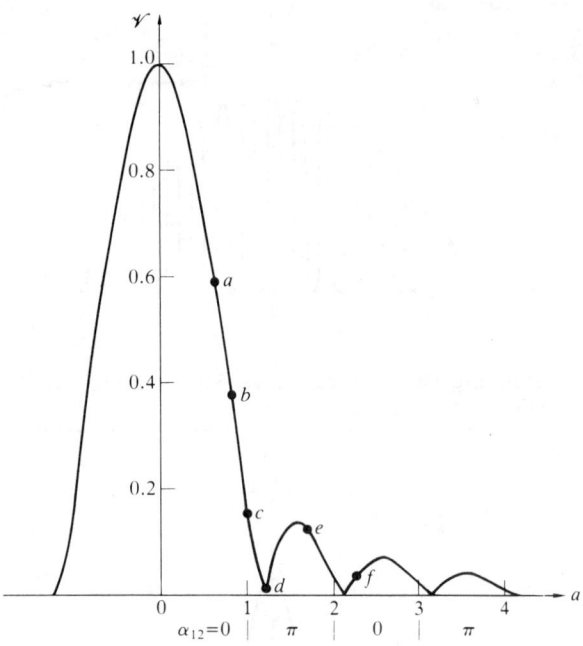

Abbildung 12.7 Die Sichtbarkeit für eine kreisförmige Lichtquelle.

Für eine kreisförmige Primärlichtquelle ist die Sichtbarkeit erheblich schwieriger zu berechnen. Es zeigt sich, daß sie proportional zu einer Bessel-Funktion erster Ordnung ist (Abb. 12.7). Auch dies erinnert sehr an die Beugung, diesmal an einer kreisförmigen Blendenöffnung (10.56). Diese Ähnlichkeiten zwischen den Ausdrücken für $\mathcal{V}$ und für die entsprechenden Beugungsmuster derselben Blendenform sind nicht bloß zufällig, sondern ein Ausdruck des sogenannten van Cittert-Zernike-Satzes, wie wir bald sehen werden.

Abbildung 12.8 zeigt eine Serie von Interferenzstreifenmustern, für welche die Größe der kreisförmigen, inkohärenten Primärquelle konstant ist, der Abstand a zwischen S_1 und S_2 aber anwächst. Die Sichtbarkeit fällt von Abbildung 12.8 (a) bis (d), steigt dann bei (e) an und fällt wieder bei (f). Alle zugehörigen $\mathcal{V}$-Werte sind in Abbildung 12.7 aufgetragen. Man beachte die Verschiebung der Maxima, d.h. das Auftreten eines Sichtbarkeitsminimums statt -maximums im Mittelpunkt 0 des Beugungsmusters für jeden Punkt des zweiten Bogens von Abbildung 12.7 (die Bessel-Funktion ist in diesem Bereich negativ). Mit anderen Worten: (a), (b) und (c) haben ein zentrales Maximum, (d) und (e) ein zentrales Minimum und (f), das auf dem dritten Bogen liegt wiederum ein Maximum in 0. Auf die gleiche Weise liefert bei einer spaltförmigen Lichtquelle der Bereich, wo $\text{sinc}(a\pi w/s\lambda)$ in Gleichung (12.7) positiv oder negativ ist, ein Maximum bzw. ein Minimum in $I(0)/\overline{I}$. Diese Bereiche wiederum entsprechen den ungeradzahligen oder geradzahligen Bögen der Sichtbarkeitskurve von Abbildung 12.6. Man behalte einstweilen nur, daß wir eine komplexe Sichtbarkeit vom Betrage $\mathcal{V}$ definieren konnten, wobei deren Argument der Phasenverschiebung entsprach — wir werden nämlich später auf diesen Gedanken zurückkommen.

Da der Abstand der Interferenzstreifen umgekehrt proportional zu a ist, wächst die Raumfrequenz der hellen und dunklen Bereiche entsprechend von Abbildung 12.8 (a) bis (f). Abbildung 12.9 ergibt sich, wenn der Abstand a konstant gehalten wird, während der Durchmesser der inkohärenten Primärquelle schrittweise vergrößert wird.

Wir sollten auch erwähnen, daß sich die Effekte der endlichen Frequenzbandbreite eines Senders im Interferenzstreifenmuster als allmähliche Abnahme der Sichtbarkeit $\mathcal{V}$ mit Y zeigen, wie es in Abbildung 12.10 dargestellt ist (siehe Aufgabe 12.3). Bestimmt man die Sichtbarkeit in solchen Fällen anhand der mittleren Bereiche in den einzelnen Interferenzmustern der Abbildungen 12.8 und 12.9, so entspricht die Abhängigkeit $\mathcal{V}(a)$ auch dann der Abbildung 12.7.

12.3 Die wechselseitige Kohärenzfunktion und der Kohärenzgrad

Wir wollen die Diskussion nun etwas formeller weiterführen. Wieder gehen wir von einer breitflächigen Lichtquelle geringer Frequenzbandbreite aus, die ein Lichtfeld mit der komplexen Darstellung[5] $\tilde{E}(\boldsymbol{r},t)$ erzeugt. Wir werden von Polarisationseffekten absehen und deshalb genügt eine skalare Betrachtung. Die Signale an zwei Raumpunkten S_1 und S_2 sind dann $\tilde{E}(S_1,t)$ und $\tilde{E}(S_2,t)$ oder kürzer $\tilde{E}_1(t)$ und $\tilde{E}_2(t)$. Wenn diese zwei Punkte dann isoliert werden, indem man einen undurch-

---

[5] Wir werden auf komplexwertige Größen dadurch hinweisen, daß wir eine Wellenlinie über sie setzen.

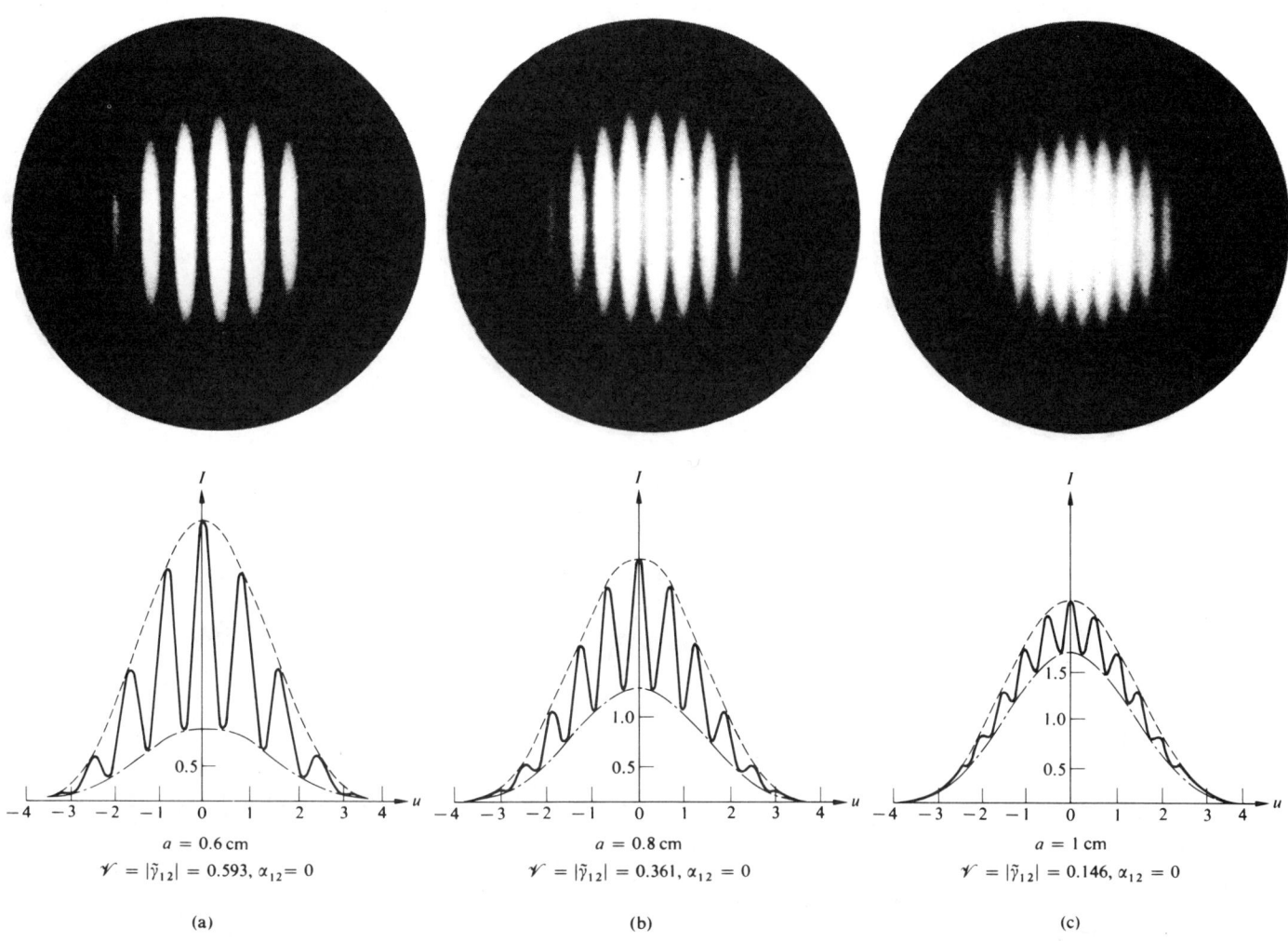

Abbildung 12.8 Zweistrahl-Interferenzmuster, bei denen teilkohärentes Licht benutzt wurde. Die Photos entsprechen einer mit der Abänderung des Spaltabstands a verbundenen Veränderung der Sichtbarkeit. Bei den rein theoretischen Kurven gilt $I_{max} \propto 1+|2J_1(u)/u|$ und $I_{min} \propto 1-|2J_1(u)/u|$. Einige der Symbole werden später besprochen. (Aus B.J. Thompson and E. Wolf, J. Opt. Soc. Am. **47**, 895 (1957)).

sichtigen Schirm mit zwei kreisförmigen Blendenöffnungen (Abb. 12.11) aufstellt, haben wir wieder Youngs Experiment. Die zwei Blendenöffnungen dienen als Quellen sekundärer Elementarwellen, die auf irgendeinen Punkt P auf Σ_0 zulaufen. Dort ist das resultierende Feld

$$\tilde{E}_P(t) = \tilde{K}_1 \tilde{E}_1(t-t_1) + \tilde{K}_2 \tilde{E}_2(t-t_2), \quad (12.11)$$

wobei $t_1 = r_1/c$ und $t_2 = r_2/c$ sind. Dies besagt, daß das Feld am Punkt (P,t) des Raum-Zeit-Kontinuums aus den Feldern, die in S_1 und S_2 zur Zeit t_1 bzw. t_2 existierten, berechnet werden kann, wenn t_1 und t_2 die Augenblicke sind, zu denen das sich nun überlagernde Licht von den Blendenöffnungen ausging. Die feldtheoretischen Größen $\tilde{K}_1$ und $\tilde{K}_2$, die als *Ausbreitungsfunktionen* (oder Propagatoren) bezeichnet werden, hängen ab von Abmessungen und Lage der Blendenöffnungen rela-

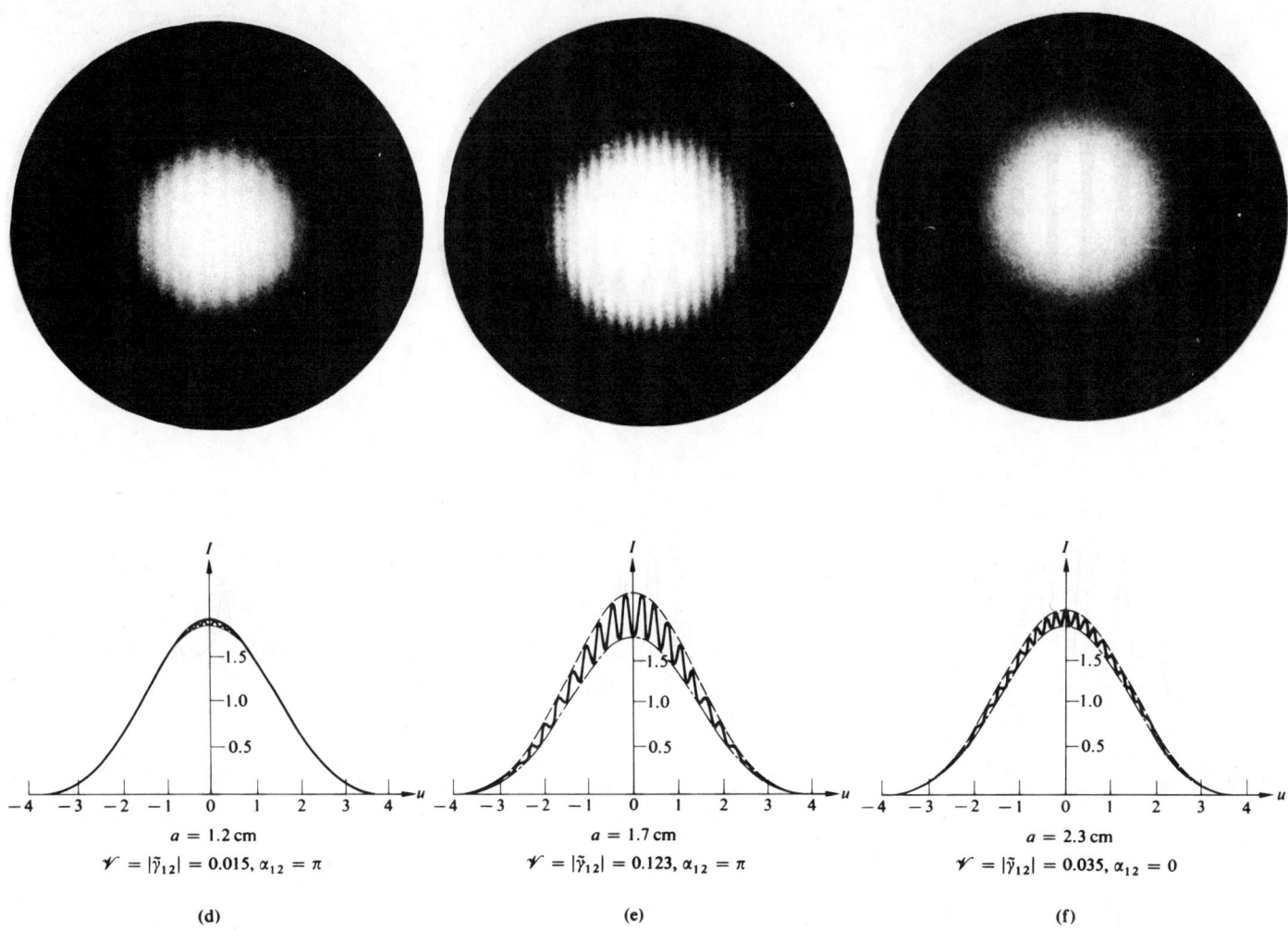

Abbildung 12.8 Fortsetzung

tiv zu P. Sie erfassen mathematisch die Änderungen im Feld aufgrund des Durchquerens der beiden Blendenöffnungen. Zum Beispiel sind die sekundären Elementarwellen, die von den Löchern obigen Aufbaus ausgehen um $\pi/2$ rad gegenüber der Primärwelle phasenverschoben, die auf den Blendenschirm Σ_a fällt (Abschnitt 10.3.1). Irgendetwas muß natürlich die Phasenverschiebung von $\tilde{E}(r,t)$ ab Σ_a bewirken oder wenigstens ausdrücken — genau dazu dienen die $\tilde{K}$-Faktoren. Darüber hinaus geben sie auch eine Abschwächung im Feld wieder, die durch eine ganze Reihe physikalischer Ursachen entstehen kann: Absorption, Beugung usw. Da die Phasenverschiebung hier $\pi/2$ ist, was durch den Faktor $\exp i\pi/2$ beschrieben werden kann, sind $\tilde{K}_1$ und $\tilde{K}_2$ hier rein imaginäre Zahlen.

Die resultierende Bestrahlungsstärke (Intensität) in P über eine endliche Zeitspanne deutlich oberhalb der Kohärenzzeit ist,

$$I = \langle \tilde{E}_P(t)\tilde{E}_P^*(t)\rangle. \qquad (12.12)$$

Es sollte daran erinnert werden, daß Gleichung (12.12) einige konstante Faktoren unterschlägt. Wenn man Glei-

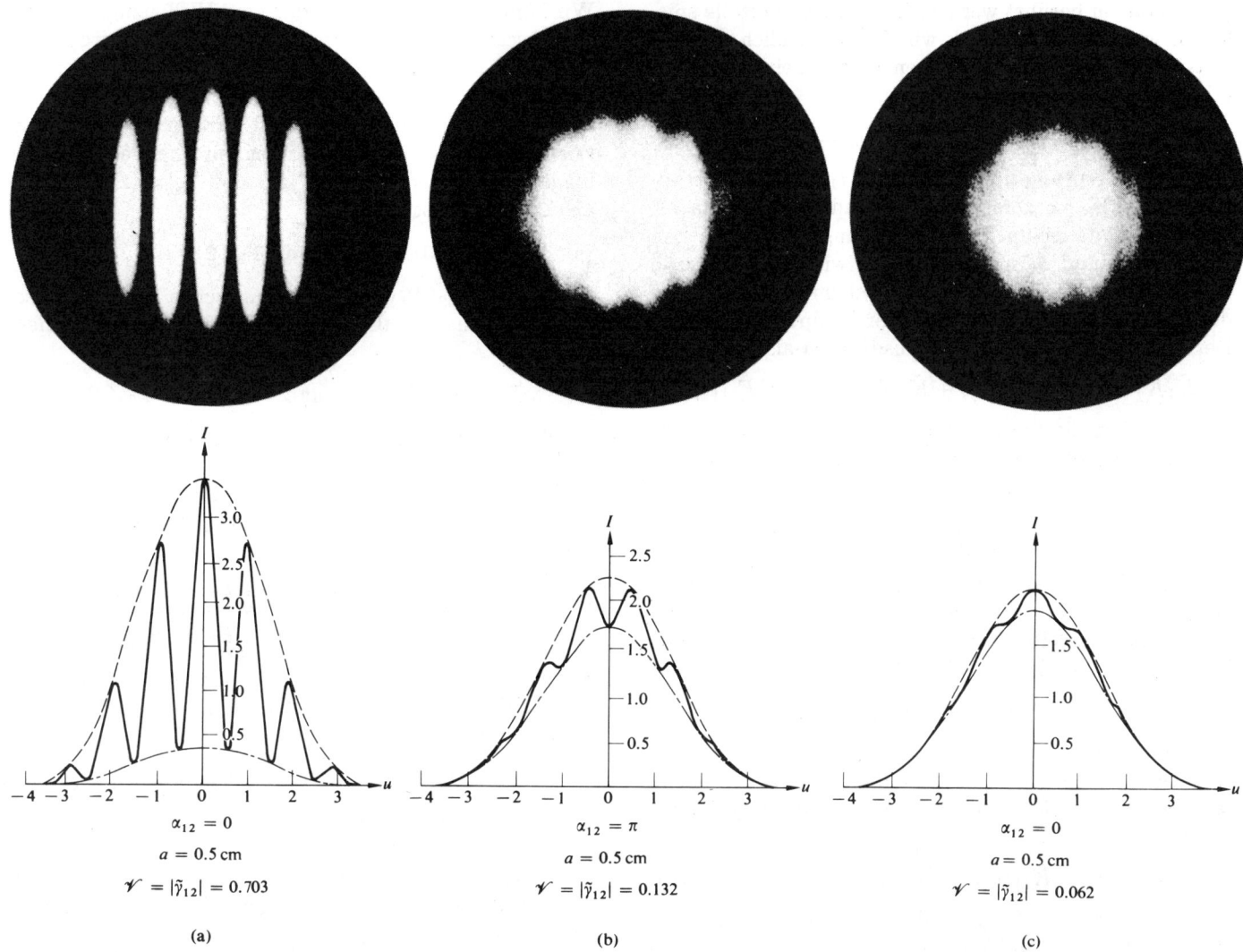

Abbildung 12.9 Drei verschiedene Zweistrahl-Interferenzmuster. Hier wurde der Spaltabstand konstant gehalten, wodurch sich für jedes Photo eine konstante Anzahl von Interferenzstreifen pro Verschiebung ergab. Die Sichtbarkeit wurde geändert, indem man die Größe der inkohärenten Primärquelle variierte. (Aus B.J. Thompson, *J. Soc. Photo. Inst. Engr.* **4**, 7 (1965)).

chung (12.11) benutzt, ist

$$I = \tilde{K}_1\tilde{K}_1^*\langle \tilde{E}_1(t-t_1)\tilde{E}_1^*(t-t_1)\rangle \\ + \tilde{K}_2\tilde{K}_2^*\langle \tilde{E}_2(t-t_2)\tilde{E}_2^*(t-t_2)\rangle \\ + \tilde{K}_1\tilde{K}_2^*\langle \tilde{E}_1(t-t_1)\tilde{E}_2^*(t-t_2)\rangle \\ + \tilde{K}_1^*\tilde{K}_2\langle \tilde{E}_1^*(t-t_1)\tilde{E}_2(t-t_2)\rangle.$$

(12.13)

Es wird nun angenommen, daß das Wellenfeld, wie fast immer in der klassischen Optik, *stationär* ist, d.h. es ändert seine statistische Beschaffenheit nicht mit der Zeit, so daß das zeitliche Mittel unabhängig vom beliebig gewählten zeitlichen Nullpunkt ist. Obwohl die Feldvariablen schwanken, kann also der zeitliche Nullpunkt verschoben werden, ohne daß die Mittelwerte in Gleichung

(12.13) davon berührt werden. Es sollte keine Rolle spielen in welchem Augenblick wir I nun wirklich messen. Entsprechend können die ersten beiden zeitlichen Mittelwerte umgeschrieben werden zu

$$I_{S_1} = \langle \tilde{E}_1(t)\tilde{E}_1^*(t)\rangle \quad \text{und} \quad I_{S_2} = \langle \tilde{E}_2(t)\tilde{E}_2^*(t)\rangle,$$

wobei der Ursprung um die Beträge t_1 bzw. t_2 verschoben wurde. Hier unterstreichen die Indizes die Tatsache, daß es sich dabei um die Bestrahlungsstärken an den Punkten S_1 und S_2 handelt. Setzen wir $\tau = t_2 - t_1$, so können wir darüber hinaus in den beiden letzten Termen der Gleichung (12.13) den zeitlichen Nullpunkt um einen Betrag t_2 verschieben und sie ausdrücken als

$$\tilde{K}_1\tilde{K}_2^*\langle \tilde{E}_1(t+\tau)\tilde{E}_2^*(t)\rangle + \tilde{K}_1^*\tilde{K}_2\langle \tilde{E}_1^*(t+\tau)\tilde{E}_2(t)\rangle.$$

Dies ist aber die Summe einer komplexwertigen Größe und ihrer komplex Konjugierten und daher genau das Doppelte von deren gemeinsamem Realteil, d.h. sie ist gleich

$$2\operatorname{Re}[\tilde{K}_1\tilde{K}_2^*\langle \tilde{E}_1(t+\tau)\tilde{E}_2^*(t)\rangle].$$

Die $\tilde{K}$-Faktoren sind hier rein imaginär und so ist $\tilde{K}_1\tilde{K}_2^* = \tilde{K}_1^*\tilde{K}_2 = |\tilde{K}_1||\tilde{K}_2|$. Der Mittelwert des zeitabhängigen Anteils dieses Ausdrucks ist eine Kreuz-Korrelation (Abschnitt 11.3.4 iii)); wir bezeichnen sie mit

$$\tilde{\Gamma}_{12}(\tau) \equiv \langle \tilde{E}_1(t+\tau)\tilde{E}_2^*(t)\rangle \qquad (12.14)$$

und nennen sie die **wechselseitige Kohärenzfunktion** der Signale $\tilde{E}_1(t)$ und $\tilde{E}_2(t)$ der Punkte S_1 bzw. S_2. Wenn wir dies alles berücksichtigen, nimmt Gleichung (12.13) die Form an

$$I = |\tilde{K}_1|^2 I_{S_1} + |\tilde{K}_2|^2 I_{S_2} + 2|\tilde{K}_1||\tilde{K}_2|\operatorname{Re}\tilde{\Gamma}_{12}(\tau). \quad (12.15)$$

$|\tilde{K}_1|^2 \cdot I_{S_1}$ und $|\tilde{K}_2|^2 \cdot I_{S_2}$ sind dabei — sofern man wieder von konstanten Faktoren absieht — die Bestrahlungsstärken (Intensitäten), die bei P dann auftreten, wenn nur die eine oder die andere Blende offen, d.h. $\tilde{K}_2 = 0$ oder $\tilde{K}_1 = 0$ ist. Bezeichnet man sie kurz mit I_1 und I_2, so lautet Gleichung (12.15)

$$I = I_1 + I_2 + 2|\tilde{K}_1||\tilde{K}_2|\operatorname{Re}\tilde{\Gamma}_{12}(\tau). \qquad (12.16)$$

Man beachte, daß wenn man S_1 und S_2 zusammenfallen läßt, die wechselseitige Kohärenzfunktion dann lautet

$$\tilde{\Gamma}_{11}(\tau) = \langle \tilde{E}_1(t+\tau)\tilde{E}_1^*(t)\rangle$$

oder

$$\tilde{\Gamma}_{22}(\tau) = \langle \tilde{E}_2(t+\tau)\tilde{E}_2^*(t)\rangle.$$

Wir können uns vorstellen, daß zwei Wellenzüge von dieser verschmolzenen Punktquelle ausgehen und irgendwie eine relative Phasenverzögerung proportional zu τ bekommen. Im vorliegenden Fall ist τ Null (da der optische Wegunterschied gegen Null geht) und diese Funktionen reduzieren sich auf die entsprechenden Bestrahlungsstärken $I_{S_1} = \langle \tilde{E}_1(t)\tilde{E}_1^*(t)\rangle$ und $I_{S_2} = \langle \tilde{E}_2(t)\tilde{E}_2^*(t)\rangle$ auf Σ_a. Daher ist

$$\Gamma_{11}(0) = I_{S_1} \quad \text{und} \quad \Gamma_{22}(0) = I_{S_2}.$$

$\Gamma_{11}(0)$ und $\Gamma_{22}(0)$ werden im Englischen *self-coherence-functions* genannt, also etwa Eigenkohärenz-Funktionen. Dann gilt

$$I_1 = |\tilde{K}_1|^2\Gamma_{11}(0) \quad \text{und} \quad I_2 = |\tilde{K}_2|^2\Gamma_{22}(0).$$

Im Hinblick auf Gleichung (12.16) beachte man, daß

$$|\tilde{K}_1||\tilde{K}_2| = \sqrt{I_1}\sqrt{I_2}/\sqrt{\Gamma_{11}(0)}\sqrt{\Gamma_{22}(0)}.$$

Die normierte wechselseitige Kohärenzfunktion ist definiert als

$$\tilde{\gamma}_{12}(\tau) \equiv \frac{\tilde{\Gamma}_{12}(\tau)}{\sqrt{\Gamma_{11}(0)\Gamma_{22}(0)}} = \frac{\langle \tilde{E}_1(t+\tau)\tilde{E}_2^*(t)\rangle}{\sqrt{\langle |\tilde{E}_1|^2\rangle\langle |\tilde{E}_2|^2\rangle}} \quad (12.17)$$

und wird aus Gründen, die sofort klar werden, **komplexer Kohärenzgrad** genannt. Gleichung (12.16) läßt sich folglich umformen zu

$$I = I_1 + I_2 + 2\sqrt{I_1 I_2}\operatorname{Re}\tilde{\gamma}_{12}(\tau). \qquad (12.18)$$

Dies ist das *allgemeine Interferenzgesetz für teilkohärentes Licht*.

Für quasimonochromatisches Licht ist die mit dem optischen Wegunterschied verbundene Phasenwinkeldifferenz gegeben durch

$$\varphi = \frac{2\pi}{\overline{\lambda}}(r_2 - r_1) = 2\pi\overline{\nu}\tau, \qquad (12.19)$$

wobei $\overline{\lambda}$ und $\overline{\nu}$ die mittlere Wellenlänge bzw. Frequenz sind. In diesem Fall ist $\tilde{\gamma}_{12}(\tau)$ eine komplexe Größe, die sich darstellen läßt als

$$\tilde{\gamma}_{12}(\tau) = |\tilde{\gamma}_{12}(\tau)|e^{i\Phi_{12}(\tau)}. \qquad (12.20)$$

Der Phasenwinkel von $\tilde{\gamma}_{12}(\tau)$ geht auf Gleichung (12.14) und den Phasenwinkel zwischen den Feldern (Signalen) zurück. Setzen wir $\Phi_{12}(\tau) = \alpha_{12}(\tau) - \varphi$, so ist

$$\operatorname{Re}\tilde{\gamma}_{12}(\tau) = |\tilde{\gamma}_{12}(\tau)|\cos[\alpha_{12}(\tau) - \varphi].$$

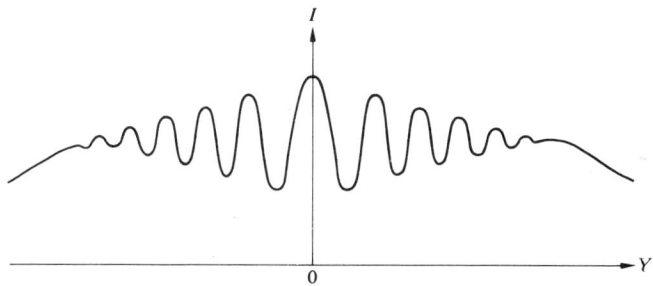

Abbildung 12.10 Eine endliche Frequenzbandbreite des Senders ergibt einen mit steigendem Y abnehmenden $\mathcal{V}$-Wert.

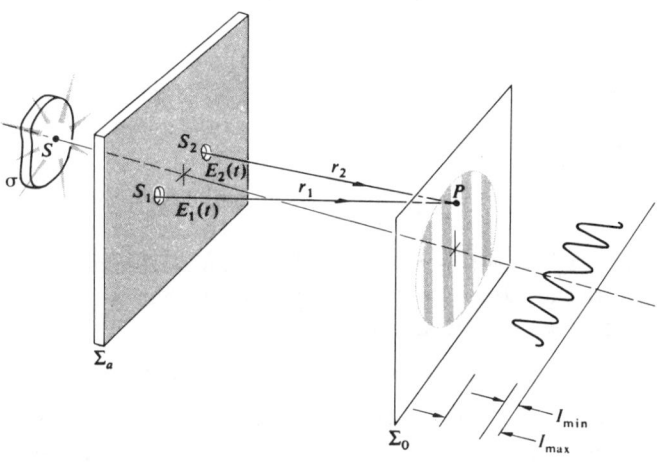

Abbildung 12.11 Youngs Experiment.

Gleichung (12.18) läßt sich dann folgendermaßen ausdrücken:

$$I = I_1 + I_2 + 2\sqrt{I_1 I_2}|\tilde{\gamma}_{12}(\tau)|\cos[\alpha_{12}(\tau) - \varphi]. \quad (12.21)$$

Mit Gleichung (12.17) und der Schwarzschen Ungleichung kann gezeigt werden, daß $0 \leq |\tilde{\gamma}_{12}(\tau)| \leq 1$ ist. Tatsächlich wird bei Vergleich von Gleichung (12.21) und der für völlig kohärentes Licht hergeleiteten Gleichung (9.14) deutlich, daß speziell für $|\tilde{\gamma}_{12}(\tau)| = 1$ I den gleichen Wert hat wie die Bestrahlungsstärke, die erzeugt wird von zwei *kohärenten* Wellen mit Phasendifferenz $\alpha_{12}(\tau)$ in S_1 und S_2. Im anderen Extremfall, $|\tilde{\gamma}_{12}(\tau)| = 0$ entsprechend $I = I_1 + I_2$, tritt keine Interferenz auf und die beiden Signale bei S_1 und S_2 werden als *inkohärent* bezeichnet. Für $0 < |\tilde{\gamma}_{12}(\tau)| < 1$ liegt *Teilkohärenz* vor,

deren Maß eben $|\tilde{\gamma}_{12}(\tau)|$ ist, der sogenannte **Kohärenzgrad**. Zusammenfassend gilt also

$|\tilde{\gamma}_{12}| = 1$ kohärenter Grenzfall

$|\tilde{\gamma}_{12}| = 0$ inkohärenter Grenzfall

$0 < |\tilde{\gamma}_{12}| < 1$ Teilkohärenz.

Die grundsätzlich statistische Natur des ganzen Prozesses muß betont werden. Eindeutig sind $\tilde{\Gamma}_{12}(\tau)$ und daher auch $\tilde{\gamma}_{12}(\tau)$ die Schlüsselgrößen in den verschiedenen Ausdrücken der Bestrahlungsstärkeverteilung; sie sind die Essenz dessen, was wir früher Interferenzterm nannten. Es sollte hervorgehoben werden, daß $\tilde{E}_1(t + \tau)$ und $\tilde{E}_2(t)$ tatsächlich zwei Störungen (Signale) sind, die sich sowohl an verschiedenen Raum- als auch an verschiedenen Zeitpunkten ereignen. Wir nehmen ferner vorweg, daß die Amplituden und Phasen beider Signale irgendwie zeitlich schwanken. Wenn diese Schwankungen bei S_1 und S_2 völlig unabhängig voneinander sind, dann geht $\tilde{\Gamma}_{12}(\tau) = \langle \tilde{E}_1(t + \tau)\tilde{E}_2^*(t)\rangle$ gegen Null, da $\tilde{E}_1$ und $\tilde{E}_2$ mit gleicher Wahrscheinlichkeit positiv oder auch negativ sein können und ihr Produkt daher im Mittel Null ist. In diesem Fall liegt keine Korrelation vor und es ist $\tilde{\Gamma}_{12}(\tau) = \tilde{\gamma}_{12}(\tau) = 0$. Wenn im Gegenteil das Feld (Signal) zum Zeitpunkt $(t + \tau)$ in S_1 mit dem Feld von (S_2, t) völlig korreliert wäre, so bliebe die Phasendifferenz trotz einzelner Schwankungen unverändert. Das Produkt der Feldstärken wäre im zeitlichen Mittel sicherlich nicht Null, genauso wie schon bei nur wenig korrelierten Feldern (Signalen).

Sowohl $|\tilde{\gamma}_{12}(\tau)|$ als auch $\alpha_{12}(\tau)$ sind im Vergleich zu $\cos 2\pi\bar{\nu}\tau$ und $\sin 2\pi\bar{\nu}\tau$ nur langsam veränderliche Funktionen von τ. Mit anderen Worten: wenn P die Beobachtungsebene Σ_0 überstreicht, so ist die Veränderung der jeweiligen I-Werte vorwiegend auf das mit der Wegdifferenz $(r_2 - r_1)$ veränderliche φ zurückzuführen. Die Maxima und Minima von I treten auf, wenn der Kosinusterm in Gleichung (12.21) +1 bzw. −1 ist. Die Sichtbarkeit in P (Aufgabe 12.4) ist dann

$$\mathcal{V} = \frac{2\sqrt{I_1}\sqrt{I_2}}{I_1 + I_2}|\tilde{\gamma}_{12}(\tau)|. \quad (12.22)$$

Die vielleicht häufigste Anordnung liegt vor, wenn für $I_1 = I_2$ gesorgt ist, so daß

$$\mathcal{V} = |\tilde{\gamma}_{12}(\tau)|, \quad (12.23)$$

d.h. *der Absolutbetrag des komplexen Kohärenzgrades ist*

gleich der Sichtbarkeit der Interferenzstreifen (vergleichen Sie dazu noch einmal Abb. 12.8).

Es ist wichtig zu erkennen, daß die Gleichungen (12.17) und (12.18) deutlich den Weg zeigen, nach dem die Realteile von $\tilde{\Gamma}_{12}(\tau)$ und $\tilde{\gamma}_{12}(\tau)$ durch direkte Messung bestimmt werden können. Wenn man dafür sorgt, daß die Lichtstromdichten zweier Lichtwellen übereinstimmen, bietet Gleichung (12.23) eine Möglichkeit $|\tilde{\gamma}_{12}(\tau)|$ experimentell aus dem resultierenden Interferenzstreifenmuster zu bestimmen. Darüber hinaus ist der Betrag, um den der Mittelstreifen ($\varphi = 0$) aus der optischen Achse verschoben ist, ein Maß für $\alpha_{12}(\tau)$, die Phasendifferenz oder scheinbare Phasenverzögerung der Signale bei S_1 und S_2. Also ergeben sich aus der Messung der Sichtbarkeit und Streifenposition sowohl die Amplitude als auch der komplexe Kohärenzgrad.

Übrigens läßt sich zeigen[6], daß $|\tilde{\gamma}_{12}(\tau)|$ für alle Werte von τ und zwei beliebige Raumpunkte genau dann den Wert 1 hat, wenn das optische Feld streng monochromatisch ist, und daher kommt ein solcher Fall nicht vor. Ferner kann ein von Null verschiedenes Strahlungsfeld, bei dem für alle τ-Werte und je zwei beliebige Raumpunkte $|\tilde{\gamma}_{12}(\tau)| = 0$ sein soll, auch nicht im ladungsfreien Raum existieren.

12.3.1 Zeitliche und räumliche Kohärenz

Wir wollen nun die Ideen zeitlicher und räumlicher Kohärenz auf den obigen Formalismus beziehen.

Wenn die Primärquelle S in Abbildung 12.11 zu einer Punktquelle auf der optischen Achse schrumpft und eine endliche Frequenzbandbreite hat, überwiegen Effekte der zeitlichen Kohärenz. Die optischen Signale bei S_1 und S_2 sind dann identisch. Die wechselseitige Kohärenz (12.14) zwischen den zwei Punkten ist dann tatsächlich die Eigenkohärenz des Feldes. Daher ist $\tilde{\Gamma}(S_1, S_2, \tau) = \tilde{\Gamma}_{12}(\tau) = \tilde{\Gamma}_{11}(\tau)$ oder $\tilde{\gamma}_{12}(\tau) = \tilde{\gamma}_{11}(\tau)$. Dasselbe erhält man, wenn S_1 und S_2 zusammenfallen und so wird $\tilde{\gamma}_{11}(\tau)$ manchmal als **komplexer zeitlicher Kohärenzgrad** für diesen einen Punkt und ein Zeitintervall τ bezeichnet. Dies wäre der Fall bei einem amplitudenaufspaltenden Interferometer wie dem Michelsonschen, bei dem τ und der Quotient aus optischem Wegunterschied und aus c

gleich sind. Der Ausdruck für I, d.h. Gleichung (12.18) enthielte dann $\tilde{\gamma}_{11}(\tau)$ anstelle von $\tilde{\gamma}_{12}(\tau)$.

Angenommen, ein amplitudenspaltendes Interferometer teilt eine Lichtwelle in zwei gleiche Teilwellen der Form

$$\tilde{E}(t) = E_0 e^{i\phi(t)} \quad (12.24)$$

und vereint sie später wieder um ein Interferenzmuster zu erzeugen. Dann ist

$$\tilde{\gamma}_{11}(\tau) = \frac{\langle \tilde{E}(t+\tau)\tilde{E}^*(t) \rangle}{|\tilde{E}|^2} \quad (12.25)$$

oder

$$\tilde{\gamma}_{11}(\tau) = \langle e^{i\phi(t+\tau)} e^{-i\phi(t)} \rangle.$$

Daher ist

$$\tilde{\gamma}_{11}(\tau) = \lim_{T \to \infty} \frac{1}{T} \int_0^T e^{i[\phi(t+\tau) - \phi(t)]} dt \quad (12.26)$$

und

$$\tilde{\gamma}_{11}(\tau) = \lim_{T \to \infty} \frac{1}{T} \int_0^T (\cos \Delta\phi + i \sin \Delta\phi) dt,$$

mit $\Delta\phi = \phi(t+\tau) - \phi(t)$. Für eine streng monochromatische ebene Welle unendlicher Kohärenzlänge gilt $\phi(t) = \boldsymbol{k} \cdot \boldsymbol{r} - \omega t$, $\Delta\phi = -\omega\tau$ und

$$\tilde{\gamma}_{11}(\tau) = \cos \omega\tau - i \sin \omega\tau = e^{-i\omega\tau}.$$

Daher ist $|\tilde{\gamma}_{11}| = 1$; das Argument von $\tilde{\gamma}_{11}$ ist gerade $-2\pi\nu\tau$ und so haben wir vollständige Kohärenz. Im Gegensatz dazu wird bei allen quasimonochromatischen Wellen, wo τ die Kohärenzlänge übersteigt, $\Delta\phi$ unregelmäßig zwischen 0 und 2π variieren, derart, daß sich das Integral zu Null mittelt; $|\tilde{\gamma}_{11}(\tau)| = 0$ entspricht dann völliger Inkohärenz. Ein Michelson-Interferometer, in dem sich die beiden Zweige um 30 cm unterscheiden liefert einen Wegunterschied von 60 cm; dem entspricht eine Zeitverzögerung der sich wieder vereinigenden Strahlen von $\tau \approx 2$ ns. Dies entspricht ungefähr der Kohärenzzeit einer guten Isotopenlampe, und die Sichtbarkeit des Interferenzmusters wird bei dieser Beleuchtungsart ziemlich schlecht sein. Wenn stattdessen weißes Licht benutzt wird, ist $\Delta\nu$ groß, Δt_c sehr klein, und die Kohärenzlänge ist kürzer als eine Wellenlänge. Damit $\tau < \Delta t_c$ ist, d.h. um eine gute Sichtbarkeit zu erhalten, muß der optische Wegunterschied ein kleiner Bruchteil einer Wellenlänge sein. Das andere Extrem ist Laserlicht, bei dem Δt_c so lang sein kann, daß ein Wert von

---

[6] Den Beweis findet man in: Beran and Parrent; *Theory of Partial Coherence*, Section 4.2.

$c \cdot \tau$, der eine erkennbare Sichtbarkeitsverringerung verursacht, ein unpraktisch großes Interferometer erfordern würde.

Wir sehen, daß $\tilde{\Gamma}_{11}(\tau)$ als Maß der zeitlichen Kohärenz eng mit der Kohärenzzeit, und damit der Frequenzbandbreite der Quelle, zusammenhängen muß. Tatsächlich *ist die Fourier-Transformierte der Eigenkohärenz-Funktion $\tilde{\Gamma}_{11}(\tau)$ das Leistungsspektrum, welches die spektrale Energieverteilung des Lichtes beschreibt* (Abschnitt 11.3.4).

Kehren wir zu Youngs Experiment (Abb. 12.11) zurück, so überwiegen im Falle einer ausgedehnten Lichtquelle sehr schmaler Frequenzbandbreite räumliche Kohärenzeffekte. Die optischen Störungen (Signale) bei S_1 und S_2 werden verschieden sein und das Beugungsmuster wird von $\tilde{\Gamma}(S_1, S_2, \tau) = \tilde{\Gamma}_{12}(\tau)$ abhängen. Durch Untersuchen des Gebiets um den zentralen Interferenzstreifen mit $(r_2 - r_1) = 0$ und $\tau = 0$ können $\tilde{\Gamma}_{12}(0)$ und $\tilde{\gamma}_{12}(0)$ bestimmt werden. $\tilde{\gamma}_{12}(0)$ ist der **komplexe räumliche Kohärenzgrad** der beiden Punkte im selben Moment. $\tilde{\Gamma}_{12}(0)$ spielt eine entscheidende Rolle in der Beschreibung des Michelson-Sterninterferometers, das im nächsten Abschnitt besprochen wird.

Es gibt eine sehr bequeme Beziehung zwischen dem komplexen Kohärenzgrad in einem Gebiet und der das Lichtfeld erzeugenden entsprechenden Bestrahlungsstärkeverteilung über der ausgedehnten Quelle. Wir sollten diese Beziehung, den **van Cittert-Zernicke Satz**, als eine rechnerische Hilfe benutzen, ohne ihre formale Herleitung durchzugehen. Tatsächlich zeigten die Untersuchungen von Abschnitt 12.2 bereits einiges von dem Wesentlichen. Abbildung 12.12 zeigt eine ausgedehnte, quasimonochromatische und inkohärente Quelle S auf der Ebene σ mit einer Bestrahlungsstärke, die durch $I(y, z)$ gegeben ist. Außerdem ist ein Beobachtungsschirm abgebildet, auf dem sich zwei Punkte, P_1 und P_2 befinden. Diese haben von einem kleinen Element von S die Abstände R_1 und R_2. Auf der Schirmebene wollen wir $\tilde{\gamma}_{12}(0)$ bestimmen, das die Korrelation der Feldschwingungen in den zwei Punkten beschreibt. Beachten Sie, daß obwohl die Quelle inkohärent ist, das Licht, das P_1 und P_2 erreicht, im allgemeinen zu einem gewissen Grad korreliert ist, weil jedes Quellenelement zu dem Feld bei derartigen Punkten beisteuert.

Die Berechnung von $\tilde{\gamma}_{12}(0)$ aus den Feldern in P_1 und P_2 führt zu einem Integral mit einer vertrauten Struk-

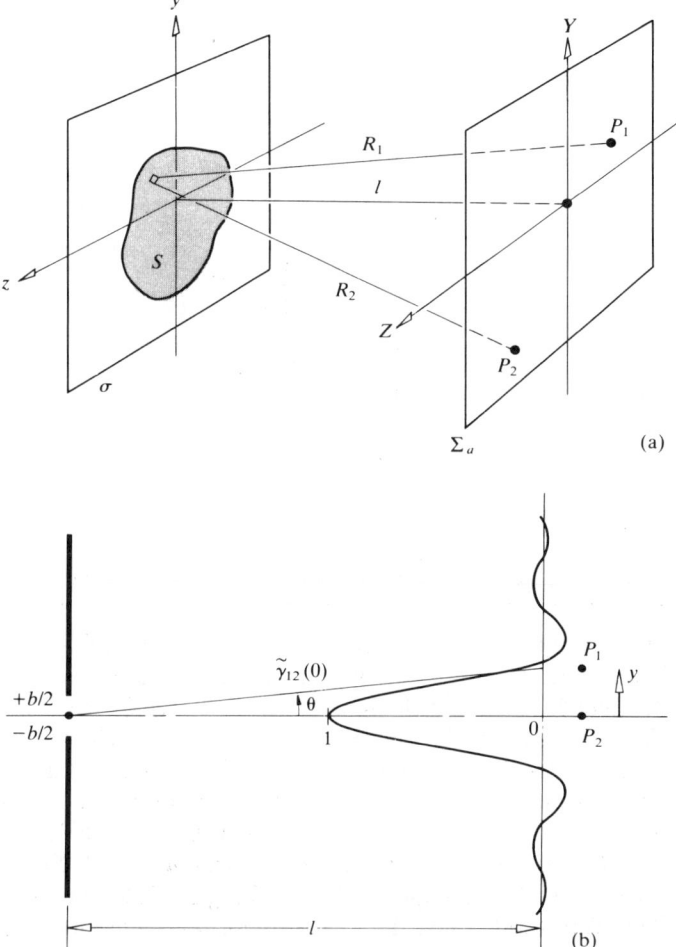

Abbildung 12.12 (a) Die Geometrie des van-Cittert-Zernicke Satzes. (b) Das normierte Beugungsmuster stimmt mit dem Kohärenzgrad überein. Für eine rechteckige Spaltquelle ist das Beugungsmuster sinc $(\pi b y/l\lambda)$.

tur. Das Integral hat die gleiche Form und wird dieselben Ergebnisse liefern wie das gutbekannte Beugungsintegral, falls wir jeden Term passend uminterpretieren. Zum Beispiel erscheint $I(y, z)$ in diesem Kohärenzintegral an der Stelle, wo sich im Beugungsintegral eine Blendenöffnungsfunktion befinden würde. Infolgedessen nehmen wir an, daß S keine Quelle sondern eine Blende von identischer Größe und Form darstellt und $I(y, z)$ keine Beschreibung der Bestrahlungsstärke ist, sondern

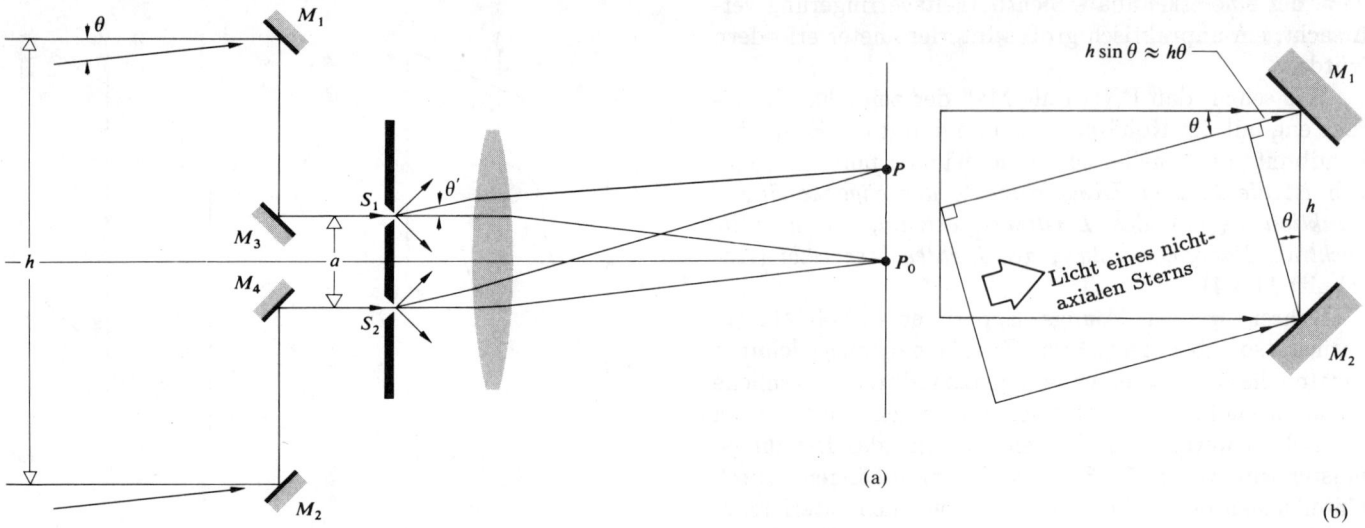

Abbildung 12.13 Das Michelson-Sterninterferometer. Licht von einem Stern außerhalb der optischen Achse.

die Form von $I(y, z)$ die Feldverteilung über einer Blende beschreibt. Mit anderen Worten: stellen Sie sich vor, in der Blende befände sich ein Dia, dessen Durchlässigkeitscharakteristik durch die Funktion $I(y,z)$ beschrieben wird. Stellen Sie sich weiterhin vor, daß die Blende durch eine Kugelwelle beleuchtet wird, die sich konvergent auf den festen Punkt P_2 zubewegt (siehe Abb. 12.12 (b)), *so daß dort ein in P_2 zentriertes Beugungsmuster ist.* Normiert man diese Beugungsfeldverteilung so, daß sie in P_2 den Wert 1 hat, so ist ihr Wert überall (also auch in P_1) gleich dem dortigen Wert von $\tilde{\gamma}_{12}(0)$. Dies ist der van Cittert-Zernike Satz.

Wenn P_1 und P_2 nah beieinander liegen und S klein gegenüber l ist, gleicht der komplexe Kohärenzgrad der normierten Fourier-Transformierten der Bestrahlungsstärkenverteilung über der Quelle. Falls die Quelle sogar eine einheitliche Bestrahlungsstärke hat, ist $\tilde{\gamma}_{12}(0)$ einfach eine sinc-Funktion[7]) bei einer Spaltquelle und eine Besselfunktion bei einer kreisförmigen Quelle. Beachten Sie, daß in Abbildung 12.12 (b) die sinc-Funktion mit der von Abbildung 10.13 übereinstimmt, wo $\beta = (kb/2)\sin\theta$ und $\theta \approx \sin\theta$. Hat P_1 den Abstand y von P_2, ist $\beta \approx kb\theta/2$ und $\theta \approx y/l$, dann ist

---

7) sinc $x = \sin x / x$

$|\tilde{\gamma}_{12}(0)| = |\operatorname{sinc}(\pi by/l\lambda)|$. Dieses Resultat wird in den Übungsaufgaben weiter ausgeführt.

12.4 Kohärenz und Sterninterferometrie
12.4.1 Das Michelson Sterninterferometer

1890 schlug A.A. Michelson, einem früheren Vorschlag von Fizeau folgend, ein Interferometer vor (Abb. 12.13), das hier von doppeltem Interesse ist, weil es der Vorläufer einiger moderner Verfahren ist und weil es sich für eine Interpretation im Rahmen der Kohärenztheorie eignet. Die Aufgabe dieses sogenannten *Sterninterferometers* besteht darin, die kleinen Winkelgrößen entfernter Himmelskörper zu messen.

Zwei weit auseinanderstehende, bewegliche Spiegel M_1 und M_2 sammeln Strahlen von einem sehr fernen Stern, von denen man annimmt, daß sie parallel sind. Das Licht wird dann mittels der Spiegel M_3 und M_4 durch die Blendenöffnungen S_1 und S_2 einer Maske (Schablone) hindurch gelenkt und von dort in das Objektiv eines Teleskops. Die optischen Wege $M_1 M_3 S_1$ und $M_2 M_4 S_2$ sind gleich, so daß die relative Phasenwinkeldifferenz zwischen einer Störung (Signal) bei M_1 und M_2 die gleiche ist wie zwischen S_1 und S_2. Die beiden Blendenöffnungen erzeugen in der Brennebene des Objektivs das übliche

Interferenzmuster des Youngschen Experiments. Eigentlich sind die Maske und die Öffnungen nicht wirklich notwendig; die Spiegel allein leisteten dasselbe wie die Blendenöffnungen. Angenommen, wir richten das Gerät nun so aus, daß seine optische Achse auf einen der beiden Himmelskörper eines "engen" Doppelsternsystems zeigt. Wegen der vorliegenden ungeheuren Entfernungen sind die das Interferometer von einem der Sterne erreichenden Strahlen gut kollimiert, d.h. praktisch parallel. Darüber hinaus nehmen wir (wenigstens momentan) an, daß das Licht eine geringe Linienbreite um die mittlere Wellenlänge $\bar{\lambda}_0$ herum hat. Die Störungen (Signale) in S_1 und S_2, die vom Stern auf der Mittelachse herrühren, sind in Phase und bilden ein Interferenzmuster heller und dunkler Streifen mit dem axialen Punkt P_0 in der Mitte. In ähnlicher Weise kommen die Strahlen vom anderen Stern unter irgendeinem Winkel θ an, aber diesmal sind die Störungen bei M_1 und M_2 (und daher bei S_1 und S_2) etwa um den Betrag $\bar{k}_0 h \theta$ phasenverschoben, oder — wenn Sie so wollen — um die Zeitspanne $h \cdot \theta/c$ verzögert, wie es Abbildung 12.13 (b) andeutet. Das hieraus resultierende zweite Interferenzstreifensystem ist um einen Punkt P zentriert, der gegen P_0 um den Winkel θ' verschoben ist, wobei für den maßgeblichen Winkel θ' gilt $h \cdot \theta/c = a \cdot \theta'/c$. Da sich die Sterne wie inkohärente Punktquellen verhalten, überdecken sich einfach ihre beiden Strahlungsverteilungen auf der Bildebene. Der Streifenabstand ist in beiden Streifensystemen gleich und nur von a abhängig. Die Sichtbarkeit jedoch ist eine Funktion von h. So wachsen, wenn man h von fast Null aus vergrößert, Phasendifferenz (Abb. 12.11 (b)) und relative Verschiebung der beiden Streifensysteme, bis schließlich die Phasenverschiebung $\pi = \bar{k}_0 h \theta$ erreicht ist, entsprechend

$$h = \frac{\bar{\lambda}_0}{2\theta}, \qquad (12.27)$$

wobei sich dann Maxima des einen Sterns mit den Minima des anderen überdecken und im Falle gleicher Systemintensitäten (Bestrahlungsstärken) $\mathcal{V} = 0$ ist. Wenn die Interferenzstreifen verschwinden, braucht man also lediglich h zu messen, um den Winkelabstand θ zwischen beiden Sternen berechnen zu können. Beachten Sie, daß der Wert von h indirekt proportional zu θ ist.

Wir weisen an dieser Stelle darauf hin, daß selbst wenn die beiden Punktquellen, die Sterne, als völlig unkorreliert angenommen werden, die in zwei beliebigen Punkten M_1 und M_2 resultierenden Felder (Signale) nicht notwendig inkohärent sein müssen. Wenn h nämlich sehr klein wird, kommt das Licht praktisch ohne relative Phasenverschiebung in M_1 und M_2 an; $\mathcal{V}$ nähert sich dem Wert 1 und die Felder in M_1 und M_2 sind hochgradig kohärent.

Fast genauso wie beim Doppelsternsystem kann auch der Winkeldurchmesser (θ) von gewissen einzelnen Sternen gemessen werden. Wieder entspricht die Sichtbarkeit der Interferenzstreifen dem Kohärenzgrad der optischen Felder (Signale) in M_1 und M_2. Betrachtet man den Stern als eine kreisförmige Verteilung inkohärenter Punktquellen mit einer gleichmäßigen Leuchtkraft, so entspricht seine Sichtbarkeit der schon in Abbildung 12.7 wiedergegebenen Kurve. Früher erwähnten wir bereits, daß für derartige Lichtquellen $\mathcal{V}$ durch eine Besselfunktion erster Ordnung beschrieben wird und tatsächlich läßt sie sich ausdrücken als

$$\mathcal{V} = |\tilde{\gamma}_{12}(0)| = 2 \left| \frac{J_1(\pi h \theta / \bar{\lambda}_0)}{\pi h \theta / \bar{\lambda}_0} \right|. \qquad (12.28)$$

Man erinnere sich, daß für $u = 0$ $J_1(u)/u = 1/2$ gilt und der Maximalwert von $\mathcal{V}$ 1 ist. Die erste Nullstelle von $\mathcal{V}$ tritt auf, wenn $\pi h \theta / \bar{\lambda}_0 = 3.83$ wie in Abbildung 10.28 ist. Entsprechend verschwinden die Interferenzstreifen bei

$$h = 1.22 \frac{\bar{\lambda}_0}{\theta} \qquad (12.29)$$

und, wie beim Doppelsternsystem, mißt man einfach h, um θ zu finden.

Die beiden Spiegel M_1 und M_2 wurden bei Michelsons Anordnung beweglich auf einem langen Träger am 2.54 m-Reflektor des Mt. Wilson Observatoriums angebracht. Betelgeuse (α Orionis, oft auch Beteigeuze genannt; d.Ü.) war der erste Stern, dessen Winkeldurchmesser mit diesem Gerät bestimmt wurde. Er ist der orange erscheinende Stern links oben im Sternbild Orion. Tatsächlich ist der Name Betelgeuse durch Zusammenziehen der arabischen Worte für *die Achselhöhle des Orion* (= des Mittleren) entstanden. Die in einer kalten Dezembernacht des Jahres 1920 durch das Interferometer gebildeten Interferenzstreifen wurden bei $h = 3.0734$ m zum Verschwinden gebracht und mit $\bar{\lambda}_0 = 570$ nm errechnete sich θ zu $\theta = 1,22(570 \times 10^{-9})/3.0734 = 22,6 \times 10^{-8}$ rad oder 0.047 Bogensekunden. Über den aus Parallaxenmessungen bekannten Abstand (470 Lichtjahre; d.Ü.) bestimmte man für den Sterndurchmesser etwa 380 Millionen km oder ungefähr das 280-fache des Sonnendurchmessers. Eigentlich ist Betelgeuse ein unregelmäßig veränderlicher Stern, dessen gewaltiger Maximaldurchmesser größer ist als derjenige der Marsbahn um die Sonne. Die Haupteinschränkung für die Anwendung der Sterninterferometrie liegt in dem unpraktisch großen Spiegelabstand, der sich für alle Sterne (außer die größten) ergibt. Und dies gilt ebenso in der Radioastronomie, wo bei der Bestimmung der Ausdehnung außerirdischer Radioquellen ein ähnlicher Aufbau weitverbreitete Anwendung findet.

Übrigens setzen wir — was oft getan wird — voraus, daß "gute" Kohärenz eine Sichtbarkeit von 0.88 oder mehr bedeutet. Für eine scheibenförmige Quelle tritt dies ein, wenn $\pi h \theta/\overline{\lambda}_0$ in Gleichung (12.28) gleich Eins ist, wenn also

$$h = 0.32 \frac{\overline{\lambda}_0}{\theta} \qquad (12.30)$$

ist. Für eine im Abstand R befindliche Strahlungsquelle mit schmaler Frequenzbandbreite und Durchmesser D gibt es eine **Kohärenzfläche** vom Betrag $\pi(h/2)^2$, über der $|\tilde{\gamma}_{12}| \geq 0.88$ ist. Wegen $D/R = \theta$ ist

$$h = 0.32 \frac{R\overline{\lambda}_0}{D}. \qquad (12.31)$$

Diese Ausdrücke sind sehr handlich bei der Abschätzung erforderlicher physikalischer Parameter in Interferenz- oder Beugungsexperimenten. Wenn wir z.B. einen roten Filter vor eine scheibenförmige Blitzlichtquelle mit Durchmesser 1 mm stellen und sie aus 20 m Entfernung betrachten, dann ist

$$h = 0.32(20)(600 \times 10^{-9})/10^{-3} = 3.8 \, \text{mm},$$

wobei die mittlere Wellenlänge mit 600 nm angenommen wird. Dies bedeutet, daß zwei Blendenöffnungen dann deutliche Interferenzstreifen erzeugen, wenn sie höchstens um h auseinander liegen. Offensichtlich wächst die Kohärenzfläche mit R, und eben deshalb findet man stets eine entfernte helle Straßenlaterne, die sich als bequeme Quelle für Interferenzphänomene eignet.

12.4.2 Korrelationsinterferometrie

Kehren wir kurz zurück zur Darstellung der von einer thermischen Quelle ausgehenden Störung (Signal), wie wir sie im Abschnitt 7.10 besprachen. Hier bezeichnet das Wort *thermisch* ein Lichtfeld, das vorwiegend aus einer Überlagerung von spontan emittierten Wellen entsteht, die von einer großen Anzahl unabhängiger atomarer Quellen ausgehen.[8] Ein quasimonochromatisches "optisches Feld" kann dargestellt werden als:

$$E(t) = E_0(t) \cos[\varepsilon(t) - 2\pi\overline{\nu}t]. \qquad [7.65]$$

Die Amplitude, wie auch die Phase, ist eine relativ langsam veränderliche Funktion der Zeit. Deshalb kann die Welle zehntausende von Schwingungen ausführen, bevor entweder die Amplitude (d.h. die Envelope der Feldschwingungen) oder die Phase sich beträchtlich geändert hat. So wie die Kohärenzzeit ein Maß der Schwankungsdauer der Phase ist, so ist sie also auch ein Maß für die Zeitspanne hinreichender Vorhersagbarkeit von $E_0(t)$. Große Schwankungen von ε werden im allgemeinen von entsprechend großen Schwankungen von E_0 begleitet. Vermutlich könnte eine Kenntnis dieser Amplitudenschwankungen in Zusammenhang gebracht werden mit den Phasenschwankungen und deshalb mit den Korrelations- (d.h. Kohärenz-) Funktionen. Entsprechend können wir erwarten, daß an zwei Punkten des Raum-Zeit-Kontinuums, an denen die Feldphasen korreliert sind, die Amplituden ebenso gut miteinander zusammenhängen.

Ein Interferenzmuster tritt beim Michelson-Sterninterferometer genau dann auf, wenn die Felder an den Blendenöffnungen M_1 und M_2 irgendwie korreliert sind; das bedeutet $\tilde{\Gamma}_{12}(0) = \langle \tilde{E}_1(t)\tilde{E}_2^*(t)\rangle \neq 0$. Wenn wir die Amplituden an diesen Punkten messen könnten, so würden ihre Schwankungen eine ähnliche Beziehung zeigen. Da dies wegen der vorliegenden hohen Frequenzen aber nicht möglich ist, könnten wir stattdessen die Schwankungen der Bestrahlungsstärke in M_1 und M_2 messen und vergleichen und daraus irgendwie auf $|\tilde{\gamma}_{12}(0)|$ schließen. Mit anderen Worten: Wenn es Werte von τ gibt, für die $\tilde{\gamma}_{12}(\tau)$ nicht Null ist, so ist das Feld an den zwei Punkten teilweise kohärent und eine Korrelation zwischen dortigen Schwankungen der Bestrahlungsstärken ist dann mitinbegriffen. Dies ist der Grundgedanke hinter einer Reihe von bemerkenswerten Experimenten, die während der Jahre 1952 bis 1956 von R. Hanbury-Brown in Zusammenarbeit mit R.Q. Twiss

---

[8] Thermisches Licht wird im Englischen manchmal als *Gaussian light* bezeichnet, weil die Feldamplitude einer Gauß-Wahrscheinlichkeitsverteilung folgt.

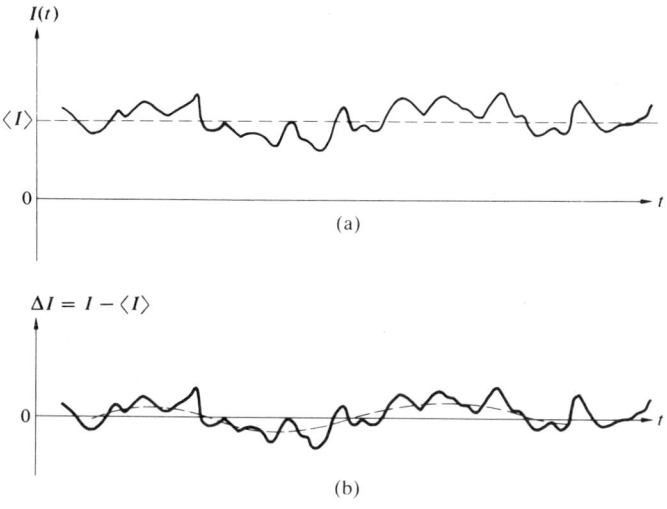

Abbildung 12.14 Schwankungen der Bestrahlungsstärke.

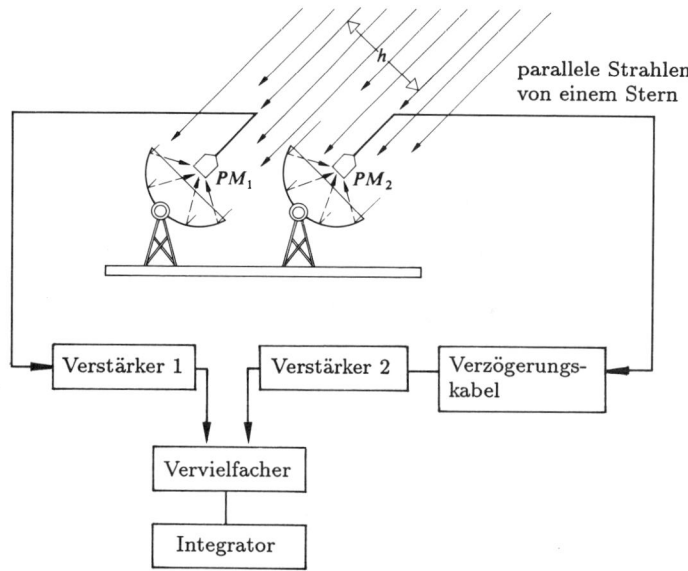

Abbildung 12.15 Korrelations-Sterninterferometer.

und anderen durchgeführt wurden. Der Höhepunkt ihrer Arbeit war das sogenannte *Korrelationsinterferometer*.

Bisher haben wir nur eine intuitive Rechtfertigung für das Phänomen, nicht aber eine streng theoretische Darstellung entwickelt. Eine solche Analyse liegt jedoch über dem Niveau unserer Besprechung und wir müssen uns daher mit einer Andeutung der springenden Punkte[9] zufrieden geben. Ebenso wie in Gleichung (12.14) wollen wir die Kreuz-Korrelation bestimmen, diesmal für die Bestrahlungsstärken an zwei Punkten in einem teilweise kohärenten Feld, $\langle I_1(t+\tau)I_2(t)\rangle$. Die dazu beitragenden Wellenzüge, die wieder durch komplexe Felder dargestellt werden, sollen nach einer Gauß-Statistik zufällig emittiert worden sein mit dem Ergebnis, daß

$$\langle I_1(t+\tau)I_2(t)\rangle = \langle I_1\rangle\langle I_2\rangle + |\tilde{\Gamma}_{12}(\tau)|^2 \qquad (12.32)$$

oder

$$\langle I_1(t+\tau)I_2(t)\rangle = \langle I_1\rangle\langle I_2\rangle[1 + |\tilde{\gamma}_{12}(\tau)|^2]. \qquad (12.33)$$

Die momentanen Schwankungen $\Delta I_1(t)$ und $\Delta I_2(t)$ der Bestrahlungsstärken werden durch die Änderungen der momentanen Bestrahlungsstärken $I_1(t)$ und $I_2(t)$ um einen Mittelwert $\langle I_1(t)\rangle$ und $\langle I_2(t)\rangle$ wie in Abbildung 12.14

---

[9] Als eine vollständige Darstellung, siehe z.B. L. Mandel, "Fluctuations of Light Beams", *Progress in Optics*, Vol. II, p. 193, oder Françon, *Optical Interferometry*, p. 182.

gegeben. Wenn wir daher berücksichtigen, daß

$$\Delta I_1(t) = I_1(t) - \langle I_1\rangle, \qquad \Delta I_2(t) = I_2(t) - \langle I_2\rangle$$

sowie die Tatsache, daß

$$\langle \Delta I_1(t)\rangle = 0 \quad \text{und} \quad \langle \Delta I_2(t)\rangle = 0,$$

so wird aus den Gleichungen (12.32) und (12.33)

$$\langle \Delta I_1(t+\tau)\Delta I_2(t)\rangle = |\tilde{\Gamma}_{12}(\tau)|^2 \qquad (12.34)$$

oder

$$\langle \Delta I_1(t+\tau)\Delta I_2(t)\rangle = \langle I_1\rangle\langle I_2\rangle|\tilde{\gamma}_{12}(\tau)|^2 \qquad (12.35)$$

(Aufgabe 12.11). Diese sind die gewünschten Kreuz-Korrelationen der Bestrahlungsstärken-Fluktuationen. Sie bestehen so lange, wie das Feld an den beiden betreffenden Punkten teilweise kohärent ist. Übrigens entsprechen diese Ausdrücke linear polarisiertem Licht. Wenn die Welle unpolarisiert ist, muß auf der rechten Seite der Faktor 1/2 eingefügt werden.

Die Gültigkeit des Prinzips der Korrelations-Interferometrie wurde zuerst im Radiofrequenzbereich des Spektrums gezeigt, wo die Signale ziemlich einfach nachzuweisen sind. Bald danach, 1956, schlugen Hanbury-Brown und Twiss das in Abbildung 12.15 dargestellte

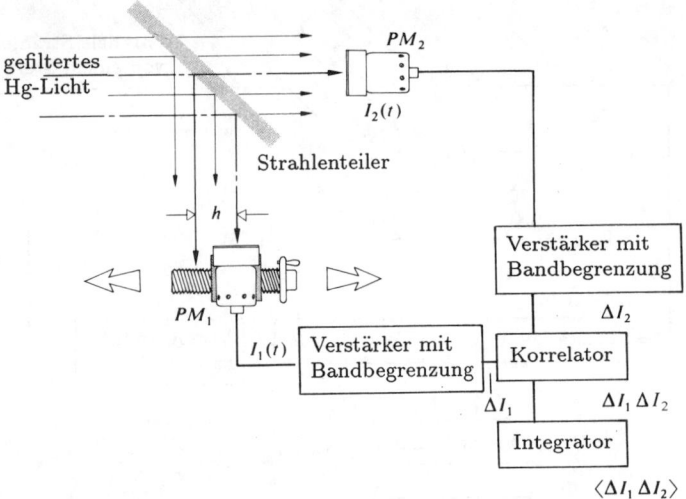

Abbildung 12.16 Das Experiment von Hanbury-Brown und Twiss.

optische Sterninterferometer vor. Aber die einzigen für optische Frequenzen geeigneten Detektoren waren photoelektrische Geräte, deren Arbeitsweise auf der Quantennatur des Lichtes beruht. So

> ... war es keineswegs sicher, daß die Korrelation im Prozeß einer photoelektrischen Emission voll erhalten bliebe. Aus diesen Gründen wurde ein Laborexperiment, wie es unten beschrieben wird, durchgeführt.[10]

Dieses Experiment ist in Abbildung (12.16) dargestellt. Gefiltertes Licht einer Hg-Bogenentladung durchquert eine rechteckige Blendenöffnung; durch einen Strahlenteiler werden unterschiedliche Anteile der herauskommenden Wellenfront zu zwei Photovervielfachern, PM_1 und PM_2 gelenkt. Der Kohärenzgrad wird durch Bewegen von PM_1, d.h. Veränderung von h beeinflußt. Die Signale von den zwei Photovervielfachern sollen proportional zu der einfallenden Bestrahlungsstärke $I_1(t)$ bzw. $I_2(t)$ sein. Die Signale werden gefiltert und so verstärkt, daß die konstante (oder Gleichlicht-) Komponente jedes der Signale (die proportional zu $\langle I_1 \rangle$ und $\langle I_2 \rangle$ sind) entfernt wird, wodurch nur die Schwankungen, d.h. $\Delta I_1(t) = I_1(t) - \langle I_1 \rangle$ und $\Delta I_2(t) = I_2(t) - \langle I_2 \rangle$

---

10) Aus: R. Hanbury und R.Q. Twiss, "Correlation Between Photons in Two Coherent Beams of Licht", *Nature* **127**, 27 (1956).

übrig blieben. Die zwei Signale werden dann zusammen im Korrelator vervielfacht und das zeitliche Mittel des zu $\langle \Delta I_1(t) \Delta I_2(t) \rangle$ proportionalen Produkts wird schließlich aufgezeichnet. Die mittels Gleichung (12.35) experimentell bestimmten Werte von $|\tilde{\gamma}_{12}(0)|^2$ für verschiedene Abstände h stimmten gut mit den nach der Theorie berechneten überein. Für die beschriebene geometrische Anordnung existiert die Korrelation unzweifelhaft und darüber hinaus bleibt sie bei dem photoelektrischen Nachweis erhalten.

Die Schwankungen der Bestrahlungsstärke haben ungefähr die gleiche Frequenzbandbreite ($\Delta\nu$) wie das einfallende Licht, also $(\Delta t_c)^{-1}$ und das sind rund 100 MHz oder mehr. Dies ist viel eher oder leichter zu verfolgen als die Feldänderungen von 10^{15} Hz. Aber dennoch sind hochfrequente Schaltkreise mit einer Durchlaßbandbreite von etwa 100 MHz erforderlich. In der Praxis haben die Detektoren eine endliche Auflösungszeit T, so daß die Signalströme $\mathcal{I}_1$ und $\mathcal{I}_2$ praktisch proportional sind zu den Mittelwerten von $I_1(t)$ und $I_2(t)$ über T, und nicht zu ihren Momentanwerten. Im Endeffekt mißt man geglättete Schwankungen, wie etwa die gestrichelte Kurve in Abbildung 12.14 (b). Normalerweise ist $T > \Delta t_c$; dies führt in der tatsächlich beobachteten Korrelation einfach zu einer Reduktion um den Fakor $\Delta t_c/T$:

$$\langle \Delta \mathcal{I}_1(t) \Delta \mathcal{I}_2(t) \rangle = \langle \mathcal{I}_1 \rangle \langle \mathcal{I}_2 \rangle \frac{\Delta t_c}{T} |\tilde{\gamma}_{12}(0)|^2. \quad (12.36)$$

Zum Beispiel hat das gefilterte Quecksilberlicht im obigen Experiment eine Kohärenzzeit von etwa 1 ns, während die Elektronik eine reziproke Durchlaßbandbreite oder effektive Integrationszeit von ≈ 40 ns hat. Man beachte, daß Gleichung (12.36) sich im Prinzip nicht von Gleichung (12.35) unterscheidet — sie ist nur etwas realistischer gemacht worden.

Hanbury-Brown und Twiss konstruierten kurz nach ihrem erfolgreichen Labor-Experiment das Sterninterferometer von Abbildung 12.15. Das Sternenlicht wurde von zwei Scheinwerferspiegeln gesammelt und auf je einen Photovervielfacher fokussiert. Ein Zweig enthielt ein Verzögerungskabel — dies zum Ausgleich der jeweiligen Laufzeitunterschiede des Lichtes, die auftraten, wenn h durch Verschieben des einen Spiegels auf dem Sockel verändert wurde. Die Messung von $\langle \Delta \mathcal{I}_1(t) \Delta \mathcal{I}_2(t) \rangle$ bei verschiedenen Laufzeitunterschieden erlaubte, das Betragsquadrat $|\tilde{\gamma}_{12}(0)|^2$ des Kohärenzgrades zu be-

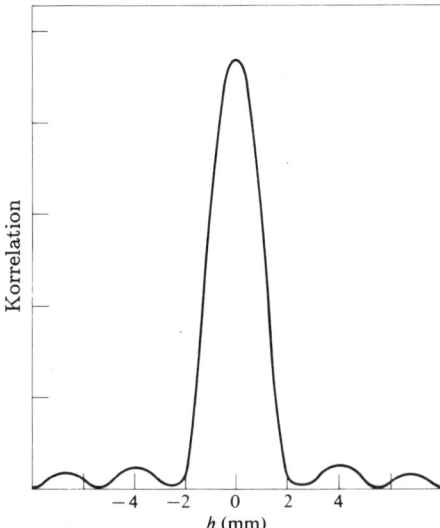

Abbildung 12.17 Eine Korrelationsfunktion für eine pseudothermische Quelle. (Aus A.B. Haner and N.R. Isenor, *Am. J. Phys.*, **38**, 748 (1970)).

stimmen und dies wiederum lieferte den Winkeldurchmesser der Quelle, gerade so wie mit dem Michelson-Sterninterferometer. Dieses Mal jedoch waren auch sehr große Abstände h praktisch möglich, weil man sich nicht mehr um die Wellenphasen wie beim Michelson-Gerät kümmern mußte. Bei dem war eine leichte Verschiebung eines Spiegels um den Bruchteil einer Wellenlänge fatal. Hier jedoch wurde von der Phase abgesehen, so daß die Spiegel noch nicht einmal eine hohe optische Qualität zu haben brauchten. Der Stern Sirius war der erste, der so untersucht wurde. Man ermittelte, daß sein Winkeldurchmesser 0.0069 Bogensekunden beträgt. Etwas später wurde bei Narrabri/Australien ein Korrelationsinterferometer mit einer Grundlinie von 188.37 m errichtet. Für bestimmte Sterne konnte mit diesem Instrument ein Winkeldurchmesser von nur 0.0005 Bogensekunden gemessen werden — das ist ein langer Weg vom Winkeldurchmesser des Betelgeuse (0.047 Bogensekunden).[11]

Die bei Untersuchungen der Bestrahlungsstärke-Korrelation verwendete Elektronik könnte stark vereinfacht werden, wenn das einfallende Licht in guter Näherung monochromatisch und von beträchtlich höherer Intensitätsdichte wäre. Laserlicht ist nicht thermisch und zeigt daher nicht die gleichen statistischen Schwankungen, jedoch kann es benutzt werden, um *pseudothermisches*[12] Licht zu erzeugen. Eine pseudothermische Quelle besteht aus einer gewöhnlichen hellen Lichtquelle (ein Laser ist am geeignetsten) und einem sich bewegenden Medium *inhomogener* optischer Dicke, wie z.B. einer rotierenden matten Glasscheibe. Untersucht man den gestreuten Strahl, der aus einer ruhenden Mattglasscheibe austritt, mit einem *Detektor genügend geringer Auflösungszeit*, so sind die inhärenten Bestrahlungsstärkefluktuationen völlig geglättet. Wenn man die Mattglasscheibe in Drehung versetzt, so treten Bestrahlungsstärkefluktuationen auf mit einer simulierten, der Umdrehungszahl entsprechenden Kohärenzzeit. Dadurch hat man eine brillante thermische Lichtquelle mit variablem Δt_c (von etwa 1 s bis 10^{-5} s), verwendbar bei einer ganzen Reihe zu untersuchender Kohärenz-Effekte. Zum Beispiel zeigt Abbildung 12.17 die zu $[2J_1(u)/u]^2$ proportionale Korrelationsfunktion für eine pseudothermische Lichtquelle mit kreisförmiger Blende, wie sie sich aus den Schwankungen in der Bestrahlungsstärke bestimmen läßt. Der entsprechende Aufbau des Experiments ähnelt dem von Abbildung 12.16, obwohl die Elektronik beträchtlich einfacher ist.[13]

Aufgaben

12.1 Angenommen, wir erzeugen ein Interferenzstreifenmuster, indem wir eine Quecksilberdampflampe als Lichtquelle und ein Michelson-Interferometer verwenden. Erörtern Sie, was mit den Interferenzstreifen passiert, während nach dem Einschalten der Lampe der Dampfdruck bis auf den konstanten Betriebswert steigt.

---

[11] Eine Besprechung des Photoaspekts der Bestrahlungsstärke-Korrelation findet man in: Garbuny, *Optical Physics*, Section 6.2.5.2 oder Klein *Optics*, Section 6.4.

[12] Siehe W. Martienssen and E. Spiller, "Coherence and Fluctuations in Light Beams", *Am. J. Phys.* **32**, 919 (1964) und A.B. Haner and N.R. Isenor, "Intensity Correlations from Pseudothermal Light Sources", *Am. J. Phys.*, **38**, 748 (1970). Beide Artikel sind sehr lesenswert.

[13] Gute, aber schwierig zu lesende Literatur zu diesem Kapitel ist der Übersichts-Aufsatz von L. Mandel und E. Wolf "Coherence Properties of Optical Fields", *Revs. Modern Phys.* **37**, 231 (1965). Ein Blick lohnt sich in K.I. Kellermann, "Intercontinental Radio Astronomy", *Sci. Am.* **226**, 72 (Februar 1972).

12.2* Wir wollen die Bestrahlungsstärke auf der Beobachtungsebene in Youngs Experiment untersuchen, wenn die Spalte gleichzeitig von zwei monochromatischen Wellen E_1 und E_2 unterschiedlicher Frequenz beleuchtet werden. Tragen Sie die Wellen mit $\lambda_1 = 0.8\lambda_2$ gegen die Zeit auf. Nun zeichnen Sie das Produkt $E_1 E_2$ (an einem Punkt P) gegen die Zeit auf. Was können Sie über den Mittelwert für ein relativ langes Zeitintervall sagen? Wie sieht $(E_1 + E_2)^2$ aus? Vergleichen Sie es mit $E_1^2 + E_2^2$. Approximieren Sie $\langle(E_1 + E_2)^2\rangle$ über ein Zeitintervall, der lang ist gegenüber der Periodendauer der Wellen.

12.3* Nach den vorangegangenen Betrachtungen (ein Punkt P während eines Zeitintervalls) untersuchen Sie nun die räumliche Verteilung der Bestrahlungsstärken zu einem bestimmten Zeitpunkt. Jede Welle allein erzeugt eine Bestrahlungsstärkeverteilung I_1 und I_2. Tragen Sie beide auf der gleichen Raumachse auf und zeichnen Sie dann ihre Summe $I_1 + I_2$ ein. Diskutieren Sie die Bedeutung ihrer Ergebnisse. Vergleichen Sie ihre Arbeit mit Abbildung 7.9. Was geschieht mit der resultierenden Bestrahlungsstärke, wenn mehr Wellen mit unterschiedlichen Frequenzen dazu addiert werden? Erklären Sie es mittels der Kohärenzlänge. Was passiert rein hypothetisch mit dem Beugungsmuster, wenn die Frequenzbandweite gegen unendlich geht?

12.4 Betrachten Sie noch einmal die Autokorrelation einer Sinusfunktion, wie in Abbildung 11.37 gezeigt, und ziehen Sie Vergleiche zu den Betrachtungen von 12.3*:

Nehmen Sie an, wir haben ein aus sehr vielen sinusförmigen Komponenten bestehendes Signal. Skizzieren Sie für drei oder vier der Komponenten dieses komplizierten Signals die Autokorrelation wie in Abbildung 11.37 (e) und stellen Sie sich die Autokorrelation des Gesamtsignals vor. Wie wird diese aussehen, wenn die Anzahl der Komponenten sehr groß ist und das Signal weißem Rauschen ähnelt? Was ist die Bedeutung des Wertes $\tau = 0$? Stellen Sie die Betrachtungen zur Autokorrelation hier und zur Kohärenz aus 12.3 einander gegenüber.

12.5* Stellen Sie sich die Situation von Abbildung 12.3 vor. Berechnen Sie die Sichtbarkeit, wenn der Abstand zweier Interferenzstreifenmaxima 1 mm ist und wenn die auf den Bildschirm abgebildete Spaltbreite dort 0.5 mm beträgt.

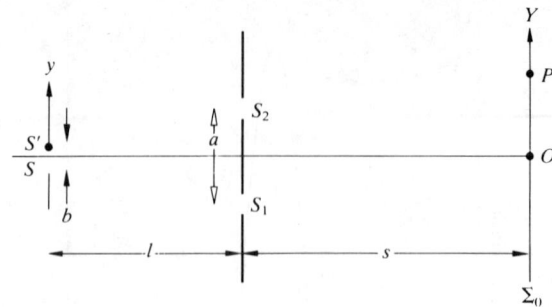

Abbildung 12.18

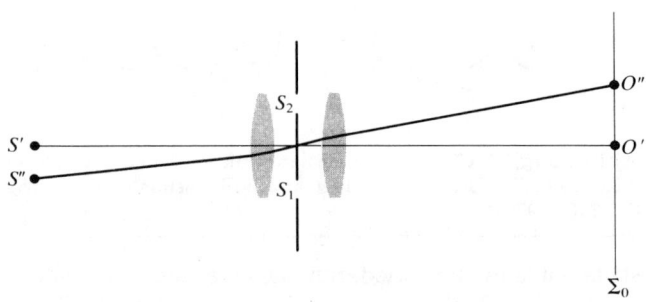

Abbildung 12.19

12.6 Zeigen Sie für die in Abbildung 12.18 beschriebene Anordnung von spaltförmiger Lichtquelle und Lochscheibe, daß

$$I(Y) \propto b + \frac{\sin(\pi a/\lambda l)b}{\pi a/\lambda l} \cos(2\pi aY/\lambda s),$$

indem Sie über die Quelle integrieren.

12.7 Führen Sie die bei der Herleitung von Gleichung (12.22) ausgelassenen Zwischenschritte durch.

12.8 Unter welchen Umständen ist die Bestrahlungsstärke auf Σ_0 der Abbildung 12.19 gleich $4I_0$, wobei I_0 die Bestrahlungsstärke aufgrund nur einer der beiden inkohärenten Punktquellen sein soll?

12.9* Angenommen, wie bauen das Youngsche Experiment auf mit einer Natriumdampflampe ($\overline{\lambda}_0 = 589.3$ nm) als Lichtquelle und einem runden Loch des Durchmessers 0.1 mm davor. Der Abstand zwischen Lichtquelle und den Spalten sei 1 m. Wie weit liegen die Spalten auseinander, wenn das Interferenzmuster verschwindet?

12.10 Der Winkeldurchmesser der Sonne von der Erde aus gesehen beträgt etwa $1/2°$. Bestimmen Sie den Durchmesser der entsprechenden Kohärenzfläche unter Vernachlässigung irgendwelcher Helligkeitsunterschiede auf der Oberfläche.

12.11 Zeigen Sie, daß die Gleichungen (12.34) und (12.35) aus Gleichung (12.32) und Gleichung (12.33) folgen.

12.12* Gehen Sie zu Gleichung (12.21) zurück und teilen Sie diese in einen kohärenten und einen inkohärenten Beitrag auf. Der erste Beitrag kommt von der Superposition der beiden kohärenten Wellen mit den Bestrahlungsstärken $|\tilde{\gamma}_{12}(\tau)|I_1$ und $|\tilde{\gamma}_{12}(\tau)|I_2$ mit einer relativen Phase von $\alpha_{12}(\tau) - \varphi$, und der zweite von der Superposition der inkohärenten Wellen mit den Bestrahlungsstärken $[1 - |\tilde{\gamma}_{12}(\tau)|]I_1$ und $[1 - |\tilde{\gamma}_{12}(\tau)|]I_2$. Leiten Sie nun Ausdrücke für I_{coh}/I_{incoh} und für I_{incoh}/I_{total} her. Diskutieren Sie die physikalische Bedeutung dieser alternativen Formulierung und wie wir die Sichtbarkeit der Streifen in diesen Termen erkennen könnten.

12.13 Stellen Sie sich Youngs Experiment vor, bei dem eins der beiden Löcher nun von einem neutralen Schwärzungsfilter, der die Bestrahlungsstärke um den Faktor 10 verringert, bedeckt ist. Das andere Loch ist mit einem Stück Glas bedeckt, so daß keine relative Phasenverschiebung auftritt. Berechnen Sie die Sichtbarkeit für den hypothetischen Fall von vollständig kohärenter Beleuchtung.

12.14* Angenommen, Youngs Doppelspalt-Apparatur wird von Sonnenlicht mit der mittleren Wellenlänge von 550 nm beleuchtet. Bestimmen Sie den Abstand der Spalte, bei dem die Streifen verschwinden.

12.15 Wir wollen eine Apparatur mit zwei Löchern konstruieren, die von einer gleichförmigen, quasimonochromatischen und inkohärenten Spaltquelle mit einer mittleren Wellenlänge von 500 nm beleuchtet wird. Die Breite der Spaltquelle sei b, ihr Abstand zum Blendenschirm betrage 1.5 m. Wenn die Löcher 0.50 mm weit auseinander sind, wie groß darf dann b sein, damit die Sichtbarkeit der Streifen auf der Beobachtungsebene nicht kleiner als 85% wird?

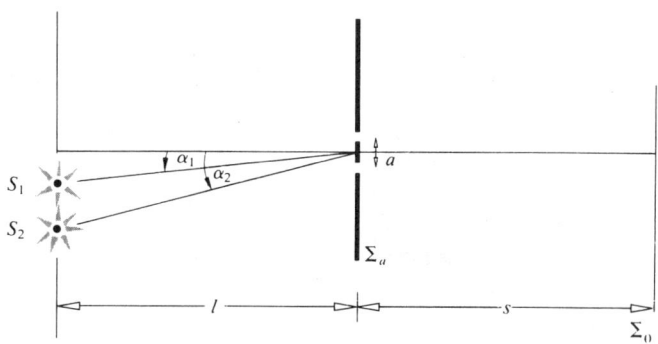

Abbildung 12.20

12.16* Nehmen wir an, wir hätten eine inkohärente quasimonochromatische und gleichförmige Spaltquelle, zum Beispiel eine Entladungslampe mit einer Maske und einem Filter davor. Wir wollen damit ein Gebiet auf dem 10.0 m entfernten Blendenschirm beleuchten; dabei soll auf diesem der Absolutbetrag des komplexen Kohärenzgrades innerhalb eines 1.0 mm breiten Bereiches 90% nicht unterschreiten. Wie breit darf folglich der Spalt bei einer Wellenlänge von 500 nm sein?

12.17* Abbildung 12.20 zeigt zwei inkohärente und quasimonochromatische Punktquellen, die zwei Löcher in einer Maske beleuchten. Zeigen Sie, daß die auf der Beobachtungsebene abgebildeten Streifen eine minimale Sichtbarkeit haben, wenn

$$a(\alpha_2 - \alpha_1) = \frac{1}{2}m,$$

wobei $m = \pm 1, \pm 3, \pm 5 \dots$.

12.18 Stellen Sie sich vor, wir hätten eine breite quasimonochromatische Quelle ($\lambda = 500$ nm), bestehend aus einer Menge von vertikalen inkohärenten und infinitesimal schmalen Linienquellen mit einem Abstand von jeweils 500 μm. Die Quelle beleuchtet ein Paar von ganz besonders schmalen vertikalen Spalten in einem 2.0 m entfernten Blendenschirm. Wie weit sollten die Spalte voneinander entfernt sein, um ein Streifenmuster mit maximaler Sichtbarkeit zu erzeugen?

13 EINIGE ASPEKTE DER QUANTENNATUR DES LICHTES

Seit dem Beginn dieses Jahrhunderts hat sich unser Verständnis von der physikalischen Welt grundlegend geändert. Wir nahmen nun die fundamentalen Ähnlichkeiten zwischen all den verschiedenen Formen der Strahlungsenergie und Materie wahr. Optik, die traditionell das Studium des Lichts war, erweiterte ihren Bereich, um das ganze elektromagnetische Spektrum zu umfassen. Überdies hat das Erscheinen der Quantenmechanik noch eine andere Ausweitung mit sich gebracht, die man *Materieoptik* (z.B. Elektronen- und Neutronen-Beugung) nennen könnte.

Unsere Hauptabsicht in diesem Kapitel ist es, einige Ideen der Quantenmechanik in den Stoff der Optik einzuweben.

13.1 Quantenfelder

Die Physiker des neunzehnten Jahrhunderts sahen das elektromagnetische Feld als Störung des alldurchdringenden Äthers an. Zwei Ladungen wechselwirkten, weil der Äther, in dem sie eingebettet waren, durch ihre Gegenwart gestört war, und die resultierende Spannung von der einen zur anderen übertragen wurde. Maxwells Feldgleichungen beschrieben diese meßbare Störung des Mediums, ohne explizit den Äther selbst zu untersuchen. Licht war dann einfach ein Wellenzug, der aus mechanischen Schwingungen des Äthers bestand. Da es elektromagnetische Wellen gab, mußte es ein übertragendes Medium geben — das war klar. Doch selbst nachdem das Michelson-Morley Experiment (Abschnitt 9.10.3) und Einsteins spezielle Relativitätstheorie die Ätherhypothese beiseite geschoben hatten, blieben Maxwells Gleichungen kurioserweise richtig. Obwohl also die ganze Anschauung geändert worden war, waren jene Gleichungen weiterhin gültig. Es blieben kaum andere Deutungsmöglichkeiten: das Feld selbst mußte eine physikalische Substanz sein, die unabhängig von irgendeinem Medium ist und fähig, irgendwie den leeren Raum zu durchqueren. Eine elektromagnetische Welle wurde nun als Störung angesehen, die sich im elektromagnetischen Feld fortpflanzt.

Zu Anfang dieses Jahrhunderts wurde es offensichtlich (aus Gründen, die wir gleich sehen werden), daß Maxwells Gleichungen, obwohl sie wahr zu sein schienen, nicht die ganze Wahrheit sein konnten. Das Feld war völlig real, aber Experimente enthüllten allmählich ein Verhalten, das unvereinbar mit der ausschließlichen Darstellung des Feldes als Kontinuum (wie eine Flüssigkeit) war. Das elektromagnetische Feld entfaltete teilchenartige Eigenschaften, indem es in Klümpchen, sog. Photonen, also diskontinuierlich emittiert und absorbiert wurde. Selbst noch in der Mitte der zwanziger Jahre dieses Jahrhunderts, in den entscheidenden Jahren der Quantentheorie, wurden Felder und Teilchen als verschiedene Substanzen angesehen. Aber bald wurde es — mit Verschmelzung der Quantentheorie und der Relativitätstheorie — offensichtlich, daß jedes Teilchen, materiell oder nicht, als quantisierte Manifestation eines bestimmten Feldes angesehen werden konnte (z.B. ist das Photon das Quant des elektromagnetischen Feldes). Wie das Photon können auch materielle Teilchen geschaffen und zerstört werden. Ihre korrespondierenden Felder können alle beobachtbaren physikalischen Merkmale transportieren, wie Energie, Ladung, Masse usw., während sie als Wellen durch den Raum wandern. Im Kontext der Quantenfeldtheorie, wie diese Beschreibung genannt wird, werden Teilchen in ihrem Wesen als lokalisierte Pakete von Feldenergie angesehen. Ein anderer weitreichender Unterschied zwischen diesem und dem klassischen Bild ist die Auffassung von der Wechselwirkung. Die Quantenfeldtheorie behauptet, daß alle Wechselwirkung von der Entstehung und Vernichtung von Teilchen herrührt. Das heißt — im klassischen Sinn gesprochen —, Kräfte werden nun zurückgeführt auf den Austausch von Quanten oder Klümpchen des in Frage stehenden Feldes. Geladene Teilchen können durch Absorption und Emission (in einem wechselseitigen Austausch) von Quanten des elektromagnetischen Feldes, d.h. von Photonen, wechselwirken. Vermutlich ist die Gravitationswechselwirkung in ähnlicher Weise ein Ergebnis des Austausches von Quanten des Gravitationsfeldes — den Gravitonen.

Dies ist nun eine Art flüchtiger Ausblick auf die von der zeitgenössischen Quantenfeldtheorie[1] eingeschlagene Richtung. In den nächsten Abschnitten werden wir einige der Experimente betrachten, die zur Entwicklung des quantenmechanischen Photon-Bildes geführt haben.

13.2 Schwarzkörperstrahlung — Plancks Quantenhypothese

Am Ende des neunzehnten Jahrhunderts war die elektromagnetische Theorie des Lichtes, geschaffen von Maxwell und äußerst gewissenhaft verifiziert durch Hertz, als einer der Ecksteine der Naturwissenschaft fest etabliert. Aber Zeiten der Zufriedenheit sind in der Physik gewöhnlich kurzlebig, und Max Planck entfesselte 1900 einen begrifflichen Wirbelwind, der schließlich zu einer radikalen Veränderung des Weltbildes der Physik führte. Planck, der Student bei Helmholtz und Kirchhoff gewesen war, arbeitete an einer theoretischen Analyse eines scheinbar obskuren Phänomens, bekannt als *Schwarzkörperstrahlung*. Wir wissen, daß ein beliebiges Objekt, das im thermischen Gleichgewicht mit seiner Umwelt ist, genau so viel Strahlungsenergie emittieren muß, wie es

---

[1] Wie alle Theorien wird auch diese fortwährend weiterentwickelt, und einige Teile werden sicher noch geändert werden. Nichtsdestoweniger, in der Sprache der Zeit: *So ist's halt.*

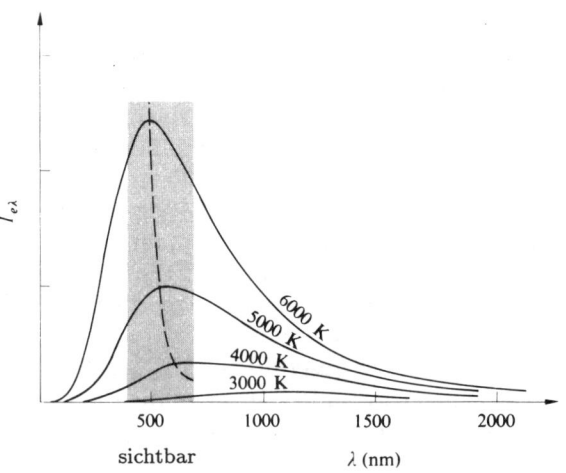

Abbildung 13.1 Schwarzkörperstrahlungskurven. Die Hyperbel, die durch die Maxima geht, entspricht Wiens Gesetz.

absorbiert. Daraus folgt, daß ein guter Absorber auch ein guter Strahler ist. *Man bezeichnet einen perfekten Absorber, der die gesamte auf ihn treffende Strahlungsenergie — unabhängig von der Wellenlänge — absorbiert, als Schwarzkörper.* Im allgemeinen realisiert man einen Schwarzkörper im Labor näherungsweise durch einen isolierten Hohlraum (einen Ofen), der in einer Wand ein kleines Loch hat. Die Strahlungsenergie, die durch das Loch tritt, hat nur eine geringe Chance, wieder aus dem Hohlraum heraus reflektiert zu werden, so daß dieser wie ein nahezu perfekter Absorber wirkt. Andererseits kann sein Loch als Strahlungsquelle dienen, wenn der Ofen geheizt wird. Im Einklang mit der allgemeinen Erfahrung können wir vorhersehen, daß die spektrale Verteilung der ausgestrahlten Energie nur von der absoluten Temperatur T des Ofens abhängen wird. Wenn die Temperatur steigt, wird das Loch anfangs vorherrschend Infrarot abstrahlen und dann allmählich in einem schwachen Rot glühen, das heller und heller wird, sich in Gelb, Weiß und schließlich in Blau-Weiß verwandelt. Experimentelle Forschungen (namentlich von O. Lummer und E. Pringsheim, 1899) ergaben Spektralkurven ähnlich denen von Abbildung 13.1. Die Größe $I_{e\lambda}$, die als Ordinate aufgetragen ist, nennt man die *spektrale Flußdichte* oder den *spektralen Emissionsgrad*. Sie entspricht der ausgestrahlten Leistung pro Einheitsfläche, pro Einheits-Wellenlängenintervall, die das Loch verläßt. Müßten wir solche Messungen durchführen, so könnten wir, wenigstens im Prinzip, mit Verwendung eines Leistungsmessers die Energiedichte (in W/m^2) von der Schwarzkörperstrahlung bei einer vorgegebenen Wellenlänge λ bestimmen. Aber in Wirklichkeit würde jedes derartige Meßgerät einen Wellenlängenbereich $\Delta\lambda$ um λ aufnehmen. Aus diesem Grund führen wir den Begriff des *spektralen* Emissionsgrades ein. Die Kurven von $I_{e\lambda}$ gegen λ können so aufgetragen werden, daß die Fläche unter ihnen in W/m^2 gemessen wird. Man beobachte, wie die Maxima der Kurven sich zu kürzeren Wellenlängen verschieben, wenn T wächst.

1879 beobachtete Josef Stefan (1835–1893), daß die Strahlungsflußdichte (oder der gesamte Emissionsgrad, I_e) eines Schwarzkörpers zur vierten Potenz seiner absoluten Temperatur proportional ist. Einige Jahre später leitete Ludwig Boltzmann (1844–1906) diese Beziehung in einer kombinierten Anwendung der Maxwellschen Theorie und thermodynamischer Argumente her. Das *Stefan-Boltzmann-Gesetz*, wie es nun genannt wird, lautet

$$I_e = \sigma T^4, \qquad (13.1)$$

wobei die Stefan-Boltzmann-Konstante σ gleich $(5.6697 \pm 0.0029) \times 10^{-8}$Wm^{-2}K^{-4} ist. Der letzte bemerkenswerte Erfolg bei der Anwendung der klassischen Theorie auf Probleme der Schwarzkörperstrahlung fiel 1893 dem deutschen Physiker und Nobelpreisträger Carl Werner Otto Fritz Franz Wien (1864–1928) zu, seinen Freunden als Willy bekannt. Er konnte zeigen, daß die Wellenlänge λ_{max}, bei der $I_{e\lambda}$ (die Flußdichte *pro Einheitswellenlängenintervall*, die vom Schwarzkörper austritt) maximal ist, sich mit

$$\lambda_{max} T = 2.8978 \times 10^{-3} \text{m K} \qquad (13.2)$$

verändert. Wenn T wächst, nimmt λ_{max} ab, und die Maxima sind verschoben, worauf wir schon in Verbindung mit Abbildung 13.1 hingewiesen haben. Folglich nennt man die Gleichung (13.2) *Wiens Verschiebungsgesetz*.

Zu diesem Zeitpunkt begann die klassische Theorie zu schwanken. Alle Anstrengungen, die ganze Strahlungskurve (Abb. 13.1) mit einigen theoretischen Gleichungen, die auf dem Elektromagnetismus basieren, in Übereinstimmung zu bringen, führten nur zu sehr begrenztem Erfolg. Wien stellte eine Formel auf, die mit den beobachteten Daten recht gut im Bereich kurzer Wellenlängen übereinstimmte, für große λ aber wesentlich (von der Beobachtung) abwich. Lord Rayleigh (John William Strutt, 1842–1919) und später Sir James Jeans (1877–1946) entwickelten eine Beschreibung mit den Begriffen von Moden stehender Wellen des Feldes im Hohlraum. Aber die daraus resultierende *Rayleigh-Jeans Formel* paßte zu den experimentellen Kurven nur im Bereich sehr langer Wellenlängen. Das Versagen der klassischen Theorie war völlig unerklärbar; ein Wendepunkt in der Geschichte der Physik war erreicht.

Plancks Lösungsansatz war ziemlich systematisch und induktiv. Zuerst drückte er die beobachteten Daten mit einer empirischen Formel aus. Dann suchte er für jenen Ausdruck eine physikalische Rechtfertigung in der Thermodynamik. Im wesentlichen stellt sein Modell die Atome der Ofenwände als im thermischen Gleichgewicht mit dem eingeschlossenen Strahlungsfeld dar. Er nahm an, daß die Atome sich wie elektrische Oszillatoren verhalten, die die Strahlungsenergie absorbieren und emittieren. Weiterhin nahm er an, daß alle Oszillatorfrequenzen ν möglich sind, und daß deshalb alle Frequenzen im emittierten Spektrum vorkommen sollten. Aber nun führte er eine vollständig beispiellose *ad hoc* Annahme ein, die nur pragmatisch gerechtfertigt werden konnte — sie funktionierte. Planck behauptete, daß *ein atomarer Resonator nur diskrete Energiemengen absorbieren oder emittieren könne, die proportional zu seiner Schwingungsfrequenz seien. Überdies mußte jeder solche Energiewert ein ganzzahliges Vielfaches dessen sein, was er "Energieelement" $h\nu$ nannte.* So sind alle möglichen Oszillatorenergien $\mathcal{E}_m$ durch

$$\mathcal{E}_m = m h \nu \qquad (13.3)$$

gegeben, wobei m eine positive ganze Zahl und h eine Konstante ist, die durch die Meßdaten bestimmt wird. Mit statistischen Argumenten, die hier nur von geringem Interesse sind, leitete Planck die folgende Formel für den spektralen Emissionsgrad[2] her:

$$I_{e\lambda} = \frac{2\pi h c^2}{\lambda^5} \left[\frac{1}{e^{hc/\lambda kT} - 1} \right], \qquad (13.4)$$

wobei k hier in diesem Fall die Boltzmann-Konstante ist. *Plancks Strahlungsgesetz* (Gl. 13.4) stimmt extrem gut mit den experimentellen Ergebnissen überein, wenn

---

[2] Nicht zu verwechseln mit der spektralen Energiedichte, die gleich $4 I_{e\lambda}/c$ ist.

h passend gewählt wird. Der zur Zeit beste Wert der Planckschen Konstanten ist

$$h = (6.6256 + 0.0005) \times 10^{-34} \, Js.$$

Die Hypothese, daß die Energie in Quanten von $h\nu$ emittiert und absorbiert wird (was ursprünglich nur ein rechnerischer Kunstgriff schien), hat sich als eine fundamentale Aussage über die Natur der Dinge herausgestellt.[3] Darüber hinaus hat sich die Größe h nicht einfach als ein Parameter gezeigt, der zu einer speziellen Kurve paßt, sondern als eine universelle Konstante von größter Bedeutung. Wir weisen aber trotzdem darauf hin, daß die wahre Bedeutung dieses Wertes für einige Jahre unerkannt blieb. Selbst Planck zeigte sich vorsichtig, was dieser Kommentar zu seiner Herleitung belegt.[4]

> Es ist wahr, daß wir damit nicht beweisen werden, daß diese Hypothese die einzig mögliche oder auch der angemessenste Ausdruck des elementaren dynamischen Gesetzes der Schwingung von Oszillatoren darstellt. Im Gegenteil halte ich es für wahrscheinlich, daß sie sehr verbessert werden kann, was die Form und den Inhalt angeht ... und solange kein Widerspruch in ihr selbst oder mit den Experimenten entdeckt wird, und solange keine angemessenere Hypothese vorgebracht werden kann, um sie zu ersetzen, mag sie mit Recht eine gewisse Bedeutung beanspruchen.[5]

13.3 Der photoelektrische Effekt — Einsteins Photonkonzept

Ironischerweise trug gerade Heinrich Hertz, der geholfen hatte, das klassische Wellenbild der Strahlungsenergie durchzusetzen, unwissentlich als erster zu seiner Umwandlung bei. Ausgelöst wurde sie durch seine Entdeckung des *photoelektrischen Effekts*, der erstmals 1887 beschrieben wurde in einer Veröffentlichung mit dem Titel "Über einen Einfluß des ultravioletten Lichtes auf

---
[3] Plancks ursprüngliche Herleitung führt zu irrigen Photonenenergien von $mh\nu$, sie wurde aber später von Bose und Einstein passend korrigiert.
[4] M. Planck und M. Masius, *The Theory of Heat Radiation*.
[5] M. Planck und M. Masius: *The Theory of Heat Radiation* (aus dem Englischen zurückübersetzt); ähnlich hat Planck sich auch 1906 in dem Vorwort zur ersten Auflage der "Theorie der Wärmestrahlung", Leipzig, 1966, S. IV, geäußert: "Es liegt mir daran, auch an dieser Stelle noch besonders hervorzuheben, daß die hier entwickelte Theorie keinesweges den Anspruch erhebt, als vollkommen abgeschlossen zu gelten, wenn ... "; d.Ü.

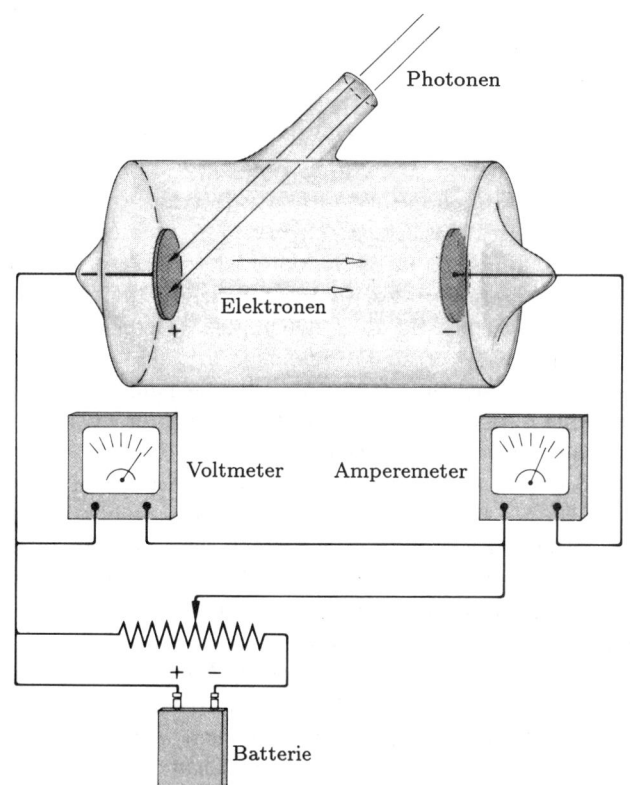

Abbildung 13.2 Versuchsaufbau, um den photoelektrischen Effekt zu beobachten.

die elektrische Entladung".[6] Während er mit seinen nun berühmten Experimenten über elektromagnetische Wellen beschäftigt war (Abschnitt 3.6), bemerkte er, daß der Funke, der im Empfängerschwingkreis induziert wird, stärker ist, wenn die Elektroden der Funkenstrecke durch das Licht beleuchtet werden, das vom Primärfunken kommt. Er konnte feststellen, daß der Effekt am stärksten war, wenn ultraviolettes Licht auf die Kathode der Funkenstrecke fällt, aber er verfolgte die Sache nicht weiter. Später, 1889, zeigte Wilhelm Hallwachs (1859–1922), daß von ähnlich beleuchteten Metalloberflächen wie Zink, Natrium, Kalium usw. negative Teilchen freigesetzt werden. Danach bestimmte Philipp Eduard Anton von Lenard (1862–1947), der ein Kol-

---
[6] Gesammelte Werke, Bd. II, Leipzig 1914, S. 69. "Über einen Einfluß des ultravioletten Lichtes auf die elektrische Entladung".

lege von Hertz war, das Ladungs-Massen-Verhältnis dieser Teilchen. Das bestätigte, daß die Funkenverstärkung, die von Hertz beobachtet worden war, eine Folge der Elektronenemission war (jetzt *Photoelektronen* genannt). Eine Anzahl Forscher begann nun mit Apparaten, die im Prinzip der in Abbildung 13.2 dargestellten ähneln, Meßdaten *zum photoelektrischen Effekt* zu sammeln, d.h. *zu dem Prozeß, bei dem Elektronen durch die Einwirkung der Strahlungsenergie vom Material freigesetzt werden*. Bald war klar, daß der photoelektrische Effekt ein weiteres Beispiel ist, bei dem die klassische elektromagnetische Theorie nur zu Paradoxien führt und daher versagt. Dieses sich in die Länge ziehende Dilemma wurde schließlich durch Einstein gelöst. Die brillante Veröffentlichung erschien in den *Annalen der Physik* 1905.[7] Darin erweiterte er kühn Plancks Hypothese und beeinflußte dadurch die rasante Umdeutung der klassischen Physik in den zwanziger Jahren. Versetzen wir uns nun in die damalige Lage (also in das Jahr 1905), damit wir richtig würdigen können, wie genial Einsteins Werk bei der damals recht begrenzten Anzahl von Meßdaten war.

Die frühen Experimente von J. Elster und H. Geitel, 1889, hatten gezeigt, daß die Photoelektronen häufig von den bestrahlten Metalloberflächen herausgeschleudert wurden. Offensichtlich traten Elektronen mit kleinen, aber meßbaren Geschwindigkeiten zwischen Null und einem maximalen Wert $v_{\max}$ aus. Dadurch, daß man die Auffangplatte, den Kollektor negativ bezüglich der bestrahlten Platte auflud, konnte eine verzögernde Kraft auf die Elektronen ausgeübt werden. Die Gegenspannung, die selbst die Elektronen mit der größten Energie am Erreichen des Kollektors hindert und dadurch den Photostrom auf Null bringt, wird *Grenzspannung* V_0 genannt. Es gilt:

$$\frac{1}{2} m_0 v_{\max}^2 = q_e V_0, \qquad (13.5)$$

wobei m_0 die Ruhemasse des Elektrons ist. Abbildung 13.3 (a) zeigt, wie der *Photostrom* i_p von der Gegenspannung V abhängt. In Abbildung 13.3 (a) widerspricht nichts dem klassischen Bild. Die Energieverteilung der

---

[7] 1905 war für Einstein ein gutes Jahr. Damals, im Alter von 26 Jahren, publizierte er seine Theorien über die Relativität, die Erklärung der Brownschen Bewegung und die Theorie des photoelektrischen Effekts. Jedoch vertraute er einmal einem Freund an, daß seine Hypothese zum photoelektrischen Effekt das Ergebnis von fünf Jahren Nachdenkens über Plancks Hypothese war.

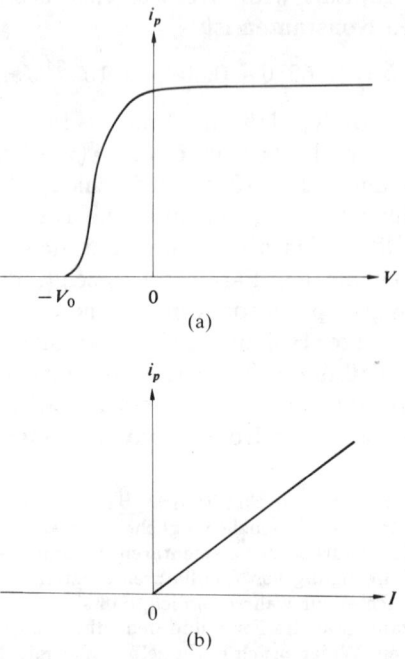

Abbildung 13.3 (a) Photostrom gegen Spannung. (b) Photostrom gegen Lichtintensität.

austretenden Elektronen, die sich im allmählichen Abfall der Kurve zeigt, kann in zufriedenstellender Weise den unterschiedlichen Energiebindungen der verschiedenen Elektronen im Metall zugeschrieben werden. Elektronen verlassen die Metalloberfläche ja nicht spontan, so daß solche Bindung ganz vernünftig ist.

1893 wurde beobachtet, daß i_p direkt proportional zur einfallenden Lichtintensität I ist, wie Abbildung 13.3 (b) zeigt. Auch dies stellt keine Abweichung vom klassischen Schema dar. Wachsendes I vergrößert die Gesamtenergie, die von der Oberfläche absorbiert wird, und sollte so eine im entsprechenden Verhältnis größere Anzahl von emittierten Photoelektronen hervorbringen.

Aber klassisch unverständlich ist, daß, wie man früh feststellte, keine meßbare Zeit vergeht zwischen dem Moment, in dem die Platte beleuchtet wurde, und dem Anfang der Photoemission. Wenn zum Beispiel $I = 10^{-10}\,\text{W/m}^2$ (bei $\lambda_0 = 500$ nm) ist, sagt die Theorie voraus (Aufgabe 13.10), daß es etwa 10 Stunden dauern dürfte, bevor Elektronen den Energiebetrag ansammeln könnten, den man beobachtet. Ganz im Gegensatz dazu

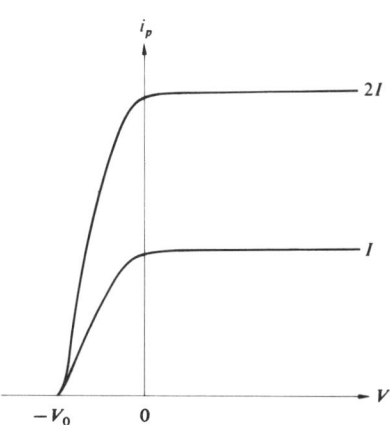

Abbildung 13.4 Das Grenzpotential ist unabhängig von der Strahlung.

Metall		ν_0 (THz)	Φ_0 (eV)
Caesium	Cs	460	1.9
Beryllium	Be	940	3.9
Titan	Ti	990	~ 4.1
Quecksilber	Hg	1100	4.5
Nickel	Ni	1210	5.0
Platin	Pt	1530	6.3

Tabelle 13.1 Photoelektrische Schwellfrequenzen und Austrittsarbeiten für einige Metalle.

fanden Elster und Geitel, auch als sie mit sogar kleineren Beleuchtungsstärken arbeiteten, keine meßbare Verzögerungszeit.

1902 entdeckte Lenard, daß bei einem vorgegebenen Metall das Grenzpotential und damit die maximale kinetische Energie unabhängig von der Strahlungsflußdichte ist, die auf der Platte ankommt, wie es schematisch in Abbildung 13.4 gezeigt wird. Er bestimmte, daß V_0 sich sogar bei einer siebzigfachen Intensität der einfallenden Strahlung nicht einmal um ein Prozent ändert. Dieses Ergebnis führte noch zu einem anderen Rätsel. Wohlbekannt war, daß die maximale kinetische Energie der Photoelektronen von der benutzen Lichtquelle abhängt. Lenards Arbeit jedoch zeigte, daß diese Energie unabhängig von I ist. Man konnte nur schließen, daß sich die maximale kinetische Energie irgendwie mit der Lichtfrequenz und nicht mit der einfallenden Gesamtenergie veränderte — in der Tat ein verblüffendes Resultat. Darüber hinaus hatte schon Hertz, wie Sie sich vielleicht erinnern, in seinem ursprünglichen Experiment herausgefunden, daß vielmehr die ultraviolette Strahlung als das sichtbare Licht der wirksame Auslöser ist. Daraus folgt, daß bei wachsender Frequenz der Strahlungsenergie ein Schwellwert erreicht wird, nach dem die Photoelektronen emittiert werden. Auch dies ist klassisch unerklärbar; ob Emission stattfindet oder nicht, sollte von I und nicht von ν abhängen.

Die Quintessenz von Plancks ursprünglicher Hypothese ist, daß die Energie des Strahlungsfeldes sich nur in diskreten Quanten, d.h. mit ganzzahligen Vielfachen von $h \cdot \nu$, *ändern* kann. Dies folgte aus seiner Energiequantelung der elektrischen Oszillatoren. Einstein ging viel weiter. Er schlug vor, das Strahlungsfeld selbst zu quantisieren, so daß dessen Energie nur in Quanten von $h\nu$ (später als Photonen bezeichnet) absorbiert werden kann. Der Mechanismus des photoelektrischen Effektes wird nun völlig klar. Betrachten wir nun ein Elektron im Inneren des Materials, das ein Photon $h \cdot \nu$ absorbiert hat. Auf dem Weg zur Oberfläche wird es einiges jener Energie verlieren und beim Austritt aus der Oberfläche sogar noch mehr. Die Gesamtenergie für das Verlassen des Materials sei Φ. Die Differenz zwischen $h \cdot \nu$ und Φ erscheint als kinetische Energie in der Formel

$$h\nu = \frac{mv^2}{2} + \Phi. \tag{13.6}$$

Wenn das Elektron zufällig an der Oberfläche ist, hat Φ den minimalen Wert Φ_0. Man nennt Φ_0 *Austrittsarbeit*; sie entspricht der Energie, die ein Elektron benötigt, um von der Oberfläche loszukommen (siehe Tabelle 13.1). In diesem Spezialfall gilt:

$$h\nu = \frac{mv_{\max}^2}{2} + \Phi_0, \tag{13.7}$$

was eine Aussage von *Einsteins photoelektrischer Gleichung* ist. Die niedrigste oder *Schwell-Frequenz* (ν_0), die eine Emission auslösen kann, würde gerade nur die Elektronen befreien. Das heißt, $v_{\max} \approx 0$ und

$$\nu_0 = \Phi_0/h. \tag{13.8}$$

Im Photonenbild absorbiert ein Elektron die Energie auf einen Schlag und nicht kontinuierlich. Folglich wird es keine bestimmbare Verzögerungszeit der Emission geben. Die Wechselbeziehung zwischen Bestrahlungsstärke und Photostrom ist also ganz verständlich. Ein Anwachsen von I entspricht einer Vergrößerung der Photonenzahl derselben Energie und so ein Anwachsen von i_p, aber nicht von V_0.

Die Quantentheorie erklärt die Existenz der Schwellfrequenz, die Abhängigkeit von $(mv_{max}^2/2)$ von ν, das Fehlen einer Verzögerungszeit, die Unabhängigkeit der V_0 von I und die Beziehung von I zu i_p. Da aber die quantitativen Meßdaten dürftig waren, und das Photon eine so radikale Idee ist, blieb es für viele inakzeptabel.

Die photoelektrische Gleichung ging sogar über alle vorher bekannten Beobachtungen hinaus; sie lieferte auch eine der größten Vorhersagen aller Zeiten. Nachdem sie publiziert war, brachte eine große Flut von Experimenten alle möglichen Bestätigungen. Die Proportionalität zwischen I und i_p wurde über einen Bereich von 5×10^7 für die Bestrahlungsstärke ausgedehnt. Ernest O. Lawrence und J.W. Beams (1928) benutzten eine Kerr-Zelle, um Lichtpulse zu schaffen, und fanden damit, daß, falls überhaupt eine Verzögerungszeit für die Elektronenemission existiert, sie kürzer als 3×10^{-9} s ist.[8] 1916 publizierte der amerikanische Physiker Robert Andrews Millikan (1868—1953) eine ausführliche und bemerkenswert genaue Studie über die Beziehung zwischen Einsteins Gleichung und dem photoelektrischen Effekt. Seine eigenen Worte über das Thema sind ziemlich aufschlußreich:

> Ich verbrachte zehn Jahre meines Lebens damit, Einsteins Gleichung von 1905 zu testen, und entgegen allen meinen Erwartungen mußte ich 1915 ihre unzweifelhafte Verifikation feststellen, obwohl sie dem gesunden Menschenverstand völlig widerspricht. Schien sie doch alles zu verletzen, was wir über die Interferenz des Lichtes wußten.

Eine Darstellung von Millikans Ergebnissen zeigt Abbildung 13.5. Man beachte, daß wir wegen $\nu_0 = \Phi/h$

$$\frac{mv_{max}^2}{2} = h(\nu - \nu_0) \qquad (13.9)$$

schreiben können. Das bedeutet, daß ein Diagramm der maximalen kinetischen Energie $(q_e V_0)$ gegen ν für ein beliebiges Material eine Gerade sein sollte mit der Steigung

---

[8] E.O. Lawrence und J.W. Beams, "The Element of Time in the Photoelectric Effekt", *Phys. Rev.* **32**, 487 (1928).

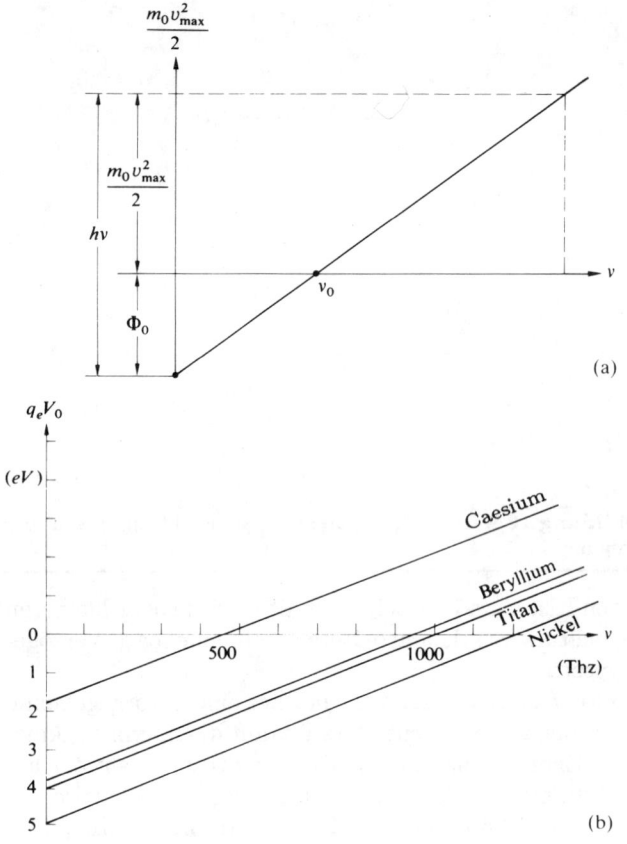

Abbildung 13.5 Einige von Millikans Ergebnissen.

h und einem Ordinatenschnittpunkt bei Φ_0. Diese Vorhersagen wurden durch Millikan vollständig bestätigt.[9] Die erstaunliche Tatsache, daß die Steigung wirklich gleich h ist, ist ein Tribut an den Scharfsinn Plancks und das Genie Einsteins. Verschiedene Metalle haben charakteristische Werte von Φ_0 und ν_0, aber in allen Fällen bleibt die Steigung der Geraden konstant gleich h, wie vorhergesagt.

Die Quantisierung des elektromagnetischen Feldes war etabliert; die ganze Physik und zumal die Optik würden niemals wieder so sein wie früher.[10]

---

[9] 1923, zwei Jahre nachdem Einstein den Nobelpreis für seine Arbeit über den photoelektrischen Effekt erhalten hatte, wurde Millikan dieselbe Ehre zuerkannt, teilweise wegen seiner experimentellen Bemühungen auf diesem Gebiet.

[10] Unbestritten ist der große historische Einfluß des photoelektri-

13.4 Teilchen und Wellen

Nach Maxwells elektromagnetischer Theorie (siehe Kapitel 3) sind die Energie $\mathcal{E}$ und der Impuls p der elektromagnetischen Welle durch den Ausdruck

$$\mathcal{E} = cp \qquad (13.10)$$

verknüpft. Andererseits sind die Energie und der Impuls eines Teilchens der Ruhemasse m_0 durch die Formel

$$\mathcal{E} = c(m_0^2 c^2 + p^2)^{1/2} \qquad (13.11)$$

verknüpft, die aus der speziellen Relativitätstheorie stammt. Da das Photon ein Geschöpf beider Disziplinen ist, können wir erwarten, daß beide Gleichungen gleichermaßen anwendbar sind; in der Tat müssen sie identisch sein. Daraus folgt, daß die *Ruhemasse des Photons gleich Null sein muß*. Die Gesamtenergie des Photons ist wie bei jedem Teilchen durch den relativistischen Ausdruck $\mathcal{E} = mc^2$ gegeben, wobei

$$m = \frac{m_0}{\sqrt{1 - v^2/c^2}} \qquad (13.12)$$

ist. Da es eine endliche relativistische Masse m hat, und da $m_0 = 0$, folgt also, daß *ein Photon nur bei der Geschwindigkeit c existieren kann*; die Energie $\mathcal{E}$ ist rein kinetisch.

Die Tatsache, daß das Photon träge Masse besitzt, führt zu einigen interessanten Ergebnissen, z.B. der *Gravitations-Rotverschiebung* (Aufgabe 13.13) und der Ablenkung eines Lichtstrahls eines Sterns durch die Sonne (Aufgabe 13.16). Die Rotverschiebung ist tatsächlich unter Laborbedingungen 1960 von R.V. Pound und G.A. Retka Jr. von der Harvard Universität beobachtet worden. Kurz skizziert ist der Gedankengang folgender: Wenn ein Teilchen der Masse m sich im Erdgravitationsfeld um eine Höhe d aufwärts bewegt, so ist zur Überwindung des Feldes Arbeit erforderlich, und die Energie nimmt um den Betrag mgd ab. Wenn die Anfangsenergie des Photons $h \cdot \nu_i$ ist, wird seine Endenergie, nachdem es um die vertikale Distanz d aufgestiegen ist

$$h\nu_f = h\nu_i - mgd. \qquad (13.13)$$

---

schen Effekts auf den Photonbegriff; trotzdem läßt sich der Effekt ohne Zuflucht zu einer Quantisierung des elektromagnetischen Feldes erklären. In der Tat kann man das Feld klassisch behandeln, wenn man allein der Materie eine Quantennatur verleiht. Siehe den Aufsatz von W.E. Lamb, Jr. und M.O. Scully in *Polarisation, Matter and Radiation, Jubilee Volume in Honor of Alfred Kastler*.

Da $\nu_f < \nu_i$, nennt man dies Rotverschiebung. Pound und Rebka konnten bestätigen, daß Quanten des elektromagnetischen Feldes — sie arbeiteten mit γ-Strahlen — sich so verhielten, als ob sie eine Masse $m = \mathcal{E}/c^2$ haben.

Aus Gleichung (13.10) folgt für den Photonenimpuls

$$p = \frac{\mathcal{E}}{c} = \frac{h\nu}{c} \qquad (13.14)$$

oder

$$p = h/\nu. \qquad (13.15)$$

Wenn wir einen vollkommen monochromatischen Lichtstrahl der Wellenlänge λ hätten, so besäße jedes seiner Photonen den Impuls h/λ oder gleichwertig

$$\boldsymbol{p} = \hbar \boldsymbol{k}. \qquad [3.53]$$

Wir können zu diesem Schluß auch auf einem etwas anderen Weg gelangen. Impuls, ganz allgemein, ist das Produkt von Masse und Geschwindigkeit, also

$$p = mc = \frac{\mathcal{E}}{c},$$

und wir sind wieder bei Gleichung (13.14). Die Impulsbeziehung für Photonen, $p = h/\lambda$, wurde 1923 durch Arthur Holly Compton (1892–1962) bestätigt. In einem klassischen Experiment bestrahlte er Elektronen mit Röntgenquanten und bestimmte die Frequenz der gestreuten Photonen. Compton benutzte die relativistischen Erhaltungssätze für Impuls und Energie, so als ob es sich um Stöße zwischen Teilchen handle, und konnte so die sonst unerklärliche Frequenzabnahme des Streulichtes berechnen.

Einige Jahre später zog in Frankreich Louis Victor Prince de Broglie (1891–1987) in seiner Doktorarbeit einen wunderbaren Analogieschluß zwischen Photonen und Materieteilchen. Er schlug vor, daß jedes Teilchen, und nicht nur das Photon, auch Wellennatur haben sollte. Da $p = h/\lambda$ gilt, sollte also die *Wellenlänge eines Teilchens mit dem Impuls mv* dann

$$\lambda = h/mv \qquad (13.16)$$

sein. Weil $h = 6.6 \times 10^{-34}$ Js klein ist, und weil die Impulse makroskopischer Objekte vergleichsweise enorm sind, haben solche Körper winzige Wellenlängen. Zum Beispiel hat ein Kiesel von 1 g, der sich mit 1 cm/s bewegt, eine Wellenlänge von 6.6×10^{-29} m, grob 10^{22} mal kürzer als das rote Licht. Zum Kontrast berechnen wir

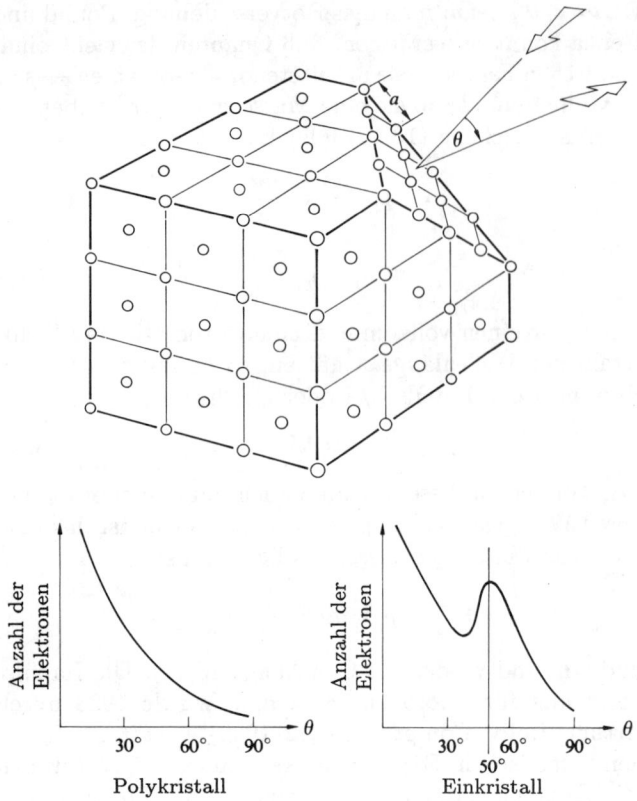

Abbildung 13.6 Das Davisson-Germer-Experiment.

die Spannung, die nötig ist, um einem Elektron die Wellenlänge von 1 Å zu verleihen; diese ist von der Größenordnung des Zwischenraums der Atome. Ein Elektron hat nach Durchqueren einer Potentialdifferenz V die kinetische Energie $mv^2/2$, wenn es aus dem Ruhezustand gestartet ist, also

$$q_e V = \frac{mv^2}{2}.$$

Mit Hilfe von Gleichung (13.14) können wir schreiben:

$$V = \frac{h^2}{2mq_e\lambda^2}$$

$$= \frac{(6.6 \times 10^{-34} \text{ J s})^2}{2(9.1 \times 10^{-31} \text{ kg})(1.6 \times 10^{-19} \text{ C})(10^{-10} \text{ m})^2}$$

oder

$$V = 150 \text{V}.$$

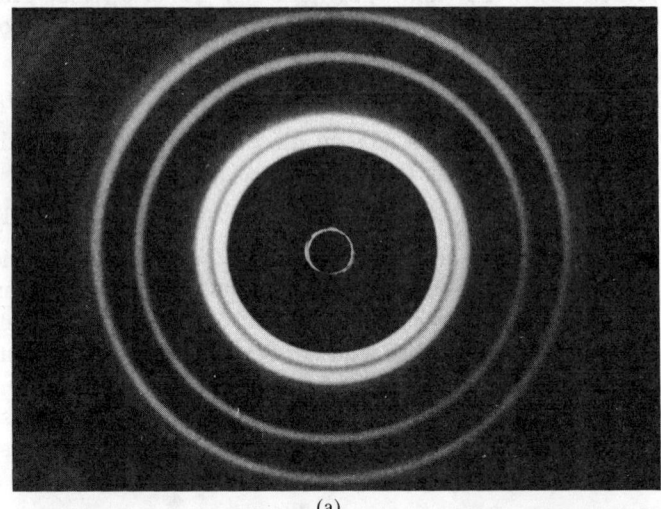

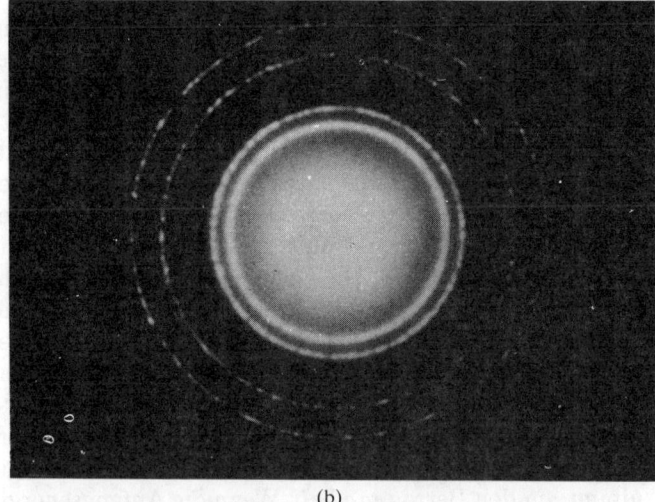

Abbildung 13.7 (a) Beugungsmuster von Röntgenstrahlen, die durch eine dünne polykristalline Aluminiumfolie gehen. (b) Beugungsmuster von Elektronen, die durch dieselbe Aluminiumfolie gehen. (Aus dem PSSC-Film *Matter Waves*.)

Ein so beschleunigtes Elektron hat eine Energie von 150 eV (1 eV = 1.620×10^{-19} J) und eine Wellenlänge von 1 Å, das ist gerade etwa die eines typischen Röntgenphotons.

Die experimentelle Verifikation der Hypothese von de Broglie erfolgte in den Jahren 1927–28 durch die Bemühungen von Clinton Joseph Davisson (1881–1958) und Lester Germer (geb. 1896) in den USA und Sir George Paget Thomson (geb. 1892) in Großbritannien. Davisson und Germer benutzten einen Nickel-Kristall (kubisch flächenzentriert) als ein dreidimensionales Beugungsgitter für Elektronen. Wenn ein 54 eV-Strahl senkrecht zur Schnittfläche des Kristalls einfiel, wie es Abbildung 13.6 zeigt, erschien eine starke Reflexion bei 50° zur Normalen. Benutzt man die Gittergleichung

$$a \sin \theta_m = m\lambda, \qquad [10.32]$$

so gilt für das Maximum erster Ordnung ($m = 1$)

$$a \sin \theta_1 = \lambda.$$

In diesem Beispiel ist die Gitterkonstante $a = 2.15$ Å, und so ist $\lambda = 2.15 \sin 50°$ oder 1.65 Å. Dies stimmt gut mit dem Wert 1.67 Å überein, der sich aus der de Broglie-Gleichung (13.16) berechnet. Erstaunlicherweise wird also ein Elektronenstrahl in vollständig analoger Weise wie eine Lichtwelle an einem Reflexionsgitter gebeugt. Die erste Beobachtung der Elektronenbeugung, die Davisson und Germer machten, war rein zufällig; sie hatten weder danach gesucht noch sofort erkannt, was geschehen war. Im Gegensatz dazu hatte sich Thomson gezielt daran gemacht, die Beugung zu verifizieren. Mit einer etwas anderen Methode schickte er einen Hochgeschwindigkeitselektronenstrahl durch eine dünne polykristalline Folie (100 nm dick) und beobachtete ein Beugungsmuster aus konzentrischen Ringen (Abb. 13.7). 1928 beugte E. Rupp einen Strahl langsamer Elektronen (70 eV) unter streifendem Einfall an einem optischen Metallgitter (1300 Linien pro cm) und beobachtete Bilder erster, zweiter und dritter Ordnung. Einige Jahre später, 1930, zeigten I. Elstermann und Otto Stern das Auftreten von Beugungseffekten sowohl mit Heliumatomen als auch mit molekularem Wasserstoff.

Neuerdings wurde es möglich, mit Elektronen eine bemerkenswerte Reihe von Interferenz- und Beugungsmustern herzustellen, wie die Photos der Abbildung 13.8 bezeugen.

Auf der langen Liste der Elementarteilchen, bei denen Welleneigenschaften beobachtet wurden, gehören die Neutronen zu den nützlichsten. Langsame oder *thermische Neutronen* (also Neutronen großer Wellenlänge) sind, weil sie keine Ladung tragen, immun gegen elektrische Kräfte, die jedoch stark Elektronen mit niedrigem Impuls stören. Die Beugung thermischer Neutronen (im allgemeinen aus Kernreaktoren stammend) ist nun ein routinemäßig genutzter Vorgang bei der Erforschung atomarer Strukturen (Abb. 13.9).

Vor nicht allzu langer Zeit (1969) wurde ein Strahl neutraler Kaliumatome benutzt, um Beugung an einem makroskopischen Spalt (23×10^{-6} m breit) zu beobachten. Das sich ergebende Muster stimmte mit de Broglies Hypothese und der skalaren Fresnelschen Beugungstheorie überein.[11]

Unsere Sprache bindet uns an eine Anzahl von Worten. Ähnlich beschränken unsere Erfahrungen in der Welt die Vorstellungen, die wir mit diesen Worten verknüpfen. Unsere Sinne deuten die Umgebung, und darauf basiert erst unser Verständnis von ihr. Bei unserer scheinbar logischen Begriffsübernahme haben wir — etwas naiv — versucht, makroskopische Anschauung für die Beschreibung mikroskopischer Entitäten zu benutzen. Aber Elektronen verhalten sich nicht wie winzige Billardkugeln, genauso wie man sich Licht nicht in Begriffen von maßstäblich verkleinerten rollenden Ozeanwellen vorstellen kann. *Teilchen und Wellen sind makroskopische Konzepte, die ihre Relevanz verlieren, wenn wir uns dem Mikrokosmos nähern.*

13.5 Wahrscheinlichkeit und Wellenoptik

Die grundsätzliche Wellennatur optischer Phänomene setzte sich vor mehr als hundert Jahren durch. Ihre Hauptstütze war das Werk von Young, Fresnel und den vielen anderen, die die Vorgänge der Interferenz, Beugung und Polarisation erforschten. Während des dazwischenliegenden Jahrhunderts verwandelte sich unsere Auffassung vom Licht von der einer rudimentären, mechanischen Ätherwelle bis hin zur zeitgenössischen Photonen-Beschreibung. Jedoch blieb in dieser Übergangszeit das Konzept bestehen, daß zur Natur des Lichts eine Schwingung gehört. Und so können wir wieder auf den Punkt zurückkommen und fragen, *was denn da schwingt, wenn wir Licht als Photonenstrom ansehen;* oder was die Materie betrifft: was stellt der Schwingungs-

---

[11] J. Leavitt und F. Bills, "Single-slit Diffraction Pattern of a Thermal Atomic Potassium Beam", *Am. J. Phys.* **37**, 905 (1969).

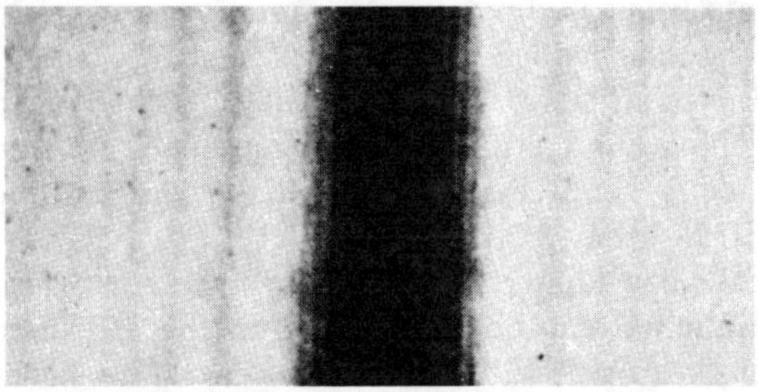

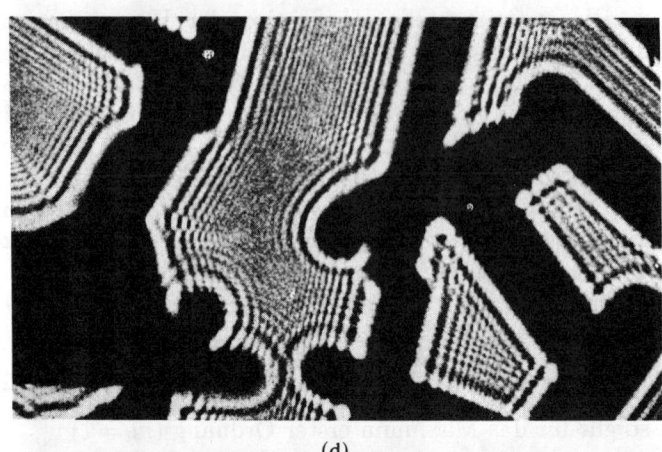

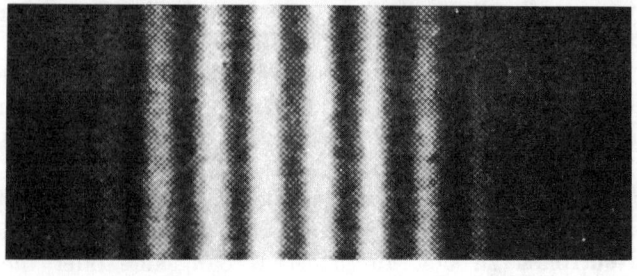

Abbildung 13.8 Materiewellenbeugung. (a) Ein Fresnelsches Elektronen-Beugungsmuster eines 2 μm dicken Heizdrahtes aus mit Metall überzogenem Quarz (Photo von O.E. Klemperer, *Electron Physics*, Butterworths and Co. (Publishers) Ltd., London (1972).) (b) Fresnelsche Elektronen-Beugung an einer Halbebene (MgO Kristall). (c) Interferenzmuster hinter einem Elektronen-Biprisma von G. Möllenstedt aufgenommen. (d) Fresnelsche Beugung von Elektronen an Zinkoxid-Kristallen (nach H. Boersch). (Die letzten drei Photos sind aus dem *Handbuch der Physik*, herausgegeben von S. Flügge, Springer Verlag, Heidelberg.) (e) Elektronenbeugung an einem UO_2-Kristall (Photo freundlicherweise vom University of California's Los Alamos Scientific Laboratory zur Verfügung gestellt.) (f) Zweistrahl-Interferenz von Elektronen (Photo von C. Jönsson, abgedruckt in J. Orear, *Fundamental Physics*, John Wiley, New York (1967).) Die schwache kreuzförmige Schraffierung auf dem Photo stammt allein vom Drucken, es ist ein Moiré-Effekt durch erneute Rasterung.

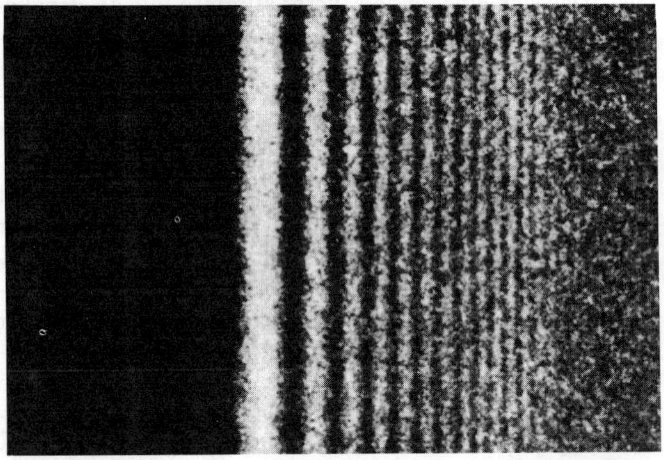

(a)

(b)

Abbildung 13.9 Beugungsmuster von (a) Neutronen, (b) Röntgen-Photonen erzeugt, die auf ein NaCl-Einkristall fallen. Eine polykristalline Probe würde sehr viele derartige Lichtfleckmuster jeweils willkürlicher Ausrichtung erzeugen, die in die Ringsysteme von Abbildung 13.7 übergehen würden. (Photo (a) von E.O. Wollan stammt mit (b) aus Lapp und Andrew, *Nuclear Radiation Physics* 3rd ed., Prentice-Hall, Inc., Englewood Cliffs, N.J. (1963).)

aspekt des Elektrons dar? Die Antwort darauf wird uns den Schlüssel dazu geben, wie die Quanten Interferenzeffekte zeigen.

Der dänische Physiker Niels Henrik Bohr (1885–1962) schaffte eine wichtige Verbindung zwischen klassischer und Quanten-Physik durch das *Korrespondenzprinzip*. Kurz ausgedrückt: *Jede neue Theorie muß mit den Ergebnissen der klassischen Theorie, die sie aufhebt,*[12] *in dem Bereich übereinstimmen, in dem letztere anerkanntermaßen erfolgreich war.*[13]

Während also nur die Quantentheorie die Schwarzkörperstrahlung, den photoelektrischen Effekt, die Comptonstreuung, Elektronen-Beugung und eine unzählige andere Beobachtungen erklären kann, muß sie auch das, was man klassisches Verhalten nennen könnte, begründen. Der ganze Bereich vertrauter Effekte, wie das Snellius-Gesetz, das Reflexionsgesetz, die Dopplerformel[14] usw., die gewöhnlich mit den Begriffen der elektromagnetischen Theorie behandelt werden, muß auch im Kontext der Photonenbeschreibung verständlich sein. Die Quantentheorie ist eben nicht ein esoterischer Zusatz; sie muß alle gesicherten Beobachtungen umfassen, die vor ihr da waren, auch die gewöhnlichsten.

Stellen Sie sich bitte eine monochromatische Lichtquelle vor, die irgendein optisches Element beleuchtet, hinter dem eine Mattscheibe steht. Vermutlich könnte man in vielen Fällen mit Hilfe der klassischen Wellenoptik die Flußdichteverteilung berechnen, die auf der Mattscheibe erscheint. Angenommen, wir haben einen solchen Fall, zum Beispiel eine ebene Welle, die auf einen Doppelspalt fällt. Die Bestrahlungsstärke $I(\theta)$ stellt die durchschnittliche Energiedichte pro Zeiteinheit auf der Beobachtungsebene dar; in diesem Beispiel das bekannte Beugungsmuster des Experimentes von Young. Also wird die durchschnittliche Anzahl der Photonen, die auf ein kleines Flächenelement dA im Zeitintervall dt aufpral-

---

[12] Das deutsche Wort "aufheben" drückt in seiner doppelten Bedeutung "negieren" und "bewahren" genau das Verhältnis der neuen zur alten Theorie aus. In diesem Sinne wurde es auch von Hegel verwendet; d.Ü.

[13] Obwohl hier das Korrespondenzprinzip kaum mehr als selbstverständlich erscheint, wird es aber ein mächtiges Hilfsmittel, wenn es als mathematischer Grenzprozeß interpretiert wird. Zum Beispiel ist die klassische Physik die Übereinstimmungsgrenze der Quantenphysik, wenn man h nach Null streben läßt, wodurch die quantisierten Phänomene kontinuierlich werden.

[14] Siehe Abschnitt 4.6 und auch A. Sommerfeld, *Optics*, S. 82.

len, gleich $(I\,dA\,dt)/h\nu$ sein, wobei I natürlich von einem zum anderen Punkt auf der Mattscheibenoberfläche variiert. Erinnern Sie sich, daß wir ja nur die Emission oder Absorption eines Photons nachweisen können, d.h. seine Wechselwirkung mit Materie. Es gibt keine Möglichkeit vorherzusagen, wo ein bestimmtes Photon auf der Beobachtungsebene ankommen wird, obwohl natürlich einige Stellen wahrscheinlicher sind als andere. Wenn in jedem Intervall dt jeweils N Photonen den Schirm treffen, können wir entsprechend sagen, daß jedes Photon eine Wahrscheinlichkeit $(I\,dA\,dt)/h\nu N$ hat, auf dem gegebenen Flächenelement dA aufzutreffen. *Die klassisch berechnete Bestrahlungsstärke entspricht daher der Wahrscheinlichkeit, ein Photon irgendwo auf dem Schirm zu finden.* Es ist üblich, zumindest konzeptionell, an dieser Stelle eine komplexe Größe — die sog. *Wahrscheinlichkeitsamplitude* — einzuführen, deren Absolutquadrat (die sog. *Wellenintensität*) die Wahrscheinlichkeitsverteilung ergibt. Es ist diese Wahrscheinlichkeitsamplitude, die als Welle wandert und den ganzen Bereich der Interferenzeffekte beschreibt. Im Youngschen Experiment ergibt sich z.B. die Wahrscheinlichkeitsamplitude des Photons für dessen Endzustand aus der Summe zweier Amplituden, von denen jede dem Durchqueren des Photons durch einen der Spalte zugeordnet ist.[15] Die verschiedenen Amplituden, die zum Prozeß beitragen, überlagern sich in einer gegebenen Situation und interferieren daher in der Tat. Dies liefert die resultierende Wahrscheinlichkeitsamplitude, aus der sich dann die Bestrahlungsstärke ergibt. Als Antwort auf unsere ursprüngliche Frage können wir sagen, daß es die mit dem Photon verbundene Wahrscheinlichkeitsamplitude ist, die schwingt. Man erinnere sich, daß die gleiche Art unbequemer Uminterpretation vertrauter Vorstellungen schon einmal erforderlich war, als Maxwells elektromagnetische Theorie zuerst auftauchte.

Wir wollen nun kurz die Implikationen einer ziemlich berühmten Aussage prüfen, die von dem bekannten britischen Physiker und Nobelpreisträger Paul Adrian Maurice Dirac (1902–1984) gemacht wurde:

... jedes Photon interferiert nur mit sich. Interferenz zwischen verschiedenen Photonen tritt niemals auf.[16]

Dies steht im Einklang mit dem Schluß, daß jedes Photon eine deutliche Wellennatur besitzt. Offensichtlich sind die Welleneigenschaften des Lichtes nicht dem Strahl, der als Ganzes wirkt, zuzuordnen. In Youngs Experiment wechselwirkt jedes Photon irgendwie gleichzeitig mit beiden Spalten; schließt man einen der beiden, dann verschwinden die Interferenzstreifen. Da nach der Theorie jedes Photon mit sich selbst interferiert, würden dieselben Interferenzstreifen allmählich entstehen, jeder Lichtpunkt einzeln, wenn wir sogar nur ein Photon pro Tag durch den Doppelspalt senden. Dieser bemerkenswerte Schluß wurde wirklich experimentell von Geoffrey I. Taylor, einem Studenten an der University of Cambridge, 1909 bestätigt. Er benutzte einen lichtundurchlässigen Kasten, eine Gasflamme, die einen Eintritt-Spalt beleuchtete und eine Anzahl dämpfender Rauchgläser. Mit diesen Mitteln photographierte er das Beugungsmuster im Schatten einer Nadel. Indem er drastisch die Flußdichte des einfallenden Lichtes reduzierte, war er in der Lage, eine Belichtungszeit bis zu etwa 3 Monaten zu erzielen. Dabei war die Energiedichte im Kasten so niedrig, daß jedesmal im Durchschnitt nur ein Photon in dem Gebiet jenseits des Eingangsspalts war. Trotzdem erschien die übliche Anordnung der Beugungsstreifen und darüber hinaus:

Auf keinem Fall trat eine Verringerung der Bildschärfe des Beugungsmusters ein ...[17]

Vieles der vorangegangenen Diskussionen kann genauso auf Materieteilchen angewandt werden. In der Tat bestimmt dieselbe dynamische Gleichung die Beziehung von ν, λ, v einerseits und p und $\mathcal{E}$ andererseits für alle Teilchen, ob materiell oder nicht. Folglich finden wir nach Gleichung (13.11):

$$p = (\mathcal{E}^2 - m_0^2 c^4)^{1/2}/c, \qquad (13.17)$$

während $\lambda = h/p$ zu

$$\lambda = hc/(\mathcal{E}^2 - m_0^2 c^4)^{1/2} \qquad (13.18)$$

führt. Da $p = mv$, ist $v = pc^2/(mc^2) = pc^2/\mathcal{E}$ und

$$v = c[1 - (m_0^2 c^4/\mathcal{E}^2)]^{1/2}. \qquad (13.19)$$

Offensichtlich ist der Hauptunterschied des Photons, daß

---

15) Jedes Photon durchquert als "Welle" beide Spalte, solange es dort nicht beobachtet wird; d.Ü.
16) P.A.M. Dirac, *Quantum Mechanics* 4th ed., p. 9.

17) G. I. Taylor: "Interference Fringes with Feeble Light", *Proc. Camb. Phil. Soc.* **15**, 114 (1909).

seine Ruhemasse Null ist. Dann wird aus den obigen Gleichungen einfach:
$$p = \mathcal{E}/c, \lambda = hc/\mathcal{E} = c/\nu$$
und
$$v = c.$$

Analog zum Photon wird die Amplitude der de Broglie-Welle im *Materiefeld* durch die Funktion $\psi(x,y,z)$ (oft *Wellenfunktion* genannt) dargestellt. Die Wahrscheinlichkeit, ein Teilchen mit endlicher Ruhemasse zu finden, ist dabei proportional zur Wellenintensität $|\psi|^2$. Man bestimmt die Wellenfunktion einer speziellen Situation mit der *Schrödinger-Gleichung*. Wiederum ist es die Wahrscheinlichkeitsamplitude eines Teilchens, die schwingt, sich durch den Raum als Welle fortpflanzt und an der Interferenz teilnimmt.

13.6 Fermat, Feynman und Photonen

Bei der klassischen Behandlung von Interferenz- und Beugungs-Problemen mit kohärenten Wellen addiert man allgemein alle Beiträge zum elektrischen Feld an einem gegebenen Punkt auf — diese werden ziemlich oft in komplexer Form geschrieben. Das Absolutquadrat dieser Summe ist zur Bestrahlungsstärke proportional und folglich auch zur Wahrscheinlichkeit, ein Photon an dem jeweiligen Punkt zu finden. Wir werden diese Feststellungen nun qualitativ auf der Linie von Richard Feynmans eleganter Variationsformulierung der Quantenmechanik verallgemeinern.[18] Angenommen ein Teilchen (Photon, Elektron usw.) wird von einer Punktquelle S emittiert und später an einem Punkt A nachgewiesen. Die Auftreffwahrscheinlichkeit P ist gleich dem *Absolutquadrat einer komplexen* Größe Φ, die, wie vorher, als die Wahrscheinlichkeitsamplitude angesehen wird — d.h. $P = |\Phi|^2$. Anders als bei der klassischen Behandlung, bei der das Feld nur aus Bequemlichkeit komplex formuliert wird, muß Φ in dem quantenmechanischen Formalismus komplex sein. Folglich hat es eine Amplitude und eine Phase; letztere ist eine Funktion sowohl der Position von A im Raum als auch der Zeit. Das Ereignis kann über mehrere alternative Wege 1, 2, 3 ... zustandekommen, und Feynman postulierte, daß in solchen Fällen

[18] R.P. Feynman "Space-Time Approach to Non-Relativistic Quantum Mechanics", *Rev. Mod. Phys.* **20**, 367 (1948).

jeder Weg zur Gesamtamplitude beiträgt. Also
$$\Phi = \Phi_1 + \Phi_2 + \Phi_3 + \cdots \qquad (13.20)$$
und daher
$$P = |\Phi_1 + \Phi_2 + \Phi_3 + \cdots|^2. \qquad (13.21)$$

Weiterhin wurde postuliert, daß in solchen Fällen *die Beträge dieser einzelnen Wahrscheinlichkeitsamplituden alle gleich sein sollen*, also
$$|\Phi_1| = |\Phi_2| = |\Phi_3| = \cdots, \qquad (13.22)$$
während aber ihre Phasen nicht gleich sind, sondern tatsächlich von dem speziellen Weg abhängen. Man beachte: ein Wert von $P = 1$ bedeutet, daß ein Teilchen mit völliger Gewißheit bei A ankommen wird, während $P = 0$ bedeutet, daß es A definitiv nicht erreichen wird. Allgemein wird P einen Wert zwischen 0 und 1 haben. Gleichung (13.21) führt offensichtlich das Phänomen der Interferenz in den Formalismus ein, sowohl für Photonen als auch für Elektronen. Im Gegensatz dazu würden wir bei klassischen Teilchen, wie einen Strom von Tabletten, P gleich $|\Phi_1|^2 + |\Phi_2|^2 + |\Phi_3|^2 + \cdots$ setzen, und es gäbe keine Interferenz, d.h. P wäre unabhängig von den einzelnen Phasen. Wie bei inkohärentem Licht würde man dann die Intensitäten statt der Amplituden addieren.

Wenden wir uns nun dem idealisierten Young-Experiment von Abbildung 13.10 zu, das aus zwei extrem kleinen Blendenlöchern besteht. In diesem Fall ist
$$P = |\Phi_1 + \Phi_2|^2, \qquad (13.23)$$
wobei es also effektiv zwei Wege gibt, einen durch jede Blendenöffnung. Wenn die Phasen der Wahrscheinlichkeitsamplituden bei A sich durch ein ungerades Vielfaches von π unterscheiden, werden sie destruktiv interferieren, d.h.
$$P = (|\Phi_1| - |\Phi_2|)^2 = 0. \qquad (13.24)$$

Auf der anderen Seite ergibt sich konstruktive Interferenz, wenn sie in Phase sind, also
$$P = (|\Phi_1| + |\Phi_2|)^2 = 4|\Phi_1|^2, \qquad (13.25)$$
was äquivalent ist zu
$$I = 4I_0 \cos^2 \frac{\delta}{2} \qquad [9.6]$$
für $\delta = 0, \pi, 2\pi, \ldots$. Die Phase der Wahrscheinlichkeitsamplituden bei A hängen von den Wellenlängen ab, die

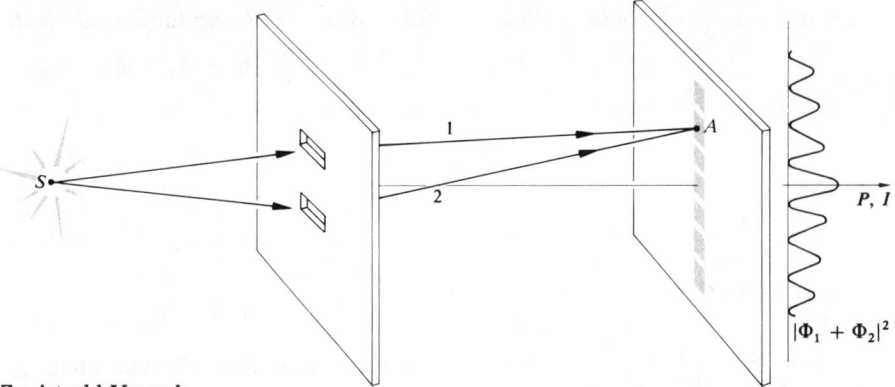

Abbildung 13.10 Zweistrahl-Versuch.

auf jeder Route zurückgelegt werden, und so kann P offensichtlich jeden Wert zwischen obigen Extremen annehmen. Wenn wir aber die Tabletten auf die gleiche Weise durch zwei kleine Löcher schießen würden, wäre die Wahrscheinlichkeit ihrer Ankunft in A die Summe $|\Phi_1|^2 + |\Phi_2|^2$. Hier sind $|\Phi_1|^2$ und $|\Phi_2|^2$ einfach die jeweiligen Ankunftswahrscheinlichkeiten, wenn nur Loch 1 bzw. 2 geöffnet ist, wie es in Abbildungen 13.11 und 13.12 gezeigt wird. Die resultierende Verteilung der Tabletten ist gerade die Überlagerung der zwei getrennten Verteilungen beider Blendenöffnungen; es gibt dabei keine Muster, keine Interferenz.

Hätte der Schirm N solche Öffnungen statt zwei, so wäre die Wahrscheinlichkeit, daß ein Photon A erreicht,

$$P = \left| \sum_{i=1}^{N} \Phi_i \right|^2. \qquad (13.26)$$

Für eine große Öffnung wie zum Beispiel eine Linse oder einen Spiegel, wird die Summe zum Integral. Übrigens hat Feynman für Materieteilchen gezeigt, daß der Gesamtwert der Wahrscheinlichkeitsamplitude für alle Wege die Schrödinger-Gleichung erfüllt.[19]

Wir gehen nun zum Bild eines Lichtstrahls zurück, der eine Lichtquelle verläßt und nach Reflexionen an einem Spiegel schließlich den Empfänger erreicht. Die Wahrscheinlichkeit, daß ein Photon empfangen wird, ist

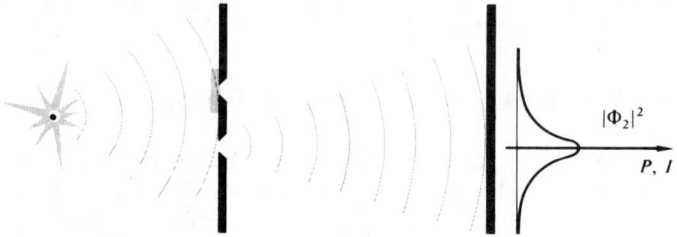

Abbildung 13.11 Unteres Loch des Doppelspalt-Versuchs geschlossen.

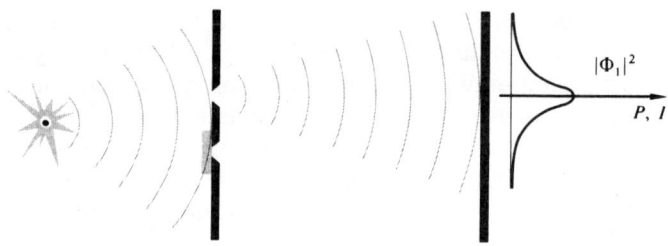

Abbildung 13.12 Oberes Loch des Doppelspalt-Versuchs geschlossen.

durch Φ bestimmt, das umgekehrt aus Beiträgen aller möglichen Wege zusammengesetzt ist. Das ganze Reden über Wege sollte das Fermatsche Prinzip (Abschnitt 4.2.4) ins Gedächtnis rufen, welches fordert, daß der wirkliche Weg eines Strahls stationär ist. Alles paßt sehr nett zusammen, wenn wir beachten, daß die relativen Unterschiede der Weglängen und Phasen bei den entsprechenden Wahrscheinlichkeitsamplituden am Empfänger

---

[19] Wie diese Ideen mit der Hamiltonfunktion, dem Prinzip der kleinsten Wirkung und der WKB Näherung verbunden sind, ist z.B. dargestellt in D.B. Beard and G.B. Beard, *Quantum Mechanics with Applications*, p. 44 und S. Borowitz, *Fundamentals of Quantum Mechanics*, p. 165.

nur klein sind für Wege nahe dem stationären ($\theta_i = \theta_r$). Diese Wahrscheinlichkeitsamplituden interferieren konstruktiv, wodurch sie für den vorherrschenden Beitrag zu P sorgen. Dies ist dann die quantenmechanische Basis für Fermats Prinzip. Wahrscheinlichkeitsamplituden der Wege, die fern dem stationären sind, werden eine große Phasenwinkeldifferenz haben und dies ergibt einen relativ geringen kumulativen Beitrag zu P. Diese Diskussion erinnert an die Cornu-Spirale (Abschnitt 10.3.7), die man sich ganz analog vorstellen kann als graphische (vektorielle; d.Ü.) Summe einer großen Anzahl von Zeigern, jeder mit verschiedenen Amplituden, aber demselben Phasenwinkel. Angenommen, wir wollen I oder, was äquivalent ist, P an einem Punkt auf der Mittelachse z.B. eines langen Spaltes bestimmen. In diesem Fall entsprächen Beiträge von entfernteren Bereichen der Öffnung dem eng gewundenen Spiralenteil und sie trügen deshalb wenig zur komplexen Zahl (dem Zeiger) $\boldsymbol{B}_{12}$ bei. Man erinnere sich (Gl. (10.106) oder (10.108)), daß I proportional ist zu $\boldsymbol{B}_{12}$, ebenso wie zu $|\Phi|^2$. Gleichung (13.20) kann in ähnlicher Weise veranschaulicht werden als Addition mehrerer Zeiger gleicher Amplitude, wobei dann P proportional ist zum Quadrat des Betrags der Resultierenden. Zeiger, die den Wahrscheinlichkeitsamplituden für Wege in der Nähe eines stationären Weges entsprechen, unterscheiden sich in ihrer Phase nur sehr wenig, und deshalb addieren sie sich fast entlang einer geraden Linie und ergeben so einen größeren Beitrag. Wo die relativen Phasen aufeinanderfolgender Zeiger groß ist, windet sich die Kurve in engen Spiralen, wobei der Einfluß auf $|\Phi|$ klein ist. Die Analogie kann sogar noch ausgedehnt werden, wenn wir uns die Cornu-Spirale nun so vorstellen, als ob sie aus einer großen Anzahl von Zeigern gleicher Amplitude zusammengesetzt sei, deren Phasenwinkel stets anwachsen, je weiter sie sich vom Zentrum entfernen (aus Gl. (10.105) $\beta = \pi w^2/2$). Immer ist die Zeigerdarstellung der beteiligten Wahrscheinlichkeitsamplituden ein handlicher Apparat, den man sich merken sollte.

13.7 Absorption, Emission und Streuung

Werfen wir nun einen kurzen Blick auf den quantenmechanischen Aspekt einiger wichtiger Wechselwirkungen, die zwischen Licht und Materie auftreten. Angenommen ein Photon der Frequenz ν_i stößt auf ein Atom und wird von ihm absorbiert. Energie wird auf ein gebundenes Elektron übertragen, was eine Anregung des Atoms bedeutet. Die Absorptionswahrscheinlichkeit ist am größten, wenn die Frequenz des einfallenden Photons gleich einer Anregungsenergie des Atoms ist (siehe Abschnitt 3.4). Dichte Gase, Flüssigkeiten und Festkörper absorbieren über einen weiten Frequenz-Bereich, ein weites Frequenz-Band, und die Energie wird im allgemeinen durch Stöße zwischen den Molekülen dissipiert. Im Gegensatz dazu können angeregte Atome eines unter niedrigem Druck stehenden Gases ein Photon derselben Frequenz (ν_i) in eine willkürliche Richtung wieder ausstrahlen. Dieser Prozeß wurde zuerst von R.W. Wood im Jahre 1904 beobachtet und wird als *Resonanzstrahlung* bezeichnet. Dementsprechend überwiegt die Streuung, deren Frequenzen mit den Anregungsenergien der Atome übereinstimmen. Den Effekt kann man leicht mit Woods Technik zeigen. Er benutzte einen evakuierten Glaskolben, der ein bißchen metallisches Natrium enthielt. Allmähliches Erhitzen steigert den Natriumdampfdruck in ihm. Wird ein Gebiet des Dampfes dann mit einem starken Lichtstrahl aus einer Natriumbogenlampe beleuchtet, so wird dieser Teil des Dampfes mit der charakteristischen gelben Na-Resonanzstrahlung leuchten.

Streuung kann auch bei anderen als denjenigen Frequenzen stattfinden, die den stabilen Energieniveaus der Atome entsprechen — aber nur mit geringer Wahrscheinlichkeit. In solchen Fällen wird ein Photon ohne jede Verzögerung wieder abgestrahlt und meist mit derselben Energie wie jener des absorbierten Quants. Der Prozeß heißt *elastische* oder *kohärente Streuung*, weil es eine Phasenbeziehung zwischen den einfallenden und gestreuten Feldern gibt. Dies ist die *Rayleigh-Streuung*, über die wir in Abschnitt 8.5.1 sprachen.

Es ist auch möglich, daß ein angeregtes Atom nach der Photonenemission nicht in seinen Anfangszustand zurückkehrt. Diese Verhaltensweise hat George Stokes schon vor dem Erscheinen der Quantentheorie beobachtet und gründlich erforscht. Da ein Atom auf einen Zwischenzustand herunterfällt, emittiert es ein Photon, dessen Energie niedriger ist als die des ursprünglich einfallenden Photons. Dies nennt man gewöhnlich einen *Stokes-Übergang*. Wenn der Prozeß schnell (grob 10^{-7} s) stattfindet, heißt er *Fluoreszenz*, während man ihn als *Phosphoreszenz* bezeichnet, wenn es eine beträchtliche Verzögerung gibt, in einigen Fällen Sekunden, Minuten oder sogar viele Stunden. Die Verwendung ultravioletter

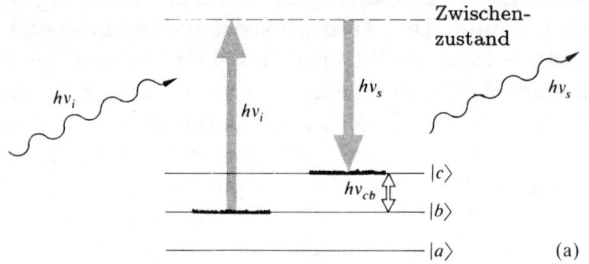

(a)

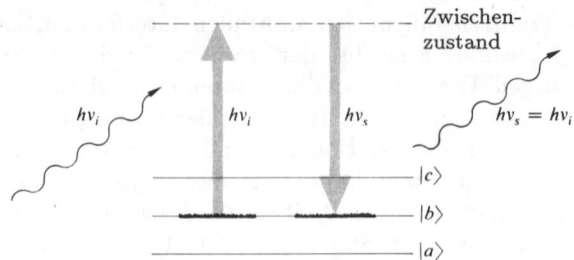

Abbildung 13.14 Rayleigh-Streuung.

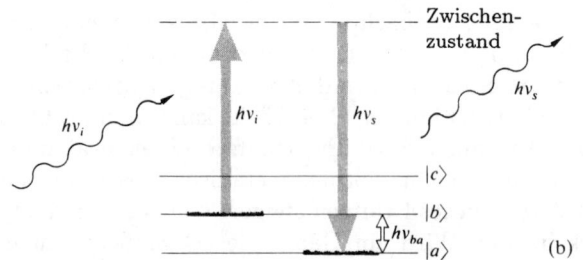

(b)

Abbildung 13.13 Spontane Raman-Streuung.

Quanten zur Erzeugung einer fluoreszierenden Emission sichtbaren Lichts wurde in unserem Alltag gebräuchlich. Eine große Anzahl weitverbreiteter Materialien (z.B. Reinigungsmittel, organische Farbstoffe, Zahnpasta usw.) emittieren charakteristische sichtbare Photonen, so daß sie unter ultravioletter Bestrahlung zu leuchten scheinen; daher der weitverbreitete Gebrauch des Phänomens für kommerzielle Reklamezwecke.

13.7.1 Der spontane Raman Effekt

Wenn quasimonochromatisches Licht von einer Substanz gestreut wird, besteht es danach hauptsächlich aus Licht derselben Frequenz. Jedoch ist es möglich, sehr schwache zusätzliche Komponenten zu beobachten, die höhere und niedrigere Frequenzen haben (Nebenbänder). Darüber hinaus wurde entdeckt, daß die Differenz zwischen den Nebenbändern und der Frequenz (ν_i) des einfallenden Lichts charakteristisch ist für das Material und deshalb eine Anwendung in der Spektroskopie nahelegt. Der *spontane Raman Effekt*, wie er jetzt heißt, wurde 1923 von Adolf Smekal vorhergesagt und 1928 von Sir Chandrasekhara Vankata Raman (1888–1970), damals Physik-

professor an der Universität von Calcutta, im Experiment beobachtet. Der Effekt ist schwierig in der Praxis zu nutzen, weil man starke Lichtquellen (gewöhnlich wurden Hg-Entladungslampen benutzt) und große Proben benötigt. Oft enstanden weitere Komplikationen dadurch, daß das Ultraviolett der Lichtquelle die Proben zersetzt. Und so überrascht es nicht, daß das entstehende Interesse an den vielversprechenden praktischen Möglichkeiten des Raman-Effekts kaum anhielt. Die Situation änderte sich drastisch, als der Laser Realität wurde. *Raman-Spektroskopie* ist jetzt ein einzigartiges und mächtiges analytisches Hilfsmittel.

Um ein Gefühl dafür zu entwickeln, wie die Streuung funktioniert, erinnern wir uns der verwandten Züge der Molekül-Spektren. Ein Molekül kann Strahlungsenergie im fernen Infrarot und im Mikrowellenbereich absorbieren und dabei in Rotationsenergie umwandeln. Weiterhin kann es IR-Photonen absorbieren (d.h. Photonen mit einer Wellenlänge zwischen grob 10^{-2} nm bis herunter zu etwa 700 nm), wobei die Energie in Molekülschwingungen transformiert wird. Schließlich kann ein Molekül Energie im sichtbaren und ultravioletten Bereich durch den Mechanismus der Elektronenübergänge absorbieren, sehr ähnlich denen eines Atoms. Nehmen wir nun an, wir haben ein Molekül in irgendeinem Schwingungszustand, den wir in der quantenmechanischen Notation $|b\rangle$ nennen, wie es in Abbildung 13.13 (a) als Diagramm dargestellt ist. Dies muß nicht notwendig ein angeregter Zustand sein. Ein einfallendes Photon der Energie $h\nu_i$ wird absorbiert, wobei es das System auf einen Zwischenzustand oder virtuellen Zustand anhebt, wo es sofort einen Stokes-Übergang macht, wobei es ein (gestreutes) Photon der Energie $h\nu_s < h\nu_i$ ausstrahlt. Wegen der Energieerhaltung wird die Differenz $h\nu_i - h\nu_s = h\nu_{cb}$ darin inve-

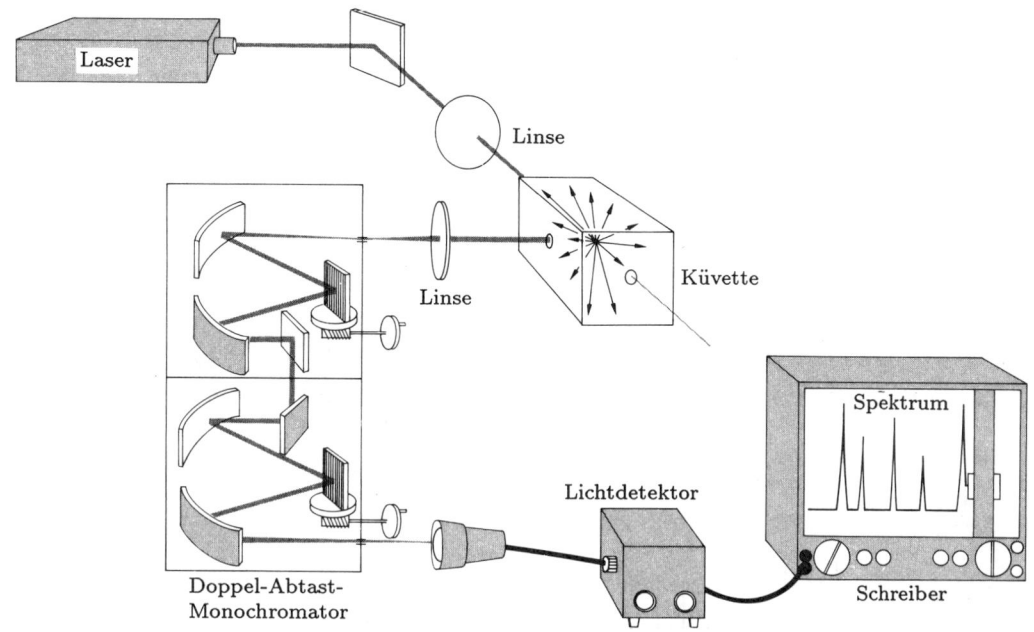

Abbildung 13.15 Ein Laser-Raman-System.

stiert, daß das Molekül zu einem höheren Schwingungszustand $|c\rangle$ angeregt wird (es ist möglich, daß ebenso elektronische oder Rotations-Anregungen auftreten). Alternativ kann das Molekül, wenn der Anfangszustand ein angeregter ist (Sie müssen die Probe nur erhitzen), nach Absorption und Emission eines Photons, in einen sogar niedrigeren Zustand fallen (Abb. 13.13 (b)), wobei es einen *Anti-Stokes-Übergang* macht. In diesem Beispiel ist $h\nu_s > h\nu_i$, was bedeutet, daß einige Schwingungsenergie des Moleküls ($h\nu_{ba} = h\nu_s - h\nu_c$) in Schwingungsenergie umgewandelt wurde. In jedem Fall entsprechen die resultierenden Differenzen zwischen ν_s und ν_i speziellen Energieniveauunterschieden der jeweils untersuchten Substanz, und sie geben daher Einblicke in deren molekulare Struktur. Abbildung 13.14, um ein Beispiel zu nennen, zeigt eine Rayleigh-Streuung mit $\nu_s = \nu_i$.

Der Laser ist eine ideale Lichtquelle für spontane Raman-Streuung. Er ist lichtstark, quasimonochromatisch und in einem weiten Frequenzbereich verfügbar. Abbildung 13.15 zeigt ein typisches Laser-Raman-System. Komplette Forschungsapparaturen dieser Art sind auf dem Markt, inklusive Laser (gewöhnlich Helium-Neon, Argon oder Krypton), fokussierender Linsensysteme und Elektronik für Photonenzähler. Der Doppel-Abtast-Monochromator sorgt für die erforderliche Unterscheidung zwischen ν_i und ν_s, da das unverschobene Laserlicht (ν_i) als Raman-Strahlung (ν_s) gestreut wird. Die durch den Laser ermöglichte gesteigerte Empfindlichkeit erlaubt, auch diejenige Raman-Streuung zu beobachten, die mit der molekularen Rotation und sogar mit der Elektronenbewegung verbunden ist.

13.7.2 Der stimulierte Raman-Effekt

1962 entdeckten Eric J. Woodbury und Won K. Ng ziemlich zufällig einen bemerkenswerten verwandten Effekt, der *stimulierte Raman-Streuung* genannt wird. Sie arbeiteten mit einem gepulsten Millionen-Watt-Rubinlaser, in dem ein Nitrobenzen-Kerr-Zellen-Verschluß eingebaut war (siehe Abschnitt 8.11.3). Sie fanden, daß etwa 10% der einfallenden Energie bei 694.3 nm in den Wellenlängen verschoben wurde und sich als *kohärenter* gestreuter Strahl bei 766.0 nm zeigte. Später wurde dann berechnet, daß die entsprechende Frequenzverschiebung

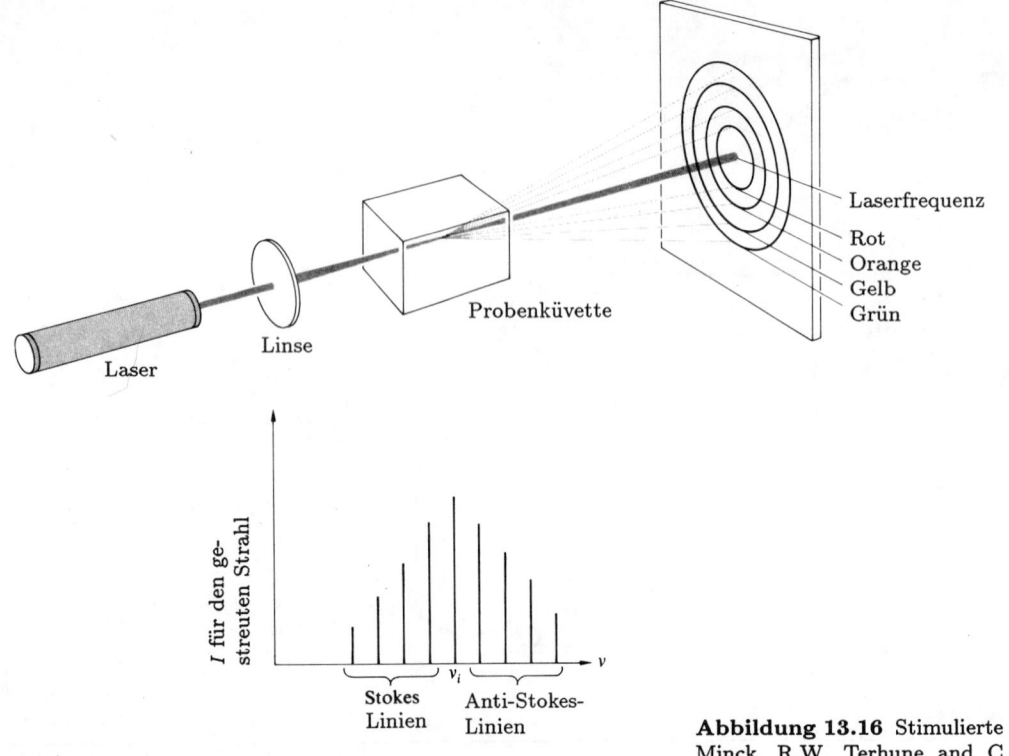

Abbildung 13.16 Stimulierte Raman-Streuung. (Siehe R.W. Minck, R.W. Terhune and C.C. Wang, *Proc. IEEE* **54**, 1357 (1966).)

von etwa 40 THz charakteristisch für eine der Schwingungsmoden des Nitrobenzen-Moleküls ist, und daß daneben neue Frequenzen im Streustrahl auch vorkommen. Stimulierte Raman-Streuung kann in Festkörpern, Flüssigkeiten oder dichten Gasen unter dem Einfluß von gebündelten, hochenergetischen Laserpulsen (Abb. 13.16) auftreten. Der Effekt ist schematisch in Abbildung 13.17 dargestellt. Hier fallen zwei Photonenstrahlen gleichzeitig auf ein Molekül; einer mit der Laserfrequenz ν_i, der andere mit der Streufrequenz ν_s. In der ursprünglichen Versuchsanordnung wurde der Streustrahl in der Probe hin und her reflektiert, aber der Effekt tritt auch ohne Resonator auf. Der Laserstrahl verliert ein Photon $h\nu_i$, während der gestreute Strahl ein Photon $h\nu_s$ gewinnt und also *verstärkt* wird. Die verbleibende Energie ($h\nu_i - h\nu_s = h\nu_{ba}$) wird auf die Probe übertragen. Die Kettenreaktion, in der ein großer Teil des einfallenden Strahls in stimuliertes Ramanlicht umgewandelt wird, kann nur ab einem bestimmten hohen Schwellenwert der Flußdichte des anregenden Laserstrahls auftreten.

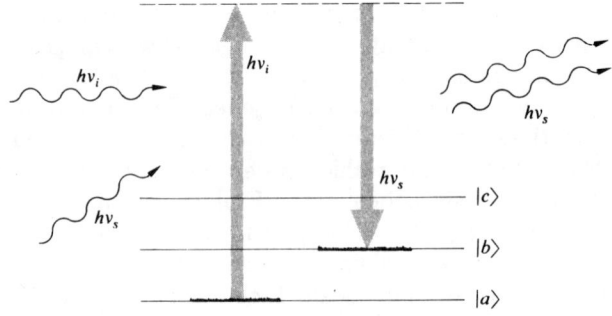

Abbildung 13.17 Energieniveau-Diagramm der stimulierten Raman-Streuung.

Stimulierte Raman-Streuung liefert ein ganzes Sortiment neuer kohärenter Lichtquellen hoher Leistungsdichte und zwar vom Infrarot bis zum Ultraviolett. Man sollte erwähnen, daß im Prinzip jeder spontane Streumechanismus (z.B. Rayleigh- und Brillouin-Streuung) sein stimuliertes Gegenstück hat.[20]

Aufgaben

13.1 Angenommen, wir messen für den von einem kleinen Ofenloch abgestrahlten Emissionsgrad den Wert 22.8 W/cm^2, indem wir irgendeinen Glühfadenpyrometer benutzen. Berechnen Sie die innere Temperatur des Ofens.

13.2* Wenn man außerhalb der Erdatmosphäre das Sonnenspektrum photographiert, findet man das Maximum des spektralen Emissionsgrades bei etwa 465 nm. Berechnen Sie die Oberflächentemperatur der Sonne unter der Annahme, sie sei ein schwarzer Körper. Diese Näherung ergibt einen Wert, der etwa 400 K zu hoch ist.

13.3 Gehen Sie von Gleichung (13.4) aus, und zeigen Sie, daß der Emissionsgrad je Einheits-Frequenzintervall für einen schwarzen Körper gegeben ist durch

$$I_{e\nu} = \frac{2\pi h \nu^3}{c^2} \left[\frac{1}{e^{h\nu/kT} - 1} \right]. \quad (13.27)$$

13.4 Berechnen Sie die Wellenlänge eines mit 25 m/s bewegten Baseballs der Masse $m = 0.15$ kg. Vergleichen Sie Ihr Ergebnis mit der Wellenlänge eines Wasserstoffatoms ($m_0 = 1.673 \times 10^{-27}$ kg), dessen Geschwindigkeit 10^3 m/s beträgt.

13.5* Bestimmen Sie die Energie eines Photons grünen Lichtes mit $\lambda = 500$ nm sowohl in Joule als auch in eV. Führen Sie dieselbe Rechnung für eine 1 MHz-Radiowelle durch.

13.6 Drücken Sie die Wellenlänge eines Photons in Angström (1 Å = 10^{-10} m) durch seine Energie in eV aus.

---
[20] Wer sich weiter in diese Gebiete einlesen will, kann es mit dem Übersichtsartikel von Nicolaas Bloembergen, "The Stimulated Raman Effect", *Am. J. Phys.* **35**, 989 (1967) versuchen. Er enthält recht gute Literaturhinweise sowie einen historischen Anhang. Viele der Artikel in *Lasers and Light* behandeln auch dieses Material und können sehr zur Lektüre empfohlen werden.

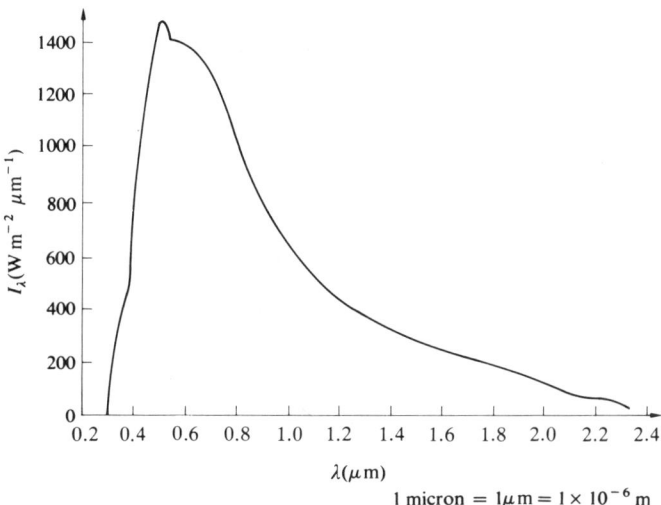

Abbildung 13.18

13.7 Abbildung 13.18 zeigt die *spektrale Bestrahlungsstärke*, die sich an einem klaren Tag auf einer horizontalen Oberfläche in Meereshöhe ergibt, wenn die Sonne im Zenit steht. Finden Sie die energiestärksten Photonen, die wir vorfinden können (in eV und J).

13.8* Angenommen, wir haben in 100 m Entfernung zu einer Blendenöffnung des Durchmessers 3 cm eine gelbe Glühbirne ($\lambda = 550$ nm) mit 100 W, die 2.5% der elektrischen Energie in Strahlungsenergie umwandelt. Wieviele Photonen passieren die Blende, wenn der Verschluß für 1/1000 s geöffnet wird?

13.9 Die *Solarkonstante* ist die Strahlungsflußdichte auf der mit dem mittleren Abstand Sonne-Erde um die Sonne herum beschriebenen Kugeloberfläche; sie hat den Wert 0.133–0.14 W/cm^2. Wir nehmen 700 nm als die mittlere Wellenlänge an. Wieviele Photonen werden höchstens je Sekunde und Quadratmeter auf eine Solarzellenfläche auftreffen, die sich gerade außerhalb der Erdatmosphäre befindet?

13.10 Überlegen Sie sich im Hinblick auf den photoelektrischen Effekt folgendes: Wenn Sie von einem einfallenden Strahl der Bestrahlungsstärke (oder Lichtstromdichte) 10^{-10}W/m^2 und $\lambda = 500$ nm ausgehen, erhalten Sie welche Energie für das einzelne Photon? Wie lange würde irgendeines der Target-Atome im klassischen Wellenbild benötigen, um die Energie eines einzigen Photons anzusammeln, wenn man für die Atomradien 10^{-10} m annimmt? 1916 zeigte Rayleigh klassisch, daß bei Resonanz ein atomarer Oszillator die Strahlungsenergie mit einer effektiven Fläche in der Größenordnung von λ^2 absorbiert. Inwieweit hilft dies?

13.11 Die Austrittsarbeit für entgastes polykristallines Natrium beträgt 2.28 eV. Welche Mindestfrequenz muß ein Photon haben, um ein Elektron freizusetzen? Wie groß ist die kinetische Maximalenergie eines Elektrons, das durch ein 400 nm-Photon herausgelöst wird?

13.12* Angenommen, wir haben einen Lichtstrahl von vorgegebener Leistungsdichte, der auf eine Photozelle fällt. Man trage i_p als Funktion von U auf und lese daraus ab, was für die Bremsspannung zu erwarten ist, wenn die Frequenz von ν_1 über ν_2 nach ν_3 anwächst.

13.13 Um die *Gravitations-Rotverschiebung* zu prüfen, können Sie ein Photon der Frequenz ν betrachten, das von einem Stern der Masse M und des Radius' R emittiert wird. Zeigen Sie, daß auf der Sternoberfläche die Photonenenergie gegeben ist durch

$$\mathcal{E} = h\nu \left(1 - \frac{GM}{c^2 R}\right).$$

Wenn das Photon auf der Erde ankommt, hat es in erster Linie die Anziehung des Sterns überwunden und dadurch eine niedrigere Frequenz. Zeigen Sie, daß die Frequenzverschiebung dann

$$\Delta \nu = \frac{GM}{c^2 R} \nu$$

ist. Dieser Effekt ist bei sogenannten *weißen Zwergsternen* recht beachtlich. (Eigentlich müßte die Gravitations-Rotverschiebung im Rahmen der allgemeinen Relativitätstheorie analysiert werden; die Antwort wäre aber ähnlich.)

13.14 Berechnen Sie für die Gravitations-Rotverschiebung im Schwerefeld der Sonne ($M = 1.991 \times 10^{30}$ kg und $R = 6.960 \times 10^8$ m) das Verhältnis $\Delta\nu/\nu$. Um welchen Betrag würden sich Frequenz und Wellenlänge eines Photons mit $\lambda_0 = 650$ nm ändern, das von der Sonne emittiert wird? (Siehe dazu die vorherige Aufgabe.)

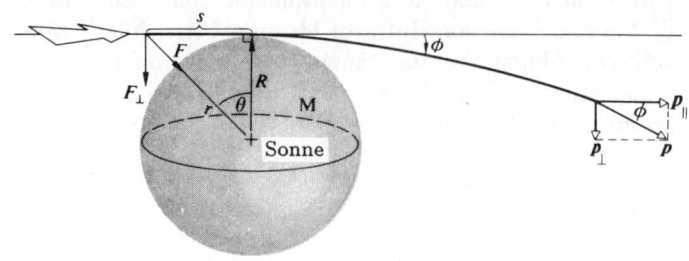

Abbildung 13.19

13.15 Zeigen Sie, daß ein Photon, welches im Schwerefeld der Erde um die Strecke d steigt (Abschnitt 13.4), eine Frequenzverringerung

$$\Delta \nu = -gd\nu/c^2$$

erfährt. Berechnen Sie den Wert von $\Delta\nu/\nu$ für $d = 20$ m. Pound und Rebka haben diese Verschiebung tatsächlich an der Harvard Universität in einem Turm gemessen, indem Sie die extreme Empfindlichkeit des Mössbauer-Effekts nutzten.

13.16 In der folgenden Aufgabe geht es um die Krümmung, die ein Lichtstrahl erfährt, wenn er einen massereichen Körper wie die Sonne passiert. Die Gravitation erfordert eigentlich eine Anwendung der allgemeinen Relativitätstheorie. Wenn wir dennoch vereinfachend nur die spezielle Relativitätstheorie heranziehen, bekommen wir lediglich den halben Wert (dieser Faktor 1/2 ist typisch für viele klassische Berechnungen von ART-Problemen; d.Ü.). Zeigen Sie dennoch, daß die auf ein Photon wirkende Kraftkomponente, die quer zu dessen ursprünglicher Bewegungsrichtung angreift (Abb. 13.19), gegeben ist durch

$$F_\perp = \frac{GMm}{R^2} \cos^3 \theta.$$

Weisen Sie mit $cdt = ds = d(R\tan\theta)$ nach, daß gilt: die dem Photon insgesamt erteilte transversale Impulskomponente $p_\perp$ (als Gesamtimpulsänderung) ist

$$p_\perp = \frac{2GMm}{cR}.$$

Benutzen Sie $p_\parallel = mc$ um ϕ für die Sonne auszurechnen ($R = 6.960 \times 10^8$ m und $M = 1.991 \times 10^{30}$ kg).

13.17* Stellen Sie sich vor, ein Elektronenstrahl wird durch eine Potentialdifferenz von 100 V beschleunigt und dann durch einen 0.1 mm breiten Spalt geschickt. Bestimmen Sie die Winkelweite des zentralen Beugungsmaximums ($m_0 = 9.108 \times 10^{-31}$ kg). Was ändert sich diesbezüglich, wenn wir die Energie des Strahls verringern?

13.18 Thermische Neutronen sind Neutronen, die bei einer bestimmten Temperatur in thermischem Gleichgewicht mit Materie sind. Berechnen Sie die Wellenlänge eines solchen Neutrons für 25° C ($\approx$ Zimmertemperatur). Denken Sie daran, daß nach der kinetischen Gastheorie die kinetische Energie gleich $^3/_2 kT$ ist. (Boltzmann-Konstante k = 1.380×10^{-23} J/K und $m_0 = 1.675 \times 10^{-27}$ kg.)

13.19 Kann man sich bei Youngs Experiment vorstellen, daß ein einfallendes Photon sich teilt und durch beide Spalte geht? Erörtern Sie Ihre Auffassung.

13.20* Angenommen, wir haben einen Laserstrahl mit dem Radius a und der Wellenlänge λ. Schätzen Sie mittels der Unschärfe-Relation ($\Delta x \Delta p_x \sim h$) den Radius q des kleinsten Lichtflecks ab, den der Strahl auf einen Schirm im Abstand R machen wird.

13.21 Wie groß ist der *Photonenfluß* Π eines 1000 W Dauerstrich-CO_2-Lasers, der im IR bei 10.600 nm emittiert.

13.22 Leiten Sie nichtrelativistisch die Dispersionsrelation $\omega = \omega(k)$ für die de Broglie Welle eines Teilchens der Masse m_0 in einem Gebiet her, in dem es konstante potentielle Energie U hat.

13.23* Man leite die Dispersionsrelation eines freien ($U = 0$) relativistischen Teilchens der Ruhmasse m_0 her.

13.24 Angenommen, die de Broglie Welle für ein Teilchen in einem Gebiet, in dem seine potentielle Energie konstant ist, hat die Gestalt

$$\psi(x,t) = C_1 e^{-i(\omega t + kx)} + C_2 e^{-i(\omega t - kx)}.$$

Benutzen Sie nun die Ergebnisse von Aufgabe (13.22), um zu zeigen, daß gilt

$$i\hbar \frac{\partial \psi}{\partial t} = -\frac{\hbar^2}{2m} \frac{\partial^2 \psi}{\partial x^2} + U\psi.$$

Dies ist die berühmte Schrödingergleichung der Quantenmechanik. (Die Schrödingergleichung für n Teilchen liefert ψ in dem $3n$-dimensionalen Konfigurationsraum. Dies beschreibt also keine Welle. Schrödinger nannte ψ einen Informationskatalog; d.Ü.)

14 VERSCHIEDENE THEMEN AUS DER ZEITGENÖSSISCHEN OPTIK

14.1 Bilder — Die räumliche Verteilung optischer Information

Die Verarbeitung aller Arten von Daten mittels optischer Techniken ist schon zu einem technologischen *fait accompli* geworden. Die Literatur der sechziger Jahre unseres Jahrhunderts spiegelt auf den verschiedensten Gebieten dieses weitreichende Interesse an der Methodologie optischer Datenverarbeitung wider. Praktische Anwendungen liegen auf den Gebieten des TV und der photographischen Bildverstärkung, der Radar- und Sonar-Signalverarbeitung (Analyse von phasengesteuerten und zusammensetzbaren Antennen, siehe Kasten Seite 592), sowie in der Mustererkennung (z.B. flächige Photointerpretation und Fingerabdruck-Forschung), um nur einige wenige zu nennen.

Wir wollen an dieser Stelle die Nomenklatur und einige der Ideen entwickeln, die notwendig sind für ein richtiges Bewerten dieses zeitgenössischen Schubs in der Optik.

14.1.1 Räumliche Frequenzen

Bei elektrischen Vorgängen ist man sehr häufig an zeitlichen Veränderungen der Signale interessiert, z.B. der von einem Augenblick zum anderen auftretenden Spannungsänderung zwischen sich an fester Stelle im Raum befindenden Polen. Im Vergleich dazu sind wir in der Optik sehr oft an Informationen interessiert, die zu einem bestimmten Zeitpunkt über ein Raumgebiet verteilt sind.

Zum Beispiel können wir an eine Szene denken, wie sie in Abbildung 14.1 (a) als eine zweidimensionale Verteilung der Strahlungsflußdichte dargestellt ist. Es könnte ein beleuchtetes Dia sein, ein Fernsehbild oder ein Bild, das auf eine Leinwand projiziert ist; bei jedem dieser Ereignisse gibt es vermutlich irgendeine Funktion $I(y, z)$, die jedem Punkt im Bild einen Wert von I zuordnet. Um die Sache etwas zu vereinfachen nehmen wir an, wir betrachten eine horizontale Linie ($z = 0$) des Bildschirms und zeichnen die Änderung der Strahlung von Punkt zu Punkt (entlang der Linie) auf, wie in Abbildung 14.1 (b). Die Funktion $I(y, 0)$ kann zusammengesetzt werden aus harmonischen Funktionen, indem man das in den Kapiteln 7 und 11 behandelte Verfahren der Fourier-Analyse anwendet. In diesem Beispiel ist die Funktion ziemlich kompliziert und viele Terme wären nötig, um sie adäquat darzustellen. Wenn jedoch die Funktion $I(y, 0)$ bekannt ist, ist das Verfahren ziemlich problemlos. Betrachten wir z.B. die Linie $z = a$, so bekommen wir $I(y, a)$, die in Abbildung 14.1 (c) dargestellt ist und die sich zufällig als eine Serie gleichmäßiger Rechteckimpulse erweist. Eine solche Funktion wurde ausführlich in Abschnitt 7.7 dargestellt und einige ihrer wesentlichen Fourier-Komponenten sind grob in Abbildung 14.1 (d) skizziert. Wenn die Maxima in (c) von Mitte zu Mitte durch, sagen wir, 1 cm-Intervalle getrennt sind, beträgt die räumliche Periode 1 cm pro Zyklus, und ihr Kehrwert, die räumliche Frequenz, ist gleich 1 Zyklus pro cm.

Ganz allgemein können wir die Information, die mit irgendeiner untersuchten Linie verknüpft ist, in eine

14.1 Bilder — Die räumliche Verteilung optischer Information

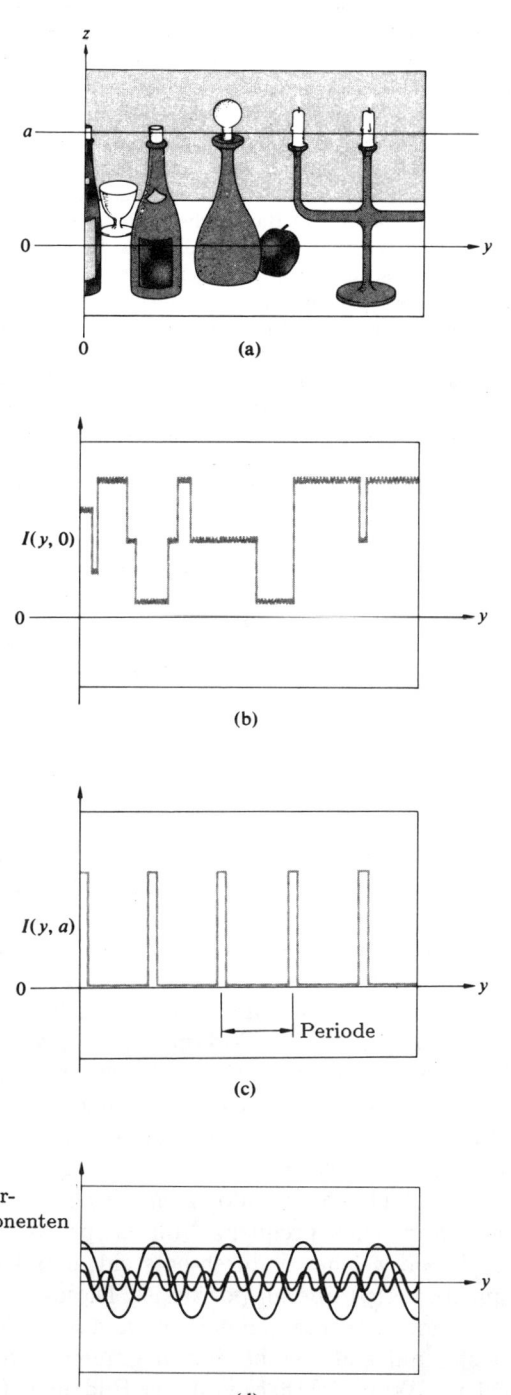

Abbildung 14.1 Eine zweidimensionale Strahlungsverteilung.

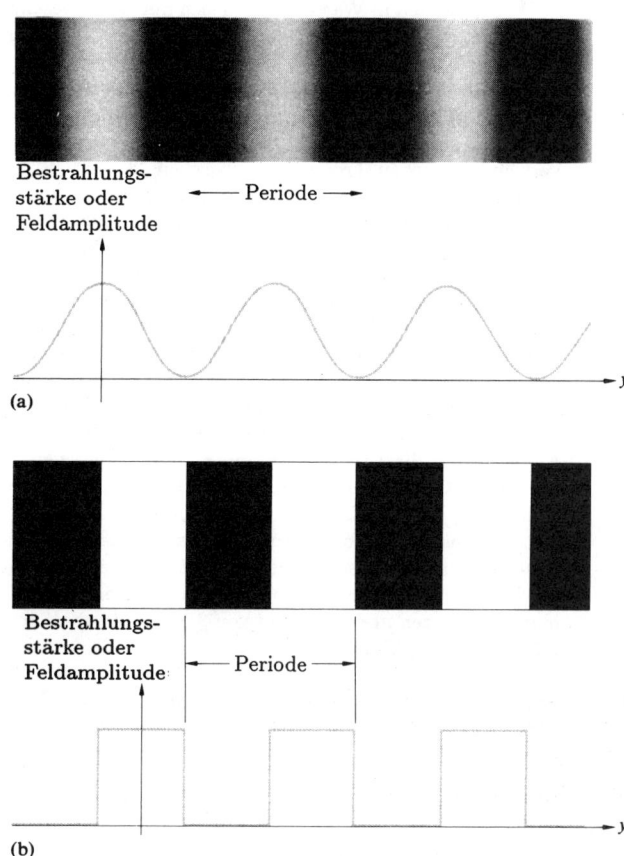

Abbildung 14.2 Eine Objektplatte mit (a) einer sinusförmigen und (b) einer Rechteckwelle.

Reihe sinusförmiger Funktionen mit passender Amplitude und räumlicher Frequenz transformieren. Im Fall einer Objektplatte mit einfachem Sinus- oder Rechteckwellensignal der Abbildung 14.2 ist jede solche horizontale Untersuchungslinie identisch und die Muster sind wirklich eindimensional. Das Spektrum der räumlichen Frequenzen von Fourier-Komponenten, die zum Zusammensetzen der Rechteckwelle nötig sind, ist in Abbildung 7.15 gezeigt. Andererseits ist $I(y, z)$ für die Szene mit Weinflasche und Kerzenleuchter zweidimensional, und wir müssen daher in Begriffen zweidimensionaler Fourier-Transformationen denken (Abschnitt 11.2.2). Wir sollten ebenfalls erwähnen, daß wir — wenigstens im Prinzip — die Amplitude des elektrischen Feldes an jedem Bildpunkt aufzeichnen und dann eine ähnliche Zerlegung

> "Schallwellen in Wasser breiten sich mit einer Geschwindigkeit von etwa 1500 m/s aus. Die moderne Elektronik hat für solche Wellen viele weitere Anwendungen erschlossen: Sonar (*sound navigation and ranging*), mit dem die Großmächte die gegnerischen U-Boote überwachen, Kommunikation unter Wasser, Echolot zur Tiefenbestimmung. Verwendet werden Frequenzen zwischen 20 und 40 kHz; oberhalb dieses Bereiches steigt die Dämpfung stark an.
>
> Eine Anwendung des Ultraschalls ist die *bildgebende Ultraschalldiagnostik* in der Medizin. Das Verfahren beruht darauf, daß Schallwellen, die von der Körperoberfläche ins Innere eindringen, an jeder Diskontinuität reflektiert werden und an der Oberfläche wieder empfangen werden können. Beispielsweise werden an der Trennfläche von Muskelgewebe und Flüssigkeit etwa 0.1 Prozent der Energie zurückgeworfen. Die Laufzeit der Welle ist proportional zur zurückgelegten Strecke; die Registrierung dieser Zeit vermittelt also eine Angabe über die Lage der Diskontinuität. Es werden aber nur solche Objekte aufgelöst, deren Ausdehnung eine Wellenlänge übersteigt. Daher sucht man möglichst kurze Wellenlängen (also möglichst hohe Frequenzen) zu verwenden. Andererseits steigt die Absorption im Körpergewebe mit steigender Frequenz. Für die Diagnose im Körperinnern verwendet man Frequenzen in der Gegend von 3 MHz, für oberflächennahe Gegenden 5 bis 15 MHz.
>
> Von der Erkennung einer einfachen reflektierten Welle war freilich ein weiter Weg zu begehen, bis ein handliches und betriebssicheres Gerät entwickelt war, das ein vollständiges Schnittbild durch den Körper eines Patienten erzeugt. Mikroelektronik und Informatik haben diesen Weg freigelegt und haben zu einer der *wertvollsten Neuerungen* in der medizinischen Diagnostik der vergangenen zehn Jahre geführt. Die Untersuchung erfordert lediglich das Auflegen des Abtasters, *Scanner* genannt, auf die Körperoberfläche. Vorher wird ein Gel aufgetragen, das die akustische Anpassung zwischen Gerät und Haut sicherstellt. Das Verfahren ist nicht invasiv (das heisst die Körperhaut wird nicht durchstossen) und schmerzlos. Im Gegensatz zu einer Röntgenaufnahme ist es unschädlich, kann beliebig lange ausgedehnt und beliebig oft wiederholt werden. Seine wichtigste Anwendung liegt in der *Überwachung von Schwangerschaften*. Heute werden in der Schweiz mehr als die Hälfte der werdenden Mütter im Verlauf der Schwangerschaft mittels der Ultraschalldiagnostik untersucht. Auf dem Bildschirm erscheint ein Schnittbild des Embryos, es lassen sich seine Bewegungen verfolgen, vom 3. Monat an beobachtet man die Herztätigkeit. Im 6. Monat lässt sich das Geschlecht bestimmen, doch verzichten die meisten Menschen auf diese Information. Nach der Untersuchung fertigt der Arzt mit einer Sofortbildkamera eine Photographie an. Das Bild wird seinen Platz haben: Im Kinderphotoalbum der modernen Familie ist das Neugeborene im Arm der Mutter auf die zweite Seite verdrängt worden, auf der ersten Seite figuriert der Embryo im Uterus!"
> (aus A.P. Speiser "Der Schall",
> *Neue Zürcher Zeitung* 15.1.1986, **Nr. 10**, S. 35; d.Ü.)

des Signals in seine Fourier-Komponenten vornehmen können.

Man erinnere sich (Abschnitt 11.3.3), daß das Fernfeld oder Fraunhofer-Beugungsmuster in der Tat identisch mit der Fourier-Transformierten der Blendenöffnungsfunktion $\mathcal{A}(y,z)$ ist. Die Blendenöffnungsfunktion ist proportional zu $\mathcal{E}_A(y,z)$, der Lichtstärke pro Einheitsfläche (10.37) über der Ebene des Objekts oder Eingangssignals. Anders gesagt, wenn die Feldverteilung auf der Objektebene durch $\mathcal{A}(y,z)$ gegeben ist, so wird ihre zweidimensionale Fourier-Transformierte als die Feldverteilung $E(Y,Z)$ auf einem sehr entfernten Bildschirm erscheinen. Wie in Abbildung 10.10 können wir eine Linse (L_t) hinter das Objekt bringen, um die Entfernung zur Bildebene zu verkürzen. Diese Objektivlinse wird gewöhnlich als die *Transformier-Linse* bezeichnet, denn wir können sie uns als *optischen Computer* vorstellen, der in der Lage ist, sofort die Fourier-Transformierte zu bilden. Nehmen wir nun an, wir beleuchten ein etwas idealisiertes Transmissionsgitter mit einer räumlich kohärenten, quasimonochromatischen Welle, wie z.B. der ebenen Welle aus einem Laser, oder einer durch einen Kollimator geschickten Welle einer Hg-Lichtbogenquelle (Abb. 14.3). In beiden Fällen ist die Feldamplitude als leidlich konstant über die einfallende Wellenfront angenommen. Die Blendenöffnungsfunktion ist dann eine periodische Stufenfunktion (Abb. 14.4), mit anderen Worten, wenn wir uns von Punkt zu Punkt auf der Objektebene bewegen, ist die Feldamplitude entweder Null oder konstant. Wenn a die Gitterkonstante ist, so ist es auch die räumliche Periode der Stufenfunktion, und ihr Kehrwert ist die räumliche Grundfrequenz des Gitters. Der mittlere Lichtfleck ($m=0$) im Beugungsmuster ist das Gleichlichtsignal (analog zum Gleichstrom; d.Ü.), das einer räumlichen Frequenz Null entspricht — es ist das Vorniveau, welches dadurch entsteht, daß der Input (die Eingabe) $\mathcal{A}(y)$ überall positiv ist. Dieses Vorniveau kann verschoben werden, indem man das Stufenfunktionsmuster auf einen einheitlichen grauen Untergrund konstruiert. Wenn Lichtflecken in der Bildebene (oder in diesem Fall in der Ebene der Fourier-Transformierten) sich von der Zentralachse entfernen, wachsen die zu ih-

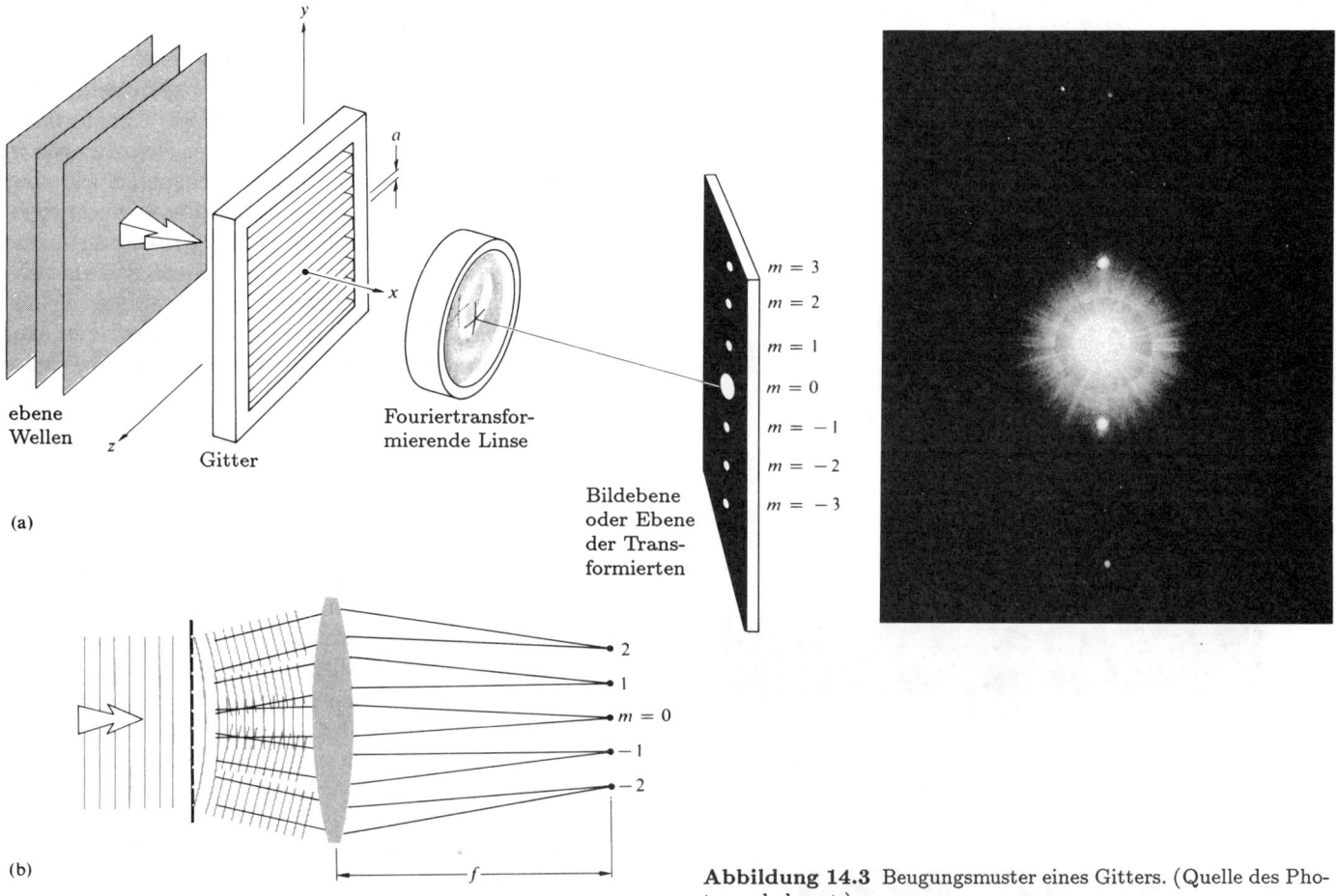

Abbildung 14.3 Beugungsmuster eines Gitters. (Quelle des Photos unbekannt.)

nen gehörenden räumlichen Frequenzen (m/a) nach der Gittergleichung $\sin\theta_m = \lambda(m/a)$. Ein gröberes Gitter würde einen größeren Wert von a haben, so daß bei gegebener Ordnung (m) eine niedrigere Frequenz (m/a) aufträte und alle Lichtflecke näher an der zentralen oder optischen Achse wären.

Hätten wir als Objekt ein Dia mit einer sinusförmigen Welle wie in Abbildung 14.2 (a) benutzt, so daß die Bildöffnungsfunktion sinusförmig variiert, würde es im Idealfall auf der Ebene der Transformierten nur drei Lichtflecke geben, das Null-Frequenz-Maximum in der Mitte und auf jeder Seite das Maximum erster Ordnung, oder das Grundmaximum ($m = \pm 1$). Wenn man diese Sache auf zwei Dimensionen ausdehnt, er-gibt ein Kreuzgitter (oder Schirmgitter) das in Abbildung 14.5 gezeigte Beugungsmuster. Man beachte, daß zusätzlich zu der auffälligen horizontalen und vertikalen Periodizität über dem Schirmgitter das Muster sich z.B. auch entlang der Diagonalen wiederholt. Ein Objekt, das reich an Strukturen ist, wie beispielsweise ein Dia von der Oberfläche des Mondes, würde ein äußerst komplexes Beugungsmuster erzeugen. Wegen der einfachen periodischen Natur des Gitters konnten wir an seine Fourier-*Reihen*-Komponenten denken, aber nun werden wir sicher in Begriffen der Fourier-Transformierten denken müssen. In jedem Fall *bedeutet jeder Lichtfleck im Beugungsmuster das Vorhandensein einer spezifischen räumlichen Frequenz, die pro-*

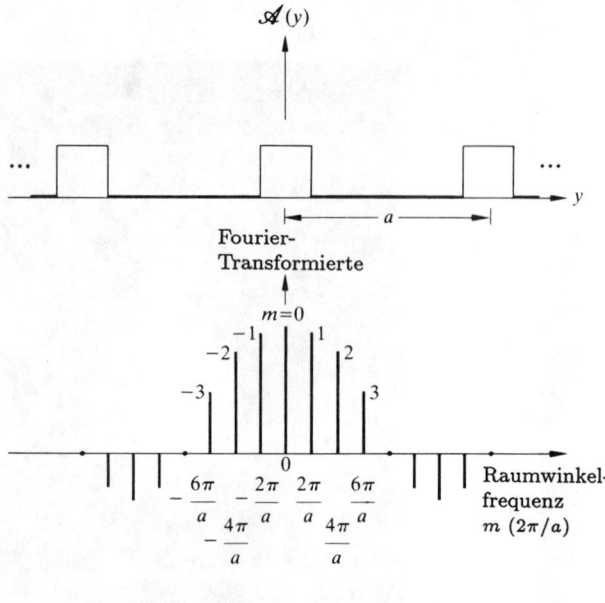

Abbildung 14.4 Rechteckwelle und ihre Transformierte.

Abbildung 14.5 Beugungsmuster eines Kreuzgitters. (Quelle des Photos unbekannt.)

portional ist dem Abstand des Lichtflecks zur optischen Achse (Null-Frequenz-Ort). Frequenz-Komponenten positiven und negativen Vorzeichens erscheinen bezüglich der Zentralachse einander (diametral) gegenüberliegend. Wenn wir in jedem Punkt der Ebene der Transformierten das elektrische Feld messen könnten, würden wir in der Tat die Blendenöffnungsfunktion beobachten, aber das ist nicht durchführbar. Was stattdessen nachgewiesen wird, ist die Flußdichte-Verteilung, wobei an jedem Punkt die Bestrahlungsstärke proportional ist zum zeitlichen Mittelwert des Quadrates des elektrischen Feldes oder, was das gleiche bedeutet, zum Quadrat der Amplitude eines bestimmten räumlichen Frequenz-Beitrages an diesem Punkt.

14.1.2 Abbes Abbildungstheorie

Man betrachte das in Abbildung 14.6 (a) dargestellte System, das nur eine sorgfältig ausgearbeitete Version von Abbildung 14.3 (b) ist. Ebene monochromatische Wellenfronten, die von einem Kollimatorobjektiv (L_c) ausgehen, werden an einem Gitter gebeugt. Das Ergebnis ist eine verformte Wellenfront, die wir in eine neue Reihe ebener Wellen auflösen, von denen jede einer gegebenen Ordnung $m = 0, \pm 1, \pm 2, \ldots$ oder einer räumlichen Frequenz entspricht und von der jede in eine eigene Richtung wandert (Abb. 14.6 (b)). Die Objektivlinse (L_t) dient als *Fourier-Transformier-Linse*, die das Fraunhofer-Beugungsmuster des Gitters auf der Ebene Σ_t der Transformierten erzeugt (die ebenso die hintere Brennebene von L_t ist). Die Wellen breiten sich natürlich auch über Σ_t hinaus aus und kommen auf der Bildebene Σ_i an. Dort überlagern sie sich und formen durch Interferenz ein kopfstehendes, seitenverkehrtes Bild des Gitters. Demnach werden die Punkte G_1 und G_2 bei P_1 und P_2 abgebildet. Das Objektiv formt zwei verschiedene Muster, die von Interesse sind. Eines ist die der leuchtenden Gegenstandsebene zugeordnete Fourier-Transformierte in der Brennebene, und das andere ist das Bild des Gegenstandes, das auf der zur Gegenstandsebene zugeordneten Ebene gebildet wird. Abbildung 14.7 zeigt dieselbe Versuchsanordnung für einen langen, schmalen, horizontalen Spalt, beleuchtet mit kohärentem Licht.

Wir können die Punkte S_0, S_1, S_2 usw. in Abbildung 14.6 (a) praktisch als punktförmige Sender von Huygens-

14.1 Bilder — Die räumliche Verteilung optischer Information

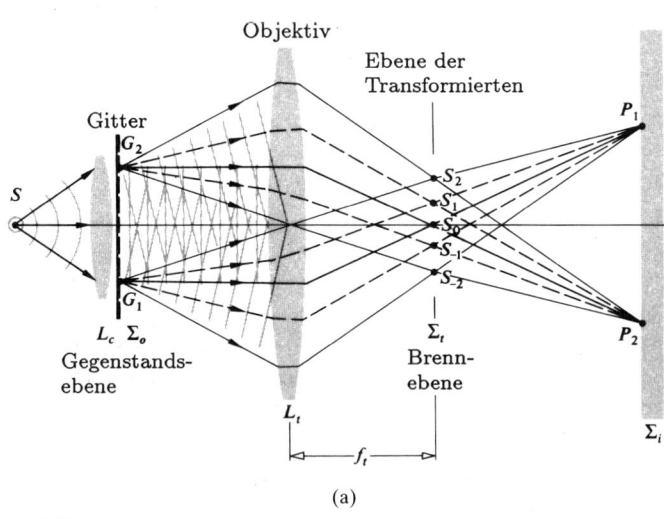
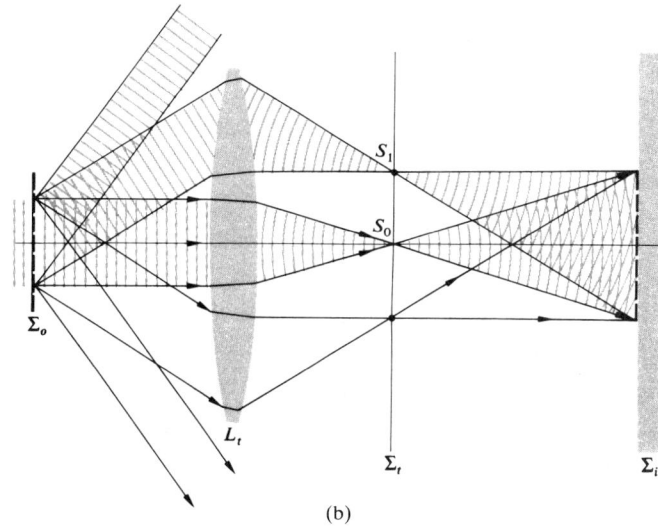

Abbildung 14.6 Bilderzeugung.

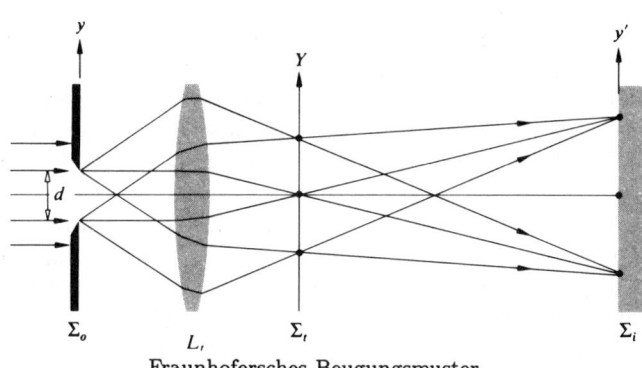

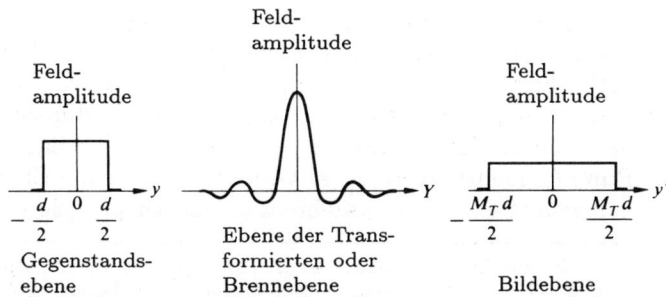

Abbildung 14.7 Das Bild eines Spaltes.

schen Elementarwellen ansehen und das sich ergebende Beugungsmuster auf Σ_i ist dann das Bild des Gitters. Mit anderen Worten: *das Bild entsteht durch einen zweifachen Beugungsvorgang*. Alternativ können wir uns vorstellen, die ankommende Welle werde am Gegenstand gebeugt und die daraus resultierende Welle noch einmal am Objektiv. Wenn dieses Objektiv nicht da wäre, würde auf Σ_i das Beugungsmuster anstelle des Bildes erscheinen.

Diese Ideen wurden erstmals von Professor Ernst Abbe (1840–1905) im Jahre 1873 vorgeschlagen.[1] Zu jener Zeit richtete sich sein Interesse auf die Theorie des Mikroskopes, deren Beziehung zum oben Diskutierten klar wird, wenn wir L_t als das Objektiv eines Mikroskopes annehmen. Darüber hinaus ähnelt das System sicherlich einem Mikroskop, wenn das Gitter durch irgendein Stück durchscheinenden Materials (d.h. die zu untersuchende Probe) ersetzt wird, das durch Licht aus einer kleinen Lichtquelle mit Kondensor beleuchtet wird.

Carl Zeiss (1816–1888), der in der Mitte des neunzehnten Jahrhunderts eine kleine Mikroskop-Fabrik in

---

[1] Ein alternativer und doch letztlich gleichbedeutender Ansatz wurde 1896 von Lord Rayleigh aufgezeigt. Er faßte jeden Punkt auf dem Gegenstand als eine Quelle kohärenten Lichtes auf, deren Welle durch die Linse zu einem Airyschen Scheibchen gebeugt wurde. Jedes dieser Scheibchen hatte wiederum seinen Mittelpunkt in dem idealen Bildpunkt (auf Σ_i) der entsprechenden Punktquelle. So war Σ_i bedeckt mit einer Verteilung sich irgendwie überlagernder und interferierender Airyscher Beugungsscheibchen.

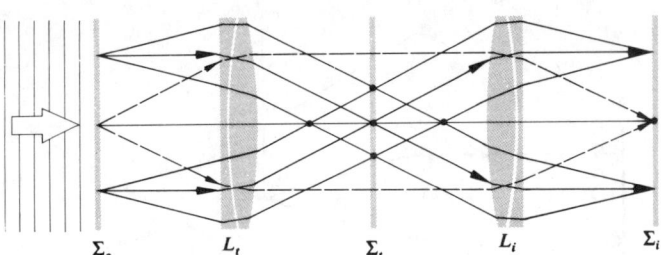

Abbildung 14.8 Ebenen des Gegenstandes, der (Fourier-) Transformierten und des Bildes.

Jena betrieb, erkannte die Unzulänglichkeit der empirischen Entwicklungsmethode jener Zeit. 1866 gewann er die Mitarbeit von Ernst Abbe, damals Dozent an der Universität zu Jena, um ein wissenschaftlicheres Vorgehen bei Mikroskop-Entwürfen einzuführen. Abbe fand bald durch Experimentieren, daß eine größere Blendenöffnung eine größere Auflösung ergab, selbst wenn der scheinbare Kegel einfallenden Lichtes nur einen kleinen Teil des Objektivs füllt. Irgendwie trägt der umgebende "dunkle Raum" zum Bild bei. Folgerichtig arbeitete er mit der Hypothese, daß der damals wohlbekannte Beugungsvorgang, der am Rande einer Linse auftritt (und für eine Punktquelle zu dem Airyschen Beugungsscheibchen führt), nicht in derselben Weise arbeitet, wie es bei einem inkohärent beleuchteten Fernrohrobjektiv geschieht. Proben in der Größenordnung von λ streuen anscheinend Licht in den "dunklen Raum" des Mikroskopobjektivs. Man beachte, daß wenn, wie in Abbildung 14.6 (b), die Blendenöffnung des Objektivs nicht groß genug ist, um das ganze Beugungslicht zu sammeln, das Bild nicht genau dem Gegenstand entspricht. Vielmehr bezieht es sich auf einen fiktiven Gegenstand, dessen vollständiges Beugungsmuster dem entspricht, was durch L_t gesammelt wird. Wir wissen aus dem vorhergehenden Abschnitt, daß diese verlorenen Anteile der äußeren Region des Fraunhoferschen Beugungsmusters mit den höheren räumlichen Frequenzen verbunden sind. Und, wie wir gleich sehen werden, wird ihre Unterdrückung einen Verlust an Bildschärfe und Auflösung ergeben.

Praktisch kann das früher betrachtete Gitter nicht wirklich streng periodisch sein, solange es keine unendliche Breite hat. Das bedeutet, daß es ein kontinuierliches Fourier-Spektrum hat, in dem die üblichen diskreten Fourier-Reihen-Terme vorherrschen, da die anderen eine viel kleinere Amplitude haben. Komplizierte, unregelmäßige Gegenstände zeigen klar die kontinuierliche Natur ihrer Fourier-Transformierten. Auf jeden Fall sollte betont werden, daß *solange das Objektiv keine unendlich große Blendenöffnung hat, es als Tiefpaß-Filter wirkt, der Raumfrequenzen über einem gegebenen Wert nicht durchläßt, aber alle Frequenzen darunter* (erstere sind diejenigen, die sich über die Linsenbegrenzung hinaus ausdehnen). Folglich werden praktisch alle Linsensysteme in ihrer Fähigkeit begrenzt sein, den Anteil hoher Frequenzen eines wirklichen Gegenstandes unter kohärenter Beleuchtung wiederzugeben.[2] Es sollte ebenfalls erwähnt werden, daß es eine grundsätzliche Nichtlinearität gibt, die mit optischen Abbildungssystemen verbunden ist, wenn sie mit räumlicher Hochfrequenz arbeiten.[3]

14.1.3 Räumliche Filterung

Angenommen, wir bauen wirklich das in Abbildung 14.6 (a) dargestellte System auf, indem wir einen Laser als eine Quelle ebener Wellen benutzen. Wenn die Punkte S_0, S_1, S_2 usw. die Quellen eines Fraunhoferschen Beugungsmusters sein sollen, muß der Bildschirm vermutlich bei $x = \infty$ stehen (obwohl 10 oder 20 m oft ausreichen werden). Auch auf die Gefahr hin, mich zu wiederholen: man rufe sich ins Gedächtnis, daß der Grund, L_t zu benutzen, ursprünglich war, das Beugungsmuster des Objekts aus dem Unendlichen heranzuholen. Wir führen jetzt eine *Abbildungslinse* L_i (Abbn. 14.8 und 14.9) zu dem Zweck ein, das Beugungsmuster der Menge der Quellenpunkte S_0, S_1, S_2 usw. aus dem Unendlichen heranzuholen und nebenbei Σ_i auf einen bequemen Abstand umzulenken. Die transformierende Linse veranlaßt das vom Gegenstand ausgehende Licht in der Form eines Beugungsmusters auf der Ebene Σ_t zu konvergieren, d.h. sie erzeugt auf Σ_t eine zweidimensionale Fourier-Transformierte des Objekts. Das heißt, das Raumfrequenzspektrum des Objekts ist über die Ebene der Transformierten ausgebreitet. Danach projiziert L_i

---

[2] Siehe auch H. Volkmann, "Ernst Abbe and his Work", *Appl. Opt.* **5**, 1720 (1966) für einen detaillierteren Bericht von Abbes vielen Ausführungen in der Optik.
[3] R.J. Becherer and G.B. Parrent, Jr., "Nonlinearity in Optical Imaging Systems", *J. Opt. Soc. Am.* **57**, 1479 (1967).

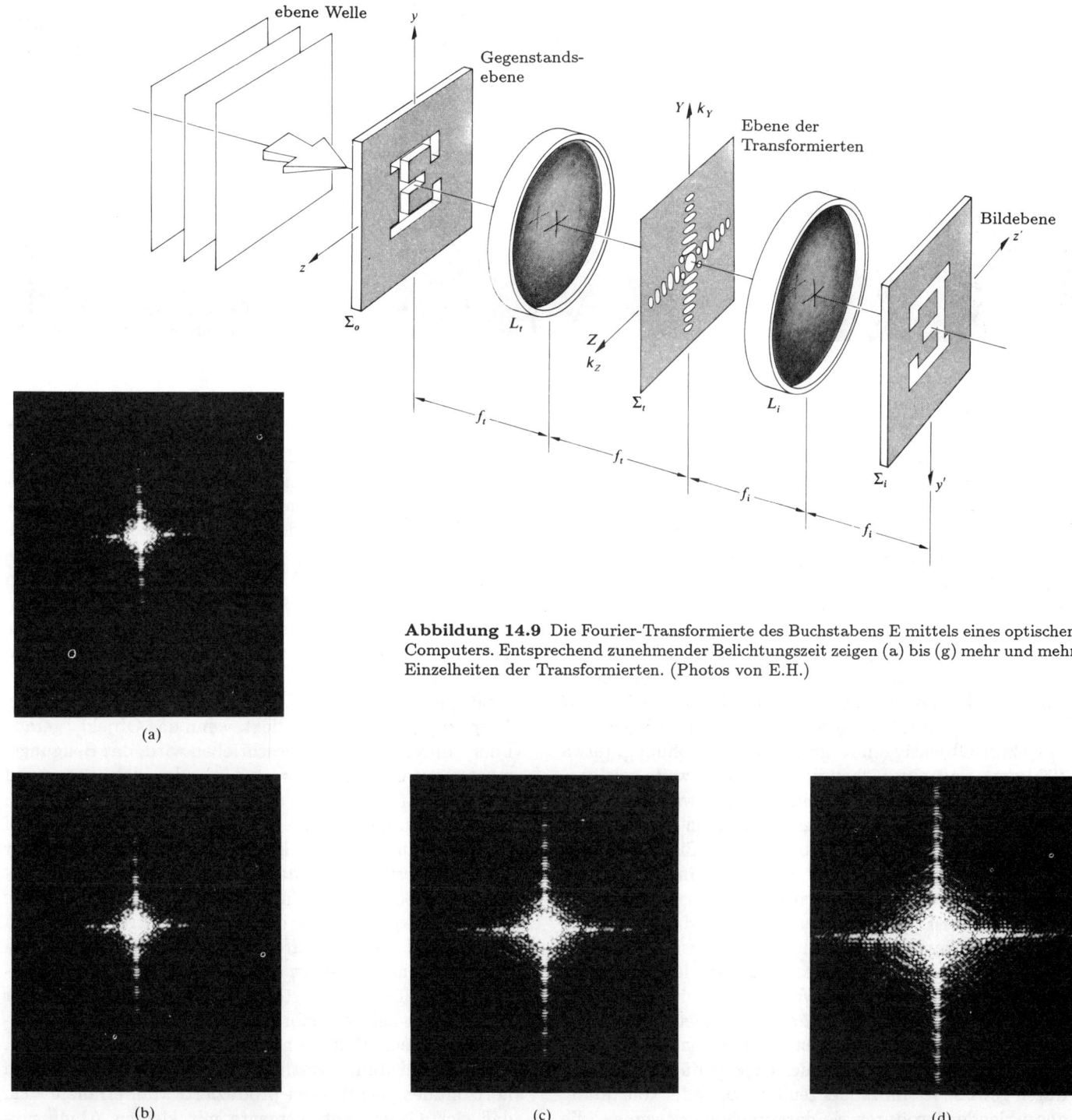

Abbildung 14.9 Die Fourier-Transformierte des Buchstabens E mittels eines optischen Computers. Entsprechend zunehmender Belichtungszeit zeigen (a) bis (g) mehr und mehr Einzelheiten der Transformierten. (Photos von E.H.)

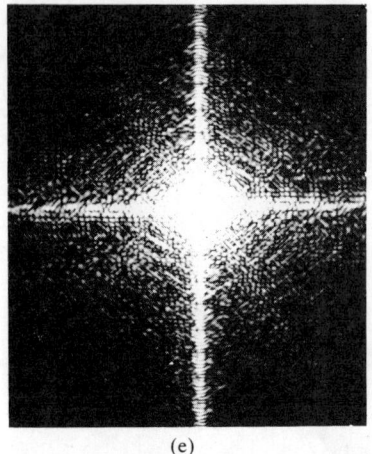  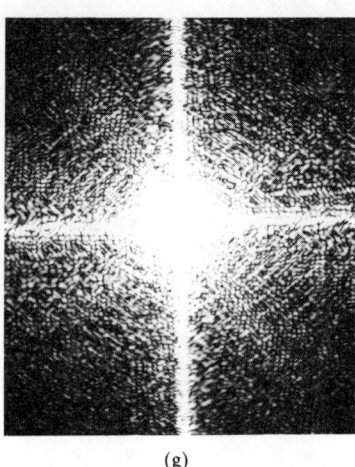

(e) (f) (g)

Abbildung 14.9 (Fortsetzung)

(die *"invers" transformierende Linse*) das Beugungsmuster des Lichtes, das über Σ_t verteilt ist, auf die Bildebene. Mit anderen Worten: sie beugt den gebeugten Strahl, was letztlich bedeutet, daß sie eine inverse Transformierte erzeugt. Also erscheint im wesentlichen eine invers Transformierte der Daten auf Σ_t als Endbild. Ziemlich häufig sind in der Praxis L_t und L_i identische ($f_t = f_i$), gut korrigierbare vielinsige Objektive. (Bei Qualitätsarbeit können diese vielleicht eine Auflösung von etwa 150 Linienpaaren/mm haben — wobei ein Linienpaar einer Periode in Abbildung 14.2 (b) entspricht.) Für Anwendungen mit geringeren Ansprüchen genügen zwei Projektor-Objektive mit großer Blendenöffnung (etwa 100 mm) und einer "handlichen" Brennweite von ungefähr 30 oder 40 cm. Eine dieser Linsen wird dann bloß herumgedreht, so daß ihre beiden hinteren Brennebenen mit Σ_t zusammenfallen. Nebenbei: die Eingangs- oder Gegenstandsebene muß nicht unbedingt eine Brennweite von L_t entfernt sein; die Transformierte erscheint dennoch stets auf Σ_t. Verschieben von Σ_0 beeinflußt nur die Phase der Amplitudenverteilung, und das ist im allgemeinen von geringem Interesse. Die in den Abbildungen 14.8 und 14.9 gezeigte Vorrichtung wird oft als ein *kohärenter optischer Computer* bezeichnet. Sie erlaubt uns, Hindernisse (d.h. Masken (Schablonen) oder Filter) in die Ebene der Transformierten einzufügen, und dadurch gewisse Raumfrequenzen teilweise oder vollständig auszublenden, wodurch sie daran gehindert werden, die Bildebene zu erreichen. *Dieses Verfahren, das Frequenzspektrum des Bildes zu ändern, nennt man* **räumliche Filterung**, und hierin liegen einige der schönsten, erregenden und vielversprechenden Aspekte der zeitgenössischen Optik.

Aus unserer früheren Diskussion der Fraunhoferschen Beugung wissen wir, daß ein langer enger Spalt bei Σ_0 ungeachtet seiner Orientierung und seines Ortes eine Transformierte bei Σ_t erzeugt, die aus einer Reihe von Lichtflecken besteht, die auf einer geraden Linie senkrecht zum Spalt liegen (Abb. 10.11) und *die durch den Ursprung gehen*. Folglich liegt, wenn das Objekt "gerade Linie" durch $y = mz + b$ beschrieben wird, das Beugungsmuster auf der Linie $Y = -Z/m$ oder gleichbedeutend aus Gleichungen (11.64) und (11.65) auf $k_Y = -k_Z/m$. Damit und mit dem Airy-Beugungsmuster im Hinterkopf sollten wir in der Lage sein, einiges der Grobstruktur der Transformierten verschiedener Gegenstände vorherzusagen. Man beachte ebenfalls, daß diese um die optische oder Nullfrequenz-Achse des Systems zentriert sind. Zum Beispiel hat ein transparentes Plus-Zeichen, dessen horizontale Linie dicker ist als seine vertikale, eine zweidimensionale Transformierte, die wieder mehr oder weniger wie ein Plus-Zeichen geformt ist. Die dicke horizontale Linie erzeugt eine Reihe von kurzen vertikalen Lichtflecken, während der dünne vertikale Teil eine Linie von langen horizontalen Lichtflecken produziert. Man erinnere sich, daß sich Gegenstandselemente mit kleinen Abmessun-

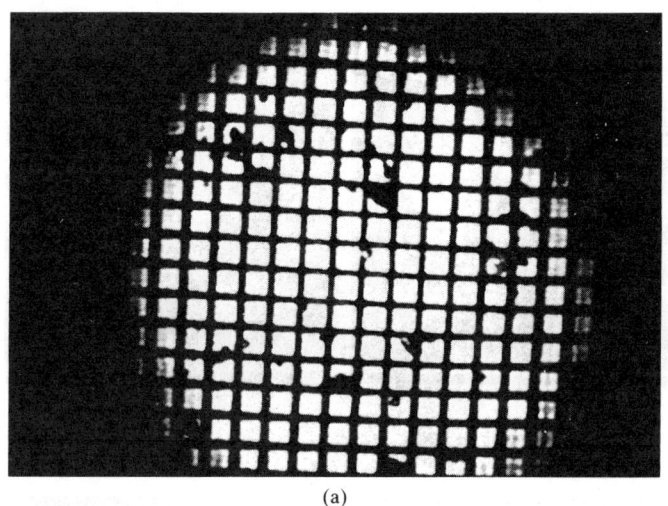 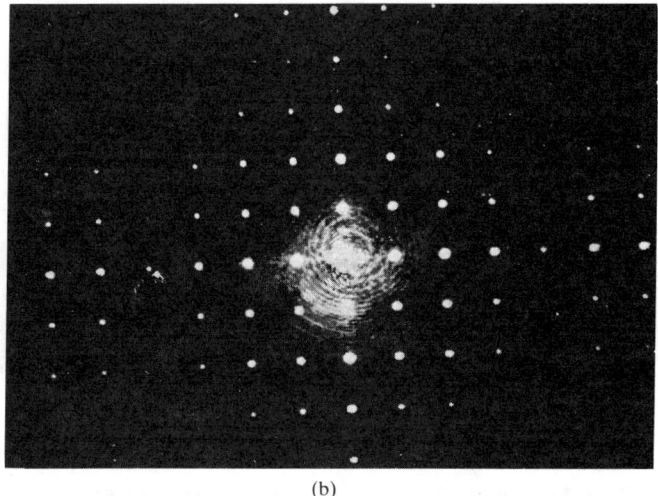

(a)　　　　　　　　　　　　　　　　　　　　(b)

Abbildung 14.10 Ein leicht staubiges, feinmaschiges Netz und seine Transformierte. (Photos aus D. Dutton, M.P. Givens and R.E. Hopkins, *Spectra-Physics Laser Technical Bulletin Number 3*.)

gen zu relativ großen Winkeln hin beugen. Nach Abbe könnte man das gesamte Thema besser in diesen Begriffen durchdenken als das Konzept der Raumfrequenzfilterung und der Transformierten zu benutzen, die den modernen Einfluß der Kommunikationstheorie darstellen.

Die vertikalen Teile des Zeichens E in Abbildung 14.9 erzeugen das breite Frequenzspektrum, das als horizontales Muster erscheint. Man beachte, daß alle parallelen Linienquellen eines gegebenen Gegenstandes einer einzigen linearen Anordnung auf der Ebene der Transformierten entsprechen. Diese Anordnung wiederum läuft auf Σ_t durch den Ursprung (der Achsenabschnitt ist Null) gerade wie im Falle des Gitters. Eine transparente Zahl 5 wird ein Muster erzeugen, das aus beiden Lichtfleck-Verteilungen besteht, den horizontalen und vertikalen, die sich über einen relativ großen Frequenzbereich erstrecken. Es wird auch eine vergleichsweise niederfrequente, konzentrisch ringförmige Struktur geben. Die Transformierten von Scheiben, Ringen und ähnlichem werden offensichtlich Kreissymmetrie haben. In ähnlicher Weise wird eine horizontale elliptische Blendenöffnung vertikal orientierte konzentrische elliptische Bänder erzeugen. Sehr oft haben Fernfeld-Muster ein Symmetriezentrum (siehe Aufgaben 10.14 und 11.29).

Wir sind jetzt in einer Position, das Verfahren der räumlichen Filterung besser zu würdigen, und zu diesem Zweck werden wir ein Experiment betrachten, das einem 1906 von A.B. Porter publizierten sehr ähnlich ist. Abbildung 14.10 (a) zeigt ein feinmaschiges Drahtgitter, dessen periodisches Muster von einigen wenigen Staubteilchen unterbrochen ist. Abbildung 14.10 (b) zeigt die Transformierte, wie sie auf Σ_t erscheinen würde, wenn das Gitter in Σ_0 wäre. Nun beginnt der Spaß — da die auf den Staub bezogene Information der Transformierten in einer unregelmäßigen, wolkenähnlichen Verteilung um den Mittelpunkt lokalisiert ist, können wir sie leicht eliminieren, indem wir eine lichtundurchlässige Maske (Schablone) bei Σ_t einfügen. Wenn die Maske Löcher an jedem der Hauptmaxima (d.h. den jeweiligen Mittelpunkten; d.Ü.) hat, so daß das Bild nur an den ihnen entsprechenden Frequenzen durchkommt, erscheint das Bild staubfrei (Abb. 14.11 (a)). Im anderen Extremfall, wenn wir nur das wolkenähnliche Muster nahe dem Mittelpunkt durchlassen, erscheint sehr wenig von der periodischen Struktur; übrig bleibt ein Bild, das wesentlich nur aus den Staubteilchen besteht (Abb. 14.11 (b)). Läßt man allein den mittleren oder nullte-Ordnung-Lichtfleck durch, so entsteht ein einförmig be-

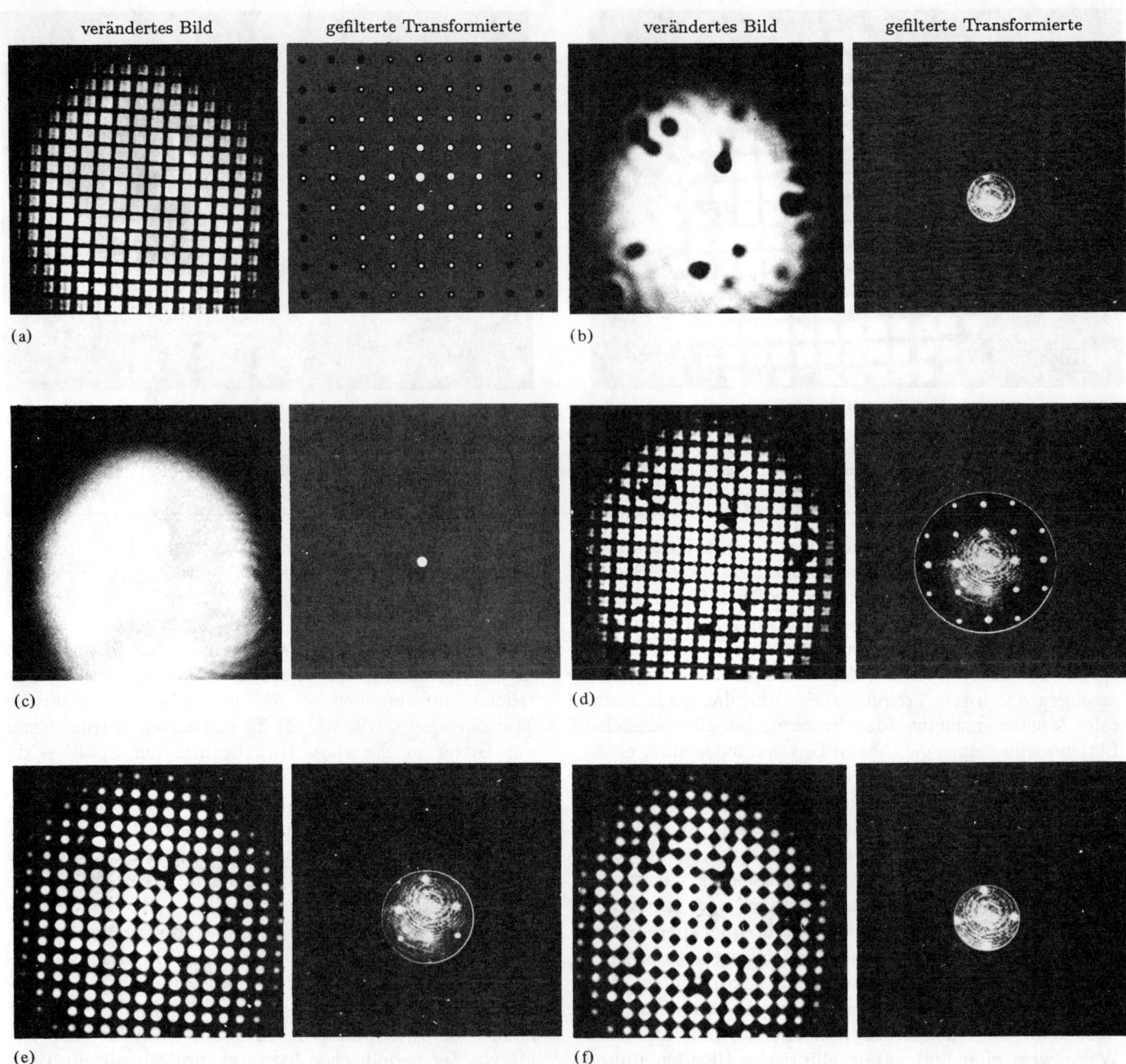

Abbildung 14.11 Bilder, die sich ergeben, wenn verschiedene Anteile des Beugungsmusters der Abb. 14.10 (b) durch hinzugefügte Masken (Schablonen) oder Raumfilter verdunkelt werden. (Photos aus D. Dutton, M.P. Givens and R.E. Hopkins, *Spectra-Physics Laser Technical Bulletin Number 3*.)

leuchtetes (Gleichlicht-) Feld, gerade so als ob das Drahtgitter nicht länger an der Stelle wäre. Man beachte, daß wenn mehr und mehr höhere Frequenzen eliminiert werden, die Einzelheiten des Bildes sich merklich verschlechtern ((d), (e) und (f) in Abb. 14.11). Dies kann einfach verstanden werden, wenn man sich erinnert, wie eine Funktion mit — wie wir sagen könnten — "scharfen Ecken" aus harmonischen Komponenten zusammengesetzt wurde. Die Rechteckwelle von Abbildung 7.13 dient zur Illustration dieser Frage. Es ist offensichtlich, daß die Addition höherfrequenter harmonischer Wellen vorwiegend dazu dient, die Ecken rechteckig zu machen und die Wellenberge und Täler des Profils zu glätten. Auf diese Art tragen die Raumfrequenzen zur scharfkantigen Trennung zwischen hellen und dunklen Regionen des Bildes bei. Die Herausnahme der hochfrequenten Glieder verursacht ein Abrunden der Stufenfunktion und einen daraus folgenden Verlust an Auflösung im zweidimensionalen Fall.

Was würde geschehen, wenn wir die Gleichlicht-Komponente (Abb. 14.11 (c)) herausnähmen, indem wir alles durchlassen außer dem zentralen Lichtfleck? Ein Punkt auf dem ursprünglichen Bild, der schwarz auf dem Photo erscheint, bezeichnet eine Lichtintensität nahe Null. Vermutlich heben sich all die verschiedenen optischen Feldkomponenten in diesem Punkt gegenseitig auf — ergo, kein Licht. Jedoch muß mit der Herausnahme des Gleichlicht-Terms der in Frage stehende Punkt dann sicherlich eine Feldamplitude ungleich Null bekommen. Wenn man diese quadriert ($I \propto E_0^2/2$), wird dies eine Lichtintensität ungleich Null erzeugen. Folglich werden Gebiete, die auf dem Photo ursprünglich schwarz waren, nun fast weiß erscheinen, während Regionen, die weiß waren, grau werden wie in Abbildung 14.12.

Untersuchen wir nun einige der möglichen Anwendungen dieser Technik. Abbildung 14.13 (a) zeigt ein zusammengesetztes Photo des Mondes, das aus Filmstreifen besteht, die zusammengesetzt ein einziges Mosaik formen. Die Bilddaten wurden von *Lunar Orbiter* 1 zur Erde übertragen. Die gitterartigen regelmäßigen Diskontinuitäten zwischen benachbarten Streifen im Objekt-Photo erzeugen, wie Abbildung 14.13 (c) ganz deutlich zeigt, die vertikale Frequenzverteilung, welche eine große Bandbreite umfaßt. Wenn diese Frequenz-Komponenten blockiert werden, deutet am verstärkten Bild nichts mehr darauf hin, daß es ein Mosaik war. In

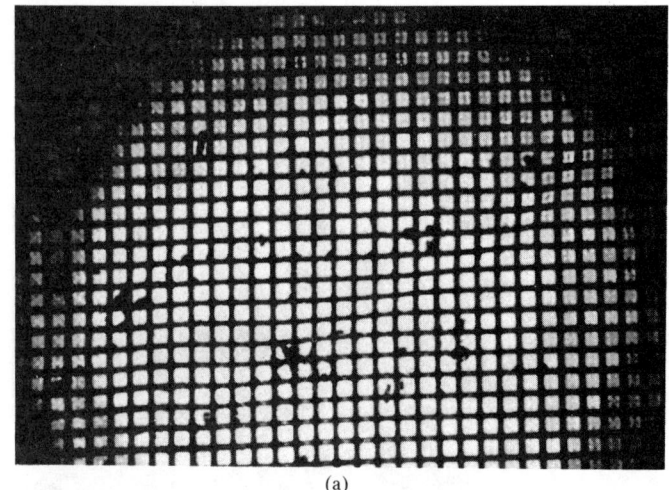

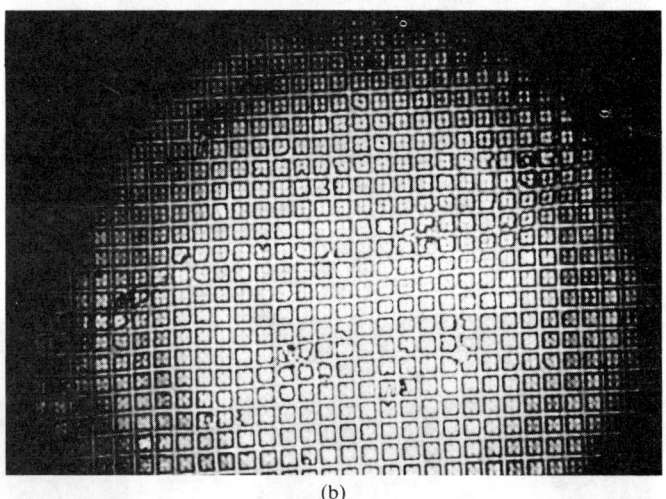

Abbildung 14.12 (b) ist eine gefilterte Version von (a), wobei die nullte Ordnung herausgenommen wurde. (Photos aus D. Dutton, M.P. Givens and R.E. Hopkins, *Spectra-Physics Laser Technical Bulletin Number 3*.)

fast der gleichen Weise kann man störende Daten auf Blasenkammer-Photos von Spuren subatomarer Teilchen unterdrücken.[4] Diese Photos sind schwer zu analysieren wegen der Anwesenheit der Spuren des ungestreuten

---

4) D.G. Falconer, "Optical Processing of Bubble Chamber Photographs", *Appl. Opt.* **5**, 1365 (1966), schließt einige Anwendungen für den kohärenten optischen Computer ein.

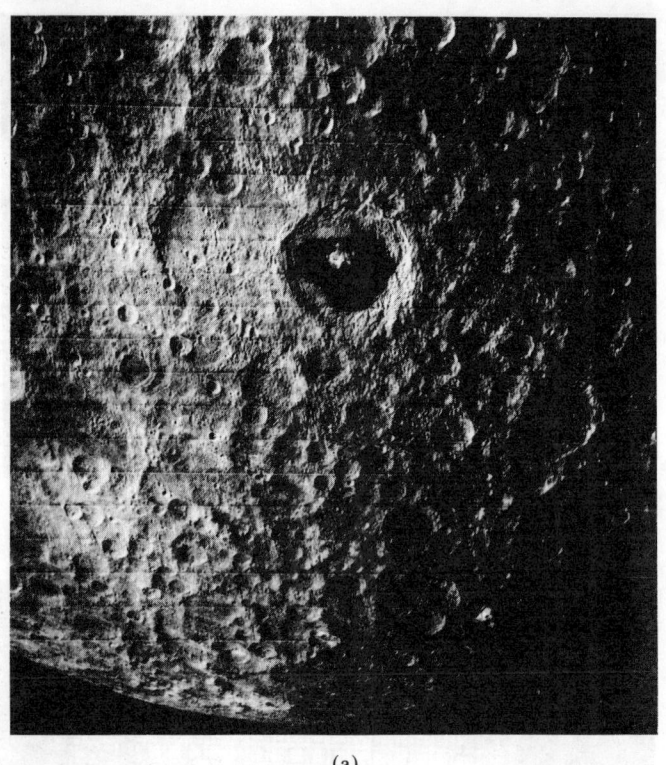 (a)
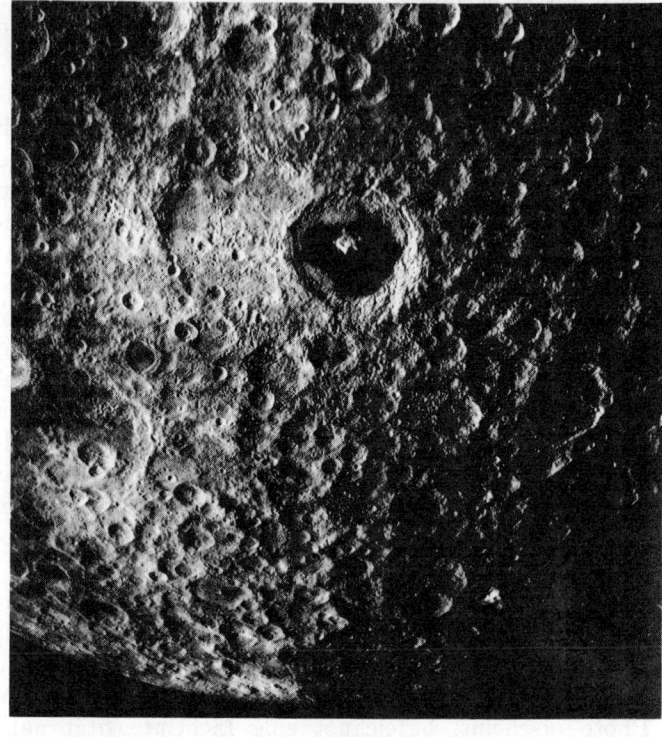 (b)
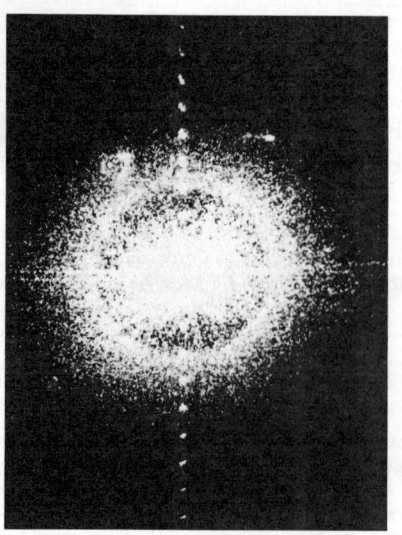 (c)
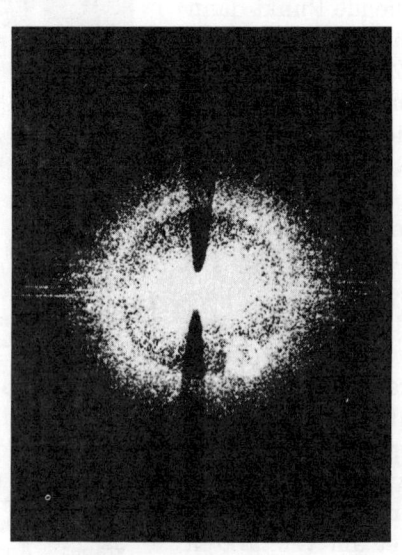 (d)

Abbildung 14.13
Räumliches Filtern.
(a) Ein zusammengesetztes *Lunar Orbiter* Mondphoto. (b) Gefilterte Version des Photos ohne horizontale Linien. (c) Eine typische Transformierte (Leistungsspektrum) einer Mondlandschaft. (d) Beugungsmuster nach dem Wegfiltern des vertikalen Lichtfleckmusters. (Photos freundlicherweise überlassen von D.A. Ansley, W.A. Blikken, The Conductron Corporation, und N.A.S.A.)

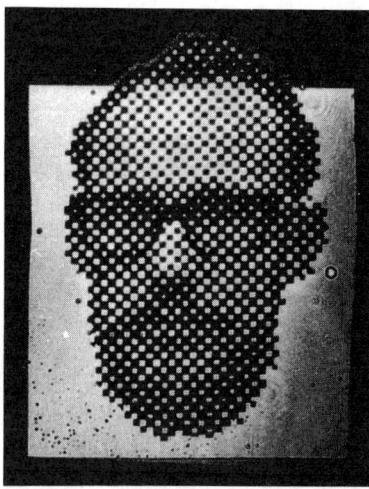 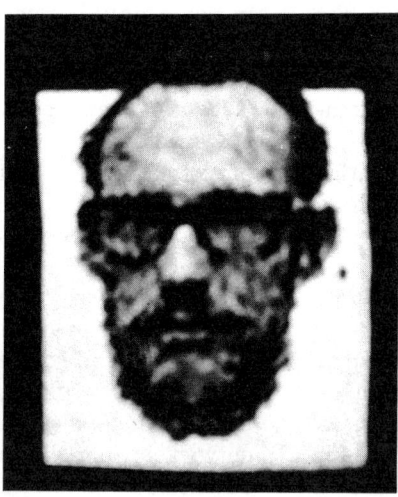

Abbildung 14.15 Ein Selbstportrait von K.E. Bethke, das nur aus schwarzen und weißen Gebieten besteht, wie bei einem Halbtonbild. Wenn die hohen Frequenzen herausgefiltert sind, erscheinen Grauschattierungen, und die scharfen Grenzen verschwinden. (Aus R.A. Phillips, *Am. J. Phys.* **37**, 536 (1969).)

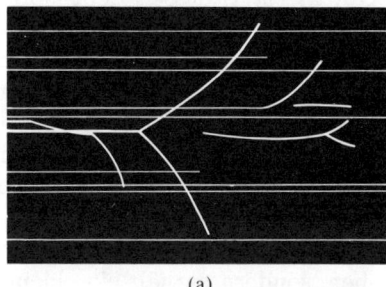

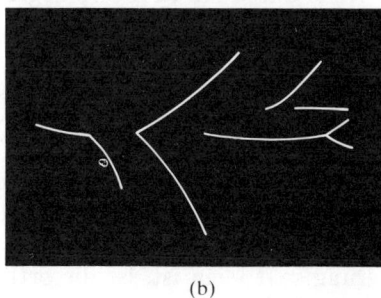

Abbildung 14.14 Ungefilterte und gefilterte Blasenkammerspuren.

sich ein Zeitungsphoto an.) Wird ein Dia[5] eines solchen Faksimile bei Σ_0 in Abbildung 14.8 hingestellt, so wird sein Frequenzspektrum auf Σ_t erscheinen. Wieder einmal können die relativ hochfrequenten Komponenten, die aus dem Halbtonmaschengitter entstehen, leicht herausgenommen werden. Dies ergibt ein Bild in Grauschattierungen (Abb. 14.15), das keine der Diskontinuitäten des Originals zeigt. Man könnte einen präzisen Filter konstruieren, der nur die Frequenzen des quadratischen Gitters unterdrückt, indem man einfach ein Dia mit dem Negativ der Transformierten des zugrundeliegenden Karomusters benutzt. Alternativ genügt es gewöhnlich, eine kreisförmige Blendenöffnung zu benutzen und dadurch unbewußt einige der Hochfrequenz-Details des Originals zu entfernen; wenigstens solange die Maschengitterfrequenz vergleichbar hoch ist. Dieselbe Prozedur kann benutzt werden, um die Körnung stark vergrößerter Photos zu entfernen, was von Wert z.B. bei Luftaufklärungsphotos ist. Andererseits können wir die Details eines leicht verwaschenen Photos schärfen, indem wir seine Hochfrequenz-Komponenten betonen. Dies könnte mit einem Filter gemacht werden, der vorzugsweise den Niederfrequenzanteil des Spektrums absorbieren würde. Sehr viele Anstrengungen befaßten sich seit Beginn der fünfziger Jahre unseres Jahrhunderts mit der Erforschung der photographischen Bildverstärkung, und

Strahls (Abb. 14.14), die, da sie alle parallel sind, leicht durch räumliches Filtern entfernt werden können.

Betrachten wir den vertrauten Halbton- oder Faksimile-Prozeß, durch den ein Drucker die Illusion verschiedener Grautöne erzeugen kann, während er nur schwarze Tinte und weißes Papier benutzt. (Man sehe

[5] Der Polaroid 55 P/N Film ist ausreichend für Arbeiten mit mittlerer Auflösung, während Kodak 649 Photoplatten sich gut eignen, wenn eine höhere Auflösung der Dias verlangt ist.

die sich daraus ergebenden Erfolge waren in der Tat bemerkenswert. Herausragend unter den Beteiligten ist A. Maréchal vom Institut d'Optique, Université de Paris, der absorbierende und phasenverschiebende Filter kombiniert hat, um Details in arg verwaschenen Photographien wiederherzustellen. Diese Filter sind durchsichtige Beschichtungen auf Glasplatten, so daß sie die Phase der verschiedenen Spektralanteile verzögern (Abschnitt 14.1.4).

Wenn diese Arbeit in der optischen Datenverarbeitung in den kommenden Jahrzehnten fortgesetzt wird, werden wir sicherlich sehen, wie die photographischen Verfahrensschritte in immer mehr Anwendungen durch elektrooptische Realzeit-Verfahren ersetzt werden (z.B. sind Anordnungen von Ultraschall-Modulatoren für Licht, die einen Mehrkanal-Eingang bilden, bereits in Gebrauch).[6] Der kohärente optische Computer wird eine gewisse Reife erreichen und ein noch wirksameres Werkzeug werden, wenn die Input- (Eingangs-), Filterungs- und Output- (Ausgangs-) Funktionen elektrooptisch ausgeführt werden. Ein kontinuierlicher Strom von Realzeit-Daten könnte in ein solches Gerät hinein und aus ihm heraus fließen.

14.1.4 Phasenkontrast

Es wurde im letzten Abschnitt ziemlich kurz erwähnt, daß das rekonstruierte Bild durch Einführen eines Phasenverschiebungsfilters geändert werden kann. Das vermutlich bekannteste Beispiel dieser Technik entstand bereits 1934 durch die Arbeit des holländischen Physikers Fritz Zernike, der die Methode des **Phasenkontrasts** erfand und sie im *Phasenkontrast-Mikroskop* anwandte.

Ein Gegenstand kann "gesehen" werden, weil er sich von seiner Umgebung abhebt — er hat eine Farbe, einen Farbton oder einen Mangel an Farbe, oder irgend etwas anderes, was für den Kontrast zum Hintergrund sorgt. Diese Art der Struktur nennt man *Amplitudenobjekt*, weil sie durch Variation beobachtbar ist, die sie in der Amplitude der Lichtwelle bewirkt. Die Welle, die von einem solchen Gegenstand entweder reflektiert oder durchgelassen wird, wird dabei *amplitudenmoduliert*. Im Gegensatz dazu ist es oft wünschenswert, *Phasenobjekte* zu "sehen", d.h. Objekte, die durchsichtig sind, dadurch praktisch keinen Kontrast zu ihrer Umgebung ergeben und nur die Phase der nachgewiesenen Welle verändern. Die optische Dicke solcher Gegenstände variiert im allgemeinen von Punkt zu Punkt, da entweder der Brechungsindex oder die wirkliche Dicke oder beide variieren. Da das Auge die Phasenvariation nicht wahrnehmen kann, sind solche Objekte offensichtlich unsichtbar. Dies ist das Problem, das Biologen dazu führte, Techniken zum Färben durchsichtiger Mikroskop-Proben zu entwickeln und dadurch Phasenobjekte in Amplitudenobjekte zu verwandeln. Aber diese Methode ist in mancherlei Hinsicht unbefriedigend, wie zum Beispiel dann, wenn die Färbung das Objekt tötet, dessen Lebensprozesse erforscht werden, wie es nur zu oft der Fall ist.

Man erinnere sich, daß Beugung eintritt, wenn ein Teil der Fläche konstanter Phase irgendwie behindert wird, also wenn ein Gebiet der Wellenfront verändert wird (entweder in der Amplitude oder Phase, d.h. in der Form). Angenommen, eine ebene Welle durchquert ein durchsichtiges Teilchen, das die Phase eines Wellenfrontgebietes verzögert. Die dahinter erscheinende Welle ist nicht mehr vollständig eben, sondern enthält eine kleine Vertiefung, dort wo die Welle durch die Probe verzögert wurde; die Welle ist *phasenmoduliert*.

In einer ziemlich vereinfachten Sicht der Dinge können wir uns vorstellen, daß die phasenmodulierte Welle $E_{PM}(r,t)$ (Abb. 14.16) aus der ursprünglich einfallenden Welle $E_i(x,t)$ plus einer örtlichen Störung $E_d(r,t)$ besteht. (Das Symbol r bedeutet, daß E_{PM} und E_d von x, y und z abhängen, d.h. sie variieren über die yz-Ebene, während E_i einheitlich ist und dies nicht tut.) In der Tat, wenn die Phasenverzögerung sehr klein ist, ist die örtliche Störung eine Welle mit sehr kleiner Amplitude, E_{0d}, die gerade etwa $\lambda_0/4$ nacheilt, wie in Abbildung 14.17. Dort wird gezeigt, daß die Differenz zwischen $E_{PM}(r,t)$ und $E_i(x,t)$ genau $E_d(r,t)$ sein muß. Die Welle $E_i(x,t)$ wird direkte Welle oder *Welle nullter Ordnung* genannt, während $E_d(r,t)$ die *Beugungswelle* ist. Erstere erzeugt ein einheitlich beleuchtetes Feld bei Σ_i, das vom Objekt nicht beeinflußt ist, während letztere alle Informationen über die optische Struktur des Teilchens trägt. Nachdem

---

[6] Wir haben das Thema der optischen Datenverarbeitung nur gestreift; eine ausführliche Diskussion dieses Stoffes wird z.B. von Goodman in *Introduction to Fourier Optics*, Chapter 7 gegeben. Dieser Text beinhaltet auch eine gute Literaturliste für weiteres Studium in der Zeitschriftenliteratur. Siehe auch P.F. Mueller, "Linear Multiple Image Storage", *Appl. Opt.* **8**, 267 (1969). Hier, wie in vielem der modernen Optik, bewegen sich die Fronten sehr schnell.

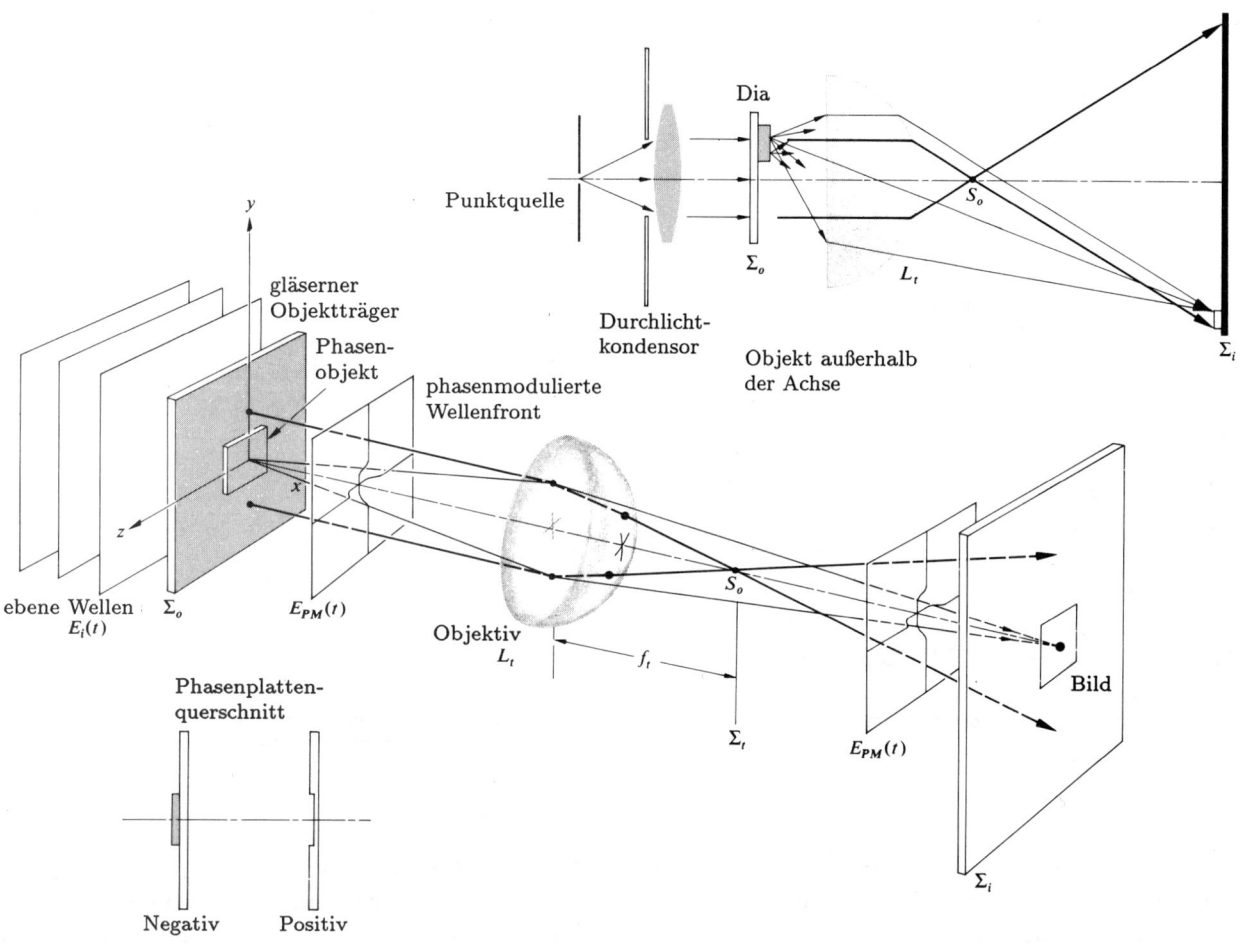

Abbildung 14.16 Phasenkontrast-Anordnung.

diese Raumfrequenzglieder höherer Ordnung (siehe Abschnitt 14.1.2) vom Objekt aus stark divergierten, werden sie dazu veranlaßt, auf der Bildebene zu konvergieren. Die direkten und die gebeugten Wellen vereinigen sich mit einer Phasenverschiebung von $\pi/2$, um wieder die phasenmodulierte Welle zu bilden. Da die Amplitude der wiederhergestellten Welle $E_{PM}(\mathbf{r},t)$ — auch wenn die Phase von Punkt zu Punkt variiert — überall auf Σ_i die gleiche ist, ist die Flußdichte einheitlich und kein Bild ist wahrzunehmen. Auf ähnliche Weise wird die nullte Ordnung eines Phasengitters um $\pi/2$ gegen die Terme höherer Ordnung phasenverschoben.

Wenn wir irgendwie die relative Phase zwischen den gebeugten und direkten Strahlen vor ihrer Vereinigung um ein zusätzliches $\pi/2$ verändern könnten, würden sie immer noch kohärent sein und könnten dann entweder konstruktiv oder destruktiv interferieren (Abb. 14.18). In jedem Fall würde die wiederhergestellte Wellenfront auf dem Gebiet des Bildes dann amplitudenmoduliert sein — das Bild wäre sichtbar.

Wir könnten dies auf sehr einfache Weise analytisch sehen, wenn

$$E_i(x,t)|_{x=0} = E_0 \sin \omega t \qquad (14.1)$$

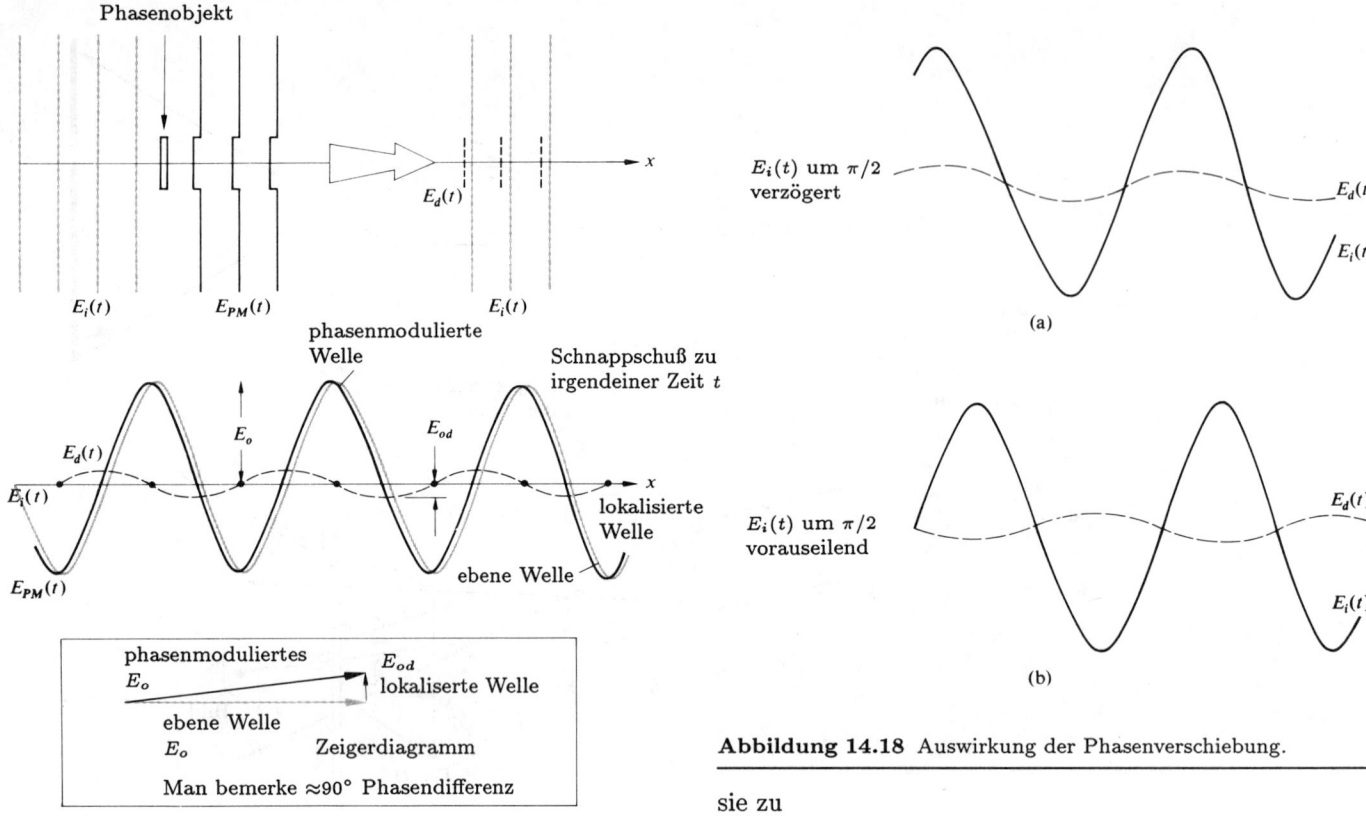

Abbildung 14.17 Wellenfronten im Phasenkontrast-Prozeß.

Abbildung 14.18 Auswirkung der Phasenverschiebung.

die einfallende monochromatische Lichtwelle bei Σ_0 ist und die Probe nicht da ist. Das Teilchen wird eine ortsabhängige Phasenänderung $\phi(y,z)$ bewirken, dergestalt daß die Welle, die es gerade verläßt,

$$E_{PM}(\mathbf{r},t)|_{x=0} = E_0 \sin[\omega t + \phi(y,z)] \quad (14.2)$$

ist. Dies ist eine Welle mit konstanter Amplitude, und sie ist im wesentlichen auch auf der Bildebene dieselbe. Genauer gesagt gibt es einige Verluste, aber wenn die Linse groß und aberrationsfrei ist, und wir die Orientierung und Größe des Bildes vernachlässigen, wird Gleichung (14.2) ausreichen, um die PM-Welle (d.h. phasenmodulierte Welle; d.Ü.) entweder auf Σ_0 oder Σ_i darzustellen. Wenn wir diese Welle umformulieren zu

$$E_{PM}(y,z,t) = E_0 \sin \omega t \cos \phi + E_0 \cos \omega t \sin \phi \quad (14.3)$$

und uns auf *sehr kleine Werte* von ϕ beschränken, wird sie zu

$$E_{PM}(y,z,t) = E_0 \sin \omega t + E_0 \phi(y,z) \cos \omega t.$$

Der erste Term ist unabhängig vom Objekt, während der zweite es offensichtlich nicht ist. Wenn wir also, wie oben, ihre relative Phase um $\pi/2$ ändern, d.h. entweder den Kosinus in Sinus verändern oder umgekehrt, bekommen wir

$$E_{AM}(y,z,t) = E_0[1 + \phi(y,z)] \sin \omega t, \quad (14.4)$$

eine amplitudenmodulierte Welle. Man beachte, daß $\phi(y,z)$ in Termen einer Fourier-Entwicklung ausgedrückt werden kann, wodurch die mit dem Objekt verbundenen Raumfrequenzen hineingebracht werden. Beiläufig ist diese Analyse genau analog zu derjenigen, die 1936 von E.H. Armstrong vorgeschlagen wurde, um AM- (d.h. amplitudenmodulierte) Radio-Wellen in FM- (d.h. frequenzmodulierte) Wellen umzuwandeln ($\phi(t)$ konnte als eine Frequenzmodulation aufgefaßt werden, wobei der Term nullter Ordnung die Trägerfrequenz ist). Ein elektrischer Bandfilter wurde benutzt, um die Trägerfre-

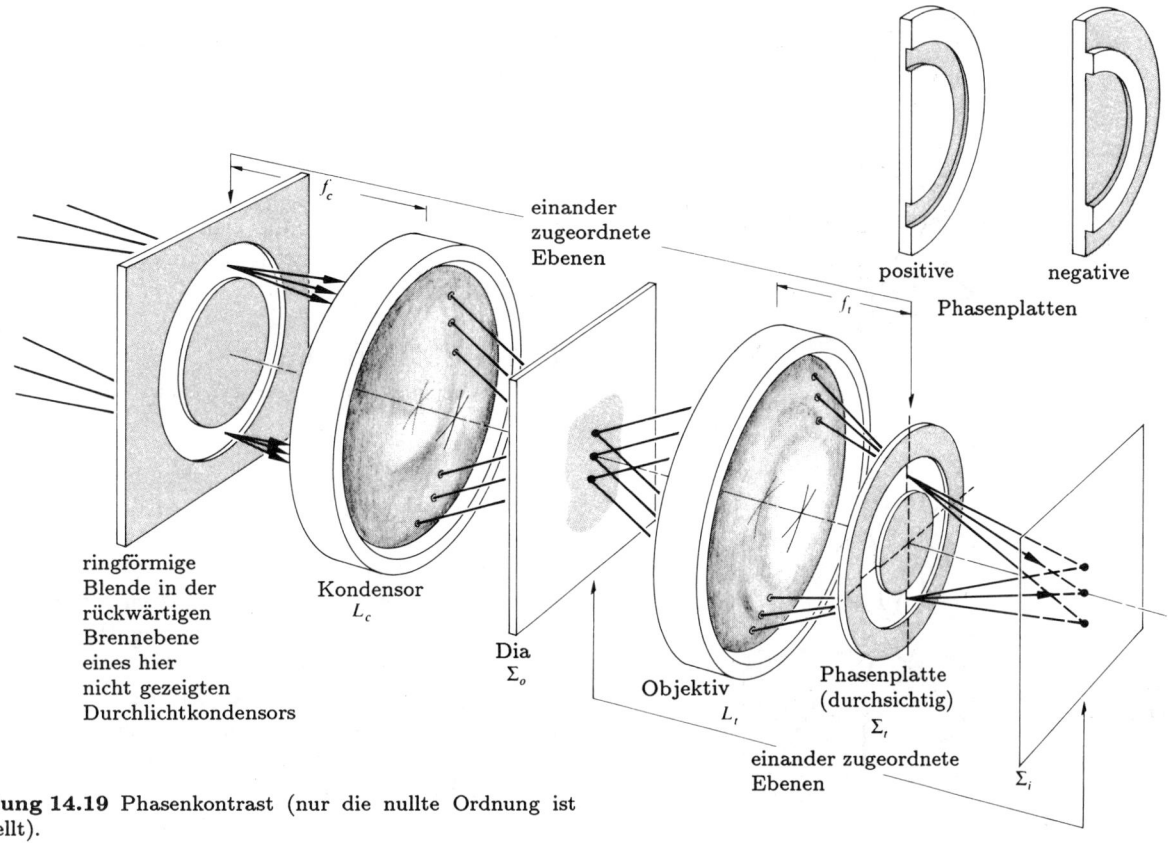

Abbildung 14.19 Phasenkontrast (nur die nullte Ordnung ist dargestellt).

quenz von dem übrigen Informationsspektrum zu trennen, so daß die $\pi/2$-Phasenverschiebung durchgeführt werden konnte. Zernikes Methode, im wesentlichen dasselbe zu machen, ist die folgende. Er fügte einen räumlichen Filter in die Ebene der Transformierten Σ_t des Objektivs ein (Abb. 14.16), der in der Lage ist, die $\pi/2$-Phasenverschiebung zu bewirken. Man beachte, daß das direkte Licht wirklich ein kleines Bild der Lichtquelle nahe Σ_t auf der optischen Achse formt. Der Filter könnte dann eine kleine kreisförmige Vertiefung der Tiefe d sein, eingeätzt in eine durchsichtige Glasplatte des Brechungsindex n_g. Im Idealfall würde nur der direkte Strahl die Vertiefung passieren und gegenüber der gebeugten Welle eine *Phasenvoreilung* von $(n_g-1)d$ annehmen; man sorgt dafür, daß diese den Wert $\lambda_0/4$ annimmt. Ein Filter dieser Art ist als *Phasenplatte* bekannt und da seine Wirkung der Abbildung 14.18 (b) entspricht, d.h. destruktiver Interferenz, erscheinen Phasenobjekte, die dicker sind oder einen größeren Brechungsindex haben, dunkel gegen einen hellen Hintergrund. Wenn stattdessen die Phasenplatte eine kleine erhabene Scheibe in ihrer Mitte hätte, würde das Gegenteil zutreffen. Der erste Fall heißt *positiver Phasenkontrast*; der letztere *negativer Phasenkontrast*.

In der Praxis erhält man ein helleres Bild, indem man statt einer punktförmigen Lichtquelle eher eine breitflächige zusammen mit einem Durchlichtkondensor benutzt. Die entstehenden ebenen Wellen beleuchten eine ringförmige Blende (Abb. 14.19), die der Ebene der Transformierten des Objektivs zugeordnet ist, weil die Blende die Lichtquellenebene ist. Die Wellen nullter Ordnung, dargestellt in der Abbildung, durchlaufen das Objektiv gemäß den Sätzen der geometrischen Optik. Sie durchqueren dann das dünne ringförmige Gebiet der Phasenplatte, die bei Σ_t steht. Dieses Gebiet der Platte ist ganz klein und so trifft es den Ke-

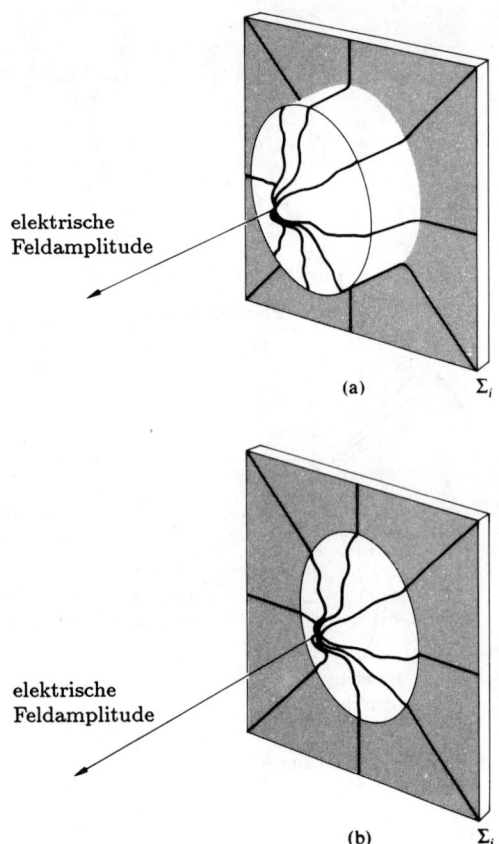

Abbildung 14.20 Feldamplitude in einem kreisförmigen Gebiet auf der Bildebene. In dem einen Fall liegt keine Absorption in der Phasenplatte vor, und die Lichtstärke wird eine kleine Welligkeit auf einem großen Plateau haben. Mit Dämpfung der nullten Ordnung wächst der Kontrast.

gel der gebeugten Strahlen zum größten Teil nicht. Indem man das ringförmige Gebiet außerdem absorbierend macht (ein dünner Metallfilm genügt), wird der sehr große einförmige Term nullter Ordnung (Abb. 14.20) gegenüber den höheren Ordnungen reduziert, und der Kontrast wird besser. Oder, wenn man so will, E_0 ist auf einen Wert vergleichbar mit dem der Beugungswelle E_{0d} reduziert. Im allgemeinen wird ein Mikroskop mit einer Auswahl dieser Phasenplatten aufwarten, die verschieden stark absorbieren.

In der Sprache der modernen Optik (der noch schamhaften Braut der Kommunikations-Theorie) ist Phasenkontrast einfach der Vorgang, bei dem wir im Spektrum nullter Ordnung der Fourier-Transformierten eines Phasenobjekts eine $\pi/2$-Phasenverschiebung bewirken (und vielleicht ebenso die Amplitude des Spektrums dämpfen), indem wir einen passenden Raumfilter verwenden.

Das Phasenkontrast-Mikroskop, das Zernike 1953 den Nobelpreis einbrachte, hat weitverbreitete Anwendung gefunden (Abb. 14.21); die vielleicht faszinierendste darunter ist die Erforschung der Lebensfunktionen von sonst unsichtbaren Organismen.

14.1.5 Die Dunkelfeld- und Schlierenmethode

Gehen wir zurück zu Abbildung 14.16, wo wir ein Phasenobjekt untersucht haben und nehmen wir diesmal an, wir entfernen die zentrale nullte Ordnung mit einer undurchsichtigen Scheibe bei S_0 völlig, anstatt sie nur zu verzögern und zu dämpfen. Wäre das Objekt nicht an seiner Stelle, so würde die Bildebene dann vollständig dunkel sein — daher die Bezeichnung *Dunkelfeld*. Ist der Gegenstand aufgestellt, so erscheint nur die lokalisierte Beugungswelle auf Σ_i, um das Bild zu formen. (Dies kann auch in der Mikroskopie erreicht werden, indem das Objekt schräg beleuchtet wird, so daß kein direktes Licht in das Objektiv treten kann.) Man beachte, daß wenn die Gleichlichtbeleuchtung eliminiert wird, die Amplitudenverteilung (wie in Abb. 14.20) verringert wird und daß die Anteile, die vor der Filterung nahe Null waren, negativ werden. Weil die Lichtintensität zum Amplitudenquadrat proportional ist, wird dies auf so etwas wie eine Kontrastumkehr hinauslaufen, was bei einem Phasenkontrast (siehe Abschnitt 4.1.3) zu sehen wäre. Im allgemeinen war diese Technik nicht so befriedigend wie die Phasenkontrast-Methode, die über der Bildfläche eine Strahlungsleistungs-Verteilung erzeugt, welche direkt proportional zu den Phasenänderungen ist, die vom Objekt verursacht werden.

1864 führte A. Toepler, um Linsen auf Fehler hin zu prüfen, ein Verfahren ein, das als **Schlieren**-Methode[7] bekannt geworden ist. Wir werden sie hier besprechen, wegen ihrer derzeit weitverbreiteten Anwendung in

---

[7] Das Wort *Schlieren* bedeutet im Deutschen Streifen (siehe Schlieren im Glas). Es wird (im Englischen; d.Ü.) oft groß geschrieben, wie alle Substantive im Deutschen, und nicht weil es einen Mr. Schlieren gegeben hätte.

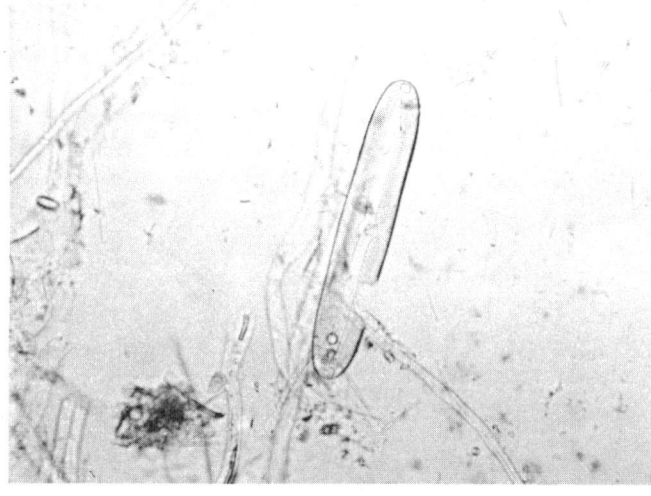

(a)

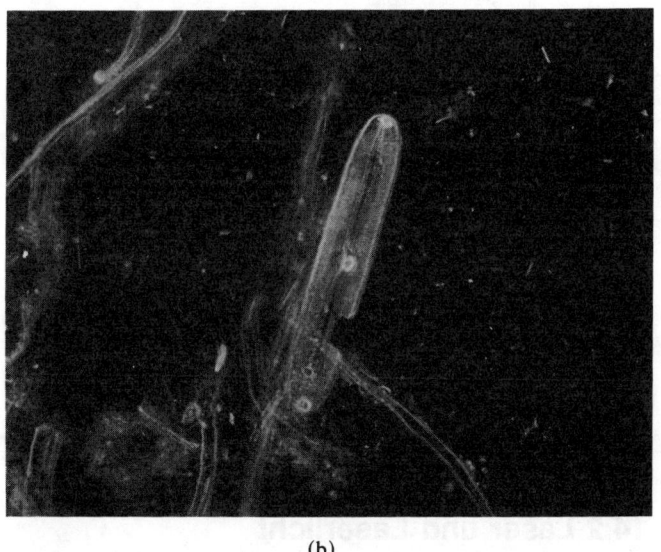

(b)

Abbildung 14.21 (a) Eine konventionelle mikroskopische Aufnahme von Diatomazeen (Kieselalgen; d.Ü.), Fibern und Bakterien. (b) Eine mikroskopische Phasenaufnahme derselben Objekte. (Photos von T.J. Lowery und R. Hawley.)

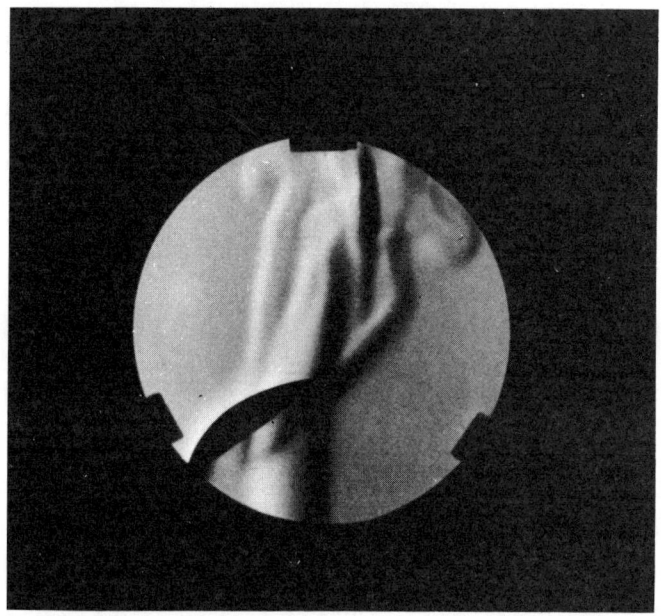

Abbildung 14.22 Ein Schlierenphoto eines Löffels in einer Kerzenflamme. (Photo von E.H.)

großen Bereichen der hydrodynamischen Forschung und ferner weil sie ein weiteres schönes Anwendungsbeispiel der Raumfilterung ist. Schlierensysteme sind besonders nützlich bei den Untersuchungen der Ballistik, der Aerodynamik und des Ultraschalls (Abb. 14.22), in der Tat, immer dort, wo es wünschenswert ist, Druckveränderungen zu messen, wie sie durch eine Aufzeichnung des Brechungsindex enthüllt werden.

Angenommen, wir hätten eine der möglichen Versuchsanordnungen aufgebaut, um Fraunhofersche Beugung zu beobachten (wie z.B. in Abb. 10.5 oder 10.84). Aber diesmal stellen wir statt irgendeiner als Amplitudenobjekt dienenden Blendenöffnung ein Phasenobjekt auf, beispielsweise eine gasgefüllte Meßkammer (Abb. 14.23). Wieder bildet sich ein Fraunhofersches Beugungsmuster auf Σ_t, und wenn hinter dieser Ebene das Objektiv einer Kamera steht, wird die Meßkammer auf der Filmebene abgebildet. Wir könnten dann jedes Amplitudenobjekt im Testraum photographieren, aber Phasenobjekte blieben natürlich immer noch unsichtbar. Stellen Sie sich vor, wir bringen nun die Schneide eines Messers bei Σ_t von unten her hinein bis sie (manchmal nur teilweise) das Licht nullter Ordnung und deswegen auch all die höheren Beugungsordnungen darunter blockiert.

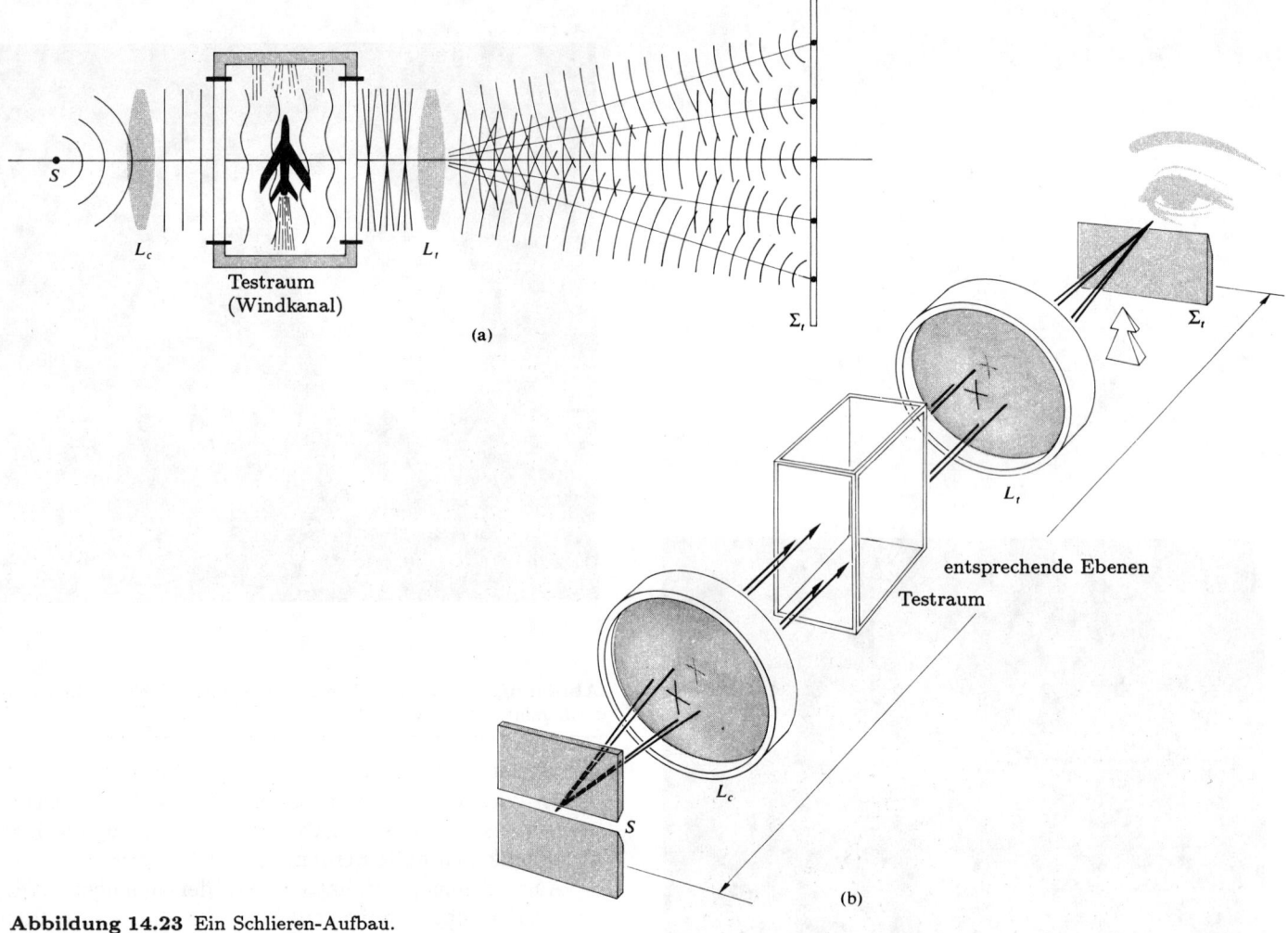

Abbildung 14.23 Ein Schlieren-Aufbau.

Genau wie bei der Dunkelfeld-Methode sind Phasenobjekte dann wahrnehmbar. Inhomogenitäten in den Scheiben der Meßkammer und Linsenfehler sind nun auch beobachtbar. Deswegen und weil gewöhnlich ein großes Blickfeld erforderlich ist, sind heutzutage Spiegelsysteme (Abb. 14.24) üblich geworden.

Quasimonochromatische Beleuchtung wird im allgemeinen benutzt, wenn sich ergebende Daten elektronisch, d.h. mit einem Photodetektor, analysiert werden sollen. Lichtquellen mit einem breiten Spektrum erlauben uns anderseits, die beträchtliche Farbempfindlichkeit der photographischen Emulsionen auszunutzen, und so wurde eine Reihe von Farbschlieren-Systemen entwickelt.

14.2 Laser und Laserlicht

Während der frühen fünfziger Jahre dieses Jahrhunderts wurde ein bemerkenswertes Gerät, *Maser* genannt, durch die Anstrengung einer Reihe von Wissenschaftlern geschaffen. Die bedeutendsten unter ihnen waren Charles Hard Townes aus den USA sowie Alexandr Mikhailovich Prokhorov und Nikolai Gennadievich Basov aus der UDSSR, die sich alle den Physiknobelpreis des Jahres 1964 für ihre Arbeit teilten. Der Maser, ein Kürzel für Mikrowave Amplification by Stimulated Emission of Radiation, ist — wie der Name sagt — ein extrem

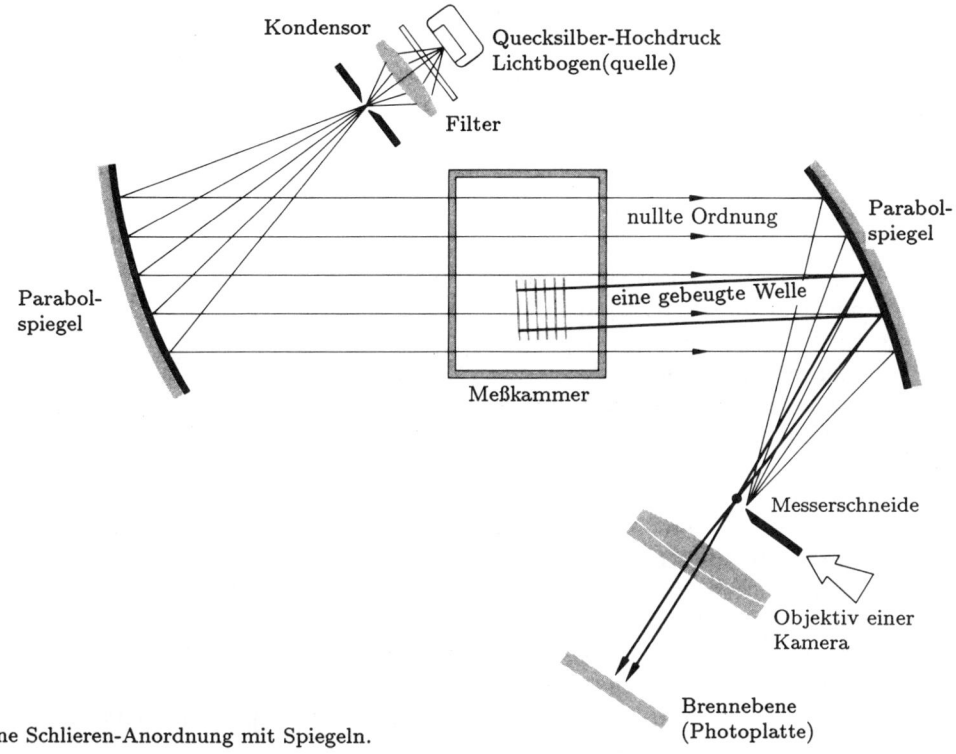

Abbildung 14.24 Eine Schlieren-Anordnung mit Spiegeln.

rauscharmer Mikrowellen-Verstärker.[8] Er funktionierte auf eine für damalige Verhältnisse ziemlich ungewöhnliche Art, indem er direkten Gebrauch machte von der quantenmechanischen Wechselwirkung zwischen Materie und Strahlungsenergie. Fast sofort nach seiner Inbetriebnahme wurde spekuliert, ob dieselbe Technik auch in den optischen Bereich des Spektrums ausgedehnt werden könnte oder nicht. 1958 zeigten Townes und Arthur L. Schawlow prophetisch die allgemeinen physikalischen Bedingungen auf, die nötig sein würden, um Light Amplification by Stimulated Emission of Radiation (Lichtverstärkung durch angeregte Emission von Strahlung) zu erreichen. Und dann, im Juli 1960, gab Theodore H. Maiman das erste erfolgreiche Arbeiten eines optischen Masers oder **Lasers** bekannt, womit sicherlich einer der großen Meilensteine in der Geschichte der Optik — und wahrlich auch in der Geschichte der Naturwissenschaft — erreicht worden war.

---

[8] Siehe James P. Gorden, "The Maser", *Sci. Am.* **199**, 42 (December 1958).

14.2.1 Der Laser

Beginnen wir ganz allgemein und nehmen wir an, wir haben eine Ansammlung von Atomen, wie z.B. in einem Festkörper, einem Gas oder einer Flüssigkeit. Man erinnere sich, daß jedes Atom (aufgefaßt als ein System, zerlegbar in einen Kern und eine Elektronenwolke) einen gewissen Betrag innerer Energie besitzt, und daß jedes Atom bestrebt ist, die Konfiguration mit der niedrigsten Energie beizubehalten. Dies ist *Grundzustand* der speziellen Atomsorte. Ferner kann jedes Atom in spezifischen, wohl definierten Konfigurationen vorkommen, die höheren Energien als denen des Grundzustandes entsprechen. Sie alle werden *angeregte Zustände* genannt.

In gewöhnlichen Lichtquellen, wie einer Wolframlampe, wird Energie in die reagierenden Atome *gepumpt*, die in diesem Fall im Draht sitzen. Diese werden folglich in angeregte Zustände "gehoben". Jedes Atom kann dann *spontan* (d.h. ohne äußeren Anlaß, in den Grundzustand zurückfallen, wobei die absorbierte Energie in Form eines Photons mit willkürlicher Richtung emittiert wird. Atome dieser Art von Lichtquelle strahlen, was wesentlich ist, unabhängig. Die Photonen im emittierten (Photonen-) Strom haben untereinander keine besondere Phasenbeziehung: das Licht ist nicht kohärent. Seine Phase variiert von Punkt zu Punkt und von Moment zu Moment.

Stellen wir uns nun vor, daß Licht auf irgendein atomares System trifft. Wenn ein einfallendes Photon genug Energie hat, kann es von einem Atom absorbiert werden, wobei es letzteres auf einen angeregten Zustand hebt. Einstein hat 1917 hervorgehoben, daß ein angeregtes Atom mit zwei verschiedenen Mechanismen durch eine Photon-Emission in einen niedrigeren Zustand zurückkehren kann (der nicht notwendig der Grundzustand sein muß). Im einen Fall emittiert das Atom die Energie spontan, während es im anderen Fall durch die Anwesenheit elektromagnetischer Strahlung geeigneter Frequenz zur Emission angeregt wird. Letzeres nennt man **stimulierte Emission** und dieser Vorgang ist Schlüssel für die Arbeitsweise des Lasers. In beiden Fällen wird das abgestrahlte Photon die Energiedifferenz ($h\nu_{if}$) zwischen dem höheren Anfangszustand $|i\rangle$ und dem niedrigeren Endzustand $|f\rangle$, davontragen, also

$$\mathcal{E}_i - \mathcal{E}_f = h\nu_{if}, \qquad (14.5)$$

wobei $\mathcal{E}_i$ und $\mathcal{E}_f$ die Energien der beiden Zustände sind.

Wenn eine einfallende elektromagnetische Welle ein angeregtes Atom zur stimulierten Emission anregen soll, muß es die Frequenz ν_{if} haben. Eine bemerkenswerte Eigenschaft dieses Vorganges ist, daß *das emittierte Photon in Phase ist mit der anregenden Strahlung, sowie dieselbe Polarisation und Richtung hat wie diese*. Daher sagt man, daß das Photon in derselben *Strahlungs-Mode* ist wie die einfallende Welle und verstärkend zu deren Intensität beiträgt. Da jedoch die meisten Atome gewöhnlich im Grundzustand sind, ist Absorption entsprechend wahrscheinlicher als stimulierte Emission. Aber dies führt zu einem erstaunlichen Punkt: Was würde geschehen, wenn ein wesentlicher Prozentsatz der Atome irgendwie zu den oberen Zuständen angeregt würde, wodurch die unteren Zustände alle leer würden? Aus offensichtlichen Gründen wird dies **Besetzungsinversion** genannt. Ein einfallendes Photon der passenden Frequenz könnte dann eine Lawine stimulierter Photonen — *alle in Phase* — auslösen. Die anfängliche Welle würde sich weiter aufbauen, solange keine anderen konkurrierenden

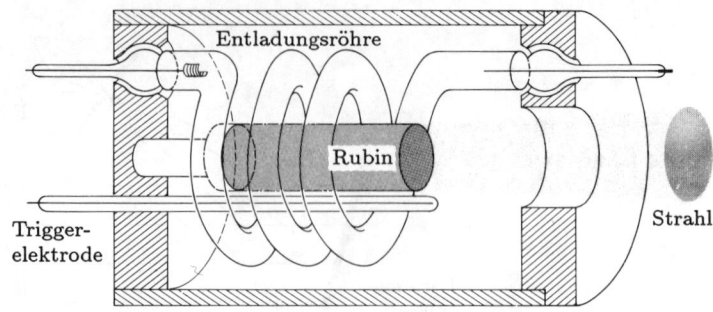

Abbildung 14.25 Die erste Rubinlaseranordnung, etwa in natürlicher Größe.

Prozesse (wie Streuung) überwiegen und solange dafür gesorgt ist, daß die Besetzungsinversion aufrechterhalten bleibt. Im Endeffekt würde Energie (elektrische, chemische, optische etc.) hineingepumpt werden, um die Inversion aufrechtzuerhalten, und ein Lichtstrahl würde heraustreten, nachdem er das aktive Medium durchlaufen hätte.

i) Der erste (gepulste Rubin-) Laser

Um zu sehen, wie all dies in der Praxis durchgeführt wird, werfen wir einen Blick auf Maimans ursprüngliches Gerät (Abb. 14.25). Der erste betriebsfähige Laser hatte als aktives Medium einen kleinen, zylindrischen, synthetischen, blaß rosa Rubin, d.h. einen Al_2O_3 Kristall, der etwa 0.05 (Gewichts-) Prozent Cr_2O_3 enthielt. Der Rubin, immer noch eines der verbreitetsten aller kristallinen Lasermedien, war früher bei Maser-Anwendungen verwendet und von Schawlow für die Verwendung im Laser vorgeschlagen worden. Die Stirnseiten des Stabs werden plan, einander parallel und senkrecht zur Achse poliert und dann beide versilbert (eine nur teilweise), um so einen **Resonator** zu bilden. Dieser war umgeben von einer schraubenförmigen Blitzlicht-Gasentladungsröhre, die für ein breitbandiges *optisches Pumpen* sorgt. Rubin erscheint rot, weil die Chromatome in den blauen und grünen Teilen des Spektrums Absorptionsbänder haben (Abbildung 14.26 (a)). Das Zünden des Blitzlichtes erzeugt einen intensiven Lichtstoß für ein paar Millisekunden. Von dieser Energie geht etliches als Hitze verloren, aber viele der Cr^{3+}-Ionen sind nun in die Absorptionsbanden gehoben. Ein ver-

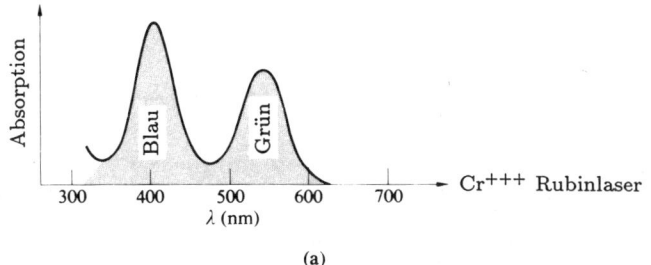

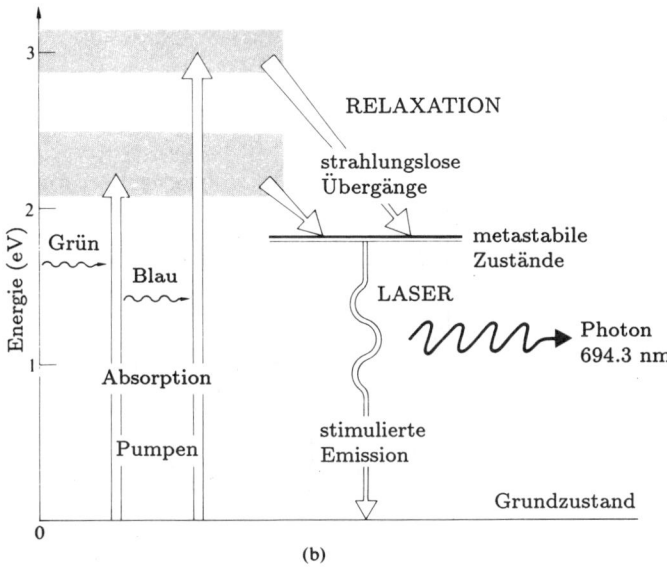

Abbildung 14.26 Energieniveaus des Rubinlasers.

einfaches Energieniveau-Diagramm ist in der Abbildung 14.26 (b) dargestellt. Die angeregten Ionen gehen schnell (in etwa 100 ns) in den Grundzustand zurück; indem sie die Energie an das Kristallgitter abgeben und strahlungslose Übergänge wählen, "fallen" sie vorzugsweise in ein Paar besonders langlebiger, in räumlicher Nähe liegender Zwischenzustände "herunter". Sie verbleiben in diesen sogenannten **metastabilen Zuständen** für bis zu einigen Millisekunden ($\sim$ 3 ms bei Zimmertemperatur), bevor sie zufällig und meistens spontan in den Grundzustand fallen. Dies wird von der Emission der charakteristischen, rubinroten Fluoreszenzstrahlung begleitet. Der Übergang von dem niedrigeren Zustand überwiegt und die Emission tritt in einem relativ breiten Spektralbereich um 694.3 nm auf; sie geht in alle Richtungen und ist nicht kohärent. Wenn jedoch die Pumprate irgendwie vergrößert wird, findet eine Besetzungsinversion statt und die ersten paar spontan emittierten Photonen regen eine Kettenreaktion an. Ein Quant löst die schnelle Emission eines anderen aus, wobei Energie von den metastabilen Atomen in die sich entfaltende Lichtwelle abgegeben wird. Die Welle wächst weiter an, während sie das aktive Medium nach vorne und zurück durchläuft (vorausgesetzt genügend Energie ist verfügbar, um Verluste an den verspiegelten Enden zu überwinden). Da eine der reflektierenden Flächen nur teilweise versilbert ist, tritt ein intensiver roter Laserlichtimpuls (der etwa 0.5 ms dauert und eine Linienbreite von etwa 0.01 nm hat) aus diesem Ende des Rubin-Stabs. Man beachte, wie hübsch alles zusammenwirkt. Die breiten Absorptionsbande machen die anfängliche Anregung ziemlich einfach, während die lange Halbwertszeit des metastabilen Zustandes die Besetzungsinversion erleichtert. Das atomare System besteht in der Hauptsache aus (1) den Absorptionsbanden, (2) dem metastabilen Zustand und (3) dem Grundzustand. Dementsprechend heißt es ein *Drei-Niveau-Laser*.

Der heutige Rubin-Laser ist im allgemeinen eine Hochleistungsquelle gepulster kohärenter Strahlung und wird in umfangreichem Maße auf den Gebieten der Interferometrie, Plasmadiagnose, Holographie usw. eingesetzt. Diese Geräte arbeiten mit Kohärenzlängen von 0.1 m bis 10 m. Moderne Anordnungen haben gewöhnlich flache, außen angebrachte Spiegel, wobei der eine total und der andere teilweise reflektiert. Als ein Oszillator erzeugt der Rubin-Laser Pulse von ein tausendstel Sekunde Dauer im Energiebereich von ungefähr 50 J bis 100 J aufwärts. Benutzt man eine Serien-Oszillatorverstärkungsvorrichtung, können sogar Energien erzeugt werden, die 100 J übersteigen. Der kommerzielle Rubinlaser arbeitet typischerweise mit einem geringen Gesamtwirkungsgrad von weniger als 1%. Er erzeugt ein Strahlenbündel, dessen Durchmesser von 1 mm bis ungefähr 25 mm reicht mit einer Divergenz von 0.25 mrad bis ungefähr 7 mrad.

ii) Optische Resonatoren

Der Resonator, der in diesem Fall natürlich ein Fabry-Perot-Etalon ist, spielt eine höchst bedeutsame Rolle bei der Arbeitsweise des Lasers. In der Anfangsphase des

Laserprozesses werden spontane Photonen in jede Richtung emittiert wie auch die dabei auftretenden stimulierten Photonen. Aber sie alle treten mit Ausnahme der sehr nahe entlang der Resonatorachse laufenden Photonen schnell aus den Seiten des Rubins heraus. Im Gegensatz dazu baut sich der axiale Strahl kontinuierlich auf während er hin und zurück durch das aktive Medium läuft. Dies erklärt den erstaunlichen Grad an Kollimation des heraustretenden Laserstrahls, der dann in der Tat eine kohärente ebene Welle ist. Obwohl das Medium die Welle verstärkt, verwandelt die *optische Rückkopplung*, die durch den Resonator bewirkt wird, das System in einen Oszillator und daher in einen Lichterzeuger — das Kürzel ist also etwas irreführend.

Dazu kommt, daß die Störung, die sich im Resonator fortpflanzt, die Gestalt einer stehenden Welle annimmt, bestimmt durch den Spiegelabstand L. Der Resonator schwingt (d.h. stehende Wellen existieren in ihm), wenn zwischen den Spiegeln ein ganzzahliges Vielfaches (m) halber Wellenlängen liegt. Die Idee, daß es an jedem Spiegel einen Knotenpunkt geben muß, ist sehr einfach und das passiert nur, wenn L ein ganzzahliges Vielfaches von $\lambda/2$ (wobei $\lambda = \lambda_0/n$) ist. Also

$$m = \frac{L}{\lambda/2}$$

und

$$\nu_m = \frac{mv}{2L}. \qquad (14.6)$$

Es gibt folglich eine unendliche Anzahl möglicher **longitudinaler Resonator-Schwingungs-Moden**, jede mit einer bestimmten Frequenz ν_m. Aufeinanderfolgende Moden sind durch eine konstante Differenz getrennt,

$$\nu_{m+1} - \nu_m = \Delta\nu = \frac{v}{2L}, \qquad (14.7)$$

die der freie Spektralbereich des Etalon (Gl. (9.57)) ist, und zufällig der Kehrwert der Umlaufzeit. Für einen 1 m langen Gaslaser ist $\Delta\nu \approx 150$ MHz. Die Resonator-Moden liegen um Frequenzwerte auseinander, die beträchtlich geringer sind als die Bandbreite des normalen spontanen atomaren Übergangs. Es sind diese Moden (je nachdem, wie das Gerät konstruiert ist, auch nur eine), die im Resonator ungedämpft sind, und daher ist der austretende Strahl auf einen Bereich nahe diesen Frequenzen beschränkt (Abb. 14.27). Mit anderen Worten: der Strahlungsübergang hat einen relativ

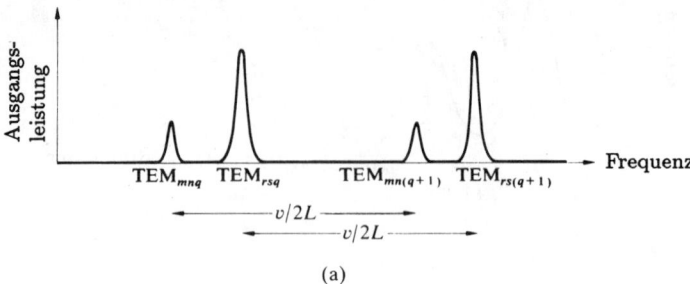

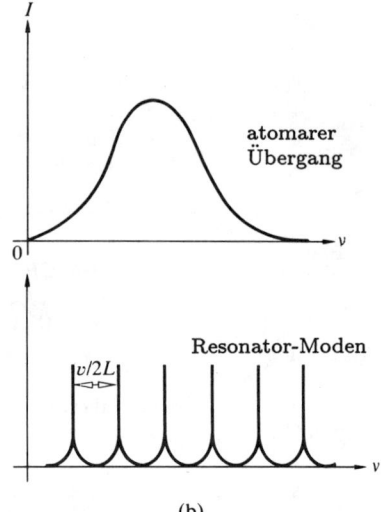

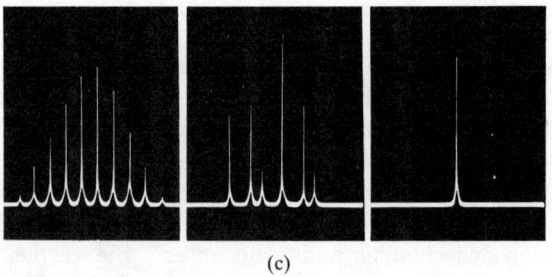

Abbildung 14.27 Lasermoden: (a) illustriert die Nomenklatur; (b) vergleicht die breite, atomare Emission mit den engen Resonator-Moden; (c) stellt drei Arbeits-Konfigurationen für einen Dauerstrichgaslaser dar, wobei zuerst einige longitudinale Moden unter einer grob Gaußschen Envelope, dann einige longitudinale und transversale Moden und schließlich eine einzelne longitudinale Mode gezeigt werden.

breiten Frequenzbereich, aus dem der Resonator nur gewisse schmale Bänder auswählt und verstärkt, wenn gewünscht, sogar nur ein solches Band. Dies ist der Grund dafür, daß der Laser so extrem monochromatisch ist. Während so die Bandbreite des Rubinübergangs zum Grundzustand von grob 0.53 nm (330 GHz) beträchtlich ist — aufgrund der Wechselwirkung der Chromionen mit dem Gitter — ist die korrespondierende Laserresonanzbreite, die Frequenzschwankung der Strahlung eines einzelnen Resonatormodes, mit 0.00005 nm (30 MHz) erheblich geringer. Diese Situation ist in Abbildung 14.27 (b) dargestellt, welche ein typisches Übergangslinienprofil und eine Serie korrespondierender Resonanzspitzen zeigt — in diesem Fall beträgt ihr Abstand $v/2L$ und jede Spitze hat eine Breite von 30 MHz.

Ein möglicher Weg, nur eine einzelne Mode im Resonator zu erzeugen, wäre es, den durch Gleichung (14.7) gegebenen Abstand der Schwingungsmoden die Übergangs-Bandbreite überschreiten zu lassen. Dann paßt nur eine Mode in den Frequenzbereich, der durch den Übergang zur Verfügung gestellt wird. Bei einem Rubin-Laser (mit einem Brechungsindex von 1.76) wird durch eine Resonanzlänge von wenigen Zentimetern auf einfache Weise der longitudinale Einmodenbetrieb sichergestellt. Der Nachteil dieses besonderen Weges ist, daß er die Länge des aktiven Bereichs, der zur Energie des Strahls beiträgt, und damit die Ausgangsleistung des Lasers beschränkt.

Zusätzlich zu den longitudinalen oder axialen Schwingungs-Moden, die stehenden Wellen entsprechen, die sich entlang der Resonator- oder z-Achse gebildet haben, können **transversale Moden** ebenso von Dauer sein. Da die Felder fast genau senkrecht zu z sind, werden sie TEM$_{mn}$-Moden genannt (d.h. transversale elektrische und magnetische). Die Indizes m und n sind die ganzzahligen Werte transversaler Schwingungsknotenlinien in der x- und y-Richtung quer zum austretenden Strahl. Das heißt, der Strahl ist in seinem Querschnitt in ein Gebiet oder mehrere aufgeteilt. Jede der Anordnungen entspricht einer gegebenen TEM-Mode, wie in den Abbildungen 14.28 und 14.29 dargestellt. Die niedrigste Ordnung oder die TEM$_{00}$-Mode ist wohl die am meisten benutzte und dies aus verschiedenen zwingenden Gründen: die Lichtleistungsdichte hat über den Querschnitt des Strahls eine ideale Gaußsche Verteilung (Abb. 14.30); quer zum Strahl gibt es keine Phasenverschiebung im

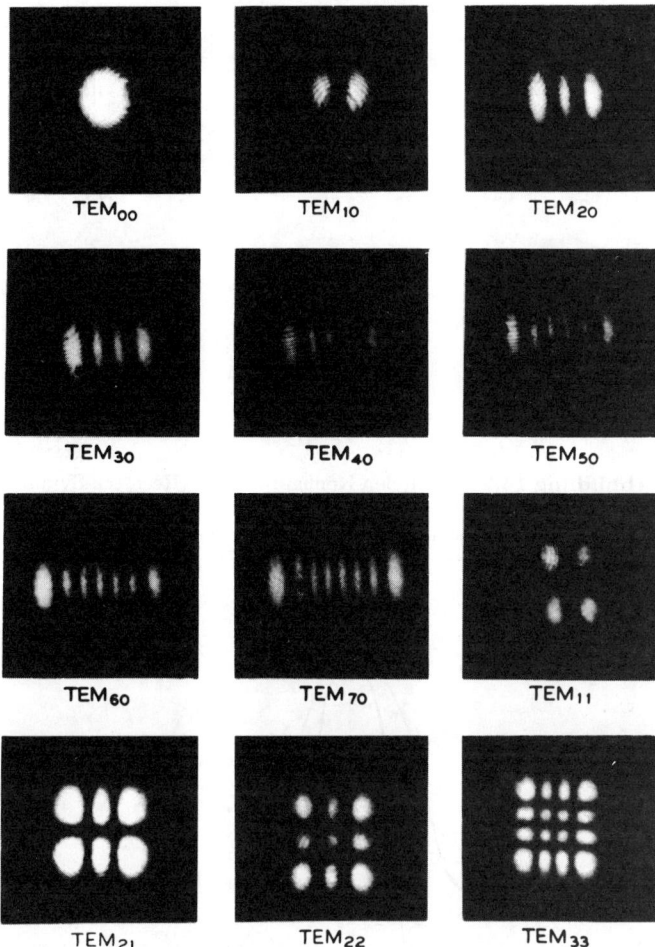

Abbildung 14.28 Modenformen — ohne die schwachen Interferenzstreifen sieht der Querschnitt des Strahls so aus. (Photos freundlicherweise von den Bell Telephone Laboratories überlassen.)

elektrischen Feld wie in anderen Moden, und daher ist der Strahl vollständig räumlich kohärent; der Streuungswinkel des Strahls ist der kleinste; und er kann auf den kleinsten Punkt gebündelt werden. Man beachte, daß in dieser Mode die Amplitude nicht wirklich über die Wellenfront konstant ist, und es sich folglich um eine inhomogene Welle handelt.

Eine vollständige Beschreibung jeder Mode hat die Form TEM$_{mnq}$, wobei q die longitudinale Modenzahl ist. Für jede transversale Mode (m,n) kann es viele longitudinale Moden (d.h., Werte von q) geben. Oft ist es jedoch

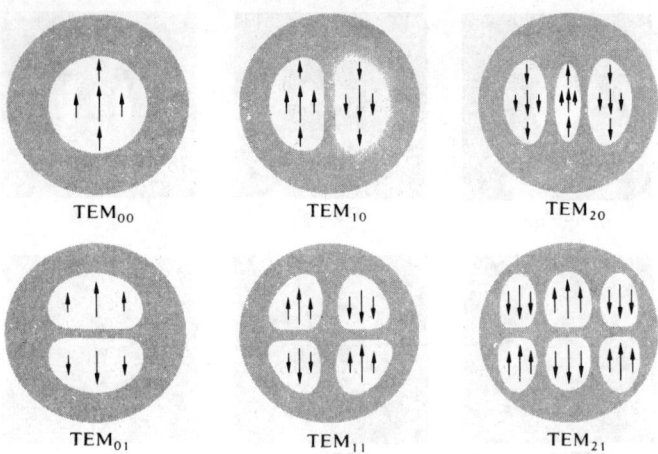

Abbildung 14.29 Moden-Konfigurationen (Rechteck-Symmetrie). Kreissymmetrische Moden sind auch beobachtbar, aber jede noch so schwache Asymmetrie (wie Brewster Fenster) zerstören sie.

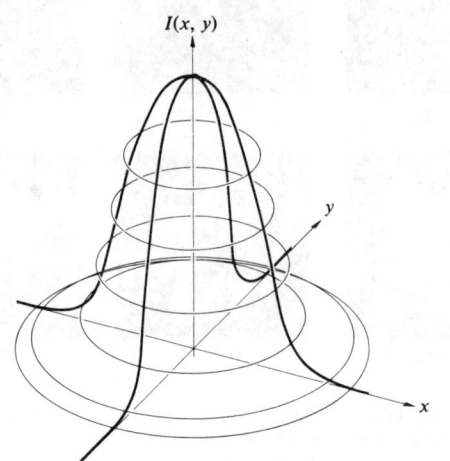

Abbildung 14.30 Gaußsche Verteilung der Beleuchtungsstärke.

werden, deren gegenseitiger Abstand fast gleich ihrem Krümmungsradius ist, so haben wir den *konfokalen* Resonator. Die Bezeichnung konfokal kommt daher, daß die Brennpunkte auf der Achse zwischen den Spiegeln fast zusammenfallen. Wenn man einen der Hohlspiegel durch einen ebenen ersetzt, nennt man den Resonator *hemisphärisch* (halb kugelförmig) oder *hemikonzentrisch*. Beide Konfigurationen sind beträchtlich einfacher auszurichten als die planparallele Form. Laser-Resonatoren bezeichnet man entweder als stabil oder als labil in dem Maße, wie der Strahl dazu neigt, sich selbst zurückzuverfolgen, und so in relativer Nähe zur optischen Achse verbleibt (Abb. 14.32). Ein Strahl in einem unstabilen Resonator wird "ausreißen", bei jeder Reflexion entfernt er sich weiter von der Achse, bis er den Resonator schnell gänzlich verläßt. Im Gegensatz dazu kann der Strahl in einer stabilen Anordnung (mit Spiegeln, die, sagen wir einmal, zu 100% und zu 98% reflektieren) den Resonator 50 mal oder mehr durchlaufen. Unstabile Resonatoren benutzt man gewöhnlich in Hochleistungslasern, wo die Tatsache, daß der Strahl einen weiten Bereich des aktiven Mediums überstreicht, die Verstärkung erhöht und erlaubt, mehr Energie zu gewinnen. Dieser Ansatz ist speziell bei Medien nützlich (wie Kohlendioxid oder Argon), in denen der Strahl einen guten Zuwachs an Energie mit jedem Durchlauf des Resonators gewinnt. Mit anderen Worten: die notwendige Anzahl von Durchläufen ist durch den sogenannten *small-signal-Zuwachs* des aktiven Mediums festgelegt. Die tatsächliche Auswahl einer Resonator-Anordnung wird durch die speziellen Anforderungen an das System bestimmt — es gibt keine universell beste Anordnung.

Wie man in Abbildung 14.32 (a) sehen kann, wird der Resonator durch gekrümmte Spiegel gebildet, und es besteht eine Tendenz, den Strahl zu "fokussieren", so daß er einen minimalen Querschnitt oder einen *eingeschnürten Durchmesser* D_0 hat. Unter solchen Umständen ist die äußere Divergenz des Laserstrahls im wesentlichen eine Fortsetzung der Divergenz außerhalb der Verengung. Während auf diese Weise zwei ebene Spiegel einen Strahl erzeugen, der durch Beugung öffnungsbegrenzt ist, wird dies jetzt nicht der Fall sein. Betrachten Sie noch einmal Gleichung (10.58), die den Radius des Beugungsscheibchens beschreibt, und dividieren Sie beide Seiten durch f, so erhalten Sie den Halbwertswinkel des gebeugten, kreisförmigen Strahls mit dem Durchmesser D. Eine Ver-

unnötig, mit einer besonderen longitudinalen Mode zu arbeiten und der Index q wird gewöhnlich weggelassen[9].

Es gibt einige weitere Resonatoranordnungen mit erheblich größerer praktischer Bedeutung als der ursprüngliche planparallele Aufbau (Abb. 14.31). Wenn z.B. die ebenen Spiegel durch gleiche konkave Hohlspiegel ersetzt

---

[9] Man werfe einen Blick in R.A. Phillips and R.D. Gehrz, "Laser Mode Structure Experiments for Undergraduate Laboratories." *Am. J. Phys.* **38**, 429 (1970).

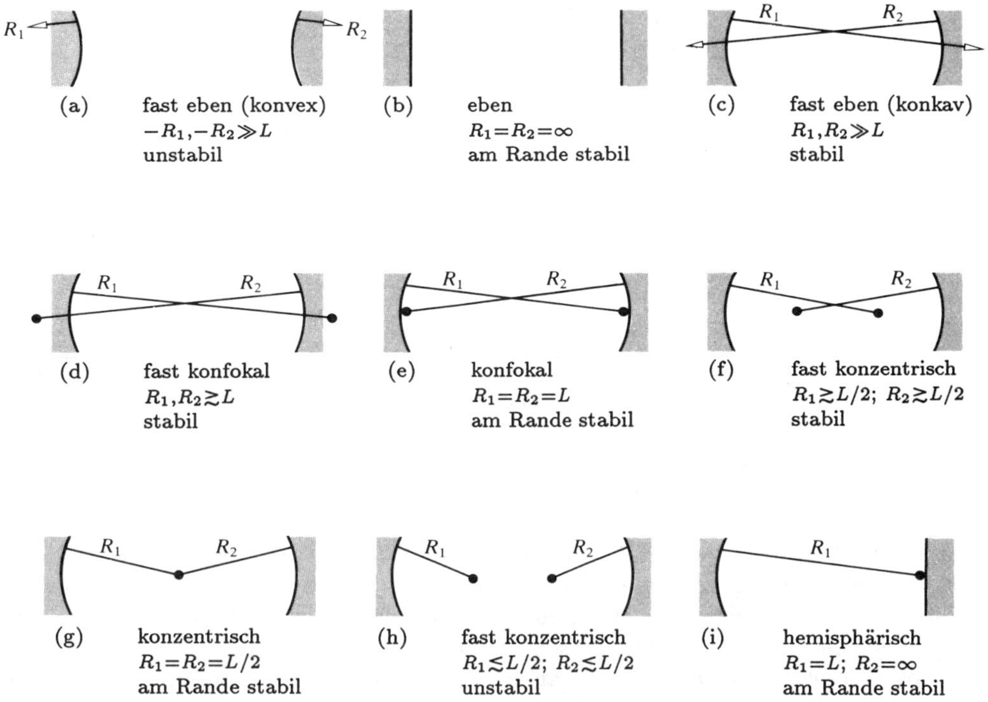

(a) fast eben (konvex)
$-R_1, -R_2 \gg L$
unstabil

(b) eben
$R_1 = R_2 = \infty$
am Rande stabil

(c) fast eben (konkav)
$R_1, R_2 \gg L$
stabil

(d) fast konfokal
$R_1, R_2 \gtrsim L$
stabil

(e) konfokal
$R_1 = R_2 = L$
am Rande stabil

(f) fast konzentrisch
$R_1 \gtrsim L/2; R_2 \gtrsim L/2$
stabil

(g) konzentrisch
$R_1 = R_2 = L/2$
am Rande stabil

(h) fast konzentrisch
$R_1 \lesssim L/2; R_2 \lesssim L/2$
unstabil

(i) hemisphärisch
$R_1 = L; R_2 = \infty$
am Rande stabil

Abbildung 14.31 Laser-Resonator-Anordnungen. (Übernommen von O'Shea, Callen and Rhodes, *An Introduction to Lasers and Their Applications*.)

doppelung ergibt Φ, den Vollwertswinkel oder Divergenz eines öffnungsbegrenzten Laserstrahls:

$$\Phi \approx 2.44\lambda/D.$$

Im Vergleich dazu, weit entfernt von dem Bereich minimalen Querschnitts, ist der Vollwertswinkel eines eingeschnürten Laserstrahls durch

$$\Phi \approx 1.27\lambda/D_0$$

gegeben, wobei D_0 aus der besonderen Resonatoranordnung berechnet werden kann.

Das Abklingen der Energie in einem Resonator wird mit dem **Gütefaktor "Q"** (quality factor, daher "Q"; d.Ü.), ausgedrückt. Der Ausdruck stammt aus den ersten Tagen des Radios, als er benutzt wurde, um die Leistungsfähigkeit eines abstimmbaren Schwingkreises zu beschreiben. Ein hohes Q, ein verlustarmer Schwingungskreis, bedeutete einen schmalen Bandpaß und eine Verbesserung der Resonanzschärfe des Radios. Wenn ein optischer Resonator irgendwie auseinandergenommen wird, wie z.B. durch die Verschiebung oder Entfernung eines der Spiegel, hört der Laser gewöhnlich auf zu arbei-

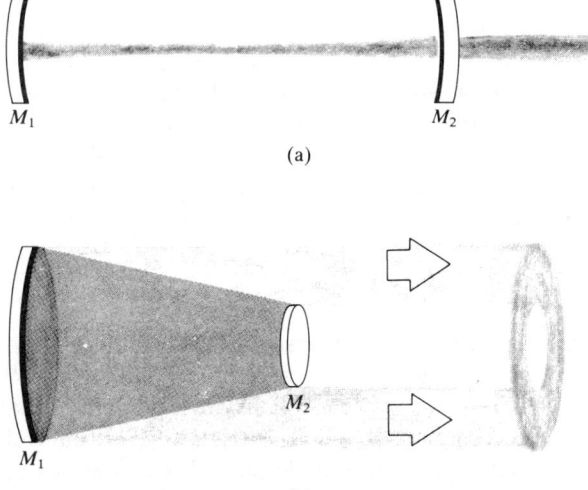

Abbildung 14.32 Stabile und unstabile Laser-Resonatoren. (Übernommen aus O'Shea, Callen and Rhodes, *An Introduction to Lasers and Their Applications*.)

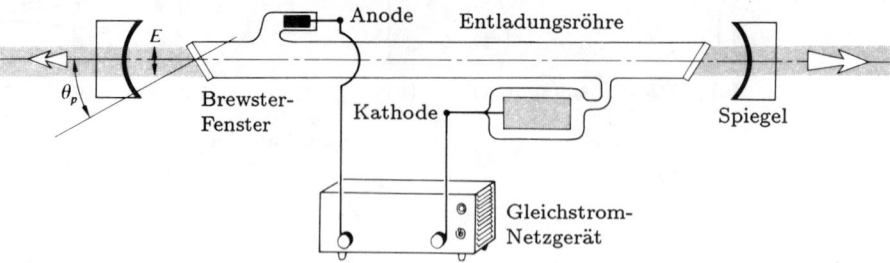

Abbildung 14.33 Eine einfache, frühe He-Ne-Laser Anordnung.

ten. Wenn dies absichtlich getan wird, um den Beginn der Schwingung im Laser-Resonator zu verzögern, nennt man das **Güteschalten**. Die Ausgangsleistung eines Lasers begrenzt sich selbst in dem Sinn, daß die Besetzungsinversion kontinuierlich entleert wird mittels stimulierter Emission durch das Strahlungsfeld im Resonator. Wenn jedoch die Schwingung verhindert wird, kann die Anzahl der in den (langlebigen) metastabilen Zustand gepumpten Atome beträchtlich anwachsen, wodurch eine sehr große Besetzungsinversion geschaffen wird. Wird der Resonator dann im geeigneten Moment angeschaltet, so schießt ein gewaltiger *Riesenimpuls* (bis zu einigen hundert Megawatt) heraus, wenn die Atome fast unisono in den niedrigeren Zustand fallen. Sehr viele *Güteschaltungen* sind schon im Gebrauch gewesen, die verschiedene Kontroll-Mechanismen benutzen, wie z.B. gebleichte Absorber, die bei Beleuchtung durchsichtig werden, rotierende Prismen und Spiegel, mechanische Chopper (Zerhackerscheiben), Ultraschall-Zellen, oder elektro-optische Verschlüsse (etwa Kerr- oder Pockels-Zellen).

iii) Der Helium-Neon-Laser

Maiman berichtete vom ersten betriebsfähigen Laser auf der New York news conference vom 7. Juli 1960.[10] Im Februar 1961 berichteten Ali Javan sowie seine Mitarbeiter W.R. Bennett, Jr. und D.R. Herriott, daß ein Helium-Neon-Gaslaser mit kontinuierlicher Welle (cw-Laser, continuous wave-Laser; d.Ü.) bei 1152.3 nm erfolgreich ge-

---

[10] Sein ursprünglicher Aufsatz, der seine Entdeckung auf übliche Weise bekannt gemacht hätte, wurde von den Herausgebern der *Physical Review Letters* nicht angenommen — dies zu ihrem fortgesetzten Bedauern.

arbeitet hatte. Der He-Ne-Laser (Abb. 14.33) ist gegenwärtig das beliebteste Gerät seiner Art, meistens mit ein paar Milliwatt Dauerleistung im sichtbaren Bereich (632.8 nm). Seine Attraktivität liegt primär darin, daß er leicht zu bauen, relativ preiswert, sowie ziemlich zuverlässig ist und in den meisten Fällen mit einem einzigen Schalter bedient werden kann. Das Pumpen geschieht gewöhnlich mit einer elektrischen Entladung (entweder mittels Gleichstrom-, Wechselstrom- oder elektrodenloser Hochfrequenzanregung). Freie Elektronen und Ionen werden durch ein angelegtes Feld beschleunigt und erzeugen durch Kollisionen weitere Ionisation und Anregung des gasförmigen Mediums (eine typische Mischung besteht aus etwa 0.8 torr He (etwa 105 Pa He; d.Ü.) und etwa 0.1 torr Ne (etwa 13 Pa Ne; d.Ü.)). Viele Heliumatome sammeln sich, nachdem sie von einigen oberen Niveaus heruntergefallen sind, in den langlebigen 2^1S- und 2^3S-Zuständen. Diese sind metastabile Zustände (Abb. 14.34), von denen Strahlungsübergänge verboten sind. Die angeregten He-Atome kollidieren inelastisch mit Ne-Atomen im Grundzustand und übertragen Energie auf sie, wodurch diese in den 5s- und 4s-Zustand gehoben werden. Das sind die oberen Laser-Zustände und folglich gibt es dann eine Besetzungsinversion bezüglich der unteren 4p- und 3p-Zustände. Übergänge zwischen den 5s- und 4s-Zuständen sind verboten. Spontane Photonen lösen die stimulierte Emission aus und die Kettenreaktion beginnt. Die beherrschenden Laser-Übergänge entsprechen 1152.3 nm und 3391.2 nm im Infraroten und, natürlich, den stets populären 632.8 nm im Sichtbaren (helles Rot). Die p-Zustände entleeren sich in den 3s-Zustand, bleiben also selbst entvölkert und unterhalten so kontinuierlich die Inversion. Das 3s-Niveau ist metastabil, so daß 3s-Atome in den Grundzustand zurückkeh-

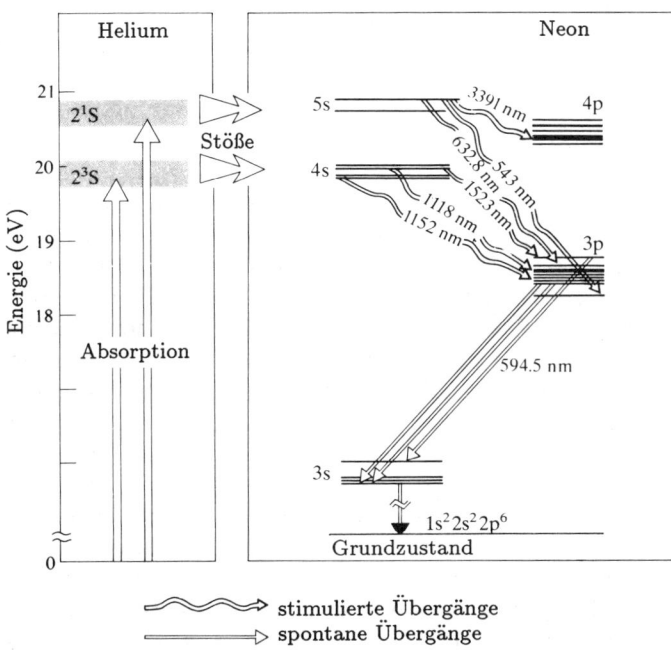

Abbildung 14.34 He-Ne-Energieniveaus.

ren, nachdem sie Energie an den Wänden des Gefäßes verloren haben. Deswegen ist der Durchmesser der Plasmaröhre umgekehrt proportional der Verstärkung und dementsprechend ein bedeutsamer Konstruktionsparameter. Im Gegensatz zum Rubin, in dem der Laser-Übergang zum Grundzustand führt, spielt sich die angeregte Emission im He-Ne-Laser zwischen zwei oberen Niveaus ab. Die Bedeutsamkeit dessen liegt z.B. darin, daß — da der 3p-Zustand gewöhnlich nur spärlich besetzt ist — eine Besetzungsinversion sehr leicht erreicht werden kann und dies, ohne daß man den Grundzustand halb entleeren müßte.

Wenden wir uns wieder der Abbildung 14.33 zu, die die relevanten Bestandteile eines typischen He-Ne-Lasers zeigt. Die Spiegel sind hier mit einem mehrschichtigen dielektrischen Film überzogen, der einen Reflexionsgrad von 99% hat. Die Brewster-Austrittsfenster (um den Polarisationswinkel geneigte Scheiben), die die Entladungsröhre begrenzen, bewirken, daß das Laserlicht linear polarisiert ist. Wenn diese Endplatten stattdessen senkrecht zur Achse ständen, würden die Reflexionsverluste (4% bei jeder Grenzfläche) unvertretbar werden. Dadurch, daß man sie um den Polarisationswinkel neigt, sollten die Fenster 100% Transmission für Licht haben, dessen elektrische Feldkomponente parallel zur Einfallsebene (der Ebene der Zeichnung) liegt. Dieser Polarisationszustand wird schnell dominierend, da die Normal- (= senkrechte)Komponente bei jedem Durchgang durch die Fenster teilweise von der Achse weg reflektiert wird. Linear polarisiertes Licht in der Einfallsebene wird bald der überwiegende Stimulus im Resonator, bis zum letzten Ausschluß der orthogonalen Polarisation.[11]

Die Abdichtung der Fenster mit Epoxid an den Enden des Lasertubus und die äußere Anbringung der Spiegel war ein typischer und furchtbar schwieriger Weg, der kommerziell bis zur Mitte der siebziger Jahre dieses Jahrhunderts beschritten wurde. Unvermeidlicherweise war das Epoxid undicht, so daß Wasserdampf eindringen und Helium nach außen entweichen konnte. Heute sind solche Laser sehr gut versiegelt. Das Glas ist unmittelbar an Metall-(Kovar)Einfassungen gebunden, welche den Spiegeln innerhalb des Tubus Halt geben. Die Spiegel (einer von ihnen ist im allgemeinen 100% reflektierend) haben moderne, widerstandsfähige Beschichtungen, so daß sie die Entladungsumgebung innerhalb des Tubus dulden. Betriebsdauern von 20000 Stunden und mehr sind jetzt die Regel (gegen nur einige hundert Stunden in den sechziger Jahren). Die Verwendung von Brewster-Fenstern ist gewöhnlich nicht notwendig, und die meisten kommerziellen He-Ne-Laser erzeugen mehr oder weniger "unpolarisierte" Strahlen. Der typische, in Massen produzierte He-Ne-Laser (mit einer Ausgangsleistung von 0.5 mW bis 5 mW) arbeitet im TEM_{00}-Modenbetrieb, hat eine Kohärenzlänge um 25 cm, einen Strahldurchmesser von annähernd 1 mm und einen geringen Gesamtwirkungsgrad von nur 0.01% bis etwa 0.1%. Obwohl es Infrarot He-Ne-Laser und sogar einen neuen grünen (543.5 nm) He-Ne-Laser gibt, bleibt der hellrote 632.8 nm der populärste.

---

[11] Die Hälfte der Ausgangsleistung geht *nicht* durch Reflexionen an den Brewsterfenstern verloren, wenn der transversale $\mathcal{P}$-Zustand des Lichts gestreut wird. Energie wird vom Resonator einfach nicht kontinuierlich in diese Polarisationskomponente gelenkt. Wenn sie aus der Plasmaröhre herausreflektiert ist, ist sie nicht mehr da, um weitere Emission anzuregen.

iv) Ein Überblick über Laserentwicklungen[12]

Laser Technologie ist ein so dynamisches Gebiet, daß ein Durchbruch im Labor von vor einem oder zwei Jahren heute eine alltägliche Sache sein kann. Der Wirbelwind wird sicherlich nicht innehalten, um Beschreibungen wie "das Kleinste", "das Größte", "das Stärkste" usw.[13] für länger anwendbar sein zu lassen. Mit dieser Tatsache im Hinterkopf, wollen wir kurz die gegenwärtige Szene mustern, ohne zu versuchen, die Wunder, die sicher nach der Drucklegung kommen werden, vorwegzunehmen. Laserstrahlen wurden bereits zum Mond geschossen; sie haben losgelöste Netzhaut angeschweißt, Fusionsneutronen[14] erzeugt, Saatwachstum angeregt, dienen als Kommunikationsträger, lenken Mühlen, Geschosse, Schiffe und Ritzmaschinen, übertragen Farbfernsehen, bohren Löcher in Diamanten, heben kleine Objekte[15] und sind in zahllose seltsame Dinge verwickelt.[16]

Neben dem Rubin gibt es eine große Anzahl anderer **Festkörperlaser**, deren Ausgangswellenbereich von grob 170 bis 3900 nm reicht. Zum Beispiel eignen sich die dreiwertigen seltenen Erden Nd^{3+}, Ho^{3+}, Gd^{3+}, Tm^{3+}, Er^{3+}, Pr^{3+} und Eu^{3+} als Lasermaterial und im Heer der Heerscharen: $CaWO_4$, Y_2O_3, $SrMoO_4$, LaF_3, Yttrium-Aluminium-Granat (YAG als Abkürzung) und Glas, um nur einige zu nennen. Von diesen sind Neodym-dotiertes Glas und Neodym-dotiertes YAG von besonderer Bedeutung. Beide bilden Hochleistungslaser-Medien, die bei etwa 1060 nm arbeiten. Nd:YAG-Laser, die eine kontinuierliche Ausgangsleistung von mehr als einem Kilowatt erzeugen, wurden konstruiert. Ungeheure Ausgangsleistungen wurden mit gepulsten Systemen erreicht, wobei einige Laser in Serie angeordnet arbeiten. Der erste Laser in der Reihe diente als Oszillator mit Güteschalter, der auf den als Verstärker funktionierenden nächsten Laser feuert, und es kann einen Verstärker oder mehrere in dem System geben. Wenn man die Rückkopplung des Resonators reduziert, wird ein Laser nicht mehr Selbst-Oszillator sein, sondern er wird eine einfallende Welle verstärken, die die angeregte Emission auslöste. Also ist der Verstärker im Endeffekt ein hochgepumptes aktives Medium, dessen Endflächen aber nur teilweise oder sogar nichtreflektierend sind. Rubin-Systeme dieser Art, die wenige GW (Gigawatt, d.h. 10^9 W) in Form eines einige Nanosekunden dauernden Pulses liefern, sind im Handel erhältlich.

Am 19. Dezember 1984 feuerte der größte existierende Laser, die Nova, erstmals auf ein Mal alle zehn seiner Strahlen ab und produzierte mit einem Puls von 1 ns einen aufheizenden Schuß von sage und schreibe 18 kJ an 350-nm Strahlung (Abb. 14.35). Sobald er voll einsatzbereit ist, wird dieser gewaltige, mit Neodym dotierte Glaslaser grünes (530 nm) oder blaues (350 nm) Licht bis zu 100 TW auf ein Pellet (Kügelchen, in dem Kernfusion stattfinden soll) bündeln — das ist ungefähr das 500-fache der Leistung aller Elektrizität erzeugenden

---

12) Ergänzende Fußnoten (d.Ü.) stammen aus M. Globig, "Eine Lösung, die ihre Probleme suchte", (gekennzeichnet mit (G)), Rheinischer Merkur/Christ und Welt Nr. 4-18, Januar 1986; und W. Kaiser, "25 Jahre Laser", (gekennzeichnet mit (K)), *Phys. Bl.* **41** (1985), Nr. 11.

13) "Die kurzwelligste Laseremission liegt heute im Vakuumultraviolett bei etwa 16 nm, während die längsten Wellen sich in den Millimeterbereich erstrecken. Strahlungsleistungen über 10^{13} Watt wurden mit Lasern erhalten, und Emissionsbandbreiten von etwa 1 Hz ($\Delta\nu/\nu \sim 10^{-15}$) bis über 10^{14} Hz konnten in verschiedenen Lasersystemen erzielt werden. Lasertätigkeit in dünnen Schichten von einigen 10^{-4} cm wurde nachgewiesen, und Laser von mehreren 100 m Länge gebaut. Der kleinste Laser (z.B. eine Laserdiode) hat das Volumen eines Bruchteils eines Kubikmillimeters, während große Laseranlagen (z.B. für Isotopentrennung) mehrstöckige Gebäude füllen. Auch die Dauer der Laseremission läßt sich über viele Größenordnungen variieren. Die kürzesten, gegenwärtig erzeugbaren Laserimpulse haben eine Dauer von nur 8×10^{-15} s (8 Femtosekunden) elektromagnetischen Feldes." (K); d.Ü.

14) "Leider hat sich mittlerweile gezeigt, daß die in den siebziger Jahren mit großer Überzeugungskraft vorgetragenen theoretischen Rechnungen zur Laserfusion zu optimistisch waren. Die Chancen für den praktischen Einsatz der Laserfusion sind sehr zurückgegangen."(K)

15) Siehe M. Lubin and A. Fraas, "Fusion by Laser", *Sci. Am.* **224**, 21 (June 1971); R.S. Craxton, R.L. McCrory, and J.M. Soures, "Progress in Laser Fusion", *Sci. Am.* **255**, 69 (August 1986); und A. Ashkin, "The Pressure of Laser Light", *Sci. Am.* **226**, 63 (February 1972).

16) "Die Geräte werden als Werkzeuge beim Bohren, Schneiden, Härten und Schweißen verwendet, ihre Strahlen als Instrumente in der Medizin genutzt, sie helfen beim Messen und Ausrichten

auf Baustellen, überwachen die Luftverschmutzung, schreiben Daten auf Speicherplatten und lesen sie aus, oder dienen als Träger für die optische Nachrichtenübermittlung via Glasfaser. Die jüngste Entwicklung zielt auf den militärischen Großeinsatz des Lasers: Im amerikanischen SDI-Programm, einer Raketenabwehr im Weltraum, spielen Überlegungen eine große Rolle, feindliche Flugkörper mit Hilfe von Laserstrahlen zu zerstören."(G). Siehe auch *Phys. Bl.* **42** (1986), S. 289 (E. Teller), S. 292 (R.L. Garwin).

Abbildung 14.35 Nova, der gewaltigste Laser der Welt. (Photo freundlicherweise von Lawrence Livermore National Laboratory überlassen.)

Stationen in den Vereinigten Staaten — jedoch nur für etwa 10^{-9} s.

Eine große Gruppe von **Gaslasern** arbeitet in dem Spektralbereich von fernen IR bis zum UV (1 mm bis 150 nm). An erster Stelle unter ihnen stehen Helium-Neon[17], Argon und Krypton, ebenso wie einige Systeme mit molekularen Gasen wie Kohlendioxid, Fluorwasserstoff und molekularem Stickstoff (N_2). Argon lasert hauptsächlich im Grünen, Blau-Grünen und Violetten (vorwiegend bei 488.0 und 514.5 nm) sowohl bei gepulstem als auch bei kontinuierlichem Betrieb. Obwohl sein Output gewöhnlich einige Watt Dauerleistung beträgt, gibt es Dauerleistungen bis zu 150 Watt. Der Argon-Ion-Laser ist in mancher Hinsicht dem He-Ne-Laser ähnlich, obwohl er sich deutlich durch seine gewöhnlich größere Leistung, kürzere Wellenlänge, größere Linienbreite und höheren Preis unterscheidet. Alle Edelgase (He, Ne, Ar, Kr, Xe) wurden zum spezifischen Lasern gebracht, wie das Ionengas vieler anderer Elemente, aber die vorher genannten wurden umfassender erforscht.

Das CO_2-Molekül, das zwischen den Vibrationsmoden lasert, strahlt im Infraroten bei 10.6 μm mit typischen Dauerleistungen von einigen Watt bis zu mehreren Kilowatt. Sein Wirkungsgrad kann mit 15% ungewöhnlich hoch sein, wenn es durch Hinzufügen von N_2 und He unterstützt wird. Während es einst eine Entladungsröhre von fast 200 m Länge erforderte, um 10 KW Dauerleistung zu erzeugen, sind nun beträchtlich kleinere "Tisch-Modelle" auf dem Markt. Für eine Zeit lang gehörte der Rekord in den siebziger Jahren einem gasdynamischen Versuchslaser, der mit thermischem Pumpen in einer Mischung von CO_2, N_2 und H_2O, 60 KW Dauerleistung erzeugt bei 10.6 μm und in einer Multimoden-Arbeitsweise.

Der gepulste Stickstofflaser arbeitet bei 337.1 nm im UV wie der Dauerstrich-Helium-Kadmium-Laser. Eine Anzahl Metalldämpfe (z.B. Zn, Hg, Sn, Pb) haben Laserübergänge im Sichtbaren gezeigt, aber Probleme, wie beispielsweise die Aufrechterhaltung der Gleichförmigkeit des Dampfes im Entladungsgebiet, haben ihre praktische Nutzung behindert. Der He-Cd-Laser strahlt bei 325.0 nm und 441.6 nm. Dies sind Übergänge der Kadmium-Ionen, die nach einer Anregung durch Stöße mit metastabilen Heliumatomen entstehen.

Der **Halbleiterlaser** — auch bekannt als Übergangs- oder Diodenlaser — wurde 1962 erfunden, bald nach Entwicklung der Licht emittierenden Diode (LED). Heutzutage spielt er eine zentrale Rolle in der Elektrooptik, in erster Linie aufgrund der Reinheit seines Spektrums, seines hohen Wirkungsgrades ($\approx 100\%$), seiner Robustheit, der Fähigkeit, auf extrem schnelle Raten angepaßt zu werden, langer Lebensdauer und Leistung (so viel wie 200 mW) — trotz seiner Stecknadelkopfgröße. Übergangslaser sind schon millionenfach in der fiberoptischen Kommunikation, in Laser-Tonplatten-Systemen ("CD-Player") usw. angewendet worden.

Die ersten solcher Laser waren aus einem Material gefertigt, Galliumarsenid, zweckmäßigerweise dotiert, um einen $p-n$ Übergang zu bilden. Der damit verbundene hohe Laserschwellenwert dieser sogenannten Homostrukturen legte sie auf die gepulste Modenarbeitsweise und

---

[17] Heute (1986) werden in der westlichen Welt etwa 1,3 Millionen Lasergeräte jährlich verkauft, im Wert von 400 Millionen Dollar und bei Zuwachsraten von 30 Prozent pro Jahr. Rund eine Million davon sind Halbleiter- und etwa 200000 sind Helium-Neon-Laser. (G); d.Ü.

tiefste Temperaturen fest. Ansonsten hätte die in ihren kleinen Strukturen entwickelte Hitze sie zerstört. Der erste steuerbare Bleisalz-Diodenlaser wurde 1964 entwickelt, und es waren keine zwölf Jahre vergangen, bis er kommerziell verfügbar wurde. Er arbeitet bei Temperaturen des flüssigen Stickstoffs, was sicherlich unbequem ist, er kann jedoch den Bereich von 2 μm bis 30 μm abdecken.

Spätere Fortschritte haben seither eine Verringerung des Schwellenwertes erlaubt und führten zur Entwicklung des bei Zimmertemperatur betriebenen Dauerstrichdiodenlasers. Zwischen Leitungs- und Valenzband treten Übergänge auf und angeregte Emission findet in unmittelbarer Nähe des $p-n$ Übergangs (Abb. 14.36) statt. Wie immer, wenn ein Strom in Durchlaßrichtung durch eine Halbleiterdiode fließt, treffen Elektronen des n-Schicht-Leitungsbandes mit p-Schicht-Löchern zusammen, worauf sie Energie in Form von Photonen aussenden. Dieser Strahlungsprozeß, der mit dem existierenden Absorptionsmechanismus (etwa wie Phononenerzeugung) konkurriert, wird vorherrschend, wenn die Vereinigungsschicht schmal und der Strom groß ist. Zur Hervorbringung der Laserwirkung wird das von der Diode emittierte Licht innerhalb eines Resonanzkörpers zurückgehalten, und das erreicht man gewöhnlich durch einfaches Polieren der Stirnflächen senkrecht zum Übergangskanal.

Heutzutage werden Halbleiterlaser für spezifische Ansprüche geschaffen, und es gibt viele Entwürfe, die Wellenlängen erzeugen, die von rund 700 nm bis etwa 30 μm reichen. Die frühen siebziger Jahre sahen die Einführung des GaAs/GaAlAs-Dauerstrichlasers. Der winzige Diodenchip, der bei Zimmertemperatur im Bereich zwischen 750 nm und 900 nm (abhängig von den relativen Anteilen von Aluminium und Gallium) arbeitet, hat gewöhnlich ein Sechzehntel eines Kubikzentimeters an Volumen. Abbildung 14.36 (b) zeigt einen typischen, heterostrukturierten (ein Funktionselement aus verschiedenen Materialien) Diodenlaser dieser Art. Hier tritt der Strahl in zwei Richtungen aus der 0.2 μm dicken, aktiven GaAs-Schicht hervor. Diese kleinen Laser produzieren gewöhnlich Dauerstrichleistungen von 20 mW aufwärts. Um Vorteil aus dem verlustarmen Bereich ($\lambda \approx 1.3\,\mu$m) im fiberoptischen Glas (S. 179) zu ziehen, wurde der GaIn-AsP/InP-Laser in der Mitte der siebziger Jahre mit einem Ausgang von 1.2 μm bis 1.6 μm erfunden. Der spaltengekoppelte Resonator-Laser ist eine noch spätere

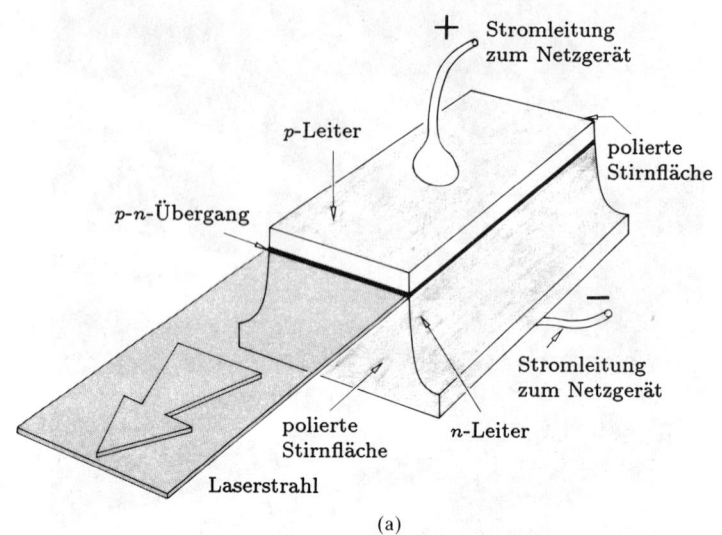

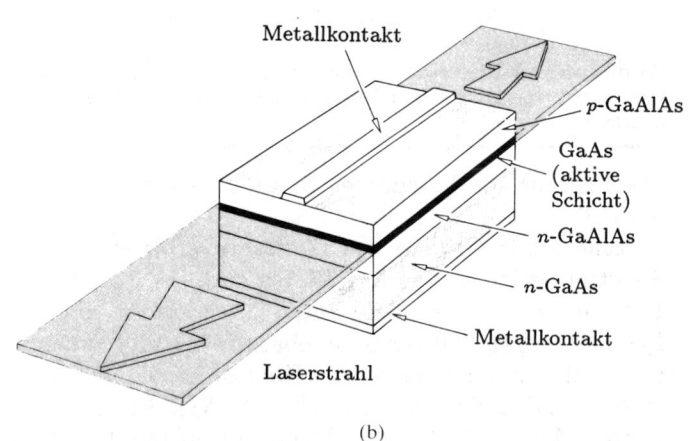

Abbildung 14.36 (a) Ein früher GaAs $p-n$ Übergangslaser. (b) Ein moderner Diodenlaser.

(1983) Entwicklung (Abb. 14.37). In ihm wird die Anzahl der Axialmoden zu dem Zweck kontrolliert, Strahlung einer sehr eng gefaßten Bandbreite zu erzeugen. Zwei Resonatoren sind über einen schwachen Zwischenraum zusammengekoppelt, der die Strahlung auf die extrem enge

Abbildung 14.37 Der spalten-gekoppelte Resonator-Laser. (Photo mit freundlicher Genehmigung der Bell Laboratories.)

Bandbreite festlegt, die in beiden Resonanzkammern[18] aufrechterhalten werden kann.

Der erste **Flüssigkeitslaser** arbeitete im Januar 1963.[19] All die früheren Geräte dieser Art waren ausschließlich *Chelate*, (d.h., metallorganische Verbindungen, die von einem Metallion mit organischen Radikalen gebildet werden). Jener ursprüngliche Flüssigkeitslaser enthielt eine Alkohollösung von Europiumbenzoylacetonat, das bei 613.1 nm Licht emittiert. Die Entdeckung eines Laservorgangs in organischen Flüssigkeiten, die keine Chelate sind, wurde 1966 gemacht. Sie ergab sich bei einem zufälligen Lasern (bei 755.5 nm) einer Chloroaluminium-phthalozyanin-Lösung während der Suche nach stimulierter Raman-Emission in jener Substanz.[20] Eine große Anzahl fluoreszierender Farbstoff-Lösungen solcher Familien wie beispielsweise der Fluoresceine, der Kumarine und Rhodamine konnten seitdem zum Lasern bei Frequenzen vom IR[21] bis zum UV gebracht werden. Diese werden gewöhnlich gepulst, obwohl eine kontinuierliche Arbeitsweise auch erreicht wurde. Es gibt so viele organische Farbstoffe, daß es möglich erscheint, für jede Frequenz im Sichtbaren einen solchen Laser zu bauen. Darüberhinaus ist es eine Eigenart dieser Geräte, daß sie inhärent kontinuierlich über einen weiten Wellenlängenbereich (von etwa 70 nm, bei einigen gepulsten Systemen mehr als 170 nm) abgestimmt werden können. Allerdings gibt es andere Anordnungen, die die Frequenz eines Primärlaserstrahls variieren, d.h. der Strahl tritt mit einer bestimmten Farbe ein und mit einer anderen aus (Abschnitt 14.4), aber im Fall des Farbstofflasers, ist der Primärstrahl selbst intern abstimmbar. Das wird erreicht, indem man z.B. die Konzentration oder die Länge der Farbstoffzelle ändert, oder indem man einen Beugungsgitter-Reflektor am Ende des Resonators anpaßt. Einige mehrfarbige Farbstoff-Lasersysteme sind auf dem Markt, die man leicht von einem Farbstoff zu einem anderen umschalten kann, und die dadurch über einen sehr breiten Frequenzbereich arbeiten können.

Beim **chemischen Laser** wird zum Pumpen Energie benutzt, die bei chemischen Reaktionen freigesetzt wird. Der erste dieser Art arbeitete 1964, aber erst 1969 wurde auch ein chemischer Dauerstrichlaser entwickelt.

---

[18] Siehe Y. Suematsu, "Advances in Semiconductor Lasers", *Phys. Today*, 32 (May 1985). Für eine Darstellung heterostrukturierter Laserdioden sei verwiesen auf: M.B. Panish and I. Hayashi: "A New Class of Diode Lasers", *Sci. Am.* **225**, 32 (July 1971).

[19] Siehe Adam Heller, "Laser Actions in Liquids", *Phys. Today* (November 1967), p. 35, für einen detaillierten Bericht.
[20] P. Sorokin, "Organic Lasers", *Sci. Amer.* **220**, 30 (February 1969).
[21] bis 1.8 μm; d.Ü.

Freier-Elektronen-Laser (FEL) für den Bereich der weichen Röntgenstrahlen. Bei einem solchen FEL läßt man einen Strahl hochbeschleunigter, energiereicher Elektronen durch eine periodische Magnetstruktur laufen — eine Gruppe eng benachbarter starker Dauermagnete, deren Nord- und Südpole sich abwechseln. Dabei werden die Elektronen zu Schwingungen angeregt und emittieren eine Strahlung, die sich bis zum Lasereffekt verstärken läßt, wenn sie zwischen zwei Spiegeln hin- und hergeschickt wird. Der Vorteil dieses Systems liegt darin, daß das Laserlicht nicht von gebundenen Elektronen in einem Festkörper oder Gas erzeugt wird, sondern von frei beweglichen. Die Wellenlänge des Laserlichts ist deshalb nicht durch die energetischen Abstände im Festkörper bestimmt, sondern kann durch Variation der Elektronen-Beschleunigungsenergie verändert werden — bis hin zur Röntgenstrahlung. Das FEL-Konzept, das am Max-Planck-Institut für Quantenoptik von einer Arbeitsgruppe unter Professor Herbert Walter entwickelt wurde, sieht anstelle des alternierenden statischen Magnetfeldes ein elektromagnetisches Wechselfeld zur Schwingungsanregung vor: Ein infraroter Laserstrahl soll den Elektronen entgegengeschickt werden und sie mit seinem Feld zu Schwingungen anregen. Mit einem solchen System müßten sich, das zeigen die Berechnungen, ohne aufwendige und teure Elektronenbeschleuniger weiche Röntgen-Laserstrahlen erzeugen lassen. Dieses kohärente Röntgenlicht könnte man dann dazu verwenden, über Hologramme Kristallgitter oder medizinische Objekte dreidimensional darzustellen.[22]

Am meisten verspricht von diesen der Deuteriumfluorid-Kohlendioxid (DF-CO_2)-Laser. Er versorgt sich selbst, dergestalt daß keine externe Leistungszufuhr erforderlich ist. Kurz, die Reaktion $F_2 + D_2 \rightarrow 2DF$, die beim Mischen dieser zwei weit verbreiteten Gase eintritt, erzeugt genügend Energie, um einen CO_2-Laser zu pumpen.

Es gibt Festkörper-, Gas-, Flüssigkeits- und Dampf- (z.B. H_2O) Laser. Es existieren Halbleiterlaser, Freie-Elektronen- (600 nm bis 3 mm) Laser, Röntgenlaser[23] und Laser mit sehr speziellen Eigenschaften, wie beispielsweise jene, die extrem kurze Impulse erzeugen oder jene, die eine außerordentliche Frequenzstabilität besitzen. Diese späteren Geräte sind auf dem Gebiet der Hochauflösungs-Spektroskopie sehr nützlich, aber es besteht auch ein wachsendes Interesse an ihnen in anderen Forschungsgebieten (z.B. in Interferometern, die für den Versuch, Gravitationswellen aufzuspüren, gebraucht werden!). In jedem Fall benötigen diese Laser genau kontrollierte Resonator-Anordnungen trotz der störenden Einflüsse von Temperaturschwankungen, Vibrationen und sogar Schallwellen. Zur Zeit ist ein Laser am Joint Institute for Laboratory Astrophysics in Boulder, Colorado, der Rekordhalter; er hält eine Frequenzstabilität (S. 280) von fast $1:10^{14}$ aufrecht.

14.2.2 Die Licht-Phantasien

Die Beschaffenheit von Laserstrahlen unterscheidet sich bei den verschiedenen Lasertypen. Es gibt jedoch einige äußerst bemerkenswerte Züge, die bei allen Lasern im unterschiedlichen Grad vorkommen. Sehr auffällig ist die Tatsache, daß die meisten Laserstrahlen außerordentlich gerichtet, oder wenn man so will, hoch kollimiert (parallel) sind. Man braucht nur etwas Rauch in den sonst nicht zu sehenden "optischen" Laserstrahl zu blasen, um (mittels Streuung) einen phantastischen Lichtfaden zu sehen, der durch den Raum gespannt ist. Ein He-Ne-Strahl in der TEM_{00}-Mode hat im allgemeinen eine Divergenz von nur etwa einer Bogenminute oder weniger. Man erinnere sich, daß die Emission in dieser Mode näherungsweise eine Gaußsche Verteilung der Bestrahlungsstärke hat, d.h. die Lichtstromdichte fällt von einem Maximum an der zentralen Strahlachse ab und hat keine Nebenmaxima. Der typische Laser-Strahl ist ganz eng, gewöhnlich nicht mehr als einige wenige Millimeter im Durchmesser. Da der Strahl einer begrenzten ebenen Welle ähnelt, ist er natürlich *räumlich kohärent*. In der Tat kann man die Richtungsbündelung als eine Manifestation jener Kohärenz auffassen. Laserlicht ist quasi-monochromatisch und hat im allgemeinen eine äußerst schmale Frequenzbandbreite (siehe Abschnitt 7.10). Mit anderen Worten, es ist *zeitlich kohärent*.

Eine andere Eigenschaft ist der hohe Lichtstrom bzw. die hohe *Strahlungsleistung*, die auf jenem schmalen Frequenzband abgegeben wird. Wie wir gesehen haben, ist

---

[22] (M. Globig, "Christ und Welt", Nr. 48 (2.11.1986)); d.Ü.

[23] "Bisherige Konzepte für Röntgen-Laser gehen von stimulierter Emission durch Übergänge zwischen äußeren Schalen hochionisierter Atome in Plasmen hoher Energiedichte aus. Diese sollen mit kurzen Impulsen von ultravioletten oder langwelligeren Lasern erzeugt werden. Andererseits lassen Röntgen-Laser weitere Fortschritte bei der Erzeugung ultrakurzer Lichtimpulse erwarten. Bei gleicher relativer Frequenzbreite sind mit Lichtimpulsen höherer Frequenz geringere Impulsdauern möglich, so daß mit Röntgen-Lasern sogar der Attosekundenbereich erreichbar scheint..." (H.J. Eichler, *Phys. Bl.* **42** (1986) Nr.7, S. 212, 213; d.Ü.)

es für den Laser typisch, daß er all seine Energie in der Form eines schmalen Strahls ausstrahlt. Im Gegensatz dazu kann eine angeschaltete 100 W-Glühbirne insgesamt beträchtlich mehr Strahlungsenergie ausstrahlen als ein Dauerstrichlaser mit niedriger Leistung, aber das Glühlampenlicht ist inkohärent, über einen großen festen Winkel verteilt und hat außerdem eine große Bandbreite. Eine gute Linse[24] kann einen Laserstrahl vollständig auffangen und seine ganze Energie in einem Lichtfleck fokussieren, dessen Winzigkeit nur durch die Beugung begrenzt ist und dessen Durchmesser direkt proportional zu λ sowie der Brennweite ist, aber indirekt proportional zum Strahldurchmesser. Lichtfleckdurchmesser von gerade einigen Tausendstel Zentimeter können schon mit "handlichen" kurzbrennweitigen Linsen erzielt werden. Und ein Lichtfleckdurchmesser von wenigen Hundertmillionstel Zentimeter ist im Prinzip möglich. Somit können Strahlungsleistungsdichten von über 10^{17} W/cm^2 leicht in einem gebündelten Laserstrahl erzeugt werden im Gegensatz zu — sagen wir — einer Oxyacetylen-Flamme mit grob 10^3 W/cm^2. Um ein besseres Gefühl für diese Leistungen zu bekommen, ist es informativ zu wissen, daß ein gebündelter CO_2-Laserstrahl von wenigen Kilowatt Dauerleistung in etwa 10 Sekunden ein Loch durch eine 5 mm-Platte rostfreien Stahls brennt. Zum Vergleich: werden eine Lochblende und ein Filter vor eine gewöhnliche Lichtquelle gestellt, so wird sicherlich räumlich und zeitlich kohärentes Licht erzeugt, aber nur zu einem winzigen Bruchteil der gesamten abgegebenen Leistung.

Optische Impulse einer Femtosekunde

Die Entstehung des Farblasers mit passiver Modenkupplung in den frühen siebziger Jahren verstärkte in großem Maße die Anstrengungen, die bei der Erzeugung sehr kurzer Lichtimpulse[25] gemacht wurden. Tatsächlich hatte man schon gegen 1974 optische Impulse von Bruchteilen einer Pikosekunde (1ps = 10^{-12}s) erzeugt, obgleich die verbleibenden Jahre der Dekade kaum größere, bedeutende Fortschritte sahen. Im Jahre

---

[24] Sphärische Aberration ist gewöhnlich das Hauptproblem, da Laserstrahlen im allgemeinen sowohl quasimonochromatisch sind als auch entlang der optischen Achse einfallen.
[25] Siehe "Ultrafast laser pulses" by A. De Maria, W. Glenn and M. Mack, *Phys. Today* (July 1971), p. 19.

1981 führten zwei getrennte Entwicklungen zur Schaffung von Laserpulsen einiger Femtosekunden (< 0.1 ps oder < 100 fs) — eine Gruppe der Bell Laboratories entwickelte einen Kollisions-Impuls Ringfarblaser, und ein Team der IBM erdachte ein neues Impuls-Kompressions-Schema. Darüber hinaus und jenseits der Konsequenzen auf dem praktischen Gebiet der elektrooptischen Kommunikation haben diese Durchführungen geradezu ein neues Forschungsfeld etabliert, bekannt als *ultraschnelle Phänomene*. Der effektivste Weg, das Fortschreiten eines Vorgangs zu studieren, der übermäßig schnell stattfindet (z.B. Trägerdynamiken in Halbleitern, Fluoreszenz, photochemische, biologische Prozesse und Veränderungen der molekularen Anordnung), besteht darin, ihn mit einem Zeitmaß zu untersuchen, das mit Rücksicht darauf, was gerade passiert, vergleichsweise kurz ist. Impulse, die ≈ 10 fs andauern, erlauben einen völlig neuen Zugriff auf ehemals wenig erforschte Gebiete bei dem Studium der Materie.

Zur Zeit liegt der Rekord für kürzeste Impulse bei solchen, die nur 8 fs (10^{-15} s) andauern, was längenmäßig zu Wellenzügen von nur etwa 4 Wellenlängen des roten Lichts (600 nm) korrespondiert. Eine dieser neuen Techniken, die Wellengruppen einer Femtosekunde möglich macht, basiert auf einer Idee, die man bei der Arbeit mit Radar in den fünfziger Jahren dieses Jahrhunderts anwendete; man nennt sie *Impulskomprimierung*. Hier hat ein Eingangslaserimpuls ein verbreitertes Frequenzspektrum, wobei eine Verkürzung der inversen oder zeitlichen Impulsbreite möglich wird — erinnern Sie sich, daß $\Delta\nu$ und Δt konjugierte Fourier-Größen (Gl. 7.63) sind. Der Eingangsimpuls (mehrere Sekunden lang) durchläuft ein nichtlineares, dispersives Medium, beim Namen genannt, einen optischen Einmodenfiber. Wenn die Lichtintensität groß genug ist, hat der Brechungsindex einen merkbaren nichtlinearen Term (Abschnitt 14.4), und die Trägerfrequenz des Impulses erfährt eine zeitabhängige Verschiebung. Nach Durchlaufen von vielleicht 30 m des Fibers ist die Frequenz des Impulses auseinandergezogen oder "verzerrt". Das bedeutet eine Verbreiterung des Impulsspektrums mit führenden, niedrigen Frequenzen. Als nächstes durchläuft der spektral verbreiterte Impuls ein anderes dispersives System (eine Verzögerungsstrecke), so etwas wie ein Paar Beugungsgitter. Beim Durchlaufen verschiedener Strecken wird die blauverschobene Hinterflanke des Impulses dazu gebracht, die rotverschobene Vorderflanke einzuholen, die Erzeugung eines zeitlich komprimierten Ausgangsimpulses.

Laserlicht-Granulation (Der Flecken Effekt)

Eine ziemlich beeindruckende und leicht zu beobachtende Manifestation der räumlichen Kohärenz von Laserlicht ist seine körnige Erscheinung bei der diffusen Reflexion an einer rauhen Oberfläche. Man benutze dafür einen He-Ne-Laser (632.8 nm), weite den Strahl ein bißchen aus, indem man ihn durch eine einfache Linse schickt und werfe ihn auf eine Wand oder ein Stück Papier. Der Lichtfleck erscheint mit hellen und dunklen Gebieten gefleckt, die in einem blendenden, psychedelischen Tanz funkeln und schimmern. Man schiele und die Körnchen werden größer, ein Schritt zum Schirm und sie schrumpfen; man setze seine Brille ab und das Muster bleibt scharf. Falls man kurzsichtig ist, verschwimmt das Beugungsmuster, das vom Staub auf den Linsen verursacht wird, und es verschwindet, nicht jedoch die Granulation des Laserlichtflecks. Man halte einen Bleistift in verschiedenen Abständen so vors Auge, daß die Lichtscheibe gerade darüber erscheint. Bei jeder Position fokussiere man das Auge auf den Bleistift; wo immer man das tut, stets sieht man die Granulation kristallklar. Selbst wenn man das Muster durch ein Fernrohr anschaut und es dabei von einem Extrem zum anderen verstellt, bleibt die allgegenwärtige Granulation perfekt klar, auch wenn die Wand vollständig verschwommen ist.

Das räumlich kohärente Licht, das diffus von einer Oberfläche gestreut wird, erfüllt die Umgebung mit einem *stationären* Interferenzmuster (gerade wie im Fall der Wellenfront-Aufteilung in Abschnitt 9.3). Auf der Oberfläche sind die Lichtkörner überaus klein und sie werden mit dem Abstand größer. An jedem Ort im Raum ist das resultierende Feld die Überlagerung vieler beitragender, gestreuter Wellenzüge. Soll das Interferenzmuster aufrechterhalten werden, so müssen diese einen konstanten Phasenunterschied haben, der festgelegt ist durch die optische Weglänge von jedem Streuungspunkt zum in Frage stehenden Punkt. Abbildung 14.38 illustriert diesen Punkt sehr hübsch. Sie zeigt einen Zementblock, der im einen Fall von Laserlicht und im anderen von kollimiertem (parallelem) Licht einer Quecksilberbogenlampe beleuchtet wird, beide mit etwa derselben räumlichen Kohärenz. Während jedoch

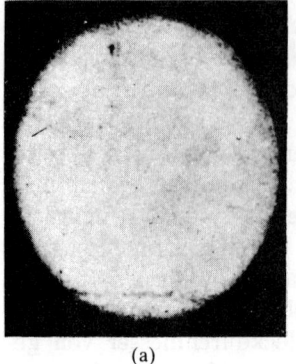 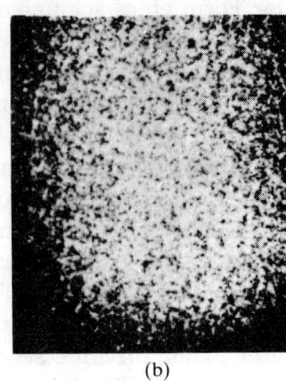

(a) (b)

Abbildung 14.38 Granulation (Fleckenmuster). Ein Zementblock beleuchtet (a) von einem Quecksilberlichtbogen und (b) von einem He-Ne-Laser. (Aus B.J. Thompson, *J. Soc. Phot. Inst. Engr.* **4**, 7 (1965).)

die Kohärenzlänge des Lasers viel größer ist als die Höhen der Oberflächenunebenheiten, gilt dies nicht für die Kohärenzlänge des Hg-Lichtes. Im ersten Fall sind die Lichtflecken auf dem Photo groß und verdecken so die Oberflächenstruktur; im zweiten Fall kann man das Fleckenmuster trotz der räumlichen Kohärenz nicht im Bild beobachten und darum dominieren die Oberflächenzüge. Wegen der rauhen Struktur ist die optische Wegdifferenz zwischen zwei Wellenzügen, die an einem Raumpunkt ankommen und von verschiedenen Oberflächenunebenheiten gestreut wurden, im allgemeinen größer als die Kohärenzlänge des Quecksilberlichtes. Dies bedeutet, daß die Phasenunterschiede der sich überlagernden Wellenzüge sich schnell ändern und im zeitlichen Mittel das Interferenzmuster verwischen.

Ein reales System von Beugungsstreifen wird von gestreuten Wellen erzeugt, welche vor dem Schirm konvergieren. Die Beugungsstreifen können sichtbar gemacht werden, indem man das Interferenzmuster an einer geeigneten Stelle mit einem Blatt Papier schneidet. Nachdem die Strahlen das reelle Bild im Raum gebildet haben, laufen sie wieder auseinander und jeder Teil des Bildes kann daher direkt mit dem Auge gesehen werden, wenn es passend fokussiert ist. Im Gegensatz dazu erscheinen Strahlen, wenn sie von Anfang an divergieren, für das Auge so, als ob sie im Raum hinter dem streuenden Schirm entstanden wären und bilden also ein virtuelles Bild.

Es scheint so, daß als Folge der chromatischen Aberration normale und weitsichtige Augen dazu tendieren, sich auf das rote Licht hinter dem Schirm scharf einzustellen. Im Gegensatz dazu sieht eine kurzsichtige Person das reelle Feld vor dem Schirm (unabhängig von der Wellenlänge). Wenn also der Beobachter seinen Kopf nach rechts bewegt, wird das Lichtmuster sich im ersten Fall (bei dem der Brennpunkt hinter dem Schirm ist) nach rechts bewegen und im zweiten Fall nach links (Brennpunkt vor dem Schirm). Das Beugungsmuster wird der Bewegung Ihres Kopfes folgen, wenn Sie es aus unmittelbarer Nähe des Schirms betrachten. Dieselbe augenscheinliche Parallax-Bewegung kann bei jedem Blick durchs Fenster gesehen werden; Gegenstände draußen scheinen sich mit Ihrem Kopf, Gegenstände drinnen ihm entgegengesetzt zu bewegen. Der brillante, räumlich kohärente Laserstrahl mit seiner schmalen Bandbreite ist ideal, um die Granulation zu beobachten, obwohl dies mit anderen Mitteln auch möglich ist.[26] Im ungefilterten Sonnenlicht sind die Lichtkörper klein auf der Oberfläche und mehr farbig. Der Effekt ist leicht zu beobachten auf einem glatten, ebenen und schwarzen Material (z.B. Posterpapier), aber man kann ihn ebensogut auf einem Fingernagel oder einer abgenutzten Münze sehen.

Obwohl Granulation sowohl ästhetisch als auch pädagogisch ein wunderbarer Demonstrationsversuch ist, kann sie bei kohärent beleuchteten Systemen in der Praxis wirklich sehr unangenehm sein. Zum Beispiel ist bei holographischen Abbildungen das Lichtfleckmuster ein störendes Untergrundrauschen. Nebenbei: derselbe Effekt ist deutlich beobachtbar, wenn man auf ein sich bewegendes Radio horcht, wo die Signalstärke von einem Ort zum anderen schwankt, abhängig von der Umgebung und dem sich ergebenden Interferenzmuster.

---

[26] Einige Hinweise zur Literatur über Laserlicht-Granulation: J. Braunbeck und M.W. Müller, *Naturwissenschaften* **50**, 325 (1962); W. Martienssen und E. Spiller, *Naturwissenschaften* **52**, 53 (1963) — mit Hinweisen auf die ältere Literatur; W. Martienssen und E. Spiller, *Am. J. Phys.* **32**, 919 (1964) oder Plenarvortrag Physikertagung 1964, S. 231; J.C. Dainty, *Laser Speckle and Related Phenomena*, Springer Verlag, Berlin (1975); G. Koppelmann und H. Rudolph, *Die Ursachen der Laserlicht-Granulation*, DPG, Fachausschuß Didaktik der Physik, Gießen 1976; L.I. Goldfischer, *J. Opt. Soc. Am.* **55**, 247 (1965); D.C. Sinclair, *J. Opt. Soc. Am.* **55**, 575 (1965); J.D. Rigden und E.I. Gordon, *Proc. IRE* **50**, 2367 (1962); B.M. Oliver *Proc. IEEE* **51**, 220 (1963).

14.3 Holographie

Die Technologie der Photographie gibt es schon lange, und wir alle sind damit aufgewachsen, daran gewöhnt, die dreidimensionale Welt in die Flachheit der Seite eines Photoalbums gepreßt zu sehen. Der TV-Sprecher ohne Tiefe, der aus unzähligen phosphoreszierenden Lichtblitzen lächelt, erscheint, obwohl er unentrinnbar ist, ebensowenig greifbar, wie ein Postkartenbild des Eiffel-Turms. Beide sind auf eine Ebene gebannt, weil sie nur Lichtaufzeichnungen sind. Mit anderen Worten: wenn das Bild einer Szene gewöhnlich wiedergegeben wird, mit welchen traditionellen Mitteln auch immer, so ist das, was wir schließlich sehen, nicht eine genaue Reproduktion des Lichtfeldes, welches das Objektiv erreichte, sondern eher eine punktweise Aufzeichnung des Quadrates der Feldamplitude. Das Licht, das von einem Photo reflektiert wird, ist Informationsträger für die Lichtintensität, aber nicht für die Phase der Welle, die vormals vom Objekt ausging. Wenn allerdings sowohl die Amplitude als auch die Phase der ursprünglichen Welle irgendwie rekonstruiert werden könnten, würde das sich ergebende Lichtfeld (vorausgesetzt die Frequenzen sind dieselben) vom Original nicht zu unterscheiden sein. Dies bedeutet, daß man dann die nachgebildete Darstellung vollständig dreidimensional sehen (und photographieren) könnte, genau so, als ob der Gegenstand noch vor einem wäre und die Welle wirklich erzeugen würde.

14.3.1 Methoden

Dennis Gabor hatte in dieser Richtung etliche Jahre nachgedacht, bis er 1947 seine nun berühmten Holographie-Experimente am Research Laboratory of the British Thomson-Houston Company durchführte. Sein ursprünglicher Versuchsaufbau, dargestellt in Abbildung 14.39, war ein linsenloses, zweistufiges Abbildungsverfahren, in dem er zuerst ein Interferenzmuster photographisch aufzeichnete, das erzeugt worden war durch die Überlagerung des quasimonochromatischen Streulichtes eines Gegenstandes einerseits und einer kohärenten Referenz-Welle andererseits. Das sich ergebende Muster nannte er **Hologramm** nach dem griechischen Wort *holos*, das "ganz" bedeutet. Die zweite Stufe im Verfahren war die *Rekonstruktion* des optischen Feldes oder Bildes, und dies wurde mittels der Beugung eines kohären-

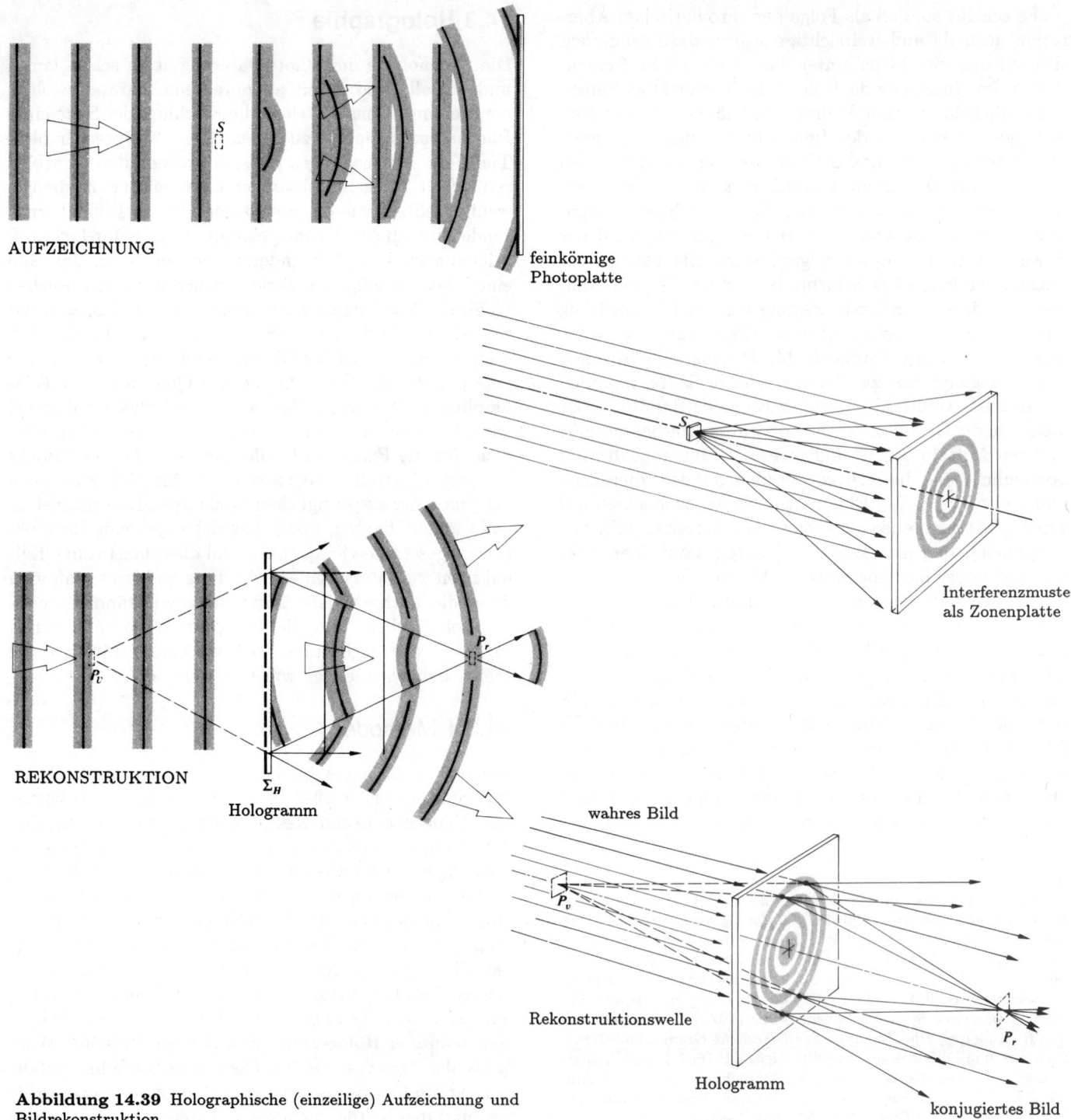

Abbildung 14.39 Holographische (einzeilige) Aufzeichnung und Bildrekonstruktion.

ten Strahls an einem Dia erreicht, welches das entwickelte Hologramm war. In einer Weise, die durchaus an Zernikes Phasenkontrast-Technik (Abschnitt 14.1.4) erinnert, wird das Hologramm gebildet, wenn die ungestreute *Hintergrunds-* oder *Referenz-Welle* interferiert mit der gebeugten Welle des kleinen halbdurchsichtigen Gegenstandes S — der in jenen frühen Tagen oft ein Stück Mikrofilm war. Der springende Punkt ist, daß das Interferenzmuster oder Hologramm durch die Interferenzstreifen-Konfiguration Informationen sowohl über die Amplitude als auch über die Phase der am Gegenstand gestreuten Welle enthält.

Zugegebenermaßen ist es durchaus nicht offensichtlich, daß man ein Bild des ursprünglichen Objekts rekonstruieren kann, indem man eine ebene Welle durch das entwickelte Hologramm laufen läßt. Momentan soll uns genügen, daß bei sehr kleinem Gegenstand die gestreute Welle fast kugelförmig und das Interferenzmuster eine Reihe konzentrischer Ringe ist, die um die Achse durch den Gegenstand zentriert und senkrecht zur ebenen Welle sind. Mit der Ausnahme, daß die Lichtintensität der kreisförmigen Interferenzringe von einem zum anderen variiert, entspricht die sich ergebende Verteilung der Lichtintensitätsdichte einer gewöhnlichen Fresnel-Zonenplatte (Abschnitt 10.3.5). Man erinnere sich, daß eine Zonenplatte etwa so wie eine Linse funktioniert, indem sie paralleles Licht derart beugt, daß es in einen realen Brennpunkt, P_r, konvergiert. Zusätzlich erzeugt sie eine divergierende Welle, die scheinbar von einem Punkt P_v kommt und ein virtuelles Bild erzeugt. So können wir uns vorstellen, obgleich das ziemlich vereinfacht ist, daß jeder Punkt auf einem ausgedehnten Gegenstand seine eigene Zonenplatte erzeugt, die gegenüber denen der anderen verschoben ist, und daß die Gesamtheit aller solcher sich teilweise überlagernden Zonenplatten das Hologramm[27] formt. Während der Rekonstruktionsstufe bildet jede beteiligte Zonenplatte sowohl ein reelles als auch virtuelles Bild eines einzelnen Objektpunkts und auf diese Weise, Punkt für Punkt, bildet das Hologramm das ursprüngliche Lichtfeld nach. Wenn die Rekonstruktionswelle dieselbe Wellenlänge hat, wie der anfänglich aufzeichnende Anfangsstrahl (was nicht notwendig der Fall zu sein braucht und oft auch nicht ist), dann ist das virtuelle Bild nicht verzerrt und erscheint an der ehemals vom Gegenstand eingenommenen Stelle. So ist es eigentlich das Wellenfeld des virtuellen Bildes, das dem Wellenfeld des ursprünglichen Gegenstands entspricht. Deswegen wird das virtuelle Bild manchmal als das *wahre Bild* bezeichnet, während das andere das reelle oder — vielleicht passender — das *konjugierte Bild* ist. In jedem Fall fassen wir das Hologramm als eine Überlagerung von Interferenzmustern auf, und diese Muster, zumindest bei dieser sehr einfachen Anordnung, ähneln Zonenplatten. Wie wir gleich sehen werden, ist das sinusförmige Gitter gleichsam ein grundlegendes Streifensystem zur Erzeugung komplexer Hologramme.

Gabors Forschung, die ihm den Physik-Nobelpreis 1971 einbrachte, war aus dem Wunsch entstanden, die Elektronenmikroskopie zu verbessern. Seine Arbeit erregte anfänglich einiges Interesse, aber alles in allem blieb sie für etwa fünfzehn Jahre unbemerkt. In den frühen sechziger Jahren belebte sich das Interesse an Gabors Verfahren der **Wellenfront-Rekonstruktion**, besonders im Hinblick auf seine Beziehung zu bestimmten Radarproblemen. Unterstützt durch das nun zur Verfügung stehende kohärente Laserlicht und durch eine Anzahl technologischer Fortschritte wurde Holographie bald Gegenstand weitverbreiteter Forschung und außerordentlicher Verheißungen. Diese Wiedergeburt hatte ihren Ursprung am Radar Laboratory der University of Michigan durch die Arbeit von Emmett N. Leith und Juris Upatnieks. Unter anderem führten sie einen verbesserten Aufbau zur Erzeugung von Hologrammen ein, der in Abbildung 14.40 dargestellt ist. Anders als bei Gabors *einzeiliger* Anordnung, bei der das konjugierte Bild lästigerweise vor dem wahren Bild lag, waren beide Bilder nun zufriedenstellend außerhalb der Achse getrennt, wie es im Diagramm gezeigt wird. Auch hier wieder ist das Hologramm ein Interferenzmuster, das aus einer kohärenten Referenzwelle einerseits und einer vom Gegenstand gestreuten Welle andererseits entsteht (diese Art wird man manchmal als **Nebenband-Fresnel-Hologramm** bezeichnet). Abbildung 14.41 zeigt den äquivalenten Aufbau, um Nebenband-Fresnel-Hologramme aus durchsichtigen Objekten zu erzeugen.

Was hier passiert, kann auf zwei Wegen dargestellt werden — ein im wesentlichen bildlicher und alternativ dazu, ein direkt mathematischer Weg. Wir werden es von beiden Standpunkten aus betrachten, da sie sehr ge-

---

[27] Siehe M.P. Givens, "Introduction to Holography", *Am. J. Phys.* **35**, 1056 (1967).

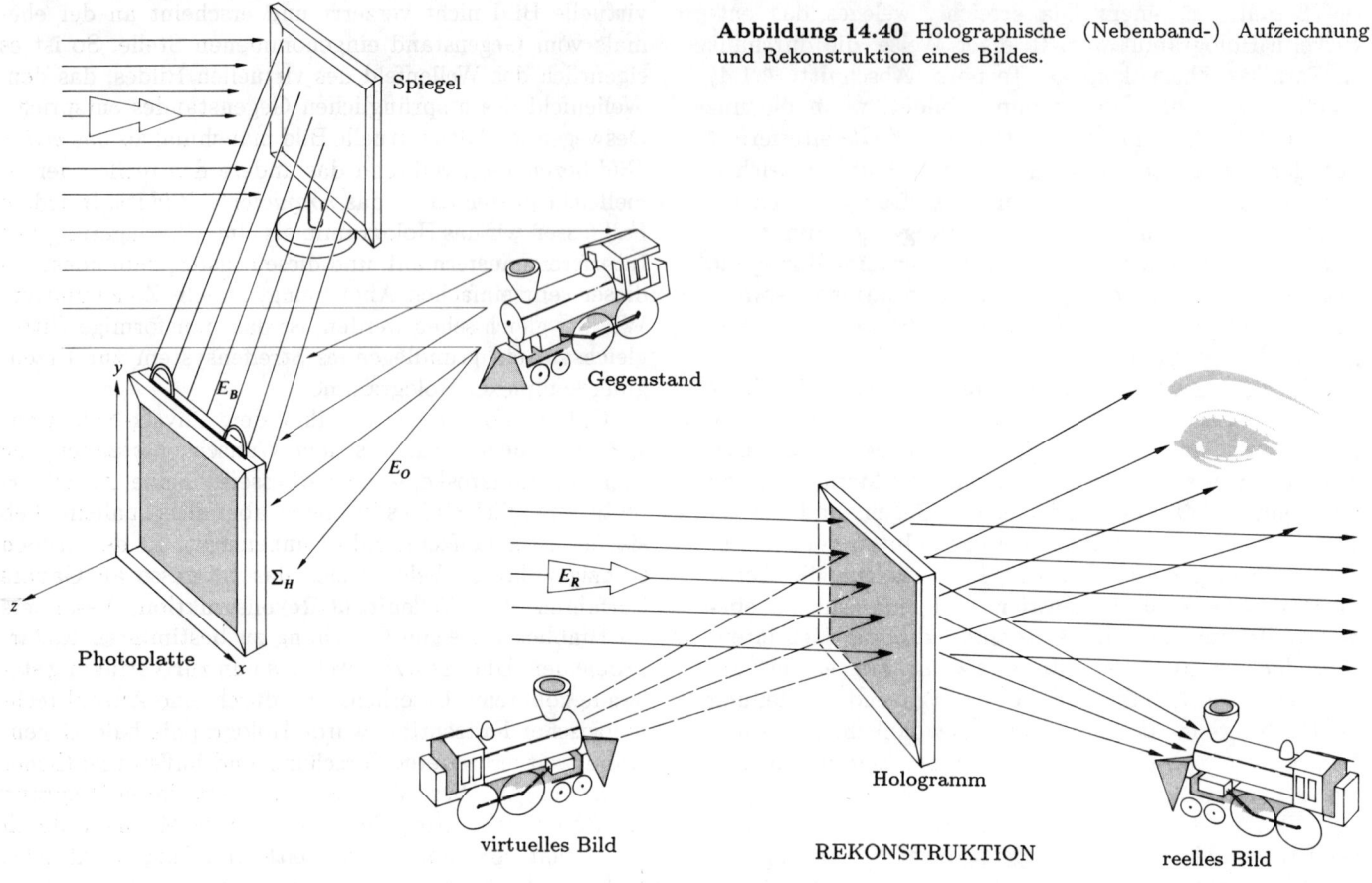

Abbildung 14.40 Holographische (Nebenband-) Aufzeichnung und Rekonstruktion eines Bildes.

gensätzlich zueinander sind. Erst einmal ist dies im Kern ein Problem der Interferenz (oder, wenn Sie so wollen, eines der Beugung), und wir können wieder zu dem Begriff der komplexen Gegenstandswellenfront zurückkehren, zusammengesetzt aus Fourier-Gliedern ebener Wellen (Abb. 10.10), welche sich in Richtungen fortpflanzen, die mit den verschiedenen Raumfrequenzen des Lichtfeldes des Gegenstands verknüpft sind, reflektiert oder transmittiert. Jede dieser ebenen Fourier-Wellen interferiert auf der Photoplatte mit der Bezugswelle und auf diese Weise bleibt die Information erhalten, die mit dieser besonderen Raumfrequenz in der Form eines charakteristischen Streifenbildes verknüpft ist.

Um zu sehen, wie das vor sich geht, untersuchen wir die vereinfachte Zwei-Wellen-Version, wie sie in Abbildung 14.42 dargestellt ist. In dem hier gezeigten Moment

hat die Referenz-Welle zufällig einen Wellenberg auf der gesamten Filmebene und der am Gegenstand gestreute Wellenzug, der unter einem Winkel θ eintrifft, hat in ähnlicher Weise Wellenberge an den Punkten A, B und C. Diese entsprechen Punkten, an denen Interferenzmaxima zu dem gezeigten Zeitpunkt erscheinen werden. Aber während beide Wellen nach rechts fortschreiten, werden sie an diesen Punkten in Phase bleiben, Wellentäler werden sich überlagern, so daß die Maxima an A, B und C fixiert bleiben. In ähnlicher Weise überlagern sich zwischen diesen Punkten Wellentäler mit Wellenbergen, so daß dort Minima sind. Die relative Phase (ϕ) dieser zwei Wellen, die auf dem Film von Punkt zu Punkt schwankt, kann als Funktion von x beschrieben werden. Während x um die der Strecke $\overline{AB}$ entsprechenden Länge zunimmt, ändert sich ϕ um 2π, $\phi/2\pi = x/\overline{AB}$. Beachten Sie, daß

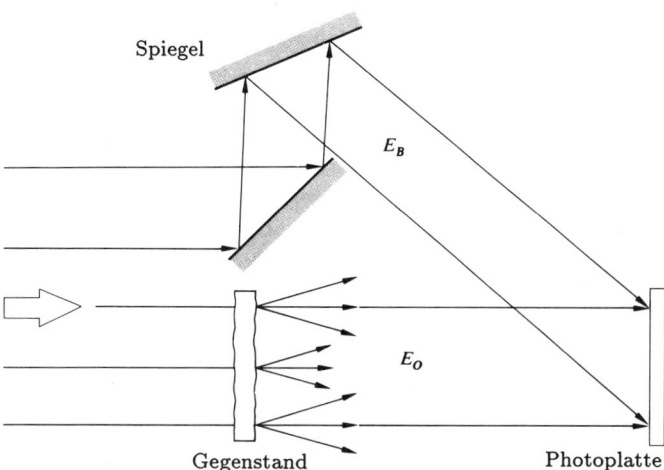

Abbildung 14.41 Ein Fresnelscher holographischer Nebenband-Aufbau für einen transparenten Gegenstand.

$\sin\theta = \lambda/\overline{AB}$, und indem man die spezielle Länge $\overline{AB}$ eliminiert, läßt sich die Phase allgemein beschreiben als

$$\phi(x) = (2\pi x \sin\theta)/\lambda. \qquad (14.9)$$

Wenn angenommen wird, daß die beiden Wellen dieselbe Amplitude E_0 haben, folgt aus Gleichung (7.17):

$$E = 2E_0 \cos\frac{1}{2}\phi \sin(\omega t - kx - \frac{1}{2}\phi),$$

und die Verteilung der Bestrahlungsstärke, die proportional zum Quadrat der Feldamplitude ist, hat bei Anwendung der Gleichung (3.44) die Form

$$I(x) = \frac{1}{2}c\epsilon_0(2E_0\cos\frac{1}{2}\phi)^2 = 2c\epsilon_0 E_0^2 \cos^2\frac{1}{2}\phi$$

oder

$$I(x) = 2c\epsilon_0 E_0^2 + 2c\epsilon_0 E_0^2 \cos\phi. \qquad (14.10)$$

Was wir haben, ist eine kosinusförmige Verteilung der Bestrahlungsstärke über die Filmebene mit einer räumlichen Periode von $\overline{AB}$ und einer Raumfrequenz $(1/\overline{AB})$ von $\sin\theta/\lambda$.

Nach Entwickeln des Films auf die Weise, daß das Profil des Amplitudendurchgangs gerade $I(x)$ entspricht, ist das Ergebnis ein kosinusförmiges Gitter. Wird dieses einfache Hologramm (das im wesentlichen einem strukturlosen Gegenstand ohne Information entspricht) durch eine ebene Welle beleuchtet, die der ursprünglichen Bezugswelle gleicht (Abb. 14.42 (c)), werden drei Strahlen

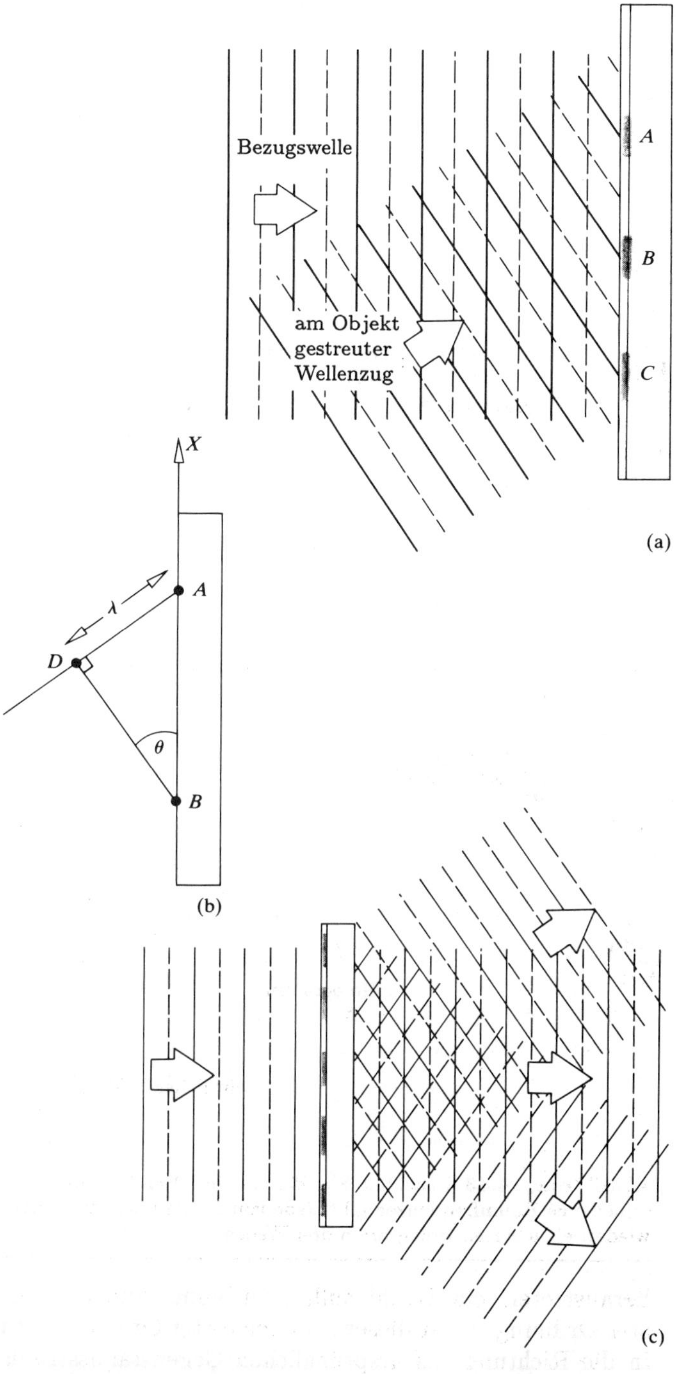

Abbildung 14.42 Die Interferenz zweier ebener Wellen zur Erzeugung eines Kosinusgitters.

Nehmen wir nun an, wir gingen einen Schritt über dieses Hologramm grundlegendster Art hinaus und untersuchen einen Gegenstand, der eine gewisse optische Struktur hat. Also nehmen wir einen durchsichtigen Gegenstand mit einer einfachen periodischen Struktur, die eine einzige Raumfrequenz hat — ein Kosinusgitter. Eine geringfügig idealisierte Darstellung (welche die unbedeutenden Terme höherer Ordnung in Verbindung mit der endgültigen Gestalt von Strahl und Gitter vernachlässigt) ist in Abbildung 14.43 dargestellt: das beleuchtete Gitter, die drei durchtretenden Strahlen und der Bezugsstrahl. Das Ergebnis sind drei geringfügig verschiedene Versionen von Abbildung 14.42, wo jede der drei durchtretenden Wellen mit der Bezugswelle einen geringfügig verschiedenen Winkel θ einschließt. Folglich wird jeder der drei Überdeckungsbereiche einer Menge von Kosinusstreifen geringfügig verschobener Raumfrequenz entsprechen, nach Gleichung (14.9). Wenn wir noch einmal das sich ergebende Hologramm (Abb. 14.43 (b)) in Augenschein nehmen, haben wir drei Aspekte, die unsere Aufmerksamkeit einnehmen: die ungebeugte Welle, das virtuelle Bild und das reelle Bild. Beachten Sie, daß nur dort Bilder des ursprünglichen Gitters entstehen, wo die drei Strahlen zusammenkommen, um ihre Raumfrequenz beizutragen.

Wenn wir ein noch komplexeres Objekt benutzen, können wir voraussehen, daß die relative Phase zwischen den Objekt- und den Bezugswellen (ϕ) in komplexer Weise von Punkt zu Punkt schwanken wird und dabei das grundlegende Trägersignal (Abb. 14.44) moduliert, das durch zwei ebene Wellen erzeugt wird, wenn kein Gegenstand vorhanden ist. Mit anderen Worten können wir aus Abbildung 14.43 verallgemeinern und schließen, daß die Phasenwinkeldifferenz ϕ (die mit θ schwankt) in der Ausdehnung der Streifen verschlüsselt ist. Wenn außerdem die Amplituden der Bezugs- und Gegenstandswellen verschieden gewesen wären, hätte sich die Bestrahlungsstärke jener Streifen danach verändert. So könnten wir erraten, daß die Amplitude der Gegenstandswelle an jedem Punkt auf der Filmebene in der Sichtbarkeit der sich ergebenden Streifen verschlüsselt sein wird.

Der Vorgang, dargestellt in Abbildung 14.40, kann wie folgt analytisch behandelt werden: angenommen, die xy-Ebene ist die Ebene Σ_H des Hologramms. Dann be-

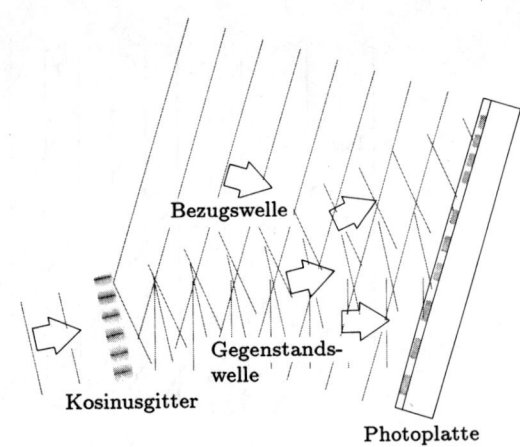

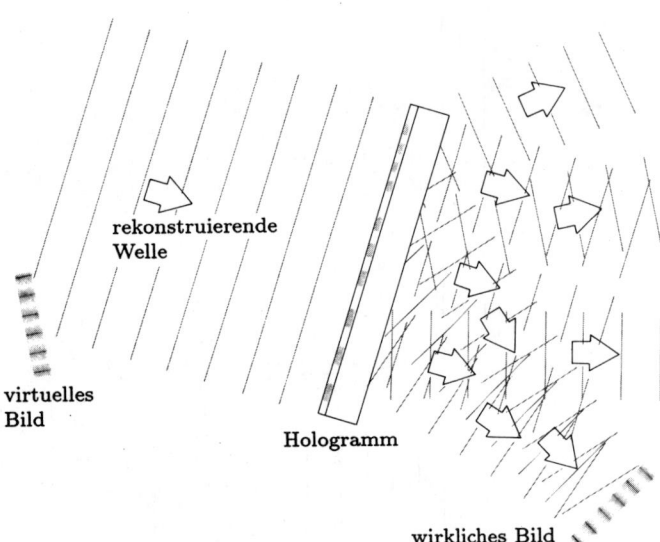

Abbildung 14.43 Beachten Sie, daß es drei Bereiche mit verschiedenen Raumfrequenzen gibt. Jede von diesen erzeugt auf dem wiederbeleuchteten Hologramm drei Wellen.

heraustreten: ein Strahl nullter Ordnung, und zwei erster Ordnung. Einer dieser Strahlen erster Ordnung wird in die Richtung des ursprünglichen Gegenstandsstrahls fortschreiten und entspricht seiner rekonstruierten Wellenfront.

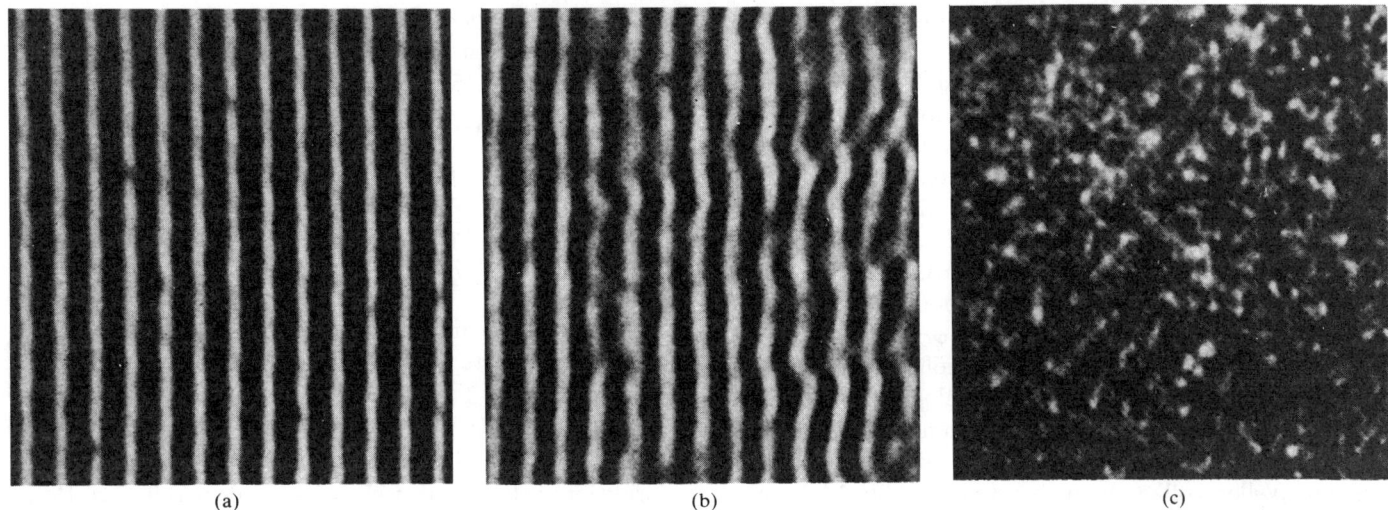

(a)   (b)   (c)

Abbildung 14.44 Verschiedene Grade der Modulation von Hologramm-Beugungsstreifen. (Photos freundlicherweise von Emmett N. Leith und *Scientific American* überlassen.)

schreibt

$$E_B(x,y) = E_{0B} \cos\left[2\pi ft + \phi(x,y)\right] \quad (14.11)$$

die ebene Hintergrunds- oder Referenzwelle bei Σ_H, wobei die Berücksichtigung der Polarisation beiseite gelassen werden soll. Ihre Amplitude, E_{0B}, ist konstant, während die Phase eine Funktion des Ortes ist. Dies bedeutet gerade, daß die Referenz-Wellenfront gegen Σ_H in irgendeiner bekannten Weise geneigt ist. Wenn zum Beispiel die Welle so orientiert wäre, daß sie mit Σ_H durch einfache Rotation um θ um den Punkt y zur Deckung gebracht werden könnte, würde die Phase an irgendeinem Punkt der Hologrammebene von dessen x-Wert abhängen. So würde ϕ die Form

$$\phi = \frac{2\pi}{\lambda} x \sin\theta = kx \sin\theta$$

haben, wobei sie in diesem speziellen Fall, unabhängig von y wäre und sich linear mit x verändern würde (direkt proportional zu x; d.Ü.). Um der Einfachheit willen werden wir sie ganz allgemein als $\phi(x,y)$ schreiben und im Gedächtnis behalten, daß sie schlicht eine bekannte Funktion ist. Die vom Gegenstand gestreute Welle, kann andererseits ausgedrückt werden als

$$E_O(x,y) = E_{0O}(x,y) \cos[2\pi ft + \phi_O(x,y)], \quad (14.12)$$

wobei nun sowohl die Amplitude als auch die Phase komplizierte Funktionen des Ortes sind, die einer unregelmäßigen Wellenfront entsprechen. Vom kommunikationstheoretischen Standpunkt ist dies eine amplituden- und phasenmodulierte Trägerwelle, die alle erhältliche Information über den Gegenstand trägt. Man beachte, daß diese Information eher in der räumlichen als in der zeitlichen Variation der Welle kodiert ist. Die zwei Wellen E_B und E_O überlagern sich und interferieren zu einer Lichtintensitätsverteilung, die auf der photographischen Schicht aufgezeichnet wird. Für die resultierende Lichtintensität gilt, abgesehen von einem konstanten Faktor, $I(x,y) = \langle (E_B + E_O)^2 \rangle$. Nach Abschnitt 9.1 ist dies gegeben durch:

$$I(x,y) = \frac{E_{0B}^2}{2} + \frac{E_{0O}^2}{2} + E_{0B}E_{0O}\cos(\phi - \phi_O). \quad (14.13)$$

Man beachte, daß die Phase der Objektwelle den Ort der Lichtintensitäts-Maxima und -Minima auf Σ_H bestimmt. Darüberhinaus enthält der Kontrast oder die Sichtbarkeit der Beugungsstreifen

$$\mathcal{V} \equiv (I_{\max} - I_{\min})/(I_{\max} + I_{\min}) \quad [12.1]$$

über der Hologramm-Ebene, d.h. hier

$$\mathcal{V} = 2E_{0B}E_{0O}/(E_{0B}^2 + E_{0O}^2), \quad (14.14)$$

die entsprechende Information über die Amplitude der Objektwelle.

Erneut können wir beobachten, daß die Filmplatte — in der Sprache der Kommunikationstheorie — sowohl als Speichervorrichtung als auch als Nachweisgerät oder Mixer dient. Sie erzeugt über ihrer Oberfläche eine Verteilung undurchsichtiger Gebiete, die einer räumlich modulierten Wellenform entspricht. Entsprechend ist der dritte oder Differenzfrequenz-Term in Gleichung (14.13) sowohl amplituden- als auch phasenmoduliert wegen der Ortsabhängigkeit von $E_{0O}(x,y)$ und $\phi_O(x,y)$.

Abbildung 14.44 (b) ist eine Vergrößerung eines Teils des Beugungsmusters, welches das Hologramm eines einfachen, im wesentlichen zweidimensionalen, halbdurchsichtigen Gegenstandes bildet. Wären die zwei interferierenden Wellen vollkommen eben (wie in Abb. 14.44 (a)), so fehlten die offensichtlichen Schwankungen von Streifenlage und Lichtintensität, welche die Information darstellen und es ergäbe sich das übliche Beugungsmuster von Young (Abschnitt 9.3). Die sinusförmige Struktur des Transmissionsgitters (Abb. 14.44 (a)) kann man als die Träger-Wellenform ansehen, die dann durch das Signal moduliert ist. Darüber hinaus können wir uns vorstellen, daß die kohärente Überlagerung zahlloser Zonenplatten-Muster, eines für jeden Punkt auf dem großen Objekt, zu den modulierten Beugungsstreifen von Abbildung 14.44 (b) wird. Wenn der Betrag der Modulation weiter deutlich vergrößert wird, wie es durch Übergang zu einem großen, dreidimensionalen, diffus reflektierenden Objekt eintritt, so verlieren die Beugungsstreifen die auf Abbildung 14.44 (b) noch erkennbare Symmetrieart und werden beträchtlich komplizierter. Übrigens sind Hologramme oft mit störenden Wirbeln und konzentrischen Ringsystemen bedeckt, die durch Beugung an Staub und dergleichen auf den optischen Elementen entstehen.

Man kann erreichen, daß die Amplitudendurchlässigkeit des entwickelten Hologramms proportional zu $I(x,y)$ ist. In diesem Fall ist die *heraustretende Endwelle* $E_F(x,y)$ proportional dem Produkt $I(x,y)E_R(x,y)$, wobei $E_R(x,y)$ die *Rekonstruktionswelle* ist, die auf das Hologramm fällt. Wenn also die Rekonstruktionswelle der Frequenz ν schräg auf Σ_H fällt, wie es die Hintergrundswelle tat, können wir schreiben

$$E_R(x,y) = E_{0R}\cos[2\pi\nu t + \phi(x,y)]. \quad (14.15)$$

Die sich schließlich ergebende Welle ist (abgesehen von einem konstanten Faktor) das Produkt der Gleichungen (14.13) und (14.15):

$$\begin{aligned}E_F(x,y) =& \frac{1}{2}E_{0R}(E_{0B}^2 + E_{0O}^2)\cos[2\pi\nu t + \phi(x,y)] \\ &+ \frac{1}{2}E_{0R}E_{0B}E_{0O}\cos(2\pi\nu t + 2\phi - \phi_O) \\ &+ \frac{1}{2}E_{0R}E_{0B}E_{0O}\cos(2\pi\nu t + \phi_O).\end{aligned}$$
$$(14.16)$$

Drei Terme beschreiben das Licht, das vom Hologramm ausgeht; der erste kann geschrieben werden als

$$\frac{1}{2}(E_{0B}^2 + E_{0O}^2)E_R(x,y);$$

dies ist eine amplitudenmodulierte Version der Rekonstruktionswelle. Praktisch wirkt jedes Teil des Hologramms als ein Beugungsgitter, und der letztgenannte Ausdruck ist der direkte (ungebeugte) Strahl *nullter Ordnung*. Da er keine Information über die Phase der Objektwelle, ϕ_O, enthält, ist er hier von geringem Interesse.

Die nächsten beiden oder *Nebenband-Wellen* sind entsprechend die Summen- und Differenzterme von Gleichung (14.13). Sie sind die zwei *Wellen erster Ordnung*, gebeugt durch das gitterähnliche Hologramm. Der erste beider Ausdrücke, d.h. der Summenterm, stellt eine Welle dar, die — abgesehen von einem konstanten Faktor — dieselbe Amplitude hat wie die Objektwelle $E_{0O}(x,y)$. Außerdem enthält ihre Phase einen $2\phi(x,y)$-Beitrag, der — wie Sie sich erinnern — entsteht, weil die Hintergrund- und rekonstruierte Wellenfront schräg zu Σ_H läuft. Dieser Phasenfaktor sorgt für einen Winkelabstand zwischen dem reellen und virtuellen Bild. Darüberhinaus enthält der Summenterm nicht die Phase der Objektwelle, sondern den Wert jeweils umgekehrten Vorzeichens. Es ist also eine Welle, die alle notwendigen Informationen vom Objekt trägt, aber in einer Weise, die nicht ganz richtig ist. Dies ist in der Tat das reelle Bild, das erzeugt wird, indem das Licht im Raum jenseits des Hologramms konvergiert, d.h. zwischen ihm und dem Betrachter. Die negative Phase zeigt sich in einem umgekehrten Bild, in etwa ähnlich dem pseudoskopischen (tiefenverkehrenden) Effekt, der auftritt, wenn die Elemente eines Stereo-Bildpaares vertauscht werden. Erhabene Einzelheiten erscheinen als Vertiefungen und Gegenstandspunkte, die näher vor Σ_H liegen als andere,

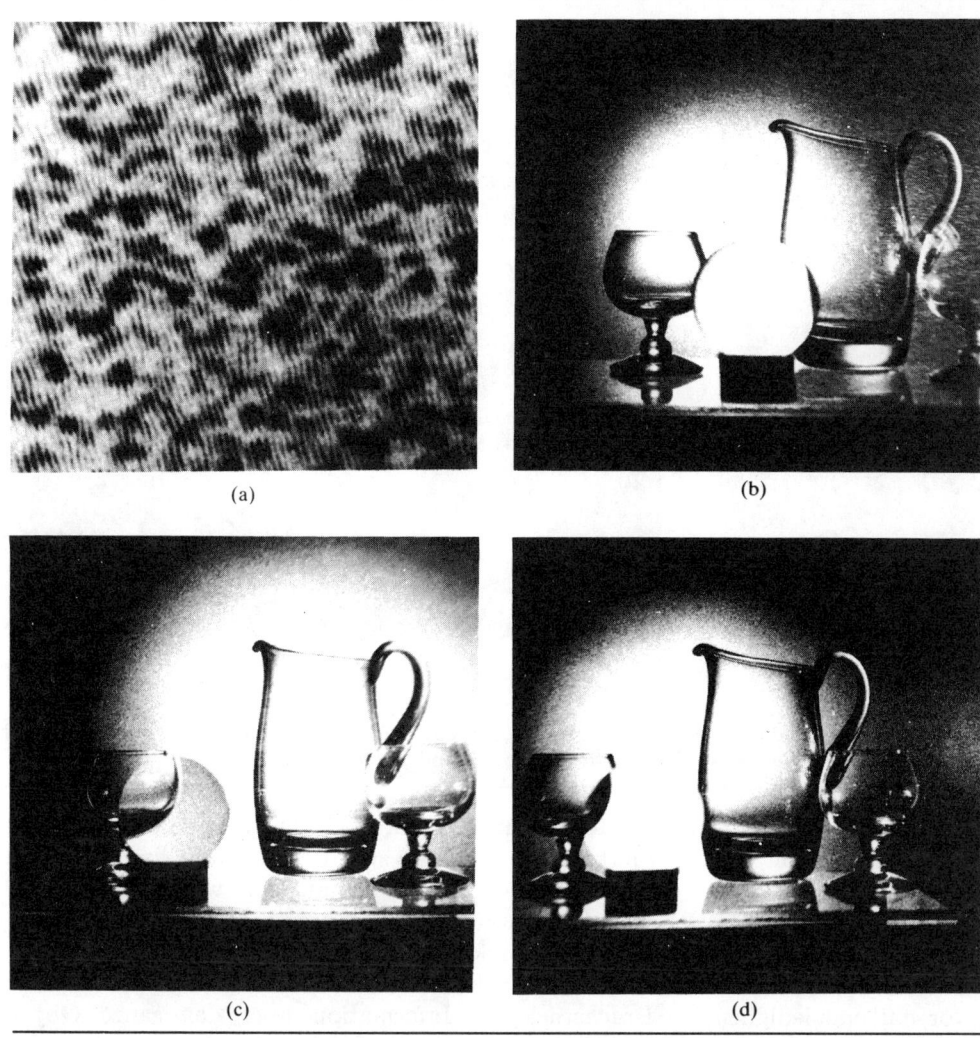

Abbildung 14.45 Die Teile (b) bis (d) sind drei verschiedene Ansichten desselben holographischen Bildes, das durch das Hologramm von (a) erzeugt wird. (Photos aus Smith, *Principles of Holography*.)

werden nun ebenfalls näher abgebildet als die anderen, aber hinter Σ_H. Also erscheint der dem Beobachter am nächsten gelegene Punkt des ursprünglichen Gegenstandes im reellen Bild als der vom Beobachter am weitesten entfernte. Die Szenerie ist in einer Art wölbungsverkehrt, die man vielleicht gesehen haben muß, um sie richtig zu verstehen. Man stelle sich beispielsweise vor, daß man auf das holographisch konjugierte Bild einer Bowlingbahn blickt. Die "hintere" Kegelreihe ist teilweise durch die "vorderen" Reihen verdeckt, wird aber dennoch näher zum Beobachter abgebildet als sogar der Königskegel. Trotzdem merke man sich, daß es nicht so ist, als ob man die Anordnung von hinten sieht. Zu keinem Zeitpunkt wurde Licht von den Kegelrückseiten aufgezeichnet — man sieht vielmehr eine umgekehrte (wölbungsverkehrte) Vorderansicht. Folglich ist das konjugierte Bild von begrenztem Nutzen, obwohl man ihm die normale Wölbung geben kann, wenn man — mit dem reellen Bild als Gegenstand — ein zweites Hologramm bildet.

Der Differenzterm in Gleichung (14.16) hat, abgesehen von einem konstanten Faktor, genau die Form der Gegenstandswelle $E_{0O}(x, y)$. Wenn man in (nicht auf) das beleuchtete Hologramm schaut, so "sieht" man den Gegenstand genauso, als ob er wirklich dort wäre, und das Hologramm als ein Fenster, durch das man auf die dahinterliegende Szenerie blickt. Man kann den

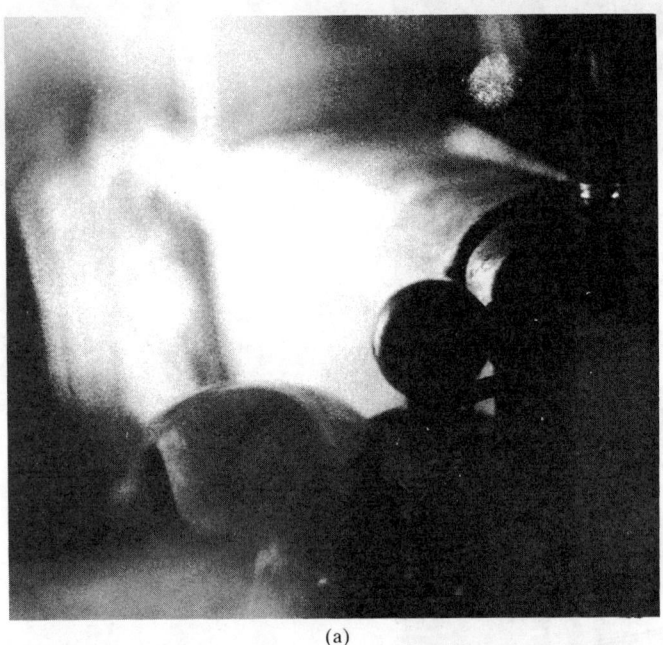 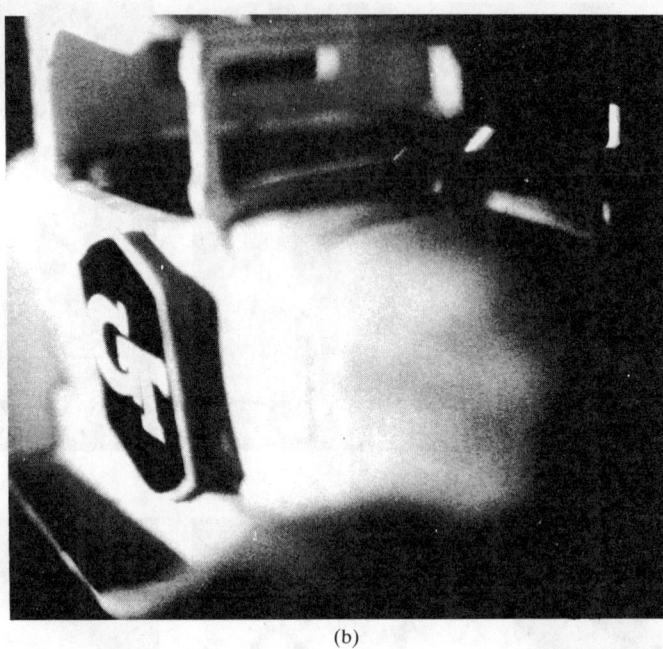

(a)   (b)

Abbildung 14.46 Ein rekonstruiertes, holographisches Bild eines Modellautos. Die Kameraposition und die Brennebene zwischen (a) und (b) wurden vertauscht. (Photos aus O'Shea, Callen and Rhodes, *An Introduction to Lasers and Their Applications*.)

Kopf etwas bewegen, um Einzelheiten sehen zu können, die aus anderem Blickwinkel von davorliegenden Gegenstandspunkten verdeckt waren. Mit anderen Worten wird der Eindruck vollständiger Dreidimensionalität durch scheinbare Parallaxen-Effekte unterstrichen, wie sie bei keiner anderen Reproduktionstechnik auftreten (Abbildung 14.45). Man stelle sich vor, daß man lediglich das holographische Bild eines Vergrößerungsglases betrachtet, welches auf eine Druckseite fokussiert ist. Wenn man sein Auge relativ zur Hologramm-Ebene bewegt, so werden immer andere Wörter (bzw. deren holographische Bilder) vergrößert, nicht durch eine Linse, sondern durch das holographische Bild der Linse. Alles scheint so wie im "wirklichen" Leben mit einer "wirklichen" Linse und einer "wirklichen" Druckseite. Im Falle einer ausgedehnten Szenerie mit beträchtlicher Tiefe müßten sich die Augen eines Beobachters stets neu fokussieren, wenn er Gebiete in unterschiedlicher Entfernung ansieht. In genau derselben Weise müßte eine Kameralinse nachgestellt werden, wenn man diese Gebiete des virtuellen Bildes photographiert (Abb. 14.46).

Hologramme zeigen noch einige andere interessante Merkmale. Steht man zum Beispiel nahe an einem Fenster, so könnte man es bis auf eine winzige Fläche mit Karton verdunkeln. Durch diese kleine Fläche könnte man immer noch die Gegenstände draußen sehen. Dasselbe gilt auch für ein Hologramm, da jedes kleine Bruchstück die Information über das ganze Objekt enthält, zumindest alle Information für den einen Betrachtungswinkel. Daher kann jedes Bruchstück, wenn auch mit abnehmender Auflösung, das vollständige Bild rekonstruieren.

Abbildung 14.47 faßt in bildhafter Weise vieles von dem zusammen, was bisher gesagt wurde, während sie ebenso eine bequeme Anordnung für die wirklichkeitsgetreue Anfertigung und Betrachtung eines Hologramms festlegt. Hier wird die photographische Schicht mit einer gewissen Tiefe gezeigt, im Gegensatz zu Abbildung 14.42, wo sie behandelt wurde, als wäre sie rein zweidimensional. Natürlich muß jede Schicht sicherlich eine beschränkte Dicke haben. Typischerweise würde sie etwa 10 μm dick sein, wenn man sie mit den räumlichen Peri-

Abbildung 14.47 (a) Die Erzeugung eines Transmissionshologramms einer Spielzeuglokomotive. (b) Rekonstruktion eines Transmissionshologrammes.

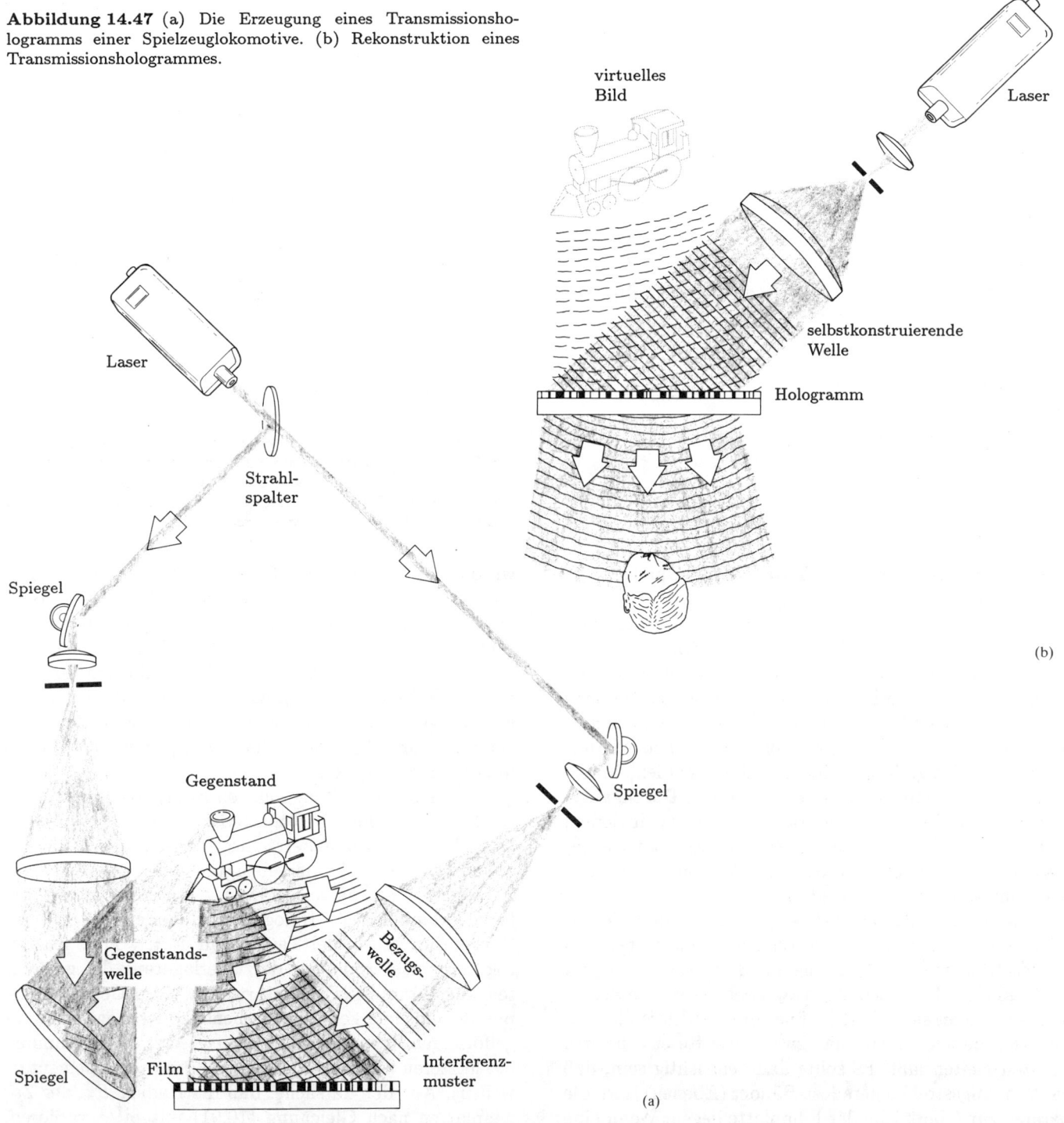

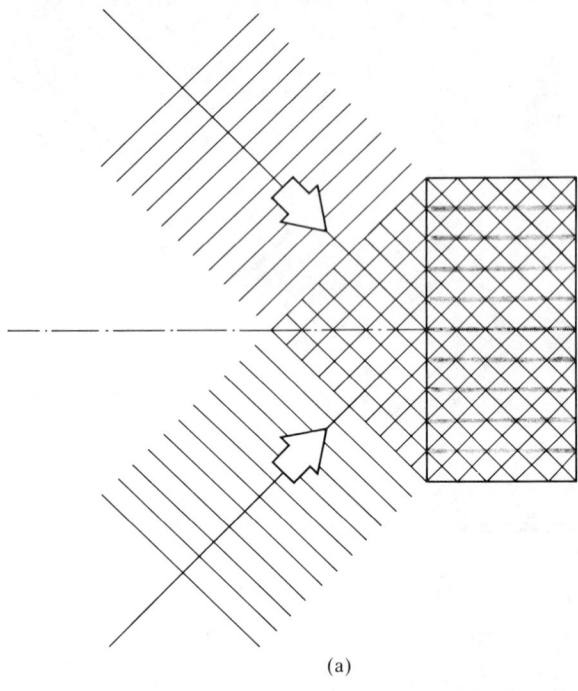

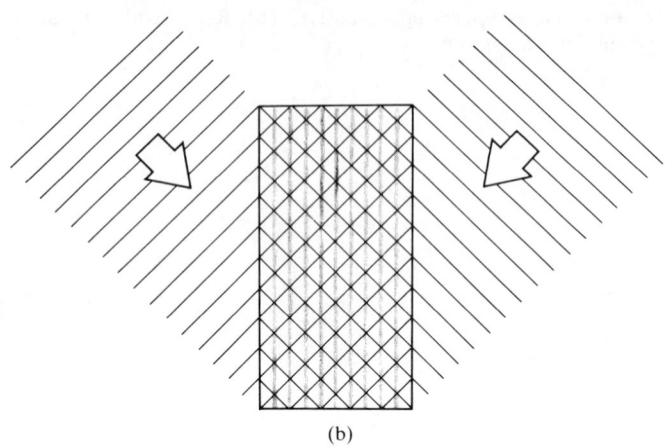

Abbildung 14.48 (a) Die Interferenz zweier ebener Wellen, die den Film von der gleichen Seite aus durchsetzen und so ein Transmissionshologramm erzeugen. (b) Die Interferenz zweier ebener Wellen, die den Film von verschiedenen Seiten aus durchsetzen und so ein Reflexionshologramm erzeugen.

oden der Bezugsstreifen vergleicht, die im Durchschnitt etwa 1 μm ausmachen. Abbildung 14.48 (a) kommt dem Punkt näher und sie zeigt die Art dreidimensionaler Streifen, die wirklich auf der gesamten Schicht existieren. Bei ebenen Wellen sind diese geradezu parallelen Streifenebenen so orientiert, daß sie den Winkel zwischen Bezugs- und Gegenstandswelle aufteilen. Machen Sie sich klar, daß alle Hologramme, mit denen wir uns bisher beschäftigt haben, so betrachtet wurden, indem man durch sie hindurchschaute; sie alle sind **Durchgangshologramme** (Transmissionshologramme) und in jedem Fall sind sie so entstanden, indem Bezugs- und Gegenstandswelle veranlaßt wurden, den Film von der gleichen Seite ausgehend zu durchsetzen.

Etwas Ähnliches passiert, wenn Bezugs- und Gegenstandswelle die Schicht von verschiedenen Seiten aus durchsetzen, wie in Abbildung 14.48 (b). Wenn wir der Einfachheit halber wieder von zwei ebenen Wellen ausgehen, kann man sich Klarheit über das resultierende Muster verschaffen, indem man zwei Bleistifte entlang den Fronten gleiten läßt. Es sollte dann einsichtig sein, daß die Beugungsstreifen geradezu Bänder (Ebenen) sind, die parallel zur Oberfläche der Filmplatte liegen. Wenn eine wirkliche, stark unebene Gegenstandswelle eine ebene, kohärente Bezugswelle überlagert, werden diese Beugungsstreifen mit der den Gegenstand beschreibenden Information moduliert. Das entsprechende dreidimensionale Beugungsgitter wird **Reflexionshologramm** genannt. Während der Rekonstruktion streut es den Beleuchtungsstrahl zum Betrachter zurück und man sieht ein virtuelles Bild hinter dem Hologramm (als schaue man in einen Spiegel).

Die Fresnelsche Zonenplatten-Interpretation war auf all die verschiedenen holographischen Systeme anwendbar, die wir bisher betrachtet haben, und dies unabhängig davon, ob wir gebeugte Wellen im *Nah-* oder *Fernfeld* vor uns hatten (d.h. ob es sich um Fresnelsche bzw. Fraunhofersche Hologramme handelte). Diese Interpretation gilt in der Tat überall dort, wo das Interferogramm sich ergibt aus der Überlagerung der gestreuten kugelförmigen Elementarwellen jedes Gegenstandspunkts und einer kohärenten ebenen, oder sogar einer kugelförmigen Referenzwelle (vorausgesetzt die Krümmung der letzteren unterscheidet sich von jener der Elementarwellen). Aus der Tatsache, daß die Radien R_m der Zonenplatten nach Gleichung (10.91) mit $m^{1/2}$ variieren,

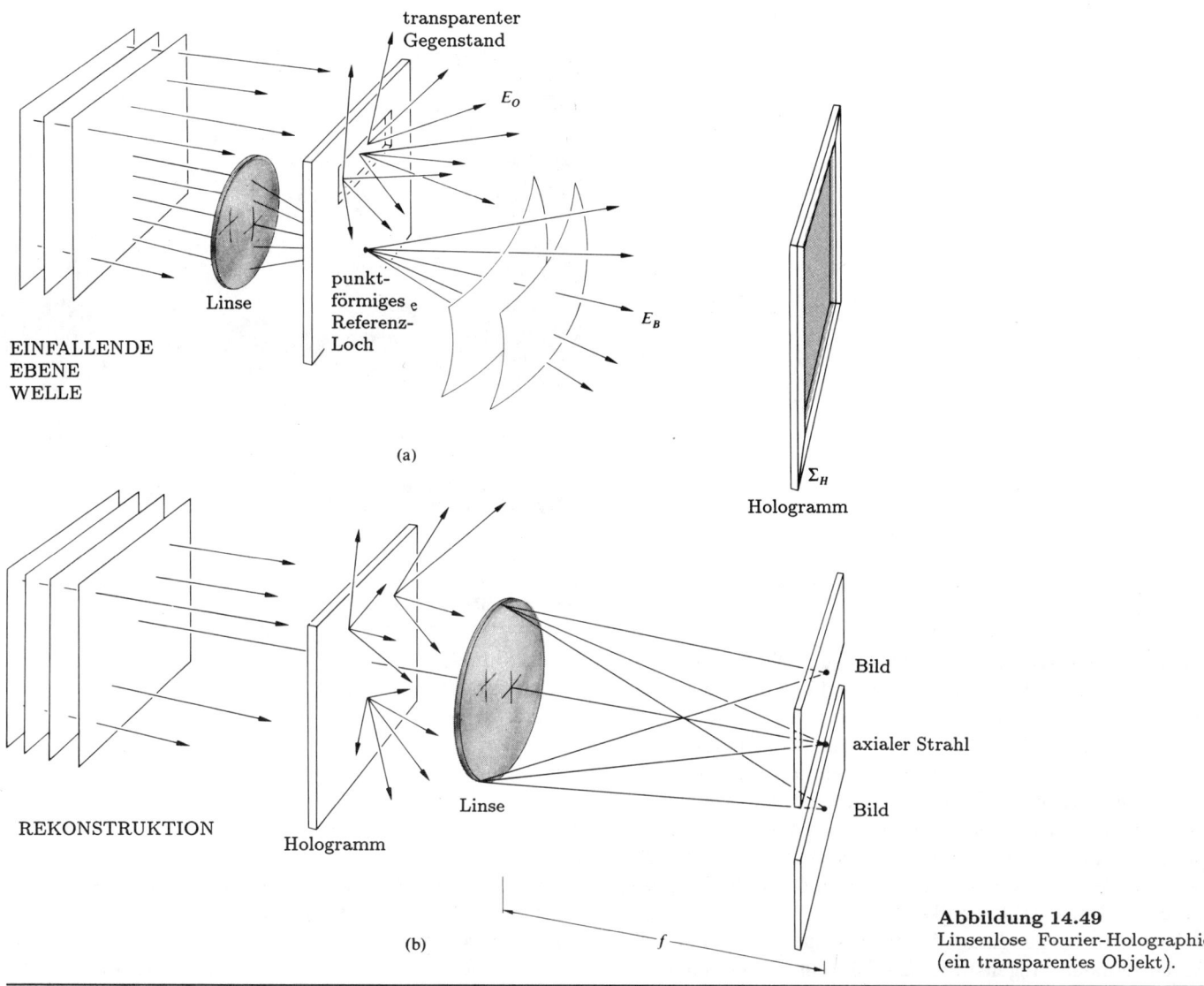

Abbildung 14.49
Linsenlose Fourier-Holographie
(ein transparentes Objekt).

resultiert ein inhärentes Problem aller so beschreibbaren Systeme. Die jeweiligen "Zonen"-Beugungsringe liegen also umso dichter, je weiter sie vom Zentrum jeder Zonenlinse entfernt sind (d.h. je größer der Wert von m ist). Dies ist gleichbedeutend mit einer zunehmenden Raumfrequenz der hellen und dunklen Ringe, die mit einer Photoplatte aufgezeichnet werden. Dasselbe kann mit dem Kosinusgitter dargestellt werden, wo die Raumfrequenz mit θ ansteigt. Da der Film, mag er auch noch so feinkörnig sein, in der Wiedergabe räumlicher Frequenzen beschränkt ist, wird es dabei eine Grenze geben, jenseits der keine Daten aufgezeichnet werden können. All dies stellt eine eingebaute Begrenzung der Auflösung dar. Könnte hingegen die mittlere Frequenz der Beugungsstreifen konstant gehalten werden, so würden die durch das photographische Medium gegebenen Begrenzungen beträchtlich reduziert werden und die Auflösung würde entsprechend steigen. Solange sie die mittlere Raumfrequenz der Beugungsstreifen aufzuzeichnen vermag, kann sogar eine grobe Filmschicht

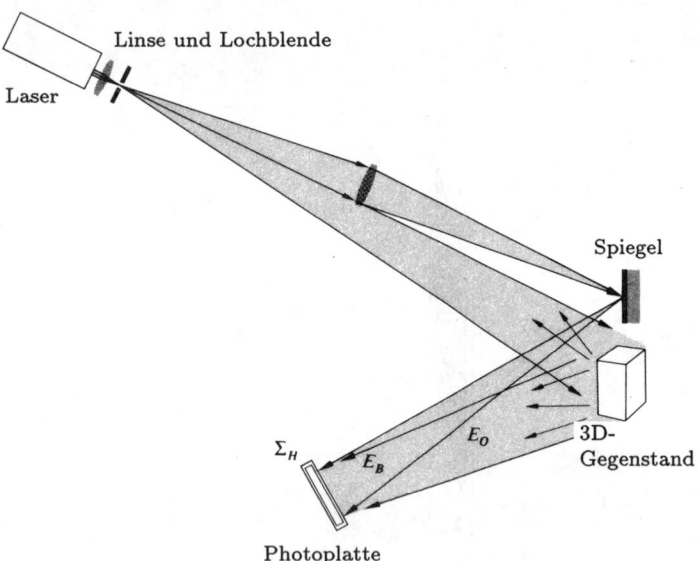

Abbildung 14.50 Linsenlose Fourier-Holographie (ein undurchsichtiges Objekt).

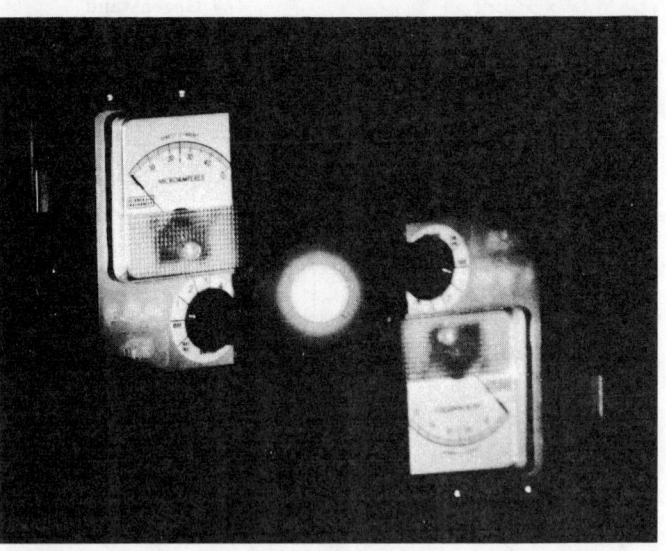

Abbildung 14.51 Eine Rekonstruktion eines Fourier-Hologramms. (Aus G.W. Stoke, D. Brumm, and A. Funkhauser, *J. Opt. Soc. Am.* **55**, 1327 (1965).)

wie Polaroid P/N ohne nennenswerten Auflösungsverlust benutzt werden. Abbildung 14.49 zeigt einen Aufbau, der dies genau dadurch erreicht, daß gebeugte Elementarwellen des Gegenstands mit einer kugelförmigen Referenz-Welle von etwa der gleichen Krümmung interferieren. Das sich ergebende Interferogramm ist ein sogenanntes **Fourier-Hologramm** (in diesem speziellen Beispiel ein auflösungsstarkes eines *linsenlosen* Systems). Dieser Aufbau wurde entwickelt, damit die Referenzwelle die quadratische Phasenabhängigkeit (Zonenlinsen-Typ) auf Σ_H aufhebt. Exakt geschähe dies nur bei einem ebenen, zweidimensionalen Gegenstand. Im Fall eines dreidimensionalen Gegenstands (Abb. 14.50) tritt dies nur über einer Ebene auf und das resultierende Hologramm ist daher eine Kombination beider Arten, d.h. einer Zonen-Linse und Fourier-Transformierten. Anders als bei den anderen Versuchsanordnungen sind beide Bilder virtuell, die von einem Fourier-Hologramm erzeugt werden, in derselben Ebene gelegen und punktsymmetrisch zum Ursprung orientiert (Abb. 14.51).

Die gitterartige Natur aller bisherigen Hologramme ist hier offensichtlich. Schaut man durch ein Fourier-Hologramm auf ein kleines weißes Licht (ein Blitzlicht in einem dunklen Raum ist dafür sehr geeignet), so kann man tatsächlich die zwei Spiegelbilder sehen, aber sie sind extrem unklar und von spektralfarbigen Bändern umgeben. Die Ähnlichkeit mit weißem Licht, das durch ein Gitter fiel, ist unübersehbar.[28]

14.3.2 Entwicklungen und Anwendungen

Für Jahre war die Holographie eine Erfindung auf der Suche nach Anwendungen, trotz gewisser offensichtlicher Möglichkeiten wie z.B. ein 3D-Plakat. Glücklicherweise haben in letzter Zeit einige bedeutende technologische Entwicklungen eine sicherlich fortdauernde Ausweitung von Format und Nützlichkeit der Hologramme in Gang gesetzt. Typisch für die ersten Anstrengungen auf diesem Gebiet sind zahllose Bilder von Spielzeugautos und -zügen, Schachfiguren und kleinen Büsten — kleine Gegenstände, die auf riesigen Gra-

---

[28] Siehe De Velis and Reynolds, *Theory and Applications of Holography*; Stroke, *An Introduction to Coherent Optics and Holography*; Goodman, *Introduction to Fourier Optics*; Smith, *Principles of Holography*; oder vielleicht *The Engineering Uses of Holography*, herausgegeben von R.E. Robertson und J.M. Harvey.

Abbildung 14.52 Eine Rekonstruktion einer holographischen Portraitaufnahme. (Photo mit freundlicher Genehmigung von L.D. Siebert.)

nitblöcken standen. Sie mußten wegen begrenzter Laserleistung und Kohärenzlängen klein sein; der übermächtige, massive Granitsockel hatte das Objekt dabei gegen die leichteste Erschütterung abzuschirmen, welche die Beugungsstreifen verwischen und die gespeicherten Daten verschlechtern oder vernichten könnte. Ein lauter Ton oder Windstoß konnten eine Verschlechterung des rekonstruierten Bildes hervorrufen, wenn sie die Photoplatte, den Gegenstand oder die Spiegel während der Aufnahmedauer von vielleicht einer Minute nur um wenige Millionstel Zentimeter verschieben würden. Das war die stille Zeit der Holographie. Aber nun wurden durch Verwendung neuer, empfindlicher Filme und sehr kurzer ($\sim$40 ns) Hochleistungsblitze eines gepulsten Einmoden-Rubinlasers sogar Portraitaufnahmen und "Schnappschuß"-Holographie Realität (Abb. 14.52)[29].

Während der sechziger Jahre und noch lange in die siebziger Jahre hinein lag der Nachdruck auf den augenscheinlichen, visuellen Wundern der Holographie. Dies setzte sich in die achtziger Jahre mit der Mas-

___

[29] L.D. Siebert, *Appl. Phys. Letters* **11**, 326 (1967) sowie R.G. Zech and L.D. Siebert, *Appl. Phys. Letters* **13**, 417 (1968).

senproduktion von über hundert Millionen Billigplastik-Reflexionshologrammen fort (verbunden mit Kreditkarten; eingelegt in Süßigkeitenpackungen; die Titelseiten von Magazinen oder Juwelen und Schallplattenalben dekorierend). Und wirklich, die kürzliche (1985) Entwicklung des Photopolymers, der stabil, billig und in der Lage ist, Bilder hoher Qualität zu produzieren, wird die Herstellung dieser Wegwerfhologramme in noch größerer Stückzahl anregen. Doch man erkennt überall die Möglichkeiten der Holographie auch außerhalb der Abbildungstechnik. Diese neue Richtung findet zunehmend wichtige Anwendungen.

i) Volumen-Hologramme

Yuri Nikolayevitch Denisyuk aus der Sowjetunion entwickelte 1962 eine Methode, Hologramme zu erzeugen, deren Konzept dem frühen Verfahren der Farbphotographie von Gabriel Lippmann (aus dem Jahr 1891) ähnelt. In wenigen Worten: Die Objektwelle wird vom Gegenstand reflektiert und pflanzt sich rückwärts fort, wobei sie sich mit der einfallenden kohärenten Hintergrundwelle überlagert. Dadurch bauen die beiden Wellen ein dreidimensionales Muster stehender Wellen auf (Abb. 14.48). Die räumliche Verteilung der Beugungsstreifen wird zum Teil über die ganze Dicke der Photoschicht aufgezeichnet und bildet dann ein sogenanntes **Volumenhologramm**. Verschiedene Variationen sind seitdem erfunden worden, aber die Grundideen sind dieselben; das Volumenhologramm ist eine dreidimensionale Gitterstruktur anstatt einer zweidimensionalen. Mit anderen Worten: es ist eine dreidimensionale, modulierte periodische Anordnung von Phasen- oder Amplituden-Objekten, die die Daten repräsentieren. Es kann in verschiedenen Medien aufgezeichnet werden, zum Beispiel in dicker Photoemulsion, in der die Amplitudenobjekte Körner von entwickeltem Silber sind; in photographischem Chromglas mit Halogenkristallen wie KBr, die auf die Lichtintensität mit Farbzentren-Variation reagieren; oder mit einem ferroelektrischen Kristall wie Lithium-Niobat, der seinen Brechungsindex lokal ändert und dadurch etwas bildet, das man als Phasen-Volumenhologramm bezeichnen könnte. Bei jeder dieser Möglichkeiten hat man es mit einer Datenanordnung in einem Volumen zu tun. Das sie auf die eine oder andere Weise speichernde Medium verhält sich beim Rekonstruktionsprozeß ganz genau wie ein Kristall, der von Röntgenstrahlen durchleuchtet wird. Es streut die einfallende (rekonstruierende) Welle entsprechend dem Bragg-Gesetz (Abschnitt 10.2.7). Dies ist nicht besonders überraschend, da sowohl die Streuzentren als auch λ einfach proportional vergrößert sind.

Ein wichtiges Merkmal eines Volumenhologramms ist die wechselseitige Abhängigkeit (gemäß dem Braggschen Gesetz $2d\sin\theta = m\lambda$ (Gl. 10.71)) von Wellenlänge und Streuwinkel, d.h., daß durch das Hologramm nur eine bestimmte Lichtfarbe unter einem besonderen Winkel gebeugt wird. Eine andere bedeutende Eigenschaft ist, daß durch eine sukzessive Änderung des Einfallwinkels (oder der Wellenlänge) ein winziges Volumenmedium eine große Anzahl gleichzeitig vorhandener Hologramme zugleich speichern kann. Diese letztere Eigenschaft macht solche Systeme äußerst attraktiv als dichtgepackte Datenspeicher. Beispielsweise ist ein 8 mm dickes Hologramm dazu benutzt worden, 550 Seiten an Information zu speichern, wobei jede Seite individuell wiedergefunden werden konnte. Nach der Theorie kann ein einziger Lithium-Niobat-Kristall leicht Tausende von Hologrammen speichern und jedes Hologramm kann einzeln abgerufen werden, indem der Kristall unter einem geeigneten Winkel mit einem Laserstrahl bestrahlt wird. Laufende Forschungen konzentrieren sich auf Kalium-Tantal-Niobat (KTN) als ein mögliches Photobrechungs-Kristallspeichermedium. Man stelle sich einen holographischen 3-D-"Film" vor, eine Bücherei, oder die persönlichen Daten eines jeden (Schönheitsmerkmale, Kreditkarte, Steuern, schlechte Angewohnheiten, Einkommen, Lebenslauf etc.), alles in einer Handvoll kleiner, durchsichtiger Kristalle gespeichert.

Mehrfarbige Rekonstruktionen wurden unter Verwendung (schwarzer und weißer) volumenholographischer Platten erreicht. Zwei, drei oder mehr verschiedenfarbige und untereinander inkohärente Laserstrahlen, die sich überlagern, werden benutzt, um an ein und demselben Ort getrennte Komponentenhologramme des Gegenstandes zu erzeugen, zeitgleich oder auch jedes für sich. Wenn diese durch die verschiedenen Komponentenstrahlen gleichzeitig beleuchtet werden, so ergibt sich ein mehrfarbiges Bild.

Eine weiteres wichtiges und vielversprechendes Verfahren, die sogenannte **Weißlicht-Reflexions-Holographie** wurde von G.W. Stroke und A.E. Labeyrie entwickelt. Hier ist die rekonstruierende Welle ein gewöhnlicher weißer Lichtstrahl (etwa eines Blitzlichtes oder Projektors), der eine Wellenfront ähnlich der ursprünglichen quasimonochromatischen Hintergrundwelle hat. Beleuchtet man das Hologramm von der Seite des Beobachters, so wird nur das Licht derjenigen Wellenlänge reflektiert, die in das Volumenhologramm unter dem geeigneten Braggschen Winkel eintritt. Das reflektierte Licht bildet ein rekonstruiertes, virtuelles 3-D-Bild. Wenn man also die Szenerie in rotem Laserlicht aufzeichnet, so wird nur rotes Licht zur Bildkonstruktion reflektiert. Es ist von pädagogischem Interesse hervorzuheben, daß die Emulsion bei der Fixierung schrumpfen kann und der Abstand d der Braggschen Ebenen abnimmt, wenn die Emulsion nicht chemisch (z.B. mit Triethylnolamin) auf ihre ursprüngliche Form zurückgequollen wird. Das bedeutet, daß bei vorgegebenem Winkel θ die reflektierte Wellenlänge proportional abnehmen wird. Daher kann ein Gegenstand, der im He-Ne-Rot aufgezeichnet wurde, in Orange oder sogar Grün wiedergegeben werden, wenn man ihn mit einem weißen Lichtstrahl rekonstruiert.

Wenn mehrere sich überlagernde Hologramme, die unterschiedlichen Wellenlängen entsprechen, gespeichert sind, wird sich ein mehrfarbiges Bild ergeben. Die Vorteile der Verwendung gewöhnlichen weißen Lichtes für die Rekonstruktion vollfarbiger 3-D-Bilder sind offensichtlich und weitreichend.

ii) Holographische Interferometrie

Ein Fortschritt in der Holographie mit größter innovativer und praktischer Bedeutung liegt auf dem Gebiet der Interferometrie. Drei unterschiedliche Wege erwiesen sich als sehr nützlich bei einer Fülle zerstörungsfreier Untersuchungsaufgaben, bei denen es etwa darauf ankam, von Spannung, Vibration, Hitze etc. herrührende Verformungen im Nanometer-Bereich zu erforschen. Bei der *Doppelbelichtungs*-Technik macht man einfach ein Hologramm vom ungestörten Objekt und dann vor der Entwicklung ein zweites Hologramm mit dem Licht des nun verformten Objekts. Das Ergebnis besteht schließlich aus zwei sich überlagernden rekonstruierten Wellen, die ein Beugungsmuster bilden sollen, das auf die Verformung des Objekts hinweist, d.h. die Veränderung der optischen Weglänge (Abb. 14.53). Änderungen des Brechungsindex, wie sie im Windkanal und dergleichen entstehen, erzeugen dieselbe Art von Muster.

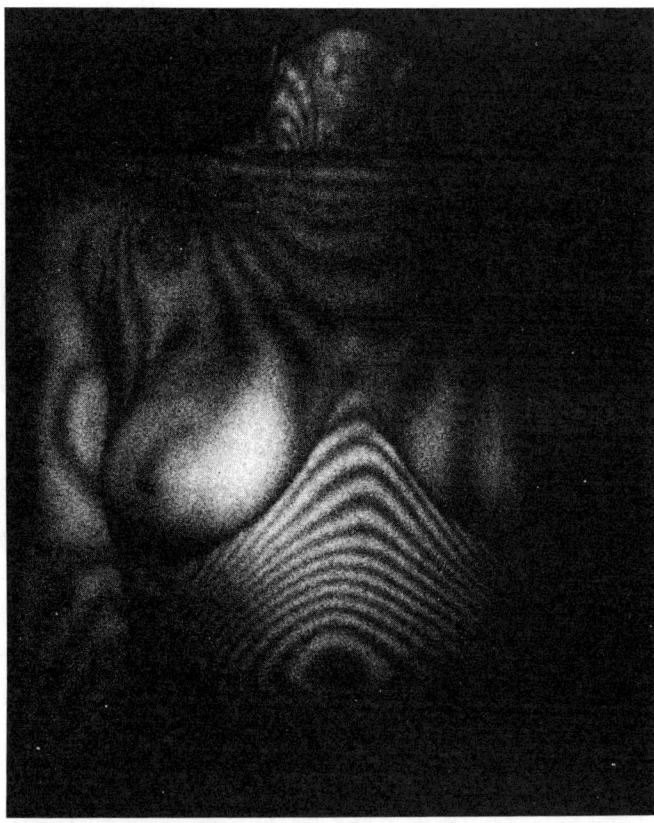

Abbildung 14.53 Doppelbelichtungs-Interferogramm. (Aus S.M. Zivi and G.H. Humberstone. "Chest Motion Visualized by Holographic Interferometry", *Medical Research Eng.* p. 5 (June 1970).)

Bei der *Realzeit-Methode* bleibt der Gegenstand in seiner ursprünglichen Position; ein entwickeltes Hologramm wird hergestellt und mit dem sich ergebenden virtuellen Bild überlagert man genau den Gegenstand (Abb. 14.54). Jede Verformung, die während des folgenden Tests entsteht, zeigt sich, wenn man durch das Hologramm sieht als ein System von Beugungsstreifen, deren Entwicklung in "Realzeit" untersucht werden kann. Die Methode ist sowohl auf undurchsichtige als auch auf transparente Objekte anwendbar. Bildserien (Filme) können aufgenommen werden, um eine kontinuierliche Aufzeichnung des Verlaufs zu ermöglichen.

Die dritte Methode ist die des *zeitlichen Mittels*, die besonders auf schnellschwingende Systeme mit kleiner

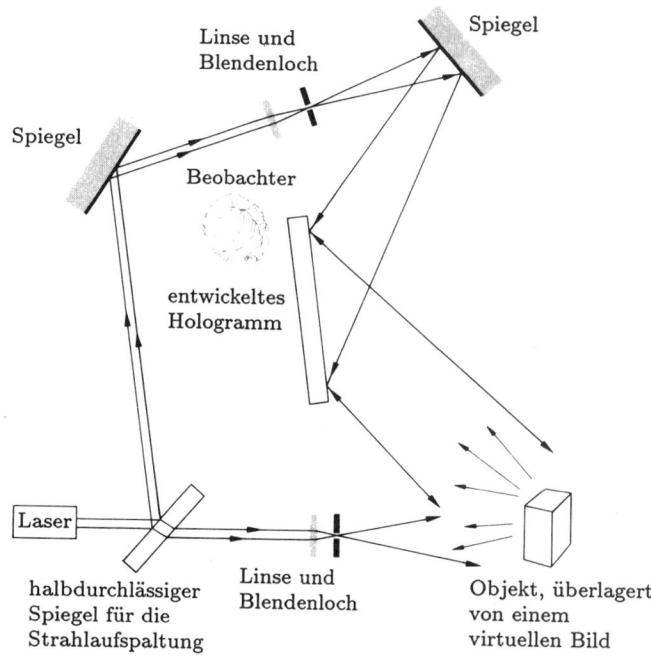

Abbildung 14.54 Holographische Realzeit-Interferometrie.

Amplitude anwendbar ist. Hier wird die Filmplatte relativ lange belichtet, so daß das schwingende Objekt währenddessen einige Schwingungen ausführt. Das resultierende Hologramm kann man sich als Überlagerung einer Vielfalt von Bildern vorstellen mit dem Ergebnis, daß das Muster einer stehenden Welle entsteht. Helle Flächen zeigen ungebeugte oder stationäre Gebiete von Schwingungsknoten, während die Schichtlinien Gebiete konstanter Schwingungsamplitude aufzeigen.

Besonders vielversprechend auf dem Gebiet der nichtzerstörenden Testverfahren ist die kommerzielle Erhältlichkeit (1983) eines holographischen Systems, das auf einem löschbaren, thermoplastischen Film aufnimmt. Die Hologramme werden in weniger als 10 Sekunden nach der Aufnahme produziert, und die Platte kann hunderte Male wiederbenutzt werden. Heute ist das holographische Testen von mechanischen Systemen bereits eine gut etablierte Praxis in der Industrie. Weiterhin dient es einem breiten Bereich von Anwendungen, von der Lärmreduzierung in Autogetrieben bis zur Routinierung bei Inspektionen von Düsenmaschinen.

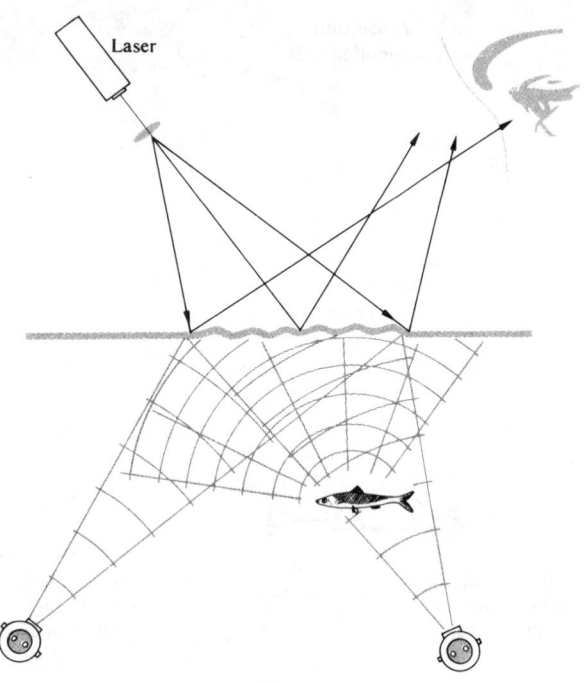

Abbildung 14.55 Akustische Holographie.

iii) Akustische Holographie

Bei der akustischen Holographie wird hochfrequenter Ultraschall benutzt, um ein Hologramm anfänglich zu erzeugen; danach dient ein Laserstrahl dazu, ein erkennbares rekonstruiertes Bild zu erzeugen. Eine Anwendung funktioniert wie folgt: das stationäre Wellenmuster auf dem Medium Wasser wird von eingetauchten, kohärenten Ultraschallsendern erzeugt und entspricht einem Hologramm des Objekts darunter (Abb. 14.55). Ein sichtbares Bild erhält man, wenn man eine Photographie dieses Wellenmusters beleuchtet. Stattdessen kann man die Wellen auch von oben mit einem Laserstrahl beleuchten, um eine unmittelbare Rekonstruktion in reflektiertem Licht zu erzeugen.

Die Vorteile der akustischen Technik liegen darin, daß Schallwellen, anders als Licht, beträchtliche Entfernungen in dichten Flüssigkeiten und Festkörpern zurücklegen können. So können akustische Hologramme so verschiedene Dinge wie U-Boote und innere Organe

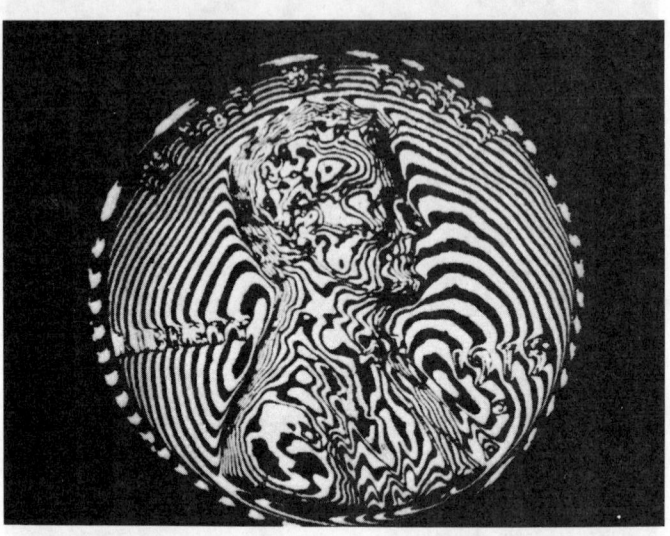

Abbildung 14.56 Interferometrisches Bild eines Pennys durch akustische Holographie. (Photo freundlicherweise von Holosonics, Inc. überlassen.)

aufzeichnen.[30] Im Fall von Abbildung 14.55 würde man etwas sehen, das einer bewegten Röntgenstrahl-Aufnahme des Fisches ähnelt. Abbildung 14.56 ist das Bild eines Pennys, welches durch akustische Holographie bei Verwendung von Ultraschall einer Frequenz von 48 MHz entstand. In Wasser entspricht das einer Wellenlänge von grob 30 μm, und so bedeutet jede Streifenkontur den Nachweis einer Höhenänderung von $1/2 \lambda$ oder 15 μm.

iv) Holographische optische Elemente

Augenscheinlich erzeugen zwei ebene Wellen, die sich wie in Abbildung 14.42 überlagern, ein Kosinusgitter. Dies legt die offenbare Auffassung nahe, daß die Holographie für etwas anderes als für Abbildungen her-

---

[30] Siehe A.F. Metherell, "Acoustical Holography", *Sci. Am.* **221**, 36 (October 1969). Für eine weitere interessante Anwendung der Muster von Oberflächenprofilen sei verwiesen auf A.L. Dalisa et al., "Photoanodic Engraving of Holograms on Silicon", *Appl. Phys. Letters* **17**, 208 (1970).

angezogen werden kann, wie die Anfertigung von Beugungsgittern. In der Tat ist das *holographische optische Element* (HOE) jede Beugungsvorrichtung, die aus einem "Streifen"-System (d.h. eine Verteilung von beugenden Amplituden- oder Phasenobjekten) besteht, welches entweder unmittelbar durch Interferometrie oder durch Computersimulation geschaffen wurde. Sowohl sinusförmige holographische Beugungsgitter als auch solche, die etwa 70% des einfallenden Lichtes in eine bevorzugte Richtung reflektieren (= solche mit einem bestimmten Bereich maximaler Intensität) sind kommerziell erhältlich (mit bis zu etwa 3600 Linien pro mm). Obwohl sie immer noch weniger wirkungsvoll als gezogene Gitter sind, erzeugen sie weitaus weniger Streulicht, was bei vielen Anwendungen wichtig sein kann.

Nehmen Sie an, wir nähmen das Interferenzmuster eines konvergierenden Strahls unter Benutzung einer ebenen Referenzwelle auf. Nach der Wiederbeleuchtung des resultierenden Durchgangshologramms mit einer passenden, ebenen Welle wird eine neuerzeugte konvergierende Welle heraustreten — das Hologramm wird wie eine Linse (siehe Abb. 14.39) funktionieren. Falls in ähnlicher Weise der Bezugsstrahl eine, von einer Punktquelle ausgehende, divergierende Welle, und der Gegenstand eine ebene Welle ist, wird das Hologramm, das von einer Punktquelle aus wiederbeleuchtet wird, eine ebene Welle wiedergeben. Auf diesem Weg kann ein holographisches optisches Element die Aufgaben einer komplexen Linse übernehmen mit dem zusätzlichen Vorteil, einen kostenniedrigen, leichten und kompakten Systementwurf zu gewährleisten. Holographische optische Elemente sind bereits im Inneren von Ausgabe-Abtastgeräten von Supermärkten in Gebrauch und lesen automatisch die Strichmuster des Universal Product Code (UPC) auf Waren. Ein Laserstrahl überstreicht eine rotierende Scheibe, die aus einer Anzahl von holographischen Linsenprismenflächen besteht. Durch diese wird der Strahl schnell über ein Raumvolumen refokussiert, verschoben und getastet, so daß gewährleistet wird, daß der Code beim ersten Verarbeitungsvorgang durch das Gerät gelesen wird. HOEs werden für Visieranzeigen in Flugzeugcockpits benutzt. Diese erlauben die Projektion von Informationen auf einen ansonsten durchsichtigen Schirm vor dem Gesicht des Piloten, ohne daß seine Sicht versperrt wird. Sie befinden sich ebenfalls in Bürokopiermaschinen und Sonnenlichtsammlern.

Als *angepasste Raumfilter* werden HOEs in optischen Korrelatoren benutzt (S. 534), um Fehler in Halbleitern und Panzer auf Aufklärungsphotos zu orten. In solchen Fällen ist das HOE ein Hologramm, das zustande kommt, wenn man die Fourier-Transformierte eines Suchmusters (z.B. ein Bild eines Panzers oder vielleicht ein gedrucktes Wort) als Gegenstand benutzt. Nehmen Sie an, das Problem bestünde in dem automatischen Auffinden eines Wortes auf einer bedruckten Seite. Ein optischer Computer, wie der in Abbildung 14.8, gleicht das Wort mit den Wörtern der Seite ab. Das Hologramm des Suchmusters wird in der Ebene der Transformierten plaziert und mit der Transformierten einer ganzen Druckseite beleuchtet. Die Feldamplitude, die aus diesem HOE-Filter heraustritt, wird dann proportional zu dem Produkt der Seitentransformierten und Worttransformierten sein. Die Transformierte dieses Produkts, erzeugt durch die letzte Linse und angezeigt auf der Bildebene, ist die gewünschte Kreuz-Korrelation (ziehen Sie den Wiener-Khintchine-Satz zu Rate). Falls das Wort auf der Seite ist, wird eine hohe Korrelation dort vorhanden sein, und ein heller Lichtfleck wird erscheinen, der dem Endbild überlagert wird, wo immer auch das gesuchte Wort auftaucht.[31]

Es ist möglich, Punkt für Punkt ein Hologramm eines fiktiven Objektes zu konstruieren. Mit anderen Worten: in direktester Weise können Hologramme mittels digitaler Computer hergestellt werden, die die Lichtintensitätsverteilung berechnen, die entstünde, wenn ein Objekt in einem hypothetischen Aufnahmeprozeß passend beleuchtet würde. Ein Computerausdruck des Interferogramms oder ein solches Bild einer Braunschen Röhre werden photographiert, um als eigentliches Hologramm zu dienen. Das Ergebnis ist bei Beleuchtung ein dreidimensionales rekonstruiertes Bild eines Objekts, das niemals irgendeine reale Existenz hatte. Für die Praxis werden jetzt computererzeugte HOEs routinemäßig produziert, die oftmals als Bezugsgrößen bei optischen Testverfahren dienen. Seitdem mit diesen Technologien im Prinzip die Erzeugung von Wellenfronten möglich ist, die im allgemeinen auf anderem Wege unmöglich zu produzieren sind, ist die Zukunft sehr vielversprechend.

---

[31] Siehe A. Ghatak und K. Thyagarajan, *Contemporary Optics*, p. 214.

14.4 Nichtlineare Optik

Nach allgemeinem Verständnis umfaßt das Gebiet der *nichtlinearen Optik* jene Phänomene, für die elektrische und magnetische Feldstärken höherer Potenz als die erste eine dominierende Rolle spielen. Der Kerr-Effekt (Abschnitt 8.11.3), bei dem es um die quadratische Abhängigkeit des Brechungsindex von der angelegten Spannung und damit vom elektrischen Feld geht, ist ein typisches Beispiel für einige seit langem bekannte nichtlineare Effekte.

Die gewöhnlich klassische Behandlung der Lichtausbreitung — Superposition, Reflexion, Brechung usw. — setzt eine lineare Beziehung zwischen dem elektromagnetischen Lichtfeld und dem entsprechenden atomaren System, aus dem das Medium besteht, voraus. Aber genauso wie ein mechanischer Oszillator (z.B. eine Feder mit einem Gewichtsstück) durch eine genügend große einwirkende Kraft im nicht-linearen Bereich betrieben werden kann, so können wir vorhersagen, daß ein Lichtstrahl extremer Intensität deutliche nichtlineare optische Effekte erzeugen kann. Die elektrischen Felder, die bei dem Lichtstrahl von gewöhnlichen oder, wenn man so will traditionellen Lichtquellen auftreten, sind viel zu klein, als daß ein solches Verhalten leicht zu beobachten wäre. Deshalb und wegen anfänglich fehlenden technischen Mutes mußte dieses Thema bis zum Aufkommen des Lasers ruhen, mit dem die nötige unbändige Energie im optischen Bereich des Spektrums zum Tragen kommen konnte. Als ein Beispiel für Felder dieser Art, die schon mit den heutigen Techniken verfügbar sind, berücksichtige man, daß eine gute Linse einen Laserstrahl in einem Fleck von grob 10^{-9} m^2 fokussieren kann. Ein 200 Megawatt Puls z.B. eines gütegesteuerten Rubin-Lasers würde dann etwa 20×10^{16} W/m^2 erzeugen. Aus Abschnitt 3.3.1 folgt (Aufgabe 14.18), daß die entsprechende elektrische Feldamplitude gegeben ist durch

$$E_0 = 27.4 \left(\frac{I}{n}\right)^{1/2}. \quad (14.17)$$

In diesem besonderen Fall, für $n \approx 1$ ist die Feldamplitude etwa 1.2×10^8 V/m. Dies ist mehr als die Zündspannung in Luft (grob 3×10^6 V/m) und nur einige Größenordnungen kleiner als die typischen Felder, die einen Kristall zusammenhalten. Die letzteren sind grob von derselben Stärke wie das Feld, das im Wasserstoffatom auf das Ion wirkt (5×10^{11} V/m). Die Verfügbarkeit dieser und sogar stärkerer Felder (10^{12} V/m) macht einen weiten Bereich wichtiger neuer, nichtlinearer Phänomene und Geräte möglich. Wir werden diese Diskussion auf die Betrachtung einiger nichtlinearer Phänomene beschränken, die mit passiven Medien verbunden sind (d.h. Medien, die im wesentlichen als Katalysatoren wirken, ohne ihre eigenen charakteristischen Frequenzen ins Spiel zu bringen). Wir werden besonders optische Gleichrichtung, Erzeugung von optischen Oberschwingungen, Frequenzmischung und Selbstfokussierung von Licht betrachten. Im Gegensatz dazu stellen stimulierte Raman-, Rayleigh- und Brillouin-Streuung (Abschnitt 13.8) Beispiele nichtlinearer optischer Phänomene dar, die in aktiven Medien entstehen, welche ihre charakteristische Frequenz der Lichtwelle aufzwingen.[32]

Wie man sich vielleicht erinnert (Abschnitt 3.5.1), übt das elektromagnetische Feld einer Lichtwelle, die sich durch ein Medium fortpflanzt, Kräfte auf die lose gebundenen, äußeren oder Valenz-Elektronen aus. Gewöhnlich sind diese Kräfte ziemlich klein und in einem linear-isotropen Medium ist die resultierende elektrische Polarisation parallel zum angelegten Feld und direkt proportional dazu. So folgt die Polarisation dem Feld; wenn letzteres harmonisch ist, wird ersteres ebenso harmonisch sein. Folglich kann man schreiben

$$P = \epsilon_0 \chi E, \quad (14.18)$$

wobei χ eine dimensionslose Konstante, die sogenannte elektrische Suszeptibilität und ein Graph von P gegen E eine Gerade ist. Ganz offensichtlich können wir im extremen Fall von sehr starken Feldern erwarten, daß P in den Sättigungsbereich kommt, d.h. es kann einfach nicht unbegrenzt linear mit E anwachsen genau wie im bekannten Fall der Ferromagnetika, bei denen die Magnetisierung bei ziemlich niedrigen Werten von H gesättigt wird. Wir können also ein allmähliches Anwachsen der auch anfangs schon vorhandenen, aber gewöhnlich unbedeutenden Nichtlinearität erwarten, sobald E anwächst. Da die Richtungen von $\boldsymbol{P}$ und $\boldsymbol{E}$ im einfachsten Fall eines isotropen Mediums zusammenfallen, können wir die Polarisation genauer mit einer Reihenentwicklung dar-

---

[32] Für eine ausführlichere Behandlung, als es hier möglich ist, siehe N. Bloembergen, *Nonlinear Optics* oder G.C. Baldwin, *An Introduction to Nonlinear Optics*.

stellen
$$P = \epsilon_0(\chi E + \chi_2 E^2 + \chi_3 E^3 + \cdots). \quad (14.19)$$

Die gewöhnlich lineare Suszeptibilität, χ, ist viel größer als die Koeffizienten der nichtlinearen Terme χ_2, χ_3 usw., deren Beitrag deshalb nur bei starken Feldern beobachtbar ist. Eine Lichtwelle der zeitlichen Abhängigkeit

$$E = E_0 \sin \omega t$$

falle auf das Medium. Die resultierende elektrische Polarisation ist dann

$$P = \epsilon_0 \chi E_0 \sin \omega t + \epsilon_0 \chi_2 E_0^2 \sin^2 \omega t \\ + \epsilon_0 \chi_3 E_0^3 \sin^3 \omega t + \cdots. \quad (14.20)$$

Dies kann umgeschrieben werden als

$$P = \epsilon_0 \chi E_0 \sin \omega t + \frac{\epsilon_0 \chi_2}{2} E_0^2 (1 - \cos 2\omega t) \\ + \frac{\epsilon_0 \chi_3}{4} E_0^3 (3 \sin \omega t - \sin 3\omega t) + \cdots. \quad (14.21)$$

Wenn die harmonische Lichtwelle das Medium durchläuft, erzeugt sie etwas, was man sich als eine Polarisationswelle vorstellen kann, d.h. als eine wellenförmige Bewegung der Ladungsverteilung im Material in Reaktion auf den Einfluß des Feldes. Wenn es nur den linearen Term gäbe, würde die elektrische Polarisationswelle einem Wechselstrom entsprechen, der dem einfallenden Licht folgt. Das Licht, das danach wieder in einem solchen Prozeß abgestrahlt wird, wäre die gewöhnliche gebrochene Welle, die sich im allgemeinen mit geringerer Geschwindigkeit v fortpflanzt und die dieselbe Frequenz wie das einfallende Licht hat. Im Gegensatz dazu folgt aus Termen höherer Ordnung in Gleichung (14.20), daß die Polarisationswelle sicherlich dieselbe harmonische Form hat wie das einfallende Wellenfeld. Tatsächlich kann Gleichung (14.21) mit einer Fourier-Reihen-Darstellung der gestörten Form von $P(t)$ verglichen werden.

14.4.1 Optische Gleichrichtung

Der zweite Term in Gleichung (14.21) hat zwei sehr interessante Komponenten. Da ist zunächst eine *Gleichstrom-* oder *konstante Vorspannungs-Polarisation*, die mit E_0^2 variiert. Wenn folglich ein intensiver, linear polarisierter Strahl einen geeigneten (piezoelektrischen) Kristall durchquert, wird durch die quadratische Nichtlinearität eine konstante elektrische Polarisation des Mediums auftreten. Eine Spannung, die zur Lichtintensität proportional ist, wird folglich am Kristall auftreten. Dieser Effekt heißt **optische Gleichrichtung** in Analogie zum entsprechenden Gegenstück bei der Radiofrequenz.

14.4.2 Erzeugung der Harmonischen

Der $\cos 2\omega t$-Term (14.21) entspricht einer Schwingung der elektrischen Polarisation mit einer Frequenz, die zweimal so groß ist wie die der einfallenden Welle. Das wieder abgestrahlte Licht, das von den erzwungenen Schwingungen stammt, hat eine Komponente mit genau dieser Kreisfrequenz, 2ω. Dieser Vorgang heißt **Erzeugung der zweiten Harmonischen**, auf englisch second-harmonic generation, kurz SHG. Im Photon-Bild können wir uns vorstellen, daß zwei identische Photonen der Energie $\hbar\omega$ im Medium zu einem einzigen Photon der Energie $\hbar 2\omega$ verschmelzen. Peter A. Franken hat mit einigen Mitarbeitern an der University of Michigan 1961 als erster SHG experimentell beobachtet. Sie fokussierten einen 3 kW-Puls von rotem (694.3 nm) Rubin-Laser-Licht auf einen Quarzkristall. Nur der 10^{-8}te Teil des einfallenden Lichts wurde in eine ultraviolette zweite Welle (347.15 nm) umgewandelt.

Man beachte, daß für ein vorgegebenes Material die geraden Potenzen von E in Gleichung (14.19) verschwinden müssen, falls $P(E)$ eine ungerade Funktion ist, d.h. falls sich bei einer Umkehr des $\boldsymbol{E}$-Feldes auch die Richtung von $\boldsymbol{P}$ umkehrt. Aber dies ist genau das, was in einem isotropen Medium, wie Glas oder Wasser, geschieht. Es gibt keine Vorzugsrichtung in einer Flüssigkeit. Darüber hinaus muß in Kristallen wie Calzit, die so strukturiert sind, daß sie ein sogenanntes *Symmetrie-* oder *Inversionszentrum* besitzen, eine Umkehr aller Koordinaten die Beziehung zwischen den physikalischen Größen ungeändert lassen. Also können durch diese Materialart keine harmonischen Wellen erzeugt werden, deren Frequenz ein gerades Vielfaches der Grundfrequenz ist. Jedoch kann nun die Erzeugung der dritten harmonischen Welle (THG = Third harmonic generation) stattfinden, und dies ist auch z.B. in Calzit beobachtet worden. Fehlen von Inversionssymmetrie des Kristalls ist nicht nur für SHG (Erzeugung zweiter harmonischer Wellen), sondern auch für Piezoelektrizität Voraussetzung. Ein piezoelektrischer Kristall (wie Quartz, Kaliumdihydrogenphosphat (KDP) oder Ammoniumdihydrogenphosphat (ADP)) erfährt unter Druck eine asymmetrische Störung, wodurch eine Spannung erzeugt wird. 20 der 32 Kristallklassen sind von dieser Art und sie können daher für SHG gebraucht werden. Der einfache skalare Ausdruck (14.19) ist eigentlich keine angemessene Beschreibung eines typischen dielektrischen Kristalls. Die Dinge sind ein gutes Stück komplizierter, weil die verschiedenen gerichteten Feldkomponenten eines Kristalls die elektrische Polarisation in jede beliebige Richtung beeinflussen können. Eine vollständige Behandlung erfordert, daß P und E nicht nur durch einen einzigen Skalar in Beziehung gesetzt werden, sondern durch eine Gruppe von Größen, die in der Form eines Tensors, nämlich des Suszeptibilitäts-Tensor verknüpft sind.[33]

Eine der Hauptschwierigkeiten bei der Erzeugung einer größeren Menge Lichts der zweiten Harmonischen entsteht dadurch, daß die Frequenz vom Brechungsindex abhängt, also wegen der Dispersion.[34] An irgendeinem Ausgangspunkt, an dem die einfallende oder ω-Welle die zweite harmonische oder 2ω-Welle erzeugt, sind die beiden kohärent. Während die ω-Welle sich durch den Kristall fortpflanzt, erzeugt sie kontinuierlich zusätzliche Beiträge an Licht der zweiten Harmonischen, die sich alle nur dann gänzlich konstruktiv überlagern, wenn sie eine geeignete Phasenbeziehung erhalten. Aber die ω-Welle wandert mit einer Phasengeschwindigkeit v_ω, die sich gewöhnlich von der Phasengeschwindigkeit $v_{2\omega}$ der 2ω-Welle unterscheidet. So gerät die neu emittierte zweite Harmonische periodisch außer Phase mit einigen der vor-

---

[33] Diese Art Zusammenhang ist nicht außergewöhnlich. Es gibt auch den Trägheitstensor, den Spannungstensor, den Leitfähigkeitstensor usw.

[34] Diese Schwierigkeit entfällt bei der Verwendung von MIM Dioden (siehe z.B.: E.K. Pfitzer, H.D. Riccius and K.J. Siemsen "Fabry-Perot Photographs of CO_2 Laser Lines UP-Converted in Proustite", *Optics Communications*, Vol. 3, n4, June 1971; B.G. Whitford, K.J. Siemsen, H.D. Riccius, and K.M. Baird "New Frequency Measurements and Techniques in the 30-THz Region", *I EEE Transactions on Instrumentation and Measurement*, Vol. IM–23, Dec. 1974 pp. 535–539). Nachteilig ist hier lediglich, daß die Harmonischen einer eingestrahlten Frequenz als elektromagnetisches Feld in der Diode bleiben und nicht abgestrahlt werden (Ausnahme: niedrige Differenzfrequenzen, *Appl. Phys. Lett.* **44**, 576 (1984)), daß die obere Frequenzgrenze zur Zeit etwa bei 150 THz (2 μm Wellenlänge) liegt und *nicht* im Sichtbaren (Ausnahme: Differenzfrequenzen im Sichtbaren mit $\Delta F \leq 2$ THz); d.Ü.

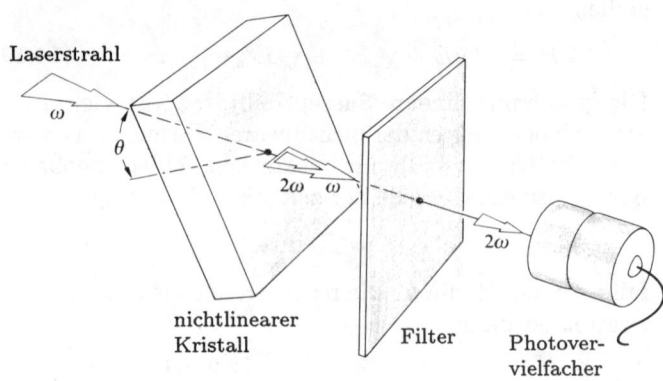

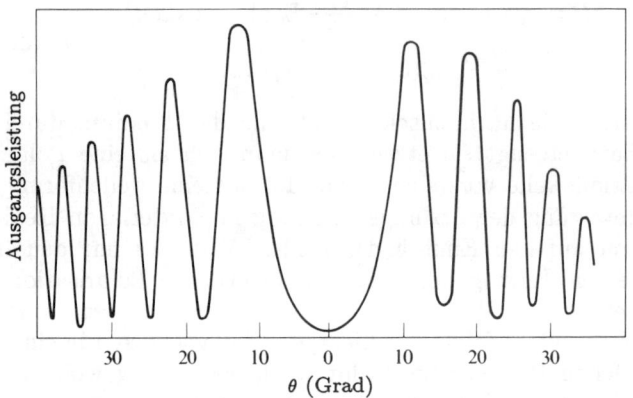

Abbildung 14.57 Erzeugung der zweiten harmonischen Welle als eine Funktion von θ für eine 0.78 mm dicke Quarzplatte. Maxima treten auf, wenn die optische Dicke ein gerades Vielfaches von ℓ_c ist. (Aus P.D. Maker, R.W. Terhune, M. Nisenoff and C.M. Savage, *Phys. Rev. Letters* **8**, 21 (1962)).

her erzeugten 2ω-Wellen. Wird die Intensität der zweiten Harmonischen, $I_{2\omega}$, die aus einer Schicht der Dicke ℓ hervortritt, berechnet,[35] so erweist sie sich als

$$I_{2\omega} \propto \frac{\sin^2[2\pi(n_\omega - n_{2\omega})\ell/\lambda_0]}{(n_\omega - n_{2\omega})^2} \quad (14.22)$$

(siehe Abb. 14.57). Dies ergibt, daß $I_{2\omega}$ seinen maxima-

---

[35] Vergleiche z.B. B. Lengyel, *Introduction to Laser Physics*, Chapter VII — eine schöne elementare Darstellung.

len Wert hat, wenn $\ell = \ell_c$ ist, wobei

$$\ell_c = \frac{1}{4} \frac{\lambda_0}{|n_\omega - n_{2\omega}|}. \qquad (14.23)$$

Die Größe ℓ_c wird üblicherweise als *Kohärenzlänge* bezeichnet (obwohl ein anderer Name vielleicht besser wäre). Sie liegt gewöhnlich in der Größenordnung von nur etwa $20\lambda_0$. Trotzdem kann effiziente SHG durch den Prozeß der sogenannten *Brechungsindex-Anpassung* erreicht werden, der die unerwünschte Wirkung der Dispersion aufhebt; kurz: man arrangiert die Dinge so, daß $n_\omega = n_{2\omega}$. Ein häufig benutztes SHG-Material ist KDP. Es ist piezoelektrisch, durchsichtig und negativ[36] einachsig doppelbrechend. Darüber hinaus hat es die interessante Eigenschaft, im Falle einer linear polarisierten *ordentlichen* Ausgangswelle zu einer zweiten Harmonischen zu führen, die eine *außerordentliche* Welle ist. Wenn sich das Licht in einem KDP-Kristall unter einem bestimmten Winkel θ_0 zur optischen Achse fortpflanzt, so wird — wie Abbildung 14.58 zeigt — der Brechungsindex $n_{0\omega}$ der ordentlichen Anfangswelle genau gleich sein dem Brechungsindex $n_{e2\omega}$ der außerordentlichen zweiten Harmonischen. Alle zweiten Harmonischen werden dann konstruktiv interferieren, wobei der Wirkungsgrad der Umwandlung um einige Größenordnungen anwächst. "Generatoren" für zweite Harmonische sind einfach passend geschnittene, orientierte Kristalle und im Handel erhältlich. Aber man vergesse nicht, daß θ_0 eine Funktion von λ ist, und daß jedes derartige Gerät auf einer Frequenz arbeitet. In jüngster Zeit gelang es, bei 532.3 nm eine kontinuierliche zweite Harmonische von 1 W zu erzeugen, indem man einen Barium-Natrium-Niobat-Kristall in den Resonator eines Lasers von 1 W und 1.06 µm brachte. Die Tatsache, daß die ω-Welle durch den Kristall vor und zurück läuft, steigert den Nettowirkungsgrad der Umwandlung.

Die optische Erzeugung der Harmonischen verlor bald ihre anfänglich exotische Qualität und wurde ein gewohnheitsmäßiger, kommerzieller Prozeß in den frühen achtziger Jahren. Dennoch bleiben sie weiterhin aufregende technische Ausführungen wie die 74 cm durchmessende, harmonische Konversionsanordnung (Abb. 14.59), die für das Nova-Laser-Kernverschmelzungsprogramm gebaut wurde. Seine Funktion ist es, mehr als 80%

---

[36] Das heißt, der außerordentliche Strahl ist schneller als der ordentliche; d.Ü.

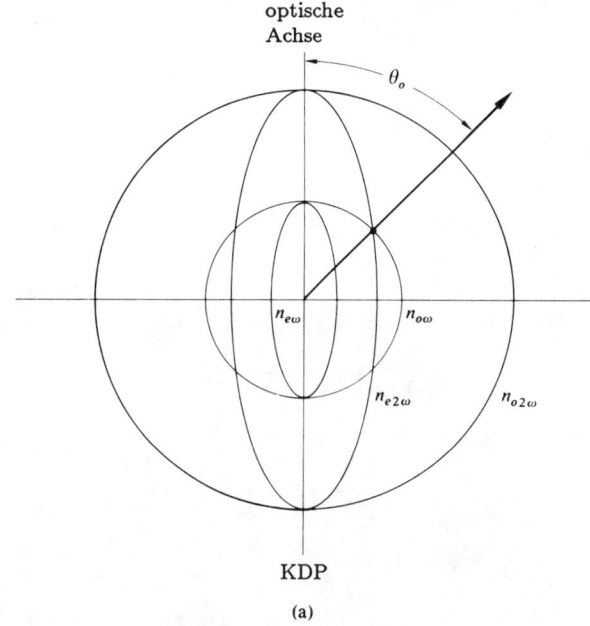

(a)

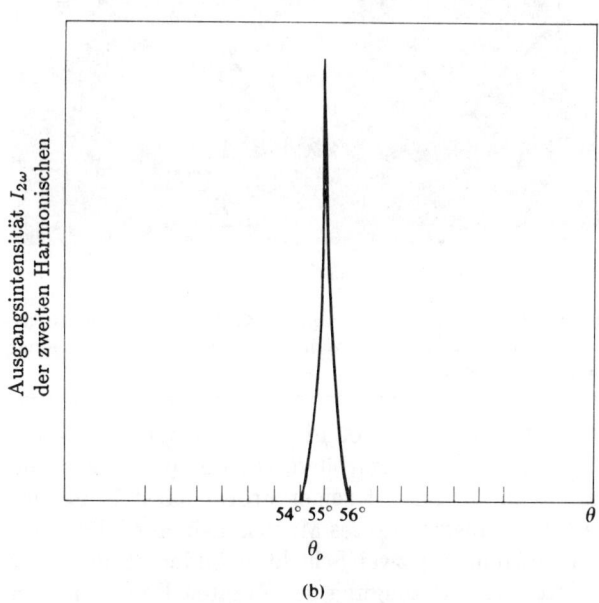

(b)

Abbildung 14.58 Brechungsindexoberfläche für KDP. (b) $I_{2\omega}$ als Funktion der Kristallorientierung in KDP. (Aus Maker et al.)

bene Bestandteile zu produzieren. Diese entstehen aus je einer der Kristallschichten und sind senkrecht zueinander polarisiert. Die Dritte Harmonische (blaues Licht bei 0.35 μm) wird durch Umorientierung der Anordnung nach dem entsprechenden phasenübereinstimmenden Winkel geschaffen. Dabei verschiebt man etwa zwei Drittel der Energie des Strahls auf die Zweite Harmonische, wenn sie die erste Kristallschicht durchläuft. Die zweite Schicht vermischt das verbleibende IR mit dem grünen Licht der Zweiten Harmonischen und erzeugt blaues Licht der Dritten Harmonischen.

14.4.3 Frequenzmischung

Eine andere Situation von beträchtlicher praktischer Bedeutung beinhaltet das *Mischen* zweier oder mehrerer Primärstrahlen verschiedener Frequenz innerhalb eines nichtlinearen Dielektrikums. Der Vorgang ist am einfachsten zu verstehen, wenn man eine Welle der Form

$$E = E_{01} \sin \omega_1 t + E_{02} \sin \omega_2 t \qquad (14.24)$$

in den durch Gleichung (14.19) gegebenen einfachsten Ausdruck für P einsetzt. Der Beitrag der zweiten Ordnung ist dann

$$\epsilon_0 \chi_2 (E_{01}^2 \sin^2 \omega_1 t + E_{02}^2 \sin^2 \omega_2 t + 2 E_{01} E_{02} \sin \omega_1 t \sin \omega_2 t).$$

Die ersten beiden Terme können als Funktion von $2\omega_1$ bzw. von $2\omega_2$ ausgedrückt werden, während die letzte Größe von den Summen- und Differenztermen, $\omega_1 + \omega_2$ und $\omega_1 - \omega_2$, hervorgerufen werden.

Im Quantenbild entspricht das Photon der Frequenz $\omega_1 + \omega_2$ einfach einem Verschmelzen der beiden ursprünglichen Photonen, ebenso wie bei SHG, wo beide Quanten jedoch dieselbe Frequenz hatten. Die Energie und der Impuls der vernichteten Photonen werden vom neu erzeugten "Summen"-Photon weitergetragen. Die Erzeugung eines "Differenz"-Photons der Frequenz $\omega_1 - \omega_2$ ist etwas verwickelter. Die Erhaltung von Energie und Impuls erfordert, daß bei Wechselwirkung mit einem ω_2-Photon nur das höherfrequente ω_1-Photon verschwindet, wodurch zwei neue Quanten erzeugt werden, ein ω_2-Photon und eben das "Differenz"-Photon.

Stellen wir uns folgende Anwendung dieses Phänomens vor: Wir erzeugen eine Schwebung, indem wir in einem nichtlinearen Kristall eine starke Welle der Frequenz ω_p, das sogenannte *Pumplicht*, mit einer schwa-

Abbildung 14.59 Der KDP-Frequenz-Konverter für den Nova-Laser. (Photo freundlicherweise vom Lawrence Livermore National Laboratory überlassen.)

der Infrarot-Strahlung (1.05 μm) des Neodym-Glaslasers (Abb. 14.37) in wirkungsvollere Hochfrequenzstrahlung umzuwandeln. Aufgrund seiner großen Gestalt ist der Konverter ein ausgerichtetes Mosaik kleinerer KDP-Ein-Kristall-Platten, die zwei Schichten bilden, eine hinter der anderen. Zur Erzeugung der Zweiten Harmonischen (grünes Licht bei 0.53 μm) wird die Anordnung so aufgestellt, daß jede Schicht unabhängig von der anderen funktioniert, um zwei sich überlagernde frequenzverscho-

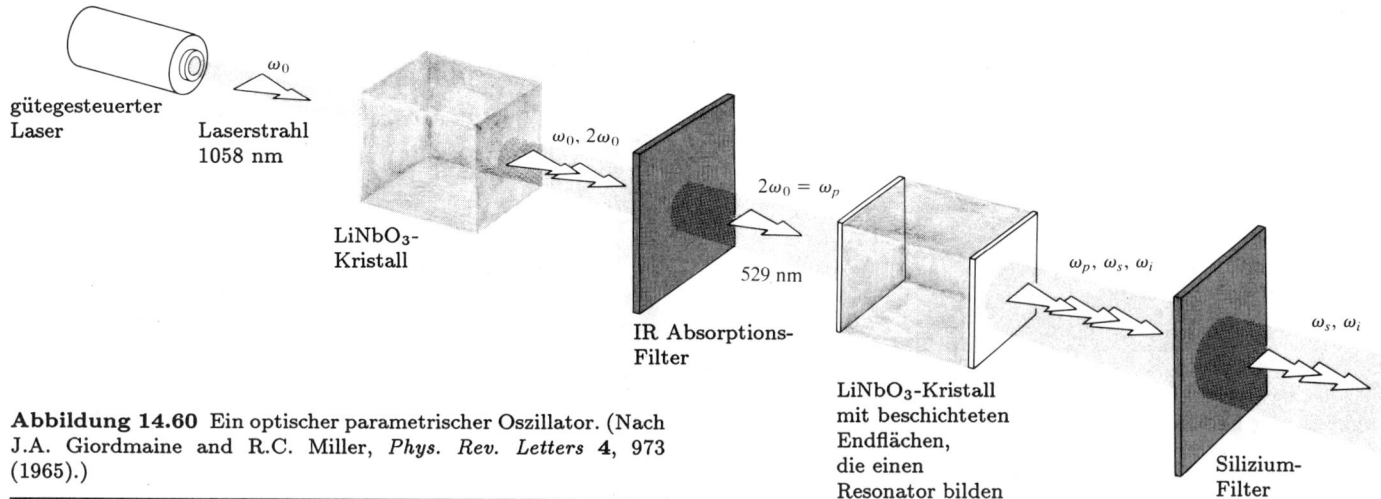

Abbildung 14.60 Ein optischer parametrischer Oszillator. (Nach J.A. Giordmaine and R.C. Miller, *Phys. Rev. Letters* **4**, 973 (1965).)

chen, zu verstärkenden *Signalwelle* der niedrigeren Frequenz ω_s überlagern. Pumplicht wird dadurch sowohl in Signallicht als auch in eine Differenz-Welle der Frequenz $\omega_i = \omega_p - \omega_s$, das sogenannte *Müßiggänger-Licht*, umgewandelt. Läßt man daraufhin Müßiggänger-Licht und Pumplicht sich zu einer Schwingung überlagern, so wird das Pumplicht in zusätzliche Beträge von Müßiggänger- und Signallicht umgewandelt. Auf diese Weise werden Signalwelle und auch Müßiggänger-Welle verstärkt. Dies ist eigentlich eine Ausweitung des seit den späten vierziger Jahren dieses Jahrhunderts innerhalb des Mikrowellenspektrums angewendeten Verfahrens *parametrischer Verstärkung* auf den optischen Frequenzbereich. Der erste *optisch-parametrische Oszillator* arbeitete 1965; er ist in Abbildung 14.60 dargestellt. Die planparallelen Endflächen eines nichtlinearen Kristalls (Lithium-Niobat) sind beschichtet, damit sie einen optischen Fabry-Perot-Resonator bilden. Signal- und Müßiggänger-Frequenz (beide um 1000 nm) entsprechen zwei Resonanzfrequenzen des Resonators. Wenn die Lichtstromdichte des Pumplichtes hoch genug ist, wird Energie von ihm auf die Moden von Signal- und Müßiggänger-Welle übertragen, mit denen dann eine zunehmende Strahlungsenergie jener Frequenzen aufgebaut wird. Diese Energieübertragung von einer Welle auf eine andere innerhalb eines verlustfreien Mediums charakterisiert parametrische Prozesse. Durch Veränderung des Brechungsindex des Kristalls (über Temperatur, elektrisches Feld usw.) wird der Oszillator abstimmbar. Verschiedene Oszillatoranordnungen sind seitdem entwickelt worden, wobei andere nichtlineare Materialien wie z.B. Bariumnatriumniobat verwendet wurden. Der optische parametrische Oszillator ist eine laserähnliche, breit abstimmbare Strahlungsquelle, die vom IR bis zum UV reicht.

14.4.4 Selbstfokussierung des Lichtes

Wenn ein Dielektrikum einem inhomogenen Feld ausgesetzt wird, mit anderen Worten, wenn ein Gradient des Feldes parallel zu **P** auftritt, ergibt sich eine innere Kraft. Dies bewirkt eine Veränderung der Dichte, der Dielektrizitätskonstante und des Brechungsindex — sowohl in linearen als auch in nichtlinearen Medien. Angenommen, wir richten einen intensiven Laserstrahl mit Gaußscher Transversalverteilung der Lichtstromdichte auf ein Objekt. Die erzwungenen Veränderungen des Brechungsindex lassen das Medium im Bereich des Strahls wie eine Sammellinse wirken. Dadurch bündelt sich der Strahl noch mehr, die Lichtstromdichte steigt weiter und die Kontraktion setzt sich in einem als **Selbstfokussierung** bekannten Prozeß fort. Der Effekt läßt sich so lange aufrechterhalten bis der Strahl einen Grenzdurchmesser (von ungefähr 5×10^{-6} m) hat und vollständig innenreflektiert wird, als ob er in einem faseroptischen Element liefe, das in das Medium eingebettet ist.[37]

---

[37] Siehe J.A. Giordmaine, "Nonlinear Optics", *Phys. Today*, 39 (January 1969).

Abbildung 14.61

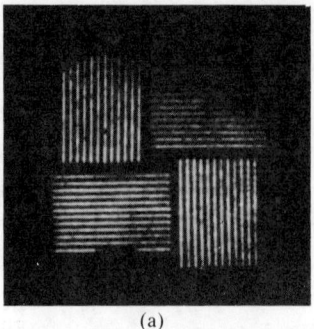
(a)

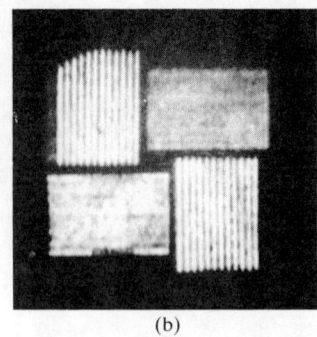
(b)

Abbildung 14.62
(Photos freundlicherweise von R.A. Phillips überlassen.)

Aufgaben

14.1 Wie sähe das Beugungsmuster eines Laserstrahls aus, der an den drei gegeneinander verdrehten Gittern von Abbildung 14.61 gebeugt wurde?

14.2 Skizzieren Sie grob das Fraunhofersche Beugungsmuster, das sich ergäbe, wenn ein Dia der Abbildung 14.62 (a) als Gegenstand dient. Wie würden Sie es filtern, um Abbildung 14.62 (b) zu erhalten?

14.3 Führen Sie die vorherige Aufgabe nun für Abbildung 14.63 noch einmal durch.

14.4* Wenden Sie wiederum die gleiche Aufgabenstellung auf Abbildung 14.64 an.

14.5 Welche Art Raumfilter würde aus Abbildung 14.10 die Muster der Abbildungen 14.65 (a) und 14.65 (b) erzeugen?

14.6 Mit Abbildung 14.9 im Bewußtsein, zeigen Sie, daß die Transversalvergrößerung des Systems durch $-f_i/f_t$ gegeben ist, und zeichnen Sie die entsprechende graphische Darstellung des Strahlenverlaufs. Zeichnen Sie einen Strahl durch den Mittelpunkt der ersten Linse, der mit der Achse einen Winkel θ einschließt. Zeichnen Sie von dem Punkt aus, wo dieser Strahl Σ_t schneidet, einen Strahl nach unten, der durch den Mittelpunkt der zweiten Linse mit einem Winkel Φ läuft. Beweisen Sie, daß $\Phi/\theta = f_t/f_i$ gilt. Zeigen Sie, unter Verwendung des Begriffes der Raumfrequenz aus Gleichung (11.64), daß k_O auf der Gegenstandsebene zu k_I auf der Bildebene durch

$$k_I = k_O(f_t/f_i)$$

(a)

(b)

Abbildung 14.63 (Photos freundlicherweise von R.A. Phillips überlassen.)

in Beziehung steht. Welche Bedeutung erhält diese Gleichung unter Berücksichtigung der Größe des Bildes, wenn $f_i > f_t$ gilt? Was kann dann über die Raumperioden der Eingangsdaten im Vergleich zur Bildausgabe gesagt werden?

14.7 Ein Beugungsgitter, das bloß 50 Spaltenstriche pro cm hat, ist der Gegenstand in dem optischen Computer, wie er in Abbildung 14.9 gezeigt ist. Wenn es durch ebene Wellen grünen Lichts (543.5 nm) von einem He-Ne-Laser kohärent beleuchtet wird und jede Linse eine Brennweite von 100 cm hat, wie groß wird der Abstand der Beugungspunkte auf der Ebene der Transformierten sein?

(a)

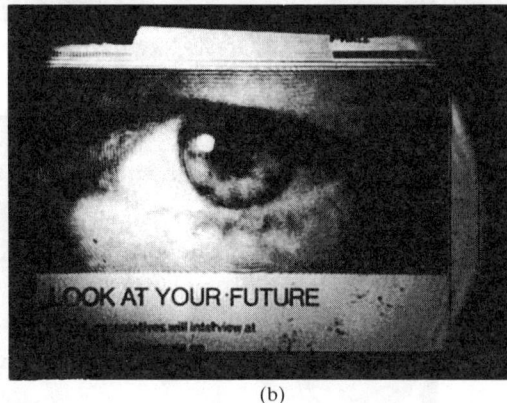

(b)

Abbildung 14.64 (Photos freundlicherweise von R.A. Phillips überlassen.)

14.8* Stellen Sie sich vor, daß Sie ein Kosinusgitter (d.h. ein Dia, dessen *Amplituden*-Durchgangsprofil kosinusförmig ist) mit einer Raumperiode von 0.01 mm haben. Das Gitter wird durch quasimonochromatische, ebene Wellen mit $\lambda = 500$ nm bestrahlt, und die Anordnung ist die gleiche wie die in Abbildung 14.9, wo die Brennweiten von transformierender bzw. abbildender Linse 2.0 m bzw. 1.0 m sind.
a) Diskutieren Sie das resultierende Muster und entwerfen Sie einen Filter, der *nur* die Terme erster Ordnung durchlassen wird. Beschreiben Sie es im Detail.
b) Wie wird das Bild auf Σ_i bei Verwendung dieses Filters aussehen?
c) Wie erreicht man, daß nur der Gleichlicht-Term durchgelassen wird, und wie sieht das Bild dann aus?

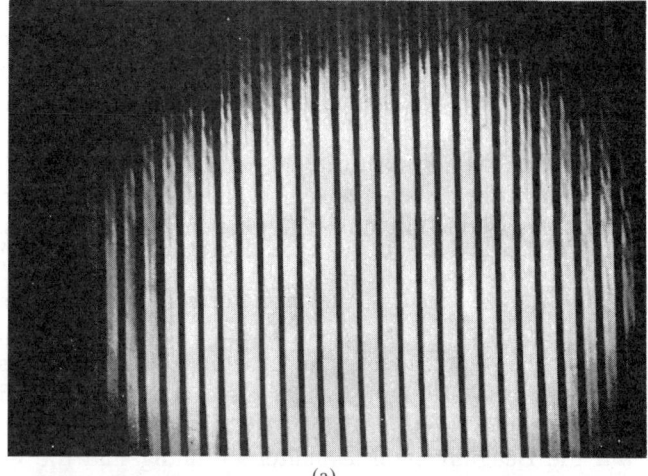

(a)

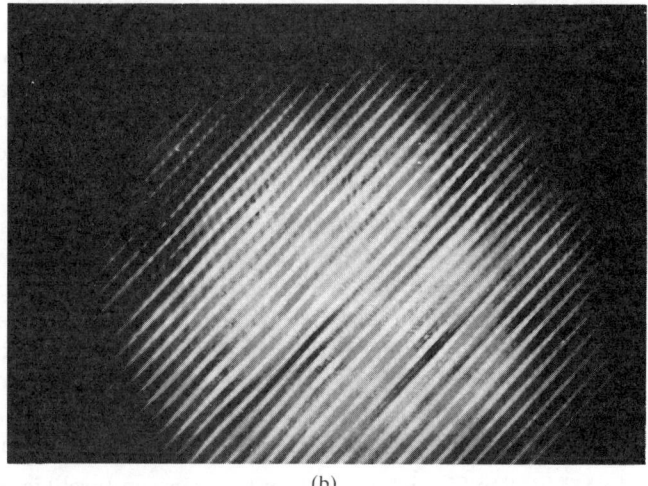

(b)

Abbildung 14.65 (Photos freundlicherweise von D. Dutton, M.P. Givens und R.E. Hopkins überlassen.)

14.9 Nehmen Sie an, wir fügten eine Maske in die Ebene der Transformierten des vorangegangenen Problems ein, die außer der $m = +1$ Beugungsverteilung alles verdeckt. Wie wird das umgestaltete Bild auf Σ_i aussehen? Erklären Sie Ihre Argumentation. Nehmen Sie nun an, wir entfernten *nur* den $m = +1$ oder den $m = -1$ Term. Wie wird das umgestaltete dann Bild aussehen?

14.10* Bezugnehmend auf die zwei vorangegangenen Aufgaben mit dem horizontal orientierten Kosinusgitter, machen Sie ein Skizze der elektrischen Feldamplitude über y' ohne Filterung. Stellen Sie die entsprechende Verteilung der Bildbeleuchtungsstärke graphisch dar. Wie wird das elektrische Feld auf dem Bild aussehen, wenn der Gleichlicht-Term ausgefiltert wird? Stellen Sie es graphisch dar. Nun stellen Sie die neue Verteilung der Beleuchtungsstärke dar. Was können Sie über die Raumfrequenz des Bildes mit und ohne angebrachtem Filter sagen? Beziehen Sie Ihre Antworten auf Abbildung 11.13.

14.11 Ersetzen Sie das Kosinusgitter in der vorhergehenden Aufgabe durch ein "quadratisches" Strichgitter, d.h. eine Reihe vieler feiner, abwechselnd lichtundurchlässiger und durchsichtiger Bänder gleicher Breite. Wir filtern nun alle Terme in der transformierenden Ebene bis auf die Beugungspunkte nullter Ordnung und die beiden erster Ordnung aus. Diese legen wir auf relative Beleuchtungsstärken von 1.00, 0.36 und 0.36 fest. Vergleichen Sie mit den Abbildungen 7.15 (a) und 7.16. Leiten Sie einen Ausdruck für die allgemeine Form der Verteilung der Beleuchtungsstärke auf der Bildebene ab — machen Sie eine Skizze von ihr. Wie wird das resultierende Beugungsstreifen-System aussehen?

14.12 Ein feines Drahtgitter mit 50 Drähten pro cm wird vertikal in der Gegenstandsebene des optischen Computers der Abbildung 14.8 angebracht. Wenn jede der Linsen eine Brennweite von 1.00 m hat, wie muß die Wellenlänge der Strahlung sein, wenn die Beugungspunkte auf der Ebene der Transformierten einen horizontalen und vertikalen Abstand von 2.0 mm haben sollen? Was werden die Abstände des Gitters auf der Bildebene sein?

14.13* Stellen Sie sich vor, wir hätten eine undurchlässige Maske, in der ein geordnetes Feld kreisförmiger Löcher, alle der gleichen Größe, hineingestanzt werden, so plaziert, als seien sie die Ecken von Feldern auf einem Schachbrett. Nehmen Sie nun an, unser Stanzroboter spiele verrückt und mache zusätzliche Stanzlöcher, die im wesentlichen zufällig über die ganze Maske verteilt seien. Wenn diese Maske nun zum Gegenstand von Aufgabe 14.11 gemacht wird, wie wird das Beugungsmuster aussehen? Angenommen, die angeordneten Löcher auf dem Gegenstand haben einen Abstand von 0.1 mm von ihren nächsten Nachbarn, was wird die Raumfrequenz der entsprechenden Punkte auf dem Bild sein? Beschreiben Sie einen Filter, der die zufälligen Löcher auf dem endgültigen Bild entfernen wird.

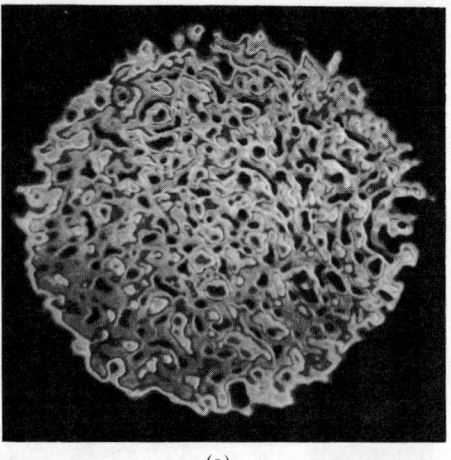

(a)

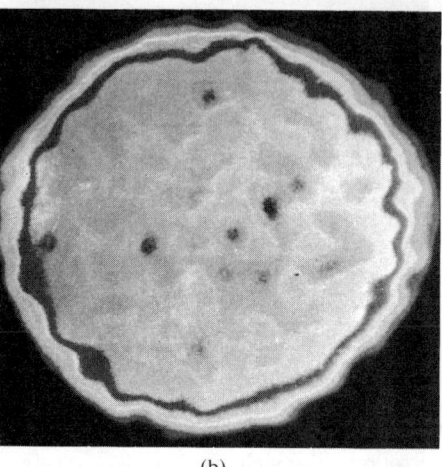

(b)

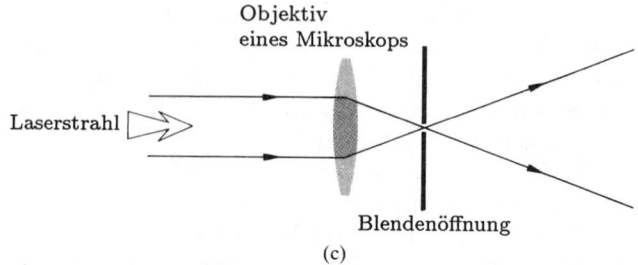

(c)

Abbildung 14.66 (a) und (b): Ein Hochleistungs-Laserstrahl vor und nach der Raumfilterung. (Photos freundlicherweise vom Lawrence Livermore National Laboratory überlassen.)

14.14* Stellen Sie sich vor, wir hätten ein großes Photodia, auf dem ein Photo eines Studenten ist, gebildet aus einem regelmäßigen Feld kreisförmiger Punkte, alle der gleichen Größe, aber jedes mit seiner eigenen Dichte, so daß es einen Lichtflecken mit einer besonderen Feldamplitude durchläßt. Angenommen, das Dia werde von einer ebenen Welle beleuchtet, diskutieren Sie die Idee, die elektrische Feldamplitude direkt dahinter als das Produkt (im Durchschnitt) eines regelmäßigen zweidimensionalen Feldes von "Zylinderhut"-Funktionen (Abb. 11.4) und der kontinuierlichen zweidimensionalen Bildfunktion zu repräsentieren: das zuerst genannte Feld entspricht einem monotonen Nagelbrett, die genannte Bildfunktion einer gewöhnlichen Photographie. Bei Anwendung des Frequenz-Faltungssatzes, wie sieht die Verteilung des Lichtes auf der Ebene der Transformierten aus? Wie sollte das Licht gefiltert werden, um ein kontinuierliches Ausgabebild zu erzeugen?

14.15* Ein Rubinlaser arbeite bei 694.3 nm und habe eine Frequenzbandbreite von 50 MHz. Welche entsprechende Strichbreite ergibt sich?

14.16* Legen Sie die Frequenzdifferenz zwischen benachbarten, axialen Resonator-Moden bei einem typischen Gaslaser von 25 cm Länge ($n \approx 1$) fest.

14.17* Ein He-Ne-Dauerstrichlaser hat eine Doppler-verbreiterte Übergangsbandbreite von etwa 1.4 GHz bei 632.8 nm. Angenommen, $n = 1.0$, legen Sie die maximale Resonatorlänge bei axialem Einmodenbetrieb fest. Fertigen Sie eine Skizze der Übergangsstrichbreite und der entsprechenden Resonator-Moden an.

14.18 Man zeige, daß die maximale elektrische Feldstärke $E_{\max}$, die einer vorgegebenen Bestrahlungsstärke I entspricht, gegeben ist durch

$$E_{\max} = 27.4 \left(\frac{I}{n}\right)^{1/2}$$

mit den SI-Einheiten V/m, wobei n der Brechungsindex des Mediums ist.

14.19* Der Versuchsaufbau in Abbildung 14.66 wird benutzt, um einen parallelen Laserstrahl in eine Kugelwelle umzuwandeln. Die Blendenöffnung reinigt den Strahl, d.h. sie eliminiert Beugungseffekte, die durch Staub und dergleichen auf den Linsen verursacht werden. Wie macht sie das?

14.20 Wie würde das Lichtfleckenmuster sich verändern, wenn ein Laserstrahl nicht auf eine glatte Wand, sondern auf eine Suspension wie z.B. Milch gerichtet würde?

ANHANG 1
ELEKTROMAGNETISMUS

Maxwells Gleichungen in differentieller Form

Die als Maxwellgleichungen bekannten Aussagen lauten in integraler Form

$$\oint_C \boldsymbol{E} \cdot d\boldsymbol{l} = -\iint_A \frac{\partial \boldsymbol{B}}{\partial t} \cdot d\boldsymbol{S} \qquad [3.5]$$

$$\oint_C \frac{\boldsymbol{B}}{\mu} \cdot d\boldsymbol{l} = \iint_A \left(\boldsymbol{J} + \epsilon \frac{\partial \boldsymbol{E}}{\partial t}\right) \cdot d\boldsymbol{S} \qquad [3.13]$$

$$\oiint_A \epsilon \boldsymbol{E} \cdot d\boldsymbol{S} = \iiint_V \rho \, dV \qquad [3.7]$$

und

$$\oiint_A \boldsymbol{B} \cdot d\boldsymbol{S} = 0, \qquad [3.9]$$

wobei, wie gewöhnlich, MKS-Einheiten (SI) benutzt wurden.

Die Maxwell-Gleichungen können auch in differentieller Form geschrieben werden, die für die Herleitung des Wellenaspektes des elektromagnetischen Feldes geeigneter ist. Dieser Übergang kann mit Hilfe zweier Sätze der Vektoranalysis vollzogen werden: dem Gaußschen Integralsatz (aus dem Jahr 1813; d.Ü.)

$$\oiint_A \boldsymbol{F} \cdot d\boldsymbol{S} = \iiint_V \nabla \cdot \boldsymbol{F} \, dV \qquad (A1.1)$$

und dem Integralsatz von Stokes (von 1854; d.Ü.)

$$\oint_C \boldsymbol{F} \cdot d\boldsymbol{l} = \iint_A \nabla \times \boldsymbol{F} \cdot d\boldsymbol{S}. \qquad (A1.2)$$

Dabei ist die Größe $\boldsymbol{F}$ kein konstanter Vektor, sondern eine vektorielle Funktion des Orts bzw. der jeweiligen Koordinaten. Diese Funktion ordnet jedem Raumpunkt einen bestimmten Vektor zu — im Falle kartesischer Koordinaten zu jedem (x, y, z) ein $\boldsymbol{F}(x, y, z)$. Vektorielle Funktionen dieser Art wie $\boldsymbol{E}$ und $\boldsymbol{B}$ nennt man Vektorfelder.

Durch Anwendung des Stokesschen Integralsatzes auf die elektrische Feldstärke erhalten wir

$$\oint \boldsymbol{E} \cdot d\boldsymbol{l} = \iint \nabla \times \boldsymbol{E} \cdot d\boldsymbol{S}. \qquad (A1.3)$$

Durch Vergleich mit Gleichung (3.5) folgt:

$$\iint \nabla \times \boldsymbol{E} \cdot d\boldsymbol{S} = -\iint \frac{\partial \boldsymbol{B}}{\partial t} \cdot d\boldsymbol{S}. \qquad (A1.4)$$

Dieses Ergebnis muß für alle Oberflächen zutreffen, die durch den Weg C umrandet werden. Dies kann nur dann der Fall sein, wenn die Integranden selbst gleich sind, d.h. wenn

$$\nabla \times \boldsymbol{E} = -\frac{\partial \boldsymbol{B}}{\partial t}. \qquad (A1.5)$$

Eine ähnliche Anwendung des Stokesschen Satzes auf $\boldsymbol{B}$ und Gleichung (3.13) ergibt

$$\nabla \times \boldsymbol{B} = \mu \left(\boldsymbol{J} + \epsilon \frac{\partial \boldsymbol{E}}{\partial t}\right). \qquad (A1.6)$$

Der Gaußsche Integralsatz liefert bei Anwendung auf die

elektrische Feldstärke

$$\oiint \boldsymbol{E} \cdot d\boldsymbol{S} = \iiint \boldsymbol{\nabla} \cdot \boldsymbol{E} \, dV. \qquad (A1.7)$$

Wenn wir Gleichung (3.7) berücksichtigen, wird dies zu

$$\iiint_V \boldsymbol{\nabla} \cdot \boldsymbol{E} \, dV = \frac{1}{\epsilon} \iiint_V \rho \, dV, \qquad (A1.8)$$

und da dies für jedes Volumen (d.h. für jeden willkürlich geschlossenen Raum) richtig sein soll, müssen die Integranden gleich sein. Folglich gilt an jedem Punkt (x, y, z, t) des Raum-Zeit-Kontinuums:

$$\boldsymbol{\nabla} \cdot \boldsymbol{E} = \rho/\epsilon. \qquad (A1.9)$$

Analog ergibt die Anwendung des Gaußschen Satzes auf $\boldsymbol{B}$ in Verbindung mit Gleichung 3.9:

$$\boldsymbol{\nabla} \cdot \boldsymbol{B} = 0. \qquad (A1.10)$$

Die Gleichungen (A1.5), (A1.6), (A1.9) und (A1.10) sind die Maxwell-Gleichungen in differentieller Form. Vergleichen Sie dies mit den Gleichungen (3.18) bis (3.21) für den einfachen Fall kartesischer Koordinaten und des ladungsfreien Raumes ($\rho = J = 0$, $\epsilon = \epsilon_0$, $\mu = \mu_0$).

Elektromagnetische Wellen

Um die Gleichung der elektromagnetischen Wellen in ihrer allgemeinsten Form herzuleiten, brauchen wir wieder die Präsenz irgendeines Mediums. Wir sahen in Abschnitt 3.5.1, daß es notwendig ist, den *Polarisations-Vektor* $\boldsymbol{P}$ einzuführen, der durch Angabe des resultierenden elektrischen Dipolmoments pro Volumeneinheit ein Maß für das resultierende örtliche Medienverhalten ist. Durch die Polarisation ergibt sich ein neues Feld innerhalb des Mediums. Das führt uns dazu, eine neue Feldgröße, die elektrische *Verschiebungsdichte* $\boldsymbol{D}$ zu definieren:

$$\boldsymbol{D} = \epsilon_0 \boldsymbol{E} + \boldsymbol{P}. \qquad (A1.11)$$

Also ist

$$\boldsymbol{E} = \frac{\boldsymbol{D}}{\epsilon_0} - \frac{\boldsymbol{P}}{\epsilon_0}.$$

Das innere elektrische Feld $\boldsymbol{E}$ ist demnach die Differenz zwischen dem Feld $\boldsymbol{D}/\epsilon_0$, das ohne Polarisation vorläge und dem Feld $\boldsymbol{P}/\epsilon_0$, das bis auf den Faktor $1/\epsilon_0$ den ortsabhängigen Dipolmomenten entspricht.

Bei einem Dielektrikum, das homogen, isotrop und linear ist, sind $\boldsymbol{P}$ und $\boldsymbol{E}$ zueinander proportional und örtlich immer gleichgerichtet. Also ist auch $\boldsymbol{D}$ proportional zu $\boldsymbol{E}$:

$$\boldsymbol{D} = \epsilon \boldsymbol{E}. \qquad (A1.12)$$

Wie $\boldsymbol{E}$ erfaßt auch $\boldsymbol{D}$ den ganzen Raum, anders als das auf den Bereich des Dielektrikums begrenzte $\boldsymbol{P}$. Die Feldlinien von $\boldsymbol{D}$ beginnen und enden an freien, beweglichen Ladungen. Diejenigen von $\boldsymbol{E}$ beginnen und enden entweder auch an freien Ladungen oder an gebundenen Polarisationsladungen. Wenn keine freien Ladungen vorhanden sind, vielleicht in der Nähe eines polarisierten Dielektrikums oder im freien Raum, so hat das $\boldsymbol{D}$-Feld geschlossene Linien.

Da im allgemeinen die Reaktion optischer Medien auf das $\boldsymbol{B}$-Feld kaum von der des Vakuums abweicht, brauchen wir den Vorgang nicht im Detail zu beschreiben. Uns soll hier die Aussage genügen, daß das Material polarisiert wird. Wir können eine *magnetische Polarisation* oder *Magnetisierung*, den Vektor $\boldsymbol{M}$ definieren als das magnetische Dipolmoment pro Volumeneinheit. Um den Einfluß des magnetisch polarisierten Mediums zu beschreiben, führen wir als Hilfe den Vektor $\boldsymbol{H}$ ein, oft *magnetische Feldstärke* genannt:

$$\boldsymbol{H} = \mu_0^{-1} \boldsymbol{B} - \boldsymbol{M}. \qquad (A1.13)$$

Für ein homogenes lineares, isotropes Medium (das nicht ferromagnetisch ist), sind $\boldsymbol{B}$ und $\boldsymbol{H}$ parallel und proportional zueinander:

$$\boldsymbol{H} = \mu^{-1} \boldsymbol{B}. \qquad (A1.14)$$

Neben Gleichung (A1.12) und (A1.14) gibt es noch eine weitere *Materialgleichung*,

$$\boldsymbol{J} = \sigma \boldsymbol{E}. \qquad (A1.15)$$

Dies ist eine etwas andere Formulierung des *Ohmschen Gesetzes*, einer experimentell entdeckten Regel, die für Leiter bei konstanten Temperaturen gilt. Die elektrische Feldstärke und daher die Kraft, die auf jedes Elektron in einem Leiter wirkt, bestimmt den Ladungsfluß. Die Proportionalitätskonstante zwischen $\boldsymbol{E}$ und $\boldsymbol{J}$ ist die Leitfähigkeit σ des jeweiligen Mediums.

Betrachten wir nun ganz allgemein die Umgebung eines ruhenden (nicht ferroelektrischen und nicht ferromagnetischen) Mediums, für das wir Homogenität, Linearität und Isotropie voraussetzen. Unter Verwendung der

Materialgleichungen können die Maxwell-Gleichungen umgeschrieben werden zu

$$\nabla \cdot E = \rho/\epsilon \quad [A1.9]$$

$$\nabla \cdot B = 0 \quad [A1.10]$$

$$\nabla \times E = -\frac{\partial B}{\partial t} \quad [A1.5]$$

und

$$\nabla \times B = \mu\sigma E + \mu\epsilon \frac{\partial E}{\partial t}. \quad (A1.16)$$

Sollten diese Ausdrücke eine Wellengleichung (2.61) liefern, so bilden wir am besten zweite Ableitungen nach dem Ort. Bilden wir bei Gleichung (A1.16) die Rotation, so erhalten wir

$$\nabla \times (\nabla \times B) = \mu\sigma(\nabla \times E) + \mu\epsilon\frac{\partial}{\partial t}(\nabla \times E), \quad (A1.17)$$

wobei die Ableitungen nach dem Ort und nach der Zeit vertauscht werden können, da E als gutartige Funktion angenommen wird. Wir setzen Gleichung (A1.15) ein, um die gesuchte zweite Ableitung nach der Zeit zu erhalten:

$$\nabla \times (\nabla \times B) = -\mu\sigma\frac{\partial B}{\partial t} - \mu\epsilon\frac{\partial^2 B}{\partial t^2}. \quad (A1.18)$$

Das Mehrfach-Kreuzprodukt kann vereinfacht werden durch Verwendung der Operator-Identität:

$$\nabla \times (\nabla \times \ ) = \nabla(\nabla \cdot \ ) - \nabla^2, \quad (A1.19)$$

so daß

$$\nabla \times (\nabla \times B) = \nabla(\nabla \cdot B) - \nabla^2 B,$$

wobei in kartesischen Koordinaten

$$(\nabla \cdot \nabla)B = \nabla^2 B \equiv \frac{\partial^2 B}{\partial x^2} + \frac{\partial^2 B}{\partial y^2} + \frac{\partial^2 B}{\partial z^2}.$$

Da die Divergenz von B Null ist, wird Gleichung (A1.18) zu

$$\nabla^2 B = \mu\epsilon\frac{\partial^2 B}{\partial t^2} - \mu\sigma\frac{\partial B}{\partial t} = 0. \quad (A1.20)$$

Eine analoge Gleichung ergibt sich für die elektrische Feldstärke. Indem wir im wesentlichen wie bei B verfahren, bilden wir zunächst die Rotation bei Gleichung (A1.5).

$$\nabla \times (\nabla \times E) = -\frac{\partial}{\partial t}(\nabla \times B).$$

Wir eliminieren B mittels Gleichung (A1.16)

$$\nabla \times (\nabla \times E) = -\mu\sigma\frac{\partial E}{\partial t} - \mu\epsilon\frac{\partial^2 E}{\partial t^2},$$

und erhalten dann mit Hilfe von Gleichung (A1.19)

$$\nabla^2 E - \mu\epsilon\frac{\partial^2 E}{\partial t^2} - \mu\sigma\frac{\partial E}{\partial t} = \nabla(\rho/\epsilon),$$

wobei wir benutzt haben, daß

$$\nabla(\nabla \cdot E) = \nabla(\rho/\epsilon).$$

Für ein elektrisch neutrales Medium ($\rho = 0$) ist entsprechend

$$\nabla^2 E - \mu\epsilon\frac{\partial^2 E}{\partial t^2} - \mu\sigma\frac{\partial E}{\partial t} = 0. \quad (A1.21)$$

Die Gleichungen (A1.20) und (A1.21) heißen *Telegraphengleichungen.**)

In Nichtleitern ist $\sigma = 0$ und diese Gleichungen bekommen die Form

$$\nabla^2 B - \mu\epsilon\frac{\partial^2 B}{\partial t^2} = 0 \quad (A1.22)$$

$$\nabla^2 E - \mu\epsilon\frac{\partial^2 E}{\partial t^2} = 0 \quad (A1.23)$$

und analog

$$\nabla^2 H - \mu\epsilon\frac{\partial^2 H}{\partial t^2} = 0 \quad (A1.24)$$

und

$$\nabla^2 D - \mu\epsilon\frac{\partial^2 D}{\partial t^2} = 0. \quad (A1.25)$$

Im Vakuum (ladungsfreier Raum) als dem nichtleitenden "Medium" elektromagnetischer Wellen sind $\rho = 0$, $\sigma = 0$, $K_e = 1$, $K_m = 1$. Daher werden (A1.22) bis (A1.25) einfach zu

$$\nabla^2 E = \mu_0\epsilon_0\frac{\partial^2 E}{\partial t^2} \quad (A1.26)$$

und

$$\nabla^2 B = \mu_0\epsilon_0\frac{\partial^2 B}{\partial t^2}. \quad (A1.27)$$

Diese beiden Gleichungen beschreiben gekoppelte raum- und zeitabhängige Felder und beide haben die Form der Wellendifferentialgleichung (weitergehende Betrachtungen siehe Abschnitt 3.2).

---

*) Bei einer Telegraphenleitung aus einem Paar paralleler Drähte bedeutet der endliche Drahtwiderstand einen Leistungsverlust und Joulsche Wärme. Eine elektromagnetische Welle, die die Leitung entlang läuft, hat immer weniger Energie zur Verfügung. Die in den Gleichungen (A1.20) und (A1.21) auftretenden ersten Ableitungen nach der Zeit sind auf den Leitungsstrom zurückzuführen und bewirken die Dissipation oder Dämpfung.

ANHANG 2: DIE KIRCHHOFFSCHE BEUGUNGSTHEORIE

Um die Helmholtz-Gleichung (10.113) zu lösen, nehmen wir an, wir hätten zwei skalare Funktionen U_1 und U_2, für die der zweite Satz von Green lautet:

$$\iiint_V (U_1 \nabla^2 U_2 - U_2 \nabla^2 U_1) dV = \oiint_S (U_1 \nabla U_2 - U_2 \nabla U_1) \cdot d\mathbf{S}. \quad (A2.1)$$

Es ist klar, daß wenn U_1 und U_2 Lösungen der Helmholtz-Gleichung sind, d.h. wenn

$$\nabla^2 U_1 + k^2 U_1 = 0 \quad \text{und} \quad \nabla^2 U_2 + k^2 U_2 = 0,$$

gilt

$$\oiint_S (U_1 \nabla U_2 - U_2 \nabla U_1) \cdot d\mathbf{S} = 0. \quad (A2.2)$$

Es sei $U_1 = \mathcal{E}$, der räumliche Anteil einer nicht näher spezifizierten skalaren optischen Störung (10.112). Und sei

$$U_2 = \frac{e^{ikr}}{r},$$

wobei r von einem Punkt P aus gemessen wird. Diese beiden gewählten Funktionen erfüllen offensichtlich die Helmholtz-Gleichung. Es tritt eine Singularität am Punkte P mit $r = 0$ auf, so daß wir ihn mit einer kleinen Kugel umgeben, um ihn von dem Gebiet auszugrenzen, das von S eingeschlossen wird, siehe Abbildung A2.1. Gleichung (A2.2) wird dann

$$\oiint_S \left[\mathcal{E} \nabla \left(\frac{e^{ikr}}{r} \right) - \frac{e^{ikr}}{r} \nabla \mathcal{E} \right] \cdot d\mathbf{S}$$
$$+ \oiint_{S'} \left[\mathcal{E} \nabla \left(\frac{e^{ikr}}{r} \right) - \frac{e^{ikr}}{r} \nabla \mathcal{E} \right] \cdot d\mathbf{S} = 0. \quad (A2.3)$$

Wir entwickeln nun den Anteil des Integrals, der S' entspricht. Auf der kleinen Kugel zeigt die Einheitsnormale $\hat{\mathbf{n}}$ zum Ursprung P hin und

$$\nabla \left(\frac{e^{ikr}}{r} \right) = \left(\frac{1}{r^2} - \frac{ik}{r} \right) e^{ikr} \hat{\mathbf{n}},$$

da der Gradient radial nach außen gerichtet ist. In der Schreibweise des in P gemessenen Raumwinkels ($dS = r^2 d\Omega$) lautet das Integral über S'

$$\oiint_{S'} \left(\mathcal{E} - ik\mathcal{E}r + r \frac{\partial \mathcal{E}}{\partial r} \right) e^{ikr} d\Omega, \quad (A2.4)$$

wobei $\nabla \mathcal{E} d\mathbf{S} = -(\partial \mathcal{E}/\partial r) r^2 d\Omega$. Wenn die P umgebende kleine Kugel schrumpft, so geht auf S' $r \to 0$ und $\exp(ikr) \to 1$. Wegen der Stetigkeit von $\mathcal{E}$ nähert sich dessen Wert an jedem Punkt auf S' seinem Wert an P, d.h. $\mathcal{E}_p$. Die letzten beiden Terme von Gleichung (A2.4) gehen gegen Null und das Integral wird zu $4\pi \cdot \mathcal{E}_p$. Schließlich lautet Gleichung (A2.3) dann

$$\mathcal{E}_p = \frac{1}{4\pi} \left[\oiint_S \frac{e^{ikr}}{r} \nabla \mathcal{E} \cdot d\mathbf{S} - \oiint_S \mathcal{E} \nabla \left(\frac{e^{ikr}}{r} \right) \cdot d\mathbf{S} \right], \quad [10.114]$$

was als der sogenannte *Kirchhoffsche Integralsatz* bekannt ist.

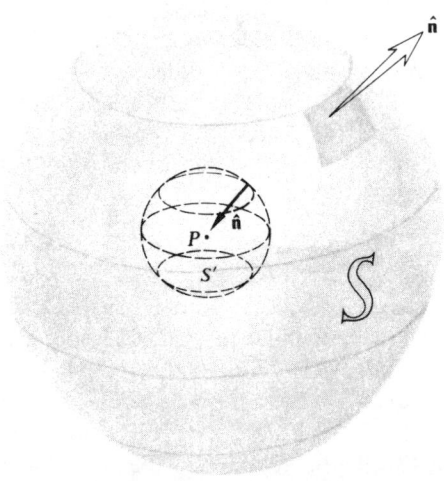

Abbildung A2.1

Tabelle 1: Die sinc-Funktion (nach L.Levi, *Applied Optics*)

$(\sin u)/u$

u	0.00	0.01	0.02	0.03	0.04	0.05	0.06	0.07	0.08	0.09
0.0	1.000000	0.999983	0.999933	0.999850	0.999733	0.999583	0.999400	0.999184	0.998934	0.998651
0.1	0.998334	0.997985	0.997602	0.997186	0.996737	0.996254	0.995739	0.995190	0.994609	0.993994
0.2	0.993347	0.992666	0.991953	0.991207	0.990428	0.989616	0.988771	0.987894	0.986984	0.986042
0.3	0.985067	0.984060	0.983020	0.981949	0.980844	0.979708	0.978540	0.977339	0.976106	0.974842
0.4	0.973546	0.972218	0.970858	0.969467	0.968044	0.966590	0.965105	0.963588	0.962040	0.960461
0.5	0.958851	0.957210	0.955539	0.953836	0.952104	0.950340	0.948547	0.946723	0.944869	0.942985
0.6	0.941071	0.939127	0.937153	0.935150	0.933118	0.931056	0.928965	0.926845	0.924696	0.922518
0.7	0.920311	0.918076	0.915812	0.913520	0.911200	0.908852	0.906476	0.904072	0.901640	0.899181
0.8	0.896695	0.894182	0.891641	0.889074	0.886480	0.883859	0.881212	0.878539	0.875840	0.873114
0.9	0.870363	0.867587	0.864784	0.861957	0.859104	0.856227	0.853325	0.850398	0.847446	0.844471
1.0	0.841471	0.838447	0.835400	0.832329	0.829235	0.826117	0.822977	0.819814	0.816628	0.813419
1.1	0.810189	0.806936	0.803661	0.800365	0.797047	0.793708	0.790348	0.786966	0.783564	0.780142
1.2	0.776699	0.773236	0.769754	0.766251	0.762729	0.759188	0.755627	0.752048	0.748450	0.744833
1.3	0.741199	0.737546	0.733875	0.730187	0.726481	0.722758	0.719018	0.715261	0.711488	0.707698
1.4	0.703893	0.700071	0.696234	0.692381	0.688513	0.684630	0.680732	0.676819	0.672892	0.668952
1.5	0.664997	0.661028	0.657046	0.653051	0.649043	0.645022	0.640988	0.636942	0.632885	0.628815
1.6	0.624734	0.620641	0.616537	0.612422	0.608297	0.604161	0.600014	0.595858	0.591692	0.587517
1.7	0.583332	0.579138	0.574936	0.570725	0.566505	0.562278	0.558042	0.553799	0.549549	0.545291
1.8	0.541026	0.536755	0.532478	0.528194	0.523904	0.519608	0.515307	0.511001	0.506689	0.502373
1.9	0.498053	0.493728	0.489399	0.485066	0.480729	0.476390	0.472047	0.467701	0.463353	0.459002
2.0	0.454649	0.450294	0.445937	0.441579	0.437220	0.432860	0.428499	0.424137	0.419775	0.415414
2.1	0.411052	0.406691	0.402330	0.397971	0.393612	0.389255	0.384900	0.380546	0.376194	0.371845
2.2	0.367498	0.363154	0.358813	0.354475	0.350141	0.345810	0.341483	0.337161	0.332842	0.328529
2.3	0.324220	0.319916	0.315617	0.311324	0.307036	0.302755	0.298479	0.294210	0.289947	0.285692
2.4	0.281443	0.277202	0.272967	0.268741	0.264523	0.260312	0.256110	0.251916	0.247732	0.243556
2.5	0.239389	0.235231	0.231084	0.226946	0.222817	0.218700	0.214592	0.210495	0.206409	0.202334
2.6	0.198270	0.194217	0.190176	0.186147	0.182130	0.178125	0.174132	0.170152	0.166185	0.162230
2.7	0.158289	0.154361	0.150446	0.146546	0.142659	0.138786	0.134927	0.131083	0.127253	0.123439
2.8	0.119639	0.115854	0.112084	0.108330	0.104592	0.100869	0.097163	0.093473	0.089798	0.086141
2.9	0.082500	0.078876	0.075268	0.071678	0.068105	0.064550	0.061012	0.057492	0.053990	0.050506
3.0	0.047040	0.043592	0.040163	0.036753	0.033361	0.029988	0.026635	0.023300	0.019985	0.016689
3.1	0.013413	0.010157	0.006920	0.003704	0.000507	−0.002669	−0.005825	−0.008960	−0.012075	−0.015169
3.2	−0.018242	−0.021294	−0.024325	−0.027335	−0.030324	−0.033291	−0.036236	−0.039160	−0.042063	−0.044943
3.3	−0.047802	−0.050638	−0.053453	−0.056245	−0.059014	−0.061762	−0.064487	−0.067189	−0.069868	−0.072525
3.4	−0.075159	−0.077770	−0.080358	−0.082923	−0.085465	−0.087983	−0.090478	−0.092950	−0.095398	−0.097823
3.5	−0.100224	−0.102601	−0.104955	−0.107285	−0.109591	−0.111873	−0.114131	−0.116365	−0.118575	−0.120761
3.6	−0.122922	−0.125060	−0.127173	−0.129262	−0.131326	−0.133366	−0.135382	−0.137373	−0.139339	−0.141282
3.7	−0.143199	−0.145092	−0.146960	−0.148803	−0.150622	−0.152416	−0.154186	−0.155930	−0.157650	−0.159345
3.8	−0.161015	−0.162661	−0.164281	−0.165877	−0.167448	−0.168994	−0.170515	−0.172011	−0.173482	−0.174929
3.9	−0.176350	−0.177747	−0.179119	−0.180466	−0.181788	−0.183086	−0.184358	−0.185606	−0.186829	−0.188027

Tabelle 1 (Fortsetzung)

$(\sin u)/u$

u	0.00	0.01	0.02	0.03	0.04	0.05	0.06	0.07	0.08	0.09
4.0	−0.189201	−0.190349	−0.191473	−0.192573	−0.193647	−0.194698	−0.195723	−0.196724	−0.197700	−0.198652
4.1	−0.199580	−0.200483	−0.201361	−0.202216	−0.203046	−0.203851	−0.204633	−0.205390	−0.206124	−0.206833
4.2	−0.207518	−0.208179	−0.208817	−0.209430	−0.210020	−0.210586	−0.211128	−0.211647	−0.212142	−0.212614
4.3	−0.213062	−0.213487	−0.213888	−0.214267	−0.214622	−0.214955	−0.215264	−0.215550	−0.215814	−0.216055
4.4	−0.216273	−0.216469	−0.216642	−0.216793	−0.216921	−0.217028	−0.217112	−0.217174	−0.217214	−0.217232
4.5	−0.217229	−0.217204	−0.217157	−0.217089	−0.217000	−0.216889	−0.216757	−0.216604	−0.216430	−0.216235
4.6	−0.216020	−0.215784	−0.215527	−0.215250	−0.214953	−0.214635	−0.214298	−0.213940	−0.213563	−0.213166
4.7	−0.212750	−0.212314	−0.211858	−0.211384	−0.210890	−0.210377	−0.209846	−0.209296	−0.208727	−0.208140
4.8	−0.207534	−0.206911	−0.206269	−0.205609	−0.204932	−0.204236	−0.023524	−0.202794	−0.202046	−0.201282
4.9	−0.200501	−0.199702	−0.198887	−0.198056	−0.197208	−0.196344	−0.195464	−0.194568	−0.193656	−0.192728
5.0	−0.191785	−0.190826	−0.189853	−0.188864	−0.187860	−0.186841	−0.185808	−0.184760	−0.183699	−0.182622
5.1	−0.181532	−0.180428	−0.179311	−0.178179	−0.177035	−0.175877	−0.174706	−0.173522	−0.172326	−0.171117
5.2	−0.169895	−0.168661	−0.167415	−0.166158	−0.164888	−0.163607	−0.162314	−0.161010	−0.159695	−0.158369
5.3	−0.157032	−0.155684	−0.154326	−0.152958	−0.151579	−0.150191	−0.148792	−0.147384	−0.145967	−0.144540
5.4	−0.143105	−0.141660	−0.140206	−0.138744	−0.137273	−0.135794	−0.134307	−0.132812	−0.131309	−0.129798
5.5	−0.128280	−0.126755	−0.125222	−0.123683	−0.122137	−0.120584	−0.119024	−0.117459	−0.115887	−0.114310
5.6	−0.112726	−0.111137	−0.109543	−0.107943	−0.106338	−0.104728	−0.103114	−0.101495	−0.099871	−0.098243
5.7	−0.096611	−0.094976	−0.093336	−0.091693	−0.090046	−0.088396	−0.086743	−0.085087	−0.083429	−0.081768
5.8	−0.080104	−0.078438	−0.076770	−0.075100	−0.073428	−0.071755	−0.070080	−0.068404	−0.066726	−0.065048
5.9	−0.063369	−0.061689	−0.060009	−0.058329	−0.056648	−0.054967	−0.053287	−0.051606	−0.049927	−0.048248
6.0	−0.046569	−0.044892	−0.043216	−0.041540	−0.039867	−0.038195	−0.036524	−0.034856	−0.033189	−0.031525
6.1	−0.029863	−0.028203	−0.026546	−0.024892	−0.023240	−0.021592	−0.019947	−0.018305	−0.016667	−0.015032
6.2	−0.013402	−0.011775	−0.010152	−0.008533	−0.006919	−0.005309	−0.003703	−0.002103	−0.000507	0.001083
6.3	0.002669	0.004249	0.005824	0.007393	0.008956	0.010514	0.012066	0.013612	0.015151	0.016684
6.4	0.018211	0.019731	0.021244	0.022751	0.024250	0.025743	0.027228	0.028706	0.030177	0.031640
6.5	0.033095	0.034543	0.035983	0.037414	0.038838	0.040253	0.041661	0.043059	0.044449	0.045831
6.6	0.047203	0.048567	0.049922	0.051268	0.052604	0.053931	0.055249	0.056558	0.057857	0.059146
6.7	0.060425	0.061695	0.062955	0.064204	0.065444	0.066673	0.067892	0.069101	0.070299	0.071487
6.8	0.072664	0.073830	0.074986	0.076130	0.077264	0.078386	0.079498	0.080598	0.081688	0.082765
6.9	0.083832	0.084887	0.085930	0.086962	0.087982	0.088991	0.089987	0.090972	0.091945	0.092906
7.0	0.093855	0.094792	0.095717	0.096629	0.097530	0.098418	0.099293	0.100157	0.101008	0.101846
7.1	0.102672	0.103485	0.104286	0.105074	0.105849	0.106611	0.107361	0.108098	0.108822	0.109533
7.2	0.110232	0.110917	0.111589	0.112249	0.112895	0.113528	0.114149	0.114756	0.115350	0.115931
7.3	0.116498	0.117053	0.117594	0.118122	0.118637	0.119138	0.119627	0.120102	0.120563	0.121012
7.4	0.121447	0.121869	0.122277	0.122673	0.123055	0.123423	0.123779	0.124121	0.124449	0.124765
7.5	0.125067	0.125355	0.125631	0.125893	0.126142	0.126378	0.126600	0.126809	0.127005	0.127188
7.6	0.127358	0.127514	0.127658	0.127788	0.127905	0.128009	0.128100	0.128178	0.128243	0.128295
7.7	0.128334	0.128360	0.128373	0.128373	0.128361	0.128335	0.128297	0.128247	0.128183	0.128107
7.8	0.128018	0.127917	0.127803	0.127677	0.127539	0.127388	0.127224	0.127049	0.126861	0.126661
7.9	0.126448	0.126224	0.125988	0.125739	0.125479	0.125207	0.124923	0.124627	0.124320	0.124000

Tabelle 1 (Fortsetzung)

$(\sin u)/u$

u	0.00	0.01	0.02	0.03	0.04	0.05	0.06	0.07	0.08	0.09
8.0	0.123670	0.123328	0.122974	0.122609	0.122232	0.121845	0.121446	0.121036	0.120615	0.12018
8.1	0.119739	0.119286	0.118821	0.118345	0.117859	0.117363	0.116855	0.116338	0.115810	0.115272
8.2	0.114723	0.114165	0.113596	0.113018	0.112429	0.111831	0.111223	0.110605	0.109978	0.109341
8.3	0.108695	0.108040	0.107376	0.106702	0.106019	0.105327	0.104627	0.103918	0.103200	0.102473
8.4	0.101738	0.100994	0.100243	0.099483	0.098714	0.097938	0.097154	0.096362	0.095562	0.094755
8.5	0.093940	0.093117	0.092287	0.091450	0.090606	0.089755	0.088896	0.088031	0.087159	0.086280
8.6	0.085395	0.084503	0.083605	0.082701	0.081790	0.080874	0.079951	0.079023	0.078089	0.077149
8.7	0.076203	0.075253	0.074296	0.073335	0.072369	0.071397	0.070421	0.069439	0.068453	0.067463
8.8	0.066468	0.065468	0.064465	0.063457	0.062445	0.061429	0.060410	0.059386	0.058359	0.057328
8.9	0.056294	0.055257	0.054217	0.053173	0.052127	0.051077	0.050025	0.048970	0.047913	0.046853
9.0	0.045791	0.044727	0.043660	0.042592	0.041521	0.040449	0.039375	0.038300	0.037223	0.036145
9.1	0.035066	0.033985	0.032904	0.031821	0.030738	0.029654	0.028569	0.027484	0.026399	0.025313
9.2	0.024227	0.023141	0.022055	0.020970	0.019884	0.018799	0.017714	0.016630	0.015547	0.014464
9.3	0.013382	0.012301	0.011222	0.010143	0.009066	0.007990	0.006916	0.005843	0.004772	0.003703
9.4	0.002636	0.001570	0.000507	−0.000554	−0.001612	−0.002669	−0.003722	−0.004774	−0.005822	−0.006868
9.5	−0.007911	−0.008950	−0.009987	−0.011021	−0.012051	−0.013078	−0.014101	−0.015121	−0.016138	−0.017150
9.6	−0.018159	−0.019164	−0.020165	−0.021161	−0.022154	−0.023142	−0.024126	−0.025106	−0.026081	−0.027051
9.7	−0.028017	−0.028977	−0.029933	−0.030884	−0.031830	−0.032771	−0.033707	−0.034637	−0.035562	−0.036482
9.8	−0.037396	−0.038304	−0.039207	−0.040104	−0.040995	−0.041881	−0.042760	−0.043633	−0.044500	−0.045361
9.9	−0.046216	−0.047064	−0.047906	−0.048741	−0.049570	−0.050392	−0.051208	−0.052017	−0.052819	−0.053614
10.0	−0.054402	−0.055183	−0.055957	−0.056724	−0.057484	−0.058237	−0.058982	−0.059720	−0.060450	−0.061173
10.1	−0.061888	−0.062596	−0.063296	−0.063988	−0.064673	−0.065350	−0.066019	−0.066680	−0.067333	−0.067978
10.2	−0.068615	−0.069244	−0.069865	−0.070477	−0.071082	−0.071678	−0.072266	−0.072845	−0.073416	−0.073979
10.3	−0.074533	−0.075078	−0.075615	−0.076143	−0.076663	−0.077174	−0.077677	−0.078170	−0.078655	−0.079131
10.4	−0.079599	−0.080057	−0.080507	−0.080947	−0.081379	−0.081802	−0.082216	−0.082620	−0.083016	−0.083,403
10.5	−0.083781	−0.084149	−0.084509	−0.084859	−0.085200	−0.085532	−0.085855	−0.086169	−0.086473	−0.086768
10.6	−0.087054	−0.087331	−0.087599	−0.087857	−0.088106	−0.088346	−0.088576	−0.088797	−0.089009	−0.089212
10.7	−0.089405	−0.089589	−0.089764	−0.089929	−0.090085	−0.090232	−0.090370	−0.090498	−0.090617	−0.090727
10.8	−0.090827	−0.090919	−0.091001	−0.091073	−0.091137	−0.091191	−0.091236	−0.091272	−0.091299	−0.091316
10.9	−0.091324	−0.091324	−0.091314	−0.091295	−0.091267	−0.091229	−0.091183	−0.091128	−0.091064	−0.090990
11.0	−0.090908	−0.090817	−0.090717	−0.090608	−0.090490	−0.090364	−0.090228	−0.090084	−0.089931	−0.089770
11.1	−0.089599	−0.089420	−0.089233	−0.089037	−0.088832	−0.088619	−0.088397	−0.088167	−0.087929	−0.087682
11.2	−0.087427	−0.087163	−0.086891	−0.086612	−0.086324	−0.086027	−0.085723	−0.085411	−0.085091	−0.084763
11.3	−0.084426	−0.084083	−0.083731	−0.083371	−0.083004	−0.082630	−0.082247	−0.081857	−0.081460	−0.081055
11.4	−0.080643	−0.080223	−0.079796	−0.079362	−0.078921	−0.078473	−0.078017	−0.077555	−0.077086	−0.076609
11.5	−0.076126	−0.075636	−0.075140	−0.074637	−0.074127	−0.073611	−0.073088	−0.072559	−0.072023	−0.071481
11.6	−0.070934	−0.070379	−0.069819	−0.069253	−0.068681	−0.068103	−0.067519	−0.066929	−0.066334	−0.065733
11.7	−0.065127	−0.064515	−0.063898	−0.063275	−0.062647	−0.062014	−0.061376	−0.060733	−0.060084	−0.059431
11.8	−0.058773	−0.058111	−0.057443	−0.056771	−0.056095	−0.055414	−0.054728	−0.054039	−0.053345	−0.052646
11.9	−0.051944	−0.051238	−0.050528	−0.049814	−0.049096	−0.048375	−0.047650	−0.046921	−0.046189	−0.045453

Tabelle 1 (Fortsetzung)

$(\sin u)/u$

u	0.00	0.01	0.02	0.03	0.04	0.05	0.06	0.07	0.08	0.09
12.0	−0.044714	−0.043972	−0.043227	−0.042479	−0.041727	−0.040973	−0.040216	−0.039456	−0.038694	−0.037929
12.1	−0.037161	−0.03639	−0.035618	−0.034844	−0.034067	−0.033288	−0.032506	−0.031723	−0.030938	−0.030152
12.2	−0.029363	−0.028573	−0.027781	−0.026988	−0.026193	−0.025398	−0.024600	−0.023802	−0.023003	−0.022202
12.3	−0.021401	−0.020599	−0.019796	−0.018992	−0.018188	−0.017384	−0.016578	−0.015773	−0.014967	−0.014161
12.4	−0.013355	−0.012549	−0.011743	−0.010937	−0.010131	−0.009326	−0.008521	−0.007716	−0.006912	−0.006109
12.5	−0.005306	−0.004504	−0.003702	−0.002902	−0.002103	−0.001304	−0.000507	0.000289	0.001083	0.001877
12.6	0.002668	0.003459	0.004248	0.005035	0.005820	0.006603	0.007385	0.008164	0.008942	0.009717
12.7	0.010491	0.011262	0.012030	0.012797	0.013560	0.014321	0.015080	0.015836	0.016589	0.017339
12.8	0.018087	0.018831	0.019572	0.020311	0.021046	0.021778	0.022506	0.023231	0.023953	0.024671
12.9	0.025386	0.026097	0.026804	0.027507	0.028207	0.028903	0.029594	0.030282	0.030966	0.031645
13.0	0.032321	0.032992	0.033658	0.034321	0.034978	0.035632	0.036281	0.036925	0.037564	0.038199
13.1	0.038829	0.039454	0.040075	0.040690	0.041300	0.041905	0.042506	0.043101	0.043690	0.044275
13.2	0.044854	0.045428	0.045996	0.046559	0.047117	0.047669	0.048215	0.048756	0.049291	0.049820
13.3	0.050344	0.050861	0.051373	0.051879	0.052379	0.052873	0.053361	0.053843	0.054319	0.054788
13.4	0.055252	0.055709	0.056160	0.056605	0.057043	0.057476	0.057901	0.058321	0.058733	0.059140
13.5	0.059540	0.059933	0.060320	0.060700	0.061073	0.061440	0.061800	0.062154	0.062500	0.062840
13.6	0.063174	0.063500	0.063820	0.064132	0.064438	0.064737	0.065029	0.065314	0.065593	0.065864
13.7	0.066128	0.066385	0.066636	0.066879	0.067115	0.067344	0.067566	0.067781	0.067989	0.068190
13.8	0.068384	0.068570	0.068750	0.068922	0.069087	0.069245	0.069396	0.069540	0.069677	0.069806
13.9	0.069929	0.070044	0.070152	0.070253	0.070346	0.070433	0.070512	0.070584	0.070649	0.070707
14.0	0.070758	0.070801	0.070838	0.070867	0.070889	0.070904	0.070912	0.070913	0.070907	0.070893
14.1	0.070873	0.070846	0.070811	0.070770	0.070721	0.070666	0.070603	0.070534	0.070457	0.070374
14.2	0.070284	0.070186	0.070082	0.069971	0.069854	0.069729	0.069598	0.069460	0.069315	0.069163
14.3	0.069005	0.068840	0.068668	0.068490	0.068305	0.068114	0.067916	0.067712	0.067501	0.067283
14.4	0.067060	0.066829	0.066593	0.066350	0.066101	0.065845	0.065584	0.065316	0.065042	0.064762
14.5	0.064476	0.064183	0.063885	0.063581	0.063271	0.062954	0.062633	0.062305	0.061971	0.061632
14.6	0.061287	0.060936	0.060580	0.060218	0.059851	0.059478	0.059100	0.058717	0.058328	0.057933
14.7	0.057534	0.057129	0.056719	0.056304	0.055884	0.055459	0.055029	0.054594	0.054154	0.053710
14.8	0.053260	0.052806	0.052347	0.051884	0.051416	0.050944	0.050467	0.049985	0.049500	0.049010
14.9	0.048516	0.048017	0.047515	0.047008	0.046497	0.045983	0.045464	0.044942	0.044416	0.043886
15.0	0.043353	0.042815	0.042275	0.041730	0.041183	0.040632	0.040077	0.039520	0.038959	0.038395
15.1	0.037828	0.037257	0.036684	0.036108	0.035529	0.034948	0.034363	0.033776	0.033187	0.032595
15.2	0.032000	0.031403	0.030803	0.030202	0.029598	0.028992	0.028383	0.027773	0.027161	0.026547
15.3	0.025931	0.025313	0.024693	0.024072	0.023450	0.022825	0.022199	0.021572	0.020944	0.020314
15.4	0.019683	0.019051	0.018418	0.017783	0.017148	0.016512	0.015875	0.015237	0.014599	0.013960
15.5	0.013320	0.012680	0.012040	0.011399	0.010758	0.010116	0.009475	0.008833	0.008191	0.007549
15.6	0.006907	0.006266	0.005624	0.004983	0.004342	0.003702	0.003062	0.002422	0.001783	0.001145
15.7	0.000507	−0.000130	−0.000766	−0.001401	−0.002035	−0.002668	−0.003300	−0.003931	−0.004561	−0.005190
15.8	−0.005817	−0.006443	−0.007067	−0.007690	−0.008311	−0.008931	−0.009549	−0.010166	−0.010780	−0.011393
15.9	−0.012004	−0.012613	−0.013219	−0.013824	−0.014427	−0.015027	−0.015625	−0.016221	−0.016814	−0.017405

Tabelle 1 (Fortsetzung)

$(\sin u)/u$

u	0.00	0.01	0.02	0.03	0.04	0.05	0.06	0.07	0.08	0.09
16.0	−0.017994	−0.018580	−0.019163	−0.019744	−0.020322	−0.020898	−0.021470	−0.022040	−0.022607	−0.023170
16.1	−0.023731	−0.024289	−0.024843	−0.025395	−0.025943	−0.026488	−0.027030	−0.027568	−0.028103	−0.028634
16.2	−0.029162	−0.029686	−0.030207	−0.030724	−0.031237	−0.031747	−0.032252	−0.032754	−0.033252	−0.033746
16.3	−0.034236	−0.034722	−0.035204	−0.035682	−0.036156	−0.036626	−0.037091	−0.037552	−0.038009	−0.038461
16.4	−0.038909	−0.039352	−0.039792	−0.040226	−0.040656	−0.041081	−0.041502	−0.041918	−0.042330	−0.042737
16.5	−0.043139	−0.043536	−0.043928	−0.044315	−0.044698	−0.045076	−0.045448	−0.045816	−0.046179	−0.046536
16.6	−0.046889	−0.047236	−0.047578	−0.047915	−0.048247	−0.048574	−0.048895	−0.049212	−0.049522	−0.049828
16.7	−0.050128	−0.050423	−0.050713	−0.050997	−0.051275	−0.051548	−0.051816	−0.052078	−0.052335	−0.052586
16.8	−0.052831	−0.053071	−0.053306	−0.053535	−0.053758	−0.053975	−0.054187	−0.054393	−0.054594	−0.054789
16.9	−0.054978	−0.055161	−0.055339	−0.055511	−0.055677	−0.055837	−0.055992	−0.056141	−0.056284	−0.056421
17.0	−0.056553	−0.056678	−0.056798	−0.056912	−0.057021	−0.057123	−0.057220	−0.057310	−0.057395	−0.057474
17.1	−0.057548	−0.057615	−0.057677	−0.057732	−0.057782	−0.057826	−0.057865	−0.057897	−0.057924	−0.057944
17.2	−0.057959	−0.057968	−0.057972	−0.057969	−0.057961	−0.057947	−0.057927	−0.057902	−0.057870	−0.057833
17.3	−0.057790	−0.057742	−0.057688	−0.057628	−0.057562	−0.057491	−0.057414	−0.057331	−0.057243	−0.057149
17.4	−0.057049	−0.056944	−0.056834	−0.056717	−0.056596	−0.056468	−0.056336	−0.056197	−0.056054	−0.055905
17.5	−0.055750	−0.055590	−0.055425	−0.055254	−0.055078	−0.054897	−0.054710	−0.054518	−0.054321	−0.054119
17.6	−0.053912	−0.053699	−0.053481	−0.053258	−0.053031	−0.052798	−0.052560	−0.052317	−0.052069	−0.051816
17.7	−0.051558	−0.051296	−0.051028	−0.050756	−0.050479	−0.050198	−0.049911	−0.049620	−0.049324	−0.049024
17.8	−0.048719	−0.048410	−0.048096	−0.047778	−0.047455	−0.047128	−0.046796	−0.046461	−0.046121	−0.045776
17.9	−0.045428	−0.045075	−0.044718	−0.044358	−0.043993	−0.043624	−0.043251	−0.042875	−0.042494	−0.042110
18.0	−0.041722	−0.041330	−0.040934	−0.040535	−0.040132	−0.039726	−0.039316	−0.038902	−0.038485	−0.038065
18.1	−0.037642	−0.037215	−0.036785	−0.036351	−0.035915	−0.035475	−0.035033	−0.034587	−0.034139	−0.033687
18.2	−0.033233	−0.032775	−0.032315	−0.031853	−0.031387	−0.030919	−0.030449	−0.029976	−0.029500	−0.029022
18.3	−0.028541	−0.028059	−0.027574	−0.027086	−0.026597	−0.026105	−0.025612	−0.025116	−0.024619	−0.024119
18.4	−0.023618	−0.023114	−0.022610	−0.022103	−0.021594	−0.021085	−0.020573	−0.020060	−0.019546	−0.019030
18.5	−0.018512	−0.017994	−0.017474	−0.016953	−0.016431	−0.015908	−0.015384	−0.014859	−0.014333	−0.013806
18.6	−0.013278	−0.012750	−0.012220	−0.011691	−0.011160	−0.010629	−0.010098	−0.009566	−0.009033	−0.008501
18.7	−0.007968	−0.007435	−0.006901	−0.006368	−0.005834	−0.005301	−0.004767	−0.004234	−0.003701	−0.003168
18.8	−0.002635	−0.002102	−0.001570	−0.001038	−0.000507	0.000024	0.000554	0.001083	0.001612	0.002140
18.9	0.002668	0.003194	0.003720	0.004245	0.004769	0.005292	0.005813	0.006334	0.006853	0.007371
19.0	0.007888	0.008404	0.008918	0.009431	0.009942	0.010452	0.010960	0.011466	0.011971	0.012474
19.1	0.012976	0.013475	0.013973	0.014468	0.014962	0.015454	0.015944	0.016431	0.016917	0.017400
19.2	0.017881	0.018360	0.018836	0.019310	0.019782	0.020251	0.020717	0.021181	0.021643	0.022102
19.3	0.022558	0.023011	0.023462	0.023910	0.024355	0.024797	0.025236	0.025672	0.026105	0.026535
19.4	0.026962	0.027386	0.027807	0.028224	0.028638	0.029049	0.029457	0.029861	0.030262	0.030659
19.5	0.031053	0.031444	0.031831	0.032214	0.032594	0.032970	0.033342	0.033711	0.034076	0.034437
19.6	0.034794	0.035148	0.035497	0.035843	0.036185	0.036522	0.036856	0.037186	0.037512	0.037833
19.7	0.038151	0.038464	0.038774	0.039079	0.039379	0.039676	0.039968	0.040256	0.040540	0.040820
19.8	0.041095	0.041365	0.041632	0.041893	0.042151	0.042404	0.042652	0.042896	0.043135	0.043370
19.9	0.043600	0.043826	0.044047	0.044263	0.044475	0.044682	0.044885	0.045082	0.045275	0.045464

LÖSUNGEN AUSGEWÄHLTER AUFGABEN

Kapitel 2

2.1 $(0.003)\,(2.54 \times 10^{-2})/580 \times 10^{-9}$ = Anzahl der Wellen = 131.2. $c = \nu\lambda$, $\lambda = c/\nu = 3 \times 10^8/10^{10}$, $\lambda = 3\,\text{cm}$. Die Wellen reichen 393.6 cm weit.

2.7 $\psi = A\sin 2\pi(\kappa x - \nu t)$, $\psi_1 = 4\sin 2\pi(0.2x - 3t)$

a) $\nu = 3$ b) $\lambda = 1/0.2$ c) $\tau = 1/3$
d) $A = 4$ e) $v = 15$ f) positives x

$\psi = A\sin(kx + \omega t)$, $\psi_2 = (1/2.5)\sin(7x + 3.5t)$

a) $\nu = 3.5/2\pi$ b) $\lambda = 2\pi/7$ c) $\tau = 2\pi/3.5$
d) $A = 1/2.5$ e) $v = \dfrac{1}{2}$ f) negatives x

2.9 $v_y = -\omega A\cos(kx - \omega t + \varepsilon)$, $a_y = -\omega^2 y$. Einfache harmonische Bewegung, da $a_y \propto y$.

2.10 $\tau = 2.2 \times 10^{-15}$ s; daher $\nu = 1/\tau = 4.5 \times 10^{14}$ Hz; $v = \nu\lambda$, 3×10^8 m/s $= (4.5 \times 10^{14}$ Hz$)\lambda$; $\lambda = 6.6 \times 10^{-7}$ m und $k = 2\pi/\lambda = 9.5 \times 10^6$ m^{-1}. $\psi(x,t) = (10^3$ V/m$)\cos[9.5 \times 10^6$ m$^{-1}(x + 3 \times 10^8$ m/s$\,t)]$. Es ist eine Kosinuswelle, da $\cos 0 = 1$.

2.11 $y(x,t) = C/[2 + (x + vt)^2]$.

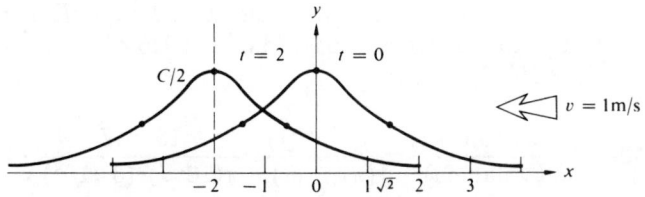

2.13 Nein. Sie ist nicht zweimal differenzierbar und ist daher keine Lösung der Wellendifferentialgleichung.

2.15
$$\psi(z,0) = A\sin(kz + \varepsilon);$$
$$\psi(-\lambda/12, 0) = A\sin(-\pi/6 + \varepsilon) = 0.866;$$
$$\psi(\lambda/6, 0) = A\sin(\pi/3 + \varepsilon) = 1/2;$$
$$\psi(\lambda/4, 0) = A\sin(\pi/2 + \varepsilon) = 0.$$
$$A\sin(\pi/2 + \varepsilon) = A(\sin\pi/2\cos\varepsilon + \cos\pi/2\sin\varepsilon)$$
$$= A\cos\varepsilon = 0,\ \varepsilon = \pi/2.$$
$$A\sin(\pi/3 + \pi/2) = A\sin(5\pi/6) = 1/2;$$
deshalb ist $A = 1$, folglich $\psi(z,0) = \sin(kz + \pi/2)$.

2.18 $\psi(x,t) = 5.0\exp[-a(x + \sqrt{b/a}\,t)^2]$, die Welle pflanzt sich in die negative x-Richtung fort; $v = \sqrt{b/a} = 0.6$ m/s.
$\psi(x,0) = 5.0\exp(-25x^2)$;

x	ψ
0.6	0.0006
0.4	0.09
0.2	1.8
0.0	5.0
−0.2	1.8
−0.4	0.09
−0.6	0.0006

2.19 $\psi = A\exp i(k_x x + k_y y + k_z z)$
$k_x = k\alpha \quad k_y = k\beta \quad k_z = k\gamma$
$|k| = [(k\alpha)^2 + (k\beta)^2 + (k\gamma)^2]^{1/2} = k[\alpha^2 + \beta^2 + \gamma^2]^{1/2}$.

2.20 30° entspricht $1/12\lambda$ oder $(1/12)3 \times 10^8/6 \times 10^{14} = 41.6$ nm.

2.21 $\psi = A\sin 2\pi\left(\dfrac{x}{\lambda} \pm \dfrac{t}{\tau}\right)$

$\psi = 60\sin 2\pi\left(\dfrac{x}{400 \times 10^{-9}} - \dfrac{t}{1.33 \times 10^{-15}}\right)$

$\lambda = 400$ nm

$v = 400 \times 10^{-9}/1.33 \times 10^{-15} = 3 \times 10^8$ m/s

$\nu = (1/1.33) \times 10^{+15}$ Hz, $\quad \tau = 1.33 \times 10^{-15}$ s.

2.23 $\lambda = h/mv = 6.6 \times 10^{-34}/6(1) = 1.1 \times 10^{-34}$ m.

2.24 Man kann k konstruieren, indem man einen Einheitsvektor bildet, der in die entsprechende Richtung zeigt, und ihn mit k multipliziert. Der Einheitsvektor ist

$[(4-0)\hat{i} + (2-0)\hat{j} + (1-0)\hat{k}]/\sqrt{4^2 + 2^2 + 1^2}$
$= (4\hat{i} + 2\hat{j} + \hat{k})/\sqrt{21}$

und $k = k(4\hat{i} + 2\hat{j} + \hat{k})/\sqrt{21}$.

$r = x\hat{i} + y\hat{j} + z\hat{k}$,

folglich ist

$\psi(x,y,z,t) = A\sin[(4k/\sqrt{21})x + (2k/\sqrt{21})y + (k/\sqrt{21})z - \omega t]$.

2.26
$\psi(r_1, t) = \psi[r_2 - (r_2 - r_1), t]$
$= \psi[k \cdot r_2 - k \cdot (r_2 - r_1), t]$
$= \psi(k \cdot r_2, t) = \psi(r_2, t)$,

da $k \cdot (r_2 - r_1) = 0$.

Kapitel 3

3.1 $E_y = 2\cos[2\pi \times 10^{14}(t - x/c) + \pi/2]$
$E_y = A\cos[2\pi\nu(t - x/v) + \pi/2]$

nach Gleichung (2.26)

a) $\nu = 10^{14}$ Hz, $v = c$ und $\lambda = c/\nu = 3 \times 10^8/10^{14} = 3 \times 10^{-6}$ m, bewegt sich in die positive x-Richtung, $A = 2$ V/m, $\varepsilon = \pi/2$, linear polarisiert in der y-Richtung.

b) $B_x = 0$, $B_y = 0$, $B_z = \dfrac{2}{c}\cos[2\pi \times 10^{14}(t - x/c) + \pi/2]$.

3.2 $E_z = 0$, $\quad E_y = E_x = E_0\sin(kz - \omega t)$ od. cos;
$B_z = 0$, $\quad B_y = -B_x = E_y/c$,

oder wenn Sie wollen,

$\boldsymbol{E} = E_0(\hat{i} + \hat{j})\sin(kz - \omega t)$, $\quad \boldsymbol{B} = \dfrac{E_0}{c}(\hat{j} - \hat{i})\sin(kz - \omega t)$.

3.4 $\langle\cos^2(\boldsymbol{k}\cdot\boldsymbol{r} - \omega t)\rangle = \dfrac{1}{T}\int_t^{t+T}\cos^2(\boldsymbol{k}\cdot\boldsymbol{r} - \omega t')\,dt'$. Es sei $\boldsymbol{k}\cdot\boldsymbol{r} - \omega t' = x$; dann ist

$\langle\cos^2(\boldsymbol{k}\cdot\boldsymbol{r} - \omega t)\rangle = \dfrac{1}{-\omega T}\int\cos^2 x\,dx$

$= \dfrac{1}{-\omega T}\int\dfrac{1 + \cos 2x}{2}dx$

$= -\dfrac{1}{\omega T}\left[\dfrac{x}{2} + \dfrac{\sin 2x}{4}\right]_{\boldsymbol{k}\cdot\boldsymbol{r} - \omega t}^{\boldsymbol{k}\cdot\boldsymbol{r} - \omega(t+T)}$

$= \dfrac{1}{2} - \dfrac{1}{4\omega T}\{\sin[2\boldsymbol{k}\cdot\boldsymbol{r} - 2\omega(t+T)]$
$\quad - \sin 2(\boldsymbol{k}\cdot\boldsymbol{r} - \omega t)\}$.

Für $T = \tau$ ist $\omega = 2\pi/\tau$ und der zweite Term verschwindet, so daß wir $\langle\cos^2(\boldsymbol{k}\cdot\boldsymbol{r} - \omega\cdot t)\rangle = 1/2$ erhalten. Auch für $T \gg \tau$ verschwindet dieser zweite Term, denn dann ist $1/4\omega T \ll 1$. $\langle\sin^2(\boldsymbol{k}\cdot\boldsymbol{r} - \omega\cdot t)\rangle = 1/2$ für $T = \tau$ und $T \gg \tau$ folgt auf die gleiche Weise.

3.6 $\boldsymbol{E}_0 = (-E_0/\sqrt{2})\hat{i} + (E_0/\sqrt{2})\hat{j}$; $k = 2(\pi/\lambda)(\hat{i}/\sqrt{2} + \hat{j}/\sqrt{2})$, folglich ist

$\boldsymbol{E} = (1/\sqrt{2})(-10\hat{i} + 10\hat{j})\cos[(\sqrt{2}\pi/\lambda)(x+y) - \omega t]$

und $I = \frac{1}{2}c\varepsilon_o E_0^2 = 0.13$ W/m².

3.7

a) $l = c\Delta t = (3.00 \times 10^8 \text{ m/s})(2.00 \times 10^{-9} \text{ s}) = 0.600$ m.

b) Das Volumen eines Pulses ist $(0.600 \text{ m})(\pi R^2) = 2.945 \times 10^{-6}$ m³; deshalb ist $(6.0 \text{ J})/2.945 \times 10^{-6}$ m³ $= 2.0 \times 10^6$ J/m³.

3.8 $u = \dfrac{(\text{Leistung})(t)}{(\text{Volumen})} = \dfrac{10^{-3}\text{W}(t)}{(\pi r^2)(ct)} = \dfrac{10^{-3}\text{W}}{\pi(10^{-3})^2(3 \times 10^8)}$

$u = \dfrac{10^{-5}}{3\pi}$ J/m³ $= 1.06 \times 10^{-6}$ J/m³.

3.10 $h = 6.63 \times 10^{-34}$, $E = h\nu$

$$\frac{I}{h\nu} = \frac{19.88 \times 10^{-2}}{(6.63 \times 10^{-34})(100 \times 10^6)}$$

$$= 3 \times 10^{24} \text{ Photonen/m}^2\text{s}.$$

Alle Photonen im Volumen V durchqueren die Einheitsfläche in einer Sekunde

$$V = (ct)(1\,\text{m}^2) = 3 \times 10^8 \,\text{m}^3$$

$$3 \times 10^{24} = V \text{ (Dichte)}$$

$$\text{Dichte} = 10^{16} \text{ Photonen/m}^3.$$

3.12 $P_e = iV = (0.25)(3.0) = 0.75$ W. Dies ist die dissipierte elektrische Leistung. Die als Licht verfügbare Leistung ist

$$P_l = (0.01)P_e = 75 \times 10^{-4} \text{ W}.$$

a) Photonenfluß

$$= P_l/h\nu = 75 \times 10^{-4} \lambda/hc$$

$$= 75 \times 10^{-4}(550 \times 10^{-9})/(6.63 \times 10^{-34})3 \times 10^8$$

$$= 2.08 \times 10^{16} \text{ Photonen/s}.$$

b) Es sind 2.08×10^{16} Photonen im Volumen $(3 \times 10^8)(1s) \times (10^{-3}\,\text{m}^2)$;

$$\therefore \frac{2.08 \times 10^{16}}{3 \times 10^5} = \text{Photonen/m}^3 = 0.69 \times 10^{11}.$$

c) $1 = 75 \times 10^{-4}$ W$/10 \times 10^{-4}$ m$^2 = 7.5$ W/m^2.

3.14 Stellen Sie sich zwei die Welle umgebende konzentrische Zylinder mit den Radien r_1 bzw. r_2 vor. Die sekündlich durch den ersten Zylinder strömende Energie muß auch durch den zweiten Zylinder gehen, d.h. $\langle S_1 \rangle 2\pi r_1 = \langle S_2 \rangle 2\pi r_2$, und so ist $\langle S \rangle 2\pi r = $ const. und $\langle S \rangle$ ist umgekehrt proportional zu r. Deshalb und wegen $\langle S \rangle \propto E_0^2$ ist E_0 direkt proportional zu $\sqrt{1/r}$.

3.16

$$\left\langle \frac{dp}{dt} \right\rangle = \frac{1}{c}\left\langle \frac{dW}{dt} \right\rangle,$$

$$\langle \mathcal{P} \rangle = \frac{1}{A}\left\langle \frac{dp}{dt} \right\rangle = \frac{1}{Ac}\left\langle \frac{dW}{dt} \right\rangle = \frac{I}{c}, \quad A = \text{Fläche}.$$

3.18 $\mathcal{E} = 300\,\text{W}(100\,\text{s}) = 3 \times 10^4$ J,

$$p = \mathcal{E}/c = 3 \times 10^4/3 \times 10^8 = 10^{-4} \,\text{kg} \cdot \text{m/s}.$$

3.19

a) $\langle \mathcal{P} \rangle = 2\langle S \rangle/c = 2(1.4 \times 10^3 \,\text{W/m}^2)/(3 \times 10^8 \,\text{m/s}) = 9 \times 10^{-6}$ N/m^2.

b) S und deshalb $\mathcal{P}$ fallen nach dem quadratischen Entfernungsgesetz ab, und folglich ist $\langle S \rangle = [(0.7 \times 10^9 \,\text{m})^{-2}/(1.5 \times 10^{11} \,\text{m})^{-2}](1.4 \times 10^3 \,\text{W/m}^2) = 6.4 \times 10^7$ W/m^2 und $\langle \mathcal{P} \rangle = 0.21$ N/m^2.

3.20 $\langle S \rangle = 1400$ W/m^2,

$$\langle \mathcal{P} \rangle = 2(1400\,\text{W/m}^2/3 \times 10^8 \,\text{m/s}) = 9.3 \times 10^{-6} \,\text{N/m}^2,$$

$$\langle F \rangle = A\langle \mathcal{P} \rangle = 2000\,\text{m}^2(9.3 \times 10^{-6} \,\text{N/m}^2) = 1.9 \times 10^{-2} \,\text{N}.$$

3.21 $\langle S \rangle = (200 \times 10^3 \,\text{W})(500 \times 2 \times 10^{-6} \,\text{s})/A(1s)$,

$$\mathcal{P} = \langle S \rangle/c = 2.1 \times 10^{-7} \,\text{N/m}^2.$$

3.22 $\langle F \rangle = A\langle \mathcal{P} \rangle = A\langle S \rangle/c = \frac{10\,\text{W}}{3 \times 10^8} = 3.3 \times 10^{-8}$ N

$$a = 3.3 \times 10^{-8}/100 \,\text{kg} = 3.3 \times 10^{-10} \,\text{m/s}^2$$

$$v = at = \frac{1}{3} \times 10^{-9}(t) = 10 \,\text{m/s}$$

$$t = 3 \times 10^{10} \,\text{s}, \quad 1\,\text{Jahr} = 3.2 \times 10^7 \,\text{s}.$$

3.23 $\boldsymbol{B}$ umgibt v in Form von Kreisen und $\boldsymbol{E}$ verläuft radial, folglich liegt $\boldsymbol{E} \times \boldsymbol{B}$ tangential zur Kugel; es wird keine Energie von ihr nach außen abgestrahlt.

3.25 Thermische Bewegung der molekularen Dipole verursacht eine merkliche Verringerung von K_e, sie hat aber nur wenig Einfluß auf n. Bei optischen Frequenzen ist n vorwiegend auf die Polarisation der Elektronen zurückzuführen, da der Einfluß der molekularen Dipole schon bei viel niedrigeren Frequenzen aufhört.

3.26 Aus Gleichung (3.70) erhalten wir für eine einzige Resonanzfrequenz

$$n = \left[1 + \frac{Nq_e^2}{\epsilon_0 m_e}\left(\frac{1}{\omega_0^2 - \omega^2}\right)\right]^{1/2};$$

da für Stoffe geringer optischer Dichte $n \approx 1$ gilt, ist der zweite Term $\ll 1$, und wir brauchen nur die ersten beiden Terme der Entwicklung von n nach dem verallgemeinerten Binomialsatz zu berücksichtigen. Also $\sqrt{1+x} \approx 1 + x/2$ und entsprechend

$$n \approx 1 + \frac{1}{2}\frac{Nq_e^2}{\epsilon_o m_e}\left(\frac{1}{\omega_0^2 - \omega^2}\right).$$

3.28 $x_0(-\omega^2+\omega_0^2+i\gamma\omega)=(q_eE_0/m_e)e^{i\alpha}=(q_eE_0/m_e)\times(\cos\alpha+i\sin\alpha)$; quadriert man beide Seiten, so erhält man $x_0^2[(\omega_0^2-\omega^2)^2+\gamma^2\omega^2]=(q_eE_0/m_e)^2(\cos^2\alpha+\sin^2\alpha)$, x_0 ergibt sich sofort. Um α zu lösen, teile man die Imaginärteile von beiden Seiten der oberen ersten Gleichung, nämlich $x_0\gamma\omega=(q_eE_0/m_e)\sin\alpha$, durch die Realteile $x_0(\omega_0^2-\omega^2)=(q_eE_0/m_e)\cos\alpha$. Wir erhalten $\alpha=\tan^{-1}[\gamma\omega/(\omega_0^2-\omega^2)]$. α verläuft kontinuierlich von 0 über $\pi/2$ bis π.

3.29 Die normale Reihenfolge im Spektrum eines Glasprismas ist R, O, Y, G, B, V, wobei Rot (R) am wenigsten und Violett (V) am meisten abgelenkt wird. Bei einem Fuchsin-Prisma existiert eine Absorptionsbande im Grünen, und so sind die Brechungsindizes für Gelb und Blau (n_Y und n_B) zu beiden Seiten der Absorptionsbande Extrema von $n(\omega)$ in Abbildung 3.26; d.h. n_Y ist das Maximum, n_B das Minimum und $n_Y > n_O > n_R > n_V > n_B$. Also besteht das Spektrum in der Reihenfolge steigender Ablenkung aus B, V, schwarze Bande, R, O, Y.

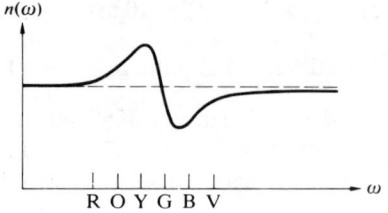

3.30 Der Phasenwinkel eilt um einen Betrag $(n\,\Delta y\,2\pi/\lambda)-\Delta y\,2\pi/\lambda$ oder $(n_1)\,\Delta y\,\omega/c$ nach. Also ist

$$E_p = E_0 \exp i\omega[t-(n-1)\Delta y/c - y/c]$$

oder $E_p = E_0 \exp[-i\omega(n-1)\Delta y/c]\exp i\omega(t-y/c)$, falls $n\approx 1$ oder $\Delta y \ll 1$. Da $e^x \approx 1+x$ für kleine x ist, gilt $\exp[-i\omega(n-1)\Delta y/c]\approx 1-i\omega(n-1)\Delta y/c$, und da $\exp(-i\pi/2)=-i$,

$$E_p = E_u + \frac{\omega(n-1)\Delta y}{c}E_u e^{-i\pi/2}.$$

3.32 Liegt ω im Sichtbaren, so ist $(\omega_0^2-\omega^2)$ für Bleiglas kleiner und für Quarzglas größer. Folglich ist $n(\omega)$ für Bleiglas größer und für Quarzglas kleiner.

3.33 C_1 ist der asymptotische Wert, dem sich n bei größeren λ-Werten nähert.

3.34 Die horizontalen asymptotischen Werte, denen sich $n(\omega)$ in jedem Bereich zwischen Absorptionsbanden nähert, nehmen bei Verkleinerung von ω zu.

Kapitel 4

4.1
$$n_i \sin\theta_i = n_t \sin\theta_t$$
$$\sin 30° = 1.52 \sin\theta_t$$
$$\theta_t = \sin^{-1}(1/3.04)$$
$$\theta_t = 19°\,13'.$$

4.3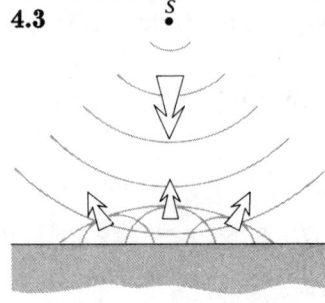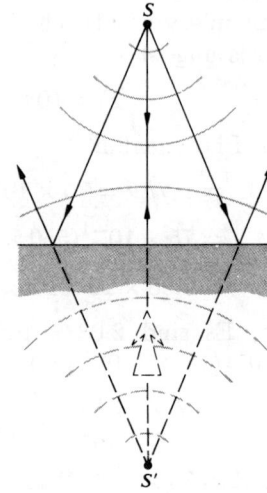

4.5 $n_{ti} = \dfrac{n_t}{n_i} = \dfrac{c/v_t}{c/v_i} = \dfrac{v_i}{v_t} = \dfrac{\nu\lambda_i}{\nu\lambda_t} = \dfrac{\lambda_i}{\lambda_t},$

daher ist $\lambda_t = \lambda_i 3/4 = 9$ cm

$$\sin\theta_i = n_{ti}\sin\theta_t$$
$$\sin^{-1}\left[\frac{3}{4}(0.707)\right] = \theta_t = 32°.$$

4.7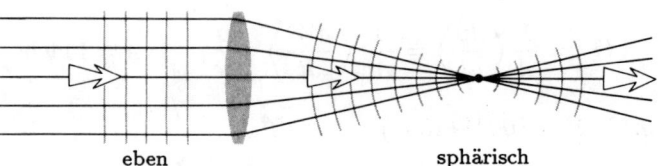

4.8

θ_i (Grad)	θ_t (Grad)
0	0
10	6.7
20	13.3
30	19.6
40	25.2
50	30.7
60	35.1
70	38.6
80	40.6
90	41.8

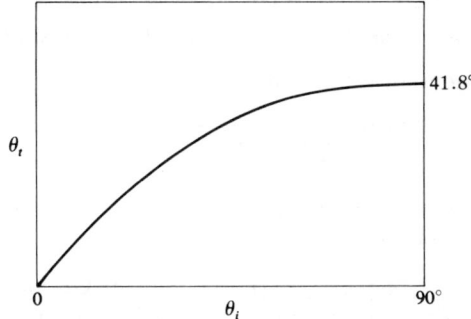

4.9 Die Anzahl der Wellen pro Einheitslänge längs $\overline{AC}$ auf der Grenzfläche sind gleich $(\overline{BC}/\lambda_i)/(\overline{BC}\sin\theta_i) = (\overline{AD}/\lambda_t) \times (\overline{AD}/\sin\theta_t)$. Das Snelliussche Gesetz folgt nach der Multiplikation beider Seiten mit c/ν.

4.12 τ sei die Laufzeit der Welle von b_1 nach b_2, von a_1 nach a_2 und von a_1 nach a_3 entlang der jeweiligen Lichtstrahlen. Also sind $a_1a_2 = b_1b_2 = v_i\tau$ und $a_1a_3 = v_t\tau$.

$$\sin\theta_i = \overline{b_1b_2}/\overline{a_1b_2} = v_i/\overline{a_1b_2}$$
$$\sin\theta_t = \overline{a_1a_3}/\overline{a_1b_2} = v_t/\overline{a_1b_2}$$
$$\sin\theta_r = \overline{a_1a_2}/\overline{a_1b_2} = v_i/\overline{a_1b_2}$$
$$\frac{\sin\theta_i}{\sin\theta_t} = \frac{v_i}{v_t} = \frac{n_t}{n_i} = n_{ti} \quad \text{und} \quad \theta_i = \theta_r.$$

4.13
$$n_i \sin\theta_i = n_t \sin\theta_t$$
$$n_i(\hat{\boldsymbol{k}}_i \times \hat{\boldsymbol{u}}_n) = n_t(\hat{\boldsymbol{k}}_t \times \hat{\boldsymbol{u}}_n),$$

wobei $\hat{\boldsymbol{k}}_i, \hat{\boldsymbol{k}}_t$ Einheitsausbreitungsvektoren sind. Also ist
$$n_t(\hat{\boldsymbol{k}}_t \times \hat{\boldsymbol{u}}_n) - n_i(\hat{\boldsymbol{k}}_i \times \hat{\boldsymbol{u}}_n) = 0$$
$$(n_t\hat{\boldsymbol{k}}_t - n_i\hat{\boldsymbol{k}}_i) \times \hat{\boldsymbol{u}}_n = 0.$$

Es sei $n_t\hat{\boldsymbol{k}}_t - n_i\hat{\boldsymbol{k}}_i = \boldsymbol{\Gamma} = \Gamma\hat{\boldsymbol{u}}_n$.

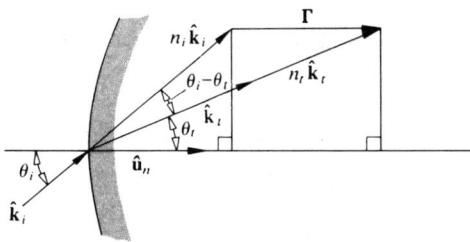

Γ wird häufig als die *astigmatische Konstante* bezeichnet; $\Gamma = $ die Differenz zwischen den Projektionen von $n_t\hat{\boldsymbol{k}}_t$ und $n_i\hat{\boldsymbol{k}}_i$ auf $\hat{\boldsymbol{u}}_n$, d.h. man bilde das Skalarprodukt $\boldsymbol{\Gamma}\cdot\hat{\boldsymbol{u}}_n$:

$$\Gamma = n_t\cos\theta_t - n_i\cos\theta_i.$$

4.14 Da $\theta_i = \theta_r$, gilt $\hat{k}_{ix} = \hat{k}_{rx}$ und $\hat{k}_{iy} = -\hat{k}_{ry}$, und da $(\hat{\boldsymbol{k}}_i \cdot \hat{\boldsymbol{u}}_n)\hat{\boldsymbol{u}}_n = \hat{k}_{iy}$, gilt $\hat{\boldsymbol{k}}_i - \hat{\boldsymbol{k}}_r = 2(\hat{\boldsymbol{k}}_i \cdot \hat{\boldsymbol{u}}_n)\hat{\boldsymbol{u}}_n$.

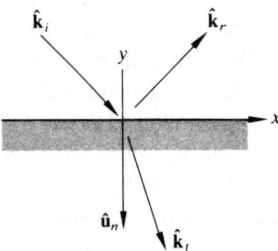

4.15 Da $\overline{SB'} > \overline{SB}$ und $\overline{B'P} > \overline{BP}$, liegt der kürzeste Weg vor, wenn B' mit dem in der Einfallsebene liegenden B zusammenfällt.

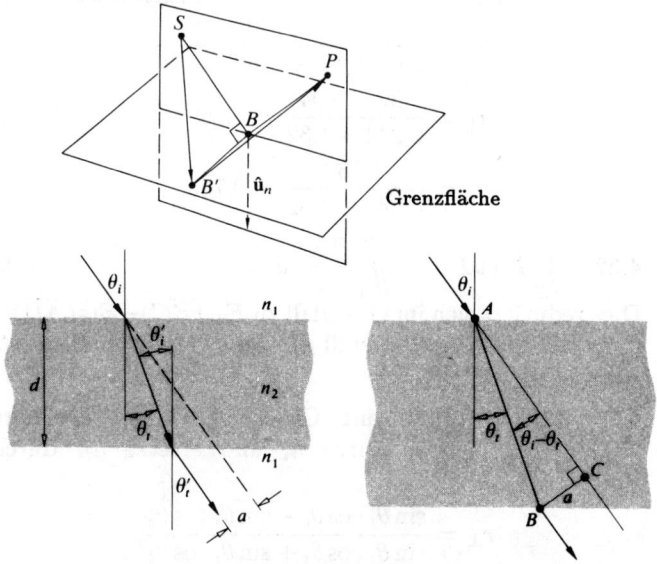

4.18
$$n_1 \sin\theta_i = n_2 \sin\theta_t \quad \theta_t = \theta_i'$$
$$n_2 \sin\theta_i' = n_1 \sin\theta_t'$$
$$n_1 \sin\theta_i = n_1 \sin\theta_t' \quad \text{und} \quad \theta_i = \theta_t'$$
$$\cos\theta_t = d/\overline{AB}$$
$$\sin(\theta_i - \theta_t) = a/\overline{AB}$$
$$\sin(\theta_i - \theta_t) = \frac{a}{d}\cos\theta_t$$
$$\frac{d\sin(\theta_i - \theta_t)}{\cos\theta_t} = a.$$

4.20 Zwischen zwei Punkten S und P dies- und jenseits der durchsichtigen Platte legt der Strahl keinen geradlinigen Weg zurück, sondern er durchquert die Platte in einem spitzeren Winkel. Gegenüber einem geradlinigen Weg sind die Weglängen außerhalb der Platte zwar größer, aber dies wird durch die gleichzeitig geringere Laufzeit innerhalb der Platte mehr als kompensiert. Daraus können wir schließen, daß die Verschiebung a mit n_{21} wächst. Bei festem θ_i nimmt θ_t bei steigendem n_{21} ab, und $(\theta_i - \theta_t)$ wächst; aufgrund der Ergebnisse von Aufgabe 4.18 wächst dann offensichtlich auch a.

4.21 Nach Gleichung (4.40) ist
$$r_\parallel = \frac{1.52\cos 30° - \cos 19°13'}{\cos 19°13' + 1.52\cos 30°},$$
wobei nach Aufgabe 4.1 $\theta_t = 19°13'$ ist. Entsprechend ist
$$t_\parallel = \frac{2\cos 30}{\cos 19°13' + 1.52\cos 30°}$$
$$r_\parallel = \frac{1.32 - 0.944}{0.944 + 1.32} = 0.165$$
$$t_\parallel = \frac{1.732}{0.944 + 1.32} = 0.765.$$

4.22 $\oint_C \boldsymbol{E}\cdot d\boldsymbol{l} = -\iint_A \frac{\partial \boldsymbol{B}}{\partial t}\cdot d\boldsymbol{S}.$ [3.5]
Dies reduziert sich im Grenzfall zu $E_{2x}(\overline{BC}) - E_{1x}(\overline{AD}) = 0$, da die Fläche gegen Null geht und $\partial \boldsymbol{B}/\partial t$ endlich ist. Also ist $E_{2x} = E_{1x}$.

4.23 Man beginne mit Gleichung (4.34), dividiere Zähler und Nenner durch n_i und ersetze n_{ti} durch $\sin\theta_i/\sin\theta_t$, um
$$r_\perp = \frac{\sin\theta_t\cos\theta_i - \sin\theta_i\cos\theta_t}{\sin\theta_t\cos\theta_i + \sin\theta_i\cos\theta_t},$$

zu erhalten, was der Gleichung (4.42) entspricht. Gleichung (4.44) ergibt sich auf genau die gleiche Weise. Um $r_\parallel$ zu bestimmen, verfährt man analog mit Gleichung (4.40) und erhält
$$r_\parallel = \frac{\sin\theta_i\cos\theta_i - \cos\theta_t\sin\theta_t}{\cos\theta_t\sin\theta_t + \sin\theta_i\cos\theta_i}.$$

Von da an gibt es verschiedene Rechenwege: eine Möglichkeit ist $r_\parallel$ umzuschreiben zu
$$r_\parallel = \frac{(\sin\theta_i\cos\theta_t - \sin\theta_t\cos\theta_i)(\cos\theta_i\cos\theta_t - \sin\theta_i\sin\theta_t)}{(\sin\theta_i\cos\theta_t + \sin\theta_t\cos\theta_i)(\cos\theta_i\cos\theta_t + \sin\theta_i\sin\theta_t)},$$
und dementsprechend ist
$$r_\parallel = \frac{\sin(\theta_i - \theta_t)\cos(\theta_i + \theta_t)}{\sin(\theta_i + \theta_t)\cos(\theta_i - \theta_t)} = \frac{\tan(\theta_i - \theta_t)}{\tan(\theta_i + \theta_t)}.$$

Wir können $t_\parallel$, das den gleichen Nenner hat, auf ähnliche Weise herleiten.

4.24 $[E_{0r}]_\perp + [E_{0i}]_\perp = [E_{0t}]_\perp$; die zur Grenzfläche tangentiale Feldkomponente im Einfallsmedium ist gleich derjenigen im brechenden Medium.
$$[E_{0t}/E_{0i}]_\perp - [E_{0r}/E_{0i}]_\perp = 1, \quad t_\perp - r_\perp = 1.$$
Alternativ aus den Gleichungen (4.42) und (4.44):
$$\frac{+\sin(\theta_i - \theta_t) + 2\sin\theta_t\cos\theta_i}{\sin(\theta_i + \theta_t)} \overset{?}{=} 1$$
$$\frac{\sin\theta_i\cos\theta_t - \cos\theta_i\sin\theta_t + 2\sin\theta_t\cos\theta_i}{\sin\theta_i\cos\theta_t + \cos\theta_i\sin\theta_t} = 1.$$

4.27 Wir entnehmen der Gleichung (4.73), daß der Exponent die Form $k(x - vt)$ erhält, vorausgesetzt, daß wir $k_t\sin\theta_i/n_{ti}$ ausmultiplizieren, so daß der zweite Term $\omega n_{ti}/k_t\sin\theta_i$ wird, was $v_t t$ sein muß. Folglich ist $\omega n_t/(2\pi/\lambda_t)n_i\sin\theta_i = v_t$, und so ist $v_t = c/n_i\sin\theta_i = v_i/\sin\theta_i$.

4.28 Nach der Definitionsgleichung (Abschnitt 4.3.4) ist $\beta = k_t[(\sin^2\theta_i/n_{ti}^2) - 1]^{1/2} = 3.702\times 10^6$ m^{-1}, und da $y\beta = 1$, ist $y = 2.7\times 10^{-7}$ m.

4.29 Der Strahl wird am nassen Papier gestreut, von dem der größte Teil durchgelassen wird, bis der Grenzwinkel erreicht ist. Bei diesem Winkel wird das Licht zur Quelle zurückreflektiert. $\tan\theta_c = (R/2)/d$, und so wird $n_{ti} = 1/n_i = \sin[\tan^{-1}(R/2d)]$.

4.30 $1.00029 \sin 88.7° = n \sin 90°$
$(1.00029)(0.99974) = n; \quad n = 1.00003.$

4.32 $\theta_i + \theta_t = 90°, \quad \text{falls} \quad \theta_i = \theta_p$
$n_i \sin \theta_p = n_t \sin \theta_t = n_t \cos \theta_p$
$\tan \theta_p = n_t/n_i = 1.52, \quad \theta_p = 56°40' \quad [8.25]$

4.34 $\tan \theta_p = n_t/n_i = n_2/n_1,$
$\tan \theta'_p = n_1/n_2, \quad \tan \theta_p = 1/\tan \theta'_p.$
$\dfrac{\sin \theta_p}{\cos \theta_p} = \dfrac{\cos \theta'_p}{\sin \theta'_p} \therefore \sin \theta_p \sin \theta'_p - \cos \theta_p \cos \theta'_p = 0$
$\cos(\theta_p + \theta'_p) = 0, \quad \theta_p + \theta'_p = 90°.$

4.35 Nach Gleichung (4.94) ist
$$\tan \gamma_r = r_\perp [E_{0i}]_\perp / r_\| [E_{0i}]_\| = \dfrac{r_\perp}{r_\|} \tan \gamma_i$$
und wegen der Gleichungen (4.42) und (4.43)
$$\tan \gamma_r = -\dfrac{\cos(\theta_i - \theta_t)}{\cos(\theta_i + \theta_t)} \tan \gamma_i.$$

4.37

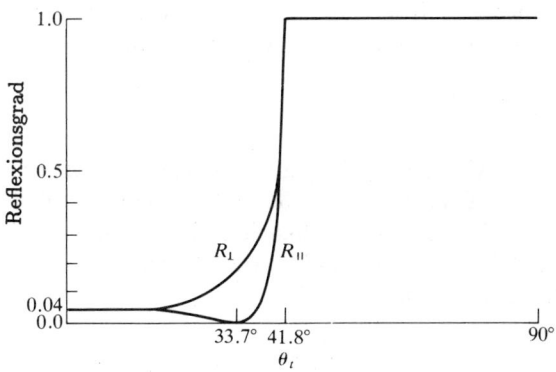

4.38 $T_\perp = \left(\dfrac{n_t \cos \theta_t}{n_i \cos \theta_i}\right) t_\perp^2$. Wegen der Gleichung (4.44) und dem Snelliusschen Gesetz ist
$$T_\perp = \left(\dfrac{\sin \theta_i \cos \theta_t}{\sin \theta_t \cos \theta_i}\right)\left(\dfrac{4\sin^2 \theta_t \cos^2 \theta_i}{\sin^2(\theta_i + \theta_t)}\right) = \dfrac{\sin 2\theta_i \sin 2\theta_t}{\sin^2(\theta_i + \theta_t)}.$$
Ähnlich für $T_\|$.

4.40 Wenn Φ_i der einfallende Strahlungsfluß (oder die einfallende Strahlungsleistung) ist und T der Durchlässigkeitsgrad der ersten Grenzfläche Luft-Glas, so stellt $T \cdot \Phi_i$ den durchgelassenen Strahlungsfluß dar. Nach Gleichung (4.68) ist bei senkrechtem Einfall der Durchlässigkeitsgrad von Glas zu Luft ebenfalls T. Also tritt aus dem ersten Deckglas ein Fluß $T\Phi_i T$ und aus dem letzten $\Phi_i T^{2N}$. Da $T = 1 - R$, folgt mit der Gleichung (4.67) $T_t = (1 - R)^{2N}$.
$$R = (0.5/2.5)^2 = 4\%, \quad T = 96\%$$
$$T_t = (0.96)^6 \approx 78.3\%.$$

4.41 $T = \dfrac{I(y)}{I_0} = e^{-\alpha y}, \quad T_1 = e^{-\alpha}, \quad T = (T_1)^y.$
$T_t = (1-R)^{2N}(T_1)^d.$

4.42 $\theta_i = 0, \quad R = R_\| = R_\perp = \left(\dfrac{n_t - n_i}{n_t + n_i}\right)^2. \quad [4.67]$

Bei $n_{ti} \to 1$ geht $n_t \to n_i$ und zweifelsfrei $R \to 0$. Für $\theta_i = 0$ gilt
$$T = T_\| = T_\perp \dfrac{4 n_t n_i}{(n_t + n_i)^2},$$
und wegen $n_t \to n_i$ ist $\lim_{n_{ti} \to 1} T = 4 n_i^2 / (2n_i)^2 = 1$.
Aus der Aufgabe 4.38, d.h. Gleichungen (4.100) und (4.101), und der Tatsache, daß nach dem Snelliusschen Gesetz bei $n_t \to n_i$ $\theta_t \to \theta_i$ geht, erhalten wir
$$\lim_{n_{ti} \to 1} T_\| = \dfrac{\sin^2 2\theta_i}{\sin^2 2\theta_i} = 1, \quad \lim_{n_{ti} \to 1} T_\perp = 1.$$
Gleichung (4.43) und der Zusammenhang $R_\| = r_\|^2$ sowie $\theta_t \to \theta_i$ liefern $\theta_i, \lim_{n_{ti} \to 1} R_\| = 0$. Ähnlich ist aufgrund von Gleichung (4.42) $\lim_{n_{ti} \to 1} R_\perp = 0$.

4.44 Für $\theta_i > \theta_c$ kann Gleichung (4.70) umgeschrieben werden zu
$$r_\perp = \dfrac{\cos \theta_i - i(\sin^2 \theta_i - n_{ti}^2)^{1/2}}{\cos \theta_i + i(\sin^2 \theta_i - n_{ti}^2)^{1/2}},$$
$$r_\perp r_\perp^* = \dfrac{\cos^2 \theta_i + \sin^2 \theta_i - n_{ti}^2}{\cos^2 \theta_i + \sin^2 \theta_i - n_{ti}^2} = 1.$$
Auf ähnliche Weise ergibt sich $r_\| r_\|^* = 1$.

4.45

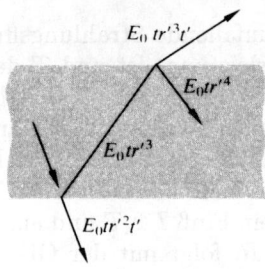

$$t_{\|} = \frac{2\sin\theta_2 \cos\theta_1}{\sin(\theta_1+\theta_2)\cos(\theta_1-\theta_2)}$$

$$t'_{\|} = \frac{2\sin\theta_1 \cos\theta_2}{\sin(\theta_1+\theta_2)\cos(\theta_2-\theta_1)}$$

$$t_{\|}t'_{\|} = \frac{\sin 2\theta_1 \sin 2\theta_2}{\sin^2(\theta_1+\theta_2)\cos^2(\theta_1-\theta_2)}$$

$$= T_{\|} \quad \text{nach Gleichung (4.100)}.$$

Ähnlich ergibt sich $t_\perp t'_\perp = T_\perp$

$$r_{\|}^2 = \left[\frac{\tan(\theta_1-\theta_2)}{\tan(\theta_1+\theta_2)}\right]^2 = \left[\frac{-\tan(\theta_2-\theta_1)}{\tan(\theta_1+\theta_2)}\right]^2$$

$$r'^{\,2}_{\|} = \left[\frac{\tan(\theta_2-\theta_1)}{\tan(\theta_1+\theta_2)}\right]^2 = r_{\|}^2 = R_{\|}.$$

4.47 Aus Gleichung (4.45) folgt

$$t'_{\|}(\theta'_p)t_{\|}(\theta_p) = \left[\frac{2\sin\theta_p \cos\theta'_p}{\sin(\theta_p+\theta'_p)\cos(\theta'_p-\theta_p)}\right]$$

$$\times \left[\frac{2\sin\theta'_p \cos 2\theta_p}{\sin(\theta_p+\theta'_p)\cos(\theta_p-\theta'_p)}\right]$$

$$= \frac{\sin 2\theta'_p \sin 2\theta_p}{\cos^2(\theta_p-\theta'_p)}, \quad \text{da } \theta_p + \theta'_p = 90°$$

$$= \frac{\sin^2 2\theta_p}{\cos^2(\theta_p-\theta'_p)}, \quad \text{da } \sin 2\theta'_p = \sin 2\theta_p$$

$$= \frac{\sin^2 2\theta_p}{\cos^2(2\theta_p - 90°)} = 1.$$

4.48 Kann als Mischer verwendet werden, um in den emittierten Strahlen regulierbare Anteile der beiden einfallenden Wellen zu erhalten. Erreichen ließe sich dies durch Verstellen der Lücken. (Weiterführende Informationen in H.A. Daw und J.R. Izatt, *J. Opt. Soc. Am.* **55**, 201 (1965).)

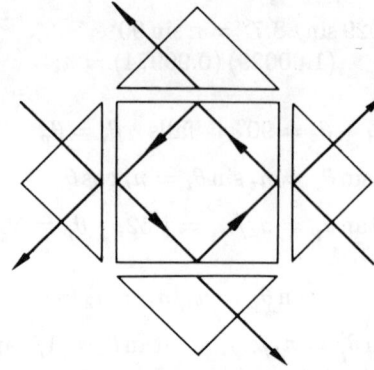

4.49 Nach Abbildung 4.42 ist Silber die eindeutig beste Wahl. Man beachte, daß in der Nähe von 300 nm $n_I \approx n_R \approx 0.6$ ist; Gleichung (4.38) liefert dann den Wert $R \approx 0.18$. Nur wenig oberhalb von 300 nm steigt n_I schnell, während n_R sehr stark fällt, so daß im sichtbaren und anschließenden Teil des Spektrums $R \approx 1$ ist.

4.50 Licht tritt als eine abklingende, sich entlang der verstellbaren Kopplungslücke fortpflanzende Welle durch die Basis des Prismas. Energie kann in den dielektrischen Film eingekoppelt werden, wenn die abklingende Welle bestimmten Anforderungen genügt. Der Film wirkt als Wellenleiter, der charakteristische Schwingungsformen oder Moden begünstigt. Mit jeder Mode sind eine bestimmte Geschwindigkeit und Polarisation verbunden. Die abklingende Welle läßt sich in den Film einkoppeln, wenn sie zu einer Moden-Konfiguration paßt.

Kapitel 5

5.1 Nach Gleichung (5.2) gilt $\ell_o + \ell_i 3/2 = \text{const.}$; $5 + (6)3/2 = 14$. Daher ist $2\ell_o + 3\ell_i = 28$, wenn $\ell_0 = 6$, $\ell_i = 5.3$, $\ell_o = 7$, $l_i = 4.66$. Man beachte, daß für physikalisch sinnvolle Werte von ℓ_o und ℓ_i die Bögen um S und P unterbrochen sein müssen.

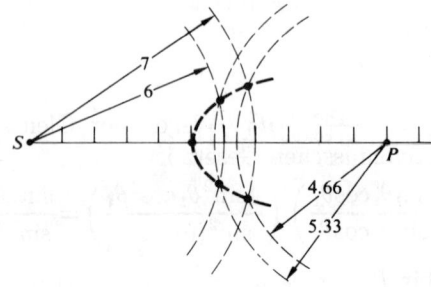

5.3 Nach Abbildung 5.4 (b) wird eine ebene Welle, die auf eine konkav elliptische Oberfläche fällt, kugelförmig. Wenn die zweite Oberfläche der Linse dieselbe Krümmung wie die Kugelwelle hat, dann treffen alle Strahlen senkrecht auf sie und treten ungebrochen aus.

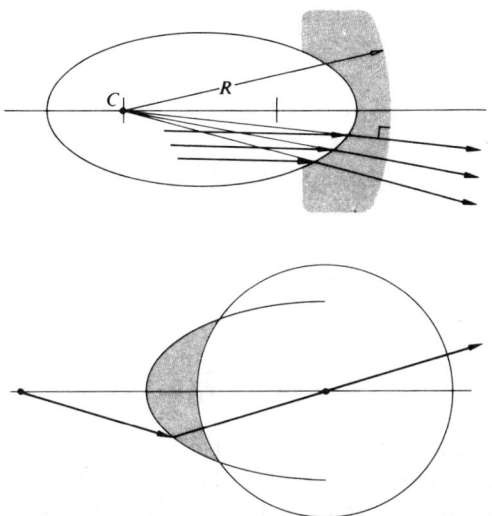

5.5 Erste Oberfläche: $\dfrac{n_1}{s_o} + \dfrac{n_2}{s_i} = \dfrac{n_2 - n_1}{R}$.

$$\dfrac{1}{1.2} + \dfrac{1.5}{s_i} = \dfrac{0.5}{0.1}.$$

$s_i = 0.36$ m (reelles Bild 0.36 m rechts vom ersten Scheitel). Zweite Oberfläche $s_o = 0.20 - 0.36 = -0.16$ m (virtuelle Gegenstandsweite).

$$\dfrac{1.5}{-0.16} + \dfrac{1}{s_i} = \dfrac{-0.5}{-0.1}, \qquad s_i = 0.069.$$

Das Endbild ist reell ($s_i > 0$), umgekehrt ($M_T < 0$) und 6.9 cm rechts vom zweiten Scheitel.

5.6 $s_o + s_i = s_o s_i / f$. Um $s_o + s_i$ zu minimieren,

$$\dfrac{d}{ds_o}(s_o + s_i) = 0 = 1 + \dfrac{ds_i}{ds_o}$$

oder $\dfrac{d}{ds_o}\left(\dfrac{s_o s_i}{f}\right) = \dfrac{s_i}{f} + \dfrac{s_o}{f}\dfrac{ds_i}{ds_o} = 0.$

Also ist

$$\dfrac{ds_i}{ds_o} = -1 \quad \text{und} \quad \dfrac{ds_i}{ds_o} = -\dfrac{s_i}{s_o}, \therefore s_i = s_o.$$

Der Abstand wäre maximal, wenn beide ∞ wären; das ist aber unmöglich. Daher ist $s_i = s_o$ die Bedingung für ein Minimum. Aus der Gaußschen Gleichung folgt $s_0 = s_i = 2f$.

5.7 Gleichung (5.8) liefert $1/8 + 1.5/s_i = 0.5/-20$. Bei der ersten Oberfläche ist $s_i = -10$ cm. Das virtuelle Bild ist 10 cm vom ersten Scheitel. Bei der zweiten Oberfläche ist der Gegenstand reell und 15 cm vom zweiten Scheitel entfernt.

$$1.5/15 + 1/s_i = -0.5/10, \qquad s_i = -20/3 = -6.66\,\text{cm}.$$

Virtuell, links vom zweiten Scheitel.

5.9 $1/5 + 1/s_i = 1/10$, $s_i = -10$ cm virtuell, $M_T = -s_i/s_o = 10/5 = 2$ aufrecht. Das Bild ist 4 cm hoch. Oder $-5(x_i) = 100$, $x_i = -20$, $M_T = -x_i/f = 20/10 = 2$.

5.10
$$1/s_o + 1/s_i = 1/f$$

s_o	0	f	∞	$2f$	$3f$	$-f$	$-2f$	$f/2$
s_i	0	∞	f	$2f$	$f3/2$	$f/2$	$f2/3$	$-f$

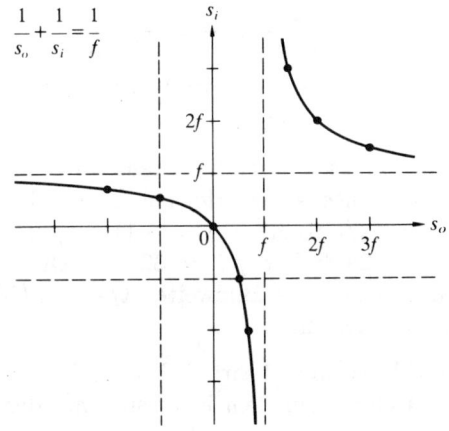

5.11 $s_i < 0$, weil das Bild virtuell ist. $1/100 + 1/-50 = 1/f$, $f = -100$ cm. Das Bild ist auch 50 cm auf der rechten Seite. $M_t = -s_i/s_o = 50/100 = 0.5$. Das Bild der Ameise ist halb so groß wie sie und aufrecht ($M_t > 0$).

5.13 $1/f = (n_l - 1)[(1/R_1) - (1/R_2)]$,

$$= 0.5[(1/\infty) - (1/10)] = -0.5/10,$$

$$f = -20\,\text{cm}, \quad \mathcal{D} = 1/f = -1/0.2 = -5\,\text{D}.$$

5.16
a) Nach der Linsengleichung für dünne Linsen (Gaußsche Linsenformel) ist

$$\frac{1}{15.0\,\text{m}} + \frac{1}{s_i} = \frac{1}{3.00\,\text{m}}$$

und $s_i = +3.75\,\text{m}$.

b) Bei der Berechnung der Transversalvergrößerung erhalten wir

$$M_T = -\frac{s_i}{s_o} = -\frac{3.75\,\text{m}}{15.0\,\text{m}} = -0.25.$$

Da die Bildweite positiv ist, ist das Bild *reell*. Da die Transversalvergrößerung negativ ist, ist das Bild *umgekehrt*, und da der Absolutbetrag der Vergrößerung kleiner als 1 ist, ist das Bild *verkleinert*.

c) Nach der Definition der Transversalvergrößerung folgt, daß

$$y_i = M_T y_o = (-0.25)(2.25) = -0.563\,\text{m},$$

wobei das Minuszeichen angibt, daß das Bild umgekehrt ist.

d) Wieder folgt nach der Gaußschen Linsenformel

$$\frac{1}{17.5\,\text{m}} + \frac{1}{s_i} = \frac{1}{3.00\,\text{m}}$$

und $s_i = +3.62\,\text{m}$. Das Bild des Pferdes hat eine Gesamtlänge von nur $0.13\,\text{m}$.

5.20 Zuerst müssen wir die Brennweite im Wasser mit Hilfe der Linsenschleiferformel finden. Der Quotient $f_w/f_a = f_w/(10\,\text{cm}) = (n_g - 1)/[(n_g/n_w) - 1] = 0.56/0.17 = 3.24$ liefert $f_w = 32\,\text{cm}$. Die Gaußsche Linsenformel liefert die Bildweite: $1/s_i + 1/100\,\text{cm} = 1/32.4\,\text{cm}$; $s_i = 48\,\text{cm}$.

5.21 Das Bild ist umgekehrt, falls es reell sein soll. Daher muß das Gerät auf dem Kopf stehen, oder andernfalls benötigt man eine Vorrichtung, um das Bild umzukehren: $M_t = -3 = -s_i/s_o$; $1/s_o + 1/3s_o = 1/0.60\,\text{m}$; $s_o = 0.80\,\text{m}$: $0.80\,\text{m} + 3(0.80\,\text{m}) = 3.2\,\text{m}$.

5.22 $\dfrac{1}{f} = (n_{lm} - 1)\left(\dfrac{1}{R_1} - \dfrac{1}{R_2}\right),$

$$\frac{1}{f_w} = \frac{(n_{lm}-1)}{(n_l-1)}\frac{1}{f_a} = \frac{1.5/1.33-1}{1.5-1}\frac{1}{f_a} = \frac{0.125}{0.5}\frac{1}{f_a},$$

$f_w = 4 f_a$.

5.24 $1/f = 1/f_1 + 1/f_2$, $1/50 = 1/f_1 - 1/50$, $f_1 = 25\,\text{cm}$. Sind R_{11}, R_{12} und R_{21}, R_{22} die Radien der ersten und zweiten Linse, so ist

$1/f_1 = (n_l - 1)(1/R_{11} - 1/R_{12}), \quad 1/25 = 0.5(2/R_{11}),$

$R_{11} = -R_{12} = -R_{21} = 25\,\text{cm},$

$1/f_2 = (n_l - 1)(1/R_{21} - 1/R_{22}),$

$-1/50 = 0.55(1/-25 - 1/R_{22}),$

$R_{22} = -275\,\text{cm}.$

5.25
$$M_{T_1} = -s_{i1}/s_{o1} = -f_1/(s_{o1} - f_1)$$
$$M_{T_2} = -s_{i2}/s_{o2} = -s_{i2}/(d - s_{i1})$$
$$M_T = f_1 s_{i2}/(s_{o1} - f_1)(d - s_{i1}).$$

Mit (5.30) erhalten wir nach der Substitution für s_{i1}

$$M_T = \frac{f_1 s_{i1}}{(s_{o1} - f_1)d - s_{o1} f_1}.$$

5.26 Erste Linse $1/s_{i1} = 1/30 - 1/30 = 0$, $s_{i1} = \infty$. Zweite Linse $1/s_{i2} = 1/(-20) - 1/(-\infty)$, das Objekt liegt für die zweite Linse im Unendlichen, d.h. $s_{o2} = -\infty$. $s_{i2} = -20\,\text{cm}$, virtuell, 10 cm links von der ersten Linse.

$$M_T = (-\infty/30)(+20/-\infty) = \frac{2}{3}$$

oder nach (5.34)

$$M_T = \frac{30(-20)}{10(30-30) - 30(30)} = \frac{2}{3}.$$

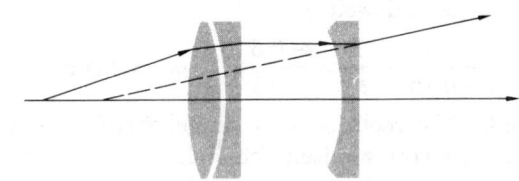

5.28

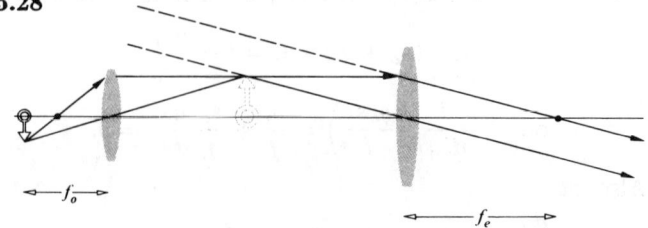

5.30 L_1 schließt in S mit der optischen Achse den Winkel $\tan^{-1} 3/12 = 14°$ ein. Um das Bild der Blende zu finden, das in L_1 erscheint, verwenden wir Gleichung (5.23): $x_o x_i = f^2$ $(-6)(x_i) = 81$, $x_i = -13.5$ cm, so daß das Bild 4.5 cm hinter L_1 liegt. Die Vergrößerung ist $-x_i/f = 13.5/9 = 1.5$, und daher ist das Bild (des Randes) des Loches $(0.5)(1.5) = 0.75$ cm im Radius. Folglich ist der Winkel, der in S bezüglich der optischen Achse eingeschlossen wird, $\tan^{-1} 0.75/16.5 = 2.6°$. Man erhält das Bild, das von L_2 in L_1 erscheint, durch $(-4)(x_i) = 81$, $x_i = -20.2$ cm, d.h. das Bild ist 11.2 cm rechts von L_1. $M_t = 20.2/9 = 2.2$; folglich wird der Rand von L_2 4.4 cm über der Achse abgebildet. Daher schließt er in S einen Winkel $\tan^{-1} 4.4/(12 + 11.2)$ oder 9.8° ein. Dementsprechend ist die Blende die Aperturblende, und die Eintrittspupille (das virtuelle Bild der Blende, das man in L_1 sieht) hat einen Durchmesser von 1.5 cm 4.5 cm hinter L_1. Das Bild der Blende, das man in L_2 sieht, ist die Austrittspupille. Folglich ist $1/2 + 1/s_i = 1/3$ und $s_i = -6$, d.h. 6 cm vor L_2. $M_t = 6/2 = 3$, so daß der Durchmesser der Austrittspupille 3 cm.

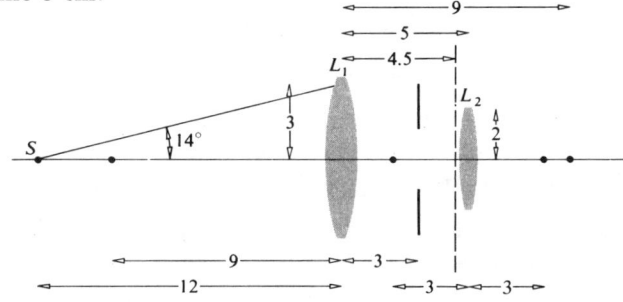

5.31 Entweder ist der Rand von L_1 oder L_2 die Aperturblende. Da links von L_1 keine Linsen vorhanden sind, entspricht entweder ihr Rand oder P_1 der Eintrittspupille. Links vom Punkt A schließt L_1 den kleinsten Winkel ein und ist die Eintrittspupille; rechts von A markiert P_1 den Rand der Eintrittspupille. Im ersteren Fall ist P_2 die Austrittspupille; im letzteren ist der Rand von L_2 selbst die Austrittspupille (da es rechts von L_2 keine Linsen gibt).

5.32 Die Aperturblende ist entweder der Rand von L_1 oder L_2. Daher ist die Eintrittspupille endweder durch P_1 oder P_2 markiert. Jenseits von F_{o1} schließt P_1 den kleineren Winkel ein; daher bestimmt $\mathfrak{I}_1$ die Aperturblende. Das Bild der Aperturblende, das in den Linsen rechts von ihr erscheint, bestimmt P_3 als die Austrittspupille.

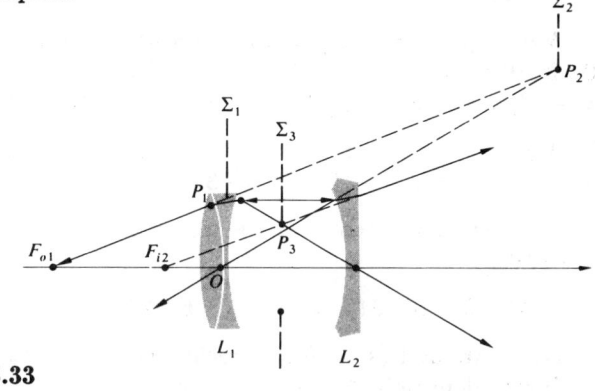

5.33

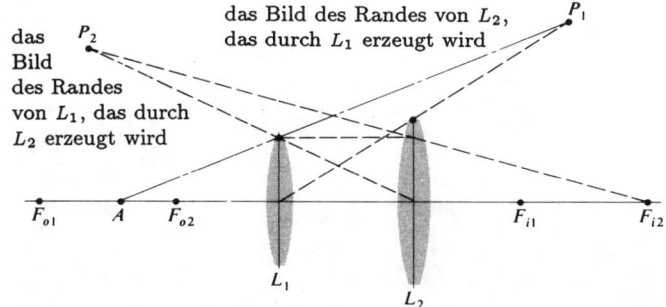

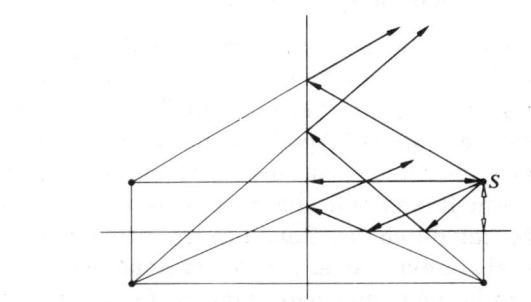

5.35 $1/s_o + 1/s_i = -2/R$. Wir lassen $R \to \infty$ gehen: $1/s_o + 1/s_i = 0$, $s_o = -s_i$ und $M_T = +1$. Das Bild ist virtuell, gleich groß und aufrecht.

5.36 Von Gleichung (5.49): $1/100 + 1/s_i = -2/80$, $s_i = -28.5$ cm. Virtuell ($s_i < 0$), aufrecht ($M_T > 0$) und verkleinert. (Überprüfen Sie dies an Hand der Tabelle 5.5.)

5.38 Das Bild auf dem Schirm muß reell sein, s_i ist +

$$\frac{1}{25} + \frac{1}{100} = -\frac{2}{R}, \quad \frac{5}{100} = -\frac{2}{R}, \quad R = -40 \text{ cm}.$$

5.39 Das Bild ist aufrecht und verkleinert. Das bedeutet (Tabelle 5.5) ein konvexer Kugelspiegel.

5.40 Nein — obwohl sie Sie anschauen könnte.

5.41 Der Spiegel ist parallel zur Gemäldeebene, und so sollte das Spiegelbild des Mädchens direkt hinter ihr sein und nicht nach rechts verschoben.

5.43 Damit das Bild vergrößert und aufrecht ist, muß der Spiegel konkav und das Bild virtuell sein; $M_T = 2.0 = s_i/(0.015\,\text{m})$, $s_i = -0.03\,\text{m}$, und folglich ist $1/f = 1/0.015\,\text{m} + 1/-0.03\,\text{m}$; $f = 0.03\,\text{m}$ und $f = -R/2$; $R = -0.06\,\text{m}$.

5.44 $M_T = y_i/y_o = -s_i/s_o$, mit Hilfe der Gleichung (5.50) folgt $s_i = fs_o/(s_o - f)$, und da $f = -R/2$, ist $M_T = -f/(s_o - f) = -(-R/2)/(s_o + R/2) = R/(2s_o + R)$.

5.47 $M_T = -s_i/25\,\text{cm} = -0.064$; $s_i = 1.6\,\text{cm}$. $1/25\,\text{cm} + 1/1.6\,\text{cm} = -2/R$, $R = -3.0\,\text{cm}$.

5.51 $f = -R/2 = 30\,\text{cm}$, $1/20 + 1/s_i = 1/30$, $1/s_i = 1/30 - 1/20$.

$$s_i = -60\,\text{cm} \quad M_T = -s_i/s_o = 60/20 = 3.$$

Das Bild ist virtuell ($s_i < 0$), aufrecht ($M_T > 0$), liegt 60 cm hinter dem Spiegel und ist 22.9 cm groß.

5.53 Zeichnen Sie den Hauptstrahl von der Spitze nach L_1, so daß er durch den Mittelpunkt der Eintrittspupille geht, wenn er gerade verlängert wird. Von L_1 verläuft er durch das Zentrum der Aperturblende und wird in L_2 so gebrochen, als käme er aus dem Zentrum der Austrittspupille. Ein Randstrahl von S verläuft in der geraden Verlängerung durch den Rand der Eintrittspupille, wird in L_1 so abgelenkt, daß er gerade am Rand der Aperturblende vorbeigeht, und wird dann in L_2 so gebrochen, als wäre die gerade Verlängerung des Strahls am Rand der Austrittspupille vorbeigelaufen.

5.54

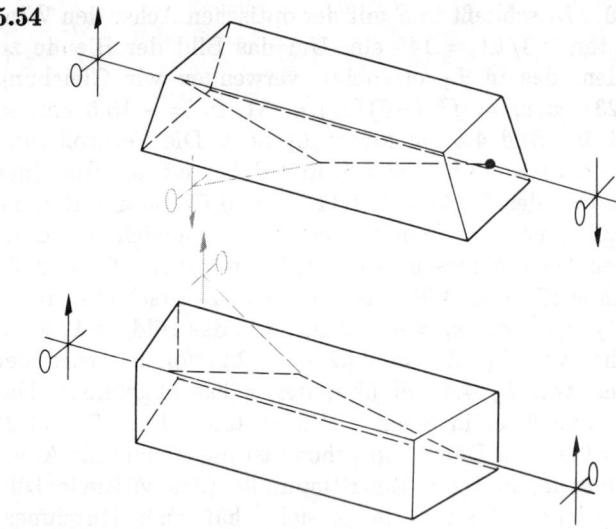

Das Bild wird um 180° gedreht

5.55 Nach Gleichung (5.64) folgt

$$\text{NA} = (2.624 - 2.310)^{1/2} = 0.550,$$
$$\theta_{\max} = \sin^{-1} 0.550 = 33°22'.$$

Der maximale Eintrittswinkel ist $2\theta_{\max} = 66°44'$. Ein Strahl unter 45° würde die Faser schnell verlassen, d.h. viel Energie entweicht gerade bei der ersten Reflexion.

5.56 Nach Gleichung (5.65) gilt $\log 0.5 = -0.30 = -\alpha L/10$, und so ist $L = 15\,\text{km}$.

5.57 Nach Gleichung (5.64) ist $\text{NA} = 0.232$ und $N_m = 9.2 \times 10^2$.

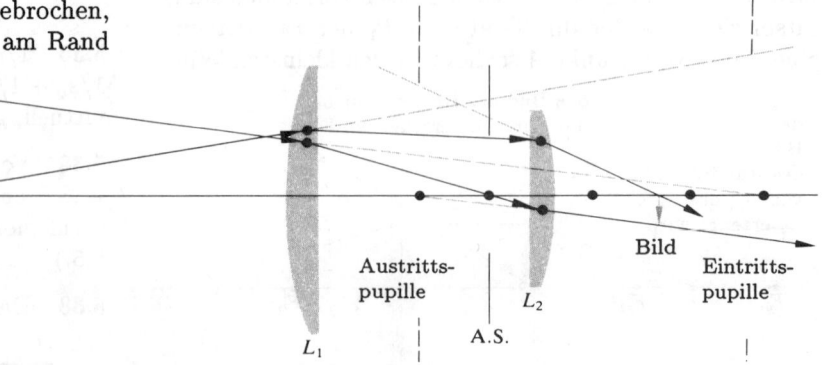

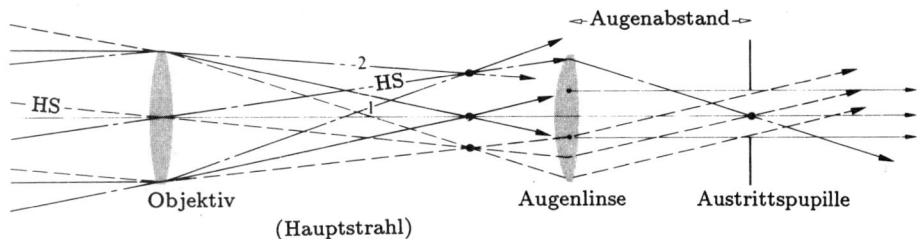
(Hauptstrahl)

5.59 $M_T = -f/x_o = -1/x_o\mathcal{D}$. Für das Auge ist $\mathcal{D} \approx$ 58.6 Dioptrien.

$$x_o = 230,000 \times 1.61 = 371 \times 10^3 \text{ km}$$
$$M_T = -1/3.71 \times 10^6 (58.6) = 4.6 \times 10^{-11}$$
$$y_i = 2160 \times 1.61 \times 10^3 \times 4.6 \times 10^{-11} = 0.16 \text{ mm}$$

5.61 $1/20 + 1/s_{io} = 1/4$, $s_{io} = 5$ m.
$1/0.3 + 1/s_{ie} = 1/0.6$, $s_{ie} = -0.6$ m.
$$M_{To} = -5/10 = -0.5$$
$$M_{Te} = -(-0.6)/0.5 = +1.2$$
$$M_{To}M_{Te} = -0.6.$$

5.64 Der Strahl 1 in der Abbildung geht an der Augenlinse vorbei, und es gibt daher eine Abnahme der Energie, die in dem korrespondierenden Bildpunkt ankommt. Dies ist Vignettierung.

5.65 Die Strahlen, die in der vorhergehenden Aufgabe an der Augenlinse vorbeilaufen, werden durch die Feldlinse durch sie geleitet. Man beachte, daß die Feldlinse die Hauptstrahlen ein wenig ablenkt, so daß sie die optische Achse etwas näher an der Augenlinse schneiden. Die Austrittspupille wird dadurch versetzt und der Augenabstand verkürzt. (Mehr zu diesem Thema siehe in *Modern Optical Engineering* von Smith.)

HS = Hauptstrahl

5.69 $\mathcal{D}_l = \dfrac{\mathcal{D}_c}{1+\mathcal{D}_c d} = \dfrac{3.2D}{1+(3.2D)(0.017\text{m})} = +3.03D$
oder abgerundet $+3.0D$. $f_l = 0.330$ m, und so liegt der Fernpunkt 0.330 m $- 0.017$ m $= 0.313$ m hinter der Linse des Auges. Für die Kontaktlinse gilt $f_c = 1/3.2 = 0.313$ m. Folglich liegt der Fernpunkt für beide Linsen bei 0.31 m.

5.71

a) Den Abstand zum Zwischenbild erhält man, indem man die Linsenformel auf das Objektiv anwendet;
$$\frac{1}{27\text{ mm}} + \frac{1}{s_i} = \frac{1}{25\text{ mm}},$$
$s_i = 3.38 \times 10^2$ mm. Dies ist der Abstand vom Objektiv zum Zwischenbild, zu dem man die Brennweite des Okulars addieren muß, um den Linsenabstand zu erhalten; 3.38×10^2 mm $+ 25$ mm $= 3.6 \times 10^2$ mm.

b) $M_{To} = -s_i/s_o = -3.38 \times 10^2$ mm$/27$ mm $= -12.5\times$, während das Okular eine Transversalvergrößerung von $d_o\mathcal{D} = (254$ mm$)(1/25$ mm$) = 10.2\times$ hat. Daher ist die Gesamtvergrößerung MP $= (-12.5)(10.2) = -1.3 \times 10^2$; das Minuszeichen bedeutet, daß das Bild umgekehrt ist.

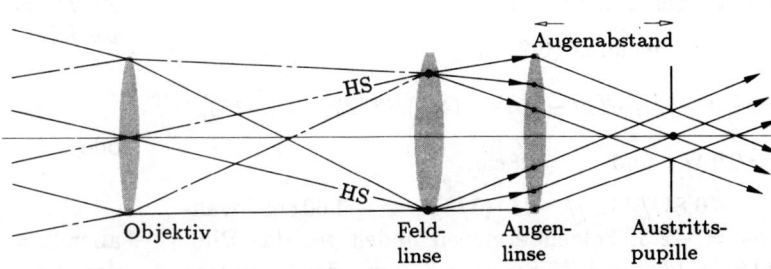

Kapitel 6

6.2 Nach Gleichung (6.8) folgt

$1/f = 1/f' + 1/f' - d/f'f' = 2/f' - 2/3f'$, $f = 3f'/4$.

Nach Gleichung (6.9) folgt

$$\overline{H_{11}H_1} = (3f'/4)(2f'/3)/f' = f'/2.$$

Nach Gleichung (6.10) folgt

$$\overline{H_{22}H_2} = -(3f'/4)(2f'/3)/f' = -f'/2.$$

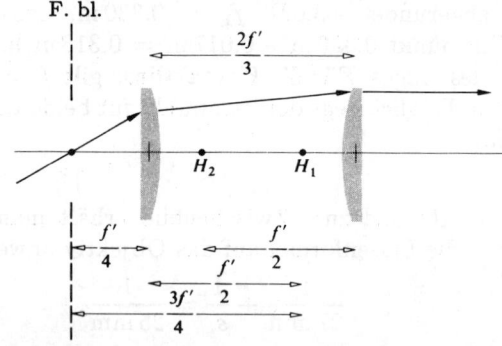

6.3 Nach Gleichung (6.2) ist $1/f = 0$, wenn $-(1/R_1 - 1/R_2) = (n_l - 1)dn_lR_1R_2$. Daher ist $d = n_l(R_1 - R_2)/(n_l - 1)$.

6.4 $1/f = 0.5[1/6 - 1/10 + 0.5(3)/1.5(6)10]$
$= 0.5[10/60 - 6/60 + 1/60]$; $f = +24$;

$h_1 = -24(0.5)(3)/10(1.5) = -2.4$,

$h_2 = -24(0.5)(3)/6(1.5) = -4$.

6.5 $f = \frac{1}{2}nR/(n-1)$; $h_1 = +R$, $h_2 = -R$.

6.9 $f = 29.6 + 0.4 = 30$ cm; $s_o = 49.8 + 0.2 = 50$ cm; $1/50 + 1/s_i = 1/30$ cm. $s_i = 75$ cm von H_2 und 74.6 cm von der rückseitigen Fläche.

6.11 Nach Gleichung (6.2)

$1/f = \frac{1}{2}[(1/4.0) - (1/-15) + \frac{1}{2}(4.0)/(3/2)(4.0)(-15)]$

$= 0.147$ und $f = 6.8$ cm.

$h_1 = -(6.8)\frac{1}{2}(4.0)/(-15)(3/2) = +0.60$ cm, während $h_2 = -2.3$. Folgendermaßen finden wir das Bild: $1/(100.6) + 1/s_i = 1/(6.8)$; $s_i = 7.3$ cm oder 5 cm von der rückseitigen Fläche der Linse.

6.16 $h_1 = n_{i1}(1 - a_{11})/-a_{12} = (\mathcal{D}_2 d_{21}/n_{t1})f$
$= -(n_{t1} - 1)d_{21}f/R_2n_{t1}$, nach Gl. (5.64),
wobei $n_{t1} = n_l$;

$h_2 = n_{t2}(a_{22} - 1)/-a_{12}$
$= -(\mathcal{D}_1 d_{21}/n_{t1})f$, nach Gl. (5.70)
$= -(n_{i1} - 1)d_{21}f/R_1n_{t1}$.

6.17 $\mathcal{A} = \mathcal{R}_2\mathcal{T}_{21}\mathcal{R}_1$, aber für die ebene Fläche ist

$$\mathcal{R}_2 = \begin{bmatrix} 1 & -\mathcal{D}_2 \\ 0 & 1 \end{bmatrix}$$

und $\mathcal{D}_2 = (n_{t1} - 1)/-R_2$, aber $R_2 = \infty$, folglich ist

$$\mathcal{R}_2 = \begin{bmatrix} 1 & 0 \\ 0 & 1 \end{bmatrix},$$

was die Einheitsmatrix ist; also ist $\mathcal{A} = \mathcal{T}_{21}\mathcal{R}_1$.

6.18 $\mathcal{D}_1 = (1.5 - 1)/0.5 = 1$ und $\mathcal{D}_2 = (1.5 - 1)/-(-0.25) = 2$

$$\mathcal{A} = \begin{bmatrix} 1 - 2(0.3)/1.5 & -1 + 2(1)(0.3)/(1.5 - 2) \\ 0.3/1.5 & -1(0.3)/1.5 + 1 \end{bmatrix}$$

$$= \begin{bmatrix} 0.6 & -2.6 \\ 0.2 & 0.8 \end{bmatrix}$$

$|\mathcal{A}| = 0.6(0.8) - (0.2)(-2.6) = 0.48 + 0.52 = 1$.

6.22 Siehe E. Slayter, *Optical Methods in Biology*.

$$\overline{PC}/\overline{CA} = (n_1/n_2)R/R = n_1/n_2,$$

wohingegen $\overline{CA}/\overline{P'C} = n_1/n_2$. Deshalb sind die Dreiecke ACP und ACP' ähnlich. Bei Verwendung des Sinussatzes folgt

$$\frac{\sin \angle PAC}{\overline{PC}} = \frac{\sin \angle APC}{\overline{CA}}$$

oder

$$n_2 \sin \angle PAC = n_1 \sin \angle APC,$$

aber $\theta_i = \angle PAC$, daher ist $\theta_t = \angle APC = \angle P'AC$, und der Brechungsstrahl scheint von P' zu kommen.

6.23 Nach Gleichung (5.6) sei $\cos\varphi = 1 - \varphi^2/2$; dann ist

$$\ell_o = [R^2 + (s_o+R)^2 - 2R(s_o+R) + R(s_o+R)\varphi^2]^{1/2},$$

$$\ell_o^{-1} = [s_o^2 + R(s_o+R)\varphi^2]^{-1/2},$$

$$\ell_i^{-1} = [s_i^2 - R(s_i-R)\varphi^2]^{-1/2},$$

wobei die ersten zwei Terme der binomischen Reihe verwendet werden.

$$\ell_o^{-1} \approx s_o^{-1} - (s_o+R)h^2/2s_o^3 R$$

$$\ell_i^{-1} \approx s_i^{-1} + (s_i-R)h^2/2s_i^3 R,$$

wobei $\varphi \approx h/R$ ist. Die Substitution in die Gleichung (5.5) führt zu Gleichung (6.40).

6.24

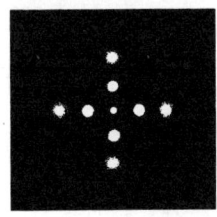

Kapitel 7

7.1 $E_0^2 = 36 + 64 + 2 \cdot 6 \cdot 8 \cos\pi/2 = 100, \quad E_0 = 10;$

$\tan\alpha = \dfrac{8}{6}, \quad \alpha = 53.1° = 0.93\,\text{rad}.$

$E = 10\sin(120\pi t + 0.93).$

7.5 $\dfrac{1\,\text{m}}{500\,\text{nm}} = 0.2 \times 10^7 = 2\,000\,000$ Wellenlängen.

Im Glas $\dfrac{0.05}{\lambda_0/n} = \dfrac{0.05(1.5)}{500\,\text{nm}} = 1.5 \times 10^5;$

in Luft $\dfrac{0.95}{\lambda_0} = 0.19 \times 10^7;$

insgesamt 2 050 000 Wellenlängen.

$$\text{OPD} = [(1.5)(0.05) + (1)(0.95)] - (1)(1)$$

$$\text{OPD} = 1.025 - 1.000 = 0.025\,\text{m}$$

$$\frac{\Lambda}{\lambda_0} = \frac{0.025}{500\,\text{nm}} = 5 \times 10^4 \text{ Wellen}.$$

7.8 $E = E_1 + E_2 = E_{01}\{\sin[\omega t - k(x+\Delta x)]$

$+ \sin(\omega t - kx)\}.$

Da $\sin\beta + \sin\gamma = 2\sin\frac{1}{2}(\beta+\gamma)\cos\frac{1}{2}(\beta-\gamma)$, ist

$$E = 2E_{01}\cos\frac{k\Delta x}{2}\sin\left[\omega t - k\left(x + \frac{\Delta x}{2}\right)\right].$$

7.9 $E = E_0\,\text{Re}\,[e^{i(kx+\omega t)} - e^{i(kx-\omega t)}]$

$= E_0\,\text{Re}\,[e^{ikx}(e^{i\omega t} - e^{-i\omega t})]$

$= E_0\,\text{Re}\,[e^{ikx} 2i\sin\omega t]$

$= E_0\,\text{Re}\,[2i\cos kx \sin\omega t - 2\sin kx \sin\omega t]$

und $E = -2E_0 \sin kx \sin\omega t$. Eine stehende Welle mit einem Knoten in $x = 0$.

7.10 $$\frac{\partial E}{\partial x} = -\frac{\partial B}{\partial t}.$$

Durch Integration erhalten wir

$$B(x,t) = -\int \frac{\partial E}{\partial x}\,dt = -2E_0 k \cos kx \int \cos\omega t\,dt$$

$$= -\frac{2E_0 k}{\omega}\cos kx \sin\omega t.$$

Aber $E_0 k/\omega = E_0/c = B_0$; daher ist $B(x,t) = -2B\cos kx \sin\omega t$.

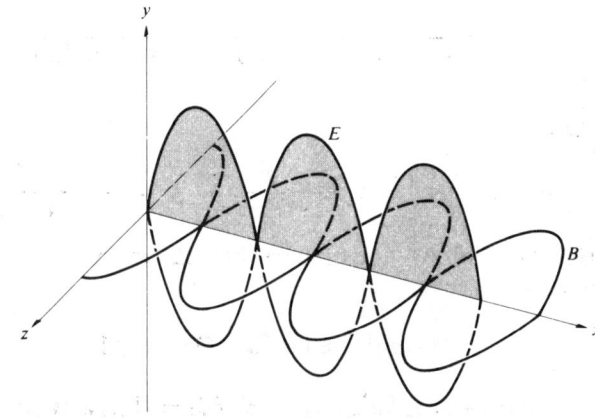

7.15 $E = E_0\cos\omega_c t + E_0\alpha\cos\omega_m t\cos\omega_c t$

$= E_0\cos\omega_c t$

$+ \dfrac{E_0\alpha}{2}[\cos(\omega_c - \omega_m)t + \cos(\omega_c + \omega_m)t].$

Hörbarer Bereich von $\nu_m = 20\,\text{Hz}$ bis $20 \times 10^3\,\text{Hz}$. Die maximale Modulationsfrequenz $\nu_m(\max) = 20 \times 10^3\,\text{Hz}$.

$$\nu_c - \nu_m(\max) \leq \nu \leq \nu_c + \nu_m(\max)$$

$$\Delta\nu = 2\nu_m(\max) = 40 \times 10^3\,\text{Hz}.$$

7.16 $v = \omega/k = ak$, $v_g = d\omega/dk = 2ak = 2v$.

7.17
$$v = \sqrt{\frac{g\lambda}{2\pi}} = \sqrt{g/k}$$
$$v_g = v + k\frac{dv}{dk} \quad [7.38]$$
$$\frac{dv}{dk} = -\frac{1}{2k}\sqrt{\frac{g}{k}} = -\frac{v}{2k}$$
$$v_g = v/2.$$

7.19 $v_g = v + k\frac{dv}{dk}$ und $\frac{dv}{dk} = \frac{dv}{d\omega}\frac{d\omega}{dk} = v_g\frac{dv}{d\omega}$. Da $v = c/n$ folgt
$$\frac{dv}{d\omega} = \frac{dv}{dn}\frac{dn}{d\omega} = -\frac{c}{n^2}\frac{dn}{d\omega}$$
$$v_g = v - \frac{v_g c k}{n^2}\frac{dn}{d\omega}$$
$$= \frac{v}{1 + (ck/n^2)(dn/d\omega)} = \frac{c}{n + \omega(dn/d\omega)}.$$

7.22
$$\omega \gg \omega_i, \quad n^2 = 1 - \frac{Nq_e^2}{\omega^2\epsilon_0 m_e}\sum f_i = 1 - \frac{Nq_e^2}{\omega^2\epsilon_0 m_e}.$$

Bei Anwendung der binomischen Entwicklung erhalten wir für
$$(1-x)^{1/2} \approx 1 - \frac{1}{2}x \quad \text{für} \quad x \ll 1.$$
$$n = 1 - Nq_e^2/\omega^2\epsilon_0 m_e 2, \quad dn/d\omega = Nq_e^2/\epsilon_0 m_e \omega^3$$
$$v_g = \frac{c}{n + \omega(dn/d\omega)} = \frac{c}{1 - Nq_e^2/\omega^2\epsilon_0 m_e 2 + Nq_e^2/\epsilon_0 m_e \omega^2}$$
$$= \frac{c}{1 + Nq_e^2/\epsilon_0 m_e \omega^2 2}$$

und $v_g < c$,
$$v = c/n = \frac{c}{1 - Nq_e^2/\epsilon_0 m_e \omega^2 2}.$$

Die binomische Entwicklung für $x \ll 1$ liefert
$$(1-x)^{-1} \approx 1 + x,$$
$$v = c[1 + Nq_e^2/\epsilon_0 m_e \omega^2 2]; \quad v v_g = c^2.$$

7.24
$$\int_0^\lambda \sin akx \sin bkx\, dx$$
$$= \frac{1}{2k}\left[\int_0^\lambda \cos[(a-b)kx]k\, dx\right.$$
$$\left. - \int_0^\lambda \cos[(a+b)kx]k\, dx\right]$$
$$= \frac{1}{2k}\left.\frac{\sin(a-b)kx}{a-b}\right|_0^\lambda - \frac{1}{2k}\left.\frac{\sin(a+b)kx}{a+b}\right|_0^\lambda,$$

falls $a \neq b$. Wohingegen
$$\int_0^\lambda \sin^2 akx\, dx = \frac{1}{2k}\int_0^\lambda (1 + \cos 2akx)k\, dx = \frac{\lambda}{2},$$

falls $a = b$. Die anderen Integrale sind ähnlich.

7.25 Gerade Funktion, deshalb ist $B_m = 0$.
$$A_0 = \frac{2}{\lambda}\int_{-\lambda/a}^{\lambda/a} dx = \frac{2}{\lambda}\left(\frac{\lambda}{a} + \frac{\lambda}{a}\right) = \frac{4}{a},$$
$$A_m = \frac{2}{\lambda}\int_{-\lambda/a}^{\lambda/a} (1)\cos mkx\, dx$$
$$= \left.\frac{2}{mk\lambda}\sin mkx\right|_{-\lambda/a}^{\lambda/a},$$
$$A_m = \frac{2}{m\pi}\sin\frac{m2\pi}{a}.$$

7.26
$$f'(x) = \frac{1}{\pi}\int_0^a E_0 L \frac{\sin kL/2}{kL/2}\cos kx\, dk$$
$$= \frac{E_0 L}{\pi 2}\int_0^b \frac{\sin(kL/2 + kx)}{kL/2}\, dk$$
$$+ \frac{E_0 L}{\pi 2}\int_0^b \frac{\sin(kL/2 - kx)}{kL/2}\, dk.$$

Es sei $kL/2 = w$, $(L/2)dk = dw$, $kx = wx'$.
$$f'(x) = \frac{E_0}{\pi}\int_0^b \frac{\sin(w + wx')}{w}dw + \frac{E_0}{\pi}\int_0^b \frac{\sin(w - wx')}{w}dw$$

wobei $b = aL/2$. Es sei $w + wx' = t$, $dw/w = dt/t$.
$$0 \leq w \leq b \quad \text{und} \quad 0 \leq t \leq (x'+1)b.$$

Es sei im anderen Integral $w - wx' = -t$. $0 \leq w \leq b$ und $0 \leq t \leq (x'-1)b$.

$$f'(x) = \frac{E_0}{\pi} \int_0^{(x'+1)b} \frac{\sin t}{t} dt - \frac{E_0}{\pi} \int_0^{(x'-1)b} \frac{\sin t}{t} dt$$

$$f'(x) = \frac{E_0}{\pi} \text{Si}[b(x'+1)] - \frac{E_0}{\pi} \text{Si}[b(x'-1)], \quad x' = 2x/L.$$

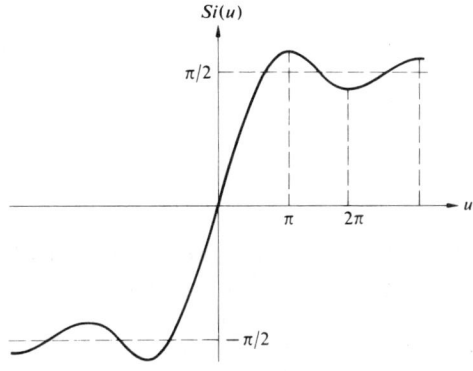

7.27 Nach Analogie mit der Gleichung (7.61) ist

$$A(\omega) = \frac{\Delta t}{2} E_0 \, \text{sinc} \, (\omega_p - \omega) \frac{\Delta t}{2}.$$

Nach der Tabelle 1 ist sinc $(\pi/2) = 63.7\%$. Eigentlich nicht ganz 50%:

$$\text{sinc}\left(\frac{\pi}{1.65}\right) = 49.8\%.$$

$$\left|(\omega_p - \omega)\frac{\Delta t}{2}\right| < \frac{\pi}{2} \quad \text{oder} \quad -\frac{\pi}{\Delta t} < (\omega_p - \omega) < \frac{\pi}{\Delta t};$$

daher liegen nennenswerte Werte von $A(\omega)$ in einem Bereich $\Delta\omega \sim 2\pi/\Delta t$ und $\Delta\nu\Delta t \sim 1$. Die Bestrahlungsstärke ist proportional zu $A^2(\omega)$ und $[\text{sinc}\,(\pi/2)]^2 = 40.6\%$.

7.28 $\Delta x_c = c\Delta t_c$, $\Delta x_c \sim c/\Delta\nu$. Aber $\Delta\omega/\Delta k_0 = \bar{\omega}/\bar{k}_0 = c$; daher ist $|\Delta\nu/\Delta\lambda_0| = \bar{\nu}/\bar{\lambda}_0$,

$$\Delta x_c \sim \frac{c\bar{\lambda}_0}{\Delta\lambda_0 \bar{\nu}}, \quad \Delta x_c \sim \bar{\lambda}_0^2/\Delta\lambda_0.$$

Oder versuchen Sie es mit dem Unbestimmtheitsprinzip:

$$\Delta x \sim \frac{h}{\Delta_p}, \quad \text{wobei} \quad p = h/\lambda \quad \text{und} \quad \Delta\lambda_0 \ll \bar{\lambda}_0.$$

7.29 $\Delta x_c = c\Delta t_c = 3 \times 10^8 \text{ m/s} \, 10^{-8} \text{ s} = 3 \text{ m}.$
$\Delta\lambda_0 \sim \lambda_0^2/\Delta x_c = (500 \times 10^{-9} \text{ m})^2/3 \text{ m},$
$\Delta\lambda_0 \sim 8.3 \times 10^{-14} \text{ m} = 8.3 \times 10^{-5} \text{ nm},$
$\Delta\lambda_0/\bar{\lambda}_0 = \Delta\nu/\bar{\nu} = 8.3 \times 10^{-5}/500 = 1.6 \times 10^{-7}$
≈ 1 Teil in 10^7.

7.30 $\Delta\nu = 54 \times 10^3 \text{ Hz};$

$$\Delta\nu/\bar{\nu} = \frac{(54 \times 10^3)(10,600 \times 10^{-9} \text{ m})}{(3 \times 10^8 \text{ m/s})}$$

$$= 1.91 \times 10^{-9}.$$

$$\Delta x_c = c\Delta t_c \sim c/\Delta\nu,$$

$$\Delta x_c \sim \frac{(3 \times 10^8 \text{ m/s})}{(54 \times 10^3 \text{ Hz})} = 5.55 \times 10^3 \text{ m}.$$

7.32 $\Delta x_c = c\Delta t_c = 3 \times 10^8 \times 10^{-10} = 3 \times 10^{-2} \text{ m},$

$\Delta\nu \sim 1/\Delta t_c = 10^{10} \text{ Hz},$

$\Delta\lambda_0 \sim \bar{\lambda}_0^2/\Delta x_c$ (siehe Aufgabe 7.28)

$= (632.8 \text{ nm})^2/3 \times 10^{-2} \text{ m} = 0.013 \text{ nm}.$

$\Delta\nu = 10^{15} \text{ Hz}, \Delta x_c = c \times 10^{-15} = 300 \text{ nm},$

$\Delta\lambda_0 \sim \bar{\lambda}_0^2/\Delta x_c = 1334.78 \text{ nm}.$

Kapitel 8

8.1

a) $\boldsymbol{E} = \hat{\boldsymbol{i}} E_0 \cos(kx - \omega t) + \hat{\boldsymbol{j}} E_0 \cos(kx - \omega t + \pi)$. Gleiche Amplituden, E_y bleibt um π hinter E_x zurück. Daher ist die Welle im $\mathcal{P}$-Zustand unter $135°$ oder $-45°$.

b) $\boldsymbol{E} = \hat{\boldsymbol{i}} E_0 \cos(kz - \omega t - \pi/2) + \hat{\boldsymbol{j}} E_0 \cos(kz - \omega t + \pi/2)$. Gleiche Amplituden, E_y bleibt um π hinter E_x zurück. Daher derselbe Zustand wie (a).

c) E_x eilt E_y um $\pi/4$ voraus. Sie haben gleiche Amplituden. Daher ist die Welle elliptisch polarisiert mit einer Neigung von $+45°$ und linksdrehend.

d) E_y eilt E_x um $\pi/2$ voraus. Sie haben gleiche Amplituden. Daher ist die Welle im $\mathcal{R}$-Zustand.

8.2 $E_x = \hat{i}\cos\omega t$, $E_y = \hat{j}\sin\omega t$.
Linksdrehende, zirkular polarisierte, stehende Welle.

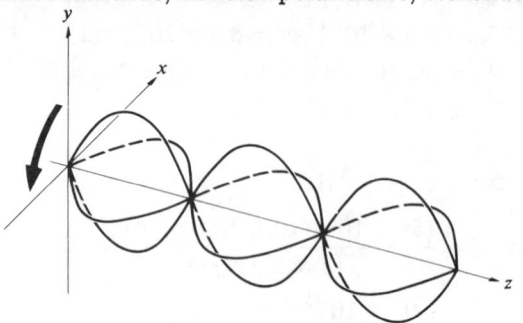

8.3 $E_{\mathscr{R}} = \hat{i}\cos(kz - \omega t) + \hat{j}E_0\sin(kz - \omega t)$

$E_{\mathscr{L}} = \hat{i}E_0'\cos(kz - \omega t) - \hat{j}E_0'\sin(kz - \omega t)$

$E = E_{\mathscr{R}} + E_{\mathscr{L}} = \hat{i}(E_0 + E_0')\cos(kz - \omega t)$
$\qquad + \hat{j}(E_0 - E_0')\sin(kz - \omega t)$.

Es sei $E_0 + E_0' = E_{0x}''$ und $E_0 - E_0' = E_{0y}''$; dann ist

$E = \hat{i}E_{0x}''\cos(kz - \omega t) + \hat{j}E_{0y}''\sin(kz - \omega t)$.

Aus den Gleichungen (8.11) und (8.12) folgt, daß wir eine Ellipse haben, wobei $\varepsilon = -\pi/2$ und $\alpha = 0$.

8.4 $E_{0y} = E_0\cos 25°$; $E_{0z} = E_0\sin 25°$;

$E(x,t) = (0{,}91\hat{j} + 0{,}42\hat{k})E_0\cos(kx - \omega t + \frac{1}{2}\pi)$

8.6 $E = E_0[\hat{j}\sin(kx - \omega t) - \hat{k}\cos(kx - \omega t)]$

8.7 Jeder einzelne Filter läßt 32% des einfallenden Strahlenbündels aus natürlichem Licht durch. Die Hälfte der ankommenden Flußdichte ist in einem $\mathscr{P}$-Zustand, der parallel zur Auslöschungsachse liegt, und von der effektiv nichts hindurchgeht. Daher wird 64% vom Licht, das parallel zur Durchlaßachse liegt, durchgelassen. In der gegenwärtigen Aufgabe tritt 32% von I_i in den zweiten Filter, und 64% von 32% von I_i = 21% von I_i tritt am Ende heraus.

8.11 Aus der folgenden Abbildung folgt

$I = \frac{1}{2}E_{01}^2\sin^2\theta\cos^2\theta = \frac{E_{01}^2}{8}(1 - \cos 2\theta)(1 + \cos 2\theta)$

$= \frac{E_{01}^2}{8}(1 - \cos^2 2\theta) = \frac{E_{01}^2}{8}[1 - (\frac{1}{2}\cos 4\theta + \frac{1}{2})]$

$= \frac{E_{01}^2}{16}(1 - \cos 4\theta) = \frac{I_1}{8}(1 - \cos 4\theta); \quad \theta = \omega t$.

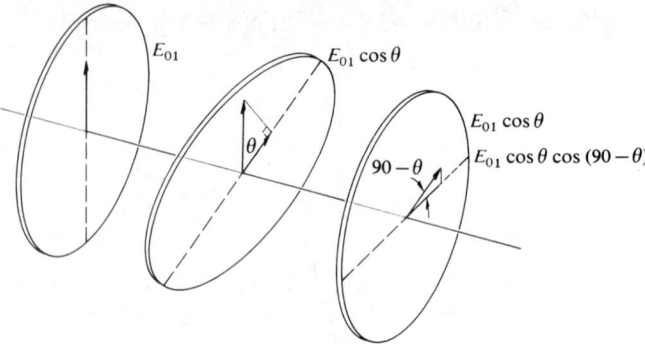

8.12 Nein. Der Kristall funktioniert so, als bestände er aus zwei entgegengesetzt orientierten, hintereinandergelegten Exemplaren. Zwei gleich orientierte, hintereinandergelegte Kristalle würden sich wie ein dicker Kristall verhalten und daher die o- und e-Strahlen noch stärker trennen.

8.14 Das Licht, das vom Papier gestreut wird, läuft durch die Polaroidfilter und wird linear polarisiert. Licht, das von dem oberen Filter kommt, hat sein E-Feld parallel zum Hauptschnitt (der diagonal durch den zweiten und vierten Viertelkreis geht) und ist deshalb ein e-Strahl. Man beachte, wie die Buchstaben P und T in einer *extraordinären* (außerordentlichen) Art nach unten verschoben sind. Das untere rechte Filter läßt einen o-Strahl durch, so daß der Buchstabe C unabgelenkt ist. Man beachte, daß das ordinäre (ordentliche) Bild näher an der stumpfen Ecke liegt.

8.15 (a) und (c) sind zwei Betrachtungsweisen der vorhergehenden Aufgabe. (b) zeigt eine Doppelbrechung, da die Polaroidfilterachse etwa unter 45° zum Hauptschnitt des Kristalls liegt. Daher existiert sowohl ein o- als auch ein e-Strahl.

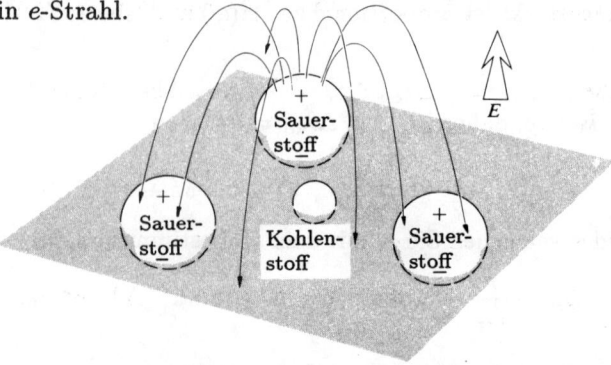

8.16 Liegt E senkrecht zur CO_3-Ebene, so ist die Polarisation kleiner, als wenn $\mathbf{E}$ parallel dazu verläuft. Im ersteren Fall tendiert das Feld jedes polarisierten Sauerstoffatoms dazu, die Polarisation seines Nachbarn zu verkleinern. Mit anderen Worten, das induzierte Feld zeigt, wie in der Abbildung dargestellt, nach unten, wohingegen $\mathbf{E}$ nach oben gerichtet ist. Befindet sich $\mathbf{E}$ in der Karbonatebene, so verstärken zwei Dipole den dritten und umgekehrt. Eine verkleinerte Polarisierbarkeit führt zu einer kleineren Dielektrizitätskonstante, einem kleineren Brechungsindex und einer höheren Geschwindigkeit. Daher ist $v_\parallel > v_\perp$.

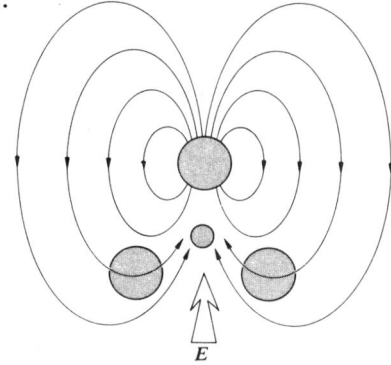

8.20 $n_o = 1.6584$, $n_e = 1.4864$. Snelliussches Gesetz:

$\sin \theta_i = n_o \sin \theta_{to} = 0.766 \quad \sin \theta_i = n_e \sin \theta_{te} = 0.766$

$\sin \theta_{to} \approx 0.463, \quad \theta_{to} \approx 27°35'; \quad \sin \theta_{te} \approx 0.516,$

$\theta_{te} \approx 31°4'; \quad \Delta \theta \approx 3°29'.$

8.22 In Kalkspat gilt $n_o > n_e$. Zwei Spektren sind zu sehen, wenn (b) oder (c) in einem Spektrometer verwendet werden. Die Indizes werden in der üblichen Art bei Verwendung von

$$n = \frac{\sin \frac{1}{2}(\alpha + \delta_m)}{\sin \frac{1}{2}\alpha}$$

berechnet, wobei δ_m der Winkel minimaler Ablenkung beider Strahlen ist.

8.23 E_x eilt E_y um $\pi/2$ voraus. Sie waren anfänglich phasengleich und $E_x > E_y$. Daher ist die Welle linksdrehend, elliptisch polarisiert und horizontal.

8.24 $\sin \theta_c = \dfrac{n_{\text{balsam}}}{n_0} = \dfrac{1.55}{1.658} = 0.935; \quad \theta_c \sim 69°$.

8.26

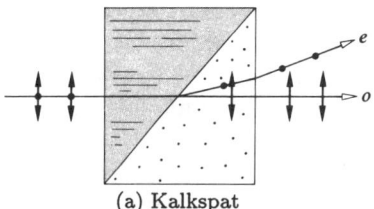

(a) Kalkspat

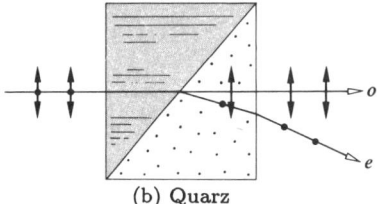

(b) Quarz

c) Man kann unerwünschte Energie, die sich in der Form einer der $\mathcal{P}$-Zustände befindet, ohne örtliche Wärmeprobleme beseitigen.

d) Der Rochon-P. läßt einen unabgelenkten Strahl (den o-Strahl) durch, der deshalb auch achromatisch ist.

8.31 $\quad \Delta \varphi = \dfrac{2\pi}{\lambda_0} d \, \Delta n,$

doch wegen der Streifenverschiebung ist $\Delta\varphi = (1/4)(2\pi)$. Daher ist $\Delta\varphi = \pi/2$ und

$$\frac{\pi}{2} = \frac{2\pi \, d \, (0.005)}{589.3 \times 10^{-9}}$$

$$d = \frac{589.3 \times 10^{-9}}{2(10^{-2})} = 2.94 \times 10^{-5} \, \text{m}.$$

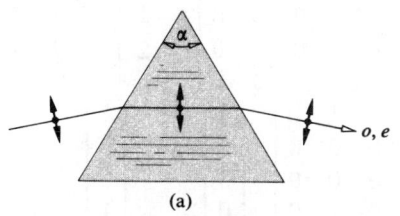

(a)

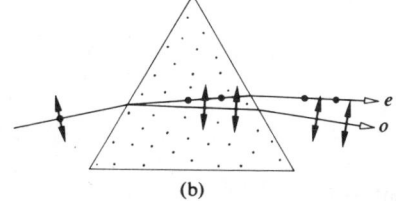

(b)

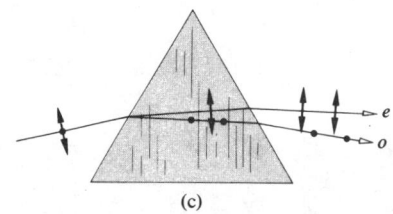

(c)

8.32 Der $\mathcal{R}$-Zustand, der auf den Glasschirm fällt, bewegt die Elektronen auf Kreisbahnen; sie strahlen reflektiertes, zirkular polarisiertes Licht zurück, dessen $\boldsymbol{E}$-Feld sich in derselben Richtung wie die des ankommenden Strahls dreht. Die Ausbreitungsrichtung wurde aber bei der Reflexion umgekehrt, so daß das reflektierte Licht linksdrehend ist, obwohl das einfallende Licht sich in einem $\mathcal{R}$-Zustand befindet. Es wird daher durch den Rechtszirkularpolarisator vollständig absorbiert. Dies ist in der folgenden Abbildung dargestellt.

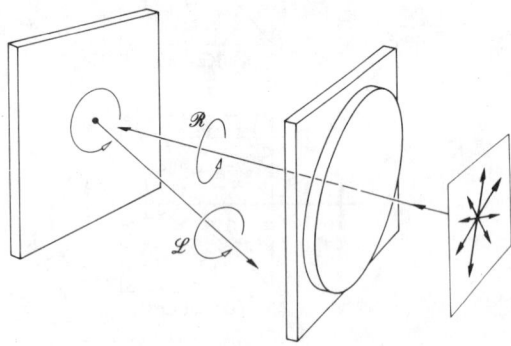

8.33 Ja, wenn sich die Amplituden der $\mathcal{P}$-Zustände unterscheiden. Das durchgelassene Strahlenbündel in einem Glasplattensatz, besonders bei einem kleinen Stapel.

8.35 Stellen Sie das photoelastische Material so zwischen Zirkularpolarisatoren, daß beide Phasenverschieber (wie in Abb. 8.52) ihm gegenüberliegen. Bei zirkular polarisierter Beleuchtung wird keine Orientierung der Spannungsachsen irgendeiner anderen Orientierung vorgezogen, und man kann daher keine unterscheiden. Nur die Doppelbrechung wirkt sich aus, und so sind die Isochromaten sichtbar. Unterscheiden sich die zwei Polarisatoren, d.h. ist der eine ein $\mathcal{R}$-, der andere ein $\mathcal{L}$-Polarisator, so erscheinen derartige Bereiche dunkel.

8.37 $V_{\lambda/2} = \lambda_0/2n_0^3 r_{63}$ [8.44]
$= 550 \times 10^{-9}/2(1.58)^3 5.5 \times 10^{-12}$
$= 10^5/2(3.94) = 12.7\,\text{kV}.$

8.38 $\boldsymbol{E}_1 \cdot \boldsymbol{E}_2^* = 0, \quad \boldsymbol{E}_2 = \begin{bmatrix} e_{21} \\ e_{22} \end{bmatrix}$

$\boldsymbol{E}_1 \cdot \boldsymbol{E}_2^* = (1)(e_{21})^* + (-2i)(e_{22})^* = 0$

$\boldsymbol{E}_2 = \begin{bmatrix} 2 \\ i \end{bmatrix}$

$\boldsymbol{E}_1$ ist $\boldsymbol{E}_2$ ist

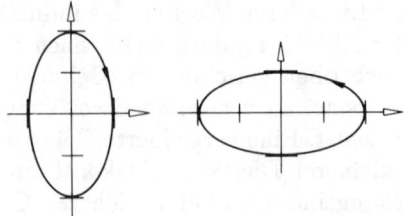

8.44

$\begin{bmatrix} 1 & 0 & 0 & 0 \\ 0 & 0 & 0 & 1 \\ 0 & 0 & 1 & 0 \\ 0 & -1 & 0 & 0 \end{bmatrix} \begin{bmatrix} 1 & 0 & 0 & 0 \\ 0 & 0 & 0 & -1 \\ 0 & 0 & 1 & 0 \\ 0 & 1 & 0 & 0 \end{bmatrix} = \begin{bmatrix} 1 & 0 & 0 & 0 \\ 0 & 1 & 0 & 0 \\ 0 & 0 & 1 & 0 \\ 0 & 0 & 0 & 1 \end{bmatrix}.$

8.46

$\begin{bmatrix} 1 & 0 & 0 & 0 \\ 0 & 1 & 0 & 0 \\ 0 & 0 & 0 & -1 \\ 0 & 0 & 1 & 0 \end{bmatrix} \begin{bmatrix} 1 & 0 & 0 & 0 \\ 0 & 1 & 0 & 0 \\ 0 & 0 & 0 & -1 \\ 0 & 0 & 1 & 0 \end{bmatrix} = \begin{bmatrix} 1 & 0 & 0 & 0 \\ 0 & 1 & 0 & 0 \\ 0 & 0 & -1 & 0 \\ 0 & 0 & 0 & -1 \end{bmatrix}$

$\begin{bmatrix} 1 & 0 & 0 & 0 \\ 0 & 1 & 0 & 0 \\ 0 & 0 & -1 & 0 \\ 0 & 0 & 0 & -1 \end{bmatrix} \begin{bmatrix} 1 \\ 0 \\ 0 \\ 1 \end{bmatrix} = \begin{bmatrix} 1 \\ 0 \\ 0 \\ -1 \end{bmatrix}$

$\begin{bmatrix} 1 & 0 & 0 & 0 \\ 0 & 1 & 0 & 0 \\ 0 & 0 & -1 & 0 \\ 0 & 0 & 0 & -1 \end{bmatrix} \begin{bmatrix} 1 \\ 0 \\ 0 \\ -1 \end{bmatrix} = \begin{bmatrix} 1 \\ 0 \\ 0 \\ 1 \end{bmatrix}$

$\begin{bmatrix} 1 & 0 & 0 & 0 \\ 0 & 1 & 0 & 0 \\ 0 & 0 & 0 & 1 \\ 0 & 0 & -1 & 0 \end{bmatrix} \begin{bmatrix} 1 & 0 & 0 & 0 \\ 0 & 1 & 0 & 0 \\ 0 & 0 & 0 & 1 \\ 0 & 0 & -1 & 0 \end{bmatrix} = \begin{bmatrix} 1 & 0 & 0 & 0 \\ 0 & 1 & 0 & 0 \\ 0 & 0 & -1 & 0 \\ 0 & 0 & 0 & -1 \end{bmatrix}$

8.47

$\begin{bmatrix} 1 & 0 & 0 & 0 \\ 0 & 1 & 0 & 0 \\ 0 & 0 & 0 & -1 \\ 0 & 0 & 1 & 0 \end{bmatrix} \dfrac{1}{2} \begin{bmatrix} 1 & 0 & 1 & 0 \\ 0 & 0 & 0 & 0 \\ 1 & 0 & 1 & 0 \\ 0 & 0 & 0 & 0 \end{bmatrix} = \dfrac{1}{2} \begin{bmatrix} 1 & 0 & 1 & 0 \\ 0 & 0 & 0 & 0 \\ 0 & 0 & 0 & 0 \\ 1 & 0 & 1 & 0 \end{bmatrix}$

$\dfrac{1}{2} \begin{bmatrix} 1 & 0 & 1 & 0 \\ 0 & 0 & 0 & 0 \\ 0 & 0 & 0 & 0 \\ 1 & 0 & 1 & 0 \end{bmatrix} \begin{bmatrix} 1 \\ 0 \\ 0 \\ 0 \end{bmatrix} = \dfrac{1}{2} \begin{bmatrix} 1 \\ 0 \\ 0 \\ 1 \end{bmatrix}$

$$\frac{1}{2}\begin{bmatrix}1&0&1&0\\0&0&0&0\\0&0&0&0\\1&0&1&0\end{bmatrix}\begin{bmatrix}1\\0\\0\\1\end{bmatrix}=\frac{1}{2}\begin{bmatrix}1\\0\\0\\1\end{bmatrix}$$

$$\frac{1}{2}\begin{bmatrix}1&0&0&1\\0&0&0&0\\0&0&0&0\\1&0&0&1\end{bmatrix}\begin{bmatrix}1\\0\\0\\1\end{bmatrix}=\frac{1}{2}\begin{bmatrix}1\\0\\0\\1\end{bmatrix}$$

$$\frac{1}{2}\begin{bmatrix}1&0&1&0\\0&0&0&0\\0&0&0&0\\1&0&1&0\end{bmatrix}\begin{bmatrix}1\\0\\0\\-1\end{bmatrix}=\frac{1}{2}\begin{bmatrix}1\\0\\0\\1\end{bmatrix}$$

$$\frac{1}{2}\begin{bmatrix}1&0&0&1\\0&0&0&0\\0&0&0&0\\1&0&0&1\end{bmatrix}\begin{bmatrix}1\\0\\0\\-1\end{bmatrix}=\begin{bmatrix}0\\0\\0\\0\end{bmatrix}$$

8.49 $\begin{bmatrix}te^{i\varphi}&0\\0&te^{i\varphi}\end{bmatrix},$

wobei ein Phasenzuwachs φ in beiden Komponenten aus der Durchquerung der Platte resultiert.

$$\begin{bmatrix}1&0\\0&1\end{bmatrix}\quad\begin{bmatrix}0&0\\0&0\end{bmatrix}.$$

8.50 $\begin{bmatrix}t^2&0&0&0\\0&t^2&0&0\\0&0&t^2&0\\0&0&0&t^2\end{bmatrix}\quad\begin{bmatrix}1&0&0&0\\0&0&0&0\\0&0&0&0\\0&0&0&0\end{bmatrix}$

8.51 $V = \dfrac{I_p}{I_p+I_u} = \dfrac{(\mathcal{S}_1^2+\mathcal{S}_2^2+\mathcal{S}_3^2)^{1/2}}{\mathcal{S}_0}$

$I_p = (\mathcal{S}_1^2+\mathcal{S}_2^2+\mathcal{S}_3^2)^{1/2};\quad I-I_p = I_u.$

$\mathcal{S}_0 - (\mathcal{S}_1^2+\mathcal{S}_2^2+\mathcal{S}_3^2)^{1/2} = I_u$

$$\begin{bmatrix}4\\0\\0\\0\end{bmatrix}+\begin{bmatrix}1\\0\\0\\1\end{bmatrix}=\begin{bmatrix}5\\0\\0\\1\end{bmatrix}$$

$5 - (0+0+1)^{1/2} = I_u.$

Kapitel 9

9.1

$$\boldsymbol{E}_1\cdot\boldsymbol{E}_2 = \frac{1}{2}(\boldsymbol{E}_1 e^{-i\omega t}+\boldsymbol{E}_1^* e^{i\omega t})\cdot\frac{1}{2}(\boldsymbol{E}_2 e^{-i\omega t}+\boldsymbol{E}_2^* e^{i\omega t}),$$

wobei $\text{Re}(z) = \frac{1}{2}(z+z^*)$.

$$\boldsymbol{E}_1\cdot\boldsymbol{E}_2 = \frac{1}{4}[\boldsymbol{E}_1\cdot\boldsymbol{E}_2 e^{-2i\omega t}+\boldsymbol{E}_1^*\cdot\boldsymbol{E}_2^* e^{2i\omega t}+\boldsymbol{E}_1\cdot\boldsymbol{E}_2^*$$
$$+\boldsymbol{E}_1^*\cdot\boldsymbol{E}_2].$$

Die letzten zwei Terme sind zeitunabhängig, während

$$\langle\boldsymbol{E}_1\cdot\boldsymbol{E}_2 e^{-2i\omega t}\rangle\to 0\quad\text{und}\quad\langle\boldsymbol{E}_1^*\cdot\boldsymbol{E}_2^* e^{2i\omega t}\rangle\to 0$$

wegen der $1/T\omega$-Faktoren. Daher ist

$$I_{12} = 2\langle\boldsymbol{E}_1\cdot\boldsymbol{E}_2\rangle = \frac{1}{2}(\boldsymbol{E}_1\cdot\boldsymbol{E}_2^*+\boldsymbol{E}_1^*\cdot\boldsymbol{E}_2).$$

9.2 Der größte Wert von (r_1-r_2) ist gleich a. Daher variiert $\delta = k(r_1-r_2)$ von 0 bis ka, wenn $\varepsilon_1 = \varepsilon_2$ ist. Falls $a \gg \lambda$ ist, hat $\cos\delta$ und daher I_{12} sehr viele Maxima und Minima, und daher erhält man bei Mittelwertbildung über einen großen Raumbereich den Wert Null. Im Gegensatz dazu variiert δ nur leicht zwischen 0 und $ka \ll 2\pi$, falls $a \ll \lambda$ ist. Folglich bildet I_{12} keinen Mittelwert von Null und I weicht nach Gleichung (9.6) wenig von $4I_0$ ab. Die zwei Quellen verhalten sich wie eine einzelne Quelle mit der doppelten ursprünglichen Stärke.

9.3 Eine Glühbirne in S würde Interferenzen erzeugen. Wir können uns vorstellen, daß die Glühbirne aus einer sehr großen Zahl von inkohärenten Punktquellen zusammengesetzt ist. Jede würde ein unabhängiges Interferenzbild erzeugen, von denen sich alle überlagern. Glühbirnen in S_1 und S_2 wären inkohärent und könnten keine feststellbaren Interferenzen erzeugen.

9.5

a) $(r_1-r_2) \pm \frac{1}{2}\lambda$, folglich ist $a\sin\theta_1 = \pm\frac{1}{2}\lambda$ und $\theta_1 \approx \pm\frac{1}{2}\lambda/a = \pm\frac{1}{2}(632.8\times 10^{-9}\,\text{m})/(0.200\times 10^{-3}\,\text{m}) = \pm 1.58\times 10^{-3}$ rad oder, da $y_1 = s\theta_1 = (1.00\,\text{m})$, $(\pm 1.58\times 10^{-3}\,\text{rad}) = \pm 1.58\,\text{mm}$.

b) $y_5 = s5\lambda/a = (1.00\,\text{m})5(632.8 \times 10^{-9})/(0.200 \times 10^{-3}\,\text{m}) = 1.582 \times 10^{-2}\,\text{m}$.

c) Da die Streifen $\cos^2$ abhängig variieren, und die Lösung zu (a) eine halbe Streifenbreite ist, ist die Lösung zu (b) 10 mal größer.

9.13 $r_2^2 = a^2 + r_1^2 - 2ar_1\cos(90 - \theta)$. Der Beitrag zu $\cos\delta/2$ vom dritten Glied der Maclaurinschen Reihe ist vernachlässigbar, wenn

$$\frac{k}{2}\left(\frac{a^2}{2r_1}\cos^2\theta\right) \ll \pi/2;$$

deshalb ist $r_1 \gg a^2/\lambda$.

9.14 $E = \frac{1}{2}mv^2$; $v = 0.42 \times 10^6\,\text{m/s}$;

$\lambda = h/mv = 1.73 \times 10^{-9}$; $\Delta y = s\lambda/a = 3.46\,\text{mm}$.

9.18 $\Delta y = s\lambda_0/2d\alpha(n - n')$.

9.19 $\Delta y = (s/a)\lambda$, $a = 10^{-2}\,\text{cm}$, $a/2 = 5 \times 10^{-3}\,\text{cm}$.

9.20 $\delta = k(r_1 - r_2) + \pi$ (Lloydscher Spiegel)

$\delta = k\{a/2\sin\alpha - [\sin(90 - 2\alpha)]a/2\sin\alpha\} + \pi$

$\delta = ka(1 - \cos 2\alpha)/2\sin\alpha + \pi$.

Ein Maximum tritt für $\delta = 2\pi$ auf, wenn $\sin\alpha(\lambda/a) = (1 - \cos 2\alpha) = 2\sin^2\alpha$. Erstes Maximum für $\alpha = \sin^{-1}(\lambda/2a)$.

9.22 $1.00 < 1.34 > 1.00$, folglich ist nach Gleichung (9.36) mit $m = 0$ $d = (0 + \frac{1}{2})(633\,\text{nm})/2(1.34) = 118\,\text{nm}$.

9.25 Gleichung (9.25) $m = 2n_f d/\lambda_0 = 10{,}000$. Ein Minimum, deshalb mittlerer dunkler Bereich.

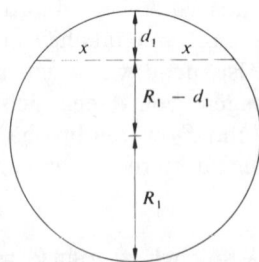

9.26 Die Interferenzstreifen bestehen im allgemeinen aus einer Reihe von feinen gezackten Bändern, die bezüglich des Glases feststehend sind.

9.27 $x^2 = d_1[(R_1 - d_1) + R_1] = 2R_1 d_1 - d_1^2$.
Ähnlich ist $x^2 = 2R_2 d_2 - d_2^2$.

$$d = d_1 - d_2 = \frac{x^2}{2}\left[\frac{1}{R_1} - \frac{1}{R_2}\right], \quad d = m\frac{\lambda_f}{2}.$$

Geht R_2 gegen Unendlich, so nähert sich x_m der Gleichung (9.43).

9.29 $\Delta x = \lambda_f/2\alpha$, $\alpha = \lambda_0/2n_f\Delta x$,

$\alpha = 5 \times 10^{-5}\,\text{rad}\quad = 10.2\,\text{Sekunden}$.

9.31 Eine Verschiebung von $\lambda/2$ bewirkt, daß ein einzelnes Streifenpaar vorbeiläuft; folglich ist $92\lambda/2 = 2.53 \times 10^{-5}\,\text{m}$ und $\lambda = 550\,\text{nm}$.

9.35 $E_t^2 = E_t E_t^* = E_0^2(tt')^2/(1 - r^2 e^{-i\delta})(1 - r^2 e^{+i\delta})$
$I_t = I_i(tt')^2/(1 - r^2 e^{-i\delta} - r^2 e^{i\delta} + r^4)$.

9.36
a) $R = 0.80 \therefore F = 4R/(1-R)^2 = 80$
b) $\gamma = 4\sin^{-1} 1/\sqrt{F} = 0.448$
c) $\mathcal{F} = 2\pi/0.448$
d) $C = 1 + F$

9.37 $\dfrac{2}{1 + F(\Delta\delta/4)^2} = 0.81\left[1 + \dfrac{1}{1 + f(\Delta\delta/2)^2}\right]$

$F^2(\Delta\delta)^4 - 15.5F(\Delta\delta)^2 - 30 = 0$.

9.38 $I = I_{\max}\cos^2\delta/2$

$I = I_{\max}/2$, wenn $\delta = \pi/2 \therefore \gamma = \pi$.

Der Abstand zwischen den Maxima ist 2π.

$$\mathcal{F} = 2\pi/\gamma = 2.$$

9.40 Bei fast senkrechtem Einfall ($\theta_i \approx 0$) zeigt Abbildung 4.23 (e), daß die relative Phasenverschiebung zwischen einem innen und außen reflektierten Strahl π rad ist. Das bedeutet eine relative Gesamtphasendifferenz von

$$\frac{2\pi}{\lambda_f}[2(\lambda_f/4)] + \pi$$

oder 2π. Die Wellen sind phasengleich und verstärken sich.

9.41 $n_0 = 1 \quad n_s = n_g \quad n_1 = \sqrt{n_g}$

$$\sqrt{1.54} = 1.24$$

$$d = \frac{1}{4}\lambda_f = \frac{1}{4}\frac{\lambda_0}{n_1} = \frac{1}{4}\frac{540}{1.24}\,\text{nm}.$$

Keine relative Phasenverschiebung zwischen zwei Wellen.

9.42 Die Brechungswelle durchläuft die Schicht zweimal und es erfolgt keine relative Phasenverschiebung bei der Reflexion. Folglich ist

$$d = \lambda_0/4n_f = (500\,\text{nm})/4(1.38) = 99.6\,\text{nm}.$$

Kapitel 10

10.1 $(R+\ell)^2 = R^2 + a^2$; folglich ist $R = (a^2 - \ell^2)/2\ell \approx a^2/2\ell$, $\ell R = a^2/2$, also folgt für $\lambda \gg \ell$, $\lambda R \gg a^2/2 \therefore R = (1 \times 10^{-3})^2 10/2\lambda = 10\,\text{m}$.

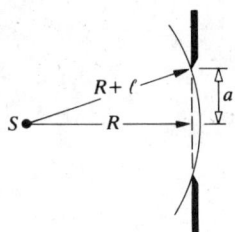

10.2 $E_0/2 = R\sin(\delta/2)$

$E = 2R\sin(N\delta/2)$ (Sehnenlänge)

$E = [E_0 \sin(N\delta/2)]/\sin(\delta/2)$

$I = E^2$.

10.4 $d\sin\theta_m = m\lambda, \qquad \theta = N\delta/2 = \pi$

$7\sin\theta = (1)(0.21) \qquad \delta = 2\pi/N$

$\qquad\qquad\qquad\qquad = kd\sin\theta$

$\sin\theta = 0.03 \qquad \sin\theta = 0.0009$

$\theta = 1.7° \qquad \theta = 3\,\text{min}.$

10.5 Eine konvergierende Kugelwelle wird im Bildraum durch die Austrittspupille gebeugt.

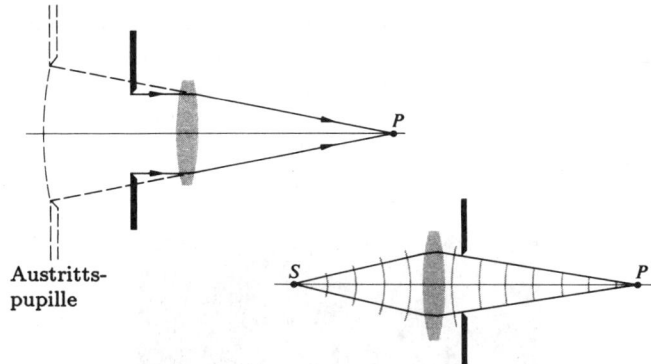

Austrittspupille

10.6
$\beta = \pm\pi$

$\sin\theta = \pm\lambda/b$

$\theta \approx \pm\lambda/b$

$L\theta \approx \pm L\lambda/b$

$L\theta \approx \pm f_2\lambda/b.$

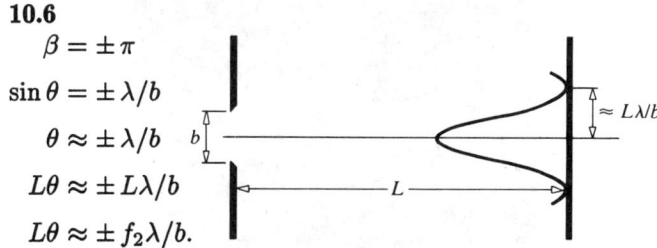

10.9 $\lambda = (20\,\text{cm})\sin 36.87° = 12\,\text{cm}.$

10.10 $\alpha = \dfrac{ka}{2}\sin\theta, \qquad \beta = \dfrac{kb}{2}\sin\theta$

$a = mb, \quad \alpha = m\beta, \quad \alpha = m2\pi$

$N = $ Anzahl der Interferenzstreifen $= \alpha/\pi = m2\pi/\pi = 2m$.

10.12 $\alpha = 3\pi/2N = \pi/2$ [10.34]

$I(\theta) = \dfrac{I(0)}{N^2}\left(\dfrac{\sin\beta}{\beta}\right)^2$ nach Gl. (10.35)

und $I/I(0) \approx \dfrac{1}{9}.$

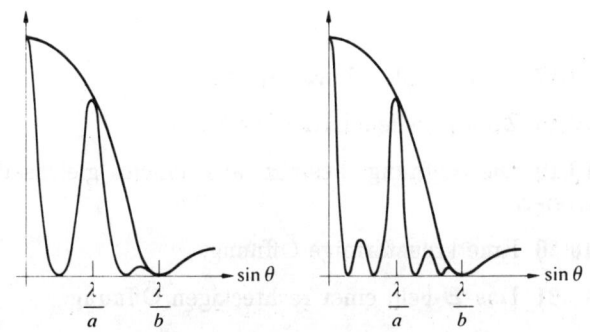

10.15 Ist die Öffnung symmetrisch zu einer Fraunhofer-Linie, so ist das Beugungsbild symmetrisch zu einer Parallelen dieser Linie. Außerdem ist das Bild noch symmetrisch zu einer anderen Linie, die senkrecht zur Symmetrieachse der Öffnung ist. Dies folgt daraus, daß Fraunhofersche Beugungsbilder ein Symmetriezentrum besitzen.

10.16

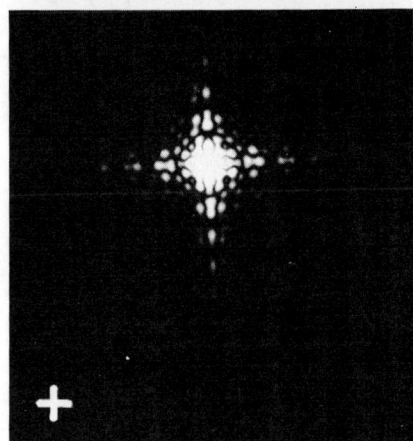

10.17 Drei parallele kurze Spalte.

10.18 Zwei parallele kurze Spalte.

10.19 Die Öffnung besteht aus einem gleichseitigen Dreieck.

10.20 Eine kreuzförmige Öffnung.

10.21 Das E-Feld einer rechteckigen Öffnung.

10.23 Nach Gleichung (10.58) ist $q_1 \approx 1.22(f/D)\lambda \approx \lambda$.

10.24

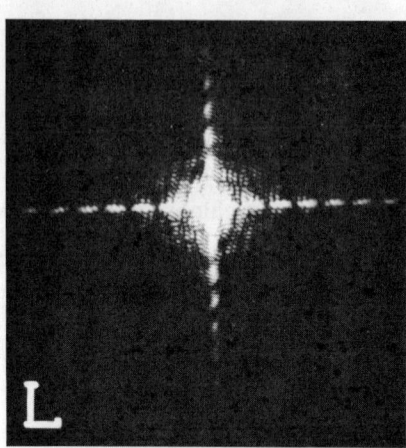

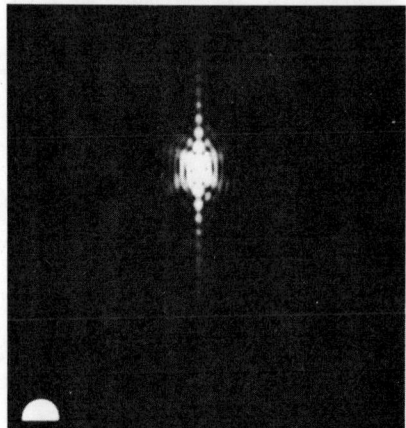

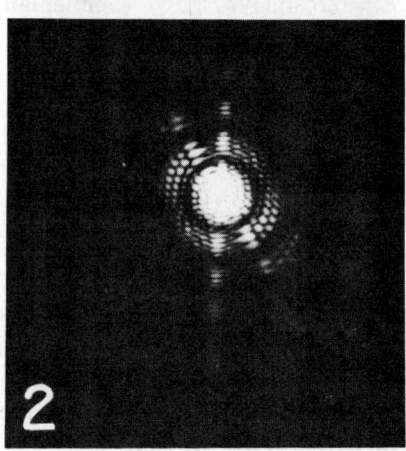

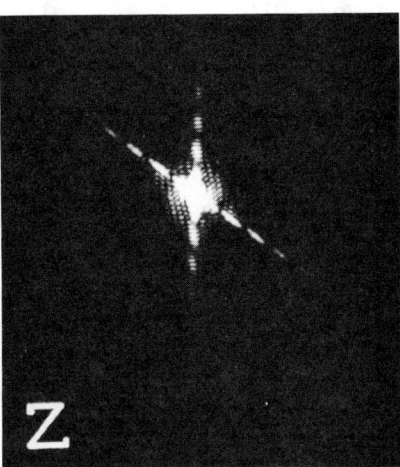

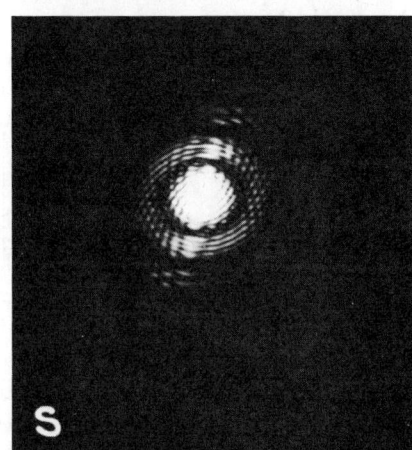

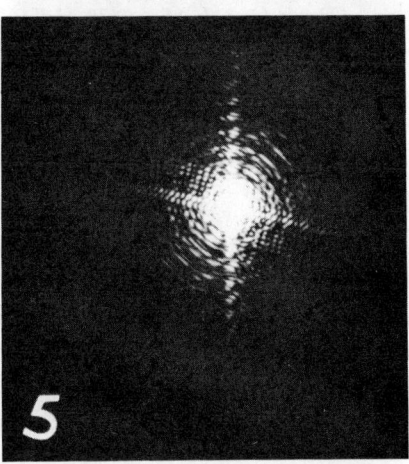

10.27 1 Teil in 1000. Etwa 3 Meter.

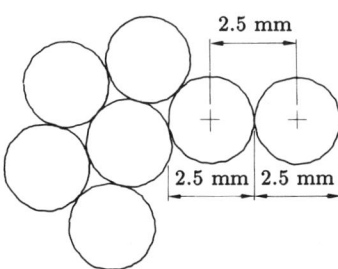

10.32 Nach Gleichung (10.32), in der $a = 1/(1000$ Gitterstriche pro cm$) = 0.001$ cm pro Gitterstrich ist (von Mitte zu Mitte), ist $\sin\theta_m = 1(650 \times 10^{-9}\,\text{m})/(0.001 \times 10^{-2}\,\text{m}) = 6.5 \times 10^{-2}$ und $\theta_1 = 3.73°$.

10.35 Der größte Wert von m in Gleichung (10.32) tritt dann auf, wenn die Sinusfunktion gleich 1 ist, so daß die linke Seite der Gleichung so groß wie möglich wird. Dann wird $m = a\lambda = (1/10 \times 10^5)/(3.0 \times 10^8\,\text{m/s} \div 4.0 \times 10^{14}\,\text{Hz}) = 1.3$, und man sieht nur das Spektrum erster Ordnung.

10.37 $\sin\theta_i = n\sin\theta_n$

Optische Weglängendifferenz $= m\lambda$

$a\sin\theta_m - na\sin\theta_n = m\lambda.$

$a(\sin\theta_m - \sin\theta_i) = m\lambda.$

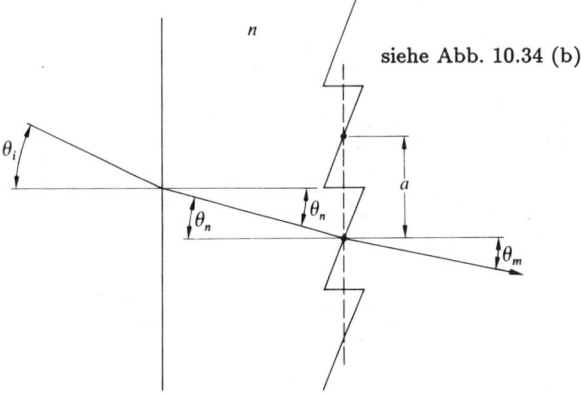

10.38 $\mathcal{R} = mN = 10^6, \quad N = 78 \times 10^3$

$\therefore m = 10^6/78 \times 10^3$

$\Delta\lambda_{\text{fsr}} = \lambda/m = 500\,\text{nm}/(10^6/78 \times 10^3) = 39\,\text{nm}.$

$$\mathcal{R} = \mathcal{F}m = \mathcal{F}\frac{2n_f d}{\lambda} = 10^6 \quad [9.76]$$
$$\Delta\lambda_{\text{fsr}} = \lambda^2/2n_f d = 0.0125 \text{ nm.} \quad [9.78]$$

10.39
$$\mathcal{R} = \lambda/\Delta\lambda = 5892.9/5.9 = 999$$
$$N = \mathcal{R}/m = 333.$$

10.41
$$y = L\lambda/d$$
$$d = 12 \times 10^{-6}/12 \times 10^{-2} = 10^{-4} \text{ m.}$$

10.43
$$A = 2\pi\rho^2 \int_0^\varphi \sin\varphi\, d\varphi = 2\pi\rho^2(1 - \cos\varphi)$$
$$\cos\varphi = [\rho^2 + (\rho + r_0)^2 - r_l^2]/2\rho(\rho + r_0)$$
$$r_l = r_0 + l\lambda/2.$$

Fläche der ersten l Zonen
$$A = 2\pi\rho^2 - \pi\rho(2\rho^2 + 2\rho r_0 - l\lambda^2/4)/(\rho + r_0)$$
$$A_l = A - A_{l-1} = \frac{\lambda\pi\rho}{\rho + r_0}\left[r_0 + \frac{(2l-1)\lambda}{4}\right].$$

10.45

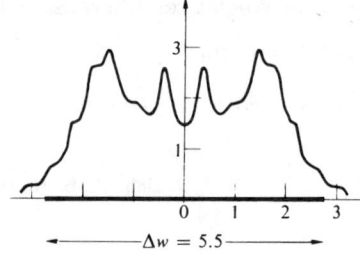

10.46
$$I = \frac{I_0}{2}\left\{\left[\frac{1}{2} - \mathcal{C}(v_1)\right]^2 + \left[\frac{1}{2} - \mathcal{S}(v_1)\right]^2\right\}$$
$$I = \frac{I_0}{2}\left(\frac{1}{\pi v_1}\right)^2\left[\sin^2\left(\frac{\pi v_1^2}{2}\right) + \cos^2\left(\frac{\pi v_1^2}{2}\right)\right]$$
$$= \frac{I_0}{2}\left(\frac{1}{\pi v_1}\right)^2.$$

10.47 Interferenzen sowohl im hellen Bereich als auch im Schattenbereich (siehe M.P. Givens und W.L. Goffe *Am. J. Phys.* **34** 248 (1966)).

10.48 $u = y[2/\lambda r_0]^{1/2}$; $\Delta u = \Delta y \times 10^3 = 2.5$.

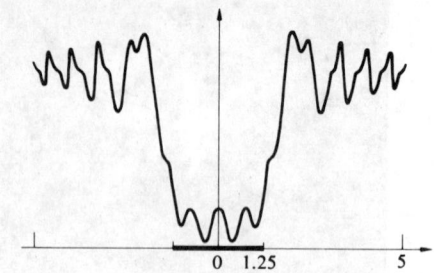

10.49

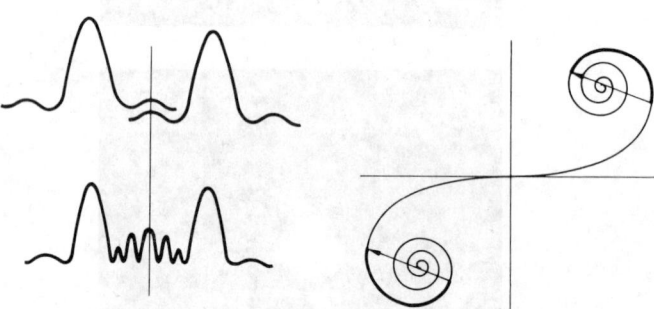

Kapitel 11

11.1 $E_0 \sin k_p x = E_0(e^{ik_p x} - e^{-ik_p x})/2i$
$$F(k) = \frac{E_0}{2i}\left[\int_{-L}^{+L} e^{i(k+k_p)x}dx - \int_{-L}^{+L} e^{i(k-k_p)x}dx\right]$$
$$F(k) = -\frac{iE_0 \sin(k+k_p)L}{(k+k_p)} + \frac{iE_0 \sin(k-k_p)L}{(k-k_p)}$$
$$F(k) = iE_0 L[\text{sinc}\,(k-k_p)L - \text{sinc}\,(k+k_p)L].$$

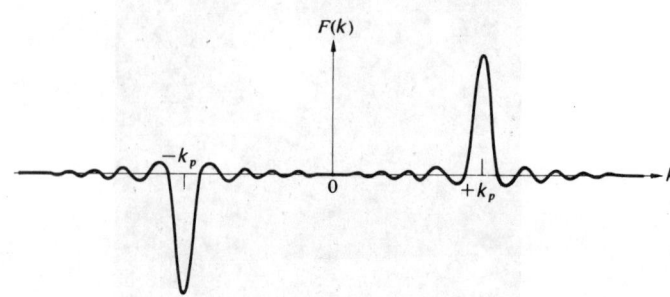

11.3 $\cos^2\omega_p t = \frac{1}{2} + \frac{1}{2}\cos 2\omega_p t = \frac{1}{2} + \frac{e^{2i\omega_p t} + e^{-2i\omega_p t}}{4}$.

$$F(\omega) = \frac{1}{2}\int_{-T}^{+T} e^{i\omega t} dt + \frac{1}{4}\int e^{i(\omega+2\omega_p)t} dt + \frac{1}{4}\int e^{i(\omega-2\omega_p)t} dt$$

$$F(\omega) = \frac{1}{\omega}\sin\omega T + \frac{1}{2(\omega+2\omega_p)}\sin(\omega+2\omega_p)T$$
$$+ \frac{1}{(\omega-2\omega_p)}\sin(\omega-2\omega_p)T$$

$$F(\omega) = T\operatorname{sinc}\omega T + \frac{T}{2}\operatorname{sinc}(\omega+2\omega_p)T$$
$$+ \frac{T}{2}\operatorname{sinc}(\omega-2\omega_p)T.$$

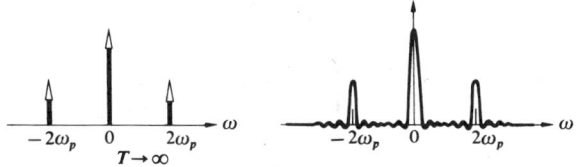

11.6 $\mathcal{F}\{af(x) + bh(x)\} = aF(k) + bH(k)$

11.8 $F(k) = L\operatorname{sinc}^2 kL/2$ für $k = 0$ ist $F(0) = L$ und $F(\pm 2\pi/L) = 0$.

11.15 $\int_{x=-\infty}^{x=+\infty} f(x)h(X-x)\,dx$

$$= -\int_{x'=+\infty}^{x'=-\infty} f(X-x')h(x')\,dx'$$
$$= \int_{-\infty}^{+\infty} h(x')f(X-x')\,dx',$$

wobei $x' = X - x$, $dx = -dx'$.

$$f \circledast h = h \circledast f$$

oder

$$\mathcal{F}\{f \circledast h\} = \mathcal{F}\{f\} \cdot \mathcal{F}\{h\} = \mathcal{F}\{h\} \cdot \mathcal{F}\{f\} = \mathcal{F}\{h \circledast f\}.$$

11.17 Ein Punkt auf dem Rand von $f(x,y)$, z.B. in $(x = d, y = 0)$, wird auf einer Seite, die in $X = d$ zentriert ist, zu einem Quadrat 2ℓ verbreitert. Daher erstreckt es sich nicht weiter als $X = d + \ell$, und folglich muß die Faltung in $X = d + \ell$ und dahinter Null sein.

11.19 $f(x - x_0) \circledast h(x) = \int_{-\infty}^{+\infty} f(x-x_0)h(X-x)\,dx$, dies wird für $x - x_0 = \alpha$ zu

$$\int_{-\infty}^{+\infty} f(\alpha)h(X - \alpha - x_0)\,d\alpha = g(X - x_0)$$

11.21

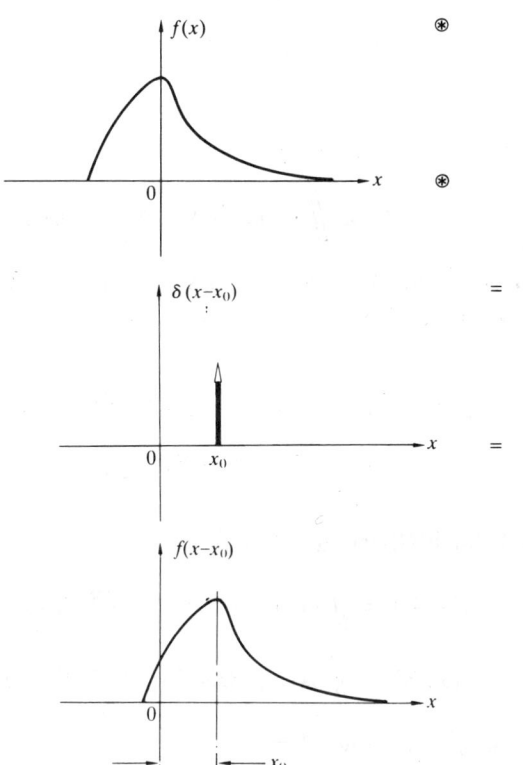

11.24 Wir sehen, daß $f(x)$ die Faltung einer Rechteckfunktion mit zwei δ-Funktionen ist; nach dem Faltungstheorem ist

$$F(k) = \mathcal{F}\{(\operatorname{rect}(x) \circledast [\delta(x-a) + \delta(x+a)]\}$$
$$= \mathcal{F}\{\operatorname{rect}(x)\} \cdot \mathcal{F}\{[\delta(x-a) + \delta(x+a)]\}$$
$$= a\operatorname{sinc}\frac{1}{2}ka \cdot (e^{ika} + e^{-ika})$$
$$= a\operatorname{sinc}(\frac{1}{2}ka) \cdot 2\cos ka.$$

11.25 $f(x) \circledast h(x)$
$$= [\delta(x+3) + \delta(x-2) + \delta(x-5)] \circledast h(x)$$
$$= h(x+3) + h(x-2) + h(x-5)$$

11.28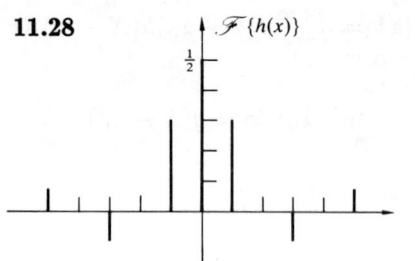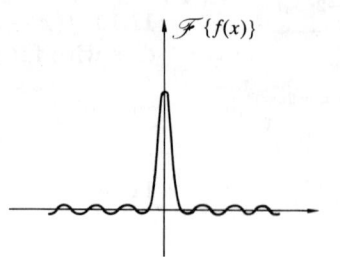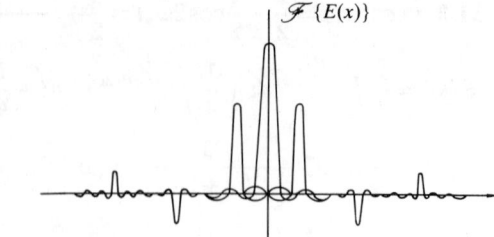

11.29 $\mathcal{A}(y,z) = \mathcal{A}(-y,-z)$.

$$E(Y,Z) \propto \iint \mathcal{A}(y,z) e^{i(k_Y y + k_Z z)} \, dy \, dz.$$

Ändern Sie die Vorzeichen von Y zu $-Y$, von Z zu $-Z$, von y zu $-y$, von z zu $-z$. Dann wird k_Y zu $-k_Y$ und k_Z zu $-k_Z$.

$$E(-Y,-Z) \propto \iint \mathcal{A}(-y,-z) e^{i(k_Y y + k_Z z)} \, dy \, dz$$

$$\therefore E(-Y,-Z) = E(Y,Z).$$

11.30 Nach Gleichung (11.63)

$$E(Y,Z) = \iint \mathcal{A}(y,z) e^{ik(Yy+Zz)/R} \, dy \, dz$$

$$E'(Y,Z) = \iint \mathcal{A}(\alpha y, \beta z) e^{ik(Yy+Zz)/R} \, dy \, dz;$$

nun sei $y' = \alpha y$ und $z' = \beta z$:

$$E'(Y,Z) = \frac{1}{\alpha\beta} \iint \mathcal{A}(y',z') e^{ik[(Y/\alpha)y' + (Z/\beta)z']} \, dy' \, dz'$$

oder

$$E'(Y,Z) = \frac{1}{\alpha\beta} E(Y/\alpha, Z/\beta).$$

11.31

$$C_{ff} = \lim_{T\to\infty} \frac{1}{2T} \int_{-T}^{+T} A\sin(\omega t + \varepsilon) A\sin(\omega t - \omega\tau + \varepsilon) \, dt$$

$$= \lim_{T\to\infty} \frac{A^2}{2T} \int [\tfrac{1}{2}\cos(\omega\tau) - \tfrac{1}{2}(2\omega t - \omega\tau + 2\varepsilon)] \, dt,$$

da $\cos\alpha - \cos\beta = -2\sin\tfrac{1}{2}(\alpha+\beta)\sin\tfrac{1}{2}(\alpha-\beta)$.

$$C_{ff} = \frac{A^2}{2}\cos(\omega\tau).$$

11.32
$$E(k_Z) = \int_{-b/2}^{+b/2} \mathcal{A}_0 \cos(\pi z/b) e^{ik_Z z} \, dz$$

$$= \mathcal{A}_0 \int \cos\frac{\pi z}{b} \cos k_Z z \, dz$$

$$+ i\mathcal{A}_0 \int \cos\frac{\pi z}{b} \sin k_Z z \, dz$$

$$E(k_Z) = \mathcal{A}_0 \cos\frac{bk_Z}{2} \left[\frac{1}{(\frac{\pi}{b} - k_Z)} + \frac{1}{(\frac{\pi}{b} + k_Z)} \right].$$

Kapitel 12

12.1 Bei niedrigem Druck ist die von der Lampe emittierte Lichtintensität schwach, die Bandbreite schmal und die Kohärenzlänge groß. Die Interferenzen sind anfänglich kontrastreich, obwohl sie ziemlich schwach sind. Während der Druck zunimmt, nimmt die Kohärenzlänge ab, der Kontrast läßt nach, und die Interferenzen können sogar ganz verschwinden.

12.4 Jede Sinusfunktion in dem Signal erzeugt eine kosinusförmige Autokorrelationsfunktion, die ihre eigene Wellenlänge und Amplitude hat. Sie sind alle im Vorlaufnullpunkt, der $\tau = 0$ entspricht, phasengleich. Außerhalb von jenem Nullpunkt fallen die Kosinusfunktionen schnell außer Phase und erzeugen eine Vielzahl von Überlagerungen, in der eine destruktive Interferenz wahrscheinlicher wird. (Dasselbe geschieht z.B., wenn man einen Rechteckpuls aus Sinuswellen zusammensetzt — überall außerhalb des Pulses löschen sich die Beiträge.) Bei wachsender Komponentenzahl und komplexerem Signal — was dem Rauschen ähnelt — wird die Autokorrelationsfunktion schmaler, bis sie schließlich in $\tau = 0$ eine δ-Zacke wird.

12.6 In $\mathfrak{S}_0$ entsteht von einer Punktquelle die Bestrahlungsstärke $4I_0 \cos^2(\delta/2) = 2I_0(1 + \cos\delta)$.

Für ein differentielles Element der Quelle mit der Breite dy im Punkt S', der y von der Achse entfernt ist, ist die OPD über die zwei Spalte nach P im Abstand Y

$$\Lambda = (\overline{S'S_1} + \overline{S_1P}) - (\overline{S'S_2} + \overline{S_2P})$$
$$= (\overline{S'S_1} - \overline{S'S_2}) + (\overline{S_1P} - \overline{S_2P})$$
$$= ay/l + aY/s \quad \text{nach Abschnitt 9.3.}$$

Der Beitrag zur Bestrahlungsstärke von dy ist dann

$$dI \propto (1 + \cos k\Lambda)\, dy$$

$$I \propto \int_{-b/2}^{+b/2} (1 + \cos k\Lambda)\, dy$$

$$I \propto b + \frac{d}{ka}\left[\sin\left(\frac{aY}{s} + \frac{ab}{2l}\right) - \sin\left(\frac{aY}{s} - \frac{ab}{2l}\right)\right]$$

$$I \propto b + \frac{d}{ka}[\sin(kaY/s)\cos(kab/2l)$$
$$+ \cos(kaY/s)\sin(kab/2l)$$
$$- \sin(kaY/s)\cos(kab/2l)$$
$$+ \cos(kaY/s)\sin(kab/2l)]$$

$$I \propto b + \frac{l2}{ka}\sin(kab/2l)\cos(kaY/s).$$

12.7
$$\mathcal{V} = \frac{I_{\max} - I_{\min}}{I_{\max} + I_{\min}}$$
$$I_{\max} = I_1 + I_2 + 2\sqrt{I_1 I_2}|\tilde{\gamma}_{12}|$$
$$I_{\min} = I_1 + I_2 - 2\sqrt{I_1 I_2}|\tilde{\gamma}_{12}|$$
$$\mathcal{V} = \frac{4\sqrt{I_1 I_2}|\tilde{\gamma}_{12}|}{2(I_1 + I_2)}.$$

12.8 Wenn $S''S_1O' - S'S_1O' = \lambda/2, 3\lambda/2, 5\lambda/2, \ldots$, so ist die Bestrahlungsstärke, die auf S' zurückzuführen ist, durch

$$I' = 4I_0 \cos^2(\delta'/2) = 2I_0(1 + \cos\delta')$$

gegeben, wohingegen S''

$$I'' = 4I_0 \cos^2(\delta''/2) = 4I_0 \cos^2(\delta' + \pi)/2$$
$$= 2I_0(1 - \cos\delta')$$

zur Folge hat. Daher ist $I' + I'' = 4I_0$.

12.10 $\theta = \dfrac{1°}{2} = 0.0087\,\text{rad}$

$h = 0.32\bar{\lambda}_0/\theta$ für $\bar{\lambda}_0 = 550\,\text{nm}$ wird

$h = 0.32\,(550\,\text{nm})/0.0087$

$h = 2 \times 10^{-2}\,\text{mm}$.

12.11 $I_1(t) = \Delta I_1(t) + \langle I_1 \rangle$;
folglich ist

$$\langle I_1(t+\tau)I_2(t)\rangle$$
$$= \langle[\langle I_1\rangle + \Delta I_1(t+\tau)][\langle I_2\rangle + \Delta I_2(t)]\rangle,$$

da $\langle I_1 \rangle$ zeitunabhängig ist.

$$\langle I_1(t+\tau)I_2(t)\rangle = \langle I_1\rangle\langle I_2\rangle + \langle\Delta I_1(t+\tau)\Delta I_2(t)\rangle,$$

wenn wir uns erinnern, daß $\langle \Delta I_1(t)\rangle = 0$. Es folgt Gleichung (12.34) beim Vergleich mit Gleichung (12.32).

12.13 Nach Gleichung (12.22) $\mathcal{V} = 2\sqrt{(10I)I}/(10I + I) = 2\sqrt{10}/11 = 0.57$.

12.15 Mit Hilfe des Van Cittert-Zernike-Theorems können wir aus dem Beugungsmuster über den Öffnungen $\tilde{\gamma}_{12}(0)$ finden, und dies liefert die Sichtbarkeit auf der Beobachtungsebene: $\mathcal{V} = |\tilde{\gamma}_{12}(0)| = |\text{sinc}\,\beta|$. Nach Tabelle 1 ist $\sin u/u = 0.85$, wenn $u = 0.97$; folglich ist $\pi by/l\lambda = 0.97$ und, falls $y = \overline{P_yP_2} = 0.50\,\text{mm}$ ist, $b = 0.97(l\lambda/\pi y) = 0.97(1.5\,\text{m})(500 \times 10^{-9}\,\text{m})/\pi(0.50 \times 10^{-3}\,\text{m}) = 0.46\,\text{mm}$.

12.18 Man kann nach dem Van Cittert-Zernike-Theorem den Kohärenzgrad von der Fourier-Transformierten der Ursprungsfunktion erhalten, die selbst eine Reihe von δ-Funktionen ist, die einem Beugungsgitter mit dem Abstand a entsprechen, wobei $a\sin\theta_m = m\lambda$. Die Kohärenzfunktion ist daher auch eine Reihe von δ-Funktionen. Folglich muß die Strecke $\overline{P_1P_2}$, der Spaltabstand d, der Lage des Beugungsstreifens erster Ordnung der Quelle entsprechen, falls $\mathcal{V}$ ein Maximum sein soll. $a\theta_1 \approx \lambda$, und daher $d \approx l\theta_1 \approx \lambda l/a = (500 \times 10^{-9}\,\text{m})(2.0\,\text{m})/(500 \times 10^{-6}\,\text{m}) = 2.0\,\text{mm}$.

Kapitel 13

13.1
$$I_e = \sigma T^4 \quad [13.1]$$

$(22.8\,\text{W cm}^2)(10^4\,\text{cm}^2/\text{m}^2) = (5.7 \times 10^{-8}\,\text{W m}^{-2}\text{K}^{-4})T^4$

$$T = \left[\frac{22.8 \times 10^4}{5.7 \times 10^{-8}}\right]^{1/4} = 1.414 \times 10^3 = 1414\,\text{K}.$$

13.3 $\nu = c/\lambda$, $d\nu = -c\,d\lambda/\lambda^2$.
Da $I_{e\lambda}$ und $I_{e\nu}$ positiv sein sollen, und da ein Zuwachs an λ eine Abnahme von ν zur Folge hat, schreiben wir

$$I_{e\lambda} d\lambda = -I_{e\nu} d\nu$$

und

$$I_{e\nu} = -I_{e\lambda} d\lambda/d\nu = I_{e\lambda}\lambda^2/c.$$

13.4 $\lambda = \dfrac{h}{mv} = \dfrac{6.63 \times 10^{-34}\,\text{J s}}{(0.15\,\text{kg})(25\,\text{m/s})}.$

Baseball:
$$\lambda = \frac{6.63 \times 10^{-34}}{3.75} = 1.76 \times 10^{-34}\,\text{m}.$$

Wasserstoffatom:
$$\lambda = \frac{6.63 \times 10^{-34}}{(1.67 \times 10^{-27})(10^3)} = 3.96 \times 10^{-10}\,\text{m}.$$

13.6 $\lambda = \dfrac{c}{\nu} = \dfrac{hc}{h\nu} = \dfrac{(6.63 \times 10^{-34})(3 \times 10^8)}{(1.6 \times 10^{-19})h\nu\,[\text{in eV}]}$

$$\lambda = \frac{12.39 \times 10^{-7}\,\text{m}}{h\nu\,[\text{in eV}]} = \frac{12{,}390\,\text{Å}}{h\nu\,[\text{in eV}]}.$$

Die übliche Gedächtnisstütze ist

$$\lambda = \frac{12{,}345\,\text{Å}}{h\nu\,[\text{in eV}]}.$$

13.7 $\lambda(\text{min}) = 300\,\text{nm}$

$$h\nu = hc/\lambda$$
$$= \frac{(6.63 \times 10^{-34}\,\text{J s})(3 \times 10^8\,\text{m/s})}{300 \times 10^{-9}\,\text{m}}$$
$$\mathcal{E} = 6.63 \times 10^{-19}\,\text{J} = 4.14\,\text{eV}.$$

13.9 $Nh\nu = (1.4 \times 10^3\,\text{W/m}^2)(1\,\text{m}^2)(1\,\text{s})$

$$N = \frac{1.4 \times 10^3(700 \times 10^{-9})}{(6.63 \times 10^{-34})(3 \times 10^8)} = \frac{980 \times 10^{20}}{19.89}$$
$$N = 49.4 \times 10^{20}.$$

13.10 $h\nu = \dfrac{hc}{\lambda} = \dfrac{(6.63 \times 10^{-34})(3 \times 10^8)}{500 \times 10^{-9}}$

$$= 3.98 \times 10^{-9}\,\text{J}$$
$$h\nu = 2.5\,\text{eV}.$$

Energie pro Sekunde $= \pi r^2 I = (3.14)(10^{-20})(10^{-10})$
$$= 3.14 \times 10^{-30}\,\text{J/s}$$
$(T)(3.14 \times 10^{-30}\,\text{J/s}) = 3.98 \times 10^{-19}\,\text{J}$
$T = 1.27 \times 10^{11}\,\text{s}\,(1\,\text{yr} = 3.154 \times 10^7\,\text{s}),$
$$T \sim 4000\,\text{Jahre}$$

$\lambda^2 = 25 \times 10^{-14}\,\text{m}^2.$ $\lambda^2 I = 25 \times 10^{-24}\,\text{J/s}$

$$T = \frac{3.98 \times 10^{-19}}{2.5 \times 10^{-23}} = 1.59 \times 10^4\,\text{s} \quad (3.6 \times 10^3\,\text{s/h})$$
$$T = 4.4\,\text{h} \quad (\text{noch immer unmöglich}).$$

Wäre $h\nu = 5\,\text{eV}$, so würde der Vorgang doppelt so lange dauern, wobei (Aufgabe 13.6)

$$\lambda = \frac{12345\,\text{Å}}{5} = 247\,\text{nm} \quad (\text{ultraviolett}).$$

13.11 $\nu_0 = \Phi_0/h = \dfrac{2.28(1.6 \times 10^{-19})}{6.63 \times 10^{-34}} \quad [13.8]$

$$= 5.5 \times 10^{14}\,\text{Hz} = 550\,\text{THz}$$
$$\nu = c/\lambda = 3 \times 10^8/400 \times 10^{-9} = 750 \times 10^{12}\,\text{Hz}.$$
$$\frac{mv_{\max}^2}{2} = h(\nu - \nu_0) = h200 \times 10^{12} \quad [13.9]$$
$$= 13.26 \times 10^{-20}\,\text{J}.$$

13.13 Das Gravitationspotential des Photons ist $U = -GMm/R$, wobei m die Masse des Photons ist. Da $m = h\nu/c^2$,

$$U = -GMh\nu/Rc^2.$$

Ergo $\mathcal{E} = h\nu - GMh\nu/Rc^2 = h\nu\left(1 - \frac{GM}{c^2R}\right)$.
Auf der Erde ist $\mathcal{E} = h\nu_e$ und
$$\nu_e = \nu - \frac{GM}{c^2R}\nu.$$
Da $\Delta\nu = \nu - \nu_e$, ist $\Delta\nu = \frac{GM}{c^2R}\nu$.

13.14
$$\frac{\Delta\nu}{\nu} = \frac{(6.67 \times 10^{-11}\,\mathrm{Nm^2/kg^2})(1.99 \times 10^{30}\,\mathrm{kg})}{(3 \times 10^8\,\mathrm{m/s})^2(6.96 \times 10^8\,\mathrm{m})}$$
$$\frac{\Delta\nu}{\nu} = 2.12 \times 10^{-6}$$
$$\Delta\nu = \frac{2.12 \times 10^{-6}(3 \times 10^8)}{650 \times 10^{-9}} = 9.8 \times 10^8\,\mathrm{Hz}$$

oder
$$\frac{\Delta\lambda}{\lambda} = \frac{\Delta\nu}{\nu} \therefore \Delta\lambda = \Delta\nu\lambda/\nu$$
$$\Delta\lambda = 2.12 \times 10^{-6}(650 \times 10^{-9})$$
$$\Delta\lambda = 13.8 \times 10^{-13} = 0.0014\,\mathrm{nm}.$$

13.15 $h\nu_f = h\nu_i - mgd$ [13.13]
$$\Delta\nu = -mgd/h = -\frac{h\nu}{c^2}\frac{gd}{h} = -gd\nu/c^2$$
$$\frac{\Delta\nu}{\nu} = -\frac{(9.8\,\mathrm{m/s^2})(20\,\mathrm{m})}{(3 \times 10^8\,\mathrm{m/s})^2} = -2.18 \times 10^{-15}.$$

13.16
$$F = GMm/r^2 = GMm/R^2\sec^2\theta$$
$$F_\perp = F\cos\theta = GMm\cos\theta/R^2\sec^2\theta$$
$$dt = R\sec^2\theta\,d\theta/c.$$
$$p_\perp = \int F_\perp dt = \frac{GMm}{cR}\int_{-\pi/2}^{\pi/2}\cos\theta\,d\theta = 2GMm/cR.$$
$$\tan\varphi = p_\perp/p_\parallel = 2GM/c^2R \approx \varphi$$
$$\varphi = \frac{2(6.67 \times 10^{-11}\,\mathrm{Nm^2/kg^2})(1.99 \times 10^{30}\,\mathrm{kg})}{(3 \times 10^8\,\mathrm{m/s})^2(6.96 \times 10^8\,\mathrm{m})}$$
$$\varphi = 24.5 \times 10^{-5}\,\mathrm{Grad} = 0.88\,\mathrm{sec}$$
(1 sec = 1 Bogensekunde)

13.18 $\frac{3}{2}\mathrm{k}T = 6.17 \times 10^{-21}\,\mathrm{J} = 3.85 \times 10^{-2}\,\mathrm{eV}$
$$p = [2m_0(3\mathrm{k}T/2)]^{1/2} = 4.55 \times 10^{-24}$$
$$\lambda = h/p = 1.45\,\text{Å}.$$

13.19 Nein — aus der Aufspaltung eines Photons würden sich zwei Teile mit kleinerer Frequenz ergeben, die wir wahrscheinlich trennen und nachweisen könnten.

13.21 $\Pi = \dfrac{1000\,\mathrm{W}}{h\nu} = \dfrac{1000(10600 \times 10^{-9})}{6.63 \times 10^{-34}(3 \times 10^8)}$
$$= 5.06 \times 10^{22}\,\text{Photonen/s}.$$

13.22
$$\mathcal{E} = \frac{p^2}{2m_0} + U,\ h\nu = \frac{h^2}{\lambda^2 2m_0} + U,\ \hbar\omega = \hbar^2 k^2/2m_0 + U.$$

13.24 $\psi = C_1 e^{-i(\omega t + kx)} + C_2 e^{-i(\omega t - kx)}$
$$\frac{\partial\psi}{\partial t} = -i\omega\psi;\quad \frac{\partial\psi}{\partial x} = -ikC_1 e^{-i(\omega t + kx)} + ikC_2 e^{-i(\omega t - kx)}$$
$$\frac{\partial^2\psi}{\partial x^2} = -k^2 C_1 e^{-i(\omega t + kx)} - k^2 C_2 e^{-i(\omega t - kx)} = -k^2\psi.$$

Bei Verwendung der Dispersionsrelation der Aufgabe 13.22 erhalten wir
$$\hbar\omega\psi = \hbar^2 k^2\psi/2m_0 + U\psi$$
$$i\hbar\frac{\partial\psi}{\partial t} = \frac{-\hbar^2}{2m_0}\frac{\partial^2\psi}{\partial x^2} + U\psi.$$

Kapitel 14

14.1

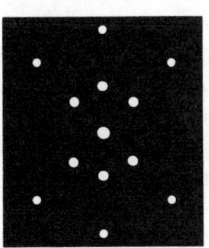

Beugungsbild

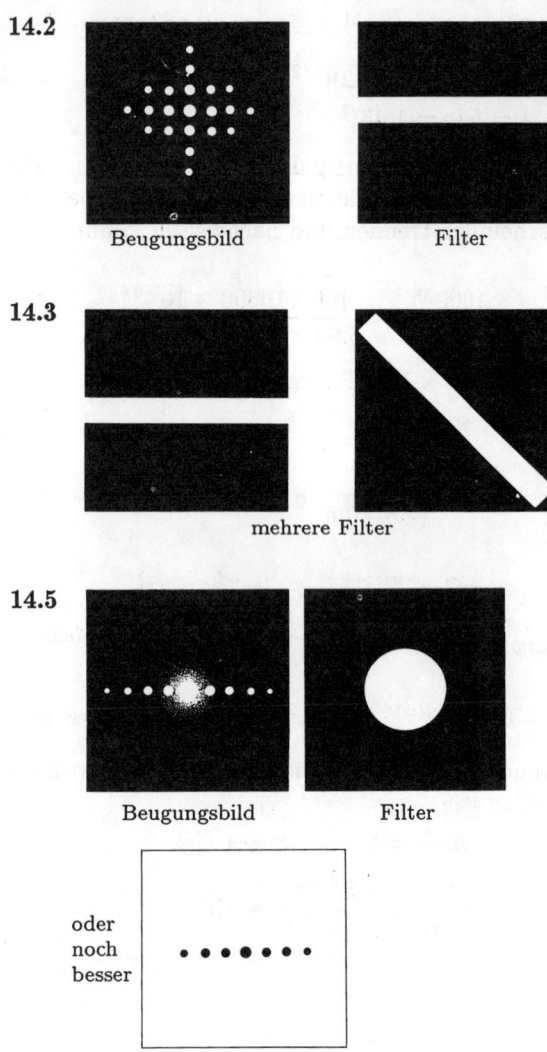

14.6 Nach den Geometriegesetzen gilt $f_t\theta = f_i\Phi$: $k_O = k\sin\theta$ und $k_I = k\sin\Phi$, folglich ist $\sin\theta \approx \theta \approx k_O\lambda/2\pi$ und $\sin\Phi \approx \Phi \approx k_I\lambda/2\pi$, daher ist $\theta/\Phi = k_O/k_I$ und $k_I = k_O(\Phi/\theta) = k_O(f_t/f_i)$. Falls $f_i > f_t$, so ist die Abbildung größer als das Objekt, die räumlichen Perioden in der Abbildung sind ebenfalls größer, und die Raumfrequenzen sind in der Abbildung kleiner als im Objekt.

14.7 $a = (1/50)\,\mathrm{cm}$: $a\sin\theta = m\lambda$, $\sin\theta \approx \theta$, folglich ist $\theta = (5000\,\mathrm{m})\lambda$, und der Abstand zwischen den Ordnungen auf der Ebene der Transformierten ist $f\theta = 5000\lambda f = 2.7\,\mathrm{mm}$.

14.9 Jeder Punkt auf dem Beugungsgitter entspricht einer einzelnen Raumfrequenz; stellen wir uns vor, daß sich die Beugungswelle aus ebenen Wellen zusammensetzt, so entspricht jeder Punkt auch einer Richtung einer einzelnen ebenen Welle. Derartige Wellen übertragen selbst keine Informationen über die Periodizität des Objektes und erzeugen ein mehr oder weniger gleichförmiges Bild. Die Periodizität der Quelle entsteht im Bild, wenn die einzelnen ebenen Wellen interferieren.

14.11 Die relativen Feldamplituden sind 1.00, 0.60 und 0.60; folglich ist $E \propto 1 + 0.60\cos(+ky') + 0.60\cos(-ky') = 1 + 1.2\cos ky'$. Dies ist eine Kosinusfunktion, die um die 1.0-Linie oszilliert. Sie variiert von $+2.2$ bis -0.2. Ihr Quadrat entspricht der Bestrahlungsstärke und besteht aus einer Reihe von hohen Spitzen mit einer relativen Höhe von $(2.2)^2$. Zwischen jedem Paar dieser Spitzen ist eine kurze Spitze, die proportional zu $(0.2)^2$ ist. Man beachte die Ähnlichkeit zu Abbildung 11.32.

14.12 $a\sin\theta = \lambda$, hier ist $f\theta = 50\lambda f = 0.20\,\mathrm{cm}$; folglich ist $\lambda = 0.20/50(100) = 400\,\mathrm{nm}$. Die Vergrößerung ist 1.0, wenn die Brennweiten gleich sind, folglich befinden sich 50 Drähte pro cm im Gitter.

14.18 $I = \dfrac{1}{2}v\epsilon E_0^2 = \dfrac{n}{2}\left(\dfrac{\epsilon_0}{\mu_0}\right)^{1/2} E_0^2$, wobei $\mu \approx \mu_0$

$E_0^2 = 2(\mu_0/\epsilon_0)^{1/2} I/n$ $(\mu_0/\epsilon_0)^{1/2} = 376.730\,\Omega$

$E_0 = 27.4(I/n)^{1/2}$.

14.20 Die Eigenbewegung des Mediums würde bewirken, daß das Fleckenmuster verschwindet.

BIBLIOGRAPHIE

Andrews, C.L., *Optics of the Electromagnetic Spectrum*, Prentice-Hall, Englewood Cliffs, N.J., 1960.

Baker, B.B. and E.J. Copson, *The Mathematical Theory of Huygens' Principle*, Oxford University Press, London, 1969.

Baldwin, G.C., *An Introduction to Nonlinear Optics*, Plenum Press, New York, 1969.

Barber, N.F., *Experimental Correlograms and Fourier Transforms*, Pergamon, Oxford, 1961.

Barnoski, M., *Fundamentals of Optical Fiber Communications*, Academic Press, New York, 1976.

Barton, A.W., *A Textbook On Light*, Longmans, Green, London, 1939.

Beard, D.B. and G.B. Beard, *Quantum Mechanics With Applications*, Allyn and Bacon, Boston, 1970.

Beesley, M., *Lasers and Their Applications*, Taylor and Francis, New York, 1976.

Beran, M.J. and G.B. Parrent, Jr., *Theory of Partial Coherence*, Prentice-Hall, Englewood Cliffs, N.J., 1964.

Bloembergen, N., *Nonlinear Optics*, Benjamin, New York, 1965.

Bloom, A.L., *Gas Lasers*, Wiley, New York, 1968.

Bloss, D., *An Introduction to the Methods of Optical Crystallography*, Holt, Rinehart and Winston, New York, 1961.

Born, M. and E. Wolf, *Principles of Optics*, Pergamon, Oxford, 1970.

Borowitz, S., *Fundamentals of Quantum Mechanics*, Benjamin, New York, 1967.

Braddick, H., *Vibrations, Waves, and Diffraction*, McGraw-Hill, New York, 1965.

Brouwer, W., *Matrix Methods in Optical Instrument Design*, Benjamin, New York, 1964.

Brown, E.B., *Modern Optics*, Reinhold, New York, 1965.

Cajori, F., *A History of Physics*, Macmillan, New York, 1899.

Cathey, W., *Optical Information Processing and Holography*, Wiley, New York, 1974.

Chang. W.S.C., *Principles of Quantum Electronics, Lasers: Theory and Applications*, Addison-Wesley, Reading, Mass., 1969.

Collier, R., C. Burckhardt, and L. Lin, *Optical Holography*, Academic Press, New York, 1971.

Conrady, A.E., *Applied Optics and Optical Design*, Dover Publications, New York, 1929.

Coulson, C.A., *Waves*, Oliver and Boyd, Edinburgh, 1949.

Crawford, F.S., Jr., *Waves*, McGraw-Hill, New York, 1965.

Davis, H.F., *Introduction to Vector Analysis*, Allyn and Bacon, Boston, 1961.

Davis, S.P., *Diffraction Grating Spectrographs*, Holt, Rinehart and Winston, New York, 1970.

Denisyuk, Y., *Fundamentals of Holography*, Mir Publishers, Moscow, 1984.

De Velis, J.B. and G.O. Reynolds, *Theory and Applications of Holography*, Addison-Wesley, Reading, Mass., 1967.

Dirac, P.A.M., *Quantum Mechanics*, Oxford University Press, London, 1958.

Drude, P., *The Theory of Optics*, Longmans, Green, London, 1939.

Ditchburn, R.W., *Light*, Wiley, New York, 1963.

Elmore, W. and M. Heald, *The Physics of Waves*, McGraw-Hill, New York, 1969.

Flügge, J., ed., *Die wissenschaftliche und angewandte Photographie; Band 1, Das photographische Objektiv*, Springer-Verlag, Wien, 1955.

Fowles, G., *Introduction to Modern Optics*, Holt, Rinehart and Winston, New York, 1968.

Françon, M., *Modern Applications of Physical Optics*, Interscience, New York, 1963.

Françon, M., *Diffraction Coherence in Optics*, Pergamon Press, Oxford, 1966.

Françon, M., *Optical Interferometry*, Academic Press, New York, 1966.

Françon, M., N. Krauzman, J.P. Mathieu, and M. May, *Experiments in Physical Optics*, Gordon and Breach, New York, 1970.

Françon, M., *Optical Image Formation and Processing*, Academic Press, New York, 1979.

Frank, N.H., *Introduction to Electricity and Optics*, McGraw-Hill, New York, 1950.

French, A.P., *Special Relativity*, Norton, New York, 1968.

French, A.P., *Vibrations and Waves*, Norton, New York, 1971.

Froome, K.D. and L. Essen, *The Velocity of Light and Radio Waves*, Academic Press, London, 1969.

Fry, G.A., *Geometrical Optics*, Chilton, Philadelphia, 1969.

Garbuny, M., *Optical Physics*, Academic Press, New York, 1965.

Gaskill, J., *Linear Systems, Fourier Transforms, and Optics*, Wiley, New York, 1978.

Ghatak, A.K., *An Introduction to Modern Optics*, McGraw-Hill, New York, 1971.

Ghatak, A. and K. Thyagarajan, *Contemporary Optics*, Plenum Press, New York, 1978.

Goldin, E., *Waves and Photons, An Introduction to Quantum Theory*, Wiley, New York, 1982.

Goldwasser, E.L., *Optics, Waves, Atoms, and Nuclei: An Introduction*, Benjamin, New York, 1965.

Goodman, J.W., *Introduction to Fourier Optics*, McGraw-Hill, New York, 1968.

Hardy, A.C. and F.H. Perrin, *The Principles of Optics*, McGraw-Hill, New York, 1932.

Harvey, A.F., *Coherent Light*, Wiley, London, 1970.

Heavens, O.S., *Optical Porperties of Thin Solid Films*, Dover Publications, New York, 1955.

Hecht, E., *Optics: Schaum's Outline Series*, McGraw-Hill, New York, 1975.

Hermann, A., *The Genesis of Quantum Theory (1899–1913)*, MIT Press, Cambridge, Mass., 1971.

Houston, R.A., *A Treatise On Light*, Longmans, Green, London, 1938.

Hunsperger, R., *Integrated Optics: Theory and Technology*, Springer-Verlag, Berlin, 1984.

Huygens, C., *Treatise on Light*, Dover Publications, New York, 1962 (1690).

Jackson, J.D., *Classical Electrodynamics*, Wiley, New York, 1962.

Jenkins, F.A. and H.E. White, *Fundamentals of Optics*, McGraw-Hill, New York, 1957.

Jennison, R.C., *Fourier Transforms and Convolutions for the Experimentalist*, Pergamon, Oxford, 1961.

Johnson, B.K., *Optics and Optical Instruments*, Dover Publications, New York, 1947.

Jones, B., et al., *Images and Information*, The Open University Press, Milton Keynes, Great Britain, 1978.

Klauder, J. and E. Sudarshan, *Fundamentals of Quantum Optics*, Benjamin, New York, 1968.

Klein, M.V., *Optics*, Wiley, New York, 1970.

Kreyszig, E., *Advanced Engineering Mathematics*, Wiley, New York, 1967.

Lengyel, B.A., *Introduction to Laser Physics*, Wiley, New York, 1966.

Lengyel, B.A., *Lasers, Generation of Light by Stimulated Emission*, Wiley, New York, 1962.

Levi, L., *Applied Optics*, Wiley, New York, 1968.

Lipson, S.G. and H. Lipson, *Optical Physics*, Cambridge University Press, London, 1969.

Longhurst, R.S., *Geometrical and Physical Optics*, Wiley, New York, 1967.

Mach, E., *The Principles of Physical Optics, An Historical and Philosophical Treatment*, Dover Publications, New York, 1926.

Magie, W.F., *A Source Book in Physics*, McGraw-Hill, New York, 1935.

Marion, J. and M. Heald, *Classical Electromagnetic Radiation*, Academic Press, New York, 1980.

Martin, L.C. and W.T. Welford, *Technical Optics*, Sir Isaac Pitman & Sons, Ltd., London, 1966.

Meyer, C.F., *The Diffraction of Light, X-rays and Material Particles*, University of Chicago Press, Chicago, 1934.

Meyer-Arendt, J.R., *Introduction to Classical and Modern Optics*, Prentice-Hall, Englewood Cliffs, N.J., 1972.

Midwinter, J., *Optical Fibers for Transmission*, Wiley, New York, 1979.

Military Standardization Handbook — Optical Design, MIL-HDBK-141, 5 October 1962.

Minnaert, M., *The Nature of Light and Color in the Open Air*, Dover Publications, New York, 1954.

Morgan, J., *Introduction to Geometrical and Physical Optics*, McGraw-Hill, New York, 1953.

Newton, I., *Optiks*, Dover Publications, New York, 1952 (1704).

Noakes, G.R., *A Text-Book of Light*, Macmillan, London, 1944.

Nussbaum, A., *Geometric Optics: An Introduction*, Addison-Wesley, Reading, Mass., 1968.

Nussbaum, A. and R. Phillips, *Contemporary Optics for Scientists and Engineers*, Prentice-Hall, Englewood Cliffs, N.J., 1976.

Okoshi, T., *Optical Fibers*, Academic Press, New York, 1982.

O'Neill, E.L., *Introduction to Statistical Optics*, Addison-Wesley, Reading, Mass., 1963.

O'Shea, D., W. Callen, and W. Rhodes, *Introduction to Lasers and Their Applications*, Addison-Wesley, Reading, Mass., 1977.

Palmer, C.H., *Optics, Experiments and Demonstrations*, John Hopkins Press, Baltimore, Md., 1962.

Papoulis, A., *The Fourier Integral and Its Applications*, McGraw-Hill, New York, 1962.

Papoulis, A., *Systems and Transforms with Applications in Optics*, McGraw-Hill, New York, 1968.

Pearson, J.M., *A Theory of Waves*, Allyn and Bacon, Boston, 1966.

Personick, S.D., *Optical Fiber Transmission Systems*, Plenum Press, New York, 1981.

Planck, M. and M. Masius, *The Theory of Heat Radiation*, Blakiston, Philadelphia, 1914.

Preston, K., *Coherent Optical Computers*, McGraw-Hill, New York, 1972.

Robertson, E.R. and J.M. Harvey, eds., *The Engineering Uses of Holography*, Cambridge University Press, London, 1970.

Robertson, J.K., *Introduction to Optics Geometrical and Physical*, Van Nostrand, Princeton, N.J., 1957.

Ronchi, V., *The Nature of Light*, Harvard University Press, Cambridge, Mass., 1971.

Rossi, B., *Optics*, Addison-Wesley, Reading, Mass., 1957.

Ruechardt, E., *Light Visible and Invisible*, University of Michigan Press, Ann Arbor, Mich., 1958.

Sandbank, C.P., *Optical Fiber Communication Systems*, Wiley, New York, 1980.

Sanders, J.H., *The Velocity of Light*, Pergamon, Oxford, 1965.

Sargent, M., M. Scully, and W. Lamb, *Laser Physics*, Addison-Wesley, Reading, Mass., 1974.

Schwalow, A.L., intr., *Lasers and Light; Readings from Scientific American*, Freeman, San Francisco, 1969.

Schrödinger, E.C., *Science Theory and Man*, Dover Publications, New York, 1957.

Sears, F.W., *Optics*, Addison-Wesley, Reading, Mass., 1949.

Shamos, M.H., ed., *Great Experiments in Physics*, Holt, New York, 1959.

Shurcliff, W.A., *Polarized Light: Production and Use*, Harvard University Press, Cambridge, Mass., 1962.

Shurcliff, W.A. and S.S. Ballard, *Polarized Light*, Van Nostrand, Princeton, N.J., 1964.

Simmons, J. and M. Guttmann., *States, Waves and Photons: A Modern Introduction to Light*, Addison-Wesley, Reading, Mass., 1970.

Sinclair, D.C. and W.E. Bell, *Gas Laser Technology*, Holt, Rinehart and Winston, New York, 1969.

Slayter, E.M., *Optical Methods in Biology*, Wiley, New York, 1970.

Smith, F. and J. Thomson, *Optics*, Wiley, New York, 1971.

Smith, H.M., *Principles of Holography*, Wiley, New York, 1969.

Smith, W.J., *Modern Optical Engineering*, McGraw-Hill, New York, 1966.

Société Française de Physique, ed., *Polarization, Matter and Radiation. Jubilee Volume in Honor of Alfred Kastler*, Presses Universitaires de France, Paris, 1969.

Sommerfeld, A., *Optics*, Academic Press, New York, 1964.

Southall, J.P.C., *Introduction to Physiological Optics*, Dover Publications, New York, 1937.

Southall, J.P.C., *Mirrors, Prisms and Lenses*, Macmillan, New York, 1933.

Stark, H., *Applications of Optical Fourier Transforms*, Academic Press, New York, 1982.

Steward, E., *Fourier Optics: An Introduction*, Wiley, New York, 1983.

Stone, J.M., *Radiation and Optics*, McGraw-Hill, New York, 1963.

Stroke, G.W., *An Introduction to Coherent Optics and Holography*, Academic Press, New York, 1969.

Strong, J., *Concepts of Classical Optics*, Freeman, San Francisco, 1958.

Svelto, O., *Principles of Lasers*, Plenum Press, New York, 1977.

Symon, K.R., *Mechanics*, Addison-Wesley, Reading, Mass., 1960.

Tatasov, L., *Laser Age in Optics*, Mir Publishers, Moscow, 1981.

Tolansky, S., *An Introduction to Interferometry*, Longmans, Green, London, 1955.

Tolansky, S., *Curiosities of Light Rays and Light Waves*, American Elsevier, New York, 1965.

Tolansky, S., *Multiple-Beam Interferometry of Surfaces and Films*, Oxford University Press, London, 1948.

Tolansky, S., *Revolution in Optics*, Penguin Books, Baltimore, 1968.

Towne, D.H., *Wave Phenomena*, Addison-Wesley, Reading, Mass., 1967.

Troup, G., *Optical Coherence Theory*, Methuen, London, 1967.

Valasek, J., *Optics, Theoretical and Experimental*, Wiley, New York, 1949.

Van Heel, A.C.S., ed., *Advanced Optical Techniques*, American Elsevier, New York, 1967.

Van Heel, A.C.S. and C.H.F. Velzel, *What is Light?*, McGraw-Hill, New York, 1968.

Vašiček, A., *Optics of Thin Films*, North-Holland, Amsterdam, 1960.

Wagner, A.F., *Experimental Optics*, Wiley, New York, 1929.

Waldron, R., *Waves and Oscillations*, Van Nostrand, Princeton, N.J., 1964.

Webb, R.H., *Elementary Wave Optics*, Academic Press, New York, 1969.

Williams, W.E., *Applications of Interferometry*, Methuen, London, 1941.

Williamson, S. and H. Cummins, *Light and Color in Nature and Art*, Wiley, New York, 1983.

Wolf, E., ed., *Progress in Optics*, North-Holland, Amsterdam.

Wolf, H.F., ed., *Handbook of Fiber Optics: Theory and Applications*, Garland STPM Press, 1979.

Wood, R.W., *Physical Optics*, Dover Publications, New York, 1934.

Wright, D., *The Measurement of Color*, Van Nostrand, New York, 1971.

Yariv, A., *Quantum Electronics*, Wiley, New York, 1967.

Young, H.D., *Fundamentals of Optics and Modern Physics*, McGraw-Hill, New York, 1968.

Zimmer, H., *Geometrical Optics*, Springer-Verlag, Berlin, 1970.

Verzeichnis der Tabellen

Nr.	Seite	Legende
3.1	54	Synchrotronstrahlung (SR)
3.2	59	Maxwellsche Relation
3.3	76	Angenäherte Frequenz- und Vakuumwellenlängenbereiche für die verschiedenen Farben
4.1	111	Grenzwinkel
4.2	118	Grenzwellenlängen und Grenzfrequenzen für einige Alkalimetalle
5.1	141	Vorzeichenvereinbarung für sphärische brechende Flächen und dünne Linsen
5.2	152	Bedeutungen, die mit den Vorzeichen verschiedenartiger dünner Linsen- und Kugelflächenparameter verknüpft sind
5.3	153	Abbildung reeller Objekte, die durch dünne Linsen erzeugt werden
5.4	170	Vorzeichenvereinbarung für Kugelspiegel
5.5	171	Bilder von reellen Objekten, die durch Kugelspiegel erzeugt werden
6.1	248	Einige starke Fraunhofersche Linien
6.2	250	Optisches Glas
8.1	306	Brechungsindizes einiger einachsiger doppelbrechender Kristalle
8.2	335	Die Verdetschen Konstanten für einige ausgewählte Substanzen
8.3	337	Kerr-Konstanten für einige ausgewählte Flüssigkeiten
8.4	339	Elektrooptische Konstanten
8.5	342	Stokessche und Jonessche Vektoren für einige Polarisationszustände
8.6	345	Die Jonesschen- und Mueller-Matrizen
10.1	444	Werte für die Besselfunktionen
10.2	477	Die Fresnelschen Integrale
13.1	573	Photoelektrische Schwellfrequenzen und Austrittsarbeiten für einige Metalle

STICHWORTVERZEICHNIS

λ-Plättchen	319,323,327
λ/2-Plättchen	319,327,338
λ/2-Spannung	338
λ/4-Plättchen	320
Abbe, Ernst	203,239,595
Abbes Abbildungstheorie	594
Abbesche Zahlen	248
Abbildung, virtuell	142
Abbildungsfehler dritter Ordnung	234
Abbildungsfehler höherer Ordnung	234
Abbildungsmaßstab	151
Abbildungsverhältnis	151
Aberration	140
–, chromatische	199,233,246
–, monochromatische	233,234
–, sphärische	233,234
–, stellare	8
abklingende Welle	112
Ablenkung, konstante	175
–, minimale	173
Ablenkungswinkel	172
Abschatttung	158
Abschwächung	355
absolute Dielektrizitätskonstante	37,38,377
absolute Permeabilität	39
absoluter Brechungsindex	59
Absorption	64,521
–, dissipierende	60
–, selektive	60,122
Absorptionsbanden	65
Absorptionsgrad	389
Abtastung des Zentralflecks	393
Achromaten	199
achromatisch	175
achromatischer Phasenverschieber	322
achromatisches Prisma	175
achromatisiert	247
Achse mit 3-zähliger Symmetrie	300
Achse, optische	137
achsennahe Strahlen	141
additive Farbmischung	123
afokal	204
Airy, Sir George Bidell	8,195,444
Airy-Formel	388,390
Airy-Scheibe	444,446
Airysche Beugungsscheibchen	596
Akkommodation	190,196
Aktivität, optische	327,330,331,335
akustische Holographie	644
akzidentelle Spannungsdoppelbrechung	333
Alhazen	2
Amici-Prisma	177
Ammoniumdihydrogenphosphat (ADP)	338,648
Ampère, André Marie	39
Ampèresches Gesetz	39,40
Amplitude	16
–, komplexe	262
Amplitudendurchlässigkeitskoeffizient	100,125
Amplitudenkoeffizient	102,125
Amplitudenmodulation	604
amplitudenmoduliert	267,604
Amplitudenreflexionskoeffizient	100,104,125,315
amplitudenspaltendes Interferometer	353
Amplitudenspektrum	500
Amplitudentransmissionskoeffizient	100
Analysator	294,319,324
anamorphotisch	195
Anastigmaten	244
Anfangsphase	18
anomale Dispersion	65
Anti-Stokes-Übergang	585
Apertur, numerische	181,202
Aperturblende	157,158,197,201,205
Apodisation	524
Äquivalentbrennweite	156,226,227
Arago, Dominique François Jean	6,8,327,358,469
Argand-Diagramm	21,262

Argon	621
Argonlaser	621
Aristophanes	1
Aristoteles	1,5
Armstrong, E.H.	606
asphärische Elemente	139
asphärischer Spiegel	164
astigmatische Differenz	240
Astigmatismus	192,195,233,234,240
Asymmetriefehler	236
Äther	404
Ätherwind	406
auflösbare Ringe	392
Auflösung	534
Auflösungsgrenze	447
Auflösungsvermögen	447
–, chromatisches	392
Aufrichtesystem	178,206
Auge	186
–, Auflösungsvermögen	447
Augenabstand	200
Augenlinse	200
Ausbreitungszahl	502
äußere Reflexion	103
Auslöschung, vollständige	355
Austrittsarbeit	573
Austrittsluke	202
Austrittspupille	158,197,202
Autokollimation	452
Autokorrelation	528
außer Phase	355
außerordentliche (extraordinäre) Strahlen	302
Aviogon Orthogometer	215
Azimutalwinkel	131
Babinet, Prinzip von	484
Babinet-Kompensator	322
Bacon, Roger	2,191
Bandweite	502
Bariumtitanat	338
Barkla, Charles Glover	313
Bartholinus, Erasmus	301
Basov, Nikolai Gennadievich	610
Bennett, William Ralph, Jr.	618
Besetzungsinversion	612
Bessel-Funktion	442,504
Bestrahlungsstärke	353
Bestrahlungsstärke I	45
Beth, Richard A.	292
Beugung	414,512
–, Fraunhofer-	418,423
–, Fraunhofer, Bedingung	424
–, Fraunhofer, Doppelspalt	429
–, Fraunhofer, Einzelspalt	423
–, Fraunhofer, kreisförmige Öffnung	441
–, Fraunhofer, rechteckiges Loch	437
–, Fraunhofer, viele Spalte	432
–, Fresnel-	418,459
–, Fresnel, Beugungsgitter, zwei- und dreidimensionale	454
–, Fresnel, Beugungsgitter	448
–, Fresnel, Einzelspalt	479
–, Fresnel, halbunendlicher undurchsichtiger Schirm	482
–, Fresnel, kreisförmige Hindernisse	469
–, Fresnel, kreisförmige Öffnungen	464
–, Fresnel, Liniengitter	454
–, Fresnel, rechteckiges Loch	472
–, Fresnel, schmales Hindernis	483
–, Fresnel, Zonen	460
–, Kirchhoffsche	487
–, kohärente Oszillatoren	420
–, Mikrowellen	417
–, Prinzip von Babinet	484
–, undurchsichtiges Hindernis	417
–, Vergleich von Fraunhofer und Fresnel	418
beugungsbegrenzt	135
Beugungsgitter	448
Beugungswellen	490
bevorzugte Reflexion	454
Bikonvexlinse	138
Bild, scharfes	135
Bildbrennpunkt	142
Bildfeld	213
–, künstlich geebnetes	243
Bildfeldebnungslinse	182,243
Bildfeldkrümmung	234,242
Bildfeldwinkel	213
Bildfeldwinkel im Bildraum	202
Bildleitkabel, flexibles	181
Bildraum	135
Bildweite	137

Biot, Jean Baptiste	6, 327, 469
Biprisma, Fresnelsches	364
blazed grating	450
Blendenöffnungsfunktion	505, 521
Blendenzahl	160, 202
blinder Fleck	190
Bohr, Niels Henrik David	10, 11, 579
Boltzmann, Ludwig	570
Boltzmann-Konstante	570
Born	10
Bradley, James	8
Braggsches Gesetz	458, 642
Brechkraft	192, 194
Brechung	85
Brechungsgesetz	88
Brechungsgleichung	93
Brechungsindex	118
–, absoluter	59
–, relativer	88
– -Anpassung	649
Brechungsmatrix	230
Brechungswelle	68
Brechungswinkel	88
Bremsstrahlung	78
Brennebene	148
–, hintere	148
–, vordere	148
Brennpunkt	135
–, hinterer	142
–, vorderer	142
Brennweite	192
–, einer Zonenplatte	472
–, hintere	156
–, vordere	142, 156
Brewster, David	315, 333
Brewster-Fenster	619
Brewsterscher Winkel	315
Brewstersches Gesetz	315
Brillouin-Streuung	267, 646
Broglie, Louis Victor, Prince de	10, 575
Bunsen, Robert Wilhelm	11
Camera obscura	2
Cassegrainsches System	209
Catoptrics	1, 88
Cauchy, Augustin Louis	82
Chandrasekhara Vankata	584
Chelate	623
– -Laser	623
chemischer Laser	623
Christiansen, W.N.	422
chromatische Aberration	199, 233, 246
chromatischer Phasenverschieber	319
chromatisches Auflösungsvermögen	392
Cittert-Zernike-Satz	552
Clausius, Rudolf Julius Emanuel	239
comb	509
Compton, Arthur Holly	575
computererzeugte Holographie	645
Connes, Pierre	393
Cooke-Triplet	215, 244
Corner-Cube-Prisma	178
Cornu, Marie Alfred	475
Cornu-Spirale	263, 475, 583
Cotton-Mouton-Effekt	336, 337
cw-Laser	618
Da Vinci, Leonardo	2, 211
Dämpfungsfaktor	27
Dämpfungskoeffizient	116, 118
Davisson, Clinton Joseph	577
de Broglie-Gleichung	577
de Broglie-Welle	581
Delta-Funktion	499, 505
Demokrit	1
Denisyuk, Yuri Nikolayevitch	641
Descartes, René	2, 4, 88, 137, 187
destruktive Interferenz	260, 355
Dezibel (dB)	183
Dichroismus	293, 295
dichroitisch	297, 299
dicke Linse	224
Dielektrizitätskonstante	38
–, absolute	37, 38, 377
–, des freien Raumes	37, 38
–, relative	38
–, statische	59
Differenz, astigmatische	240
Dingbrennpunkt	142
Dioptrice	2
Dipolmoment	55, 61
Dipolmomentendichte	63

Dirac, Paul Adrian Maurice	10,505,580
Diracsche Delta-Funktion	505
Dispersion	5,60,172,299
–, anomale	65
–, intermodale	184,185
–, normale	65
–, Winkel-	452
Dispersionsgleichung	63,64,116
Dispersionsprismen	172
Dispersionsprismen mit konstanter Ablenkung	174
Dispersionsrelation	268
dissipierende Absorption	60
divergierend	139
Dollond, John	5,249
Donders, Franciscus Cornelius	195
Doppelbrechung	298,300,302,303,333
–, zirkulare	328,331
doppelbrechende Linearpolarisatoren	307
doppelbrechender Stoff	299
Doppelobjektiv des Gauß-Typs	215,244
Doppelprisma, Fresnelsches	364
Doppelspalt	429
Doppelspaltinterferenzen	363
Doppelspaltversuch, Youngscher	363,382
Doppler-Verbreiterung	528
Dove-Prisma	177
Drahtgitterpolarisator	295
Drehvermögen	328,330
dreidimensionale Gitter	454
Drude, Paul Karl Ludwig	116
Dunkelfeldmethode	608
Dünnschicht	366
Dünnschichtinterferenzbild	369
Dünnschichtlichtleiter	11
Durchbiegung von Linsen	225
Durchgangshologramme	638
Durchlässigkeit	105,107
Durchlaßachse	294
e-Strahl	303
Effekt, Cotton-Mouton-	336,337
–, elektrooptischer	337,338
–, Faraday-	335,336,337
–, Flecken	626
–, Kerr-	337,338
–, linearer elektrooptischer	338
–, magnetooptischer	335,337
–, Pockels-	338
–, quadratischer elektrooptischer	337
–, Voigt-	336
Eigenkohärenz-Funktionen	556
einachsig negativer Kristall	337
einachsig negativer Phasenverschieber	319
einachsige Kristalle	306
einäugige Reflexkamera	212
Eindringtiefe	116
einfache Linse	143
einfaches Mikroskop	197
Einfallsebene	91
Einfallswinkel	88
Einheitsebenen	226
Einstein, Albert	9,10,612
Eintrittsluke	202
Eintrittspupille	158,201,205
Einwellen-Faser	186
Einzelspalt	423
elektrische Feldkonstante	38
elektrische Polarisation	61
elektrische Verschiebung	304
elektrisches Feld	35
elektromotorische Kraft (EMK)	36
elektrooptische Konstante	339
elektrooptischer Effekt	337,338
Elemente, asphärische	139
elliptisch polarisiertes Licht	289,293,319,340
Elongation	71
Emissionsvermögen	46
EMK	36
emmetrop	192
Empedokles	1
Enantiomorph	327,330
enantiomorph	333
Endoskop	181
Energiedichte	44
Entfernungsgesetz, quadratisches	46
entoptisch	190
Erdfernrohr	206
Erfle-Okular	200
erster (gepulster Rubin-) Laser	612
Erzeugung der Harmonischen	647
Etalon	389,398
Euklid	1,88

Euler, Leonhard	5,97
Eulersche Gleichung	21
Experimentalphilosophie	3
Extinktionsfarbe	298
extraordinärer (außerordentlicher) Strahl	318
f-number $(f/\#)$	160
f-Zahl	444
Fabry, Charles	388
Fabry-Perot-Etalon	613,651
Fabry-Perot-Interferometer	391,393,454
Fabry-Perot-Resonator	651
Facettenauge	187
Faltung	515
Faltungs-Integral	515
Faltungssatz	518
Faraday, Michael	7,335
Faraday-Effekt	335,336,337
Farbe, gesättigte	121
–, komplementäre	327
Farbfehler	199
Farblängsfehler	247
Farbmischung, additive	123
–, subtraktive	123
Farbortsfehler	247,251
Farbquerfehler	247,251
Faser	179
Faser-Optik	11
Faserkerne	180
fehlende Ordnung	432
Feinheit	454
Feld, elektrisches	35
–, optisches	46
Feldblende	202,206,213
Feldkonstante, elektrische	38
Feldlinse	222
Femtosekunden-Impulse	625
Fermat, Pierre de	3,94
Fermatsches Prinzip	93,95,97,140
Fernpunkt	192,193,195
Fernzone	56
Festkörperlaser	620
Feynman, Richard Phillips	97,581
Finesse	391
Finessefaktor	387
Fizeau, Armand Hippolyte Louis	6,8
Fizeausche Streifen	369,373,377,402
Fläche, optisch ebene	369
Flecken Effekt	626
flexibles Bildleitkabel	181
Fluoreszenz	583
Flüssigkeitslaser	623
Flußdichte	46
–, magnetische	36
Fontana, Francisco	2
Foucault, Jean Bernard Léon	7
Fourier, Jean Baptiste Joseph, Baron de	269
– -Analysator	281
– -Analyse	11,270,499,590
– -Hologramm	640
– -Integral	275,507
– -Koeffizienten	271,273,274
– -Kosinus-Transformierte	276
– -Optik	590
– -Reihe	270
– -Satz	269
– -Sinus-Transformierte	276
– -Transformation	591
– -Transformierte	276,499
Franken, Peter A.	647
Fraunhofer, Beugung	418,423,592
Fraunhofer, Joseph von	11,448
Fraunhofer-Beugungsmuster	592
Fraunhoferbedingung	424
Fraunhofersche Beugung	423,499
Fraunhoferscher Achromat	250
freier Spektralbereich	392,454
Frequenz	17
Frequenzbandbreiten	278
Frequenzkonstanz	280
Fresnel, Augustin Jean	6,8,328,329
	358,415,459,469,491
–, Beugung	418,459
–, Zonen	460
– -Arago-Gesetze	358,377
– -Huygens-Prinzip	85,89,415,422,459,490
– -Kirchhoffsche Beugungsformel	489
– -Zonenplatte	629
Fresnelsche Gleichungen	102,103,126,315
Fresnelsche Integrale	473
Fresnelsche Zonenplatte	470
Fresnelscher Spiegel	363

Fresnelsches Doppelprisma	364	Grosseteste, Robert	2
Fresnelsches Parallelepiped	321	Grundfarben	120
FTIR (gestörte innere Totalreflexion)	113	Grundschwingung	273
		Grundzustand	57
GaAs-Laser	622	Gruppenbrechungsindex	269
Gabor, Dennis	627	Gruppengeschwindigkeit	267
Galileo Galilei	2, 201, 203	Güteschalten	618
Gallium-Arsenid-Laser	622		
Gammastrahlen	79	*H*-Folie	297, 298
Gangunterschied	259	Haidinger, Wilhelm Karl	377
Gaslaser	621	Haidingersche Ringe	369, 373, 377
Gauß, Karl Friedrich	37	halbe Linienbreite	493
Gaußscher Satz	37	halbe Winkelbreite	492
Gaussian light	562	Halbleiterlaser	621
Gaußsche Dioptrik	142	Halbperiodenzonen	460
Gaußsche Funktion	279, 502	Hall, Chester Moor	5, 249
Gaußsche Linsenformel	145, 151	Hallwachs, Wilhelm	571
Gaußsches (paraxiales oder achsennahes) Gebiet	141, 166, 225	Hamilton, William Rowan	97
		Harmonische	273
Gay-Lussac, Joseph Louis	469	harmonische Kugelwelle	27
Gebiete, isochrome	335	harmonische Wellen	16
Gegenstandsraum	135	Harrison, George R.	452
Gegenstandsweite	142	Hauptebene	225, 302
geometrische Optik	34, 136	Hauptpunkte, hintere	225
gepumpt	611	Hauptpunktstrahl	236, 245
Germer, Lester	577	Hauptschnitt	303
gesättigte Farbe	121	Hauptspannungsdifferenz	334
gestörte innere Totalreflexion (FTIR)	113	Hauptstrahl	158, 205, 239, 245
gestörte Totalreflexion	180	Hauptziellinie	205
Gewichtsfaktoren	64	He-Cd-Laser	621
Gitter	593	He-Ne-Laser	420, 440, 468
Gittergleichung	450, 577	Heisenberg	10
Glan-Foucault-Polarisator	307	Helium-Kadmium-Laser	621
Glan-Foucault-Prisma	308	Helium-Neon-Laser	618
Glan-Thompson-Prisma	308	helixartig	331
Glaskörper	189	Helmholtz, Hermann Ludwig Ferdinand	239
Glasplattensatz	315	Helmholtz-Gleichung	487
Gleichrichtung, optische	647	hemisphärischer Resonator	616
Gradientenlinse	143	Herapathit	297
Gravitations-Rotverschiebung	575	Hero von Alexandria	1, 93
Gregory, James	208, 454	Herriott, Donald Richard	618
Gregorysche Anordnung	208	Herschel, Sir John Frederick William	74, 208, 327
Grenzflächenwelle	112	Hertz, Heinrich Rudolf	7, 72, 571
Grenzspannung	572	Himmelsfernrohr	203, 204
Grenzwinkel	103, 109	hintere Brennebene	148
Grimaldi, Francesco Maria	3, 414	hintere Brennweite	156

hintere Hauptpunkte	225
hinterer Brennpunkt	142
Hochpaßfilter	398
Holographie	11,627
Hooke, Robert	3,4,5
Hornhaut	188,192,194
Hull, Gordon Ferrie	48
Huygens, Christian	4,6
Huygens-Fresnel-Prinzip	415,422,459,489,490
Huygens-Prinzip	415
Huygenssches Okular	200,252
Huygenssches Prinzip	83,84,85,90,97,110,303
Hypersthen	296
Impulsverhalten	511,512
in Phase	286,355
Induktion, magnetische	36
Induktionsgesetz	37
Influenzkonstante	38
Infrarot (IR)	74
Infrarotstrahler	74
inhomogene Welle	615
innere Reflexion	103
innere Totalreflexion	109
Interferenz, destruktive	260,355
–, konstruktive	260,355,359
–, optische	353
Interferenzbild	387
Interferenzen, gleicher Dicke	369
–, gleicher Neigung	366,369,377,383
Interferenzerscheinung	362
Interferenzfarben	326
Interferenzfilter	398
Interferenzgesetz	556
Interferenzmuster, reelle	377
–, virtuelle	377
Interferenzprinzip	5
Interferenzringe, virtuelle	377
Interferenzstreifen	356,381
– gleicher Dicke	371
–, lokalisierte	381,382
–, nichtlokalisierte	381,382
–, reelle	379,381
–, virtuelle	379,381,383
interferenzstreifenerzeugendes System von Pohl	379
Interferenzterm	259,354

Interferometer	353
– Fabry-Perot-	391,393,454
– Mach-Zehnder-	377,383
– Michelson-	373,377,383,403,406
– Michelson-Mehrstrahl-	388
– Michelson-Stern-	560
– Pohl-	382
– Sagnac-	379,407
– Twyman-Green-	407
– mit Amplitudenaufspaltung	373,379
– mit Wellenfrontaufspaltung	363,364
–, amplitudenspaltendes	353
–, wellenfrontspaltendes	353
interferometrisches Radioteleskop	422
intermodale Dispersion	184,185
inverse Wellenlänge	17
Inversion	164
IR-Materialien	11
isochrome Gebiete	335
Isoklinenband	335
Isomere	330,332
J-Folie	297
Janssen, Zacharias	2,201,203
Javan, Ali	618
Jeans, Sir James	570
Jones, Robert Clark	342
Jonesscher Vektor	342
Jodrell Bank	447
k-Raum	278
Kaliumdideuteriumphosphat	338
Kaliumdihydrogenphosphat (KDP)	338,648
Kaliumtantalniobat	338
Kalkspat	300
Kalkspatparallelepiped	307
Kalkspatrhomboeder	303
Kaltlichtspiegel	393
"Kamm"-Funktion	509
Kanadabalsam	307
Kardinalpunkte	225
kartesisches Oval	137
katadioptrisches Teleskop	210
Kaustik	235
KDP	649
Keller, Joseph Bishop	492

Kellnersches Okular	200,206
Kepler, Johannes	2,88,187,211
Kerr, John	337
– -Effekt	337,338,646
– -Konstante	337
– -Zellen	338
– -Zellen-Verschluß	337
Kirchhoff, Gustav Robert	11,415
Kirchhoffsche Beugungstheorie	416,487
Kirchhoffsche Theorie	416
Kirchhoffsches Integraltheorem	487
kissenförmige Verzeichnung	245
Klingenstjerna, Samuel	5
Knoten	264
Knotenpunkte	225,264
kohärent	259,356,545
kohärente Oszillatoren	420
kohärente Streuung	583
kohärenter optischer Computer	598
Kohärenz	325
–, zeitliche	356,357
Kohärenzeffekte, räumliche	545
–, zeitliche	545
Kohärenzfläche	562
Kohärenzgrad	281,557
Kohärenzlänge	279,357,362
Kohärenztheorie	501
Kohärenzzeit	279,325
– Δt_c	545
Kohlendioxid	621
– -Laser	621
Kohlrausch, Rudolph	42
Koma	233,234,236
–, meridionale	237
–, sagittale	237
Komafigur	236
Kompensator	322,329
–, Babinet-	322
–, Soleil-	323
Kompensatorplatte	373
Komplementärfarben	327
komplex Konjugierte	21
komplexe Amplitude	262
komplexer Kohärenzgrad	556
konfokaler Resonator	616
konjugierte Punkte	135,144
Konkavlinse	143
Konkavspiegel	168
konstante Ablenkung	175
Konstante, elektrooptische	339
Konstante, Kerr-	337
–, Verdetsche	335
konstruktive Interferenz	260,355,359
Kontinuität der Wellenfront	89
Kontrast	535,633
konvergieren	139
Konvexlinse	138,143
Konvexspiegel	168
Kopplung	180
Korpuskeltheorie	4
Korrelationsinterferometrie	562
Korrelogramm	532
korrespondierende Punkte	90
Kottler, Friedrich	491
Kraft, elektromotorische	36
Kreisfrequenz, mittlere	265
Kreiswellen	20
Kreuz-Korrelation	528
Kristall, einachsig	306
–, einachsig negativ	337
–, optisch aktiv	330
–, optisch einachsig negativ	306
–, optisch einachsig positiv	306
–, zweiachsig	307
Kristallinse	188
Kristalloptik	11
Kronecker Delta	270
Kues, Nikolaus von (lat. Nicolas Cusanus)	191
künstlich geebnetes Bildfeld	243
Kurzsichtigkeit (Myopie)	192
La Dioptrique	3
Labeyrie, A.E.	642
Lagrange, Joseph Louis	97
Land, Edwin Herbert	297
Längsvergrößerung	152
Laplace, Pierre Simon, Marquis de	6,469
Laplace-Operator	25,28,42
Laser	611
– -Moden	614
– -Raman-System	585
Laserentwicklungen	620

Laserlicht	610	–, Konvex-	143
Laserresonator	612	–, Negativ-	143
Laue, Max von	458	–, Positiv-	143
Lebedev, Pyotor Nikolaievich	48	–, Sammel-	143
Lederhaut	188	–, Zerstreungs-	143
Leistungsspektrum	277,527	Linsenfernrohr (Refraktor)	203
Leith, Emmet Norman	629	Linsengleichung für dünne Linsen	145
Leman-Prisma	178	Linsenschleiferformel	145
Lenard, Philipp Eduard Anton von	571	Linsensystem	143
Licht, elliptisch polarisiertes	289,293,319,340	Lippershey, Hans	2,203
–, linear polarisiertes	286,323,335	Lippmann, Gabriel	641
–, monochromatisches	324	Lithium-Niobat	642
–, natürliches	291,341,357,358	Lloydscher Spiegel	364
–, planpolarisiertes	286	Lochkamera	211
–, teilweise polarisiertes	291	lokalisierte Interferenzstreifen	382
–, unpolarisiertes	291	longitudinale Kohärenz	546
–, weißes	76	Longitudinalwelle	29
–, zirkular polarisiertes	321	Lorentz, Hendrick Antoon	8,60,116
Lichtfeld	265	Lorentzsches Profil	527
Lichtgeschwindigkeit	42	Lorentz-Verbreiterung	528
Lichtleitkabel	181	Lunar Orbiter	601
Lichtsammellinse	200	Lupe	197,198
Lichtstärke	160,181		
Lichtsteuerzelle	338	Mach-Zehnder-Interferometer	377,383
Lichtstrahl	90	Macula lutea	190
Lichtstromdichten	511	Maey, Eugen	491
Lichtverstärkung	611	Maggi, Gian Antonio	491
linear polarisiert	30	Magia naturalis	2
linear polarisierte Welle	287,288,328	magnetische Flußdichte	36
linear polarisiertes Licht	286,323,335	magnetische Induktion	36
lineare Phasenverschiebung	321	magnetooptischer Effekt	335,337
lineare Systeme	511	Maiman, Theodore Harold	611
linearer elektrooptischer Effekt	338	Malus, Etienne Louis	6,294,313
Linearpolarisator	293,294,296,300,320	Malusscher Satz	97
Linearpolarisatoren, doppelbrechend	307	Malussches Gesetz	294,336
Linienabbildung, primäre	241	Maraldi	469
–, sekundäre	241	Maréchal, A.	604
Linienbreite, natürliche	279,528	Maser	610
Liniengitter	454	Materialdispersion	185
Linienverwaschungsfunktion	515,534	Maupertuis, Pierre de	97
linksdrehend	327	Maxwell, James Clerk	7,403
Linsen	136,143	Maxwell-Gleichungen	40,568
–, dicke	224	Maxwellsche Relation	59
–, einfache	143	Mehrfachdünnschichtbelag	11
–, Gradienten-	143	Mehrstrahlinterferometer	388
–, Konkav-	143	Meniskus	191,237

meridionale Koma	237
Meridionalebene	240
Meridionalschnitt	241
Meridionalstrahlen	179,228
metastabile Zustände	613
Michelson, Albert Abraham	8,404
– -Sterninterferometer	560
– -Interferometer	373,377,383,403,406
– -Mikrowelleninterferometer	377
– -Morley-Experiment	9,403,406,568
Micrographia	3
Mie, Gustav	311
Mikroskop, einfaches	197
–, zusammengesetztes	201
Mikrowellen	73,417
Millikan, Robert Andrews	574
minimale Ablenkung	173
mittlere Kreisfrequenz	265
mittlere Wellenzahl	265
Miyamoto, Kenro	492
Moden	614
Modulation	535,548
Modulationseinhüllende	267
Modulationsfrequenz	265
Modulationsübertragungsfunktion	535
Modulationswellenzahl	265
Modulator	336
–, optischer	337
Modulus	21
Moleküle, polare	61
monochromatisch	18
monochromatische Aberration	233,234
monochromatisches Licht	324
Monomode-Faser	186
Mooneysches Parallelepiped	322
Morley, Edward Williams	8,404
Mosaike	181
Mt. Palomar	447
Mueller, Hans	344
Mueller-Matrix	350
Mueller-4 × 4-Matrizen	344
Multimode-Faser	184
Multimode-Gradientenprofilfasern	185
n_f-Achse	319
n_s-Achse	319
Nahpunkt	191,194,196
natürliche Linienbreite	279,528
natürliches Licht	291,341,357,358
Nebenband-Fresnel-Hologramm	629
Nebenband-Fresnel-Holographie	629
Nebenband-Wellen	634
negative Verzeichnung	245
Negativlinsen	143
Neigungsfaktor	427,459
Neodym	620
Netzhaut	189
Newton, Sir Isaac	3,4,173,208,399,454
Newtonsche Abbildungsgleichung	151
Newtonsche Ringe	372,373,383,472
Nicéphore Niépce, Joseph	211
Nichols, Ernest Fox	48
nichtlineare Optik	646
nichtlokalisierte Interferenzstreifen	382
nichtmeridionale Strahlen	228
Nichtresonanzstreuung	60
Nicol, William	307
Nicol-Prisma	307
Nitrobenzol	338
normale Dispersion	65
Normalkongruenz	90
numerische Apertur (NA)	181,202
o-Strahl	303
Oberflächenwelle	111
Oberschwingungen	273
Objekt, virtuell	142
Objektiv	201,213
Objektweite	137
Öffnungsverhältnis	160,213
Okular	199,202
–, Erfle-	200
–, Huygenssches	200,252
–, Kellnersches	200,206
–, orthoskopisches	200
–, Ramdensches	200
–, symmetrisches (Plößlsches)	200
OPL (optische Wellenlänge)	95
Opticks	6
Optik, geometrische	34,136
optisch aktive Kristalle	330
optisch anisotrop	306

optisch anisotrope Substanzen	298
optisch ebene Fläche	369
optisch einachsig negative Kristalle	306
optisch einachsig positive Kristalle	306
optisch isotrop	305
optisch isotrope Substanzen	298
optisch-parametrischer Oszillator	651
optische Achse	137,300
optische Aktivität	327,330,331,335
optische Gleichrichtung	647
optische Interferenz	353
optische Resonatoren	613
optische Störung	265
optische Strukturerkennung	534
optische Überlagerungsfunktion	537
optische Weglänge (OPL)	95,521
optischer Computer	592
optischer Modulator	337
optischer Sinussatz	239
optischer Wegunterschied	259
optisches Feld	46
optisches Pumpen	612
ordentlicher (ordinärer) Strahl	302
ordinärer (ordentlicher) Strahl	318
Ordnungszahl	376
Orthogometer	215
orthogonal	343
Orthometer	244
orthonormierter Satz	343
orthoskopisch	246
orthoskopisches Okular	200
Oseenscher Auslöschungssatz	71
Oszillator	420
Oszillatorstärke	64
Oval, kartesisches	137
parabolische Antennen	422
Parabolspiegel	165
Parallelepiped	317
–, Fresnelsches	321
–, Mooneysches	322
parametrische Verstärkung	651
Paraxialstrahlen	141
Parsevalsche Gleichung	526
Pasteur, Louis	330
Pauli, Wolfgang	10
Paulisches Ausschließungsprinzip	35
Pellin-Broca-Prisma	174
Pentagonprisma	177
Periode, räumliche	17,273
–, zeitliche	17
Permeabilität	39
–, absolute	39
–, relative	39
Perot, Alfred	388
Petzval, Josef Max	215,242
Petzval-Bedingung	243
Petzval-Bildfeldkrümmung	233,242
Phasendifferenz	354
Phasengeschwindigkeit	20,267
Phasengitter	455
phasengleich	104,286
Phasenkonstante	18
Phasenkontrast	604,629
Phasenmodulation	604
phasenmoduliert	604
Phasenplättchen	317,329,338
Phasenplatte	607
Phasenspektrum	500
Phasenübertragungsfunktion	537
Phasenunterschied	259
Phasenverschieber	317,320
–, achromatischer	322
–, chromatischer	319
–, einachsig negativer	319
Phasenverschiebung	103,338
–, lineare	321
–, relative	318
Phasenverschiebungsgrad	318
phasenverschoben	355
Phasenwinkel	18,20,21,23
Phosphoreszenz	583
Photoelastizität	333
photoelektrische Gleichung	573
photoelektrischer Effekt	572,574
photographisches Chromglas	641
Photon	9,34,35
Planck, Max Karl Ernst Ludwig	9
Plancks Strahlungsgesetz	570
Plankonvexlinse	138
planpolarisiertes Licht	286
Plato	1

Plinius	1
Pockels, Friedrich Carl Alwin	338
– -Effekt	338
– -Zellen	338,339
Pohl, Robert Wichard	470
Pohl-Interferometer	382
Poincaré, Jules Henri	9
Poisson, Siméon Denis	469
Poissons Fleck	469,470
polare Moleküle	61
Polarisation	5,61,312,314,325
–, elektrische	61
Polarisationsgrad	317,341
Polarisationsmodulator	338
Polarisationsprismen	329
Polarisationswinkel	102,103,315
Polarisationszustand	286,290,317,325,338,340
Polarisator	293,325
–, Glan-Foucault-	307
Polaroid J-Sheet	297
Polaroidfilter	297,312,326
Polaroidfiltervektograph	298
Polyvinylalkohol	320,323
Porro-Prisma	177
Porta, Giovanni Battista della	2,211
Porter, A.B.	599
positive Verzeichnung	245
Positivlinse	143
Poynting, John Henry	45
Poyntingscher Vektor	45
primäre Linienabbildung	241
Prinzip, der kleinsten Wirkung	97
–, der kürzesten möglichen Zeit	94
–, der Reversibilität	422
–, Huygenssches	83,84,85,303
Prisma, achromatisches	175
–, Amici-	177
–, Corner-Cube-	178
–, Dove-	177
–, Glan-Foucault-	308
–, Glan-Thompson-	308
–, Leman-	178
–, Nicol-	307
–, Pellin-Broca-	174
–, Pentagon-	177
–, Porro-	177
–, Rhomboid-	177
–, Sprenger-	178
–, Wollaston-	308,322
Prismen	172
Prokhorov, Alexandr Mikhailovich	610
pseudothermisches Licht	565
Ptolemaios, Claudius	88
Pumpen	611
Punkte, konjugierte	135,144
–, korrespondierende	90
Punktverwaschungsfunktion	512
Pupille	157,188
Pythagoras	1
"Q" (Gütefaktor)	617
quadratisches Entfernungsgesetz	46
quadratischer elektrooptischer Effekt	337
Quantenfeldtheorie	569
Quantenmechanik	9
Quantensprung	57
quasimonochromatisch	545
Quellen	356
Quellstärke	27,423
Queraberration	235
Radioteleskop, interferometrisches	422
Raman-Strahlung	585
Raman-Streuung	646
Ramsdensches Okular	200
Randbedingungen	264
Randstrahl	158
Raumfilter, angepasste	645
Raumfrequenzen	17,273,500
Raumfrequenzspektrum	274
rauminvariant	511
Raumisomere	330,332
räumliche Filterung	525,596
räumliche Frequenzen	590
räumliche Kohärenz	558
räumliche Periode	17,273
Rayleigh [John William Strutt]	450,470,570,595
Rayleigh-Jeans Formel	570
Rayleigh-Streuung	311,313,583,646
Rayleighs Kriterium	446,453
rechtsdrehend	327
rechtsdrehende Welle	328

reell	139
reelle Interferenzmuster	377
reelle Interferenzstreifen	379
reelle Ringe	377
Reflexion	85
–, äußere	103
–, innere	103
–, spiegelnde	450, 451
Reflexionsgesetz	88, 99
Reflexionsgrad	105, 107, 316
Reflexionshologramm	638
Reflexionsprismen	175
Reflexionswinkel	88
Reflexkamera, einäugige	212
Refraktionsformel	229
Regenbogenhaut	188
Reihensatz	525
relative Dielektrizitätskonstante	38
relative Permeabilität	39
relative Phasenverschiebung	318
relativer Brechungsindex	88
Resonanzfrequenz	58, 62
Resonanzprofil	528
Resonanzstrahlung	309, 583
Resonator	612
Resonator-Laser	622
Reversibilitätsprinzip	135
Reversion	163
Rhomboidprisma	177
Riesenimpuls	618
Riesenimpulslaser	618
Ringe, auflösbare	392
–, Haidingersche	373, 377
–, Newtonsche	372, 373, 383
–, reelle	377
Ringlaser	407
Ringlasergyroskop	407
Rinnenfehler	237
Rittenhouse, David	448, 457
Ritter, Johann Wilhelm	77
Rochon-Prismenpolarisator	348
Römer, Ole Christensen	5
Ronchi-Liniatur	534
Röntgen, Wilhelm Conrad	77
Röntgenstrahlen	77
Röntgenstrahlung, Braggsches Gesetz	458
Rotationsdispersion	330
Rotverschiebung	575
Rubinlaserinterferogramme	378
Rubinowicz, Adalbert	491
Sagittalebene	240
sagittale Koma	237
Sagittalschnitt	241
Sagittalstrahlen	240
Sagnac-Interferometer	379, 407
Sammellinse	143
Satz, orthonormierter	343
Satz von Malus und Dupin	90
scharfes Bild	135
Schawlow, Arthur L.	611
Scheiner, Christopher	187
Schlierenmethode	608
Schmidt, Bernhard Waldemar	210
Schmidt-Kamera	244
Schrödinger, Erwin C.	10, 34
Schrödinger-Gleichung	34, 581
Schwartz, Laurent	505
Schwarzkörper	569
Schwarzkörperstrahlung	569
Schwebungsfrequenz	266
Schwefelkohlenstoff	338
Schwell-Frequenz	573
Schwingungsebene	286
Schwingungskurve	263
Scylla IV	378
Sehlinsensysteme	187
Seidel, Ludwig von	234
Seidelsche Aberrationen	234
sekundäre Linienabbildung	241
sekundäres Spektrum	251
Selbstfokussierung	651
selektive Absorption	60, 122
Seneca	1
Sichtbarkeit	548, 633
siebende Eigenschaft	506
sinc-Funktion	424
sinc u	273
Sinusbedingung	239
Sinussatz, optischer	239
Skin	116
Smith, Robert	151

Snell, Willebrord	2
Snellius	88
Snelliussches Gesetz	94,99,126,174,315,367
Snelliussches Brechungsgesetz	88
Solarkonstante	587
Soleil-Kompensator	323
Sommerfeld, Arnold Johannes Wilhelm	491
spaltengekoppelter Resonator-Laser	622
Spaltenvektor	342
Spannungsdoppelbrechung	333
–, akzidentelle	333
Sparrow, C.	448
Sparrow-Kriterium	448
Spektralbereich, freier	392
spektrale Flußdichte	569
spektrale Reinheit	280
spektrale Zerlegung	185
spektraler Emissionsgrad	569
Spektrallinien	279
Spektrum, sekundäres	251
sphärische Aberration	233,234
sphärische Längsaberration	235
Spiegel	161
–, Fresnelscher	363
–, Lloydscher	364
Spiegelformel	168
spiegelnde Reflexion	450,451
Spiegelteleskope (Reflektoren)	207
Spiegelteleskop von Schmidt	210
spontaner Raman Effekt	584
Sprenger-Prisma	178
stationär	511
statische Dielektrizitätskonstante	59
Stefan, Joseph	570
Stefan-Boltzmann-Gesetz	570
Stefan-Boltzmann-Konstante	570
stehende Welle	263,264
stellare Aberration	8
Sterninterferometrie	560
stigmatisch	135
stimulierte Emission	612
stimulierte Raman-Streuung	585
Stoff	299
–, doppelbrechender	299
Stokes, George Gabriel	125
Stokes-Übergang	583
Stokessche Vektoren	344
Stokessche Relationen	125
Stokesscher Parameter	340
Störung	13
–, optische	265
Strahl, außerordentlicher	302,318
–, extraordinärer	302,318
–, ordentlicher	302,318
–, ordinärer	302,318
Strahlen, windschiefe	236
Strahlenteiler	115
Strahlungsdruck	47
Strahlungsfluß	46,512
Strahlungsflußdichte	46,512
Strahlungsmenge	512
Streulichtinterferenz	399
Streuplatte	400
Streuung	309,312
–, Brillouin-	646
–, Rayleigh-	311,313,646
–, stimulierte Raman-	646
Stroke, George W.	452,642
Stufenprofilfaser	184
Substanzen	298
–, optisch anisotrop	298
–, optisch isotrop	298
subtraktive Farbmischung	123
Superposition	515
Superpositionsprinzip	353
symmetrisches (Plößlsches) Okular	200
Synchrotron-Röntgenstrahlung	54
Systemmatrix	231
T-Zahl	161
Talbot, Fox	81
Tangentialschnitt	241
Teilkohärenz	545,557
Teilpolarisator	293
teilweise polarisiertes Licht	291
Teleskop	203,205
TEM-Mode	615
Tessar-Objektiv	215,244
Theorie erster Ordnung	141,224
thermisches Licht	562
Thomson, George Paget	577
Tiefenmaßstab	152

Tiefenverhältnis	152
Tiefpaßfilter	398
Toepler, A.	608
tonnenförmige Verzeichnung	245
Totalreflexion, gestörte innere	113
–, gestörte	180
–, innere	109
Townes, Charles Hard	610
Trägerwelle	267
transversale Welle	29
Transversalvergrößerung	163,151,169,201,206,227
Transversalwelle	29,30
trichroitisch	297
Tubuslänge	201
Tunneleffekt	113
Turmalin	296
Twyman-Green-Interferometer	406,407
Übergangswahrscheinlichkeiten	64
Überlagerungsprinzip	258
Übertragungsformel	229
Übertragungsmatrix	230
Ultraviolett	77
Umkehrungsprinzip	97
Ummantelung	180
undurchsichtige Hindernisse	417
unpolarisiertes Licht	291
Unschärfenkreis	235,241
Upatnieks, Juris	629
van Cittert-Zernicke Satz	559
Variationsprinzip	93
Vektor, Jonesscher	342
–, Spalten-	342
Vektoren, Stokessche	344
Verdetsche Konstante	335
Vergrößerung MP	197
Vergrößerungsglas	197
Verschiebung, elektrische	304
Verschiebungsstromdichte	40
Verstärkung	355
–, vollständige	355
Verzeichnung, kissenförmige	245
–, negative	245
–, positive	245
–, tonnenförmige	245
Verzerrung	233,234,244
Vibrationskurve	463
Vielwellen-Faser	184
Vignettierung	158
virtuell	139
virtuelle Abbildung	142
virtuelle Interferenzmuster	377
virtuelle Interferenzringe	377
virtuelle Interferenzstreifen	379,383
virtuelles Objekt	142
Vitello	2
Voigt-Effekt	336
vollständige Auslöschung	355
vollständige Verstärkung	355
Volumen-Hologramme	641
vordere Brennebene	148
vordere Brennweite	142,156
vorderer Brennpunkt	142
Vorzeichenvereinbarung	141
Wahrscheinlichkeitsamplituden	580,581
Wärmestrahlung	76
Weber, Wilhelm	42
wechselseitige Kohärenzfunktion	556
Weglänge, optische	95
Wegunterschied, optischer	259
Weitsichtigkeit (Hyperopie)	192,194
weißes Licht	76
Weißlicht-Reflexions-Holographie	642
Welle, abklingende	112
–, geometrische	491
–, linear polarisierte	287,288,328
–, longitudinale	29
–, rechtsdrehende	328
–, transversale	29
–, stehende	263,264
–, zirkular polarisierte	288,328
–, zylindrische	478
–, harmonische	16
–, inhomogene	615
Wellenbäuche	264
Wellendifferentialgleichung	15,16,24,25
Wellenflächen	24
Wellenfronten	24
Wellenfrontkontinuität	127
wellenfrontspaltendes Interferometer	353

Wellenfunktion	14,16,25	Youngs Theorie	491
Wellengeschwindigkeit	20	Youngscher Doppelspaltversuch	363,382
Wellengleichung	15	Yttrium-Aluminium-Granat (YAG)	620
Wellenlänge	17		
Wellenmoden	184		
Wellenoptik	34	Zeiger	262
Wellentheorie	4	− -Addition	263
Wellenvektor	23,30	Zeiss, Carl	595
Wellenzahl	16,23,259,273	− Orthogometer	215
−, mittlere	265	− -Sonnar	244
Wellenzone	56	zeitliche Kohärenz	356,357,558,624
Wheatstone, Charles	7	zeitliche Periode	17
Wien, Carl Werner Otto Fritz Franz	570	Zeitumkehrinvarianz	125
Wiener, Otto	264	Zelle, Kerr-	338
Wiener-Khintchine-Satz	529	−, Pockels-	338,339
Wiens Verschiebungsgesetz	570	Zerlegung, spektrale	185
windschiefe Strahlen	228,236	Zernike, Fritz	604,608
Winkel, Brewsterscher	315	Zerstreuungslinse	143
Winkeldispersion	452	Zerstreuungsvermögen	248
Winkelgeschwindigkeit	17	Zielschnittpunkt	205
Winkelverhältnis M_A	197,201,205	zirkular polarisierte Welle	288,328
Witelo	88	zirkular polarisiertes Licht	321
Wolf, Emil	492	zirkulare Doppelbrechung	328,331
Wollaston, William Hyde	11,191,239	Zirkularpolarisator	293,323,324
Wollaston-Prisma	308,322	Zonen-Konstruktion	460
Wood, Robert Williams	450,472	Zonenplatte	470,629,638
		Zonenplatten-Interpretation	638
x-Raum	278	zusammengesetztes Mikroskop	201
		zweiachsige Kristalle	307
Young, Thomas	5,120,491	zweidimensionale Gitter	454
Youngs Experiment	547	Zweifarbträger	297